生命科学名著

ESSENTIAL CELL BIOLOGY
(FIFTH EDITION)

细胞生物学精要

（原书第五版）

〔美〕B. 艾伯茨（Bruce Alberts）
〔美〕A. 约翰逊（Alexander Johnson）
〔美〕M. 拉　夫（Martin Raff）
〔美〕P. 沃尔特（Peter Walter）
〔美〕K. 霍普金（Karen Hopkin）
〔美〕B. 摩　根（David Morgan）
〔英〕K. 罗伯茨（Keith Roberts）
著

张传茂　辛广伟　傅静雁　主译

科学出版社
北京

图字：01-2020-1680 号

内 容 简 介

本书是由美国国家科学院前院长布鲁斯·艾伯茨（Bruce Alberts）领衔，七位国际著名生物学家共同编写的 *Essential Cell Biology* 第五版的中译本。全书共分为二十章，系统地阐述了细胞 DNA 复制与修复、中心法则、基因表达调控、跨膜转运、信号转导、能量生产、细胞周期，还包括有性生殖、遗传、生物演化等重要生命过程，既涵盖了细胞生物学的基础知识，又与时俱进地引入了细胞生物学领域最新的研究进展，行文简洁、重点突出、插图精美、引人入胜。每章的末尾均附有本章的基本概念、关键词和一些简明而有趣的问题，以鼓励读者对本章的内容进行进一步的思考和应用。所有问题的参考答案均附在全书的最后。每章还配有“我们是怎样知道的”栏目，其中包含了一些原始实验数据和实验设计，以帮助读者了解细胞生物学领域一些重大科学问题的发现和解决过程。

本书可供生物、医学、农、林、牧、渔等专业的本科生、研究生、教师和科研人员的教学研究使用，也可供对细胞生物学有兴趣的非专业人员参考阅读。

审图号：GS 京（2023）0033 号

图书在版编目（CIP）数据

细胞生物学精要：原书第五版/（美）B. 艾伯茨（Bruce Alberts）等著；张传茂，辛广伟，傅静雁主译. —北京：科学出版社，2023.2
（生命科学名著）
书名原文：Essential Cell Biology (Fifth Edition)
ISBN 978-7-03-074469-2

Ⅰ. ①细… Ⅱ. ① B… ②张… ③辛… ④傅… Ⅲ. ①细胞生物学 Ⅳ. ① Q2

中国版本图书馆 CIP 数据核字（2022）第 252298 号

责任编辑：罗 静 刘 晶/责任校对：宁辉彩
责任印制：肖 兴/封面设计：刘新新

科学出版社 出版
北京东黄城根北街 16 号
邮政编码：100717
http://www.sciencep.com

北京九州迅驰传媒文化有限公司印刷
科学出版社发行 各地新华书店经销
*
2023 年 2 月第 一 版 开本：889×1194 1/16
2025 年 1 月第二次印刷 印张：48 1/2
字数：1 570 000

定价：498.00 元

（如有印装质量问题，我社负责调换）

《细胞生物学精要》

（原书第五版）

译者名单

主　　译：张传茂　辛广伟　傅静雁

其他译者（按姓氏汉语拼音排序）：

曹恭元　何纾宇　李佳芊　翁翊菲

颜　寒　阎彧萱　张嵩元

原书作者

布鲁斯·艾伯茨（BRUCE ALBERTS）哈佛大学博士，旧金山加利福尼亚大学生物化学和生物物理学系教授。2008—2013 年担任《科学》（*Science*）杂志的主编，并于 1993—2005 年担任美国国家科学院院长。

凯伦·霍普金（KAREN HOPKIN）阿尔伯特·爱因斯坦医学院博士，科普作家。她的作品常出现在各类科学出版物中，包括《科学》（*Science*）、《美国国家科学院院刊》（*PNAS*）和《科学家》（*The Scientist*），她是《科学美国人》每日播客“60 秒科学”（60-Second Science）的定期撰稿人。

亚历山大·约翰逊（ALEXANDER JOHNSON）哈佛大学博士，加利福尼亚大学旧金山分校微生物学和免疫学系教授。

大卫·摩根（DAVID MORGAN）加利福尼亚大学旧金山分校博士，现为该校生理学系教授和医学院副院长。

马丁·拉夫（MARTIN RAFF）麦吉尔大学医学博士，伦敦大学学院医学研究委员会分子细胞生物学实验室荣誉教授。

基思·罗伯茨（KEITH ROBERTS）剑桥大学博士，约翰·莫尼斯（John Innes）中心副主任，东英吉利大学名誉教授。

彼得·沃尔特（PETER WALTER）纽约洛克菲勒大学博士，加利福尼亚大学旧金山分校生物化学和生物物理学系教授，霍华德休斯医学研究所研究员。

译者序

细胞生物学学科发展迅速，研究成果日新月异，领域不断拓展，新技术不断涌现，学科交叉和借鉴也愈加频繁，细胞生物学内涵和知识累积变得越来越厚重。如何将这些厚重的细胞生物学知识，依据不同专业知识层级的读者所需，以学科参考教材或著作的形式撰写出来，呈现给广大读者，对于中外相关科研教学工作者来说，一直都不是一件轻松的事。在国内外众多的细胞生物学教材和著作中，布鲁斯·艾伯茨（Bruce Alberts）等编写的《细胞的分子生物学》（*Molecular Biology of the Cell*）和哈维·罗迪什（Harvey Lodish）等编写的《分子和细胞生物学》（*Molecular and Cell Biology*）一直被视为经典。截至目前，前者已出版到第七版，后者已出版到第九版。两本书都是大部头著作，堪称巨著，是细胞生物学及相关领域科研教学人员的主要学习典籍。

但是，对于广大的科研教学工作者，尤其是青年学生和新入门者，要快速获取相关知识，一本简要的细胞生物学著作将能更为直接地为其提供帮助。因此，布鲁斯·艾伯茨等将其《细胞的分子生物学》进行了知识浓缩，形成一本纲要性典籍，命名为《细胞生物学精要》（*Essential Cell Biology*）。该书至今已出版发行到第五版，享誉全球，它既可用作教科书，也可作为相关领域的参考书。它用简练的语言，阐述了细胞生物学的精髓，让生命科学相关的读者能够在较短时间内，有机会掌握与日常生活息息相关的细胞生物学知识，感受作为我们个体基本单位的细胞之非凡魅力。

为使我国广大读者获取相关知识，科学出版社计划引进出版此书，并邀请我们承担此书的翻译工作。有机会将此书翻译成中文，帮助其在中国出版发行，面向更多的中国读者，我们深为荣幸和由衷地高兴。经过近两年的努力，该书中文版终于能与读者见面了。《细胞生物学精要》共分为二十章，先由细胞概念和分类导入，从简单的细胞化学成分（化学键、氨基酸、糖等大小分子）开始讲起，逐步引入细胞内部的催化作用和生物合成，并自然地过渡到细胞中更为复杂的蛋白质结构与功能、DNA 与染色体、生物膜、细胞骨架、线粒体、叶绿体等基本组成元件，以及这些元件所涉及的相关生命过程，包括 DNA 复制与修复、中心法则、基因表达调控、跨膜转运、信号转导、能量生产、细胞周期，以及有性生殖、遗传、生物演化等。这些内容涵盖了我们对细胞内在、外在各个层面上的基本理解，在语言上逻辑清晰、环环相扣，行文简洁、重点突出，插图众多、设计精美，图文并茂、引人入胜。在本书的最后，还与时俱进地介绍了细胞生物学领域最新的研究进展，其中包括 2022 年诺贝尔生理学或医学奖得主瑞典科学家斯万特·佩博（Svante Pääbo）关于古人类基因组和人类演化方面的工作，以及 CRISPR/Cas9 基因编辑系统、干细胞增殖与分化调控、最新的癌症治疗策略等。

本书的另一大亮点，是在每章中都设计和突显了“我们是怎样知道的”栏目。该栏目详细介绍了一些细胞生物学重大科学问题的发现和解决过程，包括巧妙的实验设计和逻辑缜密的推演，以及科研背后的科学家故事，使读者有身临其境之感，并领略获取突破性进展的快乐。为了方便学习，在每章的末尾，还给出了本章的基本概念，并精心设置了若干问题。这些问题往往涵盖多个知识点，有些甚至没有“标准答案”，供同学们复习和思考。在末尾处还提供了各章的关键词及其解释。本书不仅在科学内容上精细取舍，在语言上表述雅致，更在表达形式上有其鲜明独到之处。

在本书的翻译过程中，北京大学学生张嵩元、曹恭元、何纾宇、翁翊菲、颜寒和李佳芊参与了初稿的翻译工作，中国农业大学学生阎彧萱参与了初稿的校对与整理工作。他们热心主动，富有责任心，使翻译工作得以快速推进。我们对这些同学的辛勤劳动，表示深深的谢意。此外，我们要特别感谢科学出版社的罗静女士，她作为本书的责任编辑，不仅是本书的引入者，在翻译过程中，她还积极提供了一切极具专业性的帮助，包括语言和文字的校审、专业词汇的翻译，以及全书的版面设计等，为本书的面世做出了突出贡献。最后，我们还要感谢北京大学生命科学学院和细胞增殖与分化教育部重点实验室为本书的翻译所提供的工作便利和大力支持。

本书虽名为《细胞生物学精要》，但体量仍然庞大，内容广泛，知识点众多，涵盖了细胞生物学的基本理念，篇幅也超过了700页。虽然我们倾尽所能，仍深感能力有限，难免疏漏，并为此而忐忑。在本书面世之际，作为译者，诚请读者批评，对语言表达不当和错误不吝指正，以待再印时更正并提升。

张传茂　辛广伟　傅静雁

2022年10月20日

原书前言

诺贝尔物理学奖得主理查德·费曼（Richard Feynman）曾经指出，自然界拥有的“想象力”远比人类的想象力更加丰富，而在自然万物中，细胞最能说明这一点。细胞不过是一些微小分子的组合，却具备自我复制的能力，并不可思议地构成了所有生命的基础。人类是由细胞组成的，人类所消耗的所有营养都是由细胞提供的，细胞持续不断地活动，也使得地球更加宜居。因此，作为地球的居民和管理者，人类只有了解了细胞，才能更好地了解人类自己以及人类所属的这个世界，才能更加从容地应对气候变化、粮食安全、生物医学技术和致命性传染病等种种日益复杂的问题。

《细胞生物学精要》一书主要向读者介绍细胞生物学领域的基础和重点知识。在本书的第五版中，我们引入了一些最新最实用的细胞生物学技术，如超高分辨率荧光显微镜技术、低温冷冻电子显微镜技术，以及最新的 DNA 测序和基因编辑方法。这些新技术新方法，将使我们对细胞及其组分的观察分析提升到前所未有的精确度。我们也会在本书中讨论一些新的思考，比如细胞如何组织各种复杂的化学反应，并最终促使生命的产生，我们也会综合讨论一些关于人类起源和人类遗传学的最新认知。

撰写《细胞生物学精要》的每一版，我们作者都沉醉在体验和学习有关细胞新知识的令人振奋的快乐之中。但另一方面，我们也惊叹于对细胞的了解还远远不够，很多问题让人着迷，但仍然还没有答案。细胞是如何在早期地球上产生的？是如何通过数十亿年的演化过程而不断繁殖和多样化，从而填满地球上从海底的火山喷发口到冰雪覆盖的山巅的每个可能的角落，并以此改变我们地球的整个环境的？数十亿的细胞如何完美协同并最终形成像人类这样的大型多细胞生物的？这些问题都是下一代细胞生物学家所面临的众多挑战之一，这些未来细胞生物学家中的一部分或许将通过本书进入细胞生物学的美好世界，开启探索研究，并将其作为终生的事业。

有兴趣了解科学好奇心是如何为我们对细胞生物学的理解带来突破的读者，将会喜欢每一章里“我们是怎样知道的”栏目所讲述的故事。在本版书的每章中都设立了“我们是怎样知道的”栏目，列举了原始实验数据和实验设计，描述了生物学家如何处理重要问题和实验结果，以及这些实验结果如何导出进一步的想法，再次重现了诸如细胞是如何将食物分子中的能量转化为生命代谢反应所需的能量形式等一些重大发现的历史过程。

与以前的版本一样，每一章的问题栏目，不仅考查读者对本章内容的理解，同时也鼓励读者进一步深入思考，并将新获得的生物学知识进行广泛的应用。其中一些问题可能有多个正确答案，而另一些问题则引发读者进行多方位的思考。书中所有问题的答案都统一附在本书后面的“答案”章节，其中许多答案除了包含本书正文中所提到的基本知识点外，也提供了更多的观点或其他可能正确的答案。

本书此次改版新补充了 160 多个视频、动画、蛋白质结构和高分辨率的显微成像图片，旨在阐明细胞中复杂和关键的概念，并突出了细胞活动的内在之美。这些资源均可在线获取。每一章中视频的位置都以彩色标记以方便进行学习。

如果读者希望对细胞生物学问题进行更深入的探究，可参考第六版的《细胞分子生物学》一书，该书对细胞的多种生命活动进行了更详细的说明。此外，约翰·威尔逊（John Wilson）和蒂姆·亨特（Tim Hunt）所著的《细胞分子生物学：问题应对方法》（*Molecular Biology of the Cell: A Problems Approach*）（第六版）一书也是一座金矿，该书从基础到前沿，在各个难度级别上均有深入阐述，引人深思。本次《细胞生物学精要》第五版中的一些问题也借鉴了该书中实验分析的方法，我们对该书的作者表示由衷感谢。

《细胞生物学精要》的每一章都经过了多位作者的共同努力，大家将书中的文字和图片一次又一次地反复修订和完善，力求完美。此外，还有很多人提供了帮助使得这本书最终得以成型，这些人的名字均一一列在了后面的致谢中。但不可避免的是，尽管我们已尽了最大努力，但书中可能还会出现错误。希望火眼金睛的读者们能将发现的错误告知我们，以便在下一次印刷前进行改正。

致　谢

在本书第五版出版过程中，来自全世界各地的很多教授和学生参与其中，特别是我们收到了以下使用过第四版的教师的详细反馈意见。我们衷心感谢他们对本书修订做出的重要贡献：

德尔伯特・阿比・阿卜杜拉（Delbert Abi Abdallah），宾夕法尼亚州蒂尔学院

安・阿甘诺（Ann Aguanno），玛丽蒙特曼哈顿学院

大卫・W. 巴恩斯（David W. Barnes），乔治亚格温奈特学院

曼弗雷德・贝哈兹（Manfred Beilharz），西澳大利亚大学

克里斯托弗・布兰德（Christopher Brandl），安大略省韦仕敦大学

马里恩・布罗达根（Marion Brodhagen），西华盛顿大学

大卫・卡索（David Casso），旧金山州立大学

沙齐亚・S. 乔杜里（Shazia S. Chaudhry），英国曼切斯特大学

罗恩・杜布勒（Ron Dubreuil），伊利诺伊大学芝加哥分校

海蒂・恩格尔哈特（Heidi Engelhardt），加拿大滑铁卢大学

莎拉・恩尼斯（Sarah Ennis），英国南安普顿大学

大卫・费瑟斯通（David Featherstone），伊利诺伊大学芝加哥分校

康颜・弗朗西斯（Yen Kang France），乔治亚学院

芭芭拉・弗兰克（Barbara Frank），爱达荷州立大学

丹尼尔・E. 弗里戈（Daniel E. Frigo），休斯顿大学

马科斯・加西亚-奥杰达（Marcos Garcia-Ojeda），加利福尼亚大学默塞德分校

戴维・L. 卡德（David L. Card），犹他大学

亚当・格罗姆利（Adam Gromley），田纳西州林肯纪念大学

艾莉・霍尔特胡岑（Elly Holthuizen），荷兰乌得勒支大学医学中心

哈罗德・胡普斯（Harold Hoops），纽约州立大学杰纳苏分校

布鲁斯・詹森（Bruce Jensen），北达科他州詹姆斯敦大学

安多尔・基什（Andor Kiss），俄亥俄州迈阿密大学

安妮特・科恩德斯（Annette Koenders），澳大利亚埃迪斯科文大学

亚瑟・W. 兰伯特（Arthur W. Lambert），怀特黑德生物医学研究所

丹尼斯・拉罗谢勒（Denis Larochelle），马萨诸塞州克拉克大学

大卫・利夫（David Leaf），西华盛顿大学

埃丝特・莱塞（Esther Leise），北卡罗来纳大学格林斯博罗分校

伯恩哈德・利伯（Bernhard Lieb），德国美因茨大学

朱莉·莱弗利（Julie Lively），路易斯安那州立大学

卡罗琳·麦金托什（Caroline Mackintosh），堪萨斯州圣玛丽大学

约翰·梅森（John Mason），苏格兰爱丁堡大学

克雷格·米尔格里姆（Craig Milgrim），加利福尼亚州格罗斯芒特学院

卡代普·米特拉（Arkadeep Mitra），印度加尔各答城市学院

尼尔斯·埃里克·莫勒加德（Niels Erik Mollegaard），哥本哈根大学

哈维尔·纳瓦尔（Javier Naval），西班牙萨拉戈萨大学

玛丽安娜·帕特拉坎（Marianna Patrauchan），俄克拉荷马州立大学

阿曼达·波尔森-泽格勒（Amanda Polson-Zeigler），南卡罗来纳大学

乔治·里辛格（George Risinger），俄克拉荷马城社区学院

劳拉·隆伯格（Laura Romberg），俄亥俄州奥伯林学院

桑德拉·舒尔茨（Sandra Schulze），西华盛顿大学

艾萨克·斯克罗姆（Isaac Skromne），弗吉尼亚州里士满大学

安娜·斯鲁萨兹（Anna Slusarz），密苏里州斯蒂芬斯学院

理查德·史密斯（Richard Smith），田纳西大学健康科学中心

艾莉森·斯内普（Alison Snape），伦敦国王学院

香农·史蒂文森（Shannon Stevenson），明尼苏达大学德卢斯分校

马拉·蒂平（Marla Tipping），罗德岛普罗维登斯学院

吉姆·德久（Jim Tokuhisa），弗吉尼亚理工学院和州立大学

纪尧姆·范·埃斯（Guillaume van Eys），荷兰马斯特里赫特大学

芭芭拉·韦尔特尔（Barbara Vertel），伊利诺伊州罗莎琳德富兰克林医学与科学大学

珍妮弗·沃比（Jennifer Waby），英国布拉德福德大学

戴安·沃特斯（Dianne Watters），澳大利亚格里菲斯大学

阿利森·维德迈尔（Allison Wiedemeier），路易斯安那大学门罗分校

伊丽莎白·乌尔达克（Elizabeth Wurdak），明尼苏达州圣约翰大学

郭明耀（Kwok-Ming Yao），香港大学

丰美英（Foong May Yeong），新加坡国立大学

我们也非常感激那些指出本书前几版中错误的读者们。

本书的出版过程非常顺利，也得益于以下很多人为本书所付出的努力。奈杰尔·奥姆（Nigel Orme）与作者基思·罗伯茨（Keith Roberts）再次紧密合作，熟练而细致地绘制了本书的所有插图。他还借鉴美国艺术家奥尔登·梅森（Alden Mason ）（1919—2013）的绘画“挤压瓶”，绘制了本书的封面艺术画和每一章节首页插画。正如上一版书中所述，艾玛·杰夫科克（Emma Jeffcock）也在本书出版过程中做了出色的工作，她一丝不苟地整合了来自作者的一遍又一遍的修正。我们还要特别致谢加兰科学（Garland Science）出版社的编辑、协调公司的整体运作的迈克尔·莫拉莱斯（Michael Morales）。他参与了本书最初的审核工作，与各章节的作者密切联系，安排了一系列的写作会议，让我们的工作有条不紊，按时完成。他还精心设计了在线资料库，包括所有的视频和动画。我们的文字编辑乔·克莱顿（Jo Clayton）确保了各章节的文本在风格上保持一致且没有错误。我们同样感谢加兰科学出版社的贾斯迈·里博（Jasmine Ribeaux）、乔治娜·卢卡斯（Georgina Lucas）和亚当·森德罗夫（Adam Sendroff）。

在本书来到诺顿出版社（W. W. Norton）并最终印刷出版的过程中，我们要感谢我们的编辑贝特西·特威切尔（Betsy Twitchell），以及罗比·哈林顿（Roby Harrington）、德雷克·麦克菲利（Drake Mcfeely）、朱丽娅·里德（Julia

Reidhead）和安·新（Ann Shin）的支持。泰勒·彼得森（Taylere Peterson）和丹尼·瓦戈（Danny Vargo）也同样帮助这本书从加兰转到了诺顿并最终出版，在此也一并感谢。我们感谢媒体编辑凯特·布雷顿（Kate Brayton）和内容开发专家托德·皮尔森（Todd Pearson），副编辑吉娜·福赛斯（Gina Forsythe）和凯蒂·卡拉汉（Katie Callahan）以及媒体编辑助理凯蒂·达洛亚（Katie Daloia），他们合作开发的电子媒体为细胞生物学的学生和教师提供了无与伦比的配套学习资源。我们非常感谢市场营销经理斯泰西·洛亚尔（Stacy Loyal）的不懈努力和为本书热情的宣传；感谢梅根·辛德尔（Megan Schindel）、泰德·斯齐彭斯基（Ted Szczepanski）和斯泰西·斯坦博（Stacey Stambaugh）对本版本的出版许可，还要感谢具备强大产品管理能力的简·西尔（Jane Searle）和工作事无巨细的卡拉·塔尔马吉（Carla Talmadge），正是由于她们的共同努力，排除万难，使得本书的出版成为现实。

还要特别感谢丹尼斯·沙恩克（Denise Schanck），在本版书从加兰转到诺顿的过程中，她确保了出版进度的连续性。在转移过程中，她参加了所有的写作会议，并提供了一切力所能及的帮助。

最后一点，也是非常重要的一点，同事和家人对我们始终不懈地宽容和支持，名字不再一一列举，在此一并表示感谢！

教师和学生资源[1]

教师资源

digital.wwnorton.com/ecb5

Smartwork5

Smartwork5 是一款易于使用的在线评估工具，可通过一系列的交互式题目的设计和具体答案的回复来帮助学生更好地解决问题。所有 Smartwork5 的题目都是专门为本书编写，教师可以将题目标记上不同的布鲁姆级别（Bloom's level）和学习目标，并通过我们已经预制的作业快速地开始使用。Smartwork5 非常灵活，教师也可以自定义问题和添加自己的内容。为了节省时间，教师也可以将 Smartwork5 与您的校园 LMS 结合起来，从而可以将 Smartwork5 成绩报告添加到 LMS 成绩单中，通过学生个人和全班的成绩报告了解学生的学习和进步情况。

教师互动指南

在课程中，教师可以利用这个多功能在线资源鼓励学生们自主学习。"交互式教师指南"中汇集了《细胞生物学精要》书中所提供的许多宝贵的教学资源。该网站中同时包括问题讨论、动画视频、讲座大纲、学习目标、主要的推荐文献、医学专题指导等，可以通过章节、短语、主题或学习目标进行搜索。

课程包

诺顿课程包可以助力教师改善现有的学习管理系统，课程包中的课程内容可进行自定义，包括不同章节的多选阅读小测、不同的学习目标、所有动画的访问权限、抽认卡和词汇表等。同时，教师可将这些高质量的诺顿数字多媒体轻松添加到教师在线、混合式或讲座课程中。

题库

题库是由马萨诸塞大学波士顿分校的琳达·黄（Linda Huang）和哈佛大学继续教育部的谢丽尔·D. 沃恩（Cheryl D. Vaughan）撰写，经过了修订和扩展，现在《细胞生物学精要》的题库每章包括 65 ～ 80 个题目。结合本书中的图片，题目有多选题、配对题、填空和简答题等形式。所有问题都标记了布鲁姆分类级别、学习目标、对应的书籍章节和难度级别，教师可根据自己的目的轻松创建出相应的试卷。题库可以在考试视图（ExamView）中找到，也可以从 wwnorton.com/instructors 下载 PDF 版本。

---

① 出版注者：本书不提供中文版课程包、题库、动画和视频等线上资源。读者可登录网站（digital.wwnorton.com/ecb5）（需付费）获取英文版原书配套资源。

动画和视频

视频和动画可使得细胞生物学的概念变得生动形象，教师可通过流媒体链接访问 130 多个视频和动画。视频与每个章节相对应，章节中视频的位置以彩色突出显示。

讲义大纲配图

本书中所有图都已整合到 PowerPoint（PPT）中，PPT 中同时带有图片所对应的章节和概念标题，教师可以此为基础，为他们的课程快速制备讲义。

图像文件

书中的每幅图和照片都可以从 wwnorton.com/instructors 以 PPT 和 JPG 格式下载。

学生资源

digital.wwnorton.com/ecb5

动画和视频

视频和动画可使得细胞生物学的概念变得生动形象，教师可通过流媒体链接访问 130 多个视频和动画。视频与每个章节相对应，章节中视频的位置以彩色突出显示。动画也可以通过电子书和某些 Smartwork5 的题目进行访问。

学生网站

学生网站提供一些自学资源，包括可在浏览器上直接观看的 PPT，多选测试题，具有一定难度的概念性问题，抽认卡和词汇表等。

目 录

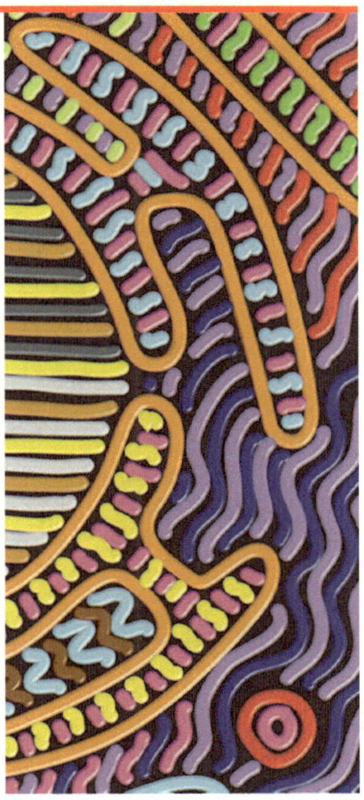

第 2 章　细胞的化学成分　37

第 3 章 能量、催化和生物合成 75

第 4 章　蛋白质的结构和功能　107

第 5 章 DNA 和染色体 157

第 6 章 DNA 复制和修复 181

第 9 章　基因和基因组演化　265

第 10 章　分析基因的结构和功能　295

第 11 章　膜结构　323

第 12 章　跨膜转运　345

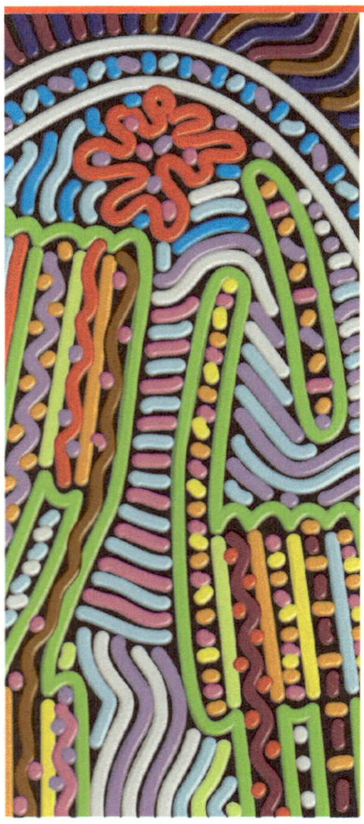

第 14 章　线粒体与叶绿体中的能量生产　399

第 15 章　胞内区室及蛋白质转运　433

第 16 章 细胞信号转导 465

第 17 章　细胞骨架　499

第 18 章　细胞分裂周期　533

第1章 细胞：生命的基本单位

细胞的统一性和多样性

显微镜下的细胞

原核细胞

真核细胞

模式生物

生命是什么？人类、牵牛花和池塘中的绿藻拥有生命，而宝石、细沙和夏日里的微风则没有生命。什么是生命的基本属性？区分生命与非生命物质的根本特征是什么？

所有问题的答案都基于一个事实，这个事实在175年前刚提出时，曾掀起了一场思想革命，今天广泛被人们所接受，那就是所有的生物（或有机体，organism）都是由**细胞**（cell）组成的。细胞是一种由膜包裹的微小单元，它充满着浓缩的化学物质溶液，可以生长，并通过一分为二来复制自身。最简单的生命形式是单个的细胞。高等生物，包括我们人类，是由最初的单个细胞生长和分裂而产生的细胞群体。每个动物或植物都是一个巨大的细胞群体，每个细胞都执行各自的特殊功能，并通过细胞间复杂的通信系统进行整合。

因此，细胞是生命的基本单位。要解答生命是什么以及生命如何运作这类问题，我们必须向细胞生物学（cell biology）寻找答案，它专门研究细胞的结构、功能和行为。随着对细胞的深入了解，我们逐渐能够解决地球上关于生命的重要历史性问题：生命如何起源？数十亿年生命如何演化出如此惊人的多样性？生命如何扩张到地球上每个人类想象力所能企及的角落？与此同时，细胞生物学还可以为我们提供有关人类自己的问题的答案：人类起源于哪里？单个受精卵如何一步步发育为成熟个体？为什么地球上每个人与其他人看起来相似，同时又有很大不同？为什么我们会生病、衰老及死亡？

在本章中，我们将介绍细胞的基本概念：什么是细胞，它们来自何处，以及我们如何研究它们。我们首先会观察细胞多种多样的形态，并初步介绍一些所有细胞中共有的化学机制；随后我们将了解如何在显微镜下观察细胞，以及使用显微镜可以观察到哪些细胞内部结构。最后，我们将讨论从微小的细菌到参天的橡树等所有生物的相似特征，希望据此可清楚地了解地球上所有的生命形式。

细胞的统一性和多样性

据生物学家估计，我们的星球上可能有多达1亿种不同的生物，它们彼此迥异，如海豚和玫瑰、细菌和蝴蝶。细胞亦是如此，在形态和功能上差异很大：动物细胞与植物细胞不同；甚至同一个多细胞生物体内的细胞在外观和活性上也可能大不相同。然而，尽管存在这些差异，所有细胞都具有基本的化学共性和其他一些共同特征。

在本节中，我们将总结细胞之间的相似点和不同点，并讨论今天所有的细胞是如何从共同的祖先演化而来的。

细胞的形态和功能大不相同

当比较两个细胞时，人们首先想到的就是它们的大小差异。一个细菌细胞如奶酪中的乳杆菌（*Lactobacillus*）的长度仅为几**微米**（micrometer，μm），约是人类头发直径的 1/25。而同样是单个细胞，青蛙卵直径约为 1 毫米（mm）。如果将二者进行等比例放大，当乳杆菌放大为一个成人大小时，青蛙卵可高达半英里（1 英里 = 1609.344m——译者注）。

细胞的形状差异也很大（图 1-1）。例如，大脑中典型的神经细胞会极大地向外扩展，它沿着一个细长的突出（轴突）发出电信号，这个突出的长度是细胞直径的 10 000 倍；同时，细胞也通过胞体上许多较短的、像树枝一样的突出（树突）接收来自其他神经细胞的信号（参见图 1-1A）。池塘的草履虫（*Paramecium*），外形像潜水艇，体表覆盖着上万根纤毛（cillia），这种毛发状的突起，可通过规律性的波状摆动推动细胞旋转着向前运动（图 1-1B）。植物表皮层中的细胞则较为粗短，位置固定，被刚性的纤维素外壳包围着，外面有防水的蜡层（图 1-1C）。相比之下，动物体内的巨噬细胞可在组织中游走，它不断地变换成新的形状，搜寻并吞噬碎片、外来微生物、已经死亡或者接近死亡的细胞（图 1-1D）。裂殖酵母形状呈长条形（图 1-1E），而芽殖酵母是可爱的球形（参见图 1-14）等。

细胞的化学需求也差异巨大。有些细胞需要氧气才能生存；而对于其他一些细胞来说，氧气可能会致命。有些细胞只需要二氧化碳（CO_2）、阳光和水作为原料，有些细胞则依赖于其他细胞产生的复杂分子化合物才能生存。

细胞的大小、形状和化学需求的差异通常反映了细胞功能的差异。有些细胞像工厂，可以合成出特殊的物质，如激素、淀粉、脂肪、乳胶或色素等；有些细胞，如肌肉细胞，像发动机一样，可以消耗燃料并转化为机械力；还有一些细胞像发电机，如电鳗中特化的肌细胞。

细胞中某些特化类型使得细胞不再增殖产生后代，而是具备高度特异化的功能。功能的特异化对于单个细胞的生存毫无意义，然而在多细胞生物体中，细胞之间存在分工，可允许一些细胞在特定的任务中实现功能的高度特异化，并使它们依赖于其同伴细胞来满足许多基本要求，甚至连“传宗接代”这类生物最基本的需求也委托给了特定的“生殖专家”，即卵子和精子。

活细胞都有相似的化学组成和化学性质

尽管植物和动物的种类非常多，但生物学家很早就已经认识到这些生物体之间存在共同之处，这些共性使得它们都被称为“生物”。虽然认识“生命”似乎很容易，但要总结出所有生物都具备的共同之处却非常难。“生命”具备生长繁殖和积极改变自身行为以适应环境改变的能力，而教科书则需要一些抽象而概括的术语来定义这种能力。

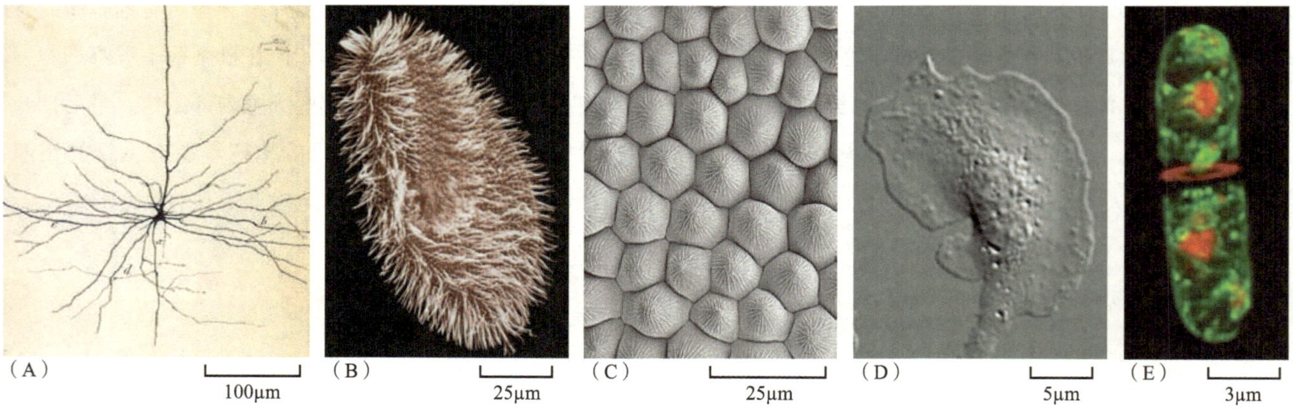

图 1-1　各种形状和大小的细胞。请注意这些显微照片的比例尺不同。(A) 哺乳动物脑中单个神经细胞（手绘图）。这个细胞有一条无分支的突出（轴突），朝着图片的顶部方向延伸。细胞通过轴突向其他神经细胞发送电信号；它同时有若干条巨大的树枝状突起（树突），细胞通过树突接收来自其他多达 10 万个神经细胞的信号。(B) 草履虫。这种单细胞的原生动物通过摆动覆盖在其表面的纤毛而游动。(C) 金鱼草花瓣表面紧密排列的表皮细胞。(D) 在动物组织中巡逻时，巨噬细胞会进行变形运动，以寻找入侵的微生物。图为正在“伸展自己”的巨噬细胞。(E) 分裂中的裂殖酵母，细胞膜用荧光染料染成绿色。内侧隔膜（用荧光染料染成红色）在已分离成两个子细胞的细胞核（也被标为红色）之间形成细胞壁。(图 A 引自 Herederos de Santiago Ramón y Cajal，1899；图 B 蒙 Anne Aubusson Fleury，Michel Laurent 和 Andre Adoutte 惠赠；图 C 蒙 Kim Findlay 惠赠；图 D 引自 P.J. Hanley et al.，*Proc. Natl. Acad. Sci. USA* 107：12145-12150，2010。蒙美国国家科学院惠许；图 E 蒙 Janos Demeter 和 Shelley Sazer 惠赠。)

生物化学家和分子生物学家的研究，为这种尴尬局面提供了解决方案。虽然不同生物的细胞在外观上彼此差异巨大，但它们的内部构成却基本相似。我们现在知道，细胞在化学组成方面有着惊人的相似度。它们由相同类型的分子组成，参与相同类型的化学反应（详情将在第 2 章中讨论）。在所有生物体中，遗传信息以*基因*（gene）的形式由 DNA 分子所携带。这些信息有相同的化学编码方式，由相同的化学成分组成，借助基本相同的化学机制解读，并在细胞增殖时以相同的方式复制。在每个细胞中，**DNA** 多聚长链是由相同的四种称为*核苷酸*（nucleotide）的单体所组成，核苷酸单体如同字母表中的字母一样以不同的顺序排列，编码成不同的信息。这些 DNA 分子中编码的信息被阅读或称为*转录*（transcribe），成为序列互补的核苷酸多聚体，称为 **RNA**。尽管某些 RNA 分子自身具有调节活性或化学活性，但大多数 RNA 分子被翻译成另外一种不同类型的聚合物，称为**蛋白质**（protein）。遗传信息从 DNA 流向 RNA 再流向蛋白质，这种传递规律是生命的基础，被称为*中心法则*（central dogma）（图 1-2）。

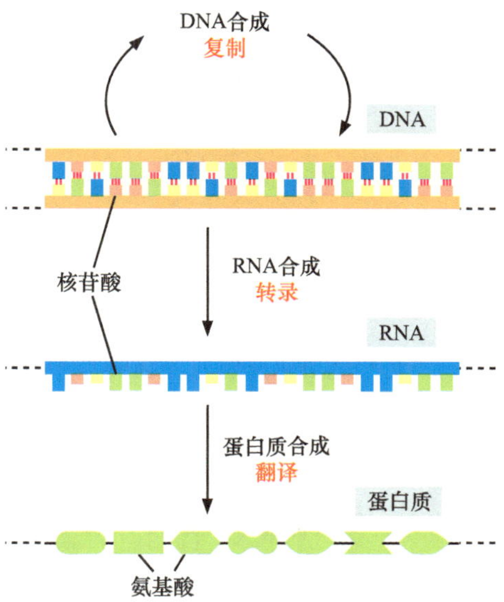

图 1-2 **在所有活细胞中，遗传信息从 DNA 流向 RNA（转录），再从 RNA 流向蛋白质（翻译），称为中心法则。**特定 DNA 片段（基因）中的核苷酸序列被转录成 RNA 分子，然后可以翻译成蛋白质中线性排列的氨基酸。图中仅显示了基因、RNA 和蛋白质的一小段。

细胞的外观和行为主要取决于它的蛋白质，蛋白质可以支撑细胞的结构，成为化学反应催化剂或者分子马达等。蛋白质由*氨基酸*（amino acid）所构成，所有不同生物均使用相同的 20 种氨基酸来制造蛋白质。氨基酸以不同的序列连接，使每种蛋白质分子具备不同的三维形状，或称为*构象*（conformation），就像不同的字母序列拼写出的不同单词一样。通过这种方式，蛋白质这种小小的“化学机器”生产了地球上五彩斑斓的生命（图 1-3）。

活细胞可利用自身蛋白催化完成自我复制

生物最常被提到的特性之一是它们的繁殖能力。对于细胞，该过程包括复制其遗传物质和其他组分，然后一分为二，产生一对自身能够再次进行相同复制循环的子细胞。

DNA、RNA 和蛋白质之间的特殊关系，就像中心法则（参见图 1-2）所描述的那样，使得这种自我复制成为可能。DNA 编码的信息最终指导蛋白质组装，换言之，DNA 分子的核苷酸序列决定了蛋白质的氨基酸序列。反过来，蛋白质催化 DNA 的复制和 RNA 的转录，并且也参与将 RNA 翻译成蛋白质的过程。蛋白质和多聚核苷酸之间的这种反馈循环是生物自我复制行为的基础（图 1-4）。我们将在第 5 章到第 8 章详细讨论 DNA、RNA 和蛋白质之间复杂的相互依赖关系。

除了在多聚核苷酸和蛋白质合成中发挥作用外，蛋白质还催化许多其他化学反应，使图 1-4 中所示的自我复制

图 1-3 **所有生物都由细胞构成。**细菌的菌落（A）、蝴蝶（B）、玫瑰（C）和海豚（D）都是由细胞构成，这些细胞具有基本相似的化学性质，并根据相同的基本原理运作。（图 A 蒙 Janice Carr 惠赠；图 D 蒙 IFAW 的 Jonathan Gordon 惠赠。）

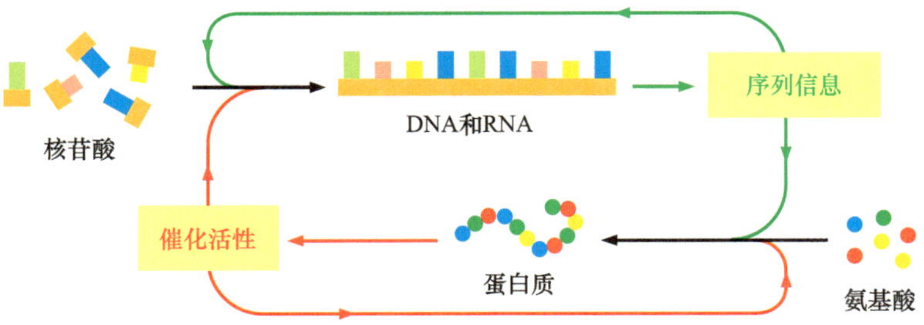

图 1-4　**生命是一个自我催化的过程。**DNA 和 RNA 提供用于产生蛋白质和复制自身的序列信息（绿色箭头）。反过来，蛋白质提供合成 DNA、RNA 和它们自身所需的催化活性（红色箭头）。这些反馈循环共同创造了自我复制的系统，赋予了活细胞繁殖的能力。

系统保持运行。活细胞可以分解营养物质，利用这些产物，细胞既可以像用砖块盖房一样，构建多聚核苷酸、蛋白质和其他细胞成分，也可以产生出能量，为以上这些生物合成过程提供动力。我们将在第 3 章和第 13 章详细讨论这些重要的代谢反应。

只有活细胞才能完成这些令人惊叹的自我复制功能。病毒也携带储存在 DNA 或 RNA 中的信息，但它们无法仅凭借自身的能力进行繁殖。相反，它们寄生在其他细胞中，并利用它们所入侵的细胞的繁殖机器来复制自己。因此，病毒并不真正具有生命。它们仅仅是“化学僵尸”：在宿主细胞外呈惰性而无生命特征，而一旦进入宿主细胞内，就立刻对细胞实施恶意控制。我们将在第 9 章中讨论病毒的生命周期。

所有活细胞都由同一祖先演化而来

细胞要完成分裂，首先会复制其 DNA。但复制过程并不总是完美，DNA 偶尔会发生**突变**（mutation）导致后代的核苷酸序列发生改变。因此，子代细胞不一定总是和母细胞完全相同。

突变可以产生更差的后代（它们将难以生存和繁殖）、更好的后代（它们更容易生存和繁殖下来），或者是发生中性改变的后代（它们在遗传上不同，但存活力类似）。生存斗争会消灭第一种，有利于第二种，容忍第三种。下一代的基因只能是幸存者的基因。

由于有性生殖的出现，许多生物遗传的方式可能会变得更加复杂。在有性生殖过程中，同一物种的两个细胞会发生融合，二者的 DNA 会汇集在一起。然后，基因就像纸牌一样，会被洗牌、重新发牌，并以全新的组合方式分配给下一代。后者将再次在生存斗争中检验它们存活和繁殖的能力。

这种遗传信息发生改变进而进行选择的简单原则，反复应用在细胞长达几十亿个世代的传递过程中，这就是**演化**（evolution）的基础。在演化的过程中，生物物种被逐渐改进，并以越来越精巧的方式适应其环境。为什么现在的细胞基本特点是如此相似？演化提供了一个惊人但令人信服的答案：它们都是从共同的祖先细胞那里继承了遗传信息。据估计，这个细胞存在于 35 亿～38 亿年前，我们必须假设它包含了当今地球上所有生物都适用的那种生命机制的原型。通过非常漫长的突变和自然选择的过程，这个祖先细胞的后代逐渐发生分歧，用似乎无穷无尽的方式挖掘着这种生命机制的潜力，直至地球上每个栖息地都充满了生命。

基因是细胞和有机体形态发生、功能和行为的总指挥

细胞的基因组，即生物体所有 DNA 核苷酸序列的总和，提供了一整套的遗传程序来指导细胞发挥功能。对于植物和动物胚胎的细胞而言，基因组指导着其体内数百种不同类型的细胞的生长和发育。对一个植物或动物个体而言，这些细胞之间的差异非常巨大（详情我们将在第 20 章中讨论）。脂肪细胞、皮肤细胞、骨细胞和神经细胞看起来与其他任何细胞都不一样。然而，所有这些**分化的细胞类型**（differentiated cell type）都是在胚胎发育过程中由同一个受精卵细胞发育而来，并且都含有该物种 DNA 的相同拷贝。它们之所有具有不同的特征，是因为每个细胞使用遗传指令的方式不同。不同的细胞表达不同的基因，换言之，它们使用其基因合成出了一些特异的 RNA 和蛋白质。这种表达的特异性主要取决于细胞自身和它们的祖先细胞从周围环境中接收的信号不同，这些信号主要由体内其他细胞传递而来。

因此，DNA 不是像“购物清单”一样，给每个细胞指定出其所必需的分子；细胞也不仅仅是“清单”上所有物品的简单集合。每个细胞能够根据其环境和生长阶段执行各种生物学任务，并选择性地使用 DNA 中编码的信息来指导其活动。在本书接下来的部分，我们将详细介绍 DNA 如何定义细胞的“零件清单”以及如何选择制造这些“零件”的时间和地点。

显微镜下的细胞

今天，我们可以借助许多强大的技术来理解细胞控制其结构和活动的基本原理。但细胞生物学在刚起步时并没有这些现代工具。早期的细胞生物学家开始只是简单地观察组织和细胞，然后将它们破开或者切片来尝试观察其内部的东西。他们所看到的并让他们深感困惑的是，内部这些微小的物体是如何集合并形成了生物体的生命特征的，它们之间的关联似乎是一个难以破解的谜团。然而，这种视觉层面的研究是了解组织和细胞的第一步，它在细胞生物学中至今仍然是必不可少的研究手段。

人们首次观察到细胞正是得益于17世纪**显微镜**（microscope）的发明。之后的几百年内，所有关于细胞的知识都是用这种仪器发现的。*光学显微镜*（light microscope）利用了可见光照亮样品，它让生物学家第一次看到了细胞内部错综复杂的结构。

虽然这些仪器现在已经有了很多复杂的改进，但光的特性，特别是它的波长，限制了显微镜所显示细节的精细度。20世纪30年代发明的*电子显微镜*（electron microscope）通过使用电子束（而不是光束）作为照明源超越了这个限制，因为电子具有更短的波长。这些仪器极大地扩展了我们观察细胞细节的能力，甚至可以观察到一些比较大的单分子。

在本节中，我们将介绍各种形式的光学显微镜和电子显微镜。在现代的细胞生物学实验室中，这些重要的工具不断被改进，以持续揭示有关细胞自身构建及其生命活动全新的、令人惊喜的细节。

光学显微镜的发明导致了细胞的发现

到了17世纪，玻璃镜片强大的性能已经足够可以检测到肉眼看不见的结构。利用配备这种镜头的仪器，罗伯特·胡克（Robert Hooke）检测了一块软木。在1665年给英国皇家学会的报告中，罗伯特说道："软木塞是由大量的微小腔室组成的。"因为它们类似于修道院中僧侣们居住的简易房间，所以他称这些腔室为"细胞"。虽然胡克描述的结构实际上是生活在其中的植物细胞死亡后所留下的细胞壁，但细胞这个名字仍然沿用至今。后来，胡克及其同时代的荷兰人安东尼·范·列文虎克（Antoni van Leeuwenhoek）观察到了活细胞，第一次向人类揭示了一个充满活力的微生物世界。

之后的近200年，这种最早的光学显微镜仪器仍然是一种新奇的设备，只有少数富人能够使用。直到19世纪，显微镜才开始被广泛用于观察细胞。细胞生物学明确作为一门科学而出现，经历了长期发展的过程，许多人为此做出了贡献，但通常来说细胞生物学的正式诞生以两篇文章为标志：其一是在1838年由植物学家马蒂亚斯·施莱登（Matthias Schleiden）发表，另一篇是在1839年由动物学家特奥多尔·施万（Theodor Schwann）发表。在这两篇文章中，施莱登和施万记录了用光学显微镜对植物和动物组织进行系统性研究的结果，表明细胞是所有活体组织通用的建筑单元。他们的工作，还有19世纪其他一些显微镜学者的工作，渐渐使人们意识到，一切活细胞都是由已经存在的细胞经生长分裂形成，这一学说也被称为*细胞学说*（cell theory）（图1-5）。该学说认为生命有机体不是自发产生而只能从现有的生物体中产生，在当时引发了激烈的争论，但最终，路易·巴斯德（Louis Pasteur）在19世纪60年代的一系列精巧的实验有力地证实了这一点（见问题1-3）。

细胞仅由先前存在的细胞产生并遗传它们的特征，这一原理是所有生物学科的基础，并因此赋予生物学科一个特点：在生物学中，关于现在的问题总是不可避免地与过去的条件相关。为了理解为什么现在的细胞和有机体呈现出现在的模样，我们需要了解它们的历史，甚至一路追溯到地球上第一个细胞那模糊的起源。关于这段历史，查尔斯·达尔文（Charles Darwin）提出了一个重要的见解。他在1859年发表的《演化论》，解释了随机变异和自然选择如何使拥有共同祖先的生物之间形成多样性。当把演化论与细胞学说相结合，我们可以把从起源到现在的所有生命视为源于单个细胞的一个巨大家族。虽然本书主要讨论现代的细胞如何工作，但我们会反复涉及演化理论。

光学显微镜揭示了细胞的一些组件

如果从一块合适的植物或动物组织切下一片非常薄的切片，使用光学显微镜观察，可以立刻清楚地看到组织被分成了成千上万个小细胞。细胞或者紧密堆积在一起，或者被*细胞外基质*（extracellular matrix）即一种通常由蛋白质纤维嵌入多聚糖链凝胶中形成的致密物质所隔开。每个细胞的直径通常为5～20μm。如果将样本保存在适宜的活体条件下，能观察到颗粒在单个细胞内运动。有时甚至

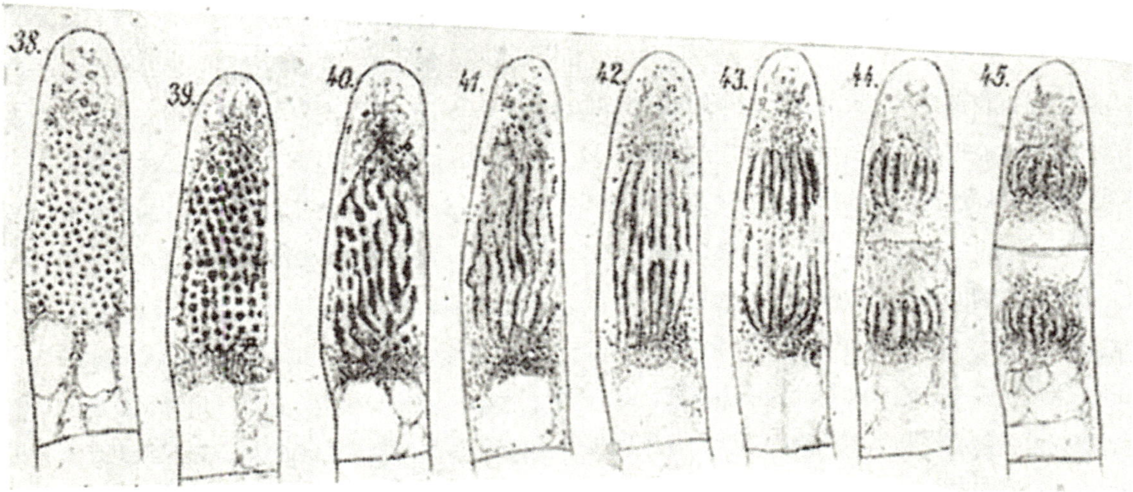

(A)

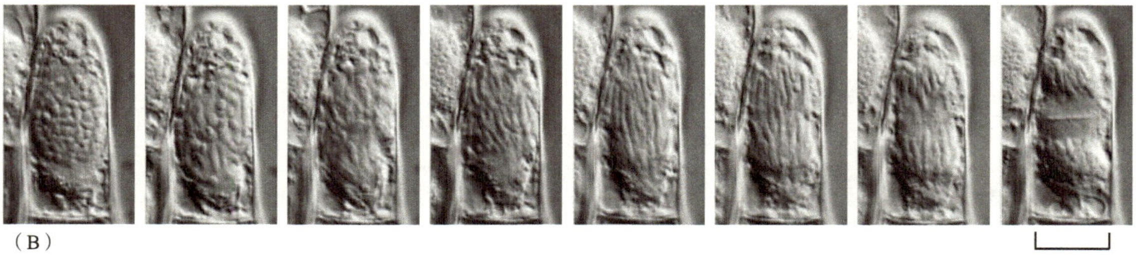

(B)

图 1-5 新的细胞由现有细胞生长和分裂形成。（A）1880 年，爱德华·史塔贝格（Eduard Strasburger）画了一个活的植物细胞（一种来自紫露草 *Tradescantia* 花的毛细胞），他观察到它在 2.5h 内分裂成两部分。在细胞内部，可以看到 DNA（黑色部分）凝聚成染色体，然后分离进入两个子细胞。（B）现代光学显微镜拍摄的一个类似的活体植物细胞。（图 B 引自 P.K. Hepler，*J. Cell Biol.* 100：1363-1368，1985。蒙洛克菲勒大学出版社惠许。）

可以看到一个细胞缓慢地改变形状并分裂成两个细胞（参见图 1-5 和视频 1.1）。

观察细胞的内部结构相对比较困难，不仅是因为它们结构很小，还因为它们透明，大多数无色。解决这个问题的一种方法是用染料对细胞进行染色，使特定组分显现不同的颜色（图 1-6）。或者还可以利用这样一个性质：正如玻璃和水的折射率不同，细胞各组分的折射率彼此也略有不同，会导致光线在从一种介质传递到另一种介质时发生折射，通过特殊的光学技术可以使折射率产生的微小差异变得肉眼可见，并且可以通过计算机处理进一步优化所得到的图像（图 1-7A）。

如图 1-6B 和图 1-7A 所示，通过特殊光学处理方式可以观察到典型动物细胞具有独特的解剖学构造。它们具有明确界定的边界，表明了封闭的膜结构，即**质膜**（plasma membrane）的存在。一个大的圆形结构，即**细胞核**（nucleus），在细胞中央附近显而易见。细胞核周围和细胞内部充满了**细胞质**（cytoplasm）。这是一种透明的物质，初看像一堆混乱的杂物，用比较好的光学显微镜，人们能够对细胞质中的一些特定成分进行区别和分类，但普通显微镜无法分辨小于 0.2μm 的结构（0.2μm 约为可见光波长的一半），距离小于 0.2μm 的两个点在显微镜下看起来像模糊的一个点。

然而，近些年来，科学家发明了一种新型的光学显微镜，即**荧光显微镜**（fluorescence microscope），它使用复杂的照明方法和电子图像处理技术，可以更精细地观察荧光标记的细胞组分（图 1-7B）。例如，最新的超分辨率荧光显微镜可以将分辨率的极限进一步推进到 20nm 左右，这是单个**核糖体**（ribosome）的大小。核糖体是一种大分子复合物，可以把 RNA 翻译成蛋白质。图版 1-1 详细地介绍了这些超分辨率技术。

电子显微镜揭示了细胞的精细结构

要获得最高放大倍率和最佳分辨率，必须借助于**电子显微镜**（electron microscope），它可以揭示仅有几纳米尺度的细节。为电子显微镜准备细胞样本是一个辛苦的过程。即使对于光学显微镜来说，待观察的组织通常也必

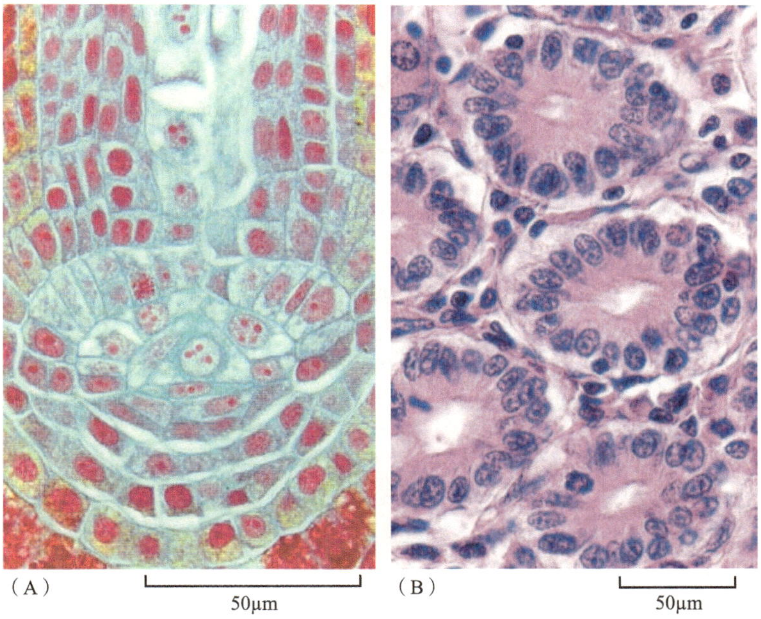

图 1-6 **植物和动物组织中的细胞。**(A) 一种蕨类的根尖细胞。含有 DNA 的细胞核被染成红色，每个细胞被细胞壁（浅蓝色）包围。在图片底部的角落可以看到密集的红色细胞核。(B) 小肠隐窝中的细胞。每个隐窝在该截面中显示为紧密堆积的细胞环（细胞核染成蓝色）。环被细胞外基质包围，基质中有零散分布的细胞，大部分的胞外基质由该细胞产生。(图 A 蒙 James Mauseth 惠赠；图 B 来自 Jose Luis Calvo /Shutterstock。)

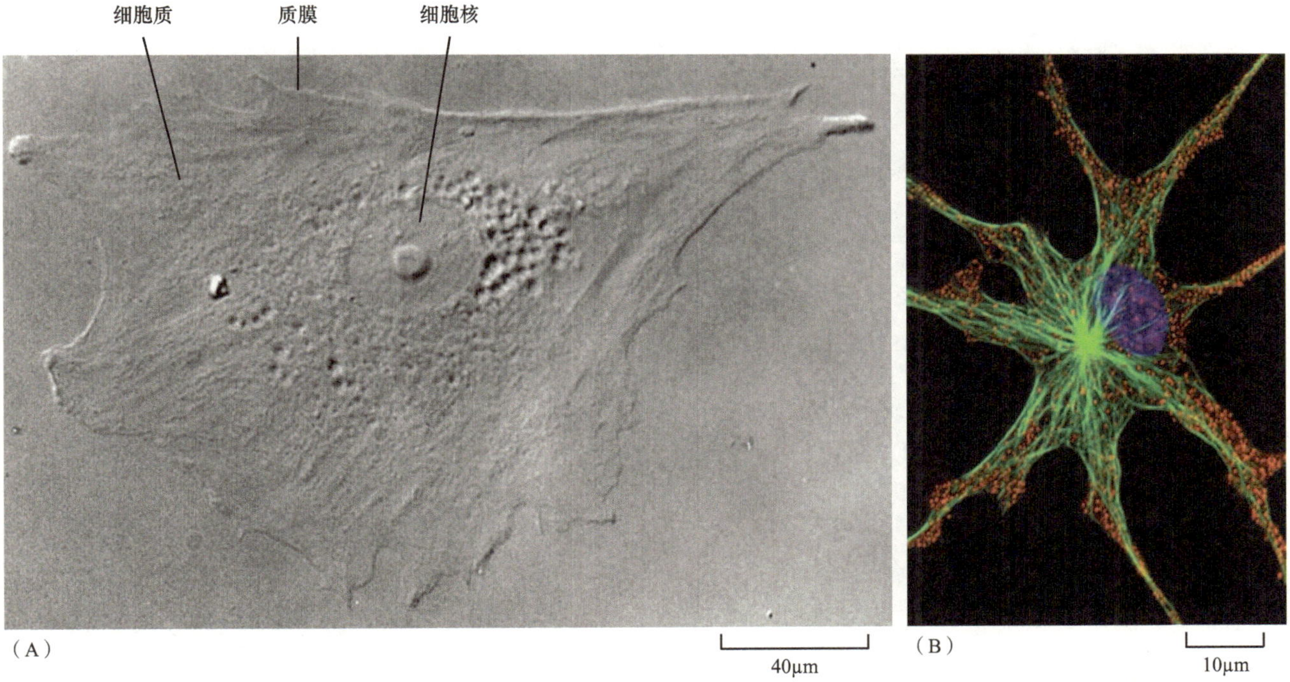

图 1-7 **光学显微镜下看到细胞的内部结构。**(A) 取自人皮肤并在培养皿中生长的细胞，使用光学显微镜的相差镜头（在图版 1-1 中描述）拍摄。细胞核尤其明显，其中有小而圆的核仁（第 5 章中讨论，参见图版 1-2）。(B) 来自青蛙的色素细胞，以荧光染料染色并用共聚焦荧光显微镜（在图版 1-1 中讨论）观察。细胞核呈紫色，色素颗粒呈红色，微管（细胞质中的一类蛋白质细丝）呈绿色。(图 A 蒙 Casey Cunningham 惠赠；图 B 蒙 Stephen Rogers 和伊利诺伊大学厄巴纳分校 Beckman 研究所的成像技术小组惠赠。)

须被固定（fix，即将其泡在特殊的化学溶液中保存），包埋（embed）在固体蜡或树脂中得以承托，然后被切成薄片（或称切片，section），在观察之前还需要染色（stain）。图 1-6 中的组织样本就是以这种方式制备的。用电子显微镜观察样本，也需要类似的步骤，但切片必须更薄，并且它不能用于观察活细胞。

在经过切片、以电子致密的重金属染色步骤后，将薄片放置在电子显微镜下，此时可以观察到许多混杂难辨的细胞组分被清晰地分成了不同的**细胞器**（organelle）。它们是一些独立、可辨识、具有专门功能的亚细胞结构。在传统光学显微镜下，这些亚细胞结构通常只能被模糊地勾画出轮廓。电镜下可以看到一层精致的、约 5nm 厚的膜结构包围着细胞，并且，细胞内部许多细胞器的边界也是由类似的膜结构所形成（图 1-8A 和 B）。将细胞内部与其外部环境隔开的膜称为质膜，而包裹大多数细胞器的膜称为内膜（internal membrane），所有这些膜只有两个分子的厚度（将在第 11 章中讨论）。利用电子显微镜甚至能观察到单个的大分子（图 1-8C）。

用于观察组织薄切片的电子显微镜称为*透射电子显微镜*（transmission electron microscope）。这种显微镜在原理上类似于光学显微镜，不同之处在于它以电子束（而非光束）透射过样品。另一种电子显微镜，即*扫描电子显微镜*（scanning electron microscope），从样品表面散射电子，因此用于观察细胞和其他一些结构表面的细节。这些技术以及各种光学显微镜技术在图版 1-1 中进行了综述。

然而，即使是借助最强大的电子显微镜也无法看到构成生物分子的各个原子（图 1-9）。为了研究细胞在原子层面上的关键组成细节，生物学家开发了更复杂的工具。例如，X 射线晶体学或低温电子显微镜等技术可用于确定原子在蛋白质大分子复合物三维结构中的精确定位（将在第 4 章中讨论）。

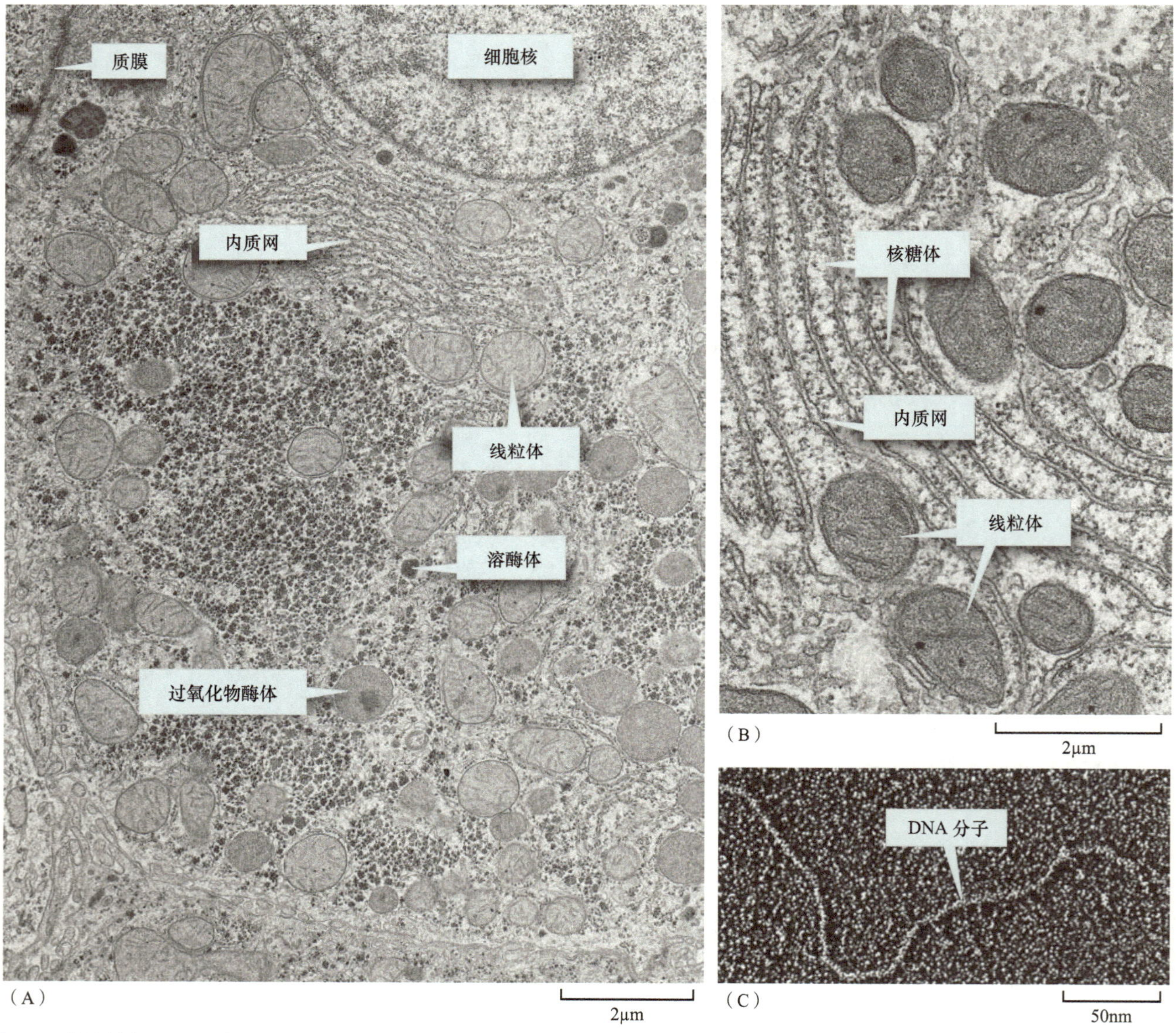

图 1-8 在透射电子显微镜下看到细胞的精细结构。（A）肝细胞的薄切片可以看到大量的细节。图中标注的一些组分可根据其大小、位置和形状进行辨别（详情在本章后面部分讨论）。（B）更高放大倍数显示的细胞质一个小区域。清晰可见的最小结构是核糖体，每个核糖体由 80 ～ 90 个的单一蛋白质和 RNA 分子组成；一些核糖体游离在细胞质中，而另一些核糖体则与膜包被的细胞器（内质网，稍后讨论）结合（参见图 1-22）。（C）电子显微镜下观察到的从细胞中分离得到的一条长线状 DNA 分子的一部分。（图 A 和图 B 蒙 E.L. Beearer 和 Daniel S. Friend 惠赠；图 C 蒙 Mei Lie Wong 惠赠。）

图版 1-1　显微镜

传统的光学显微镜

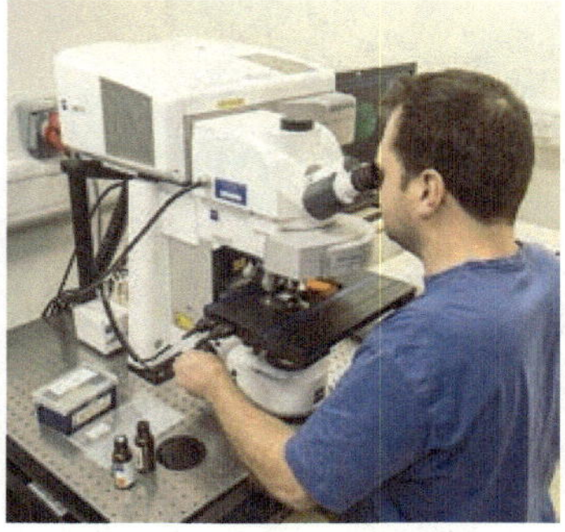

蒙Andrew Davis惠赠

传统的光学显微镜使我们能够将细胞放大1000倍，并分辨小至0.2μm（200nm）的细节；这是光的波动性质而不是透镜性质所带来的限制。在光学显微镜下观察细胞需要三个条件。首先，必须通过聚光透镜将强光聚焦到样品上。其次，必须仔细制备样品，使之能够透光。最后，必须设置一组适当的镜片（物镜、镜筒和目镜），将样本的图像成像在眼中。

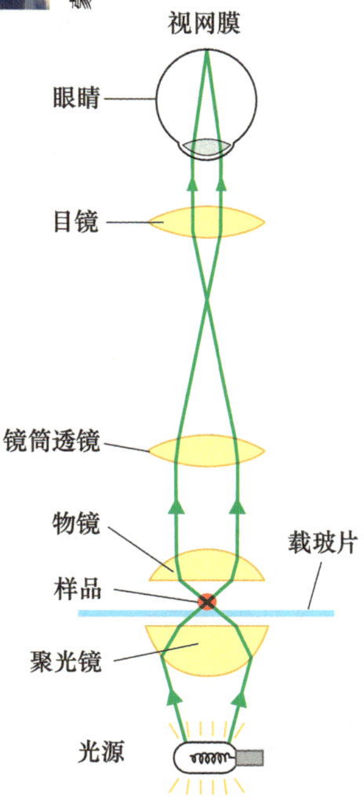

光学显微镜光路

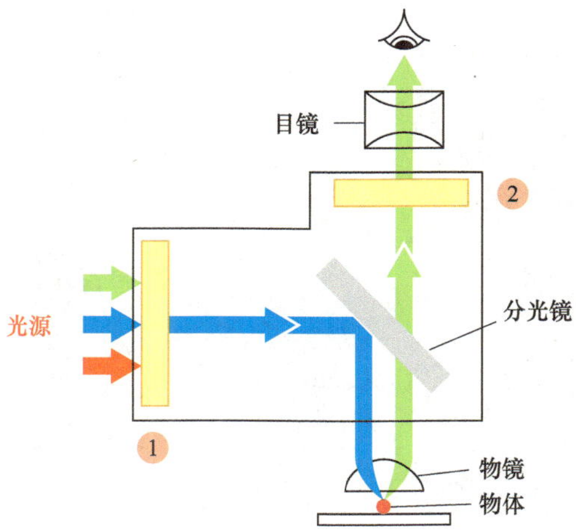

荧光显微镜

借助于荧光显微镜检测用于给细胞染色的荧光染料。它与普通光学显微镜类似，不同之处在于照明光通过两组滤光片（图中黄色所示）。第一组滤光片（1）在光到达样品之前将光线过滤，仅通过那些波长能激发特定荧光染料的光。第二组滤光片（2）阻挡了这种光，只让波长为染料所发出的荧光通过。染色的物体在深色背景上显示出鲜艳的颜色。

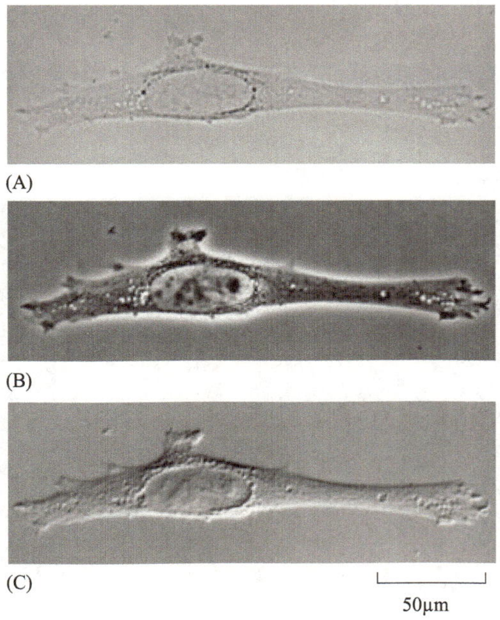

观察活细胞

未经染色的同一个体外培养的动物细胞（成纤维细胞）的三个图像。用最简单的明场光学透镜（A）、相差显微镜（B）和微分干涉显微镜（C）观察。后两种系统利用的是光在通过具有不同折射率的细胞区域时产生的光程差。仅通过转换光学组件就可以在同一台显微镜上获得这三种图像。

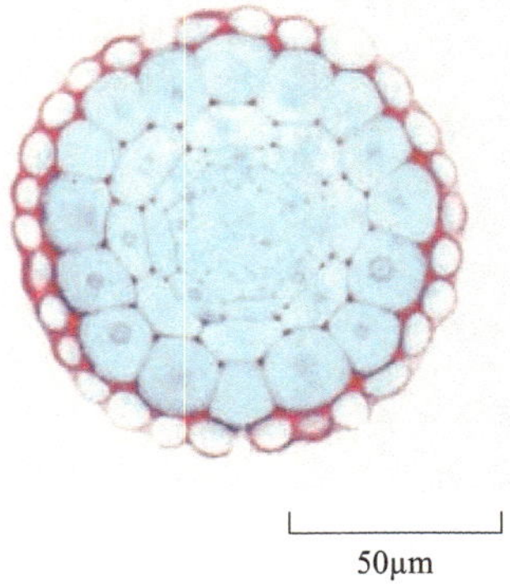

(D)

蒙Catherine Kidner惠赠

固定样本

大多数组织既不够小也不够透明，不能直接在显微镜下观察。因此，通常将它们以化学方法固定并切成薄片（切片），就可以装载在显微镜用的玻璃载玻片上，并随后染色以显示细胞的不同组分。这里显示了植物根尖的染色切片（D）。

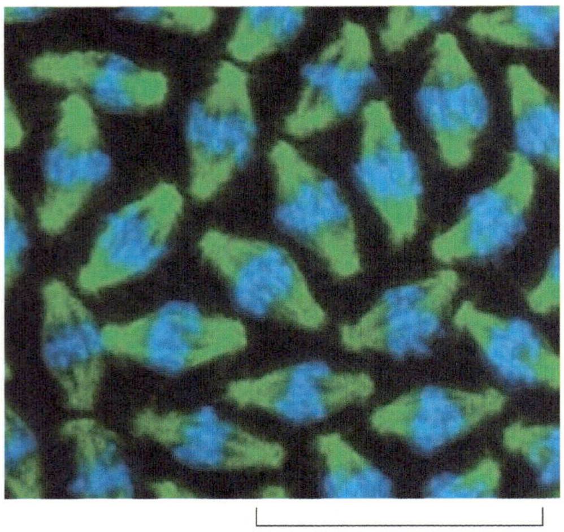

蒙William Sullivan惠赠

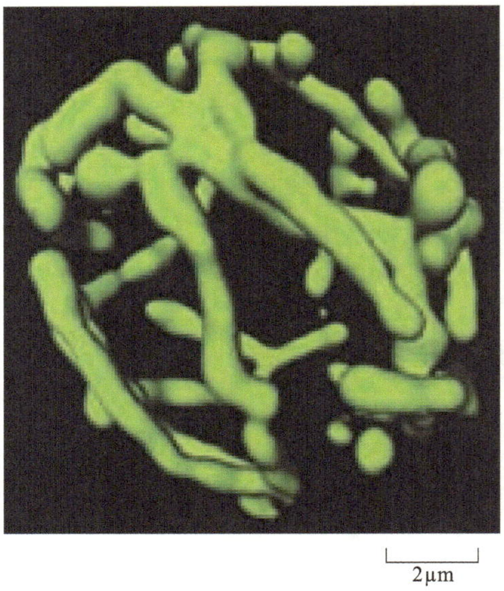

蒙Stefan Hell惠赠

荧光探针

荧光分子吸收某一波长的光，并发射另一种更长波长的光。一些荧光染料与细胞中的特定分子特异性结合，当用荧光显微镜观察细胞时，染料可以显示这些分子的位置。在果蝇胚胎中的这些分裂细胞的核里，DNA染色发出蓝色荧光。其他染料可以与抗体分子偶联，然后抗体分子就可以用作高度特异性的染色试剂，选择性地结合特定分子，显示它们在细胞中的分布。由于荧光染料能发光，因此甚至可以看到小于0.2μm的物体。图1-28中，有丝分裂纺锤体的微管蛋白用荧光抗体染成绿色。

共聚焦荧光显微镜

共聚焦荧光显微镜是一种特殊类型的荧光显微镜，通过用激光束扫描样品来成像。光束聚焦在样品中特定深度的单个点上，并且检测器中针孔样的光圈仅允许从该点上发出的荧光被采集到图像中。扫描样品上的光束会产生焦平面的清晰图像，即一个光学切面。不同深度的一系列光学切片可以构建三维图像，如活的酵母细胞中这种高度分支结构的线粒体。

蒙卡尔蔡司显微镜有限公司惠赠

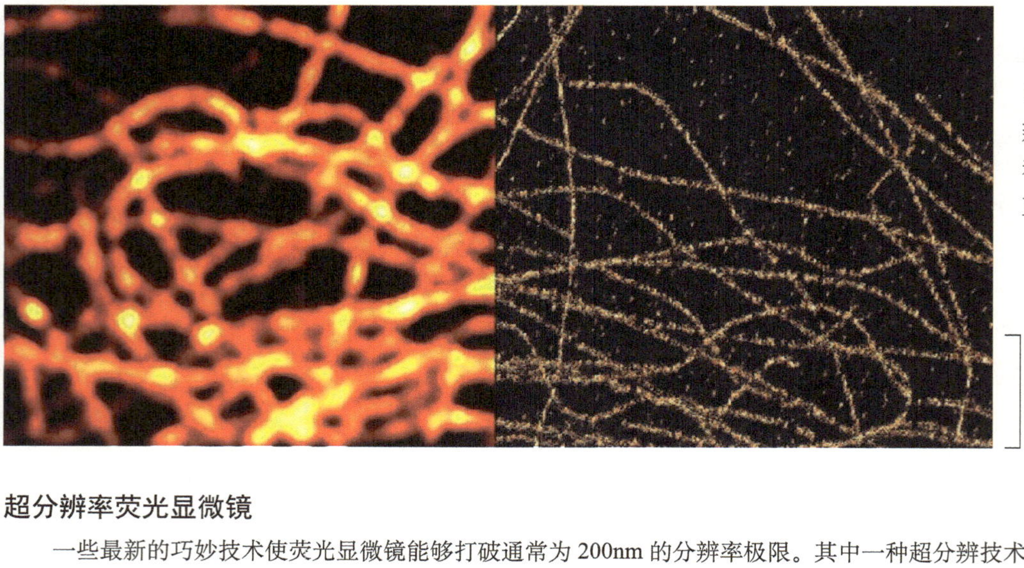

用常规荧光显微镜（左）和超分辨率镜头（右）观察微管。在超分辨率图像中，可以清楚地看到微管的实际尺寸，其直径仅为25nm。

超分辨率荧光显微镜

一些最新的巧妙技术使荧光显微镜能够打破通常为200nm的分辨率极限。其中一种超分辨技术采用了用特殊分子标记的样品，这些分子的荧光可以通过不同颜色的激光可逆地进行开启或关闭。通过嵌套的两束激光束扫描样品，中心的光束在样品上一个非常小的点上激发荧光，而围绕中心光束的第二束激光在光点周围的区域中淬灭荧光。采用一定的方法可以精准地确定各个荧光分子的位置，同时关闭附近的其他荧光分子。这两种方法相互配合，能慢慢地建立起分辨率低至20nm的图像。这些新的超分辨率方法正在逐渐应用到3D成像和实时活细胞成像中。

透射电子显微镜

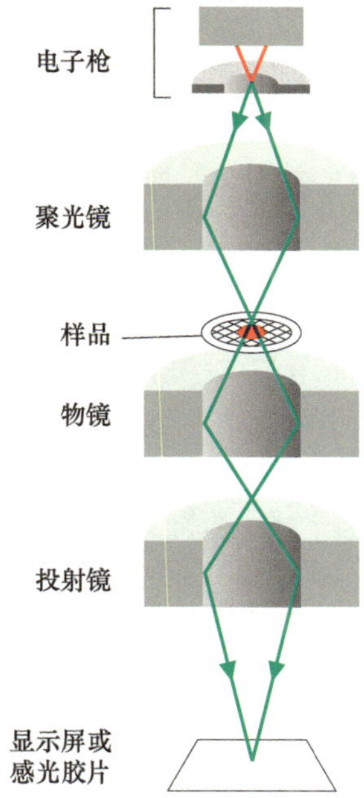

蒙Andrew Davis惠赠

下面的电子显微照片显示了睾丸切片一小部分区域的细胞。组织经过化学固定，包埋在树脂中，切成非常薄的切片，再用铀和铅盐染色。

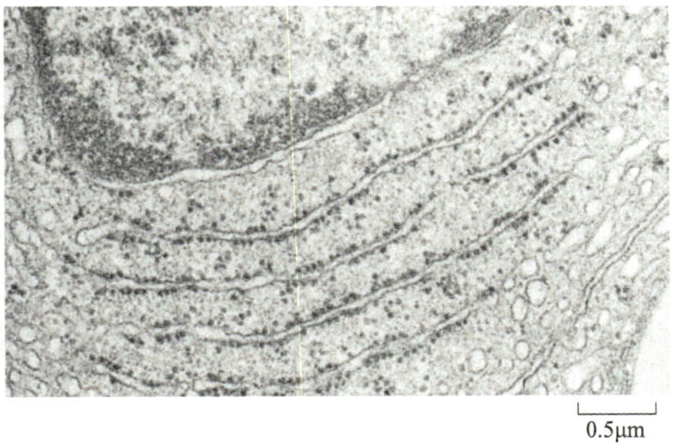

蒙Daniel S. Friend惠赠

透射电子显微镜（TEM）原理上类似于光学显微镜，但它用波长非常短的电子束（而不是光束），以及用电磁线圈（而不是玻璃透镜）来聚焦电子束。由于电子的波长非常短，样品必须非常薄。通常用电子致密的重金属染色样品来加大对比度，然后将样品置于显微镜下的真空环境中。TEM 的有效放大倍数高达一百万倍，可以分辨生物样本中小至约 1nm 的细节。

扫描电子显微镜

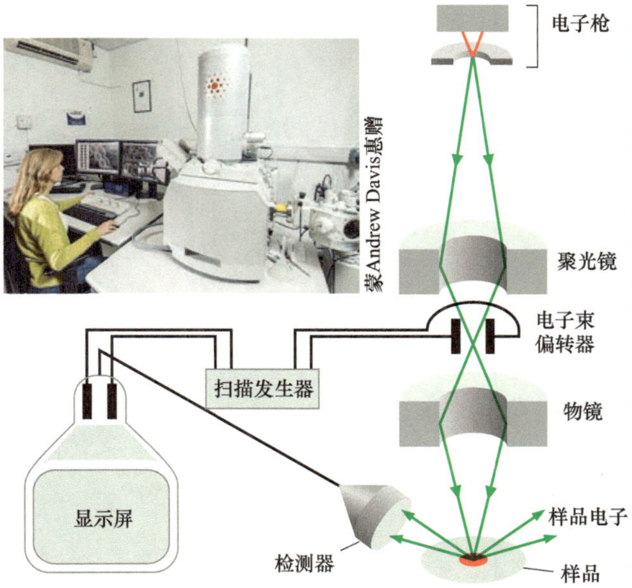

蒙Andrew Davis惠赠

在扫描电子显微镜（SEM）中，样品被覆上一层非常薄的重金属膜，电子束经过充当透镜的电磁线圈聚焦在样品上进行扫描。电子束轰击样品表面上每个连续的点时，散射或发射的电子数量由检测器测量，并用其控制屏幕图像上每一点的强度。这种显微镜可以形成具有很高景深的三维物体的鲜明图像，并且分辨率可以达 3 ～ 20nm（取决于仪器性能）。

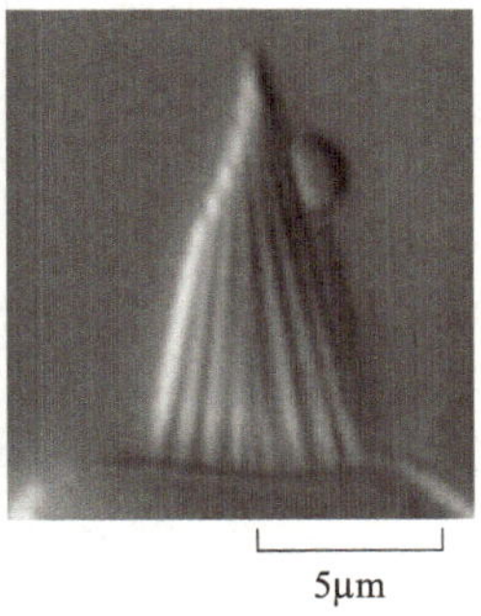

扫描电子显微照片显示内耳中毛细胞伸出的静纤毛（下图）。作为比较，上图为用光学显微镜在其分辨率极限下显示相同的结构。

蒙Richard Jacobs 和James Hudspeth惠赠

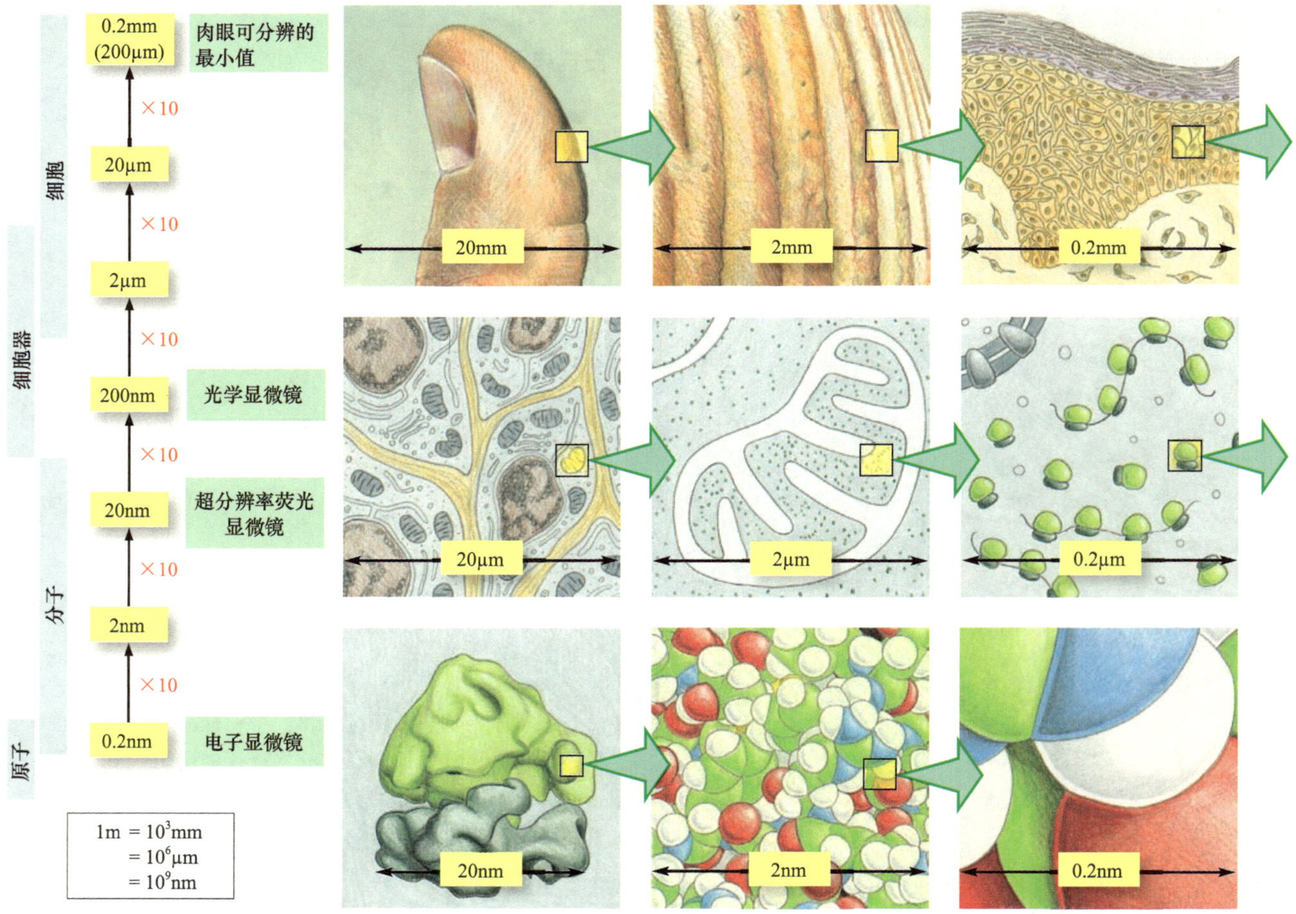

图 1-9　细胞及其组分有多大。(A) 该图列出了细胞及其组成部分的大小、测量它们的单位，以及看到它们所需借助的仪器。(B) 这些图画表示了从活细胞到原子的尺度。后面每一张图的放大倍数均是其前一张图的 10 倍。从拇指到皮肤、到皮肤细胞、到线粒体、到核糖体，直到蛋白质分子和形成它的一组原子。请注意，核糖体存在于线粒体内（如图所示）以及细胞质中。分子结构的细节（最后两个子图所示）超出了电子显微镜的分辨能力。

原核细胞

在显微镜下观察到的所有细胞类型中，细菌（bacterium）的结构最简单，简化到只保留了生命生存所必需的组件。实际上，除了核糖体，细菌不含其他任何的细胞器，甚至没有用来容纳 DNA 的细胞核。是否含有细胞核是对所有生物进行简单但根本的分类基础。细胞中有细胞核的生物称为**真核生物**（eukaryote，源自希腊语中的 *eu*，意思是“好的”或“真的”，以及 *karyon*，意思是“果核”或“核心”）。细胞中没有细胞核的生物被称为**原核生物**（prokaryote，源自 *pro*，意思是“之前”）。

原核生物通常为球状、杆状或者螺旋状（图 1-10）。它们很小，通常只有几微米，尽管其中一些大型物种能达到这个长度的 100 倍。原核生物在质膜外常围绕有坚韧的保护层或称细胞壁，质膜包围单独一区室，里面含有细胞质和 DNA。在电子显微镜下，细胞内部典型地呈现为不均一的基质，没有任何明显有组织的内部结构（图 1-11）。细胞通过一分为二的方式迅速繁殖。当条件合适、食物充足时，许多原核细胞可以在短短 20min 内完成一次自我复制。因此，在仅仅 11h 内，单个原核生物就可以产生超过 80 亿个后代（这一数字超过目前地球上的人口总数）。得益于数量大、增殖快，以及可以通过类似于有性生殖过程交换遗传物质的能力，原核细胞群体能够快速进化，迅速获得新的能力去利用新的营养来源或抵抗新型抗生素的灭菌作用。

在本节中，我们对原核生物世界进行了概述。尽管这些生物外观简单，但占据了各种各样的生态位，过着复杂的生活。我们还将介绍原核生物的两个不同类别：细菌和古细菌（单数为 archaeon，复数为 archaea）。尽管从结构上看，二者彼此难以区分，但古细菌和细菌之间的亲缘关系离得很远。

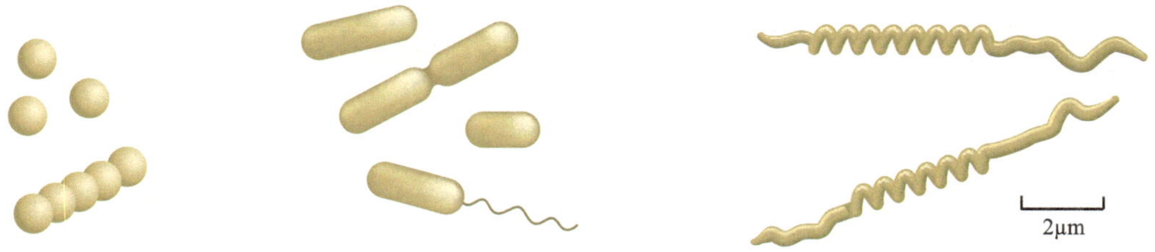

图 1-10　细菌有不同的形状和大小。典型的球菌、杆菌和螺旋菌（按比例绘制）。图中的螺旋形细胞是一种能引起梅毒的细菌。

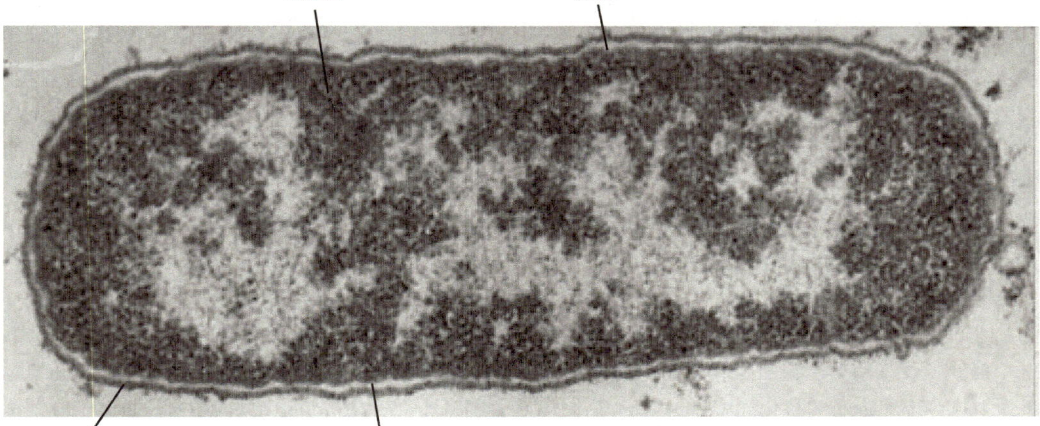

图 1-11　大肠杆菌（*E. coli*）是重要的模式生物。这里显示了其纵截面的电子显微照片；细胞的 DNA 集中在较浅染色的区域。可以看到大肠杆菌具有外膜和内膜（质膜），其间有薄的细胞壁。在这张显微照片中看不到分布在其表面上的多根鞭毛。（蒙 E. Kellenberger 惠赠。）

原核生物是地球上种类和数量最多的细胞

尽管有些原核生物会形成串、簇或其他有组织性的多细胞结构，但大多数原核生物都是单细胞。原核生物的形状和结构可能看起来简单且有限，但就化学方面而言，它们是地球上最多样化的细胞类型。它们开辟了大量的栖息地，从炽热的火山泥潭到其他生物细胞的内部，它们的数量远远超过地球上所有的真核生物。有些原核生物好氧，它们利用氧气氧化食物分子；有些原核生物严格厌氧，只要稍微接触到氧气就会被杀死。正如我们在本章后面讨论的，在真核细胞中线粒体（mitochondrium）是生产能量的细胞器，它被认为是从好氧细菌进化而来，这些细菌进入到今天的真核细胞的厌氧祖先体内生活并逐渐演化为线粒体。因此，我们自身基于氧的代谢活动可以被视为细菌活动的产物。

事实上，任何有机、含碳的材料，从木材到石油，都可以被一种或几种细菌当作食物。甚至一些原核生物可以惊人地完全依赖无机物质生活，它们可以从大气中的 CO_2 获取碳元素，从大气中的 N_2 获取氮元素，从空气、水和无机矿物中获取氧、氢、硫和磷等元素。有些原核细胞能像植物细胞一样进行光合作用（photosynthesis），利用太阳光的能量从 CO_2 产生有机分子（图 1-12）；另一些能从环境里无机物质的化学反应中获取能量（图 1-13）。在这两种情形下，原核生物用无机原料生产出其他生物体赖以生存的有机化合物，在地球上的生命系统中起到了独特而基本的作用。

植物也可以从阳光中捕获能量、从大气里的 CO_2 中获取碳。但是，没有细菌的帮助，植物不能从大气中捕获氮。正如我们后面将讨论的，几乎可以肯定，植物细胞中进行光合作用的细胞器即叶绿体（chloroplast）是从光合细菌进化而来，这种细菌在植物细胞祖先的细胞质中“安家落户”。因此，从某种意义上说，植物甚至依靠细菌进行光合作用。

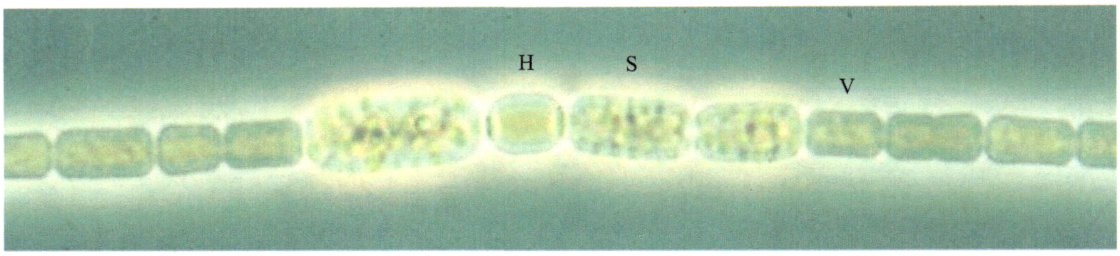

(A)

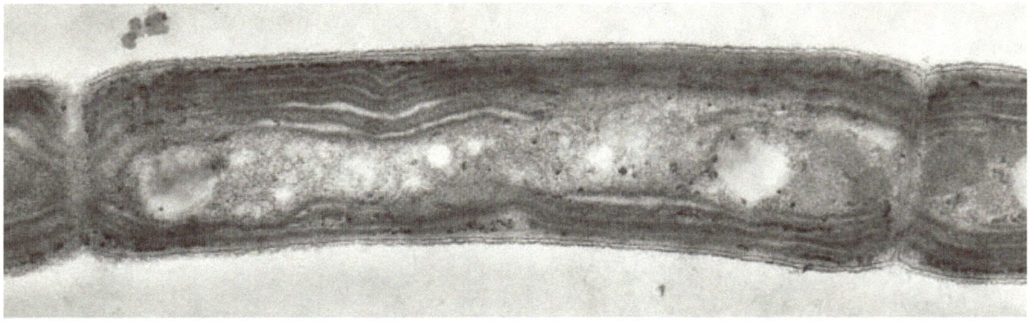

(B)

图 1-12 **进行光合作用的两种细菌。**(A) 柱孢鱼腥藻 (*Anabaena cylindrica*) 形成长长的多细胞链。光学显微镜下的照片显示固定氮(即从大气中捕获氮气并用其合成有机化合物)的特化细胞(标记为 H)、通过光合作用固定 CO_2 的特化细胞(标记为 V),以及在不利的条件下成为厚壁孢子的特化细胞(标记为 S)。(B) 分层席藻 (*Phormidium laminosum*) 的电子显微镜照片,显示它发生光合作用的细胞内膜。如这些照片所示,一些原核生物可以具有细胞内膜并形成简单的多细胞生物。(图 A 蒙 David Adams 惠赠;图 B 蒙 D.P. Hill 和 C.J. Howe 惠赠。)

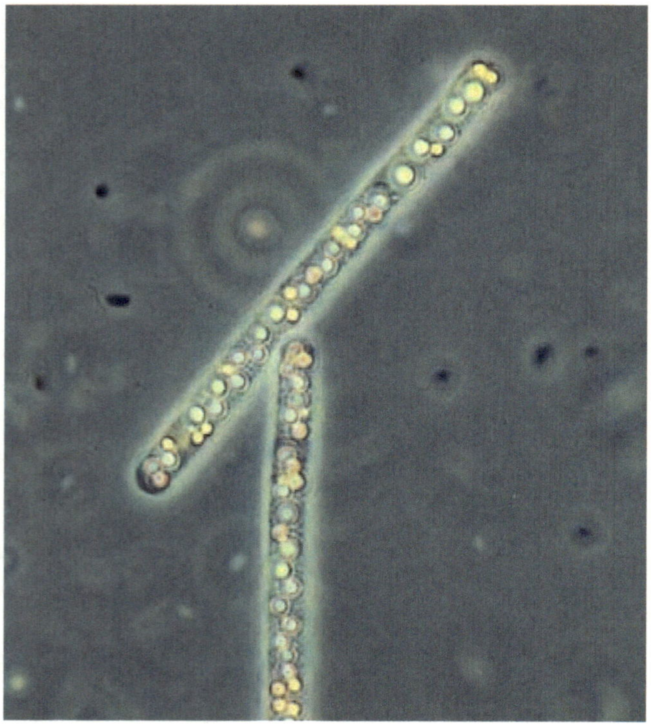

图 1-13 **硫细菌从 H_2S 中获取能量。**贝日阿托菌 (*Beggiatoa*) 是生活在含硫环境中的原核生物,它可以氧化 H_2S 产生硫,甚至在黑暗中也可以固定碳。在该光学显微镜照片中,可以在这两个细菌的内部看到黄色的硫沉积物。(蒙 Ralph S. Wolfe 惠赠。)

原核生物世界可分为两个域:细菌和古细菌

传统上认为所有原核生物都属于同一个大类。但分子生物学的研究已经证实,原核生物界中有一条鸿沟将其分为两个不同的域 (domain),即**细菌** (bacterium) 和**古细菌** (archaeon),二者有共同的原核祖先,大概在 35 亿年前开始出现不同。DNA 测序显示,这两个域在分子水平上的区别和它们与真核生物之间的差别一样大。我们日常生活中熟悉的大多数原核生物如那些生活在土壤中或使我们生病的种类,都是细菌。古细菌不仅存在于这些生境中,而且还存在于对其他大多数细胞来说过于恶劣的环境中:盐度很高的海水、酸性的火山热泉、缺少空气的深海沉积层、污水处理厂的淤泥、南极洲冰层的表面下以及牛胃中酸性的无氧环境(在牛胃里,它们分解摄入的纤维素并产生甲烷气)。这些极端环境中有许多类似于原始地球上一度存在的严酷条件,在大气变得富含氧气之前,生物首先从那里演化而来。

真核细胞

通常而言，真核细胞比细菌和古细菌更大，也更复杂。有些是独立生活的单细胞生物，如变形虫和酵母（图 1-14）；另一些则生活在多细胞聚集体中。所有比较复杂的多细胞生物，包括植物、动物和真菌，都是由真核细胞组成。

根据定义，所有真核细胞都具有细胞核。但在拥有细胞核的同时，一般也就拥有了其他各种细胞器，且这些细胞器大多数是膜封闭的结构，在所有真核生物中都很类似。在本节中，我们将从功能的角度来学习真核细胞中主要的细胞器，了解它们在真核细胞的生命活动中发挥了何种作用。

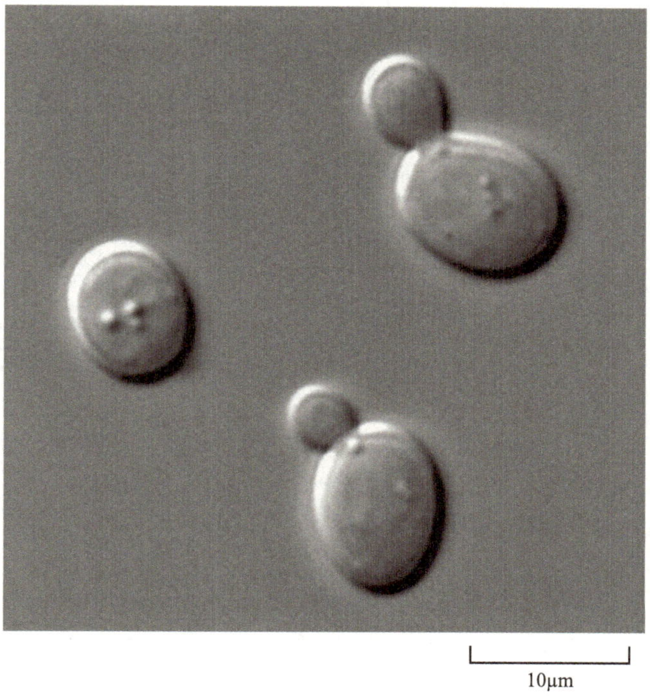

图 1-14　酵母是简单的、自由生活的真核生物。这张显微照片中显示的是一种酵母菌即酿酒酵母（*Saccharomyces cerevisiae*），常用于面团发酵或将麦芽汁转变成啤酒。从图中可以看出，细胞繁殖时先出芽，然后不对称地分裂为一个较大的母细胞和一个较小的子细胞，它们也由此被称为芽殖酵母。

细胞核是细胞的信息存储器

细胞核（nucleus）通常是一个真核细胞中最显而易见的细胞器（图 1-15）。细胞核由两层同心膜结构即**核被膜**（nuclear envelope）所包裹，其中含有 DNA 分子，它是一种极长的聚合物，可编码生物体的遗传信息。在细胞分裂为两个子细胞之前，这些巨大的 DNA 分子高度凝集，形

图 1-15　细胞核含有真核细胞中绝大部分 DNA。（A）这张典型的动物细胞图显示了其广泛存在的、由膜包被的细胞器系统。细胞核呈棕色，核被膜为绿色，细胞质（除细胞核外的细胞内部）为白色。（B）哺乳动物细胞中细胞核的电子显微镜照片。单条染色体不可见，因为在细胞分裂周期的这个阶段，DNA 分子呈线性分散在整个细胞核中。（图 B 蒙 E.L. Bearer 和 Daniel S. Friend 惠许。）

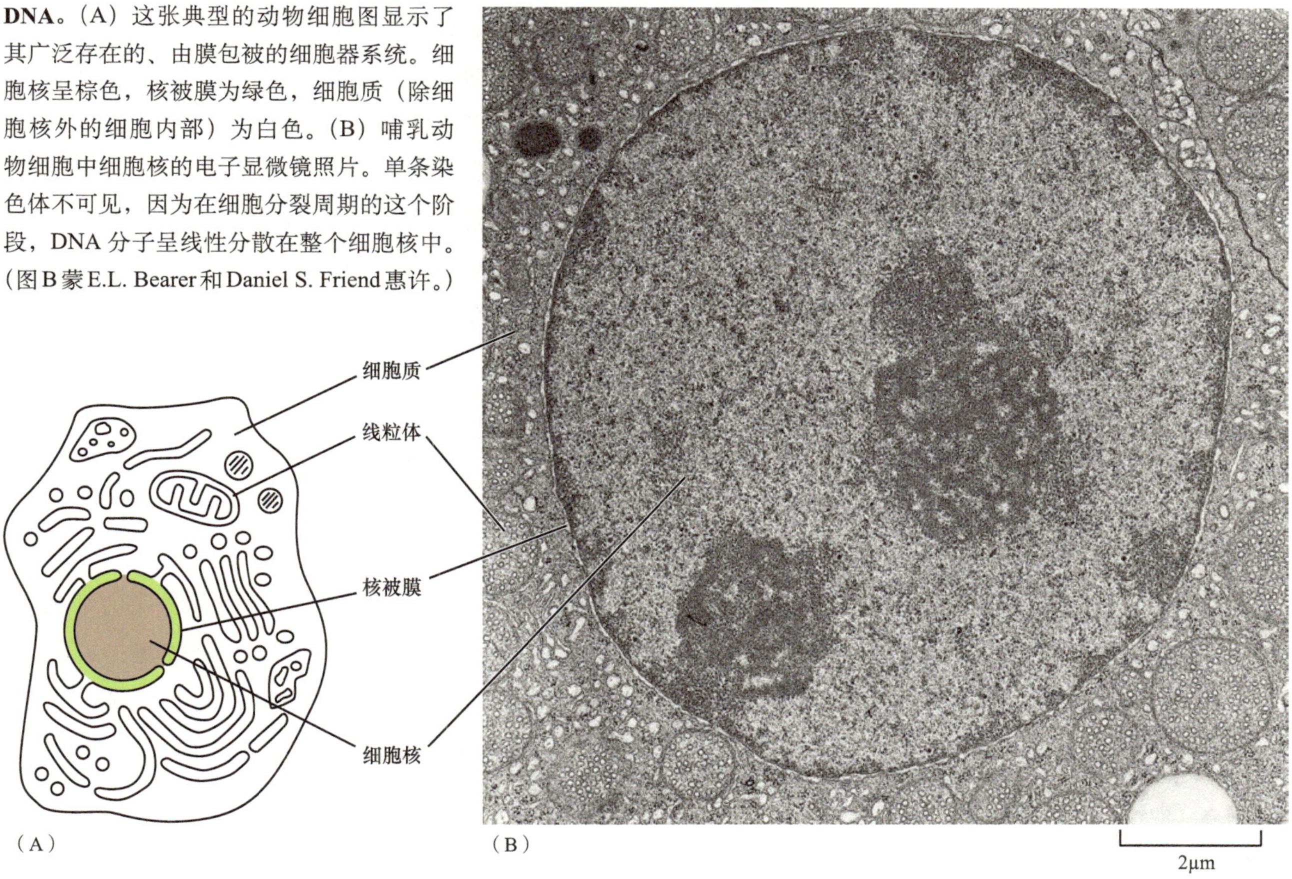

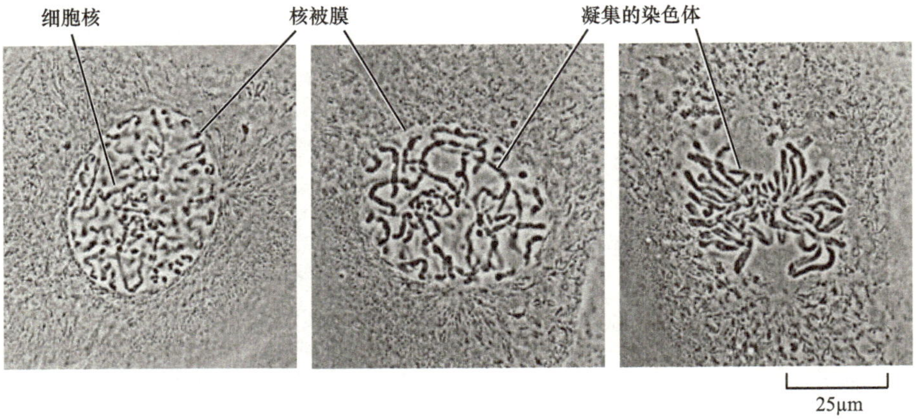

图 1-16 **当细胞即将分裂时，染色体变得清晰可见。**当真核细胞准备分裂时，其 DNA 分子逐渐变得更紧密（凝集），形成蠕虫状的染色体，可以在光学显微镜下将其分辨出来（参见图 1-5）。上图显示了一个体外培养的蝾螈肺细胞中染色体凝集的三个连续阶段；注意右边最后一张显微照片中，核被膜已经破裂。（蒙纽约奥尔巴尼的 Conly L. Rieder 惠赠。）

成光学显微镜下可见的**染色体**（chromosome）（图 1-16）。DNA 在原核细胞中同样携带遗传信息；原核细胞没有明显的细胞核，这并不是因为它们没有 DNA，而是因为不能将 DNA 包在核被膜内与其他胞内物质隔离开来。

线粒体利用食物分子产生能量

线粒体（mitochondrium）基本上存在于所有真核细胞，是细胞质中最明显的细胞器之一（参见图 1-8B）。在荧光显微镜下，它们呈现出蠕虫状的结构，并经常形成分支的网络（图 1-17）。在电子显微镜下，我们能观察到单个线粒体由两层独立的膜所包裹，内膜形成褶并伸展到线粒体内部（图 1-18）。

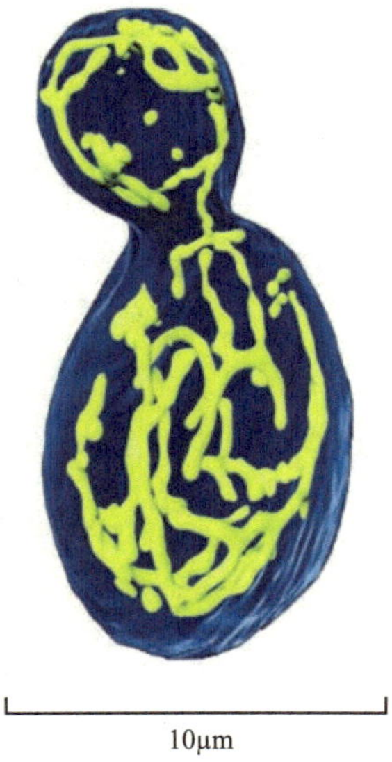

图 1-17 **线粒体的形状和大小各不相同。**在超分辨率共聚焦荧光显微镜下观察到的芽殖酵母细胞，其线粒体中含有绿色荧光蛋白。在该三维图像中，可以看到线粒体形成复杂的分支网络。（图引自 A. Egner，S. Jakobs，and S.W. Hell，*Proc. Natl. Acad. Sci. USA* 99：3370-3375，2002。蒙美国国家科学院惠许。）

然而，仅仅使用显微镜几乎无法观察到线粒体的功能。对它们功能的研究，可通过破碎细胞，然后在离心机中离心细胞碎片混合液来完成；这一处理能够根据细胞器的大小和密度分离细胞器，测试纯化的线粒体就能观察它们完成哪些化学过程。结果表明线粒体是细胞的化学能量发生器。它们利用来自食物分子（如糖）氧化作用产生的能量来产生腺苷三磷酸（adenosine triphosphate），即 ATP，这是一种为大部分的细胞活动提供动力的基本化学燃料。由于线粒体在此活动过程中会消耗氧气并释放出二氧化碳，因此整个过程被称为*细胞呼吸*（cell respiration），即细胞水平的呼吸。没有线粒体，动物、真菌和植物将无法利用氧气从它们的食物分子中获取所需的能量。细胞呼吸的具体过程将在第 14 章进行详细介绍。

线粒体含有自己的 DNA，并通过分裂来进行增殖。因为线粒体在很多方面与细菌相似，所以它们可能是从现今真核细胞某些祖先所吞噬的细菌演化而来（图 1-19）。真核宿主和被吞噬的细菌帮助彼此进行生存和繁殖，创造了一种*共生*（symbiotic）关系。

叶绿体从阳光中捕获能量

叶绿体（chloroplast）是在植物和藻类的细胞中发现的大型绿色细胞器；在动物或真菌的细胞中并不存在。这些细胞器的结构比线粒体更复杂：除了围绕它们的双层膜，它们内部还堆积着含绿色色素的膜结构即*叶绿素*（chlorophyll）（图 1-20）。

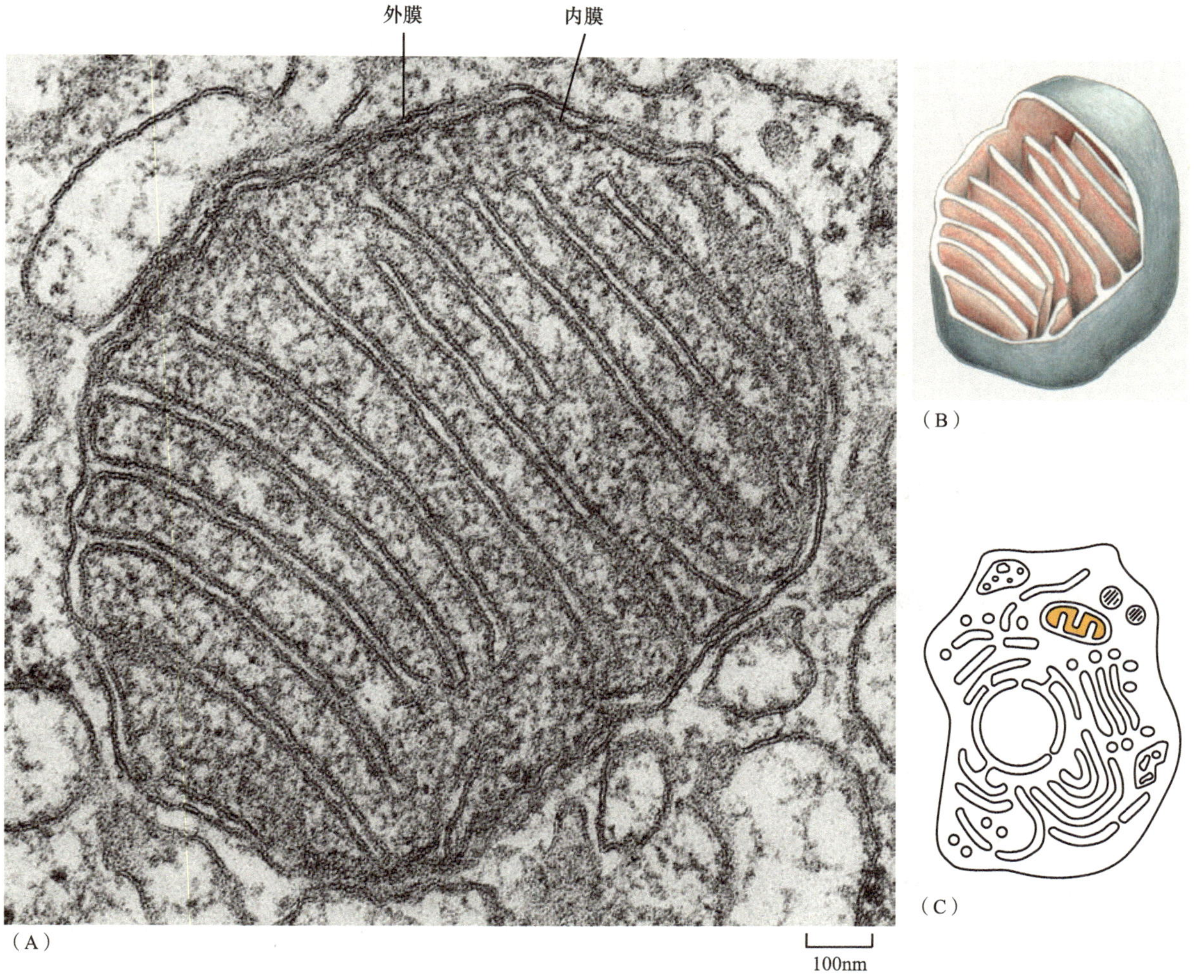

图 1-18　线粒体具有独特的内部结构。（A）线粒体横截面的电子显微照片显示其内膜存在大量折叠。（B）线粒体膜结构的三维示意图显示光滑的外膜（灰色）和高度卷曲的内膜（红色）。内膜含有负责真核细胞能量产生的大部分蛋白质；它的高度折叠为这种活动提供了表面积巨大的场地。（C）在该细胞示意图中，线粒体最内部的区域为橙色（图 A 蒙 Daniel S. Friend 惠赠，经 E.L. Bearer 许可）。

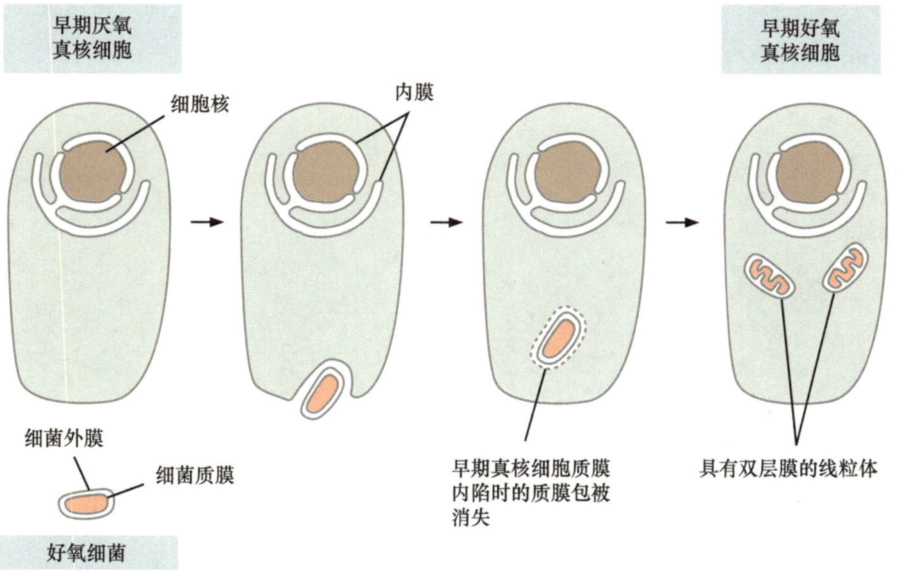

图 1-19　线粒体被认为是由被吞噬的细菌演化而来。几乎可以肯定的是，线粒体是从好氧细菌演化而来。这些细菌被由古细菌衍生而来的早期厌氧真核细胞吞噬并在其内部存活，与宿主共生。如该模式图所示，今天的线粒体双层膜结构被认为是来自吞噬细菌的细胞质膜和外膜，而来自吞噬它的宿主细胞的质膜最终完全丢失。

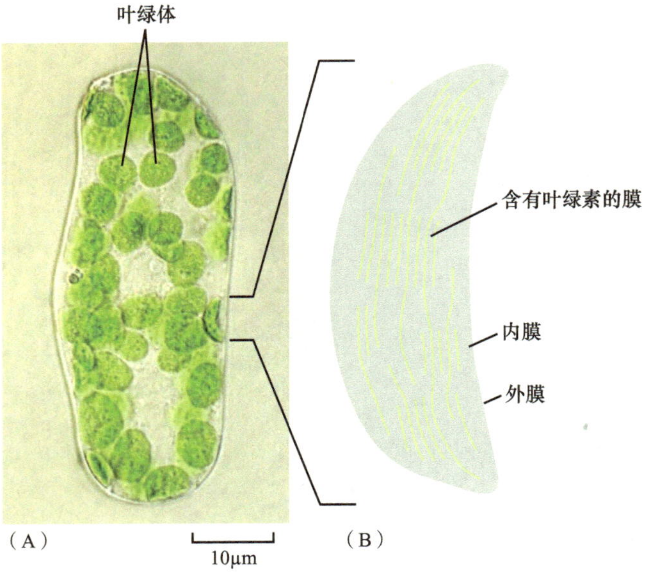

图 1-20 **植物细胞中的叶绿体捕获太阳光的能量。**（A）光学显微镜下观察到的从开花植物的叶片中分离的单个细胞，显示有许多绿色的叶绿体。（B）其中一个叶绿体的示意图，显示其内膜和外膜，以及高度折叠的内膜系统，其上有吸收光能的绿色叶绿素分子。（图 A 蒙 Preeti Dahiya 惠许。）

叶绿体可以进行**光合作用**（photosynthesis），它们在叶绿素分子中捕获太阳光的能量，并利用这种能量制造富含能量的糖分子，在该过程中，它们释放出作为副产物的氧气。当需要时，植物细胞可以提取这种储存的化学能，就像动物细胞一样，在线粒体中氧化这些糖及其分解产物。因此，叶绿体让植物能直接从阳光中获取能量，生产出线粒体产生 ATP 形式的化学能所需的食物分子和氧气。我们将在第 14 章讨论这些细胞器之间是如何协同工作的。

和线粒体一样，叶绿体含有自己的 DNA，通过一分为二来进行繁殖，并且也被认为是从细菌演化而来，是光合细菌被早期的好氧真核细胞吞噬的结果（图 1-21）。

内膜创建功能各异的细胞内区室

真核细胞内由膜包被的细胞器并非只有细胞核、线粒体和叶绿体，细胞质中含有大量被单层质膜包围的其他细胞器（参见图 1-8A）。其中大多数细胞器都具备输入细胞的"原材料"和输出细胞所产生的有用"制成品"或"废物"的能力（此内容将在第 12 章详细讨论）。

内质网（endoplasmic reticulum，ER）是由膜包被的、内部空间相连通的不规则迷宫状结构（图 1-22）。这种细胞器合成了大部分的细胞膜组分和细胞最终要排出胞外的物质，因此在那些专门用于分泌蛋白质的细胞中，内质网面积极大地扩展。**高尔基体**（Golgi apparatus）是由膜围成的扁平囊堆积构成（图 1-23），它修饰并组装在内质网中制造的蛋白分子，并将其分泌输出细胞或转运到细胞其他位置。**溶酶体**（lysosome）是小型的、形状不规则的细胞器，在其中进行着胞内分解作用，将营养从摄入的食物颗粒内释放到胞质溶胶中，并降解不需要的分子，用于胞内再循环或从细胞排泄出去。事实上，细胞内许多大大小小的分子一直在不断地被分解和重建。**过氧化物酶体**（peroxisome）是由膜包被的小囊泡，为许多反应提供了密封的环境，其中含有的过氧化氢可用于将有毒分子灭活。膜也形成各种类型的**转运囊泡**（transport vesicle），在一种与另一种膜被细胞器之间运输物质。所有这些膜包被的细胞器可见于图 1-24A。

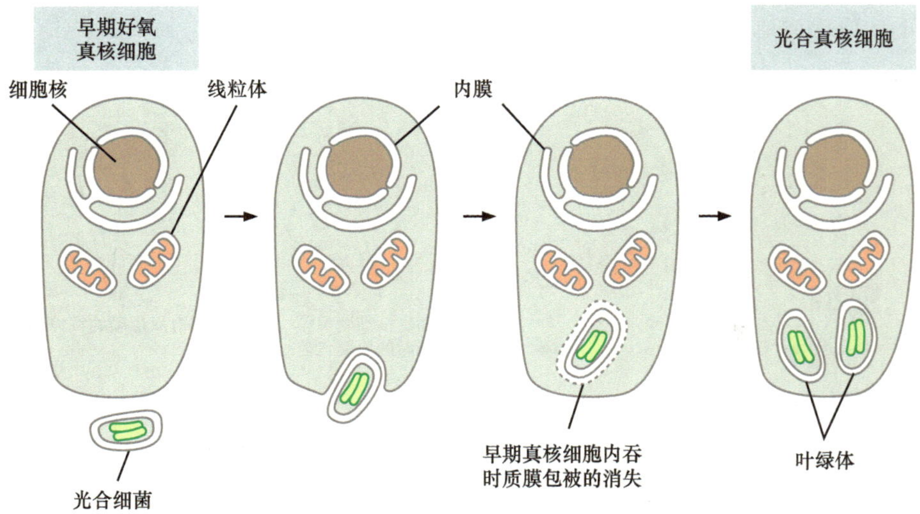

图 1-21 **几乎可以肯定叶绿体是由被吞噬的光合细菌演化而来。**这种细菌被认为是由已经含有线粒体的早期真核细胞摄入胞内。

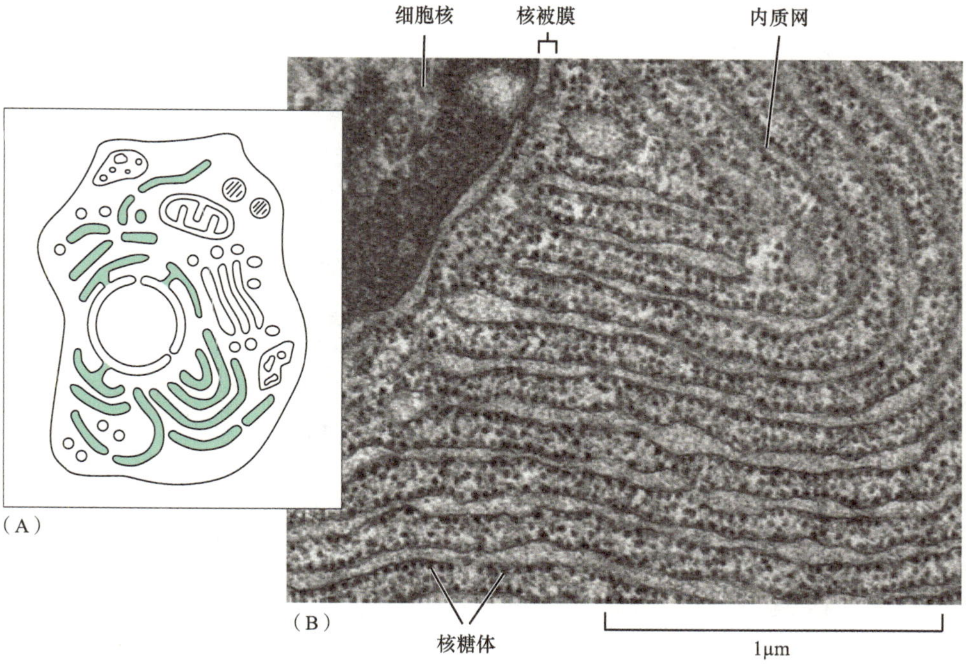

图 1-22　**内质网可生产真核细胞的多种组分。**（A）动物细胞的示意图，绿色部位为内质网（ER）。（B）来自哺乳动物胰腺细胞切片的电子显微镜照片，显示一小部分的内质网。该细胞中有大量不同类型的内质网，专门用于蛋白质的分泌。注意内质网的膜与核被膜相连。图中显示的内质网膜（和核被膜）区域的黑色颗粒是核糖体，可将 RNA 翻译为蛋白质。根据其外观，有核糖体的内质网通常被称为“粗面内质网”，以区别于没有核糖体结合的“光面内质网”。（图 B 蒙 Lelio Orci 惠赠。）

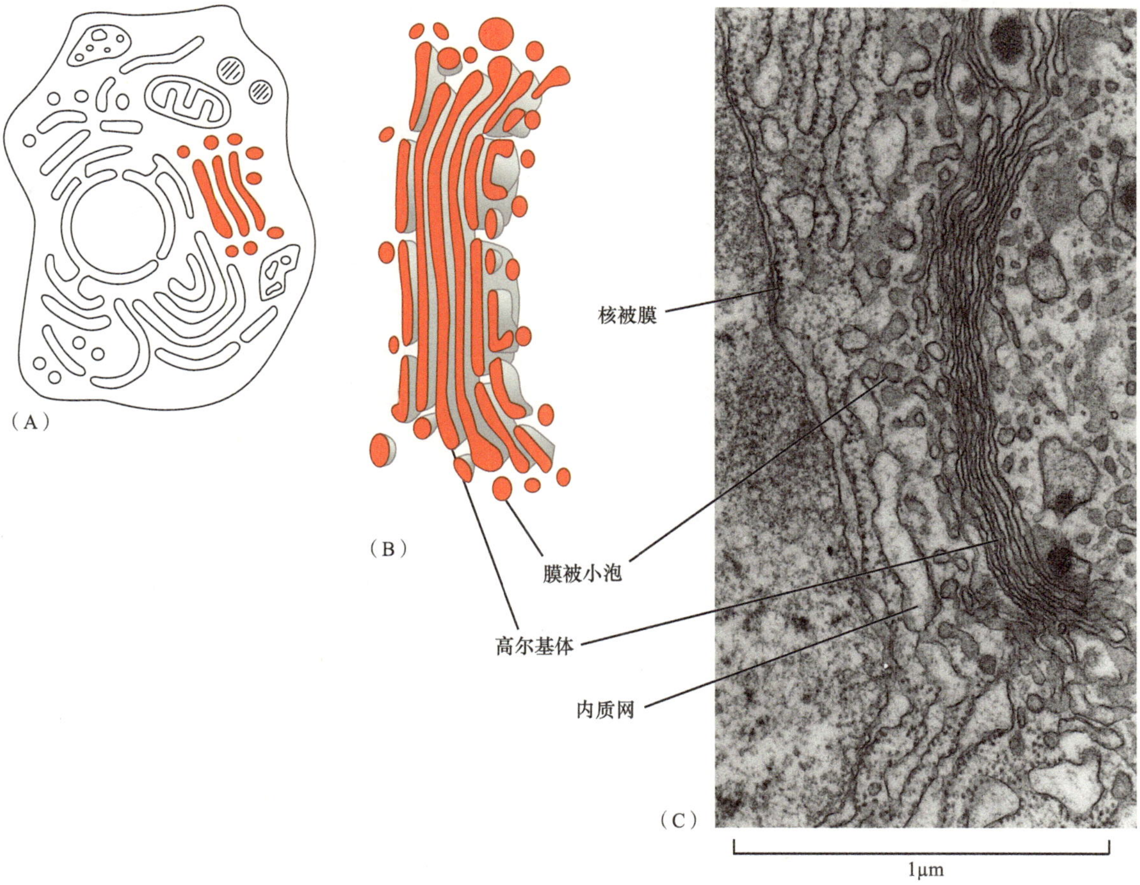

图 1-23　**高尔基体由膜封闭的扁平盘状结构堆叠而成。**（A）动物细胞的示意图，红色部分为高尔基体。（B）更加真实的高尔基体绘图。可以看到附近的一些囊泡已经从堆叠的高尔基体中突起并生成；其他一些则将要与它融合。此处仅显示了一个堆叠结构，细胞中可以有很多这样的结构。（C）典型动物细胞高尔基体的电子显微镜照片。（图 C 蒙 Brij L. Gupta 惠赠。）

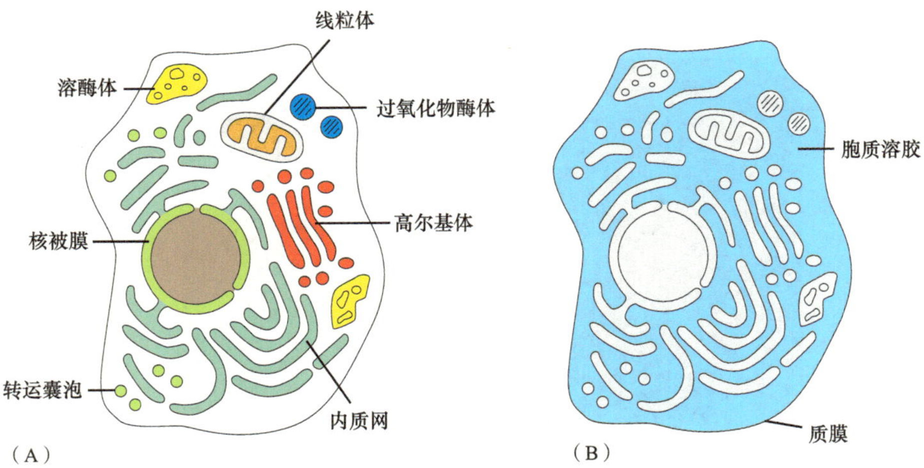

图 1-24　膜包被的细胞器在真核细胞细胞质的各处分布。（A）各种类型的膜包被细胞器（以不同颜色显示），各自专门执行特定的功能。（B）充满这些细胞器外部空间的细胞质称为胞质溶胶（蓝色）。

在内质网、高尔基体、溶酶体、质膜和细胞外部之间不断地进行着物质交换。交换是由转运囊泡介导；这些小泡从一个细胞器的膜上突起生成，并与另一个细胞器的膜融合，就像小肥皂泡从一个肥皂泡中生成并与另外的肥皂泡融合一样。例如，在细胞表面，质膜的一部分向内折叠并断开形成囊泡，囊泡把从胞外介质中捕获的物质运输到细胞内，这一过程称为胞吞作用（endocytosis）（图 1-25）。动物细胞可以通过胞吞作用吞噬非常大的颗粒，甚至是整个外来细胞。相反的过程称为胞吐作用（exocytosis），来自细胞内的囊泡与质膜融合并将其内容物释放到胞外介质中（参见图 1-25）；大多数用于细胞相互通讯的激素和信号分子通过胞吐作用从细胞中分泌出来。第 15 章详细讨论了膜包被细胞器如何将蛋白质和其他分子从真核细胞内的一个位置转运到另一个位置。

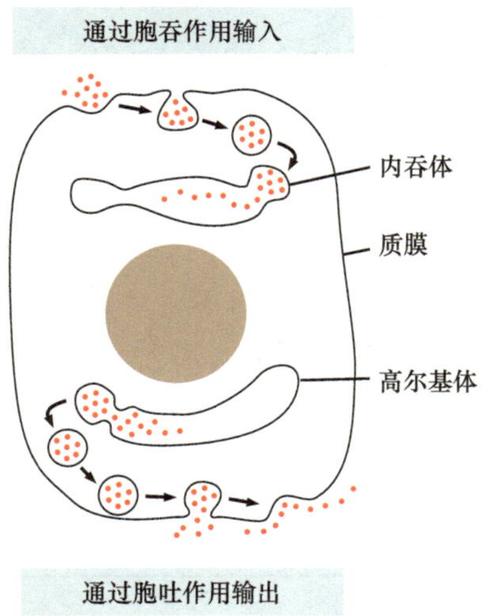

图 1-25　真核细胞通过其质膜持续不断进行胞吞和胞吐作用。通过胞吞作用，它们摄入细胞外的物质；通过胞吐作用，它们分泌细胞内的物质。胞吞的物质首先被运送到称为内吞体的膜包被细胞器（将在第 15 章中讨论）。

胞质溶胶是一种含有大小分子的浓缩水凝胶

如果我们剥掉一个真核细胞的质膜并去除它所有膜包被的细胞器，包括细胞核、内质网、高尔基体、线粒体和叶绿体等，将会留下**胞质溶胶**（cytosol）（图 1-24B）。换句话说，胞质溶胶是细胞质中不被细胞内膜所包住的部分。在大多数细胞中，胞质溶胶是最大的一个区室。它含有许多大大小小的分子，这些分子紧密地聚集在一起，使胞质溶胶更像一种水基凝胶而不是液体溶液（图 1-26）。

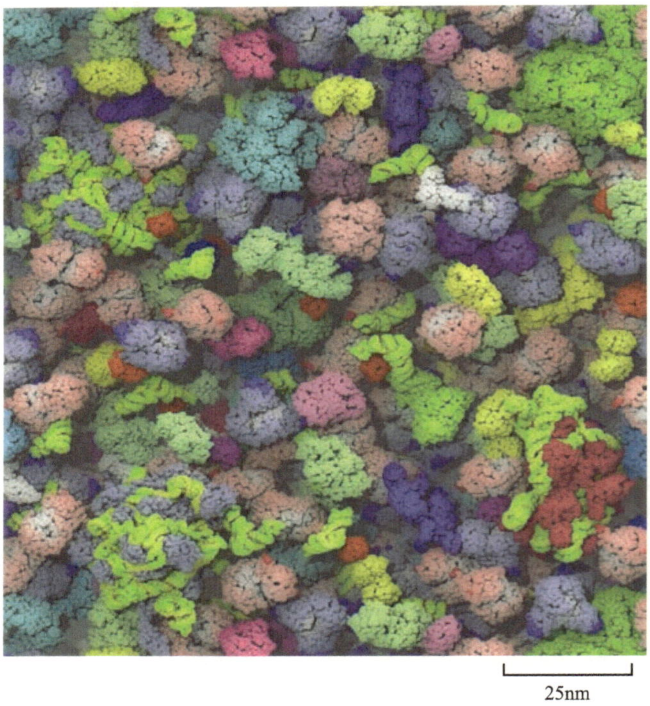

图 1-26　胞质溶胶非常“拥挤”。这张达到原子尺度细节的模式图，是根据大肠杆菌胞质溶胶中存在的 50 种最丰富的大分子的大小以及浓度绘制而成。其中的 RNA、蛋白质和核糖体以不同的颜色显示（视频 1.2）。（图引自 S.R. McGuffee and A.H. Elcock，*PLoS Comput. Biol.* 6：e1000694，2010。）

胞质溶胶是许多化学反应进行的场所，这些反应是细胞生存的基础。例如，营养分子降解的早期步骤发生在胞质溶胶中，并且大多数蛋白质是在这里由核糖体合成。

细胞骨架负责细胞的定向运动

胞质溶胶不只是化学物质和细胞器组成的无结构的“汤”。通过电子显微镜，人们可以看到，在真核细胞内，胞质溶胶分布有纵横交错的细长纤维。通常可以看到细丝的一端锚定到质膜上或从细胞核附近的中心部位向外辐射开来。这种纤维蛋白细丝系统称为**细胞骨架**（cytoskeleton），主要由三种纤维类型组成（图 1-27），其中最细的是肌动蛋白丝（actin filament）。所有真核细胞中都有丰富的肌动蛋白丝，在肌肉细胞中的含量最大，在那里它们作为核心部分负责肌肉的收缩。胞质溶胶中最粗的纤维称为微管（microtubule）（参见图 1-7B），因为它们具有细细的中空管道结构。在细胞分裂的过程中，微管被重新组织成壮观整齐的阵列，协助把复制后的染色体分开，并将它们平均分配到两个子细胞中（图 1-28）。粗细介于肌动蛋白丝和微管之间的是中间丝（intermediate filament），大多数动物细胞用它增加机械强度。这三种类型的蛋白质纤维与附着在其上的其他蛋白质形成一种“梁、索和马达”系统，赋予细胞机械强度，控制其形状，并驱动和引导其运动（视频 1.3 和视频 1.4）。

细胞骨架系统调控着细胞的内部组织及其外部特征，所以无论对于由坚硬的细胞壁包围的植物细胞，还是对于能够自由弯曲、伸展、游动或爬行的动物细胞来说，细胞骨架都是必需的。例如，在植物细胞中，细胞器（如线粒体）被驱使沿着细胞骨架的轨道在细胞内部稳定地流动（视频 1.5）。在分裂过程中，动植物细胞都依赖于细胞骨架将其内部成分一分为二后传给两个子细胞（参见图 1-28）。

细胞骨架在细胞分裂中的作用可能是其最古老的功能。甚至细菌也拥有一些与参与真核细胞分裂的细胞骨架蛋白远缘相关的蛋白质，在细菌中形成纤维并在细胞分裂中起作用。我们将在第 17 章详细探讨细胞骨架，在第 18 章讨论细胞骨架在细胞分裂中的作用，并在第 16 章中学习它对外界环境信号的响应。

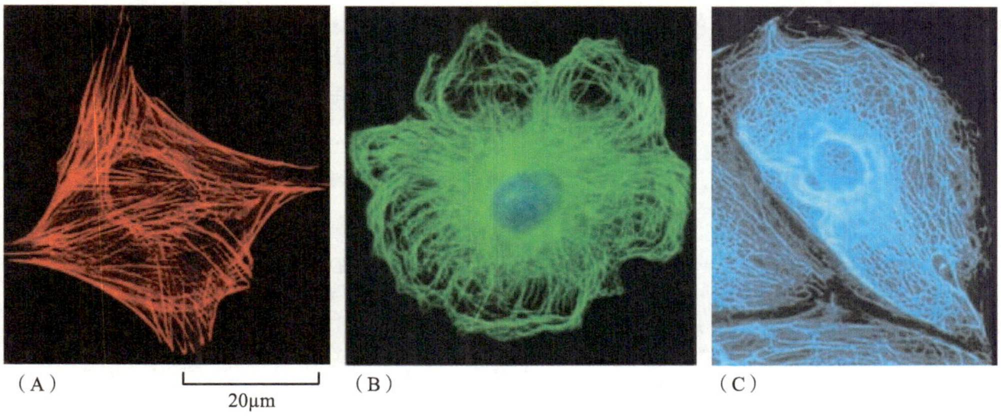

图 1-27　细胞骨架是一种在真核细胞质内纵横交错的蛋白质细丝网络。使用不同的荧光染料可以检测出三种主要类型的纤维。上图显示的是肌动蛋白丝（A）、微管（B）和中间丝（C）。在具有细胞壁的细胞（如植物细胞）中没有发现中间丝。（图 A 引自佛罗里达州立大学的 Molecular Expressions；图 B 蒙 Nancy Kedersha 惠赠；图 C 蒙 Clive Lloyd 惠赠。）

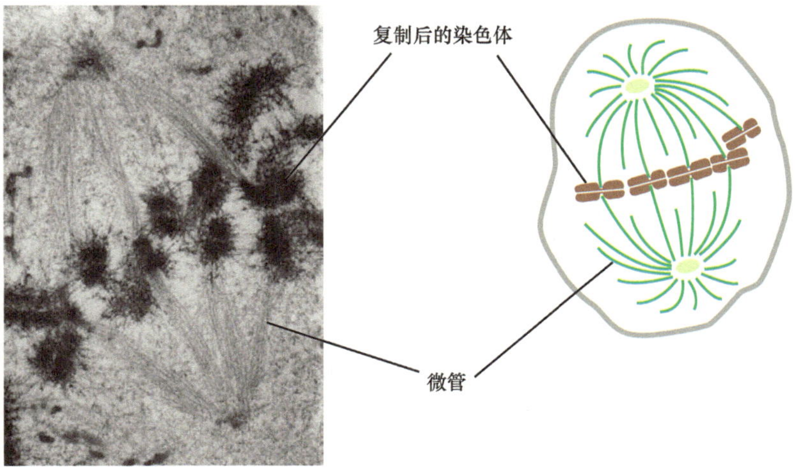

图 1-28　微管协助分配动物细胞中的染色体。透射电子显微镜拍摄的照片和示意图显示有丝分裂期间被复制的染色体附着于纺锤体微管上（将在第 18 章中讨论）。当细胞分裂时，核被膜破裂，DNA 凝集成可见的染色体，每条染色体都复制形成一对染色体且彼此相连，最终通过纺锤体微管将它们分离至两个子细胞中。另见图版 1-1。（显微照片蒙纽约奥尔巴尼的 Conly L. Rieder 惠赠。）

细胞质远非静止

细胞内部是不断运动的。细胞骨架是一个动态的“蛋白质绳索的丛林”，它们不断被捆绑聚集或被拆开；这些纤维可以在几分钟内被组装又消失。马达蛋白（motor protein）利用存储在 ATP 分子中的能量，沿着这些轨道和缆绳移动，带着细胞器或蛋白质在细胞质中运动，并能在几秒钟内横穿过整个细胞。此外，充满细胞空间的大大小小的分子进行来来回回的随机热运动，不断地相互碰撞或在拥挤的胞质溶胶中与其他结构碰撞。

当科学家最初在显微镜下观察细胞时，细胞内部的复杂性质和细胞结构的细节都很难被认识到；我们对细胞结构知识的累积经历了缓慢的过程。

表 1-1 列出了一些重要发现。此外，图版 1-2 总结了动物、植物和细菌细胞之间的主要差异。

真核细胞可能作为捕食者而起源

真核细胞通常长度是原核细胞的 10 倍，体积是原核细胞的 1000 倍（尽管每个种类存在巨大的差异）。它们还拥有一整套特征，包括细胞核、动态变化的细胞骨架、线粒体以及其他细胞器，这些特征使得它们与细菌和古细菌区别开来。

关于真核生物何时以及怎样进化出这些系统，这仍然是一个谜。尽管在地球生命历史的早期，真核生物、细菌、古细菌肯定就已经相互分离（将在第 14 章中进行讨论），但真核生物并不是在同一时间获得了它们所有的独特特征（图 1-29）。一种理论认为，真核细胞的祖先是捕食者，以捕捉和吞噬其他细胞为生。这种生活方式需要巨大的体积、柔韧的膜及细胞骨架来帮助细胞移动和进食。细胞核区室可能已经进化，用于保持 DNA 与周围那些在物理和化学上比较混乱的物质隔离开，以便更精细、更复杂地控制细胞读取其遗传信息。

这种具有细胞核和细胞骨架的原始真核细胞，很可能就是那种吞噬了自由生活耗氧细菌的细胞，而这些细菌可能就是线粒体的祖先（参见图 1-19）。这种合作关系大约是在 15 亿年前建立起来，那时地球的大气刚开始变得富含氧气。这些细胞的一部分种类后来通过吞噬光合细菌获得了叶绿体（参见图 1-21）。图 1-29 显示了关于这些内共生进化事件可能的历史过程。

表 1-1　决定细胞结构的历史性里程碑

1665 年	胡克（Hooke）使用原始显微镜描述软木片的小室，他称之为“细胞”
1674 年	列文虎克（Leeuwenhoek）报道他发现了原生动物；9 年后，他第一次看到细菌
1833 年	布朗（Brown）发表他对兰花的显微观察结果，清晰地描绘了细胞核
1839 年	施莱登（Schleiden）和施万（Schwann）提出细胞理论，指出有核细胞是植物和动物组织通用的结构单元
1857 年	克利克尔（Kolliker）描述肌肉细胞中的线粒体
1879 年	弗莱明（Flemming）非常清楚地描述了动物细胞有丝分裂过程中的染色体行为
1881 年	卡哈尔（Cajal）和其他几位组织学家发展了染色方法，揭示了神经细胞和神经组织的结构
1898 年	高尔基（Golgi）用硝酸银染色细胞，首次观察到并描述了高尔基体
1902 年	鲍维里（Boveri）通过观察有性生殖过程中的染色体行为，将染色体和遗传性联系起来
1952 年	帕拉德（Palade）、波特（Porter）和斯乔斯特（Sjostrand）开发了电子显微镜方法，首次看到许多细胞内结构。在这些技术的首批应用中，其中之一是赫胥黎（Huxley）指出肌肉含有蛋白质纤维系统——细胞骨架的第一个证据
1957 年	罗伯逊（Robertson）利用电子显微镜首次观察到细胞膜双层结构
1960 年	肯德鲁（Kendrew）使用 X 射线晶体学首次详细描述了一个分辨率达 0.2nm 的蛋白质结构（抹香鲸肌红蛋白）。佩鲁茨（Perutz）提出了一个较低分辨率的血红蛋白结构
1965 年	德·迪夫（de Duve）和他同事使用细胞组分分离技术从大鼠肝脏制剂中分离出过氧化物酶体、线粒体和溶酶体
1968 年	彼德兰（Petran）及其合作者制造出第一台共聚焦显微镜
1970 年	弗莱（Frye）和埃丁（Edidin）使用荧光抗体显示质膜分子可以在膜平面上扩散，表明细胞膜是流动的
1974 年	拉扎里季斯（Lazarides）和韦伯（Weber）使用荧光抗体染色细胞骨架
1994 年	查尔菲（Chalfie）及其合作者引入绿色荧光蛋白（GFP）作为标记，用来跟踪活细胞中蛋白质的行为
20 世纪 90 年代至 21 世纪	白兹格（Betzig）、黑尔（Hell）和莫尔纳尔（Moerner）开发了超分辨荧光显微镜技术，可以观察到传统光学显微镜或荧光显微镜无法分辨的生物小分子

图版 1-2　细胞结构

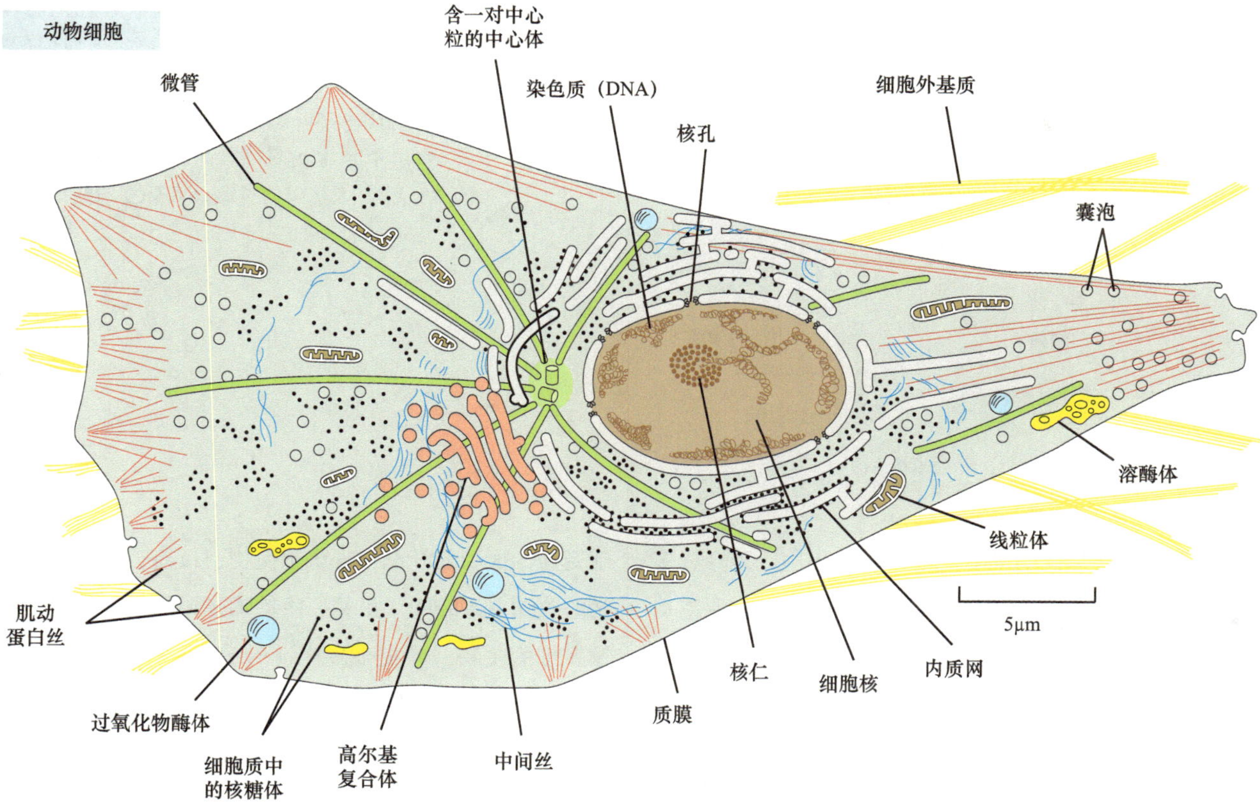

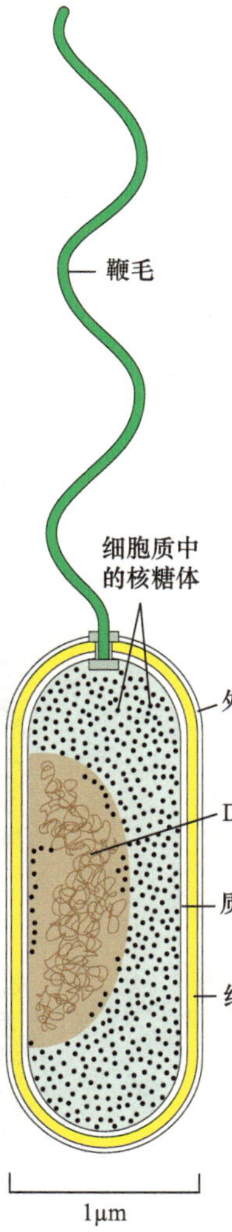

这里绘制了三种类型的细胞，比图 1-24 中的示意图更逼真一些。动物细胞的绘图基于成纤维细胞，这是一种存在于结缔组织中、产生大量胞外基质的细胞。图 1-7A 显示活体成纤维细胞的显微照片。植物细胞的绘图是典型的幼叶细胞。图中的细菌是杆状的，具有单根鞭毛以用于运动。注意比较它们的比例尺，细菌的尺寸相对较小。

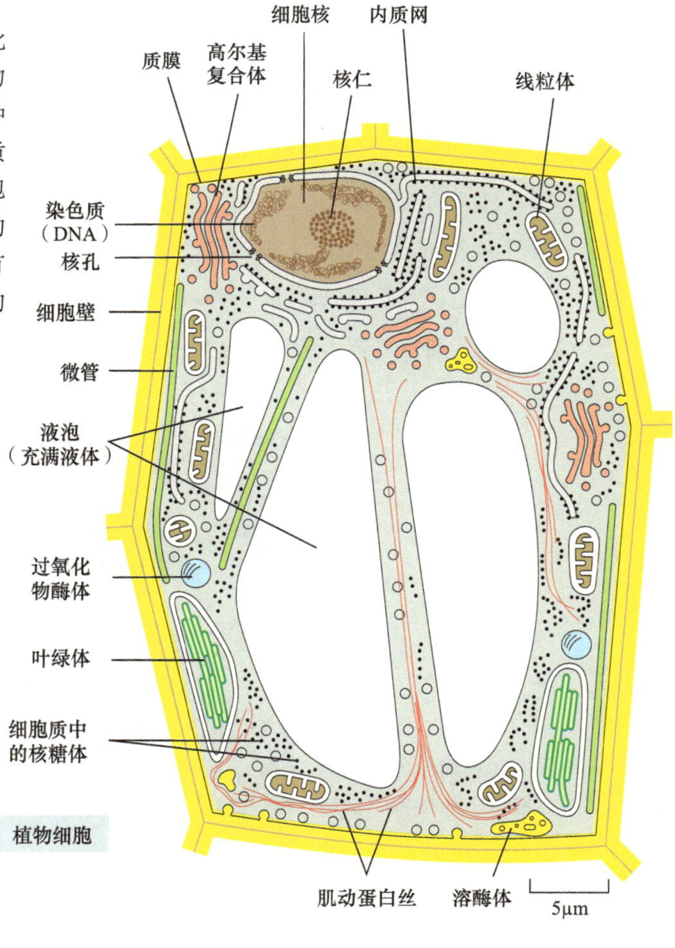

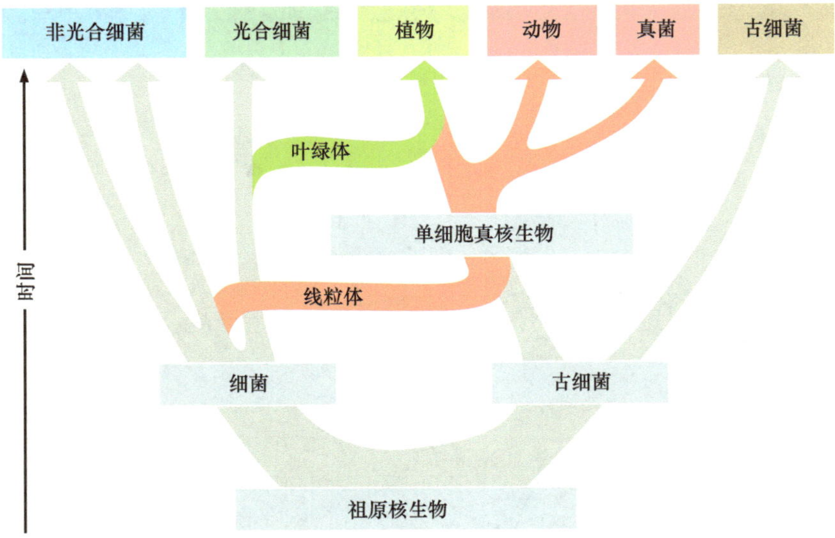

图 1-29　真核生物来自哪里。真核生物、细菌和古细菌的谱系在地球生命进化的早期（超过 30 亿年前）相互分离。一段时间后，真核生物获得了线粒体；后来，一部分真核生物获得了叶绿体。线粒体在植物、动物和真菌中基本相同，因此可以推断，线粒体是在大约 15 亿年前这些谱系分支前获得的。

单细胞真核生物可以捕食和吞噬其他细胞，现今许多的**原生动物**（protozoan）的行为可以证实这一点。原生动物是一类自由生活、可以运动的单细胞生物。例如，栉毛虫（*Didinium*）是一种相对比较大型的肉食性原生动物，直径约为 150μm（大约是普通的人体细胞的 10 倍）。它的身体呈球形，有两圈纤毛环绕，前端扁平，有一个吻状突起（图 1-30A）。栉毛虫通过摆动纤毛进行高速游动。当它遇到一个合适的猎物时（通常是其他类型的原生动物），它会从它的吻周围释放出许多可导致猎物麻痹的小飞镖。之后栉毛虫会附着在猎物细胞上，像空心球一样翻过来吞掉那个几乎和它一样大的细胞（图 1-30B）。

并非所有原生动物都是捕食者。它们有些是肉食性，有些可以进行光合作用；有些可以运动，有些也可以静止固着。它们的解剖结构通常复杂而精巧，包括感觉鬃、光感受器、摆动的纤毛、杆状附属物、口器、刺射器和肌肉状的收缩束等结构。虽然原生动物是单细胞，但它们可以像多细胞生物一样复杂多样（图 1-31）。通过研究这些迷人的生命形式，我们可以了解到许多最基本的细胞生物学知识。

模式生物

一切细胞都被认为是源自一个共同祖先，在演化中其基本属性是保守不变的。因此，从一种生物体的研究中获得的知识有助于我们理解包括人类自己在内的其他生物体。一些生物比其他生物更容易在实验室中被研究。有的生物繁殖迅速，便于进行遗传操作；有的生物是多细胞且透明的，因此可以直接在活体中观察其所有内部组织和器官的发育。基于上述原因，生物学家没有把精力分散到多

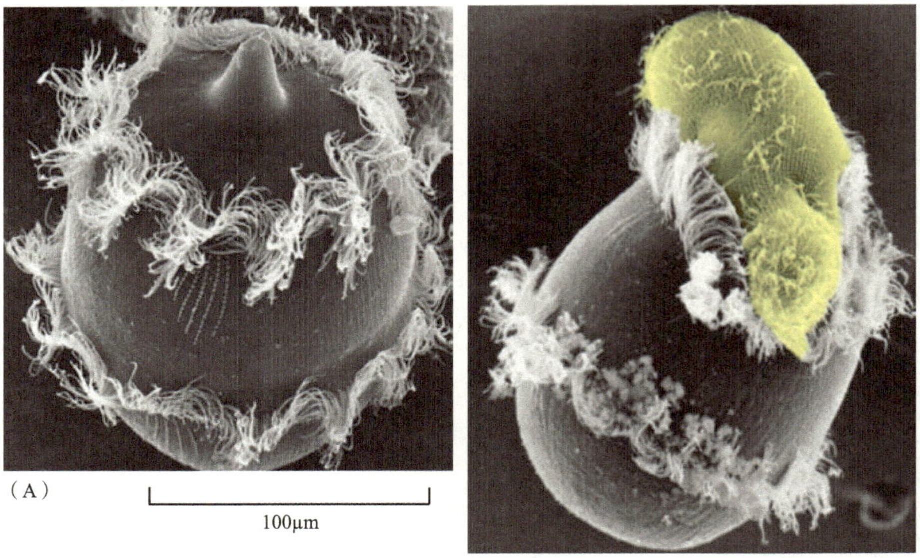

图 1-30　一种原生动物捕食另一种原生动物。（A）扫描电子显微镜下的栉毛虫，可见其环状的运动纤毛和顶部的吻状突起。（B）栉毛虫吞食一只草履虫（另一种原生纤毛虫），草履虫以黄色显示。（蒙 D. Barlow 惠赠。）

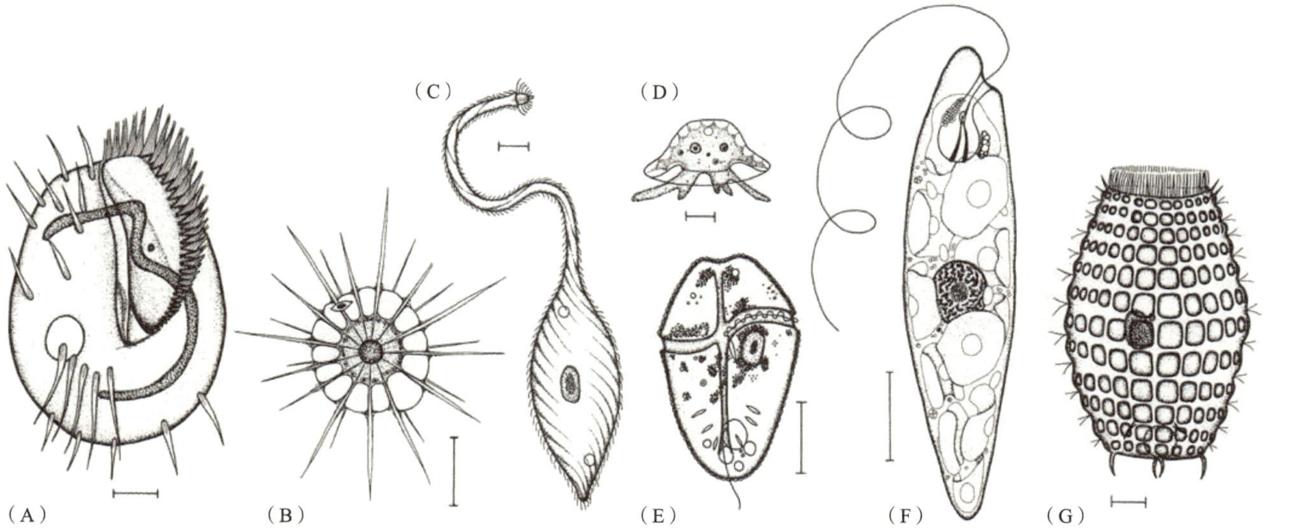

图 1-31　**各种原生动物示意图，显示这类单细胞真核生物巨大的多样性。**这些图按照不同比例绘制，但每个图中的比例尺都代表 10μm。(A)、(C) 和 (G) 中的生物是纤毛虫；(B) 是一种太阳虫 (heliozoan)；(D) 是变形虫 (amoeba)；(E) 是甲藻 (dinoflagellate)；(F) 是眼虫 (euglenoid)。运动中的眼虫见视频 1.6。因为这些生物只能借助于显微镜看到，所以它们也被称为微观有机体 (microorganism)。(引自 M.A. Sleigh, The Biology of Protozoa. London：Edward Arnold，1973。蒙 Edward Arnold 惠许。)

种不同的物种上，而是致力于研究一些特定的物种来获得知识和更深刻的理解。虽然这些代表性物种的名单正在日益增多，但科学家对其中一些物种的研究尤为广泛，这些年获得的研究知识在广度和深度上都有助于我们理解一切细胞的运作方式。在本节中，我们将分析其中一些**模式生物** (model organism)，综述它们每一种对细胞生物学研究的贡献，尤其是它们对研究人类健康的推进作用。

分子生物学家专注于大肠杆菌

相较于其他任何生物体，我们对大肠杆菌 (*Escherichia coli*，*E. coli*) 的分子机制了解得更为彻底 (参见图 1-11)。这种小型的杆状细菌通常生活在人以及其他脊椎动物的肠道中，它也可以在培养瓶中简单的营养液中快速生长繁殖。

我们对生命基本机制的大部分知识，包括细胞如何复制其 DNA 以及如何解码遗传指令来合成蛋白质，都来自于对大肠杆菌的研究。随后的研究也证实，这些基本过程的调控机制在人类自身细胞和大肠杆菌中是相同的。

酿酒酵母是一种简单的真核生物

科学家倾向于专注研究真核生物，因为人类自己就是真核生物。但人的细胞很复杂，而且复制缓慢。因此，为了获得真核生物的基础生物学知识，我们需要研究更简单的且具有代表性的生物，它们培养条件简单，成本廉价且繁殖迅速。通常的选择是将一种常被用于酿造啤酒和发酵面包的出芽酵母，即酿酒酵母 (*Saccharomyces cerevisiae*) 作为真核模式生物 (图 1-32)。

酿酒酵母是一种微小的单细胞真菌，它与动物的关系和它与植物的亲缘关系一样近。和其他真菌一样，它具有

图 1-32　**酿酒酵母 (*Saccharomyces cerevisiae*) 是一种真核模式生物。**这张扫描电子显微照片显示了多个以出芽方式分裂的细胞。图 1-14 为该物种的另一张显微照片。(蒙 Ira Herskowitz 和 Eric Schabtach 惠赠。)

坚硬的细胞壁，不太运动，具有线粒体而没有叶绿体。当营养充足时，酿酒酵母的繁殖速度几乎和细菌一样快；酵母执行了真核细胞生命活动所必须执行的所有基本任务，因此酵母的遗传和生化研究对于理解真核细胞中的许多基本机制至关重要，例如，细胞分裂周期中细胞核及细胞的其他成分被复制，并一分为二成两个子细胞等一系列事件。由于控制细胞分裂的机制在演化过程中高度保守，其中很多机制可以在酵母和人体细胞中互换（参见“我们是怎样知道的”栏目）。毫无疑问，连达尔文自己也会被这个演化保守性的例子所震惊。

拟南芥作为模式植物

我们周围所见到的植物和动物等大型多细胞生物看起来形态各异，但在演化起源和基本的细胞生物学机制方面，与微小的单细胞生物相比，植物和动物之间的关系更为接近。细菌、古细菌和真核生物在 30 多亿年前相互分离，但动植物和真菌仅在约 15 亿年前才开始分化，不同种类的开花植物之间分化的时间还不到 2 亿年（参见图 1-29）。

开花植物之间密切的演化关系意味着，我们可以通过详细分析一些合适的物种，来深入了解植物间通用的细胞和分子生物学知识。在当今地球上数十万种开花植物中，分子生物学家将目光集中在一株小小的野草上，即常见的十字花科植物拟南芥（*Arabidopsis thaliana*）（图 1-33）；拟南芥可以在室内大量种植，一株拟南芥可以在 8 ～ 10 周内产生大量后代。同时，拟南芥的基因在多种农作物中具有同源对应基因，所以，研究这种简单的野草，能帮助我们理解人类生活所依赖的农作物的发育和生理学特征，以及在地球上几乎每个生态系统中都占主导地位的开花植物物种的演化史。

模式动物果蝇、线虫、鱼和小鼠

在所有已命名的生物体中，多细胞动物占绝大多数，而在多细胞动物中，昆虫又占大多数。因此，小小的黑腹果蝇（*Drosophila melanogaster*）作为一种昆虫（图 1-34），理应在生物学研究中占据中心位置。经典遗传学的建立在很大程度上基于对这种昆虫的研究（将在第 19 章讨论）。80 多年前，对果蝇的遗传分析得出了明确的结论，即作为遗传单位的基因定位在染色体上。在更近的现代，果蝇

图 1-33　拟南芥（*Arabidopsis thaliana*）。一种墙角边常见的十字花科植物，这种小小的野草已成为植物分子和发育生物学家最喜爱的模式植物。（蒙 Toni Hayden 和 John Innes Centre 惠赠。）

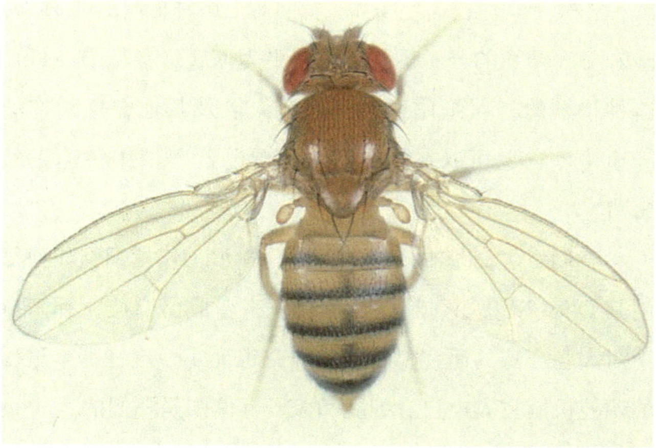

图 1-34　黑腹果蝇（*Drosophila melanogaster*）是发育生物学家和遗传学家最爱的模式动物。对小小果蝇的分子遗传学研究，已成为理解所有动物的发育的关键。（蒙加州理工学院档案馆 Edward B. Lewis 惠赠。）

生命的共同机制

所有生物都是由细胞组成，正如本章中所讨论的那样，所有细胞内部结构都基本相似：它们将遗传指令存储在 DNA 中，DNA 指导 RNA 的生成，RNA 再指导蛋白质的合成。蛋白质主要负责推动细胞中的化学反应，塑造细胞形状并控制细胞的行为。但是细胞之间以及它们所构成的生物体之间的这些相似性到底有多大？来自一个生物体的蛋白质是否可以与另一个生物体的蛋白质进行互换？例如，一种在细菌中可以分解葡萄糖的酶，将其放入酵母、龙虾或人类的细胞中，是否还能够分解同样的糖？从一个生物体到另一个生物体，那些复制和翻译遗传信息的分子机器，它们的功能是否等同？科学家进行了很多探索去寻求这些问题的答案，但最惊人的是来自在不起眼的酵母细胞上进行的研究。这些研究关注了生命最基础的过程之一，即细胞分裂，得出的结论最终震惊了整个生物界。

分裂与发现

所有细胞都源于其他细胞，现有细胞的分裂是产生新细胞的唯一途径。在增殖过程中，亲本细胞必须执行一系列有规律的反应程序，通过这些程序复制自己的内容物并一分为二。这个复制和分裂的重要过程，称为细胞分裂周期（或细胞周期），它受到了复杂且精细的调控。细胞周期中所涉及的任何蛋白质发生缺陷，都可能对细胞产生致命的后果。

幸运的是，对于生物学家来说，这种对关键蛋白质的严格依赖使得这些蛋白质易于被识别和研究。如果蛋白质对于某一过程是必需的，那么这个蛋白质的功能异常或缺失突变就可以阻止该过程的发生。通过鉴定分离细胞周期存在缺陷的突变体，科学家们就可以反过来发现控制细胞周期的这些蛋白质。

关于细胞周期突变体的研究在酵母中尤其成功。作为单细胞真菌，酵母在遗传研究中广受欢迎。它们和人类一样是真核生物，但小巧、简单、繁殖迅速，并且易于进行基因操作。那些在细胞分裂的能力方面存在缺陷的酵母突变体，帮助我们发现了许多控制细胞分裂周期的基因，即所谓的 *Cdc* 基因，并引导我们发现了这些基因及其编码蛋白质所发挥功能的详细机制。

保罗·纳斯（Paul Nurse）和他的同事用这种方法鉴定了粟酒裂殖酵母（*Schizosaccharomyces pombe*）中的 *Cdc* 基因，该酵母最初是从一种非洲啤酒中分离出并因此而得名。粟酒裂殖酵母呈杆状，通过其末端伸长而生长，并通过在菌体中间形成分隔来一分为二（参见图 1-1E）。研究人员在粟酒裂殖酵母中发现了 *Cdc* 基因家族的一个成员，他们将其命名为 *Cdc2*，该基因在细胞分裂过程中会引发几个关键事件，因而为细胞生存所必需。该基因突变失活后，酵母细胞会停止分裂。当重新给细胞提供正常的基因拷贝时，它们的繁殖能力也得以恢复。

很明显，用来自相同酵母、具有功能性的 *Cdc2* 基因替换粟酒裂殖酵母中有缺陷的 *Cdc2* 基因，可以修复损伤并使细胞正常分裂。但如果使用的是来自不同物种中类似的细胞分裂基因呢？这就是纳斯团队接下来要解决的问题。

近亲

酿酒酵母（*Saccharomyces cerevisiae*）是另一种酵母，是生物学家用于研究真核细胞工作机理的几种模式生物之一。酿酒酵母同样可被用于酿造啤酒，它通过出芽来分裂，小芽在母体上稳定地生长直到成熟后与母体分离（参见图 1-14 和图 1-32）。尽管酿酒酵母和粟酒裂殖酵母的分裂方式不同，但它们的工作机制都依赖于蛋白质相互作用的复杂网络。然而，一种酵母中的蛋白质可以代替另一种酵母中的同类蛋白质吗？

为了找到答案，纳斯和他的同事从野生型酿酒酵母中提取了 DNA，并将这种 DNA 引入温度敏感型的 *Cdc2* 基因突变的粟酒裂殖酵母细胞中；这种 *Cdc2* 基因突变的细胞在培养温度升高时不会分裂，但在引入酿酒酵母 DNA 后，他们发现一些突变的粟酒裂殖酵母细胞在高温下恢复了增殖的能力。当平铺在带有培养基的平板上，这种被“补救”的细胞可以不断分裂至形成肉眼可见的克隆，每个克隆中有数百万个酵母细胞（图 1-35）。进一步检查后，研究人员发现这些被“补救”的酵母细胞获得了携带有酿酒酵母 *Cdc2* 基因的 DNA 片段，这个基因也已经由李·哈特威尔（Lee Hartwell）及其同事在研究酿酒酵母细胞周期的过程中首先鉴定了出来。

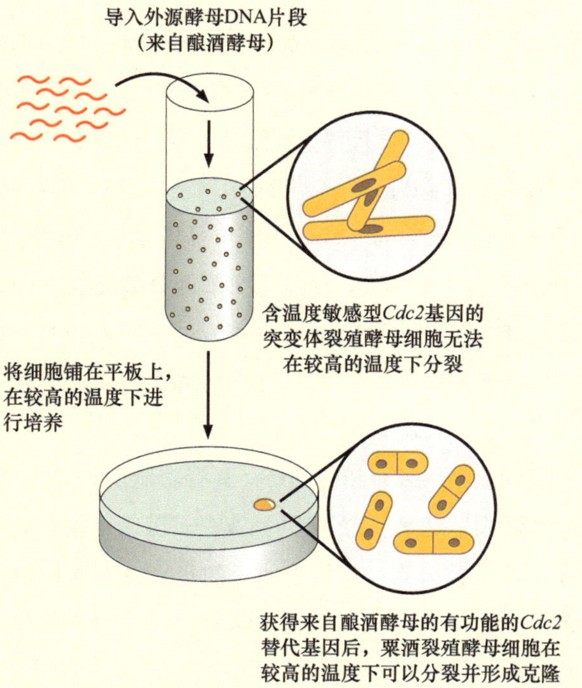

图 1-35 **粟酒裂殖酵母突变体中的细胞周期基因缺陷可以通过酿酒酵母中的对应基因进行拯救。**从酿酒酵母中收集 DNA 并打碎成大片段，将其导入粟酒裂殖酵母温度敏感型突变株中。温度敏感型突变株在室温下可正常分裂，但在较高的温度下 Cdc2 蛋白失活，细胞停止分裂。我们将在第 10 章讨论如何对 DNA 进行操作并将其转移到不同的细胞类型中。把转入 DNA 片段的酵母细胞铺在含有合适培养基的平板上在较高的温度下培养，这时少数转入携带 *Cdc2* 基因的外源 DNA 片段的细胞可以被拯救而能在平板上存活，并在较高的温度下正常分裂。

结果令人兴奋，但也许并不令人意外。毕竟，一种酵母与另一种酵母能有多大不同？所以纳斯团队使用来自更远属的 DNA 即人类的 DNA 重复了这个实验，进行了更严格的测试。他们得到的结果是一样的，人体内与粟酒裂殖酵母 *Cdc2* 同源的基因可以拯救突变的酵母细胞，使它们正常分裂。

基因阅读

这个结果令所有人都感到震惊，酵母和人类的祖先在大约 15 亿年前就发生了分支，很难相信这两种生物调控细胞分裂的方式会如此类似。但结果清楚地表明，人类和酵母蛋白不仅在功能上等同，而且纳斯及其同事证明，这些蛋白质的大小几乎完全相同，氨基酸组成也非常相似。在氨基酸序列上，人类 Cdc2 蛋白与酿酒酵母的 Cdc2 蛋白相似度高达 58%，与粟酒裂殖酵母的 Cdc2 蛋白相似度高达 63%（图 1-36）。纳斯和哈特威尔因其对细胞周期关键调控因子的研究而与蒂姆・亨特（Tim Hunt）（他发现了一种名为 cyclin 的细胞周期蛋白）共同获得了 2001 年的诺贝尔奖。

纳斯的实验表明，来自彼此非常不同的真核生物的蛋白质，可以实现功能互换，还表明在现存的每种真核生物中，细胞周期调控的方式都很类似。显然，在真核生物中那些协调细胞周期的蛋白质如此重要，以至于它们在超过 10 亿年的真核生物进化中几乎未变，高度保守。

这个实验也体现了另一个更为基础的论点，即拯救突变酵母细胞，不是通过直接注入人的蛋白质，而是通过引入一段人的 DNA。因此，酵母细胞可以正确地读取和使用该信息；这表明，在真核生物中，细胞与细胞之间甚至生物体到生物体之间，用于读取 DNA 编码的信息的分子机器也是相似的。酵母细胞具有翻译人类基因编码的指令信息所需的全套设备，并使用该信息指导产生出具有完整功能的人类蛋白质。

对于酵母细胞的研究为人类生物学提供了重要的见解，除了 *Cdc2* 的故事，还有成千上万个类似的例子。尽管这听起来似乎有些矛盾，但改善人类健康最快捷、最有效的途径通常始于对简单生物（如酿酒酵母或面包酵母）生命机制的详细研究。

人类	…FGLARAFGIPIRVYTHEVVTLWYRSPEVLLGSARYSTPVDIWSIGTIFAELATKLPLFHGDSEIDQLFRIPRALGTPNNEVWPEVESLQDYKNTFP…
粟酒裂殖酵母	…FGLARSFGVPLRNYTHEIVTLWYRAPEVLLGSRHYSTGVDIWSVGCIFAENIRRSPLFPGDSEIDEIFKIPQVLGTPNEEVWPGVTLLQDYKSTFP…
酿酒酵母	…FGLARAFGVPLRAYTHEIVTLWYRAPEVLLGGKQYSTGVDTWSIGCIFAEHCNRLPIFSGDSEIDQIFKIPRVLGTPNEAIWPDIVYLPDFKPSFP…

图 1-36 **酵母和人类的细胞分裂周期蛋白的氨基酸序列非常相似。**绿色阴影表示人类、粟酒裂殖酵母和酿酒酵母中的 Cdc2 蛋白氨基酸序列的相同之处。每个氨基酸由单个字母表示。

比任何其他生物都更好地向我们展示了 DNA 分子编码的遗传指令是如何指导受精卵细胞（合子，zygote），以一种精确且可预测的方式，发育成拥有大量不同细胞类型的成体多细胞生物的。那些器官异常定位或异常排列的果蝇突变体为科学家提供了线索，用以鉴定那些负责建立正常身体结构的基因，包括负责肠、翅、腿、眼及其他所有零部件全部长在其正确位置的基因。这些基因通过复制传递给身体的每个细胞，规定了细胞在与其“姐妹”或“表兄弟”之间信息交流过程中的角色，从而控制这些细胞建造出正确的身体结构（我们在第 8 章中还会再次讨论这些控制的具体机理）。更重要的是，果蝇调控发育的基因与人类的基因非常相似，远比人们从两个物种的外观上所预测的更相似。因此，果蝇是研究人类发育以及许多人类疾病的遗传基础的一个有价值的模型。

另一种被广泛研究的模式动物是秀丽隐杆线虫（*Caenorhabditis elegans*）（图 1-37），它与那种危害农作物根部的线虫属于近亲，但是无害。它比果蝇更小，身体更简单。线虫从受精卵细胞开始，精确地发育为成年虫体的 959 个细胞（再加上不同数目的卵子和精子细胞），这种规律性对动物而言并不多见。细胞根据严格、可预测的规律进行分裂、运动和分化，科学家现在已经对线虫发育过程中的事件顺序进行了详细描述，而且，大量的突变体可用于研究线虫基因如何指导这种精巧的发育过程。秀丽隐杆线虫和果蝇一样，已被证明是一种重要的模式生物，可用于研究我们自身体内很多的发育过程。人类大约 70% 的基因在线虫中具有对应的同源基因。例如，通过对线虫发育的研究，科学家详细理解了细胞凋亡（apoptosis）的分子机制（细胞凋亡是动物处理过剩细胞的一种程序性细胞死亡过程，将主要在第 18 章进行讨论）。这类研究对于理解癌症的发生机制也非常重要，这一点我们将在第 20 章进行讨论。

斑马鱼（zebrafish）这种动物为我们在分子层面上了解脊椎动物的发育过程提供了很大帮助（图 1-38A）。斑马鱼在其生命的最初两周身体是透明的，所以它提供了一个理想的系统，可用于在活体上观察动物发育过程中的细胞行为（图 1-38B）。

图 1-38　斑马鱼（zebrafish）作为模式动物广泛用于研究脊椎动物发育。（A）斑马鱼个体较小，生命力顽强，很容易繁殖和饲养，是许多家庭水族箱中的主角。（B）斑马鱼的胚胎透明且在母体外发育，很容易在活体内观察发育过程中细胞的移动和特征的改变，因此它们是发育学研究的理想模型。这张 2 日龄的胚胎图像是由共聚焦显微镜所拍摄，绿色荧光蛋白标记了发育中的淋巴管，红色荧光蛋白标记了发育中的血管；两个荧光标记重合的区域呈现黄色。（图 A 蒙 Steve Baskauf 惠赠；图 B 引自 H.M. Jung et al.，*Development* 144：2070-2081，2017。）

哺乳动物是最复杂的动物。长期以来，小鼠被作为模式生物用于研究哺乳动物遗传、发育、免疫，以及细胞生物学机制。得益于现代分子生物学技术，生物学家可以对小鼠中任意基因进行特定的突变，或者将人工构建的基因引入小鼠中（我们将在第 10 章中进行讨论），通过这种方式检测目标基因是否必需以及它如何发挥功能。人类几乎所有的基因都在小鼠中有对应的同源基因，它们有相似的

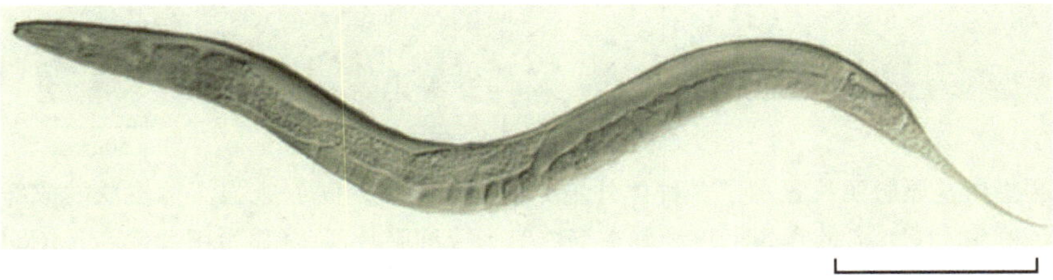

图 1-37　秀丽隐杆线虫（*Caenorhabditis elegans*）。这是一种通常生活在土壤中的小型线虫，它们大多数是雌雄同体，可同时产生精子和卵子（后者可透过体表皮肤看到）。秀丽隐杆线虫是第一个完成基因组测序的多细胞生物。（蒙 Maria Gallegos 惠赠。）

DNA 序列和功能。因此，小鼠已被证明是一种优秀的模式动物，可用于研究那些在人类的健康及致病过程中重要的基因。

生物学家也直接研究人类和人体细胞

人类毕竟不是小鼠，也不是斑马鱼、果蝇、线虫或者酵母，因此许多科学家也在研究人类自己。与细菌或酵母类似，我们的个体细胞可以分离出来并在培养皿中培养，由此科学家可以研究它们的生物学功能，并进一步探索是何种基因控制了其功能。只要有适当的条件，人类许多类型的细胞（事实上，动物或植物的很多细胞也是如此）可以在培养皿中生长、繁殖并表现出特定的属性。使用这种培养细胞完成的实验称为体外（*in vitro*，字面意思“在试管中”）实验，与之相反的那些在完整生物体中进行的实验称为体内（*in vivo*，字面意思“在活体中”）实验。

尽管不是绝对，但许多类型的细胞，包括从人体获得的细胞，在培养皿中生长时仍继续表现出与其来源相一致的分化特性：成纤维细胞，是结缔组织中主要的细胞类型，在体外可以持续分泌蛋白质并形成细胞外基质；来自胚胎的心肌细胞，在培养皿中仍然可以自发收缩；神经细胞，其轴突可以延伸并与其他神经细胞发生功能性连接；上皮细胞连接在一起形成连续的片层状，就像它们在体内的状态一样（图 1-39 和视频 1.7）。培养的细胞是维持在人为控制的环境条件下，所以可以以通常在体内不可能的方式对它们进行研究。例如，在细胞的培养基中加入某种激素或生长因子，我们可以容易地研究这些信号分子对细胞形态或功能的影响。特别是某些人类胚胎细胞可被诱导分化为多种细胞类型，并可进一步自发组装成类似于正常器官（如眼睛或大脑）的器官样结构。这些类器官可用于研究发育过程，以及它们在某些人类遗传疾病中产生异常的原因（在第 20 章中讨论）。

除了在培养皿中研究人类细胞外，我们还可以直接开展人类临床研究。医学界的兴趣推动了很多关于人类生物学的研究，人类种群的医学数据库也十分庞大。尽管人类任何一个基因理论上都可能发生突变，但致病性突变还是相当罕见，科学家对这些罕见致病性突变的后果进行了详细的记录。这是因为人类在动物界中拥有独特的地位，从没有其他任何一个物种像人类这样，对高达数十亿的个体进行细致地检查、描述和研究，报告并记录自己物种的遗传缺陷。

尽管如此，我们对未知领域的探索任务仍然艰巨。哺乳动物的身体由数千亿个细胞组成，非常复杂。人们可以了解一条鱼或一只老鼠，但要搞清楚小鼠受精卵中的 DNA 如何使一个受精卵发育成小鼠，或者人类卵细胞的 DNA 是如何指导人类卵细胞发育为一个人而不是一只老鼠，这项任务仍然相当困难。然而，分子生物学的发现给这项任务带来了解决的办法。像很多其他时候一样，这种新的希望来自于人们认识到一种动物的基因在多数其他类型的动物中都具有类似的对应物，并明显地发挥着相似的功能（图 1-40）。我们都演化自一个共同的祖先，本质上我们也共享相同的分子机制。因此，果蝇、线虫、斑马鱼、小鼠和人类为我们提供了一把钥匙，用于理解动物发育及它们的细胞如何工作的共同机制。

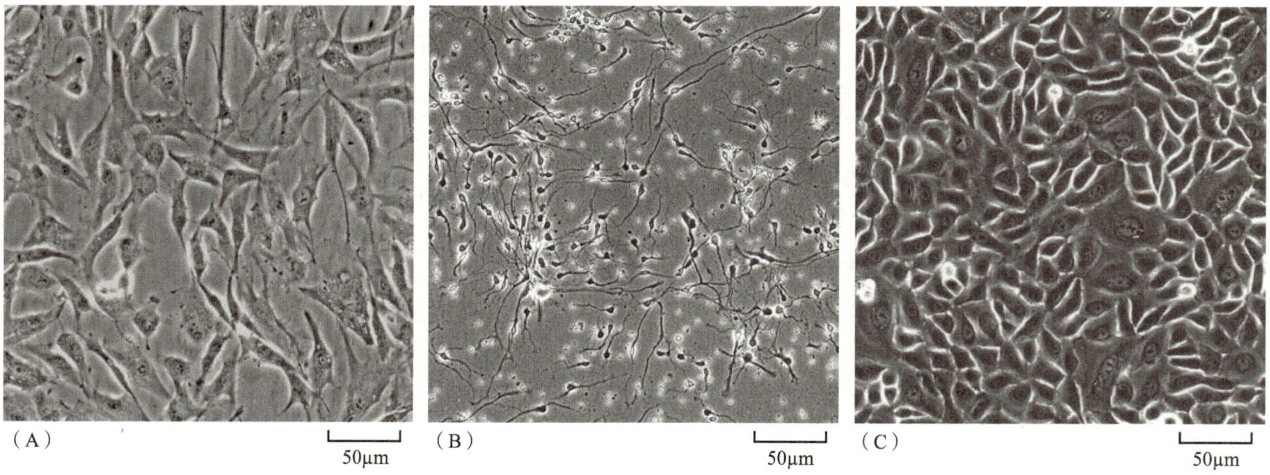

图 1-39　培养细胞通常反映出其来源的属性。这些相差显微照片显示了多种体外培养的细胞类型。（A）来自人体皮肤的成纤维细胞。（B）人类神经元在体外培养时彼此建立联系。（C）人的宫颈上皮细胞在培养时形成细胞片层。（显微照片蒙 ScienCell Research Laboratories，Inc. 惠赠。）

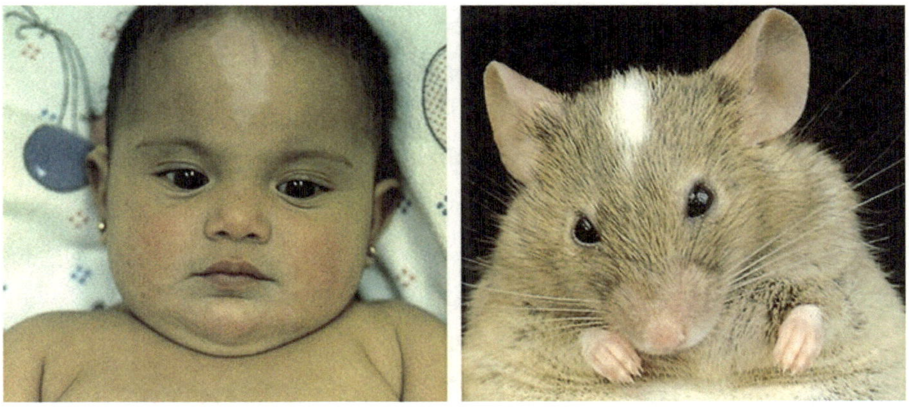

图 1-40　**不同的物种具有相似的基因。**右图展示的人类婴儿和小鼠的额头上有着非常相似的白色斑块。这是因为二者的 *Kit* 基因都有缺陷，*Kit* 是一些皮肤色素细胞正常发育、迁移和维持必需的基因。（图引自 R.A. Fleischman，*Proc. Natl. Acad. Sci. USA* 88：10885-10889，1991。）

基因组序列比对揭示出生命共同的遗传特征

在分子水平，演化上的变化非常缓慢。我们可以看到，当今生物的许多特征在地球上的保存时间超过了 30 亿年，这大约是宇宙年龄的 1/5。这种演化上的保守性为分子生物学研究奠定了基础。因此，为了给之后章节设定一个背景，我们将通过更多地讨论所有生物之间的家族性联系和不同生物的基本相似性来结束本章。技术的进步有力地阐明了这个主题，我们现在已经能够确定数千种生物包括我们人类自己在内的完整基因组序列（更多细节将在第 9 章中详细讨论）。

当我们查看一个生物的基因组时，我们需要首先关注的是它的基因组大小以及它的总 DNA 中包含了多少个基因。原核生物几乎没有冗余的遗传物质，它们充分利用每个核苷酸，将大量信息塞入其相对较小的基因组中。例如，大肠杆菌所有的基因都包含在一个环状双链 DNA 分子中，该分子是由 460 万核苷酸对和 4300 个蛋白质编码基因组成（我们主要关注编码蛋白质的基因，因为它们特征性明显，数量也是确定的。我们将在第 9 章中讨论如何统计基因数量）。已知的最简单的细菌只含有约 500 个蛋白质编码基因，但是大多数原核生物的基因组至少含有 100 万个核苷酸对和 1000 ～ 8000 个蛋白质编码基因。有了这几千个基因，即使是在地球上最恶劣的环境下，原核生物也能够繁衍生息。

典型细菌的高度压缩基因组和典型真核生物的基因组相比真是小得相形见绌。例如，人类基因组中的 DNA 含量大约是大肠杆菌基因组的 700 倍，而变形虫基因组的 DNA 含量比起我们人类的基因组还要高出约 100 倍（图 1-41）。本书所描述的其他模式生物的基因组大小一般都介于大肠杆菌和人类之间，例如，酿酒酵母含有的 DNA 约为大肠杆菌的 2.5 倍；黑腹果蝇的 DNA 含量约为酵母的 10 倍；小鼠的 DNA 约为黑腹果蝇的 20 倍（表 1-2）。

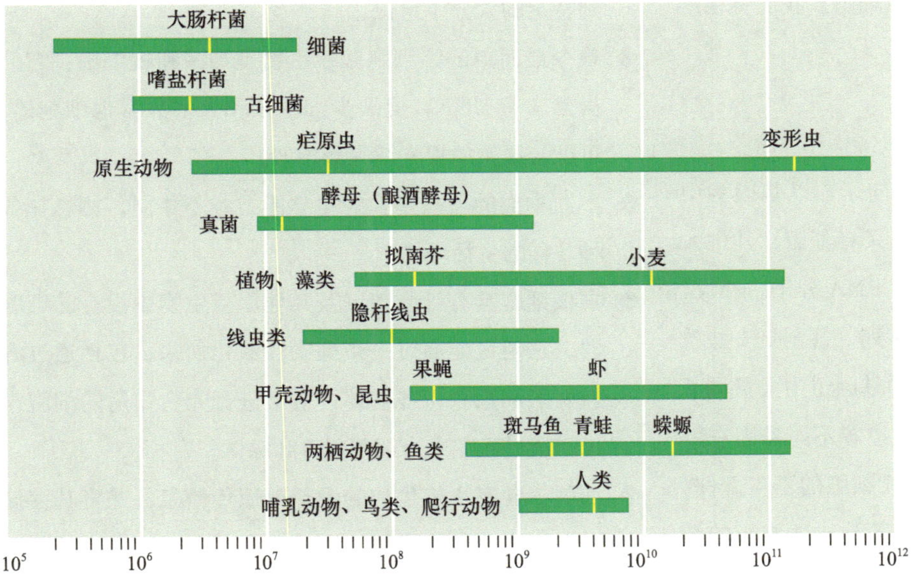

图 1-41　**生物体的基因组大小差异很大。**基因组大小是由单倍体 DNA 的核苷酸对数量来衡量，即基因组的单个拷贝（有性繁殖生物如人类的体细胞通常是二倍体：它们包含基因组的两个拷贝，一个遗传自母亲，另一个遗传自父亲）。非常接近的生物，它们的基因组 DNA 数量也可以差异很大（如绿色条的长度所示），即使它们含有数量相似、功能不同的基因。这是因为大型基因组中的大部分 DNA 都不编码蛋白质，本文后面将对此展开讨论。（数据来自 T.R. Gregory，2008，Animal Genome Size Database：www.genomesize.com。）

表 1-2 一些模式生物以及它们的基因组大小

生物体	基因组大小*（核苷酸对）	蛋白质编码基因的大致数量
人类（*Homo sapiens*）	3200×10^6	19 000
小鼠（*Mus musculus*）	2800×10^6	22 000
黑腹果蝇（*Drosophila melanogaster*）	180×10^6	14 000
拟南芥（*Arabidopsis thaliana*）	103×10^6	28 000
秀丽隐杆线虫（*Caenorhabditis elegans*）	100×10^6	22 000
酿酒酵母（*Saccharomyces cerevisiae*）	12.5×10^6	6 600
大肠杆菌（*Escherichia coli*）	4.6×10^6	4 300

* 基因组大小包括对于高度重复的非编码区序列的估计，这些没有被基因组数据库收录。

然而，就基因的数量而言，不同物种之间的差异并不太大。例如，人类的蛋白质编码基因只有大肠杆菌的 5 倍。此外，我们的许多基因以及它们编码的蛋白质，都是关系密切的家族群。例如，血红蛋白家族，它在人类中有 9 个相关的家族成员。因此，人体中具有本质上不同的蛋白质的数量并没有比细菌中的数量多出很多，而且人体中那些在细菌中具有同源基因的基因占了基因总数的很大一部分。

当我们比较不同生物的基因组序列时，会发现这种高度的“家族相似性”相当惊人。来自不同生物的基因具有非常相似的核苷酸序列，这意味着它们很可能来自共同的祖先基因。我们称这些基因（及其蛋白质产物）为**同源**（homologous）。现在我们已经得到了来自古细菌、细菌和真核生物三个域的许多不同生物的完整基因组序列，从而可以跨越演化的巨大鸿沟，系统地在其中搜索物种同源性。通过研究所有生物的共同遗传特征，科学家们正努力追溯生命的起源，直至找到最早的祖先细胞。我们将在第 9 章中再次讨论这个话题。

基因组不仅仅只包含基因

虽然我们对基因组序列的看法倾向于“以基因为中心”，但我们的基因组所包含的不仅仅只有基因，其中大量的 DNA 并不会编码蛋白质或功能性 RNA 分子。相反，它包括一系列有助于调节基因活性的序列，甚至是一些看似可有可无的序列。多细胞真核生物的基因组中大量调节性 DNA，以极其复杂精细的方式，调控着不同基因在不同的时间和地点发挥功能。然而，组成细胞的基本部件，即由特定 DNA 编码的那些蛋白质，并不比一辆汽车的基本零件多很多，其中很多部件不仅限于所有动物，甚至对整个生物界都是通用的。

DNA 分子可以决定活细胞和复杂生物体的生长、发育和繁殖，这的确是惊人的。在本书的其余部分，我们将会解析细胞的组成部件以及这些部件如何协同工作，并研究每个细胞的基因组是如何指导细胞生产出这些组件以实现生物体的生长和繁殖，以此来努力阐明细胞的工作机制。

基本概念

- 细胞是生命的基本单位。现今的所有细胞都被认为是从生活在 30 多亿年前的一个祖先细胞进化而来。
- 所有细胞都被一层质膜所包围，将细胞内部与外界环境隔开。
- 所有细胞都含有存储遗传信息的 DNA 分子，并用它来指导 RNA 和蛋白质分子的合成。分子之间的这种关系是细胞自我复制能力的基础。
- 多细胞生物体中的细胞虽然都含有相同的 DNA，但细胞之间可能差异很大；这是因为它们根据各自的发育背景或从环境中获得的信号不同而启用了不同的基因表达。
- 动物和植物细胞的直径通常为 5 ～ 20μm。通过光学显微镜可以观察到它们，也可以看到它们的内部结构，包括一些较大的细胞器。
- 使用电子显微镜可以观察到甚至是最小的细胞器，但样品必须经过精心制备，并且无法观察活细胞。
- 使用荧光显微镜，可以在被固定或活体的细胞中观察到特定的大分子定位。
- 现今最简单的活细胞原核生物是细菌和古细菌：它们虽然含有 DNA，但缺少细胞核和大多数其他细胞器，可能与原始的祖先细胞最相似。
- 不同种类的原核生物的化学能力各不相同，栖息在各种各样的生活环境中。
- 真核细胞具有细胞核以及其他原核生物中没有的细胞器。它们可能通过一系列阶段演化而来，包括通过吞噬好氧细菌获得线粒体；对于进行光合作用的细胞来说，通过吞噬光合细菌获得叶绿体。
- 细胞核含有真核生物的大部分遗传信息，并将其存储在很长的 DNA 分子中。

- 真核细胞的细胞质包括细胞核外的所有细胞内容物，其中含有多种具有特殊功能的膜包被细胞器：线粒体氧化食物分子产生 ATP；内质网和高尔基体合成复杂的分子并将其运送到细胞外或插入细胞膜中；溶酶体降解大分子；在植物细胞和其他光合真核细胞中，叶绿体进行光合作用。
- 胞质溶胶是细胞质中膜被细胞器外面的部分，充满了高浓度的大小分子，可以进行许多重要的生物化学过程。
- 细胞骨架由蛋白纤维组成，它们延伸遍及整个细胞质，控制细胞的形状和运动，并将细胞器和大分子复合物从细胞的一处运输至另外一处。
- 自由生活的单细胞真核微生物是十分复杂的细胞。在某些情况下，它们可以游动、交配、捕猎以及吞食其他微生物。
- 动物、植物和一些真菌是由多种类型细胞所组成的真核多细胞生物，这些细胞是由单个受精卵细胞分裂而来；协同形成大型多细胞生物（如人）的细胞的数量可以达到数以万亿计。
- 生物学家选择了少数几种模式生物进行重点研究，包括大肠杆菌、酿酒酵母、线虫、果蝇、拟南芥、斑马鱼、小鼠和人类自己。
- 人类基因组大约有 19 000 个蛋白质编码基因，是大肠杆菌的 5 倍左右，比果蝇约多 5000 个。

关键词

古细菌（archaeon）	内质网（endoplasmic reticulum）	模式生物（model organism）
细菌（bacterium）	真核生物（eukaryote）	细胞核（nucleus）
细胞（cell）	演化（evolution）	细胞器（organelle）
叶绿体（chloroplast）	荧光显微镜（fluorescence microscope）	光合作用（photosynthesis）
染色体（chromosome）	基因组（genome）	质膜（plasma membrane）
细胞质（cytoplasm）	高尔基体（Golgi apparatus）	原核生物（prokaryote）
细胞骨架（cytoskeleton）	同源（homologous）	蛋白质（protein）
胞质溶胶（cytosol）	微米（micrometer）	原生动物（protozoan）
脱氧核糖核酸（DNA）	显微镜（microscope）	核糖体（ribosome）
电子显微镜（electron microscope）	线粒体（mitochondrion）	核糖核酸（RNA）

问题

问题 1-1

“生命”很容易识别，但却很难去定义。参考目前流行的生物教材，活的生物：

1. 与自然无生命物体相比，具有高度的组织性。
2. 显示出动态平衡，维持相对恒定的内部环境。
3. 能自己繁殖。
4. 会从简单的起点开始生长和发育。
5. 从环境中获取能量和物质并进行转化。
6. 响应刺激。
7. 显示出对环境的适应。

请根据以上特征分别评估一个人、一台真空吸尘器和一个马铃薯。

问题 1-2

突变是 DNA 中的错误，它改变了上一代的“遗传计划”。想象一家鞋厂，你觉得是否可以通过在批量复制鞋子的设计时出现错误（非故意的改变）来改进所生产的鞋子？请解释你的答案。

问题 1-3

你正在进行一项宏大的研究：在试管中创造生命。你可以在烧瓶中加入浓浓的酵母提取物和氨基酸混合物，以及一些已知的、对生命至关重要的无机盐。你密封了烧瓶并使其冷却。几个月后，液体一如既往地清澈，没有生命迹象。一位朋友建议说排除空气是一个错误，因为我们所知道的大多数生命需要氧气。你重复实验，这次把烧瓶暴露在空气中。令你高兴的是，液体在几天后变得混浊，并且在显微镜下，你能清楚地看到一些漂亮的小细胞，并且还在生长和分裂。这个实验能证明你成功创造了一种全新的生命形式吗？你如何重新设计实验以允许空气进入烧瓶，同时消除空气中可能影响结果解读的微生物污染？（现成答案请参考 Louis Pasteur 的经典实验。）

问题 1-4

细菌重约 10^{-12}g，每 20min 可分裂一次。如果一个细菌细胞以此速率分裂，那么细菌质量达到地球质量（6×10^{24}kg）需要多长时间？细菌起源于至少 35 亿年前，并从那以后一直在分裂。请将这个事实与你的结果进行对比，解释这个明显的悖论。（培养的细胞数 N 由等式 $N = N_0 \times 2^{t/G}$ 描述，其中 N_0 是起始时的细胞数，G 是种群倍增时间，t 是细胞培养时间。）

问题 1-5

真核细胞进化出精细的内膜系统，使它们能够从细胞外部输入物质（如图 1-25 所示），为什么这对真核细胞有利？请给出一个理由。

问题 1-6

讨论光学显微镜和电子显微镜相对的优缺点。对下列目标，你将会选择何种方式以实现最佳观察效果？一个活的皮肤细胞、一个酵母线粒体、一个细菌和一条微管。

问题 1-7

你的邻居捐赠了 100 美元用于支持癌症研究，但却惊讶地发现她的钱被用于研究酿酒酵母。你将如何安慰她？

问题 1-8

到目前为止，你一定对以下细胞组分非常熟悉。简要说明它们是什么以及它们在细胞中发挥的功能。

A. 胞质溶胶　B. 细胞质　C. 线粒体
D. 细胞核　E. 叶绿体　F. 溶酶体
G. 染色体　H. 高尔基体　I. 过氧化物酶体
J. 质膜　K. 内质网　L. 细胞骨架
M. 核糖体

问题 1-9

下列说法哪一种是正确的？请说明你的答案。

A. 细胞的遗传信息由其蛋白质传递。

B. 细菌 DNA 存在于细胞质中。

C. 植物由原核细胞组成。

D. 除卵子和精子细胞外，一个多细胞生物体内所有的有核细胞都具有相同数量的染色体。

E. 胞质溶胶包括膜包被的细胞器，如溶酶体。

F. 细胞核和线粒体都被双层膜包围。

G. 原生动物是具有一系列特化细胞的复杂生物，这些细胞形成组织，如鞭毛、口器、刺射器和腿状附器。

H. 溶酶体和过氧化物酶体是降解废物的场所。

问题 1-10

请识别下方的植物细胞电子显微照片中用字母表示的各种细胞器。估算图中比例尺的长度。

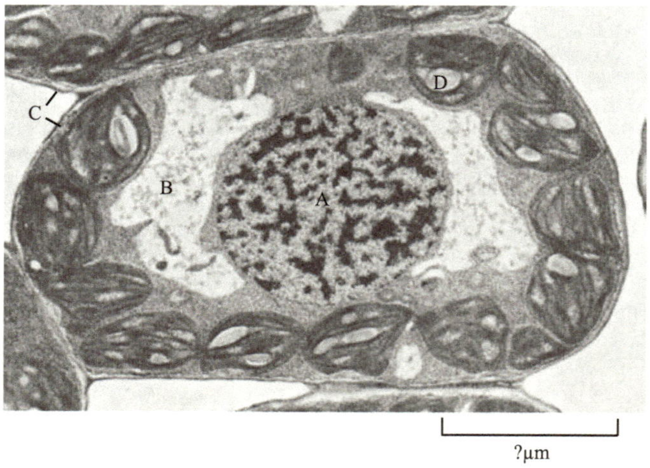

问题 1-11

一个典型的动物细胞的细胞骨架主要由三种类型的蛋白质纤维构成，分别是哪三种？功能有何不同？哪种细胞骨架纤维在肌肉细胞中或在构成皮肤外层的表皮细胞中最丰富？请解释你的答案。

问题 1-12

自然选择在进化中具有强大的力量，生物或细胞即使只有微弱的生殖优势，也会最终超过其竞争者。为了说明此过程发生的速度，现假设你有一个细胞培养物，其中有 100 万个细菌细胞，每 20min 翻一番。该培养物中有一个细胞发生了突变，使其分裂得更快，产生下一代的时间仅为 15min。在有无限的食物供应而没有细胞死亡的条件下，突变细胞的后代在培养物中占主导地位需要多长时间？（在你进行计算之前，先尝试猜一下：你认为它需要多长时间？一天、一周、一个月还是一年？）此时培养物中这两种类型的细胞各占多少？（在时间为 t 时，培养的细胞数 N 由等式 $N = N_0 \times 2^{t/G}$ 描述，其中 N_0 是起始时的细胞数，G 是产生下一代的时间。）

问题 1-13

当细菌在不利条件如在抗生素等有害物质存在的情况下培养时，细胞会缓慢地生长分裂。但常常在几天后细胞的增殖恢复正常。试说明为什么会出现这种情况？

问题 1-14

将问题 1-12 中所描述的细胞的指数生长原理应用于多细胞生物体（例如你自己）的细胞。你体内约有 10^{13} 个细胞。假设一个细胞已获得突变成为癌细胞，允许其以不受控制的方式分裂。一些癌细胞能以约 24h 的世代时间增殖。如果癌细胞没有死亡，那么你体内 10^{13} 细胞全部成为癌细胞需要多长时间？（用等式 $N = N_0 \times 2^{t/G}$，其中 t 是时间，G 是产生下一代的时间。提示：$10^{13} \approx 2^{43}$）

问题 1-15

“活细胞的结构和功能取决于其化学、物理和热力学定律。”请举例对此观点进行支持或反驳。

问题 1-16

多细胞生物的优势（如果有的话）是什么？

问题 1-17

请绘制两个球形细胞的轮廓图：一个是直径为 1μm 的细菌，另一个是直径为 15μm 的动物细胞。计算每个细胞的体积、表面积和表面积/体积。如果在表面积的计算中包括动物细胞的内膜（假设内膜的面积是质膜面积的 15 倍），那么这个比例会怎样变化？（球体的体积由 $4\pi r^3/3$ 表示，表面积由 $4\pi r^2$ 表示，其中 r 代表半径。）讨论以下假设：“内膜使得较大的细胞得以演化。”

问题 1-18

所有活细胞由一个共同的祖先细胞演化而来的论据是什么？想象一下在地球生命演化的“很早时期”。你会认为原始祖先细胞是第一个也是唯一一个形成的细胞吗？

问题 1-19

你在用光学显微镜观察一些池塘水时，发现了一个约 200μm 长的不熟悉的杆状细胞。你知道一些特殊的细菌也可能会长到和这个一样大甚至更大，于是你想了解这个细胞是细菌还是真核细胞。你将如何确定？如果它不是真核生物，你将如何分辨它是细菌还是古细菌？

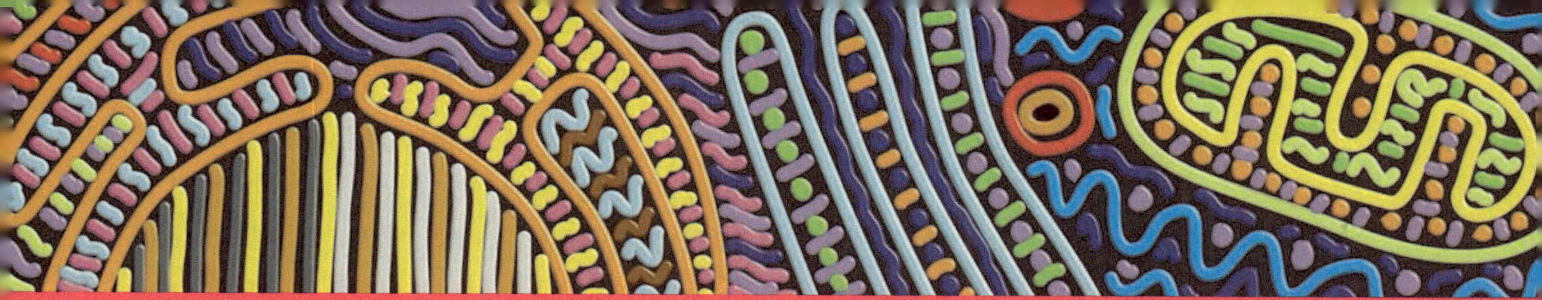

第 2 章 细胞的化学成分

化学键
细胞中的小分子
细胞中的大分子

生物是个化学系统，这个观点很难让人一下子接受。生物具有惊人的多样性、有目的的行为及生长和繁殖的能力，这些似乎将它们与化学通常所描述的固体、液体和气体明显区别开来。事实上，在 19 世纪末之前，人们普遍认为所有生物都拥有一种生命力源泉，称为“活力”(animus)，这是造成生物独特属性的根源。

我们现在知道，生物体的一切都遵循化学或物理定律。然而，生命的化学确实有其特殊性。首先，它主要基于碳化合物，对这些化合物的研究称为*有机化学*（organic chemistry）。其次，它几乎完全发生在水环境里（aqueous environment），反应的温度范围也很狭窄，与地球上的温度一致。第三，它非常复杂，即使最简单的细胞也比其他任何已知的化学系统复杂得多。第四，反应主要由众多的**聚合物**（polymer）执行，聚合物是由许多化学**亚基**（subunit）首尾相连组成的大分子，它们的独特性质使细胞和生物能够生长、繁殖，以及完成其他所有生命特有的过程。最后，生命的化学反应受到严格调控，细胞内具有一系列机制，确保每个化学反应在适当的时间和地点以适当的速度发生。

化学处在所有生物学的核心位置。在本章中，我们将简要地介绍活细胞中的化学。我们将学习组成细胞的分子，以及它们的结构、形状和化学性质。这些分子决定了活细胞的大小、结构与功能。理解它们如何相互作用，我们就可以逐步了解细胞如何利用化学和物理定律来生存和繁殖。

化学键

物质由*元素*（element）组成。元素就是无法通过化学手段分解或转化的物质，比如碳或氢。元素的最小形式是*原子*（atom）。任何物质的特征，包括构成活细胞的物质，都取决于它们由哪些原子组成，以及这些原子以何种方式连接起来形成*分子*（molecule）。因此，要了解生物体，关键要知道分子中将原子维系在一起的化学键是如何形成的。

细胞由相对少数的几种原子组成

每个原子的中心都有一个致密的、带正电的原子核，原子核周围是带负电的电子云，**电子**（electron）受到原子核的静电力吸引被束缚在轨道上（图 2-1）。原子核由带正电的**质子**（proton）和不带电的*中子*（neutron）组成。元素的*原子序数*（atomic number）由质子数决定。氢原子核由单个质子组成，原子序数为 1，是最轻的元素。碳原子的原子核中有 6 个质子，原子序数为 6（图 2-2）。

单个质子携带的电荷与单个电子携带的电荷电量相等且正负相反。原子是电中性的，因此原子核周围带负电的电子数量等于原子核所包含的带正电的质子数量。也就是说，原子中的电子数也等于原子序数。某一特定元素的所有原子都具有相同的原子序数，我们下面会看到，正是原子序数决定了每个元素的化学性质。

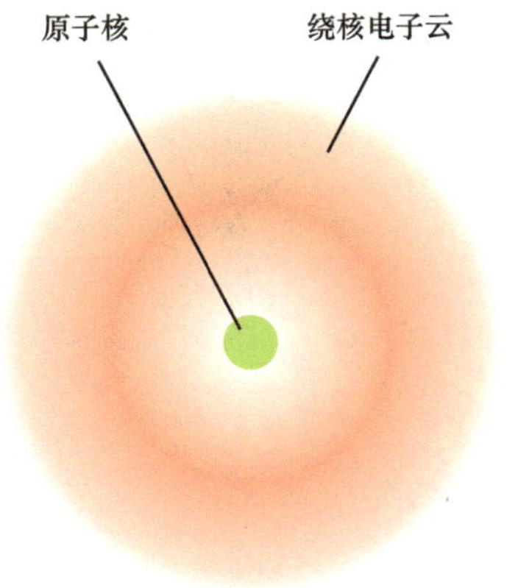

图 2-1 **原子由原子核以及包围它的电子云组成。**致密的、带正电的原子核占据了原子几乎所有的质量。带负电的电子轻得多，它们受量子力学定律的支配，占据着核周围的空间。因为没有办法预测电子在任何给定瞬间的确切位置，这些电子常被描绘成连续的云状。

电子云的阴影灰度代表电子在该处出现的概率。电子云的直径范围约为 0.1nm（对于氢原子）至约 0.4nm（对于原子序数大的原子）。原子核非常小，比如碳原子直径约为 5×10^{-6}nm。如果上图按实际比例绘制，则将无法看到原子核。

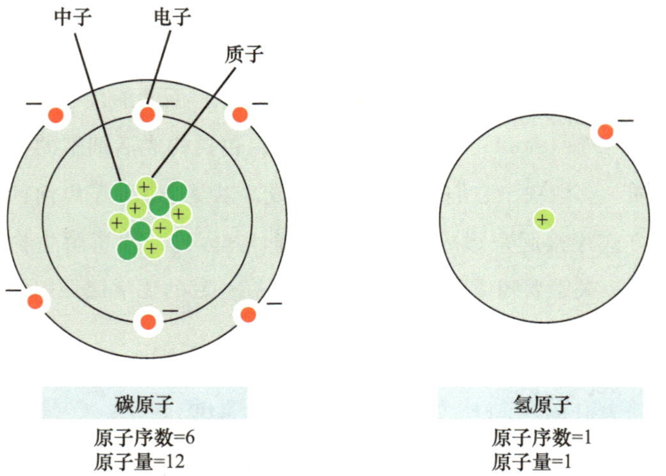

图 2-2 **原子的质子数目决定了它的原子序数。**示意图显示的是碳原子和氢原子。除氢以外，每个原子的原子核都由带正电的质子和中性的中子组成；原子量等于质子加中子的数量。原子中的电子数等于质子数，因此原子不带净电荷。

与图 2-1 相比，电子在这里显示为单个粒子。同心黑色圆圈概略地表示出电子的“轨道”（即不同的分布）。实际上，中子、质子和电子相对于整个原子的体积来说微不足道，它们的尺寸在示意图中被夸大了。

中子与质子具有基本相同的质量。中子有助于稳定原子核的结构，如果中子的数目过多或过少，原子核可能会因放射性衰变而崩解。然而，中子不会改变原子的化学性质。因此，元素能够以几种物理性质不同但化学性质相同的形式存在，称为**同位素**（isotope），每种形式具有不同数量的中子但相同数量的质子。几乎所有的元素都存在多种天然同位素，其中一些是不稳定的，具有放射性。例如，虽然地球上的大多数碳以碳-12 的形式存在（拥有 6 个质子和 6 个中子的稳定形式），但也有少量以不稳定的同位素碳-14 形式存在（拥有 6 个质子和 8 个中子）。碳-14 以缓慢但稳定的速率发生放射性衰变，这使得考古学家能够估算有机物质存在的时间。

原子的**相对原子质量**（atomic weight）或分子的**相对分子质量**（molecular weight）指的是其与氢原子质量的比值。该值等于原子或分子中的质子数加上中子数。因为电子很轻，它们对总质量几乎没有贡献。因此，绝大多数碳的原子质量为 12，写为 ^{12}C。上面提到的不稳定的碳同位素，其原子质量为 14，写为 ^{14}C。原子或分子的质量通常以**道尔顿**（Dalton，Da）为单位，1Da 基本上等于一个氢原子的质量。

原子如此微小，我们很难想象它们的大小。一个碳原子的直径大约为 0.2nm，因此大约 500 万个碳原子排成直线才能跨越 1mm 的距离。一个质子或中子重约 $1/(6\times10^{23})$g。由于氢只有 1 个质子（原子量为 1），因此 1g 的氢含有 6×10^{23} 个原子。对于碳原子（拥有 6 个质子和 6 个中子，原子量为 12）来说，12g 的碳含有 6×10^{23} 个原子。这个巨大的数字称为**阿伏伽德罗常数**（Avogadro's number），它使我们能够将化学物质的日常度量与单个原子或分子的数量联系起来。如果一种物质的分子质量为 X，那么 Xg 的该物质含有 6×10^{23} 个分子。同时，我们把这么多数量的同种物质称为 1 **摩尔**（mole，mol）（图 2-3）。摩尔的概念在化学中广泛使用，用来表示参与化学反应的分子数量。

1摩尔（mol）代表 X 克（g）的某种物质，X 是该物质的分子质量。每摩尔物质含有 6×10^{23} 个分子。

1mol碳的质量为12g
1mol葡萄糖的质量为180g
1mol氯化钠的质量为58g

摩尔溶液指的是1升（L）溶液中含有1mol的某种物质。例如，1摩尔葡萄糖溶液（用1mol/L表示）的浓度为180g/L，1毫摩尔葡萄糖溶液（1mmol/L）的浓度为180mg/L。

克的标准缩写为g，升的标准缩写为L。

图 2-3 **什么是摩尔？**几个摩尔和摩尔溶液的示例。

自然存在的元素大约有 90 种，每种元素的原子所包含的质子和电子数量都不相同。然而，生物只由这些元素中的一小部分种类组成，其中碳（C）、氢（H）、氮（N）、氧（O）四种元素构成生物体质量的 96%。这种组成与地球上非生命的无机物质明显不同（图 2-4），证明了生命系统是一种独特的化学。

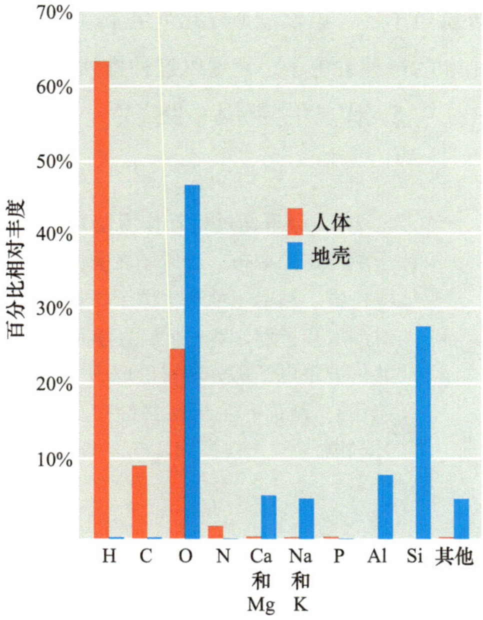

图 2-4 地壳与人体的元素组成差异巨大。每种元素的丰度在此表示为该元素的原子占生物或地质样品（包括水）中原子总数的百分比。例如，人体中超过 60%的原子是氢原子，地壳中近 30%的原子是硅原子（Si）。所有生物中元素的相对丰度是相似的。

最外层的电子决定原子间如何相互作用

想要理解原子如何聚集在一起形成分子，并最终构成生物体，我们必须特别关注每个原子的电子。质子和中子在原子核中紧密地结合在一起，只有在极端情况下才会分开，例如，发生放射性衰变、处于太阳内部或核反应堆中等。在生物体中，只有电子会发生重排。它们是原子中可接触外界的部分，决定了相邻原子互相结合形成分子的化学反应规则。

电子在原子核周围不停地运动，但这种亚微观尺度上的运动与我们日常生活中所熟悉的运动规律不同。原子中的电子只能存在于某些离散的运动区域，简单地说，就是在不同的轨道中。而且，一些特定的轨道对可容纳的电子数有严格的限制，这些轨道也称为*电子层*（electron shell）。最接近带正电的原子核的电子受到的吸引力最强，占据了最内部、与原子核结合得最紧密的电子层。这一层最多可容纳两个电子。第二个电子层离原子核稍远，可容纳多达 8 个电子。第三层离原子核更远一些，也可容纳多达 8 个电子。第四和第五层分别可容纳 18 个电子。具有四个以上电子层的原子在生物分子中非常罕见。

当所有电子均处于最紧密的束缚态，即它们分布于离原子核最近的电子层时，原子中的电子排列最稳定。因此，除了一些较大的原子外，原子中的电子按一定的顺序填充电子层，第一层先于第二层，第二层先于第三层，依此类推。当最外层轨道填充满电子时，原子变得特别稳定，其化学性质不活泼。例如，具有 2 个电子（原子序数为 2）的氦、具有 2 + 8 个电子（原子序数为 10）的氖、具有 2 + 8 + 8 个电子（原子序数为 18）的氩，这些都是惰性气体。相比之下，氢只有一个电子，它的最外层只填充了一半，因此它具有很高的反应活性。在生物体中发现的原子，其最外层的电子轨道都未饱和，因此它们能够彼此反应形成分子（图 2-5）。

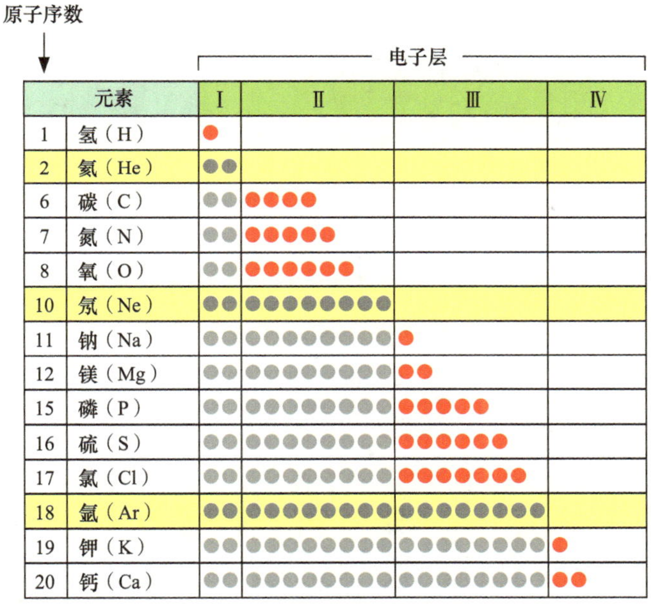

图 2-5 元素的化学反应活性取决于其最外层电子层的饱和程度。生物体中常见的所有元素都具有未饱和的最外层电子层。这些未饱和电子层中的电子（*红色*）可以同其他原子发生化学反应。相反，惰性气体（*黄色*）最外层电子层被完全填充（*灰色*），化学性质表现为惰性。

由于未饱和的电子层具有较差的稳定性，相应的原子存在与其他原子相互作用的强烈倾向，即通过获得或失去适当的电子使其最外层的电子轨道达到饱和。这种电子交换可以是电子由一个原子转移给另一个原子，也可以是两个原子共用电子。以上方式将产生两种**化学键**（chemical bond），强有力地将原子结合在一起。其中，当一个原子提供电子给另一个原子时形成离子键（ionic bond），而当两个原子共用一对电子时形成共价键（covalent bond）（图 2-6）。

一个氢原子只需再获得一个电子，即可填满其唯一的电子层，通常它会与另一个原子共用电子，形成一个共价键。生物体中其他最常见的元素 C、N 和 O 具有不饱和的第二电子层，而 P 和 S 具有不饱和的第三电子层（参见图 2-5），它们也倾向于共用电子，通过形成几个共价键来填充最外层的电子轨道。一个原子填满最外层的电子轨道所必须获得或失去的电子数量（不论是通过共用电子还是转移电子），决定了原子可以形成的化学键数量。

由于最外层的电子轨道决定了元素的化学性质，当我们将元素按其原子序数进行排列时，会看到具有相似性质的元素周期性地出现。例如，第二电子层拥有一个电子的元素，与第二电子层饱和但第三电子层只有一个电子的元素相比，它们的化学性质大致类似。金属元素都具有不饱和的最外层电子层，包含一个或几个电子，而惰性气体则都具有饱和的最外层电子。元素以这种排列组成了元素周期表，如图 2-7 所示，其中生物体中发现的元素以彩色显示。

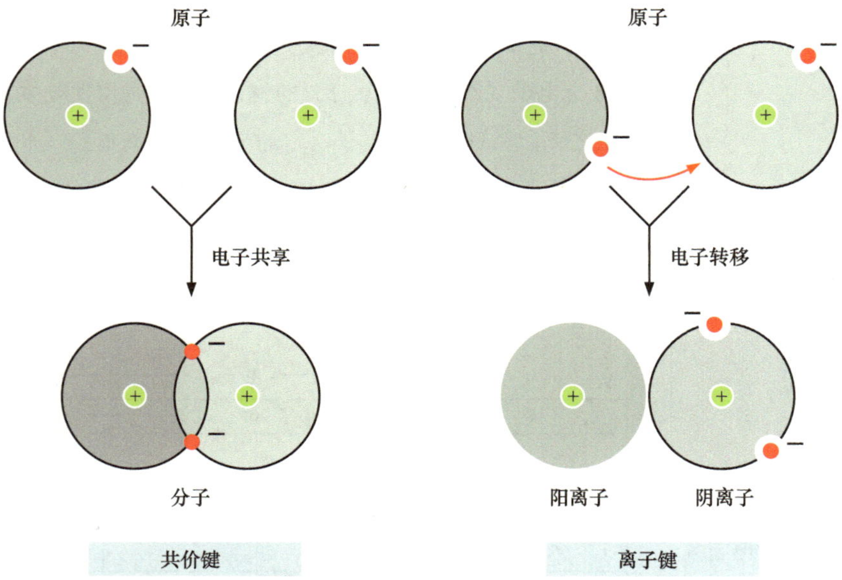

图 2-6 原子通过相互作用使其最外层电子处于更稳定的排布。当原子之间共用电子时形成共价键。当电子从一个原子转移到另一个原子时形成离子键。图中显示两种极端情况。通常，共价键是电子部分转移形成的（不均等地共用电子），从而产生极性共价键。后文将对此展开讨论。

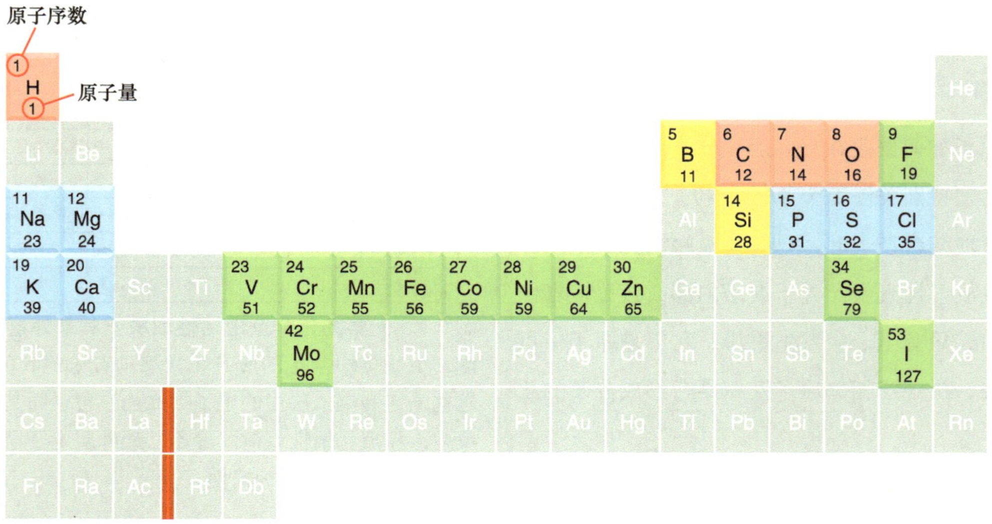

图 2-7 按原子序数排列的元素周期表，其中同一列的元素具有相似的属性。这是因为同一列中的原子必须获得或失去相同数量的电子才能获得饱和的最外层电子，因此它们在与其他原子形成化学键时行为相似。例如，镁（Mg）和钙（Ca）都倾向于从它们的最外层中释放出两个电子，从而和氯（Cl）原子形成离子键，氯原子则需要额外的电子来填充它们的最外电子层。

生命的化学形式是由相对较轻的元素主导。以红色突出显示的 4 种元素占人体中原子总数的 99%，约占总重量的 96%。另外 7 种元素以蓝色突出显示，共占原子总数的 0.9%。其他以绿色显示的元素，是人类需要的微量元素。目前尚不清楚以黄色显示的那些元素对人类是否必需。

这里显示的原子量是每种元素最常见的同位素的原子量。垂直的红线表示周期表中的间隙，这里去除了一组具有相似化学性质的大原子。

共价键由共用的电子所形成

一个细胞的所有特征都取决于它所包含的分子。**分子**（molecule）是通过**共价键**（covalent bond）结合在一起的一簇原子。原子之间共用电子，使最外层的电子轨道达到饱和，而电子并不在原子间发生转移。氢（H_2）分子是最简单的分子，两个氢原子分别拥有一个电子，它们共用这两个电子，从而填满各自最外层的电子轨道。共用的电子形成负电子云，在两个带正电的原子核之间最为密集。这种电子密度有助于抗衡两个原子核之间的正电荷排斥力，使两个原子核保持在一起，而不因排斥力分开。当两个原子核之间的距离达到某个特定数值，吸引力与排斥力达到平衡，这个特定的距离称为键长（bond length）（图 2-8）。

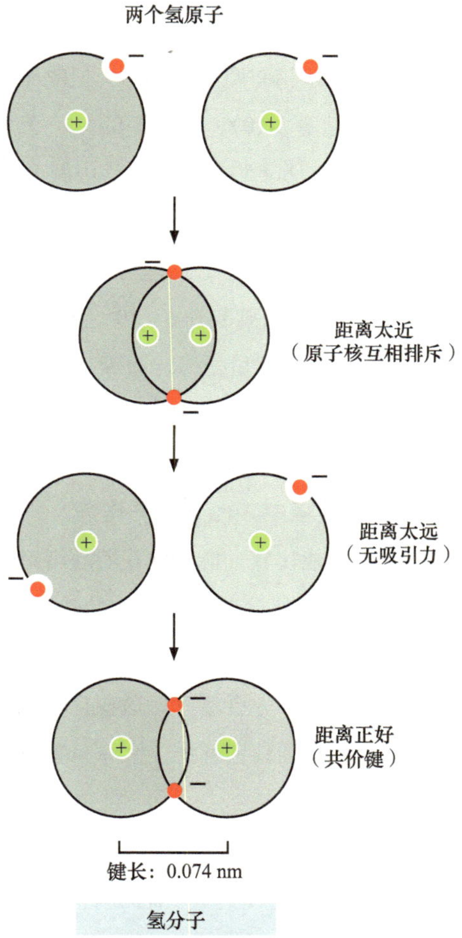

图 2-8　氢分子是通过共价键结合而成的。单独氢原子具有一个电子，这意味着它的第一个（也是唯一的）电子层并没有饱和。通过聚集形成氢分子（H_2，也就是氢气），两个原子共享彼此的电子，从而每个原子都可以获得饱和的电子层。两个共用电子的轨道发生相应变化，围绕两个原子核运动。两个原子之间的共价键具有特定的长度——0.074nm，这是两个原子核之间的距离。如果原子靠得太近，带正电的原子核将相互排斥；如果相距太远，它们将无法有效地共用电子。

一个氢原子只能形成一个共价键，而在细胞中常见的其他原子 O、N、S、P，以及最重要的 C 可形成多个共价键。正如我们已经了解的，这些原子的最外层可以容纳多达 8 个电子，因此它们倾向于与尽可能多的原子形成共价键以填满最外层的电子轨道。氧原子的最外层电子轨道有 6 个电子，它与其他原子共用而获得 2 个额外电子时最稳定，因此最多形成 2 个共价键。氮原子的最外层电子轨道有 5 个电子，最多形成 3 个共价键。碳原子的最外层电子轨道有 4 个电子，最多形成 4 个共价键，即共用 4 对电子（参见图 2-5）。

当一个原子与其他几个原子形成共价键时，这些键在空间上各自具有明确的方向，反映了共用电子的轨道取向。这些共价键可以用特定的键角、键长和键能来表征（图 2-9）。例如，围绕碳原子形成的 4 个共价键指向了正四面体的 4 个角，这种精确取向决定了所有有机分子的三维几何形状。

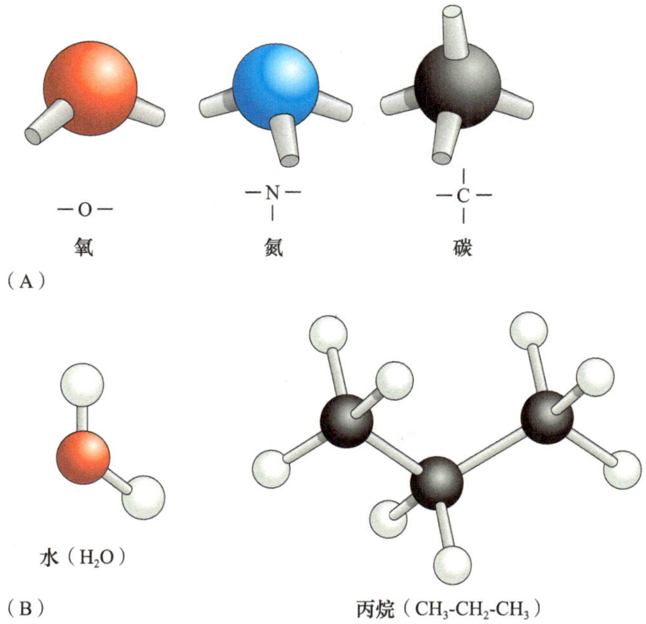

图 2-9　共价键具有特定的几何形状。（A）氧、氮和碳所形成的共价键的空间排列。（B）由这些原子形成的分子具有精确的三维结构，其中每个共价键有特定的键角和键长。例如，水分子的结构呈“V”形，键角接近 109°。
在这些球棍模型中，不同颜色的球代表不同的原子，棍代表共价键。传统上用来代表不同原子的颜色，如黑色（或深灰色）为碳，白色为氢，蓝色为氮，红色为氧，是由化学家奥格斯特・威廉・霍夫曼（August Wilhelm Hofmann）于 1865 年建立的，他使用了一套彩色的槌球在一场关于“原子结合力”的公开讲座上建立了最早的分子模型。

一些共价键涉及多个电子对

大多数共价键都是共用两个电子，每个参与成键的原子提供一个电子，这类共价键称为单键（single bond）。然而，有一些共价键可以共用一对以上的电子，例如，可以共用 4 个电子，其中每个参与的原子提供 2 个电子，这类键称为双键（double bond）。双键比单键键长更短、键能更强，并且对分子的几何形状有特定的影响。相邻的两个原子间如果形成单键，那么单键两侧的部分可以围绕键轴发生旋转。如果形成双键，则不能发生旋转，产生更刚性、不易形变的原子排列（图 2-10），这种限制对许多大分子的三维结构有重要影响。

有些分子的原子可通过共用电子对产生介于单键和双键之间的化学键。例如，化学性质高度稳定的苯分子由 6 个碳原子组成苯环，成键电子均匀分布在苯环上，尽管有时被描述为单键和双键的交替排列。图版 2-1 总结了生物分子中常见的共价键。

共价键中的电子通常是不均等共用

不同的原子间形成共价键时，这两个原子通常对共用电子的吸引程度不同。以不均等的方式共用电子的共价键称为极性共价键（polar covalent bond）。**极性**（polar）结构（在电学定义下）是指正电荷向分子中的一个原子（正极）集中而负电荷向另一个原子（负极）集中。原子吸引电子的趋势称为**电负性**（electronegativity），这一特性最初由化学家莱纳斯·鲍林（Linus Pauling）提出。

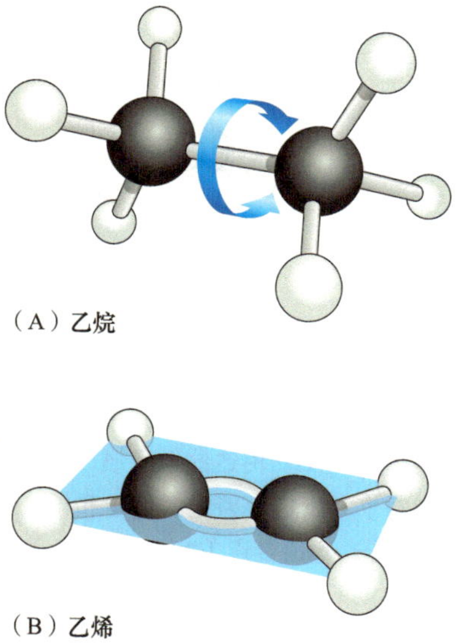

图 2-10　**碳—碳双键比碳—碳单键更短、更刚性。**（A）显示在两个碳原子之间具有单个共价键的乙烷分子，每个碳原子与连接的三个 H 原子之间形成三个单键并排列成四面体。通过共价 C—C 键连接的 CH_3 基团可以围绕键轴相对彼此进行旋转。（B）乙烯分子中两个碳原子之间的双键改变了碳原子键的几何形状，使所有原子纳入同一平面；双键阻止了一个 CH_2 基团相对于另一个发生旋转。

了解原子的电负性可以预测它们之间形成的共价键的性质。例如，当两个不同电负性的原子共价连接时，它们将形成极性共价键。生物分子中通常存在的原子，氧和氮吸引电子的能力相对较强（电负性分别为 3.4 和 3.0），而氢原子吸引电子的能力相对较弱（电负性为 2.1）。因此，O 和 H（O—H）、N 和 H（N—H）之间形成的共价键是极性的（图 2-11）。相反，碳原子和氢原子具有相似的电负性（碳为 2.6，氢 2.1），对电子的吸引力相对均等。因此，C—H 键基本属于非极性的。

共价键的强度可使其在细胞内稳定存在

我们已经了解到，相邻两个原子的类型决定了其形成共价键的长度（参见图 2-10）。化学键的另一个重要特性是它的强度。键强度（bond strength）是由断开该化学键所需的能量来衡量的，通常以千卡每摩尔（kcal/mol）或千焦每摩尔（kJ/mol）为单位。1kcal 是将 1L 水的温度提高 1℃所需的能量。因此，如果断开 6×10^{23} 个特定类型的化学键（即 1mol 键），所需能量是 1kcal，那么该键的强度为 1kcal/mol。1kcal 约等于 4.2kJ，后者是物理学家普遍使用的能量单位，如今越来越多的细胞生物学家也在使用它。

分子不断受到环境中其他分子的碰撞，将这种碰撞产生的平均能量与键能比较，能帮助我们理解键强度的含义。典型的共价键键能比这些碰撞产生的热能大 100 倍，因此它们不会被分子的热运动破坏。在生物体中，共价键通常仅在特定化学反应下才会断开。这些化学反应一般由高度特化的蛋白质催化剂精密调控，也称为酶（enzyme）。

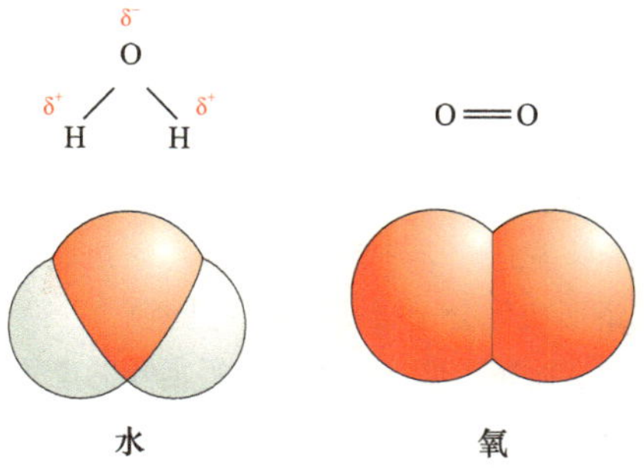

图 2-11　**在极性共价键中，电子不均等地被共用。**比较极性共价键如水分子（H_2O）和非极性共价键如氧分子（O_2）中的电子分布。在 H_2O 中，电子被更强地吸引到氧原子核而不是氢原子核，图中 δ^- 表示带有部分负电荷，δ^+ 表示带有部分正电荷。

图版 2-1　化学键和化学基团

碳骨架

碳原子在细胞中具有独特的功能，因为它可以和其他碳原子形成牢固的共价键。碳原子可以形成以下形式：

长链结构

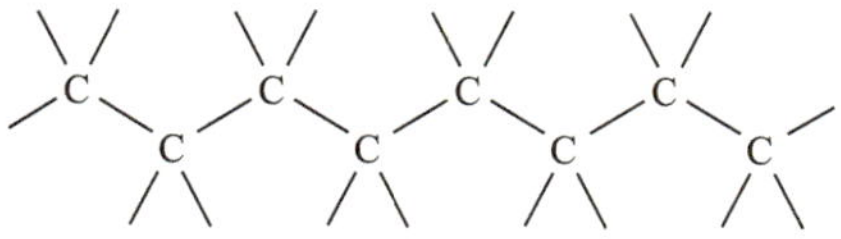

也写为 

分支的树状结构

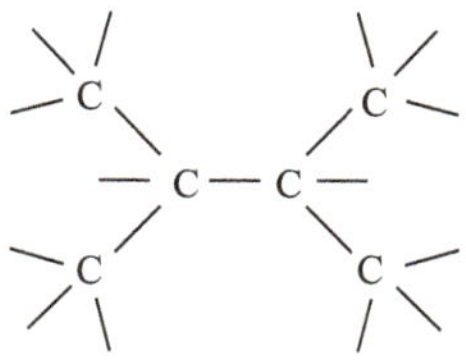

也写为 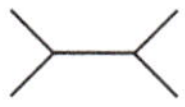

环形结构

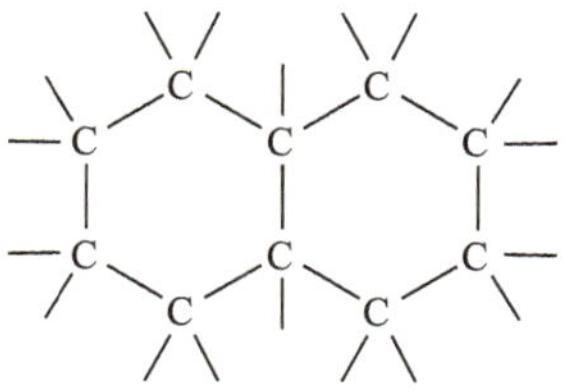

也写为 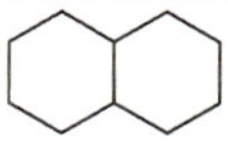

共价键

当两个原子靠得很近并共享一个或多个电子时，就形成了一个共价键。每个原子形成的共价键的数目与空间排布都是确定的。

单键：每个键共享 2 个电子

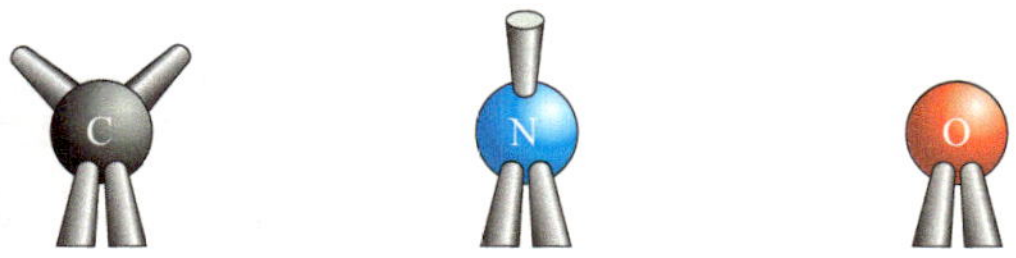

双键：每个键共享 4 个电子

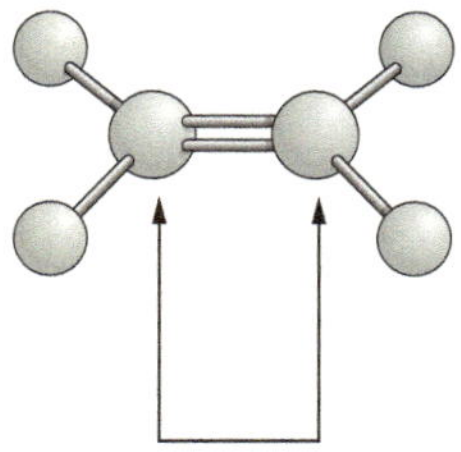

由两个或多个共价键所连接的原子不能自由地沿着键轴转动。这种限制对于很多大分子的三维结构有重大影响。

共价键精确的空间排布会影响分子的三维结构和化学性质。

在此综述图版中，我们会介绍共价键如何被各种各样的生物分子所利用。

C—H 化合物

碳原子和氢原子共同组成的稳定的化合物（或基团）称为烃类（hydrocarbon）。烃一般是非极性的，不能形成氢键，一般不溶于水。

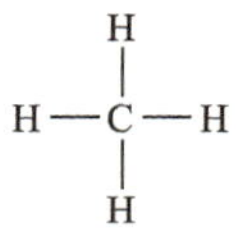

甲烷

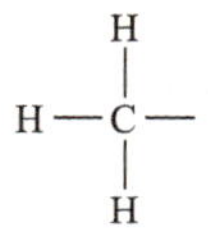

甲基

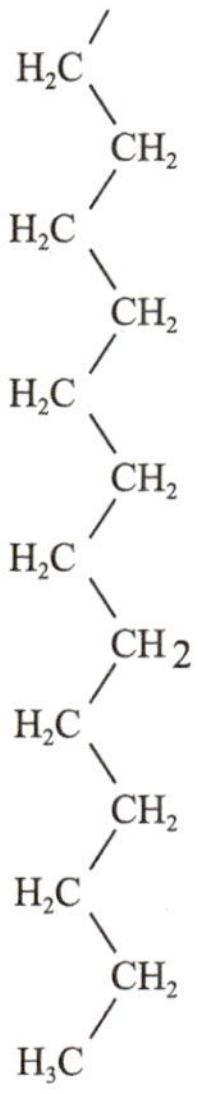

一个脂肪酸分子的烃“尾”部分

更迭双键

碳链可以包含双键。如果双键和单键交替出现在碳原子上，成键电子就会在分子内部移动，从而稳定分子结构，此现象称为共振（resonance）。

碳环中双键的更迭可以产生非常稳定的结构。

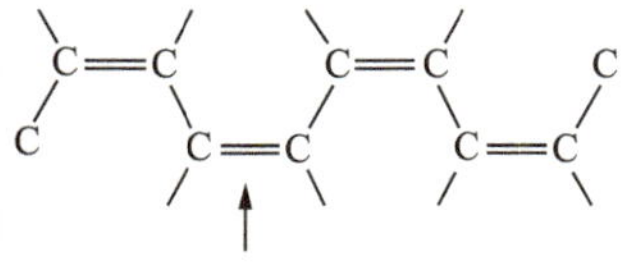

实际情况介于这两种结构之间

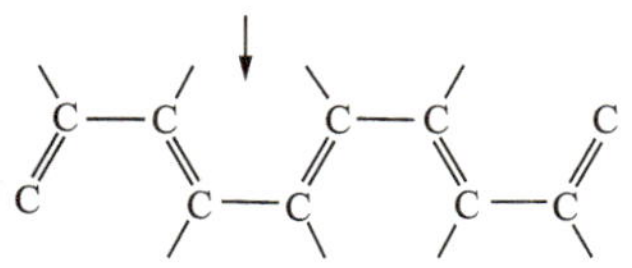

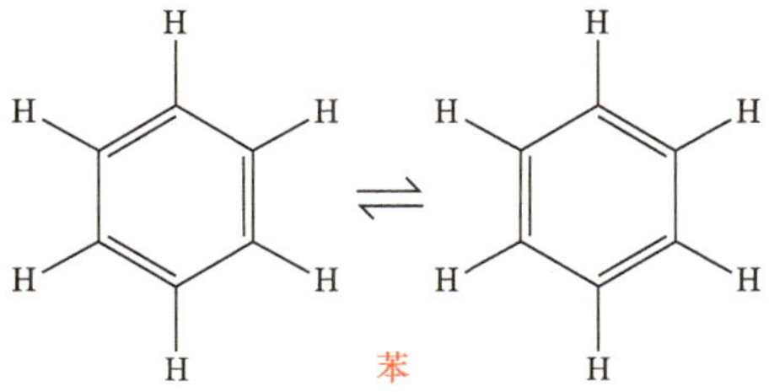

苯

也写为 

C—O 化合物

生物体中很多化合物含有一个与氧原子共价结合的碳原子。例如：

醇

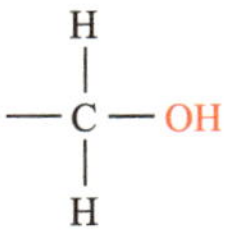

—OH称为羟基

醛

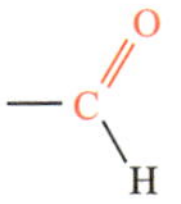

酮

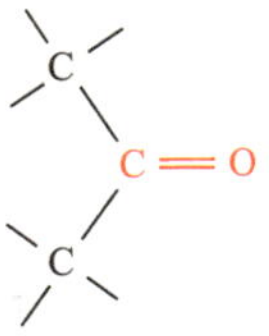

C═O称为羰基

羧酸

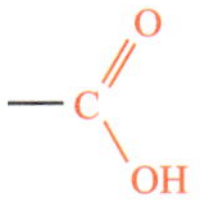

—COOH称为羧基。在水中，羧基失去一个H^+变成—COO^-

酯　　酸和醇反应形成酯

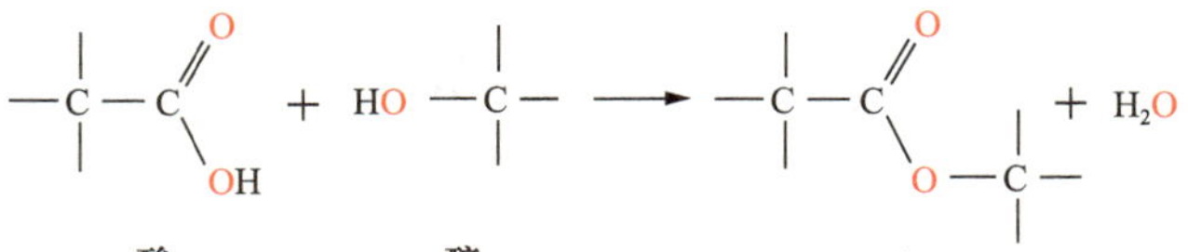

酸　　醇　　酯

C—N 化合物

有些化合物含有一个与氮原子共价结合的碳原子，胺和酰胺就是两个很好的例子。

胺在水中会结合H^+从而带正电。

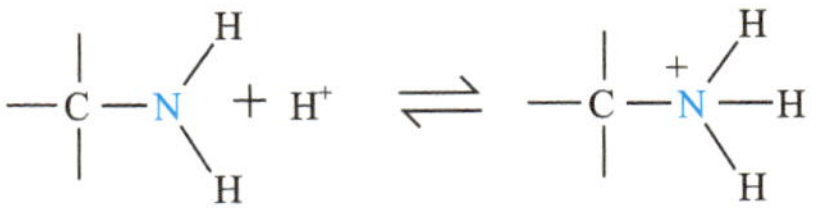

酸和胺结合形成酰胺。与胺不同，酰胺在水中不带电荷。其中一个例子就是在蛋白质中将氨基酸连接起来的肽键。

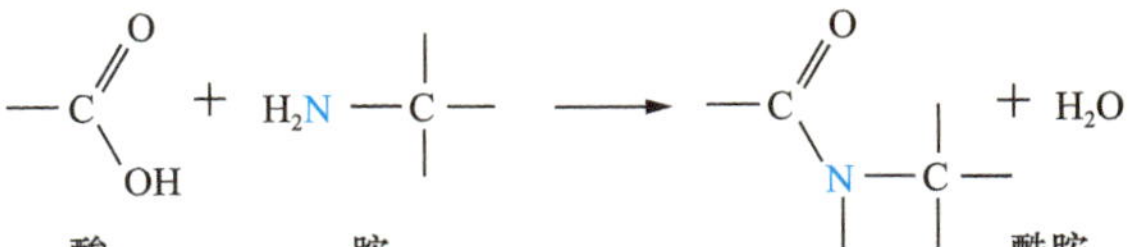

酸　　胺　　酰胺

氮原子也出现在某些环状化合物中，包括核酸的重要组分：嘌呤和嘧啶。

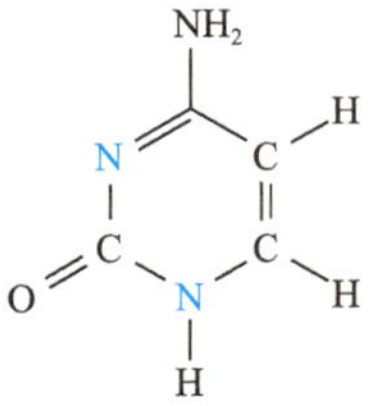

胞嘧啶（一种嘧啶）

巯基

—C—SH 称为巯基。在半胱氨酸中，巯基通常处于还原态，即—C—SH。少数处于氧化态且互相交联，即—C—S—S—C—S。

磷酸盐

无机磷酸根是由磷酸 H_3PO_4 形成的稳定离子，常写作 P_i。

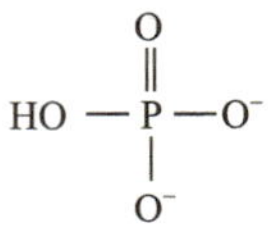

磷酸盐和游离的羟基结合形成磷酸酯。磷酸基通常通过这种方式连接到蛋白质上。

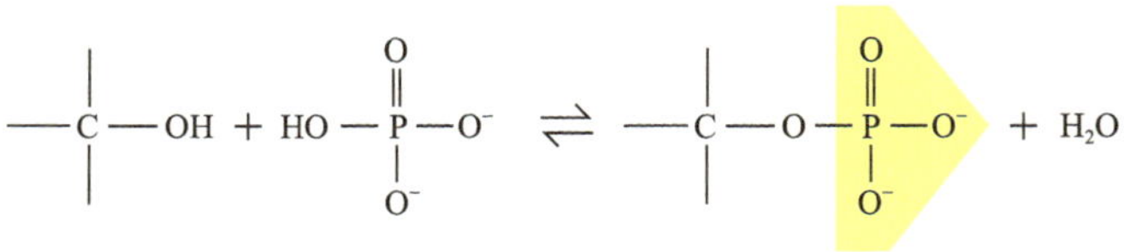

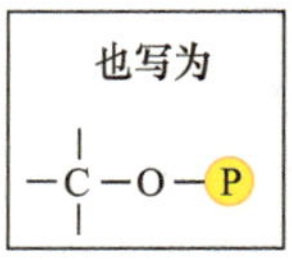

磷酸基和一个羧基或数个磷酸基结合，产生酸酐。在细胞中，这类化合物的键在水解断开时释放大量的自由能，因此通常认为这类化合物含有“高能键”。

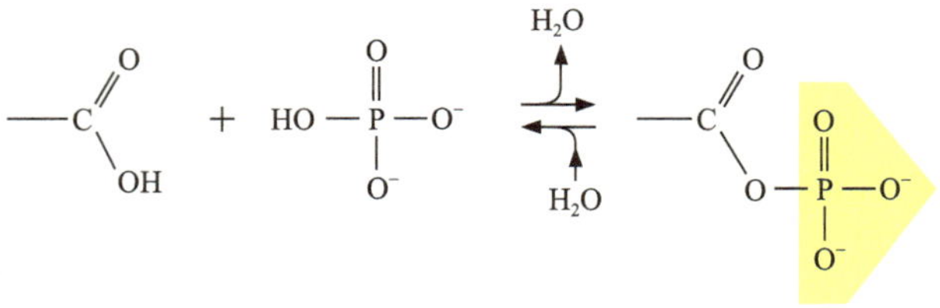

某些代谢产物中的“高能”酰基磷酸键（羧基磷酸酐）

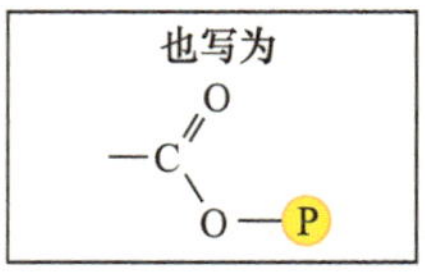

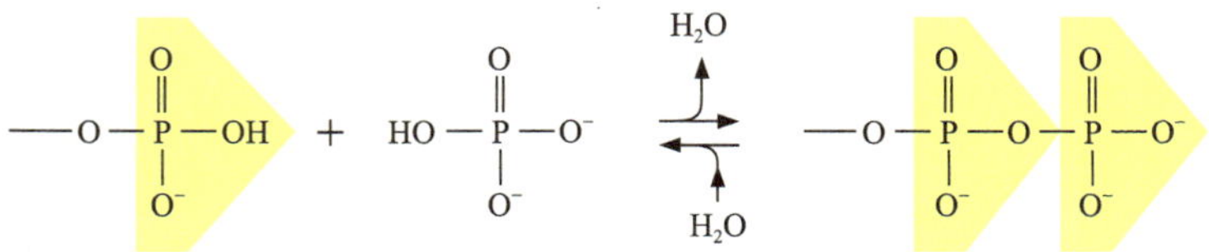

某些分子如ATP中的“高能”磷酸酐键

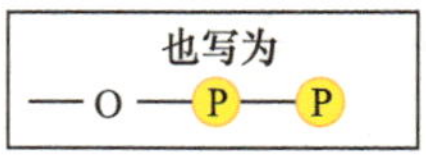

离子键通过得失电子而形成

在一些物质中，参与成键的原子之间电负性差异很大，它们的电子无法共用，而是完全转移到电负性更强的一方。这样产生的键，称为**离子键**（ionic bond）。形成离子键的两个原子，只需通过向对方提供电子或接受对方的电子，即可容易地获得饱和的最外层电子轨道。例如，在图 2-5 中，我们可以看到钠（Na）原子可以通过放弃其第三层中的单个电子来实现最外层电子层的饱和。相比之下，氯（Cl）原子可以通过获得一个电子来填满其最外层电子轨道。因此，如果钠原子遇到氯原子，电子可以从 Na 跳跃到 Cl，从而使两个原子都具有饱和的最外层电子轨道。钠（一种柔软且具有强活性的金属）与氯（一种有毒的绿色气体）二者结合产生了氯化钠（NaCl）。

当电子从 Na 跳跃到 Cl 时，两个原子都变成带电的**离子**（ion）。失去电子后，钠原子的电子数比其原子核中的质子数少一个，因此具有一个单位的净正电荷（Na^+）。获得电子的氯原子，其电子数比质子数多了一个，因此具有一个单位的净负电荷（Cl^-）。由于它们的电荷相反，Na^+ 和 Cl^- 彼此吸引，从而通过离子键结合在一起（图 2-12A）。仅通过离子键结合在一起的离子通常称为*盐*（salt）而不是分子。一个 NaCl 晶体中含有天文数字的 Na^+ 和 Cl^-，它们以三维阵列的形式精确地堆积在一起，正负电荷达到完全平衡。NaCl 晶体中 1mm 的跨度包含了约 2×10^{19} 个 Na^+ 或 Cl^-（图 2-12B 和 C）。

由于离子和水分子（具有极性）之间有良好的相互作用，许多盐（包括 NaCl）在水中高度可溶。它们分解成单个离子（如 Na^+ 和 Cl^-），每个离子被一群水分子包围。带正电的离子称为*阳离子*（cation），带负电的离子称为*阴离子*（anion）。小的无机离子如 Na^+、Cl^-、K^+ 和 Ca^{2+} 在许多生命过程中起重要作用，如神经细胞的电信号，我们将在第 12 章中讨论。

在水溶液中，相比于分子中的共价键，离子键的强度低 10 ~ 100 倍。但是，我们后面将会学到，这种微弱的相互作用在生命的化学中同样起着重要作用。

氢键是许多生物分子中重要的非共价键

水约占细胞重量的 70%，细胞内的大多数反应发生在水环境中。因此，水的性质为生物的化学特性烙下了永久的印记。在每个水分子（H_2O）中，两个 H—O 共价键的极性很强，因为氧原子对电子具有强吸引力，而氢原子的吸引力弱很多。因此，每个水分子中，两个氢原子

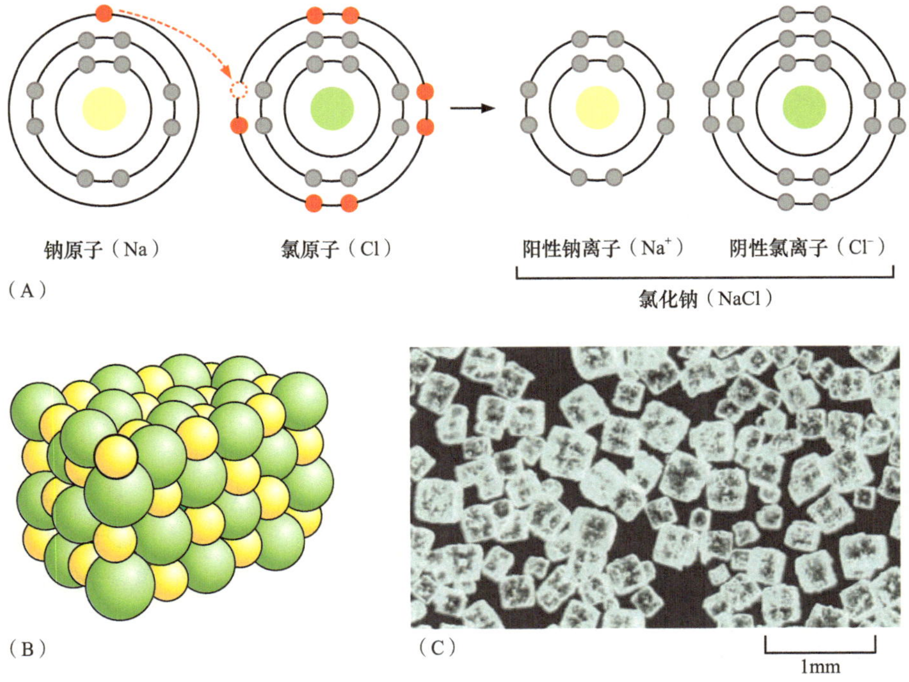

图 2-12 **氯化钠通过离子键结合在一起。**（A）钠（Na）原子与氯原子（Cl）的反应过程。图中显示了每个原子的电子分布轨道；具有化学反应活性的电子（未饱和的最外层电子）显示为红色。发生反应时，单个电子从钠转移到氯，形成两个带电的原子（即离子），同时每个原子最外层的电子达到饱和。这两种离子具有相反的电荷并通过静电力结合在一起。（B）钠和氯之间的反应产物氯化钠晶体是由规则的、紧密排列在一起的钠和氯离子所构成，其中的正负电荷达到完全平衡。（C）氯化钠晶体的彩色照片。

携带正电荷，氧原子带负电荷。当一个水分子的正电荷区域（即其中一个氢原子）靠近另一个水分子的负电荷区域（即氧原子）时，它们之间的电荷吸引力可以形成一种较弱的键，称为**氢键**（hydrogen bond）（图 2-13A）。

氢键比共价键弱得多，很容易被随机的热运动破坏。因此，每个氢键只能存在极短的时间，但大量氢键的整体影响则不容忽视。每个水分子可以通过它的两个氢原子与另外两个水分子形成氢键，从而形成一个网络，其中的氢键不断地形成和断开（参见图版 2-3）。正是由于这些氢键将水分子相互连接，室温下的水才呈现液态而不是气态，并且具有高沸点和高表面张力。没有氢键，我们熟知的生命就不可能存在。

氢键不仅在水分子中存在。通常情况下，当分子中带正电的氢原子（通过极性共价键与其他原子相连）接近另一个分子上带负电的原子（通常是氧或氮原子）时，就可形成氢键（图 2-13B）。氢键也可以在单个大分子的内部形成，大分子的不同部分之间形成氢键，有助于分子折叠成特定的形状。

与携带正电荷或负电荷的分子（或盐）一样，含有极性键、可形成氢键的物质在水中高度可溶。这些分子具有**亲水性**（hydrophilic）。细胞水环境中的大部分分子属于这一类，包括糖、DNA、RNA 和大多数蛋白质。相反，**疏水性**（hydrophobic）分子不带电，形成很少或不形成氢键，它们不溶于水。水的性质在图版 2-2 中进行了综述。

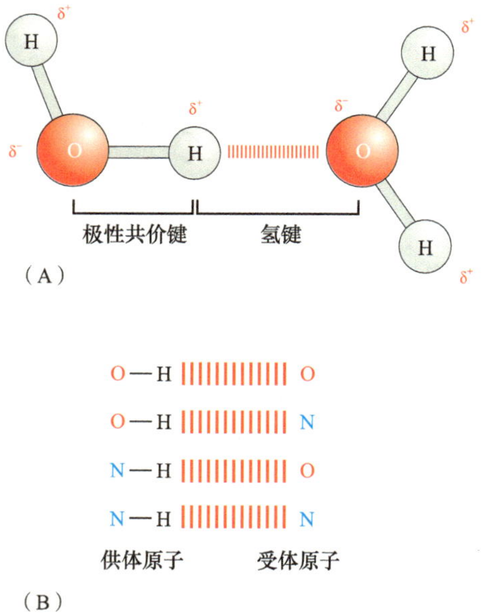

图 2-13 水分子以及其他许多极性分子之间可以形成非共价的氢键。（A）两个水分子之间形成氢键。携带微弱正电荷的氢原子被带微弱负电荷的氧原子吸引。（B）在细胞中，氢键通常在含有氧或氮的分子之间形成。带氢的原子被认为是氢键供体，与氢相互作用的原子是氢键受体。

四种弱相互作用将细胞内的分子聚集在一起

许多生物学过程依赖分子间特异但短暂的相互作用。这些相互作用通常由**非共价键**（noncovalent bond）介导，如前面讨论的氢键。虽然单个非共价键十分微弱，但叠加起来的能量足以在两个分子之间产生有效的作用力。

氯化钠晶体中将 Na^+ 和 Cl^- 结合在一起的离子键（参见图 2-12），是另一种形式的非共价键，称为**静电力**（electrostatic attraction）。当两个原子均带电时，如 Na^+ 和 Cl^-，它们之间的静电力最强。此外，在含有极性共价键的分子之间，静电力尽管较弱，但同样存在（参见图 2-11）。跟氢键一样，静电力在生物学过程中非常重要。例如，具有许多极性基团的大分子，其表面总是存在带正电荷和负电荷的区域。当这样的分子遇到另一个具有互补电荷的分子时，二者通过静电力而彼此靠近。尽管生物环境中普遍存在水，因而大大降低了静电力的强度，但大分子表面形成的大量微弱非共价键仍可以促进分子间较强和特异的结合（图 2-14）。

第三种类型的非共价键，称为**范德华力**（van der Waals attraction），在任意两个原子靠近至一定距离时产

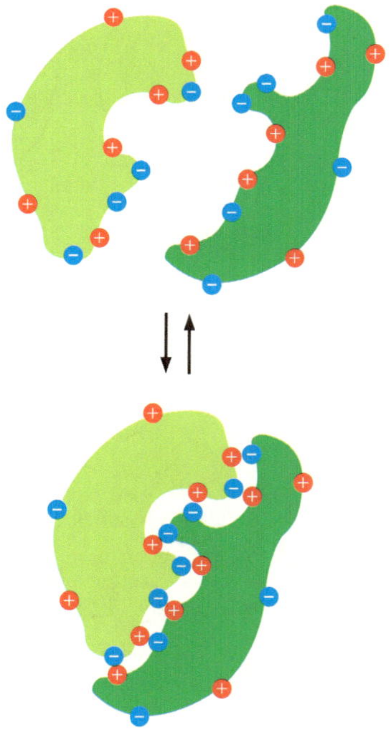

图 2-14 大分子如蛋白质之间可以通过分子表面的非共价相互作用相结合。在细胞的水环境中，许多独立的弱相互作用也能使两种蛋白质特异性地相互识别并形成紧密的复合物。图中显示的是正负电荷之间的静电力。

图版 2-2　水的化学性质

氢键

水分子是极性的，所以两个相邻的水分子可以形成氢键。氢键的强度大约只有共价键的 1/20。

当三个原子位于一条直线上时，氢键最强。

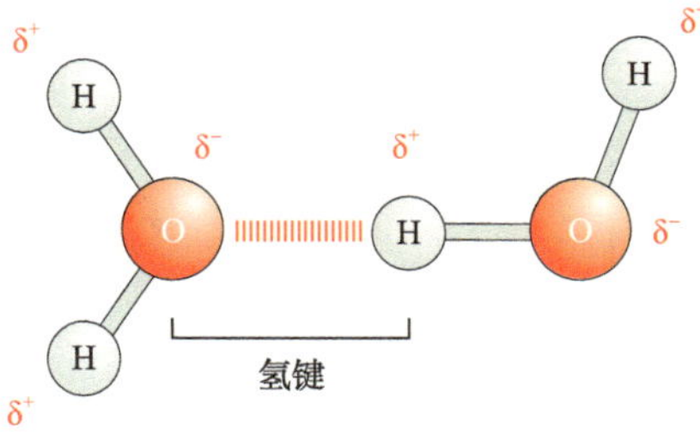

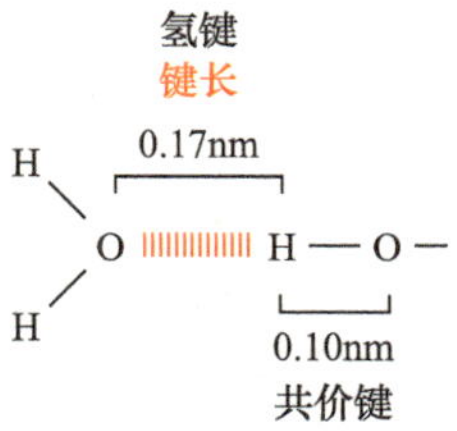

水

共价键连接的两个原子可能会对成键电子的吸引程度不同。在这种情况下，这个共价键就存在极性，它的一端略显负电性（δ⁻），而另一端略显正电性（δ⁺）。

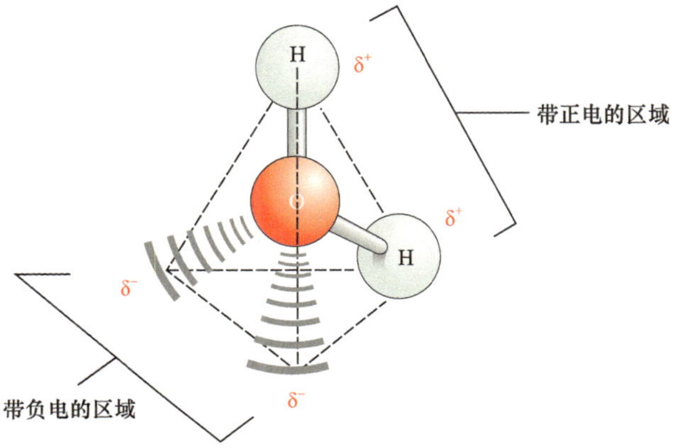

尽管水分子总体为电中性（其电子和质子数量相同），但电子的分布并不对称，造成水分子的极性。氧原子核将电子拉离氢原子核，使氢原子核带有少量的正电荷。氧原子中过量的电子密度形成一个负电荷区，位于假想四面体的另外两个角上。在这几页中，我们会综述水分子的化学性质并了解水如何影响生物分子的行为。

水的结构

水分子能瞬时地结合在一起，形成氢键矩阵。

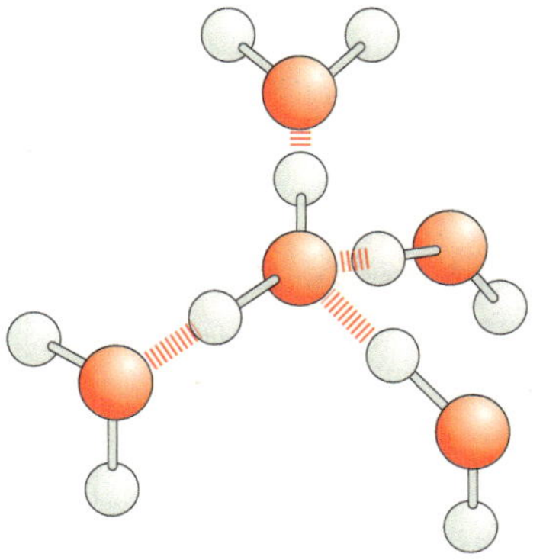

水分子的黏性本质使它具有很多不同寻常的性质，如高表面张力、高比热容和高蒸发热。

亲水分子

易溶于水的物质称为亲水性物质，其中包括离子和极性分子，它们可以通过电荷效应吸引水分子。水分子包围住每个离子或极性分子并将它们带入水溶液中。

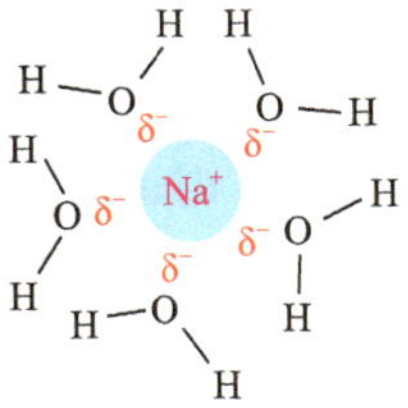

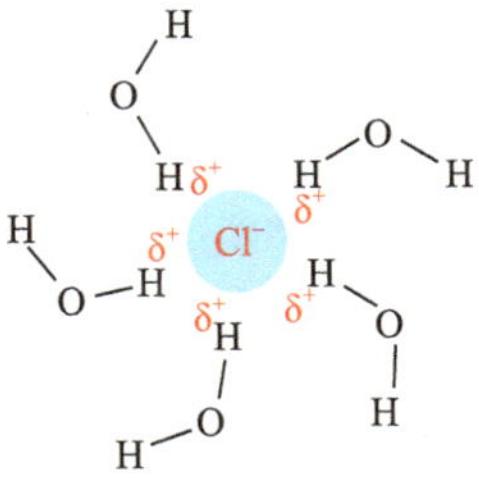

以氯化钠为例，离子易溶于水是因为水分子被离子的正电荷（Na⁺）或负电荷（Cl⁻）所吸引。

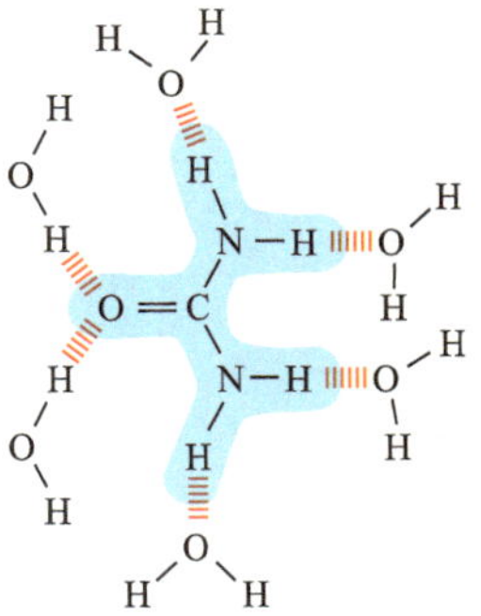

以尿素为例，极性物质易溶于水是因为这些分子与周围的水分子形成氢键。

疏水分子

非极性键占优势的物质通常不溶于水，称为疏水性物质。水分子无法被疏水性物质吸引，因而无法包围它们或将它们带入水溶液。

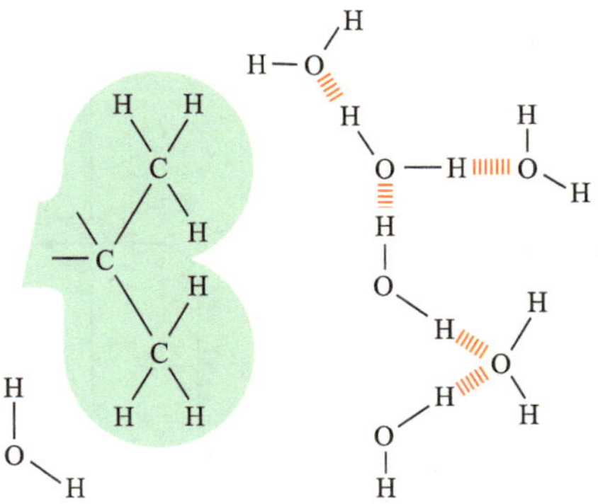

烃类物质含有许多 C—H 键，疏水性特别强。

水作为一种溶剂

很多物质，如食用糖（蔗糖），都溶解于水。也就是说，它们的分子可以互相分离，每个分子都被水分子包围。

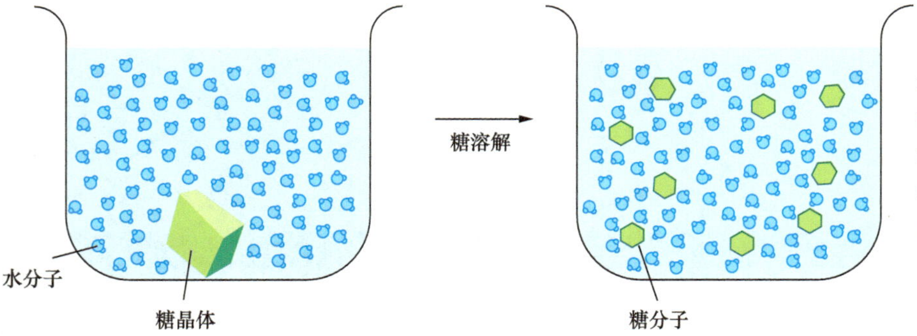

当一种物质溶解在一种液体中，这种混合物就称为溶液。被溶解的物质（本例子中是糖）称为溶质，溶解该物质的液体（本例子中是水）称为溶剂。水由于具有极性键，所以是亲水性物质的绝佳溶剂。

酸

可以向溶液中释放氢离子（质子）的物质称为酸。

$$\underset{\text{盐酸（强酸）}}{HCl} \longrightarrow \underset{\text{氢离子}}{H^+} + \underset{\text{氯离子}}{Cl^-}$$

很多在细胞中发挥重要作用的酸并不会全部解离，因此称为弱酸。例如，羧基（–COOH）就是一种弱酸，在溶液中可以解离出一个氢离子。

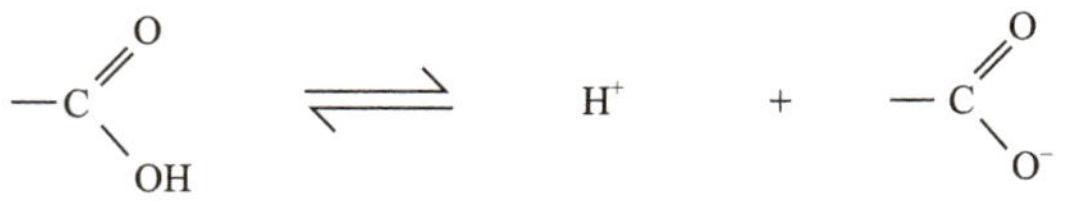

羧基（弱酸）

注意，这是个可逆反应。

氢离子交换

带正电的氢离子（H^+）能够自发地从一个水分子转移到另一个水分子上，从而产生两种离子。

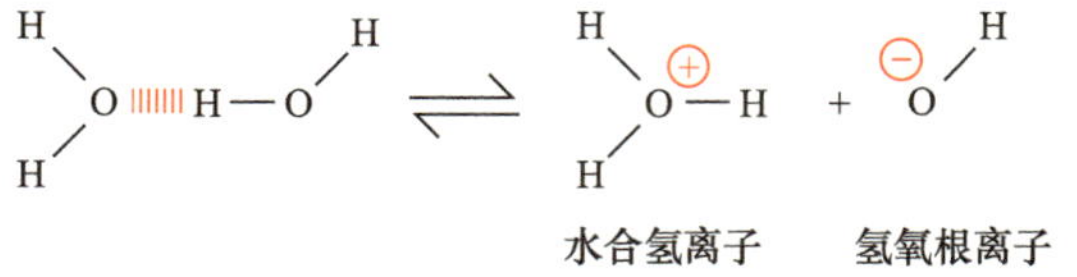

常写为：$\underset{}{H_2O} \rightleftharpoons \underset{\text{氢离子}}{H^+} + \underset{\text{氢氧根离子}}{OH^-}$

由于该过程快速且可逆，所以氢离子不断地在水分子间穿梭。纯水中的氢离子和氢氧根离子的浓度相等，均为 10^{-7}mol/L。

pH

一个溶液的酸度是由它所具有的水合氢离子（H_3O^+，通常缩写为 H^+）的浓度所决定。方便起见，我们采用 pH 标度。

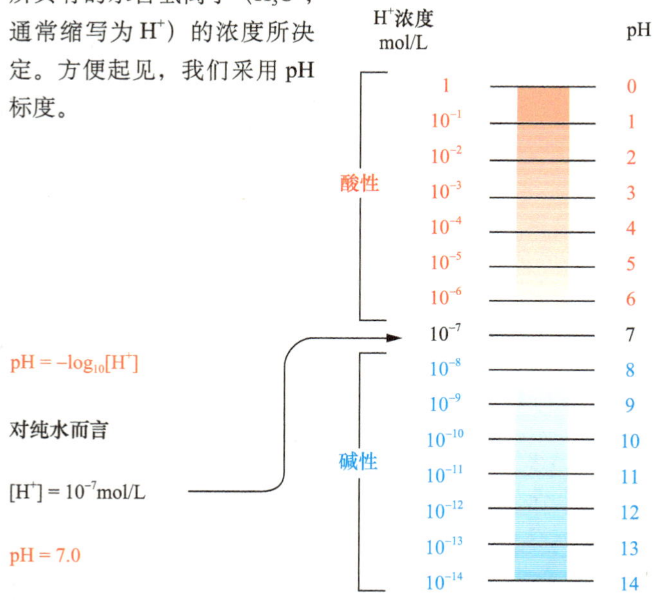

碱

能够减少溶液中氢离子数量的物质称为碱。有些碱，如氨，可以直接结合氢离子。

$$\underset{\text{氨}}{NH_3} + \underset{\text{氢离子}}{H^+} \longrightarrow \underset{\text{铵离子}}{NH_4^+}$$

还有些碱可以间接地减少 H^+ 的数量。如氢氧化钠，它可以产生 OH^- 来直接结合 H^+ 并产生水。

$$\underset{\text{氢氧化钠（强碱）}}{NaOH} \longrightarrow \underset{\text{钠离子}}{Na^+} + \underset{\text{氢氧根离子}}{OH^-}$$

细胞中很多碱都可以部分地结合 H^+，称为弱碱。含有氨基（$–NH_2$）的化合物就是弱碱，它们从水中接受一个 H^+，增加了游离态 OH^- 的数量。

$$–NH_2 + H^+ \rightleftharpoons –NH_3^+$$

生。范德华力是非特异性的相互作用，源于每个原子中电荷分布的波动，当原子非常接近时，可以产生瞬时的吸引力。所有类型的分子都能产生这些微弱的吸引力，包括那些非极性且不能形成离子键或氢键的分子。表 2-1 将这三种非共价键的相对长度和强度与共价键进行了比较。

表 2-1　部分化学键的键长和强度

化学键的类型	键长*/nm	强度/（kJ/mol）	
		真空中	水中
共价键	0.10	377[90]**	377[90]
非共价键：离子键	0.25	335[80]	12.6[3]
非共价键：氢键	0.17	16.7[4]	4.2[1]
非共价键：范德华力（每个原子）	0.35	0.4[0.1]	0.4[0.1]

* 列出的键长和强度是近似值，精确的数值取决于所涉及的原子。

** 方括号内的数值单位为 kcal/mol。1kJ = 0.239kcal，1kcal = 4.184kJ。

将分子聚集在一起的第四种作用力，严格来说并不是一种化学键。在水环境中，**疏水力**（hydrophobic force）是利用分子的非极性表面排斥出富含氢键的水分子网络而产生，否则这些非极性的部分将干扰水分子间高度有效的相互作用。疏水力在促进分子相互作用的过程中（特别是在构建细胞膜时）起重要作用，因为细胞膜主要由具有长烃尾的脂质分子（lipid molecule）所构成。在这些分子中，H 原子通过非极性键与 C 原子共价连接（参见图版 2-1）。因为这些 H 原子几乎没有净正电荷，它们不能与包括水在内的其他分子形成有效的氢键。其结果是，脂质可形成薄膜屏障，分隔开细胞内部与外界的水环境。

在图版 2-3 中综述了生物学中这四种重要的弱化学相互作用。

一些极性分子在水中形成酸和碱

当一个分子的氢原子和另一个原子形成高度极性的共价键并溶解在水中时，会发生很简单而又对细胞具有深远意义的一种化学反应。键中的氢原子几乎完全把它的电子转移到相邻的原子，成为一个几乎裸露的、带正电的氢核，即一个质子（proton，H^+）。当极性分子被水分子包围时，质子将被吸引到相邻水分子中带局部负电的氧原子上（参见图 2-11）；因此，该质子可以与其之前结合的原子分离，而与水分子的氧原子结合，产生一个**水合氢离子**（hydronium ion，H_3O^+）（图 2-15A）。水合氢离子释放质子的逆反应也很容易发生，因此在水溶液中，数十亿个质

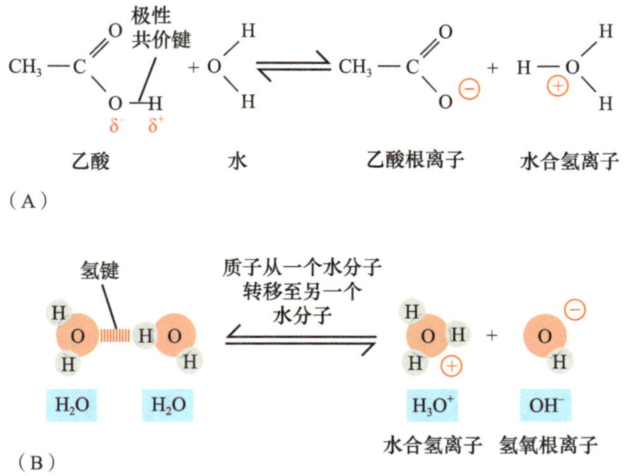

图 2-15　质子在水溶液中不断地从一个分子转移到另一个分子。（A）乙酸分子溶解在水中发生的反应。在 pH 7 时，几乎所有的乙酸分子都以乙酸根离子的形式存在。（B）水分子彼此不断交换质子以形成水合氢离子和氢氧根离子；反过来，这些离子又迅速重新组合形成水分子。

子不断地在一个分子和另一个分子之间来回移动。

当质子溶解在水中形成 H_3O^+ 时，释放质子的物质被称为**酸**（acid）。H_3O^+ 的浓度越高，溶液的酸性越强。即使在纯水中，由于质子从一个水分子转移到另一个水分子，H_3O^+ 的浓度也有 10^{-7}mol/L（图 2-15B）。虽然水溶液中的大多数质子以 H_3O^+ 形式存在，但传统意义上，H_3O^+ 浓度通常被称为 H^+ 浓度。为了避免数字的使用不便，H^+ 的浓度用对数表示，称为 pH 标度（pH scale）。纯水的 pH 为 7.0，因此是中性的，既不是酸性（pH < 7）也不是碱性（pH > 7）。

酸性的强弱，取决于它们将质子释放到水中的难易程度。强酸，如盐酸（HCl），容易失去质子；相反，乙酸是弱酸，当它溶解在水中时更倾向保留质子。许多在细胞中重要的酸，如含有羧基（COOH）的分子，是弱酸（参见图版 2-2）。在细胞的各种反应中，细胞倾向于利用这种较难提供质子的弱酸。

因为质子可以很容易地转移到细胞中的多种分子上，从而改变分子的特性，所以细胞内的 H^+ 浓度即其 pH 必须受到严格的调控。如果 H^+ 浓度过低（pH 高），酸将更容易地释放出它们的质子；当 H^+ 浓度过高（pH 低）时，酸将更倾向于保持其质子（或接受质子）。

溶解在水中时可以接受质子的分子称为**碱**（base）。正如酸的定义是它可以通过向水分子提供质子来提高 H_3O^+ 的浓度，碱的定义就是它可以使水分子失去

图版 2-3　弱的非共价键的主要类型

弱的非共价化学键

有机分子和其他分子之间可以通过三种类型的短距离吸引力相互作用，这些力称为非共价键（noncovalent bond），包括范德华力、静电力和氢键。疏水基团对水的排斥力对于分子间的相互作用及生物大分子的折叠也很重要。

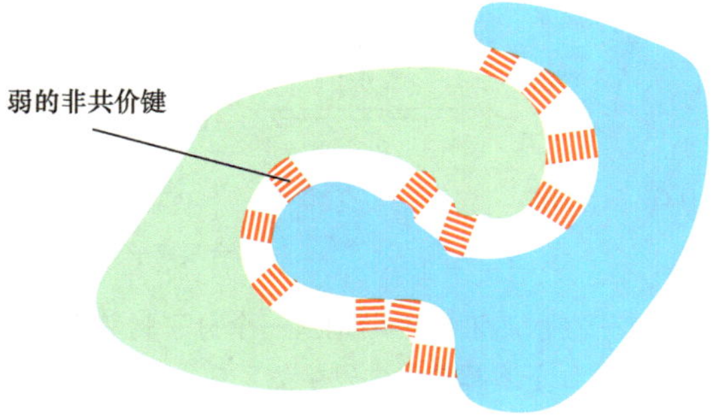

弱的非共价键的强度还不及一个强共价键的 1/20。但当很多非共价键自发形成时，也可为分子间的结合提供足够的力。

氢键

正如对水的描述（见图版 2-2），当一个氢原子位于两个可以吸引电子的原子（通常为氧或氮）之间时，就会形成氢键。

当三个原子位于一条直线上时，氢键最强。

在大分子中的例子：

蛋白质多肽链折叠后，氨基酸可以通过氢键结合。

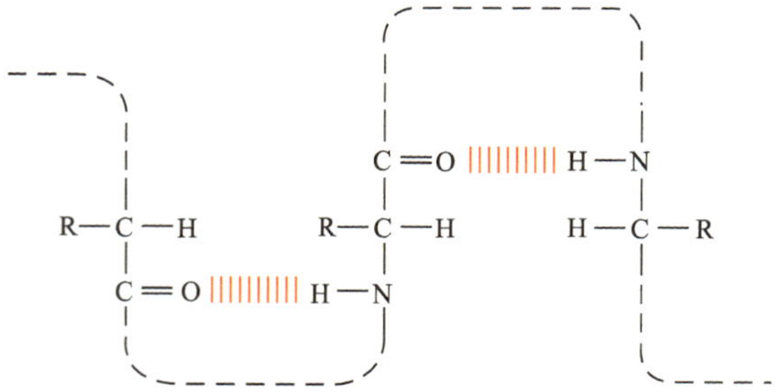

DNA 双螺旋中，G 和 C 碱基通过氢键进行配对。

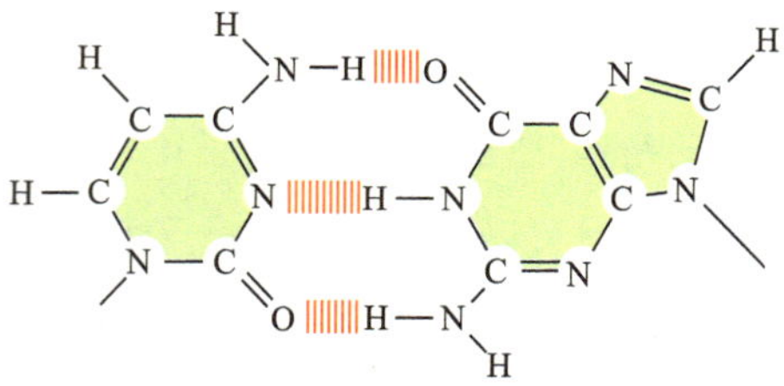

范德华力

如果两个原子靠得太近，它们之间的排斥力会特别强。正因为如此，原子通常被看成是一个有固定直径的球。原子的特征性“尺寸”是由它独特的范德华半径所决定。任何两个非共价结合的原子，它们之间的接触距离是二者范德华半径的和。

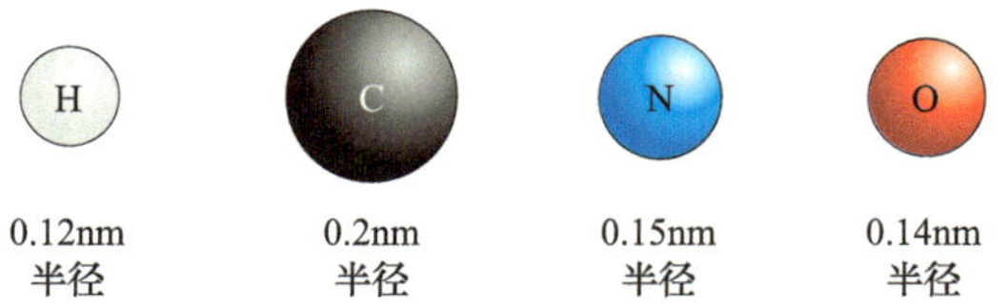

由于电荷存在波动，当任何两个原子之间的距离非常短时，都会表现出弱的成键作用。两个原子彼此吸引而靠近，直到二者原子核间的距离大约等于它们的范德华半径之和为止。尽管单个的范德华吸引力很弱，但当两个大分子的界面彼此紧密契合时，很多原子之间都会彼此吸引，这时范德华力就变得很重要。

注意，当两个原子形成一个共价键时，两个原子中心（即两个原子核）之间的距离比二者的范德华半径之和要短很多。例如：

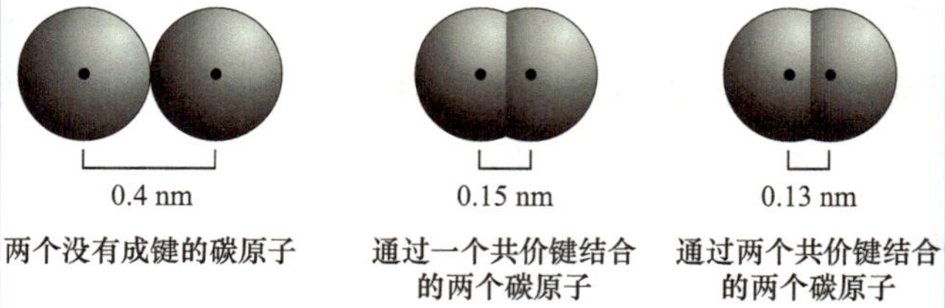

水中的氢键

可以形成氢键的两个原子，也可以分别与水分子形成氢键。因此，水分子会与原本形成氢键的原子竞争，使得水溶液中溶质自身或之间形成的氢键相对较弱，如两个肽键之间的氢键。

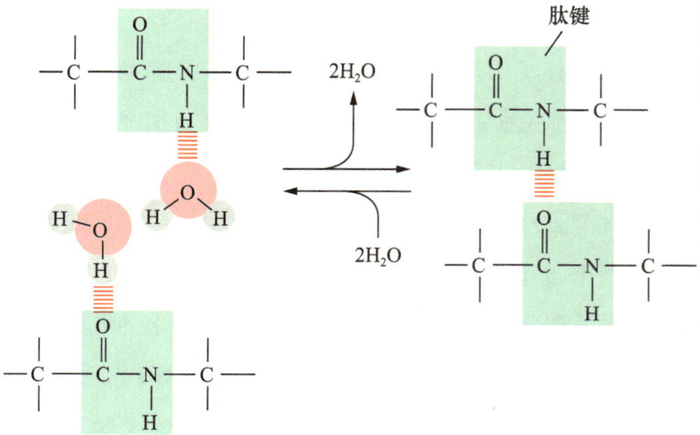

静电力

静电力一般发生在两个完全带电的基团之间（离子键），或发生在两个部分带电的基团之间（极性分子）。

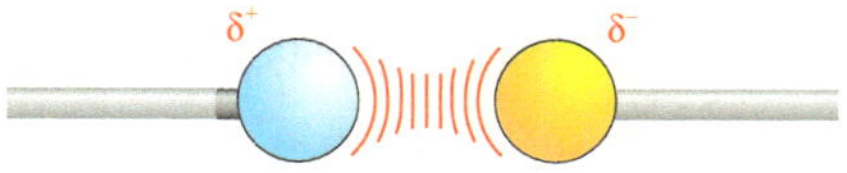

两个部分带电的电荷，如 δ⁺ 和 δ⁻ 之间的吸引力随着电荷距离的增加而迅速降低。

在无水条件下，离子键非常强。离子键赋予了大理石和玛瑙等矿物质硬度，以及使得食盐 NaCl 形成晶体。

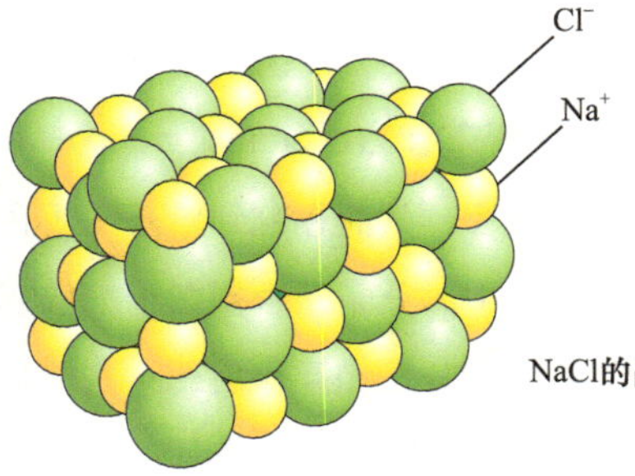

NaCl的晶体结构

水中的静电力

带电基团通过与水分子相互作用而被水分子屏蔽，因此水中的静电力相对较弱。

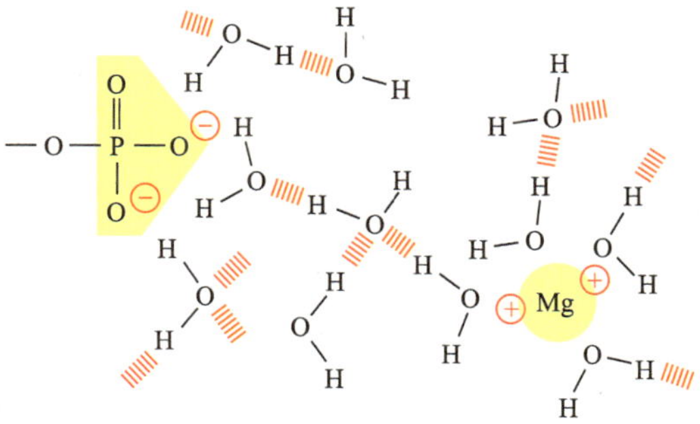

溶液中的无机离子也会聚集在带电基团周围，进一步削弱带电基团的静电力。

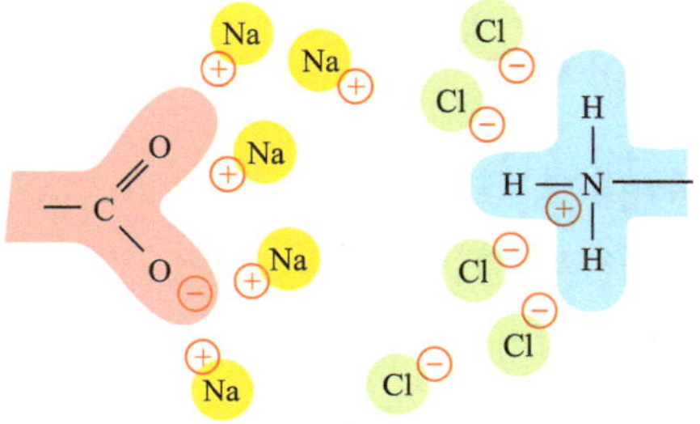

尽管被水和无机离子减弱，静电力在生物系统中仍非常重要。例如，可以结合带正电的底物的酶，通常会在特定位置有一个带负电的氨基酸侧链。

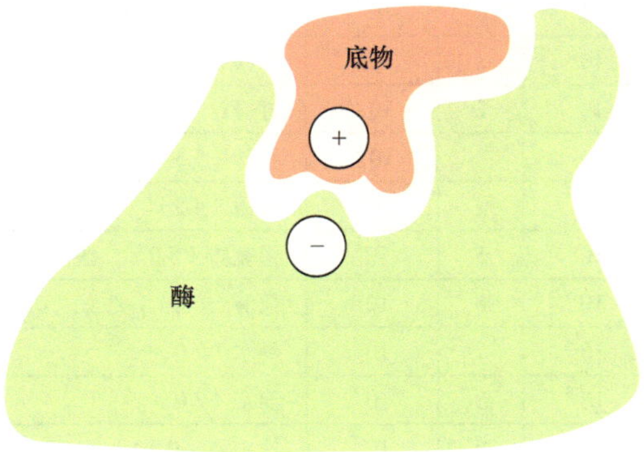

疏水力

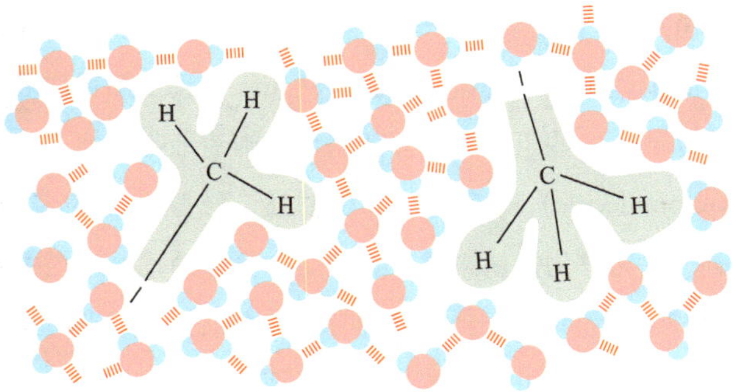

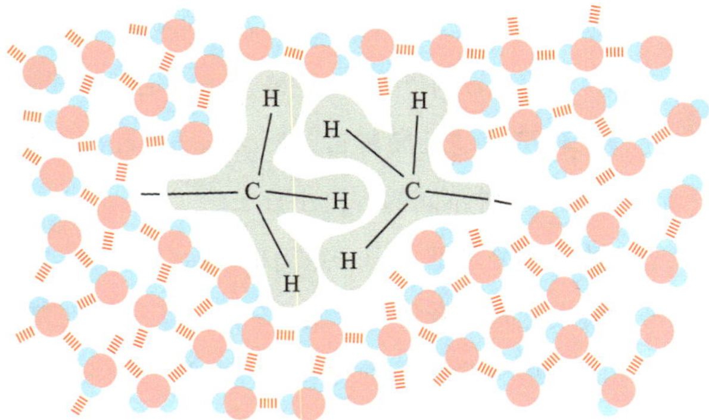

水分子之间通过氢键形成网络。为了降低疏水基团对该网络的破坏，水分子会迫使疏水基团相互聚集。尽管疏水基团的聚集是通过水的排斥力实现的，有时我们也说它们是通过“疏水键”结合在一起的。

质子从而提高氢氧根离子（OH^-）的浓度。氢氧化钠（NaOH）为碱性（basic 或 alkaline），而且是强碱，因为它很容易在水溶液中解离形成 Na^+ 和 OH^-。然而，虽然弱碱从水中接受质子的能力较弱，但对细胞而言更重要。许多生物学上重要的弱碱含有氨基（NH_2），它可以通过从水中获取质子产生 OH^-：$—NH_2 + H_2O \rightarrow —NH_3^+ + OH^-$（参见图版 2-2）。

因为 OH^- 与质子结合形成水分子，OH^- 浓度的增加使 H^+ 浓度降低，反之亦然（图 2-16）。纯水中两种离子的浓度均为 10^{-7}mol/L，因此表现为中性（pH 7）。借助**缓冲**（buffer）作用，细胞内部保持接近中性的状态，即弱酸和弱碱的混合物在 pH 变化时通过释放质子（酸）或接受质子（碱）来调节质子浓度在 pH 7 附近。这种质子的接受和释放使细胞的 pH 在各种条件下保持相对稳定。

细胞中的小分子

前面介绍了原子结合形成小分子的方式以及这些分子在水环境中的行为，我们现在介绍几种主要的小分子类型和它们的生物学作用。有意思的是，这几种基本的分子仅由屈指可数的元素类型组成，但却能产生多种多样的生物形态和行为。

	$[H^+]$ /(mol/L)	pH	$[OH^-]$ /(mol/L)	一些溶液及其pH
酸性	1	0	10^{-14}	电池用酸（0.5）
	10^{-1}	1	10^{-13}	胃酸（0.5）
	10^{-2}	2	10^{-12}	柠檬汁（2.3），可乐（2.5）
	10^{-3}	3	10^{-11}	橙汁（3.5）
	10^{-4}	4	10^{-10}	啤酒（4.5）
	10^{-5}	5	10^{-9}	黑咖啡（5.0），酸雨（5.6）
	10^{-6}	6	10^{-8}	尿液（6.0），牛奶（6.5）
中性	10^{-7}	7	10^{-7}	纯水（7.0）
碱性	10^{-8}	8	10^{-6}	海水（8.0）
	10^{-9}	9	10^{-5}	洗手液（9.5）
	10^{-10}	10	10^{-4}	镁乳（10.5）
	10^{-11}	11	10^{-3}	家用氨水（11.9）
	10^{-12}	12	10^{-2}	漂白剂（12.5）
	10^{-13}	13	10^{-1}	无磷洗涤剂（12.0）
	10^{-14}	14	1	氢氧化钠（13.5）

图 2-16　**在水溶液中，当 H_3O^+（或 H^+）浓度下降，羟基（OH^-）浓度就会升高。**$[OH^-] \times [H^+]$ 的值总是维持在 $10^{-14}(mol/L)^2$。当 pH 为中性时，$[OH^-] = [H^+]$，两种离子的浓度都是 10^{-7}mol/L。表格中展示了一些常见溶液中的离子浓度及溶液大概的 pH。

细胞由碳化合物构成

如果忽略水，细胞中几乎所有的分子都是以碳元素为基础。在形成大分子的能力上，碳在所有元素中是最突出的。因为碳原子很小，并且在最外层具有 4 个电子和 4 个电子空位，所以它很容易与其他原子形成 4 个共价键（参见图 2-9）。最重要的是，一个碳原子可以通过高度稳定的共价 C—C 键与其他碳原子连接产生环或链结构，从而形成复杂的分子主链。通过这种方式形成的分子，其大小没有明确的上限。这些含碳化合物被称为**有机分子**（organic molecule）。相比之下，所有其他分子，包括水，都被认为是**无机**（inorganic）分子。

除含有碳之外，细胞有机分子的另一特点是它们通常含有一些特定的原子组合，如甲基（$—CH_3$）、羟基（—OH）、羧基（—COOH）、羰基（—C=O）、磷酰基（$—PO_3^{2-}$）和氨基（$—NH_2$）。这些**化学基团**（chemical group）每个都具有不同的化学和物理性质，从而影响到该基团所在的分子的行为，包括溶解在水中时分子是否倾向于获取或失去质子，以及它将与其他哪些分子相互作用。对这些基团及其化学性质的了解极大地简化了人们对生命的化学组成的理解。图版 2-1 总结了最常见的化学基团及它们的一些性质。

细胞主要含有四种有机小分子

细胞中的有机小分子指的是相对分子质量为 100～1000 的碳化合物，其分子中含有至多 30 个左右的碳原子。它们通常在细胞质中呈游离状态，并且发挥着许多不同的功能。一些可作为单体亚基用于构建细胞中的大分子（macromolecule）聚合物，如蛋白质、核酸和大的多糖；另外一些可作为能量来源，在细胞内复杂的代谢途径中被分解并转化为其他小分子。还有许多在细胞中起到不止一种作用，比如既可作为大分子的亚基，也是能量来源。有机小分子远不如有机大分子丰富，仅占细胞中有机物总质量的 1/10，但是有机小分子以各种各样的化学形式存在。在研究得比较清楚的大肠杆菌（*Escherichia coli*）中，已经检测到近 4000 种不同的有机小分子。

所有的有机分子都由同一组简单化合物合成，并可以逆向再分解成这些化合物。合成和分解基于一系列简单的化学反应，这些化学反应种类有限，并且一步一步进行。因此，细胞中的化合物在化学本质上是相互关联的，并且大多可以归到少数几个种类中。广义上讲，细胞含有四类主要的有机小分子：糖（sugar）、脂肪酸（fatty acid）、氨基酸（amino acid）和核苷酸（nucleotide）（图 2-17）。虽然细胞中还存在许多化合物不能被归入这些类别，但这四个有机小分子家族以及通过它们连接而成的长链大分子，占细胞质量的绝大部分（表 2-2）。

糖既是细胞的能量来源，也是组成多糖的亚基

最简单的**糖**（sugar）是单糖。糖是一些化学式为 $(CH_2O)_n$ 的化合物，其中 n 通常为 3、4、5 或 6，比如葡萄糖化学式为 $C_6H_{12}O_6$（图 2-18）。由于这种简单的化学组成，糖和由它们形成的大分子也被称为碳水化合物。然而，化学式并不能充分地表示出该分子的特性，同一组碳、氢和氧可以通过不同方式的共价键连接在一起，产生具有不同形状的结构。因此，葡萄糖分子可以简单地通过改变某些—OH 基团的空间朝向，转化为与它不同的甘露糖或半乳糖（图版 2-4）。另外，每一种糖可以以两种形式存在，称为 D 型和 L 型，它们互为镜像。具有相同化学式但不同结构的分子称为异构体（isomer），而镜像对称的分子称为光学异构体（optical isomer）。异构体在有机分子中广泛存在，它们在糖的多样性中起主要作用。图版 2-4 对糖的结构和化学性质进行了更完整的概述。

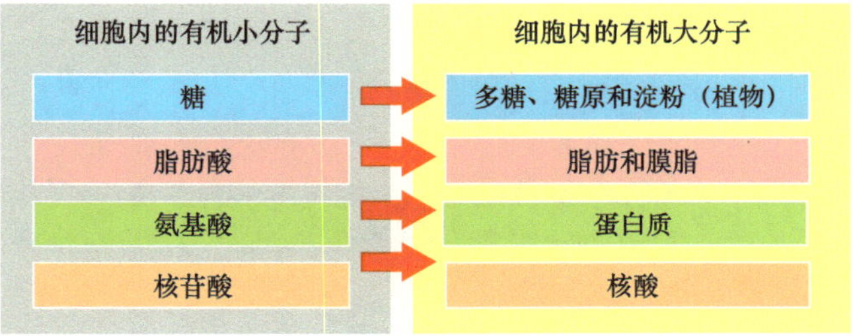

图 2-17 **糖、脂肪酸、氨基酸和核苷酸是细胞中四种主要的有机小分子家族。**它们是细胞中大多数有机大分子和其他一些组分的单体组分或亚基，其中一些分子，如糖和脂肪酸，也是细胞的能量来源。

表 2-2 单个细菌细胞的化学成分

物质	占细胞总质量的百分比/%	每类分子的数目
水	70	1
无机离子	1	20
糖及其前体	1	250
氨基酸及其前体	0.4	100
核苷酸及其前体	0.4	100
脂肪酸及其前体	1	50
其他小分子	0.2	3000
磷脂	2	4*
大分子（核酸、蛋白质和多糖）	24	3000

* 有四种类型的磷脂，每种都存在多种形式（细节将在第 4 章中讨论）。

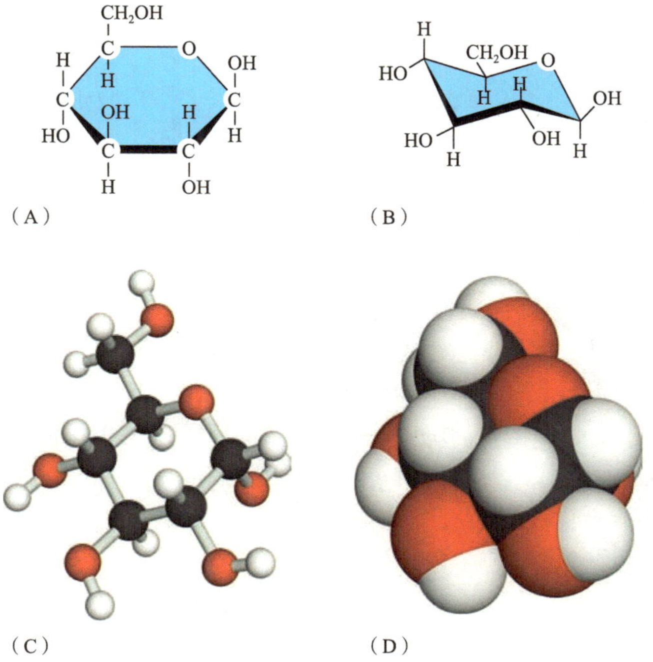

图 2-18 葡萄糖（一种单糖）的结构可以用多种方式表示。（A）结构式，其中原子用化学符号表示，通过代表共价键的实线连接在一起。粗线表示糖环所在的平面，—H 和—OH 基团与糖环不在一个平面上。（B）另一种结构式，用所谓的“椅式构象”表现葡萄糖的三维结构。（C）球棍模型，表示原子在空间中的三维排列。（D）空间填充模型，同样描绘了原子的三维排列，也显示了分子的相对大小和表面轮廓（视频 2.1）。（C）和（D）中的原子颜色与图 2-9 相同：C 为黑色，H 为白色，O 为红色。这是原子通用的色调，本书中均使用此配色。

单糖可以通过共价键（称为糖苷键）连接，形成更大的糖。两个单糖连接在一起形成二糖，例如蔗糖，它由葡萄糖和果糖两个单元组成。更大的糖聚合物可以从寡糖（oligosaccharide）（三糖、四糖等）到多糖（polysaccharide），后者可含有数千个单糖亚基（单体，monomer）。大多数情况下，前缀 oligo-指的是由少量单体形成的分子，比如对寡糖来说通常为 2～10 个。相反，多聚体可含有数百或数千个亚基。

糖连接在一起的方式体现了生物化学键形成的一些共性。通过**缩合反应**（condensation reaction），一个糖上的—OH 基团和另一个糖上的—OH 基团之间形成糖苷键，成键时失去一个水分子（图 2-19）。其他聚合物（包括核酸和蛋白质）中的亚基，也可以通过失去水分子的缩合反应相连接。所有缩合反应产生的键可以通过**水解**

图版 2-4　糖的类型

单糖

	3-碳（丙糖）	5-碳（戊糖）	6-碳（己糖）
醛糖	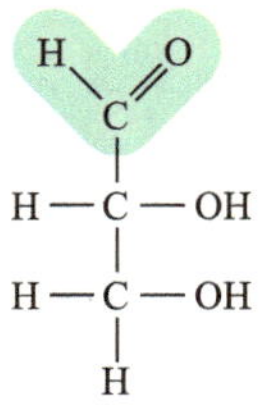 甘油醛	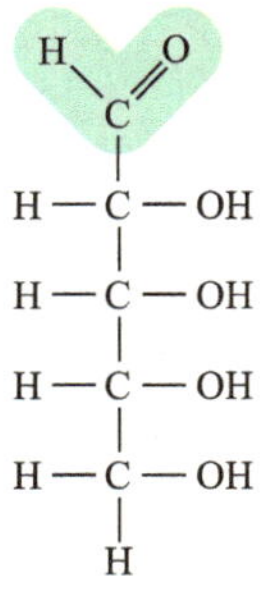 核糖	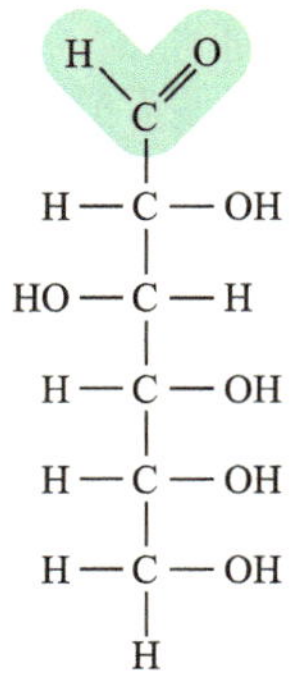 葡萄糖
酮糖	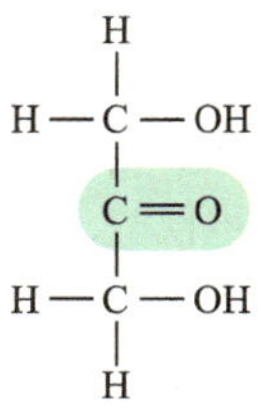 二羟丙酮	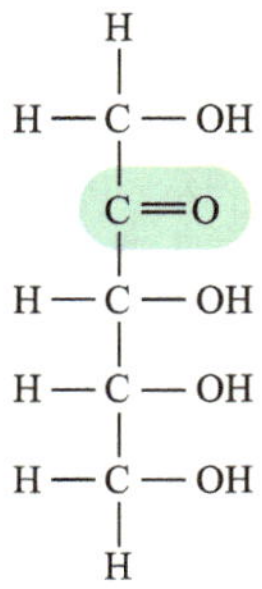 核酮糖	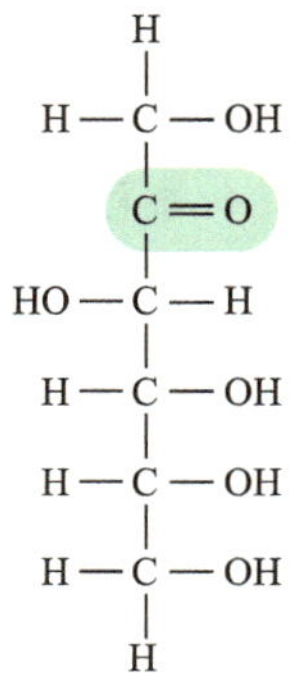 果糖

单糖的通用分子式是$(CH_2O)_n$，n可以是3、4、5或6，而且可以有两个或更多的羟基。含有一个醛基（—C(=O)H）的单糖称为醛糖；含有一个酮基（>C=O）的单糖称为酮糖。

环的形成

在水溶液中，一个糖分子的醛基或酮基倾向于和这个分子的羟基发生反应，从而使分子闭合成环。

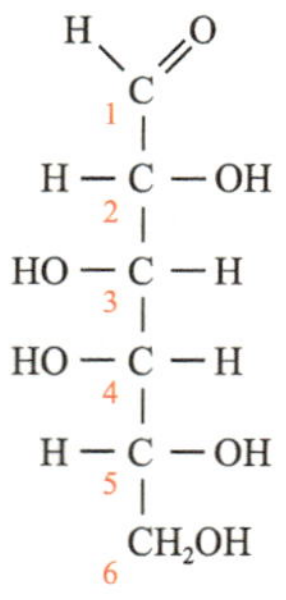

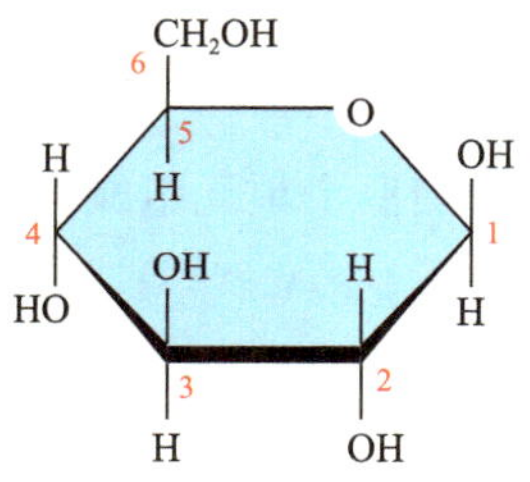

葡萄糖

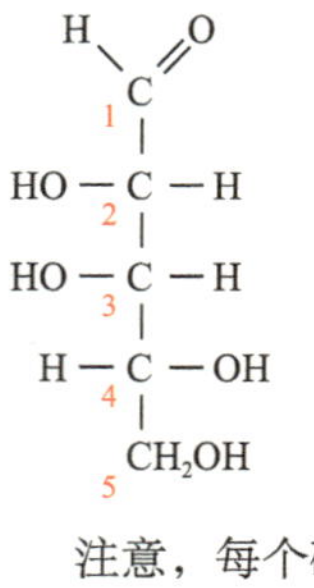

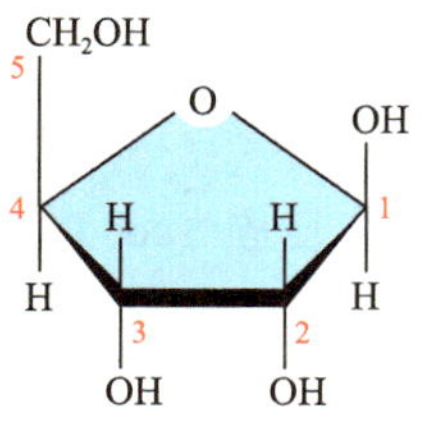

核糖

注意，每个碳原子都有一个编号。

异构体

很多单糖只是原子的空间排列存在不同，即它们互为异构体。例如，葡萄糖、半乳糖和甘露糖都有相同的分子式（$C_6H_{12}O_6$），只是其中一个或两个碳原子周围的基团排列有所不同。

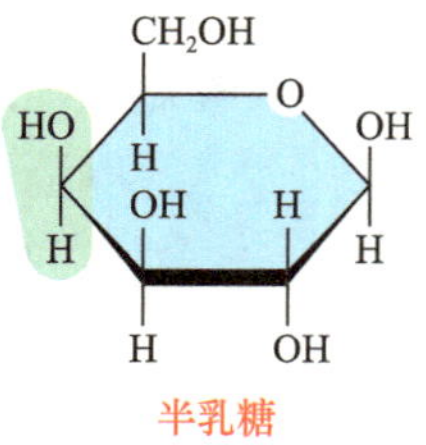

半乳糖

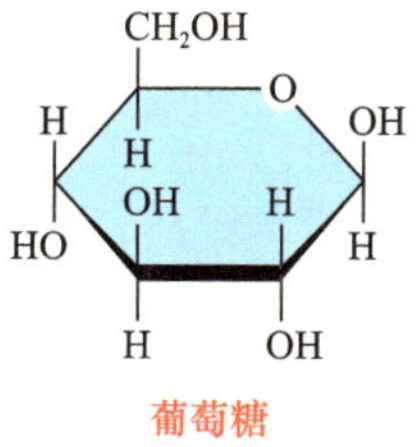

葡萄糖

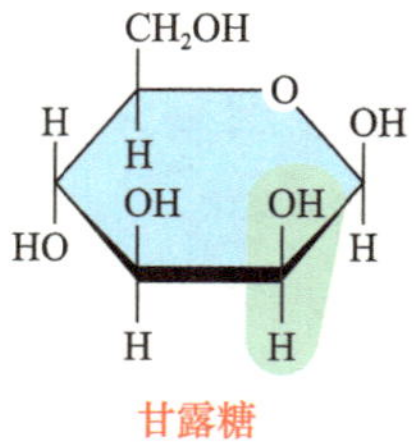

甘露糖

这些细微的差异对异构体的化学性质影响较小，但却能被酶和其他蛋白质识别，从而产生重要的生物学效应。

α 和 β 连接

带有醛基或酮基的碳原子，其羟基可以从一个位置快速地转移到另一个位置。这两个位置分别称为 α 和 β。

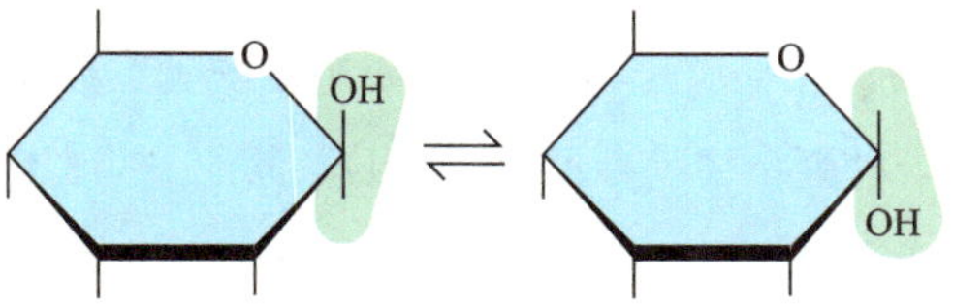

β-羟基　　α-羟基

一个糖分子一旦和另一个糖分子连接，α 或 β 的位置也就固定下来。

糖衍生物

一个简单多糖，如葡萄糖，其羟基可以被其他基团取代。

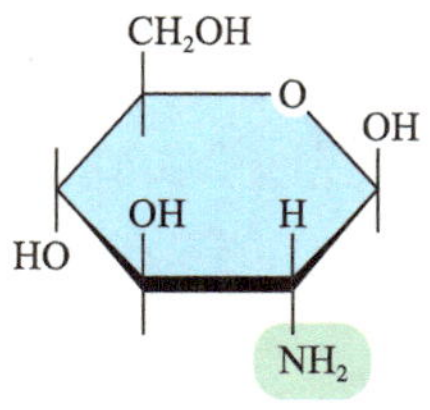

葡糖胺

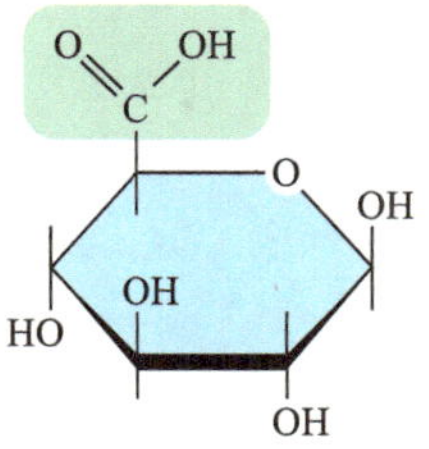

葡糖醛酸

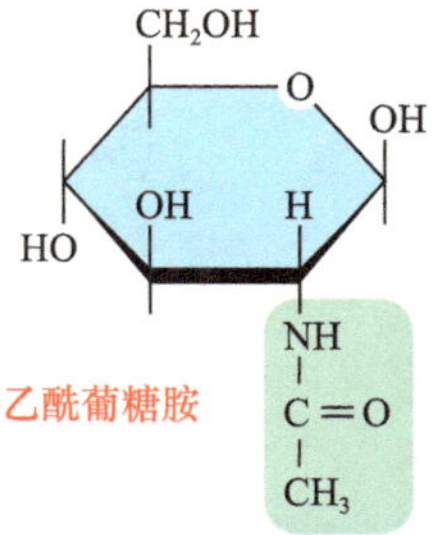

N-乙酰葡糖胺

二糖

带有醛基或酮基的碳原子可以和第二个糖分子上的任意羟基发生反应，形成一个二糖。

三种常见的二糖是：

麦芽糖（葡萄糖＋葡萄糖）

乳糖（半乳糖＋葡萄糖）

蔗糖（葡萄糖＋果糖）

蔗糖的形成如图所示。

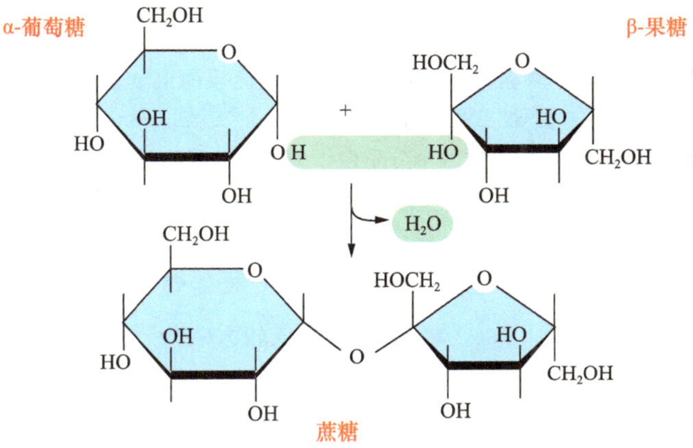

寡糖和多糖

线性和带有分支的大分子可以由重复的简单亚基组成。短链的糖分子称为寡糖，长链的糖分子称为多糖。

例如，糖原是一个完全由葡萄糖连接而成的多糖。

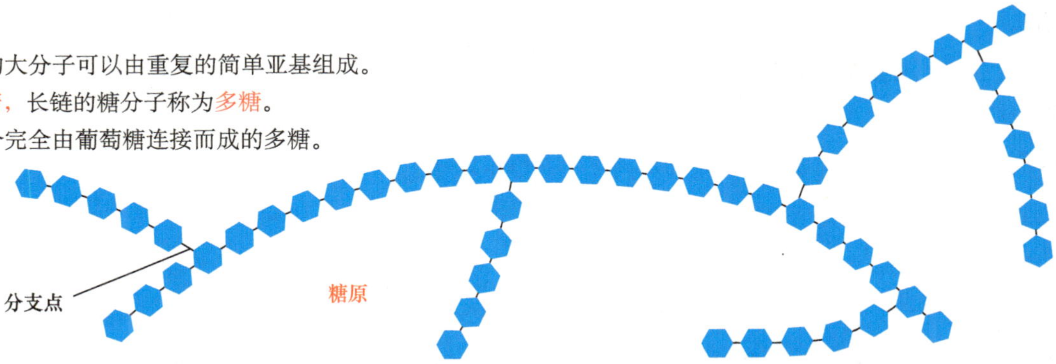

复杂寡糖

很多情况下，糖分子的序列并不重复，因此会产生很多不同的糖分子。这些复杂的寡糖通常会连接到蛋白质或脂质上。图中所示的寡糖，是细胞表面分子的一部分，它决定了特定的血型。

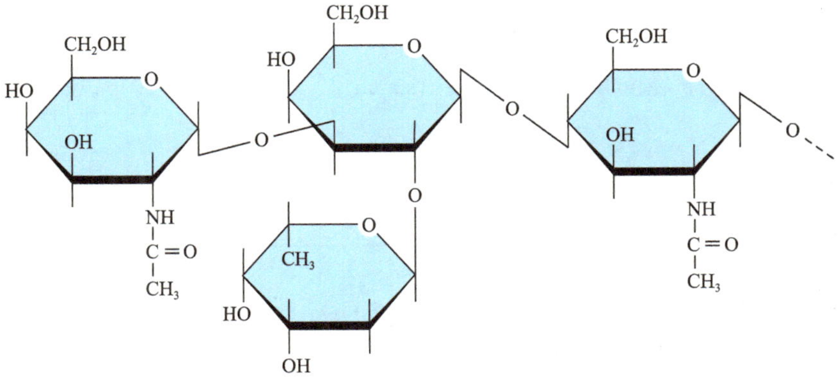

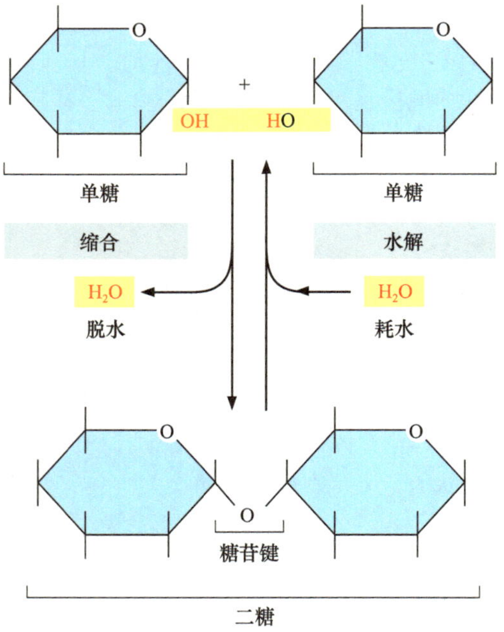

图 2-19　**两个单糖可以通过共价糖苷键连接而形成二糖。**该反应属于一类常见的反应，称为*缩合反应*（condensation reaction），参与反应的两个分子由于失去水分子而连接在一起。逆反应（加入水）称为*水解*（hydrolysis）。

（hydrolysis）的逆过程被破坏，水解过程需要消耗一分子的水。一般而言，从较小的亚基合成较大的分子的缩合反应在能量上是不利的；将较大分子分解成较小亚基的水解反应在能量上是有利的（图 2-20）。

因为每个单糖具有数个可以与另一单糖（或其他一些化合物）形成连接的游离羟基，所以糖聚合物是可以分支的，可能产生的多糖结构也因此极其丰富。正是由于这个原因，确定复杂多糖中糖的序列比确定 DNA 分子的核苷酸序列或蛋白质的氨基酸序列要困难得多，因为 DNA 和蛋白质中每个单元以完全一样的方式与下一个单元连接。

我们将在第 13 章中介绍，单糖*葡萄糖*（glucose）的核心作用是作为细胞的能量来源。它通过一系列反应分解为较小的分子，并释放出能量供细胞进行有用的工作。细胞利用简单多糖作为葡萄糖的长期储备方式，用于能量生产。这些简单多糖只含有葡萄糖单元，在动物中主要是*糖原*（glycogen），在植物中主要是*淀粉*（starch）。

糖不仅仅用于生产和储存能量，也可用于机械支撑。地球上最丰富的有机分子即形成植物细胞壁的*纤维素*（cellulose）是由葡萄糖构成的多糖。另一种非常丰富的有机物质，即昆虫外骨骼和真菌细胞壁的*几丁质*（chitin），也是多糖。几丁质是由糖衍生物 *N*-乙酰葡糖胺线性排列构成的一种聚合物（参见图版 2-4）。其他一些多糖在受潮后往往变得很光滑，它们是黏质、黏液和软骨的主要成分。

较小的寡糖可以与蛋白质共价连接形成*糖蛋白*（glycoprotein），或与脂质共价连接形成糖脂（图版 2-5），它们都存在于细胞膜上。质膜上的糖蛋白和糖脂所包含的糖侧链有助于保护细胞表面并且经常帮助细胞彼此黏附。细胞表面糖类型的差异形成了人类不同血型的分子基础，这些信息决定了在输血过程中可以使用哪种血型。

脂肪酸链是细胞膜的组成部分

脂肪酸（fatty acid）分子，例如棕榈酸（palmitic acid），具有两个化学上独特的区域：一个是长烃链，它疏水且化学性质不活泼；另一个是羧基（—COOH），表现为酸性（羧酸），在水溶液中，羧基被电离（$—COO^-$），极度亲水且化学性质活泼（图 2-21）。同时具有疏水和亲水区域的分子，如脂肪酸，被称为两亲性（amphipathic）分子。细胞中几乎所有的脂肪酸分子都通过其羧酸基团与其他分子共价连接（图版 2-5）。

棕榈酸的烃链是*饱和*（saturated）的，它的碳原子之间没有双键，并且含有可能最多的氢原子数。其他一些脂肪酸，如油酸，具有*不饱和*（unsaturated）的尾部烃链，其上有一个或多个双键。双键使得这些碳氢化合物的尾部产生扭转，干扰它们包装在一起的能力。细胞膜含有脂肪酸尾部，其包装的紧密程度影响膜的流动性。细胞中发现的许多不同脂肪酸的区别仅在于它们的烃链长度，以及碳碳双键的数量和位置（参见图版 2-5）。

脂肪酸可作为细胞中养分的浓缩储备库。相比葡萄糖，相同质量的脂肪酸被分解可产生大约 6 倍的可用能量。

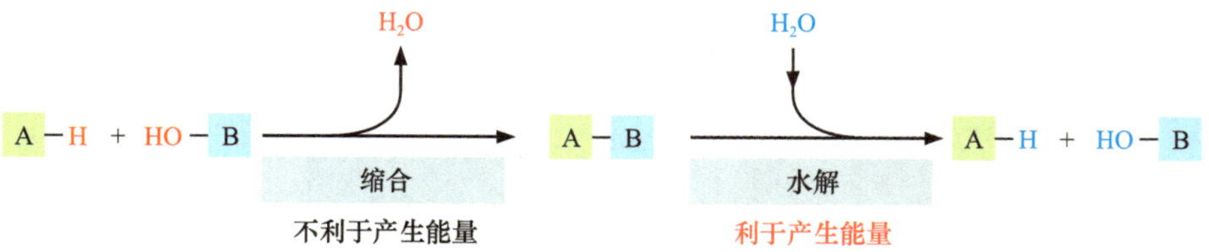

图 2-20　**缩合与水解是一组逆反应。**细胞内的大分子聚合物由亚基（或单体）通过缩合反应而形成，并通过水解反应而分解。缩合反应在能量上是不利的；因此，正如我们将在第 3 章中讨论的，大分子的形成需要能量输入。

图版 2-5　脂肪酸和其他脂质

脂肪酸

所有的脂肪酸一端都有一个羧基，另一端是长烃链的尾部。

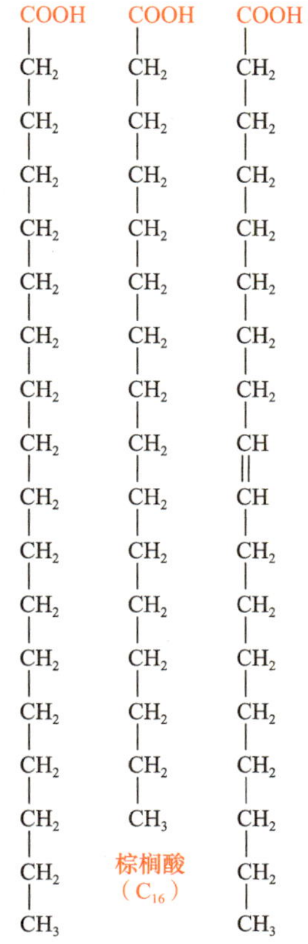

硬脂酸（C_{18}）　棕榈酸（C_{16}）　油酸（C_{18}）

脂肪酸有几百种不同的类别。有些脂肪酸的尾部含有一个或多个双键，称为不饱和脂肪酸；不含有双键的那些称为饱和脂肪酸。

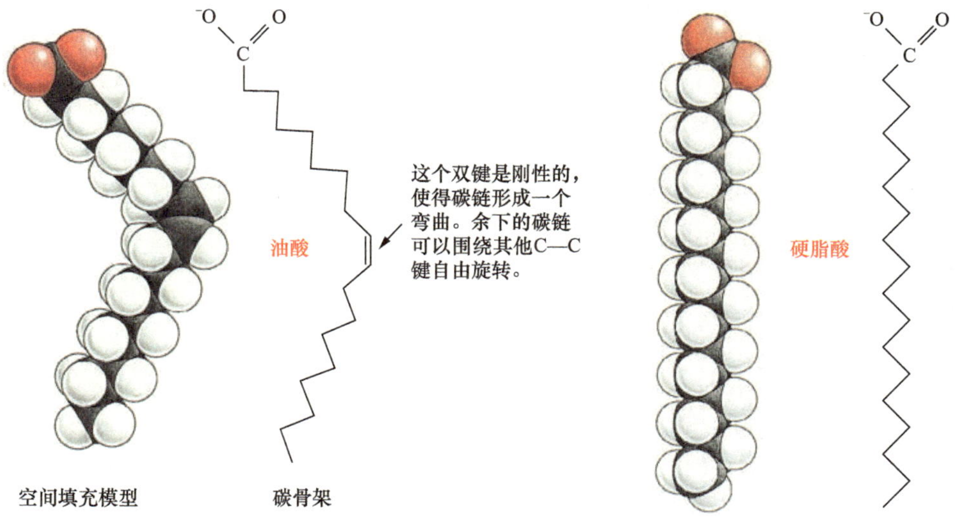

不饱和的　饱和的

三酰甘油

在细胞中，脂肪酸通过酯键连接甘油形成三酰甘油，可作为一种能量储存（脂肪和油）。

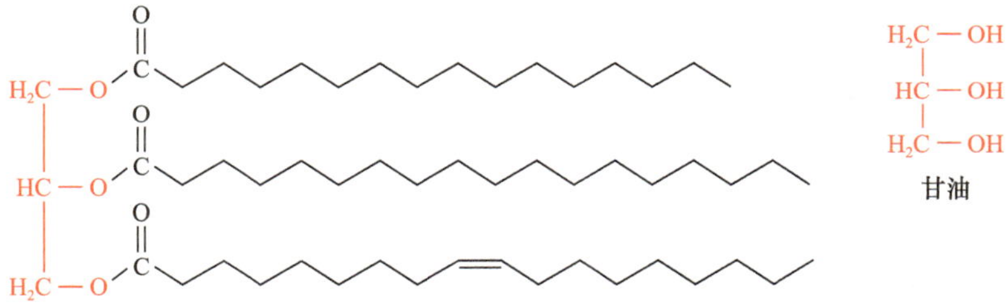

甘油

羧基

如果是游离态，那么脂肪酸的羧基可以发生电离。

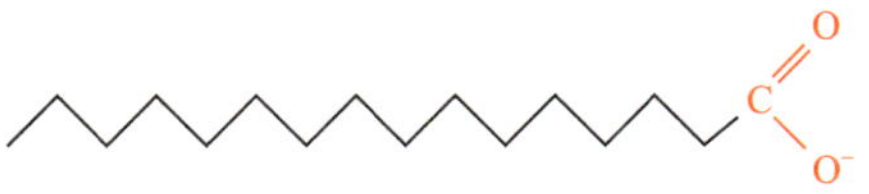

但更常见的是，羧基与其他基团相连形成酯或酰胺。

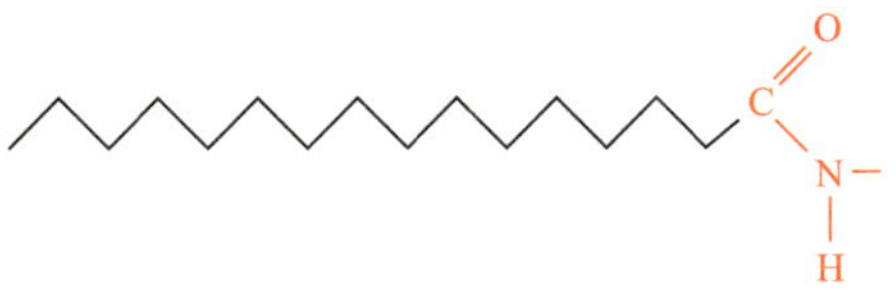

磷脂

磷脂是细胞膜的主要组成成分。

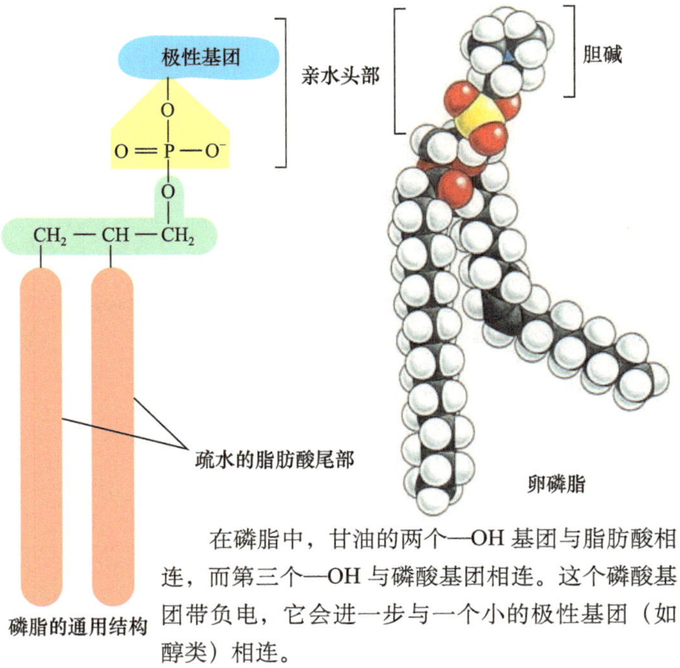

在磷脂中，甘油的两个—OH 基团与脂肪酸相连，而第三个—OH 与磷酸基团相连。这个磷酸基团带负电，它会进一步与一个小的极性基团（如醇类）相连。

脂质聚集体

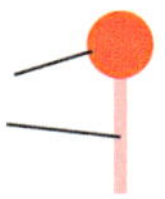

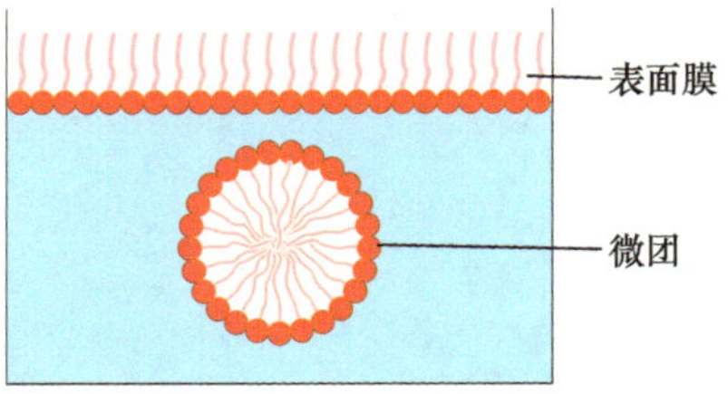

在水中，它们可以形成一层表面膜或微小的分子团。它们的衍生物可以通过疏水作用力形成更大的聚集体。

在细胞质中，三酰甘油可以形成很大的球形脂肪滴。

磷脂和糖脂可以形成自我封闭的脂双层，这是细胞膜结构的基础。

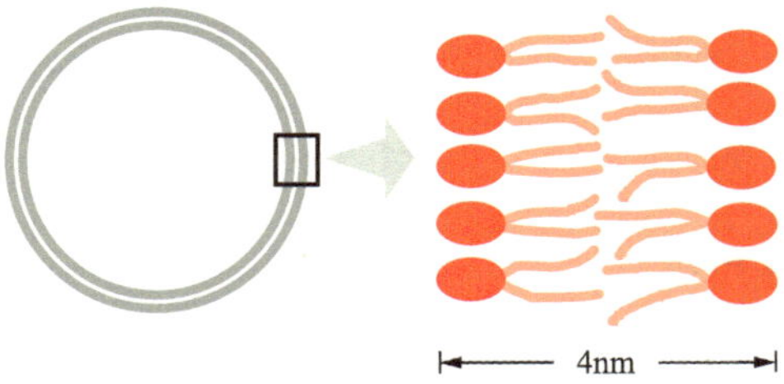

其他脂质

脂质的定义是不溶于水而溶于有机溶剂的分子。另两类常见的脂质是类固醇和聚类异戊二烯。二者都是由异戊二烯单元组成。

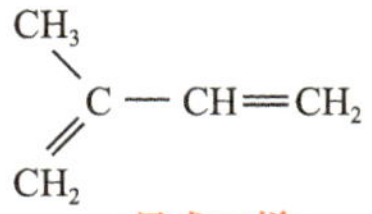

异戊二烯

类固醇

类固醇通常含有一个多环结构。

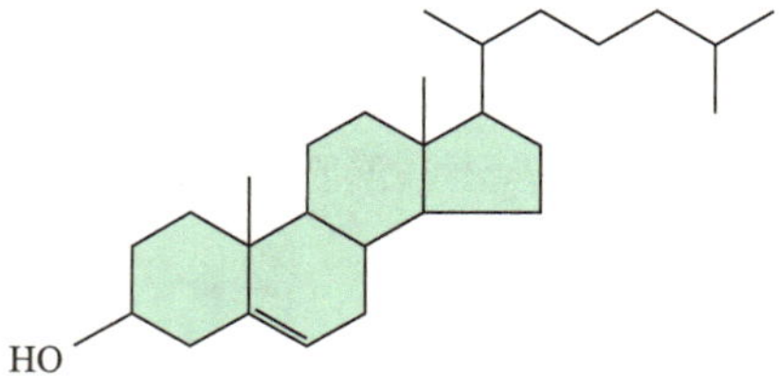

胆固醇——存在于很多膜中

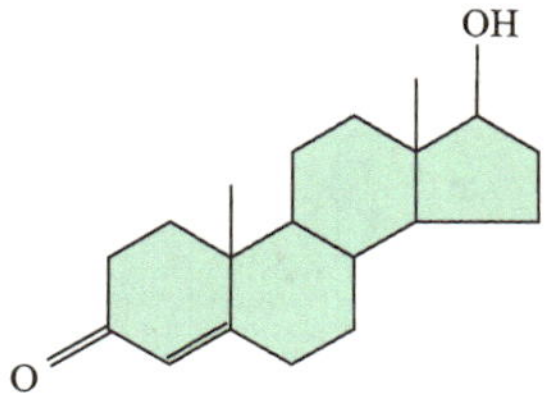

睾酮——雄激素

糖脂

与磷脂类似，这些化合物也是由一个疏水区（含有两条长烃链尾部）和一个极性区（含有一个或多个糖基）组成。与磷脂不同的是，糖脂中没有磷酸基团。

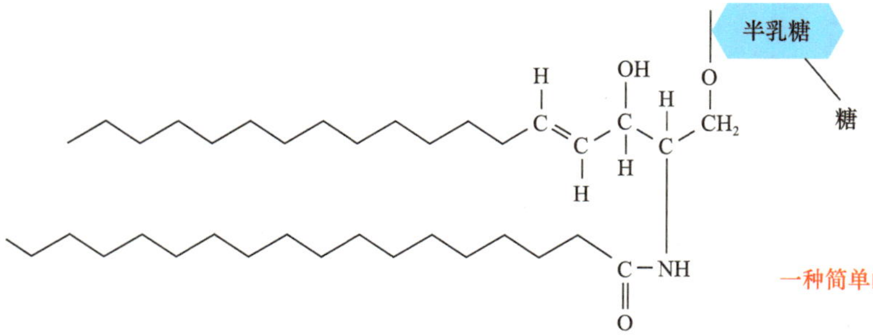

一种简单的糖脂

聚类异戊二烯

异戊二烯的长链聚合物。

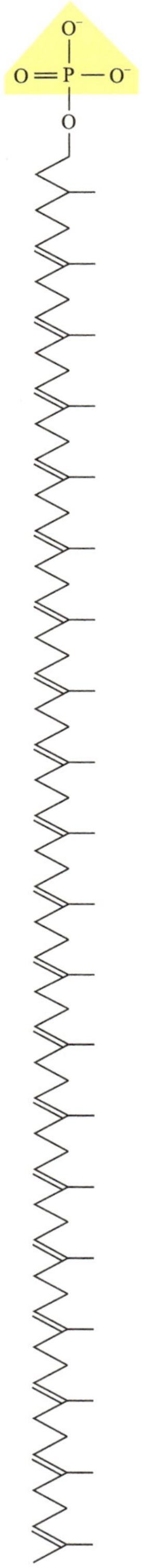

多萜醇磷酸酯，在膜结合的糖蛋白和一些多糖的合成过程中，用于携带活化的糖分子。

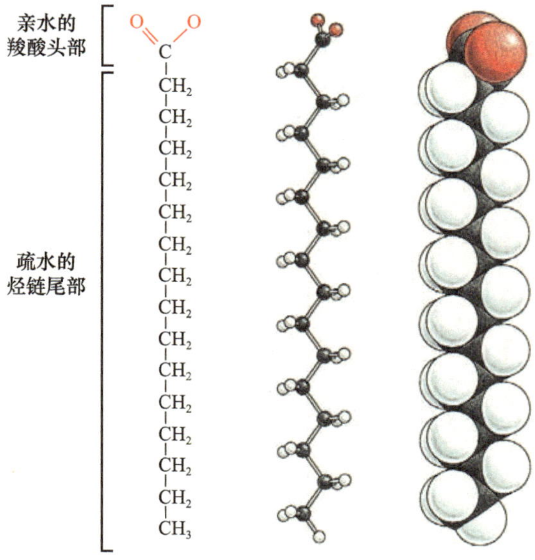

图 2-21 **脂肪酸同时具有疏水和亲水组分。**疏水性烃链与亲水性羧酸基团连接，图中所示为棕榈酸。不同的脂肪酸具有不同的烃尾。(A) 结构式，显示当存在于 pH 7 的水中，其头部羧酸基团为离子化形式。(B) 球棍模型。(C) 空间填充模型 (视频 2.2)。

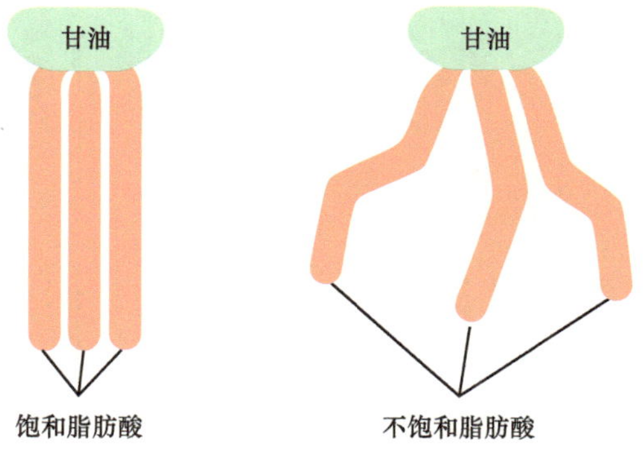

图 2-22 **脂肪的性质取决于它们所携带的脂肪酸链的长度和饱和度。**脂肪酸以三酰甘油分子的液滴形式储存在许多细胞的细胞质中。三酰甘油分子由一个甘油分子和它连接的三条脂肪酸链组成。(A) 饱和脂肪存在于肉类和乳制品中。(B) 植物油，如玉米油，含有不饱和脂肪酸，它可以是单不饱和的（含有一个双键）或多不饱和的（含有多个双键）。这些双键的存在使植物油在室温下呈液态。虽然脂肪在饮食中必不可少，但饱和脂肪会增加血液中胆固醇的浓度，从而阻塞动脉，增加心脏病和中风的风险。

脂肪酸以脂滴的形式储存在许多细胞的细胞质中，脂滴由三酰甘油（triacylglycerol）分子组成。三酰甘油是甘油分子共价连接三条脂肪酸链形成的化合物（图 2-22，参见图版 2-5），在肉、黄油和奶油等动物脂肪中，以及玉米油和橄榄油等植物油中存在。当细胞需要能量时，脂肪酸链可从三酰甘油中释放并分解成双碳单元。这些双碳单元和葡萄糖分解产生的单碳单元一样，进入相同的反应途径生产能量。以上内容将在第 13 章中进行讨论。

脂肪酸及其衍生物，包括三酰甘油，都属于**脂质**(lipid)。脂质被宽泛地定义为不溶于水但可溶于脂肪和有机溶剂（如苯）的分子。它们通常含有长烃链，如脂肪酸；或多个相连的芳香环，如类固醇（steroid）(参见图版 2-5)。

脂肪酸最独特的功能是建立**脂双层**（lipid bilayer），这种结构是所有细胞膜形成的基础。包裹所有细胞以及细胞内部细胞器的薄膜主要由磷脂（phospholipid）组成(图 2-23)。

与三酰甘油类似，大多数磷脂主要由脂肪酸和甘油构成。然而，在磷脂中，甘油与两个脂肪酸链连接，而不是像三酰甘油一样与三个脂肪酸链连接。甘油上剩余的一个—OH 基团与亲水性磷酸基团连接，亲水性磷酸基团又与小的亲水性化合物如胆碱连接（参见图版 2-5)。由于它们具有两个疏水性脂肪酸尾部和一个亲水性磷酸基团的头部，所以磷脂有很强的两性分子特性。这种很有特点的两性组合和形状使它们具有与疏水性的三酰甘油非常不同的物理和化学性质。除磷脂外，细胞膜含有不同数量的其他脂质，包括糖脂（glycolipid），它在结构上类似于磷脂，但含有一种或多种糖而不是磷酸基团。

由于它们的两性分子特征，纯磷脂很容易在水中形成膜。这些脂质可以在水的表面上扩散形成单层，疏水性尾部面向空气，亲水性头部与水接触。另外，两个磷脂层可以在水中尾对尾地结合，形成磷脂“三明治”，也就是脂双层（参见第 11 章)。

氨基酸是形成蛋白质的亚基

氨基酸（amino acid）是一类具有确定特性的有机小分子，它们都含有羧基和氨基，并且两者都与中心的 α-碳原子相连（图 2-24)。α-碳原子还带有特定的侧链，根据侧链的特征不同，可将不同的氨基酸区分开。

细胞利用氨基酸构建**蛋白质**（protein）。蛋白质是由氨基酸头尾相连组成的长链大分子，每种蛋白质的长链都会折叠成其独特的三维结构。蛋白质链中两个相邻氨基酸之间的共价键称为肽键（peptide bond），因此氨基酸链也称为多肽（polypeptide）。肽键通过缩合反应形成，连接一个氨基酸与下一个氨基酸。无论多肽由哪些氨基酸组成，

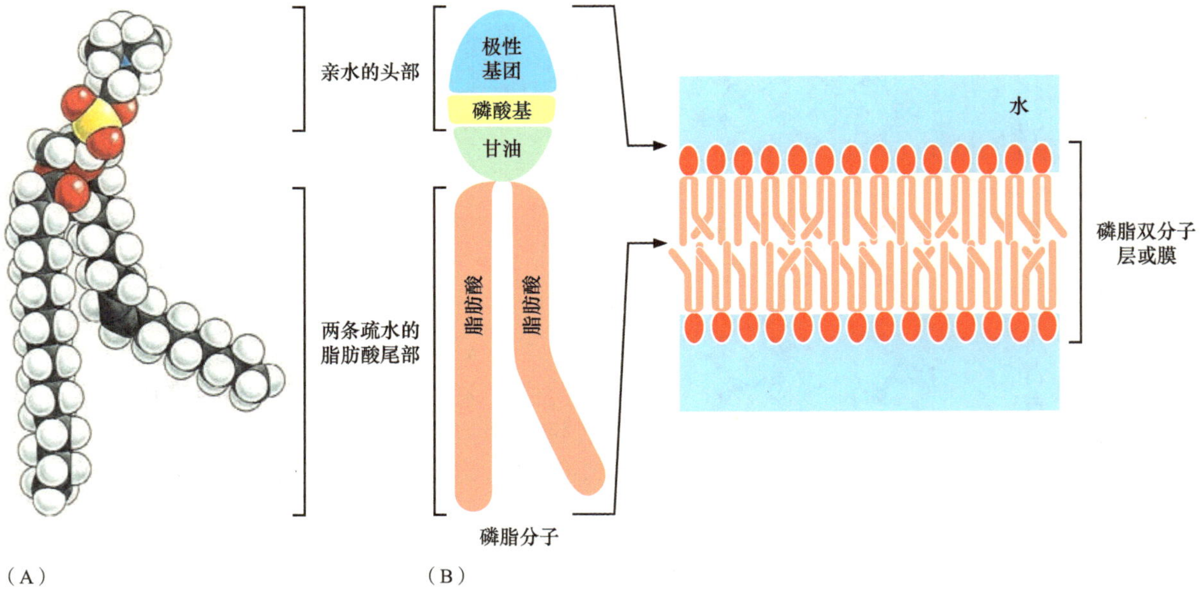

图 2-23　**磷脂可以聚集形成细胞膜。**磷脂含有两个疏水的脂肪酸尾部和一个亲水的头部。(A) 磷脂酰胆碱，它是细胞膜中最常见的磷脂。(B) 图展示在水环境中磷脂的疏水性尾部如何包装形成脂双层。在脂双层中，磷脂分子的亲水性头部位于外部，面向水环境，疏水性尾部位于内部，排斥水分子。

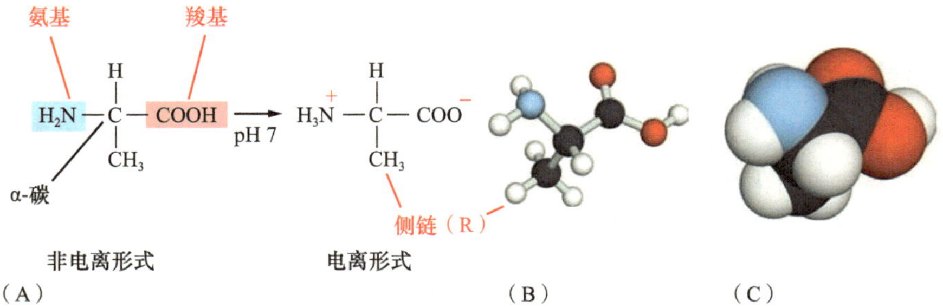

图 2-24　**所有氨基酸都含有一个氨基、一个羧基，以及一条连接在 α-碳原子上的侧链（R）。**细胞中的 pH 接近 7，游离氨基酸以电离的形式存在；但当氨基酸参与构建多肽链时，它们就会丢失氨基和羧基上的电荷。(A) 所示的氨基酸是丙氨酸，是最简单的氨基酸之一，侧链为一个甲基（CH_3）。它的氨基标示为蓝色，羧基标示为红色。丙氨酸的球棍模型（B）和空间填充模型（C）。在（B）和（C）中，N 原子是蓝色，O 原子是红色。

其一端始终具有氨基（NH_2）基团，即 N 端（N-terminus）；而另一端具有羧基（COOH）基团，即 C 端（C-terminus）（图 2-25）。两端的差异使多肽具有确定的方向性，这是一种结构上的极性（和电学的极性不同）。

蛋白质中通常有 20 种不同类型的氨基酸。每种氨基酸中，与 α-碳原子连接的侧链不相同（图版 2-6）。为何选择这 20 种氨基酸？这是生命演化过程中的一个未解之谜；没有明确的化学性质能说明为什么其他氨基酸不能发挥同样的作用。然而演化上一旦选定后，就无法再改变，因为太多化学结构和反应建立在这套系统上。无论是改变细菌、植物还是动物的细胞使用的氨基酸类型，将需要生物体重新调整它的整个新陈代谢来适应新的组分。

与糖一样，所有氨基酸（甘氨酸除外）都以 D 型和 L 型的光学异构体形式存在（参见图版 2-6），但在蛋白质中只发现了 L 型氨基酸（在细菌细胞壁或一些抗生素中存在 D 型氨基酸，D-丝氨酸也被用作脑中的信号分子）。这种仅使用 L 型氨基酸制造蛋白质的起源是演化上的另一个谜团。

20 种标准氨基酸提供的化学多样性对蛋白质的功能至关重要。其中包括赖氨酸和谷氨酸在内的 5 种氨基酸，如图 2-25 所示，具有在溶液中形成离子的侧链，因此可携带电荷；其他则不带电荷。一些氨基酸是极性、亲水的，一些是非极性、疏水的（参见图版 2-6）。我们将在第 4 章中介绍，氨基酸侧链的特性是蛋白质所有多样性和复杂功能的基础；而构成细胞干重一半的蛋白质则是生命化学的核心。

图版 2-6　蛋白质中的 20 种氨基酸

氨基酸家族

常见的氨基酸可以根据侧链分成以下几组：

酸性的
碱性的
不带电荷、极性的
非极性的

这 20 种氨基酸可以缩写为三个英文字母或单个英文字母。

例如，丙氨酸 = Ala = A

碱性的侧链

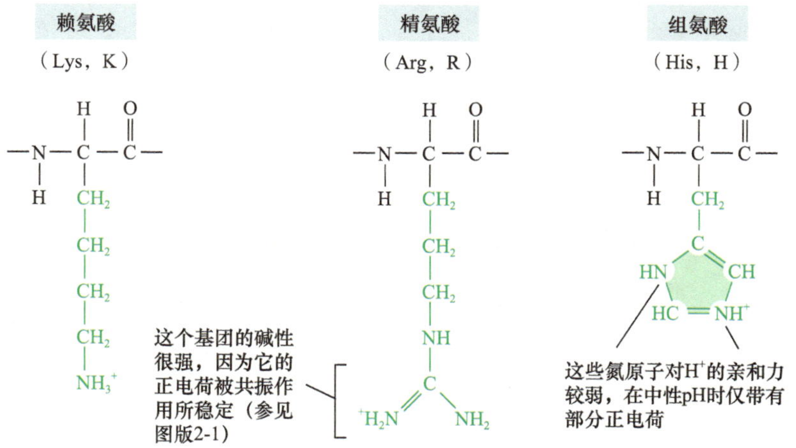

氨基酸

氨基酸的通式：

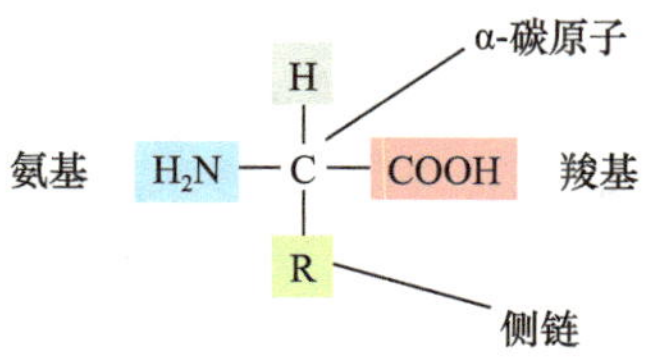

R 通常是 20 种不同侧链中的一种。在 pH 7 时，氨基和羧基都是电离的。

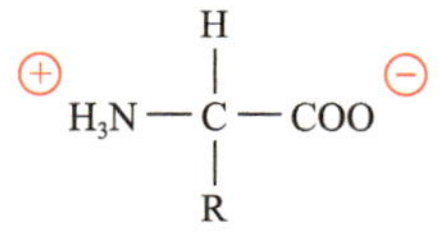

光学异构体

α-碳原子是不对称的，由此形成两种镜像（或立体）异构体，即 L 型和 D 型。

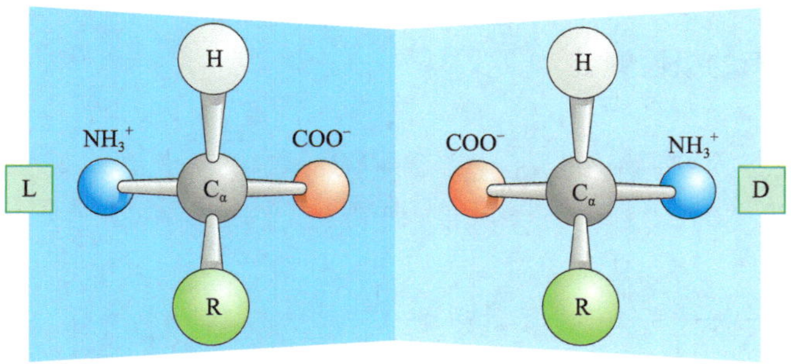

蛋白质只由 L 型氨基酸组成。

肽键

蛋白质中，氨基酸通过酰胺键即肽键连接在一起。

每个肽键中的四个原子形成一个刚性的平面单元（红框所示）。C—N 键之间不能发生转动。

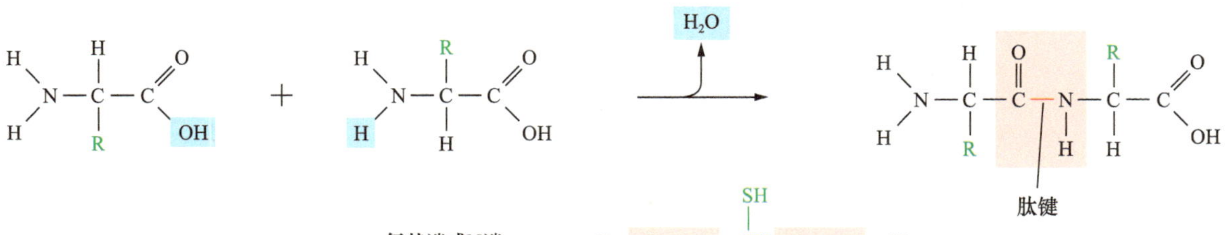

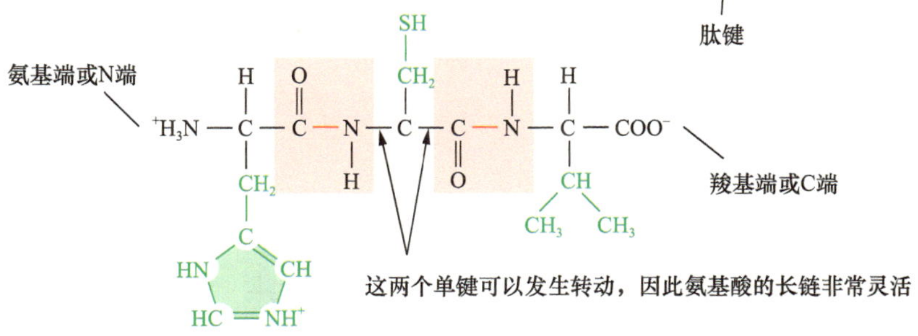

蛋白质是氨基酸经肽键相连而成的长聚合物。蛋白质的通常写法是把 N 端写在左边。

多肽则更短，长度通常不超过 50 个氨基酸。图示的三肽序列为组氨酸-半胱氨酸-缬氨酸。

酸性的侧链

天冬氨酸

（Asp，D）

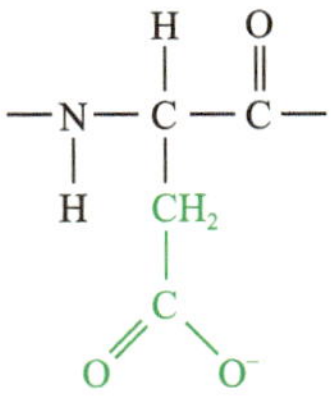

谷氨酸

（Glu，E）

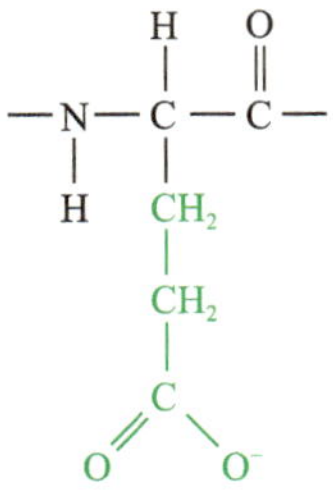

不带电荷的极性侧链

天冬酰胺

（Asn，N）

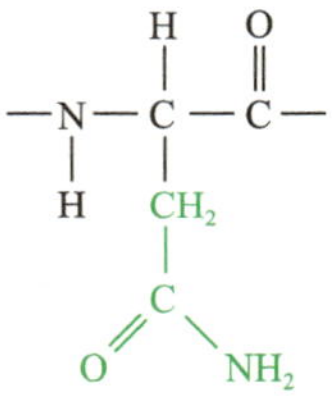

谷氨酰胺

（Gln，Q）

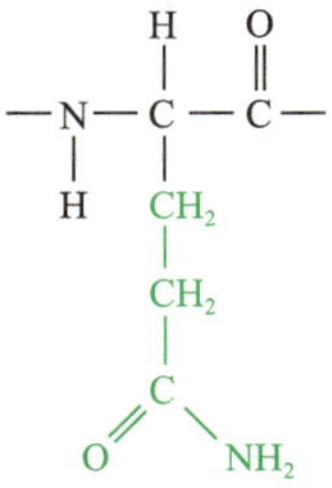

尽管酰胺的N在中性pH时
不带电荷，但它是极性的

丝氨酸

（Ser，S）

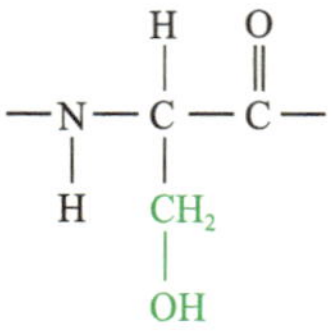

苏氨酸

（Thr，T）

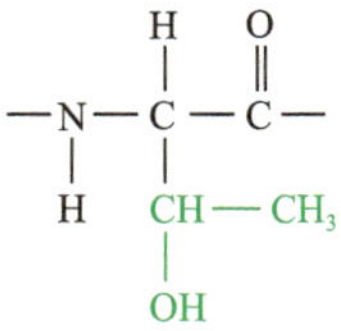

酪氨酸

（Tyr，Y）

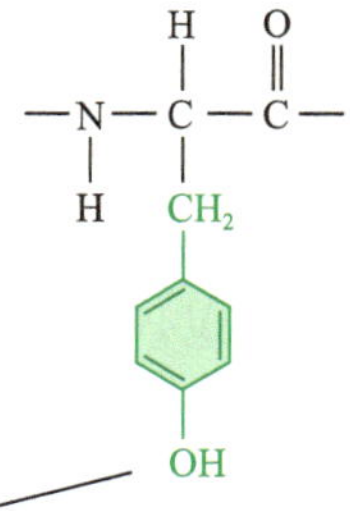

这个–OH基团是极性的

非极性的侧链

丙氨酸

（Ala，A）

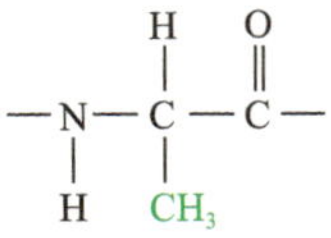

缬氨酸

（Val，V）

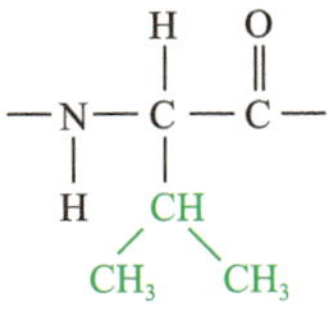

亮氨酸

（Leu，L）

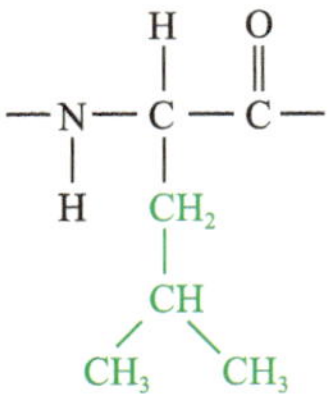

异亮氨酸

（Ile，I）

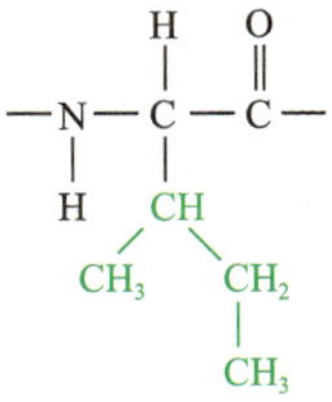

脯氨酸

（Pro，P）

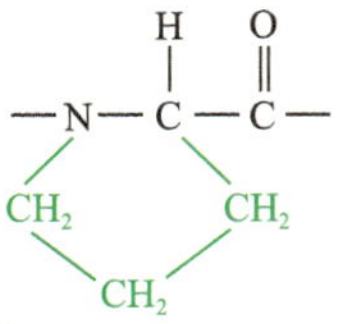

（是一个
亚氨基酸）

苯丙氨酸

（Phe，F）

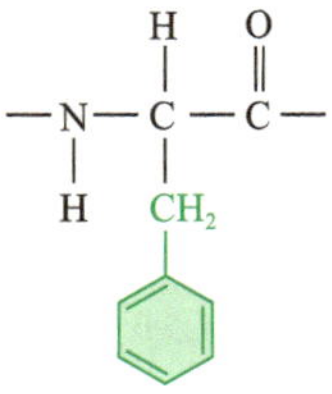

甲硫氨酸

（Met，M）

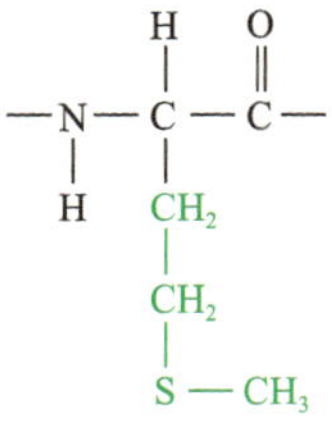

色氨酸

（Trp，W）

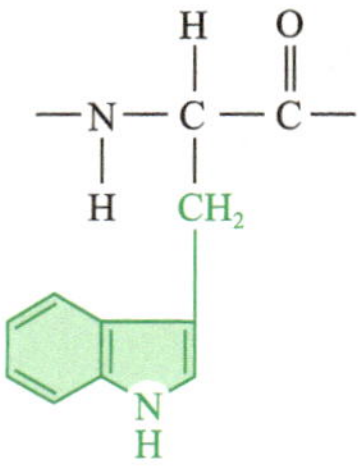

甘氨酸

（Gly，G）

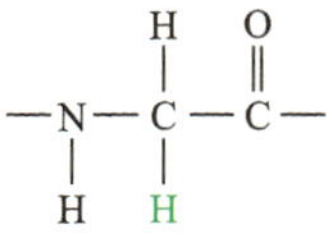

半胱氨酸

（Cys，C）

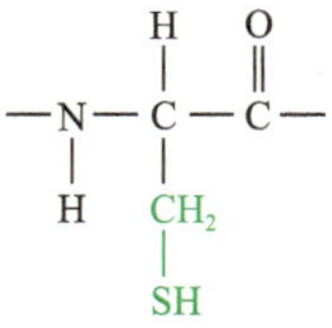

蛋白质中的两个半胱氨酸之间可以形成二硫键

$- - CH_2 - S - S - CH_2 - -$

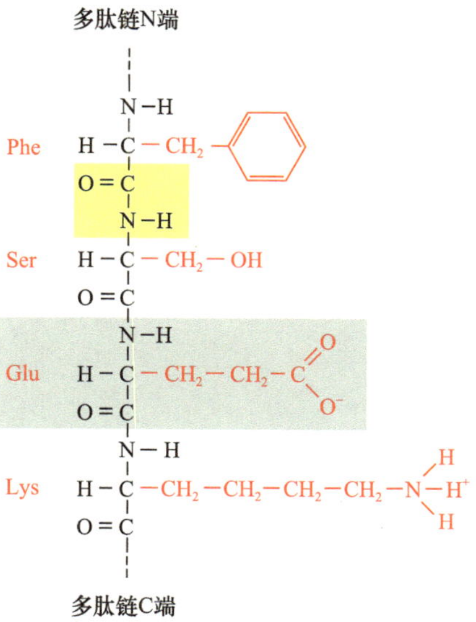

图 2-25　蛋白质中的氨基酸通过肽键结合在一起。所示的四种氨基酸通过三个肽键连接在一起，其中一个肽键以黄色突出显示。其中一种氨基酸——谷氨酸，以灰色阴影显示。氨基酸侧链以红色显示。多肽链的 N 端为氨基，C 端为羧基。蛋白质中的氨基酸序列使用三字母或单字母缩写来表示，并且序列始终从 N 端开始读取（参见图版 2-6）。对于图中的例子，蛋白质的序列是 Phe-Ser-Glu-Lys（或 FSEK）。

核苷酸是形成 DNA 和 RNA 的亚基

DNA 和 RNA 由**核苷酸**（nucleotide）亚基构成。核苷酸由含氮的环状化合物、五碳糖，以及连接在五碳糖上的一个或多个磷酸基团组成（图版 2-7）。糖可以是核糖或脱氧核糖，含核糖的核苷酸称为核糖核苷酸（ribonucleotide），含脱氧核糖的核苷酸称为脱氧核糖核苷酸（deoxyribonucleotide）。

由于历史原因，核苷酸中含氮的环状化合物通常称为碱基（base），在酸性条件下，碱基可以结合 H^+（质子），从而增加水溶液中 OH^- 的浓度。不同的核苷酸碱基之间存在高度的家族相似性。胞嘧啶（cytosine，C）、胸腺嘧啶（thymine，T）和尿嘧啶（uracil，U）被称为嘧啶（pyrimidine），因为它们都是六元嘧啶环的衍生物；鸟嘌呤（guanine，G）和腺嘌呤（adenine，A）是嘌呤，它们具有一个双环结构（六元环与五元环相连接）。每个核苷酸以其含有的碱基命名（参见图版 2-7）。碱基加上糖（不带任何磷酸基团）称为核苷（nucleoside）。

核苷二磷酸和三磷酸可以作为短暂的化学能载体，其中最重要的一种是称为**三磷酸腺苷**（adenosine triphosphate）或 **ATP**（图 2-26）的核糖核苷三磷酸，它参与数百种代谢反应中的能量转移。ATP 通过食物分解释放能量所驱动的反应形成，它的三个磷酸基团通过两个磷酸酐（phosphoanhydride）键串联连接（参见图版 2-7）。磷酸酐键的水解断裂释放出大量可供使用的能量，也称为自由能（free energy）（参见图版 3-1）。大多情况下，最末端的磷酸基团被解离下来或转移到另一个分子上，同时释放出能量用于驱动生物合成反应（图 2-27）。另一些核苷酸衍生物可被用作其他化学基团的载体。所有这些过程都将在第 3 章中介绍。

核苷酸在生物信息的存储和检索中也具有基本性的作用。它们可作为构建单元形成一种长的聚合物核酸（nucleic acid），其中一个核苷酸的糖上连接的磷酸基团和下一个核苷酸的糖上的羟基之间形成共价的磷酸二酯键（phosphodiester bond），使核苷酸亚基连接在一起（图 2-28）。核酸链由富含能量的核苷三磷酸通过缩合反应合成，该缩合反应在磷酸二酯键形成时释放出无机焦磷酸根（参见图版 2-7）。

根据核糖-磷酸骨架中所含的糖的类型不同，核酸主

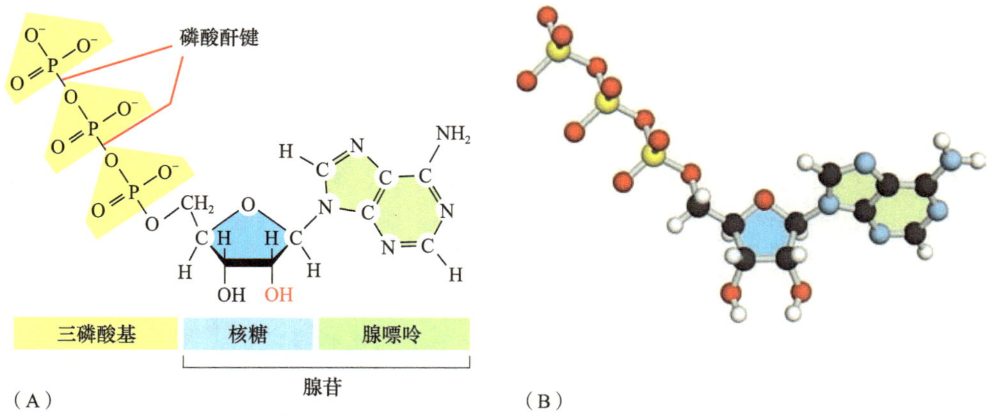

图 2-26　三磷酸腺苷（ATP）是细胞中至关重要的能量载体。（A）结构式，其中三个磷酸基团以黄色显示。糖环的第二个碳（红色）上存在的—OH 基团，标志着这个糖为核糖。（B）球棍模型（视频 2.3）。在（B）中，P 原子标记为黄色。

图版 2-7　核苷酸概述

碱基

碱基是含氮的环状化合物，如嘧啶或嘌呤。

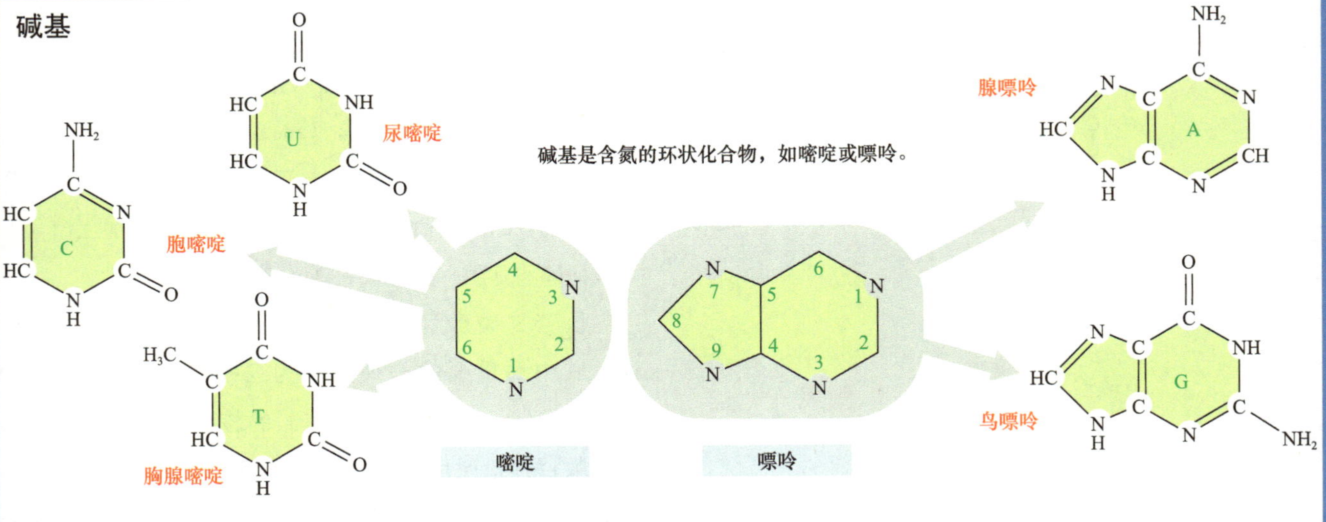

磷酸基

磷酸基通常与核糖或脱氧核糖 C5 上的羟基（标记为 5′羟基）相连。常见的有一磷酸基、二磷酸基和三磷酸基。

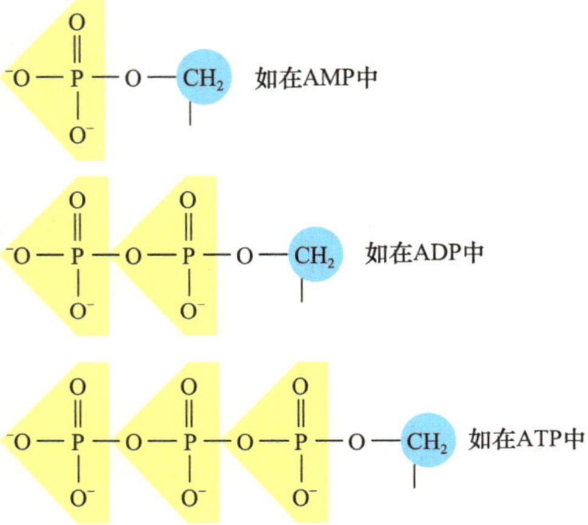

磷酸基团使核苷酸带负电

核苷酸

一个核苷酸由一个含氮的碱基、一个五碳糖，以及一个或多个磷酸基组成。

核苷酸是核酸的亚基。

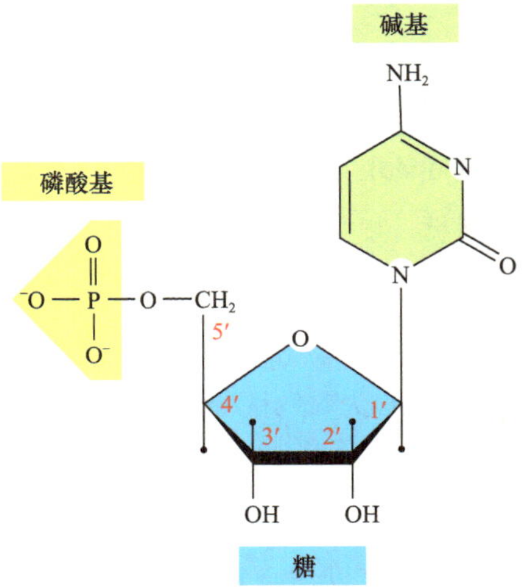

碱基与糖的连接

和糖-糖键的建立方式相同，碱基也是连接到同一个碳原子上（C1）。

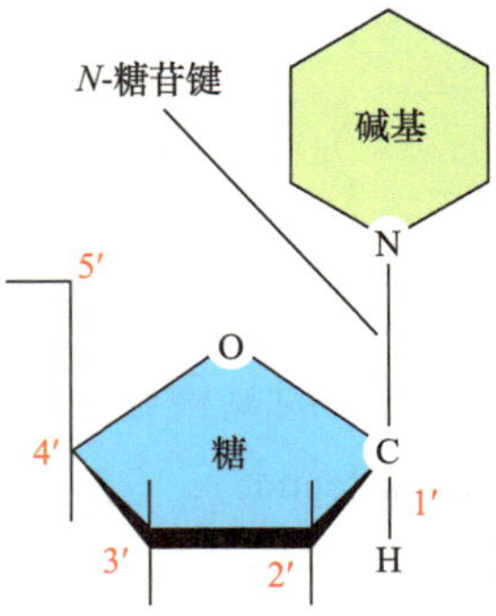

糖

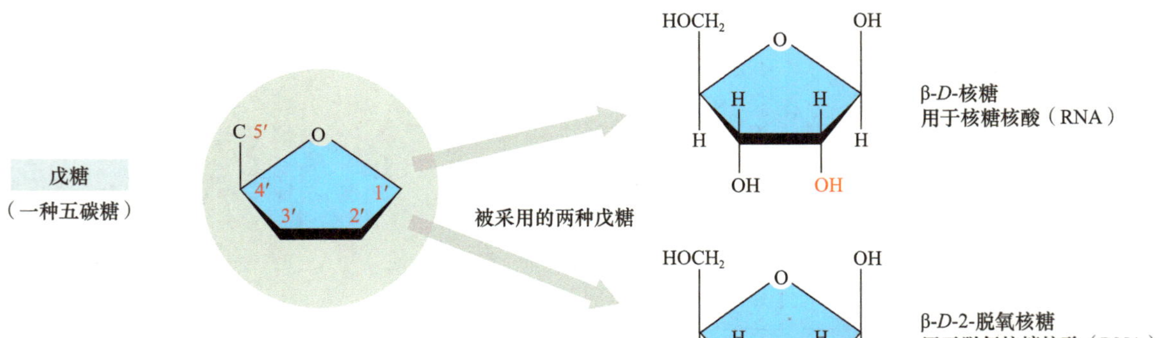

核苷酸的糖上的每个碳原子，其编号都会加上一个撇号，可以读作“5 撇碳原子”等。

命名规则

名称可能会混淆，但缩写符号很清楚。

碱基	核苷	缩写
腺嘌呤	腺苷	A
鸟嘌呤	鸟苷	G
胞嘧啶	胞苷	C
尿嘧啶	尿苷	U
胸腺嘧啶	胸苷	T

核苷酸可以缩写为三个大写字母，例如：

AMP = 腺苷一磷酸

dAMP = 脱氧腺苷一磷酸

UDP = 鸟苷二磷酸

ATP = 腺苷三磷酸

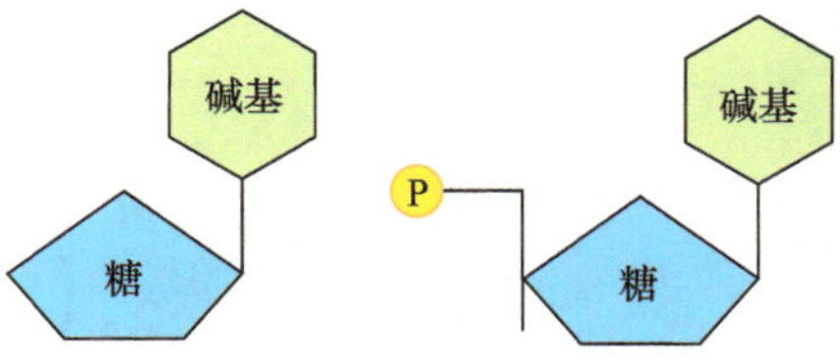

碱基+糖=核苷　　碱基+糖+磷酸=核苷酸

核酸

两个相邻的核苷酸通过 5′ 和 3′ 碳原子之间的磷酸二酯键连接在一起，进而形成核酸多聚体。在一条核酸链中，核苷酸的线性序列通常缩写为单个英文字母，如 AGCTT。核酸长链的 5′ 端位于左侧。

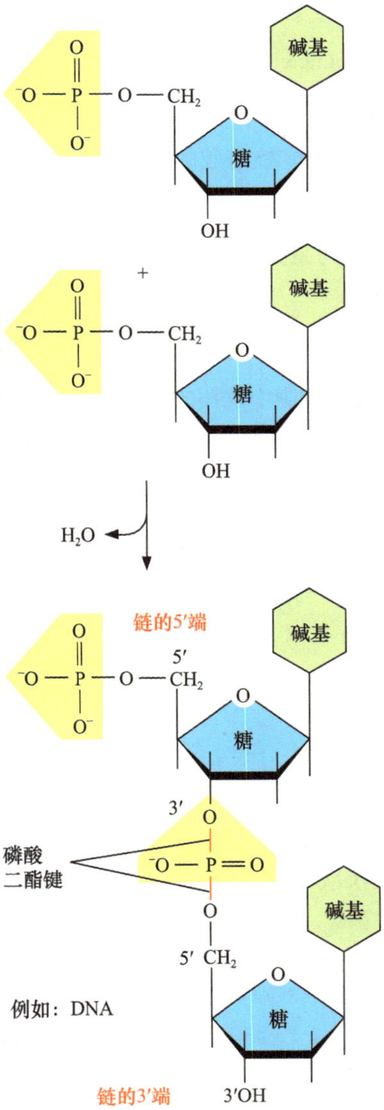

核苷酸和它们的衍生物有很多其他功能

1 核苷酸携带化学能，较易通过水解磷酸酐键释放能量。

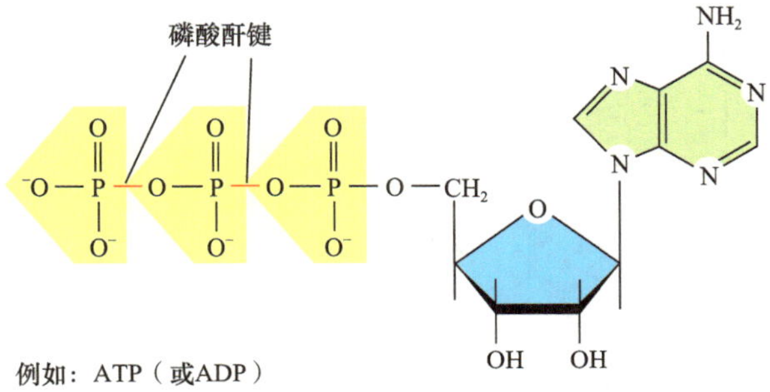

例如：ATP（或ADP）

2 它们与其他基团结合形成辅酶。

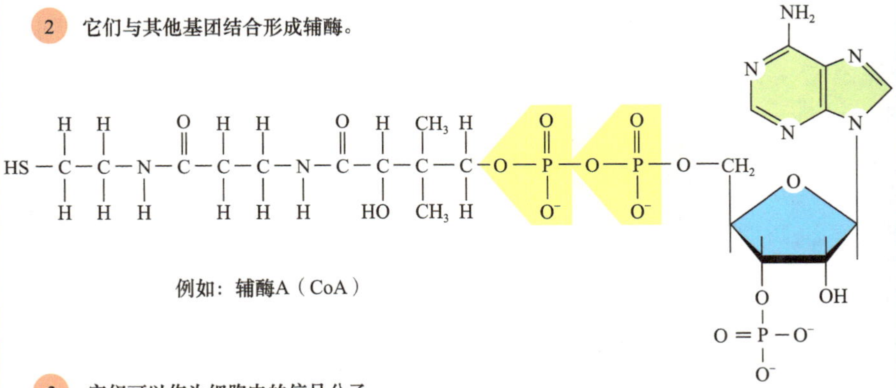

例如：辅酶A（CoA）

3 它们可以作为细胞内的信号分子。

例如：环化腺苷酸（cAMP）

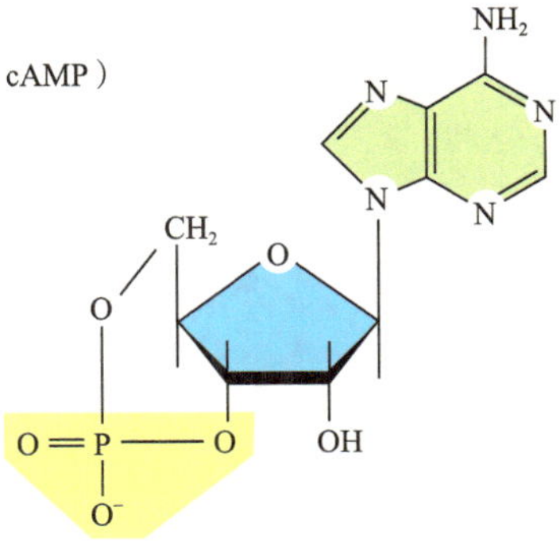

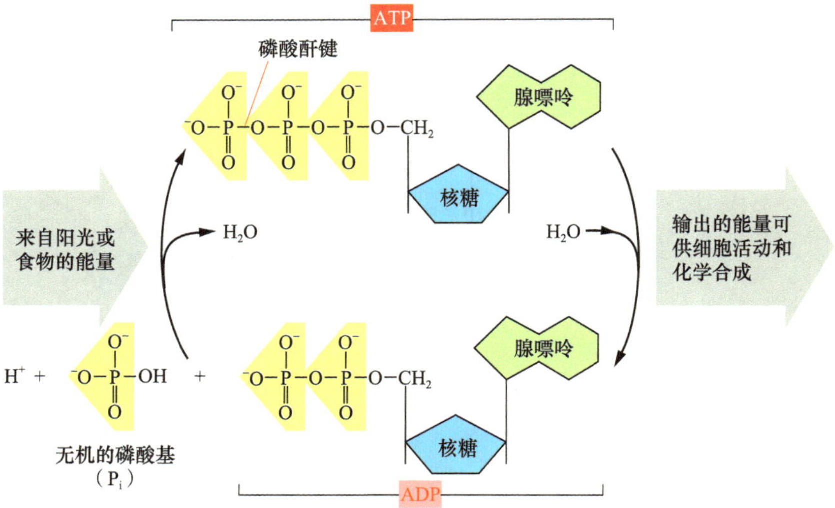

图 2-27 **ATP 由 ADP 和无机磷酸根合成而来。相反，ATP 水解而形成 ADP 和无机磷酸根，同时释放能量。**ATP 合成所需的能量来自食物的产能氧化（动物细胞、真菌和一些细菌中）或捕获光能（植物细胞和一些细菌中）。ATP 水解释放能量，用于驱动细胞内的许多过程。上图所示的两个反应共同形成了 ATP 循环。

要分成两类。基于核糖的核酸称为**核糖核酸**（ribonucleic acid）或 **RNA**，含有碱基 A、G、C 和 U。基于脱氧核糖的核酸（其中核糖碳环上第 2′ 位羟基被氢取代）称为**脱氧核糖核酸**（deoxyribonucleic acid）或 **DNA**，含有碱基 A、G、C 和 T（T 在化学上类似 RNA 中的 U；参见图版 2-7）。RNA 通常以单链多核苷酸的形式存在于细胞中，而 DNA 总是以双链分子的形式存在。两条多核苷酸链通过碱基之间的氢键反向结合在一起，形成 DNA 双螺旋结构（参见图版 2-3）。

DNA 或 RNA 分子中核苷酸的序列编码了细胞的遗传信息。然而，这两种核酸在细胞中发挥的作用不同。DNA 具有稳定的、由氢键形成的螺旋，作为遗传信息的长期储存库，而单链 RNA 通常只是细胞中分子指令的短暂载体。不同核酸分子中的碱基通过氢键进行相互识别和配对（称为碱基配对，base-pairing），是所有遗传和演化的基础。其中 G 与 C 配对、A 与 T（或 U）配对，详情将在第 5 章中介绍。

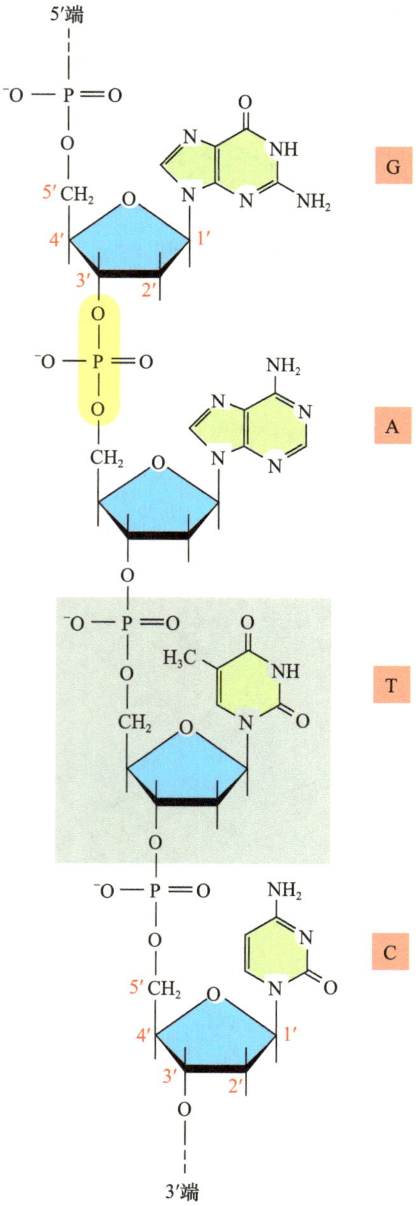

图 2-28 **脱氧核糖核酸（DNA）分子的一小段，显示连续连接四个核苷酸的共价磷酸二酯键。**因为这些键连接了糖环中特定的碳原子（称为 5′ 和 3′ 碳原子），多核苷酸链的一端（5′ 端）具有游离的磷酸基团而另一端（3′ 端）具有游离的羟基。其中一个核苷酸 T 以灰色阴影显示，一个磷酸二酯键以黄色突出显示。多核苷酸链中的核苷酸线性序列通常使用单字母缩写表示，并且始终从 5′ 端开始读取。对于图中的例子，序列是 GATC。

细胞中的大分子

按质量计算，大分子是活细胞中含量最丰富的有机分子（图 2-29）。它们是构建细胞的主要结构单元，也赋予了生物最独特的性质。**大分子**（macromolecule）的大小适中，复杂性介于有机小分子和细胞器之间，是有机小分子**单体**（monomer）或亚基通过共价连接而成的长链或聚合物（图 2-30，“我们是怎样知道的”栏目）。然而，它们具有许多意想不到的特性，这些特性无法从其简单的成分中预测出来。例如，人们花了很长时间才知道核酸（DNA 和 RNA）是用于存储和传递遗传信息的（参见第 5 章“我们是怎样知道的”栏目）。

蛋白质尤为多样，可以执行数千种不同的功能。许多蛋白质作为高度特异性的酶（enzyme）起作用，催化细胞中的化学反应。例如，植物中有一种酶，称为核酮糖二磷酸羧化酶，可将二氧化碳转化为糖，从而产生了生命世界其他生物所需的绝大部分有机物质。另一些蛋白质用于构建细胞的结构组分，例如，微管蛋白经过自组装，可形成细胞中长而刚性的微管（参见图 1-27B）；组蛋白可以形成碟状结构，有助于把细胞的 DNA 包裹在染色体中。还有其他一些蛋白质，如肌球蛋白，可作为分子马达产生力和运动。我们将在后面的章节中介绍这些在生物中广泛存在的各种功能的分子基础。在这里，我们先关注这些生物大分子形成的化学原理。

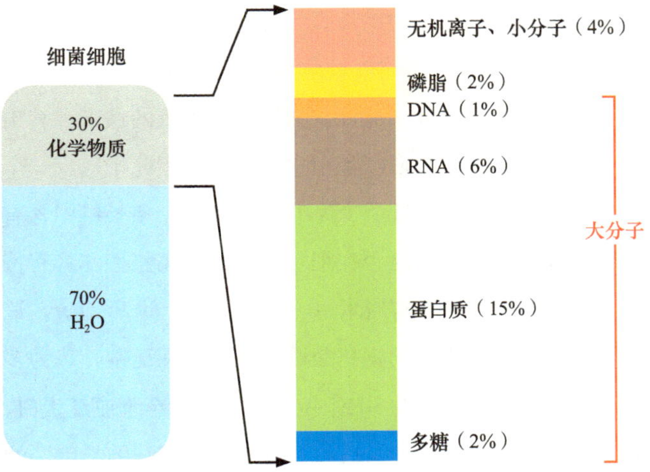

图 2-29　细胞中含有大量的大分子。图中显示了细菌细胞的大概组分及其占比（根据质量）。动物细胞的组分与细菌相似。

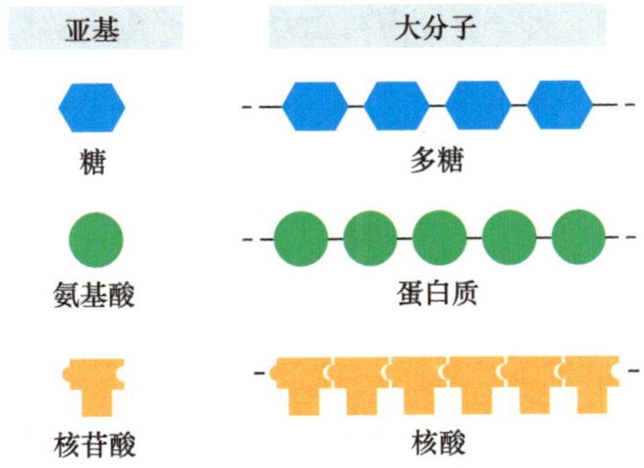

图 2-30　多糖、蛋白质和核酸由单体亚基组成。每种大分子是由小分子（称为单体或亚基）通过共价键连接在一起形成的聚合物。

每个大分子都含有特定的亚基序列

对于蛋白质、核酸和多糖来说，虽然这些聚合物添加亚基的化学反应各不相同，但都具有共同的重要特征。每种聚合物都通过缩合反应在其长链的一端添加单体，从而延长自身。每添加一个亚基，就会产生一分子的水（图 2-31）。反应都由特定的酶催化，从而确保反应只掺入适当的单体。

单体逐步聚合成长链是制造复杂大分子的简单方法，是通过相同的酶、反复进行的反应来加入亚基。从某种意义上说，这个过程类似于工厂中机器的重复操作。当然，也有一些重要的区别。首先，除了一些多糖之外，大多数大分子是由一组彼此略有不同的单体组成，例如，蛋白质由 20 种不同的氨基酸构成（参见图版 2-6）。其次，也是最重要的，聚合物链不是由这些亚基随机组装，相反，亚基是按照特定的顺序或**序列**（sequence）添加。

蛋白质、核酸和许多多糖的生物学功能完全取决于线性链中亚基的特定序列。通过改变亚基的序列，理论上细胞可产生大量的各种聚合物分子。因此，对于 200 个氨基酸长的蛋白质链，有 20^{200} 种可能的组合（$20 \times 20 \times 20 \times 20 \times \cdots\cdots$，乘 200 次）；对于一个长 10 000 个核苷酸的 DNA 分子（按 DNA 标准来看算小的），它拥有 4 种不同

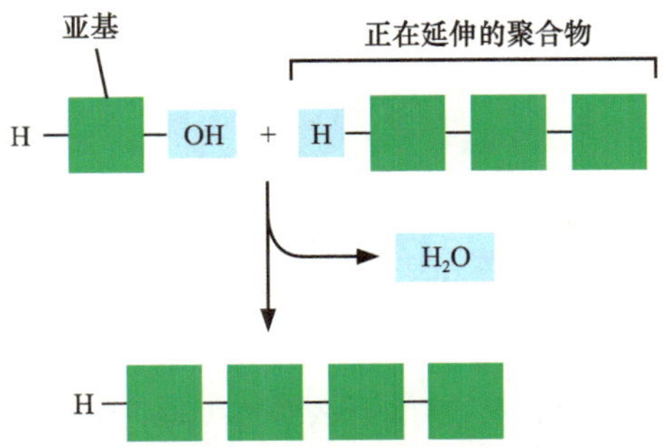

图 2-31　大分子通过在长链的一端添加亚基而形成。通过缩合反应，将每个单体添加到一端实现长链的延伸，同时失去一分子水。通过加入水（水解）发生逆反应，聚合物分解。另参见图 2-19。

大分子的发现

蛋白质、多糖和核酸是由较小的亚基逐个连接而形成的大分子链，这个观点在今天已被广泛接受。但在历史上并非如此。20 世纪早期，几乎没有科学家相信生物聚合物是由一些重复单元通过共价键结合在一起构建而成的。这种“大到惊人”的大分子可以用简单的元件组装而成的想法对当时的化学家而言是“彻头彻尾的震撼”。相反，他们认为蛋白质和其他看起来很大的有机分子是有机小分子通过弱的“联合力”结合在一起形成的异质聚集体（图 2-32）。

蛋白质和其他有机聚合物是大分子的第一个线索来自于对它们在溶液中的行为观察。当时，科学家正在研究各种蛋白质和碳水化合物，这些蛋白质和碳水化合物来自食品及其他有机物质，如蛋清中的白蛋白、牛奶中的酪蛋白、明胶中的胶原蛋白和木材中的纤维素。虽然它们的化学成分看起来很简单，像其他有机分子一样，含有碳、氢、氧，蛋白质还含有氮，但它们在溶液中的表现却很奇怪，例如，无法通过孔径较小的滤器。

很难理解为什么这些分子在溶液中具有这样的行为。它们真的是巨大的分子、由极其大量的原子共价连接组成的吗？或者它们更像是微粒的胶体悬浮液、一种黏稠的有机小分子大杂烩，只是松散地结合在一起？

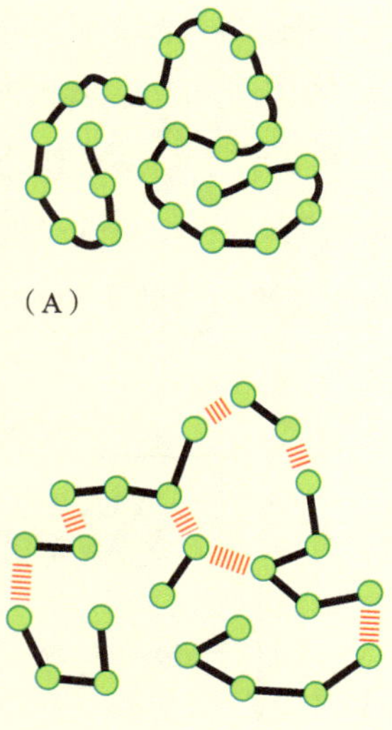

（A）

（B）

图 2-32 **有机大分子可能是什么样的？** 20 世纪早期的化学家们争论蛋白质、多糖和其他看起来很大的有机分子是大量共价连接的原子组成的单个颗粒（A），还是异质的有机小分子靠弱作用力构成的松散集合（B）。

区分这两种可能性的一个方法是确定单个分子的实际大小。例如，如果组成白蛋白的每个分子大小都相同，就会支持存在真正的大分子。相反，如果白蛋白只是有机小分子的混合物，它们在溶液中的分子大小会有较广的分布范围。

遗憾的是，20 世纪初科学家并没有适用于测量大分子大小的技术。一些化学家通过测定溶液凝固点降低的程度来估算蛋白质的大小；另一些科学家测量蛋白质溶液的渗透压。这些方法容易受到实验误差的影响，产生不同的结果。例如，不同的技术测算得出纤维素的分子质量为 6000 ～ 103 000Da（其中 1Da 约等于一个氢原子的质量）。这些结果使得越来越多人相信“碳水化合物和蛋白质是松散的小分子聚集体而非真正的大分子”的假说。

许多科学家很难相信有超过 4000Da 分子的存在，因为当时有机化学家合成的最大化合物上限就是 4000Da。以血红蛋白（红细胞中携带氧气的一种蛋白质）为例，研究人员试图通过分解它的化学成分来估算其大小。除了碳、氢、氮和氧之外，血红蛋白还含有少量的铁。计算出的百分比显示，似乎血红蛋白中每 712 个碳原子对应一个铁原子，因此分子质量至少为 16 700Da。一条长链中含有数百个碳原子的分子能否在细胞中保持其完整性并具有特定的功能？有机化学家埃米尔·费谢尔（Emil Fischer，该科学家发现蛋白质中的氨基酸通过肽键相互连接）认为多肽链的延长不会超过约 30 或 40 个氨基酸。至于血红蛋白，其所谓的 700 个碳原子，这种具有“异想天开的长度”的分子链，被主流化学家认为是“非常不可能”的存在。

最终这一争辩的解决得益于新技术的发展。通过使用超速离心机，即一种利用离心力可将分子根据其大小进行分离的装置（参见图版 4-3），提出了“蛋白质是大分子”的证据。1925 年，设计这台机器的特奥多尔·斯韦德贝里（Theodor Svedberg）进行了第一次研究。他推断，如果一种蛋白质是较小分子的聚集体，在超速离心时，它会表现为弥散的、分子量不同的条带。用血红蛋白作为测试样品时，斯韦德贝里发现离心后的样品显示为一条清晰的、分子质量为 68 000Da 的条带。该发现有力地支持了“蛋白质是大分子”的理论（图 2-33）。

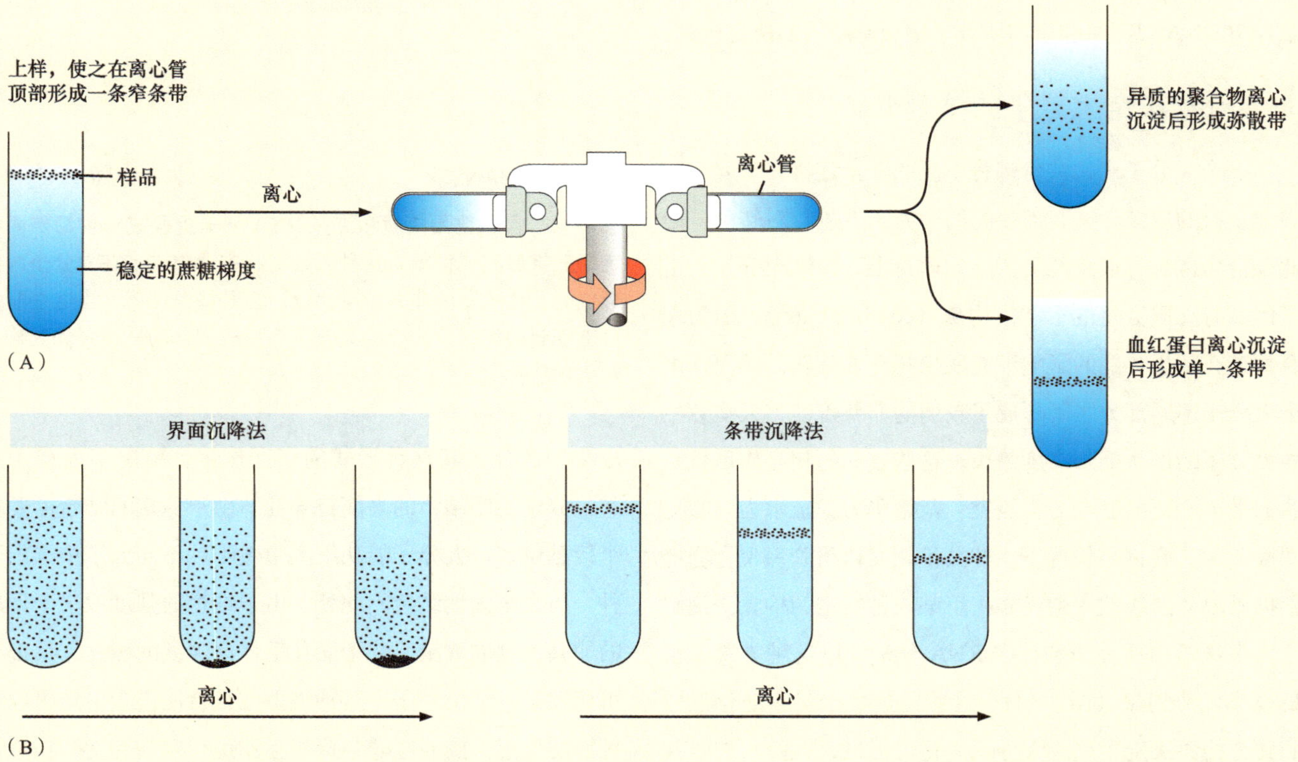

图 2-33　**超速离心机实验解决了关于大分子性质的争论。**在超速离心机中，超过重力 500 000 倍的离心力可用于分离蛋白质或其他大分子。（A）在现代超速离心机中，样品装载在离心管中蔗糖梯度溶液的顶层，离心管放置在金属转子中。金属转子在真空中高速旋转，不同大小的分子以不同的速率沉降，最终在样品管中形成不同的条带。如果血红蛋白是不同短肽的松散聚集体，离心后会显示为弥散的、分子量不同的条带（上面的试管）。但是，它显示为一条分子量为 68 000Da 的清晰条带（下面的试管）。虽然超速离心机现在是大多数生物化学实验室的标准配置，但它的制造曾是一项巨大的技术挑战。离心机转子必须能在恒定温度下高速旋转数小时，并具备高稳定性以避免破坏梯度和样品。1926 年，斯韦德贝里因超速离心机的设计及其在化学中的应用而获得诺贝尔化学奖。（B）在斯韦德贝里的实际实验中，他在离心机的管子里装满血红蛋白的匀浆溶液；然后，利用光线照射管子，仔细观察沉降的蛋白质分子和上清水溶液之间的界面（称为界面沉降法）。（A）中所示的方法是后来发展的条带沉降的一种形式。

在 20 世纪 30 年代，其他方面的证据也陆续积累，研究人员能够通过 X 射线衍射研究获得纯蛋白质的晶体。只有当分子具有均匀尺寸和形状时才能形成高度有序的晶体，并以 X 射线衍射，确定它们的三维结构（详情将在第 4 章介绍）。非均匀悬浮液不能以这种方式进行研究。

现在，我们理所当然地认为大分子在细胞中执行很多非常重要的功能。但是，化学家曾经对这些聚合物的存在抱有怀疑态度，就好像动物学家在被告知“非洲有 100m 长、20m 高的大象”时会表现出来的态度一样。研究人员花了几十年时间掌握了相关技术，使每个人都相信分子比它们曾经遇到过的任何东西都大十倍，这些分子是生命科学的基石。正如我们在本书中会经常看到，通向新发现的探索往往很艰难，而科学的进步，如大分子的发现，常常得益于技术的进步。

的核苷酸，有 $4^{10\,000}$ 个不同的可能组合，这是一个难以想象的巨大数字。因此，聚合的机制必须受到严格控制，确保在聚合物末端添加准确的亚基。我们将在第 6 章和第 7 章介绍 DNA、RNA 和蛋白质分子中亚基序列的决定机制。

非共价键决定大分子的精确形状

一个大分子中，共价键将不同的亚基连接在一起，其中大多数的单键允许其连接的两个原子发生相对转动，因此聚合物链具有很大的灵活性。理论上，单链大分子几乎可以具有无限数量的形状或**构象**（conformation），因为聚合物链在随机热能的影响下能发生扭动或旋转。然而，由于大分子不同部分之间形成了较弱的非共价键，大多数生物大分子的形状受到高度约束。这些较弱的相互作用就是我们之前介绍的静电力、氢键、范德华力和疏水力（参见图版 2-3）。在许多情况下，非共价相互作用确保聚合物链根据其单体的线性序列优先采用某一种特定的构象。细胞中大多数蛋白质分子和许多 RNA 分子均以这种方式紧密折叠成优势构象（图 2-34）。这些经过数十亿年演化形成的独特构象决定了这些大分子的化学活性，以及它们与其他生物分子的相互作用。

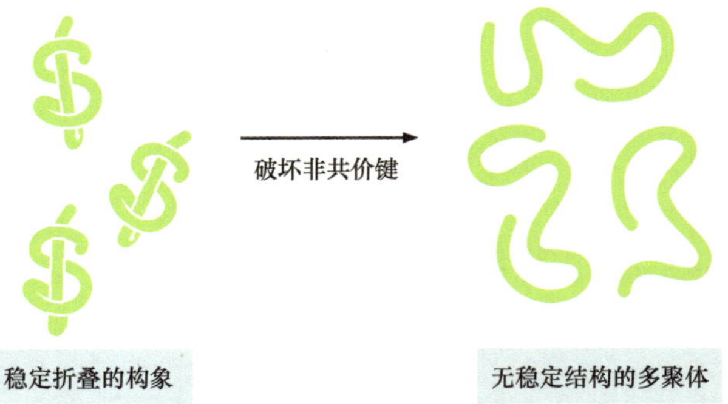

图 2-34　大多数蛋白质和许多 RNA 分子折叠成一种特殊而稳定的三维形状或构象。这种三维形状主要由许多在大分子内部形成的、比较弱的非共价键决定。在某些条件下，当这些非共价键受到破坏时，折叠的大分子会变成柔性的链，失去其构象和生物活性。

非共价键允许大分子结合其他特定分子

正如我们前面所介绍的，虽然单个非共价键很弱，但是当分子非常紧密地结合在一起时，它们可以进行叠加，从而在两个分子之间产生强烈的吸引力，就像手指被套在手套中一样，它们之间就会产生更多的非共价键（参见图版 2-3）。分子间这种形式的相互作用，决定了大分子与其他分子之间结合的高度特异性。由于稳定的结合需要多个接触位点，大分子能从细胞中数千种不同分子中选出一种，与之牢固地结合。此外，由于结合的强度取决于形成的非共价键的数量，分子间几乎任何强度的相互作用都有可能发生。举个例子，这种类型的结合使得蛋白质可以发挥酶的作用。酶通过非共价相互作用识别其底物，作用于带正电荷的底物上的酶通常使用其带负电荷的氨基酸侧链来将底物引导至适当位置。我们将在第 4 章中更详细地介绍这种相互作用。

非共价键也可以稳定任意两个大分子之间的相互作用，只要它们的表面相互匹配即可（图 2-35）。这种结合允许大分子作为构建模块来形成更复杂的结构。例如，蛋白质通常可结合成多蛋白复合物，从而形成一台具有多个

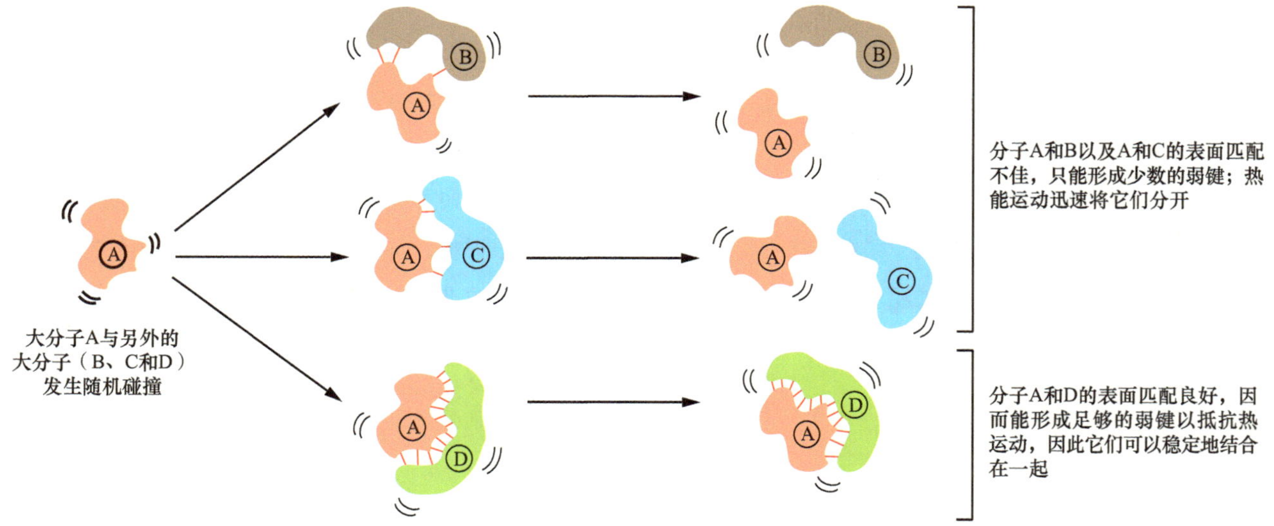

图 2-35　非共价键介导大分子之间的相互作用。它们还可以介导大分子和小分子之间的相互作用（视频 2.4）。

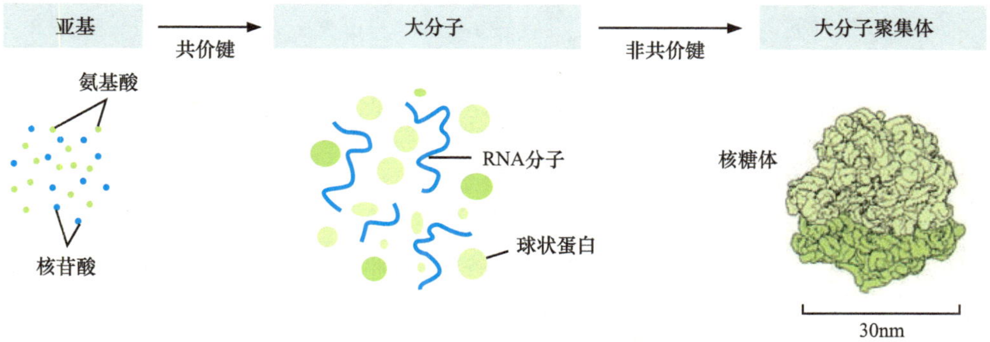

图 2-36　**大分子如核糖体的组装需要共价键和非共价键的共同作用。**共价键使有机小分子连接在一起形成大分子，大分子可通过非共价键组装成更大的大分子复合物。核糖体是大型的大分子机器，负责在细胞内合成蛋白质。每个核糖体由大约 90 个大分子（蛋白质和 RNA 分子）组成。它足够大，可以在电子显微镜下观察（参见图 7-34）。这里显示的亚基、大分子和核糖体大致按实际比例绘制。

可活动部件的精巧机器，执行 DNA 复制和蛋白质合成等复杂任务（图 2-36）。事实上，非共价键决定了许多复杂的化学特性，这些特性使生命成为可能。

基本概念

- 活细胞遵循与非生物体系相同的化学和物理规律。像所有其他形式的物质一样，生物也是由原子组成，原子是化学元素的最小单元，具有该元素独特的化学性质。
- 细胞由有限的几种元素组成，其中 4 种（C、H、N、O）元素约占细胞质量的 96%。
- 每个原子都具有带正电的原子核，原子核被一团带负电的电子云所包围。原子的化学性质取决于其电子的数量和排列，当其最外层电子层被完全填充时，原子是最稳定的。
- 当两个相邻原子之间共享一对外层电子时，它们形成共价键；如果共用两对电子，则形成双键。通过共价键结合在一起的两个或更多原子所形成的原子群称为分子。
- 当电子从一个原子跳到另一个原子时，产生两个电荷相反的离子；这些离子通过相互吸引保持在一起，形成非共价离子键。
- 细胞含水量为 70%，因此，生命的化学反应发生在水环境中。
- 活体生物含有一套独特且种类有限的有机小分子（基于碳原子构成），在每个生物物种中都一样。主要类型包括糖、脂肪酸、氨基酸和核苷酸。
- 糖是细胞化学能的主要来源，也可以连接形成多糖或较短的寡糖。
- 通常情况下脂肪酸储存的能量比糖更高，但它们最重要的功能是形成脂质分子，组装成片状的细胞膜。
- 细胞干重的绝大部分是大分子，主要是多糖、蛋白质和核酸（DNA 和 RNA）；这些大分子是分别由单糖、氨基酸或核苷酸形成的聚合物。
- 蛋白质是最多样、功能最广泛的一类大分子，它们由 20 种氨基酸组成，氨基酸通过肽键共价连接成长的多肽链。蛋白质占细胞干重的一半。
- 核苷酸在细胞内的能量转移反应中发挥核心作用；它们也能连接在一起形成携带信息的 RNA 和 DNA 分子，RNA 或 DNA 仅由 4 种核苷酸组成。
- 蛋白质、RNA 和 DNA 分子是由亚基通过重复的缩合反应合成，亚基的特定序列决定了它们的独特功能。
- 四种类型的弱非共价键，即氢键、静电力、范德华力和疏水力，决定了大分子与其他特定分子结合的特异性。
- 多肽或 RNA 链不同区域之间的非共价键使这些长链折叠成特定的形状（构象）。

关键词

酸（acid）	静电力（electrostatic attraction）	分子（molecule）
氨基酸（amino acid）	脂肪酸（fatty acid）	单体（monomer）
原子（atom）	氢键（hydrogen bond）	非共价键（noncovalent bond）
相对原子质量（atomic weight）	水解（hydrolysis）	核苷酸（nucleotide）
腺苷三磷酸（ATP）	氢离子（hydronium ion）	有机分子（organic molecule）
阿伏伽德罗常数（Avogadro's number）	亲水的（hydrophilic）	pH 标度（pH scale）
碱（base）	疏水的（hydrophobic）	极性（polar）
缓冲液（buffer）	疏水力（hydrophobic force）	聚合物（polymer）
化学键（chemical bond）	无机的（inorganic）	蛋白质（protein）
化学基团（chemical group）	离子（ion）	质子（proton）
缩合反应（condensation reaction）	离子键（ionic bond）	核糖核酸（RNA）
构象（conformation）	脂质（lipid）	序列（sequence）
共价键（covalent bond）	脂双层（lipid bilayer）	亚基（subunit）
脱氧核糖核酸（DNA）	大分子（macromolecule）	糖（sugar）
电子（electron）	相对分子质量（molecular weight）	范德华力（van der Waals attraction）
电负性（electronegativity）		

问题

问题 2-1

3000 年前，一杯含有 18g（或 1mol）的水被倒进爱琴海。如果今天从太平洋取出同样质量的水，其中至少含有一个古代水分子的概率是多少？假设全世界的海水混合均匀，总体积约为 15 亿立方千米（1.5×10^9km^3）。

问题 2-2

一个碳原子含有 6 个质子和 6 个中子，请问：

A. 它的原子序数和相对原子质量是多少？

B. 它有多少电子？

C. 要填满其最外层电子层应添加多少额外的电子？这对碳原子的化学行为有何影响？

D. 原子量为 14 的碳是放射性的。它与非放射性的碳原子结构有何不同？这种差异如何影响其化学行为？

问题 2-3

讨论以下说法是否正确："从理论上来说，离子键可以被认为是一种极性很强的共价键。同理，极性共价键是介于离子键和非极性共价键之间的化学键。"

问题 2-4

请判断以下说法是否正确，并解释你的答案。"当 NaCl 溶解在水中时，与这些离子靠得最近的水分子会产生位置偏移，使水分子中的氧原子朝向钠离子并远离氯离子。"

问题 2-5

A. 在中性 pH 下（即 pH 为 7.0），纯水中是否存在 H_3O^+ 离子？如果存在，它们是如何形成的？

B. 在中性 pH 下，如果存在 H_3O^+，它们与 H_2O 分子的比例是多少？（提示：水的分子量为 18，1L 水重 1kg。）

问题 2-6

为什么只有 L 型氨基酸用于制造蛋白质，而不是 L 型和 D 型氨基酸的随机混合使用？

问题 2-7

多肽链的“极性”和化学键的“极性”分别是什么意思？二者的含义有何不同？

问题 2-8

理论上，小分子可通过多种不同的化学方式连接形成聚合物。例如，小分子乙烯（$CH_2{=}CH_2$）在商业上被用于制备塑料聚乙烯（$\cdots{-}CH_2{-}CH_2{-}CH_2{-}CH_2{-}CH_2{-}\cdots$）。然而，生物体内存在的三类主要的生物大分子，它们的各个亚基都是通过一种类似的反应机理相连接，即通过缩合反应并产生水。设想一下这种化学过程有哪些好处？为什么生物在演化过程中选择这种反应，而不是类似于制造聚乙烯的那种化学连接反应？

问题 2-9

为什么不能用共价键代替非共价键来介导绝大多数大分子间的相互作用？

问题 2-10

以下哪项说法是正确的？请解释你的答案。

A. 原子核含有质子和中子。

B. 原子比质子有更多的电子。

C. 细胞核被双层膜包围。

D. 同一元素的所有原子具有相同数量的中子。

E. 中子的数量决定了原子核是稳定的还是具有放射性的。

F. 脂肪酸和多糖都能作为细胞中重要的能量储备。

G. 氢键很弱并且可以被热能破坏，但它们对大分子间的特异性相互作用有显著贡献。

问题 2-11

为了对原子的尺寸大小有更直观的认识，假设印有本题的这页纸完全由纤维素制成。纤维素用分子式（$C_nH_{2n}O_n$）表示，其中 n 可以是一个非常大的数，并且各个分子之间的 n 值可以不同。碳、氢和氧的原子量分别为 12、1 和 16，这页纸重 5g。请问：

A. 这页纸中有多少碳原子？

B. 在纤维素中，需要多少碳原子堆叠在一起，才能达到本页的厚度（页面尺寸为 21.2cm × 27.6cm，厚度为 0.07mm）？

C. 现在从另一个角度来考虑。假设这页纸仅由碳原子组成。碳原子的直径为 2×10^{-10}m（0.2nm）。多少个直径为 0.2nm 的碳原子，才能组成这页纸的厚度？

D. 比较 B 和 C 问题的答案，并解释其中的差异。

问题 2-12

A. 原子的第一、第二和第三电子层中分别可以容纳多少电子？

B. 请看下面列出的元素，这些原子必须获得或失去多少电子才能获得饱和的最外层电子层？

氦	获得 ____	失去 ____
氧	获得 ____	失去 ____
碳	获得 ____	失去 ____
钠	获得 ____	失去 ____
氯	获得 ____	失去 ____

C. 基于上述答案，说明氦的反应活性具有什么特点？钠和氯原子之间可能形成什么类型的键？

问题 2-13

氧和硫元素具有相似的化学性质，因为它们的最外层电子层都有 6 个电子。实际上，两种元素都可以形成具有 2 个氢原子的分子，分别是水（H_2O）和硫化氢（H_2S）。令人惊讶的是，尽管硫原子比氧原子大而且重得多，但在室温下，水是液体，H_2S 是一种气体。解释为什么会出现这种情况。

问题 2-14

写出两个氨基酸缩合反应形成肽键的化学反应式；再写出肽键水解的化学反应式。

问题 2-15

以下哪项说法是正确的？请解释你的答案。

A. 蛋白质有着巨大多样性，因为每种蛋白质都是由特异的氨基酸混合物组成，并且这些氨基酸是以随机顺序相连接。

B. 脂双层是主要由磷脂亚基组成的大分子。

C. 核酸含有糖基团。

D. 许多氨基酸含有疏水侧链。

E. 磷脂分子的疏水性尾部与水相互排斥。

F. DNA 含有四种不同的碱基 A、G、U 和 C。

问题 2-16

A. 在 20 种天然氨基酸中分别选取（a）两个、（b）三个和（c）四个氨基酸通过肽键连接在一起，可以组成多少种不同分子？

B. 假设给你一种由分子量为 4800Da 的小蛋白质组成的混合物，其中包含了所有可能的氨基酸序列。如果每个氨基酸的平均分子量是 120Da，那么样品的质量是多少？你需要多大的容器来容纳这个样品？

C. 通过上面的计算，可否估算出生物体目前使用的蛋白质占所有可能的蛋白质的比例（蛋白质的平均分子量约为 30 000Da）？

问题 2-17

这是一本生物学教科书，解释为什么本章中介绍的化学原理对现代细胞生物学非常重要。

问题 2-18

A. 请描述范德华力和氢键之间的异同。

B. 在以下情形中，将形成上面两种键中的哪一种？（a）分别连接到碳原子的两个氢之间；（b）氮原子和连接碳原子的氢之间；以及（c）氮原子和连接氧原子的氢之间？

问题 2-19

什么作用力决定了大分子折叠成独特的形状？

问题 2-20

脂肪酸被称为“两性分子”，请解释这个词的含义？两性分子在水中的表现如何？试用画图来说明你的答案。

问题 2-21

图 Q2-21 中的分子式是否正确？请对每个回答做出相应的解释。

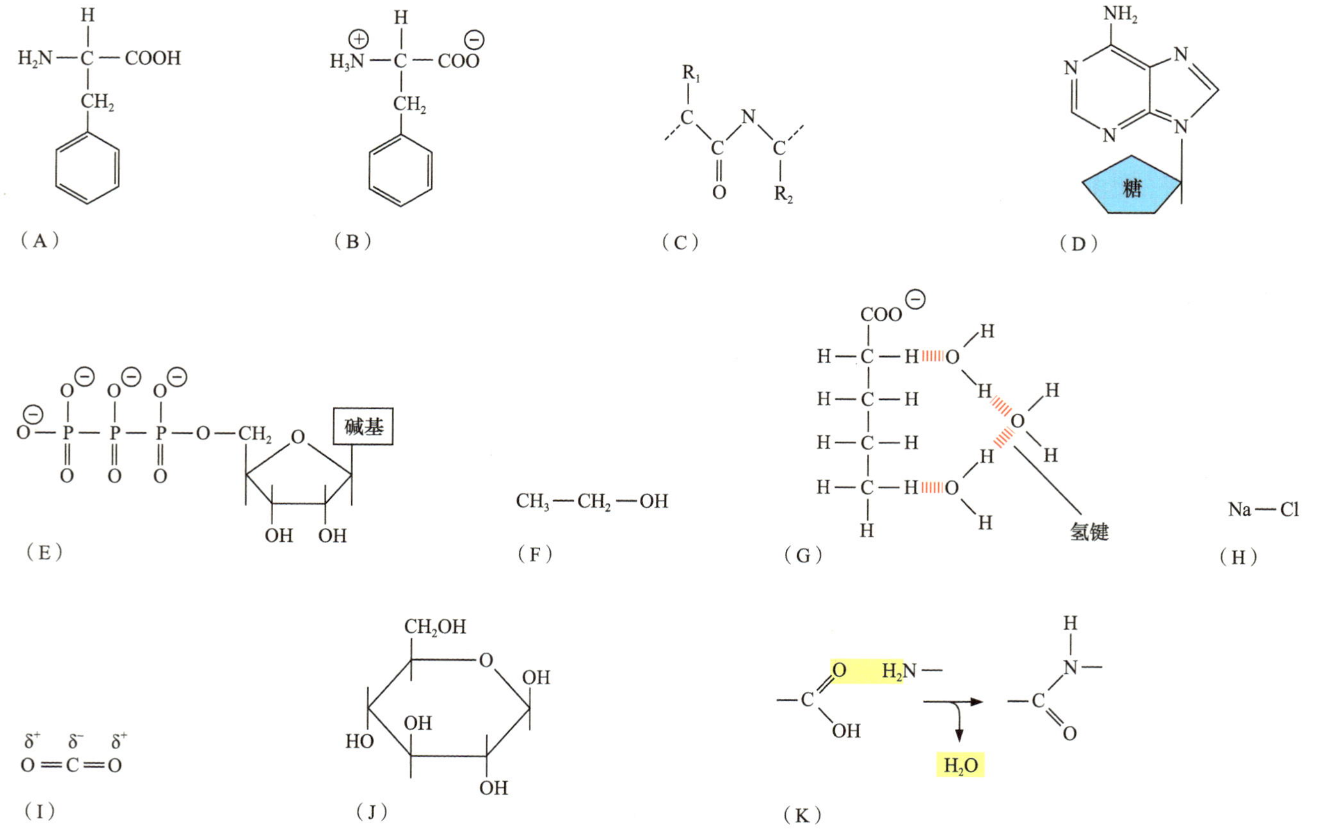

图 Q2-21

第 3 章　能量、催化和生物合成

细胞利用能量

自由能和催化作用

活化载体和生物合成

尽管宇宙总是倾向于更加无序，但宇宙中的生物总是在创造并保持有序性，这是生物最重要的、近乎奇迹般的一个特性，使得它们与非生命物质区分开来。为了实现这种了不起的壮举，生物体内的细胞必须持续无休止地进行一系列的化学反应，以维持其结构、满足其代谢需求并避开那些破坏性的化学衰变。通过这些反应，有机小分子如氨基酸、糖、核苷酸和脂质可以被分解或改造，用以供应细胞所需的其他许多小分子。这些分子还被用于构建那些高度多样化的大分子，包括构成大部分生命系统的蛋白质、核酸和其他大分子，并赋予它们独特的性质。

每个细胞都可以被看做是一座微小的化学工厂，它们每秒钟都进行着多达数百万次的反应。这种不间断的活动需要食物分子提供的原子和能量，而这些原子和能量终究来自于非生命环境。在本章中，我们将讨论为什么细胞需要能量，以及它们如何利用环境中的能量和原子来创造并维持分子的有序性，从而使生命得以存在。

细胞内进行的大多数化学反应，若在细胞外进行，通常只可能在远高于细胞内温度的条件下才会发生。因此，细胞内每个反应都需要有效的助推剂来提高它们的化学反应活性，使其能够在细胞内快速地进行。这种助推作用是由酶（enzyme）来提供的。酶是一类广泛存在于细胞中的功能专一的特殊蛋白质。总体而言，细胞中的一个特定分子可能会发生多种化学反应，而某种酶只会加速（或催化，catalyze）其中的一种反应。酶的催化反应通常连接成串，一个反应的产物会成为下一个反应的起始原料（图 3-1）。这种长串的线性反应途径又会相互连接，最终形成复杂的、互相关联的反应网络。

这种催化（catalysis）反应看似不简便，实则是有利的和必要的，它能够使细胞精确地调控**新陈代谢**（metabolism）。新陈代谢是细胞赖以生存、生长和繁殖所需的所有化学反应的总称。这种精确调控对生命的化学而言至关重要。

细胞中有两套互为反向的化学反应，即分解代谢途径（catabolic pathway）和合成代谢途径（anabolic pathway）。**分解代谢**（catabolism）将食物分解成较小的分子，从而为细胞产生所需的能量形式，以及一些作为构建单元的小分子。**合成代谢**（anabolism，或称为生物合成途径，biosynthetic pathway）利用分解代谢所获得的能量来驱动许多分子的合成，并用于构建细胞。这两套反应共同组成了细胞的新陈代谢（图 3-2）。

图 3-1　由酶催化的一系列反应形成一条连锁的代谢途径。每种化学反应都由不同的酶所催化，不同的酶合为一组，依次起作用，将分子 A 最终转化为分子 F。

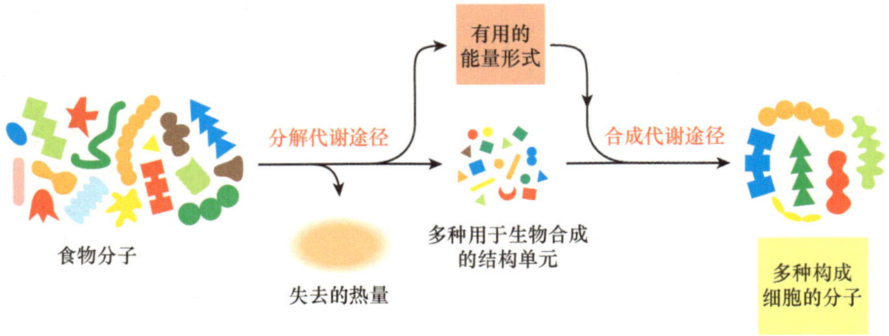

图 3-2　**分解代谢和合成代谢途径共同组成细胞的新陈代谢。**在分解代谢中，存储在食物分子化学键中的大部分能量会作为热量耗散。但如图所示，这些能量中的一部分会被转化为细胞可利用的能量形式，用于驱动合成代谢途径中新分子的合成。

细胞代谢反应的许多细节是生物化学（biochemistry）研究的主题，在这里我们不过多关注。但是，细胞从环境中获取能量并利用它来造就有序性，其中的基本规律是细胞生物学研究的核心。因此，在本章，我们首先解释为什么生物生存需要持续的输入能量。然后，我们讨论酶如何催化反应，使得产生生物的有序性。最后，我们将描述细胞内携带着的使生命得以存在的能量分子。

细胞利用能量

若是任其持续下去，非生命的东西最终会变得无序：建筑物会崩塌、死亡的生物体会腐烂。相比之下，活细胞不仅维持而且在各个层次上建立了有序性，大至蝴蝶或花的结构，小至构成这些结构的分子，皆是如此（图 3-3）。利用各种精巧的分子机制，从环境中获取能量，将这些能量转化并储存在化学键中，使生命的有序性成为可能。即使形成生物体的材料不断被分解、替换和再循环，生物的形态结构依然得以保持。你的身体的基本结构与十年前基本一样，但所包含的元素与十年前相比，在很大程度上已不相同。

细胞释放的热能使生物有序性成为可能

物理学中有一条基本定律，即**热力学第二定律**（second law of thermodynamics），描述事物总是倾向于变得更加无序。这条定律指出，在整个宇宙中，或在任何一个孤立的、与宇宙其他部分完全隔绝的物质集合系统中，无序程度只会增加。热力学第二定律对所有的生物都有深远的影响，值得从以下几个方面进行再次阐述。

我们可以用概率论描述这条定律，即**系统将自发地朝着那些概率最大的状态变化**（systems will change spontaneously toward those arrangements that have the greatest probability）。我们可以假设有一个盒子，盛有 100 枚硬币，其中所有的硬币都是正面朝上。有许多机会盒子会被扰动，例如，有人轻微摇晃它，结果是盒子中的硬币将倾向于变成 50 个正面朝上，和 50 个背面朝上的混合。原因很

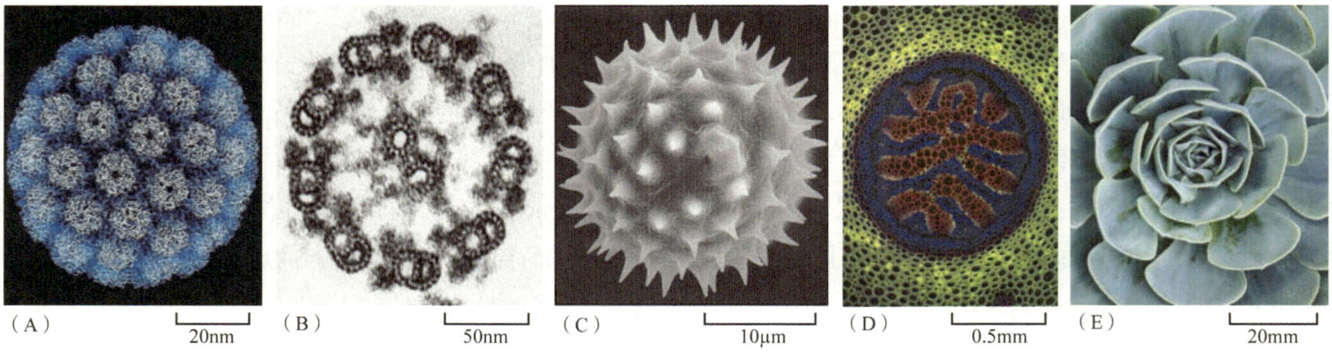

图 3-3　**生物结构高度有序。**在生物体的各个组织层面都可以找到明确、精巧而美丽的空间格局。图中显示的是：(A) 病毒外壳中的蛋白质分子（这里显示的病毒是一种寄生物，虽然严格来说不是活的，但含有与活细胞相同类型的分子）；(B) 精子尾部横截面中看到的规则微管阵列；(C) 花粉粒的表面轮廓；(D) 蕨茎的横截面，显示细胞排列成特定的图案；(E) 叶片的螺旋阵列，每个叶片都由数百万个细胞组成。（图 A 蒙 Robert Grant、Stéphane Crainic 和 James M. Hogle 惠赠；图 B 蒙 Lewis Tilney 惠赠；图 C 蒙 Colin MacFarlane 和 Chris Jeffree 惠赠；图 D 蒙 Jim Haseloff 惠赠。）

图 3-4　**无序的自然倾向是一种日常体验。**扭转这种自然发生的无序倾向需要有意识的努力和能量输入。实际上，根据热力学第二定律，我们可以肯定的是，人类的干预将释放足够的热量到环境中，足以补偿这个空间里秩序的恢复。

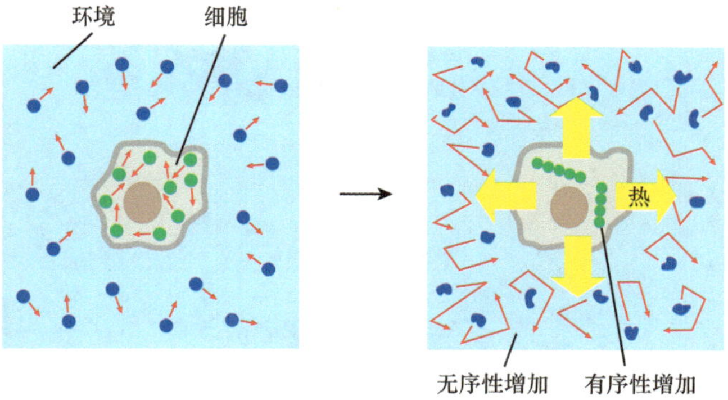

图 3-5　**活细胞并不违背热力学第二定律。**在左图中，细胞与其周围（环境）的分子被描绘成相对无序的状态。红色箭头表示细胞内外分子热运动的相对量。在右图中，细胞从食物分子中吸收能量并进行反应，使细胞中所含的分子变得有序，并将热量（黄色箭头）释放到其周围环境中。释放的热量增加了细胞周围的无序性，图中箭头表示出周围环境中的分子热运动增加，以及分子振动和旋转的增强导致分子变形。因此，即使细胞生长并构建大分子，仍然可以满足热力学第二定律。

简单：有大量可能的排列方式趋于达到 50-50 混合的效果，但只有一种可能的排列方式能使它们全部正面朝上。由于 50-50 混合体可以容纳更多的可能性，并且对单个硬币的朝向限制较小，因此我们说它更“混乱”。出于同样的原因，一个人的生活空间如果没有刻意去保持整洁的话，也将变得越来越混乱。倾向无序化是一个自发过程，需要定期输入能量来逆转它（图 3-4）。

系统混乱的尺度被称为系统的**熵**（entropy），无序性越大，熵也就越大。因此，热力学第二定律的另一种表达形式也可以是系统自发地朝着熵更大的方向变化。活细胞通过生存、生长及形成复合群落，乃至整个生物体，由此产生有序性，这似乎违背了热力学第二定律。然而，事实并非如此，因为细胞不是孤立的系统。相反，细胞从环境中以食物、无机分子或来自太阳的光子形式获取能量，并利用这种能量在其自身内部产生有序性，形成新的化学键并构建大分子。在进行化学反应的过程中，有序性产生，一些能量也不可避免地以热量的形式消失（见图 3-2）。热量是最无序的能量形式，随机地推撞着分子，就像硬币在盒子里被随机推撞一样。由于细胞不是一个孤立的系统，代谢反应产生的热能也会很快释放到细胞的周围。就这样，热量增强了附近分子的热运动，从而增加了细胞周围环境的熵（图 3-5）。

为了满足热力学第二定律，细胞释放的热量必须足够多，使得细胞内增加的有序性能够被环境中增加的无序性所补偿。换句话说，细胞内的化学反应必须增加整个系统的总熵，即细胞和环境熵的总和。由于细胞的活动，宇宙空间变得更加无序，这符合热力学第二定律。

细胞能够将能量从一种形式转换为另一种形式

细胞在产生有序性时释放的热量来自何处呢？为了理解这一问题，我们需要考虑另一个重要的物理定律。根据**热力学第一定律**（first law of thermodynamics），能量不能被创造或被毁灭，但它可以从一种形式转换为另一种形式（图 3-6）。细胞可以利用这一热力学定律，例如，它们在光合作用过程中将阳光的能量转换为糖和其他有机小分子的化学键中的能量。尽管这些促进能量转换的化学反应最终能够改变不同形式的能量的含量，但第一定律告诉我们，宇宙中的总能量必须始终相同。

热量也是能量转化的一种产物。当动物细胞分解食物时，食物分子化学键中的一些能量（化学键能）转化为分子的热运动（热能）。按照热力学第二定律，化学能转化为热能会使整个宇宙变得更加无序。但是就细胞而言，除非产热反应与维持细胞内分子有序性的过程直接相关，否则它不能从产生的热能中获得任何益处。正是产热与有序性增加的紧密联系，才使得细胞的新陈代谢有别于火焰燃烧过程中燃料的浪费。在本章的后面，我们将解释这种联系是如何发生的。就目前而言，我们通过将食物分子的

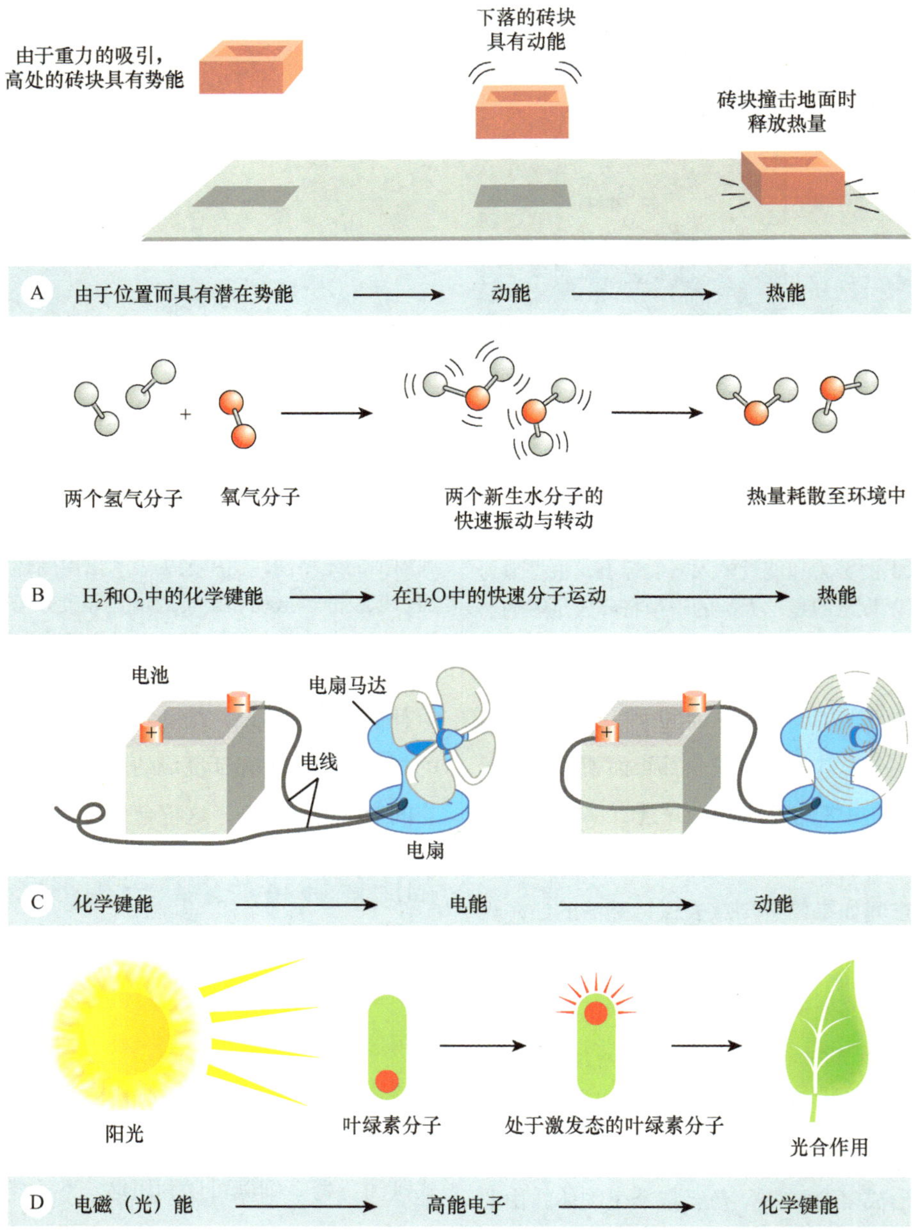

图 3-6 **不同形式的能量可以相互转换，但总能量必定守恒。**（A）我们可以通过砖块的高度和重量来准确预测当它撞到地板时释放出多少热量。（B）H_2 和 O_2 形成水（H_2O）时释放出的大量化学键能，先是转化为两个新合成的 H_2O 分子的快速热运动；然而，在与其他 H_2O 分子发生碰撞的瞬间，便将这种动能均匀地传播到周围整个环境中（热传递），使新合成的水分子与其他水分子难以区分。（C）细胞可以将化学键能转化为动能，以驱动如分子马达等蛋白质的运动；而且，细胞的这种能量转化不需要将化学能转化为电能的中间步骤，这个中间步骤只有在驱动如风扇那样的人工设备时才需要。（D）一些细胞也可以从太阳光中收集能量，通过光合作用来合成化学键。

“燃烧”与生物有序性的生成直接联系起来，就足以认识到细胞能够在趋于混乱的宇宙中创造并维持一个具有有序性的小岛。

光合生物利用阳光合成有机分子

所有动物的生存都依赖于储存在食物中的有机分子中的化学键能。这些食物分子也提供了动物制造新的生命物质所需要的原子。有些动物以其他动物为食，有些动物则以植物为食。相比之下，植物直接从阳光中获取能量。所以，不管是以植物为食，还是以食用植物的动物为食，动物所获得的能量最初都来自于太阳（图 3-7）。

太阳能通过**光合作用**（photosynthesis）进入生物世界，太阳光中的电磁能转化为细胞内的化学键能。光合生物包括植物、藻类和一些细菌，它们利用从阳光中获取的能量来合成小的化学结构单元，如糖、氨基酸、核苷酸和脂肪酸。这些小分子又转化为构成植物的大分子，即蛋白

图 3-7 **除了极少数例外，阳光的辐射能维持了所有生命。**植物和一些微生物通过光合作用捕获的阳光，最终形成了人类和其他动物所有能量的来源。(《圣保罗医院后面的麦田和收割者》，凡·高作品。由埃森民俗博物馆提供。)

质、核酸和多糖。

我们将在第 14 章详细描述光合作用的精巧机制。一般来说，光合作用的进程分两个阶段。在第一阶段，来自太阳光的能量被捕获，作为化学键能，暂时存储在称为*活化载体*（activated carrier）的特殊分子中，我们将在本章后面详细讨论。我们从空气中呼吸的所有氧气（O_2），都是在光合作用的第一阶段通过光解水分子产生的。

在第二阶段，活化载体用于帮助推动*固碳*（carbon-fixation）过程，由二氧化碳（CO_2）气体制造出糖类。通过这种方式，光合作用生产了储存化学键能和其他有机物的基本储备，用于植物自身和以植物为食的动物。光合作用的这两个阶段总结在图 3-8 中。

细胞通过有机分子的氧化获得能量

为了生存、生长和繁殖，所有生物都依赖于有机分子化学键中储存的能量。这些有机分子可以是植物通过光合作用产生的作为自身食物的糖，也可以是动物吃下的各种大小分子的混合物。植物和动物从食物分子中提取出来的化学能，都来自于一种逐步的*氧化*（oxidation）或称为受控的燃烧过程。

地球的大气层含氧量约为 21%。在与氧共存的条件下，碳的能量最稳定形式是 CO_2，而氢的能量最稳定形式是 H_2O；因此，含碳分子的氧化在能量上是非常有利的。细胞从糖或其他有机分子中获得能量，方法是让这些分子中的碳原子和氢原子与氧结合，生成 CO_2 和 H_2O，即被*氧化*（oxidized）。这种食物分子被逐步分解并产生能量的复杂过程被称为**细胞呼吸**（cell respiration）。

光合作用和细胞呼吸是两个互补过程（图 3-9）。植物、动物和微生物在这个星球上已经共存了很长时间，它们已成为彼此生活环境的基本组成成分。光合作用所释放的氧气几乎被所有生物体用于有机分子的氧化分解。绿叶今天通过光合作用固定到有机分子中的 CO_2 分子，可能是昨天由动物、真菌或植物本身的呼吸或者由化石燃料燃烧而释放到大气中的。因此，碳原子在各个生物之间的传递，涉及地球上所有生物，也就是*生物圈*（biosphere）的庞大循环（图 3-10）。

人们认为，地球上的第一个细胞既不能进行光合作用，也不能进行细胞呼吸（见第 14 章）。然而，地球上的光合作用必定先于细胞呼吸，因为有强有力的证据表明，需要数十亿年的光合作用才能释放出足够的 O_2，创造出可以支持呼吸作用的大气。

氧化和还原涉及电子的转移

细胞的氧化反应，不会像火焰燃烧那样，一步就把有机分子氧化掉。通过利用酶催化剂，新陈代谢指导着一些分子进行一系列化学反应，这些反应中很少会有氧的直接加入。在讨论这些反应之前，我们需要先解释一下氧化反应的含义。

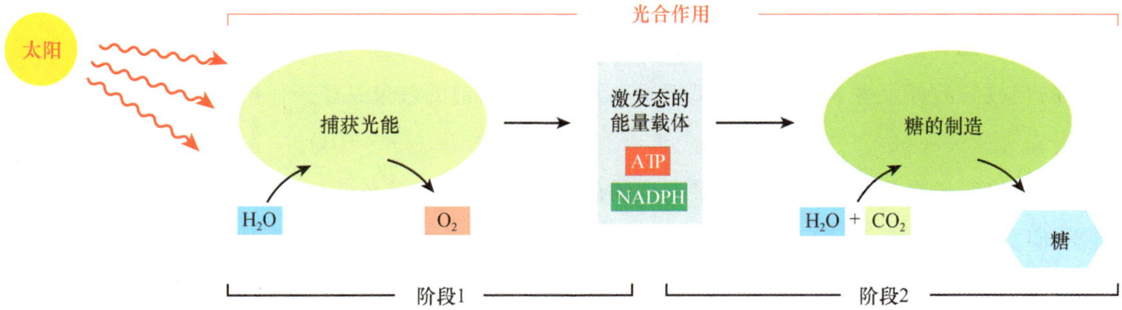

图 3-8 **光合作用通过两个阶段进行。**在第一阶段产生的活化载体，即 ATP 和 NADPH，将在本章后面详细介绍。

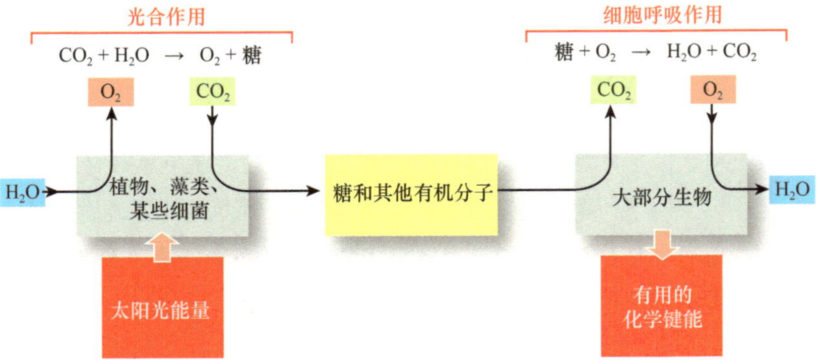

图 3-9　在生物世界里光合作用和细胞呼吸作用是互补的过程。图的左侧显示了植物和光合微生物进行的光合作用，利用太阳光的能量，以大气 CO_2 中的碳原子为原料，生产出糖和其他有机分子。随后，这些糖和其他有机分子再成为其他生物的食物。图的右侧显示了包括植物和其他光合生物在内的大多数生物的细胞呼吸，通过使用 O_2 来氧化食物分子，以 CO_2 的形式将等量的碳原子释放到大气中。在这个过程中，生物体获得了生存所需的化学键能。

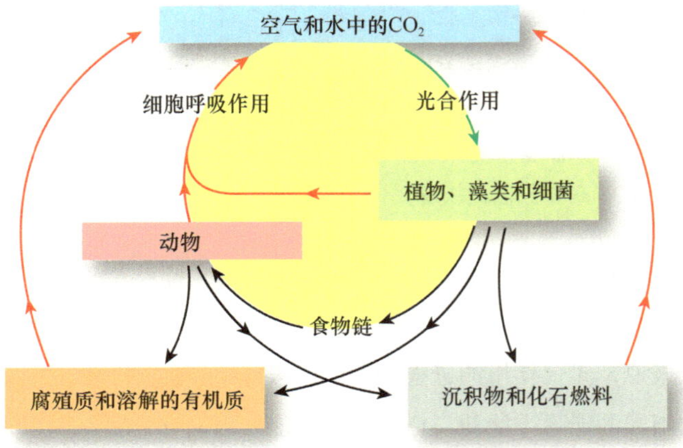

图 3-10　碳原子通过生物圈而不断循环。通过植物、藻类和细菌的光合作用，单个的碳原子被固定到生物世界的有机分子中。然后，这些碳原子被传递给动物、微生物，以及土壤和海洋中的有机物质，最终，这些有机分子通过细胞呼吸作用被氧化，或被人类作为化石燃料燃烧，再以二氧化碳的形式回到大气中。在本图中，绿色箭头表示 CO_2 吸收，而红色箭头表示 CO_2 释放。

虽然**氧化**（oxidation）字面上的意思是向分子中添加氧原子，但是任何在原子之间发生电子转移的反应都包含了氧化反应。从这个意义上讲，氧化反应涉及从原子中移除电子。因此，Fe^{2+} 失去电子而变成 Fe^{3+} 是被氧化。与此相反的反应，即原子获得电子的过程，称为**还原**（reduction）。当 Fe^{3+} 获得电子变成 Fe^{2+} 时，Fe^{3+} 被还原；当氯原子获得电子变成 Cl^- 时，氯原子被还原。

因为电子的数量在化学反应中是守恒的，没有净损失也没有增加，因此氧化和还原反应总是同时发生。换言之，如果一个分子在反应中获得一个电子（还原），则另一个分子必须同时失去电子（氧化）。

为什么电子的“获得”被称为“还原反应”？这个术语出现在人们对电子运动有所认识之前。最早观察到的还原反应涉及氧的释放，例如，通过矿物加热提炼金属时，氧气的释放导致样品变轻，换句话说就是质量“缩减”了。

重要的是，即使原子之间仅仅部分发生了电子的偏移，也可以说它们发生了氧化和还原反应。当碳原子与氧、氯或硫等对电子有强烈亲和力的原子共价结合时，它们之间的电子不会均等共享，而是略微偏向强亲和力一方，从而形成极性共价键（polar covalent bond）。此时碳原子核的正电荷略多于其电子的负电荷，所以，碳原子获得部分正电荷（δ^+），也可以说它被氧化了。相反，C—H 键中的电子会略微偏向于碳原子，因此碳原子获得了部分负电荷（δ^-），也可以说它被还原了（图 3-11A）。

在这种氧化还原反应中，电子通常不会单独移动。当细胞中的一个分子接受一个电子（e^-）时，它通常会同时接受一个质子（H^+）（质子在水中可自由获得）。在这种情况下，最终结果是在该分子中加入了一个氢原子：

$$A + e^- + H^+ \rightarrow AH$$

这种除电子之外还加入了一个质子的反应，即氢化反应（hydrogenation）也是还原反应；相反，脱氢反应（dehydrogenation）是氧化反应。判断有机分子是被氧化还是被还原的一个简单方法是计数它的 C—H 键：增加 C—H 键的数量是还原作用，而减少 C—H 键的数量则是氧化作用（图 3-11B）。

在本章后面以及第 13 章中我们将看到，细胞利用酶的催化作用，一小步一小步地将有机分子逐步氧化，通过一系列的反应，将释放的大部分能量以有用的形式捕获，而不是以热的形式耗散。

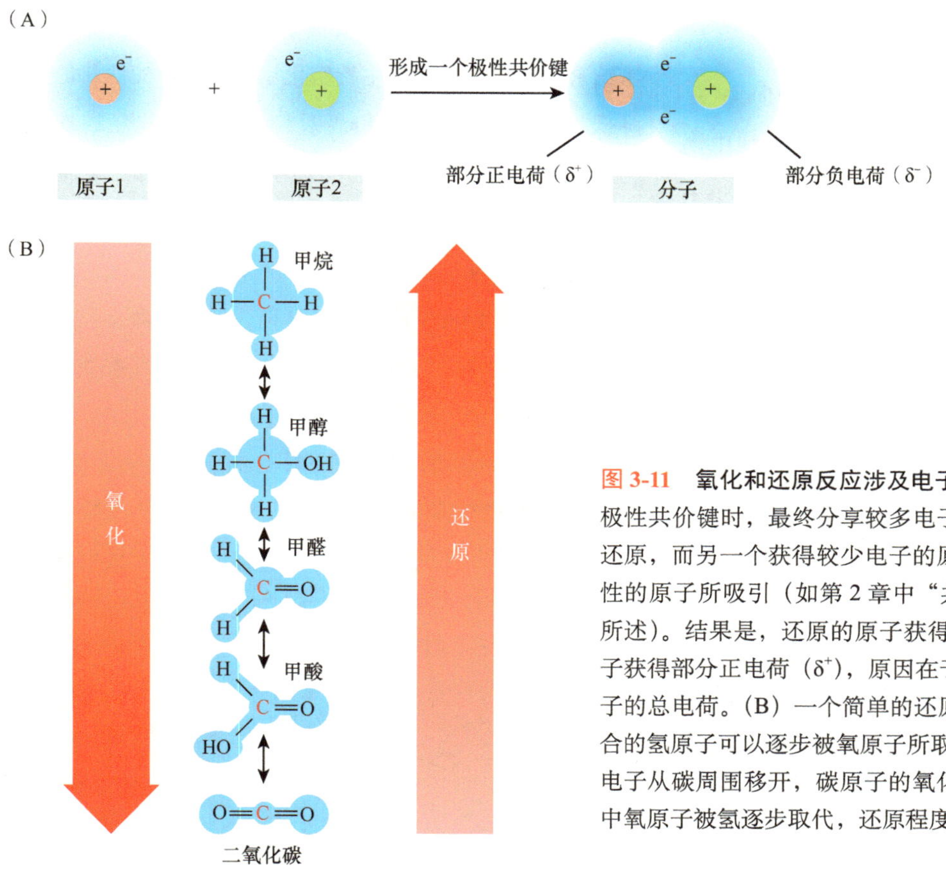

图 3-11　氧化和还原反应涉及电子平衡的偏移。（A）当两个原子形成极性共价键时，最终分享较多电子（由蓝色云表示）的原子认为是被还原，而另一个获得较少电子的原子则被氧化。电子被具有更大电负性的原子所吸引（如第 2 章中“共价键中的电子通常是不均等共用”所述）。结果是，还原的原子获得部分负电荷（δ^-）；相反，氧化的原子获得部分正电荷（δ^+），原因在于其原子核上的正电荷超过其周围电子的总电荷。（B）一个简单的还原的碳化合物，如甲烷，其共价键结合的氢原子可以逐步被氧原子所取代，以此方式被氧化。在每一步中，电子从碳周围移开，碳原子的氧化程度也逐步增强。相反，二氧化碳中氧原子被氢逐步取代，还原程度越来越强，最终产生甲烷。

自由能和催化作用

生命取决于细胞内发生的高度特异的化学反应。这些反应中的绝大多数是由一类称为**酶**（enzyme）的蛋白质所催化。与细胞一样，酶也必须遵守热力学第二定律。虽然单个的酶可以大大加速能量上有利的反应，即在宇宙中产生无序性的反应，但它不能强制能量上不利的反应发生。然而，细胞为了生长和分裂，或者只是为了生存，则必须做到这一点。它们必须从小而简单的分子构建出高度有序且富含能量的分子，这一过程需要能量的输入。

要了解酶类如何推动特定的化学反应，以维持生命所需，我们首先需要讨论该过程所涉及的能量学。在本节中，我们会考虑分子的自由能如何影响其化学性质。自由能的变化反映出一个化学反应能够在宇宙中引发多少无序性发生。因此，我们还会关注自由能的改变是否影响以及如何影响一个化学反应。这些能量概念的研究将揭示出，酶与酶之间协同作用推动不同反应的自由能改变，驱动能量上不利的反应发生，进而产生生物有序性。这种酶助催化过程对细胞至关重要，没有它，生命就不可能存在。

化学反应朝向自由能损失的方向上进行

纸张容易燃烧，以气体形式将水和二氧化碳释放到大气中，同时以热量的形式释放出能量：

$$纸 + O_2 \rightarrow 烟 + 灰烬 + 热 + CO_2 + H_2O$$

这种反应只会朝一个方向发生：烟雾和灰烬永远不会自发地从加热的大气中收集二氧化碳和水，并重新组合成纸。当纸张燃烧时，其大部分化学能会以热量的形式消散。这种热量不会从宇宙中消失，因为能量永远不能被制造或被消灭，只会不可逆地耗散在混乱的、随机的分子热运动中。用热力学的术语来说，是**自由能**（free energy）被释放了出来。这是一种可以被收集起来，用以做功或驱动化学反应的能量。自由能的释放，反映了存储在纸张中的能量和分子的有序性消失了；在反应发生时，自由能释放得越多，在宇宙中产生的混乱程度就越大。

在稍后，我们将更详细地讨论自由能，但总的原则可归纳如下：化学反应仅朝向导致自由能损失的方向上进行。换句话说，任何反应的自发方向都是“下坡”的。在这个意义上，可以说“下坡”反应在能量上是有利的。

酶降低了自发反应起始所需的能量

在一般条件下，虽然碳在能量方面的最有利形式是CO_2、氢是H_2O，但生物体并不会因此在一股青烟中消失，你手中的书也不会自燃起火。这是因为生物体和书中的分子处于相对稳定的状态，它们在缺乏能量的驱使时，不会转变为较低的能量状态。换句话说，一个分子在经历化学反应而转变为能量较低（更稳定）的状态之前，需要一个能量激发，以超越其能垒。这个激发能量被称为**活化能**（activation energy）（图 3-12A）。火柴点燃提供的热量，可以作为活化能使书本燃烧。然而，细胞不能通过升高自身温度来驱动其生物学反应。在细胞内部，越过能垒是靠酶来辅助的。

每个酶与一个或两个称为**底物**（substrate）的分子紧密结合，使它们之间发生特定化学作用所需的活化能大大降低（图 3-12B）。可以降低反应所需的活化能的物质称为**催化剂**（catalyst）；如图 3-13 和图 3-14A 所示，催化剂会提高化学反应速率，因为它可以大大提高周围分子随机撞击的概率，使底物跃过能垒。酶是已知最有效的催化剂之一，它们可以使反应加速 10^{14} 倍，这意味着比没有酶催化的同样反应要快数万亿倍。因此，酶能使那些在正常温度下细胞内不会发生的反应得以迅速进行。

与温度的影响不同，酶具有高度选择性。酶的底物分子可能进行多种反应，但每种酶通常只加速或催化（catalyze）其中一种特定反应。酶通过这种方式引导细胞

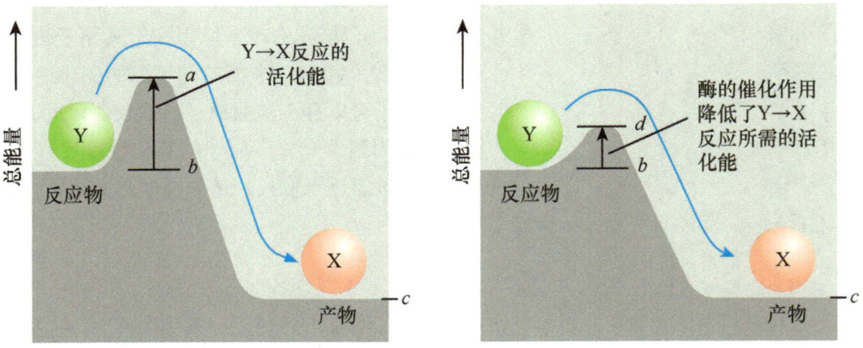

图 3-12 即使是能量上有利的反应也需要活化能来起始。（A）化合物 Y（反应物）处于相对稳定的状态，需要一个能量输入，才能将其转化为化合物 X（生成物），即使 X 的总能量水平低于 Y 也是如此。因此，除非化合物 Y 能从周围获得足够的活化能（能量 *a* 减去能量 *b*），否则这种转化不会发生。这种活化能可以通过与其他分子的非常规碰撞来提供。对于逆向反应，即 X → Y，所需的活化能将大得多（能量 *a* 减去能量 *c*）；因此，这种反应很少发生。在能量上有利的反应 Y → X 总的能量变化是能量 *c* 减去能量 *b*，是一个负数，意味着自由能的损失。（B）特定反应的能垒可被催化剂降低，如 *d* 线所示。酶是特别有效的催化剂，能大大降低它们所催化的反应的活化能。请注意，活化能始终为正。

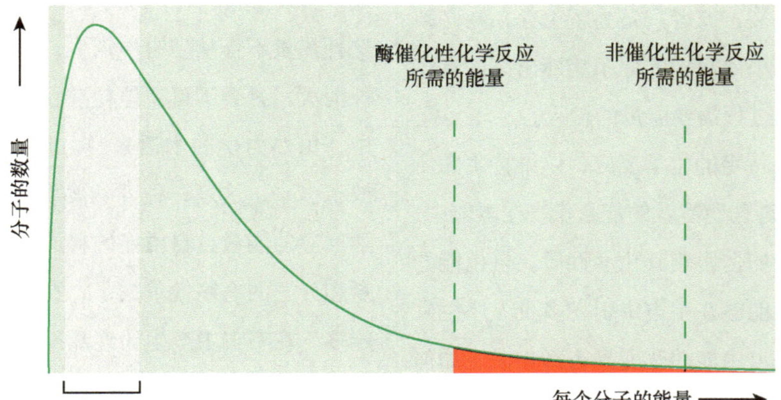

图 3-13 降低活化能大大增加了反应发生的概率。在一个给定的时刻，相同的一群底物分子会有一个活化能范围，其分布如图所示。这种活化能差异是由于底物分子与周围分子碰撞使得底物分子摇摆、振动和旋转所导致的。对于要进行化学反应的一个分子，其能量必须超过该反应的活化能垒（虚线）；就绝大多数生物反应而言，在没有酶催化的情况下，这些反应几乎都不会发生。即使使用酶催化，也仅有一小部分底物分子（红色阴影区域）会经历高能量碰撞，达到足够高的能量状态，使得反应能够进行。

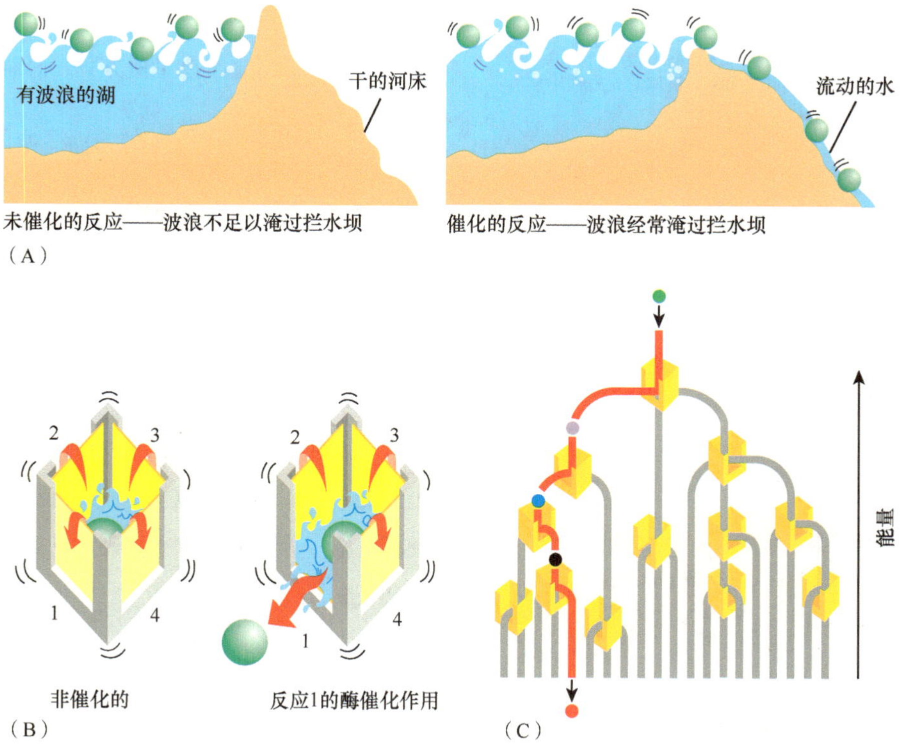

图 3-14　酶通过降低活化能能垒来催化反应。（A）大坝代表活化能，通过酶催化使其降低。每个绿球代表一种可能的底物分子，由于不断与波浪碰撞而在能量水平上上下弹跳，类似于周围水分子对底物分子的热撞击。当能垒（活化能）显著降低后，具有足够能量的球（底物分子）可以滚动下坡，因为产物的能量比底物低，这是一种能量上有利的运动。（B）盒子的四个壁代表四种不同化学反应的活化能障碍，由于产物的能量水平低于底物，这四种不同的化学反应都是能量上有利的。在左侧的盒子中，这些反应没有发生，因为即使最大的波浪也不足以越过任何能量障碍。在右侧的盒子中，酶催化仅降低了反应 1 的活化能；现在波浪的推挤允许底物分子越过这个能垒，使反应 1 可以进行（视频 3.1）。（C）有一组分叉反应，将选定的酶（黄色框）放置在反应的分叉处，用以说明这些酶通过控制每个分叉点上发生的反应，决定细胞内每个分子遵循的确切反应途径。

中许多不同的分子，让每个分子都沿着特定的途径发生反应（图 3-14B 和 C），从而产生细胞实际需要的化合物。

与所有催化剂一样，酶分子在参与反应前后自身保持不变，因此可以反复发挥作用（图 3-15）。第 4 章中，在详细讨论蛋白质分子的结构之后，我们将进一步阐述酶的工作原理。

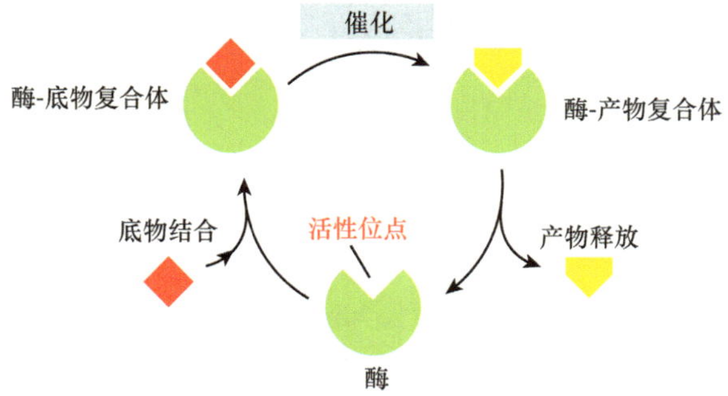

图 3-15　酶将底物转化为产物而自身保持不变。催化反应发生在一个循环中，其中底物分子（红色）与酶结合，通过反应形成产物分子（黄色），然后释放出来。虽然酶参与了反应，它却保持不变。

自由能的变化决定了一个反应能否发生

根据热力学第二定律，只有导致宇宙整体无序性净增加，一个化学反应才能进行（见图 3-5）。当可用于做功的能量作为热量耗散时，无序性会增加。系统中有用的能量称为它的**自由能**（free energy）或 G。由于化学反应涉及从一种分子状态到另一种分子状态的转变，化学家和细胞生物学家最关心的是**自由能变化**（free-energy change），用 ΔG（“Delta G”）表示。

让我们设定，当一群分子参与的一个反应发生时，ΔG 度量这个反应在宇宙中产生的无序性。根据定义，在能量上有利（energetically favorable）的反应通过降低它们所属系统的自由能，从而在宇宙中产生无序性；换句话说，它们具有负（negative）的 ΔG（图 3-16）。

只有当 ΔG 为负值时，一个反应才能自发进行。一个宏观的例子是，当一个压缩弹簧伸展到松弛状态时，其储存的弹性势能作为热能释放到其周围环境中。在微观尺度

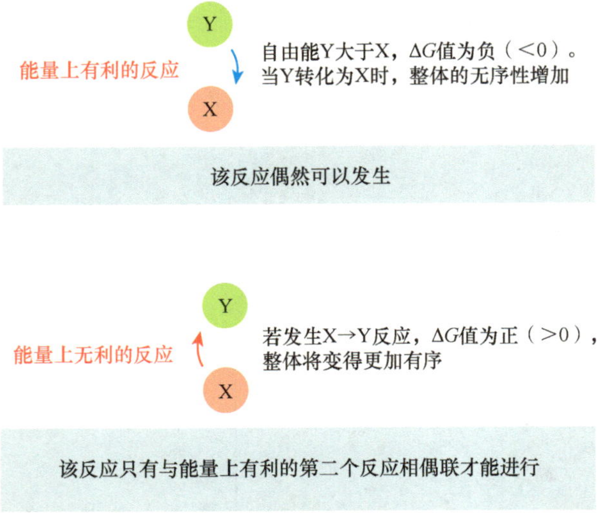

图 3-16　能量上有利的反应具有负的 ΔG，而能量上不利的反应具有正的 ΔG。例如，假设分子 Y 具有 10kJ/mol 的自由能（G），而 X 具有 4kJ/mol 的自由能。因此，Y → X 的反应具有 –6kJ/mol 的 ΔG，在能量上使其有利。

上，当盐（NaCl）溶解在水中时，会发生具有负 ΔG 的、能量上有利的反应。请注意，反应可以自发进行，并不意味着它会快速发生。钻石衰变成石墨是一个自发过程，但需要数百万年才能完成。

相反，能量上不利（energetically unfavorable）的反应在宇宙中创造有序性；它们含有正（positive）的 ΔG。这种反应，例如，在两个氨基酸之间形成肽键，不能自发进行；它们只有与另一个含足够大的负 ΔG 的反应偶联，使整个反应产生净负的 ΔG 时，这个反应才会发生（图 3-17）。生命之所以可以存在，是因为酶可以通过将能量上不利的反应与能量上有利的反应偶联在一起，产生了生物的有序性。这些关键概念，以举例方式，总结于图版 3-1 中。

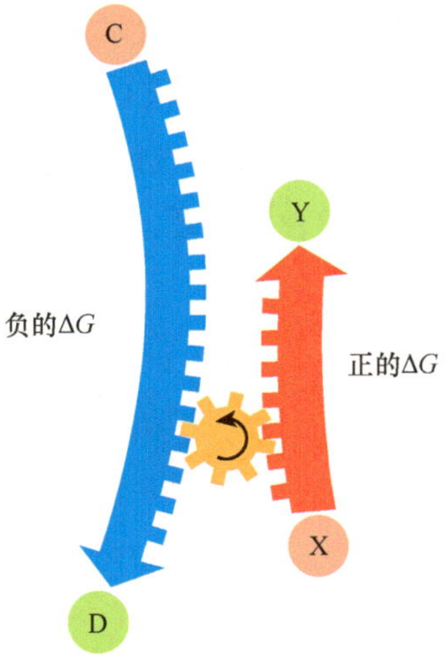

图 3-17　偶联反应可以驱动能量上不利的反应。除非与能量上有利的（$\Delta G < 0$）反应 C → D 偶联，使得整个反应的净自由能变化是负的（小于 0），否则，能量上不利的（$\Delta G > 0$）反应 X → Y 不能发生。

ΔG 在反应趋向平衡的进程中不断变化

很容易理解一个压缩的弹簧在松弛和回复的过程中，将其储存的能量以热能的形式释放到其周围环境中。但化学反应就有些复杂，难以觉察。这是因为，反应是否会沿着特定方向进行，不仅取决于每个分子中储存的能量，还取决于反应混合物中分子的浓度。回到我们摇动硬币盒子的例子，当盒子包含 90 枚正面朝上和 10 枚背面朝上的硬币时，相较于包含 10 枚正面朝上和 90 枚背面朝上硬币的盒子，前者将有更多硬币从正面朝上向背面朝上的状态翻转。

化学反应也是如此。随着能量上有利的反应 Y → X 的进行，产物 X 的浓度增加，底物 Y 的浓度降低。底物和产物相对浓度的这种变化将导致 Y 与 X 的比例减小，使得最初有利的 ΔG 的负值变得越来越小。除非加入更多的 Y，否则反应将减慢并最终停止。

ΔG 随着产物积累和底物消耗而发生变化，通常情况下，化学反应在到达**平衡**（equilibrium）状态之前会持续进行。到达平衡状态时，正向和逆向反应的速率是相等的，底物或产物的浓度不再有进一步的净变化（图 3-18）。在化学平衡时，$\Delta G = 0$，因而不会进行正向或逆向反应。

这种在化学上不活跃的状态与生命活动格格不入，它们将不可避免地发生化学衰变，最终导致细胞死亡。活细胞会竭力避免这种彻底的化学平衡状态，它们会不断地与周围环境交换物质，进行营养补充和废物清除。此外，细胞代谢网络中的许多反应也处于不平衡状态之中，一个反应的产物不断地被抽走，成为下一个反应的底物。因此，产物和底物很少能达到使正向和逆向反应速率相等的浓度。

标准自由能变化 $\Delta G°$ 可以比较不同反应的能量

因为任何给定时间的 ΔG 取决于反应混合物中分子的浓度，所以它在用于比较不同类型的化学反应的相对能量时，并不是一个特别有用的值。然而，要预测能量上有利的反应是否具有足够的负 ΔG，以驱动能量上不利的反应，进行这样的评估是必要的。为了比较这类反应，我们

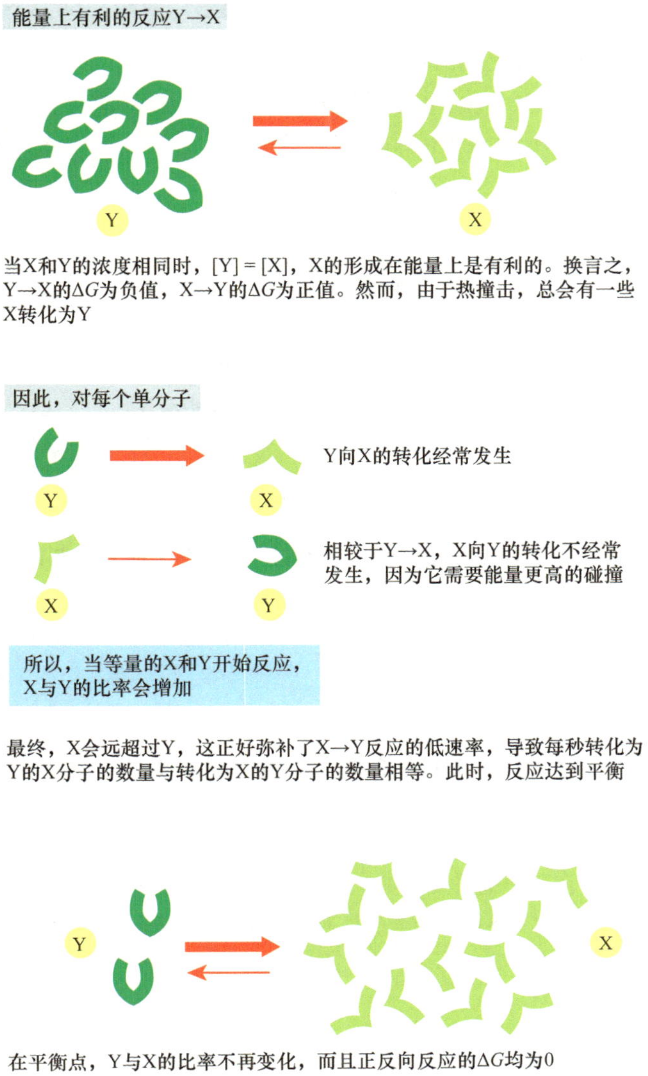

图 3-18　化学反应最终会达到平衡。达到平衡时，反应分子的正向和逆向流量相等但方向相反。箭头的宽度表示单个分子转化的相对速率。

需要转而考虑一个反应的**标准自由能变化**（standard free-energy change），即 ΔG°。一个反应的 ΔG° 与反应物浓度无关，它仅取决于反应分子的固有性质，即所有反应物在水溶液中的浓度均设定为 1mol/L 的理想条件下的分子行为。

科学家收集了大量的热力学数据，其中大部分代谢反应的 ΔG° 得以计算。在图版 3-1 中，根据 ΔG°，对一些常见的反应进行了比较。

如果反应物和产物的浓度是已知的，根据 ΔG°，就可以计算出一个反应的 ΔG。对于一个简单的反应 Y → X，它们的关系遵循以下等式：

$$\Delta G = \Delta G^\circ + RT\ln\frac{[X]}{[Y]}$$

其中，ΔG° 为 kJ/mol；[Y] 和 [X] 表示 Y 和 X 的 mol/L 浓度（1mol 为 6×10^{23} 个物质分子）；ln 是自然对数；RT 是气体常数 R 和绝对温度 T 的乘积。在 37℃下，$RT = 2.58$。

从这个等式中，我们可以看出，当反应物和产物的浓度相等时，即 [X]/[Y] = 1 时，ΔG 的值等于 ΔG° 的值（因为 ln1 = 0）。因此，当反应物和产物以相同的浓度存在时，反应的方向完全取决于分子的固有性质。

平衡常数与 ΔG°成正比

如前所述，所有化学反应都倾向于达到平衡。知道任何给定反应的平衡位置，就可以揭示出该反应将向哪个方向进行，以及能够走多远。例如，如果一个反应在平衡状态时，产物浓度是底物浓度的 10 倍，而开始时是底物过量、产物很少或者没有，那么反应将会继续朝正向进行。在平衡点处底物与产物的比率称为反应的**平衡常数**（equilibrium constant），用 K 表示。对于简单的反应 Y → X，

$$K = \frac{[X]}{[Y]}$$

其中，[X] 是平衡时产物的浓度；[Y] 是平衡时底物的浓度。在我们刚才描述的例子中，$K = 10$。

平衡常数取决于反应分子的固有性质，正如 ΔG° 所表示的。实际上，平衡常数与 ΔG° 成正比。让我们来看一下为什么。

在平衡时，正向反应的速率与逆向反应的速率正好平衡。此时，$\Delta G = 0$，没有净的自由能变化来驱动任意方向的反应（参见图版 3-1）。

现在，我们回到前面已出现的等式，

$$\Delta G = \Delta G^\circ + RT\ln\frac{[X]}{[Y]}$$

在 37℃的平衡状态下，此时 $\Delta G = 0$，常数 $RT = 2.58$，这个等式变为：

$$\Delta G^\circ = -2.58\ln\frac{[X]}{[Y]}$$

换句话说，ΔG° 与平衡常数 K 成正比：

$$\Delta G^\circ = -2.58\ln K$$

如果将这个等式从自然对数（ln）转换为更常用的底数为 10 的对数（log），我们可以得到：

$$\Delta G^\circ = -5.94\log K$$

图版 3-1 自由能与生物学反应

自由能

这个图版综述了自由能的概念，并举例说明了自由能的改变能否以及如何决定生物过程的发生。

活细胞中的分子具有能量，因为它们会在空间中振动、转动和移动，并且各个原子之间的键中储存着能量。

自由能 G（单位是 kJ/mol）可以衡量一个分子在恒温下（如在活细胞中）理论上可用于做功的能量。能量也可以用卡路里（cal）来表示（1J = 0.24cal）。

反应导致无序

设想一个在具有固定温度和体积的细胞中发生的化学反应。该反应可通过两种方式产生无序。

1. 反应中，分子键能的改变可导致热量释放，从而扰动细胞周围的环境。

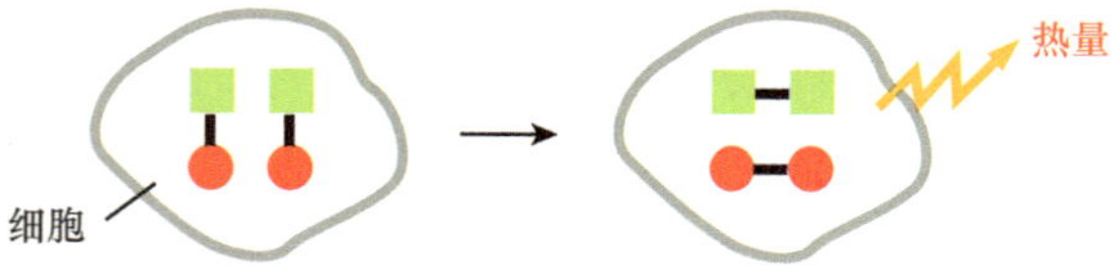

2. 反应可以降低细胞中的有序性，比如断开一条长分子链，或阻止键转动的反应。

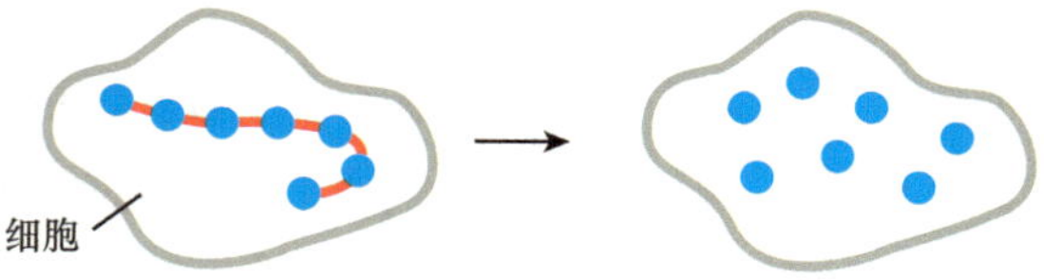

预测反应

为了预测一个反应的结果（它会向右还是向左进行？它会停在哪一点？），我们必须确定其标准自由能变化（$\Delta G°$）。

这个量化表示在“标准条件”（水溶液中所有分子的浓度为 1mol/L 而且 pH 为 7.0）下当 1mol 反应物转变为 1mol 产物时所增加或减少的自由能。

一些反应的 ΔG

驱动力	反应	ΔG
	葡萄糖-1-磷酸 → 葡萄糖-6-磷酸	–7.3kJ/mol
	蔗糖 → 葡萄糖 + 果糖	–23kJ/mol
	ATP → ADP + P_i	–30.5kJ/mol
	葡萄糖 + $6O_2$ → $6CO_2$ + $6H_2O$	–2867kJ/mol

ΔG（“DELTA G”）

一个反应中发生的自由能变化用 ΔG 表示，其中“Δ”指的是一个差值。因此，对于反应：

$$A + B \rightarrow C + D$$

$$\Delta G = \text{自由能}（C + D）- \text{自由能}（A + B）$$

ΔG 测量一个反应所造成的无序程度：细胞内有序性的变化，加上热量释放造成的周围环境中有序性的变化。

ΔG 很实用，因为它测量了一个反应距离到达平衡点的距离。反应

$$ATP \rightarrow ADP + P_i$$

具有很大的负 ΔG 值，因为细胞通过不断地制造新的 ATP 而使反应保持在远离平衡点的状态。然而，如果细胞死亡，那么大部分 ATP 会水解直至达到平衡。在平衡点，正反向的反应速率均等，$\Delta G = 0$。

自发的反应

由热力学第二定律可知，宇宙的无序程度只会增加。如果宇宙（反应加环境）的无序性增加，那么 ΔG 是负的。

换言之，一个可以自发发生的化学反应，其 ΔG 必须为负值：

$$G_{产物} - G_{反应物} = \Delta G < 0$$

例如：100mL 的 10mmol/L 的蔗糖（普通的糖）和 100mL 的 10mmol/L 的葡萄糖加上 10mmol/L 的果糖的自由能差别约为 –23J。

因此，一个二糖水解产生两个单糖的反应（蔗糖 → 葡萄糖 + 果糖）能够自发发生。

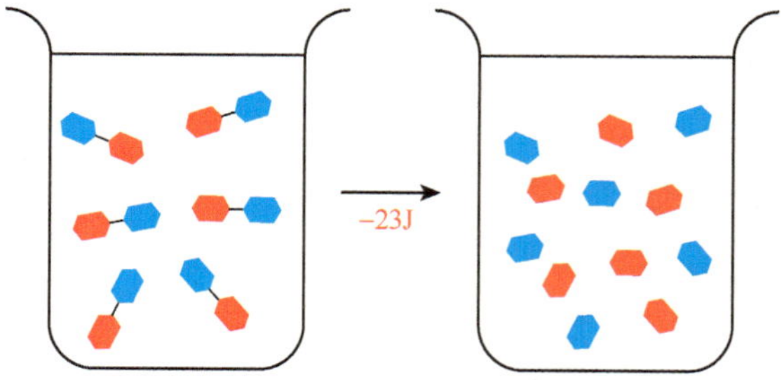

相反，逆向反应（葡萄糖 + 果糖→蔗糖）的 ΔG 为 +23J，如果没有来自一个偶联反应的能量输入，该反应不能进行。

反应速率

一个自发的反应不一定是一个快速反应，即一个自由能变化（ΔG）为负值的反应不一定能自行快速发生。例如，葡萄糖在氧气中的氧化：

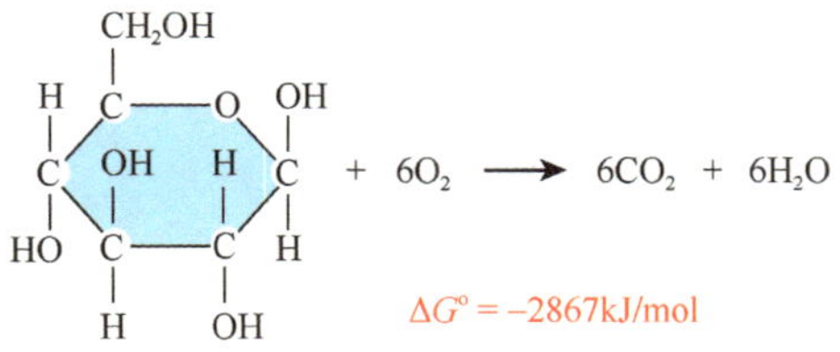

虽然这个反应在能量上是高度有利的，但如果没有酶的催化，该反应或许几百年也不会发生。酶能够催化反应并加快反应速率，但并不能改变反应的 ΔG°。

化学平衡

一个反应的自由能变化 ΔG° 和它的平衡常数 K 之间存在一个确定的关系。例如，可逆反应 Y ⇌ X 会一直进行到浓度的比率 [X]/[Y] = K 为止（注意：方括号 [ ] 表示的是浓度）。在平衡点上，体系的自由能会处于其最低值。

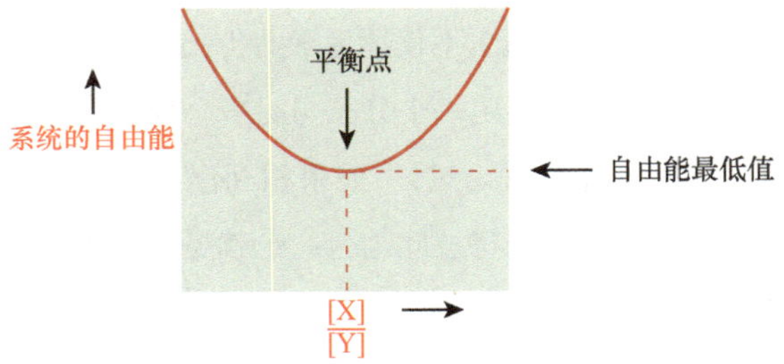

在37℃，$\Delta G^0 = -5.94 \log_{10} K$

$K = 10^{-\Delta G^0/5.94}$

例如，

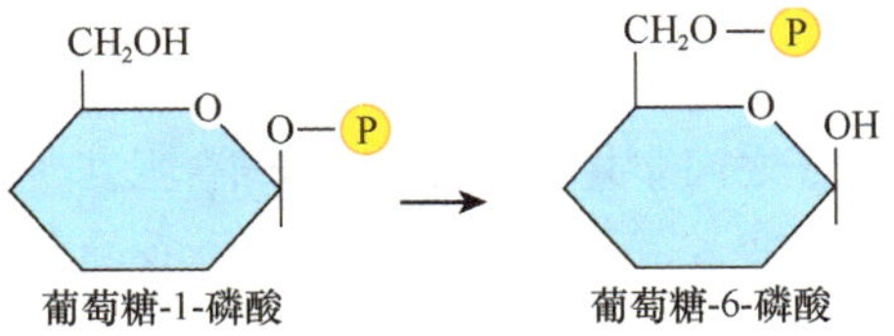

该反应的 ΔG° 为 –7.3kJ/mol。因此，平衡常数为

$$K = 10^{(7.3/5.94)} = 10^{(1.23)} = 17$$

所以，当 [葡萄糖-6-磷酸]/[葡萄糖-1-磷酸] = 17 时，该反应会达到稳态。

偶联反应

如果一些反应共用一种或多种中间物，则它们可以“偶联”在一起。在这种情况下，总体自由能的变化就是各个 ΔG° 值的简单相加。由于这个原因，一个能量上不利（ΔG° 为正值）的反应可以被另一个能量上高度有利的反应所驱动。

单个反应

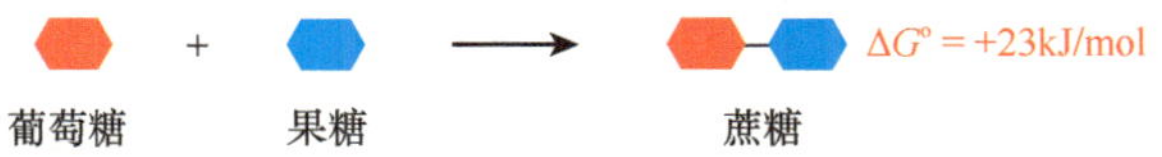

净结果： 反应不会发生

ATP → ADP + Ⓟ　$\Delta G^\circ = -30.5$kJ/mol

净结果： 反应极易发生

偶联反应

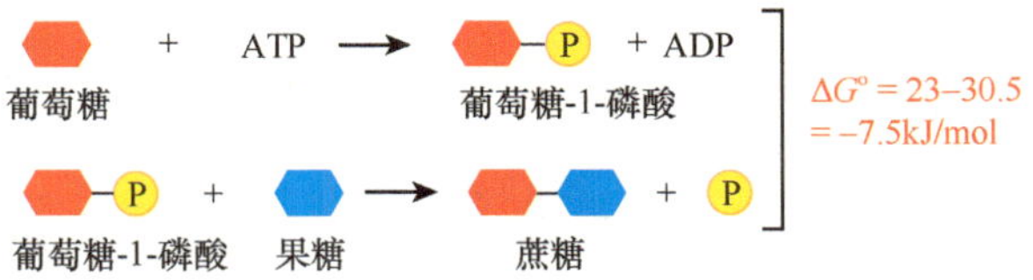

高能键

细胞中最常见的反应之一就是水解，在此反应中，一个共价键可以通过添加一个水分子而被断开。

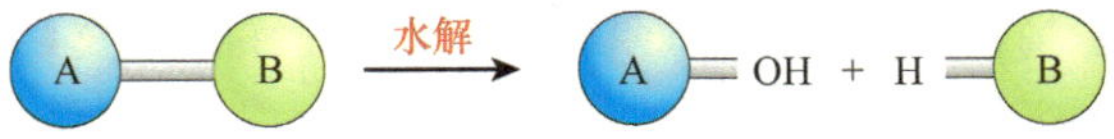

此反应的 ΔG° 有时被笼统地称为“键能”。有些化合物，如乙酰磷酸和 ATP，它们在水溶液中的水解具有一个很大的负 ΔG°，这些化合物被称为具有“高能”键。

反应				ΔG° (kJ/mol)
乙酰—Ⓟ	→	乙酰根	+ Ⓟ	–43.1
ATP	→	ADP	+ Ⓟ	–30.5
葡萄糖-6-磷酸	→	葡萄糖	+ Ⓟ	–13.8

（注意，为求简化，上述等式中的水被省略了。）

该等式揭示了用平衡常数 K 表示的 Y 与 X 的平衡比值，取决于用 $\Delta G°$ 值所表示的分子固有特征。因此，对于这个 Y → X 反应来说，$K = 10$，则 $\Delta G° = -5.94$kJ/mol。如表 3-1 所示，在 37℃下，每 5.94kJ/mol 的自由能差别，会导致 10 倍的平衡常数的变化。因此，在能量上越有利于反应，当反应到达平衡时，累积的产物就越多。对于一个 $\Delta G°$ 为 –17.8kJ/mol 的反应，K 将等于 1000，这意味着在平衡时，每个底物分子将对应 1000 个产物分子。

表 3-1　标准自由能变化 $\Delta G°$和平衡常数之间的关系

平衡常数 [X]/[Y]	反应 Y → X 的标准自由能变化 $\Delta G°$/（kJ/mol）
10^5	–29.7
10^4	–23.8
10^3	–17.8
10^2	–11.9
10	–5.9
1	0
10^{-1}	5.9
10^{-2}	11.9
10^{-3}	17.8
10^{-4}	23.8
10^{-5}	29.7

用文中给出的等式计算简单化学反应 Y → X 的平衡常数值。

这里给出的 $\Delta G°$ 值是在 37℃下以 kJ/mol 为单位。正如文中所解释的，$\Delta G°$ 表示在标准条件下的自由能变化（其中所有组分的浓度为 1mol/L）。

从该表中我们可以看出，如果能量有利的反应 Y → X 的自由能以 –17.8kJ/mol 变化，则平衡时 X 的分子将比 Y 的分子多 1000 倍（$K = 1000$）。

在复合反应中，平衡常数取决于所有反应物和产物的浓度

到目前为止，我们讨论的是最简单的反应 Y → X，其中单个底物分子转化为单个产物分子。但在细胞内，两种反应物结合形成单一产物的反应更为常见：A + B → AB。这种反应会怎样进行，该如何预测？

上述原则在这种情况下同样适用，只不过，除了产物的浓度之外，此时的平衡常数 K 包括了两种反应物的浓度，即：

$$K = [AB] / [A][B]$$

两种反应物的浓度作为分母相乘，因为产物 AB 的形成取决于 A 和 B 的碰撞，并且这些碰撞的发生概率与 [A] × [B] 成比例（图 3-19）。与单一底物的反应一样，在 37℃下 $\Delta G° = -5.94 \log K$。因此，K 和 $\Delta G°$ 之间的关系与表 3-1 中所示的相同。

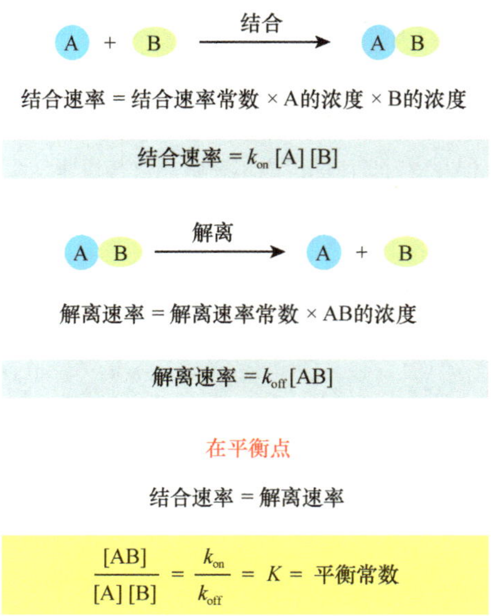

图 3-19　反应 A + B → AB 的平衡常数 K 取决于 A、B 和 AB 的浓度。分子 A 和 B 必须碰撞才能相互作用，因此结合速率与其各自浓度的乘积 [A] × [B] 成正比。如图所示，速率常数 k_{on} 和 k_{off} 对于结合（键形成）和解离（键断裂）反应的比率均等于平衡常数 K。

平衡常数也可指示非共价结合反应的强度

自由能变化的概念不仅适用于共价键断开和形成的化学反应，还可用于测定一个分子与另一个分子的非共价结合强度（在第 2 章讨论过）。如果相互作用的自由能变化是负的，则两个分子将彼此结合；也就是说，所得复合物的自由能低于未结合时两个参与分子的自由能之和。非共价的相互作用对细胞非常重要。这类相互作用包括底物与酶的结合、转录调控因子与 DNA 的结合，以及一种蛋白质与另一种蛋白质的结合，这类结合会产生许多结构功能不同的蛋白质复合物，在活细胞中发挥作用。

平衡常数 K 用于描述形成和断裂共价键的反应，也反映了两个分子之间非共价相互作用的结合强度。这种结合强度的数据非常有用，它表明了两种分子之间的相互作用的特异性有多强。分子 A 与分子 B 结合形成 AB 复合物时，反应会一直进行到平衡为止。在平衡点上，结合与解离事件在数量上精确地等同，此时，反应物 A 和 B 以及 AB 复合物的浓度可用于测算平衡常数 K（见图 3-19）。

随着结合能（binding energy），即结合反应所释放的能量的增加，K 值也随之变大。换句话说，K 值越大，解

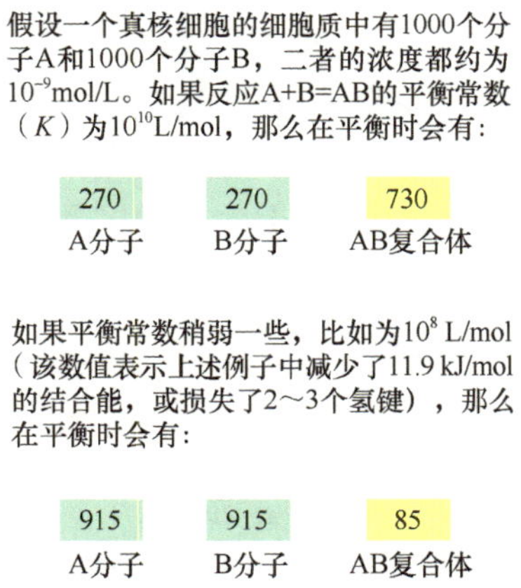

图 3-20　弱键数量的微小变化会对结合反应产生巨大影响。该例子说明几个弱的非共价键的存在与否会对两种胞质溶胶蛋白之间的相互作用造成显著影响。

离态与结合态之间的自由能落差就越大，两个分子的结合也将越紧密。即使仅涉及少数几个非共价键的小的变化，也会对结合反应产生显著影响，如图 3-20 所示。在这个例子里，11.9kJ/mol 的结合能损失，相当于在结合反应中剔除几个氢键，即可以引起复合物的量在平衡时显著减少。

对于连续反应，自由能的变化是叠加的

现在我们回到最初关注的细胞如何产生和维持有序性的问题，更具体地说，酶如何催化在能量上不利的反应？

一种方式是将能量上不利的反应与能量上有利的反应偶联起来。例如，有以下两个连续的反应，

$$X \rightarrow Y \text{ 和 } Y \rightarrow Z$$

其中，$\Delta G°$ 值分别为 +21kJ/mol 和 −54kJ/mol（回顾一下，1mol 是 6×10^{23} 个物质分子）。能量上不利的反应 X → Y 不会自发进行。但是，如果有第二个能量上有利的反应随着第一个反应发生，第一个反应 X → Y 就可以被反应 Y → Z 驱动。这是因为偶联反应的总自由能变化等于每个反应的自由能变化之和。在这种情况下，偶联反应 X → Y → Z 的 $\Delta G°$ 为 −33kJ/mol，使整个通路在能量上变得有利。

所以，如果一个催化 X → Y 反应的酶由催化能量上有利于 Y → Z 反应的第二种酶进行补充，则细胞中可以发生类似于 X → Y 这样的能量上不利的反应。实际上，反应 Y → Z 相当于一个“虹吸管”，将所有 X 分子转化为 Y 分子，然后再转化为 Z 分子（图 3-21）。将糖转化为 CO_2 和 H_2O 会经过很长的途径，其中有好几种反应都是在能量上不利的。然而，由于这一系列连续反应的总 $\Delta G°$ 是一个很大的负值，该途径能够快速完成。

然而，很多其他的代谢从需求上讲并不会以形成一系列反应通路作为解决方案，通常会希望像 X → Y 反应那样简单地一步到位，不再将 Y 进一步转化为其他产物。幸运的是，有一些更常用的方法能够使用酶将反应偶联在

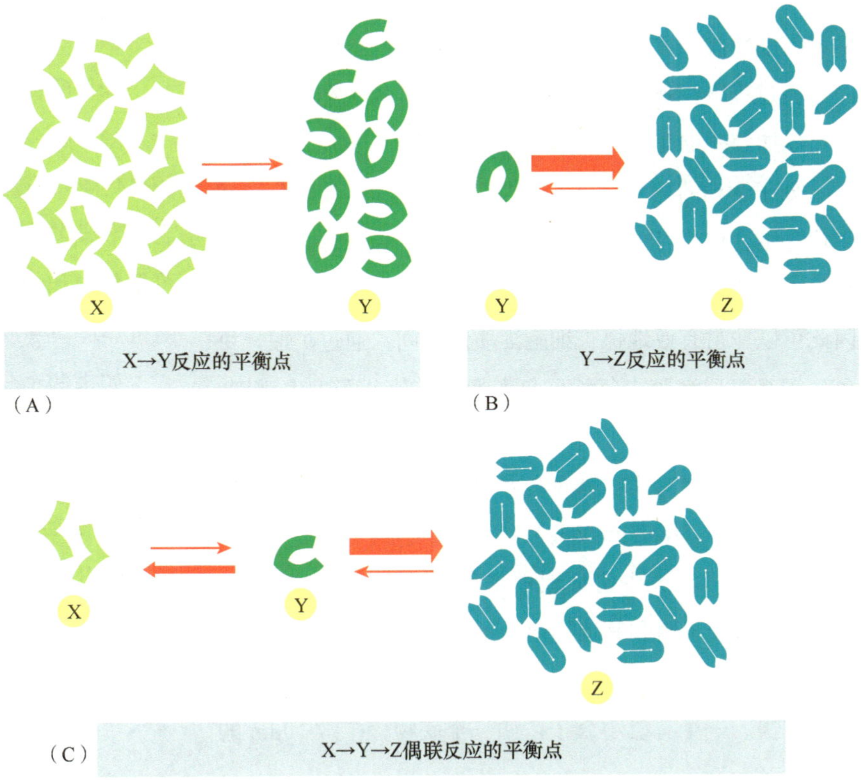

图 3-21　能量上不利的反应可以由能量上有利的后续反应作为“化学虹吸管”来驱动。(A) 平衡时，X 分子的数量是 Y 分子的两倍。(B) 平衡时，Z 分子是 Y 分子的 25 倍。(C) 如图所示，如果 (A) 和 (B) 反应偶联，几乎所有的 X 分子都将转化为 Z 分子。在能量学方面，Y → Z 反应的 $\Delta G°$ 负值如此之大，当与 X → Y 反应偶联时，它降低了 X → Y 的 ΔG。这是因为随着 Y 与 X 之比的下降，X → Y 的 ΔG 也随之减小（见图 3-18）。

图 3-22 **胞质溶胶中充满各式各样的分子。**图中显示的是仅按比例和不同颜色绘制的大分子。酶类和其他大分子相对缓慢地在胞质溶胶中扩散，其中部分原因是它们与其他许多大分子存在相互作用。相比之下，小分子几乎可以像在水中一样迅速扩散（见视频 1.2）。（引自 S.R. McGuffee and A.H. Elcock，*PLoS Comput. Biol.* 6(3)：e1000694，2010。）

图 3-23 **分子在胞质溶胶中以一种随机游动的方式穿行。**溶液中的分子由于与其他分子发生碰撞，不断地受到冲击，因此以随机的方式运动。这种运动使得小分子在整个胞质溶胶中迅速扩散（视频 3.2）。

一起，包括产生一些活化的载体，将能量从一个反应位置传递到另一个反应位置。这些情形我们将在稍后讨论。

酶催化反应依赖于快速的分子碰撞

到目前为止，我们所谈论的化学反应仿佛是孤立发生的。但胞质溶胶中密集堆积着各种形状和大小的分子（图 3-22）。那么，相对少量存在的酶及其底物在胞质溶胶中如何成功找到彼此呢？它们又是如何如此迅速地完成这一寻找过程呢？观察结果表明，一个典型的酶在每秒钟之内可以捕获并催化大约 1000 个底物分子。

分子运动的速度快得远超人们的想象，这使得分子间的快速结合成为可能。由于热能的存在，分子总是处于运动状态，这种随机移动的过程称为**扩散**（diffusion），分子因此可以非常有效地探查细胞溶质的空间。通过扩散，每个分子在胞质溶胶中每秒可与大量的其他分子发生碰撞。由于溶液中的这些分子相互碰撞和弹跳，一个分子可以先在一个方向、然后又在另一个方向上运动，它的轨迹构成一种随机走动（random walk）（图 3-23）。

尽管胞质溶胶中密集地堆积着各种形状和大小的分子，但将荧光染料和其他标记分子注入细胞溶胶后，观察到有机小分子的扩散通过这种液体凝胶的速度几乎与在水中一样快。一个有机小分子，如一个底物，扩散 10μm 的距离平均仅耗时约 1/5s。因此，扩散是小分子在细胞中移动有限距离的有效方式。

因为蛋白质在胞质溶胶中扩散要比小分子慢得多，所以酶遇到其底物的概率取决于底物的浓度。最丰富的底物在细胞中的浓度约为 0.5mmol/L。由于水在细胞中的浓度是 55mol/L，因此，细胞中大概每 10^5 个水分子，才会有一个这样的底物分子。尽管如此，一个酶分子上可与底物结合的位点每秒可以被该底物随机碰撞约 500 000 次！如果底物浓度低上 10 倍（0.05mmol/L），碰撞次数降至每秒 50 000 次，依此类推。这些令人难以置信的、不计其数的碰撞，在生命的化学反应中发挥着至关重要的作用。

非共价相互作用允许酶结合特定分子

任何酶促化学反应的第一步都是酶与底物结合。而且一旦结合发生，酶与底物的结合必须保持足够长的时间，使得化学反应能够发生。酶和底物的稳定结合是通过分子之间形成多个弱键来实现的。这些弱相互作用，包括氢键、范德华力和静电力（在第 2 章中讨论过），会持续保持到随机热运动导致分子再次解离为止。

如果两个分子发生碰撞，但它们表面的匹配性很差，那么二者形成的非共价键就会很少，它们的总能量与热运动能量相比可以忽略不计。在这种情况下，两个分子刚遇上便会很快解离（见图 2-35）。正如图 3-20 所显示，两个相互作用的分子之间形成的非共价键即使发生数量微小的变化，也会对它们形成复合物的能力产生显著影响。非共价键形成的数量少，可以防止不匹配的两个分子如酶和错误底物之间形成错误的结合。只有当酶和底物匹配得很好

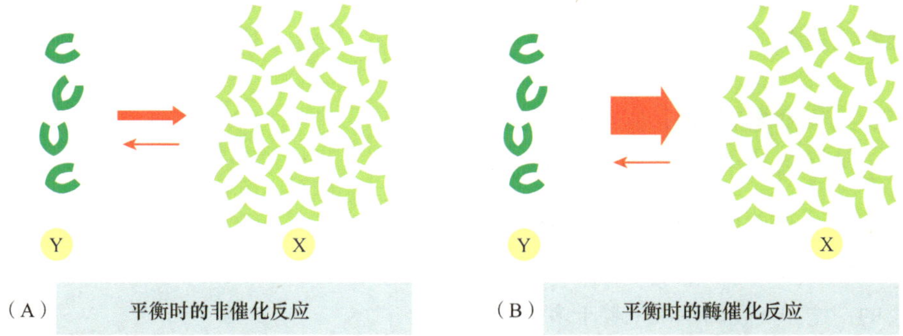

图 3-24　**酶不能改变反应的平衡点。**与所有催化剂一样，酶可以将反应的正向和逆向速率同样提高。因此，如图所示的非催化的（A）反应和催化的（B）反应，当 X 分子与 Y 分子的比例为 7∶1 时，进行 Y → X 转换的分子数等于进行 X → Y 转换的分子数。换句话说，虽然催化反应会更快地达到平衡，但催化反应和未催化反应最终都会达到相同的平衡点。

时，它们才会形成许多弱相互作用，将它们足够长时间地维系在一起，以便在底物分子上形成或破坏共价键，将底物转化为产物。

酶是非常有效的催化剂，可以在几毫秒内捕获底物，释放产物。但是，尽管酶可以降低 Y → X 反应的活化能（见图 3-12），值得注意的是，酶也可以同样程度降低逆向反应 X → Y 的活化能。因为无论反应是正向还是逆向，与酶之间都会形成相同的非共价键。因此，正反应和逆反应同样会被酶的因素加速，并且反应的平衡点（ΔG°）保持不变（图 3-24）。

活化载体和生物合成

能量上有利的反应，如食物分子的氧化，释放的大部分能量必须暂时储存起来，然后才能被细胞用于促进能量上不利的反应，如细胞所需的其他分子的合成。在大多数情况下，能量以化学键能的形式存储在一组称为**活化载体**（activated carrier）的有机小分子中。这些分子含有一个或多个富含能量的共价键，可以迅速扩散并将能量从其产生的位置传递到其他位置，用于**生物合成**（biosynthesis），或者用于细胞必须执行的其他许多耗能活动（图 3-25）。从某种意义上说，细胞使用活化载体的方式如同使用货币，以“支付”那些能量上不利的反应，没有这些货币，反应就不会发生。

活化载体以一种易于交换的形式存储能量，这种形式可以是一种易于转移的化学基团，也可以是易于转移的（“高能”）电子。在生物合成反应过程中，活化载体可以同时提供能量和化学基团，从而发挥双重的作用。最重要的活化载体是 ATP，以及两种密切相关的分子 NADH 和 NADPH。我们稍后将对此展开讨论。

为了解细胞如何将锁在食物分子中的能量转化为细胞可以利用的形式，世界上最优秀的化学家们付出了大量的努力（参见“我们是怎样知道的”栏目）。他们在 20 世纪上半叶的一系列发现揭开了生物化学研究的序幕。

活化载体的形成与能量上有利的反应相偶联

当一个燃料分子如葡萄糖在细胞内被氧化时，酶催化反应确保了释放出来的大部分自由能，都能以化学上可被利用的形式捕获，而不是作为热量释放所浪费。当你的细胞氧化巧克力棒中的糖分时，产生的能量可以驱动代谢反应；而在大街上燃烧相同的巧克力棒，产生的能量则对你毫无用处，不会产生对代谢有用的能量，仅仅是让环境变热而已。

在细胞中，能量获取是通过特殊形式的**偶联反应**（coupled reaction）来实现的，在此过程中，一个能量上有

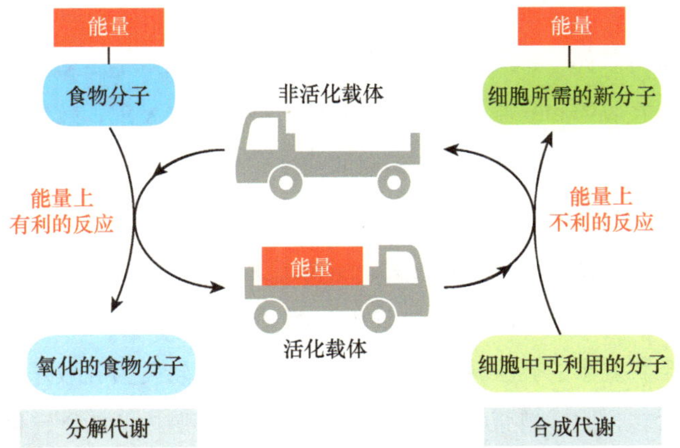

图 3-25　**活化载体可以存储和传输供细胞使用的能量。**活化载体以中间人的形式在细胞内进行能量穿梭，将食物分子分解（分解代谢）时的能量释放和大小有机分子生物合成（合成代谢）时的能量所需联系在一起。

“高能”磷酸键驱动细胞的各种进程

细胞在获得生存、生长和繁殖所需材料的同时，也需要连续的能量流来产生并维持有序性。对动物细胞而言，能量源于营养物质的分解。但即使到 1921 年，人们依然不了解细胞中的能量是如何进行生物化学转化、储存和释放，以被细胞所利用的。这一问题的解决依赖于多位生物化学家的努力，他们中有许多都曾与细胞代谢领域的先驱奥托·梅耶霍夫（Otto Meyerhof）合作过。

肌肉的参与

梅耶霍夫在德国海德堡接受过内科医生培训，对生理化学有浓厚的兴趣；他尤其想了解在细胞的化学反应过程中，能量是如何转化的。他意识到，从最初的食物形式的能量，到最终作为热量耗散，这中间必定经过了一系列的化学步骤，产生出大量有用的能量，使细胞或生物体维持自身的动态平衡。

为了探索这些未知的化学转化过程如何为细胞的生命活动供能，梅耶霍夫将研究精力集中到了肌肉上。肌肉组织可以从动物（如青蛙）中分离，并用电流刺激其收缩，肌肉收缩可直观地证明能量转换为可利用的机械能。

在梅耶霍夫刚开始研究时，科学家们对肌肉收缩的化学原理的了解仅限于在活跃的肌肉组织中的一个酵解过程产生了乳酸。梅耶霍夫做的第一件事，就是证明了这种乳酸来自于糖原的分解。糖原是由葡萄糖单元聚合而成的分支多糖，作为能量的储存形式，储存于动物细胞尤其是肌肉细胞中（参见图版 2-4）。

在梅耶霍夫专注于研究化学原理时，英国生理学家阿奇博尔德·希尔（Archibald “A.V.” Hill）确定了运动的肌肉在收缩和复原时都会散发热量；他进一步发现，散发出的热量高低取决于肌肉运动的强度。

希尔和梅耶霍夫随后证明，肌肉松弛过程中产生的热量与糖原的再合成有关。肌肉产生的一部分乳酸被完全氧化成 CO_2 和 H_2O，该氧化分解过程所释放的能量被用于将剩余的乳酸转化回到糖原。这种糖原转化为乳酸并再次转化回到糖原的发现，第一次证实了细胞内的能量转化循环（图 3-26）。梅耶霍夫和希尔为此获得了 1922 年的诺贝尔奖。

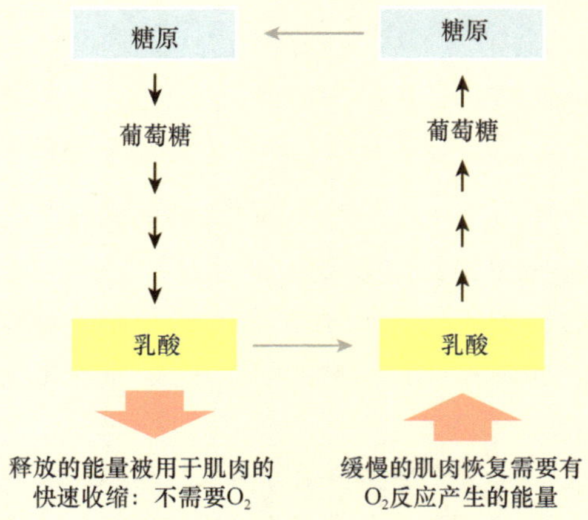

图 3-26 “乳酸循环”曾被认为提供了肌肉收缩所需的能量。 分离的青蛙肌肉在受到刺激时收缩，同时保持恒定的长度（等长收缩）。如图所示，收缩伴随着糖原的分解和乳酸的形成。以这种氧化分解释放的能量通过某种方式驱动了肌肉收缩。当肌肉恢复时，乳酸再转化为糖原。

书信往来

但是，是否糖原转化为乳酸直接驱动了肌肉收缩的机械运动呢？梅耶霍夫曾认为答案是肯定的。到了 1927 年，他收到了丹麦生理学家埃纳·伦德斯嘉德（Einar Lundsgaard）的一封来信。伦德斯嘉德在信中向梅耶霍夫描述了他在离体的肌肉、活的兔子和青蛙身上所进行的一些实验的惊人结果。伦德斯嘉德给肌肉注射了碘乙酸盐，这种化合物可抑制参与糖原分解的某个酶（我们将在第 13 章中进行讨论）。在这些碘乙酸盐处理的肌肉中，酵解过程被阻断，乳酸不能再产生。

伦德斯嘉德发现，这些被抑制处理的肌肉可以继续收缩。在梅耶霍夫实验室工作的生物化学家弗里茨·利普曼（Fritz Lipmann）写到，确实如此，动物在被注射该化合物后，一开始“表现得十分正常”；但几分钟后，它们突然肌肉僵直并翻倒在地。

但是，如果不是乳酸的形成为肌肉收缩提供燃料，那是什么呢？伦德斯嘉德随后表示，被碘乙酸抑制后，肌肉收缩的能量似乎来源于一种刚刚发现的、称为磷酸肌酸的分子。当碘乙酸盐阻断乳酸形成时，肌肉收缩伴随着磷酸肌酸的水解。当磷酸肌酸的供应耗尽时，肌肉就会永久失灵。

利普曼写道："这条新闻在梅耶霍夫的实验室里引起的混乱在今天是难以想象的。"这一发现与梅耶霍夫的"乳酸形成促使肌肉收缩"的理论相矛盾。它不仅指向另一种替代分子，而且提出一种全新的想法：某些磷酸键在水解时可以提供能量。"伦德斯嘉德发现磷酸键的能量可以驱动肌肉运动；他敏锐地意识到，相较于乳酸，这种类型的能量更'接近于'将代谢能转化为机械能。"利普曼写到。

但是，与其选择沮丧，梅耶霍夫更愿选择欢迎伦德斯嘉德前往他在海德堡的实验室，梅耶霍夫在那里正担任着威廉大帝生理学研究所的所长。在梅耶霍夫的实验室，伦德斯嘉德进行了十分精细的测量，结果表明磷酸肌酸的分解及其产生的热量与整个肌肉产生的张力密切相关。

从这些观察中可以得出的最直接的结论是，磷酸肌酸的水解提供了驱动肌肉收缩的能量。但在1930年他发表的一篇论文中，伦德斯嘉德谨慎地表述了另一种可能性：在正常肌肉中，乳酸生成和磷酸肌酸水解二者将能量转移到第三个尚待鉴定的系统。这就是ATP登场的地方。

高能磷酸键（～P）

在伦德斯嘉德发表这些令人大开眼界的观察结果之前，梅耶霍夫就已经对各种代谢化合物，尤其是那些带有磷酸基团的化合物中含有的能量产生了兴趣。他认为可以通过寻找那些天然存在的、在水解时释放出异常多热量的分子，鉴定出代谢能量来源。磷酸肌酸就是这些化合物之一，另一个是ATP。ATP是1929年梅耶霍夫的助手化学家卡尔·罗曼（Karl Lohmann），以及在美国的生物化学家赛勒斯·菲斯克（Cyrus Fiske）和耶拉普拉加达·萨伯罗（Yellapragada Subbarow）同时发现的。

到1935年，罗曼已经证明了磷酸肌酸的水解是通过将其磷酸基团转移到ADP上形成ATP而发生的。ATP的水解是肌肉收缩的直接能量来源；磷酸肌酸提供一个库存的"高能"磷酸基团，补充消耗的ATP，维持所需的ATP/ADP比例（图3-27）。

1941年，利普曼在首期《酶学前沿》(*Advances in Enzymology*）杂志上发表了长达63页的综述，题目为"磷酸键能的代谢产生和利用"。该文章引入符号～P（或"波浪号P"）来表示富含能量的磷酸键，其水解产生的能量足以驱动能量上不利的反应和生物学过程（图3-28）。

虽然有多种分子含有这种高能磷酸键（参见图版3-1），但确实是ATP的水解为生命系统中大多数需要能量的反应提供了驱动力，包括肌肉的收缩、物质的跨膜运输，以及蛋白质、核酸和碳水化合物等大分子的合成。确实，1951年梅耶霍夫去世时，利普曼在一篇纪念悼文里写道："ATP的发现是一把钥匙，打开了理解代谢能量转换机制的大门"。利普曼本人在不久后也因其在另一个活化载体上的工作而获得了诺贝尔奖。

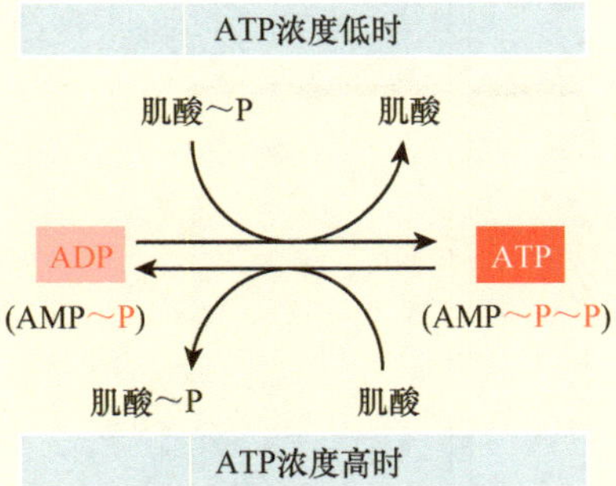

图3-27　磷酸肌酸作为储存能量的中间物。当ATP浓度低时，一种称为肌酸激酶的酶将磷酸基团从磷酸肌酸转移到ADP；当ATP浓度高时，相同的酶可催化逆向反应，以增加磷酸肌酸库存。这里，"高能"磷酸键由～P表示。AMP是腺苷一磷酸（见图3-41）。

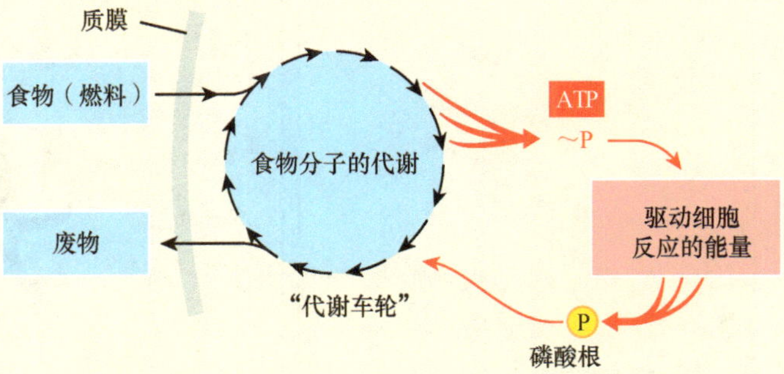

图3-28　高能磷酸键产生能量流（红色），为细胞反应提供动力。本图改自利普曼1941年在《酶学前沿》上发表的文章，展示了食物分子代谢所释放的能量（以"代谢车轮"表示）如何以ATP高能磷酸键的形式（～P）被捕获，并用于驱动细胞中所有其他的反应。如图所示，在高能键水解后，释放的无机磷酸进入再循环并被重新利用。

利的反应被用于驱动能量上不利的反应，从而产生活化载体，或其他一些有用的分子。这种偶联需要酶的催化，是细胞中所有能量转换的基础。

为了通俗易懂地表示偶联反应如何工作，让我们做一个机械比喻，其中悬崖上坠落的岩石代表了能量上有利的化学反应。当岩石撞击地面时，落石的动能通常会转化为摩擦产生的热量而被完全浪费掉（图 3-29A）。然而，通过精心设计，部分能量可用于驱动轮叶，提升水桶（图 3-29B）。由于岩石只有在轮叶转动之后才能到达地面，所以我们说能量上有利的反应（岩石坠落）直接偶联了能量上不利的反应（提升水桶）。因为在（B）中的部分能量用于做功，所以岩石会以小于（A）中的速度撞击地面，以热量的形式浪费掉的能量也就相应较少，而储存在高处水桶中的能量可以再用于做有用功（图 3-29C）。

类似的过程发生在细胞中，其中酶起到图 3-29B 中桨轮的作用。通过我们将要在第 13 章中讨论的一些机制，酶将能量上有利的反应（如食物分子的氧化）与能量上不利的反应（如活化载体的产生）相偶联。其结果是氧化反应释放的热量减少，该减少量恰好是存储在活化载体的高能共价键中的能量。这样，省下来的能量可用于驱动细胞中其他部位的化学反应。

ATP 是最广泛使用的活化载体

ATP（adenosine 5′-triphosphate，腺苷-5′-三磷酸）是细胞中最重要且最通用的活化载体。如同图 3-29B 中储存在水桶中的能量可以驱动各种水力机械一样，ATP 可作为货币一样方便而且通用的能量存储，用于驱动细胞中的各种化学反应。如图 3-30 所示，ATP 由能量上不利的磷酸化（phosphorylation）反应合成，在此反应中，一个磷酸基团添加到了 **ADP**（腺苷-5′-二磷酸）上面。当需要时，ATP 通过能量上有利的水解反应分解为 ADP 和无机磷酸根（P_i），并释放出这个能量包。然后，生成的 ADP 可再用于另一轮的磷酸化反应而生成 ATP，由此细胞中形成了 ATP 的循环。

从 ADP 和 P_i 形成 ATP 是水解反应的逆向反应；因为这种缩合反应在能量上是不利的，所以它必须与能量上高度有利的反应相偶联才能发生。

ATP 水解反应的高负 $\Delta G°$ 源自许多因素。末端磷酸基团的释放消除了相邻负电荷之间的排斥；此外，释放的无机磷酸根离子（P_i）也倾向于与水形成氢键而得以稳定。

能量上有利的 ATP 水解反应与许多其他能量上不利的反应相偶联，从而合成其他一些分子。我们将在本章中遇到几个这样的反应，从中可看出这种偶联是如何进行的。ATP 水解通常伴随着 ATP 末端的磷酸基团转移到另一个分子上，如图 3-31 所示。任何涉及将磷酸基团转移至一个分子的反应都称为磷酸化（phosphorylation）反应。磷酸化反应是缩合反应的一种（见图 2-19），存在于许多重要的细胞生命过程中，如激活底物以进行后续反应、介导运动，以及介导细胞内信号通路（在第 16 章讨论）。

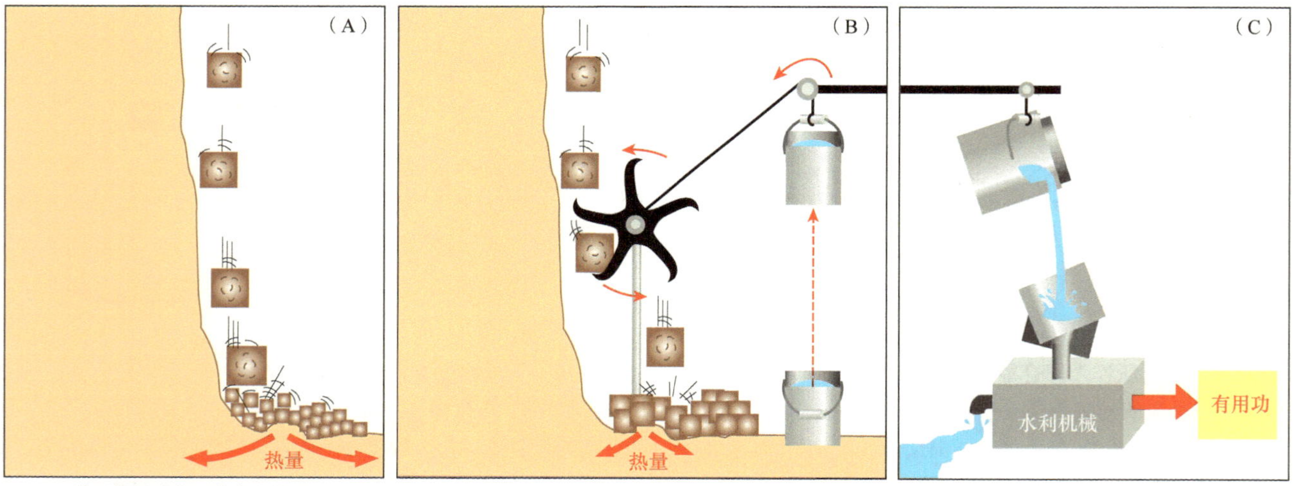

下落石块的动能只转变为热量　部分动能用于提升一桶水，相对较少量的动能转化为热量　水被提升后，储存于其中的潜在动能可用于驱动水力机械执行各种有用功

图 3-29　一个解释偶联化学反应原理的机械模型。（A）所示的自发反应可以作为葡萄糖直接氧化成 CO_2 和 H_2O 的类比，它只产生热量。（B）同样的一个自发反应与另一个反应偶联，可以类比为活化载体的合成。（C）在（B）中产生的能量比在（A）中产生的能量更有用，它可以用于驱动各种能量上不利的反应。

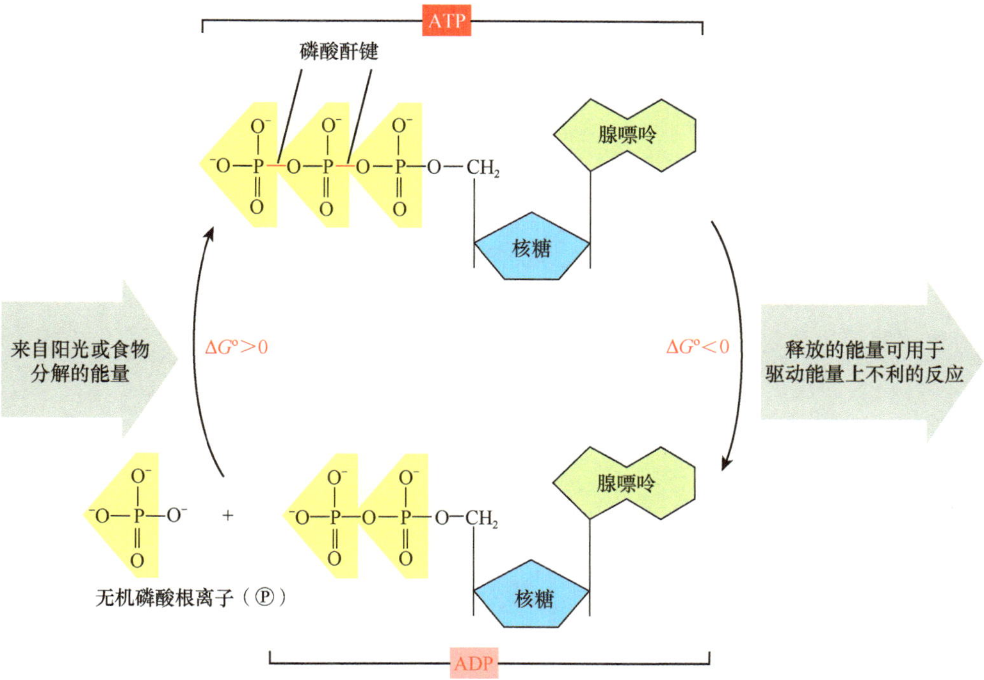

图 3-30　ATP 和 ADP 在一个循环中相互转换。ATP 中最外侧的两个磷酸基团通过“高能”磷酸酐键与分子的其余部分结合，并且易于转移到其他有机分子中。在细胞内，ATP 末端的磷酸基团水解（即水加入 ATP 末端形成 ADP 和无机磷酸根 P_i），可产生 46 ~ 54kJ/mol 的可用能量。（虽然该反应的 ΔG° 为 –30.5kJ/mol，因为 ATP 与其产物 ADP 和 P_i 的比例非常高，它在细胞内的 ΔG 更低。）

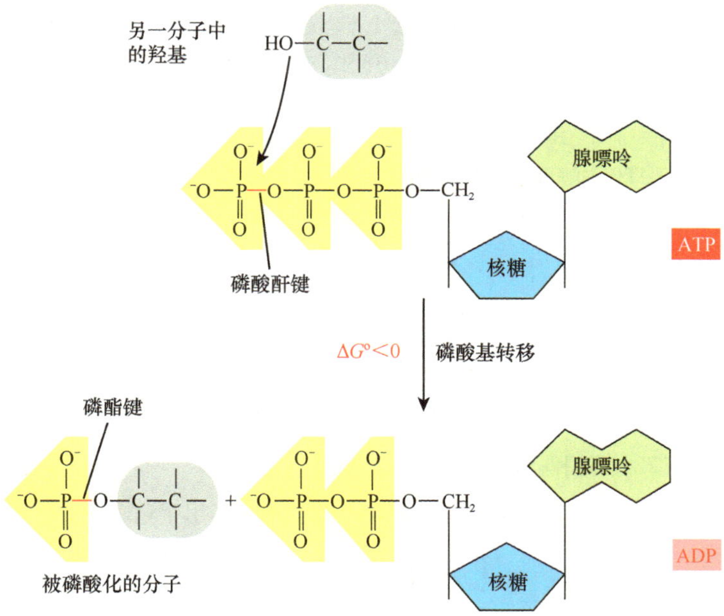

图 3-31　ATP 末端的磷酸基团可以很容易地转移到其他分子上。因为 ATP 中富含能量的磷酸酐键在接受磷酸基团的分子上会转化为能量较低的磷酯键，所以该反应在能量上是有利的，并具有很大的负 ΔG° 值（参见图版 3-1）。这种类型的磷酸化反应涉及磷脂的合成和糖的分解反应的几个初始步骤，以及细胞内其他很多代谢和信号转导途径。

ATP 是细胞中最丰富的活化载体。举两个重要的例子：ATP 为许多分子泵提供能量，将物质主动输入或输出细胞（将在第 12 章中讨论）；为分子马达提供能量，驱动肌肉细胞收缩和驱动神经细胞中的物质沿着长长的轴突进行运输（将在第 17 章中讨论）。然而，为什么演化会选择这种特定的核苷三磷酸作为主要的能量载体，至今仍然是一个谜。GTP 虽然在化学结构上与 ATP 相似，但它在细胞中参与其他不同的功能，详情我们将在后面的章节中进行讨论。

存储在 ATP 中的能量常用于连接两个分子

生物合成中一个常见的反应类型是，A 和 B 两个分子通过能量上不利的缩合反应形成共价键连接在一起，产生 A—B：

$$\text{A—OH} + \text{B—H} \rightarrow \text{A—B} + H_2O$$

ATP 水解能够间接地与该反应偶联在一起，使该反应能够进行。在这种情况下，来自 ATP 水解的能量首先用于将 A—OH 转化为能量更高的中间体化合物，然后该化合物直接与 B—H 反应得到 A—B。这种最简单的机制涉

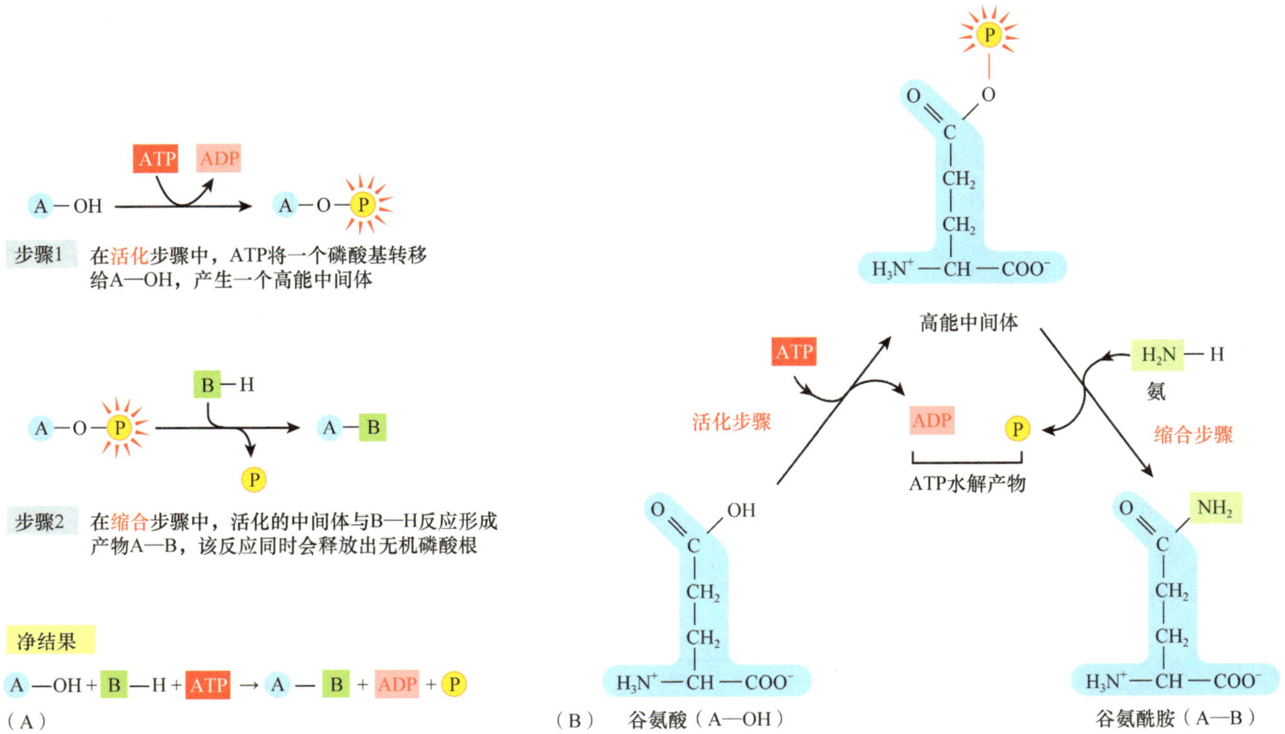

图 3-32　ATP 水解可以驱动能量上不利的生物合成反应。（A）文中所描述的缩合反应示意图。在这组反应中，首先由 ATP 为 A—OH 提供磷酸基团，以形成高能中间体 A—O—PO_3，该中间体再与另一个底物 B—H 反应形成产物 A—B。（B）显示谷氨酸转化成谷氨酰胺的生物合成反应。对应于（A）图中 A—OH 转化为 A—O—PO_3，谷氨酸首先被转化为高能磷酸化中间体，该中间体再与相对应于 B—H 的氨进行反应，形成谷氨酰胺。在该例子中，两个步骤都发生在同一个酶即谷氨酰胺合成酶（未显示）的表面上。ATP 水解可以驱动这种能量上不利的反应，因为它产生的有利自由能变化（$\Delta G^\circ = -30.5$kJ/mol）在数量上大于从谷氨酸和 NH_3 合成谷氨酰胺所需的自由能变化（$\Delta G^\circ = +14.2$kJ/mol）。为了清楚表述，上图中谷氨酸侧链以其不带电荷的形式显示。

及将磷酸基团从 ATP 转移到 A—OH 而形成 A—O—PO_3，在这种情况下，反应途径仅包含两个步骤（图 3-32A）。原本在能量上不利的缩合反应，通过一条酶催化反应途径与 ATP 水解相偶联，从而被迫发生了。

如图 3-32B 所示，谷氨酰胺的产生正是利用了这种类型的生物合成反应。在本章的后面部分我们将看到，细胞中几乎所有大分子的产生也是通过与此非常相似但更复杂的机制产生的。

NADH 和 NADPH 二者都是电子活化载体

其他一些重要的活化载体也参与氧化还原反应，它们是细胞偶联反应中常见的参与者。这些活化载体被特化为高能电子和氢原子携带者。在这些电子载体（electron carrier）中，**NADH**（烟酰胺腺嘌呤二核苷酸）以及与之密切相关的 **NADPH**（烟酰胺腺嘌呤二核苷酸磷酸）是最为重要的。NADH 和 NADPH 都以两个高能电子和一个质子（H^+）的形式携带能量，这些电子和质子一起形成氢负离子（H^-）。当这些活化的载体将它们的氢负离子传递给一个供体分子时，它们分别被氧化，形成 **NAD$^+$** 和 **NADP$^+$**。

与 ATP 一样，NADPH 是一种活化载体，参与许多重要的、原本在能量上不利的生物合成反应。NADPH 大概的生成流程如图 3-33 所示，在一组特殊的产能分解代谢反应中，氢负离子从底物分子中移除，加入到 NADP$^+$ 的烟酰胺环中，形成 NADPH。这是一个典型的氧化还原反

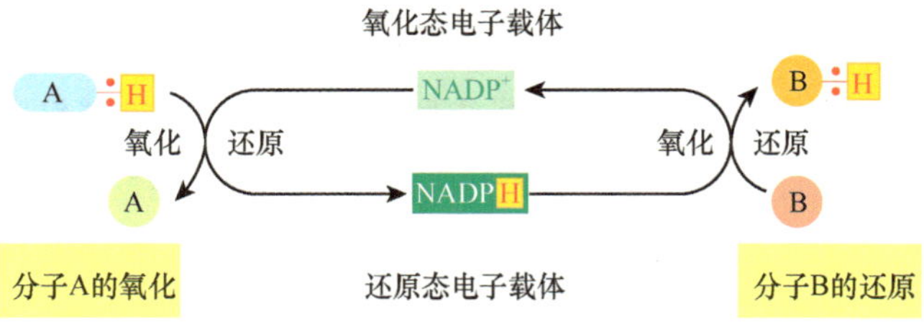

图 3-33　NADPH 是一种电子活化载体，参与氧化还原反应。图的左侧显示产生 NADPH 的一般反应，其中两个电子从底物（A—H）中脱离，而载体分子的氧化形式（NADP$^+$）接受作为氢原子的这两个电子，外加一个电子（一个氢负离子）。由于 NADPH 以高能键形式连接氢负离子，该离子因此很容易转移到其他分子（如右图中的 B）上。在该反应中，NADPH 被再次氧化，产生 NADP$^+$，从而完成该循环。

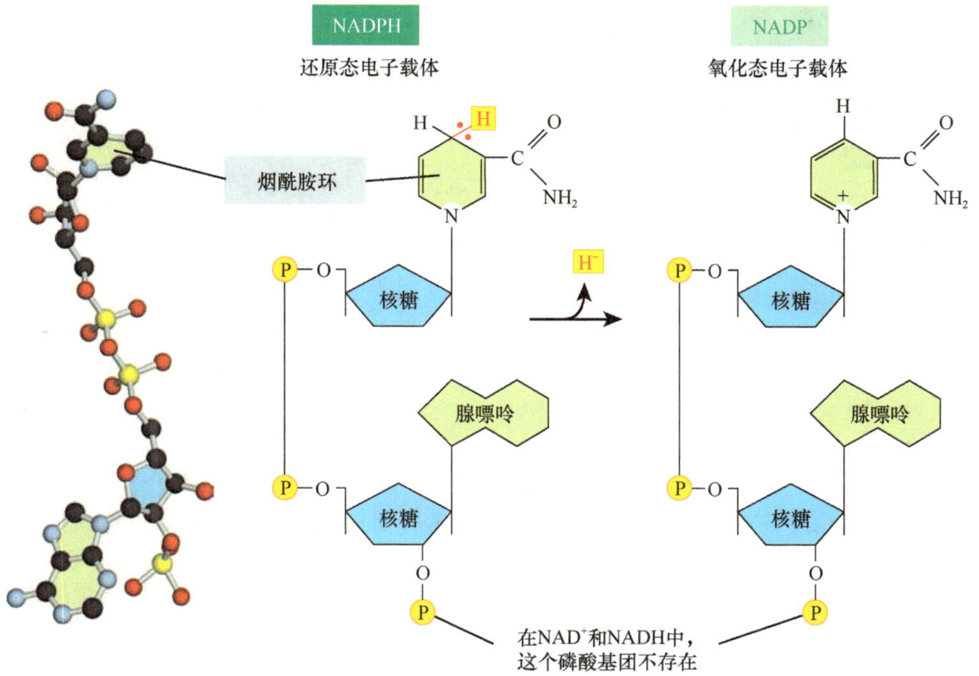

图 3-34　NADPH 通过其烟酰胺环接受和提供电子。NADPH 将它的高能电子和一个质子（相当于氢负离子，H^-）一起贡献出来。这个反应将 NADPH 氧化成 $NADP^+$，在能量上是有利的，因为烟酰胺环在没有这些电子时更趋于稳定。左侧的球棍模型显示 $NADP^+$ 的结构。NAD^+ 和 NADH 的结构分别与 $NADP^+$ 和 NADPH 相同，只是就像图中所显示的缺少磷酸基团。

应，底物由此被氧化，而 $NADP^+$ 被还原。

NADPH 携带的氢负离子在之后的氧化还原反应中很容易被释放出来，因为烟酰胺环在没有该离子时更趋于获得稳定的电子排列结构（图 3-34）。在再生成 $NADP^+$ 的后续反应中，NADPH 被氧化，底物同时被还原，从而完成 NADPH 循环（参见图 3-33）。NADPH 能有效地将氢负离子提供给其他分子的原因，和 ATP 容易转移磷酸基团的原因一样：二者中的离子转移都伴随着一个很大的负 ΔG。图 3-35 列举了一个在生物合成中使用 NADPH 的例子。

NADPH 和 NADH 在细胞中发挥不同的作用

NADPH 和 NADH 结构上差了一个磷酸基团，这个磷酸基团远离 NADPH 中涉及电子转移的区域（参见图 3-34）。尽管这个磷酸基团对 NADPH 和 NADH 的电子转移性质没有影响，但它对于两种载体各自发挥独特的作用至关重要，因为它使NADPH与NADH的形状略有不同。这种构象上微妙的差异使得两种载体可以作为底物结合到不同组的酶上，从而将氢负离子形式的电子运送到不同的靶分子。

为什么要进行这种分工呢？答案在于细胞需要独立地调控两组电子的转移反应。NADPH 主要与催化合成代谢反应的酶一起发挥功能，为富能生物分子的合成提供所需的高能电子。相比之下，NADH 在食物分子氧化产生 ATP 的分解代谢系统中作为一个中间体，起到了特殊的作用，详情我们将在第 13 章中讨论。从 NAD^+ 生成 NADH 和从 $NADP^+$ 生成 NADPH 两个通路是分别独立调控的，由此细胞可以调整对这两个目的截然不同的电子的供应。在细

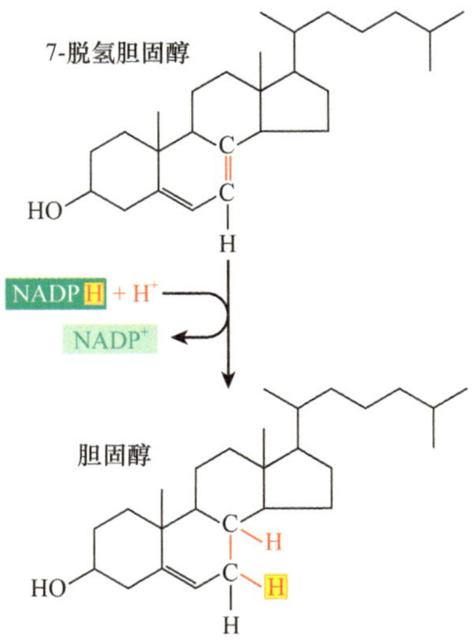

图 3-35　NADPH 参与了生物合成途径中的一条胆固醇途径的最后一步。和其他许多生物合成反应一样，上图所示的 C═C 键还原途径也是通过从活化载体 NADPH 一个氢负离子和一个来自溶液的质子（H^+）的转移实现的。

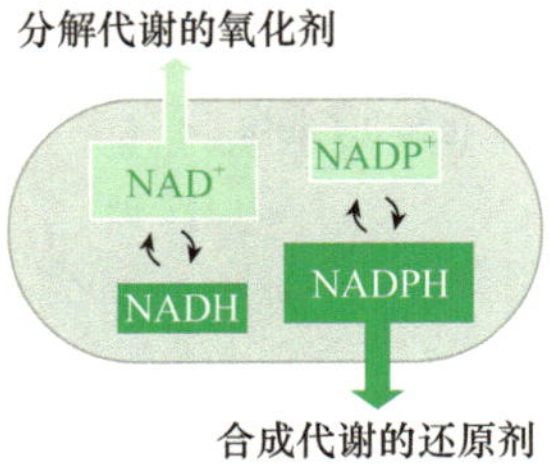

图 3-36 NADPH 和 NADH 在细胞中具有不同的作用，这些载体分子的相对浓度影响它们对电子的亲和力。 还原态 NADPH 一直保持在比其氧化态 $NADP^+$ 对应物更高的浓度，使 NADPH 成为一个更强的电子供体。这种安排确保 NADPH 可以作为合成代谢反应的还原剂。NADH 的情况正好相反。细胞保持还原态 NADH 的浓度低于 NAD^+，这使得 NAD^+ 成为更好的电子受体。因此，NAD^+ 更为有效地起到了氧化剂的作用，接受食物分子氧化分解过程中产生的电子。

胞内，NAD^+ 对 NADH 的比例保持在高水平，而 $NADP^+$ 对 NADPH 的比例保持在低水平。这种安排使得有大量的 NAD^+ 作为氧化剂、大量的 NADPH 作为还原剂，由此分别满足它们在分解代谢和合成代谢中的特殊作用需求（图 3-36）。

细胞也利用许多其他活化载体

除了 ATP（转移磷酸基团）、NADPH 和 NADH（转移电子和氢）之外，细胞也利用其他活化载体，这些活化载体也能以高能且易于转移的化学键形式选择并携带化学基团。$FADH_2$ 与 NADH 和 NADPH 一样也携带氢和高能电子（见图 13-13B）；此外还有其他的重要反应，包括从活化载体转移乙酰基、甲基、羧基及葡萄糖基团，进行生物合成（表 3-2）。例如，辅酶 A 携带一个易于转移的乙酰基团。如图 3-37 所示，这种活化载体称为**乙酰辅酶 A**（acetyl CoA，acetyl coenzyme A）。例如，在生物合成脂肪酸烃尾时，乙酰辅酶 A 可用于依次加入双碳单元。

表 3-2 一些在代谢中广泛使用的活化载体

活化载体	高能键所携带的基团
ATP	磷酸基团
NADH、NADPH、$FADH_2$	电子和氢
乙酰辅酶 A	乙酰基
羧基生物素	羧基
S-腺苷甲硫氨酸	甲基
尿苷二磷酸葡萄糖	葡萄糖

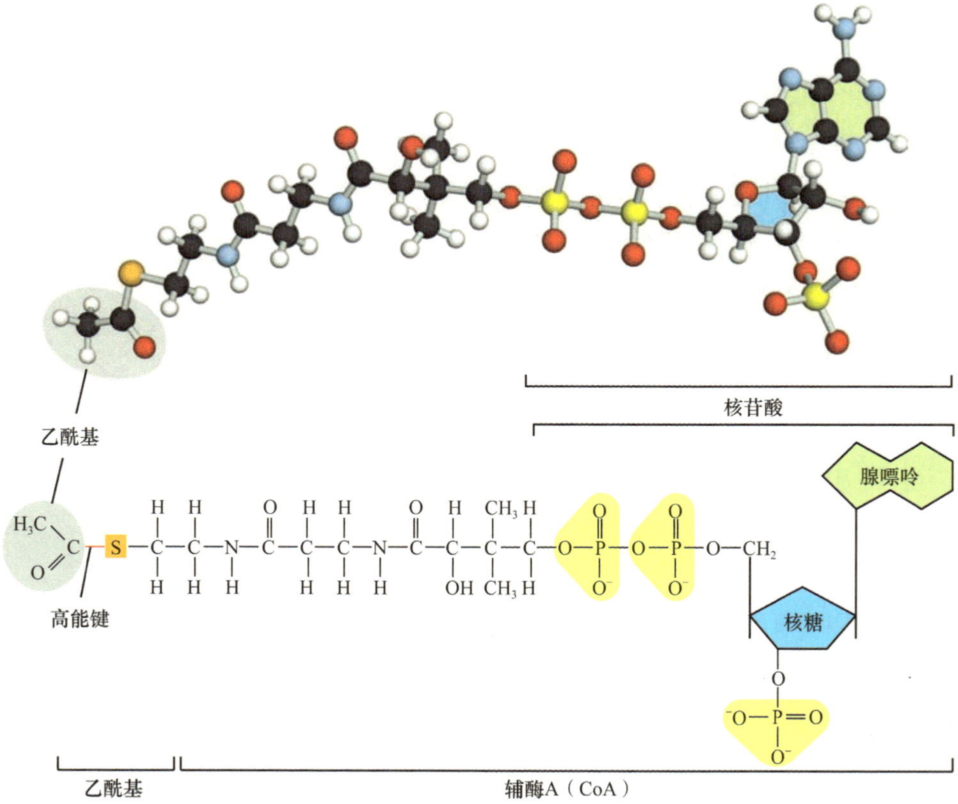

图 3-37 乙酰辅酶 A（acetyl CoA）是另一种重要的活化载体。 在乙酰辅酶 A 结构图的上方是一个球棍模型。硫原子（橙色）与乙酸酯形成硫酯键。由于硫酯键是一种高能键，当它被水解时会释放出大量的自由能。因此，CoA 携带的乙酰基可以容易地转移到其他分子上。

在乙酰 CoA 和表 3-2 里的其他活化载体中，可转移的基团仅构成分子的一小部分。其余的是一个大的有机部分，可作为便捷的“手柄”，促进载体分子被特定的酶所识别。与乙酰 CoA 一样，该手柄部分通常含有一个核苷酸。这个奇妙的现象可能是细胞演化早期的遗迹。通常认为，地球上早期生命形式中主要的催化剂是RNA分子（或它们的近亲），蛋白质只是后期演化时加进来的。因此可以推测，我们今天发现的许多活化载体很有可能起源于早期的 RNA 世界，它们的核苷酸部分对于这些载体与基于 RNA 的催化剂（或称为核酶，ribozyme）的结合是有用的，详情将在第 7 章中讨论。

活化载体通常在与 ATP 水解偶联的反应中产生，如图 3-38 中所示的生物素。因此，促使这些基团参与生物合成的能量最终来自于产生 ATP 的分解代谢反应。同样的原理适用于大分子即核酸、蛋白质和多糖的合成，这些将在后文讨论。

生物聚合物的合成需要能量输入

细胞的大分子占据了除去水分后的细胞干重的绝大部分。这些分子由亚单位（subunit，或称单体 monomer）通过酶催化缩合（condensation）反应形成的键连接而成。缩合反应的逆向反应，即聚合物的分解，则是通过酶催化下的水解（hydrolysis）反应实现。这些水解反应在能量上是有利的，而与其相对应的生物合成反应则需要输入能量，并且过程更加复杂（图 3-39）。

核酸（DNA 和 RNA）、蛋白质和多糖都是聚合物，通过在生长链的末端重复添加亚单位而产生。图 3-40 概述了每种大分子的合成方式。正如之前所提到的那样，每个缩合步骤都依赖于核苷三磷酸水解所提供的能量。然而，除核酸外，其他分子的最终产物中并没有磷酸基团。那么，ATP 水解的能量是如何促进这些聚合物合成的呢？

每种类型的大分子都是在酶的催化下产生的，类似

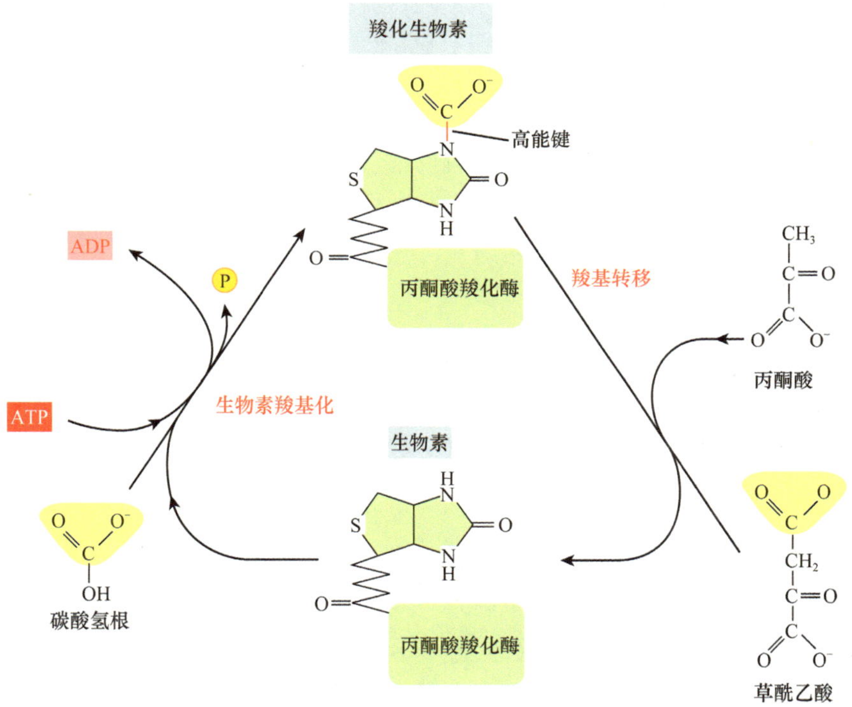

图 3-38　生物素将一个羧基转移到底物上。生物素是一种维生素，可被一些酶用于将羧基转移到底物上。这里显示的反应是由丙酮酸羧化酶（pyruvate carboxylase）携带的生物素从碳酸氢盐接受一个羧基，并将其转移给丙酮酸，从而产生草酰乙酸。草酰乙酸是柠檬酸循环中所需要的一种分子，将在第 13 章中讨论。别的酶使用生物素将羧基转移到其他分子上。值得注意的是，羧化生物素的合成需要来自 ATP 水解的能量，这是许多活化载体的一个普遍特征。

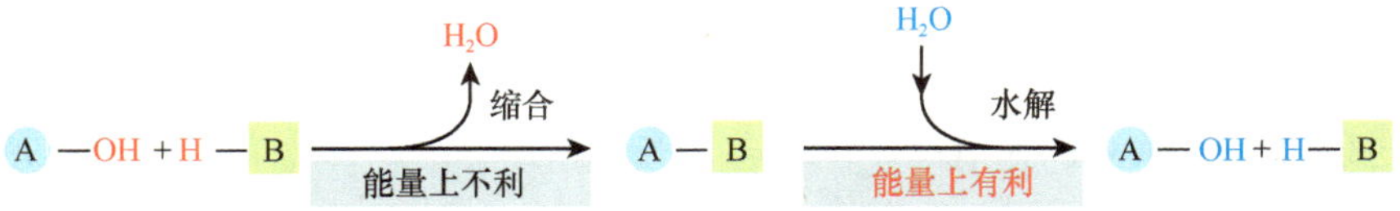

图 3-39　细胞中的大分子通过缩合反应而合成，通过水解反应而分解。缩合反应都是能量上不利的反应，而水解反应都是能量上有利的反应。

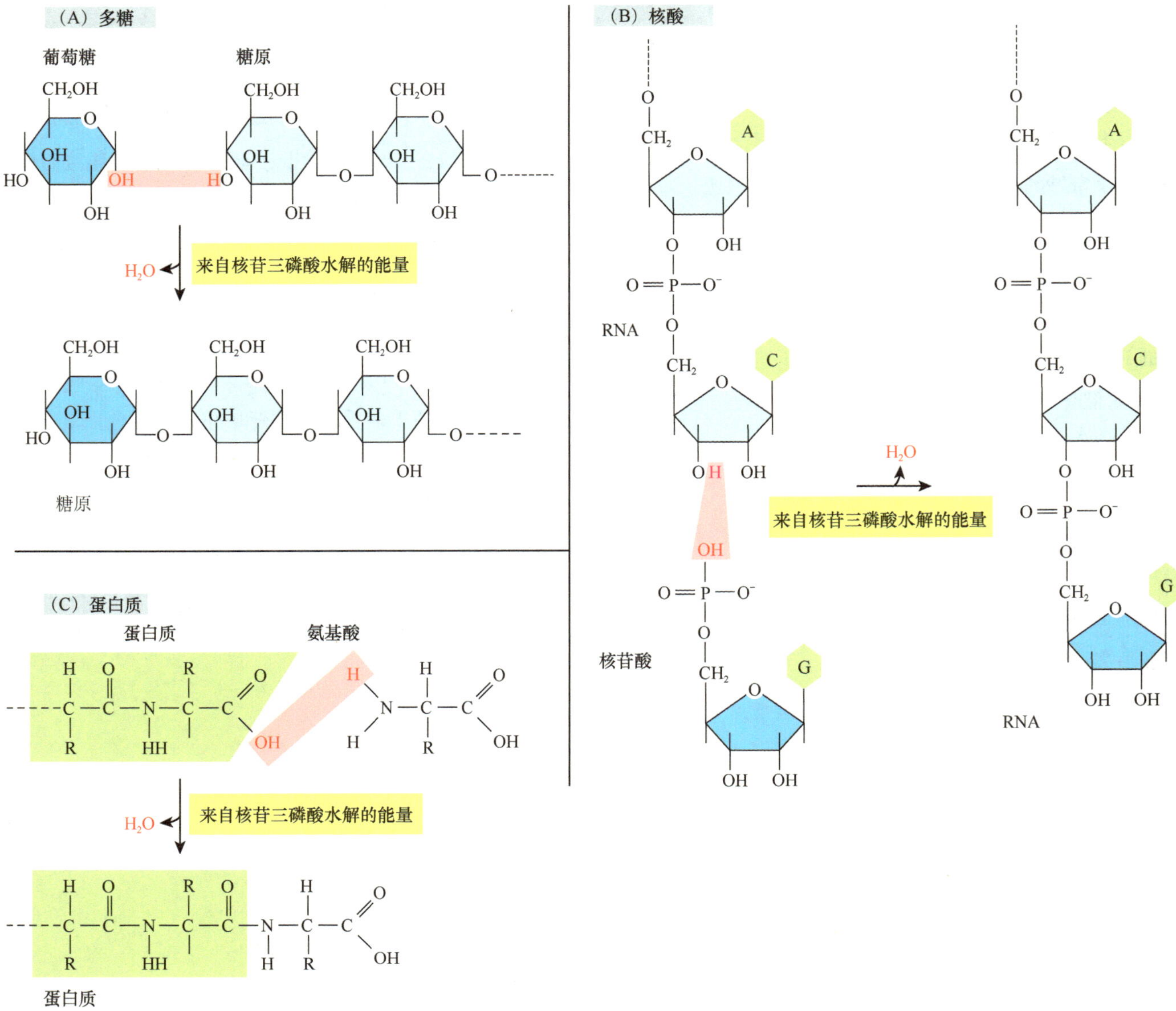

图 3-40 大分子合成需要输入能量。这里显示了多糖（A）、核酸（B）和蛋白质（C）的部分合成过程。在每种情况下，合成都包括失去水的缩合反应，该过程所涉及的原子用粉红色阴影表示。每个亚单位在加入长链之前，都需要消耗高能核苷三磷酸以激活（图中未显示）。反过来，所有三种类型的聚合物的分解，即逆向反应，通过简单地加入水（或称水解）即可发生（图中未显示）。

于前面讨论过的谷氨酰胺的合成途径（见图 3-32）。它们的合成原理完全相同，即首先通过与另一个分子形成高能键来活化—OH 基团，然后，—OH 在缩合反应中被除去。然而，偶联 ATP 水解与蛋白质及多糖合成的机制，比偶联 ATP 水解与谷氨酰胺合成的机制更复杂。在大分子生物合成的这些途径中，会依次利用几个高能的中间媒介以最终形成高能键，后者在缩合的步骤中再被断开。在第 7 章中，我们将以蛋白质合成反应作为一个重要例子，详细讨论上述生物合成反应过程。

每种活化载体在驱动生物合成中的作用都存在一定限制。例如，促使 ATP 水解成 ADP 和无机磷酸根（P_i）的 ΔG 取决于所有反应物的浓度，在通常条件下，细胞中的 ΔG 介于 –46kJ/mol 到 –54kJ/mol 之间。原则上，在合适的反应路径中，该水解反应或许能够驱动一个 $\Delta G°$ 在 +40kJ/mol 左右的能量上不利的反应。然而，对于某些生物合成反应，即使 –54kJ/mol 也可能不够。在这些情况下，ATP 水解路径可以改变，ATP 先水解成为 AMP 和焦磷酸根（PP_i），在溶液中 PP_i 再水解（图 3-41）。整个过程产生可用的总 ΔG 约为 –109kJ/mol。核酸（多核苷酸）的生物合成反应一般以这种方式驱动（图 3-42）。

作为一种驱动细胞内反应的分子，ATP 将在整本书中反复出现。在第 13 章和第 14 章中，我们将讨论细胞如何利用食物中的能量产生 ATP。在下一章中，我们将更多地了解帮助实现这些反应的蛋白质。

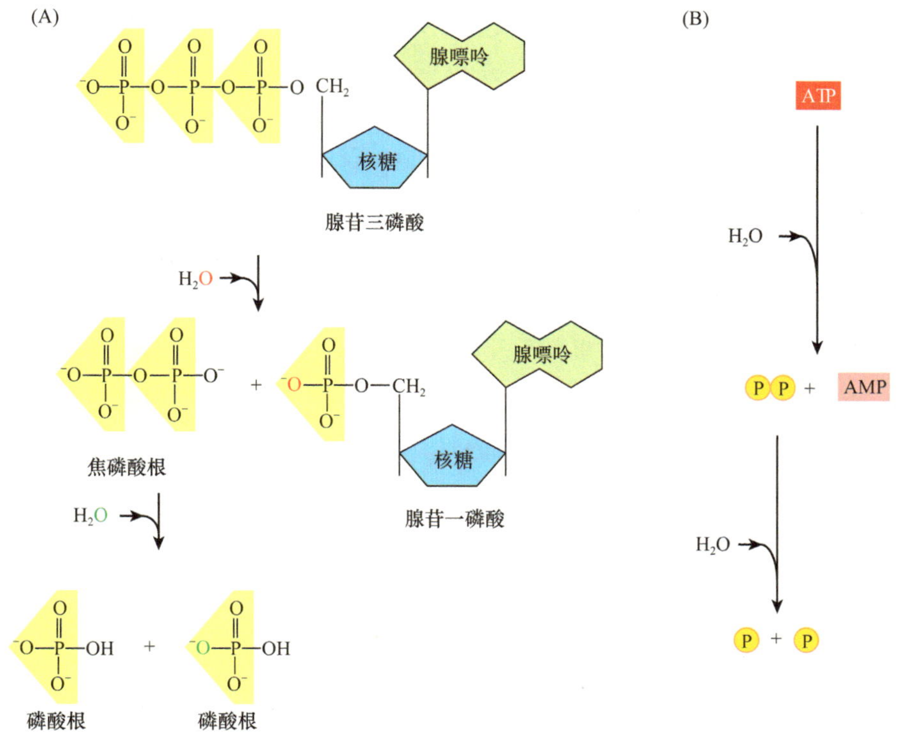

图 3-41　ATP 水解的另一种途径：首先形成焦磷酸根，之后它在溶液中被水解。该途径释放的自由能大约是图 3-30 所示反应的两倍。(A) 在两个连续的水解反应中，每一个反应都将来自水分子的一个氧原子保留到产物中，而来自水的氢原子形成游离的 H^+。(B) 总反应过程的简要图示。

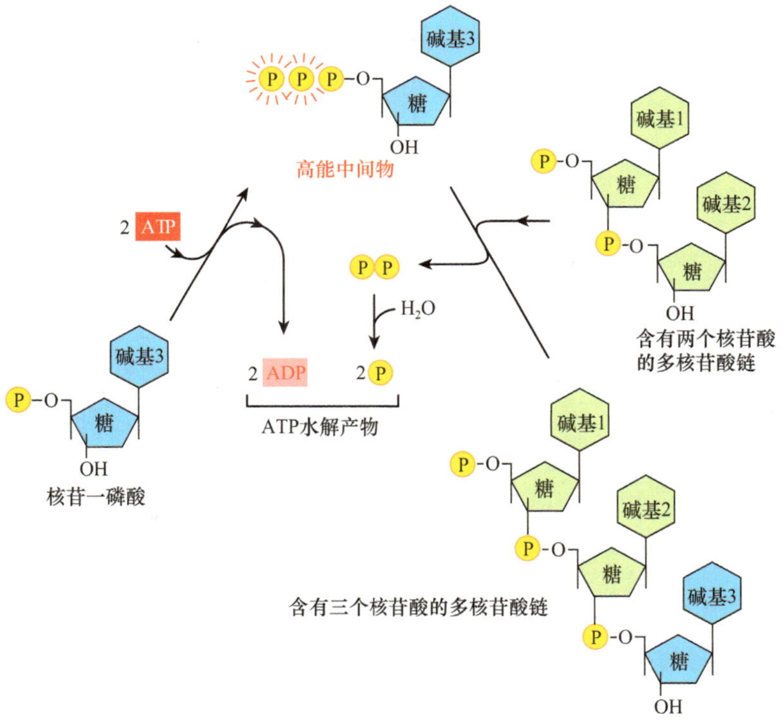

图 3-42　多核苷酸、RNA 及 DNA 合成过程都是 ATP 水解驱动的多步骤过程。第一步，两个 ATP 分子依次将其末端的磷酸基团转移至核苷一磷酸并将其激活，形成高能中间产物核苷三磷酸。核苷三磷酸游离于溶液中，直到与 RNA 或 DNA 链的生长末端反应，释放出焦磷酸酯。焦磷酸酯水解成无机磷酸根在能量上是高度有利的，有助于驱动整体反应向合成多核苷酸的方向上进行。

基本概念

◆ 由于持续不断的能量输入，生物体才得以存活。其中一部分能量用于执行基本的反应，以维持细胞的新陈代谢、生长、运动和繁殖，其余能量以热能的形式耗散。

◆ 大多数生物体的根本能量来源是太阳。植物、藻类及光合细菌利用太阳能和二氧化碳产生有机分子。动物通过食用植物，或食用以植物为食的动物来获得食物。

◆ 细胞中发生的成千上万种化学反应都是由特异性的酶进行催化的。大量不同的酶依次运作，形成反应链，称为代谢途径；每条途径在细胞中发挥着不同的功能。

◆ 分解代谢反应通过氧化途径分解有机分子（包括食物），释放能量。合成代谢反应产生细胞所需的许多复杂的有机分子，合成代谢反应需要能量输入。在动物细胞中，合成代谢反应所需的能量和结构单元均通过分解代谢反应获得。

◆ 酶与特定的底物分子结合，降低了形成和断裂特定共价键所需的活化能，以此催化反应的发生。

◆ 酶催化反应的速率取决于它找到底物的速度以及产物形成并扩散出去的速度。不同酶之间的催化速率差异很大。

◆ 只有增加宇宙无序性的化学反应才可能发生。无序性程度可以用反应的自由能变化 ΔG 进行量化；若要反应自发进行，ΔG 必须小于零。

◆ 化学反应的 ΔG 取决于参与反应的分子浓度；如果已知反应的平衡常数（K）（或反应物的标准自由能变化 $\Delta G°$），则可以根据这些浓度计算出 ΔG。

◆ 平衡常数控制着细胞中所有分子之间发生的结合（和解离）。两个分子之间的结合能越大，其平衡常数就越大，这些分子彼此结合的可能性也就越大。

◆ 通过将能量上有利的反应与能量上不利的反应相偶联，酶可以使那些本来不可能发生的化学反应得以进行。大量的偶联反应使生命成为可能。

◆ 细胞里的一小群活化载体，特别是 ATP、NADH 和 NADPH，在偶联反应中发挥着重要作用。ATP 携带高能磷酸基团，而 NADH 和 NADPH 则携带高能电子。

◆ 食物分子为大分子的形成提供碳骨架。大分子的共价键通过缩合反应产生，这些缩合反应与活化载体（如 ATP 和 NADPH）中能量有利的键的变化相偶联。

关键词

乙酰辅酶 A（acetyl CoA）
活化载体（activated carrier）
活化能（activation energy）
ADP，ATP
合成代谢（anabolism）
生物合成（biosynthesis）
分解代谢（catabolism）
催化剂（catalyst）
细胞呼吸（cell respiration）
偶联反应（coupled reaction）
扩散（diffusion）
熵（entropy）
酶（enzyme）
平衡（equilibrium）
平衡常数（equilibrium constant，K）
自由能（free energy，G）
自由能变化（free-energy change，ΔG）
新陈代谢（metabolism）
NAD^+，NADH
$NADP^+$，NADPH
氧化（oxidation）
光合作用（photosynthesis）
还原（reduction）
标准自由能变化（standard free-energy change，$\Delta G°$）
底物（substrate）

问题

问题 3-1

思考如下方程式：

$$光能 + CO_2 + H_2O \rightarrow 糖 + O_2 + 热能$$

你认为这一反应是否可以只用一步完成？为什么在反应中必须产生热量？请解释你的答案。

问题 3-2

下列哪个反应中，红色原子发生了氧化？

A. Na → Na^+（Na 原子 → Na^+）

B. Cl → Cl^-（Cl 原子 → Cl^-）

C. $CH_3CH_2OH \rightarrow CH_3CHO$（乙醇 → 乙醛）

D. $CH_3CHO \rightarrow CH_3COO^-$（乙醛 → 乙酸）

E. $CH_2{=}CH_2 \rightarrow CH_3CH_3$（乙烯 → 乙烷）

问题 3-3

思考本章开头所描述的关于摇晃硬币盒的比喻。这个反应，即硬币翻转为正面朝上（H）或者背面朝上（T），以反应式 H ↔ T 描述，其中正向反应的速率等于逆向反应的速率。

A. 这个比喻中的 ΔG 和 $\Delta G°$ 分别是什么？

B. 发生反应所对应的温度是多少？对应的反应活化能是多少？假设你有一种称为摇晃酶（jigglase）的"酶"来催化这种反应。在这个比喻中，摇晃酶会产生什么效应？它在力学方面可能会做些什么？

问题 3-4

对于图 3-21 中所示的反应，请分别对这两个反应以及它们的组合反应绘制与图 3-12 类似的能量示意图。在图中指出反应 X → Y、Y → Z 和 X → Z 的标准自由能变化，并指出催化这些反应的酶会如何改变这个能级图。

问题 3-5

碳酸酐酶是已知的催化速率最快的酶之一。它催化 CO_2 气体快速转化为更易溶解的碳酸氢根离子（HCO_3^-）：$CO_2 + H_2O \leftrightarrow HCO_3^- + H^+$。该反应对于从组织向肺运输二氧化碳非常重要；二氧化碳在细胞呼吸作用中产生，并通过肺部呼出。碳酸酐酶使反应加速 10^7 倍，最高速度可达每秒水合 10^5 个二氧化碳分子。你认为是什么限制了这个酶的催化速度？请绘制类似于图 3-13 所示的图表，并指出图表的哪一部分展示了这个 10^7 倍的加速作用。

问题 3-6

在细胞中，有一种酶可催化反应 AB → A + B。然而，它是作为催化逆向的 A + B → AB 反应的酶被分离出来的。请解释这一悖论。

问题 3-7

请使用图 3-29B 说明由 ATP 水解驱动的如下反应：

$$X + ATP \rightarrow Y + ADP + P_i$$

A. 在这个例子中，哪个或哪些分子类似于：(i) 悬崖顶部的岩石；(ii) 悬崖底部的碎石；(iii) 最高处的水桶；(iv) 地面上的水桶？

B. 什么类似于（i）在图 3-29A 中没有轮叶时直接撞击地面的岩石和（ii）图 3-29C 中的水力机械？

问题 3-8

在 ATP 中，连接两个磷酸基团的高能磷酸酐键具有 –30.5kJ/mol 的 $\Delta G°$。而细胞中这个键的水解可释放出 46 ~ 54kJ/mol 的可用能量。为什么会这样？你解释一下，对于 $\Delta G°$，为什么给出的不是精确数字而是一个能量值的范围？

问题 3-9

以下哪个反应只有在与另一个能量上有利的反应相偶联时才会发生？

A. 葡萄糖 + $O_2 \rightarrow CO_2 + H_2O$

B. $CO_2 + H_2O \rightarrow$ 葡萄糖 + O_2

C. 核苷三磷酸 → DNA

D. 核苷酸碱基 → 核苷三磷酸

E. $ADP + P_i \rightarrow ATP$

问题 3-10

以下哪项说法是正确的？请解释你的答案。

A. 如果没有酶，一些酶催化的反应会完全停止。

B. 高能电子（例如在活化载体 NADH 和 NADPH 中发现的那些）在原子核周围运动得更快。

C. 将 ATP 水解成 AMP 可以提供约两倍于 ATP 水解成 ADP 的能量。

D. 一个部分氧化的碳原子的直径略小于一个比它还原程度更高的碳原子。

E. 一些活化的载体分子可以将能量和化学基团转移到另一个分子上。

F. "氧化释放能量而还原需要能量输入"的规则，不仅仅适用于活细胞中发生的化学反应，而且适用于所有的化学反应。

G. 冷血动物在能量方面有一个劣势，因为它们比温血动物释放到环境中的热能更少，这会减慢它们制造有序大分子的能力。

H. 将反应 X → Y 与另一个能量上有利的反应 Y → Z 相偶联，将改变前一个反应的平衡常数。

问题 3-11

考虑一下 X → Y 的转化。假设 X 和 Y 之间的唯一区别是 Y 有三个氢键，而 X 没有。当反应平衡时，X 与 Y 的比率是多少？每个氢键的能量以 4.2kJ/mol 计，请使用表 3-1 估算答案。如果 Y 与 X 的区别是 Y 有 6 个氢键，当反应平衡时，X 与 Y 的比率会如何改变？

问题 3-12

蛋白质 A 与蛋白质 B 结合，形成复合物 AB。在细胞中，当反应达到平衡时，A、B 和 AB 的浓度均为 1μmol/L。

A. 参见图 3-19，计算 A + B ↔ AB 反应的平衡常数。

B. 如果在平衡时，A、B 和 AB 的浓度均为 1nmol/L，那么平衡常数是多少？

C. 若都在 1nmol/L 这个较低浓度下，为了有相似比例的 AB 复合物分子，将 A 和 B 维持在一起需要多少额外的氢键？（记住每个氢键贡献的能量约为 4.2kJ/mol。）

问题 3-13

请讨论如下说法："一个反应的 ΔG 是大于、小于还是等于 $\Delta G°$，取决于参与反应的化合物的浓度。"

问题 3-14

A. 如果 1mol 葡萄糖完全氧化成 CO_2 和 H_2O 产生 2867kJ 的自由能，并且 1mol ATP 的高能磷酸键中可利用的化学能是 50kJ，那么从一分子葡萄糖中最多可以产生多少 ATP 分子？

B. 正如我们将在第 14 章（表 14-1）中看到的，呼吸作用从 1mol 葡萄糖中产生 30mol ATP。将此数字与上述（A）的答案进行比较。请问用葡萄糖生产 ATP 的总效率是多少？

C. 假设你的身体由 75kg 水组成，当你身体的细胞氧化 1mol 葡萄糖时，如果热量不耗散到环境中，你的体温会增加多少？［回想一下，1 千卡（kcal）定义为使 1kg 水温度升高 1℃的能量；1kJ 等于 0.24kcal。］

D. 如果你的细胞将食物转换为能量的效率仅为 20%，会产生什么后果？按照现在的构造，你的身体会运行得恰到好处、过热还是过冷？

E. 一个静息状态的人每 24h 水解约 40kg 的 ATP。多少葡萄糖的氧化会产生这么多能量？（提示：查看图 2-26 中 ATP 的结构，计算其分子量；H、C、N、O、P 的原子量分别为 1、12、14、16、31。）

问题 3-15

一位著名科学家声称分离出一种突变体细胞，可将 1 分子葡萄糖转化为 57 分子的 ATP。你认为这个发现值得庆贺，还是其中可能存在问题？请解释你的答案。

问题 3-16

在简单的反应 A ↔ A* 中，A 分子在两种形式之间可以相互转变；这两种形式的标准自由能 $G°$ 相差 18kJ/mol，其中 A* 具有更高的 $G°$。

A. 借助表 3-1，找出在平衡状态下，A* 比 A 多多少？

B. 如果有一种酶可以使反应的活化能降低 11.7kJ/mol，A 与 A* 的比例会如何变化？

问题 3-17

在一种蘑菇里，有一个生物合成途径能一步将代谢物转化为一种剧毒物质（代谢物 ↔ 毒物），这是一个在能量上非常不利的反应。该反应通常由 ATP 水解驱动。假设催化该反应的酶发生突变，阻止它利用 ATP，但仍允许它催化反应。

A. 你认为食用这种突变体蘑菇安全吗？假设反应处于平衡状态，并且在非突变体蘑菇里，储存在 ATP 中的大部分能量用于驱动这种能量不利的反应。以你的答案为基础，请估计突变体蘑菇会把毒物的合成降到多少？

B. 假设有另一种突变体蘑菇，这种蘑菇的酶可以将合成反应与 ATP 水解偶联，但速率却慢了 100 倍，你的答案有没有不同？

问题 3-18

考虑 A 和 B 两种酶的效应。酶 A 催化 ATP + GDP ↔ ADP + GTP 反应；酶 B 催化 NADH + $NADP^+$ ↔ NAD^+ + NADPH 反应。讨论这两种酶是否有利或有害于细胞。

问题 3-19

讨论以下表述：“酶和热在加速那些不会以明显速率发生的特定反应方面是相似的，这些反应在热力学上尽管可行，但因为需要较高的活化能而不会以明显的速率发生。那些通过精心提供热量如喝热鸡汤似乎就能改善的疾病，可能是由于一个酶的功能缺陷所导致的。”

第 4 章 蛋白质的结构和功能

蛋白质的形状和结构

蛋白质如何工作

蛋白质是如何被调控的

我们是如何研究蛋白质的

当我们在显微镜下观察细胞、分析其电学或生物化学活性时，实质上我们是在观察蛋白质的工艺。**蛋白质**（protein）是构建细胞的主要组分，占据了细胞干重的绝大部分。除了赋予细胞形状和结构外，蛋白质还执行着细胞几乎所有的、不计其数的功能。酶（enzyme）蛋白精巧的分子表面，具有特定的凸起和凹陷，可以接受或排斥特定分子，从而促进细胞内的化学反应。嵌入细胞质膜中的转运蛋白和通道蛋白控制着营养物质及其他小分子进出细胞。其他一些蛋白质可以将信息从一个细胞传递到另一个细胞，或者充当信号整合器将信息在单个细胞内从质膜传递到细胞核。还有一些蛋白质作为马达蛋白驱动着细胞器通过胞质溶胶。另一些蛋白质则可作为功能组分，形成具有精准零部件的微小分子机器。特化的蛋白质也可以作为抗体、毒素、激素、抗冻分子、弹性纤维或发光装置。要了解肌肉如何收缩、神经如何导电、胚胎如何发育，或者我们的身体如何执行功能，我们必须首先了解蛋白质的运作方式。

这些引人注目的大分子执行着多样化的功能，依赖于蛋白质所具有的不同的形状，其中一些列举于图版 4-1 中。因此，我们对蛋白质的描述将从讨论它们的三维结构，以及这些结构所赋予的性质开始。随后，我们将了解蛋白质是如何发挥作用的，例如，酶如何催化化学反应、一些蛋白质如何作为分子开关，或者如何引起有序的运动等。接着，我们将研究细胞如何调控蛋白质的活性和在细胞内的定位。最后，我们将简要介绍生物学家们用于处理蛋白质的技术，包括从组织或培养细胞中纯化蛋白质及确定蛋白质结构的方法。

蛋白质的形状和结构

从化学的角度看，蛋白质是迄今为止已知的结构最复杂且功能最精巧的分子。这一现象也许并不奇怪，因为经过数十亿年的演化，每种蛋白质的结构和活性都得到了很好的发展和精细的调整。我们将首先考虑氨基酸长链中，每个氨基酸的位置如何决定最终形成的蛋白质三维构象，这种构象通过蛋白质分子内部不同部位之间的非共价相互作用而得到稳定。在原子水平上认识蛋白质的结构，有助于我们理解蛋白质精巧的形状如何决定其功能。

蛋白质的形状由氨基酸序列确定

回忆一下第 2 章的内容可知，蛋白质主要由 20 种不同的氨基酸组装而成，其中每种氨基酸具有不同的化学性质。氨基酸长链通过共价**肽键**（peptide bond）结合在一起，构成了蛋白质分子（图 4-1）。因此，蛋白质也被称为**多肽**（polypeptide）或**多肽链**（polypeptide chain）。每种类型的蛋白质的氨基酸顺序都非常独特，称为**氨基酸序列**（amino acid sequence）。同一种蛋白质的不同分子间的氨

图版 4-1　一些常见的蛋白质功能举例

酶

功能：催化共价键的断裂或形成

例子：活细胞中有数千种不同的酶，每种都催化（加速）一种特定的反应。例如，乙醇脱氢酶（alcohol dehydrogenase）分解酒中的酒精；胃蛋白酶（pepsin）在胃中降解食物中的蛋白质；二磷酸核酮糖羧化酶（ribulose bisphosphate carboxylase）在植物中有助于将二氧化碳转化为糖类；DNA 聚合酶（DNA polymerase）催化 DNA 复制；蛋白激酶（protein kinase）将一个磷酸基团添加到蛋白质分子上。

结构蛋白

功能：为细胞和组织提供机械支撑力

例子：在细胞外，胶原蛋白（collagen）和弹性蛋白（elastin）是细胞外基质的常见组分，它们形成肌腱和韧带中的纤维。在细胞内，微管蛋白（tubulin）形成长且具有刚性的微管；肌动蛋白（actin）形成肌动蛋白丝，位于质膜下方并支撑起质膜；角蛋白（keratin）形成纤维以加固表皮细胞，它们是头发和角中的主要蛋白质。

转运蛋白

功能：运载小分子或离子

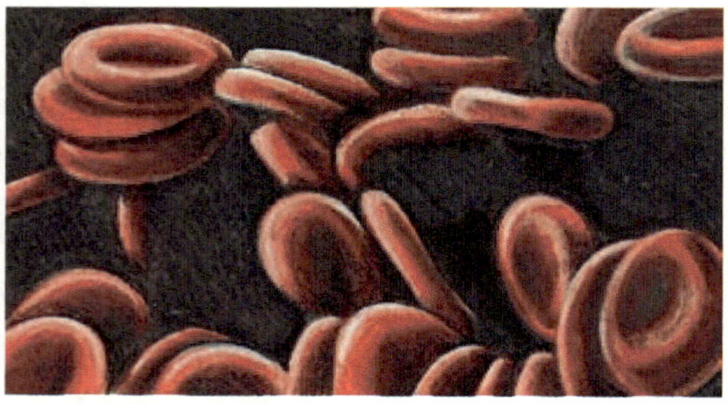

例子：在血液中，血清白蛋白（serum albumin）运输脂质，血红蛋白（hemoglobin）运输氧气，载铁蛋白（transferrin）运输离子。很多细胞膜中的蛋白质能够跨膜运输离子或一些小分子。例如，细菌蛋白视紫红质（bacteriorhodopsin）是一种光激活的质子泵，可以将 H^+ 运输到细胞外；葡萄糖转运蛋白（glucose transporter）将葡萄糖在细胞内外往返运输；在 Ca^{2+} 引发肌肉收缩后，Ca^{2+} 泵（Ca^{2+} pump）将 Ca^{2+} 从肌肉细胞的胞质溶胶中清除掉。

马达蛋白

功能：在细胞和组织中产生运动

例子：在骨骼肌细胞中，肌球蛋白（myosin）提供了原动力，使人能够运动；驱动蛋白（kinesin）与微管相互作用，使细胞器能够在细胞内运动；动力蛋白（dynein）能够使真核生物的纤毛和鞭毛发生摆动。

储存蛋白

功能：储存氨基酸或离子

例子：铁通过与铁蛋白（ferritin）结合而被储存在肝脏中；蛋清中的卵清蛋白（ovalbumin）为鸟类胚胎的发育提供了氨基酸的来源；牛奶中的酪蛋白（casein）是哺乳动物幼儿的氨基酸来源。

信号蛋白

功能：在细胞间传递胞外信号

例子：在动物中，协调生理功能的很多激素和生长因子都是蛋白质。例如，胰岛素（insulin）是一种小蛋白，可以控制血液中的葡萄糖水平；在发育的脊髓中，轴突生长诱向因子（netrin）可以吸引生长的神经细胞到特定的位置；神经生长因子（nerve growth factor，NGF）可以刺激某些类型的神经细胞长出轴突；表皮生长因子（epidermal growth factor，EGF）可刺激表皮细胞的生长和分裂。

受体蛋白

功能：检测信号并将信号传递至细胞的响应装置

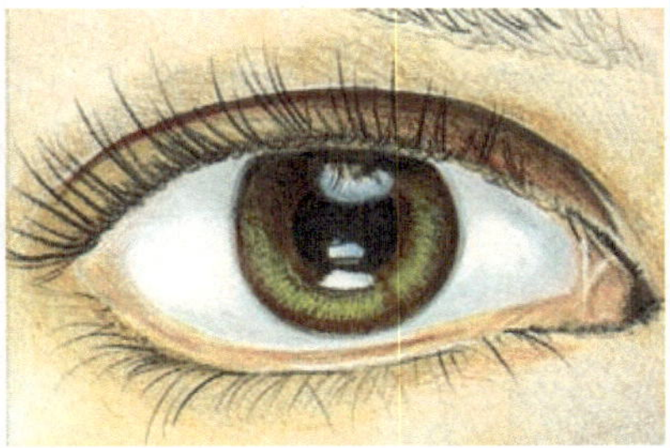

例子：视网膜上的视紫红质（rhodopsin）可检测光；肌肉细胞膜上的乙酰胆碱受体（acetylcholine receptor）可以被一个神经末端释放出的乙酰胆碱所激活；胰岛素受体（insulin receptor）使细胞对胰岛素做出响应，吸收葡萄糖；当与肾上腺分泌的肾上腺素结合时，心肌上的肾上腺素受体（adrenergic receptor）可以提高心跳速率。

转录调控因子

功能：与 DNA 结合，开启或关闭基因

例子：细菌中的乳糖抑制子（Lac repressor）可沉默编码乳糖降解酶的基因；很多不同的DNA结合蛋白（DNA-binding protein）可作为基因开关来控制多细胞生物（包括人类）的发育。

特殊功能蛋白

功能：十分多样

例子：生物体可以合成很多种功能高度特化的蛋白质。这些分子也体现了蛋白质所具有的广泛功能。南极和北极鱼类体内的抗冻蛋白（antifreeze protein）可以保护它们的血液不会被冻住；来自水母的绿色荧光蛋白（green fluorescent protein）会发出一种绿色的光；在一种非洲植物中发现的莫内林（monellin）蛋白具有极高的甜度；贻贝和其他海洋生物会分泌胶蛋白（glue protein），使它们即使浸在海水中也可以牢固地吸附在岩石上。

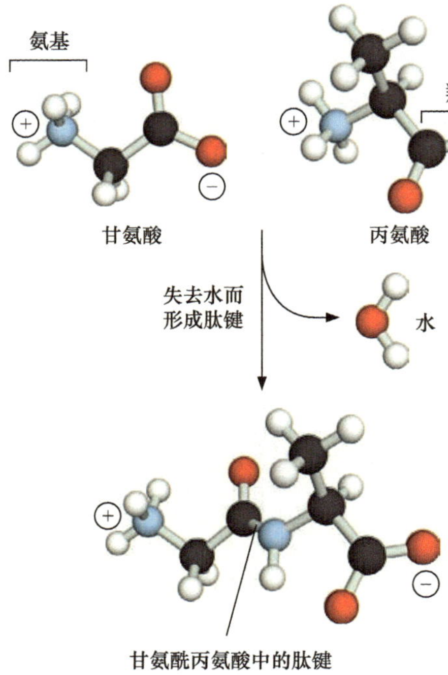

图 4-1　氨基酸通过肽键连接在一起。当一个氨基酸（如甘氨酸）羧基的碳原子与来自另一个氨基酸（如丙氨酸）氨基的氮原子共享电子时，便形成了共价肽键。在此过程中，一个水分子被脱去，因此肽键的形成被归类为缩合反应（参见图 2-31）。在上图中，碳原子是黑色，氮原子是蓝色，氧原子是红色，氢原子是白色。

基酸序列完全相同。例如，一个人的胰岛素分子应与其他任何一个人的胰岛素分子具有相同的氨基酸序列。现已鉴定出数千种不同的蛋白质，每种蛋白质均具有其独特的氨基酸序列。

每条多肽链都含一条主链，在其周围分布各种化学侧链修饰。**多肽主链**（或**多肽骨架**，polypeptide backbone）由每个氨基酸中的核心原子（—N—C—C—）串联组成（图 4-2）。由于每个氨基酸的两个末端的化学组成不同，一端是氨基（NH_3^+，也写成 NH_2），另一端是羧基（COO^-，也写成 COOH），因此每条多肽链都具有方向性：带有氨基的一端称为氨基端或 **N 端**（N-terminus），带有游离羧基的一端是羧基端或 **C 端**（C-terminus）。

从多肽主链上伸出的是氨基酸**侧链**（side chain），它们是氨基酸的一部分，但不参与形成肽键（参见图 4-2）。侧链赋予每种氨基酸独特的性质：一些是非极性、疏水的，一些带负电或带正电，一些具有化学反应活性，等等。这 20 种氨基酸各自的原子结构式参见图版 2-6。图 4-3 列出了它们的名称、缩写和侧链特点。

长长的多肽链非常灵活，这是因为多肽骨架中连接碳原子的共价键，有许多允许其两端的原子自由旋转。因此，蛋白质原则上能以数不清的方式折叠。然而，每个折叠形态都受到了蛋白质内部形成的许多弱的非共价键的限制。多肽主链及氨基酸侧链内的原子都参与形成非共价键，帮助蛋白质折叠并保持其形状。这些非共价键包括氢键、静电力和范德华力（可参考第 2 章中的介绍，参见图版 2-3）。因为非共价键比共价键弱得多，所以需要很多非共价键才能将多肽链的两个区域紧密地维系在一起。每一种折叠形状的稳定性很大程度上取决于这些大量的非共价键的综合作用强度（图 4-4）。

第四种弱相互作用，即*疏水力*（hydrophobic force），在决定蛋白质的形状中也发挥重要的作用。在水环境中，疏水性分子（包括特定氨基酸的非极性侧链）倾向于聚在一起，以减少它们对周围水分子的氢键网络的破坏性（参

图 4-2　蛋白质是由氨基酸连接在一起形成的多肽链组成的。氨基酸通过肽键连接（参见图 4-1），形成结构重复的多肽主链（灰色框），每个氨基酸的侧链从多肽骨架上伸出来。这些侧链的化学性质各不相同，可以是非极性（绿色）、极性而不带电荷（黄色）、带正电荷（红色）或带负电荷（蓝色），由此形成的氨基酸序列赋予每种蛋白质独特的性质。这里显示的小分子多肽仅有 4 个氨基酸，通常蛋白质则由数百个氨基酸的长链组成，其序列的表示方法是以 N 端开始并从左向右读取。

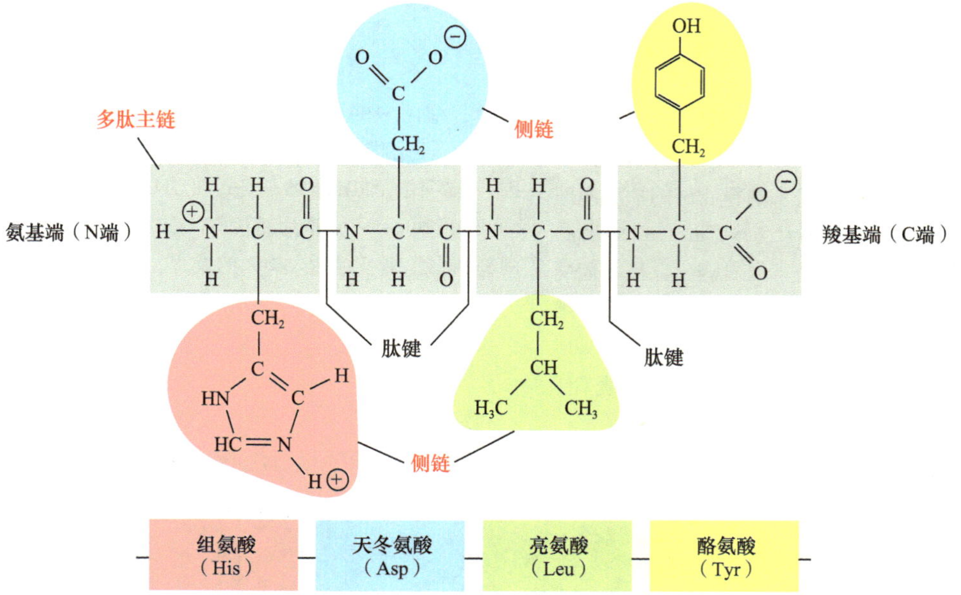

氨基酸			侧链	氨基酸			侧链
天冬氨酸	Asp	D	带负电	丙氨酸	Ala	A	非极性
谷氨酸	Glu	E	带负电	甘氨酸	Gly	G	非极性
精氨酸	Arg	R	带正电	缬氨酸	Val	V	非极性
赖氨酸	Lys	K	带正电	亮氨酸	Leu	L	非极性
组氨酸	His	H	带正电	异亮氨酸	Ile	I	非极性
天冬酰胺	Asn	N	极性，不带电	脯氨酸	Pro	P	非极性
谷氨酰胺	Gln	Q	极性，不带电	苯丙氨酸	Phe	F	非极性
丝氨酸	Ser	S	极性，不带电	甲硫氨酸	Met	M	非极性
苏氨酸	Thr	T	极性，不带电	色氨酸	Trp	W	非极性
酪氨酸	Tyr	Y	极性，不带电	半胱氨酸	Cys	C	非极性
极性氨基酸				非极性氨基酸			

图 4-3　**蛋白质中常见的 20 种不同的氨基酸。**图中给出了每种氨基酸的三字母和单字母缩写，以及侧链的特点。带极性（亲水性）和带非极性（疏水性）侧链的氨基酸数量相同，而且一半的极性侧链在中性 pH 水溶液中带电。所有这些氨基酸的结构，详见图版 2-6。

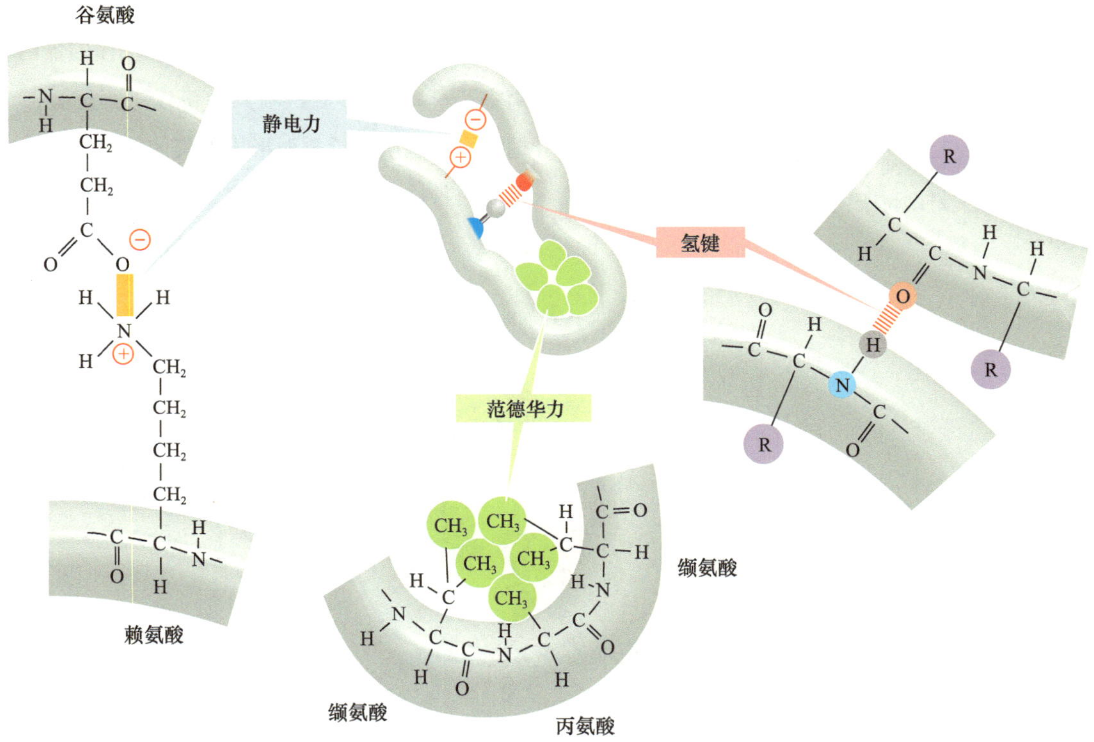

图 4-4　**三种非共价键有助于蛋白质折叠。**尽管这些键单个存在时都非常弱，但当很多的这些键在一起时就可以产生强大的结合力，从而稳定如图中央小分子多肽中所示的特异三维结构。通常以 R 作为氨基酸侧链的通用名称。蛋白质的折叠也受到疏水力的辅助，如图 4-5 所示。

见图版 2-3）。因此，控制蛋白质折叠的一个重要因素，是其极性和非极性氨基酸的分布。非极性（疏水）氨基酸如苯丙氨酸、亮氨酸、缬氨酸和色氨酸的侧链（参见图 4-3），倾向于聚集在折叠蛋白质的内部，类似于疏水性小油滴集结形成大的油滴那样。通过隐藏在蛋白质内部，疏水侧链可以避免与细胞内的水环境接触。相比之下，极性氨基酸如精氨酸、谷氨酰胺和组氨酸的侧链，倾向于将自身排布在折叠的蛋白质的外侧，在那里它们可以和水及其他极性分子形成氢键（图 4-5）。当极性氨基酸位于蛋白质内部时，它们通常与其他极性氨基酸或多肽骨架形成氢键（图 4-6）。

蛋白质折叠成能量最低的构象

每种蛋白质都具有特定的三维结构，这是由其多肽链中氨基酸序列所决定的。多肽链采用的最终折叠结构，或称为**构象**（conformation），是由能量因素决定的：一个蛋白质通常折叠成自由能（G）最小的形状。因此，折叠过程在能量上是有利的，因为它会释放热量，增加系统的无序性（参见图版 3-1）。

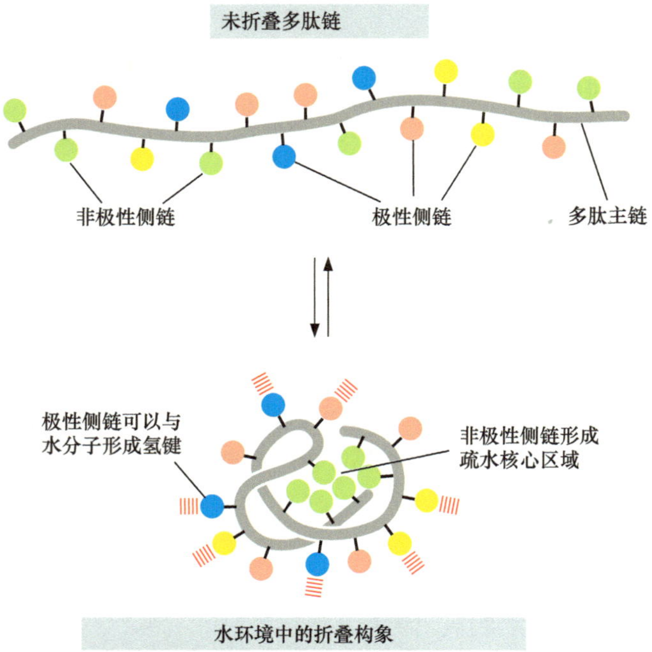

图 4-5 **疏水力帮助蛋白质折叠成紧密的构象。**在一个折叠的蛋白质中，极性氨基酸侧链倾向于分布在表面上，可以与水相互作用；非极性氨基酸侧链则位于内部，形成一个疏水的、致密排列的原子中心。

科研中使用高度纯化的蛋白质对其折叠进行研究。通过一些溶剂处理，可以破坏保持多肽折叠的非共价相互作用，从而使蛋白质去折叠（或称为变性，denatured），失去其天然构象，成为柔韧的多肽链。当去除变性溶剂时，在合适的条件下，蛋白质又会自发地重新折叠成原来的构象，这一过程称为复性（renaturation）（图 4-7）。变性的蛋白质可以自发重新折叠成原来的构象，表明决定蛋白质三维形状所需的所有信息，都包含在其氨基酸序列中。

虽然肽链可以在没有外界帮助的情况下折叠成正确的构象，但活细胞中的蛋白质折叠通常需要一类称为伴侣蛋白（chaperone protein）的特殊蛋白质辅助。有些伴侣蛋白可以部分地与折叠的多肽链结合，帮助多肽链沿能量最有利的途径折叠（图 4-8）。其他一些伴侣蛋白可形成“隔离室”，单个的多肽链在其中可以进行折叠，从而避免在拥挤的细胞质中折叠而形成聚集体的风险（图 4-9）。不论是哪一种情形，蛋白质最终的三维形状仍然由其氨基酸序列决定，伴侣蛋白只是使折叠过程更高效和可靠。

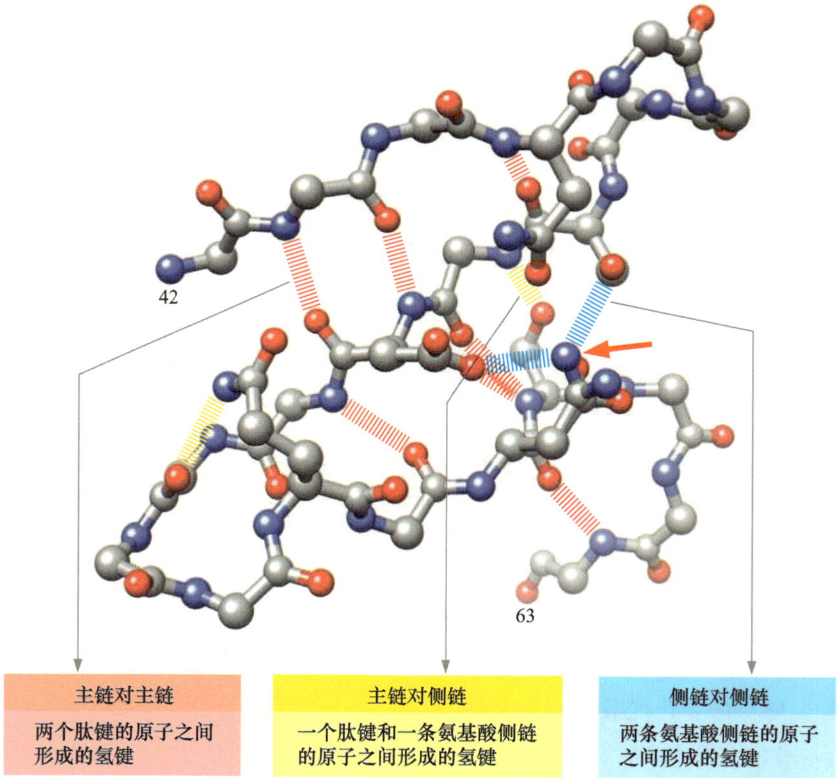

图 4-6 **蛋白质分子内的氢键有助于稳定其折叠构象。**在一个折叠的多肽链中相邻区域之间会形成大量的氢键。图示结构是溶菌酶 42 位到 63 位氨基酸的结构。多肽骨架中两个原子之间的氢键以红色标示；骨架和侧链原子之间的氢键以黄色标示；两条侧链原子之间的氢键以蓝色标示。请注意，同一条氨基酸侧链的原子可以产生多个氢键（红色箭头所示）。在该图中，氮原子是蓝色，氧原子是红色，碳原子是灰色，氢原子未显示。（改自 C.K. Mathews，K.E. van Holde，and K.G. Ahern，Biochemistry，3rd ed. San Francisco：Benjamin Cummings，2000）

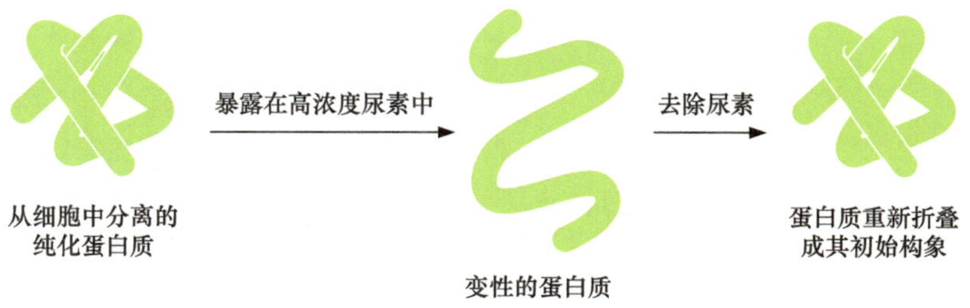

图 4-7 **变性的蛋白质通常可以恢复其天然形状。** 这类实验表明，蛋白质的构象仅由其氨基酸序列所决定。复性需要合适的条件，其中较小的蛋白质相对容易复性。

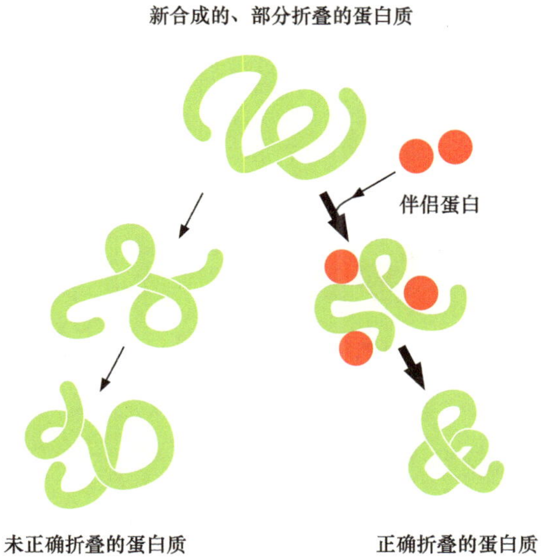

图 4-8 **伴侣蛋白可以指导新合成的多肽链进行折叠。** 伴侣蛋白与新合成的或部分折叠的多肽链结合，并帮助它们沿能量最有利的途径折叠。这些伴侣蛋白执行功能时需要 ATP 的结合和水解。

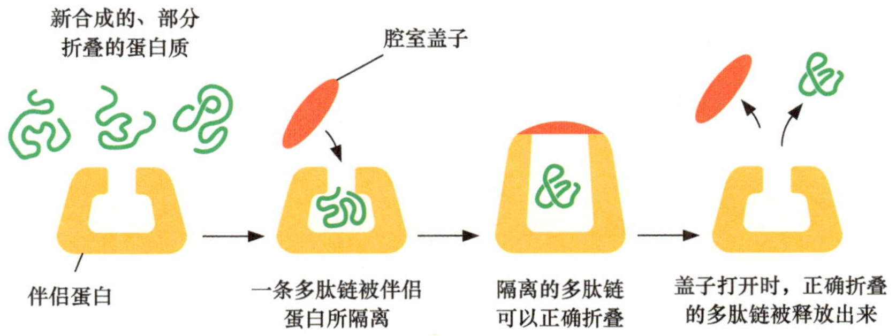

图 4-9 **一些伴侣蛋白可以作为隔离室，帮助多肽折叠。** 在这种情况下，伴侣蛋白的桶状结构提供了一个封闭的腔室，新合成的多肽链可以在其中进行折叠，避开了在细胞质中拥挤的条件下与其他多肽发生聚集的风险。该系统所需的来自 ATP 水解的能量输入主要用于关闭腔室的盖子和随后盖子的解离。

每种蛋白质通常只会形成一种稳定构象。然而，当蛋白质与细胞中的其他分子相互作用时，构象通常会有略微改变。这种构象的变化对蛋白质的功能至关重要，我们之后会详细讨论。

各种蛋白质都有自己的复杂形状

蛋白质是细胞中结构最为多样的大分子。虽然其分子大小分布在 30 ～ 10 000 个氨基酸范围内，但绝大多数蛋白质大小为 50 ～ 2000 个氨基酸。蛋白质可以是球状的，或者是纤维状的，它们可以形成细丝、薄片、圆环或者球体（图 4-10）。在本书中我们将会遇到许多这样的结构。

迄今为止，已经确定了大约 100 000 种不同蛋白质的结构（所采用的技术我们将在本章后面讨论）。大多数蛋白质具有错综复杂且不规则的三维构象，要将它们的结构描述清楚恐怕需要很长的篇幅。我们可以先从一个相对较小的蛋白质，如细菌转运蛋白 HPr 的构象入手，来了解多肽结构的复杂性。

HPr 这个小蛋白仅含 88 个氨基酸，可将糖转运到细菌细胞中。在图 4-11 中，我们以四种不同的方式呈现 HPr 的三维结构，由此展示该蛋白质的特征。骨架模型（参见图 4-11A）显示出多肽链的整体架构，可用于直观地比较不同蛋白质的结构。带状模型（参见图 4-11B）显示了多肽骨架的折叠模式，我们稍后将对其详细描述。丝状模型（参见图 4-11C）包括所有氨基酸侧链的位置，有利于预测哪些氨基酸可能参与蛋白质的活性。最后，空间填充模型（参见图 4-11D）展示了蛋白质表面的轮廓图，据此可看出哪些氨基酸暴露在外面，并显示蛋白质可能会如何与水之类的小分子或者细胞中的其他大分子相结合。

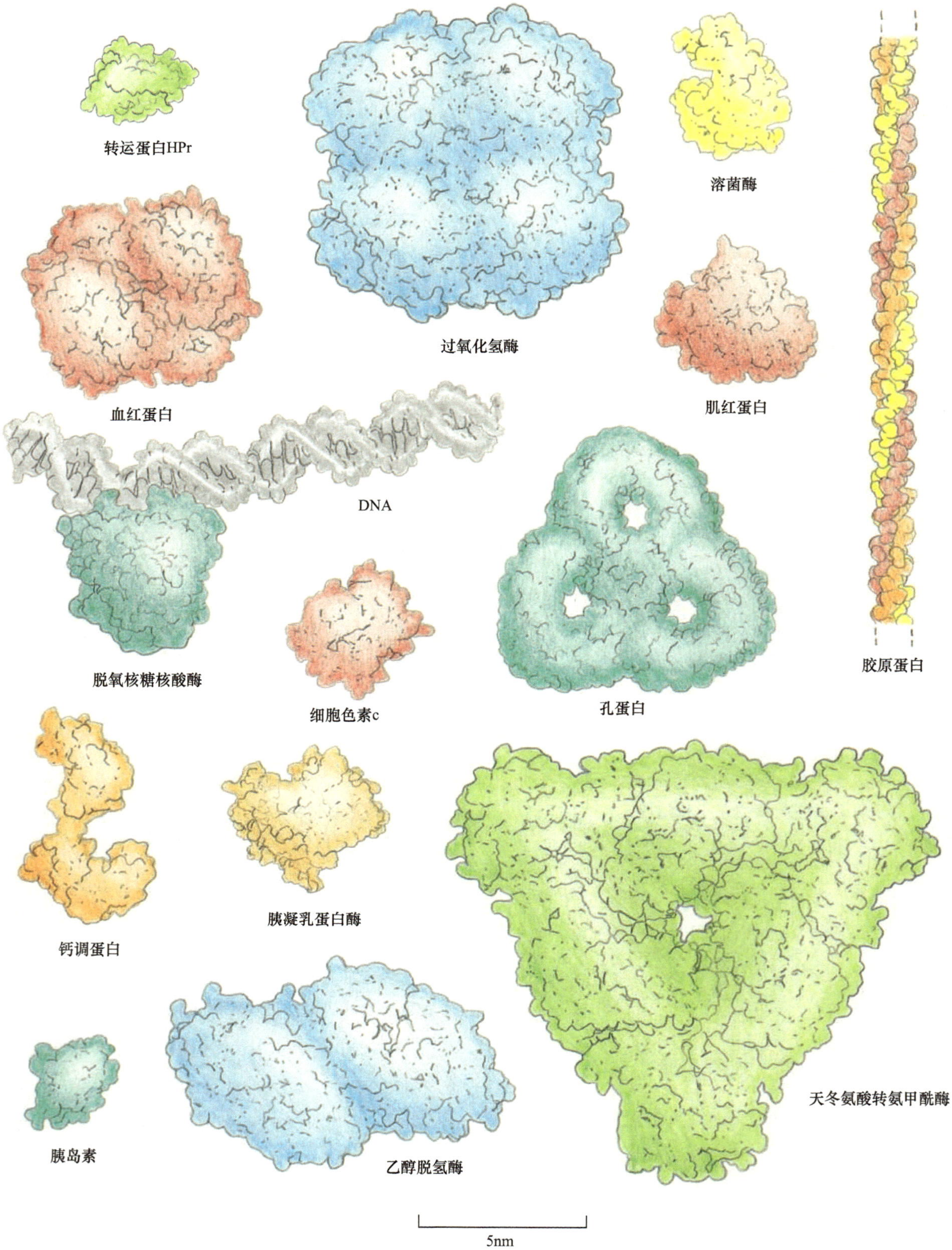

图 4-10　各种蛋白质有各种各样的形状和大小。每个折叠的多肽均以空间填充模型和相同的比例显示。左上角是 HPr，这是一种小型的转运蛋白，详情可参见图 4-11。为便于比较，图中还显示了蛋白质脱氧核糖核酸酶与 DNA 分子（灰色）局部的结合。

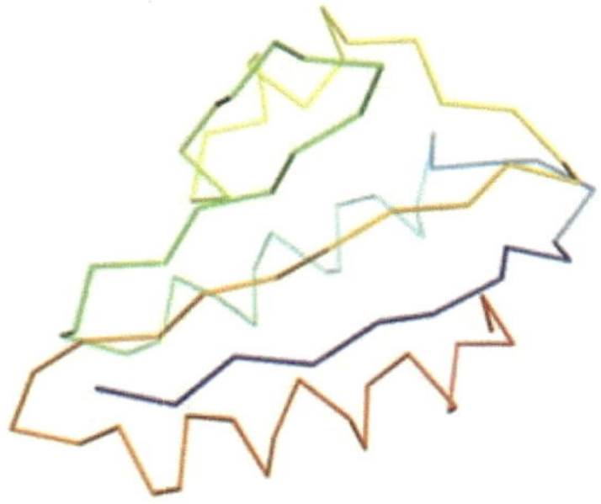

（A）骨架模型

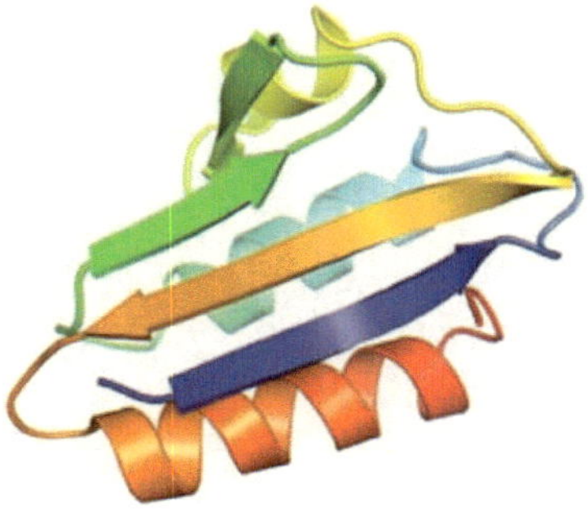

（B）带状模型

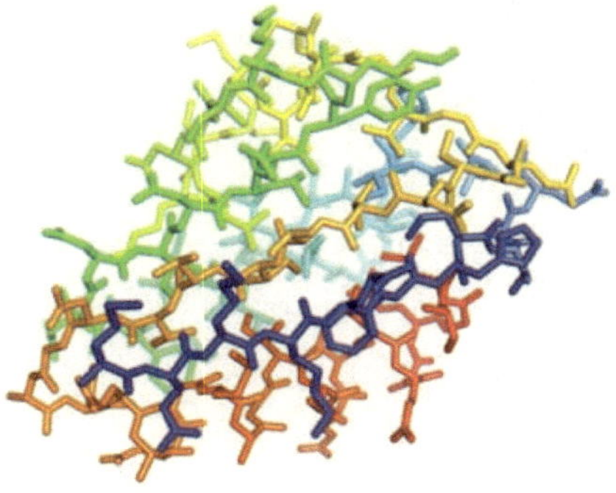

（C）丝状模型

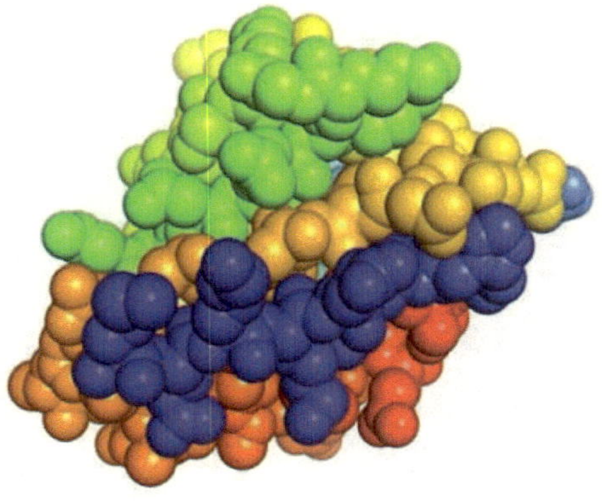

（D）空间填充模型

图 4-11　**蛋白质构象可以以不同的方式展示。**图示为细菌转运蛋白 HPr 的结构。为了更容易地显示多肽链的走向，图像都以彩色展示。其中，蛋白质多肽链的 N 端区域为紫色，而其 C 端区域为红色。

较大的蛋白质或含多个蛋白复合物的结构更为复杂。为了看清这些复杂结构的具体细节，科学家们开发出各种以计算机为基础的工具，可以展现蛋白质各方面的特征，其中一些工具如图 4-11 所示。这些图像都可以在计算机屏幕上显示，可以轻松旋转和放大，并从不同角度查看其结构（视频 4.1）。

在比较多种不同蛋白质分子的三维结构时，可以明显地看到，虽然每种蛋白质的整体构象是独特的，但仍然能发现一些规则的折叠模式，我们下面将展开讨论。

α 螺旋和 β 折叠是常见的折叠模式

早在 60 多年前，研究头发和蚕丝的科学家就发现了两种规律的折叠模式，继而发现这些模式也存在于许多不同的蛋白质中。第一种折叠方式 α **螺旋**（α helix）在 α-角蛋白（α-keratin）中发现，它在皮肤及其衍生物，如头发、指甲和动物的角中较为丰富。在发现 α 螺旋后不到一年，在蚕丝的主要成分蚕丝纤维蛋白（fibroin）中发现了第二个折叠结构，称为 β **折叠**（β sheet）。生物学家经常使用希腊字母来命名他们的发现，第一个用 α，第二个用 β，依此类推。

这两种折叠模式特别常见，因为它们是多肽骨架中 N—H 和 C═O 基团之间形成氢键的结果（参见图 4-6）。因为氨基酸侧链不参与这些氢键的形成，所以许多不同的氨基酸序列都能产生 α 螺旋和 β 折叠。在任何一种情况下，蛋白质链都采取了一种规则的重复构象。它们的结构特征，以及在蛋白质结构模型中常用于代表它们的卡通符号如图 4-12 和图 4-13 所示。

生物结构易于形成螺旋形式

从某种程度上说，蛋白质中富含螺旋结构并不令人惊讶。通过简单地将许多相似的亚基依次放置，对每个亚基与前一个亚基的位置关系进行严格重复，即可生成一个**螺旋**（helix）。这是因为很少有亚基会相连形成直线，所以这种排列通常会产生类似于螺旋形楼梯的结构（图 4-14）。根据其旋转的方式，螺旋可分为右手螺旋（右旋）或左手螺旋（左旋）（参见图 4-14E）。将螺旋上下颠倒不会改变其手性，但如果将螺旋镜面对称，手性则会改变。

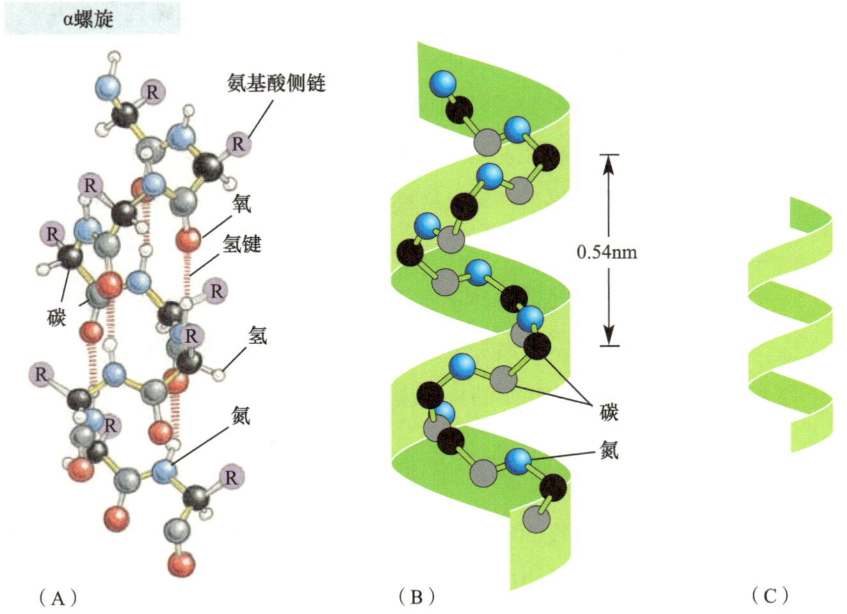

图 4-12　一些多肽链折叠成为 α 螺旋。（A）在 α 螺旋中，每个肽键的 N—H 与同一肽链上相近的第四个氨基酸的 C═O 形成氢键。图中展示了多肽骨架中的所有原子，氨基酸侧链用 R 表示。（B）仅用碳（黑色和灰色）和氮（蓝色）原子显示的同一条多肽。（C）带状模型中用于表示 α 螺旋的卡通符号（参见图 4-11B）。

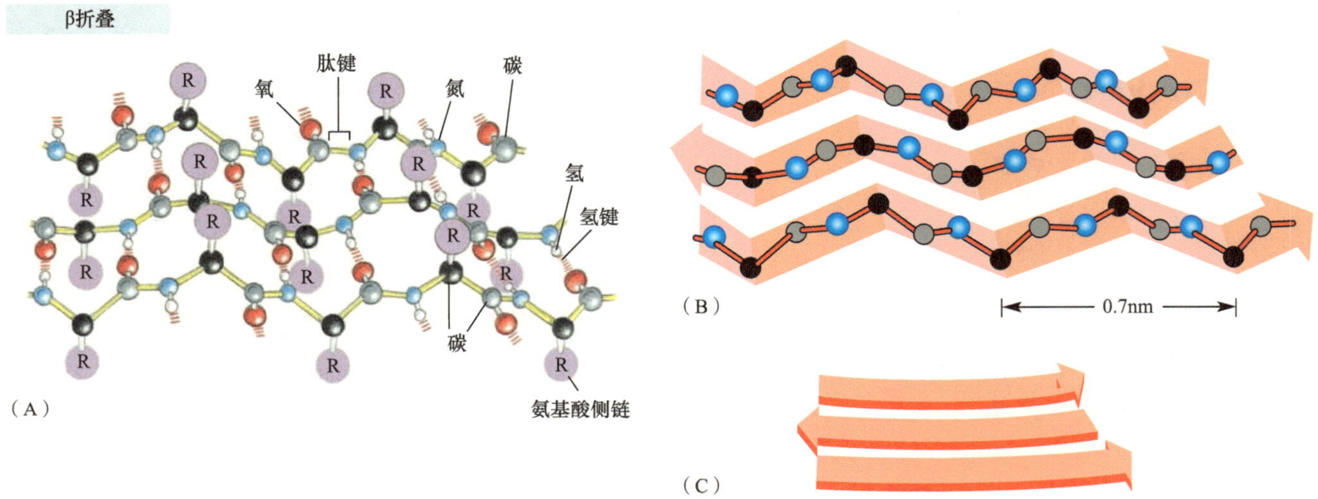

图 4-13　一些多肽链折叠成为 β 折叠。（A）在 β 折叠中，单个多肽链的几个区段（链）之间通过形成氢键而保持在一起。每条链中的氨基酸侧链交替地伸向折叠面的上方或下方。在上图所示的例子中，相邻的多肽链方向相反，形成反向平行（antiparallel）β 折叠。图中展示了多肽骨架中的所有原子，氨基酸侧链则用 R 表示。（B）仅用碳（黑色和灰色）和氮（蓝色）原子显示的同一条多肽。（C）带状模型中用于表示 β 折叠的卡通符号（参见图 4-11B）。

图 4-14　螺旋是一种常见且规则的生物结构。当一系列相似的亚基以规则的方式相互结合时，就会形成螺旋。图片底部显示了两个亚基之间的相互作用，相应地形成了螺旋。这些螺旋分别是 2 个（A）、3 个（B）或者 6 个（C 和 D）亚基旋转一周。顶部图片显示的是从螺旋的正上方俯视拍摄的亚基排列图，可以看到（D）中的螺旋比（C）中的更宽，但是每圈所含的亚基数量是相同的。（E，F）螺旋可以是右旋或左旋。当判断螺旋的手性时，可以想象一下将螺丝钉拧入墙壁，顺时针转动拧进墙壁的螺丝钉是右旋的。请注意，当螺旋上下颠倒时，手性保持不变。在蛋白质中，α 螺旋几乎总是右旋。

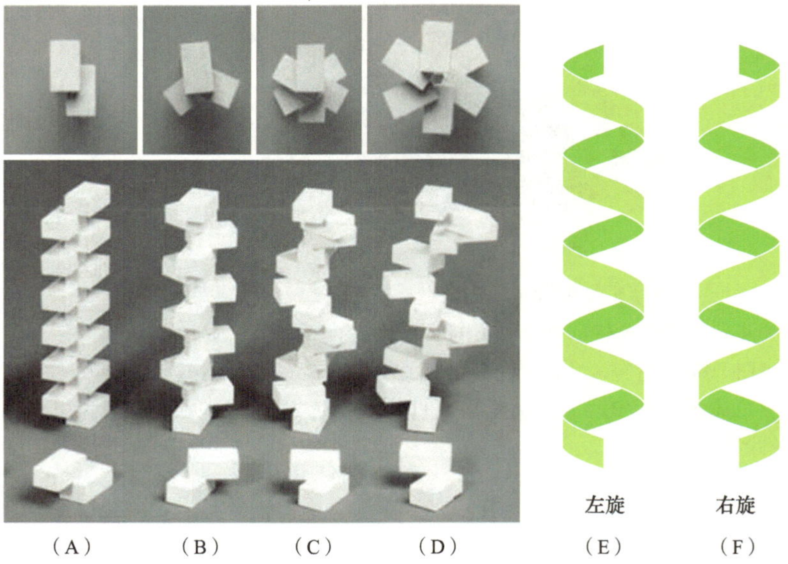

当单条多肽链绕其自身转动，以形成结构上刚性的圆柱体时，便产生了α螺旋。在同一个α螺旋中的每个氨基酸会与之后的第4个氨基酸形成一个氢键，氢键将一个肽键的C═O与另一个肽键的N—H连接（参见图4-12A），由此产生一个规则的右手螺旋，每一圈平均包含3.6个氨基酸（视频4.2）。

嵌入细胞膜的蛋白质如转运蛋白和受体，含有丰富的短α螺旋区。我们在第11章中会看到，膜蛋白跨越脂双层膜的部分通常会形成一个α螺旋，主要由带非极性侧链的氨基酸组成。多肽骨架是亲水的，在螺旋内部自身形成氢键，由伸出的非极性侧链形成对膜疏水脂质环境的屏障（图4-15）。

有时会有两个（或三个）α螺旋彼此缠绕在一起，形成一种特别稳定的结构，称为**卷曲螺旋**（coiled-coil）。当两个α螺旋的大部分非极性（疏水）侧链分布在一侧时，它们可以相互缠绕，使疏水侧链朝向内侧，从而形成这种尽量减少与水性的胞质溶胶接触的结构（图4-16）。许多伸展的蛋白质，包括在头发和皮肤外层发现的α-角蛋白，以及负责肌肉收缩的肌球蛋白，都形成这种长棒状的、卷曲螺旋的结构框架（将在第17章中讨论）。

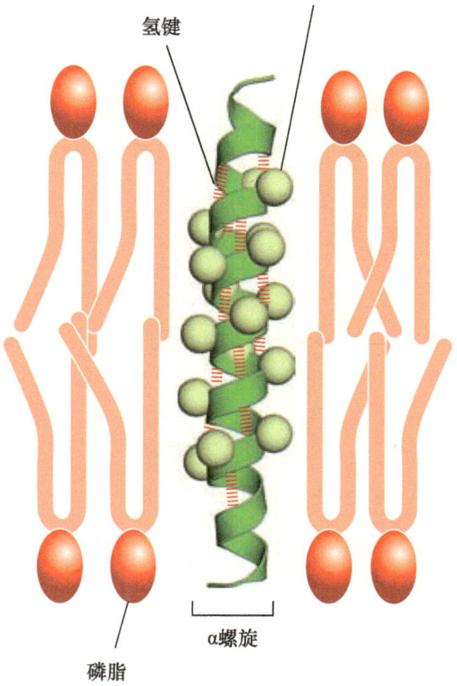

图4-15　许多膜结合蛋白以α螺旋的形式跨越脂质双层。形成α螺旋的氨基酸的疏水性侧链与磷脂分子的疏水性烃尾部接触，而多肽骨架的亲水性部分则在螺旋内部彼此形成氢键。这种方式的跨膜需要约20个氨基酸。请注意，尽管图中显示螺旋内部有一定空间，但螺旋不是通道，没有离子或小分子可以通过。

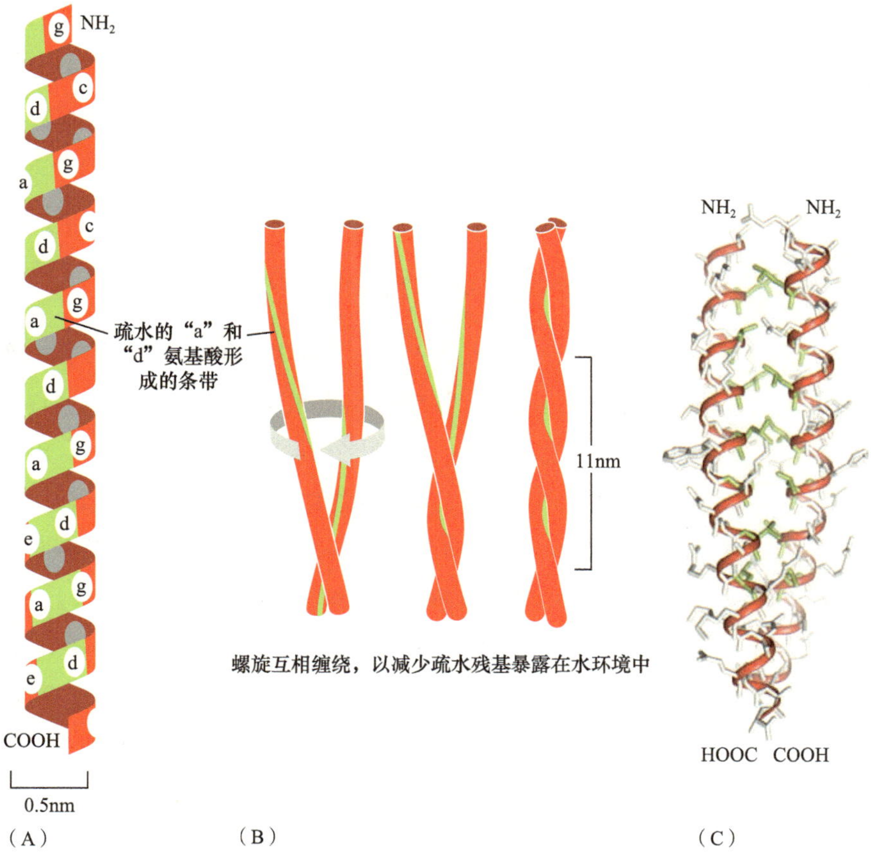

图4-16　互相缠绕的α螺旋可以形成一个刚性的卷曲螺旋。（A）显示了一个α螺旋，其中连续的氨基酸侧链以"abcdefg"七重重复的短序列进行标记。这种序列中的氨基酸"a"和"d"在圆柱表面靠得很近，形成一条纹路（绿色）在螺旋的外周缓慢缠绕。形成卷曲螺旋的蛋白质在"a"和"d"位置通常是非极性氨基酸。因此，如（B）所示，两个α螺旋可以相互缠绕，其中一个α螺旋的非极性侧链与另一个α螺旋的非极性侧链相互作用，而相对更亲水的氨基酸侧链（红色）则暴露在含水环境中。（C）通过X射线晶体学确定的由两个α螺旋形成的卷曲螺旋的部分原子结构。在该结构中，螺旋的主链以红色显示，与之相互作用的非极性侧链为绿色，其余侧链为浅灰色。卷曲螺旋也可以由三个α螺旋形成（视频4.3）。

β 折叠在许多蛋白质的核心处形成刚性结构

当并排放置的多肽链的区段之间形成氢键时，就会形成 β 折叠（参见图 4-13A）。当相邻的区段以相同的方向（如从 N 端到 C 端）排列时，形成平行 β 折叠（parallel β sheet）；当它们以相反的方向排列时，就会形成反向平行 β 折叠（antiparallel β sheet）（图 4-17）。两种类型的 β 折叠都会产生非常刚性的褶皱结构，构成许多蛋白质的核心。即使是小的细菌转运蛋白 HPr（参见图 4-11），也含有几个 β 折叠。

β 折叠的性质很特殊，它们赋予了蚕丝纤维超群的抗拉伸强度，同时也是淀粉样蛋白结构（amyloid structure）的基础。在淀粉样蛋白结构中，β 折叠堆叠成一长排，氨基酸侧链像拉链的锯齿一样相互交叉（图 4-18）。这种结构在细胞中发挥着重要作用，我们将在本章后面对其进行讨论。然而，正如我们接下来所看到的，它们也会导致疾病。

蛋白质的错误折叠造成引发疾病的淀粉样蛋白结构

蛋白质折叠不正确有时会形成淀粉样蛋白结构，对细胞甚至整个组织造成破坏。这些淀粉样蛋白结构可导致许多神经退行性疾病，如阿尔茨海默病和亨廷顿病。一些传染性神经退行性疾病，包括绵羊的瘙痒病、牛海绵状脑病

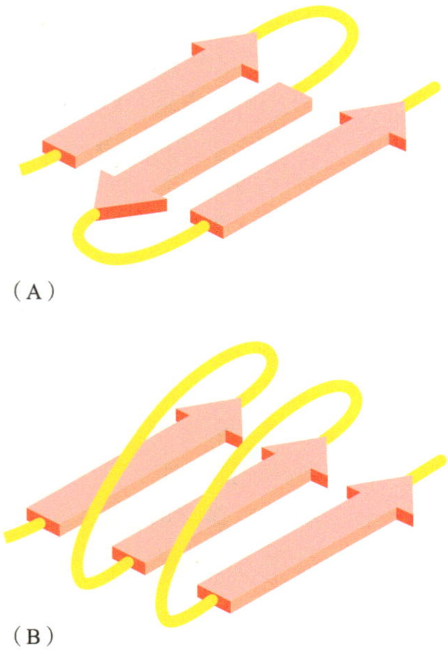

图 4-17　β 折叠有两种形式。（A）反向平行的 β 折叠（也参见图 4-13A）。（B）平行的 β 折叠。这两种结构在蛋白质中都很常见。按照惯例，箭头指向多肽链的 C 端（视频 4.4）。

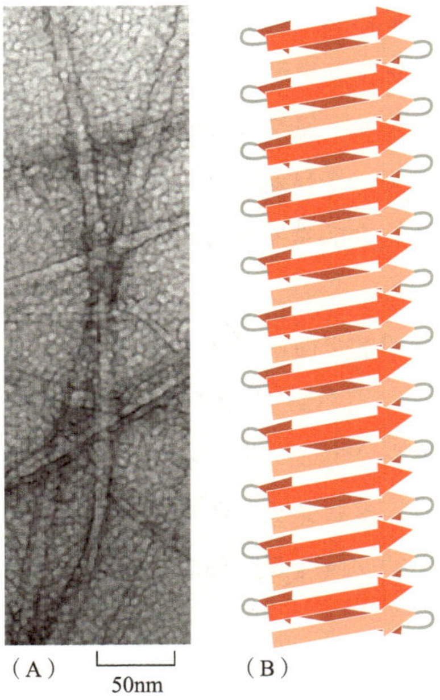

图 4-18　β 折叠可以堆叠形成淀粉样蛋白结构。（A）来自酵母的淀粉样蛋白结构的电子显微镜照片。这种结构类似于在患有神经退行性疾病个体的神经元中观察到的不溶性聚集体（参见图 4-19）。（B）β 折叠堆叠形成的单个淀粉样蛋白链稳定结构示意图。（图 A 来自 M.R. Sawaya et al., *Nature* 447：453-457, 2007。蒙 Macmillan Publishers Ltd. 惠许。）

（BSE，又叫“疯牛病”）和人类的克-雅病（CJD），是由称为朊病毒（prion）的错误折叠的蛋白质引起的。这些朊病毒蛋白可以将脑部正确折叠的蛋白质转化为异常构象，进而使错误折叠的朊病毒蛋白形成聚集体（图 4-19），在细胞间迅速传播，最终导致动物或人的死亡。因为朊病毒可以通过污染的食物、血液或手术器械，由感染的个体向正常个体传播，因而被认为具有“传染性”。

蛋白质具有多层次的组织形式

蛋白质的结构不仅限于 α 螺旋和 β 折叠，它的完整构象包括几个相互依存的组织层次，每一个层次的构建均依赖于上一层次。蛋白质的结构从氨基酸序列开始，因此氨基酸序列是蛋白质的**初级结构**（primary structure）。下一级结构包括在多肽链的某些区段内形成的 α 螺旋和 β 折叠，它们是蛋白质的**二级结构**（secondary structure）。由整个多肽链形成的完整的三维构象——包括 α 螺旋、β 折叠，以及在 N 端与 C 端之间形成的所有其他卷曲和折叠，也被称为**三级结构**（tertiary structure）。最后，如果蛋白质分子是由多条多肽链构成的复合物，那么这些相互作用的多肽形成**四级结构**（quaternary structure）。

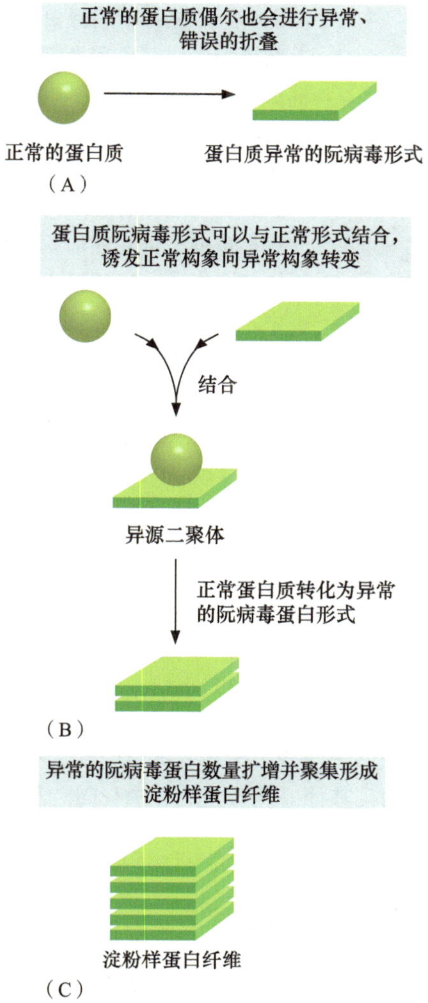

图 4-19　朊病毒疾病是由可以传播的错误折叠形式的蛋白质所引起的。（A）一个蛋白质经过罕见的构象变化形成异常折叠的朊病毒蛋白。（B）该异常蛋白可将宿主脑部正常的蛋白质转化为错误折叠的朊病毒蛋白。（C）朊病毒蛋白聚集形成淀粉样蛋白纤维，它们能够破坏脑部细胞的功能，导致神经退行性疾病（可参见图 4-18）。在主要的神经退行性疾病如阿尔茨海默病中，淀粉样蛋白纤维可能可以以这种方式在细胞间进行传播。

对蛋白质的构象、功能和演化的研究也揭示了另一种重要的组织层次，即**蛋白质结构域**（protein domain）。一条多肽链中，任何可以独立地折叠成紧凑和稳定结构的区段，都可以成为蛋白质结构域。蛋白质结构域通常含有 40 ～ 350 个氨基酸，并折叠成 α 螺旋和 β 折叠或其他二级结构，它是构成许多大的蛋白质的模块单元（图 4-20）。

蛋白质的不同结构域通常具有不同的功能。如图 4-20 所示，细菌的分解代谢物激活蛋白（CAP）具有两个结构域：结合 DNA 的小结构域和结合细胞内信号分子 cAMP 的大结构域。当大结构域结合 cAMP 时，它会引起蛋白质的构象变化，使小结构域能够结合特定的 DNA 序列，从而促进邻近基因的表达。图 4-21 显示了三个不同结构域的带状模型，用以初步认识在蛋白质中观察到的许多不同的结构域。

蛋白质也包含无固定结构的区域

较小的蛋白质分子，如载氧肌红蛋白，只含有一个结构域（参见图 4-10），而较大的蛋白质可以包含多达几十个结构域，这些结构域通常由短的、无固定结构的多肽链相连接。在开发出能够识别氨基酸序列中的**固有无序序列**（intrinsically disordered sequence）的生物信息学方法后，人们才意识到，这种由于热运动而不断弯曲的无序序列十分普遍。根据现有的估计，1/3 的真核生物蛋白在其多肽链中具有长度大于 30 个氨基酸的无固定结构区域。这些

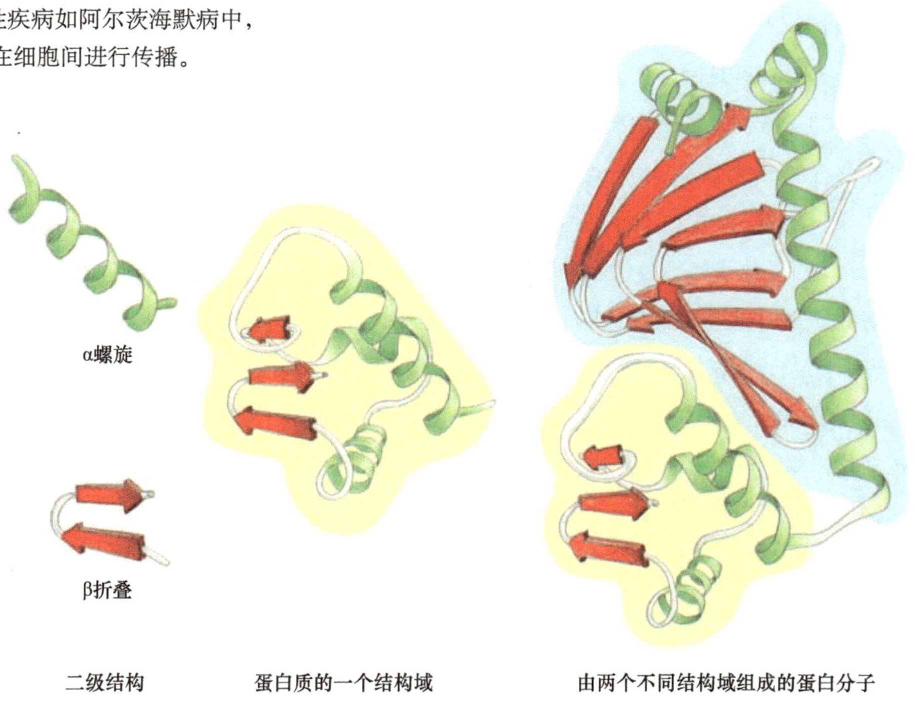

图 4-20　许多蛋白质由独立的功能结构域所组成。 α 螺旋和 β 折叠等二级结构组装形成稳定的、可独立折叠的球状组分，称为蛋白质结构域。一个蛋白质通常由一个或多个结构域组成，结构域之间通过相对松散的无结构多肽区域相连接。右侧图中的条带模型展示了细菌转录调节蛋白 CAP 的结构，它包括一个大的结合 cAMP 的结构域（蓝色）和一个小的结合 DNA 的结构域（黄色）。该蛋白质的功能将在第 8 章讨论（参见图 8-9）。

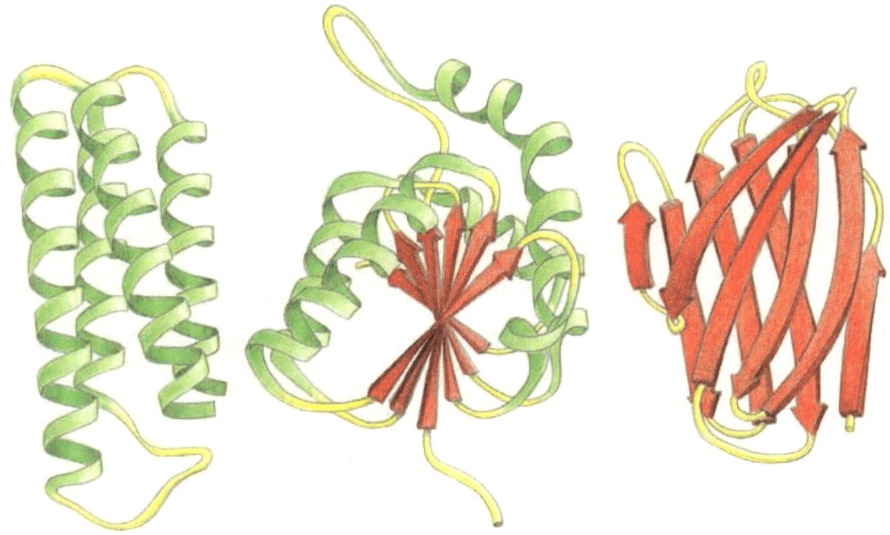

图 4-21 三种不同蛋白质结构域的带状模型。(A) 细胞色素 b_{562} 是大肠杆菌中参与电子转移的单结构域蛋白质，它几乎完全由 α 螺旋所组成。(B) 乳酸脱氢酶的 NAD 结合结构域由 α 螺旋和 β 折叠混合而成。(C) 抗体分子的一个免疫球蛋白结构域由两个反向平行的 β 折叠夹层所组成。在这些例子中，α 螺旋以绿色显示，β 折叠以红色显示。伸出的卷曲区域（黄色）通常是无固定结构的、可以为其他分子提供结合位点的区域。

无固定结构的序列在细胞中具有重要功能，我们将在本章后面讨论。

在许多潜在可能的多肽链中，只有少数是有功能的

理论上，20 种不同的氨基酸可以组合成大量不同的多肽链。因为每个氨基酸的化学性质不同，并且原则上可以位于肽链的任何位置，所以长度为 4 个氨基酸的多肽链可能具有 $20 \times 20 \times 20 \times 20 = 160\ 000$ 个不同的序列。对于一个典型的、长度为 300 个氨基酸的蛋白质，意味着理论上可以形成 20^{300}（即 10^{390}）个不同的多肽链。这还只是一种蛋白质。

在数量惊人的潜在多肽序列中，细胞实际上只合成其中极小一部分。这是因为大多数生物学功能依赖于具有稳定、明确的三维构象的蛋白质。这就极大地限制了活细胞中可能存在的多肽序列。另一个限制因素是功能性蛋白质必须“表现良好”，并且不与细胞内的其他蛋白质发生错误的结合，而导致诸如不溶性蛋白质聚集体的形成。因此，许多潜在的蛋白质序列会在长期的验错性演化过程中被自然选择所除去（将在第 9 章讨论）。

由于自然选择，许多目前存在的多肽氨基酸序列已经通过演化采用了一种稳定的构象，它赋予了蛋白质精确的化学特性，使蛋白质能够执行特定的功能。蛋白质的构建十分严谨，一个氨基酸中几个原子的变化有时都会破坏蛋白质的结构，从而破坏其功能。事实上，许多蛋白质的构象及其结构域非常稳定和有效，且在各种生物体的演化过程中十分保守。例如，10 亿年前酵母、动物和植物在演化上就已经分开，但它们的一些转录调控因子的 DNA 结合结构域的三维结构几乎是完全重合的。然而，正如我们现在所讨论的，其他一些蛋白质在演化过程中则改变了它们的结构和功能。

蛋白质可以归类为不同家族

一个蛋白质一旦演化出一种可以被生物体利用的稳定构象，其结构可以随着时间推移而修饰，使其能够行使新功能。我们知道，这种事情在演化过程中经常发生，因为现在的许多蛋白质可以归类为不同的**蛋白质家族**（protein family），家族中的成员之间具有非常相似的氨基酸序列和三维构象。

举个例子，*丝氨酸蛋白酶*（serine protease）是一个蛋白质剪切酶（蛋白水解酶）家族，包括胰凝乳蛋白酶和胰蛋白酶等消化酶、弹性蛋白酶，以及几种参与血液凝固的蛋白酶。当对该家族中任意两种酶进行比较时，可以发现部分氨基酸序列几乎完全相同。它们的三维构象的相似性更加惊人：在长达几百个氨基酸的多肽链中，它们的大部分卷曲和拐角几乎都是相同的（图 4-22）。然而，这些丝氨酸蛋白酶的酶活性是不同的，它们切割不同的蛋白质或不同类型的氨基酸之间的肽键。

大蛋白分子所含的多肽链通常多于一个

弱的非共价键不仅可以使多肽链折叠成特定构象，也可以使蛋白质彼此结合，在细胞中形成更大的结构。蛋白

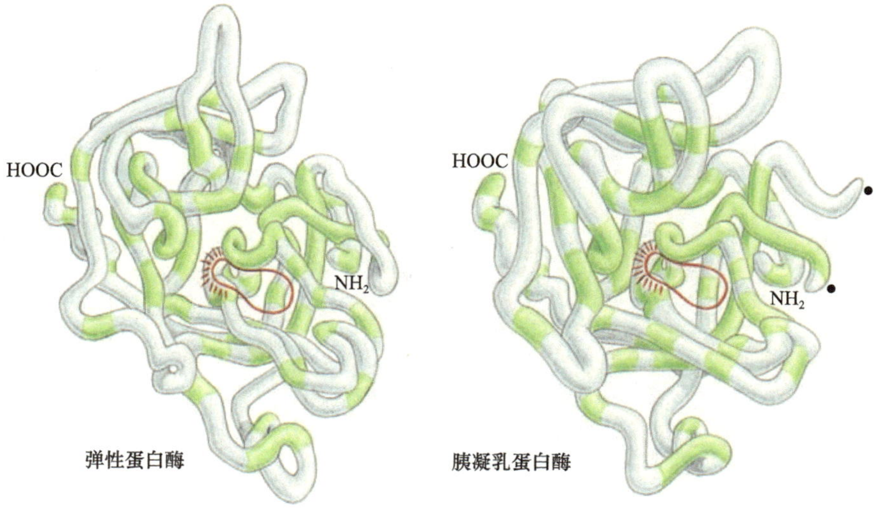

图 4-22　多种丝氨酸蛋白酶构成一个蛋白水解酶家族。图示为两种丝氨酸蛋白酶（弹性蛋白酶和胰凝乳蛋白酶）的骨架模型。虽然在两种蛋白质中只有绿色部分的氨基酸序列是完全相同的，但这两种蛋白质的构象几乎在任何地方都非常相似。然而，这两种蛋白酶却催化不同的底物。
供底物结合和反应的活性位点以红色圈出。丝氨酸直接参与切割反应，这是这种酶被称为丝氨酸蛋白酶的原因。胰凝乳蛋白酶分子右侧的黑色点表示酶切割自身骨架后产生的两个末端。

质表面通过非共价键与另一分子发生相互作用的区域称为*结合位点*（binding site）。一个蛋白质可以拥有多个结合位点，与不同大小的分子结合。当一个蛋白质的结合位点识别了另一个蛋白质的表面，通过该位点与之紧密结合，两条折叠的多肽链便会形成更大的蛋白质，表现出精确的四级结构。在这种蛋白质中，每条多肽链称为**亚基**（subunit），每个亚基可能含有一个以上的结构域。

在最简单的情况下，两条相同的、折叠后的多肽链，再通过两个相同的结合位点之间的相互作用结合在一起，形成具有两个蛋白质亚基（称为二聚体）的对称复合物。我们之前讨论过的细菌蛋白质 CAP，就是这样的二聚体（图 4-23A）；它由两个相同的蛋白质亚基组成，每个亚基含有两个结构域，如前面的图 4-20 所示。细胞中还有很多其他的、由相同多肽链的多个拷贝形成的对称蛋白质复合物。例如，*神经氨酸酶*（neuraminidase）由 4 个相同的蛋白质亚基呈环状排列而成（图 4-23B）。

其他的蛋白质则含有两种或多种不同的多肽链。在红细胞中负责携带氧气的*血红蛋白*（hemoglobin）就是一个很好的例子。该蛋白质含有对称排列的两个相同的 α-珠蛋白亚基和两个相同的 β-珠蛋白亚基（图 4-24）。许多蛋白质都含有多个亚基，这可能使得它们非常大（视频 4.5）。

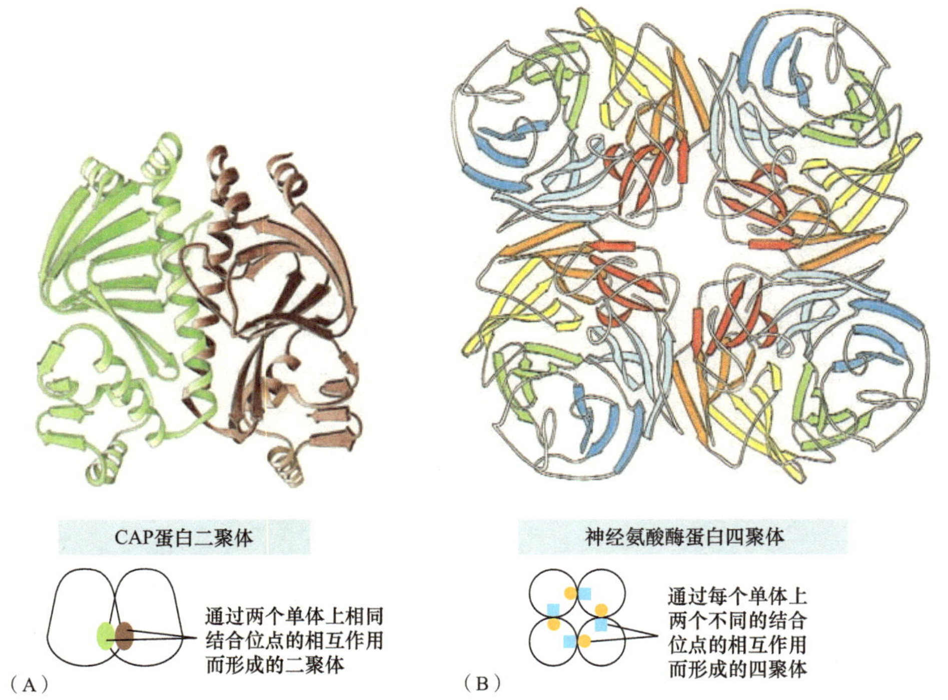

图 4-23　许多蛋白质分子含有多个拷贝的相同亚基。(A) 一个对称二聚体。CAP 蛋白是两条相同多肽链组成的复合物（也参见图 4-20）。(B) 对称的同源四聚体。神经氨酸酶是由四个相同多肽链组成的环状物。蛋白质结构下方的小示意图展示了亚基如何重复利用相同位点之间的相互作用来形成蛋白质结构。在 (A) 图中，使用每个单体上的相同结合位点（棕色和绿色椭圆），形成对称的二聚体。在 (B) 图中，利用每个单体上的一对不相同的结合位点（橙色圆圈和蓝色方块），形成对称的四聚体。

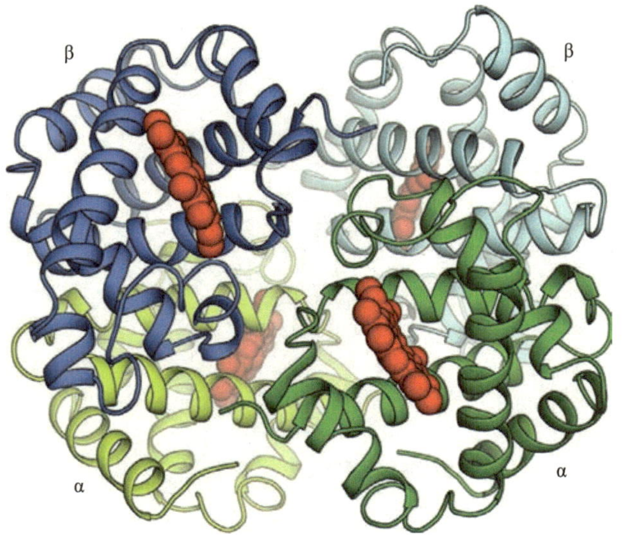

图 4-24　**有些蛋白质由两种不同亚基组成对称结构。**血红蛋白是红细胞中的一种含量很高的携氧蛋白，它含有两个拷贝的α-珠蛋白（绿色）和两个拷贝的β-珠蛋白（蓝色）。这四条多肽链中的每一条都形成一个血红素（红色）分子，用于结合一个氧分子（O_2）。因此，每个血红蛋白可以携带四个氧分子。

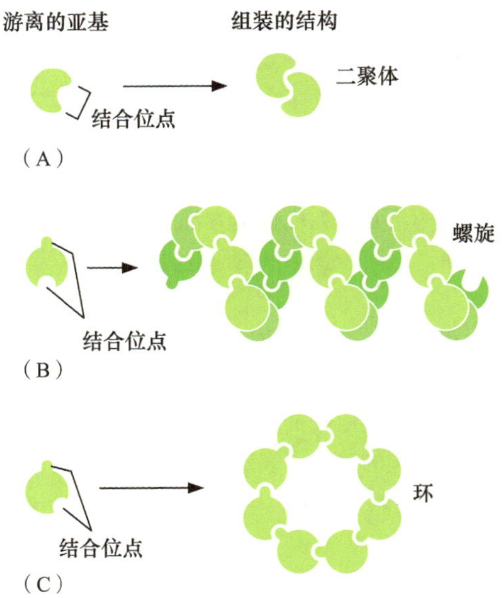

图 4-25　**相同的蛋白质亚基可以组装成复合物结构。**（A）仅有一个结合位点的蛋白质可以与另一个相同的蛋白质形成二聚体。（B）具有两个不同的结合位点的同一种蛋白质通常会形成长的螺旋状细丝。（C）如果两个结合位点正处在合适的相对位置，蛋白质亚基会形成闭环而不是螺旋（参见图 4-23B）。

蛋白质可以组装成丝状、片状或球状

蛋白质甚至可以形成比我们上文提到过的更大的组合体。最简单的情况是，当一个蛋白质分子上的结合位点与同一类型的另一个蛋白质分子的表面区域互补，就可以形成该蛋白质分子的长链。由于每个蛋白质分子都以相同的方式与相邻蛋白质结合（参见图 4-14），这些分子通常会排列成螺旋状，可以往周边无限延伸（图 4-25）。这种类型的排列可以形成细长的蛋白质细丝。例如，肌动蛋白丝是由许多肌动蛋白分子组成的一条长螺旋结构（图 4-26）。肌动蛋白在真核细胞中非常丰富，是构成细胞骨架的主要蛋白成分之一（将在第 17 章中讨论）。其他情况下，同一种蛋白质可以像细胞骨架中的微管一样形成管状（图 4-27），或是像病毒颗粒的蛋白质外壳一样形成笼型球壳（图 4-28）。

许多大型结构，如病毒和核糖体，是由一种或多种蛋白质加上 RNA 或 DNA 分子混合而成的。这些结构可以被纯化和分离出来，并把组成它们的大分子都解离出来。将这些分离出来的组分重新混合在一起，通常可以观察到它们能够自发组装成原来的结构。这表明组装复杂结构所

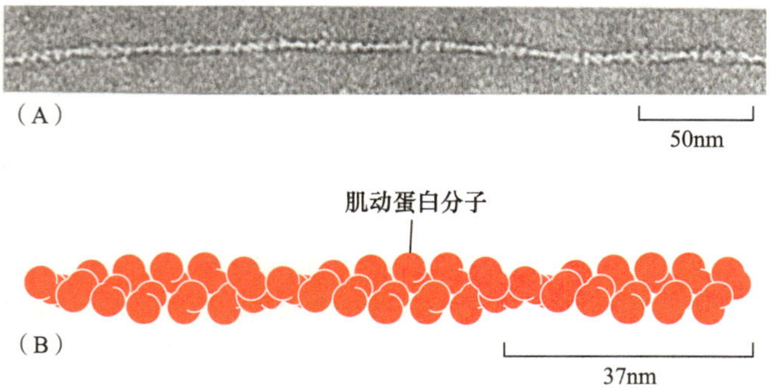

图 4-26　**肌动蛋白丝由相同的蛋白质亚基组成。**（A）肌动蛋白丝的透射电子显微照片。（B）肌动蛋白细丝中肌动蛋白分子的一个螺旋阵列通常含有数千个分子，可在细胞中延伸至几微米（μm）；1μm = 1000nm。（图 A 蒙 Roger Craig 惠赠。）

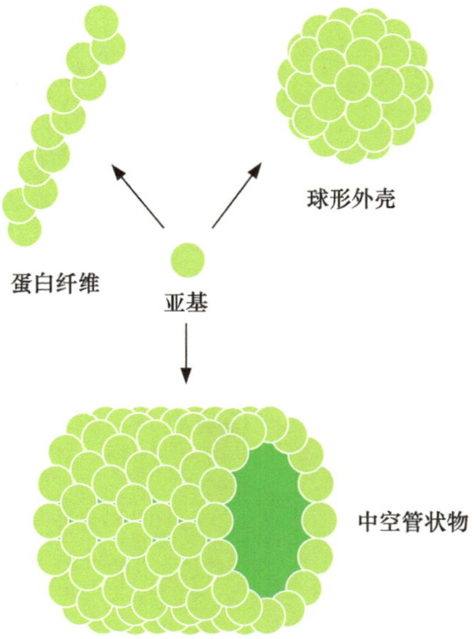

图 4-27　**同一类型的蛋白质亚基可以装配形成细丝、中空管或球形外壳。**例如，肌动蛋白亚基形成肌动蛋白丝（参见图 4-26），微管蛋白亚基形成空心的微管，一些病毒蛋白则形成包裹着病毒基因组的球壳（衣壳）（参见图 4-28）。

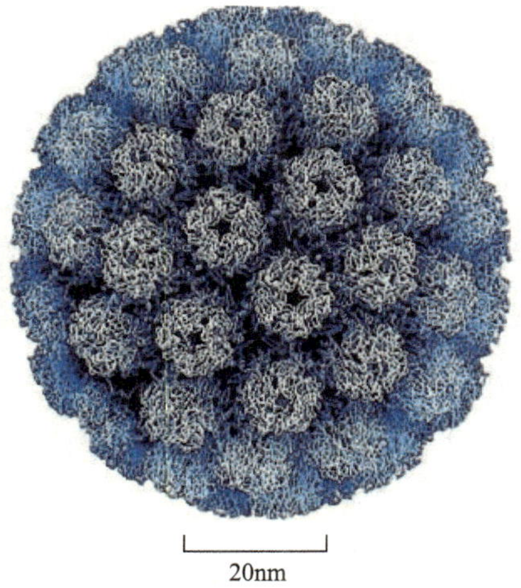

图 4-28 许多病毒的衣壳本质上是球形蛋白的组合物。它们是由一小簇蛋白质亚基的许多拷贝组装而成的。病毒核酸（DNA 或 RNA）包裹在里面。上图中显示的猿猴病毒 SV40 的结构是通过 X 射线晶体学所确定的，且已解析到其原子层面的细节信息。（图片蒙 Robert Grant，Stephan Crainic 和 James M. Hogle 惠赠。）

需的所有信息都包含在大分子本身之中。这种类型的实验表明，细胞的大部分结构都是自行组装的，如果所需蛋白质的量合适，那么蛋白质就会自动形成适当的结构。

某些类型的蛋白质呈现为细长的纤维状

到目前为止，我们讨论的大多数蛋白质都是**球状蛋白**(globular protein)，由多肽链折叠成紧凑的具有不规则表面的球状。例如，酶通常是球状蛋白，尽管很多酶大而复杂，且具有多个亚基，但它们大多呈球形（参见图 4-10）。相反，那些在细胞需要跨越很远的距离才能发挥作用的蛋白质通常具有相对简单、细长的三维结构，称为**纤维蛋白**(fibrous protein)。

细胞内的纤维蛋白有一大类很像我们之前介绍 α 螺旋时提到的 α-角蛋白。角蛋白细丝非常稳定，头发、角和指甲这类长寿命的结构主要由这种蛋白质组成。α-角蛋白分子是两个相同亚基的二聚体，每个亚基的长 α 螺旋形成一个卷曲螺旋（参见图 4-16)。这些卷曲螺旋的两端都加上了含有结合位点的球状结构域，使它们能组装成绳状的中间丝（intermediate filament)。中间丝是细胞骨架的一个组成部分，赋予细胞机械强度（将在第 17 章中讨论)。

纤维蛋白在细胞外侧特别丰富，它们形成胶状的*细胞外基质*（extracellular matrix)，协助细胞结合在一起，形成组织。这些蛋白质由细胞分泌到周围环境中，组装成片状或长纤维状。胶原蛋白是动物组织中最丰富的胞外纤维蛋白。胶原蛋白分子由三条长多肽链组成，每条链上每逢第三个氨基酸就是一个非极性的甘氨酸。这种规则结构允许多肽链彼此缠绕，以甘氨酸为中心，形成长而规则的三螺旋（图 4-29A)。许多这样的胶原蛋白分子以肩并肩和首尾相连的方式相互结合，形成长而重叠的排列，最终形成能将组织固定在一起的*胶原原纤维*（collagen fibril)（见第 20 章)。

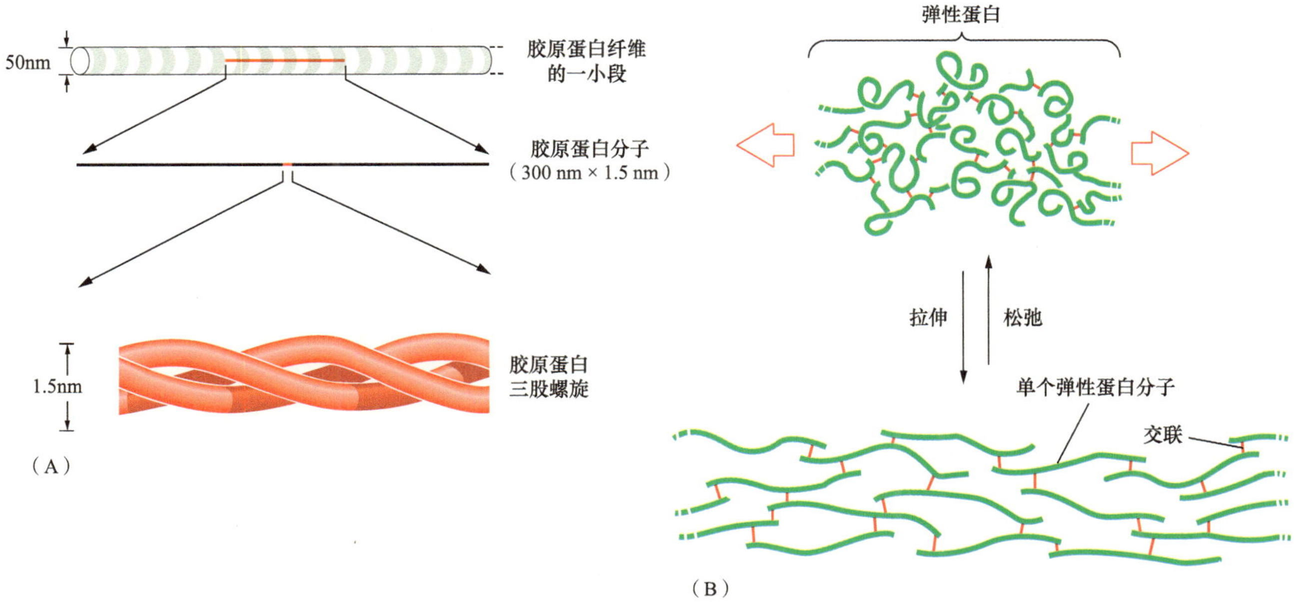

图 4-29 纤维状蛋白中胶原蛋白和弹性蛋白具有非常不同的结构。（A）胶原蛋白分子是由三条伸展的、彼此缠绕的蛋白链形成的三股螺旋。许多棒状胶原蛋白分子在细胞外空间交联在一起形成胶原原纤维（顶部），具有很强的抗拉伸强度。胶原原纤维上的条纹是由原纤维内的胶原分子的规则重复排列引起的。（B）弹性蛋白分子通过共价键（红色）交联在一起，形成橡胶状弹性纤维。当纤维被拉伸时，每个弹性蛋白的多肽链展开形成更加舒展的构象，一旦拉伸力松开，弹性蛋白就会自发地回缩。

在细胞外基质中，与胶原蛋白形成鲜明对比的另一种纤维蛋白是**弹性蛋白**（elastin）。弹性蛋白分子由相对松散且无固定结构的多肽链形成，多肽链共价交联成橡胶状弹性网状结构。由此产生的**弹性纤维**（elastic fiber）使皮肤和其他组织（如动脉和肺）能够伸缩，不会被撕裂。如图 4-29B 所示，弹性是来源于蛋白质分子在被拉伸时可以进行可逆性退回的能力。

细胞外蛋白通常进行共价交联而得以稳定

许多蛋白质分子会附着在细胞膜表面或被分泌到细胞外面，成为胞外基质的一部分，这使它们暴露于胞外潜在的恶劣环境中。为了维持结构，这些蛋白质中的多肽链通常会通过共价交联来得到稳定。这些连接可以将同一多肽链中的两个氨基酸连接在一起，也可以将大的蛋白质复合物中的不同多肽链连接在一起（如胶原纤维和弹性纤维）。交联有各种不同的类型。

蛋白质中最常见的共价交联是**二硫键**（disulfide bond，S—S 键）。这些二硫键是在蛋白质分泌之前由内质网中的一种酶催化形成的，该酶将蛋白质中相邻的半胱氨酸侧链的两个—SH 基团连接在一起（图 4-30）。二硫键不会改变蛋白质的构象，而是作为一种“原子钩环”来加固蛋白质最有利的构象。例如，在泪液、唾液和其他分泌物中存在一种可破坏细菌细胞壁的酶，称为溶菌酶。它能长时间保持抗菌活性，就是由于其二硫键的存在。

胞质溶胶的蛋白质通常不会形成二硫键，因为胞质中含有高浓度的还原剂，能将二硫键转回到半胱氨酸的—SH 基团状态。不过，在细胞内相对温和的条件下，蛋白质显然也不需要二硫键来加强结构。

蛋白质如何工作

蛋白质的形态和功能密切相关。蛋白质侧链的表面形貌决定了蛋白质的结构、化学特性和活性，这三者共同赋予了蛋白质特殊的能力，使之能够协调细胞中大量发生的各种动态过程。但根本的问题是：蛋白质如何发挥作用？在本节中，我们将看到蛋白质的活性取决于它们特异性结合其他分子的能力，这种能力使它们能够成为催化剂、结构支持物和微型马达等。我们这里所举的例子无法囊括蛋白质繁多的功能特性，然而，在本书其他地方所遇到的蛋白质，它们所执行的独特功能都是基于上述相同的原理。

所有蛋白质都与其他分子结合

一个蛋白质分子的生物学特性取决于它与其他分子的物理相互作用。作为机体防御的一部分，抗体可以结合病毒或细菌；己糖激酶结合葡萄糖和 ATP，催化二者之间的反应；肌动蛋白分子彼此结合，组装成长的细丝。实际上，所有蛋白质都以特定方式黏附或结合其他分子。这种结合在某些情况下很紧密，有时候却很弱，而且短暂。

蛋白质与其他生物分子的结合通常具有很强的**特异性**（specificity）：每个蛋白质分子只能与它遇到的数千种不同分子中的一个或几个分子结合。任何被蛋白质结合的物质，无论是离子、有机小分子还是大分子，均被称为该蛋白质的一种**配体**（ligand，源自拉丁语 *ligare*，意为“结合”）。

蛋白质与配体的这种选择性和高亲和性的结合能力，取决于二者之间形成的氢键、静电力和范德华力等弱的非

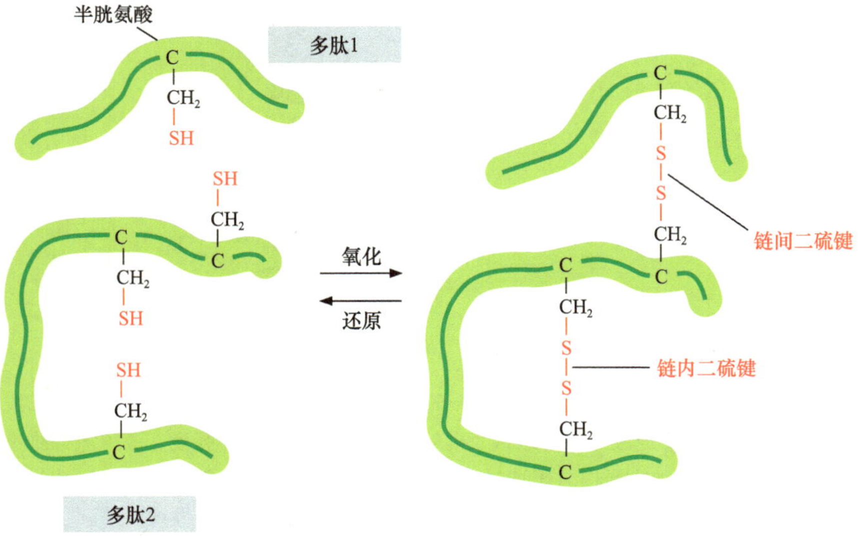

图 4-30　二硫键有助于稳定有利的蛋白质构象。该图说明了在相邻的半胱氨酸侧链之间如何通过—SH 基团的氧化而形成共价二硫键。如图所示，这些交联可以连接同一多肽链的两个部分或两个不同的多肽链。因为破坏一个共价键所需的能量远远高于破坏一系列非共价键所需的能量（参见表 2-1），所以二硫键可以稳定蛋白质的折叠结构（视频 4.6）。

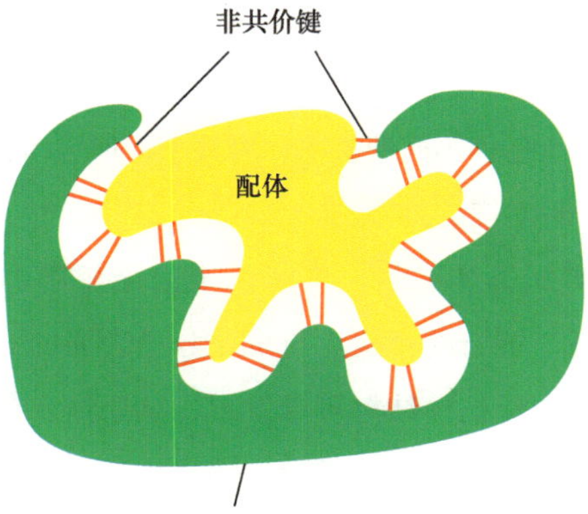

(A)

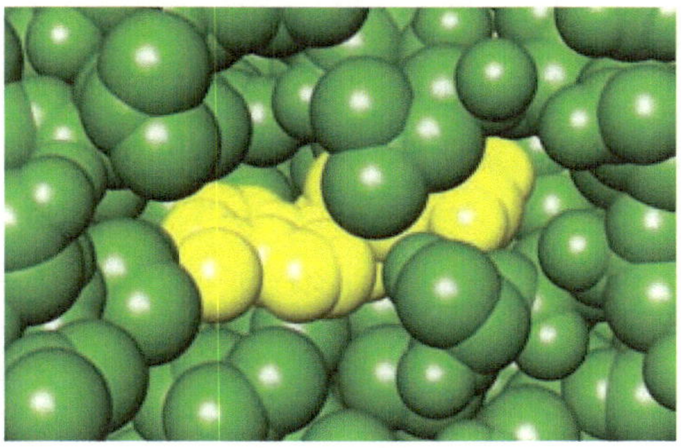

(B)

图 4-31　**蛋白质与另一种分子的结合具有高度选择性。**蛋白质与另一个分子（配体）紧密结合需要许多弱的相互作用，因此配体必须与蛋白质的结合位点精确地匹配，以便蛋白质和配体之间形成大量的非共价相互作用。(A) 蛋白质和配体的结合示意图；(B) 图 4-32 所示的配体-蛋白质相互作用的空间填充模型。

共价相互作用以及疏水力（参见表 2-3）。单个非共价相互作用很弱，因此蛋白质与配体的有效结合，需要同时形成很多这样的键。而这种情况只有当配体分子的表面轮廓与蛋白质非常契合时才有可能实现，就像手伸进手套一样（图 4-31）。

当蛋白质与配体表面不匹配时，非共价相互作用几乎不能发生，两个分子即使碰在一起也会快速解离。这可以防止不匹配的分子之间发生错误和不必要的结合。另一个相反的极端是，当许多非共价相互作用形成时，结合会持续存在（见视频 2.4）。任何时候，只要生物功能需要分子保持长时间的紧密结合，这种强相互作用就会在细胞中发生。例如，一组生物大分子聚集在一起，就可以形成类似核糖体那样的亚细胞结构。

蛋白质上与配体结合的区域，即**结合位点**（binding site），通常是蛋白质表面上特定排列的氨基酸侧链形成的空腔。这些侧链所属的氨基酸在线性的多肽链上可能相距甚远，当蛋白折叠时它们才聚集在一起（图 4-32）。蛋白质表面上的其他区域通常可以为不同的配体提供结合位点，进而调节蛋白质的活性，详情我们将在后文进行讨论。蛋白质的其他部分还可用于将蛋白质吸引或附着到胞内的特定位置，例如，跨膜蛋白质的疏水 α 螺旋使其能够插入

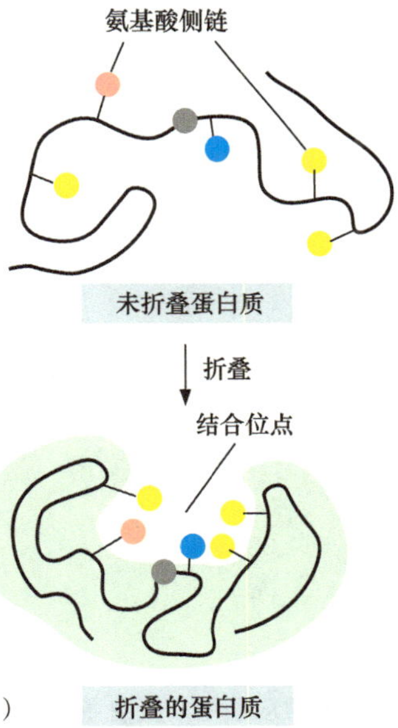

(A)

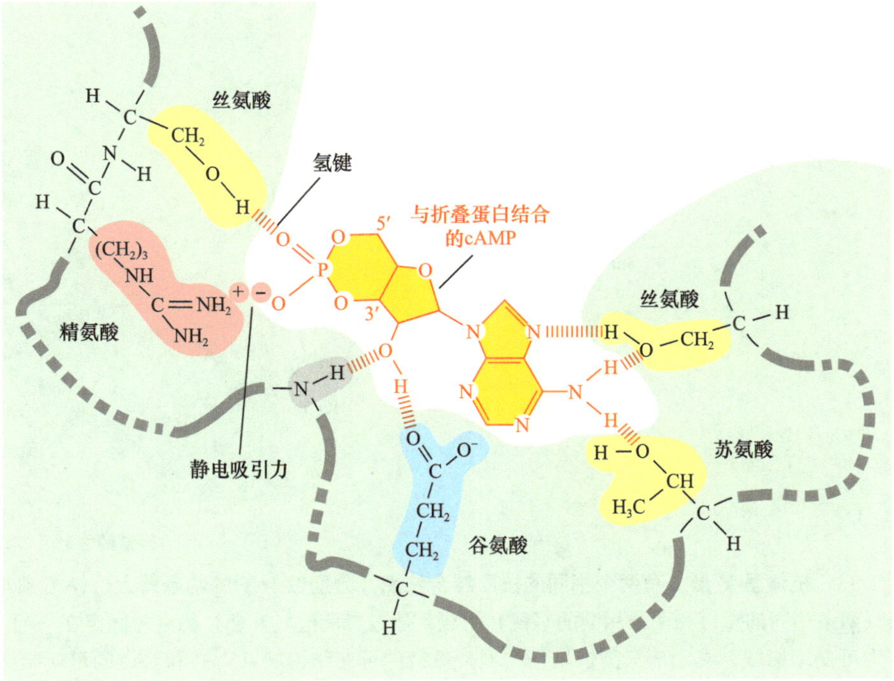

(B)

图 4-32　**结合位点使蛋白质与特定的配体发生相互作用。**(A) 多肽链的折叠通常在蛋白质表面上产生缝隙或空腔，空腔中包含一组特定的氨基酸侧链，它们的排列方式使它们仅能与特定的配体形成一系列的非共价键。(B) 实际结合位点的特写视图，显示蛋白质与其配体之间形成的氢键和静电相互作用（在本例中，结合的配体是 cAMP，以深黄色显示）。

细胞膜的脂双层中（参见图 4-15，将在第 11 章中讨论）。

虽然蛋白质内部的原子与配体没有直接接触，但它们提供了一个基本框架，帮助塑造蛋白质的表面轮廓和化学性质。蛋白质内部氨基酸即使发生微小的变化，也可能改变蛋白质的三维形状并破坏其功能。

人体能产生数十亿种抗体，每种抗体都有各自的结合位点

所有蛋白质必须与特定的配体结合才能发挥其对应功能。对抗体来说，可能的配体的范围是无限的，这些配体包括在细菌、病毒或其他传染媒介上发现的各种分子。面对如此多样的配体，身体如何制造抗体去识别和结合它们呢？

抗体（antibody）是免疫系统响应外来分子，特别是响应入侵微生物表面上的抗原分子，从而产生的免疫球蛋白。每种抗体都可以紧密结合特定的靶分子，或者直接使靶分子失去活性，或者将其标记以便加以破坏。抗体对其靶分子（称为**抗原**，antigen）的识别具有显著的特异性。我们可能会遇到数十亿种不同的抗原，所以人体必须能够产生出数十亿种不同的抗体，对几乎任何可以想象的抗原都能有一种对应的抗体。

抗体分子呈 Y 形，具有两个完全相同的抗原结合位点，每个抗原结合位点与抗原分子表面的一小部分互补。仔细分析抗体结构可以发现，抗原结合位点是由一对紧密并置的蛋白结构域的末端伸出的几个环而形成的（图 4-33）。在保持抗体基本结构不变的情况下，这些环中的氨基酸序列可以变化很大。因此，仅通过改变这些“高度可变环”的长度和氨基酸序列便可以产生大量不同的抗原结合位点，这就是不同抗体具有广泛多样性的原因（视频 4.7）。

鉴于抗体兼具特异性和多样性，其不仅在抵抗感染时必不可少，在科学研究中也很有价值，可用于鉴定、纯化和研究其他分子（图版 4-2）。

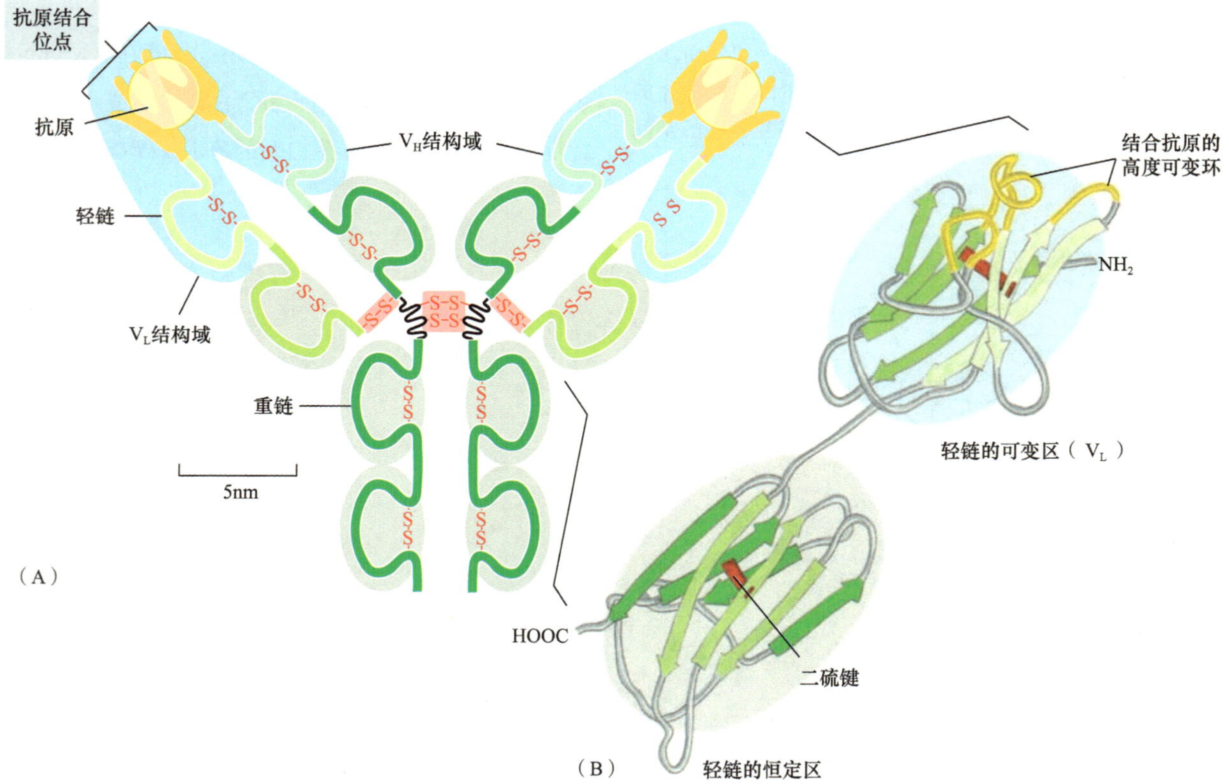

图 4-33　**抗体呈 Y 形，有两个相同的抗原结合位点，分别位于 Y 的两条臂上。**（A）典型抗体分子的示意图。蛋白质由四条多肽链（两条相同的重链和两条相同的轻链）组成，通过二硫键（红色）稳定并固定在一起。每条链由几个相似的区域组成，蓝色部分为可变结构域，灰色部分为恒定结构域。重链的可变结构域（V_H）和轻链的可变结构域（V_L）紧密结合在一起形成抗原结合位点。不同抗体间差异最大的氨基酸序列就位于这些区域，可变结构域因而得名。（B）单条轻链的带状模型，多肽链最多样化的部分（橙色）在可变结构域（V_L）的一端延伸为环，形成（A）中所示的抗体分子的一个抗原结合位点的一半。请注意，恒定结构域和可变结构域，均由两个反向平行的 β 折叠通过二硫键（红色）形成的夹层组成。

图版 4-2　制备和使用抗体

抗体分子

抗体是一类能够和其靶标（抗原）紧密结合的蛋白质。它们是脊椎动物抗感染的防御机制。每个抗体分子由两条相同的轻链和两条相同的重链组成，因此具有两个相同的抗原结合位点（参见图 4-33）。

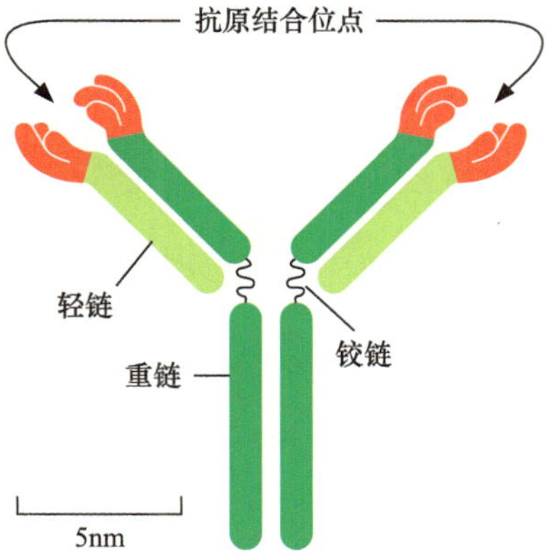

抗体特异性

人体可以产生数十亿种不同的抗体分子，每种分子都具有特定的抗原结合位点。每种抗体和其抗原的识别都具有高度的特异性。

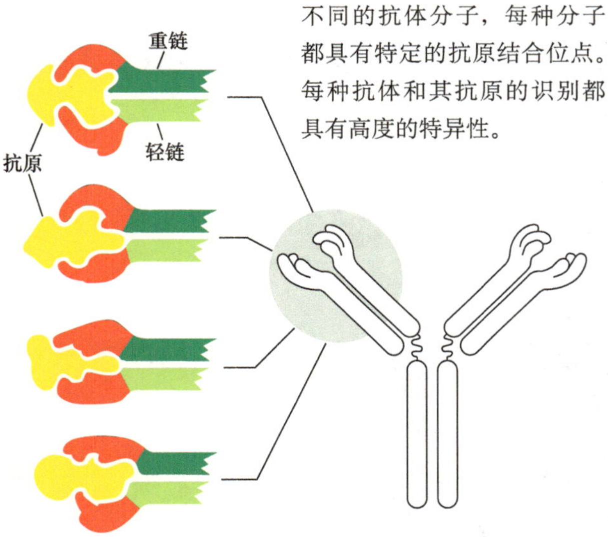

抗体保护我们免于感染

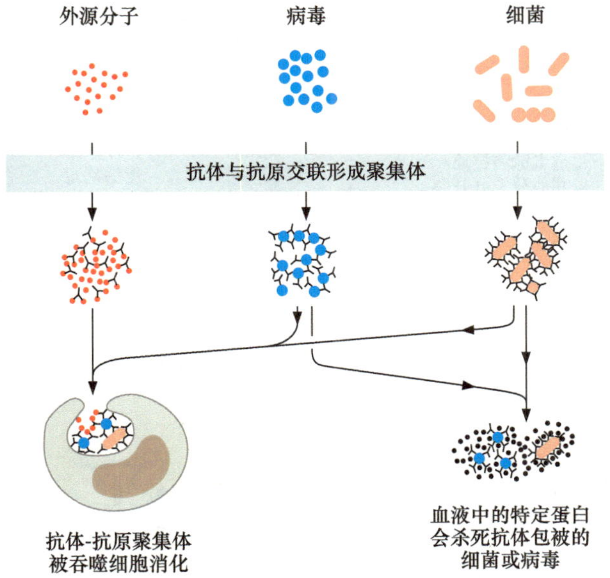

B 细胞产生抗体

抗体是由一类白细胞所产生，这类细胞称为 B 淋巴细胞或 B 细胞。每种静息的 B 细胞在其表面都携带有一种不同的膜结合的抗体分子，可作为受体来识别一种特定的抗原。当抗原与其受体结合时，B 细胞受到刺激进行分裂，并分泌出大量可溶性的同类抗体。

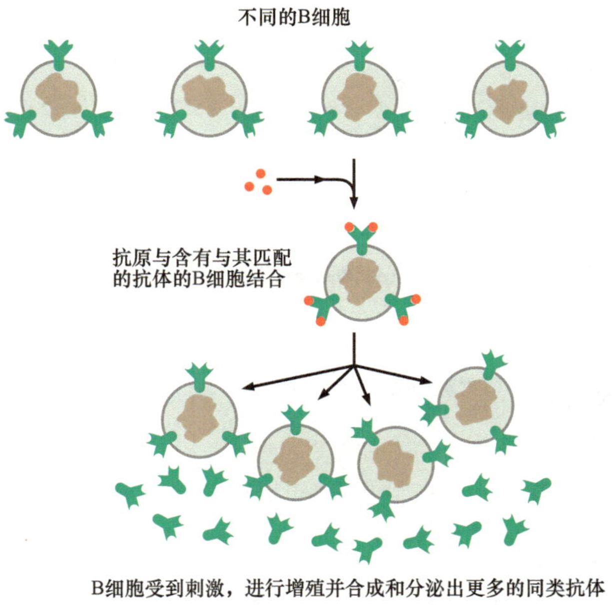

在动物中制备抗体

在实验室中，可通过将抗原 A 注射入动物（通常为小鼠、兔子、绵羊或山羊）来制备抗体。

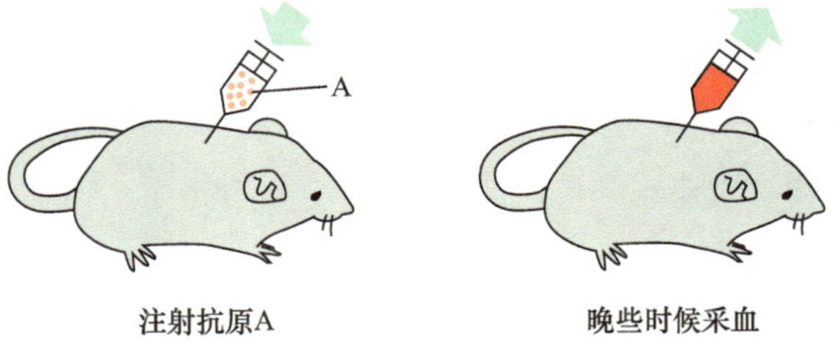

间隔数周后，再重复注射同一种抗原，可以刺激特定的 B 细胞分泌出大量抗 A 的抗体到其血液中。

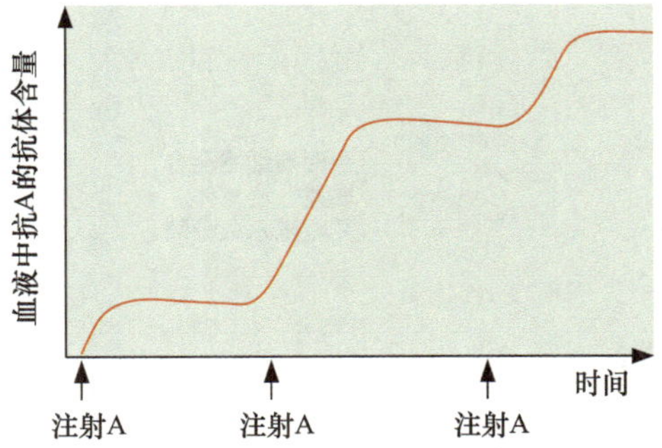

由于抗原 A 会刺激很多不同的 B 细胞，所以血液中会包含很多不同的抗 A 抗体，每种抗体结合 A 的方式略有不同。

利用抗体纯化分子

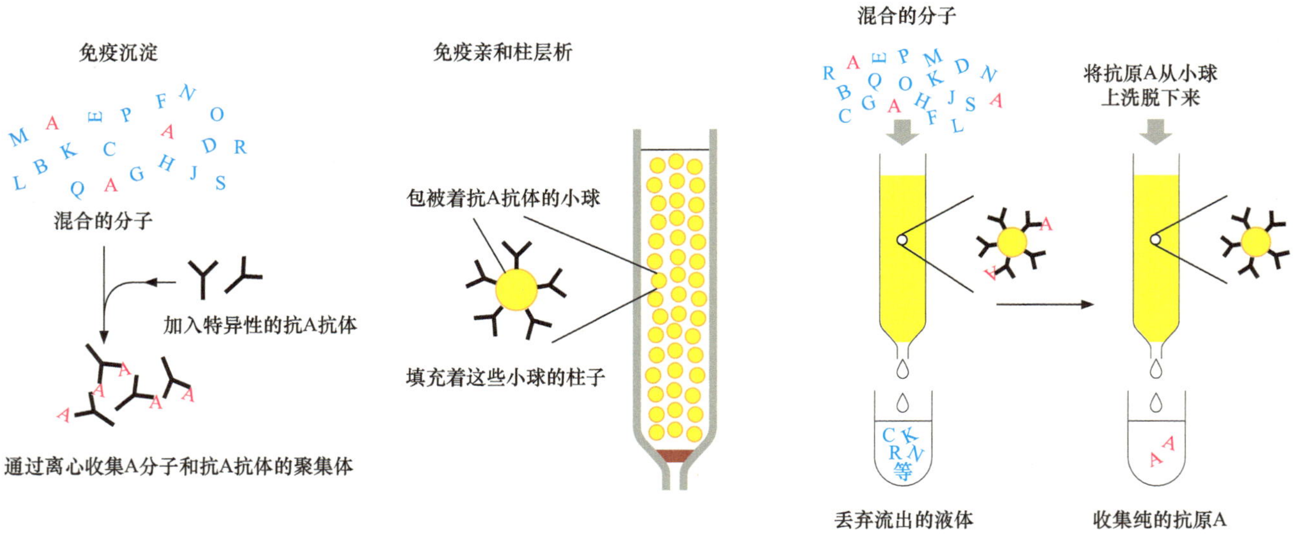

单克隆抗体

通过将B细胞（从已注射抗原A的动物中获取）与肿瘤细胞融合，可获得大量的单一类型的抗体。产生的杂交细胞能永久分裂，并能分泌单一类型（单克隆）的抗A抗体。

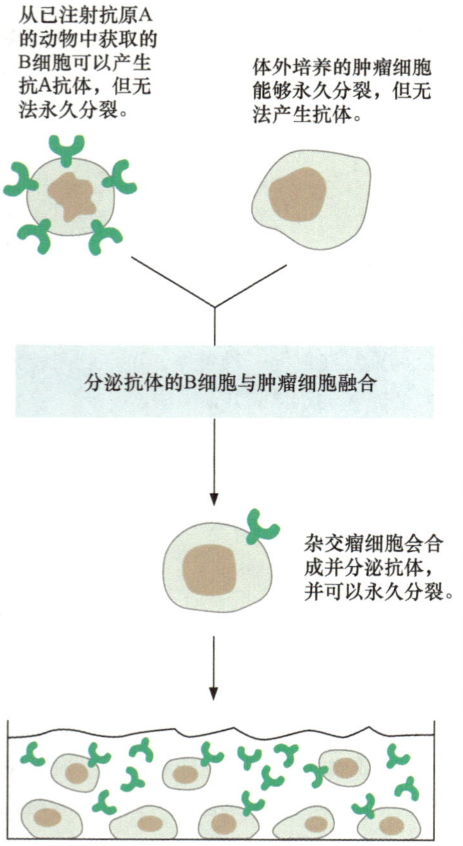

使用抗体作为分子标记

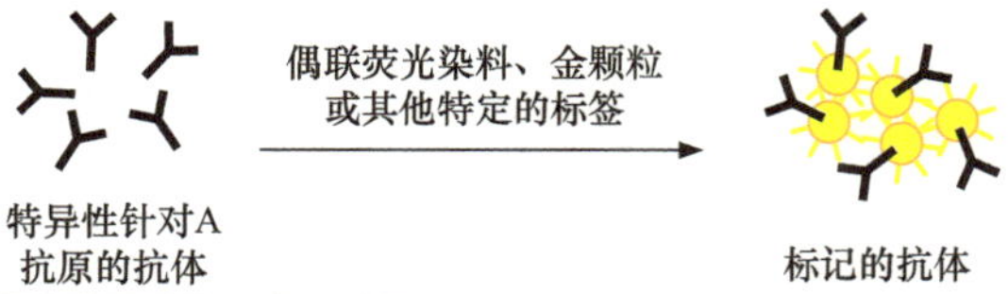

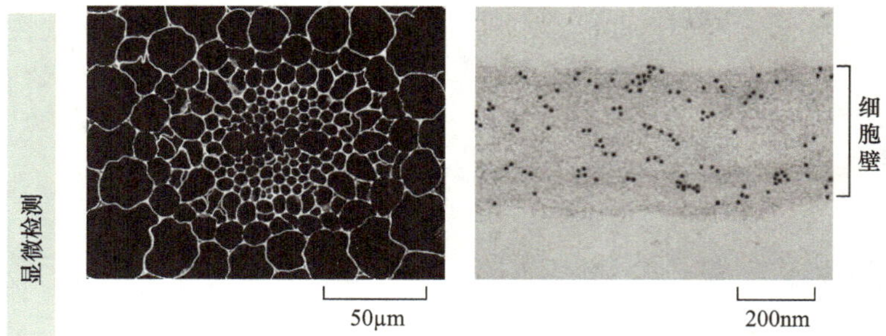

荧光抗体与组织中的抗原A结合并通过荧光显微镜进行检测。此处的抗原是植物组织细胞壁中的果胶

金标记的抗体和组织中的抗原A结合并用电子显微镜进行观察。此处的抗原是植物组织细胞壁中的果胶

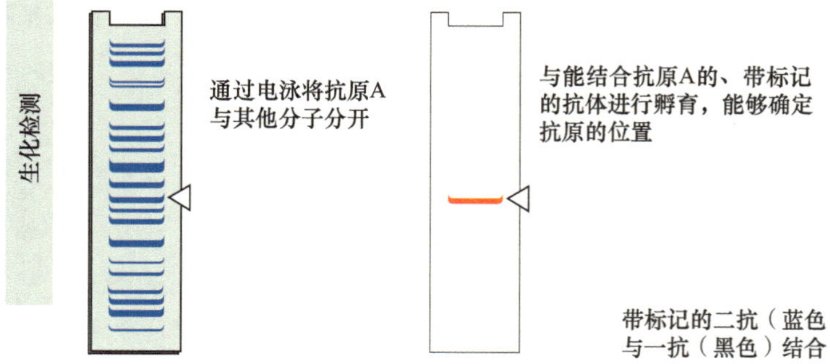

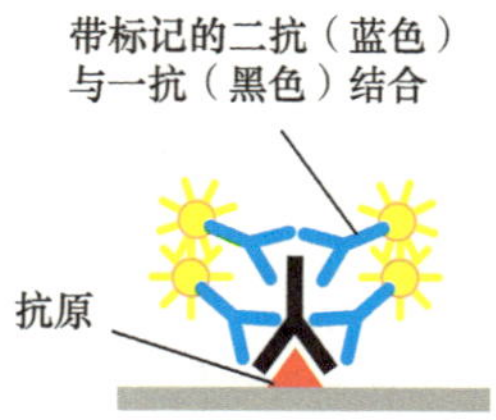

注意：在上述实验中，使用多层级的抗体（如一抗+二抗）能极大地增强抗原识别的敏感度。这种“三明治”的方法使得少量的抗原也可以被检测出来。

酶是强大且高度特异的催化剂

对很多蛋白质而言，与其他分子结合就是它们的主要功能。例如，肌动蛋白分子仅需要与其他肌动蛋白分子结合，就能形成一根细丝。然而，有一些蛋白质，结合配体只是行使其功能的第一步。细胞中常见且非常重要的**酶**（enzyme）类就是这种情况。这类重要的分子负责细胞中发生的几乎所有的化学转化。酶可以结合一种或多种配体，称为**底物**（substrate），将其转化为经过化学修饰的产物，不断地重复这个过程，而酶本身并不被改变（图 4-34）。因此，酶作为*催化剂*（catalyst）可以让细胞按照需求生成或破坏共价键。正是由于酶对一系列有组织的化学反应的这种催化作用，细胞才能产生和维持其组成，使生命成为可能。

根据其催化的化学反应，酶可以分为不同的功能类别（表 4-1）。每种类别的酶都具有高度特异性，仅催化一种类型的反应。例如，*己糖激酶*（hexokinase）可以向 D-葡萄糖中添加磷酸基团，但不向其光学异构体 L-葡萄糖添加磷酸基团；*凝血酶*（thrombin）特异性地在一种凝血蛋白的精氨酸和其相邻的甘氨酸之间进行切割，而无法在其他位点进行切割。正如第 3 章所详细讨论的那样，酶通常成组工作，一种酶的产物成为下一种酶的底物。其结果是形成一条精细的*代谢途径*（metabolic pathway）网络，为细胞提供能量，并产生细胞所需的各种大小分子。

酶极大地加快了化学反应的速度

不同的酶对其底物的亲和力以及它们将结合的底物转化为产物的速率不尽相同。这两个指标可以通过在试管中将纯化的酶和底物混合在一起来进行实验测定。当底物浓度很低时，酶-底物复合物的量和产物形成的速率仅取决于底物的浓度。然而，如果加入的底物浓度足够高，所有酶分子都被底物结合，在这种情况下，产物形成的速度取决于底物分子能够多快地进行反应来转化为产物。此时，酶的作用速度达到最大，这个值称为酶的**最大反应速率**（V_{max}）。不同酶的**转换数**（turnover number）在每秒 1 ～ 100 000 个分子之间，其中很多酶在 V_{max} 下每秒大约

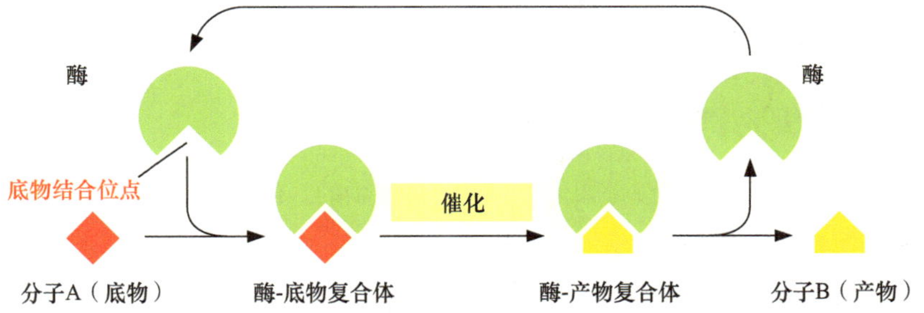

图 4-34　**酶将底物转化为产物而自身保持不变。**每种酶都具有底物分子结合的位点，形成酶-底物复合物。在结合位点会发生共价键的生成或断裂，产生酶-产物复合物。随着产物被释放，酶可以再结合另外的底物分子，并重复上述反应。因此，酶是一种催化剂，通常会在底物分子中生成或断裂一个共价键。

表 4-1　酶的一些常见功能分类

酶的种类	生化功能
水解酶	一类催化水解反应的酶的统称
核酸酶	通过水解核苷酸之间的化学键来降解核酸
蛋白酶	通过水解氨基酸之间的肽键来降解蛋白质
连接酶	一类通过合成反应将两个小分子缩合形成大分子的酶的统称；DNA 连接酶可以把两条 DNA 链首尾相连
异构酶	催化单个分子的化学键的重排
聚合酶	催化 DNA 和 RNA 合成等聚合反应
激酶	催化磷酸基团添加到分子上。蛋白激酶是激酶中很重要的一种，它能将磷酸基团加入到蛋白质中
磷酸酶	催化去除分子中的磷酸基团的水解反应
氧化-还原酶	能催化分子的氧化或还原反应的酶的统称。这类酶通常又称为氧化酶、还原酶、脱氢酶
ATP 酶	水解 ATP。许多执行各种功能的蛋白质具有 ATP 酶的活性，以产生能量。这其中包括诸如肌球蛋白在内的马达蛋白（见第 17 章）和钠泵等膜转运蛋白（见第 12 章）

注：酶的命名通常以“-ase”作为结尾。但也有些酶例外，如胃蛋白酶（pepsin）、凝血酶（thrombin）、溶菌酶（lysozyme）等，它们都是在 19 世纪末，酶的命名法则被普遍接受之前，就已经被发现和命名了。一个酶的名称通常显示了底物和所催化反应的本质。例如，柠檬酸合成酶通过催化乙酰辅酶 A 和草酰乙酸之间的反应来合成柠檬酸。

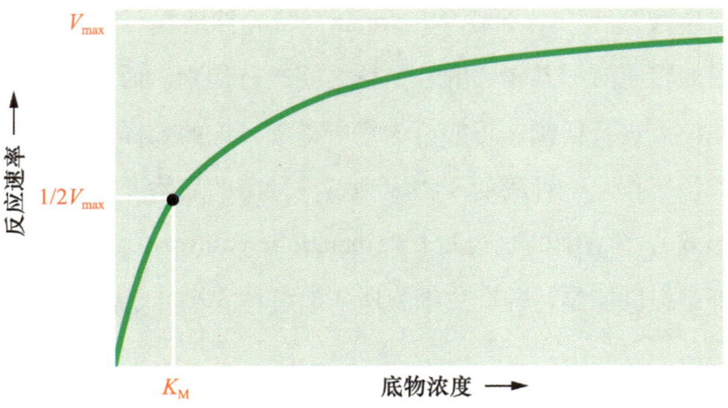

图 4-35 **酶的性能取决于它催化底物反应的速率。**随着底物浓度增加，酶反应速率（V）增加，直至达到最大值（V_{max}）。此时，所有的酶分子上的底物结合位点都被完全占据，并且反应速率受到酶表面催化过程速率的限制。对于大多数酶，反应速率达到最大值的一半时，底物的浓度（K_M）可以衡量酶和底物结合的紧密程度。K_M 值越大（需要浓度更高的底物），表示结合能力越弱。

可以转化 1000 个底物分子。酶可以将一个化学反应的速率提高 100 万倍或更多。

此类实验也可用来测量酶与其底物相互作用的紧密程度，该值与完全饱和酶所需的底物量有关。因为很难确定酶样品在什么时候被“完全占据”，所以生化学家改为测定酶在其最大速率的一半时工作的底物浓度，并命名为**米氏常数**（Michaelis constant，K_M），它是以发现这种关系的生物化学家之一进行命名的（图 4-35）。一般来说，K_M 越小，表明底物与酶的结合得越紧密，这是由于大量的非共价相互作用所致（参见图 4-31A）；反之，K_M 越大，表示结合越弱。我们在“我们是怎样知道的”栏目里描述了用于分析酶性能的方法。

以溶菌酶为例揭示酶的工作原理

我们已经讨论了酶是如何识别它们的底物的。但酶是如何催化这些底物的化学转化，从而形成产物的呢？为了解酶的工作机理，我们在此将具体介绍一种在蛋清、唾液、泪液和其他分泌物中起天然抗生素作用的酶，即**溶菌酶**（lysozyme）。溶菌酶可以切断构成细菌细胞壁的多糖链。细菌细胞内的渗透压导致细菌细胞一直处于压力下，所以即便有少量的多糖链被切断，也会导致细胞壁的破裂，进而导致细菌破裂或溶解，溶菌酶也由此得名。溶菌酶是一种相对较小且稳定的蛋白质，易于被大量纯化，因此关于它的研究比较深入。它是第一个通过 X 射线晶体学在原子水平上解出结构的酶，其作用机理已经研究得非常透彻。

溶菌酶催化的是水解反应，它将一分子水添加到多糖链中两个相邻糖基之间的单键上，从而导致键的断裂（参见图 2-19）。该反应在能量上是有利的，因为切断后的多糖链的自由能低于完整链的自由能。然而，纯多糖可以在水中静置数年而不会发生任何的水解。这是因为该水解反应存在能垒，称为*活化能*（activation energy，在第 3 章“酶降低了自发反应起始所需的能量”中有讨论）。一个水分子要想通过碰撞来破坏连接两个糖基的单键，多糖分子必须被卷曲成特定的形状，也就是**过渡态**（transition state），此时该键周围的原子的几何形状和电子分布都会发生改变。要卷曲成过渡态，多糖需要大量的能量输入，这就是酶发挥作用的环节。

与所有酶一样，溶菌酶表面上有结合位点，称为**活性位点**（active site），也就是催化发生的地方。由于其底物是聚合物，因此溶菌酶的活性位点是可同时容纳 6 个相连糖基的长槽。一旦这种酶-底物复合物形成，溶菌酶就会通过切断糖苷键及加入一个水分子来切割多糖，然后迅速释放出切断的多糖链，从而释放出溶菌酶，再进行下一轮的循环反应（图 4-38）。

像所有与其配体结合的蛋白质一样，溶菌酶也是通过形成多个非共价键来识别其底物的（参见图 4-32）。然而，溶菌酶结合多糖底物的方式使得两个糖基中的一个发生卷曲。因此，溶菌酶活性位点的微环境大大降低了水解发生所需的活化能（图 4-39）。因为溶菌酶存在时活化能降得很低，所以从最开始结合多糖到最终释放出断链，整个化学反应过程加快了数百万倍。在没有溶菌酶的情况下，随机分子碰撞产生的能量几乎不会超过反应发生所需的活化能，此时水解只能非常缓慢地发生或者根本无法发生。

其他的酶也通过类似的机制来降低活化能，并加速它们催化的反应。在涉及两种或多种底物的反应中，活性位点起到模板或模具的作用，使反应物以适当的方向聚集在一起以使反应发生（图 4-40A）。它们也可以像溶菌酶那样，活性位点包含精确定位的化学基团，通过改变底物中电子的分布来加速反应（图 4-40B）。

与酶的结合还可以使底物的形状发生改变，使键弯曲，致使结合的底物转变为特定的过渡态（图 4-40C）。最后，与溶菌酶一样，许多酶通过在底物和活性位点氨基

测定酶活

乍一看，似乎一个细胞的代谢途径网络已经研究得很清楚，从一个反应到下一个反应都可以预测。那么，为什么我们还需要准确地了解一个特定酶与底物的结合紧密程度，以及它是否可以每秒催化 100 或 1000 个底物分子发生反应？

实际上，代谢图仅表明一个细胞在将营养物质转化为小分子、化学能和其他生命所需的大分子时可能会遵循哪条途径。就像交通地图一样，代谢图也并不能预测在一系列特定条件下的交通情况，比如，不能预测细胞在饥饿、营养充足、缺氧、受胁迫或决定分裂时将使用哪种途径。对酶动力学（kinetics）的研究，例如它的运行速度、它如何处理其底物、如何调控其活性等，使我们能够预测出某一个催化剂的表现，以及它如何与网络中的其他酶相互作用。这些知识能够加深我们对细胞生物学的了解，打开学习如何利用酶来进行特定反应的大门，如怎样大规模生产某种化学试剂等。

速度

要了解酶如何发挥作用，首先要确定其催化反应的最大速度 V_{max}。这可以通过在试管中固定酶的量，然后测定酶和不同浓度底物的反应速率来实现（图 4-36A），随着底物量的增加，反应速率也会增加，直至达到其 V_{max}（图 4-36B）。反应速率可以通过检测底物的消耗速度或产物的累积速度来测定。在许多情况下，可以用分光光度计直接观察产物的出现或底物的消失。这是因为某些分子可以吸收特定波长的光，用分光光度计可以检测该分子存在与否。例如，NADH 吸收 340nm 的光，而其对应的氧化形式 NAD^+ 则不吸收。因此，通过分光光度计测量 340nm 处对应的 NADH 的量，可以监测还原 NAD^+ 产生 NADH 的反应。

然而，从图 4-36B 中可以看到，V_{max} 的确切数值难以测量，这是因为并不清楚反应速率会在哪里达到平台期。要解决这个问题，可以将数据转换为它们的倒数并绘制成“双倒数图”，其中，y 轴是速度的倒数（$1/v$），x 轴是底物浓度的倒数（1/[S]）（图 4-36C）。该图可画成一条直线，其中 y 截距（直线与 y 轴的交叉点）表示 $1/V_{max}$，x 截距表示 $-1/K_M$，然后可以算出 V_{max} 和 K_M 的值。

控制

底物不是唯一可以影响酶作用效果或速度的分子。很多情况下，产物、底物类似物、抑制剂和其他一些小分子也可以提高或降低酶的活性。这种调节使得细胞可以控制各种反应何时以及如何快速发生，这一过程我们将在本章详细讨论。

测量抑制剂对酶活性的影响与我们测量酶动力学的方法相同。首先得到在没有抑制剂时酶和底物之间的反应速率曲线，然后用同样的方法得出在加入抑制剂后的反应速率曲线。

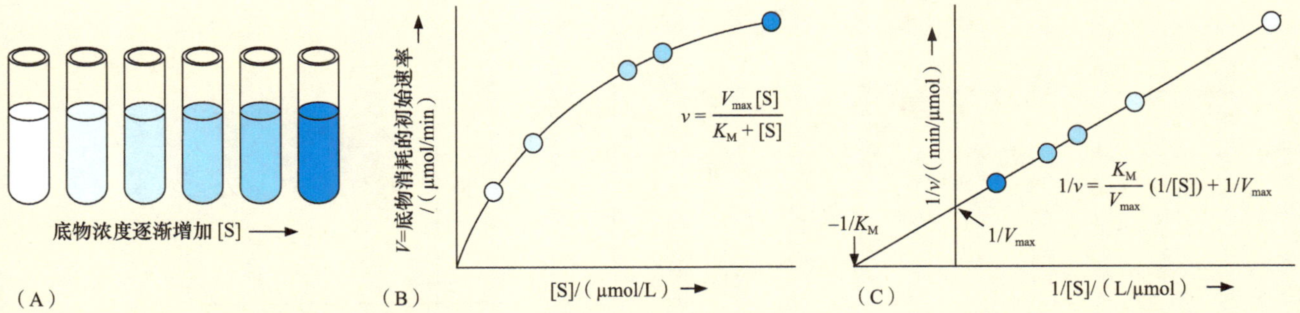

图 4-36　绘制反应速率与底物浓度的对应关系可以确定酶催化反应的 V_{max} 和 K_M。（A）试管中加入的底物浓度逐渐增加，加入酶的量保持不变，测量初始反应速率。（B）用初始反应速率（v）对底物浓度 [S] 作图，得到的曲线可用通式 $y = ax/(b + x)$ 描述。用动力学术语描述，等式变为 $v = V_{max}[S]/(K_M + [S])$，其中，$V_{max}$ 是曲线的渐近线（x 趋于无穷大时 y 的值），K_M 是 $v = V_{max}/2$ 时底物的浓度。该方程被称为米氏方程（Michaelis-Menten equation），以发现这种动力学关系的生物化学家而命名。（C）在双倒数图中，以 $1/v$ 对 1/[S] 作图。描述该直线的等式是 $1/v = (K_M/V_{max})(1/[S]) + 1/V_{max}$。当 1/[S]=0 时，$y$ 轴截距（$1/v$）是 $1/V_{max}$。当 $1/v = 0$ 时，x 轴截距（1[S]）为 $-1/K_M$。以这种方式绘图可以更准确地计算 V_{max} 和 K_M。按照惯例，小写字母用于表示变量（因此 v 代表速度），大写字母用于表示常数（因此 V_{max} 表示最大反应速率）。

比较加入抑制剂前后的曲线，还可以揭示某个特定的抑制剂如何阻碍酶活性。例如，一些抑制剂在酶上的结合位点与底物在酶上的结合位点相同。这些**竞争性抑制剂**（competitive inhibitor）通过直接与底物竞争活性位点来阻断酶活性。虽然它们和底物结构相似，可以竞争性地结合酶，但它们在结构上存在差异，阻断其转化为产物。这种阻断可以通过添加足够多的底物来克服，使得酶有更多机会遇到底物分子。根据动力学数据，我们可以看到竞争性抑制剂不会改变反应的 V_{max}。换句话说，只要底物足够多，酶遇到的主要是底物分子，并能达到其最大反应速率（图 4-37）。

竞争性抑制剂可用于治疗乙二醇中毒的患者。乙二醇是市售抗冻剂中的一种成分。虽然乙二醇本身不具有致命毒性，但其代谢的副产物草酸足以致死。为了防止形成草酸，可给患者施予大剂量但没有达到高毒性的乙醇。乙醇脱氢酶是草酸形成途径中的第一种酶，乙醇与乙二醇竞争结合乙醇脱氢酶，结果是，乙二醇基本上没有被代谢，可以安全地从体内排出。

其他类型的抑制剂可以与酶上非底物结合位置的位点相互作用。许多生物合成酶可以受到负反馈的调节，其中代谢通路中早期的酶可以被通路后来产生的产物所抑制（参见图 4-43）。因为这种类型的抑制剂与酶上另外的调节位点结合，所以底物仍然可以与酶结合，但是结合的速度可能比没有抑制剂时更慢，添加更多的底物也不能克服这种**非竞争性抑制**（noncompetitive inhibitor）。

设计

利用已获得的酶活性数据，我们可以利用计算机建模程序，预测向培养基中添加特定的糖或氨基酸，或添加毒药或污染物等不同条件下的酶活性，甚至预测细胞会如何响应。了解细胞如何调控其资源，面对不同生化条件时它倾向于利用哪条通路，也可以为医学或商业中具有重要价值的反应提供更好的催化剂设计策略，用于药物生产，或为工业废物去除毒性等。使用这种策略，经过基因工程改造，细菌甚至可以产生大量的靛蓝色素，用于蓝色牛仔裤染色，这种染料最初是从植物中提取的。我们将在第 10 章中详细讨论实现这种遗传操作的方法。

如果将细胞生物学的发现用于商业开发，即使像合成色氨酸这样简单的东西，目前都是一个价值数十亿美元的产业。而且，随着更多基因组数据的涌现，我们拥有了更多的酶可待开发，细菌可以依消费者需求而定制，必将生产出越来越多如金子般珍贵的生物药物和化合物。

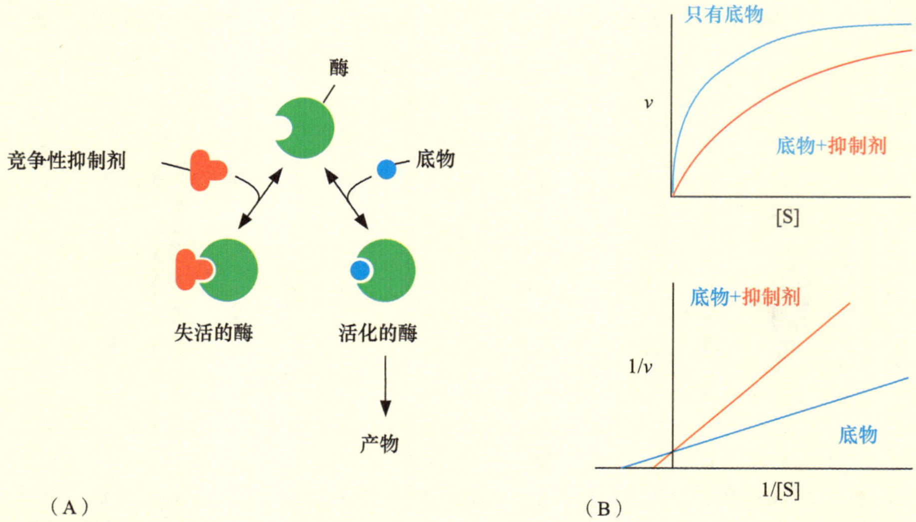

图 4-37　竞争性抑制剂直接阻断底物与酶的结合。（A）酶的活性位点可以结合竞争性抑制剂或底物，但无法同时结合二者。（B）上图显示，通过提高底物浓度可以克服竞争性抑制剂的影响。下面的双倒数图显示，在竞争性抑制剂存在时，两条曲线的 y 截距是相同的，反应的 V_{max} 不会改变。

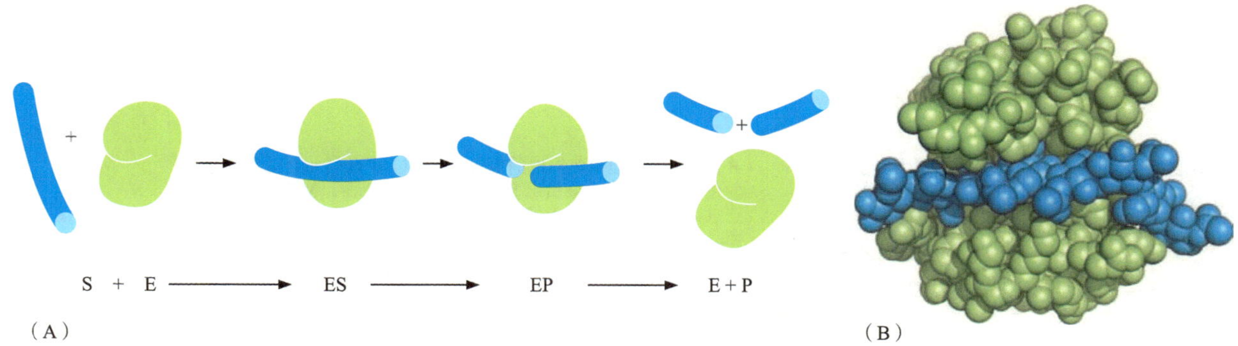

图 4-38　溶菌酶可以切断多糖链。（A）溶菌酶 E 的示意图，它可以催化多糖底物分子 S 的断裂。溶菌酶首先与多糖分子结合形成酶-底物复合物 ES，然后催化多糖骨架中一个特定的共价键发生断裂，得到的酶-产物复合物 EP 很快就分开，释放出产物 P，游离出来的酶可以与下一个底物分子结合并重复进行上述反应。（B）溶菌酶与一条短的多糖链结合但尚未发生切割时的空间填充模型。

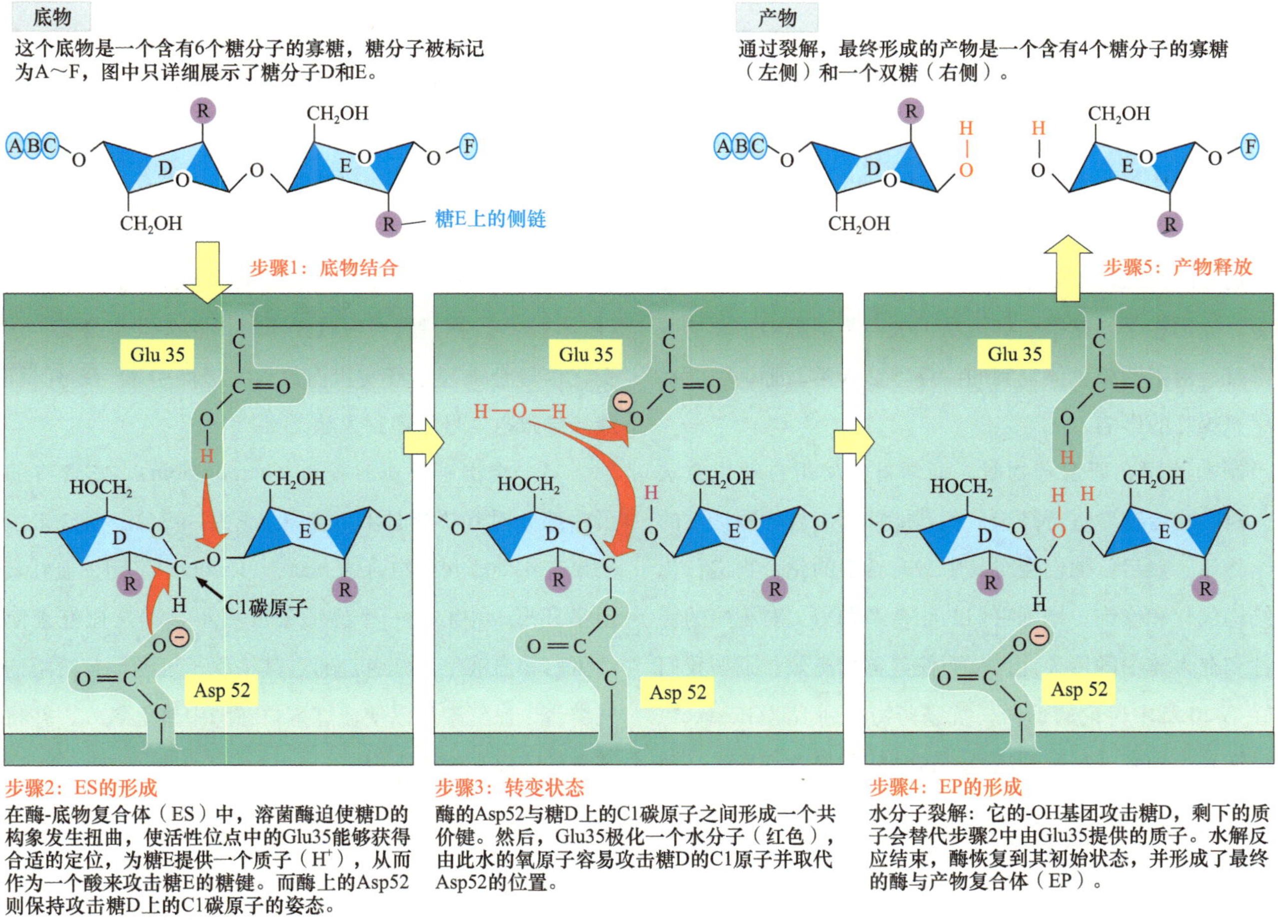

图 4-39　酶与底物分子结合并改变其化学性质。在溶菌酶的活性位点上，多糖分子中的共价键发生卷曲，然后被断开。顶行显示了游离状态的底物和产物。下方三个图描绘了在酶活性位点发生的连续事件，在此期间糖-糖共价键被断开。请注意糖 D 的构象在酶-底物复合物中与在游离底物中的不同。这种构象变化有利于形成中间图中所示的过渡态，大大降低了反应所需的活化能。视频 4.8 和视频 4.9 显示了上述反应以及溶菌酶与其产物结合的结构。（图改自 D.J. Vocadlo et al.，*Nature* 412：835-838，2001。）

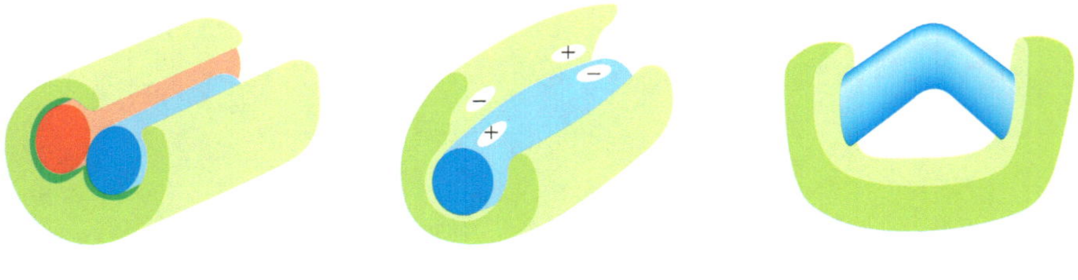

图 4-40　酶可以通过多种方式促进反应发生。（A）将要参加反应的底物以精确对准的方式保持在一起。（B）重新排列反应中间体的电荷分布。（C）改变底物中的键角以增加特定反应的速率。一个酶可能会组合使用这些机制。

酸侧链之间形成短暂的共价键来参与反应。反应的后续步骤使侧链恢复到其原始状态，使酶在反应前后保持不变，可以继续催化更多反应。

很多药物抑制酶的活性

我们用以治疗或预防疾病的许多药物，是通过阻断特定酶的活性来发挥作用的。例如，HMG-CoA 还原酶参与了肝脏合成胆固醇的过程，降低胆固醇的*他汀类药物*（statin）可以抑制 HMG-CoA 还原酶的活性。二氢叶酸还原酶可催化生产细胞分裂增殖过程中 DNA 合成所需的一种化合物。通过应用*甲氨蝶呤*（methotrexate）抑制二氢叶酸还原酶活性，可以杀死快速分裂增殖的某些类型的癌细胞。原因在于，这些癌细胞由于失去了细胞内重要的调控系统，对阻断染色体复制的治疗方法异常敏感，因而易受甲氨蝶呤的影响。

制药公司在研发药物时，通常首先使用自动化方法对大量的化合物库进行筛选，找到能够抑制目标酶活性的化学物质。然后，他们会对其中最有希望的化合物进行化学结构优化和修饰，增强它们的结合亲和力、对靶酶的特异性和在人体中的持久性，从而使其更加有效。正如我们将在第 20 章中讨论的那样，抗癌药物格列卫（Gleevec®）就是特异性抑制一种酶的活性，这种酶的异常可导致一种称为慢性髓性白血病的癌症发生。格列卫可与这种酶的底物结合口袋紧密结合，从而阻断其活性。

紧密结合的小分子赋予蛋白质额外的功能

虽然氨基酸的序列赋予了蛋白质形状和功能多样性，但有时氨基酸本身不足以使蛋白质实现其功能。就像我们人类使用工具来增强和扩展手的能力一样，蛋白质通常使用小的非蛋白质分子，来执行那些仅使用氨基酸难以完成或不可能完成的功能。光感受器蛋白*视紫红质*（rhodopsin）是由我们眼睛视网膜中的视杆细胞合成的光敏蛋白，小分子*视黄醛*（retinal）通过共价键与视紫红质的一个赖氨酸侧链连接，从而使该蛋白质能够检测到光（图 4-41A）。视黄醛在吸收光子时形状会发生改变，这种变化信号会被视紫红质蛋白放大，进而引发一系列反应，最终导致电信号传递到大脑。

另一个例子是*血红蛋白*（hemoglobin），它含有的非蛋白部分对其功能必不可少（参见图 4-24）。血红蛋白分子带有 4 个非共价结合的*血红素*（heme）基团，血红素基团呈环形，中心是一个铁原子（图 4-41B）。血红素使血红蛋白和血液呈现红色。通过其铁原子可逆地与溶解的氧气结合，血红素可以使血红蛋白在肺中带上氧气，并将其释放到需要它的组织中。

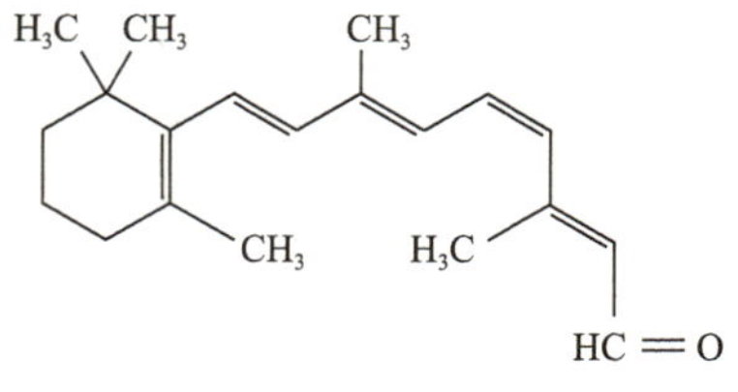
（A）

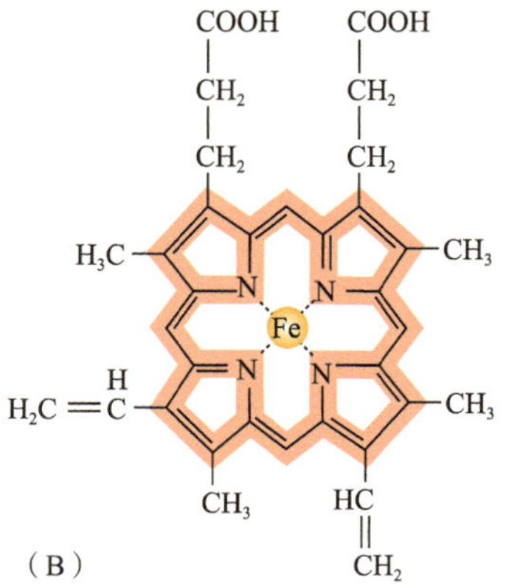
（B）

图 4-41　某些蛋白质的功能需要视黄醛和血红素。（A）视黄醛的结构。该光敏分子与我们眼睛中的视紫红质蛋白共价连接。（B）一个血红素基团的结构，红色显示的是含碳血红素环，橙色显示的是位于血红素基团中心的铁原子。血红素基团与血红蛋白中的四条多肽链进行紧密的非共价结合，携带氧的蛋白结构如图 4-24 所示。

酶也会利用非蛋白分子，这些非蛋白分子通常是与酶活性位点结合的小分子或金属原子，帮助酶完成催化功能。*羧肽酶*（carboxypeptidase）的活性位点携带有紧密结合的锌离子，当羧肽酶切割多肽键时，锌离子与底物上的一个原子形成临时的化学键，从而有助于水解反应。在其他酶中，一类称为**辅酶**（coenzyme）的有机小分子也有相似的作用。例如，*生物素*（biotin）存在于一些可以将羧基（—COO^-）从一个分子转移到另一个分子的酶中（参见图 3-38）。生物素通过与待转移的羧基基团形成共价键而参与这些反应，从而产生活化的载体（参见表 3-2）。这个小分子比任何用于组成蛋白质的氨基酸都更适合完成这种功能。

人体不能合成生物素，必须通过饮食摄入，因此生物素被归类为*维生素*（vitamin）。我们同样也需要其他维生素来合成作为蛋白质必需成分的小分子。例如，从饮食中获取维生素 A 来合成视黄醛，后者正是视紫红质的光敏部位。

蛋白质是如何被调控的

到目前为止，我们已经研究了蛋白质与其他分子的结合是如何使其发挥特定功能的。而在细胞内，大多数蛋白质和酶并不会持续或全速地发挥作用。相反，它们的活性会受到协同的调控，细胞以此可以保持自身处于最佳状态，仅产生当前成长所需的分子。细胞通过协调蛋白质的活化时间、活性高低，以及它们在细胞中的定位，确保细胞不会因为积累不需要的分子或浪费关键底物的储备而耗尽细胞的能量。现在，我们就来介绍细胞如何调控酶和其他蛋白质的活性。

蛋白质活性以多个层级进行调节。最基本层次的调节是细胞控制每种蛋白质的含量。这可以通过控制编码该蛋白质的基因的表达（在第 8 章中讨论），也可以通过调节该蛋白质的降解速率（在第 7 章中讨论）来实现。细胞还可以通过将参与反应的蛋白质限制在特定的亚细胞区室，从而控制蛋白质的活性。有些亚细胞区室被膜包围（如第 11、12、14 和 15 章所述），其他区室则是由该处定位的蛋白质所形成，我们稍后将对此展开讨论。最后，细胞也可以在蛋白质本身的水平上快速调节单个蛋白质的活性。

所有这些机制都依赖于蛋白质与其他分子（包括其他蛋白质）相互作用的能力。我们将在下文中看到，这些相互作用可以使蛋白质采用不同的构象，进而改变它们的功能。

酶的催化活性通常受到其他分子的调节

一个活细胞含有数千种不同的酶，其中许多酶在胞质溶胶中的同一小块区域同时发挥作用。通过它们的催化作用，酶产生了一个复杂的、由化学反应链组成的代谢途径网络。在这些化学反应中，一种酶的产物成为下一种酶的底物。这种复杂的网络中存在许多分支点，在分支点上不同的酶竞争相同的底物。该系统非常复杂，需要精确调节才能控制每个反应发生的时间和速度。

一种常见的调节方式是，一个非底物的分子在特定的*调节位点*（regulatory site）特异性地与酶结合，从而改变酶将底物转化为产物的速率。例如，在**反馈抑制**（feedback inhibition）中，每当最终产物开始大量积累时，产物就会与早期作用的酶结合并减慢其催化反应，从而限制更多的底物进入该反应途径（图 4-42）。若反应通路有不同分支或交叉，通常有多个控制点存在，并由不同的终产物分别调节，每个终产物调节其自身的合成（图 4-43）。反馈抑制几乎能瞬时发挥作用，并在产物水平下降时迅速逆转。

反馈抑制是一种*负调节*（negative regulation），它可以阻止酶发挥作用。酶也会受到*正调节*（positive regulation），即酶活性受到了调节分子的激活而不是抑制。当代谢网络迷宫的一个分支的产物激活另一途径中酶的活性时，即发生了正调节。但这些调节分子是如何改变酶的活性的呢？

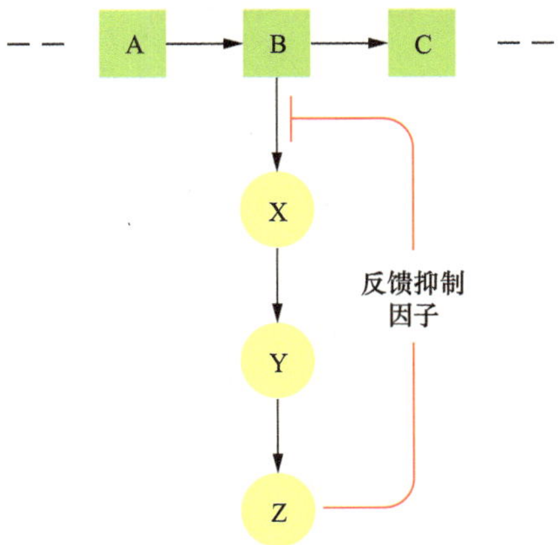

图 4-42　**反馈抑制调节生物合成途径的进行。**B 是产生终端产物 Z 的通路中的第一个代谢物。Z 抑制了该通路中的第一个酶，从而限制了自身在细胞中的浓度。这种负调节形式称为反馈抑制。

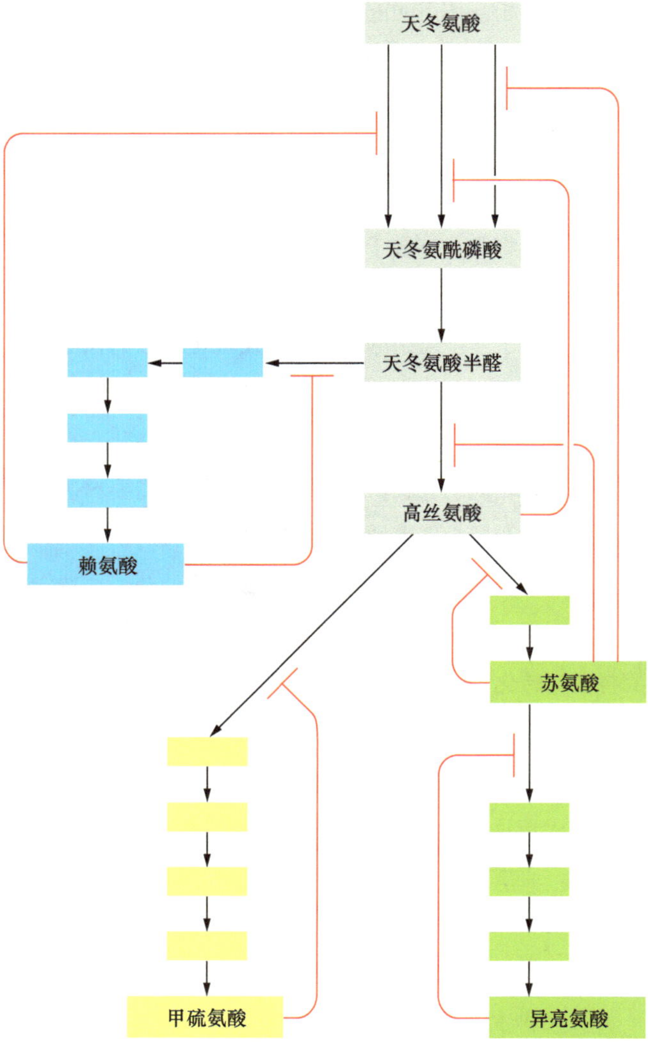

图 4-43　多节点的反馈抑制调控相连的代谢通路。图示为细菌从天冬氨酸开始产生四种不同氨基酸的生物合成途径。红线表示产物反馈抑制酶的节点，空白框表示每条通路的中间产物。在本例子中，每个氨基酸只特异性地调控自身合成途径的第一种酶，从而控制了自身浓度，并避免了中间产物累积造成的浪费。一些产物还可以各自抑制这些合成通路共用的上游一系列反应。三种不同的酶催化了从天冬氨酸到天冬氨酰磷酸的初始反应，每种酶分别被不同的终产物所抑制。

变构酶具有相互影响的两个或多个结合位点

反馈抑制的一个特点让最初发现它的人感到困惑，即调节分子的形状通常与酶最适底物的形状完全不同。事实上，当这种调节方式在 20 世纪 60 年代被发现时，它被称为别构效应（allostery，来自希腊语 *allo*，意为“其他”，*stere* 意为“固体”或“形状”）。鉴于已经发现有很多特异的、用于保证酶与底物结合的非共价相互作用能够使得酶的活性位点与其底物相结合，所以这些调节分子很可能是在酶表面上的其他位点与酶结合。随着对反馈抑制的了解逐渐深入，研究人员意识到许多酶必须包含至少两个不同的结合位点：一个识别底物的活性位点和一个或多个识别调节分子的位点。这些位点必须以某种方式进行“交流”，以使得发生在活性位点的催化事件受到结合在另一位点上的调节分子的调控。

现在已经知道，蛋白质分子上不同区域的相互作用依赖于蛋白质的构象变化（conformational change）。配体与蛋白质上一个位点的结合会导致蛋白质结构从一个折叠形状转变为另一个略微不同的折叠形状，从而可以改变距离很远的另一个结合位点的形状。许多酶具有两种活性不同的构象，每一种构象都可以通过与不同配体结合而得到稳定。例如，在反馈抑制时，抑制剂与蛋白质调节位点的结合使蛋白质更多地停留在某一个构象中，在此构象下，位于蛋白质其他位置的活性位点变得与底物分子不太相容（图 4-44）。

如图 4-45A 所示，许多（若不是绝大多数）蛋白质分子是变构（allosteric）的：它们可以采用两种或更多种只有细微差别的构象，并通过从一种构象到另一种构象的转变，使它们的活性得以调节。这不仅适用于酶，也适用于其他许多蛋白质。这里涉及的化学过程在概念上非常简

图 4-44　反馈抑制引发酶的构象变化。大肠杆菌的天冬氨酸转氨甲酰酶早期曾用于变构调节研究。这种大型的多亚基酶可以催化核苷酸 C、U 和 T 的嘧啶环启动合成的重要反应（参见图版 2-7）。该途径的最终产物之一是三磷酸胞苷（CTP），而当 CTP 充足时，CTP 可与酶结合并抑制酶的活性。该图显示的是 CTP 与酶的四个调节位点相结合而使酶失去作用时发生的构象变化。这四个调节位点不同于底物结合的活性位点。图 4-10 显示了天冬氨酸转氨甲酰酶的俯视图，右图是该酶的侧面图。

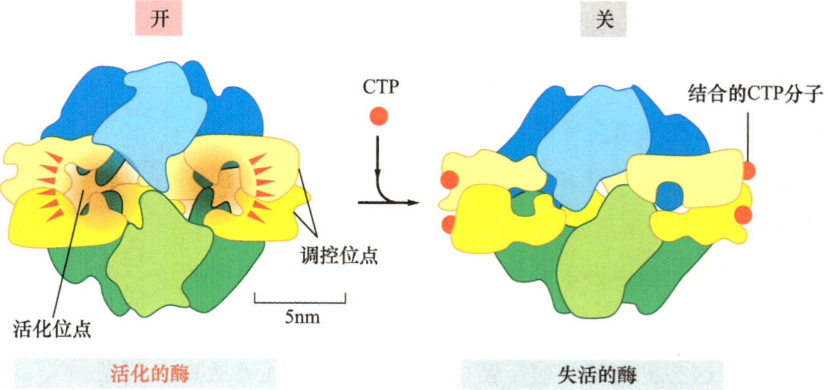

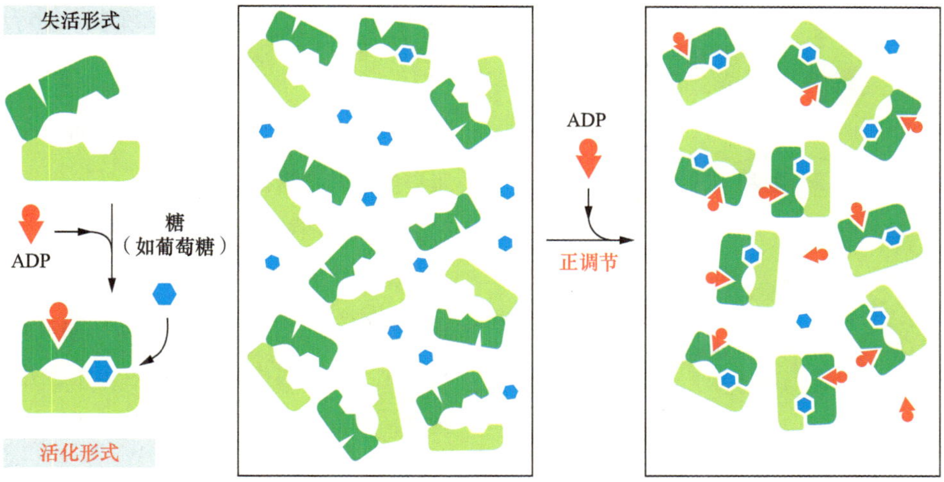

图 4-45　调节性配体的结合可以改变蛋白质两种构象之间的平衡。（A）一种设想的变构调节酶的示意图，其中 ADP 分子（红色楔形物）浓度的升高增加了酶催化糖分子（蓝色六边形）氧化的速率。（B）由于热运动，酶将在（A）中所示的开放（非活性）和闭合（活性）构象之间自发地相互转化。当 ADP 不存在时，在任何即定时间里，只有一小部分酶分子处于活性构象，大多数酶分子处于非活性构象。（C）因为 ADP 只能与该蛋白质的闭合活性构象结合，所以 ADP 浓度的增加几乎使所有酶都处于活性形式，这是正调节的一个例子。在细胞中，ADP 浓度升高表明 ATP 的储备减少。在 ADP 存在下，糖的氧化会增加，从而为从 ADP 合成 ATP 提供更多能量。

单：因为每个蛋白质构象的表面轮廓多少有所不同，所以当蛋白质改变形状时，蛋白质的配体结合位点将随之改变。每种配体可以稳定与其结合最强的构象，因此，在足够高的浓度下，配体会倾向于将蛋白质群体“转换”为该配体的最合适构象（图 4-45B 和 C）。

磷酸化可通过引起构象变化来调控蛋白质的活性

真核细胞用于调节蛋白质活性的另一种方法是将蛋白质的一个或多个氨基酸侧链共价连接上一个磷酸基团。因为每个磷酸基团带有两个负电荷，所以，共价连接磷酸基团，可以通过吸引该蛋白质上其他位置的一组带正电荷的氨基酸侧链等方式，导致蛋白质构象变化。这种结构转变又可以反过来影响蛋白质表面其他位置的配体结合，从而改变蛋白质的活性。通过另一种酶去除该磷酸基团，可以使蛋白质恢复其初始的构象和活性。

可逆性**蛋白质磷酸化**（protein phosphorylation）调控了真核细胞中很多种蛋白质的活性。这种调节方式的使用非常广泛，在一个典型哺乳动物细胞约 10 000 种蛋白质中，在任何时间点都有超过 1/3 的蛋白质存在磷酸化修饰。当细胞响应于某种信号而引起细胞状态的变化时，一些特定蛋白质上通常会添加和去除磷酸基团。例如，真核细胞分裂时发生的一系列复杂事件，主要就是以这种方式来调控事件进程的（在第 18 章中讨论）。另外，许多由胞外信号激活的细胞内信号通路，也依赖于蛋白质磷酸化调控网络（在第 16 章中讨论）。

在蛋白质磷酸化过程中，酶催化 ATP 末端的磷酸基团转移至蛋白质的丝氨酸、苏氨酸或酪氨酸侧链的羟基上。该反应由**蛋白激酶**（protein kinase）催化。对应的逆反应（去除磷酸基团）称为*去磷酸化*（dephosphorylation），由**蛋白磷酸酶**（protein phosphatase）催化（图 4-46A）。磷酸化可以激活或抑制蛋白质活性，这取决于被磷酸化的蛋白质和磷酸化位点（图 4-46B）。细胞含有数百种不同的蛋白激酶，每种激酶负责磷酸化一个不同的蛋白质，或者一类蛋白质。细胞还含有一系列的蛋白磷酸酶，其种类比激酶要少一些。其中一些磷酸酶具有高度特异性，仅可以将一种或几种蛋白质去磷酸化，而其他的磷酸酶则作用广泛。在任何时刻，蛋白质的磷酸化状态及其活性都取决于作用于其上的蛋白激酶和磷酸酶的相对活性。

磷酸化可以持续循环发生，在此过程中，一个磷酸基团被快速添加到侧链上，随后又被快速去除。这种磷酸化循环使蛋白质可以快速地从一种状态切换至另一种状态。循环“轮转”越快，磷酸化蛋白质的浓度就变化越快，以响应于某种突然出现的信号刺激。维持这种循环转化需要能量，每次磷酸化都伴随着 ATP 的水解，细胞中的许多酶都存在这种快速的循环性调节方式。

共价修饰也可以调控蛋白质的定位和相互作用

磷酸化不仅可以调控蛋白质的活性，它还可以为其他蛋白质的结合提供锚定位点，从而促进蛋白质组装成更大的复合物。例如，当细胞外信号刺激细胞表面的一类称为受体酪氨酸激酶（receptor tyrosine kinase）的跨膜蛋白时，它们会促使这些受体蛋白在某些酪氨酸上发生自磷酸化。磷酸化的酪氨酸作为锚定位点，结合并激活一组胞内信号蛋白，将信息传递到细胞内部，进而改变细胞的行为（参见图 16-29）。

磷酸化不是唯一可以影响蛋白质功能的共价修饰形式。许多蛋白质会受到乙酰化修饰，将乙酰基添加到赖氨酸侧链上，其中包括将在第 5 章中讨论的组蛋白。另外，将棕榈酸酯添加到蛋白质的半胱氨酸侧链上，可以驱动蛋白质与细胞膜结合。在蛋白质上添加泛素，即一种 76 个氨基酸的多肽，可以促使靶蛋白降解，详情将在第 7 章中讨论。在细胞中存在 100 多种共价修饰，每种修饰均在调节蛋白质功能时发挥其各自的作用。每种修饰基团也可以根据细胞需要，通过酶促反应进行添加或去除。

很多蛋白质在多个氨基酸侧链上都存在修饰。p53 蛋白在控制细胞如何响应 DNA 损伤及其他应激方面发挥着重要作用，它可在 20 个位点上被共价修饰（图 4-47）。这 20 种修饰可以形成大量不同的组合，所以原则上该蛋白质的行为可以受到大量不同方式的调控。

蛋白质在任何时刻所包含的这一系列的共价修饰形成了一种重要的调节方式。这些修饰基团的添加或去除，可以改变蛋白质的活性或稳定性，也可以改变蛋白质的结合配体，以及改变其在细胞内的定位。因此，共价修饰使细胞能够最佳地利用其产生的蛋白质，也使细胞能够快速地响应环境的变化。

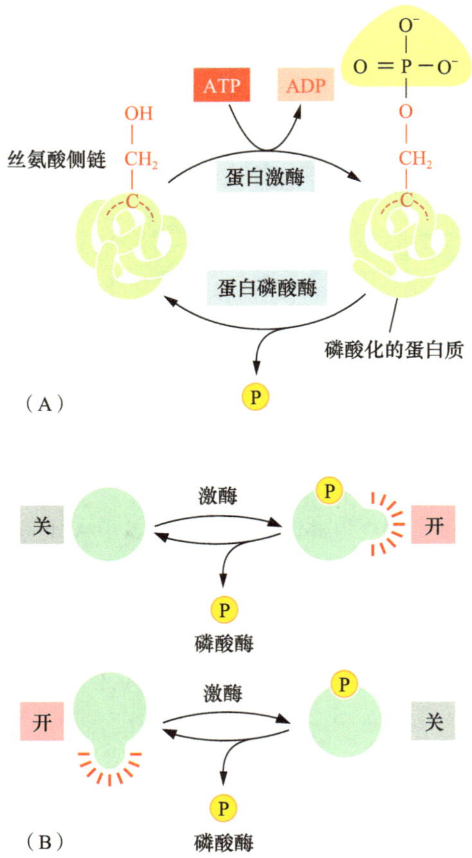

图 4-46　蛋白质磷酸化是一种非常通用的调节蛋白质活性的机制。在一个典型的真核细胞中，有数千种蛋白质被一个或多个磷酸基团共价修饰。（A）上图显示了反应的大致过程，即蛋白激酶将磷酸基团从 ATP 转移到靶蛋白的氨基酸侧链上。磷酸基团的去除则由第二种酶即蛋白质磷酸酶所催化。在上图中，磷酸基团是连接在丝氨酸侧链上。另一些情况下，磷酸基团可以与苏氨酸或酪氨酸侧链的—OH 基团连接。（B）磷酸化可以增加或降低蛋白质的活性，这取决于磷酸化的位点和蛋白质的结构。

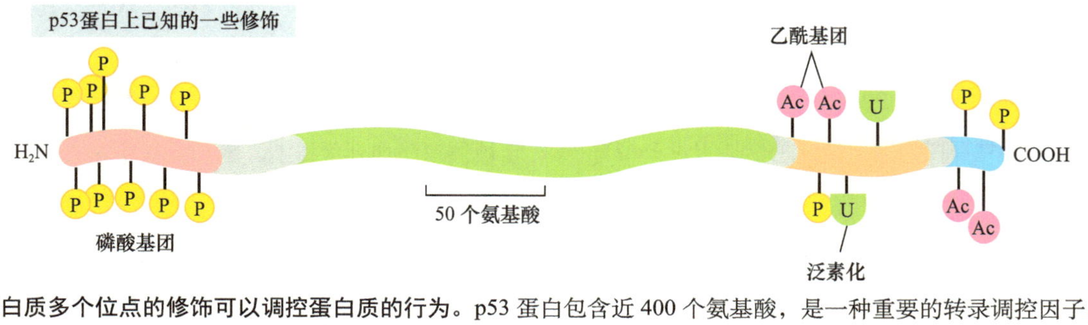

图 4-47　蛋白质多个位点的修饰可以调控蛋白质的行为。p53 蛋白包含近 400 个氨基酸，是一种重要的转录调控因子，可调节细胞对损伤的反应（见第 18 章）。上图显示了调控 p53 活性和降解的一些共价修饰。这些共价修饰并不会同时出现。蛋白质链上不同的颜色代表不同的蛋白质结构域，包括一个与 DNA 结合的结构域（绿色）和一个激活基因转录的结构域（粉红色）。上图所示的所有修饰都位于该多肽链的相对非结构化的区域内。

磷酸基团的添加和去除控制 GTP 结合蛋白活性的开关

真核细胞有另一种通过添加和去除磷酸基团来调节蛋白质活性的手段。在这种情况下，磷酸基团不是从 ATP 转移到蛋白质上，而是来源于鸟嘌呤核苷酸，即鸟苷三磷酸（GTP）。GTP 与各种类型的 **GTP 结合蛋白**（GTP-binding protein）紧密结合。这些蛋白质充当分子开关：当与 GTP 结合时，它们处于活性构象。这类蛋白质本身可以将 GTP 水解为 GDP 并释放出磷酸基团，随后蛋白质转变为无活性构象（视频 4.10）。与蛋白质磷酸化一样，这个过程是可逆的：与 GDP 解离之后，该蛋白质与一个新的 GTP 分子结合，重新获得活性构象（图 4-48）。

数百种 GTP 结合蛋白在细胞中起到分子开关的作用。GTP 取代 GDP 解离，从而启动开关，这一过程通常被细胞接收的信号所激活。以这种方式激活的 GTP 结合蛋白又可以与其他蛋白质结合，从而调节这些蛋白质的活性。GTP 结合蛋白在细胞内信号转导途径中发挥的重要作用，将在第 16 章中详细讨论。

ATP 水解使马达蛋白在细胞中产生定向运动

我们已经看到蛋白质的构象变化在酶的调节和细胞信号转导中发挥着核心作用。构象变化在真核细胞的活动中还发挥另一种重要作用，它们能够使一些特化的蛋白质驱动细胞及其组分的定向运动。这些**马达蛋白**（motor protein）可产生动力，负责肌肉的收缩和大多数真核细胞的运动。它们还可以为细胞器和大分子在细胞内运动提供动力。例如，它们在有丝分裂过程中帮助染色体移动到细胞的两极（在第 18 章中讨论），还可以帮助细胞器沿着细胞骨架轨道运动（在第 17 章中讨论）。

但是，蛋白质的形状变化是如何被用于产生这种有序运动的呢？例如，一个沿着细胞骨架行走的蛋白质，可以通过一系列构象变化来完成运动。然而，如果没有任何外力驱动构象朝一个方向变化，蛋白质的形状变化将是可逆的，蛋白质也将来回地随机移动（图 4-49）。

为了使蛋白质朝一个方向移动，构象的变化必须是单向的。要实现这种方向性，必须使其中的一个步骤是不可逆的。对于大多数能够在单一方向上长距离移动的蛋白质而言，这种不可逆性是通过将其中一种构象的变化与紧密结合蛋白质的 ATP 分子的水解相耦合来实现的，这就是为什么马达蛋白同时也是 ATP 酶的原因。ATP 水解时释放大量的自由能，使得蛋白质不太可能再进行可逆的形状变化。蛋白质向后移动需要这种可逆的形状变化。但该可逆反应需要通过向 ADP 添加磷酸基团来形成 ATP，于能量上不利。因此，蛋白质才可以稳定前进（图 4-50）。

许多不同的马达蛋白通过水解紧密结合的 ATP 分子，驱动一系列有序的构象变化，进而产生定向运动。这些运动的速度可以很快。如肌肉马达蛋白*肌球蛋白*（myosin），它在肌肉收缩期间，能以约 6μm/s 的速度沿肌动蛋白丝移动（见第 17 章）。

蛋白质经常形成大型复合物，以蛋白质机器的形式发挥作用

随着蛋白质由具有单个结构域的小蛋白质演变为具有多个结构域的大蛋白质，它们可以执行的功能变得更加精

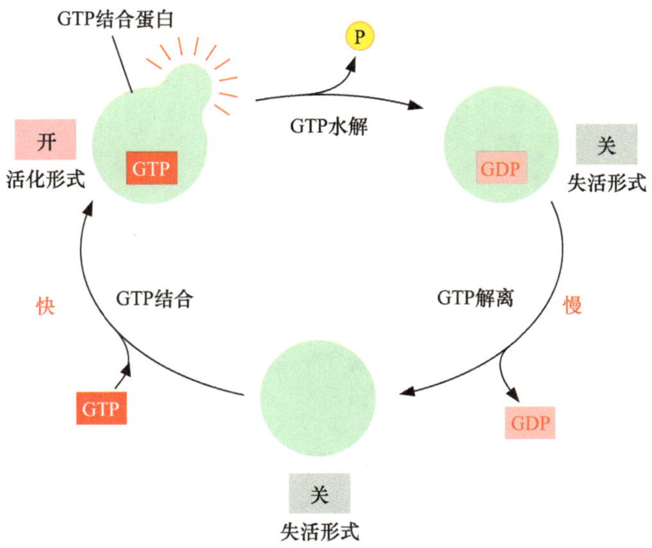

图 4-48　许多不同的 GTP 结合蛋白发挥着分子开关的作用。 GTP 结合蛋白需要紧密结合 GTP 分子才能被激活。活化的蛋白质可通过将其结合的 GTP 水解为 GDP 和无机磷酸基团（P_i），将自身转化为无活性构象。要重新激活该蛋白质，紧密结合的 GDP 必须解离。如第 16 章所述，解离是一个缓慢的步骤，但可以被一种重要的、称为鸟嘌呤核苷酸交换因子（GEF）的调节蛋白大大加速。如上所述，一旦 GDP 解离，GTP 分子就会迅速取代它，使蛋白质恢复其活性构象。

细。最复杂的任务通常是由多个蛋白质分子组成的大蛋白质复合物来完成的。目前，在非细胞体系的试管中重建各种生物学过程已成为可能，通过这种体外的研究已经很清楚地证明，细胞中每个关键的过程都是由多组蛋白质高度协调、相互联系催化而成，其中包括 DNA 复制、基因转录、蛋白质合成、囊泡出芽和跨膜信号转导等。对于大多数此类**蛋白质机器**（protein machine），与之结合的核苷三磷酸（ATP 或 GTP）的水解，驱动了一些蛋白质亚单体发生一系列有序的构象变化，最终使这个蛋白质聚集体能够协调地向前运动（图 4-51）。在这些类似机器的蛋白复合物中，不同的酶可以各自结合在复合物适当的位置，最终共同完成一系列连续的反应。例如，在核糖体上完成蛋白质的合成（在第 7 章中讨论）；在细胞分裂增殖过程中，大型蛋白质机器沿着 DNA 快速移动，完成 DNA 双螺旋的复制（在第 6 章中讨论，见视频 6.3 和视频 6.4）。

通过演化，大量不同的蛋白质机器已经可以执行许多关键的生物学任务。正如人类发明了机械和电子设备，细胞也在广泛使用蛋白质机器，因为对于几乎任何工作，通过连续的过程完成空间和时间的协调，这种操作比依次使用单个工具更为有效。

许多相互作用的蛋白质通过支架聚集在一起

我们已经知道，蛋白质依赖于与其他分子的相互作用来实现其生物学功能。酶可以结合底物和调节性配体，其中许多底物和调节性配体是由同一反应途径中的其他酶所产生。当受到胞外配体的激活时，细胞质膜上的受体蛋白可以募集一系列的胞内信号蛋白，它们相互结合并依次激活，将信号传递到细胞内部。此外，参与 DNA 复制、基因转录、DNA 修复和蛋白质合成的蛋白质也形成了蛋白质机器，可以高效地执行这些复杂而关键的任务。

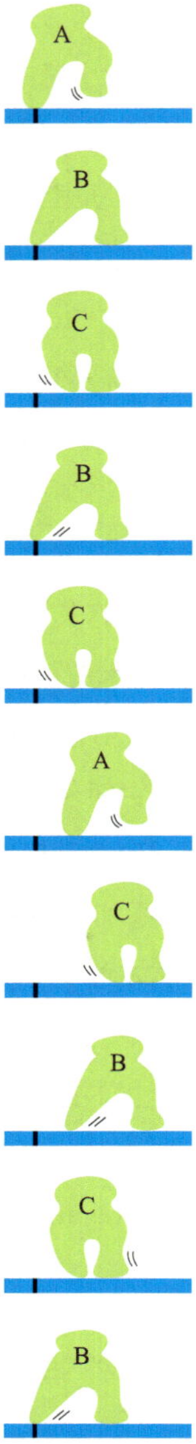

图 4-49　**构象的变化可以使蛋白质沿着细胞骨架细丝“行走”。**当蛋白质沿着骨架细丝移动时，该蛋白质在三种不同构象（A，B 和 C）之间反复转变。然而，如果没有能量的输入来驱动它朝一个方向运动，那么该蛋白质只能是来回地随机运动，始终无法到达目的地。

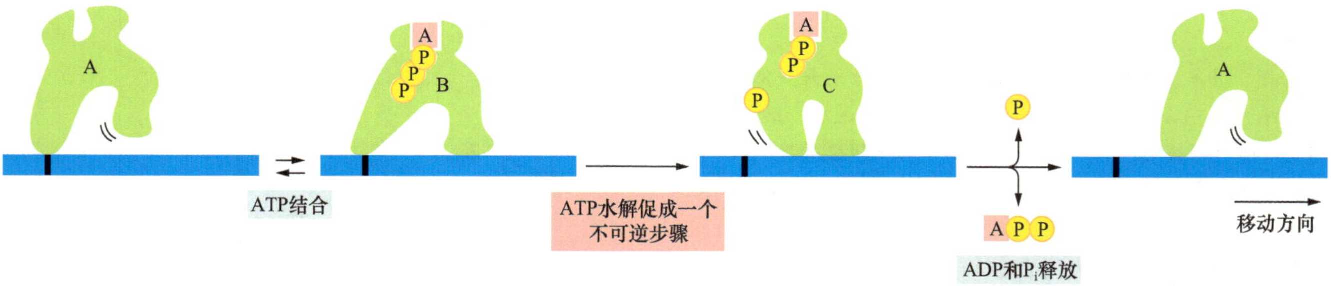

图 4-50　**马达蛋白利用 ATP 水解进行沿细胞骨架细丝单向移动的模式图。**与马达蛋白结合的 ATP 分子进行水解，释放出 ADP 和无机磷酸盐（P_i）产物，由此驱动马达蛋白三种构象之间的有序转变。由于这些转变与 ATP 的水解相偶合，所以整个循环过程基本上是不可逆的。通过不断重复循环，马达蛋白可以沿着骨架细丝持续向右移动。

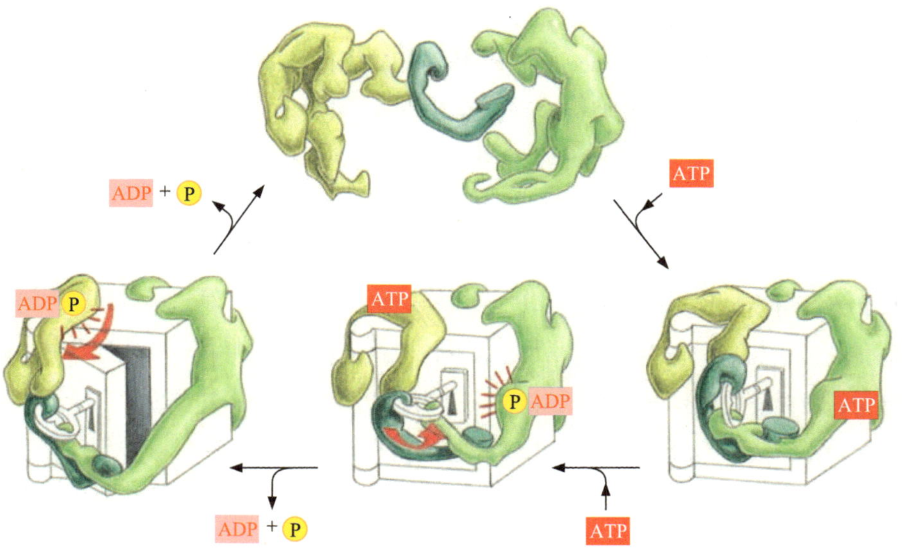

图 4-51 “蛋白质机器”可以执行复合物功能。这些机器由多个单体蛋白质组成，相互协作执行特定的任务（视频 4.11）。这些单体蛋白质的移动也是个协同的过程，通常由与之结合的核苷酸（如 ATP）的水解来单向驱动。如图所示，这种类型的构象变化如果发生在大的蛋白质复合物中，几种不同蛋白质分子的活性可以通过在复合物内部的移动来协调，此过程对细胞特别实用。

然而，在细胞内拥挤的环境中（参见图 3-22），蛋白质是如何找到其合适的伴侣及其所需的结合位点呢？许多蛋白质复合物由**支架蛋白**（scaffold protein）聚集在一起。支架蛋白是一种带有多个蛋白质结合位点的大型分子，通过结合一系列特定的相互作用蛋白，支架蛋白可以大幅提高某些化学反应或细胞过程的速率，同时也可以将化学反应限制在细胞的特定区域，例如，将信号蛋白吸引到质膜上。

虽然有些支架是刚性的，但是细胞中最丰富的支架是非常有弹性的。这些支架蛋白含有长的非结构化区域，可使它们弯曲和摇摆，所以这些支架可充当柔性系绳，极大地增强了与它们结合的蛋白质之间的碰撞（图 4-52）。还有一些支架不是蛋白质，而是长的 RNA 分子。我们在第 7 章讨论 RNA 合成和加工时会遇到这些 RNA 支架。

支架使蛋白质仅在需要的时间和地点才能进行组装和激活。例如，神经细胞中有长度超过 1000 个氨基酸的灵活的支架蛋白，由此可以将特定的蛋白质组织起来，参与传递和接收从一个神经细胞到下一个神经细胞的信号。在信息交流过程中，这些蛋白质就聚集在神经细胞的质膜下方（参见图 4-54），使它们在受到刺激时可以传递和响应正确的信息。

大分子之间的弱相互作用可以在细胞中形成大的生化区室

一系列蛋白质、RNA 和蛋白质机器的聚合可以形成非常大的聚集体，并在细胞内形成不同的生化区室。其中最大的是核仁（nucleolus），它是细胞核内核糖体 RNA 转录和核糖体亚基组装的区域。这种细胞结构在细胞分裂间期由携带核糖体基因的染色体聚集在一起而形成（参见图 5-17），它形态巨大，在光学显微镜下即可观察到。同时，细胞核也会根据需要形成较小的、临时性的结构“厂房”，来进行 DNA 复制、DNA 修复或 mRNA 合成（参见图 7-24）。此外，特定的 mRNA 也会被隔离在胞质颗粒中，这有助于控制这些 mRNA 用于蛋白质的合成。

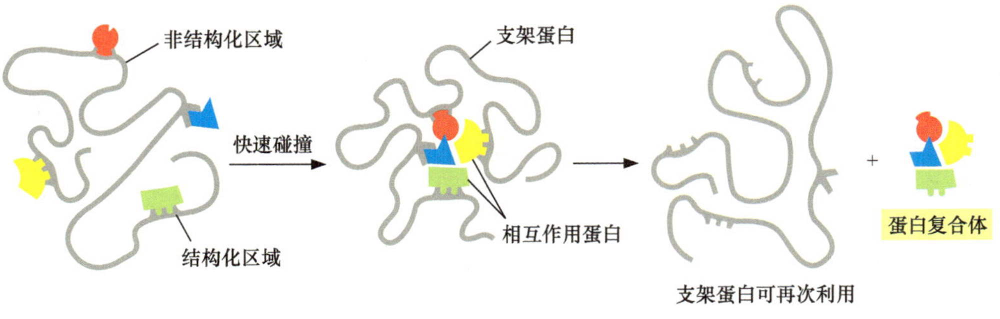

图 4-52 支架蛋白可以聚集细胞中相互作用的蛋白质。在上述假设的例子中，该支架蛋白具有长长的非结构化区域，其中有多个相互作用的蛋白质，每个蛋白质都与支架蛋白特定的结构化区域结合。支架的非结构化区域充当柔性系链，可以促进这些支架结合的蛋白质进行快速、随机的碰撞，从而加快功能性复合物的形成。

很多这种聚集体中都包含蛋白质和RNA，通常可以用术语**细胞内凝聚物**（intracellular condensate）来描述这种聚集体。其中一些凝聚物（包括核仁）呈球形液滴状，可以分解和融合（图 4-53）。尽管这些凝聚物类似于某些油和水形成的相分离区室，但它们的内部构成是复杂和结构化的。其中一些凝聚物是基于淀粉样蛋白结构，即由多层β折叠可逆性地组装在一起，产生“水凝胶”，并将其他分子吸引到凝聚物中（图 4-54）。因此，可形成淀粉样结构的蛋白质在细胞中是具有功能的。然而，有少数可形成淀粉样结构的蛋白质，它们的突变或干涉会导致神经系统疾病，这也是最初发现这些淀粉样蛋白的原因。

我们是如何研究蛋白质的

了解一个特定蛋白质的功能，需要详细的结构和生化分析，这两种分析都需要大量的纯化蛋白质。但是，将单一类型的蛋白质从细胞中成千上万种蛋白质中分离出来，是一项艰巨的任务。多年来，人们一直不得不从其源头即富含该蛋白质的组织中直接纯化。这种方法很不方便，例如，必须一大早前往屠宰场取材。更重要的是，在纯化某种特定分子时，由于完整组织和器官的复杂性，通常需要进行一系列层析分离步骤。这个过程不仅需要耗时数周，而能得到的纯品蛋白质也只有区区几毫克。

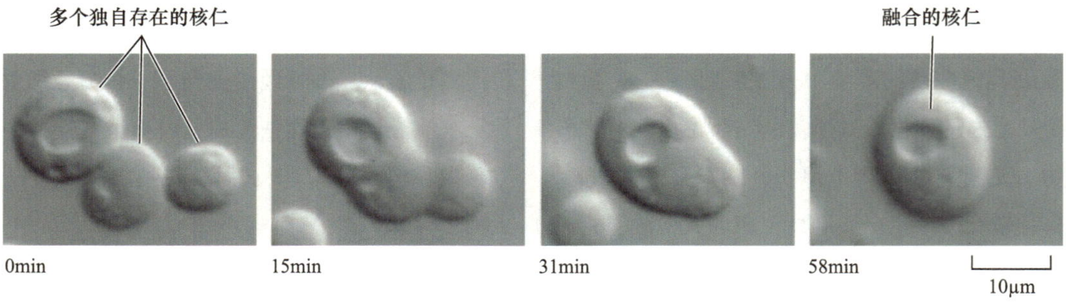

图 4-53　在光学显微镜下，可观察到球形、液滴状的核仁的融合过程。在这些实验中，从非洲爪蟾卵母细胞中解剖分离核仁，并置于显微镜载玻片上的油滴中。可以看到三个小核仁融合形成一个更大的核仁（视频 4.12）。每次细胞分裂后都会发生类似的过程，一开始时是在多条染色体形成小的核仁，然后由小核仁融合形成一个大的核仁。（引自 C.P. Brangwynne，T.J. Mitchison，and A.A. Hyman，*Proc. Natl. Acad. Sci. USA* 108：4334-4339，2011。）

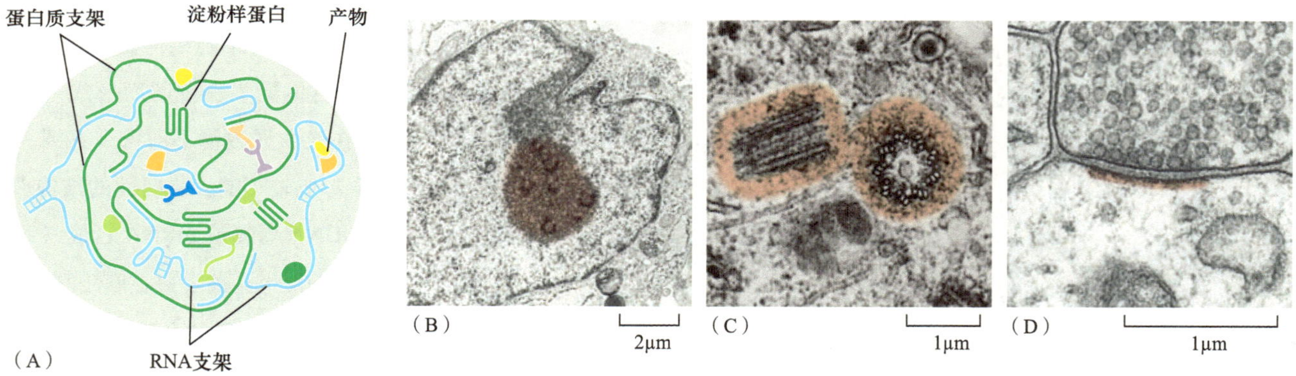

图 4-54　细胞内凝聚物可形成生化区室。支架蛋白和其他大分子之间的很多弱结合相互作用可以形成大的聚集体。当这些大聚集体与大聚集体之间的相互作用变得足够强时，就会发生“相分离”，进而形成两个不同的含水区室，在其中的一个区室中，相互作用的分子密集地聚集在一起。这种细胞内凝聚物会选择性地聚集特定的大分子，从而形成具有特殊化学性质但不需要膜包被的区域。（A）细胞内凝聚物发生相分离的示意图。这些凝聚物可以形成一个工厂，催化形成特定类型的产物，也可以用于储存重要的物质，如特定的mRNA分子，供以后使用。如图所示，可逆的淀粉样蛋白结构常有助于产生这些凝聚体。而这些β折叠结构常在较大蛋白质支架内的非结构化氨基酸序列区域之间形成。（B～D）三个例子用以说明细胞如何使用胞内凝聚物（着色区域）。（B）在间期的细胞核内，核仁是一个大工厂，用于生产核糖体。另外，还有许多分散的RNA生产工厂，可以聚集蛋白质机器，用于转录基因组。（C）在细胞质中，一些基质物质形成中心体，起始微管组装。（D）在神经细胞用于相互交流的突触的质膜下面的一个区域里，多个相互作用的支架形成大型的蛋白质复合物，这些局部生化组合产生可能的记忆，并储存在神经细胞网络中。（图B蒙E.G. Jordan 和 J.McGill 惠赠；图C引自 M. McGill，D.P. Highfield，T.M. Monahan，and B.R. Brinkley，*J. Ultrastruct. RES.* 57：43-53，1976。蒙 Elsevier 惠许；图D蒙 Cedric Raine 惠赠。）

现在，人们通常从实验室培养的细胞中纯化蛋白质（参见图 1-39）。这些细胞通常都经过基因工程技术“改造”（详见第 10 章），能产生出大量所需的蛋白质。使用这种工程细胞，仅在几天内就能获得大量的纯化蛋白质。

在本节中，我们概述了如何从培养的细胞和其他来源中提取并纯化蛋白质。我们描述了如何分析这些蛋白质以确定它们的氨基酸序列和它们的三维结构。最后，我们对蛋白质分析、分类、操纵，甚至是从头设计等相关技术进展进行了讨论。

蛋白质可以从细胞或组织中纯化出来

无论是从一块肝脏或一瓶细菌、酵母开始，或是从经过工程改造以产生目的蛋白的动物细胞开始，任何蛋白质纯化过程的第一步都是破碎细胞，释放其内容物。所得浆液称为*细胞匀浆*（cell homogenate）或*提取物*（extract）。在这种物理性破坏之后，是初级分离程序，分离出细胞中带有目标分子的那些组分，如细胞中的所有可溶性蛋白质（图版 4-3）。

有了这些蛋白质混合物，下一步就是分离出所需的蛋白质。标准方法是通过一系列**层析**（chromatography）步骤纯化蛋白质。层析是使用不同的材料，基于蛋白质的不同性质（如大小、形状、电荷），将复杂的混合物分离成各个*组分*（fraction）。在每个分离步骤后，检查所得的组分，确定哪些组分含有目的蛋白。然后合并这些含有目的蛋白的组分，再次重复层析分离步骤，直至获得纯化的目的蛋白。

最有效的蛋白质层析方法是基于它们与特定分子结合的能力强弱来分离多肽，该方法被称为*亲和层析*（affinity chromatography）（图版 4-4）。例如，如果有大量的、可以识别目的蛋白的抗体，可以将抗体附着在层析柱的基质上，从而可以将目的蛋白从混合物中提取出来（参见图版 4-2）。

亲和层析也可用于分离与正在研究的蛋白质存在物理相互作用的蛋白质。在这种情况下，将正在研究的纯化蛋白质紧密附着在柱子的基质上，经过层析，与之结合的蛋白质也将被保留在层析柱中，然后，可以通过改变漂洗液的成分，将这些结合的蛋白质洗脱下来（图 4-55）。

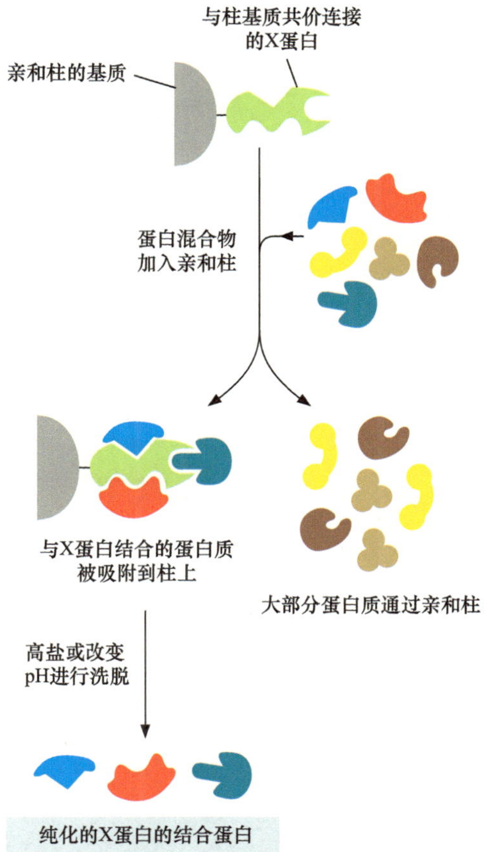

图 4-55　**亲和层析可用于分离目标蛋白的结合蛋白。**将纯化的目的蛋白（X 蛋白）共价连接到层析柱的基质上。然后将混有一系列蛋白质的提取物加入柱子中。细胞内那些与 X 蛋白存在相互作用的蛋白质通常会与柱子结合，而不能结合的蛋白质会直接通过柱子。与 X 蛋白紧密结合的蛋白质可以通过改变洗涤液的 pH 或离子组成来洗脱和收集。

蛋白质也可以通过**电泳**（electrophoresis）进行分离。在该技术中，将蛋白质混合物加到聚合凝胶中并置于电场，多肽会以不同的速度在凝胶中迁移，迁移速度取决于它们的大小和净电荷（图版 4-5）。如果样品中蛋白质太多，或者蛋白质的迁移率非常相似，则可以进一步使用双向凝胶电泳进行分析（参见图版 4-5）。这些电泳方法会产生许多条带或斑点，可以通过染色观察到，每个条带或斑点含有不同的蛋白质。层析和电泳技术经过了 70 多年的发展及改进，已经成为理解蛋白质是个什么样子和其行为方式的有力工具。表 4-2 中描述了这些和其他一些技术的历史性突破。

一旦获得纯品蛋白质，就可以通过对其进行生物化学分析来研究它的活性。还可以通过一些技术揭示其氨基酸序列，并最终得到精确的三维结构。

图版 4-3　细胞裂解和细胞提取物的初步分离

裂解细胞和组织

大多数蛋白质纯化的第一步是通过可控的方式裂解组织和细胞。

利用温和的机械操作（称为匀质化）可以将细胞的质膜破裂，使细胞内容物释放出来。图中显示了四种常见的操作。

最终得到的浓汤（称为匀浆液或提取物）含有来自胞质溶胶的大小分子，如酶、核糖体、代谢产物，以及所有的膜被细胞器。

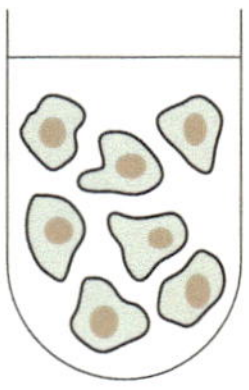

细胞悬浮液或组织

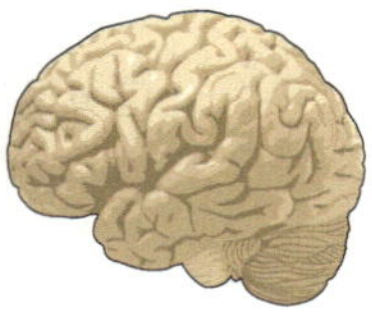

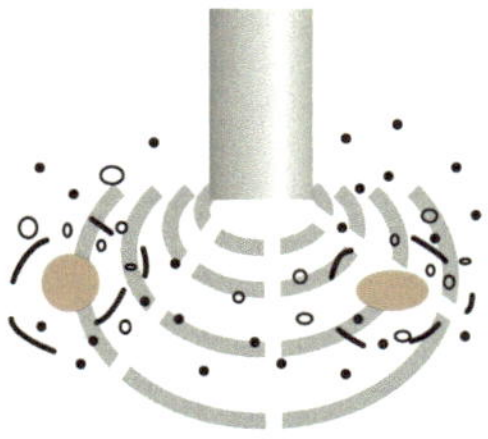

1　利用高频声波（超声）打散细胞

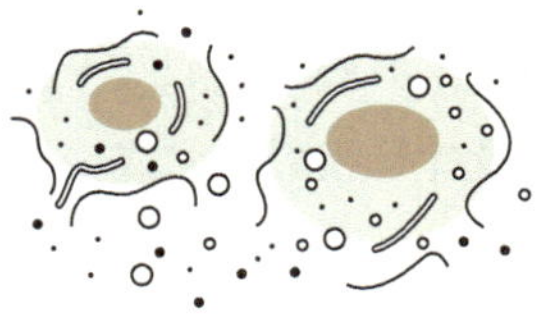

2　利用温和的去垢剂在细胞膜上打孔

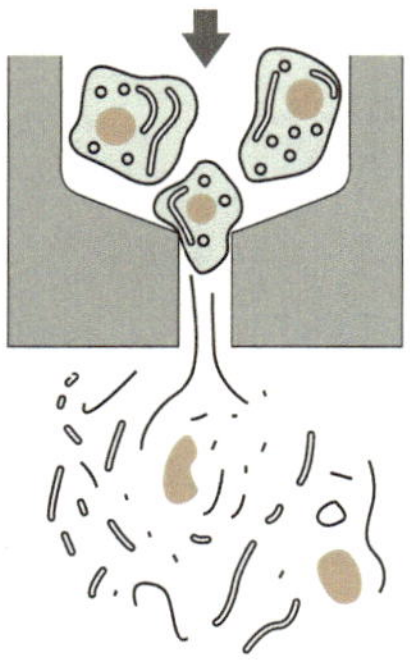

3　利用高压迫使细胞通过小孔

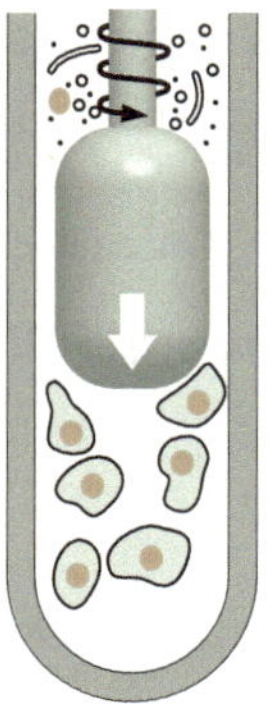

4　在紧密贴合的研磨棒和玻璃器皿的厚壁之间研磨细胞

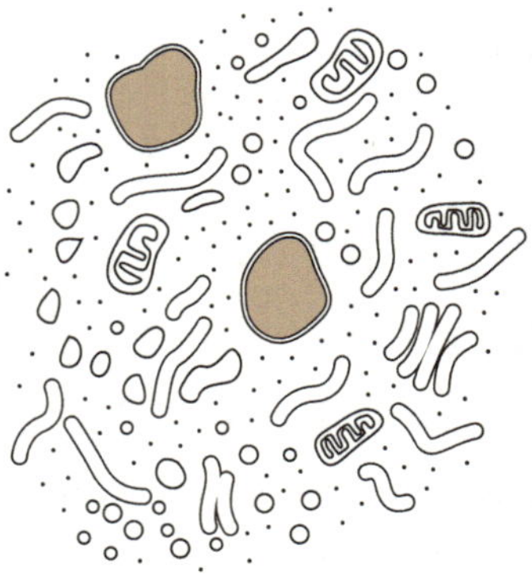

如果操作仔细，大部分膜被细胞器可以保持完整

离心

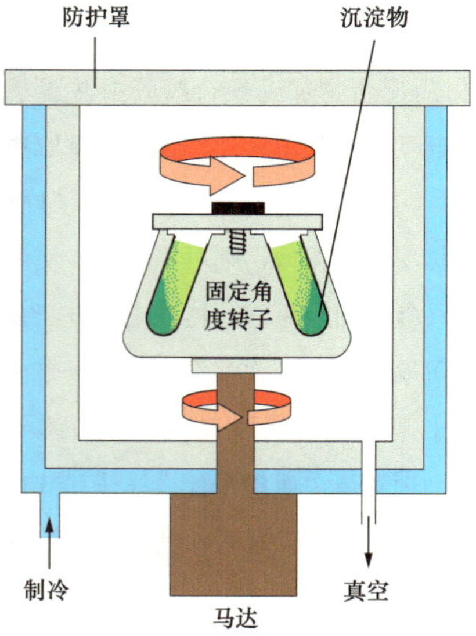

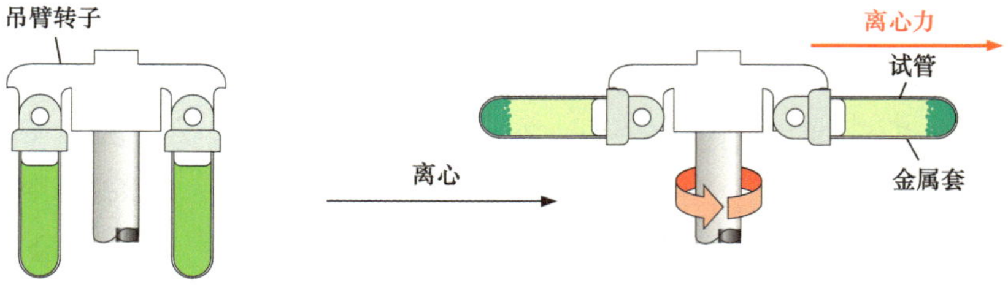

很多细胞组分是通过另一类转子即吊臂转子进行分离

转子旋转时，支撑试管的金属套可被自由地甩向外侧

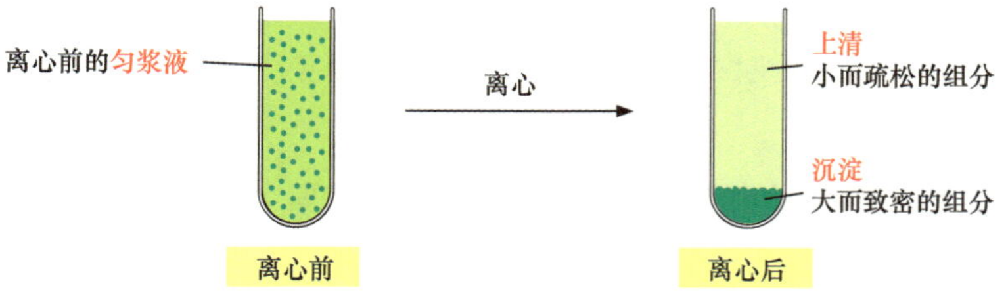

离心是将匀浆液分成不同部分或组分的最为常用的方法，即将匀浆液置于试管中，在离心机或超速离心机中进行高速旋转。现在的超速离心机每分钟的转速可高达10万转，从而产生强大的作用力，相当于60万倍的地球重力。

这种速度要求离心机的腔室必须制冷和抽真空以避免摩擦使组织升温。离心机被厚的防护罩所包裹，因为转子一旦不平衡可能会破碎，进而释放出爆炸性的能量。固定角度的转子比吊臂转子能容纳更大的体积，但形成的沉淀物较不均匀，如图所示。

差速离心

通过逐步升高的速度重复离心，可以将细胞匀浆液分离出不同的组分。

离心分离细胞组分是基于组分的大小和密度。体积大而致密的组分所承受的离心力更大，因此移动就越快，在试管底部形成沉淀物；而体积较小且不太致密的组分仍留在上层悬浮液中，这部分被称为上清液。

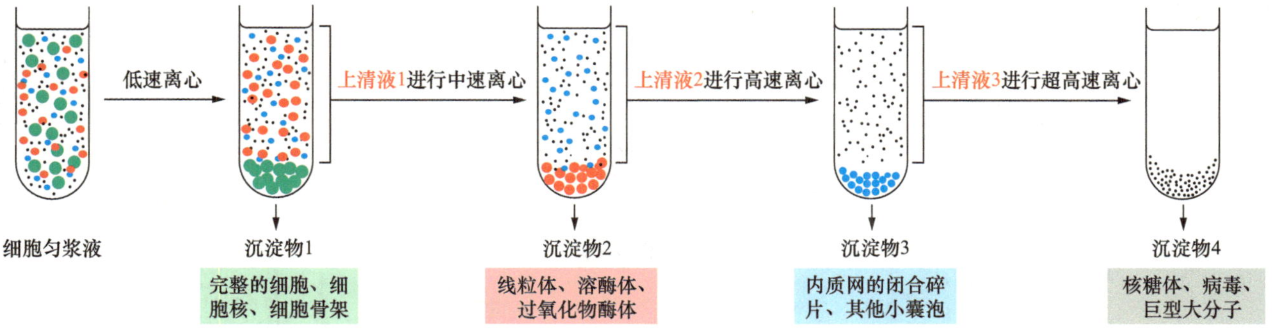

速度沉降

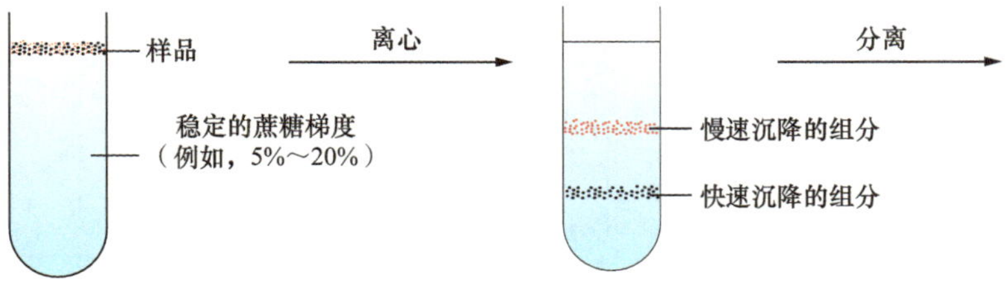

当把亚细胞组分小心地置于稀盐溶液之上并进行离心，亚细胞组分会根据其大小以不同的速度沉降通过稀盐溶液。为了稳定沉淀的组分，避免其在试管中发生对流性混合，溶液中会含有一系列连续低浓度的蔗糖溶液。蔗糖的浓度从试管顶部到底部逐渐增大。常用的蔗糖浓度是 5% ～ 20%。当细胞的不同组分沉降通过该蔗糖梯度时，不同的细胞组分会形成不同的条带，这些条带可逐一进行收集。

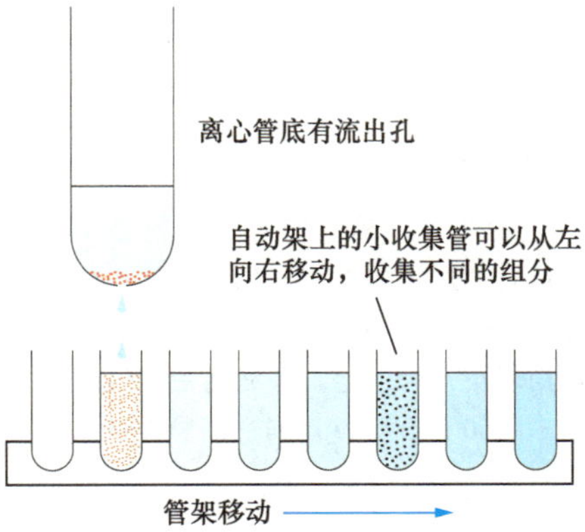

在经过适当时间的离心后，条带可以被收集起来。最简单的方法就是刺透塑料离心管，从其底部收集液滴，如图所示。

平衡沉降

超速离心也可被用于分离细胞组分，这是基于细胞组分的浮力密度不同，而不依赖于其大小或形状。急剧变化的密度梯度含有非常高浓度的蔗糖或氯化铯，样品通常可加到该密度梯度的顶部或分散于其中。离心时，每种亚细胞组分都将会上下移动，直至到达其密度与周围溶液的密度相等的位置时才会停止。最终会形成一系列不同的条带，其中最接近试管底部的条带含有的是浮力密度最大的组分。这种方法称为密度梯度离心。

图示的是蔗糖梯度。利用氯化铯能形成更为密集的梯度，特别适合用于分离核酸（DNA 和 RNA）。

最终的条带可以从试管底部进行收集，如上文的速度沉降所示。

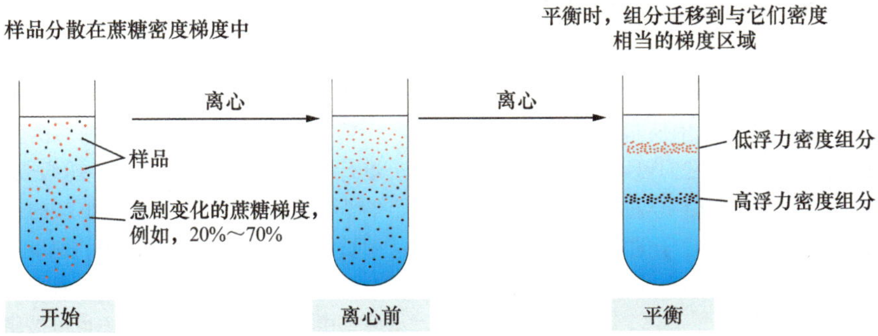

图版 4-4　利用层析法分离蛋白质

蛋白质分离

蛋白质非常多样化。它们的大小、性状、电荷、疏水性以及对其他分子的亲水性各不相同。所有这些性质都可被用于将蛋白质彼此分开，以便单独进行研究。

柱层析

蛋白质通常通过柱层析进行分离。圆柱形的柱子使用可渗透性的固体基质进行填充并浸在溶剂中，把蛋白质的混合溶液加到柱子顶部，然后将大量的溶剂泵入柱子。由于不同的蛋白质与基质相互作用的程度不同，所产生的阻滞程度也不同，所以当它们从填充柱底部流出时可以分别进行收集。选择不同的填充基质，蛋白质就可以根据其电荷、疏水性、大小或与特定化学基团的结合能力（如下所示）而被分离出来。

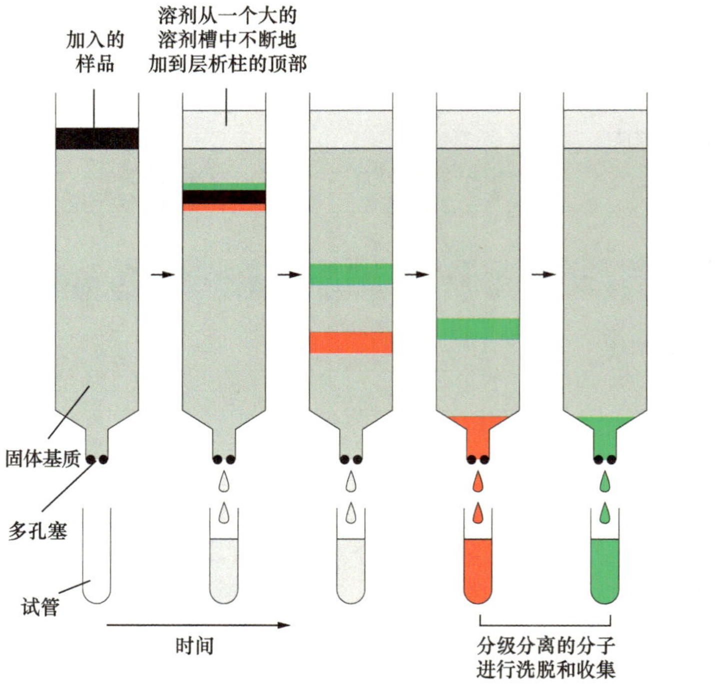

三种类型的层析

尽管柱层析基质的组成材料各不相同，但它们通常是以小珠的形式填充在层析柱中。一种典型的蛋白质纯化策略可依次运用以下三种基质，最终的蛋白纯度可提高 10 000 倍。纯度可通过凝胶电泳来检测（图版 4-5）。

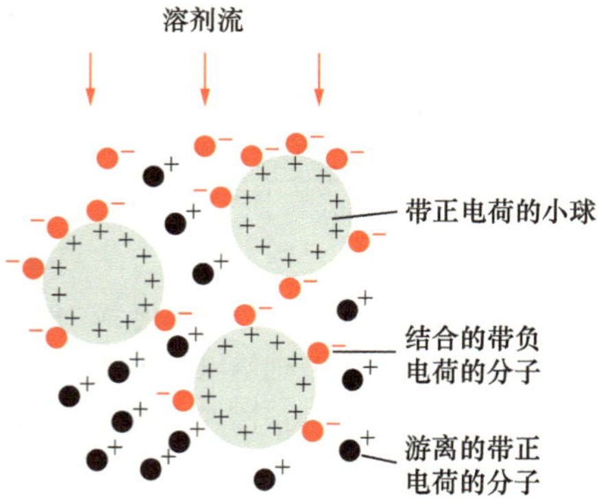

（A）离子交换层析

离子交换柱中所填充的是带正电或负电的小珠，它们可以阻滞带异性电荷的蛋白质。蛋白质与基质之间的相互作用依赖于流经柱子的溶液的 pH 和离子强度。通过控制上述条件，可以进行有效的分离。

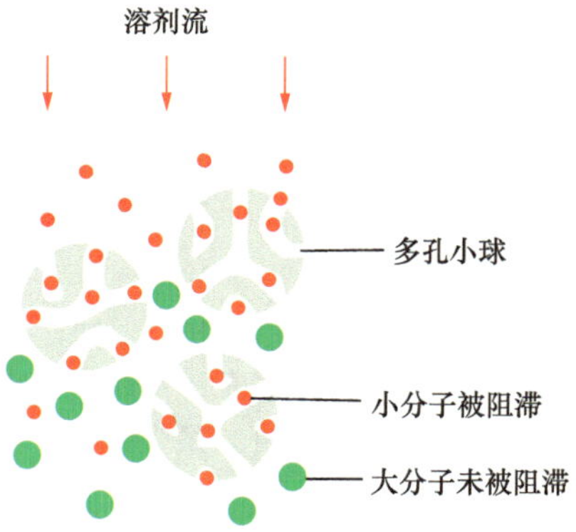

（B）凝胶过滤层析

凝胶过滤层析是根据蛋白质的大小进行分离。基质是由多孔小珠组成。足够小的蛋白分子可以进入小珠的孔从而被阻滞，导致其穿过柱子的速度变慢，而不能进入小珠的蛋白质会首先被从柱子中洗脱下来。这类柱子也可被用于估算蛋白质的大小。

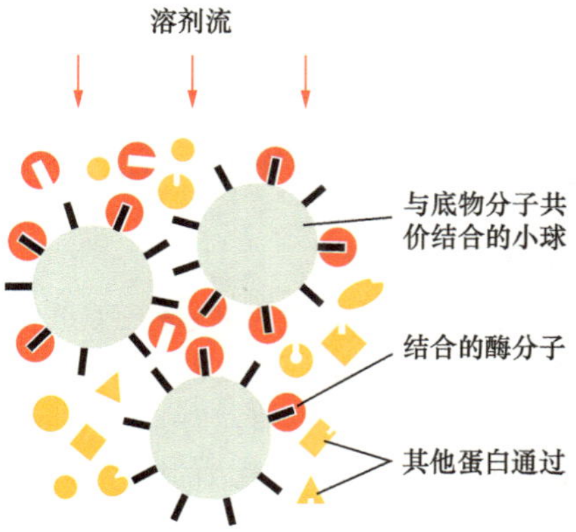

（C）亲和层析

亲和层析柱的基质上共价偶联了可以与目标蛋白特异性相互作用的分子（例如，抗体或酶的底物）。与该柱子特异结合的蛋白质随后可以通过改变 pH 或盐溶液的浓度来进行释放。所得的蛋白质是高度纯化的（参见图 4-55）。

图版 4-5　利用电泳分离蛋白质

凝胶电泳

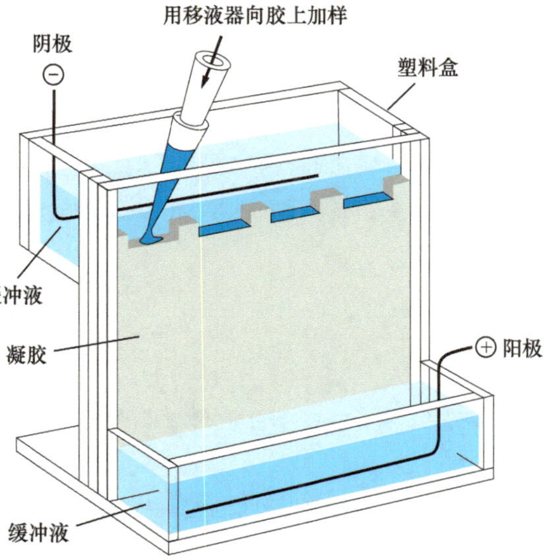

当向含有蛋白分子的溶液施加电场后，蛋白质会进行迁移。迁移的方向和速度可以反映该蛋白质的大小和净电荷。这就是电泳技术的基础。

等电聚焦

任何蛋白质都有一个特征性的 pH，称为等电点。在该 pH 时，蛋白质不带净电荷，因此也不会在电场中移动。在等电聚焦的过程中，蛋白质在一个狭长的聚丙烯酰胺凝胶中电泳，其中含有由特殊的缓冲液混合而成的 pH 梯度。在 pH 梯度中，每种蛋白质移动到与其等电点相对应的 pH 梯度时就静止不动了。

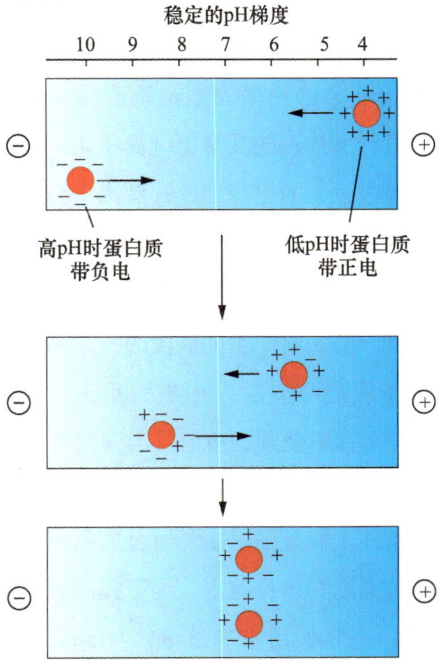

图示蛋白质的等电点pH为6.5

在SDS聚丙烯酰胺凝胶电泳中，去垢剂十二烷基磺酸钠（SDS）被用于溶解蛋白质

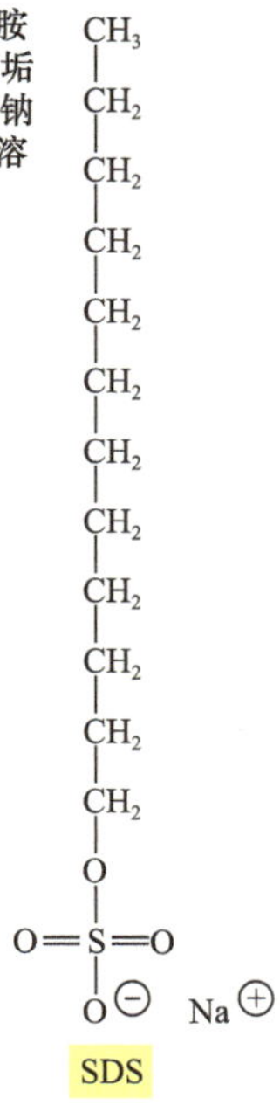

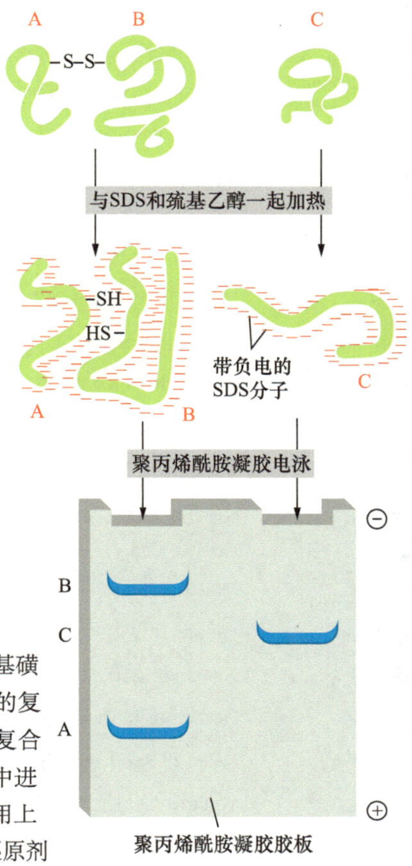

SDS 聚丙烯酰胺凝胶电泳（SDS-PAGE）

单条多肽链与带负电的十二烷基磺酸钠（SDS）分子形成一个带负电的复合物，因此是以负电 SDS-蛋白质复合物的形式在多孔的聚丙烯酰胺胶板中进行迁移。使用这种电泳技术的设备用上图所示（左边）。通常会加入某种还原剂（巯基乙醇）来断开蛋白质内部或蛋白质之间所有的 S—S 连接。在这种条件下，多肽链的迁移速率就反映了它们的分子量，蛋白质越小，迁移就越快。

双向聚丙烯酰胺凝胶电泳

复杂的蛋白质混合物在单向凝胶中无法很好地分离，但双向凝胶电泳结合了两种不同的分离方法，能够在一张二维蛋白图谱上分离出 1000 多种蛋白质。第一步，根据天然的蛋白质内在电荷的不同，利用等电聚焦的方法（见左图），在一个狭长的凝胶上进行分离；第二步，将该胶置于一块胶板的顶部，以垂直于第一步的方向将蛋白质进行 SDS-PAGE 电泳（见上图）。每种蛋白质迁移并形成一个离散的点。

大肠杆菌细胞中所有的蛋白质通过双向凝胶电泳进行分离，每个点都代表一种不同的多肽链，其中按照等电点是从左到右进行分离，按照分子量是从上到下进行分离。（蒙 Patrick O'Farrell 惠赠。）

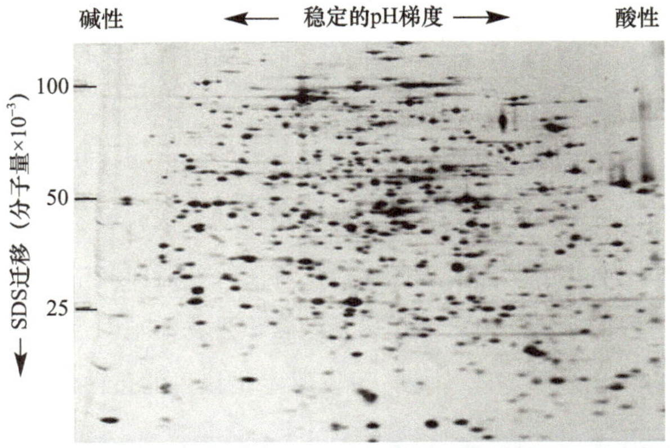

表 4-2　蛋白质研究过程中的历史性事件

1838 年	“蛋白质”（源自希腊语 *proteios*，“最原初的”）这个名称最早由 Berzelius 提出，指的是在所有动植物细胞中存在的富含氮元素的一类复杂的有机物质
1819 ～ 1904 年	发现了蛋白质中常见的 20 种氨基酸的绝大部分
1864 年	Hoppe-Seyler 得到血红蛋白的结晶并为其命名
1894 年	Fischer 提出酶与底物相互作用的锁钥假说
1897 年	Buchner 和 Buchner 发现酵母非细胞提取物可将蔗糖发酵成乙醇和二氧化碳，从此奠定了酶学的基础
1926 年	Sumner 获得了纯脲酶结晶，证明蛋白质具有酶的催化活性；Svedberg 制造了第一台分析性超速离心机，并用其估计出血红蛋白准确的分子量
1933 年	Tiselius 将电泳技术用于分离溶液中的蛋白质
1934 年	Bernal 和 Crowfoot 从胃蛋白酶结晶中获得了第一张蛋白质 X 射线衍射图
1942 年	Martin 和 Synge 发展了色谱层析技术，这项技术目前已广泛用于分离蛋白质
1951 年	Pauling 和 Corey 提出了氨基酸长链的螺旋构象，即 α 螺旋结构和 β 折叠结构。随后在许多蛋白质中都发现存在这两种结构
1955 年	Sanger 完成胰岛素氨基酸序列分析，这是第一个完成氨基酸测序的蛋白质
1956 年	Ingram 建立了第一个蛋白质指纹图谱，说明单个氨基酸的突变造就了镰状细胞和正常细胞血红蛋白之间的差别（视频 4.13）
1960 年	Kendrew 描述了第一个分辨率达 0.2nm 的蛋白质三维结构（巨头鲸的肌红蛋白），而 Perutz 则提出了较低分辨率的血红蛋白结构
1963 年	Monod、Jacob 和 Changeux 认识到许多酶是通过变构而受调节的
1966 年	Phillips 通过 X 射线晶体学描述了溶菌酶的三维结构，这是第一个在原子层面得到结构解析的酶
1973 年	Nomura 用纯化的组分重建了一个有功能的细菌核糖体
1975 年	Henderson 和 Unwin 利用计算机对电子显微镜照片进行重建，解出了第一个跨膜蛋白（细菌视紫红质蛋白）的三维结构
1976 年	Neher 和 Sakmann 发展了膜片钳记录技术，测量了单个离子通道蛋白的活性
1984 年	Wuthrich 使用核磁共振技术解出了一个可溶性精子蛋白的结构
1988 年	Tanaka 和 Fenn 各自独立地发展了用质谱分析蛋白质及其他生物大分子的方法
1975 ～ 2013 年	Frank、Dubochet、Henderson 和其他人发展了基于计算机的单颗粒冷冻电镜（cryo-EM），使大的蛋白复合物的结构解析可达到原子级别
1996 ～ 2013 年	Mann、Aebersold、Yates 和其他人利用全基因组序列，优化了通过质谱鉴定复杂混合物中蛋白质的方法

确定蛋白质的结构从确定其氨基酸序列开始

确定蛋白质的一级结构，即氨基酸序列，可以通过几种方式来实现。多年以来，对蛋白质的测序是通过直接分析纯化蛋白质的氨基酸序列来完成的。首先，使用具有位点选择性的蛋白酶将蛋白质切断成较小的片段，例如，胰蛋白酶可以切割赖氨酸或精氨酸的羧基侧的多肽链；然后通过化学方法测定每个片段中的氨基酸序列。1955 年，激素蛋白*胰岛素*（insulin）以这种方式完成测序，这是第一种被测序的蛋白质。

如果一个物种的全基因组序列已经确定，要确定该物种纯化蛋白质的氨基酸序列，还有一种更快的方法就是**质谱法**（mass spectrometry）。该技术可以确定纯化蛋白质中每个多肽片段的确切质量，然后，从包含该生物体基因组编码的所有蛋白质的数据库中，可以鉴定出该目的蛋白。数据库中的蛋白列表是通过利用该生物体的基因组序列并应用遗传密码来计算得到的（在第 7 章中讨论）。

为了进行质谱分析，会用激光轰击胰蛋白酶消化得到的肽段，对肽段进行加热，使其带电（离子化）并以气体形式喷射出去。通过强大的电场加速，肽离子会飞向一个探测器，它们到达探测器的时间与它们的质量和电荷有关，肽段越大、移动越慢，电荷越高、移动越快。随后会获得关于这些由胰蛋白酶裂解产生的肽段的一系列精确的分子质量，这些分子质量可作为“指纹”，用于从公共开放的数据库中识别该蛋白质及其相应的基因（图 4-56）。

这种方法甚至可应用于复杂的蛋白质混合物，例如，要鉴定某特定条件下酵母细胞生长所合成的所有蛋白质，可直接用酵母的提取物进行鉴定。为了提高分辨率以区分出单个蛋白质，通常使用*串联质谱法*（tandem mass spectrometry）分析这种混合物。在这种情况下，当肽段通过第一个质谱仪后，它们被分解成更小的碎片，然后再通过第二个质谱仪进行分析。

尽管多肽链折叠所需的所有信息都包含在其氨基酸序列中，但只有在某些特殊情况下，我们才能仅根据其序列可靠地预测出该蛋白质详细的三维构象，即其原子的空间排列。目前，确定蛋白质精确折叠模式的主要方法是通过实验，使用 **X 射线晶体学**（X-ray crystallography）、**核磁共振波谱法**（nuclear magnetic resonance spectroscopy，NMR），或最新的**冷冻电镜技术**（cryoelectron microscopy，cryo-EM）技术，如图版 4-6 所述。

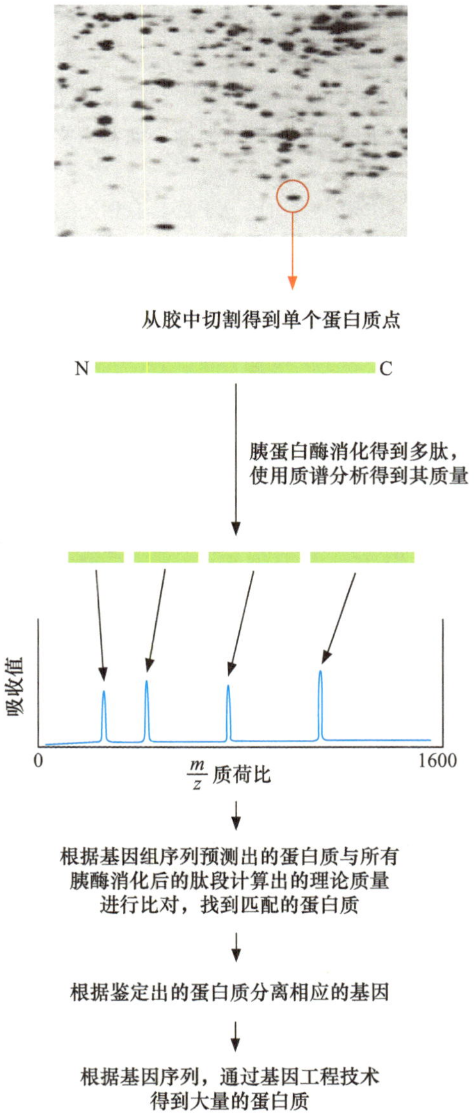

图 4-56 **质谱法可通过确定其肽段的精确质量来鉴定蛋白质。** 如前文所述，确定蛋白质的三维结构反过来要求目标蛋白可以被大量纯化出来。在本例中，双向电泳后，从聚丙烯酰胺凝胶中切下目标蛋白（参见图版 4-5），再用胰蛋白酶消化，将肽段加入质谱仪中，并测定它们的精确质量。然后通过搜索基因组序列数据库，寻找该生物编码的蛋白质中谁与目的蛋白的“指纹”相匹配。以这种方式还可以对蛋白质混合物进行分析。（图片蒙 Patrick O’Farrell 惠赠。）

基因工程技术能够大规模生产、设计和分析几乎任何一种蛋白质

基因工程技术的进步使几乎任何目标蛋白质都可以被大量生产。这种生产大量蛋白质的能力，除了使生物化学家纯化特定蛋白质时更方便外，还促进了整个生物技术产业的发展（图 4-57）。细菌、酵母和培养的哺乳动物细胞现在被用于大量生产各种治疗性蛋白质，如胰岛素、人类生长激素，甚至是在体外受精治疗中用于促进妇女排卵的受孕增强药。以前准备这些蛋白质需要收集和处理大量的组织及其他生物制品，例如，生产受孕药时就需要大量收集绝经修女的尿液。

同样的基因工程技术也可用于生产新型的蛋白质和酶，它们往往含有新的结构或发挥新的功能，如代谢有毒废物，或合成急救药物等。大多数合成的催化剂，在加速某些特定的化学反应速率方面，远不如天然存在的酶有效。但是，随着我们对蛋白质和酶如何利用其独特的构象来发挥其生物学功能的研究不断加深，我们制造具有实用功能的新型蛋白质的能力一定会提高。

图 4-57 **生物技术公司生产大量有用的蛋白质。** 这张照片显示的是用于生产百日咳疫苗的大型一站式微生物发酵罐。（图片蒙 Pierre Guerin Technologies 惠赠。）

图版 4-6　蛋白质结构解析

X 射线晶体学

为确定蛋白质的**三维构象**（three-dimensional structure），并评估该构象如何随蛋白质功能而变化，我们必须能够“看到”蛋白质单个原子的相对位置。自 20 世纪 30 年代以来，X 射线晶体学一直是解析蛋白质结构的金标准。该方法使用波长近似等于氢原子直径的 X 射线，在原子水平上探测蛋白质的结构。

首先，纯化的蛋白质被诱导形成晶体，即一种大型的、高度有序的阵列，其中每个蛋白质分子都具有相同的构象，并且与其相邻分子完全排列整齐。该过程可能需要数年的探索和试错，才能找到合适的条件来得到高质量的蛋白质晶体。当一束狭窄的 X 射线束射向该晶体时，蛋白质分子中的原子会使入射的 X 射线发生散射。这些散射波会相互地增强或消减，产生出复杂衍射图案并被电子探测器所收集。X 射线衍射图中每个斑点的位置和强度都包含着蛋白质晶体中原子位置的信息。

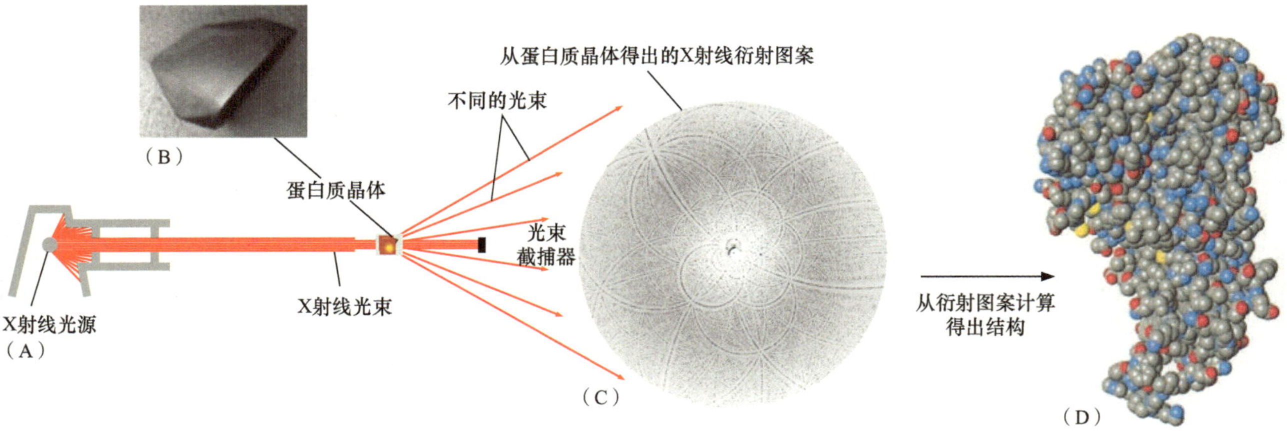

然后，计算机将这些图案转换为原子相对空间位置的图谱。将该信息与蛋白质的氨基酸序列相结合，就可以得出蛋白质结构的原子模型。这里显示的蛋白质是核酮糖二磷酸羧化酶（Rubisco），该酶在光合作用中对 CO_2 的固定发挥重要作用（参见第 14 章）。该蛋白质的长度约为 450 个氨基酸。氮原子标为蓝色，氧标为红色，磷标为黄色，碳标为灰色。（图 B 蒙 C. Branden 惠赠；图 C 蒙 J. Hajdu 和 I. Andersson 惠赠。）

核磁共振波谱法

如果一个蛋白质的分子质量约为 50 000Da 甚至更小，它在溶液中的结构可通过**核磁共振波谱法（NMR）**进行测定。该方法利用了许多原子（特别是氢原子）的原子核固有磁性。

当溶液中的纯蛋白质暴露在强大的磁场中时，它的原子核将会像微小的条形磁铁一样，使自身沿着磁场排列。如果这时用无线电波轰击蛋白质溶液，那么被激发的原子核会围绕它们的磁轴摆动。当原子核重新回到其最初排列的位置时，它们发出的信号可用于揭示其相对位置。

同样地，通过结合氨基酸序列，NMR 光谱可以计算出蛋白质的三维结构。如果蛋白质大于 50 000Da，在使用 NMR 光谱分析之前，可将其按功能性的结构域进行分解。图（A）显示了纤维素酶末端结合结构域的二维 NMR 光谱。斑点代表相邻氢原子之间的相互作用。（B）图叠加显示了可以满足 NMR 光谱分析距离限制的结构。该结构域可以结合纤维素，长度为 36 个氨基酸。

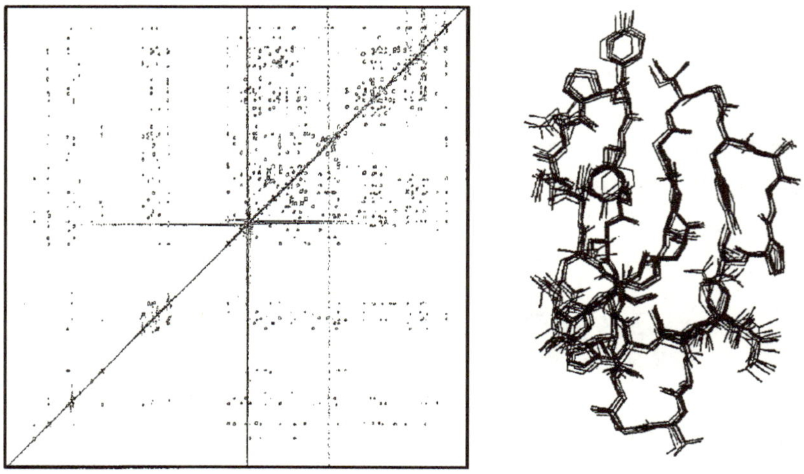

（A）　（蒙P. Kraulis，Uppsala惠赠）　（B）

冷冻电镜

在确定蛋白质结构时，X 射线晶体学方法仍然是首选。然而，大型的分子机器通常难以结晶，许多完整的膜蛋白也是如此。而且对于动态的蛋白质和聚合物，仅通过结晶学难以获得其不同的构象。为了解决这些问题，研究人员越来越多地使用**冷冻电镜技术**（cryo-EM）来解析大分子结构。

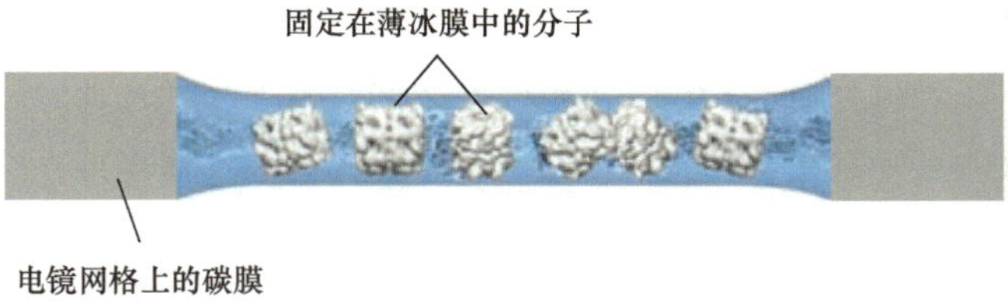

在这种技术中，溶于水中的纯蛋白质液滴被放置在一个小的电子显微镜网格上，该网格被插入 –180℃液态乙烷中，使蛋白质冻结在薄薄的冰膜中。快速冷冻可确保周围的水分子没有时间形成冰晶，防止蛋白质的形状被破坏。

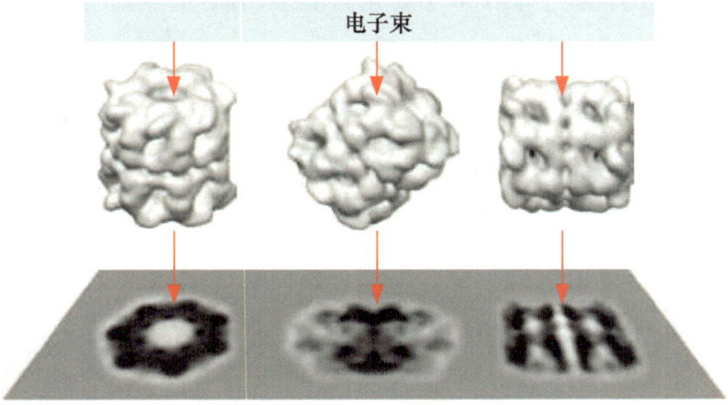

电子探测器捕获分子的投影

冷冻的样品通过透射电子显微镜进行检测（参见图版 1-1）。为了避免损坏样品，需要确保样品的每个部分只有少数电子通过，因此必须配置足够敏感的探测器才能捕获穿过样品的每个电子。现在，许多 EM 样品制备和数据收集都实现了完全自动化，并且通常会采集数千张显微照片，每张照片包含数百或数千个在冰内以随机的方向排列的单个分子。

随后，使用算法将朝向相同的粒子分为一组，将每组中的数千个图像进行叠加并加以平均，以改善信噪比，获得更加清晰的二维图像。不同组的图像代表粒子的不同视图，将所有组的二维图像进行组合，并通过一系列复杂的迭代步骤，最终转换成高分辨率的三维结构。

GroEL 模型（蒙 Gabriel Lander 惠赠。）

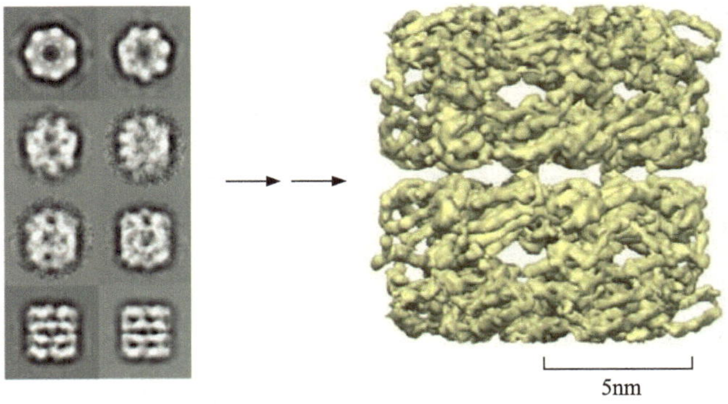

核糖体的冷冻电镜结构

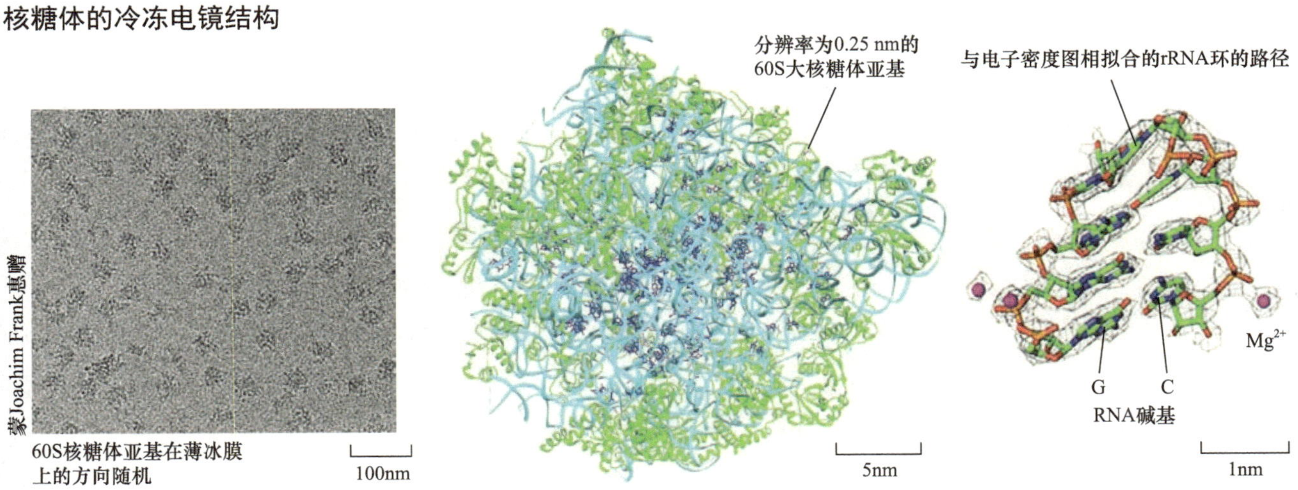

我们在图像处理算法、建模工具和计算能力上已经取得了很大进展，这意味着在 0.2 ～ 0.3nm 的分辨率层次解析大分子复合物的结构成为现实。这种分辨能力现在接近了 X 射线晶体学的分辨率。两种技术共同快速发展，也在彼此相互辅助以获得更加有用和动态的结构信息。本图所示的核糖体结构的解析就是一个很好的例子，分辨率为 0.25nm。

蛋白质的相关性有助于预测蛋白质的结构和功能

在过去 150 年中，生物化学家对于蛋白质结构和功能的理解已经取得了巨大进步（参见表 4-2）。这些进步是数十年来对纯化的蛋白质进行艰苦研究的成果，一个又一个科学家不知疲倦地对单个蛋白质或其蛋白质家族展开研究，有时甚至耗费了他们整个职业生涯。在未来，类似的这种对蛋白质构象和活性的研究很有可能会在更大范围内越来越多地展开。

全基因组快速测序能力的提升，以及质谱等方法的发展，推动了我们大规模确定蛋白质的氨基酸序列的能力。现在公开可用的数据库中，已经存放了来自数千种不同物种的数百万种不同的蛋白质序列，而且预计蛋白质序列每两年就会增加一倍。对这些蛋白质氨基酸序列进行比较，揭示出大多数蛋白质属于特定的蛋白质家族，具有相同的“序列模式”，即折叠成不同结构域的氨基酸的延伸。其中一些蛋白质家族仅包含一个结构域，其他的蛋白质家族则含有多个结构域，并排列成不同的组合（图 4-58）。

被发现的多结构域蛋白家族的数量正在迅速增长，而新的单一结构域蛋白家族的发现似乎正趋于平稳。这个平台期表明，在大概存在的 10 000 ～ 20 000 个结构域中，

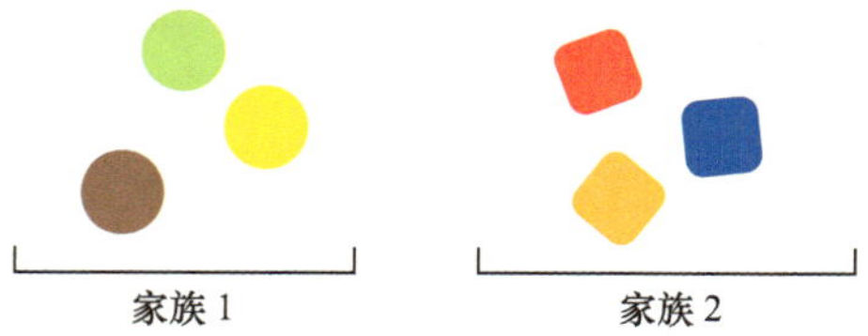

（A）具有单一结构域的蛋白家族

（B）具有两个结构域的蛋白家族

图 4-58　大多数蛋白质属于结构相关的家族。（A）在研究得比较清楚的蛋白质中，超过 2/3 的蛋白质含有单一的结构域。这些单结构域家族的成员具有不同的氨基酸序列，但折叠成的形状都很相似。（B）在演化过程中，结构域以不同方式进行组合，产生了多结构域蛋白质家族。几乎所有蛋白质结构的新颖性都来自这些单个结构域不同的排列方式。与新的单结构域蛋白家族的数量增加速度不同，多结构域蛋白家族的数量在公共数据库中仍在快速地增加。

绝大多数蛋白质只能折叠出其中数量有限的结构域。对于许多单结构域的蛋白家族，至少有一个家族成员的结构是已知的。知道一个家族成员的结构，对该蛋白家族里其他成员的结构有一定的借鉴。通过这个方式，我们得到了数据库中几乎 3/4 的蛋白质的结构信息（视频 4.14）。

未来的一个目标是，已知蛋白质氨基酸序列，就可以推断出其结构，并深入了解其功能。我们正越来越接近这一目标，但仍有相当长的路要走。迄今为止，根据氨基酸序列和最低能量蛋白质构象的原则，计算机已经可以成功地算出长度小于 100 个氨基酸的蛋白质的构象，以及一些较大但已知其一些信息（如与已知结构的蛋白质同源）的蛋白质的构象。

更具挑战性的是，仅凭氨基酸序列，就能预测蛋白质在细胞中发挥何种功能、是单独发挥功能还是作为复合物的一部分而发挥功能。显然，我们越接近这些目标，就越接近于理解生命的本质。

基本概念

- 活细胞含有大量不同的蛋白质分子，每个蛋白质分子都是由氨基酸线性链通过共价肽键连接而成的。
- 每种蛋白质都具有独特的氨基酸序列，序列决定其三维构象和生物活性。
- 蛋白质的折叠结构通过多肽链的不同部分之间的多个非共价相互作用而得到稳定。
- 多肽骨架的相邻区域之间的氢键通常使多肽链形成规则的折叠模式，即 α 螺旋和 β 折叠。
- 许多蛋白质的结构可以再分成一些较小的、具有紧凑三维结构的球状区域，即蛋白质结构域。
- 蛋白质的生物学功能取决于其表面的具体化学性质，以及它如何与其他分子即配体结合。
- 当蛋白质催化配体中特定共价键的形成或断裂时，该蛋白质被称为酶，配体被称为底物。
- 在酶的活性位点，折叠蛋白质的氨基酸侧链被精确定位，这有利于它们形成底物转化为产物所必须经过的高能过渡态。
- 许多蛋白质的三维结构已经发生演化，以便小型配体能够结合在其活性位点之外的结合位点，引起其形状发生显著变化。
- 大多数酶是变构蛋白，能以两种催化活性不同的构象

存在。配体和特定调节位点的结合可以稳定活性或非活性构象，从而打开或关闭酶的活性。

- 细胞内大多数酶的活性处于严格控制之下。最常见的调节形式之一是反馈抑制，其中代谢途径早期的酶可以被该途径的终产物抑制。
- 一个典型的真核细胞中，有数千种蛋白质受到磷酸化和去磷酸化的循环调节。
- 在真核生物中，GTP 结合蛋白也可以调节蛋白质功能。这些蛋白质结合 GTP 时处于活跃状态，结合 GDP 时处于失活状态，而且可以通过将结合的 GTP 水解为 GDP 而自行关闭，由此起到分子开关的作用。
- 在真核细胞中，马达蛋白将与之紧密结合的 ATP 分子水解为 ADP，由此驱动蛋白发生构象变化，产生蛋白质的定向运动。
- 高效的蛋白质机器由变构蛋白组装形成，其中各种构象变化相互协调以执行复杂的功能。
- 添加到蛋白质氨基酸侧链上的共价修饰可以调控蛋白质的定位和功能，并可以为其他蛋白质的结合提供锚定位点。
- 生化小区室通常由相分离的细胞内凝聚物所形成，可以加速重要反应并将反应限制在细胞的特定区域。
- 从细胞或组织粗匀浆开始，通过一系列的层析步骤，可获得纯化的单一蛋白质。
- 通过生化分析可以发现纯化蛋白质的功能，其精确的三维结构可以通过 X 射线晶体学、核磁共振光谱学或冷冻电镜进行确定。

关键词

活性位点（active site）
变构的（allosteric）
α 螺旋（α helix）
氨基酸序列（amino acid sequence）
抗体（antibody）
抗原（antigen）
β 折叠（β sheet）
结合位点（binding site）
C 端（C-terminus）
层析（chromatography）
辅酶（coenzyme）
卷曲螺旋（coiled-coil）
构象（conformation）
冷冻电镜技术（cryoelectron microscopy，cryo-EM）
二硫键（disulfide bond）
电泳（electrophoresis）
酶（enzyme）
反馈抑制（feedback inhibition）
纤维状蛋白（fibrous protein）
球状蛋白（globular protein）
GTP 结合蛋白（GTP-binding protein）
螺旋（helix）
胞内凝聚物（intracellular condensate）
固有无序序列（intrinsically disordered sequence）
配体（ligand）
溶酶体（lysozyme）
质谱法（mass spectrometry）
米氏常数（Michaelis constant，K_M）
马达蛋白（motor protein）
N 端（N-terminus）
核磁共振波谱法（nuclear magnetic resonance spectroscopy，NMR）
肽键（peptide bond）
多肽链（polypeptide，polypeptide chain）
多肽骨架（polypeptide backbone）
初级结构（primary structure）
蛋白质（protein）
蛋白质结构域（protein domain）
蛋白质家族（protein family）
蛋白激酶（protein kinase）
蛋白质机器（protein machine）
蛋白磷酸酶（protein phosphatase）
蛋白质磷酸化（protein phosphorylation）
四级结构（quaternary structure）
支架蛋白（scaffold protein）
二级结构（secondary structure）
侧链（side chain）
底物（substrate）
亚基（subunit）
三级结构（tertiary structure）
过渡态（transition state）
转换数（turnover number）
最大反应速率（V_{max}）
X 射线晶体学（X-ray crystallography）

问题

问题 4-1

图 4-7 实验中所使用的尿素可以破坏水分子的氢键网络。为什么高浓度的尿素可以使蛋白质发生去折叠？尿素的结构如下所示。

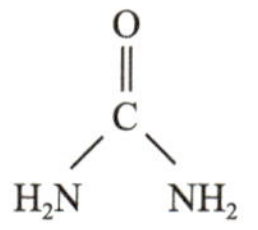

问题 4-2

已知在 β 折叠中，每条多肽主链上突出的氨基酸侧链会交替地指向折叠平面的上方和下方（参见图 4-13A），假设有以下蛋白质序列：Leu-Lys-Val-Asp-Ile-Ser-Leu-Arg-Leu-Lys-Ile-Arg-Phe-Glu。如果把这条序列整合到 β 折叠中，你能发现这条序列中氨基酸的排列有什么显著特点吗？你能否预测一下在蛋白质中 β 折叠可能会如何排列？（提示：参考图 4-3 中列出的氨基酸的性质。）

问题 4-3

只有极少数的随机突变才会产生对细胞蛋白质有用的变化，但有用的突变在演化中被选择并保留了下来。既然这种变化如此罕见，每出现一个有用的突变，必然伴随着无数个无益突变或使蛋白质失去活性的突变。那么，为什么细胞中并没有大量的无用蛋白质？

问题 4-4

头发主要由角蛋白纤维组成。单条角蛋白纤维通过多个二硫键（S—S）彼此共价交联。如果用温和的还原剂处理卷发，破坏其中一些交联，然后将头发拉直之后再次进行氧化，头发便会保持伸直状态。请绘制一个图表，说明上述过程中角蛋白纤维化学和机械变化的三个不同阶段（重点是二硫键）。如果使用强力还原剂处理头发破坏所有的二硫键，会发生什么？

问题 4-5

用示意图解释酶（如文中提到的已糖激酶）如何区分其正常底物（此例中为 D-葡萄糖）和非底物的光学异构体（此例中为 L-葡萄糖）（提示：一个碳原子的四个单键呈四面体排列，光学异构体与正常碳原子围绕其中一个单键，互为镜像对称。可将底物画成一个具有四个不同角的简单四面体，然后再绘制其镜像图。使用该图，说明为什么只有一种光学异构体能与酶的活性位点结合。）

问题 4-6

请看图 4-42，如果不是图中所示的反馈，而是以下几种情况，会发生什么：

A. Z 的反馈抑制仅影响步骤 B → C？

B. Z 的反馈抑制仅影响步骤 Y → Z？

C. Z 是步骤 B → X 的正调节因子？

D. Z 是步骤 B → C 的正调节因子？

针对每种情况，讨论这些调控形式对一个细胞起到什么作用？

问题 4-7

不管是蛋白质磷酸化，还是蛋白质与核苷酸（如 ATP 或 GTP）结合，都可以调节蛋白质的活性。你认为这两种调节方式各自的优势是什么？

问题 4-8

在打开图 4-51 中保险箱时，解释为什么多种酶以蛋白质复合物形式发挥作用，比假定酶之间不存在关联的单个酶按顺序发挥作用更有优势？请解释原因。

问题 4-9

观察图 4-11 中蛋白质的模型，红色的 α 螺旋是右旋的还是左旋的？形成 β 折叠的三条肽链是平行的还是反向平行？从蛋白质 N 端（紫色末端）开始，你的手指沿着多肽骨架移动，会遇到打结吗？为什么？

问题 4-10

下列说法哪项是正确的？解释你的答案。

A. 酶的活性位点通常仅占酶表面的一小部分。

B. 一些酶在催化时，会在氨基酸侧链和底物分子之间形成共价键。

C. 一个 β 折叠至多包含五股，不会再多。

D. 抗体分子的特异性只取决于其折叠的轻链结构域表面上的环。

E. 氨基酸可能的线性排列是如此之多，以至于新的蛋白质几乎不会通过改变原来的蛋白质而演化。

F. 变构酶具有两个或更多个结合位点。

G. 非共价键太弱，不能影响大分子的三维结构。

H. 亲和层析根据分子内在电荷的不同来分离不同的分子。

I. 将细胞匀浆离心时，较小的细胞器受到的阻力更小，因此比大细胞器沉淀得更快。

问题 4-11

α 螺旋和 β 折叠有什么共同特征，使它们成为蛋白质通用的结构单元？

问题 4-12

蛋白质结构仅由蛋白质的氨基酸序列决定。如果将一个蛋白质的氨基酸序列通过基因工程的手段全部进行颠倒，得到的蛋白质与原来的蛋白质是否具有相同的结构？

问题 4-13

假设下面的蛋白序列为一个 α 螺旋：Leu-Lys-Arg-Ile-Val-Asp-Ile-Leu-Ser-Arg-Leu-Phe-Lys-Val。这个螺旋有多少个转角？当这条序列折叠成 α 螺旋时，它的氨基酸排列有什么显著的特点吗？（提示：参考图 4-3 中氨基酸的性质。）

问题 4-14

简单的酶反应通常符合以下等式：

$$E + S \longleftrightarrow ES \longrightarrow EP \longleftrightarrow E + P$$

其中，E、S 和 P 分别是酶、底物和产物。

A. ES 在这个等式中代表什么？

B. 为什么第一步显示双向箭头，第二步显示为单向箭头？

C. 为什么 E 会出现在等式的两端？

D. 人们经常发现高浓度的 P 会抑制酶。为什么？

E. 如果化合物 X 类似于 S 且与酶的活性位点结合，但不能参与酶催化反应，你认为在反应中添加 X 会产生什么影响呢？比较对 X 和 P 积累的影响。

问题 4-15

以下哪些氨基酸更经常出现在折叠的球状蛋白质的中心附近？哪些氨基酸更经常暴露在表面？解释你的答案。Ser，Ser-P（磷酸化的 Ser 残基），Leu，Lys，Gln，His，Phe，Val，Ile，Met，Cys-S—S-Cys（两个二硫键连接的半胱氨酸），Glu。哪些氨基酸更容易出现在蛋白质的 N 端或 C 端？

问题 4-16

假设你想合成和研究一个蛋白质片段，请问你是否期望所有的多肽链片段都会像完整蛋白质一样进行折叠？请思考图 4-20 中的蛋白质，你认为哪些片段最有可能正确折叠？

问题 4-17

神经丝蛋白会组装成长的中间丝（在第 17 章中讨论），这种中间丝在神经细胞长长的轴突中大量存在。神经丝蛋白的 C 端区域是非结构化多肽，长达数百个氨基酸且受到了磷酸基团的大量修饰，甚至可以用术语“聚合物刷子”来描述神经丝的这部分区域。你能解释这种现象吗？

问题 4-18

从生长在 20℃ 试管中的突变菌株中分离得到一种酶，这种酶在 20℃ 时正常工作，在 37℃ 时却不能发挥功能。37℃ 是肠道的温度，这个细菌平时就在这里正常生长。而且，从突变菌株中分离的这个酶一旦暴露在较高温度后，就不能再在低温下发挥功能。从正常细菌中分离出来的这种酶在两种温度下均可发挥功能。试解释一下，当温度升高时，这个突变的酶在分子水平上发生了什么变化？

问题 4-19

马达蛋白沿着细胞中的蛋白质纤维移动。为什么图中所示的要素不足以保证蛋白的单向运动（图 Q4-19）？请参考图 4-50 修改本图，添加一些元素使得马达蛋白可以进行单向运动，同时对每处修改进行说明。

图 Q4-19

问题 4-20

凝胶过滤层析是根据分子大小不同来分离分子（参见图版 4-4）。小分子在溶液中的扩散比大分子更快，但小的分子通过凝胶过滤柱的迁移却比大分子更慢。请解释这个现象。如果流速非常快，又会发生什么？

问题 4-21

如图 4-16 所示，α 螺旋和由 α 螺旋形成的卷曲螺旋都是螺旋结构，它们在图中是否具有相同的手性？请解释原因。

问题 4-22

一个含有 1000 个氨基酸的蛋白质，其中一个氨基酸的改变也可能会破坏该蛋白质功能，即使该氨基酸远离任何配体结合位点。请解释为什么。

问题 4-23

米氏方程描述了图 4-35 所示的曲线：

反应速率 $(v) = V_{max}[S]/(K_M + [S])$

你相信这个方程可以精确地表示文中定性描述的特征吗？尤其是当底物浓度 [S] 处于以下条件之一时，如何简化这个方程？（A）[S] 远小于 K_M；（B）[S] 等于 K_M；（C）[S] 远大于 K_M 。

问题 4-24

一个简单酶反应的速率可以由标准米氏方程算出：

反应速率 $(v) = V_{max}[S]/(K_M+[S])$

如果酶的 V_{max} 是 100μmol/s，而 K_M 是 1mmol/L，那么反应速率达到 50μmol/s 时，底物浓度是多少？绘制反应速率对底物（S）浓度的坐标图，[S] = 0 ～ 10mmol/L。将其转换为 $1/v$ 与 1/[S] 的坐标图。为什么后者的图像是直线？

问题 4-25

在下面选择正确的选项并解释原因。

如果 [S] 远小于 K_M，则酶的活性位点大部分被占用，或未被占用。

如果 [S] 远大于 K_M，则反应速率受酶浓度的限制，或受底物浓度的限制。

问题 4-26

A. 由酶 E 催化的反应 S → P 的反应速率在产物形成非常少的条件下进行测定，得到了下表中的数据，请将数据绘制成坐标图，并使用此图估算该酶的 K_M 和 V_{max}。

B. 为了更精确地确定 K_M 和 V_{max} 值，通常会使用一种方法，即对米氏方程进行一个简单的变换，这样可以将数据绘制成直线：$1/v = (K_M/V_{max})(1/[S]) + 1/V_{max}$。

这是一个形式为 $y = ax + b$ 的等式。请计算（A）中给出数据的 $1/v$ 和 1/[S]，将 $1/v$ 对 1/[S] 新作一张图，并根据截距（1/[S]=0 处）和斜率确定 K_M 和 V_{max}。请问这个结果与第一次根据原始数据所做的图进行估算的结果是否一致？

底物浓度/（μmol/L）	反应速率/（μmol/min）
0.08	0.15
0.12	0.21
0.54	0.7
1.23	1.1
1.82	1.3
2.72	1.5
4.94	1.7
10.00	1.8

C.（A）中说明测定反应速率时需要在产物形成还非常少的条件下进行，为什么这一点很重要？

D. 假设酶受到磷酸化调节后，其 K_M 增加 3 倍而 V_{max} 保持不变，请问这种调节属于激活还是抑制？在（A）图和（B）图中绘制出你对磷酸化形式的酶的预期数据。

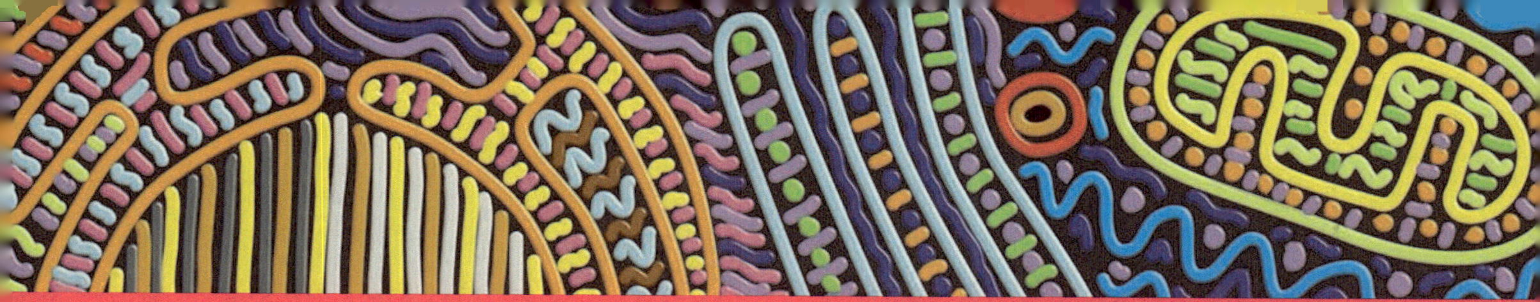

第 5 章　DNA 和染色体

DNA 的结构
真核染色体的结构
染色体结构的调节

细胞能够存储、检索和翻译遗传指令，以制造并维持生物体，这是生命的基础。这些指令存储在每个活细胞的基因（gene）中，它是遗传信息的载体，决定了一个物种和其中每个个体的特性。

在 20 世纪初，遗传学成为一门科学，科学家们开始对基因的化学本质产生兴趣。基因信息被复制并从一个细胞传递到其子细胞，这个过程在多细胞生物的生命中发生了数百万次，基因信息也通过生殖细胞，即卵细胞和精子，代代相传。在复制和传代的过程中，基因基本保持不变。那么，是什么样的分子能够进行如此准确和几乎无限次数的复制，而且能够指导生物体的发育和细胞的日常生活？遗传信息包含哪些指令？这些指令如何进行物理上的组织，才能将生物体发育和维持所需的大量信息囊括在细胞微小的空间内？

其中一些问题的答案在 20 世纪 40 年代开始出现。当时，在一些简单的真菌的研究中，发现了遗传信息主要是一些指导蛋白质合成的指令。如前一章所述，蛋白质可以完成大部分细胞功能：作为细胞结构的构建模块、形成催化细胞化学反应的酶、调节基因的活动、使细胞能够移动，并进行相互交流。现在看来，很难想象遗传信息还能包含其他什么指令。

在 20 世纪 40 年代取得的另一个重要进展，是认识到脱氧核糖核酸（DNA）是细胞遗传信息的载体，但是，人们完全不知道细胞中代代相传的遗传信息是靠何种机制完成复制，以及 DNA 中的指令如何指导合成特定的蛋白质。直到 1953 年，詹姆斯·沃森（James Watson）和弗朗西斯·克里克（Francis Crick）确定了 DNA 的结构。该结构很快揭示了 DNA 是如何完成拷贝（或称为复制）的，它也提供了关于 DNA 分子如何编码蛋白质合成的第一条线索。今天，“DNA 是遗传物质”这一发现已经成为我们理解生命的基础，填补了难以想象的、巨大的知识空缺。

本章我们将首先描述 DNA 的结构。尽管 DNA 的化学组成简单，但它的结构和化学特性使其非常适合携带遗传信息。然后，我们将探究基因和其他重要的 DNA 片段在构成染色体的单条长 DNA 分子中如何排列。最后，我们讨论真核细胞如何将这些长 DNA 分子折叠成细胞核内的致密染色体。这种包装必须有序进行，以保证染色体在细胞分裂时可以正确分配到两个子细胞中。同时，染色体包装也必须让多种蛋白质可以接近 DNA，这些蛋白质使 DNA 可以被大量复制和修复，也决定了细胞中许多基因的活性。

本书共有 5 章来介绍基本的遗传机制（即细胞维持和利用其 DNA 携带的遗传信息的方式），本章是第 1 章。在第 6 章，我们会讨论细胞精确复制和修复 DNA 的机制。在第 7 章，我们会讨论基因表达，即如何利用基因来产生 RNA 和蛋白质分子。在第 8 章，我们会描述细胞如何控制基因的表达，以确保 DNA 编码的数千种蛋白质都会在适当的时间和地点产生。在第 9 章，我们会讨论现存的基因如何演化而来。在第 10 章，我们会讨论通过操纵 DNA 来研究细胞基本活动的一些方法。

在过去 60 年，关于上述主题的研究已取得了巨大的进步，但同样重要的是，我们所拥有的知识仍然非常不完整。因此，关于 DNA 如何提供构建生物的指令，还有许多工作待研究。

DNA 的结构

在了解 DNA 的结构之前，生物学家就已经认识到遗传性状和决定这些性状的基因都与染色体相关。染色体（来源于希腊文字 *chroma*，意为“颜色”，因其染色特性而得名）在 19 世纪被发现，是真核细胞核中的一种线状结构，在细胞开始分裂时变得肉眼可见（图 5-1）。随着生化分析方法的出现，研究人员了解到染色体含有 DNA 和蛋白质，但究竟是哪些分子编码了生物体的遗传信息，当时并不清楚。

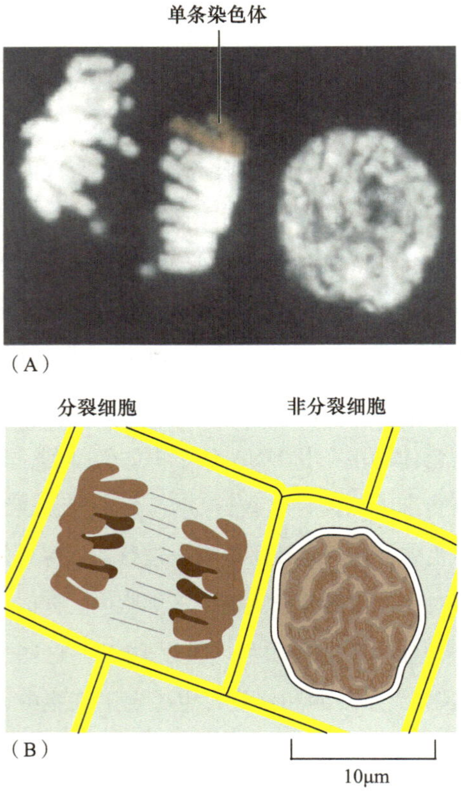

图 5-1 当真核细胞准备分裂时，染色体变得可见。（A）使用荧光显微镜拍摄的两个相邻的植物细胞，DNA 使用荧光染料（DAPI）进行标记。DNA 被包装在多条染色体中，只有当染色体发生凝集以准备细胞分裂时（图中左侧细胞），染色体才会变得可见。为清楚起见，分裂细胞中的单条染色体显示为棕色。右侧非分裂细胞含有与左侧细胞相同数量的染色体，但无法区分独立的染色体结构，因为在细胞分裂周期的这个阶段，DNA 处于一种更为伸展的构象。（B）两个细胞及其染色体轮廓的示意图。（图 A 蒙 Peter Shaw 惠赠。）

我们现在知道，DNA 携带了细胞的遗传信息，染色体上的蛋白质主要负责包装和调控那些很长的 DNA 分子。但是，在 20 世纪 40 年代，生物学家很难接受 DNA 是遗传物质，因为它的化学组成过于简单（参见本章“我们是怎样知道的”栏目）。毕竟，DNA 仅仅是由四种类型的核苷酸组成的简单长聚合物，而且四种核苷酸的化学性质彼此也非常相似。

20 世纪 50 年代早期，莫里斯·威尔金斯（Maurice Wilkins）和罗莎琳·富兰克林（Rosalind Franklin）使用了一种可以检测分子三维原子结构的技术，即 X 射线衍射技术，分析 DNA（参见图版 4-6）。他们的结果提供了一个至关重要的证据，促成了沃森和克里克在 1953 年提出了 DNA 双螺旋结构的模型，即两条 DNA 链彼此缠绕形成螺旋。这种结构揭示了 DNA 如何编码生命所必需的指令，以及这些指令如何在细胞分裂时完成复制和传代。在本节中，我们将介绍 DNA 的结构，并概括解释它如何存储遗传信息。

DNA 分子由两条核苷酸互补链组成

脱氧核糖核酸（DNA）分子由两条长的多核苷酸链组成。每条链（chain 或 strand）由四种类型的核苷酸组成，两条链通过核苷酸碱基之间的氢键结合在一起（图 5-2）。

如我们在第 2 章（图版 2-7）中所见，核苷酸由含氮碱基和五碳糖组成，磷酸基团与五碳糖相连。对于 DNA 中的核苷酸，糖是脱氧核糖（因此称为脱氧核糖核酸），碱基可以是腺嘌呤（A）、胞嘧啶（C）、鸟嘌呤（G）或胸腺嘧啶（T）。核苷酸通过糖和磷酸形成的共价键连成一条链，形成一个由交替的糖-磷酸-糖-磷酸组成的骨架（见图 5-2B）。因为四种核苷酸仅碱基不同，所以每条多核苷酸链可以比作一条项链：以糖-磷酸为骨架，串起四种微小的珠子（四种碱基 A、C、G 和 T）。基于它们携带的碱基不同，这些符号（A、C、G 和 T）也常用于表示四种不同的核苷酸。

DNA 链中的核苷酸通过磷酸二酯键结合在一起，磷酸二酯键将一个糖的 5′ 端与另一个糖的 3′ 端连接（图 5-3）。因为酯键两侧的糖分子不同，所以 DNA 链具有化学极性。如果我们想象每个核苷酸都有一个磷酸盐“把手”和一个羟基“孔洞”（图 5-2A），那么每条链都是由把手和孔洞

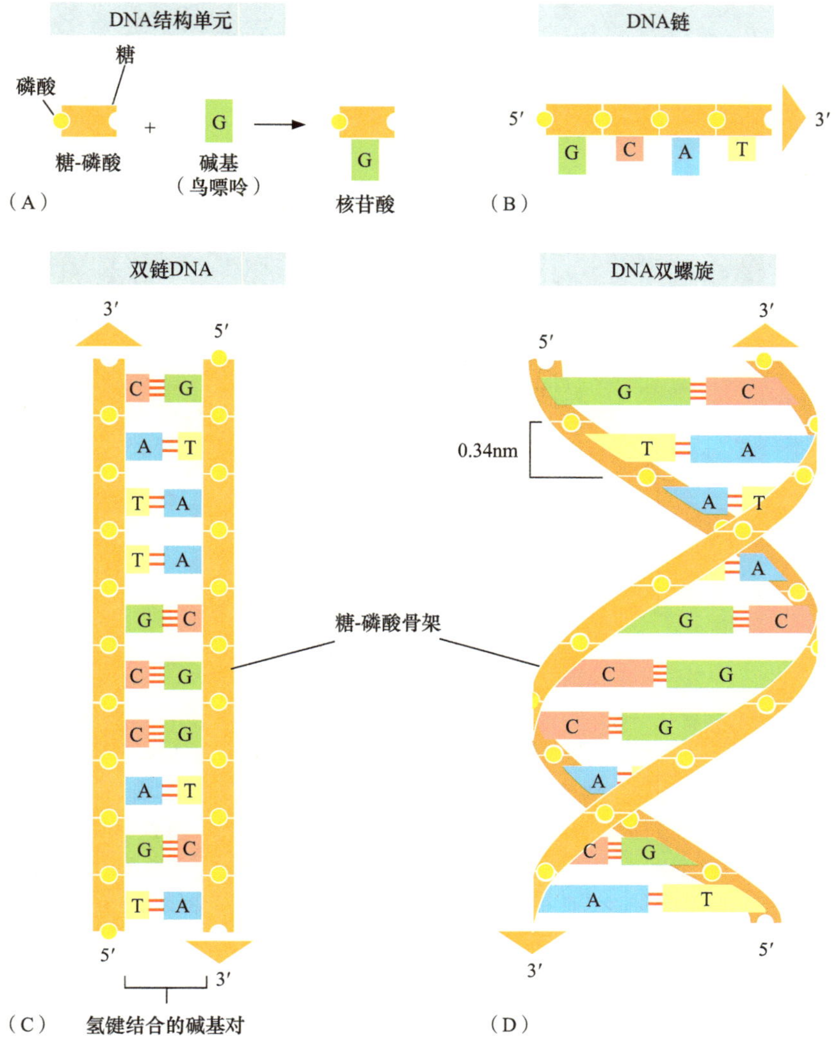

图 5-2 DNA 由四种核苷酸结构单元组成。（A）每个核苷酸由糖-磷酸分子共价连接一个含氮碱基组成，在该图中的碱基是鸟嘌呤（G）。（B）核苷酸共价连接在一起形成多核苷酸链，以糖-磷酸为骨架，四种碱基腺嘌呤、胞嘧啶、鸟嘌呤和胸腺嘧啶（A、C、G 和 T）从骨架上伸出。（C）DNA 分子由两条多核苷酸链（DNA 链）组成，它们通过配对碱基之间的氢键连接在一起。DNA 上的箭头指示了两条链的方向，它们在 DNA 分子内互为反向平行（具有相反的化学极性）。（D）虽然（C）中 DNA 显示为拉直的状态，但实际上 DNA 如（D）图所示，相互缠绕呈双螺旋状。

互锁形成，使所有的亚基以相同的方向排列。此外，链的两端也很容易进行区分，因为一端是孔洞（3′ 羟基），另一端是把手（5′ 磷酸）。人们通常以一端为 3′ 端而另一端为 5′ 端来指示 DNA 链的极性（图 5-3）。

DNA 双螺旋（double helix）中的两条多核苷酸链，通过两条链的碱基之间的氢键结合在一起。因此，所有碱基都位于双螺旋的内侧，外侧是糖-磷酸骨架（见图 5-2D）。然而，碱基并不是随机配对，A 总是与 T 配对，而 G 总是与 C 配对（图 5-4）。在两种情况下，都是较大的双环碱基（嘌呤，图版 2-7）与单环碱基（嘧啶）配对。每个嘌呤-嘧啶对被称为**碱基对**（base pair），这种互补配对（complementary base-pairing）使碱基对能够在双螺旋内部以能量最有利的形式进行排列。以这种方式排列，每个碱基对具有相同的宽度，从而使 DNA 的糖-磷酸骨架之间保持相等的距离。要使每个碱基都很吻合地容纳在双螺旋内，螺旋的两条链必须反向平行（antiparallel）（见图 5-2C

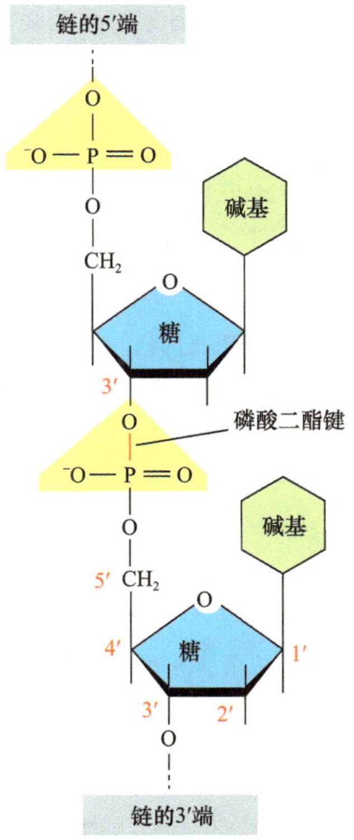

图 5-3 DNA 链中的核苷酸亚基通过磷酸二酯键连接在一起。磷酸二酯键将一个糖与下一个糖连接起来。酯键两侧的化学差异（一个糖的 5′ 碳与另一个糖的 3′ 碳）使 DNA 链具有极性。为简单起见，此处仅显示两个核苷酸。

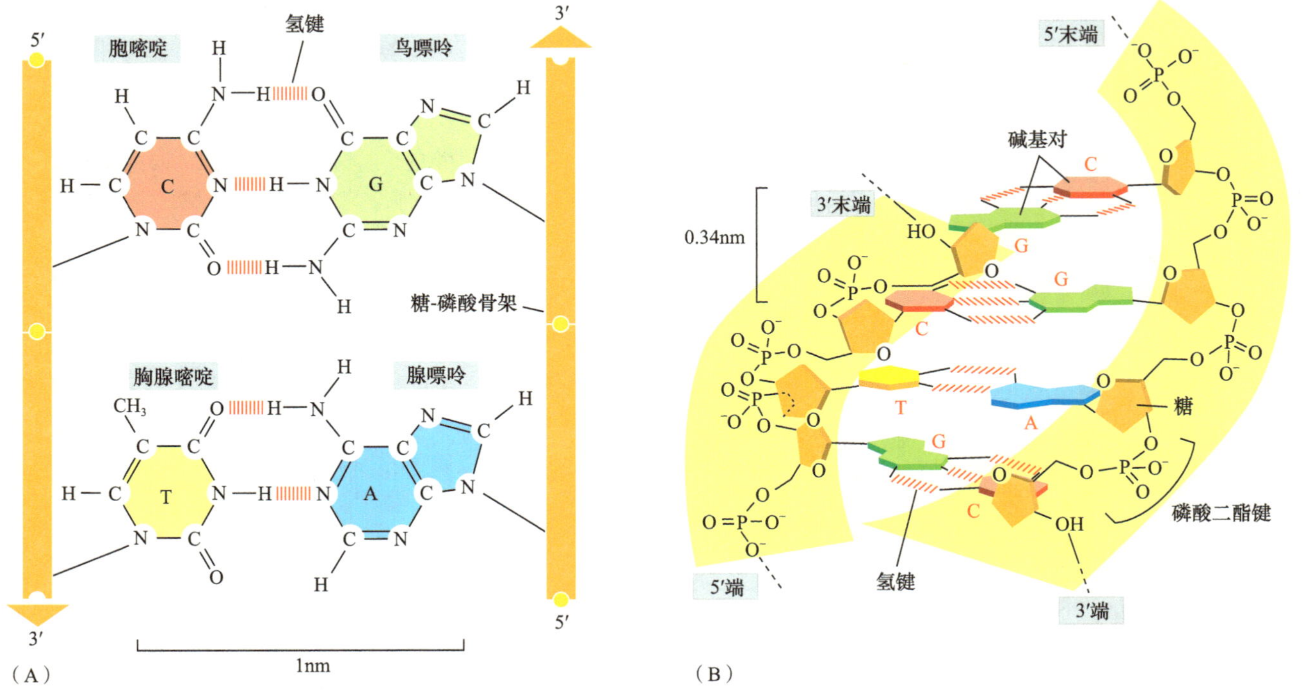

图 5-4　DNA 双螺旋的两条链通过互补碱基对之间的氢键结合在一起。(A) 示意图显示了碱基的形状和化学结构如何使氢键只能在 A 和 T 之间以及 G 和 C 之间有效地形成。形成这些核苷酸之间氢键的原子（参见图版 2-3）可以紧密地结合而不会破坏双螺旋结构。如图所示，A 和 T 之间形成两个氢键，G 和 C 之间形成三个氢键。只有当两条多核苷酸链反向平行（即极性相反）时，碱基才能以这种方式配对。(B) 一小段双螺旋的侧面图。注意它们的四个碱基对与螺旋的轴线垂直，与 (A) 图的显示不同。如图 5-3 所示，核苷酸由一个糖中的 3′-羟基（—OH）和下一个糖的 5′-磷酸（$—PO_3$）形成的磷酸二酯键相连接（糖环中碳原子的编号参见图版 2-7）。这种连接使每条多核苷酸链具有化学极性，换言之，它们的两端在化学组成上是不同的。3′ 端带有游离—OH 基团，连接在糖环上的 3′ 位；5′ 端带有游离磷酸基团，连接在糖环上的 5′ 位。

和 D)。反向平行的糖-磷酸骨架彼此缠绕形成双螺旋，螺旋的每一周期含有 10 个碱基对（图 5-5）。这种盘绕也有助于 DNA 双螺旋形成能量有利的构象。

由于图 5-4 中所示的碱基配对，DNA 双螺旋的每条链的核苷酸序列与其对应链的核苷酸序列总是完全**互补的**(complementary)，A 总是与另一条链的 T 配对，C 总是与 G 配对。在第 6 章中我们会讨论到，这种互补性在复制和维持 DNA 结构时至关重要。视频 5.1 显示了 DNA 双螺旋的动画版本。

DNA 的结构提供了一种遗传机制

在细胞分裂时，基因所携带的信息必须被精确地复制和传递，这就引出了两个基本问题：遗传信息如何以化学

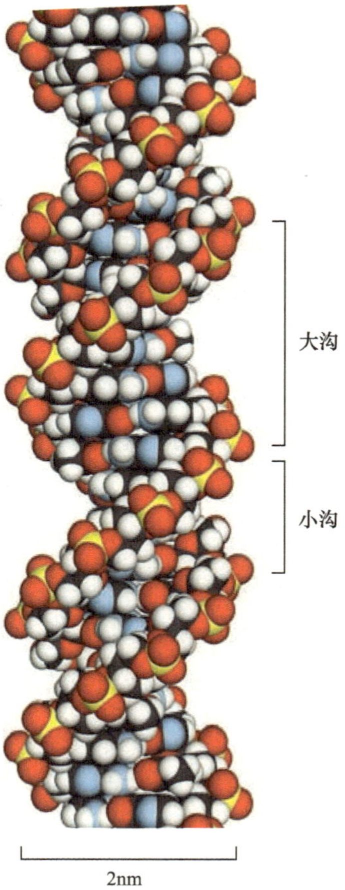

图 5-5　DNA 双螺旋构象的空间填充模型。两条 DNA 链彼此缠绕形成右手螺旋（参见图 4-14），每圈螺旋含有 10 个碱基。这里显示的是 1.5 圈的 DNA 双螺旋。双螺旋中的两条链彼此缠绕形成两个沟。较宽的沟称为大沟，较小的沟称为小沟。原子的颜色分别是：N，蓝色；O，红色；P，黄色；H，白色；C，黑色。（参见视频 5.1）。

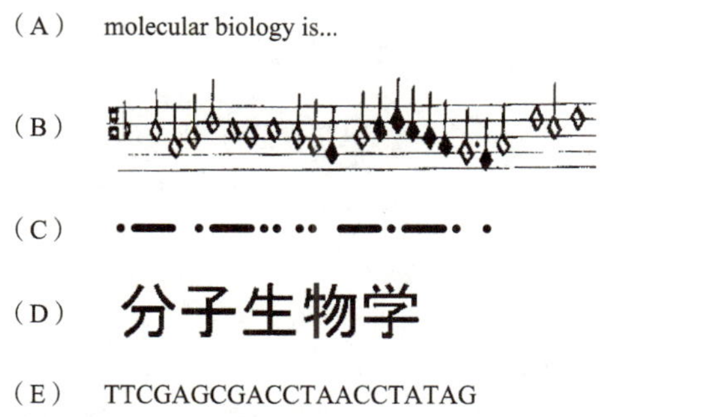

图 5-6 **线性消息有多种形式。**图中显示的语言是：(A) 英语，(B) 乐谱，(C) 莫尔斯电码，(D) 中文，(E) DNA。

形式被携带？这些信息如何被精确地复制？ DNA 的结构为这两个问题提供了答案。

DNA 链按照核苷酸的顺序（或称为序列）来编码信息。每个碱基即 A、C、T 或 G 可以被当成是 4 符号字母表中的一个字母，用于拼写出生物信息（图 5-6）。生物体彼此不同，是因为它们各自的 DNA 分子具有不同的核苷酸序列，因此携带不同的生物学信息。但是，如何使用核苷酸字母组成生物信息呢？它们能拼写出什么？

在发现 DNA 结构之前，研究人员已经确定基因中含有产生蛋白质的指令。因此，DNA 信息必然通过某种方式编码蛋白质。考虑一下蛋白质的化学特性，会使问题更容易理解。如第 4 章所述，蛋白质的功能由其三维结构决定，而三维结构又由其多肽链中的氨基酸序列决定。因此，一个基因中核苷酸的线性序列必定以某种方式转化成了蛋白质中氨基酸的线性序列。

从 DNA 分子的结构来看，DNA 的核苷酸 4 符号字母表和蛋白质的氨基酸 20 符号字母表之间确切的对应关系（即**遗传密码**，genetic code）并不明显。在发现双螺旋结构之后，研究人员又历经了十多年时间，通过许多巧妙的实验，才解析了遗传密码。我们在第 7 章讨论**基因表达**（gene expression）时，会详细地讲述遗传密码。基因表达是指一个基因的核苷酸序列转录（transcribe）成 RNA 分子的核苷酸序列，并在大多数情况下进一步翻译（translate）成蛋白质的氨基酸序列的过程（图 5-7）。

生物体 DNA 携带的信息量是惊人的：把人类一个相当小的蛋白质的编码基因用核苷酸的 4 符号字母表写出来，就要占据一页纸的 1/4；如果要写出人类的 DNA 完整的序列，将会写满 1000 多本与本书篇幅相当的书。至此，出现了一个影响所有真核生物染色体结构的问题：如何将所有这些信息整齐地包装进细胞核中？在本章的其余部分，我们将讨论这个问题的答案。

真核染色体的结构

编码一个单细胞细菌的全部信息，需要用到大量的 DNA，而编码像人类这样的多细胞生物的信息，就更需要大量的 DNA 了。每个人类细胞含有长约 2m 的 DNA，而细胞核的直径只有 5 ～ 8μm。将所有这些 DNA 塞进如此小的空间，相当于试图将 40km（24 英里）的细线折叠后塞进一个网球里。

在真核细胞中，非常长的双链 DNA 分子被包装到**染色体**（chromosome）中。这些染色体不仅可以轻易地装进细胞核，而且复制后的染色体在每次细胞分裂时，都可以精确地分到两个子细胞中。对 DNA 进行包装的复杂任务，是由一些结合 DNA 的特定蛋白质来实现的。这些蛋白质对 DNA 进行折叠，形成一系列的螺旋和环，由此使 DNA 的组织性不断提高，避免变成一团理不清的乱麻。神奇的是，尽管 DNA 以这种方式进行了高度折叠，但所有的酶和其他一些参与 DNA 复制、修复和促进基因表达的蛋白质，仍然能够与 DNA 结合。

细菌通常由一个环状的 DNA 分子携带它们的基因。

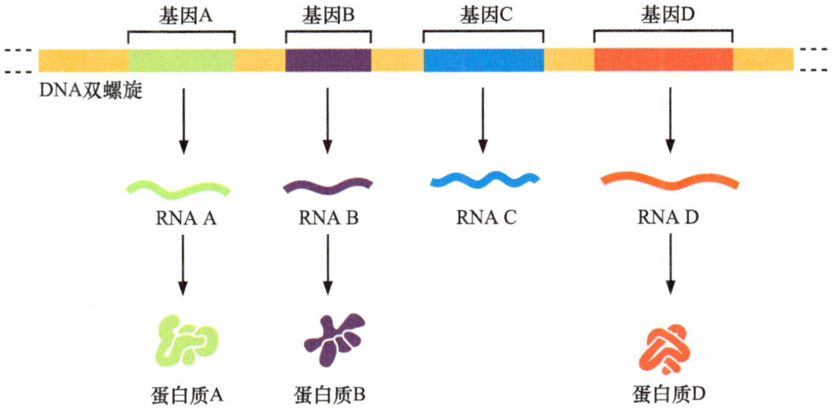

图 5-7 **大多数基因包含合成蛋白质的信息。**在第 7 章中会讨论到，每个蛋白质编码基因都会各自产生 RNA 分子，然后指导特定蛋白质分子的产生。注意，对于少数基因，其最终产物就是 RNA 分子本身，例如此图所示的基因 C。这种情况下，一旦 DNA 的核苷酸序列转录成其 RNA 的核苷酸序列，基因表达也就完成了。

该分子同样与凝集 DNA 的蛋白结合，但这些细菌蛋白质与包装真核 DNA 的蛋白质不同。虽然这种原核 DNA 也被称为细菌的“染色体”，但它与真核染色体的结构不同，而且我们对于它如何包装仍然知之甚少。因此，本章将集中讨论真核生物的染色体结构。

真核生物的 DNA 被包装成多条染色体

在真核生物中，如我们自己，细胞核 DNA 分布在一套不同的染色体中。例如，人类细胞核中的 DNA 根据个体的性别，被分到 23 或 24 条不同类型的染色体上［男性多一种染色体类型，即 Y 染色体（Y chromosome）］。每条染色体都由一条非常长的线性 DNA 分子及 DNA 结合蛋白组成，蛋白质负责将 DNA 细线折叠包装成更紧凑的结构。这种 DNA 和蛋白质的复合物称为**染色质**（chromatin）。除了负责包装 DNA 的蛋白质外，染色体还可以结合负责 DNA 复制、DNA 修复和基因表达的许多其他蛋白质。

除了配子细胞（精子和卵细胞）和完全不含 DNA 的、高度特化的细胞（如成熟的红细胞）之外，每个人类细胞的染色体都包含两个拷贝，一个遗传自母亲，另一个遗传自父亲。一对来源于父亲和母亲的染色体被称为**同源染色体**（homologous chromosome，homolog）。人类中唯一的一对非同源染色体是男性的性染色体，其中 Y 染色体遗传自父亲，X 染色体遗传自母亲（女性从每个亲本分别遗传一条 X 染色体，没有 Y 染色体）。一套完整的人类染色体，其 DNA 总共包含约 3.2×10^9 个核苷酸对，这些核苷酸对共同组成了人类的基因组。

人类的染色体除大小不同之外，还可以通过各种技术对彼此进行区分。使用一系列荧光染料特异标记每条染色体的 DNA 分子，可以将每条染色体“涂”上不同的颜色（图 5-8A）。早期还有一种更传统的区分染色体的方法，用与特定 DNA 序列结合的染料对染色体进行染色。这些染料主要区分的是富含 A-T 核苷酸对的 DNA 和富含 G-C 的 DNA，可以在每对染色体上产生固定的带型。根据得到的带型可以对染色体进行识别和编号。

人类全套 46 条染色体的有序排列称为人类**核型**（karyotype）（图 5-8B）。如果染色体的某些部分丢失，或在染色体之间发生互换，这些变化都可以被检测到。细胞遗传学家通过核型分析可以检测出与某些遗传疾病（图 5-9）或癌症相关的染色体异常（参见第 20 章）。

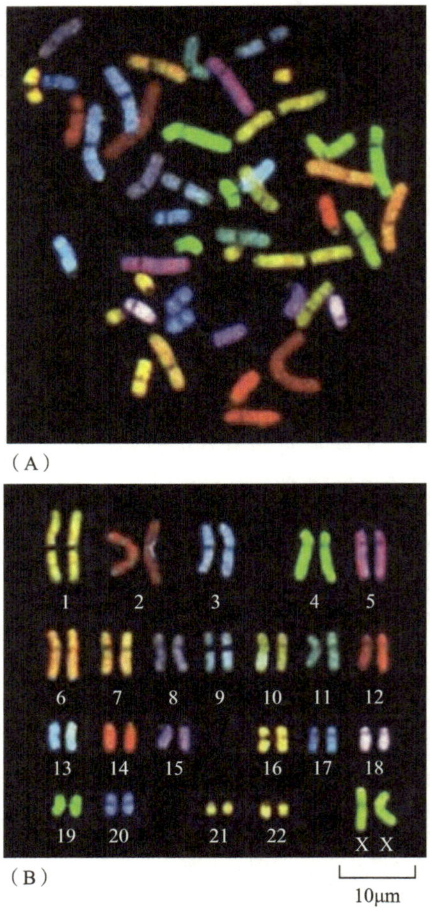

图 5-8 每条人类染色体都可以通过“涂上”不同的颜色而加以区分。这里显示的染色体是从一个正在进行核分裂的细胞中分离出来的。因此，染色体处于高度紧凑（凝集）状态。用荧光染料偶联的一组单链 DNA 分子对染色体进行染色。例如，与 1 号染色体序列相匹配的单链 DNA 分子用一种特定的染料标记，与 2 号染色体序列匹配的 DNA 分子用另一种染料标记，依此类推。因为被标记的 DNA 只能与特定的染色体进行碱基配对（杂交）(参见第 10 章)，于是染色体被标上了不同的颜色。该实验中，染色体需要进行处理以使其双螺旋 DNA 部分分离，以便与标记的单链 DNA 进行碱基配对。(A) 显微照片显示了染色体从细胞裂解出来时的最初状态。(B) 相同的染色体人为地按次序排列。完整染色体组的这种排列称为核型。(改自 N. McNeil and T. Ried，*Expert Rev. Mol. Med.* 2：1-14，2000。蒙剑桥大学出版社惠许。)

染色体组织和携带遗传信息

染色体最重要的功能是携带基因，即遗传的功能性单位。**基因**（gene）通常指一段包含合成特定蛋白质或 RNA 分子指令的 DNA 片段。基因编码的大多数 RNA 分子，在合成后会用于产生蛋白质，但在某些情况下，RNA 分子就是最终产物（参见图 5-7）。与蛋白质类似，这些 RNA 分子在细胞中具有多种功能，包括结构、催化和基因调控等作用，我们将在后面的章节中讨论。

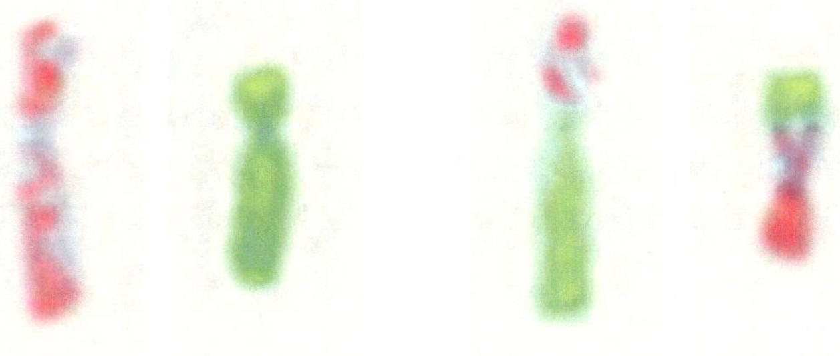

图 5-9 **染色体异常与某些遗传疾病相关。**(A) 正常人类的两条染色体，6 号染色体和 4 号染色体，对其进行了图 5-8 所示的染色。(B) 在一个具有染色体相互易位的个体中，一条染色体上的片段与另一条染色体上的片段发生了交换。这类染色体易位在癌细胞中经常发生。(蒙 Zhenya Tang 和 Coriell 医学研究所的 NIGMS 人类遗传细胞库惠赠。)

总之，由细胞或生物中的一套完整染色体所携带的遗传信息构成了其**基因组**（genome）。从大肠杆菌到人类，现在已经有数千种生物的完整基因组序列被测定。可想而知，一个生物体的复杂性与其基因组中的基因数量之间存在某种相关性。例如，最简单的细菌共有约 500 个基因，而人类则拥有约 24 000 个基因。细菌和一些单细胞真核生物（包括酿酒酵母 *S. cerevisiae*）具有特别致密的基因组：构成染色体的 DNA 分子几乎就是一串紧密堆积的基因（图 5-10）。然而，许多真核生物（包括人类）的染色体上，除了有基因和基因正常表达所需的一些特定核苷酸序列外，还穿插着大量其他的 DNA（图 5-11）。这种 DNA 有时被称为“垃圾 DNA”，因为它在细胞中的作用尚未得到证实。虽然这些多余的 DNA 并不能编码蛋白质，但其中大部分可能具有其他的生物学功能。比对多个物种的基因组序列表明，这些多余的 DNA 中有一小部分是高度保守的，表明了它们对这些生物的重要性。

一般来说，生物体越复杂，基因组就越大。但这种关系并不总是成立。例如，人类基因组比酿酒酵母的基因组大 200 倍，但是某些植物基因组的 1/30，至少是某些种的变形虫基因组的 1/60（参见图 1-41）。此外，DNA 在染色体上的分配方式也因物种而异。人类共 46 条染色体（包括母源和父源），但有一种小鹿只有 7 条染色体，而一些鲤鱼属的染色体超过了 100 条。即使那些基因组大小相似且演化非常相近的物种，它们染色体的数量和大小也可能非常不同（图 5-12）。因此，尽管基因数目与物种复杂性大致相关，但基因数目、染色体数目和总基因组大小之间不存在简单的相关性。现在的每个物种，在历史上都曾经历过其独特的、看似随机发生的一些遗传事件，并在其各自特定的选择压力下，最终形成了自己的基因组和染色体，具体在第 9 章中讨论。

DNA 复制和染色体分离需要特定的 DNA 序列

为了形成有功能的染色体，DNA 分子除了可以单纯携带基因外，还必须能够被复制，而且复制后的两个拷贝在细胞分裂时必须能够均等地分开，可靠地分配到两个子细胞中。这些过程的发生是一系列有序的事件，统称为**细胞周期**（cell cycle）。图 5-13 对细胞生长和分裂的循环进行了非常简要地概述，第 18 章会对其进行详细讨论。在本章中只是宽泛地将细胞周期分成了两个阶段：间期（interphase），即染色体复制的时期；*有丝分裂*（mitosis）期或 M 期，即一个更为短暂的、将复制的染色体分配（或分裂）到两个子细胞核中的时期。

在间期，染色体在细胞核中伸展为细长的、缠绕在一起的线状 DNA，在光学显微镜下很难识别（参见图 5-1）。我们将这种伸展状态的染色体称为间期染色体（interphase chromosome）。DNA 的复制正是发生在间期。在第 6 章我

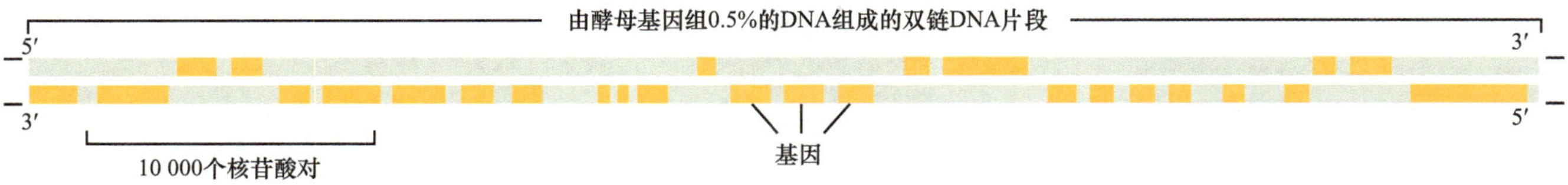

图 5-10 **在酵母中，基因紧密排列在染色体上。**该图显示了芽殖酵母一条染色体 DNA 双螺旋中的一小块区域。酿酒酵母基因组包含约 1250 万个核苷酸对和 6600 个基因，分布于 16 条染色体上。注意，每个基因的两条 DNA 链中实际只有一条会编码信息，合成 RNA 分子。该编码区域可以位于任一条链上，如黄色方块所示。然而，通常所说的“基因”既包括“编码链”也包括其互补链。基因以高密度存在是芽殖酵母的特征。

CCCTGTGGAGCCACACCCTAGGGTTGGCCA
ATCTACTCCCAGGAGCAGGGAGGGCAGGAG
CCAGGGCTGGGCATAAAAGTCAGGGCAGAG
CCATCTATTGCTTACATTTGCTTCTGACAC
AACTGTGTTCACTAGCAACTCAAACAGACA
CCATGGTGCACCTGACTCCTGAGGAGAAGT
CTGCCGTTACTGCCCTGTGGGGCAAGGTGA
ACGTGGATGAAGTTGGTGGTGAGGCCCTGG
GCAGGTTGGTATCAAGGTTACAAGACAGGT
TTAAGGAGACCAATAGAAACTGGGCATGTG
GAGACAGAGAAGACTCTTGGGTTTCTGATA
GGCACTGACTCTCTCTGCCTATTGGTCTAT
TTTCCCACCCTTAGGCTGCTGGTGGTCTAC
CCTTGGACCCAGAGGTTCTTTGAGTCCTTT
GGGGATCTGTCCACTCCTGATGCTGTTATG
GGCAACCCTAAGGTGAAGGCTCATGGCAAG
AAAGTGCTCGGTGCCTTTAGTGATGGCCTG
GCTCACCTGGACAACCTCAAGGGCACCTTT
GCCACACTGAGTGAGCTGCACTGTGACAAG
CTGCACGTGGATCCTGAGAACTTCAGGGTG
AGTCTATGGGACCCTTGATGTTTTCTTTCC
CCTTCTTTTCTATGGTTAAGTTCATGTCAT
AGGAAGGGGAGAAGTAACAGGGTACAGTTT
AGAATGGGAAACAGACGAATGATTGCATCA
GTGTGGAAGTCTCAGGATCGTTTTAGTTTC
TTTTATTTGCTGTTCATAACAATTGTTTTC
TTTTGTTTAATTCTTGCTTTCTTTTTTTTT
CTTCTCCGCAATTTTTACTATTATACTTAA
TGCCTTAACATTGTGTATAACAAAAGGAAA
TATCTCTGAGATACATTAAGTAACTTAAAA
AAAAACTTTACACAGTCTGCCTAGTACATT
ACTATTTGGAATATATGTGTGCTTATTTGC
ATATTCATAATCTCCCTACTTTATTTTCTT
TTATTTTTAATTGATACATAATCATTATAC
ATATTTATGGGTTAAAGTGTAATGTTTTAA
TATGTGTACACATATTGACCAAATCAGGGT
AATTTTGCATTTGTAATTTTAAAAAATGCT
TTCTTCTTTTAATATACTTTTTTGTTTATC
TTATTTCTAATACTTTCCCTAATCTCTTTC
TTTCAGGGCAATAATGATACAATGTATCAT
GCCTCTTTGCACCATTCTAAAGAATAACAG
TGATAATTTCTGGGTTAAGGCAATAGCAAT
ATTTCTGCATATAAATATTTCTGCATATAA
ATTGTAACTGATGTAAGAGGTTTCATATTG
CTAATAGCAGCTACAATCCAGCTACCATTC
TGCTTTTATTTTATGGTTGGGATAAGGCTG
GATTATTCTGAGTCCAAGCTAGGCCCTTTT
GCTAATCATGTTCATACCTCTTATCTTCCT
CCCACAGCTCCTGGGCAACGTGCTGGTCTG
TGTGCTGGCCCATCACTTTGGCAAAGAATT
CACCCCACCAGTGCAGGCTGCCTATCAGAA
AGTGGTGGCTGGTGTGGCTAATGCCCTGGC
CCACAAGTATCACTAAGCTCGCTTTCTTGC
TGTCCAATTTCTATTAAAGGTTCCTTTGTT
CCCTAAGTCCAACTACTAAACTGGGGGATA
TTATGAAGGGCCTTGAGCATCTGGATTCTG
CCTAATAAAAAACATTTATTTTCATTGCAA
TGATGTATTTAAATTATTTCTGAATATTTT
ACTAAAAAGGGAATGTGGGAGGTCAGTGCA
TTTAAAACATAAAGAAATGATGAGCTGTTC
AAACCTTGGGAAAATACACTATATCTTAAA
CTCCATGAAAGAAGGTGAGGCTGCAACCAG
CTAATGCACATTGGCAACAGCCCCTGATGC
CTATGCCTTATTCATCCCTCAGAAAAGGAT
TCTTGTAGAGGCTTGATTTGCAGGTTAAAG
TTTTGCTATGCTGTATTTTACATTACTTAT
TGTTTTAGCTGTCCTCATGAATGTCTTTTC

图 5-11　在许多真核生物中，基因之间穿插着大量的非编码 DNA。这里给出的是人 β-珠蛋白基因的核苷酸序列。血红蛋白是一种在血液中携带氧气的蛋白质，而上述基因携带的信息所编码的氨基酸序列，正是血红蛋白两种亚基的其中之一。此处仅显示了编码链的序列，其双螺旋中的非编码链携带了互补序列。对该序列的读取就像读英文一样，从它的 5′ 端开始从左到右读取。编码 β-珠蛋白氨基酸序列的 DNA 序列区段以黄色突出显示。我们将在第 7 章中看到如何对这些信息进行转录和翻译以产生全长的 β-珠蛋白。

中国麂鹿

印度麂鹿

图 5-12　两个密切相关的物种可以具有相似大小的基因组但非常不同的染色体数目。在印度麂鹿的演化过程中，染色体最初是分离的，这种分离的染色体在中国麂鹿中保留下来，而在印度麂鹿中染色体逐渐融合，但没有对基因的数量或动物本身产生重大影响（上图蒙 Deborah Carreno，自然奇观摄影惠赠。下图蒙 Beatrice Bourgery 惠赠。）

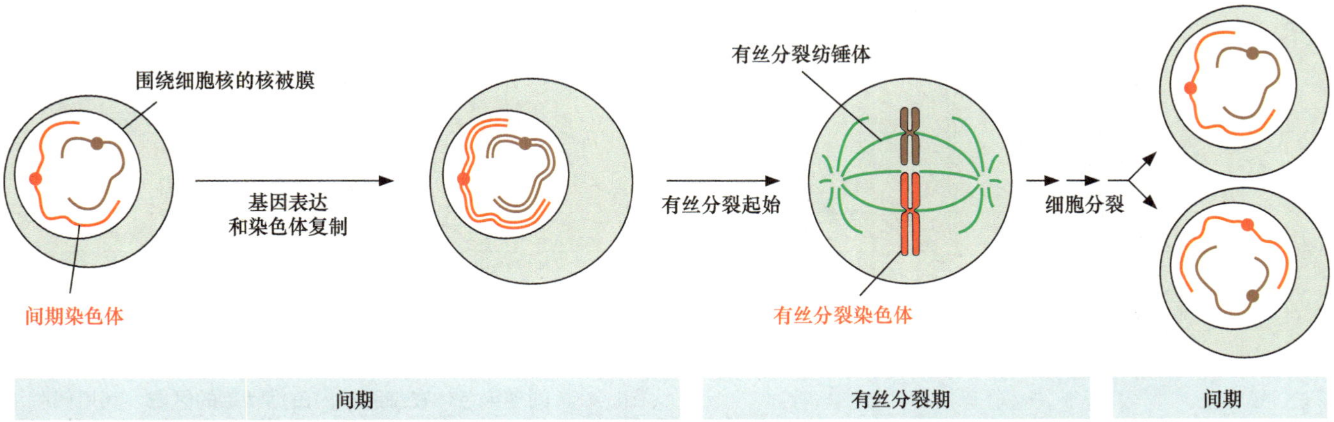

图 5-13 在增殖细胞中，染色体通过一个有序的细胞周期完成复制和分离。在间期，细胞的基因表达活跃。在这个时期的一个阶段，细胞会复制其染色体。一旦染色体完成复制，细胞就可以进入 M 期完成核分裂，或称为有丝分裂。在有丝分裂中，复制的染色体发生凝集，大部分的基因停止表达，核被膜破裂，微管和其他蛋白质组装成有丝分裂纺锤体。有丝分裂纺锤体会捕获凝集的染色体，将两套完整的染色体各拉到细胞的一端，并在每套染色体的周围组装核被膜。在 M 期的最后一步，细胞完成分裂形成两个子细胞。为简单起见，此处仅显示了两条不同的染色体。

们会讨论到，所有的真核生物都存在两种特殊的 DNA 核酸序列，它们确保了 DNA 复制过程的有效发生。其中一种核酸序列称为**复制起点**（replication origin），是 DNA 复制开始的地方。真核生物染色体包含多个复制起点，可以使长的 DNA 分子快速地完成复制（图 5-14）。另一种 DNA 序列在每条染色体末端形成了**端粒**（telomere）。端粒含有重复的核苷酸序列，这些序列是染色体末端完全复制所必需的。端粒还可以作为保护帽，防止染色体的末端被细胞误认为断裂的 DNA 进行修复。

真核生物的染色体还含有第三种特殊的 DNA 序列，称为**着丝粒**（centromere），它可以使复制的染色体在 M 期完成分离（参见图 5-14）。在细胞周期的 M 期，DNA 盘绕在一起，结构越来越紧凑，最终形成高度凝集的有丝分裂染色体（mitotic chromosome）（图 5-15）。这是最容易观察到染色体的一个时期（参见图 5-1）。一旦染色体完成凝集，着丝粒使有丝分裂的纺锤体结合到每条复制的染色体上，指导每条染色体各有一个拷贝被分离到一个子细胞中（参见图 5-13）。我们会在第 18 章描述着丝粒在细胞分裂中的重要作用。

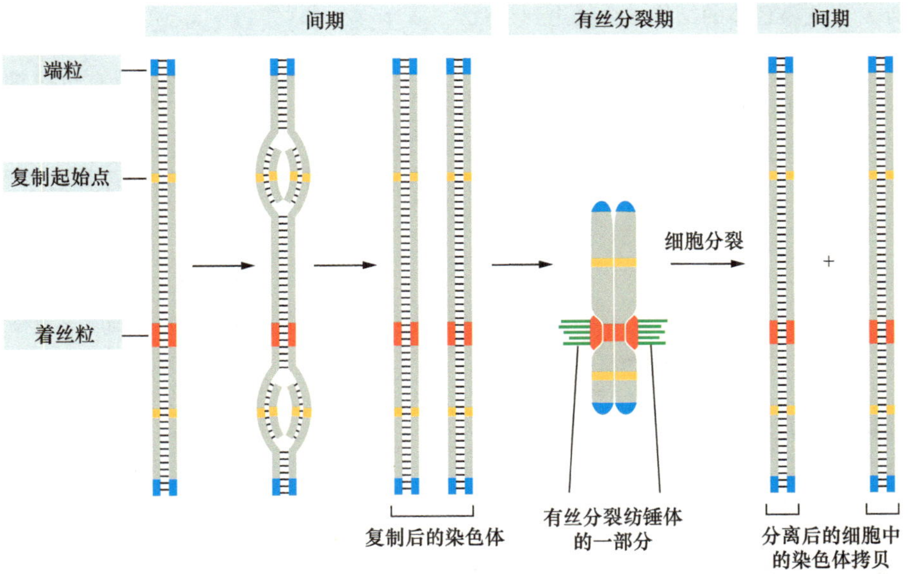

图 5-14 真核生物染色体完成复制和有丝分裂的分离需要三种 DNA 序列元件。每条染色体都具有多个复制起点、一个着丝粒和两个端粒。示意图显示了细胞周期中一条典型的染色体发生事件的先后次序。在间期，DNA 的复制是从复制起始点开始，并从每个起始点沿着染色体双向进行。在 M 期，着丝粒将完成复制的凝集染色体连在有丝分裂纺锤体上，使细胞分裂时，每个子细胞能获得一个拷贝的染色体。在细胞分裂之前，着丝粒还有助于将复制后的染色体维持在一起，直到细胞为分裂做好准备时它们才被拉开。端粒中含有能够使染色体末端完成复制的 DNA 序列。

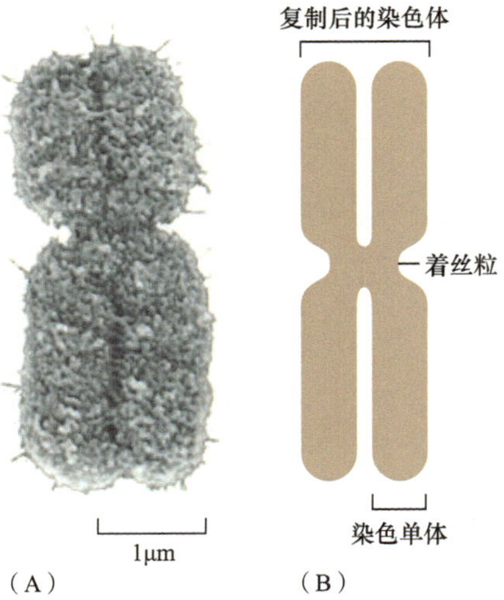

图 5-15　一条典型的高度凝集的有丝分裂染色体。DNA 在间期完成复制，所以每条有丝分裂染色体中含有两条相同的姐妹 DNA 分子（参见图 5-14），其中每条长长的 DNA 分子及其相关结合蛋白被称为染色单体（chromatid）。一旦两条姐妹染色单体分离，它们就成为单个的染色体。（A）有丝分裂染色体的扫描电子显微照片。两条染色单体紧密结合在一起，缢痕区就是着丝粒的位置。（B）有丝分裂染色体的示意图。（图 A 蒙 Terry D. Allen 惠赠。）

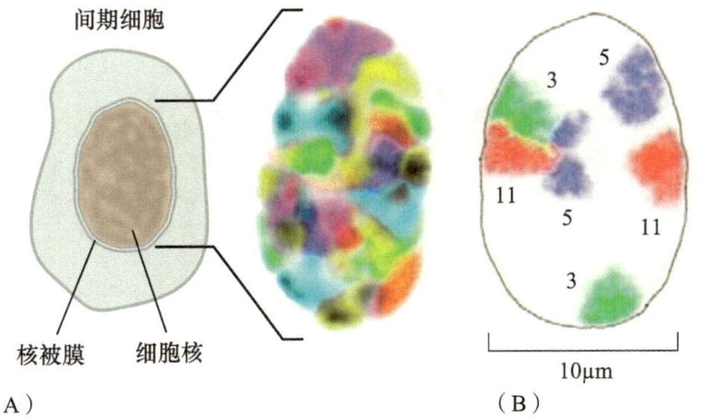

图 5-16　间期染色体在细胞核内占据特定的区域。利用偶联不同荧光标记的 DNA 探针对人体细胞中的单条间期染色体进行染色。（A）在荧光显微镜下观察，看到核里充满了离散的彩色斑块。（B）为了突出它们不同的定位，图中单独显示出三组染色体：3 号、5 号和 11 号。注意：同源染色体（例如，3 号染色体的两个拷贝）通常不会位于相同的位置（改自 M.R. Hubner and D.L. Spector，*Annu. Rev. Biophys.* 39：471-489，2010.）

间期染色体在核内并非随机分布

虽然间期染色体比有丝分裂染色体更长且更纤细，然而它们在核内仍具有一定的组织形式。首先，尽管间期染色体经常进行动态重排，但每条染色体都倾向于占据细胞核的一块特定区域，或称为领域（图 5-16）。这种松散的组织可以防止间期的染色体互相缠绕在一起，就像碗里的意大利面一样。此外，一些染色体的结构域会锚定到核被膜（nuclear envelope，围绕细胞核的两层同心膜）或核纤层（nuclear lamina，支撑核膜的蛋白质网络）的特定位点上（参见第 17 章）。这些连接有助于间期染色体保留在特定区域内。

间期细胞核中，染色体组织最明显的例子是**核仁**（nucleolus）。核仁是大型的结构，可以在光学显微镜下观察到（图 5-17A）。在间期，不同染色体上携带的编码核糖体 RNA 的基因聚集在一起，参与形成核仁。人体细胞中有数百个这些基因的拷贝，分布在 5 对染色体端部附近的 10 个簇中（图 5-17B）。在核仁中，核糖体 RNA 被合成并与蛋白质结合形成核糖体，即细胞的蛋白质合成机器。正如我们将在第 7 章中讨论的那样，核糖体 RNA 在核糖体中起着结构和催化作用。

染色体中的 DNA 总是高度凝集

正如我们所看到的，所有真核细胞，无论处于间期还是有丝分裂期，它们的 DNA 总是紧密地包装在染色体中。例如，人类 22 号染色体含有约 4800 万个核苷酸

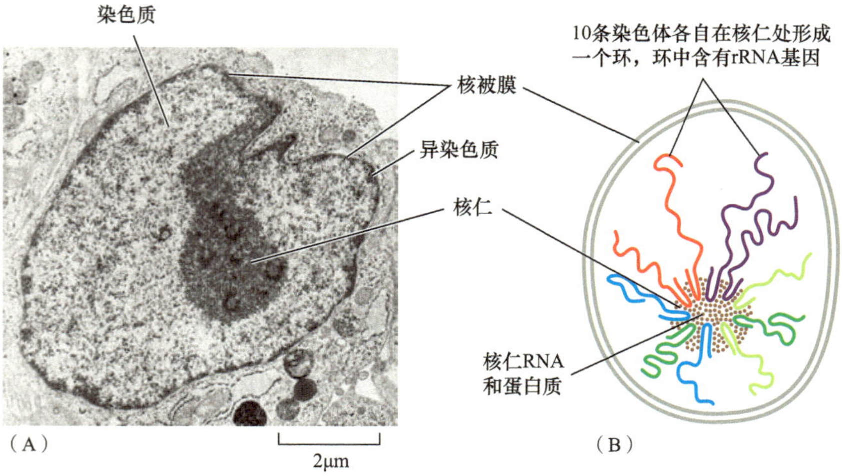

图 5-17　核仁是间期细胞核中最显著的结构。（A）人体成纤维细胞核超薄切片的电子显微照片。细胞核被核被膜包围。在细胞核内，染色质表现为弥散的一团斑点，其中特别致密的区域称为异染色质（深色染色）。异染色质极少含有基因，主要位于细胞核周边，紧邻核被膜下方。细胞核内的巨大且深色的区域是核仁，其中包含核糖体 RNA 的基因。（B）示意图显示了核糖体 RNA 基因集中分布在 5 条不同染色体（13、14、15、21 和 22）的端部附近，并聚集到一起形成核仁。核仁是由一组大分子（DNA、RNA 和蛋白质）聚集而成的进行生化反应的小区室（参见图 4-54）。（图 A 蒙 E.G. Jordan 和 J. McGovern 惠赠。）

对，如果向两端拉伸开，其 DNA 长约 1.5cm。然而，在有丝分裂过程中，22 号染色体的长度仅约为 2μm，这意味着该染色体的 DNA 比全长压缩了近 10 000 倍。这种出色的压缩技术是通过蛋白质将 DNA 卷曲并折叠成越来越高层次的结构。虽然间期染色体的 DNA 也被紧密包裹在细胞核中，但它的凝集程度约为有丝分裂染色体的 1/20（图 5-18）。

在接下来的部分，我们将介绍一些负责染色体凝集的特殊蛋白质。但需要知道的是，染色体结构是动态的。染色体不仅会随着细胞周期凝集和去凝集，而且间期染色体的不同区域必须能被解压缩，使一些蛋白复合物可以结合到特定的核苷酸序列上来完成 DNA 的复制、修复或基因表达。因此，染色体的压缩必须非常灵活，才能快速地适应需求，随时将所需 DNA 序列暴露出来。

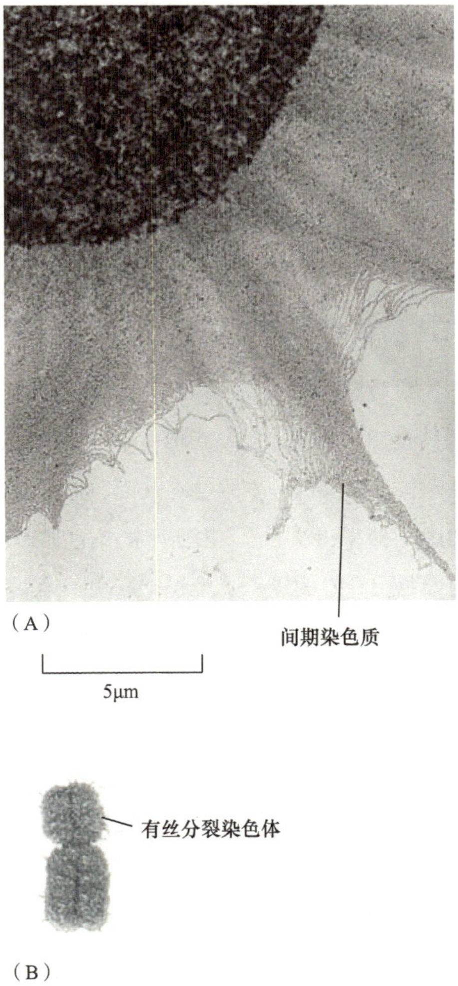

图 5-18 间期染色体 DNA 的凝集程度不如有丝分裂染色体。（A）电子显微照片显示从裂解的间期细胞核溢出的巨大染色质团（DNA 及其相关蛋白质）。（B）为了比较，以相同的比例显示了一条浓缩的人类有丝分裂染色体。（图 A 蒙 Victoria Foe 惠赠；图 B 蒙 Terry D. Allen 惠赠。）

核小体是真核染色体结构的基本单位

在真核生物中，与 DNA 结合形成染色体的蛋白质传统上可分为两大类：**组蛋白**（histone）和非组蛋白的染色体蛋白质（也称非组蛋白，nonhistone chromosomal protein）。组蛋白数量很大（每个人类细胞中有超过 6000 万个不同类型的组蛋白），它们在染色体中的总质量几乎就等于 DNA 本身的质量。非组蛋白的染色体蛋白也大量存在，它们包括数百种染色质相关蛋白。相较而言，真核细胞中的组蛋白的种类只有少数几种。上述两种蛋白质与核 DNA 共同形成的复合物称为**染色质**（chromatin）。

组蛋白负责染色质第一级也是最基本层次的包装，即**核小体**（nucleosome）的形成。核小体将间期细胞核中的 DNA 分子包装成**染色质纤维**（chromatin fiber），其长度约为初始 DNA 长度的 1/3。使用电子显微镜观察，可以看到这些染色质纤维具有紧密堆积的核小体簇（图 5-19A）。如果该染色质再经一定的处理使其部分展开，在电镜下可看到一系列的“绳珠”结构（图 5-19B）。绳是 DNA，每个珠子是一个由 DNA 围绕着组蛋白核而形成的核小体核心颗粒（nucleosome core particle）。

为了确定核小体核心颗粒的结构，研究人员用核酸酶处理这种未折叠状态的“绳珠”形式的染色质。核酸酶通过破坏核苷酸之间的磷酸二酯键来切割 DNA。当使用核酸酶进行短暂消化时，只有核心颗粒之间暴露的 DNA（连接 DNA，linker DNA）可以被切割，从而使核心颗粒分离。一个核小体核心颗粒由 8 个组蛋白（H2A、H2B、H3 和 H4 各两个分子）构成的组蛋白八聚体（histone octamer），和围绕其上长度为 147 个核苷酸对的双链 DNA 组成（图 5-20）。1997 年，核小体核心颗粒的高分辨率结构解析出来，从而在原子水平上揭示出 DNA 是以左手螺旋围绕着圆盘状的组蛋白八聚体紧密缠绕了 1.7 周（图 5-21）。每个核小体的核心颗粒之间的连接 DNA 长度可以从几个核苷酸对到大约 80 个核苷酸不等。严格来讲，一个“核小体”是由核小体核心颗粒加上其相邻的连接DNA 组成，如图 5-20 所示。然而，“核小体”这个术语通常是指核小体核心颗粒本身。

构成八聚体的四种组蛋白都是相对较小的蛋白质，且具有高比例的、带正电荷的氨基酸（赖氨酸和精氨酸）。正电荷有助于组蛋白与 DNA 带负电的糖-磷酸骨架紧密结合。这些静电相互作用部分解释了为什么几乎任何序列的

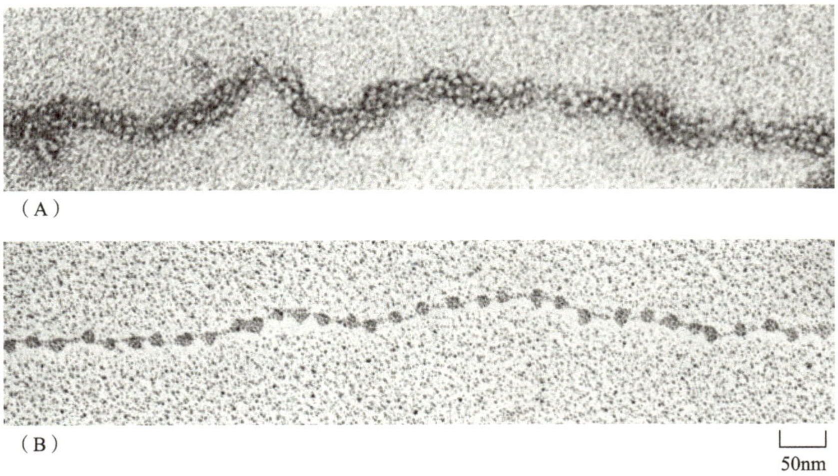

图 5-19　电子显微镜下的核小体。(A)直接从一个间期细胞核中分离的染色质在电子显微镜下表现为一条染色质纤维，由压缩的核小体组成。(B)另一张电子显微照片显示了一段分离后经处理部分解聚（或称为去凝集）后的染色质纤维，可看到核小体的“绳珠”结构。（图 A 蒙 Barbara Hamkalo 惠赠；图 B 蒙 Victoria Foe 惠赠。）

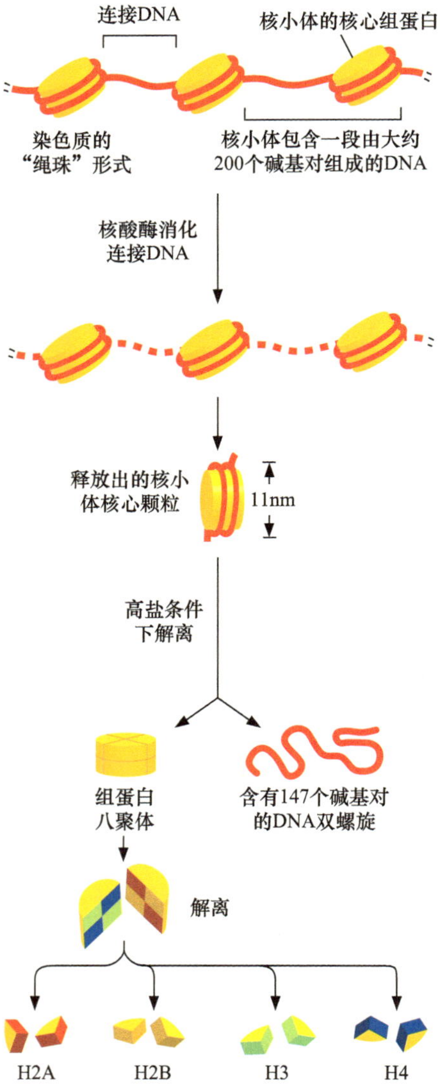

图 5-20　核小体含有 DNA，围绕在由 8 个组蛋白分子组成的蛋白核心周围。在体外实验中，核小体核心颗粒可以通过用核酸酶消化连接 DNA 而从染色质中释放出来，核酸酶切割暴露的连接 DNA 但不会切割紧密缠绕在核小体核心周围的 DNA。当核小体核心颗粒被释放出来后，可发现其周围的 DNA 长度为 147 个核苷酸对。这段 DNA 环绕组蛋白八聚体将近两圈。

DNA 都能与组蛋白八聚体结合。八聚体中的每个组蛋白都具有长的、无定形的 N 端，从核小体核心颗粒上伸展出来（参见图 5-21 中的 H3 尾部）。这些组蛋白尾部会受到几种类型的可逆共价修饰，从而多方位地调控染色质的结构。

形成核小体核心颗粒的组蛋白，在所有已知的真核生物蛋白中保守性最高。例如，豌豆和奶牛的组蛋白 H4 的氨基酸序列，仅存在两个位点的差异。这种极端的演化保守性反映了组蛋白在控制真核生物染色体结构中的重要作用。

染色体的包装有多个层次

尽管大多数染色体 DNA 会形成长串的核小体，但活细胞中的染色质很少采用图 5-19B 中伸展的串珠状形式。相反，多个核小体会进一步堆叠在一起，形成更加紧密的结构，如图 5-19A 和视频 5.2 中所示的染色质纤维。这种核小体向染色质纤维的进一步堆积，取决于第五种组蛋白 H1，该蛋白质可将相邻的核小体拉在一起形成有规律的重复排列。这一“连接”组蛋白改变了 DNA 离开核小体核心所经历的路径，使 DNA 形成更加紧密的染色质纤维。

我们已经知道，在有丝分裂期间，染色质会变得高度凝集，在光学显微镜下也可以看到单条染色体。那么一条染色质纤维是如何折叠形成有丝分裂的染色体呢？虽然具体的答案还不清楚，但已经知道有一些特定的非组蛋白可将染色质折叠成一系列环状（图 5-22），这些环进一步凝集形成了间期的染色体。最后，推测这些紧密成串的环至少又经历了至少一个层次的包装才形成有丝分裂的染色体（图 5-23）。

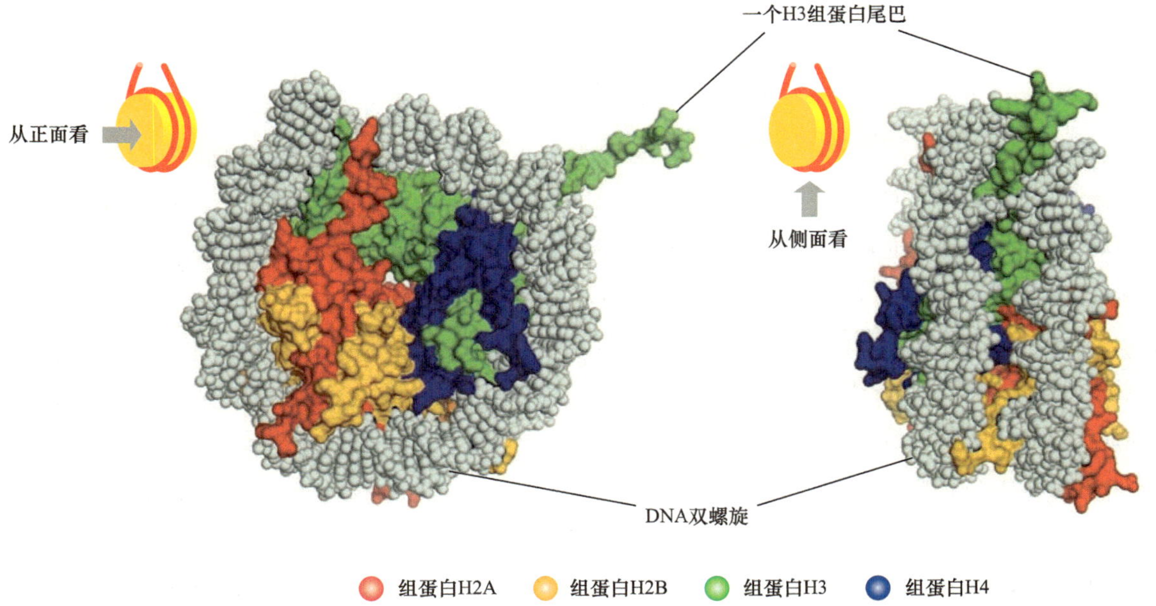

图 5-21　通过 X 射线衍射解析核小体核心颗粒的结构，揭示出 DNA 如何紧密地围绕在盘状组蛋白八聚体的周围。这里显示了核小体核心颗粒的两个视图。DNA 双螺旋的两条链以灰色显示。可以看到 H3 组蛋白尾部（绿色）的一部分从核小体核心颗粒伸出，其他组蛋白的尾部已被截去。（引自 K. Luger et al.，*Nature* 389：251-260，1997。）

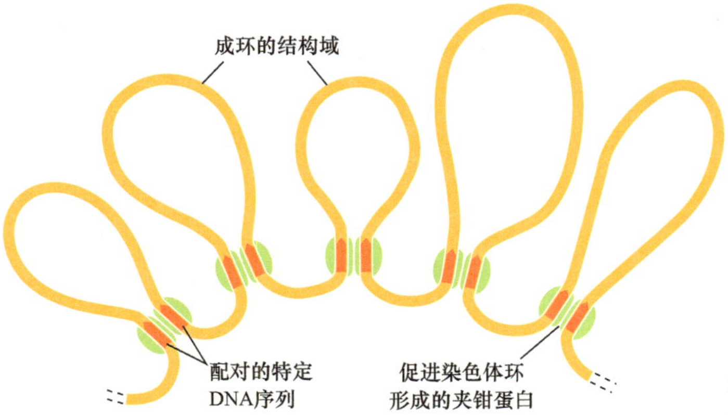

图 5-22　人类染色体中的染色质折叠成环状结构域。这些环由特殊的非组蛋白建立，它们与特定的 DNA 序列结合，在每个环的基部形成一个夹钳。

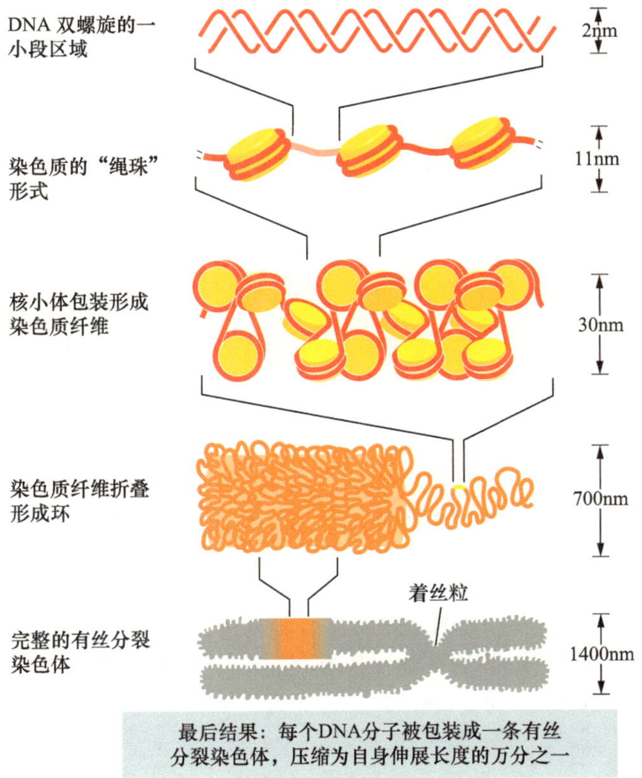

图 5-23　染色体上的 DNA 包装有几个层次。该示意图显示了一般认为的、形成高度凝集有丝分裂染色体的不同层次。现已知组蛋白 H1 和一系列特殊的非组蛋白有助于驱动染色体的凝集，这些蛋白质包括有助于染色体环形成夹子的蛋白质和凝集蛋白（一种含量丰富的非组蛋白，参见图 18-18）。然而，实际的结构仍然不确定。

染色体结构的调节

到目前为止，我们已经讨论了 DNA 如何紧密地包裹在染色质中。我们现在将目光转向该包装过程的调控，如何在需要时快速暴露出里面的 DNA。细胞中的 DNA 携带大量编码信息，细胞必须能够根据需要检索这些信息。

在本节中，我们将讨论细胞如何改变其染色质结构，从而暴露出局部的 DNA 区域，使一些特定的蛋白质，尤其是那些参与基因表达和 DNA 复制与修复的蛋白质可以结合。然后，我们将讨论如何建立和维持染色质结构，以及细胞如何将这种结构的某些形式传递给后代，从而帮助不同的细胞类型维持其特性。虽然许多细节仍未被破译，但染色质结构的调控和遗传在真核生物的发育中起着至关重要的作用。

核小体结构的变化使 DNA 暴露出来

真核细胞有几种方法可以快速调节其染色质的局部结构。一种方法是利用了一组 ATP 依赖的**染色质重塑复合物**（chromatin-remodeling complex）。这些蛋白质机器利用 ATP 水解的能量来改变围绕在核小体周围的 DNA 的位置（图 5-24）。通过与组蛋白八聚体和围绕在其周围的 DNA 相互作用，染色质重塑复合物可以改变核小体的局部排列，使 DNA 更易于（或更不易于）被细胞中的其他蛋白质接近。在有丝分裂期间，许多重塑复合物失活，这可能有助于有丝分裂染色体维持紧密包装的结构。

另一种改变染色质结构的方法依赖于组蛋白上可逆的化学修饰，这些修饰由大量不同的**组蛋白修饰酶**（histone-modifying enzyme）催化形成。四种核心组蛋白的尾部尤其会受到共价修饰的影响，包括添加（和去除）乙酰基、磷酸基或甲基（图 5-25A）。以上三种及其他修饰对染色质纤维的包装产生重要的影响。例如，赖氨酸的乙酰化可降低组蛋白尾部对邻近核小体的亲和力，从而使染色质结构松弛并使特定的核蛋白能够接近。

然而，最重要的是，这些修饰通常可以用作各种调节蛋白在组蛋白尾部的锚定位点。不同的修饰模式将特定的非组蛋白染色体蛋白吸引到特定的染色质片段。其中一些蛋白质促进染色质凝聚，而另一些蛋白质促进染色质伸展，从而暴露出 DNA。尾部修饰的特定组合以及与它们结合的蛋白质在细胞中具有不同的功能。例如，一种模式可能标记新复制的特定染色质片段，另一种模式可能表明那段染色质中的基因正在进行活跃的表达，还有一些模式与受到沉默的基因有关（图 5-25B）。

ATP 依赖的染色质重塑复合物和组蛋白修饰酶都受到严格调控。这些酶通常通过与某些蛋白质的相互作用，而被带到特定的染色质区域，而这些蛋白质一般会与 DNA

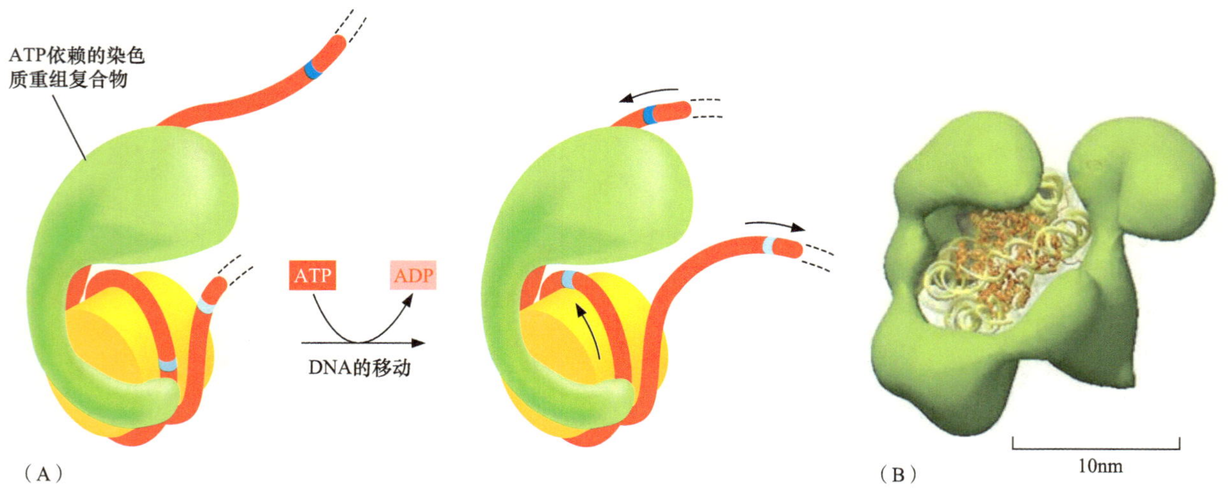

图 5-24 **染色质重塑复合物使围绕在核小体周围的 DNA 的局部重新定位。**（A）复合物利用来自 ATP 水解的能量使核小体 DNA 松弛并沿着组蛋白八聚体推动 DNA。通过这种方式，该酶可以暴露或隐藏一段 DNA 序列，从而控制它被其他 DNA 结合蛋白接近的难易程度。图中添加的蓝色条纹显示 DNA 如何改变位置。这种改变需要许多轮的 ATP 水解。（B）一个染色质重塑复合物的结构，显示了该酶如何支撑核小体核心颗粒，包括组蛋白八聚体（橙色）和围绕它的 DNA（浅绿色）。这个大型复合物是从酵母中纯化出来的，含有 15 个亚基，包括一个水解 ATP 的亚基和 4 个能够识别具有特定共价修饰的组蛋白的亚基。（图 B 改编自 A.E. Leschziner et al.，*Proc. Natl. Acad. Sci. USA* 104：4913-4918，2007。）

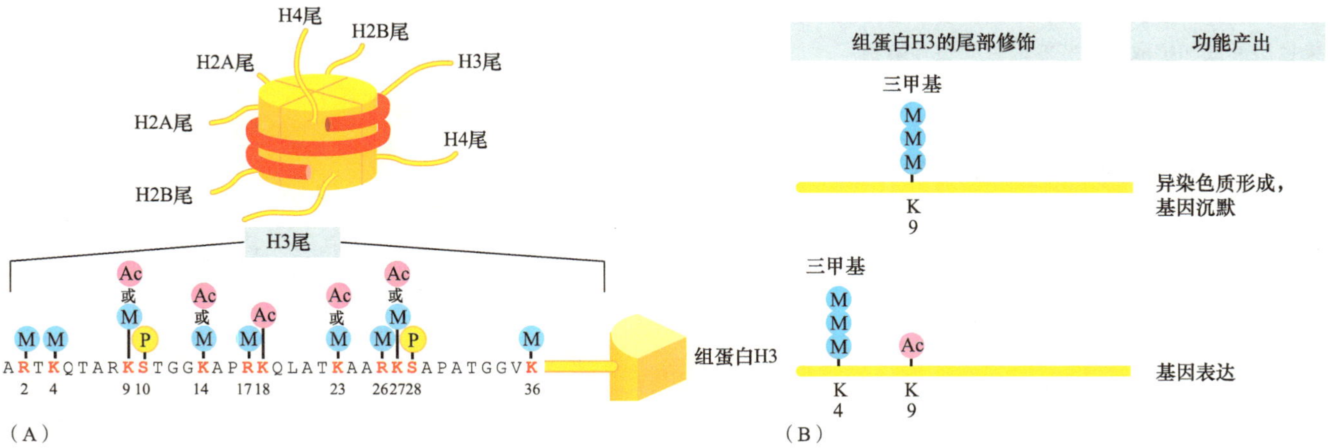

图 5-25 **组蛋白尾部的修饰模式可以决定细胞会如何处理一段染色质。**（A）示意图显示了从核小体核心颗粒上伸出来的每个组蛋白尾部的位置。每种组蛋白（主要是尾部）可以通过许多不同化学基团的共价连接来进行修饰。例如，组蛋白 H3 的尾部可以受到乙酰基（Ac）、甲基（M）或磷酸基团（P）的修饰。数字表示组蛋白尾部中被修饰的氨基酸的位置，每个氨基酸用其单字母代码标注。注意，一些氨基酸，如 9、14、23 和 27 位的赖氨酸（K），可以被乙酰化或甲基化修饰（但不能同时受两种修饰）。此外，赖氨酸可以被一个、两个或三个甲基基团修饰。例如，（B）中显示了三甲基化修饰。注意，组蛋白 H3 含有 135 个氨基酸，其中大部分位于其球状部分（由楔形表示），大多数修饰发生在图中所示的 N 端尾部的 36 个氨基酸上。（B）组蛋白尾部修饰的不同组合可以赋予染色体不同的意义，使它们可以按照细胞的指令进行染色体的伸展。目前仅有少数修饰组合的功能是已知的。

或该 DNA 转录出的 RNA 中的一段特定的核苷酸序列结合（参见第 8 章）。组蛋白修饰酶与染色质重塑复合物协同作用来凝聚或松弛染色质片段，从而使染色质的局部结构根据细胞需要快速发生变化。

间期染色体同时包含高度凝集和相对伸展的两种状态

通过重塑复合物和组蛋白修饰改变染色质的局部包装，对大尺度的间期染色体结构具有重要影响。间期染色质的包装并不是均一的。含有正在活跃表达的基因的染色体区域，通常更加伸展，而含有沉默基因的区域更加凝集。因此，间期染色体的详细结构在不同细胞类型中可能不同，这也有助于确定哪些基因的表达是打开的，哪些基因的表达是关闭的。大多数种类的细胞，其基因组中仅有一半基因会表达，而且其中还有很多基因的表达活性非常低。

凝集程度最高的间期染色质称为**异染色质**（heterochromatin，来自希腊语 *heteros*，意为“不同的”）。20 世纪 30 年代，使用光学显微镜首先观察到这种高度凝集形态的染色质，在细胞核中显示为离散分布的、染色很深的区域。异染色质通常占间期染色体的约 10%，在哺乳动物染色体中，它集中在着丝粒区域和染色体末端的端粒 DNA 中（参见图 5-14）。

其他的间期染色质称为**常染色质**（euchromatin，来自希腊语 *eu*，意为“真实”或“正常”）。虽然常染色质这个概念指的是比异染色质凝集程度更低的染色质，但我们现在知道，常染色质和异染色质均是由不同凝集程度的染色质结构组合而成的（图 5-26）。

每种类型的染色质结构都由组蛋白尾部的不同修饰来建立和维持，它们会吸引一系列不同的非组蛋白染色体蛋白。例如，最常见的异染色质由组蛋白 H3 尾部的第 9 位赖氨酸的甲基化修饰等指导形成（参见图 5-25B）。异染

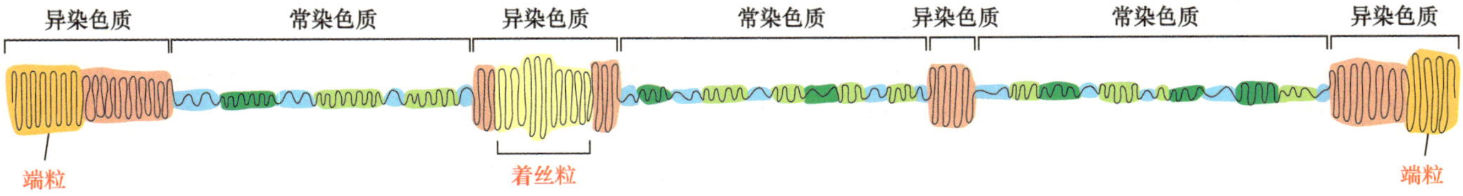

图 5-26 **一条间期染色体不同的部分结构有所不同。**示意图显示了 DNA 分子（中心黑线表示）的路径，不同颜色表示凝集程度不同的异染色质和常染色质。总的来说，异染色质的凝集程度比常染色质更高。

图 5-27　**异染色质特异性的组蛋白修饰使异染色质形成和扩散**。这些修饰会吸引异染色质特异的蛋白质，后者可在相邻的核小体上添加相同的组蛋白修饰。异染色质可以以这种方式扩散，直至遇到屏障 DNA 序列，该 DNA 序列阻断了异染色质进一步扩散到常染色质区域。

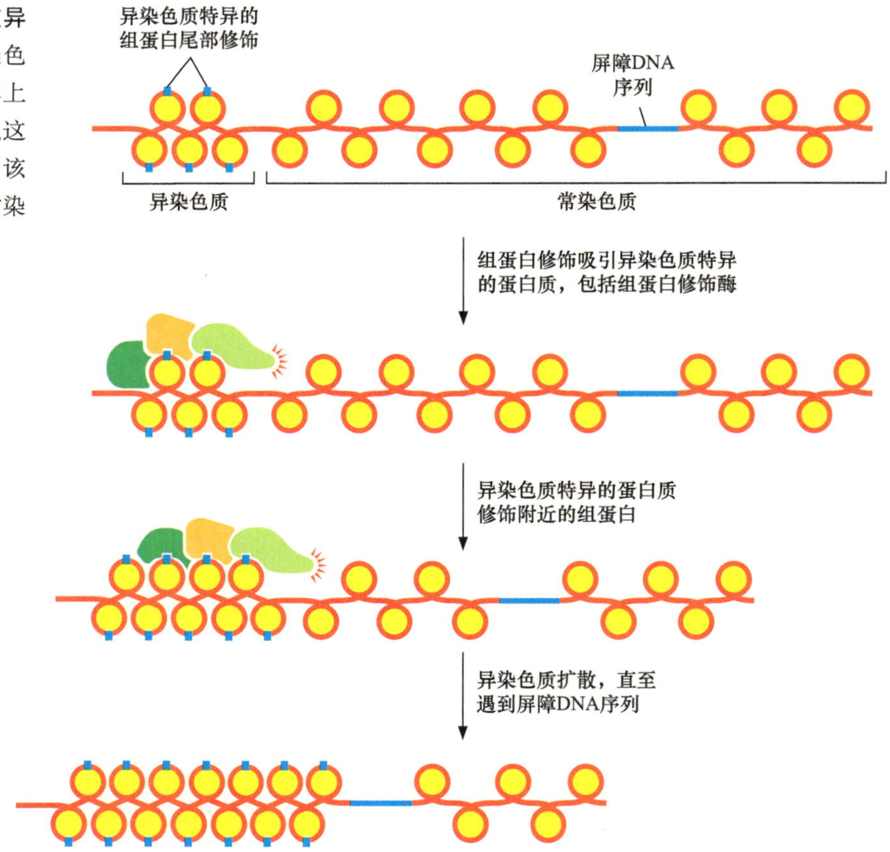

色质一旦形成，就可以扩散到邻近的 DNA 区域，这是因为异染色质组蛋白尾部的修饰会募集一套异染色质特异性的蛋白质，包括组蛋白修饰酶，这些修饰酶再在相邻核小体的组蛋白尾部添加上相同的修饰。这些修饰进一步募集更多的异染色质特异的蛋白质，导致凝集的染色质像波浪一样沿着染色体传播。异染色质区域继续扩散，直至遇到阻碍其传播的屏障 DNA 序列（图 5-27）。例如，一些屏障序列含有组蛋白修饰酶的结合位点，组蛋白修饰酶向组蛋白 H3 尾部的第 9 位赖氨酸添加乙酰基，这种修饰阻断了赖氨酸的甲基化，从而阻止了异染色质的进一步扩散（参见图 5-25B）。

折叠成异染色质的大部分 DNA 都不含有基因。因为异染色质非常紧凑，所以即便偶尔有基因被包装进异染色质中，这些基因通常也不能表达。基因不适当地包装成异染色质，会导致疾病。在人类中，编码 β-球蛋白（载氧血红蛋白的一种亚基）的基因位于异染色质区域附近。在遗传性缺失了屏障 DNA 的个体中，该异染色质会扩散并使 β-球蛋白基因失活，引起严重的贫血。

利用异染色质保持基因关闭或沉默（silenced）的最著名的例子，是雌性哺乳动物的间期 X 染色体。在哺乳动物中，雌性细胞含有两个 X 染色体，而雄性细胞含有一个 X 和一个 Y 染色体。双倍剂量的 X 染色体产物是致死的，因此，雌性哺乳动物演化出一种机制，可以在每个细胞中使其中一条 X 染色体永久地失活。在胚胎发育的早期，每个细胞核中的两条 X 染色体中，有一条会随机地高度凝集成为异染色质。此后，这条处于凝集和失活状态的 X 染色体会遗传给这些细胞的所有后代（图 5-28）。杂色猫毛色花斑的随机分布就是因为 X 染色体的随机失活所致（图 5-29）。

所有真核细胞中都会发生染色体失活，X 染色体的失活只是其中一个极端的例子，细胞会以一种更为精细的方式来进行染色体失活，从而控制基因表达。当一个细胞分裂时，它可以将其组蛋白修饰、染色质结构和基因表达的模式传递给两个子细胞。这种“细胞记忆”传递了哪些基因应活化、哪些基因应失活的信息，在复杂多细胞生物体的发育过程中十分重要，可以帮助建立和维持不同的细胞类型。在第 8 章讨论细胞如何控制基因表达时，会进一步谈到关于细胞记忆的一些机制。

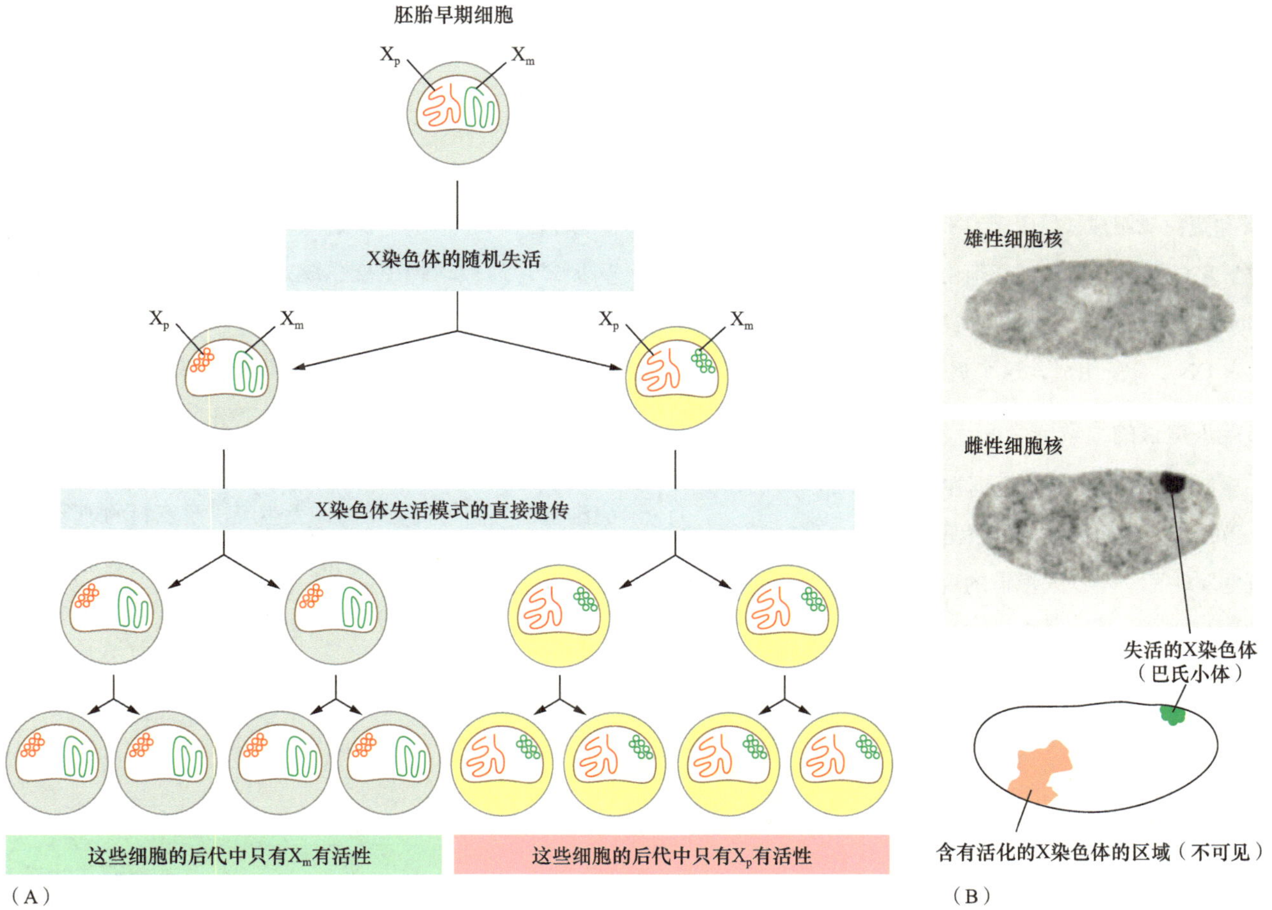

图 5-28　**异染色质的形成使雌性哺乳动物细胞中一条 X 染色体失活。**(A) 每个雌性细胞含有两条 X 染色体，一条来自母方（X_m），一条来自父方（X_p）。在胚胎发育早期，每个细胞中的其中一条 X 染色体会随机地凝集成异染色质。此后，每一轮的细胞分裂，在这个祖始细胞的所有子细胞中，始终是同一条染色体保持凝集和失活状态。因此，所有的雌性哺乳动物最终都会形成混合体（嵌合体），其细胞中要么 X_m 失活，要么 X_p 失活。在它们大部分的组织和器官中，这二者所占比例相当。(B) 在雌性细胞的核中，可以看到失活的 X 染色体呈现为一个小的、离散分布的染色质团，称为巴氏小体，以首次发现它的医生命名。在这些人成纤维细胞核的显微照片中，雌性细胞核（下面的显微照片）中失活的 X 染色体是用识别巴氏小体相关的蛋白质的抗体来进行显色。雄性细胞核（上面的显微照片）只有一条不失活的 X 染色体，所以没有被该抗体识别。下方的示意图显示了雌性细胞核中活化和未活化的 X 染色体的位置。

图 5-29　**杂色猫的毛色主要取决于 X 染色体失活的模式。**在猫中，有一个决定毛色的基因位于其 X 染色体上。在雌性杂色猫中，一条 X 染色体携带决定黑毛的基因，另一条带有决定橙毛的基因。携带黑毛基因的 X 染色体失活，皮肤细胞会形成橙毛，而携带橙毛基因的 X 染色体失活，皮肤细胞会产生黑毛。每个斑块的大小取决于发育过程中有多少皮肤细胞是从失活了同一条 X 染色体的胚胎细胞发育而来（参见图 5-28）。(图片引自 bluecaterpillar/Depositphotos。)

基因由 DNA 组成

到 20 世纪 20 年代，科学家已经普遍接受基因存在于染色体上的观点。19 世纪末期的研究表明，染色体由 DNA 和蛋白质组成。但由于 DNA 的化学结构是如此简单，生物学家自然地认为基因必须由蛋白质组成，因为蛋白质比 DNA 分子的化学结构更加多样。即使实验证据表明基因是由 DNA 分子组成，这个观点也难以动摇。

致命疾病提供的线索

支持基因是 DNA 的证据在 20 世纪 20 年代末开始出现。当时一位名叫弗雷德·格里菲斯（Fred Griffith）的英国医生发现了一个令人惊讶的现象。他当时正在研究肺炎链球菌（*Streptococcus pneumoniae* 或 pneumococcus），这是一种引起肺炎的细菌。由于当时还没有发现抗生素，因此感染这种细菌通常是致命的。当在实验室中生长时，肺炎球菌有两种形式：注射入动物时会导致致命感染的致病形式；易被动物免疫系统杀死且不会产生感染的无害形式。

在他的研究过程中，格里菲斯将该细菌的各种形式注入小鼠体内。他表明，通过加热杀死的致病性肺炎球菌不会再引发感染。而当格里菲斯将热灭活的致病菌和活的无害细菌注入同一只老鼠时，发生了出乎意料的现象：动物不仅死于肺炎，而且它们的血液中充满了致病形式的活细菌（图 5-30）。通过加热杀死的肺炎链球菌以某种方式将

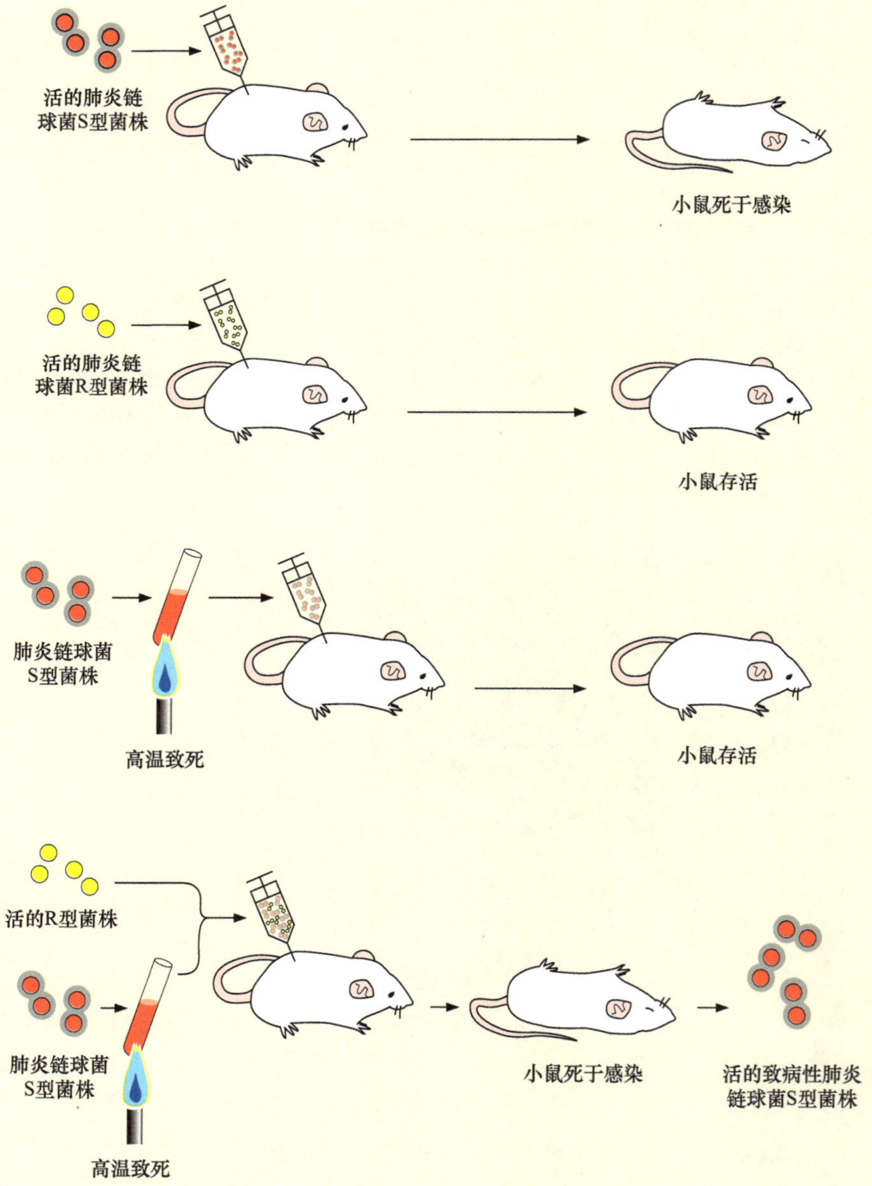

图 5-30　格里菲斯的研究表明，加热杀死的传染性细菌可以将无害的活细菌转化为病原体。根据显微镜下的形态和致病能力的不同，肺炎链球菌可以分成两类。注入小鼠体内会致命的病原体菌株的细胞具有黏滑的、反光的多聚糖荚膜。当在实验室营养丰富的平板中生长时，这种致病的细菌会形成圆顶状且光滑的克隆，因此将它命名为 S 型。肺炎链球菌无害型菌株因缺乏这层保护性外膜，形成的克隆扁平而粗糙，因此将它命名为 R 型。如上图所示，格里菲斯发现在致病的 S 型菌株中有一种物质可以将非致病的 R 型菌株永久地改变（或称为转化）成致命的 S 型菌株。

无害菌转变成了致病菌。不仅如此，格里菲斯还发现这种转变是永久性的：他可以让这些“转变”的细菌在培养皿中培养，而且它们仍具有致病性。但是，让这种无危害的细菌转变成致命杀手的神秘物质是什么？这些变化又是如何传递给后代细菌的？

转化

格里菲斯的重要发现为后续的实验奠定了基础，这些实验都强有力地证明了基因是由 DNA 构成的。美国细菌学家奥斯瓦尔德·艾弗里（Oswald Avery）延续了格里菲斯的研究，发现如果在体外将无害的肺炎链球菌暴露于一种来自致病菌株的提取物中，就可以转化为致病菌株。然而，直到 15 年后，艾弗里及其同事科林·麦克劳德（Colin Macleod）和马克林·马克卡提（Maclyn McCarty）才成功地从细菌的可溶性提取物中纯化出了这种“转化源泉”，并证明其活性成分是 DNA。因为这种转化源泉导致接受它的细菌发生遗传改变，所以 DNA 必定正是构成基因的成分。

这一发现迟来了 15 年，这在一定程度上反映了当时的学术，因为那时的科学家普遍认为遗传物质是由蛋白质构成。为了避免他们工作可能引起的分歧，艾弗里和同事们希望在完全确证该转化源泉就是 DNA 之后再对外宣布了他们的发现。艾弗里在写给他同为细菌学家的弟弟的一封信中提到：“吹泡泡很有趣，但更明智的做法是在别人试图刺破它之前，自己先把它刺破”。因此，他们将这些转化物质做了一系列的化学测试（图 5-31）。他们发现这种物质具有 DNA 所有的化学性质特征。他们还进一步表明，能破坏蛋白质和 RNA 的酶并不会影响该物质转化细菌的能力，而破坏 DNA 的酶却能使它失活。正如之前格里菲斯也发现纯化过的该物质会永久地改变细菌：来自致病菌种中的 DNA 被无害的菌种摄取，这种改变会永久地传递到后代细菌中。

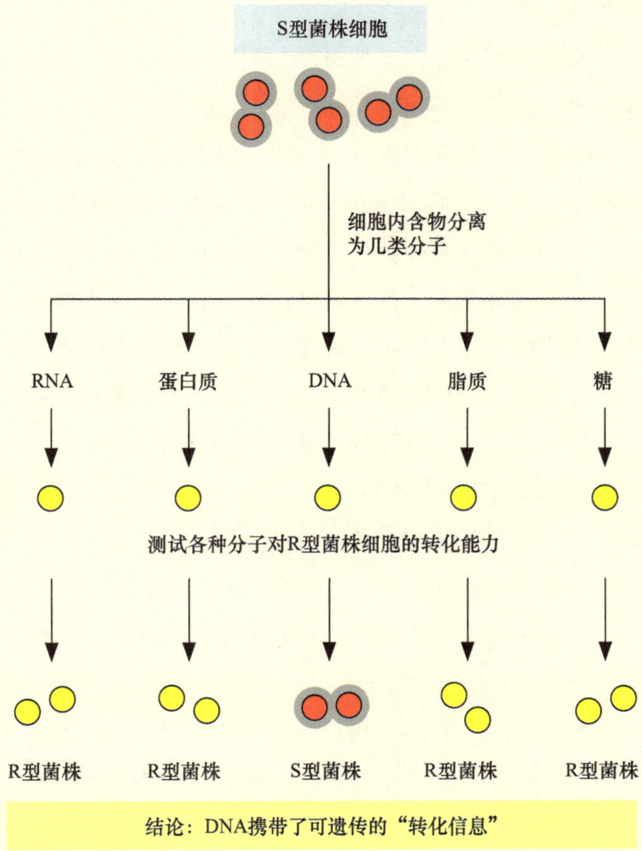

图 5-31　艾弗里、麦克劳德和马克卡提证明 DNA 是遗传物质。 这些研究人员从致病的肺炎链球菌 S 株中制备了一种提取物，证明将无害的 R 株肺炎链球菌永久性地转变为致病性 S 株的“转化源泉”就是 DNA。这是 DNA 可以作为遗传物质的第一个证据。

这项具有里程碑意义的研究提供了严格的证据，证明了纯化的 DNA 可以作为遗传物质。但这篇发表于 1944 年的论文在当时引起的关注极少。尽管这些实验设计非常精心，但遗传学家并没有立即相信 DNA 就是遗传物质。许多人反驳说该转化可能是由于实验中微量的蛋白质污染所造成；或者认为提取物中可能含有一种诱变剂，将无害细菌的遗传物质转化为致病形式，而提取物本身并不含有遗传物质。

病毒鸡尾酒

直到 1952 年，阿尔弗雷德·赫尔希（Alfred Hershey）和玛莎·蔡斯（Martha Chase）按下了他们实验室的搅拌器按钮，彻底地证明了基因是由 DNA 构成，终结了这场争论。该组研究人员当时正在研究 T2 噬菌体，这是一种能感染并最终破坏大肠杆菌的病毒。这些可以杀死细菌的病毒就像是微型的分子注射器，将遗传物质注入宿主细胞，而空的病毒头部仍留在被感染的细菌外面（图 5-32A）。一旦病毒的基因进入细胞，它就会指导新的病毒颗粒的合成。不到 1h，被感染的细胞就会崩解，将成千上万新的病毒释放到培养基中。然后它们再去感染邻近的细菌，重新开始这一过程。

T2 噬菌体的美好之处在于这些病毒只含有两种分子：DNA 和蛋白质。因此遗传物质只能是二者之一。究竟是哪一个呢？实验设计相当地直截了当。由于病毒的基因进入细菌细胞，而病毒颗粒的其余部分留在外面，研究者决定在一批病毒的蛋白质上和另一批病毒的 DNA 上分别进行两种放射性标记，然后他们只需要跟踪放射性标记，看一下注入细菌内的是病毒的 DNA 还是蛋白质。为了做这个实验，赫尔希和蔡斯将放射性标记过的病毒和大肠杆菌一起孵育，经过几分钟的感染后，他们将混合物倒入一台高速搅拌器并按下“搅拌”按钮。搅拌器旋转的“刀刃”将留在细菌细胞表面的空病毒外壳切割下来。然后他们将样本离心，把较重的、被感染的细菌与空的病毒外壳分开。前者在离心管的底部形成沉淀，后者则留在悬浮液中（图 5-32B）。

正如你所猜想的，赫尔希和蔡斯发现放射性标记的 DNA 进入了细菌，而放射性标记的蛋白质和空的病毒头部一起留在了细菌外面。他们还发现，放射性标记的 DNA 也会进入下一代的病毒颗粒中。

这个实验决定性地表明是病毒的 DNA 而不是蛋白质，进入了宿主细胞。因此，这种病毒的遗传物质只能是由 DNA 组成。这些实验与艾弗里、麦克劳德和马克卡提所进行的研究，有力地证明了 DNA 是遗传物质。

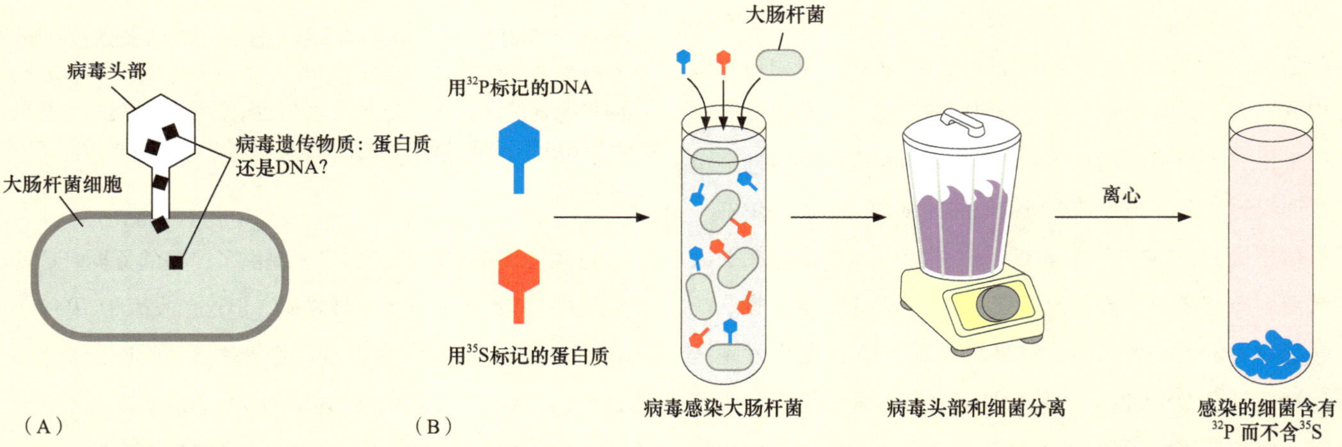

图 5-32　赫尔希和蔡斯明确地证实基因是由 DNA 组成。（A）研究者利用仅由蛋白质和 DNA 构成的 T2 病毒做实验，每个病毒作为一个分子注射器，将遗传物质注入一个细菌，而病毒的空壳则仍留在细胞外。（B）为了确定病毒的遗传物质究竟是蛋白质还是 DNA，研究者将一批病毒的 DNA 用 ^{32}P 放射性标记，用 ^{35}S 对另一批病毒的蛋白质进行标记。由于 DNA 中没有硫，而蛋白质中没有磷，这些放射性同位素为研究者们提供了一种简单的区分这两种分子的方法。将这些被标记过的病毒感染大肠杆菌，然后在高速搅拌器中对上述混合物进行短暂的搅拌，把空的病毒头部从感染的细菌上分开。当研究者检测放射性时，他们发现大多数 ^{32}P 标记的 DNA 进入了细菌中，而大部分 ^{35}S 标记的蛋白质则和病毒颗粒一起留在溶液中。此外，放射性标记的 DNA 也进入后代的病毒颗粒，证实 DNA 是可遗传的遗传物质。

基本概念

- ◆ 生命取决于遗传信息的稳定储存、维持和遗传。
- ◆ 遗传信息由非常长的 DNA 分子所携带，并由四种核苷酸（A、T、G 和 C）组成的线性序列编码。
- ◆ 每个 DNA 分子由一对反向平行的互补 DNA 链组成了双螺旋，DNA 链通过 G-C 和 A-T 碱基对之间的氢键结合在一起。
- ◆ 一个真核细胞的遗传物质（即基因组）包含在一套染色体中，每条染色体都由一条含有许多基因的、巨大的 DNA 分子组成。
- ◆ 当基因表达时，部分核苷酸序列会转录成 RNA 分子，其中大部分 RNA 会被翻译成蛋白质。
- ◆ 形成每条真核染色体的 DNA 中，除基因外，还含有多个复制起点、一个着丝粒和两个端粒。这些特殊的 DNA 序列确保在细胞分裂之前，每条染色体可以被有效复制，复制得到的子代染色体也可以均等地分配给两个子细胞。
- ◆ 在真核生物染色体中，DNA 通过与一系列组蛋白和非组蛋白染色体蛋白结合，完成致密的折叠。这种 DNA 和蛋白质形成的复合物称为染色质。
- ◆ 组蛋白可以将 DNA 包装成重复性排列的 DNA-蛋白质颗粒，称为核小体。核小体进一步折叠成更紧凑的染色质结构。
- ◆ 细胞可以调节其染色质结构，临时性地使染色体的特定区域发生凝集或去凝集，这一过程是通过染色质重塑复合物和以多种方式共价修饰组蛋白尾部的酶来实现的。
- ◆ 和凝集状态的染色体相比，染色质的伸展状态可以使那些参与基因表达、DNA 复制和修复的蛋白质结合到其必需的 DNA 序列上。
- ◆ 某些形式的染色质具有特定的组蛋白尾部修饰模式，这些模式导致 DNA 处于高度凝集状态，其基因不能表达产生 RNA。处于高度凝集程度的染色体包括有丝分裂期的所有染色体和间期染色体的异染色质。

关键词

碱基（base pair）	脱氧核糖核酸（DNA）	组蛋白（histone）
细胞周期（cell cycle）	双螺旋（double helix）	组蛋白修饰酶（histone-modifying enzyme）
着丝粒（centromere）	常染色质（euchromatin）	核型（karyotype）
染色质（chromatin）	基因（gene）	核仁（nucleolus）
染色质重塑复合物（chromatin-remodeling complex）	基因表达（gene expression）	核小体（nucleosome）
染色体（chromosome）	遗传密码（genetic code）	复制起点（replication origin）
互补的（complementary）	基因组（genome）	端粒（telomere）
	异染色质（heterochromatin）	

问题

问题 5-1

以下哪项说法是正确的？解释你的答案。

A. DNA 链具有极性，因为其两端含有不同的碱基。

B. G-C 碱基对比 A-T 碱基对更稳定。

问题 5-2

假设组蛋白八聚体（如图 5-20 所示）形成直径为 9nm、高度为 5nm 的圆柱体，并且人类基因组形成 3200 万个核小体，那么组蛋白八聚体占据细胞核（直径为 6mm）的体积是多少？（圆柱的体积是 $\pi r^2 h$；球体的体积是 $4/3\pi r^3$。）组蛋白八聚体占细胞核总体积的比例是多少？这与人类 DNA 占据细胞核的体积相比又如何？

问题 5-3

组蛋白是真核生物中高度保守的蛋白质之一，例如，来自豌豆和牛的组蛋白 H4 在 102 个氨基酸中仅有 2 个不同。基因序列比对显示存在很多的差异，但在氨基酸序列上却只有两个改变。这些观察结果表明，改变氨基酸的突变在演化过程中不会被选择性地保留。你认为为什么组蛋白基因中使氨基酸改变的突变是有害的？

问题 5-4

X 染色体上特定基因的突变导致男性的色盲。相比之下，大多数携带突变的女性色觉表现正常，但看到彩色物体时分辨率降低，原因可能是功能性视锥细胞（负责色觉的感光细胞）在视网膜上相隔的距离大于正常人。你能否对这一现象给出合理的解释？如果一个女性是色盲，其父亲和母亲分别会有什么表型？解释你的答案。

问题 5-5

A. 一个 DNA 双螺旋中，一条 DNA 链的核苷酸序列是 5′-GGATTTTTGTCCACAATCA-3′。其互补链的序列是什么？

B. 在某些细菌细胞的 DNA 中，13%的核苷酸含有腺嘌呤。其他核苷酸的百分比是多少？

C. 对于一段长度为 N 个核苷酸的单链 DNA，有多少可能的核苷酸序列？

D. 假设你有一种在特定核苷酸序列上切割 DNA 的方法。利用该方法对含有 3×10^6 个核苷酸对的细菌基因组进行切割。如果要确保只在一个位点切开，那么该序列需要（平均）有多长的核苷酸？如果改用含有 3×10^9 个核苷酸对的动物细胞的基因组，答案会有何不同？

问题 5-6

一个 A-T 碱基对仅通过两个氢键维持稳定。具有相似强度的氢键作用力也能在其他碱基组合中发生，这些组合正常情况下不会出现在 DNA 分子中，如图 Q5-6 中所示的 A-C 和 A-G 对。如果在 DNA 复制过程中形成这样的碱基配对并掺入了不正确的碱基，会产生什么后果？讨论为什么这种情况不经常发生。（提示：参见图 5-4。）

问题 5-7

A. 假设从外星球分离到一种大分子，表面上看似 DNA，但更进一步的分析发现其碱基的结构十分不同（图 Q5-7）。碱基 V、W、X 和 Y 取代了碱基 A、T、G 和 C。仔细观察这些结构，具有这种 DNA 样的分子的生命体，是否有可能与地球上的生物使用类似的遗传学原理？

B. 单从它们生成的氢键的可能性判断，有没有任何一种外星碱基可以替代地球上的 A、T、G 或 C？解释你的答案。

问题 5-8

一个 DNA 双螺旋的两条链可以通过加热分开。溶液中含有以下三种 DNA 分子，如果你提高温度，这三种分子会以什么顺序“融化”？解释你的答案。

A. 5′-GCGGGCCAGCCCGAGTGGGTAGCCCAGG-3′
   3′-CGCCCGGTCGGGCTCACCCATCGGGTCC-5′

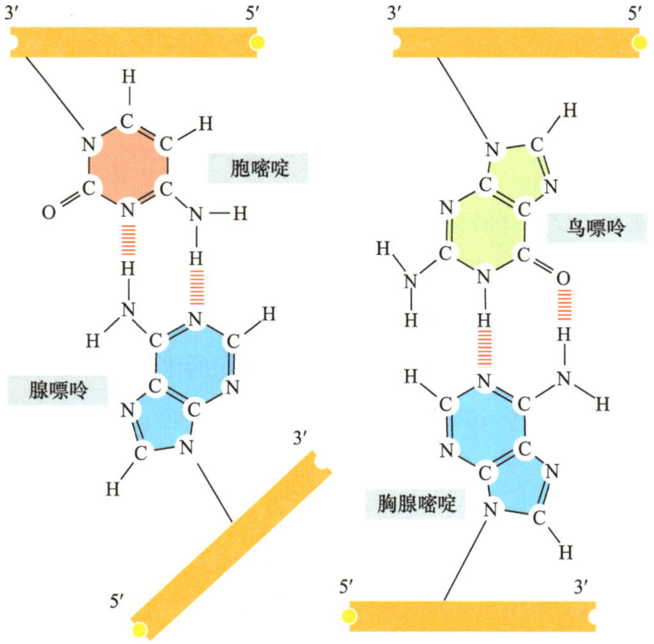

图 Q5-6

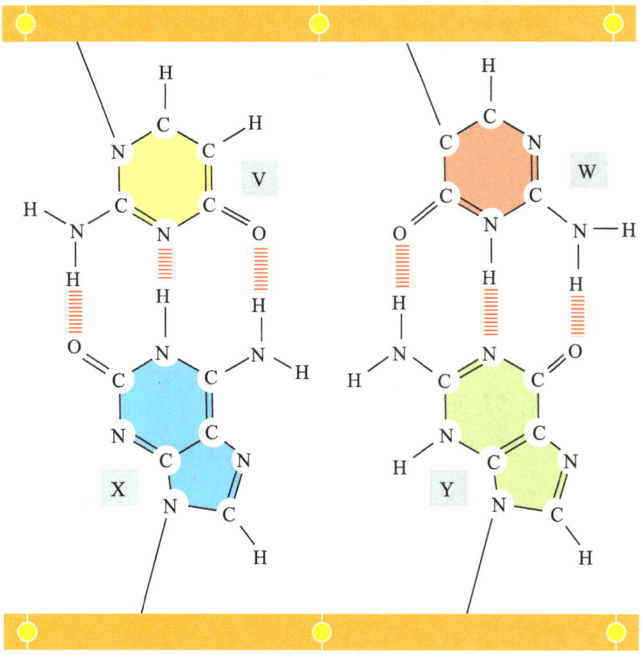

图 Q5-7

B. 5′-ATTATAAAATATTTAGATACTATATTTACAA-3′

3′-TAATATTTTATAAATCTATGATATAAATGTT-5′

C. 5′-AGAGCTAGATCGAT-3′

3′-TCTCGATCTAGCTA-5′

问题 5-9

人类基因组一个拷贝中的 DNA 总长度约为 1m，DNA 双螺旋的直径约为 2nm。DNA 双螺旋中的核苷酸以 0.34nm 的间隔堆叠（参见图 5-4B）。如果将 DNA 放大到直径和电缆线（5mm）一样粗，那么电缆线从一端到另一端的长度会是多少（假设它完全展开）？碱基之间的距离是多少？一段含 1000 个核苷酸对的基因会多长？

问题 5-10

一张光盘在 $96cm^2$ 区域内存储大约 4.8×10^9 个字节的信息。该信息存储为二进制代码，即每个位都是 0 或 1。

A. 确定 DNA 序列中一个核苷酸对需要多少字节？

B. 存储人类基因组中的信息需要多少张 CD？

问题 5-11

以下哪项说法是正确的？解释你的答案。

A. 每条真核染色体必须包含以下 DNA 序列元件：多个复制起点、两个端粒和一个着丝粒。

B. 核小体的核心颗粒的直径为 30nm。

问题 5-12

给出以下术语的定义和它们之间的相互关系：

A. 间期染色体　B. 有丝分裂染色体　C. 染色质

D. 异染色质　E. 组蛋白　F. 核小体

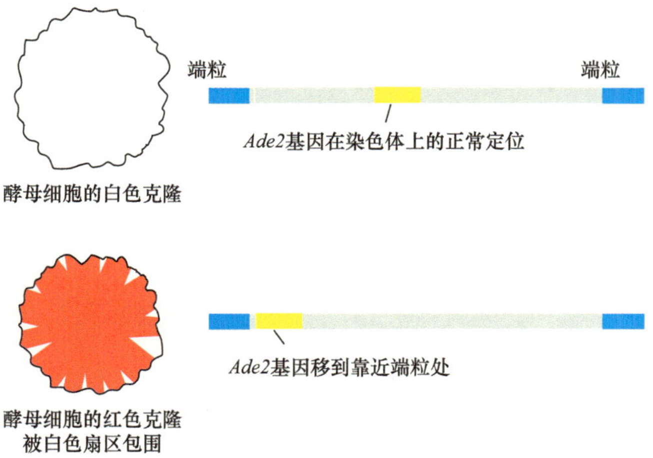

图 Q5-13

问题 5-13

仔细思考图 Q5-13 显示的结果。图中左侧所示两个菌落中的任何一个，都是大约 10 万个酵母细胞的集落，而所有的细胞都是从菌落中的某一个细胞生长而来，这个细胞现在位于菌落中间的某个位置。正如图右侧的染色体图谱所示，这两个酵母菌落在遗传上有所不同。酵母 *Ade2* 基因编码其中一种腺嘌呤生物合成所需的酶，*Ade2* 基因编码产物的缺失将会导致一种红色素的积累。当 *Ade2* 基因位于染色体正常的位置时，它在所有细胞中都表达。但当它位于高度凝集的端粒附近时，*Ade2* 基因不再表达。请解释为什么会出现白色的扇形。*Ade2* 基因的转录状态会从母细胞传到子细胞，你从这种传递中能得出什么结论？

问题 5-14

图 Q5-14 中的两张电镜照片显示了两种不同细胞的细胞核。请从图中判断哪一种细胞基因转录更频繁，并解释你如何得到你的答案。（电镜照片蒙 Don W. Fawcett 惠赠。）

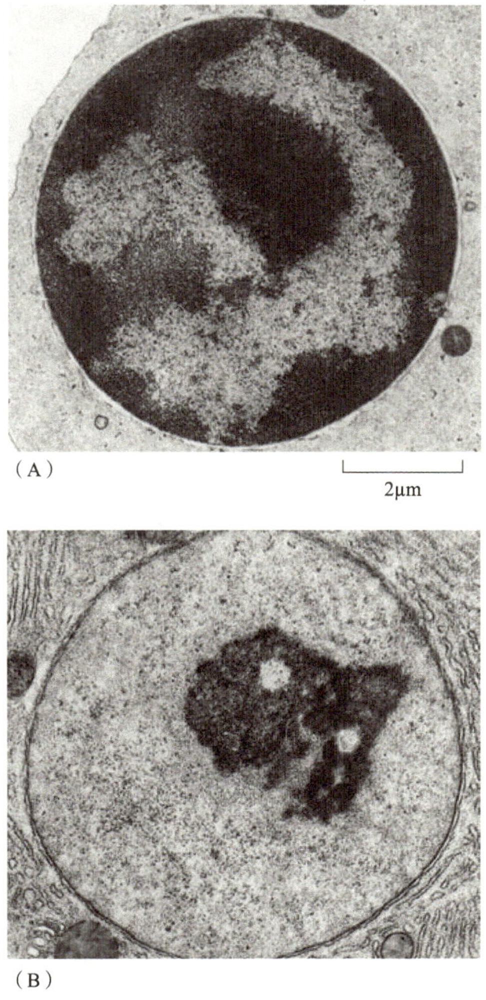

图 Q5-14

问题 5-15

DNA 是右手螺旋。从图 Q5-15 出找出右手螺旋。

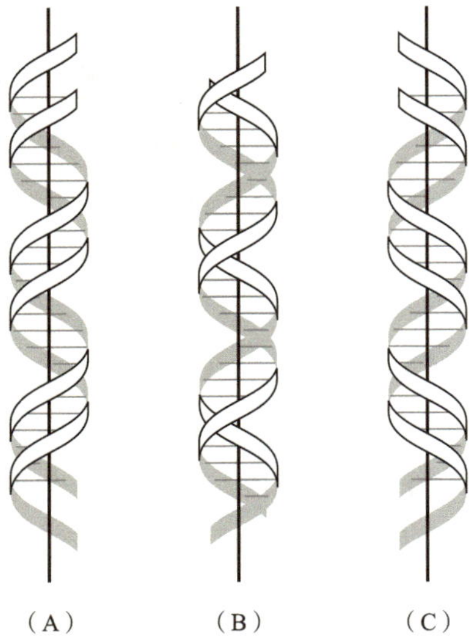

图 Q5-15

问题 5-16

一个核小体的核心颗粒的直径为 11nm，含有 147 个碱基对（bp）的 DNA（DNA 双螺旋估量为 0.34nm/bp）。环绕组蛋白八聚体的 DNA 的包装比率（DNA 长度与核小体直径的比率）为多少？假设在核小体之间还有另外 54bp 的连接 DNA，那么相对于完全伸展的 DNA 来说，“绳珠”结构的 DNA 压缩程度如何？这种第一层次的压缩占有丝分裂压缩程度（10 000 倍）的几分之几？

第 6 章　DNA 复制和修复

细胞要在混乱的环境中生存和繁殖，它必须能够精确地复制其 DNA 上所携带的数量庞大的遗传信息。**DNA 复制**（DNA replication）这一基本过程必须发生在细胞分裂产生两个基因相同的子细胞之前。除了要极为准确和有效地完成这项艰难的任务，细胞还必须能够持续地监测和修复其遗传物质，因为 DNA 会难以避免地受到很多伤害，这些伤害往往来自环境中的化学物质、辐射，以及细胞内部产生的活性分子。

然而，尽管细胞已经演化出一些分子保障机制，使其免于 DNA 复制错误或意外损伤，但 DNA 有时确实会发生永久性的改变，即**突变**（mutation）。虽然大多数突变并不会对生物体产生明显影响，但有些突变会产生重大的影响。偶尔，这些变化可以使生物体受益，例如，突变可以使细菌对杀死它们的抗生素产生抗性。更重要的是，DNA 序列的变化可以产生一些微小的变异，这也是为什么同一物种的不同个体之间会存在不同（图 6-1）。当这些变化累积数亿年后，遗传物质的差异足够大时，新物种就会产生，对此我们将在第 9 章中进行讨论。

不幸的是，由于突变是随机发生的，它们更有可能是有害的，从而造成了数千种人类疾病，包括癌症。因此，一个细胞或生物体能否存活，取决于其 DNA 的变化能否保持在最低限度。如果没有不断监测和修复 DNA 损伤的系统，那么生命是否存在就另当别论了。在本章中，我们会描述复制和修复细胞 DNA 的蛋白质机器。这些机器催化了细胞内发生的一些最为快速而优美的过程。揭示出这些蛋白质机器采用何种策略来实现这些了不起的壮举，是科学研究的一大胜利。

图 6-1　**DNA 改变所产生的变异，构成了同一物种甚至同一个家庭不同个体之间的差异。**在演化过程中，这些遗传物质变化造成了物种与物种之间的差异。

DNA 复制

细胞每次分裂时，必须高度精确地完成其基因组的复制。在本节中，我们将探讨细胞如何实现这一壮举，尤其是 DNA 复制的速率高达每秒 1000 个核苷酸。

碱基配对使 DNA 得以复制

在前一章，我们知道 DNA 双螺旋中每条链的核苷酸序列与其配对链的序列完全互补。因此，每条链可以用作合成新的互补链的**模板**（template），或称为模具。换句话说，如果我们将两条 DNA 链命名为 S 和 S′，则 S 链可用作合成新链 S′ 的模板，而 S′ 链也可用作合成新链 S 的模板（图 6-2）。因此，DNA 中的遗传信息可以通过这个完美的简单过程进行精确的复制，即 S 链与 S′ 链分离，然后每条链用作合成新的互补配对链的模板，生成的新链与模板之前的配对链完全相同。

DNA 分子的每条链都可以作为产生互补链的模板，使细胞能够将基因在传递给后代之前完成基因的拷贝，或称为复制（replicate）。虽然原理上很简单，但过程令人惊叹，原因在于它能以难以置信的速度和精确性完成数十亿个核苷酸对的复制。一个正在进行分裂的人类细胞，能在大约 8h 内完成复制相当于 1000 本书的信息，且平均只有不超过几个字母的错误。这一壮举是由一组蛋白质所组成的复制机器（replication machine）来完成的。

DNA 复制，就是从原来的一个 DNA 分子，产生两个完整的双螺旋 DNA 分子，除了罕见的复制错误，每个新的双螺旋 DNA 分子的核苷酸序列与原来的双螺旋 DNA 分子相同（参见图 6-2）。因为每条旧链都作为合成新链的模板，所以每条子代双螺旋 DNA 分子最终都是一条原来的旧链加上一条新链，这种复制方式称为半保留（semiconservative）复制（图 6-3）。我们在“我们是怎样知道的”栏目里，描述了证明 DNA 半保留复制特征的一些独出心裁的实验。

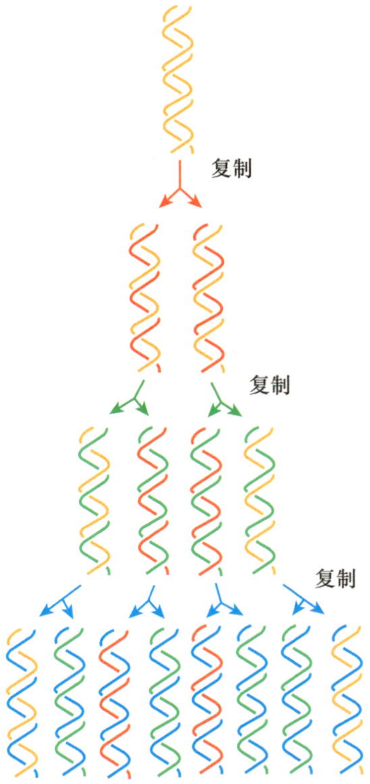

图 6-3 在每轮 DNA 复制中，两条 DNA 链中的每一条都作为合成新的互补链的模板。DNA 是“半保留”复制，因为每个子代 DNA 双螺旋都是由一条保留下的旧链和一条合成的新链组成。

DNA 合成开始于复制起点

DNA 双螺旋通常非常稳定，两条 DNA 链通过其碱基之间的大量氢键牢固地结合在一起（参见图 5-2）。要将两条链分开，只有接近沸水的温度提供足够的热能才能实现。然而，为了用作模板，双螺旋必须首先解开两条链，暴露出核苷酸碱基。在活细胞的温度下，这种解链是如何发生的呢？

DNA 的合成过程是由起始蛋白质（initiator protein）

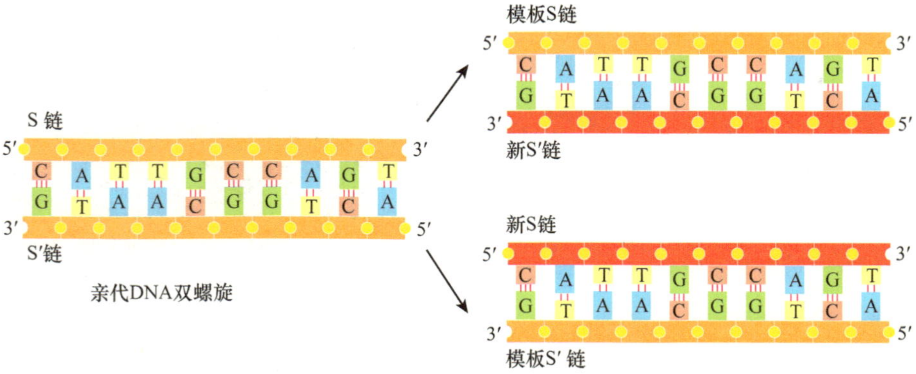

图 6-2 DNA 充当其自身复制的模板。因为成功的配对仅发生在 A 与 T 以及 G 与 C 之间，所以 DNA 双螺旋的每条链（在此标记为 S 链及其互补的 S′ 链）可用作模板，以确定其互补链中的核苷酸序列。这样，一条 DNA 双螺旋的两条链都可以被精确地拷贝。

复制的本质

1953 年，詹姆斯·沃森（James Watson）和弗朗西斯·克里克（Francis Crick）发表了他们著名的论文，该论文只有两页，描述了 DNA 结构模型。他们提出互补碱基（腺嘌呤和胸腺嘧啶、鸟嘌呤和胞嘧啶）沿着双螺旋中心彼此配对，将两条 DNA 链联结在一起（参见图 5-2）。在这篇简洁的科学重磅炸弹的最后，他们以一个几乎是旁观者的角度评论到："值得我们注意的是，我们所假设的这种特定的配对方式直接为我们提示了一种遗传物质可能的复制机制。"

实际上，在这篇经典论文发表于 *Nature* 杂志的一个月后，沃森和克里克就发表了第二篇文章，提出了 DNA 可能的复制机制。在这篇文章里，他们提出双螺旋的两条链解开，每条都用作合成新的互补链的模板。他们的模型被称为半保留复制，即每个新的 DNA 分子由来自亲本分子的一条链和一条新合成链组成（图 6-4A）。

我们现在知道沃森和克里克的 DNA 复制模型是正确的，但是在当时并没有得到广泛认可。令人尊敬的、物理学出身的遗传学家马克斯·德尔布吕克（Max Delbrück）就是怀疑者之一，他提出了所谓的"解旋难题"：双螺旋的两条链这么长、彼此缠绕这么多次，怎么可能在解开之后不乱成一团？德尔布吕克认为，沃森和克里克提出的拉链式打开 DNA 螺旋的概念在物理上似乎是不太可能的，简直就是"粗糙而低效"。

相反，德尔布吕克认为 DNA 复制是通过一系列断裂和重新组合来实现的。在此过程中，DNA 骨架发生断裂，每次只复制一个小片段，大约是 10 个核苷酸，然后再重新连接到一起。这个模型后来被称为弥散模型，得到的分子都是新旧 DNA 片段拼凑在一起，每条链都是新旧 DNA 片段的混合物（图 6-4B）。在该模型中，解旋不是必需的。

还有第三种观点提出 DNA 复制可能是全保留（conservative），亲本的螺旋在复制之后以不明原因保持不变，子代分子含有两条全新的 DNA（图 6-4C）。为了证明哪一个模型是正确的，需要一个能证明新合成 DNA 链组成的实验。马特·梅塞尔森（Matt Meselson）和弗朗克·斯塔尔（Frank Stahl）登场了。

重的 DNA

作为利努斯·保林（Linus Pauling）的一名研究生，梅塞尔森一直想建立一种能够区分新旧蛋白质的方法。在和德尔布吕克聊过沃森和克里克的 DNA 复制模型之后，梅塞尔森突然想到他为探索蛋白质合成所设想的方法可能对研究 DNA 也起作用。1954 年夏天，梅塞尔森遇到了后

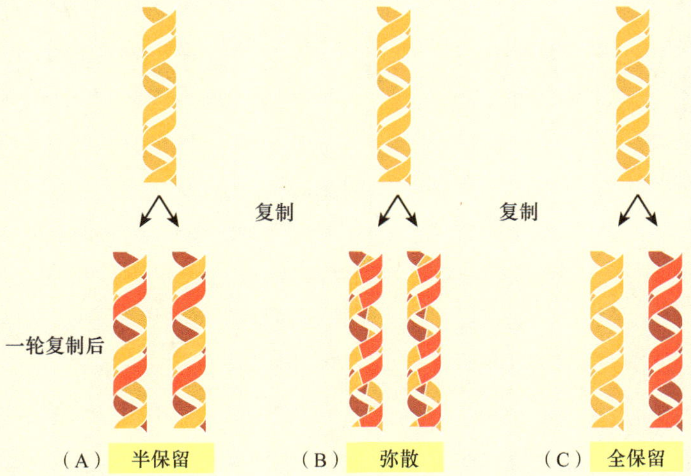

图 6-4 **DNA 复制的三种模型会预测出三种不同的结果。**（A）在半保留模型中，每条母链都作为合成新链的模板。第一轮复制会产生两个杂合 DNA 分子，每个含有一条来自亲本 DNA 的链和一条新合成的链。第二轮复制过后会得到两个杂合分子和两个完全由新链组成的分子（图 6-3）。（B）在弥散模型中，每一轮复制得到的分子都是亲本链和新链片段的混合。（C）在全保留模型中，复制后的亲本链仍保持不变。这种情况下，第一轮复制会产生一个原来的亲本 DNA 和一个完全新合成的 DNA。每个模型中亲本链 DNA 用橙色表示，新合成的 DNA 用红色表示。每个模型在这里只展示 DNA 的一个小片段。

来成为纽约罗切斯特大学研究生的斯塔尔，他们同意一起合作。他们花了好几年时间才让各个方面正常运转，最终这两人完成了众所周知的“最美妙的生物学实验”。

现在回想起来，他们的方法是惊人地简单。他们从培养两批大肠杆菌开始，一批培养在含有重同位素 ^{15}N 的培养基里，另一批则培养在含有正常的、较轻的 ^{14}N 培养基里。培养基里的氮会掺入核苷酸碱基中，从而进入生物体 DNA。让细菌分别在含有 ^{15}N 或是 ^{14}N 的培养基里生长多代之后，他们得到了两瓶细菌，一瓶 DNA 是重的，即该大肠杆菌的 DNA 整合了重的同位素，另一瓶 DNA 则是轻的。然后，梅塞尔森和斯塔尔将细菌破碎，并将 DNA 加入到含有高浓度氯化铯盐溶液的管子里。将这些管子离心时，氯化铯会形成一个密度梯度，DNA 分子会在溶液中上浮或下沉，直到它们到达与周围的盐的密度相同的位置（参见图版 4-3）。利用这种称为等密度梯度离心的方法，梅塞尔森和斯塔尔发现，通过观察 DNA 在氯化铯梯度中的位置，他们就能区分重的（含有 ^{15}N）DNA 和轻的（含有 ^{14}N）DNA。因为重的 DNA 比轻的 DNA 密度大得多，所以它聚集在离心管更靠近底部的位置（图 6-5）。

最终胜出的 DNA 复制模型是哪个？

梅塞尔森和斯塔尔建立了这种区分轻的和重的 DNA 的方法之后，就开始着手测试 DNA 复制的多种假说。为了进行这一测试，他们将一瓶生长在重氮培养基里的细菌转移到含有轻氮同位素的培养基里。实验刚开始的时候，所有的 DNA 应该都是重的，但是当细菌分裂时，新合成的 DNA 将会是轻的。然后，他们就能检测轻 DNA 的积累，看一下哪个模型最符合得到的数据。细菌生长了一代之后，他们发现亲本，即重的 DNA 分子（两条 DNA 链都含有 ^{15}N）消失了，取而代之的是密度居于含有 ^{15}N 和 ^{14}N 的 DNA 分子中间的一类新的 DNA（图 6-6）。梅塞尔森和斯塔尔解释说，这些新合成的子代螺旋一定是一个混合体，既含有重同位素，也含有轻同位素。

这个观察立刻就排除了全保留复制的模型，因为根据该模型的预测，亲本 DNA 的两条链应该都为重链，而子代 DNA 的两条链均为轻链（图 6-4C）。实验数据支持了半保留复制模型，该模型预测新合成的 DNA 应该是含有一条重链和一条轻链的杂合分子（图 6-4A）。然而，这个

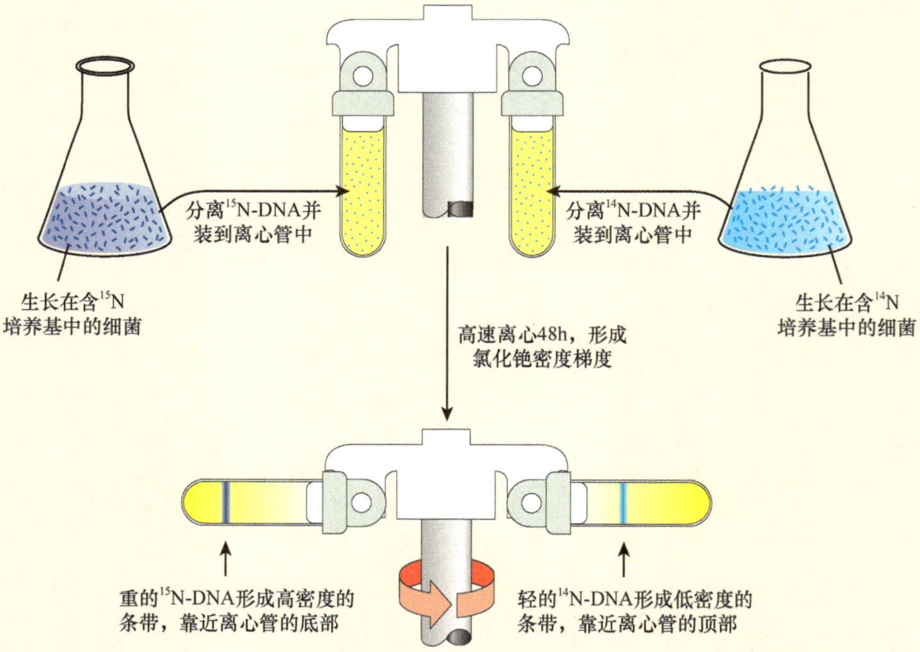

图 6-5　在氯化铯梯度中离心可将重的 DNA 和轻的 DNA 分开。细菌在含有 ^{15}N（重的同位素）和 ^{14}N（轻的同位素）的培养基里生长了多代后，它们的 DNA 就标记上了同位素。然后破碎细胞，将 DNA 装入一个含有氯化铯盐溶液（黄色）的超速离心管内。将这些管子高速离心两天，使得氯化铯形成管底密度高、管顶密度低的梯度。这个梯度形成后，DNA 在与其周围的盐密度相同的地方集中起来。重的 DNA 分子与轻的 DNA 分子聚集在管子的不同位置。

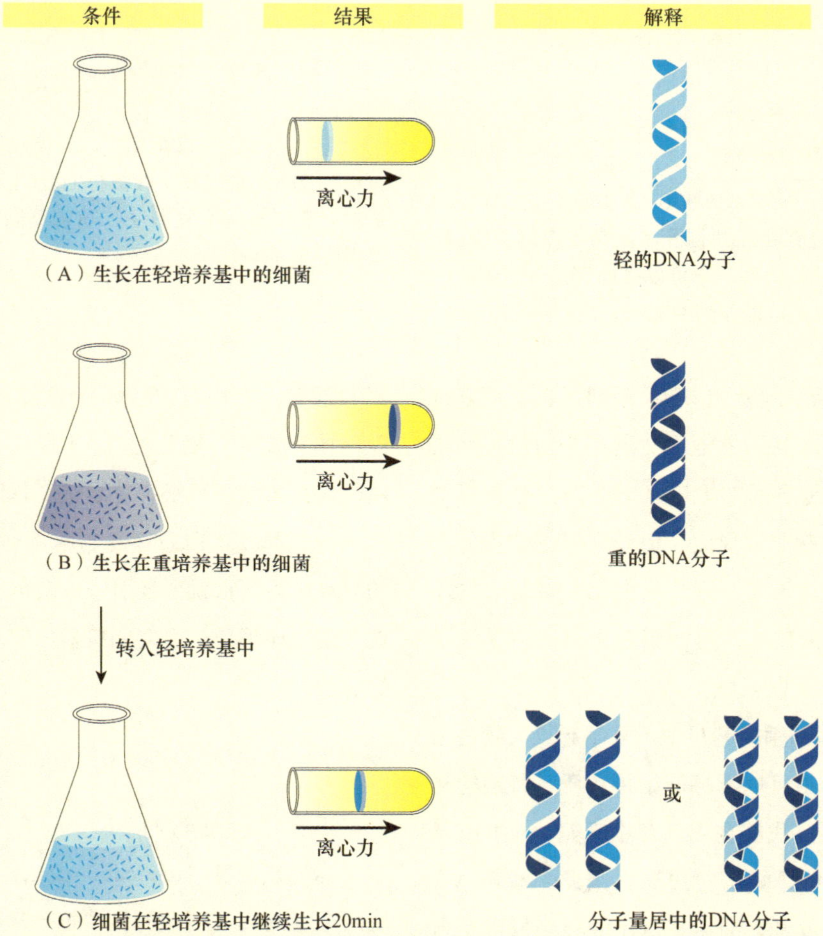

图 6-6　梅塞尔森和斯塔尔实验的第一部分排除了 DNA 复制的全保留模型。（A）在含有 ^{14}N 的培养基中生长的细菌的 DNA 会在离心管较高处形成一条带，而在含有 ^{15}N 的重培养基（B）里生长的细菌的 DNA 带则更靠近离心管底部。当生长在重培养基中的细菌转移到轻培养基并让它继续分裂 1h（细菌分裂一代所用的时间），它们就能产生一条位于轻、重两个条带中间的某个位置的条带（C）。这些结果排除了 DNA 复制的全保留模型，但是无法区分开半保留模型和弥散模型，这两种模型都预示子代 DNA 分子会处于中等密度。

事实上，新复制的杂合 DNA 分子在预期的位置形成独立的条带，这个结果是实验流程中一个意外的惊喜。研究者用的是一个皮下注射器，将细菌的 DNA 样品加载到超速离心管中（图 6-5）。在这个过程中，他们并未意识到已经将大的细菌染色体断裂成一个较小的片段。假如染色体仍然完整，实验者很可能只能将那些已经部分复制的 DNA 提取出来。因为很多细胞可能正处于复制阶段，所以处于这种复制中间阶段的分子片段不可能分离形成单独的条带。正是由于研究者用了较短的片段进行研究，所有的片段都已完全复制，含有一条完整的亲本链和子代链的可能性是很高的，因而得到了清晰而易于解释的结果。

结果也符合弥散模型的预测，因为在该模型中新合成的分子也是重链和轻链 DNA 的混合体（图 6-4B）。

为了区分这两种模型，梅塞尔森和斯塔尔调高了实验温度。当用高温处理时，DNA 两条链之间的氢键会断开，导致双螺旋分开，产生一系列单链 DNA。在离心前先用高温进行处理后，他们发现 DNA 的一条链是轻链，一条链是重链。这个观察结果排除了弥散模型，因为弥散模型中两条链的密度都应该介于重链和轻链之间。

根据历史学家弗雷德里·克劳伦斯·霍尔梅斯（Frederic Lawrence Holmes）所述，这一实验是如此的优美和清晰，以至于斯塔尔在耶鲁大学应聘职位时，都用不完 50min 的报告时间来解释。斯塔尔说："我 25min 就讲完了，因为他们就要我讲那个实验，而实验又是那么简单并且完整。"斯塔尔并没有得到耶鲁的那份工作，但是这个实验却说服了生物学家，证明沃森和克里克是正确的。事实上，这些结果迅速地被广泛接受。以至于在梅塞尔森和斯塔尔发表这一数据之前，该实验就被写进了一本教科书。

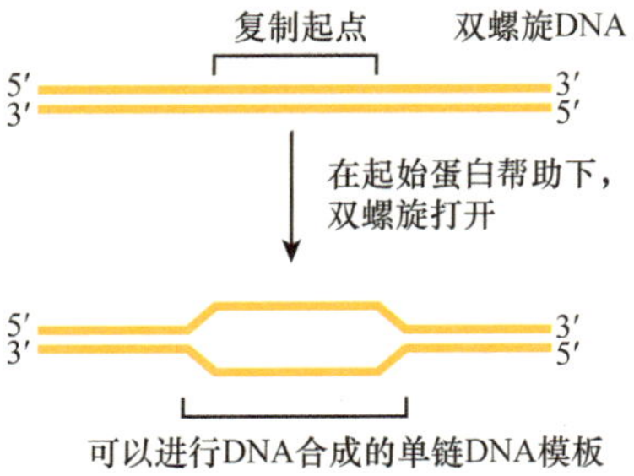

图 6-7　DNA 双螺旋在复制起点处打开。复制起点的 DNA 序列被起始蛋白质（未显示）识别，它可以在局部拉开双螺旋的两条链。然后，暴露的单链可以作为 DNA 复制的模板。

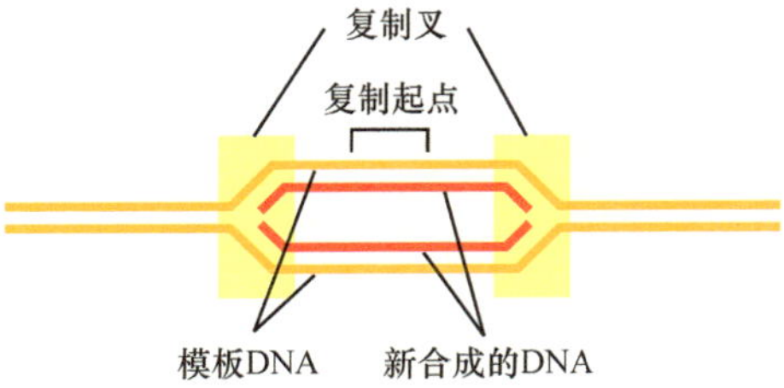

图 6-8　DNA 合成发生在被称为复制叉的 Y 形交叉点上。每个复制起点形成两个复制叉，随着复制的进行，它们互相远离，朝相反方向移动。

启动的，起始蛋白质结合到特定 DNA 序列，也就是**复制起点**（replication origin）上。在这里，起始蛋白质把两条 DNA 链分开，打破碱基之间的氢键（图 6-7）。尽管氢键的共同作用使 DNA 螺旋非常稳定，但单个氢键作用力都很弱（如第 2 章所述）。因此，解开只有几个碱基对的短 DNA 不需要大量的能量输入，起始蛋白质可以在常温下容易地解开双螺旋的一小段区域。

在一些简单细胞如细菌或酵母中，复制起点大约占据 100 个核苷酸对。它们由可以招募起始蛋白质且特别容易打开的 DNA 序列组成。我们在第 5 章中看到，A-T 碱基对结合所需的氢键比 G-C 碱基对更少。因此，富含 A-T 碱基对的 DNA 更容易分开，通常在复制起点会发现富含 A-T 的 DNA 片段。

细菌基因组通常包含在由数百万个核苷酸对组成的一个环状 DNA 分子中，它只有一个复制起点。人类基因组要大很多，大约有 10 000 个这样的复制起点，平均每条染色体有 220 个复制起点。DNA 复制在多个地方同时开始，这大大缩短了细胞复制整个基因组所需的时间。

一旦起始蛋白质在复制起点与 DNA 结合并打开局部的双螺旋后，它就会吸引一系列负责 DNA 复制的蛋白质。这些蛋白质形成一个复制机器，其中每种蛋白质发挥特定的功能。

每个复制起点都有两个复制叉

正在进行复制的 DNA 分子上含有“Y”形的交叉点，称为**复制叉**（replication fork）。在每个复制起点处形成两个复制叉（图 6-8）。在每个复制叉处，复制机器沿着 DNA 移动，打开双螺旋的两条链，并以每条链为模板，复制新的子链。两个复制叉以相反的方向远离复制起点，并在行进过程中解开 DNA 双螺旋，随时复制 DNA（图 6-9）。

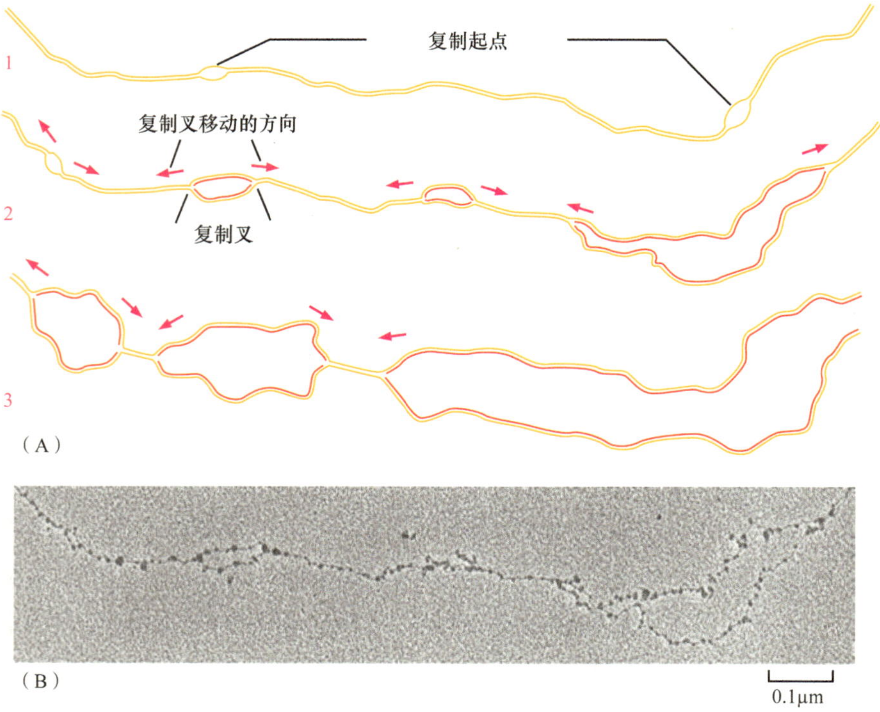

图 6-9　复制起点处形成的两个复制叉向相反方向移动。（A）这些示意图表示一条 DNA 分子的同一部分，只是处于复制期的不同时间点。橙色线代表两个亲本 DNA 链；红线代表新合成的 DNA 链。（B）电子显微照片显示在早期果蝇胚胎中复制的 DNA。沿着 DNA 分布的颗粒是核小体，由 DNA 和环绕着 DNA 的组蛋白复合物组成（参见第 5 章）。该显微照片中的染色体与（A）图 2 中重绘的染色体构图相同。（图 B 蒙 Victoria Foe 惠赠。）

因此，细菌和真核染色体的DNA复制被称为双向（bidirectional）复制。复制叉移动非常迅速，在细菌中每秒约1000个核苷酸对、人体中每秒100个核苷酸对。不光在人体中，实际上在所有真核生物中复制叉移动的速度都较慢，这可能是由于真核生物染色体的结构更为复杂（我们已在第5章中讨论）。

DNA 聚合酶利用一条亲本链为模板合成 DNA

复制叉的运动是由复制机器驱动的，复制机器的核心就是 **DNA 聚合酶**（DNA polymerase）。这种酶可以利用原来的两条亲本DNA链中的一条链作为模板，催化核苷酸添加到正在生长的DNA链的3′端。新来的核苷酸和模板链碱基之间的配对，决定了选择A、G、T或C四种核苷酸中的哪一种进入新合成的DNA链。最终的产物就是一条新的DNA链，其核苷酸序列正好与模板互补（图6-10）。

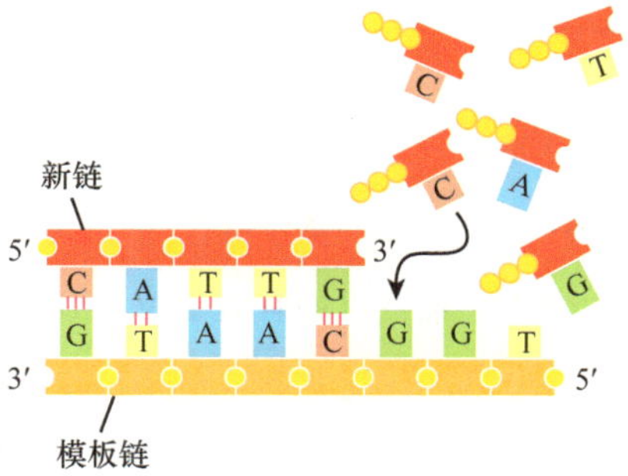

图 6-10　新的 DNA 链沿着 5′ 端至 3′ 端方向合成。在每次延伸时，由模板链中的下一个核苷酸碱基通过互补配对，选择一种核苷三磷酸加入新链，其中A与T、T与A、C与G、G与C配对。如图所示，每个新核苷酸都是在正在生长的DNA链3′末端添加。

聚合反应涉及在合成的DNA链的3′端和新掺入的核苷酸的5′-磷酸基团之间形成磷酸二酯键。核苷酸最初以*脱氧核糖核苷三磷酸*（deoxyribonucleoside triphosphate）的形式参与反应，并提供了聚合反应所需的能量：核苷三磷酸中一个高能磷酸键的水解引发了将核苷酸单体连接到链上的反应，同时释放焦磷酸盐（图6-11）。焦磷酸盐进一步水解成无机磷酸盐（P_i），使聚合反应成为一个有效的、不可逆的过程（参见图3-42）。

在每次向生长链添加新的核苷酸后，DNA聚合酶并不会与DNA解离；相反，它与DNA保持结合，并沿着模板链逐步移动，以完成一次又一次的聚合反应（视频6.1）。在本章的稍后部分我们将会看到，聚合酶不断地将

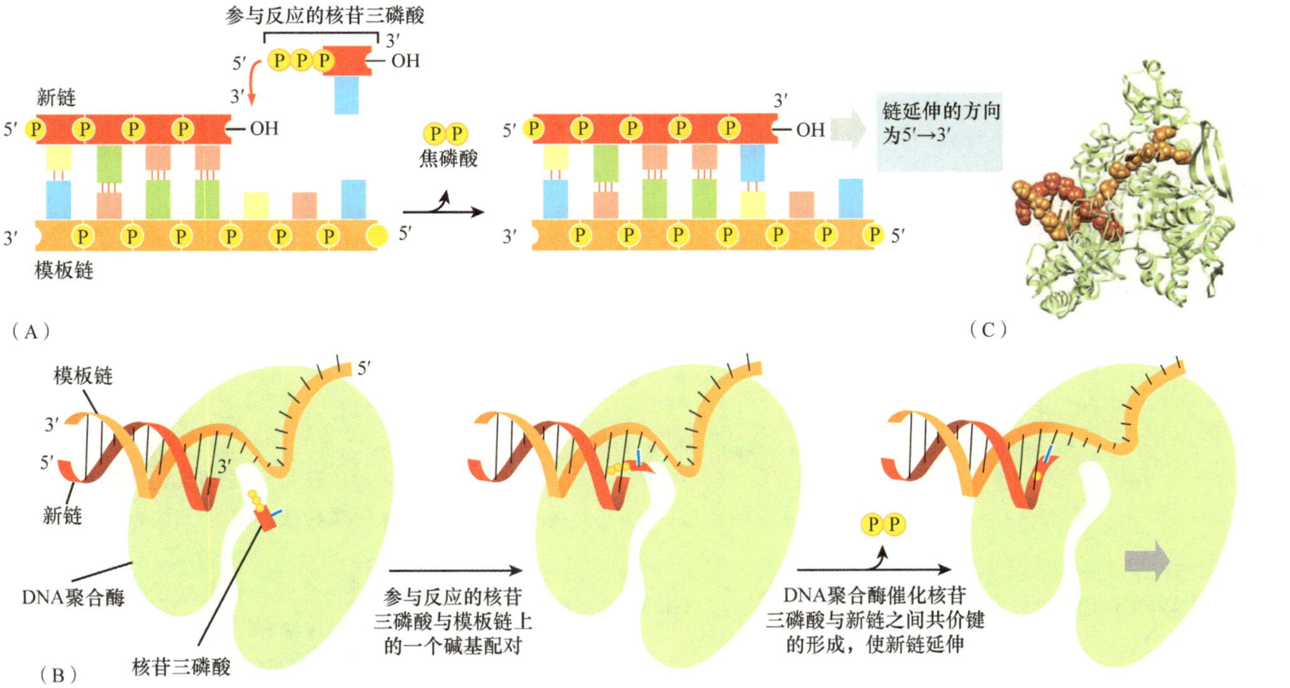

图 6-11　DNA 聚合酶在生长的 DNA 链的 3′ 端添加脱氧核糖核苷酸。（A）核苷酸以脱氧核糖核苷三磷酸的形式进入反应。进入的核苷三磷酸与模板链中的碱基形成配对，然后与生长DNA链3′端的游离羟基共价连接。因此，新的DNA链是以5′→3′的方向合成。聚合反应的能量来自于参加反应的核苷三磷酸中高能磷酸键的水解和焦磷酸的释放，焦磷酸随后会水解生成两分子的无机磷酸盐（图中未显示）。（B）反应是由DNA聚合酶（浅绿色）所催化。聚合酶引导新来的核苷三磷酸至模板链，并将其定位在合适的位置，使其5′三磷酸能够与新合成链上的3′-羟基发生反应。灰色箭头表示聚合酶移动的方向。（C）通过X射线晶体学解析的DNA聚合酶的结构，图中也显示了正在复制的DNA。模板链是较长的橙色链，新合成的DNA链为红色（视频6.1）。

新的核苷酸添加到生长链的过程中，是一种特殊的蛋白质将聚合酶与 DNA 始终结合在一起。

复制叉是不对称的

5′ → 3′ 的 DNA 聚合机制在复制叉处遇到一个问题。如图 5-2 所示，DNA 双螺旋每条链的糖-磷酸骨架具有特定的化学方向，或称为极性。极性是由每个糖残基与下一个糖基连接的方式所决定的。双螺旋中的两个链是反向平行，也就是说，它们的走向是相反的。这样产生的后果是，在每个复制叉上，一条模板链上的新 DNA 链是以 3′ → 5′ 的方向合成，而另一条模板上合成的新链是以相反（5′ → 3′）的方向合成，因此复制叉是不对称的（图 6-12）。然而，如图 6-9A 所示，两条新的 DNA 链都在朝着同一方向合成，也就是复制叉移动的方向。要做到这一点，一条链必须沿着 5′ → 3′ 方向合成，另一条链则沿着 3′ → 5′ 方向合成。

细胞是否含有两种类型的 DNA 聚合酶，分别负责两个方向的合成？答案是否定的，所有的 DNA 聚合酶仅在 DNA 链的 3′ 端添加新的亚基（参见图 6-11A）。因此，新的 DNA 链只能以 5′ → 3′ 的方向合成。这可以很容易地解释复制叉两条 DNA 链中的其中一条链的合成，但另一条链该怎么合成？这个难题通过一种“回针缝合”的方式得以解决。看起来以错误的 3′ → 5′ 方向合成的 DNA 链实际上是以合成很多断开的不连续（discontinuously）小片段的方式进行。DNA 聚合酶相对于复制叉运动的方向向后移动，这样每个新的 DNA 片段是以 5′ → 3′ 的方向聚合。

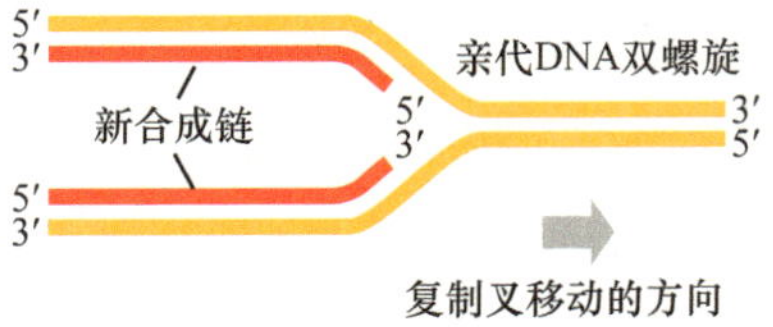

图 6-12　在复制叉上，两条新合成的 DNA 极性相反。这是因为两条模板链的方向相反。

由此产生的小 DNA 片段用发现它们的生物化学家的名字命名为**冈崎片段**（Okazaki fragment），这些片段随后连接在一起，形成一条连续的新链。以这种不连续的方式合成的 DNA 链称为**后随链**（lagging strand），这是因为烦琐的回针缝合机制使其合成略微延迟。另一条连续合成的链称为**先导链**（leading strand）（图 6-13）。

尽管在微小的细节上有所不同，但原核和真核生物所有细胞的复制叉都具有先导链和后随链。这一共同特征源于这样一个事实，即所有 DNA 聚合酶仅在 5′ → 3′ 方向上发挥作用。这种限制也使得 DNA 聚合酶可以“检查其工作”，下文将对此进行讨论。

DNA 聚合酶能自我校正

DNA 聚合酶工作十分精确，每复制 10^7 个核苷酸对仅产生约一个错误。仅靠互补碱基配对的精确性无法解释错误率为何如此之低。尽管 A-T 和 C-G 是现有的最稳定的碱基对，但是也可以形成其他一些不太稳定的碱基对，如 G-T 和 C-A。这种不正确的碱基对形成的频率远低于正确的碱基配对，但是，如果把它们保留下来，则会导致突变的累积。这种灾难是可以避免的，因为 DNA 聚合酶具

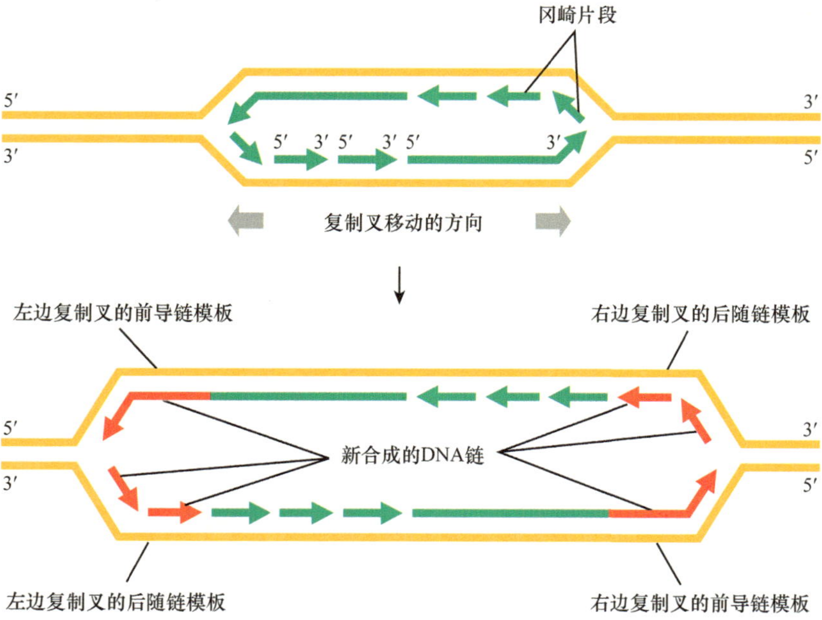

图 6-13　在每个复制叉上，后随 DNA 链以片段形式合成。因为一个复制叉上的两条新链都以 5′ → 3′ 方向合成，所以 DNA 的后随链必须先合成一系列短的 DNA 链，这些短链随后再连接到一起。上图显示了两个朝相反方向移动的复制叉，下图显示了经过一小段时间后的同一个复制叉。为了复制后随链，DNA 聚合酶采用回针缝合机制：它首先在 5′ → 3′ 方向合成 DNA 短片段（称为冈崎片段），然后，在合成下一个片段之前，它再沿着模板链向相反方向（即朝着复制叉的方向）移动。

有两种特殊的性质，可以大大提高 DNA 复制的准确性。首先，DNA 聚合酶会仔细监测每个新来的核苷三磷酸和模板链之间的碱基配对。只有当匹配正确时，DNA 聚合酶才会发生一个小的结构重排，使其能够催化掺入核苷酸的反应。其次，当 DNA 聚合酶出现罕见错误，确实掺入了错误的核苷酸时，它可以通过**校读**（proofreading）来纠正错误。

校读与 DNA 合成同时进行。DNA 聚合酶在向增长的 DNA 链上添加下一个核苷酸之前，它会检查先前添加的核苷酸与模板链的碱基配对是否正确。如果正确，聚合酶会添加下一个核苷酸；如果错误，聚合酶会剪掉错配的核苷酸并再次尝试（图 6-14）。聚合和校读紧密协调，这两个反应由同一聚合酶分子中的不同催化结构域来完成（图 6-15）。

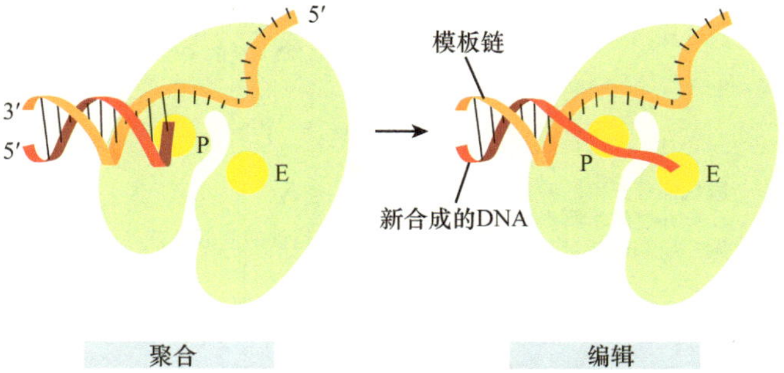

图 6-15　DNA 聚合酶含有用于 DNA 合成和校读的两个不同位点。该示意图是基于由 X 射线晶体学所确定的大肠杆菌 DNA 聚合酶的分子结构。如图中所示，DNA 聚合酶带有正在复制的 DNA 分子，左图是其聚合反应模式，右图是其校读或编辑模式。图中同时标注了聚合活动的催化位点（P）和编辑活动的催化位点（E）。当聚合酶添加不正确的核苷酸后，新合成的 DNA 链（红色）会暂时脱离模板链（橙色），其 3′ 端移动到编辑位点（E），以去除不正确的核苷酸。

这种校对机制只适用于 DNA 聚合酶以 5′ → 3′ 方向合成 DNA。如果 DNA 聚合酶能够在 3′ → 5′ 方向合成，那么就不需要在后随链上进行回针缝合，但同时它将无法再进行校读。因为如果这种“反向”的聚合酶去除一个在 5′ 端错误配对的核苷酸，它会形成一个化学死端，这条链再也不能进行延伸（图 6-16）。因此，DNA 聚合酶要想发挥自我修正酶的作用，即在沿着 DNA 移动的同时，能消除其自身的聚合错误，它必须只能以 5′ → 3′ 方向发挥作用。后随链上烦琐的回针缝合机制是维持这种关键的校读活动的必然结果。

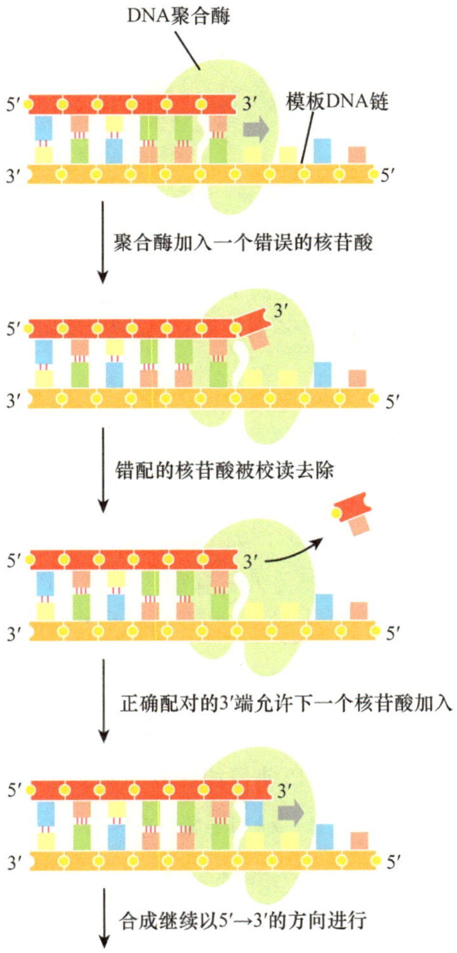

图 6-14　在 DNA 合成过程中，DNA 聚合酶对自己的工作进行校读。如果一个不正确的核苷酸被意外地添加到正在增长的链中，在进一步延伸前，DNA 聚合酶会将其从链中切割下来并用正确的核苷酸替换它。

短的 RNA 作为 DNA 合成的引物

如前文所述，DNA 聚合酶在向延伸的 DNA 链上添加更多的核苷酸之前，需要其 3′ 端进行正确的配对，这一点也保证了 DNA 复制的准确性。那么，聚合酶是如何开始一条全新 DNA 链的合成呢？要开始这个过程，还需要另外一个酶。这个酶不需要一个碱基配对的末端就可以将两个核苷酸连在一起，以这种简单的方式合成一条新的多核苷酸链。但这种酶合成的并不是 DNA，它使用 DNA 链为模板合成一小段与 DNA 十分相似的核苷酸序列，即 **RNA（核糖核酸）**。这一小段 RNA 长约 10 个核苷酸，与模板链互补配对，并为 DNA 聚合酶提供了一个碱基配对的 3′ 端作为合成起始点（图 6-17）。因此，RNA 片段是 DNA 合成的引物（primer），合成 RNA 引物的酶则称为**引物酶**（primase）。

引物酶是一种 RNA 聚合酶（RNA polymerase），RNA 聚合酶使用 DNA 作为模板来合成 RNA。RNA 链在化学

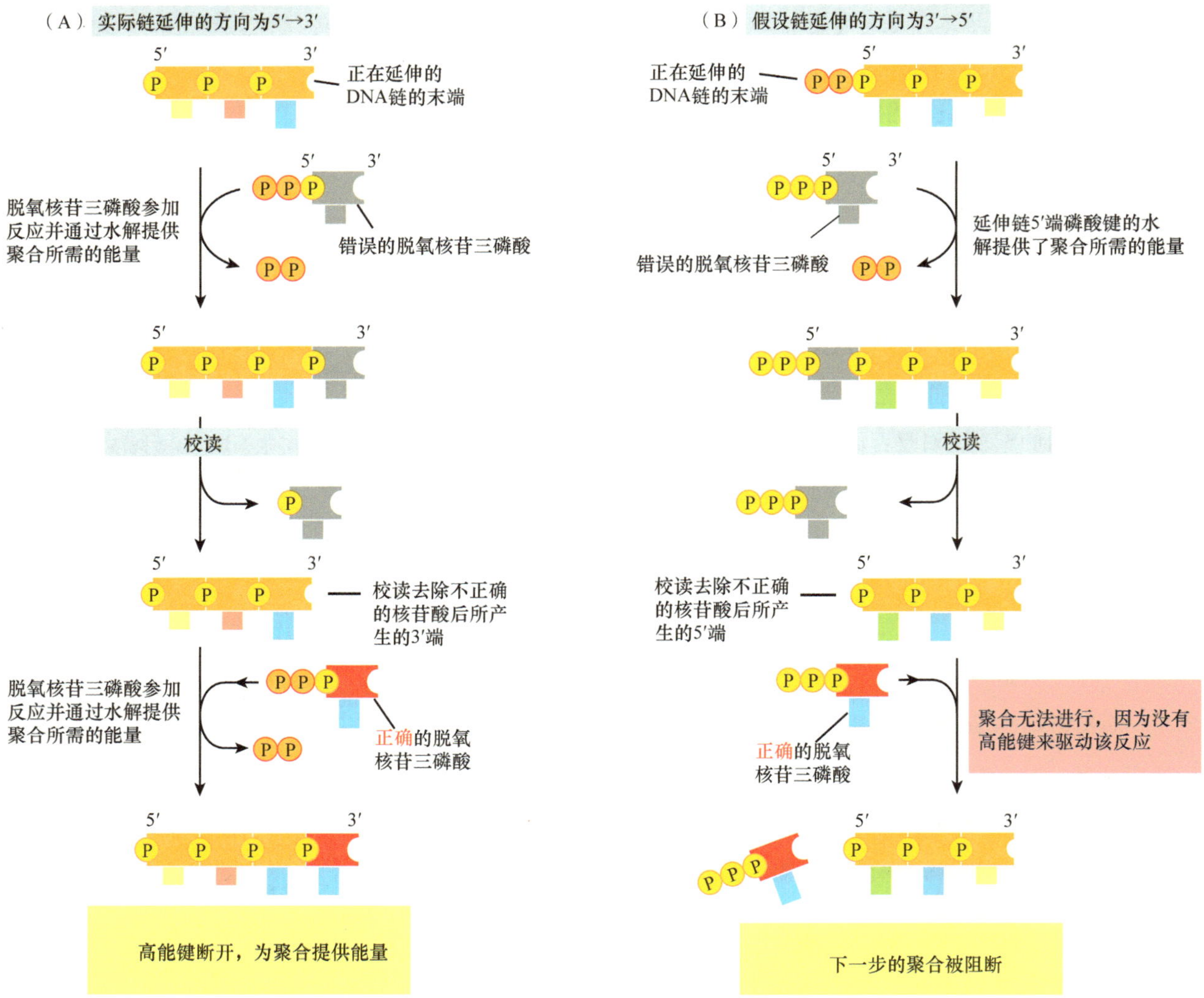

图 6-16　为了进行校读，DNA 聚合必须沿着 5′ → 3′ 方向进行。（A）以正常的 5′ → 3′ 方向进行的聚合反应，使 DNA 链能在通过校读除去错误的核苷酸（绿色）后继续延伸（参见图 6-14）。（B）反之，如果 DNA 以相反的 3′ → 5′ 方向进行合成，聚合能量会将来自延伸链（橙色）5′ 端的磷酸基团水解，而不是在 5′ 端加入新的核苷三磷酸。去除不正确的核苷酸会使延伸链的 5′ 端缺乏高能磷酸二酯键，从而阻断正确的核苷酸（红色）的加入。

结构上与单链 DNA 非常相似，只是它由核糖核苷酸亚基构成，其中糖是核糖，而非脱氧核糖；此外，RNA 与 DNA 不同的是，RNA 含有尿嘧啶（U）而不是胸腺嘧啶（T）（参见图版 2-7）。因为 U 可以与 A 形成碱基配对，所以 DNA 模板链上的 RNA 引物也是通过碱基互补配对的方式合成，具体方式与 DNA 合成完全相同。

对于前导链，一个复制起点仅需要一条 RNA 引物就可以开始复制。一旦 RNA 引物生成，DNA 聚合酶就可以简单地接管，利用 DNA 沿着 5′ → 3′ 方向继续延伸该引物。但在后随链上，DNA 的合成是不连续的，不断需要新的引物来保证聚合反应的继续进行（参见图 6-13）。复制叉的移动会不断暴露出后随链模板上的未配对碱基，并且沿着后随链新暴露出单链伸展区，每隔一段距离也必须有新的 RNA 引物合成。然后，DNA 聚合酶在每条新引物的 3′ 端添加脱氧核糖核苷酸以产生一条新的冈崎片段，并不断延伸该片段，直至遇到先前合成的 RNA 引物（图 6-18）。

为了将后随链上多个分开的核酸片段合成一条连续的新 DNA 链，还需要另外三种酶来快速地除去 RNA 引物并用 DNA 替换它，再将所有的 DNA 片段连接在一起。第一种是核酸酶，降解 RNA 引物。第二种是称为修复聚合酶（repair polymerase）的 DNA 聚合酶，用 DNA 替换 RNA 引物。这种酶可以使用相邻的冈崎片段末端作为其引物来合成 DNA。第三种为 **DNA 连接酶**（DNA ligase），将一个 DNA 片段的 5′-磷酸末端与相邻片段的 3′-羟基末端连接在一起（图 6-19）。在这个过程中，因为修复聚合酶是第一个被发现的，所以它通常也被称为 DNA 聚合酶Ⅰ，而在复制叉处执行大部分 DNA 复制功能的聚合酶则被称为 DNA 聚合酶Ⅲ。

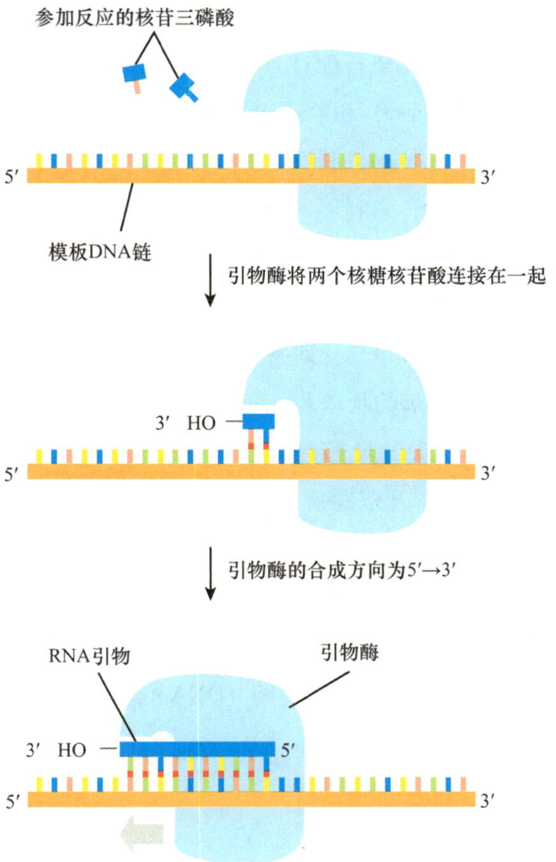

图 6-17　RNA 引物由一种称为引物酶的 RNA 聚合酶合成，该聚合酶使用 DNA 链作为模板。与 DNA 聚合酶一样，引物酶沿着 5′→3′ 方向合成 RNA。然而，与 DNA 聚合酶不同的是，引物酶可以将两个核苷三磷酸连接在一起而不需要碱基配对的 3′ 端作为起始点，从而起始一条新的多核苷酸链。引物酶使用的是核糖核苷三磷酸而不是脱氧核糖核苷三磷酸。

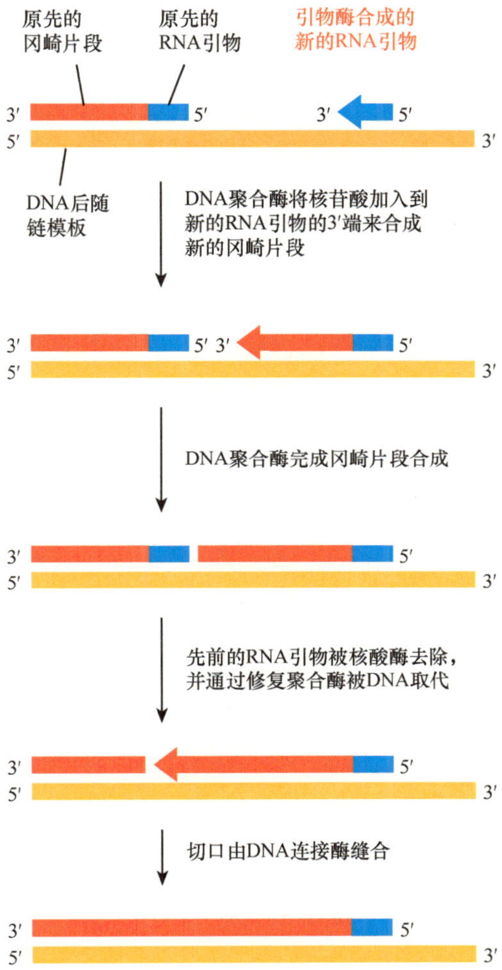

图 6-18　合成 DNA 后随链需要多种酶。在真核生物中，在后随链上每隔约 200 个核苷酸产生一条 RNA 引物。每条 RNA 引物长约 10 个核苷酸。这些引物通过 DNA 聚合酶的不断重复延伸来生成冈崎片段。随后核酸酶通过识别 RNA-DNA 杂交螺旋中的 RNA 链并使其降解，从而除去引物；上述过程留下的缺口由修复 DNA 聚合酶进行填充，这种酶在填充缺口的同时也可以进行校对。完整的 DNA 片段最终通过一种称为 DNA 连接酶的酶连接在一起，这种酶可以催化一个片段的 3′-羟基末端和下一个片段的 5′-磷酸末端之间形成磷酸二酯键，从而将糖-磷酸盐骨架连接起来。这种填补缺口的反应需要 ATP 形式的能量输入（参见图 6-19）。

图 6-19　在 DNA 合成过程中 DNA 连接酶将后随链上的冈崎片段连接在一起。连接酶利用一分子的 ATP 激活一个片段的 5′ 磷酸（步骤 1），然后与另一个片段的 3′ 羟基形成一个新键（步骤 2）。

与 DNA 聚合酶 I 和Ⅲ不同，引物酶并不能进行校读，因此合成的 RNA 引物中经常包含错误。但由于引物是 RNA 而非 DNA，它们作为“可疑拷贝”而被自动清除，并被 DNA 片段所取代。负责合成这个 DNA 片段的修复聚合酶，与负责 DNA 复制的 DNA 聚合酶一样，可以在合成时进行校对。通过这种方式，细胞的复制机器既能够起始新 DNA 链的合成，同时也能够确保所有的 DNA 被准确地复制。

复制叉上的蛋白质相互协调，形成一个复制机器

DNA 复制需要大量蛋白质相互协同，共同发挥作用以合成新的 DNA。这些蛋白质构成了一个非常复杂的复制机器。复制机器面临的第一个问题是如何接近位于复制叉之前的、埋在双螺旋里的核苷酸。为了使 DNA 复制得以发生，双螺旋必须被不断解开，使核苷三磷酸可以进入，再与模板链的碱基进行配对。两种复制蛋白，即 DNA 解旋酶（DNA helicase）和单链DNA结合蛋白（single-strand DNA-binding protein），协同执行该任务。解旋酶位于复制机器的最前端，它利用 ATP 水解的能量推动自身前进，在沿着 DNA 快速移动的同时解开双螺旋（图 6-20 和视频 6.2）。随后，单链 DNA 结合蛋白会结合在由解旋酶所暴露的单链DNA上，既防止两条DNA单链重新形成碱基对，又使它们保持伸展的状态，从而可以作为有效的模板链。

DNA 双螺旋的局部解旋本身存在一个问题。当解旋酶向前移动解开双螺旋时，复制叉之前的 DNA 会缠绕得更紧。如果不采取任何措施的话，在复制叉前面的这种过度扭曲会在 DNA 上形成张力，从而使双螺旋的解开变得越来越困难，并最终阻碍复制机器的向前运动（图 6-21A）。DNA 拓扑异构酶（DNA topoisomerase）可

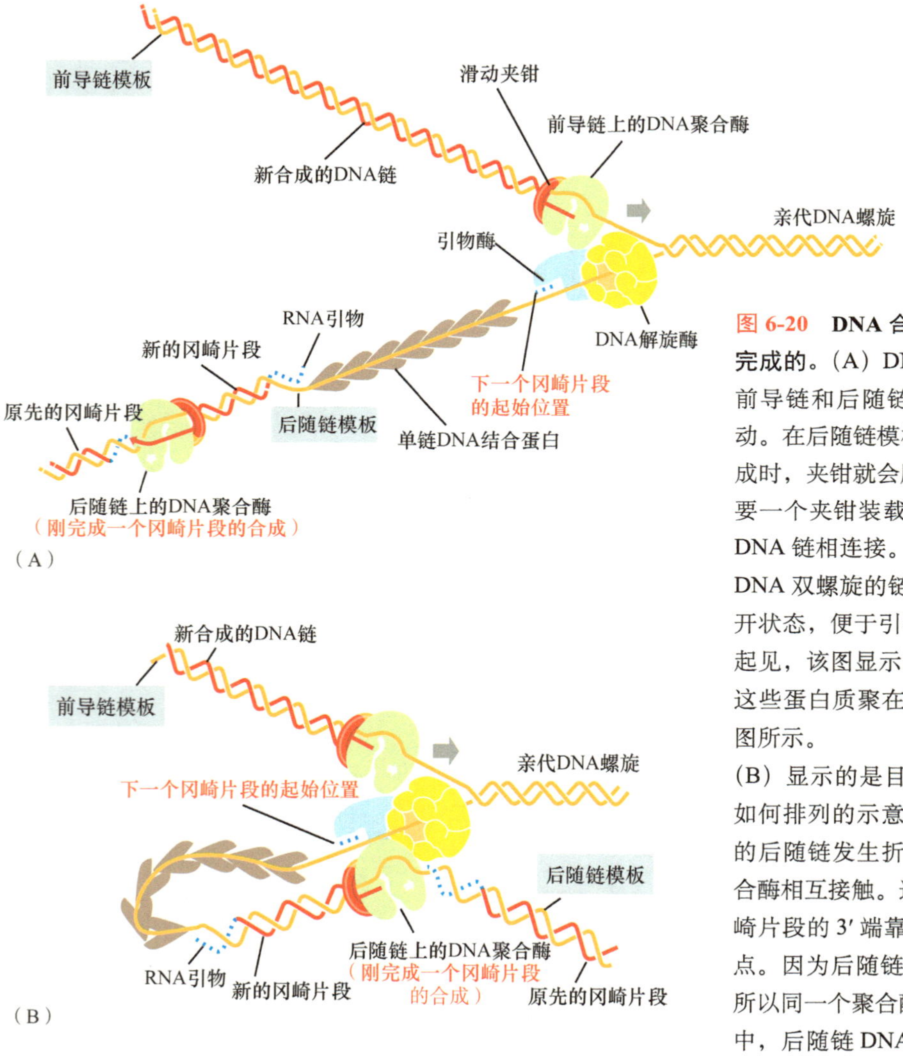

图 6-20 DNA 合成是由一系列称为复制机器的蛋白质来完成的。（A）DNA 聚合酶通过环状的蛋白质夹钳结合在前导链和后随链上，该夹钳可以使聚合酶沿着 DNA 滑动。在后随链模板上，每当聚合酶完成一段冈崎片段的合成时，夹钳就会脱离。每次开始合成新的冈崎片段时，需要一个夹钳装载器（图中未显示）重新将滑动的夹钳与 DNA 链相连接。在复制叉的头部，DNA 解旋酶解开亲本 DNA 双螺旋的链。单链 DNA 结合蛋白使 DNA 链保持分开状态，便于引物酶和聚合酶结合到 DNA 上来。为简单起见，该图显示的各种蛋白质在独立工作；而在细胞中，这些蛋白质聚在一起形成一个大型的复制机器，如（B）图所示。
（B）显示的是目前公认的关于复制叉在移动时复制蛋白如何排列的示意图。为了形成这种结构，（A）图中所示的后随链发生折叠，使其 DNA 聚合酶与前导链 DNA 聚合酶相互接触。这种折叠过程也使得每个已完成合成的冈崎片段的 3′ 端靠近了下一个要合成的冈崎片段的起始位点。因为后随链 DNA 聚合酶同时与其他复制蛋白结合，所以同一个聚合酶可再用于合成下一个冈崎片段。在本图中，后随链 DNA 聚合酶即将释放它已完成的冈崎片段，并移动到下一个正由附近的引物酶合成的 RNA 引物上。观看复制机器的动态图，可参见视频 6.3 和视频 6.4。

图 6-21 **DNA 拓扑异构酶可释放复制叉前面累积的张力。**(A) 当解旋酶向前移动并解开 DNA 双螺旋时，它会使其前面的一段 DNA 发生过度缠绕。染色体的其余部分（以棕色显示）由于太长，无法快速地旋转以缓解扭转应力的累积。断开的 DNA 片段约含有 20 个螺旋。(B) 部分扭转应力可以通过 DNA 双螺旋卷曲形成超螺旋来加以缓解。(C) DNA 拓扑异构酶可以在 DNA 中产生瞬时切口，使得切口链围绕其对面的单链发生快速旋转，从而缓解这种扭转应力。

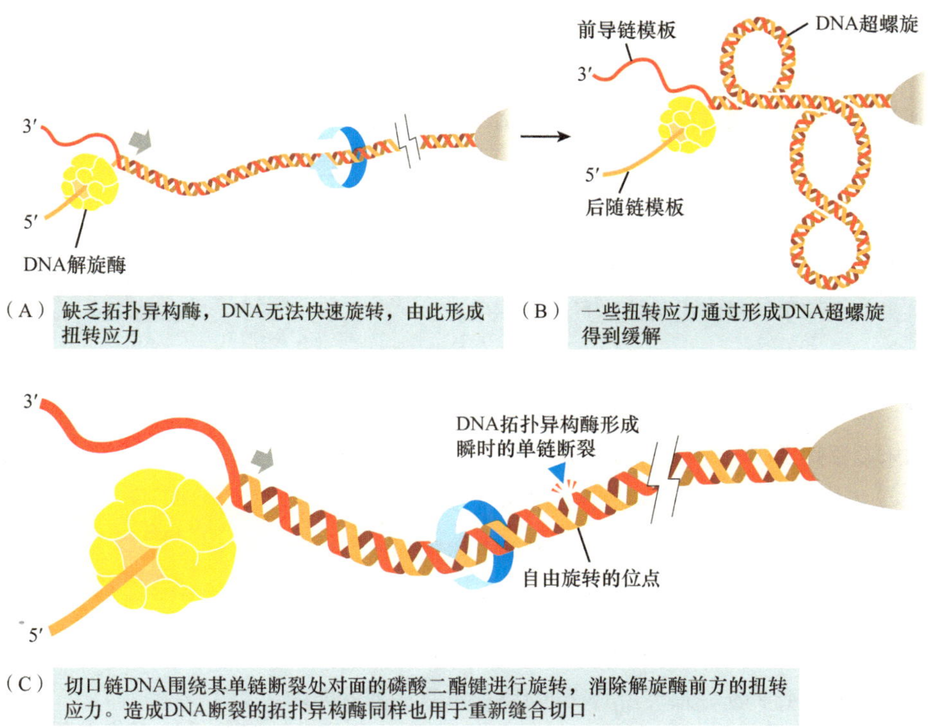

以缓解这种张力。DNA 拓扑异构酶可以在 DNA 骨架上产生瞬时的单链缺口，快速释放出累积的张力，然后该酶会重新缝合缺口，并从 DNA 上脱落下来（图 6-21B）。

在复制叉上，一种称为*滑动夹钳*（sliding clamp）的蛋白质可以在 DNA 聚合酶合成新的 DNA 时使其牢固地附着在模板链上。大多数 DNA 聚合酶分子若单独存在，仅能合成一小段核苷酸链，之后就会自行脱离 DNA 模板链。而滑动夹钳能在新形成的 DNA 双螺旋周围形成一个环，通过紧紧夹住聚合酶，使其持续沿模板链移动，而不会在合成新 DNA 时脱落下来（参见图 6-20A 和视频 6.5）。

夹钳围绕 DNA 组装还需要另一种复制蛋白的活性，即*滑动夹钳装载器*（clamp loader），该蛋白质在每次将滑动夹钳锁定在新形成的 DNA 双螺旋周围时，就会水解 ATP。在前导链上，这种装载过程在每个复制周期内只需要发生一次。然而，在后随链上，每完成一个冈崎片段的合成，夹钳就会被移除，然后再重新附着。在细菌中，这大约每秒发生一次。

参与 DNA 复制的大多数蛋白质都结合在一起，形成一个巨大的多酶复合物，作为一个整体沿着亲本 DNA 双螺旋移动，使两条链上的 DNA 合成能够以协调的方式进行。这个复合物可以比作由蛋白质组成的一台微型缝纫机，由核苷三磷酸水解提供动力（图 6-20B）。参与 DNA 复制的蛋白质列于表 6-1 中。

端粒酶复制真核生物染色体的末端

在讨论了 DNA 复制如何在复制起点起始、如何随着复制叉前移而进行复制之后，现在我们开始关注染色体末端如何复制这个特殊问题。正如我们先前所讨论的那样，因为 DNA 复制只沿着 5′ → 3′ 方向进行，所以复制叉的后随链必须以不连续的 DNA 片段形式进行合成，随着引物酶生成 RNA 引物，每个 DNA 片段都是由这个 RNA 引物

表 6-1 **参与 DNA 复制的蛋白质**

蛋白质	蛋白质活性
DNA 聚合酶	以一条亲本 DNA 链作为模板，催化 3′ 端的核苷酸添加以完成 DNA 链的增长
DNA 解旋酶	利用 ATP 水解的能量使复制叉前面的 DNA 双螺旋解开螺旋
单链 DNA 结合蛋白	结合到被 DNA 解旋酶暴露的单链 DNA 上，在后随链复制完成前，防止两条链重新形成碱基配对
DNA 拓扑异构酶	在 DNA 骨架上产生瞬时缺口，使 DNA 解旋酶在解开 DNA 链时，前面累积的张力得以缓解
滑动夹钳	将 DNA 聚合酶持续附着在模板链上，使其在合成 DNA 时沿着模板链滑动而不会脱落
滑动夹钳装载器	利用 ATP 水解的能量把移动的夹钳锁定到 DNA 上
引物酶	沿着后随链合成 RNA 引物
DNA 连接酶	利用 ATP 水解的能量把后随链模板上合成的冈崎片段连接在一起

起始合成（参见图 6-18）。然而，当复制叉接近染色体末端时，会出现一个严重的问题：尽管前导链可以一直复制到染色体末端，而后随链却不能。当后随链上的最后一个 RNA 引物被除去后，没有任何酶可以用 DNA 去代替它（图 6-22）。如果不想办法解决这个问题，DNA 每复制一轮就造成后随链会变短一些，在多次细胞分裂后，染色体自身就会缩小，最终丢失掉珍贵的遗传信息。

细菌以环状 DNA 分子作为染色体，从而避免了这种“末端复制”问题。真核生物则是通过在每条染色体的末端添加重复的长核苷酸序列解决这个问题。这些序列整合在一种称为**端粒**（telomere）的结构中，并将一种称为**端粒酶**（telomerase）的酶吸引到染色体末端。端粒酶自身携带 RNA 模板，利用这个模板，可将相同序列的多个 DNA 拷贝添加到后随链模板上。在许多分裂的细胞中，端粒不断得到补充，最终所获得的 DNA 重复序列就能以常规 DNA 复制的方式完成复制，从而确保了染色体末端序列不会被丢失（图 6-23）。

除了使染色体末端完成复制外，端粒也可以作为一种结构，显示染色体的真正末端。这些结构可以让细胞明确区分染色体天然末端和意外发生染色体双链 DNA 断裂时所产生的末端。正如我们稍后会讨论到的，这些 DNA 断裂会很危险，必须立即得到修复。

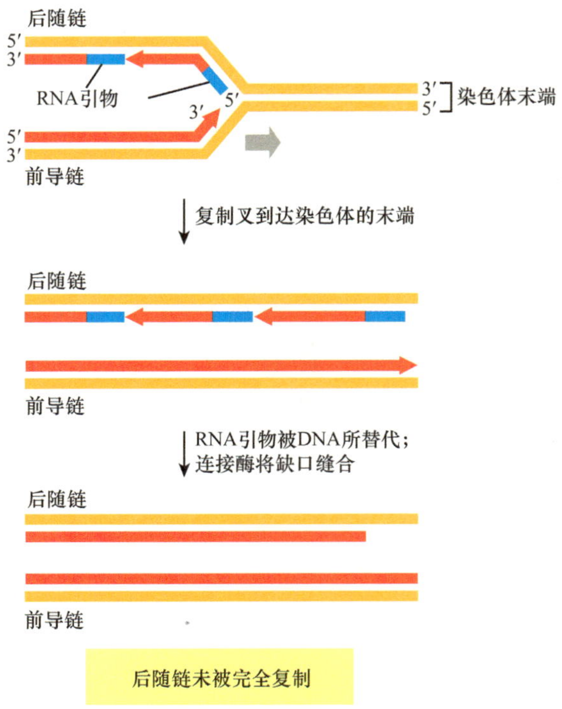

图 6-22　如果没有复制线性染色体末端的特殊机制，每轮细胞分裂都会丢失 DNA。DNA 合成始于复制起点，并会一直持续到复制机器到达染色体末端。前导链可以作为一个整体完成复制，但后随链的末端不能完成复制，因为在去除最后一条 RNA 引物后，生物体中并没有机制可以用 DNA 去替代它。要实现后随链的完全复制，保持染色体末端不会随着每次细胞分裂而缩短，还需要一种特殊的机制来完成后随链的复制。

端粒长度因细胞类型和年龄而异

除了吸引端粒酶外，端粒内重复的 DNA 序列还能吸引其他端粒结合蛋白，这些蛋白质不仅可以物理性地保护染色体末端，还可以帮助维持端粒长度。

对于那些在有机体整个生命周期中都在快速分裂的细胞，例如，肠道的上皮细胞或生成血细胞的骨髓细胞，它们的端粒酶会一直保持完全活化状态。然而，许多其他类型的细胞，其端粒酶活性会逐渐降低。经过多轮细胞分裂后，这些后代细胞中的端粒会缩短，直至基本消失。此时，这些细胞将停止分裂。理论上，这种机制可以防止细胞不

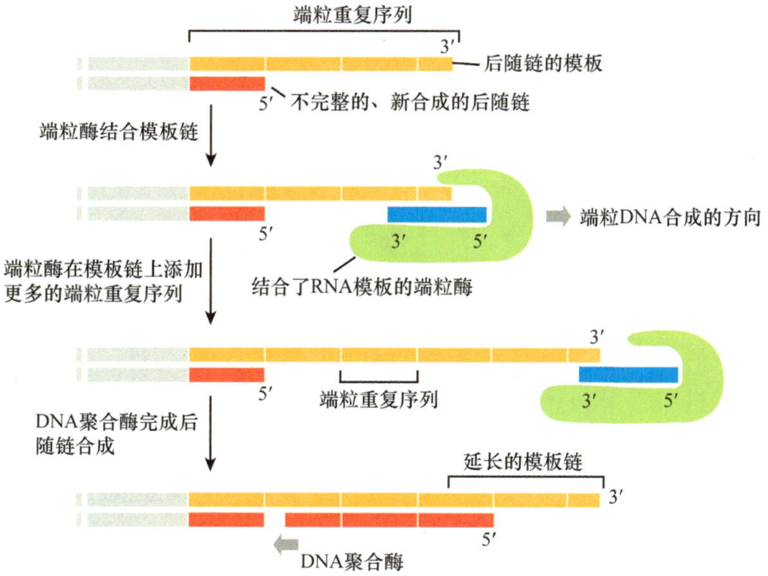

图 6-23　端粒和端粒酶可防止线性真核染色体随每次细胞分裂而缩短。为了完成染色体末端后随链的复制，模板链（橙色）首先要延伸到待复制 DNA 的外面。为实现此目的，如图所示，端粒酶在模板链的 3′ 端添加端粒重复序列，这些序列可以使新合成的后随链（红色）由 DNA 聚合酶来继续延伸。端粒酶本身带有一小段 RNA（蓝色），其序列与 DNA 重复序列互补。该 RNA 作为端粒 DNA 合成的模板，在后随链复制完成后，一小段单链 DNA 仍会保留在染色体的末端，而此时新合成的后随链已经包含了亲本 DNA 中的所有信息。关于端粒酶的作用，请查看视频 6.6。

受控制地进行增殖，包括那些已经积累了很多可以引发癌症的基因突变的异常细胞。

DNA 修复

生物有机体多种多样，它们成功地繁衍于地球上几乎每个角落，而所有这些，都取决于数十亿年来逐渐积累的基因变化。这些变化中的一小部分是有益的，使携带这些有益变化的生物能够适应不断变化的环境条件，并在新的栖息地中茁壮生长。然而，这些变化的大多数并没有什么后果，甚至是有害的。

从短期来看，从生物个体角度出发，这种基因改变，即突变，要保持在最低限度。也就是说，为了生存和繁殖，个体必须具有遗传稳定性。要保持这种稳定性，不仅需要通过我们刚刚讨论过的高度精确的 DNA 复制机制，还要通过其他各种相关蛋白质的机器，不断地扫描基因组，及时发现并修复损伤的 DNA。虽然复制过程中的罕见错误会导致一些 DNA 序列发生改变，但大多数的 DNA 损伤是细胞内大量化学反应的意外后果。

大多数 DNA 损伤只是暂时的，因为它会立即被 **DNA 修复**（DNA repair）过程所纠正。这些 DNA 修复的重要性可以从 DNA 损伤导致的功能异常所造成的后果上看出来。例如，患有遗传性疾病着色性干皮病（xeroderma pigmentosum）的患者无法修复紫外线辐射所造成的伤害，原因在于他们含有一种基因缺陷，不能编码 DNA 修复过程中所需要的一个蛋白质。这些个体会出现严重的皮肤病变，包括皮肤癌，因为他们暴露于阳光下的细胞会累积 DNA 损伤，导致基因突变的产生。

在本节中，我们会描述细胞用于修复 DNA 损伤的一些特殊机制。然后我们会讨论当这些机制异常时会发生什么。我们也会讨论 DNA 复制和修复的演化历史如何反映在我们的基因组中。

DNA 损伤在细胞中不断发生

就像细胞中任何其他分子一样，DNA 也不断地与其他分子发生热碰撞，这常会导致 DNA 发生化学改变。例如，在阅读这句话所需的时间内，通过自发的脱嘌呤（depurination）反应，约有一万亿（10^{12}）个嘌呤碱基（A 和 G）从你身体细胞的 DNA 中丢失（图 6-24A）。脱嘌呤不会破坏 DNA 磷酸二酯骨架，而是从核苷酸中去除嘌呤碱基，从而产生一种类似牙齿脱落的 DNA 损伤（参见图 6-26B）。另一个常见的反应是从 DNA 的胞嘧啶中自发丢失一个氨基基团（脱氨，deamination），胞嘧啶由此变为尿嘧啶（图 6-24B）。

阳光中的紫外线辐射也会损害 DNA。它促进两个相

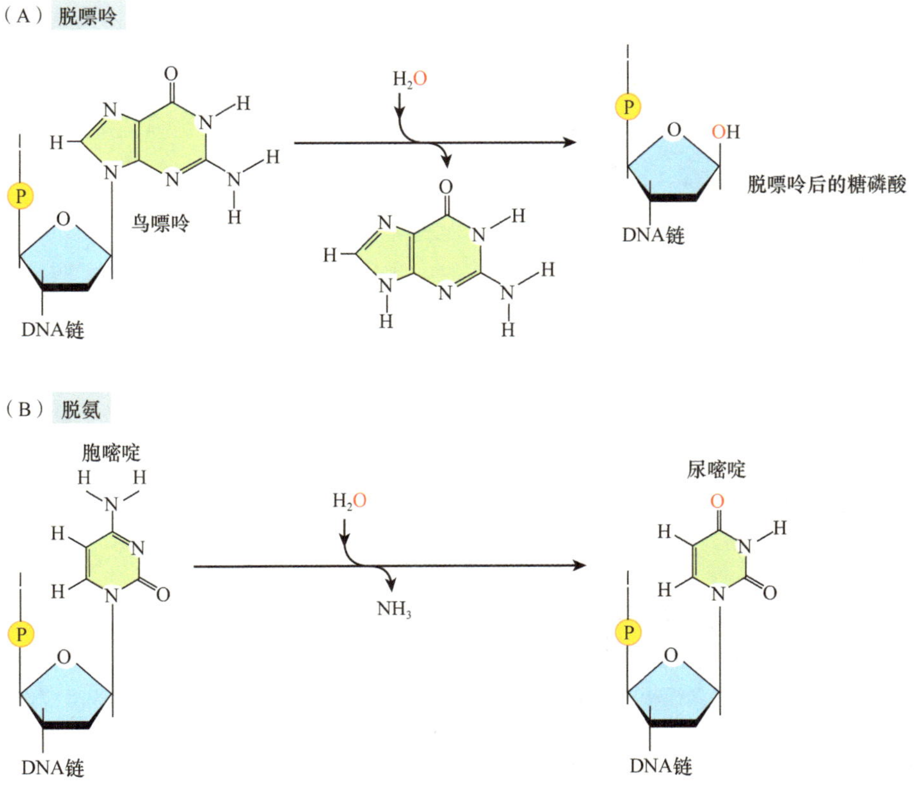

图 6-24 **脱嘌呤和脱氨是已知的最常见的化学反应，会在细胞中造成严重的 DNA 损伤。**（A）脱嘌呤可以从 DNA 中去除鸟嘌呤（或腺嘌呤）。（B）如图所示，脱氨反应的主要形式是将胞嘧啶转化为尿嘧啶，而尿嘧啶在正常 DNA 中并不存在。其他碱基上也可以发生脱氨反应。脱嘌呤和脱氨都发生在双螺旋 DNA 上，且都不会破坏磷酸二酯骨架。

邻嘧啶碱基之间发生共价连接，形成如图 6-25 所示的胸腺嘧啶二聚体。着色性干皮病正是因为不能修复胸腺嘧啶二聚体而产生症状。

上述这些只是我们的 DNA 中可能发生的许多化学改变的一小部分。其他改变则是由细胞代谢产生的正常活性化学物质所引起的。如果 DNA 损伤得不到修复，会在完成复制的子代 DNA 链中出现因错误碱基配导致的一对核苷酸被另一对核苷酸所取代（图 6-26A），或出现一对或多对核苷酸的缺失（图 6-26B）。某些类型的 DNA 损伤（如胸腺嘧啶二聚体）会使 DNA 复制机器在损伤部位停滞。

除了这种化学损伤，复制过程本身也可以改变 DNA。虽然极少发生，但拷贝 DNA 的复制机器也可以引入一个不正确的核苷酸，而且该错误没有被校读机制所纠正（参见图 6-14）。

对于每种形式的 DNA 损伤，细胞都具有对应的修复机制，如下所述。

细胞具有多种修复 DNA 的机制

在一个人体细胞的 DNA 上，由于发生热碰撞、暴露于代谢产生的活性副产物或导致 DNA 损伤的化学物质及辐射等，每天会发生数以千计的、随机性的化学改变，而这些改变可以通过各种机制进行修复，每种机制均由不同组的酶来催化。几乎所有这些修复机制都是依赖于 DNA 的双螺旋结构，这种结构提供了两个拷贝的遗传信息，分别蕴含在双螺旋的两条链上。因此，如果一条链中的序列

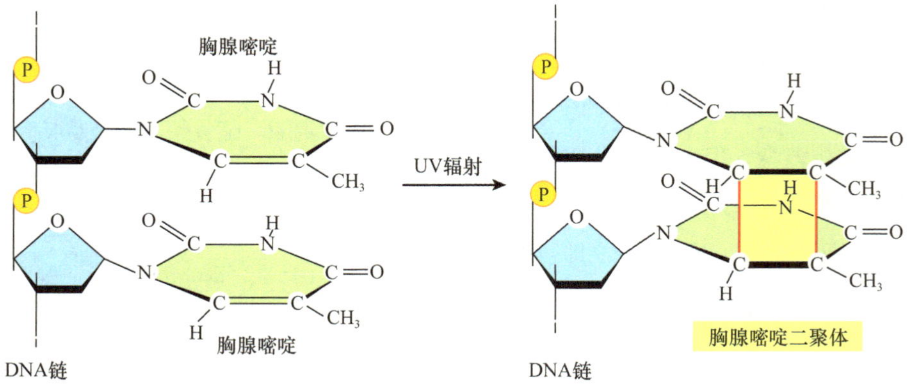

图 6-25　阳光中的紫外线辐射会导致胸腺嘧啶二聚体的形成。两个相邻的胸腺嘧啶碱基会彼此共价连接，形成胸腺嘧啶二聚体。暴露在阳光下的皮肤细胞特别容易受到这类 DNA 损伤。

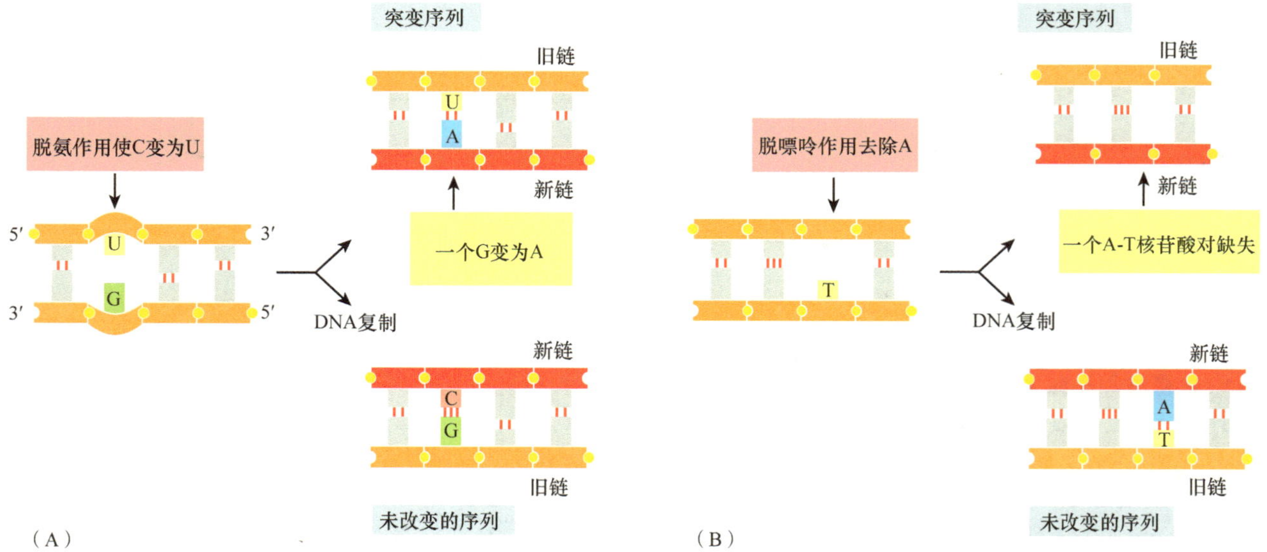

图 6-26　核苷酸的化学修饰如果不进行修复，就会产生突变。（A）胞嘧啶的脱氨作用如果不加校正，会导致 DNA 在复制时发生碱基置换。如图 6-24B 所示，胞嘧啶经脱氨作用形成尿嘧啶。尿嘧啶与胞嘧啶的碱基配对特性不同，它会优选与腺嘌呤配对。因此，DNA 复制机器在遇到模板链上的一个尿嘧啶时，就会掺入一个腺嘌呤。（B）脱嘌呤作用如果不加以校正，就会导致一个核苷酸对的丢失。当复制机器遇到模板链上的一个嘌呤缺失时，它可以跳到下一个完整的核苷酸，如图所示，从而产生了缺少一个核苷酸对的子代 DNA 分子。在其他情况下，复制机器会在缺失的碱基对面放置一个不正确的核苷酸，也会导致突变（图中未显示）。

受到意外损坏，遗传信息也不会发生无可挽回的丢失，因为被损害链的信息还有一个备份，它保存在与之互补的另一条链的核苷酸序列中。大多数 DNA 损伤会产生正常 DNA 链中所没有的结构。因此，正常链和受损链很容易进行区分。

修复 DNA 损伤的基本途径如图 6-27 所示，包括三个基本步骤：

1. 受损的 DNA 被众多机制中的一种识别并去除。多种核酸酶切割受损核苷酸与 DNA 链其余部分之间的共价键，在 DNA 双螺旋的一条链上留下一个小的缺口。

2. 一个 DNA 修复聚合酶（repair DNA polymerase）与切开的 DNA 链的 3′ 羟基末端结合，这个酶通过添加一个与未损伤链互补的核苷酸来填充缺口。尽管 DNA 修复聚合酶与复制 DNA 的 DNA 聚合酶不同，但它们是以相同的方式来合成 DNA 链。例如，它们都是沿 5′ → 3′ 的方向对链进行延伸并具有相同类型的校读活性，以确保模板链被精确复制。在许多细胞正常的 DNA 复制过程中，正是修复聚合酶填补了 RNA 引物去除所留下的缺口（参见图 6-18）。

3. 当 DNA 修复聚合酶填充了缺口后，修复链的糖-磷酸骨架中还存在着一个切口。螺旋中的这个断裂切口是由 DNA 连接酶来缝合的，这种酶也被用于将后随链上的冈崎片段连接在一起（参见图 6-19）。

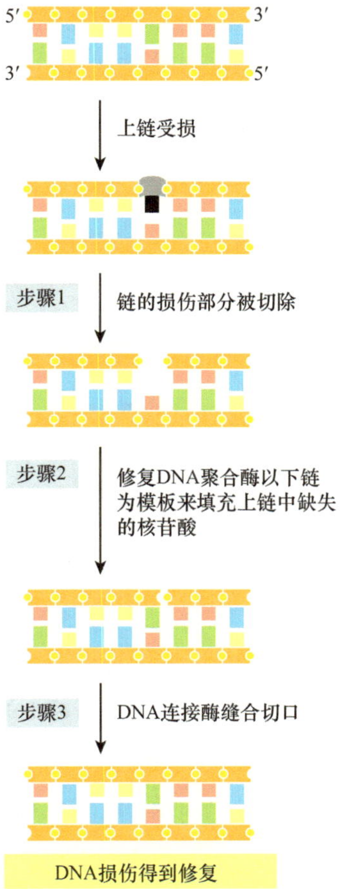

图 6-27　**DNA 修复的基本机制包括三个步骤。**在步骤 1（切除）中，损伤由一系列核酸酶中的一种所切断，每种核酸酶都专用于切除某种类型的 DNA 损伤。在步骤 2（再合成）中，通过 DNA 修复聚合酶填补了步骤 1 产生的缺口，恢复了原来的 DNA 序列。在步骤 3（连接）中，DNA 连接酶将对这个留在修复链糖-磷酸骨架上的切口进行缝合。切口缝合是将相邻核苷酸之间已被破坏的磷酸二酯键重新建立，该过程需要 ATP 水解提供能量（参见图 6-19）。

DNA 错配修复系统清除校读过程中未被发现的复制错误

尽管细胞 DNA 复制机器的高保真度和校读能力通常能够防止复制错误，但确实会有一些罕见的错误发生。幸运的是，细胞还有一套备用系统，称为**错配修复**（mismatch repair），专门用于纠正这些错误。复制机器大约每合成 10^7 个核苷酸就会产生一个错误，DNA 错配修复能够纠正这些复制错误的 99%，将总体准确度提高到每合成 10^9 个核苷酸才产生一个错误。这种精确度远远高于我们日常生活中常见的精确度（表 6-2）。

表 6-2　错误率

每分钟打 120 个单词的专业打字员	每 250 个字母出现 1 个错误
航空公司行李系统	每 400 位乘客中有一个包裹发生丢失、损坏或延迟
在美国开车	每年每 10^4 个人中有 1 人因车祸死亡
DNA 复制（没有校读）	每复制 10^5 个核苷酸有 1 处错误
DNA 复制（有校读但没有错配修复）	每复制 10^7 个核苷酸有 1 处错误
DNA 复制（有错配修复）	每复制 10^9 个核苷酸有 1 处错误

每当复制机器产生一个错误时，它就会留下一个错误配对的核苷酸（通常称为错配，mismatch）。如果错配未经校正，在下一轮 DNA 复制后，它将导致产生永久性的突变（图 6-28）。然而，在大多数情况下，一个错配修复蛋白复合物会检测到这个 DNA 错配，并将 DNA 链中带有这个错配的局部 DNA 去除，然后重新合成这部分 DNA 缺失。这种修复机制可以使正确的序列重新得到恢复（图 6-29）。

为了有效校正，错配修复系统必须能够识别哪条 DNA 链带有错误。如果将序列正确的 DNA 片段去除，只会加重错误。错配系统解决这个问题的方法是仅识别并去除新合成的 DNA。在细菌中，在亲本 DNA 上存在一种修

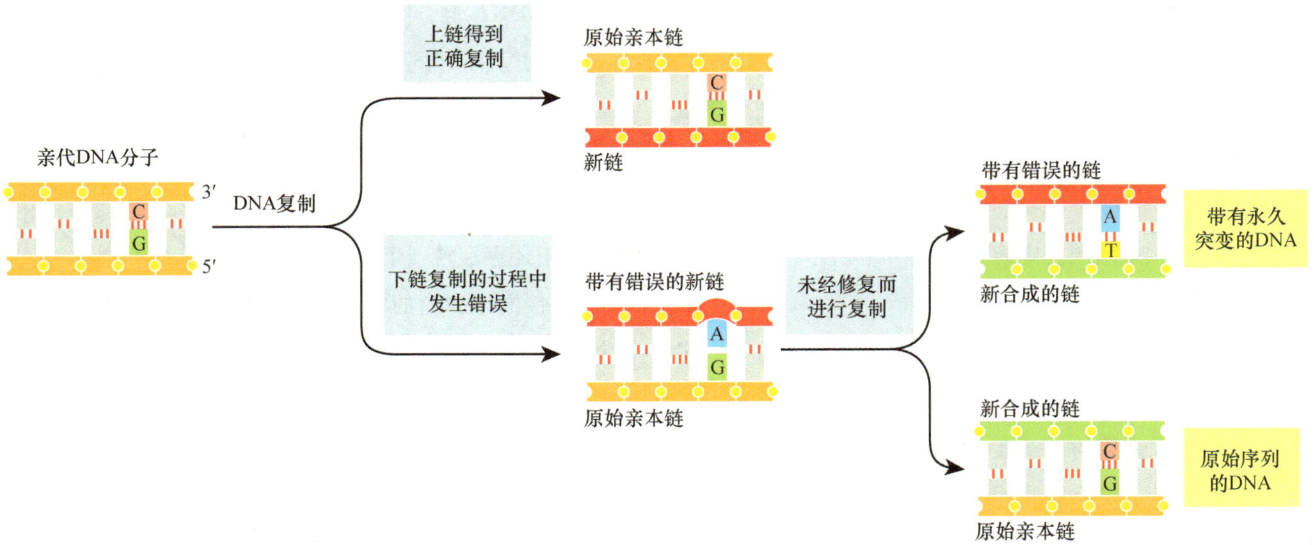

图 6-28　**DNA 复制过程中出现的错误必须得到纠正以避免发生突变。**如果错配未被纠正，下一轮 DNA 复制所得到的两个 DNA 分子中会有一个发生永久性突变。

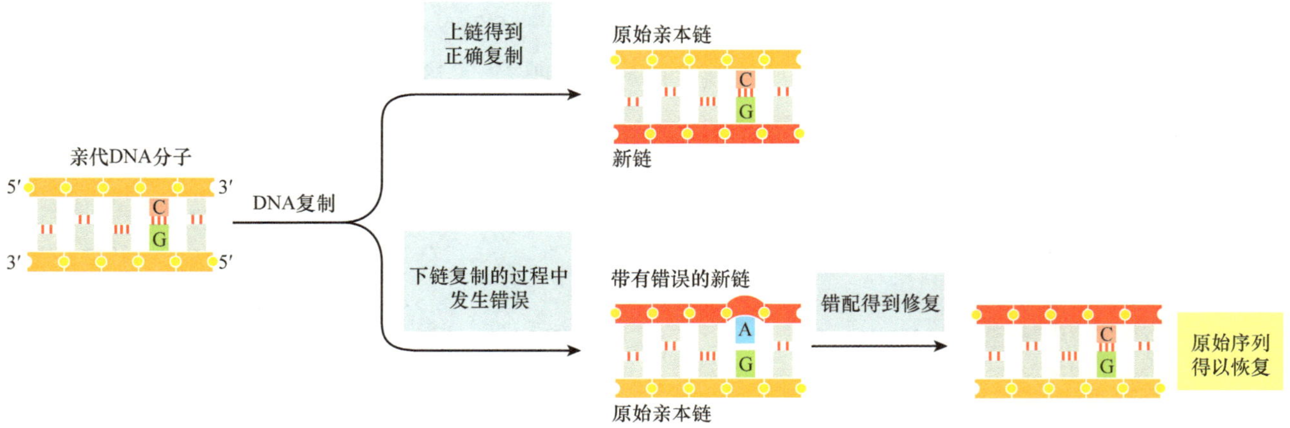

图 6-29　**错配修复消除复制错误并恢复原始 DNA 序列。**当 DNA 复制出现错误时，修复机器必须利用原始亲本链为模板来替换新合成链上的这个错误核苷酸。此机制消除了错误，并使得后续轮次的复制过程一直是复制原始序列。

饰，即在某些腺嘌呤上含有一个甲基，而新合成的 DNA 缺乏这种化学修饰。新合成的 DNA 在短时间内不被甲基化，因而，在此期间新链和模板链很容易被区分开来。其他细胞则使用不同的策略来区分其亲本 DNA 链和新复制的链。

对人类而言，错配修复在抗癌过程中发挥着重要作用。某些癌症，特别是某些类型的结肠癌，具有遗传易感性，这就是由于编码错配修复蛋白的基因发生突变所造成的。人类细胞具有两份基因拷贝，分别来自父母双方，如果后代只遗传了一份受损的错配修复基因，该个体一般不会受到影响，除非该基因完好的那份拷贝在其体细胞中发生了随机突变。这种发生突变的细胞及其后代都无法进行错配修复，因而它们会比正常细胞更快地积累突变。因为癌症来自于累积多种突变的细胞，所以缺乏错配修复能力的细胞大大增加了癌变机会。因此，遗传了受损的错配修复基因的个体容易患上癌症。

双链 DNA 断裂需要不同的修复策略

到目前为止，我们讨论的修复机制均依赖存在于 DNA 双螺旋中的基因信息冗余。如果一条链上的核苷酸受损，可以利用其互补链中的信息修复它们。这一特征使 DNA 双螺旋特别合适作为代代相传的基因信息的稳定载体。

但是，当双螺旋的两条链同时受损时，会发生什么？复制叉上的意外事件、辐射、多种化学物质的攻击等，都会破坏 DNA，造成*双链断裂*（double-strand break）。这种损伤特别危险，因为它们会导致染色体的片段化和随之发生的基因丢失。

这种类型的损坏特别难以修复。每条染色体都含有独特的信息，如果染色体发生双链断裂，片段之间相互分开，细胞就没有副本用于重建缺失的信息。

为了处理这种潜在的灾难性的 DNA 损伤，细胞演化了两种基本策略。第一种策略是在 DNA 片段脱离和丢失之前，将断开的末端快速粘在一起。这种称为**非同源末端连接**（nonhomologous end joining）的修复机制发生在许多类型的细胞中，并由一组特殊的酶来执行。这些酶对 DNA 的断裂末端先进行“清理”，再将它们重新连接起来。这种“快而粗糙”的机制迅速缝合了断裂的末端，但会伴随一个代价：在“清理”和连接断裂末端的过程中，修复部位的核苷酸经常会发生丢失（图 6-30A 和视频 6.7）。如果这种不完美的修复破坏了基因的活性，细胞会遭受严重的后果。因此，非同源末端连接是修复断裂染色体的一种危险策略。幸运的是，细胞还有另外一种无差错修复双链断裂的策略，称为同源重组（homologous recombination）（图 6-30B），我们将在下面讨论。

同源重组可以完美无缺地修复 DNA 双链断裂

如前所述，修复双链断裂的最大困难是找到一个完整的模板来指导修复。然而，如果一个双螺旋中的双链断裂正好发生在该 DNA 片段复制完成后不久，未损坏的那个 DNA 拷贝就可以作为模板来指导双链断裂的那个 DNA 拷贝进行修复。完整双螺旋未被损坏的 DNA 链上的信息可作为互补链用于修复含有断裂的 DNA。因为这两个 DNA 分子是同源的，它们在发生断裂的区域外具有完全相同或几乎相同的核苷酸序列，因此这种机制被称为**同源重组**（homologous recombination）。它可以完美无缺地修复双链断裂，不会丢失遗传信息（参见图 6-30B）。

同源重组最常发生在细胞 DNA 完成复制后不久且细胞分裂之前，此时完成复制的螺旋仍然在空间上彼此靠近（图 6-31A）。为了启动修复，特异性的重组核酸酶在断裂部位修剪两条断裂链的 5′ 端（图 6-31B）。随后，在特定的酶（在细菌中称为 recA，在真核生物中称为 Rad52）协助下，其中一个断裂链的 3′ 端“侵入”未断裂的同源 DNA 双链，并通过碱基配对，寻找互补序列（图 6-31C）。一旦形成大范围的精准配对，DNA 修复聚合酶就可以利用互补的、未损伤链作为模板，对入侵链进行延伸（图 6-31D）。在修复聚合酶通过断裂发生点之后，新伸长的链与其原来的互补链重新结合并形成碱基配对，将断裂的双螺旋的两条链保持在一起（图 6-31E），然后，通过在断裂的双螺旋两条链的 3′ 端进一步合成 DNA（图 6-31F），并进行 DNA 连接（图 6-31G），最终完成修复。最终结果是得到两个完整的 DNA 双螺旋，其中一个双螺旋的基因信息被用作修复另一个双螺旋的模板。

同源重组也可用于修复许多其他类型的 DNA 损伤，使之成为细胞内或许是最好用的 DNA 修复机制：它所需要的只是一个完整的同源染色体作为搭档，而该搭档在每次染色体完成复制后都会出现。同源重组修复的“通用”性质或许可以解释为什么这种机制以及执行这种机制的蛋白质在地球上几乎所有的细胞中都是保守的。

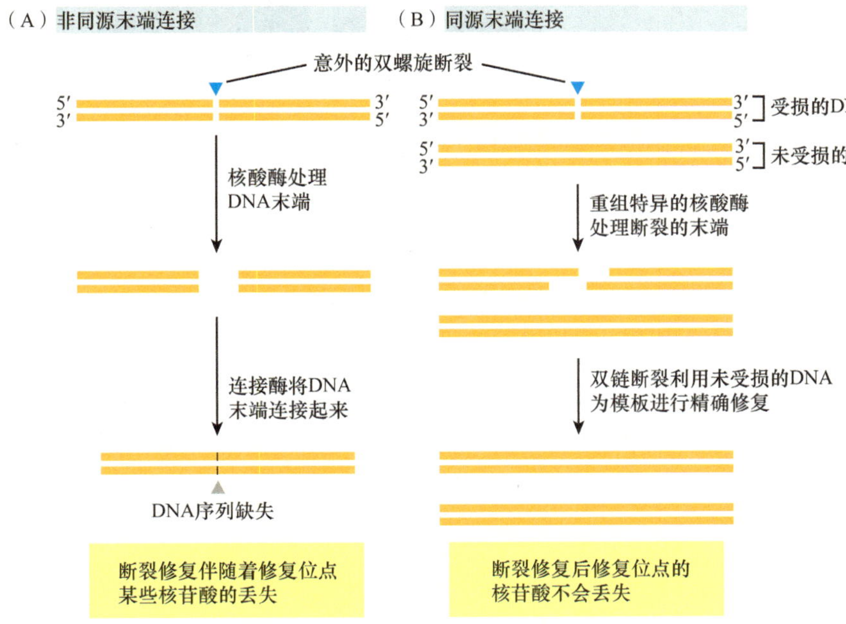

图 6-30 细胞可以通过两种方式之一来修复双链断裂。（A）在非同源末端连接中，核酸酶对断裂末端首先进行消化“清理”，产生平头末端。然后，通过 DNA 连接酶将两个末端缝合在一起。如修复后的 DNA 中的黑线所示，一些核苷酸经常会在修复过程中丢失。（B）如果在 DNA 复制完成后且在染色体拷贝发生分离之前，两个 DNA 双螺旋中有一个发生了双链断裂，可以很容易地利用未损坏的双螺旋作为模板，通过同源重组来修复受损的双螺旋。虽然这比非同源末端连接更复杂，但是这个过程可以准确地修复断裂位点处原来的 DNA 序列。详细机制如图 6-31 所示。

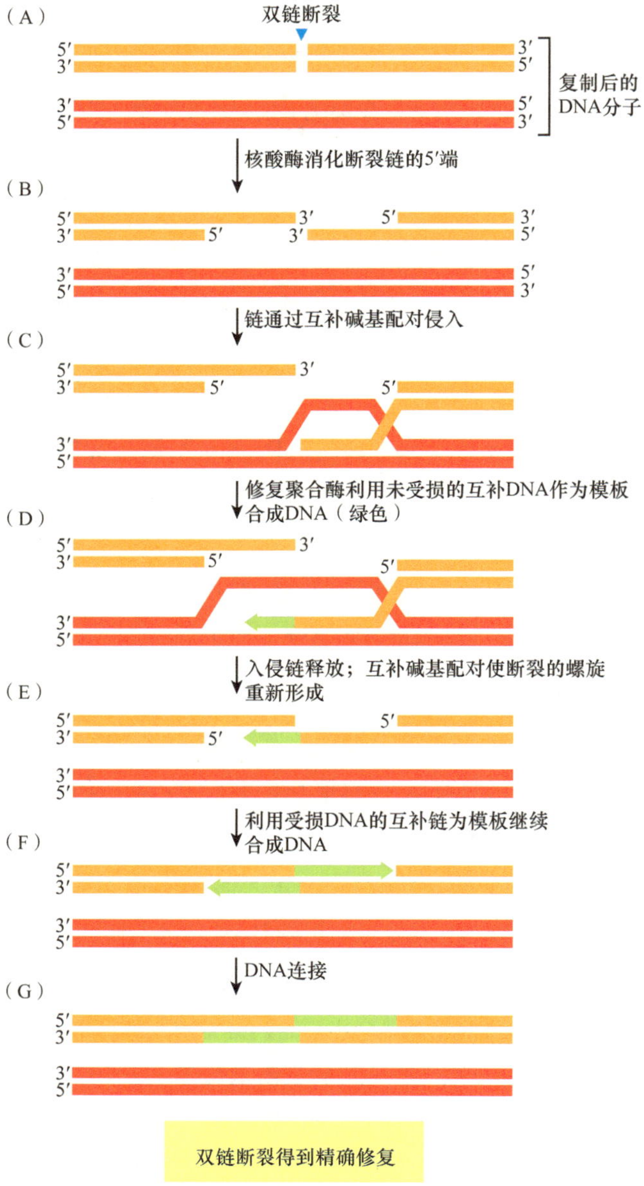

图 6-31　**同源重组完美无缺地修复 DNA 双链断裂。**这种方法是细胞在 DNA 完成复制后不久、分裂之前优先采用的修复双链断裂的方法。详细机制参见正文描述。（改自 M. McVey et al.，*Proc. Natl. Acad. Sci. USA* 110：15694-15699，2004。）

同源重组的用途也是多样化的，它在生殖细胞即精子和卵子形成时所发生的遗传信息交换中发挥着至关重要的作用。在这种特殊的细胞分裂（称为减数分裂，meiosis）期间，这种交换增强了种内有性生殖的遗传多样性。我们将在第 19 章对有性生殖进行讨论。

DNA 损伤修复失败可能对细胞或生物体造成严重后果

偶尔情况下，细胞的 DNA 复制和修复会失败，导致突变出现。DNA 序列的这种永久性改变可能会产生深远的影响。如果这个改变发生在 DNA 序列的特定位置，它就可以改变蛋白质的氨基酸序列，削弱或破坏该蛋白质功能。例如，人血红蛋白基因中单个核苷酸的突变可导致镰状细胞贫血（sickle cell anemia）。血红蛋白用于输送血液中的氧气（参见图 4-24）。血红蛋白基因突变可产生一种蛋白质，其溶解度低于正常血红蛋白，并形成纤维状细胞内沉淀物，从而使受影响的血红细胞形成典型的镰刀状（图 6-32）。因为这种细胞更脆弱，在血管中移动时经常破裂，所以患有这种疾病的患者，其体内红细胞比常人更少，也就是贫血。此外，残留的异常红细胞会聚集并阻塞小血管，引起疼痛和器官衰竭，可能会危及患者生命。因为具有该突变的个体能够存活，所以我们才得以了解镰状细胞的血红蛋白。有些情况下该突变甚至是有益的，它可以提高人对疟疾的抵抗力，这在第 19 章中会进行讨论。

镰状细胞贫血是一种遗传性疾病，这个例子表明了生

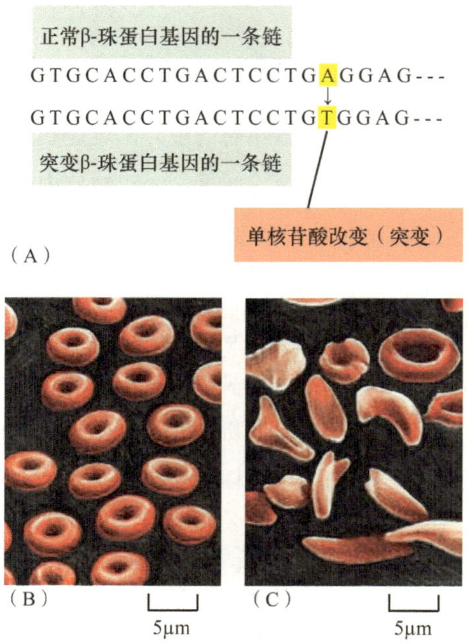

图 6-32　**单个核苷酸的改变导致了镰状细胞贫血。**（A）β-珠蛋白是形成血红蛋白的两类蛋白亚基之一（参见图 4-24）。β-珠蛋白基因中的单个突变导致其第六个氨基酸从谷氨酸变为缬氨酸，从而形成了异常的 β-珠蛋白亚基（此处仅显示其基因的一部分。β-珠蛋白亚基共含有 146 个氨基酸。β-珠蛋白基因的完整序列如图 5-11 所示）。人类的每个基因都携带两个拷贝（分别来自父母），两个 β-珠蛋白基因中的一个发生镰状细胞突变，通常不会对个体造成伤害，因为另一个正常的基因可以进行补偿。然而，如果一个个体遗传了两个拷贝的突变 β-珠蛋白基因，该个体将会患镰状细胞贫血。（B 和 C）正常的红细胞如（B）所示，来自镰状细胞贫血患者的红细胞如（C）图所示。虽然镰状细胞贫血可能会危及生命，但这个突变也可能是有益的。患有该疾病的人，或携带一个正常基因和一个镰状细胞基因的人，拥有比该基因正常的个体更强的对疟疾的抵抗力，因为导致疟疾的寄生虫无法在含有异常血红蛋白的镰状细胞中正常生长。

殖系细胞（germ-line cell）中发生突变的后果。一个生殖细胞中的突变会被传递到由该细胞发育而成的多细胞生物的所有细胞，包括负责产生下一代的生殖细胞。

多细胞生物体中的许多其他细胞，即它的体细胞（somatic cell），也必须在个体生命中避免发生突变。体细胞中发生的核苷酸变化可以产生异常细胞，其中一些可能会不受控制地进行生长和分裂，而由生物体中的其他细胞承担后果。在极端情况下，不受控制的细胞增殖会导致**癌症**（cancer）。在欧洲和北美，约30%的死亡是由于癌症，而这些癌症则主要是由体细胞及其后代中随机突变的逐渐累积所引起的（图6-33）。只要突变频率提高两或三倍，就可能会加速变异体细胞的出现速率，从而导致癌症发病率灾难性地增加。

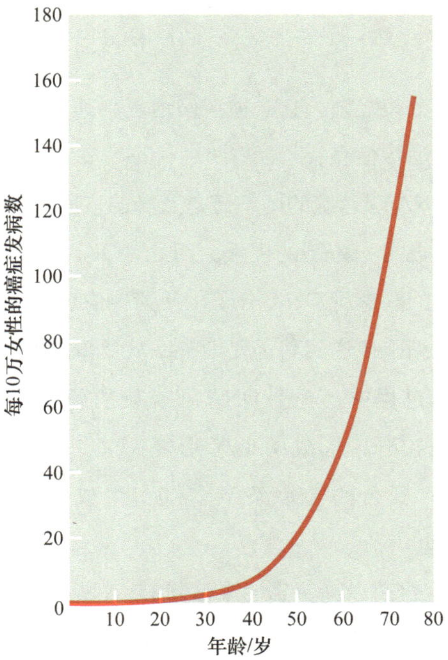

图6-33 癌症发病率随年龄增长而急剧增加。一年内英格兰和威尔士新诊断的女性结肠癌病例的数量与诊断年龄的关系图。与大多数人类癌症一样，结肠癌也是由多种突变的积累所造成的。因为细胞DNA不断地经历偶发的改变，细胞会累积这些突变，并在分裂时将突变传递给后代细胞。这些细胞癌变的概率也会随着年龄的增长而大大增加。（数据来自C. Muir et al.，Cancer Incidence in Five Continents，Vol.V Lyon：International Agency for Research on Cancer，1987。）

因此，复制和维持DNA序列的高保真度对生殖系细胞和体细胞都很重要。生殖细胞将基因传递给下一代，而体细胞通常是作为多细胞有机体中受精细调控的复杂细胞群体中的成员而发挥功能。因此，当发现所有的细胞都有一套非常复杂的机制来减少它们的DNA突变数量、都有数百个基因参与这些DNA修复过程时，我们并不会感到惊奇。

DNA复制和修复的保真度记录被保存在基因组序列中

大多数突变不会对一个生物体带来害处或益处，那些会造成严重后果的有害突变通常会被自然选择所消除。携带有害DNA突变的个体可能会死亡或生殖能力下降，在这种情况下，这些DNA突变也会逐渐从群体中消失。相比之下，有利的突变会被保留下来，并加以扩散。

但是，即使没有选择压力，即DNA中许多位点的核苷酸突变对生物体的适应性没有影响，遗传信息仍然被忠实地保存了数千万年。因此，在趋异演化了大约500万年之后，人类和黑猩猩的DNA序列仍然至少有98%是相同的。人类和鲸甚至经历了10倍或20倍于上述趋异演化时间，人类和鲸的染色体DNA序列仍然明显相似（图6-34）。因此，我们的基因组以及我们亲属的基因组都包含了来自遥远过去的信息。由于DNA复制和修复的保真性，1亿年的演化几乎没有改变其基本信息。

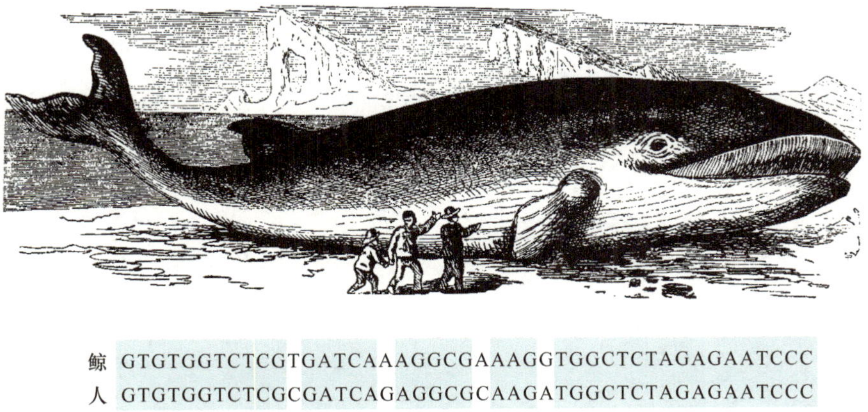

图6-34 人类和鲸鱼的性别决定基因显著相似。尽管从共同祖先那里发生分离后已经历数百万年，人类和鲸许多基因的核苷酸序列仍然密切相关。图中显示了决定人类和鲸雄性性别基因的一部分DNA序列，两条序列完全相同的位置以阴影显示。

基本概念

- 在细胞分裂之前，它必须准确地复制其 DNA 中所携带的大量遗传信息。
- 因为 DNA 双螺旋的两条链是互补的，所以每条链可以作为合成另一条链的模板。因此，DNA 复制会产生两个相同的双螺旋 DNA 分子，使遗传信息能够被复制并从一个细胞传递到其子代细胞，从父母传递给其后代。
- 在复制过程中，一个 DNA 双螺旋的两条链在复制起点处被拉开，形成两个 Y 形复制叉。每个复制叉上的 DNA 聚合酶在每条亲本链上生成一条新的互补 DNA 链。
- DNA 聚合酶以高保真性来复制 DNA 模板，每复制 10^7 个核苷酸只发生一个错误。DNA 聚合酶在沿着 DNA 移动时，会纠正其自身的错误，这个校正过程在一定程度上保证了复制的精确性。
- 由于 DNA 聚合酶是以 5′ → 3′ 方向合成新的 DNA，因此，在复制叉上只有前导链才能以连续的方式合成。在后随链上，DNA 是通过不连续的回针缝合方式产生 DNA 短片段，这些短片段随后由 DNA 连接酶连接在一起，形成一条 DNA 链。
- DNA 聚合酶无法从头开始合成一条新 DNA 链。相反，DNA 合成是由一种称为引物酶的 RNA 聚合酶所启动，这个酶可以生成短的 RNA 引物，然后由 DNA 聚合酶对引物进行延伸。这些引物随后被除去，并由 DNA 替代。
- DNA 复制需要许多蛋白质的协同作用，这些蛋白质形成一个多酶复制机器，可以打开双螺旋，并复制两条 DNA 链中所包含的信息。
- 在真核生物中，特别是在快速分裂的细胞中，染色体末端的 DNA 是由一种称为端粒酶的特殊酶复制的。
- 校读过程未能发现的罕见复制错误会被错配修复蛋白处理，这使得 DNA 复制的精确性提高到每复制 10^9 个核苷酸才发生一次错误。
- 由不可避免的化学反应引起两条 DNA 链中的一条受到损伤，可以由多种 DNA 修复酶进行修复，这些酶识别受损的 DNA 并切除一小段的受损链，然后使用未损伤的链作为模板，由 DNA 修复聚合酶来重新合成缺失的 DNA。
- 如果两条 DNA 链都发生断裂，可通过非同源末端连接对双链断裂进行快速修复。在此过程中，核苷酸经常会丢失，从而可能改变修复位点处的 DNA 序列。
- 同源重组使用未损伤的同源双螺旋作为模板，可以完美无缺地修复双链断裂，以及许多其他类型的 DNA 损伤。
- 高度精确的 DNA 复制和 DNA 修复在避免体细胞不受控制的生长和癌症发生的过程中发挥着关键的作用。

关键词

癌症（cancer）	非同源末端连接（nonhomologous end joining）
DNA 连接酶（DNA ligase）	冈崎片段（Okazaki fragment）
DNA 聚合酶（DNA polymerase）	引物酶（primase）
DNA 修复（DNA repair）	校读（proofreading）
DNA 复制（DNA replication）	复制叉（replication fork）
同源重组（homologous recombination）	复制起点（replication region）
后随链（lagging strand）	RNA（ribonucleic acid）
前导链（leading strand）	端粒酶（telomerase）
错配修复（mismatch repair）	端粒（telomere）
突变（mutation）	模板（template）

问题

问题 6-1

仔细观察图 6-9 中的显微镜照片和对应的示意图（2）。

A. 根据比例尺，估计复制叉之间 DNA 双螺旋的长度。按从左往右的顺序为复制叉进行编号，其中第 4 和第 5 个复制叉、第 7 和第 8 个复制叉相遇分别需要多长时间？记住，DNA 中碱基之间的距离是 0.34nm，真核细胞的复制叉移动速度约为每秒 100 个核苷酸。就本题而言，估算时可忽略照片上核小体的存在并假设 DNA 是完全伸展的。

B. 果蝇的基因组有大约 1.8×10^8 个核苷酸对。图中显示的部分占基因组的多大比例？

问题 6-2

讨论以下说法："引物酶是一种粗心的酶，会产生许多错误。最终，它所产生的 RNA 引物被去除，由更高保真度的聚合酶合成的 DNA 所取代。该过程会造成浪费。如果最初就用聚合酶去合成一份精确的引物，就会更节能。"

问题 6-3

细胞内编码参与 DNA 复制的一种蛋白质的基因因突变而失活。在没有这种蛋白质的情况下，细胞试图复制其 DNA。如果分别缺少以下蛋白质，DNA 复制过程中会发生什么？

A. DNA 聚合酶　　B. DNA 连接酶

C. 滑动夹钳　　D. 去除 RNA 引物的核酸酶

E. DNA 解旋酶　　F. 引物酶

问题 6-4

讨论以下说法：

"修复脱氨和脱嘌呤损伤的 DNA 修复酶必须优先识别新合成的 DNA 链上的这种损伤。"

问题 6-5

DNA 错配修复酶会以老的 DNA 链为模板，优先修复新合成的 DNA 链上的碱基。如果只是简单地修复错配而不考虑以哪条链为模板，那么这是否会有效地减少复制错误？解释你的答案。

问题 6-6

修复由嘌呤碱基丢失所引起的 DNA 损伤需要一种酶，假设有一个突变影响了这个酶。你的每个细胞的 DNA 每天大约会发生 5000 次的嘌呤丢失。人类和黑猩猩之间的 DNA 序列平均差异约为 1%，经过多长时间你会变成猿猴？还是说这种转变不太可能发生？

问题 6-7

以下哪项陈述是正确的？解释你的答案。

A. 细菌复制叉是不对称的，因为它含有两个结构不同的 DNA 聚合酶分子。

B. 冈崎片段是被一种负责降解 RNA 的核酸酶所去除。

C. DNA 聚合酶校对和 DNA 错配修复降低了 DNA 复制的错误率。

D. 在没有 DNA 修复的情况下，基因变得不稳定。

E. 脱氨作用形成的异常碱基并不天然存在于 DNA 中。

F. 癌症可以由体细胞中突变的积累所造成。

问题 6-8

在人类细胞中，复制叉上 DNA 复制的速度约为每秒 100 个核苷酸。如果一个人类细胞每 24 小时复制一次 DNA，它最少需要多少个复制起点？记住，一个人类细胞含有两个拷贝的人类基因组，一个遗传自母亲，另一个遗传自父亲，每个拷贝由 3×10^9 个核苷酸对组成。

问题 6-9

仔细观察图 6-11 以及图 Q6-9 中所示的化合物的结构。

A. 如果将 ddCTP（双脱氧胞嘧啶三磷酸）加入 DNA 复制反应中，使其大大超过细胞中可用的 dCTP（正常的脱氧胞苷三磷酸）的浓度，你认为会发生什么？

B. 如果添加的 ddCTP 的浓度是可用 dCTP 浓度的 10%，会发生什么？

C. 如果添加同样浓度的 ddCMP（双脱氧胞嘧啶一磷酸），会有什么影响？

问题 6-10

图 Q6-10 显示了一个复制叉的简图，其中 RNA 引物刚刚被添加到后随链上。根据该图，绘制合成下一个冈崎片段时 DNA 的路径。正确标注出滑动夹钳和单链 DNA 结合蛋白。

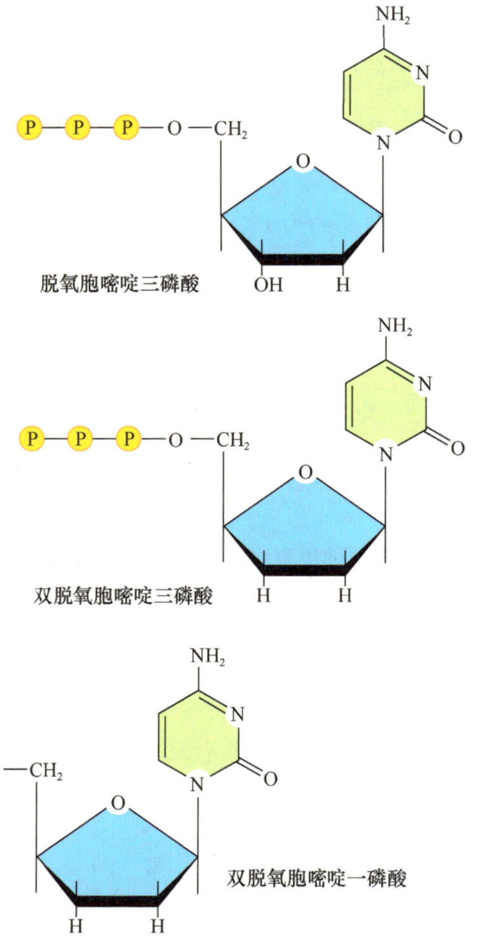

图 Q6-9

问题 6-11

DNA 聚合酶大约使用多少个高能键来复制一个细菌染色体（忽略解旋酶及其他与复制叉结合的酶）？与其自身干重 10^{-12}g 相比，单个细菌需要多少葡萄糖才能提供足够的能量来复制一次 DNA？细菌染色体中核苷酸对的数目是 3×10^{6}。一个葡萄糖分子的氧化产生约 30 个高能磷酸键。葡萄糖的分子量为 180g/mol。（参考图 2-3，1mol 由 6×10^{23} 个分子组成。）

问题 6-12

以下说法是否正确，如不正确，错在哪里：

“生殖细胞和体细胞 DNA 的稳定性对于一个物种的生存都至关重要。”解释你的答案。

问题 6-13

一种常见的 DNA 化学损伤是通过自发的脱氨反应产生的。在该反应中，一个核苷酸的碱基失去一个氨基基团（NH_2），并被酮基基团（C=O）所取代，基本反应过程如图 Q6-13 中所示。写出碱基 A、G、C、T 和 U 的结构，并预测它们的脱氨反应产物是什么。通过观察这种反应的产物，你能否解释为什么 DNA 不含尿嘧啶？（记住，在细胞中，这些反应的产物需要被识别和修复。）

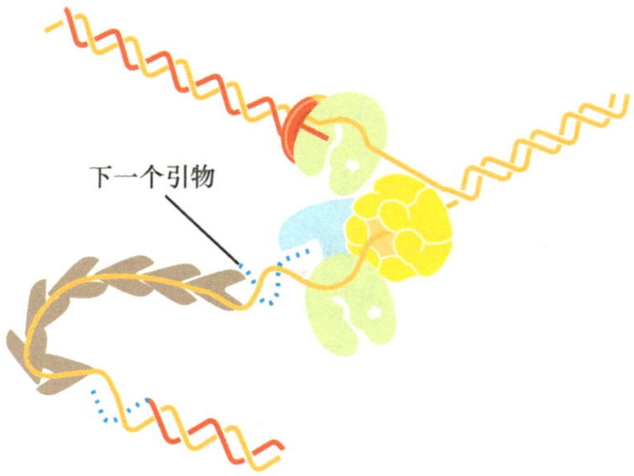

图 Q6-10

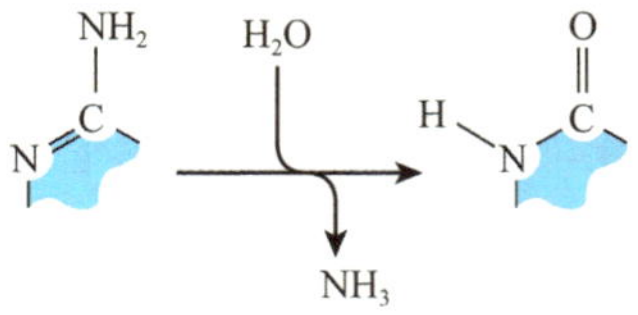

图 Q6-13

问题 6-14

A. 解释为什么真核染色体复制需要端粒和端粒酶，而环状细菌染色体复制则不需要。绘图说明你的解释。

B. 如果引物酶总是在后随链模板的 3′ 端放置 RNA 引物，你还需要端粒和端粒酶来完成真核染色体复制吗？

问题 6-15

描述可能产生的后果，如果一条真核生物染色体：

A. 只包含一个复制起点：

（i）该复制起点在染色体的正中间。

（ii）该复制起点在染色体的一端。

B. 没有端粒。

C. 没有着丝粒。

假设染色体长度为 1.5 亿个核苷酸对，即一条动物染色体的典型大小，并且动物细胞中的 DNA 复制以每秒约 100 个核苷酸的速度进行。

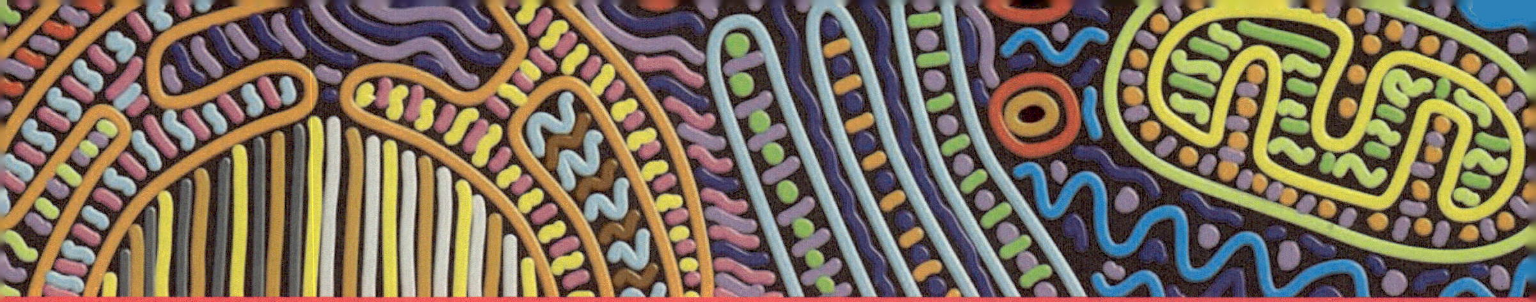

第 7 章 从 DNA 到蛋白质：细胞如何读取基因组

从 DNA 到 RNA

从 RNA 到蛋白质

RNA 与生命起源

在 20 世纪 50 年代早期确定了 DNA（脱氧核糖核酸）的双螺旋结构之后，人们就清楚地意识到细胞中的遗传信息是由构成 DNA 的四种不同核苷酸以线性排列或称为序列（sequence）的方式进行编码。我们在第 6 章中看到了细胞如何通过 DNA 复制过程将这些信息以不变的形式传递给它的后代。那么细胞如何解码和使用这些信息呢？仅用四“字母”编写的遗传指令如何指导细菌、果蝇或人类的形成？即使对于最简单的单细胞细菌，生物体基因中存储的信息如何指导它们的形成，我们仍然有许多未知需要进一步研究，更不用说如何指导形成我们人类这样的复杂多细胞生物了。但现在 DNA 密码已被破译，我们对于理解细胞如何解码 DNA 也取得了很大进展。

早在密码被破译前，人们就知道基因中包含的信息会以某种方式指导蛋白质的合成。蛋白质是细胞的主要成分，不仅决定细胞结构，还决定细胞功能。在前面的章节中，我们已经了解到了一些蛋白质，而它们只是细胞可以产生的数千种蛋白质中的一部分。我们在第 4 章中看到，一个蛋白质分子的性质和功能是由其多肽链中 20 个不同氨基酸亚基的序列所决定的：每种蛋白质都有其独特的氨基酸序列，该序列指示了肽链如何折叠形成具有独特形状和化学性质的分子。因此，DNA 携带的遗传指令必须能决定蛋白质氨基酸序列的特异性。我们将在本章中了解这个过程如何实现。

DNA 本身并不合成蛋白质，它更像是一个管理者，将各种任务委派给一个工作团队。当细胞需要某个特定的蛋白质时，首先将一个 DNA 分子的适当区段的核苷酸序列拷贝成另一种类型的核酸，即 RNA（核糖核酸，ribonucleic acid）。该 DNA 区段称为**基因**（gene），其拷贝的 RNA 将用于指导蛋白质的合成。在我们体内的每个细胞中，每秒钟都会发生几千次从 DNA 到蛋白质的转换。因此，细胞中遗传信息的流动是从 DNA 到 RNA 再到蛋白质（图 7-1）。所有细胞，从细菌到人类细胞，都以这种方式表达它们的遗传信息，这一基本原理在分子生物学中称为中心法则（central dogma）。

在本章中，我们会在机制上解释细胞将 DNA 拷贝为 RNA，此过程称为转录（transcription），然后利用 RNA 中的信息来合成蛋白质，此过程称为翻译（translation）。我们还会讨论这个基本框架内发生的一些重要变化，主要是 RNA 剪接（RNA splicing）。这个过程发生在真核细胞中，是指在 RNA 被翻译成蛋白质之前，RNA 转录物（又称 RNA 转录本）的某些片段被去除，剩余的片段缝合在一起。我们还将学习到，对于某些基因而言，其最终产物是 RNA 而不是蛋白质。在最后一节，我们会讨论现在的信息存储、转录和翻译方案是如何从祖先细胞的简单系统演化而来的。

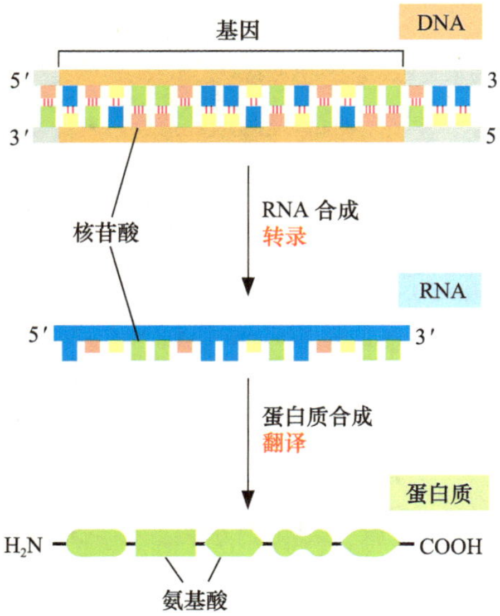

图 7-1　**遗传信息指导蛋白质的合成。**从 DNA 到 RNA（转录）和从 RNA 到蛋白质（翻译）的遗传信息流发生在所有的活细胞中。正如我们在第 6 章中所看到的，DNA 也可被拷贝或称为复制产生新的 DNA 分子。能转录成 RNA 的 DNA 片段被称为基因（橙色）。

从 DNA 到 RNA

基因表达（gene expression）的第一步就是转录，即细胞读出它们基因（gene）中的指令的过程。同一个基因可以产生多个相同的 RNA 拷贝。对于大多数基因而言，RNA 仅作为合成蛋白质通路上的一个中介。对于这些基因，每个 RNA 分子都可以指导合成（或称为"翻译成"）多个相同的蛋白质分子。这种连续扩增使细胞能够在任何需要的时候快速合成大量的蛋白质。同时，每个基因的转录及其 RNA 的翻译都可以以不同的速率进行，这使细胞既能大量合成某些蛋白质，也能少量合成另一些蛋白质（图 7-2）。此外，正如我们将在第 8 章中讨论的那样，细胞可以根据当下的需要改变（或调节）每个基因的表达。在本节中，我们将重点关注 RNA 的合成。我们会描述转录机器如何识别基因并将它们所包含的指令拷贝到 RNA 分子中。然后我们会讨论这些 RNA 如何被加工、它们在细胞中发挥的各种作用，以及最终如何去除它们。

部分 DNA 序列被转录成 RNA

细胞要表达数千个基因中的某个基因，第一步是将该基因的核苷酸序列拷贝成 RNA。这个过程称为**转录**（transcription）。信息虽然被拷贝成另一种化学形式，但本质上仍是使用相同的语言，即核苷酸语言来编写。与

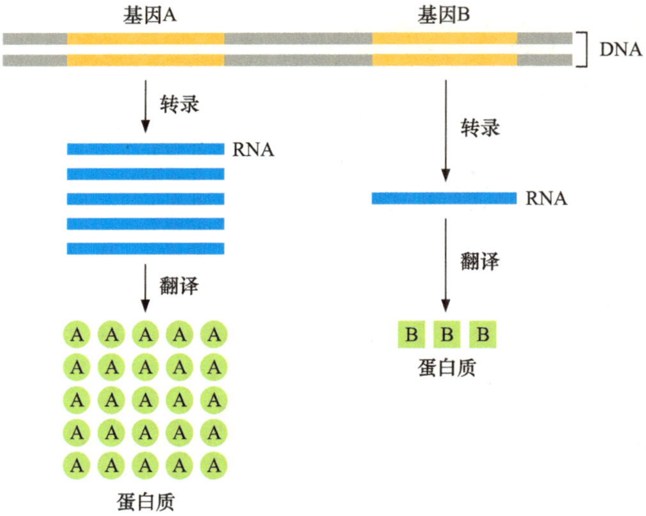

图 7-2　**细胞以不同速率表达不同基因。**在本图及后面的图中，未转录的 DNA 部分均以灰色显示。

DNA 一样，RNA 也是由四种不同的核苷酸通过磷酸二酯键连接而成的线性多聚体。它的化学性质与 DNA 存在两个方面的不同：① RNA 中的核苷酸是核糖核苷酸（ribonucleotide），也就是说，它含有的不是 DNA 中的脱氧核糖而是核糖，因此称为核糖核酸；②尽管和 DNA 一样，RNA 含有腺嘌呤（A）、鸟嘌呤（G）和胞嘧啶（C），但它没有 DNA 中的胸腺嘧啶（T），而是代之以尿嘧啶（U）（图 7-3）。因为 U 和 T 一样，可以通过与 A 形成氢键进行碱基配对（图 7-4），第 5 章中所描述的 DNA 互补碱基配对的性质也适用于 RNA。

尽管 DNA 和 RNA 的化学性质差异很小，但它们的整体结构却非常不同。在细胞中 DNA 总是以双链螺旋存在，而 RNA 主要是单链。这种差异对它们的功能有重要的影响。因为 RNA 是单链，它可以折叠成各种形状，就像多肽链经折叠形成最终的蛋白质一样（图 7-5）。而双链的 DNA 不能像 RNA 这样进行折叠。在本章的后面我们会讨论到，除了在 DNA 和蛋白质之间传递信息之外，RNA 这种可以折叠成复杂的三维形状的能力使其能在细胞中执行各种功能。与 DNA 单纯存储信息的功能不同，一些 RNA 还可发挥结构性、调节性或催化性的作用。

转录产生一条与 DNA 链互补的 RNA

细胞中所有的 RNA 都是通过转录产生的，这一过程与 DNA 复制（参见第 6 章）有一定的相似性。转录开始于一小部分 DNA 双螺旋的打开以暴露每条 DNA 链上的碱基。然后，两条 DNA 双螺旋链中的一条作为 RNA 合

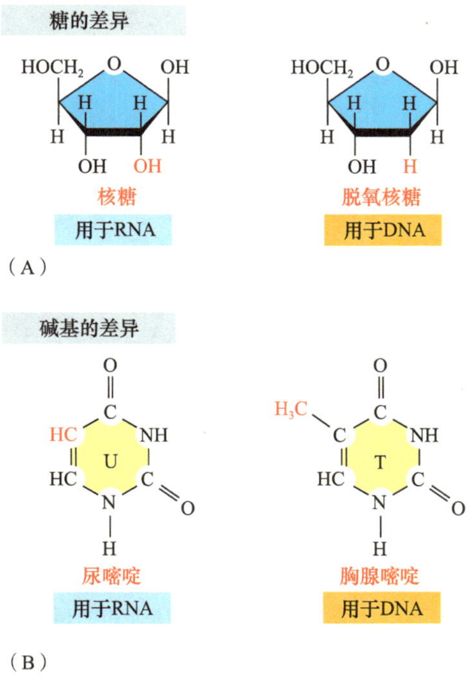

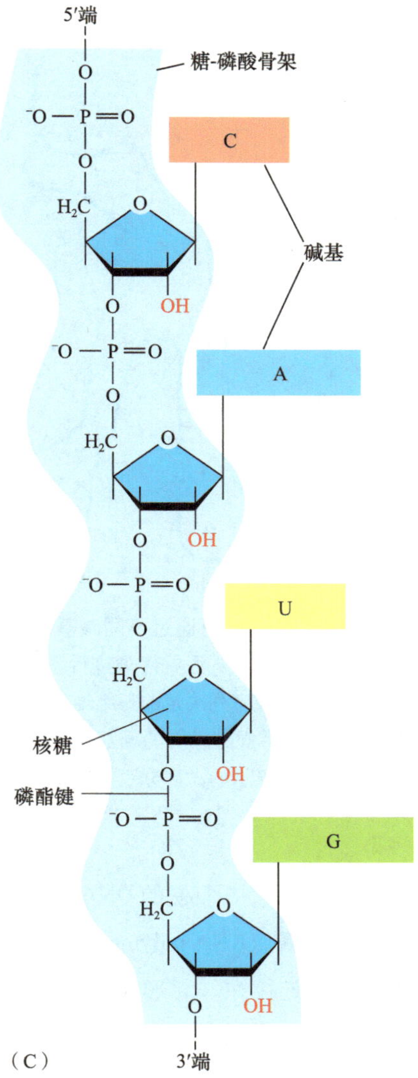

图 7-3 **RNA 的化学结构与 DNA 略有不同。**(A) RNA 含有核糖，而 DNA 含有脱氧核糖。核糖比脱氧核糖多一个—OH 基团。(B) RNA 含有尿嘧啶，而 DNA 中对应的碱基是胸腺嘧啶。尿嘧啶比胸腺嘧啶缺少了一个—CH_3 基团。(C) 一小段 RNA。RNA 核苷酸之间的化学连接方式与 DNA 相同，都是磷酸二酯键。

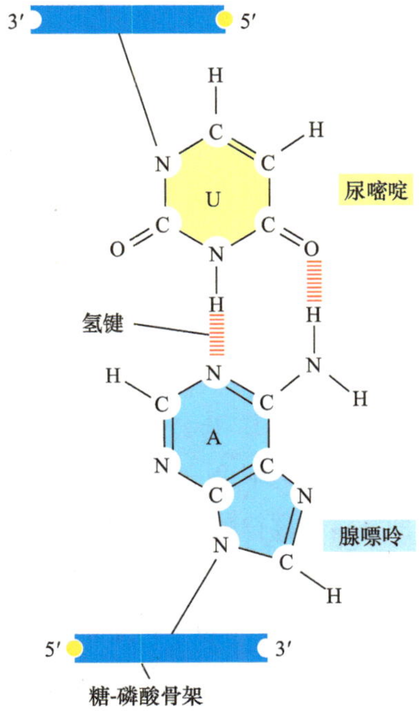

图 7-4 **尿嘧啶与腺嘌呤形成碱基配对。**图中红色显示的是使两个碱基结合在一起的氢键。尿嘧啶具有与胸腺嘧啶相同的碱基配对特性。因此，RNA 中的 U-A 碱基对与 DNA 中的 T-A 碱基对非常相似（参见图 5-4A）。

成的模板，核糖核苷酸一个接一个地添加到正在延伸的 RNA 链上。与 DNA 复制一样，RNA 链的核苷酸序列由 DNA 模板链的碱基互补配对来确定。当匹配合适时，进入的核糖核苷三磷酸通过 RNA 聚合酶（RNA polymerase）共价连接到正在延伸的 RNA 链上。因此，转录产生的 RNA 链（RNA 转录本，RNA transcript）具有与 DNA 模板链完全互补的核苷酸序列（图 7-6）。

但在几个重要的方面，转录不同于 DNA 复制。与新形成的 DNA 链不同，新形成的 RNA 链不与 DNA 模板链通过氢键保持结合。相反，当新的核糖核苷酸掺入之后，RNA 链很快被移开，DNA 重新形成螺旋。由于这个原因，并且只有一条 DNA 链被转录，所以 RNA 分子为单链。此外，一个给定的 RNA 分子仅拷贝了 DNA 有限的一段区域，使其比来源的 DNA 分子要短得多。人类染色体中的一条 DNA 分子可达 2.5 亿个核苷酸对，而大多数成熟的 RNA 长度不超过几千个核苷酸，而且许多 RNA 还要

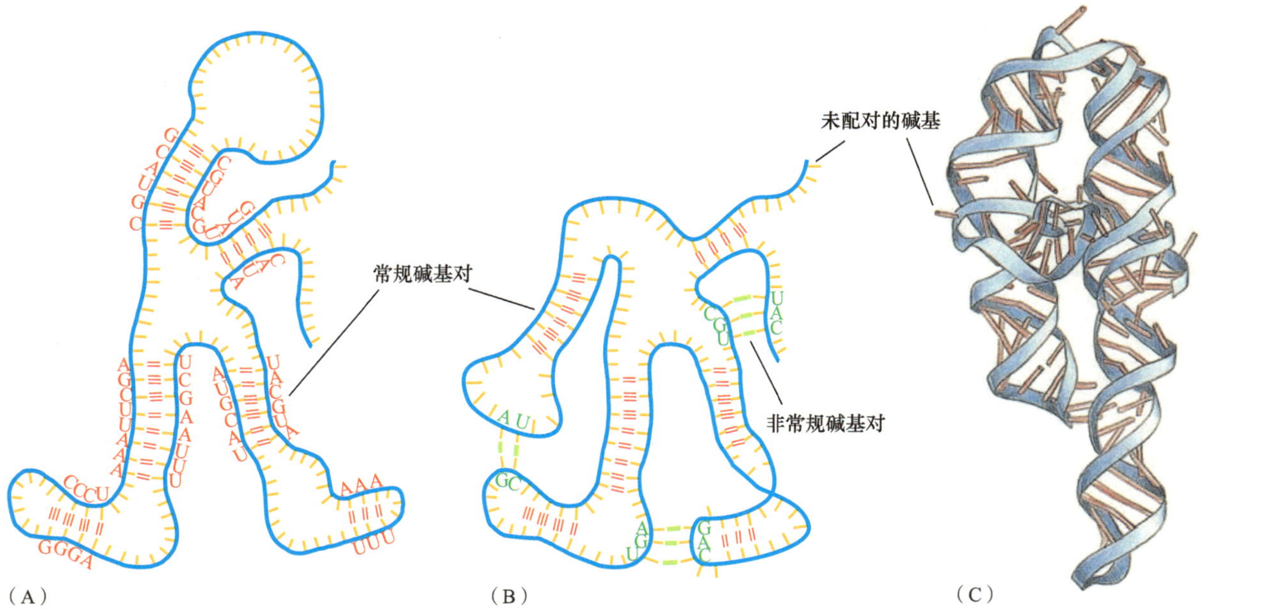

图 7-5 **RNA 分子可通过不同碱基对之间的氢键折叠成特定的结构。**RNA 主要是单链，但它通常含有一些短的核苷酸片段，可与同一分子不同位置的互补序列进行碱基配对。这些相互作用以及一些“非常规”的碱基对的相互作用（例如，A-G），使 RNA 分子折叠成由其核苷酸序列决定的三维结构。(A) 一个假定的 RNA 的折叠结构示意图，只显示了常规碱基对（G-C 和 A-U）的相互作用（红色）。(B) 非常规碱基对的相互作用（绿色）使（A）图中假定的 RNA 发生进一步折叠。(C) 参与 RNA 剪接的一个实际 RNA 分子的结构。图中显示的大部分双螺旋结构来源于常规碱基配对。关于此 RNA 结构的其他视图，请参见视频 7.1。

短得多。

与进行 DNA 复制的 DNA 聚合酶一样（参见第 6 章），**RNA 聚合酶**（RNA polymerase）催化磷酸二酯键的形成，将核苷酸连接在一起形成 RNA 链的糖-磷酸骨架（参见图 7-3）。RNA 聚合酶沿着 DNA 逐步移动，向前解开 DNA 螺旋以暴露模板链的一段新区域，继续进行碱基互补配对。就这样，合成的 RNA 链从 5′ → 3′ 方向延伸，

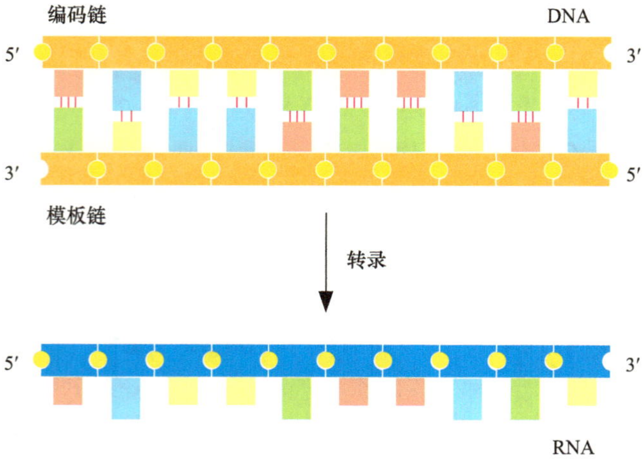

图 7-6 **基因转录产生与一条 DNA 链互补的 RNA。**在本例子中，底部那条 DNA 链是模板链，因为它用于指导 RNA 分子的合成。该基因的非模板链（顶部那条链）有时被称为编码链（coding strand），因为它的序列与 RNA 产物相同，如上图所示。哪条 DNA 链作为模板，取决于具体的基因，我们稍后会对此展开讨论。按照惯例，通常把 RNA 分子的 5′ 端（先合成的部分）放在左侧。

每次添加一个核苷酸（图 7-7）。进入的核糖核苷三磷酸（ATP、CTP、UTP 和 GTP）提供了驱动反应所需的能量，类似于 DNA 的合成过程（参见图 6-11）。

RNA 链在合成时几乎立即从 DNA 上解离，这意味着在短时间内可以从同一基因制备许多 RNA 拷贝。通常在第一个 RNA 完成之前，下一个 RNA 就开始合成了（图 7-8）。一个 RNA 聚合酶转录一个中等大小的基因（例如，含有 1500 个核苷酸对）大约需要 50s（视频 7.2）。在任何给定的时间内，都可能会有数十种聚合酶沿着这一段 DNA 移动，它们摩肩接踵，可在 1h 内合成 1000 多个转录本。然而，对于大多数基因而言，转录的总量远低于此。

虽然 RNA 聚合酶与 DNA 聚合酶本质上催化相同的化学反应，但两种酶之间存在一些重要的差异。首先，最明显的是，RNA 聚合酶使用核糖核苷三磷酸作为底物，因此它催化的是核糖核苷酸而不是脱氧核糖核苷酸的连接。其次，与参与 DNA 复制的 DNA 聚合酶不同，RNA 聚合酶可以在没有引物的情况下启动 RNA 链的合成，而且不会精确地对其工作进行校读。这种马虎是可以容忍的，因为 RNA 与 DNA 不同，它不是细胞中遗传信息永久性的储存形式，因此 RNA 转录本中的错误对细胞产生的影响相对较小。RNA 聚合酶每拷贝约 10^4 个核苷酸就会

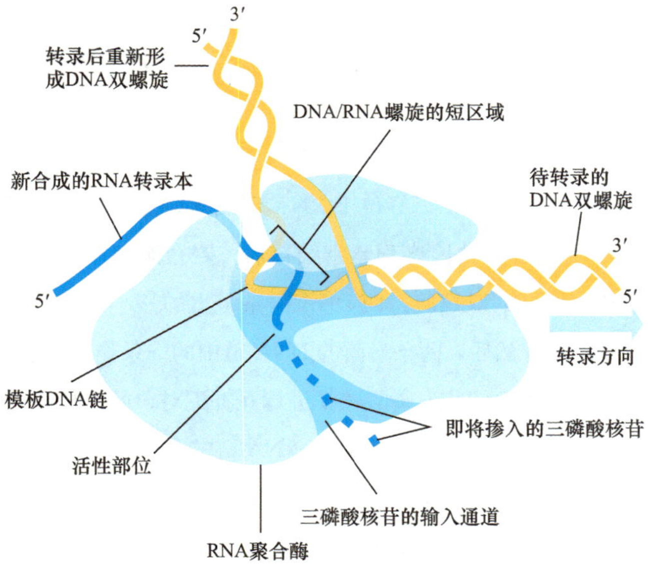

图 7-7 **RNA 聚合酶将 DNA 转录成 RNA。**RNA 聚合酶（淡蓝色）沿着 DNA 逐步移动，解开其前面的 DNA 螺旋。RNA 聚合酶在移动时，利用暴露的 DNA 链作为模板将核糖核苷酸逐个地添加到 RNA 链中。因此，得到的 RNA 转录本为单链并且与模板链互补（参见图 7-6）。当聚合酶沿着 DNA 模板移动时，它将形成的 RNA 移除，使聚合酶后面的两条 DNA 恢复互补配对。因此，杂合 DNA/RNA 螺旋的短区域（长度约 9 个核苷酸）只是短暂形成，这使得 DNA/RNA 螺旋的“窗口”与聚合酶一起沿着 DNA 移动。注意，尽管第 6 章讨论的引物酶和 RNA 聚合酶都使用 DNA 模板合成 RNA，但它们是由不同基因编码的不同的酶。

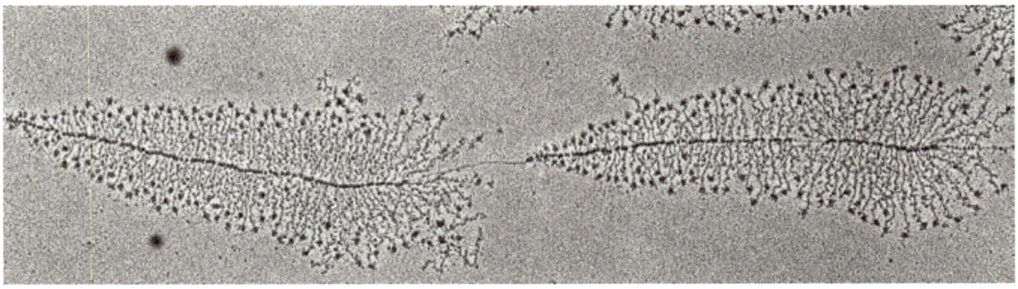

图 7-8 **许多 RNA 聚合酶可以同时转录相同的基因。**该电子显微照片展示的是单个 DNA 分子上两个相邻的核糖体基因。RNA 聚合酶是沿着 DNA 分子链分布的一系列小点，几乎不可见。每个聚合酶都连接一个 RNA 转录本（短的细线）。从两个核糖体基因转录的 RNA 分子（核糖体 RNA，即 rRNA）不会翻译成蛋白质，而是直接作为核糖体的组分。核糖体是由 RNA 和蛋白质组成的大分子机器。在每个 rRNA 转录本的游离 5′ 端看到的大颗粒是核糖体蛋白质，它们聚集在正在延伸的转录本末端。这些蛋白质将在后文讨论。（图片蒙 Ulrich Scheer 惠赠。）

出错一次，而 DNA 聚合酶每复制约 10^7 个核苷酸才会造成一个错误。

细胞产生各种类型的 RNA

细胞 DNA 中携带的大多数基因决定了蛋白质的氨基酸序列。由这些基因编码的 RNA 分子称为**信使 RNA**（messenger RNA，mRNA），最终指导了蛋白质合成。在真核生物中，通常每个 mRNA 只携带从一个基因转录而来的信息，仅编码一个蛋白质。在细菌中，一组相邻的基因通常被转录为单个 mRNA，因此这种 mRNA 会携带几种不同蛋白质的信息。

有些基因的最终产物就是 RNA 自身。正如我们将在后面看到的，这些*非编码* RNA（noncoding RNA）就像蛋白质一样具有多种功能，可作为细胞调节性、结构性和催化性的组分。例如，它们在将遗传信息翻译为蛋白质时发挥关键作用：*核糖体* RNA（ribosomal RNA，rRNA）构成了核糖体的结构和催化核心，而正是核糖体将 mRNA 翻译成蛋白质；*转运* RNA（transfer RNA，tRNA）作为适配器，可选择特定氨基酸并将它们固定在核糖体上的合适位置，以便将氨基酸掺入蛋白质中。我们在第 8 章中也会讨论到，其他小分子 RNA，称为微 RNA（microRNA，miRNA），是真核生物基因表达的关键调节因子。表 7-1 总结了最常见的 RNA 类型。

从最广泛的意义上说，**基因表达**（gene expression）是指将 DNA 序列中编码的信息转化为对细胞或生物体具有某种影响的产物的过程，无论该产物是 RNA 还是蛋白质。在基因的最终产物是蛋白质的情况下，基因表达包括转录和翻译。然而，当 RNA 分子是基因的最终产物时，基因表达不需要翻译。

表 7-1　细胞中产生的 RNA 类型

RNA 类型	功能
信使 RNA（mRNA）	编码蛋白质
核糖体 RNA（rRNA）	形成核糖体结构的核心，催化蛋白质合成
微 RNA（miRNA）	调节基因表达
转运 RNA（tRNA）	在蛋白质合成过程中作为 mRNA 和氨基酸的适配器
其他非编码 RNA	用于 RNA 剪接、基因调控、端粒维持和许多其他过程

DNA 中的信号指示 RNA 聚合酶从何处开始和停止

转录起始是一个特别关键的过程，因为它是细胞选择产生哪些 RNA 的主要节点。为了开始转录，RNA 聚合酶必须识别基因的起始位点并在该位点与 DNA 牢固地结合。RNA 聚合酶识别基因的*转录起始位点*（transcription start site）的方式在细菌和真核生物之间有所不同。由于细菌的情况比较简单，我们首先对其进行描述。

当 RNA 聚合酶与 DNA 分子发生随机碰撞时，聚合酶会微弱地附着在双螺旋上，然后沿着 DNA 快速滑动。RNA 聚合酶只有在遇到一个称为**启动子**（promoter）的基因区域后才会紧密地结合在 DNA 上，启动子含有一段特定的核苷酸序列，正好位于 RNA 合成起始点的上游。当 RNA 聚合酶与这段序列紧密结合后，聚合酶会立即解开启动子前面的双螺旋，使 DNA 两条链上的一小段核苷酸暴露出来。然后，两条暴露的 DNA 链中的一条作为模板，与进入的核糖核苷三磷酸碱基进行互补配对，两个核苷酸通过聚合酶连在一起从而开始 RNA 链的延伸。延伸一直持续到 RNA 聚合酶遇到 DNA 中的第二个信号——终止子（terminator，或称为终止位点）。遇到终止子后，聚合酶停止前进并释放出 DNA 模板和新合成的 RNA 转录本（图 7-9）。终止子序列本身也会被转录，正是这段 RNA 的 3′ 端与聚合酶的相互作用导致聚合酶释放模板 DNA。

因为必须在聚合酶与 DNA 紧密结合之后转录才能开

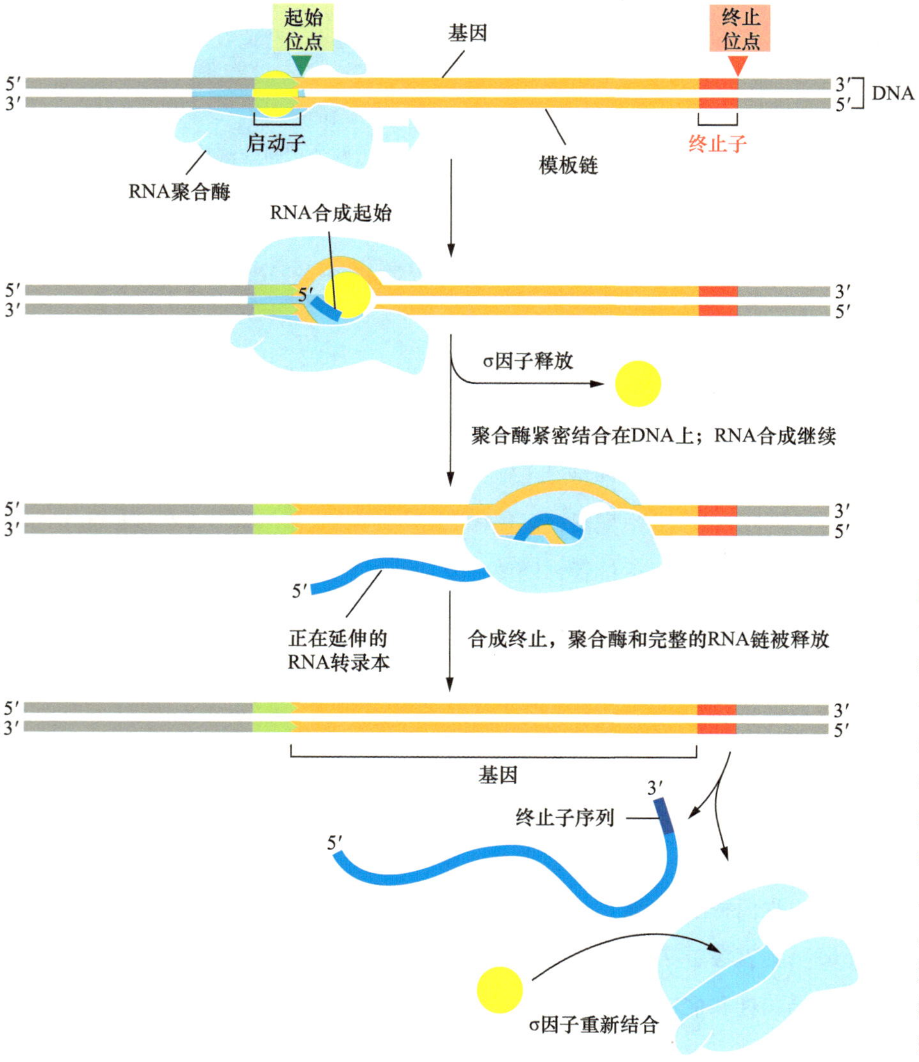

图 7-9　基因核苷酸序列中的信号会指示细菌 RNA 聚合酶从何处开始和停止转录。细菌 RNA 聚合酶（浅蓝色）含有一个称为 σ 因子（黄色）的亚基，可识别基因的启动子（绿色）。一旦转录开始，σ 因子被释放出来，聚合酶向前移动并继续合成 RNA。当聚合酶遇到基因中称为终止子（红色）的序列时，转录就会停止。在将这段序列转录成 RNA（深蓝色）后，聚合酶会停止并释放出 DNA 模板和新合成的 RNA 转录本。然后，聚合酶与游离的 σ 因子重新结合并搜索另一个启动子，以再次开始转录过程。

始，所以只有在前面有启动子的情况下才会开始转录一段 DNA。这确保了一个 DNA 分子中只有含有基因的那些片段才可以转录成 RNA。典型的启动子和终止子的核苷酸序列如图 7-10 所示。

在细菌中，主要负责识别 DNA 上的启动子序列的是 RNA 聚合酶的一个亚基，称为 σ 因子（参见图 7-9）。但是，碱基对位于 DNA 双螺旋的内部，σ 因子如何“看到”启动子？因为每个碱基在双螺旋的外部都表现出独有的特征，使得 σ 因子在开始时不必分开缠绕在一起的 DNA 链就能识别出启动子序列。当聚合酶开始打开 DNA 双螺旋时，σ 因子会与暴露的碱基对结合，保持双螺旋打开。

RNA 聚合酶面临的下一个问题是确定两条 DNA 链中的哪条链作为转录的模板：两条链具有不同的核苷酸序列，将会产生不同的 RNA 转录本。答案就在于启动子本身的结构。每个启动子都具有一定的极性：它含有两个序列不同的核苷酸片段，均位于转录起始位点的上游，以特定的 5′ → 3′ 顺序排列。这些不对称的序列帮助 RNA 聚合酶定位，使其以正确的方向与启动子结合（参见图 7-10A）。因为聚合酶只能在 5′ → 3′ 的方向上合成 RNA，所以一旦聚合酶与 DNA 结合，它必须使用 3′ → 5′ 方向的 DNA 链作为其模板。

一个模板链的选择并不意味着在一个给定的染色体上，所有的转录都沿着相同的方向进行。就整个染色体而言，不同基因的转录方向不同。但由于每个基因通常只有一个启动子，所以其启动子的方向决定了基因沿哪个方向进行转录，从而确定了哪条链是模板链（图 7-11）。

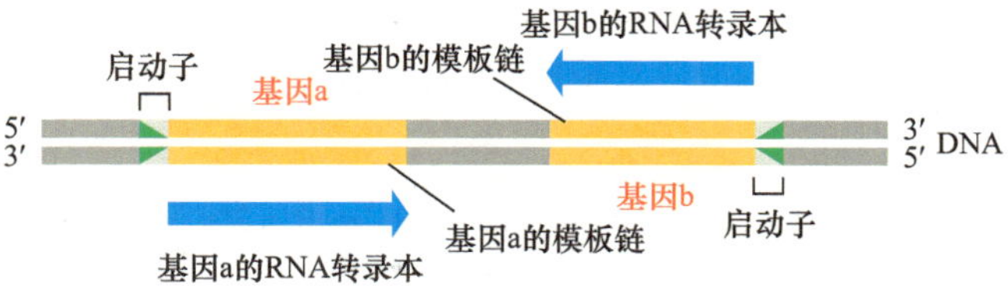

图 7-11　在单条染色体上，一些基因使用一条 DNA 链作为转录模板，其他基因则用另一条 DNA 链为转录模板。RNA 聚合酶相对于模板 DNA 链总是以 3′ → 5′ 的方向移动。每个基因开始处的启动子序列（绿色箭头）的极性决定了 DNA 的哪条链作为模板。在上图中，从左到右进行转录的基因 a 使用底部 DNA 链作为模板（参见图 7-10）；从右到左进行转录的基因 b 使用顶部 DNA 链作为模板。

真核生物基因转录的起始是一个复杂的过程

我们刚刚针对细菌转录概述的许多原则也适用于真核生物。然而，真核生物中的转录起始有几个重要方面与细菌不同。

1. 细菌转录只需要一种 RNA 聚合酶，而真核细胞需要三种：RNA 聚合酶Ⅰ（RNA polymerase Ⅰ），RNA 聚合酶Ⅱ（RNA polymerase Ⅱ），RNA 聚合酶Ⅲ（RNA polymerase Ⅲ）。这些聚合酶负责转录不同的基因。RNA 聚合酶Ⅰ和Ⅲ负责转录转运 RNA、核糖体 RNA 和其他发挥结构性和催化性功能的 RNA（表 7-2）。RNA 聚合酶Ⅱ负责翻译其余基因，包括编码蛋白质的基因，这些基因占真核生物基因的大多数（视频 7.3）。因此我们接下来的讨论将重点关注 RNA 聚合酶Ⅱ。

2. 细菌中的 RNA 聚合酶（与其 σ 亚基一起）靠自身就能起始转录，而真核细胞的 RNA 聚合酶需要很多附属蛋白的协助。其中主要是通用转录因子（general

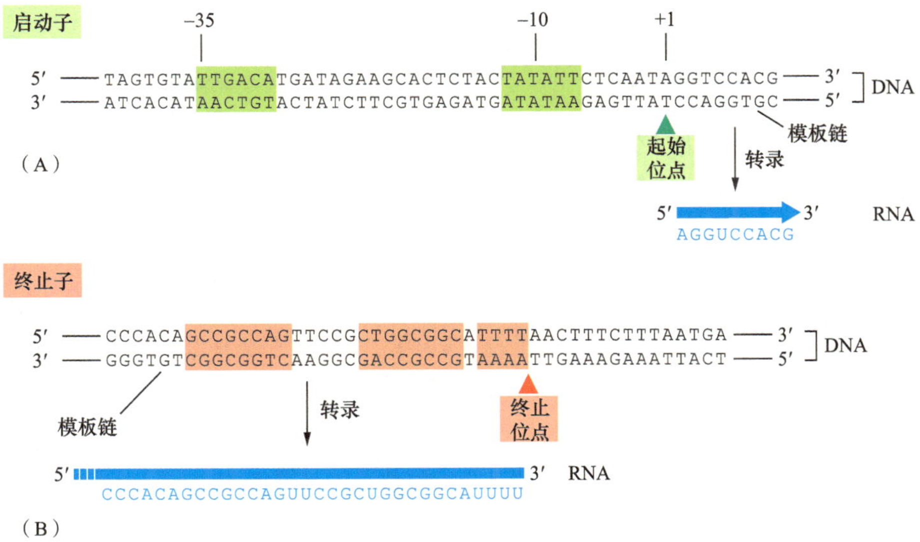

图 7-10　细菌启动子和终止子具有特定核苷酸序列，可被 RNA 聚合酶识别。（A）绿色阴影区域代表启动子的核苷酸序列。DNA 上方的数字表示核苷酸的位置（第一个转录的核苷酸标记为 +1）。启动子的极性使聚合酶定向结合，并确定哪条 DNA 链被转录。所有细菌启动子都含有 −10 到 −35 的 DNA 序列，其序列与此处显示的序列非常相似。（B）红色阴影区域代表基因中使 RNA 聚合酶终止转录的信号序列。注意，转录成 RNA 的区域含有终止子但不含启动子的核苷酸序列。

表 7-2　真核细胞中的三种 RNA 聚合酶

聚合酶种类	转录的基因
RNA 聚合酶 I	大多数 rRNA 基因
RNA 聚合酶 II	所有编码蛋白质的基因，miRNA 基因，其他非编码 RNA 对应的基因（如剪接体中的基因）
RNA 聚合酶 III	tRNA 基因，5S rRNA 基因，其他很多小 RNA 的基因

transcription factor），它们必须与聚合酶一起结合在启动子上才能启动转录。

3. 真核细胞中控制转录起始的机制比原核细胞更为精巧，具体细节将在第 8 章中讨论。在细菌中，基因倾向于彼此靠近，它们之间由很短的非转录 DNA 隔开。但在动植物包括人类中，单个基因沿着 DNA 分布，基因之间可能相隔 10 万个核苷酸对。这种结构使得一个基因可以被很多分散分布在 DNA 上的**调节性 DNA 序列**（regulatory DNA sequence）所控制，使真核细胞具有比细菌更复杂的转录调控形式。

4. 真核细胞转录起始也必须考虑 DNA 会包装成核小体（nucleosome）和染色质这些更加高度有序的结构，我们将在第 8 章中讨论。

在开始讨论真核转录之前，我们先来看一下通用转录因子，了解它们如何帮助 RNA 聚合酶 II 起始转录。

真核 RNA 聚合酶需要通用的转录因子

最初人们发现，和细菌的 RNA 聚合酶不同，纯化的真核 RNA 聚合酶在体外无法自行启动转录。由此人们发现并纯化出**通用转录因子**（general transcription factor）。这些辅助蛋白聚集在启动子上，帮助 RNA 聚合酶定位，解开 DNA 双螺旋以暴露出模板链，从而使聚合酶开始转录。因此，通用转录因子在真核生物转录中的作用与细菌转录中 σ 因子的作用相似。

图 7-12 显示了启动子上 RNA 聚合酶 II 所使用的通用转录因子的组装。这个过程开始于通用转录因子 TFIID 与一段短 DNA 双螺旋的结合，该 DNA 片段主要由 T 和 A 核苷酸组成，因此启动子的这一部分也被称为 TATA 框（TATA box）。一旦与 DNA 结合，TFIID 会造成 DNA 双螺旋的局部发生显著变形（图 7-13）。这种结构可作为一个标志，帮助后续其他蛋白质在启动子处进行组装。TATA 框是 RNA 聚合酶 II 负责转录的许多启动子的关键序列，通常位于转录起始位点上游约 30 个核苷酸处。一

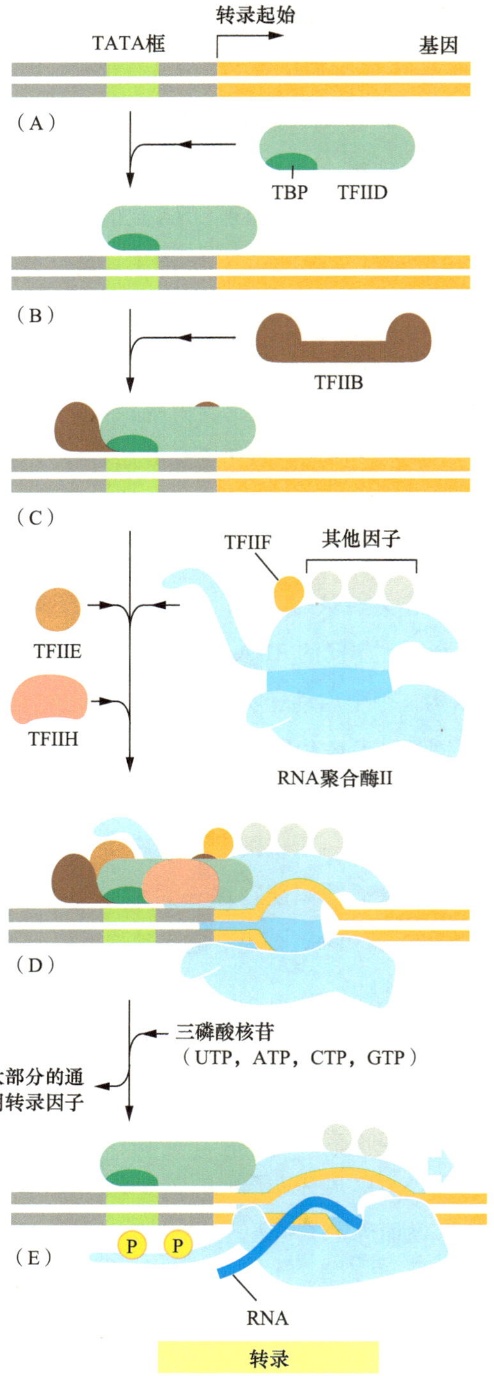

图 7-12　真核 RNA 聚合酶 II 需要一系列的通用转录因子来启动转录。这些因子被称为 TFIIB 和 TFIID 等。(A) 大多数真核启动子含有称为 TATA 框的 DNA 序列。(B) TATA 框被通用转录因子 TFIID 的一个亚基识别，称为 TATA 结合蛋白（TBP）。简单起见，图中没有显示 TBP 结合后产生的 DNA 扭曲（参见图 7-13）。(C) TFIID 的结合使得 TFIIB 能够在邻近部位结合。(D) 其余的通用转录因子以及 RNA 聚合酶在启动子处聚集。(E) TFIIH 利用 ATP 水解的能量在转录起始点分开双螺旋，暴露基因的模板链。TFIIH 还可以磷酸化 RNA 聚合酶 II，将其从大多数通用转录因子中释放出来，使其可以开始转录。磷酸化位点位于聚合酶延伸出来的长多肽“尾巴”上。一旦聚合酶远离启动子，大多数通用转录因子就会从 DNA 上释放出来。唯一例外的是 TFIID，它会在多次转录起始中与 DNA 保持结合。

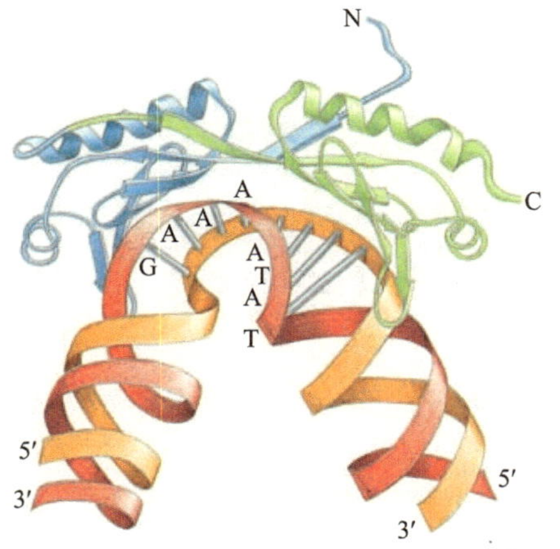

图 7-13 **TATA 结合蛋白（TBP）与 TATA 框（由字母表示）结合，引起 DNA 双螺旋弯曲。**TBP 是 TFIID 的一个亚基（参见图 7-12），当它结合 DNA 时会使 DNA 发生扭曲。TBP 是一条单一的多肽链，折叠成两个非常相似的结构域（蓝色和绿色）。蛋白质位于 DNA 双螺旋的顶部，就像一匹野马的马鞍（视频 7.4）。

且 TFIID 与 TATA 框结合，其他因子与 RNA 聚合酶 II 一起组装形成完整的*转录起始复合物*（transcription initiation complex）。尽管图 7-12 显示了通用转录因子是以一定的顺序组装到启动子上，但对不同的启动子而言，实际的组装顺序可能有所不同。与细菌启动子一样，真核启动子也是由几种不同的 DNA 序列组成。这些序列指导通用转录因子在哪里组装，并且引导 RNA 聚合酶能够以正确的方向和使用正确的模板链来起始转录（图 7-14）。

一旦 RNA 聚合酶 II 定位在启动子上，它必须从通用转录因子的复合物中释放出来，以开始它合成 RNA 分子的任务。解离 RNA 聚合酶的关键步骤是向其“尾巴”上添加磷酸基团（参见图 7-12E）。该步骤由通用转录因子 TFIIH 启动，它含有一个蛋白激酶作为它的亚基。一旦转录开始，大多数通用转录因子都会从 DNA 上解离，然后被新的 RNA 聚合酶分子利用以起始另一轮转录。当 RNA 聚合酶 II 完成基因转录时，它也从 DNA 上释放出来；RNA 聚合酶尾部的磷酸基团被蛋白磷酸酶去除，然后就可以去寻找新的启动子。只有去磷酸化形式的 RNA 聚合酶 II 才能重新启动 RNA 合成。

真核 mRNA 在细胞核中加工

DNA 作为模板被转录成 RNA 的原理在所有生物中都是相同的。然而，在所得的 RNA 转录本被翻译成蛋白质之前，对这些转录本进行加工的方式在细菌和真核生物之间是不同的。由于细菌缺乏细胞核，它们的 DNA 直接暴露于胞质溶胶中，胞质溶胶含有可进行蛋白质合成的*核糖体*（ribosome）。当细菌中的 mRNA 分子开始合成时，核糖体立即附着在 RNA 转录本的游离 5′ 端并开始将其翻译成蛋白质。

真核细胞中，DNA 包裹在*细胞核*（nucleus）内，这也是转录发生的地方。然而，翻译发生在位于胞质中的核糖体上。因此，真核生物的 mRNA 在被翻译为蛋白质之前，必须通过核被膜上的小孔转运出细胞核（图 7-15）。但在运输至胞质之前，真核的 RNA 还必须经过几步 RNA 加工（RNA processing），包括 RNA *加帽*（capping）、*剪接*（splicing）和*多聚腺苷酸化*（polyadenylation），我们稍后会对此进行讨论。这些步骤与 RNA 合成同时进行。负责 RNA 加工的酶就附着在真核 RNA 聚合酶 II 的磷酸化尾部（参见图 7-12），当聚合酶开始合成 RNA 分子时，这些酶也开始对 RNA 进行加工（图 7-16）。

这些加工步骤中的两个，即加帽和多聚腺苷酸化，发生在所有将要成为 mRNA 分子的 RNA 转录本上。

1. RNA 加帽修饰 RNA 转录本的 5′ 端，这一端在转录过程中首先被合成。RNA 帽含有一个非典型的核苷酸，即带一个甲基的鸟嘌呤（G），该核苷酸以一种不常见的方式连接到 RNA 的 5′ 端（图 7-17）。比较之下，在细菌中，mRNA 分子的 5′ 端实际上就是转录出来的第一个核苷酸，

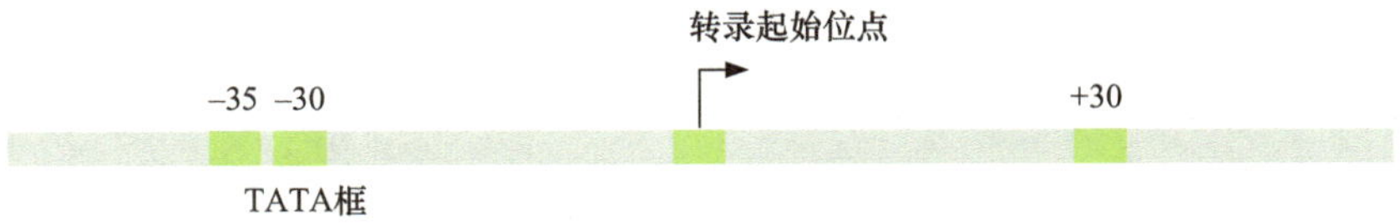

定位	DNA序列	通用转录因子
–35	G/C G/C G/A C G C C	TFIIB
–30	T A T A A/T A A/T	TBP TFIID的亚基
转录起始位点	C/T C/T A N T/A C/T C/T	TFIID
+30	A/G G A/T C G T G	TFIID

图 7-14 **真核启动子含有促进通用转录因子结合的序列。**本图显示了每条序列上可以被通用转录因子识别的位置。N 代表任一核苷酸，斜线（/）表示特定位置上可能的核苷酸。对于由 RNA 聚合酶 II 转录的大多数起始位点，仅需要这四个序列中的两个或三个。这些 DNA 序列绝大多数位于转录起始位点的上游，但有一个序列位于转录区内（在 +30 处）。

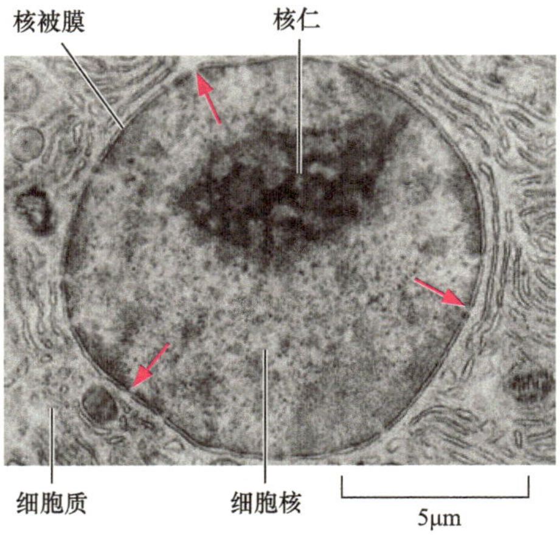

图 7-15 在翻译成蛋白质之前，细胞核中生成的 mRNA 分子必须通过核被膜上的小孔（红色箭头）进入胞质溶胶。这里显示的是肝细胞核的一个切片。核仁是核糖体 RNA 合成并与蛋白质结合形成核糖体的场所，核糖体随后会被运输到胞质溶胶中。（引自 D.W. Fawcett，*A Textbook of Histology*，12th ed 1994。蒙 Taylor & Francis Books UK 惠许。）

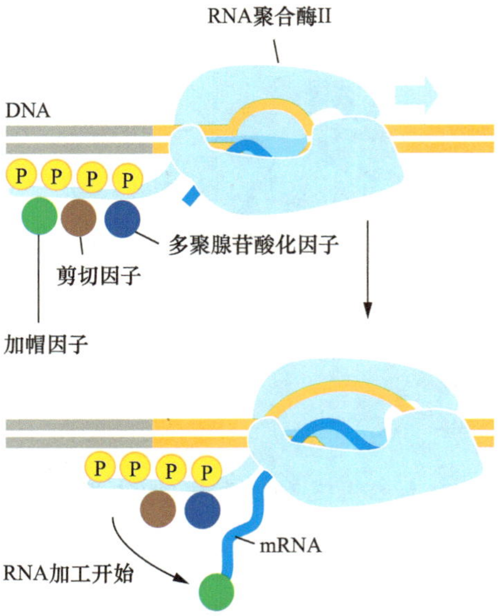

图 7-16 RNA 聚合酶Ⅱ尾部的磷酸化使 RNA 加工蛋白在尾部聚集。RNA 加帽、多聚腺苷酸化和剪接都是在合成 RNA 时发生的修饰。请注意，此处显示的磷酸基团不包括转录起始所需的那些磷酸基团（参见图 7-12）。

图 7-17 真核 mRNA 分子经过加帽和多聚腺苷酸化修饰。（A）一条真核 mRNA 在其 5′ 端有一个帽子，在其 3′ 端有一条 poly-A 尾巴。如图所示，除了编码蛋白质的核苷酸序列外，大多数 mRNA 还含有额外的非编码序列。位于 5′ 端的非编码部分称为 5′ 非翻译区或 5′UTR；位于 3′ 端的非编码部分称为 3′UTR。（B）5′ 端的帽结构。许多真核 mRNA 的帽还进行额外修饰，mRNA 中第二个核糖上的 2′-羟基被甲基化（图中未显示）。

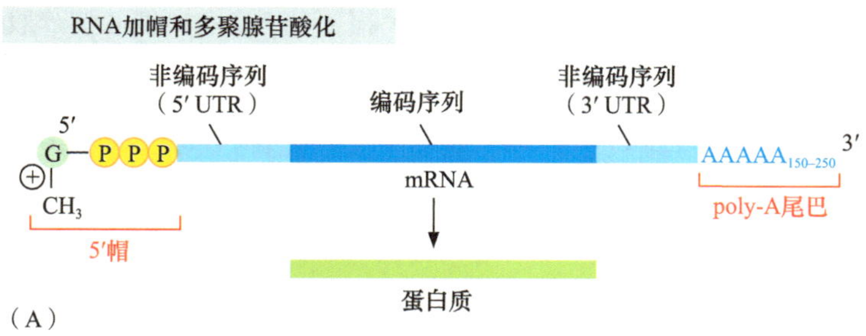

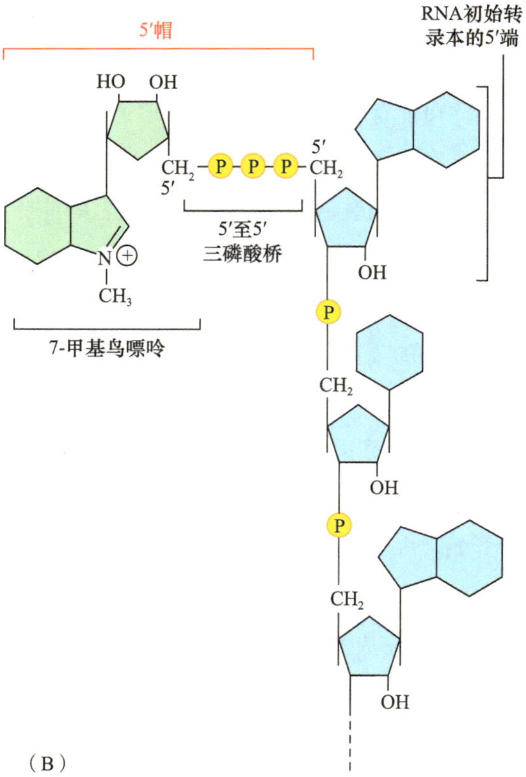

而在真核细胞中，加帽发生于 RNA 聚合酶Ⅱ合成了约 25 个核苷酸之后，但远在整个基因的转录完成之前。

2. 多聚腺苷酸化为新转录的 mRNA 的 3′ 端提供了一种特殊的结构。细菌中 mRNA 的 3′ 端就是由 RNA 聚合酶合成的链的末端。相反，真核 mRNA 的 3′ 端首先被一种酶在特定的核苷酸序列上进行切割，然后第二种酶会在链的末端添加一系列重复的腺嘌呤（A）核苷酸，从而结束转录。这种 poly-A 尾巴（poly-A tail）通常长达几百个核苷酸（参见图 7-17A）。

加帽和多聚腺苷酸化这两种修饰提高了真核 mRNA 分子的稳定性，有利于其从细胞核运出到胞质，并且大致上可作为 mRNA 分子的标记。蛋白质合成机器也可通过这两种修饰确保 mRNA 的两端都存在，因此在蛋白质合成开始之前确保了信息的完整性。

在真核生物中，蛋白质编码基因被称为内含子的非编码序列所间隔

大多数真核 mRNA 在它们发挥作用之前还必须经历一步加工过程。与加帽或多聚腺苷酸化相比，这一步修饰的幅度要剧烈得多，这是因为真核生物的基因具有特别的排列方式。在细菌中，大多数蛋白质由一段不间断的 DNA 序列所编码，该序列转录成的 mRNA 不需要进一步的加工就可以翻译为蛋白质。相反，大多数编码蛋白质的真核基因，其编码序列被称为**内含子**（intron）的较长的非编码序列间隔开。分散的编码序列称为表达序列（expressed sequence）或**外显子**（exon），其通常比内含子短，并且仅占基因总长度的一小部分（图 7-18）。内含子的长度从 1 个核苷酸到超过 10 000 个核苷酸不等。有些编码蛋白质的真核基因完全没有内含子，有些基因有少数内含子，但大多数基因有很多内含子（图 7-19）。注意，术语“外显子”和“内含子”同时适用于 DNA 及其相应的 RNA 序列。

RNA 剪接从 mRNA 前体中除去内含子

在真核细胞合成 mRNA 的过程中，包括内含子以及外显子在内的整个基因都被转录成 RNA。在加帽后，RNA 聚合酶 II 继续转录该基因，RNA 剪接也随之开始。在此过程中，内含子从新合成的 RNA 中被除去，外显子连接在一起。最终，每个转录本加上一个 poly-A 尾巴。在许多情况下，加尾发生在剪接之后，而在有些情况下，加尾在最后一步剪接反应之前就已完成。一旦转录本完成剪接且其 5′ 端和 3′ 端被修饰，RNA 就成为功能性的 mRNA 分子，可以离开细胞核并被翻译成蛋白质。在这些步骤完成之前，RNA 转录本被称为 mRNA 前体（precursor-mRNA），或简称为前 mRNA（pre-mRNA）。

在剪接过程中，细胞如何确定 RNA 转录本的哪些部分被去除？与外显子的编码序列不同，内含子的大多数核苷酸序列是不重要的。尽管不同内含子的核苷酸序列之间总体上几乎没有相似性，但每个内含子都含有一些短核苷酸序列，可作为从 mRNA 前体中将其去除的信号。这些

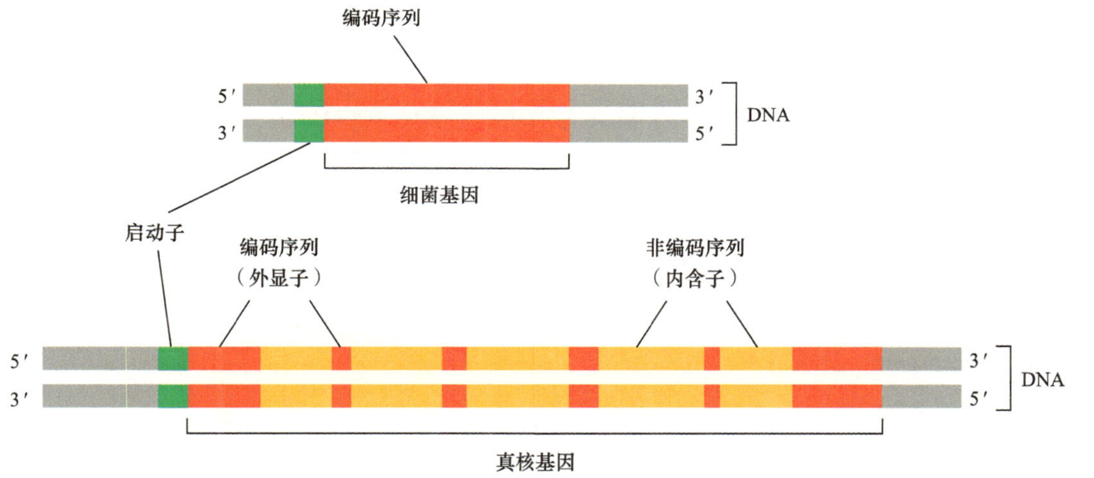

图 7-18 **真核细胞和细菌的基因组织方式不同。**细菌基因由一段不间断核苷酸序列组成，该序列编码了蛋白质的氨基酸序列。相反，大多数真核基因的蛋白质编码序列（外显子）被非编码序列（内含子）间隔开。启动子序列以绿色表示。

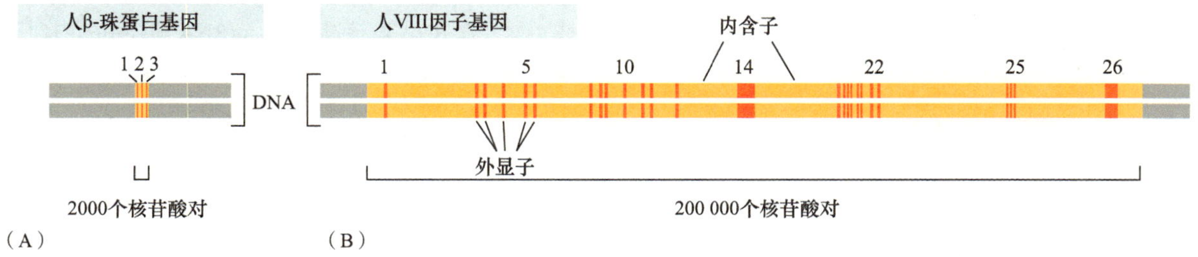

图 7-19 **人类的大多数蛋白质编码基因被分割为多个外显子和内含子。**（A）β-珠蛋白基因，它编码了载氧蛋白血红蛋白的一个亚基，该基因含有 3 个外显子。（B）编码因子Ⅷ的基因，Ⅷ在凝血途径中发挥作用，该基因含有 26 个外显子。这个大型基因中的突变是造成血友病发病最常见的成因。

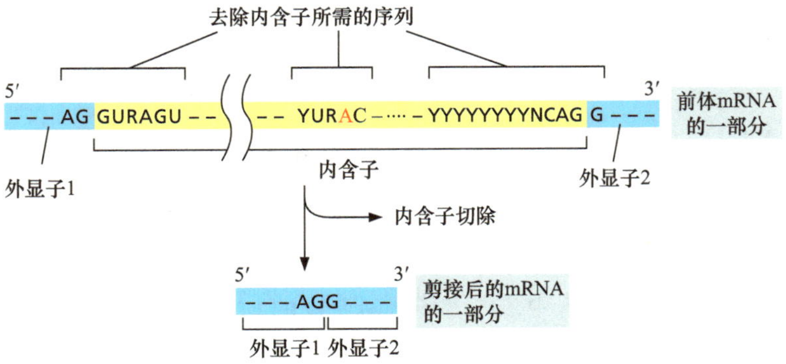

图 7-20 **mRNA 前体中的特殊核苷酸序列标志着内含子的起始和结束。**去除内含子只需要图中显示的核苷酸序列，内含子中的其他位置可被任意的核苷酸所取代。特殊序列主要由核小核糖核蛋白（snRNP）识别，该蛋白指导 RNA 的切割发生在内含子和外显子的边界处并催化外显子序列的共价连接。在这里，除了核苷酸的标准符号（A、C、G、U）外，R 代表 A 或 G，Y 代表 C 或 U，N 代表任意核苷酸。红色显示的 A 形成了剪接反应所产生的套索（图 7-21 所示）的分支点。RNA 上三个剪接序列之间的距离变化可以非常大。然而，分支点和 5′ 接合处之间的距离通常比 3′ 接合处到分支点之间的距离长得多（参见图 7-21）。图中显示的剪接序列来自人类，类似的序列也在其他真核生物中指导 RNA 的剪接。

特殊序列位于或靠近内含子的两端，并且在所有内含子中都是相同或非常相似的（图 7-20）。在这些序列的指导下，精巧的剪接机器以“套索”结构的形式完成对内含子的切割。该套索是通过一个腺嘌呤核苷酸（图 7-20 和图 7-21 中以红色显示）与内含子开始位置的反应所形成的（图 7-21）。

虽然我们不会详细描述剪接过程，但值得注意的是，与 mRNA 生成的其他步骤不同，完成 RNA 剪接的主要是 RNA 分子而不是蛋白质。这些 RNA 分子称为**核小 RNA**（small nuclear RNA，snRNA），它们与其他蛋白质包装在一起形成核小核糖核蛋白（small nuclear ribonucleoprotein，snRNP，发音为“snurps”）。snRNP 通过其 RNA 组分与 mRNA 前体序列之间的碱基互补配对来识别剪接位点序列，并完成剪接的化学反应（图 7-22）。以这种方式催化反应的 RNA 分子被称为核酶（ribozyme），我们将在本章后面对它们进行更详细地讨论。综上所述，这些 snRNP 形成了**剪接体**（spliceosome）的核心，并集结大量的 RNA 和蛋白质分子，使之在细胞核中完成 RNA 剪接。参阅视频 7.5 了解剪接体是如何工作的。

真核生物中以内含子-外显子的方式进行基因排列，可能看起来很浪费，但它确实提供了一些重要的益处。首先，许多真核基因的转录本能够以不同的方式进行剪接，每种剪接方式都可以产生一种不同的蛋白质。因此，这种**选择性剪接**（alternative splicing）使同一基因可以产生多个不同的蛋白质（图 7-23）。据估计，大约 95% 的人类基因都经历过选择性剪接。因此，RNA 剪接使真核生物能够进一步提高基因组本就已经很大的编码潜力。在第 9 章中讨论蛋白质如何演化时，我们会了解到剪接的另一个优势，即产生全新的蛋白质。

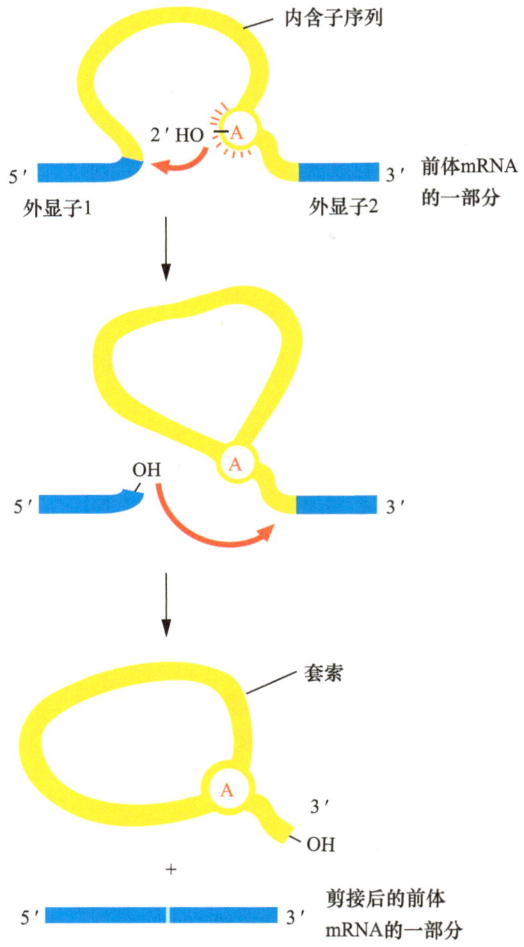

图 7-21 **在 RNA 剪接过程中，mRNA 前体中的内含子形成分支结构。**第一步，内含子序列中的分支点腺嘌呤（红色 A）攻击 5′ 剪接位点并在此位点切割 RNA 的糖-磷酸骨架（这与图 7-20 中的红色的 A 相同）。在此过程中，释放的内含子 5′ 端与腺嘌呤核苷酸的核糖的 2′-OH 基团共价连接，形成分支结构。在剪接的第二步，外显子序列的游离 3′-OH 末端与下一个外显子序列的起始处发生反应，将两个外显子连接在一起，形成一个连续的编码序列。内含子以套索结构的形式被释放出来，并最终在细胞核中被降解。

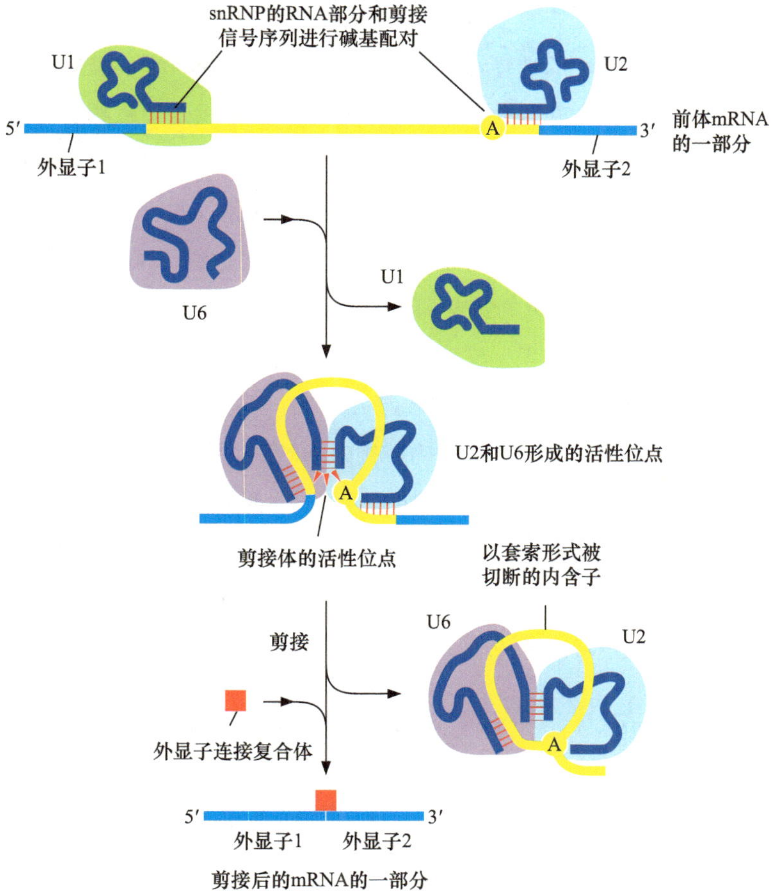

图 7-22 **剪接是由称为 snRNP 的 RNA-蛋白质复合物所完成。**虽然剪接需要 5 个 snRNP 和另外约 200 个蛋白，但这里只显示了三个最重要的 snRNP，分别叫做 U1、U2 和 U6。在剪接的第一步，通过碱基互补配对，U1 识别 5′ 剪接位点，U2 识别套索分支点。然后 U6 取代 U1，并通过和该内含子自身的序列进行碱基配对，对 5′ 剪接位点进行“再次确认”。在进行剪接反应之前，这种“重新进行读取”的步骤通过两次确认 5′ 剪接位点提高了剪接的精确性。在接下来的步骤中，剪接体蛋白（图中未显示）水解 ATP，引发 U2 和 U6 的构象发生变化，驱动了剪接体活性位点的形成。一旦发生剪接反应（参见图 7-21），剪接体在 mRNA 上放置一组称为外显子连接复合物（红色）的 RNA 结合蛋白，标记着剪接位点已成功完成剪接。

图 7-23 **一些 mRNA 前体通过 RNA 选择性剪接，从同一基因产生不同的 mRNA 和蛋白质。**尽管所有外显子都被转录，但它们可以被剪接体跳过以产生不同的剪接 mRNA，如图所示。当一个内含子 5′ 端的剪接信号与不同内含子的分支点和 3′ 端配对时，这种跳跃便会发生。选择性剪接的一个重要特征是外显子可以被跳过或不跳过。然而，外显子的顺序是由 DNA 序列所决定，不能进行重排。

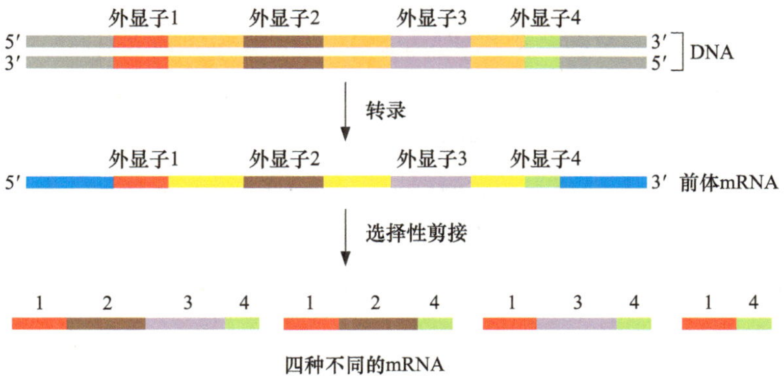

RNA 合成和加工发生在细胞核内的“工厂”中

真核生物中的 RNA 合成和加工需要大量蛋白质的协同作用，从完成转录的 RNA 聚合酶及辅助蛋白，到负责加帽、多聚腺苷酸化和剪接的酶。在众多被转录的 RNA 分子中，合成和加工每个分子所需的组分如此之多，这些组分是如何成功地找到彼此的？

我们已经介绍过，真核生物的 RNA 聚合酶 II 在合成 RNA 分子时，负责 RNA 加工的酶就附着在聚合酶的磷酸化尾部，因此 RNA 转录本在合成的同时就可以进行加工（参见图 7-16）。除了上述关系外，RNA 聚合酶和 RNA 加工蛋白还会形成松散的分子聚集体，通常称为*细胞内凝聚物*（intracellular condensate），可作为合成RNA的“工厂”。这些工厂汇集了众多的 RNA 聚合酶、RNA 加工组分和待表达的基因，它们的体积大到可以在显微镜下观察到（图 7-24）。

在执行特定任务时对所需组分进行聚集，这不是 RNA 转录所特有。参与 DNA 复制和修复的蛋白质也会汇聚成功能性的工厂，专门用于完成特定任务。编码核糖体 RNA 的基因也是成簇聚集在核仁中（参见图 5-17），在那里它们的 RNA 产物与蛋白质结合形成核糖体。然后，这

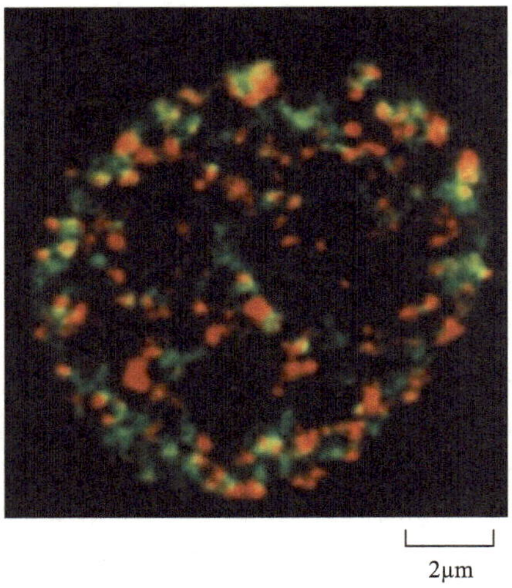

图 7-24　**RNA 由细胞核内的工厂产生。**哺乳动物 RNA 的合成和加工（红色）以及 DNA 的复制（绿色），都是发生在其胞内凝聚物中，这些凝聚物会在细胞核中形成离散分布的区室。在这张显微照片中，通过检测新合成的 DNA 和 RNA 可看到这些松散分布的蛋白质和核酸聚集体。在某些情况下，复制和转录会在同一位点发生（黄色）。（引自 D.G. Wansink et al.，*J.Cell Sci.* 107：1449-1456，1994。蒙 The Company of Biologist 惠许。）

些核糖体以及将被它们解码的成熟 mRNA，必须被输出到胞质溶胶中，在那里进行翻译。

成熟的真核 mRNA 从细胞核内输出

在细胞合成的前体 mRNA 中，只有一小段序列即成熟 mRNA 中包含的序列是对细胞有用的。其余的 RNA 片段如被切除的内含子、断掉的 RNA 和异常剪接的转录本，不仅无用，而且如果任由它们离开细胞核，可能会对细胞造成危害。那么，细胞如何从 RNA 加工所产生的海量碎片中区分出数量相对稀少的成熟 mRNA 并将其运输至胞质溶胶中呢?

答案就在于 mRNA 从细胞核到胞质溶胶的转运具有高度的选择性：只有正确加工的 mRNA 才能被输出细胞核，并因此被翻译。这种选择性转运是由核孔复合体（nuclear pore complex）介导的，核孔复合体将核质与胞质溶胶连接起来，并作为门户控制着哪些大分子进入或离开细胞核（第 15 章会进行讨论）。为了达到“输出就绪”状态，mRNA 分子必须与一组适当的蛋白质结合，其中每个蛋白质会识别成熟 mRNA 分子的不同部分。这些蛋白质包括多个 poly-A 结合蛋白、一个帽结合复合物，以及多个可以结合已被正确剪接的 mRNA 的蛋白质（图 7-25）。因此最终决定一个 mRNA 分子是否离开细胞核的，是一整套结合蛋白而不是其中任何一个单一的蛋白质。细胞核中留下的“废弃 RNA”会被原地降解，它们的核苷酸会被重新用于转录。

mRNA 分子最终在胞质溶胶中降解

因为一个 mRNA 分子可以多次翻译成蛋白质（参见图 7-2），所以一个成熟 mRNA 分子在细胞中持续存在的时间长短会极大地影响其生成的蛋白量。每个 mRNA 分子最终都会被胞质溶胶中存在的核糖核酸酶（RNA 酶）降解为核苷酸。不同 mRNA 分子的寿命差别很大，这取决于 mRNA 的核苷酸序列和细胞类型。在细菌中，大多数 mRNA 被迅速降解，一般寿命只有约 3min。真核细胞中的 mRNA 通常持续的时间更长：一些 mRNA，如编码 β-珠蛋白的 mRNA，寿命超过 10h，而其他 mRNA 则存在不超过 30min。

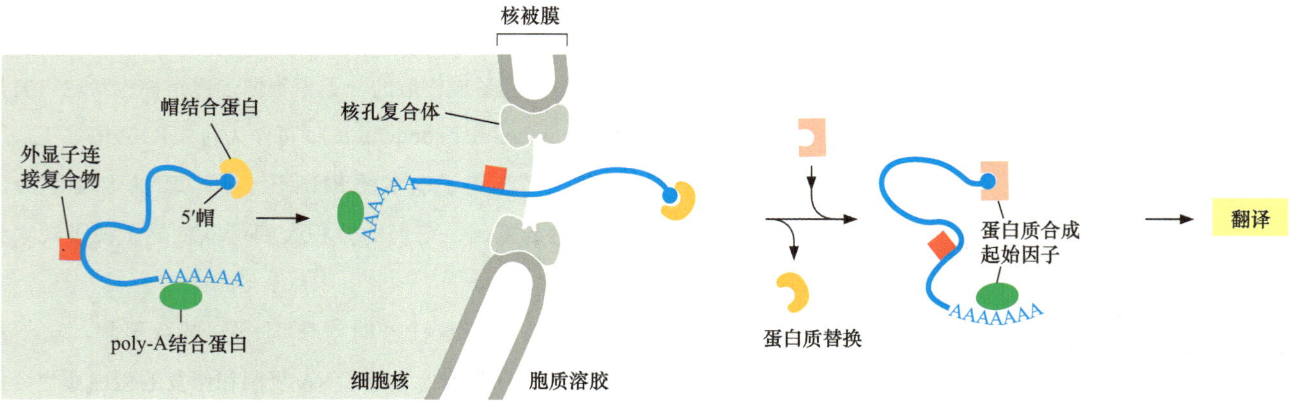

图 7-25　**一组特殊的 RNA 结合蛋白表明 mRNA 已成熟，可以运输到细胞质中。**如左侧所示，成熟 mRNA 分子的 5′ 帽和 poly-A 尾部被识别这些修饰的蛋白质所“标记”。成功的剪接由外显子连接复合物进行了标记（参见图 7-22）。一旦一个 mRNA 被认为“输出就绪”，核转运受体（第 15 章中进行讨论）即与 mRNA 结合并引导它通过核孔。在胞质溶胶中，mRNA 可以摆脱之前的一些蛋白质并结合新的蛋白质。这些新蛋白与 poly-A 结合蛋白一起作为蛋白质合成的起始因子而发挥作用，我们将在本章的下一节讨论。

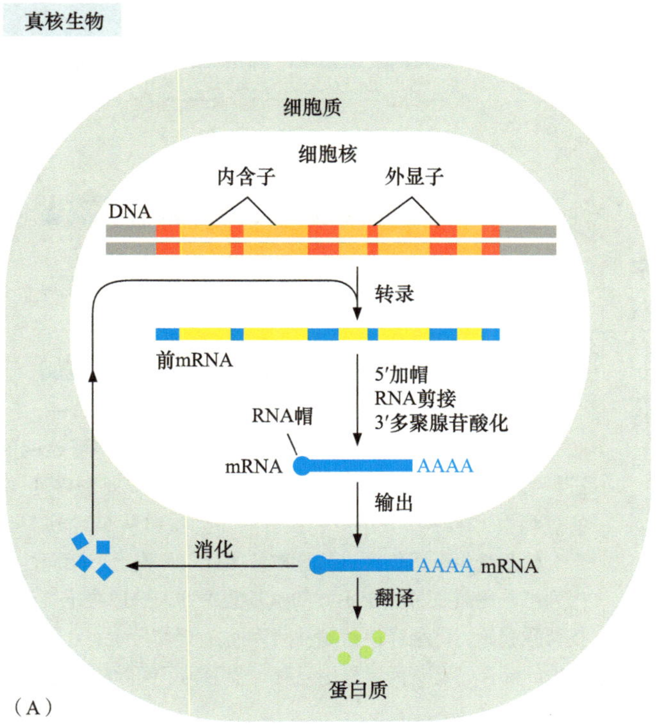

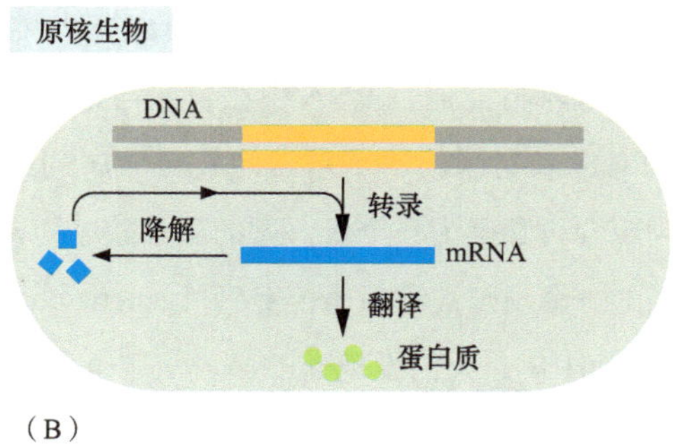

图 7-26 **真核生物 mRNA 的产生过程比原核生物更复杂。**(A) 在真核生物中，转录产生的前 mRNA 分子同时包含外显子和内含子序列。它的两个末端分别受到加帽和多聚腺苷酸化修饰，内含子也在 RNA 剪接时被去除。之后，成熟的 mRNA 从细胞核转运到胞质溶胶中，并在那里被翻译为蛋白质。尽管这些步骤被描述为按步骤逐一发生，但实际上它们同时进行。例如，RNA 的加帽和剪切通常在转录全部完成前就已经开始。由于这种重叠，一般在细胞中不会存在完整的基因转录产物（包含所有的内含子和外显子）。最终，mRNA 被胞质溶胶中的 RNA 酶降解，核糖核苷酸被重新用于下一轮转录。(B) 在原核生物中，mRNA 分子的产生要简单一些。mRNA 分子的 5′ 端在 RNA 聚合酶转录起始时产生，而 3′ 端在转录终止时产生。由于原核生物没有细胞核，转录、翻译和降解都在同一个空间中发生。因此，原核细胞 mRNA 的翻译在转录还没有完成之前就可以开始。在真核生物与原核生物中，一个细胞中某种蛋白质的含量依赖于以上步骤的速率，以及 mRNA 和蛋白质分子的降解速率。

这些 mRNA 寿命不同的部分原因是由 mRNA 自身的核苷酸序列所决定，最经常的是由 RNA 中一段称为 3′ 非翻译区（3′ untranslated region）的序列所决定，该区段位于编码序列的 3′ 端和 poly-A 尾部之间（参见图 7-17）。不同 mRNA 的寿命有助于细胞控制每种蛋白质的合成量。一般而言，需要大量合成的蛋白质，如 β-球蛋白，是从具有较长寿命的 mRNA 翻译出来的，而含量较少的蛋白质或者其表达水平必须随信号而迅速改变的蛋白质，通常由短寿命的 mRNA 合成。

图 7-26 对真核生物和原核生物中的 RNA 合成、加工和降解进行了总结及比较。

从 RNA 到蛋白质

在 20 世纪 50 年代末，生物学家已经证明 DNA 中编码的信息首先被拷贝到 RNA，然后再到蛋白质。接下来争论的主要问题是“编码问题”：一个 RNA 分子位于其核苷酸线性序列中的信息，如何被翻译到另外一种由一套与核苷酸化学性质差异很大的亚基即蛋白质中的氨基酸所组成的线性序列中？这个有趣的问题激起了多个领域科学家的好奇心，包括物理、数学、化学等。这个由自然界所设定的谜团，在经历了 30 多亿年的演化后，终于被其演化的产物之一即人类的大脑所破解！事实上，科学家们不仅破解了密码，而且还在原子层面上揭示了细胞精确解读这些密码的工作机制。

mRNA 序列以三联核苷酸组的形式被破译

作为一种信息传递的方法，转录很容易理解：DNA 和 RNA 在化学性质及结构上相似，且 DNA 可以直接作为模板，通过碱基互补配对来指导 RNA 的合成。就像“转录”这个术语所表达的那样，这个过程就仿佛是一条手写的信息被转化为如电子文本。语言本身与信息的类型没有改变，所用的字符也高度相似。

相反，信息从 RNA 到蛋白质的转化是把信息**翻译**（translation）为另一种使用不同字符的语言。由于 mRNA

中只有4种不同的核苷酸，蛋白质中却有20种不同的氨基酸，翻译不再能通过RNA中核苷酸与蛋白质中氨基酸直接的对应来实现。一个基因的核苷酸序列通过mRNA分子为媒介再翻译为一个蛋白质的氨基酸序列，这一过程所遵循的一套规则被称为**遗传密码**（genetic code）。

在1961年，人们发现mRNA分子中的核苷酸序列是以三个一组的形式连续读取的。鉴于RNA由四种不同核苷酸组成，三个核苷酸一共有4×4×4=64种可能的组合：AAA、AUA、AUG，依此类推。然而，一般情况下，蛋白质中只有20种不同的氨基酸。这暗示着要么有些核苷酸三联子从未被使用过，要么密码是冗余的，有些氨基酸被不止一种三联子编码。事实证明，第二种可能性是对的，如完全破译的遗传密码表（图7-27）所示。RNA中一组三个连续的核苷酸被称为一个**密码子**（codon），每个密码子唯一对应一种氨基酸。“我们是怎样知道的”栏目中描述了密码的破解策略。

当今所有的生物体都在使用相同的基本遗传密码。曾经发现过一些存在微小不同的密码子，但这些不同主要出现在线粒体mRNA及某些真菌和原生动物中。线粒体有它自己的DNA复制、转录与蛋白质合成系统，这些系统相对于细胞其他地方的同类系统是独立运行的（第14章中进行讨论），它们可以容纳普遍使用的遗传密码发生一些微小的改动。即使在真菌和原生动物中，它们遗传密码的相似性也远远大于差异性。

原则上，一个mRNA序列可以按三种不同**阅读框**（reading frame）中的任何一种进行翻译，这取决于解码过程从哪里开始（图7-28）。然而，在mRNA三种可能的阅读框中，只有一种能翻译出正确的蛋白质。我们稍后会讨论位于mRNA分子起始处的特殊信号如何设定正确的阅读框。

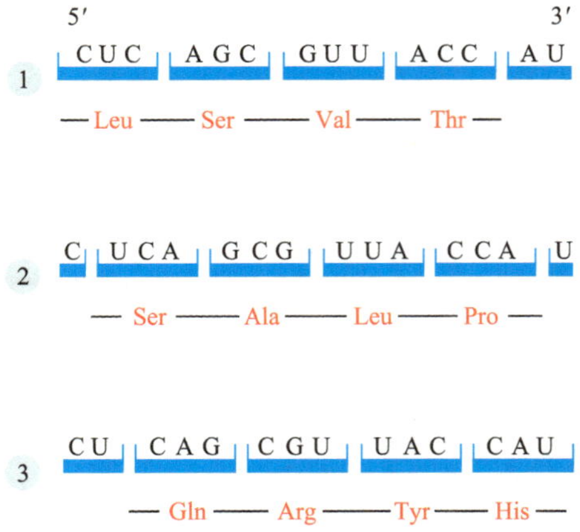

图7-28 **理论上，一个mRNA分子可以用三种可能的阅读框进行翻译。**在将核苷酸序列（蓝色）翻译成氨基酸序列（红色）的过程中，mRNA分子中的核苷酸序列按照从5′端到3′端、以三个核苷酸为一组依次进行读取。因此，原则上，相同的mRNA序列可以编码三种完全不同的氨基酸序列，这取决于翻译从哪个核苷酸起始，即翻译使用哪种阅读框。但实际上，正如我们稍后讨论的那样，这些阅读框中只有一个编码了实际的信息。

tRNA分子将氨基酸与mRNA中的密码子进行匹配

mRNA分子中的密码子不会直接识别它们所编码的氨基酸，例如，三核苷酸组无法直接结合氨基酸。实际上，mRNA翻译为蛋白质的过程依赖于一种连接物分子，它的一部分结合密码子，另一部分结合氨基酸。这些连接物分子是由一套小RNA分子组成，这些RNA被称为**转运RNA**（transfer RNA，tRNA），每个长度约为80个核苷酸。

我们在前面看到，通常一个RNA分子可以通过分子不同区域之间形成内部碱基配对来折叠成一定的三维

密码子	GCA GCC GCG GCU	AGA AGG CGA CGC CGG CGU	GAC GAU	AAC AAU	UGC UGU	GAA GAG	CAA CAG	GGA GGC GGG GGU	CAC CAU	AUA AUC AUU	UUA UUG CUA CUC CUG CUU	AAA AAG	AUG	UUC UUU	CCA CCC CCG CCU	AGC AGU UCA UCC UCG UCU	ACA ACC ACG ACU	UGG	UAC UAU	GUA GUC GUG GUU	UAA UAG UGA
氨基酸	Ala	Arg	Asp	Asn	Cys	Glu	Gln	Gly	His	Ile	Leu	Lys	Met	Phe	Pro	Ser	Thr	Trp	Tyr	Val	终止
	A	R	D	N	C	E	Q	G	H	I	L	K	M	F	P	S	T	W	Y	V	

图7-27 **mRNA的核苷酸序列通过遗传密码翻译成蛋白质的氨基酸序列。**mRNA中的所有编码特定氨基酸的三核苷酸密码子都已在该氨基酸的上面列出，包括每种氨基酸的三字母和单字母缩写（每种氨基酸的全名及其结构参见图版2-6）。与RNA分子一样，密码子通常将5′端的核苷酸书写在左侧。注意，大多数氨基酸都由不止一个密码子编码，并且编码同一个氨基酸的一组密码子具有规律性。比如，同一氨基酸的密码子，其第一和第二位置的核苷酸倾向于相同，而第三位置有所变化。有三个密码子不编码任何氨基酸，而是作为终止位点（终止密码子），指示mRNA中蛋白质编码序列的结束。密码子AUG既作为起始密码子，指示蛋白质编码信息的开始，同时也作为编码甲硫氨酸的密码子。

破译遗传密码

20 世纪 60 年代初，中心法则（central dogma）作为信息从基因到蛋白质的传递通路已经被广为接受。人们已经知道基因编码蛋白质，基因是由 DNA 组成，mRNA 作为中间媒介将 DNA 中的信息运载到核糖体中，RNA 进一步在核糖体上翻译为蛋白质。

甚至连遗传密码的基本形式也已被破解：在蛋白质中存在 20 种氨基酸，每个氨基酸分别对应 mRNA 分子中的一个三联子密码。然而更大的挑战还在眼前：生物学家、化学家甚至物理学家将目光放在了破解遗传密码上，它们试图找出 64 个可能的核苷酸三联子分别翻译了哪种氨基酸。要找到答案，最直接的方法应该是将一个 DNA 或者 mRNA 片段的序列与对应的多肽产物的序列进行对比。然而，核酸测序技术在 10 年后才发明出来。

因此研究者决定，为了破解遗传密码，他们需要自己合成简单的 RNA 分子。如果把这些 RNA 分子提供给核糖体这种蛋白质合成机器，然后分析得到的多肽产物，就可以逐步揭秘是哪个三联子密码编码了哪个氨基酸。

抛开细胞

在研究者能够测试他们合成的 mRNA 之前，首先要完善蛋白质合成的非细胞体系，这使他们能在一个试管中将 mRNA 中的信息翻译为多肽。一般而言，在实验室中做实验，实验所用体系越简单，结果越容易解读。为了分离这样一个非细胞体系所需要的分子机器，研究者将大肠杆菌细胞进行裂解，然后把它们的内容物装进一个离心管。对这些样品进行高速离心，可以使膜结构和其他大的细胞碎片沉降至离心管底端，而蛋白质合成所需要的相对更轻的细胞组分，包括 mRNA、tRNA 受体、核糖体、酶和其他小分子，则漂浮在离心管接近顶端的位置（详见图版 4-3）。研究者们发现，简单地将带有放射性的氨基酸加入这管细胞“汤”中，就可以导致放射性同位素多肽的产生。通过将这些材料再次离心，研究者们可以使核糖体和与之结合的任何新合成的多肽沉降至离心管底端；接下来，在丢弃上清液后，通过测量留在离心管中沉淀的放射性，就可以检测到同位素标记的多肽。

这个特殊体系的一个问题是，它所合成的蛋白质是由细胞自身的 mRNA 所编码，而研究者们希望使用他们自己合成的 mRNA 来指导蛋白质的合成。这个问题被马歇尔·尼伦伯格（Marshall Nirenberg）解决了。他发现，通过向提取物中加入少量的核酸酶，即一种可以降解 RNA 的酶，就可以破坏细胞本身的 mRNA。现在他只需要准备大量的人工合成 mRNA，将其加入非细胞体系，然后观察能够得到什么样的多肽。

仿造信息

人工合成一条具有特定序列的多核苷酸并不像听起来那么简单。而且，在几年后，化学家和生物工程师才开发出能够快速廉价地合成任何给定核苷酸序列的机器。尼伦伯格决定使用多核苷酸磷酸化酶，这种酶能够在没有模板的情况下将核糖核苷酸连接起来。那么，所得 RNA 的序列将完全取决于给这个酶添加了哪些核苷酸。多种不同核苷酸的混合物会得到一条随机的序列；但用单一类型的核苷酸为原材料，就可以得到仅含一种核苷酸的均一聚合物。因此，尼伦伯格与其合作者海因里希·马特伊（Heinrich Matthaei）第一次合成出了人工 mRNA，该 mRNA 完全由尿嘧啶组成，称为多聚尿苷酸。

研究者将这种多聚尿苷酸加入到他们的非细胞翻译体系中。然后，他们在混合物中添加一种放射性标记的氨基酸。每次测试一种氨基酸，在经过 20 次不同的实验后，他们最终确定多聚尿苷酸仅会指导合成含有苯丙氨酸的多肽（图 7-29）。这个令人振奋的结果意味着第一个遗传密码被破译了。

尼伦伯格和马特伊继续用多聚腺苷酸（poly A）和多聚胞苷酸（poly C）重复上述实验，确定了 AAA 编码赖氨酸，而 CCC 编码脯氨酸。但多聚鸟苷酸（poly G）所编码的氨基酸无法通过这种方法确定。我们现在知道，这是因为多聚鸟苷酸会形成一种异常的结构，使体外翻译系统失效。

将合成的 RNA 与核糖体进行孵育，这看上去是一种富有成效的技术。但随着单核苷酸可能性的耗尽，研究人员只确定了三个密码子；他们还有 61 个尚未破译。因为其他密码子的破译更为艰难，研究者们需要建立一种新的合成方法。在 20 世纪 50 年代，有机化学家戈宾德·霍拉纳（Gobind Khorana）发明了合成固定序列的多核苷酸的

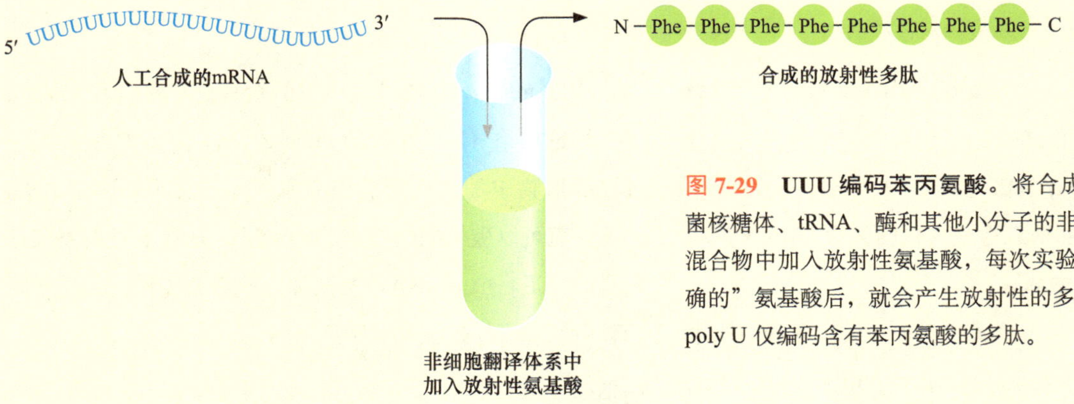

图 7-29　UUU 编码苯丙氨酸。将合成的 mRNA 加入到含有细菌核糖体、tRNA、酶和其他小分子的非细胞翻译体系中，再向该混合物中加入放射性氨基酸，每次实验只加入一种；当加入“正确的”氨基酸后，就会产生放射性的多肽。在这种情况下，发现 poly U 仅编码含有苯丙氨酸的多肽。

方法，但他的技术仅适用于 DNA。当他得知尼伦伯格关于合成 RNA 的工作时，霍拉纳便将他的精力和技能投入到用于合成 RNA 上。他发现，如果先合成一条确定序列的 DNA，然后使用 RNA 聚合酶，就可以从这些 DNA 上合成出具有确定序列的 RNA。通过这种方式，霍拉纳制备了一系列具有确定重复序列的不同 RNA：重复二核苷酸（如 poly UC）、重复三核苷酸（如 poly UUC）或重复四核苷酸（如 poly UAUC）。

然而，用这些混合多核苷酸得到的实验结果比起尼伦伯格使用单核苷酸得到的结果更加难以解读。以 poly UG 为例，当把这种重复的二核苷酸加入到翻译体系中时，研究人员发现它可以编码含有半胱氨酸或缬氨酸的多肽。当然，这种 RNA 可能包含两种不同的密码子：UGU 和 GUG。所以研究人员可以说 UGU 和 GUG 用于编码半胱氨酸和缬氨酸，尽管他们无法分辨出具体哪个对应哪个。因此，这些混合多核苷酸提供了有用的信息，但它们无法准确地揭示哪种密码子对应哪种氨基酸（图 7-30）。

诱捕三联子

遗传密码这些最后的模糊性被尼伦伯格和一位名叫菲尔·莱德（Phil Leder）的年轻医学研究生解决了。他们发现，长度仅为 3 个核苷酸即单个密码子大小的 RNA 片段可以结合到核糖体上，并且会将带有特定氨基酸的 tRNA 分子吸引过来。这个包含一个核糖体、一个 mRNA 密码子和一个带有放射性标记的氨酰-tRNA 的复合物可以用一张滤纸进行收集，进而鉴定其中的氨基酸。

他们用 UUU，即第一个被破译的遗传密码进行了尝试，实验结果非常出色。莱德和尼伦伯格将 UUU 片段加入到先前的非细胞翻译系统中。这些三核苷酸与核糖体结合，而且 Phe-tRNA 结合到 UUU 上。于是，这个新系统便建立并运行了起来，研究人员也再次证实 UUU 编码的是苯丙氨酸。

接下来，研究人员要做的所有工作就是全部合成出 64 个可能的密码子，这项任务在尼伦伯格和霍拉纳实验室中很快完成。由于这些小的三核苷酸在化学上合成起来要简单得多，而且三联子诱捕实验也比之前的解码实验更容易操作和分析，研究人员在第二年就解出了完整的遗传密码。

信息	多肽产物	对应的密码子	
poly UG	...Cys–Val–Cys–Val...	UGU GUG	Cys，Val*
poly AG	...Arg–Glu–Arg–Glu...	AGA GAG	Arg，Glu
poly UUC	...Phe–Phe–Phe... + ...Ser–Ser–Ser... + ...Leu–Leu–Leu...	UUC UCU CUU	Phe，Ser，Leu
poly UAUC	...Tyr–Leu–Ser–Ile...	UAU CUA UCU AUC	Tyr，Leu，Ser，Ile

* 一个密码子对应Cys，另一个对应Val，但哪个对应哪个？同样不明确的情况也存在于图示的其他密码子中。

图 7-30　利用混合重复的核糖核苷酸序列合成 RNA，科学家们进一步缩小了编码的可能性范围。由于这些混合信息产生混合多肽，所以他们不能够将单个密码子明确地对应到特定氨基酸。例如，poly UG 实验的结果无法区分是 UGU 还是 GUG 编码了半胱氨酸。如图所示，在所有使用二核苷酸、三核苷酸和四核苷酸的实验中，类似的模糊性在解读结果时都存在。

结构。如果碱基配对的区域足够长，它们自身就会对折，进而形成一种类似双链 DNA 的双螺旋结构。tRNA 分子就是这种情况。折叠后的 tRNA 包含了四个短双螺旋片段，使其结构示意图看起来像一个独特的三叶草结构（图 7-31A）。例如，图中所示的多核苷酸链，其中一个区域的 5′-GCUC-3′ 序列可以与同一分子另一区域中的 5′-GAGC-3′ 序列进行碱基配对。这个三叶草结构经过进一步折叠，形成一个紧凑的 L 形结构，这个结构通过分子不同区域之间的其他氢键维系在一起（图 7-31B ～ D）。

位于 L 形 tRNA 分子两端的两个未配对核苷酸区域对 tRNA 在蛋白质合成中的功能至关重要。在这两个区域中，其中一个形成**反密码子**（anticodon），这是一组三个连续的核苷酸，可以通过碱基配对与 mRNA 分子中的互补序列结合（图 7-31E）。另一个是位于分子 3′ 端的短单链区域，这是与密码子匹配的氨基酸同 tRNA 共价连接的位点。

在上一节中我们看到，遗传密码是冗余的。换言之，几种不同的密码子可以编码同一种氨基酸（参见图 7-27）。这种冗余意味着，要么许多氨基酸有不止一个 tRNA，要么一个 tRNA 可以与多个密码子进行碱基配对。事实上，这两种情况都会发生。有些氨基酸有不止一个 tRNA，而一些 tRNA 仅需要在密码子前两个位置进行准确的碱基配对，可以容忍第三个位置上的错配（或*摆动*，wobble）。这种碱基配对上的摆动性解释了为什么一个氨基酸的多个密码子仅在它们第三个核苷酸上有差异（参见图 7-27）。摆动碱基配对也使得 20 种氨基酸只需要 31 种 tRNA 分子就可与它们的 61 种密码子相匹配。然而，tRNA 的具体种类数因物种而异。例如，人类大约有 500 种不同的 tRNA 基因，但这些基因仅编码 48 种不同的反密码子的 tRNA。

特定的酶将 tRNA 分子与正确的氨基酸偶联

tRNA 如果要发挥其接头分子的作用，就必须连接或装载上正确的氨基酸。tRNA 分子如何从 20 种氨基酸中识别出正确的氨基酸呢？正确氨基酸的识别和连接依赖于**氨酰-tRNA 合成酶**（aminoacyl-tRNA synthetase），它能将每个氨基酸共价偶联到适当的 tRNA 分子上。在大多数生物中，每种氨基酸都有不同的合成酶。这意味着总共有 20 种合成酶：有的将甘氨酸连接到所有识别甘氨酸密码子的 tRNA 上，有的将苯丙氨酸连接到所有识别苯丙氨酸密

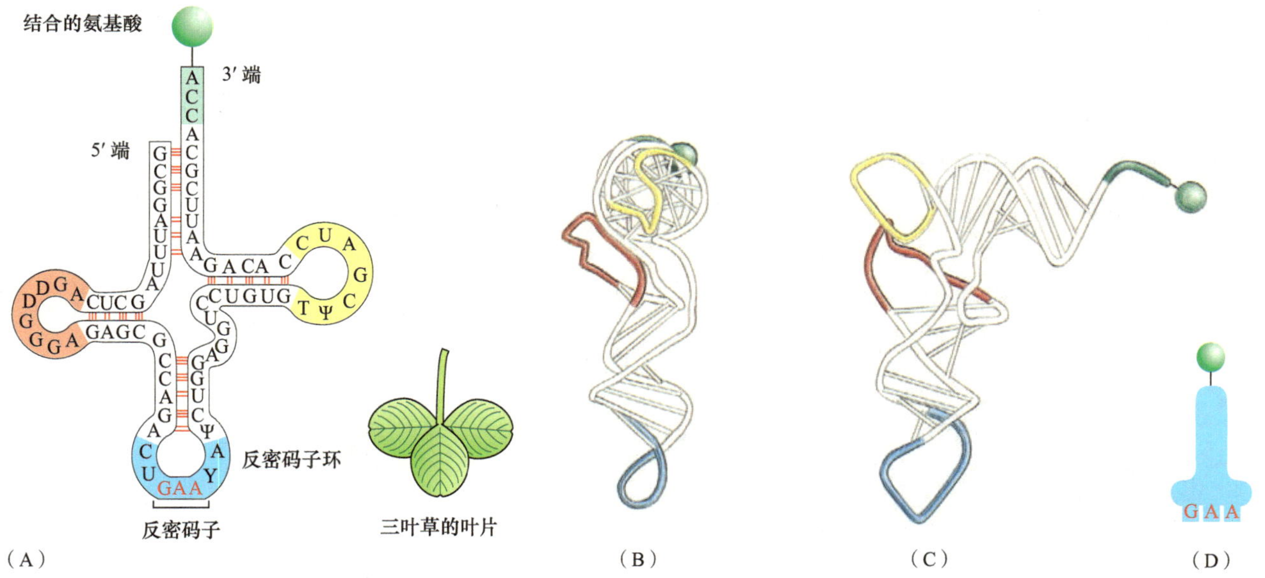

5′ GCGGAUUUAGCUCAGDDGGGAGAGCGCCAGACUGAAYAΨCUGGAGGUCCUGUGTΨCGAUCCACAGAAUUCGCACCA 3′

(E)　　反密码子

图 7-31 **tRNA 分子作为接头分子，将氨基酸与密码子连接起来。**这组示意图以多种方式展示了同一个 tRNA 分子。本例子中指的是特异结合苯丙氨酸（Phe）的 tRNA。（A）传统的“三叶草”结构显示了产生分子内双螺旋区域的互补碱基配对（红色线）。反密码子环（蓝色）包含一个三核苷酸序列（红色字母），该序列可与 mRNA 中的 Phe 密码子互补配对。与反密码子匹配的氨基酸结合在 tRNA 的 3′ 端。tRNA 含有一些不常见的碱基，这些碱基是在 tRNA 合成后通过化学修饰而产生的。以 Ψ（假尿嘧啶）和 D（双氢尿嘧啶）为符号的碱基衍生自尿嘧啶。（B 和 C）基于 X 射线衍射分析的 L 形分子的实际形状。这两个图像相对于彼此旋转 90°。（D）tRNA 的简图，着重突出了反密码子。该图将在后面继续使用。（E）tRNA 分子的线性核苷酸序列，颜色的表示与（A）、（B）和（C）中一致。

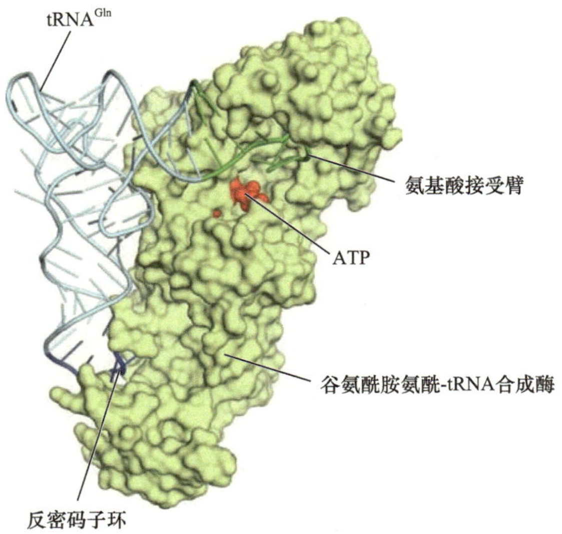

图 7-32 **每种氨酰-tRNA 合成酶都与其 tRNA 分子在多个部位发生接触。**上图中是识别谷氨酰胺的 tRNA，合成酶（黄绿色）可以同时识别反密码子环（深蓝色）和氨基酸接受臂（绿色）中的核苷酸。ATP 分子（红色）会被水解，为氨基酸连接到 tRNA 上提供所需的能量。

码子的 tRNA 上，依此类推。每种合成酶都可以识别其特定的氨基酸和反密码子环，以及氨基酸接受臂中 tRNA 特异的核苷酸（图 7-32 和视频 7.6）。因此，合成酶在解码过程中与 tRNA 的重要性是等同的，因为正是在合成酶和 tRNA 的共同作用下，才使得 mRNA 分子中的每个密码子与其氨基酸进行正确匹配（图 7-33）。

由合成酶所催化的、将氨基酸连接到 tRNA 3′ 端的反应，与细胞中的其他很多反应一样，是与 ATP 释放能量的水解相偶联的（参见图 3-32）。该反应使 tRNA 和氨基酸之间形成高能键。这个键的能量随后用于将氨基酸共价连接到增长的多肽链上。

mRNA 上的信息在核糖体上被解码

tRNA 分子上的反密码子对于密码子的识别依赖碱基互补配对原则，这与 DNA 复制和转录中所使用的原则相同。然而，将 mRNA 准确且快速地翻译成蛋白质还需要一种分子机器，它可以锁定在 mRNA 上，捕获并定位正确的 tRNA 分子，然后将 tRNA 所携带的氨基酸共价连接起来以形成多肽链。在原核生物和真核生物中，完成这项工作的机器都是**核糖体**（ribosome），这是一种由许多小蛋白质（核糖体蛋白质，ribosomal protein）和几种称为**核糖体 RNA**（ribosomal RNA， rRNA）的 RNA 分子组成的大型复合物。一个典型真核细胞在其胞质溶胶中含有数百万个核糖体（图 7-34）。

真核与原核生物的核糖体在结构和功能上非常相似。二者都由一个大亚基和一个小亚基组成，两个亚基结合在一起，形成质量高达数百万道尔顿（Da）的完整核糖体（图 7-35）；相比之下，一个平均大小的蛋白质分子质量为 30 000Da。核糖体小亚基将 tRNA 与 mRNA 的密码子匹配，而大亚基催化肽键的形成，将氨基酸共价连接起来，形成多肽链。这两个亚基在靠近 mRNA 分子 5′ 端的位置上结合到一起，以启动蛋白质的合成。然后，mRNA 像一条长

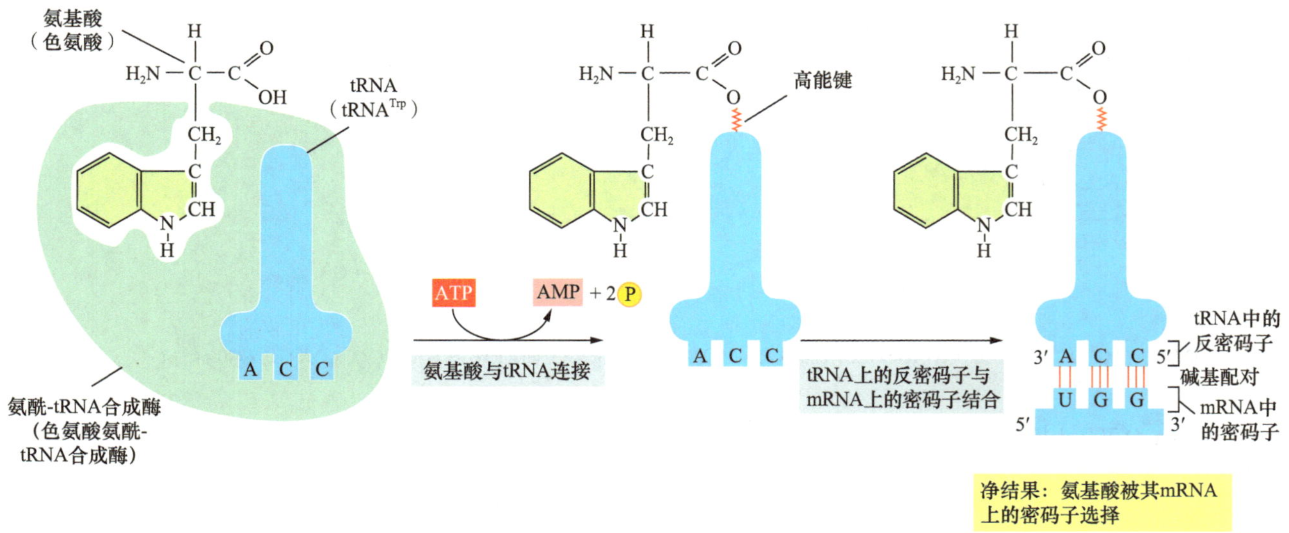

图 7-33 **遗传密码由氨酰-tRNA 合成酶和 tRNA 共同翻译。**氨酰-tRNA 合成酶将特定的氨基酸偶联至其对应的 tRNA，该过程称为装载。之后，已装载氨基酸的 tRNA 分子上的反密码子与 mRNA 上的适当密码子形成碱基对。如果装载过程或已装载的 tRNA 与密码子结合时发生错误，都将导致错误的氨基酸被掺入到多肽链中。在上图中所示的两个连续过程中，色氨酸（Trp）被 mRNA 上的密码子 UGG 所特异选择。

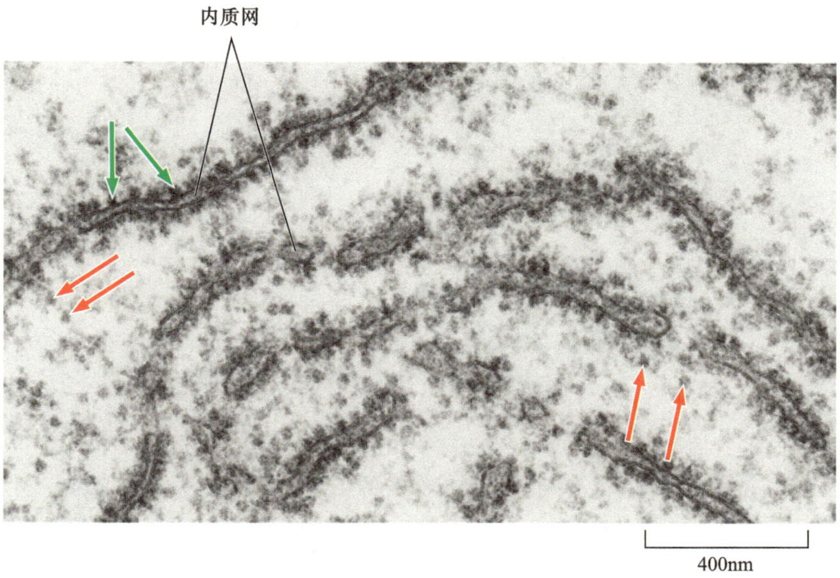

图 7-34 **核糖体位于真核细胞的细胞质中。**该电子显微照片显示了一小部分细胞质的一个超薄切片。核糖体看起来像小的灰色斑点。有些核糖体游离在细胞质中（红色箭头）；其他则附着在内质网的膜上（绿色箭头）。（蒙 George Palade 惠赠。）

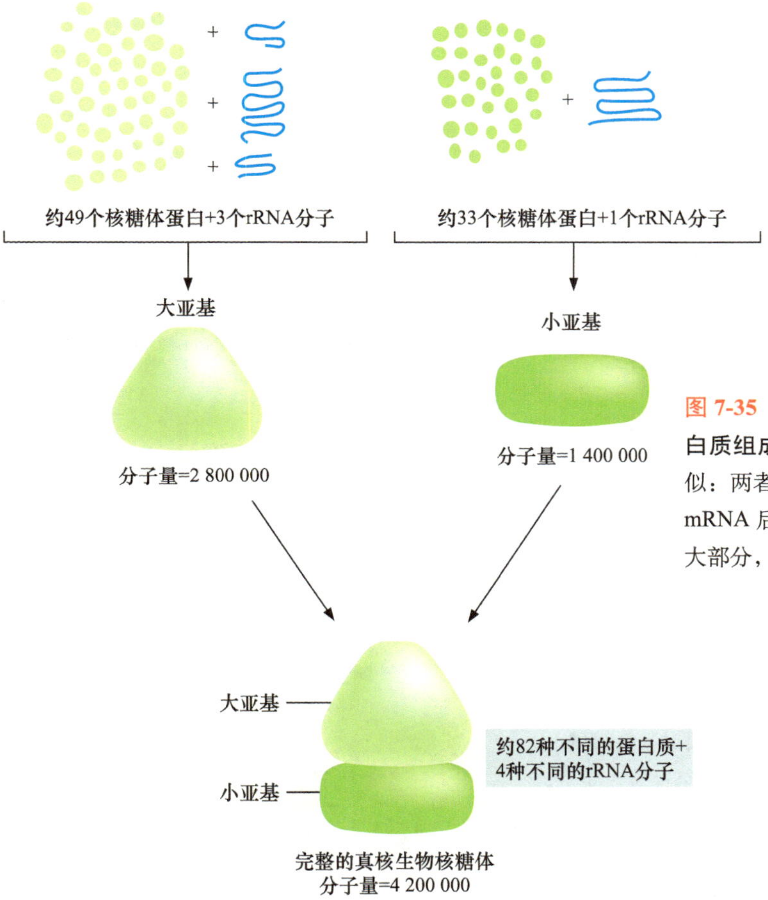

图 7-35 **真核生物核糖体是一个由 4 种 rRNA 和 80 多种小蛋白质组成的大型复合物。**原核生物的核糖体与真核生物非常相似：两者都是由一个大亚基和一个小亚基组成。只在小亚基结合 mRNA 后，大小亚基才聚集到一起。RNA 组分占核糖体质量的大部分，并赋予了核糖体整体的形状和结构。

带一样被拉过核糖体。当 mRNA 以 5′ → 3′ 的方向向前移动时，核糖体利用 tRNA 作为接头分子，按每次一个密码子的方式将核苷酸序列翻译成氨基酸序列，由此每个氨基酸以正确的顺序添加到增长的多肽链末端（视频 7.7）。最后，当蛋白质的合成完成时，核糖体两个亚基彼此分离。核糖体的工作效率很高：一个真核核糖体每秒可向多肽链添加约 2 个氨基酸；细菌中的核糖体工作速度更快，每个核糖体每秒可添加约 20 个氨基酸。

核糖体如何巧妙地安排翻译所需的全部移动呢？除了 mRNA 分子的一个结合位点外，每个核糖体还含有三个 tRNA 分子的结合位点，分别称为 A 位点、P 位点和 E 位点（图 7-36）。为了向增长的肽链上添加氨基酸，装载有氨基酸的 tRNA 通过与 mRNA 分子上的互补密码子的碱基配对进入 A 位点，然后在邻近的 P 位点上将其氨基酸与正在生长的肽链连接。接下来，大核糖体亚基向前移动，将空载的 tRNA 移至 E 位点，然后将其释放（图 7-37）。

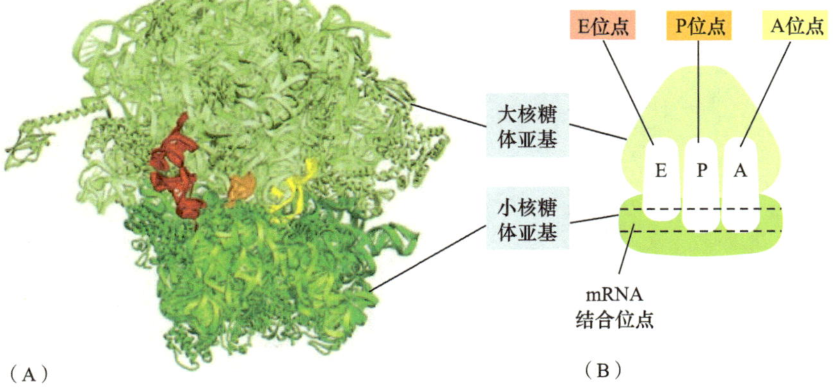

图 7-36　每个核糖体具有一个 mRNA 分子的结合位点和三个 tRNA 的结合位点。tRNA 结合部位被命名为 A、P 和 E 位点（分别是氨酰-tRNA，肽酰-tRNA 和出口的缩写）。(A) 通过 X 射线衍射确定的细菌核糖体的三维结构，其中小亚基为深绿色，大亚基为浅绿色。rRNA 和核糖体蛋白均以绿色表示。三个 tRNA 分别结合在 E 位点（红色）、P 位点（橙色）和 A 位点（黄色）。虽然在图中，三个 tRNA 位点都已被占据，但在蛋白质合成过程中，在任意时刻，这些位点中只有两个会同时结合 tRNA（参见图 7-37）。(B) 高度简化的核糖体示意图，展示视角与 (A) 相同，后图亦然。注意，核糖体大小亚基都参与了 A、P 和 E 位点的形成，而只有小亚基含有 mRNA 的结合位点。（图 A 改自 M.M. Yusupov et al.，*Science* 292：883-896，2001。蒙 Albion A. Bausom 和 Harry Noller 惠赠。）

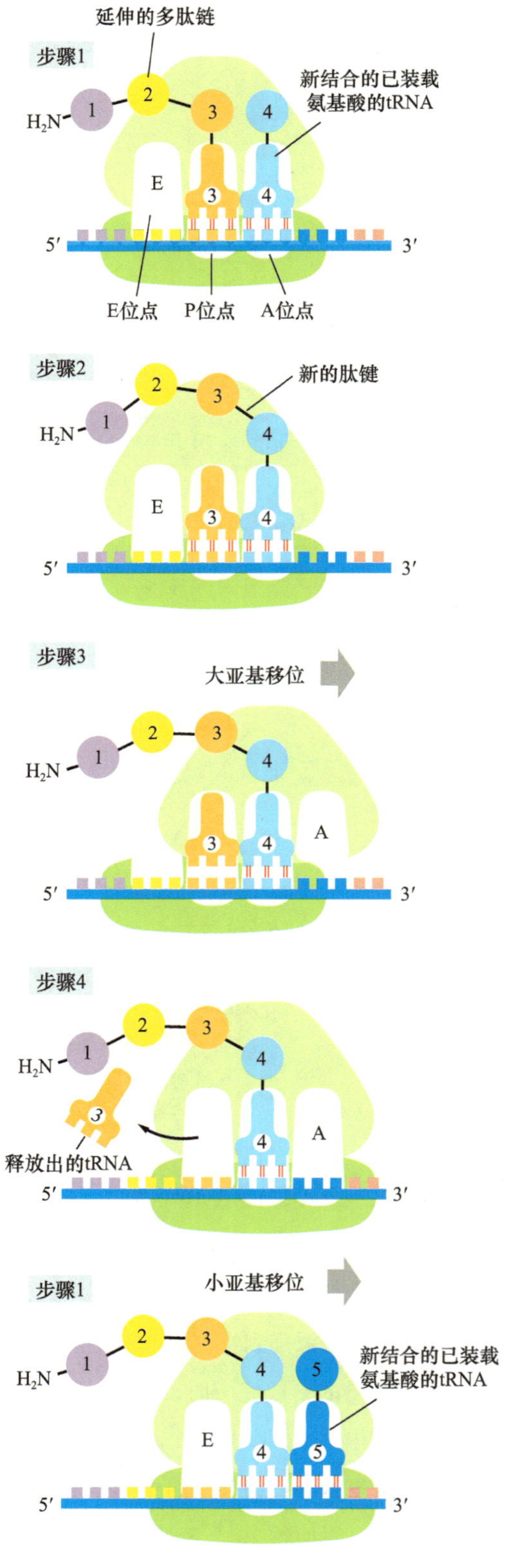

图 7-37　翻译过程分四步进行，此四步循环在蛋白质合成过程中不断重复发生。步骤 1，tRNA 携带即将被添加到多肽链中的氨基酸，通过与核糖体上的 mRNA 暴露出的密码子形成碱基互补配对而结合到核糖体上空置的 A 位点。只有一个 tRNA 可以与 mRNA 的密码子匹配形成互补配对，这决定了哪一种氨基酸即将被添加。A 位点和 P 位点十分接近，这就迫使结合它们上面的两个 tRNA 与相邻的密码子形成碱基配对，中间没有错误的碱基。tRNA 的这种位置效应确保了阅读框在蛋白质合成的全过程中始终保持正确。步骤 2，多肽链的羧基端（步骤 1 中的氨基酸 3）在 P 位点上从 tRNA 上解离，并和 A 位点 tRNA 所携带的氨基酸上游离的氨基端形成肽键。这个反应由大亚基上的一个催化位点催化完成。步骤 3，大亚基相对于小亚基发生移动，使两个结合的 tRNA 移动到大亚基的 E 位点和 P 位点。步骤 4，小亚基沿着 mRNA 分子精确地移动三个核苷酸的长度，使它回到原来相对于大亚基的位置。这个移动释放出已卸下氨基酸的 tRNA，并让核糖体的 A 位点重新空置，从而使下一个已装配氨基酸的 tRNA 分子可以结合上去（视频 7.8）。

如前所述，mRNA 分子是按照 5′→3′ 的方向进行翻译。首先合成蛋白质的 N 端，每次循环向多肽链的 C 端添加一个氨基酸。观看原子水平上的翻译循环过程，参见视频 7.9。

这个反应循环每重复一次，便向多肽链末端添加一个氨基酸，新蛋白质便从其氨基末端向羧基末端延伸，直到遇到 mRNA 中的终止密码子释放出蛋白质。

核糖体是一种核酶

核糖体是细胞中最大和最复杂的结构之一，重量上由 2/3 的 RNA 和 1/3 的蛋白质组成。2000 年，核糖体大小亚基的整体三维结构被确定，这是现代生物学的一个重大成就。该结构确认了先前的证据，即是 rRNA 而非蛋白质主要负责核糖体整体结构的形成，并在核糖体催化蛋白质合成的功能中发挥了主要作用。

rRNA 被折叠成高度紧密、精确的三维结构，形成了核糖体的核心（图 7-38）。与 rRNA 的核心定位不同，核糖体蛋白一般位于核糖体表面，填补折叠 RNA 中的空隙与裂缝。核糖体蛋白的主要作用似乎是帮助折叠和稳定 RNA 核心，同时允许 rRNA 发生必需的构象变化，以有效催化蛋白质的合成。

不仅 tRNA 的三个结合位点（A 位点、P 位点和 E 位点）由 rRNA 形成，肽键合成的催化位点也是由大亚基中的 23S rRNA 形成。即使是最近的核糖体蛋白，也离新进入的氨基酸或者增长的多肽链太远，无法与它们发生接触。该 RNA 中的催化位点是一种肽酰转移酶，它在许多方面都与一些蛋白酶相似：它是一个高度结构化的口袋，可以对两个反应物，即增长的多肽和由新进入的 tRNA 所携带的氨基酸，进行精确定位，从而极大地提高了反应发生的可能性。

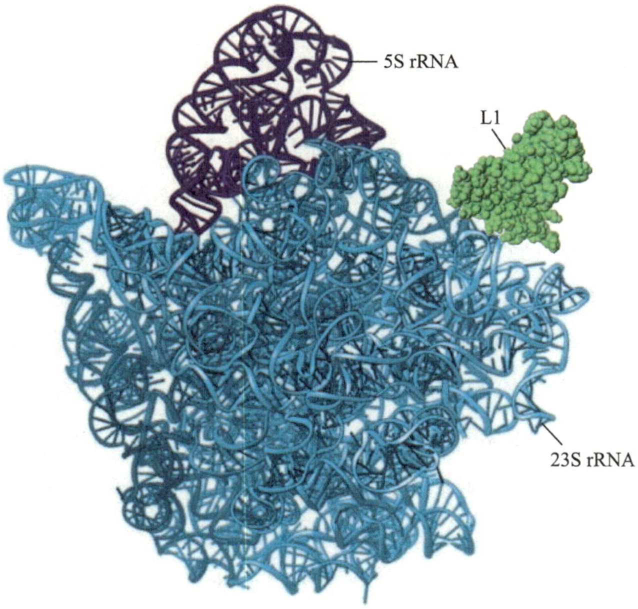

图 7-38　核糖体 RNA 决定核糖体的整体形状。这里显示的是一个细菌核糖体大亚基的两个 rRNA 分子 23S rRNA（蓝色）和 5S rRNA（紫色）的细节结构，这两个 rRNA 分子形成了大亚基的核心。核糖体的蛋白亚基之一（L1）在图中作为一个参考点，因为这个蛋白质在核糖体表面形成一个特征性的突出。核糖体 RNA 通常由其“S 值”命名，这个值指的是它们在超速离心中的沉降速率。S 值越大，分子的体积就越大。（改自 N. Ban et al., *Science* 289：905-920，2000。）

具有催化活性的 RNA 分子被称为**核酶**（ribozyme）。在本章的最后一节中，我们将了解其他核酶，并讨论基于 RNA 的催化作用的存在对于地球上生命的早期演化可能意味着什么。这里我们只需要注意，有充分的理由推测是 RNA 而非蛋白质分子担当了活细胞中的第一个催化剂。如果确实是这样的话，具有催化性 RNA 核心的核糖体，可以被视为细胞生命活动几乎完全由 RNA 调控的那段早期生命历史的一种遗迹。

mRNA 中的特定密码子指示核糖体从哪里开始和终止蛋白质合成

在试管中，核糖体可以被强制翻译任何 RNA 分子（参见“我们是怎样知道的”栏目）。然而，在细胞中，翻译起始需要特定的启动信号。mRNA 上蛋白质合成的起始位点的位置是至关重要的，因为它设定了整体信息的阅读框。在这个阶段以任何一种方式发生一个核苷酸的错误都将导致 mRNA 中的所有后续密码子被误读，最终产生一个含有错误氨基酸序列的无功能蛋白质（参见图 7-28）。此外，起始的速率对蛋白质合成的总体速率也具有重大影响。

mRNA 的翻译从密码子 AUG 开始，而且起始翻译需要一种特殊的 tRNA。这个**起始 tRNA**（initiator tRNA）总是携带甲硫氨酸（在细菌中则为一种经过修饰的甲硫氨酸——甲酰甲硫氨酸）。因此，所有新合成的蛋白质，其最先被合成的 N 端上的第一个氨基酸总是甲硫氨酸。这个甲硫氨酸通常随后被一种特定的蛋白酶切除。

在真核生物中，带有甲硫氨酸的起始 tRNA 与另外一些被称为**翻译起始因子**（translation initiation factor）的蛋白质首先结合到核糖体小亚基的 P 位点（图 7-39）。起始 tRNA 不同于一般的携带甲硫氨酸的 tRNA。在细胞中的所有 tRNA 中，只有已装载甲硫氨酸的起始 tRNA 分子才能够在没有核糖体大亚基的情况下与核糖体小亚基的 P 位点紧密结合。

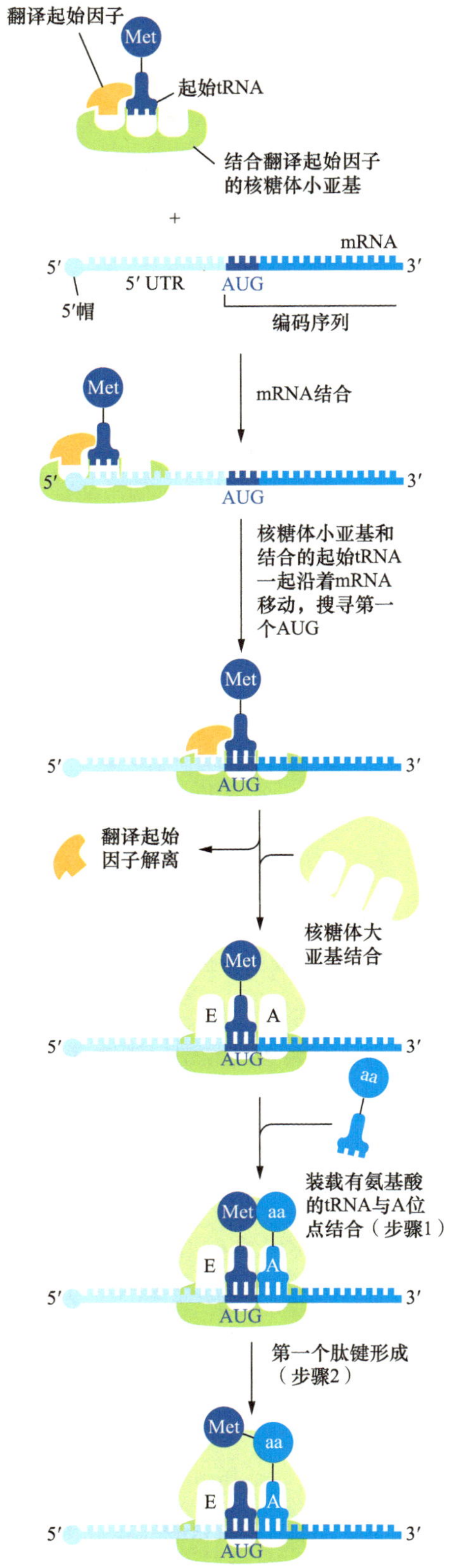

图 7-39　真核生物中蛋白质合成的起始需要翻译起始因子和一种特殊的起始 tRNA。 虽然在图中没有显示，但有效的翻译起始还需要其他一些蛋白质结合在mRNA的5′帽子和poly-A尾部（参见图 7-25）。通过这种方式，翻译系统可以在翻译起始之前确定 mRNA 的两端是完整的。翻译起始后，蛋白质的延伸反应如图 7-37 所示。

接下来，载有起始 tRNA 的核糖体小亚基结合 mRNA 分子的 5′ 端，在真核生物中，tRNA 是通过其 5′ 端的帽状结构来识别 mRNA 的端部（参见图 7-17）。然后，小核糖体亚基沿着 5′ → 3′ 方向扫描 mRNA，直至遇到第一个 AUG。当该 AUG 被起始 tRNA 识别后，几种起始因子便从核糖体小亚基上解离，腾出空间，让核糖体大亚基结合上来，完成核糖体的组装。因为起始 tRNA 与 P 位点结合，所以随着下一个已装载有氨基酸的 tRNA 进入 A 位点，蛋白质合成就开始了（参见图 7-37）。

选择起始密码子的机制在细菌中有所不同。细菌 mRNA 没有 5′ 帽状结构来告诉核糖体从哪里开始寻找翻译的起点。取而代之的是，每个 mRNA 分子含有一种特殊的核糖体结合序列。这个序列长约 6 个核苷酸，位于翻译起始点 AUG 上游几个核苷酸的位置。与真核核糖体不同，只要在起始密码子前面几个氨基酸的位置有核糖体结合位点，原核生物核糖体就可以很容易地直接结合到 mRNA 内部的起始密码子上。这种核糖体结合序列在细菌中是必需的，因为原核 mRNA 通常是多顺反子（polycistronic），也就是说，同一个 mRNA 分子可以编码几种不同的蛋白质；这些转录产物的每个蛋白质编码序列都有其单独的核糖体结合位点（图 7-40）。相反，真核生物的一个 mRNA 通常仅携带一个蛋白质的信息，因此它可以依赖其 5′ 帽状结构，以及识别帽状结构的蛋白质，从而帮助核糖体定位上来，并开始搜索 AUG。

在原核生物和真核生物中，一旦 mRNA 中出现了称为终止密码子（stop codon）的几种密码子中的任何一个，翻译就会终止（参见图 7-27）。终止密码子 UAA、UAG 和 UGA 不能被 tRNA 识别，也没有对应的氨基酸，其作用是传递给核糖体终止翻译的信号。被称为释放因子（release factor）的蛋白质可以和到达核糖体 A 位点的任何一种终止密码子结合；这种结合改变了核糖体中肽基转移酶的活性，催化其向肽酰-tRNA 中加入一个水分子而不是氨基酸（图 7-41）。该反应使多肽链的羧基末端断开与 tRNA 分子的连接。由于这是生长的多肽链与核糖体之间唯一的联结，所以翻译完成的蛋白质链被立刻释放出来。同时，核糖体也释放 mRNA，并解离成两个独立的亚基。这些亚基可以随后在另一个 mRNA 分子上重新组装，开始新一轮的蛋白质合成。

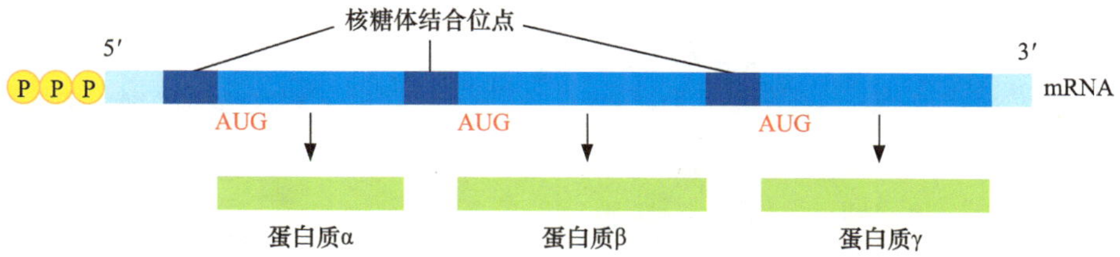

图 7-40　一个原核 mRNA 分子可编码几种不同的蛋白质。在原核生物中，指导某一生物过程中不同步骤的基因通常被组织成簇（操纵子），它们一起被转录为一条 mRNA。原核 mRNA 的 5′ 端不具有与真核 mRNA 的 5′ 端相同类型的帽状结构，而是有一个三磷酸。原核核糖体在核糖体结合位点（深蓝色）处起始翻译，但该结合位点可能位于 mRNA 分子的内部。这个特征使原核生物能够从一个 mRNA 分子同时合成不同的蛋白质，每种蛋白质由不同的核糖体合成。

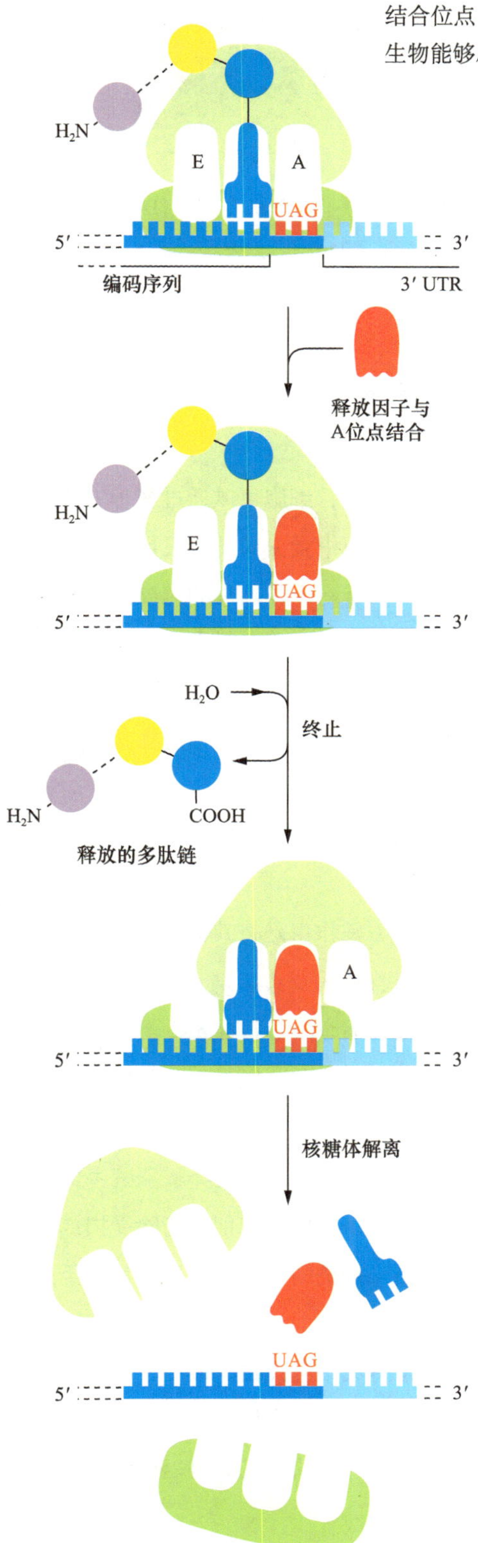

蛋白质由多核糖体合成

大多数蛋白质分子的合成需要 20 秒到几分钟。但即使在这个短暂的时间内，正在翻译的 mRNA 分子上通常也会同时结合有多个核糖体。如果 mRNA 被高效翻译，新的核糖体几乎会在前一核糖体刚翻译完足够的核苷酸序列并腾出位置后立即结合到 mRNA 的 5′ 端。因此，翻译中的 mRNA 分子通常以多核糖体（polyribosome，又叫多聚核糖体，polysome）的形式存在。很多个核糖体沿着一条 mRNA 分子分布，相互之间间隔约 80 个核苷酸的长度，形成一种胞质溶胶中的大型集合体（图 7-42）。相较于完成一个多肽链后再开始下一个多肽链的合成，多个核糖体同时作用于一条 mRNA，可在给定时间内产生出更多的蛋白质分子。

虽然细菌和真核生物都利用多核糖体，但细菌的蛋白质合成速度更快。由于细菌 mRNA 不需要后续加工，并且在合成的同时就可以在空间上接近核糖体，所以核糖体通常会结合在细菌 mRNA 分子的游离端，甚至在 RNA 转录完成之前就开始了翻译。当 RNA 聚合酶沿着 DNA 移动进行转录时，这些核糖体也紧随其后开始翻译。

原核生物蛋白合成的抑制剂可被用作抗生素

能够将 mRNA 准确翻译为蛋白质是地球上一切生命的基本特征。虽然执行这项复杂任务的核糖体和其他分子在不同生物体间十分相似，但我们也已经看到，细菌和真核生物合成 RNA 及蛋白质的方式还是存在一些细微差异。尽管这些差异在演化中只是一个小插曲，但它们构成了现

图 7-41　翻译在终止密码子处停止。在蛋白质合成的最后阶段，释放因子与带有终止密码子的 A 位点结合，终止 mRNA 分子的翻译。翻译完成的多肽被释放，核糖体解离成两个独立的亚基。

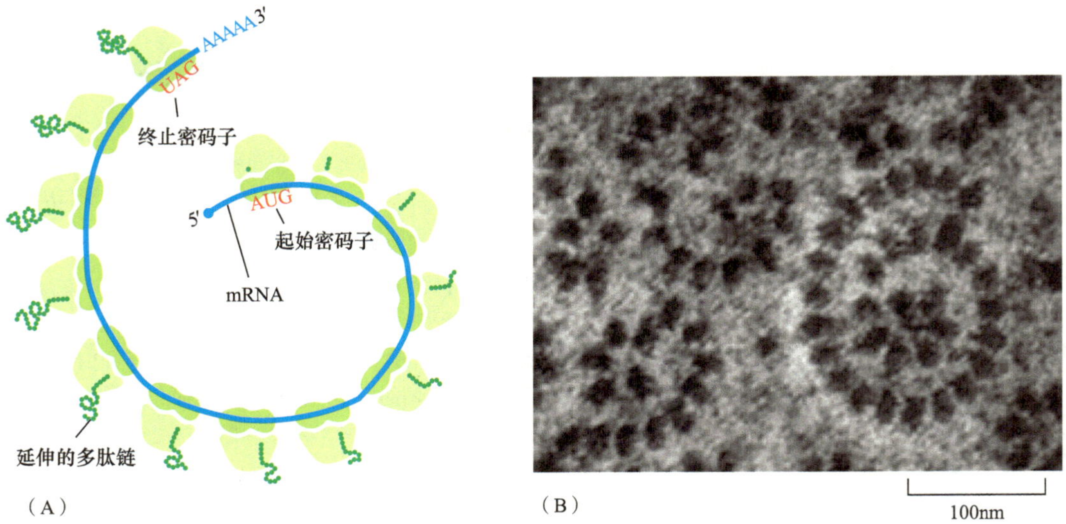

图 7-42　蛋白质在多核糖体上合成。（A）示意图显示了多个核糖体如何同时翻译相同的 mRNA 分子（视频 7.10）。（B）一个真核细胞胞质溶胶中的多核糖体的电子显微镜照片。（图 B 蒙 John Heuser 惠赠。）

代医学重大进步的基础。

许多最有效的抗生素都是通过抑制细菌而非真核生物的基因表达来发挥作用的。其中一些药物是利用了细菌和真核核糖体之间结构与功能的微小差异，从而优先干扰细菌蛋白质合成。因此，当人体摄入一定量的这种化合物后，细菌会被杀死，而人体不会受到毒害。由于不同的抗生素结合细菌核糖体的不同区域，所以这些药物通常抑制蛋白质合成的不同步骤。表 7-3 列出了一些抑制细菌基因表达的抗生素。

许多常见的抗生素一开始是从真菌中分离得到的。真菌和细菌通常占据相同的生态环境，为了获得竞争优势，随着时间推移，真菌已经演化出能够杀死细菌但对自身无害的强效毒素。由于真菌和人类都是真核生物，相较于与细菌的关系，真菌与人类之间的关系更为密切（参见图 1-29），因此我们能够借用这些真菌“武器”来对抗我们的细菌“敌人”。同时，不幸的是，细菌也已演化出了对许多药物的抵抗力，详情在第 9 章会进行讨论。因此，对我们而言，如何继续保持对微生物“敌人”的领先位置仍是一种挑战。

表 7-3　抑制细菌蛋白质或 RNA 合成的抗生素

抗生素	特殊效应
四环素	阻断氨酰-tRNA 与核糖体 A 位点的结合（图 7-37 步骤 1）
链霉素	组止起始复合物组装和多肽链的延伸（图 7-39）；也会造成密码子读取错误
氯霉素	阻断核糖体上的肽基转移酶反应（图 7-37 步骤 2）
放线菌酮	阻止翻译中的易位步骤（图 7-37 步骤 3）
利福霉素	通过结合和抑制 RNA 聚合酶来阻断转录的起始

受控的蛋白质降解有助于调节细胞中每种蛋白质的含量

蛋白质从核糖体释放后，细胞可以通过多种方式控制蛋白质的活性和寿命。细胞中蛋白质的拷贝数与种群中的个体数量一样，不仅取决于新个体出现的速度，还取决于它们能存活多久。蛋白质的寿命差别很大：构成相对稳定的组织如骨骼或肌肉的结构蛋白质，其寿命可达数月甚至数年；而其他蛋白质，如代谢酶和调控细胞生长及分裂的蛋白质（在第 18 章中讨论），寿命仅有数天、几小时甚至几秒钟。然而，是什么决定了一个蛋白质的寿命以及蛋白质如何“死亡”？

细胞会合成许多酶，其作用是将其他蛋白质分解成组成它们的氨基酸（此过程称为*蛋白酶解*，proteolysis）。这些酶统称为**蛋白酶**（protease），它们首先将蛋白质降解为短肽，再进一步将短肽分解为单个氨基酸。蛋白酶是通过切割（水解）氨基酸之间的肽键而发挥作用的（参见图版 2-6）。蛋白酶解途径的一个功能是快速降解那些寿命必须保持短暂的蛋白质，另一个功能是识别并清除受损或错误折叠的蛋白质。清除错误折叠的蛋白质对于生物体至关重要，因为错误折叠的蛋白质倾向于聚集在一起，而蛋白质聚集物会伤害细胞甚至造成细胞死亡。最终，所有的蛋白质，即使是长寿命的蛋白质，都会累积损伤并通过蛋白酶解途径被降解。蛋白酶解产生的氨基酸可以被细胞重新用于合成新蛋白质。

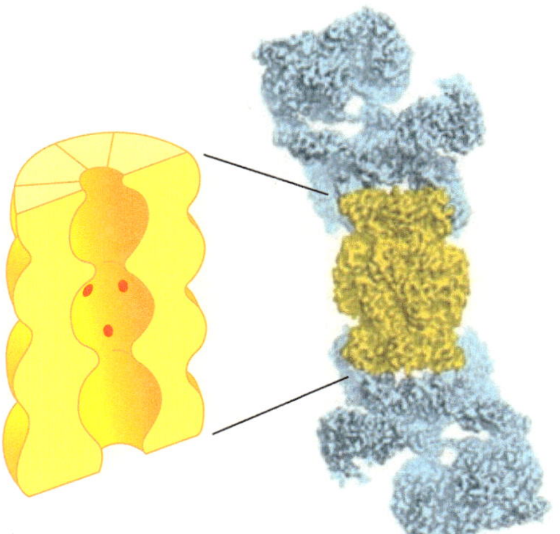

图 7-43　蛋白质被蛋白酶体降解。 此图展示的是由 X 射线晶体衍射得到的结构。（A）该示意图显示的是蛋白酶体中心圆柱体的一个截面，蛋白酶的活性位点用红色点表示。（B）蛋白酶体的整体结构，两端的塞子（蓝色）控制蛋白质进入中间腔体（黄色）。（B 图来自 P.C.A. da Fonseca et al., *Mol. Cell* 46：54-66，2012。蒙 Elsevier 惠许。）

在真核细胞中，蛋白质是被一种称为**蛋白酶体**（proteasome）的大型蛋白质机器降解的。蛋白酶体在胞质溶胶和细胞核中都存在，它包含一个由蛋白酶形成的中心圆柱体，蛋白酶活性位点面向圆柱体内部。圆柱体的两端都被一种大型蛋白质复合物塞住，该复合物至少由 10 种蛋白质亚基形成（图 7-43）。这些塞子结合将被降解的蛋白质，然后利用 ATP 水解的能量，将这些蛋白质去折叠后送入圆柱体的内腔。一旦蛋白质进入内腔，蛋白酶就会将它们切成短肽，然后从蛋白酶体的端部释放出来。将蛋白酶限制在这样一种负责降解的腔体中是有意义的，这可以防止蛋白酶在细胞中肆意游走。

蛋白酶体如何选择细胞中那些应该被降解的蛋白质呢？在真核生物中，蛋白质在降解之前会被共价连接上一种称为*泛素*（ubiquitin）的小蛋白质，而蛋白酶体主要作用于带有泛素标记的蛋白质。特定的酶会为那些需要快速降解的蛋白质加上一小段泛素分子链；这些泛素化的蛋白质随后被塞子复合物中的蛋白质识别、去折叠并送进蛋白酶体中降解（图 7-44）。

短寿命的蛋白质通常含有一种短氨基酸序列，该序列代表着这个蛋白质将被泛素化并被蛋白酶体降解。受损或错误折叠的蛋白质，以及含有氧化氨基酸或其他异常氨基酸的蛋白质，也会被这种泛素依赖性的蛋白酶解系统所识别和降解。负责将多泛素链添加到这些蛋白质上的酶会识别由于错误折叠或化学损伤而暴露在这些蛋白质外面的信号，例如，氨基酸序列或构象基序。这些序列或基序在“健康”的蛋白质中通常会被埋在内部，不会被酶所接近。

从 DNA 到蛋白质需要经过许多步骤

我们已经看到，根据基因中包含的信息产生功能性蛋白质需要许多步骤。在真核细胞中，必须合成、加工 mRNA 并将其运送到胞质溶胶中，在那里翻译成蛋白质。但这个过程并没有到此为止，蛋白质随后必须折叠成正确的三维结构（如第 4 章所述）。一些蛋白质从核糖体释放后可以自发完成折叠。但是，大多数蛋白质进行折叠时需要*伴侣蛋白*（chaperone protein）的辅助。伴侣蛋白引导蛋白质逐步折叠，并防止它们在细胞内形成聚集体（参见图 4-8 和图 4-9）。

除了正确折叠外，许多蛋白质离开核糖体后，还需要进一步的加工，才能够在细胞中发挥作用。正如第 4 章所述，一些蛋白质会被共价修饰，如磷酸化或糖基化；另一些蛋白质与小分子的辅助因子或其他蛋白质亚基结合。新合成的蛋白质通常需要这样的*翻译后修饰*（post-translational modification）才能完全发挥作用（图 7-45）。因此，从 DNA 开始到成熟的功能性蛋白质，蛋

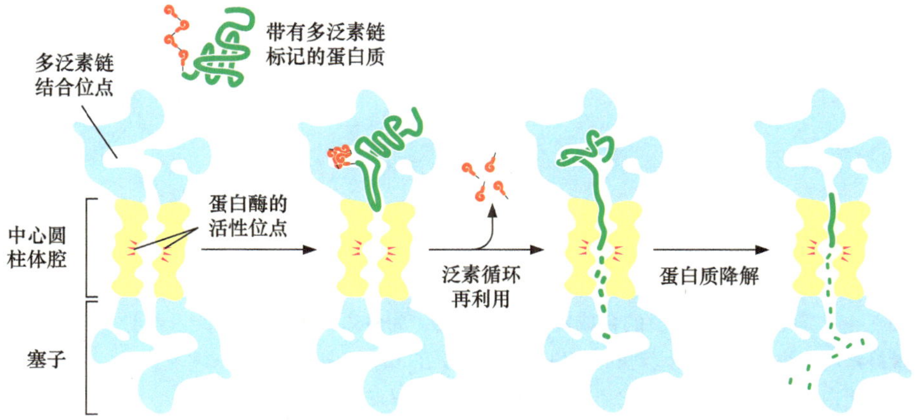

图 7-44　多泛素链标记的蛋白质被蛋白酶体降解。 蛋白酶体塞子（蓝色）中的蛋白质识别被一种特定类型多泛素链（红色）标记的蛋白质。塞子将目标蛋白质去折叠并将其送入蛋白酶体的中心圆柱体腔（黄色），腔中分布的蛋白水解酶将蛋白质切成碎片。

白质最终的浓度取决于上述过程中每一个步骤发生的速率（图 7-46）。

原则上，这些步骤中的任何一步都可能被细胞调控，从而调节蛋白质的浓度使之满足细胞需要。然而，就像我们将在下一章中详细讨论的那样，转录起始是细胞调控其基因表达最普遍的环节。

RNA 与生命起源

中心法则，即 DNA 制造 RNA、RNA 制造蛋白质，给演化生物学家提出一个棘手的难题：如果蛋白质的合成需要核酸的指导，而蛋白质又是合成核酸所必需的，那么这种组分间相互依赖的系统是如何出现的呢？主流观点是，在含有 DNA 和蛋白质的细胞出现之前，地球上曾

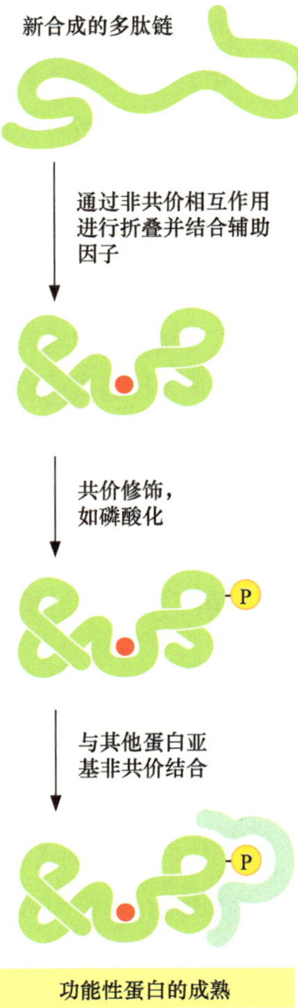

图 7-45　许多蛋白质需要翻译后修饰才能完全具备功能。 为了成为对细胞有用的蛋白质，一个翻译完成的多肽必须正确折叠成三维构象，然后通过非共价作用结合所需的辅助因子（红色）和蛋白质配体。许多蛋白质还需要一种或多种共价修饰才能被激活，或被募集到特定的膜或细胞器上（图中未显示）。除了最普遍的磷酸化和糖基化修饰外，已知还有 100 多种蛋白质共价修饰。

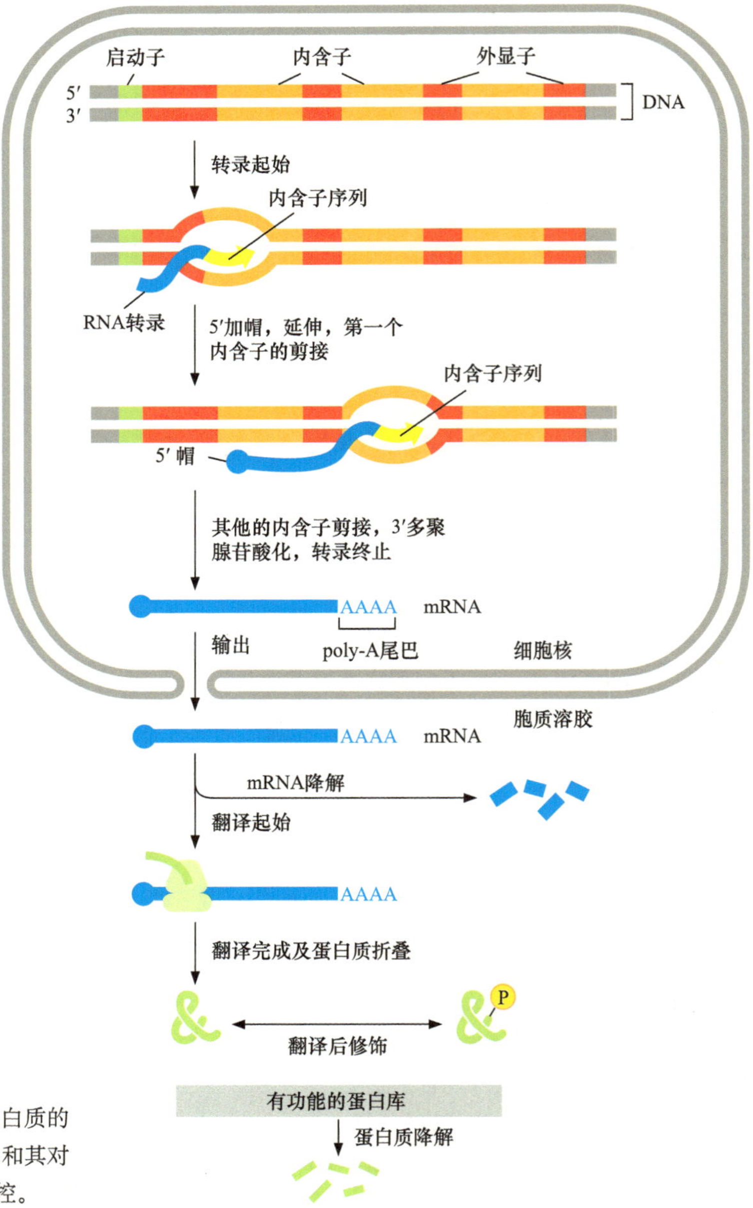

图 7-46　真核细胞蛋白质的合成需要很多步骤。 每种蛋白质的最终浓度取决于图中每个步骤的发生速率。即使在 mRNA 和其对应的蛋白质已经被合成后，它们的浓度仍可通过降解来调控。

图 7-47 在现代细胞出现之前，可能存在一个 RNA 世界。

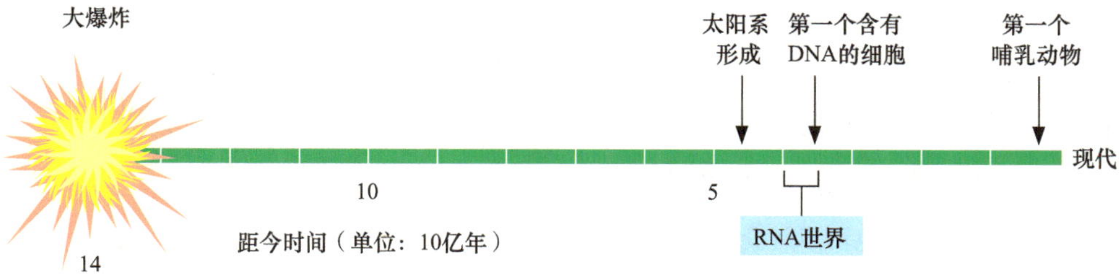

存在一个 **RNA 世界**（RNA world）。根据这一假说，现在主要作为基因和蛋白质之间媒介的 RNA 在原始细胞中同时负责存储遗传信息和催化化学反应。只是在演化后期，DNA 转而成为主要的遗传物质，而蛋白质成为细胞的主要催化剂和结构成分（图 7-47）。正如我们所看到的，RNA 仍在催化现代细胞中的几种基本反应，包括蛋白质合成和 RNA 剪接。这些核酶就像从早期 RNA 世界中遗留下来的分子化石。

生命需要自催化

生命的起源需要至少有一小部分分子具有一种关键的特性：能够催化产生更多类似它们自己的分子的反应，不管是直接产生还是间接产生。一旦这种具有自我复制性质的催化剂偶然出现，它们就会利用原材料从生产其他物质转向这种催化剂的自生产。这样下去，我们可以设想，一个日益复杂的、由有机单体和聚合物组成的化学系统会渐渐发展起来，它们共同发挥作用，利用原始地球环境中存在的简单原料产生出更多相同类型的分子。这样一个自催化（autocatalytic）系统具有许多我们认为是生命物质特征的属性：该系统对相互作用的分子有一个非随机的选择作用；它会倾向于繁殖自身；它会与依赖于相同原材料的其他系统进行竞争；并且，如果剥夺了它的原材料或使它处于会使反应速率失衡的温度下，它的化学平衡就会衰减并“死亡”。

但是，什么分子可能具有这样的自催化特性呢？在现今的活细胞中，最为通用的催化剂是蛋白质，它们能够改变自身的三维构象以暴露出其化学反应的位点。然而，现今还没有方法可以使蛋白质直接复制自身。相比之下，至少理论上，RNA 分子具有可以催化自身合成的属性。

RNA 可以存储信息和催化化学反应

我们已经看到，碱基互补配对使一种核酸能够充当另一种核酸合成的模板。因此，一条单链 RNA 或 DNA 含有确定其互补多核苷酸序列所需的信息，反过来也就可以确定原始分子的序列，使原始的核酸得以复制（图 7-48）。这种互补模板机制是现今细胞中 DNA 复制和转录的核心。

但是通过这种互补模板机制有效合成多核苷酸也需要催化剂来促进聚合反应：没有催化剂，聚合物形成会缓慢、易错且低效。在今天，核苷酸的聚合是由蛋白质酶催化的，如 DNA 和 RNA 聚合酶。但是，在具有适当催化能力的蛋白质存在之前，这种反应是如何被催化的呢？1982 年，研究者发现 RNA 分子本身可以作为催化剂，从而为这个问题找到了答案。

在现今的细胞中，RNA 是以单链分子形式被合成的，并且我们已经看到在同一条链的核苷酸之间可以发生碱基互补配对。这种碱基配对，与非“传统”的氢键一起，使每个 RNA 分子以独特方式发生折叠，具体的折叠方式取决于该 RNA 的核苷酸序列（参见图 7-5），最终使 RNA 分子形成了复杂的三维结构。

蛋白质酶能够催化生化反应，正如我们在第 4 章中

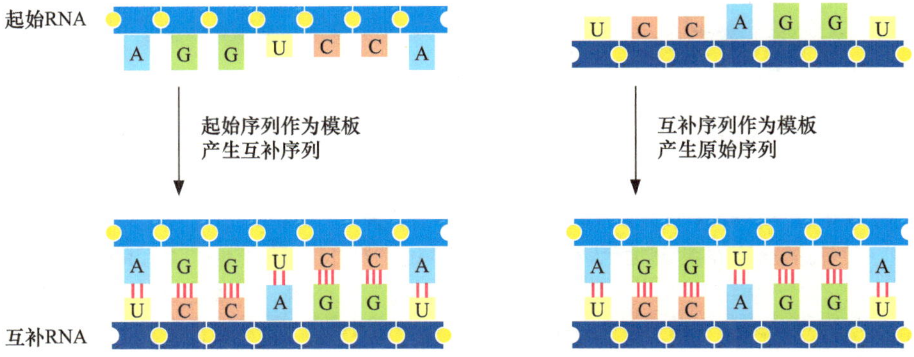

图 7-48 **RNA 分子原则上可以指导合成与自身完全相同的拷贝**。第一步，原始 RNA 分子作为模板产生一条与之序列互补的 RNA 分子。第二步，这个互补的 RNA 分子本身作为模板，产生出一条具有原始序列的 RNA 分子。由于每个模板分子可以产生多个互补链的拷贝，这些反应可以导致原始序列的扩增。

讨论的那样，是因为它们的表面具有独特的轮廓和化学性质。同样，具有独特折叠形状的 RNA 分子也可以作为催化剂（图 7-49）。虽然催化性的 RNA 不像蛋白质酶那样具有多样化的结构和功能，毕竟，RNA 只由四种不同的亚基构成，但核酶也可以催化许多类型的化学反应。虽然在现今细胞中催化性 RNA 相对较少，但它们在遗传信息表达的一些最基本步骤特别是那些 RNA 分子自身被剪接

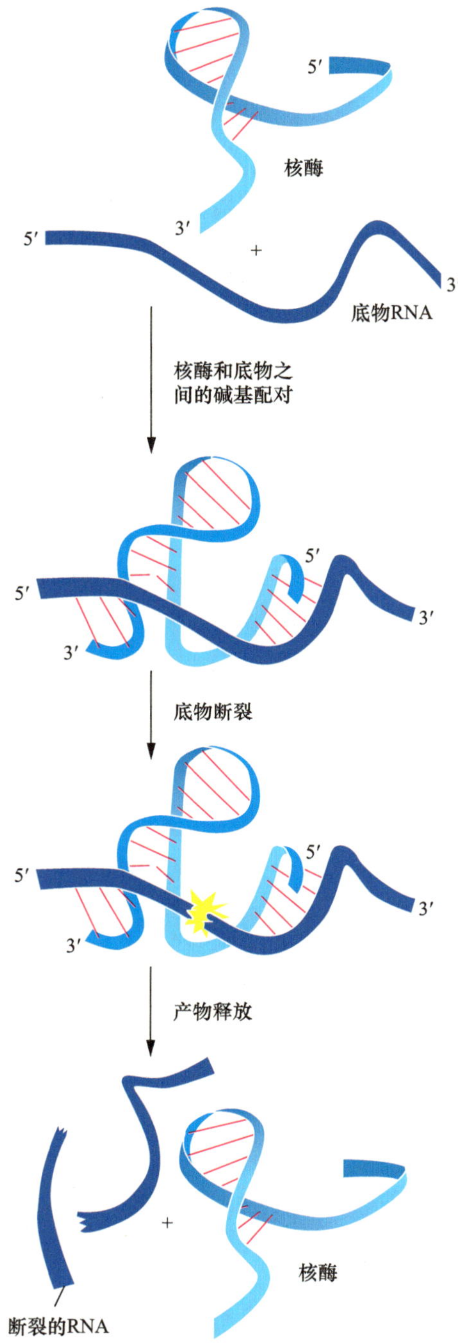

图 7-49　核酶是具有催化活性的 RNA 分子。图中所示的 RNA 分子催化另一个 RNA 分子在特定位点发生断裂。这种核酶嵌合在一种可感染植物的类病毒的大型 RNA 基因组中。剪切反应是类病毒自我复制中的一步。（改编自 T.R. Cech and O.C Uhlenbeck, *Nature* 372：39-40，1994。蒙 Macmillan Publishers Ltd. 惠许。）

表 7-4　核酶所催化的生化反应

活性	核酶
蛋白质合成时肽键的形成	核糖体 RNA
RNA 剪接	核小 RNA（snRNA），自我剪接 RNA
DNA 连接	体外筛选到的 RNA
RNA 多聚化	体外筛选到的 RNA
RNA 磷酸化	体外筛选到的 RNA
RNA 氨酰化	体外筛选到的 RNA
RNA 烷基化	体外筛选到的 RNA
C—C 键旋转（异构化）	体外筛选到的 RNA

或翻译成蛋白质的步骤中发挥了主要作用。另外一些具有其他催化功能的核酶已经在实验室中被制造出来，并在体外实验中对其活性进行了筛选（表 7-4）。

因此，RNA 具有承载信息的特性，同时也可以催化自身的合成（图 7-50）。尽管在自然界中尚未发现 RNA 分子的自我复制系统，但科学家已经摸索到了在实验室中构建这种系统的方法。这一成就虽然无法证明自我复制的 RNA 分子对于地球上的生命起源至关重要，但可以证明这样的假说是可能成立的。

RNA 在演化上先于 DNA 出现

如果上面提出的 RNA 在进化中的作用是正确的，那么地球上的第一个细胞应该是将它的遗传信息存储在 RNA 而不是 DNA 中。并且，基于这些多聚核苷酸之间的化学差异，看上去 RNA 的确是在 DNA 之前出现。核糖（参见图 7-3A），像葡萄糖及其他简单的碳水化合物一样，很容易由甲醛（HCHO）形成，而甲醛是模拟原始地球条件的主要实验产物之一。脱氧核糖相对更难以合成，在现今的细胞中，它在一个蛋白质酶催化的反应中由核糖产生，这暗示核糖在细胞中先于脱氧核糖出现。据推测，

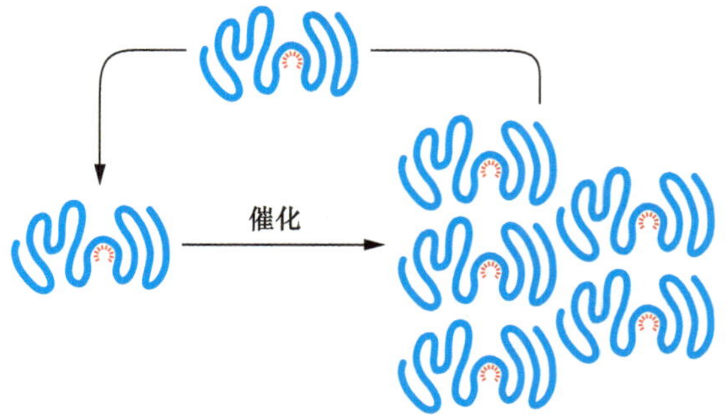

图 7-50　RNA 分子可以催化自身的合成吗？该过程需要 RNA 催化如图 7-48 中所示的以自身为模板自我扩增的过程。红色短线代表这种假想核酶的活性位点。

DNA 在 RNA 之后出现于生命舞台，后来 DNA 被证明比 RNA 更适合作为遗传信息的永久存储库。尤其是 DNA 的糖-磷酸骨架中的脱氧核糖使得 DNA 链在化学上比 RNA 链更加稳定，因此 DNA 可以被合成到更长的长度而不会断裂。

RNA 和 DNA 之间的其他差异，如 DNA 的双螺旋结构以及 DNA 使用胸腺嘧啶而非尿嘧啶，通过使分子更容易修复，从而进一步增加了 DNA 稳定性。我们在第 6 章中看到，通过使用另一条链作为模板，双螺旋的一条链上的受损核苷酸可以被修复。此外，脱氨基作用是多核苷酸中最常见的有害化学变化之一，而相较于在 RNA 中，这种损伤在 DNA 中更容易被检测和修复（参见图 6-24）。这是因为胞嘧啶脱氨基的产物恰好是尿嘧啶，而尿嘧啶已经存在于 RNA 中，因此修复酶无法在 RNA 分子中检测到这种损伤。而 DNA 中含有胸腺嘧啶而不是尿嘧啶，任何由胞嘧啶异常脱氨作用产生的尿嘧啶都很容易被检测和修复。

总之，我们所讨论的证据都支持这样一种观点，即 RNA 具有遗传、结构与催化功能，它在演化过程中先于 DNA 出现。当出现了与现今的细胞更为相似的细胞后，推测 RNA 逐渐卸下了最初执行的许多职责：DNA 接管了遗传信息的储存，蛋白质成为主要催化剂，而 RNA 主要作为连接两者的中介（图 7-51）。随着 DNA 的出现，细胞能够变得更加复杂，因为与 RNA 分子相比，DNA 可以稳定地携带和传递更多的遗传信息。由于蛋白质的化学复杂性增加以及蛋白质所催化的化学反应增多，从 RNA 到蛋白质的转变，尽管不完全，但也提供了更加丰富的结构组分和酶的来源，使细胞能够演化出我们今天看到的多样化的外观和功能。

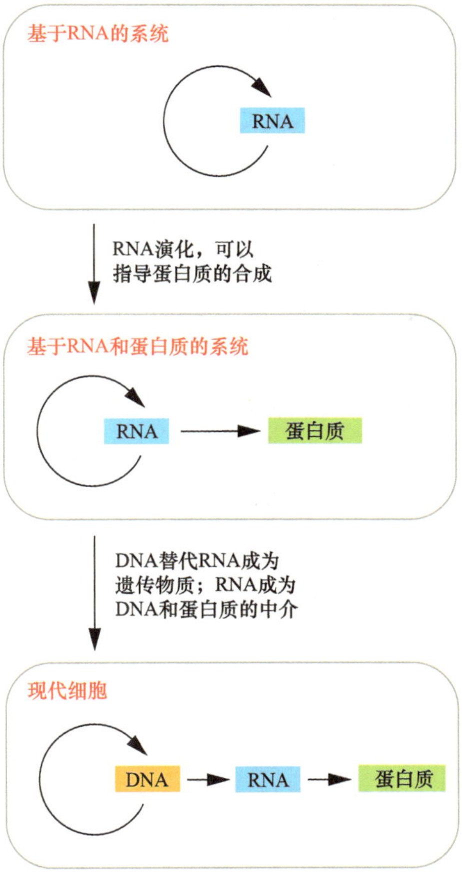

图 7-51　RNA 在演化过程中可能先于 DNA 和蛋白质出现。根据这一假设，RNA 分子在最早期的细胞中发挥了遗传、结构和催化功能。现在，DNA 是遗传信息的储存库，而蛋白质几乎承担了细胞中所有的催化功能。RNA 现在主要作为蛋白质合成的中间媒介，同时仍然是包括蛋白质合成在内的一些关键反应的催化剂。

基本概念

- 遗传信息在所有活细胞的传递方向均为 DNA → RNA → 蛋白质。DNA 中的遗传指令转换到 RNA 与蛋白质的过程被称为基因表达。
- 为了表达 DNA 中携带的遗传信息，一个基因的核苷酸序列首先被转录为 RNA。转录由 RNA 聚合酶催化，这种酶可以根据 DNA 分子的核苷酸序列来决定使用哪条链作为模板，以及在哪里起始和终止转录。
- RNA 在许多方面与 DNA 不同。它含有核糖而非脱氧核糖，含有尿嘧啶（U）而非胸腺嘧啶（T）。细胞中的 RNA 以单链分子合成，通常被折叠为复杂的三维结构。
- 细胞合成几种不同功能的 RNA：信使 RNA（mRNA）携带合成蛋白质的遗传信息；核糖体 RNA（rRNA）是核糖体的重要组分；转运 RNA（tRNA）是蛋白质合成中的接头分子。
- 转录开始时，RNA 聚合酶与位于基因上游的、称为启动子的特定 DNA 位点结合。为了启动转录，真核 RNA 聚合酶需要在启动子处组装一个通用转录因子复合物，而细菌的 RNA 聚合酶仅需要一个另外的亚基，称为 σ 因子。
- 真核细胞中的大多数蛋白质编码基因由多个编码区域（称为外显子）组成，外显子之间被更大的非编码区域（称为内含子）所隔开。当真核基因从 DNA 转录成 RNA 时，外显子和内含子都被转录。

- 通过 RNA 剪接，内含子被从细胞核中的 RNA 转录本中去除。RNA 剪接反应是由核小核糖核蛋白复合物（简称为 snRNP）所催化。剪接将内含子从 RNA 中去除，并将外显子连接在一起。这种连接通常有多种组合方式，这使得同一基因可以产生多种蛋白质。
- 真核生物的前体 mRNA 在成为成熟的 mRNA 并离开细胞核之前，会经历几步额外的 RNA 加工，包括 RNA 的 5′ 端加帽和 3′ 端多聚腺苷酸化。这些反应以及后续的剪接，在前体 mRNA 被转录时随即发生。
- mRNA 的核苷酸序列翻译为蛋白质的过程，发生在胞质内一种称为核糖体的大型核糖核蛋白复合物中。当 mRNA 移动穿过核糖体时，其信息被翻译为蛋白质。
- mRNA 中的核苷酸序列以连续三个核苷酸组的形式被读取，这种三核苷酸组被称为密码子；每个密码子对应一种氨基酸。
- 氨基酸和密码子之间的对应关系由遗传密码决定。RNA 中 4 种不同的核苷酸可组合产生 64 种不同的密码子。大多数氨基酸有不止一个密码子。
- tRNA 在蛋白质合成中充当接头分子。氨酰-tRNA 合成酶将氨基酸共价连接至其对应的 tRNA。每个 tRNA 含有一个三核苷酸序列，即反密码子，它通过碱基互补配对识别 mRNA 中的密码子。
- 蛋白质的合成开始于核糖体在 mRNA 分子起始密码子（AUG）处的组装，这一过程依赖于翻译起始因子。当核糖体遇到 mRNA 的终止密码子（UAA，UAG 或 UGA）时，完整的蛋白质链从核糖体上释放。
- 氨基酸逐步连接到多肽链上的过程是由核糖体大亚基中的 rRNA 分子催化，因此核糖体是一种核酶。
- 细胞中蛋白质的浓度取决于 mRNA 和蛋白质合成及降解的速率。细胞质和细胞核中的蛋白质降解发生在一种称为蛋白酶体的大型蛋白质复合物内。
- 根据我们对现今生物及其所含分子的了解，地球上的生命演化可能起源于可以催化自身复制的 RNA 分子。
- 有一种假说认为，RNA 在最初的细胞中同时作为基因组和催化剂，后来 DNA 取代 RNA 成为存储遗传信息的更稳定的分子，而蛋白质取代 RNA 成为主要的催化和结构组分。现代细胞中 RNA 催化剂的存在，可以让我们得以一窥那个以 RNA 为基础的远古世界。

关键词

选择性剪接（alternative splicing）
氨酰-tRNA 合成酶（aminoacyl-tRNA synthetase）
反密码子（anticodon）
密码子（codon）
外显子（exon）
基因（gene）
基因表达（gene expression）
通用转录因子（general transcription factor）
遗传密码（genetic code）
起始 tRNA（initiator tRNA）
内含子（intron）
信使 RNA（messenger RNA，mRNA）
多聚腺苷酸化（polyadenylation）
启动子（promoter）
蛋白酶（protease）
蛋白酶体（proteasome）
阅读框（reading frame）
核糖体 RNA（ribosomal RNA，rRNA）
核糖体（ribosome）
核酶（ribozyme）
RNA
RNA 加帽（RNA capping）
RNA 聚合酶（RNA polymerase）
RNA 加工（RNA processing）
RNA 剪接（RNA splicing）
RNA 转录物（RNA transcript）
RNA 世界（RNA world）
核小 RNA（small nuclear RNA，snRNA）
剪接体（spliceosome）
转录（transcription）
转运 RNA（transfer RNA，tRNA）
翻译（translation）
翻译起始因子（translation initiation factor）

问题

问题 7-1

“中心法则”用来表述遗传信息从 DNA 流向 RNA 再到蛋白质。请思考一下“法则”一词用在这里合适吗？

问题 7-2

在图 7-8 的电子显微镜照片中，RNA 聚合酶分子的移动是从右向左还是从左向右？为什么 RNA 转录本比 DNA 片段（基因）要短很多？

问题 7-3

用于转录的 RNA 聚合酶可以合成 DNA 复制所需的 RNA 引物吗？（参见第 6 章）

问题 7-4

在 1962 年进行的一项巧妙的实验中，已经与 tRNA 连接的半胱氨酸被通过化学手段转化为丙氨酸，然后将这些“杂合”的 tRNA 分子加入已除去正常半胱氨酸-tRNA 的非细胞翻译体系中。在分析所得的蛋白质时，研究者发现丙氨酸被插入到了多肽链中所有原应为半胱氨酸的位置。请基于这个实验，讨论氨酰-tRNA 合成酶和核糖体在遗传密码正常翻译过程中起到怎样的作用。

问题 7-5

若使用核苷酸序列为 5′-TTAACGGCTTTTTTC-3′ 的 DNA 片段作为模板合成 mRNA，然后将其翻译成蛋白质，试预测所得多肽的 C 端和 N 端的氨基酸。此处假设翻译 mRNA 可以不需要起始密码子。

问题 7-6

请讨论以下说法：“在地球上生命演化的过程中，RNA 丧失了其作为第一个实现自我复制的催化剂的历史性地位。它现在的角色仅仅是作为遗传信息从 DNA 传递到蛋白质过程中的一个信使。”

问题 7-7

下列哪些说法是正确的？请解释你的答案。

A. 一个核糖体只能合成一种蛋白质。

B. 所有的 mRNA 都会折叠成特殊的三维结构，这是翻译所必需的。

C. 一个核糖体的大小亚基总是结合在一起，而且从不交换搭档。

D. 核糖体是由单层膜包被的胞质细胞器。

E. 由于 DNA 的双链互补，一个基因的 mRNA 可以以任一条链为模板合成。

F. 一个 mRNA 可能包含这样的序列：ATTGACCCCGGTCAA。

G. 细胞中某个蛋白质的含量取决于它的合成速率、催化活性以及降解速率。

问题 7-8

假设有一种 Lacheinmal 蛋白，它可以让人更频繁地微笑。在许多长期不快乐的人中，该蛋白质没有活性。将来自不快乐的个体的 Lacheinmal mRNA 与同一家族中快乐个体的 mRNA 相比，发现其内部缺少了一个长 173 个核苷酸的片段。对来自同一家族的快乐和不快乐个体 Lacheinmal 基因的 DNA 序列进行测定和比较，发现它们的差异仅在于基因内含子区域的一个碱基发生了置换。基于以上事实，你能说出这个家族中不开心的分子基础吗？（提示：①你能否假设一种分子机制来解释为什么基因中单个核苷酸的置换可以导致所观察到的 mRNA 中的片段缺失？注意缺失位于 mRNA 的内部。②假设这 173 个碱基对的删除破坏了 Lacheinmal mRNA 的编码序列，那么 Lacheinmal 蛋白在快乐和不快乐的人之间会有何不同？）

问题 7-9

利用图 7-27 所示的遗传密码来判断下列哪条核苷酸序列会编码序列为精氨酸-甘氨酸-天冬氨酸的多肽链：

1. 5′-AGA-GGA-GAU-3′
2. 5′-ACA-CCC-ACU-3′
3. 5′-GGG-AAA-UUU-3′
4. 5′-CGG-GGU-GAC-3′

问题 7-10

“tRNA 分子反密码子与 mRNA 中密码子的三个核苷酸之间形成的键________。”填入下列选项中的每个选项，并解释所得到的表述是否正确。

A. 是 GTP 水解形成的共价键

B. 是当 tRNA 在 A 位点时形成的氢键

C. 会被核糖体沿着 mRNA 移位所破坏

问题 7-11

请列出以下术语在字典中的常规定义：*复制*（replication），*转录*（transcription），*翻译*（translation）。在一旁列出每个术语用于活细胞时的特殊意义。

问题 7-12

在一个外星世界中，遗传密码是以核苷酸对写成，这样的密码能够确定几种氨基酸？在另一个世界中，遗传密码使用三联子，但重要的只是密码子中存在哪些核苷酸，而核苷酸的排列顺序并不重要。这样的密码能够确定几种氨基酸？你觉得翻译这些密码的时候可能遇到哪些问题？

问题 7-13

遗传密码的一个重要特征是相似化学特性的氨基酸通常会有相似的密码子。因此，第二位上含有 U 或 C 的密码子通常对应疏水性氨基酸。你能从演化早期的蛋白质合成机制的角度为这个现象提出一个可能的解释吗？

问题 7-14

DNA 中的一个突变导致在编码某个特定蛋白质的 mRNA 中间产生了 UGA 终止密码子。同时，细胞 DNA 中的第二个突变改变了 tRNA 中的一个核苷酸，从而使该蛋白质可以正确翻译；也就是说，第二个突变“抑制”第一次突变造成的缺陷。突变后的 tRNA 可将 UGA 翻译为色氨酸。那么突变体 tRNA 分子中哪些核苷酸可能发生了变化？这种突变型 tRNA 的存在会对该细胞中正常基因的翻译产生什么影响？

问题 7-15

tRNA 上氨基酸的装载可以用以下等式来表示：

氨基酸 +tRNA+ATP →氨酰-tRNA+AMP+PP_i，其中 PP_i 指的是焦磷酸（参见图 3-41）。在氨酰-tRNA 中，氨基酸和 tRNA 是通过一个高能共价键连接；ATP 水解所释放的能量很大一部分就储存在这个键中，并且可以在蛋白质合成的下一阶段驱动肽键的形成。等式中所示的装载反应的自由能变接近于零，因此不利于氨基酸与 tRNA 的连接。你能建议一个下一步的反应来驱使此反应完成吗？

问题 7-16

A. 细胞中蛋白质的平均分子质量约为 30 000Da。然而，有一些蛋白质要大得多。细胞合成的最大多肽链是肌联蛋白（由哺乳动物肌细胞合成），其分子质量为 3 000 000Da。请估计一下肌细胞翻译肌联蛋白的 mRNA 需要多长时间（假设氨基酸平均分子质量为 120Da，真核细胞的翻译速率为每秒两个氨基酸）。

B. 蛋白质合成非常精确：每 10 000 个氨基酸相连只会产生一个错误。请问平均大小的蛋白质分子和肌联蛋白分子中没有错误合成的比例是多少？［提示：获得无差错蛋白质的概率 P 可由 $P = (1 - E)^n$ 计算，其中，E 是差错频率，n 是氨基酸数。］

C. 真核核糖体蛋白的总分子量约为 2.5×10^6Da。将它们作为一个蛋白质来合成会更有利吗？

D. 转录发生速率是每秒约 30 个核苷酸。是否有可能根据这里提供的信息计算出合成肌联蛋白 mRNA 所需的时间？

问题 7-17

哪些类型的突变可能会对生物体造成伤害？解释你的答案。

A. 在编码序列末端附近插入一个核苷酸。

B. 在编码序列开始附近去除一个核苷酸。

C. 删除编码序列中间的三个连续核苷酸。

D. 删除编码序列中间的四个连续核苷酸。

E. 在编码序列的中间用一个核苷酸替换另一个核苷酸。

问题 7-18

图 7-8 显示许多 RNA 聚合酶分子同时转录一个 DNA 分子上的两个相邻基因。观察此图，标记出 DNA 模板链的 5′ 端和 3′ 端，以及正被转录的 RNA 分子。

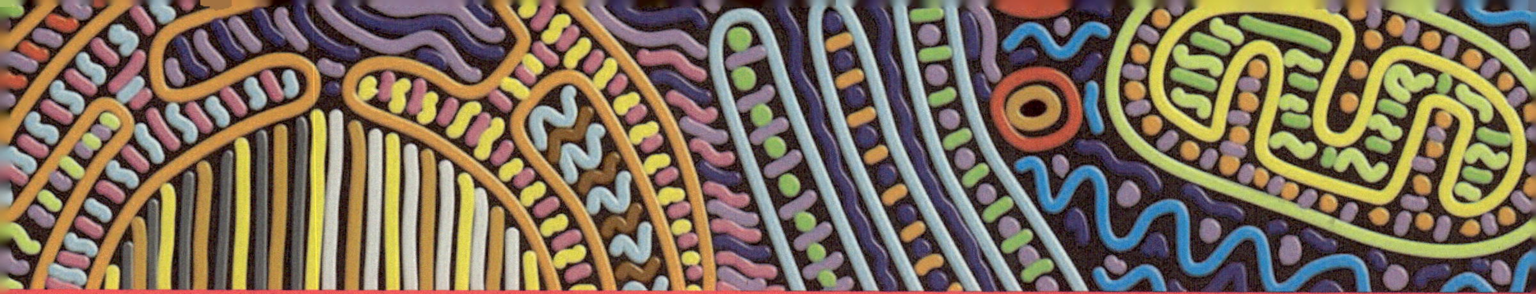

第 8 章　基因表达调控

基因表达总览

基因转录是如何调控的

产生特化的细胞类型

转录后调控

一个生物体的 DNA 编码其细胞所需的所有 RNA 和蛋白质分子。然而，对于生物体 DNA 序列的完整描述，不论是一个细菌的几百万个核苷酸，还是每个人类细胞中的几十亿个核苷酸，并不能使我们重建该生物体，就像字典中所有英语单词的罗列，无法让我们重建莎士比亚的戏剧一样。我们需要知道 DNA 序列中的元件是如何通过协同作用来产生出一件杰作的。

对于细胞，答案可以归结为*基因表达*（gene expression）。即使是最简单的单细胞细菌，也可以选择性地使用其基因，例如，开启和关闭基因以产生消化不同食物所需的酶。在多细胞植物和动物中，基因表达甚至更加精细。在胚胎发育的过程中，一个受精卵细胞可以产生许多细胞类型，它们在结构和功能上都存在显著的差异。例如，负责处理信息的神经细胞和负责中和毒素的肝细胞之间的差异就非常巨大，以至于很难想象这两种细胞含有相同的 DNA（图 8-1）。由于这个原因，加上成年生物体的细胞很少丧失其独有的特征，所以生物学家最初怀疑在细胞特化时某些基因可能被选择性地去除了。然而，我们现在知道，一个多细胞生物的几乎所有细胞都含有相同的基因组，相反，*细胞分化*（differentiation）是通过基因表达的变化而实现的。

在哺乳动物中，数百种不同的细胞类型具有一系列特化的功能，这些功能依赖于仅在该细胞类型但不在其他大多数细胞类型中开启的基因。例如，胰腺中的 β 细胞产生蛋白质激素胰岛素，而胰腺中的 α 细胞产生胰高血糖素；免疫系统的 B 淋巴细胞产生抗体，而发育中的红细胞则产生可以转运氧的血红蛋白。神经元、白细胞、胰腺细胞和红细胞之间的差异取决于基因表达的精确控制。一个典型的分化细胞大约只表达其总基因库中一半的基因。不同细胞类型之间的选择性表达各不相同，这构成了每种细胞类型具有其特化表型的基础。

在本章中，我们将讨论基因表达调控的主要方式，重点是那些编码蛋白质作为终产物的基因。虽然有一些调控机制同时适用于真核生物和原核生物，但真核细胞具有更多的基因和更复杂的染色体，因此具有在一些细菌中所没有的基因表达调控方式。

基因表达总览

基因表达（gene expression）是一个复杂的过程，通过此过程，细胞选择性地指导其基因组中编码的几千种蛋白质和 RNA 的合成。但是，细胞是如何协调和控制这样一个复杂的过程，以及单个细胞如何确定它要表达哪个基因呢？对动物来说，这个决定是一个尤为重要的问题，因为随着发育，它们的细胞会变得高度特化，最终产生一系列的肌肉、神经、血细胞，以及成熟个体中的其他数百种

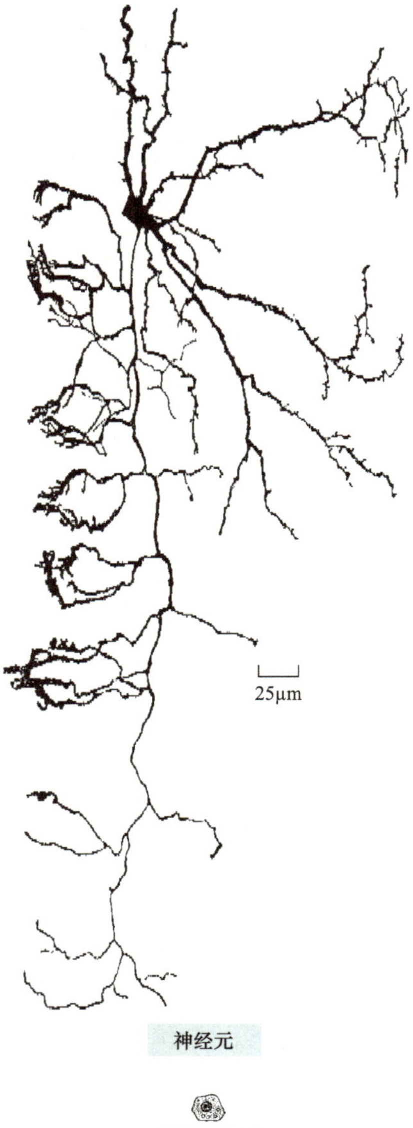

图 8-1　神经元和肝细胞含有相同的基因组。来自视网膜的这种神经元的长分支使其能够接收来自许多其他神经元的电信号，并将这些信号继续传递给许多邻近的神经元。图中的肝细胞是按同比例绘制的。肝细胞参与多种代谢过程，包括消化以及酒精和其他药物的解毒。这两种哺乳动物细胞含有相同的基因组，但它们表达不同的 RNA 和蛋白质。（神经元改自 S. Ramon y Cajal，Histologie du Systeme Nerveux de l'Homme et de Vertebres，1909-1911. Paris：Maloine；reprinted，Madrid：C.S.I.C.，1972。）

细胞类型。这种细胞**分化**（differentiation）的产生是因为细胞中产生和积累了不同的 RNA 和蛋白质分子，也就是说，它们表达了不同的基因。

一个多细胞生物的不同细胞类型含有相同的 DNA

有实验证据显示，来自分化细胞的基因组可以指导整个生物体的发育，说明细胞在不改变其 DNA 核苷酸序列的情况下有能力确定哪些基因表达。如果分化细胞的染色体在发育过程中发生了不可逆转的改变，如丢失某些基因，这些分化细胞就不可能再指导整个生物体的发育。

例如，在一个实验中，从成年青蛙的皮肤细胞中取出细胞核，将其注射到已除去细胞核的青蛙卵中。在这些经过修改的卵中，有些可以发育成正常的蝌蚪（图 8-2）。由此可见，移植的皮肤细胞核并没有丢失任何关键的 DNA 序列。用来自成年哺乳动物（包括绵羊、牛、猪、山羊和小鼠）的分化细胞进行核移植实验，都显示出了类似的结果。在植物中，从胡萝卜中取出的单个细胞可以再生出整个成熟的胡萝卜植株。

这些实验都表明，多细胞生物体特化细胞类型的 DNA 仍含有形成整个生物体所需的全套指令。因此，一个生物体各种细胞的类型差异，不是因为它们含有不同的基因，而是因为它们表达了不同的基因。

不同细胞类型产生不同的蛋白质组

通过比较肝脏、心脏、大脑等细胞的蛋白质组成，可以粗略地衡量出不同细胞类型之间基因表达的差异程度。在过去，这种分析是通过双向凝胶电泳完成的（参见图版 4-5）。如今，一个细胞的总蛋白质含量可以通过质谱的方法进行快速分析（参见图 4-56）。这种技术比电泳灵敏得多，而且甚至能检测出细胞中的微量蛋白质。

两种技术都显示，许多蛋白质在一个多细胞生物体的所有细胞中都普遍存在。这些管家（housekeeping）蛋白包括如 RNA 聚合酶、DNA 修复酶、核糖体蛋白、参与糖酵解和其他基本代谢过程的酶，以及许多形成细胞骨架的蛋白质。除此之外，每种不同的细胞类型也会产生其特殊的蛋白质，这些蛋白质与细胞的独特性质有关。例如，在哺乳动物中，血红蛋白几乎只存在于正在发育的红细胞中。

研究基因表达也可以通过对一个细胞的 RNA 分子，包括编码蛋白质的 mRNA，进行分类来实现。要完成上述分析，一个最全面的方法是测定细胞产生的所有 RNA 的核苷酸序列。该方法还可以揭示每种 RNA 的相对丰度。对细胞中不同 mRNA 序列数量的估计表明，在任何一个时间里，一个典型的人类分化细胞可能在总量约为 19 000 个中表达 5000 ～ 15 000 个蛋白质编码基因。对多种组织

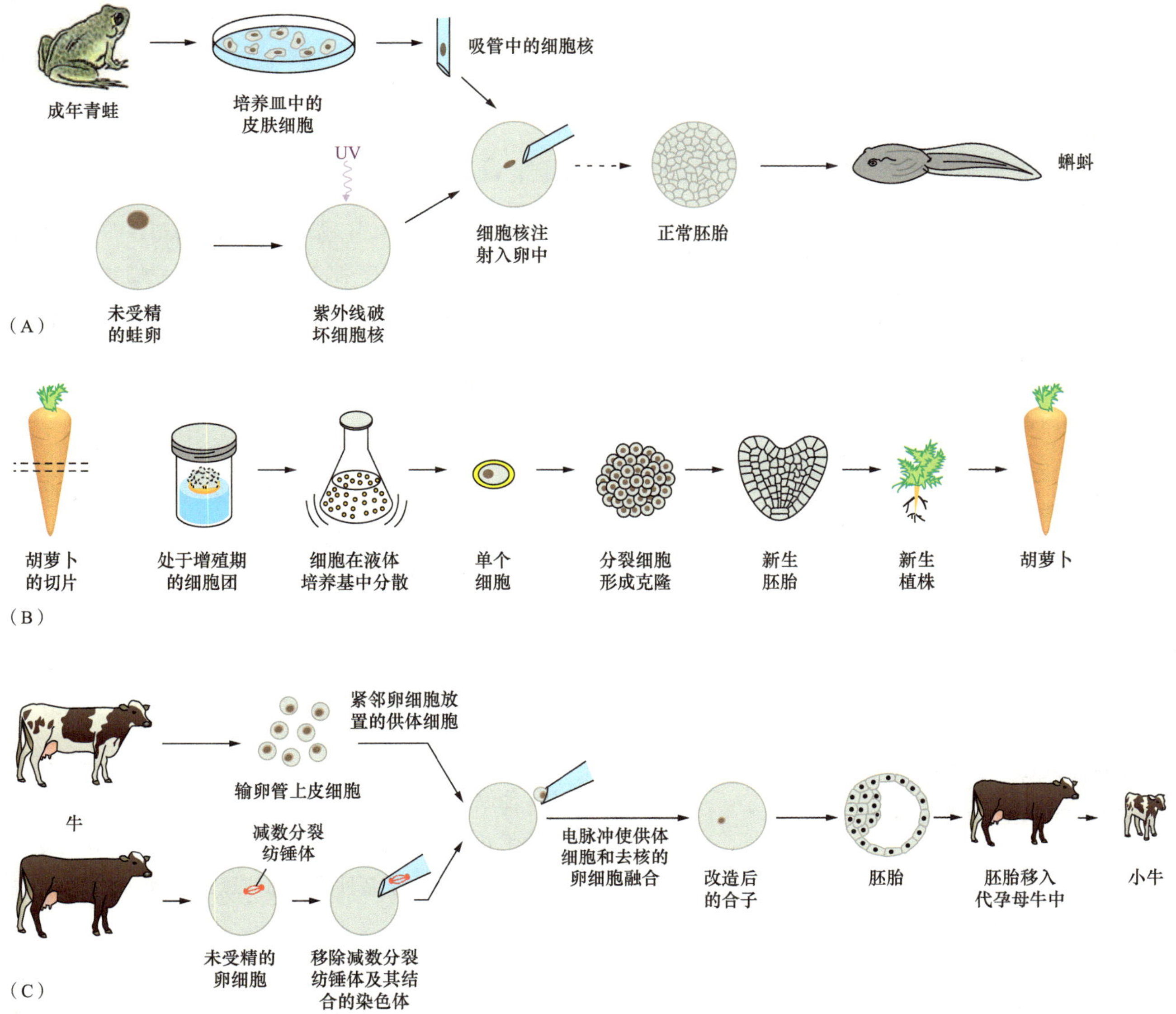

图 8-2　分化细胞包含指导完整生物体建成所需的所有遗传指令。（A）将来自成年青蛙皮肤细胞的一个细胞核移植入一个“去核”蛙卵（即它的细胞核已被破坏），可以得到一条完整的蝌蚪。虚线箭头表示给予移植的基因组一定的时间，使其适应胚胎环境。进一步要做的移植步骤是，在已经开始发育的早期胚胎中取出一个核，并将其放回到第二个去核的蛙卵。（B）在许多类型的植物中，分化细胞保留了“去分化”的能力，因此单个细胞通过增殖，可以形成子代细胞的一个克隆，随后产生出整个植物。（C）将从一头成年母牛分化细胞中取出的一个细胞核放入另外一头母牛的去核卵细胞中，可以产生出一头小牛。由相同的分化细胞供体产生的不同小牛都是供体牛的克隆，因为它们在遗传上是相同的。克隆羊多莉（Dolly）就是通过这种类型的核移植产生的。（图 A 改自 J.B. Gurdon，*Sci Am.* 219：24-35，1968。）

类型的研究也证实，不同细胞类型表达的 mRNA 集合体也不一样。

细胞可以响应外部信号从而改变其基因的表达

尽管多细胞生物体中的每种细胞类型都表达其自身的一套基因，但这种基因表达并非是不可改变的。已经特化的细胞能够响应细胞外信号，从而改变它们的基因表达模式。例如，将肝细胞暴露于糖皮质激素皮质醇中，几种蛋白质的表达就会显著增加。在饥饿、剧烈运动或长期压力的情况下，由肾上腺释放的糖皮质激素信号会促进肝细胞利用氨基酸和其他小分子合成葡萄糖。由糖皮质激素诱导产生的蛋白质包括酪氨酸氨基转移酶，它可以将酪氨酸转化为葡萄糖。当激素不再存在时，这些蛋白质的合成也会恢复到其正常水平。

其他细胞类型对糖皮质激素的响应则不相同。例如，在脂肪细胞中，酪氨酸氨基转移酶的合成会减少；其他一些细胞类型对糖皮质激素根本没有反应。不同细胞类型通常对同一种细胞外信号做出不同方式的反应，这也促成了每种细胞类型特化出各自不同的特点。

基因表达可以在 DNA 到 RNA 再到蛋白质的多个步骤上进行调控

如果生物体各种细胞类型之间的差异取决于每种细胞表达的特定基因，那么基因表达调控的操作是在什么层面上进行的呢？正如我们在前一章中讨论的那样，从 DNA 到蛋白质的途径经过许多步骤，原则上每个步骤都可以受到调控。因此，细胞可以通过以下方式控制其合成的蛋白质：①控制特定基因转录的时间和频率；②控制 RNA 转录本如何剪接，或以其他方式进行加工；③选择哪些 mRNA 从细胞核输出到细胞质；④调节某些 mRNA 分子降解的速度；⑤选择哪些 mRNA 被核糖体翻译为蛋白质；⑥调节某些特定的蛋白质在合成后被降解的速度。此外，个别蛋白质在合成后，其活性还可以通过一系列方式进行进一步调控。

在真核细胞中，这些步骤中的每一步都可以对基因表达进行调控（图 8-3）。然而，对于大多数基因而言，转录的控制（步骤 1 所示）是最重要的。这是合理的，因为只有转录控制才能确保不合成多余的中间体。因此，我们首先来了解一下转录调控，以及决定细胞将哪些基因转录成 RNA 的一些 DNA 和蛋白质组分。

基因转录是如何调控的

50 年前，基因可以开启和关闭的想法都还是革命性的。这个想法是一个重大的进步，它最初来自于对大肠杆菌如何适应其培养基组分变化的研究。这些原理许多都适用于真核细胞。然而，正如我们将要看到的那样，具有细胞核的生物体，其基因调控的巨大复杂性及其将 DNA 包装为染色质的特点，给调控带来了特殊的挑战，也带来了一些新的机遇。我们首先来讨论*转录调控因子*（transcription regulator，通常被宽泛地称为转录因子），这是一类与特定 DNA 序列结合并控制基因转录的蛋白质。

转录调控因子与调节性 DNA 序列相结合

几乎所有的基因，无论是细菌还是真核的，都含有指导和控制其转录的序列。在第 7 章中，我们看到基因的**启动子**（promoter）区域与 RNA 聚合酶（RNA polymerase）结合，并正确地引导该酶开始合成基因的 RNA 拷贝。细菌和真核基因的启动子都包括一个*转录起始位点*（transcription initiation site），即 RNA 开始合成的位点，以及附近一些含有 RNA 聚合酶相关蛋白质识别位点的序列。这些相关蛋白在细菌中是 σ 因子（参见图 7-9），在真核生物中是通用转录因子（参见图 7-12）。

除了启动子之外，绝大多数基因还包含用于打开或关闭基因的 **DNA 调控序列**（regulatory DNA sequence）。一些 DNA 调控序列的长度只有 10 个核苷酸对，并作为响应单个信号的简单开关；这些简单的调控开关在细菌中占主导地位。另一些 DNA 调控序列，特别是在真核生物中，是非常长的，有时超过 100 000 个核苷酸对，作为分子微处理器，将来自于多种信号的信息整合为一个指令，决定基因起始转录的频率。

DNA 调控序列不能单独起作用。这些序列必须被称为**转录调控因子**（transcription regulator）的蛋白质识别才能发挥功能。转录调控因子与 DNA 调控序列结合，形成了控制转录的开关。最简单的细菌可以合成数百种不同的转录调控因子，每种转录调控因子识别不同的 DNA 序列，从而可以调控不同的基因。人类中的转录调控因子数量更

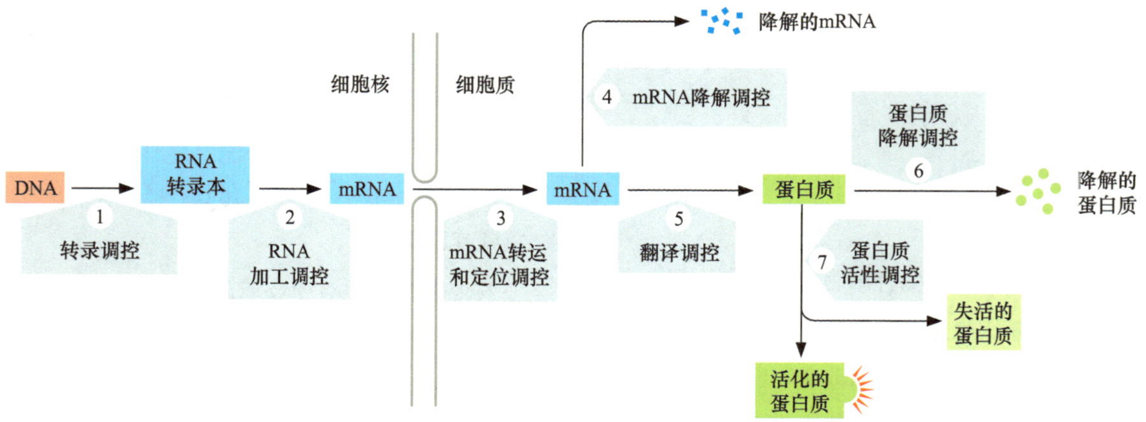

图 8-3 真核细胞中的基因表达可以在多个步骤进行调控。上述每个步骤的调控都有已知的例子，尽管对于大部分基因来说，主要的调控来自步骤 1，即 DNA 序列转录成 RNA。

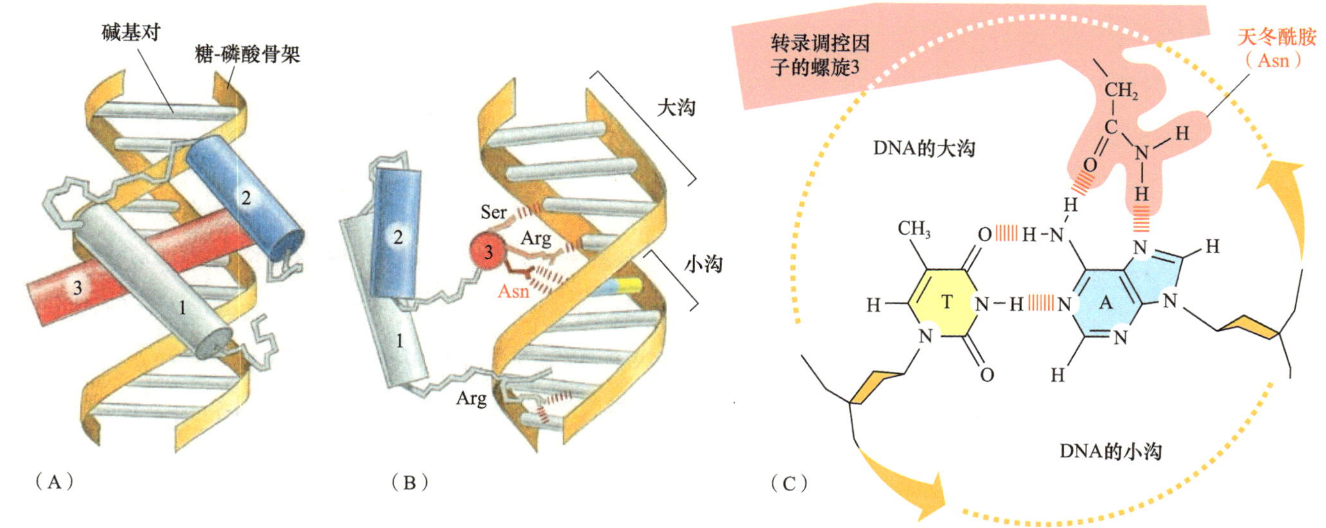

图 8-4 转录调控因子与 DNA 双螺旋相互作用。（A）图中所示的调控因子通过三个 α 螺旋，即图中带编号的圆柱体，来识别 DNA，这些螺旋能够使该蛋白质嵌入大沟中，与一小段 DNA 片段的碱基对形成紧密结合。这种特殊的结构基序被称为同源异型结构域（homeodomain），存在于许多真核 DNA 结合蛋白中（视频 8.1）。（B）与 DNA 碱基的大多数接触结合是由螺旋 3（红色，在 B 图中末端朝向）完成。（C）来自螺旋 3 的天冬酰胺侧链与 A-T 碱基对中的腺嘌呤形成两个氢键。该示意图是从 DNA 双螺旋的中心向下看的俯视图，可看到蛋白质在 DNA 大沟侧与碱基对互作。注意，蛋白质和 DNA 之间的相互作用是沿着核苷酸碱基的边缘发生的，不破坏负责碱基之间配对的氢键。为简单起见，此处仅显示了一处氨基酸–碱基的相互作用；实际上，转录调控因子可以形成氢键（如本图所示）、离子键，以及和多个碱基形成疏水相互作用。这些接触大多数发生在大沟中，但有些蛋白质也与小沟中的碱基相互作用，如（B）中所示。通常，蛋白质–DNA 的界面由 10～20 个这样的接触组成，每个接触涉及不同的氨基酸，并且每个接触都有助于增加蛋白质–DNA 相互作用的总体强度。

多，大约有 2000 个左右，这表明这种基因调控方式在复杂有机体发育和功能上的重要性及复杂性。

蛋白质能识别特定核苷酸序列，是因为蛋白质的表面可以与该区域 DNA 双螺旋的表面紧密贴合。因为双螺旋的表面特征取决于核苷酸的序列，所以不同的 DNA 结合蛋白将识别不同的核苷酸序列。在大多数情况下，蛋白质会插入到 DNA 双螺旋的大沟中，并与沟内的核苷酸对形成一系列紧密的非共价分子接触（图 8-4，视频 8.2）。虽然每个单独的接触都很弱，但蛋白质–DNA 界面通常会形成 10～20 个接触，共同确保相互作用既高度特异又非常牢固；实际上，蛋白质–DNA 相互作用是生物学中已知的最紧密和特异性最高的分子间相互作用。

许多转录调控因子以二聚体形式与 DNA 螺旋结合。这种二聚化使调控因子与 DNA 接触的区域大概增加了一倍，从而大大提高了蛋白质–DNA 相互作用的特异性与强度（图 8-5，视频 8.3）。

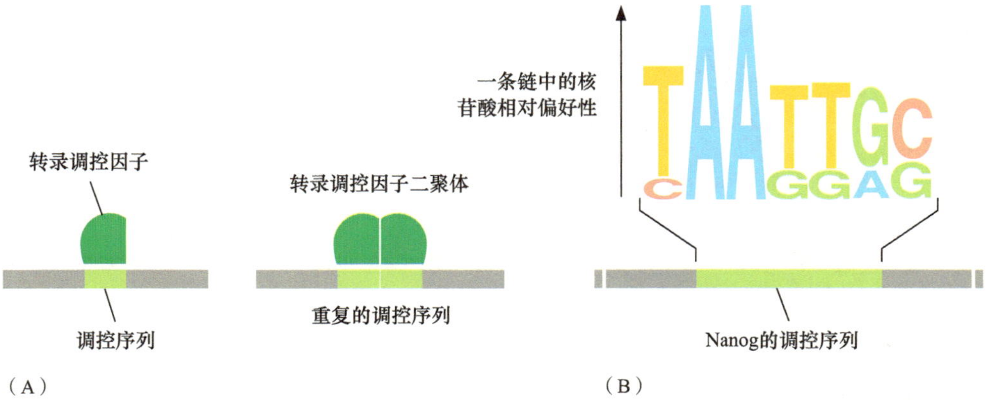

图 8-5 许多转录调控因子以二聚体形式与 DNA 结合。（A）如图所示，这种二聚化使蛋白质–DNA 的接触数量加倍。在此处以及本书后续章节中，调节序列均用彩条表示；每个条形代表一个 DNA 的双螺旋区段，如图 8-4 所示。（B）这里显示的是 Nanog 蛋白识别的调控序列，Nanog 作为一个同源异型结构域家族成员，是胚胎干细胞中的关键调控因子。这种示意图称为“logo”图，代表序列中每个位置上核苷酸的偏好性；每个字母的高度与调节序列中该位置上此碱基出现的频率成正比。例如，在第一个位置上，T 比 C 更常见，而 A 是在序列的第二和第三个位置上发现的唯一核苷酸。尽管细胞中的调控序列是双链，但 logo 图通常只显示一条 DNA 链的序列；另一条链就是简单的互补序列。Logo 图很有用，因为它们可以一目了然地揭示出 DNA 上供某个特定转录调控因子结合的序列范围。

转录开关使细胞可以响应环境的变化

最简单和最易理解的基因调控例子发生在细菌中。大肠杆菌的基因组是一个环状 DNA 分子，包含约 4.6×10^6 个核苷酸对，编码约 4300 种蛋白质，但其中只有一小部分蛋白质是在任何时间都有表达的。细菌可以根据环境中可获得的食物来源来调节许多基因的表达。例如，在大肠杆菌中，有 5 个基因可以在色氨酸缺乏时编码合成色氨酸的酶。这些基因在染色体上集结成簇，并从一个启动子上启动，转录一个长 mRNA 分子；这种协同转录的基因簇称为操纵子（operon，图 8-6）。虽然操纵子在细菌中很常见（参见图 7-40），但它们在真核生物中却很少见，真核生物中每个基因的转录和调控都是单独进行的。

当色氨酸浓度低时，操纵子被转录，得到的 mRNA 再翻译产生全套的生物合成酶，它们协同工作，合成色氨酸。然而，当色氨酸丰富时，例如，当细菌生活在刚吃过富含蛋白质膳食的哺乳动物肠道中时，色氨酸被摄入细胞。细胞不再需要这些酶合成色氨酸，因而这些酶的生产也就被关闭了。

我们已经非常清楚地了解了这种对色氨酸操纵子的抑制是如何发生的。在操纵子的启动子中有一段称为操纵者（operator）的短 DNA 序列（参见图 8-6），该序列可以被一种转录调控因子所识别。当该转录调控因子与操纵者结合时，它会阻断 RNA 聚合酶接近启动子，从而阻止操纵子的转录，并最终阻止色氨酸合成酶的产生。这个转录调控因子被称为色氨酸阻遏因子（tryptophan repressor），受到了精妙的调控：这个阻遏因子只有在与色氨酸结合的情况下才能与 DNA 结合（图 8-7）。

色氨酸阻遏因子是一种变构蛋白（参见图 4-44）：色

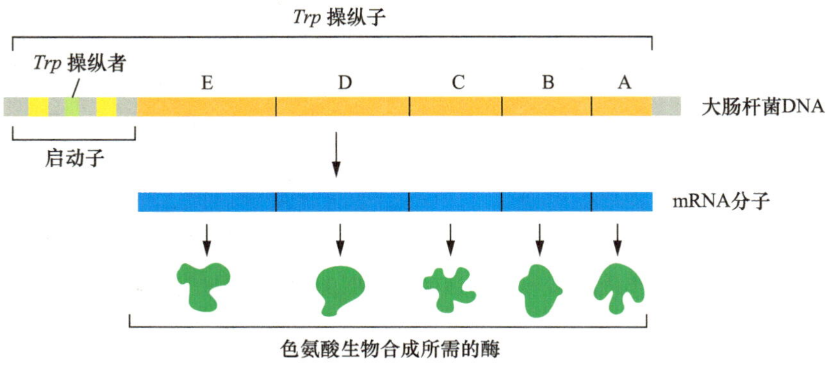

图 8-6　一簇细菌基因可由同一个启动子转录。 这五种基因中的每个基因都编码不同的酶，在利用简单的分子构建模块合成色氨酸时，这些酶都是必需的。这五个基因被转录为一个 mRNA 分子，这一特点使这些基因的表达得到协调。这样的基因簇（称为操纵子）在细菌中很常见。在这个例子中，整个操纵子被位于启动子内部的一段称为 *Trp* 操纵者（*Trp* operator，绿色）的 DNA 调控序列所调控。启动子中的黄色区域代表结合 RNA 聚合酶的 DNA 序列。

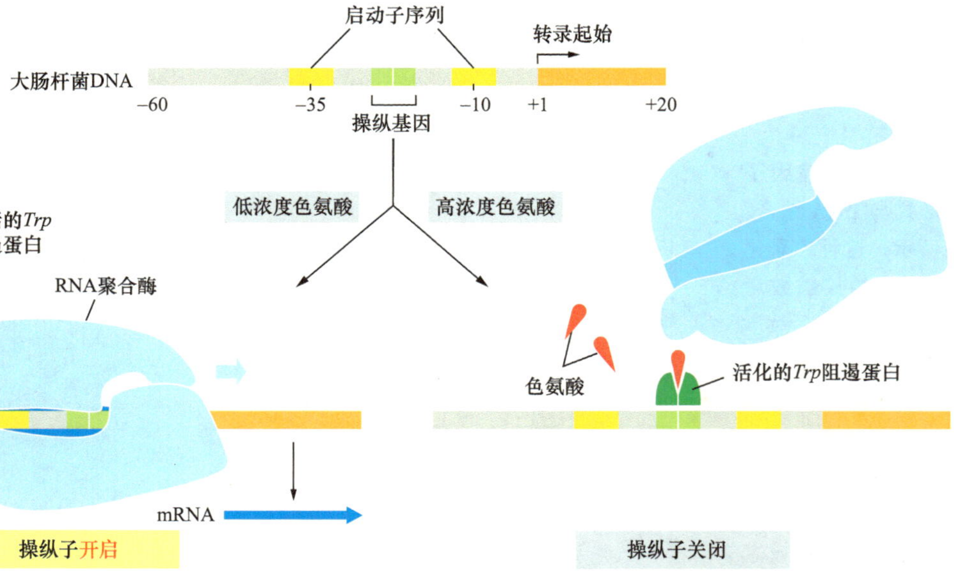

图 8-7　阻遏蛋白可以关闭基因。 如果细菌内的色氨酸浓度很低（左图），RNA 聚合酶（蓝色）与启动子结合并转录出色氨酸操纵子的五个基因。如果色氨酸的浓度很高（右图），阻遏蛋白（深绿色）被活化并与操纵者结合（浅绿色），阻断 RNA 聚合酶与启动子的结合。当细胞内色氨酸浓度下降时，阻遏蛋白从 DNA 上脱落，使聚合酶再次转录操纵子。启动子中有两块以黄色突出显示的关键 DNA 序列信息，分别是 −35 和 −10 区域，它们可以被 RNA 聚合酶识别（参见图 7-10）。完整的操纵子如图 8-6 所示。

氨酸的结合导致其三维结构发生微妙变化，由此该蛋白质才可以与操纵基因序列结合。当细菌悬液中的游离色氨酸浓度下降时，阻遏因子不再与 DNA 结合，然后色氨酸操纵子被转录。因此，阻遏因子是一种简单的元件，可以根据色氨酸的浓度高低来关闭或打开一组生物合成酶的合成，这是一种抑制性反馈的调节形式（参见图 4-42）。

色氨酸阻遏因子蛋白本身持续存在于细胞中。编码它的基因一直在以低水平转录，所以少量的阻遏因子蛋白始终存在。正因为如此，细菌才可以非常快速地对色氨酸浓度的增加和减少做出响应。

阻遏因子关闭基因，激活因子打开基因

顾名思义，色氨酸阻遏因子是一种**转录阻遏因子**（transcriptional repressor）蛋白，当它处于活化形式时，它可以关闭基因，即*阻遏*（repress）基因表达。有一些细菌转录调控因子则相反，它们可以打开基因，即*激活*（activate）基因表达。这些**转录激活因子**（transcriptional activator）也在启动子上发挥作用，但与色氨酸操纵子的启动子相反，这些启动子自身只能微弱地结合和定位 RNA 聚合酶。一旦激活因子与这些启动子附近的调控序列结合并与 RNA 聚合酶发生接触，这些原本低效的启动子就可以完全地发挥功能并起始转录（图 8-8）。

与色氨酸阻遏因子一样，激活因子蛋白通常必须与另一个分子相互作用才能结合 DNA。例如，细菌激活因子蛋白 CAP 必须在结合环腺苷酸（cAMP）后才能与 DNA 结合（参见图 4-20）。当葡萄糖这种细菌首选的碳源匮乏时，被 CAP 所激活的基因会因细胞内 cAMP 浓度的增加而被打开；结果是，CAP 驱动一些酶的产生，从而使细菌可以消化其他的糖类。

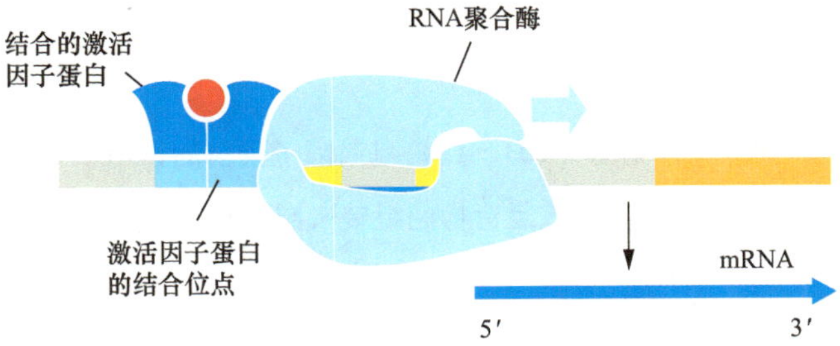

图 8-8　激活因子蛋白可以打开基因。激活因子蛋白与 DNA 上的调节序列结合，进而与 RNA 聚合酶相互作用，从而有助于起始转录。没有激活因子，启动子就不能有效地起始转录。在细菌中，代谢物或其他小分子（红色圆圈）与活化因子的相互作用通常会调控激活因子蛋白与 DNA 的结合。

Lac 操纵子由一个激活因子和一个阻遏因子所控制

在许多情况下，一个启动子的活性会受到两种不同的转录调控因子的控制。例如，大肠杆菌中的 *Lac* 操纵子（*Lac* operon）同时受到我们刚才所讨论的 *Lac* 阻遏因子（*Lac* repressor）和 CAP 激活因子的控制。*Lac* 操纵子编码摄取和消化乳糖所需的蛋白质。在没有葡萄糖的情况下，细菌会产生 cAMP，从而激活 CAP 以打开一些基因的表达，使细胞可以利用替代的碳源，包括乳糖。然而，当不存在乳糖时，CAP 也可诱导 *Lac* 操纵子的表达，但这会造成浪费。因此，乳糖操纵子的阻遏因子会在没有乳糖的情况下关闭操纵子。这种安排使 *Lac* 操纵子的控制区域能够整合两种不同的信号，因此只有在满足以下两个条件时操纵子才会高度表达，即必须缺失葡萄糖且必须存在乳糖（图 8-9）。因此，这条回路的行为非常类似于在计算机中执行逻辑操作的开关。当存在乳糖并且缺失葡萄糖时，细胞执行适当的程序，起始转录那些允许细胞摄取和利用乳糖的基因。其他的条件组合都不会产生这种结果。

50 多年前，*Lac* 操纵子精巧的逻辑工作方式首次引起了生物学家的注意。遗传学和生物化学的结合，揭示了大肠杆菌中这种转换的分子基础，使人们第一次了解到转录是如何被调控的。在真核细胞中，类似的转录调控元件组合运用，揭示了日益复杂的调控环路，其中包括多细胞有机体内调控受精卵形成组织和器官的环路。

真核转录调控因子可以远程控制基因表达

真核生物也使用转录调控因子，包括激活因子和阻遏因子，来调节其基因的表达。真核基因激活因子所结合的 DNA 位点被称为*增强子*（enhancer），因为这些位点的存在显著提高了转录速率。然而，生物学家们发现，真核生物的激活因子蛋白即使结合在基因启动子的上游或下游几千个核苷酸对远的地方，依然可以增强转录。这种现象引发了几个问题：增强子序列和它们所结合的蛋白质是怎样通过如此长的距离发挥作用的？它们如何与基因的启动子进行交流？

目前已有许多解释这种“远程调控”的模型，其中最简单的一个模型似乎适用于大多数情况。增强子和启动子之间的 DNA 凸出形成一个襻环，从而使激活因子蛋白与启动子紧密接近（图 8-10）。因此，DNA 充当一种绳带，

图 8-9 ***Lac* 操纵子由 *Lac* 阻遏因子和 CAP 两种转录调控因子控制**。当乳糖不存在时，*Lac* 阻遏因子与 *Lac* 操纵子结合并关闭操纵子的表达。乳糖的添加将提高细胞中相关的化合物异乳糖的浓度；异乳糖与 *Lac* 阻遏因子结合，使构象发生变化，从而解除其对操纵子 DNA 的控制（图中未显示）。当葡萄糖缺失时，细胞产生环腺苷酸（红色圆圈），CAP 会与 DNA 结合。操纵子若要转录，葡萄糖必须缺失（允许 CAP 激活因子结合），并且乳糖必须存在（使 *Lac* 阻遏因子释放）。*LacZ* 作为操纵子的第一个基因，编码 β-半乳糖苷酶，该酶将乳糖分解为半乳糖和葡萄糖（视频 8.4）。

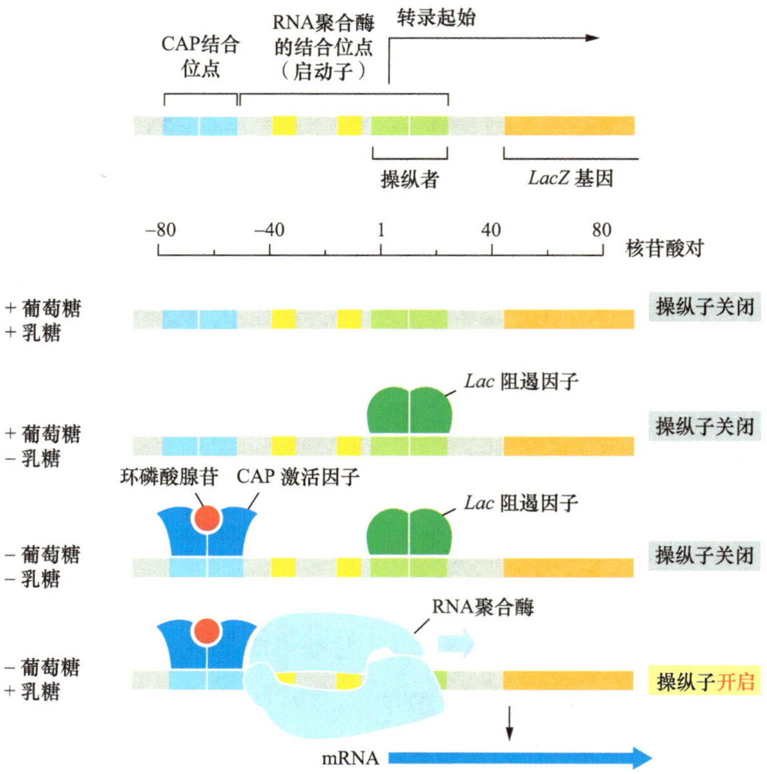

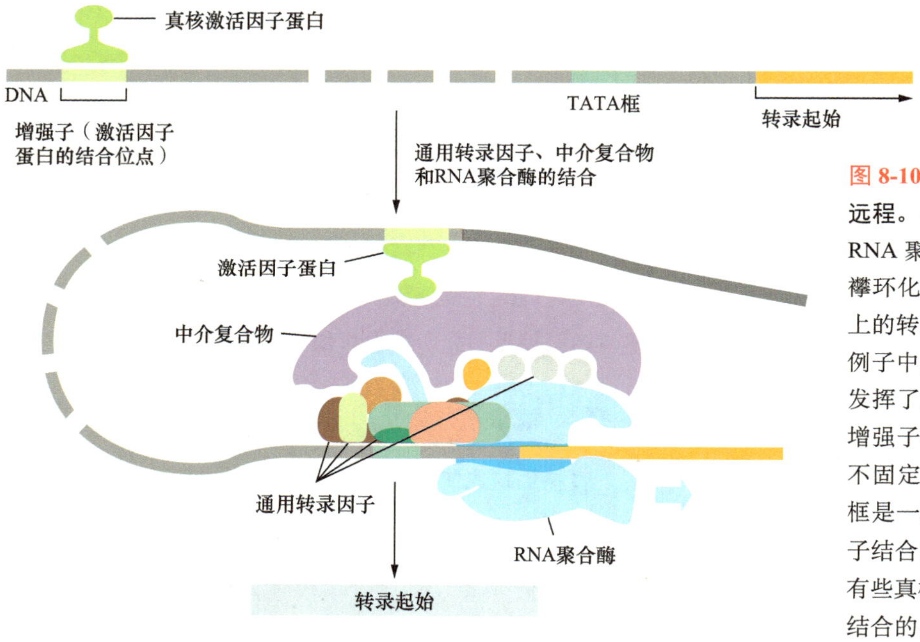

图 8-10 **在真核生物中，基因激活可以发生在远程**。与远程增强子结合的激活因子蛋白会将 RNA 聚合酶和通用转录因子招募到启动子处。襻环化的 DNA 允许激活因子与结合在启动子上的转录起始复合物相互接触。在本图显示的例子中，一种称为中介子的大型蛋白质复合物发挥了连接作用。虚线所示的 DNA 片段表示增强子和转录起始点之间的 DNA 片段长度并不固定，有时可长达数万个核苷酸对。TATA 框是一段 DNA 识别序列，可被第一个与启动子结合的通用转录因子所识别（参见图 7-12）。有些真核激活因子蛋白是以二聚体形式与 DNA 结合的，而其他真核激活因子是以单体形式与 DNA 结合，如图所示。

使增强子上结合的蛋白质，哪怕是远在几千个核苷酸对之外的蛋白质，能与启动子附近的蛋白质相互作用（参见图 7-12）。通常情况下，还有其他一些蛋白质作为接头因子，负责使襻环闭合起来；其中最重要的接头因子是一种大型蛋白质复合物，称为中介子（mediator）。所有这些蛋白质共同作用，最终将转录因子和 RNA 聚合酶招募并定位在启动子处，形成转录起始复合物（transcription initiation complex，参见图 8-10）。真核阻遏因子蛋白的作用正好相反，它们通过阻止该复合物的组装来减少转录。

真核转录调控因子通过招募染色质修饰蛋白来帮助起始转录

在真核细胞中，那些负责指导转录起始复合物形成的蛋白质必须解决 DNA 包装问题。如第 5 章所述，真核生物 DNA 缠绕在组蛋白复合物周围，形成核小体，核小体会依次折叠形成更加高度有序的结构。那么，转录调控因子、通用转录因子和 RNA 聚合酶怎样接近染色质中的 DNA 呢？尽管有些蛋白质可以有效地与缠绕在核小体上的 DNA 结合，但其他大部分蛋白质却被这些紧凑的结构所阻碍。更关键的是，位于启动子上的核小体可以物理性地阻断通用转录因子和 RNA 聚合酶在启动子上的装配，从而抑制转录的起始。这种染色质的包装机制之所以在演化中出现，部分原因可能是在缺乏适当激活因子蛋白的情况下来阻断转录起始，从而防止基因的泄漏表达。

在真核细胞中，激活因子蛋白和阻遏因子蛋白可以利用 DNA 的包装机制来打开和关闭基因。正如我们在第 5 章中所看到的，染色质结构可以被**染色质重塑复合物**（chromatin-remodeling complex），以及共价修饰核小体核心的组蛋白的酶来改变（参见图 5-24 和图 5-25）。许多基因激活因子为了利用这些机制，将这种染色质修饰蛋白招募到启动子上。例如，**组蛋白乙酰转移酶**（histone acetyltransferase）的募集促进了组蛋白尾部特定赖氨酸的乙酰化，这些乙酰基团再进一步招募促进转录的蛋白质，其中包括一些通用转录因子（图 8-11）。染色质重塑复合物的募集也使得其附近的 DNA 更容易与蛋白质结合。上述这些作用都增强了转录起始的效率。

通过类似的方式，基因阻遏因子蛋白也可以通过多种方式对染色质进行修饰，降低转录起始的效率。例如，许多阻遏因子会招募**组蛋白去乙酰化酶**（histone deacetylase），这是一种负责去除组蛋白尾部乙酰基的酶，从而逆转乙酰化对转录起始的促进作用。虽然一些真核阻遏因子蛋白是通过对单个基因逐一抑制的方式发挥功能的，但另一些阻遏因子则可以协调地形成大片无转录活性的染色质。如第 5 章所述，这些不转录的 DNA 区域包括间期染色体中的异染色质和雌性哺乳动物细胞中失活的 X 染色体。

染色体襻环结构域排列可以保持增强子受控

我们已经看到，所有基因都具有调节区域，这些调节区域决定了基因在何种时间、何种条件下以及在何种组织中表达。我们还看到，真核转录调控因子可以跨越非常长的 DNA 片段发挥作用，而且位于中间的 DNA 会凸出成襻环。那么，对于一个基因控制区域结合的转录调控因子而言，是什么因素阻止了它以错误的方向成襻并不恰当地影响邻近基因的转录呢？

为了避免这种错误的串扰，植物和动物的染色体 DNA 形成了一系列的襻环，这些襻环使得各个基因与其调节区域在距离上更加接近。这种定位也限制了增强子的

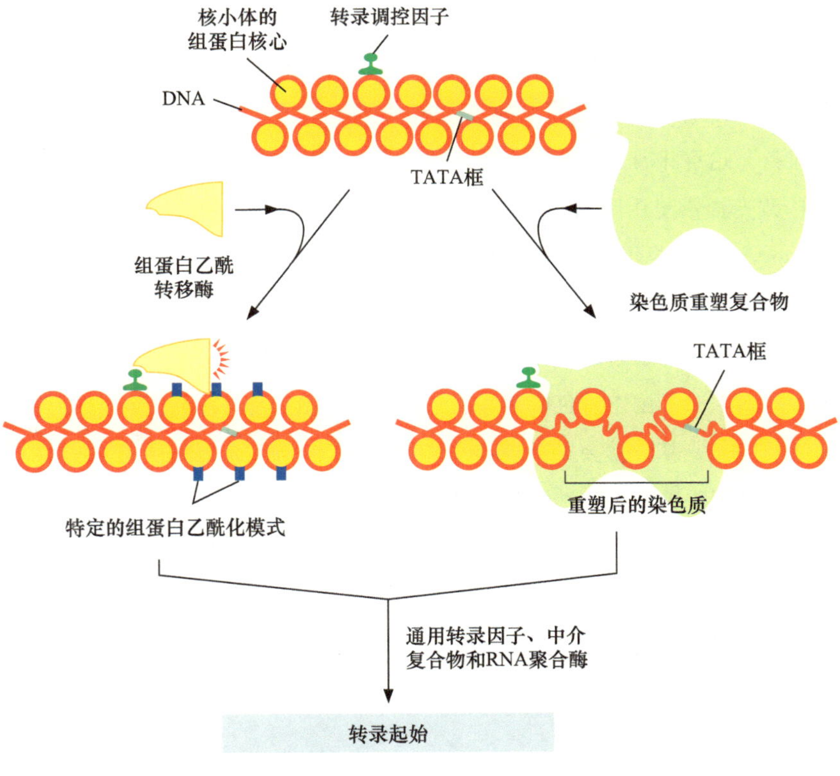

图 8-11　真核转录激活因子可以通过募集染色质修饰蛋白来帮助起始基因转录。在左侧，募集组蛋白修饰酶，如组蛋白乙酰转移酶，将乙酰基添加到特定的组蛋白上，这些组蛋白随后再招募其他一些蛋白质，从而引发转录的起始（图中未显示）。在右侧，染色质重塑复合物使包装在核小体中的 DNA 更容易被细胞中包括转录所需的蛋白质在内的其他蛋白质所接近；举个例子，可以看到 TATA 框的暴露程度增加了。

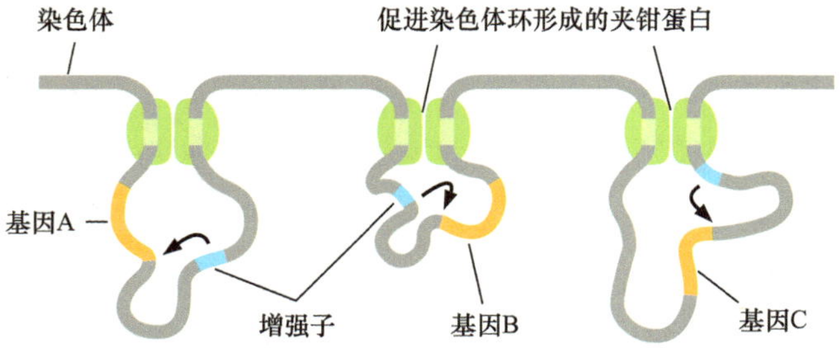

图 8-12 **动植物的染色体形成 DNA 襻环。**在该示意图中，特定蛋白质（绿色）使染色体 DNA 形成襻环，从而促进了基因与其对应的增强子的结合。这些襻环状结构，有时称为*拓扑相关结构域*（topological associated domain，TAD），其长度范围从几千到几百万个核苷酸对不等，通常比调控序列和启动子之间形成的襻环要大得多（参见图 8-10）。

活动，防止它们串访相邻的基因。染色体襻环由特殊蛋白质通过与一些染色质序列结合并将其在基部拉在一起而成（图 8-12）。

当发生突变导致染色体无法形成正确的襻环时，这些襻环的重要性就突显了出来。这些突变在许多癌症和遗传性疾病中都有发现，会导致基因在错误的时间和地点表达。

产生特化的细胞类型

所有细胞都必须能够根据环境中的信号来打开和关闭基因。而多细胞生物的细胞已经将这种类型的转录调控发挥到了极致，以高度特化的方式形成了各种分化细胞类型并有组织地排列。这就提出了一个特殊的挑战：在多细胞生物体中，一旦一个细胞决定分化成一种特定的细胞类型，这种命运的选择通常会在随后的细胞分裂中一直维持。这意味着这些细胞必须记住基因表达的改变，而这些改变通常是由瞬时信号触发的。这种*细胞记忆*（cell memory）是形成组织器官和维持稳定分化的细胞类型的先决条件。与之相反，真核生物和细菌中基因表达的最简单变化通常只是短暂的；例如，色氨酸阻遏因子仅在色氨酸存在时关闭细菌中的色氨酸操纵子；一旦从培养基中除去该氨基酸，基因就会重新开启，细胞的后代也将不会记得它们的祖先曾经接触过色氨酸。

在本节中，我们将讨论转录调控的一些特殊特征，这些特征使得多细胞生物能够创造和维持特化的细胞类型。这些细胞类型最终形成了组织和器官，使线虫、果蝇、甚至人类具有各自的独特特征。

真核基因受到转录调控因子的组合调控

到目前为止，我们研究过的基因都是受到了少数转录调控因子的调控。虽然对于许多简单的细菌系统来说，情况确实如此，但大多数真核转录调控因子都是作为一个大型的调控蛋白“委员会”的一部分而发挥作用，所有这些调控蛋白共同协作，使基因可以在正确细胞类型中、在正确的条件下、于正确的时间、按正确的量进行表达。

“组合控制”（combinatorial control）这个术语指的是一组转录调控因子通过共同作用来决定一个基因的表达。我们之前讨论过的细菌 *Lac* 操纵子就是一个由多调控因子共同控制转录的简单例子（参见图 8-9）。在真核生物中，这种调控的输入信号得到了放大，因此一个典型的基因受到了数十种转录因子的调控，而与这些转录因子结合的 DNA 调控序列之间可能会相距成千上万个核苷酸对。这些调控因子共同指导中介子、染色质重塑复合物、组蛋白修饰酶、转录因子及最终的 RNA 聚合酶的装配（图 8-13）。在许多情况下，多个阻遏因子和激活因子会与控制某个特定基因转录的 DNA 结合；对于细胞如何通过整合这些蛋白质的作用来决定基因表达的最终水平，目前我们只有一些初步的了解。这种复杂的调控体系的一个例子是受精卵发育为果蝇的调控体系，详见“我们是怎样知道的”栏目。

单个蛋白质可以协调不同基因的表达

无论是原核生物或真核生物的所有细胞，除了能够打开和关闭单个基因，还需要能够协调不同基因的表达。举个例子，当真核细胞收到一个增殖信号时，会同时开启一系列此前不表达的基因，启动最终导致细胞分裂的活动（将在第 18 章讨论）。正如我们此前谈论的，细菌通常会将一组基因在一个操纵子上集结成簇，并由一个启动子调控，从而协调这一组基因的表达（参见图 8-6）。在真核细胞中，这样的基因簇比较罕见，基因的转录与调控往往是分开的。那么，真核细胞是如何综合调控多个基因表达的呢？更具体来说，鉴于真核细胞是用一组转录调控因子来控制它的每个基因，那么细胞是如何快速而果断地决定打开或关闭一组基因的呢？

答案是，尽管基因表达的控制是组合性的，但单个转录调控因子对于某个特定基因开关的影响仍然可以是决定性的，只要它能补全激活或抑制该基因所需的整套调控组

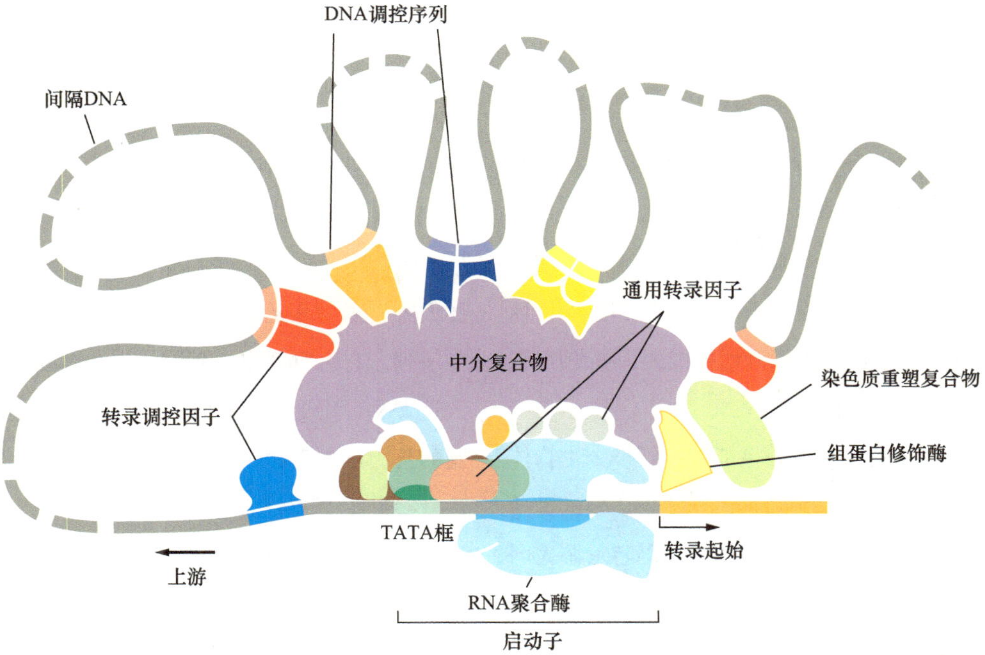

图 8-13　转录调控因子组成“委员会”，共同调控真核基因的表达。虽然在启动子处组装的通用转录因子对于所有由 RNA 聚合酶转录的基因而言都是相同的（参见图 7-12），但对于不同基因来说，转录调控因子以及它们的 DNA 结合位点相对于启动子的位置是不同的。这些调控因子与染色质修饰蛋白一起，由中介子组装在启动子上。多个转录调控因子共同作用，决定了最终的转录起始速率。而将 DNA 调控序列隔开的“间隔区”DNA 序列不会被任何转录调控因子所识别。

合。这如同向一把组合密码锁中输入最后一个数字，如果其他数字在之前已经被妥善输入，这把锁就会在最后一个数字输入时应声弹开。同样，就像同一个数字可能会补全多个锁的最后一位密码，同一个蛋白质也可能会补全几个不同基因所需的调控组合。只要这几个不同的基因都含有可以被同一个转录调控因子识别的 DNA 调控序列，它们就可以作为一个协作单元被打开或关闭。

人体中这种协同调控的一个例子是人类对于糖皮质激素的响应（参见表 16-1）。正如本章前面讨论过的，当该激素出现时，肝细胞会提高很多基因的表达，包括那些使得肝脏产生葡萄糖以响应饥饿或长期压力的基因。为了打开这些响应糖皮质激素的基因，作为转录调控因子的糖皮质激素受体会首先与糖皮质激素分子结合，形成一个复合物。然后，该复合物会与每个糖皮质激素-响应基因的 DNA 调控序列结合，从而启动基因表达。当糖皮质激素的浓度再次降低时，所有这些基因的表达也降回到正常水平。通过这种方式，一个转录调控因子可以协同调节许多不同基因的表达（图 8-16）。

综合调控也可以产生不同的细胞类型

细胞可以用数量有限的转录调控因子来开关许多不同的基因，这种能力不仅仅在细胞功能的日常调控中发挥作用，也是胚胎发育过程中使真核细胞分化为特定细胞类型的手段之一。

一个惊人的例子是肌肉细胞的发育。哺乳动物的骨骼肌细胞与其他细胞不同，它会表达多种特定的蛋白质，比如组成可收缩结构的肌动蛋白和肌球蛋白，还有质膜上的一些受体蛋白和离子通道蛋白，这些蛋白质可以使肌肉细胞在神经的刺激下收缩（这将在第 17 章讨论）。在肌肉细胞分化时，所有编码这些肌肉特异性蛋白的基因被协同性打开。通过对培养的肌肉细胞的发育进行研究，鉴定出少数几个关键的转录调控因子。它们仅在可能成为肌肉细胞的细胞中表达，并且可以协同调控肌肉特异性基因的表达，故而对肌肉细胞的分化至关重要。这些转录调控因子是通过结合肌肉特异性基因调控区域特定的 DNA 序列，来激活这些基因的转录。

同样的，在其他细胞类型中特异表达的基因，也是由其他的一套转录调控因子组所激活。那么，转录调控因子的不同组合，是如何导致细胞发育成不同的类型呢？这个过程如图 8-17 所示。

还有其他一些转录调控因子可以将细胞维持在未分化状态，如图 8-17 所示的前体细胞。一些未分化的细胞在发育上可塑性非常高，能够产生体内所有特化的细胞类型。我们在第 20 章讨论的*胚胎干细胞*（embryonic stem

基因调控：*EVE* 的故事

具备调控基因表达的能力对于多细胞生物从一个受精卵正确地发育为成年个体是至关重要的。从发育的最早时刻开始，一系列转录程序便指导着基因的差异表达，使动物形成恰当的身体布局，帮助区分开它的背部和腹部，以及头部和尾部。这些程序最终指引着翅膀或腿、嘴或肛门、神经元或肝细胞都长在正确的地方。

因此，发育生物学的一个核心挑战是了解一个生物体在受精后的数小时内如何制定出这些基因的表达模式。参与早期发育阶段最重要的基因就包括那些编码转录调控因子的基因。通过与不同的 DNA 调控序列相互作用，这些转录因子蛋白可以指导胚胎中的每个细胞在发育的不同时间点表达适合于该细胞的基因。然而，一个蛋白质与一段 DNA 的结合是如何指导一个复杂的多细胞生物体的发育呢？为阐明这个大问题，我们回顾一下 *Eve* 的故事。

看到 *Eve*

Even-skipped 基因，简写为 *Eve*，它的表达在果蝇（*Drosophila*）胚胎的发育中发挥重要作用。如果该基因突变而失活，则胚胎的很多部分无法形成，果蝇幼虫在发育早期就会死亡。*Eve* 在整个胚胎中并非均匀表达，而是表达在 7 条沿着胚胎的长轴精确分布的横纹区域中，对应于果蝇身体布局的 14 个分区中的 7 个。果蝇的身体布局的 14 个分区，在头部有 3 个，胸部有 3 个，腹部有 8 个。

这种表达模式非常稳定，在每个果蝇胚胎的相同位置上都有 Eve 蛋白表达（参见图 8-14B）。Eve 蛋白的表达受到了精确的空间调控，甚至是精确到在一个细胞中表达，而在其相邻的细胞中不表达。这样的调控是如何实现的呢？为了找到答案，研究人员开始寻根问底。

剖析 DNA

正如我们在本章中所看到的，一个生物体中的 DNA 调控序列，控制着哪些细胞表达哪个特定的基因，以及在发育中的哪个时间点打开基因的表达。在真核生物中，这些调控序列通常位于基因本身的上游。定位 DNA 调控序列并研究它如何起作用的一种方法是，从你感兴趣的基因上游区域取出一段 DNA 并将其插入一个**报告基因**（reporter gene）的上游，报告基因所编码的蛋白质，其活性很容易通过实验进行监控。如果这个 DNA 片段含有调控序列，它会驱动报告基因的表达。随后，当这段拼接的人造 DNA 引入到一个细胞或生物体，在该调控序列所控制的基因正常表达的那些细胞和组织中，报告基因将会表达（参见图 10-24）。

通过切除 *Eve* 上游 DNA 序列的不同区段，并将它们与报告基因偶联，研究人员发现，该基因的表达受到一系列共 7 个调节模块的控制，每个调节模块都对应了 *Eve* 特异表达的一个条纹。例如，研究人员通过这种方式确定了控制 2 号条纹特异表达的 DNA 调控序列。研究人员将这个调节序列切出来，与报告基因连接，并将得到的 DNA 引入果蝇中。当他们检查携带这种人工改造 DNA 的胚胎时，他们发现报告基因在 2 号条纹的位置精确表达（图 8-14）。类似的实验揭示了其他 6 个调控模块的存在，其中每个调控模块都对应一个 Eve 条纹。

接下来的问题是：这七个调控区段中的每一个如何指导在一个特定的位置形成一个条纹？研究人员发现，答案就在于每个区段内都含有一种独特的调控序列的组合，这些调控序列又可以结合不同的转录调控因子。这些调控因子，如 Eve 蛋白本身，在胚胎中的分布呈现独特的模式，有些朝向头部，有些朝向尾部，有些位于中间。

以控制 2 号条纹的调控序列为例，该调控序列可被四个转录调控因子结合：两个激活 *Eve* 转录，两个抑制 *Eve* 转录（图 8-15）。在包含 2 号狭窄条纹的组织中，正好抑制蛋白不存在，由此 *Eve* 基因可以表达；而在条纹两侧的组织中，阻遏因子存在，*Eve* 基因不表达，从而形成了 2 号条纹。

控制其他条纹的调节区段也是按照类似的方式发挥作用；每个调控区段都会读取由一些转录调控因子的独特组合所提供的“位置信息”，并根据这些信息来表达 *Eve*。

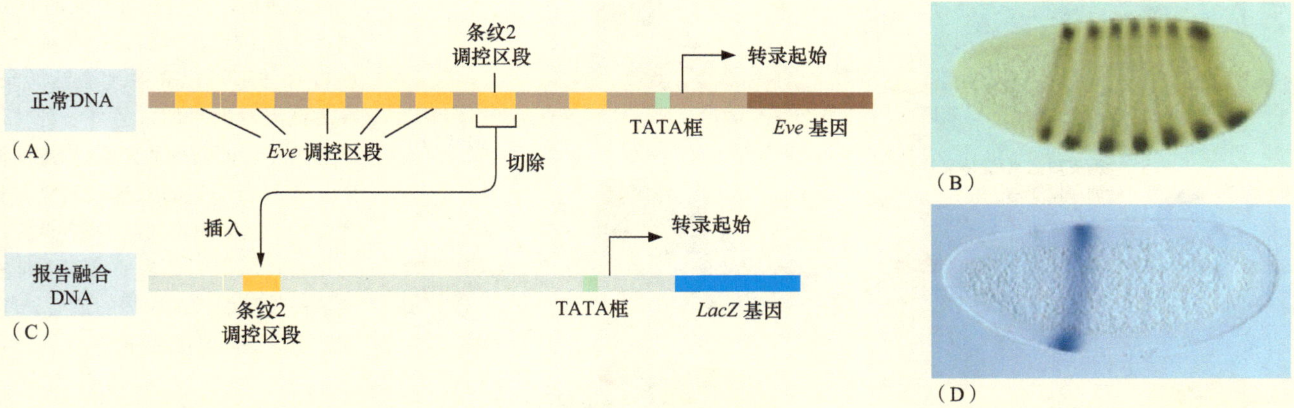

图 8-14　使用报告基因的实验方法揭示了 *Eve* 基因调控区域的模块化构建。(A) *Eve* 基因的表达受到了一系列调控区段（橙色）的控制，这些调控区段指导 Eve 蛋白在胚胎上呈条纹状表达。(B) 用 Eve 蛋白抗体染色的胚胎，显示出 Eve 表达的 7 条特征性条纹。(C) 在实验室中，指导 2 号条纹形成的调控区段可以从 (A) 图所示的 DNA 中切下来并插入到大肠杆菌编码 β-半乳糖苷酶的 *LacZ* 基因的上游（参见图 8-9）。(D) 将含有 2 号条纹的人工改造的 DNA 引入果蝇基因组，所得到的胚胎精确地在 2 号 *Eve* 条纹的位置表达了 β-半乳糖苷酶的 mRNA。使用与 *lacZ* mRNA 碱基互补配对的标记 RNA 探针，通过原位杂交（参见第 352 页），可检测到该 mRNA 的表达。(B 和 D 图蒙 Stephen Small 和 Michael Levine 惠赠。)

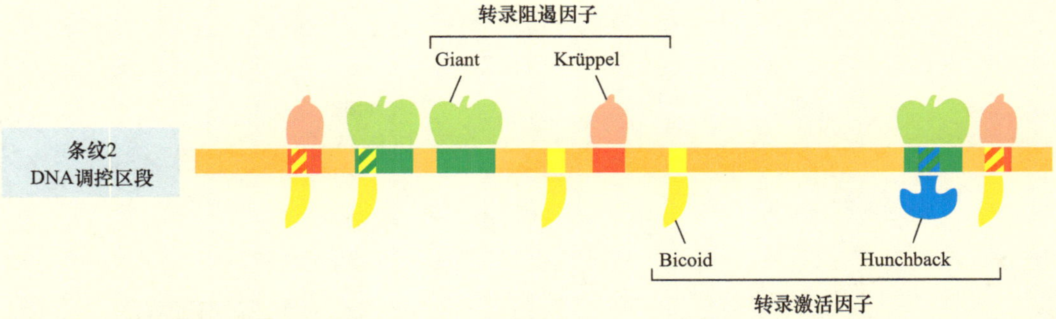

图 8-15　2 号 *Eve* 条纹的调控区段包含四种不同转录调控因子的结合位点。所有四个调控因子都在 2 号条纹的正确表达中发挥作用。缺乏两种激活因子 Bicoid 和 Hunchback 的果蝇不能有效地形成 2 号条纹；缺乏阻遏因子 Giant 或 Krüppel 的果蝇，它们的 2 号条纹会扩展并异常地覆盖了胚胎上很宽的区域。如图所示，在某些情况下，转录调控因子的结合位点彼此重叠，调控蛋白需要竞争与 DNA 的结合。例如，Bicoid 和 Krüppel 在最右端上的结合位点被认为是互相排斥的。这个调控片段的长度是 480 个碱基对。

整个调控区域长度超过 20 000 个核苷酸对，并且总共结合着 20 多个转录调控因子。这个大型的调控区域由一系列较小的调控区段组成，每个调控区段都包含一种 DNA 调控序列的独特组合，从而被特定的转录调控因子识别。通过这种方式，*Eve* 基因可以响应庞大数量的组合信号输入。

Eve 蛋白本身就是一种转录调控因子，它与许多其他的调节蛋白联合起来，控制着果蝇发育过程中的关键事件。这种由多种不同的调节区段形成的复杂组织，初步解释了通过反复使用一些基本的规则能够精心安排整个生物体的发育。

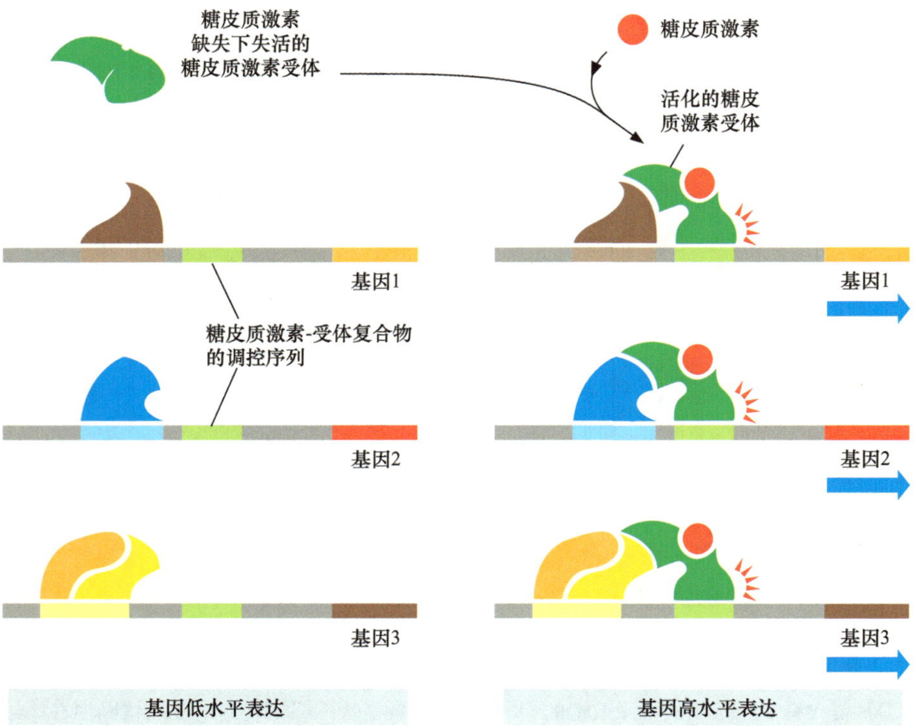

图 8-16 单个转录调控因子可以协调多个不同基因的表达。图中展示了糖皮质激素受体的行为。左侧是一系列基因，每个都有其不同的激活因子蛋白，并与各自不同的 DNA 调控序列结合。然而，这些结合蛋白自身并不足以高效地激活转录。在右侧展示的是加入另外一种转录调控因子，即糖皮质激素-糖皮质激素受体复合物后的效果。该复合物会与每个基因中相同的 DNA 调控序列结合。激活的糖皮质激素受体补全了高效起始转录所需的最后一环，使三个基因同时被打开。

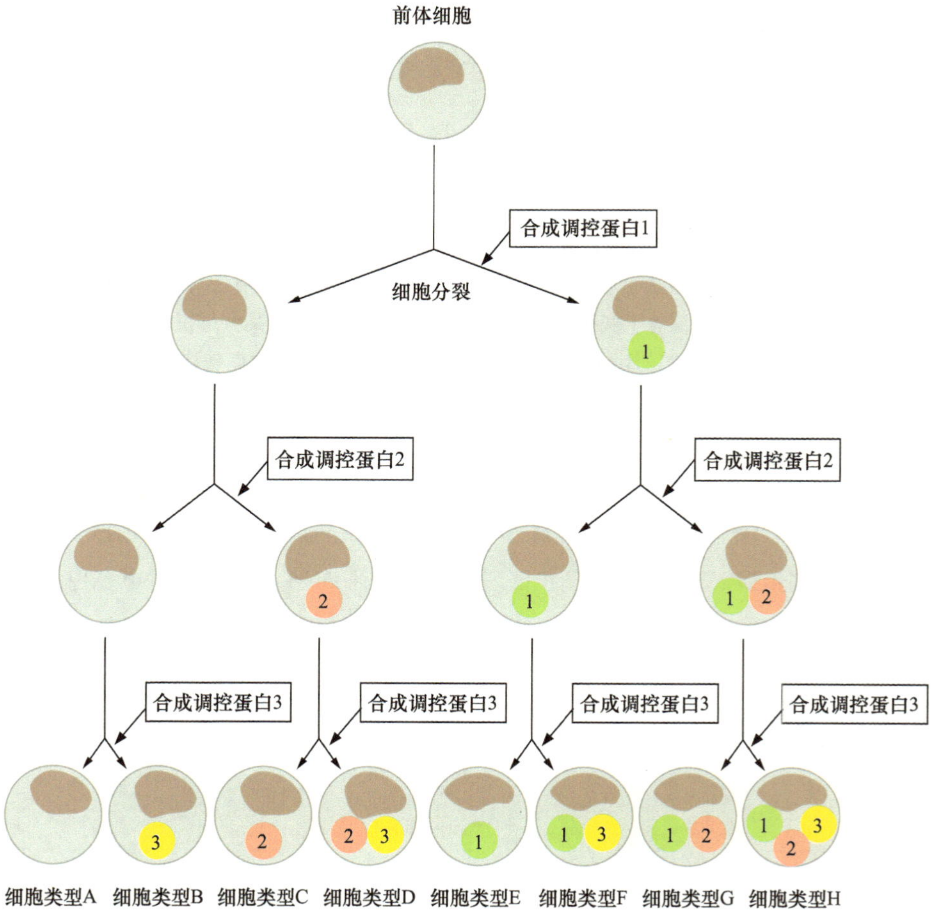

图 8-17 在发育过程中，少数几个转录调控因子的组合可以产生许多细胞类型。在这个简单的示意图中，在每次细胞分裂后，细胞都会做出产生新的转录调控因子（带编号的圆圈所示）的“决定”。将这个简单的规则不断重复，仅使用 3 种转录调控因子，就可以产生 8 种细胞类型（A～H）。每种假定的细胞类型都会表达各自一套不同的基因，这是由每种细胞类型产生的转录调控因子的组合所决定的。

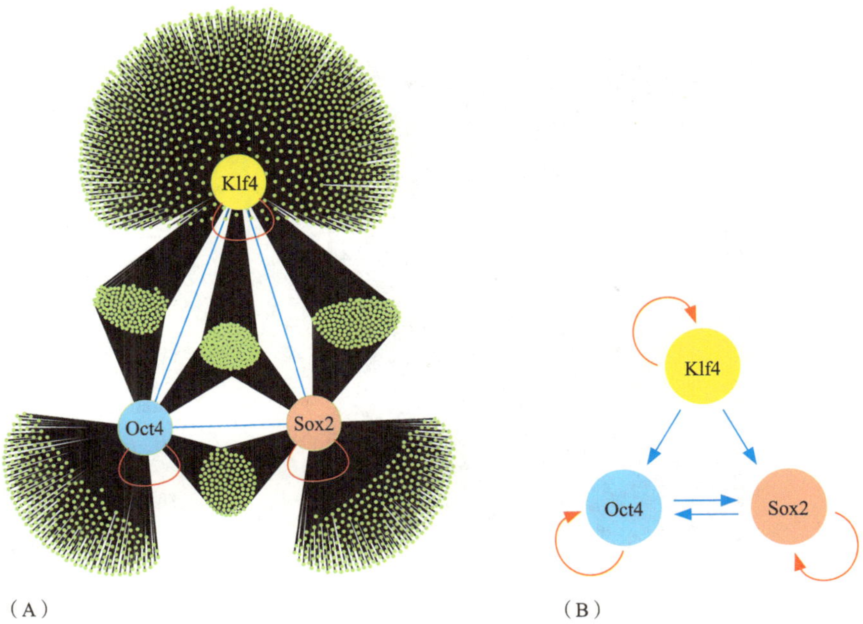

图 8-18 三个转录调控因子构成了调控网络，指导胚胎干细胞的特化。(A) 三种转录调控因子 Klf4、Oct4 和 Sox2 在图中以大的彩色圆圈表示。一些基因的调节序列含有这些调控因子的结合位点，这些基因用小绿点表示。调控因子与基因之间的连线，代表调控因子与基因调节区的结合。需要注意的是，尽管每个调控因子控制着一组特定基因的表达，但这些靶基因许多都会与一个以上的转录调控因子结合，而且有大量的基因都与这三个调控因子相互作用。(B) 这三个调控因子也控制自身的表达。如图所示，每个调控因子都会与其自身基因的调节区域结合，形成反馈回路（红色）。此外，调控因子还与彼此的调节区域相互作用（蓝色）。正反馈环路是一种常见的调节形式，我们将在本章后面讨论。

cell，ES）就保留了这种称为*多能性*（pluripotency）的神奇特性。

一种特定细胞类型的分化涉及几千种基因表达的变化：那些编码细胞所需产物的基因以高水平表达，而那些产物不被需要的基因则以低水平表达或完全关闭。因此，一个转录调控因子通常能控制数百甚至数千个基因的表达（图 8-18）。反过来，因为每个基因通常由许多不同的转录调控因子所控制，所以少量的调控因子按照不同方式组合，就可以形成极其复杂的调节网络，产生出特定的细胞类型。据估计，大约 1000 个转录调控因子便足以控制人类发育所需的 24 000 个基因。

一个完整器官的形成能够被一个转录调控因子触发

我们已经看到，转录调控因子通过组合的方式发挥作用，就可以控制整套基因的表达，产生出多种细胞类型。但在某些情况下，一个转录调控因子不仅可以引发一种细胞类型的分化，还可以引发整个器官的形成。这种转录调控有一个惊人的实例是来自对果蝇（*Drosophila*）眼睛发育的研究。在果蝇中，一个名为 Ey 的转录调控因子触发了眼睛形成所需的所有特定细胞类型的分化。*Ey* 基因发生突变的果蝇完全没有眼睛，该调控因子也是通过这种突变体而发现的。

Ey 蛋白是如何协同调控眼睛中不同细胞类型的分化，并指导它们在三维空间中形成正确组织的呢？这是发育生物学的一个研究热门。然而，实际上，Ey 的功能类似于我们刚才讨论过的转录调控因子，通过与多个基因调节区域中的 DNA 序列结合，进而控制这些基因的表达。有些由 Ey 调控的基因会编码其他转录调控因子，进而调控其他基因的表达。通过这种方式，一个*主转录调控因子*（master transcription regulator）位于调控网络（如图 8-18 所示）的顶点，通过级联效应产生了一系列调控因子，这些调控因子通过组合发挥作用，使许多不同类型的细胞形成一个有组织的器官。人们可以想象，通过重复应用这一原理，即使果蝇或人类等复杂的生物体，也可以通过细胞接细胞、组织接组织、器官接器官，逐步完成自我装配。

像 Ey 这样的主调控因子非常强大，甚至可以在正常位点之外激活其调控网络。在实验室中，*Ey* 基因可以人为地在果蝇胚胎中的那些本应发育成腿的细胞中表达。当这些经过改变的胚胎发育为成虫时，有些成虫就会在腿的中部出现一只眼睛（图 8-19）。

转录调控因子可被用于体外指导特定细胞类型的形成

我们已经看到，将 *Ey* 基因引入果蝇胚胎会导致眼睛在异常的位置产生；这种不同寻常的现象之所以成为可能，是许多转录调控因子在多种细胞类型中共同作用的结果。这种合作在胚胎的发育中很常见。更令人惊讶的是，

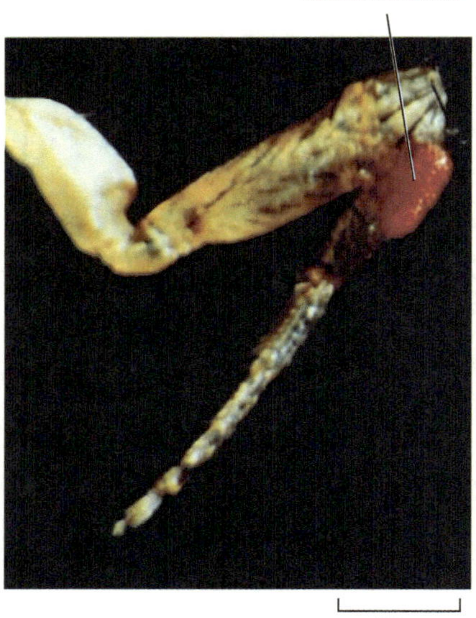

图 8-19 **主转录调控因子可以指导整个器官的形成。**在果蝇（*Drosophila*）腿的前体细胞中人工诱导表达 *Ey* 基因，触发了果蝇眼睛在腿上错位发育。实验诱导形成的器官在结构上似乎是正常的，包含在一个典型的果蝇眼中发现的各种类型的细胞。然而，它无法与果蝇的大脑沟通。（Walter Gehring，蒙巴塞尔大学 Biozentrum 惠赠。）

一些转录调控因子可以在培养皿中将一种特定细胞类型转换成另一种。例如，当编码转录调控因子 MyoD 的基因被人工导入体外培养的皮肤成纤维细胞时，成纤维细胞会形成类似肌肉的细胞。宽泛地讲，成纤维细胞和肌肉细胞都来源于同样的胚胎细胞，看上去成纤维细胞已经积累了许多其他必要的转录调控因子，这些转录调控因子正是组合调控肌肉特异性基因表达所必需的。MyoD 的人工导入补全了转录调控因子的特定组合，故而指导成纤维细胞变为肌肉细胞。

这种相同类型的**重编程**（reprogramming）还可以产生更令人惊奇的转变。例如，当把一组神经特异的转录调控因子在体外培养的肝细胞中人工表达时，肝细胞就可以转化为有功能的神经细胞（图 8-20）。此外，图 8-18 所示的这一组转录调控因子可以在实验室中诱导已分化的细胞去分化，从而得到**诱导的多能干细胞**（induced pluripotent stem cell，iPS）；这些重编程的细胞与自然产生的胚胎干细胞非常相似，它们可以在指导下产生多种特定的分化细胞（图 8-21）。这种诱导方法最早应用在人工培养的成纤维细胞中，目前已应用在包括人类细胞在内的许多特化的细胞类型，使它们转换为 iPS 细胞。由人类 iPS 细胞分化而来的细胞可用于疾病的研究或治疗，这一点我们会在第 20 章讨论。综上，这些激动人心的结果表明，如果我们能够鉴别出正确的转录调控因子组合，未来有一天，或许任何细胞类型都可以在实验室中生产出来。

分化的细胞会维持其特征

一个细胞一旦分化为体内的一种特定细胞类型，它通常会保持分化状态，并且其所有后代细胞也将保持相同的细胞类型。一些高度特化的细胞，包括骨骼肌细胞和神经元，一旦分化就不再分裂，也就是说，它们是**终末分化**（terminally differentiated）的细胞（如第 18 章所述）。但是许多其他的分化细胞，如成纤维细胞、平滑肌细胞和肝细胞，将会在个体的一生中分裂很多次。当它们分裂时，这些特化的细胞类型只会产生和它们一样的细胞，除非实

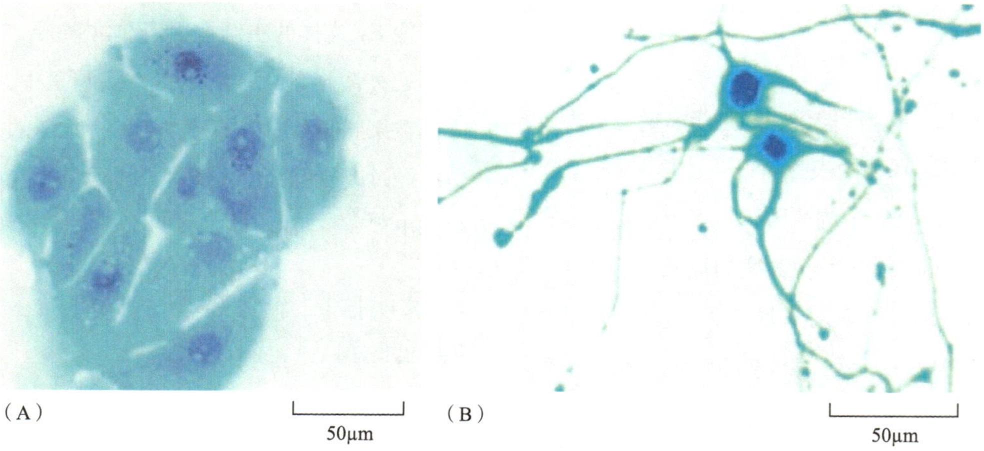

图 8-20 **少数转录调控因子可以将一种已分化的细胞直接转换为另一种类型。**在这个实验中，体外培养的肝细胞（A）被导入三个神经细胞特异的转录调控因子，可以转化为神经细胞（B）。细胞用荧光染料标记。这种细胞类型间的转换在正常发育过程中并不会发生。本图所示的结果取决于实验人员在肝细胞中表达了几个在神经细胞中特异表达的调控因子。而在肝细胞正常发育中，这些调控因子是被完全关闭的。（引自 S. Marro et al.，*Cell Stem Cell* 9：374-382，2011。蒙 Elsevier 惠许。）

图 8-21 **转录调控因子组合可以诱导已分化细胞去分化为多能的 iPS 细胞。**图示的三个基因各自编码一种转录调控因子。当通过人工手段将它们同时表达在一个成纤维细胞中，这个细胞就可以被重编程为一个具有胚胎干细胞性质的多能细胞。与胚胎干细胞一样，这种 iPS 细胞可以在培养基中无限增殖，也可以在适当的胞外信号分子作用下，被刺激分化为人体内的几乎任何一种细胞类型。

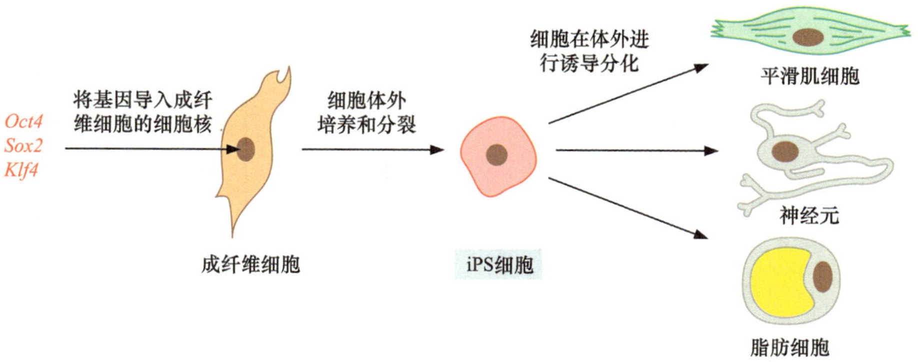

验者干预，否则平滑肌细胞不会产生肝细胞，肝细胞也不会产生成纤维细胞。

细胞在增殖中维持自身特征的能力被称为**细胞记忆**（cell memory），而细胞的特征又是由基因表达模式决定的。为了维持自身特征，细胞必须“记住”其基因表达模式，并将这些模式在后续的细胞分裂中传递给所有子细胞。因此，在图 8-17 所示的模型中，每个转录调控因子的产生一旦开始，就必须在每次分裂后的子细胞中持续产生下去。这种持续性是如何实现的呢？

细胞有几种途径确保子细胞记住自己应该是什么类型的细胞。最简单和最重要的一种途径是通过**正反馈环路**（positive feedback loop）。在这个回路中，一个主转录调控因子激活自身基因的转录，同时也激活其他细胞类型特异的基因的转录。每次细胞分裂时，这种调控因子就会分配到两个子细胞中，继续激活子细胞中的正反馈环路（图 8-22）。持续的激活也确保了调控因子在随后的细胞世代中不断产生。Ey 蛋白和参与胚胎干细胞及 iPS 细胞生成的转录调控因子就参与这种正反馈环路（参见图 8-18B）。正反馈对于建立基因表达“自我维持”的路径至关重要。它使细胞具有一种特定的命运，然后将同样的命运传递给它的后代细胞。

尽管正反馈环路可能是确保子细胞类型一致性的最主要方法，但也存在其他途径以维持细胞的特性。其中一条途径需要 DNA 的甲基化。在脊椎动物细胞中，**DNA 甲基化**（DNA methylation）发生在某些胞嘧啶碱基上（图 8-23）。这种共价修饰通常会招募一些结合甲基化胞嘧啶的蛋白质，通过这些蛋白质阻断基因的转录，从而关闭基因表达。DNA 甲基化的模式通过一个酶的作用传递给其后代细胞。这个酶可以在子代 DNA 链合成时，将亲本 DNA 链上的甲基化模式复制到新合成的子代链上（图 8-24）。

图 8-22 **正反馈环路可以产生细胞记忆。**蛋白质 A 是一种主转录调控因子，可以激活自身基因的转录，同时也可激活其他细胞类型特异的基因转录（此处未画出）。因此，初始细胞所有的后代都会“记住”原来的细胞曾经接收过一个瞬时的信号，该信号起始了蛋白质 A 的合成。如图 8-18 所示，形成 iPS 细胞所需的每个调控因子都可以通过这种正反馈环路影响自身的表达。

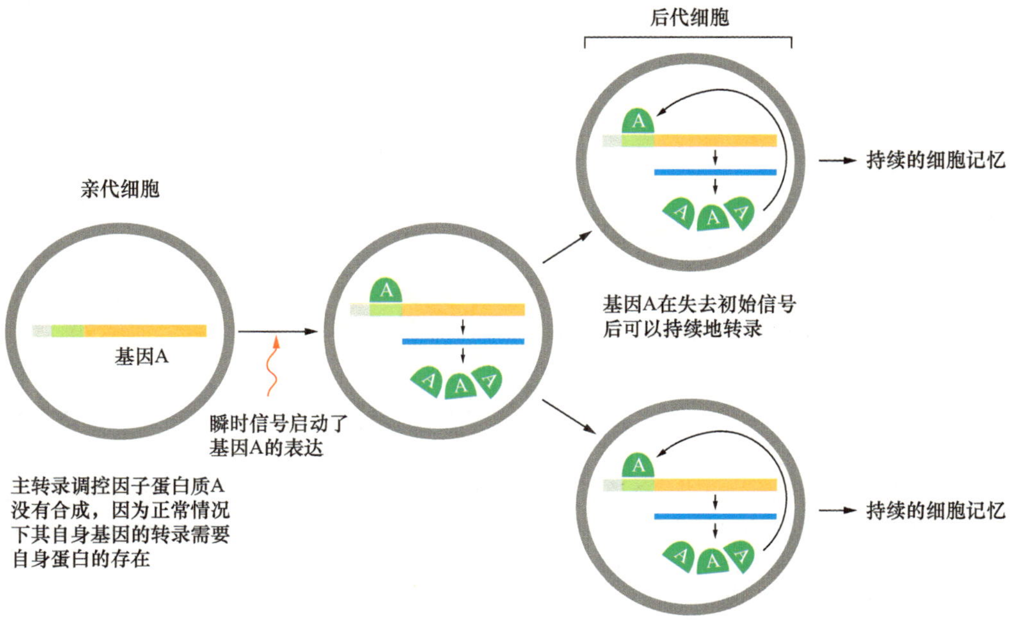

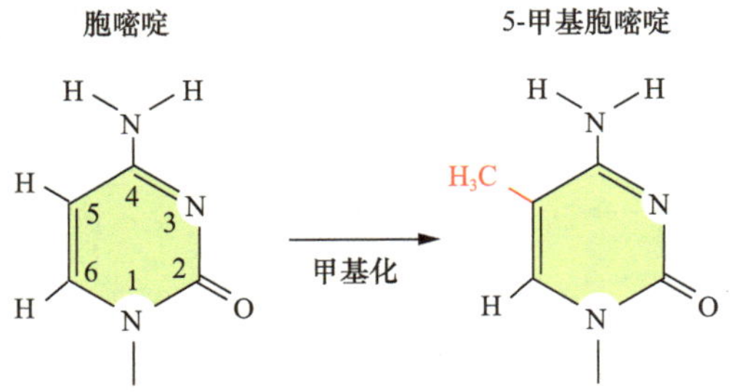

图 8-23 **DNA 双螺旋上的胞嘧啶被甲基化，形成 5-甲基胞嘧啶。**在脊椎动物中，这种修饰只发生在位于序列为 5′-CG-3′ 的鸟嘌呤（G）旁边的特定胞嘧啶核苷酸上。

另一种继承亲本基因表达模式的机制涉及组蛋白的修饰。当细胞复制其 DNA 时，每个子代双螺旋各获得其亲本一半的组蛋白，这些组蛋白含有原来亲本染色体中的共价修饰。负责这些修饰的酶，可以识别亲本的组蛋白并给附近的新组蛋白添加上相同的修饰。有人提出，这种修饰路径有助于在子代染色体中重建亲本染色体的染色质结构（图 8-25）。

因为所有这些细胞记忆的机制都会将基因表达模式从亲代传递给子代细胞，而不改变 DNA 实际的核苷酸序列。因此，它们被认为是**表观遗传**（epigenetic inheritance）的一种形式。这些机制共同合作，在维持基因表达模式中发挥了重要作用，并允许来自环境的瞬时信号被我们的细胞记忆下来。这一事实可以帮助我们理解细胞是如何运作的，以及疾病中的细胞故障是如何产生的。

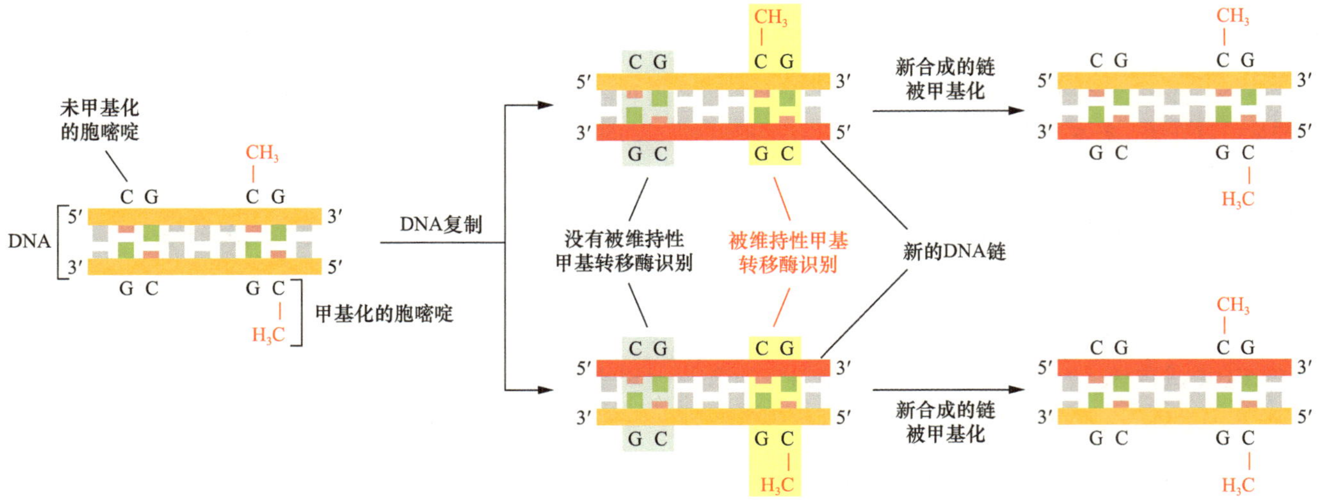

图 8-24 **细胞分裂时 DNA 甲基化模式可以被忠实地遗传下去。**一旦 DNA 甲基化模式被建立，维持性甲基转移酶就可保证该甲基化模式被遗传到新合成的 DNA 上。在 DNA 完成复制后的瞬间，每条子代双螺旋都包含一条从亲本双螺旋中遗传来的甲基化 DNA 链和一条未甲基化的新合成的链。维持性甲基转移酶与这些杂合双螺旋相互作用，特异地甲基化那些与已经甲基化的 CG 序列碱基配对的 CG 序列。

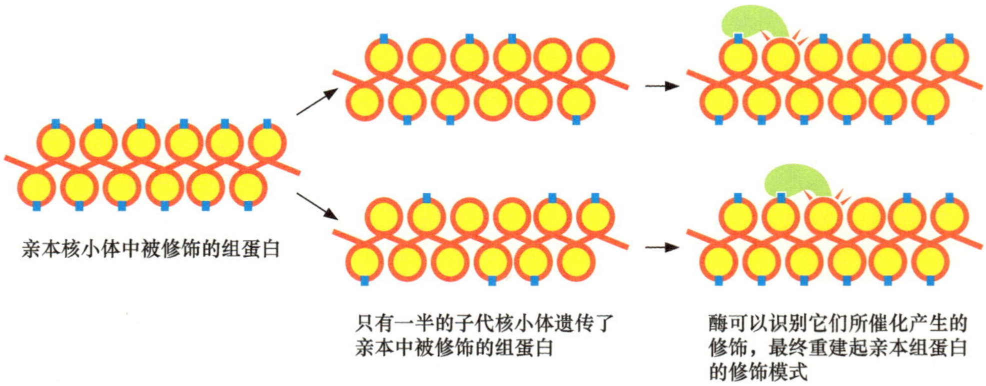

图 8-25 **组蛋白修饰可被子代染色体遗传。**如该模型所示，当染色体被复制时，其原有的组蛋白会或多或少地随机分布到两个子 DNA 双螺旋中。因此，每个子代染色体将继承其亲本大约一半的、已经被修饰过的组蛋白。其余的 DNA 片段则结合那些新合成的、尚未修饰的组蛋白。如果负责不同修饰类型的酶与它们所产生的特定修饰位点结合，它们可以催化反应，对新组蛋白进行“补充”修饰。这种修饰和识别循环可以恢复亲本组蛋白的修饰模式，并最终使亲本染色质结构得以遗传。

转录后调控

我们已经看到，转录调控因子通过促进或阻碍特定基因的转录来控制基因的表达。所有生物体中的绝大多数基因都以这种方式受到调控。但是，在从DNA到蛋白质的通路中，还有许多额外的控制点可以发挥作用，这使细胞有更多的机会来调节它们的基因产物数量或活性（参见图8-3）。这些**转录后调控**（post-transcriptional control）在转录开始后发挥功能，进一步精确地调控几乎所有基因的表达。

我们已经谈到一些转录后控制的例子。例如，选择性RNA剪接使同一个基因可在不同组织中编码为不同的蛋白质（图7-23）。我们还看到，一个蛋白质的各种翻译后修饰可以调节该蛋白质的浓度和活性（参见图4-47）。在本章的余下部分，我们将看到其他几个例子，有些例子是最近才发现的，这些例子展示了转录开始后，细胞操纵基因表达的多种途径。

mRNA含有控制自身翻译的序列

我们在第7章中看到，mRNA的寿命取决于位于蛋白质编码序列上游和下游非翻译区内的特定核苷酸序列。这些序列通常包含参与RNA降解的蛋白质的结合位点。同时，它们携带的信息还决定了mRNA是否可以、以何种频率被翻译为蛋白质。

虽然具体细节在真核生物和在细菌中不一样，但两者的总体策略是相似的。细菌mRNA含有一个短的核糖体结合序列，位于翻译起始点AUG密码子上游几个核苷酸对的位置（参见图7-40）。这个结合序列与核糖体小亚基中的rRNA形成碱基配对，将起始AUG密码子正确定位在核糖体内。因为有效的翻译起始需要这种相互作用，所以它为翻译控制提供了一个完美靶点。通过阻断或暴露核糖体结合序列，细菌可以抑制或促进mRNA的翻译（图8-26）。

在真核生物中，特定的阻遏因子蛋白同样可以与mRNA的5′非翻译区中的特定核苷酸序列结合，防止核糖体识别第一个AUG，进而抑制翻译起始。当条件改变时，细胞可以使阻遏因子失活，从而起始mRNA的翻译。

调节性RNA控制着数千个基因的表达

正如我们在第7章中看到的，RNA可以执行许多关键的生物学任务。除了编码蛋白质的mRNA之外，非编码RNA（noncoding RNA）也有多种功能。例如，转运RNA（tRNA）和核糖体RNA（rRNA）在细胞中发挥关键的结构和催化作用，特别是在蛋白质合成中。此外，端粒酶的RNA组分对于真核染色体的完整复制至关重要（参见图6-23）。我们现在知道许多生物，尤其是动物和植物，还可以产生其他几千种非编码RNA。

这些非编码RNA很多在调节基因表达中具有重要作用，因此称它们为**调节性RNA**（regulatory RNA）。这些调节性RNA包括微RNA（microRNA）、干扰小RNA（small interfering RNA）和长非编码RNA（long noncoding RNA），我们将在本章的余下部分依次对它们展开讨论。

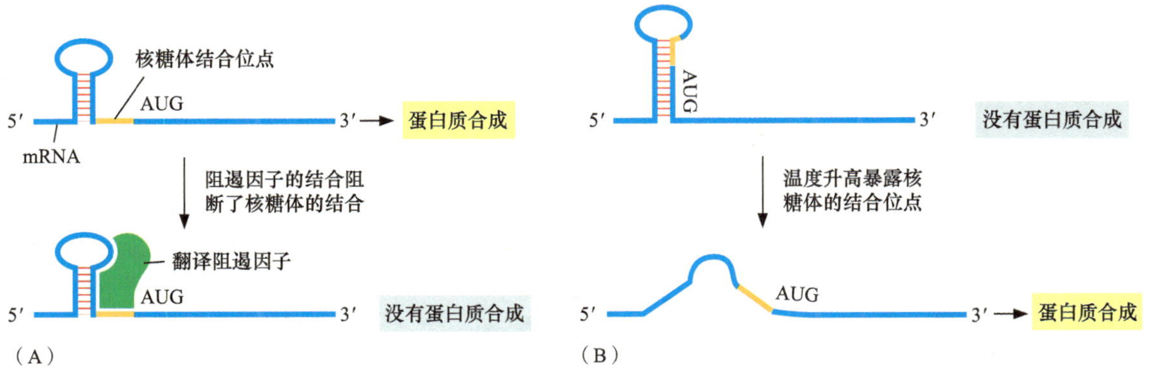

图8-26 **细菌基因的表达可以通过调节其mRNA翻译来控制。**(A) 通过阻止核糖体与mRNA中的核糖体结合序列（橙色）结合，序列特异的RNA结合蛋白可以抑制特定mRNA的翻译。一些细菌利用这种机制来抑制核糖体蛋白的翻译。如果一种核糖体蛋白被意外地过量合成，超过了其他核糖体组分，这个游离的蛋白质将抑制其自身mRNA的翻译，从而阻断其自身的合成。随着新核糖体的组装，游离蛋白质的水平降低，mRNA再次启动翻译并产生该核糖体蛋白。(B) 来自一种病原体——李斯特菌（*Listeria monocytogenes*）的mRNA含有一个“热传感器”RNA序列。它可以控制一系列mRNA的翻译，这些mRNA编码的蛋白质是细菌成功感染宿主所需。在宿主体内的较高温度下，热传感器内的碱基解开配对，暴露出核糖体结合序列，从而合成感染所需的蛋白质。

微 RNA 指导靶 mRNA 的降解

微 RNA（microRNA），或简称为 miRNA，是一种微小的 RNA 分子。它们通过与特定 mRNA 碱基配对，来控制基因的表达，降低 mRNA 的稳定性，并抑制它们的翻译。与其他 RNA 一样，miRNA 也需要经历加工才能产生成熟的、具有功能的 miRNA 分子。成熟的 miRNA 长约 22 个核苷酸，与特定的蛋白质包装在一起，形成 RNA 诱导的沉默复合物（RNA-induced silencing complex，RISC）。该复合物在细胞质中寻找与其 miRNA 序列互补的 mRNA（图 8-27）。一旦靶 mRNA 与 miRNA 碱基配对，靶 mRNA 或者立即被 RISC 中的核酸酶破坏，或者它的翻译被阻断。在后一种情况下，与 miRNA 结合的 mRNA 分子会被运送到胞质溶胶中，最终被其他的核酸酶降解。mRNA 被破坏后，会释放出含有 miRNA 的 RISC，使其能够寻找下一个 mRNA 靶标。因此，作为 RISC 一部分的单个 miRNA 可以一个接一个地清理掉 mRNA 分子，从而有效地阻止其编码蛋白质的产生。

目前学界认为，人类基因组大约编码 500 种不同的 miRNA；这些 RNA 可以调节多达 1/3 的蛋白质编码基因。虽然我们才刚刚开始去理解这些 miRNA 的全部影响力，但毋庸置疑的是，它们在调节基因表达中发挥着关键作用，并因此会影响多种细胞功能。

干扰小 RNA 可保护细胞免受感染

一些加工和包装 miRNA 的组分还在细胞中发挥另一种关键作用：它们可以参与形成一种强有力的细胞防御机制。在这个例子中，这个系统被用来消除“外来的”RNA 分子，特别是长的双链 RNA 分子。正常基因很少会转录出这样的 RNA，但它们经常在病毒的生命周期中，或在一些转座遗传元件的移动中充当中间体的角色（在第 9 章中讨论）。这种形式的 RNA 靶向狙击，称为 **RNA 干扰**（RNA interference，RNAi），可以监控细胞中这些潜在的破坏性因素。

在 RNA 干扰的第一步，被称为 Dicer 的蛋白质在细胞质中将双链外源 RNA 切割成短片段，长度约 22 个核苷酸对。Dicer 蛋白同样也可用于在 miRNA 的合成中产生双链 RNA 中间体（参见图 8-27）。切割后得到的双链 RNA 片段，称为**干扰小 RNA**（small interfering RNA，siRNA），

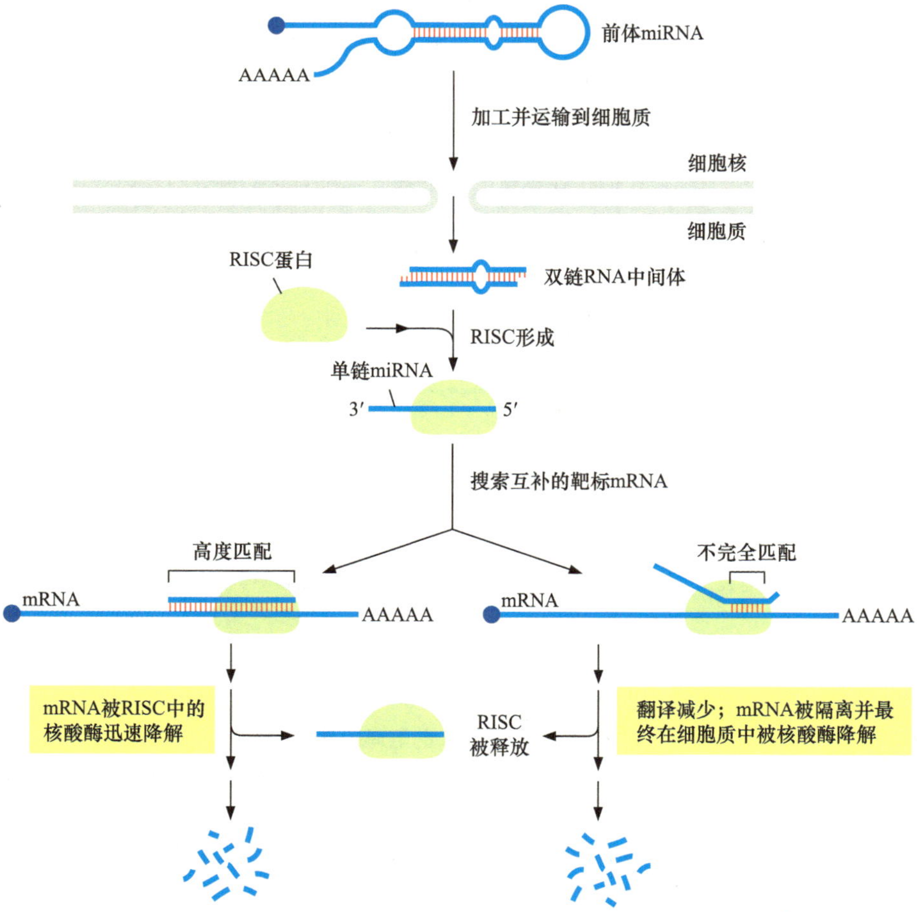

图 8-27　miRNA 靶向狙击与其序列互补的 mRNA 分子并将其破坏。每个前体 miRNA 转录本被加工成双链中间体，再进一步被加工生成成熟的单链 miRNA。这个 miRNA 与一组蛋白质共同组装成一个称为 RISC 的复合物，然后寻找具有互补核苷酸序列的 mRNA。根据互补区域的长度，靶 mRNA 或者被 RISC 内的核酸酶快速降解（如左图所示），或被转移到细胞质区域，再被其他核酸酶破坏（如右图所示）。

被携带 miRNA 的 RISC 蛋白摄取。RISC 弃去双链 siRNA 的一条链，并使用剩下的单链 RNA 来寻找和破坏互补 RNA 分子（图 8-28）。通过这种途径，受感染的细胞可以有效地降解外源的 RNA。

同时，RNA 干扰可以借助宿主的 RNA 聚合酶选择性地阻断外源 RNA 的合成。在这种情况下，Dicer 产生的 siRNA 被包装进一个称为 RITS（RNA-induced transcriptional silencing，RNA 介导的转录沉默）的蛋白复合物中。当 RNA 链在活跃转录的核糖体上一出现，RITS 复合物就可以在其单链 siRNA 的引导下，结合与之互补配对的 RNA 序列（图 8-29）。通过这种方式在基因上定位之后，RITS 复合物可以吸引一些蛋白质。这些蛋白质会共价修饰附近的组蛋白，促进局部异染色质的形成（参见图 5-27）。异染色质进一步阻断当前位点的转录起始。这种由 RNAi 指导的异染色质形成，有助于限制转座子遗传元件在宿主基因组上的扩散。

RNAi 在包括单细胞真菌、植物和线虫在内的许多生物中广泛地发挥功能。这暗示着它可能是一种在演化上十分古老的防御机制，尤其是针对病毒的侵染。在一些生物包括许多植物中，RNAi 防御反应可以在不同组织间扩散，即使仅有几个细胞被感染，整个有机体也能获得对病毒的抗性。这样看来，RNAi 从某种意义上说与脊椎动物的适应性免疫很相似。在这两种情况中，一个入侵的病原体都会引发或者 siRNA 或者抗体的一些分子的产生，这些分子有针对性地使特定入侵者失活，进而保护宿主。

数千种长链非编码 RNA 也可能调节哺乳动物的基因活性

位于分子大小谱另一端的是**长链非编码 RNA**（long noncoding RNA），这类分子的定义是长度超过 200 个核苷酸的 RNA 分子。人类和小鼠的基因组可以编码超过 5000 种这样的长链 RNA。然而，除了少数几个外，大部分长链非编码 RNA 在生物有机体中的作用还不完全清楚。

目前了解得最清楚的长链非编码 RNA 之一是 Xist。

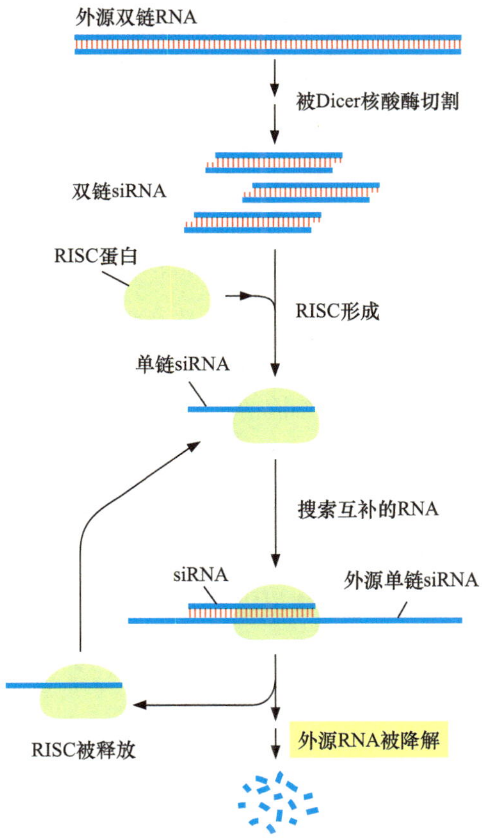

图 8-28　在 RNA 干扰过程中，siRNA 产自于外源双链 RNA。 来自病毒或转座遗传元件的双链 RNA 首先被核酸酶 Dicer 切割。得到的双链片段（称为 siRNA）被整合到 RISC 中，RISC 会丢弃双链 siRNA 中的一条链，并使用另一条链来定位和破坏含有互补序列的外源 RNA。

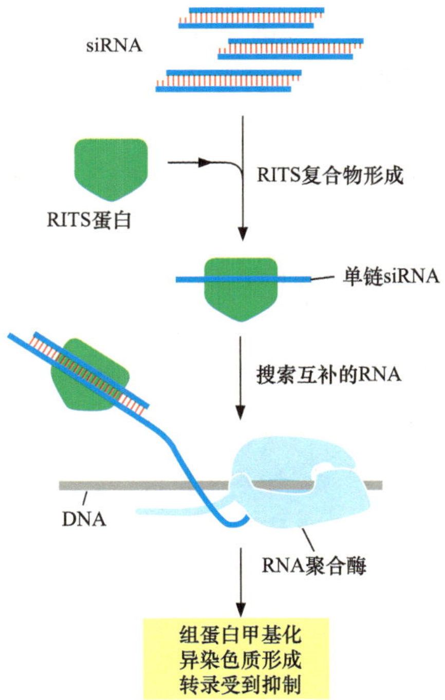

图 8-29　RNAi 也可以引发转录沉默。 在这个例子中，一条单链 siRNA 被整合进一个 RITS 复合物。当 RNA 开始在一个转录 RNA 聚合酶中合成时，RITS 复合物就可以利用单链 siRNA 来寻找与之互补的 RNA 序列。RITS 的结合进而会招募一些蛋白质，这些蛋白质促进了组蛋白的修饰，进而促进了紧密包装的异染色质的形成。这些由互补碱基配对指导的染色质结构的变化造成了转录的抑制。植物、动物和真菌会利用这种沉默机制来保持转座元件的稳定。

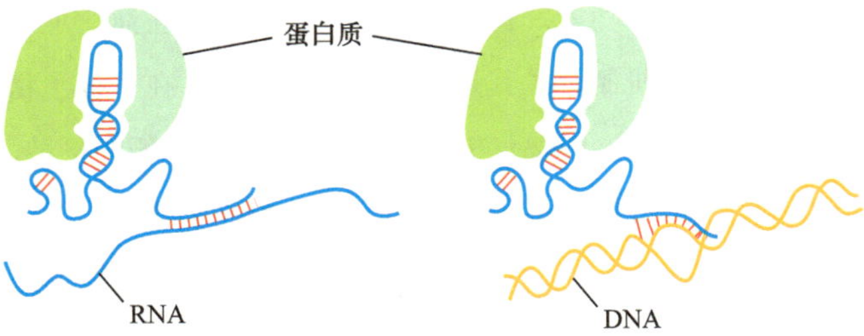

图 8-30 **长链非编码 RNA 可以作为脚手架，把在同一细胞活动中起作用的蛋白质聚集在一起。**正如第 7 章中所描述的，RNA 可以折叠成被一些特定蛋白所识别的三维结构。通过与其他 RNA 分子进行碱基互补配对，这些长链非编码 RNA 原则上可以将蛋白质定位到 RNA 或 DNA 分子的特定序列上，如图所示。

这个巨大的 RNA 分子大约长 17 000 个核苷酸，在 X 染色体失活过程中起到重要作用。X 染色体失活指的是雌性哺乳动物细胞中的两条 X 染色体中的一条会随机失活（参见图 5-28）。在发育早期，Xist 仅由雌性动物细胞核中的一条 X 染色体产生。然后，Xist 会“黏附”在染色体周围，包裹住 X 染色体，并招募一些酶和染色质重塑复合物，促进高度凝集的异染色质形成。其他长非编码 RNA 可能以类似的方式促进特定基因的沉默。

有些长链非编码 RNA 会通过碱基互补配对，折叠成特定的三维结构，正如在第 7 章中讨论的（参见图 7-5 中的例子）。这些结构可以作为脚手架，把在同一条特定细胞通路中发挥作用的蛋白质聚集到一起（图 8-30）。举个例子，端粒酶是负责复制真核细胞染色体末端的酶（参见图 6-23）。端粒酶中的 RNA 分子的作用之一就是将其不同的蛋白亚基维系在一起。通过将蛋白亚基聚集起来，长链非编码 RNA 可以在许多细胞活动中发挥重要作用。

无论这些多样的长链非编码 RNA 如何起作用，或者每个分子具体的功能是什么，这一大类 RNA 的发现都强化了一种思想，即真核基因组包含的信息，不仅限于指导合成那些每个细胞都需要的分子和结构，还有一些指令可以让细胞在正确的时间、以正确的方式来组合这些分子和结构，从而指导整个生物体的生长和发育。

基本概念

- 一个典型的真核细胞仅表达自身基因的一部分。在一个多细胞生物体中，不同类型细胞的出现是因为细胞分化时表达了不同组合的基因。
- 原则上，从基因到其最终功能性产物的任何一步，基因的表达都可以被调控。然而，对于大部分基因，转录的起始是最重要的调控点。
- 细胞中单个基因的转录通过转录调控因子来打开和关闭。这类蛋白质所结合的短 DNA 片段称为 DNA 调控序列。
- 在细菌中，转录调控因子所结合的 DNA 调控序列通常位于 RNA 聚合酶的结合位点附近。这种结合可以激活或抑制基因的转录。在真核细胞中，DNA 调控序列则往往与启动子相距数千个碱基对。
- 真核转录调控因子以两种主要途径发挥作用：①它们可以直接影响启动子上 RNA 聚合酶和通用转录因子的装配过程；②它们可以局部修饰启动子区域的染色质结构。
- 在真核细胞中，一个基因的表达往往是由不同的转录调控因子组合控制的。
- 在多细胞动植物中，不同细胞类型会产生不同的转录调控因子，从而确保只有适合该特定细胞类型的基因才会被表达。
- 一个主转录调控因子如果在适当的前体细胞中表达，那么它可以触发形成一种特定的细胞类型，甚至是一整个器官。
- 通过人工表达适当的转录调控因子，一种已分化的细胞可以被转换为其他类型的细胞。一个分化的细胞也可以通过人工表达一组特定的转录因子而重编程为一个干细胞。
- 多细胞生物体中的细胞具有使其后代能够“记住”它们应该是什么类型细胞的机制。维持细胞记忆的一个主要机制依赖于转录调控因子，这种转录调控因子可以维持其自身基因的转录，这是一种正反馈形式。
- DNA 甲基化的模式可以从一代细胞传递到下一代，产生一种形式的表观遗传，帮助细胞记住其亲本细胞中基因表达的状态。还有证据表明，表观遗传基于染色质结构的传递。
- 细胞可以通过控制转录开始后的事件来调控其基因表达。这些转录后调控机制许多都依赖于那些可以影响自身的稳定性或翻译的 RNA 分子。
- 微 RNA（miRNA）通过与特定的 mRNA 碱基配对来抑制这些 mRNA 的稳定性和翻译，从而控制基因表达。
- 细胞具有破坏“外源”双链 RNA 的防御机制。这些双链 RNA 许多是由病毒所产生的。这个防御机制利用了外源 RNA 在被称为 RNA 干扰（RNAi）过程中产生的干扰小 RNA（siRNA）。

◆ 最近在哺乳动物中发现了几千种长链非编码 RNA，这一发现揭示了 RNA 在组装蛋白质复合物和调控基因表达方面的新功能。

关键词

细胞记忆（cell memory）
组合调控（combinatorial control）
分化（differentiation）
DNA 甲基化（DNA methylation）
表观遗传（epigenetic inheritance）
基因表达（gene expression）
诱导多能干细胞（induced pluripotent stem cell，iPS cell）
长链非编码 RNA（long noncoding RNA）
微 RNA（microRNA，miRNA）
正反馈环路（positive feedback loop）
翻译后控制（post-translational control）
启动子（promoter）
DNA 调控序列（regulatory DNA sequence）
调节性 RNA（regulatory RNA）
报告基因（reporter gene）
RNA 干扰（RNA interference，RNAi）
干扰小 RNA（small interfering RNA，siRNA）
转录调控因子（transcription regulator）
转录激活因子（transcription activator）
转录抑制因子（transcription repressor）

问题

问题 8-1

细菌细胞可以从周围环境中摄取色氨酸（Trp），而如果外部色氨酸供应不足，它们可以用其他小分子合成色氨酸。*Trp* 阻遏因子是一种转录调控因子，可以关闭编码色氨酸合成所需酶的基因转录（参见图 8-7）。

A. 如果一个细胞表达如下类型的色氨酸阻遏因子突变体，其色氨酸操纵子的调控会发生什么改变：①不能与 DNA 结合；②不能结合色氨酸；③即使没有色氨酸也会与 DNA 结合。

B. 对于情景①、②和③，如果细胞有第二个正常的基因可以表达正常色氨酸阻遏因子蛋白，又会发生什么？

问题 8-2

解释 DNA 结合蛋白如何在不破坏碱基间氢键的情况下，和双链 DNA 分子序列特异性接触。说明通过这种接触，一个蛋白质如何区分 T-A 和 C-G 对。指出核苷酸碱基对中可能与 DNA 结合蛋白形成氢键、静电力或疏水相互作用等非共价相互作用的部分（参见图版 2-3）。DNA 中所有碱基对的结构如图 5-4 所示。

问题 8-3

一些转录调控因子与 DNA 结合并导致双螺旋弯曲成锐角。这种“弯曲蛋白质”可以在不接触 RNA 聚合酶、通用转录因子或其他转录调控因子的情况下刺激转录的起始。你能否为这些蛋白质如何调控转录提出一个合理的解释？请画图说明。

问题 8-4

细菌病毒被称为噬菌体。一个在细菌中生长的病毒可以通过两种方式进行复制。在原噬菌体状态，病毒 DNA 被插入细菌染色体中，并且在每次细菌分裂时与细菌基因组一起被复制。在裂解状态下，病毒 DNA 从细菌染色体中释放出来，并在细胞中复制许多次。然后，病毒 DNA 生产病毒外壳蛋白，外壳蛋白与复制的病毒 DNA 一起形成许多新病毒颗粒，从细菌细胞中一下子释放出来。这两种生长形式由两种转录调控因子所控制，即阻遏因子（*cI* 基因的产物）和 Cro 蛋白，两者都由病毒编码。在原噬菌体状态中，*cI* 表达；在裂解状态下，*Cro* 表达。除了调控其他基因的表达外，cI 蛋白会抑制 *Cro* 基因，而 Cro 蛋白会抑制 *cI* 基因（图 Q8-4）。当含有处于原噬菌体状态的噬菌体的细菌短暂地接受紫外光照射时，cI 蛋白质被降解。

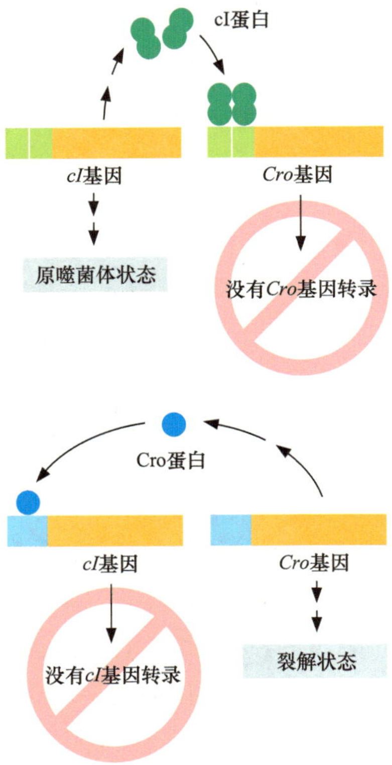

图 Q8-4

A. 接下来会发生什么?

B. 当紫外光关闭时,(A)的变化是否会复原?

C. 这种对紫外线的响应可能对病毒有什么好处?

问题 8-5

以下哪项说法是正确的?解释你的答案。

A. 在细菌中而非真核生物中,许多 mRNA 含有不止一种基因的编码区。

B. 大多数 DNA 结合蛋白与 DNA 双螺旋的大沟结合。

C. 在基因表达的主要调控点中(转录、RNA 加工、RNA 转运、翻译和蛋白质活性调控),转录起始是最常见的调控点之一。

问题 8-6

你在卡西莫多(Quasimodo)教授实验室里的任务是确定增强子(激活因子蛋白的结合位点)在距离 *straightspine* 基因的启动子多远的情况下仍然能激活转录。你系统地改变这两个位点之间的核苷酸对的数量,然后通过测量 Straightspine mRNA 的产生数量来确定转录情况。乍一看你的数据很矛盾(图 Q8-6)。你对这个实验的结果有什么预期?你可以以你的声誉作担保而向卡西莫多教授解释这些结果吗?

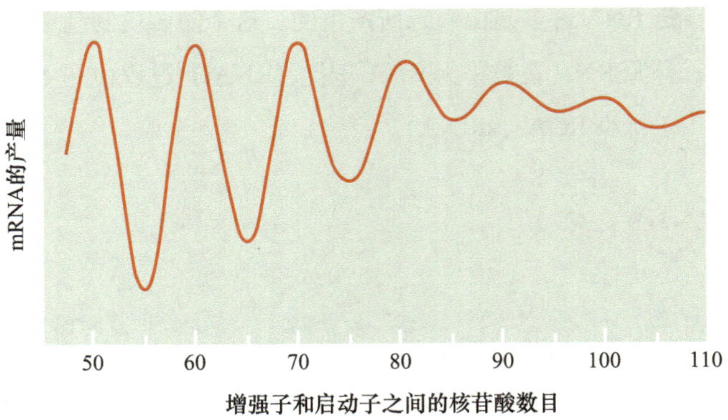

图 Q8-6

问题 8-7

λ 阻遏因子以二聚体形式结合到 λ 基因组的关键位点上,来抑制病毒的裂解基因。这对于维持原噬菌体(整合)状态是必要的。阻遏因子的每个分子由 N 端 DNA 结合结构域和 C 端二聚化结构域组成(图 Q8-7)。在病毒被诱导时(例如,受到紫外光照射),裂解生长的基因表达,病毒产生子代并裂解细菌细胞(参见问题 8-4)。诱导是通过切割 λ 阻遏因子在 DNA 结合结构域和二聚化结构域之间的位点而起始的,这导致阻遏因子从 DNA 上解离下来。在没有阻遏因子结合的情况下,RNA 聚合酶结合并引发裂解生长。假设 DNA 结合结构域的数量(浓度)在阻遏蛋白切割前后没有改变,你认为它的切割为什么会导致其与 DNA 的解离?

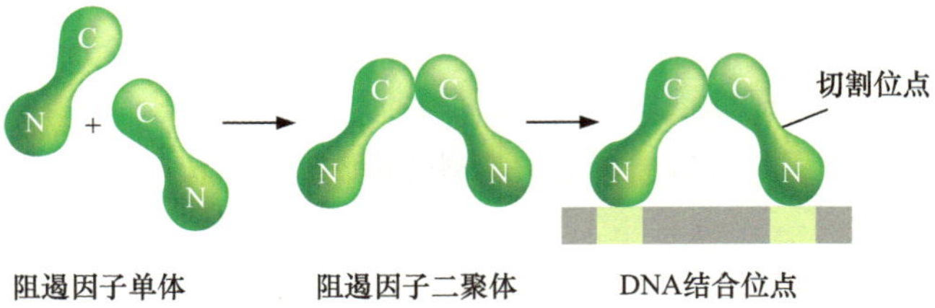

图 Q8-7

问题 8-8

编码精氨酸生物合成酶的 *Arg* 基因位于大肠杆菌基因组中的几个不同位置,它们都由 *ArgR* 基因编码的转录调控因子协同控制。ArgR 蛋白的活性受精氨酸调节。在结合精氨酸后,ArgR 改变其构象,显著改变了其对精氨酸生物合成酶基因启动子中 DNA 序列的亲和力。鉴于 ArgR 是一种阻遏因子蛋白,你认为当精氨酸丰富时,ArgR 是会更紧密还是更松散地结合 DNA 序列?如果 ArgR 是一种激活因子蛋白,你觉得它与精氨酸的结合是会增加还是降低其对 DNA 调控序列的亲和力?解释你的答案。

问题 8-9

在最初发现增强子可以影响位于数千个核苷酸对以外的启动子的转录时，有两个主要模型来解释这种远程作用。在“DNA 襻环化”模型中，在增强子和启动子处结合的蛋白质之间存在直接相互作用从而刺激转录起始。在“扫描”或“入口位点”模型中，RNA 聚合酶（或转录机器的另一组分）在增强子处结合，然后沿 DNA 扫描直至其到达启动子。利用以下材料来验证这两个模型：DNA 片段上的一个增强子以及另一段 DNA 上的一个 β-珠蛋白基因及其启动子（图 Q8-9）。当将这两个单独的 DNA 片段混在一起时，β-珠蛋白基因不表达。然而，当两个 DNA 片段通过接头（由结合小分子生物素的蛋白质制成）连接时，β-珠蛋白基因表达。这个实验是否能够区分 DNA 襻环化模型和扫描模型？解释你的答案。

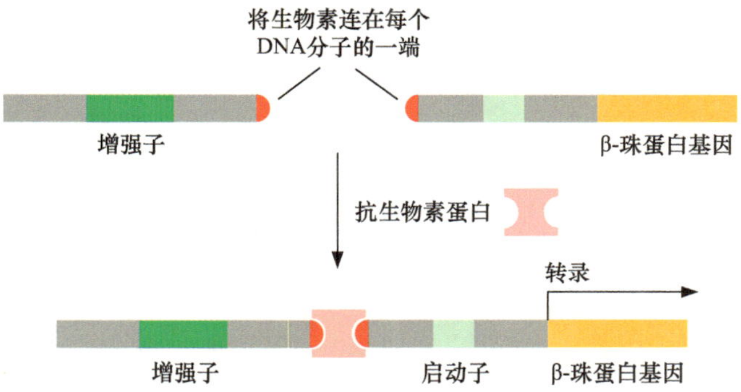

图 Q8-9

问题 8-10

一个生物体的所有分化细胞都含有相同的基因。少数例外是哺乳动物免疫系统的细胞，其中特化细胞的形成基于基因组的小范围重排。请描述一个实验来证实本题的第一句话，并解释其原因。

问题 8-11

图 8-17 显示了在发育过程中如何使用 3 种转录调控因子创建 8 种不同的细胞类型的简单方案。使用相同的规则，你可以使用 4 种不同的转录调控因子创建多少种细胞类型？如文中所述，MyoD 是一种转录调控因子，其本身足以在成纤维细胞中诱导肌肉特异性基因表达。这个观察结果符合图 8-17 中的方案吗？

问题 8-12

想象一下图 Q8-12 中显示的两种情况。在细胞 I 中，瞬时信号诱导蛋白质 A 的合成，蛋白质 A 是转录激活因子，它会打开包括其自身在内的许多基因。在细胞 II 中，瞬时信号诱导蛋白质 R 的合成，蛋白质 R 是转录阻遏因子，其关闭包括自身在内的许多基因。请问这两种情况中的哪一种可以使原始细胞的后代“记住”其祖细胞曾经历过的那个瞬态信号？解释你的理由。

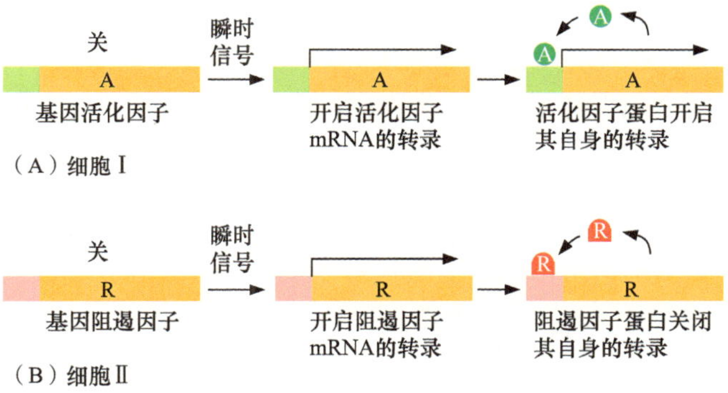

图 Q8-12

问题 8-13

讨论以下论点：“如果每个基因的表达依赖于一组转录调控因子，那么这些调控因子的表达也必须依赖于其他调控因子的表达，其他调控因子的表达又必须依赖于另外一些其他调控因子的表达，依此类推。因此，细胞将需要无数个基因，其中大部分都会编码转录调控因子。”实际情况中这是不可能的。那么，细胞是如何解决这个问题的呢？

第9章 基因和基因组演化

遗传变异的产生

重建生命的家谱

移动遗传元件和病毒

检视人类基因组

对于一个个体，它的每个细胞中基因组的核苷酸序列是相同的。但是比较两个个体的 DNA 序列，哪怕是父母和孩子，情况就不再如此：同一物种内不同个体的基因组包含的信息总是略有不同。在不同物种的成员之间，这种差异更加巨大。

DNA 序列的差异是造成地球上生命多样性的原因。这种多样性体现在各种方面，从人类自身个体间发色、眼睛颜色和肤色的微妙差别（图 9-1），到鱼与真菌、知更鸟和玫瑰之间显著的表型差异。但是如果所有生命都来自一个共同的祖先，即一种存在于大约 35 亿年前的单细胞生物，那么上述这些遗传性的创造来自何处？它们如何产生，为什么被保存下来，又如何促成了我们身边那令人惊叹的生物多样性？

图 9-1 **DNA 序列的微小差异导致了个体之间的外观差异。** 这群小朋友展示了人类物种各种特征的统一性和多样性。（joSon/Getty 供图。）

技术的进步使我们可以对从河豚到人的全基因组进行测序和分析，从而解答了上述部分问题。在第 10 章中，我们将描述这些革命性的技术，它们持续地改变着现代基因组学。在本章中，我们会介绍这些技术创新的一些成果。我们会讨论数十亿年来，基因和基因组如何被塑造，最终形成了遍布地球每个角落洋洋大观的生命形态。我们还会介绍遗传多样性产生的分子机制，并且会讨论如何通过破译当前基因组的信息来寻找塑造出这些 DNA 序列的历史演化足迹。我们还会简单地介绍可移动的基因元件，并讨论这些元件以及现代的病毒如何将遗传信息从一个地方带到另一个地方、从一个生物体传到另一个生物体。在本章的最后，我们会深入介绍人类基因组，看看世界各地人类的 DNA 序列，从中获取的信息或许可以回答“我们是谁”以及“我们来自哪里”。

遗传变异的产生

自然界中不存在一种机制可以完全从头开始制造出长片段的核苷酸序列。因此，演化更像是一个修补匠而不是发明家：它所使用的原材料是每个生物体从其祖先遗传的 DNA 序列。从这个意义上讲，没有任何基因或基因组是全新的。相反，生命世界中形式和功能的惊人多样性，都是在既有的基础上变异的结果。经过数百万个世代后，这些遗传变异得以累积，从而产生根本性的变化。

几种基本类型的遗传变异在演化中尤为重要（图 9-2）。

◆ 基因内部的突变（mutation within a gene）：改变单个核苷酸、删除或重复一个或多个核苷酸，都可以对现有的基因进行修改。这些突变可以改变一个基因 RNA 转录本的剪接，或改变它所编码的蛋白质或 RNA 产物的稳定性、活性、定位或相互作用。

◆ DNA 调控序列内的突变（mutation within regulatory DNA sequence）：基因表达的时间和地点受到 DNA 调节序列的影响（参见第 8 章）。例如，人类和鱼类拥有数量惊人的相同基因，但这些基因受到的调控不同，导致了两个物种之间的巨大差异。

◆ 基因重复和分化（gene duplication and divergence）：一个现有的基因，甚至整个基因组，都可以被重复。带有这些重复的细胞及其后代继续分裂，原始 DNA 序列和重复序列可以获得不同的突变，并因此获得了新的功能和表达模式。

◆ 外显子重排（exon shuffling）：两个或多个现有的基因可以发生断裂并被重新连接，形成一个杂合基因，该杂合基因的 DNA 片段来自原本各自独立的基因。在真核生物中，断裂和重新连接经常发生在不编码蛋白质的长内含子序列中。因为这些内含子序列最终会被 RNA 剪接除去，所以产生功能基因并不需要非常精确的断裂和连接。

◆ 移动遗传元件的转座（transposition of mobile genetic element）：一些特定的 DNA 序列可以从染色体的一个位置移动到另一位置，它们可以改变基因的活性或调

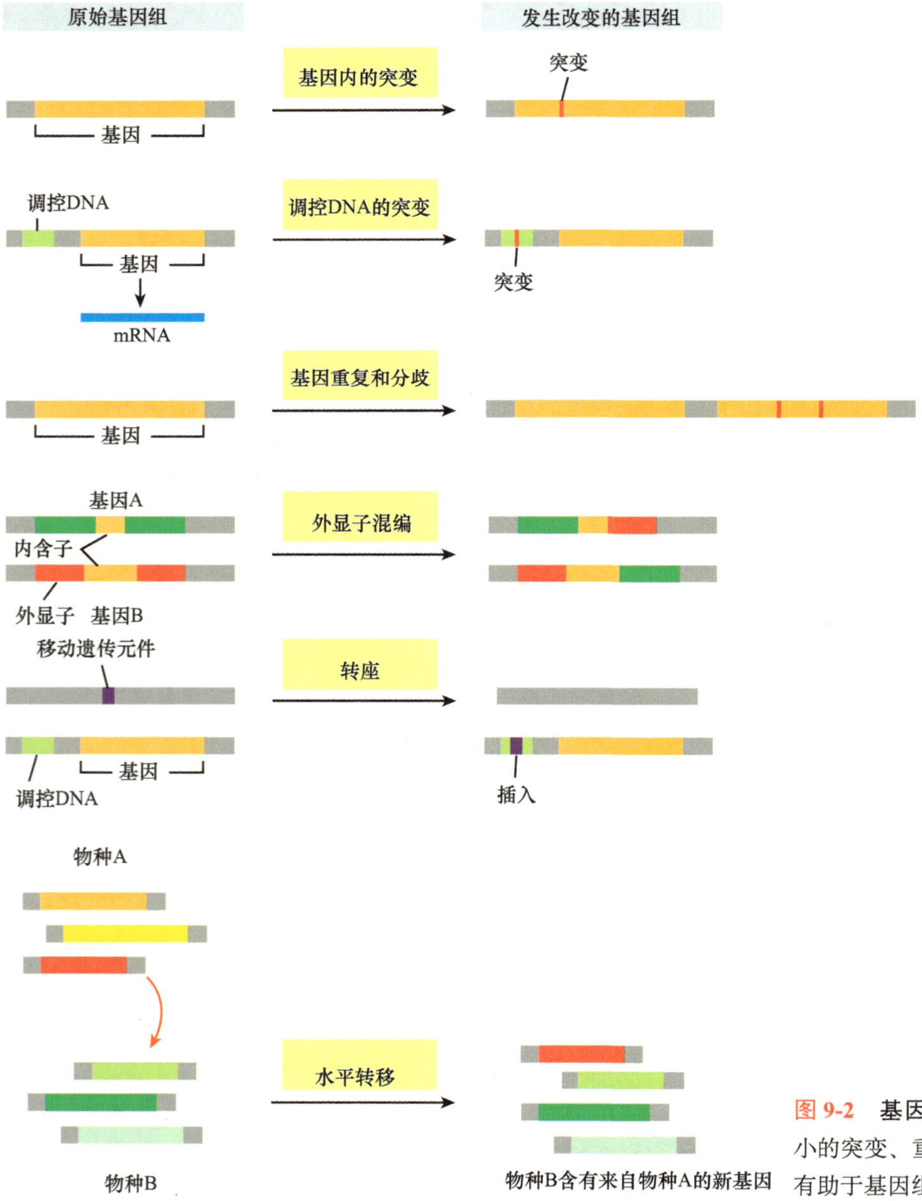

图 9-2 基因和基因组发生改变的几种不同机制。小的突变、重复、重排，甚至新的遗传物质引入都有助于基因组演化。

控，还可以促进基因复制、外显子重排和其他基因组重排。

◆ 水平基因转移（horizontal gene transfer）：一段 DNA 可以从一个细胞的基因组传递到另一个细胞的基因组，甚至是另一个物种的细胞的基因组。这个过程不同于遗传信息从父代到子代的“垂直”转移，在真核生物中很少见，但在细菌中很常见。

这些不同形式的遗传变异都在现代生物的演化中发挥了重要作用。生物的演化还在继续，这些变异在今天依然发挥着它们的功能。在本节中，我们将讨论遗传改变的基本机制，并讨论它们对基因组演化的影响。但首先，我们先来谈谈有性生殖——许多生物利用这个机制将遗传信息传递给下一代。

在有性繁殖生物中，只有生殖细胞中的变异传递给子代

对于无性繁殖的细菌和单细胞生物，遗传信息的传递相当简单。每个个体复制其基因组，并在个体分成两个时将基因组的拷贝平均分配给每个子细胞。这种单细胞生物的家谱只是简单的细胞分裂分支图，它直接将每个个体与其后代及其祖先联系起来。

然而，对于有性繁殖的多细胞生物而言，家系联结要复杂得多。尽管该生物体内的单个细胞也会分裂，但只有专门的生殖细胞即**配子**（gamete）会将基因组的拷贝传递到下一代生物体（在第 19 章中讨论）。身体的所有其他细胞即**体细胞**（somatic cell）注定不会在演化中留下自己的后代（图 9-3）。从某种意义上说，体细胞的存在只是为了支持**生殖系**（germ-line）细胞产生配子。

在体细胞中发生的突变，尽管可能对其所在的个体造成不幸的后果（如导致癌症），但不会传递给后代。如果突变要传递给下一代，它必须改变生殖细胞（图 9-4）。因此，当我们追踪有性繁殖生物在演化过程中积累的变异时，我们实际研究的是在生殖细胞中发生的事件。正是通过一系列生殖细胞的分裂，有性繁殖的生物可以回溯到它

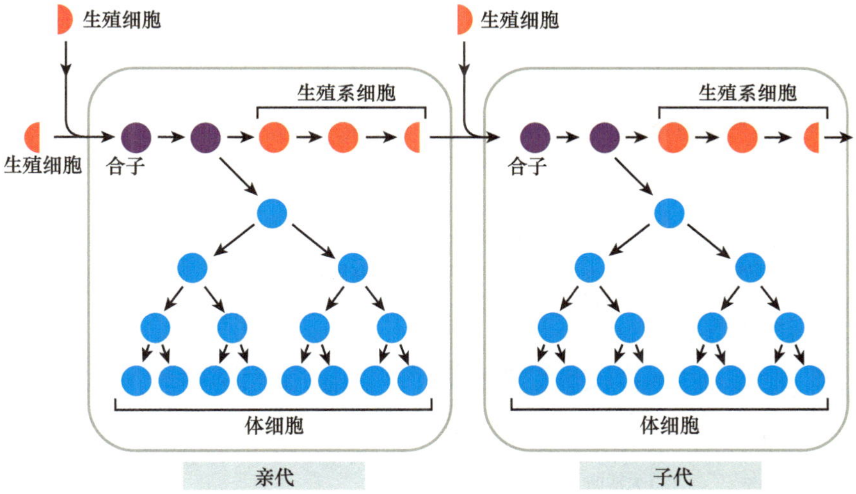

图 9-3 生殖细胞和体细胞的功能存在本质差异。在有性繁殖的生物体中，遗传信息仅通过生殖细胞（红色）传递到下一代。这种细胞产生专门的、具有生殖功能的细胞——配子（卵子和精子，用半圆表示）——它们只含有一半数量的染色体，而不像体内的其他细胞（完整圆形）含有全部染色体。两个配子在受精过程中结合，形成受精卵或合子（紫色），重新获得一整套染色体（在第 19 章中讨论）。受精卵产生生殖细胞和体细胞（蓝色）。体细胞形成了生物体，但它们的 DNA 不会传递到下一代。

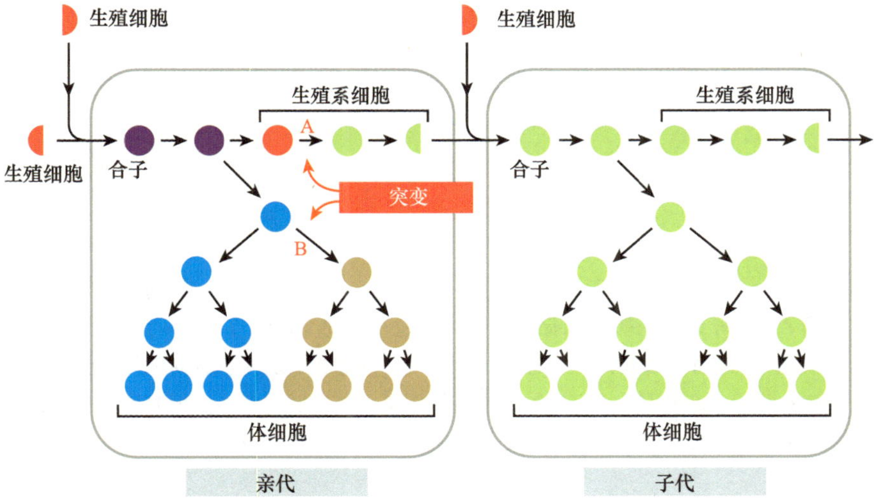

图 9-4 生殖细胞和体细胞中的突变有不同的后果。在生殖细胞（A）中发生的突变可以传递给下一代（绿色）。相比之下，在体细胞中产生的突变（B）仅影响该细胞的后代（褐色），并不会传递给该生物体的后代。正如我们在第 20 章中讨论的那样，体细胞突变是造成大多数人类癌症的原因。

们的祖先，并最终回溯到我们所有人的祖先，即 35 多亿年前生命起源时地球上存在的第一个细胞。

除了使一个物种延续外，有性繁殖还会引入一种独有的遗传变异形式：当雄性和雌性的配子在受精过程中结合时，它们会产生一个与父母双方在遗传上都不同的后代。这种变异只发生在有性繁殖的物种中，我们将在第 19 章进行详细讨论。本章所讨论的遗传变异的发生机制适用于所有的生物，我们现在将目光移回到这些机制。

DNA 复制与修复的异常导致点突变

尽管调控 DNA 复制和修复的机制相当精密，但在每次细胞分裂时，生物体基因组中的每个核苷酸对都存在发生小概率改变的可能。单个核苷酸对的改变称为**点突变**(point mutation)，通常来自于 DNA 复制或修复过程中少见的错误（在第 6 章中讨论）。

通过细菌如大肠杆菌实验，我们已经可以直接测定出点突变率。在实验室条件下，大肠杆菌每 20 ～ 25min 分裂一次；不到一天的时间，一个大肠杆菌产生的后代比地球上的总人口还多，这为点突变的发生提供了良好的机会。因此，在一个含有 10^9 个大肠杆菌细胞的培养基中，可能含有数百万个突变细胞，其基因组与祖先细胞略有不同。在这些突变中，有些可以赋予个体细胞选择优势，例如，对毒药的抗性，或者增强在营养缺失时的生存能力。通过将培养基暴露于选择性条件下，如添加抗生素或去除一种必需的营养物质，人们可以在大海中捞到这些细针；换言之，只有含有特定突变的细胞才能在原始细胞不能存活的条件下存活（图 9-5）。这些实验表明，大肠杆菌的点突变率为每复制 10^{10} 个核苷酸对，约有 3 个核苷酸发生改变。大肠杆菌的基因组大小为 460 万个核苷酸对，这种突变率意味着，在大约 99.99% 的情况下，一次细胞分裂产生的两个子细胞将忠实地继承亲本细胞的基因组序列；因此，只有极少的细胞才会产生突变。

通过比较儿童与其父母的 DNA 序列（以及通过估算父母生殖细胞在产生配子之前分裂的次数），发现人类的总体突变率大约为大肠杆菌的 1/3。这表明，即使在远缘物种之间，二者演化出来的用于维持基因组完整性的机制差异不大。

点突变可以破坏基因的活性，或者在极少情况下，增加基因的活性（如图 9-5 所示）。然而，更常见的是，它们对基因活性没有影响。在基因组许多位点上的点突变对生物体的外观、存活率或繁殖能力完全没有影响。这种中性突变（neutral mutation）通常位于 DNA 序列中不重要

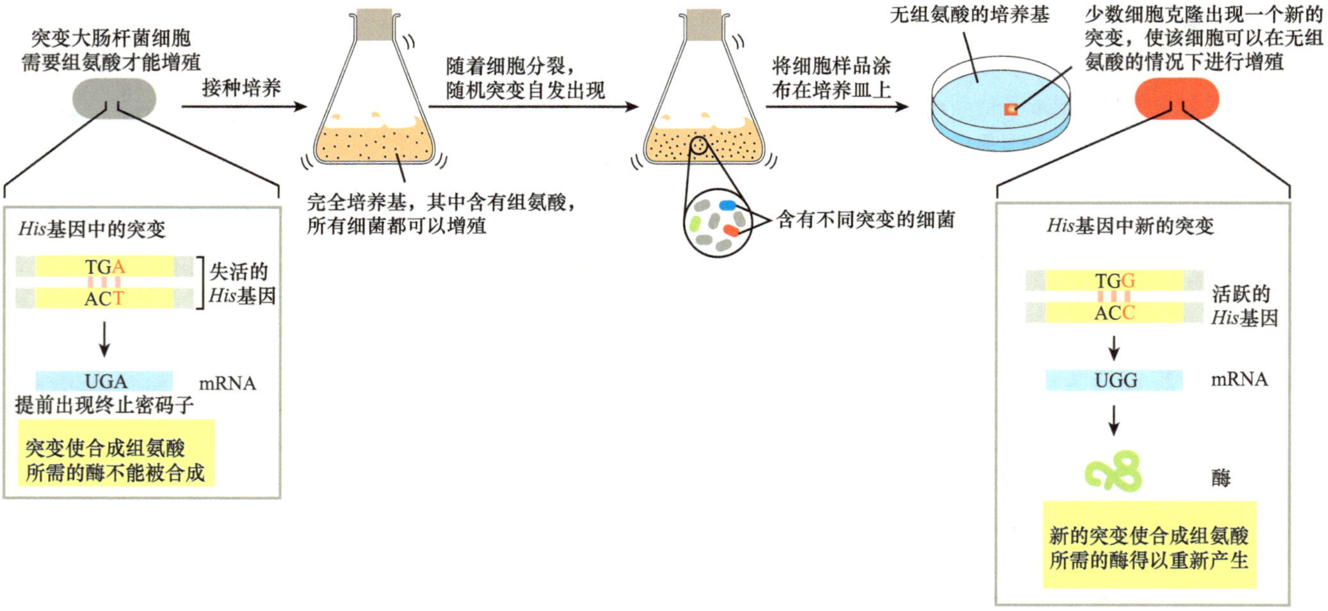

图 9-5 **突变率可在实验室进行测量。**该实验中使用了一种在其 *His* 基因中携带有害点突变的大肠杆菌菌株。*His* 基因是细菌合成组氨酸所必需的。这个突变将 G-C 核苷酸对转化为 A-T，导致突变基因转录的 mRNA 中过早出现终止信号（左框）。只要在生长培养基中提供组氨酸，该菌株就可以正常生长和分裂。如果将大量的突变细胞（如 10^{10} 个）平铺在缺乏组氨酸的琼脂平板上，绝大多数会死亡。极少数的幸存者会发生一个新的突变，使 A-T 变回 G-C。这种“逆转”纠正了之前的缺陷，使细菌可以在没有组氨酸的情况下合成出存活所需的酶。这种突变的发生是偶然的，并且概率很低，但是使用大量的大肠杆菌细胞，我们可以检测到这种变异，并准确测量其发生频率。

的基因区域，包括大部分内含子序列。出现在外显子中的中性突变也可能只改变了密码子的第三位核苷酸，使得它对应的氨基酸不变或者非常相似，蛋白质的功能不受影响。

突变也可以改变基因的调控

位于基因编码序列之外的点突变有时会影响DNA的调控序列，这类元件可以控制基因表达的时间、位置和水平。DNA调控序列中的这种突变可以影响蛋白质的合成，从而对生物体产生深远的影响。例如，少数人对疟疾具有抗性，因为它们含有一个影响特定蛋白表达的点突变，这个蛋白质正是疟疾寄生虫间日疟原虫（*Plasmodium vivax*）所结合的细胞表面受体。突变阻止了受体在红细胞中合成，使携带突变的个体免于疟疾感染。

DNA调控序列中的点突变也会影响我们消化乳糖（牛奶中主要的糖）的能力。我们最早的祖先是乳糖不耐受的，因为分解乳糖的酶即乳糖酶仅在婴儿时期产生，不再接触母乳的成年人并不需要这种酶。大约1万年前，当人类开始从驯养的牛中获取牛奶时，随机突变产生的变异基因，使得携带该变异的个体在成年后能够继续表达乳糖酶，从而可以吸收牛奶提供的营养。我们现在知道，那些保留乳糖分解能力的人，他们乳糖酶基因的DNA调控序列中含有一个点突变，从而使乳糖酶基因可以在整个生命过程中有效地转录。从某种意义上说，这些喝牛奶的成年人对于他们的祖先来说是“突变体”。值得注意的是，这种适应性突变在人群中的传播速度非常快，尤其在极度依赖牛奶提供营养的社会中（图9-6）。

乳糖酶基因的DNA调控序列上发生的演化改变，离现在相对较近（1万年前），远在人类成为一个独立物种之后。然而，有些发生在其他基因的DNA调控序列上的改变，时间则更为遥远，其中一些还被认为是导致现今物种间显著差异的原因（图9-7）。

DNA重复促生了相关基因家族

点突变可以影响已有基因的活性，但一个具有新功能的新基因是如何产生的呢？基因重复可能是从旧基因产生新基因的最重要的机制。一旦基因发生重复，两个拷贝中的一个可以自由地积累突变，只需另一个拷贝维持其原有功能即可。随着时间的推移，发生基因重复的原始细胞产生后代，而突变继续在这些后代中不断积累，有些突变会使得某一个基因拷贝产生不同的功能。

在数百万年中，通过反复的**基因重复和分歧**（gene duplication and divergence），一个基因可以在单个基因组内

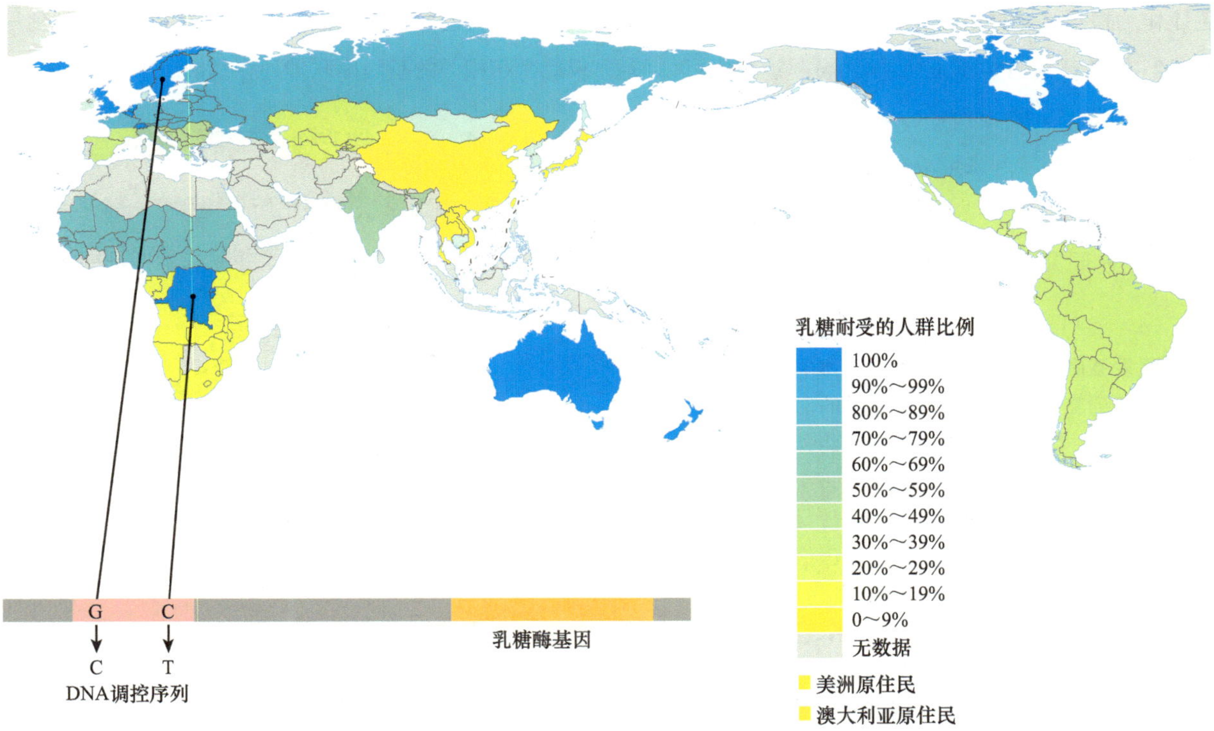

图9-6　牛被驯化后，成年人普遍获得了消化牛奶的能力。 大约1万年前，北欧和中非的人类开始养牛。随后——特别是在饥饿时期——牛奶的供应给那些在成年后依旧能够消化乳糖的人提供了选择优势。两个独立的点突变使成人可以表达乳糖酶，这两个突变一个发生在北欧人群，另一个发生在中非人群。这些突变已经传播到世界不同地区。

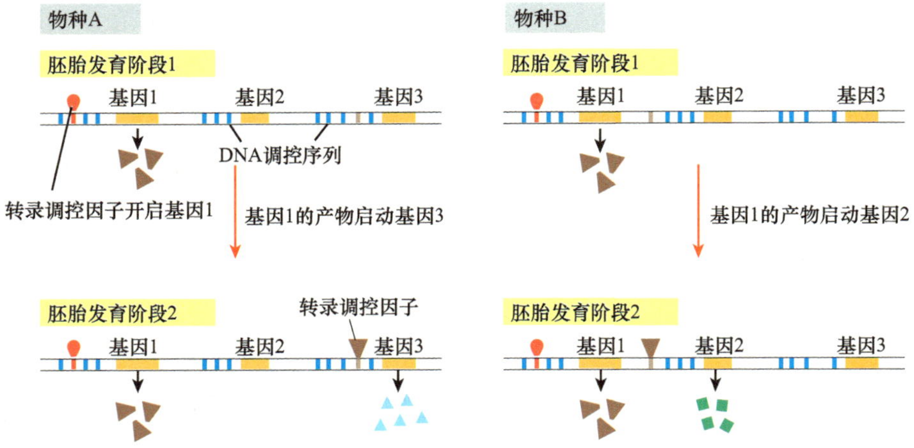

图 9-7 **DNA 调控序列的变异对生物体的发育产生显著影响。**在这个虚构的例子中，两个相近的物种 A 和 B 的基因组包含三个相同的基因（1、2 和 3）并编码两个相同的转录调控因子（红色椭圆形，棕色三角形）。然而，控制基因 2 和 3 表达的 DNA 调控序列在两个物种中不同。尽管在胚胎发育阶段 1，两个物种都表达基因 1，但 DNA 调控序列的差异导致它们在胚胎发育阶段 2 中表达不同的基因。理论上，一系列基因表达调控的变化可对生物体的发育过程产生深远的影响，并最终影响成体的外观。

产生整个基因家族，家族中的每个基因均具有特定功能。对基因组序列的分析揭示了许多**基因家族**（gene family）的例子。例如，在枯草芽孢杆菌（*Bacillus subtilis*）中，近一半的基因在基因组的其他地方具有一个或多个明显的近缘基因。在脊椎动物中，编码载氧蛋白的珠蛋白基因家族明显起源于单个原始基因，这些我们很快会详细介绍。但是，一开始的基因重复是如何发生的呢?

目前认为，许多基因重复是通过*同源重组*（homologous recombination）产生的。如第 6 章所述，同源重组为断裂的双螺旋提供了重要的修复机制；它使细胞以完整的染色体作为模板，来修复其同源染色体上的受损序列。但正如我们在第 19 章中讨论的那样，同源重组也可以催化染色体发生*交叉互换*（cross-over）。在这种情况下，两条染色体被打断并连接起来形成杂交染色体。交叉互换仅发生在具有几乎相同 DNA 序列的染色体区域之间；因此，它们通常发生在同源染色体之间，并且产生的杂交染色体的基因顺序与原始染色体上的完全相同。正如我们在第 19 章中看到的那样，这个过程广泛发生在减数分裂期间。

然而，在极少数情况下，交叉互换也可能发生在一对相同或非常相似的短 DNA 序列之间，这种 DNA 序列通常位于基因的两侧。如果这些短序列在重组过程中未正确配对，则可能导致遗传信息的不平衡交换。这种不均等的交叉会产生两条染色体，一条染色体具有该基因的两个拷贝，而另一条没有拷贝（图 9-8）；较短的染色体最终会被遗弃。

一旦基因以这种方式发生重复，额外的基因拷贝就可以通过相同的机制不断添加。因此，常常可以见到一整组彼此密切相关的基因串联排列在基因组中。

DNA 重复和分歧产生了珠蛋白基因家族

珠蛋白基因家族的演化历史提供了一个很好的实例，从中我们可以了解到基因重复和分歧如何推动新蛋白的产

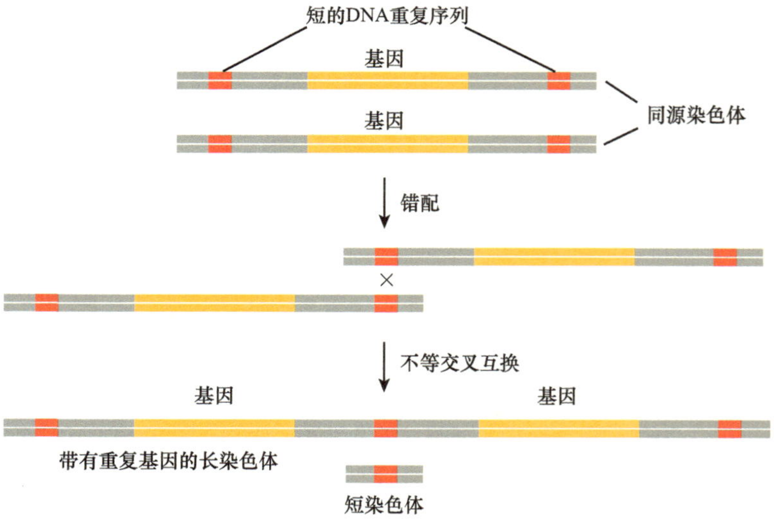

图 9-8 **基因重复可能是由相邻同源染色体中短而重复的 DNA 序列交换所造成。**图中显示的两条染色体在短重复序列（红色）上进行同源重组，该序列位于基因（橙色）两侧。为简单起见，每个同源染色体上仅显示一个基因。重复的序列可能是移动遗传元件的残余，这些元件存在于人类基因组中的许多拷贝中，我们稍后会对其展开讨论。如图所示，当交换不均等时，一条染色体将得到两个基因拷贝，而另一条染色体则一个拷贝也得不到。因为所得产物的大小不相等，这种可以产生基因重复的同源重组被称为*不等交叉互换*（unequal crossing-over）。如果这个过程发生在生殖细胞中，一些后代将继承到长染色体，而其他后代将继承短染色体。

生。现今，不同种类的珠蛋白在氨基酸序列和结构上具有明显的相似性，这表明所有的珠蛋白基因很可能来自同一个祖先基因。

最简单的珠蛋白具有一条长约 150 个氨基酸的多肽链，它存在于许多海洋蠕虫、昆虫和原始鱼类中。像我们的血红蛋白一样，这种蛋白质负责在整个动物体内传递氧分子。成年哺乳动物和大多数其他脊椎动物血液中的载氧蛋白则更为复杂，它由两种不同类型的四条珠蛋白链组成，即 α-珠蛋白和 β-珠蛋白（图 9-9）。$\alpha_2\beta_2$ 分子中的四个氧结合位点相互作用，使分子在结合和释放氧时发生变构。这种结构转变使这个四链血红蛋白分子能够以全或无的方式有效地吸收和释放四个氧分子，这是单链蛋白不可能实现的。这样的高效率对于大型多细胞动物而言尤为重要，因为它们不能依赖于氧气在体内的简单扩散来给组织充分供氧。

α-和 β-珠蛋白基因是脊椎动物演化早期发生基因重复的结果。基因组分析表明，我们的远古祖先有一个珠蛋白基因。大约 5 亿年前，基因重复发生，随后每个基因拷贝中积累了不同突变，进而产生了两个略微不同的珠蛋白基因，其中一个编码 α-珠蛋白，另一个编码 β-珠蛋白。再后来，随着不同的哺乳动物开始与它们的共同祖先发生分歧，β-珠蛋白基因经历了自身的重复和分歧，产生第二个类 β-珠蛋白基因，在胎儿中特异性表达（图 9-10）。与成人血红蛋白相比，胎儿血红蛋白分子对氧气具有更高的亲和力，有助于把氧气从母体传递到胎儿。

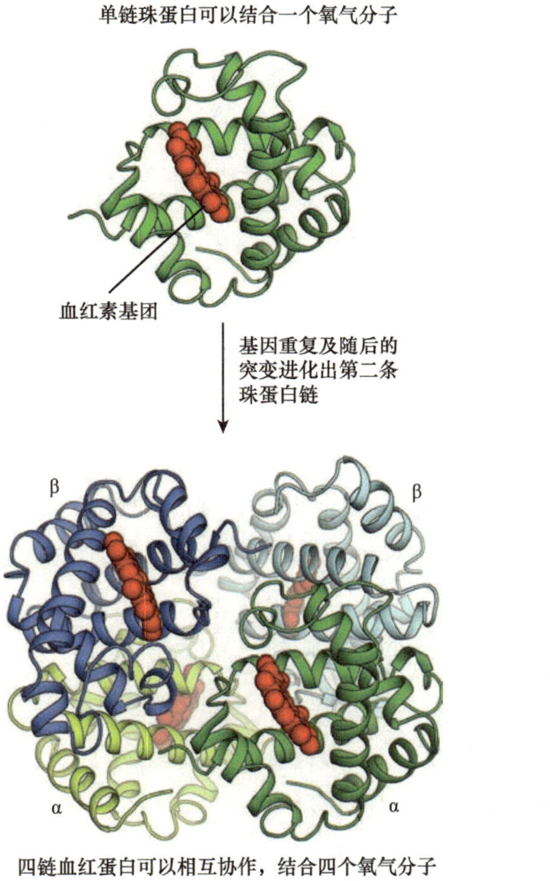

图 9-9 编码单链珠蛋白分子的祖先珠蛋白基因产生了一对基因，这一对基因在现代人类和其他哺乳动物中编码形成四链血红蛋白。哺乳动物血红蛋白分子是由两条 α-珠蛋白链（绿色）和两条 β-珠蛋白链（蓝色）组成的复合物。每条链含有一个紧密结合的血红素基团（红色），负责结合氧气。

后来，α-和 β-珠蛋白基因的重复和分歧产生了这个家族的其他成员。每个重复基因中，点突变影响了最终血红蛋白分子的特性，DNA 调控序列的变异决定了该基因表达的时间和强度。最终，每个珠蛋白在发育阶段的表达时间，以及结合和释放氧的能力方面都略有不同。

除了这些特化的珠蛋白基因外，在 α-和 β-珠蛋白基因簇中还存在一些其他基因的重复 DNA 序列，但这些基因往往都没有功能。它们的 DNA 序列与功能性的珠蛋白基因相似，但活性被许多失活突变所抑制。这种**假基因**（pseudogene）的存在清楚地表明，不是每个 DNA 重复都会导致新的功能基因产生。事实上，大多数基因重复

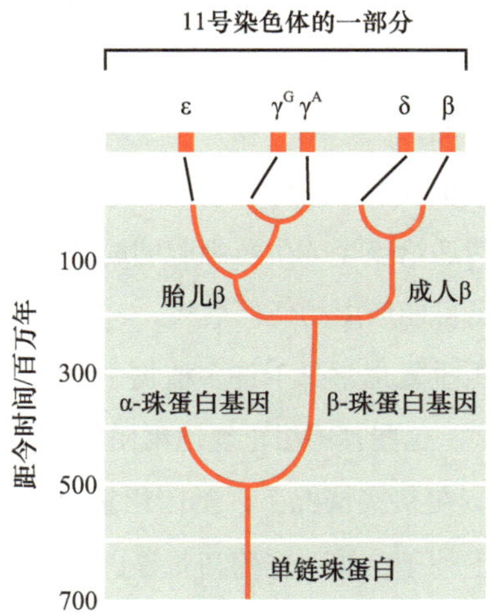

图 9-10 反复发生的重复和突变导致了人类珠蛋白基因家族的产生。大约 5 亿年前，原始珠蛋白基因发生重复并产生了 β-珠蛋白基因家族（包括所示的 5 个基因）和 α-珠蛋白基因家族。在大多数脊椎动物中，血红蛋白分子（参见图 9-9）由两条 α-珠蛋白链和两条 β-珠蛋白链组成，β-珠蛋白链可以是图中列出的 5 个亚型中的任何一种。

所示的演化示意图是通过比较来自许多不同生物的珠蛋白基因来确定的。γ^G 和 γ^A 基因编码形成胎儿血红蛋白的 β-珠蛋白样链，它们彼此间的序列相似度高于它们与成人 β 基因间的相似度。δ-珠蛋白基因编码一种次要类型的成人 β-珠蛋白链。在人类中，β-珠蛋白基因位于 11 号染色体上的一个基因簇中。

大约 3 亿年前的染色体断裂事件导致了 α-和 β-珠蛋白基因的分离；α-珠蛋白基因现在位于人类 16 号染色体上（未显示）。

事件是不成功的，因为一个拷贝会逐渐被突变失活。虽然我们在这里主要关注的是珠蛋白基因的演化，但类似的基因复制和分歧显然也发生在人类基因组中的许多其他基因家族中。

全基因组重复塑造了许多物种的演化史

脊椎动物基因组中，几乎每个基因都存在多个版本。这表明，整个脊椎动物基因组不仅是单个基因发生重复，而且曾经发生过全基因组的重复。在脊椎动物演化的早期，似乎整个基因组经历了连续两次重复，使每个基因产生了四个拷贝。在一些脊椎动物群体，如鲑鱼和鲤鱼科（包括斑马鱼；参见图 1-38）中，可能还有另一次重复，产生了基因的八倍体。

脊椎动物演化中全基因组的重复历程很难去精确追溯，因为在那些古老的演化事件发生后，又发生了许多其他变化，包括基因丢失等。然而，在有些生物体中，全基因组的重复是特别明显的，因为它们在演化上发生的时间相对较近。例如，在*爪蟾属*（*Xenopus*）及一些近缘物种中，不同物种的 DNA 含量差别很大：一些是二倍体，含有两套完整的染色体组，另一些则是四倍体或八倍体。如果一个特定个体的生殖细胞发生了一轮基因组复制，但之后细胞分裂未能发生，则可能会产生这种大规模的全基因组重复。一旦生殖细胞发生了基因组的意外加倍，这种改变将忠实地传递给该个体生殖细胞的配子细胞，并最终传递给这些配子可能产生的任何后代。

全基因组重复也常见于许多植物中，包括一些我们日常食用的植物。这些基因组重复通常使得植物更容易栽培，果实更可口。在某些情况下，基因组重复使得植物不育，因此不能产生种子，如无籽葡萄就是这种情况。苹果、韭菜和土豆都是四倍体，而草莓和甘蔗是八倍体（图 9-11）。

外显子重排可以创造新的基因

正如我们在第 4 章中讨论的，许多蛋白质由较小的*结构域*（domain）组成。在真核生物中，通常每个这样的蛋白质结构域都是由单独的外显子编码，而外显子又被长片段的非编码内含子所包围（参见图 7-18 和图 7-19）。真核基因的这种组织结构使一个基因的外显子可以被添加到另一个基因中，从而促进新蛋白质的产生，这一过程称为**外显子重排**（exon shuffling）。

这种外显子的重复或移动是通过同源染色体重组引发的，该机制也促生了基因的重复（参见图 9-8）。在这种情况下，重组发生在位于外显子两侧的内含子中。如果发生重组的内含子来自两个不同的基因，那么该重组产生的新基因会包含来自两个基因的完整外显子。在现存的许多蛋白质中都可以见到外显子重排的结果，它们由许多不同蛋白质的结构域拼凑而成（图 9-12）。

有人提出，几乎所有人类基因组编码的蛋白质（大约 19 000 个）都来自几千个不同外显子的重复和重排，每个外显子编码一个由 30 ～ 50 个氨基酸组成的蛋白质结构域。这个卓越的认识表明，蛋白质结构的多样性是从一个相当小的通用“零件清单”发展起来的，这个清单上的零件以不同的组合拼凑在一起，产生了大量不同的蛋白质。

移动遗传元件对基因组演化有深远的影响

移动遗传元件（mobile genetic element）是指可以从染色体的一个位置移动到另一个位置的 DNA 序列，它是基因组变异的重要来源，并且深刻地影响了现代基因组的结构。这些寄生性的 DNA 序列可以整合到基因组上，然后在基因组上传播扩散。在这个过程中，它们经常会破坏现有基因的功能，或改变现有基因的调控；有时，移

图 9-11　许多农作物都发生过全基因组的重复。许多重复都是自发产生并经由植物育种者筛选保留下来的，因为它们可以使植物更容易栽培，也可使其果实更大、更美味或没有难以消化的种子。*N* 表示每种植物的染色体倍性：例如，小麦和猕猴桃是六倍体，具有六套完整的染色体（6*N*）。

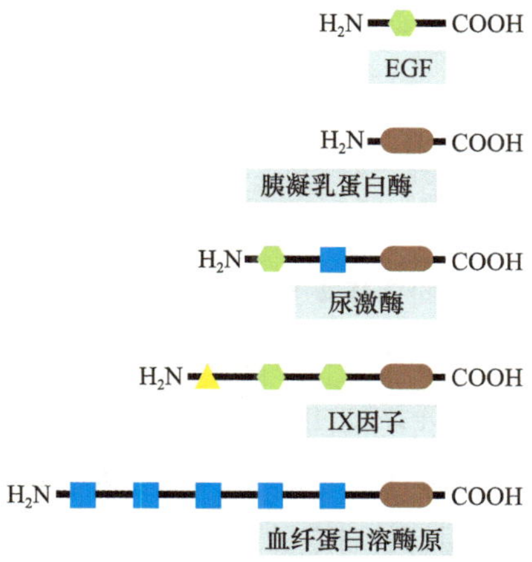

图 9-12 演化过程中的外显子重排可以促进蛋白质结构域的组合，从而得到新的蛋白质。每种类型的彩色符号代表不同的蛋白质结构域。这些不同的结构域在演化过程中通过外显子重排连接在一起，构成了图中显示的现代人类蛋白质。EGF，表皮生长因子。

动序列和现有基因片段之间的融合甚至可以创造出新的基因。

移动遗传元件如果插入到基因的编码序列或其 DNA 调控序列中，可以引起“自发”突变，这些突变在现今许多生物体中都能观察到。移动遗传元件如果直接坐落于基因编码序列中，就会严重破坏基因的活性。这种插入突变破坏了基因编码功能性蛋白质的能力。例如，许多导致人类血友病的突变就是如此。

移动遗传元件也可以改变现有基因的调控方式。例如，将一个元件插入到 DNA 调控序列中，通常会对基因表达的位置或时间产生显著影响（图 9-13）。许多移动遗传元件携带可被特定转录调控因子识别的 DNA 序列；如果这些元件在基因附近插入，则该基因会受到这些转录调控因子的控制，从而改变其表达模式。因此，移动遗传元件可能是发育变化的主要来源：它们在农作物的演化中特别重要。例如，要将大刍草这种野生的草本植物转化为现代的玉米，只需要少量的遗传变异，其中一个变异就是来自移动遗传元件的插入。当移动遗传元件插入到一个在种子发育中起作用的基因的上游，大刍草原本小而硬的种子就会转变为现代玉米大而柔嫩的籽粒（图 9-14）。

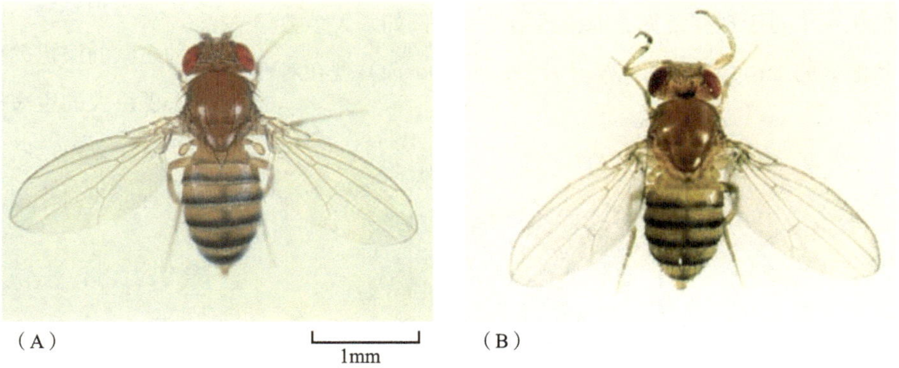

图 9-13 移动遗传元件引起的突变可以诱导生物体表型的显著变化。(A) 正常果蝇（黑腹果蝇，*Drosophila melanogaster*）。(B) 突变体果蝇的触角变成了腿。该突变体的产生是由于指导果蝇腿部形成的基因发生改变，其 DNA 调控序列产生一个突变，导致该基因在触角形成的位置被激活。尽管这个特殊的变异对果蝇不利，但它表明了转座子的移动如何引发生物体外观的重大变化。（图 A 蒙加州理工学院档案馆 Edward B. Lewis 惠赠；图 B 蒙 Matthew Scott 惠赠。）

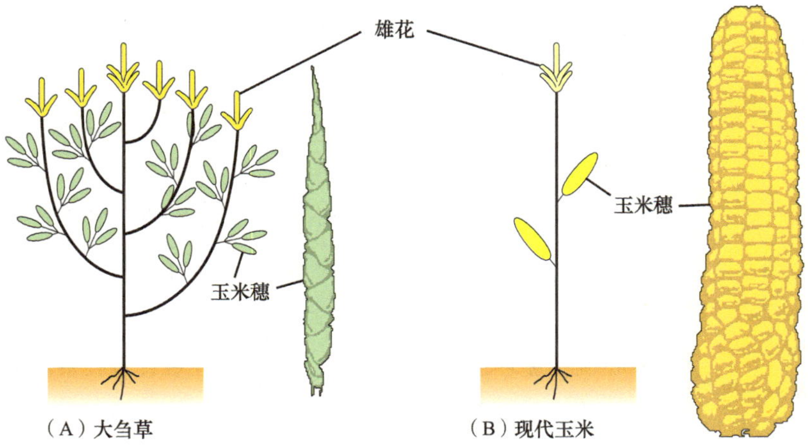

图 9-14 移动遗传元件的插入促使现代玉米产生。现今的玉米植株最初是从一种叫做大刍草（A）的野生植物培育而来。这种野生祖先会产生许多果穗，但种子小而硬。(B) 相比之下，现代玉米结出的玉米穗较少，但含有许多饱满清甜的籽粒。一个移动遗传元件插入到参与种子发育的基因附近，引发了这种变化。图中两种植物按同比例绘制；简单起见，叶片未画出。

最后，移动遗传元件可以作为同源重组的靶标，为基因组重排提供了机会（参见图 9-8）。例如，遍布人类基因组中丰富的移动遗传元件间的交叉互换，产生了基因重复，最终导致 β-珠蛋白基因簇形成。在本章的后面部分，我们将更详细地描述这些元件，并探讨是什么机制使它们在我们的基因组中建立起重要的地位。

基因可以在生物之间通过水平基因转移发生交换

到目前为止，我们已经讨论了在一个生物个体的基因组内发生的遗传变化。然而，基因和基因组的其他片段也可以在不同物种的个体之间交换。这种**水平基因转移**（horizontal gene transfer）的机制在真核生物中很少见，但在细菌中很常见，细菌可以通过接合过程交换 DNA（图 9-15 和视频 9.1）。

举个例子，在过去的一亿年中，大肠杆菌从其他细菌中获得了约占自身 1/5 的基因组，并且这样的遗传交换被认为是产生新的有潜在危险的耐药菌株的原因。现代医学抵抗细菌感染的前沿是抗生素，但赋予细菌抗生素抗性的基因又很容易在物种间转移，使受体细菌可以避开抗生素的影响，从而获得巨大的选择优势。结果，许多早期使用的抗生素对于现在常见的细菌感染无效。例如，大多数导致淋病的细菌奈瑟氏菌（*Neisseria gonorrhoeae*）现在对青霉素具有抗性，因此青霉素不再作为治疗这种疾病的主要药物。

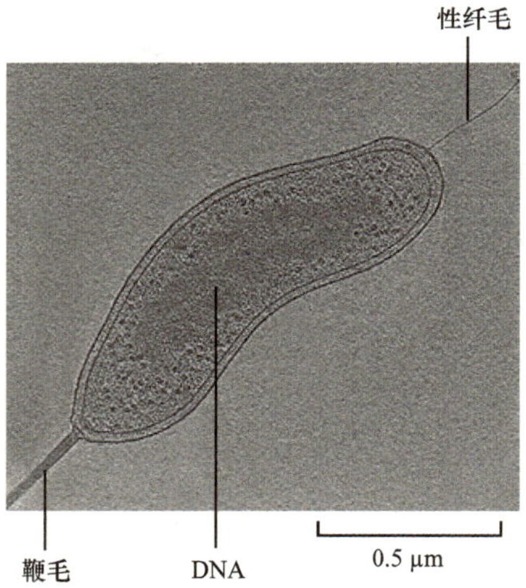

图 9-15　细菌细胞可以通过接合交换 DNA。 接合起始时，供体细胞会通过一种称为性纤毛的精细结构捕获受体细胞。捕获后，DNA 从供体细胞通过性纤毛进入受体细胞。在这个低温电子显微照片中，性纤毛很明显区别于鞭毛。接合是细菌进行水平基因转移的几种方式之一。（引自 C.M. Oikonomou and G.J. Jensen，*Nat. Rev. Microbiol.* 14：205-220，2016。蒙 Macmillan Publishers Ltd. 惠许。）

重建生命的家谱

现今基因组的核苷酸序列记录了那些历经时光考验而最终留存下来的遗传变异。通过比较各种生物的基因组，我们可以开始破译我们的演化历史，看看我们的祖先是如何转向新的冒险方向，带领我们来到今天所处的位置。

这种基因组比较带来的最惊人的发现，就是即便演化水平相距很远的物种，其基因组中也能识别出**同源基因**（homologous gene），即由于拥有共同的祖先而在核苷酸序列上彼此相似的基因。许多人类基因的同源基因可以很容易地在其他物种，如线虫、果蝇、酵母，甚至细菌中准确无误地找到。虽然一般认为脊椎动物的演化谱系在 6 亿多年前便与线虫和昆虫的谱系分开，但当我们比较线虫（*Caenorhabditis elegans*）、黑腹果蝇（*Drosophila melanogaster*）与智人（*Homo sapiens*）的基因组时，发现每个物种约 50% 的基因都可以在另外的一个或两个物种中找到明确的同源物。换句话说，至少有一半已知的人类基因早在线虫、果蝇和人类的共同祖先中就已经出现了。

通过追踪基因间的这种关系，我们可以开始定义不同物种之间的演化关系，将每种细菌、动物、植物或真菌置于一棵巨大的生命树中。在本节中，我们将讨论如何确定这些亲缘关系，以及就我们的基因遗传而言这些亲缘关系能够告诉我们什么。

提供选择性优势的遗传变异很可能被保留下来

演化通常被认为是进步的，但在分子水平上，演化的过程是随机的。让我们来考虑一下在生殖细胞中发生的点突变可能有怎样的命运。在极少数情况下，突变可能是有益的。但大多数情况下，突变要么没有后果，要么造成严重损害。第一类突变倾向于被延续下去，因为带有这种突变的生物体具有更强的自我增殖能力。有害的突变通常会丢失，而选择性中性（selectively neutral）的突变可能会也可能不会继续留存，这取决于如种群大小、中性突变位点附近是否存在有利突变等种种因素。这种突变和自然选择的无尽循环也是一种分子的不断试错，在此过程中，生物逐渐演化。它们的基因组发生改变，并且发展出新的方法去探索环境，在竞争中胜过其他个体并成功繁衍自身。

显然，在演化过程中，基因组的某些部分比其他部分更容易积累突变。不编码蛋白质或 RNA，并且没有重要调控作用的 DNA 片段，可以随意地发生突变，其突变率仅受随机突变的频率限制。相反，在编码必需蛋白质或 RNA 分子的基因中，有害突变不能如此轻易地保留下来：当突变发生时，有缺陷的生物体几乎总是被淘汰或不能留下后代。因此，后一种基因往往是高度保守（highly conserved）的；也就是说，它们编码的产物，无论是 RNA 还是蛋白质，在不同生物体之间都非常相似。虽然经过了 35 亿年或更长的演化历史，但最高度保守的基因在所有生物物种中仍然可以轻易地识别出来。它们编码关键蛋白质，如 DNA 和 RNA 聚合酶。当我们希望追踪生命树中最远缘的生物之间的进化关系时，我们将对这些基因进行分析。

近缘生物的基因组有类似的序列和组织方式

对于近缘物种，关注选择性中性的突变往往能得到更多的信息。由于它们不受选择压力限制而以稳定的速率积累，这些突变提供了测定现代物种与其共同祖先分离程度的度量标准。基于这种序列比较，我们可以构建**系统发育树**（phyogenetic tree）来描绘一组生物之间的演化关系。例如，图 9-16 的系统发育树展示了高等灵长类动物之间的关系。

如该图所示，黑猩猩是我们在高等灵长类动物中最近的亲戚。黑猩猩不仅与我们具有基本相同的一套基因，而且它们的基因在染色体上的排列方式也与我们几乎相同。唯一的例外是人类 2 号染色体，它由两条染色体融合而成，而这两条染色体在黑猩猩、大猩猩和猩猩中仍然保持分离。人类和黑猩猩亲缘关系如此之近，使我们可以通过比较二者的 DNA 序列，来重建出两个物种现已灭绝的共同祖先中一定具有的蛋白质的氨基酸序列（图 9-17）。

即使是我们之前提到的由交叉互换所引起的基因组重排，也仅仅使人类和黑猩猩基因组之间产生细微的差异。例如，黑猩猩和人类基因组中都包含有 100 万个拷贝的、称为 *Alu* 序列的移动遗传元件。其中超过 99%都位于这两个基因组中相对应的位置，这表明我们基因组中的大多数 *Alu* 序列在人类和黑猩猩分歧之前就已经存在。

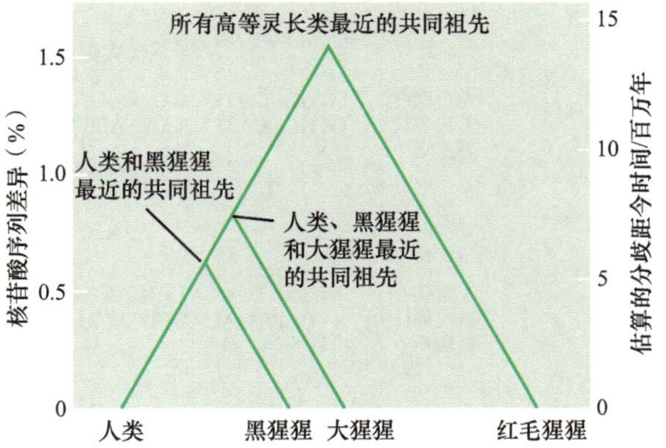

图 9-16　系统发育树展示了现代生命之间的关系。在高等灵长类动物的家系树中，人类和黑猩猩的亲缘关系比和猩猩或大猩猩更近，因为人类和黑猩猩 DNA 序列间的差异比其余二者小。如图所示，这四个物种的基因组序列分别与高等灵长类动物的最近共同祖先相差约 1.5%。在两个物种从共同祖先分歧之后，每个谱系中的变异都是独立发生的，因此任何两个物种间的遗传差异将是每个物种与共同祖先之间差异的两倍。例如，尽管人和猩猩在核苷酸序列上各自与共同祖先相差约 1.5%，但二者之间的典型差异略大于 3%；人类和黑猩猩的基因组差异约为 1.2%。该系统发育树仅基于现存物种的核苷酸序列（如图左侧所示）；估算的分歧日期（图表右侧显示）来自于对化石记录的分析。（改自 F.C. Chen and W.H. Li, *Am. J. Hum. Genet.* 68：444-456，2001。）

具有重要功能的基因区域显示为保守 DNA 序列组成的“岛屿”

进一步深入研究我们的演化历史，并将我们的基因组与亲缘关系更远的物种进行比较时，演化的图像就开始发生变化。例如，人类和小鼠的谱系在大约 7500 万年前发生了分歧。这两个基因组大小相同，包含几乎相同的基因，并且都散布着很多移动遗传元件。然而，尽管在小鼠和人的 DNA 中发现的移动遗传元件在核苷酸序列上非常类似，但是它们的分布却不同，因为在这些物种分歧后，它们有更多的时间在各自基因组中进行复制和移动（图 9-18）。

除了移动遗传元件的运动之外，人类和小鼠基因组的整体结构也在过去的 7500 万年中被多次染色体断裂和重组事件所搅乱：据估计，大约有 180 个这样的“断裂重组”事件曾显著地改变过染色体的结构。例如，在人类中，大多数着丝粒位于染色体的中间位置附近，而小鼠的着丝粒则位于染色体末端。

尽管这种遗传重排的程度非常显著，人们仍然可以识别出许多**保守同线性**（conserved synteny）的单元，也就是两个物种中对应的基因以相同的顺序串联在一起的区域。这些基因在祖先物种中相邻，并且尽管发生了许多染

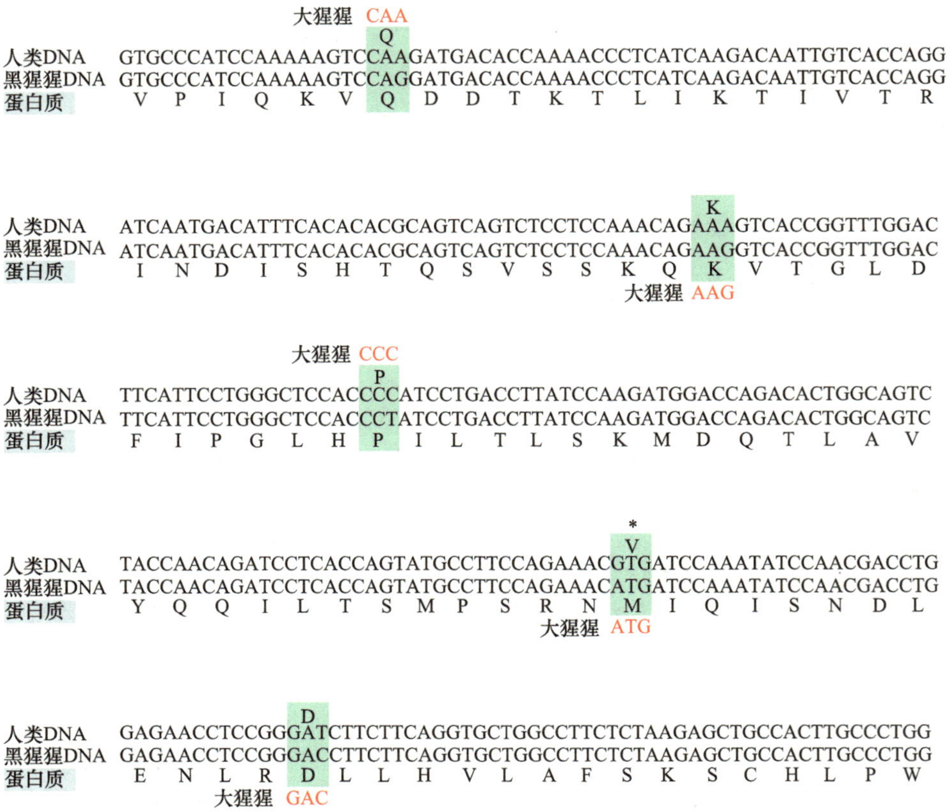

图 9-17 通过比较现存的近缘物种，我们可以重建其祖先基因序列。这里显示的 5 个连续的 DNA 区段，来自人类和黑猩猩中编码成熟瘦素蛋白的核苷酸序列。瘦素是一种调节食物摄入和能量利用的激素。如图中以绿色标出的密码子所示，黑猩猩的序列与人类序列只有 5 个核苷酸不同。这些核苷酸变异中只有一个（以星号标出）导致氨基酸序列发生变化。
人类和黑猩猩序列中，相同的部分可能正是两个物种最后共同祖先的核苷酸序列；在不同的几处地方，我们可以参考大猩猩的序列（红色）来辅助评判，因为大猩猩的序列在演化上比黑猩猩和人类的更古老（参见图 9-16）。因此，星号所示的氨基酸是人类和黑猩猩共同祖先中的甲硫氨酸，它在人类中变为缬氨酸。方便起见，图中只显示了成熟瘦素蛋白编码序列的前 300 个核苷酸；该序列的后 141 个核苷酸在人和黑猩猩之间是相同的。

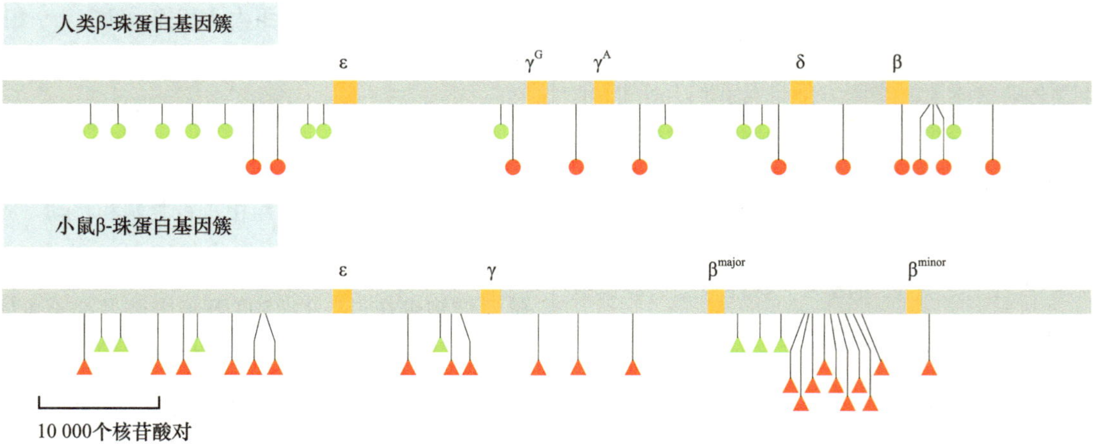

图 9-18 在人类和小鼠的基因组中，移动遗传元件的位置差异反映出两个物种漫长的分歧时间。人类 11 号染色体（参见图 9-10）的这个片段含有 5 个功能性的 β-珠蛋白基因（橙色）；来自小鼠基因组的相应区域仅包含 4 个。两种类型的移动遗传元件——*Alu* 序列（绿色）和 *L1* 序列（红色）在每个基因组中的位置如图所示。虽然移动遗传元件在人（圆）和小鼠（三角形）中不完全相同，但亲缘关系很近。珠蛋白基因中缺少这些元件可能是由于*净化选择*（purifying selection），这种选择会消除任何损害基因功能的插入突变。[位于人类珠蛋白基因内部的移动遗传元件（*最右边*）是位于内含子内，而不是编码序列中。]（蒙 Ross Hardison 和 Webb Miller 惠赠。）

色体剧变，它们在现今的两个物种中仍然保持相邻。超过90%的小鼠和人类基因可以被归类到这种保守共线的相应区域。在这些区域内，我们可以将小鼠的 DNA 与人类的 DNA 进行对齐排列，从而详细地比较二者的核苷酸序列。全基因组序列的比对显示，在人类和小鼠从其共同祖先分歧的大约 7500 万年后，约 50%的核苷酸发生了变化。然而，这些差异并非在基因组中均匀分布。通过观察人和小鼠序列在哪些区域几乎保持相同，我们可以清楚地看到哪些区域是不能容忍遗传变异的（图 9-19）。这些序列通过**净化选择**（purifying selection），即淘汰携带干扰重要功能的突变的个体，而得以保留。

通过将我们的基因组与其他动物（包括大鼠、鸡和狗）进行比对，比较基因组学（comparative geomics）的潜能可以进一步发挥出来。这种比对利用了持续数亿年的“自然实验”的结果，突出了基因组中最重要的一些区域。结果表明，大约 4.5%的人类基因组的 DNA 序列在许多哺乳动物中也是高度保守的（图 9-20）。令人惊讶的是，这些序列中只有约 1/3 能编码蛋白质。一些保守的非编码序

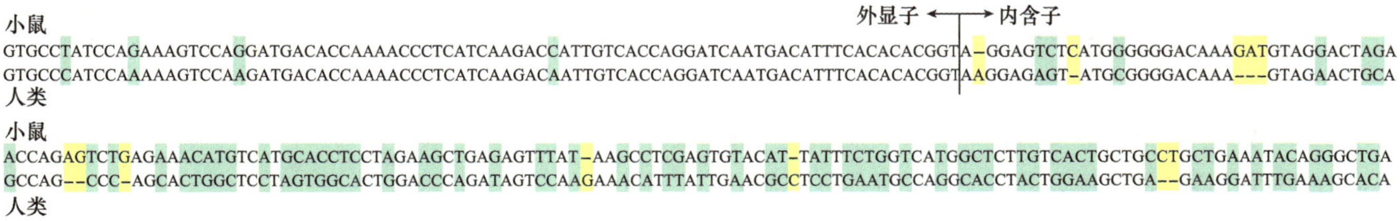

图 9-19 **突变的积累导致人和小鼠基因组的核苷酸序列存在相当大的差异。**这里显示的两个连续的 DNA 片段是人和小鼠瘦素基因的一部分序列。序列中发生单核苷酸替代的位置用绿色框出，发生核苷酸添加或删除的位置用黄色框出。注意，外显子的编码序列比邻近的内含子序列更加保守。

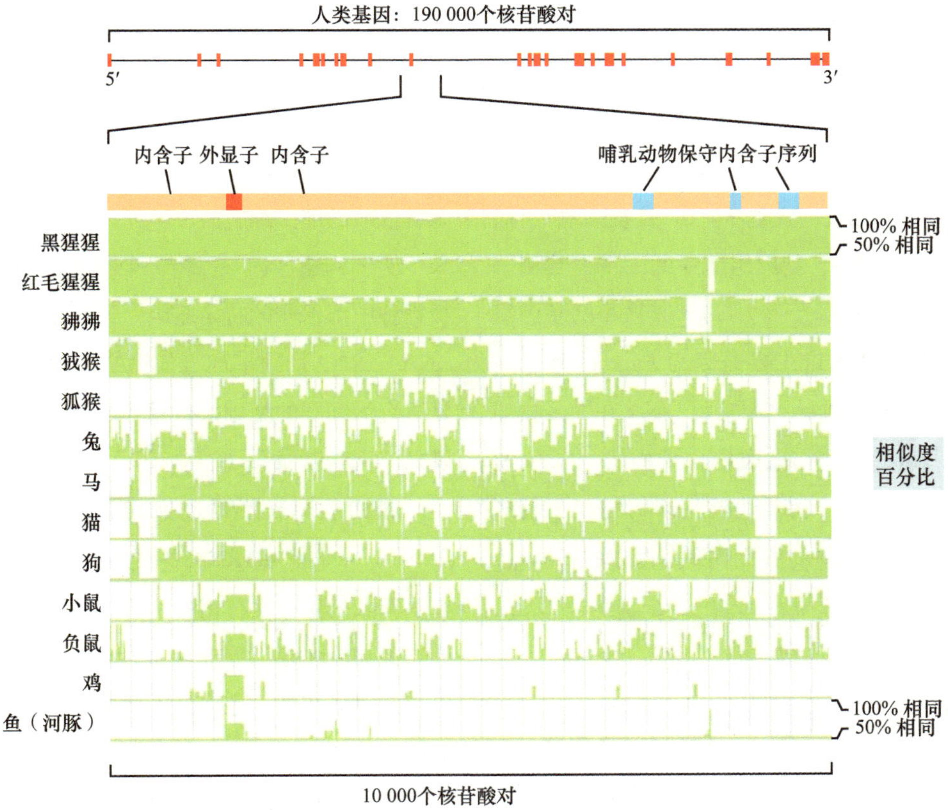

图 9-20 **通过比较多种脊椎动物的核苷酸序列，我们可以发现基因组中的高度保守区域。**该图中检测的核苷酸序列来自人类质膜转运蛋白基因的一小部分。图的上半部分显示了外显子（红色）在基因组（顶部）和基因扩展区域中的位置。在哺乳动物中，保守的三个内含子序列区段以蓝色表示。图的下半部分将 DNA 序列中 10 000 个核苷酸对与其他脊椎动物的相应序列进行比对；绿色指示连续 100 个核苷酸对的相似度高于 50%。注意，外显子的序列在所有物种中均高度保守，包括鸡和鱼，但在哺乳动物中保守的三个内含子序列在鸡或鱼中则不保守。人类基因组中大多数保守的内含子序列（包括这三种）的功能尚不清楚。（蒙 Eric D. Green 惠赠。）

列是调节 DNA，而其他序列则被转录为不翻译蛋白质但具有多种功能的 RNA 分子（参见第 8 章）。然而，在这些保守的非编码序列中，还有许多的功能仍然未知。这些神秘保守 DNA 序列表明，我们对哺乳动物细胞生物学的了解远比想象的要少。随着全基因组测序成本的急剧下降和测序速度的不断提升，我们可以预见，在未来的几年还会有更多的意外发现，它们终将增进我们的理解。

基因组比对显示脊椎动物基因组会迅速获得或失去 DNA 序列

回溯更远的进化历史，可以将我们的基因组与更远缘的脊椎动物进行比较。鱼类和哺乳动物的谱系在大约 4 亿年前分歧。这段时间的长度足以让随机的序列变化和各种不同的选择压力来抹除核苷酸序列中几乎所有的相似性，除了那些因净化选择而被保留下来的部分。因此，人和鱼类之间均保守的基因组区域比不同哺乳动物之间均保守的区域更加突出。在鱼类中，人们仍然可以识别到许多与人类相同的基因，甚至许多相同的 DNA 调控序列。另一方面，任何已知基因的重复程度通常不同，这导致两个物种中基因家族成员的数量不同。

更令人惊讶的是，尽管所有脊椎动物基因组都包含大致相同数量的基因，但基因组的整体大小差异很大。人类、狗和小鼠的基因组大小相近（大约 3×10^9 核苷酸对），而鸡的基因组只有它们的 1/3。基因组压缩的一个极端例子是名为 *Fugu rubripes* 的河豚（图 9-21），其微小的基因组大约只是哺乳动物的 1/8。这主要是因为 *Fugu* 的基因间区域很小，几乎没有重复 DNA，而重复 DNA 在大多数哺乳动物基因组中大量存在。与人类内含子相比，*Fugu* 的内含子也很短。尽管如此，和其他哺乳动物相比，大多数 *Fugu* 的内含子在基因组中的位置是完全保守的。显然，

图 9-21　河豚 *Fugu rubripes* 具有非常紧凑的基因组。河豚基因组只有 4 亿个核苷酸对，约为斑马鱼基因组大小的 1/4。尽管如此，这两个物种的基因数量几乎相同。（来自 Hiroshige 的木版画，蒙日本艺术与设计公司惠赠。）

大多数脊椎动物基因的内含子结构在鱼类和哺乳动物的共同祖先中就已经存在。

哪些因素可能导致现代脊椎动物基因组之间的大小差异呢？通过详细比较许多物种的基因组，研究者意外发现，一些小片段序列可以以惊人的速度从基因组中丢失，或添加到基因组中。例如，*Fugu* 基因组之所以如此微小，很可能是因为它丢失 DNA 序列的速度比获得更快。时间一长，这种不平衡显然会使 *Fugu* 丢失那些不太重要的 DNA 序列。这种“清洁”过程对生物学家来说非常有帮助：通过给 *Fugu* 基因组“瘦身”，演化提供了一种脊椎动物基因组适宜的精简版本，其中仅剩的 DNA 序列很可能具有重要的功能。

序列保守性使我们可以追踪最遥远的演化关系

当我们进一步回溯更远缘物种的基因组时，从猿类、小鼠、鱼、果蝇、线虫、植物和酵母，一直到细菌，我们发现它们与我们人类基因组的相似性越来越低。然而，即使隔着这个巨大的演化鸿沟，净化选择也保留了几百个基础的重要基因。通过比较不同生物中这些基因的序列并观察它们分歧的程度，我们可以尝试构建一个系统发育树，从而一直追溯回我们最原始的祖先，即所有生物体生命起源所依赖的那个细胞。

为了构建这样一棵树，生物学家着眼于一种在所有生物物种中都保守的特定基因：编码小核糖体亚基的核糖体 RNA（rRNA）的基因（如图 7-35 所示）。由于翻译过程是所有活细胞的基础，核糖体的这一组分自地球生命早期以来一直高度保守（图 9-22）。

和构建灵长类动物系统发育树的方法一样（参见图 9-16），小亚基 rRNA 的核苷酸序列已被用于创建一棵包罗万象的生命发育树。尽管这种系统发育树的许多方面都与经典分类学（基于生物体的外观）的预测没有差别，但也有很多惊喜。也许最重要的是，它让我们认识到传统上被归类为“细菌”的一些生物在演化起源上存在极大的分歧，这些分歧就像任何一种真核生物与原核生物之间的分歧一样大。如第 1 章所述，我们现在明确知道，原核生物包括两个不同的群体，即细菌（bacteria）和古细菌（archaea），它们在地球上的生命历史早期就已经出现分歧。因此，生命世界有三个主要的分支或领域（domain）：

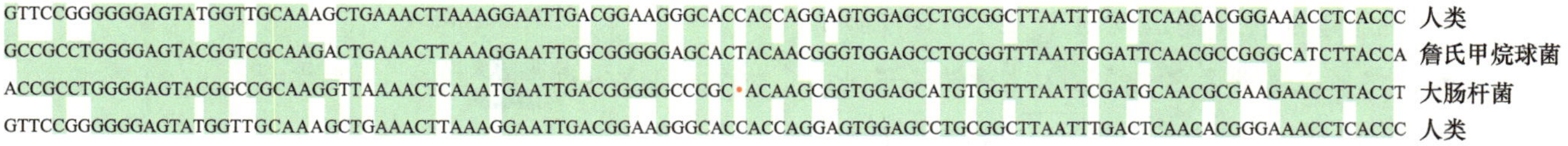

图 9-22 **自生命起始以来，一些遗传信息始终非常保守。**图中显示了小核糖体亚基 rRNA（参见图 7-35）基因的一部分。三个远缘物种［两种原核生物詹氏甲烷球菌（*Methanococcus jannaschii*）和大肠杆菌（*Escherichia coli*），以及一种真核生物智人（*Homo sapiens*）］基因的核苷酸序列在图中平行排列。绿色阴影表示每两个物种之间核苷酸相同的位点；人类的基因序列在顶部和底部各展示一次，以使三个物种的两两比较一目了然。大肠杆菌序列中的红点表示一个位点。在演化过程中，该位点的核苷酸要么在大肠杆菌谱系中被删除，要么在其他两个物种谱系中被插入。注意，这三个序列彼此间的差异程度类似，但仍然保持了明显的相似性。

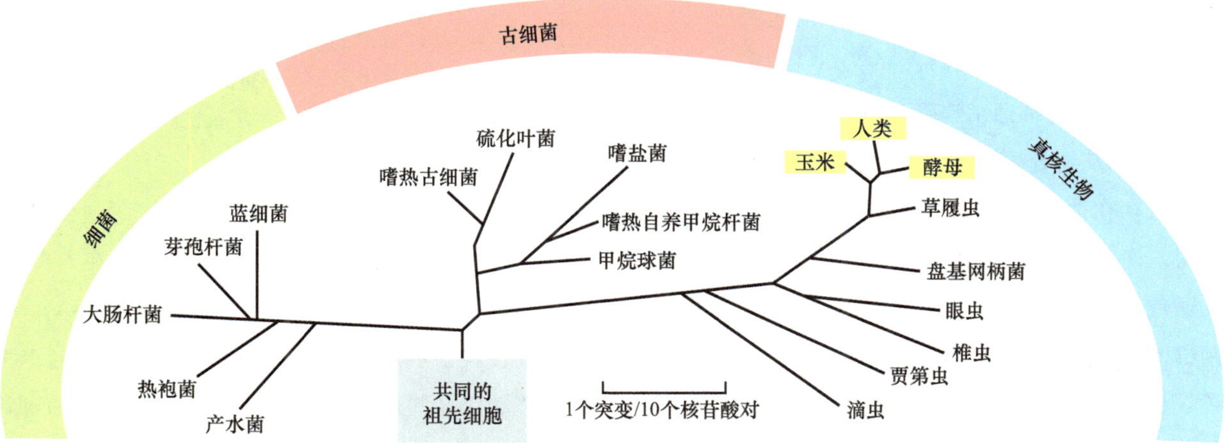

图 9-23 **生命之树有三个主要分支。**树上的每个分支都标有该部分一个代表性成员的名称，每个分支的长度对应于编码其小亚基 rRNA 的 DNA 序列的差异程度（参见图 9-22）。注意，所有我们可以用肉眼观察到的生物，包括动物、植物和一些真菌（用黄色表示），只代表了生物多样性的一小部分。

细菌、古细菌和真核生物（图 9-23）。

虽然人类自古以来一直在对可见世界进行分类，但我们现在意识到，生命大部分的遗传多样性存在于微生物世界中。这些微生物往往容易被忽视，除非它们引起疾病或使我们房屋的木材腐烂。然而，我们星球上生命物质总量的大部分都由它们构成。这些生物中很多不能在实验室条件下生长。因此，只有通过分析从全球各地获得的 DNA 序列，我们才能开始更加详细地了解地球上的所有生命。这种了解更为真实，不易被偏见影响，例如，认为大型动物生活在陆地上。

移动遗传元件和病毒

图 9-23 所描绘的生命树包括了来自生命最遥远的分支的代表成员，从向地球大气层释放氧气的蓝细菌，到像我们一样使用氧气来促进新陈代谢的动物。然而，该示意图未涵盖在生命的边缘区发挥作用的寄生遗传元件。虽然这些元件和所有生命形式一样，是由核酸构建的，可以扩增并从一个地方移动到另一个地方，但它们并没有真正跨过无生命到有生命的门槛。然而，由于它们非常普遍，还可以自我扩增，这些微小的遗传“寄生虫”对物种演化和人类健康具有重要意义。

我们在本章前面简要讨论了这些**移动遗传元件**（mobile genetic element），在这里我们将更详细地介绍它们。移动遗传元件也被非正式地称为跳跃基因，几乎存在于所有细胞中。它们的 DNA 序列几乎占人类基因组的一半。尽管它们可以将自身插入基因组的几乎任何区域，但是大多数移动遗传元件不能离开它们所在的细胞，而它们的亲戚**病毒**（virus）则不然。病毒不仅仅是包裹在保护性衣壳中的一串基因，它还可以从一个细胞释放出来，并感染另一个细胞。

在本节中，我们将讨论移动遗传元件和病毒。我们将回顾它们的结构，并概述它们的运作方式。我们还会介绍它们对基因表达、基因组演化和疾病传播的影响。

移动遗传元件编码自身移动所需的组件

移动遗传元件也被称为**转座子**（transposon），通常按其移动或转座（transpose）的机制进行分类。在细菌中，最常见的移动遗传元件是DNA转座子（DNA-only transposon）。之所以如此命名，是因为这种转座子是以DNA片段的形式从一个地方移动到另一个地方，而不需要转换为RNA中间体。RNA中间体是另一种转座子的移动机制，我们很快会讨论到。细菌含有许多不同的DNA转座子。其中一些是通过简单的剪切-粘贴机制移动到目标位置，元件从基因组中切除并插入不同的位置。其他DNA转座子会在转座前发生复制；在这种情况下，转座子的新拷贝插入第二个染色体上的位点，而原始拷贝在先前的位置上完整保留（图9-24）。

每种移动遗传元件通常编码一种特化酶，称为转座酶（transposase），从而介导自身的移动。编码转座酶的移动遗传元件上存在独特的DNA序列，可以被转座酶识别并发挥作用。许多移动遗传元件还带有其他基因，例如，一些移动遗传元件携带抗生素抗性基因，从而为抗生素抗性在细菌群体中的广泛传播做出巨大贡献（图9-25）。

除了自身改变位置外，移动遗传元件偶尔会导致它们嵌入的基因组的DNA序列重新排列。例如，如果被同某转座酶识别的两个移动遗传元件整合到同一染色体的相邻区域，那么它们之间的DNA可能会被意外切除，并插入不同的基因或染色体中（图9-26）。在真核生物基因组中，这种偶然转座通过改变基因表达和重复现有的基因，提供了一种产生新基因的途径。

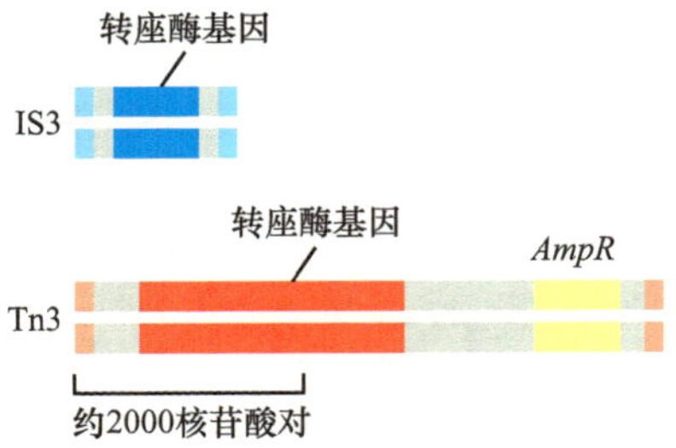

图9-25 转座子中包含自身转座所需的组件。这里显示了两种细菌的DNA转座子。每个转座子携带的基因编码一个转座酶（蓝色和红色），催化元件的运动，以及可被转座酶识别的DNA序列（红色）。一些转座子还带有其他基因（黄色），这些基因如*AmpR*所编码的酶可以使抗生素如氨苄青霉素失活。转座子的扩散在医学中是一个严重的问题，它使许多致病的细菌对于20世纪研发的抗生素产生了抗性。

人类基因组包含两个主要的转座序列家族

人类基因组测序为我们带来许多惊喜，我们将在下一节中详细描述。但其中最令人震惊的是，我们的大部分DNA并非完全属于我们自己。近一半的人类基因组是由移动遗传元件组成的，数量高达数百万。通过使用前面提到的剪切-粘贴机制，这些元素中有些已经在人类基因组内从一个地方移动到另一个地方（参见图9-24A）。然而，大多数转座子不是以DNA形式移动，而是通过RNA中间体移动。这些**逆转录转座子**（retrotransposon）似乎是真核生物所特有的。

*L1*元件（*L1* element，有时也称为LINE-1）是一种长散在核元件（a long interspersed nuclear element），在人类基因组中是一种含量丰富的逆转录转座子，由宿主细胞的RNA聚合酶转录为RNA。然后，通过**逆转录酶**（reverse transcriptase），以该RNA为模板，合成其双链DNA拷贝。逆转录酶是一种独特的DNA聚合酶，由*L1*元件编码，可以使用RNA作为模板。该元件的DNA拷贝也因此可以自由地整合到基因组中的另一个位点（图9-27）。

*L1*元件大约构成人类基因组的15%。虽然大多数拷

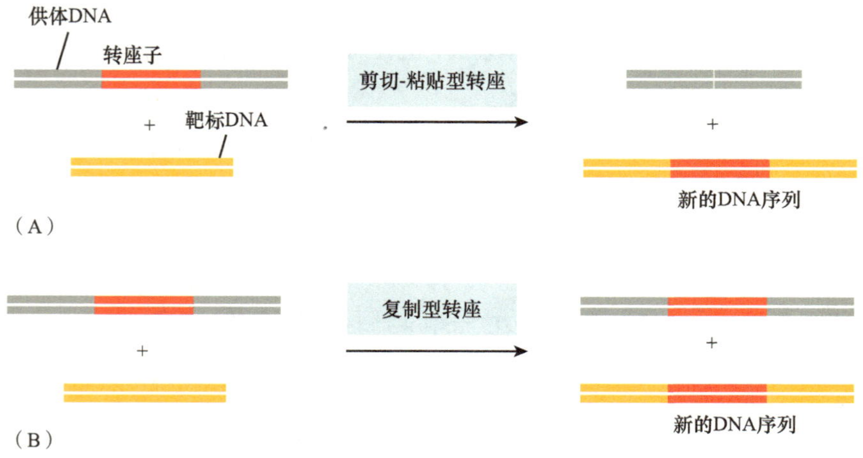

图9-24 细菌中最常见的移动遗传元件是DNA转座子，它有两种移动机制。（A）在剪切-粘贴型转座中，元件从供体DNA中切下，并插入靶DNA中，断裂的供体DNA分子随后被修复。（B）在复制型转座中，移动遗传元件在DNA复制过程中被复制，供体分子保持不变，靶分子接收一个拷贝的移动遗传元件。通常，一种特定类型的转座子仅通过这两个机制中的一种进行移动。然而，这两种机制具有许多酶学上的相似性，一些转座子可以通过任一机制进行移动。供体DNA和靶DNA可以是同一DNA分子的不同片段，也可以位于不同的DNA分子上。

图 9-26 **移动遗传元件可以将外显子从一个基因移动到另一个基因。**当两个相同类型的移动遗传元件（红色）碰巧在染色体中插入到相邻位置时，转座机制偶尔会识别两个不同元件的末端（而不是同一元件的两个末端）。产生的结果是，位于移动遗传元件之间的染色体 DNA 被一起剪切并移动到新的位点。这种染色体 DNA 无意中的转座可以产生新的基因（如图所示）或改变基因调控（图中未显示）。

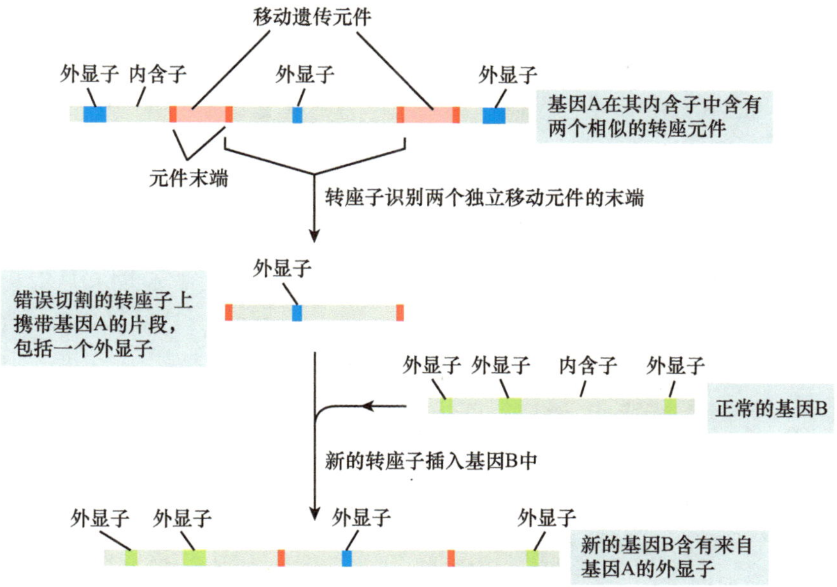

贝已在有害突变的积累下变得无法移动，还是有少数拷贝可以转座。它们的移动有时会导致疾病，例如，在生殖细胞中，*L1* 元件如果插入编码因子Ⅷ（一种凝血所必需的蛋白质）的基因，就会使没有血友病家族病史的儿童患上血友病。

另一种类型的逆转录转座子即 ***Alu* 序列**（*Alu* sequence），有大约 100 万个拷贝，约占我们基因组的 10%。*Alu* 元件不编码自己的逆转录酶，因此依赖细胞中已有的酶来帮助它们移动。

比较不同哺乳动物中 *L1* 和 *Alu* 元件的序列和位置，可以看出在演化史上，这些序列在灵长类动物中增多的时

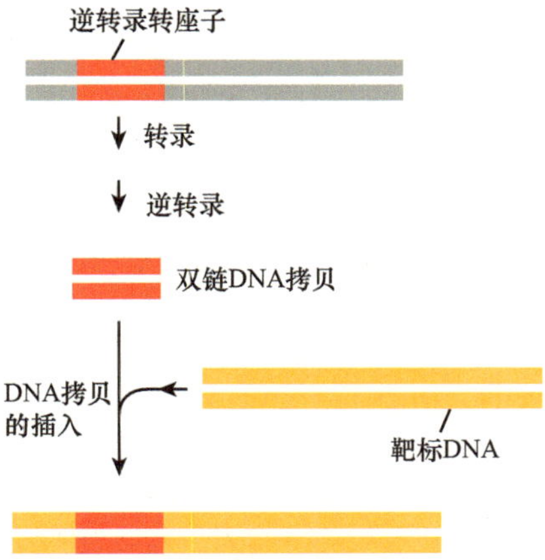

图 9-27 **逆转录转座子通过 RNA 中间体移动。**这些转座元件首先转录成一个 RNA 中间体（图中未显示）。接下来，逆转录酶合成该 RNA 的双链 DNA 拷贝。然后，DNA 拷贝插入目标位置，该位置可以在相同或不同的 DNA 分子上。逆转录转座子的供体保留在其原始位置，因此每次转座时，它都会自我复制。这些移动遗传元件称为逆转录转座子，因为在转座中的其中一个阶段，遗传信息是从 RNA 倒流向 DNA。

间相对较近（参见图 9-18）。鉴于移动遗传元件的插入可能对基因表达产生深远的影响，也许我们很多独特的人类特质都是拜这些丰富的遗传“寄生虫”所赐。

病毒可以在细胞间和生物体间移动

病毒（virus）也是可移动的，但与我们之前讨论的转座子不同，它们可以从细胞中释放出来，并移动到其他细胞和生物体中。病毒最开始被归类为病原体，由于尺寸微小，它可以穿过去除细菌的超微过滤器。我们现在知道，病毒基本上是由保护性蛋白质外壳包被的小基因组，它们必须进入细胞并利用细胞的分子机器来表达基因，合成蛋白质并完成繁殖。虽然最早发现的病毒攻击的是哺乳动物细胞，但现在人们已经认识到世界上存在很多类型的病毒，而且几乎所有的生物，包括植物、动物和细菌，都可以作为病毒宿主。

病毒繁殖对宿主细胞通常是致命的；在许多情况下，感染的细胞会破裂（裂解），释放出子代病毒，子代病毒进一步感染邻近的细胞。病毒感染的许多症状反映了这种裂解作用。例如，由单纯疱疹病毒形成的唇疱疹和由水痘病毒引起的水疱反映了人体皮肤细胞的局部损伤。

大多数引起人类疾病的病毒，其基因组都由双链 DNA 或单链 RNA 组成（表 9-1）。然而，基因组是单链 DNA 或双链 RNA 的病毒也存在。在自然界中发现的最简单的病毒，其基因组仅由三个基因组成，外面包被着由一种多肽链的许多拷贝构建出的蛋白质外壳。更复杂的病毒的基因组包含多达数百个基因，由许多不同的蛋白质组成

表 9-1　引起人类疾病的病毒

病毒	基因型	疾病
单纯疱疹病毒	双链 DNA	复发性疱疹
爱泼斯坦-巴尔二氏病毒（EBV）	双链 DNA	传染性单核细胞增多症
水痘带状疱疹病毒	双链 DNA	水痘和带状疱疹
天花病毒	双链 DNA	天花
乙肝病毒	部分双链、部分单链 DNA	乙型肝炎
人类免疫缺陷病毒（HIV）	单链 RNA	获得性免疫缺陷（AIDS）
A 型流感病毒	单链 RNA	呼吸道疾病（流感）
脊髓灰质炎病毒	单链 RNA	小儿麻痹症
鼻病毒	单链 RNA	感冒
甲肝病毒	单链 RNA	甲型肝炎
丙肝病毒	单链 RNA	非甲型和乙型肝炎
黄热病病毒	单链 RNA	黄热病
狂犬病毒	单链 RNA	狂犬病脑炎
腮腺炎病毒	单链 RNA	流行性腮腺炎
麻疹病毒	单链 RNA	麻疹

的精致外壳所包被（图 9-28）。包装在病毒蛋白质外壳内的遗传物质的总量是有限的。因为这些外壳太小，哪怕最简单的病毒，编码其自我复制所必需的酶和其他蛋白质的基因也无法全部被包裹住，所以病毒必须利用宿主的生化机器来繁殖自身（图 9-29）。病毒基因组通常编码病毒的外壳蛋白，以及一些可以使病毒征用宿主的酶来复制自身遗传物质的蛋白质。

逆转录病毒逆转了遗传信息的正常流动

尽管针对细菌的病毒和针对真核细胞的病毒之间存在许多相似之处，但有一种重要的病毒，即**逆转录病毒**（retrovirus），仅在真核细胞中发现。在许多方面，逆转录病毒类似于我们刚才讨论的逆转录转座子。二者在复制周期中的一个关键特征是，都有一步使用 RNA 作为模板合成 DNA。因此，这两个名词的前缀*逆转录*（*retro*），指的

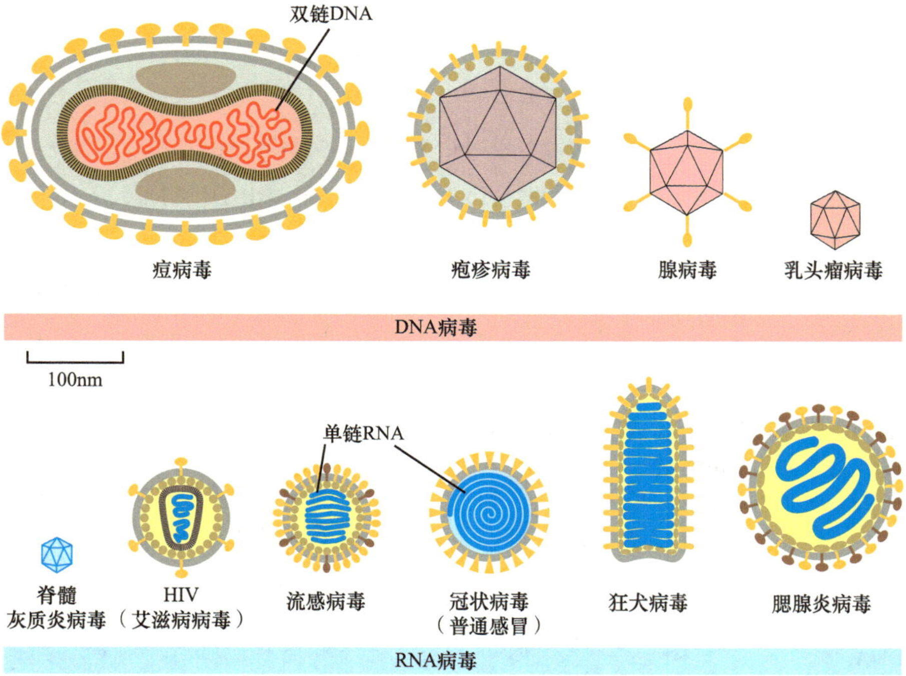

图 9-28　**病毒有不同的形状和大小。**一些病毒以截面图的形式展示（如痘病毒和 HIV 病毒），其余病毒则重点展示其外部结构。一些病毒（如乳头瘤病毒和脊髓灰质炎病毒）含有仅由病毒编码的蛋白质外壳。其他病毒（如痘病毒和 HIV）还带有脂质双层包膜（灰色），病毒编码的蛋白质嵌入其中。

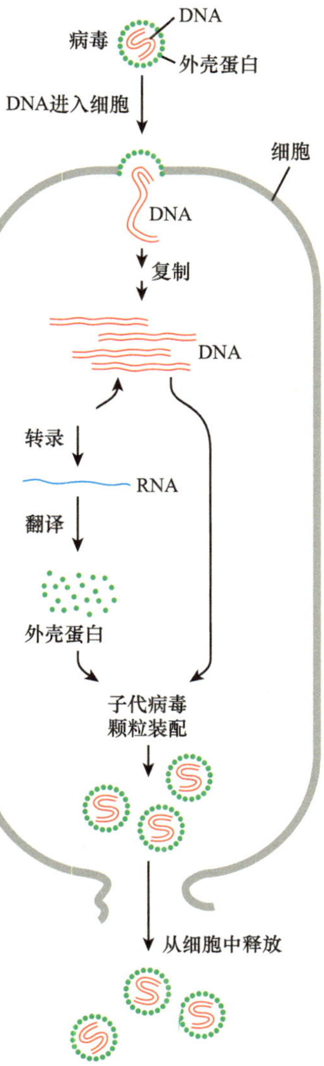

图 9-29 **病毒征用宿主细胞的分子机器来繁殖自身。**图中所示的虚构病毒由一个小的双链 DNA 分子组成，该分子仅编码一种类型的病毒外壳蛋白。为了繁殖，病毒基因组必须首先进入宿主细胞，在其中复制以产生多个拷贝，这些拷贝被转录和翻译以产生病毒外壳蛋白。然后，病毒基因组可以与外壳蛋白自发组装，形成新的病毒颗粒，裂解细胞并从中释放出来。

就是对于常见的从 DNA 到 RNA 信息流动的逆转。一般认为逆转录病毒来源于一种逆转录转座子，该转座子在很早之前就获得了编码外壳蛋白以及制造病毒颗粒所需的其他蛋白质的基因。然后，该转座子就可以在其复制周期的 RNA 阶段被包装成可离开细胞的病毒颗粒。

与逆转录转座子一样，逆转录病毒使用逆转录酶将 RNA 转化为 DNA。该酶由逆转录病毒基因组编码，而且一些酶分子还会与 RNA 基因组一起包装到每个病毒颗粒中。当逆转录病毒的单链 RNA 基因组进入细胞时，与其一起进入的逆转录酶会合成与基因组互补的 DNA 链以形成 DNA/RNA 杂交双螺旋。RNA 链被除去后，逆转录酶（可以使用 DNA 和 RNA 中的任意一种作为模板）再合成一条互补的 DNA 链，产生 DNA 双螺旋。然后，该 DNA 通过病毒编码的整合酶（integrase）随机插入或整合到宿主的基因组中。在这种整合状态下，病毒是*潜伏*（latent）的：每当宿主细胞分裂时，它就将其整合的病毒基因组的拷贝，称为*原病毒*（provirus），传递给后代细胞。

逆转录病毒复制的下一步可以在整合到宿主基因组很久后再发生，该步骤是通过宿主细胞 RNA 聚合酶将整合的病毒 DNA 转录成 RNA，产生大量与原始病毒基因组相同的单链 RNA。然后，这些病毒 RNA 被宿主细胞核糖体翻译，产生病毒壳蛋白、包膜蛋白和逆转录酶。所有这些都与 RNA 基因组一起被组装成新的病毒颗粒。逆转录病毒的整合和复制的步骤如图 9-30 所示。

人类免疫缺陷病毒（HIV）会导致艾滋病，它就是一种逆转录病毒。与其他逆转录病毒一样，HIV 基因组可以整合到被感染细胞的染色体中，从而成为原病毒，以潜伏状态持续存在。这种隐藏在宿主细胞中的能力，使感染很难用抗病毒药物治疗。由于 HIV 逆转录酶对于细胞完全没有用，所以这个酶是目前治疗艾滋病的药物的主要靶点之一。

检视人类基因组

人类基因组包含大量的信息，这些信息可以告诉人们“我们是谁”以及“我们来自何方”（图 9-31）。人类基因组有 3.2×10^9 个核苷酸对，分布在 23 对染色体上，包含 22 对常染色体和一对性染色体（X 和 Y）。这些核苷酸序列提供了人类发育所需的指令。然而，就在 25 年前，生物学家们还在激烈地争吵着是否要确定*人类基因组序列*（human genome sequence），即我们染色体所包含的完整核苷酸序列。

这个任务并不简单。由多位研究人员组成的国际组织不知疲倦地努力了十年，花费近 30 亿美元，才让我们第一次看到这个基因蓝图。但是这一切的努力非常值得，这些数据不断地塑造着我们对基因组如何运作以及它如何演化的认知和思考。

第一个人类基因组序列的测定只是一个开始。测序技术的飞跃（我们将在第 10 章讨论）结合强大的大数据处理的新工具，将基因组学提升到一个全新的水平。自人类基因组计划于 1990 年启动以来，DNA 测序的成本大幅下降，因此，我们现在可以在几天内完成一整个人类基

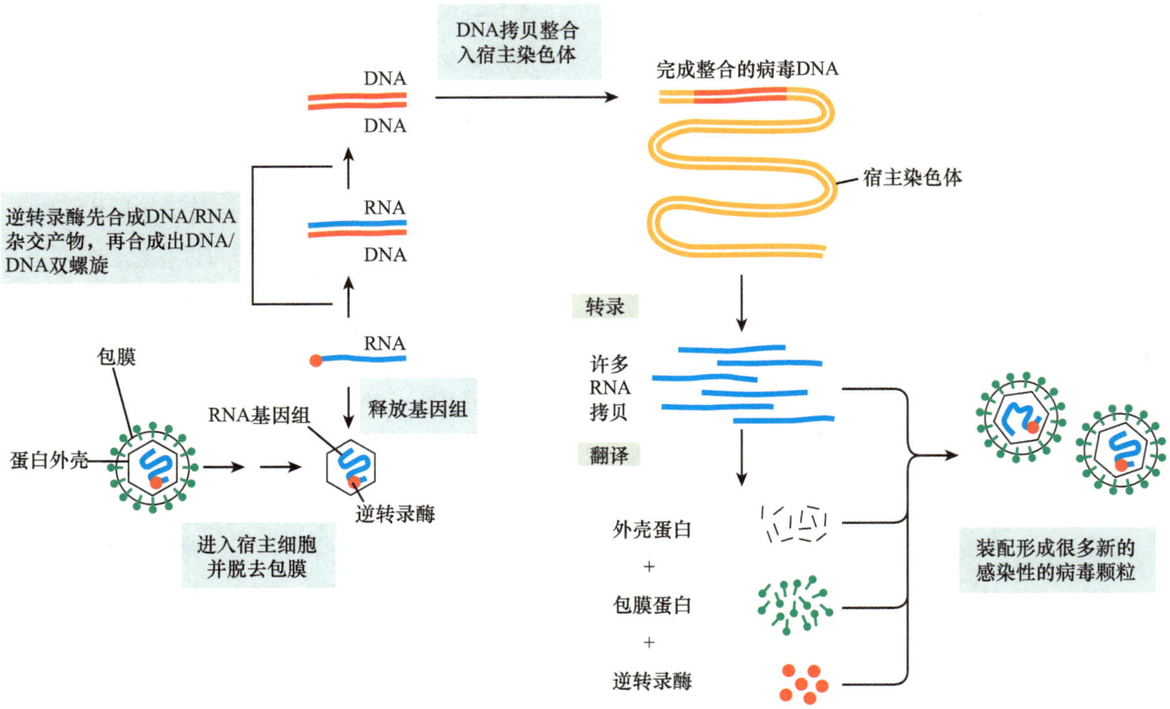

图 9-30　**逆转录病毒的感染包括病毒基因组的逆转录和整合到宿主细胞 DNA 中。**逆转录病毒基因组由 RNA 分子（蓝色）组成，大小通常为 7000 ～ 12 000 个核苷酸。它包装在蛋白质外壳内，蛋白质外壳被脂质双层膜包被，膜上含有由病毒编码的包膜蛋白（绿色）。由病毒基因组编码并与其 RNA 共同包装的逆转录酶（红色圆圈）首先合成病毒 RNA 分子的单链 DNA 拷贝，然后合成第二条 DNA 链，由此产生 RNA 基因组的双链 DNA 拷贝。之后，该 DNA 双螺旋整合到宿主染色体中。这个步骤是宿主细胞 RNA 聚合酶合成新的病毒 RNA 分子所必需的。

因组的测序，价格约为 1000 美元。世界各地的研究人员正在合作收集和比较数千种人类基因组的核苷酸序列。由此产生的大量数据提供了令人着迷的线索，这些线索指向是什么使我们成为人类，以及是什么使我们每个人都独一无二。

尽管分析快速积累的基因组数据需要很多年，但最近的研究结果已经影响了本书各章的内容。在本节中，我们会描述人类基因组中一些最突出的特征，其中很多是完全出乎意料的。我们还会评述基因组间的比较是否可以解答人类如何演化，并讨论一些仍然未解的谜团。

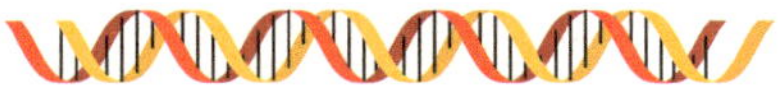

（A）

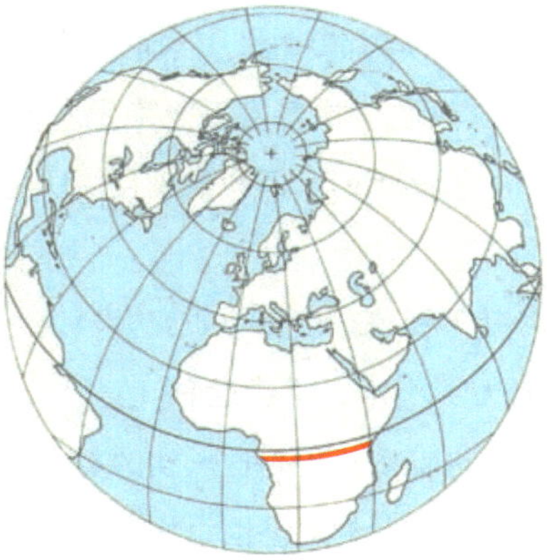

（B）

图 9-31　**人类基因组的 30 亿个核苷酸对包含海量的信息，包括与人类起源有关的线索。**如果每个核苷酸对被画成 1mm，如图（A）所示，那么人类基因组将会延伸 3200km，该长度足以跨过人类最早出现的非洲中部（B 中的红线）。在这个尺度上，平均来说，蛋白质编码基因每 150m 就会出现一次。基因平均长约 30m，但基因的编码序列（外显子）累加起来也最多只有 1m；剩下的都是内含子。

人类基因组的核苷酸序列展示了我们基因的排列方式

当人类 22 号染色体（最小的人类染色体之一）的 DNA 序列于 1999 年完成测定时，我们第一次精确地看到，基因是如何沿着脊椎动物的一整条染色体进行排列的（图 9-32）。随后发表的人类全基因组序列，包括 2001 年的草图和 2004 年的完成图，则提供了人类完整的遗传信息的更加全景化的视图，包括我们拥有多少基因、这些基因的样子，以及它们如何在基因组中分布（表 9-2）。

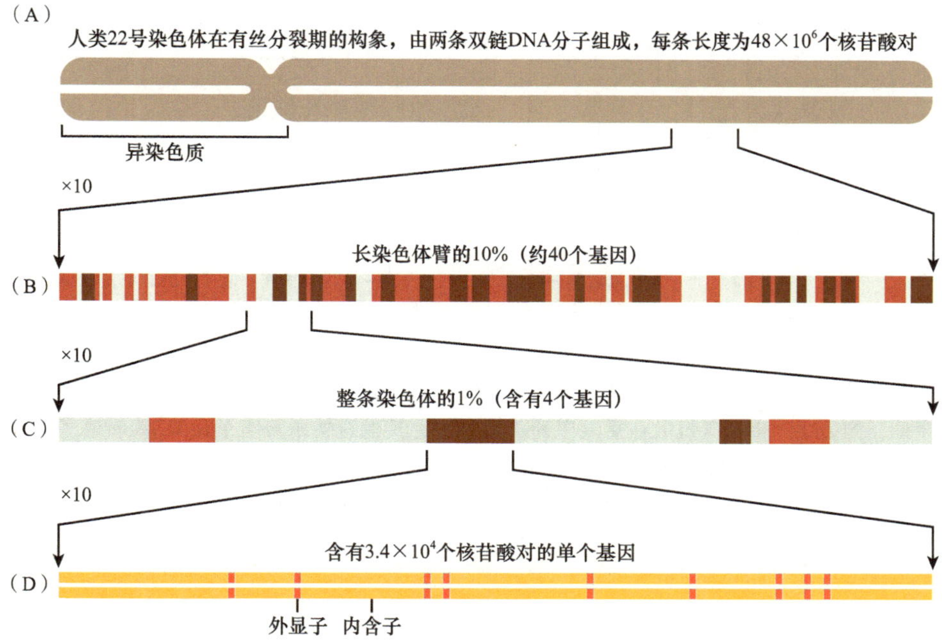

图 9-32　22 号染色体的序列展示了人类染色体的组织方式。（A）22 号染色体是人类最小的染色体之一，它含有 48×10^6 个核苷酸对，占人类基因组的约 1.5%。22 号染色体的短臂大部分由短的重复 DNA 序列组成，这些序列以高度压缩的染色质形式（异染色质）存在，如第 5 章所述。（B）将 22 号染色体的一个局部放大 10 倍，展示出约 40 个基因。深棕色的是已知的基因，而红色的是预测的基因。（C）（B）图的部分放大，展示了几个基因的全长。（D）进一步放大 10 倍，展示一个典型的基因的内含子-外显子排列。每个外显子（红色）编码一部分蛋白质，而内含子（黄色）的 DNA 序列相对不重要。（改自 The International Human Genome Sequencing Consortium，*Nature* 409：860-921，2001。）

表 9-2　人类基因组的一些重要数据

DNA 长度	3.2×10^9 个碱基对 *
编码蛋白的基因数量	约 19 000 个
非编码蛋白的基因数量 **	约 5 000 个
最大的基因	2.4×10^6 个碱基对
平均基因大小	27 000 个碱基对
每个基因中最少包含的外显子数量	1
每个基因中最多包含的外显子数量	178
每个基因中平均包含的外显子数量	10.4
最大的外显子大小	17 106 个碱基对
平均外显子大小	145 个碱基对
假基因的数量 ***	约 11 000 个
外显子中 DNA 序列的比例（蛋白质编码序列）	1.5%
与其他哺乳动物相比，保守的非编码蛋白质 DNA 的比例 ****	3.0%
高拷贝可重复元件的 DNA 序列的比例	约 50%

* 已精确知道 28.5 亿个核苷酸对的序列（错误率仅约 1/100 000）。其他 DNA 主要由短而重复的序列组成。这些 DNA 序列串联重复，在不同个体中重复的次数也不同。

** 包含编码结构性、催化性和调节性 RNA 的基因。

*** 假基因是指一段与功能性基因非常相似的 DNA 序列，但该序列包含多个突变，从而阻止了 DNA 序列的表达。大部分假基因源于功能性基因的重复，随后累积了很多有害变异。

**** 这包括 DNA 编码区 5′ 和 3′UTR（mRNA 的非翻译区）、DNA 调控序列和功能未知的保守区域。

人类基因组的第一个突出特征是它用于编码蛋白质的基因含量非常少，低于 2%（图 9-33）。此外，我们几乎一半的 DNA 是由移动遗传元件组成，这些元件在演化过程中已经殖民化进入我们的基因组。由于这些元件已经积累了突变，它们大多数都无法再移动；相反，它们是早期演化的遗迹，表明那时候移动遗传元件在我们基因组中的移动相当活跃。

有一个令人惊讶的发现是，我们的基因组中含有的蛋白质编码基因实际上很少：早前估计在 100 000 个左右（参见“我们是怎样知道的”栏目）。尽管精确的数量还在不断更新，但目前，研究者估计人类蛋白质编码基因的数量约为 19 000 个，可能另外还有 5000 个基因编码不翻译为蛋白质的功能性 RNA。这一估计使我们的基因数量更接近于简单的多细胞动物。例如，果蝇（*Drosophila*）有 14 000 个蛋白质编码基因，线虫（*C. elegans*）有 22 000 个，拟南芥（*Arabidopsis*）有 28 000 个（参见表 1-2）。

我们所拥有的蛋白质编码基因的数量也许确实少得出乎意料，但基因的相对大小却大得异乎寻常。一个中等大小的人源蛋白质（约 430 个氨基酸）仅需要约 1300 个核苷酸对来编码。然而，人类基因的平均长度是 27 000 个核苷酸对，其中大部分是非编码的内含子。除了大量的

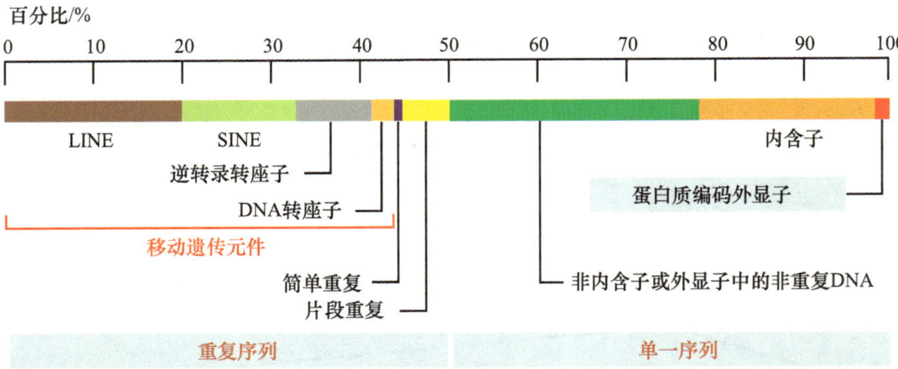

图 9-33　**人类基因组的大部分是由重复的核苷酸序列和其他非编码 DNA 组成。**我们的基因组大约一半由重复序列组成，包括 LINE（长散在重复序列，如 *L1*）、SINE（短散在重复序列，如 *Alu*）、其他逆转录转座子和 DNA 转座子（一种可以复制自身并将新的拷贝插入不同位置，从而在我们基因组中成倍增加的移动遗传元件）。这些移动遗传元件中许多都只是演化的遗迹，不能够再进行转座。简单重复序列是由少于 14 个核苷酸的短核苷酸序列经多次重复而形成的长片段。片段重复是指一大段基因组序列（1000 ～ 200 000 个核苷酸对）出现在基因组两个或更多个位置，也属于 DNA 重复序列。异染色质中重复度最高的 DNA 序列尚未完全测序；这部分约占人类 DNA 序列的 10%，未在图中画出。有些单一序列不属于任何内含子或外显子（深绿色），包括 DNA 调控序列、编码功能性 RNA 的序列和功能未知的序列。（数据由 E.H. Margulies 提供。）

内含子（参见图 9-32D），每个基因都与 DNA 调控序列相关联，以确保基因在适当的时间和地点以合适的水平表达。在人类的 DNA 调控序列通常散布在数万个核苷酸对中，其中大部分似乎是“间隔”DNA。实际上，与许多其他真核基因组相比，人类基因组的密集程度要低很多（图 9-34）。

虽然外显子及其相关的 DNA 调控序列占人类基因组不到 2%，但比较研究表明，与其他哺乳动物基因组相比，约 4.5%的人类基因组是高度保守的（参见图 9-20）。通过进一步比较人类数千个个体的 DNA 序列，我们可以确定还有 5%的基因组在人类种群中的变异较小。这种较小的变异反映出这些序列比基因组其余的大部分序列更重要。总之，这样的分析表明只有大约 10%的人类基因组含有真正重要的序列，但这些 DNA 的大部分功能现在仍然未知。

基因调控的差异可以解释具有相似基因组的动物为何如此不同

我们现在已经测定了许多不同哺乳动物的完整基因组序列，包括人类、黑猩猩、大猩猩、猩猩、狗、猫和小鼠。所有这些物种都含有基本相同的蛋白质编码基因，这就产生了一个重要的问题：是什么让这些生物彼此之间如此不同？又是什么使人类与其他动物区分开来？

从一个受精卵发育成一个多细胞的动物，这个过程所需的指令在很大程度上是由与每个基因相关的 DNA 调控序列所提供的。这些非编码 DNA 序列上散布着数十种独立的调控元件，其中包括可作为特定转录调控因子结合位点的短 DNA 片段（在第 8 章中讨论）。DNA 调控序列最终决定了每个生物体的发育过程，细胞遵循着这些序列提供的规则进行增殖、确定自身在胚胎中的位置，并通过

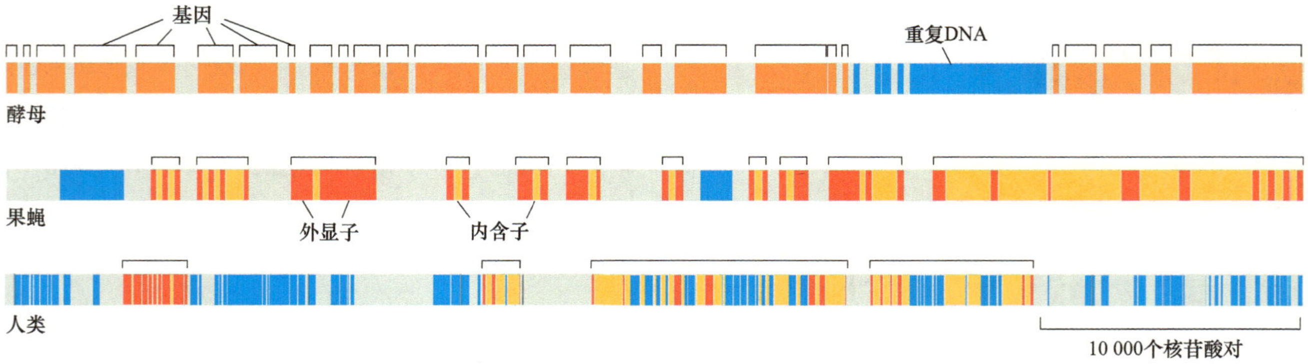

图 9-34　**人类基因组中的基因分布稀疏。**与其他一些真核基因组相比，人类基因组的基因密集程度较低。这里显示的一段长约 50 000 个核苷酸对的 DNA 序列来自面包酵母、果蝇和人。人类片段仅含有 4 个基因，而酵母中有 26 个，果蝇中有 11 个。外显子显示为橙色，内含子为黄色，重复序列为蓝色，基因间 DNA 为灰色。酵母和果蝇的基因含有更少的内含子，通常比人类基因紧凑。

基因计数

人的产生需要多少基因？这是我们很自然想知道的问题。如果 6000 个左右的基因可以产生一个酵母、14 000 个基因可以产生一只果蝇，那么需要多少个基因才能产生出人类这种充满好奇心且聪明到研究自己基因组的生物？在研究人员完成人类基因组序列的草图之前，最常被引用的估算数字是 100 000，这个数字是怎么得来的？修正后的估算认为人类的蛋白质编码基因只有 19 000 个，这个数字又是如何得出的？

沃尔特·吉尔伯特（Walter Gilbert）是一位物理出身的生物学家，因为开发 DNA 测序技术而获得诺贝尔奖，他是第一个对人类基因数量进行大概估算的人。在 20 世纪 80 年代中期，吉尔伯特认为人类可以拥有 100 000 个基因，这是基于当时少数已知的人类基因的平均大小（约 3×10^4 个核苷酸对）和我们基因组的大小（大约 3×10^9 个核苷酸对）做出的估计。这种粗略的计算得到了一个看上去令人鼓舞的数字，并立刻得到了研究论文和教科书的广泛引用。

这种计算估计出了人类理论上可拥有的基因数量，但不能解决我们实际拥有多少基因这一问题。事实证明，即使有完整的人类基因组序列，这个问题也不容易解答。困难在于，如何鉴定一个基因？以蛋白质编码基因为例，这种基因仅占人类基因组的 1.5%。对于一段原始的 DNA 序列，即一个明显由 A、T、G 和 C 组成的随机字符串，如何判断哪些部分代表蛋白质编码片段？若想要定位和对基因计数，首先需要能够准确和可靠地将基因组中稀有的编码序列和丰富的非编码序列区分开。

信号和垃圾

细菌和像酵母这样简单的真核生物，情况往往最简单。在这些基因组中，编码蛋白质的基因可以通过在整个 DNA 序列中搜索**开放阅读框**（open reading frame，ORF）来鉴定。开放阅读框是含有 100 个或更多个密码子的长序列，序列内没有终止密码子。在一段随机的核苷酸序列中，大约每 20 个密码子就会偶然出现一个终止密码子（因为在 64 个可能的密码子组中有 3 个终止密码子，参见图 7-27）。因此，找到开放阅读框，即一段连续编码超过 100 个氨基酸的核苷酸序列，是鉴定可能的蛋白质编码基因的第一步。今天，计算机程序已被用于搜索这样的 ORF，它从起始密码子（通常为 ATG）开始，并以终止密码子 TAA、TAG 或 TGA 结束（图 9-35）。

由于大量内含子序列的存在，在动物和植物中鉴定 ORF 的过程变得复杂，内含子序列会中断基因的蛋白质编码区段。正如我们所看到的，这些内含子通常比外显子大得多，外显子可能只占基因的几个百分点。在人类 DNA 中，外显子有时仅含 50 个密码子（150 个核苷酸对），而

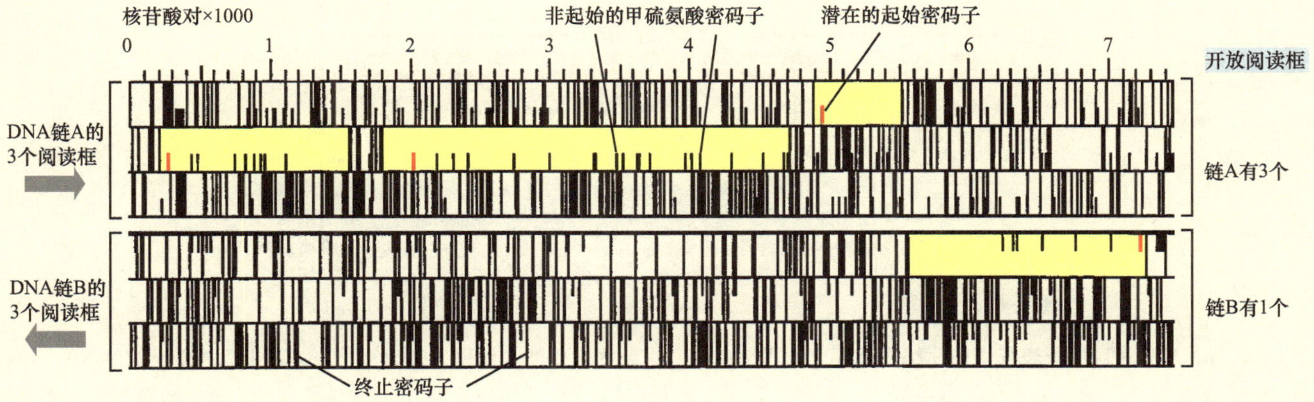

图 9-35 **计算机程序用于鉴别蛋白质编码基因。**在这个例子中，来自致病性酵母 *Candida albicans* 的一段长为 7500 个核苷酸对的 DNA 序列被输入计算机，DNA 的两条链上各有三个可能的阅读框（参见图 7-28）。计算机随后计算出这六个可能的阅读框在理论上合成的蛋白质。输出的结果显示了每个阅读框的起始密码子和终止密码子的位置。阅读框以水平并列排布，终止密码子（TGA、TAA 和 TAG）由高的垂直黑线表示，甲硫氨酸密码子（ATG）由较短的黑线表示。这里可以识别出四个在统计学上显著缺少终止密码子的开放阅读框（ORF，黄色阴影）。对于每个 ORF，潜在的起始密码子（ATG）用红色表示，ORF 中另外的 ATG 密码子（黑色）编码蛋白质中的甲硫氨酸。

内含子的长度可能超过100 000个核苷酸对。50个密码子太短，不足以产生一个统计学上显著的“ORF信号”，因为50个不含终止子的随机密码子并非不常见。此外，内含子是如此之长，以至于它们很可能会偶然包含相当多的“ORF噪声”，即大量的不含终止信号的序列片段。在噪声往往超过信号的信息海洋中寻找真正的ORF，可能会相当困难。为了更好地完成此任务，计算机还会搜索标志蛋白质编码基因存在的其他独特特征。这些特征包括指示内含子-外显子边界的剪接序列（参见图7-20）、DNA调控序列或与其他生物的编码序列一致的保守序列。

1992年，研究人员使用计算机程序预测了人类基因组序列草图中的蛋白质编码区域。他们在4号染色体的58 000个核苷酸对的片段中发现了2个基因，在19号染色体的106 000个核苷酸对的片段中发现了5个基因。每23 000个核苷酸对平均有1个基因。以该密度外推到整个基因组，人类应该拥有近130 000个基因。然而，事实证明，研究人员分析的染色体之所以被选择用于精细测序，是因为它们含有的基因似乎比较丰富。对于大约一半的人类基因组来说，其基因密度可能只有这两条染色体的1/10。将人类基因组的基因贫乏区纳入考虑后，调整后的估计基因数量降至71 000。

匹配RNA

当然，这些估计是基于我们所认为的基因结构特征；为了避免可能的偏差，我们必须采用更直接的、基于实验的方法来定位基因。因为基因被转录成RNA，所以寻找基因的优选策略之一是分离出由特定细胞类型产生的所有RNA，并确定它们的核苷酸序列，这种技术称为RNA-Seq。将所得的这些序列再对应回基因组，就可以对基因进行定位。对于蛋白质编码基因，测序的转录本基本就代表了其外显子的片段，因为内含子序列会被剪接和破坏。由于不同的细胞类型表达不同的基因，并且以不同方式剪接它们的RNA转录本，所以我们在分析中需要使用多种细胞类型（图9-36）。

在RNA-Seq技术的推动下，我们预计的蛋白质编码基因的数量进一步降低，因为该技术仅检测那些发生活跃转录的基因。同时，该方法还可以检测到那些不编码蛋白质而是编码功能性或调节性RNA的基因。许多非编码RNA是首先通过RNA-Seq鉴定出来的。

人类基因倒计时

基于所有这些计算机和实验技术的组合，目前我们对人类基因总数的估计收敛到大约24 000个，其中大约19 000个是蛋白质编码基因。然而，我们可能还需要很多年才会知道产生一个人类究竟需要多少基因。最后，与知道一个准确的计数相比，更为重要的是了解每个基因的功能，以及它们如何相互作用以构建出有生命的生物体。

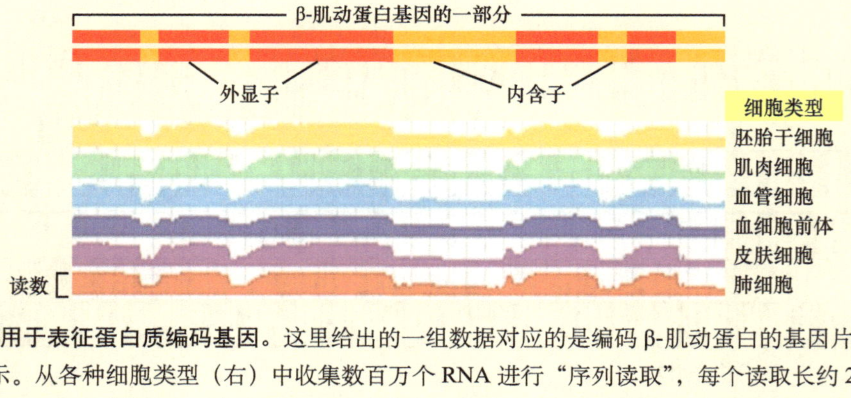

图9-36 **RNA测序可用于表征蛋白质编码基因。**这里给出的一组数据对应的是编码β-肌动蛋白的基因片段所转录的RNA，该基因的示意图如顶部所示。从各种细胞类型（右）中收集数百万个RNA进行“序列读取”，每个读取长约200个核苷酸，并将其与β-肌动蛋白基因内的DNA序列进行匹配。每条线的高度代表在一个读取中每条序列出现的频率。可以看出，外显子序列出现的频率较高，反映了它们存在于成熟β-肌动蛋白mRNA中。内含子序列出现的频率较低，这些出现的内含子序列最可能位于尚未被剪接的前体mRNA分子中，或是已经被剪切下来但尚未降解的内含子上。

在正确的时间和地点打开或关闭特定的基因来完成细胞分化。与基因编码的蛋白质或功能性 RNA 相比，物种的演化很可能更多地与 DNA 调控序列的变异相关。

鉴于 DNA 调控序列在决定物种的特征方面十分重要，我们可以寻找这样一些 DNA 调控序列，它们在哺乳动物中高度保守，但在我们自己的基因组中发生了改变或缺失。有一项研究已经鉴定了 500 多个这样的序列，从而为人类何以成为人类提供了一些有趣的线索。这些 DNA 调控序列的其中一个似乎有抑制大脑神经元增殖的作用，而它在人类中缺失。虽然有待进一步的研究，但这种序列的丢失或其他针对神经的 DNA 调控序列的变化可能在人脑的演化中发挥了重要作用。

另一种在人类谱系中丢失的 DNA 调控序列负责指导阴茎刺结构的形成，这种结构存在于各种哺乳动物中，包括黑猩猩、倭黑猩猩、大猩猩、猩猩、长臂猿、恒河猴和婴猴。而这些结构在人类中的丧失是否会为人类提供一些优势尚不清楚；这种变化可能是中性的，既无利也无害。无论如何，这个特征让我们与众不同。

在比较基因组学的帮助下，我们渐渐揭开了秘密，了解到我们的基因组如何演化出那些将我们人类定义为一个物种的独特性状。但这些分析只能提供遥远过去的演化信息。要了解现代智人（*Homo sapiens*）较近的历史事件，我们需要关注和我们亲缘关系最接近的灭绝物种的基因组，正如下一节所述。

已灭绝的尼安德特人的基因组揭示了什么使我们成为人类

2010 年，研究人员完成了对第一个尼安德特人基因组的分析。尼安德特人是在演化上与我们关系最亲近的物种之一，曾与欧洲和西亚的现代人类祖先比邻而居。在克罗地亚一个洞穴发现的化石骨碎片中，研究人员提取了尼安德特人的基因组 DNA。通过比较该序列与来自世界不同地区人类的基因组序列，研究人员发现有一些基因区域在现代人类中发生了骤然变化。这些区域所含基因的功能涉及方方面面，如新陈代谢、大脑发育、喉结结构和骨骼形状，特别是肋骨和眉弓。所有这些特征都在我们现代人类和已灭绝的亲戚之间存在差异。

值得注意的是，这些研究还揭示了许多现代人，特别是那些来自欧洲和亚洲的人，与尼安德特人共享约 2%的基因组。这种遗传上的重叠表明，我们的祖先在走出非洲时，在尼安德特人被自然选择淘汰或被主动灭绝之前，曾与他们进行婚配（图 9-37）。这种古老的关系在人类基因组中留下了永久的印记。

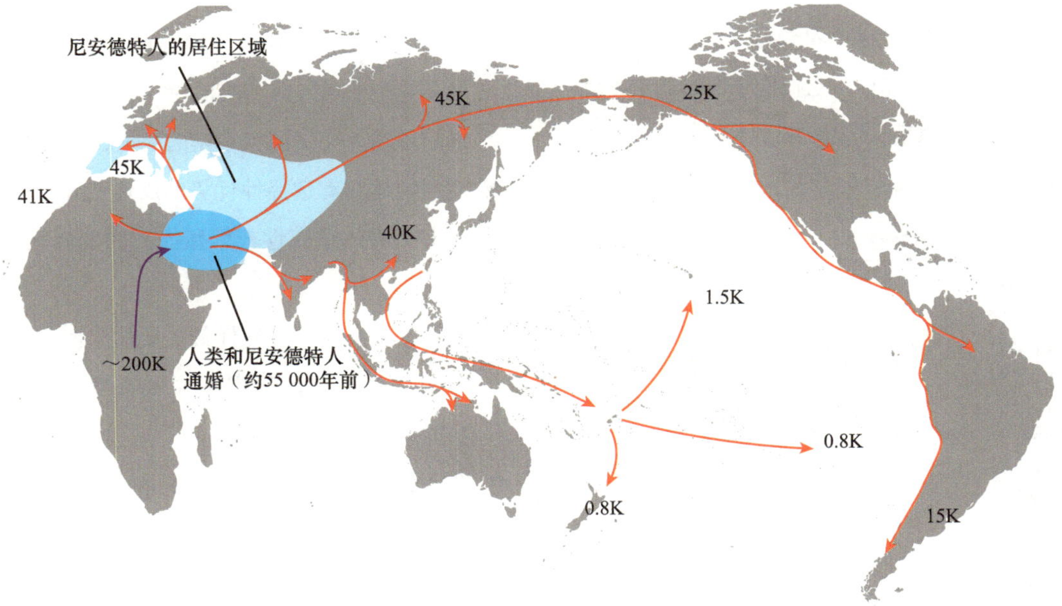

图 9-37 **人类祖先在走出非洲的途中遇到了尼安德特人。**现代人类源自一个相对较小的种群。该种群可能只有 10 000 人，在大约 200 000（200K）年前生活在非洲。在这一小群祖先中，有些人向北迁移，他们的后代遍布全球。当人类祖先在大约 13 万年前离开非洲时（紫色箭头），他们遇到了居住在该地区的尼安德特人（用浅蓝色表示），并与部分尼安德特人进行通婚（在深蓝色区域发生）。因此，随后迁徙到整个欧洲和亚洲的人类（红色箭头）都携带了尼安德特人 DNA 的痕迹。人类继续在全球扩散并最终到达新的大陆，他们大约在 25 000 年前到达北美洲，再于 15 000 年之后到达南美洲南部地区。这个过程是基于许多类型的数据得到的，包括化石记录、人类学研究，以及来自尼安德特人和世界各地人类的基因组序列。（改自 M.A. Jobling et al.，*Human Evolutionary Genetics*，2nd，New York：Garland Science，2014。）

基因组变异有利于我们的个性发展，但它是如何实现的呢？

除了一些同卵双胞胎，没有两个人具有完全相同的基因组序列。当比对两个不同人类基因组的相同区域时，通常核苷酸序列会有约 0.1%的不同。这种变异程度意味着每 1000 个核苷酸对中约有 1 个差异，或者两个人的全基因组之间约有 300 万个差异。对人类遗传变异的详细分析表明，这种变异大部分在我们的演化早期，可能是 20 万年前就已经出现，当时人口还很少。然而，随着越来越多的人类出现，这种变异大部分已被重新打乱组合。因此，虽然现今人类的遗传多样性很多是从我们早期的人类祖先遗传下来的，但每个个体所继承的古老遗传变异都是一种独特的组合。

在这盘由古老变异组成的“蔬菜沙拉”上，还点缀着一些更为近期的突变。在出生时，每个人的基因组包含大约 70 个新突变，这些突变在父母双方的基因组中都不存在。这些新突变与我们从祖先那里获得的杂乱的古老变异一起，进一步增大了人与人之间的差异。人类基因组中的大多数变异是单碱基对突变。虽然这些变化有些是某个人类个体独有的，但更多的变异是我们从远古祖先身上继承的，因此在人类中广泛存在。至少存在于 1%人群中的单碱基突变称为**单核苷酸多态性**（single-nucleotide polymorphism，SNP，发音为“snip”）。这些多态性只是基因组中的一些单核苷酸位点，它们在一部分群体和另一部分之间有所不同，比如超过 1%的群体具有 G-C 核苷酸对，而其余具有 A-T 碱基对（图 9-38）。从世界人口中随机选择两个人的基因组进行比对，大约有 2.5×10^6 个 SNP 散布在整个基因组中。

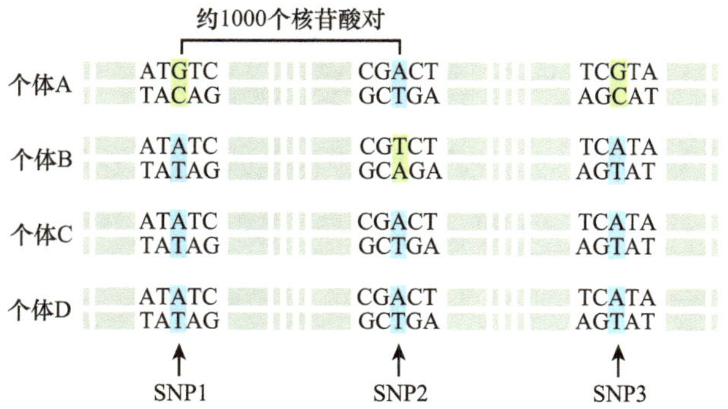

图 9-38 **单核苷酸多态性（SNP）是指种群中两部分群体的基因组间存在的单核苷酸位点的差异**。图中，差异位点以绿色和蓝色突出显示。按照惯例，某种遗传差异必须至少出现在占物种群体总数 1%的个体中才能称之为单核苷酸多态性。大多数（但不是全部）人类基因组中的 SNP 发生在不影响基因功能的区域。如图所示，比较任意两个人的基因组就会发现，平均每 1000 个核苷酸对约有一个 SNP。

这些 SNP 大多数是无意义的，因为它们位于基因组的非关键区域。这些变化对我们的外观或细胞的运作方式没有影响。这意味着我们在 DNA 中观察到的变异只是造成人与人之间遗传差异的一小部分原因。在本章的前面，我们讨论过一个这种变异——影响一些成年人消化牛奶能力的变异。然而，鉴定数千种具有重要功能的遗传变异仍然是一项重大挑战，这个问题我们在第 19 章中会再次讨论。

基因组序列掌握了人类的秘密，比如我们为什么会长成现在的模样、为什么会形成今天这种思考和行动的方式，以及为什么人与人之间会存在不同。当我们的细胞彼此相互作用以构建我们的组织和器官时，基因组会指导所有的细胞做出无数的决定，但我们才刚刚开始了解这些协调我们身体和行为的遗传信息的语法及规则。破译这个由演化塑造，并经由个体突变而不断改进的密码，是下一代细胞生物学家面临的巨大挑战之一。

基本概念

- 通过比较现代生物的 DNA 和蛋白质序列，我们开始重建从第一个细胞出现以来这数十亿年中基因组的演化过程。
- 遗传变异作为演化变异发生的原料，产生的机制有很多，它们都改变了基因组的核苷酸序列。这些变异包括简单的点突变到大规模的缺失、重复和重排。
- 使生物体具有选择性优势的遗传变异可能会持续存在。损害生物体适应性或繁殖能力的变异则会通过自然选择消除。
- 基因重复是遗传多样性最重要的来源之一。一旦重复，这两个基因可以积累不同的突变，从而执行不同的功能。
- 在演化过程中，基因的重复和分歧反复发生，形成了许多大的基因家族。
- 基因之间通过交换外显子可以产生具有新功能的杂合蛋白，极大地促进了新蛋白质的演化。
- 人类基因组包含 3.2×10^9 个核苷酸对，分布在 23 对染色体中（包括 22 对常染色体和 1 对性染色体）。其中只有不到 1/10 的 DNA 会被转录产生蛋白质或其他功能性 RNA。

◆ 人类个体之间，平均每 1000 个核苷酸对就会有一个彼此不同；这种差异与其他变异一起塑造了个体的独特性，并为 DNA 分析鉴定个体提供了基础。

◆ 近一半的人类基因组是由移动遗传元件组成，它们可在基因组内从一个位点移动到另一个位点。有两类元件经过不断重复，已经具有相当高的拷贝数。

◆ 病毒是包裹在保护性外壳中的基因，可以在细胞间和生物体间转移，但它们需要宿主细胞才能自我繁殖。

◆ 有些病毒是以 RNA 而不是 DNA 作为遗传物质。为了繁殖，逆转录病毒将其 RNA 基因组逆转录为 DNA，并整合到宿主细胞基因组中。

◆ 通过比较不同物种的基因组序列可以有效地鉴别出保守的、功能重要的 DNA 序列。

◆ 近缘物种，如人和小鼠，有许多共同的基因；DNA 调控序列在演化中发生变异，影响了这些基因的表达模式，最终造成了物种间的差异。

◆ 对世界各地的人类基因组序列进行比较，有助于揭示人类在全球范围内如何演化和迁移。

关键词

Alu 序列（*Alu* sequence）
保守同线性（conserved synteny）
外显子重排（exon shuffling）
配子（gamete）
基因重复和分歧（gene duplication and divergence）
基因家族（gene family）
生殖系（germ-line）
同源基因（homologous gene）
水平基因转移（horizontal gene transfer）
L1 元件（*L1* element）
移动遗传元件（mobile genetic element）
开放阅读框（open reading frame，ORF）
系统发育树（phyogenetic tree）
点突变（point mutation）
净化选择（purifying selection）
逆转录（retrotransposon）
逆转录病毒（retrovirus）
逆转录酶（reverse transcriptase）
单核苷酸多态性（single-nucleotide polymorphism，SNP）
体细胞（somatic cell）
转座子（transposon）
病毒（virus）

问题

问题 9-1

在本章中我们提出，基因变异对物种是有益的，它增强了物种适应环境变化的能力。那么，你认为细胞为什么要如此费力地保证 DNA 复制的准确性?

问题 9-2

你觉得为什么水平基因转移在单细胞生物中比在多细胞生物中更加普遍?

问题 9-3

高度保守的基因，如核糖体 RNA 基因，在地球上的所有生物中都非常相近，可以推测它们的演化速度非常缓慢。那么，这些基因是“天生”完美的吗?

问题 9-4

许多转座子通过复制机制在基因组内移动（如图 9-24B 中所示）。因此，每次转座时，它们的拷贝数都会增加。尽管单独的转座事件相对少见，但许多转座子在基因组中存在多个拷贝。你认为是什么让转座子没有在其宿主的基因组中彻底泛滥?

问题 9-5

讨论以下说法：“病毒存在于生命的边缘区：在细胞外，它们只是无生命分子的简单组装；而在细胞内，它们是活的。”

问题 9-6

移动遗传元件，如 *Alu* 序列，在人类 DNA 中以多拷贝形式存在。*Alu* 序列的存在会以何种方式影响其附近的基因?

问题 9-7

讨论以下说法："移动遗传元件是寄生虫。它们总是对宿主生物有害。"

问题 9-8

人类 22 号染色体（长度为 48×10^6 个核苷酸对）具有约 700 个蛋白质编码基因。基因的平均长度为 19 000 个核苷酸对，含有 5.4 个外显子，每个外显子平均 266 个核苷酸对。这种蛋白质编码基因中转录成 mRNA 的序列占了多大比例？这些基因在染色体上又占了多大比例？

问题 9-9

（判断对错）人类基因组中大多数的 DNA 序列并不重要。解释你的答案。

问题 9-10

移动遗传元件占据了近一半的人类基因组，并会以或多或少随机插入的方式遍布整个基因组。然而，在一些特定位点中，这些元件非常少见，如图中所示的位于 2 号染色体的 HoxD 基因簇（图 Q9-10）。该基因簇的长度大约为 100kb，包含 9 个基因，在胚胎发育过程中沿着前后轴方向的差异表达，有利于建立人（和其他动物）的基本身体结构。在图 Q9-10 中，向上的直线表示已知基因的外显子，向下的直线表示移动遗传元件；HoxD 基因簇之外的移动遗传元件数量很多，几乎将线条合并成了一个实心的方块。为了比较，图中也展示了 22 号染色体的相应位置。你认为为什么移动遗传元件在 HoxD 簇内部如此罕见？

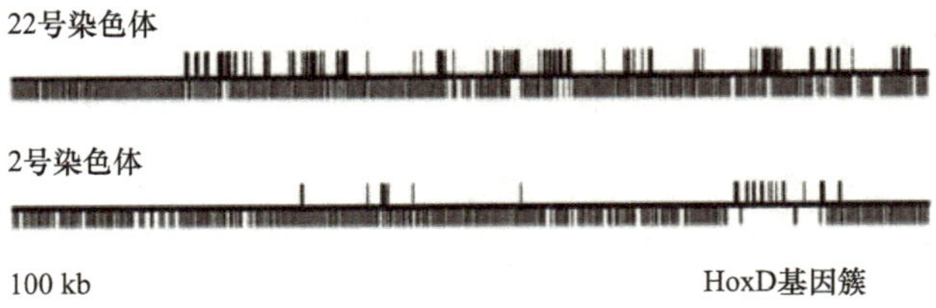

图 Q9-10

问题 9-11

一种早期用于比较核苷酸序列的图形法，即所谓的对角线图，直到今天依然是序列相关性可视化比对的最好方法之一。在图 Q9-11 所示的例子中，将人类 β-珠蛋白基因与人类 β-珠蛋白的 cDNA（仅含有该基因的编码部分；图 Q9-11A）和小鼠的 β-珠蛋白基因进行比较（图 Q9-11B）。通过比较序列片段会得到一条对角线。在本例子中，一次比较是以 11 个核苷酸为一个单元，如果其中有大于或等于 9 个核苷酸匹配，则在图中对应的坐标处画一个点。最终结果如图 Q9-11 所示。

A. 通过人类 β-珠蛋白基因与 cDNA 的比较（图 Q9-11A），你能推断出 β-珠蛋白基因中外显子和内含子的位置吗？

B. 人类β-珠蛋白基因的外显子（图Q9-11B 中的阴影部分）与小鼠 β-珠蛋白基因的外显子相似吗？请找出并解释任何关键的差异。

C. 人类和小鼠的 β-珠蛋白基因中，位于外显子外部的序列是否存在任何相似性？如果有相似性，请找出其位置并解释为何其在演化过程中保守。

D. 小鼠或人类基因在演化分歧期间内含子的长度是否发生变化？你的判定标准是什么？

问题 9-12

你的导师建议你编写一个计算机程序，可以直接从人类基因组序列中鉴别蛋白质编码基因的外显子。在准备写程序的过程中，你决定先写下一个特征列表，将蛋白质编码序列与内含子 DNA 及基因组中的其他序列区分开。你会列出哪些特征？（参考第 7 章中基因表达的基本知识。）

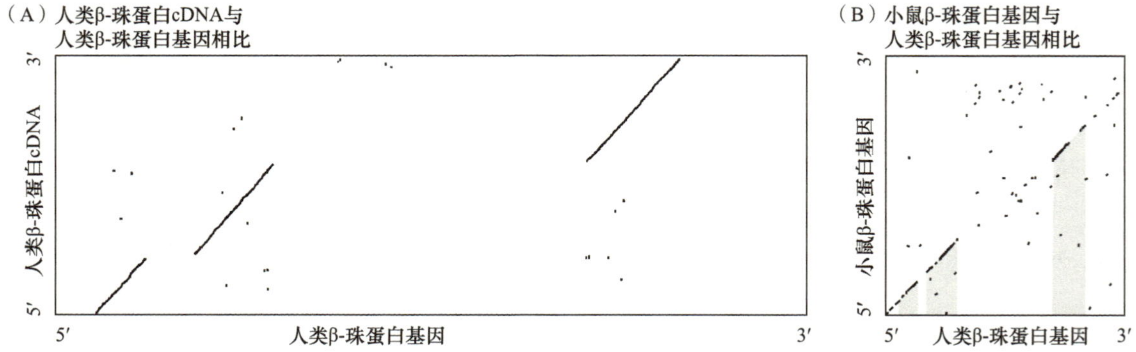

图 Q9-11

问题 9-13

你对一个特定基因在小鼠基因组中的功能感兴趣。你已经确定了该基因的核苷酸序列，找出了基因中编码蛋白质产物的部分，并在相关数据库中搜索了相似的序列；然而，该基因或者其编码的蛋白质都不像之前已知的任何东西。为了确定该基因的功能，你还想知道关于该基因和其编码蛋白的哪些额外信息？为什么？请将重点放在你想要的信息，而不是可以用来获取该信息的技术。

问题 9-14

为什么在一段随机的 DNA 序列中，每 20 个左右的密码子就会遇到一个终止密码子？

问题 9-15

下面列出的哪些过程对新蛋白质编码基因的演化有重要贡献？

A. 基因重复产生额外的拷贝，从而有利于获得新功能。

B. 从基因组中的非编码 DNA 中可以从头开始形成新的基因。

C. 不同物种的细胞之间发生 DNA 的水平转移。

D. 现有的基因发生突变可以产生新的功能。

E. 通过基因重排导致蛋白质结构域的重排。

问题 9-16

有些蛋白质序列比其他序列演化速度更快，但如何证明这一点？一种方法是比较两个物种间的几种不同基因，如表中所示的大鼠和人类。表中显示的是核苷酸替换率的两次比对结果。非同义突变是指 DNA 序列中，改变编码氨基酸的单核苷酸突变（例如，ATC → TTC，使异亮氨酸→苯丙氨酸）。同义突变是指不改变编码氨基酸的变化（ATC → ATT，使异亮氨酸→异亮氨酸）。（如图 7-27 中的遗传密码所示，有许多情况都是几个密码子对应同一氨基酸。）

A. 为什么同义和非同义核苷酸的替换率之间存在如此大的差异？

B. 这三种基因的同义突变率大致相同，对组蛋白 H3 基因而言，它是如何有效抵抗那些改变其氨基酸序列的核苷酸变化？

C. 原则上，蛋白质高度保守可能是因为其基因存在于基因组中的“特权”位点，该位点具有非常低的突变率。表中数据的哪些特征不支持组蛋白 H3 具备这种可能性？

基因	氨基酸	突变率	
		非同义突变率	同义突变率
组蛋白 H3	135	0.0	4.5
α-血红蛋白	141	0.6	4.4
γ-干扰素	136	3.1	5.5

突变率通过比较大鼠和人类的序列来确定，指的是每个核苷酸位点每经过 10^9 年发生改变的次数。大鼠和人类的几十个基因，其非同义突变的平均速率大约为 0.8。

问题 9-17

在豆科植物中，我们发现了血红蛋白样蛋白，它们在根瘤中发挥作用以降低氧浓度，使常驻细菌能够固定氮。这些植物“血红蛋白”使根瘤呈现特有的粉红色。植物中血红蛋白的发现最初令人惊讶，因为科学家一直认为血红蛋白是动物血液的独有特征。有种假设认为，植物血红蛋白基因是通过基因水平转移从动物中获得的。现在，我们已经在各种生物体中发现了更多类似血红蛋白的基因并完成测序，图 Q9-17 展示了血红蛋白的系统发育树。

A. 树中的证据是否支持或反对植物血红蛋白是从动物基因水平转移而来的假说？

B. 假设植物血红蛋白基因最初是通过水平转移（如来自寄生线虫）得到的，那么你认为系统发育树应该长成什么样？

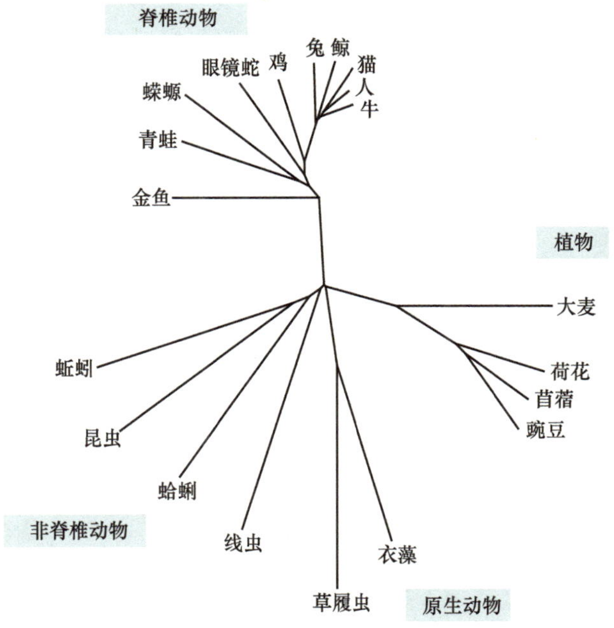

图 Q9-17

问题 9-18

人类生殖系细胞中的 DNA 复制相当精确，每次细胞分裂时，60 亿个核苷酸中平均仅存在约 0.6 个差错。由于我们的 DNA 序列基本不受到什么精确的约束，因此这些变异大多数都是中性的。随机选择出任何两个现代人，他们每 1000 个核苷酸对大约就有 1 对是不同的。假设我们都来自一对祖先（“亚当和夏娃”），他们在基因上相同且为纯合（每条染色体都与它的同源染色体完全相同）。假设生殖细胞中所有出现的突变都得以保留在后代中，从我们最初的祖先父母，到如今每 1000 个核苷酸对有 1 个差异的现代人类，必须经过多少细胞世代才能积累这些突变？假设每代人生殖细胞的分裂周期为 200 次，寿命为 30 年，那么这对祖先夫妻应该生活在多少年前？

问题 9-19

当使用 RNA 模板合成 DNA 时，逆转录酶不会进行校读。你认为这对艾滋病的治疗会有什么影响？

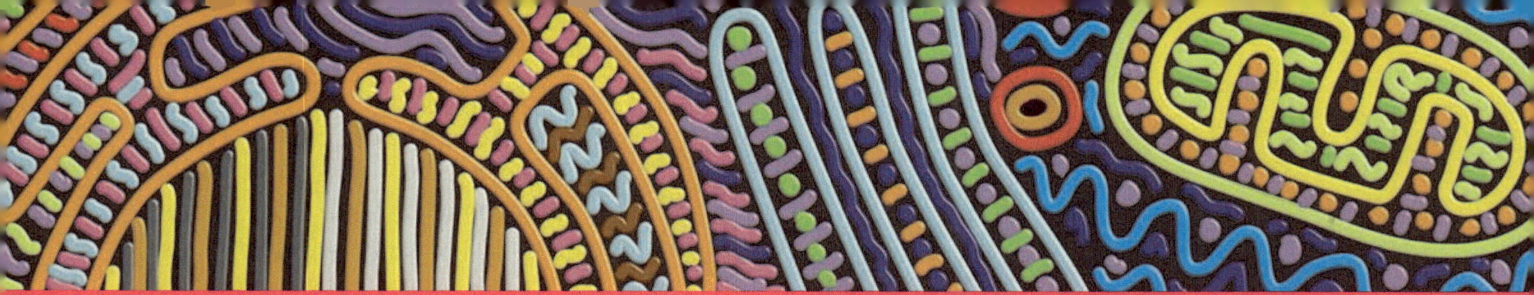

第 10 章　分析基因的结构和功能

分离和克隆 DNA 分子

通过 PCR 克隆 DNA

DNA 测序

探索基因功能

21 世纪以来，对于指导生物体发育和行为的基因，生物学家们已经积累了前所未有的海量信息。得益于快速测定整个基因组核苷酸序列能力的进步，我们现在已经获得了数千种不同生物的完整分子蓝图，从鸭嘴兽到鼠疫细菌，以及世界各地几千位不同的人类个体。

技术进步点燃了这场信息的爆炸，使得我们可以从一条典型的染色体的数百万个核苷酸对中，对一段选定的 DNA 序列进行分离和操控。研究人员还开发出强大的技术来复制、测序和修饰 DNA，甚至将其转入其他生物体，在实验室里开展研究。

这些技术突破对细胞生物学的方方面面都产生了巨大的影响。它们提高了我们对复杂真核基因组的组织和演化历程的理解（如第 9 章所述），也导致了全新的基因、RNA 和蛋白质的发现。技术突破不断地产生探索生物体中基因和蛋白质功能的新方法，并提供了一系列重要的工具，来揭示现在仍然知之甚少的单个受精卵发育为复杂生物体的机制。

与此同时，我们操纵 DNA 的能力对我们理解和治疗疾病也产生了深远的影响。利用这些技术，我们现在可以检测到人类基因中导致遗传性疾病的突变，以及使我们易患各种常见疾病（如癌症）的突变。我们还可以生产出越来越多的药物，如糖尿病患者使用的胰岛素和血友病患者使用的血凝蛋白。

在本章中，我们将简要介绍如何操控 DNA、如何鉴定基因，以及如何在实验室中产生任一核苷酸序列的多个拷贝。我们会讨论几种探索基因功能的方法，包括最新的 DNA 测序方法，以及在细胞、动物和植物中对基因进行修饰或失活的方法。这些方法现在还在不断地改进中，也正变得日益强大。它们不仅彻底革新了我们研究科学的方式，而且正改变着我们对细胞生物学和人类疾病的认知。

分离和克隆 DNA 分子

尽管没有意识到，但几千年来人类一直在用 DNA 进行实验。我们花园里的玫瑰、盘子里的玉米和院子里的狗都是选择性繁殖了许多世代的产物（图 10-1）。但直到 20 世纪 70 年代，我们才能通过直接编辑它们的基因来开始设计具有所需特性的生物。

分离和操纵某个基因并非易事。与蛋白质不同，基因不是细胞中的一个独立实体，它只是一个 DNA 分子的一小部分。细菌的基因组，虽然比真核生物的染色体更短、更简单，但仍然非常长。例如，大肠杆菌的基因组含有 460 万个核苷酸对。

那么，我们怎样才能将单个基因从比细菌基因组大得多的真核基因组中分离出来呢？这个问题得以解决，很大程度上是因为在细菌中发现了一类酶，可以在双链 DNA 的特定序列上进行切割。利用这些酶，可以从任何基因组中获

（A）

（B）

图 10-1　选择性育种实质上是一种遗传操作。（A）已知的西方艺术中最古老的一幅玫瑰，描绘于公元前 2000 年左右克里特岛克诺索斯宫。现代玫瑰是几个世纪以来这种野玫瑰之间培育的结果。（B）狗已经通过培育呈现出各种各样的特征，包括不同的头部形状、毛色和大小。所有的狗，无论品种如何，都属于 15 000 至 10 000 年前从灰狼驯化而来的一个物种。（图 B 引自 A.L. Shearin and E.A. Ostrander，*PLoS Biol* 8：e1000310，2010。）

得一系列 DNA 片段，包括含有基因的片段中。然后，所需的片段可以被扩增，得到许多相同的拷贝。这个过程被称为 **DNA 克隆**（DNA cloning）。正是这种扩增，使我们能够将目的基因与基因组的其他部分分开。

在本节中，我们将描述如何在细菌中生成、分离和大量产生特定的 DNA 片段，这是 DNA 克隆的经典方法。在下一节，我们会提出克隆 DNA 的另一种方法，该方法是使用一种特殊形式的 DNA 聚合酶在试管中制备所需的核苷酸序列。

限制性内切酶在特定位点切割 DNA 分子

与很多 DNA 技术使用的工具一样，在克隆中用于制备 DNA 片段的酶，是研究人员在探索一种有趣的生物现象时发现的。他们在实验中观察到，某些细菌总是会降解引入它们细胞内的“外源”DNA。在寻找其背后机制的过程中，研究人员发现了一类新的酶，它们可以在特定的核苷酸序列上切割 DNA。因为这些酶的作用是限制 DNA 在细菌菌株之间的转移，所以它们被称为**限制性内切酶**（restriction enzyme）或*限制性核酸酶*（restriction nuclease）。因此，对一个看似神秘的生物问题的探索，引发了技术的发展，永久地改变了细胞和分子生物学家的研究方式。

不同种类的细菌产生不同的限制性内切酶，每种酶可以切割不同的、特定的核苷酸序列（图 10-2）。细菌通过对这些特定的序列进行化学修饰来保护自身的 DNA 免于切割。因为这些靶序列很短，通常是 4 ～ 8 个核苷酸对，所以在任何一段长的 DNA 分子中都会随机出现许多切割位点。限制性内切酶在实验室中如此有用的原因，是对于一个特定的 DNA 分子，某一种酶始终在相同的位点上切割。因此，对于一个给定的 DNA 样品，利用一种特定的限制性内切酶可以可靠地得到一组相同的 DNA 片段。

所得片段的大小取决于限制性内切酶的靶序列。如图 10-2 所示，酶 *Hae* Ⅲ切割的靶序列是一个四核苷酸对的序列，该序列大约每 256 个核苷酸对就会出现一次（$1/4^4$）。相比之下，靶序列长达 8 个核苷酸的限制性内切酶，平均每

图 10-2　限制性内切酶在特定核苷酸序列处切割 DNA 双螺旋的两条链。靶序列（橙色）通常是回文结构，也就是说，核苷酸序列呈中心对称。一些酶，如 *Hae*Ⅲ，会直接切断双螺旋而留下两个平末端的 DNA 分子。其他酶如 *Eco*RⅠ和 *Hin*dⅢ，在每条链上的切口都是错开的。这些交错的切割产生“黏性末端”，即单链突出的短链，它有助于切开的 DNA 分子通过碱基互补配对连接在一起。我们稍后会讨论到，这种 DNA 分子的重新连接对于 DNA 克隆非常重要。限制性内切酶通常从细菌中获得，它们的名称反映了它们的来源。例如，酶 *Eco*RⅠ来自大肠杆菌。

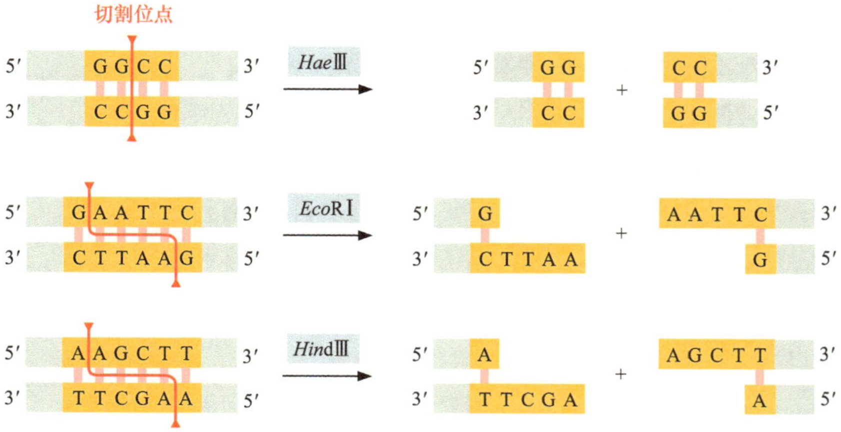

65 536 个核苷酸才会切割一次（$1/4^8$）。序列选择性的差异使得我们可以把一条较长的 DNA 分子切割成适合的长度，使其最适合指定的应用。

凝胶电泳分离不同大小的 DNA 片段

利用限制性内切酶将大的 DNA 分子切割成较小的片段后，基于长度的不同，可以通过凝胶电泳对 DNA 片段进行分离，这与分离蛋白质混合物的方法类似（参见图版 4-5）。凝胶中含有微小的孔状网络，把 DNA 片段的混合物加载到琼脂糖或聚丙烯酰胺凝胶板的一端，然后在凝胶上施加电压，带负电荷的 DNA 片段就会向正极迁移。较大片段的移动受到凝胶基质的阻碍较大，迁移就会较慢。几个小时内，DNA 片段在凝胶中就会根据大小分开，形成一个由离散条带组成的梯子，每个条带由一组长度相同的 DNA 分子所组成（图 10-3）。

琼脂糖或聚丙烯酰胺凝胶上分离的 DNA 条带本身不可见。要观察这些条带，DNA 必须以某种方式进行标记或染色。其中一种灵敏的方法是将凝胶暴露于染料中，该染料与 DNA 结合时，在紫外线照射下发出荧光。当凝胶被置于紫外线灯箱上，各个条带会发出明亮的橙色，当使用黑白模式进行拍照时，呈亮白色（参见图 10-3B）。为了分离出所需的 DNA 片段，可以用手术刀将含有该条带的小块凝胶切割下来，然后从中提取 DNA。

DNA 克隆从生产重组 DNA 开始

一旦基因组被断裂成更小、更易于操作的片段，所得到的片段就必须为后续的克隆做好准备。该过程包括将 DNA 片段插入到一种携带者或称为*载体*（vector）中。载体是可以在细胞内复制的另一种 DNA 片段。因为这种联合涉及不同来源的 DNA 的“重组”，所以得到的分子被称为**重组 DNA**（recombinant DNA）。以这种方式得到重组 DNA 分子，是 DNA 克隆经典方法中的关键步骤。

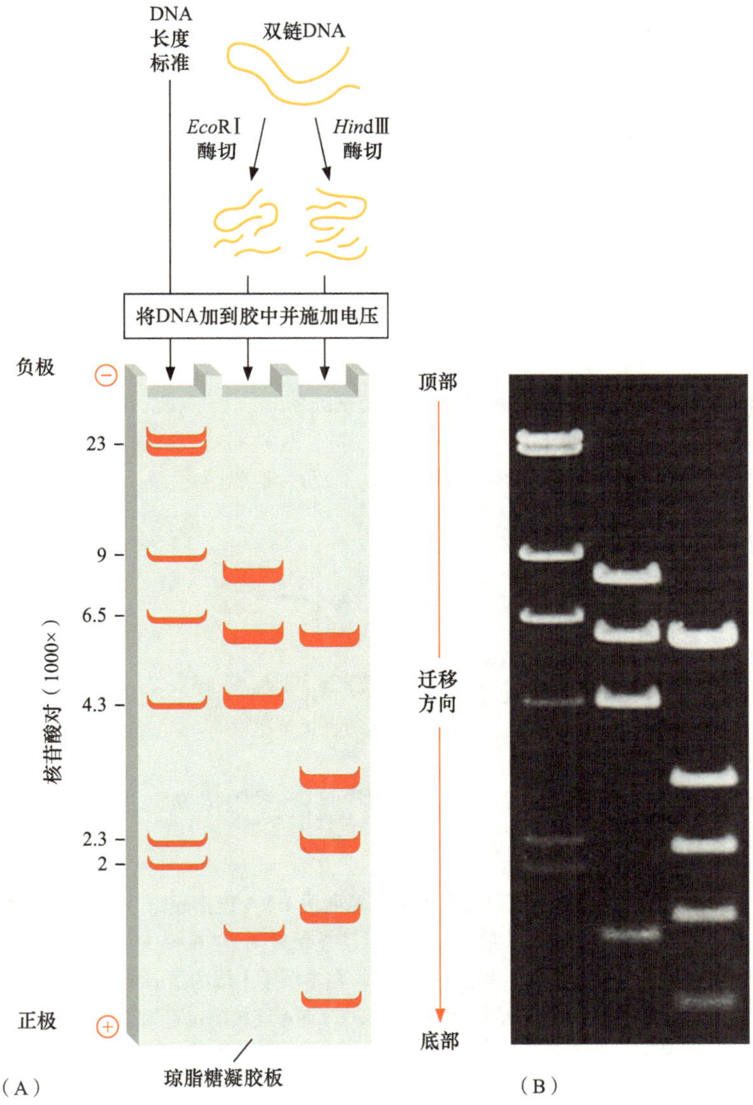

图 10-3 使用凝胶电泳分离开大小不同的 DNA 分子。（A）示意图比较了两种不同的限制性内切酶 *Eco*R I（*中间*）和 *Hind*Ⅲ（*右*）切割同一种 DNA 分子（这里用的是感染寄生蜂的病毒基因组）的结果，得到的片段通过凝胶电泳进行分离。因为较大片段的迁移慢于较小的片段，所以凝胶上最低的条带中含有最小的 DNA 片段。可以通过与已知大小的一组 DNA 片段（*左*）进行比较，来估算这些片段的大小。（B）实际凝胶的照片，显示了用荧光染料标记后的DNA条带的位置。（图 B 引自 U. Albrecht et al., *J. Gen. Viral.* 75: 3353-3363, 1994。蒙美国微生物学会惠许。）

与限制性内切酶切割 DNA 一样，使 DNA 片段连接在一起产生重组 DNA 分子，也是由细胞产生的一种酶来实现。这种酶就 **DNA 连接酶**（DNA ligase）。在细胞中，DNA 连接酶负责将 DNA 复制和修复过程中 DNA 骨架上出现的缺口重新封闭起来（参见图 6-19）。在实验室中，DNA 连接酶可用于在体外将任意两段 DNA 连接在一起，产生自然界中不存在的重组 DNA 分子（图 10-4）。

重组 DNA 可以在细菌细胞内复制

用于携带 DNA 片段的载体称为**质粒**（plasmid），它是一种小型的环状 DNA 分子（图 10-5）。每个质粒含有它自己的复制起点，使其能够独立于细菌染色体在细胞中复制。这个特征使得我们感兴趣的 DNA 即使在一个细菌细胞内也能大量生产。质粒上还含有常见的限制性内切酶的切割位点，可以方便地被切开并插入外源 DNA 片段。

质粒天然存在于多种细菌中，用于克隆的载体是简化的质粒。细菌质粒最初是被内科医生和科学家发现的，因为这些质粒通常携带着使其微生物宿主对一种或多种抗生素产生抗性的基因。事实上，历史上强有力的抗生素（如青霉素）对今天的许多细菌感染不再那么有效，就是因为带有抗生素抗性的质粒已经通过水平基因转移在不同细菌菌株间散布（参见图 9-15）。

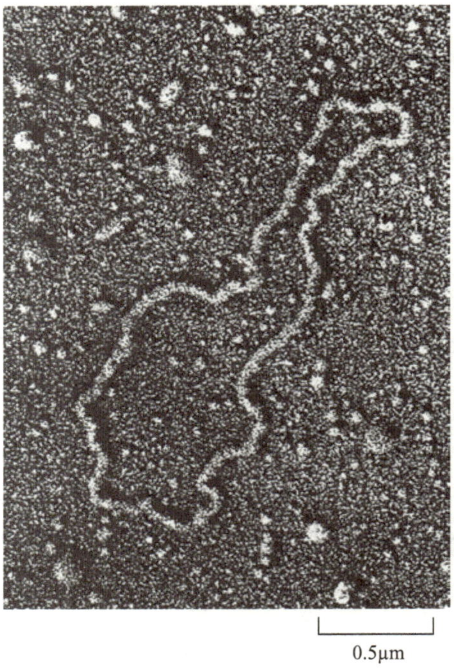

图 10-5　细菌质粒通常被用作克隆载体。这个环状双链 DNA 分子是第一个用于 DNA 克隆的质粒，它大约包含 9000 个核苷酸对。通过染色使 DNA 可以用电子显微镜观察到，但染色步骤也导致 DNA 看起来比实际更粗。(蒙斯坦福大学 Stanley N. Cohen 惠赠。)

为了将一段 DNA 插入到质粒载体中，需要使用限制性内切酶在纯化的质粒 DNA 上切开，再使用 DNA 连接酶将待克隆的 DNA 片段连接到该位点（图 10-6）。这种重组的 DNA 分子就可以转入细菌中，在那里进行复制和扩增。

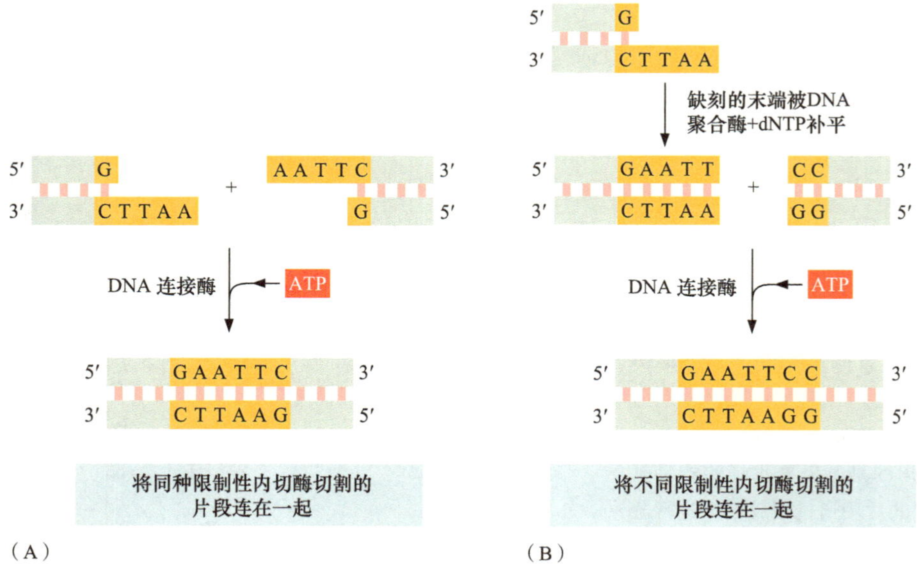

图 10-4　DNA 连接酶可以在体外将任意两段 DNA 连接起来，产生重组 DNA 分子。通过 DNA 连接酶连接的片段可以来自不同的细胞、组织、甚至不同的生物。ATP 提供了重新封闭 DNA 糖-磷酸骨架所需的能量。(A) DNA 连接酶可以轻松地将来自同一种限制性内切酶切割的两个 DNA 片段连接起来，在本例子中用的是 *Eco*R Ⅰ。注意，该酶产生的黏性末端使两个片段的末端碱基能够正确地配对，这极大地促进了二者的重新连接。(B) DNA 连接酶也可用于连接由不同限制性内切酶切割产生的 DNA 片段，如 *Eco*R Ⅰ 和 *Hae* Ⅲ。这种情况下，在进行片段连接之前，会使用 DNA 聚合酶和脱氧核糖核苷三磷酸（dNTP）的混合物来填充 *Eco*R Ⅰ 切割所产生的黏性末端。

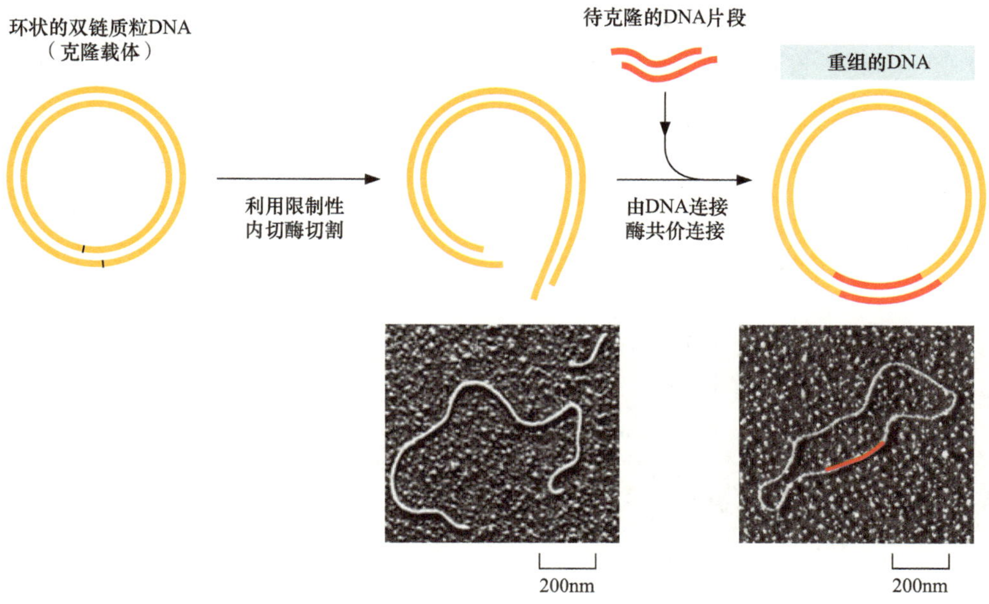

图 10-6 使用 DNA 连接酶将 DNA 片段插入细菌质粒。 首先用限制性内切酶在一个位点上切开质粒（在本例子中用的是产生黏性末端的酶），然后将其与相同限制性内切酶切割的待克隆 DNA 片段混合在一起，此时黏性末端会发生碱基配对。当加入 DNA 连接酶和 ATP 后，DNA 骨架上的切口被修补，产生了完整的重组 DNA 分子。在下面的显微照片中，我们将 DNA 片段染成红色，使其更容易识别。（显微照片蒙 Huntington Potter 和 David Dressler 惠赠。）

为了实现这一操作，研究人员利用了某些细菌会自然摄取周围 DNA 分子的特性。调控这种摄取的机制被称为**转化**（transformation），因为早期的观察表明它可以将一种细菌菌株“转化”为另一种。事实上，基因由 DNA 构成的第一个证据就来自于转化实验。在该实验中，从肺炎链球菌的致病菌株中纯化的 DNA，可以将无害的细菌转化为致命的细菌（参见“我们是怎样知道的”栏目）。

在一个天然的细菌群体中，用于转化的 DNA 是由死亡后并将其内容物（包括 DNA）释放到环境中的细菌所提供的。然而，在试管中，可以诱导大肠杆菌等细菌摄取在实验室中制造的重组 DNA，再将这些细菌悬浮培养于营养丰富的培养基中，使其增殖。

细菌群体每次加倍时（每 30min 左右），重组 DNA 分子的拷贝数也会增加一倍。因此，在 24h 内，细菌会把这种带有 DNA 片段的质粒拷贝几亿份。然后，将细菌裂解，把质粒 DNA 与其他细胞内容物分离开来，包括大的细菌染色体（图 10-7）。

插入 DNA 片段时使用的限制性内切酶，如果用来切割质粒 DNA，可以很容易地重新获得该 DNA 片段。然后，通过凝胶电泳将片段与质粒 DNA 分开（参见图 10-3）。综上所述，这些步骤可以从任何生物的基因组中扩增和纯化任何 DNA 片段。

整个基因组可以呈现于一个 DNA 文库中

使用限制性内切酶切割整个基因组时，会产生大量不同的 DNA 片段。将这些 DNA 片段分别连接到质粒载体中，并确保每个质粒分子只插入一个 DNA 片段。然后将这些重组质粒转化大肠杆菌，并确保每个细菌摄取不超过一个质粒分子。那么存在于细菌培养物中的所有克隆 DNA 片段的集合就称为一个 **DNA 文库**（DNA library）。因为 DNA 片段是通过直接消化生物体中的染色体 DNA 而得到的，所以所得到的集合被称为**基因组文库**（genomic library），它可以代表该生物体的整个基因组（图 10-8）。这种基因组文库通常可以作为起始材料，用于确定生物体基因组的完整核苷酸序列。

然而，对于其他用途，使用另一种仅包括基因编码序列的文库可能会更好，也就是缺少了构成大多数真核 DNA

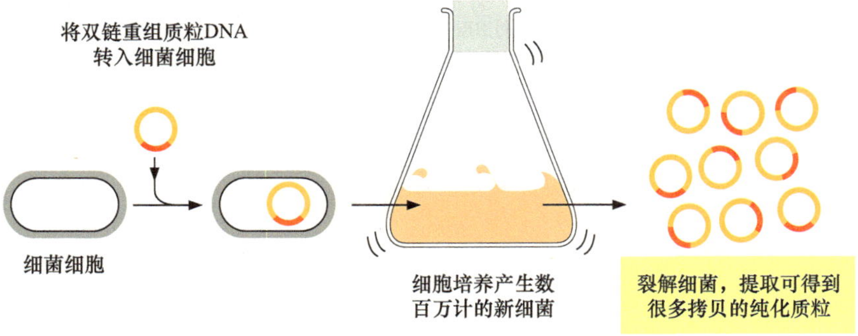

图 10-7 DNA 片段可以在细菌细胞内复制。 为了克隆一段特定的 DNA，首先将该 DNA 片段插入质粒载体，如图 10-6 所示。然后，将得到的重组质粒 DNA 导入细菌中，随着细菌繁殖，它会被复制数百万次。为简单起见，图中未显示细菌细胞的基因组。

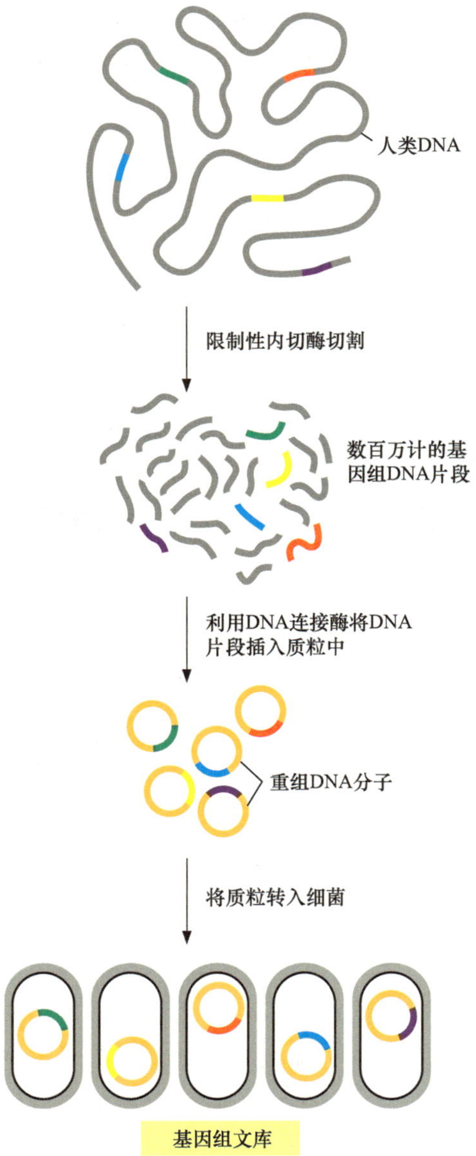

图 10-8 利用限制性内切酶和 DNA 连接酶可以构建人类基因组文库，该文库含有很多 DNA 片段，可代表整个人类基因组。这种基因组文库是细菌的集合，每个细菌携带不同的人类 DNA 小片段。为简单起见，文库中仅显示有颜色标记的 DNA 片段，但实际上，所有不同的灰色片段也在文库中。

的内含子和其他非编码序列。对于某些基因，克隆包括内含子和外显子的完整基因过于庞大而臃肿，难以在实验室中方便地处理（参见图 7-19B 示例）。而且，通常用于扩增克隆 DNA 的细菌细胞，不能从哺乳动物的 RNA 转录本中去除内含子。因此，如果你的目标是想用克隆的哺乳动物基因来大量产生该基因所编码的蛋白质，最重要的就是只使用基因的编码序列。

在这种情况下，研究人员制备了 **cDNA 文库**（cDNA library）。cDNA 文库与基因组文库类似，也含有许多不同的 DNA 序列的克隆。但重要的不同是，cDNA 文库的 DNA 不是基因组 DNA，它是从特定类型的细胞中存在的 mRNA 拷贝而来的 DNA。为了制备 cDNA 文库，需要提取细胞中所有的 mRNA，并通过*逆转录酶*（reverse transcriptase）和 DNA 聚合酶来合成这些 mRNA 的双链 DNA 拷贝（图 10-9）。然后，如扩增基因组 DNA 片段所述的那样将所得的**互补 DNA**（complementary DNA，cDNA）分子转化细菌并进行扩增（参见图 10-8）。

基因组 DNA 克隆和 cDNA 克隆之间存在几个重要的差异。基因组克隆是生物体基因组中所有 DNA 序列的随机样本，除极少数个例，无论 DNA 来自何种细胞类型，基因组克隆都含有相同的序列。此外，来自真核生物的基因组克

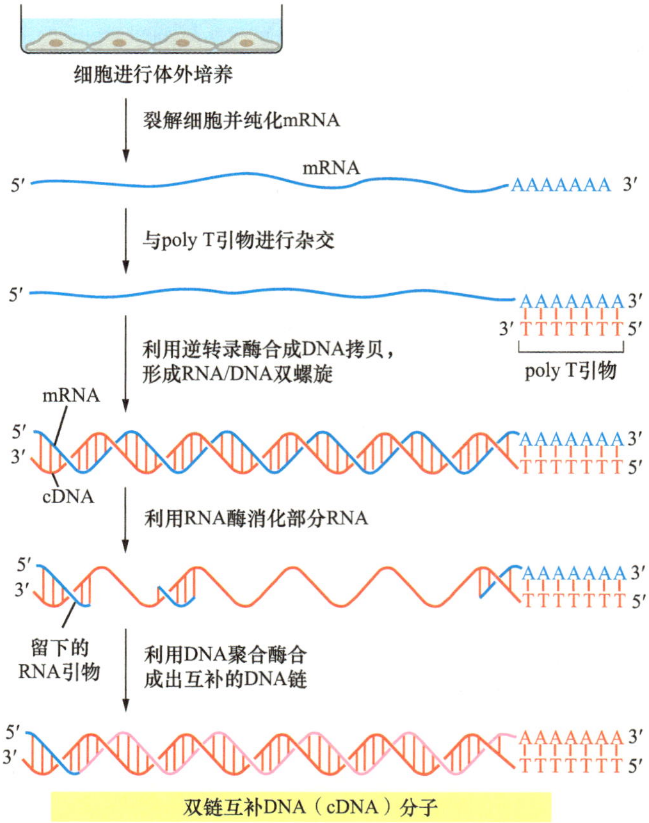

图 10-9 从 mRNA 制备互补 DNA（cDNA）。从选定类型的细胞中提取总 mRNA，使用逆转录酶（参见图 9-30）和 DNA 聚合酶产生双链互补 DNA（cDNA）。为简单起见，这里仅展示了将其中一种 mRNA 复制成 cDNA。在通过逆转录酶合成第一条 cDNA 链后，再用 RNA 酶处理，这样在 cDNA 上只会留下少许 RNA 片段。与第一条 DNA 链的 3′ 端碱基配对的 RNA 片段会充当 DNA 聚合酶的引物，来合成第二条互补 DNA 链。在随后的克隆步骤中，剩余的 RNA 都会被降解。最终的结果是，原先的 mRNA 分子 5′ 端的核苷酸序列通常在 cDNA 文库中不会存在。

隆含有大量非编码 DNA、重复 DNA 序列、内含子、调控 DNA 和间隔 DNA，编码蛋白质的序列只占文库的几个百分点（参见图 9-33）。与之相反，cDNA 克隆主要含有蛋白质编码序列，而且只包含制备 cDNA 的细胞中已经被转录成 mRNA 的那部分序列。

由于不同类型的细胞产生一组不同的 mRNA 分子，因此，会产生不同的 cDNA 文库。此外，基因表达模式在发育过程中会发生变化，所以，不同发育阶段的细胞也会产生不同的 cDNA 文库。因此，cDNA 可用于评估哪些基因在特定的细胞中、在发育的特定时间或特定条件下进行了表达。

杂交提供了一种用于检测特定核苷酸序列的灵敏方法

到目前为止，我们一直在讨论批量的 DNA 克隆片段。然而在许多研究中，研究人员希望能鉴定或检查单个基因或 RNA。幸运的是，核酸形成互补碱基对的内在特性，为检测特定的核苷酸序列提供了方便且有效的技术。

为了解怎样做，我们先来看一个双链 DNA 分子。在正常条件下，DNA 双螺旋的两条链通过互补碱基对之间的氢键结合在一起（参见图 5-4）。但是这些相对较弱的非共价键非常容易被破坏，例如，将 DNA 加热到约 90℃，会造成 **DNA 变性**（DNA denaturation），从而使两条链彼此分开。当缓慢降低温度来逆转这个变性条件时，互补的两条链会容易地回到一起并重新形成双螺旋。这种 DNA 复性（DNA renaturation）或**杂交**（hybridization），是由互补碱基对之间重建氢键来驱动的（图 10-10）。

杂交可用于检测任何感兴趣的核苷酸序列，无论它是 DNA 还是 RNA，而且只需设计一个与该序列互补的、短的单链 DNA 探针（DNA probe）。因为许多基因组的核苷酸序列是已知的，并且存储在可公开访问的数据库中，所以设计这样一个探针是轻而易举的。所需的探针可以在实验室中自己合成，也经常由商业组织或集中的学术平台来合成。

利用 DNA 探针进行杂交，在细胞和分子生物学中具有很多用途。正如我们将在本章后面所述，带有荧光或放射性标记的 DNA 探针，可用于检测组织样品中互补的 RNA 分子。但是，最强大的杂交应用之一，是通过聚合酶链反应来克隆 DNA，我们接下来会讨论。

通过 PCR 克隆 DNA

基因组文库和 cDNA 文库曾经是基因克隆的唯一途径，它们现在仍然被用于克隆非常巨大的基因和用于全基因组测序。然而，一种强大且通用的 DNA 扩增方法是**聚合酶链反应**（polymerase chain reaction，PCR），该方法更加快速简单，尤其是对已知完整基因组序列的生物体而言。今天，大多数基因克隆都是通过 PCR 来完成的。

发明于 20 世纪 80 年代的 PCR 技术彻底改变了分析 DNA 和 RNA 的方式。该技术可以快速且有选择性地扩增任何核苷酸序列。与使用载体克隆的传统方法不同，传统方法依赖细菌来拷贝制备所需的 DNA 序列，而 PCR 完全在试管中进行，不再依赖细菌，使得 PCR 方便而快速，可以在数小时内产生数十亿个核苷酸序列拷贝。同时，PCR 也非常敏感：它可以用于扩增和检测犯罪现场留下的一滴血液中的痕量 DNA，或者患者血液样本中病毒基因组的微量拷贝。由于其灵敏、快速和简便，PCR 除了 DNA 克隆外还有许多其他应用，包括法医鉴定和疾病诊断。

在本节中，我们会简要概述 PCR 如何工作，以及如何用于扩增特定 DNA 序列来实现一系列不同的目的。

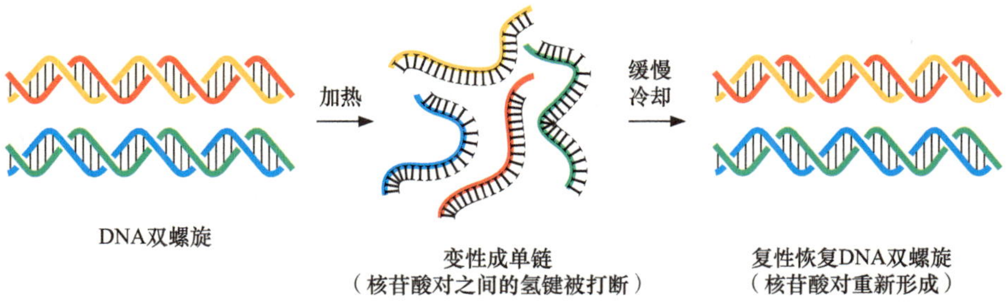

图 10-10 **DNA 分子可以进行变性和复性（杂交）**。对于两个杂交的单链分子，它们必须具有可以碱基配对的互补核苷酸序列。在该例子中，红色和橙色链彼此互补，蓝色和绿色链彼此互补。虽然显示的是加热变性，但 DNA 也可以通过碱处理变性。1961 年发现单链 DNA 很容易以这种方式重新形成一个双螺旋，这对科学家来说是一个巨大的惊喜。杂交也可以在 DNA 和 RNA 的互补链之间发生，或在两种 RNA 之间发生。

PCR 使用 DNA 聚合酶和特异性 DNA 引物在试管中扩增 DNA 序列

PCR 的成功取决于 DNA 杂交的精确选择性，以及 DNA 聚合酶在体外的复制循环中可靠地复制 DNA 模板的能力。该酶通过在延伸的 DNA 链的 3′ 端添加核苷酸而发挥作用（参见图 6-11）。为了起始反应，聚合酶需要一条引物，即一条短的核苷酸序列，它可以提供一个 3′ 端，使 DNA 合成从此处开始。PCR 的出色之处在于，添加到反应混合物中的引物不仅可以用作起始点，还能将聚合酶引导至待扩增的 DNA 序列。这些引物由实验者根据其目的 DNA 序列来设计，然后通过化学方法合成。因此，PCR 只能用于克隆已知序列的 DNA 片段。然而，由于公共数据库中可获取的基因组序列数量庞大且不断增加，PCR 的这种要求基本算不上一个缺点。

PCR 的强大来自于重复：在几个小时里，扩增循环可以进行数十次。在每次循环开始时，双链 DNA 模板的两条链分离，在退火时特定的引物杂交到每条链上，随后 DNA 聚合酶独立地复制每条链（图 10-11）。在后续的循环中，聚合酶产生的所有新合成的 DNA 分子都将作为下一轮复制的模板（图 10-12）。通过这种扩增的重复，在 20 ～ 30 个循环后就可以制造出原始序列的数十亿个拷贝。

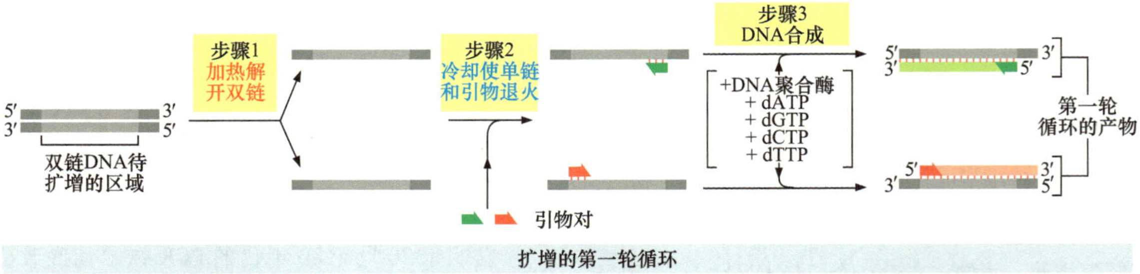

图 10-11　**一对 PCR 引物指导试管中目的 DNA 片段的扩增。**每轮 PCR 循环包括三个步骤：①短暂加热使双链 DNA 的两条链分离。②将 DNA 暴露于过量的、包含待扩增的 DNA 区域的一对特异性引物中，冷却样品使引物与两条 DNA 链中的互补序列结合。③将该混合物与 DNA 聚合酶和四种脱氧核糖核苷三磷酸一起孵育，由两条引物开始，合成 DNA。然后，可以通过重新加热样品解离开前一轮循环的双链产物，从而重复上述过程（参见图 10-12）。PCR 技术依赖于从嗜热菌属细菌中分离出的一种特殊的 DNA 聚合酶。这种聚合酶与真核 DNA 聚合酶相比，在更高的温度下仍可以保持稳定，不会被步骤 1 中的热处理变性。因此，不必在每轮循环后再重新添加这种酶。

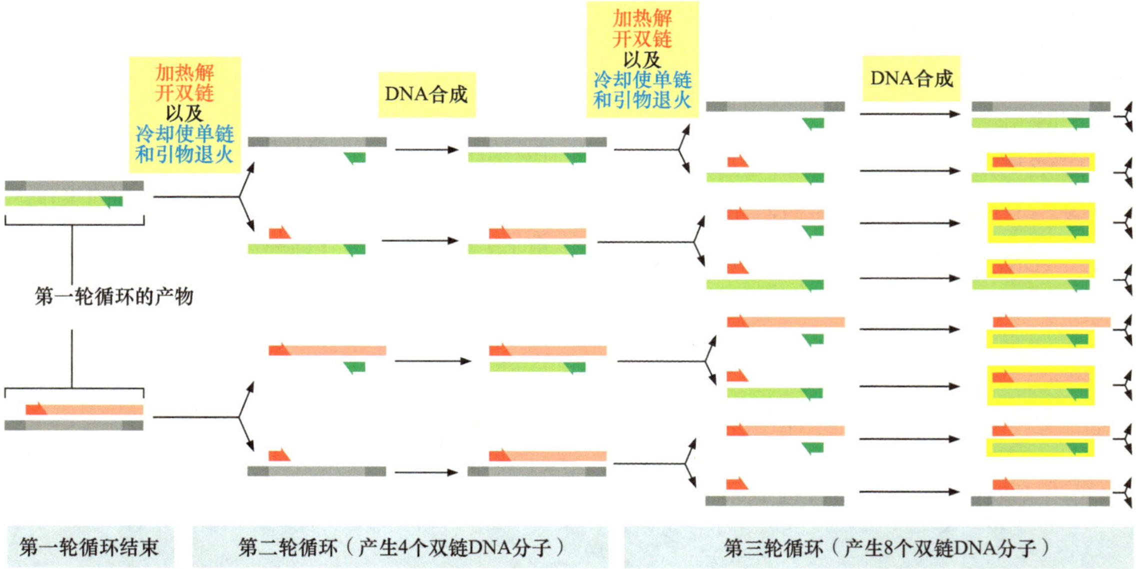

图 10-12　**PCR 技术通过解链、杂交、合成的重复循环来扩增 DNA。**随着图 10-11 中所示的步骤不断重复，所有新合成的 DNA 分子都会在下一轮循环中成为新的模板。由于聚合酶与引物自第一轮循环后便始终存在于反应体系中，所以 PCR 只需要简单地将同一个样品在同一个试管中进行加热然后再冷却，如此往复。每轮循环都能使上一轮循环中合成的 DNA 再次加倍，因此，经过几个循环后，原始序列中位于两条引物之间包括引物在内的 DNA 序列就成为产物中的主导序列。在图示例子中，三轮循环反应产生了 16 条 DNA 链，其中 8 条（用黄色框出）分别与原始 DNA 双链中的一条完全匹配。再进行 4 个循环，256 条 DNA 链中会有 240 条与原始序列完全相同。再继续循环下去，最终几乎所有 DNA 链都会是这个长度。整个过程在视频 10.1 中展示。

PCR 技术常用于克隆相对较短的 DNA 片段，例如 10 000 个核苷酸对以下的片段。因为 PCR 的初始模板可以是 DNA 或 RNA，所以该方法可用于获取完整的基因组克隆（包括完整的内含子和外显子），或 mRNA 的 cDNA 拷贝（图 10-13）。PCR 的主要好处之一是可以直接从任何 DNA 或 RNA 片段来克隆基因，而无需花费时间和精力去首先构建一个 DNA 文库。

PCR 可用于医学诊断和法医鉴定

PCR 扩增除了用于克隆之外，还经常用于其他更实际的用途。由于其出色的灵敏度，PCR 可用于早期阶段检测某种感染。在这种情况下，与疑似病原体基因组互补的短序列被用作引物，在经过多轮扩增循环后，患者样品中的入侵细菌或病毒的基因组，即使仅有几个拷贝，也可以被检测出来（图 10-14）。PCR 还可用于跟踪流行病、检测生物恐怖袭击，

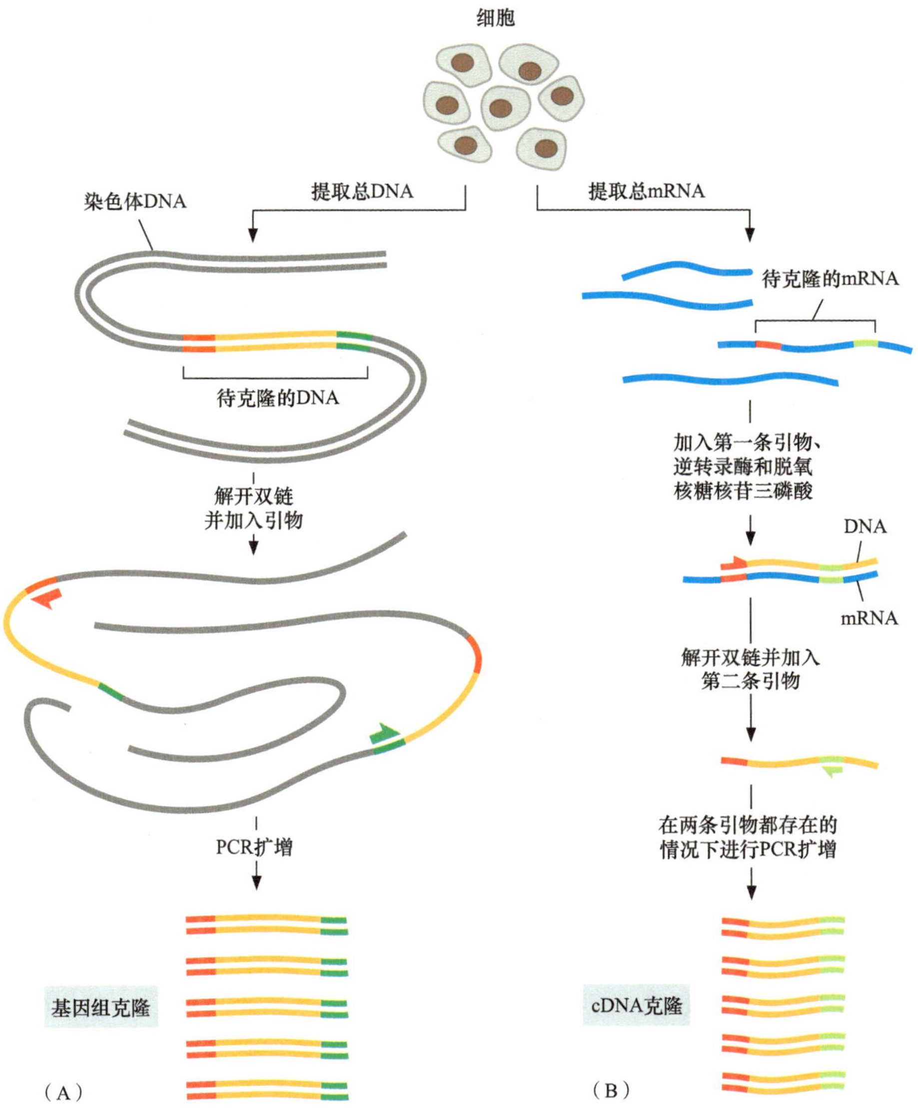

图 10-13　PCR 可用于获取基因组克隆或 cDNA 的克隆。（A）用 PCR 克隆一个染色体 DNA 片段，首先需要从细胞中提取总 DNA。与待克隆序列两端匹配的引物被加入到体系中，然后进行多次 PCR 循环（参见图 10-12）。由于只有在引物之间（包括引物结合位点）的 DNA 被扩增，所以 PCR 提供了一种方法，可以让我们高效且高纯度地获得任何特定的染色体 DNA 短片段。（B）用 PCR 克隆一个 cDNA 片段，首先需要从细胞中纯化出总 mRNA，然后在单链 mRNA 中加入第一种引物，逆转录酶会根据特定的 RNA 序列合成互补的 DNA 链。接着加入第二种引物，这样经过多轮 PCR 可以对目标 DNA 分子进行扩增。

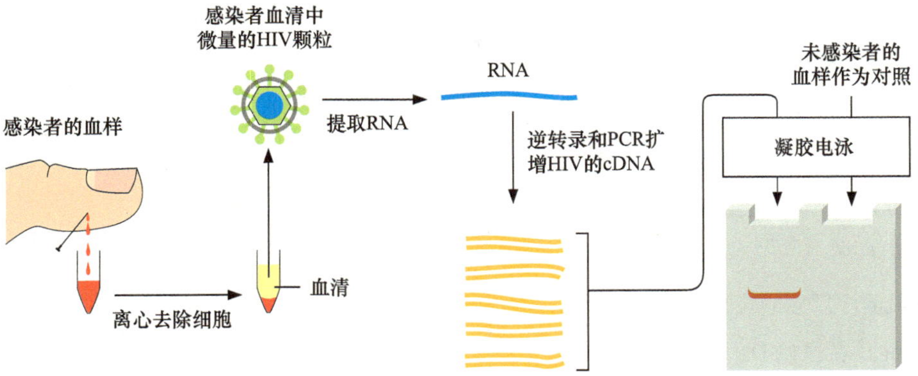

图 10-14　PCR 可以在一份血样中检测是否存在病毒基因组。PCR 可以将单分子的核酸信号进行大量扩增，因而具有极高的灵敏度。它可以检测出一份血样或组织样品中微量的病毒而无需将病毒纯化出来。导致艾滋病的病毒 HIV 具有由单链 RNA 构成的基因组，其检测流程如图所示。除了 HIV 之外，许多感染人体的其他病毒现在也可以通过这种方式进行检测。

以及测试食品是否存在潜在有害的微生物。它还可用于验证食物来源的真实性，例如，验证一个牛肉样本是否真的来自于牛。

最后，PCR 在法医学中也广泛应用。该技术的高灵敏度使得法医调查人员可以从最微量的人体血液或其他组织中分离出 DNA，以获取留下该样本的人的 DNA 指纹（DNA fingerprint）。除了同卵双胞胎之外，地球上每个人与其他人的基因组 DNA 序列都不同。人类基因组中有一些在个体之间非常多变的序列，使用靶向这些序列的特定引物，PCR 技术可以为任何一个个体生成独特的 DNA 指纹（图 10-15）。这样的法医学分析不仅能帮我们找出罪犯，同样重要的是，它也可以将清白还给那些被冤枉的人。

DNA 测序

一个生物体的信息被编码在其基因组的线性核苷酸序列中，因此，理解基因和基因组的功能与调控方式，其关键就在于 DNA 序列。核苷酸序列可以揭示不同生物之间的演化关系，并揭示人类疾病的深层原因。知道基因的序列不仅是通过 PCR 克隆该基因的先决条件，也使大规模生产由基因编码的蛋白质成为可能。

由于序列信息如此有价值，在过去的几十年中，科学家们投入了巨大的精力去开发更快、更灵敏的 DNA 测序技术。因此，我们现在拥有了各种复杂而强大的方法，使得获得基因组完整核苷酸序列的时间、经济成本相较于 10 年前都大大降低。

在本节中，我们会简要介绍目前主要使用的 DNA 测序方法的基本原理，并一窥未来即将出现的新的测序技术。

双脱氧测序法依赖于对 DNA 链合成终止位置的分析

在 20 世纪 70 年代后期，研究人员开发了几种方案，可以简单而快速地确定任何纯化 DNA 片段的核苷酸序列。其中使用最广泛的一种方法被称为**双脱氧测序**（dideoxy sequencing），或根据发明它的科学家命名为 **Sanger 测序**（Sanger sequencing）。该方法今天仍被继续应用于某些方面。这种技术使用 DNA 聚合酶，以及特殊的具有链末端终止特性的核苷酸，即双脱氧核糖核苷三磷酸（图 10-16），来合成待测序 DNA 片段的部分拷贝。双脱氧测序反应最终会产生一系列不同的 DNA 拷贝，它们分别终止在原始 DNA 序列的每一个位置。

尽管这种方法比较原始，尤其是根据测序凝胶上的条带读取核苷酸序列的过程中颇为耗时耗力，但这套程序现今已经实现了全部自动化：机械装置将反应物混合在一起，其中包含 4 种不同荧光颜料标记的链终止双脱氧核苷酸，然后将反应后的样品加载到长而细的毛细管凝胶上。凝胶可以将反应产物分离为一系列不同的条带，通过一个探测器来记录每个条带的颜色。然后，用计算机将这些信息翻译为最终的核苷酸序列（图 10-17）。

自动化双脱氧法使测定第一个人类和许多其他生物的基因组序列成为可能，本书所讨论的大多数基因组都是通过这种方法获得的。如何分析这些序列信息才能拼接成一份完整的基因组序列，如人类基因组的草图，参见“我们是怎样知道的”栏目中的描述。

下一代测序技术使基因组测序更快、更便宜

在过去的大概十年，研究人员开发出一些测定核苷酸序列的新方法，使得基因组测序更快、更便宜。随着 DNA 测序成本的急剧下降，完成测序的基因组数量也急剧增加。这些快速方法可以同时并行测定多个基因组，完成测序仅需几周时间。这些技术统称为*第二代测序技术*（second-generation sequencing method）。正如我们将在第 19 章中讨论的那样，利用这些技术，研究人员已经测出了数以千计的人类基因组，对世界各地的人类核苷酸序列进行变异归类，并揭示了增加癌症、自闭症等各种疾病风险的突变。

尽管每种技术的具体细节都不同，但许多技术都依赖于对 DNA 文库的测序。DNA 文库包含许多 DNA 片段，它们合在一起可以代表整个基因组的 DNA。然而，测序所用的文库不是使用细菌细胞来产生的（如图 10-8 所示），而是由通过 PCR 扩增得到的 DNA 片段集合而成。每个 DNA 片段都附着于固体支持物如玻璃载玻片或玻璃珠上，所得到的 PCR 产物不是游离在溶液中，而是结合在其原始“亲本”DNA 片段附近。因此，该过程的产物是 DNA 簇，每个 DNA 簇含有约 1000 个来自一种 DNA 片段的相同拷贝，所有这些簇随后同时开始测序。利用这种原理进行测序的最常用的一种技术被称为 *Illumina 测序*（Illumina sequencing）。与自动化双脱氧测序一样，Illumina 测序也是基于带有荧光标记的链终止核苷酸。然而，在 Illumina 技术中，荧光标签和阻断伸长的化学基团是可去除的。一旦 DNA 聚合酶添加

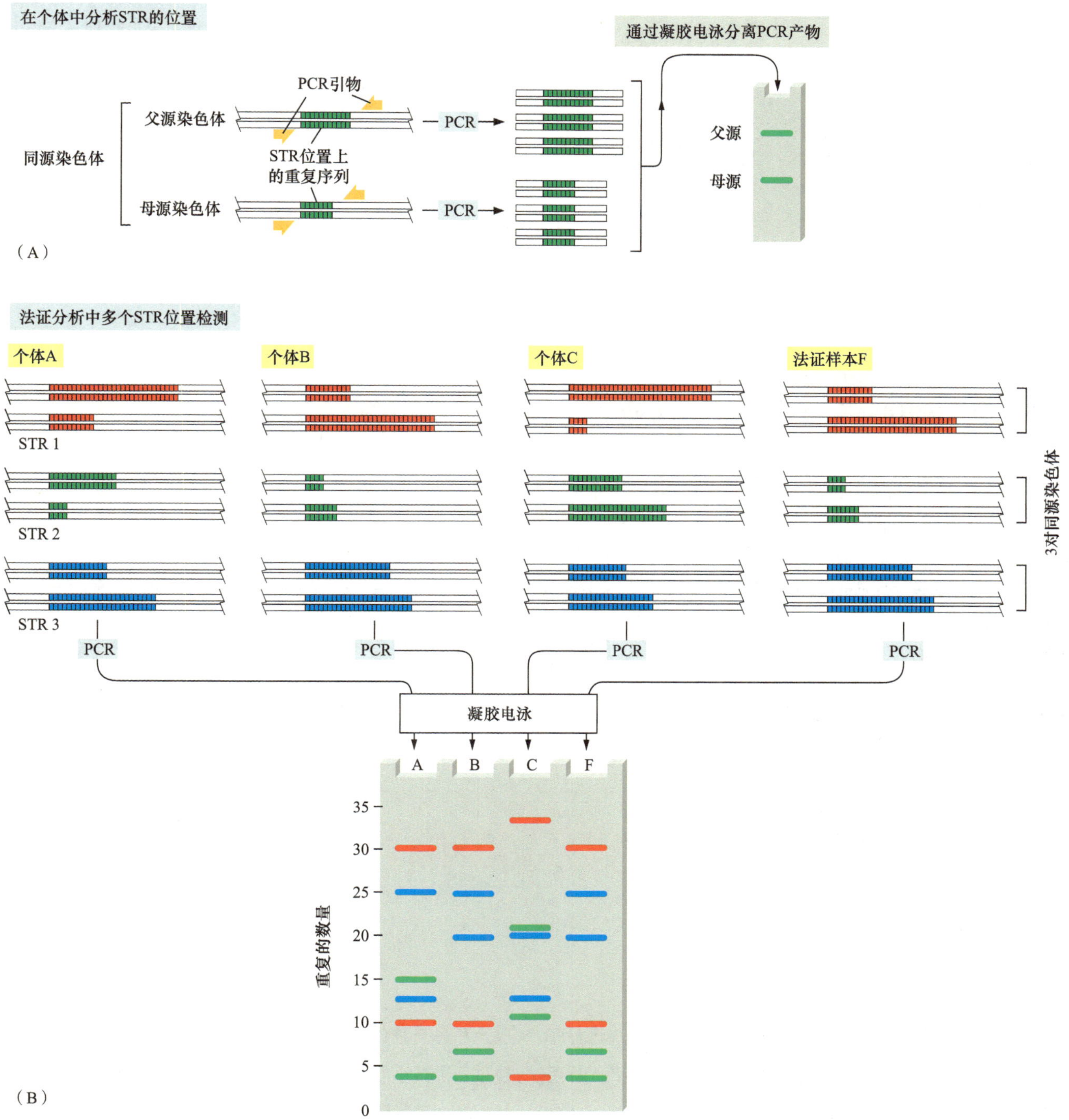

图 10-15　PCR 在法医学中可用于区分不同个体。通常用于分析的 DNA 序列是短串联重复序列（short tandem repeat，STR）。这些序列由如 CACA…或 GTGT…这样的片段组成，并存在于人类基因组的很多个位置（loci）。在一个种群中，不同个体在 STR 位点上的片段重复数量是高度多变的，范围从 4～40 个不等。由于这些序列的多变性，一个个体通常会从父亲和母亲处遗传到重复数量不同的 STR。由于父母是两个没有亲缘关系的个体，所以子代的两条同源染色体在每个 STR 上都极少会有相同的重复数。(A) 使用识别 STR 位点两侧序列的引物进行 PCR，从每个个体中可以扩增出两个 DNA 条带，一个条带代表母源 STR，另一个代表父源 STR。扩增出的 DNA 长度，也就是凝胶电泳后条带的位置，将取决于该位点短序列的重复数。(B) 在本例子中，三个嫌疑人（A、B、C）的三个相同位置的 STR 接受了分析，每一个个体会产生 6 条条带。尽管不同的人可能会有几个条带在同一位置，但总体的条带分布每个人都不同。因此，这样的条带分布模式可以作为一种 DNA 指纹（DNA fingerprint）来近乎独特地鉴别某一个体。凝胶中的第四个泳道（F 道）是对一个虚拟法医学 DNA 样品进行 PCR 扩增的结果。该样品在实际中可以来自于犯罪现场留下的一根头发或一个小血点。分析的位置（loci）越多，结果的可信度就越高。当同时检验 5～10 个不同 STR 位置时，两个随机个体偶然拥有相同指纹的概率大约仅有百亿分之一。在图中所示的案例里，个体 A 和 C 可以排除嫌疑，而 B 是一个明显的嫌疑人。类似的方法目前也被用于亲子鉴定。

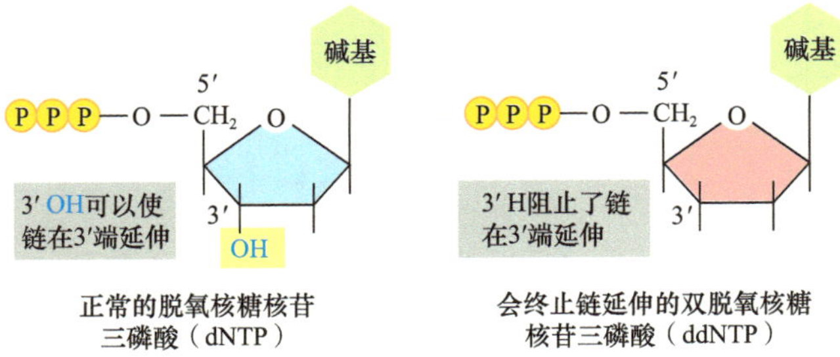

图 10-16 双脱氧测序法依赖于双脱氧核糖核苷三磷酸（ddNTP）导致的链终止。这些 ddNTP 是正常脱氧核糖核苷三磷酸的衍生物，缺乏 3′ 羟基。当掺入正在生长的 DNA 链中时，它们会阻止该链的进一步延伸。

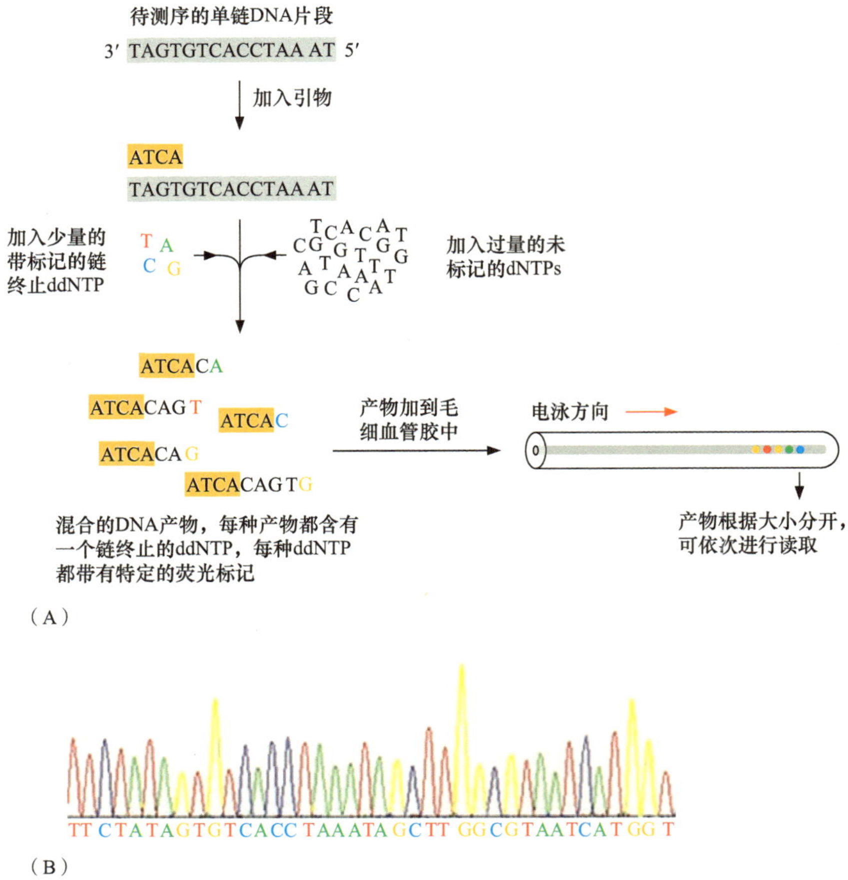

图 10-17 自动化双脱氧测序依赖于四种 ddNTP，每种 ddNTP 带有一种独特的彩色荧光标记。（A）为了确定一条 DNA 单链片段（灰色）的完整序列，首先将其与一条短 DNA 引物进行杂交（橙色），然后加入 DNA 聚合酶（未显示）、过量的正常 dNTP 和少量含有所有四种链终止 ddNTP 的混合物，每种 ddNTP 都带有不同颜色的荧光标记。由于导致链终止的 ddNTP 仅会偶尔掺入，所以每个反应会产生一组不同的 DNA 拷贝，终止于序列中的不同位点。将反应产物加载到细长的毛细管凝胶上，并通过电泳进行分离。使用照相机读取凝胶上每个条带的颜色，并将数据输送到计算机中进行序列拼接。从凝胶中读取的序列与原始 DNA 分子的序列正好互补。（B）来自这种自动测序的一小部分数据。每个带颜色的峰代表 DNA 序列中的一个核苷酸。

了带荧光标记的链终止核苷酸，相机便会对载玻片进行拍照，记录下每个簇中添加的核苷酸的种类；然后，荧光标签与链终止基团会被去除，使 DNA 聚合酶可以添加下一个核苷酸（图 10-21）。

最新的技术进步已经促使第三代测序技术（third-generation sequencing method）的出现，它可以对单个 DNA 分子进行测序。其中一种技术称为单分子实时测序，它采用了一种特殊的设备，其中单个 DNA 聚合酶和单个带有引物的 DNA 模板，被一起固定在一个装有不同颜色的 dNTP 的微槽内。随着 DNA 的合成，可依次逐个确定添加到生长 DNA 链上的核苷酸，从而揭示模板链的序列；与其他测序方法一样，该技术可以并行地测定多个微槽中同时发生的反应。在另一种仍在开发的方法中，单个 DNA 分子被缓慢地拉过一个微小的通道，就像穿过针眼的线。由于四种核苷酸分别具有不同特征性的化学性质，所以，核苷酸通过微小通道的阻力就能揭示其是哪种核苷酸，此信息可被用于后续编译出 DNA 分子的序列。对技术的不断改进，将会使测定人类基因组所需的时间和金钱成本进一步降低。

比较基因组分析可以鉴定基因并预测它们的功能

乍看上去，核苷酸序列并不能揭示出遗传信息如何指导一个生物体的发育，甚至并不能揭示出它可能会编码哪种生物体。了解特定核苷酸序列的功能，其中一种途径是将其

测定人类基因组

当 DNA 测序技术变得完全自动化时，确定 DNA 片段中的核苷酸序列，便从需要精心设计的博士学位课题变成了实验室的家常便饭。将 DNA 加入测序仪，再添加上必要的试剂，之后所需的结果即 A、T、G 和 C 的排列顺序就出来了，没有比这更简单的了。

那么为什么人类基因组测序的任务却是如此艰巨呢？这很大程度上是由于人类基因组的大小。当时使用的 DNA 测序方法，受限于用于分离标记片段的凝胶的物理尺寸（可参见图 Q10-9）。从一块凝胶中最多只能读取几百个核苷酸。那么，该如何处理含有数十亿个核苷酸对的基因组呢？

解决方案是将基因组打断成片段，并对这些较小的片段进行测序。接下来的主要挑战是如何以正确的顺序将短片段拼接在一起，以产生整个染色体的完整序列，并最终得到整个基因组的序列。实现这种基因组断裂和重组有两种主要策略：鸟枪法和逐步克隆法。

鸟枪法测序

对基因组进行测序的最直接的方法就是将其断裂为随机片段，对每条单链片段进行分离和测序，然后使用功能强大的计算机，利用序列的重叠来指导拼接，将这些片段进行排序（图 10-18）。这种方法称为鸟枪测序法。作个类比，想象一下把几本《细胞生物学精要》(*Essential Cell Biology*, *ECB*) 撕碎，碎片混合在一起，然后通过匹配每个碎片上出现的单词、短语或句子，再次尝试将该书重新拼接在一起。为了产生重新拼接所需的足够多的重叠，需要该书的几个拷贝才行。这个方法是可行的，但如果这本书只有两页长就会容易得多。

正因为此，直接的鸟枪法仅适于对小的基因组进行测序。在 1995 年，该方法证明了自己的价值，当时它被用于测定传染性细菌嗜血流感杆菌（*Haemophilus influenzae*）的基因组，这是第一个被完整测序的生物。鸟枪法的问题在于，拼接过程可能会由于重复核苷酸序列的存在而出错。虽然重复序列在细菌中很少见，但它们在脊椎动物基因组中占了很大一部分（参见图 9-33）。高度重复的 DNA 片段使 DNA 序列很难被精确地拼回到一起（图 10-19）。回到《细胞生物学精要》的类比，在本章中多次出现了“人类基因组”这一短语。想象一下，假如一张《细胞生物学精要》的碎纸片上含有以下信息：“那么为什么要对人类基因组进行测序”（出现在本节开头）；另一张碎纸片上含有信息：“人类基因组测序联盟的研究者们将鸟枪法与逐步克隆法结合起来”（参见下文）。你可能会想要根据重叠的短语“人类基因组”将这两张纸片拼接在一起。但你最终会得到一个荒谬的

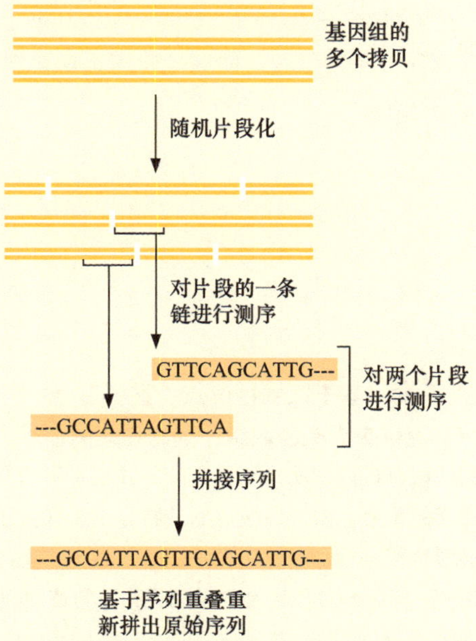

图 10-18　鸟枪测序法适合于小基因组测序。首先将基因组打断成为更小的重叠片段，然后对每个片段进行测序，并基于重叠序列把基因组拼接起来。

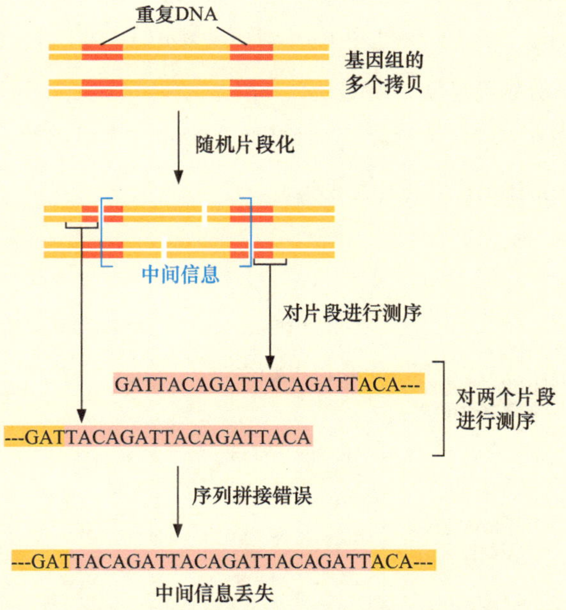

图 10-19　基因组中的重复 DNA 序列使得其片段难以被准确地拼接。在本例中，DNA 含有两个重复 DNA 片段，每段都由序列 GATTACA 的多个拷贝组成。当检视所得序列时，来自 DNA 不同部分的两个 DNA 片段看似也是重叠的。错误地拼接这些序列会导致原始重复序列之间的信息丢失。

表述:“那么为什么要对人类基因组测序联盟的研究者们将鸟枪法与逐步克隆法结合起来。”而且你还将丢失最初出现在这两个“人类基因组”之间的几段重要文本。

这还是只在本节中。“人类基因组”这一短语出现在本书的许多章节中。这种重复加剧了将每个片段放置于其正确的上下文中的难度。为了避免这些装配问题，人类基因组测序联盟的研究者们将鸟枪法与逐步克隆法结合起来。

逐步克隆法

在这种策略中，研究人员首先制备一个基因组 DNA 文库，然后将人类基因组打断成大小为 100 ～ 200kb，具有重叠的片段，将这些片段插入细菌人工染色体（BAC)，并将其转入大肠杆菌中。BAC 类似于前面讨论的细菌质粒，但它们可以携带更大的 DNA 片段。随着细菌的分裂，BAC 进行复制，从而产生了许多的重叠克隆片段（参见图 10-8）。

接下来，研究人员分析每个 DNA 片段应该放入人类基因组现有图谱的哪个位置。为此，他们使用不同的限制性内切酶去切割每个克隆，以产生独特的限制性位点“签名”。每个片段中限制性位点的位置分布，使研究人员可以将每个 BAC 克隆定位到人类全基因组的限制性图谱上，该图谱使用与先前相同的一套限制性内切酶所生成（图 10-20）。

知道克隆片段的相对位置后，研究人员随后选择了约 30 000 个 BAC，将每个 BAC 剪切成较小的片段，并使用鸟枪法分别确定每个 BAC 的核苷酸序列。然后，他们可以将散布在基因组中的数千个单独的 BAC 的序列拼接在一起，最终拼接出整个基因组序列。

这种方法的优点在于，它可以相对比较容易和准确地确定 BAC 片段在基因组中的位置，降低了含有重复序列的区域被错误拼接的可能性，并且它实际上消除了来自不同染色体的序列被错误地连接在一起的可能性。回到教科书的那个类比，基于 BAC 的方法相当于首先将你的几本《细胞生物学精要》分成单独的页面，然后再将每个页面粉碎成它自己的单独的一堆。这样第一堆片段只包含第 1 页中的语句，第二堆片段只包含第 2 页中的语句，依此类推，然后将书重新拼接起来就应该变得容易很多，并且几乎不可能错误地将第 40 页的句子粘贴到第 412 页的段落中间。

不同的方法结合使用

使用逐步克隆法在 2000 年产生了人类基因组的序列草图，并在 2004 年完成了最终的完整序列的测定。作为构建一个人类所需的所有 RNA 和蛋白质分子的指令合集，这一串遗传字符蕴含着人类发育和生理的秘密。对热衷于比较基因组学或其他生物生理学的研究人员而言，人类基因组序列也具有重要价值：它使其他哺乳动物如小鼠、大鼠、狗和其他灵长类动物的基因组核苷酸序列的拼接更为容易。同时，它也为确定人类个体基因组的核苷酸序列提供了一个基本框架，只需要将新的序列简单地叠加在上面即可。

第一个人类基因组序列是唯一一个以这种有条不紊的方法完成测定的哺乳动物基因组。但人类基因组计划是一次无可比拟的成功，因为它提供的技术、信心和动力推动了下一代 DNA 测序方法的发展，而这些技术正快速地改变着生命科学的各个领域。

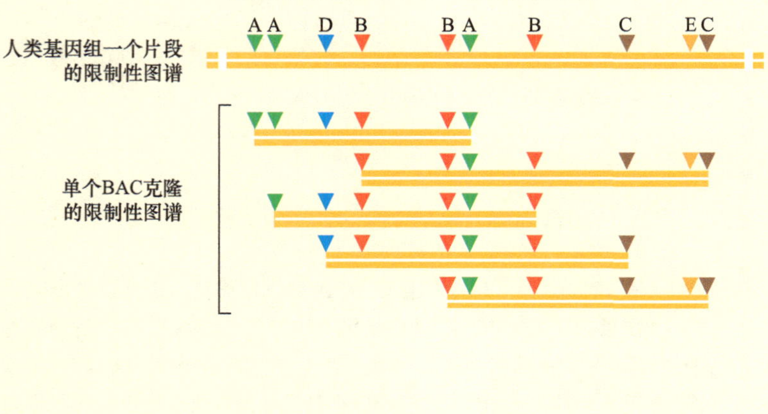

图 10-20 基于限制性位点“签名”，单个 BAC 克隆可被定位在人类基因组序列的物理图谱上。用 5 种不同的限制性内切酶来消化克隆，并记录不同酶切割每个克隆的位点。限制性位点的独特分布模式使研究人员能够对片段进行排序，并将其置于人类基因组的限制性图谱中，该限制性图谱是先前利用相同的核酸酶所生成。

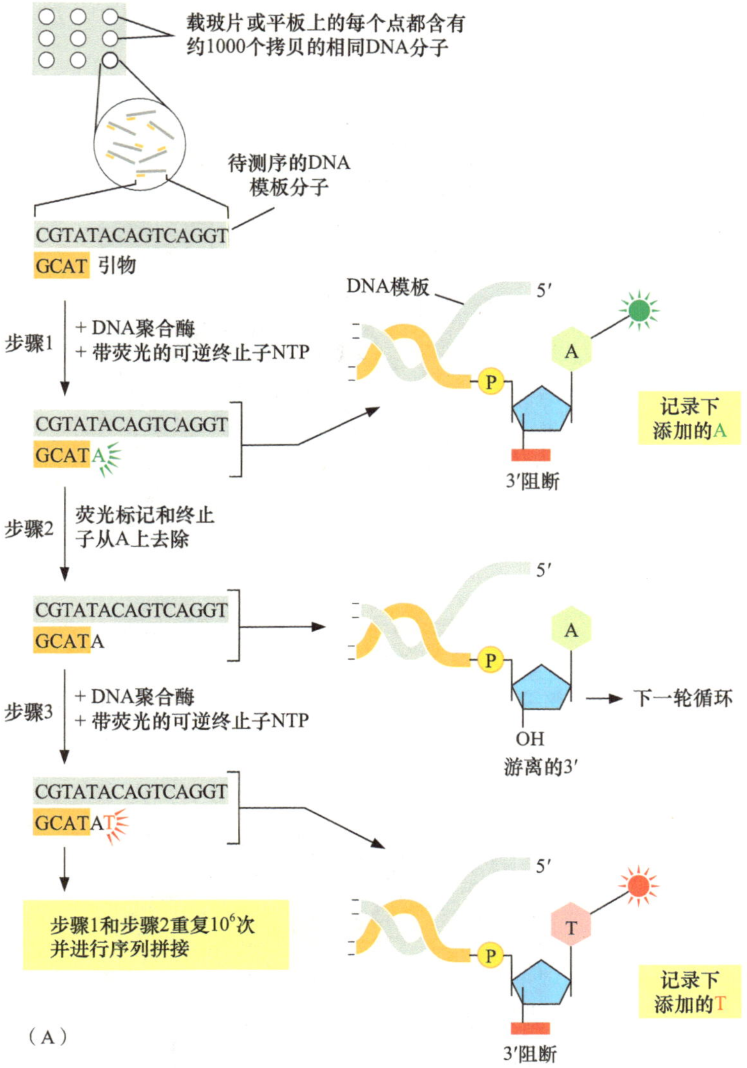

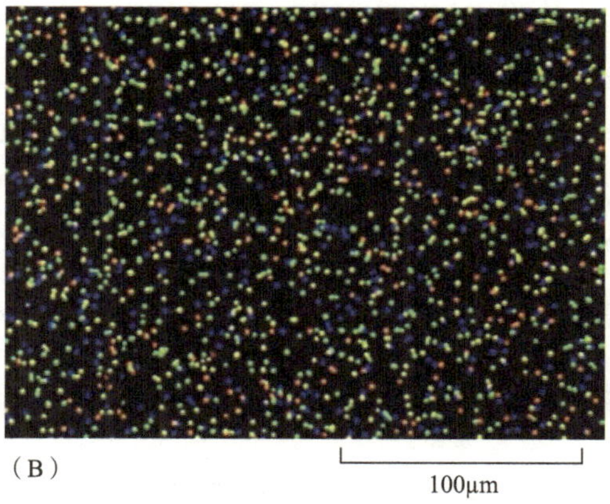

图 10-21　**基于自动化双脱氧测序基本原理的 Illumina 测序。**（A）研究者将感兴趣的基因组或其他大的 DNA 样本断裂成数百万个短片段。将这些片段连接到一种玻璃片表面，并通过 PCR 扩增以产生 DNA 簇，每个 DNA 簇包含约 1000 个拷贝的相同 DNA 片段。大量的 DNA 簇实现了对基因组的完全覆盖。第一步，锚定的 DNA 簇与 DNA 聚合酶以及四种特殊的核苷三磷酸（NTP）一起孵育，这些核苷三磷酸具有两个可逆的化学修饰，分别是特定颜色的荧光标记和终止 DNA 合成的 3′ 化学基团。上述反应中并没有正常的 dNTP。在通过 DNA 聚合酶添加了一种核苷酸后，高分辨率数码相机记录下每个 DNA 簇的荧光颜色。第二步，将 DNA 进行化学处理，以去除荧光标记物和化学阻断基团，然后加入新一批的荧光可逆终止子 NTP，以启动新一轮 DNA 合成，重复上述步骤直到测序完成。每一轮合成的照片经由计算机编译产生每个 DNA 片段的序列。然后数百万个重叠 DNA 片段的序列便可用来拼接出完整的基因组序列。（B）一块玻璃片的图像，显示了在使用荧光标记的 NTP 完成一轮 DNA 合成后的 DNA 簇。（图 B 蒙 Illumina 公司惠赠。）

与公共数据库中已有的多种序列进行比对。利用检索序列相似性的计算机程序，可以确定一段核苷酸序列中是否包含基因，以及基于该基因在其他生物中的已知功能，来推测该基因可能的功能。

比较基因组学分析表明，很多种生物基因编码区的序列保守性很高（参见图 9-20），而非编码区域的序列在进化中会迅速发生分歧（参见图 9-19）。因此，对序列相似性的搜索通常可以揭示一个特定的 DNA 片段来自哪个生物体，以及哪个物种与之关系最密切。当一个 DNA 样本的来源未知时，例如，从土壤或海水样本，或未诊断感染的患者血液中提取的样品，这种信息比对就特别有用。

探索基因功能

了解一段核苷酸序列的来源，即使知道了它可能具有什么功能，也只是初步确定它在一个生物体的发育或生理学中发挥了什么作用。例如，知道一段特定的 DNA 序列会编码转录调控因子，并不能揭示出该蛋白质表达的时间、地点，以及它可能会调控哪些基因。要了解这些，研究人员必须回到实验室中。

接下来就是需要发挥创造力的时候。研究基因如何发挥作用的方法有很多，因为许多科学家都对研究这个问题很感兴趣。一个研究者所采用的研究技术通常取决于他/她的背景和所受的训练：例如，对于同一个基因，遗传学家可能会设计出突变体，破坏该基因在生物中的活性，而生物化学家可能会大量生产出该基因的蛋白质并确定其三维结构。

在本节中，我们会介绍研究人员目前用来研究基因功能的几种方法。我们还会探索研究基因表达时间和位置的多种技术。之后，我们会描述如何通过破坏细胞、组织或整个植物或动物中的基因活性，来探究该基因的正常功能。最后，我们解释一下如何大量地生产蛋白质，并将其用于生物化学和结构生物学研究。

mRNA 分析提供了基因表达的快照

正如我们在第 8 章中讨论的那样，细胞仅表达其基因组中数千种基因的一小部分。不同的细胞类型表达的基因不同，而且同一种细胞类型在不同条件下表达的基因也不同。要在一群细胞或一个组织中确定哪些基因正在表达，一种方法就是分析它正在产生哪些 mRNA。

为了对一个细胞产生的所有 RNA 进行测序，研究人员利用了前面所描述的下一代测序技术。在大多数情况下，细胞中的 RNA 先通过逆转录酶转化为互补 DNA（cDNA），然后对这些 cDNA 进行测序。这个方法称为**转录组测序**（RNA-Seq）或深度 RNA 测序。它能够对细胞中的转录组（transcriptome），即细胞在一定条件下产生的 RNA 的完整集合进行定量分析。它还可以揭示出一个特定的序列在样品中出现的次数，并且可以检测出稀有的 mRNA、选择性剪接的 RNA 转录本、具有序列变异的 mRNA 以及非编码 RNA。这种强大的技术可以让我们检测到发育的不同时期、细胞分裂周期的不同阶段、不同药物治疗或者不同突变影响下的各种细胞和组织内的基因表达情况，从而为我们理解基因表达提供了激动人心的全新见解。

原位杂交可以揭示基因于何时何地表达

虽然 RNA-Seq 可以检测出特定组织在特定时间下的基因表达清单，但它不能准确地揭示组织中 RNA 的合成位置。为了解决这个问题，研究人员使用了一种被称为**原位杂交**（*in situ* hybridization）的技术。*in situ* 来自拉丁文，意为“原地”。该技术可以使特定的核酸序列，即 DNA 或 RNA，在其正常的位置被看到。

原位杂交使用荧光染料或放射性同位素标记的单链 DNA 或 RNA 作为探针，来检测某一组织内（图 10-22）甚至是某条分离的染色体上（图 10-23）的互补核酸序列。后一种情况常在临床中用于确定胎儿是否携带异常染色体。原位杂交还可以用于研究一个成人或正在发育的组织的一个特定基因或一系列基因的表达模式，从而为这些基因何时何地执行其功能提供重要线索。

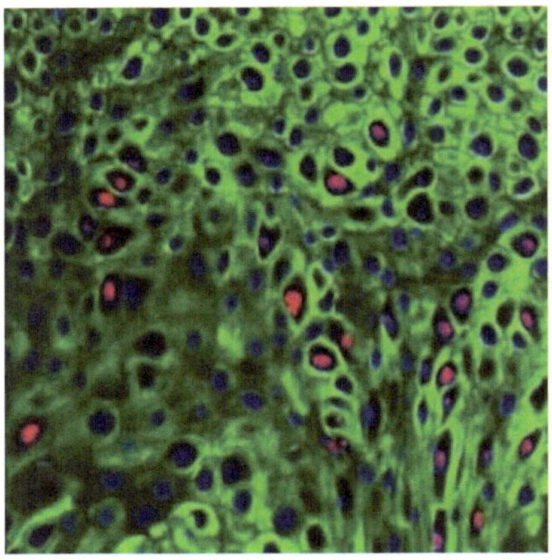

图 10-22　原位杂交可用于检测细胞中病毒的存在。这张显微照片展示的是，在体外培养的上皮细胞中，凡是被人乳头瘤病毒（HPV）感染的细胞，其细胞核被识别病毒 DNA 序列的荧光探针染成粉红色。所有细胞的细胞质都染成绿色。（蒙 Hogne Roed Nilsen 惠赠。）

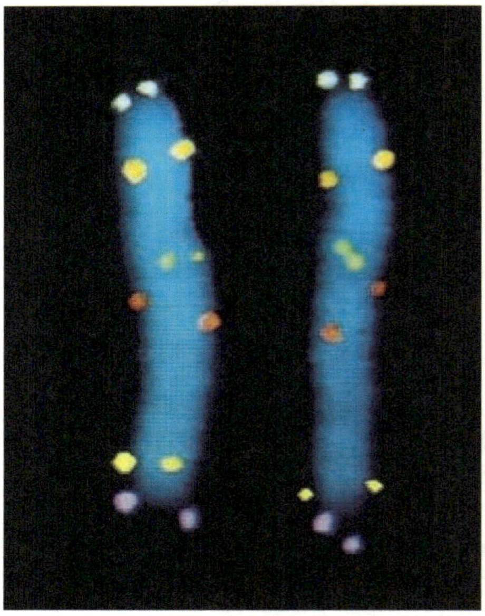

图 10-23　原位杂交可用于在分离的染色体上定位基因。图中显示的是分离自有丝分裂中期细胞的人类 5 号染色体（参见图 5-15 和图版 18-1），使用 6 种不同的 DNA 探针来标记它们各自对应的核苷酸序列在该染色体上的位置。DNA 探针已经用不同的化学基团标记，并通过特异结合这些基团的荧光抗体对其进行检测。图中并行排列的两条 5 号染色体分别来自父源和母源。每种探针在一条染色体上各有两个亮点，这是因为有丝分裂的染色体的 DNA 已经完成了复制，每条染色体含有两对相同的 DNA 双螺旋。这里采用的技术称为 FISH，即荧光原位杂交（fluorescence *in situ* hybridization）。（蒙 David C. Ward 惠赠。）

报告基因使得特定蛋白质可以在活细胞中被追踪

对于编码蛋白质的基因，其表达的蛋白质在细胞、组织或生物体内的位置可以为基因的功能提供线索。传统上，使用抗体标记是看到蛋白质在细胞或组织内定位的最有效方法。这种方法需要制备出特异性识别目标蛋白质的抗体，该过程既耗时又无法保证成功。

另一种替代的方法是，使用蛋白质编码基因的 DNA 调控序列来驱动某种类型的**报告基因**（reporter gene）的表达，该报告基因编码的蛋白质可以通过其荧光或酶活性而方便地监测。这种类型的重组基因通常会模拟目标基因的表达，报告蛋白所产生的时间、地点和表达量也与目的蛋白一致（图 10-24A）。这种方法也可用于研究控制该基因表达的 DNA 调控序列（图 10-24B）。

最受欢迎的报告蛋白之一是**绿色荧光蛋白**（green fluorescence protein，GFP），这是一种使荧光水母发出绿色荧光的分子。如果将编码 GFP 的基因与目的基因的调控序列融合，所得报告基因的表达可以通过荧光显微镜观察到（图 10-25）。使用多种发出不同荧光颜色的 GFP 变异体，可以深入了解不同细胞在活组织中如何相互作用（图 10-26）。

在一些情况下，将编码 GFP 的 DNA 直接连接到目的基因蛋白质编码区的后面，得到一个 GFP 融合蛋白。这种蛋白质起作用的方式通常会与该基因产生的正常蛋白质相同。GFP 融合已经成为一种常用手段，不仅可以用于在活细胞中跟踪特定蛋白质的定位，还可以跟踪特定蛋白质的运动（参见“我们是怎样知道的”栏目）。

对突变体的研究有助于揭示一个基因的功能

尽管这似乎违反直觉，但确定基因功能的最佳方法之一，正是观察当该基因被突变失活时生物体会发生什么变化。在基因克隆出现之前，遗传学家经常会研究在群体中随机出现的突变体。那些最让人感兴趣的突变体能被挑选出来，通常是因为它们具有某种不寻常的表型（phenotype），例如，白色眼睛或卷曲翅膀。导致该突变表型的基因随后可

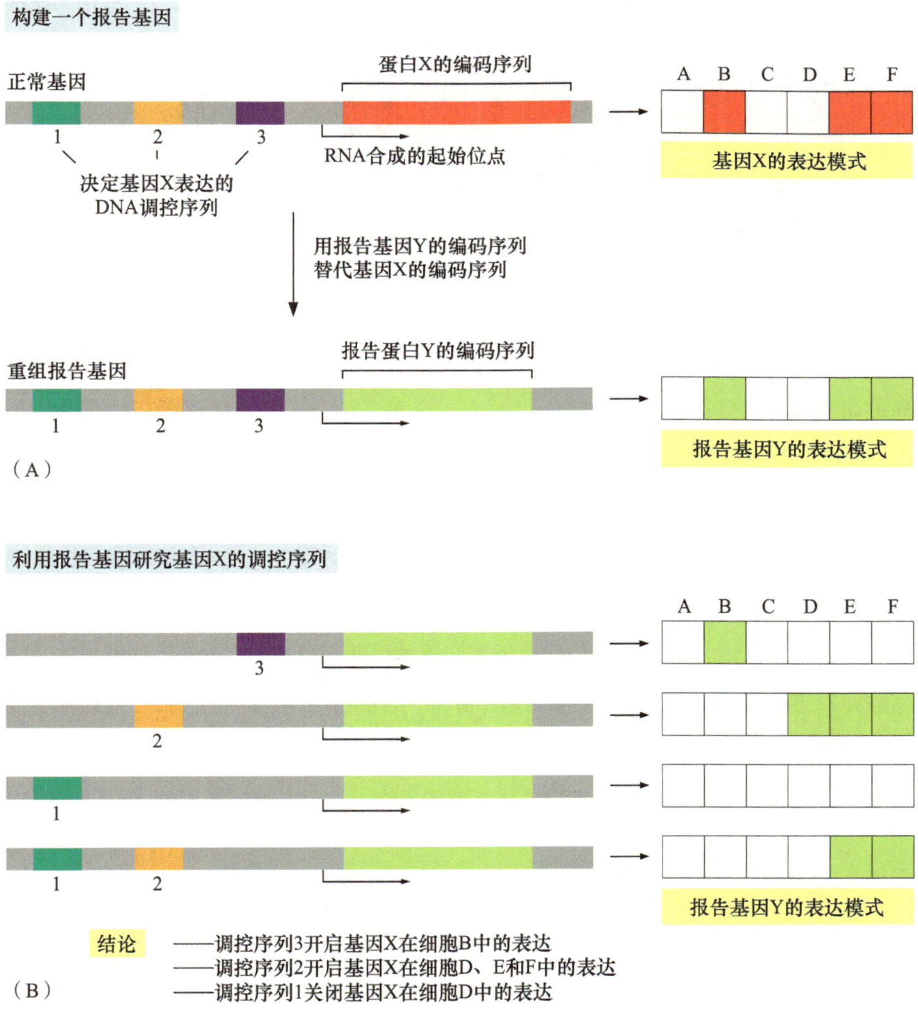

图 10-24　**报告基因可用于确定基因表达的模式。**（A）假设目标是找出哪种类型的细胞（A～F）表达蛋白 X，但该蛋白质很难通过使用抗体等直接检测到。利用重组 DNA 技术，蛋白质 X 的编码序列可以用报告蛋白 Y 的编码序列替换，而蛋白质 Y 更容易通过成像进行监测；两种常用的报告蛋白分别是 β-半乳糖苷酶（参见图 8-14C）和绿色荧光蛋白（GFP，参见图 10-25）。现在，报告蛋白 Y 的表达将受控于正常蛋白 X 表达的 DNA 调控序列（此处标记为 1、2 和 3）。（B）为了确定正常情况下是哪些调控序列控制基因 X 在特定细胞类型中表达，可以构建多个报告基因分别与 X 基因调控序列的不同区段组合而成的报告分子，然后将这些重组 DNA 分子转入不同细胞类型中，检测它们的表达。

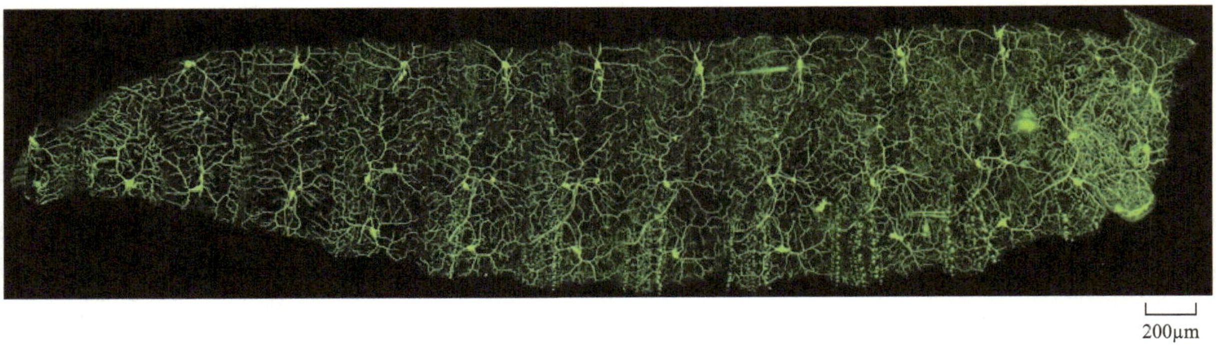

图 10-25　**绿色荧光蛋白（GFP）可用于在活体动物中鉴别特定的细胞。**图中所示的是在果蝇中完成的实验。利用 DNA 重组技术，将编码 GFP 的基因和指导一种特定果蝇蛋白质合成的 DNA 调控序列连接在一起。GFP 和正常的该果蝇蛋白都只在一组特殊的神经元中表达。果蝇幼虫的图像用荧光显微镜拍摄，显示出大约 20 个神经元，每个都通过很长的突触（轴突和树突）与其他（非荧光）细胞通讯。位于体表下方的这些神经元使生物能够感知其外部的瞬时环境。（蒙 Samantha Galindo/Grueber Lab/Columbia University's Zuckerman Institute 惠赠。）

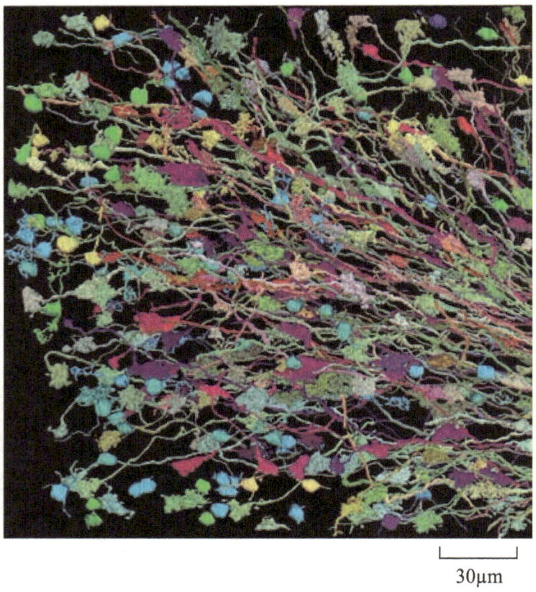

图 10-26　**发出不同波长荧光的 GFP 分子有助于揭示神经元单体在大脑中的连接方式。**该图像展示了小鼠的一个脑区中带有不同颜色标记的神经元。这些神经元表达了不同颜色 GFP 的不同组合，这使得在一个群体中区分和追踪多个神经元单体成为可能。这些标记神经元的美丽外观为携带它们的动物带来了一个有颜色的绰号“脑虹鼠”。（引自 J. Livet et al., *Nature* 450：56-62，2007。蒙 Macmillan Publishers Ltd. 惠赠。）

以通过杂交实验进行研究，正如孟德尔在 19 世纪对豌豆所做的研究那样（将在第 19 章讨论）。

尽管突变体可以自发产生，但这种自发突变的频率很低。生物的突变过程可以通过辐射或化学诱变剂处理来进行加速，这两种处理都能够随机破坏基因的活性。随机诱变会产生大量的突变体生物，接着可以对每种突变体单独进行研究。这种“经典遗传学策略”最适用于那些繁殖迅速并可在实验室中进行遗传分析的生物，如细菌、酵母、线虫和果蝇，我们将在第 19 章详细讨论。当然，它也可用于研究斑马鱼和小鼠，但需要更多的时间让实验动物繁殖和发育。

RNA 干扰（RNAi）抑制特定基因的活性

DNA 技术促生了更多具有靶向性地研究基因功能的遗传学方法。除了随机产生突变体，然后再鉴定导致突变的基因外，研究者还可以有意地使已知序列的基因失活，进一步地观察其对细胞或生物体表型的影响。由于这种策略本质上与经典遗传学中所使用的从突变体到基因的策略方向相反，它通常被称为反向遗传学（reverse genetics）。

使细胞和生物体中的基因发生沉默的最快、最简单的方法之一就是 **RNA 干扰**（RNA interference，RNAi）。RNAi 发现于 1998 年，它是一种在动植物中广泛使用的自然机制，可以保护生物体免受某些病毒的感染和移动遗传元件的扩增（在第 9 章中讨论）。RNAi 是将与待失活的基因互补的双链 RNA 分子转入细胞或生物体中，通过特殊的 RNA 切割和加工机制，双链 RNA 分子被加工为更短的双链片段，称为干扰小 RNA（siRNA）。这些双链 siRNA 分开后形成单链 RNA 片段，后者可以与目标基因的 mRNA 结合并介导它们降解（参见图 8-28）。在一些生物中，同样的片段还可以指导产生更多的 siRNA，从而使靶 mRNA 持续地失活。

RNAi 常用于体外培养的哺乳动物细胞系、果蝇和秀丽隐杆线虫。将双链 RNA 转入秀丽隐杆线虫特别简单：可以给线虫喂食经过基因工程改造的大肠杆菌，它们就会产生能够引发 RNAi 的双链 RNA（图 10-27）。这些 RNA 会转化为 siRNA，分布在整个动物体内，抑制目标基因在各种组织中的表达。对于许多基因组已经完全测序的生物，理论上 RNAi 可以用于探索任何基因的功能。现在也有大量的 DNA 载体可为多个物种产生这种双链 RNA。

一个已知基因可以被删除，或被另一个版本替换

尽管 RNAi 十分有用，但它也存在一些局限性。有时一些非目标基因也会与目的基因一起被抑制，并且某些细胞类型对 RNAi 具有完全的抗性。即使对那些可以有效发挥作用的细胞类型，RNAi 导致的基因失活通常只是暂时的，因此称为“基因敲低”。

幸运的是，还有其他更特异和更有效的方法来消除细胞和生物体中的基因活性。基因克隆的编码序列可以在体外被突变，从而改变其蛋白质产物的功能特性。或者，基因的编码区虽保持不变，但调节区域发生改变，从而改变蛋白质的表达量，或使基因在另一种细胞类型中表达，或在发育的不同时间点表达。将这种改造过的基因重新转入原来的生物体中，我们就能得到一个突变体生物，然后，通过对该突变体进行研究，确定该基因的功能。通常会将改造过的基因插入生殖细胞的基因组中，从而使其可以稳定地遗传给后代。利用这种技术使基因组发生改变的生物称为**转基因生物**（transgenic organism），或**基因修饰生物**（genetically modified organism，GMO）；被转入的基因称为**转基因**（transgene）。

为了研究在体外突变后的基因的功能，理想情况下，人们希望获得正常基因被突变基因取代的一种生物体。这样就可以在正常蛋白质缺失的情况下分析突变体蛋白质的功能。在小鼠中，通常可以利用体外培养的小鼠胚胎干细胞（ES cell）（将在第 20 章中讨论）来进行上述操作。对这些细胞首先进行靶基因替换，然后，将细胞移植到一个发育中的胚胎里以产生突变体小鼠，如图 10-28 所示。

使用类似的策略，可以完全消除一个基因两个拷贝的活性，产生一个“**基因敲除**”（gene knockout）。要达到这个目的，可以将该基因的无活性突变体转入体外培养的 ES 细胞，或者完全删除该基因。这项使用 ES 细胞产生“敲除小鼠”的技术，彻底革新了对基因功能的研究，已被用于系统地研究小鼠每个基因的功能（图 10-29）。

该技术的另一种变化是用于产生**条件性敲除小鼠**（conditional knockout mice），这样可以对一个已知的基因更有选择性地进行破坏，比如，仅在特定的细胞类型中或在发育的某个时间破坏该基因。该技术需要引入一种酶，称为重组酶，它可以被引导去选择性地剪切，从而失活某个感兴趣的基因（图 10-30）。这种条件性敲除对于研究在发育中具有关键功能的基因非常有用，因为缺失这些关键基因的小鼠经常在出生前就已经死亡。

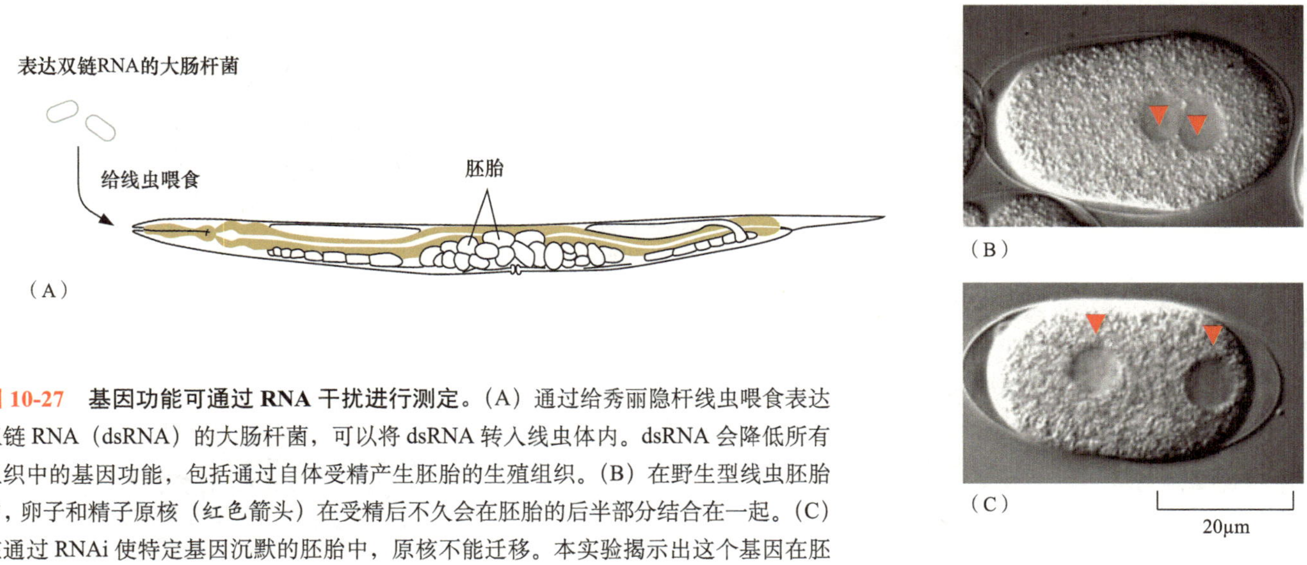

图 10-27 **基因功能可通过 RNA 干扰进行测定。**（A）通过给秀丽隐杆线虫喂食表达双链 RNA（dsRNA）的大肠杆菌，可以将 dsRNA 转入线虫体内。dsRNA 会降低所有组织中的基因功能，包括通过自体受精产生胚胎的生殖组织。（B）在野生型线虫胚胎中，卵子和精子原核（红色箭头）在受精后不久会在胚胎的后半部分结合在一起。（C）在通过 RNAi 使特定基因沉默的胚胎中，原核不能迁移。本实验揭示出这个基因在胚胎发育中的一个重要但以前未知的功能。（图 B 和 C 引自 P. Gonczy et al.，*Nature* 408：331-336，2000。蒙 Macmillan Publishers Ltd. 惠许。）

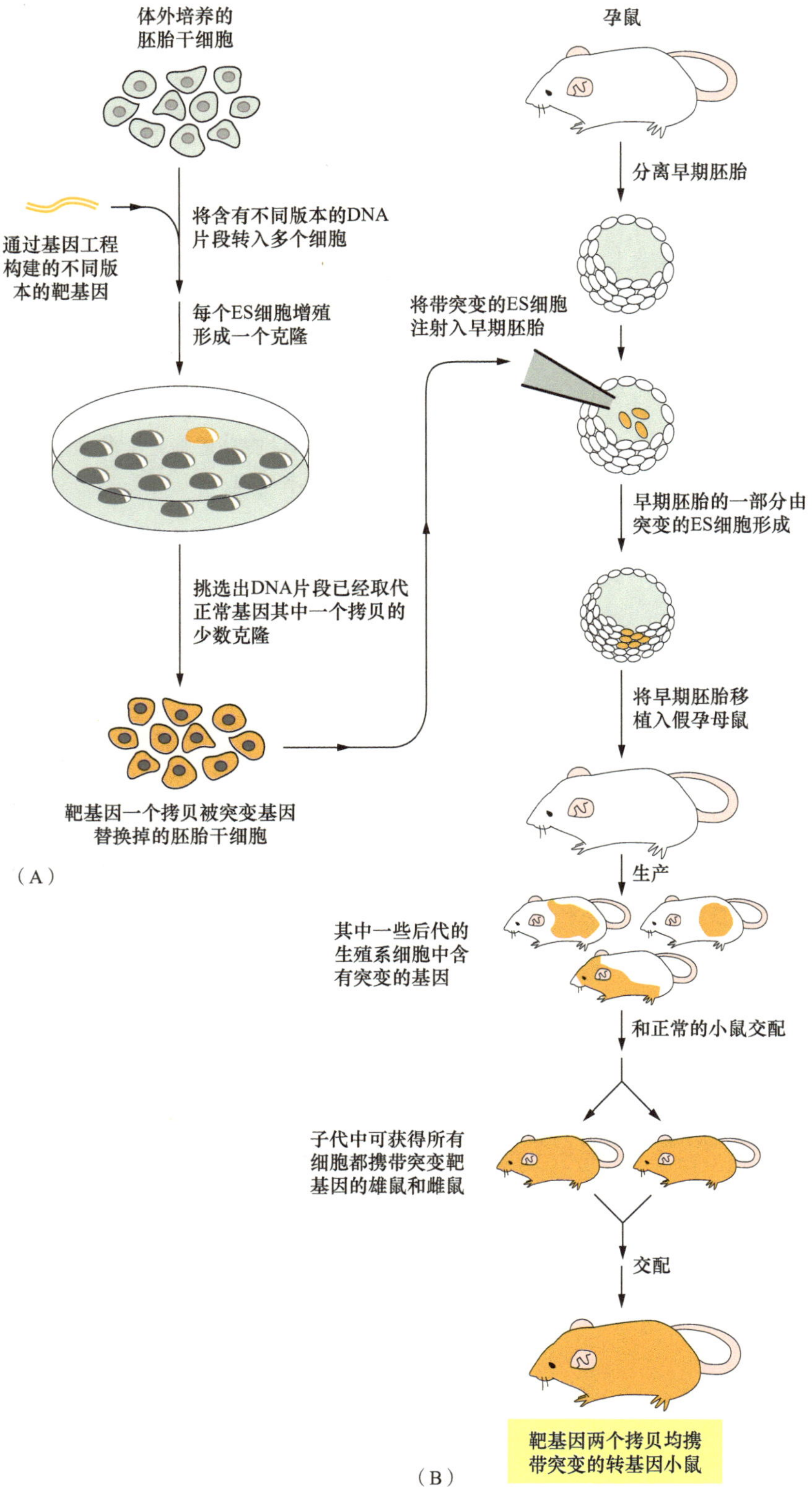

图 10-28 利用小鼠胚胎干（ES）细胞生产目标基因被替换的小鼠。（A）首先，将突变的基因转入体外培养的 ES 细胞。在少数 ES 细胞中，突变基因将通过同源重组取代相应的正常基因（如第 6 章和图 6-31 所示）。尽管该过程通常较为耗时费力，但这些稀有细胞可以被鉴定出来，并通过培养产生许多后代，每个后代在其对应的两个正常基因中都有一个基因被突变的基因所替换。（B）接下来，将携带突变的 ES 细胞注射入一个非常早期的小鼠胚胎中，细胞会掺入正在生长的胚胎中，然后发育成部分体细胞（橙色）含有突变基因的小鼠。其中一些小鼠的生殖系细胞会含有这种突变基因，当与正常小鼠交配后，这些小鼠会有部分后代的所有细胞中都含有该突变基因。这样的小鼠被称为“敲入”小鼠。如果两只这样的小鼠交配，获得的后代在它们的所有细胞中都含有两个拷贝的突变基因（每个染色体上一个）。

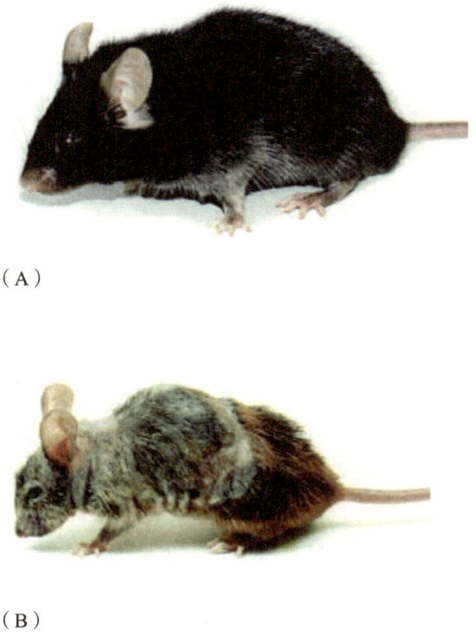

图 10-29 DNA 解旋酶发生突变的转基因小鼠表现出早衰。由 *Xpd* 基因编码的解旋酶参与转录和 DNA 修复。与野生型小鼠（A）相比，表达缺陷型 *Xpd* 基因的转基因小鼠（B）表现出许多早衰的症状，包括骨质疏松症、消瘦、过早花白、不育和寿命缩短。这里采用的 *Xpd* 突变损害了解旋酶的活性，而且模拟了人类中一种导致毛发硫营养不良症的突变，该突变的特征是头发易断裂、骨骼畸形、寿命大大降低。这些结果支持了这样的一个假设，即 DNA 损伤的积累会加快人类和小鼠的衰老过程。（来自 J. de Boer et al., *Science* 296：1276-1279，2002。蒙 AAAS 惠许。）

图 10-30　**条件性敲除可以在特定靶组织中选择性地灭活基因。**该技术需要将两个编辑过的DNA片段插入动物的生殖细胞中。第一个片段含有编码重组酶（在本例子中是Cre重组酶）的基因，它受到组织特异性启动子的控制。该启动子确保重组酶仅在目标组织中表达。第二个片段含有目的基因，且基因两侧带有可被重组酶识别的核苷酸序列（在本例中为LoxP重组位点）。通过编辑小鼠，使该版本的目的基因在该小鼠中是唯一拷贝。在非目标组织中，重组酶不会表达，目的基因会正常表达。而在目标组织中，组织特异性启动子被激活，使重组酶开始表达。然后酶与LoxP位点结合并催化重组反应，切除目的基因，使其特异性地在目标组织中失活。

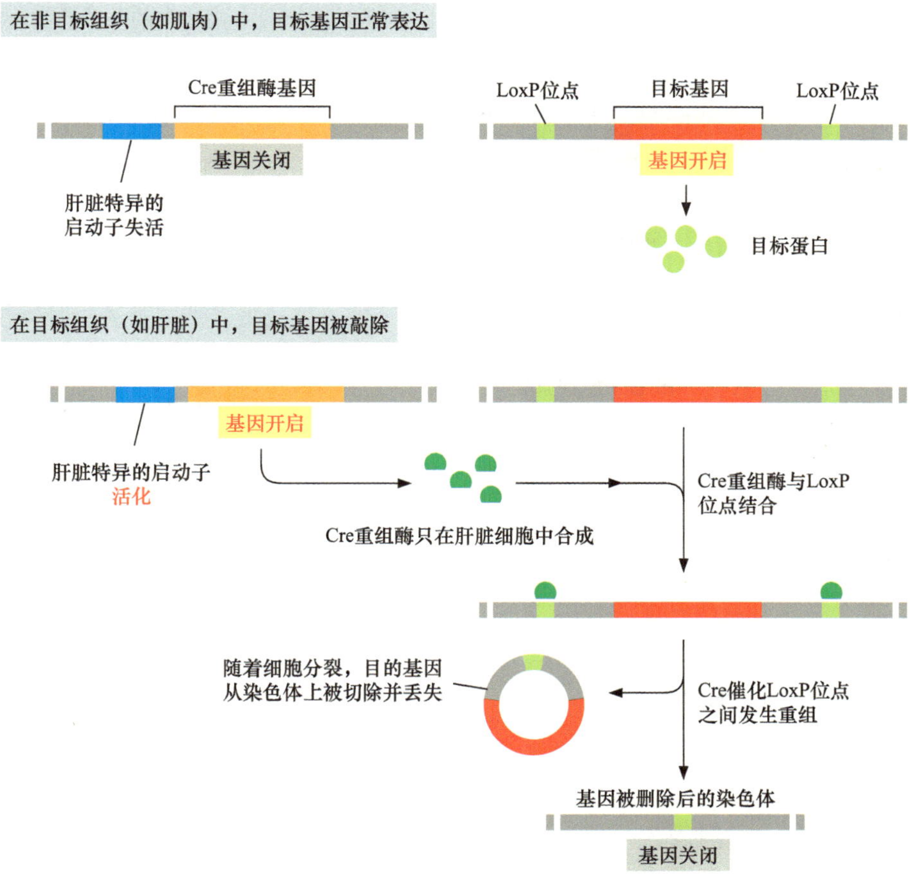

利用细菌的CRISPR系统可以高精度地编辑基因

细菌采用几种机制来保护自己免受外来DNA的侵害。如前所述，限制性内切酶提供了一道防线。最近，另一个细菌防御系统的发现导致了一种强大的技术发明，该技术可以在各种细胞、组织和生物中对基因进行编辑。细菌的这套防御系统称为**CRISPR**，它依赖于一种名为Cas9的细菌酶，该酶可以在DNA分子中造成双链断裂。与限制性内切酶不同，Cas9不是序列特异性的；为了将Cas9导向其目标序列，研究人员为该酶配备了一种引导RNA分子。引导RNA分子与Cas9结合，使Cas9可以对基因组进行搜索并与具有互补序列的DNA片段结合（图10-31A）。Cas9的编码基因已通过基因工程转入到多种生物中，因此，如果要使用CRISPR系统靶向一个或多个基因，研究人员只需要转入适当的引导RNA（视频10.2）。

正如我们在第6章中看到的那样，双链断裂（如Cas9诱导的断裂）通常会通过同源重组来修复，也就是使用未损坏的DNA片段上的信息来修复断裂。因此，为了用CRISPR替换目标基因，研究人员可以只提供突变后的基因版本作为同源修复的模板。通过这种方式，CRISPR系统可以选择性地切割目标基因，并高效地将目标基因替换为突变后的基因版本（图10-31B）。因此，CRISPR系统提供了另一种产生转基因生物的方法。

研究人员也正在改造CRISPR系统，使其能选择性地打开或关闭基因。在这种情况下，可以将一个没有催化活性的Cas9蛋白与转录激活因子或阻遏因子进行融合。这种杂合的转录调控因子继而可以被合适的引导RNA引导至目标基因（图10-31C和D）。

CRISPR系统在细菌中发现，但已经被应用到了几乎所有其他的实验生物中，包括小鼠、斑马鱼、线虫、果蝇、水稻和小麦，这个系统彻底革新了对基因功能的研究。与之前发现的限制性内切酶和RNAi一样，这一令人难以置信的突破来自科学家们的研究工作。这些科学家一开始只是在研究一种引人入胜的生物学现象，而没有意识到这些发现会极大地影响生物学的各个方面，包括人体健康。这种无意识的发现突显了基础研究的重要性。

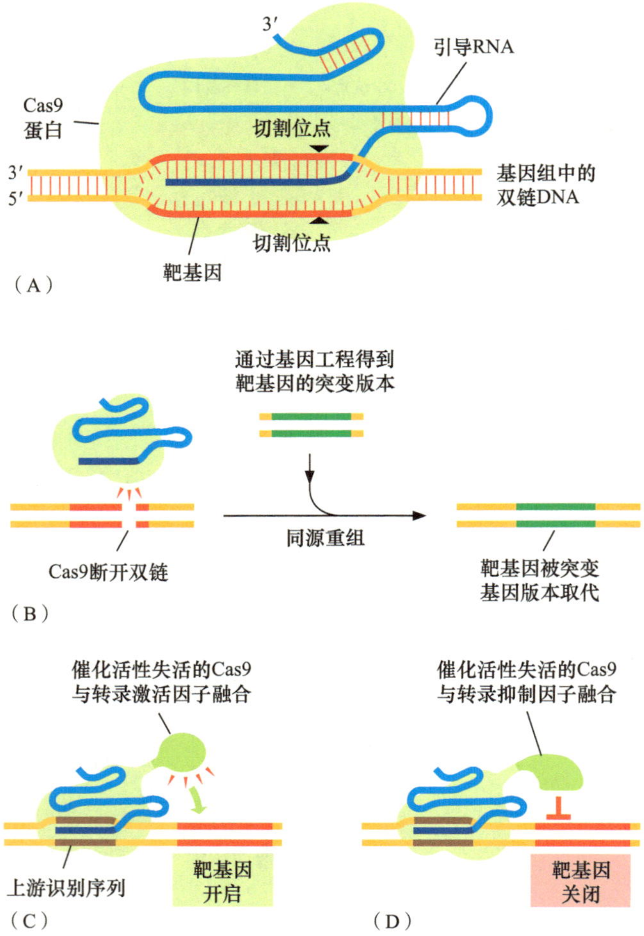

图 10-31　**CRISPR 系统可被用于在多个物种中研究基因的功能。**(A）将 Cas9 蛋白与实验者设计的引导 RNA 一起表达在感兴趣的细胞或物种中。引导 RNA 的一部分（浅蓝色）与 Cas9 结合，另一部分（深蓝色）被设计成与基因组中的特定目标序列匹配。(B）一旦 Cas9 在目标基因中引发双链断裂，修复双链断裂的酶可以通过同源重组将目标基因替换为经实验突变过的基因（参见图 6-31)。利用这种方式，CRISPR 系统可以对目标基因进行精确和快速的替换。(C 和 D）通过使用不能再切割 DNA 的 Cas9 突变体融合蛋白，Cas9 可用于激活一个在正常情况下休眠的基因（C）或关闭一个活跃表达的基因（D)。(改自 P. Mari et al.，*Nat. Methods* 10：957-963，2013。)

突变生物体为人类疾病研究提供了有用的模型

从技术上讲，包括 CRISPR 在内的转基因策略可被用于改变人类生殖细胞中的基因，但这种操作不符合伦理标准。然而，转基因技术目前被用于产生动物模型，以研究那些主要由基因突变导致的人类疾病。

随着 DNA 测序技术的爆炸式发展，研究人员可以快速地搜索患者的基因组，查找导致或大大增加疾病风险的突变（将在第 19 章中讨论），然后这些突变体可以被转入到实验动物如小鼠中。由此产生的转基因动物通常会模拟与患者病症相关的一些异常表型，可以用于探索疾病的细胞和分子基础，并筛选具有潜在治疗作用的药物。

脆性 X 综合征（fragile X syndrome）的治疗就是一个令人鼓舞的例子。这是一种与智力障碍、神经系统异常和自闭症相关的神经精神疾病，由脆性 X 智力迟钝基因（fragile X mental retardation，FMR1）的突变所造成。突变的基因所编码的蛋白质可以抑制突触即神经细胞相互交流的交界点处的 mRNA 翻译成蛋白质（参见图 12-39)。*FMR1* 基因失活的转基因小鼠表现出许多在患者中观察到的神经和行为异常，并且，那些可以将突触蛋白的合成恢复至接近正常水平的药物，也可以治疗这些突变小鼠出现的症状。初步的研究表明，这些药物中至少有一种可以使该疾病的患者受益。

转基因植物对细胞生物学和农业都很重要

虽然我们通常会认为 DNA 技术是属于动物生物学，但这些技术对植物学研究也产生了深远的影响。事实上，植物的某些特征使它们特别适合于这些技术。

当一片植物组织生长在含有营养物和适当生长调节素的无菌培养基中时，一些细胞会在刺激下以无序的方式无限增殖，产生大量相对未分化的细胞，称为愈伤组织（callus)。如果小心地处理营养物和生长调节素，可以在愈伤组织内诱导芽的形成，并且在许多物种中，这些芽可以进一步长成一株全新的植物。在一些植物中，包括烟草、矮牵牛、胡萝卜、马铃薯和拟南芥，来自这种愈伤组织的单个细胞可以长成一小块细胞，从中可以再生出整株植物（参见图 8-2B)。正如突变小鼠可以通过对培养中的胚胎干细胞进行基因编辑而获得，转基因植物也可以通过用 DNA 转染培养中的植物细胞而产生（图 10-32)。

生产转基因植物的能力极大地加速了植物细胞生物学许多领域的进展。它在分离生长调节素的受体、分析植物形态发生的机制和分析植物基因的表达机制等方面都发挥了重要作用。这些技术也为农业开辟了许多新的可能，使农民和消费者都受益。例如，它们可以改变种子中脂质、淀粉和蛋白质的比例，赋予植物抗虫性和抗病毒性，并创造出能够耐受极端环境如盐碱地或干旱土壤的改良植物。大米经过基因工程改造，可以产生作为维生素 A 前体的 β-胡萝卜素（图 10-33)。这种大米因其呈现黄色/橙色而被称为“黄金大米”。如果取代传统的大米，这种“黄金大米”将有助于缓解严重的维生素 A 缺乏症，这种病导致了发展中国家每年数十万儿童失明。

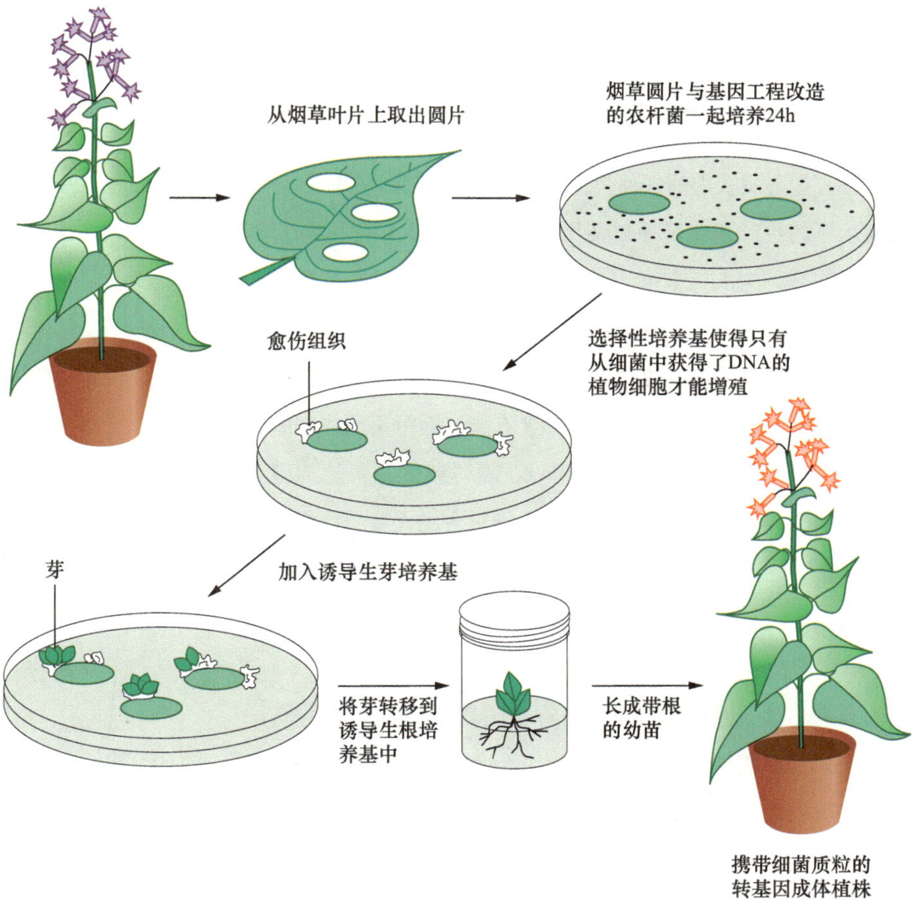

图 10-32　使用针对植物优化的重组 DNA 技术可以制备转基因植物。从一片叶子上切下来一个小圆片，并与携带有重组质粒的农杆菌（*Agrobacterium*）一起孵育，该质粒同时含有一个选择标记和一个所需的重组基因。在圆片的边缘，受伤的植物细胞会释放出一些物质，吸引细菌靠近并将自身的 DNA 注入这些细胞。只有那些摄取了适当 DNA 并表达选择标记基因的植物细胞才能存活、增殖并形成愈伤组织。调整供给愈伤组织的生长因子，可以诱导其形成芽，随后生根并生长成带有重组基因的成体植株。

图 10-33　DNA 技术可以产生含有高水平 β-胡萝卜素的大米。为了帮助发展中国家减少维生素 A 缺乏症，一种叫“黄金大米”的水稻品种被开发出来，其中谷物的可食部分（称为胚乳）含有大量的 β-胡萝卜素，可以在人体肠道内转化为维生素 A。（A）与大多数其他植物一样，水稻植物可以以一种在所有植物组织中都丰富存在的物质（异戊二烯焦磷酸）作为前体，来合成叶片中的 β-胡萝卜素。然而，编码在这条合成途径早期起作用的两种酶的基因在胚乳中被关闭，从而阻止了水稻谷粒中 β-胡萝卜素的产生。为了生产黄金大米，研究者分别从能够产生大量 β-胡萝卜素的生物——玉米和一种细菌中获得了这两种酶的基因。利用 DNA 技术，将这些基因与驱动水稻胚乳中基因表达的启动子连接在一起。使用图 10-32 中所示的方法，该重组 DNA 被用于生产转基因水稻，该水稻会在胚乳中表达这些酶，因此含有高水平的 β-胡萝卜素。与野生型的碾磨谷粒（B）相比，转基因水稻的谷粒由于 β-胡萝卜素的存在而呈现出深黄色/橙色（C）。（图 B 和 C 引自 J.A. Paine et al., *Nature Biotechnology*, Letters 23：482-487, 2005。蒙 Macmillan Publishers Ltd. 惠许。）

稀有的蛋白质也可以通过克隆 DNA 实现大量生产

DNA 克隆和基因工程最重要的贡献之一，就是它们使包括稀有蛋白质在内的任何蛋白质的大量生产成为可能。这种高水平的生产通常是通过使用特殊设计的载体来完成的，这种载体被称为*表达载体*（expression vector）。这些载体中含有转录和翻译信号，来指导插入基因进行高水平表达。不同的表达载体通过不同的设计，可分别用于细菌、酵母、昆虫或哺乳动物细胞，每种载体中都含有能够适用于这些细胞的转录和翻译调控序列（图 10-34）。表达载体在每轮细胞分裂中复制，使体外培养的转染细胞能够合成大量的目标蛋白质，有时甚至占到总细胞蛋白质的 1%～10%。之后，将这种蛋白质与宿主细胞产生的其他蛋白质分开并纯化出来，通常就是很简单的事了。

现在这项技术用于大量制备许多医学上有用的蛋白质，包括激素（如胰岛素）、生长因子、治疗性抗体和用于疫苗制备的病毒外壳蛋白。表达载体还使科学家可以足量地生产出许多生物学上重要的蛋白质，用于详细的结构和功能研究。这些研究曾经是不可能实现的，特别是对于那些通常表达量极少的蛋白质，比如一些受体和转录调控因子。因此，重组 DNA 技术使科学家能够轻松地从蛋白质到基因，反之亦然，从而可以从多个方向探索两者的功能（图 10-35）。

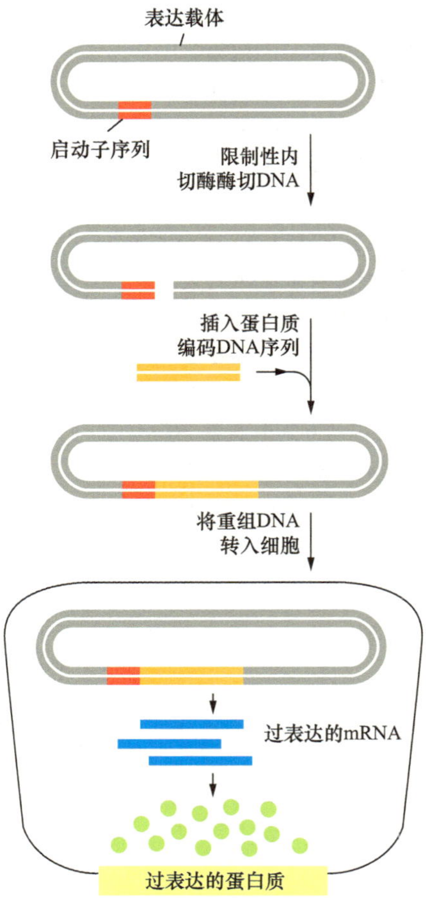

图 10-34　将一个蛋白质编码序列插入表达载体并转入细胞，可以大量生产出该目的蛋白。 图中重组的质粒载体中包含一个高度活跃的启动子，这导致插入的蛋白质编码基因可以转录出非常大量的 mRNA。根据克隆载体的具体特征，质粒被转入细菌、酵母、昆虫或哺乳动物细胞，其中插入的基因被有效转录并翻译成蛋白质。

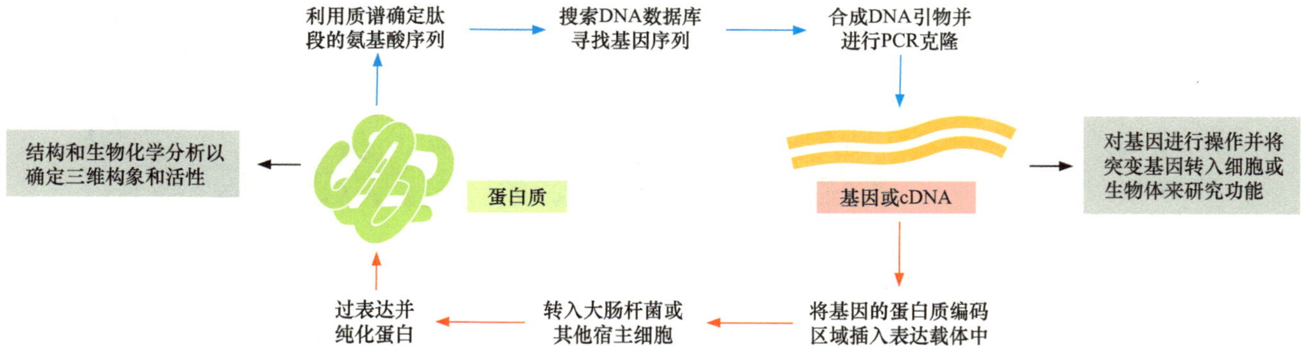

图 10-35　重组 DNA 技术可使研究者的实验从基因到蛋白质，或从蛋白质到基因。 少量纯化的蛋白质或肽段被用于获取部分氨基酸序列，利用该序列可以在 DNA 数据库中搜索相应的核苷酸序列。根据此核苷酸序列合成的 DNA 引物，可用于通过 PCR 从测序的基因组（参见图 10-13）中克隆出该基因。一旦分离出该基因并完成测序，就可以将其蛋白质编码序列插入到表达载体中以产生大量的蛋白质（参见图 10-34），然后在生物化学或结构生物学层面上进行研究。除了生产蛋白质，该基因或 DNA 也可以通过操作转入细胞或生物体中以研究其功能。

基本概念

- DNA 技术彻底改变了对细胞的研究，使得从细胞的数千个基因中随意挑出任何一个，并确定其核苷酸序列成为可能。
- 该技术的一个关键要素是可重复地使用限制性内切酶，将一个大的 DNA 分子切割成特定的 DNA 片段，每种限制性内切酶仅在特定的核苷酸序列上切割 DNA 双螺旋。
- DNA 片段可以通过凝胶电泳，根据其大小分开。
- DNA 克隆技术可以从数百万个其他序列中选择某一个 DNA 序列，并得到该序列无限量的纯化产物。
- DNA 片段可以通过 DNA 连接酶在体外连接在一起，形成自然界中不存在的重组 DNA 分子。
- 通过将 DNA 片段插入可复制的较大 DNA 分子（如质粒）中，再把该重组 DNA 分子转入快速分裂的宿主细胞，通常是细菌，在每个细胞分裂周期中该 DNA 都会被复制。通过这种方式就可以维持并扩增 DNA 片段。
- 代表一个生物体完整基因组的染色体 DNA 片段的集合称为基因组文库。文库通常以数百万个细菌的克隆形式进行保存，每个不同的克隆都携带生物体基因组的不同片段。
- cDNA 文库含有一种特定类型的细胞或组织的总 mRNA 的 DNA 拷贝。与基因组 DNA 克隆不同，cDNA 克隆主要含有蛋白质编码序列；它们缺乏内含子、DNA 调控序列和启动子。因此，它们适用于克隆那些用来制造蛋白质的基因。
- 核酸杂交可以在核酸片段混合物中检测任何给定的 DNA 或 RNA 序列。该技术依赖于带有标记的单链 DNA 或 RNA 探针，与具有互补序列的另一核酸之间高度特异性的碱基配对。
- 聚合酶链反应（PCR）是在体外使用纯化的 DNA 聚合酶进行 DNA 扩增的强有力的工具。使用 PCR 进行克隆需要事先了解待扩增的序列，因为两个人工合成的寡核苷酸引物必须分别位于待复制 DNA 序列的两侧。
- DNA 测序技术变得越来越快速和廉价，因此现在我们已经知道了数千种不同生物的全基因组序列，包括数千个人类个体的全基因组。
- 使用 DNA 技术，一个蛋白质可以被连接上一个分子标签，如绿色荧光蛋白（GFP），它使我们能够在一个细胞，甚至某些情况下在一个生物体中追踪该蛋白质的动态。
- 原位核酸杂交可用于检测染色体上基因的精确定位，以及 RNA 在细胞和组织中的精确定位。
- RNA-Seq 可用于监测一个细胞或组织中所有基因的表达情况。
- 克隆的基因可以在体外进行突变，并稳定地插入细胞或生物体的基因组中，从而研究该基因的功能。所产生的突变体被称为转基因生物。
- 通过 RNA 干扰（RNAi）技术会阻止特定的 mRNA 翻译成蛋白质，从而可以抑制细胞或生物体中特定基因的表达。
- CRISPR 系统可以高度特异地对基因进行删除或修饰，该系统使用引导 mRNA，来促进 DNA 剪切发生在基因组中特定核苷酸序列上。
- 对细菌、酵母和哺乳动物细胞进行基因工程改造，使得只要克隆到一个蛋白质的基因序列，就可以大量生产出该蛋白质，从而可以研究那些稀有或难以分离的蛋白质。

关键词

互补 DNA（complementary DNA，cDNA）	DNA 连接酶（DNA ligase）
cDNA 文库（cDNA library）	基因敲除（gene knockout）
CRISPR	基因组文库（genomic library）
双脱氧（桑格）测序［dideoxy（sanger）sequencing］	绿色荧光蛋白（green fluorescence protein，GFP）
DNA 克隆（DNA cloning）	杂交（hybridization）
DNA 文库（DNA library）	原位杂交（*in situ* hybridization）

质粒（plasmid）	RNA 干扰（RNA interference，RNAi）
聚合酶链反应（polymerase chain reaction，PCR）	转录组测序（RNA-Seq）
重组 DNA（recombinant DNA）	转化（transformation）
报告基因（reporter gene）	转基因生物（transgenic organisms）
限制性内切酶（restriction enzyme）	

问题

问题 10-1

DNA 测序显示，你的两个 β-珠蛋白基因（分别来自你的两条 11 号染色体）的其中一个存在突变。仅凭这些信息，你是否应该担心自己是某种遗传性疾病的携带者，而且还可能将该疾病传递给你的孩子们？要评估这个风险，你还需要其他哪些信息？

问题 10-2

当下面的双链 DNA 分子分别被以下的酶消化，会得到哪些产物？（A）*Eco*R Ⅰ，（B）*Hae* Ⅲ，（C）*Hin*d Ⅲ，（D）三种酶一起酶切（参见图 10-2，了解这些酶的靶序列。）

5′-AAGAATTGCGGAATTCGGGCCTTAAGCGCCGCGTCGAGGCCTTAAA-3′

3′-TTCTTAACGCCTTAAGCCCGGAATTCGCGGCGCAGCTCCGGAATTT-5′

问题 10-3

讨论以下说法：“对于 cDNA 克隆的一个核苷酸序列，可以通过遗传密码来推断其蛋白质的完整氨基酸序列。因此，蛋白质生物化学变得很多余，因为通过研究蛋白质我们无法学到更多信息。”

问题 10-4

A. 如果图 10-12 所示的 PCR 再经历两轮扩增，标记为灰色、绿色、红色或黄色的 DNA 片段各会增加多少？如果不断循环下去，哪种颜色的片段会占据主导？

B. 假设你开始从一个双链 DNA 分子中扩增一条 500 个核苷酸的序列。大约经过多少个循环你能够得到 100ng 的 DNA？ 100ng 是 DNA 在被荧光染色后很容易检测的量。（提示：对于该计算，你需要知道每个核苷酸的平均分子量是 330g/mol）。

问题 10-5

如果双脱氧核糖核苷三磷酸比脱氧核糖核苷三磷酸的比例增加，双脱氧 DNA 测序反应会受到什么影响？如果这个比例下降又会发生什么？

问题 10-6

一个动物个体中几乎所有的细胞都含有相同的基因组。在一个实验中，一个由几种不同细胞类型构成的组织被固定，并用 DNA 探针与一个特定的基因进行原位杂交。令你惊讶的是，杂交信号在某些细胞中比在其他细胞中强得多。你怎么解释这个结果？

问题 10-7

经过数十年的努力，里基（Ricky）M. 博士从好莱坞名人的头发样本中分离出少量的“吸引酶”，即一种能够产生强烈的人类信息素的酶。为了将吸引酶为自己所用，他获得了吸引酶基因的完整基因克隆，将其与表达质粒上的强细菌启动子连接，并将重组质粒转入大肠杆菌细胞。然而，他震惊地发现在细胞中并没有产生吸引酶。对他的失败，你有什么可能的解释？

问题 10-8

以下哪项说法是正确的？解释你的答案。

A. 限制性内切酶总是在基因之间的特定位点上对 DNA 进行切割。

B. 电泳时 DNA 向正极迁移。

C. 从 cDNA 文库分离的克隆含有启动子序列。

D. PCR 需要使用热稳定的 DNA 聚合酶，因为扩增的每一步都必须对双链 DNA 进行热变性。

E. 用 *Alu* Ⅰ（一种识别四核苷酸序列的限制性内切酶）消化基因组 DNA，将产生长度恰好为 256 个核苷酸的片段。

F. 构建 cDNA 文库一定会用到 DNA 聚合酶和逆转录酶。

G. 利用 PCR 进行 DNA 指纹分析是基于这样的事实：不同个体在其基因组中的短串联重复序列（STR）区域中具有不同数量的重复。

H. 一个基因的编码区可能存在于由特定组织制备的基因组文库中，但不会存在于由上述组织制备的 cDNA 文库中。

问题 10-9

A. 图 Q10-9 中显示的测序反应中所使用的 DNA 序列是什么？四个泳道展示了测序反应的产物，包含 ddG（泳道 1）、ddA（泳道 2）、ddT（泳道 3）和 ddC（泳道 4）。放射自显影图右侧的数字代表了 50 个和 116 个核苷酸 DNA 片段的位置。

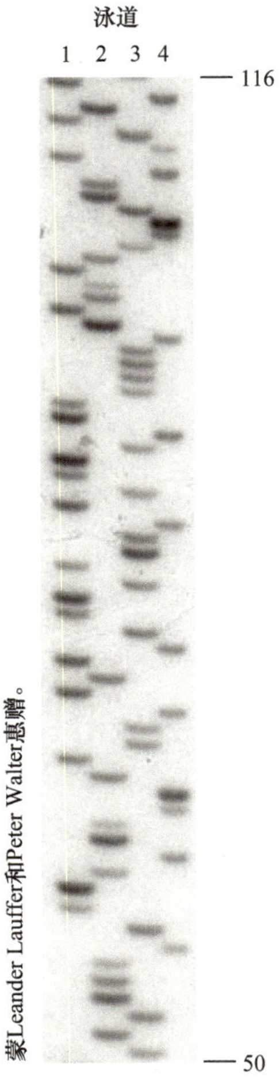

图 Q10-9

B. 该 DNA 来自一个哺乳动物蛋白质的 cDNA 克隆的中间位置。使用遗传密码表（参见图 7-27），你能确定这部分蛋白质的氨基酸序列吗？

问题 10-10

A. 如果你用 *Hae* Ⅲ切割人类基因组 DNA，你预计会有多少种不同的 DNA 片段？（回想一下，每个单倍体基因组有 3×10^9 个核苷酸对）。如果用 *Eco*R Ⅰ切割呢？

B. 用于 DNA 测序的人类基因组文库，通常是由用 *Hae* Ⅲ不完全切割人类 DNA 得到的片段构建的；也就是说，并非所有可能的 *Hae* Ⅲ识别位点都被切割。这样做的可能原因是什么？

问题 10-11

一个双链 DNA 分子被限制性内切酶切割，产物通过凝胶电泳进行分离（图 Q10-11）。你不知道这个 DNA 分子是线性的还是环状的。已知大小的 DNA 片段也在同一块凝胶上进行了电泳，以作为分子大小的标记（左泳道）。DNA 标记的大小单位是 kb，1kb=1000 核苷酸对。借助大小标记，估算得到的每个限制性酶切片段的长度。根据这个信息，构建出原始 DNA 分子的限制性内切酶图谱，其中应包含所有限制性内切酶酶切位点的相对位置。

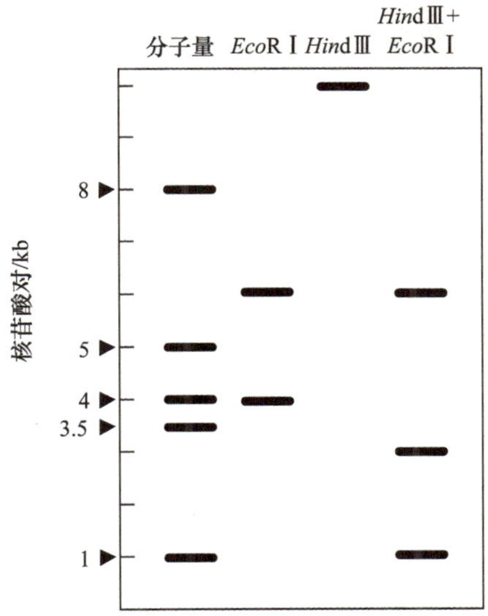

图 Q10-11

问题 10-12

你当地医院的产科病房里发生了一场巨大的混乱。在这场意外的混乱中，4 对在 1h 内接连出生的双胞胎男婴被弄混。你被要求把这个错误纠正过来。作为第一步，你希望将每个婴儿与他的双胞胎匹配上（许多新生儿看起来都很相像所以无法通过外表判断）。为此，你使用杂交探针对每个婴儿的少量血样进行了分析，该杂交探针可以检测广泛分散于基因组中的短串联重复序列（STR），结果如图 Q10-12 所示。

A. 哪些婴儿是双胞胎？哪些是同卵双胞胎？

B. 你怎样把这些双胞胎与他们的父母进行正确的匹配？

图 Q10-12

问题 10-13

利用重组 DNA 技术进行遗传改造的首批生物之一，是一种通常生活在草莓植株表面的细菌。这种细菌会产生一种叫做冰蛋白的蛋白质，当温度降到冰点以下时，冰蛋白能在其周围有效地形成冰晶。因此，带有这种细菌的草莓特别容易受霜冻损害，因为它们的细胞被冰晶破坏了。因此，种植草莓的农民对防止冰晶的产生具有浓厚的兴趣。

利用基因工程，在细菌中敲除冰蛋白基因，然后将这种突变细菌大量引入草莓田，在那里它们通过竞争生态位来取代正常细菌。这种方法获得了成功：带有突变细菌的草莓对霜冻损害的敏感性大大降低。

在这种方法初次实施时，最初的开放式田间试验引发了激烈的辩论，因为这代表着使用重组 DNA 技术进行基因工程改造的生命体首次被释放到了环境中。诚然，所有的初步实验都是在极其谨慎的情况下进行的，也受到了严格的监控。

你是否认为缺乏冰蛋白的细菌可以在不利用现代 DNA 技术的情况下被分离出来？这种突变是否已经在自然界中发生过？使用从自然界中分离的突变细菌菌株是否会让人少一分焦虑？我们是否应该关注重组 DNA 技术在农业和医学中应用所带来的风险？其潜在利益是否大于风险？解释你的答案。

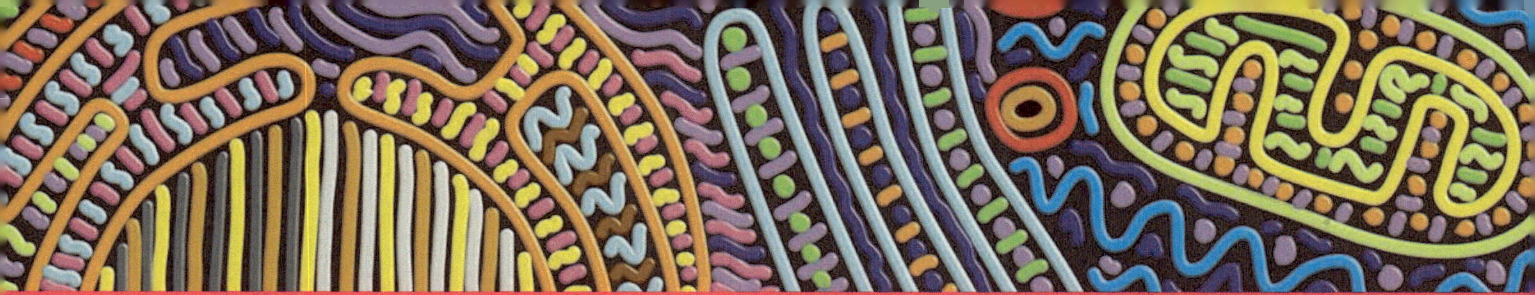

第11章 膜结构

脂双层膜

膜蛋白

一个活细胞就是一套装在容器内的分子自我复制系统，这个容器就是**细胞膜**（plasma membrane）。细胞膜是一种镶嵌着蛋白质的脂肪薄膜，它非常薄，无法在光学显微镜下直接观察到。地球上的每个细胞都使用这种膜来使自身的化学成分与外界环境隔离开，从而保全自己。没有膜，就没有细胞，也就没有生命。

细胞膜的结构很简单，它由约 5nm 或 50 个原子厚的双层脂质分子组成，膜上插有多种蛋白质。然而，它的特性不同于我们在日常生活中熟悉的任何材料。虽然它可以作为一个屏障防止细胞内容物外泄并与周围环境中其他分子混合（图 11-1），但它的作用远远不止这些。细胞要生存和生长，质膜必须允许营养物质进入细胞，同时让代谢废物离开。为了促进这种交换，膜中镶嵌了高度选择性的通道和转运蛋白，这些蛋白质负责转运和输出特定的小分子和离子。膜中的其他蛋白质可以充当递质或受体，使细胞能够接收关于环境变化的信息，并对信号做出适当的响应。质膜的机械性能同样令人印象深刻。当细胞生长时，膜也会随之生长：这种独特的结构可以在保持其连续性的基础上，通过添加新膜来扩增其面积。它还可以变形而不会破裂，从而使细胞移动或改变形状（图 11-2）。膜也可以进行自我修复，如果它被刺穿，既不会像气球那样塌陷，也不会保持破裂状态；相反，膜会很快重新封闭起来。

如图 11-1 所示，许多细菌只有一层膜，即质膜，而真核细胞还含有包围细胞内区室的*内膜*（internal membrane）。内膜形成各种细胞器，包括内质网、高尔基体、内吞体和线粒体（图 11-3）。尽管这些内膜的构造原理与质膜相同，但二者在组成上略有不同，尤其是它们的常驻蛋白质不一样。

无论它们的位置如何，所有的细胞膜都由脂质和蛋白质组成，并且具有共同的基本结构（图 11-4）。脂质分子排列成两个紧密相对的片层，形成*脂双层*（lipid bilayer，参见图 11-4B）。脂双层是大多数水溶性分子的渗透屏障，而镶嵌在其中的蛋白质则执行膜的其他功能，并赋予不同的膜各自不同的特性。

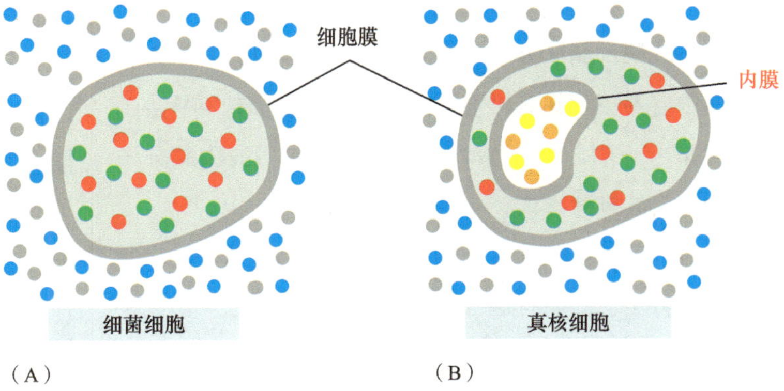

图 11-1 **细胞膜作为选择性屏障。**细胞膜将细胞与周围的环境隔开，使细胞的分子组成与其环境不同。（A）在一些细菌中，质膜是唯一的膜。（B）除了质膜外，真核细胞还具有包裹着单个细胞器的内膜。所有细胞中的膜都可以防止膜一侧的分子与另一侧的分子发生随意的混合，如图中的彩色点所示。

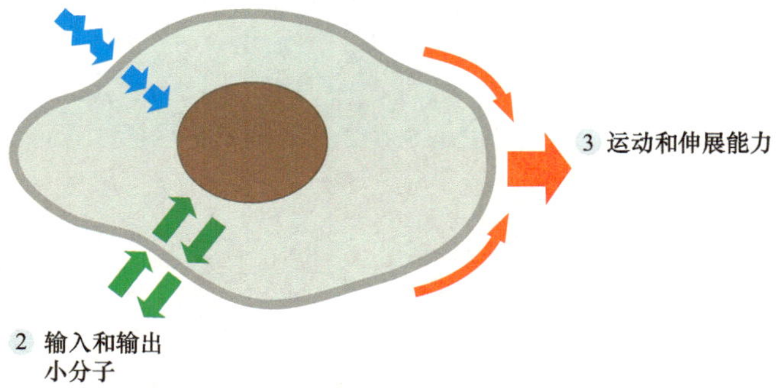

图 11-2 细胞膜参与细胞通讯、分子输入和输出，以及细胞生长和运动。①细胞膜中的受体蛋白使细胞能够从环境中接收信号；②膜中的通道和转运蛋白能够使小分子进出细胞；③膜的柔韧性和扩展能力使细胞能够生长、改变形状和移动。

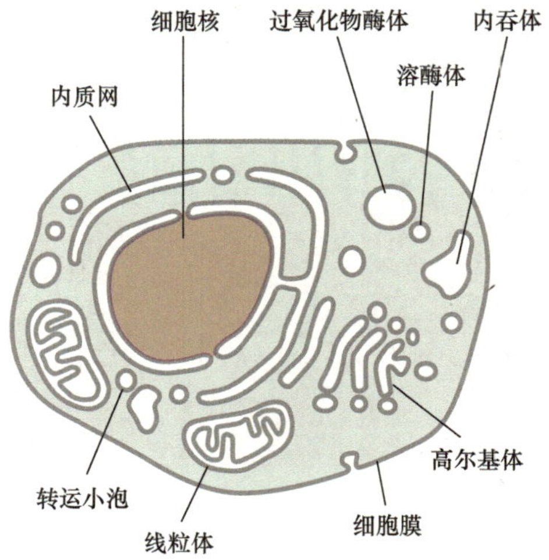

图 11-3 在真核细胞中内膜形成了许多不同的区室。这里显示一个典型动物细胞中的一些主要的膜封闭细胞器。注意，细胞核和线粒体都是被双层膜包围。

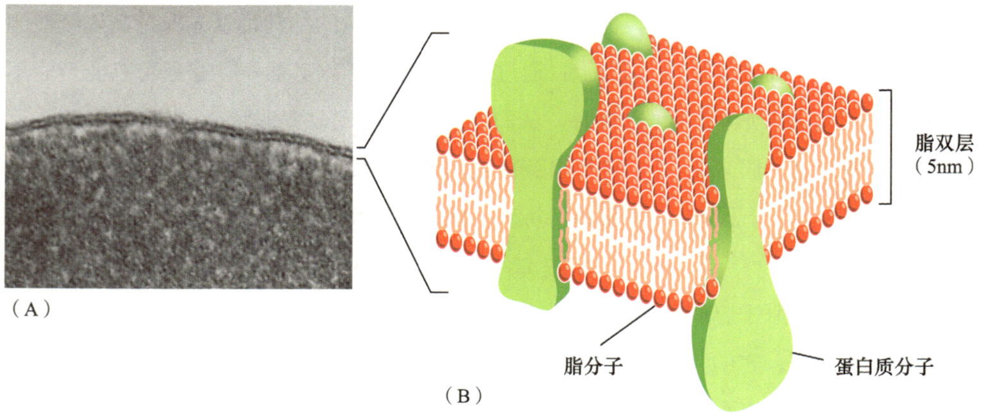

图 11-4 细胞膜由一个脂双层组成，其中镶嵌了很多蛋白质。（A）人红细胞质膜横切面的电子显微镜照片。在该图像中，从双层膜两侧向外延伸的蛋白质形成了两条几乎紧挨着的黑线（由括号线标出）；二者之间薄的白色片层即是脂双层。（B）示意图显示了一个细胞膜的三维视图。（图 A 蒙 E.L. Bearer 惠许。）

在本章中，我们会论述生物膜的结构以及它们的两种主要成分：脂质分子和蛋白质。虽然我们主要关注细胞膜，但我们所讨论的大多数概念也同样适用于内膜。细胞膜的功能，包括在细胞通讯、小分子运输和能量产生中的作用，将在后面的章节中讨论。

脂双层膜

细胞都是被水分子填充和包围着，所以细胞膜的结构取决于构成膜的脂质分子在水环境中的组织方式。尽管脂质分子很容易溶解在有机溶剂如苯中，但它们却不易溶于水。1925 年，科学家开始利用这种特性来研究脂质分子在细胞膜上的排列方式。

研究人员从纯化的红细胞的质膜中，利用苯提取出所有的脂质分子，然后将这些分子在水槽表面展开，形成一层薄膜，就像水面上漂浮的油膜一样。研究人员使用一个可移动的屏障，将漂浮的脂质分子推到一起，直到它们形成一个连续的、只有一分子厚度的片层。当研究人员测量这个单层的表面积时，发现它是原来完整细胞表面积的两倍。基于这一观察结果，他们推断在完整的细胞膜中，脂质分子互相叠加，形成双层。这一发现对细胞生物学产生了深远的影响。

在本节中，我们将详细介绍**脂双层**（lipid bilayer），它构成了所有细胞膜的基本结构。我们还会讨论脂双层如何形成、如何维持，以及它们的性质如何决定了所有细胞膜的基本性质。

膜脂质在水中形成双层

细胞膜中的每个脂质分子都兼具两种完全不同的性质：它们都具有一个亲水的头部和一个疏水的尾部。细胞膜中最丰富的脂质是**磷脂**（phospholipid），它具有一个疏水的烃尾，以及一个与尾部相连的、含磷酸盐的亲水头部

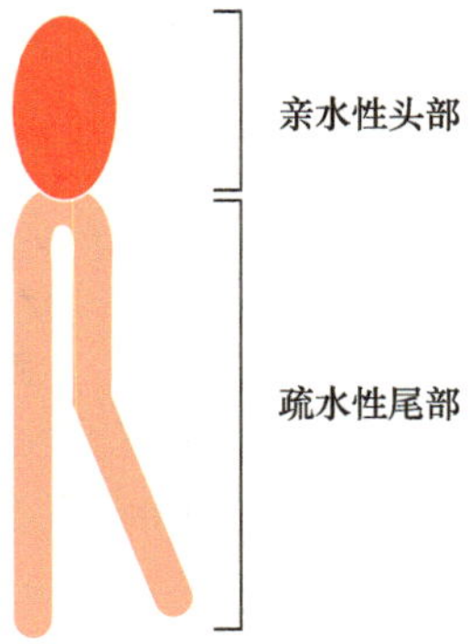

图 11-5　细胞膜上充满磷脂。一个典型的膜磷脂分子具有一个亲水性头部和两个疏水性尾部。

（图 11-5）。例如，动物和植物膜中最丰富的磷脂之一**磷脂酰胆碱**（phosphatidylcholine），就有一个小分子胆碱与磷酸基团相连，作为它的亲水性头部（图 11-6）。

分子同时具有亲水和疏水两种性质，称之为具有**两亲性**（amphipathic）。具有两亲性的膜脂分子，除了磷脂外，还有在动物细胞膜中发现的胆固醇和糖脂（glycolipid）。其中，糖脂是以糖作为其亲水性头部的一部分（图 11-7）。

脂质分子在水性环境中组装成双层的过程中，同时具有亲水和疏水两种性质起着至关重要的作用。

如第 2 章中所讨论的（参见图版 2-2），亲水分子易溶于水，因为它们含有带电基团或不带电荷的极性基团，可与水分子形成静电力或氢键（图 11-8）。相反，疏水分子不溶于水，因为它们全部或几乎所有的原子都是不带电和非极性的，这不利于它们与水分子之间形成相互作用。相反，它们会迫使邻近的水分子围绕着它们重新排列成一种笼状结构（图 11-9）。这种笼状结构比其他的水分子更加有序，所以它的形成需要消耗自由能。只有当疏水分子聚集在一起，限制了它们与周围水分子的接触，这种能量的消耗才能实现最小化。因此，当纯粹疏水的分子，如植物种子中的油和动物脂肪细胞中的脂肪（图 11-10），分散在水中时，它们会聚合形成大的**脂滴**（lipid droplet）。

两亲性分子，如膜脂（参见图 11-7），会受到两种相互冲突的力：亲水头部会被水吸引，而疏水尾部会被水排

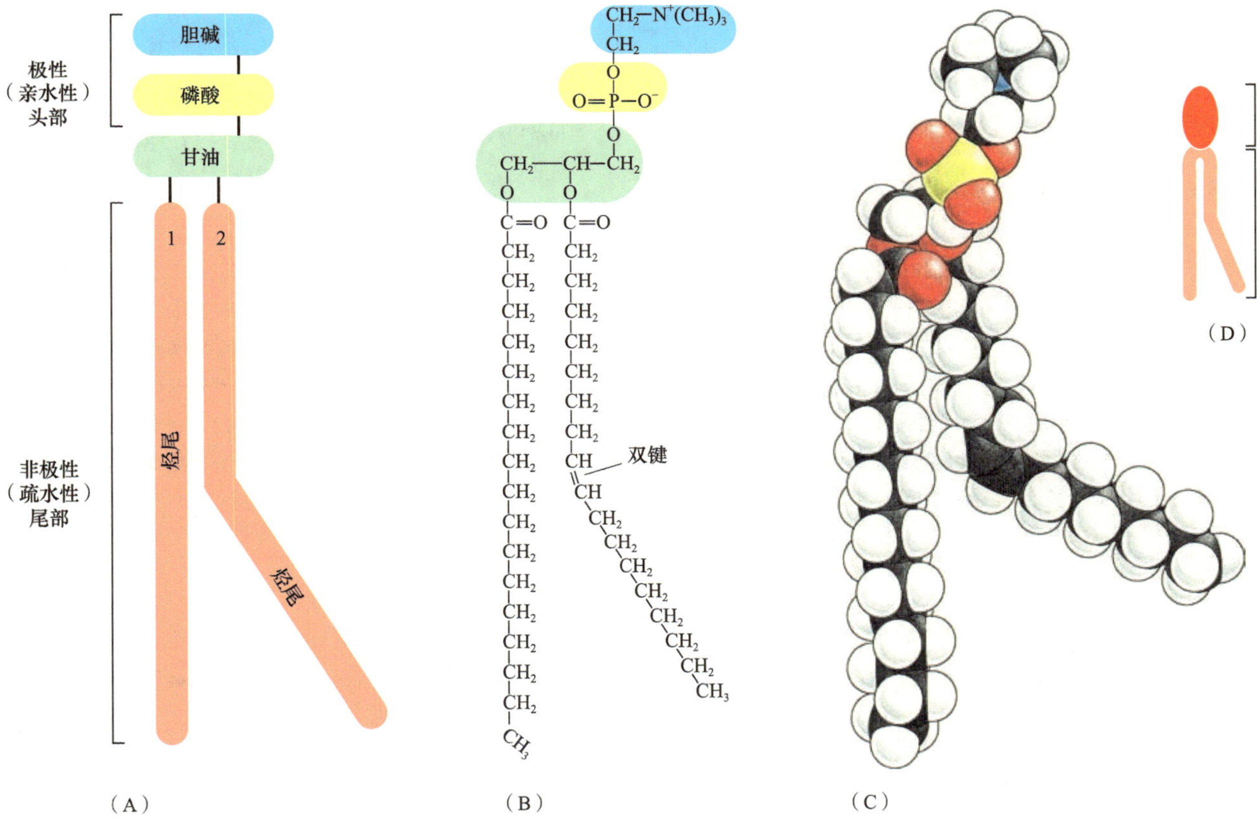

图 11-6　磷脂酰胆碱是细胞膜中最常见的磷脂。（A）示意图；（B）化学分子式；（C）空间填充模型；（D）示意图。这种特殊的磷脂由五部分构成：亲水的头部，由磷酸基团和与之连接的胆碱组成；两条烃链，形成疏水的尾部；一个甘油分子，将头部与尾部连接起来。每条疏水的尾部都是由脂肪酸烃链组成，脂肪酸的一端有一个羧基（—COOH）基团，脂肪酸通过该基团与甘油连接起来，如（B）所示。其中一条烃尾在两个碳原子之间存在一个双键，这会使烃链发生一次扭结。（磷脂分子名称中的“磷脂酰”部分是指分子的磷酸-甘油-脂肪酸部分。）

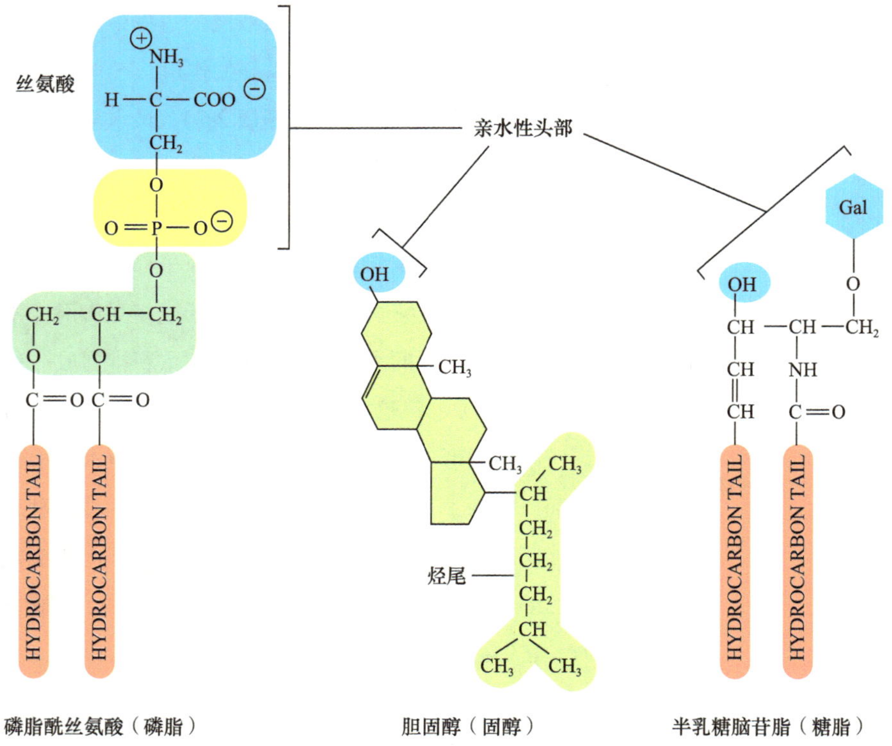

图 11-7　不同类型的膜脂都具有两亲性。这里所示的三种类型的膜脂中，每种都具有一个亲水头部和一个或两个疏水尾部。亲水头部是磷脂酰丝氨酸（蓝色）中的丝氨酸磷酸盐（蓝色和黄色阴影）、胆固醇中的—OH 基团（蓝色），以及半乳糖脑苷脂中的半乳糖和—OH 基团（均为蓝色）。另参见图版 2-4。

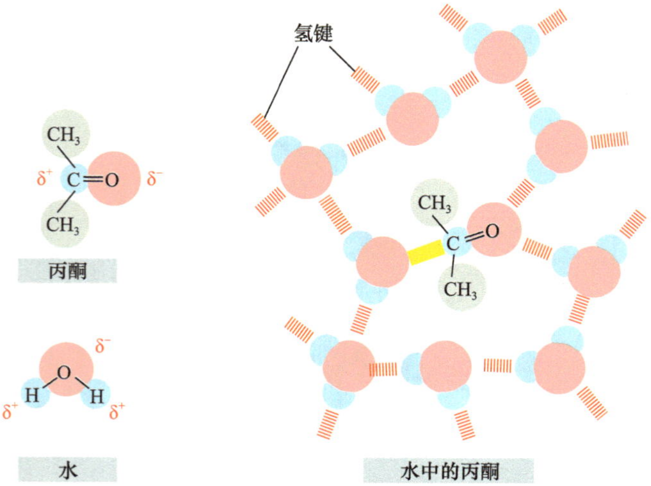

图 11-8　亲水分子会吸引水分子。丙酮和水都是极性分子，因此丙酮易溶于水。极性原子以红色和蓝色显示，δ^- 表示部分负电荷，δ^+ 表示部分正电荷。丙酮与周围的水分子之间会形成氢键（红色）和静电力（黄色）。非极性基团以灰色显示。

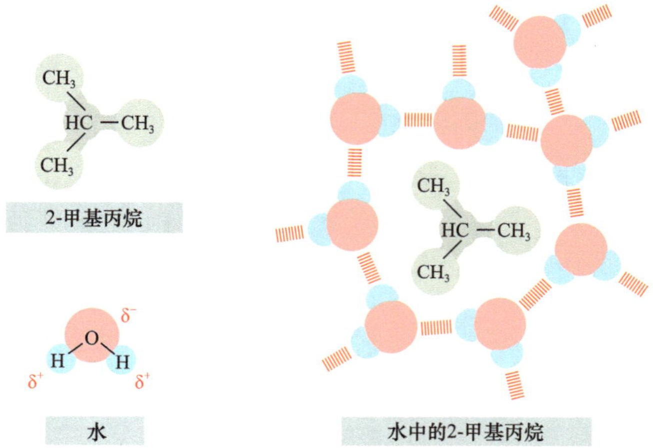

图 11-9　疏水分子倾向于避开水。2-甲基丙烷分子是完全疏水的，所以它不能与水形成很好的相互作用。这导致邻近的水分子围绕它重新组织成一个笼状结构，使水分子彼此之间的氢键实现数量最大化。

斥，并倾向与其他疏水分子聚集。这种冲突可通过形成脂双层得到很好的解决，这是一种可以满足各方并且在能量上最有利的安排。在双层的两个表面上，亲水头部都面向水，而疏水尾部在双层的内部与水隔离，就像填充一个三明治一样（图 11-11）。

驱动两亲性分子形成双层的力量同样有助于使脂双层自我封闭。片层中的任何破裂都会产生游离边界，并暴露在水中。这种情况在能量上是不利的，所以双层分子会自发地重排以消除其游离边界。如果膜的破裂口很小，这种自发的重排可以排除水分子并进行双层修复，恢复为一个连续的片层。如果破裂口很大，则片层可能开始自我折叠并分裂成单独的封闭囊泡。无论哪种情况，最重要的原则都是快速消除游离边界。

防止游离边界的形成具有深远的影响：两亲性片层避免产生游离边界的唯一途径就是发生弯曲并密封，使膜层形成一个包围封闭空间的边界（图 11-12）。因此，两亲性

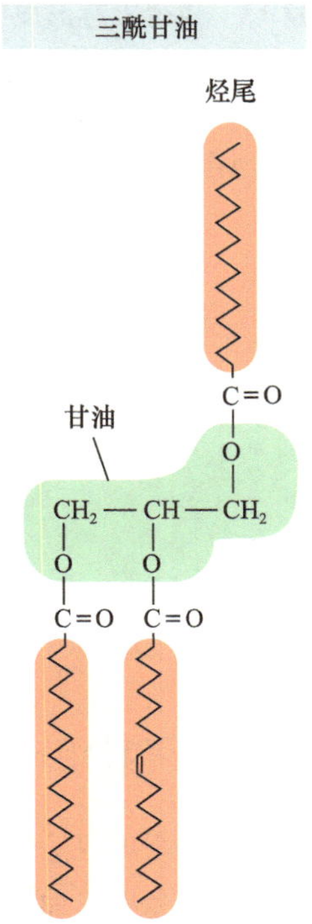

图 11-10 脂肪分子是完全疏水的。与磷脂不同，三酰甘油，即动物脂肪和植物油的主要成分，是完全疏水的。在图中，三酰甘油分子的第三个疏水尾部被朝向上方绘制，以与磷脂的结构进行比较（参见图 11-6），在其他图中通常把它画为朝下的（参见图版 2-5）。

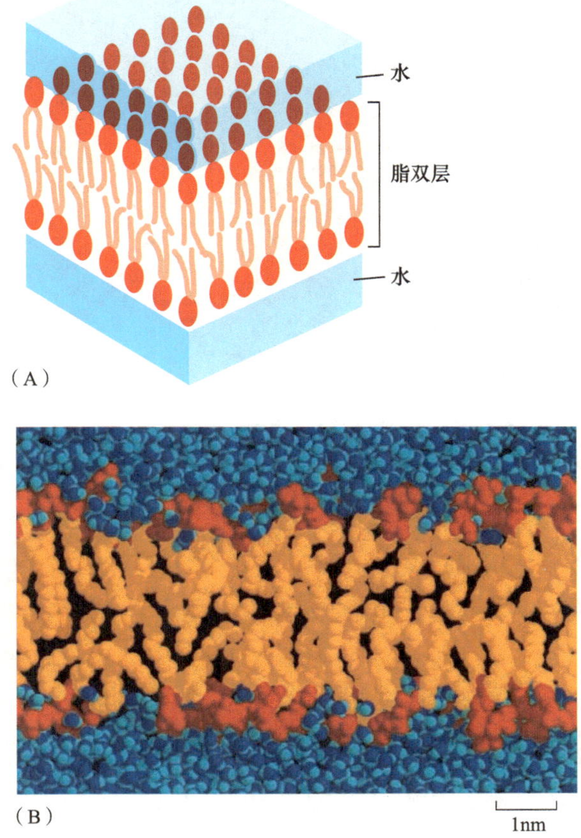

图 11-11 两亲性磷脂在水中形成双层。(A) 磷脂双层在水中的示意图。(B) 计算机模拟图显示脂双层的横截面中的磷脂分子（红色头部和橙色尾巴）和周围的水分子（蓝色）。(B 图改编自 R.M. Venable et al.，*Science* 262：223-228，1993。)

分子如磷脂自我组装形成封合空间的特点最终导致了密闭区室的形成，如囊泡和细胞器，甚至整个细胞。这种行为对活细胞的产生至关重要，但是本质上只是膜脂一端亲水而另一端疏水这一性质附带产生的结果。

脂双层是一种柔韧的二维流体

细胞内外的水性环境可以防止膜脂从双层中逸出，但是没有什么能阻止这些分子在膜内部随意移动或彼此改变位置。因此，脂双层表现为一种二维流体，这对膜的功能和完整性至关重要（视频 11.1；“激光镊子”在视频 11.2 中解释）。

同时，脂双层也具有柔韧性，也就是说，它能够弯曲。与流动性一样，柔韧性对膜的功能很重要，并且它也为细胞膜形成的囊泡设定了约 25nm 直径的下限。

利用两亲性脂质分子在水中自发聚集这一特点，很容易人工制备出脂双层，来研究它的流动性。例如，当把纯磷脂加入水中，它会形成封闭的球形囊泡，称为脂质体 (liposome)；这些囊泡的直径从大约 25nm 到 1mm 不等（图 11-13）。

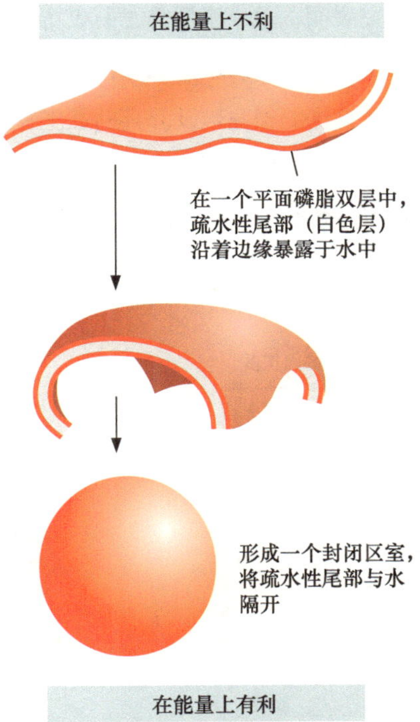

图 11-12 磷脂双层会自发地自我聚合而形成封闭的区室。封闭结构是稳定的，因为它避免了疏水烃尾暴露于水。这种暴露在能量上是不利的。

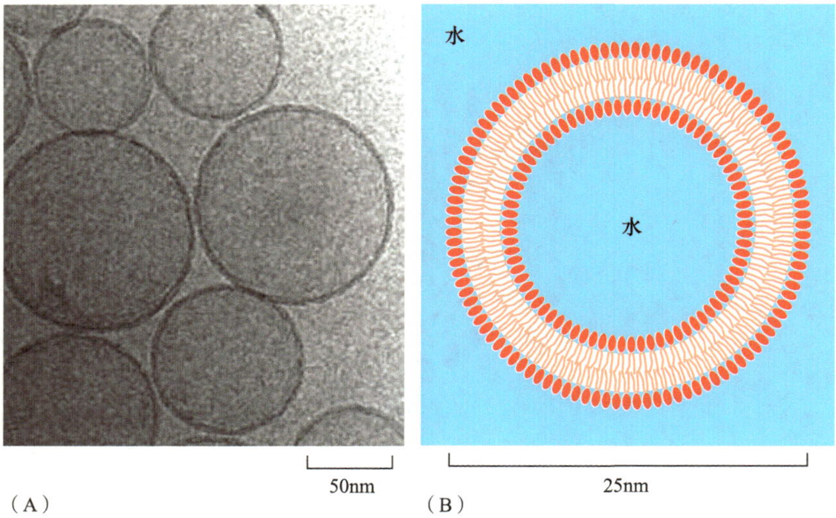

图 11-13　**纯磷脂可形成封闭的球形脂质体。**(A) 磷脂囊泡（或称为脂质体）的电子显微照片。(B) 小球形脂质体的横截面图。(图 A 蒙 Jean Lepault 惠赠。)

使用这种简单的人工合成的脂双层，研究人员可以测量脂双层中脂质分子的运动。结果表明，有些类型的运动很少见，而有些则频繁而迅速。例如，在合成的脂双层中，磷脂分子极少会从一个单层（双层的一半）翻转到另一个单层。据估计，如果没有蛋白质促进该过程，在细胞中，这种被称为“翻转”的事件对于任何一个脂质分子，每个月才发生不到一次。另一方面，作为随机热运动的结果，脂质分子在相同的单层内与它们的邻居不断地交换着位置。这种交换导致脂质分子在每个单层的平面内快速地横向扩散。例如，人造脂双层中的脂质每秒钟扩散的距离约等于整个细菌细胞的长度（约 2μm）。

类似的研究表明，单个脂质分子不仅可以摆动它们的碳氢化合物尾巴，还可以围绕其长轴快速旋转，速度可达每秒 500 转。对整体的细胞以及分离的细胞膜进行研究表明，脂质分子在细胞膜中的运动与它们在人工合成的脂双层中的运动相同。磷脂分子的运动总结在图 11-14 中。

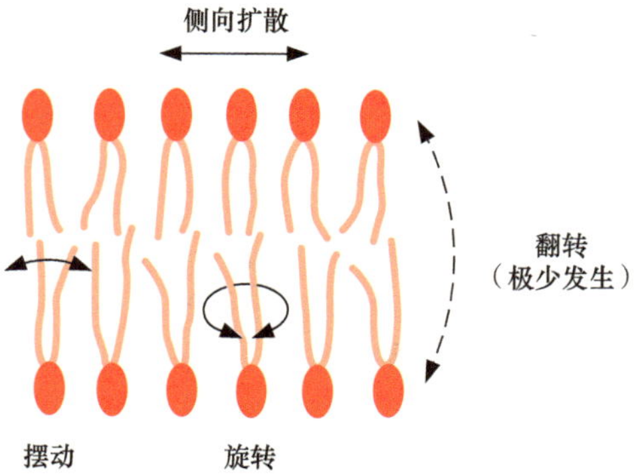

图 11-14　**膜磷脂在脂双层内的运动。**由于这些运动，双层表现为二维流体，其中各个脂质分子能够在它们自己的单层中移动。注意，脂质分子不会自发地从一个单层移动到另一个单层。

脂双层的流动性取决于其组成

细胞膜的流动性，即其脂质分子在双层平面内移动的难易程度，对于膜功能是重要的，而且流动性必须保持在一定限度内。脂双层在给定温度下的流动性取决于其磷脂的组成，特别是烃尾的性质。尾部聚集得越紧密、越有规则，脂双层的黏性就会越大，流动性越小。

碳氢化合物尾部的两个主要特性会影响它们在脂双层中聚集的紧密程度，即长度和包含的双键数目。较短的链长减少了烃尾彼此相互作用的倾向，因此增加了脂双层的流动性。磷脂的烃尾长度从 14 ～ 24 个碳原子不等，最常见的是 18 或 20 个原子。在大多数磷脂的两条烃尾中，其中一条在相邻的碳原子之间仅含有单键，而另一条会包含一个或多个双键（参见图 11-6）。含有双键的链所包含的氢原子的数目少于理论上可以达到的最大氢原子数，因此就氢原子而言，这条链是**不饱和**（unsaturated）的。没有双键的烃尾具有最大可能的氢原子数，因此是**饱和**（saturated）的。不饱和尾部的每个双键都在尾部产生一个小扭结（参见图 11-6），使得尾部更难以相互聚集。出于这个原因，含有高比例不饱和烃尾的脂双层，比含有较低比例不饱和烃尾的脂双层，具有更强的流动性。

对细菌和酵母细胞而言，它们必须要适应不同的温度变化，因此它们脂双层中烃尾的长度和饱和度会不断地进行调整，使膜的流动性维持在相对稳定的水平。例如，在较高的温度下，细胞会使膜脂具有较长的尾部并含有较少的双键。类似的技巧也可以用于将植物油改造成人造黄油。植物产生的脂肪通常是不饱和的，因此在室温下是液体。而动物脂肪如黄油或猪油通常是饱和的，在室温下是固体。为了生产人造黄油，植物油会被“氢化”：这种氢的加入消除了它们的双键，使得油在室温下更加坚固，更像黄油。

动物细胞会通过**胆固醇**（cholesterol）来调节膜的流动性。该分子在质膜中的含量特别大，重量约占膜中总脂质的 20%。由于其短而坚硬的类固醇环结构，胆固醇可以填充相邻磷脂分子之间由于不饱和烃尾扭结而留下的空间（图 11-15）。通过这种方式，胆固醇倾向于使脂双层变硬，并降低其柔韧性和渗透性。视频 11.3 和视频 11.4 综述了膜脂的化学特性以及它们如何影响膜的流动性。

对所有细胞而言，膜的流动性之所以重要，是由于以下几种原因。它使许多膜蛋白能够在脂双层的平面内快速扩散并相互作用，这对细胞信号转导至关重要（参见第 16 章）。它使膜脂和蛋白质能够从合成后就插入脂双层的位点扩散到细胞的其他区域。当细胞分裂时，它确保膜分子平均分布到两个子细胞中。在适当的条件下，它还会使膜彼此融合，并使膜上的分子互相混合（在第 15 章中讨论）。如果生物膜不是流体，很难想象细胞如何生存、生长和增殖。

膜组装从内质网中开始

在真核细胞中，新的磷脂是由结合于*内质网*（endoplamic reticulum，ER）胞质溶胶面的酶所合成的。这些酶利用游离的脂肪酸作为底物（参见图版 2-5），并且将新合成的磷脂插到脂双层朝向胞质溶胶面的单层膜中。

尽管新合成的磷脂添加并不均衡，但细胞膜能够设法均匀生长。那么新的磷脂是如何到达对侧的脂单层上的？正如我们在图 11-14 中看到的那样，将脂质从一个单层翻转到另一个单层的反应极少自发地发生。相反，磷脂转移由一种称为*混杂酶*（scramblase）的转运蛋白所催化，这种转运蛋白会从脂双层的一侧随机选择一些磷脂并将它们插入另一侧（转运蛋白及其功能将在第 12 章进行详细讨论）。由于这种翻转，新合成的磷脂在内质网膜的两个单层之间可以重新均匀地分布（图 11-16）。

一些新组装的膜将保留在内质网中；其他新合成的膜会被用于向细胞内的其他区室，包括高尔基体和质膜（参见图 11-3），补充新的膜。我们将在第 15 章讨论这个动态过程，在该过程中，膜会从一个细胞器上出芽，并与另一个细胞器融合。

某些磷脂被限制在膜的一侧

大多数细胞膜是不对称的，两侧的膜通常会包含截然不同的磷脂。但是，如果膜是从内质网中开始组装且磷脂在新的膜中是均匀分布的，那么这种不对称性是从哪里开始出现的呢？这始于高尔基体。

高尔基膜含有另外一个磷脂处理转运蛋白家族，称为*翻转酶*（flippase）。与混合酶随机地将磷脂从双层的一侧移动到另一侧不同，翻转酶会将特定的磷脂从双层膜中朝外的一侧翻转至面向胞质溶胶的那一侧（图 11-17）。

这些翻转酶和质膜中其他类似的转运蛋白的共同作用引发并维持了磷脂的不对称排列，这是动物细胞膜的特征。当膜从一个细胞器上出芽并与另外的细胞器或与质膜融合时，这种不对称性得以保留。这意味着所有的细胞膜都具有不同的“内侧”和“外侧”表面。胞质溶胶面总是

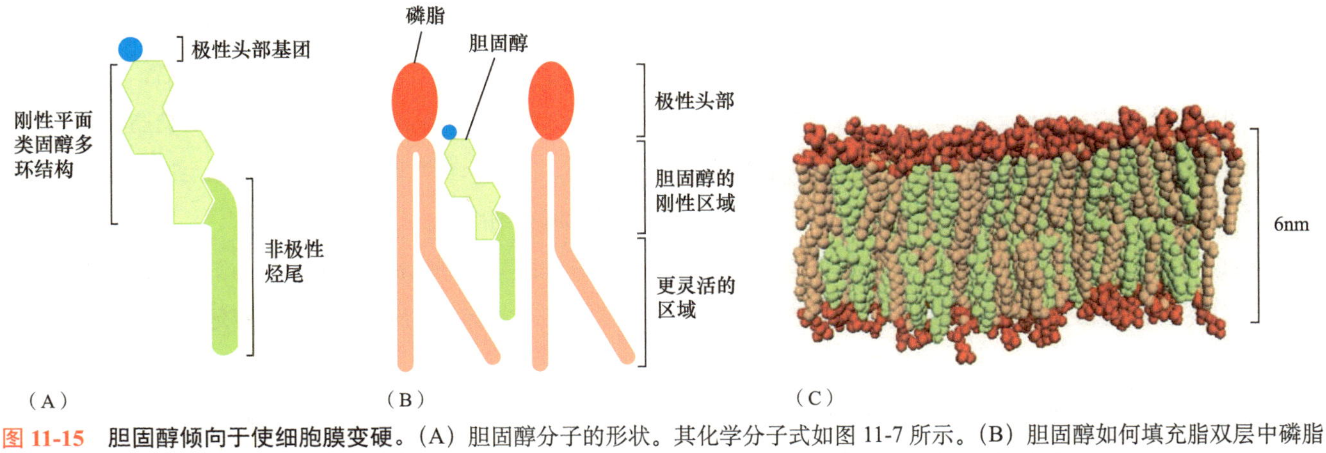

图 11-15 胆固醇倾向于使细胞膜变硬。(A) 胆固醇分子的形状。其化学分子式如图 11-7 所示。(B) 胆固醇如何填充脂双层中磷脂分子之间的间隙。(C) 脂双层的空间填充模型，胆固醇分子为绿色。为了与膜磷脂的烃尾部区分开，胆固醇的非极性烃尾部被标为绿色，但实际上，胆固醇的疏水尾部与磷脂的疏水尾部在化学组成上是相同的。(图 C 引自 H. L. Scott，*Curr. Opin. Struct. Biol.* 12495-502，2002。)

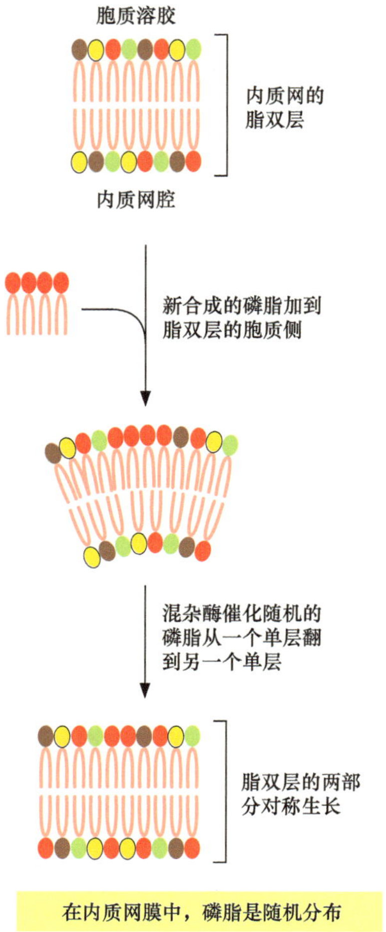

图 11-16　新合成的磷脂被添加到内质网膜的胞质溶胶侧，然后再通过转运蛋白进行重新分配，把磷脂从脂双层的一侧转移到另一侧。结合在内质网胞质溶胶侧的单层膜上的生物合成酶，（未显示）将游离脂肪酸合成为新的磷脂，并将它们插入到胞质溶胶侧的单层膜中。然后，一种被称为混杂酶（scramblase）的转运蛋白，会随机地将磷脂分子从一个单层转移到另一个单层，从而使膜生长为双层，且两层膜的大小和脂质组成都是相同且连续的。

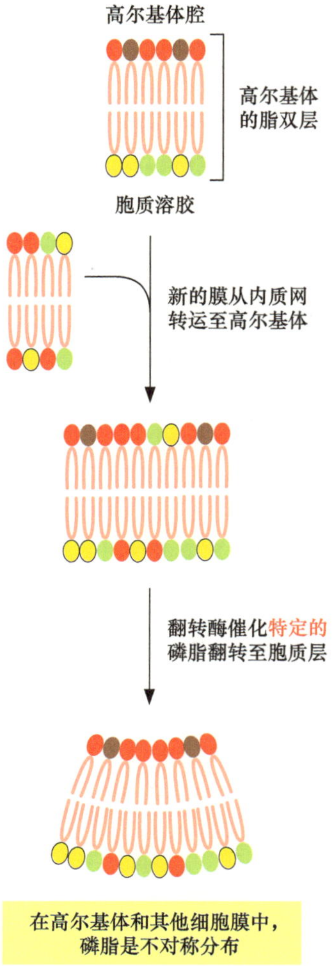

图 11-17　翻转酶有助于建立和维持动物细胞膜中特有的磷脂分布不对称性。当膜离开内质网并融入高尔基体时，它们会遇到一系列称为翻转酶的不同转运蛋白，这些酶可以选择性地将非胞质侧的磷脂酰丝氨酸（浅绿色）和磷脂酰乙醇胺（黄色）翻转到胞质侧，使磷脂酰胆碱（红色）和鞘磷脂（棕色）聚集在非胞质单层中。由此产生的膜弯曲可能有助于驱动后续的囊泡出芽。

朝向胞质溶胶，而非胞质溶胶面在质膜上会暴露于细胞外部，在细胞器上则会暴露于细胞器的内部空间（内腔，lumen）。这种方向的保守性不仅适用于构成膜的磷脂，也适用于可能插入膜中的任何蛋白质（图 11-18）。这种定位非常重要，因为脂双层中蛋白质的方向对于其功能是非常关键的（参见图 11-20）。

在细胞膜中，分布最不平衡的脂质是糖脂。它们主要位于质膜中，且仅定位于脂双层中的非胞质溶胶面（图 11-19）。在动物细胞的表面，连续围绕着一层起保护作用的糖类外被，而这些膜脂质的糖基面向细胞外部，形成这个糖类外被的一部分。糖脂分子在高尔基体中获得它们的糖基，催化这种化学修饰的酶被限制在高尔基体中。这些酶的方向性使得糖只会被添加到脂双层中非胞质溶胶面的脂质分子中。糖脂分子通过这种方式产生后，仍将被约束在这个单层中，因为这里没有翻转酶能将糖脂转移到胞质溶胶面。因此，当糖脂分子最终被运送至质膜时，它会将糖基暴露在细胞外。

其他脂质分子显示出不同类型的不对称分布，这与它们的特定功能有关。例如，肌醇磷脂是质膜的一种少量组分，在把信号从细胞表面传递到细胞内部的过程中发挥特殊的作用（在第 16 章中讨论），因此它们集中在脂双层的胞质溶胶面的单层膜上。

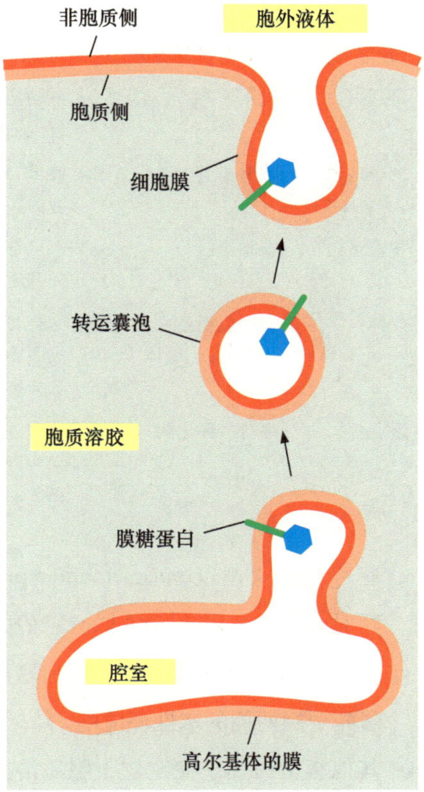

图 11-18 **膜在细胞不同区室之间转移的过程中会保持它们的方向性。**膜通过囊泡出芽和融合的过程完成运输。图中显示一个囊泡正从高尔基体出芽并与质膜发生融合。注意，膜脂和蛋白质的方向性在此过程中得以保留：原来脂双层的胞质溶胶面（粉红色）仍然会面向胞质溶胶；而非胞质溶胶面（红色）会继续背向胞质溶胶，面向高尔基体的内腔和转运囊泡或面向胞外液体。类似地，图中显示的糖蛋白（蓝色和绿色）也会保持相同的方向，其糖基会面向非胞质溶胶侧。

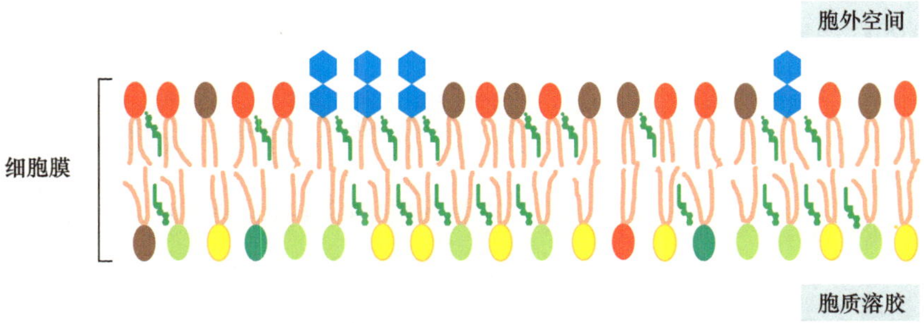

图 11-19 **磷脂和糖脂在动物细胞质膜脂双层中不对称分布。**磷脂酰胆碱（红色）和鞘磷脂（棕色）集中在非胞质溶胶侧的单层膜，而磷脂酰丝氨酸（浅绿色）和磷脂酰乙醇胺（黄色）主要分布在胞质溶胶侧的单层膜。除了这些磷脂外，磷脂酰肌醇（深绿色头部）是质膜的一种少量组分，一般位于胞质溶胶侧的单层膜，在那里它们参与细胞信号转导。图中糖脂上的六角形蓝色头部基团代表糖，仅位于膜的非胞质溶胶面的单层膜。胆固醇（绿色）在脂双层几乎平均分布。

膜蛋白

尽管脂双层是所有细胞膜的基本结构，并作为其两侧亲水分子的渗透屏障，膜的大多数功能还是由**膜蛋白**(membrane protein）来完成的。在动物中，大多数质膜约50%的质量是蛋白质，其余为脂质，以及含量相对较少的、与一些脂质和许多蛋白质结合的碳水化合物（糖脂和糖蛋白)。然而，由于脂质分子比蛋白质小得多，所以一个典型的细胞膜中，脂质分子的数量约为蛋白质分子数量的 50 倍（参见图 11-4B)。

膜蛋白具有许多功能。有些可以运输特殊的营养物质、代谢物和离子穿过脂双层；其他则可以将膜锚定在两侧的大分子上；还有一些可以作为受体，用于检测细胞环境中的化学信号并将其传递到细胞内部，或作为酶催化膜上的特定反应（图 11-20 和表 11-1)。每种类型的细胞膜都含有一系列不同的蛋白质，反映了特定膜的特殊功能。在本节中，我们将讨论膜蛋白的结构，以及它们如何与脂双层相结合。

膜蛋白以不同方式与脂双层结合

尽管脂双层具有统一的结构，但蛋白质可以通过许多不同的方式与细胞膜相互作用。

- 许多膜蛋白伸展穿过脂双层，蛋白质各有一部分位于膜的两侧（图 11-21A)。与它们旁边的脂质一样，这

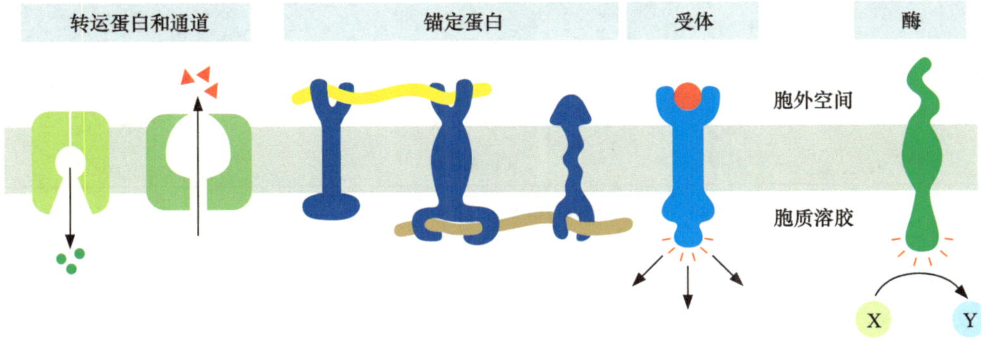

图 11-20 **膜蛋白具有多种功能。**它们传输分子和离子，发挥锚定功能，检测信号或催化反应。

表 11-1　质膜蛋白的类型及其功能举例

功能分类	蛋白质例子	特殊功能
转运蛋白	钠泵	主动把 Na^+ 泵出细胞，并把 K^+ 泵入细胞（在第 12 章讨论）
离子通道	钾漏通道	使 K^+ 离开细胞，由此影响细胞的兴奋性（在第 12 章讨论）
锚定蛋白	整联蛋白	链接细胞内的肌动蛋白和细胞外基质蛋白（在第 20 章讨论）
受体	血小板衍生生长因子（PDGF）受体	结合细胞外的 PDGF，最终形成胞内信号，指导细胞的生长和分裂
酶	腺苷酸环化酶	催化细胞内产生小信号分子 cAMP 应答细胞外信号（在第 16 章讨论）

些*跨膜蛋白质*（transmembrane protein）是两亲性的，同时具有疏水和亲水区域。它们的疏水区域位于脂双层的内部，与脂质分子的疏水尾部接触，亲水区域则暴露于膜两侧的水性环境中。

◆ 其他膜蛋白几乎完全位于胞质溶胶中，通过暴露在蛋白质表面的两亲性 α 螺旋与脂双层的胞质溶胶面的单层膜相结合（图 11-21B）。

◆ 一些蛋白质完全位于脂双层外，处于脂双层的内侧面或外侧面，通过一个或多个共价连接的脂质基团与膜相连（图 11-21C）。

◆ 还有一些蛋白质间接结合在膜的内侧或外侧。这些蛋白质通过与其他膜蛋白的相互作用而得到固定（图 11-21D）。

直接与脂双层结合的蛋白质，无论是跨膜蛋白、与脂质单层结合的蛋白质，还是靠脂质连接的蛋白质，只有用去垢剂破坏脂双层后才能从膜上解离下来（后文将对此进行讨论）。这些蛋白质被称为*整合型膜蛋白*（integral membrane protein）。其余膜蛋白被称为*外周膜蛋白*（peripheral membrane protein），它们可以通过更温和的提取方法，干扰蛋白质-蛋白质的相互作用但保持脂双层的完整性，从膜上释放出这些膜蛋白。

多肽链通常以 α 螺旋的形式跨过脂双层

所有膜蛋白在脂双层中都具有独特的定向，这对于它们的功能是必需的。例如，对于跨膜受体蛋白，蛋白质中负责从环境接收信号的部分必须位于细胞外部，而负责传递信号的部分必须位于胞质溶胶中（参见图 11-20）。这种定向是由膜蛋白的合成方式所决定的（在第 15 章中讨论）。跨膜蛋白位于脂双层两侧的部分是通过多肽链的特殊跨膜区段连接的（参见图 11-21A）。这些穿过脂双层内部疏水环境的跨膜区段主要由带有疏水侧链的氨基酸组成。因为这些侧链不能与水分子形成良好的相互作用，所以它们优先与无水环境中的脂质分子的疏水尾部发生相互作用。

然而，与疏水侧链正好相反，蛋白质中连接各个氨基酸的肽键通常是有极性的，这使得多肽骨架本身具有亲水性（图 11-22）。由于脂双层的内部没有水，使得形成多肽链骨架的原子彼此之间形成氢键。如果多肽链形成规

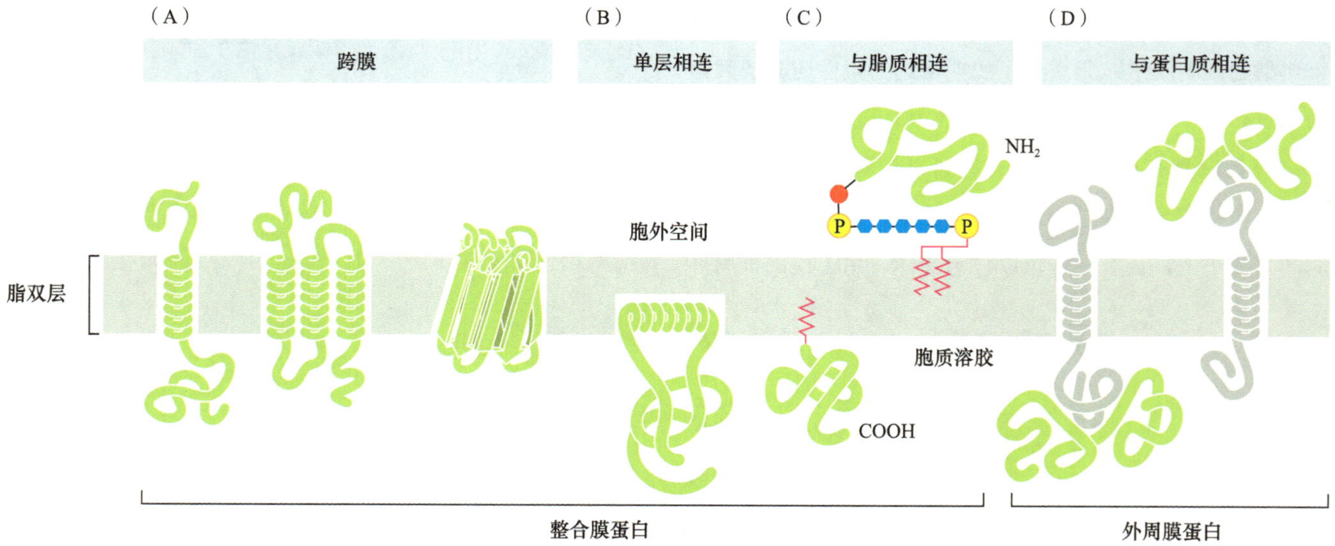

图 11-21　膜蛋白通过不同方式与脂双层结合。（A）跨膜蛋白能以单个 α 螺旋、多个 α 螺旋或卷起的 β 折叠（称为 β 桶）穿过脂双层。（B）一些膜蛋白通过两亲性的 α 螺旋锚定到脂双层的胞质溶胶侧的单层膜。（C）另一些蛋白质仅通过与之共价连接的脂质分子（红色曲折线）与双层的任一侧单层膜相连接。（D）许多蛋白质仅通过与其他膜蛋白之间相对较弱的非共价相互作用锚定在膜上。（A ~ C）是整合膜蛋白的例子；（D）所示的蛋白质被认为是外周膜蛋白。

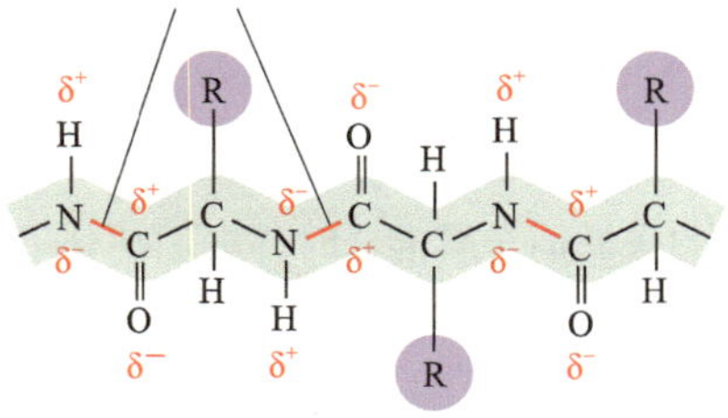

图 11-22 **多肽链的骨架是亲水的。**肽键两侧的原子（红线）是极性的，带有部分正电荷或负电荷（δ^+ 或 δ^-）。当多肽折叠成穿越脂双层的螺旋时，这些电荷使这些原子彼此之间形成氢键（参见图 11-23）。

则的螺旋，则氢键的数量可以达到最大化，因此多肽链的绝大多数跨膜区段是以 α 螺旋的形式穿过脂双层的（参见图 4-12）。在这些跨膜的 α 螺旋中，疏水侧链暴露在螺旋的外侧，与疏水的脂质尾部相接触，而亲水多肽骨架的原子在螺旋内形成氢键（图 11-23）。

对于许多跨膜蛋白，多肽链仅跨膜一次（参见图 11-21A，*左*）。这些*单次跨膜*（single-pass）蛋白常常是细胞外信号的受体。其他跨膜蛋白则起到通道的作用，在脂双层上形成水孔，使小的水溶性分子穿过膜。这种通道无法由只有单次跨膜的蛋白质形成。相反，它们通常由一系列多次跨膜的 α 螺旋组成（参见图 11-21A，*中间*）。对于这些*多次跨膜*（multipass）蛋白，它们的一个或多个跨膜区，是由同时含有疏水和亲水氨基酸侧链的 α 螺旋形成的两亲性肽链。这些氨基酸倾向于排列成在疏水侧链位于螺旋的一侧，而亲水侧链集中在另一侧的形式。在脂双层的疏水环境中，这种类型的 α 螺旋一个挨一个排成环状，使疏水侧链面向疏水脂质尾部，而亲水侧链则形成贯穿脂双层的亲水孔的内衬（图 11-24）。第 12 章将会讨论这些通道如何在小的水溶性分子，特别是无机离子的选择性转运中发挥作用。

尽管 α 螺旋是目前多肽链穿过脂双层的最常见形式，但有些跨膜蛋白的多肽链是以 β 折叠的形式穿过脂双层，这些 β 折叠卷成圆柱体，形成一种被称为 β 桶的结构（参见图 11-21A，*右*）。可以想象，面向桶内部并因此排列形成水性通道的氨基酸侧链，大部分是亲水的，而桶外部的那些接触脂双层的疏水核心的氨基酸侧链，则是完全疏水的。*孔蛋白*（porin）是一个 β 桶结构的典型例子，该蛋白质在线粒体和细菌的外膜中形成了一个充水大孔道（图 11-25）。线粒体和一些细菌被双层膜所包被，孔蛋白允许小的营养物质、代谢物和无机离子穿过它们的外膜，同时阻止不需要的较大的分子穿过。

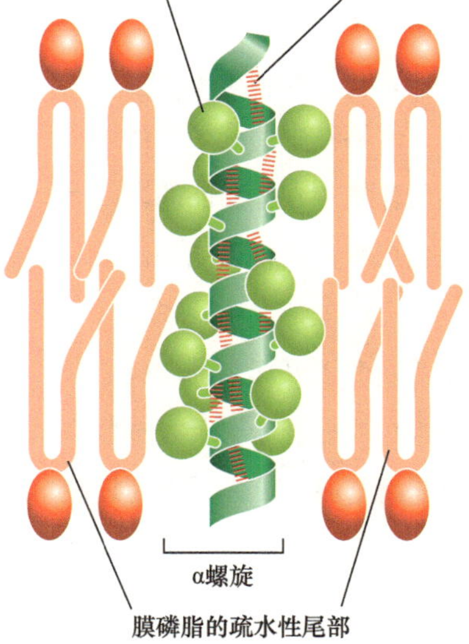

图 11-23 **跨膜多肽链通常以 α 螺旋的形式穿过脂双层。**在跨膜蛋白的这一区段中，形成 α 螺旋的氨基酸的疏水侧链（浅绿色）与磷脂分子的疏水烃尾接触，而多肽骨架的亲水部分在螺旋内部彼此之间形成氢键（红色虚线）。含有约 20 个氨基酸的螺旋即可完全穿过细胞膜。

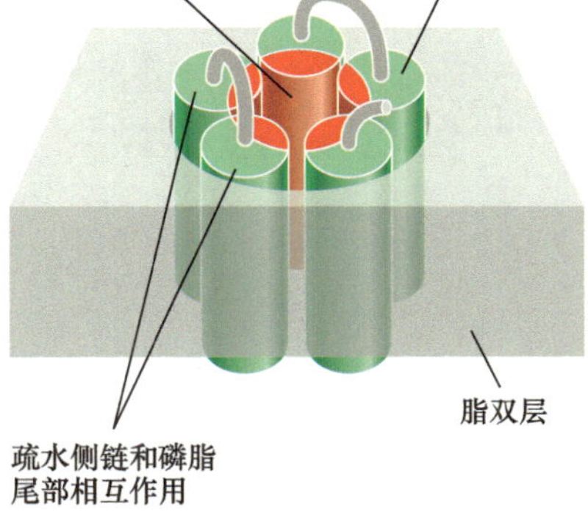

图 11-24 **多个两亲性 α 螺旋可形成一个跨膜亲水孔。**在该例子中，5 个两亲性跨膜 α 螺旋形成穿过脂双层的充水通道。每个螺旋（绿色）一侧的疏水氨基酸侧链与脂双层的疏水脂质尾部接触，而螺旋相对侧的亲水侧链（红色）形成充水孔。

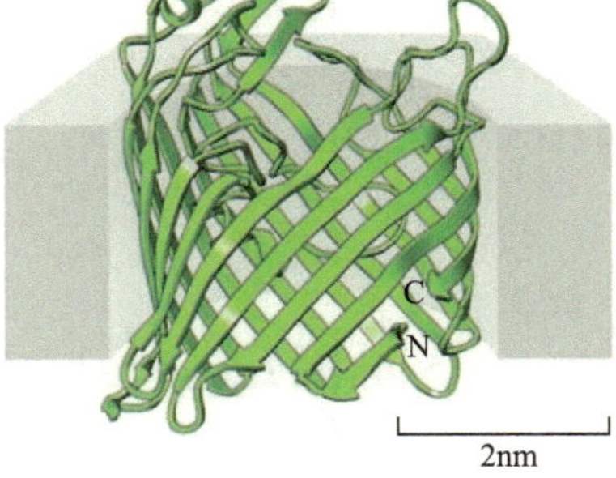

图 11-25 **孔蛋白在一个细菌外膜中形成充水通道。**所示的蛋白质来自大肠杆菌，它由 16 个 β 折叠组成，这些 β 折叠自身弯曲形成一个跨膜的充水通道。该蛋白质的三维结构已通过 X 射线晶体学进行确定。尽管未在图中显示，但三个孔蛋白会结合形成一个具有三个独立通道的三聚体。

膜蛋白可以溶解在去垢剂中

要完全了解一个蛋白质，需要详细了解它的结构。但对于膜蛋白，则存在特殊的问题。大多数生化步骤的设计，都只适用于研究水溶液中的分子。然而，膜蛋白是在部分水性和部分脂质环境中发挥功能的，因此将它们从这种环境中抽提并纯化出来，同时又能保留它们的基本结构，并非易事。

在对一个蛋白质展开详细的研究之前，必须将其与所有其他的细胞蛋白质分开。对于大多数膜蛋白，该纯化过程的第一步就是溶解膜，这些试剂通过破坏疏水结合作用来破坏脂双层。最广泛使用的破坏剂是**去垢剂**（detergent，视频 11.5）。这些小的两亲性脂质分子与磷脂的不同之处在于它们只有一个疏水尾部（图 11-26）。因为去垢剂分子只有一个尾巴，所以它的形状像一个锥体；而磷脂有两个尾巴，它的形状更像圆柱形。在水中，这些锥形分子倾向于聚集成小簇，称为微团（micelle），而不是像磷脂一样形成双层。

当过量的去垢剂与膜混合时，去垢剂分子的疏水末端与跨膜蛋白的跨膜疏水区域，以及磷脂分子的疏水尾部相互作用，从而破坏脂双层并将蛋白质与大多数磷脂分开。因为去垢剂分子的另一端是亲水的，所以这种相互作用会将膜蛋白以蛋白质-去垢剂复合物的形式吸引到水溶液中；同时，去垢剂也溶解磷脂（图 11-27）。这些蛋白质-去垢剂复合物随后可以进行彼此分离，并与脂质-去垢剂复合物分离开，从而进行下一步分析。

只有少数几种膜蛋白的完整结构是清楚的

多年来，我们对膜蛋白结构的了解大部分来源于间接手段。直接测定蛋白质三维结构的标准方法是 X 射线晶

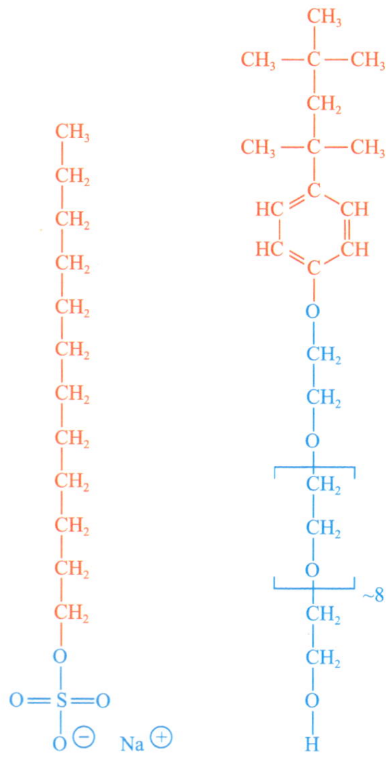

十二烷基硫酸钠（SDS）　　Triton X-100

图 11-26　SDS 和 Triton X-100 是两种常用的去垢剂。十二烷基硫酸钠（SDS）是一种强离子去垢剂，它的亲水末端（蓝色）有一个离子化（带电荷）的基团。Triton X-100 是一种温和的非离子型去垢剂，它的亲水末端（蓝色）具有非离子化但呈极性的结构。每种去垢剂的疏水部分以红色显示。Triton X-100 的括号内部分重复约 8 次。像 SDS 这样的强离子去垢剂，不仅可以从蛋白质中置换出脂质分子，还能展开这些蛋白质（参见图版 4-5）。

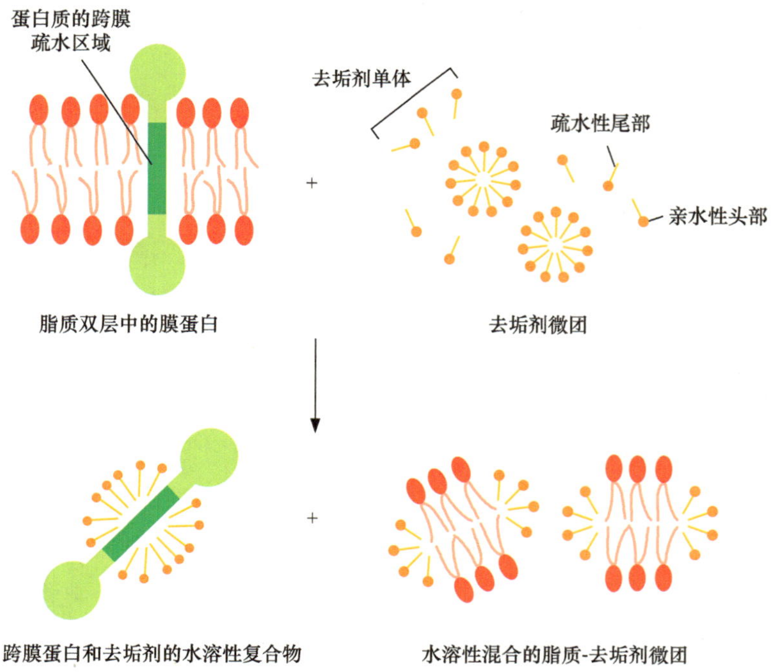

图 11-27　利用温和的去垢剂如 Triton X-100 可将膜蛋白溶解出来。去垢剂分子（金色）在图中显示为单体和微团，这些分子倾向于在水中聚集。去垢剂破坏脂双层，并与跨越蛋白质的跨膜疏水部分（深绿色）相互作用。这些作用使蛋白质以蛋白质-去垢剂复合物的形式进入溶液。如图所示，膜中的磷脂也被去垢剂溶解，形成脂质-去垢剂微团。

体学，但这种方法需要蛋白质分子有序地排列成晶体。因为膜蛋白必须在去垢剂微团中纯化，而去垢剂微团的大小通常是不均等的，所以它们比胞质溶胶或细胞外液中的可溶性蛋白更加难以结晶。尽管如此，随着 X 射线晶体学，以及诸如冷冻电镜（cryoelectron microscopy）等强有力的新技术出现，越来越多膜蛋白的结构现已被高分辨率地解析出来（参见图版 4-6）。

一个例子是细菌视紫红质，它的结构第一次揭示出 α 螺旋如何穿过脂双层。**细菌视紫红质**（bacteriorhodopsin）是一种小蛋白，在生活在盐沼中的古细菌盐生盐杆菌（*Halobacterium halobium*）的质膜中大量存在。该蛋白质将 H^+（质子）泵出细胞，作为一种膜转运蛋白而发挥作用。每个细菌视紫红质分子中都含有一个吸收光的非蛋白色素分子，称为*视黄醛*（retinal），就是这个色素分子使该蛋白质和整个菌体呈现深紫色。视黄醛与细菌视紫红质的一个跨膜 α 螺旋共价连接，当吸收光子时，它的形状会发生改变，导致周围的 α 螺旋发生一系列小的构象变化，最终将一个质子从视黄醛上泵到细菌外面（图 11-28）。

在阳光下，成千上万个细菌视紫红质分子将 H^+ 泵出细胞，在质膜上产生一个 H^+ 的浓度梯度。细胞利用这种质子梯度来储存能量并将其转化为 ATP，我们将在第 14 章中详细讨论。细菌视紫红质是一种*泵*（pump），属于一类跨膜蛋白，可以主动地将有机小分子和无机离子转入及转出细胞。我们将在第 12 章讨论其他重要的跨膜泵的作用。

膜下方的细胞皮层加固质膜

细胞膜本身非常薄且易碎，近一万个细胞膜叠放在一起才能达到本书中一页纸的厚度。因此，大多数细胞膜是被一个蛋白质骨架支撑着并得以强化，这些骨架蛋白通过跨膜蛋白与膜相连。对于植物、酵母和细菌来说，细胞的形状和机械性能由刚性的*细胞壁*（cell wall）所赋予。细胞壁是一种由蛋白质、糖和其他包裹质膜的大分子所构成的纤维层。与植物细胞不同，动物细胞的质膜是通过一种位于膜下方的纤维蛋白质网络得到稳定，该纤维网络被称为**细胞皮层**（cell cortex）。

人体红细胞的细胞皮层具有相对简单和规则的结构，已经被研究得比较透彻。红细胞很小，具有独特的扁平形状（图 11-29A）。其皮层的主要成分是一种二聚体蛋白质，称为*血影蛋白*（spectrin）。这是一种细长的、柔性的杆状蛋白，长约 100nm。血影蛋白形成网格结构，为质膜提供支撑并维持细胞的双凹形状。血影蛋白网络通过胞内的附着蛋白与特定的跨膜蛋白结合，从而连接到膜上（图 11-29B 和视频 11.7）。在发生遗传突变的小鼠和人类细胞中可观察到这种网状结构的重要性：该突变会产生一种结构异常的血影蛋白。这些患者有贫血症，他们的红细胞数量比正常人少，红细胞的形状不是扁平而是球形的，并且异常脆弱。

与血影蛋白及其附着蛋白类似的蛋白质，存在于大多数动物细胞的皮层中。这些细胞的皮层中富含肌动蛋白

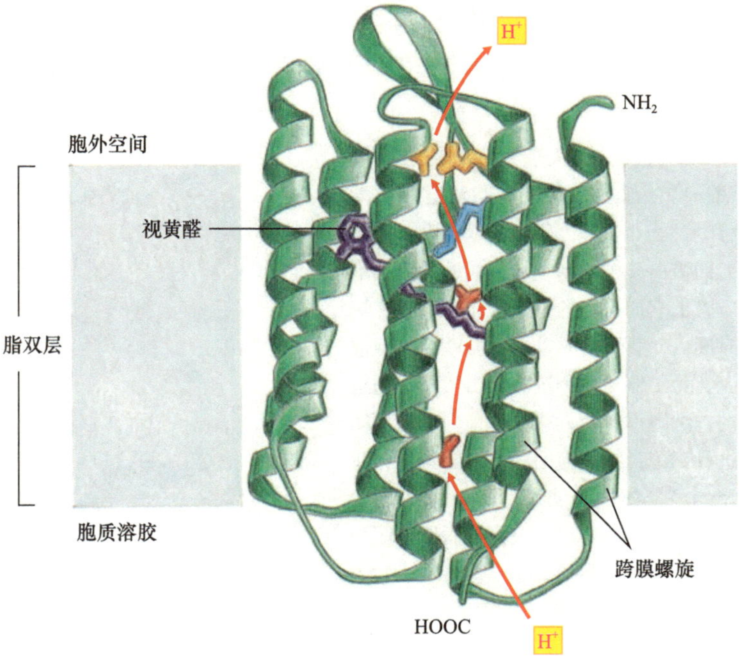

图 11-28　细菌视紫红质担任质子泵。这种小蛋白质（长度约 250 个氨基酸）的多肽链以 7 个 α 螺旋穿过脂双层。图中突出显示了在光激活的泵循环（红色箭头）过程中，视黄醛（紫色）的位置和质子可能采取的路径。精巧定位的极性氨基酸侧链（红色、黄色和蓝色标示）引导质子（H^+）穿过脂双层，并避免质子与脂质环境接触。然后视黄醛再从胞质中摄取一个 H^+，从而再生，使蛋白质恢复到原来的构象。视频 11.6 展示了这个循环过程。我们自己的眼睛也用视黄醛来检测光，在我们的眼睛中，视黄醛也结合在一种结构与细菌视紫红质非常相似的蛋白质上。（改自 H. Luecke et al.，*Science* 286：5438 255-260，1999。）

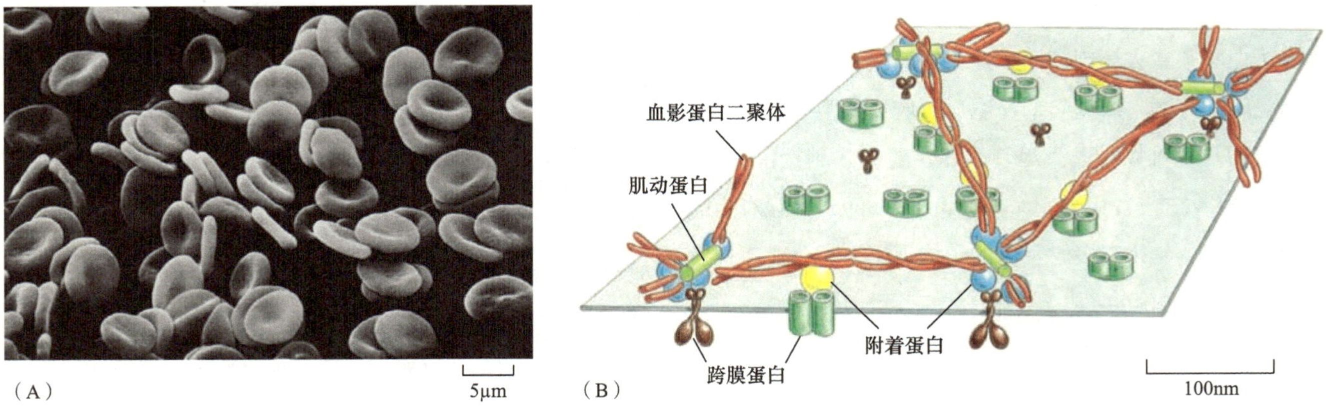

图 11-29　皮层主要由血影蛋白构成，它使人类红细胞具有独特的形状。（A）人红细胞的扫描电子显微照片，可看出红细胞具有扁平的双凹形状。这些细胞没有细胞核和其他细胞器。（B）在红细胞的皮层中，血影蛋白二聚体（红色）以头对头连接的方式形成更长的四聚体。血影蛋白四聚体与少量的肌动蛋白分子一起形成网状网格。该网络借助至少两类附着蛋白（以黄色和蓝色显示）和两种跨膜蛋白（以绿色和棕色显示）的结合而与质膜相连。（图 A 蒙 Bernadette Chailley 惠赠。）

（actin）及其马达蛋白*肌球蛋白*（myosin），并且比红细胞要复杂得多。红细胞主要利用皮层为其提供机械强度（因为红细胞需要在血管中被泵送流动），但其他细胞可利用皮层选择性地从环境中吸收原料、改变它们的形状和移动，这些将在第 17 章讨论。此外，细胞还会利用皮层来抑制蛋白质在质膜内的扩散，我们下一节进行讨论。

细胞可以限制其膜蛋白的运动

因为膜是一种二维流体，膜上许多蛋白质可以和脂质一样，在脂双层的平面内进行自由移动。最初，研究人员通过实验将小鼠细胞与人细胞融合形成一个双倍大小的杂交细胞，然后监测这个杂交细胞膜上某些小鼠和人质膜蛋白的分布，通过这种方式证明了膜蛋白可以进行横向扩散。实验开始时，小鼠和人类蛋白质分别被限制于新形成的杂交细胞的各自半边，但在 0.5h 左右的时间内，两套蛋白质就会在整个细胞表面均匀混合（图 11-30）。其他一些研究膜蛋白运动的技术在“我们是怎样知道的”栏目中进行了描述。

然而，将细胞膜比作脂质的海洋，而所有蛋白质都在海洋中自由浮动的比喻未免过于简单。细胞具有多种方式可以将特定的蛋白质限制在脂双层内的局部区域，从而在细胞或细胞器的表面形成功能特化的区域，也称为**膜结构域**（membrane domain）。

如图 11-31 所示，质膜蛋白可以被连接到细胞外的结构上，例如，连接到细胞外基质中的分子或一个相邻细胞上的分子（在第 20 章中讨论），或者是连接到细胞内相对固定的结构特别是细胞皮层上（参见图 11-29B）。另外，细胞可以形成屏障，从而将特定的膜组分限制在一个膜结构域内。例如，从肠道摄取营养物质的转运蛋白被限制在排列整齐的上皮细胞的*顶端表面*（apical surface）（面

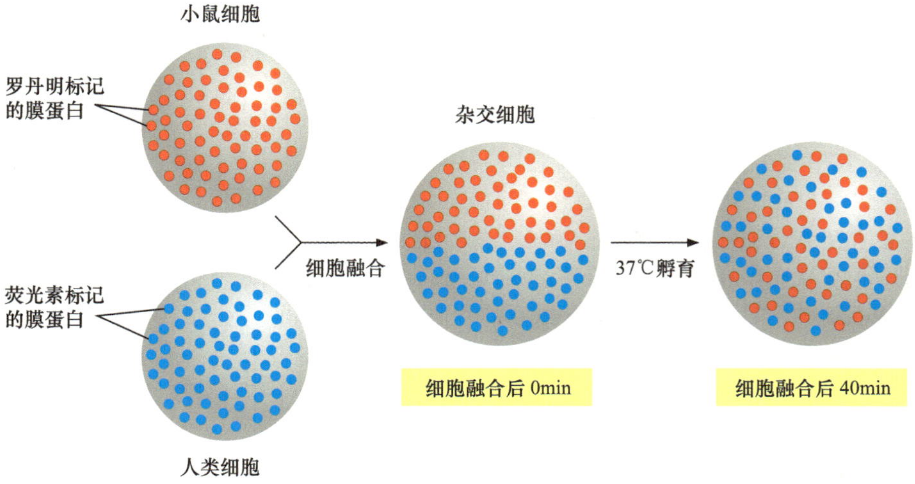

图 11-30　小鼠-人杂交细胞的形成表明一些质膜蛋白可以在脂双层中横向移动。当小鼠和人细胞刚刚融合时，它们的蛋白质被限制在新形成的杂交细胞质膜上它们自己的那一半。然而，在短时间内，膜蛋白质以及脂质就会完全混合。为了监测一个选定蛋白质样品的运动，细胞用结合人或小鼠蛋白质的抗体进行标记；抗体与两种不同的荧光标签相偶联，如罗丹明（红色）和荧光素（蓝色），因此可以在荧光显微镜下区分它们（参见图版 4-2）。（基于 L.D. Frye 和 M. Edidin 的观察，*J Cell Sci*.7：319-335，1970。）

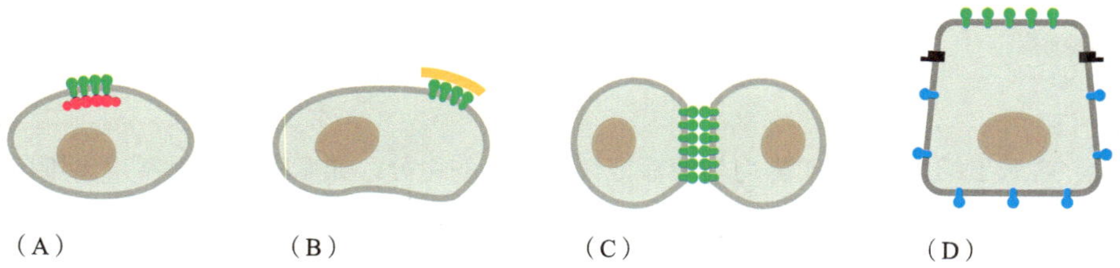

图 11-31　质膜蛋白的横向迁移可以通过多种方式被限制。蛋白质可以被束缚到胞内的细胞皮层上（A）、胞外的细胞外基质分子上（B）或另一种细胞表面的蛋白质上（C）。（D）扩散屏障（用黑色条杆表示）可以将蛋白质限制在特定的膜结构域。

向肠内容物），而其他转运蛋白，包括那些将一些溶解物从上皮细胞输出到组织和血液循环中的蛋白质，则被限制在基底（basal surface）和侧面（lateral surface）（参见图 12-17），这对小肠的功能发挥是非常重要的。膜蛋白的这种不对称分布，是由*紧密连接*（tight junction）形成的带状屏障所维持，这种紧密连接将相邻上皮细胞的膜密封在一起（图 11-32）。在这个位置上，特定的连接蛋白在细胞周围形成连续的带，细胞与其相邻的细胞接触，在相邻的质膜之间形成密封（参见图 20-22），膜蛋白不能扩散通过这个连接。

细胞表面被糖类所覆盖

我们之前看到，质膜外层的一些脂质具有与它们共价连接的糖。质膜中的大多数蛋白质都是如此。这些蛋白质绝大多数都含有短链糖，也称为*寡糖*（oligosaccharide），与它们相连的这些蛋白质称为*糖蛋白*（glycoprotein）。有些膜蛋白含有一个或多个长的多糖链，称为*蛋白聚糖*（proteoglycan）。糖蛋白、蛋白聚糖和糖脂上所有的糖基都位于质膜外部，形成糖衣，称为*糖基化层*（carbohydrate layer）或**糖被**（glycocalyx）（图 11-33）。

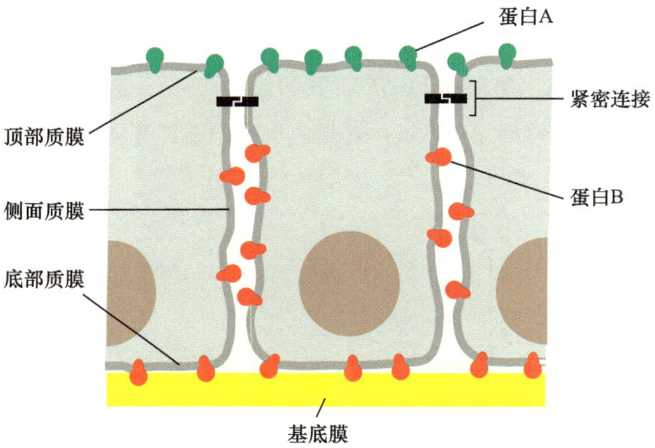

图 11-32　在肠道上皮细胞质膜中的膜蛋白被限制在特定的结构域内。蛋白 A（绿色）和蛋白 B（红色）可以在它们自己的膜结构域中横向扩散，但是无法通过一种称为紧密连接的特化细胞连接进入另一个结构域。基膜（黄色）是一层细胞外基质，用于支持所有上皮层的细胞（在第 20 章中讨论）。

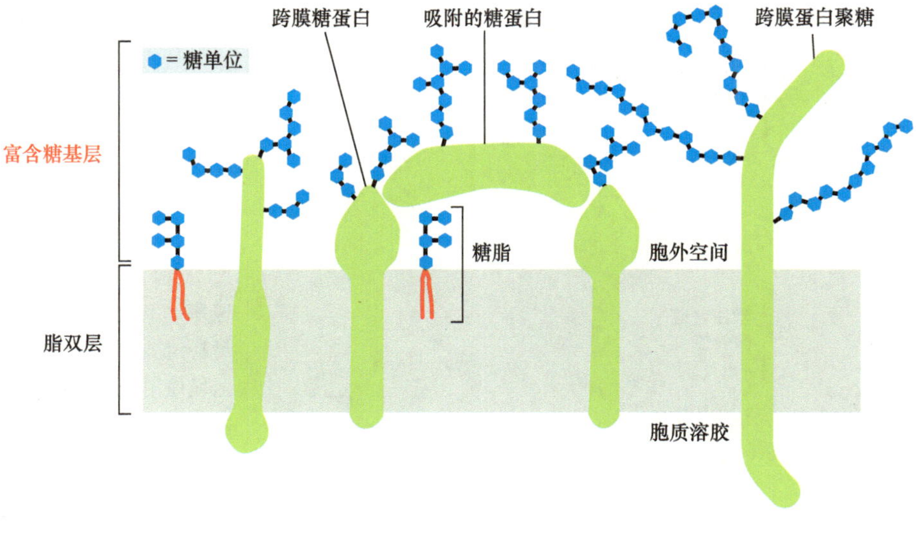

图 11-33　真核细胞被糖所包被。这种糖基化层，是由附着于膜上的糖脂和糖蛋白上的寡糖侧链以及膜蛋白聚糖上的多糖链构成。如图所示，由细胞分泌出去，然后再吸附回到膜表面的糖蛋白，也参与了糖基化层的形成。注意，所有的糖类都位于质膜的外部（非胞质溶胶）面上。

测量膜的流动性

脂双层的一个基本特征是其流动性，这对于细胞膜的完整性和功能都非常关键。流动性允许许多膜定位的蛋白质在脂双层平面中横向移动，参与细胞所依赖的多种蛋白质-蛋白质相互作用。细胞膜的流体性质对其正常功能至关重要，但令人惊讶的是，直到 20 世纪 70 年代早期，人们才发现这种性质。

鉴于其对膜结构和功能的重要性，我们如何测量和研究细胞膜的流动性？最常见的方法是视觉观察：简单地标记膜上一些天然分子，然后观察它们的去向。这种方法首先证明了用标签抗体标记的膜蛋白的横向运动（参见图 11-30）。该实验似乎表明膜蛋白在开放的脂质海洋中可以自由地扩散，没有限制。我们现在知道这种情况并不完全准确。为了更精确地探测膜的流动性，研究人员不得不再发明更精确的方法，来跟踪一个活细胞的膜如质膜中的蛋白质运动。

FRAP 攻击

有一种技术称为荧光漂白恢复（fluorescence recovery after photobleaching，FRAP）。该技术是用一种荧光标记物均匀地标记细胞膜上的组分，如脂质，但更常用于蛋白质。膜蛋白标记可以通过使用荧光抗体去孵育细胞，或通过使用第 10 章中讨论的 DNA 技术，将荧光蛋白如绿色荧光蛋白（GFP）共价连接到膜蛋白上来实现。

一旦完成蛋白质标记，就可以用一种高度聚焦的强脉冲激光束去照射膜上的一小块区域。这种处理会不可逆地“漂白”该小块区域中标记蛋白质的荧光，通常区域的范围约为 1μm 见方。在荧光显微镜下对该漂白区域的荧光进行监测，并测量相邻未漂白的荧光蛋白迁移到漂白区域所耗费的时间（图 11-34）。该“荧光恢复”的速率直接反映了蛋白质分子在膜内扩散的速率（视频 11.8）。这些实验表明，一般而言，细胞膜像橄榄油一样黏稠。

一个接一个地追踪

FRAP 方法监测的是相当大的、数百或数千个蛋白质分子群体在膜上一个相对较大的区域中运动。利用这种技术，不可能跟踪单个分子的运动，这可能会使结果难以分析。例如，如果在 FRAP 研究的过程中，被标记的蛋白质无法迁移到漂白区域，这是由于它们不具有运动性，被

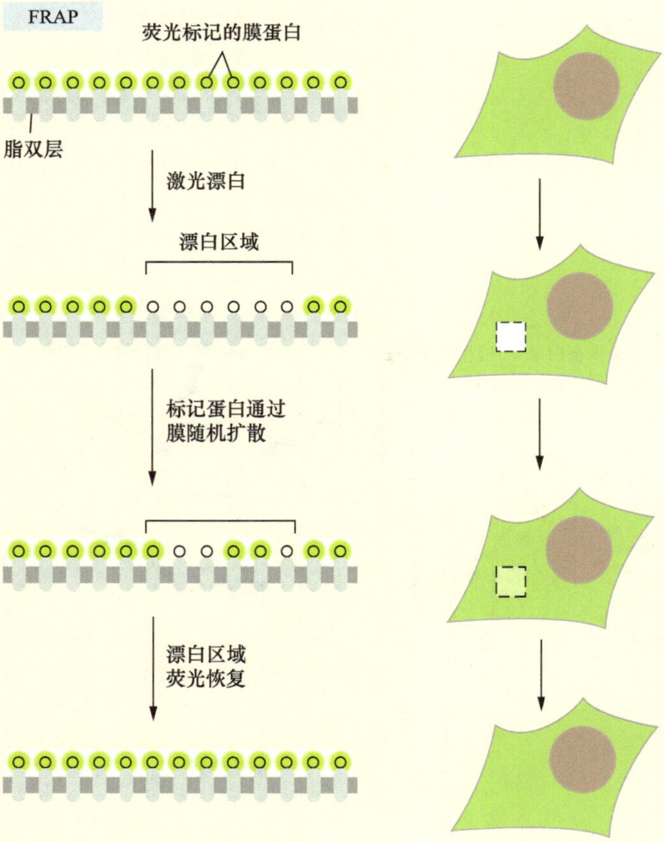

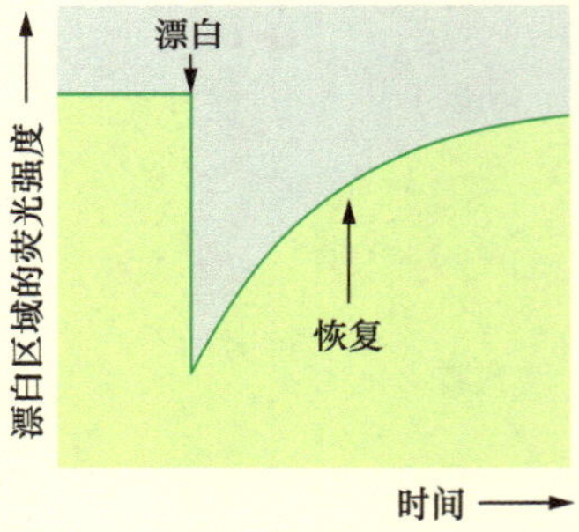

图 11-34 **FRAP 等光漂白技术可用于测量膜蛋白的横向扩散速率。**利用荧光抗体（如图中所示）或荧光蛋白如 GFP 标记某种特定类型的蛋白质。随后膜上一小块含有这些荧光蛋白分子的区域使用激光束进行漂白。随着漂白的分子扩散离开，未被漂白的荧光分子扩散到该区域，最终荧光的强度得以恢复（分别以侧视图和俯视图显示）。然后，可根据荧光恢复速率图计算出扩散系数：膜蛋白的扩散系数越大，恢复就越快。

固定在膜中的某个位置，还是因为它们被细胞骨架蛋白束缚，只能在非常小的范围内移动，导致看起来是静止不动的？

为了绕开这个问题，研究人员开发了标记和观察单个分子或一小簇分子的技术。其中一种称为*单粒子追踪*（single particle tracking，SPJ）显微术，它依赖于用抗体包被的金纳米颗粒去标记蛋白质分子。当用光学显微镜观察时，这些金颗粒看起来像微小的黑点，并且可以拍摄视频跟踪它们的运动，即反映了标记的单个蛋白质分子的运动。

迄今为止的研究来看，膜蛋白表现出多种运动模式，从随机扩散到完全不动（图 11-35）。一些蛋白质可以在不同类型的运动方式之间快速切换。

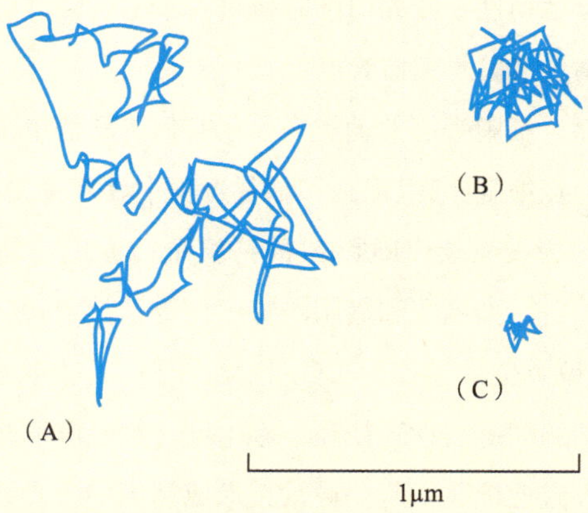

图 11-35 **蛋白质表现出不同的扩散模式。**单粒子追踪研究揭示出单个蛋白质在活细胞表面上的一些运动途径。图中显示了质膜中不同种类蛋白质的一些轨迹线。(A) 在脂双层中随机扩散的蛋白质的运动轨迹。(B) 一个被其他蛋白质限制在一个小的膜结构域内的蛋白质轨迹。(C) 一个被束缚在细胞骨架上因此基本上不动的蛋白质轨迹。蛋白质运动的检测时间为几秒钟。

摆脱细胞

在许多情况下，研究某种特定类型的膜蛋白的行为时，研究人员希望在人工合成的脂双层中进行，不存在其他可能抑制该蛋白运动或改变该蛋白活性的蛋白质。因此，可以把膜蛋白从细胞中分离出来，进一步纯化出目标蛋白并重建到人工磷脂囊泡中（图 11-36）。脂质层使纯化的蛋白质保持其正确的结构和功能，从而可以详细分析其活性和行为。

从这些研究中可以明显看出，膜蛋白在人工脂双层中比在细胞膜中扩散得更自由、更快速。大多数蛋白质在细胞膜中的运动性降低，这一现象是合理的，因为细胞膜中充满了各种类型的蛋白质，并且含有比人工脂双层更多种类的脂质。此外，细胞中的许多膜蛋白与细胞外基质中的蛋白质相结合，或者被固定在质膜下方的细胞皮层上，或者是与两者都相连（如图 11-31 所示）。

综上所述，这些研究彻底改变了我们对膜蛋白以及细胞膜结构和组织的理解。

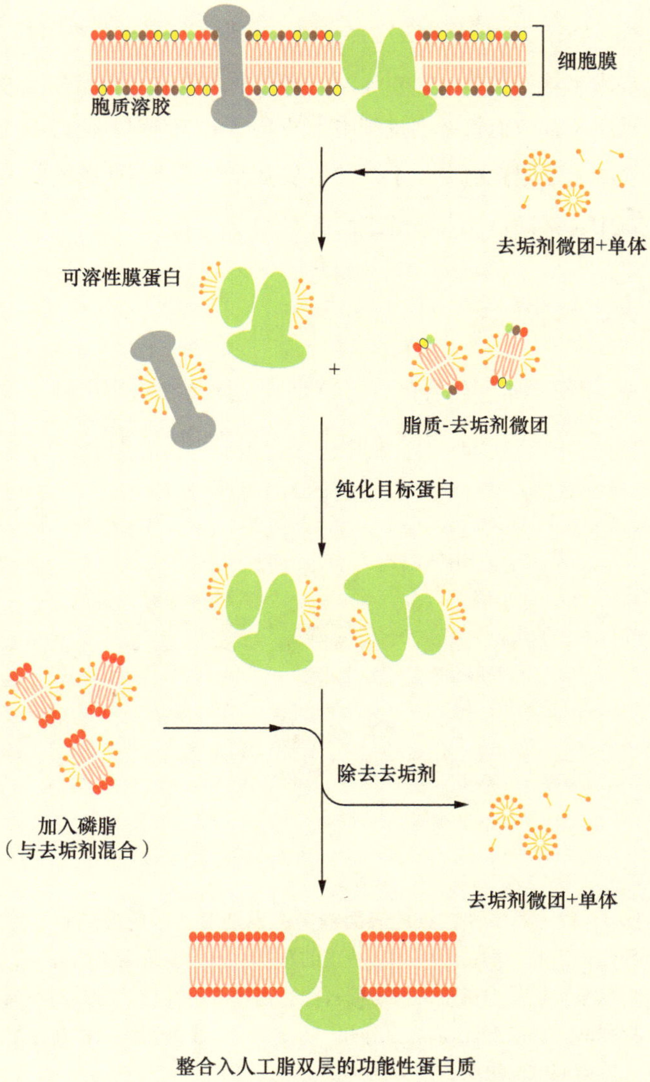

图 11-36 **温和去垢剂可用于溶解和重建功能性的膜蛋白。**掺入人工脂双层中的蛋白质通常比它们在细胞膜中扩散得更自由和更快速。

这层糖类有助于保护细胞表面免受机械损伤。此外，由于寡糖和多糖会吸引水分子，使得细胞表面变得黏滑，这有助于运动性细胞如白细胞挤过狭窄的空间并防止血细胞彼此粘连或黏附到血管壁上。

然而，细胞表面的糖类不仅仅有保护和润滑细胞的作用。它们在细胞-细胞识别和黏附过程中具有重要的作用。例如，称为*凝集素*（lectin）的跨膜蛋白专门与特定的寡糖侧链结合。糖蛋白和糖脂的寡糖侧链虽然很短（通常少于 15 个糖单位），但却非常多样化。与蛋白质中氨基酸全部以相同的肽键线性连接在一起不同，糖能够以多种不同的排列方式连接在一起，通常会形成精细的分支结构（参见图版 2-4）。利用多种共价连接，即使三种不同的糖也可以形成数百种不同的三糖。

多细胞生物体细胞表面的糖类可以看成是一种独特的衣服，就像警察的制服一样。它体现了每种细胞的类型特征，并可被与其相互作用的其他细胞类型所识别。例如，糖基化层中的特定寡糖可以参与精子对卵子的识别过程（在第 19 章中讨论）。类似地，在细菌感染的早期阶段，称为*中性粒细胞*（neutrophil）的白细胞表面上的糖类，会被感染部位血管壁内皮细胞上的凝集素所识别，使得中性粒细胞黏附在血管壁上，然后从血液中迁移到受感染的组织中，帮助杀死入侵的细菌（图 11-37）。

基本概念

- 膜使细胞产生屏障，将特定分子限制在特定区室。膜由连续的双层脂质分子组成，其中镶嵌着蛋白质。
- 脂双层给所有细胞膜提供了基本结构和屏障功能。
- 膜脂分子是两亲性的，同时具有疏水和亲水区域。当放置在水中，这种性质促使它们自发组装成双层结构，形成封闭的隔室，如果破裂，也会自发重新密封。
- 膜脂分子主要有三大类：磷脂、甾醇和糖脂。
- 脂双层是流体，单个脂质分子能够在它们自己的单层内进行扩散；然而，它们不会自发地从一个单层翻转到另一个单层。
- 细胞膜的两个单层具有不同的脂质成分，反映出膜的两面具有的不同功能。
- 生活在不同温度下的细胞通过改变其膜的脂质组成来维持膜的流动性。
- 膜蛋白负责细胞膜的大部分功能，包括通过脂双层转运小的水溶性分子。
- 跨膜蛋白可伸展穿过脂双层，通常以一个或多个 α 螺旋的形式跨膜，但有时也以卷成桶状的 β 折叠形式跨膜。
- 另有一些膜蛋白不会伸展穿过脂双层，而是通过与其他膜蛋白的非共价结合、与脂质的共价连接，或通过暴露的两亲性螺旋与细胞膜一侧的脂质结合，而连接到膜的一侧或另一侧。
- 大多数细胞膜由一个相连的蛋白质骨架所支撑。一个特别重要的例子是纤维性蛋白质的网状结构，它可在质膜下面形成细胞皮层。
- 尽管许多膜蛋白可以在膜平面内进行快速扩散，但细胞也可以将蛋白质限制在特定的膜结构域内。细胞还可以通过将特定的膜蛋白连接到胞内或胞外大分子上，

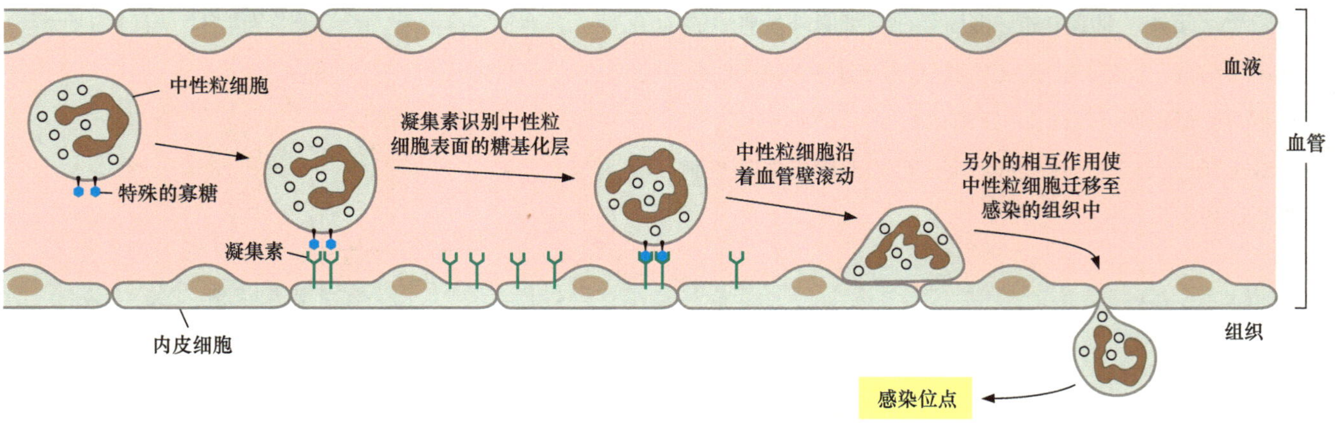

图 11-37 对中性粒细胞表面糖类的识别使这些免疫细胞开始从血液中迁移出来并进入受感染的组织。血管内皮细胞响应从感染部位发出的化学信号，产生特定的跨膜蛋白（称为凝集素）。这些蛋白质可以识别在血液中循环的中性粒细胞（一种白细胞）表面上，由糖脂和糖蛋白携带的特定糖基团。这使得中性粒细胞黏附在血管壁的内皮细胞上。虽然这种结合力度不是很强，但它将导致另一种更强的蛋白质-蛋白质相互作用（未显示），这种较强的相互作用有助于中性粒细胞在内皮细胞之间滑动，因此它可以迁移出血液并进入感染部位的组织（视频 11.9）。

从而来限定这些蛋白质的运动。

◆ 暴露在细胞表面的许多蛋白质和一些脂质具有附着的糖链，形成糖基质层，有助于保护和润滑细胞表面，同时还参与特定的细胞-细胞识别。

关键词

两亲性（amphipathic）
细菌视紫红质（bacteriorhodopsin）
细胞皮层（cell cortex）
胆固醇（cholesterol）
去垢剂（detergent）
脂滴（fat droplet）
糖被（glycocalyx）
脂双层（lipid bilayer）
膜结构域（membrane domain）
膜蛋白（membrane protein）
磷脂酰胆碱（phosphatidylcholine）
磷脂（phospholipid）
细胞膜（plasma membrane）
饱和（saturated）
不饱和（unsaturated）

问题

问题 11-1

水分子被认为会“在疏水化合物周围重新组织形成笼状结构”（参见图 11-9）。这似乎是矛盾的，因为水分子不与疏水化合物相互作用。那么它们怎么能“知道”疏水化合物的存在，并且为了彼此相互作用而改变自己的行为呢？请讨论这个论点，并在此过程中给出一个对“笼状”结构的清晰概念。该结构与冰相比有什么不同？为什么这种笼状结构在能量上是不利的呢？

问题 11-2

你的班上有五名学生总是一起坐在前排。这可能是因为：（A）他们真的很喜欢彼此；（B）班上没有其他人想坐在他们旁边。哪种解释适用于脂双层的组装？请说明原因。相反，假设另一种解释适用于脂质分子，那么脂双层的性质将会有何不同？

问题 11-3

脂双层的流动性与不对称性似乎是矛盾的。请解释。

问题 11-4

解释为什么大多数跨膜蛋白的多肽链都以 α 螺旋或 β 桶的形式穿过脂双层。

问题 11-5

对于图 11-26 所示的两种去垢剂，解释为什么分子的蓝色部分是亲水的而红色部分是疏水的。应用类似的配色方案绘制一小段短链多肽，该多肽具有由三个氨基酸组成的疏水侧链（参见图版 2-6）。指出该多肽的哪些部分会与水形成氢键。

问题 11-6

仔细观察图 11-29B 所示的跨膜蛋白。关于它们在膜中的流动性，你能讲出什么？

问题 11-7

请描述细胞用于将蛋白质限制在质膜特定区域的不同方法。一个含有许多锚定蛋白质的膜是否仍然是流动的？

问题 11-8

下列说法哪些是正确的？解释你的答案。

A. 脂双层中的脂质围绕其长轴快速旋转。

B. 脂双层中的脂质在它们所在的单层中快速地彼此交换位置。

C. 脂双层中的脂质不会轻易地从一个脂质单层翻转到另一单层。

D. 脂质头部基团和水分子之间形成的氢键不断地断裂和再形成。

E. 糖脂在合成期间在不同的膜封闭隔室之间移动，但仍局限于脂双层的一侧。

F. 人造黄油比它的原材料植物油含有更多的饱和脂质。

G. 一些膜蛋白是酶。

H. 围绕所有细胞的糖衣使细胞更加光滑。

问题 11-9

术语“二维流体”的含义是什么?

问题 11-10

脂双层的结构由其脂质分子的特定性质决定。如果出现下列情况之一，将会怎么样?

A. 磷脂只有一个烃尾而不是两个。

B. 烃尾比正常短，比如只有约 10 个碳原子的长度。

C. 所有的烃尾都是饱和的。

D. 所有的烃尾都是不饱和的。

E. 脂双层含有两种磷脂分子的混合物，一种具有两条饱和烃尾，另一种带有两条不饱和烃尾。

F. 每个磷脂分子通过其一条烃尾末端的碳原子共价连接到对面单层中的一条磷脂尾巴上。

问题 11-11

磷脂分子和去垢剂分子有什么区别? 磷脂分子的结构要如何改变才能变成去垢剂?

问题 11-12

A. 膜脂质分子每 10^{-7}s 与其脂质邻居交换一次位置。脂质分子在约 0.2s 的时间内可以从 2μm 长的细菌细胞的一端扩散到另一端。这两个数字是否一致（假设脂质头部基团的直径约为 0.5nm）？若不一致，你能解释这种差异的原因吗?

B. 为了了解分子扩散的速度，假设脂质头部基团的大小与乒乓球（直径 4cm）大致相同，而且你的房间（6m × 6m）被这些球完全覆盖。如果两个相邻的球每 10^{-7}s 交换一次位置，那么它们的速度是每小时多少千米? 一个球从房间的一侧移动到另一侧需要多长时间?

问题 11-13

为什么红细胞质膜需要跨膜蛋白?

问题 11-14

假设有一种跨膜蛋白在真核细胞的质膜上形成亲水孔。当该蛋白质被一种特异性配体在细胞外侧结合而激活时，它会允许 Na^+ 进入细胞。该蛋白质由 5 个相似的跨膜亚基组成，每个亚基含有一个跨膜的 α 螺旋。α 螺旋的一个表面上有亲水氨基酸侧链，相对的另一个面上有疏水氨基酸侧链。考虑到该蛋白质的功能是作为 Na^+ 进入细胞的通道，请指出这五个跨膜 α 螺旋在膜内可能的排列方式。

问题 11-15

在人红细胞膜中，蛋白质（平均分子量 50 000）、磷脂（分子量 800）和胆固醇（分子量 386）的质量比约为 2 : 1 : 1。那么每种蛋白质分子周围平均有多少个脂质分子?

问题 11-16

绘制一个示意图，显示两个质膜在细胞融合过程中靠在一起时的全貌图，如图 11-30 所示。图中要分别显示出两种细胞中的膜蛋白，这些蛋白质已经通过与不同颜色的荧光抗体分子在膜外表面结合而被标记。在图中指出随着细胞融合，这些荧光标记的命运。在 37℃下，细胞融合后这些荧光标记是否会留在杂交细胞的外面，以及在膜蛋白发生混合后是否会仍然存在? 如果在 0℃进行，实验结果会有何不同?

问题 11-17

请比较维持脂双层中膜蛋白的疏水力与帮助蛋白质折叠成独特三维结构的疏水力。

问题 11-18

预测下列哪种生物的细胞膜中含有最高比例的不饱和磷脂。解释你的答案。

A. 南极鱼

B. 沙漠蛇

C. 人类

D. 北极熊

E. 生活在 100℃温泉中的嗜热细菌

问题 11-19

以下三种由单字母氨基酸符号表示的 20 个氨基酸多肽序列中，哪一种最有可能形成跨膜蛋白的跨膜区（α 螺旋）？解释你的答案。

A. I T L I Y F G N M S S V T Q T I L L I S

B. L L L I F F G V M A L V I V V I L L I A

C. L L K K F F R D M A A V H E T I L E E

问题 11-20

图 Q11-20 显示了三酰甘油的结构。你认为该分子会掺入到脂双层中吗？如果是，该分子的哪一部分将面向脂双层的内部，哪一部分将面向脂双层两侧的水？如果不是，这些分子在细胞内的水环境中会形成什么样的结构？

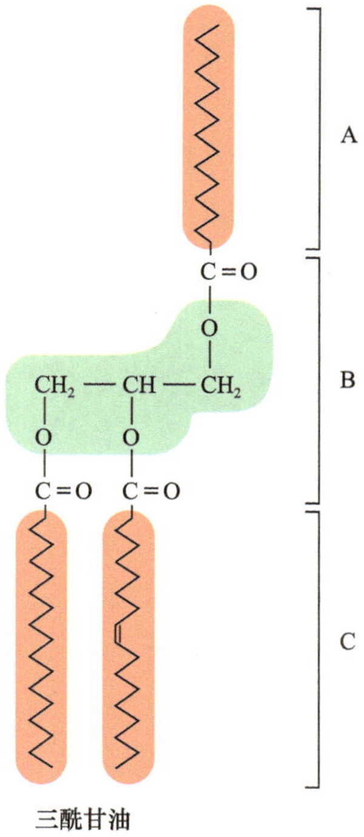

图 Q11-20

第 12 章　跨膜转运

跨膜转运的原理

转运蛋白及其功能

离子通道和膜电位

离子通道和神经细胞信号转导

为了生存和生长，细胞必须能够与其环境交换分子。它们必须摄取糖类和氨基酸等营养物质，并排出代谢废物。它们还必须能够调控细胞质基质和细胞器中各种无机离子的浓度。一些小分子，如 CO_2 和 O_2，可以简单地通过扩散穿过膜的脂双层，但其他绝大多数分子则不能。它们的转运依赖于横跨脂双层的**膜转运蛋白**（membrane transport protein），这些蛋白质为所需的物质提供了专属的跨膜转运通道（图 12-1）。

在本章中，我们会探讨细胞膜如何控制无机离子和水溶性小分子进出细胞。细胞还可以选择性地对如蛋白质这样的大分子进行跨膜运输，但这种运输需要更精巧的机制，我们将在第 15 章讨论。

我们首先会概述一些离子和小分子通过细胞膜的基本原理。然后，我们会依次探讨介导转运的两类膜蛋白：转运蛋白和通道。*转运蛋白*（transporter）通过改变构象，将有机小分子或无机离子从膜的一侧转运到另一侧。而*通道*（channel）则是通过在膜上形成微小的亲水孔，使物质可以扩散通过。大多数通道仅允许离子通过，因此称为*离子通道*（ion channel）。因为这些离子是带电的，所以它们的运动可以在膜两侧产生强大的电势，也称为电压。在本章的最后，我们会讨论神经细胞如何利用这些跨膜电势的差异进行通讯，并最终决定我们的行为。

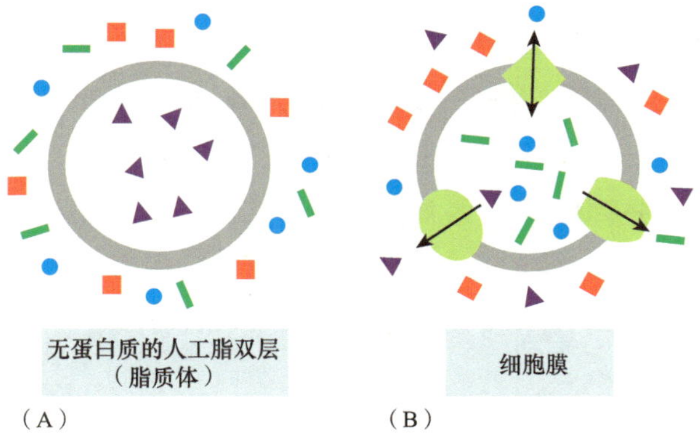

图 12-1　**细胞膜上含有转运蛋白，这些蛋白质可以选择性地使水溶性小分子通过。**（A）无蛋白质的人工脂双层如脂质体（参见图 11-13）对大多数水溶性分子是不通透的。（B）相反，细胞膜含有膜转运蛋白（浅绿色），每个转运蛋白都可以将一种特定的物质转运过膜。这种选择性转运可以促进特定分子或离子跨膜的被动扩散（蓝色圆），以及主动运输特定物质进（绿色条）出（紫色三角形）细胞。但对于其他分子，膜是不通透的（红色方块）。不同膜转运蛋白的组合，使一系列特定的溶质在膜包裹的空间内积聚，构成细胞质基质或细胞器。

跨膜转运的原理

正如我们在第 11 章中所看到的，脂双层内部的疏水性质导致大多数亲水分子（包括所有离子）不能自由通过。这些分子不愿意进入脂质环境，就如疏水分子不愿意与水相互作用一样。但是细胞和细胞器必须允许许多亲水的水溶性分子通过，如无机离子、糖、氨基酸、核苷酸和其他细胞代谢物。这些分子通过简单扩散（simple diffusion）穿过脂双层的速度非常慢，所以它们必须借助特殊的膜转运蛋白来加速跨膜，这一过程称为促进转运（facilitated transport）。在本节中，我们会论述促进跨膜转运的基本原理，并介绍调节这种运动的各种膜转运蛋白。我们还将重点讨论，为什么无机离子的传输对所有细胞都具有如此重要的意义。

脂双层对于离子和大多数不带电的极性分子是不可渗透的

事实上，如果给予足够的时间，任何分子都可以扩散通过脂双层。然而，扩散的速率根据分子的大小及其溶解性质差异很大。总体来说，分子越小，疏水性或非极性越强，扩散到脂双层中的速度就越快。

当然，细胞所需的许多分子是极性和水溶性的。在这种情况下，溶质（solute）是可以溶解在水中的物质，它们在没有膜转运蛋白的帮助下无法穿过脂双层。各种溶质穿过没有膜转运蛋白的脂双层的难易程度如图 12-2 所示。

1. 小的非极性分子（smaller nonpolar molecule），如氧分子（O_2，分子质量 32Da）和二氧化碳（CO_2，分子质量 44Da），很容易溶解在脂双层中，因此可以迅速通过它们；实际上，这种气体渗透性是细胞呼吸（cell respiration）过程所必需的，将在第 14 章进行讨论。

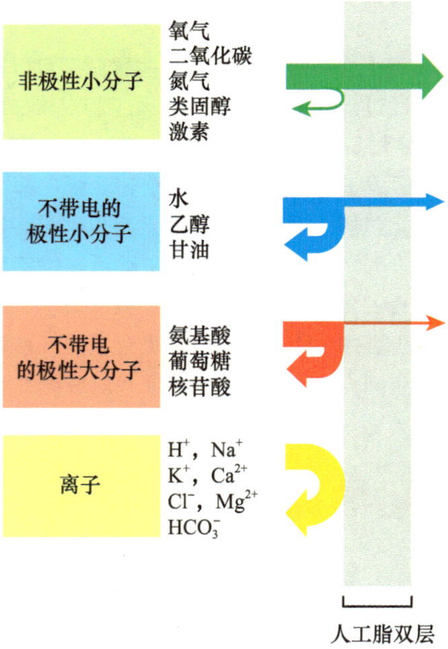

图 12-2　溶质通过简单扩散穿过无蛋白质的人工脂双层的速率取决于其大小和溶解度。细胞作为营养物质的许多有机分子（红色）太大、极性太强，无法有效地通过这种不含有合适的膜转运蛋白的人工脂双层。

2. 不带电的极性分子（uncharged polar molecule，电荷分布不均匀的分子），如果分子足够小，也可以顺利地扩散通过脂双层。例如，水（H_2O，分子质量 18Da）和乙醇（分子质量 46Da）可以快速地通过，而甘油（分子质量 92Da）通过的速度较慢。较大的、不带电荷的极性分子，如葡萄糖（分子质量 180Da），几乎无法通过。

3. 相比之下，对于所有带电的物质，包括所有无机离子，无论它们多小，脂双层都是不可通透的。这些溶质所带的电荷以及它们对水分子的强烈吸引力，阻碍了它们进入脂双层的疏水相。虽然水有极性，但由于其不带电，因此，不含蛋白质的脂双层对水的通透性比对 Na^+、K^+ 等小离子强 10^9 倍。

细胞内的离子浓度与外界的离子浓度差异很大

因为脂双层对无机离子是不通透的，所以活细胞内部的离子浓度与其周围溶液中的离子浓度很不一样。离子浓度的内外差异对细胞的生存和功能非常关键。细胞中最重要的无机离子是 Na^+、K^+、Ca^{2+}、Cl^- 和 H^+（质子）。这些离子的跨膜转运在许多生物学过程中起着至关重要的作用，其中最显著的例子是细胞中 ATP 的产生（将在第 14 章中讨论）和神经细胞的通讯过程（本章后面讨论）。

Na^+ 是细胞外最丰富的带正电离子（阳离子），而 K^+ 是细胞内部最丰富的离子（表 12-1）。细胞要避免被静电力撕裂，其内部的正电荷量必须几乎等同于负电荷量，对

表 12-1　一个典型的哺乳动物细胞内外的离子浓度比较

离子	细胞内浓度/（mmol/L）	细胞外浓度/（mmol/L）
阳离子		
Na^+	5～15	145
K^+	140	5
Mg^{2+}	0.5*	1～2
Ca^{2+}	10^{-4}*	1～2
H^+	7×10^{-5}（$10^{-7.2}$mol/L 或 pH7.2）	4×10^{-5}（$10^{-7.4}$mol/L 或 pH7.4）
阴离子**		
Cl^-	5～15	110

* Mg^{2+} 和 Ca^{2+} 的浓度是游离离子的浓度。细胞中总共有 20mmol/L 的 Mg^{2+} 和 1～2mmol/L 的 Ca^{2+}，但这些离子的绝大多数是结合在蛋白质和其他有机分子中，而且 Ca^{2+} 会储存在多种细胞器中。

** 除了 Cl^- 外，细胞还含有许多其他的阴离子（未在表中列出）。事实上，绝大多数的细胞组分都带负电荷（HCO_3^-、PO_4^{3-}、蛋白质、核酸、携带磷酸和羧基基团的代谢物等）。

于细胞外流体中的电荷也同样如此。细胞外高浓度的 Na^+ 主要通过胞外的 Cl^- 来平衡，而细胞内部高浓度的 K^+ 由各种带负电荷的无机和有机离子（阴离子）平衡，包括核酸、蛋白质和多种细胞代谢物（参见表 12-1）。

跨细胞膜无机离子浓度差产生膜电位

尽管细胞内部和外部的电荷通常保持平衡，但略微过量的正电荷或负电荷集中在质膜附近的现象确实会发生。这种电荷不平衡在膜上产生的电压差称为**膜电位**（membrane potential）。

当细胞处于静息状态时，阴离子和阳离子的跨膜运动精确地达到平衡。在这种稳态条件下，细胞膜上的电压差，称为*静息膜电位*（resting membrane potential），它会保持稳定，但不是零。例如，在动物细胞中，静息膜电位可以是 –20mV 和 –200mV 之间的任何值，这取决于生物体和细胞类型。该值表示为负数，这是因为细胞的内部比外部具有更多的负电荷。

膜电位使细胞为某些代谢物的运输提供动力，并且它为兴奋的细胞提供了与邻近细胞进行通信的手段。正如我们稍后讨论的那样，脂双层中的不同膜转运蛋白的活性使细胞能够建立并保持其特有的膜电位。

细胞有两类膜转运蛋白：转运蛋白和通道

膜转运蛋白有多种形式，并存在于所有细胞膜中。每种蛋白质都为一种特定的水溶性小物质，如离子、糖或氨基酸等，提供跨膜的专属通道。大多数膜转运蛋白，仅允许某一类型物质中的一些特定成员通过：有的对 Na^+ 开放而不允许 K^+ 进出，有一些则刚好相反，等等。每种类型的细胞膜都具有自己一套特征性的转运蛋白，它们会精确地决定让哪些溶质进出细胞或细胞器。

如在第 11 章中所讨论的，大多数膜转运蛋白具有多次跨膜的多肽链，也就是说，它们是多次跨膜蛋白（参见图 11-24）。当这些跨膜区段聚在一起时，它们会形成一条连续的、由蛋白质铺设的通路，可以选择性地让一些亲水性小分子穿过膜，而不会与脂双层的疏水内部直接接触。

细胞含有两类主要的膜转运蛋白：转运蛋白和通道。这两种蛋白质辨别并运送溶质的方式不同（图 12-3）。*通道*（channel）主要根据尺寸和电荷进行辨别，当通道打开时，只有适当大小和电荷的离子才能通过。与通道不同，*转运蛋白*（transporter）只允许与其特异性结合位点相匹配的分子或离子通过。转运蛋白结合它们的溶质具有高度的特异性，就如同酶结合底物一样。正是这种结合的特异性使转运蛋白的运输具有选择性。

溶质通过主动运输或者被动运输跨膜

转运蛋白和通道允许亲水性的小分子、离子穿过细胞膜，然而，是什么因素控制了这些物质是进入还是离开细胞（或细胞器）呢？在许多情况下，运输方向仅取决于膜两侧溶质的相对浓度。如果存在通路，物质会自发地从高浓度区域“顺势”流向低浓度区域。这种运动是被动的，因为它们不需要额外的驱动力。例如，如果溶质在细胞外的浓度高于内部，并且质膜中存在合适的通道或转运蛋白，则溶质将通过**被动运输**（passive transport）进入细胞，而不需要转运蛋白消耗能量进行跨膜。这是因为虽然溶质可以向膜的任一方向移动，但更多的溶质将进入细胞而不是移出细胞，直到两边的浓度达到平衡。所有通道和许多转运蛋白都是这种被动运输的载体。

然而，为了使溶质逆着浓度梯度移动，膜转运蛋白必须做功：它必须驱动物质“逆势”从低浓度区域流向高浓度区域。为了实现这一点，转运的过程会与其他一些提供能量输入的过程相耦合（如第 3 章所述）。溶质以

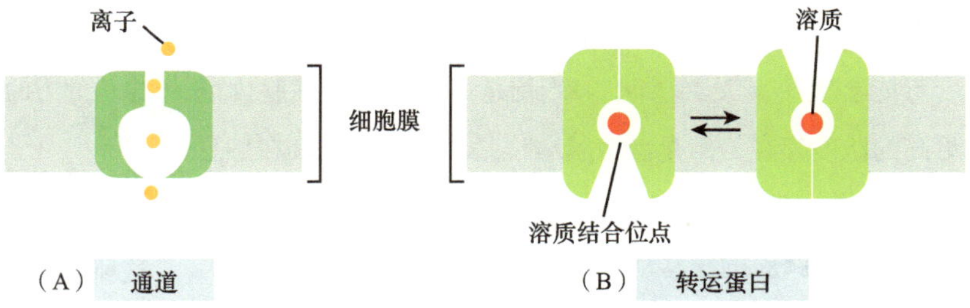

图 12-3　**无机离子和小的极性有机分子通过转运蛋白或通道穿过细胞膜。**（A）通道在脂双层上形成一个孔，特定的无机离子或在某些情况下极性有机分子可以通过扩散通过该孔。离子通道存在开放和闭合两种构象，它们仅在开放构象下进行运输，如图所示。通道打开和关闭通常由外部刺激或细胞内的条件所控制。（B）转运蛋白经历一系列构象变化将小溶质转运过脂质双层。转运蛋白对它们结合的溶质具有高度选择性，所以它们转移溶质的速度比通道慢得多。

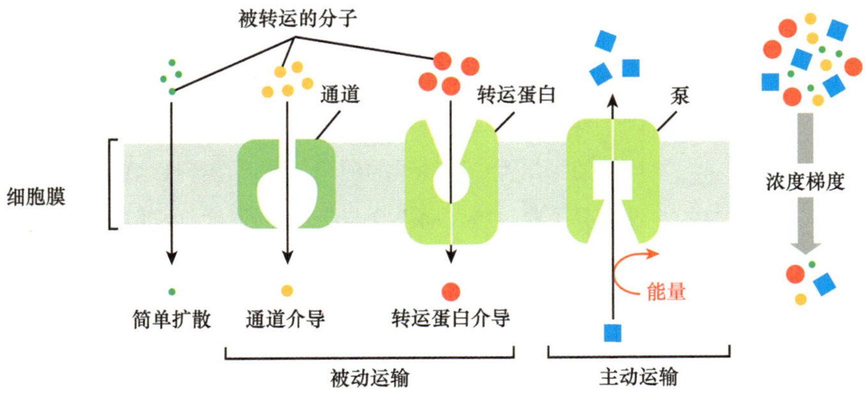

图 12-4 溶质通过被动或主动运输穿过细胞膜。一些小的非极性分子（如图 12-2）可以顺着它们的浓度梯度，通过简单扩散穿过脂质双层，不需要膜转运蛋白的帮助。然而，大多数溶质需要通道或转运蛋白的辅助。被动运输可以自发进行，使溶质沿着其浓度梯度的方向移动；逆着浓度梯度的主动运输需要能量输入。只有通过转运蛋白才能进行主动运输，执行此功能的转运蛋白被称为泵。

这种方式逆着其浓度梯度的移动被称为**主动运输**（active transport），它是由称为泵的转运蛋白所完成，这种特殊类型的转运蛋白可以利用能量为运输过程提供动力（图 12-4）。如后面所讨论的，这种能量可以来自 ATP 的水解、跨膜离子梯度或太阳光能。

浓度梯度和膜电位均影响带电溶质的被动运输

如上所述，对于不带电荷的分子，被动运输的方向仅由其浓度梯度决定。但带电的物质，无论是无机离子还是有机小分子，都会产生额外的力。如前所述，大多数细胞膜两侧都有电荷差异，这种跨膜电压被称为膜电位。膜电位对任何携带电荷的物质都会施加一种力。细胞膜的胞质侧相对于胞外侧通常处于负电位，因此膜电位倾向于将带正电的离子和分子吸入细胞来平衡带负电的溶质。

同时，与不带电的溶质一样，带电的溶质也倾向于顺浓度梯度移动。因此，驱动带电溶质穿过细胞膜的净作用力是两种力的复合，一种力来自于浓度梯度，而另一种来自于膜电位。这种净驱动力称为溶质的**电化学梯度**（electrochemical gradient），它决定了每种溶质被动运输流过膜的方向。

对于某些离子，电压和浓度梯度的作用方向相同，从而产生了相对陡峭的电化学梯度（图 12-5A）。Na^+ 正是这种情况，它带有正电荷且在细胞外的浓度高于内部（参见表 12-1）。因此，当有机会时，Na^+ 倾向于进入细胞。但是，如果电压和浓度梯度的作用方向相反，则产生的电化学梯度可能会很小（图 12-5B）。K^+ 就是如此，它在细胞内以更高的浓度存在，但是静息膜电位是负的，所以其在静息细胞质膜上的电化学梯度很小。即使在 K^+ 通道打开，K^+ 也几乎没有跨膜的净移动。

水顺着其浓度梯度方向通过细胞膜的过程称为渗透

细胞主要成分是水，通常约占 70%的质量，因此水穿过细胞膜的移动对于生物来说至关重要。因为水分子很小且不带电，它们可以直接扩散通过脂双层（参见图 12-2）。然而，这种移动相对较慢。为了促进水的流动，一些细胞在其质膜中含有称为水孔的特殊通道（图 12-6 和视频 12.1）。对于许多细胞，如肾脏或各种分泌腺中的细胞，水孔对其功能的发挥是必需的。

细胞处于水性环境中，且自身充满水，那么，水是会进入细胞还是离开细胞呢？正如我们在表 12-1 中所见，细胞含有高浓度的溶质，包括许多带电分子和离子，因此细胞内的溶质颗粒的总浓度，也就是渗透压（osmolarity），通常会超过细胞外的溶质浓度。由此产生的渗透梯度倾向于将水“拉”进细胞中。水沿着其浓度梯度移动，即水从低溶质浓度（高水浓度）区域向高溶质浓度（低水浓度）区域的移动，称为**渗透**（osmosis）。

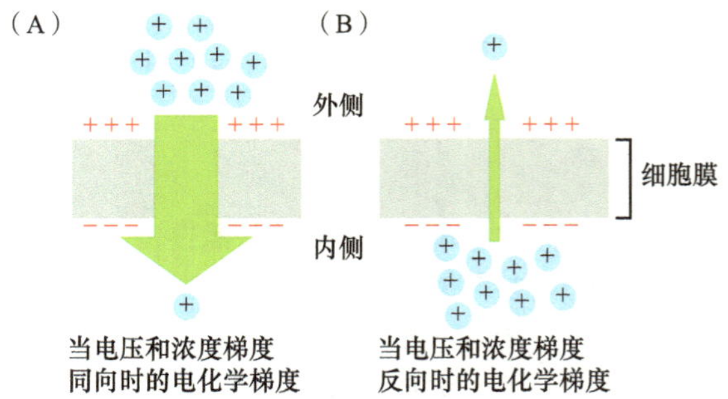

图 12-5 电化学梯度有两种组分。使带电溶质通过细胞膜的净驱动力，即其电化学梯度，是来自溶质浓度梯度的力与来自膜电位的力的总和。膜电位在此表示为膜两侧上的 + 和 – 符号。绿色箭头的宽度表示电化学梯度的强度。（A）浓度梯度和膜电位共同作用，增加了溶质移动的驱动力。Na^+ 正是如此。（B）膜电位与浓度梯度作用力相反，降低了电化学驱动力。K^+ 正是这种情况。

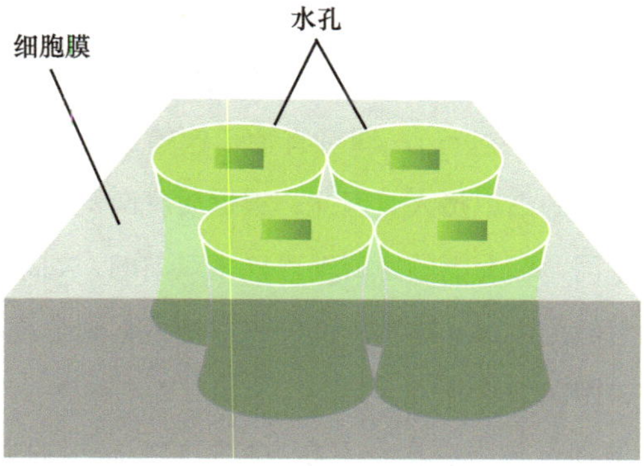

（A）

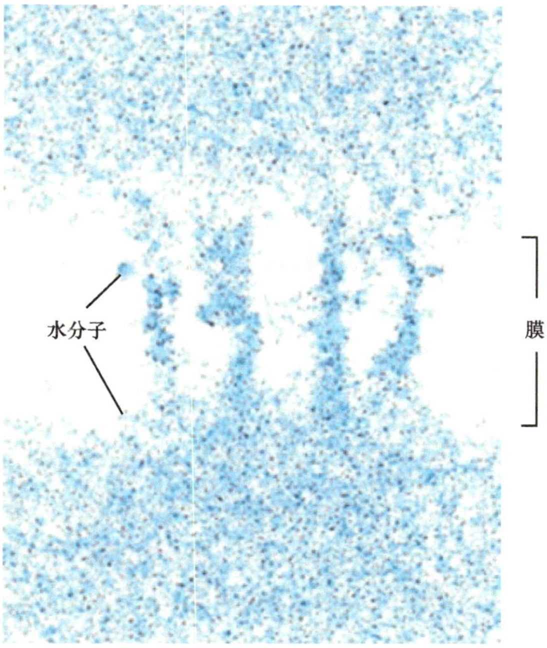

（B）

图 12-6　**在一些细胞中，水分子通过水孔快速扩散穿过细胞膜。**（A）每个水孔蛋白形成一个横跨双层膜的孔道，形状就像一个沙漏，使水分子有选择性地通过。图中展示的是一个水通道四聚体，也就是其具有生物功能的形式。（B）在这张模拟实时分子动力学的图片中，可以看到四道水柱（蓝色）正通过水孔蛋白四聚体（未展示）的孔洞。细胞膜所在的位置已标记出来。（图 B 改自 B. de Groot and H. Grubmuller，*Science* 294：2353-2357，2001。）

渗透，如果不加以约束，会使细胞膨胀破裂。不同的细胞会以不同方式应对这种渗透难题。一些淡水原生动物，如变形虫，使用收缩性空泡来消除多余的水分。这些空泡会定期将其内容物排到外部（图 12-7A）。植物细胞通过其坚韧的细胞壁防止细胞膨胀，因此可以耐受其质膜两侧较大的渗透差（图 12-7B）。实际上，植物细胞正是利用这种渗透膨胀压力，或称为膨压，使它们的细胞壁保持张力，维持植物茎干坚挺和叶片伸展。如果失去膨压，植物就会枯萎。动物细胞利用跨膜泵来排出特定的溶质，例如，Na^+ 总是倾向于被泵出细胞，从而维持渗透平衡（图 12-7C）。

转运蛋白及其功能

转运蛋白（transporter）负责运送大多数水溶性有机小分子和少量无机离子穿过细胞膜。每种转运蛋白都具有高度选择性，通常只会转运一种溶质。为了引导和促进物质在细胞内外，以及在胞质溶胶和各种膜包被的细胞器之间进行复杂运输，每种细胞膜都包含一套特定的、符合自身功能的转运蛋白。例如，质膜包含输入营养物质如糖、氨基酸和核苷酸的转运蛋白；溶酶体膜含有 H^+ 转运蛋白，可以输入 H^+ 使溶酶体内部变得酸化；它还含有其他转运蛋白，可以将消化产物从溶酶体转移到胞质溶胶中；线粒体内膜含有丙酮酸转运蛋白，因为线粒体需要以丙酮酸作为产生 ATP 的燃料，也含有负责输出合成后的 ATP 的转运蛋白（图 12-8）。

在本节中，我们会描述调控转运蛋白功能的基本原理，并对驱动几种关键溶质移动的分子机制进行更详细地阐述。

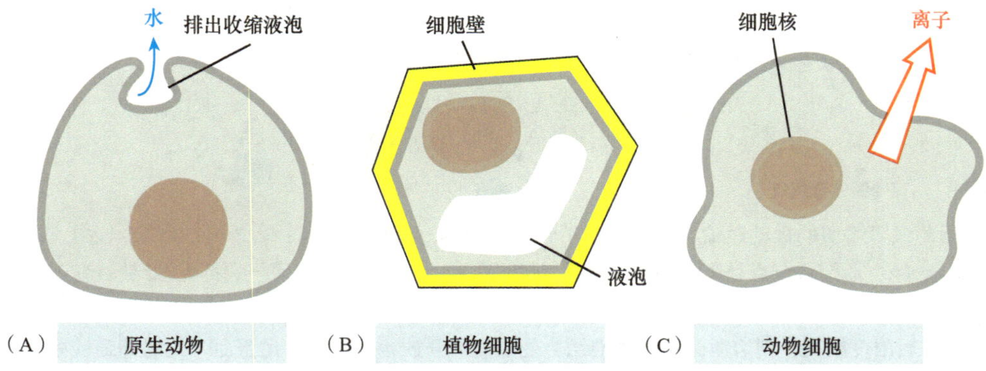

图 12-7　**细胞使用不同的策略来避免渗透膨胀。**（A）淡水变形虫通过定期排出进入细胞并积聚在收缩液泡中的水来避免膨胀。收缩液泡首先积聚溶质，这会导致水渗透进液泡；然后它将大部分溶质泵回细胞溶质，最后将其内容物清出细胞。（B）植物细胞的坚韧细胞壁可防止膨胀。（C）动物细胞通过泵出离子来降低其细胞内溶质浓度。

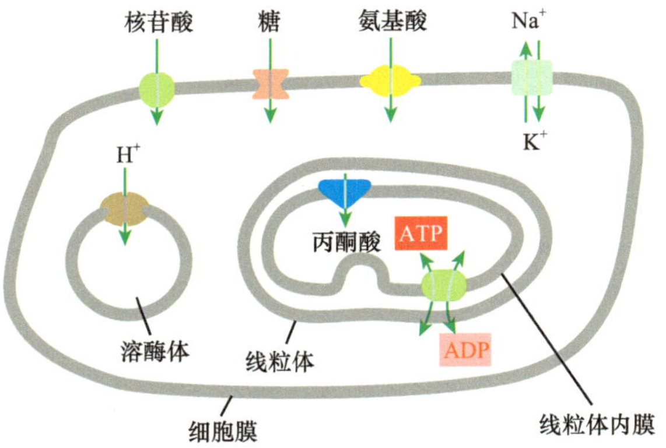

图 12-8　**每种膜都具有自己特有的转运蛋白。**这些转运蛋白使每种膜发挥其独特的功能。图中只展示了这些转运蛋白的一小部分。

被动转运蛋白顺着溶质的电化学梯度转运溶质

一种重要的介导被动运输的转运蛋白是*葡萄糖转运蛋白*（glucose transporter），该蛋白质在许多类型的哺乳动物细胞膜中大量存在。它由一条至少 12 次跨膜的多肽链组成，可以采用多种构象，并且这些构象能够可逆、随机地切换。在其中一种构象中，转运蛋白将葡萄糖的结合位点暴露于细胞外部；而另一种构象中，它将位点暴露于细胞内部。

由于葡萄糖不带电，所以其电化学梯度的电子数为零。因此，其运输方向仅由浓度梯度决定。当细胞外的葡萄糖充足时，比如在餐后，糖与转运蛋白暴露在外部的结合位点结合；如果蛋白质这时转换构象（这个过程是自发和随机的），它便可以携带结合的糖转向膜内侧并将它释放到葡萄糖浓度更低的细胞质中（图 12-9）。相反，当血糖水平较低时，比如饥饿时，激素胰高血糖素通过刺激肝细胞分解糖原，产生大量葡萄糖。结果，肝细胞内的葡萄糖浓度高于外部。葡萄糖可以与转运蛋白暴露在内部的结合位点结合，当蛋白质随后切换构象至相反的方向时（依然是自发和随机的过程），即可将葡萄糖输送出细胞，供其他需要能量的细胞摄入。因此，根据质膜两侧葡萄糖浓度梯度的不同，葡萄糖的净流动可以是双向的，如果更多的葡萄糖与转运蛋白暴露在外部的位点结合，则净流动向内；反之，则向外。

尽管被动运输蛋白本身不参与控制溶质转运的方向，但它们对要被转移的溶质具有高度的选择性。例如，葡萄糖转运蛋白中的结合位点仅结合 D-葡萄糖而不结合其镜像 L-葡萄糖。细胞不能利用 L-葡萄糖作为能量来源。

泵逆着溶质的电化学梯度主动运输溶质

细胞不能仅依靠被动运输来维持溶质的正常平衡。溶质逆电化学梯度的主动运输对于获得合适的细胞内离子组成，以及摄取那些胞外浓度低于胞内浓度的溶质是必不可少的。出于这些目的，细胞需要跨膜的**泵**（pump）。泵主要以三种方式完成主动运输（图 12-10）：①*梯度驱动泵*（gradient-driven pump），将一种溶质的逆浓度梯度跨膜转运与另一种溶质的顺浓度梯度跨膜转运相偶合；② *ATP 驱动泵*（ATP-driven pump），利用 ATP 水解释放的能量来驱动逆浓度梯度转运；③*光驱动泵*（light-driven pump），主要存在于细菌细胞中，利用来自阳光的能量驱动逆浓度梯度转运，如第 11 章中讨论的细菌视紫红质（参见图 11-28）。

这些不同形式的主动运输通常会相互关联。因此，在动物细胞的质膜中，ATP 驱动的 Na^+ 泵将 Na^+ 逆电化学梯度转运出细胞。然后，Na^+ 可以通过各种 Na^+ 梯度驱动泵再顺电化学梯度流回细胞。在 Na^+ 通过梯度驱动泵流回细胞的过程中，会产生许多能量，使其他物质能够逆着它们

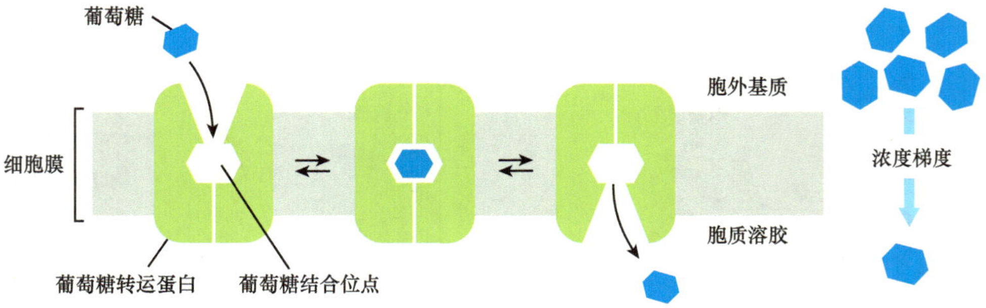

图 12-9　**转运蛋白的构象变化介导葡萄糖等溶质的被动运输。**图中展示了转运蛋白的三种构象状态：向外开放状态（*左*），溶质的结合位点暴露在外面；向内开放状态（*右*），结合位点暴露在脂双层内部；封闭状态（*中间*），从任何一侧都无法结合这些位点。状态之间的过渡是随机发生、完全可逆的。而且，最重要的是，对于所示的转运蛋白，这种状态的转换不依赖于溶质结合位点是否被占据。因此，如果脂双层外部的溶质浓度较高，则溶质会更频繁地结合处于向外开放构象中的转运蛋白，此时葡萄糖净转运量是顺浓度梯度的。

图 12-10　**泵主要以三种方式完成主动运输。**主动运输的溶质显示为金色，能量来源显示为红色。

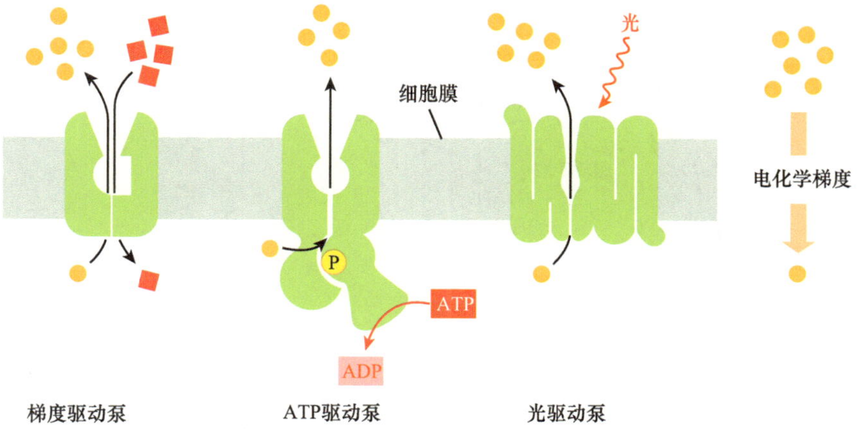

的电化学梯度主动运输到细胞中。如果 ATP 驱动的 Na^+ 泵停止运行，那么 Na^+ 梯度将很快被耗尽，利用 Na^+ 梯度驱动泵的运输也会停止。出于这个原因，ATP 驱动的 Na^+ 泵在动物细胞小分子物质跨膜主动运输的过程中发挥着重要作用。植物细胞、真菌和许多细菌利用 ATP 驱动的 H^+ 泵产生类似的功能：在将 H^+ 泵出细胞时，这些蛋白质在质膜上产生 H^+ 的电化学梯度，随后这个梯度可被用于溶质运输，这一点我们将在之后进一步讨论。

动物细胞的 Na^+ 泵使用 ATP 提供的能量排出 Na^+、摄入 K^+

ATP 驱动的 **Na^+ 泵**（Na^+ pump）在动物细胞的能量系统中发挥着非常重要的作用，它通常要消耗总 ATP 的 30%或更多。该泵利用 ATP 水解的能量将 Na^+ 转运出细胞，同时携带 K^+ 进入细胞，因此，该泵有时被称为 Na^+-K^+ ATP 酶（Na^+-K^+ ATPase）或 Na^+-K^+ 泵（Na^+-K^+ pump）。

在泵转运过程中，ATP 的水解为一系列蛋白质构象的变化提供了能量，这些构象变化驱动了 Na^+ 和 K^+ 的交换。作为交换过程的一部分，从 ATP 中去除的磷酸基团被转移到泵上（图 12-11）。

Na^+ 输出和 K^+ 输入发生在同一个循环中，循环中的每个步骤都依赖于前一步（图 12-12）。如果阻止任何一个步骤的发生，整个循环都会停止。例如，毒素乌本苷（ouabain）可以阻止细胞外 K^+ 与 Na^+ 泵的结合，从而终止整个循环。

Na^+ 泵的效率非常高，整个泵循环仅需 10ms。此外，循环中各步骤之间的紧密偶合确保了泵仅在正确的离子（Na^+ 和 K^+）都可以被转运时才会发动，从而避免 ATP 的水解浪费。

Na^+ 泵在质膜上造成陡峭的 Na^+ 浓度梯度

当 Na^+ 不断地通过质膜中其他类型的转运蛋白和离子通道进入细胞时，Na^+ 泵的功能就类似于有漏洞的船舱底的抽水泵，不停地将 Na^+ 泵出细胞。通过这种方式，该泵维持细胞溶质中的 Na^+ 浓度比胞外液体低 10～30 倍，而胞内 K^+ 浓度比胞外液体中的高出 10～30 倍（参见表 12-1）。

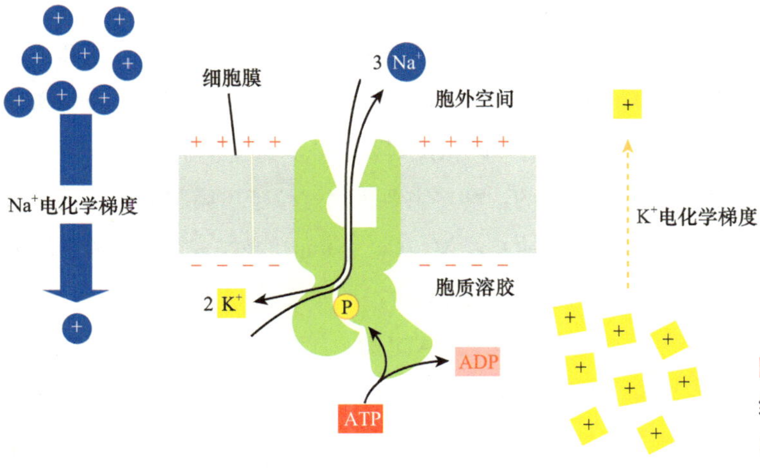

图 12-11　**Na^+ 泵利用 ATP 水解的能量将 Na^+ 泵出动物细胞并将 K^+ 泵入细胞。**通过这种方式，泵有助于细胞内的 Na^+ 维持在低浓度而 K^+ 维持在高浓度。

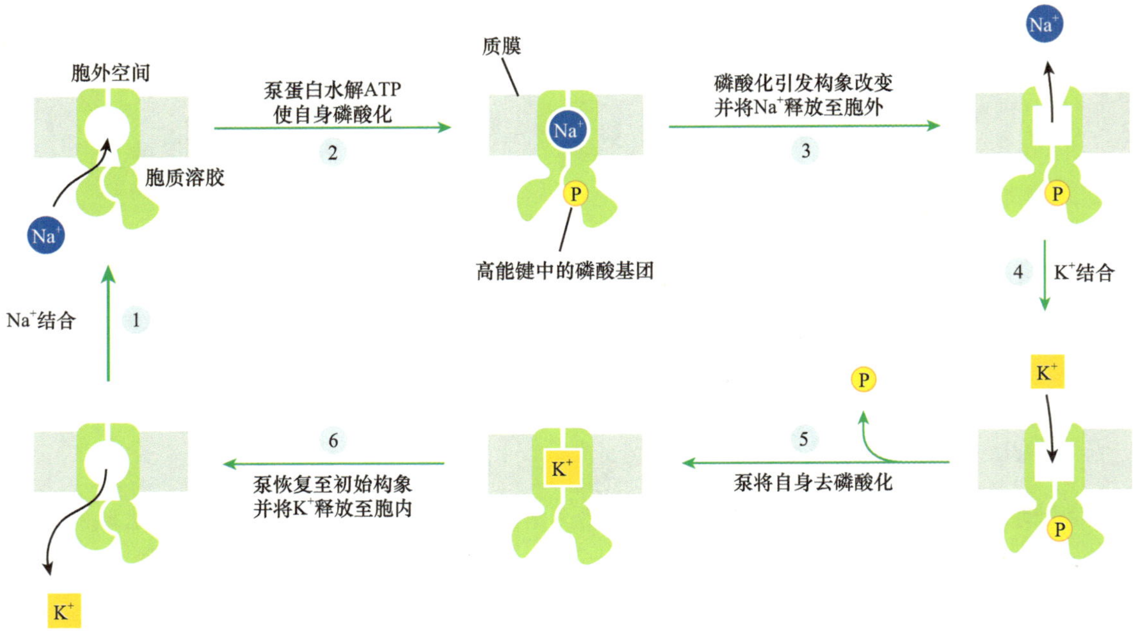

图 12-12　**Na^+ 泵在 Na^+/K^+ 交换时会发生一系列构象变化。**细胞溶质中 Na^+ 的结合①以及随后 ATP 在细胞膜内侧对泵的磷酸化②诱导蛋白质发生构象变化，将 Na^+ 转运出膜并释放在细胞外③。磷酸盐与蛋白质之间的高能键提供了驱动构象变化的能量。在细胞外结合 K^+ ④和随后的去磷酸化⑤使蛋白质恢复其原始构象，将 K^+ 转运入膜并释放到胞质溶胶中⑥。该循环如视频 12.2 所示，构象的变化类似于图 12-9 中所示的葡萄糖转运蛋白，唯一不同的是，此处 Na^+ 依赖性的磷酸化和 K^+ 依赖性的去磷酸化，导致了蛋白质构象变化的有序发生，从而使蛋白质能够完成其正常工作。为简单起见，此处每个离子仅显示一个结合位点。实际在哺乳动物细胞中，Na^+ 泵包含三个 Na^+ 的结合位点和两个 K^+ 的结合位点。因此，一个泵循环的净结果是转运三个 Na^+ 出细胞，同时转运两个 K^+ 进细胞。乌本苷通过阻止 K^+ 的结合而对泵形成抑制④。

质膜两侧陡峭的 Na^+ 浓度梯度和膜电位共同作用，形成了巨大的 Na^+ 电化学梯度（参见图 12-5A）。细胞外的高浓度 Na^+ 在其电化学梯度的上侧，就像高坝后面储存的大量水，是一种非常大的能量储备（图 12-13）。即使人为使用乌本苷阻止 Na^+ 泵的运行，这种储存的能量仍然足以维持质膜中被 Na^+ 顺浓度梯度流动所驱动的泵运行数分钟，这一点我们将在稍后讨论。

图 12-13　**细胞外的高浓度 Na^+ 就像高坝后面的水一样。**大坝后面的水具有潜在的能量，可以用来驱动需能过程。与之类似，跨膜的离子梯度可用于驱动细胞中的主动过程，包括其他分子跨膜的主动运输。图中展示的是美国密苏里州布兰森的桌岩坝。(Gary Saxe/Shutterstock 供图)

Ca^{2+} 泵使细胞溶质中的 Ca^{2+} 保持在低浓度

和 Na^+ 一样，细胞溶质中的 Ca^{2+} 浓度比胞外液体中的浓度要低，但 Ca^{2+} 在细胞内外的量都比 Na^+ 少得多（参见表 12-1）。尽管如此，这种离子在细胞膜两侧的转运仍然至关重要，这是因为 Ca^{2+} 可以紧密地结合细胞中的多种蛋白质，改变它们的活性。例如，通过 Ca^{2+} 通道流入细胞质的 Ca^{2+}，可被不同的细胞用作细胞内信号来引发各种复杂的生物进程，如肌肉收缩（在第 17 章讨论）、受精（在第 16 章和第 19 章讨论）和神经细胞的通讯（将在后面讨论）。

胞质溶胶中游离的 Ca^{2+} 本底浓度越低，细胞对胞质溶胶中 Ca^{2+} 的增加就越敏感。因此，真核细胞细胞溶质中游离的 Ca^{2+} 通常保持在非常低的浓度（通常约 10^{-4}mmol/L），而细胞外的 Ca^{2+} 浓度则要高得多（通常为 1 ～ 2mmol/L）。这种巨大的浓度差主要是通过位于质膜和内质网膜上的 ATP 驱动的 **Ca^{2+} 泵**（Ca^{2+} pump）来实现，它能够主动地泵出胞质溶胶中的 Ca^{2+}。

Ca^{2+} 泵是一种 ATP 酶，其工作原理与图 12-12 中所示的 Na^+ 泵非常相似，主要区别在于 Ca^{2+} 泵在恢复其原始构象时无需结合和转运第二个离子（图 12-14）。Na^+ 泵和

图 12-14　肌质网中的 Ca^{2+} 泵是第一个通过 X 射线晶体学确定其三维结构的 ATP 离子驱动泵。当肌细胞兴奋时，Ca^{2+} 会从肌质网（一种特殊形式的内质网）涌入胞质溶胶。Ca^{2+} 的流入会刺激细胞收缩；为了从收缩中恢复，必须通过 Ca^{2+} 泵将 Ca^{2+} 泵回到肌质网。Ca^{2+} 泵利用 ATP 使其自身磷酸化，并引起一系列的构象变化（类似于图 12-12 中所示的 Na^+ 泵）；当泵向肌质网的内腔开放时，Ca^{2+} 结合位点消失，将两个 Ca^{2+} 释放到该细胞器中（视频 12.3）。

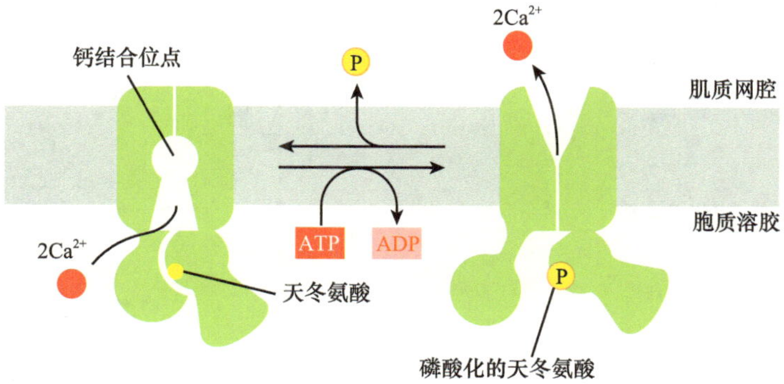

Ca^{2+} 泵具有相似的氨基酸序列与结构，表明它们具有共同的演化起源。

梯度驱动泵利用溶质梯度介导主动运输

正如 Na^+ 泵所产生的电化学 Na^+ 梯度一样，任何溶质的跨膜浓度梯度都可用于驱动第二种分子的主动运输。第一种溶质沿着其浓度梯度方向的移动为第二种溶质逆浓度梯度的运输提供了能量，这种主动转运蛋白称为**梯度驱动泵**（gradient-driven pump，参见图 12-10）。它们可以将一种无机离子的转运与另一种无机离子的转运，或是无机离子和有机小分子的转运，或是一种有机小分子和另一种有机分子的转运偶合在一起。如果泵以同一方向将两种溶质转运过膜，称为*同向转运*（symport）。如果以相反的方向分别转运二者，称为*对向转运*（antiport）。如果一种转运蛋白顺着浓度梯度只运送一种溶质跨膜，则它不能被称为泵，这种转运被称为*单向转运*（uniport）（图 12-15）。前面描述的葡萄糖转运蛋白（参见图 12-9）运输就是一个单向转运的例子。

Na^+ 的电化学梯度驱动动物细胞膜转运葡萄糖

同向转运（symport）在动物细胞中具有特别重要的作用，它利用 Na^+ 沿着其陡峭的电化学梯度向内流动，来驱动其他溶质进入细胞。例如，肠道上皮细胞将来自肠腔的葡萄糖转运通过肠上皮，并最终输送到血液中。如果这些细胞只含有葡萄糖被动单向转运系统（图 12-9 中所示的转运蛋白），那么在我们断食后这些细胞会将葡萄糖释放到肠腔中，就像它们会在我们用餐后从肠道摄取葡萄糖那样自由。然而，这些上皮细胞也具有*葡萄糖-Na^+ 同向转运*（glucose-Na^+ symport）功能，即使上皮细胞胞质中的葡萄糖浓度高于肠腔内的葡萄糖浓度，细胞依然可以利用这种功能从肠腔中吸收葡萄糖。由于 Na^+ 的电化学梯度非常陡峭，所以当 Na^+ 沿其浓度梯度向细胞内移动时，葡萄糖在一定程度上也会随之被“拖”入细胞内。因为 Na^+ 和葡萄糖结合泵是协同的，其中一个的结合增强了另一个的结合，如果两种溶质中有一个缺失，则另一个也不能结合。因此，这种梯度驱动的运输必须要求两种分子同时存在，Na^+ 不会在没有做有用功的情况下泄漏到细胞中（图 12-16）。

然而，如果肠上皮细胞仅具有这种同向转运，它们将只能吸收葡萄糖，而不能将葡萄糖释放给身体的其他细胞使用。因此，这些上皮细胞的另一端还具有两种类型的葡萄糖转运蛋白。在质膜面向肠腔的顶端区域，这些细胞含有葡萄糖-Na^+ 共转运系统，可以利用 Na^+ 梯度的能量主动摄取葡萄糖，在细胞质中产生高浓度的糖。在质膜的基底和侧面区域，细胞含有被动的葡萄糖单向转运系统，将葡萄糖顺其浓度梯度释放出来，供其他组织使用（图 12-17）。如图 12-17 所示，细胞顶端周围的紧密连接形成扩散屏障，

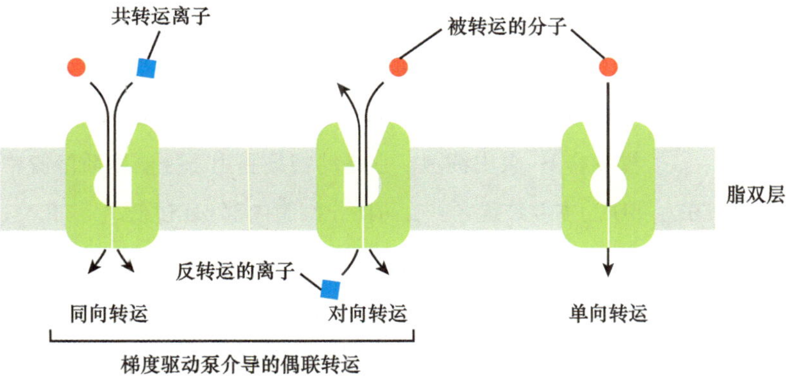

图 12-15　梯度驱动泵能够进行同向或对向转运。如果以相同的方向转运溶质，这种情况下它们被称为同向转运；如果以相反的方向转运，则被称为对向转运（视频 12.4）。相比之下，单向转运只是促进溶质沿着浓度梯度方向移动。因为这种移动不需要额外的能量，所以单向转运蛋白不是泵。

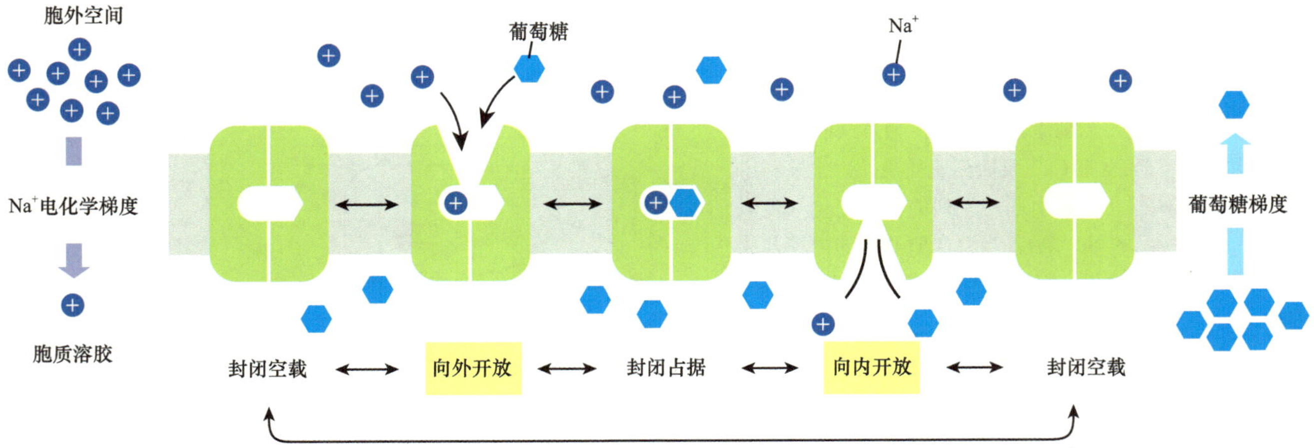

图 12-16 **葡萄糖-Na⁺同向转运利用电化学 Na⁺梯度来驱动葡萄糖的主动输入。** 泵可以在不同构象之间随机转换。一种状态下，泵向细胞外空间开放（"向外开放"）；另一种状态下，泵向胞质溶胶开放（"向内开放"）。虽然 Na⁺ 和葡萄糖可以和处于任意一种"开放"状态的泵结合，但泵只能以"封闭"状态在不同构象之间进行转换，在封闭状态下，葡萄糖和 Na⁺ 在位点上的结合状态只能是都结合（"封闭占据"）或都不结合（"封闭空载"）。因为细胞外 Na⁺ 浓度高，所以 Na⁺ 结合位点会容易地在向外开放状态下与 Na+ 结合，而且转运蛋白必须等待数量极少的葡萄糖分子结合上去。一旦葡萄糖结合上去，泵捕获了两种溶质，就会翻转到"封闭占据"状态。

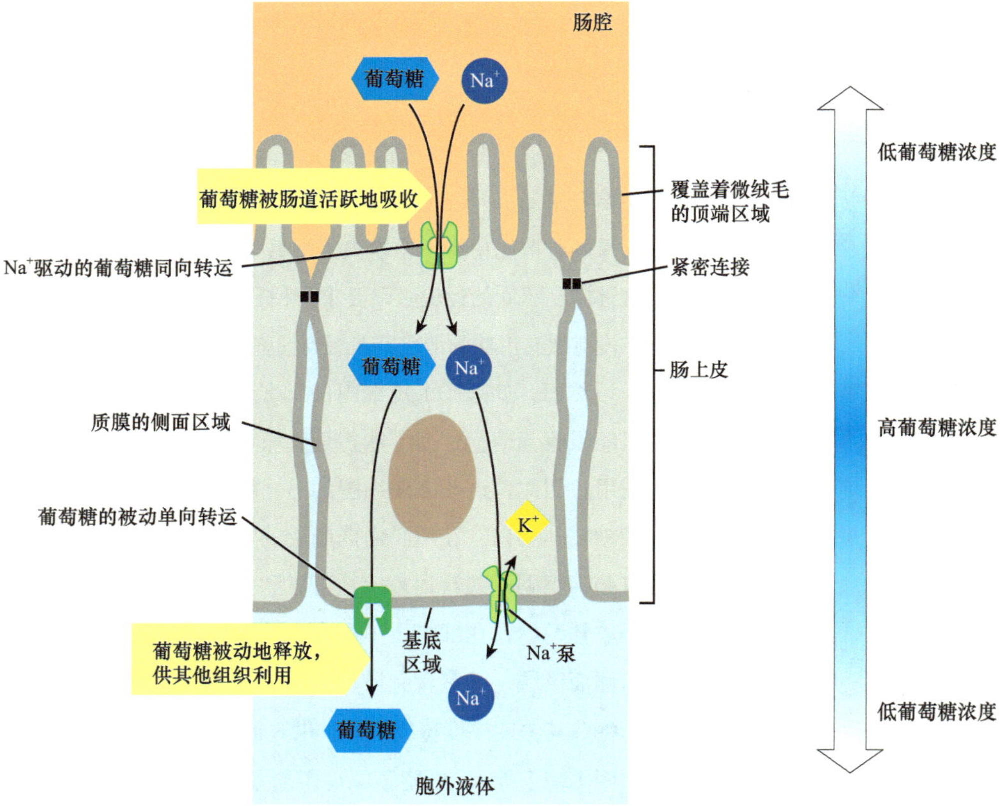

图 12-17 **两种类型的葡萄糖转运蛋白使肠上皮细胞能够将葡萄糖转运通过肠道上皮。** Na⁺ 驱动葡萄糖同向转运而进入细胞，随后通过 Na⁺ 泵从基底和侧向质膜中泵出，使细胞溶质中 Na⁺ 的浓度维持在较低状态，并维持陡峭的 Na⁺ 电化学梯度。食物为肠腔提供了充足的 Na⁺，用于由 Na⁺ 梯度驱动的葡萄糖同向转运。该过程如视频 12.5 所示。

将两种类型的葡萄糖转运蛋白分隔到质膜的适当区域。这可以防止两个区域之间的膜组分混合到一起，如第 11 章所述（参见图 11-32）。

肠道内壁和许多其他器官（包括肾脏）中的细胞，在其质膜中同样含有多种由 Na⁺ 的电化学梯度所驱动的同向转运系统；每个梯度驱动泵中都会特异地将一小组相关的糖或氨基酸转运入细胞中。与此同时，**对向转运**（antiport）的 Na⁺ 驱动泵对细胞也很重要。例如，许多动物细胞质膜中的 Na⁺-H⁺ 交换泵（Na⁺-H⁺ exchanger）利用 Na⁺ 的浓度梯度将 H⁺ 泵出细胞，它是动物细胞用于控制胞质溶胶中 pH 的主要装置之一，可防止细胞内部 pH 过低。

因为构象的转换是可逆的，所以处于"封闭占据"状态下的泵可能会发生以下两种情况：转运蛋白转回向外开放状态，在这种情况下，溶质会解离，泵再次处于空闲状态；或者，它翻转到向内打开状态，将溶质结合位点暴露于胞质溶胶中。胞质中的 Na^+ 浓度非常低，因此，Na^+ 很容易解离下来，随后通过 Na^+ 泵再被泵出细胞，以维持陡峭的 Na^+ 梯度，如图 12-11 所示。此刻转运蛋白的结合位点处于部分占据的状态，直到葡萄糖分子也解离。随着葡萄糖的解离，转运蛋白上没有了任何溶质而进入“封闭空载”状态，它可以翻转到向外打开状态并再次重复转运循环。

H^+ 的电化学梯度驱动植物、真菌和细菌中的溶质运输

植物细胞、细菌和真菌（包括酵母）的质膜中没有 Na^+ 泵。它们不依靠 Na^+ 的电化学梯度，而主要依靠 H^+ 的电化学梯度将溶质转运到细胞内。质膜中的 **H^+ 泵**（H^+ pump）将 H^+ 泵出细胞，从而在膜上建立电化学质子梯度，并使细胞周围的介质呈现酸性 pH。然后，利用 H^+ 电化学梯度的 H^+ 同向转运将许多糖和氨基酸转运到细菌细胞内，与动物细胞利用 Na^+ 电化学梯度输入这些营养物的方式大致相同。

在一些光合细菌中，H^+ 梯度是由光驱动的 H^+ 泵如细菌视紫红质所产生（参见图 11-28）。在其他细菌、真菌和植物质膜中的 H^+ 泵可以利用 ATP 水解的能量，将 H^+ 泵出细胞，从而产生 H^+ 梯度，这类似于前面讨论过的动物细胞的 Na^+ 泵和 Ca^{2+} 泵。

在一些细胞器，如动物细胞的溶酶体，以及植物和真菌细胞的中央液泡的膜中，存在不同类型的 ATP 依赖性 H^+ 泵。这些泵，类似于线粒体和叶绿体中合成 ATP 的涡轮状酶（在第 14 章中讨论），可以有效地将 H^+ 从胞质溶胶输送到细胞器，从而有助于维持细胞质的中性 pH 和细胞器内部的酸性 pH。细胞器的酸性环境对于许多细胞器的功能至关重要，我们在第 15 章中会进一步讨论。

本章所讨论的一些跨膜泵如图 12-18 所示，并列于表 12-2 中。

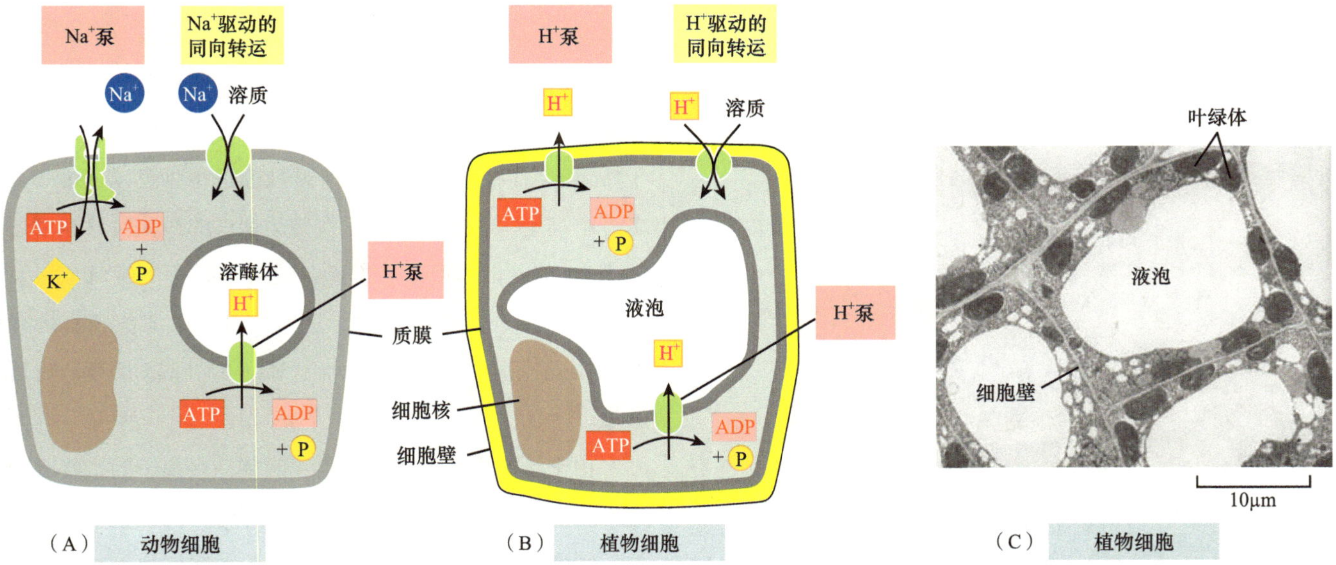

图 12-18 动、植物细胞使用各种跨膜泵来驱动溶质的主动运输。（A）在动物细胞中，由 Na^+ 泵产生的跨膜电化学 Na^+ 梯度被用于各种溶质的同向转运。（B）在植物细胞中，通常使用由 H^+ 泵建立的 H^+ 电化学梯度来达到此目的；细菌和真菌使用类似的策略（未显示）。动物细胞中的溶酶体以及植物和真菌细胞中的液泡，在其膜中含有类似的 H^+ 泵，这些泵会泵入 H^+，从而有助于保持这些细胞器的内部酸性环境。（C）电子显微照片显示烟草嫩叶细胞中的液泡。（图 C 蒙 J. Burgess 惠赠。）

表 12-2 跨膜泵的一些例子

跨膜泵	部位	能源	功能
Na^+ 驱动的葡萄糖泵	肾和肠细胞顶部质膜	Na^+ 梯度	主动输入葡萄糖
Na^+-H^+ 交换器	动物细胞的质膜	Na^+ 梯度	主动输出 Na^+，调节 pH
Na^+-K^+ 泵（Na^+-K^+ ATP 酶）	多数动物细胞的质膜	ATP 水解	主动输出 Na^+，输入 K^+
Ca^{2+} 泵（Ca^{2+} ATP 酶）	真核细胞的质膜	ATP 水解	主动输出 Ca^{2+}
Ca^{2+} 泵（Ca^{2+} ATP 酶）	肌细胞的肌浆网膜和大多数动物细胞的内质网膜	ATP 水解	将 Ca^{2+} 主动输入肌浆网或内质网
H^+ 泵（H^+ ATP 酶）	植物细胞，真菌和一些细胞的质膜	ATP 水解	主动输出 H^+
H^+ 泵（H^+ ATP 酶）	动物细胞溶酶体膜，植物和真菌细胞液泡膜	ATP 水解	主动输出胞质内 H^+ 进入液泡
细菌紫膜质	一些细菌的质膜	光	主动输出 H^+ 到胞外

离子通道和膜电位

原则上，允许水溶性小分子物质从膜的一侧穿越到另一侧的最简单方法，是产生能让溶质通过的亲水通道。通道蛋白，或称为**通道**（channel），在细胞膜中就发挥这种功能，形成跨膜孔，允许水溶性小分子和离子被动地进出细胞或细胞器。

一些通道会形成相对较大的亲水孔，例如，在两个相邻细胞之间形成*间隙连接*（gap junction）的蛋白质（参见图 20-28），以及线粒体外膜和一些细菌中形成孔隙的*孔蛋白*（porin，参见图 11-25）。但是，如果这种大而宽松的通道把胞质溶胶与细胞外的空间直接连通，那么就会导致灾难性的泄漏。因此，质膜中的大多数通道会形成具有高度选择性的窄孔。例如，前面讨论过的水通道蛋白，在一些原核和真核细胞中可以促进水的跨膜流动。这些孔的结构使不带电的水分子可以被动扩散通过，但同时会阻止离子的移动，即使是最小的 H^+ 离子。

大部分通道都是特异性地促进无机离子的通过。我们将在本节中讨论这些离子通道。

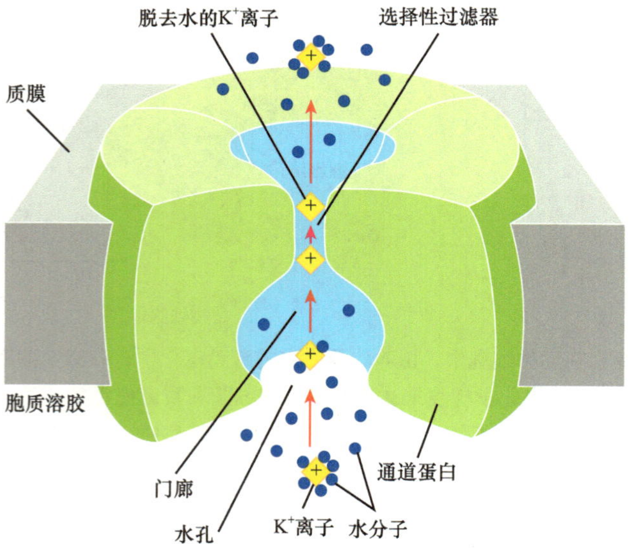

图 12-19 **离子通道有一个选择性过滤器，可以选择性地控制无机离子的跨膜。**这里显示的是细菌 K^+ 通道的一部分。图中省略了四个蛋白质亚基中的一个显示出孔的内部结构（蓝色）。在胞质溶胶侧，通道孔打开形成一个位于膜中间的门廊。门廊中的 K^+ 仍然被与它结合的水分子部分包围。在连接门廊与细胞外部的狭窄选择性过滤器上排列着极性基团（未显示），一旦离子脱离其水壳，这些基团就可以作为 K^+ 的暂时性结合位点，从而检测离子是否符合通道的选择性。（改自 D.A. Doyle et al.，*Science* 280：69-77，1998。）

离子通道具有离子选择性和门控功能

可以根据两个重要特性区分**离子通道**（ion channel）和膜上简单的孔。首先，离子通道具有*离子选择性*（ion selectivity），允许某些无机离子通过但不允许其他离子通过。离子选择性取决于离子通道的直径和形状，以及通道中带电氨基酸的分布。水溶液中的每个离子都被一小圈水分子包围，其中大部分水分子必须在离子通过通道最窄部分，也就是选择性过滤器时脱落，以便离子通过（图 12-19）。离子通道在某些地方非常窄，迫使离子与通道壁接触，因此只有那些大小和电荷合适的离子才能通过（视频 12.6）。

离子通道和膜上简单的孔之间的第二个重要区别是离子通道不是持续开放的。如果细胞膜中的数千个离子通道一直开放，并且没有控制离子流通过的方法，那么离子转运对细胞就没有任何价值。相反，离子通道只是短暂打开然后再次关闭（图 12-20）。正如我们稍后讨论的那样，大多数离子通道是*门控*（gated）的，通过特定的刺激诱导其构象变化，从而触发它们在闭合和开放状态之间切换。

与转运蛋白不同，离子通道在离子通过时不需要发生构象变化，因此就其最大转运速率而言，离子通道具有优于转运蛋白的巨大优势。一个开放通道每秒可以通过一百多万个离子，这比已知的任何转运蛋白的最快转移速度还要高出 1000 倍。但另一方面，通道不必将离子流与能量源偶联起来进行主动运输，它们只是简单地使膜有选择性地让无机离子（主要是 Na^+、K^+、Ca^{2+} 或 Cl^- 等）短暂通透。

由于泵的主动运输，细胞膜两侧许多离子的浓度都远达不到平衡。因此，当离子通道打开时，离子通常会顺着它们的电化学梯度快速流过通道。正如我们接下来所讨论的，这种离子的快速移动会改变膜电位。

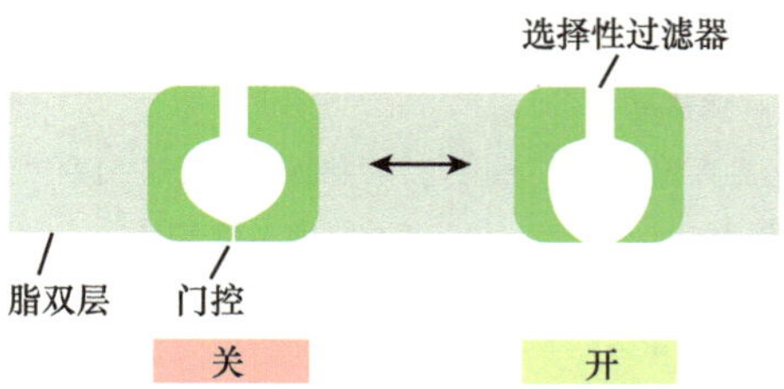

图 12-20 **离子通道在闭合和开放构象之间切换。**图中横截面显示的通道仅在“开放”构象下形成穿过脂双层的亲水孔。如图 12-19 所示，通道中选择性过滤器的直径可狭窄到原子尺寸，主要决定离子的选择性。

膜电位受控于膜对特定离子的通透率

膜电位的变化是许多细胞类型电信号的基础，无论它们是动物的神经细胞或肌肉细胞，还是食肉植物的触敏细胞（图 12-21）。这种电位变化都是通过膜的离子渗透性改变来调节的。正如我们之前所见，一个未受刺激或处于“静息”状态的动物细胞，其细胞内多种有机分子所携带的负电荷，主要被细胞内浓度最高的 K^+ 所平衡（参见表 12-1）。K^+ 之所以连续不断地进入细胞，主要依赖于 Na^+ 泵，它泵出 Na^+ 泵入 K^+，在质膜上产生一个 K^+ 梯度（参见图 12-11）。

图 12-21　维纳斯捕蝇草利用电信号捕获猎物。当昆虫爬过捕蝇草时，叶片会在不到半秒的时间内关闭。每个叶片中央有三根刺针，其中任意两根受到连续碰触就会引发这一反应。这种机械刺激打开了质膜中的离子通道，从而引发了电信号。该信号通过一种未知的机制导致膨胀压迅速变化，从而关闭叶片。（Gabor lzso/Getty 供图。）

然而，质膜还含有一组 K^+ 通道，称为 **K^+ 泄漏通道**（K^+ leak channel），它使 K^+ 可以自由跨膜。在静息细胞中，这些是在质膜中开放的主要离子通道，使膜对 K^+ 的通透性比对其他离子的通透性更强。当 K^+ 顺着由 Na^+ 泵所产生的浓度梯度流出细胞时，细胞内正电荷会损失，从而产生电压差或膜电位（图 12-22）。因为这种电荷不平衡会阻止 K^+ 进一步从细胞中流出，所以最终会达到一种平衡状态，即细胞内 K^+ 的膜电位刚好足以抑制 K^+ 顺其浓度梯度向外流出细胞的趋势。在这种平衡状态下，对 K^+ 来说电化学梯度为零，即使细胞内部的 K^+ 浓度仍远高于胞外浓度（图 12-23）。

在这种稳态条件下，阳离子和阴离子的跨膜流动达到精确的平衡，膜两侧的电荷差异不会进一步累积，这种膜电位被称为**静息膜电位**（resting membrane potential）。有一个简单的公式称为**能斯特方程**（Nernst equation），它可以定量地描述这种平衡。如果膜两侧的离子浓度已知，则可以计算出理论静息膜电位（图 12-24）。在动物细胞中，静息膜电位一般在 –20mV 到 –200mV 之间变化，这主要反映了跨膜的 K^+ 电化学梯度，因为在静息时，质膜主要是通透 K^+，而 K^+ 是细胞内主要的阳离子。

当细胞被刺激时，质膜中的其他离子通道打开，从而改变了膜对这些离子的通透性。离子是进入还是离开细胞取决于其电化学梯度的方向。因此，膜电位在任何时候都取决于膜离子通道的状态和质膜两侧的离子浓度。由于离子浓度的大幅度变化速度太慢，因而无法驱动与电信号相关的膜电位的快速变化。而离子通道可以在几毫秒内快速地完成打开和关闭，所以，在这种类型的细胞信号转导过程中，离子通道才是最为重要的。

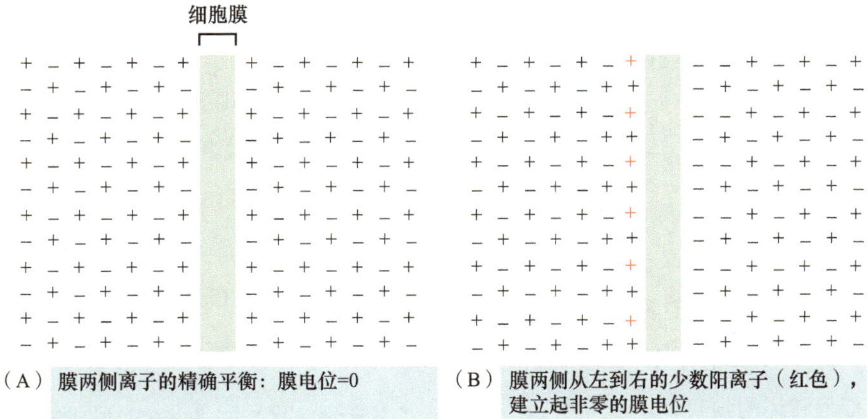

图 12-22　细胞膜两侧的离子分布导致膜电位。膜电位由靠近膜的薄离子层（< 1nm）所产生，这些离子通过与膜的另一侧上电荷相反的离子之间的电吸引而保持在适当的位置。（A）当膜两侧存在精确的电荷平衡时，没有膜电位。（B）当一种类型的离子通过细胞膜，就会使膜的两侧产生电荷差异，从而产生膜电位。建立膜电位所必需的跨膜离子数量只占某一侧所有离子的极小部分。例如，在动物细胞质膜中，只需 6000 个 K^+ 通过 $1\mu m^2$ 的膜就足以使膜电位改变约 100mV，而 $1\mu m^3$ 体积的胞质溶胶中的 K^+ 的数量就要比 6000 这个数量多 70 000 倍。

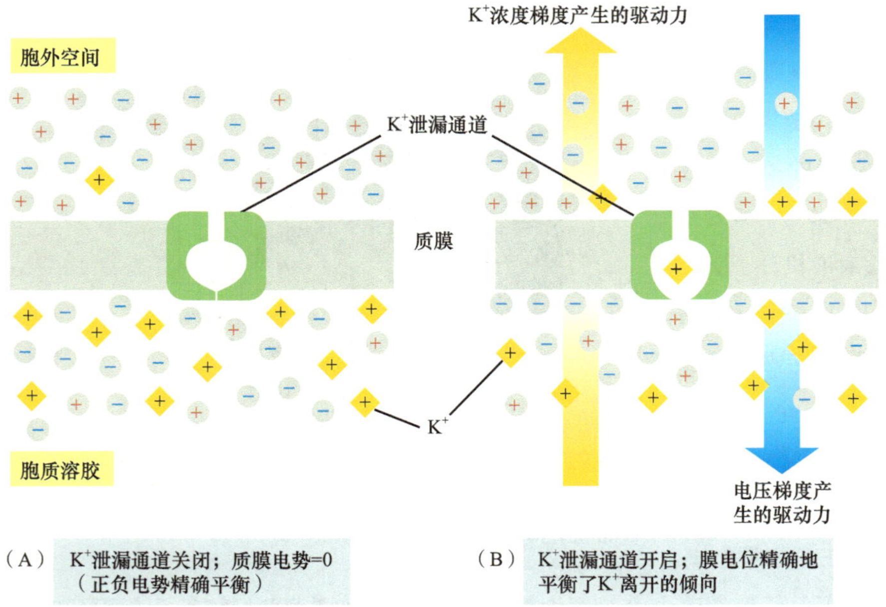

图 12-23 在动物细胞中，K^+ 浓度梯度和 K^+ 泄漏通道在产生跨膜静息膜电位中起主要作用。（A）假设 K^+ 泄漏通道关闭，此时膜电位为零。（B）一旦通道打开，K^+ 会倾向于顺其浓度梯度离开细胞。假设膜中其他的离子通道均处于关闭状态，那么 K^+ 通过膜，但其他阴离子无法跟着 K^+ 通过。由此产生的电荷不平衡导致膜电位倾向于驱动 K^+ 返回细胞内。在达到平衡时，K^+ 浓度梯度正好与膜电位的作用精确平衡，此时没有 K^+ 跨膜的净移动。Na^+ 泵（图中未显示）通过帮助建立 K^+ 梯度以及通过每次泵入 2 个 K^+ 的同时也会将 3 个 Na^+ 泵出细胞外（参见图 12-11），也有助于维持静息电位。在每次泵送循环中泵出一个正电离子，都有助于保持细胞内部处于负电位。

驱动离子跨膜的力由两部分组成，一个膜电位，另一个是离子的浓度梯度。在平衡时，这两个力相互抵消，并满足由能斯特方程给出的简单数学关系。

能斯特方程

$$V = 62\ \log_{10}(C_o/C_i)$$

其中V是膜电位（mV），C_o和C_i分别是膜外和膜内的离子浓度。该等式假定离子为一价正电荷，温度是37℃。

图 12-24 能斯特方程可用于计算每种离子对膜静息电位的作用。相关的离子浓度指的是位于膜两侧的离子浓度。从这个等式中，我们可以看到跨膜的离子浓度比例（C_o/C_i）变化 10 倍可使膜电位改变 62mV。然后可以通过综合每种离子浓度梯度的作用，并调整每种离子的相对渗透率来计算出静息电位。

离子通道的开合状态可以瞬间切换

测量电流的变化是研究活细胞中离子移动和离子通道的主要方法。令人惊叹的是，电流记录技术可以检测和测量到通过单个通道分子的电流。实施这种检测的技术称为**膜片钳记录**（patch-clamp recording），它为我们直接描绘了一幅单个离子通道如何转运的画面。

在膜片钳记录中，一根很精细的玻璃管被作为微电极（microelectrode），与细胞膜表面上的一小块区域进行电接触（图 12-25）。当与膜上接触的区域足够小，就可能只存在一个离子通道。现代电子仪器已经非常灵敏，可以监测到通过单个通道的离子流，称为瞬时电流（大约 10^{-12}A 或 1pA）。

通过这种方式对单个离子通道进行监测，揭示出通道一些令人惊讶的行为：即使条件保持不变，电流也会突然出现和消失，就像一个开关正被随机地轻轻推拉着（图 12-26）。这种行为表明该通道具有活动部分，并且在开放和闭合构象之间瞬间切换。通道受到周围环境中分子的随机热运动碰撞，从而由一种构象转换成另一种构象。膜片钳记录是第一种能够检测到这种构象变化的技术，它所描绘的一个机器受到外部的不断撞击而震动的图片，也适用于其他具有类似活动的蛋白质。

每个离子通道的活性基本上都是“全有或全无”：当离子通道打开时，它是完全打开的，当关闭时，它就完全关闭。这提出了一个基本问题，即使当膜两侧的条件保持不变，如果离子通道仍然在开放和闭合的构象之间进行瞬间切换，那么细胞内外的条件如何能调节这些通道的状态呢？答案是，当适宜的条件发生变化时，瞬时行为会继续，但大大改变了概率。例如，如果改变的条件倾向于打开通道，那么通道现在会有较多的时间处于开放构象，尽管它本来不会持续保持开放（参见图 12-26）。

不同类型的刺激会影响离子通道的开合

离子通道有一百多种类型，即使是简单的生物体也具有许多不同类型的离子通道。人类基因组中包含 80 个编码不同但相关的 K^+ 通道的基因。离子通道之间的主要区

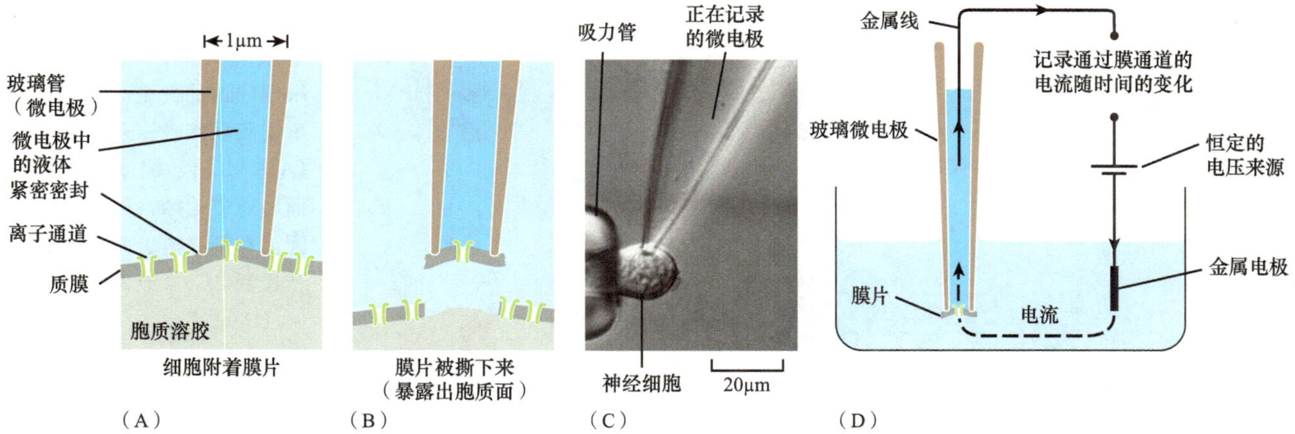

图 12-25 **膜片钳记录用于监测离子通道的活动。**首先，用导电水溶液充满微电极，并将其尖端压在细胞表面。（A）轻轻抽吸，细胞膜接触微电极的口即紧密密封。由于密封极其紧密，电流只能通过覆盖电极尖端的膜片中的离子通道进入或离开微电极。（B）为了暴露出膜的胞质面，被抓在微电极上的膜片可以从细胞中撕下来。利用这种技术可以很容易地通过改变膜两侧溶液的组成来检测各种溶质对通道活性的影响。（C）显微照片显示一个分离的神经细胞被固定在吸管（左侧显示其尖端），微电极同时做膜片钳记录。（D）用于膜片钳记录的电路。在微电极的开口端插入一根金属线，通过覆盖其尖端的小片膜上的离子通道进入微电极的电流，经由金属丝，通过测量仪器，返回到放置细胞或膜片的介质槽内。（图 C 引自 T.D. Lamb，H.R. Matthews, and V. Torre，*J. Physiol.* 372：315-349，1986。蒙 Blackwell Publishing 惠许。）

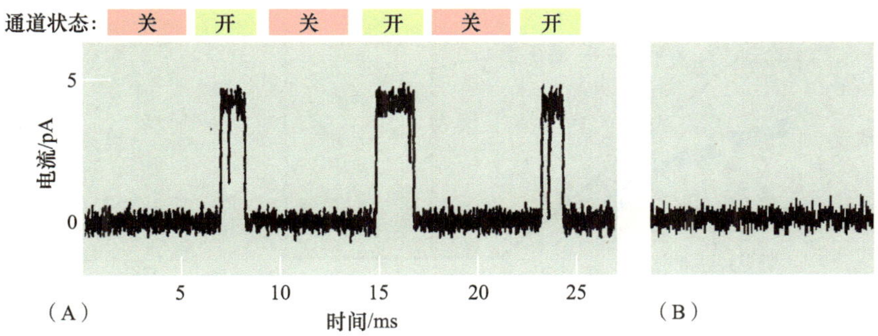

图 12-26 **使用膜片钳技术可以观察到单个离子通道的行为。**在记录期间，分离的膜片两侧的电压（膜电位）要保持恒定。（A）在本例子中，溶液中存在神经递质乙酰胆碱，来自肌细胞的膜片上含有一个对乙酰胆碱敏感的通道蛋白（稍后讨论，参见图 12-42）。当乙酰胆碱与通道的外表面结合时，该离子通道会打开，使阳离子通过。虽然乙酰胆碱与通道结合，导致图中所示的三次通道打开，但通道也不会一直保持打开状态。相反，它的开放和关闭状态会瞬间切换。请注意，通道保持开放的时长是不固定的。（B）当不存在乙酰胆碱时，通道则很少打开。（蒙 David Colquhoun 惠赠。）

别是它们的*离子选择性*（ion selectivity），即它们允许哪种离子通过，以及它们的*门控*（gating），即影响它们开合的条件。对于**电压门控通道**（voltage-gated ion channel），其开放的概率由膜电位控制（图 12-27A）。对于**配体门控通道**（ligand-gated ion channel），它的开放是通过一些分子（配体）与通道的结合进行控制的（图 12-27B 和 C）。对于**机械门控通道**（mechanical-gated ion channel），其开放受控于施加到通道的机械力（图 12-27D）。

耳朵中的*听觉毛细胞*（auditory hair cell）是机械门控通道的一个重要示例。声音的振动将通道拉开，导致离子流入毛细胞；这种离子流建立起一个电信号，从毛细胞传递到听觉神经，然后再将信号传递到大脑（图 12-28）。

电压门控离子通道响应膜电位

电压门控离子通道在神经细胞传播电信号中起主要作用，例如，将信号从我们的大脑传递到脚趾肌肉。但电压门控离子通道也存在于许多其他细胞类型中，包括肌肉细胞、卵细胞、原生动物，甚至植物细胞，如在*含羞草*（*Mimosa pudica*）叶片的闭合反应过程中，它们能使电信号从植物的一部分传递到另一部分（图 12-29）。

电压门控离子通道具有称为*电压传感器*（voltage sensor）的结构域，它对膜电位的变化极其敏感：超过阈值的一点点变化就会对这些结构域施加足够的电力，从而促使通道从闭合构象转变为开放构象（参见图 12-27A）。如前所述，膜电位的变化不会影响通道开放的大小，而是会

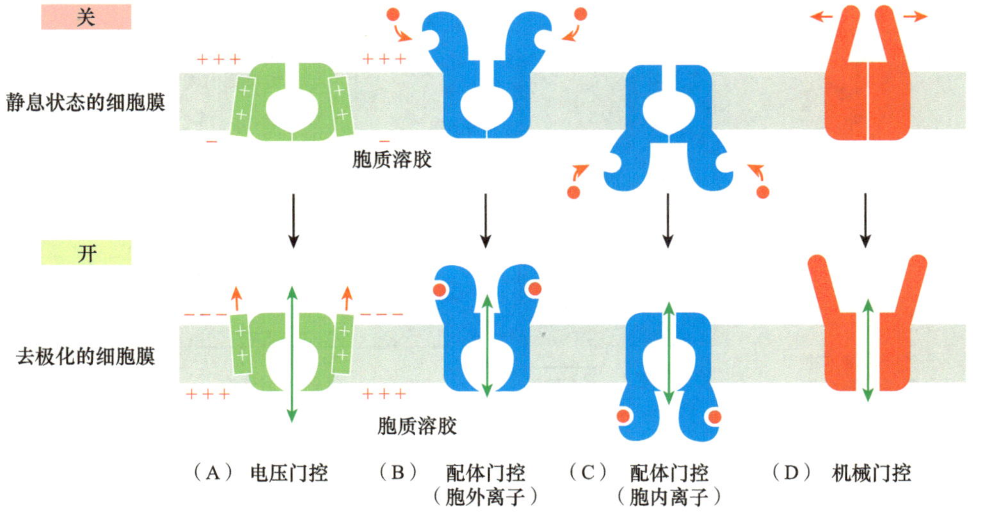

图 12-27 不同类型的门控离子通道响应不同类型的刺激。根据通道的类型，门开放的概率由膜两侧电压差的变化控制（A），由化学配体在细胞外表面与通道的结合控制（B），由配体在细胞内表面与通道的结合控制（C），或由机械应力控制（D）。在电压门控通道的情况下，通道电压传感器区域中的带正电荷的氨基酸（白色加号），会被吸引到去极化质膜的细胞外表面上的负电荷处，从而将通道拉开成为开放构象。

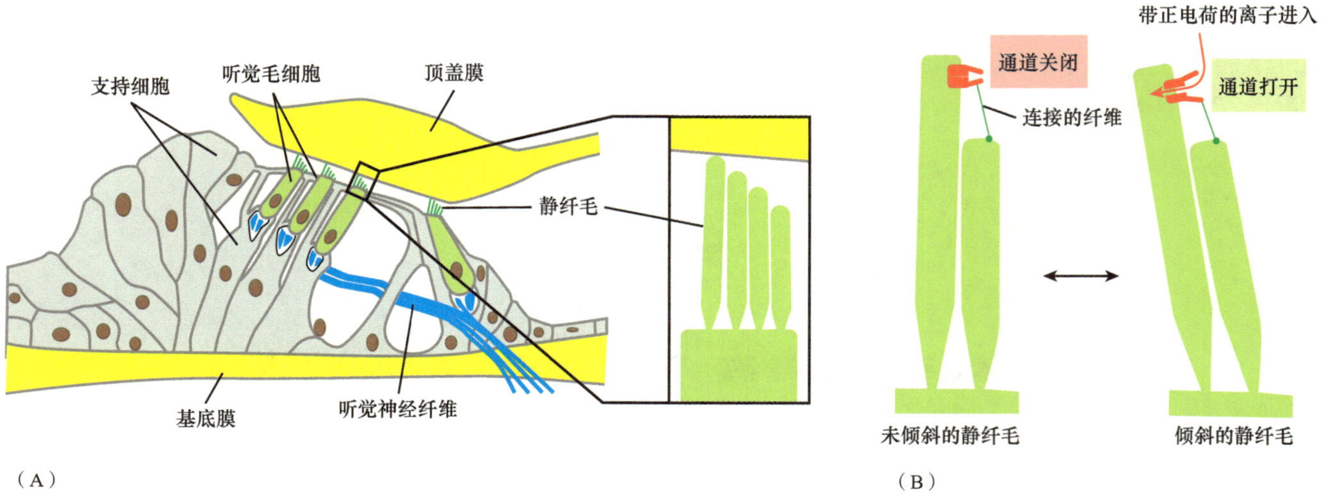

图 12-28 机械门控离子通道使我们拥有听觉。（A）科蒂氏器的切片示意图。科蒂氏器贯穿耳蜗，构成了内耳的听觉部分。每个听觉毛细胞在其上表面都有一簇称为静纤毛的突起。毛细胞被包埋在支持细胞的上皮层中，这一支持细胞层夹在下面的基底膜（basilar membrane）和上面的耳蜗盖膜（tectorial membrane）之间。（这些不是脂质双层膜，而是细胞外基质的薄层。）（B）声音振动导致基底膜上下振动，造成静纤毛倾斜。在毛细胞上交错排列的静纤毛列中，每一根纤毛都通过一条细纤维与下一根纤毛相连。一旦发生倾斜，纤毛会拉伸细纤维，从而拉开静纤毛细胞质膜上的机械门控离子通道，使周围溶液中带正电的离子进入细胞（视频 12.7）。离子的流入激活毛细胞，刺激位于细胞下面的听觉神经纤维的神经末梢，继而将听觉信号传递到大脑。毛细胞的机制极其灵敏，据估计，我们能听到的最微弱的声音只需要将细纤维拉伸平均约 0.04nm，这个长度甚至小于氢离子的直径（视频 12.8）。

图 12-29 机械门控和电压门控离子通道是触敏植物含羞草（*Mimosa pudica*）叶片闭合反应的基础。（A）静息的叶片。（B～D）碰触后的连续闭合反应。在左侧叶片被碰触后的几秒内，其小叶片就会快速关闭。这种反应包括在碰触感应细胞中打开机械门控离子通道，然后将信号传递给包含电压门控离子通道的细胞，从而产生电脉冲。当脉冲到达每个小叶底部特定的铰链细胞时，这些细胞会迅速失去水分，导致小叶突然并逐步折叠成闭合构象，并使叶柄下垂（视频 12.9）。

改变通道打开的概率。因此，在含有许多通道蛋白的一大片膜中，当膜处于某一电位时，在任何瞬间都可能有平均10%的通道是开放的，而这个电位变化后，可能开放的通道会达到90%。

当一种类型的电压门控离子通道打开时，细胞的膜电位发生改变。这反过来又可以激活或抑制其他的电压门控离子通道。这种将离子通道的开放和膜电位的变化以及另外的离子通道的开放相偶联的环路，是细胞中所有电信号转导的基础。在下一节中，我们会讨论一个特殊的例子，即神经细胞：与其他细胞不同，神经细胞的作用就是传递电信号，并且它们以非常复杂的方式来利用离子通道。

离子通道和神经细胞信号转导

神经细胞即**神经元**（neuron）的基本任务是接收、整合和传输信号。神经元将感觉器官如眼睛和耳朵的信号传递到*中枢神经系统*（central nervous system），即大脑和脊髓。在中枢神经系统中，神经元通过极其复杂的网络从一个向另一个发出信号，这使得大脑和脊髓能够分析、翻译和响应来自感觉器官的信号。

每个神经元都由一个*胞体*（cell body）组成，胞体含有细胞核和许多向外辐射的细长突起。通常，神经元有一根长长的突起称为**轴突**（axon），将电信号从胞体传导向远处的靶细胞；神经元通常还有几条较短的分支突起称为**树突**（dendrite），它们像天线一样从胞体辐射出来，提供扩大的表面区域来接收来自其他神经元轴突的信号（图 12-30）。轴突通常在其远端裂成许多分支，每个分支终止于**神经末梢**（nerve terminal），神经元的信息因此可以同时传递给许多靶细胞，如肌肉、腺体细胞或其他神经元。同样，树突的分支也可能非常丰富，在某些情况下一个神经元足以接收多达100 000个输入信号（参见图 12-43A）。

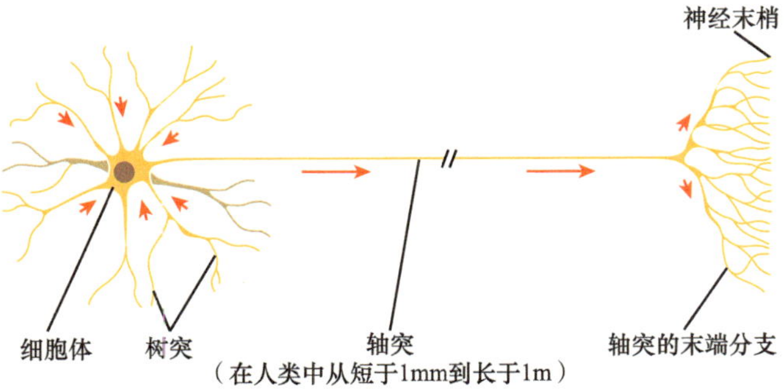

图 12-30 一个典型的神经元含一个胞体、一个轴突和多个树突。轴突将电信号从细胞体传导向其靶细胞，而多个树突接收来自其他神经元轴突的信号。红色箭头表示信号传递的方向。在大脑发育期间，神经元会对环境进行探测，并根据环境指导轴突和树突在合适的方向上延伸以形成有用的连接（视频 12.10 和 12.11）。

无论神经元携带信号的含义是什么，不管是来自眼睛的视觉信息、肌肉的运动指令，还是大脑中信号处理复杂网络的其中一步，信号的形式总是相同的：它由神经元质膜两侧的电位变化所组成。

动作电位使沿着轴突进行快速远程通信成为可能

神经元表面局部位点受到信号（通常是来自于另一个神经元的信号）的刺激后，引发了该位点膜电位的变化。为了向前传递信号，这种局部的膜电位变化必须从该初始位点（通常在树突或胞体上）传递到轴突末端，由轴突末端再把信号传递给通路中的下一个细胞，从而形成*神经回路*（neural circuit）。这些回路所覆盖的距离可能很远：从脊髓运动神经元中出发的信号可能要传递1m或更远，才能到达脚上的肌肉。

由信号产生的膜电位的局部变化，将沿着轴突或树突被动地传到质膜的相邻区域。对于长距离通讯，这种*被动扩散*（passive spread）是不合适的，因为随着与信号源距离的增加，信号会迅速变弱。要解决长距离通信慢的问题，神经元通常采用主动信号机制。在这种情况下，足够强的局部电刺激会触发质膜中的电活动爆发，沿着轴突的膜快速传播，并在整个过程中不断地自我更新而得以维持。这种电兴奋的传播波，被称为**动作电位**（action potential）或*神经冲动*（neural impulse），能以高达每秒100m的速度将信息从神经元的一端传到另一端而不会减弱。

确定这种电信号沿轴突传播机制的研究，早期是在枪乌贼的巨大轴突上进行的（图 12-31）。枪乌贼轴突的直径巨大，可以通过在其中直接插入电极来记录电活动（见“我们是怎样知道的”栏目）。从这些研究中可以推断，动

图 12-31 枪乌贼的神经系统使其能够迅速应对环境中的威胁。在构成这种逃逸系统的神经细胞中，有一个“巨大轴突”，其直径非常大。远在利用膜片钳记录小细胞中的单个离子通道（参见图 12-25）之前，枪乌贼的巨型轴突就常被用来记录和研究动作电位。（NOAA。）

用枪乌贼揭示膜兴奋性的奥秘

每年春天，皮氏枪乌贼（*Loligo pealei*）都会迁移到美国东海岸科德角附近的浅水区，它们在那里产卵，繁殖下一代枪乌贼。除了聚集和繁殖，这些动物还为马萨诸塞州伍兹霍尔海洋生物实验室的神经科学家们提供了研究神经轴突电信号传导机制的绝佳机会。

像大多数动物一样，枪乌贼通过捕食猎物和逃避掠食者而存活。急速反应、快速加速和突然改变游动方向的能力，有助于它们追逐美食和躲避危险。枪乌贼的速度和机敏性都来自于一种特化的生物喷射推进系统：它们将水吸入幔腔，然后收缩其肌肉体壁，通过管状虹吸管快速排出收集的水，从而推动自己游动。

控制这种快速和协调的肌肉收缩，需要神经系统以极快的速度将信号传递至整个动物身体。事实上，枪乌贼拥有自然界中最大的神经细胞轴突，巨型轴突长度可达10cm，是哺乳动物轴突直径的100倍以上，大约是一条铅笔芯的宽度。一般而言，轴突的直径越大，信号沿其长度传播的速度就越快。

在20世纪30年代，科学家们开始利用枪乌贼的巨型轴突来研究神经细胞的电生理学。由于其尺寸相对较大，研究人员可以分离出单条轴突并将电极插入其中，以测量轴突的膜电位并监测其电活动。该实验系统使研究人员解决了很多问题，包括探究哪些离子对于建立静息膜电位、启动和传播动作电位是重要的，以及膜电位的变化如何控制离子渗透性。

动作电位的建立

因为枪乌贼轴突又长又粗，所以由含有导电溶液的玻璃毛细管制成的电极，可以沿着长轴方向插入到细胞质深处。当有动作电位经过电极尖端时，这种装置使研究人员可以测量轴突内部和外部之间的电压差，即膜电位（图12-32）。在轴突的一端施加短暂的电刺激就可以触发动作电位本身。无论哪一端受到刺激都可以，因为动作电位可以向两个方向传播；刺激的强度也无关紧要，只要它超过一定的阈值（参见图12-35），这表明动作电位的响应是“全有或全无”。

一旦研究人员能够可靠地生成和测量动作电位，他们就可以使用该实验设计来回答有关膜兴奋性的其他问题。例如，哪些离子对于动作电位至关重要？轴突内外最丰富的三种离子是Na^+、K^+和Cl^-，在有动作电位产生的时候，它们是不是同等重要？因为枪乌贼的轴突大而结实，研究人员可以从轴突中挤出细胞质，就像从管中挤出牙膏一样（图12-33A），然后用Na^+、K^+或Cl^-的纯溶液重新填充已被清空的轴突（图12-33B）。因此，轴突里面和外面溶液中的离子可以分别进行改变（参见图12-32A）。利用这种装置，研究人员发现，仅当Na^+和K^+的浓度接近细胞内外的生理浓度时，轴突才会产生正常的动作电位。因此，他们得出结论，对于动作电位具有关键作用的细胞成分是质膜、Na^+和K^+，以及由这些离子的跨膜浓度梯度所提供的能量；当轴突被清空并进行重新填充时，所有其他成分都可能会被去除，包括其他的代谢能源。

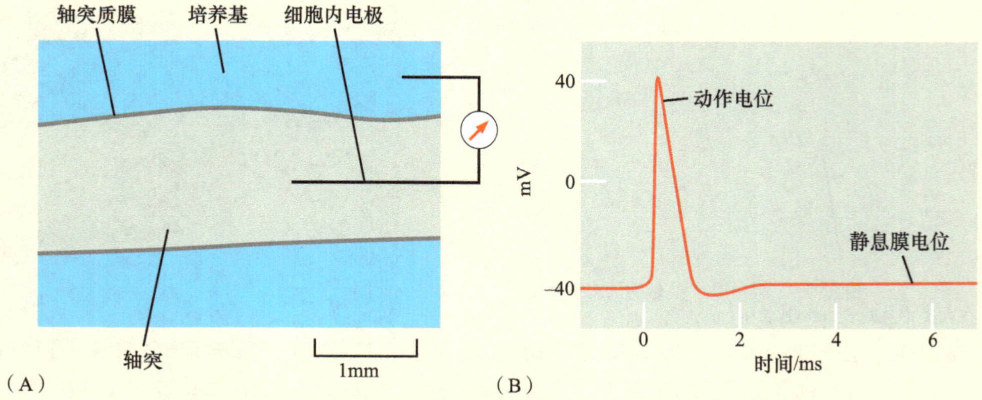

图12-32 **科学家可以利用从枪乌贼分离的轴突研究神经细胞的兴奋性。**（A）可以将电极插入枪乌贼巨型轴突的细胞质（轴浆）中，（B）测量静息膜电位并监测轴突被电刺激时诱发的动作电位。

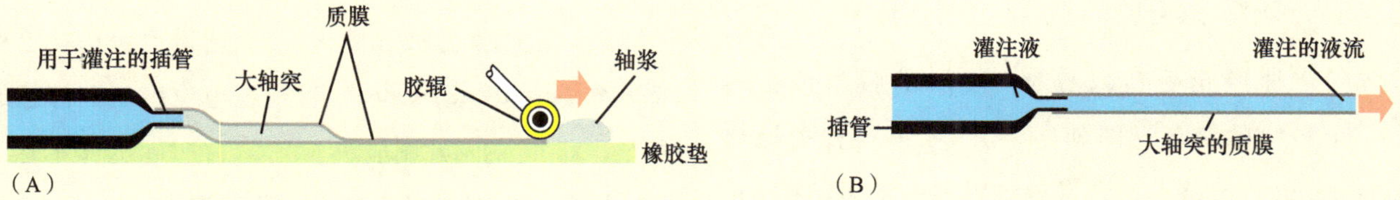

图 12-33　**枪乌贼轴突中的细胞质可以被去除，并用纯离子的人工溶液代替。**（A）使用橡胶辊挤出轴突细胞质（轴浆）。（B）将含有所需浓度离子的灌注液轻轻地泵入已被清空的轴突中。

通道运输

既然已经确定 Na^+ 和 K^+ 是动作电位的关键，那么问题就变成了：每种离子对动作电位各有什么贡献？每种离子在膜上的通透性如何？当动作电位通过的时候，膜的通透性又是如何变化的？枪乌贼的巨型轴突再一次给出了一些答案。轴突内外的 Na^+ 和 K^+ 浓度可以人为进行改变，这些改变对膜电位的影响可以被直接测量。从这些研究中可以确定，在静息时，轴突的膜电位接近 K^+ 的平衡电位：当 K^+ 的外部浓度改变时，轴突的静息电位也会大致根据能斯特方程发生变化（参见图 12-24）。结果表明，在静息时，膜主要渗透的是 K^+。正如我们现在所知道的，K^+ 泄漏通道是这些离子通过静息膜的主要途径。

Na^+ 的情况则非常不同。Na^+ 的外部浓度变化对轴突的静息电位没有影响。然而，动作电位峰值的高度随轴突外 Na^+ 浓度的变化而变化（图 12-34）。因此，在发生动作电位时，膜主要渗透的似乎是 Na^+，这可能是由于 Na^+ 通道的打开。在动作电位传递之后，Na^+ 渗透性降低，膜电位恢复到负值，这个值取决于 K^+ 的外部浓度。由于膜失去了对 Na^+ 的渗透性，它对 K^+ 的渗透性比以前更大，这可能是因为有额外的 K^+ 通道打开，让膜电位能更快地重置到静息状态，并使膜为下一个动作电位做好准备。

这些关于枪乌贼巨型轴突的研究，为我们理解神经细胞的兴奋性做出了巨大贡献。在20世纪40年代和50年代，做出这些发现的研究人员艾伦·霍奇金（Alan Hodgkin）和安德鲁·赫胥黎（Andrew Huxley），获得了 1963 年的诺贝尔奖。然而，直到几年后，他们假设存在的各种离子通道蛋白质才被生物化学所鉴定。我们现在已经知道许多这些通道蛋白的三维结构，这也让我们惊叹于这些分子机器的内在之美。

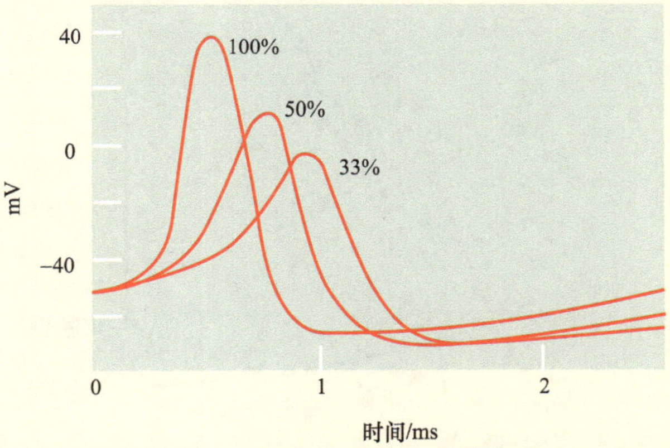

图 12-34　**动作电位的形状取决于枪乌贼轴突外 Na^+ 的浓度。**这里显示的是当正常细胞外部培养基的 Na^+ 外浓度为 100%、50%或 33%时记录的动作电位。

作电位正是轴突质膜中电压门控离子通道带来的直接结果，我们将在下面进行解释。

电压门控阳离子通道介导动作电位

当一个神经元受到刺激时，质膜的膜电位会转变为一个较小的负值（即朝向零）。如果这种**去极化**（depolarization）足够大，它将导致膜中的**电压门控 Na^+ 通道**（voltage-gated Na^+ channel）在该位置暂时开放，使少量 Na^+ 顺着其陡峭的电化学梯度进入细胞。正电荷的流入使膜进一步去极化，即它使膜电位的负性更小，因此打开了更多的电压门控 Na^+ 通道，并导致更进一步的去极化。这个过程以爆炸性的、自我放大的方式持续进行大约 1ms，直到神经元质膜局部区域的膜电位从其静息值约 –60mV 转变为约 +40mV（图 12-35）。

+40mV 的电压接近于 Na^+ 的电化学驱动力为零时的膜电位，也就是说，膜电位和 Na^+ 的浓度梯度的影响相等而方向相反，因此 Na^+ 没有进一步进入或离开细胞的趋势。

如果这些电压门控通道继续对去极化的膜电位做出响应，那么细胞大部分的 Na^+ 通道会永久处于打开状态。细胞之所以能躲开这种灾难，是由于电压门控 Na^+ 通道具有一种自动失活机制。该机制就像一种“定时器”，使通道能够快速（在约 1ms 内）进入关闭的特殊失活构象。即使膜仍被去极化，Na^+ 通道也保持在这种失活状态（inactivated state），直到膜电位恢复到静息的负值。图 12-36 的示意图显示了电压门控 Na^+ 通道的这三种不同状态，分别是闭合（closed）、开放（open）和非激活（inactivated）。它们如何促进动作电位的上升和下降如图 12-37 所示。

在动作电位期间，电压门控 Na^+ 通道不会单独发挥作用。电压门控 K^+ 通道（voltage-gated K^+ channel）的打开，也有助于使去极化的轴突膜恢复至静息电位。在静息细胞正常情况下，静息电位会约束 K^+。这些通道会对去极化做出响应而开放，但它们不像 Na^+ 通道那样迅速，并且，只要膜保持去极化，它们就会保持开放。随着局部的去极化达到峰值，K^+（携带正电荷）开始顺着它们的电化学梯度，从这些新打开的 K^+ 通道流出细胞，而不会受静息电位的阻碍。K^+ 通过电压门控 K^+ 通道快速流出，更加迅速地把膜带回到静息状态，这要比仅通过 K^+ 泄漏通道的 K^+

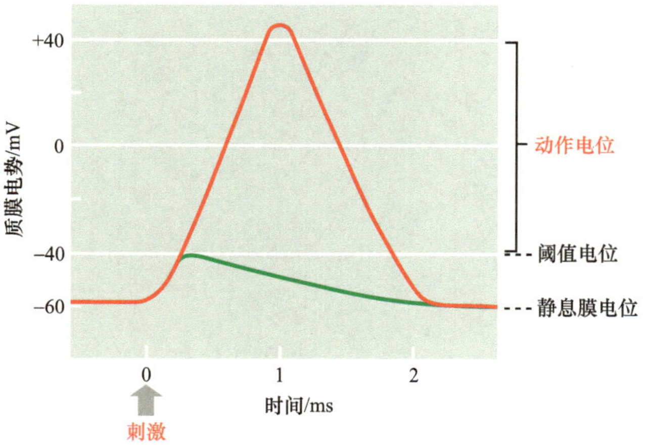

图 12-35　动作电位由神经元质膜的去极化所触发。该神经元中的静息膜电位为 –60mV，给它施加一个刺激，使其质膜去极化约至 –40mV（阈值电位）。这种去极化刺激足以打开膜中的电压门控 Na^+ 通道，从而触发动作电位。随着膜进一步快速去极化，膜电位（红色曲线）摆动超过零，达到 +40mV，然后在动作电位终止时返回其静息负值。绿色曲线显示，如果没有质膜中的电压门控离子通道的放大，在初始去极化刺激后，膜电位将简单地衰减回到静息值。

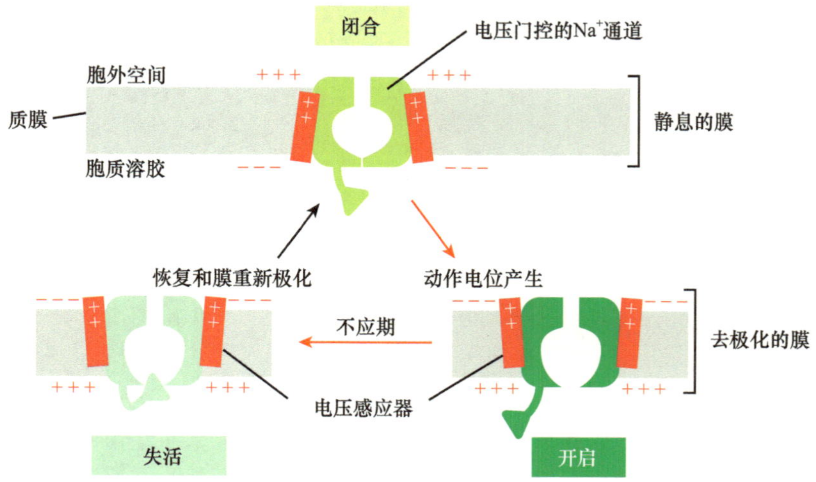

图 12-36　电压门控 Na^+ 通道可以根据膜电位从一种构象翻转为另一种构象。当膜处于静息状态且高度极化时，通道电压传感器中带正电荷的氨基酸（红色条）的排列膜电位影响，使通道保持在闭合构象。当膜去极化时，电压传感器移位，改变了通道的构象，因此通道开放的概率比较高。但是在去极化膜中，失活构象甚至比开放构象更稳定，因此，在一次短暂的开放构象时期过后，通道会暂时失活并且不能打开。红色箭头表示突然去极化后的结果，黑色箭头表示膜重新极化后返回到原始构象。

图 12-37 **电压门控 Na^+ 通道在动作电位期间改变构象。**在这个例子中，一个短暂的电流脉冲（箭头）对膜进行去极化，从而触发了动作电位，如膜电位与时间的关系图所示。动作电位的过程反映了电压门控 Na^+ 通道的开放和随后的失活，如图所示（顶部）。即使再次刺激，质膜也不能产生第二个动作电位，直到 Na^+ 通道从失活恢复到闭合构象（参见图 12-36）。在此之前，膜对刺激具有抗性或耐受性。

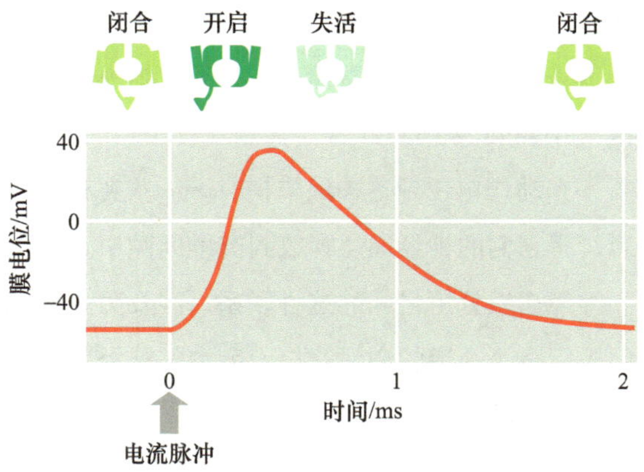

外流使膜回到静息状态更快。

一旦这个过程开始，一小片质膜的去极化通过自我放大迅速向外传播：通过开放的 Na^+ 通道流入的 Na^+ 开始使邻近的膜区域去极化，然后再进行相同的自放大循环。通过这种方式，动作电位从最初的去极化位置开始，就像行进中的波一样向外传播，最终到达轴突的末端（图 12-38）。

一旦动作电位已经通过，轴突质膜中的 Na^+ 泵开始运行，使 Na^+ 和 K^+ 浓度恢复到它们在静息细胞中的水平。人类大脑会消耗食物代谢所产生的总能量的 20%，其中大部分都用于为这些泵提供动力。

神经末梢的电压门控 Ca^{2+} 通道将电信号转换为化学信号

当动作电位到达轴突末端的神经末梢（nerve terminal）时，信号必须以某种方式传递给末梢接触的靶细胞，通常是神经元或肌肉细胞。信号是在一种称为**突触**（synapse）的特化连接部位传递给靶细胞的。在大多数突触中，传递和接收信息的细胞，即突触前（presynaptic）和突触后（postsynaptic）细胞，其后膜被狭窄的突触间隙（synaptic cleft，通常为 20nm）所分开，这使得电信号不能通过。为了让信息传递可以跨过这个间隙，电信号被转换为化学

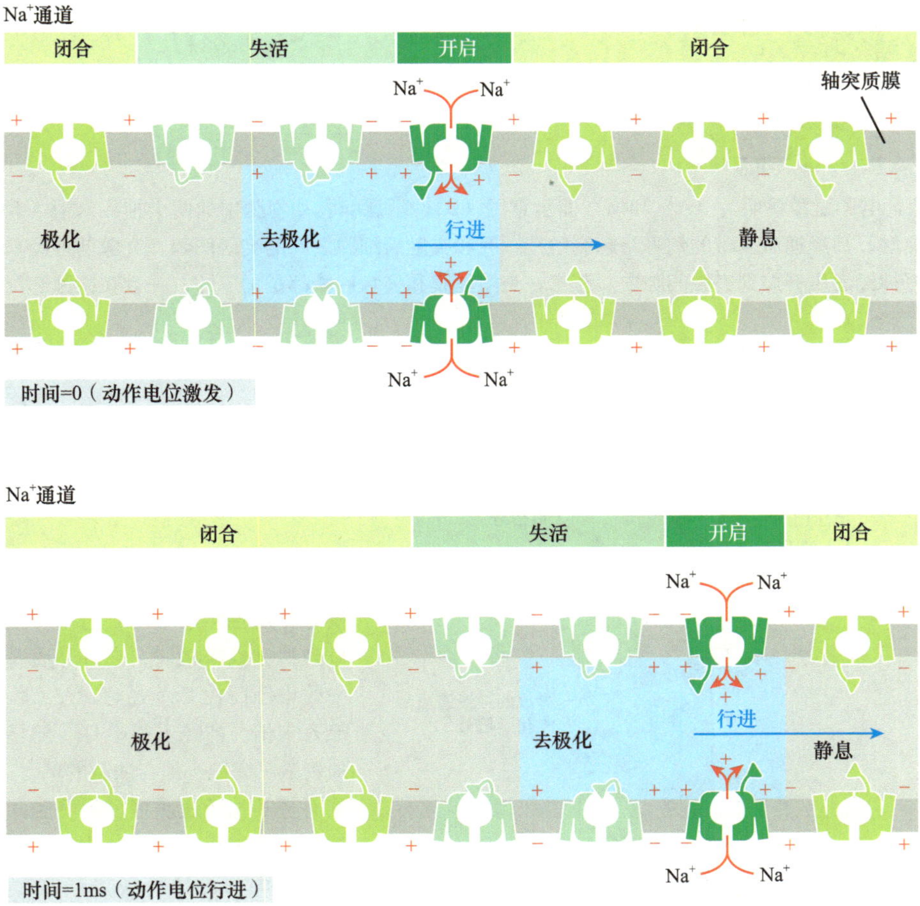

图 12-38 **动作电位沿轴突长轴传播。**Na^+ 通道的变化以及随后 Na^+ 的跨膜流动（红色箭头）改变了膜电位并启动了动作电位的传播，如图和视频 12.12 所示。轴突去极化的膜区域以蓝色阴影显示。注意，动作电位只能向前传播，也就是说，传向远离去极化位置的方向。这是因为受动作电位影响而失活的 Na^+ 通道阻止了去极化的逆向传播（参见图 12-37）。

信号，即一种称为**神经递质**（neurotransmitter）的分泌性小信号分子。神经递质储存在神经末梢由膜包装的**突触小泡**（synaptic vesicle）内（图 12-39）。

当动作电位到达神经末梢时，一些突触小泡与质膜融合，将它们的神经递质释放到突触间隙中。动作电位到达和神经递质分泌之间的这种联系，涉及另一种类型的电压门控阳离子通道的激活：位于突触前神经末梢质膜上的电压门控 Ca^{2+} 通道（voltage-gated Ca^{2+} channel）。由于神经末梢外的 Ca^{2+} 浓度比细胞质中游离 Ca^{2+} 浓度高 1000 倍以上（参见表 12-1），因此一旦通道开放，Ca^{2+} 就会通过通道冲入神经末梢，导致末端胞质溶液中 Ca^{2+} 浓度的增加。这会立即触发突触小泡与质膜的融合，并将神经递质释放到突触间隙中。通过这些电压门控 Ca^{2+} 通道，电信号即被转换为化学信号（图 12-40）。

突触后膜的递质门控离子通道将化学信号回转为电信号

释放的神经递质快速扩散，通过突触间隙，与突触后靶细胞质膜上富集的神经递质受体（neurotransmitter receptor）相结合。神经递质一旦释放，就会从突触间隙中迅速移除，或是通过酶破坏它们的结构，或是通过泵将它们转运回神经末梢，或是转运到邻近的非神经元细胞中。这种神经递质的快速去除机制，限制了信号的持续时间和扩散范围，并确保当突触前细胞回到静息状态时，突触后细胞也回到静息状态。

神经递质受体有多种类型。一些受体介导靶细胞中相对较慢的响应，而另一些则可以引发更快速的响应。快速响应时间为毫秒级别，依赖于**递质门控离子通道**

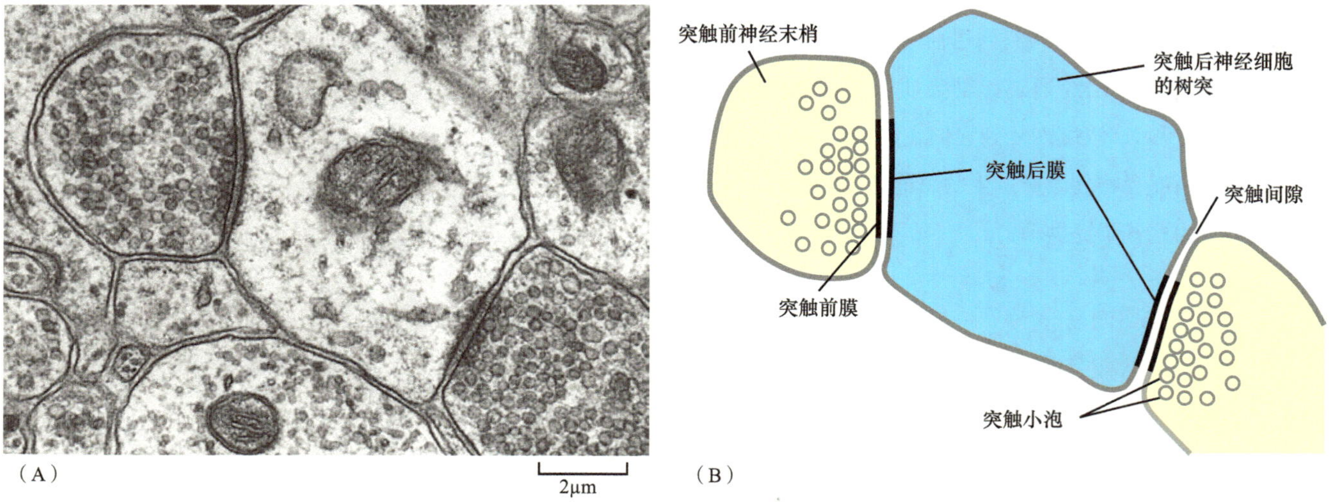

图 12-39　**神经元突触连接它们的靶细胞。**电子显微镜照片（A）和横截面示意图（B），示意哺乳动物脑中的两个神经末梢（黄色）与一个神经细胞树突（蓝色）形成突触。神经递质携带的信号跨越突触前细胞和突触后细胞之间的突触间隙。突触前神经末梢的神经递质储存在突触小泡内，后者将神经递质释放到突触间隙中。注意，突触前膜和突触后膜都是增厚的，并且在突触部位都是高度特化的。（图 A 蒙 Cedric Raine 惠赠。）

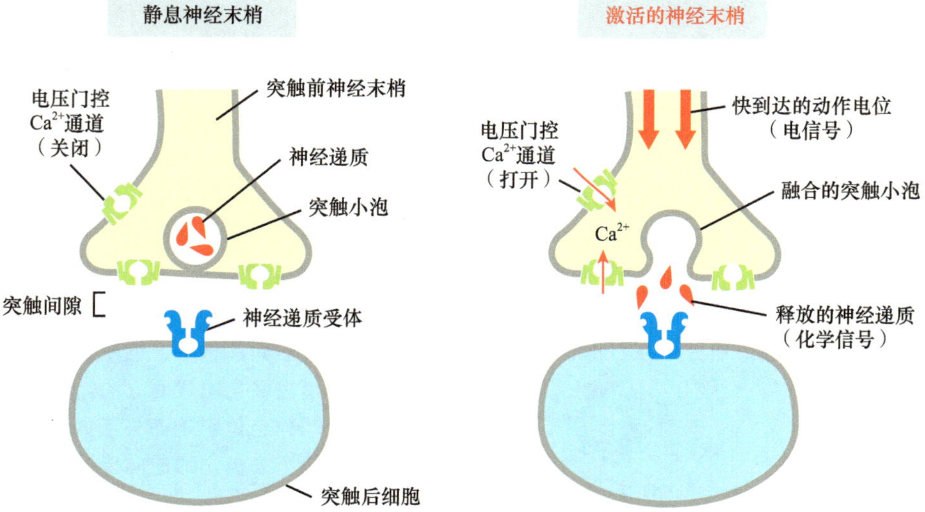

图 12-40　**在神经末梢，电信号转换为分泌性化学信号。**当动作电位到达神经末梢时，它打开质膜中的电压门控 Ca^{2+} 通道，使 Ca^{2+} 流入末梢。神经末梢中 Ca^{2+} 的增加刺激了突触小泡与质膜的融合，从而将其神经递质释放到突触间隙中，该过程称为胞吐作用（将在第 15 章讨论）。

(transmitter-gated ion channel)，也被称为**离子通道偶联受体**（ion-channel-coupled receptor）。它们是配体门控离子通道的一个亚类（参见图 12-27B），功能是将神经递质携带的化学信号回转为电信号。该通道与神经递质结合后，可以瞬时打开，从而改变突触后膜的离子渗透性，进而导致膜电位发生改变（图 12-41）。如果这个改变足够大，突触后膜将会去极化并触发突触后细胞的动作电位。

神经递质传递研究比较详细的一个例子是神经肌肉接头（neuromuscular junction），一个在神经元与骨骼肌细胞之间形成的特化类型的突触。在脊椎动物中，神经递质乙酰胆碱（acetylcholine）通过与肌细胞膜上的递质门控离子通道乙酰胆碱受体（acetylcholine receptor）结合，从而刺激肌肉收缩（图 12-42）。然而，正如我们接下来要讨论的那样，并非所有的神经递质都会激活突触后细胞。

神经递质可以是兴奋性的，也可以是抑制性的

神经递质可以激发突触后细胞，或者抑制突触后细胞。识别神经递质的受体的特征决定了突触后细胞如何反应。兴奋性神经递质，如乙酰胆碱（acetylcholine）和

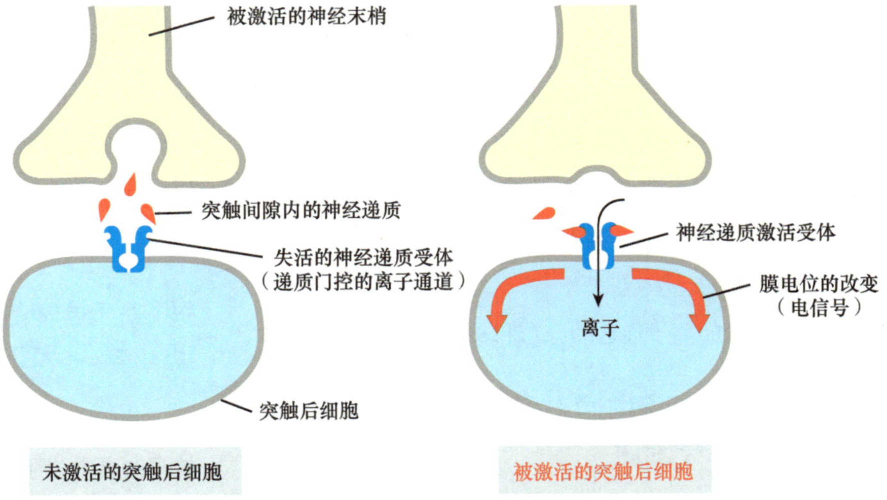

图 12-41　化学信号通过突触后递质门控离子通道转换为电信号。释放的神经递质与突触后细胞质膜上的递质门控离子通道结合，使其打开。所产生的离子流改变了突触后细胞的膜电位，从而将化学信号回转为电信号（视频 12.13）。

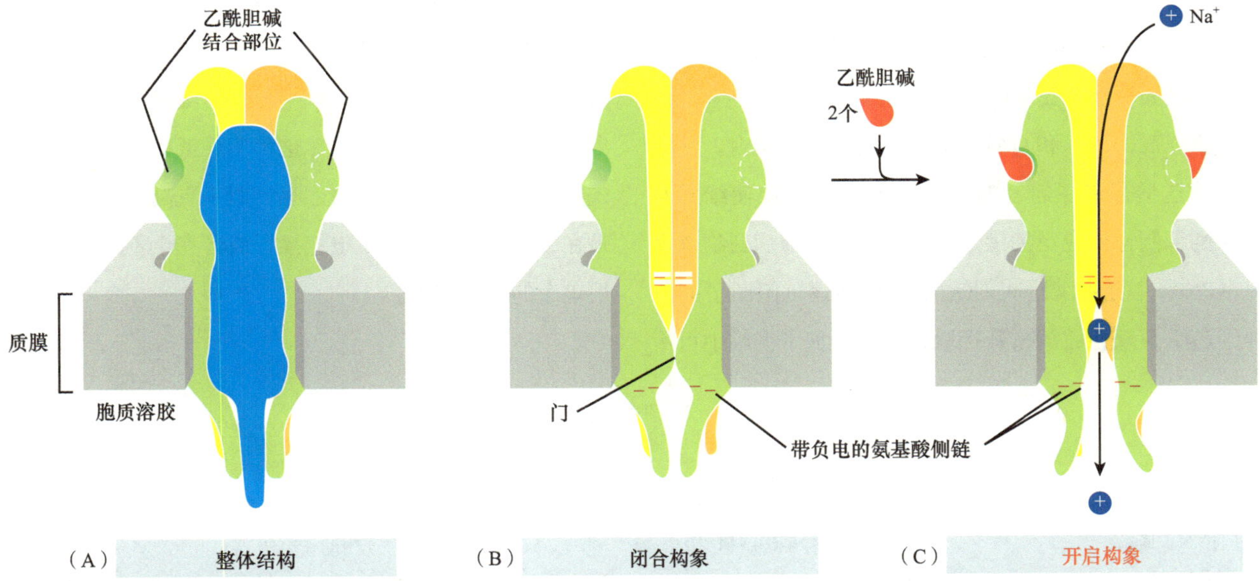

图 12-42　脊椎动物骨骼肌细胞质膜上的乙酰胆碱受体与乙酰胆碱结合后开放。(A) 这个递质门控离子通道具有五个跨膜亚基，其中两个绿色亚基是一样的。这些亚基彼此结合，在脂双层上形成一个亲水性的孔洞。该通道有两个乙酰胆碱结合位点，一个由绿色和蓝色的亚基形成，另一个由绿色和橘色的亚基形成，如图所示。(B) 通道的闭合构象。为了能看到通道的内部，蓝色亚基在这里和 (C) 图中被移除。位于通道两端的负电氨基酸侧链（用红色负号表示）确保只有带有正电荷的离子（主要是 Na^+ 和 K^+）可以通过。当乙酰胆碱没有结合、通道处于关闭构象时，在称为“门”的区域，通道疏水性的氨基酸侧链被堵塞（封锁）。(C) 通道的开放构象。当运动神经元释放出乙酰胆碱时，乙酰胆碱与两个结合位点结合，这时通道会发生一个构象转变。疏水性的氨基酸侧链会移开，“门”被打开，Na^+ 会顺浓度梯度通过细胞膜，从而使细胞膜去极化。即使通道与乙酰胆碱持续结合着，也会在开放和关闭状态间随机切换（参见图 12-26）。但若没有与乙酰胆碱结合，通道则难以开放。

谷氨酸（glutamate），它们的主要受体是配体门控阳离子通道。当与神经递质结合后，这些通道会打开，允许 Na^+ 流入，使质膜去极化并因此倾向于激活突触后细胞，促使其激发动作电位。相反，抑制性神经递质，如γ-氨基丁酸（γ-aminobutyric acid，GABA）和甘氨酸（glycine），它们的主要受体是配体门控的 Cl^- 通道。当与神经递质结合后，这些通道会打开，允许 Cl^- 进入细胞，从而使突触后细胞的质膜更难以被去极化，因此对突触后细胞造成抑制。

任何与这些兴奋性或抑制性神经递质受体结合的毒素都会对动物或人产生剧烈的影响。例如，箭毒（curare）通过阻断神经肌肉接头处的兴奋性乙酰胆碱受体，引起肌肉麻痹。这种药被南美印第安人用于制造毒箭。现在，箭毒仍然被外科医生用于手术期间放松肌肉。相比之下，大鼠毒药中的一种常见成分毒鼠碱（strychnine）通过阻断大脑和脊髓神经元中的抑制性甘氨酸受体，导致肌肉痉挛、抽搐和死亡。

本章讨论的离子通道的分布和功能总结在表 12-3 中。

大部分精神类药物通过结合神经递质受体而影响突触信号传递

许多用于治疗失眠、焦虑症、抑郁症和精神分裂症的药物，是通过与大脑中的递质门控离子通道的结合而发挥功能的。例如，像巴比妥酸盐、安定、安必恩和羟基安定这样的镇静剂，可以和 GABA 门控的 Cl^- 通道结合。它们的结合使这些通道更容易被 GABA 打开，因此使细胞对 GABA 的抑制性效应更加敏感。相反，抗抑郁症药物普卢扎克（Prozac）会阻断 Na^+ 驱动的同向转运，阻断了兴奋性神经递质 5-羟色胺的重新摄取，从而增加了突触中可用的 5-羟色胺的含量。尽管增加 5-羟色胺量为什么会改善人们的情绪仍是未解之谜，但这种药已经改变了许多抑郁症患者的生活。

尽管神经递质受体仅属于少数几个家族，但它们的类型非常多，例如，存在许多亚型的乙酰胆碱、谷氨酸、GABA、甘氨酸和 5-羟色胺受体等。它们通常位于不同的神经元上，而且它们的电生理性质只有细微的不同。利用如此多种多样的受体，就有可能设计出新一代的精神类药物，这些药物将更特异地作用在各组特异的神经元上，以减轻精神类疾病，减少为如此多的人的生活带来的痛苦。例如，人群中 1% 的人患有精神分裂症，1% 的人患有躁郁症，约 1% 的人患有自闭症，还有更多的人正深受焦虑症或抑郁症的折磨。这些疾病如此普遍，表明突触信号转导的复杂性可能会使大脑特别容易受到遗传变异的伤害。但这种复杂性也给人类带来了一些独有的优势，正如下文所述。

突触信号转导的复杂性使我们能够思考、行动、学习和记忆

作为对动物存活如此关键的过程，控制突触信号转导的机制看上去不应该过于烦琐且容易出错。信号要从一个神经元传递到下一个神经元，突触前细胞的神经末梢必须将电信号转换成分泌性的化学信号。然后，这种化学信号必须扩散穿过突触间隙，以便突触后细胞可以将其转换回电信号。为什么演化会选择这种明显低效且易受损害的方式在两个细胞之间传递信号呢？似乎更高效和稳健的方式是在细胞之间直接建立电连接，或者完全不用突触，仅使用单个的连续细胞。

表 12-3　离子通道的一些例子

离子通道	典型定位	功能
K^+ 泄漏通道	大部分动物细胞的质膜	维持静息膜电位
电压门控 Na^+ 通道	神经细胞树突的质膜	产生动作电位
电压门控 K^+ 通道	神经细胞树突的质膜	在动作电位激发后使膜回复至静息电位
电压门控 Ca^{2+} 通道	神经末梢的质膜	刺激神经递质的释放
乙酰胆碱受体（乙酰胆碱门控阳离子受体）	肌肉细胞（神经与肌肉的连接处）的质膜	激活性突触信号传递
谷氨酸受体（谷氨酸门控阳离子受体）	许多（突触上）神经元的质膜	抑制性突触信号传递
GABA 受体（GABA 门控 Cl^- 受体）	许多（突触上）神经元的质膜	抑制性突触信号传递
甘氨酸受体（甘氨酸门控 Cl^- 受体）	许多（突触上）神经元的质膜	抑制性突触信号传递
机械门控阳离子受体	内耳中的听觉毛细胞	检测声音的震动

但是，当我们分析整个神经系统如何发挥作用时，这种依赖于分泌化学信号的突触的价值就变得显而易见。神经系统是一个复杂的神经元网络，由许多分支的环路互连，执行复杂的计算，存储记忆，并产生行动计划。为了实现这些功能，神经元要做的不仅仅是生成和传递信号，它们还必须组合信号、解释信号并记录信号。化学突触使这些活动成为可能。例如，脊髓中的运动神经元接收来自在其上形成突触的成百上千其他神经元的信号输入（图 12-43）。在这些信号中，有一些倾向于激活这个神经元，而其他信号则抑制它。运动神经元必须整合它所接收的所有信息并做出反应，或者刺激肌肉收缩或使肌肉保持安静。

神经元通过质膜中不同类型的离子通道之间的复杂相互作用，从嘈杂的信号输入中，计算出适当的输出信号。大脑中数百种类型的神经元中的每一种，都具有其自身特有的受体和一套离子通道，这使得细胞能够对某一组信号输入以特定方式做出响应，并因此执行其特定的任务。

因此，离子通道是这套机制的关键组成部分，使我们能够行动、思考、感受、说话、学习和记忆。鉴于这些通道是在惊人复杂的神经元环路中发挥作用，我们是否能够深刻理解那些指导生物（如我们自己）复杂行为的分子机制呢？尽管在人类上破解这个难题在未来还遥不可及，但我们现在已经拥有了越来越强大的方法，来研究神经回路以及分子机制，这是实验动物行为的基础。最有前途的技术之一，正如我们现在所要讨论的，是一种在单细胞藻类中发现的光门控离子通道。

光门控离子通道可用于活体动物中瞬时激活或失活神经元

光合绿藻利用光门控离子通道来检测并引导自身向阳光移动。在蓝光的照射下，一种称为通道视紫红质（channelrhodopsin）的离子通道使 Na^+ 流入细胞，导致质膜去极化，并最终引起鞭毛的摆动，使得该生物体游动起来。尽管这些通道是单细胞绿藻所特有的，但当它们被人工转移到其他类型的细胞中时，依然可以完美地发挥功能，从而使受体细胞对光做出响应。

正如前面所讨论的（参见图 12-38），因为神经细胞也是被 Na^+ 流入引起的去极化而激活，所以通道视紫红质可被用于操纵神经元和神经回路的活动，包括在活体动物中的活动。在一个令人震惊的实验中，将通道视紫红质基因引入小鼠下丘脑的一个特定神经元亚群中。大脑该区域涉及许多功能，包括攻击性。随后，这些神经元的活动通过植入动物大脑中的一条细光纤上发出的光来控制。当通道被光照亮时，小鼠就会对其面前的任何物体，包括其他小鼠或是滑稽的橡胶手套，发起攻击。当把光关闭后，神经元再次沉默，小鼠的行为会立即恢复正常（图 12-44 和视频 12.14）。

因为该方法依赖于基因工程技术（在第 10 章中讨论）引入细胞的光门控通道，所以该方法被称为**光遗传学**（optogenetic）。这个工具正在彻底改变着神经生物学，使研究人员能够在从果蝇到猴子等各种实验动物中，剖析那些甚至是控制最为复杂行为的神经回路，且它的影响已经远超出了实验室的范围。随着遗传学研究持续地鉴别出与

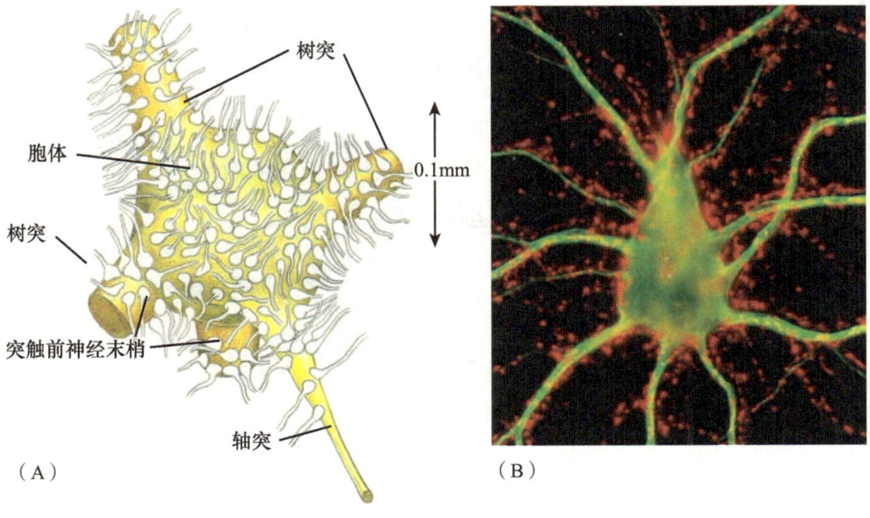

图 12-43　脊髓中一个运动神经元的胞体和树突形成数千个突触。（A）神经元上有数千个神经末梢突触，传递来自动物其他部位的信号，控制神经元轴突动作电位的激发。（B）一个培养的大鼠神经细胞。其胞体和树突（绿色）用一个识别细胞骨架蛋白的荧光抗体染色。来自其他神经细胞（不可见）的数千个轴突末端（红色）在该细胞表面形成突触。突触用一种识别神经末梢突触小泡（参见图 12-39）中某种蛋白质的荧光抗体染色。（图 B 蒙 Olaf Mundigl 和 Pietro de Camilli 惠赠。）

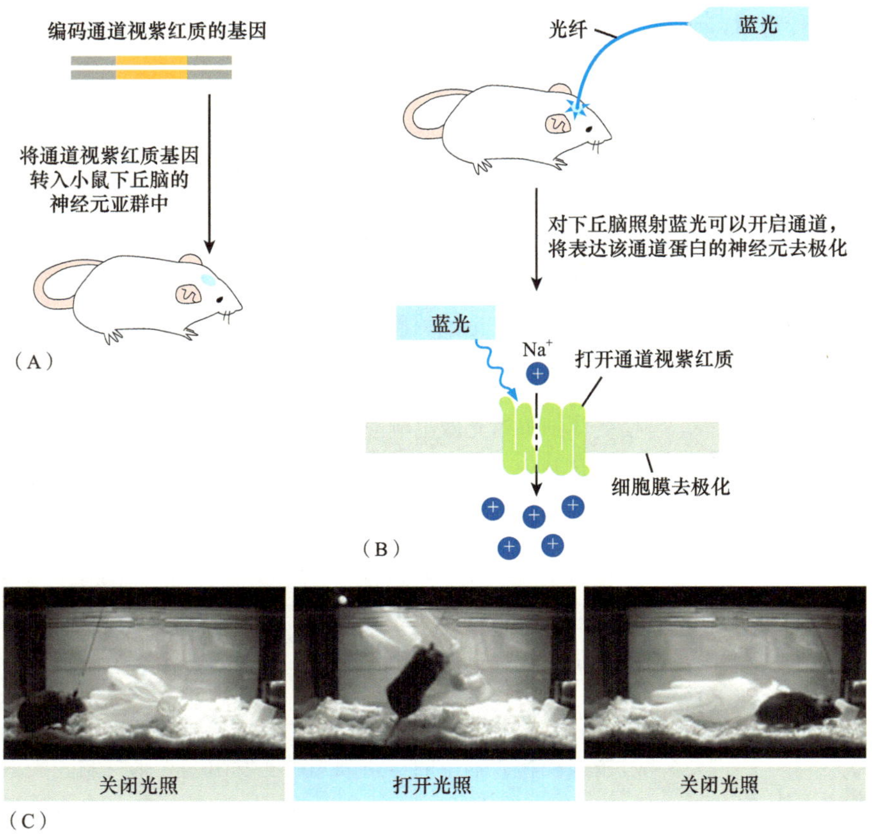

图 12-44　光门控离子通道可以在活体动物中控制特定神经元的活动。(A) 在该实验中，将编码通道视紫红质的基因导入小鼠下丘脑的一组神经元亚群中。(B) 当使用植入动物大脑的纤细光纤对神经元进行蓝光照射时，通道视紫红质打开，所在的神经元去极化并被激活。(C) 当光打开时，小鼠立即变得有攻击性；当光关闭时，其行为立即恢复正常。(图 C 引自 D. Lin et al., *Nature* 470: 221-226, 2011。)

各种人类神经和精神疾病相关的基因，研究人员能够利用光门控离子通道，在模式生物中研究这些基因在何地以及如何发挥作用，这将极大地促进我们去理解自己的行为背后的分子和细胞机制。

基本概念

◆ 细胞膜的脂双层对非极性小分子，如氧气和二氧化碳，是高度通透的；对非常小的极性分子，如水具有一定程度的通透性；对大多数大型水溶性分子和所有的离子都是高度不通透的。

◆ 营养物质、代谢物和无机离子的跨细胞膜转运依赖于膜转运蛋白。

◆ 细胞膜含有很多运输蛋白，可分为转运蛋白和通道两大类，每种运输蛋白都负责转运特定类型的溶质。

◆ 通道蛋白形成跨脂双层的孔道，溶质可以以被动扩散的方式通过孔道。

◆ 转运蛋白和通道都可以介导被动运输，其中不带电的溶质可自发地顺着其浓度梯度移动。

◆ 对于带电溶质的被动输送，其浓度梯度和电化学梯度共同决定了它的运动方向。

◆ 转运蛋白可以作为泵来介导主动运输，其溶质可以逆着其浓度梯度或电化学梯度的方向进行移动。该过程需要由 ATP 水解、Na^+ 或 H^+ 的顺浓度梯度流动，或阳光来提供能量。

◆ 在对特定溶质进行跨膜转运的过程中，转运蛋白会经历构象变化，它们首先在膜的一侧暴露出与溶质结合的位点，然后再通过构象转换，在膜另一侧暴露出结合位点。

◆ 动物细胞质膜的 Na^+ 泵是一种 ATP 酶，它主动将 Na^+ 从细胞中转出，并将 K^+ 转入，从而维持质膜上陡峭的 Na^+ 梯度，用于驱动其他主动运输过程并传递电信号。

◆ 离子通道允许适当大小和电荷的无机离子穿过膜。大多数离子通道是门控的，在响应特定的刺激后会短暂地开放。

◆ 即使被一种特定刺激活化，离子通道也不会持续保持打开的状态：它们在打开和闭合构象之间随机瞬间切换。活化刺激只是增加了通道处于打开状态的时间比例。

◆ 膜电位由细胞膜两侧带电离子的不均匀分布来决定，当这些离子流过膜的开放离子通道时，膜电位会发生改变。

- 在大多数动物细胞中，质膜上静息膜电位的负值主要取决于 K^+ 梯度和 K^+ 选择性渗漏通道的开闭。在静息电位下，K^+ 跨膜移动的驱动力几乎为零。
- 神经元以动作电位的形式产生电脉冲，可以沿轴突进行长距离移动而不会衰减。动作电位通过电压门控 Na^+ 和 K^+ 通道传播，这些通道响应质膜的去极化而依次打开。
- 神经末梢的电压门控 Ca^{2+} 通道将动作电位的到来与突触中的神经递质释放偶联起来。递质门控离子通道再将该化学信号转回为突触后靶细胞中的电信号。
- 兴奋性神经递质打开递质门控阳离子通道，使 Na^+ 流入，导致突触后细胞的质膜去极化，使该细胞激发动作电位。抑制性神经递质在突触后细胞的质膜中打开递质门控的 Cl^- 通道，使质膜更难以去极化和激发动作电位。
- 人类大脑中各种复杂的神经细胞利用了上述所有机制，从而使人类的行为成为可能。

关键词

动作电位（action potential）
主动运输（active transport）
对向转运（antiport）
树突（axon）
Ca^{2+} 泵（或 Ca^{2+} ATP 酶）（Ca^{2+} pump）（或 Ca^{2+} ATPase）
通道（channel）
去极化（depolarization）
电化学梯度（electrochemical gradient）
梯度驱动泵（gradient-driven pump）
H^+ 泵（或 H^+ ATP 酶）（H^+ pump）（或 H^+ ATPase）
离子通道（ion channel）
K^+ 泄漏通道（K^+ leak channel）
配体门控通道（ligand-gated channel）
机械门控通道（mechanical-gated channel）
膜电位（membrane potential）
膜转运蛋白（membrane transport protein）
Na^+ 泵（或 Na^+-K^+ ATP 酶）（Na^+ pump）（或 Na^+-K^+ ATPase）
能斯特方程（Nernst equation）
神经末梢（nerve terminal）
神经元（neuron）
神经递质（neurotransmitter）
光遗传学（optogenetics）
渗透（osmosis）
膜片钳记录（patch-clamp recording）
泵（pump）
静息膜电位（resting membrane potential）
同向转运（symport）
突触（synapse）
突触小泡（synaptic vesicle）
递质门控离子通道（transmitter-gated ion channel）
转运蛋白（transporter）
电压门控通道（voltage-gated channels）
电压门控 Na^+ 通道（voltage-gated Na^+ channel）

问题

问题 12-1

简单的酶反应可用下面等式来描述：

$$E + S \longleftrightarrow ES \longleftrightarrow E + P$$

其中，E 是酶，S 是底物，P 是产物，ES 是酶-底物复合物。

A. 写出一个相应的方程式，描述一种介导溶质（S）顺浓度梯度转运的转运蛋白（T）的工作。

B. 从这个等式中，可以看出转运蛋白的功能是什么？

C. 为什么这个等式不适用于描述通道蛋白的功能？

问题 12-2

细胞内 Ca^{2+} 浓度的升高会导致肌肉细胞收缩。除了 ATP

驱动的 Ca^{2+} 泵之外，在快速且有规律地收缩的肌肉细胞（如心脏细胞）中还存在另外一种 Ca^{2+} 泵。这是一种对向转运泵，可将 Ca^{2+} 与细胞外的 Na^{+} 进行跨膜交换。在收缩过程中，进入细胞的大部分 Ca^{2+} 被这种对向转运迅速泵出细胞，从而使细胞得以松弛。乌本苷（ouabain）和洋地黄（digitalis）可被用于治疗心脏病患者，因为它们能使心肌细胞更有力地收缩。这两种药物是通过部分抑制心肌细胞质膜中的 Na^{+} 泵而发挥作用。你能否解释药物在患者体内的作用？如果药物服用过量会怎么样？

问题 12-3

图 Q12-13

上图显示了一个膜片钳实验的记录，其中把通过膜片的电流测量值作为时间的函数。膜片是通过图 12-25 所示的技术从肌细胞的质膜中取出的，含有乙酰胆碱受体分子，它是一种配体门控阳离子通道，通过乙酰胆碱的结合而打开。为了记录到电流，将乙酰胆碱加入到微电极内的溶液中。（A）从这一记录中，关于这个通道你能了解到什么？（B）如果乙酰胆碱（i）被去除或（ii）只添加到微电极的外溶液中，得到的记录会有何不同？

问题 12-4

使用能斯特方程和表 12-1 中给出的离子浓度，计算 K^{+} 和 Na^{+} 的平衡膜电位，即没有离子跨膜净移动时的膜电位（假设细胞内 Na^{+} 的浓度为 10mmol/L）。你预计一个静息动物细胞中的膜电位是多少？解释你的答案。如果大量的 Na^{+} 通道突然打开，使膜上 Na^{+} 的通透性比 K^{+} 强得多，会发生什么？（注意，因为极少数离子的跨膜移动就会使膜两侧的电荷发生巨大的改变，所以你可以假设膜两侧的离子浓度没有明显变化。）如果 Na^{+} 通道再次关闭，你预期接下来会发生什么？

问题 12-5

用少于 100 个字尽可能精确地解释动作电位的离子基础以及它如何沿轴突传播。

问题 12-6

在重症肌无力疾病中，人体错误地产生了一种作用于自身乙酰胆碱受体分子的抗体。这些抗体的结合使肌细胞质膜上的乙酰胆碱受体失活。这种疾病会导致患者的肌肉灾难性地变弱。例如，早期他们可能难以张开眼睑。在这种疾病的动物模型中，兔子难以竖起它们的耳朵。随着疾病的发展，大多数肌肉进一步萎缩，重症肌无力患者会感到说话和吞咽困难。最终因呼吸受损而死亡。请解释肌肉功能的哪一步受到了影响。

问题 12-7

当一种抑制性神经递质，如 GABA，在突触后神经元的质膜上打开 Cl^{-} 通道时，为什么会使兴奋性神经递质更难以激发神经元呢？

问题 12-8

图 12-9 显示了一种被动转运蛋白，它可以介导一种溶质顺浓度梯度的跨膜转运。你如何更改这张示意图，将该转运蛋白转变为一种通过水解 ATP 使溶质逆浓度梯度转运的泵？解释你新图中每个步骤的必要性。

问题 12-9

以下哪些说法是正确的？解释你的答案。

A. 质膜对所有带电分子都是高度不通透的。

B. 通道具有它允许通过的溶质分子的特定结合位点。

C. 转运蛋白使溶质跨膜通过的速率比通道快得多。

D. 某些 H^{+} 泵由光来供能。

E. 许多动物细胞的质膜含有开放的 K^{+} 通道，但细胞溶质中的 K^{+} 浓度远高于细胞外。

F. 如果一个同向转运体在膜中的取向被逆转（即如果通常暴露于细胞溶胶的部分变成面向细胞外部），那么同向转运就会变为对向转运。

G. 当动作电位激发时，轴突的膜电位会暂时变得更负。

问题 12-10

将下列化合物按照在脂双层中的通透性从强到弱的顺序进行排列：RNA，Ca^{2+}，葡萄糖，乙醇，N_2，水。

问题 12-11

说出以下两个名词的至少一个相似之处和至少一个不同之处（可以借助于术语表来查询这些术语的定义）：

A. 同向转运和对向转运

B. 主动运输和被动运输

C. 膜电位和电化学梯度

D. 泵和转运蛋白

E. 轴突和电话线

F. 溶质和离子

问题 12-12

讨论以下说法："通道和转运蛋白之间的区别就像桥梁和渡轮之间的区别。"

问题 12-13

神经递质乙酰胆碱是在细胞质基质中产生的，然后转运到突触小泡。乙酰胆碱在小泡中的浓度比细胞质中的浓度高 100 倍以上。当突触小泡从神经元中分离出来时，这些小泡还可以摄取添加到小泡悬浮溶液中的乙酰胆碱，但这只有当 ATP 存在时才会发生。这种吸收不需要 Na^+ 参与，但奇怪的是，提高突触小泡悬浮溶液的 pH 会增加摄取速率。此外，当添加使膜透过 H^+ 的药物时，这一转运会受到抑制。请提出一种与所有这些观察结果一致的机制。

问题 12-14

一个典型动物细胞的静息膜电位约为 –70mV，脂质双层的厚度约为 4.5nm。跨膜的电场强度是多少 V/cm？如果将这种电场强度应用于由 1cm 气体间隙所隔开的两个金属电极，你认为会发生什么？

问题 12-15

磷脂双层在水中会形成密封的球形囊泡（在第 11 章中讨论）。假设你已经构建出只含有 Na^+ 泵这一种膜蛋白的脂质囊泡，为了简单起见，假设每个泵在每次泵送循环中每转运一个 Na^+ 便会反向转运一个 K^+。所有 Na^+ 泵上通常会面向细胞质的部分现在都朝向囊泡外部。在图 12-11 和图 12-12 的帮助下，请确定在以下每种情况下会发生什么。

A. 将你的囊泡悬浮在含有 Na^+ 和 K^+ 的溶液中，并且囊泡内的溶液具有相同的离子组成。

B. 你将 ATP 添加到（A）中描述的悬浮液中。

C. 你添加 ATP，但囊泡的外部和内部都仅包含 Na^+ 而不含 K^+。

D. Na^+ 和 K^+ 的浓度如（A）中所示，但是每个囊泡膜中的泵有一半取相反方向，使这些分子正常面向细胞质的部分转向囊泡内部，然后你将 ATP 添加到溶液中。

E. 你将 ATP 添加到（A）中描述的悬浮液中，但除 Na^+ 泵外，你的囊泡膜还含有 K^+ 泄漏通道。

问题 12-16

列举可以对离子通道进行门控的三种方式。

问题 12-17

假设 1000 个 Ca^{2+} 通道在细胞质膜中打开，细胞大小为 1000μm^3，细胞溶质中 Ca^{2+} 浓度为 100nmol/L。为了使细胞溶质中的 Ca^{2+} 浓度升至 5μmol/L，Ca^{2+} 通道需要保持开放状态多长时间？在外部的培养基中有几乎无限的 Ca^{2+} 可以利用（大多数动物细胞生存的细胞外 Ca^{2+} 浓度为几个毫摩尔），每个通道每秒可传递 10^6 个 Ca^{2+}。

问题 12-18

动物细胞利用质膜中的同向转运体来摄取氨基酸。哪种离子的电化学梯度最有可能驱动这种摄入？此过程是否需要消耗 ATP？如果是，如何消耗？

问题 12-19

我们将在第 15 章中看到，内吞体是细胞内由膜封闭的细胞器，需要酸性内腔才能发挥功能。酸化是通过内吞体膜上的 H^+ 泵来实现的，该膜上也含有 Cl^- 通道。如果通道不能正常工作（例如，由于编码通道蛋白的基因发生突变），酸化也会被削弱。

A. 你能解释一下 Cl^- 通道可能会如何有助于酸化吗？

B. 根据你的解释，降低内吞体的 pH 是否绝对需要 Cl^- 通道？

问题 12-20

一些细菌细胞能够以乙醇（CH_3CH_2OH）或乙酸盐（CH_3COO^-）作为它们唯一的碳源。沙维普斯（Schwips）博士测量了这两种化合物穿过细菌质膜的速率，但由于过量吸入了其中一种化合物（哪一种？），导致它未能准确地标出数据。

A. 根据下表中的数据作图。

碳源的浓度/（mmol/L）	转运速率/（μmol/min）	
	化合物 A	化合物 B
0.1	2.0	18
0.3	6.0	46
1.0	20	100
3.0	60	150
10.0	200	182

B. 根据你的图，确定化合物 A 的数据是对应于乙醇的摄入还是乙酸盐的摄入。解释你的答案。

问题 12-21

乙酰胆碱门控阳离子通道无法区分 Na^+、K^+ 和 Ca^{2+}，能允许三种离子自由通过。那么，当乙酰胆碱与肌细胞质膜中的该通道结合并使通道打开之后，为什么大量涌入的主要是 Na^+？

问题 12-22

受到神经递质（如乙酰胆碱、谷氨酸、GABA 或甘氨酸）结合调控的离子通道具有相似的整体结构。然而，这些通道中的每一类都由一套非常多样化的亚基组成。这些亚基都具有不同的递质亲和力、不同的通道导电性，以及不同的打开和关闭速率。从制药行业的角度来看，你认为这种极端多样性是好事还是坏事？

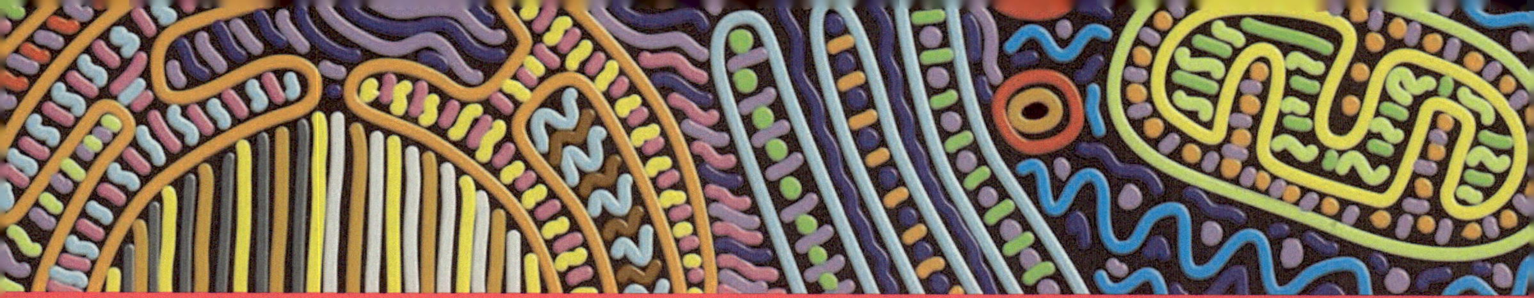

第 13 章 细胞如何从食物中获取能量

为了能够生长、分裂和进行日常活动，细胞需要持续的能量供给。这种能量来自食物分子中的化学键能，因此食物分子是细胞的燃料。

糖或许是最重要的燃料分子，但不幸的是，过多的糖会导致肥胖和 2 型糖尿病。植物通过光合作用从二氧化碳（CO_2）中合成自己的糖。动物通过食用植物和其他生物获得糖及其他可以通过化学反应转化为糖的有机分子。然而，在动物和植物中，所有这些糖分解产生能量的过程都非常相似。随着糖分子被分解并氧化成 CO_2 和水（H_2O），生物体的细胞从锁定在糖化学键的能量中获得可以使用的能量，该过程被称为**细胞呼吸**（cell respiration）。这些反应中释放的能量以“高能”化学键即在水解时可释放出大量能量的共价键的形式被捕获到*活化载体*（activated carrier）如 ATP 和 NADH 中。这些载体反过来又为生物合成提供了便携的化学基团和电子（在第 3 章中讨论）。

在本章中，我们会追踪糖类分解的主要步骤，并显示这些过程如何产生 ATP、NADH 和其他的活化载体。我们会集中描述葡萄糖的分解，因为它是大多数动物细胞产生绝大部分能量的通路。在植物、真菌和许多细菌中，也有一条非常相似的通路在发挥作用。其他分子，如脂肪酸和蛋白质，如果通过适当的酶解途径，也可以作为能源。我们将看到细胞如何利用糖和脂肪分解产生多种分子，作为合成其他有机分子的起点。

最后，我们会研究细胞如何调节其新陈代谢，以及如何储存食物分子以满足其未来的新陈代谢需求。关于细胞生成自身大部分 ATP 的精细机制将在第 14 章中讨论。

糖和脂肪的分解及利用

如果一个燃料分子如葡萄糖只通过一个步骤被氧化成 CO_2 和 H_2O，如直接用火点燃，那么它会释放出大量的能量，这些能量比任何载体分子所能捕获的能量大许多倍（图 13-1A）。相反，细胞利用酶通过一系列严格控制的反应来完成糖的氧化。由于酶的作用，它们通常在生物体的温度下发挥功能，细胞得以逐步降解每个葡萄糖分子，并通过偶联反应将小量的能量逐步释放给活化载体（图 13-1B）。通过这种方式，葡萄糖氧化分解所释放的大部分能量可以保存在 ATP 和其他活化载体的高能键中，供细胞随后使用。

动物细胞以两种方式产生 ATP。首先，食物分子分解过程中某些能量上有利的酶催化反应，会直接与能量上不利的反应 **ADP + $\mathbf{P_i}$ → ATP** 偶联。因此，食物分子的氧化可以为 ATP 的直接产生提供能量。然而，大多数 ATP 合成需要经过一个中介。因此，ATP 产生的第二条通路是利用来自其他活化载体的能量来驱动 ATP 合成。这个过程称为*氧化磷酸化*（oxidative phosphorylation），发生在真核细胞的线粒体内膜上（图 13-2），或在好氧原核生物的质

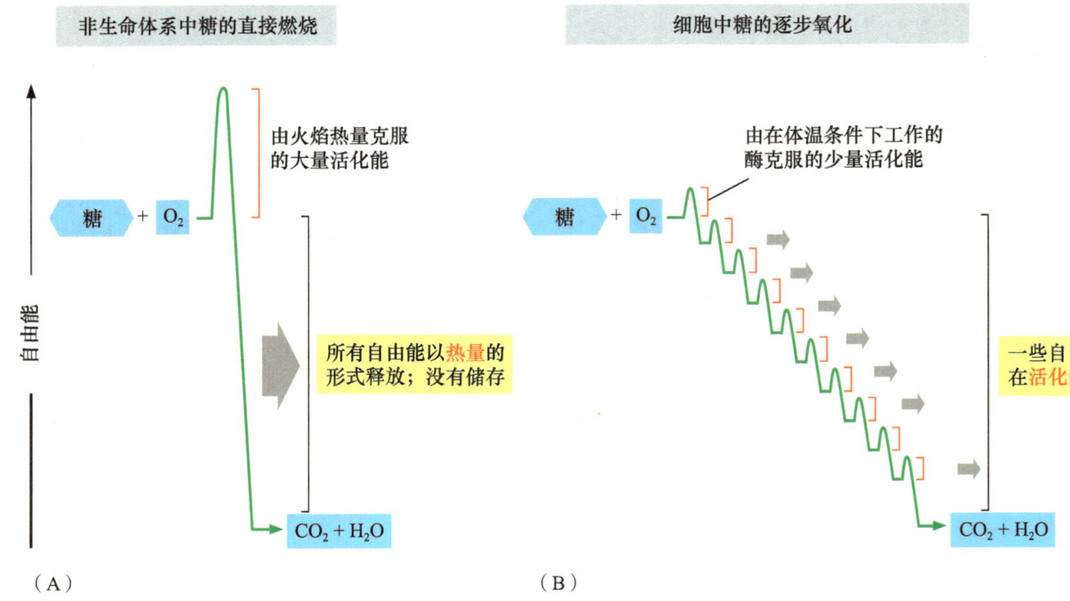

图 13-1　**与简单的燃烧不同，细胞中的糖是通过受控的逐步氧化反应来获得有用的能量。**（A）在非生命条件下，直接对糖进行燃烧会一次性地释放出大量能量。该能量过于庞大而无法被任何载体分子捕获，所有能量都会以热量的形式被释放。（B）在细胞中，酶通过一系列小步骤催化糖的分解，每一步所释放的一部分自由能都通过形成活化载体而被捕获，而最常见的活化载体是 ATP 和 NADH。每个步骤都由一种酶催化，酶降低了活化能垒。要使一个反应发生，必须通过分子在细胞温度（体温）下的随机碰撞来超越这个活化能垒（参见图 3-12 和图 3-13）。注意，葡萄糖完全氧化分解为 CO_2 和 H_2O 释放的总自由能在（A）和（B）中是完全相同，均为 2880kJ/mol。

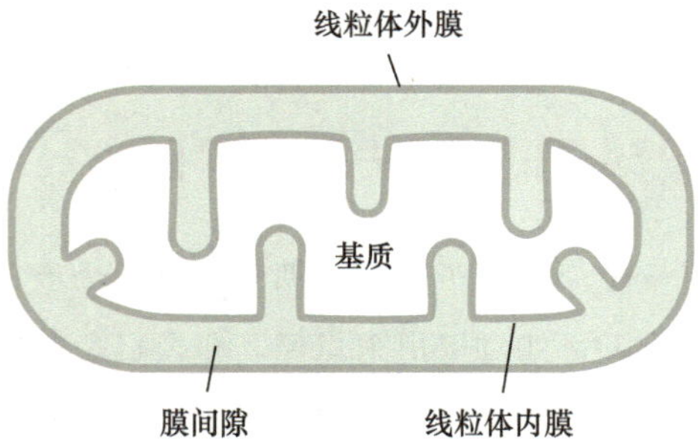

图 13-2　**线粒体有两层膜和一个称为基质的巨大内部空间。**来自食物分子的大部分能量都储存在线粒体的基质和线粒体内膜中。

膜上，我们将在第 14 章中进行详细描述。在本章中，我们将重点放在食物分子在胞质溶胶和线粒体基质中被氧化的第一个反应序列（参见图 13-2）。这些反应会产生 ATP 和其他的活化载体，这些活化载体随后可通过氧化磷酸化反应驱动产生更大量的 ATP。

食物分子经三个阶段进行分解

蛋白质、脂肪和多糖构成了我们食用的大部分食物。无论是作为能量来源，还是作为合成其他有机分子的元件，这些食物必须先被分解成较小的分子才能被细胞利用。这种利用酶将复杂的有机分子降解为更简单的有机分子的分解过程被称为**分解代谢**（catabolism）。该过程分三个阶段进行，如图 13-3 所示。

在分解代谢的第 1 阶段，酶将食物中的大聚合物分子转化为更简单的单体亚基：蛋白质转化为氨基酸，多糖转化为糖，脂肪转化为脂肪酸和甘油。这个阶段也称为消化（digestion），发生在细胞外（主要在肠内）或细胞内的特殊细胞器（称为溶酶体，如第 15 章所述）。消化后，来自食物的小有机分子进入细胞的细胞质中，细胞开始逐渐氧化分解。

在分解代谢的第 2 阶段，一种称为*糖酵解*（glycolysis）的反应链将每个*葡萄糖*（glucose）分子分解成两个较小的*丙酮酸*（pyruvate）分子。该反应也可以使用除葡萄糖之外的其他糖，但首先要将该糖转化为该糖酵解通路中的一种中间体。糖酵解发生在胞质溶胶中，除产生丙酮酸外，它还会产生两种活化载体，即 ATP 和 NADH。丙酮酸从胞质溶胶转移到线粒体巨大的内部区室即*基质*（matrix）中。在基质中，一个巨大的酶复合物将每个丙酮酸分子转化为 CO_2 和*乙酰辅酶 A*（acetyl CoA），这是第 3 章所述的另一种活化载体（参见图 3-37）。NADH 也在该反应中产生。在同一区室中，来自脂肪的脂肪酸通过逐步氧化分解也会产生大量的乙酰 CoA（参见图 13-3）。

分解代谢的第 3 阶段完全发生在线粒体中。乙酰 CoA

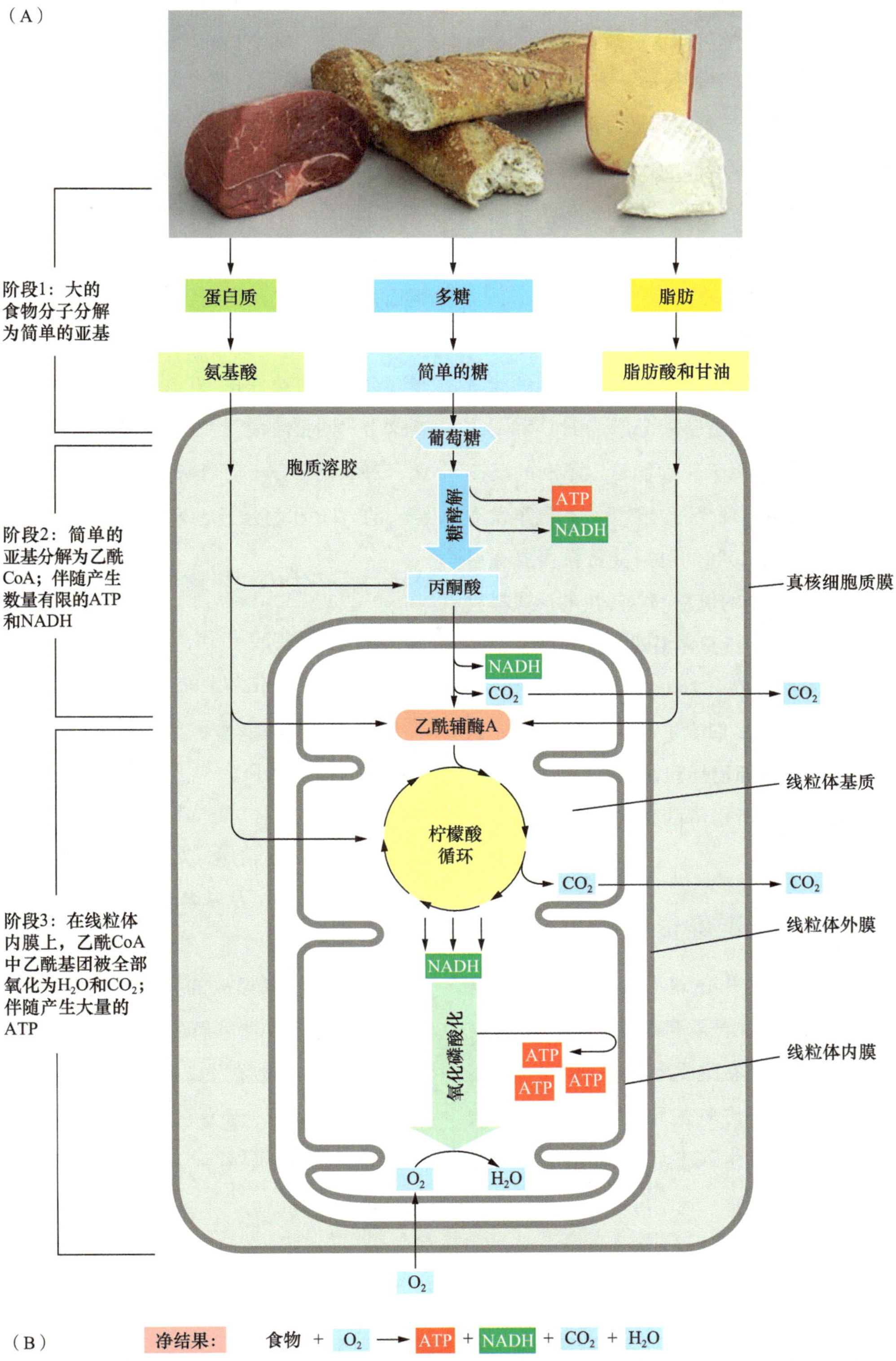

图 13-3 **在动物中，食物分子的分解分为三个阶段。**(A) 第 1 阶段主要发生在细胞外，虽然细胞内的溶酶体也可以消化这样的大分子，但大部分的食物分子是在口腔和肠道中分解。阶段 2 从细胞内胞质溶胶中的*糖酵解*（glycolysis）开始，并且以线粒体基质中丙酮酸转化为乙酰辅酶 A 上的乙酰基结束。第 3 阶段从线粒体基质中的*柠檬酸循环*（citric acid cycle）开始，并以线粒体内膜上的*氧化磷酸化*（oxidative phosphorylation）结束。阶段 2 中产生的 NADH 与柠檬酸循环产生的 NADH 合在一起，通过氧化磷酸化驱动大量 ATP 的产生。(B) 食品完全氧化的净产物包括 ATP、NADH、CO_2 和 H_2O。ATP 和 NADH 提供生物合成所需的能量和电子；CO_2 和 H_2O 是废物。

中的乙酰基转移到草酰乙酸（oxaloacetate）分子中，形成柠檬酸（citrate），从而进入称为柠檬酸循环（citric acid cycle）的一系列反应中。在这些反应中，转移的乙酰基被氧化成 CO_2，产生大量的 NADH。最后，来自 NADH 的高能电子沿着线粒体内膜中的一系列酶进行传递，称为电子传递链（electron-transport chain）。通过该传递链释放的能量，被用于驱动氧化磷酸化，即一种产生 ATP 并消耗 O_2 分子的过程。在分解代谢的最后步骤中，通过氧化释放的大部分能量被用以产生细胞的大部分 ATP。

通过 ATP 的产生，来自糖和脂肪分解的能量被重新分配成一份份的化学能量，成为细胞中被方便利用的能量形式。从理论上讲，葡萄糖或脂肪酸分解为 H_2O 和 CO_2 时产生的能量的近 50%可被用于驱动能量上不利的反应 ADP + P_i → ATP。相比之下，现代的内燃机，如汽车发动机，只能将其燃料中不超过 20%的可用能量转换成有用的功。在这两种情况下，剩余的能量都以热量的形式释放出来，这在动物体内有助于保持身体温暖。

在一个典型的细胞中，在任意时刻都有大约 10^9 个可溶状态的 ATP 分子。在许多细胞中，所有这些 ATP 每 1～2min 就会被更新一遍（即消耗和替换）。因此，在静息状态下平均每个人每 24h 所水解的 ATP 分子大概与他或她的体重相等。

糖酵解从糖的分解中提取能量

分解代谢第 2 阶段的中心过程是通过糖酵解（glycolysis）的一系列反应氧化分解**葡萄糖**（glucose）。在大多数细胞中，上述反应发生在胞质溶胶中，而且它们不需要氧分子的参与。实际上，许多在无氧条件下生长的厌氧微生物也是使用糖酵解来产生 ATP。因此，在生命历史的早期光合生物将氧气引入地球大气层之前，这种产能的系列反应就有可能已经演化出来。

糖酵解（glycolysis）这个词源于希腊语 *glykys*（“甜”）和 *lysis*（“分裂”）。这个名称很合适，因为糖酵解会把一个具有 6 个碳原子的葡萄糖分子，分解形成两个**丙酮酸**（pyruvate）分子，每个分子含有 3 个碳原子。最终产生出丙酮酸的这一系列化学反应过程会释放能量，这是因为丙酮酸分子中的电子总体上比葡萄糖分子中的电子能量状态更低。然而，进入糖酵解的每个葡萄糖分子都需要先消耗 2 分子的 ATP，以提供裂解糖所需的能量。糖酵解的后续步骤会产生 4 分子的 ATP，由此补偿了先期的能量投入。在这个“回报阶段”，能量也以 NADH 的形式被捕获。因此，每氧化一分子葡萄糖，在糖酵解结束时就会净得到两分子的 ATP 和两分子的 NADH（图 13-4）。

糖酵解产生 ATP 和 NADH

在 20 世纪 30 年代，科学家就解析出糖酵解的完整通路，这是生物化学上的一个重大成就。该通路包括连续发生的 10 个独立反应，每个反应都由不同的酶催化，产生出不同的中间体。图 13-5 概述了这些反应，更多细节可查看图版 13-1。与大多数酶一样，参与糖酵解反应的不同酶都以-*ase* 结尾，如异构酶（isomerase）和脱氢酶（dehydrogenase），从其名字就可了解它们所催化的反应类型（表 13-1）。

葡萄糖分解释放的大部分能量用于驱动 ADP 和 P_i 合成 ATP 分子。糖酵解的步骤 7 和步骤 1 发生的这种形式的 ATP 合成被称为底物水平的磷酸化（substrate-level phosphorylation），因为它是直接把磷酸基团从底物分子（一种糖中间体）转移到 ADP 上。相反，细胞中的大多数

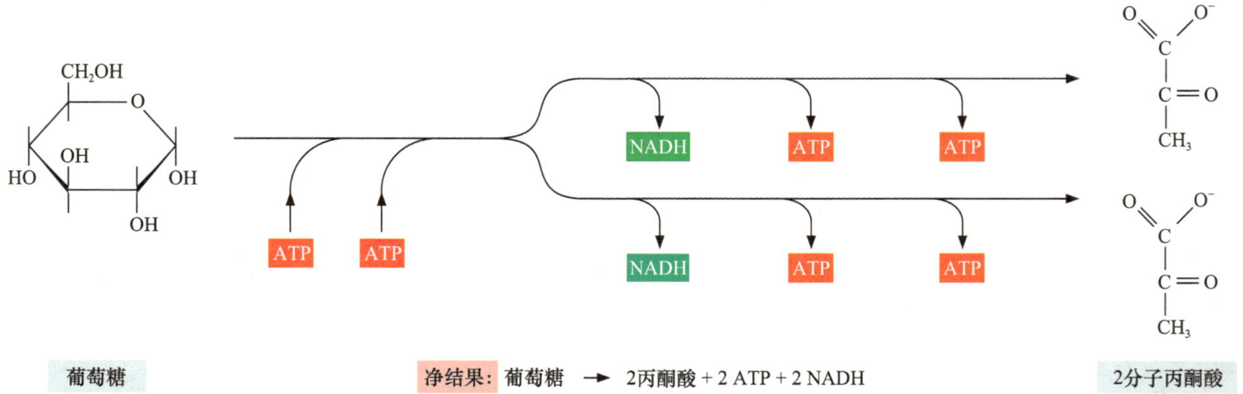

图 13-4 **糖酵解将一个葡萄糖分子分解形成两个丙酮酸分子。**该过程需要在开始时以 ATP 的形式输入能量。这种能量投入在后期会通过产生 2 个 NADH 和 4 个 ATP 得到补偿。

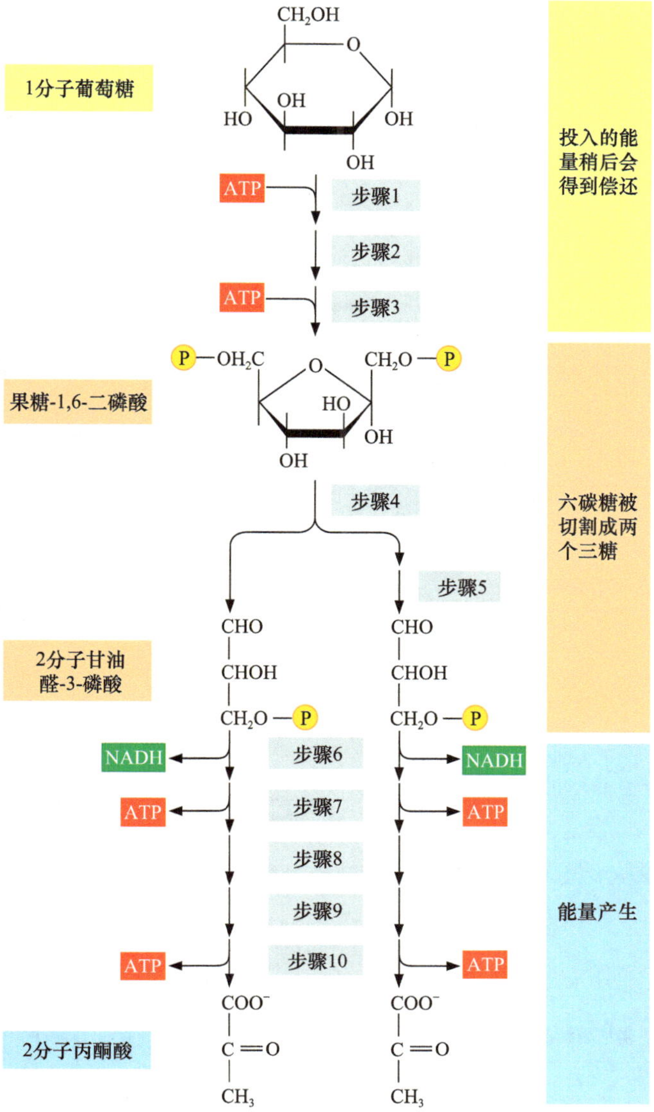

图 13-5 **糖的逐步分解始于糖酵解。**在糖酵解的 10 个步骤中，每一步都由不同的酶催化。注意，步骤 4 将一个六碳糖切割成两个三碳中间体，因此在此后的每个阶段，分子数量都增加了一倍。还要注意，步骤 4 的两种产物中有一个在步骤 5 中被修饰（异构化），从而转化为第二个甘油醛-3-磷酸分子，即步骤 4 的另一个产物（参见图版 13-1）。如图所示，糖酵解的能量产生是从步骤 6 开始启动，最终导致了 ATP 和 NADH 的净合成（参见图 13-4）。糖酵解有时也以首次发现它的化学家命名，被称为 Embden Meyerhof 通路。糖酵解的所有步骤可参见视频 13.1。

磷酸化是把磷酸基团从 ATP 转移到底物分子上。

细胞在糖酵解期间产生的剩余有用的能量，通过氧化反应储存在步骤 6 产生的 **NADH** 分子的电子中。如第 3 章所述，氧化并不总是需要氧气参与，它发生在电子从一个原子上失去并转移到另一个原子的任何反应中。因此，尽管糖酵解没有氧分子参与，但确实会发生氧化：在步骤 6 中，糖中间体甘油醛 3-磷酸失去的一个氢原子和电子（即氢负离子，H^-）转移到 NAD^+ 上形成 NADH（参见图版 13-1)。

在糖酵解过程中，每消耗一分子葡萄糖就形成两分子 NADH。在真核生物中，这些 NADH 分子被转运到线粒体中，并将它们的电子转移给电子传递链，通过线粒体内膜中的氧化磷酸化产生 ATP，细节将会在第 14 章详细描述。这些电子通过电子运输链传输给 O_2，最终形成水。

在给出电子后，NADH 也变回 NAD^+，随后可以再次用于糖酵解。在没有氧气时，NAD^+ 可通过另外一种称为发酵的能量产生反应进行再生，如下所述。

发酵可在没有氧气的情况下产生 ATP

对于大多数动物和植物细胞来说，糖酵解只是食物分子分解的前奏。在第三个也是最后一个阶段，细胞会消耗氧气，通过氧化磷酸化在线粒体中产生大量的 ATP。然而，对于许多可以在无氧环境中生长和分裂的厌氧微生物，糖酵解是其 ATP 的主要来源。当氧气水平下降时，某些动物细胞也依赖于糖酵解产生 ATP，如剧烈运动时的骨骼肌细胞。

在这些厌氧条件下，由糖酵解产生的丙酮酸和 NADH 保留在胞质溶胶中（参见图 13-3）。在那里，丙酮酸被转化为可以从细胞排泄的产物，例如，肌肉细胞中的乳酸，或（用于酿酒和面包制作的）酵母细胞中的乙醇和 CO_2。在此过程中，NADH 给出它的电子并转变回 NAD^+ 以维持

表 13-1 **参与糖酵解的一些酶的类型**

酶的类型	通常功能	在糖酵解中的功能
激酶	在分子上添加一个磷酸基团	一个激酶在步骤 1 和步骤 3 催化将磷酸基团从 ATP 转移到底物。另外的激酶在步骤 7 和步骤 10 催化将磷酸基团转移到 ADP 上形成 ATP
异构酶	催化分子内化学键重排	异构酶在步骤 2 和步骤 5 使分子为下一步的化学变化做好准备
脱氢酶	从分子中去除一个氢原子和电子（即氢负离子，H^-），从而催化该分子的氧化	甘油醛-3-磷酸脱氢酶在步骤 6 产生 NADH
变位酶	催化化学基团在分子内部移动位置	磷酸甘油酸变位酶在步骤 8 催化一个磷酸基团的移动，有助于底物在步骤 10 将该基团转移至 ADP 以合成 ATP

图版 13-1 糖酵解的步骤细节

对于每个步骤，分子中发生变化的部分用蓝色阴影表示，催化反应的酶的名字以黄色阴影表示。双箭头表示反应是可逆的，单箭头表示反应实际上是不可逆的。视频 13.1 为糖酵解反应的动画。

步骤 1

葡萄糖被 ATP 磷酸化形成糖磷酸盐。磷酸的负电荷阻止糖磷酸盐通过细胞膜，从而将葡萄糖限制在细胞内。

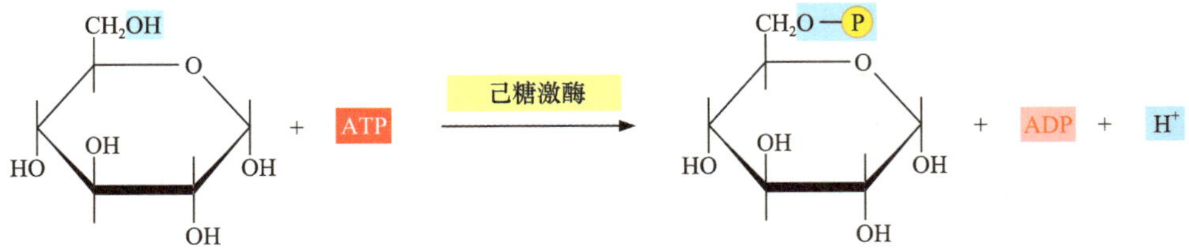

葡萄糖　　葡萄糖-6-磷酸

步骤 2

化学结构可逆的重排（异构化）使羰基氧从碳 1 移动到碳 2，从醛糖形成酮糖（参见图版 2-4）。

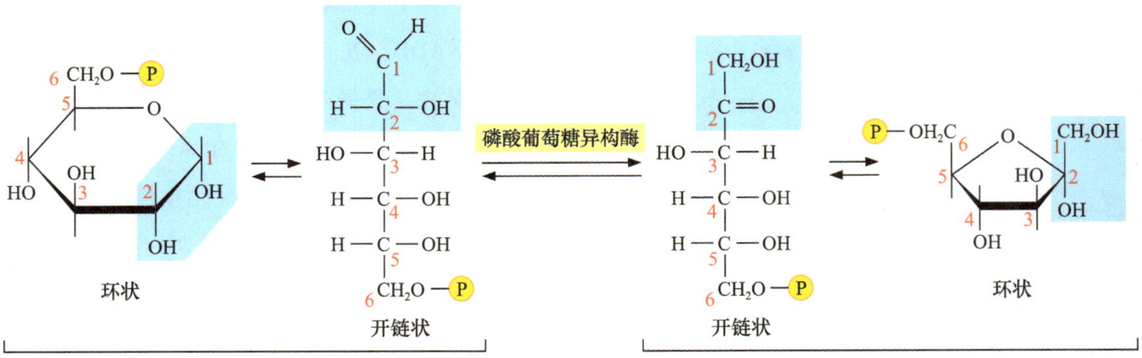

葡萄糖-6-磷酸　　果糖-6-磷酸

步骤 3

碳 1 上的新羟基基团被 ATP 磷酸化，为形成两个三碳糖磷酸盐做准备。该步骤通过磷酸果糖激酶（phosphofructokinase）的作用，控制着糖进入糖酵解。

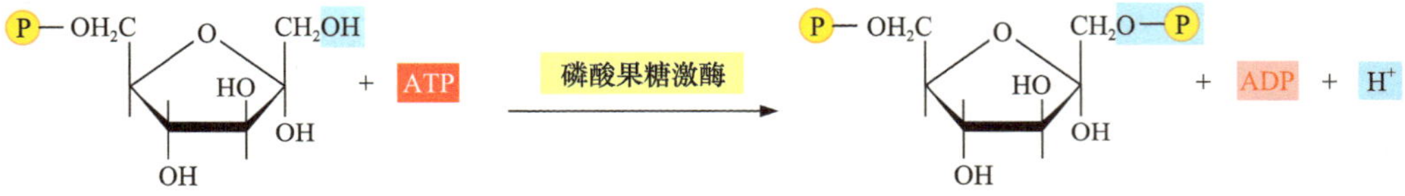

果糖-6-磷酸　　果糖-1,6-二磷酸

步骤 4

六碳糖被分解产生两个三碳分子。其中只有甘油醛-3-磷酸可以继续进行糖酵解。

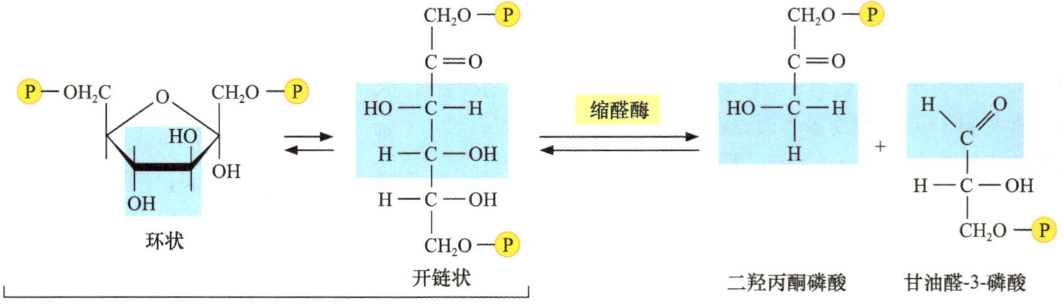

果糖-1,6-二磷酸

步骤 5

步骤 4 的另一种产物二羟丙酮磷酸通过异构化形成第二分子的甘油醛-3-磷酸。

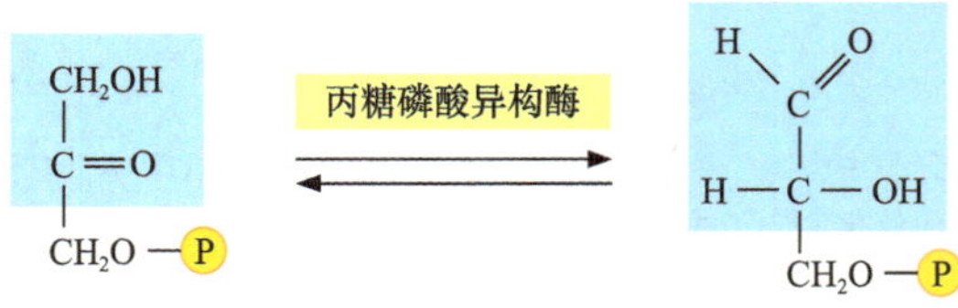

二羟丙酮磷酸　　甘油醛-3-磷酸

步骤 6

步骤 4 和 5 产生的两分子甘油醛-3-磷酸被氧化。随着 NADH 和一个新的、与磷酸相连的高能酸酐形成（参见图 13-5），糖酵解也开始了其能量生成阶段。

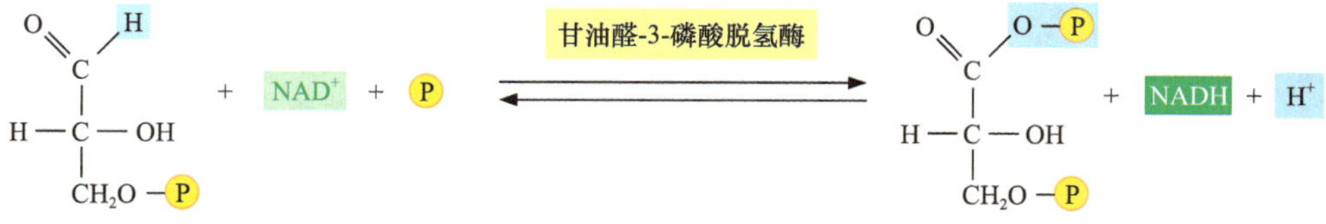

甘油醛-3-磷酸　　　1,3-二磷酸甘油酸

步骤 7

在步骤 6 中产生的高能磷酸基团向 ADP 转移形成 ATP。

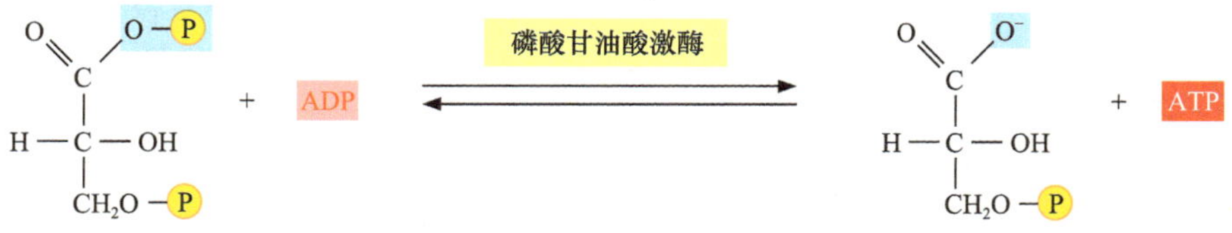

1,3-二磷酸甘油酸　　　3-磷酸甘油酸

步骤 8

3-磷酸甘油酸中剩下的水解自由能相对较低的磷酸酯键从碳 3 移动到碳 2，形成 2-磷酸甘油酸。

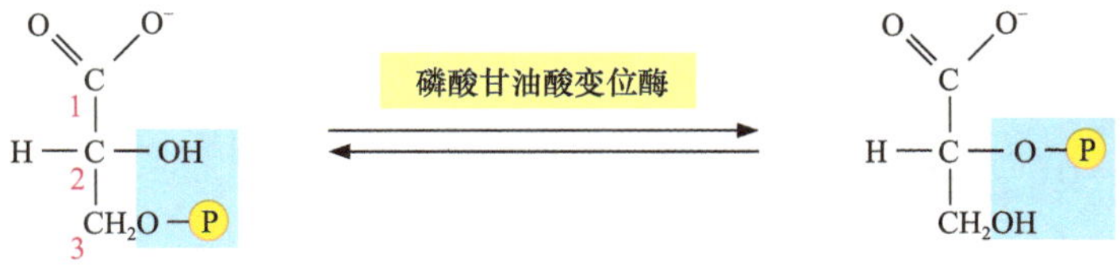

3-磷酸甘油酸　　　2-磷酸甘油酸

步骤 9

从 2-磷酸甘油酸中除去一分子水，从而产生一个高能烯醇磷酸酯键。

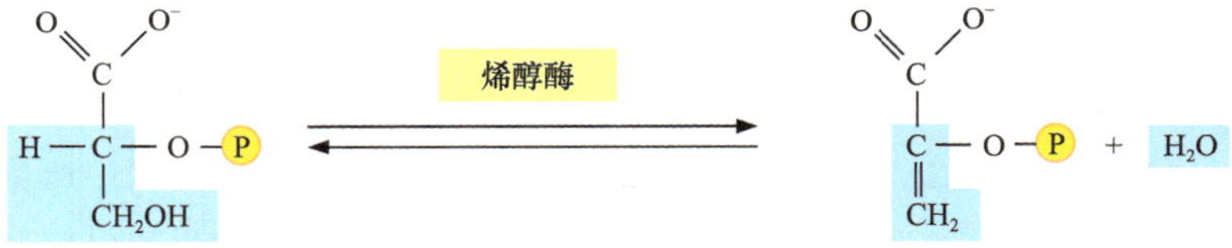

2-磷酸甘油酸　　　磷酸烯醇式丙酮酸

步骤 10

在步骤 9 中产生的高能磷酸基团向 ADP 转移形成 ATP，完成糖酵解。

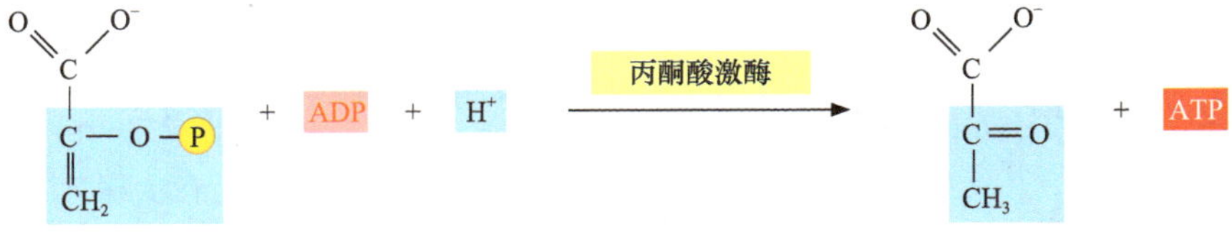

磷酸烯醇式丙酮酸　　　丙酮酸

糖酵解的净结果

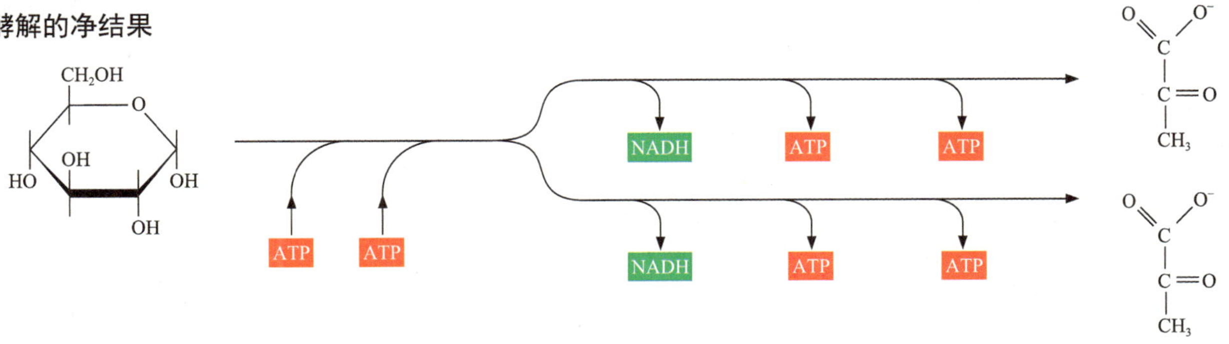

1分子葡萄糖　　除了产生丙酮酸外，糖酵解还净产出2分子ATP和2分子NADH　　2分子丙酮酸

糖酵解反应。在无氧条件下分解糖的这种产能通路称为**发酵**（fermentation，图 13-6）。利用酵母对有重要商业价值的发酵进行的科学研究，为早期的生物化学奠定了基础。

许多细菌和古细菌也可以通过*无氧呼吸*（anaerobic respiration）在没有氧气的情况下产生 ATP，该过程使用除氧以外的其他分子作为最终的电子受体。无氧呼吸与发酵的不同之处在于它有一条嵌入膜（在本例子中是原核生物的质膜）中的电子传递链。

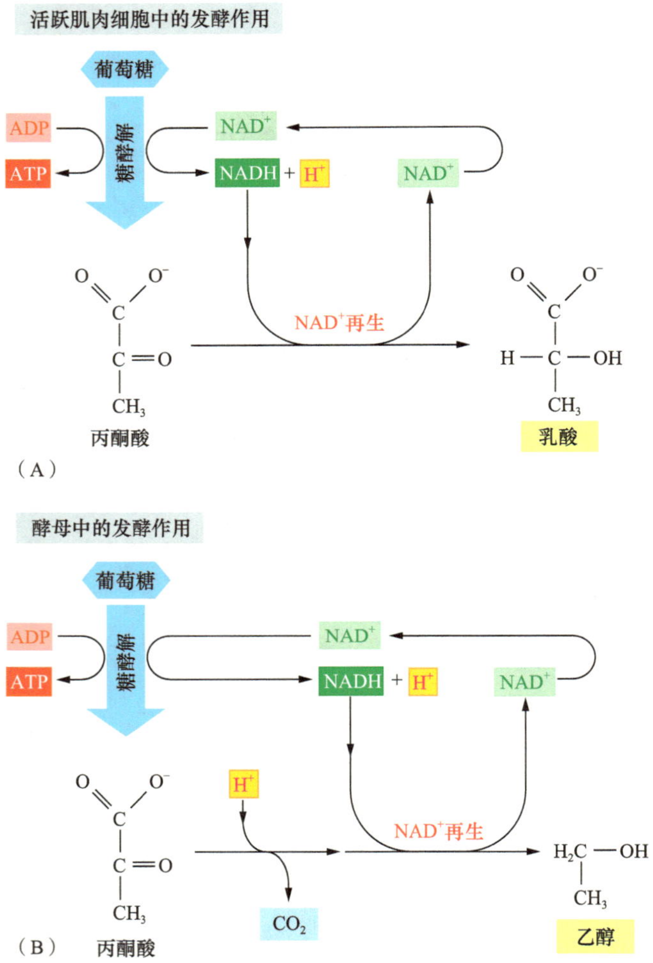

图 13-6　丙酮酸在无氧条件下通过发酵分解。（A）当氧气不足时，如在经历反复收缩的肌细胞中，糖酵解产生丙酮酸，丙酮酸在胞质溶胶中转化为乳酸。该反应恢复了糖酵解步骤 6 中消耗的 NAD^+。与丙酮酸在线粒体中被氧化相比，该整个通路产生的能量要少得多。（B）在一些厌氧生长的微生物中，丙酮酸被转化为二氧化碳和乙醇。NADH 也通过该通路再生为 NAD^+，使糖酵解得以继续进行。在（A）和（B）中，每个糖酵解的葡萄糖分子都会产生两个丙酮酸分子（图中仅显示单个丙酮酸）；这两个丙酮酸随后产生两分子乳酸，或两分子的 CO_2 和乙醇加上两分子的 NAD^+。

糖酵解酶将氧化作用与活化载体中的能量储存偶联起来

细胞将能量上不利的反应与能量上有利的反应相偶联，由此从有机分子的氧化中获取有用的能量（参见图 3-17）。在这里，我们来仔细研究一对关键的糖酵解反应，它们表明酶如何催化这种偶联反应，促进化学能转移形成 ATP 和 NADH。

这一对反应就是糖酵解的步骤 6 和步骤 7（参见图 13-1），它们将三碳糖中间体甘油醛-3-磷酸转化为 3-磷酸甘油酸。这种两步化学转化将甘油醛-3-磷酸中的醛基氧化成 3-磷酸甘油酸中的羧酸基团。整个反应释放出足够多的自由能，将两个电子从醛转移至 NAD^+ 而形成 NADH（在步骤 6 中），并将磷酸基团转移至 ADP 分子而形成 ATP（在步骤 7 中）。它还向环境释放足够的热量以使整个反应在能量上有利：步骤 6 与步骤 7 的 ΔG° 为 –12.5kJ/mol（图 13-7）。

步骤 6 的反应是糖酵解中唯一直接由无机磷酸盐产生高能磷酸酯键的反应。该反应产生一个高能中间体 1,3-二磷酸甘油酸，其磷酸键含有的能量比 ATP 中的能量还要多。这样的分子很容易将磷酸基团转移到 ADP 上而形成 ATP。图 13-8 比较了 ATP 中的高能磷酸酐键和糖酵解过程中产生的一些其他磷酸键。这些磷酸键中包含的能量可以通过测量每个键被水解破坏时的标准自由能变化（ΔG°）来测定。如图版 13-1 中所阐述的，这种键通常被描述为具有“高能量”，因为它们的水解在能量上特别有利。

1,3-二磷酸甘油酸上高能键的连接是在步骤 6 中完成，然后在步骤 7 中通过消耗该连接以产生 ATP。上述重要的底物水平磷酸化反应在糖酵解中发挥核心的作用，图 13-9 对其有详细的介绍。

几种有机分子在线粒体基质中转化为乙酰 CoA

在真核细胞的有氧代谢中，由糖酵解产生的丙酮酸会被主动泵入线粒体基质中（参见图 13-3）。在那里，丙酮酸被一个巨大的三酶复合物迅速脱去羧基，这个复合物被称为*丙酮酸脱氢酶复合物*（pyruvate dehydrogenase complex）。这组反应的产物是 CO_2（废物）、NADH 和**乙酰 CoA**（图 13-10）。其中，乙酰 CoA 是由来自丙酮酸的

图 13-7 **一对偶联反应在糖酵解的步骤 6 和步骤 7 中驱动能量上不利的 NADH 和 ATP 形成。**在该图中，能量上有利的反应用蓝色箭头表示（参见图 13-17），耗能较高的反应用红色箭头表示。在步骤 6 中，对甘油醛-3-磷酸中的 C—H 键的氧化（蓝色箭头）是能量上有利的反应，它所释放的能量非常巨大，足以驱动两个能量上不利的反应：形成 NADH 和 1,3-二磷酸甘油酸中的高能磷酸键（红色箭头）。在随后的步骤 7 中，高能磷酸键发生能量上有利的水解，从而驱动 ATP 的形成。1,3-二磷酸甘油酸（步骤 6）和 ATP（步骤 7）的形成均代表了底物水平的磷酸化。

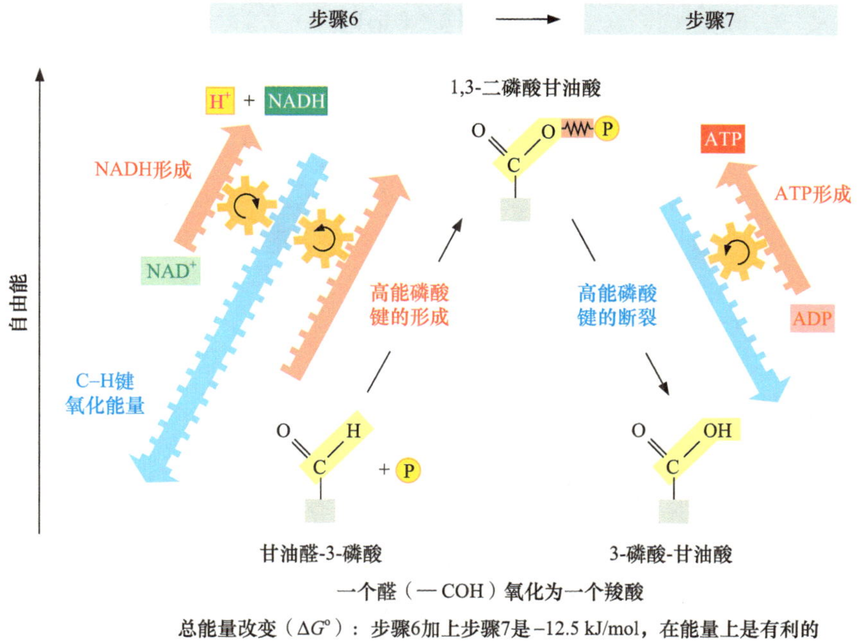

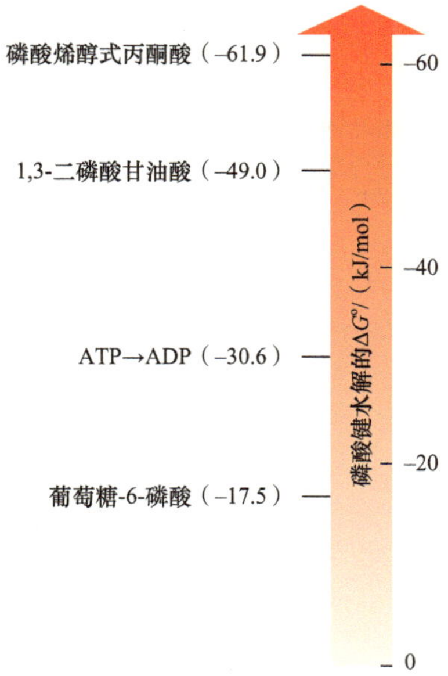

图 13-8 **不同磷酸键能量的差异使 ATP 可以通过底物水平磷酸化而形成。**图中显示的例子是糖酵解过程中形成的含有不同类型磷酸键的分子，以及这些键的水解的自由能变化，单位为 kJ/mol。如果磷酸键水解的标准自由能变化（$\Delta G°$）对供体分子比对受体更负，则磷酸基团从供体分子转移到受体分子在能量上是有利的（水解反应可被看成是磷酸基团转移到水）。因此，磷酸基团容易从 1,3-二磷酸甘油酸转移到 ADP，形成 ATP。这些分子中磷酸基团的转移反应详见图版 13-1。

乙酰基与辅酶 A（CoA）相连接而产生的。

除了在糖酵解过程中分解的糖外，**脂肪**（fat）是大多数非光合生物（包括人类）的主要能量来源。与来自糖酵解的丙酮酸一样，来自脂肪的脂肪酸也在线粒体基质中转化为乙酰 CoA（参见图 13-3）。脂肪酸首先通过与 CoA 的共价连接而活化，然后通过一个反应循环被完全分解掉。该循环每次从其羧基末端剪掉两个碳原子，并产生一分子乙酰 CoA，在这个过程中还会产生两个活化的载体：NADH 和另一种高能电子载体 $FADH_2$（图 13-11）。

除丙酮酸和脂肪酸外，一些氨基酸也会从胞质溶胶被转运到线粒体基质中，在那里它们也被转化为乙酰 CoA 或柠檬酸循环的其他中间体之一（参见图 13-3）。因此，在真核细胞中，线粒体是所有产能的分解代谢所通往的中心，无论它们是始于糖、脂肪还是蛋白质。在没有线粒体的有氧原核生物中，糖酵解和乙酰 CoA 的产生，以及柠檬酸循环，都发生在胞质溶胶中。

分解代谢不会以乙酰 CoA 的产生而结束。在将食物分子转化为乙酰 CoA 的过程中，食物分子中储存的能量只有一部分被捕获在活化载体的键中，大部分是保留在乙酰 CoA 中。细胞呼吸的下一个阶段是柠檬酸循环，其中乙酰 CoA 中的乙酰基在线粒体基质中被氧化成 CO_2，接下来我们会对此展开讨论。

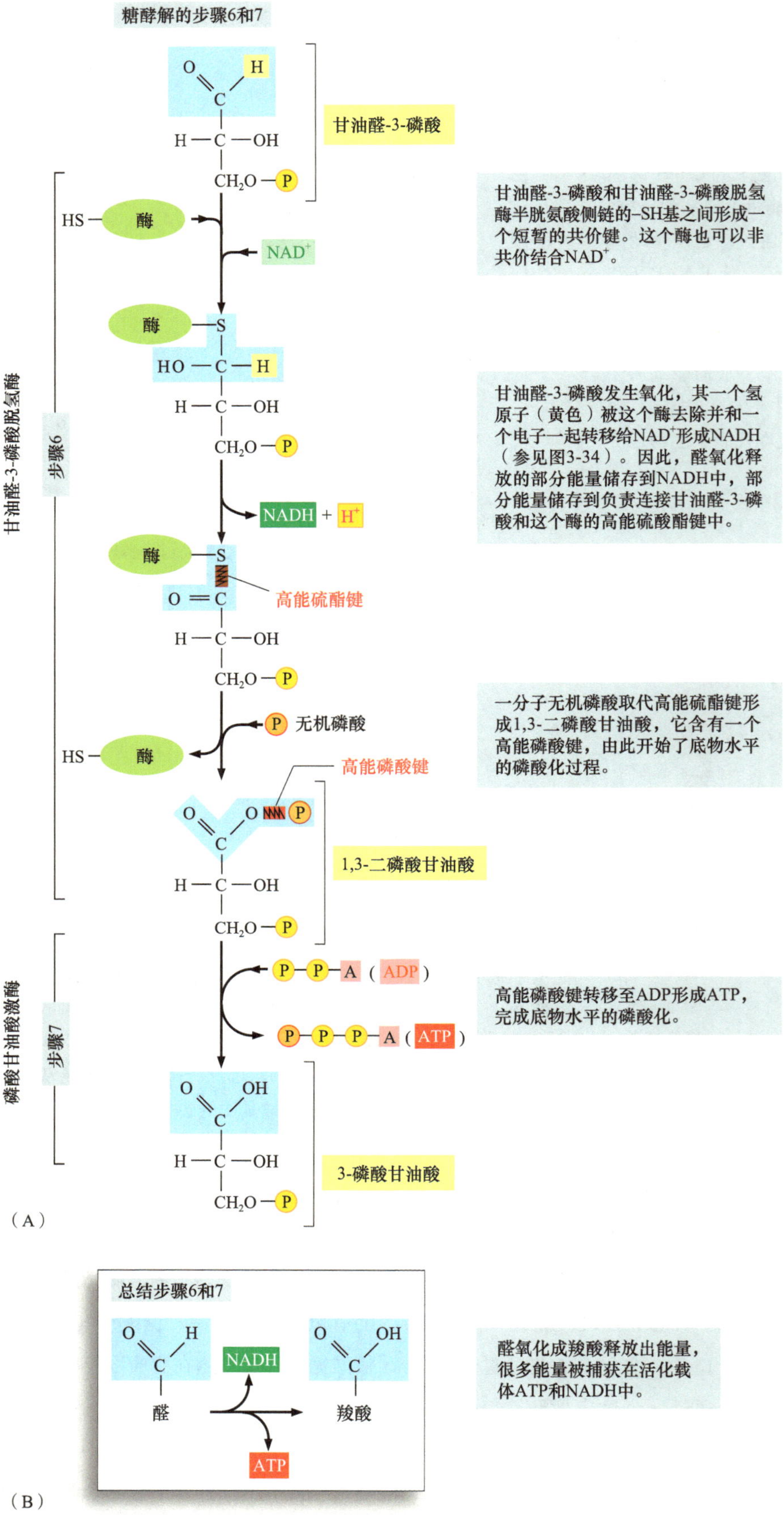

图 13-9 甘油醛-3-磷酸的氧化与糖酵解的步骤 6 和步骤 7 中的 ATP 和 NADH 的形成相偶联。（A）在步骤 6 中，甘油醛-3-磷酸脱氢酶将能量上有利的醛氧化与能量上不利的高能磷酸键的形成相偶联。同时，它可以将能量存储在 NADH 中。在步骤 7 中，将 1,3-二磷酸甘油酸中新形成的高能磷酸键转移至 ADP，形成 ATP 分子并在氧化的糖上留下一个游离的羧酸基团。 分子中经历变化的部分用蓝色阴影表示；在所有这些反应中，分子的其余部分保持不变。（B）总结步骤 6 和 7 的反应产生的总体化学变化。

图 13-10　**丙酮酸通过线粒体基质中的丙酮酸脱氢酶复合物转化为乙酰 CoA 和 CO_2。** 丙酮酸脱氢酶复合物含有三种酶，即丙酮酸脱氢酶（1）、二氢硫辛酰基转移酶（2）和二氢硫辛酰基脱氢酶（3）的多个拷贝。该酶复合物从丙酮酸中除去一分子 CO_2，产生 NADH 和乙酰 CoA。丙酮酸及其产品，包括废物产品 CO_2，以红色字体显示。在这个大型的多酶复合物中，反应中间体可以直接从一种酶传递到另一种酶。一个丙酮酸脱氢酶复合物比一个核糖体还要大，由此可大概估算出该酶复合物的大小。

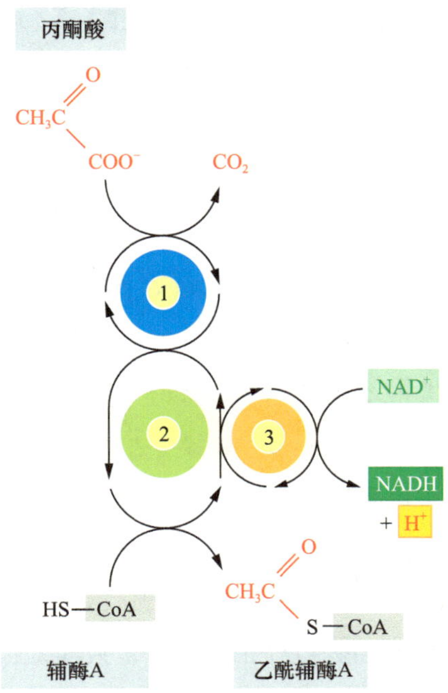

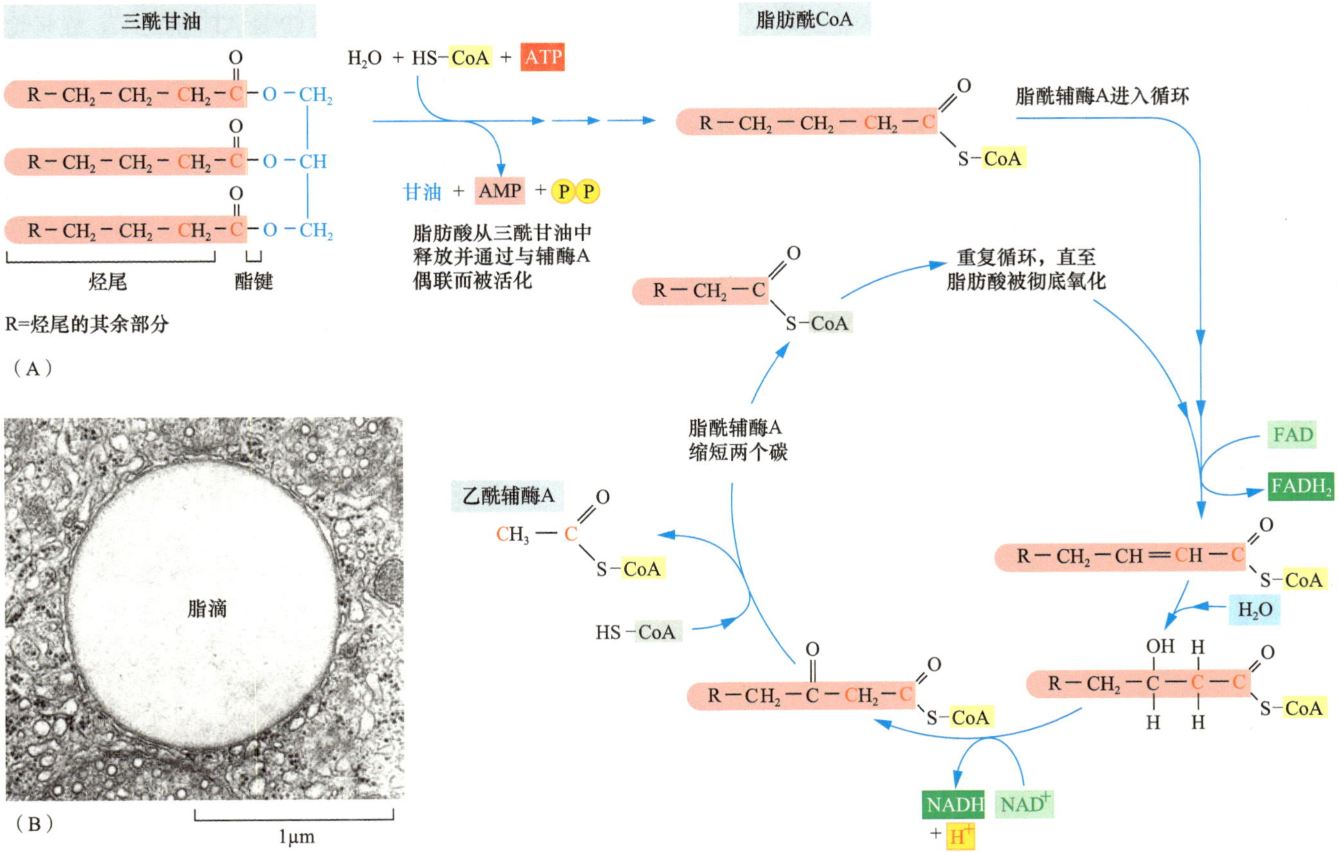

图 13-11　**来自脂肪的脂肪酸也在线粒体基质中转化为乙酰 CoA。**（A）脂肪以三酰甘油的形式储存，其甘油部分以蓝色显示。三条脂肪酸链（红色阴影）通过酯键与该甘油连接。当需要脂肪酸产生能量时，脂肪酶可水解这些酯键（未显示），然后通过一个消耗 ATP 的反应将释放的脂肪酸与辅酶 A 连接在一起。这些活化的脂肪酸（脂酰辅酶 A）随后在含有四种酶（未显示）的循环中被氧化。每一圈循环会使脂酰 CoA 分子缩短两个碳原子（红色），并产生一分子 $FADH_2$、一分子 NADH 和一分子的乙酰 CoA。（B）脂肪不溶于水，并在一种称为脂肪细胞的特化细胞中自发形成大的脂滴。该电子显微照片显示了脂肪细胞细胞质中的脂滴。（图 B 蒙 Daniel S. Friend 惠赠。）

柠檬酸循环通过将乙酰基氧化成 CO_2 而产生 NADH

在真核细胞的线粒体基质中发生的一系列反应被称为**柠檬酸循环**（citric acid cycle），它催化乙酰 CoA 乙酰基的碳原子被完全地氧化。这种氧化的最终产物 CO_2 作为废物被释放掉。然而，乙酰基团中的碳无法直接被氧化。相反，它们被从乙酰 CoA 转移到一个更大型的四碳分子草酰乙酸（oxaloacetate）上，形成六碳的三羧酸，即柠檬酸（citric acid）。接下去的反应循环便以此命名。随后，柠檬酸分子（也称为柠檬酸盐）被逐渐氧化，并且该氧化的能量可被利用以产生活化载体如 NADH，其产生方式很像糖酵解中所描述的情况。因为用于该过程最开始一步的草酰乙酸在反应的最后一步会再次生成（图 13-12），所以这一系列的 8 个反应形成一个循环。柠檬酸循环，也称为三羧酸循环（tricarboxylic cycle）或克雷布斯循环（Krebs cycle），在图版 13-2 中进行了详细介绍。那些首次揭示出这些反应的循环性本质的实验，在“我们是怎样知道的”栏目中进行了描述。

尽管在大多数细胞中柠檬酸循环大约占碳化合物总氧化量的 2/3，但柠檬酸循环的所有步骤均不使用氧分子。然而，该循环的进程需要 O_2，因为产生的 NADH 需要将其高能电子传递到线粒体内膜中的电子传递链，这条链会使用 O_2 作为其最终的电子受体。因此，O_2 的存在使 NADH 可以给出其高能电子，从而再生出 NAD^+ 以维持柠檬酸循环的进行。尽管生物体已经在地球上存在超过了 35 亿年，但一般认为，这颗行星在大约 10 亿～ 20 亿年前才形成了含有 O_2 气体的大气层（参见图 14-46）。因此，所有好氧生物现在使用的柠檬酸循环中的许多产能反应的起源时间要相对更晚。

关于柠檬酸循环的一个常见误解是，乙酰基进入柠檬酸循环产生 CO_2，它所需的氧原子是由大气中的 O_2 提供的。事实上，这些氧原子来自水（H_2O）。如图版 13-2 顶部所示，在每轮循环中有三个 H_2O 分子被分解，它们的氧原子最终被用于制造 CO_2。我们在后文中会讨论，我们呼吸的 O_2 实际上被电子传输链还原为 H_2O，而不会形成我们呼出的 CO_2。

到目前为止，我们仅讨论了由柠檬酸循环产生的三种活化载体中的一种，即 NADH。除了三分子 NADH 外，每轮循环还会产生来自 FAD 的一分子 **$FADH_2$**（还原性黄素腺嘌呤二核苷酸）和来自 GDP 的一分子核糖核苷三磷酸 **GTP**（鸟苷三磷酸）（参见图 13-12）。这两种激活载体的结构如图 13-13 所示。 GTP 是 ATP 的近亲，在每轮循环中其末端的磷酸基团向 ADP 转移从而产生一个 ATP 分子。与 NADH 一样，$FADH_2$ 也是高能电子载体，而且 $FADH_2$ 也会将其高能电子转移到线粒体内膜的电子传递链中。储存在这些易于转移的电子中的能量，随后在线粒体内膜上通过氧化磷酸化而被用于产生 ATP，这在食物的氧化分解代谢中是唯一需要直接来自大气中的 O_2 的步骤，我们稍后会对此进行讨论。

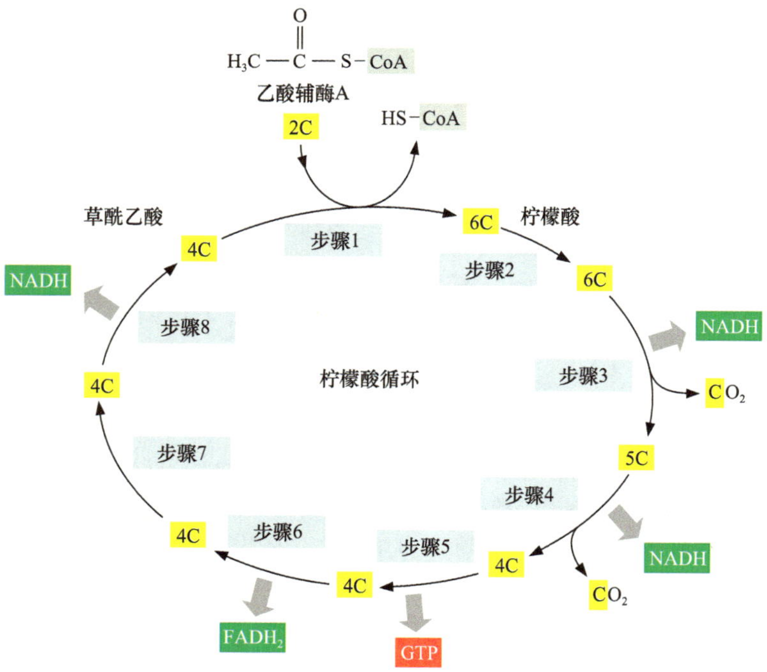

图 13-12　柠檬酸循环催化乙酰 CoA 中乙酰基的完全氧化。该循环开始于乙酰 CoA（来自如图 13-10 中所示的丙酮酸）与草酰乙酸反应生成柠檬酸（柠檬酸盐）。每种中间体中的碳原子数以黄色阴影显示（参见图版 13-2）。柠檬酸循环的步骤参见视频 13.2。

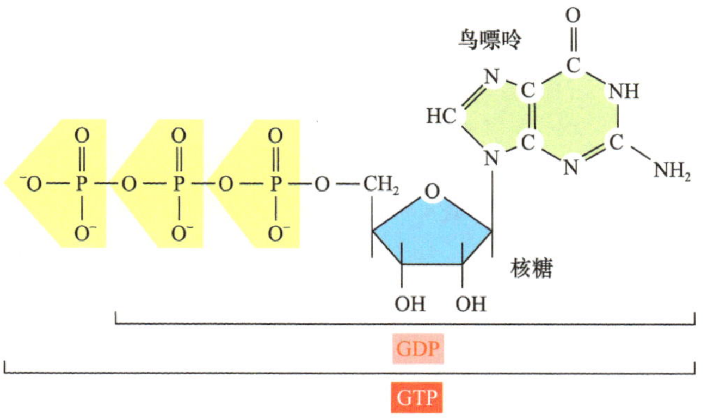

（A）

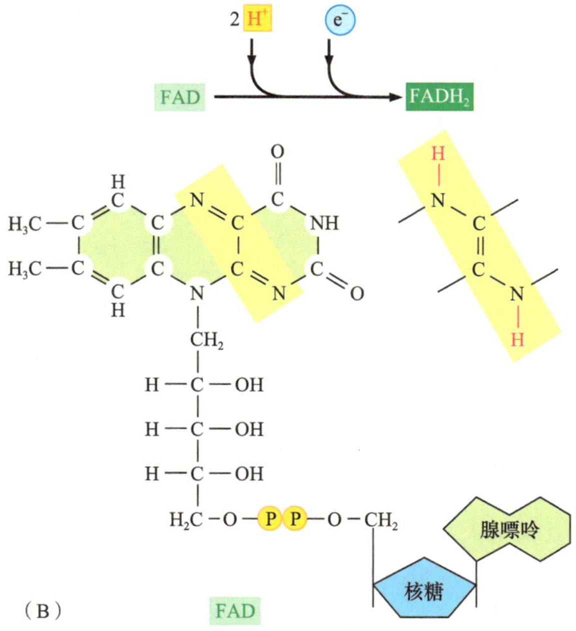

（B）

图 13-13　**每轮柠檬酸循环产生一分子 GTP 和一分子 $FADH_2$。**（A）GTP 和 GDP 分别是 ATP 和 ADP 的近亲，它们唯一的区别是鸟嘌呤碱基取代了腺嘌呤。（B）尽管结构非常不同，但 $FADH_2$ 与 NADH 和 NADPH（参见图 3-34）一样，是氢原子和高能电子的载体。图中显示的是其氧化形式（FAD），其中参与接受和给出 H^+ 的结构以黄色突出显示。FAD 可以接受两个氢原子及其电子，形成还原的 $FADH_2$。参与反应的原子的还原形式显示在右侧的简写式中。

许多生物合成通路始于糖酵解或柠檬酸循环

分解代谢反应，如糖酵解和柠檬酸循环，既为细胞产生能量，又为合成其他多种有机分子提供结构单元。到目前为止，我们一直在着重讨论能量产生而没有涉及生物合成起始原料的供应。但是，在糖酵解和柠檬酸循环中形成的许多中间体可以被**合成代谢通路**（anabolic pathway）所吸取，这些中间体通过一系列的酶催化反应被转化为氨基酸、核苷酸、脂质和其他细胞所需要的有机小分子。例如，在柠檬酸循环期间产生的草酰乙酸和 α-酮戊二酸（参见图版 13-2）被从线粒体基质转运回细胞溶胶，并作为许多重要分子产生的前体，如天冬氨酸和谷氨酸。图 13-14 阐明了从中心的分解代谢反应通往生物合成的一些分支反应，从中可以对这些合成代谢通路进行一定程度的了解。本章的最后一节将讨论细胞如何通过合成代谢和分解代谢通路控制中间体的流动。

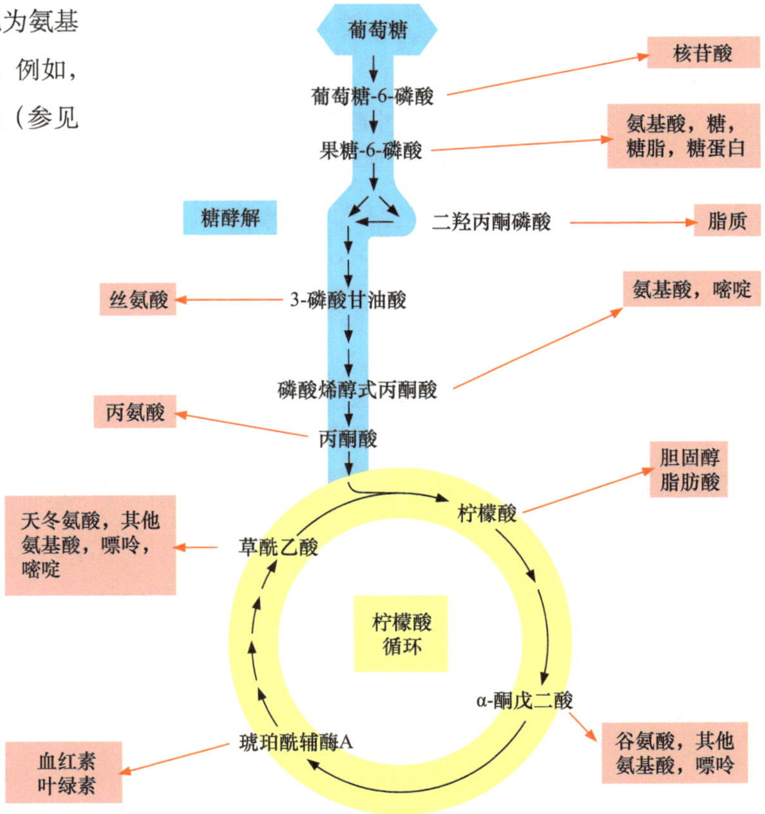

图 13-14　**糖酵解和柠檬酸循环提供细胞合成许多重要有机分子所需的前体。**氨基酸、核苷酸、脂质、糖和其他分子（此处显示为产物）反过来可以作为许多细胞大分子的前体。该图中的每个黑色箭头表示一个酶催化反应；红色箭头表示生产某一产物所需的多步骤通路。

完整的柠檬酸循环概述。来自乙酰辅酶 A 并进入这一轮循环的两个碳（红色阴影）在后续的循环中被转变为 CO_2；起始草酰乙酸中的两个碳（蓝色阴影）将在本轮循环中转化为 CO_2。

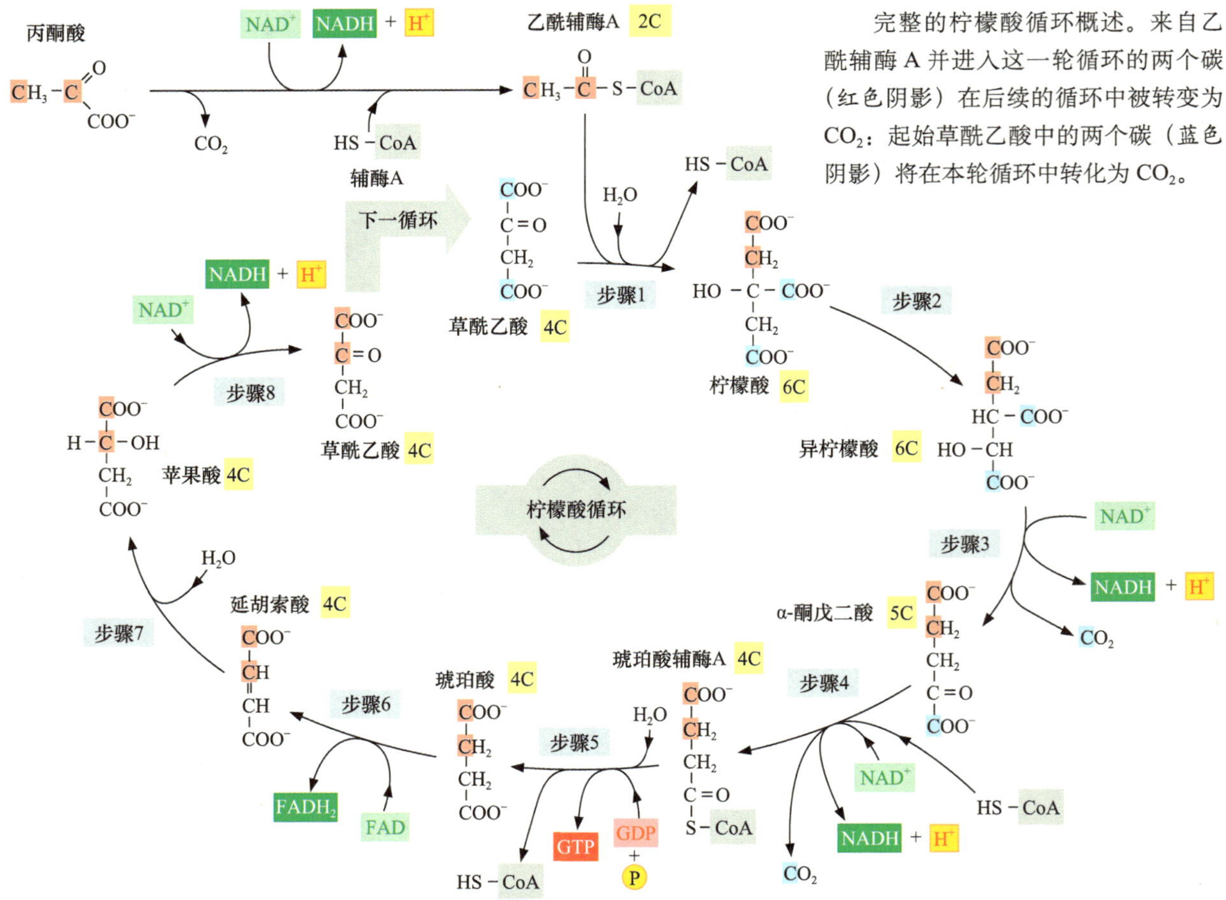

这八个步骤的细节如下所示。在图版这一部分的每个步骤，分子中发生变化的部分以蓝色阴影表示，催化反应的酶的名称以黄色框表示。柠檬酸循环反应的动画见视频 13.2。

步骤 1

酶从乙酰 CoA 上的 CH_3 基团中除去一个质子，带负电荷的 CH_2^- 与草酰乙酸的羰基碳形成一个键。随后通过水解脱去辅酶 A（HS-CoA），强力促使反应向前进行。

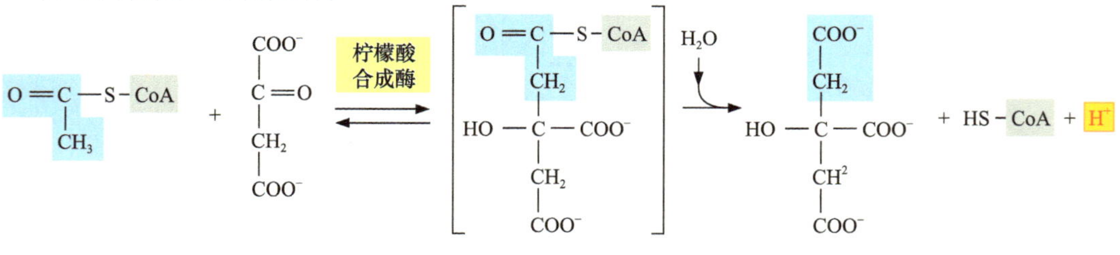

乙酰辅酶A　草酰乙酸　*S*-柠檬酸-辅酶A中间产物　柠檬酸

步骤 2

异构化反应首先除去一分子水，然后再将该水分子加回，使羟基从一个碳原子转移到邻近的碳原子上。

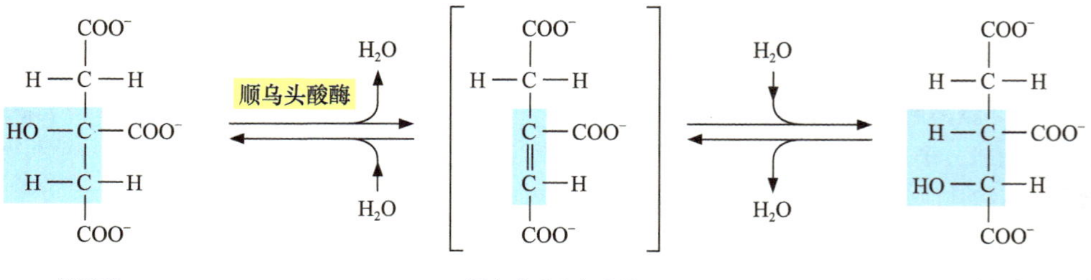

柠檬酸　顺乌头酸中间产物　异柠檬酸

步骤 3

这是循环中的四个氧化步骤的第一个。带有羟基的碳首先被转化为羰基。这个中间产物不稳定，在仍然与酶结合时就会失去一分子 CO_2。

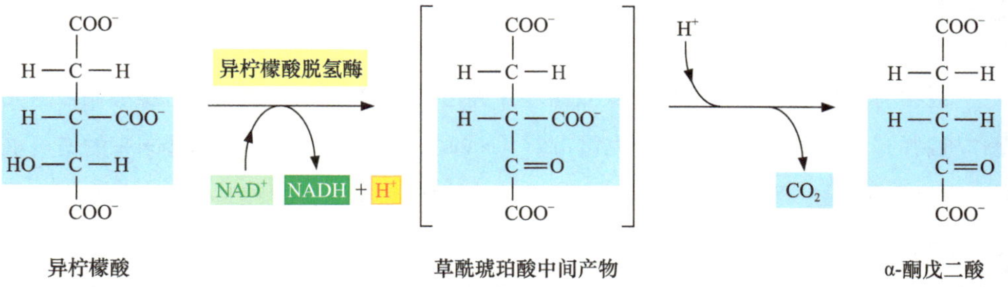

步骤 4

α-酮戊二酸脱氢酶复合物（α-ketoglutarate dehydrogenase）类似于将丙酮酸转化为乙酰 CoA 的大型酶复合物（图 13-10 中的丙酮酸脱氢酶复合物）。它也催化氧化反应，产生 NADH、CO_2 和辅酶 A（CoA）的高能硫酯键。

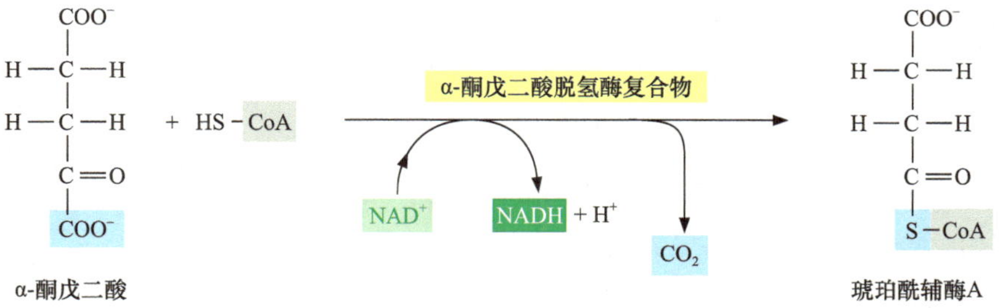

步骤 5

一个无机磷酸分子取代 CoA，并与琥珀酸形成一个高能磷酸键连接。然后该磷酸会被转移至 GDP 形成 GTP。（在细菌和植物中，此步形成 ATP。）

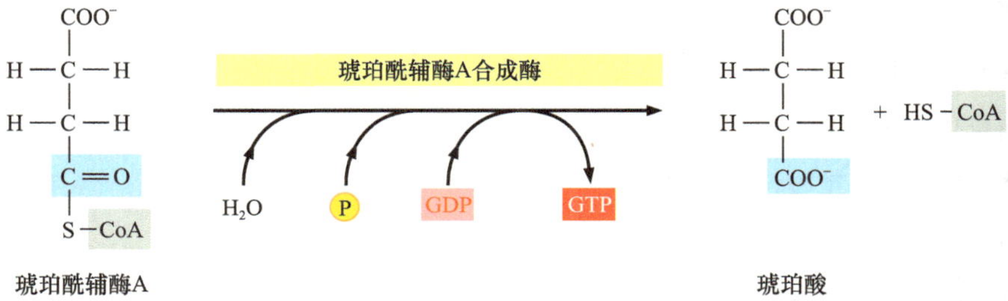

步骤 6

在该循环的第三个氧化步骤中，FAD 从琥珀酸酯接受两个氢原子。

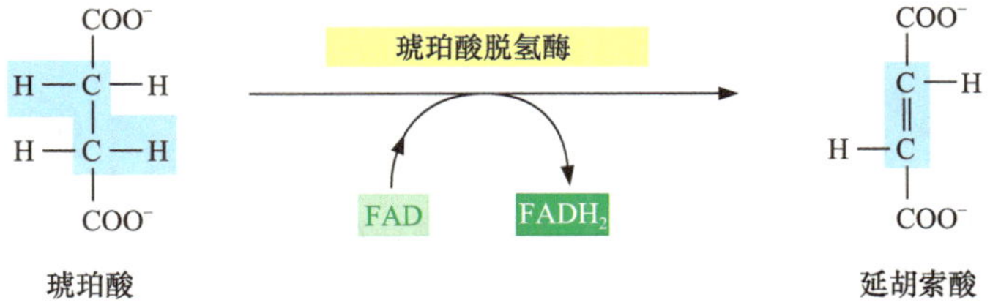

步骤 7

水与延胡索酸反应，在羰基碳旁边加上一个羟基。

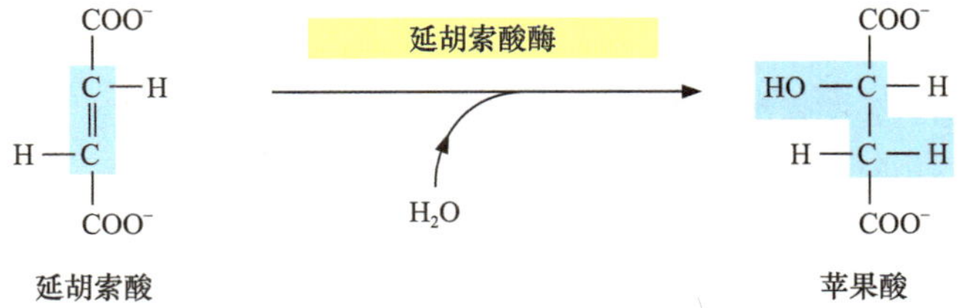

步骤 8

在循环中的四个氧化反应步骤的最后一个步骤中，带有羟基的碳被转化为羰基，从而再生出步骤 1 所需的草酰乙酸。

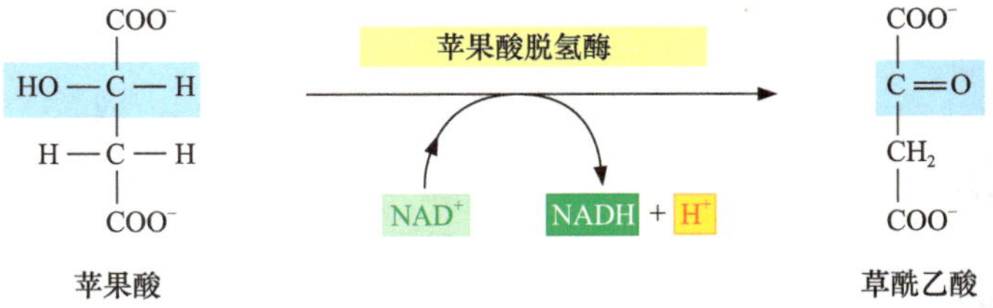

揭示柠檬酸循环

“经常有人问我是如何发现柠檬酸循环并弄清楚它的工作机制的”，生物化学家汉斯·克雷布斯（Hans Krebs）在一次报告和综述文章中写道。在这篇文章中，克雷布斯描述了他诺贝尔奖级别的发现，即位于细胞新陈代谢中心地位的柠檬酸循环反应。柠檬酸循环的概念是源于一个突然的灵感，还是一个启发性的现象？“都不是”，克雷布斯回答道。相反，他认识到这些反应是以一个循环的方式发生的，是一个“非常缓慢的演化过程，而不是像糖酵解那样形成一系列线性的通路”，在长达五年的时间内，克雷布斯将仔细的实验与洞察力和推理结合在一起，最终发现了构成能量代谢基础的中心通路。

切碎的组织，奇异的催化作用

在 20 世纪 30 年代早期，克雷布斯和其他研究人员发现，在多种类型的动物组织样品，如肾脏或肝脏切片或切碎的鸽子肌肉悬浮液中，一组特定的有机小分子可以被极速氧化。由于这些反应依赖于 O_2 的存在，所以研究人员推测这组分子可能包含了在*细胞呼吸*（cell respiration，即组织分解食物分子时消耗 O_2 和产生 CO_2 的过程）中发挥重要作用的中间体。

利用切碎的组织，克雷布斯等人观察到以下现象。首先，在 O_2 存在时，某些有机酸如柠檬酸、琥珀酸、延胡索酸和苹果酸很容易被氧化成 CO_2。这些反应依赖于持续不断的 O_2 供应。

其次，这些酸的氧化是通过两条线性的、连续的通路完成：

柠檬酸→ α-酮戊二酸→琥珀酸

和

琥珀酸→延胡索酸→苹果酸→草酰乙酸

最后，向碎肉悬浮液中加入少量这些化合物，会促进 O_2 被异常大量地消耗，远远超过只氧化所添加的分子所需的 O_2 量。为了解释这一令人惊讶的现象，艾伯特·森特哲尔吉（Albert Szent-Gyorgyi，发现上述第二条通路的诺贝尔奖得主）提出，每种化合物的单个分子一定以某种方式发挥了催化性的作用，刺激了肌肉中许多内源物质分子的氧化。

此时，柠檬酸循环的大部分反应都是已知的。尚未明确甚至对这些未来的诺贝尔奖得主造成极大困扰的是，这些显然是线性的反应如何能够推动 O_2 的催化性消耗，而且其中每个代谢物分子都促进更多分子的氧化。克雷布斯最终解决了这个难题，把这些线性反应连接成一个循环。为了解克雷布斯的发现过程，简单起见，我们现在将反应所涉及的分子用一系列字母 A ～ H 表示（图 13-15）。

一个有毒化合物揭示了一个循环的存在

克雷布斯关于柠檬酸循环的许多研究线索，都源自在实验中使用了一种有毒的化合物。该化合物特异性地抑制琥珀酸脱氢酶，使其无法将 E 转化为 F。丙二酸的结构与琥珀酸（E）非常相似（图 13-16），因此可作为酶的竞争性抑制剂。由于添加丙二酸会破坏组织中的细胞呼吸，所以克雷布斯得出结论，琥珀酸脱氢酶（以及与它相关的整条通路）一定在细胞呼吸过程中发挥了关键作用。

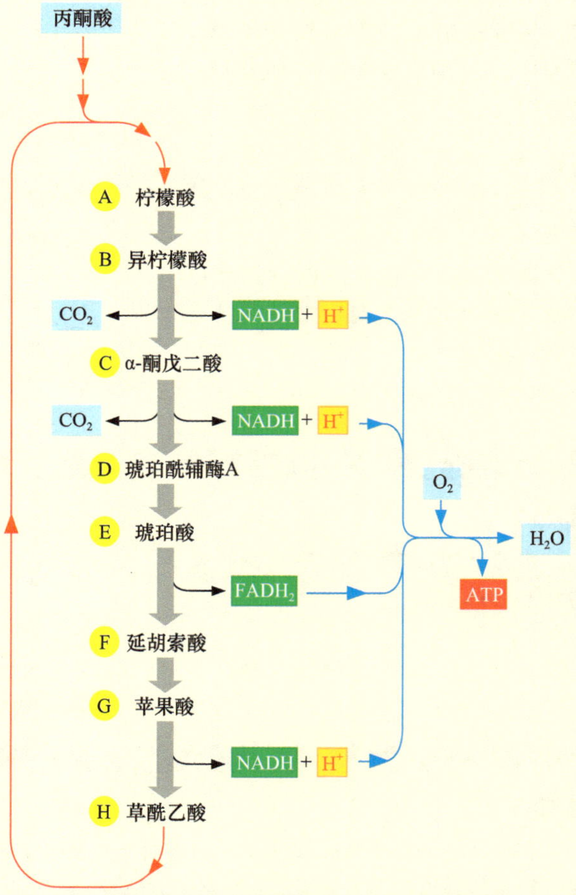

图 13-15　在柠檬酸循环的简化图中，分子中间体的氧化会消耗 O_2 并释放出 CO_2。克雷布斯和其他人最初并没有意识到这些氧化反应是以图示的循环形式发生。

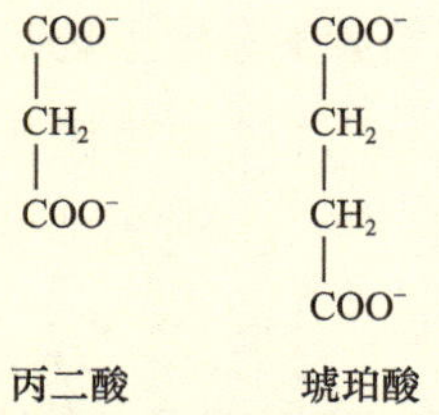

图 13-16　**丙二酸与琥珀酸的结构非常相似。**

此后克雷布斯发现，当把 A、B 或 C 加入到含有丙二酸的组织悬浮液中时，E 会累积（图 13-17A）。这个结果再次强化了琥珀酸脱氢酶在正常细胞呼吸中的重要性。然而，他还发现，当 F、G 或 H 加入到含有丙二酸的肌肉组织中时，E 也会累积（图 13-17B）。这一结果表明，肯定存在一组其他反应可以将 F、G 和 H 分子转化为 E，因为 E 先前已被证明是 F、G 和 H 的前体，而不是它们反应的产物。

大约在这个时候，克雷布斯还确定当肌肉悬浮液与丙酮酸和草酰乙酸一起孵育时，会形成柠檬酸盐，即：丙酮酸盐 + H → A。

这一观察结果使得克雷布斯推断：当存在 O_2 时，丙酮酸和 H 缩合形成 A。将先前描述的一系列线性反应转换为一个循环顺序（参见图 13-15）。

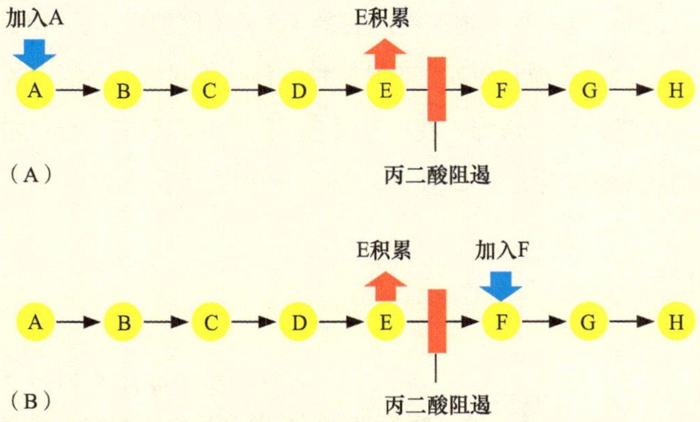

图 13-17　**通过向肌肉组织中加入有毒的丙二酸，获得了这些氧化反应的循环性本质的线索。**（A）在含有丙二酸的肌肉组织中加入 A（或 B 或 C，未显示）会导致 E 的积累。（B）向含有丙二酸的样品中加入 F（或 G 或 H，未显示）也会导致 E 的积累。这表明酶促反应可以将这些分子转化为 E。柠檬酸（A）可以由草酰乙酸（H）和丙酮酸形成，这一发现使得克雷布斯将这两条反应通路连接成一个完整的循环。

解释这个神秘的刺激效应

克雷布斯提出的反应循环清楚地解释了为什么少量添加任何中间体 A ～ H 都可以引起我们观察到的 O_2 摄取的大量增加。丙酮酸在这些切碎的组织中很丰富，因为储存的糖原通过分解产生葡萄糖（如本章后面所述），而葡萄糖通过糖酵解很容易产生丙酮酸（参见图 13-4）。丙酮酸的氧化需要通过柠檬酸循环，其中每轮循环氧化一分子丙酮酸。如果中间体 A ～ H 的供应量非常小，则整个循环反应的速率都将受到限制。然后，添加这些中间体中的任何一种都会对整个循环的运行速率产生显著的影响。因此，对于每一种柠檬酸循环中间体的添加，我们都很容易看出大量丙酮酸分子被氧化，并消耗大量的 O_2（图 13-18）。

克雷布斯进一步证实，他所假设的柠檬酸循环中的所有酶促反应都发生在组织样品中。此外，反应发生的速率非常高，足以解释这些组织中丙酮酸和氧消耗的速率。克雷布斯因此得出结论，至少在肌肉中，这一系列反应即使不是丙酮酸氧化唯一的通路，也必定是主要通路。通过像玩拼图游戏一样将零碎的信息组合起来，他得出了一个作为氧化作用基础的复杂的代谢过程连续画面，并获得了 1953 年诺贝尔生理学或医学奖。

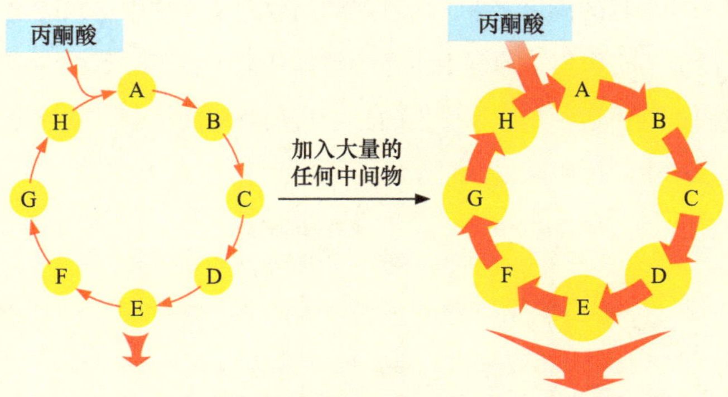

图 13-18　**添加任何一种中间体都会对整个柠檬酸循环的运行速率产生显著影响。**当中间体的浓度有限时，循环运行变慢，丙酮酸利用很少。因为供给氧化磷酸化的 NADH 和 $FADH_2$ 的产生量很少（参见图 13-19），所以 O_2 摄入量也很低。但是当大量添加任何一种中间体时，循环会迅速运行，可以制造出更多的中间体，并且 O_2 的摄入量很高。

在大多数细胞中电子传递驱动了大部分 ATP 的合成

我们现在直接回到食物分子氧化的最后阶段，即**氧化磷酸化**（oxidative phosphorylation）。正是在这个阶段，糖酵解和柠檬酸循环过程中产生的活化载体的化学能被用于产生 ATP。在氧化磷酸化过程中，NADH 和 $FADH_2$ 将它们的高能电子转移到**电子传递链**（electron-transport chain），即嵌入在真核细胞线粒体内膜（以及好氧原核生物的质膜）中的一系列电子载体。当电子沿着这条由一系列电子受体和供体分子形成的长链进行传送时，它们的能态会逐渐降低。此过程中释放的能量会用于在链中的特定位点驱动质子（H^+）穿过内膜，从线粒体基质进入膜间隙（参见图 13-2）。这种移动产生了一个跨内膜的质子梯度，可以作为能源（就像一节电池）来驱动各种耗能反应（参见第 12 章）。其中最突出的一个反应是 ADP 经过磷酸化在内膜基质侧产生 ATP（图 13-19）。

在传递链的末端，电子被添加到扩散进入线粒体的 O_2 分子中，得到的还原性氧分子会立即与周围溶液中的质子结合而产生水（参见图 13-19）。现在这些电子已达到其最低能量水平，而且食物分子氧化所产生的全部可用能量都已经被提取。总之，葡萄糖分子完全氧化成 H_2O 和 CO_2 可产生约 30 个 ATP 分子。相比之下，单靠糖酵解，每分子葡萄糖就只能产生 2 个 ATP 分子。

氧化磷酸化发生在真核细胞和好氧原核生物中。这是一种卓越的演化成果，而且如此高效地从食物中提取能量的能力也塑造了地球上生命的整体特征。在下一章中，我们将描述这种具有革命性的分子过程背后的机制，并讨论它产生的可能原因。

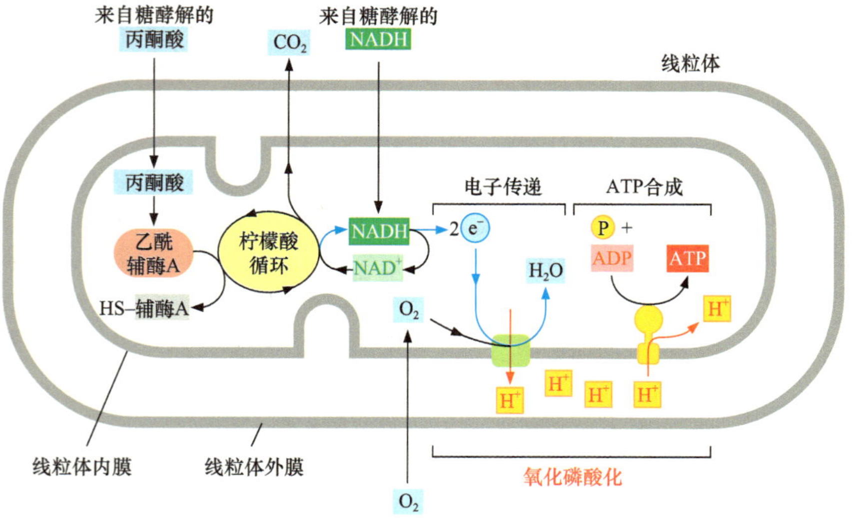

图 13-19 氧化磷酸化完成食物分子的分解代谢，并产生细胞中的大部分 ATP。由柠檬酸循环和糖酵解产生的带电荷的活化载体将其高能电子传递给线粒体内膜（或好氧原核生物的质膜）中的电子传递链。这种电子传递将质子（H^+）泵过内膜（红色箭头），所产生的质子梯度随后用于通过氧化磷酸化过程驱动 ATP 的合成，具体细节我们将在下一章讨论。

代谢调节

细胞是一个错综复杂的化学机器，我们对新陈代谢的讨论（重点关注糖酵解和柠檬酸循环）只涉及了细胞中任何时候都可能发生的众多酶促反应中的极小一部分（图 13-20）。为了使所有这些通路能够一起顺利运行（这是细胞存活和响应周边环境的要求），细胞必须在每个分支点上严格调控每种代谢物沿哪一条通路进行。

细胞需要协调和控制许多反应。例如，为了维持其细胞内的有序性，所有生物体都需要通过糖或脂肪的氧化来持续补充它们的 ATP 库。然而，动物只能不定期地获得食物，植物需要熬过没有阳光的夜晚，因为晚上植物无法通过光合作用产生糖。动物和植物已经演化出多种方法来应对这种短期的饥饿。一种方法是在食物充足的时候合成营养物质储备，以便在能源短缺时可以消耗。因此，细胞必须根据周围的条件来决定关键代谢物是走向合成代谢还是分解代谢，换句话说，是使用它们来构建其他分子还是燃烧它们以提供即时能量。在本节中，我们将讨论细胞如何调控其相互关联的代谢通路的复杂网络，以最好地满足其即时和长期的需求。

分解代谢和合成代谢是有组织的且是受调控的过程

图 13-20 中所示的所有反应都发生在一个直径小于 0.1mm 的细胞中，而且每个步骤都需要不同的酶。更为复杂的是，同一种底物通常还会参与多种不同的通路。例如，丙酮酸是至少 6 种不同酶的底物，每种酶都以不同的方式对其进行化学修饰。我们已经看到丙酮酸脱氢酶复合物使用丙酮酸产生乙酰 CoA（参见图 13-10）；而在发酵过程中，

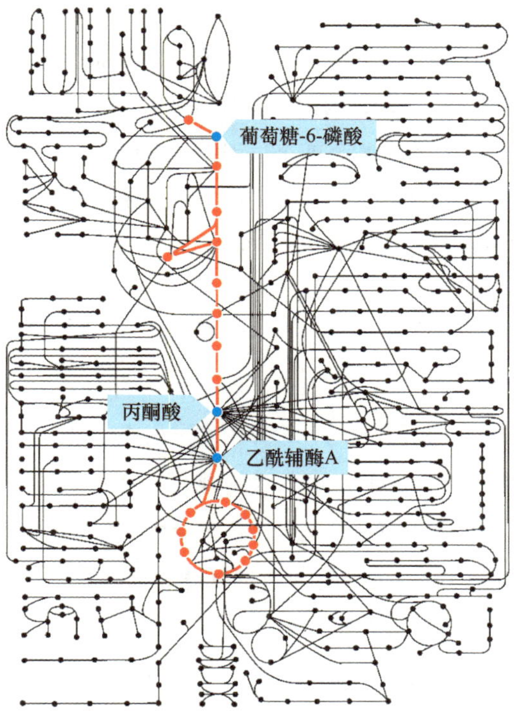

图 13-20 **糖酵解和柠檬酸循环只是细胞中所有反应的一小部分。**在该图中，实心圆圈代表已了解比较清楚的代谢通路中的一些分子，连接它们的线代表将一种代谢物转化为另一种代谢物的酶促反应。糖酵解和柠檬酸循环的反应以红色显示。许多其他反应，或者通向这两个核心分解代谢通路，即提供氧化反应所需的有机小分子并产能，或者通向外面的合成代谢通路，为生物合成提供碳化合物。

乳酸脱氢酶可以将丙酮酸转化为乳酸（参见图 13-6A）。第三种酶可以将丙酮酸转化为丙氨酸（参见图 13-14），第四种转化为草酰乙酸，等等。所有这些通路都在竞争丙酮酸分子，而且数千种其他小分子的类似竞争一直在细胞中进行。

为了平衡这些相互关联的反应的活性，并使生物体迅速适应食物供应或能量消耗的变化，细胞发展出了一种精巧的控制机制（control mechanism）网络，来调控和协调酶的活动，以催化细胞中无数代谢反应的发生。正如我们在第 4 章中所讨论的，酶的活性可以通过共价修饰如添加或去除一个磷酸基团（参见图 4-46）以及结合其他的调节性小分子（通常是代谢物）进行调控。这种调控可以增强或抑制酶的活性。正如我们接下来所看到的，这两种类型的调控，不管是正向还是反向，都控制着参与葡萄糖分解和合成的关键酶的活性。

反馈调控使细胞从葡萄糖分解转变为葡萄糖合成

动物需要充足的葡萄糖供应。活跃的肌肉需要葡萄糖来促进其收缩，而脑细胞几乎完全依靠葡萄糖来获取能量。在禁食或剧烈运动期间，身体中葡萄糖储备的消耗会比从食物中补充更快。那么，增加可用葡萄糖的一种方法是从丙酮酸进行合成，该过程称为**糖异生**（gluconeogenesis）。

糖异生在许多方面与糖酵解正好相反：它从丙酮酸产生葡萄糖，而糖酵解是分解葡萄糖来产生丙酮酸。实际上，糖异生可以利用多种糖酵解过程中的酶，只需要简单地让它们催化相反方向的反应。例如，在糖酵解的步骤 2 中将葡萄糖-6-磷酸转化为果糖-6-磷酸的异构酶可以非常容易地催化其逆反应（参见图版 13-1）。糖酵解的三个步骤，即步骤 1、3 和 10，强烈倾向于葡萄糖分解，它们实际上是不可逆的。为了绕开这三个单向步骤，糖异生利用了一组特殊的酶来催化一组旁路反应。例如，在糖酵解的步骤 3 中，磷酸果糖激酶使用 ATP 磷酸化果糖-6-磷酸，产生中间体果糖-1,6-二磷酸。而在糖异生中，果糖-1,6-二磷酸酶简单地从这种中间体上去除磷酸盐，就可以产生果糖-6-磷酸（图 13-21）。

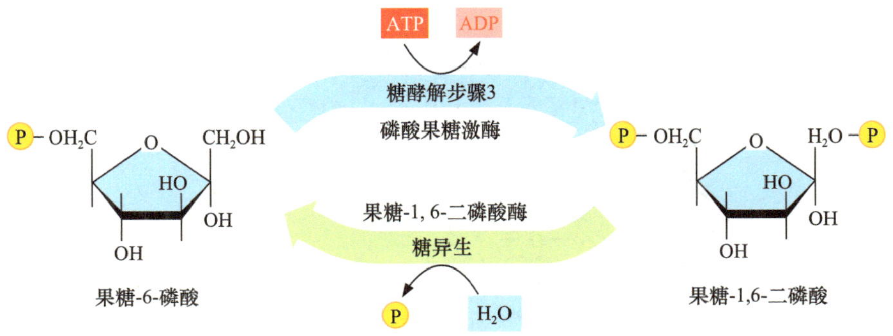

图 13-21 **糖异生使用特定的酶来绕过糖酵解中本质上不可逆的步骤。**磷酸果糖激酶在糖酵解的步骤 3 中催化果糖-6-磷酸的磷酸化以形成果糖-1,6-二磷酸。该反应在能量上是有利的，因此酶不会反向发挥作用（参见图版 13-1 中的步骤 3）。为了在糖异生过程中产生果糖-6-磷酸，由另一种酶，即果糖-1,6-二磷酸酶，通过简单的水解反应从果糖-1,6-二磷酸中除去一个磷酸。这两种酶的协调反馈调控有助于细胞控制代谢走向葡萄糖合成或葡萄糖分解。

细胞如何确定是合成还是降解葡萄糖？部分取决于这三种不可逆的糖酵解反应。例如，磷酸果糖激酶的活性受到了各种代谢物结合的变构调控，这种结合形成**反馈调控**（feedback regulation），调控可以是正向的，也可以是负向的。酶促反应链中的产物可以通过改变通路中较早的酶的活性来减少或刺激其自身的产生，这种反馈回路调控多种生物过程（参见图 4-42）。磷酸果糖激酶可以被 ATP 水解的副产物包括 ADP、AMP 和无机磷酸盐所激活，并被 ATP 所抑制。因此，当 ATP 耗尽且其代谢副产物积累时，磷酸果糖激酶活化，促进糖酵解发生，产生 ATP；当 ATP 丰富时，酶被抑制，糖酵解停止。在糖异生过程中催化逆反应的酶——果糖-1,6-二磷酸酶（参见图 13-21），可以被同一种分子调控，但是朝向相反。因此，当抑制磷酸果糖激酶的时候，果糖-1,6-二磷酸酶被激活，从而使糖原异生发生。许多这样的协调反馈机制使细胞能够快速响应变化的条件并相应地调整其新陈代谢。

糖异生所需的一些生物合成旁路反应是非常耗能的，仅仅逆转步骤 10 就需要消耗 1 分子 ATP 和 1 分子 GTP。总体而言，通过糖异生产生 1 分子葡萄糖需要消耗 4 分子 ATP 和 2 分子 GTP。因此，细胞必须严格调控糖酵解和糖异生之间的平衡。如果两个过程同时进行，那么它们就会在代谢之间来回转换而进入一个无效循环，从而消耗大量能量并毫无意义地产生热量。

细胞将食物分子储存在特殊的储备器中以备不时之需

正如我们所看到的，糖异生的过程代价很高，需要消耗来自 ATP 和 GTP 水解的大量能量。在食物缺乏期间，如果有其他能量来源，这种产生葡萄糖的昂贵方式是会被抑制的。例如，饥饿的细胞可以调动以**糖原**（glycogen）（葡萄糖的支链聚合物）形式储存的葡萄糖（图 13-22A，参见图版 2-4）。在许多动物细胞（主要是肝脏和肌肉细胞）中，这种大的多糖作为小颗粒储存在细胞质中（图 13-22B）。糖原的合成和降解分别通过两条独立的代

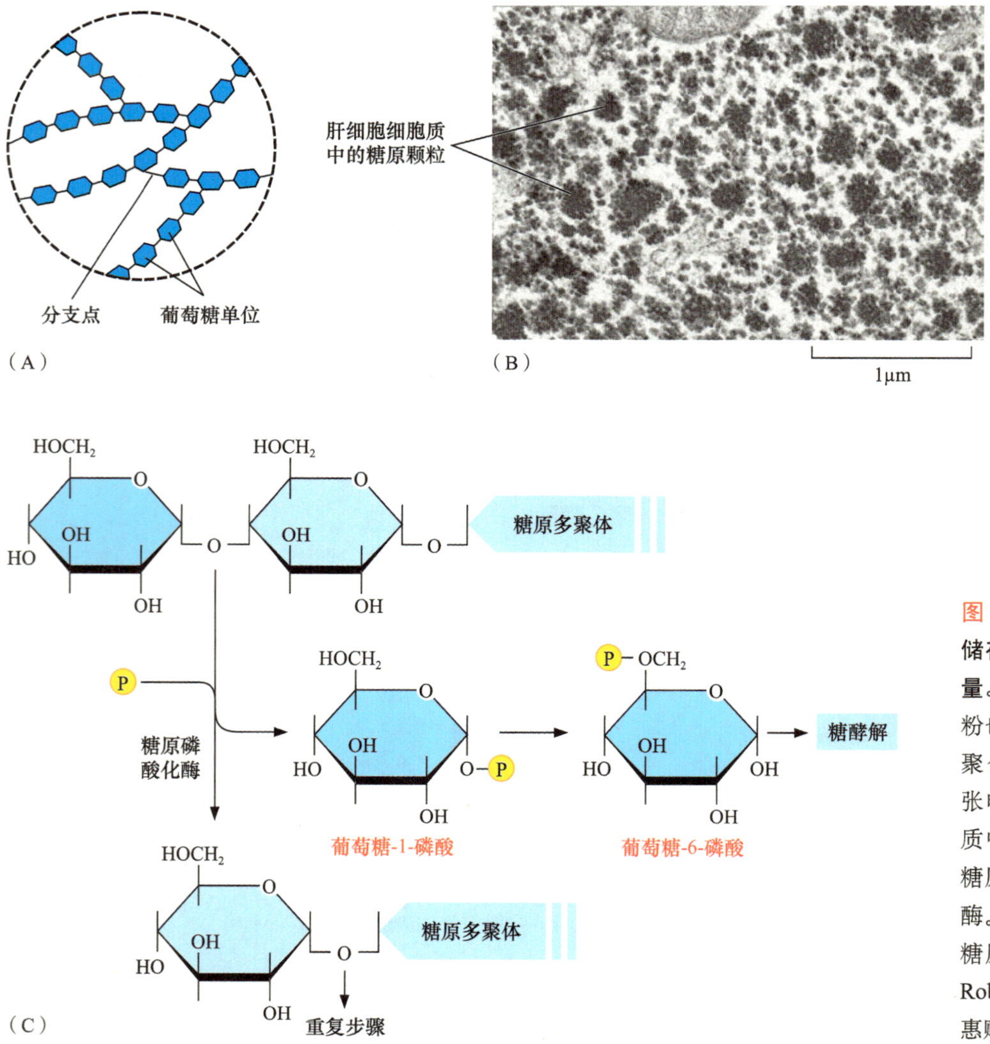

图 13-22　动物细胞以糖原的形式储存葡萄糖，以便在需要时提供能量。（A）糖原的结构；植物中的淀粉也是一种非常相似的葡萄糖支链聚合物，但分支点较少。（B）一张电子显微照片，显示肝细胞细胞质中的糖原颗粒；每个颗粒都含有糖原，以及糖原合成和分解所需的酶。（C）当细胞需要更多葡萄糖时，糖原磷酸化酶会分解糖原。（图 B 蒙 Robert Fletterick 和 Daniel S. Friend 惠赠，蒙 E.L. Bearer 惠许。）

谢通路进行，它们可以被快速和协同地进行调控以适应生物体的需要。当血液中食物分子所产生的 ATP 无法满足需求时，细胞就会启动一个由*糖原磷酸化酶*（glycogen phosphorylase）催化的反应来分解糖原，产生出*葡萄糖-1-磷酸*（glucose 1-phosphate）。后者随后被转化为葡萄糖-6-磷酸，从而为糖酵解通路提供原料（图 13-22C）。

与糖酵解和糖异生一样，糖原降解和合成通路也是通过反馈调控来协调的。例如，两条通路中的酶都会受到葡萄糖-6-磷酸（glucose 6-phosphate）的变构调节，但是方向相反：在合成通路中，糖原合成酶（glycogen synthetase）被葡萄糖-6-磷酸活化，而分解糖原的糖原磷酸化酶（glycogen phosphorylase，参见图 13-22C）则被葡萄糖-6-磷酸以及 ATP 抑制。这种调节有助于在 ATP 充足时防止糖原分解，并在葡萄糖-6-磷酸浓度高时有利于糖原合成。糖原合成和分解之间的平衡进一步受到由胰岛素、肾上腺素和胰高血糖素等激素控制的细胞内信号通路的调控（参见表 16-1 和图 16-21）。

就数量而言，脂肪是比糖原更重要的储存材料，其中部分原因是 1g 脂肪氧化所释放的能量大约是 1g 糖原氧化所释放的两倍。此外，糖原还与大量的水结合，使得 6 倍于实际质量的糖原，才可以储存与同等质量的脂肪相同的能量。一个普通成年人储存的糖原，只能维持一天左右的正常活动，但我们储存的脂肪足够维持近一个月的活动。如果我们所携带的主要燃料储备必须以糖原而不是脂肪的形式，那么我们的体重需要平均增加约 60 磅（接近 30kg）。

脂肪通常以不溶于水的三酰甘油液滴的形式储存在细胞内（图 13-23，并参见图 13-11）。大多数种类的动物都有特定的脂肪储存细胞，称为*脂肪细胞*（adipocyte）。在激素信号的刺激下，脂肪酸可以从这些储库释放到血液中以供其他细胞在需要时使用。这种需要一般在断食一段时间后就会出现。即使是正常的过夜停食，也会引起脂肪的动员：在早晨，进入柠檬酸循环的大部分乙酰 CoA 是来自脂肪酸而不是葡萄糖；而在饭后，进入柠檬酸循环的大部分乙酰 CoA 来自食物中的葡萄糖，并且任何过量的葡萄糖都会被用于制造糖原或脂肪（虽然动物细胞很容易将糖转化为脂肪，但它们不能将脂肪酸转化为糖类）。

动物和植物的食物储备是人类饮食的重要组成部分。

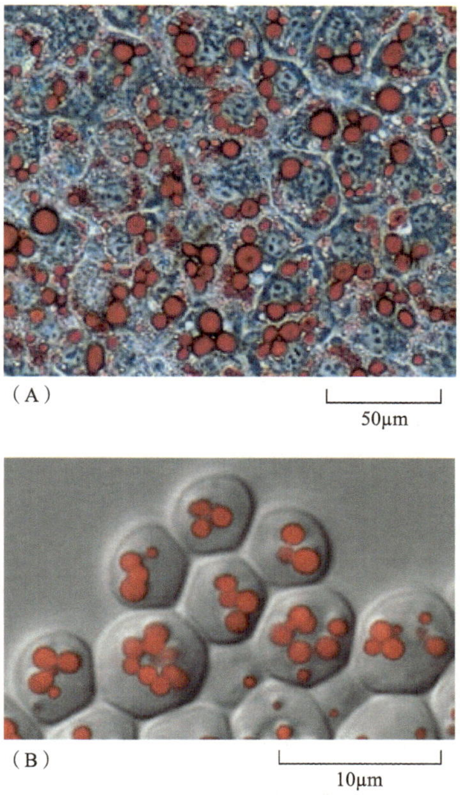

图 13-23　脂肪以脂滴形式存储在细胞中。（A）发育中的脂肪细胞胞质中的脂滴（染成红色）。（B）酵母细胞中的脂滴（红色）。酵母也利用这些脂滴作为能量储库和膜脂生物合成的构建单元。（图 A 蒙 Peter Tontonoz 和 Ronald M. Evans 惠赠；图 B 蒙 Sepp D. Kohlwein 惠赠。）

植物将它们在日光下通过光合作用合成的一些糖转化为脂肪和**淀粉**（starch），即分支的葡萄糖多聚体，与动物体内的糖原非常相似。植物中的脂肪也和动物一样是三酰甘油，只是主要的脂肪酸类型不同（参见图 2-21 和图 2-22）。

植物种子内的胚需要依靠储备的食物生存很长时间，直到种子发芽、长出的叶片能够从阳光中获取能量为止。胚在发育过程中，利用这些食物储存作为能量来源和小分子来源，用于构建细胞壁和合成许多其他生物分子。出于这个原因，植物种子通常会含有特别多的脂肪和淀粉，这也使它们成为动物包括我们自己的主要食物来源（图 13-24）。发芽种子根据需要将储存的脂肪和淀粉转化为葡萄糖。

在植物细胞中，脂肪和淀粉都储存在一种进行光合作用的特化细胞器即叶绿体中（图 13-25）。这些富含能量的分子作为食物储备，在黑暗期间可由细胞动员，在线粒体中产生 ATP。在下一章中，我们会仔细研究叶绿体和线粒体，并讨论它们从阳光和食物中获取能量的精巧机制。

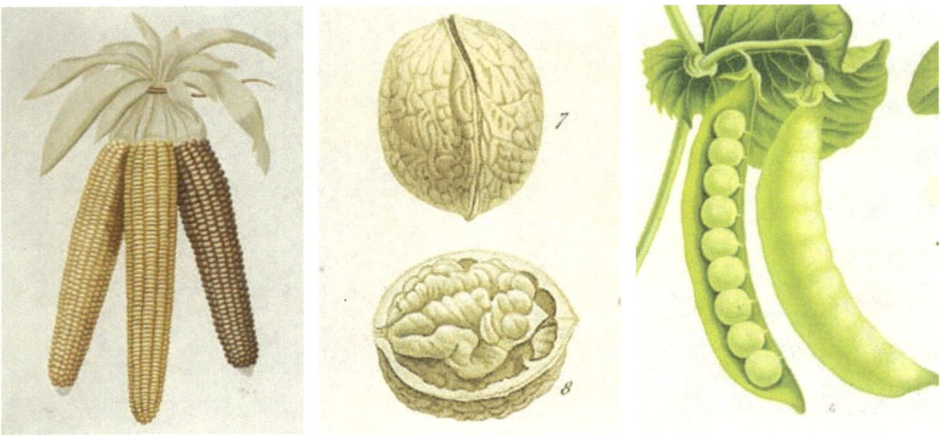

图 13-24 **一些植物的种子是人类的重要食物。**玉米、坚果和豌豆都含有丰富的淀粉及脂肪，它们为植物种子中的胚胎提供了能量和生物合成的构建单元。（蒙 John Innes 基金会惠赠。）

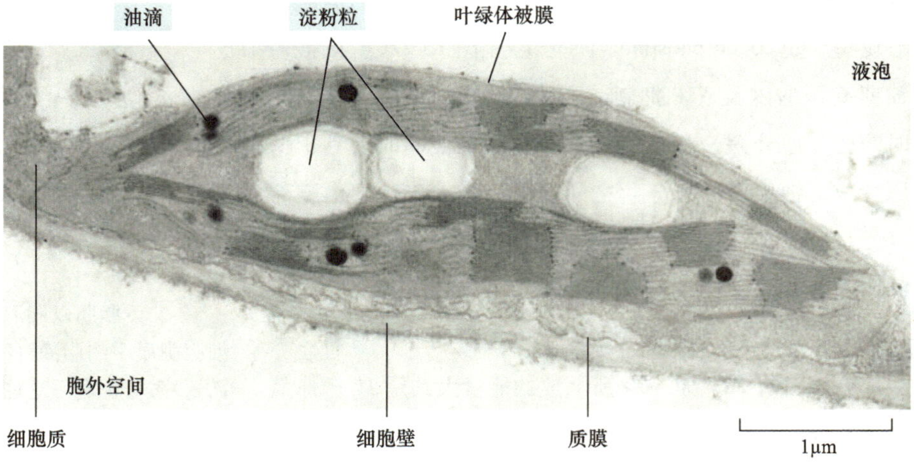

图 13-25 **植物细胞将淀粉和脂肪储存在叶绿体。**植物细胞中一个叶绿体的电子显微照片，显示了在该细胞器中合成的淀粉颗粒和脂滴。（蒙 K. Plaskitt 惠赠。）

基本概念

◆ 食物分子经过一系列连续的步骤被逐步分解，其中能量以 ATP 和 NADH 等活化载体的形式被捕获。

◆ 在植物和动物中，这些分解代谢反应发生在不同的细胞区室：糖酵解在胞质溶胶，柠檬酸循环在线粒体基质，氧化磷酸化在线粒体内膜上。

◆ 在糖酵解期间，六碳糖葡萄糖被分解形成两个三碳糖丙酮酸分子，产生少量的 ATP 和 NADH。

◆ 在 O_2 存在时，真核细胞在线粒体基质中将丙酮酸转化为乙酰 CoA 和 CO_2。然后柠檬酸循环将乙酰 CoA 中的乙酰基转化为 CO_2 和 H_2O。反应中所释放的大部分能量都以高能电子的形式被储存在活化载体 NADH 和 $FADH_2$ 中。

◆ 脂肪消化所产生的脂肪酸也被转运至线粒体中并转化为乙酰 CoA 分子，然后通过柠檬酸循环进一步氧化。

◆ 在线粒体基质中，NADH 和 $FADH_2$ 将其高能电子传递到线粒体内膜中的电子传递链上，在那里通过一系列电子转移来驱动 ATP 的形成。食物分子分解时捕获的大部分能量在这个氧化磷酸化过程中被收集（详见第 14 章）。

◆ 糖酵解和柠檬酸循环的许多中间体是合成代谢通路的起点，最终合成了蛋白质、核酸和细胞的许多其他有机分子。

◆ 一个细胞中同时进行着的数千种不同反应受到了正反馈和负反馈的调控与协调，这使得细胞能够适应环境的变化。例如，这种反馈调控使细胞可以在食物缺乏时从葡萄糖分解转为葡萄糖合成。

◆ 在动物细胞中，葡萄糖储存的形式是糖原；而植物细胞中，葡萄糖储存的形式是淀粉；动物和植物细胞都可以将脂肪酸储存为脂肪（三酰甘油）。植物储存的食物储备是动物（包括人类）的主要食物来源。

关键词

乙酰辅酶 A（acetyl CoA）	发酵（fermentation）
腺苷二磷酸、腺苷三磷酸（ADP，ATP）	二磷酸鸟苷、三磷酸鸟苷（GDP，GTP）
合成代谢通路（anabolic pathway）	糖异生（gluconeogenesis）
分解代谢（catabolism）	葡萄糖（glucose）
细胞呼吸（cell respiration）	糖原（glycogen）
柠檬酸循环（citric acid cycle）	糖酵解（glycolysis）
电子传递链（electron-transport chain）	烟酰胺腺嘌呤二核苷酸、还原型烟酰胺腺嘌呤二核苷酸（NAD^+，NADH）
黄素腺嘌呤二核苷酸、还原型黄素二核苷酸（FAD，$FADH_2$）	氧化磷酸化（oxidative phosphorylation）
脂肪（fat）	丙酮酸（pyruvate）
反馈调控（feedback regulation）	淀粉（starch）

问题

问题 13-1

初看上去，发酵的最后步骤似乎是非必需的：乳酸或乙醇的产生不会为细胞产生任何更多的能量。请解释为什么在无氧条件下生长的细胞不能简单地将丙酮酸作为废物丢掉。哪些来自葡萄糖的产物会在无法通过发酵生成乳酸或乙醇的细胞中积累？

问题 13-2

砷酸盐（AsO_4^{3-}）在化学上与磷酸盐（PO_4^{3-}）非常相似，并且可以被用作许多需要磷酸盐的酶的底物替代品。然而，与磷酸盐相反，砷酸盐和碳之间的酸酐键在水中不需要酶催化即可快速地水解。了解了这一点，请指出为什么砷酸盐是杀手要选择的化合物，而不是细胞要选择的化合物。根据图 13-7 阐述你的解释。

问题 13-3

许多分解代谢和合成代谢反应是基于相似但反方向的反应，例如图 3-39 中描述的水解和缩合反应。脂肪酸分解和脂肪酸合成也是如此。根据图 13-11 简述的脂肪酸分解机制，你认为细胞中最常见的脂肪酸的碳原子是偶数还是奇数？

问题 13-4

观察图版 13-2 第一页顶部柠檬酸循环概览中详细描述的化学反应，请推测一下：在将乙酰基中的两个碳完全氧化成 CO_2 之前，把二碳乙酰基团连接到另一个更大的碳骨架草酰乙酸上有什么用处？（另参见图 13-12。）

问题 13-5

以下说法是否有错？如果是错的话，错在哪里？“在动物细胞中，葡萄糖完全氧化过程所消耗的部分 O_2 会以 CO_2 的形式返回到大气中。”你如何用实验支持你的答案？

问题 13-6

循环反应通路要求起始的物质必须在每个循环结束时得到再生和利用。如果柠檬酸循环中的化合物被抽走并作为其他各种代谢反应的构建单元来合成其他有机分子（参见图 13-14），那么为什么柠檬酸循环不会很快停止？

问题 13-7

在观察糖和脂肪酸的结构（参见第 2 章）后，请你直观地解释一下为什么糖氧化产生的能量只是相同干重脂肪酸氧化产能的一半。

问题 13-8

细胞对糖分子的完全氧化会按照下列总反应进行：

$C_6H_{12}O_6$（葡萄糖）$+ 6O_2 \rightarrow 6CO_2 + 6H_2O +$ 能量

以下哪项说法是正确的？解释你的答案。

A. 产生的所有能量都是热的形式。

B. 产生的所有能量都不是热的形式。

C. 能量是通过碳原子的氧化作用而产生。

D. 反应为细胞提供了必需的水。

E. 在细胞中，这个反应包含不止一个步骤。

F. 糖分子氧化的多个步骤都有氧气的参与。

G. 一些生物可以进行这个反应的逆反应。

H. 一些在无氧条件下生长的细胞会产生 CO_2。

问题 13-9

一种极其敏感的仪器（尚待设计）表明，查尔斯·达尔文最后一次呼吸中的一个碳原子位于你的血液中，并形成了血红蛋白分子的一部分。请回答这个碳原子如何会从达尔文传递给你，并列出它在途中可能会形成的一些分子。

问题 13-10

酵母细胞既可以在 O_2 存在时（有氧）增殖，也可以在 O_2 不存在时（厌氧）增殖。你认为在这两种情况下哪一种细胞会长得更好一些？解释你的答案。

问题 13-11

在运动过程中，肌肉细胞需要大量的 ATP 来为它们的收缩装置提供燃料。这些细胞含有高水平的磷酸肌酸（图 Q13-11），其磷酸键水解的标准自由能变化（$\Delta G°$）为 –43kJ/mol。为什么该化合物可用于储存能量？利用图 13-8 显示的信息证明你的答案。

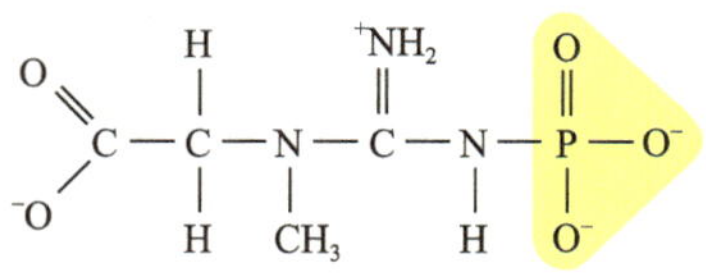

图 Q13-11

问题 13-12

如图版 13-1 所示，从细菌到人类，在大多数活细胞中构成糖酵解的这一系列复杂的反应通路都是相同的。然而，还可以想象会有无数的可替代性化学反应机制，它们可以使糖分子的氧化作用得以进行，而且原则上它们在演化中可以取代糖酵解。请以演化为背景对上述情形进行讨论。

问题 13-13

动物细胞大致呈立方体，边长 10mm，每分钟使用 10^9 个 ATP 分子。假设细胞根据总反应 $6O_2 + C_6H_{12}O_6 \rightarrow 6CO_2 + 6H_2O$，通过葡萄糖氧化再生出该 ATP，并且每个葡萄糖分子的完全氧化产生 30 个 ATP 分子。那么细胞每分钟消耗多少 O_2？需要多长时间，细胞消耗的 O_2 量才能等于其自身体积？（提示一下，1mol 气体的体积为 22.4 L。）

问题 13-14

在细胞中，糖酵解过程（图版 13-1）前几个反应的自由能是：

步骤 1 $\Delta G = -33.5$kJ/mol

步骤 2 $\Delta G = -2.5$kJ/mol

步骤 3 $\Delta G = -22.2$kJ/mol

步骤 4 $\Delta G = -1.3$kJ/mol

这些反应在能量上是否有利？利用这些值按比例绘制出：（A）整体反应的能量图；（B）由上述四个单独的反应所组成的通路的能量图。

问题 13-15

通过合成含有不同于天然存在的各种同位素原子的代谢物，可以揭示出大多数代谢反应的化学性质。通过分析从同位素标记的代谢物起始的反应产物，可以精确地测定出产物中的原子来源。检测方法是基于不同质量的同位素可以用生物物理技术如质谱法进行区分。此外，一些同位素具有放射性，使用电子计数器或被辐射曝光的感光胶片即可容易地识别出来。

A. 假设将羧基中含有放射性 ^{14}C 的丙酮酸加入到一个可以支持氧化磷酸化反应的细胞提取物中。产生的哪种分子中会含有绝大多数这种加入的 ^{14}C？

B. 假设将酮基中含有放射性 ^{14}C 的草酰乙酸（参见图版 13-2）加入到提取物中。一轮柠檬酸循环后，^{14}C 原子应该在哪里？

问题 13-16

在有氧和厌氧条件下均可增殖的细胞中，当 O_2 存在时发酵会被抑制。请解释这种现象的可能原因。

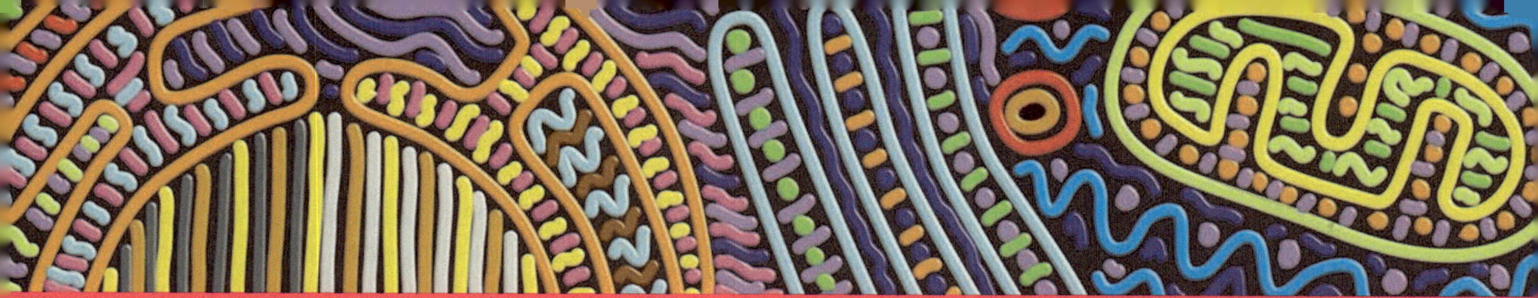

第 14 章　线粒体与叶绿体中的能量生产

线粒体和氧化磷酸化

电子传递和质子泵送的分子机制

叶绿体和光合作用

能量生产系统的演化

对有效产能的基本需求深深影响了地球上生命的历史。细胞和生物体的许多结构、功能及演化都与它们对能量的追求息息相关。直到第一批细胞出现在地球上超过 10 亿年后，氧气才出现在大气层中。因此，最早的细胞可能是通过分解地球化学过程中生成的有机分子来制造 ATP 的。正如第 13 章所讨论的，那些发酵反应也可以发生在现今细胞的胞质溶胶中，利用富含能量的食物分子部分氧化所产生的能量来形成 ATP。

但在生命历史的极早期，出现了一种很高效的机制，即基于电子沿膜传递的方式产生能量和合成 ATP。该机制对于地球上生命的生存至关重要，因此我们要用整个章节来描述它。基于膜的电子传递最初出现在 30 亿年前的细菌中，这些开拓者细胞的后裔现在以各种各样的生命形式充满了我们星球陆地和海洋的每个缝隙。也许最值得注意的是，这些能量生成电子传递系统的残迹还可以在活的真核细胞中生存的细菌后代即叶绿体和线粒体中找到。

在本章中，我们会讨论电子传递系统能够生产细胞生存所需能量的分子机制。我们首先会简要概述对所有活生物中的能量生成都非常重要的总原则：利用膜来驾驭电子移动的能量。我们会描述这些过程如何在线粒体和叶绿体中运作，并讨论电子转移释放大量能量的化学原理。最后，我们会追踪最有可能产生出这些非凡机制的演化途径。

细胞通过基于膜的机制获得大部分能量

细胞中的主要化学能量物质是 ATP（参见图 3-31）。虽然胞质溶胶中的糖酵解也会产生少量的 ATP（在第 13 章中讨论），但细胞所需的大部分 ATP 是通过氧化磷酸化（oxidative phosphorylation）而产生的。与糖酵解产生 ATP 的方式不同，通过氧化磷酸化产生 ATP 需要一个膜包被的区室。真核细胞的氧化磷酸化发生在线粒体中，它依赖于驱动质子（H^+）跨线粒体内膜转运的电子传递过程。植物、藻类和光合细菌的光合作用过程也以类似的基于膜的方式产生 ATP（图 14-1）。

这种用于制造 ATP 的基于膜的过程是由两个连续的阶段组成的：一个是建立电化学质子梯度，另一个是利用该梯度产生 ATP。两个阶段都是由嵌入膜中的特殊蛋白质复合物来完成的。

1. 在第 1 阶段，来源于食物分子氧化（在第 13 章讨论）、阳光或其他化学（后面讨论）的高能电子，会沿着一系列电子载体进行转移，这些载体通常会嵌入膜中，被称为**电子传递链**（electron-transport chain）。这些电子传递所释放的能量用于把质子（来自于细胞中普遍存在的水）

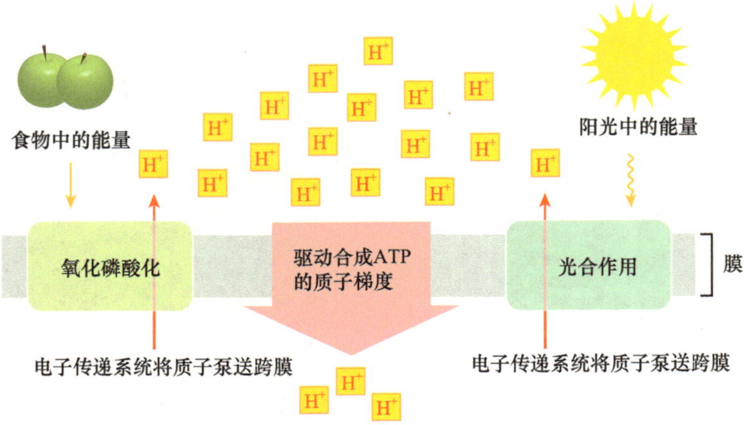

图 14-1　基于膜的机制利用食物或阳光提供的能量生产 ATP。在发生于线粒体内的氧化磷酸化过程中，电子传递系统使用来自食物氧化的能量产生跨膜质子（H^+）梯度。在发生于叶绿体内的光合作用中，电子传递系统利用来自太阳的能量产生跨膜质子梯度。在这两种情况下，质子梯度随后都被用于驱动 ATP 的合成。

泵送跨膜，从而产生电化学质子梯度（图 14-2A）。跨膜离子梯度是一种储存能量的形式，当离子可以顺着其电化学梯度跨膜流动时，该能量可以被用来做有用功（在第 12 章中讨论）。

2. 在第 2 阶段，质子顺着其电化学梯度通过一种嵌入膜中的蛋白质复合物，即 ATP 合酶（ATP synthase）而流回膜内。这个酶可以利用该能量催化 ADP 和无机磷酸盐（P_i）合成 ATP。这一普遍存在的酶的功能类似于涡轮机，它将质子的跨膜移动与 ATP 的产生联系起来（图 14-2B）。

在 1961 年首次被提出时，这种产生能量的机制被称为化学渗透假说（chemiosmotic hypothesis），因为它将 ATP 合成中的化学键形成反应（chemi-）与泵送质子的膜转运过程（"osmotic"，来自希腊语 *osmos*"推动"）联系起来。这种化学渗透机制现在被称为**化学渗透偶联**（chemiosmotic coupling），它使细胞可以利用电子传递的能量来做有用功，就像利用电池中储存的能量一样（图 14-3）。

化学渗透偶联起源很早且一直保留在现今的细胞中

这种基于膜的制造 ATP 的化学机制在生命史的很早期就出现了，已经存在了超过 30 亿年。在现代细菌和古细菌的质膜中，也存在完全相同类型的 ATP 生成过程。该机制是如此重要，以至于它的基本特征在从早期的原核生物到现今的细胞漫长的演化过程中得以保留下来。

原核生物和真核生物的反应机制存在显著相似性的部分原因，是由于真核细胞中产生 ATP 的细胞器即叶绿体和线粒体都是由其祖先细胞在 10 亿年前吞噬的细菌演化

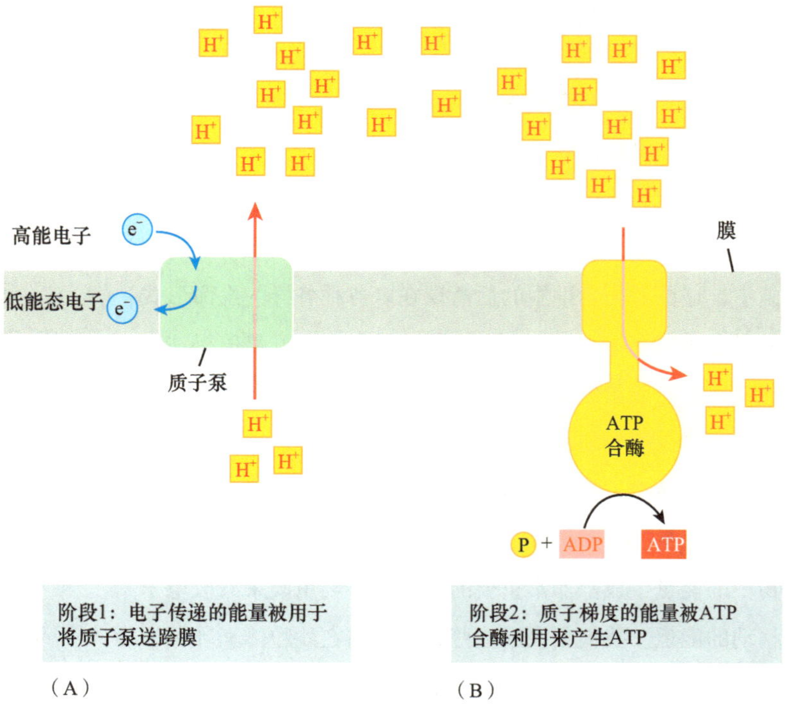

图 14-2　基于膜系统使用存储在电化学质子梯度中的能量合成 ATP。该过程分为两个阶段。(A) 在第 1 阶段，质子泵利用电子转移的能量（在本章后面描述）将质子（H^+）泵送跨膜，产生质子梯度。蓝色箭头表示电子移动的方向。这些高能电子可以来自有机或无机分子，也可以通过光对叶绿素等特殊分子的作用而产生。质子来自于细胞水性环境中普遍存在的水。(B)(A) 中产生的质子梯度作为一种通用的能量储备，可被用于线粒体、叶绿体和原核生物中驱动各种耗能反应，最重要的是，驱动 ATP 合酶合成 ATP。

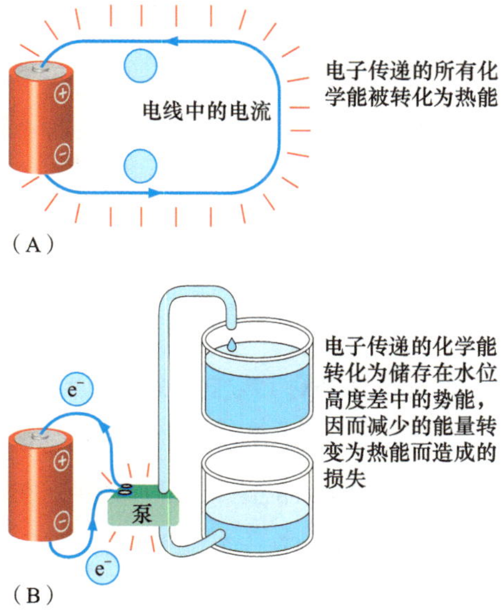

图 14-3　电池可以利用电子转移的能量来做功。（A）如果电池的两极直接互连，则电子传递释放的能量全部转化为热能。（B）如果将电池连接到泵上，则可以利用电子转移释放的大部分能量来做功（如图中的例子，可以抽水）。细胞可以类似地利用电子转移的能量来做功，例如，将 H^+ 泵送跨膜（参见图 14-2A）。

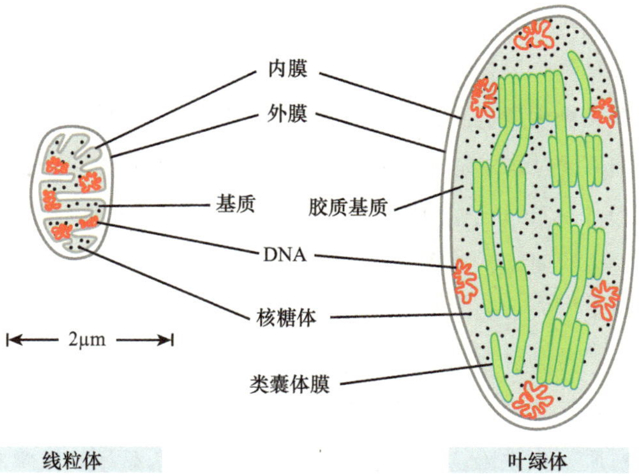

图 14-5　线粒体和叶绿体具有细菌祖先的许多特征。两种细胞器都含有自己的、基于 DNA 的基因组，以及复制这种 DNA 并合成 RNA 和蛋白质的机器。这些细胞器的内部区域即线粒体基质和叶绿体基质包含 DNA（红色）和一套特殊的核糖体。两种细胞器的膜成分即线粒体内膜和叶绿体类囊体膜含有参与 ATP 合成的蛋白质复合物。

而来（参见图 1-19 和图 1-21）。叶绿体和线粒体的繁殖方式与大多数原核生物相似（图 14-4），这也为它们起源于细菌祖先提供了证据。这两种细胞器中也含有与细菌类似的、制造 RNA 和蛋白质的生物合成机器，同时它们还都含有基于 DNA 的基因组（图 14-5）。而且毫不奇怪，许多叶绿体的基因与光合细菌蓝细菌的基因相似度非常高，表明这些细胞器正是来源于蓝细菌。

虽然线粒体和叶绿体保留了它们自己的基因组，但因为它们与真核生物和植物细胞发展出共生关系，所以原来细菌基因组中的很多独立生存所需的基因被放弃。这些被放弃的基因并没有被丢掉，其中很多被转座到细胞核，在那里它们继续指导线粒体和叶绿体蛋白质的产生，以实现这些细胞器的特殊功能，包括 ATP 的产生。

线粒体和氧化磷酸化

线粒体（mitochondria）几乎存在于所有真核细胞中，它们产生了细胞的大部分 ATP。没有线粒体，真核生物将不得不依赖相对低效的糖酵解过程来产生所有 ATP。当

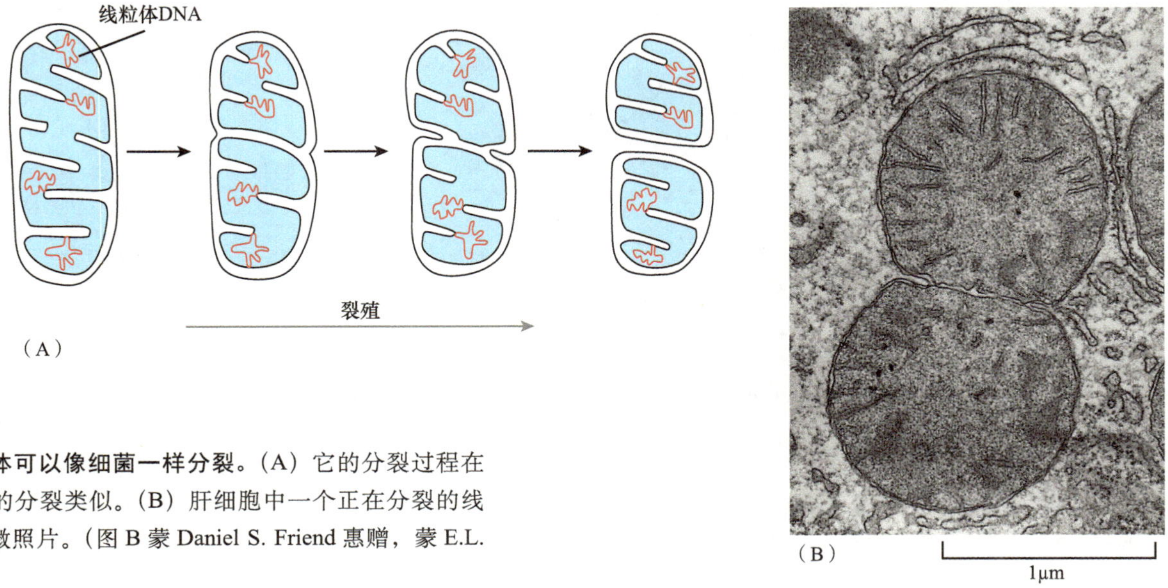

图 14-4　线粒体可以像细菌一样分裂。（A）它的分裂过程在概念上与细菌的分裂类似。（B）肝细胞中一个正在分裂的线粒体的电子显微照片。（图 B 蒙 Daniel S. Friend 惠赠，蒙 E.L. Bearer 惠许。）

葡萄糖通过胞质溶胶中的糖酵解转化为丙酮酸时，其净结果是每个葡萄糖分子仅产生两个 ATP 分子，甚至不到从氧化糖中所能获得的总自由能的 10%。相比之下，通过招募线粒体来完成从糖酵解开始的葡萄糖氧化，可产生约 30 个 ATP 分子。因此，如果没有祖先细胞与形成现代线粒体的细菌建立关系，复杂的多细胞生物似乎不可能演化出来。

线粒体的功能障碍会导致严重的后果，这也可进一步反映出线粒体的重要性。例如，电子传递所需的蛋白质发生缺陷，会导致*肌阵挛性癫痫和衣原体红纤维病*（myoclonic epilepsy and ragged red fiber disease，MERRF）等遗传性疾病。由于肌肉和神经细胞需要大量的 ATP 才能正常发挥功能，因此患有这种疾病的人通常表现出肌肉无力、心脏病、癫痫和痴呆症。

与许多影响线粒体功能的疾病一样，MERFF 源于一种导致线粒体 DNA 中的基因失活的突变（参见图 14-5）。因为受精后精子线粒体丢失，线粒体只从母亲传给孩子，所以这种突变是由卵子传递的。为了阻止该致命缺陷的传递，生殖生物学家已经找到一种方法，即从携带有缺陷线粒体的卵中取出细胞核，并将其转移到带有健康线粒体的供体卵中。虽然使用这种*线粒体替代疗法*（mitochondrial replacement therapy）的男婴已于 2016 年出生，但该方法存在争议，部分原因是目前尚不清楚拥有来自母亲、父亲和线粒体供体三个“亲本”的遗传物质会产生什么影响。

在本节中，我们会综述线粒体的结构和功能。我们会概述这个细胞器如何利用嵌入其内膜的电子传递链来驱动 ATP 合成所需的质子梯度。我们还会讨论这种基于膜的系统在将食品分子中储存的能量转化为 ATP 磷酸盐键中所蕴含的能量时，整体的转化效率如何。

线粒体的结构、位置和数量是动态的

分离的线粒体在外观上与它们的细菌祖先大致相似。然而，在细胞内，线粒体具有显著的适应性，它们可以根据特定细胞的需要调整其位置、形状和数量。在一些细胞类型中，线粒体保持固定在一个位置，在那里它们将 ATP 直接提供给能量消耗异常高的位点。例如，在心肌细胞中，线粒体位于收缩装置附近，而在精子中，它们紧紧包裹在运动鞭毛周围（图 14-6）。在其他细胞中，线粒体融合形成细长的管状网络，分散分布于整个胞质溶胶中（图 14-7）。这些网络是动态的，不断进行着分裂（参见图 14-4）及再次融合（视频 14.1 和视频 14.2）。

线粒体的数量非常巨大，例如，一个肝细胞可含有 1000 ～ 2000 个线粒体。但它们的数量取决于细胞类型，并且可以随着细胞的能量需求而变化。在反复刺激收缩的骨骼肌细胞中，线粒体可以通过分裂使其数量提高 5 ～ 10 倍。例如，马拉松运动员腿部肌肉中的线粒体体积可能是久坐的人的两倍。

然而，虽然其外观、位置和数量各不相同，但是所有

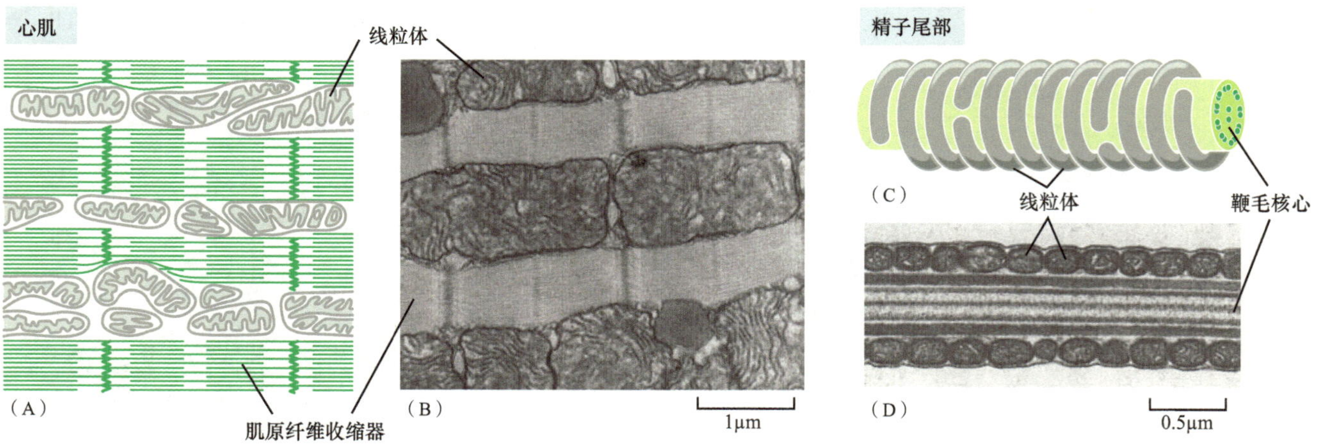

图 14-6　线粒体位于 ATP 利用率高的位置附近。（A）在心肌细胞中，线粒体位于收缩装置附近，在那里 ATP 水解，为收缩提供能量。收缩装置的结构在第 17 章讨论。（B）心肌的电子显微照片，显示线粒体占有数量优势。（C）在精子中，线粒体位于精子尾部，围绕在运动鞭毛周围，为其运动提供 ATP。鞭毛轴的内部结构在第 17 章讨论。（D）鞭毛超薄切片的电子显微照片，显示其内部核心结构以及周围的线粒体。（图 B 引自 Keith Porter papers，Center for Biological Sciences Archives，University of Maryland，Baltimore Country；图 D 引自 W. Bloom and D.W. Fawcett，*A Textbook of Histology*，10th ed，Philadelphia：W.B. Saunders Company，1975。转载蒙 Estate of DW Fawcett 惠许。）

图 14-7 **线粒体通常形成长管状网络，可以延伸到整个胞质溶胶中。**(A) 在培养的小鼠成纤维细胞中通过荧光标记的线粒体（红色）。(B) 在酵母细胞中，线粒体（红色）形成连续网络，并在质膜下发生折叠。(图 A 蒙 Carl Zeiss Microscopy, LLC 惠赠；图 B 引自 J. Nunnari et al., *Mol. Biol. Cell.* 18: 1233-1242, 1997。蒙美国细胞生物学学会惠许。)

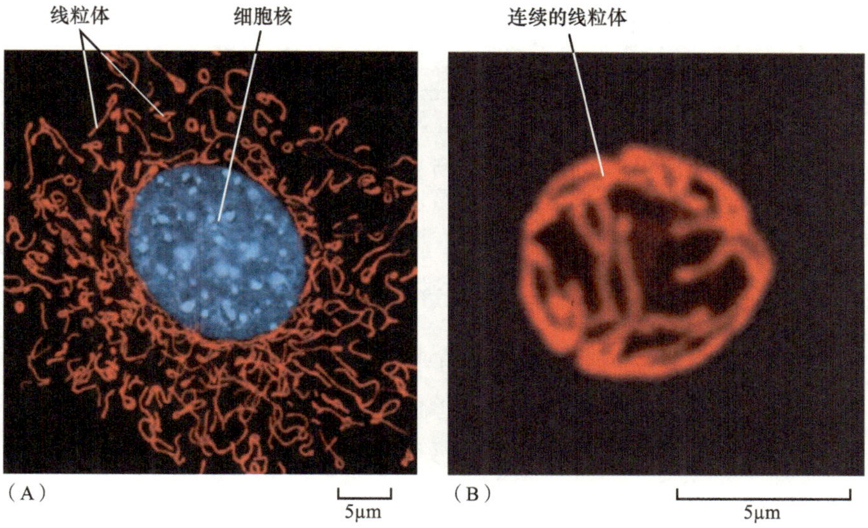

线粒体都具有相同的基本内部结构。这种结构支持了 ATP 的高效产出，我们在下文将会看到。

线粒体包含外膜、内膜和两个内部隔室

每个线粒体都被两层高度特化的膜所包围，其中一层位于另一层的里面。这些膜分别称为内膜和外膜，由其产生两个线粒体区室：一个大的内部空间称为**基质**（matrix），另一个窄得多的空间称为膜间隙（intermembrane space）（图 14-8）。当把纯化的线粒体小心分离成单独的组分并分析其内容物时（参见图版 4-3），会发现每种膜和它们所包围的空间都含有一组独特的蛋白质。

外膜（outer membrane）上含有许多称为孔蛋白（porin）的转运蛋白分子，它形成了跨脂质双层的、宽的水性通道（参见第 11 章）。因此，外膜就像一个筛子，可允许分子质量为 5000Da 及以下的所有分子，包括小蛋白质通过。这使得膜间隙中包含的小分子和无机离子在化学组成上与胞质溶胶相同。相比之下，内膜（inner membrane）与细胞中的其他膜一样，对于离子和大多数小分子是不通透的，除非有特定的膜转运蛋白提供一个通道。因此，线粒体基质中只包含内膜选择性地转运到基质中的分子，其内容物是高度特化的。

线粒体内膜是氧化磷酸化发生的位点，膜上高度密集

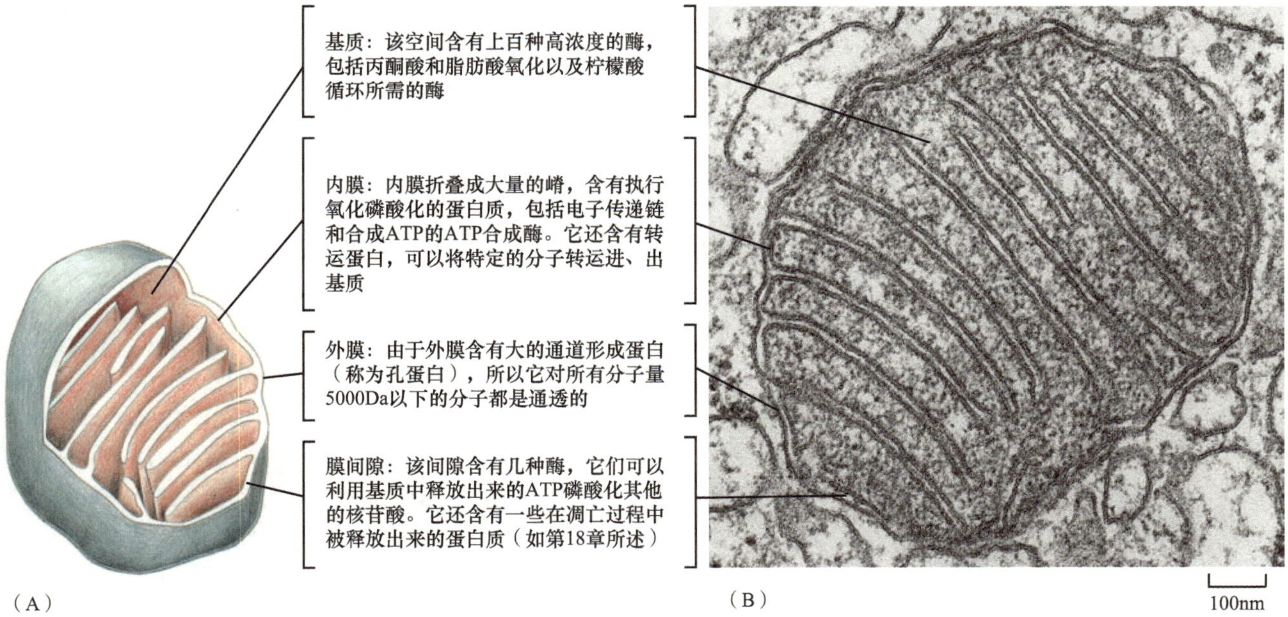

图 14-8 **线粒体分为四个独立的隔室。**(A) 示意图；(B) 线粒体的电子显微照片。每个隔室都含有一组独特的蛋白质，使其发挥独特的功能。在肝线粒体中，约 67%线粒体总蛋白位于基质，21%位于内膜，6%位于外膜，6%位于膜间隙。(图 B 蒙 Daniel S. Friend 惠赠，蒙 E.L. Bearer 惠许。)

地分布着产生 ATP 所需的电子传递链蛋白质和 ATP 合酶。内膜通常高度卷曲，形成一系列称为嵴（cristae）的结构，伸入基质空间（参见图 14-8 和视频 14.3）。这些折叠极大地增加了膜的表面积。在肝细胞中，所有线粒体的内膜约为细胞总膜的 1/3。

柠檬酸循环产生 ATP 合成所需的高能电子

ATP 的产生由糖酵解和柠檬酸循环过程中碳水化合物、脂肪，以及其他食物的燃烧产生的电子流所驱动。这些“高能”电子是由糖酵解和柠檬酸循环这两套分解代谢反应过程中产生的活化载体所提供，其中大部分是由在线粒体基质中运行的柠檬酸循环所提供（在第 13 章中讨论）。

食物分子从胞质溶胶进入线粒体，从而为柠檬酸循环提供了产生这些活化载体所需的燃料。糖酵解产生的丙酮酸和来自脂肪分解的脂肪酸（参见图 13-3）都可以通过线粒体外膜上的孔蛋白进入线粒体膜间隙，这些燃料分子再通过线粒体内膜转运到基质，在那里它们被转化为关键的代谢中间体乙酰 CoA（图 14-9）。乙酰 CoA 中的乙酰基团随后通过柠檬酸循环被氧化成 CO_2（参见图 13-12）。来自这种氧化的一些能量以高能电子的形式保存起来，就保存在活化的载体 NADH 和 $FADH_2$ 中。这两个活化的载体可以将它们的电子转移给线粒体内膜中的电子传递链（图 14-10）。

电子移动与质子泵送相偶联

活化载体 NADH 和 $FADH_2$ 将它们的电子转移给线粒体内膜的电子传递链，它们在此过程中也分别被氧化成 NAD^+ 和 FAD，这标志着能量化学渗透生成的开始（参见图 14-10）。电子迅速地沿着传递链传递至氧分子（O_2）以形成水（H_2O）。这些电子逐步移动通过电子传递链的组分并释放出能量，这些能量随后被用于将质子泵入线粒体内膜（图 14-11）。反过来，所得到的质子梯度可用于驱动 ATP 的合成。完整的反应顺序如图 14-12 所示。因此，线粒体内膜作为能量转换装置，将 NADH（和 $FADH_2$）的高能电子中含有的能量转化为 ATP 分子的磷酸键的能量（图 14-13）。这种用于 ATP 合成的化学渗透机制被称为**氧化磷酸化**（oxidative phosphorylation），因为它涉及 O_2 消耗，以及向 ADP 上添加磷酸基团以形成 ATP。

为质子泵提供动力的高能电子的来源在不同生物和不

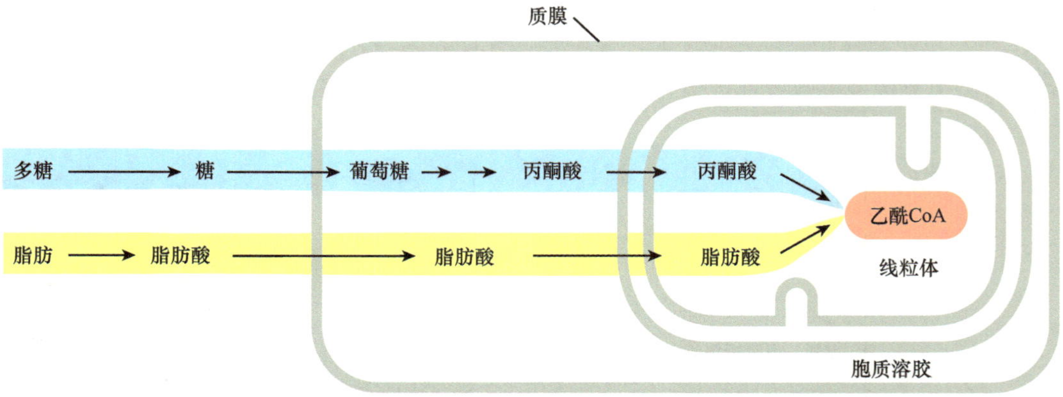

图 14-9 乙酰 CoA 在线粒体中产生。在动物细胞和其他真核生物中，糖酵解过程产生的丙酮酸和脂肪分解产生的脂肪酸从胞质溶胶进入线粒体。一旦进入线粒体基质，这两种食物来源的分子就会转化为乙酰 CoA，然后被氧化成 CO_2。

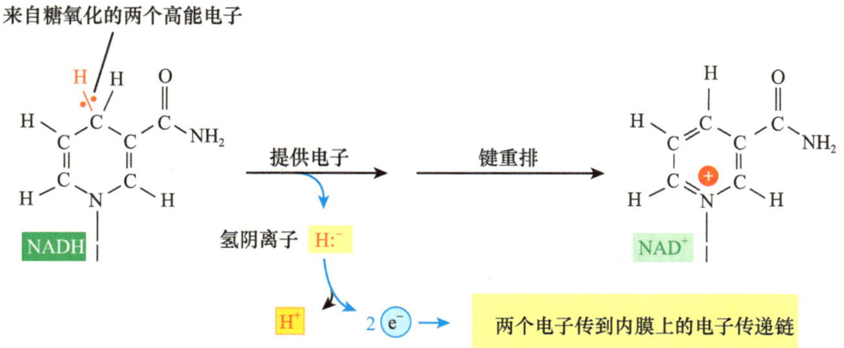

图 14-10 NADH 将其“高能”电子转移给电子传递链。氢离子（带有两个电子的氢原子，红色）从 NADH 中离开并转化为质子和两个电子（蓝色）。图中只显示了 NADH 中携带这些高能电子的部分；完整的结构和 NAD^+ 转变回 NADH 的过程，可以参见图 3-34 中和 NADH 密切相关的 NADPH 的结构。$FADH_2$ 也以类似的方式携带电子，其结构如图 13-13B 所示。

图 14-11 **随着电子从活化载体转移到 O_2，质子也被泵送穿越线粒体内膜。**这是化学渗透偶联的第 1 阶段（参见图 14-2）。电子流的路径用蓝色箭头表示。这里只显示了 NADH 的途径。

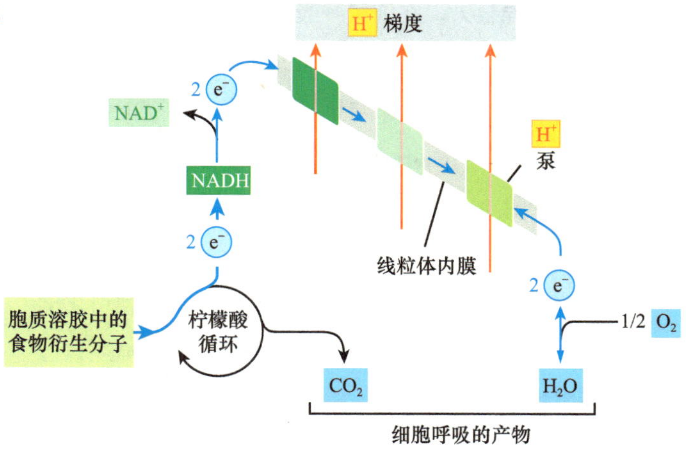

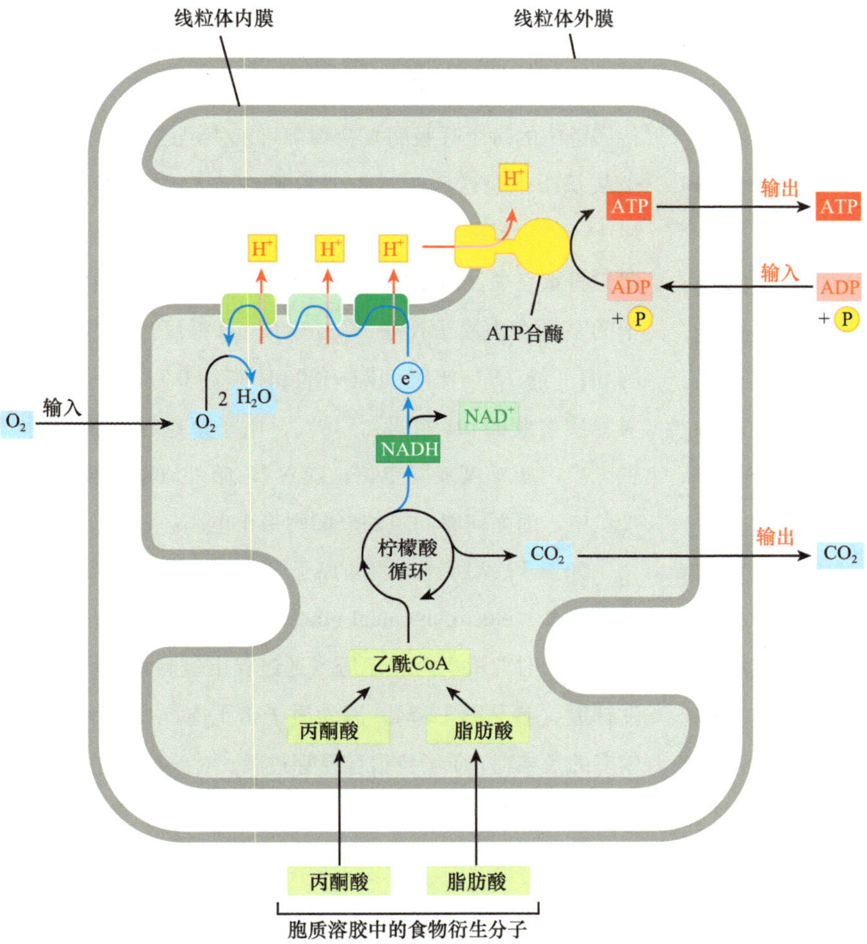

图 14-12 **柠檬酸循环过程中产生的活化载体为产生 ATP 提供动力。**丙酮酸和脂肪酸进入线粒体基质（底部），在那里它们被转化为乙酰 CoA。乙酰 CoA 再通过柠檬酸循环代谢，产生 NADH（和 $FADH_2$，未显示）。在氧化磷酸化过程中，由 NADH（和 $FADH_2$）所提供的高能电子沿着内膜的电子传递链传递并最终传递给氧气（O_2）；这种电子传递在内膜上产生质子梯度，用于驱动 ATP 合酶合成 ATP。“反应物”和“产物”的精确比例在该图中没有显示，例如，我们只粗略地看到需要来自 NADH 分子的 4 个电子将 O_2 分子转化为 2 个 H_2O 分子。

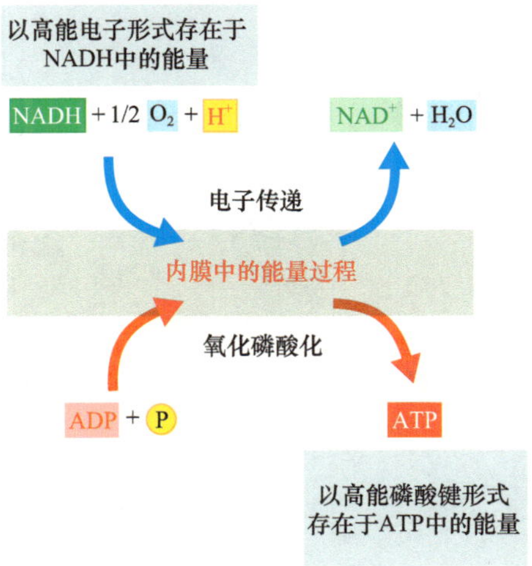

图 14-13 **为了产生 ATP，线粒体催化了一个重要的能量转换。**在氧化磷酸化中，NADH 氧化成 NAD^+ 所释放的能量，通过线粒体内膜中的能量转换过程，被用于驱动 ADP 的需能磷酸化，进而形成 ATP。该过程的净方程是 $2NADH + O_2 + 2H^+ \rightarrow 2NAD^+ + 2H_2O$，其中 4 个电子从 NADH 传递到 O_2 上。类似地，由 $FADH_2$ 氧化成 FAD 释放的能量，也会产生较少量的 ATP（未示出）。

同过程之间差异很大。在细胞呼吸即发生在线粒体和好氧细菌中的能量产生过程中，这些电子最终来自糖或脂肪。在光合作用中，高能电子来自于从太阳光中捕获能量的有机绿色色素叶绿素（chlorophyll）。许多单细胞生物（古细菌和细菌）利用氢、铁和硫等无机物质作为制造 ATP 所需的高能电子的来源（如图 1-13 所示）。

无论高能电子来自何处，绝大多数生命体都使用化学渗透机制来产生 ATP。在以下部分，我们将具体描述该过程是如何发生的。

电子在线粒体内膜上传递经过三个酶复合物

进行氧化磷酸化的电子传递链或呼吸链（respiratory）在线粒体内膜上有许多拷贝。每条链含有 40 多种蛋白质，分属于三大**呼吸酶复合物**（respiratory enzyme complex）。这些复合物各自含有多种单体蛋白质，其中包括将复合物牢牢固定在线粒体内膜上的跨膜蛋白质。

三种呼吸酶复合物，按照它们接收电子的顺序，依次是：① NADH 脱氢酶复合物（NADH dehydrogenase complex）；②细胞色素 c 还原酶复合物（cytochrome c reductase complex）；③细胞色素 c 氧化酶复合物（cytochrome c oxidase complex）（图 14-14）。每种复合物中所含有的金属离子和其他化学基团可作为中间载体，使电子得以通过。在电子移动穿过这些呼吸复合物的同时，质子也从线粒体基质被泵送到膜间隙。因此，每种复合物都可以被认为是一个质子泵。

传递链中的第一个呼吸复合物 NADH 脱氢酶接受来自 NADH 的电子。这些电子以氢阴离子（H^-）的形式从 NADH 中移除，然后转换成质子和两个高能电子（参见图 14-10）。反应 $H^- \rightarrow H^+ + 2e^-$ 是由 NADH 脱氢酶复合物自身所催化。在通过该复合物后，电子利用一种可在不同酶复合物之间摆渡的移动电子载体，沿着链依次移动到其他酶复合物（参见图 14-14）。这种电子转移在能量上是有利的：电子从具有较弱电子亲和力的电子载体上传递到具有较强电子亲和力的电子载体，直到它们与 O_2 分子结合形成水。最后这一步的电子转移是细胞呼吸中唯一需要 O_2 的步骤，它几乎消耗了我们所呼吸的所有 O_2。

跨线粒体内膜泵送质子产生一个陡峭的电化学质子梯度

电子从 NADH 到 O_2 这种能量上有利的转移会释放出能量，若没有一种机制来利用这种能量，能量就会简单地释放为热量。细胞能够利用其中的大部分能量，因为电子传递链中的每个呼吸酶复合物都可以使用这个能量，将质子从基质中泵送跨越线粒体内膜，进入膜间隙（参见图 14-14）。本章稍后将详述该过程所涉及的分子机制。这里，我们将重点关注这个精巧的过程所产生的后果。首先，质子的泵送在内膜上产生 H^+ 梯度或 pH 梯度，导致基质中的 pH（约 7.9）比膜间隙中的 pH 高约 0.7 个单位（7.2，与胞质溶胶的 pH 相同）。其次，质子泵送在内膜两侧产生一个电压梯度或膜电位；随着 H^+ 向外流动，膜的基质带负电，而面向膜间隙的一侧则带正电。

如第 12 章所述，驱动离子被动跨膜的力与离子的电化学梯度（electrochemical gradient）成正比。电化学梯度的强度同时取决于跨膜电压（通过膜电位测量）和离子浓度梯度（参见图 12-5）。因为质子带正电，如果另一侧有较多的负电荷，质子将很容易穿过膜。对线粒体内膜来说，pH 梯度和膜电位共同作用，产生一个陡峭的电化学质子

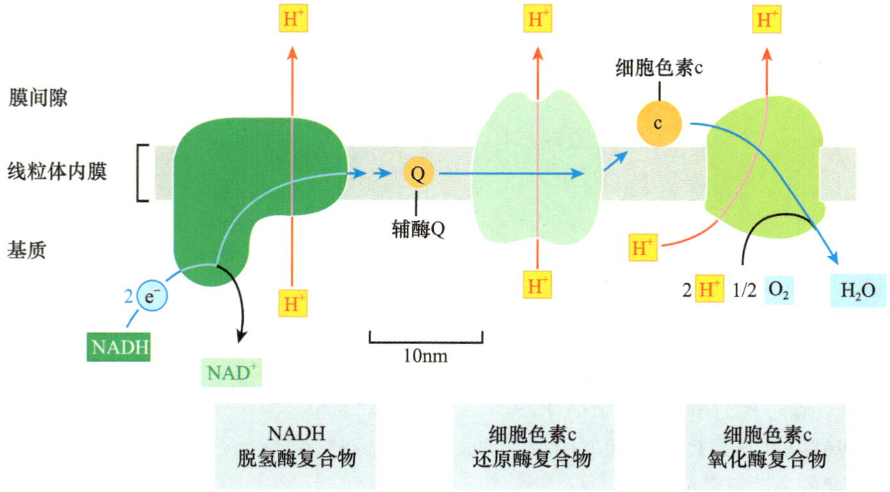

图 14-14 高能电子通过线粒体内膜的三大呼吸酶复合物进行传递。图中指出了每种复合物的相对大小和形状，但没有显示形成每种复合物的众多单个蛋白质组分。在电子从 NADH 转移到 O_2（蓝色）的过程中，来自 H_2O 的质子被每个复合物泵送跨膜，从基质进入到膜间隙（视频 14.4）。泛醌（Q）和细胞色素 c（c）作为移动载体，将电子从一个复合物传递到下一个复合物。

图 14-15 **跨线粒体内膜的电化学梯度包括一个源于膜电位（ΔV）的较大的力和一个源于 H^+ 浓度梯度即 pH 梯度（ΔpH）的较小的力。**质子浓度越高，溶液酸性越强，所以膜间隙的酸性略高于基质（参见图版 2-2）。膜电位和 pH 梯度共同产生质子动力，将 H^+ 拉回到线粒体基质中。两种力之间的精确数学关系可用能斯特方程表述（参见图 12-24）。

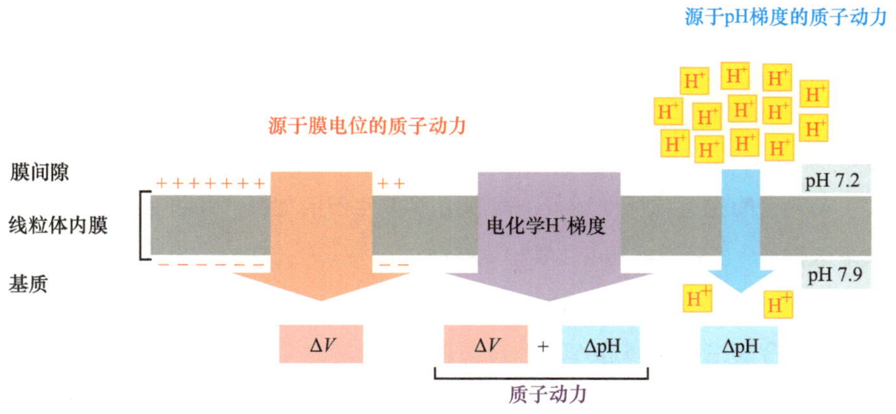

梯度，这让它在能量上非常有利于使 H^+ 回流到线粒体基质中。膜电位对这种质子动力势（proton-motive force）也有显著贡献，质子动力势可使 H^+ 跨膜回到基质；因此，膜电位越大，质子梯度中储存的能量就越多（图 14-15）。

ATP 合酶利用电化学质子梯度中存储的能量生产 ATP

如果膜间隙中的质子只是简单地流回到线粒体基质中，那么存储在电化学质子梯度中的能量将会作为热量损失掉。这种看似浪费的过程可以让冬眠中的熊保持温暖，详情会在“我们是怎样知道的”栏目中进一步讨论。然而，在大多数细胞中，跨线粒体内膜的电化学质子梯度会用于驱动 ADP 和 P_i 合成 ATP（参见图 2-27）。完成这一过程的装置是 **ATP 合酶**（ATP synthase），它是一种嵌入线粒体内膜的大型多亚基蛋白。

ATP 合酶起源古老。动物细胞的线粒体、植物和藻类的叶绿体，以及细菌和古细菌的质膜中都利用这种酶来生产 ATP。该蛋白质中催化 ADP 磷酸化的部分，由一个跨膜 H^+ 载体和附着在其上的中央柄组成，形状像一根伸展在线粒体基质中的棒棒糖（图 14-16）。每当质子通过载体，就会导致载体及其中央柄快速旋转，就像一个微型马达。当柄旋转时，它会与酶固定头部中的蛋白质发生摩擦，

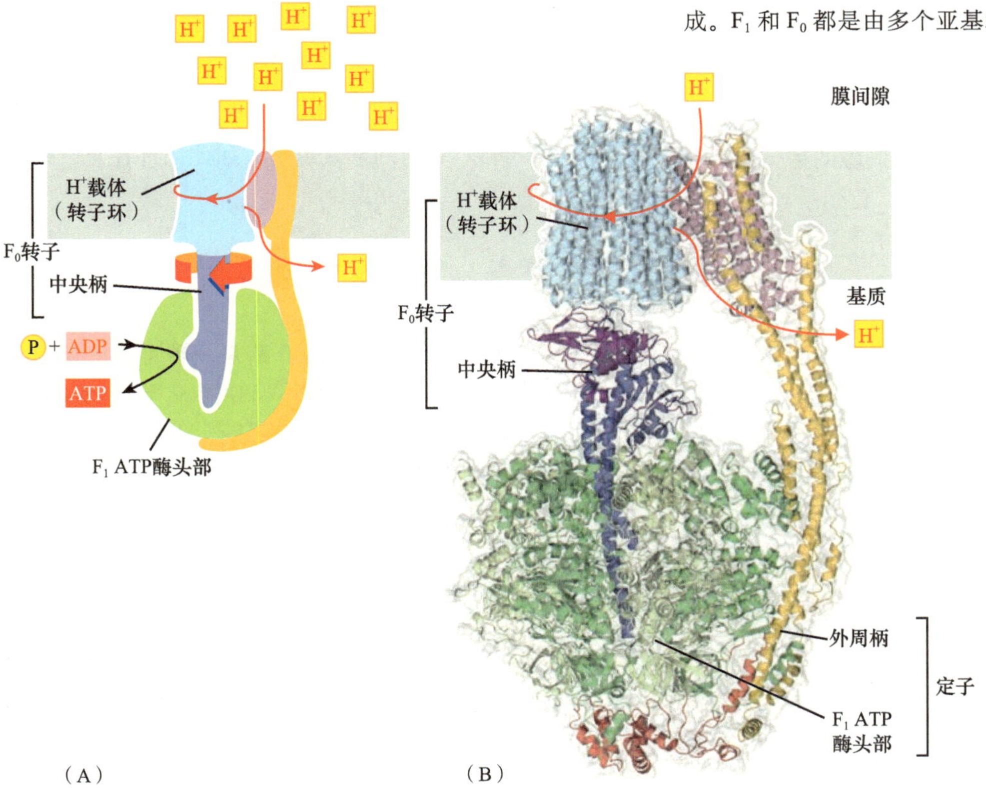

图 14-16 **ATP 合酶就像一个马达，可将质子顺其电化学梯度转运的能量转换为 ATP 中的化学键能。**（A）该多亚基蛋白是由一个称为 F_1 ATP 酶的固定头部和一个称为 F_0 的旋转部分组成。F_1 和 F_0 都是由多个亚基组成的。在电化学质子梯度的驱动下，蛋白质的 F_0 部分，包括跨膜 H^+ 载体（蓝色）和一个中央柄（深紫色），在 F_1 ATP 酶（绿色）的固定头部内快速旋转，导致它从 ADP 和 P_i 生成 ATP；头部被一个称为外围柄（橙色）的细长蛋白质“臂”固定在内膜上。F_1 ATP 酶的名字来源于当它与复合物的 F_0 部分分开后，它就可以进行逆反应，即将 ATP 水解成 ADP 和 P_i。（B）通过 X 射线晶体学确定的 ATP 合酶的三维结构。在另外的亚基（浅紫色）的帮助下，外周柄得以锚定在膜上。在另一端，外周柄通过一个小的红色亚基附着在 F_1 ATP 酶头部。视频 14.6 展示了 ATP 合酶蛋白在线粒体嵴中装配的过程。

改变头部的构象并使它们产生 ATP。通过这种方式，机械形变被转化为 ATP 的化学键能（视频 14.5）。这种精巧调控的一系列相互作用，使 ATP 合酶合成 ATP 的速度可超过每秒 100 个，其中每转一圈产生 3 个 ATP 分子。

ATP 合酶也可以反向运行，即利用 ATP 水解的能量来泵送质子，使其逆着其电化学梯度移动（图 14-17）。在这种模式下，ATP 合酶的功能类似于第 12 章中描述的 H^+ 泵。ATP 合酶主要是制造 ATP 还是消耗 ATP，取决于酶所在部位的跨膜电化学质子梯度的大小。在许多既能好氧又能厌氧生长的细菌中，当细菌耗尽 O_2 时，ATP 合酶的工作方向通常会逆转。在这种情况下，ATP 合酶利用细胞中糖酵解产生的一些 ATP 来泵送质子离开细胞，产生质子梯度，使得细菌可以通过偶联运输来转入其必需的营养物质。类似地，质子梯度也被用于驱动小分子进出线粒体基质，这在下文中将会谈到。

电化学质子梯度也驱动跨线粒体内膜转运

线粒体中的电化学质子梯度驱动的生物过程不只有 ATP 的合成。许多小的带电分子，如丙酮酸、ADP 和无机磷酸盐（P_i），需要从胞质溶胶进入线粒体基质，而其他分子，如 ATP，必须以相反的方向转运出线粒体。其中一些分子的载体蛋白将它们的转运与能量上有利的 H^+ 顺浓度梯度流入基质的过程偶联到一起（参见图 12-15）。例如，当质子沿着其电化学梯度转入到基质中时，丙酮酸和 P_i 就可以与质子共同转运进入基质。

其他转运蛋白利用电化学质子梯度产生的膜电位，从而使得线粒体内膜的基质一侧比面向膜间隙的另一侧带有更多负电荷（参见图 14-15）。一种特殊的反向转运载体蛋白可以利用这种电压梯度将 ATP 从线粒体基质中移出，并将 ADP 转入线粒体基质。这种交换使得线粒体中合成的 ATP 能够被快速地运出，这对于为细胞的其他部分供能非常重要（图 14-18）。

电化学质子梯度也是蛋白质跨线粒体内膜转运进入基质所必需。如前所述，尽管线粒体保留了它们自己的基因组并合成自己的部分蛋白质，但线粒体功能所需的大多数蛋白质都是在胞质溶胶中合成的，而且必须通过主动运输才能进入该细胞器。该转运过程需要由电化学质子梯度和 ATP 水解提供能量，我们将在第 15 章讨论。

所以，在真核细胞中，电化学质子梯度同时用于驱动 ATP 的产生，以及特定代谢物和蛋白质跨线粒体内膜的转运。在细菌中，跨质膜的质子梯度也类似地用于驱动 ATP 合成和代谢物转运。但它也是重要的直接能量来源，例如，在运动细菌中，质子流入菌体可以驱动细菌鞭毛的快速旋转，从而推动细菌的前进（视频 14.8）。

线粒体中 ADP 向 ATP 快速转化维持着细胞中 ATP/ADP 的高比率

通过图 14-18 所示的核苷酸交换，胞质溶胶中 ATP 水解产生的 ADP 分子被迅速运回线粒体进行再充电，随后线粒体中产生的大部分 ATP 分子被转运到最需要它们的胞质溶胶中。在线粒体内部，也有少量的 ATP 被用于驱动其自身的 DNA 复制、蛋白质合成、基因易位以及其他一些耗能反应。在人体细胞中，一个典型的 ATP 分子离开线粒体，再以 ADP 的形式返回，如此回环往复，每分

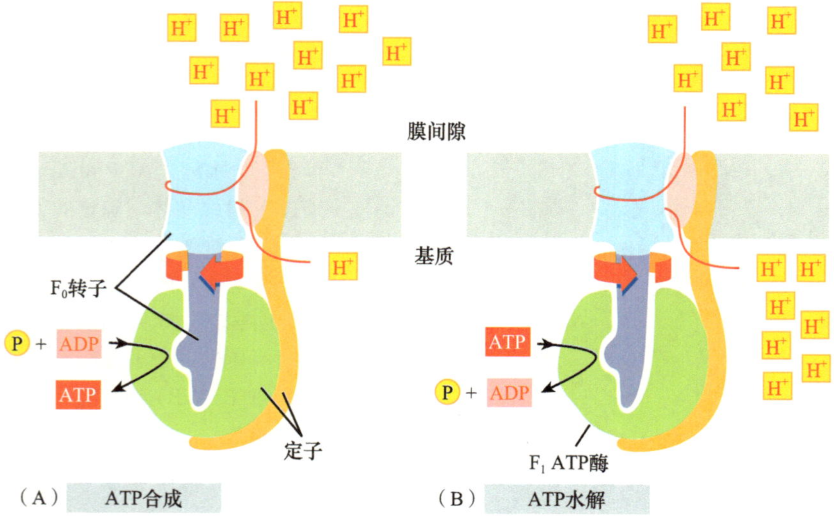

图 14-17　ATP 合酶是一种可逆的偶联装置。该蛋白质可以利用电化学 H^+ 梯度合成 ATP（A）或水解 ATP 来逆浓度梯度泵送质子（B）。在任意给定时刻的反应方向（和旋转方向）都取决于 H^+ 跨膜转运，以及从 ADP 和 P_i 合成 ATP 的偶联过程的净自由能变化（ΔG，在第 3 章中讨论）。例如，如果电化学质子梯度下降到一定水平，则 H^+ 转入基质中的 ΔG 将不再大到足以驱动 ATP 产生；此时，ATP 将被 ATP 合酶水解以重建质子梯度。视频 14.7 展示了这种非常重要的蛋白质复合物的活动。

图 14-18 **跨线粒体内膜的电化学质子梯度用于驱动一些偶联转运过程。**如图所示，每个被转运的分子上的电荷都被标出，用于与里面为负电的膜电位进行比较。当质子顺着其电化学梯度移动时，丙酮酸和无机磷酸盐（P_i）随质子一起移动到基质中。二者都带负电，因此它们的移动会受到负膜电位的阻碍；然而，H^+ 浓度梯度即 pH 梯度可用于驱动它们向内运输。ADP 被泵入基质时，ATP 通过反向转运过程被泵出基质，该交换过程由跨膜电压梯度来驱动。由于线粒体外膜上存在孔蛋白（未显示），所以它们可以让所有这些化合物自由通透。载体蛋白介导的分子主动跨膜转运和膜电位的产生在第 12 章中进行了讨论。

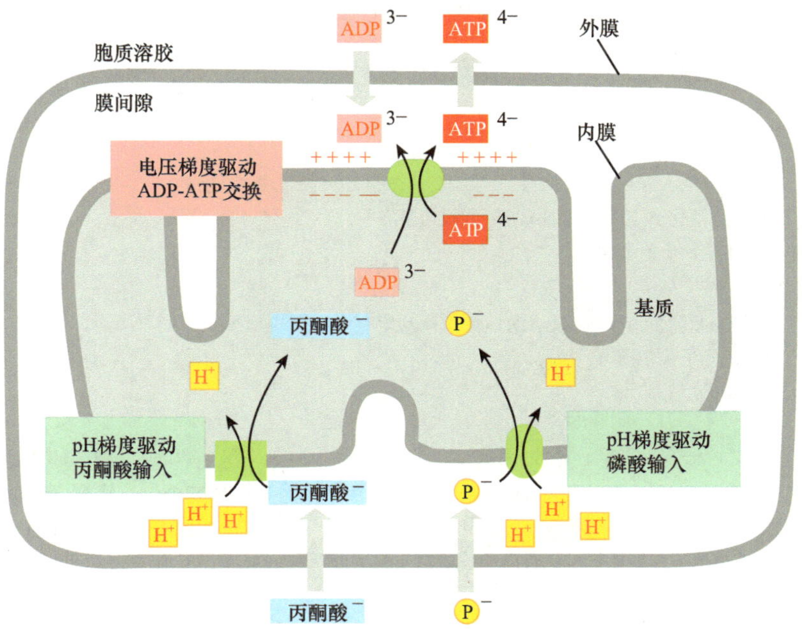

钟可完成多次。

正如第 3 章所讨论的，大多数生物合酶通过与能量上有利的 ATP 水解反应相偶联来驱动能量上不利的反应发生（参见图 3-32）。因此，细胞中的 ATP 库用于驱动各种各样的细胞过程，就类似于用电池驱动电动机。为了保持能量容易获取，必须保证胞质溶胶中 ATP 的浓度比 ADP 高约 10 倍。当线粒体的活动停止时，ATP 水平急剧下降，细胞电池电量被用完。最终，能量上不利的反应不再发生，细胞就会死亡。毒药氰化物可以阻止线粒体内膜上的电子传递，并以这种方式导致了细胞死亡。

细胞呼吸效率极高

糖氧化产生 ATP 的过程可能看起来没必要这么复杂。这个过程当然可以更简单地完成，例如，去除柠檬酸循环或呼吸链中的一些步骤就可以做到。这种简化肯定会让生物化学更容易理解，但它对细胞并没有帮助。如第 13 章所述，使细胞从食物中提取可用能量的氧化途径涉及许多中间体，每种中间体都与其前身只是略有不同。通过这种方式，锁定在食物分子中的庞大能量可以被打成能量小包，继而被活化载体（如 NADH 和 $FADH_2$）捕获（参见图 13-1）。

NADH 和 $FADH_2$ 携带的大部分能量最终转化为 ATP 的键能。每种活化载体能产生多少 ATP 取决于几个因素，包括其电子进入呼吸链的位置。在柠檬酸循环中，线粒体基质中产生的 NADH 分子将其高能电子传递给 NADH 脱氢酶复合物，即链中的第一个复合物。当电子从一个酶复合物传递给另一个酶复合物时，它们会促进质子泵送跨越线粒体内膜。通过这种方式，每个 NADH 分子可以提供足够的净能量来产生约 2.5 个 ATP 分子（参见问题 14-5 及其答案）。

另一方面，$FADH_2$ 分子绕过 NADH 脱氢酶复合物，将它们的电子直接传递给位于膜中的移动载体泛醌（参见图 14-14）。因为这些电子比 NADH 给出的电子更晚进入呼吸链，所以它们只能促进更少质子的泵送：每个 $FADH_2$ 分子因此仅产生 1.5 分子的 ATP。表 14-1 展示了葡萄糖完全氧化产生的 ATP 的完整数量。

虽然葡萄糖被氧化成 CO_2 和 H_2O 是由许多相互依赖的步骤组成，但这个称为**细胞呼吸**（cell respiration）的过程效率非常高。在细胞呼吸过程中，通过燃烧糖或脂肪释放的总能量，近 50%都被捕获并存储在 ATP 的磷酸键中。这似乎并不令人印象深刻，但它比大多数非生物的能量转换装置要有效得多。电动机和汽油发动机的效率为 10% ～ 20%。如果细胞以这种效率运作，生物体就必须不断贪婪地进食才能维持自身。而且，由于浪费的能量被释放为热量，大型生物包括人类则需要更好的散热机制来冷却自身。所以，如果不是这种精细而经济的机制使细胞可以从食物中最大量的提取能量，很难想象动物会如何演化。

表 14-1　葡萄糖的氧化产物

过程	直接产物	每个葡萄糖最终产生的 ATP 数量
糖酵解	2 NADH（胞质溶胶中）	3*
	2 ATP	3
丙酮酸氧化到乙酰 CoA（每分子葡萄糖产生 2 分子）	2 NADH（线粒体基质中）	5
乙酰 CoA 的完全氧化（每分子葡萄糖产生 2 分子）	6 NADH（线粒体基质中）	15
	2 $FADH_2$	3
	2 GTP	2
	共计	30

* 胞质溶胶中产生的 NADH 比线粒体基质中产生的 NADH 要少，原因在于线粒体内膜对于 NADH 是不通透的。因此，将 NADH 转运入线粒体基质，在那里它可以将电子传递给 NADH 脱氢酶，这是需要能量的。

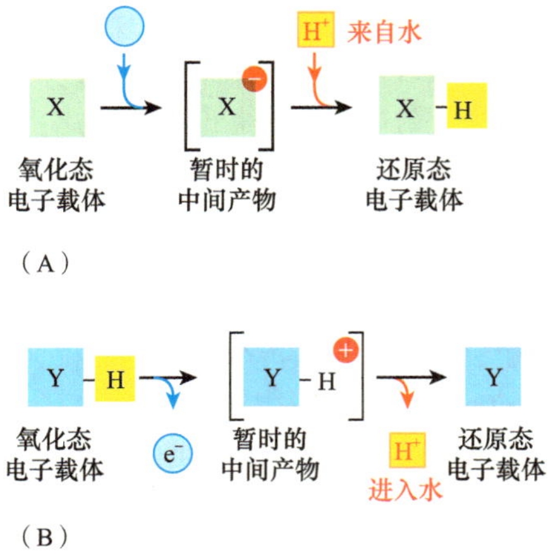

图 14-19　**电子转移可以造成所有氢原子的移动，因为质子很容易与 H_2O 分离或结合。** 在这些例子中：(A) 一个氧化的电子载体分子 X 在被还原时会吸收一个电子和一个质子；(B) 一个还原的电子载体分子 Y 在被氧化时会失去一个电子和一个质子。

电子传递和质子泵送的分子机制

多年来，生物化学家一直在努力了解为什么产生 ATP 的电子传递链必须嵌入到膜中才能发挥作用。在 20 世纪 60 年代，研究人员发现跨膜质子梯度驱动了这个过程，从而在根本上解决了这个难题。然而，化学渗透偶联的概念太过于新颖，以至于直到十多年后，能够利用人工产能系统实验检测了质子梯度的力，该概念才被广泛接受。(参见“我们是怎样知道的”栏目的描述)。

虽然研究人员仍在研究化学渗透偶联的一些原子水平上的细节，但基本情况现在已经很清楚了。在本节中，我们将会探究构成电子移动基础的基本原理，并在分子水平解释电子传递如何驱动质子梯度的产生。线粒体、叶绿体和原核生物都使用非常相似的机制，因此这些原理几乎适用于所有生物。

质子很容易被电子传递移动

尽管质子的跨膜方式与 Na^+ 和 K^+ 等其他阳离子相类似，但在某些方面它们是独特的。氢原子是目前生物体中最丰富的原子，它不仅富含于所有含碳生物分子中，也富含于其周围的水分子中。水中的质子是高度活跃的，它们通过与一个水分子迅速分离，再与相邻的水分子结合，可以快速地穿过水分子的氢键网络（参见图 2-15B）。因此，细胞中无处不在的水可以充当一个提供和接受质子的现成储存库。在氧化和还原过程中，这些游动的质子通常伴随着电子进行转移。一个孤立的电子（e^-）带有负电荷。但是当一个分子通过获得一个电子而被还原时，在许多情况下，该电荷会立即通过从水中获取一个质子而被中和掉。因此，反应的净效应是转移了一个完整的氢原子，即 $H^+ + e^-$（图 14-19A）。

同样，当一个分子被氧化时，它的氢原子经常会失去一个电子：在大多数情况下，电子会转移到电子载体上，而留下的质子转移到水中（图 14-19B）。因此，当电子沿着膜上的电子传递链进行传递时，原则上将质子从膜的一侧移动到另一侧是一件相对简单的事情。所需要的只是电子载体在膜一侧接受一个电子时，也能同时从水中接受一个质子。随后，当它把电子传递给链中的下一个电子载体分子时，也就将质子释放到了膜的另一侧（图 14-20）。

氧化还原电位是电子亲和性的量度

呼吸链的蛋白质可以引导电子从一个酶复合物依次移动到下一个。每一步电子转移都是一个氧化还原反应：如第 3 章所述，给出电子的分子或原子被氧化，而接收电子的分子或原子被还原。这些反应必然是偶联的：电子从一个分子中离开后总是传递给另一个分子，因此每当一个分子被氧化，必然有另一个分子被还原。

与任何其他化学反应一样，这种**氧化还原反应**（oxidation-reduction reaction，或称为 redox reaction）自发进行的趋势取决于电子转移的自由能变化（ΔG），而电子转移依赖于参与分子的相对电子亲和力。电子会从一些具

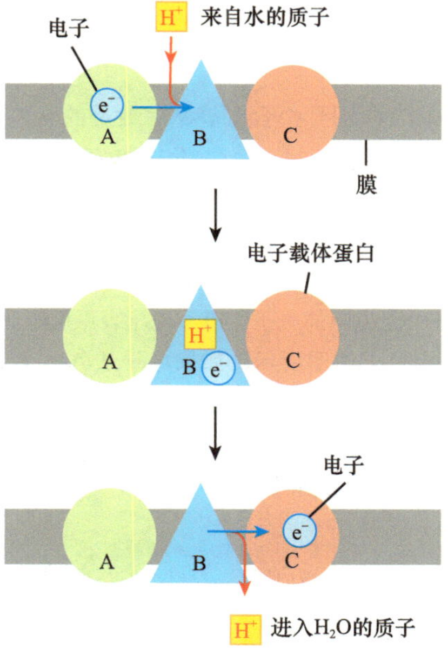

图 14-20 膜中电子载体的取向使电子转移可用于驱动质子泵。 当一个电子沿着电子传递链传递时，在每一步它都能结合并释放一个质子。在本示意图中，电子载体蛋白质 B 在接受来自蛋白质 A 的电子（e^-）时从膜的一侧获得一个质子（H^+）；当蛋白质 B 将电子提供给电子载体，即蛋白质 C 时，蛋白质 B 将质子释放到膜的另一侧。因此，在这个例子中，一个电子的转移泵送一个质子跨膜。

有相对低电子亲和力和容易失去电子的分子上自发地转移到对电子具有更高亲和力的分子上。例如，NADH 具有较低的电子亲和力，因此其电子很容易传递给 NADH 脱氢酶复合物（参见图 14-14）。为我们的电子设备供电的电池也是基于类似的原理，即电子在具有不同电子亲和力的化学物质之间进行转移。

电子传递为生物提供了大部分能量，所以值得我们花时间去了解它。我们在第 2 章中看到，提供质子的分子称为酸；接受质子的分子称为碱（参见图版 2-2）。酸和碱以共轭酸碱对的形式存在，其中酸很容易失去一个质子而转化为碱。例如，乙酸（CH_3COOH）在以下反应中转化为它的共轭碱（CH_3COO^-）：

$$CH_3COOH \rightleftharpoons CH_3COO^- + H^+$$

以类似的方式，成对的化合物如 NADH 和 NAD^+ 被称为**氧化还原对**（redox pair），因为在以下反应中，NADH 失去电子而转化为 NAD^+：

$$NAOH \rightleftharpoons NAD^+ + H^+ + 2e^-$$

NADH 是一种强电子供体。它的电子可以说是保持在“高能量”状态，因为把它的电子传递给许多其他分子的 ΔG 是非常有利的。相反，由于难以在 NADH 中产生高能电子，其对应的 NAD^+ 是弱电子受体。

诸如 $NADH/NAD^+$ 的氧化还原对提供或接受电子的趋势可以通过测量其**氧化还原电位**（redox potential）的实验来确定（图版 14-1）。氧化还原电位越低，分子对电子的亲和力就越低，它们作为电子供体的可能性就越大。氧化还原电位的单位是伏特，与标准电池相同。

电子会自发地从具有低氧化还原电位（或对电子低亲和力）的氧化还原对（如 $NADH/NAD^+$），移动到具有高氧化还原电位（或对电子高亲和力）的氧化还原对（如 O_2/H_2O）。因此，NADH 分子很适合于向呼吸链提供电子，而 O_2 非常适合在通路末端充当电子“洼地”。如在图版 14-1 中所解释的，氧化还原电位差 $\Delta E_0'$ 是电子从一个分子转移到另一个分子的标准自由能变化（ΔG^o）的直接量度。

电子转移释放出大量能量

一次电子转移能释放出来多少能量可以通过比较两个参与分子的氧化还原电位来确定。让我们再次看看电子从 NADH 到 O_2 的转移过程。如图版 14-1 所示，NADH 和 NAD^+ 的 1∶1 混合物的氧化还原电位为 –320mV，这表明 NADH 对电子的亲和力弱，并且具有强烈给出电子的倾向；H_2O 和 $1/2O_2$ 的 1∶1 混合物的氧化还原电位为 +820mV，这表明 O_2 对电子有强亲和力并且具有强烈接受电子的倾向。这两对之间氧化还原电位的差异为 1.14V（1140mV），这意味着在这些标准条件下每个电子从 NADH 向 O_2 的转移是非常有利的：每一个电子转移的 ΔG^o 为 –109.6kJ/mol，或者每一个 NADH 给出两个电子的 ΔG^o 为 –219.2kJ /mol（参见图版 14-1）。如果我们将这种自由能的变化与形成 ATP 末端的磷酸酐键所需的自由能变化进行比较，可以看到一个 NADH 分子氧化释放的能量（大约 54kJ/mol）足以合成几个 ATP 分子。

生命系统可能已经演化出了可以让 NADH 直接向 O_2 提供电子来生成 H_2O 的酶。但由于自由能的剧烈下降，这个反应将会以几乎爆炸式的方式完成，而且绝大部分能量会以热量的形式释放出来。相反，正如我们所看到的，电子从 NADH 向 O_2 的转移是沿着电子传递链分成许多小步骤完成的，这样就能够把释放出的近一半的能量存储在跨线粒体内膜的质子梯度中，而不会以热量散失到环境中。

图版 14-1　氧化还原电位

如何测量氧化还原电位

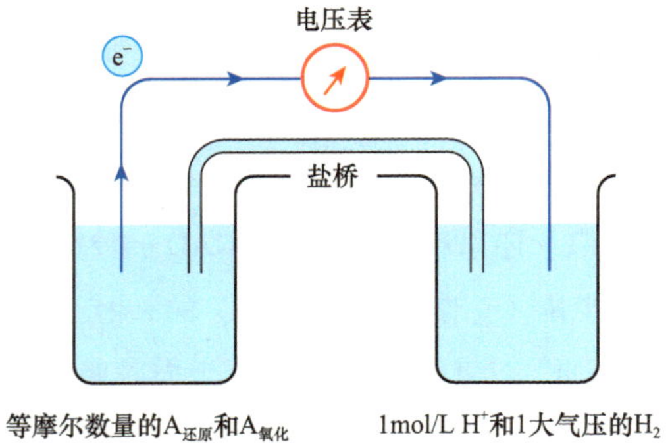

一个烧杯（左图）中含有等摩尔数量的 A 物质的氧化还原对：$A_{还原}$和 $A_{氧化}$。另一个烧杯中含有氢参考标准（$2H^+ + 2e^- \rightleftharpoons H_2$），国际上通认其氧化还原电位为 0（一个由 KCl 浓溶液构成的盐桥，可使 K^+ 和 Cl^- 在两个烧杯之间流动，以此来中和电子在两个烧杯间流动时所产生的电荷）。金属线（深蓝）是一个无电阻的电子通道，电压表可用于测定物质 A 的氧化还原电位。如图所示，如果电子从 $A_{还原}$流向 H^+，那么物质 A 形成的氧化还原对就被认为有一个负的氧化还原电位。相反，如果电子从 H_2 流向 $A_{氧化}$，则该电子还原对就被认为有一个正的氧化还原电位。

标准氧化还原电位 E_0'

一个氧化还原对的标准氧化还原电位被定义为 E_0，它是在标准条件下进行测定，即所有反应物（包括 H^+）的浓度都是 1mol/L。鉴于生物反应发生在 pH 为 7 的条件下，所以生物学家将标准状态定义为 $A_{还原}=A_{氧化}$同时 $H^+=10^{-7}$mol/L。这个标准氧化还原电位用符号 E_0' 而不是 E_0 表示。

氧化还原反应的例子	标准氧化还原电位E_0'
$NADH \rightleftharpoons NAD^+ + H^+ + 2e^-$	−320mV
还原型辅酶Q $\rightleftharpoons$ 氧化型辅酶Q + $2H^+ + 2e^-$	+30mV
还原型细胞色素c $\rightleftharpoons$ 氧化型细胞色素c + e^-	+230mV
$H_2O \rightleftharpoons ½O_2 + 2H^+ + 2e^-$	+820mV

从氧化还原电位计算 $\Delta G°$

为确定电子转移过程中的能量变化，该反应的 $\Delta G°$（kJ/mol）可通过如下公式计算：

$\Delta G°=-n(0.096)\Delta E_0'$

其中，n 是通过氧化还原电位改变 $\Delta E_0'$ 毫伏（mV）所传递的电子数量，$\Delta E_0'=\Delta E_0'$（受体）$-\Delta E_0'$（供体）。

例如：

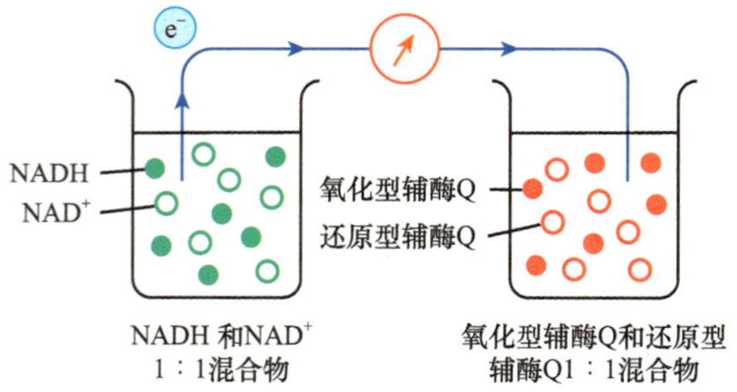

对于一个电子从 NADH 转移到泛醌：

$\Delta E_0' = +30 - (-320) = +350$mV

$\Delta G° = -n(0.096)\Delta E_0' = -1(0.096)(350) = -34$kJ/mol

类似的计算表明一个电子从泛醌转移到 O_2 存在一个在能量上更为有利的 $\Delta G°$，即 −76kJ/mol。一个电子从 NADH 转移到 O_2 的 $\Delta G°$ 值是这两个值的总和，即 −110kJ/mol。

浓度改变的效应

正如第 3 章所述，一个反应的实际自由能变化 ΔG 取决于反应物的浓度，而且通常与标准自由能变化 $\Delta G°$ 不同。标准的氧化还原电位是用于氧化还原对的 1∶1 混合物，例如，NADH 和 NAD^+ 的 1∶1 混合物的标准氧化还原电位是 −320V。但如果 NADH 比 NAD^+ 多时，电子从 NADH 转移到电子受体就变得更为有利。氧化还原电位和电子转移的 ΔG 值都会更负。

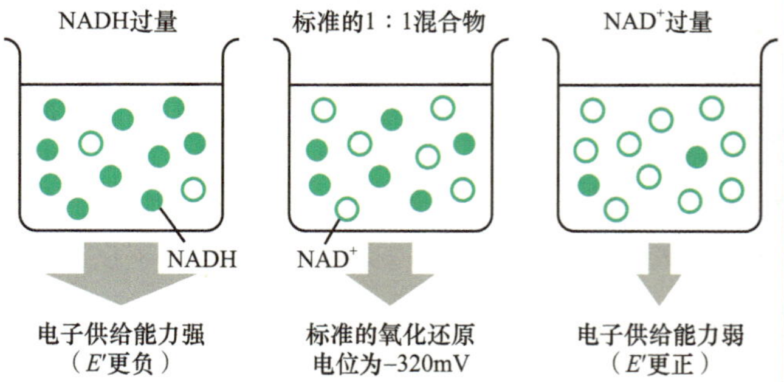

金属与蛋白质紧密结合，形成多种多样的电子载体

三种呼吸酶复合物中的每一种都含有与蛋白质紧密结合的金属原子。一旦电子进入呼吸酶复合物，它就可以从一个金属离子跳到另一个对电子具有更强亲和力的离子，从而在复合物内部移动。

相比之下，电子在不同呼吸复合物之间的传递是由可在脂质双层内或沿着脂质双层自由扩散的电子载体传送。这些移动的载体从一个复合物中获取电子并将它们按顺序传递给下一个复合物。例如，在线粒体呼吸链中，一种叫做泛醌的疏水小分子从 NADH 脱氢酶复合物中获取电子，并把它们传递给细胞色素 c 还原酶复合物（参见图 14-14）。一种相关的**醌**（quinone）也在光合作用的电子传递过程中发挥类似的作用。一个泛醌分子可以接受或给出一个或两个电子，并且它每携带一个电子，便从水中获得一个 H^+（图 14-21）。就获得或失去电子的倾向而言，该分子 +30mV 的氧化还原电位使它位于 NADH 脱氢酶复合物和细胞色素 c 还原酶复合物之间，这也解释了为什么泛醌会从前者接收电子并将电子给予后者（图 14-22）。泛醌也可作为柠檬酸循环期间和脂肪酸氧化期间产生的 $FADH_2$ 给出电子的入口点（图 13-11 和图 13-12）。

不同金属复合物的氧化还原电位影响它们在电子传递链中被使用的顺序。**铁-硫中心**（iron-sulfur center）对电子具有相对低的亲和力，因此主要位于在链的早期发挥作用的电子载体中。例如，NADH 脱氢酶复合物中的一个铁硫中心将电子传递给泛醌。在传递链的后期，位于细胞色素蛋白的血红素基团中的铁原子通常被用作电子载体（图 14-23）。这些血红素基团使细胞色素 c 还原酶和细胞色素 c 氧化酶复合物等**细胞色素**（cytochrome）着色（“细胞色素”来源于希腊语 *chroma*，意为“颜色”）。与其他电子载体一样，细胞色素蛋白的氧化还原电位越高，它们在线粒体电子传递链中所处的位置就越靠下。例如，细胞色素 c，一种可以接受来自细胞色素 c 还原酶复合物的电子并将它们转移给细胞色素 c 氧化酶复合物的小蛋白质，其氧化还原电位是 +230mV，这个值大约位于和它相互作用的两个细胞色素复合物的氧化还原电位值之间（图 14-22）。

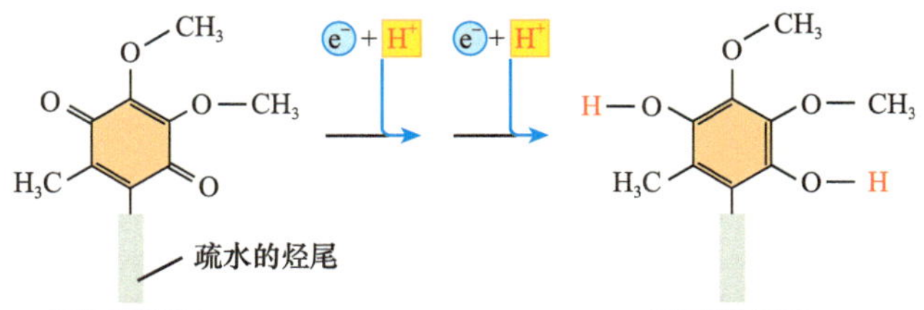

图 14-21 **醌在脂质双分子层内携带电子。**线粒体电子传递链中的醌被称为泛醌。每当它接受一个电子，就从水环境中吸收一个 H^+，它可以携带两个电子作为其氢原子的一部分（红色）。当这种还原性的泛醌将其电子给到链中的下一个载体时，质子便被释放出来。长而疏水的碳氢化合物尾部将泛醌限定在线粒体内膜上。

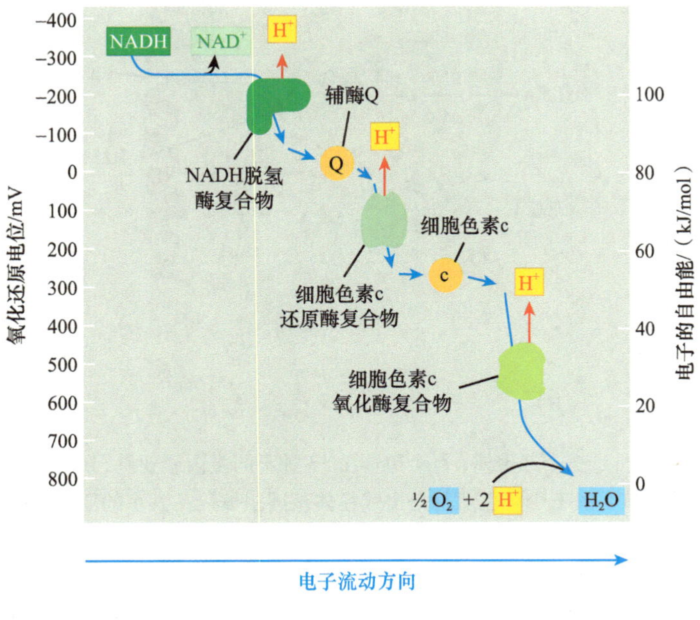

图 14-22 **氧化还原电位沿线粒体电子传递链而增加。**氧化还原电位最大幅度的增加就发生在电子穿越三种呼吸酶复合物时，这使得它们中的每一种都能够泵送质子。

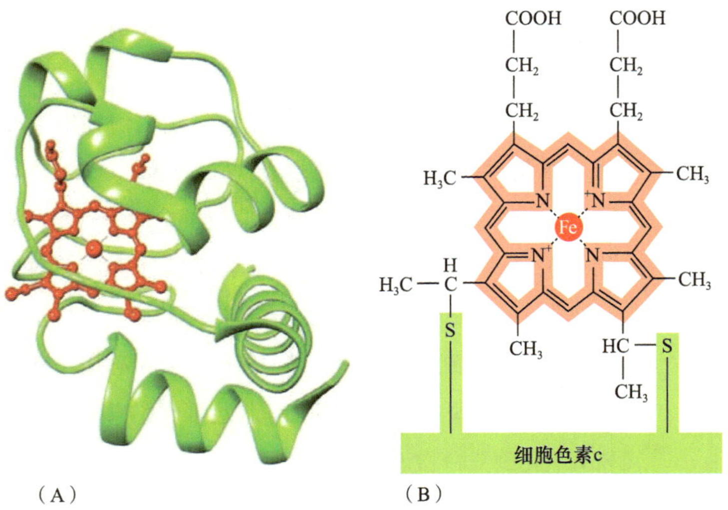

图 14-23　血红素基团中的铁可以作为电子受体。（A）带状结构，显示与细胞色素 c（绿色）结合的血红素基团（红色）的位置。（B）血红素基团的卟啉环（浅红色）与蛋白质中的侧链共价连接。不同细胞色素的血红素基团具有不同的电子亲和力，这是因为它们在结构上略有不同，并处于每种蛋白质内部不同的局部微环境中。

细胞色素 c 氧化酶催化氧分子的还原

细胞色素 c 氧化酶（cytochrome c oxidase）是呼吸链中最终的电子载体，在呼吸链中具有最高的氧化还原电位。这种蛋白质复合物可以从细胞色素 c 中移除电子从而氧化它，因此得名“细胞色素 c 氧化酶”。细胞色素 c 氧化酶具有极高的电子亲和力，部分原因是它具有一个含有血红素基团和一个铜原子的特殊氧结合位点（图 14-24）。电子传递链起始时由 NADH 给出电子，直到此处电子被传递到 O_2，产生 H_2O，我们呼吸的所有 O_2 在这里也几乎全都被消耗。

总体而言，共有 4 个由细胞色素 c 提供的电子和 4 个从水性环境获得的质子通过 $4e^- + 4H^+ + O_2 \rightarrow 2H_2O$ 反应，加入每个 O_2 分子中。在把 4 个来自于细胞色素 c 的电子传递给 O_2 时，除了与 O_2 结合的质子之外，还有另外 4 个质子被泵送跨膜。发生这种泵送是因为电子的传递驱动了细胞色素 c 氧化酶构象的变构，从而使质子从线粒体基质中排出（图 14-25）。

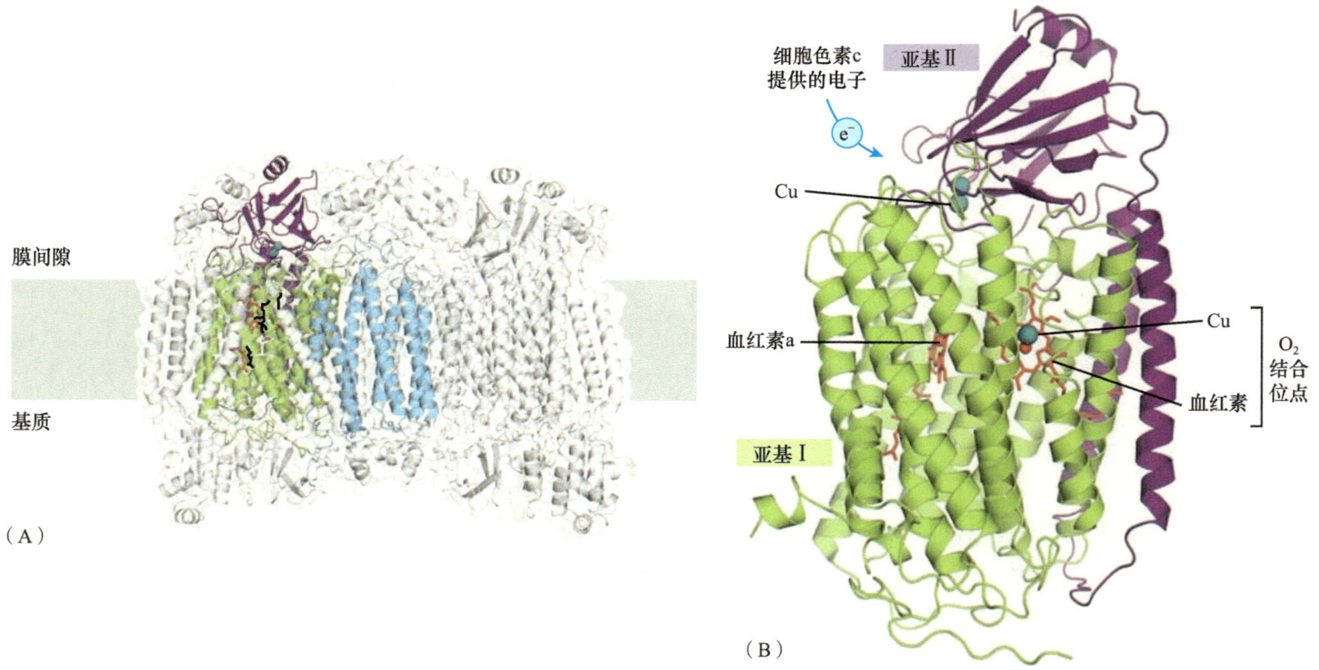

图 14-24　细胞色素 c 氧化酶是一种精细调控的蛋白质机器。该蛋白质是一个二聚体，每个单体由 13 种不同蛋白质亚基组成。（A）图中显示的是定位在线粒体内膜中的整个蛋白质。形成复合物功能核心的三个彩色亚基是由线粒体基因组编码；其余的亚基由核基因组所编码。（B）当电子被传递给其结合的 O_2 分子并途经该蛋白质时，它们会驱动该蛋白质泵送质子跨膜。如图所示，血红素和铜原子（Cu）形成了特定的位点，在此处紧密结合的 O_2 分子将会接收 4 个电子以产生 H_2O。图中仅显示了 13 个亚基中的 2 个。

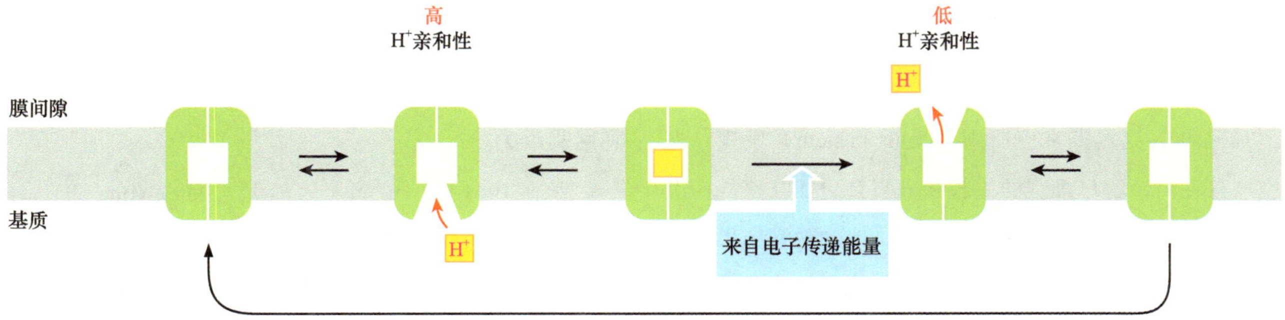

图 14-25　**质子泵送与电子传递相偶联。** NADH 脱氢酶复合物和细胞色素 c 氧化酶以及许多其他质子泵也使用这种偶联机制。蛋白质会发生三种构象的循环变化。在其中一种构象中，蛋白质对 H^+ 的亲和力较高，导致它会在膜的基质侧获取 H^+。在另一种构象中，蛋白质对 H^+ 的亲和力降低，导致它在膜的另一侧将 H^+ 释放出来。如图所示，循环仅会沿着一个方向发生，最终将质子释放到膜间空间中，这是因为其中一个步骤中的蛋白质变构是由能量上有利的电子传递所驱动。

O_2 因其对电子的高亲和力，可用作电子的收集箱。然而，一旦 O_2 获得一个电子，它就会形成超氧化物自由基 O_2^-；这种自由基的活性是危险的，无论在哪里，它都会积极获取额外三个电子，这种倾向会对附近的 DNA、蛋白质和脂膜造成严重损害。

正因为这样，细胞色素 c 氧化酶的活性位点会与氧分子紧密结合，直到它接收到将其转化为两分子 H_2O 所需的全部四个电子为止。这种紧密结合是至关重要的，因为它可以防止超氧化物自由基攻击整个细胞中的大分子，其产生的损伤一直被认为是人体衰老的重要原因。

细胞色素 c 氧化酶的演化使细胞可以利用 O_2 作为一种电子受体，这种蛋白质复合物对于所有好氧生物都是至关重要的。像氰化物这样的毒药之所以有剧毒，正是因为它们可以与细胞色素 c 氧化酶复合物紧密结合，从而阻断了电子的传递和 ATP 的产生。

叶绿体和光合作用

事实上，现如今细胞的所有有机物质都产自于**光合作用**（photosynthesis），即通过从大气二氧化碳（CO_2）中产生有机分子的一系列光驱动反应。植物、藻类和光合细菌（如蓝细菌）利用水中的电子和太阳光的能量来完成这一化学壮举。在此过程中，水分子被分解，释放大量的 O_2 进入大气中。这些 O_2 反过来可以支持氧化磷酸化反应，不仅支持动物，还支持植物和好氧细菌。正如我们将在本章末尾所详细讨论的，光合细菌的活动最终使大气中充满了 O_2，这为演化出今天可以利用有氧代谢来制造 ATP 的无数生命形式奠定了基础（图 14-28）。

对于大多数植物，光合作用主要发生在叶片上。在那里，**叶绿体**（chloroplast）这种特化的胞内细胞器可以捕获光能来产生 ATP 和 NADPH。这些活化载体随后被用于将 CO_2 转化为糖的前体有机分子，此过程被称为碳固定（carbon fixation）。

鉴于叶绿体在光合作用中的核心功能，我们在本节的开始会描述这种高度特化的细胞器的结构。然后，我们对光合作用进行简单的概述，再详细说明叶绿体从阳光中获取能量来产生大量 ATP 和 NADPH 的机制。最后，我们解释一下植物如何利用这两种活化的载体来合成糖和其他的食物分子，这些糖和食物分子不仅维持了植物的生存，还维持了以植物为食的大量其他生物的生存。

叶绿体与线粒体类似，但有一个额外的区室，即类囊体

叶绿体比线粒体更大一些，但二者都是按照相似的结构原则组织起来的。叶绿体具有高通透性的外膜和通透性低得多的内膜，其中嵌入了各种膜转运蛋白。内外膜和膜间狭窄的膜间隙共同形成了叶绿体包膜。内膜围绕着一个很大的空间称为**基质**（stroma），其中含有许多代谢酶，类似于线粒体基质（参见图 14-5）。

然而，线粒体与叶绿体之间存在一个重要的差异，即叶绿体的内膜不含有产生能量所需的分子机器。取而代之的是，它的光捕获系统、电子传递链，以及在光合作用期间将光能转换为 ATP 的 ATP 合酶都包含在类囊体膜（thylakoid membrane）中。叶绿体中的这第三种膜折叠形成一组扁平的盘状囊，称为**类囊体**（thylakoid），多个类囊体排列成整齐的堆状，称为基粒（grana）（图 14-29）。每个类囊体的内腔与其他类囊体的内腔相连通，形成一

化学渗透如何驱动 ATP 合成

1861 年，路易斯·巴斯德（Louis Pasteur）发现，当有空气存在时，酵母细胞的生长和分裂会更加旺盛，初次证明了有氧代谢比无氧代谢更加高效。他的观察结果现在看来是很容易解释的，因为我们知道氧化磷酸化是一种比糖酵解更高效的产生 ATP 的方法。每分子葡萄糖氧化可产生约 30 个 ATP 分子，而糖酵解本身只能产生 2 个 ATP 分子。但直到一百多年后，研究人员才确定是利用质子泵送驱动 ATP 合成的化学偶联过程使得细胞能量的产生如此高效。

虚构的中间体

在 20 世纪 50 年代，许多研究人员认为线粒体中发生的氧化磷酸化是通过类似于糖酵解的机制产生 ATP。在糖酵解过程中，ADP 分子直接通过从“高能”中间体接收磷酸基团而产生 ATP。这种底物水平的磷酸化发生在糖酵解的步骤 7 和步骤 10 中，其中来自 1,3-二磷酸甘油酸和磷酸烯醇丙酮酸的高能磷酸基团分别转移至 ADP 以形成 ATP（参见图版 13-1）。研究人员认为线粒体中的电子传递链可能会产生一些类似的磷酸化中间体，这些中间体随后可以将其磷酸基团直接传递给 ADP。这一假设驱使研究人员对这种神秘的高能中间体进行了长期但令人沮丧的搜索。偶尔有研究人员声称发现了这个缺失的中间体，但这些化合物最终都被证明与电子传递无关，或者正如一位研究人员在对生物能学历史的综述中写到的，只是“虚构的高能产物”。

利用驱动力

直到 1961 年，彼得·米歇尔（Peter Mitchell）才提出他的同事们所寻找的“高能中间体”实际上是电子传递系统所产生的电化学质子梯度。他的猜想被称为化学渗透假说，认为电子在传递链上转移时形成的电化学质子梯度的能量可以被用以驱动 ATP 的合成。

有多种证据支持米歇尔提出的机制。首先，已知线粒体确实会在其内膜上产生电化学质子梯度。这种梯度也称为质子动力，它究竟起了什么作用呢？如果正如化学渗透假说所假定的那样，梯度为驱动 ATP 合成所必需，那么破坏内膜或消除内膜上的质子梯度应该会抑制 ATP 的产生。事实上，研究人员发现这两种预测都是正确的。物理方法破坏线粒体内膜会阻止 ATP 在该细胞器中的合成。类似地，利用化学“解偶联”剂如 2,4-二硝基苯酚（DNP）解除质子梯度也会抑制线粒体产生 ATP。这种梯度破坏性的化学物质会携带 H^+ 跨过线粒体内膜，形成一个 H^+ 的运动穿梭系统，从而绕过了产生 ATP 的 ATP 合酶（图 14-26）。通过这种方式，化合物（如 DNP）可以将电子转移与 ATP 合成解偶联。由于这种短路，质子动力势完全消散，细胞器也不再能产生 ATP。

这种解偶联在一些特定的脂肪细胞中也会自然发生。在*棕色脂肪细胞*（brown fat cell）中，来自脂肪氧化的大部分能量是作为热量消散而不会转化为 ATP。这些细胞中的线粒体内膜含有一种载体蛋白，可以使质子沿着其电化

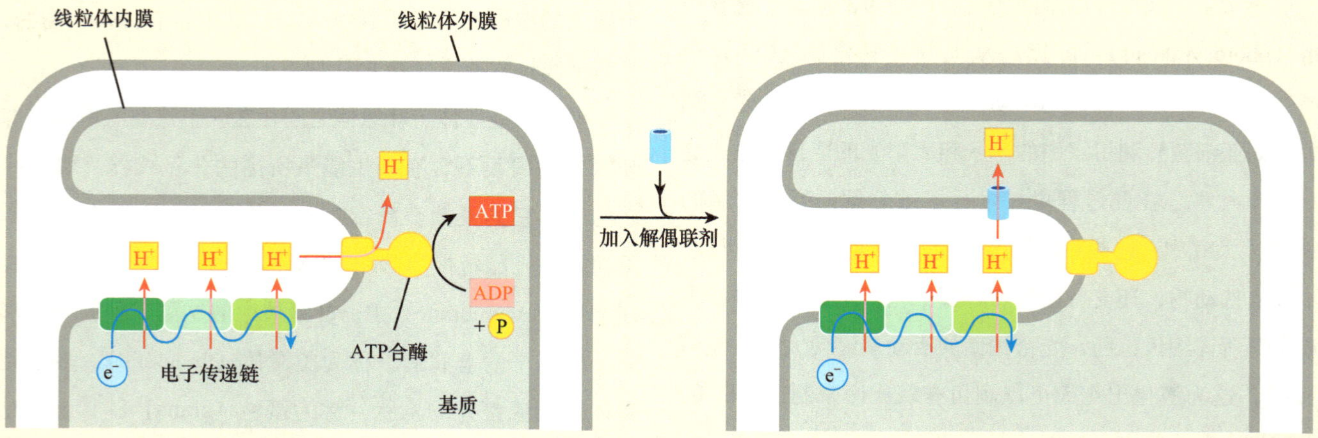

图 14-26 **解偶联剂是 H^+ 载体，可以插入线粒体内膜。**它们可以使膜对质子通透，从而使 H^+ 不通过 ATP 合酶而流入线粒体基质。这种短路可有效地解偶联 ATP 合成中的电子传递。

学梯度向下移动，从而绕过 ATP 合酶。结果，细胞可以快速地氧化它们的脂肪储备并产生比 ATP 更多的热量。含有棕色脂肪的组织可作为生物热垫，帮助冬眠动物苏醒，并保护新生婴儿（如颈背）的敏感区域免受寒冷侵袭。

人工合成 ATP

如果破坏跨线粒体内膜的电化学质子梯度可以终止 ATP 合成，那么相反地，人工制造一个质子梯度应该会刺激 ATP 合成。这种推断再次被证明是正确的。当通过人为降低线粒体内膜外部的 pH 来强加上一个质子梯度时，ATP 就快速出现了。

电化学质子梯度是如何驱动 ATP 生成的呢？这就是 ATP 合酶的功劳。1974 年，埃夫拉伊姆·瑞克（Efraim Racker）和瓦尔特斯·斯托克尼乌斯（Walther Stoeckenius）证明可以人工组装 ATP 生成系统。他们把从牛心肌线粒体中分离到的 ATP 合酶和从盐生盐杆菌（*Halobacterium halobium*）的紫色质膜中纯化的质子泵组合在一起。正如第 11 章所讨论的，这种原核生物的质膜中密集分布着细菌视紫红质，该蛋白质可以在有阳光时将 H^+ 泵出细胞（参见图 11-28）。

瑞克和斯托克尼乌斯证明，将单独的细菌视紫红质蛋白重组到人工脂质囊泡（脂质体）中，该蛋白质在光照下可以将 H^+ 泵入囊泡，产生一个质子梯度（蛋白质在这些脂质体膜中的方向颠倒了，因此质子是被转运到囊泡中；在细菌中，质子是被泵出体外）。随后，令很多生物化学家感到不可思议的是，当把牛的 ATP 合酶整合到这些囊泡上，该系统可以在光的刺激下催化 ADP 和无机磷酸盐合成 ATP。这种 ATP 的形成也表现出对完整质子梯度的绝对依赖性，因为从系统中减少细菌视紫红质或添加像 DNP 这样的解偶联剂都会减少 ATP 的合成（图 14-27）。

这项出色的实验毫无疑问地证明了质子梯度可以导致 ATP 合酶产生 ATP。因此，尽管生物化学家最初希望发现一种参与氧化磷酸化的高能中间体，但实验证据最终使他们确信他们的搜索是徒劳的，而且化学渗透假说是正确的。米歇尔因此获得了 1978 年的诺贝尔奖。

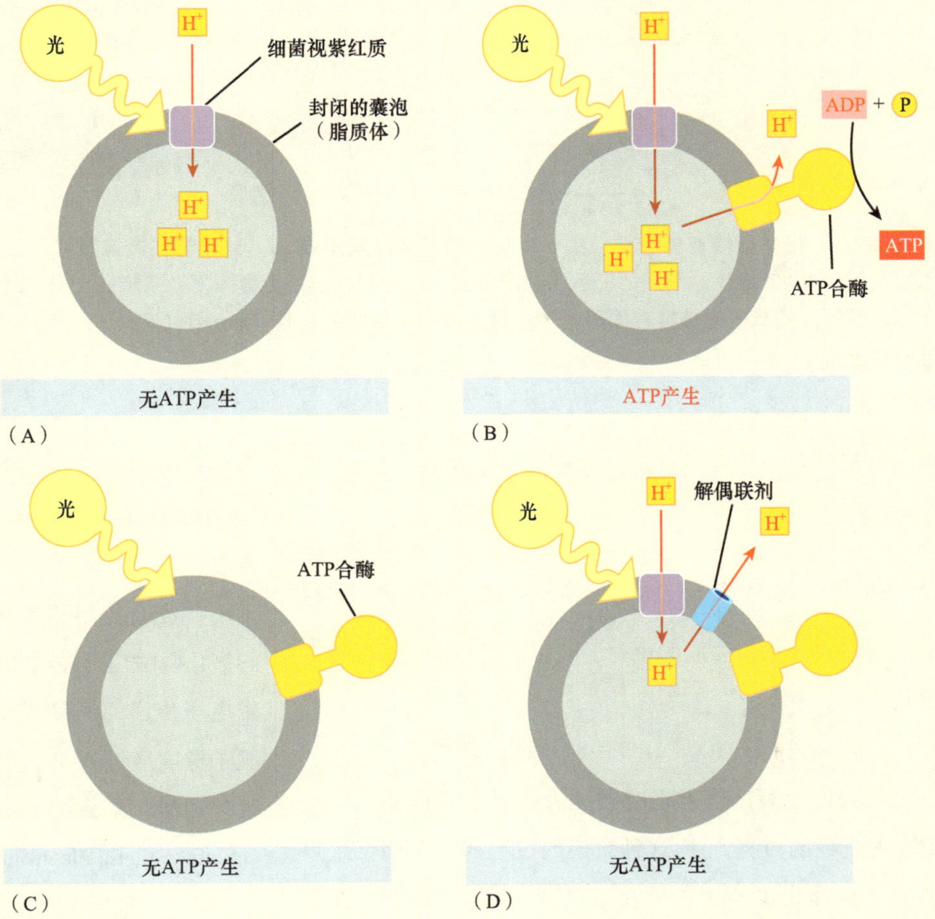

图 14-27　将细菌视紫红质和牛线粒体 ATP 合酶引入脂质体的实验提供了质子梯度可以推动 ATP 产生的直接证据。（A）当把细菌视紫红质加入人工脂质囊泡（脂质体）时，该蛋白质会响应光而产生一个质子梯度。（B）在含有细菌视紫红质和 ATP 合酶的人工囊泡中，光产生的质子梯度可以驱动 ADP 和 P_i 形成 ATP。（C）只含有 ATP 合酶的人工囊泡自身不会响应光而产生 ATP。（D）在含有细菌视紫红质和 ATP 合酶的囊泡中，破坏质子梯度的解偶联剂会减少光诱导的 ATP 合成。

（A）（B）（C）

图 14-28 **进行产氧光合作用的微生物改变了地球的大气层。**（A）来自西澳大利亚环礁湖的活叠层石。这些结构是在特定的环境下，由产氧光合蓝藻的巨大菌落在其薄的菌层中结合沙子或矿物而形成的片层。（B）一个现代叠层石的横截面，显示其片层结构。（C）在化石叠层石中可以看到类似的片层结构。这些古老的沉积物，有些已经超过 35 亿年，还含有光合细菌的遗迹。这些光合菌释放 O_2 的活动最终改变了地球的大气层。（图 A 蒙 Cambridge Carbonates Ltd. 惠赠；图 B 蒙 Roger Perkins 惠赠，虚拟化石博物馆，https：//creativecommons.org/licenses/by-nc/4.0/；图 C 蒙加州大学生物摄影服务中心 SM Awramik 惠赠。）

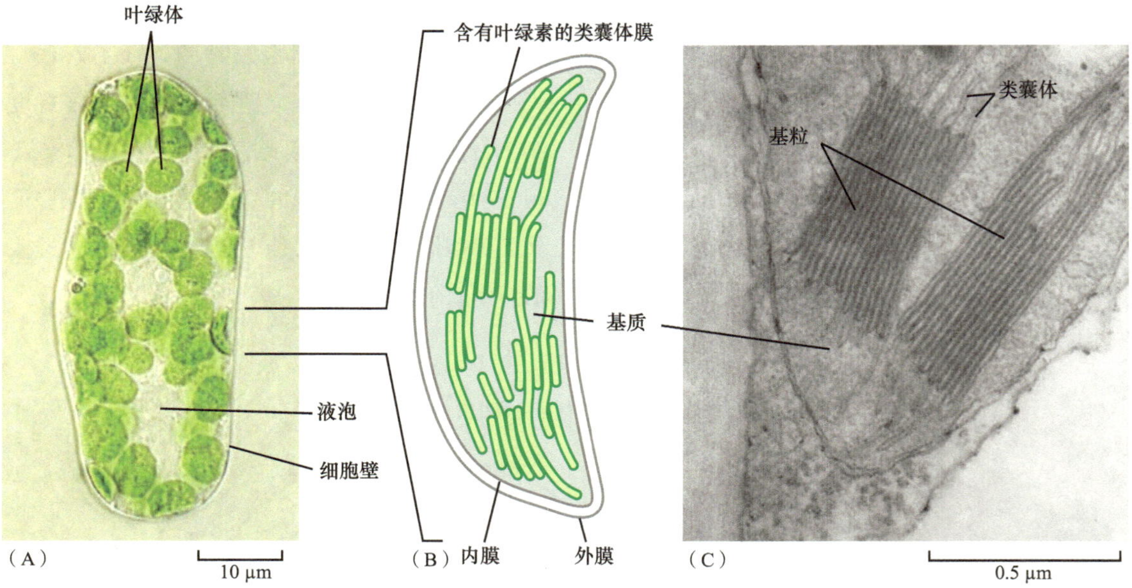

图 14-29 **叶绿体与线粒体一样，由一组特化的膜和区室组成。**（A）光学显微镜照片显示了一种开花植物细胞中的叶绿体（绿色）。（B）单个叶绿体绘制图，显示了该细胞器的三种膜，包括类囊体膜（深绿色），其中包含光捕获和 ATP 产生系统。（C）电子显微镜照片的高放大倍数视图显示了类囊体排列成堆状的基粒（grana）（视频 14. 9）。（图 A 蒙 Preeti Dahiya 惠赠；图 C 蒙 K. Plaskitt 惠赠。）

种与叶绿体基质分开的区室，称为类囊体空间（thylakoid space）。

光合作用先产生然后再消耗 ATP 和 NADPH

通过光合作用完成的化学反应可以用一个简单的等式概括：

$$光能 + CO_2 + H_2O \rightarrow 糖 + O_2 + 热能$$

从表面上看，该方程准确地表述了在光能驱动下从 CO_2 生成糖的过程。但这种表面的过程遗漏了两个最重要的光合作用参与者：活化载体 ATP 和 NADPH。在光合作用的第一阶段，来自阳光的能量被用于产生 ATP 和 NADPH；在第二阶段，这些活化载体被消耗以促进糖的合成。

1. 光合作用的第一阶段类似于在线粒体内膜上发生的氧化磷酸化。在这个阶段，类囊体膜中的电子传递链利用电子传递的能量将质子泵入类囊体空间；由此产生的质子梯度通过 ATP 合酶来驱动 ATP 的合成。光合作用与氧化磷酸化最大的一点差异是，转移到光合电子传递链（photosynthetic electron-transport chain）中的高能电子是来自于从太阳光吸收能量的**叶绿素**（chlorophyll）分子。

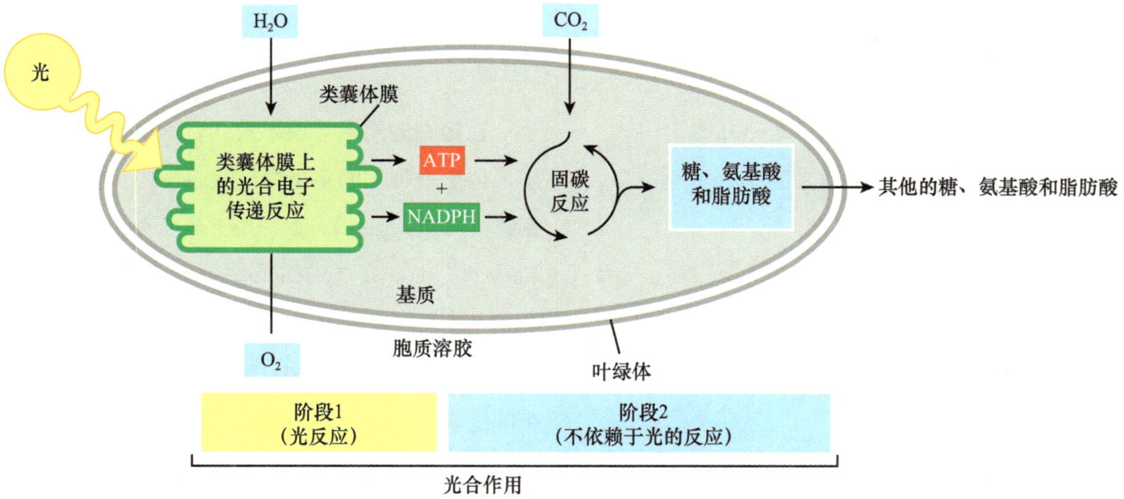

图 14-30 光合作用的两个阶段都依赖于叶绿体。在第一阶段，一系列光合电子传递反应产生 ATP 和 NADPH；在此过程中，电子是从 H_2O 分子中获取，O_2 作为副产品被释放出来，我们稍后会进行讨论。在第二阶段，CO_2 被同化（固定）以产生糖和各种其他有机分子。阶段一发生在类囊体膜上，而阶段二发生在叶绿体基质（如图所示）并在胞质溶胶中继续。

因此，阶段一的能量产生反应有时被称为**光反应**（light reaction，图 14-30）。光合作用和氧化磷酸化另一个主要的差异是高能电子最终结束的地方：沿叶绿体光合电子传递链向下传递的电子没有转移给 O_2 而是给了 $NADP^+$，以产生 NADPH。

2. 在光合作用的第二阶段，通过阶段一的光合电子传递反应产生的 ATP 和 NADPH 用于驱动 CO_2 合成糖（参见图 14-30）。这些*碳固定反应*（carbon-fixation reaction）并不直接需要太阳光，它们开始于叶绿体基质，在那里产生一种三碳糖，称为*甘油醛-3-磷酸*（glyceraldehyde 3-phophate）。这种简单的糖被转运到植物叶片细胞的胞质溶胶中，在那里被用于合成大量的有机分子，其中包括二糖蔗糖。蔗糖可以从叶片中转运出，滋养植物的其余部分。

虽然第一阶段 ATP 和 NADPH 的形成以及第二阶段 CO_2 转化为碳水化合物的过程是分别由两套独立的反应所完成，但它们通过精巧的反馈机制相互联系，这些反馈机制使植物仅在适当的时候合成糖类。例如，碳固定所需的几种酶会在黑暗中失活，而在光激发的电子传递过程中被重新激活。

叶绿素分子从阳光中吸收能量

可见光是一种由多种波长组成的电磁辐射，这些波长的范围从紫色（波长 400nm）到深红色（700nm）。大多数叶绿素吸收最多的是蓝色和红色波长的光，而对绿光的吸收能力很差（图 14-31）。植物对我们来说是绿色的，就是因为未被吸收的绿光反射回了我们的眼睛。

叶绿素利用阳光产生能量的能力源于其独特的结构。叶绿素分子中的电子云状分布于负责光吸收的卟啉环分子周围（图 14-32）。当适当波长的光照射到叶绿素分子上时，它会在这个弥散的网络中激发电子。这种高能状态是不稳定的，被激发的叶绿素分子会迅速地释放出这种多余的能量并返回其更稳定的未激发态。

一个被分离出来的叶绿素分子在溶液中只会将其吸收的能量以光或热的形式简单地释放出来，不能做任何有用功。然而，叶绿体中的叶绿素分子能够将光能转换成对细胞有用的能量形式，因为它们会与类囊体膜中的一组特殊的光合蛋白相互作用，这在下文中会谈到。

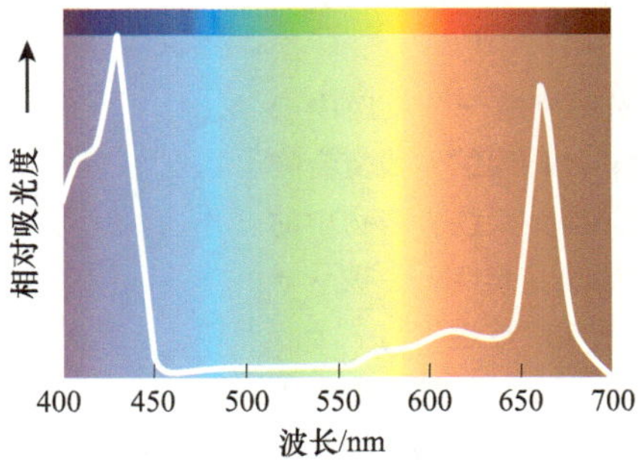

图 14-31 叶绿素吸收蓝色和红色波长的光。如吸收光谱所示，一种形式的叶绿素会优先吸收波长为 430nm（蓝色）和 660nm（红色）的光。相反，这种色素几乎不吸收绿光。其他叶绿素可以吸收略微不同波长的光。

激发的叶绿素分子把能量汇集到一个反应中心

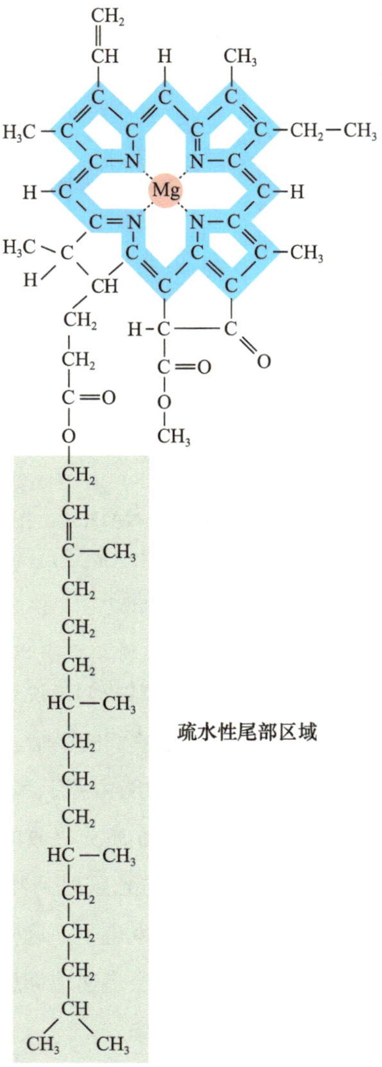

图 14-32 **叶绿素的结构使它可以从光中吸收能量。**每个叶绿素分子都含有一个卟啉环，卟啉环的中心是一个镁原子（粉红色）。这种卟啉环在结构上类似于血红素中结合的铁（参见图 14-25）。光被键网（蓝色）中的电子吸收，而长的疏水尾部（灰色）有助于将叶绿素保持在类囊体膜中。

在植物的类囊体膜以及光合细菌的质膜中，叶绿素分子是位于一种大的多蛋白质复合物中。该复合物被称为**光系统**（photosystem），由一组*天线复合物*（antenna complex）和一个*反应中心*（reaction center）组成，天线复合物可以捕获光能，而反应中心则将光能转化为化学能。

在一个**天线复合物**（antenna complex）中排列着数百个叶绿素分子，这使得一个叶绿素分子捕获的光能可以转移给网络中的相邻叶绿素分子。通过这种方式，能量能够在同一天线内或相邻天线之间从一个叶绿素分子随机跳跃到下一个叶绿素分子。在某些时候，这种漫游的能量会遇到一种称为*特殊偶对*（special pair）的叶绿素二聚体，该二聚体的电子能量比其他叶绿素分子略低。因此，当能量被这个特殊偶对接受时，能量就会被有效地捕获。

叶绿素特殊偶对并不位于天线复合物中。相反，它是**反应中心**（reaction center）即蛋白质和色素的跨膜复合物中的一部分，它被认为是在 30 多亿年前首先从原始光合细菌中演化而来的（视频 14.10）。在反应中心内，特殊偶对就直接位于一组电子载体的旁边，而这些电子载体则时刻准备着接受一个来自激发叶绿素特殊偶对的高能电子（图 14-33）。这种电子转移把进入特殊偶对的光能转换成一种可转移电子的化学能，这种转换是光合作用的核心。

一旦高能电子从叶绿素传递给电子载体，叶绿素特殊偶对就变成带正电，而接受电子的电子载体则变成带负电荷。然后，电子沿着反应中心内的一组中间电子载体快速移动，形成一种*电荷分离*（charge separation），使高能电子从反应中心流向电子传递链（图 14-34）。

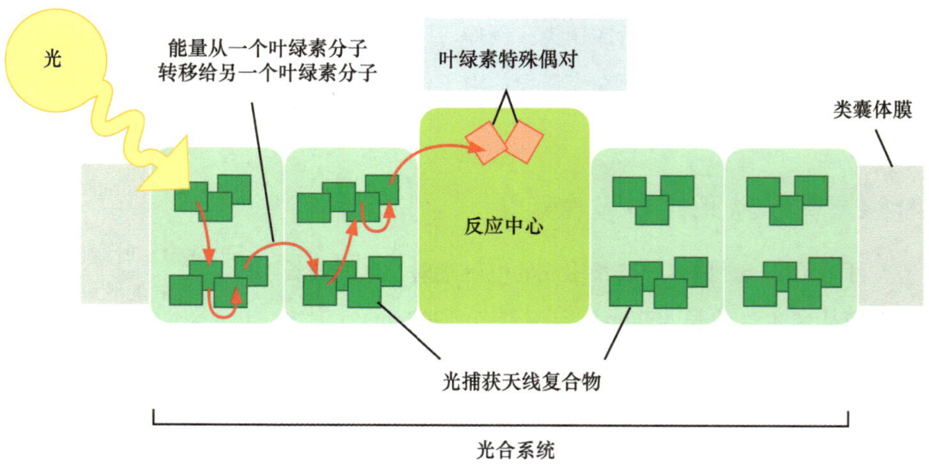

图 14-33 **光系统由一个反应中心及其周围含有叶绿素的天线复合物组成。**一旦光能被天线复合物中的叶绿素分子捕获，光能就会被从一个叶绿素分子随机传递给另一个叶绿素分子（红线），直到它被位于反应中心的、称为特殊偶对的叶绿素二聚体所捕获。叶绿素特殊偶对中的电子能量比天线叶绿素稍低，因此从天线传递给它的能量就被留在那里。注意，在天线复合物中，从一个叶绿素分子移动到另一个叶绿素分子的是能量，而不是电子。

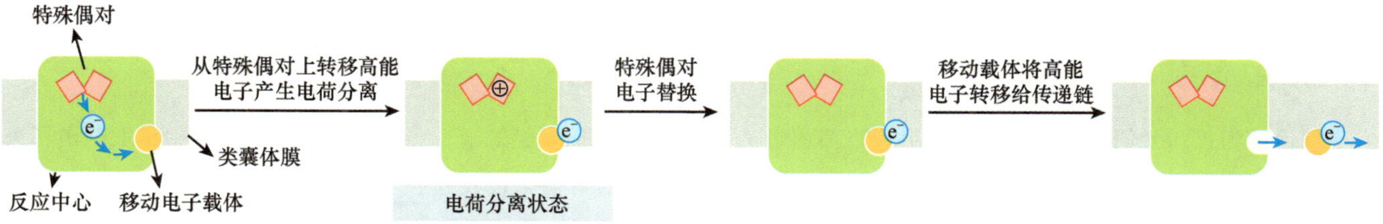

图 14-34　在反应中心，高能电子会从叶绿素特殊偶对转移到作为电子传递链的载体上。反应中心内有一组中间载体未在图中显示，该载体提供了一条从特殊偶对到移动电子载体（橙色）的快速路径（蓝色箭头）。如图所示，激发叶绿素特殊偶对的高能电子转移走后，留下了一个正电荷，形成一种电荷分离状态，从而将光能转换成化学能。一旦特殊偶对中的电子被替换（该事件我们将在稍后详细讨论），移动载体会通过扩散离开反应中心，将高能电子转移给传递链。

两套光系统合作产生 ATP 和 NADPH

光合作用最终是一种生物合成过程。从 CO_2 合成有机分子需要以 ATP 的形式输入大量能量，并以活化载体 NADPH 的形式提供大量的还原力（参见图 3-34）。为了产生 ATP 和 NADPH，植物细胞和自由生活的光合生物如蓝细菌会利用两种串联运行的不同光系统。虽然这两种光系统在结构上相似，但它们各自利用离开它们反应中心叶绿素的高能电子完成不同的事情。

当第一套光合系统（矛盾的是，由于历史原因它被称为光合系统Ⅱ）吸收光能时，其反应中心将电子传递给一种称为质体醌（plastoquinone）的移动电子载体。该载体是光合作用电子传递链的一部分，可将高能电子转移给质子泵，该质子泵与线粒体内膜中的质子泵一样，可以利用电子的移动产生电化学质子梯度，然后电化学质子梯度通过位于类囊体膜中的 ATP 合酶驱动 ATP 的产生（图 14-35）。

与此同时，位于附近的第二套光合系统即光合系统Ⅰ也一直在忙着从太阳光中捕获能量。这个光合系统的反应中心将其高能电子传递给另一种不同的移动电子载体即铁氧还蛋白（ferredoxin），铁氧蛋白可以将电子带给一种酶，该酶能够利用电子将 $NADP^+$ 还原为 NADPH（图 14-36）。正是这两套光合系统的联合作用产生了光合作用阶段二的碳固定（参见图 14-30）所需的 ATP（光合系统Ⅱ）和 NADPH（光合系统Ⅰ）。

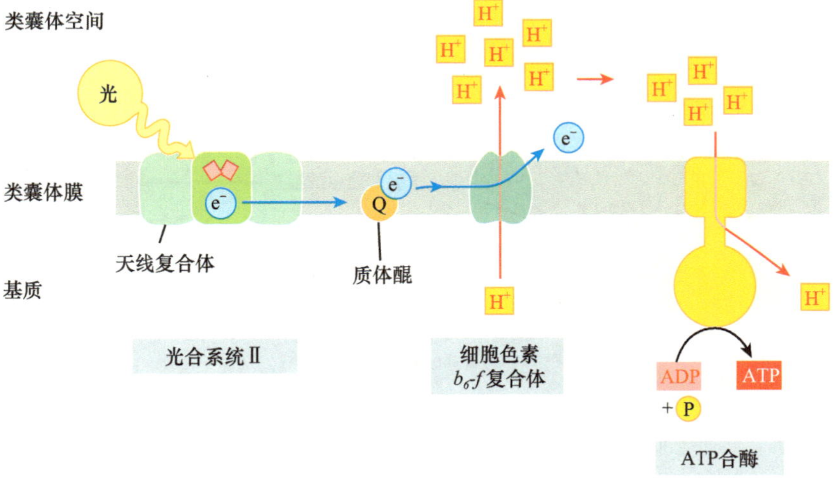

图 14-35　光合系统Ⅱ把电子提供给光合质子泵，促使 ATP 合酶产生 ATP。当光能被光系统Ⅱ捕获时，高能电子被转移给一个称为质体醌（Q）的移动电子载体。该载体与线粒体的泛醌非常相似，可以将其电子转移给质子泵。该质子泵被称为细胞色素 b_6-f 复合物，类似于线粒体中的细胞色素 c 还原酶复合物，而且是叶绿体电子传递链中质子主动泵送的唯一位点。然后，嵌入膜中的 ATP 合酶就像在线粒体中一样，可以利用电化学质子梯度的能量产生 ATP。

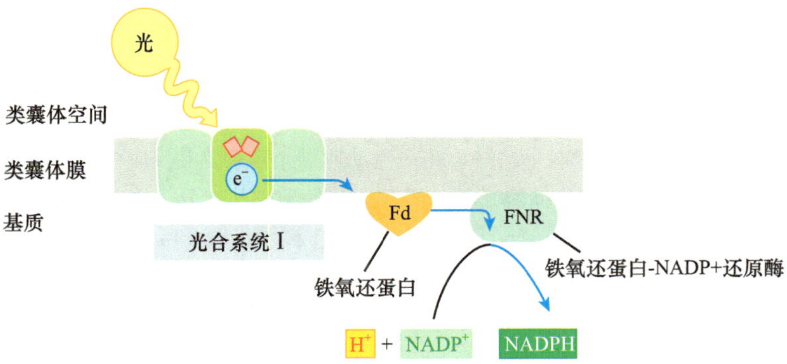

图 14-36　光合系统Ⅰ把高能电子传递给生产 NADPH 的酶。光合系统Ⅰ在捕获光能后，将高能电子传递给一种称为铁氧还蛋白（Fd）的移动电子载体。铁氧还蛋白是一种含有一个铁-硫中心的小型蛋白质，它可以将其电子传递给电子传递链中的最后一个蛋白质铁氧还蛋白-$NADP^+$ 还原酶（FNR），从而催化生成 NADPH。

氧气是由一个与光合系统Ⅱ结合的水裂解复合物所生成的

到目前为止，我们所描述的光合作用策略都忽略了一个主要的化学难题。当移动电子载体从反应中心（无论光合系统Ⅰ或光合系统Ⅱ）移走一个电子时，它会留下一个带正电荷的叶绿素特殊偶对（参见图 14-34）。为了重置系统并使光合作用得以继续，这个缺失的电子必须被重新替换。

对于光合系统Ⅱ而言，这个缺失电子的替换由一种特殊的含锰蛋白复合物完成。该复合物被称为水裂解酶（water-splitting enzyme），它可以从水分子中移除电子。水裂解酶中的锰原子簇一次可以将两个水分子拉拢在一起并移除其电子。一旦从两个水分子中移出四个电子，并用四个激发的叶绿素特殊偶对替换了电子的缺失，O_2 就释放出来（图 14-37）。我们大气层中所有 O_2、我们所呼吸的全部 O_2，都是通过这种途径产生出来的。如果没有光合系统Ⅱ中的水裂解酶，地球上的生命必将会迥然不同。

水裂解酶所执行的这种“等待四个电子”的策略，确保了部分氧化的水分子不会被释放成为危险的、高反应性的化学物质。如我们之前所讨论的，在氧化磷酸化过程中细胞色素 c 氧化酶也使用同样的策略催化了相反的反应，即电子转移到 O_2 生成水（参见图 14-24）。

光合系统Ⅰ中的特殊偶对从光合系统Ⅱ中接收电子

我们已经知道，光合系统Ⅱ利用从水中获取的电子来替代其叶绿素特殊偶对上缺失的电子。但是光合系统Ⅰ从哪里获得所需要的电子来重置它的特殊偶对呢？这些电子来自于光合系统Ⅱ：这两个光合系统串联工作，这样光合系统Ⅰ中的叶绿素特殊偶对就成了光合系统Ⅱ电子传递链中电子的最终电子受体。电子流经这两个相联系统的总体情况如图 14-38 所示。总而言之，光合系统Ⅱ从水中获取的电子，通过质子泵（细胞色素 b_6-f 复合物），传递给一个称为质体蓝素的移动载体。质体蓝素再将这些电子传递给光合系统Ⅰ，从而完成由于其叶绿素特殊偶对的激发而缺失的电子的替代。当光再次被这个光合系统吸收时，该电子将会被激发到非常高的能级，这也是 $NADP^+$ 还原为 NADPH 所必需的。

这两套光合系统串联发挥功能，有效地偶联了它们的两个电子赋能步骤。这种由两套光合系统收集的光所提供的额外的能量提升使电子可以从水分子中被转移给 NADPH。在通常情况下，水分子会紧紧地吸附其电子（氧化还原电势 = +820mV），而 NADPH 通常只是松散地吸附其电子（氧化还原电势 = –320mV）。除了为这种化学反应

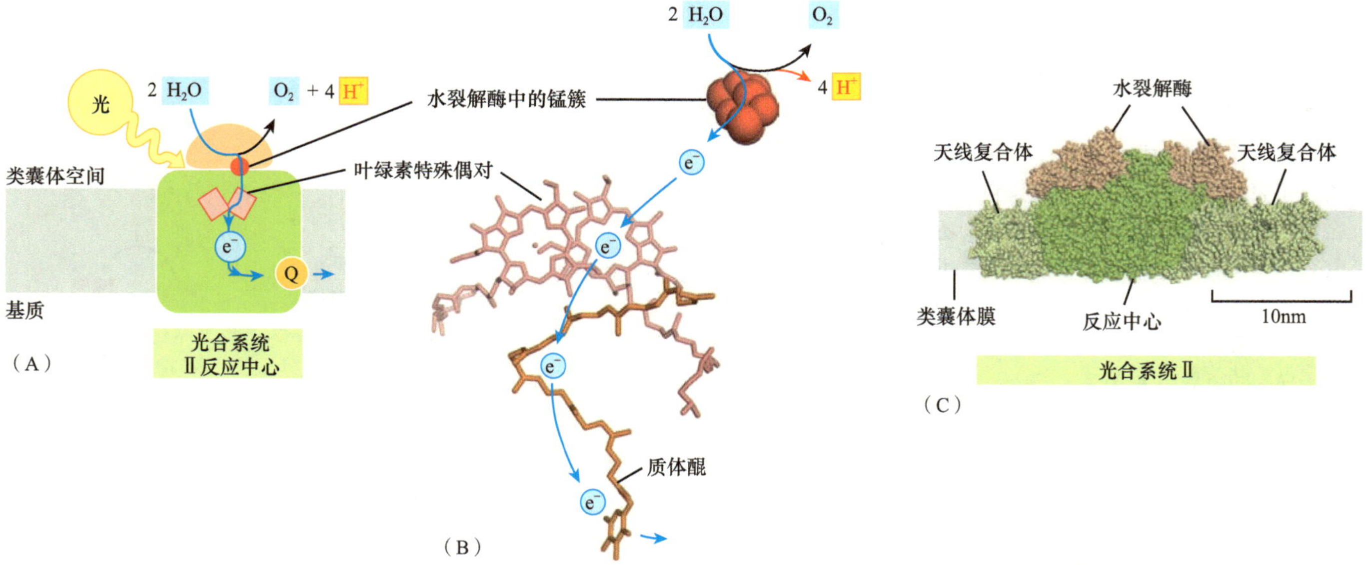

图 14-37 光合系统Ⅱ的反应中心含有水裂解酶，可以催化从水分子中移除电子。(A) 电子流动通过光合系统Ⅱ反应中心的示意图。叶绿素特殊偶对在光能激发后，可以将一个电子传递给移动电子载体质体醌（Q），然后水裂解酶把从水分子中获取的一个电子返还给这个特殊偶对。参与电子获取过程的锰（Mn）簇显示为一个红点。一旦从两个水分子中提取出四个电子，O_2 就被释放到大气中。(B) 一些相关电子载体的结构和位置。(C) 一种嵌入膜内的光合系统Ⅱ（PSⅡ）复合物的结构，包括一个反应中心和几个负责光收集的天线复合物。该结构来自于菠菜，是通过冷冻电镜进行解析（参见图版 4-6）。注意，该复合物是以二聚体的形式存于膜中，因此含有两个拷贝的水裂解酶。

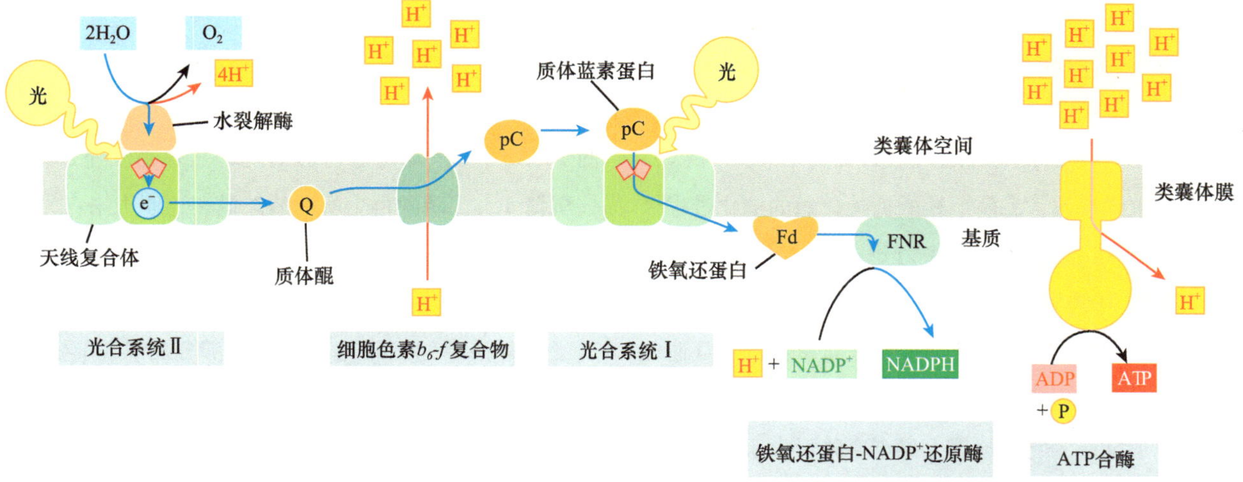

图 14-38　电子通过两个光合系统的顺序移动为 ATP 和 NADPH 的产生提供了动力。 水裂解酶从两个水分子中提取四个电子，然后把电子提供给光合系统Ⅱ，同时产生副产物 O_2。光的吸收为细胞色素 b_6-f 复合物泵送质子提供了动力，从而提高了电子的能量。电子在穿过这个复合物后被一种含铜的蛋白质即移动电子载体质体蓝素蛋白所接受，该载体再将电子运送到光合系统Ⅰ的反应中心。在从光中获得第二次能量提升后，这些电子被用于产生 NADPH。上述反应的概况参见视频 14.11。

提供能量外，剩下的能量还足够使连接两套光合系统的电子传递链泵送 H^+ 跨过类囊体膜。因此，嵌入膜中的 ATP 合酶也可以利用来自光的能量产生 ATP（图 14-39）。

碳固定利用 ATP 和 NADPH 将 CO_2 转化为糖

正如我们刚才看到的，光合作用的光反应在叶绿体基质中产生 ATP 和 NADPH。然而，叶绿体的内膜对这两种化合物都是不通透的，这意味着它们不能被直接转运至胞质溶胶中。为了给细胞中的其他部位提供还原力和能量，ATP 和 NADPH 在叶绿体基质中被合成为一种简单的三碳糖，从而能够被叶绿体内膜上的特定载体蛋白转运到胞质溶胶中。在光合成阶段二发生的这个从 CO_2 和 H_2O 合成糖的过程被称为**碳固定**（carbon fixation）。

在光合碳固定的中心反应中，大气中的 CO_2 与一个

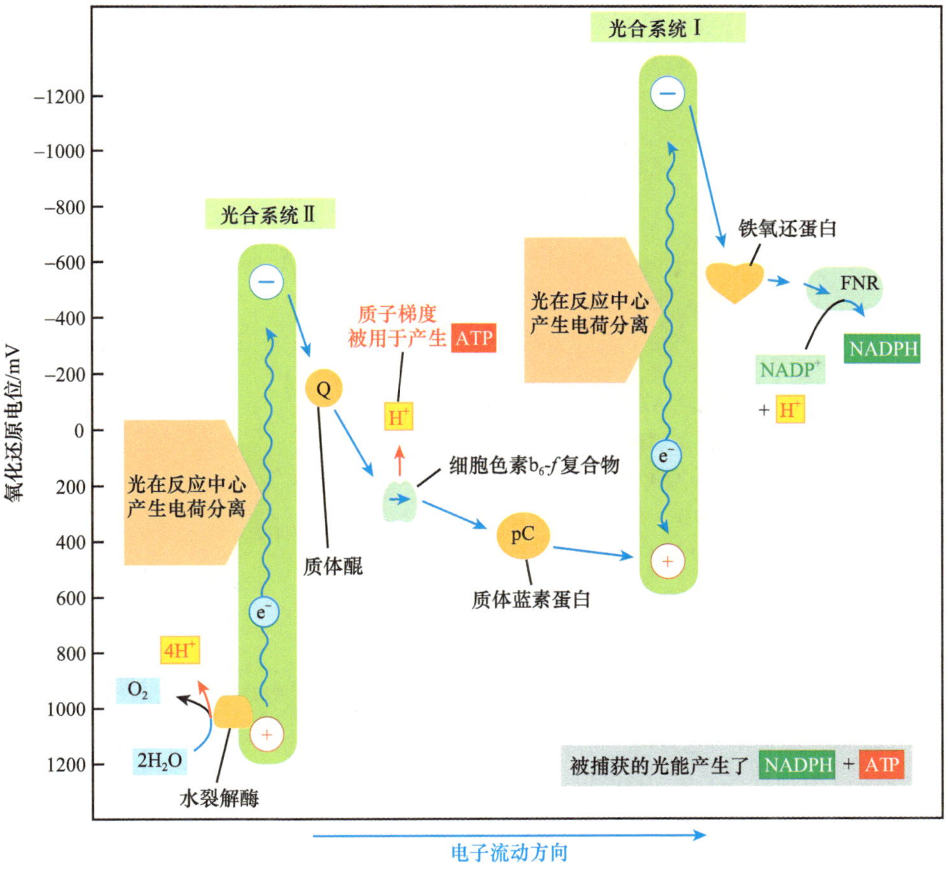

图 14-39　光合系统Ⅰ和Ⅱ共同行动提升了 ATP 和 NADPH 产生所需的电子的能级。 每个分子的氧化还原电位由其在纵轴上的位置表示。电子转移用非波线的蓝色箭头表示。光合系统Ⅱ将来自其激发态叶绿素分子特殊偶对的电子传送至类囊体膜中的电子传递链并最终传到光合系统Ⅰ（参见图 14-38）。通过这两套串联的光合系统，净电子从水流向 $NADP^+$，产生 NADPH。

五碳糖衍生物核酮糖-1,5-二磷酸结合，生成 2 分子的三碳化合物 3-磷酸甘油酸（3-phosphoglycerate）。这个碳固定反应发现于 1948 年，它是由叶绿体基质中一种称为二磷酸核酮糖羧化酶（Rubisco）的大型酶所催化（图 14-40）。与其他大多数酶相比，二磷酸核酮糖羧化酶的催化过程极为缓慢：它每秒只能处理 3 个底物分子，而一个典型的酶每秒钟可处理 1000 个底物分子。为了弥补这种迟钝的行为，植物将二磷酸核酮糖羧化酶保持在过量状态，从而保证了糖的有效合成。这种酶大概会占叶绿体蛋白质总量的 50% 以上，通常认为它是地球上最丰富的蛋白质。

尽管从 CO_2 和 H_2O 生成碳水化合物在能量上极为不利，但事实上由二磷酸核酮糖羧化酶催化的碳固定却是一个在能量上有利的反应。这是因为高能的核酮糖-1,5-二磷酸会源源不断地提供给该反应。随着通过加上 CO_2（参见图 14-40）使得该化合物的消耗，它也需要不断地补充。核酮糖-1,5-二磷酸再生所需的能量和还原力来自光合作用光反应产生的 ATP 和 NADPH。

CO_2 与核酮糖-1,5-二磷酸通过这一系列精巧的反应生成了一种简单的三碳糖，其中一部分三碳糖再被用于生成之前消耗的核酮糖-1,5-二磷酸，从而形成了一个循环，称为碳固定循环（carbon fixation cycle）或称卡尔文循环（图 14-41）。每 3 分子 CO_2 进入该循环，就会最终产生出

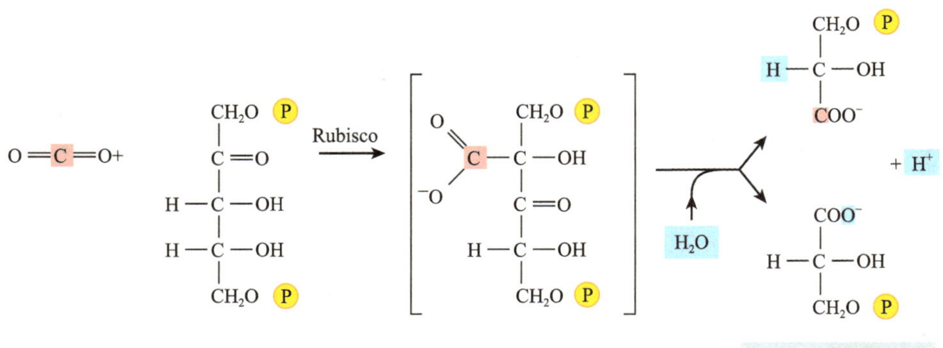

图 14-40 碳固定反应由二磷酸核酮糖羧化酶所催化。 该反应发生在叶绿体基质中，反应过程是把 CO_2 连接到核酮糖-1,5-二磷酸上形成一个共价键。二者连接所产生的中间化学产物随后与 H_2O 分子（蓝色突出显示）反应，产生两分子 3-磷酸甘油酸。

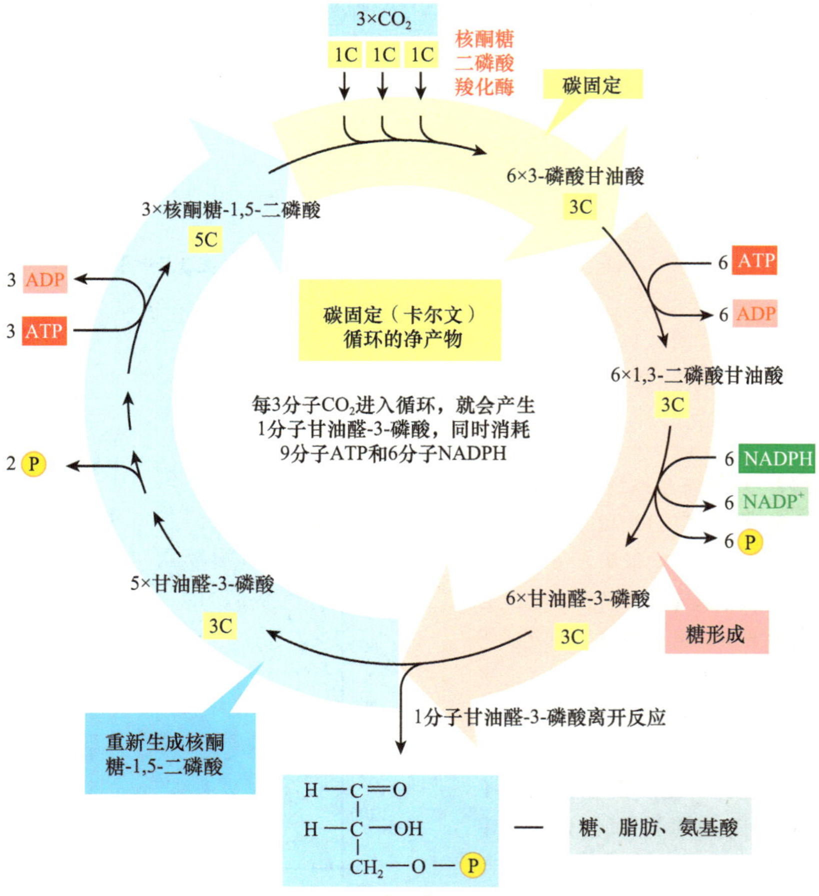

图 14-41 碳固定循环消耗 ATP 和 NADPH 从 CO_2 和 H_2O 合成甘油醛-3-磷酸。 在循环的第一阶段（黄色突出显示），CO_2 与核酮糖-1,5-二磷酸结合（参见图 14-40）。在第二阶段（红色突出显示），消耗 ATP 和 NADPH，将 3-磷酸甘油酸转化为 3-磷酸甘油醛。在最后一个阶段（蓝色突出显示），大部分 3-磷酸甘油醛产物被用于再生核酮糖-1,5-二磷酸；其余部分从叶绿体基质转运到胞质溶胶中。每种分子中的碳原子数目用黄色表示。为简单起见，图中省略了甘油醛-3-磷酸和核酮糖-1,5-二磷酸之间的很多中间体。进入到该循环的 H_2O 也未标出。

1 分子甘油醛-3-磷酸，在此过程中同时消耗 9 分子 ATP 分子和 6 分子 NADPH。该循环的最终产物甘油醛-3-磷酸（glyceraldehyde 3-phosphate）会作为起始材料，用于合成其他许多植物所需要的糖和有机分子。

碳固定作用产生的糖可以以淀粉形式储存或用以产生 ATP

在叶绿体基质中，碳固定产生的甘油醛-3-磷酸可根据植物的需要被用于多种途径。在光合能力过剩期间，许多留在叶绿体基质中的甘油醛-3-磷酸被转化为*淀粉*（starch）。像动物细胞中的糖原那样，淀粉是一种葡萄糖的巨大聚合物，作为一种糖储备物，以大颗粒形式储存于叶绿体基质中。淀粉是所有食草动物的重要食物成分。其他的甘油醛-3-磷酸分子在基质中被转化为脂肪。脂肪会聚集成为脂滴，也可以作为一种能量储备（图 14-42）。

在夜间，存储的淀粉和脂肪会被分解成糖和脂肪酸，转运到胞质溶胶中以维持植物的代谢需要。其中有一些糖在胞质中会进入糖酵解途径，从而被转化为丙酮酸（参见图 13-5）。该丙酮酸的大部分会和脂肪酸一起进入植物细胞线粒体的柠檬酸循环中，经过氧化磷酸化，最终生成 ATP（图 14-43）。正如在动物细胞及其他非光合生物中一样，这些 ATP 也被植物用于大量的新陈代谢反应所需的能量。

从叶绿体转运到胞质溶胶的甘油醛-3-磷酸可被转化为许多其他代谢产物，包括双糖*蔗糖*（sucrose）。蔗糖是植物细胞间糖运输的主要形式：就像在动物血液里运输葡萄糖一样，蔗糖从叶中运出，通过维管系统将糖提供给植物的其他部分。

能量生产系统的演化

通过对那些难以在培养皿中生长的微生物进行基因组测序，研究人员鉴定出大量不可思议的生命形式。有一些单细胞生物在地球上最不适宜生存的栖息地上繁衍生息，包括海底深处的硫黄温泉和火山喷口。在这些不可思议的微生物中，我们正在寻找生命历史的线索。就像在犯罪现

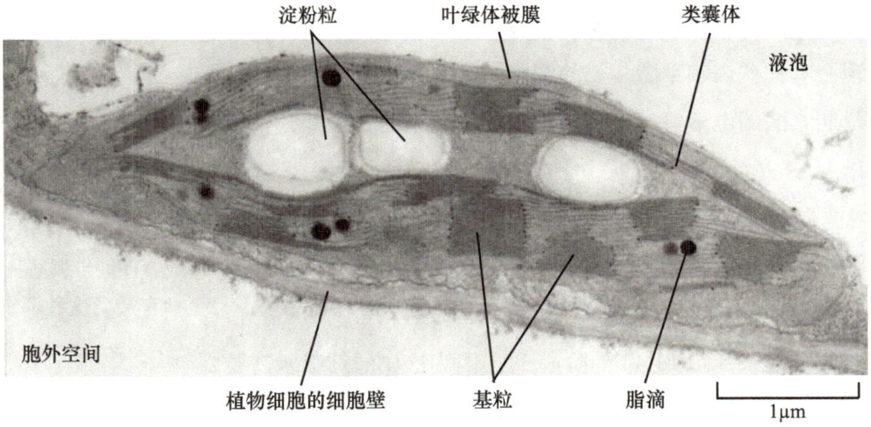

图 14-42 叶绿体经常含有大量的碳水化合物和脂肪酸。一个叶绿体超薄切片的电子显微照片，显示了叶绿体包膜、淀粉粒以及基质中的生物合成积累的脂滴。（蒙 K. Plaskitt 惠赠。）

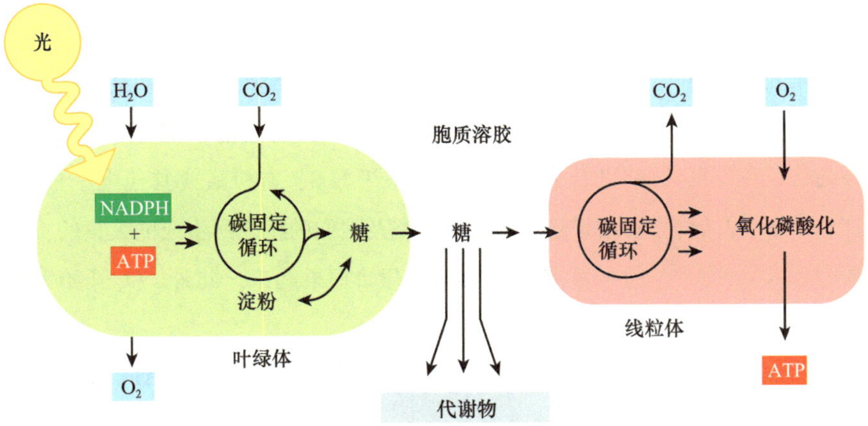

图 14-43 在植物中，叶绿体和线粒体相互协作为细胞提供了代谢物和 ATP。叶绿体内膜对光合作用光反应产生的 ATP 和 NADPH 不能通透，这些分子随后被碳固定循环用于生成糖。生成的糖和它们的代谢物既可以以淀粉或脂肪的形式储存在叶绿体中，也可以被转运到植物细胞的其他部位。它们可以进入线粒体内的产能途径，在线粒体中合成 ATP。如图所示，与叶绿体不同，线粒体膜对 ATP 是通透的。请注意，叶绿体光合作用释放到大气中的 O_2 有一些被用于线粒体的氧化磷酸化；同样，线粒体柠檬酸循环所释放的 CO_2 有一些也被用于叶绿体中的碳固定。

场留下的指纹一样，这些生物产生的蛋白质和小分子也提供了证据，使我们得以追溯远古的生物学事件，其中包括那些出现于真核细胞线粒体和叶绿体中 ATP 合成系统的事件。因此，在本章的结尾我们将简单回顾一下现今能量收集系统的起源，这些能量收集系统在推动地球上的生命演化方面发挥了至关重要的作用。

氧化磷酸化的演化是分阶段的

就如我们前面提到的，地球上最早的活细胞消耗的可能是地球化学产生的有机分子以及发酵产生的 ATP。因为那个时候大气中还没有出现 O_2，这种厌氧发酵反应会将有机酸如乳酸或甲酸排放至环境中（参见图 13-6A）。

这些有机酸的累积会降低环境的 pH，这有利于那些已经演化出 H^+ 跨膜转运蛋白的细胞，这些转运蛋白可以将 H^+ 泵送出胞质，从而避免细胞内部变得更加酸化。这些泵有一些可以使用 ATP 水解产生的能量将 H^+ 排出细胞（图 14-44 的阶段 1）。这种质子泵可能是现在 ATP 合酶的祖先。其他质子泵，则类似于现在呼吸链复合物中的那些质子泵，利用不同氧化还原电位的分子间的电子移动作为能量来源，泵送 H^+ 的跨膜（图 14-44 的阶段 2）。确实，现今有一些依赖甲酸生长的细菌，能够使用从甲酸传递到延胡索酸的电子所产生的氧化还原能量中的一小部分来泵送 H^+。

当这些 H^+ 泵送电子传递系统变得足够高效，细胞能够获得超过维持自身内部 pH 所需的氧化还原能。这些细胞很可能会产生巨大的电化学质子梯度，并与 ATP 的合成偶联起来（图 14-44 的阶段 3）。因为这样的细胞所需要的营养物质要少得多，这使得它们进行增殖时能够胜过它们的邻居。

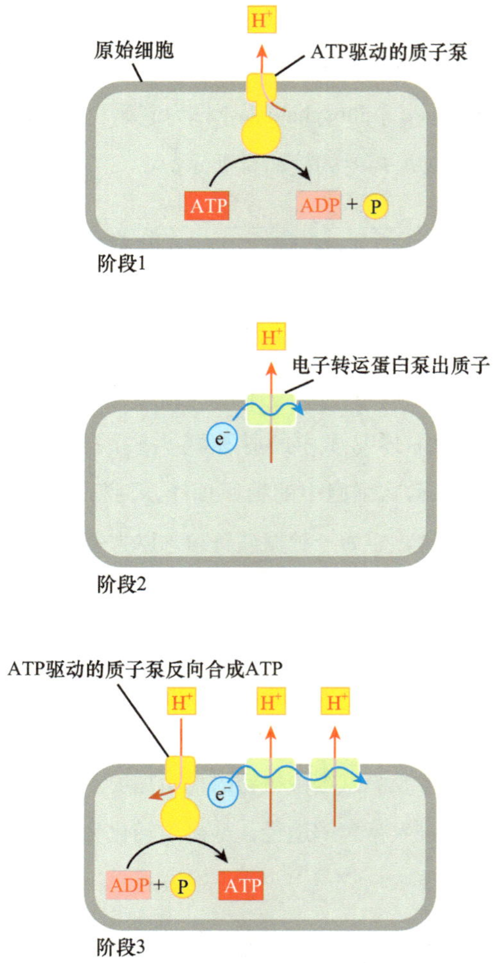

图 14-44　化学渗透过程最有可能是分阶段演化而来。第一阶段可能涉及 ATP 酶的演化，它可以利用 ATP 水解的能量将质子泵送到胞外；第二阶段涉及一个不同的质子泵的演化，该质子泵受电子传递链的驱动；第三阶段将这两套系统连接起来，产生一个 ATP 合酶，它可以利用电子传递链泵送的质子来合成 ATP。与那些只拥有一套系统或一套系统也没有的细菌相比，拥有最后这种系统的细菌具有巨大的选择优势。

光合成细菌对它们的环境需求更少

然而，能量代谢在演化上最重要的突破几乎可以肯定是光化学反应中心的形成，该中心能够利用太阳光的能量产生像 NADPH 这样的分子。目前认为这发生于 30 亿年前绿色硫细菌祖先的早期演化过程中。现今的绿色硫细菌使用光能，将 H_2S 中的氢原子（一个电子加一个质子）转运到 NADPH 中，从而产生碳固定反应所需的强大还原力（图 14-45）。

生物体下一步的演化是能够利用 H_2O 分子来代替 H_2S 作为光合作用的电子来源。这就导致了水裂解酶的演化，以及光合系统 Ⅱ 的加入，它与光合系统 Ⅰ 共同作用，弥补了 H_2O 分子和 NADPH 之间氧化还原电位的巨大差异（参见图 14-39）。

这一步演化所带来的生物学影响非常深远，因为第一次出现了对环境化学需求极少的生命体。这些细胞包括第一个蓝藻细菌（参见图 14-28）的繁衍和演化可以不像早期光合成细菌那样受限于 H_2S、有机酸或其他电子来源。其结果是，由这些细胞及它们的祖先所生成的大量的、可用于发酵的有机材料开始积累起来。此外，O_2 开始大量地进入大气层中（图 14-46）。

O_2 的出现使那些依赖于有氧代谢合成 ATP 的细菌的

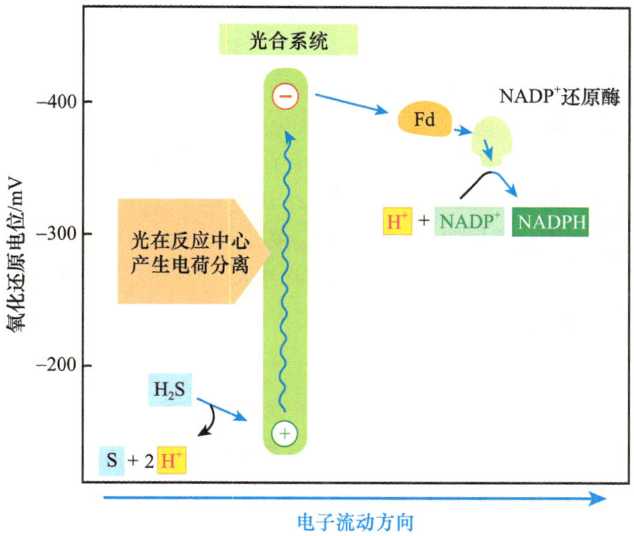

图 14-45 **绿色硫细菌中的光合作用利用硫化氢（H_2S）而不是 H_2O 作为电子供体。**从 H_2S 中获取电子比从 H_2O 中更容易，因为 H_2S 具有更高的氧化还原电位（对比图 14-39）。因此，只需要一个光系统就可以产生出 NADPH，而最终的副产物是硫元素而不是 O_2。绿色硫细菌中的光系统与植物及蓝藻细菌的光合系统 I 相似，它们都利用一系列铁-硫中心作为电子载体，将它们的高能电子最终传递给铁氧还蛋白（Fd）。这类细菌之一是绿硫菌（*Chlorobium tepidum*），它们能在高温和低光强度的温泉中繁衍生长。

发育成为可能。正如前面所说，这些生命体能够利用碳水化合物及其他还原形式的有机分子在被分解成 CO_2 和 H_2O 的过程中所释放的大量能量。

随着作为光合作用副产物的有机材料的逐渐积累，一些光合细菌，包括大肠杆菌（*Escherichia coli*）的祖先，失去了只依赖光能生存的能力，而开始变得完全依赖细胞呼吸作用生存。线粒体很可能是由一个原始真核细胞吞并了这种依赖于呼吸作用的细菌所产生的（参见图 1-19）。再后来，这种早期的好氧真核生物的后裔捕获了光合成细菌，成为现代叶绿体的前体，植物也就出现了（参见图 1-21）。一旦真核细胞获得了这种已成为线粒体和叶绿体的共生体细菌，它们就能够演化出各种令人惊奇的通路，并且最终产生了复杂的多细胞生物，包括我们自己。

甲烷球菌的生命形式表明化学渗透偶联是一个古老的过程

今天与 35 亿～38 亿年前的生存条件极为相似的地方是在靠近深海热水喷口区域。在这些热水喷口区域，地球熔岩通过正在裂开的地壳向外逸出，在海底铺展。确实，现今看上去最接近于所有生命起源的那个假想细胞的生命体是生活在 75 ～ 95℃接近于沸水的条件下。这种在极端温度条件下还可以繁衍生长的特性，表明产生出细菌、古细菌以及真核生物的那个细胞生命的共同祖先曾经生活在非常热且无氧的环境中。

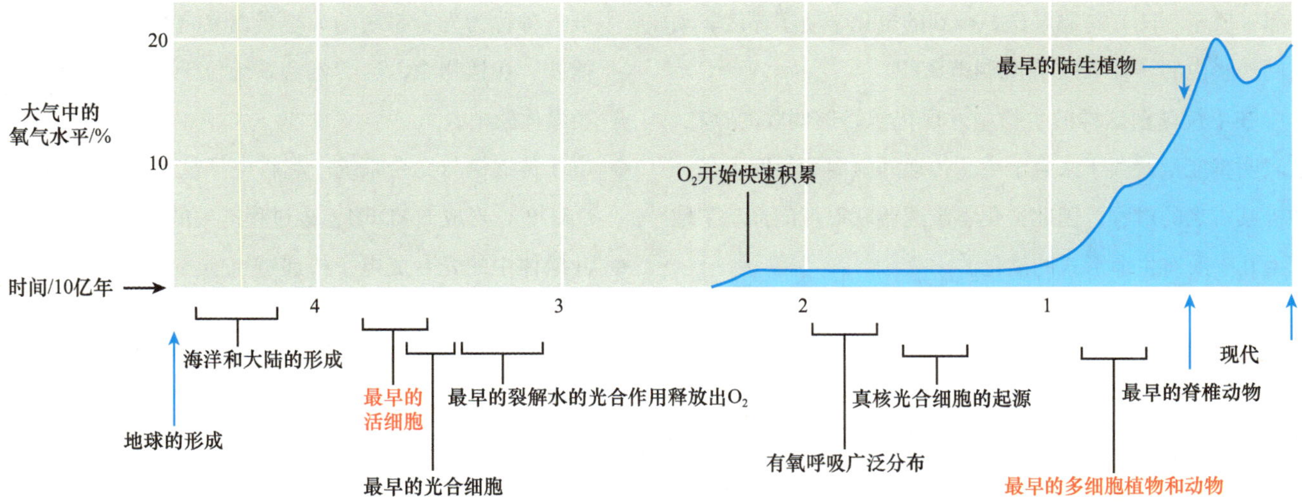

图 14-46 **O_2 在数十亿年前进入地球大气层。**随着 30 多亿年前的原核生物光合作用的演化，生物体已不再依赖于那些先前形成的有机化合物：它们可以用 CO_2 气体来合成自己所需的有机分子。请注意，从分解 H_2O 并释放出 O_2 的光合细菌的出现到大气中高浓度 O_2 的积累，一共花了 10 亿多年的时间。一般认为这是由于最开始时 O_2 和溶解在原始海洋中丰富的亚铁离子（Fe^{2+}）发生了反应。只有当铁被用完以后，O_2 才能开始在大气中积累。为了响应大气中升高的 O_2，非光合作用的耗氧生物开始出现，大气中的 O_2 浓度也最终稳定下来。

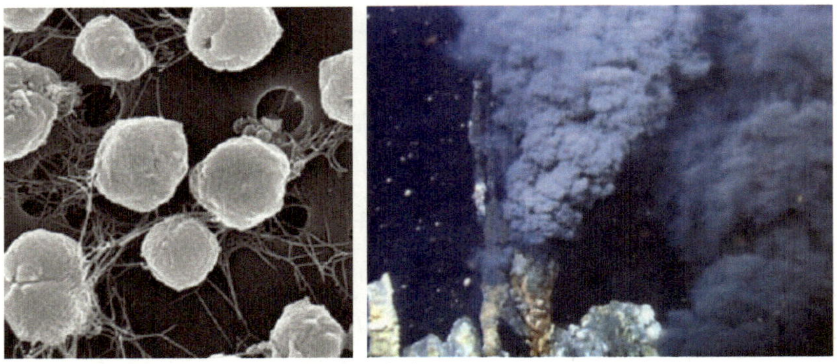
（A）　1μm　（B）

图 14-47　甲烷球菌代表着地球历史早期可能存在的生命形式。（A）扫描电镜显示单个甲烷球菌细胞。这些深海古生菌利用深海喷口（B）冒出的氢气（H_2）作为还原能力的来源，并通过化学渗透偶联产生能量。（图 A 引自 C.B. Park and D.C. Clark, *Appl. Environ. Microbiol.* 68: 1458-1463, 2002。蒙美国微生物学会惠许；图 B 引自美国国家海洋和大气管理局太平洋海洋环境实验室喷口项目。）

今天生活在这种环境中的一种古细菌是甲烷球菌（*Methanococcus jannaschii*）。这种细菌起初是在距海洋表面 1 英里之下的热泉喷口区域中分离出来的，它在完全缺乏光和氧气的条件下，利用从热水喷口中排放出来的氢气（H_2）、CO_2 和氮气（N_2）等无机气体作为营养物质（图 14-47）。这种生存模式为我们研究早期细胞如何使用电子传递链从炙热的早期地球的无机材料中获得它们需要的能量和含碳分子提供了线索。

甲烷球菌依赖于 N_2 作为其合成有机分子如氨基酸的氮源。它通过加氢作用使氮气（N_2）还原成氨气（NH_3），这个过程称为**固氮**（nitrogen fixation）。固氮过程需要大量的能量，就像在碳固定过程中将 CO_2 和 H_2O 转化为糖那样。这两种过程所需的能量大多是从电子由 H_2 传递给 CO_2 的过程中获取，在此过程中，大量的甲烷（CH_4）作为废物被释放出来。天然气就是由此产生，这种细菌也因此得名。这种电子的部分传递是在质膜上进行的，并因此引起了质子（H^+）跨膜泵送。得到的电化学质子梯度驱动在同一膜中的一种 ATP 合酶制造 ATP。

在甲烷球菌这样的生物中发现化学渗透偶联的存在，这表明将能量储存于来自于电子传递的氢离子梯度中是一种极其古老的过程。因此，化学渗透偶联很可能推动了地球上几乎所有生命形式的演化。

基本概念

- 线粒体、叶绿体以及许多细菌都通过一种基于膜的机制来产生能量。该机制称为化学渗透偶联，是利用一种电化学质子梯度来驱动 ATP 的合成。
- 在动物细胞中，线粒体利用糖和脂肪酸氧化所得的能量合成了绝大多数 ATP。
- 线粒体具有内膜和外膜。内膜包围着线粒体基质。在基质中，柠檬酸循环通过氧化来自糖和脂肪的乙酰 CoA 产生出大量的 NADH 和 $FADH_2$。
- 在线粒体内膜中，由 NADH 和 $FADH_2$ 提供的高能电子沿着电子传递链（呼吸链）移动，最终与 O_2 分子结合形成 H_2O。
- 在呼吸链上电子传递过程中释放出来的一些能量被用于将 H^+ 泵送出基质，由此建立起一个跨膜电化学质子梯度。质子泵送是由膜中的三种大型呼吸酶复合物所完成。
- 当质子顺着其跨线粒体内膜的电化学质子梯度通过内膜上的 ATP 合酶回流到基质时，ATP 合酶可以合成 ATP。
- 电化学质子梯度也被用于驱动特定的代谢物通过主动运输进出线粒体基质。
- 在叶绿体和光合细菌的光合作用中，阳光中的能量是被一种称为光合系统的大型蛋白复合物中的叶绿素所捕获。在植物中，这套光合系统位于叶细胞叶绿体的类囊体膜中。
- 电子传递链与光合系统一起将电子从 H_2O 分子传递给 $NADP^+$，形成 NADPH，该过程产生的副产物是 O_2。
- 叶绿体中的光合成电子传递链也能产生跨类囊体膜的质子梯度，该梯度也可以被类囊体膜中的 ATP 合酶所利用来产生 ATP。
- 光合作用产生的 ATP 和 NADPH 在叶绿体基质中被用于驱动碳固定循环反应，从 CO_2 和 H_2O 合成碳水化合物。
- 碳水化合物从基质被转运到植物细胞的胞质溶胶中，在那里它们作为起始材料合成许多其他有机分子，并产生出植物细胞线粒体用于合成 ATP 的材料。

- 线粒体和叶绿体都被认为是从被其他细胞内吞的细菌演化而来。它们都保留了自身的基因组，并以类似细菌的方式进行分裂。
- 化学渗透偶联机制的起源很古老。现今生活在与设想中的早期地球条件十分相似的环境中的细菌仍然在利用这种化学渗透偶联来合成 ATP。

关键词

天线复合物（antenna complex）	线粒体（mitochondrion）
ATP 合酶（ATP synthase）	固氮（nitrogen fixation）
碳固定（carbon fixation）	氧化磷酸化（oxidative phosphorylation）
细胞呼吸（cell respiration）	光合作用（photosynthesis）
化学渗透偶联（chemiosmotic coupling）	光系统（photosystem）
叶绿素（chlorophyll）	醌（quinone）
叶绿体（chloroplast）	反应中心（reaction center）
细胞色素（cytochrome）	氧化还原对（redox pair）
细胞色素 c 氧化酶（cytochrome c oxidase）	氧化还原电位（redox potential）
电子传递链（electron-transport chain）	氧化还原反应（redox reaction）
铁-硫中心（iron-sulfur center）	呼吸酶复合物（respiratory enzyme complex）
光反应（light reaction）	基质（stroma）
基质（matrix）	类囊体（thylakoid）

问题

问题 14-1

二硝基苯酚（DNP）是一种小分子，可使膜对质子通透。在 20 世纪 40 年代，少量的这种剧毒化合物曾被用于帮助患者减肥。DNP 能够有效地减轻体重，特别是促进脂肪储备的减少。你能解释一下它如何能造成体重减轻吗？然而，它也具有令人不快的副反应，患者在治疗期间体温会升高且大量出汗。请对这些症状提出解释。

问题 14-2

电子显微镜照片显示，心肌中线粒体的嵴的密度比皮肤细胞线粒体中高得多。如何解释这种现象？

问题 14-3

当把药物二硝基苯酚（DNP）添加到线粒体时，内膜变得对质子（H^+）通透。相反，当把药物尼日利亚菌素添加到线粒体时，内膜变得对 K^+ 通透。（A）为响应 DNP，电化学质子梯度将如何变化？（B）为响应尼日利亚菌素，它又将如何变化？

问题 14-4

ATP 合酶具有明显的双向作用性质，它可以使存储在 H^+ 梯度中的能量和存储在 ATP 中的能量在两个方向互相转换。（A）如果把制造 ATP 的 ATP 合酶比作水力驱动的涡轮机发电，那么当它以相反的方向工作时，可以用什么来作适当的比喻？（B）在什么条件下，ATP 合酶会停止工作，既不正向也不反向运行？（C）决定 ATP 合酶运作方向的因素是什么？

问题 14-5

请计算每对电子从 NADH 转移到 O_2 时产生的可用 ATP 分子的数量：(i) 每个电子通过三种呼吸酶复合物时，有

5 个质子被泵送穿过线粒体内膜；(ii) 线粒体内由 ADP 和无机磷酸产生的每个 ATP 分子，都必须有 3 个质子通过 ATP 合酶；(iii) 质子被用于产生将 ATP 分子从线粒体转运到使用它的胞质溶胶中所需的电压梯度。

问题 14-6

在电子传递链的许多步骤中，Fe 离子都作为血红素或 FeS 簇的一部分被用于结合传递中的电子。为什么这些执行电子传递化学的功能基团必须结合在蛋白质上？请提出几条理由来解释它的必要性。

问题 14-7

有两种不同的扩散性电子载体——泛醌和细胞色素 c，它们载着电子往返于电子传递链上的三种蛋白复合物之间。在原则上，同一种可扩散性载体可否在这两个步骤中使用？

问题 14-8

叶绿体有第三种内部区室，即由类囊体膜所包围的类囊体腔。类囊体膜上含有光系统、反应中心、电子传递链和 ATP 合酶。相反，线粒体利用它们的内膜来进行电子传递和 ATP 合成。在这两种细胞器中，质子都被泵出最大的内部区室——在线粒体中是 matrix（基质），在叶绿体中是 stroma（基质）。类囊体的空间相对于细胞的其他部分是完全隔离的。为什么这种安排会使叶绿体中所能达到的 H^+ 梯度比线粒体所能达到的 H^+ 梯度更大？

问题 14-9

NADPH 和相关的载体分子 NADH 都是很强的电子供体，为什么植物细胞演化成依赖于 NADPH 而不是 NADH 来为生物合成提供还原能力？

问题 14-10

A. 植物的根部细胞不含叶绿体也不暴露于光，它们是怎样存活的？

B. 与线粒体不同，叶绿体没有一个可以将 ATP 送到胞质溶胶的转运蛋白，植物细胞在胞质溶胶中的耗能代谢反应是怎样获得 ATP 的？

问题 14-11

下列哪些说法是正确的？请解释你的答案。

A. 当一个电子被光移走后，第一个光系统（光合系统Ⅱ）的反应中心上带正电的叶绿素对电子的亲和性甚至比 O_2 对电子的亲和性更大。

B. 光合作用是光驱动一个电子从叶绿素向电子亲和性低得多的第二个分子的传递。

C. 因为需要从 2 个 H_2O 分子吸收 4 个电子而释放出 1 个 O_2 分子，所以光合系统Ⅱ中的水裂解酶必须与反应中间物保持紧密的结合，以防止那些被部分还原因而具有危险性的超氧化物自由基逸出。

问题 14-12

下列哪些说法是正确的？ 请解释你的答案。

A. 很多但不是全部电子传递反应都涉及金属离子。

B. 电子传递链可以将电子从膜间隙移动到基质而产生一个跨膜电位。

C. 电化学质子梯度包含两种组分：pH 差异和电位差异。

D. 泛醌和细胞色素 c 都是可扩散性的电子载体。

E. 因为有了叶绿体，所以植物没有线粒体也能生活。

F. 叶绿素和血红素都具有广泛的双键系统，使得它们能够吸收可见光。

G. 叶绿素在光合作用中的作用相当于血红素在线粒体内电子传递中的作用。

H. 一棵树的大部分干重来自于根部吸收的矿物质。

问题 14-13

一个质子沿着其电化学梯度移动进入线粒体基质会释放出 19.2kJ/mol 的自由能（ΔG）。如果在细胞内的条件下合成 ATP 所需的 ΔG 为 46 ～ 54kJ/mol，那么，合成一个 ATP 分子需要多少个质子穿过线粒体内膜（ΔG 在第 3 章讨论过）？为什么对后面的值所设定的是一个范围，而不是一个精确的数字？在什么条件下可选用那个较低的数值？

问题 14-14

在下面的叙述中，请从斜线前后的选项中选出正确的一个，并证明你的回答。

“如果没有可以利用的 O_2，线粒体传递链中的所有组分将以它们的还原/氧化形式积累；如果突然加入 O_2，细胞色素氧化酶中的电子载体将在 NADH 脱氢酶中电子载体之前/之后被还原/氧化。”

问题 14-15

假定 NADH 脱氢酶将氧化的泛醌转化为还原的泛醌发生在线粒体内膜基质的一侧，而细胞色素 c 的氧化作用发生在内膜的膜间隙一侧（参见图 14-14 和图 14-21）。这种安排对跨膜 H^+ 梯度的产生有什么后果？

问题 14-16

如果给两根浸泡在水里的铂丝（电极）加上电压，H_2O 分子会被分解为 H_2（氢气）和 O_2（氧气）。负极提供电子，释出 H_2；正极则接受电子，产生 O_2。当光合细菌和植物细胞分解水时，它们只产生 O_2 却没有 H_2，为什么？

问题 14-17

在 20 世纪 60 年代的一个很有深度的实验中，首先把叶绿体浸泡在 pH 为 4 的酸性溶液里，使基质和类囊体腔酸化（图 Q14-17）。再将它们转移到 pH 为 8 的碱性溶液中，这使得基质的 pH 迅速提高至 8，而类囊体腔的 pH 则暂时保持在 4。然后，观察到 ATP 的合成突然出现，类囊体和基质之间 pH 的差别也消失了。

A. 解释为什么这些条件会导致 ATP 的合成？

B. 实验过程中需要光吗？

C. 如果将浸泡溶液更换一下，使第一种溶液 pH 为 8，而第二种溶液 pH 为 4，将会出现什么情况？

D. 这个实验是支持还是质疑化学渗透模型？请解释你的答案。

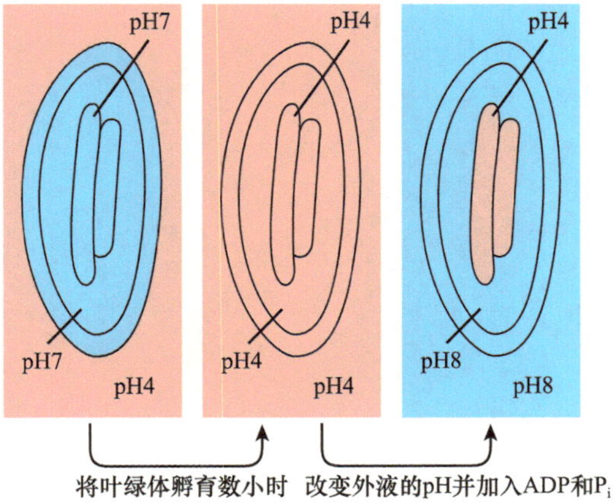

图 Q14-17

问题 14-18

作为你进实验室的第一个实验，你的导师要求你将一种光合细菌质膜的光驱动 H^+ 泵即细菌视紫红质和从牛心脏细胞线粒体中纯化出来的 ATP 合酶重组到同一个膜泡中，如图 Q14-18 所示。然后要求你将 ADP 和 P_i 加至外部的溶液中，并把该小泡的悬液置于光照下。

A. 你将观察到什么？

B. 如果没有将所有的去垢剂完全去除，导致小泡膜持续进行着离子渗漏，你会观察到什么。

C. 饭后将你的新实验告诉你的朋友，他对你利用那些来自于如此常见而又不相关的生物体组分的方法的有效性提出质疑：“为什么有人要把香草布丁和刹车油混在一起呢？” 请针对他的评论为你的方法辩护。

问题 14-19

$FADH_2$ 是在柠檬酸循环中通过嵌于膜中的一种称为琥珀酸脱氢酶复合物产生的，该酶复合物含有结合的 FAD 并执行以下反应：

$$琥珀酸 + FAD \rightarrow 延胡索酸盐 + FADH_2$$

和

$$FADH_2 \rightarrow FAD + 2H + 2e^-$$

然而，$FADH_2$ 氧化还原电位只有 –220mV。参考图版 14-1 和图 14-22，请提出一种可能的机制。通过该机制，电子可以被转入电子传递链。试画一简图来表达你设想的机制。

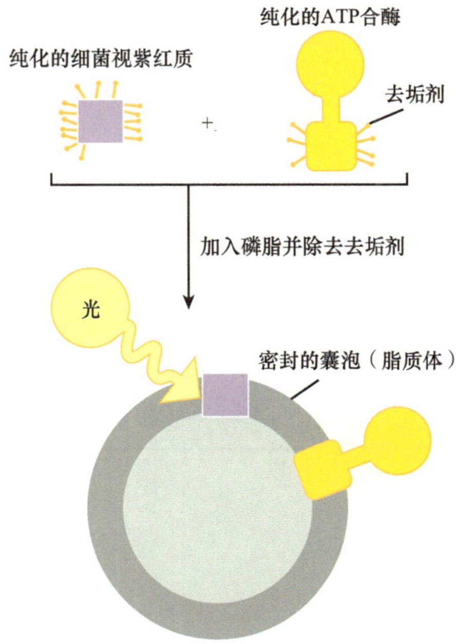

图 Q14-18

问题 14-20

某些特化的细菌能在高 pH（pH 约 10）环境中生存。你是否认为这些细菌可以利用跨质膜的电子梯度来产生 ATP？（提示：所有细胞都必须使其胞质溶胶的 pH 接近中性。）

问题 14-21

图 Q14-21 概括了线粒体和叶绿体中所用的对不同能量形式进行互换的路线。下面的说法是否正确？

A. 叶绿体的产物就是线粒体的底物。

B. 通过光系统对电子的激活能使叶绿体将水中的电子传递至糖类，这与线粒体中电子的传递方向正好相反。

C. 柠檬酸循环是正常的碳固定循环的逆转。

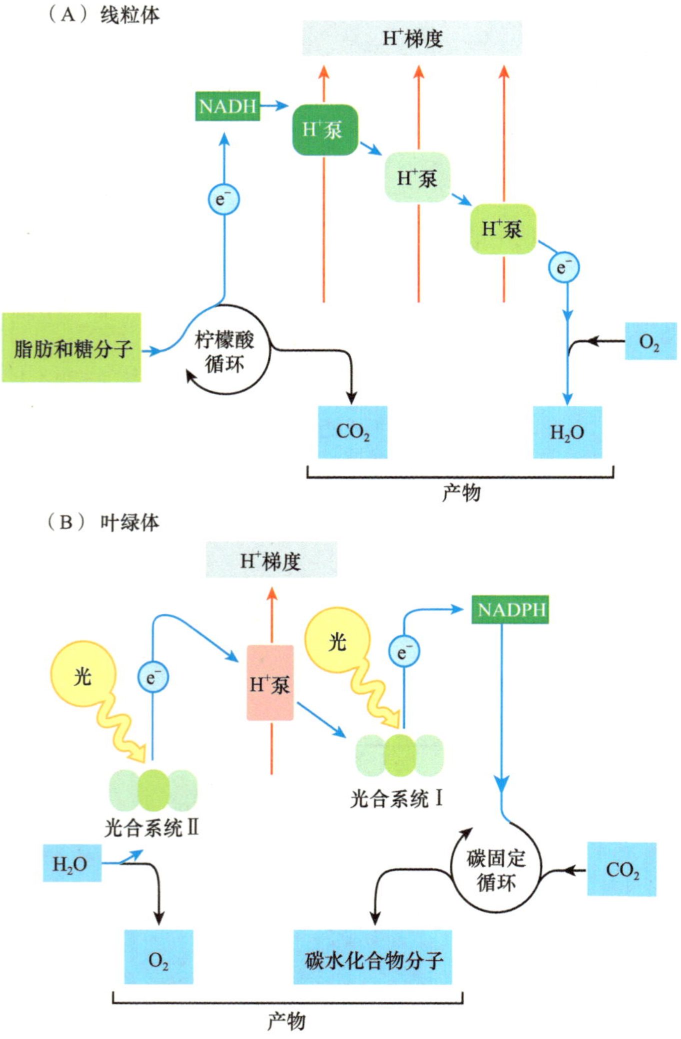

图 Q14-21

问题 14-22

一篇论文已经投稿到了一家很有声望的科学杂志。在这篇论文中作者描述了一个实验，说它们成功地捕获了单个 ATP 合酶分子并对其施加一个力以机械地旋转其头部。作者表示在无 H^+ 梯度时，旋转这个 ATP 合酶的头部时产生了 ATP。这对 ATP 合酶作用的机制意味着什么？这篇文章可考虑发表在这一优秀的杂志上吗？

问题 14-23

请你将以下化合物混合在同一溶液中。假定电子必须遵循图 14-14 中规定的路线。你认为在哪个实验中会有电子向细胞色素 c 的净转移？讨论一下为什么在另外一些实验中没有发生电子传递？

A. 还原的泛醌和氧化细胞色素 c。

B. 氧化的泛醌和氧化细胞色素 c。

C. 还原的泛醌和还原细胞色素 c。

D. 氧化的泛醌和还原细胞色素 c。

E. 还原的泛醌、氧化细胞色素 c 和细胞色素 c 还原酶复合物。

F. 氧化的泛醌、氧化细胞色素 c 和细胞色素 c 还原酶复合物。

G. 还原的泛醌、还原细胞色素 c 和细胞色素 c 还原酶复合物。

H. 氧化的泛醌、还原细胞色素 c 和细胞色素 c 还原酶复合物。

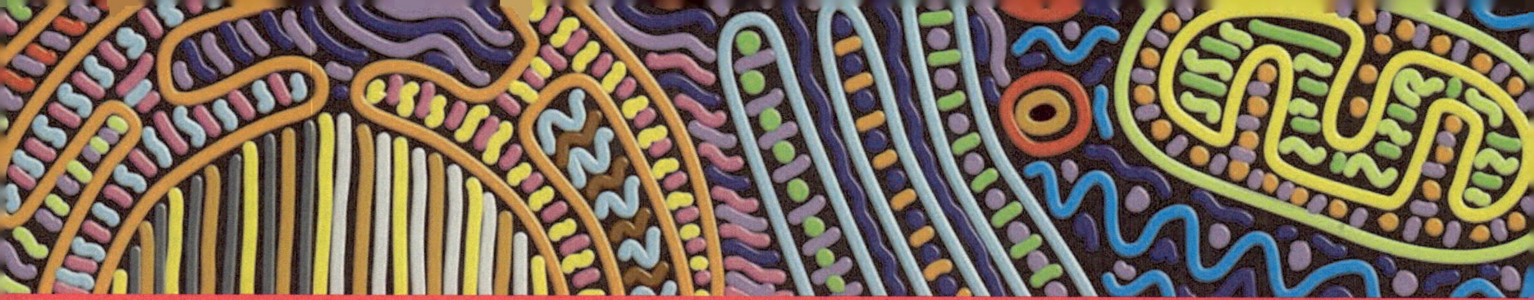

第 15 章　胞内区室及蛋白质转运

一个典型的真核细胞内每时每刻都发生着成千上万种不同的化学反应，其中许多反应是互不相容的。例如，一些反应合成葡萄糖，而另一些反应则分解葡萄糖；一些酶合成肽键，而另一些酶则使肽键断裂等。事实上，如果将肝脏等任何一个器官的细胞破碎，使其内容物混合在一个试管中，就会导致化学混乱，细胞的酶和其他蛋白质将很快被其自身的蛋白水解酶所降解。因此，细胞若要有效运作，细胞内这些同时发生又各不相同的过程必须以某种方式分开。

细胞已演化出几种策略用于分离和组织其化学反应。原核细胞和真核细胞通用的一种策略是将催化某一系列特定反应所需的各种不同的酶聚集成一个大的、多组分的蛋白质复合物。这种复合物可以存在于细胞内大的、具有不同功能的生化亚区，并参与多种重要的生物过程，包括 DNA 和 RNA 合成、核糖体组装等（如第 4 章所述）。第二种策略在真核细胞中更为突出，即把不同代谢过程及完成这一过程所需的蛋白质限制在不同的膜包被区室内。如第 11 章和第 12 章中所述，细胞膜提供了选择性通透屏障，控制了大多数分子的转运。在本章中，我们将会讨论这种膜依赖的区室化策略。

在第一部分，我们将讨论真核细胞主要的膜被区室或*膜被细胞器*（membrane-enclosed organelle），并简要讨论其主要功能。在第二部分，我们会讨论不同区室的蛋白质组分是如何建立和维持的。每个区室都含有一套独特的蛋白质，这些蛋白质在细胞质中合成后要选择性地转运到使用它们的区室。这个转运过程被称为*蛋白质分选*（protein sorting），它依赖于蛋白质中由特定氨基酸序列构成的信号。在第三部分，我们会描述这些真核细胞的膜被区室是如何通过形成膜包被小囊即*囊泡*（vesicle）而相互作用的。这些囊泡从一个区室分离，穿过细胞质，最后与另一区室融合，这一过程被称为*囊泡运输*（vesicle transport）。在最后两部分，我们会讨论这种持续进行的囊泡运输如何为*胞吐作用*（exocytosis）过程从细胞释放蛋白质以及*胞吞作用*（endocytosis）过程从外界摄入蛋白质提供主要的途径。

膜被细胞器

原核细胞通常只具有一个由质膜包被的区室，而真核细胞则由内膜精细分隔成不同的区室。在电镜下观察一个植物或动物细胞的横切面，可以看到许许多多微小的膜包被的囊状、管状、球状和形状不规则的结构，其排列常常没有明显的规律（图 15-1）。这些结构大部分都是**膜被细胞器**（membrane-enclosed organelle），或是这些细胞器的

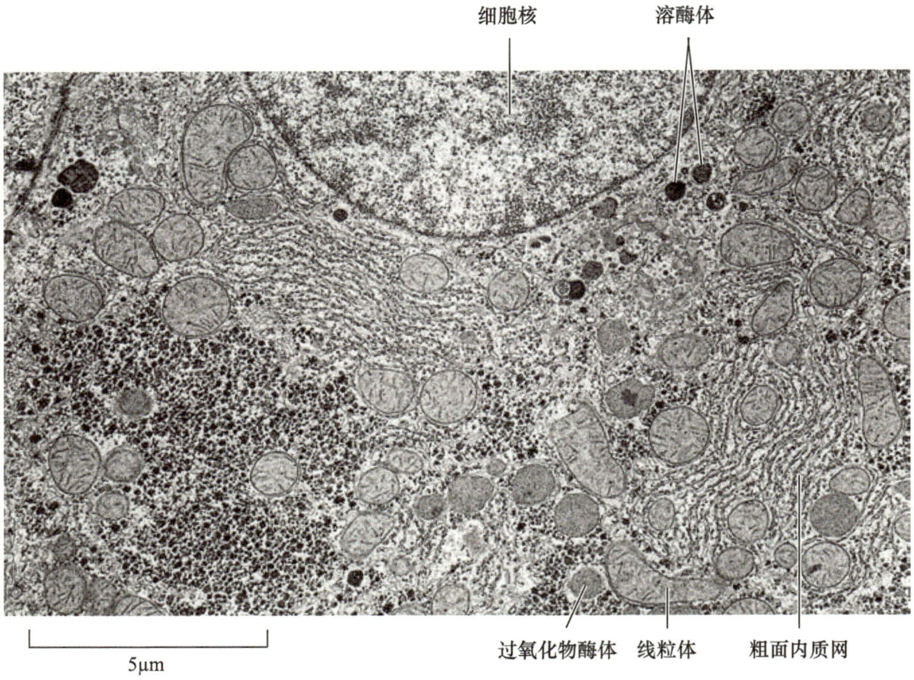

图 15-1 在真核细胞中，内膜形成封闭的区室，将不同的代谢过程分隔开。利用电镜观察一个肝细胞横切面，可见许多膜被细胞器。在膜被区室之间的小黑颗粒是糖原以及由控制糖原合成和降解的酶形成的聚合物。（蒙 E.L. Bearer 和 Daniel S. Friend 惠赠。）

一部分，每一个细胞器含有一套独特的、大小不同的分子并执行特定的功能。在这一部分，我们将综述这些功能并讨论这些不同的膜被细胞器是如何演化的。

真核细胞含有一套基本的膜被细胞器

一个动物细胞中主要的膜被细胞器见图 15-2，其功能见表 15-1。这些细胞器都为质膜包被的*胞质溶胶*（cytosol）所包围。在真核细胞中，*细胞核*（nucleus）一般是最显而易见的细胞器。它被称为*核被膜*（nuclear envelope）的双层膜所包被，并通过贯穿核膜的*核孔*（nuclear pore）与细胞质交流。外层核膜与内质网膜相连。*内质网*（endoplasmic reticulum，ER）是一种由相互连接的膜囊与膜管构成的连续系统，通常贯穿于细胞的大部分区域。它是细胞内合成新膜的主要场所。相当大一部分的内质网胞质面上附着有核糖体，因而被称为*粗面内质网*（rough ER）。核糖体活跃地合成蛋白质，将它们插入内质网膜内或释放到内质网的*内腔*（lumen）中。*光面内质网*（smooth ER）上没有核糖体。虽然在大多数细胞中光面内质网占比较少，但在另一些细胞中它却高度发达以完成特殊的功能，例如，它是肾上腺一些内分泌细胞合成类固醇激素的场所，也是肝脏细胞内分解包括酒精在内的多种有机分子的场所。在许多真核细胞中，光面内质网也负责将 Ca^{2+}

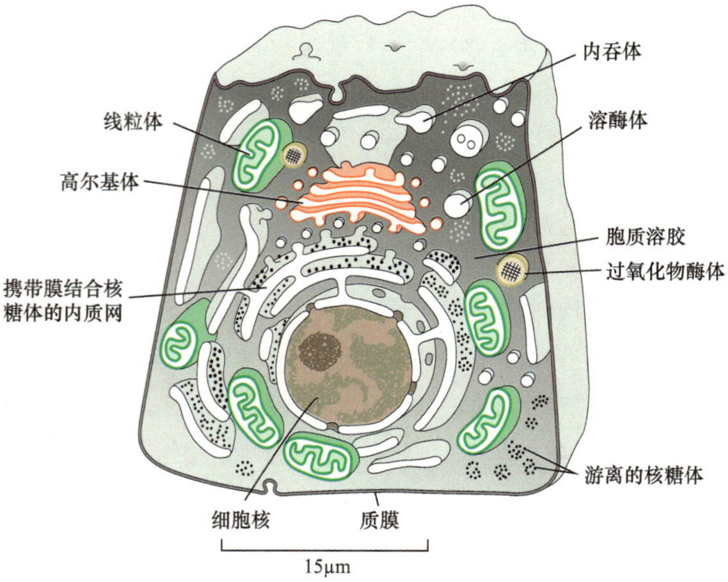

图 15-2 一个来自小肠内表面的细胞含有一套基本的、在大多数动物细胞中都能见到的细胞器。细胞核、内质网（ER）、高尔基体、溶酶体、内吞体、线粒体和过氧化物酶体都是不同的区室，它们通过至少一层选择性通透的膜与细胞质分开。一些核糖体结合在内质网的胞质面上，这部分内质网被称为粗面内质网；不含核糖体的内质网被称为光面内质网。其他核糖体游离在细胞质中。

表 15-1　真核细胞膜被区室的主要功能

区室	主要功能
细胞质	包含许多代谢途径（第 3、13 章）；蛋白质合成（第 7 章）；细胞骨架
细胞核	包含主要基因组（第 5 章）；DNA 和 RNA 合成（第 6、7 章）
内质网（ER）	合成大多数脂质（第 11 章）；合成蛋白质并将其分配到多种细胞器和质膜中（本章）
高尔基体	对分泌或输送到其他细胞器中的蛋白质和脂质进行修饰、分选和包装（本章）
溶酶体	细胞内的降解（本章）
内吞体	胞吞物质的分选（本章）
线粒体	通过氧化磷酸化作用合成 ATP（第 14 章）
叶绿体（植物细胞内）	通过光合作用合成 ATP 和固定碳（第 14 章）
过氧化物酶体	氧化分解有毒分子（本章）

表 15-2　一个肝脏细胞（肝细胞）中主要的膜被细胞器所占的相对体积

胞内区室	占细胞总体积的百分比/%	每个细胞中的大致数量
细胞质	54	1
线粒体	22	1700
内质网	12	1
细胞核	6	1
高尔基体	3	1
过氧化物酶体	1	400
溶酶体	1	300
内吞体	1	200

与细胞质隔开；内质网对 Ca^{2+} 的释放和再摄取涉及肌肉收缩和对多种胞外信号的快速响应，这将在第 16 章和第 17 章讨论。

高尔基体（Golgi apparatus）常位于核附近，接收来自内质网的蛋白质和脂质对其进行修饰，然后将它们派送到细胞内其他的目的地。溶酶体（lysosome）是一些包含消化酶的小泡，它们降解衰老的细胞器以及通过胞吞摄入胞内的大分子和颗粒。胞吞物质在运到溶酶体的途中，必须首先通过一系列称为内吞体（endosome）的区室，内吞体可以分选摄入的分子并将其中一部分再循环回质膜。过氧化物酶体（peroxisome）是由单层膜包被的小细胞器，内部含有许多降解脂质和消除那些可以产生过氧化氢的有毒分子所需的酶。线粒体（mitochondria）和植物细胞中的叶绿体（chloroplast）均由双层膜包被，分别是氧化磷酸化和光合作用的场所（在第 14 章中讨论）；两者都含有高度特化的、用于产生 ATP 的内膜。

许多膜包被的细胞器，包括内质网、高尔基体、线粒体和叶绿体，在细胞中的位置都是固定的，这是因为它们附着在细胞骨架特别是微管上。细胞骨架为细胞器的移动提供轨道，并为细胞器之间的囊泡运输指示方向。这些移动由马达蛋白驱动，马达蛋白可以利用 ATP 水解产生的能量推动细胞器和囊泡沿着这些骨架纤维运动。这将在第 17 章中讨论。

所有膜被细胞器的体积加在一起，平均约占一个真核细胞体积的一半（表 15-2），与它们相连的膜的总量是巨大的。例如，在一个典型的哺乳动物细胞中，内质网膜的面积比细胞质膜大 20 ～ 30 倍。就其表面积和质量而言，质膜在大多数真核细胞中只能算是很小的膜。

一旦将一种细胞器从其他细胞结构中分离出来，我们便可以获得很多有关其组成和功能的信息。在很大程度上，细胞器因为太小而难以用手工分离，但是可以用差速离心的分离方法，将某种类型的细胞器与其他细胞器分开（参见图版 4-3）。一旦获得纯净的某种类型的细胞器，就能鉴定出该细胞器含有的蛋白质。许多情况下，细胞器本身可以在一定条件下在试管内孵育，从而研究其功能。例如，在保证 ADP、无机磷酸盐和 O_2 充足供给的条件下，分离出来的线粒体可以把丙酮酸氧化成 CO_2 和 H_2O，并产生 ATP。

膜被细胞器由不同途径演化而来

为了理解现代真核细胞内不同区室之间的关系，不妨先研究一下它们的演化。最初的真核细胞的祖先被认为是类似现在古细菌（archaea）的简单微生物，有质膜而无内膜。在这些细胞中的质膜就像现在大多数原核生物中的质膜一样，提供了所有膜依赖的功能，包括 ATP 合成和脂质合成等。古细菌和细菌之所以能够采取这种安排，是因为它们个体小，这使它们的表面积/体积的值很大，故它们的质膜面积足以维持所有需要膜参与的重要功能。然而，现今的真核细胞的体积增大了 1000 ～ 10 000 倍。如此大的细胞，其表面积/体积的值就小得多，如果仅仅依靠质膜恐怕难以生存。因此，如果没有内膜的出现，真核细胞所特有的体积增大不可能会发生。

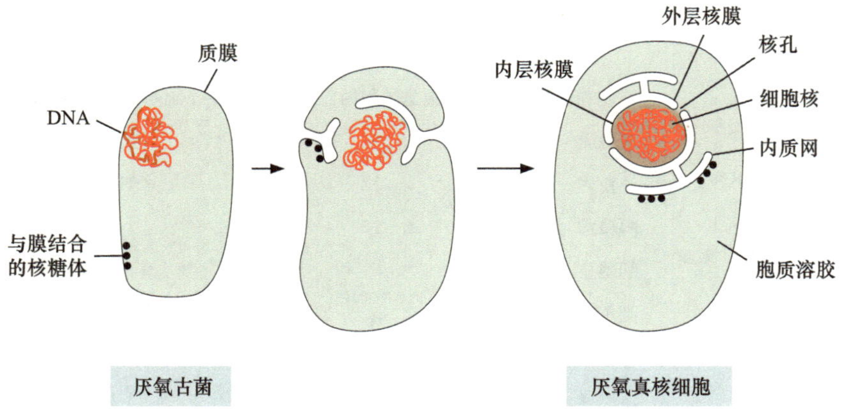

图 15-3 核膜和内质网可能由质膜的内陷演化而来。在现代的细菌和古细菌中，单个的 DNA 分子一般会附着在质膜上。因此可能在一种非常古老的厌氧古细菌中，质膜连同附着在其上的 DNA 发生内陷，并在下一代形成一个完全包围 DNA 的双层核膜。推测这一核膜最终完全与质膜分离，成为由双层膜包被的核区室。核膜被称为核孔的通道贯通，使其能与细胞质进行交流。这一内陷膜的其他部分形成内质网，这也解释了为什么内外核膜之间的空腔与内质网的内腔相连。

膜被细胞器被认为是分阶段演化而来的。核膜、内质网膜、高尔基体膜、内吞体膜和溶酶体膜最有可能是源于质膜的内陷，如图 15-3 所示的核膜和内质网膜。这些膜被统称为**内膜系统**（endomembrane system），内质网、高尔基体、过氧化物酶体和溶酶体都是该系统的一部分。正如我们随后会讨论的，通过从一种细胞器出芽产生囊泡以及囊泡与另一个细胞器融合的方式，这些细胞器相互之间、和细胞外界环境之间都进行着广泛的物质交流。与上述假设的演化起源一致，我们看到在许多情况下细胞将这些细胞器的内部当作“外部”来处理。图 15-3 所示的这一假设图示也可以解释为什么细胞核会被双层膜所包被。

一般认为，线粒体和叶绿体的起源是不同的。正如在第 14 章所讨论的，它们与其他细胞器的不同之处在于，它们具有自己的小基因组并能合成一些自己的蛋白质。二者的基因组和细菌基因组的相似性，以及它们的某些蛋白质和细菌蛋白质的相似性，强烈表明线粒体和叶绿体是由最初共生时被原始真核细胞吞入的细菌演化而来的（图 15-4）。从它们的起源可以预期，线粒体和叶绿体不参与广泛的囊泡转运，而其他大多数膜被细胞器之间的相互交流以及它们与细胞外部的联系都靠囊泡转运介导。

蛋白质分选

一个真核细胞在分裂之前，必须复制其膜被细胞器。当细胞生长时，膜被细胞器通过吸收外部分子而增大，然后分裂，并在细胞分裂时分配到两个子细胞中去。细胞器生长需要有新的脂质供给来制造更多的膜，同时需要有适当的蛋白质供给，包括膜蛋白和填满细胞器内部的可溶性蛋白。甚至在不分裂的细胞中，蛋白质也是在源源不断地合成。这些新合成的蛋白质必须被精准地送到对应的细胞器中，它们中有一些最终从细胞里被分泌出去，另一部分则被用于替换细胞器中已降解的蛋白质。因此，指导新合成的蛋白质运送到正确的细胞器，对于细胞的生长、分裂和正常功能的行使都是必不可少的。

对于某些细胞器，包括线粒体、叶绿体和细胞核内部等，蛋白质可以直接从细胞质输入到目的细胞器。而对于

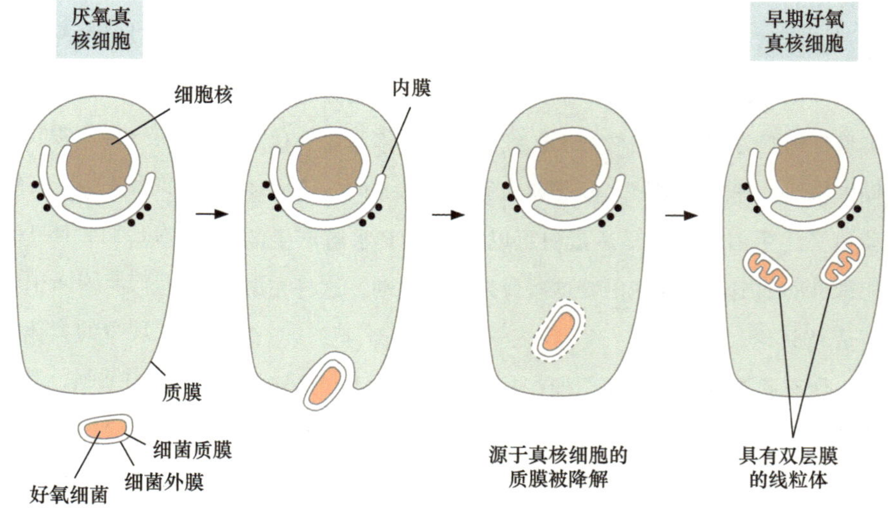

图 15-4 人们普遍认为线粒体起源于一个被较大的真核细胞所内吞的原核细胞。一般认为叶绿体在稍晚的时期以类似的方式起源，即一个含有线粒体的真核细胞内吞下一个可以进行光合作用的原核细胞。这个理论可以解释为什么这些细胞器有两层膜、为什么它们有自己的基因组，以及为什么它们不参与连接内膜系统区室的囊泡运输。

其他一些细胞器，包括高尔基体、溶酶体、内吞体和内层核膜等，蛋白质和脂质是通过内质网间接运送的，内质网本身是脂质和蛋白质合成的主要场所。蛋白质直接从细胞质进入内质网，其中一些留在那里，但大多数蛋白质通过囊泡转运到高尔基体并随后进到其他细胞器或质膜中。过氧化物酶体可以同时利用上述两种途径，它会从内质网中获取部分膜蛋白，但它的消化酶中的大部分都是从细胞质直接转运而来的。

在本节中我们会讨论蛋白质从细胞质进入膜被细胞器的机理。在细胞质内合成的蛋白质，按照其氨基酸序列中特定的地址标签分发到细胞的不同部位。一旦到达正确的位置，蛋白质便进入其目标细胞器的膜中或内部。

蛋白质通过三种机制输入细胞器

事实上，细胞内所有蛋白质的合成都从细胞质中的核糖体上开始。只有少数例外，即线粒体和叶绿体的蛋白质，它们是在这些细胞器内部的核糖体上合成的，但是绝大多数线粒体和叶绿体的蛋白质还是在细胞质中合成并随后被输入的。任何在细胞质中合成的蛋白质分子的命运都取决于其自身的氨基酸序列，这些氨基酸序列中包含指导蛋白质到目标细胞器的分选信号（sorting signal）。缺少这种信号的蛋白质将成为细胞质内的“永久居民”；而那些有分选信号的蛋白质，从细胞质中被运送到适当的细胞器中。不同的分选信号可以分别指导蛋白质到细胞核、线粒体、叶绿体（植物细胞）、过氧化物酶体和内质网中去。

当膜被细胞器从细胞质或其他细胞器中输入一个水溶性蛋白到其内部时，它总要面临一个问题：蛋白质必须要穿越它的膜（一层或多层膜），而这些膜对亲水大分子通常是不通透的。不同的细胞器通过不同的方法来完成这一目标。

1. 蛋白质从细胞质运入核内是利用贯穿外层核膜和内层核膜的核孔来转运的。核孔具有选择透过性，可以主动转运特定的大分子，但同时也允许小分子自由扩散通过（图 15-5 中的机制 1）。

2. 蛋白质从细胞质运入内质网、线粒体或叶绿体是由位于细胞器膜上的蛋白质转运体（protein translocator）转运的。与通过核孔的转运不同，被转运的蛋白质分子通常必须去折叠后，转运体才能指导它通过亲水性的膜内部（图 15-5 中的机制 2）。细菌在其质膜上也有类似的蛋白质

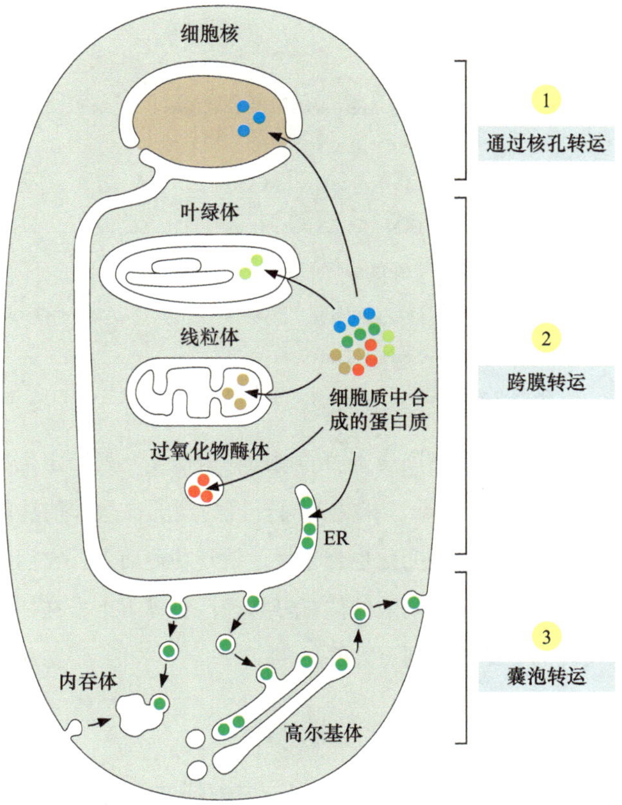

图 15-5　膜被细胞器通过三种机制之一输入蛋白质。所有这些转运过程都需要能量。在机制 1 和 3 的转运过程中蛋白质保持折叠状态，但在机制 2 过程中蛋白质通常必须为去折叠状态。

转运体，用于将蛋白质从细胞质中运到细胞外面。

3. 蛋白质在内质网上的移动以及从内膜系统的一个区室移动到另一个区室的转运，采用的是与上述两种方式截然不同的机理。这些蛋白质是由转运囊泡（transport vesicle）进行“摆渡”的。转运囊泡从一个区室的膜上分离，随后融合到第二个区室中去（图 15-5 中的机制 3）。在这个过程中，转运囊泡不但可以转运可溶性的货物蛋白质，还会转运囊泡膜上的脂类和膜蛋白。

信号序列指导蛋白质到正确的区室中

典型的蛋白质分选信号是一段连续的氨基酸序列，长度通常有 15 ～ 60 个氨基酸。这个**信号序列**（signal sequence）经常（但不总是）在分选任务完成后被切除。特定的信号序列对应不同目的地，如表 15-3 所示。

信号序列对于指导蛋白质到达某个特定的目的地是充分且必要的。通过遗传工程技术（在第 10 章中讨论）删除信号序列或将一个蛋白质的信号序列转移至另一个蛋白质上，这些实验也证明了这一点。例如，删除一个内质网蛋白的信号序列可将其转变为细胞质蛋白；而把内质网信

表 15-3　一些典型的信号序列

信号的功能	信号序列的范例
输入内质网	$^{+}H_3N$-Met-Met-Ser-Phe-Val-Ser-Leu-Leu-Leu-Val-Gly-Ile-Leu-Phe-Trp-Ala-Thr-Glu-Ala-Glu-Gln-Leu-Thr-Lys-Cys-Glu-Val-Phe-Gln-
留在内质网腔内	-Lys-Asp-Glu-Leu-COO^-
输入线粒体	$^{+}H_3N$-Met-Leu-Ser-Leu-Arg-Gln-Ser-Ile-Arg-Phe-Phe-Lys-Pro-Ala-Thr-Arg-Thr-Leu-Cys-Ser-Ser-Arg-Tyr-Leu-Leu-
输入核	-Pro-Pro-Lys-Lys-Lys-Arg-Lys-Val-
输出核	-Met-Glu-Glu-Leu-Ser-Gln-Ala-Leu-Ala-Ser-Ser-Phe-
输入过氧化物酶体	-Ser-Lys-Leu-

注：带正电荷氨基酸以红色表示，带负电荷氨基酸以蓝色表示，重要的疏水氨基酸以绿色表示。$^{+}H_3N$ 表示蛋白质的氨基端，COO^-表示羟基端。

号序列放到一种细胞质蛋白的前面，就能使它转而定位到内质网上（图 15-6）。指定到同一目的地的信号即使功能相同，它们的序列变化也会很大。就其功能而言，它们的疏水性、带电荷氨基酸的位置等物理性质等看上去往往比其精确的氨基酸序列更重要。

蛋白质通过核孔进入核内

核被膜（nuclear envelope）包被核 DNA 并确定了细胞核这一区室的边界。它由两层同心膜形成。*内层核膜*（inner nuclear membrane）中含有一些可作为染色体结合位点的蛋白质（在第 5 章中讨论），以及其他一些为*核纤层*（nuclear lamina）提供锚定部位的蛋白质。核纤层是一层由蛋白质纤维精巧编织而成的网络，位于内层核膜的内侧并为核被膜提供结构支持（在第 17 章中讨论）。*外层核膜*（outer nuclear membrane）的组成与内质网膜非常像，可以说内质网是外层核膜的延续（图 15-7）。

所有真核细胞的核被膜都贯穿着**核孔**（nuclear pore），它们形成了分子出入核的通道。一个核孔是由约 30 种不同蛋白质构成的大而复杂的复合物结构，每个蛋白质都存在多个拷贝（图 15-8）。核孔的许多内衬蛋白含有大量的非结构化区域，这些区域中的多肽链是高度无序的。这些无序的片段形成一种柔性的纠缠网络，就像是海洋中的海带林。这些网络充满了通道的中心，阻止大分子通过，但允许水溶性小分子自由自在且无选择性地在细胞核与细胞质之间穿梭。

某些特定的大分子或高分子复合物也需要穿过核孔。在核内合成的 RNA 分子和核内装配的核糖体亚基必须通过核膜，输出到胞质溶胶中（在第 7 章中讨论）。新合成

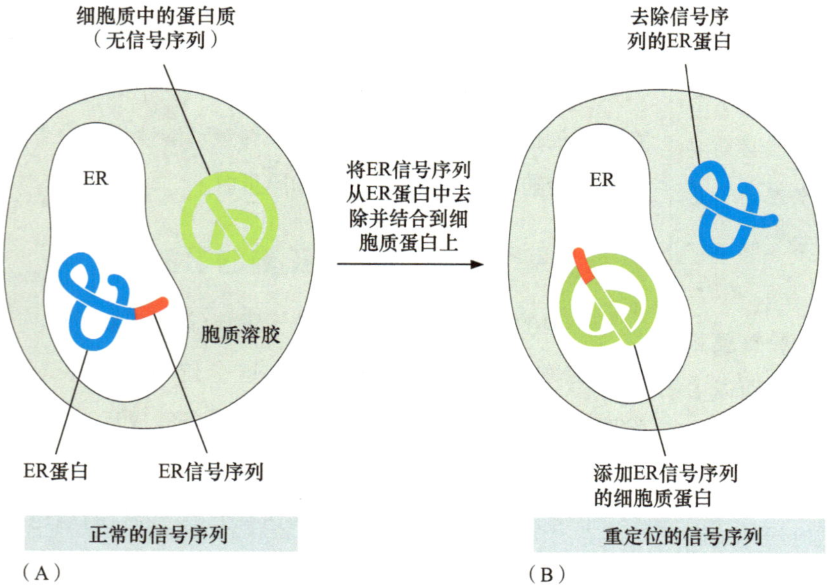

图 15-6　**信号序列指导蛋白质到正确的目的地。**（A）运往内质网的蛋白质拥有一个 N 端的信号序列指导它们进入内质网，而那些留在细胞质的蛋白质则没有这种信号序列。（B）重组 DNA 技术可以用来改变两个蛋白质的位置：如果将内质网蛋白质的信号序列连到一个胞质蛋白上，则这两种蛋白质在细胞内都异常定位。

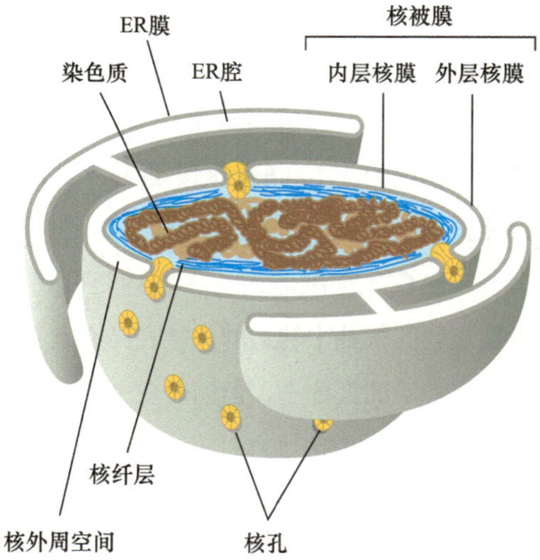

图 15-7　**外层核膜与内质网是连续的。**核孔贯穿双层核被膜。本图中未显示附着在内质网膜的细胞质面和外层核膜上的核糖体。

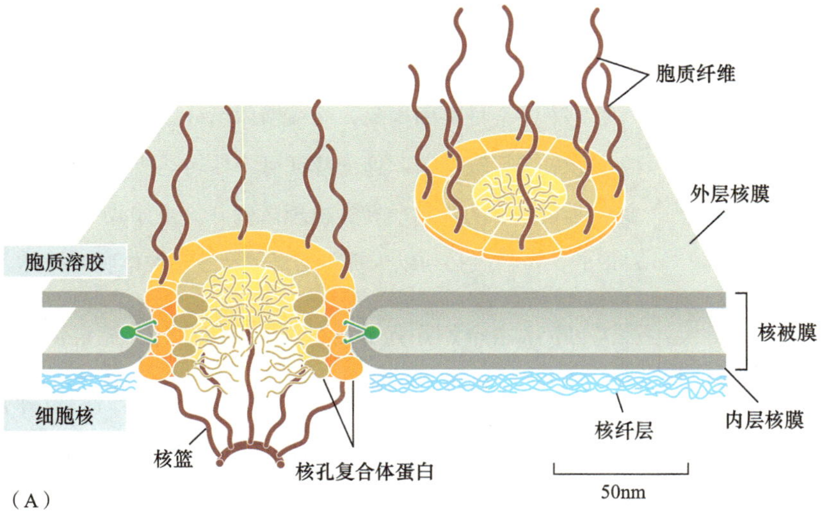

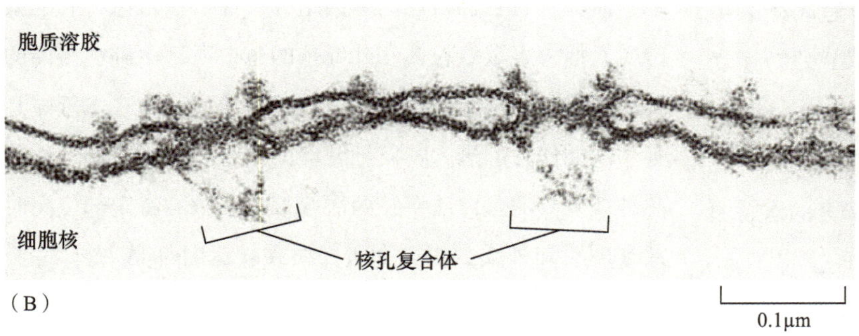

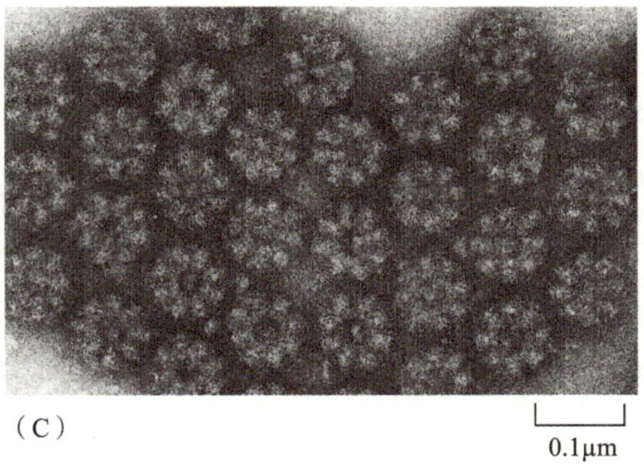

图 15-8　核孔复合体形成分子进出细胞核的通道。(A) 一小部分核被膜的示意图，显示两个核孔复合体。蛋白质纤维从复合物两侧伸出：在细胞核一侧，它们汇集形成一种篮状结构。纤维之间的空隙足够大，不会阻碍其他蛋白质进入核孔。(B) 一部分核被膜区域的电镜照片显示两个核孔复合体的侧面观（方括号）。(C) 电镜照片显示核孔蛋白复合物的正面观：膜已经被去垢剂抽提走。（图 B 蒙 Werner W. Franke 惠赠；图 C 蒙 Ron Milligan 惠赠。）

的核定位蛋白质也必须从胞质溶胶转入到细胞核内（视频 15.1）。这些大分子和高分子复合物必须展示出合适的分选信号才能通过核孔。指导蛋白质从胞质溶胶进入核内的信号序列称为*核定位信号*（nuclear localization signal）。它们通常由含有几个带正电荷的赖氨酸或精氨酸的一段或两段短序列所构成（参见表 15-3）。

将要被转运到细胞核的蛋白质的核定位信号是由一类称为*核转运受体*（nuclear import receptor）的细胞质蛋白所识别。这些受体通过从核孔边缘延伸到胞质溶胶的触须样纤维与新合成的蛋白质相互作用，从而指导这些蛋白质到达核孔（图 15-9）。然后，核转运受体通过结合填满核孔内部的核孔蛋白网络的短重复序列而穿过核孔。当核孔

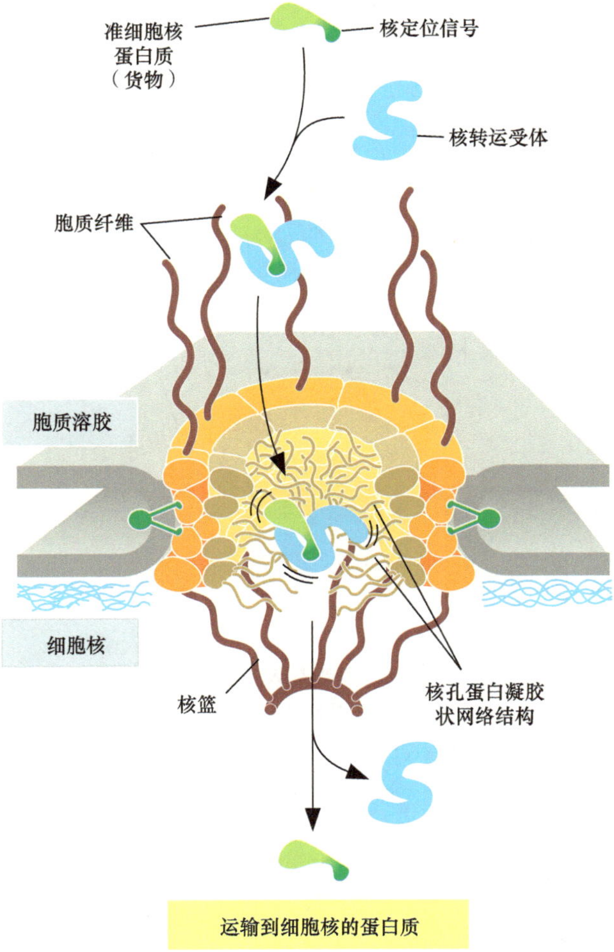

图 15-9　核蛋白从细胞质通过核孔运入核内。这些蛋白质含有一种核定位信号，由核转运受体识别，这些受体与从核孔边缘伸展出来的胞质纤维相互作用。在被捕获后，受体与它们的货物拥挤着通过由核孔蛋白非结构区域形成的凝胶状网络，直到它们进入核内并触发货物释放。此后，受体通过核孔返回胞质溶胶以再次利用。另外一种类型相似但转运方向相反的转运受体将 mRNA 从细胞核转运到细胞质中（参见图 7-25）。核输入、输出受体具有相似的基本结构。

中没有需要转运的蛋白质时，这些重复序列相互作用，形成一种松散聚合的凝胶状结构。核转运受体会破坏这些相互作用，从而打开一条穿过该网状结构的局部通道。转运受体在重复序列之间曲折而行，直到它们进入核中卸下货物。之后，空载的转运受体通过核孔回到细胞质中被重复利用（图 15-9）。

核蛋白的转运需要 GTP 水解提供能量。这一水解过程是由一种称为 Ran 的单体 GTP 酶所介导。和其他 GTP 酶相似，Ran 存在两种构象：一种结合 GTP，而另一种结合 GDP。这两种构象的空间分布不同：Ran-GTP 在核中浓度很高，而 Ran-GDP 在胞质溶胶中生成（图 15-10A）。在核中，Ran-GTP 与转运受体的结合使被转运入核的蛋白质从转运受体上释放下来，而结合 Ran-GTP 的转运受体则返回细胞质中，在那里 Ran-GTP 被水解为 Ran-GDP，并与转运受体解离，使得转运受体可以再次自由结合其他需要被转运入核的蛋白质。通过这种方式，GTP 的水解驱动了细胞核转运以正确的方向进行（图 15-10B）。

核输出受体通过相似的方式把蛋白质与 RNA 从细胞核转运到细胞质中。输出受体识别核输出信号（参见表 15-3），也利用 Ran 来作为转运的能量来源。

核孔蛋白质以惊人的速度运行着这一分子闸门，快速地泵送大分子双向通过每一个核孔。在核转运过程中，蛋白质处于完全折叠的构象，而核糖体组分则是以装配成颗粒的形式进行转运的。这一特征可将核转运机理与其他大多数细胞器中的蛋内质转运机理区别开。正如我们下面要讨论的，蛋白质必须以未折叠的形式穿过线粒体和叶绿体。

蛋白质去折叠进入线粒体和叶绿体

线粒体和叶绿体都被内、外两层膜所包围，而且这两种细胞器都是特定用来合成 ATP 的。叶绿体还含有第三种膜系统，即类囊体膜（在第 14 章中讨论）。虽然这两种细胞器都含有它们自己的基因组并合成某些自己特有的蛋白质，但大多数线粒体和叶绿体的蛋白质都由细胞核内的基因编码，并从细胞质运入。这些蛋白质通常在氨基端具有一段能使它们进入特定细胞器的信号序列。将要运往这两种细胞器的蛋白质要在两层膜彼此接触的特定部位同时穿过内膜和外膜。每一个蛋白质在转运时都是去折叠的，当转运完成后其信号序列都要被切除掉（图 15-11）。

细胞器内的伴侣蛋白（在第 4 章中讨论）可以帮助蛋白质穿过两层膜，并在蛋白质进入后帮助其重新折叠。如

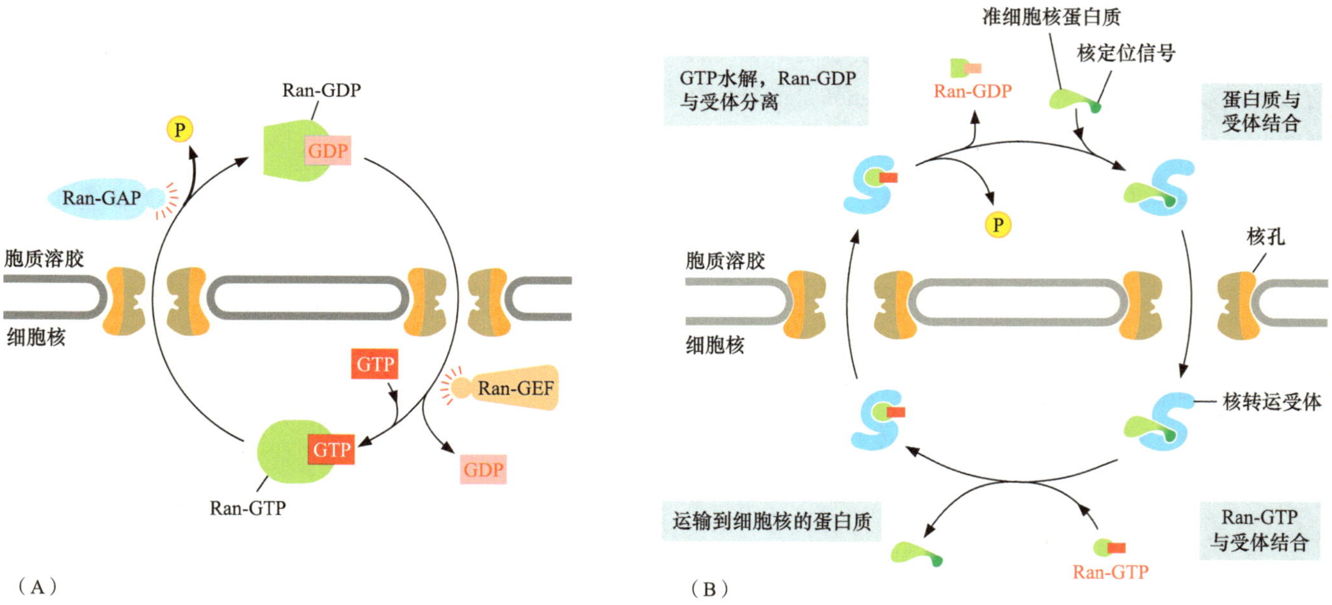

图 15-10　GTP 水解提供的能量驱动了核转运。（A）单体小 GTP 酶 Ran 存在两种不同的构象，分别结合 GTP 和 GDP（参见图 4-48 或图 16-12）。Ran 从一种构象转变为另一种构象需要辅助蛋白的帮助。这些辅助蛋白的定位不同，其中促进 GTP 水解的辅助蛋白称为 Ran-GAP（GTPase-activating protein），它仅存在于细胞质中并在那里将 Ran-GTP 转化为 Ran-GDP。另一种辅助蛋白称为 Ran-GEF（guanine nucleotide exchange factor），它仅存在于细胞核内，可以促进 Ran-GDP 释放出 GDP 并再结合一个 GTP。辅助蛋白的定位保证了核内 Ran-GTP 的浓度更高，因此驱动了入核转运按照期望的方向进行。（B）一个核转运受体从细胞质中结合一个核定位蛋白并进入细胞核。在核内，Ran-GTP 与核转运受体的结合导致了核定位蛋白的释放。在核内卸载其所带的货物后，仍然结合着 Ran-GTP 的核转运受体从核孔转运回到细胞质中。在那里，Ran 水解其结合的 GTP，Ran-GDP 从转运受体上脱离下来，随后转运受体又能自由地结合另一个细胞核定位的蛋白质。Ran-GDP 是由它自己特定的转运受体（图中未显示）带进核内。

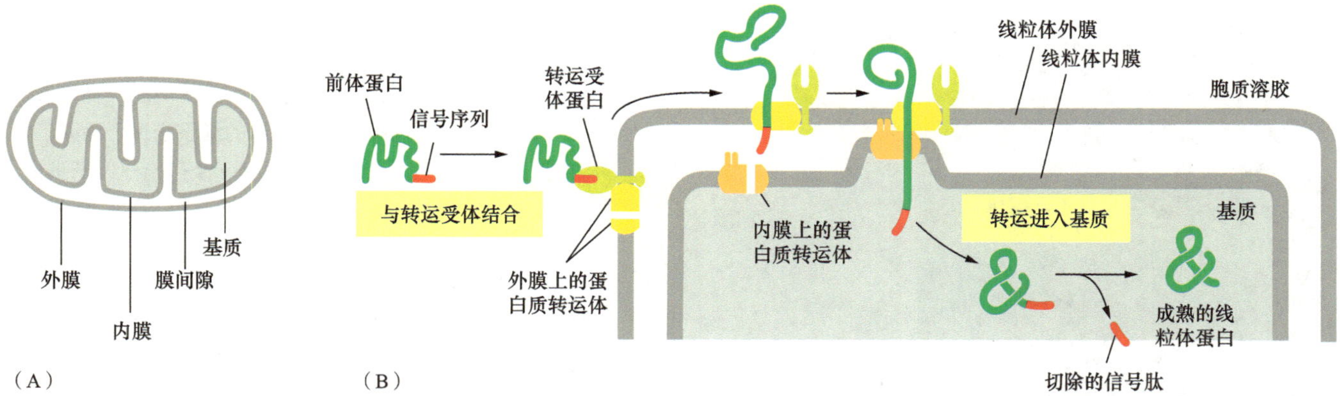

图 15-11 **前体蛋白以非折叠状态进入线粒体。**(A) 线粒体具有外膜和内膜，一个线粒体前体蛋白要进入该细胞器必须穿过这两层膜。(B) 线粒体前体蛋白上的线粒体信号序列被线粒体外膜中的受体识别，从而开启转运。该受体与转运体蛋白结合，后者可以将信号序列转运穿过线粒体外膜到达内膜。然后受体、前体蛋白和转运体的复合物在外膜中横向扩散，直到信号序列被内膜中的第二种转运体蛋白所识别。两种转运体蛋白共同将蛋白质转运跨过外膜和内膜，在此过程中使蛋白质去折叠（视频 15.2）。信号序列最后被线粒体基质中的信号肽酶切除。叶绿体蛋白的转运也利用相似的机制。伴侣蛋白协助蛋白质跨膜和重新折叠（图中未显示）。这一蛋白质转运过程所需的一些能量来自 ATP 水解，主要供给伴侣蛋白发挥功能。

果蛋白质在细胞器内部还要再转运到如内膜、外膜或类囊体膜等特定部位，通常还需要蛋白质上另外的分选信号，这些分选信号通常只有在第一种信号序列被切除后才暴露出来。例如，跨膜蛋白插入内膜是由蛋白质中开始和终止跨膜转运过程的信号序列所指导，正如后面我们将讨论的跨膜蛋白插入内质网膜一样。

线粒体和叶绿体的生长与维持不仅需要转运进来新的蛋白质，也需要新的脂质加到其膜内。一般认为它们的大多数膜磷脂是从内质网转运而来的，因为内质网是细胞内合成脂质的主要场所。脂质运载蛋白从一处膜上获取一个磷脂分子并把它运送到另一处膜，从而完成膜脂转运。这种转运经常发生在特定的连接处，在这些连接处，不同细胞器的膜距离很近。通过控制转运哪些脂质，可以使不同的细胞膜维持不同的脂质成分。

过氧化物酶体中的蛋白质来自胞质溶胶和内质网

过氧化物酶体（peroxisome）内密集分布着多种酶，这些酶可以分解毒素，合成特定的磷脂，包括那些出现在神经细胞轴突周围髓鞘中的磷脂。过氧化物酶体通过从细胞质中进行选择性地转运而获取这些蛋白质，它的蛋白转运信号只需要短短三个氨基酸的序列（参见表 15-3）。该信号序列由胞质溶胶中的受体蛋白识别，至少一种受体蛋白会一直随被转运的蛋白质一起进入过氧化物酶体，然后再返回胞质溶胶中。与叶绿体和线粒体膜相似，过氧化物酶体的膜也含有转运蛋白来协助跨膜运输。然而，与线粒体和叶绿体的转运机制不同的是，蛋白质不需要去折叠就可以进入过氧化物酶体，具体的转运机制仍不明晰。

虽然大部分过氧化物酶体蛋白来自胞质溶胶，还有一小部分嵌入过氧化物酶体膜中的蛋白质是来自于从内质网出芽的囊泡。这些囊泡可以和已经存在的过氧化物酶体融合，也可以从胞质溶胶转运进来额外的过氧化物酶体蛋白以促进过氧化物酶体成熟。

造成过氧化物酶体蛋白转运障碍的突变会导致严重的疾病。例如，肝脑肾综合征患者先天脑、肝、肾发育严重不正常。他们中的大多数存活超不过 6 个月，深刻表明过氧化物酶体及其蛋白转运对于细胞功能以及个体健康的重要性。

蛋白质在合成时进入内质网

内质网（endoplasmic reticulum）是真核细胞内最广泛的膜系统（图 15-12A）。和我们迄今讨论过的细胞器不同，内质网可以作为它自身以及其他细胞器蛋白质的进入点。那些将被运往高尔基体、内吞体、溶酶体以及细胞表面的蛋白质，都会先从胞质溶胶进入内质网。在转运进程中，每个蛋白质一旦进入内质网或嵌入内质网膜中，便不会再重新进入胞质溶胶。相反，它们将通过转运囊泡或在内膜系统中从一个细胞器被运到另一个细胞器，或被运到质膜上。

有两类蛋白质会从胞质溶胶转运到内质网：①水溶性蛋白完全穿过内质网膜并被释放在内质网腔中；②准跨膜蛋白只有部分穿过内质网膜并嵌入膜内。水溶性蛋白或

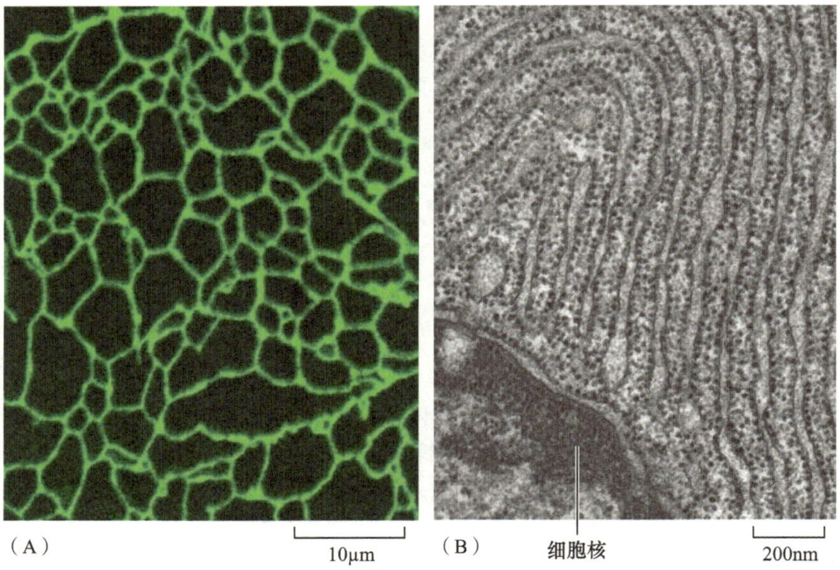

图 15-12 内质网膜是真核细胞中分布最广泛的膜网络。(A)一个活的植物细胞的荧光显微镜照片，显示出内质网是一种复杂的管道网络。这里显示的细胞经过了基因工程改造，其内质网内腔中含有一种荧光蛋白。这里只显示了细胞中的部分内质网网络。(B)电镜照片，显示一个狗胰腺细胞中的粗面内质网，胰腺细胞负责合成并分泌大量的消化酶；胞质溶胶充满紧密堆积的、附着核糖体的内质网片层之间的空隙。左下角可看到部分细胞核及其核被膜。注意，连接着内质网的外层核膜上也附着核糖体。内质网网络的动态变化可观看视频 15.3。(图 A 引自 P. Boevink et al. *The Plant Journal*，15：441-447，1998；图 B 蒙 Lelio Orci 惠赠。)

作分泌之用（在细胞表面释放），或作为内膜系统一个细胞器腔内的蛋白质；跨膜蛋白或留在这些细胞器膜内，或留在质膜上。所有这些蛋白质最开始都是被一段 8 个或 8 个以上的疏水氨基酸构成的内质网信号序列（ER signal sequence）指导而进入内质网的（参见表 15-3），内质网信号序列也参与蛋白质跨膜转运过程。

与进入核、线粒体、叶绿体和过氧化物酶体的蛋白质不同，大多数进入内质网的蛋白质在多肽链尚未完全合成之前就开始穿越内质网膜。这就要求合成蛋白质的核糖体附着在内质网膜上。这些膜结合的核糖体覆盖在内质网表面，形成了一个称为**粗面内质网**（rough endoplasmic reticulum）的区域，这是因为在电镜下观察时其呈现特征性的颗粒状结构（图 15-12B）。

因此，在胞质溶胶中存在着两类分开的核糖体。膜结合核糖体（membrane-bound ribosome）附着在内质网膜（以及外层核膜）的细胞质表面，负责制造运入内质网的蛋白质。游离核糖体（free ribosome）不附着在任何膜上，负责合成细胞核 DNA 编码的其他所有蛋白质。膜结合核糖体和游离核糖体在结构及功能上是完全相同的，只是在给定时间它们所合成的蛋白质不同。当一个核糖体碰巧合成带有内质网信号序列的蛋白质时，信号序列指引核糖体结合到内质网膜上。由于带有内质网信号序列的蛋白质在被合成的同时就被转定位，所以就不再需要耗费额外的能量来进行转运；每条肽链的延伸都提供了足够的推力使正在增长的肽链穿过内质网膜。

当一个 mRNA 分子被翻译时，许多核糖体会与其结合，形成一个多聚核糖体（polyribosome，在第 7 章中讨论）。对编码带有内质网信号序列蛋白质的 mRNA 来说，由于生长着的多肽链插入内质网膜内，因此多聚核糖体也锚定在内质网膜上（图 15-13）。

内质网合成的可溶性蛋白被释放进入内质网腔

两种蛋白组分指导内质网信号序列进入内质网膜：①位于胞质溶胶的信号识别颗粒（signal-recognition particle，SRP），它可以结合核糖体，而且当核糖体上出现内质网信号序列时，它可以同时结合该序列；②嵌入内质网膜内的 SRP 受体（SRP receptor），它可以识别 SRP。SRP 与带有内质网信号序列的核糖体结合放慢了核糖体合成蛋白质的速度，直到 SRP 结合到内质网上的 SRP 受体上。在 SRP 与其受体结合后，SRP 被释放出来，受体将核糖体移交给内质网膜上的蛋白质转运体（protein translocator），蛋白质合成重新开始。然后，多肽通过内质网膜上转运体的通道（channel）跨过内质网膜（图 15-14）。因此，SRP 和 SRP 受体发挥了分子媒介作用，使正在合成带有内质网信号序列蛋白质的核糖体与内质网膜上的蛋白质转运体结合在一起。

信号序列除了指导蛋白质运往内质网，对可溶性蛋白而言，因其信号序列常位于 N 端即蛋白质首先合成的部分，因此，首先合成的 N 端还具有打开蛋白质转运体的功能。信号肽持续与转运体结合，而多肽链的其余部分则穿过膜而形成一个大环。随后信号序列会被一个跨膜的信

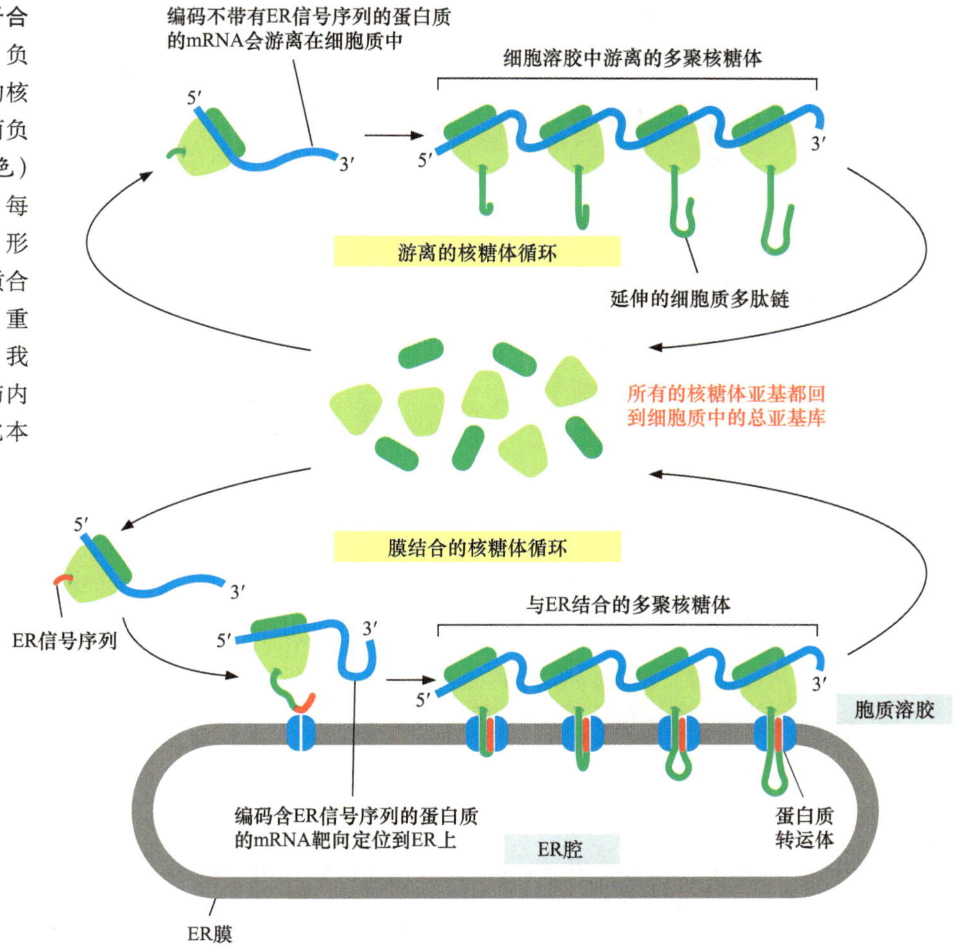

图 15-13　一个共同的核糖体库用于合成细胞核基因组编码的所有蛋白质。负责翻译那些不带 ER 信号序列蛋白的核糖体在胞质溶胶中保持游离状态，而负责翻译那些带有 ER 信号序列（红色）蛋白的核糖体会定位到内质网膜上。每条 mRNA 链上结合了多个核糖体，形成一个多聚核糖体。在每一轮蛋白质合成结束后，核糖体亚基被释放出来，重新进入胞质溶胶中共同的核糖体库。我们很快会看到，核糖体及信号序列与内质网及转运通道的结合过程远远比本图所示的复杂。

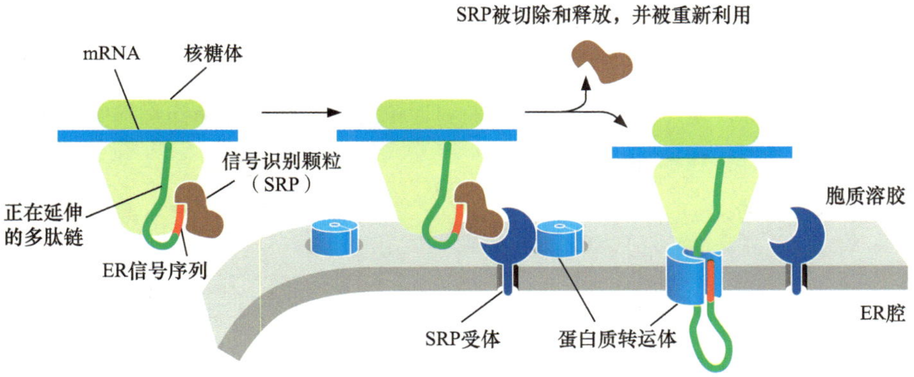

图 15-14　内质网信号序列和 SRP 指导核糖体到达内质网膜。SRP（棕色）同时与暴露出来的内质网信号序列以及核糖体结合，因此放慢了核糖体蛋白质合成的速度。随后 SRP-核糖体复合物再与内质网膜上的 SRP 受体（深蓝色）结合，SRP 被释放。核糖体从 SRP 受体转到内质网膜中的蛋白质转运体中（浅蓝色）。蛋白质合成重新启动，转运体将增长的多肽链转运通过脂双层。

号肽酶所切除，该酶在内质网膜腔侧具有一个活性位点。被切掉的信号肽从蛋白转运体上释放进入脂双层中并很快被降解。

一旦一个可溶性蛋白质的 C 端通过转运体，该蛋白质就会被释放进入内质网的内腔（图 15-15）。

起始和终止信号决定跨膜蛋白在脂双层中的排列

并非所有由内质网上的核糖体所合成的蛋白质都会被释放进入内质网腔。其中一些蛋白质会以跨膜蛋白的方式嵌在内质网膜上。这种跨膜蛋白的转运过程比可溶性蛋白要复杂，因为多肽链的某些部分必须完全穿过脂双层而其他部分则要一直固定在膜上。

在最简单的情况下，一个跨膜蛋白只有一个跨膜片段，该蛋白质和水溶性蛋白一样，由其 N 端的信号序列起始转运。但是转运过程随后会被该多肽链上的另一段疏水性的氨基酸即终止转移序列（stop-transfer sequence）所停止。此时，蛋白质转运体将增长的多肽链释放，使之侧

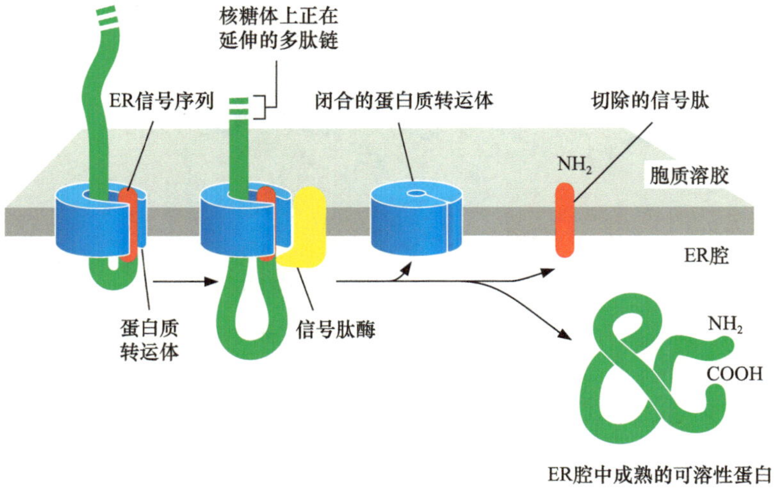

图 15-15 可溶性蛋白穿过内质网膜进入腔内。 蛋白质转运体与信号序列结合并将其余的多肽链以环的形式转运过脂双层。在转运过程的某一时刻，信号肽会被信号肽酶（黄色）从增长的蛋白质上切除，切除的信号序列留在脂双层中，并在那里被降解。一旦蛋白质合成结束，被转运的多肽会作为可溶性的蛋白质被释放进内质网的内腔中，同时蛋白质转运体关闭。为清楚起见，在本图和随后的两幅图中，结合在膜上的核糖体均被省略。

向移动到脂双层中。N 端的信号序列被切除，而终止转移序列则一直留在脂双层中，形成了一个把蛋白质锚定在膜上的 α 螺旋的跨膜片段。最终的结果是，该蛋白质成为一个插入到膜中的单次跨膜蛋白。它有一个确定的取向，即 N 端位于脂双层的内腔面，而 C 端位于胞质溶胶面（图 15-16）。跨膜蛋白一旦插入膜中，它的取向便不再改变，即使该蛋白质随后通过囊泡出芽和融合被转运到另外的细胞器中（参见图 11-18），其胞质溶胶部分也会始终留在胞质溶胶中。

某些跨膜蛋白利用一个内部的而非 N 端的信号序列来启动蛋白质转运，这个内部的信号序列称为*起始转移序列*（start-transfer sequence），它不会从多肽中被切除。这种情况多见于那些多肽链反复穿过脂双层的跨膜蛋白。在这种情况下，疏水的信号序列被认为是成对起作用的：一个内部的起始转移序列启动转运，转运会一直持续直到遇到一个终止转移序列为止；然后，这两个疏水序列被释放并以跨膜 α 螺旋的形式保留在脂双层中（图 15-17）。在一些复杂的多次跨膜的蛋白质中，会有许多疏水的 α 螺旋跨过脂双层，这就需要更多的起始和终止序列对起作用：一个序列重新启动后续多肽链的转运，另一个序列终止转运并引发多肽链释放，随后就这样反复地进行起始和终止。通过这种方式，多次跨膜的蛋白质在被合成的同时，就一次又一次地被嵌在脂双层上。其机理就像缝纫机的工作原理一样。

在了解蛋白质如何进入内质网腔或嵌在内质网膜中后，现在我们要讨论它们如何通过囊泡运输继续进行转运。

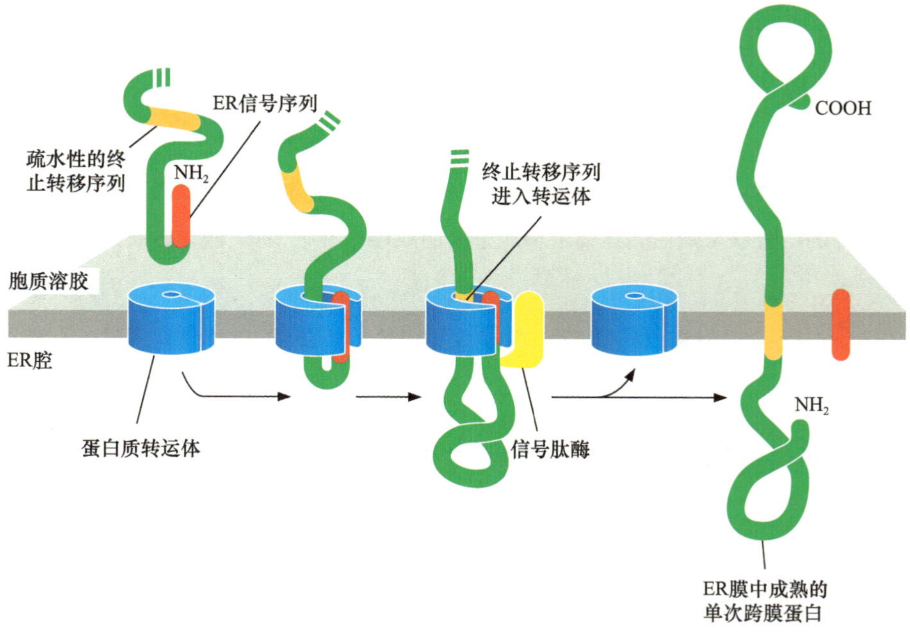

图 15-16 单次跨膜蛋白整合进入内质网膜。 如图 15-15 所示，N 端的一个内质网信号序列（红色）起始转运。除了该序列外，蛋白质还含有第二个疏水序列，即终止转移序列（橙色）。当此序列进入蛋白质转运体，增长的多肽链就被释放进入脂双层，N 端信号序列被切除，留下跨膜蛋白锚定在膜中（视频 15.4）。在胞质溶胶一侧，蛋白质合成继续进行直至完成。

图 15-17　两次跨膜蛋白具有一个内部的内质网信号序列。内部的内质网信号序列（红色）不但发挥起始转移信号的作用，还可以协助将蛋白质最终锚定在膜中。和 N 端的内质网信号序列一样，内部的起始转移信号也被 SRP 识别，SRP 将核糖体带到内质网膜上（未显示）。当一个终止转移序列（橙色）进入蛋白转运体中，转运体可以将两个序列释放进入脂双层。无论起始转移序列还是终止转移序列都不被切除掉，整个多肽链以两次跨膜蛋白质的形式锚定在膜中。那些多于两次跨膜的蛋白质含有更多对起始和终止序列，每一对都重复上述相同的过程。

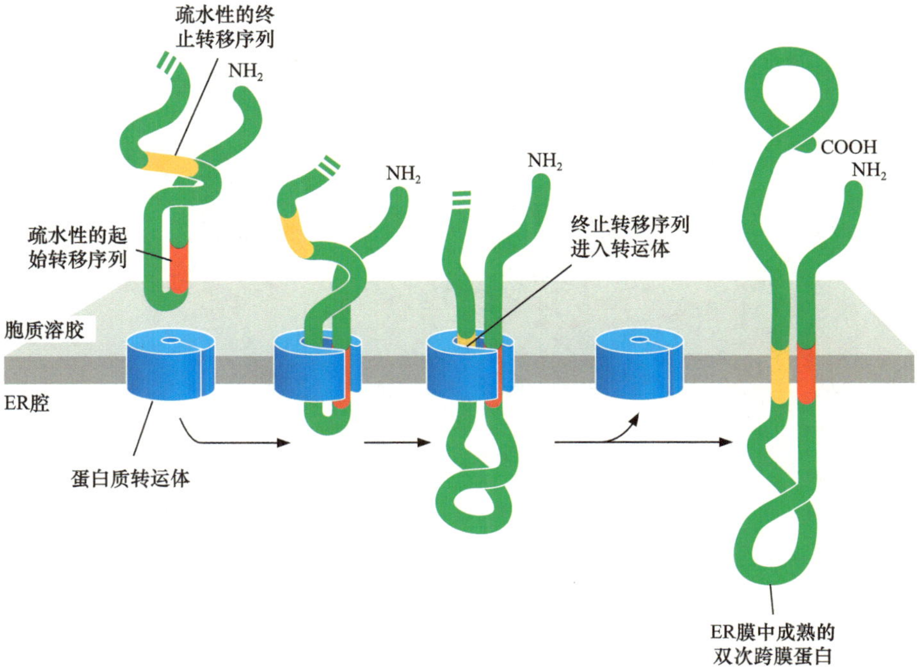

囊泡转运

进入内质网的内腔或者膜通常只是到达其他目的地途径的第一步。最初的目的地通常至少是高尔基体。在高尔基体中，蛋白质和脂质依次经过修饰和分选，再被运到其他位点。从内质网到高尔基体以及从高尔基体到内膜系统的其他区室的转运都是通过**转运囊泡**（transport vesicle）不断地出芽和融合来实现的。这些**囊泡转运**（vescular transport）从内质网到质膜向外进行，使蛋白质和其他分子可以通过胞吐分泌到外部，也可以从质膜到溶酶体向内进行，使外部的分子可以通过胞吞输入（图 15-18）。因此，这些途径一起使得细胞内部和其周围环境之间可以进行交流。

在本节中，我们会讨论囊泡如何在胞内各区室间运送蛋白质和膜，使细胞能够吞饮以及分泌。我们也会探讨这些转运囊泡如何被指导，到达它们正确的目的地，不管目的地是内膜系统中的一个细胞器还是质膜。

转运囊泡携带可溶性蛋白质和膜来往于区室之间

在内膜系统中，膜被区室间的囊泡转运是高度有序的。一个主要的向外分泌途径（secretory pathway）是从蛋白质在内质网膜上的合成开始的，然后蛋白质进入内质网，通过高尔基体到达细胞表面；在高尔基体上，还存在一条通过内吞体到达溶酶体的支路。一条主要的向内胞吞途径（endocytic pathway）是从质膜开始，胞外物质经内吞体转运到溶酶体，进行降解和利用（图 15-19）。

若要正确行使功能，每一个从区室芽生出来的转运囊泡必须仅带有其目的地所需的合适蛋白质，并且必须仅与正确的靶膜融合。例如，一个囊泡带着货物从高尔基体到质膜，它必须排除那些应该留在高尔基体中的蛋白质，而且必须仅与质膜融合而不和其他任何细胞器的膜融合。在参与这一持续的膜组分流动过程中，每个细胞器必须保持自己独特的特性，即拥有自己独特的蛋白质和脂质组

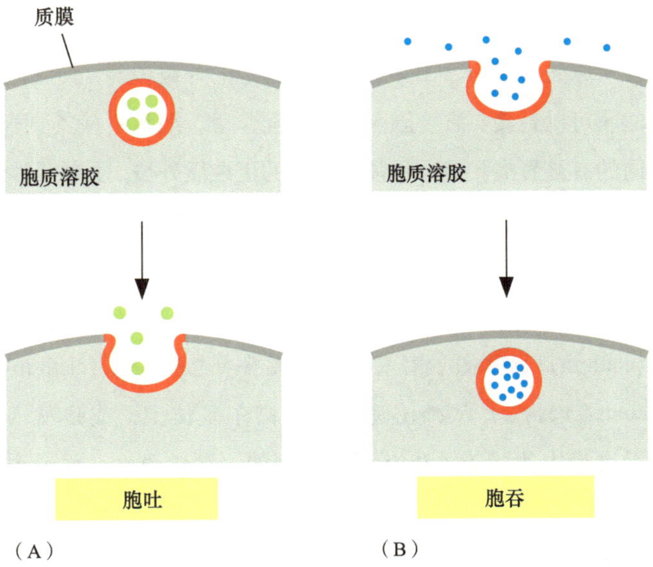

图 15-18　囊泡运输介导物质进出细胞。（A）胞吐过程中，囊泡与质膜融合，将内容物释放到细胞周围。（B）胞吞过程中，胞外物质被囊泡捕获，囊泡从质膜向内出芽，由此将物质携带进入细胞。

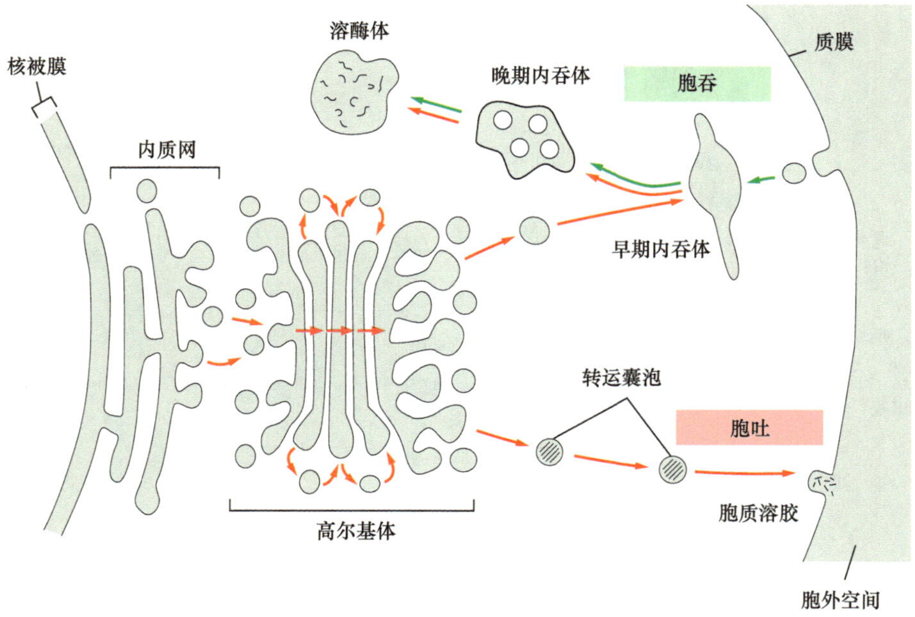

图 15-19 转运囊泡从一个膜上出芽，再与另一个膜融合，带着膜组分和可溶性蛋白质在内膜系统的区室和质膜之间运输。每个区室或囊泡的膜都保持着特定的朝向，因此胞质溶胶面始终朝向胞质溶胶，而非胞质溶胶面始终朝向区室的内腔或胞外（参见图 11-18）。胞外空间和每一个膜被区室（灰色阴影）通过转运囊泡彼此进行交流，如图所示。在向内分泌途径中（绿色箭头），胞外分子被吞入（内吞）到由质膜形成的囊泡中，并被转运到早期内吞体，然后通常会（通过晚期内吞体）到达溶酶体。在向外分泌途径中（红色箭头），蛋白质分子从内质网中转运出来，经过高尔基体，到达质膜或（通过早期或晚期内吞体）到达溶酶体。注意，穿过高尔基体的转运是通过囊泡在高尔基体的单个扁平囊泡之间穿梭而完成，这也是囊泡成熟的过程。而扁平囊泡本身也会移动穿过高尔基体的堆叠（中间红色箭头）。

分。所有这些识别事件都取决于转运囊泡膜表面所暴露出来的蛋白质。正如我们将看到的，不同类型的转运囊泡穿梭于各种不同的细胞器之间，每种囊泡都带着一套独特的分子。

蛋白质外被的组装驱动囊泡出芽

从膜上出芽而来的囊泡通常都在其胞质溶胶面具有独特的蛋白质外被，因此被称为**有被囊泡**（coated vesicle）。在从原先的细胞器出芽后，这些囊泡的外被脱落，使囊泡的膜可以直接与它要融合的膜相互作用。细胞中有多种不同的有被囊泡，每一种都有特定的蛋白质外被。外被至少有两种功能：有助于膜形成芽的形状；可以捕获下一步要转运的分子。

目前研究得最清楚的囊泡是那些外被由**网格蛋白**（clathrin）所组成的囊泡。这些*网格蛋白包被囊泡*（clathrin-coated vesicle）从外泌途径中的高尔基体上，或是从内吞途径中的质膜上出芽而来。例如，在质膜上，每一个囊泡都是从*网格蛋白包被小窝*（clathrin-coated pit）开始的。网格蛋白分子在膜的胞质溶胶面上装配成篮子状的网络，正是这种装配过程使膜开始内陷形成囊泡（图 15-20）。一种称为*动力蛋白*（dynamin）的小 GTP 结合蛋白在每一个深陷的网格蛋白包被小窝的颈部装配成环。动力蛋白和其他被招募到囊泡颈部的蛋白质一起，引起颈部收缩，从而使囊泡从膜上脱落下来。其他类型的具有不同外被蛋白质的转运囊泡也参与囊泡转运的过程，它们以相似的途径形成，并携带自己特有的一套分子，来往于内质网、高尔基体和质膜之间。但转运囊泡是如何选择它自己特定的转运货物呢？有关机理在网格蛋白包被囊泡中了解得最为清楚。

网格蛋白本身并不参与挑选特定的待转运分子。这一功能是由被称为*衔接蛋白*（adaptin）的第二类外被蛋白行使的。衔接蛋白既保证网格蛋白外被与囊泡膜结合，同时也帮助挑选要转运的分子。待转运的分子带有特定的*转运信号*（transport signal），能被高尔基体或质膜上的*货物受体*（cargo receptor）所识别。衔接蛋白通过捕获结合货物的货物受体来帮助捕获特定的货物分子。通过这种方法，许多结合在特定受体上的货物分子由此被选定并纳入到新形成的网格蛋白包被囊泡的内腔中（图 15-21）。细胞中有不同类型的衔接蛋白，例如，那些在质膜中与货物受体结合的衔接蛋白和在高尔基体中与货物受体结合的衔接蛋白是不同的，反映出不同来源的货物分子是不同的。

另一类有被囊泡被称为 *COP 包被囊泡*（COP 是包被

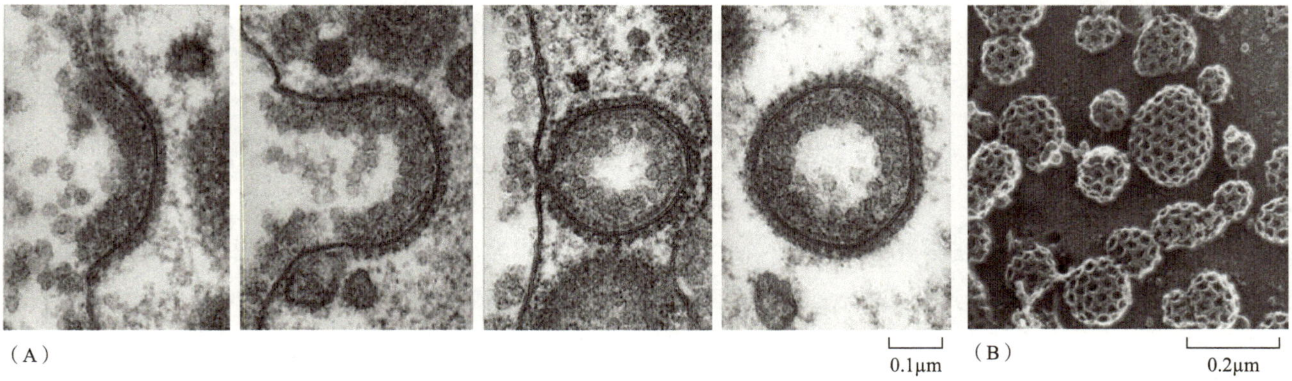

图 15-20　网格蛋白分子形成篮状笼结构，帮助膜形成囊泡。（A）电镜照片显示的是从一个网格蛋白包被小窝形成一个网格蛋白包被囊泡过程中的一系列事件。图中显示的网格蛋白包被小窝和囊泡异常的大，它们是在鸡卵母细胞的质膜上形成的，参与了把脂质和蛋白质组成的颗粒摄入卵母细胞以形成卵黄。（B）电镜照片显示从培养的皮肤细胞的质膜内表面正出芽生成无数的网格蛋白包被小窝及囊泡。（C）在试管中，网格蛋白有时会自发聚合形成篮状笼结构，其中一个网格蛋白笼状结构通过冷冻电镜解析出来。图中红色、绿色和棕色所标示的为三个网格蛋白分子，每一个都具有特征性的三条臂。（图 A 引自 M.M. Perry and A.B. Gilbert. *J. Cell Sci.* 39：257-272. 1979。蒙 The Company of Biologists Ltd. 惠许；图 B 引自 J. Heuser，*J. Cell Biol.* 84：560-583.1980。蒙 Rockefeller University Press 惠许；图 C 引自 A. Fotin et al. *Nature* 432：573- 579. 2004。蒙 Macmillan Publishers Ltd. 惠许。）

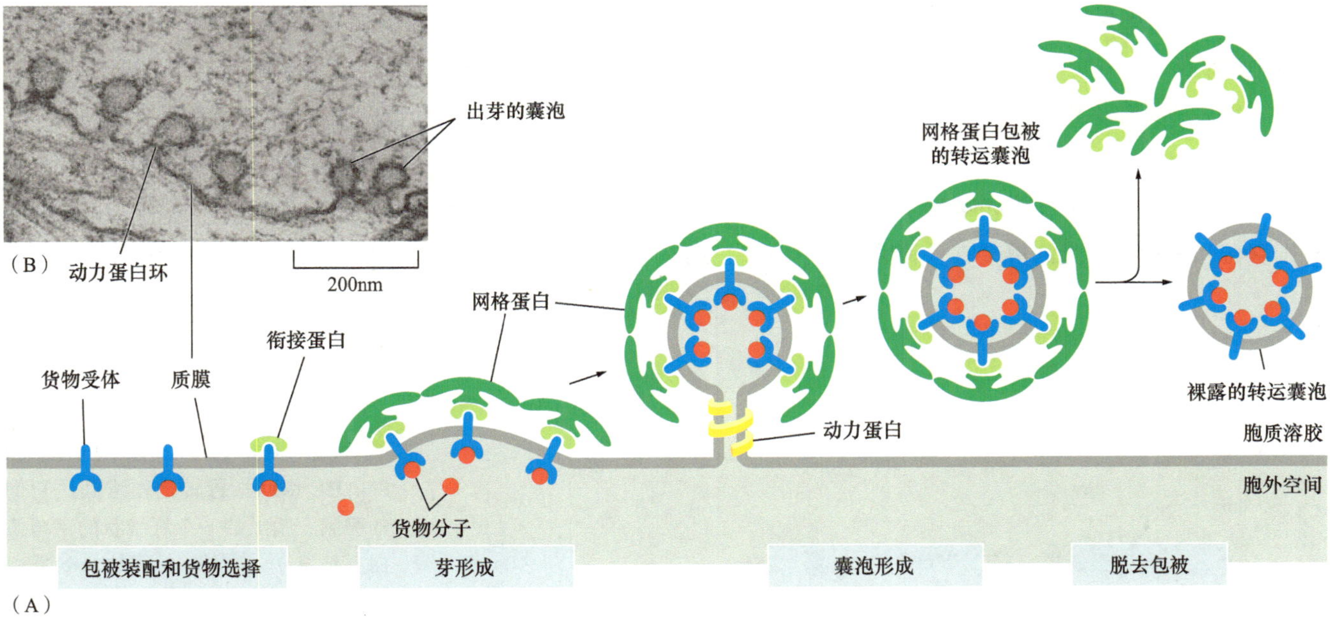

图 15-21　网格蛋白包被囊泡选择性地转运货物分子。上图和图 15-20 一样，显示的是囊泡从质膜上的出芽过程。（A）货物受体及其结合的货物分子为衔接蛋白所捕获，衔接蛋白同时也使网格蛋白分子与胞质溶胶面正在出芽的囊泡相结合（视频 15.5）。动力蛋白在出芽囊泡的颈部装配，一旦完成装配，动力蛋白分子便水解其结合的 GTP，并在招募到颈部的其他蛋白质（未显示）的帮助下，切断囊泡。当出芽完成后，包被蛋白被去除，然后裸露的囊泡能与其靶膜融合。在其他类型的包被囊泡中也存在功能类似的包被蛋白。（B）在表达突变动力蛋白的果蝇品系中，网格蛋白包被小窝装配，动力蛋白也被招募到出芽囊泡的颈部周围，但不能将囊泡切断。这种突变体果蝇会变瘫痪，因为网格蛋白介导的内吞作用慢慢停止，从而阻止了神经突触递质释放所需的囊泡循环（参见图 12-40）（图 B 引自 J.H. Koenig and K. Ikeda，*J. Neuro sci.* 9：3844-3860，1989。蒙 Society for Neurosience 惠许。）

表 15-4　有被囊泡的一些类型

有被囊泡的类型	外被蛋白	起源	目的地
网格蛋白包被的	网格蛋白 + 衔接蛋白 1	高尔基体	溶酶体（通过内吞体）
网格蛋白包被的	网格蛋白 + 衔接蛋白 2	质膜	内吞体
COP 包被的	COPII 蛋白	内质网	高尔基体囊
COP 包被的	COPI 蛋白	高尔基体囊	内质网

蛋白"coat protein"的缩写)，它参与在内质网和高尔基体之间以及从高尔基体的一部分到另一部分之间的分子转运（表 15-4）。

束缚蛋白和 SNARE 决定囊泡停靠位点

在转运囊泡出芽离开膜后，它必须要找到通往其正确目的地的道路以运送货物。通常的情况是，囊泡由沿着细胞骨架纤维运动的马达蛋白进行主动转运，这将在第 17 章中讨论（参见图 17-20）。

一旦转运囊泡到达其目的地，它必须识别并停靠在该特定的细胞器上。只有这样，囊泡膜才能和靶膜融合并卸下其货物。囊泡转运的严格专一性提示细胞中每种类型的转运囊泡都在其表面带有辨别其来源和所载货物的分子标记。这些标记必须被包括质膜在内的合适靶膜上的互补受体所识别。

这种识别过程依赖于一类称为 **Rab 蛋白**的多样性单体 GTP 酶家族。每种囊泡表面的特定 Rab 蛋白被靶膜胞质溶胶面相应的**束缚蛋白**（tethering protein）所识别。每种细胞器和每种转运囊泡都带有一种独特的 Rab 蛋白组合，它们作为每种类型的膜的分子标记。这种由配对的 Rab 蛋白和束缚蛋白构成的编码系统有助于保证转运囊泡只与正确的膜融合。

其他的识别是由一类称为 **SNARE** 的跨膜蛋白质家族介导的。一旦束缚蛋白通过与其对应的 Rab 蛋白结合而捕获一个囊泡后，囊泡上的 SNARE（称为 v-SNARE）与其靶膜上的互补 SNARE（称为 t-SNARE）相互作用，从而帮助囊泡牢固地停靠在合适的位置上（图 15-22）。

介导停靠的 SNARE 也在囊泡卸载货物所需的膜融合过程中发挥关键作用。融合不仅将囊泡的内含物卸载到靶细胞器的内部，而且也把囊泡膜加到该细胞器的膜中（参见图 15-22）。在囊泡停靠后，囊泡与其靶膜的融合有时还需要一个特殊的刺激信号。停靠需要囊泡膜与靶膜之间靠得足够近，使突出在两个脂双层膜上的 SNARE 相互作用，而融合则要求接触更为密切：两个脂双层必须彼此相距 1.5nm 以内，其脂质才能融合。要形成这种紧密接触，必须把水分子从膜的亲水表面移走。这个过程在能量方面是非常不利的，因而会阻止膜的随机融合。细胞中所有的膜融合都必须由特定蛋白质所催化，这些蛋白质在融合部位

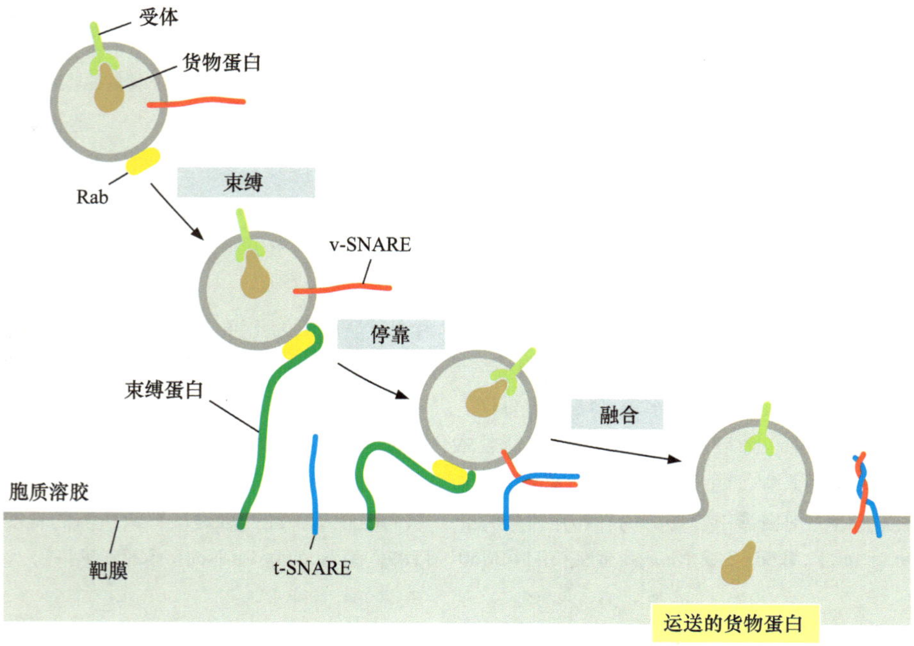

图 15-22　Rab 蛋白、束缚蛋白和 SNARE 帮助指导转运囊泡到达它们的靶膜。膜上的一个纤维状的束缚蛋白（绿色）与囊泡表面的 Rab 蛋白（黄色）结合。这种相互作用使囊泡停靠在其特定靶膜的表面，然后囊泡上的 v-SNARE（红色）与靶膜上互补的 t-SNARE（蓝色）结合。Rab 和束缚蛋白提供了囊泡及其靶膜之间的最初识别，互补的 SNARE 蛋白保证了转运囊泡能够停靠在它们合适的靶膜上。这些 SNARE 蛋白也可以催化两种膜之间的最终融合（参见图 15-23）。

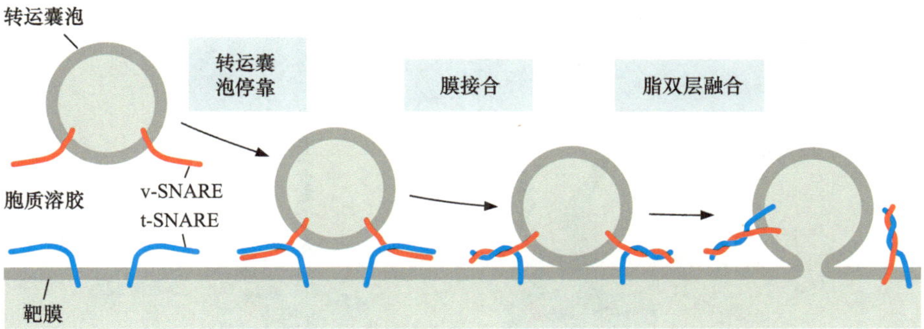

图 15-23　囊泡在停靠后，SNARE 蛋白可以催化囊泡与靶膜的融合。在融合过程被正确触发后，v-SNARE 和 t-SNARE 的紧密配对把两个脂双层拉到很近的位置。SNARE 缠绕在一起，挤出了两层膜之间所有的水分子，使它们的脂质能共同流动形成一个连续的双层。在一个细胞中，招募到融合部位的其他蛋白质也会协助完成此融合过程。在融合完成后，SNARE 会散开，由此它们能被再次利用。

装配成融合复合物，提供跨越能量障碍的方法。对囊泡融合而言，SNARE 蛋白本身就催化这个过程：当融合开始后，v-SNARE 和 t-SNARE 彼此紧密环绕，就像绞车一样把两个脂双层膜拉得极为贴近（图 15-23）。

分泌途径

囊泡运输并不局限于细胞内部，它也可以运往质膜或从质膜运入。新合成的蛋白质、脂质和碳水化合物从内质网出发，经过高尔基体到达细胞表面，在那里转运囊泡通过一个称为**胞吐作用**（exocytosis）的过程与质膜融合（参见图 15-19）。每一个经由分泌途径转运的分子都要按照固定的顺序经过多个膜被区室，而且在途中常常会受到化学修饰。

在本节中，我们将沿着蛋白质自内向外的分泌途径进行论述。这些蛋白质从合成和修饰它们的内质网开始，经过对它们进一步修饰和分选的高尔基体，一直到达质膜。在蛋白质从一个区室到另一个区室的过程中，会受到监督以检查其是否正确折叠、是否与合适的伴侣结合，所以只有正确的蛋白质才能到达细胞表面。错误的蛋白质往往会占蛋白质总量的大多数，它们会在细胞内被降解。当细胞通过分泌途径产生和转运蛋白时，质量似乎比节约成本更加重要。

大多数蛋白质在内质网中被共价修饰

大多数进入内质网的蛋白质都在那里被化学修饰。其中一对半胱氨酸的侧链会发生氧化反应而产生*二硫键*（disulfide bond）（参见图 4-30），该反应是由内质网腔中的酶所催化的。二硫键有助于稳定蛋白质的结构，因为它们在细胞外部，无论它们是被分泌出去还是被掺入质膜中，都可能会遇到 pH 的改变和降解酶。由于胞质溶胶中的还原性环境，二硫键不会在胞质溶胶中形成。

许多进入内质网腔或内质网膜的蛋白质都会在内质网中共价结合由多个糖分子组成的短分支寡糖侧链，从而转变为糖蛋白。催化这个*糖基化*（glycosylation）过程的糖基化酶只位于内质网而不在胞质溶胶中。在胞质溶胶中只有极少的蛋白质被糖基化，而且那些被糖基化的蛋白质也只是连接着一个单糖基团。蛋白质上的寡糖有许多功能。它们能保护蛋白质不被降解，在蛋白质正确折叠前使其一直留在内质网中，或者发挥转运信号的作用，使蛋白质包装进入对应的转运囊泡中，从而有助于引导其被运送到正确的细胞器中。当位于细胞表面时，寡糖会作为糖基化层或*糖被*（glycocalyx）的一部分（参见图 11-33），并能在细胞间的识别中起作用。

在内质网中，糖基并不是一个一个地加到蛋白质上形成寡糖侧链的，相反，它会预先形成一种含有 14 个糖基的分支寡糖链，然后将其整个地连接到所有带有合适的糖基化位点的蛋白质上。这个寡糖最初附着在内质网膜上的一种称为*多萜醇*（dolichol）的特殊脂质上；在随后的蛋白转运过程中，一旦输入内质网腔的蛋白质暴露目标天冬酰胺基团，该寡糖链就会立刻被转移到天冬酰胺侧链的氨基（NH_2）基团上（图 15-24）。这种添加一步即可完成，由一种结合在膜上的寡糖蛋白转移酶所催化。该酶的活性部位暴露于内质网膜的内腔面，这就解释了为什么胞质溶胶中的蛋白质不以这种方式进行糖基化。一种包含天冬酰胺在内的简单三氨基酸序列决定了蛋白质中的哪个天冬酰胺残基会接受寡糖。寡糖侧链连接在一个蛋白质中的天冬酰胺的 NH_2 基上，称为 *N-连接*（*N*-linked），它是到目前为止最普遍的糖蛋白的连接方式。

在内质网中，14 个糖基的寡糖链的添加只是成熟糖

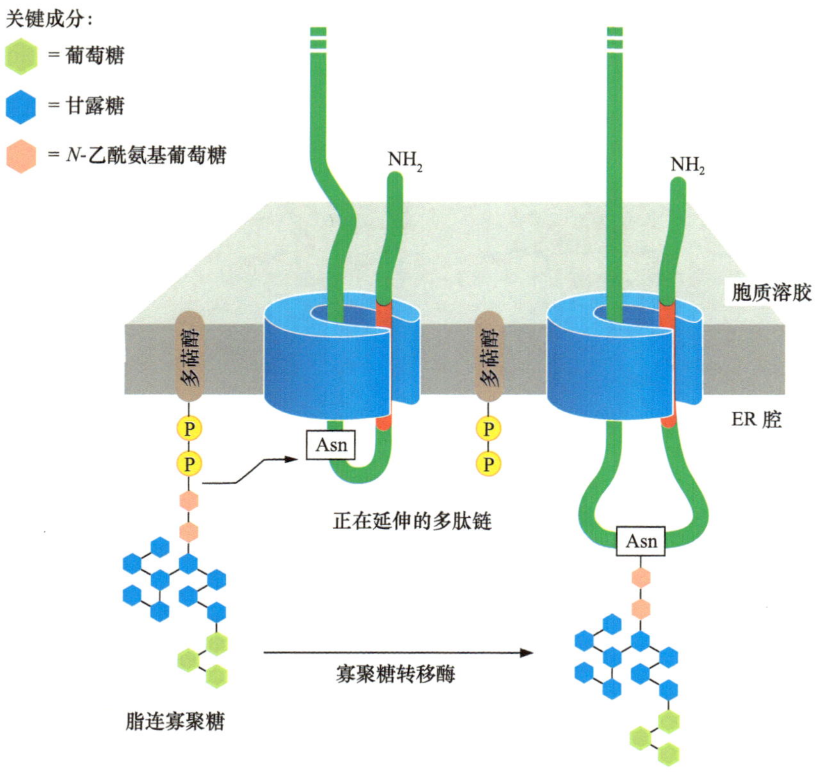

图 15-24 许多蛋白质的天冬氨酸基团在内质网中被糖基化。当一条延伸的多肽链上有合适的天冬氨酸基团进入内质网腔，该基团就会被加上一个分支的寡糖侧链而被糖基化。每一个寡糖侧链在寡聚糖转移酶的催化下，作为一个完整的单元从一种称为多萜醇的脂质上转移到天冬酰胺上。糖基化的天冬酰胺通常位于三肽序列天冬酰胺-X-丝氨酸或天冬酰胺-X-苏氨酸之中，其中 X 可以为任意氨基酸。

蛋白到达细胞表面前所需的一系列修饰中的第一步。虽然它们起始相似，但在成熟糖蛋白上的 *N*-连接的寡糖却存在显著不同。这些多样性是对初始前体结构进行广泛修饰的结果，如图 15-24 所示。这种*寡糖化加工*（oligosaccharide processing）从内质网中开始并在高尔基体中继续进行。

蛋白质离开内质网前的质量控制

某些在内质网内合成的蛋白质在内质网中行使功能。它们会留在内质网内，即使逃逸到高尔基体也将被遣返回到内质网。留在内质网内是由于其 C 端有一段由 4 个氨基酸构成的序列，称为*内质网驻留信号*（ER retention signal）（参见表 15-3）。这种驻留信号能被内质网和高尔基体上的膜结合受体蛋白所识别。然而，大多数进入内质网的蛋白质是要被转运到其他地方去的，它们被包装在转运囊泡中，从内质网出芽，再与高尔基体融合。

离开内质网的过程是高度选择性的。未正确折叠的蛋白质及装配不恰当的二聚或多聚蛋白质，会通过与内质网中的*伴侣蛋白*（chaperone protein）结合而被主动留在内质网中。伴侣蛋白会将这些蛋白质滞留在内质网中，直到蛋白质发生正确折叠或装配。伴侣蛋白还可以防止错误折叠的蛋白质聚集，这有助于引导蛋白质沿着正确的路径进行折叠（参见图 4-8 和图 4-9）。如果蛋白质仍无法完成正确的折叠或装配，则该蛋白质会被转运到胞质溶胶中被蛋白酶体所降解（参见图 7-43）。例如，抗体分子由 4 条多肽链组成（参见图 4-33），它们在内质网中装配成完整的抗体分子。部分装配的抗体被滞留在内质网中直到所有 4 条多肽链都装配好为止，任何未正确装配的抗体分子最终都会被降解。通过这种方式，内质网控制着运往高尔基体的蛋白质的质量。

但是，有时候质量控制机制会对机体有害。例如，常见的导致严重肺部损伤的遗传病*囊性纤维化*（cystic fibrosis），它的显性突变会导致产生一种轻微错误折叠的质膜转运蛋白，该突变蛋白质若能到达质膜也能正常行使 Cl^- 通道的功能，但它往往被滞留在内质网中并随后被降解掉，从而造成了可怕的后果。这种破坏性的病变并不是由突变导致的一个重要蛋白质的失活所引起的，而是由于细胞抛弃了有活性的蛋白质，不给它行使功能的机会。

蛋白质折叠的需求决定内质网的大小

尽管伴侣蛋白有助于内质网中的蛋白质正确折叠，并把未正确折叠的蛋白质留在内质网中，但这个质量控制系统也会变得不堪重负。当这种情况发生时，错误折叠的蛋白质就会在内质网中积累。当积累超过一定的量，就会引发一种复杂的程序，称为**未折叠蛋白反应（UPR）**。该程序促使细胞制造出更多的内质网，包括更多的伴侣蛋白和与质量控制有关的其他蛋白质（图 15-25）。

UPR 能使细胞调节其内质网的大小，用以准确容纳进入分泌途径的蛋白质含量。然而，在某些情况下，即使扩大的内质网也会无法满足这种需求，UPR 就会指导细胞进行细胞凋亡而自我毁灭。这种情况可能会发生在身体组织对胰岛素效果逐渐产生抗性的成年糖尿病患者身上。为了补偿这种抗性，胰腺中的胰岛素分泌细胞会合成越来越多的胰岛素。最终它们的内质网会达到最大容量，此时 UPR 将引起细胞死亡。随着更多的胰岛素分泌细胞被杀死，制造更多胰岛素的需求自然就落在那些存活的细胞身上，这也使得它们更容易死亡，从而进一步加剧了病情。

在高尔基体内蛋白质被进一步修饰和分选

高尔基体（Golgi apparatus）通常位于细胞核附近，在动物细胞中它常靠近中心体，即位于细胞中央附近的一个小的骨架结构（参见图 17-13）。高尔基体由一组的膜囊（cisternae）组成，这些膜囊是一种膜包被囊，像一叠圆面饼堆在一起（图 15-26），每一叠含有 3 ～ 20 个膜囊。不同细胞之间高尔基体的叠层数量变化很大，取决于细胞的

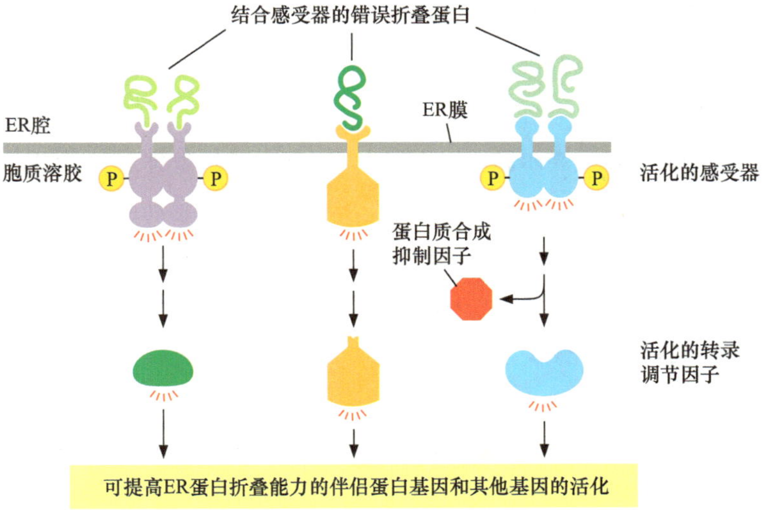

图 15-25 内质网腔中错误折叠蛋白的积累引发一种未折叠蛋白反应（unfolded protein response，UPR）。错误折叠的蛋白质被内质网上几类跨膜感受器蛋白识别，每种感受器激活 UPR 的不同组分。一些感受器激活一些转录因子的表达，这些转录因子可以激活编码伴侣蛋白或其他参与内质网质量控制的蛋白质的基因表达。另一些感受器也可以抑制蛋白质的合成，减少进入内质网的蛋白质流动（视频 15.6 和视频 15.7）。

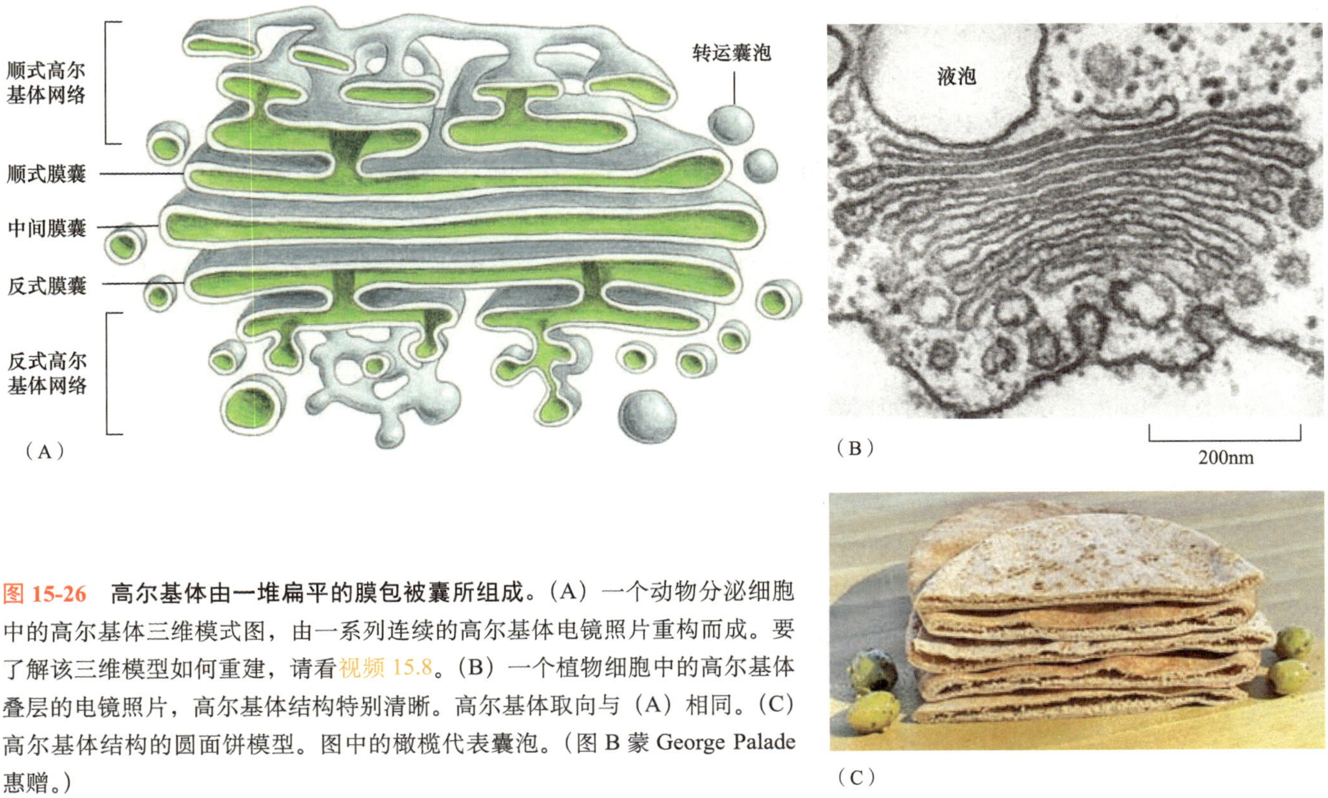

图 15-26 高尔基体由一堆扁平的膜包被囊所组成。（A）一个动物分泌细胞中的高尔基体三维模式图，由一系列连续的高尔基体电镜照片重构而成。要了解该三维模型如何重建，请看视频 15.8。（B）一个植物细胞中的高尔基体叠层的电镜照片，高尔基体结构特别清晰。高尔基体取向与（A）相同。（C）高尔基体结构的圆面饼模型。图中的橄榄代表囊泡。（图 B 蒙 George Palade 惠赠。）

类型：有些细胞只有一个巨大的叠层，而另一些则含有数百个非常小的叠层。

每个高尔基叠层有两个不同的面：一个是入口，即*顺式面*（*cis*）；一个是出口，即*反式面*（*trans*）。顺式面靠近内质网，而反式面则面向质膜。每一面最外的膜囊与互相连接的膜管和膜泡的网络相连（参见图 15-26A）。可溶性蛋白和部分膜通过来自内质网的转运囊泡进入*顺式高尔基体网络*（*cis* Golgj network）。

蛋白质通过两种方式依次穿过膜囊：①通过转运囊泡，它从一个膜囊上出芽并与下一个膜囊融合；②通过高尔基膜囊自身在高尔基叠层间迁移的成熟过程。转运囊泡最终从*反式高尔基网络*（*trans* Golgi network）中离开，把所含的蛋白质运往细胞表面或内膜系统中的其他细胞器（参见图 15-19）。

顺式和反式高尔基体网络都在蛋白质分选中发挥重要作用：进入顺式高尔基体网络的蛋白质能够往前移动通过高尔基叠层；如果它们含有一个内质网滞留信号，则又可回到内质网。离开反式高尔基体网络的蛋白质会根据它们的目的地是溶酶体（经过内吞体）还是细胞表面而被分选。我们稍后会在"我们是怎样知道的"栏目中讨论一些反式高尔基体网络分选蛋白质的例子，还会给出一些在细胞的分泌途径中追踪蛋白质的方法。

许多在内质网中加到蛋白质上的寡糖链（参见图 15-24）会在高尔基体中受到进一步的修饰。例如，在某些蛋白质上，更复杂的寡糖链由一个高度有序的过程产生。在该过程中，一系列的酶按照严格规定的顺序发挥作用，当蛋白质通过高尔基叠层时，加上或去除糖基。正如所料，在该加工事件顺序链中较早发挥作用的酶存在于靠近顺式面的膜囊中，而较晚起作用的酶则位于靠近反式面的膜囊中。

分泌蛋白通过胞吐作用释放出细胞

在所有真核细胞中，存在一条稳定的囊泡流动途径，即囊泡从反式高尔基体网络出芽并与质膜融合。这一*组成型胞吐途径*（constitutive exocytosis pathway）向质膜提供新合成的脂质和蛋白质（视频 15.9），使得分裂的细胞在分裂前可以扩展其质膜，不分裂的细胞可以更新其质膜上旧的脂质。这条组成型的途径也可以携带可溶性的蛋白质到细胞表面并释放到胞外，该过程称为**分泌**（secretion）。其中一些释放出去的蛋白质会黏附在细胞表面，一些蛋白质会整合进细胞外基质，还有一些会扩散到细胞外液体中，作为营养或给其他细胞传递信号。进入这条组成型的途径并不像进入内吞体或回到内质网，该途径并不需要一个特定的信号序列。

在所有真核细胞中，除了持续作用的组成型胞吐途径外，还有一条*调节型胞吐途径*（regulated exocytosis pathway），这条途径只在特化的分泌细胞中发挥作用。每些特化的*分泌细胞*（secretory cell）都会产生大量的特定产物，如激素、黏液或消化酶，它们被储藏在**分泌囊泡**（secretory vesicle）中以备晚些时候释放。这些囊泡是内膜系统的一部分，它们从反式高尔基体网络上出芽并在质膜附近积累。它们在那里等待直到有胞外信号刺激后，再与质膜融合并向细胞外释放其内含物（图 15-30）。例如，血糖增加就是胰腺中的胰岛细胞分泌胰岛素的信号（图 15-31）。

将要进入调节型分泌的蛋白质会在反式高尔基体网络中进行分选和包装。走这条途径的蛋白质具有特殊的表面性质，使得它们能在反式高尔基体网络中的离子条件下（酸性 pH 和高浓度 Ca^{2+}）彼此聚集。这些聚集的蛋白质被包装进分泌囊泡，随后这些囊泡从高尔基体网络上分离，等待指导它们与质膜融合的信号。另一方面，通过组成型途径分泌的蛋白质并不会聚集，因此由组成型途径的转运囊泡自动地运到质膜。选择性聚集还有其他功能：它使得包装在分泌囊泡中的分泌蛋白的浓度远高于高尔基体腔内未聚集的蛋白质的浓度。这种浓度差可以高达 200 倍，使得分泌细胞在被激发时能迅速释放大量蛋白质（参见图 15-30）。

当一个分泌囊泡或转运囊泡与质膜融合并以胞吐方式排出其内含物时，它的膜便成为质膜的一部分。虽然这将大大增加质膜的表面积，但这种增加只是瞬时的，因为膜组分以几乎与胞吐一样快的速度在细胞表面其他部位通过胞吞作用被移除。这种移除将囊泡膜的脂质和蛋白质返还至高尔基网络，在那里它们能被再次利用。相似的膜恢复途径也存在于高尔基体将脂质和特定的蛋白质返还给内质网的过程中。

追踪蛋白质和囊泡运输

这些年来，生物学家尝试利用多种技术解开有关蛋白质分选和运输进出细胞及驻留细胞器的通路和机制。生物化学、遗传学、分子生物学以及显微镜技术都提供了研究蛋白质如何从细胞内的一个区域穿梭到另一个区域的方法。一些方法甚至可以实时追踪活细胞内蛋白质的迁移和囊泡运输。

在试管里

将一个携带信号序列的蛋白质加入到一个装有分离的细胞器的试管中。随后，检测这些混合物，看蛋白质是否被该细胞器所摄取。蛋白质是在体外利用无细胞体系来翻译编码该多肽的 mRNA 得到的；在这个过程中，放射性氨基酸被用来标记这些蛋白质，由此可以在后续过程中很容易地分离和追踪它们。被标记的蛋白质和特定的细胞器一起孵育，可以通过多种方法检测该蛋白质是否会进行转运（图 15-27）。

在酵母里

遗传学技术已经被广泛地用于研究蛋白质借助囊泡在不同运输细胞区室之间的移动。通过对高温时有分泌缺陷的突变酵母细胞进行研究，已经鉴定出多个参与携带蛋白质从内质网到细胞表面转运的基因。许多这些突变基因都编码温度敏感型蛋白（将在第 19 章中讨论）。突变的蛋白质在 25℃时功能正常，但当酵母细胞在 35℃培养时，这些突变蛋白就会失活。结果，当研究者升高温度时，本应分泌的蛋白质会异常地积累在内质网、高尔基体或转运囊泡中，具体在何处积累取决于特定的突变类型（图 15-28）。

在视频里

跟踪一个蛋白质在细胞内运动的最常用的办法是给该多肽链加上一个荧光蛋白标签，如绿色荧光蛋白。利用在第 10 章讨论的基因工程技术，这个小蛋白质可以与其他细胞蛋白质融合。幸运的是，对很多要研究的蛋白质，将 GFP 添加到蛋白质的一端或另一端并不会破坏该蛋白质的正常功能或转运。然后利用荧光显微镜就可以在活细胞内监测 GFP 标记的蛋白质的运动。2008 年，开发和改进这项

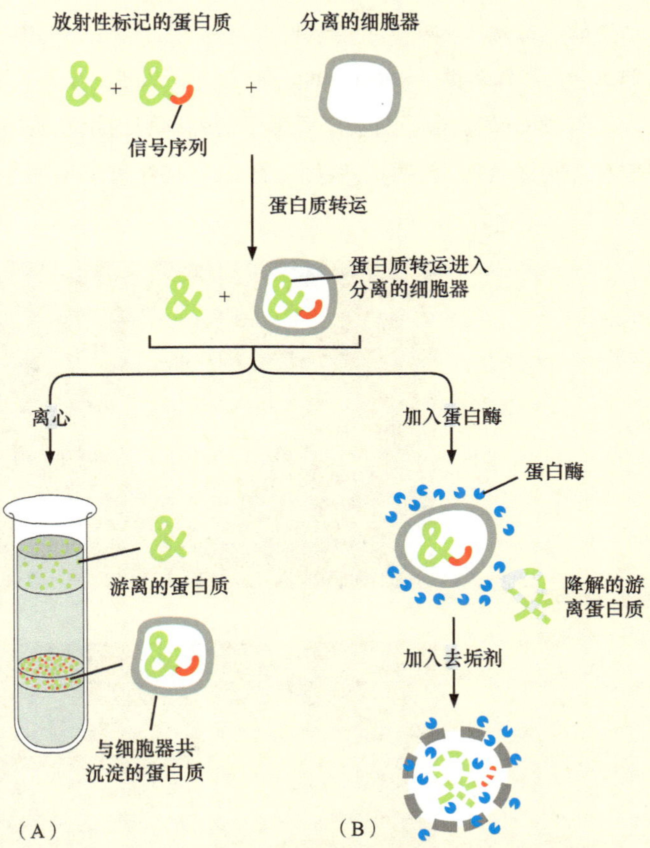

图 15-27 几种方法可以用来检测一个带有特定信号序列的标记蛋白是否会被转运到一个分离的细胞器中。（A）携带或不携带信号序列的标记蛋白和细胞器一起孵育，然后将上述混合物进行离心。只有携带信号序列的标记蛋白才会被转运，因此也会和细胞器一起分离。（B）标记蛋白和细胞器一起孵育后，再加入一种蛋白酶，转运的蛋白质会被细胞器膜选择性地保护从而避免被消化。加入破坏细胞器膜的去垢剂可以破坏这种保护作用，所以转运的蛋白质也会被降解。

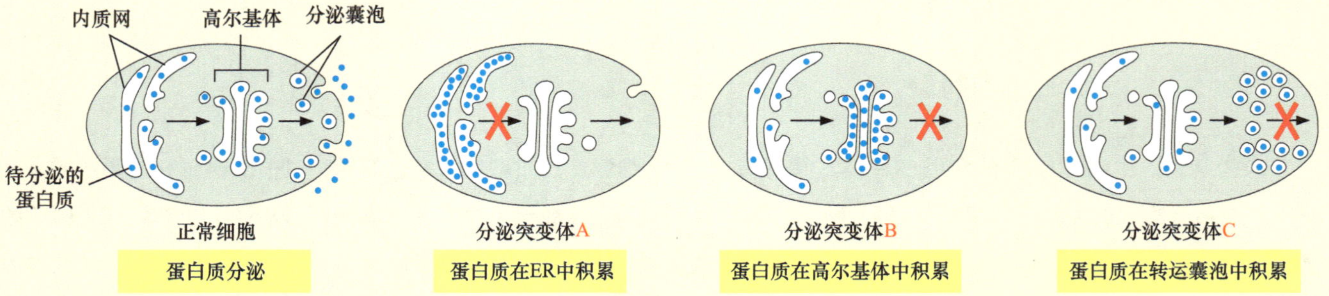

图 15-28 **温度敏感性突变体被用来研究酵母中的蛋白质分泌途径。**参与转运过程不同阶段的基因突变（如图中红色 X 所示）会导致蛋白质在 ER、高尔基体或者转运囊泡中聚集。

技术的下村修（Osamu Shimomura）、马丁·查菲（Martin Chalfie）和钱永健（Roger Tsien）被授予诺贝尔化学奖。

这种 GFP 融合蛋白被广泛用于研究细胞内蛋白质的定位和运动（图 15-29）。例如，将 GFP 与穿梭于核内外的蛋白质融合可以用来研究核转运事件；将 GFP 与质膜蛋白融合可以用来测算它通过分泌途径移动的动力学性质。视频 15.1、视频 15.9、视频 15.10 和视频 15.13 展示了这项技术的强大和优美。

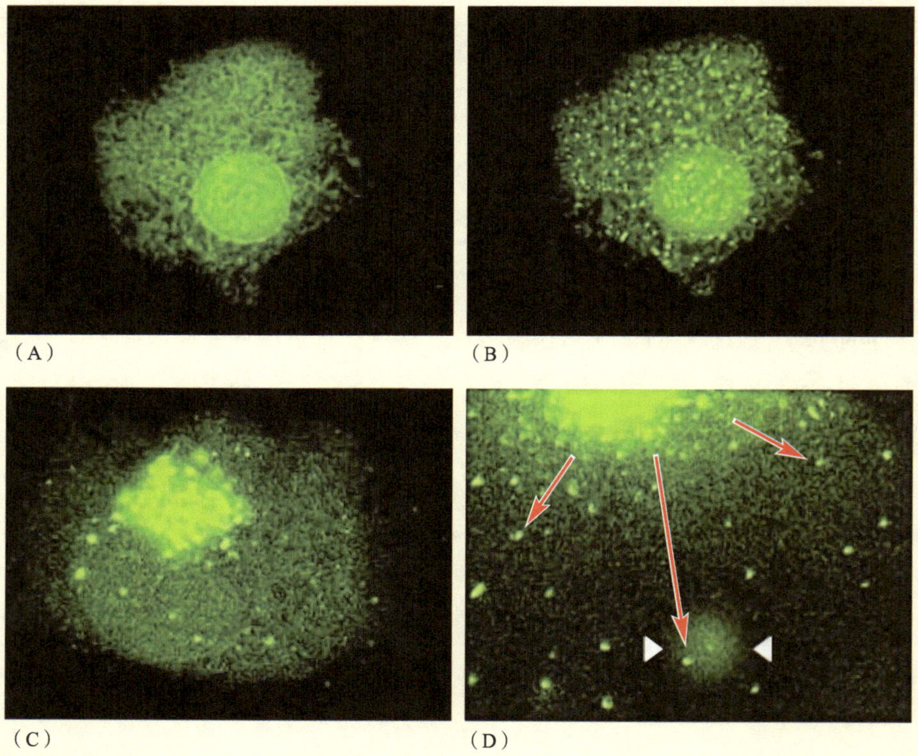

图 15-29 **给一个蛋白质加上 GFP 标签，得到的融合蛋白可在细胞内进行追踪。**在这个实验中，GFP 被融合到一个病毒包被蛋白中并表达在培养的动物细胞里。在感染的细胞里，病毒蛋白将通过分泌途径从 ER 移动到细胞表面完成病毒颗粒的组装。红色箭头指示蛋白质移动的方向。本实验中使用的病毒包被蛋白含有一个突变，这使其仅在低温条件下才能被运出内质网。（A）在高温下，融合蛋白标记 ER；（B）当温度降低，GFP 融合蛋白在 ER 出口位点迅速聚集；（C）融合蛋白移动到高尔基体；（D）最后，融合蛋白被运送到质膜。这里展示的是特写视图。两个白箭头之间的晕圈标记单个囊泡已经发生融合的位点，这使得融合蛋白可以整合到质膜上。上述图片均截图自视频 15.9。（图 A ～ D 蒙 Jennifer Lippincott-Schwartz 惠赠。）

图 15-30　在分泌细胞中，胞吐的调节型和组成型途径在反式高尔基体网络中是分开的。许多可溶性蛋白不断通过组成型分泌途径（蓝色箭头）从细胞中分泌出来。该途径存在于所有的真核细胞中（视频 15.10），同时也不断为质膜提供了新合成的脂质和蛋白质。另外，特化的分泌细胞还有一条调节型分泌途径（红色箭头）。通过该途径，反式高尔基体网络中一些被选中的蛋白质被转移到分泌囊泡中，在那里蛋白质被聚集和储藏，直到胞外信号刺激它们分泌。至今仍然不清楚聚集的分泌蛋白（红色）是如何被隔离到分泌囊泡中的。分泌囊泡在其膜上有独特的蛋白质，可能其中某些蛋白质会作为在反式高尔基体网络中聚集的分泌蛋白的受体。

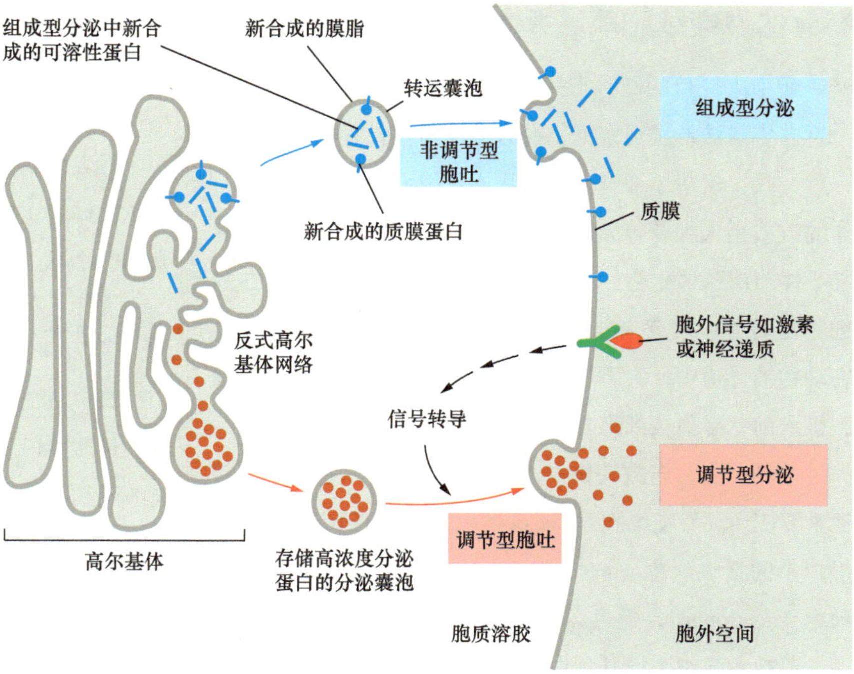

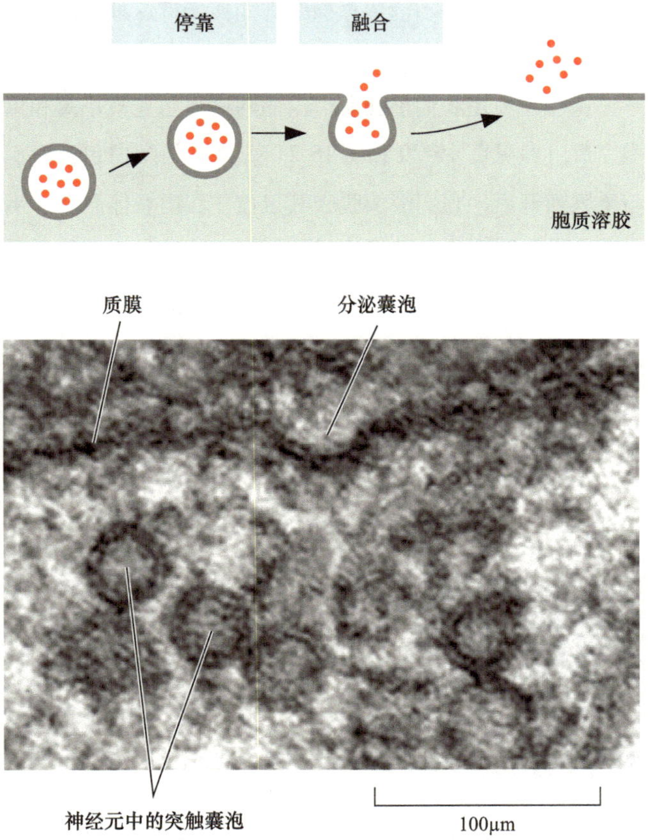

图 15-31　分泌囊泡储存和释放聚集的蛋白质。该过程通过囊泡的锚定及融合实现（参见图 12-23），它需要一种信号来起始。冷冻电镜照片显示了在培养的小鼠海马神经元中聚集的神经递质的释放。在神经元被释放递质的信号刺激 5ms 后，立即进行冷冻制样。（引自 S. Watanabe，*Front. Synaptic. Neurosci*，8：1-10，2016。）

胞吞途径

真核细胞通过**胞吞作用**（endocytosis）过程不断摄入液体以及大大小小的分子。某些特化的细胞也能吸收大的颗粒甚至其他细胞。被摄入的物质逐渐被小部分质膜所包围，它首先向内出芽然后脱离，形成细胞内的*胞吞囊泡*（endocytic vesicle）。包括膜组分在内的被摄入的物质会被送到*内吞体*（endosome），通过内吞体，它们或者被送回质膜进行再利用，或者被送到溶酶体进行消化。消化产生的代谢产物直接从溶酶体中运出到胞质溶胶，从而被细胞利用。

根据形成的胞吞囊泡的大小，可以把胞吞分成两个主要类型。通过小囊泡（直径＜150nm）摄入液体和分子称为*胞饮*（pinocytosis）（“细胞喝东西”）。利用称为*吞噬体*（phagosomes）的较大的囊泡（一般直径＞250nm）摄入微生物和细胞碎片等大颗粒的行为称为*吞噬*（phagocytosis）（“细胞吃东西”）。所有真核细胞都不断通过胞饮摄入液体和分子，但大颗粒主要是由特化的*吞噬细胞*（phagocytic cell）所摄入。

在最后一节中，我们会追踪从质膜到溶酶体的胞吞途径。我们将从讨论吞噬摄取大颗粒开始。

特化的吞噬细胞能够吞入大的颗粒物

最引人注目的胞吞形式是**吞噬**（phagocytosis），它在一百多年前被首次观察到。在原生动物中，吞噬是摄食的一种方式：这些单细胞真核生物通过把大颗粒装进吞噬小体的方式摄入细菌等大的颗粒物（视频 15.11）。然后，吞噬小体与溶酶体融合，在溶酶体中食物颗粒被消化。在多细胞生物中，只有少数细胞能有效地摄取大颗粒。例如，在动物消化道中，大颗粒的食物在被肠道内壁的吸收性细胞摄入前，必须被细胞外的消化酶降解为单分子。

然而，在大多数动物中，除了营养之外，吞噬还有其他重要应用。**吞噬细胞**（phagocytic cell），包括广泛分布在组织中的巨噬细胞（macrophage）和其他白细胞如中性粒细胞（neutrophil），通过吞噬入侵的微生物保护我们免于感染。要被吞噬细胞或其他白细胞摄取，被吞颗粒必须先与吞噬细胞表面结合，并激活许多表面受体中的某一个。其中一些受体能识别抗体，即一类能结合在微生物表面从而保护我们免受感染的蛋白质。这些包被抗体的细菌与这些受体的结合，诱导吞噬细胞伸出称为伪足（pseudopod）的质膜的片层状突起将细菌吞入（图 15-32A）。伪足顶端融合形成一个吞噬小体，然后吞噬小体与溶酶体融合，微生物被消化。一些致病微生物演化出了抵抗这一系统的手段，例如，导致结核病的主要致病源结核分枝杆菌（*Mycobacterium tuberculosis*）能抑制吞噬小体与溶酶体的膜融合，因此被吞噬的细菌没有被破坏而是能够存活下来，并在巨噬细胞内扩增。尽管相关机制目前还不完全清楚，但鉴定出参与该过程的蛋白质将会提供药物的治疗靶点，从而恢复巨噬细胞的吞噬能力以消除感染。

吞噬细胞在清除死细胞、受损细胞以及细胞碎片等方面也发挥着重要作用。例如，人体内的巨噬细胞每天可吞食 10^{11} 个以上的衰老红细胞（图 15-32B）。

液体和大分子通过胞饮作用被摄入

真核细胞不断通过**胞饮**（pinocytosis）过程摄入它们的少量质膜以及少量细胞外液体。通过胞饮而内化质膜的速率随细胞类型的不同而不同，但通常都惊人得快。例如，一个巨噬细胞每小时吞入约占其体积 25% 的液体。这意味着它每分钟会移除其质膜的 3%，或者说半小时能移除其 100% 的质膜。成纤维细胞的胞饮速率要慢得多，而某些吞噬变形虫的胞饮则要快得多。由于在此过程中细胞的总表面积和体积保持不变，因此显然有与胞吞作用所移除的一样多的膜通过胞吐作用被加到细胞表面（参见图 15-19）。目前并不清楚真核细胞如何维持这种非同寻常的平衡。

胞饮主要由我们前面所讨论的网格蛋白包被小窝和囊泡完成（参见图 15-20 和图 15-21）。当网格蛋白包被囊泡与质膜断开后，它们很快脱去其包被并和内吞体融合。当包被小窝内陷形成包被囊泡时，细胞外的液体也被捕获进入包被小窝，因而溶解在胞外液体中的物质也被吞入并运

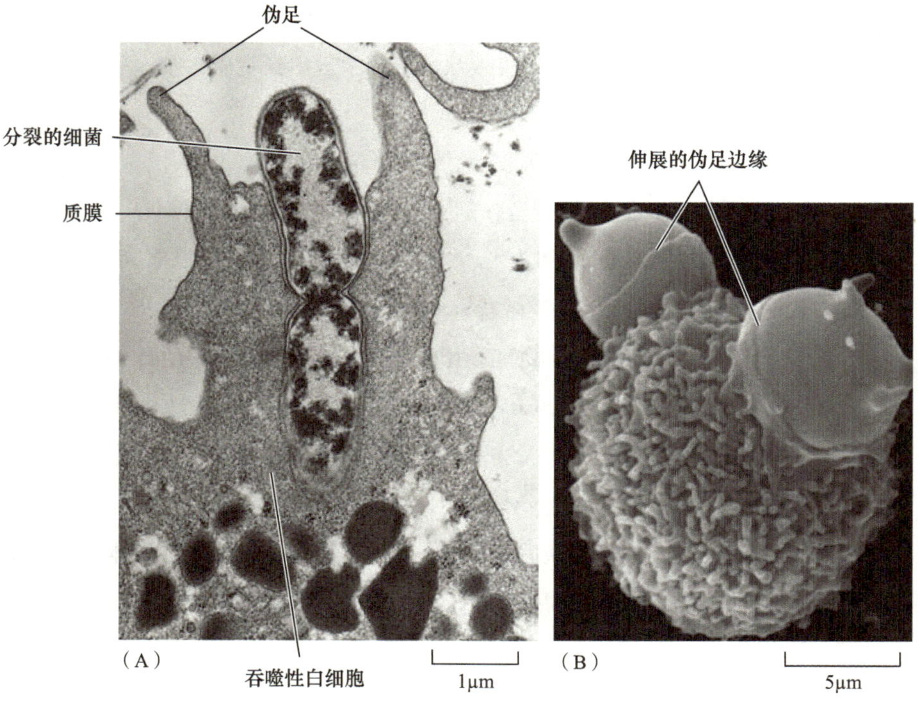

图 15-32 特化的吞噬细胞可以摄取其他细胞。（A）正在摄取一个处于分裂期细菌的吞噬性白细胞（中性粒细胞）的电镜照片；（B）一个正在吞噬两个红细胞的巨噬细胞的扫描电镜照片。如图中的直线所指，巨噬细胞正伸出像衣领一样的伪足包围它们的猎物。（图 A 蒙 Dorothy F. Bainton 惠赠；图 B 蒙 Jean Paul Revel 惠赠。）

送到内吞体中。通过网格蛋白包被囊泡和其他类型的胞饮囊泡所摄取的这些液体通常与胞吐过程丢失的液体是平衡的。

受体介导的胞吞作用提供一条进入动物细胞的特定途径

如上文所述，胞饮是没有选择性的。胞吞囊泡简单地捕获任何正巧在细胞外液体中的分子并将它们带入细胞。然而，胞饮有时候也可以具有更高的选择性。在大多数动物细胞中，通过网格蛋白包被囊泡可以从胞外液体中摄取特定的大分子。胞外大分子结合在细胞表面的互补受体上，以受体-大分子复合物的形式通过网格蛋白包被囊泡进入细胞（参见图 15-21）。这个过程称为**受体介导的胞吞作用**（receptor-mediated endocytosis），它提供了一种选择性的浓缩机理，使吞入特定大分子的效率比一般胞饮提高 1000 倍以上，因而即使是细胞外液体中的微量成分也能被大量摄取，而不必摄入相应大量的细胞外液体。动物细胞合成新的膜时就会以这种方式摄取所需的胆固醇。

胆固醇是一种极难溶于水的脂质（参见图 11-17），它在血流中转运时会与一种蛋白质结合，形成一种称为低密度脂蛋白（low-density lipoprotein，LDL）的颗粒。肝脏细胞分泌的含有胆固醇的 LDL 与细胞表面的受体结合，形成的受体-LDL 复合物然后被受体介导的胞吞作用摄入并转运到内吞体。内吞体内部具有比其周围的胞质溶胶或细胞外液体更强的酸性，在此酸性环境中 LDL 与其受体分离：空的受体通过转运囊泡回到质膜重新被利用，而 LDL 则被转运到溶酶体。在溶酶体内，LDL 被水解酶降解。胆固醇从 LDL 释放进入胞质溶胶中，在那里它被用于合成新膜（图 15-33）。

在带有 LDL 受体蛋白编码基因缺陷的个体中，胆固醇摄入途径被阻断。在某些病例中，受体是缺失的；而在另一些病例中，受体存在但是没有功能。不论哪种情况，由于细胞不能摄取 LDL，胆固醇便积累在血液中并使人易患动脉粥样硬化。除非通过吃药（他汀类药物）降低血液中的胆固醇，否则患者将可能年纪轻轻便死于胆固醇堵塞冠状动脉引起的心脏病发作。

受体介导的胞吞作用也用于摄取其他必不可少的代谢物，如维生素 B_{12} 和铁，这些物质细胞无法通过在第 12 章讨论过的膜转运过程来摄取。例如，维生素 B_{12} 和铁都是合成红细胞的主要蛋白质——血红蛋白所必需的。这些物质是通过与它们相应的受体蛋白质形成复合物而进入未成熟的红细胞。许多与细胞外信号分子结合的细胞表面受体也以这种途径被摄入：其中一些再循环到质膜被重新利用，其他一些则在溶酶体内被降解。不幸的是，受体介导的胞吞作用也能被病毒所利用（图 15-34）。引起流感的流感病毒和引起艾滋病的 HIV 病毒都通过此途径进入细胞。

胞吞的大分子在内吞体中被分选

大部分由胞饮摄入的胞外物质被很快地转运到**内吞体**（endosome）中，因此把活细胞和含荧光标记物的液体进行孵育，就可以在荧光显微镜下观察到内吞体区室。当通过这种方法观察时，内吞体区室呈现出的是一套复

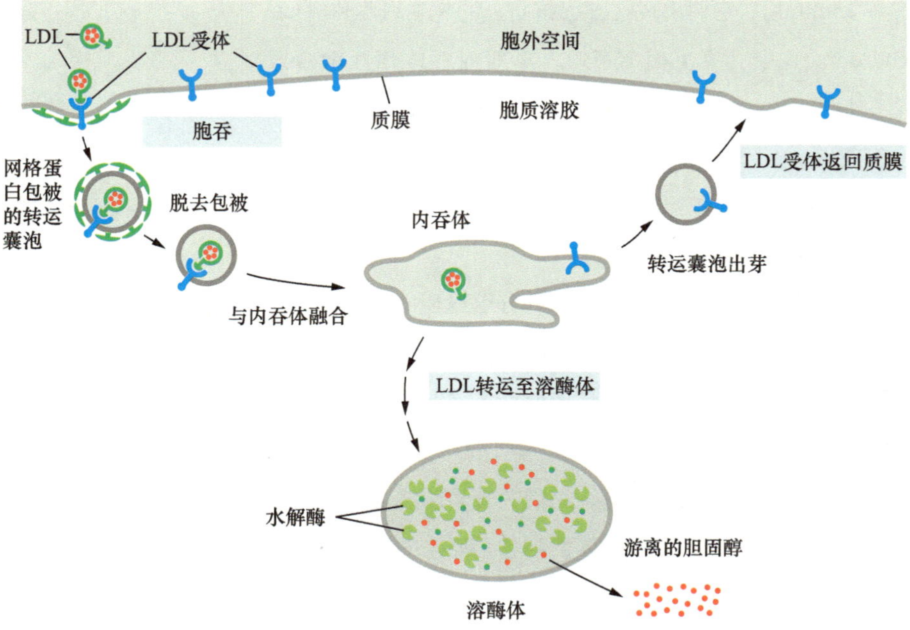

图 15-33 LDL 通过受体介导的内吞途径进入细胞。LDL 与细胞表面的 LDL 受体结合，并被吞入到网格蛋白包被囊泡中。囊泡失去其外被后与内吞体融合。在内吞体的酸性环境中，LDL 从其受体上解离下来。LDL 最后在溶酶体中被降解并释放出游离的胆固醇（红色点），而 LDL 受体通过囊泡转运回到质膜以被再利用（视频 15.12）。为简化起见，图中只画了一个 LDL 受体进入细胞并回到质膜。无论 LDL 受体是否结合着 LDL，一个 LDL 受体通常每 10min 就会在细胞内循环一圈，在其 20h 的寿命内总共会循环好几百圈。

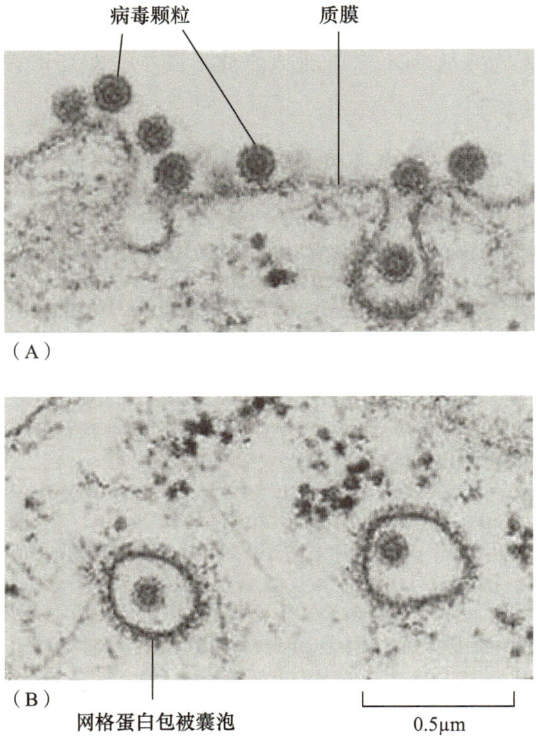

图 15-34 病毒可以通过受体介导的胞吞途径进入细胞。(A)电镜图显示病毒结合到一个 T 细胞表面的受体上；一个病毒颗粒正在被网格蛋白包被囊泡吞入到细胞中。(B)一对病毒正被受体介导的胞吞作用摄取进入细胞。这些小囊泡将会与溶酶体融合。溶酶体内的低 pH 使病毒基因组释放到细胞质中，这是病毒复制的重要一步。(图 A 引自 E. Fries and A. Helenius, *Eur. J. Biochem.* 97：213-220，1979。蒙 John Wiley & Sons 惠许；图 B 引自 K. Simons，H. Garoff，A. Helenius，*Sci. Am.* 246：58-66，1982。蒙作者惠许。)

杂的、相互联系的膜管和更大的囊泡形态。在这类标记物实验中，可以明显区分出两类内吞体：标记物分子首先出现在质膜下方的*早期内吞体*(early endosome)中，5 ～ 15min 后，它们出现在细胞核附近的*晚期内吞体*(late endosome)中（参见图 15-19）。早期内吞体相互融合或者与已经存在的晚期内吞体融合，逐步成熟为晚期内吞体（视频 15.11）。内吞体膜中有一类由 ATP 驱动的 H^+（质子）泵把 H^+ 从胞质溶胶泵送入内吞体腔，使得内吞体区室内部保持酸性（pH 5 ～ 6）。

就像反式高尔基体网络在向外分泌途径中作为主要的分选站一样，内吞体区室在向内的胞吞途径中也发挥着相同的功能。内吞体中的酸性环境使许多（并非所有）受体释放它们结合的货物，因此在分选过程中起到关键作用。受体复合物一旦进入内吞体，它们的转运路线会因受体类型不同而不同：①大多数受体回到它们原来的同一质膜区域，前面讨论过的 LDL 受体就属于这一类；②有一些受体转运到溶酶体，并在那里被降解；③有一些受体被转移到质膜的另外区域，因而把它们结合的货物分子从胞外空间穿越整个细胞转移到另一胞外空间，这一过程称为*转胞吞作用*(transcytosis)（图 15-35）。

仍然结合在受体上的货物分子有着与其受体一样的命运。那些在内吞体中与其受体分离的货物分子注定要和内吞体腔中的大多数内含物一起在溶酶体内被分解。晚期内吞体含有一些溶酶体酶，所有对货物蛋白质和其他大分子的消化从内吞体就开始了，并在内吞体逐渐成熟为溶酶体的过程中持续进行；一旦内吞体完成了对大部分内吞物的消化，内吞体便呈现致密的、变圆的典型成熟溶酶体的形态。

溶酶体是细胞内消化的主要场所

被细胞消化的许多细胞外颗粒和分子最终到达**溶酶体**(lysosome)。溶酶体是含有水解酶的膜囊，它们对细胞外物质和破损细胞器进行着可控的胞内消化。它们含有约 40 种水解酶，包括那些降解蛋白质、核酸、寡糖和磷脂的酶。所有这些酶都在溶酶体内的酸性环境（pH 约为 5）中呈现最佳活性。在正常情况下，溶酶体膜把这些有破坏性的酶与胞质溶胶（pH 约为 7.2）隔开，但这些酶对酸的

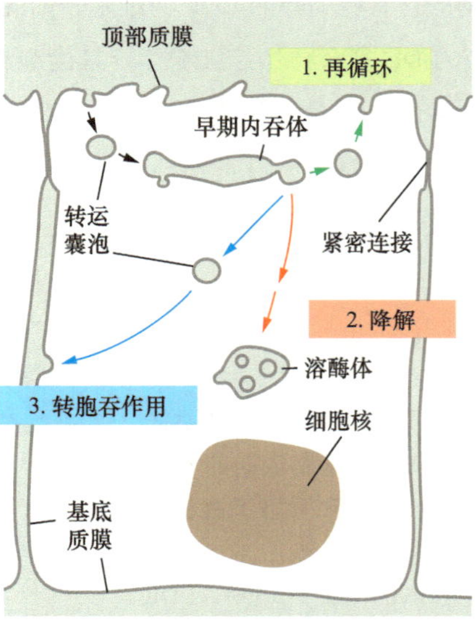

图 15-35 参与内吞的受体蛋白的命运取决于受体的类型。如图所示的是从上皮细胞内吞体区室内出发的三条途径。那些不会从早期内吞体特别回收的受体被从内吞体区室转运到溶酶体，并在溶酶体被降解。被回收的受体或者回到它们来源的相同质膜区域（*再循环*），或到达另外的质膜区域（*转胞吞作用*）。将质膜顶端与基底外侧分开的紧密连接阻止了受体蛋白的跨区域扩散（参见图 11-32）。如果与受体一起被胞吞的配体在内吞体的酸性环境中仍然结合在受体上，则它将走和受体一样的途径，否则它将被运送到溶酶体进行降解。

依赖性使得即使有一些酶泄漏出来也不会损伤胞质溶胶的内容物。

像所有其他胞内细胞器一样，溶酶体不仅含有一套独特的酶，也有一层独特的包膜。溶酶体膜中含有转运蛋白，能将消化后的终产物如氨基酸、糖和核酸等大分子运送到胞质溶胶中，进而被排出到胞外或被细胞利用。溶酶体膜上还含有 ATP 驱动的 H^+ 泵，它就像内吞体膜上的 ATP 酶一样，可以把 H^+ 泵入溶酶体，因此维持了其内部的酸性环境（图 15-36）。大多数溶酶体膜蛋白通常都是高度糖基化的，这些糖基大多覆盖在面对溶酶体腔的蛋白质表面，保护这些蛋白质不被溶酶体内的蛋白酶所消化。

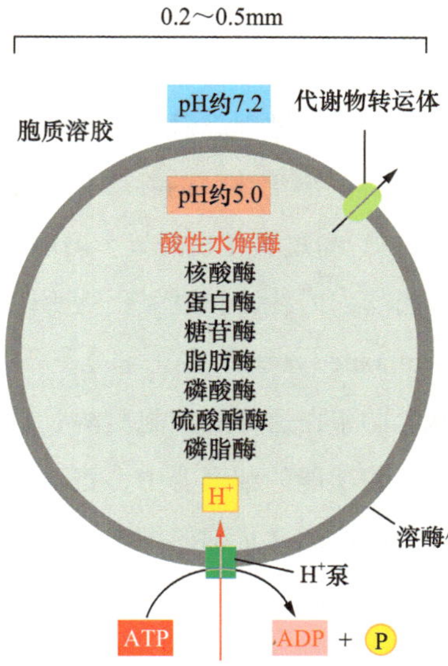

图 15-36　一个溶酶体含有很多种水解酶，这些酶仅在酸性条件下才有活性。 膜中的 ATP 驱动的 H^+ 泵通过水解 ATP 将 H^+ 泵入溶酶体腔内，从而使溶酶体维持其内腔的酸性 pH。

溶酶体特殊的消化酶和膜蛋白都在内质网内合成，经高尔基体转运至反式高尔基体网络。当这些酶在内质网和顺式高尔基体网络中时，它们被加上一个特殊的磷酸化糖基（甘露糖-6-磷酸）标记，所以当它们到达反式高尔基体网络时，能被一种特定的受体即甘露糖-6-磷酸受体所识别。这种标记使得这些酶被分选和包装到转运囊泡中，这些转运囊泡从反式高尔基网络上出芽并通过内吞体把内含物转运至溶酶体（参见图 15-19）。

根据其来源不同，物质沿着不同的途径到达溶酶体。我们已经知道细胞外的颗粒被摄入吞噬体，然后吞噬体再与溶酶体融合，而细胞外的液体和大分子则被摄入到较小的胞吞囊泡，通过内吞体将其内含物转至溶酶体中。

细胞还有另外一条给溶酶体供应物质的通路，该通路用来降解细胞内的废物，称为**自噬**（autophagy）。自噬正如其字面含义，细胞自己吃自己。例如，在肝细胞的电镜照片上，人们经常看见溶酶体消化线粒体及其他细胞器。这一过程从双层膜包围细胞器开始，形成一个自噬小体（autophagosome），然后该小体与溶酶体融合（图 15-37）。细胞器和胞质溶胶蛋白的自噬，有些会被连上泛素化标签，作为被吞噬的标记（在第 4 章中讨论）。当细胞处于饥饿状态或在发育过程中将要大幅度重塑自身时，自噬会增强。这种消化自身所产生的氨基酸等物质随后可以被回收，用于新蛋白质的合成。

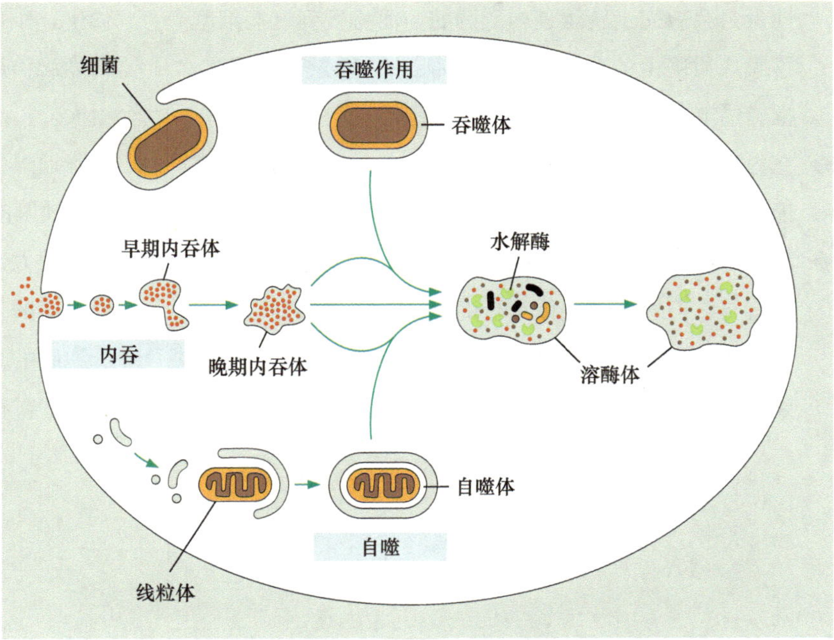

图 15-37　将要在溶酶体中被降解的物质通过不同的途径进入溶酶体。 每一条途径介导不同来源的物质在细胞内的消化。早期内吞体、吞噬体、自噬小体能够与溶酶体（或晚期内吞体）融合。溶酶体或晚期内吞体中均含有依赖于酸性环境的水解酶。自噬小体膜组分的起源仍然是一个热门研究方向。

基本概念

- ◆ 真核细胞含有许多膜被细胞器，包括细胞核、内质网（ER）、高尔基体、溶酶体、内吞体、线粒体、叶绿体（在植物细胞中）和过氧化物酶体。内质网（ER）、高尔基体、溶酶体、内吞体和过氧化物酶体都是内膜系统（endomembrane system）的一部分。
- ◆ 大多数细胞器的蛋白质都是在胞质溶胶中合成，然后转运到它们行使功能的细胞器中。氨基酸序列中的分选信号引导蛋白质运向正确的细胞器中；在胞质溶胶中行使功能的蛋白质没有这种信号，会继续留在它们被合成的地方。
- ◆ 核蛋白含有核定位信号，帮助指导核蛋白通过主动运输从胞质溶胶经贯通两层核被膜的核孔进入细胞核内。转运过程中蛋白质是处于完全折叠的构象。
- ◆ 大多数线粒体和叶绿体蛋白质在胞质溶胶中合成，并通过其膜上的蛋白转运体转运到细胞器中。在转运过程中蛋白质必须去折叠。
- ◆ 内质网合成细胞大部分的脂质以及许多蛋白质。蛋白质由结合在内质网上的核糖体合成。如果一条增长的多肽链上含有内质网信号序列，它会被胞质溶胶中的信号识别颗粒（SRP）所识别，从而将核糖体引向内质网。核糖体-SRP 复合物与内质网膜上受体的结合，将核糖体转移给一个蛋白转运体，后者使增长的多肽链穿过内质网膜。
- ◆ 将要分泌到胞外或到内膜系统的细胞器内腔中的水溶性蛋白会被完全转运进内质网腔，而将要到这些细胞器膜或质膜上的跨膜蛋白则会通过一个或多个跨膜 α 螺旋锚定在脂双层中。
- ◆ 在内质网腔内，蛋白质会折叠起来，与它们的蛋白质配体结合在一起，形成二硫键，并被寡糖链修饰。
- ◆ 离开内质网是一个重要的质控步骤：不能正确折叠或没有与它们的正常配体结合的蛋白质，伴侣蛋白会将它们滞留在内质网，阻止它们聚集并帮助它们重新折叠。那些仍然无法正确折叠或无法与配体正常结合的蛋白质会被转运到胞质溶胶中进行降解。
- ◆ 错误折叠蛋白质的过量积累可引发未折叠蛋白反应（UPR），该反应会导致内质网体积增大，因此增加其正确折叠新蛋白的能力，并减少蛋白质的合成。
- ◆ 蛋白质从内质网转运到高尔基体以及从高尔基体转运到其他目的地，都是由转运囊泡所介导。囊泡持续地从一个膜上出芽离开并与另一个膜融合，该过程称为囊泡转运。
- ◆ 出芽的转运囊泡在其胞质溶胶面具有独特的包被蛋白：包被蛋白的装配不仅驱动了出芽过程，而且驱动了货物受体及其结合的货物分子被包入正在形成的囊泡中。
- ◆ 有被囊泡迅速失去其蛋白包被，这使其能停靠并随后与特定的靶膜进行融合。停靠和融合是由位于囊泡和靶膜表面的蛋白质所介导，包括 Rab 蛋白、束缚蛋白和 SNARE 蛋白。
- ◆ 高尔基体从内质网接受新合成的蛋白质，然后对其进行寡糖修饰、蛋白质分选，最后把蛋白质从反式高尔基体网络分送到质膜、溶酶体（经过内吞体）或分泌囊泡中去。
- ◆ 在所有真核细胞中，转运囊泡不断地从反式高尔基体网络上出芽并与质膜融合。这个组成型胞吐过程将蛋白质运往细胞表面进行分泌，并将脂质和蛋白质整合进质膜中。
- ◆ 特化的分泌细胞还具有一种调节型胞吐途径。在该途径中，细胞将分子富集并储存在分泌囊泡中，在得到分泌信号后通过胞吐作用把这些分子从细胞中释放出去。
- ◆ 细胞通过胞吞摄入液体、分子、甚至是颗粒。在胞吞时，质膜的一些区域会内陷并断开，形成胞吞囊泡。
- ◆ 胞吞的大部分物质会被运送到内吞体，内吞体成熟后变成溶酶体，物质在溶酶体中被水解酶降解。而胞吞囊泡膜的大部分组分，会通过转运囊泡再循环回到质膜被重新利用。

关键词

自噬（autophagy）	吞噬细胞（phagocytic cell）
网格蛋白（clathrin）	吞噬（phagocytosis）
有被囊泡（coated vesicle）	胞饮（pinocytosis）
胞吞作用（endocytosis）	Rab 蛋白（Rab protein）
内膜系统（endomembrane system）	受体介导的胞吞作用（receptor-mediated endocytosis）
内质网（endoplasmic reticulum，ER）	粗面内质网（rough endoplasmic reticulum）
内吞体（endosome）	分泌（secretion）
胞吐作用（exocytosis）	分泌囊泡（secretory vesicle）
高尔基体（Golgi apparatus）	信号序列（signal sequence）
溶酶体（lysosome）	SNARE
膜被细胞器（membrane-enclosed organelle）	束缚蛋白（tethering protein）
核被膜（nuclear envelope）	转运囊泡（transport vesicle）
核孔（nuclear pore）	未折叠蛋白反应（unfolded ptotein response，UPR）
过氧化物酶体（peroxisome）	囊泡运输（vesicle transport）

问题

问题 15-1

如图 15-3 所示，内外核膜的脂双层通过核孔连接成一层连续的膜。由于膜是二维流动，这意味着膜蛋白可以在双层核膜间自由地扩散。但是内外核膜上的蛋白质组分又是不同的。你如何解释这种明显的矛盾？

问题 15-2

为什么真核细胞需要细胞核作为一个独立的区室，而原核细胞没有细胞核也能活得很好？

问题 15-3

解释为什么在每轮翻译结束后，mRNA 分子仍然能结合在内质网膜，而翻译 mRNA 的单个核糖体却被释放并重新加入核糖体的胞质溶胶库中。

问题 15-4

A. 预测含有一个不被切除的内部信号序列（参见图 15-17 中红色的起始转移序列）但不含有终止转移序列的蛋白质在膜中的取向。

B. 同样地，预测另一个蛋白质在膜中的取向：该蛋白质在 N 端含有一个会被切除的信号序列，其后接着一个终止转移序列和一个起始转移序列。

C. 信号序列如何排列才能使一个多次跨膜蛋白以奇数个跨膜片段插入膜中？

问题 15-5

在纯化的真核细胞膜中加入衔接蛋白、网格蛋白、动力蛋白-GTP，可以观察到网格蛋白包被囊泡从质膜碎片上出芽。如果在其中省去衔接蛋白（A）、网格蛋白（B）、动力蛋白（C），你会观察到什么？如果质膜碎片来自原核细胞（D），你能观察到什么？

问题 15-6

在内质网的蛋白质上直接添加一个预组装成的 14 糖基寡糖链，与用不同的酶按照顺序把单个糖逐个加到蛋白质表面形成糖链相比，有什么优越之处？

问题 15-7

如果内质网腔中的离子条件变成与反式高尔基体网络腔中的条件相似，那么当细胞通过调节型分泌途径分泌大量蛋白质时会发生什么情况？

问题 15-8

铁（Fe）是一种所有细胞都必需的微量金属，例如，电子传递链中的许多蛋白活性位点的血红素基团和铁-硫中心的合成就需要铁。红细胞中的主要蛋白质即血红蛋白也需要铁。铁是通过受体介导的胞吞作用被细胞摄取的。铁摄取系统包含两个组分：一个是在血流中循环的可溶性蛋白即转铁蛋白，另一个是跨膜蛋白转铁蛋白受体。该受体与图 15-33 所示的 LDL 受体相似，处于不断地被内吞并再回到质膜的循环中。Fe 离子在中性 pH 时与转铁蛋白结合，在酸性 pH 时不结合。转铁蛋白在中性 pH 时只在与 Fe 离子结合情况下才与转铁蛋白受体结合，但在酸性 pH 时，即使没有结合 Fe 离子，它也能与其受体结合。根据这些性质，请描述铁是如何被摄取的，并讨论这一精巧策略的优势。

问题 15-9

下列哪些说法是正确的？请解释你的答案。

A. 核糖体是一种存在于细胞质中的结构，在蛋白质合成时由一条 mRNA 分子连接形成多核糖体。

B. 氨基酸序列 Leu-His-Arg-Leu-Asp-Ala-Gln-Ser-Lys-Leu-Ser-Ser 是一个指引蛋白质到内质网中的信号序列。

C. 细胞内所有的转运囊泡都必须在其膜上有 v-SNARE 蛋白。

D. 转运囊泡将蛋白质和脂质运到细胞表面。

E. 如果要到溶酶体去的蛋白质在从反式高尔基体网络到晚期内吞体的运送过程中受阻，则该溶酶体蛋白将会通过如图 15-30 所示的组成型分泌途径进行分泌。

F. 溶酶体只消化那些由细胞胞吞所摄入的物质。

G. *N*-连接的糖链位于那些面向细胞表面、内质网腔、反式高尔基体网络腔和线粒体腔的糖蛋白上。

H. 与外层核膜结合的核糖体合成的蛋白质在翻译的同时就会被转移到膜上。

问题 15-10

一些蛋白质在细胞核与细胞质之间穿梭，它们需要一个核输出信号来出核。你认为这些蛋白质是如何进入核内的？

问题 15-11

流感病毒通过受体介导的胞吞作用进入细胞。病毒的包膜上含有一种融合蛋白，能被内吞体的酸性 pH 所活化。活化后，该蛋白质会引起病毒包膜与细胞质膜融合。有一种古老的治疗流感的方法是建议患者到马厩内过一夜。听起来可能很怪，但这项建议有一个合理的解释。马厩中的空气含有由马尿中的细菌所产生的氨气（NH_3）。请画图表示流感病毒进入细胞的具体途径，并推测 NH_3 如何能保护细胞免于病毒感染。（提示：NH_3 能通过 $NH_3+H^+ \rightarrow NH_4^+$ 反应来中和酸性溶液。）

问题 15-12

v-SNARE 可以指导转运囊泡从反式高尔基体网络转运到质膜。该蛋白质像其他所有的 v-SNARE 一样是一类膜蛋白，可以在其生物合成过程中整合到内质网的膜上，然后由转运囊泡运到其目的地。因此，从内质网出芽的转运囊泡至少包含两类 v-SNARE：一类将囊泡靶向顺式高尔基扁平囊泡，另一类被转运到反式高尔基体网络并被包装进不同的转运囊泡，其目的地为质膜。（A）为什么这可能会成为问题？（B）请提出细胞解决问题的可能方法。

问题 15-13

有一种特殊类型的果蝇突变体在温度升高时会瘫痪。该突变影响了动力蛋白的结构，使其在高温下失活。实际上，正是通过分析这些突变体果蝇的缺陷，才揭示出动力蛋白的功能。在升温时完全瘫痪表明神经和肌细胞间的突触转递（在第 12 章讨论）受阻。解释为什么突触处的信号传递需要动力蛋白。

问题 15-14

如果有必要，修改下列说法使其正确：“由于核定位序列在蛋白质进入核内后不会被蛋白酶切除，在有丝分裂后，当胞质溶胶蛋白和核蛋白混合在一起后，它们可以再被用于输入核蛋白。内质网信号序列则正好相反，一旦蛋白质进入内质网膜，内质网信号序列会立即被一种信号肽酶切除。所以在有丝分裂后胞质溶胶蛋白和内质网蛋白混合时，内质网信号序列不能再被用于输入内质网蛋白；这些内质网蛋白因此必须被降解并重新合成。”

问题 15-15

假设有这样一种蛋白质，其氨基端含有一个内质网信号序列，中间含有一个核定位序列，你认为这种蛋白质的命运会如何？请解释你的答案。

问题 15-16

请对比输入内质网的和输入细胞核内的蛋白质，至少列出两种机制上的主要区别，并推测为什么输入内质网的机制不能用于输入细胞核，反之亦然？

问题 15-17

在有丝分裂过程中核被膜会崩解，核内蛋白完全与胞质溶胶蛋白混合。这与图 15-3 所提出的演化图示一致吗？

问题 15-18

肝细胞在正常情况下会分泌一种可以抑制某些蛋白水解酶（蛋白酶）的蛋白质到血流中。某些患者携带有某种基因突变，使该抑制性蛋白质（抗胰蛋白酶）的一个氨基酸发生改变，最终导致患者的血液中缺失这种酶。抗胰蛋白酶缺陷症由于蛋白酶活性失控而产生多种严重的问题，特别在肺组织中。令人惊奇的是，在实验室内合成的这种突变体蛋白却可以像正常的抗胰酶蛋白一样具有抑制蛋白酶的活性。那么为什么该突变会引发疾病？请提出一种以上的可能性，并提出区分这几种可能性的方法。

问题 15-19

奥特内立姆（Outnalimb）博士因发现遗忘蛋白（forgettin）而成名。这种蛋白质主要在人类青少年的松果腺内合成，当听觉系统接收到像“请把垃圾拿出去”这样的话时，该蛋内质会引起选择性的短期反应迟钝和记忆丢失。她的假定是遗忘蛋白的羟基端有一能被 SRP 识别的疏水内质网信号序列，使其能以图 15-13 所示的机制转运穿过内质网膜。她预测该蛋白质会由松果腺细胞分泌到血液，由此发挥其破坏性的系统效应。如果你是基金委员会的成员，将要决定她是否能得到资助以开展进一步工作验证她的假定，请对她的申请书进行评论，请记住评审基金应该是有礼貌的和建设性的。

问题 15-20

请进一步思考图 15-3 中的演化图式，为高尔基的演化过程提出一种假说。请以简单的草图来说明你的想法。为使高尔基体有效发挥功能，还有哪些结构也必须演化？

问题 15-21

如果膜蛋白是通过内质网蛋白转运体（它本身就由膜蛋白构成）整合到内质网膜中，那么第一个蛋白质转运体是怎样整合到内质网膜中的？

问题 15-22

图 Q15-22 是图 15-20A 第三列上电镜照片的示意图。请为图中字母所示的结构标上名称。

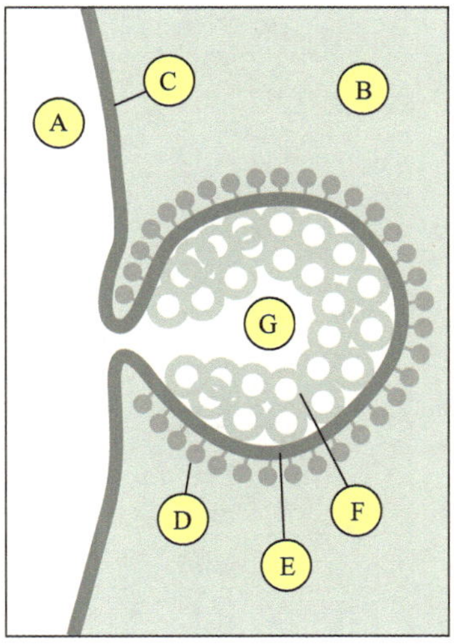

图 Q15-22

问题 15-23

如果没有足够的能量对要入核的蛋白进行转运，会发生什么情况？

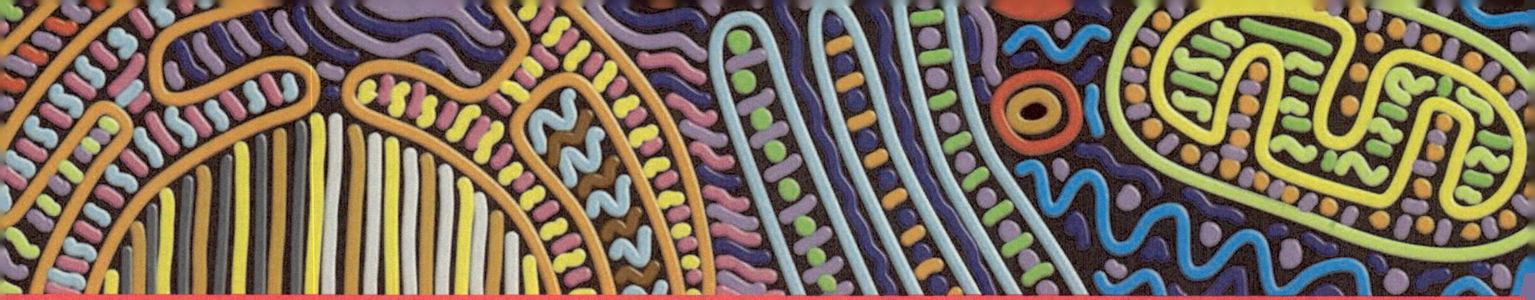

第 16 章　细胞信号转导

与多细胞生物一样，单个细胞也需要对它们的外界环境具有感觉和响应。一个自由生活的细胞，即使是一个低级的细菌，都必须能够追踪营养、分辨光亮和黑暗，以及躲避毒物和捕食者。如果这个细胞也有某种“社会生活”，它还必须能够和其他细胞进行通讯交流。例如，一个酵母细胞在准备接合时，它会分泌一种称为交配因子的小蛋白。其他异“性”酵母一旦检测到这种交配化学信号就会产生响应，即停止细胞周期并向释放出该信号的细胞移动（图 16-1）。

多细胞生物中的情况更加复杂。它们必须破译接收到的大量来自其他细胞的信号，从而协调自己的行为。例如，在动物发育期间，胚胎细胞交换着各种信号，以确定每个细胞应承担哪种特定角色，应占据动物的什么部位，是应存活、分裂还是死亡。随后的生命中，大量各式各样的信号协调着动物的生长和日常的生理与行为。同样，在植物中细胞间也在不停地交流。这种细胞与细胞之间的相互作用使植物能够协调自己的根、茎和叶中的各种事件。

本章中，我们会讨论细胞中一些最重要的发送信号和解读它们接收信号的机制。首先，我们会综述一下细胞信号转导的基本原则；然后我们会讨论动物细胞两种主要的用于接收和解读信号的系统。我们还会描述一些不同的信号转导机制，包括植物中的信号转导；最后，我们将讨论这些复杂的信号传递网络最终如何相互作用来控制复杂的行为。

细胞信号转导的基本原理

信息有着很多不同的形式，而通信经常要将携带信息的信号从一种形式转变成另一种。例如，当你通过移动电话接到来自你朋友的来电时，电话把在空气中传播的无线电信号转变成你能听到的声波。这种信息的转换过程称为**信号转导**（signal transduction）（图 16-2）。

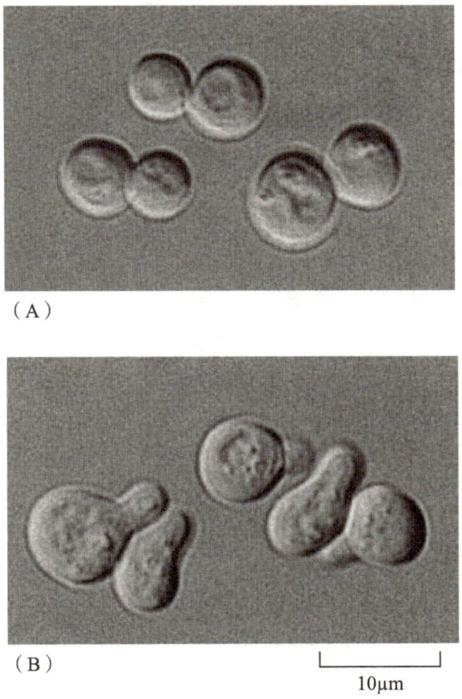

图 16-1　响应交配因子的酵母细胞。酿酒酵母细胞（*Saccharomyces cerevisiae*）正常为球形（A），但当接触来自附近酵母细胞产生的合适的交配因子时，它们就朝着因子的来源伸出一个突起（B）。（蒙 Michael Snyder 惠许。）

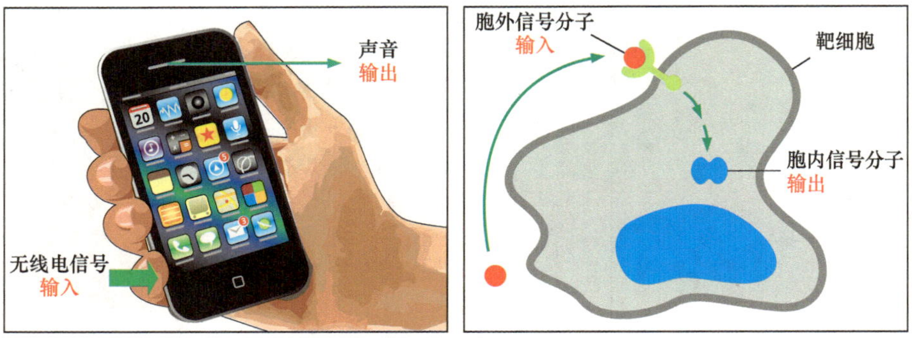

（A）　　（B）

图 16-2　信号转导是将一种类型的信号转变成另一种类型信号的过程。（A）移动电话接收无线电信号并将其转变成声音信号，发出信号时则正好相反；（B）一个靶细胞将胞外信号转换为胞内信号。

细胞之间传送的信号比人类日常交换的各种信息要简单得多。一个典型的细胞交流过程是发信号细胞（signaling cell）产生一种特殊类型的胞外信号分子（extracellular signal molecule），然后该信号被靶细胞（target cell）检测到。如同人类对话一样，绝大多数的动物细胞既可以发送也可以接收信号，因此它们即是发信号细胞又是靶细胞。

靶细胞具有受体（receptor）蛋白，可以特异地识别和响应信号分子。信号转导开始于靶细胞上的受体接收胞外信号，并随后将其转换为改变细胞行为的细胞内信号（intracellular signaling molecule）。本章大部分介绍的是信号的接收和传递，即细胞生物学家所谈论的**细胞信号转导**（cell signaling）。但首先我们来简单地看一下细胞间相互传送的几种不同的信号类型，以及当靶细胞接收到信号时会做出何种响应。

信号可以经过长程或短程起作用

首先，多细胞生物内的细胞利用数以百计的**胞外信号分子**相互交流。这些信号分子可以是蛋白质、肽、氨基酸、核苷酸、类固醇、脂肪酸衍生物，甚至还有可溶性气体，但这些信号分子只依赖为数不多的几种基本的通信方式来传递信息。

在多细胞生物中，最为普遍的细胞与细胞的通讯方式是把信号分子分泌到动物的血液或植物的汁液中，从而把信号传遍全身。以这种方式发挥作用的信号分子称为**激素**（hormone）。在动物中，产生激素的细胞称为内分泌（endocrine）细胞（图 16-3A）。例如，胰脏的一部分就是一个内分泌腺体，它可以产生几种激素，包括调控整个身体细胞摄取葡萄糖的胰岛素。

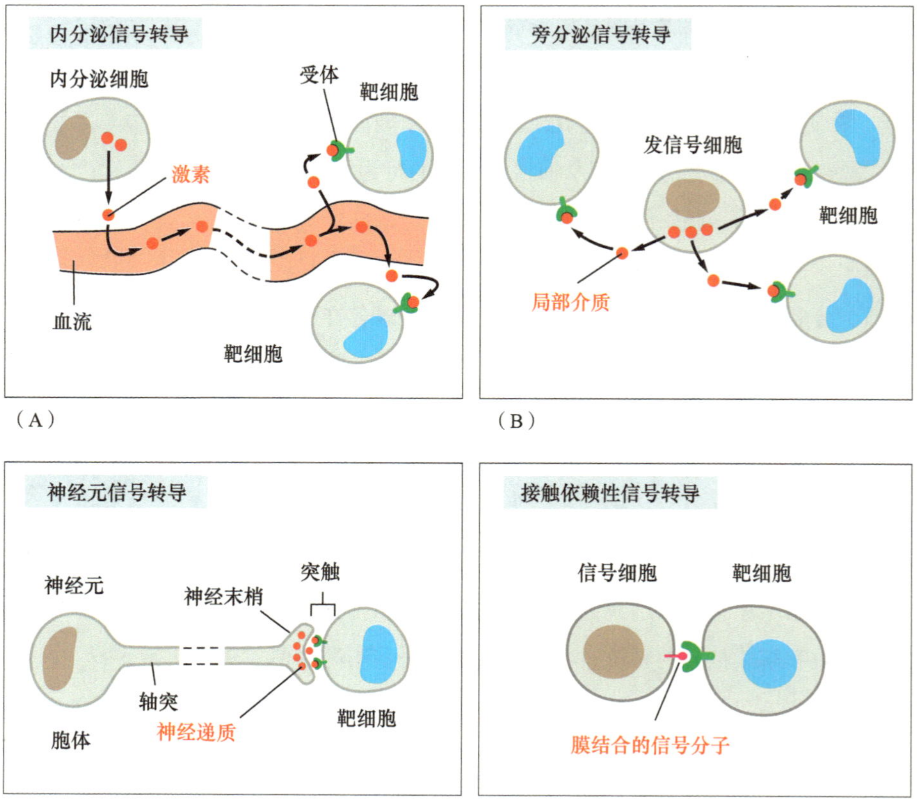

（A）　（B）　（C）　（D）

图 16-3　动物细胞利用细胞外信号分子以多种方式相互交流。（A）内分泌腺产生的激素分泌到血液中，并广泛分布于全身。（B）旁分泌信号由细胞释放到它们周围的细胞外液中，并在局部发挥作用。（C）神经元信号沿神经细胞轴突进行电传递。当该电信号到达神经末梢时，它会使神经递质释放给邻近的靶细胞。（D）在接触依赖性信号传递中，一个细胞表面结合的信号分子与相邻细胞上的受体蛋白结合。许多相同类型的信号分子被用于内分泌、旁分泌和神经元信号传递。它们关键的区别在于信号传送到目标的速度和选择性。

第二种通讯类型被称为*旁分泌信号转导*（paracrine signaling），这个过程有些不太被大家熟悉。在此过程中信号分子并不是进入血液，而是通过细胞外介质进行局域性的扩散，并停留在分泌这些信号分子的细胞周围，因此只对附近的细胞发挥**局部介质**（local mediator）的作用（图 16-3B）。调节感染部位炎症反应或调节伤口愈合过程中细胞增殖的许多信号分子就以这种方式行使其功能。在一些情况下，细胞也可以响应它们自己所分泌的局部介质。这种形式的旁分泌交流称为*自分泌信号转导*（autocrine signaling）。肿瘤细胞有时候就是通过这种方式促进自己的存活和增殖。

第三种通讯类型是*神经元信号转导*（neuronal signaling）。和内分泌细胞一样，神经细胞（神经元）可以长距离传递信息。但在神经信号转导中，信息不是广泛传播的，而是通过专用的路线迅速而特异地把信号传送到靶细胞。正如第 12 章所述，神经元的轴突可以终止于远离神经细胞体的靶细胞特定连接处（*突触*，synapse）（图 16-3C）。例如，成人中从脊髓伸展到大脚趾的轴突长度可以超过 1m。当被来自环境或其他神经细胞的信号激活时，神经元以 100m/s 的速度把电脉冲沿着轴突传送出去。一旦到达轴突终端，这些电信号就转变为一种化学形式：每个电脉冲都会刺激神经元终端释放出一种称为**神经递质**（neurotransmitter）的胞外信号分子。神经递质然后扩散通过狭窄的轴突末端膜和靶细胞膜之间的间隙（< 100nm），在不到 1ms 的时间内到达其目的地。

第四种信号通讯类型是物理接触，它距离最短、最为直接，细胞不需要释放分泌分子。该接触是由发信号细胞质膜上的信号分子与靶细胞膜上的受体分子的结合而实现的（图 16-3D）。例如，在胚胎发育过程中，这种*接触依赖性信号转导*（contact-dependent signaling）使那些最初彼此类似的毗邻细胞特化成不同类型的细胞，我们将在本章后面对这些进行讨论。

为了更好地理解这几种不同的信号转导方式，可以想象一下在给一场富有刺激性的演讲、音乐会或足球比赛做宣传时，内分泌信号会倾向于通过无线电台来广播这个消息，更局部化的旁分泌信号相当于在舞台附近选定的布告栏上张贴传单，自分泌信号转导就好像你给自己的个人日程表上添加一个日程提示。

长距离个性化的神经信号类似于一个电话、一个短信或是一封电子邮件，接触依赖性信号转导则更像一种传统的面对面交流。

表 16-1 列举了某些激素、局部介质、神经递质和接

表 16-1　信号分子的一些例子

信号分子	起源部位	化学本质	部分作用
激素			
肾上腺素	肾上腺	酪氨酸衍生物	增加血压、提高心率以及增强新陈代谢
皮质醇	肾上腺	类固醇（胆固醇衍生物）	影响大部分组织中的蛋白质、糖类和脂类的新陈代谢
雌二醇	卵巢	类固醇（胆固醇衍生物）	诱发并维持女性第二性征
胰岛素	胰腺中的 β 细胞	蛋白质	刺激多种细胞的葡萄糖吸收以及蛋白质和脂质的合成
睾酮	睾丸	类固醇（胆固醇衍生物）	诱发并维持男性第二性征
甲状腺素	甲状腺	酪氨酸衍生物	刺激多种细胞的新陈代谢
局部介质			
表皮生长因子（EGF）	各种细胞	蛋白质	刺激表皮和许多其他类型细胞的增殖
血小板源生长因子（PDGF）	各种细胞，包括血小板	蛋白质	刺激多种细胞的增殖
神经生长因子（NGF）	各种神经支配组织	蛋白质	促进某些种类的神经元存活和它们轴突的生长
组胺	肥大细胞	组氨酸衍生物	导致血管扩张渗漏，有助于引起炎症反应
一氧化氮（NO）	神经细胞；血管内皮细胞	可溶性气体	导致平滑肌细胞松弛；调节神经细胞活性
神经递质			
乙酰胆碱	神经末梢	胆碱衍生物	在许多神经肌肉突触间以及中枢神经系统中作为兴奋性神经递质
γ-氨基丁酸（GABA）	神经末梢	谷氨酸衍生物	在中枢神经系统中作为抑制性神经递质
接触依赖性信号分子			
Delta	潜在的神经细胞及各种其他正在发育的细胞	跨膜蛋白	抑制毗邻细胞以与发信号细胞相同的方式变成特化细胞

触依赖性信号分子的例子。其中几种分子的作用将在本章后面进行更详细地讨论。

有限的胞外信号可产生极为丰富的细胞行为

在多细胞机体内，一个典型的细胞会接触到其环境中数以百计的不同信号分子。这些分子或者游离在胞外液体中，或者是附着在很多细胞所驻留的胞外基质中，或者结合在相邻细胞的表面上。每一个细胞必须根据自己特定的功能，从这些混合的信号中忽略一些信号，高度特异性地选择某些信号并做出反应。

一个细胞是否会响应一个信号分子，首先取决于细胞是否具有该信号的**受体**（receptor）。通常，每一种受体只能被唯一一种信号所激活。如果没有适当的受体，细胞对于信号就如同失聪般无法响应。

胞外信号分子依据与它们相互作用的受体类型可被分为两类。第一类也是最大的一类信号分子由于体积太大或亲水性太强而难以穿过细胞膜进入靶细胞，这种信号分子依赖于靶细胞表面的受体将信号跨膜传至细胞内（图 16-4A）。第二类信号分子由于体积小或疏水性强，可以穿过细胞膜进入靶细胞的胞质溶胶，在那里与胞内的受体蛋白结合（图 16-4B）。这里我们主要关注通过细胞表面受体的信号传递，但在本章后面我们也会简短介绍胞内受体介导的信号传递。

尽管有几千种可能的受体，但一个细胞只表达有限的几种受体，从而限制了可对其产生影响的信号种类。当

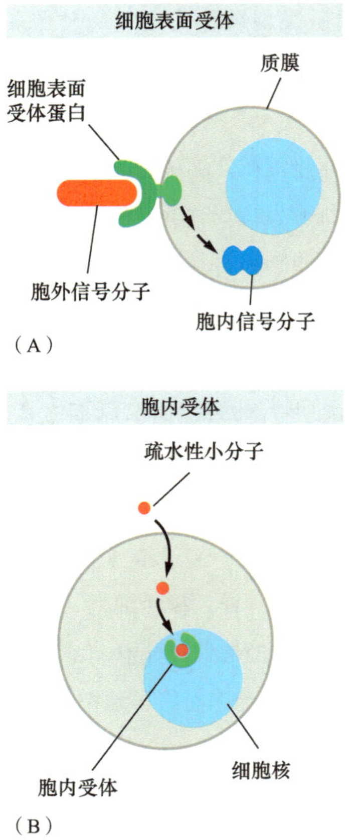

图 16-4　胞外信号分子与细胞表面受体或胞内受体结合。（A）大多数胞外信号分子是亲水性的大分子，因此不能直接穿过质膜；相反，它们与细胞表面受体结合，进而在靶细胞内产生一个或多个胞内信号分子。（B）一些疏水性的胞外小信号分子可以穿过靶细胞的质膜，与胞质溶胶或细胞核中胞内受体结合（如图所示），继而调控基因转录或其他功能。

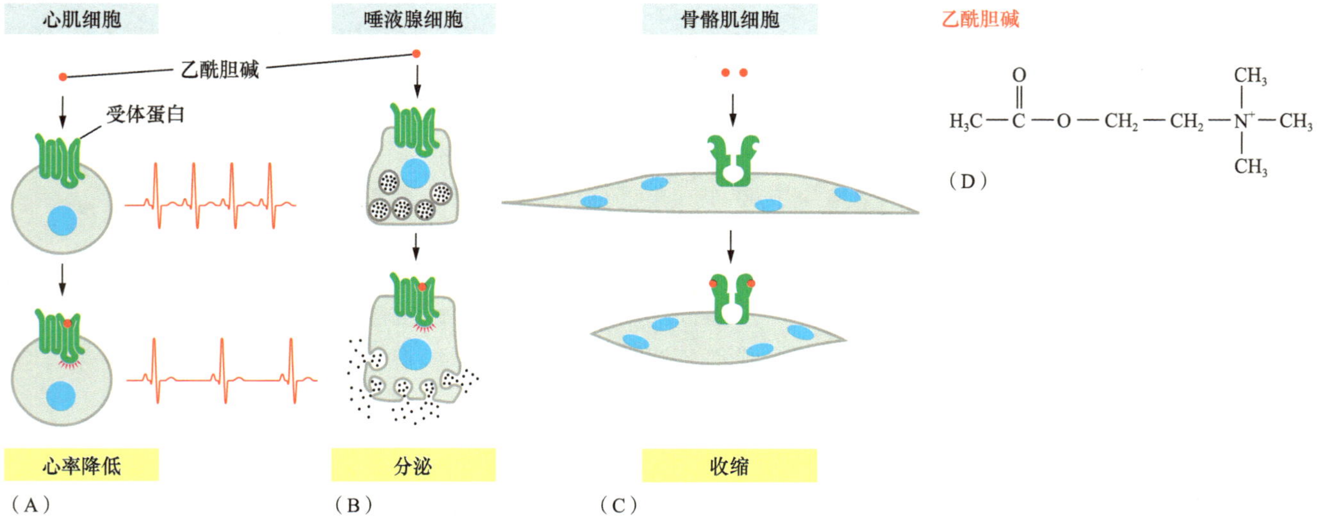

图 16-5　同一种信号分子能诱导不同靶细胞的不同反应。不同类型的细胞会对神经递质乙酰胆碱做出不同的反应。乙酰胆碱在心肌细胞（A）和唾液腺细胞（B）中会结合类似的受体蛋白，但在每种细胞中激发的反应不同。骨骼肌细胞（C）对应于该信号，产生了一个不同类型的受体蛋白。（D）乙酰胆碱虽然具有多种功能，但分子的化学结构却相当简单。

然，即使这有限的几种胞外信号分子也可以改变靶细胞很多方面的行为，如改变细胞的形状、移动、代谢、基因表达，或同时改变上述几种。细胞会对信号作出何种反应取决于细胞表面受体所产生的胞内信号分子以及这些分子如何改变效应蛋白（effector protein）的活性，这些效应蛋白会对靶细胞的行为产生直接的影响。这种胞内传递系统和它所作用的胞内靶分子因细胞类型的不同而有很大差异。所以，不同类型的细胞对同一信号的反应有不同的方式。例如，在接触神经递质**乙酰胆碱**（acetylcholine）时，心脏起搏细胞的收缩频率会降低，而唾液腺细胞则会分泌唾液，尽管这两种细胞的受体是一样的。在骨骼肌中，乙酰胆碱会结合一种不同的受体蛋白，造成肌肉细胞收缩（图 16-5）。因此，单独的胞外信号分子本身并不是信息：信号所传递的信息依赖于靶细胞如何接收和解读该信号。

一个典型的细胞具有很多种类的受体，每种受体都有几十、上百甚至数千个拷贝。这种多样性使细胞可以同时检测到多种不同的胞外信号，而且通过对这相对少量的信号分子进行不同的组合，可以对整个细胞行为进行精细而复杂的控制。这些信号的组合所能激起的反应，并不是每一个信号各自所能激起的反应的简单相加。我们稍后会讨论到，之所以能发生这种“定制”的反应，部分原因是细胞内传递系统是被不同信号的相互作用所激活，所以一个信号的存在通常会改变另一个信号的反应。一种信号的组合可能使细胞得以存活，一种组合可能会使细胞以某种特定的方式进行分化，而另一种组合则可引起细胞分裂。在缺乏合适信号的情况下，大部分的动物细胞会程序性地自杀（图 16-6）。

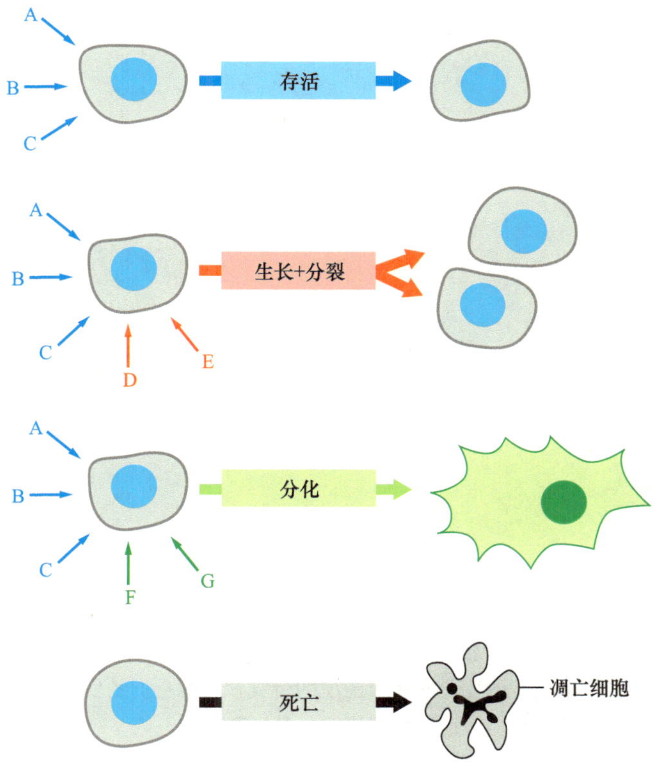

图 16-6　动物细胞依赖于多种胞外信号。每种细胞类型各自具有自己的一套受体蛋白，使其能够响应其他细胞产生的一套特定的胞外信号分子。这些信号分子组合型地发挥作用来调节细胞的行为。如图所示，细胞存活可能需要多个信号（蓝色箭头），生长和分裂需要另外的信号（红色箭头），分化则需要其他信号（绿色箭头）。如果去除必需的生存信号，大多数细胞会通过自杀而死亡，称为凋亡（在第 18 章讨论）。

细胞对信号的响应可快可慢

细胞响应胞外信号所需时间的长短有很大不同，这取决于一旦接收信息接着需要做什么。一些胞外信号动作迅速：乙酰胆碱可在几毫秒内刺激骨骼肌的收缩，可以在 1min 内刺激唾液腺的分泌。这种响应之所以如此快速，是因为在这些情况下，信号下游的蛋白质早已存在于靶细胞中，一直在等待着信号的到来。

其他的响应需要多花一点时间。当被合适的信号分子所激发，细胞生长和细胞分裂需要数小时来执行。这是因为对于这些胞外信号的响应需要在基因表达上有所改变，并产生新的蛋白质（图 16-7）。我们在本章后面会接触到更多有关快响应、慢响应以及刺激它们的信号分子的例子。

细胞表面受体经胞内信号转导通路传递胞外信号

大多数胞外信号分子是蛋白质、肽或亲水性小分子，可以结合在细胞表面的跨膜受体蛋白上（参见图 16-4A）。这些跨膜受体检测到胞外的信号，并以一种新的形式将信息跨膜传递到细胞内部。

受体蛋白执行信号转导的首个步骤：识别胞外信号，并产生新的胞内信号作为响应（参见图 16-2B）。产生胞内信号传递的过程往往像一场分子接力赛，信息往“下游”传递，从一个细胞内信号分子传送到另一个，每个信号分子都激活或产生信号通路中的下一个信号分子，直至代谢酶被激活、细胞骨架发生调整而产生新的结构，或是启动或关闭一个基因的表达，而最终的结果被称为细胞的响应（图 16-8）。

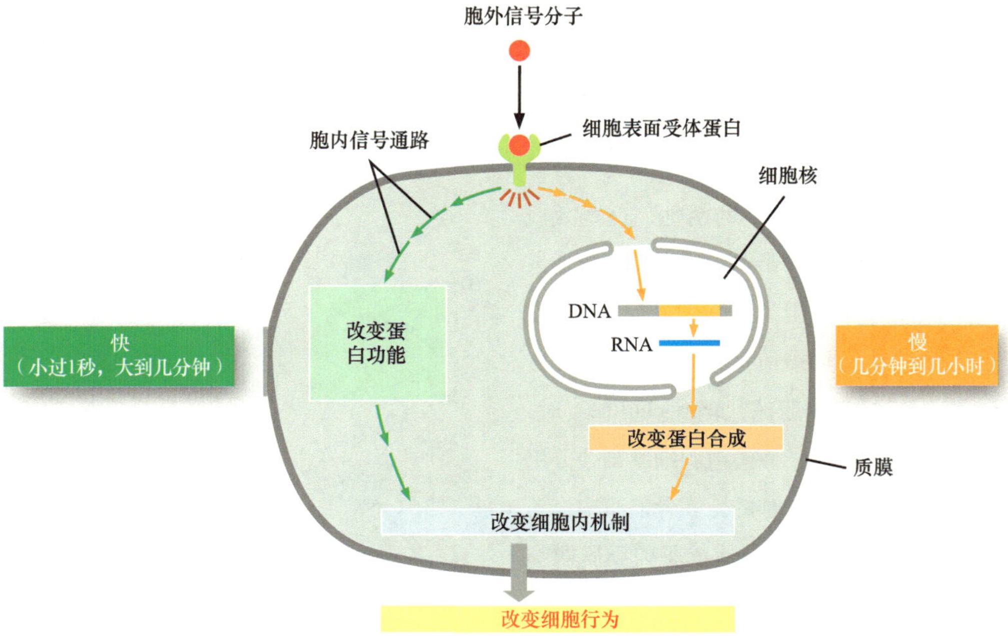

图 16-7 **细胞外信号可以缓慢或迅速地发挥作用。**某些类型的细胞响应，如细胞分化或细胞生长和分裂的增加（参见图 16-6），涉及基因表达的变化和新蛋白质的合成，因此它们的发生相对较慢。其他反应，如细胞运动、分泌或新陈代谢的变化，不需要基因表达的变化，因此发生得更快（参见图 16-5）。

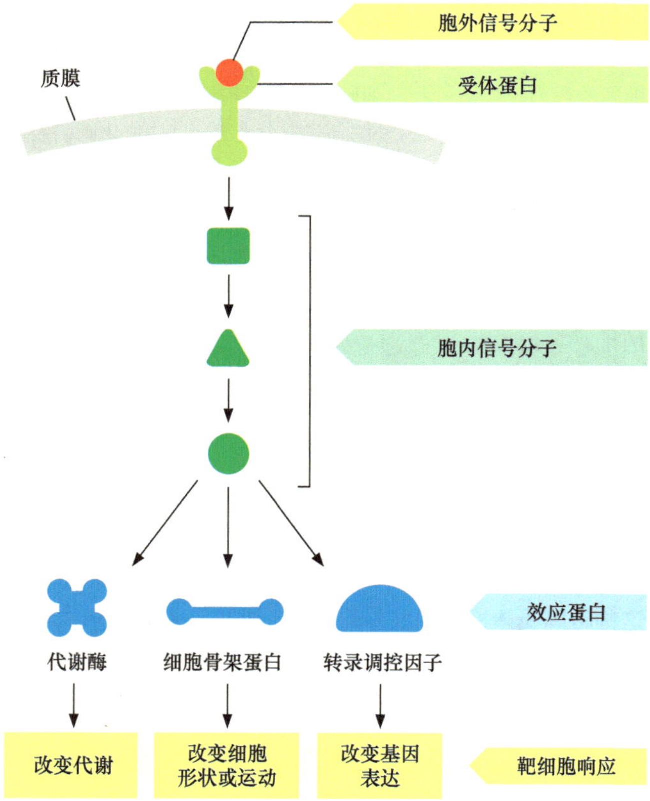

图 16-8 **许多胞外信号通过激活胞内信号通路来改变靶细胞的行为。**一个细胞表面的受体蛋白激活一条或多条胞内信号转导通路。每条通路都被一系列的胞内信号分子所介导。这些分子可以是蛋白质或是小信使分子。这里只展示了一条通路。最终信号分子与特定的*效应蛋白*（effector）相互作用并改变这些蛋白质，进而在多个方面改变细胞的行为。

这些**胞内信号传递通路**（inracellular signaling pathway）的各个蛋白质会执行一个或多个关键的功能（图 16-9）：

1. 它们可以简单地往前*传递*（relay）信号，因此有助于把信号在细胞中的传递。

2. 它们可以*放大*（amplify）接收到的信号，使其增强，所以少数几个胞外信号分子足以激起一个巨大的胞内反应。

3. 它们可以检测到来自多条胞内信号传递通路的信号，将这些信号*整合*（integrate）成一个信号并继续往前传递。

4. 它们可以将信号分流给多个效应蛋白，形成信息流程图中的分支，激起一个复杂的反应。

5. 它们可以通过调控信号通路上游组分的活性来调节对信号的响应，此过程称为*反馈*（feedback）。

反馈调控虽然是上述列表的最后一条，但它其实是细胞信号转导非常重要的特征。它可以在信号转导的任何位置发生，可以促进或者抑制信号的响应。在正反馈中，位于通路下游的组分作用于该通路更上游的组分来增强对初始信号的响应。在负反馈中，下游组分作用于通路上游的组分来减弱对初始信号的响应（图 16-10）。这种反馈调控在生物系统中很常见，可以形成非常复杂的响应。例如，正反馈可以产生全或无、类似开关的响应，而负反馈可以

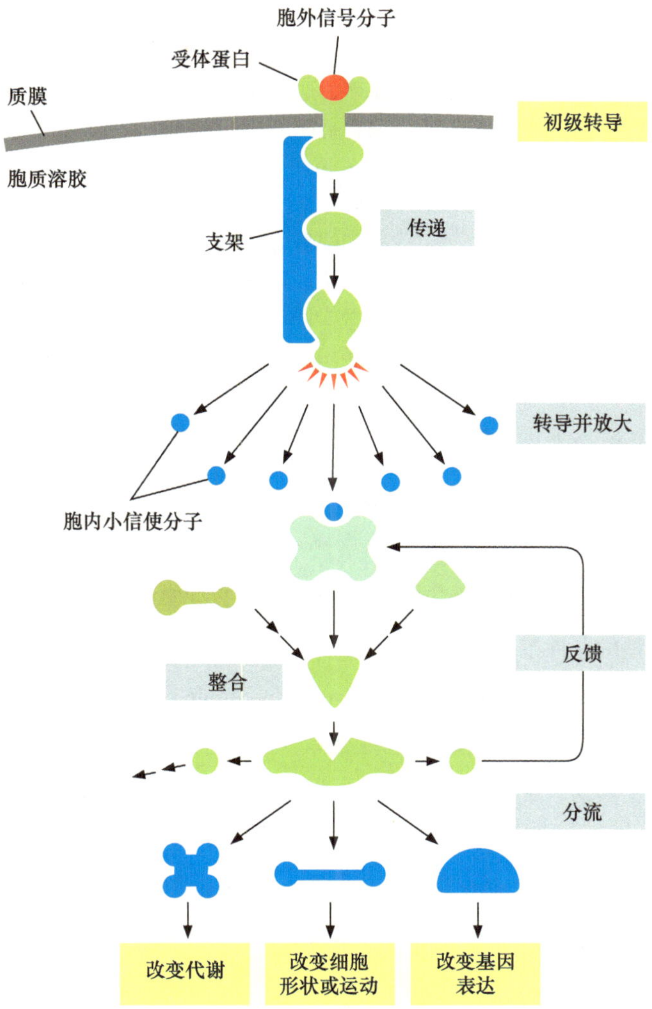

图 16-9 **胞内信号蛋白可以通过反馈来传递、放大、整合、分流和调控输入的信号。**在本例子中，一个位于细胞表面的受体蛋白可以将胞外信号转导为胞内信号，后者通过启动一条或多条胞内信号传递通路将信号传到细胞内部。每条通路都包括可以通过一种或多种方式发挥作用的胞内信号传递蛋白，如图所示。例如，一些蛋白质可以整合来自其他胞内通路的信号。信号传递过程中的许多步骤可以被细胞内其他的分子或是事件反馈调控。注意，该通路中的一些蛋白质可能被支架蛋白紧密地结合在一起，从而使它们能够在细胞特定的位置更快速、更有效和更特异地活化（在第 4 章讨论，见图 4-52）。我们在本章的后面会论述胞内小信使分子（更常被称为第二信使分子）的产生和功能。

使细胞的响应随着抑制性组分的浓度或活性的上升和下降而产生振荡式的开或关。

一些胞内信号转导蛋白起着分子开关的作用

许多胞内信号转导蛋白的作用是**分子开关**（molecular switch）：接收一个信号导致它们从非活性状态切换到活性状态。一旦活化，这些蛋白质会激活或在某些情况下抑制信号转导通路上的其他蛋白质。它们会一直持续保持激活态，直到其他一些过程将它们再次关闭。

关闭过程的重要性常常不受重视。想象一下，如果一条增加你心率的信号通路无限期保持活化，会有什么后果。一条信号通路，在传递一个信号后，要得以恢复并使自己准备好传递下一个信号，该通路每一个激活的蛋白质都必须重新被重置，回到原来未被激活的状态。因此，该通路的每一个激活步骤，都存在一种失活的机制。激活和失活对信号系统的功能同等重要。

作为分子开关的蛋白质几乎都属于以下两类蛋白之一。第一类也是最大的一类开关蛋白，其激活和失活是受磷酸化控制。这种化学修饰在第 4 章有所讨论（参见图 4-46）。**蛋白激酶**（protein kinase）把一个磷酸基团加到这些开关蛋白上，使开关朝向一个方向。**蛋白磷酸酶**（protein phosphatase）把磷酸基团去除，从而使开关转向另一个方向（图 16-11A）。任何受磷酸化调控的蛋白质在每时每刻的活性都取决于它的激酶和磷酸酶的活性平衡。

许多受磷酸化控制的开关蛋白本身就是蛋白激酶，它们经常会形成磷酸化级联反应（phosphorylation cascade）：在一个通路中，一个由磷酸化激活的蛋白激酶通过磷酸化下一个蛋白激酶，如此继续，不仅向前传送信号，还对信号进行放大、分流和调控。在胞内信号转导通路中主要有两类这样的蛋白激酶。最广泛的是**丝氨酸/苏氨酸激酶**（serine/threonine kinase），正如其名字所示，它磷酸化蛋

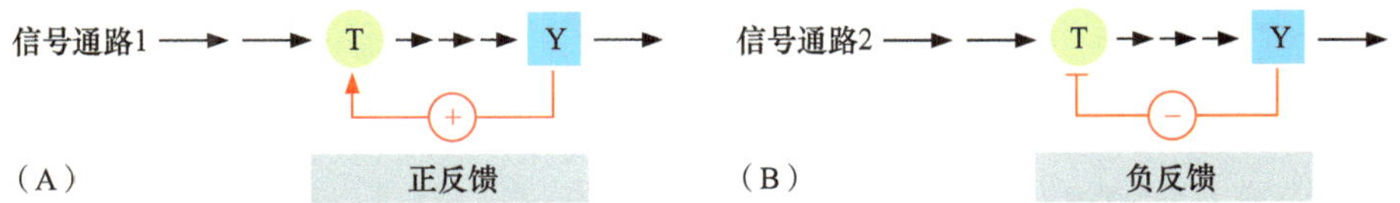

图 16-10 **胞内信号传递通路的反馈调控可以调节细胞对胞外信号的响应。**（A）在这个简单的例子中，信号通路的下游蛋白 Y 提高了它的激活蛋白的活性，形成了一个正反馈。正反馈可以引起暴发式的响应，如激活驱动细胞分裂的蛋白质（将在第 18 章中讨论）。（B）在这个负反馈的简单例子中，蛋白质 Y 抑制它的激活蛋白。负反馈环路可以产生振荡，这与捕食者和猎物种群的上下波动类似：猎物增加（此处对应蛋白 T）会导致捕食者（蛋白 Y）的增加；当捕食者增加时，猎物的数量就会下降（通过负反馈），最终会导致捕食者种群下降。当捕食者消失时，猎物的种群会很快恢复并倍增，为更多的捕食者提供食物，如此反复循环。

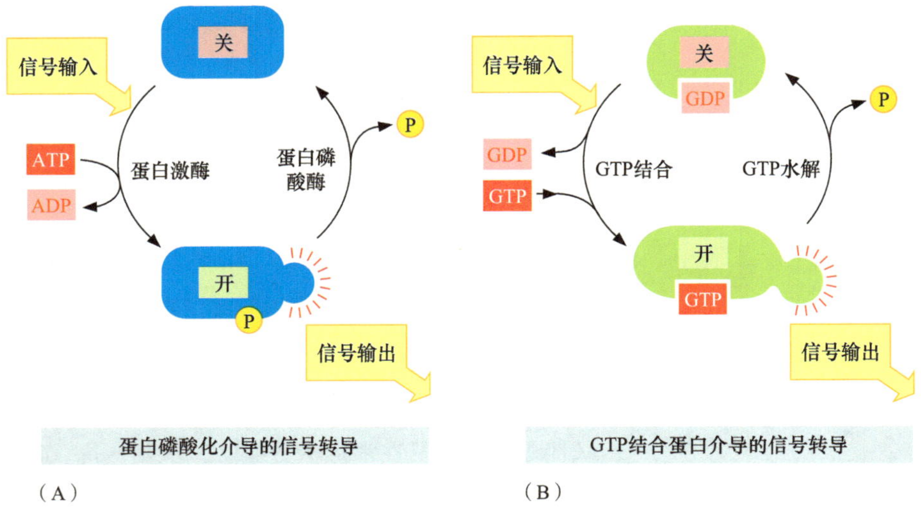

图 16-11　许多胞内信号转导蛋白是分子开关。通过添加或去除一个磷酸基团，这些蛋白质可以被激活或者在某些情况下也会被抑制。(A) 在一类开关蛋白中，蛋白激酶把 ATP 末端的磷酸基团转移至该开关蛋白，从而将磷酸基团以共价键的形式添加到该蛋白质上。磷酸基团随后再由蛋白磷酸酶去除。(B) 另一类开关蛋白中，GTP 结合蛋白是通过把所结合的 GDP 交换为 GTP 而被活化，这在某种意义上把磷酸基团加到了该蛋白质上。该蛋白质随后将结合的 GTP 水解为 GDP，从而使自身失活。

白质上的丝氨酸或苏氨酸；另一类是**酪氨酸激酶**（tyrosine kinase），它磷酸化蛋白质上的酪氨酸。

另一类参与胞内信号转导通路的开关蛋白是 **GTP 结合蛋白**（GTP-binding protein）。这些蛋白质的激活或失活取决于它结合的是 GTP 还是 GDP（图 16-11B）。在结合 GTP 而被激活后，这些蛋白质就具有了内在的 GTP 水解（GTP 酶，GTPase）活性。在将其结合的 GTP 水解成 GDP 后，蛋白质本身也被失活。

有两种主要的 GTP 结合蛋白参与了胞内信号的传递过程。第一种是大的 GTP 结合蛋白三聚体（trimeric GTP-binding protein，也称为 G 蛋白），它们从 G 蛋白偶联受体（G-protein-coupled receptor）接收信息并继续向下传递。我们稍后会详细讨论这类主要的 GTP 结合蛋白。

另一类表面受体依赖于第二类 GTP 结合蛋白，即一种单体小 GTP 酶（monomeric GTPase），来传递信号。这种开关蛋白结合和水解 GTP 需要大概两类调节蛋白的辅助：鸟苷酸交换因子（guanine nucleotid exchange factor，GEF）通过促进 GDP 交换成 GTP 而激活开关蛋白；GTP 酶激活蛋白（GTPase-activating protein，GAP）通过促进 GTP 水解来关掉开关（图 16-12）。

细胞表面受体主要分为三类

所有的细胞表面受体蛋白都可以结合一种胞外信号分子，将其信息转导到一个或多个胞内信号传递分子上，从而改变细胞的行为。根据所使用的转导机制不同，这些受体可以分成三大家族。

1. 离子通道偶联受体（ion-channel coupled receptor）改变质膜对特定离子的通透性，从而改变膜的势能并在合适的条件下产生电流（图 16-13A）。

2. G 蛋白偶联受体（G-protein-coupled receptor）激活膜结合的 GTP 结合蛋白三聚体（G 蛋白），后者再在质膜上激活（或抑制）一种酶或离子通道，起始胞内信号传递级联反应（图 16-13B）。

3. 酶联受体（enzyme-coupled receptor）或者自身具有酶活性，或与细胞内的酶结合（图 16-13C）。当被激活后，它会活化大量的胞内信号传递通路。

这三大家族受体的每个家族中不同类型的受体的总数甚至比作用于它们的胞外信号的总数还要多，这是因为许多胞外信号分子可以结合不止一种类型的受体，而且这些受体可能属于不同的受体家族。例如，神经递质乙酰胆碱通过离子通道偶联受体作用于骨骼肌细胞，而通过 G 蛋白偶联受体作用于心肌细胞。这两类受体产生不同的细

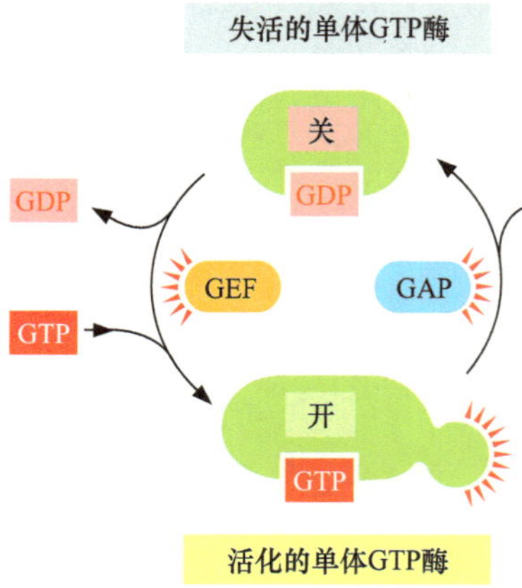

图 16-12　单体 GTP 酶的活性受两种调控蛋白的控制。鸟苷酸交换因子（GEF）促使 GDP 交换为 GTP，从而将蛋白质激活。GTP 酶激活蛋白（GAP）促使 GTP 水解为 GDP，从而使蛋白质失活。

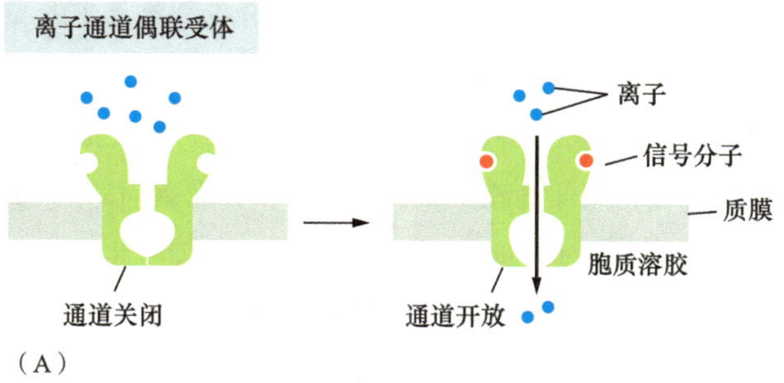

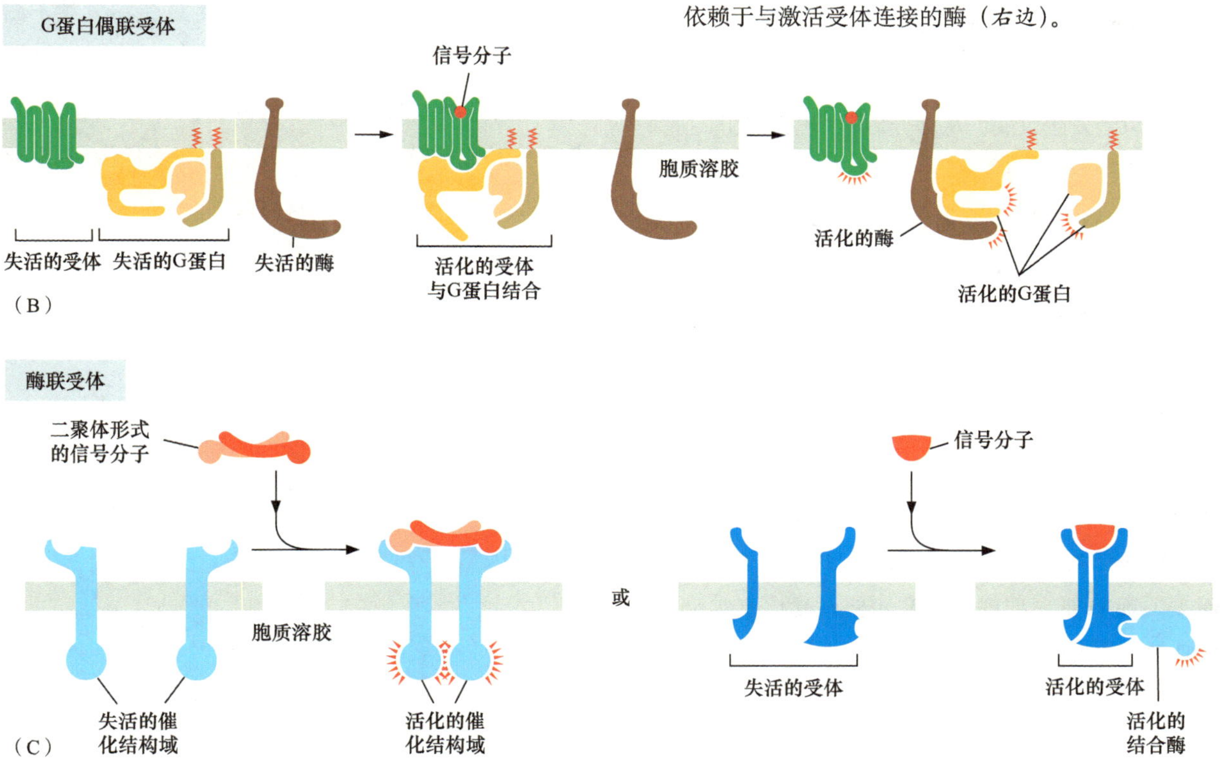

图 16-13　细胞表面受体主要分为三大家族。（A）离子通道偶联受体通过响应胞外信号分子结合而开放。这些通道又称为递质门控离子通道。（B）当 G 蛋白偶联受体与胞外配体结合时，激活的受体将信号传递至质膜另一侧的 G 蛋白，后者随后会激活（或抑制）同一质膜上的一种酶（或离子通道。未显示）。为了简化起见，G 蛋白此处以单独一个分子来表示，正如我们所知道的，事实上它是由三个亚基构成的一个复合物。（C）当酶联受体与胞外配体结合后，酶的活性在受体另一端被激活。许多酶联受体都有自己的酶活性（*左边*），而其他酶联受体则依赖于与激活受体连接的酶（*右边*）。

胞内信号，因而使这两类肌细胞对乙酰胆碱发生不同的反应，骨骼肌的收缩会提高，而心脏收缩的频率会降低（参见图 16-5A 和 C）。

细胞表面受体的过剩也为很多干扰我们生理功能的外源物质提供了结合靶点，包括海洛因、尼古丁、镇静剂和辣椒粉等。这些物质会阻断或者过度激活受体的天然活性。许多药物和毒素是以这种方式发挥作用的（表 16-2）。大部分制药工业都致力于合成那些通过结合某种特定类型的细胞表面受体而能发挥明确效用的药物。

表 16-2　一些作用于细胞表面受体的外源物质

物质	正常信号	受体响应	效果
巴比妥类和苯二氮平类药物（安定和安必恩）	γ-氨基丁酸（GABA）	刺激 GABA 活化的离子通道偶联受体	缓解焦虑，镇静作用
尼古丁	乙酰胆碱	刺激乙酰胆碱活化的离子通道偶联受体	收缩血管，升高血压
吗啡和海洛因	内啡肽和脑啡肽	刺激 G 蛋白偶联的鸦片受体	痛觉缺失（止痛），精神陶醉
箭毒	乙酰胆碱	阻断乙酰胆碱活化的离子通道偶联受体	阻断神经肌肉传递，导致麻痹
士的宁	甘氨酸	阻断甘氨酸活化的离子通道偶联受体	阻断脊髓和大脑中的抑制性突触，导致癫痫和肌肉痉挛
辣椒素	热	激活温度敏感的离子通道偶联受体	产生痛觉以及灼烧感，长时间接触痛觉反而会缓解
薄荷醇	凉	激活温度敏感的离子通道偶联受体	适量情况下产生凉感；高剂量产生灼烧痛感

与离子通道偶联的受体把化学信号转变成电信号

在所有类型的细胞表面受体中，**离子通道偶联受体**（ion-channel-coupled receptor，也称为递质门控离子通道）行使功能的方式最为简单和直接。正如第 12 章所述，这些受体在神经系统中负责将信号快速地跨突触传递。它们把分泌到靶细胞的神经递质分子的脉冲形式化学信号直接转变为电信号，表现为跨靶细胞质膜电位差的改变（参见图 12-41）。当神经递质与靶细胞表面的离子通道偶联受体结合后，受体构象会发生改变，从而开启靶细胞膜上的通道，使特定的离子如 Na^+、K^+、Ca^{2+} 等通过（参见图 16-13A 和视频 16.1）。这些离子直接受电化学梯度的驱动，快速地涌入或涌出细胞，可以在几毫秒内改变膜电位。这种电位变化可以触发神经冲动，或者使得其他神经递质更容易（或更难）地触发神经冲动。正如我们后面要讨论的，Ca^{2+} 通道的开启还具有其他重要的作用，因为靶细胞胞质溶胶内 Ca^{2+} 浓度的改变可极大地改变许多 Ca^{2+} 响应蛋白的活性。

离子通道偶联受体对神经细胞及其他电兴奋细胞如肌细胞特别重要，而 G 蛋白偶联受体和酶偶联受体事实上对身体的每种细胞都很重要。本章其余的大部分都会用来描述这两类受体家族和它们的信号转导过程。

G 蛋白偶联受体

G 蛋白偶联受体（G-protein-coupled receptor，GPCR）是细胞表面受体的最大家族。在人类中有超过 700 种 G 蛋白偶联受体，在小鼠中仅仅涉及嗅觉的就约有 1000 种。这些受体所结合的胞外信号分子极为多样化，包括激素、局部介质、神经递质等。这些与 GPCR 结合的信号分子的结构也像它们的功能一样变化多端，这些胞外信号分子可以是蛋白质、小肽、氨基酸或脂肪酸的衍生物。对于每一种信号分子，都存在着一个或一套不同的受体。因为 GPCR 参与的细胞进程如此多样化，所以它们是一个极具吸引力的靶点，用于研发治疗多种疾病的药物。现今所使用的药物中有大概 1/3 是通过 GPCR 发挥作用。

尽管与它们结合的信号分子多种多样，但所有的 GPCR 都具有相似的结构，即由一条多肽链 7 次跨脂双层膜而形成（图 16-14）。这个 GPCR 超家族包括视紫红质（脊椎动物眼中的光激活受体蛋白）和脊椎动物鼻中的嗅觉受体，以及参与单细胞生物酵母交配步骤的受体（参见图 16-1）。从演化上讲，GPCR 也非常古老，甚至原核生物也具有结构类似的膜蛋白，例如，作为光驱动的 H^+ 泵的细菌视紫红质（参见图 11-28）。尽管这些原核生物蛋白与真核生物的 GPCR 很像，但这些蛋白质并不通过 G 蛋白发挥作用，而是和其他信号转导系统偶联。

本节我们会从讨论 GPCR 如何激活 G 蛋白开始，然后会讨论活化的 G 蛋白如何激活离子通道，以及它们如何通过调控结合在膜上的酶来控制胞内信使小分子如 cAMP 及 Ca^{2+} 等的浓度，这些信号分子反过来会控制一些重要信号传递蛋白的活性。最后，我们会讨论我们眼睛感光细胞中的光激活 GPCR 如何使我们能看见东西。

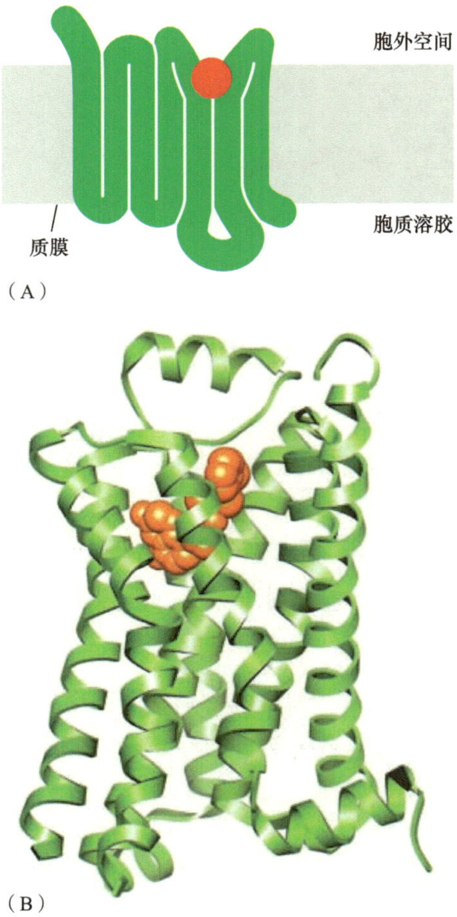

图 16-14 所有的 G 蛋白偶联受体都具有相似的结构。多肽链以 α 螺旋的形式 7 次跨膜。受体的胞质部分在细胞内结合 G 蛋白。（A）对于识别乙酰胆碱、肾上腺素等小信号分子的受体，配体（红色）通常会深深地结合在其位于膜平面内的、由几个跨膜片段形成的口袋中。而识别蛋白质信号分子的受体通常会具有一个巨大的胞外结构，该结构与一些跨膜片段共同作用来结合蛋白质配体（未显示）。（B）图中显示的结构是一个与乙酰胆碱（红色）结合的 GPCR。肾上腺素对该受体的刺激会使心跳加快。

刺激 GPCR 会激活 G 蛋白亚基

当一个 GPCR 与胞外单个信号分子结合时，该受体蛋白会发生构象的改变，使其能够激活位于质膜另一侧的 **G 蛋白**（G protein）。为了解释这一激活如何传递信息，我们必须首先来了解一下 G 蛋白如何构建以及如何行使其功能。

G 蛋白有多种形式，每种都特异地作用于一组特定的受体和一组特定的靶酶或质膜上的离子通道。然而，所有这些 G 蛋白的结构都大致类似并以相似的方式发挥作用。G 蛋白由三个蛋白亚基 α、β 和 γ 组成。它们中的两个被短的脂质尾拴在质膜上。在未受刺激的状态下，α 亚基与 GDP 结合，G 蛋白处于静默（图 16-15A）。当一个细胞外配体与其受体结合后，构象改变的受体降低了 α 亚基与 GDP 的亲和力并随后与 GTP 结合，从而激活了 G 蛋白。在某些情况下，这种激活会解散 G 蛋白复合物，从而使得激活的 α 亚基与其结合的 GTP 一起和 βγ 复合物分开，而 βγ 复合物也被激活（图 16-15B）。G 蛋白的这两个激活部分即 α 亚基和 βγ 复合物随后可以直接与质膜上的靶蛋白相互作用，从而把信号传递到细胞中的其他目的地。这些靶蛋白与 α 亚基或 βγ 复合物结合得越久，信号传递的时间就会持续得越长。

α 亚基和 βγ 复合物保持“开启”并因此可以传递信号的总时间也决定了一个响应能够持续多长时间。这个时间是由 α 亚基的行为所控制的。α 亚基具有内在的 GTP 酶活性，它将其所结合的 GTP 最终水解为 GDP，使得整个 G 蛋白的构象回到其最初的非激活态（图 16-16）。GTP 的水解和失活通常发生在 G 蛋白被激活后的几秒钟之内。非激活态的 G 蛋白此后可以被其他的激活受体再次激活。

一些细菌毒素通过改变 G 蛋白的活性而致病

G 蛋白是个显著的例子，它表明了细胞关闭信号的能力和打开信号的能力一样重要。打破 G 蛋白的激活或失活，会对细胞或生物体造成严重后果。以霍乱病为例，该疾病是由一种在肠道里繁殖的细菌产生的一种*霍乱毒素*（cholera toxin）蛋白所引起。霍乱毒素进入肠壁细胞，改变了一种特定的 G 蛋白 G_s 的 α 亚基。之所以称其为 G_s 是因为它会**刺激**（stimulate）腺苷酸环化酶，我们稍后会对其进行讨论。这种改变使 G 蛋白不能再水解它结合的 GTP，因此使 G 蛋白锁定在激活状态，持续地刺激腺苷酸环化酶。在肠细胞中，这种刺激会导致 Cl^- 和 H_2O 过量地不断外流到肠道，引起急性腹泻和脱水，如不采取紧急措施补充失去的水和离子，这种情况经常会导致死亡。

类似的情况也发生在百日咳中。这是一种常见的呼吸道感染疾病，为防止感染，现在对婴儿接种百日咳疫苗已经成了常规操作。百日咳致病细菌会聚集在肺部，产生一种称为*百日咳毒素*（pertussis toxin）的蛋白质。该蛋白质

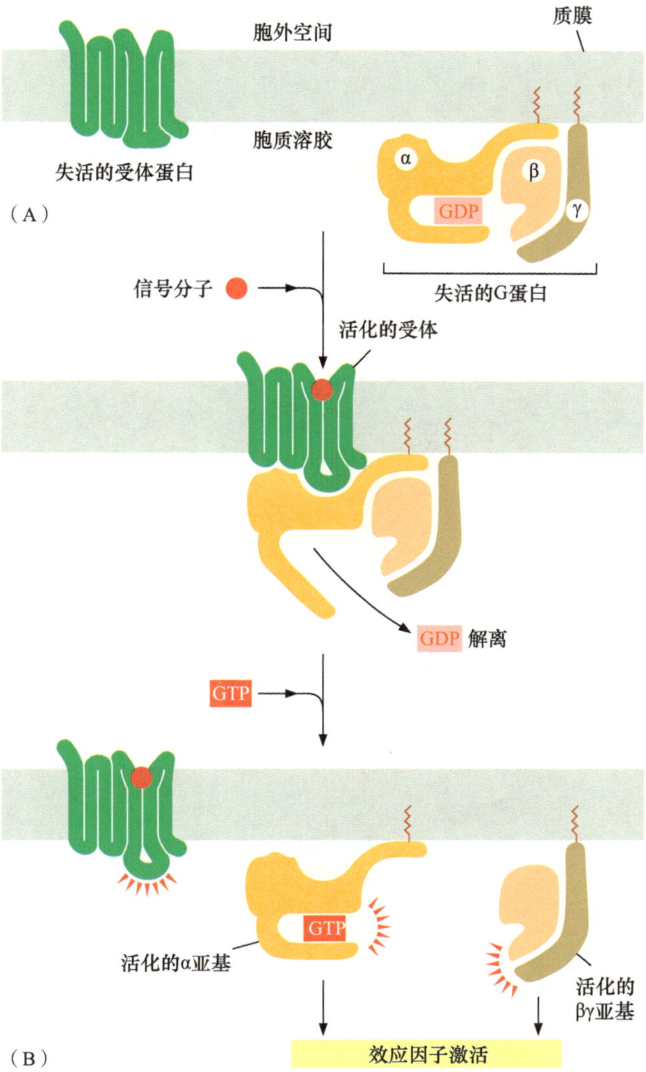

图 16-15　激活的 GPCR 通过促进 α 亚基离开 GDP 并结合 GTP，从而激活 G 蛋白。（A）在未受刺激时，受体和 G 蛋白都没有活性。尽管图中显示它们在质膜上是独立分开的实体，但在某些情况下它们以复合物的形式存在。（B）受体与一个胞外信号结合后构象发生改变，从而改变了与它结合的 G 蛋白的构象。G 蛋白 α 亚基的改变使其 GDP 被 GTP 替换，该替换触发了另一种构象变化，从而同时激活了 α 亚基和 βγ 复合物，它们相互分离并与质膜上的靶蛋白相互作用（视频 16.2）。只要胞外信号分子和受体结合，受体就会保持激活状态，因此它可以激活很多个分子的 G 蛋白。注意，G 蛋白 α 和 γ 亚基与脂分子（红色）是共价连接，这有助于将亚基锁定在质膜上。

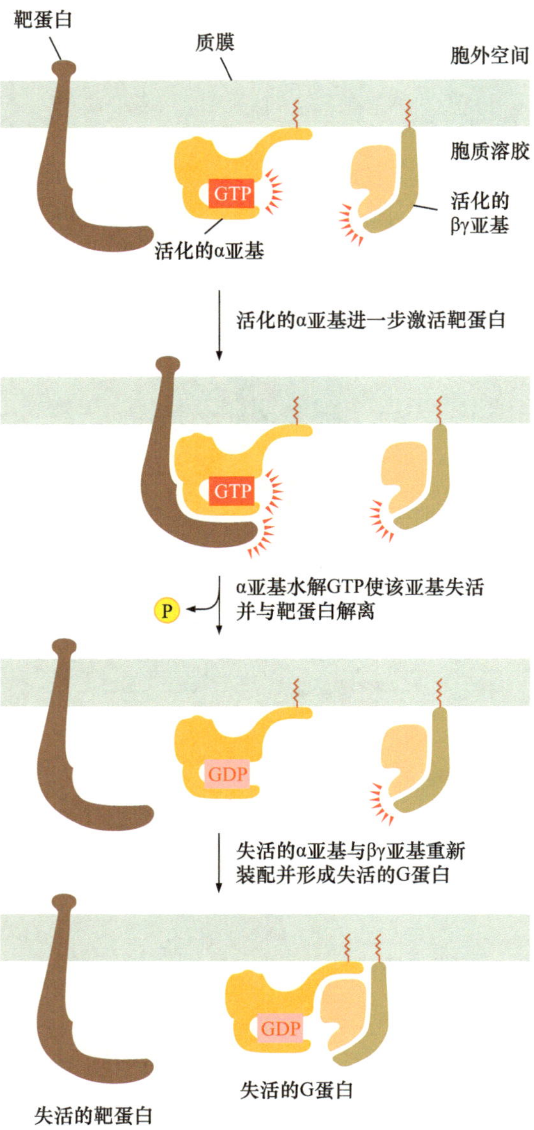

图 16-16　G 蛋白 α 亚基通过将其结合的 GTP 水解为 GDP 而关闭自身活性。当一个激活的 α 亚基与其靶蛋白结合后，只要二者保持接触，它就会一直激活靶蛋白（某些情况下，激活的 α 亚基反而会使靶蛋白失活，图中未显示）。随后，α 亚基上将其结合的 GTP 水解为 GDP，该事件通常发生在 G 蛋白激活后的几秒之内。GTP 的水解使 α 亚基失活，并从其靶蛋白上解离下来。如果 α 亚基已经与 βγ 复合物解离（如图所示），它会重新与一个 βγ 复合物结合，再次形成一个处于失活态的 G 蛋白。此时 G 蛋白已经准备好与另一个激活受体相偶联，如图 16-15B 所示。激活的 α 亚基和 βγ 复合物都能与质膜上的靶蛋白作用（视频 16.2）。

会改变另一种不同类型的 G 蛋白 G_i 的 α 亚基，之所以称为 G_i 是因为它可以*抑制*（inhibit）腺苷酸环化酶。毒素造成的改变会使 G 蛋白锁定在与 GDP 结合的失活状态，从而使 G 蛋白失能。与激活态 G_s 一样，失活态的 G_i 也会导致腺苷酸环化酶长期错误地活化，表现为百日咳疾病中的咳嗽。霍乱毒素造成的腹泻效应和百日咳毒素造成的咳嗽都有助于致病细菌在宿主之间传播。

一些 G 蛋白可以直接调控离子通道

哺乳动物大约有 20 种不同的 G 蛋白，每种都是被细胞表面一组特定的受体所激活，并专门用于激活一组特定的靶蛋白。这些靶蛋白可以是质膜上的酶或者离子通道。因此，一个胞外信号分子和 GPCR 的结合便可能会导致质膜上一小组特定靶蛋白的活性发生改变。

我们首先来看一个 G 蛋白直接调控离子通道的例子。动物的心跳受到两套神经的控制：一套使心跳加快，而另一套使心跳减慢。发出心跳减慢信号的神经释放乙酰胆碱（见图 16-5A），乙酰胆碱与心脏起搏细胞上的一种 GPCR 结合，从而发挥使心跳减慢的功能。这种 GPCR 激活 G 蛋白 G_i。在这个例子中，βγ 复合物和心脏起搏细胞质膜上 K^+ 通道的胞质面结合，迫使离子通道呈开启的构象（图 16-17A 和 B）。通道的开启增加了质膜对 K^+ 的通透性，从而降低了细胞的电兴奋性（相关原理在第 12 章解释过），最终使心率变慢。当 α 亚基将自身结合的 GTP 水解使自身失活后，G 蛋白重新恢复为无活性状态，K^+ 通道被重新关闭，之前的信号也终止传递（图 16-17C）。

许多 G 蛋白激活与膜结合的酶，从而产生小信号分子

当 G 蛋白与离子通道发生相互作用，它们会引起细胞的状态与行为瞬时发生改变。相反，激活的 G 蛋白与酶之间相互作用的结果往往没有这么快速，但会更复杂，因为这些相互作用会导致额外的胞内信号转导分子的产生。G 蛋白最常见的两种靶酶分别是*腺苷酸环化酶*（adenylyl cyclase）和*磷脂酶 C*（phospholipase C）。前者可以产生小信号分子*环腺苷酸*（cyclic AMP），后者可以产生小信号分子*肌醇三磷酸*（inositol trisphosphate）和*二酰甘油*（diacylglycerol）。肌醇三磷酸进而促进另一种胞内信号转导分子 Ca^{2+} 在胞质溶胶中积累。

腺苷酸环化酶和磷脂酶 C 是被不同类型的 G 蛋白所激活，从而使细胞将小信号分子的产生与不同的胞外信号偶联起来。与霍乱毒素和百日咳毒素的作用类似，这种偶联既可能是激活性的也可能是抑制性的，我们在此主要讨论的是起激活酶活性的 G 蛋白。

这些酶所产生的小分子常被称为*第二信使*（second

图 16-17 **G_i 蛋白直接将受体激活与心脏起搏细胞质膜中 K^+ 通道开放偶联在一起。**(A) 神经递质乙酰胆碱与心脏细胞上的 GPCR 结合会导致 G 蛋白 G_i 的激活。(B) βγ 复合物的激活直接打开了质膜上的 K^+ 通道，增加了质膜对 K^+ 的通透性并因此降低了膜的兴奋性，减缓了心率。(C) α 亚基水解其结合的 GTP 使自身失活，导致 G 蛋白回到其无活性状态，使 K^+ 通道关闭。

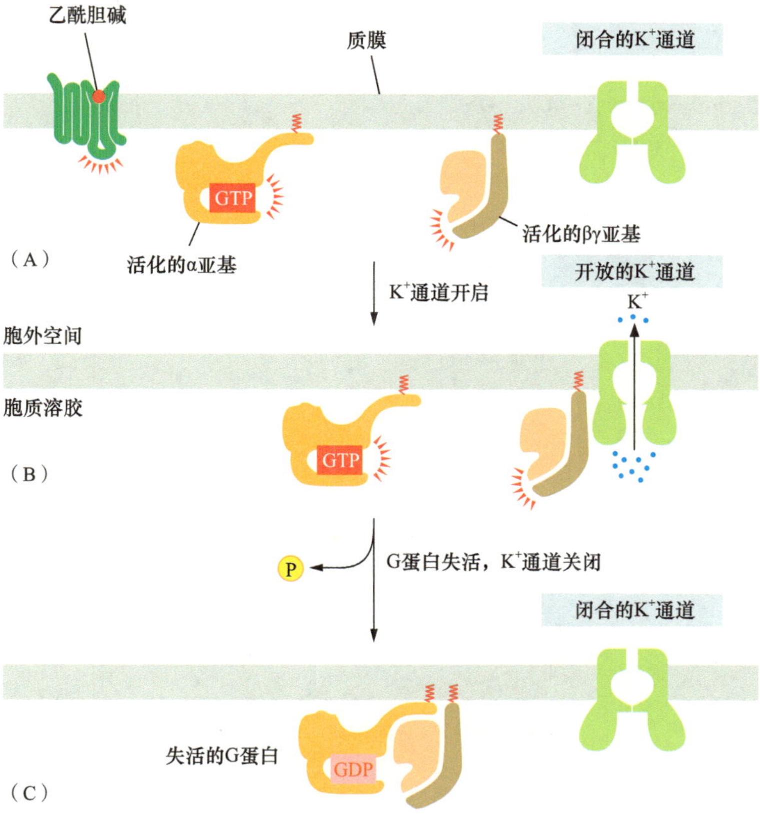

messenger)，而第一信使指的是一开始将酶激活的胞外信号。这些酶一旦被激活，会产生大量的第二信使，并使它们快速地向周围扩散，通过这种方式对胞内信号进行放大和传播（图 16-18）。

不同的第二信使会产生不同的响应。我们首先来看一下胞质中 cAMP 浓度增加的后果，这也会使我们了解 GPCR 被激活后信号传递所经过的主要通路。随后我们会

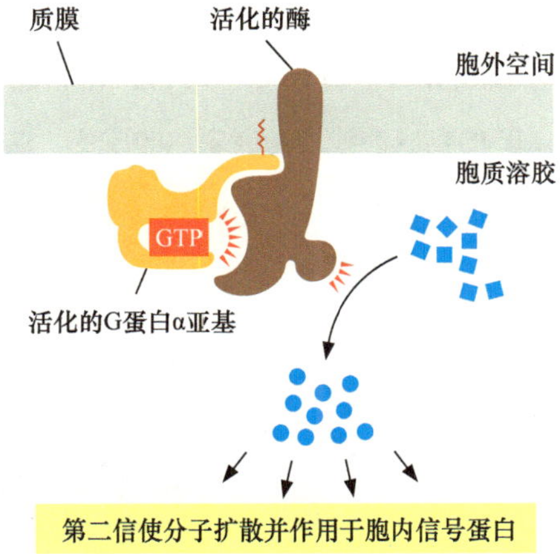

图 16-18 **G 蛋白激活的酶增加了胞内信号传递小分子的浓度。**由于每个酶在被激活后可以产生许多第二信使分子，所以通路中的信号在这一步得到了极大的放大（见图 16-28）。第二信使分子和细胞内特定的信号蛋白的结合，影响了这些蛋白质的活性，从而将信号继续向前传递。

讨论三种其他的第二信使即二酰甘油、肌醇三磷酸和 Ca^{2+} 的作用，它们会使我们了解一条不同的信号传递通路。

cAMP 信号通路可以激活酶并开启基因

许多胞外信号通过 GPCR 发挥作用来影响**腺苷酸环化酶**（adenylyl cyclase）的活性，从而改变胞内第二信使分子**环腺苷酸**（cAMP）的浓度。通常的情况是，活化的 G 蛋白 α 亚基启动腺苷酸环化酶的活性，以细胞内普遍存在的 ATP 为底物，大量且突然地合成 cAMP。为了帮助结束信号，第二个酶，即 cAMP *磷酸二酯酶*（cAMP phosphodiesterase），快速地把 cAMP 转变为通常的 AMP（图 16-19）。咖啡因作为兴奋剂的原理之一，就是通过抑制神经系统中的这种磷酸二酯酶，阻断 cAMP 的降解，从而保持该第二信使分子的高浓度。

在细胞中，cAMP 磷酸二酯酶处于持续的活化状态。因为它可以快速降解 cAMP，所以在响应胞外信号时，该第二信使在胞质中的浓度会迅速发生改变，在几秒内就可以增加或降低 10 倍（图 16-20）。cAMP 是水溶性分子，在某些情况下它能够携带信号到达胞各处，从膜上合成的部位到达胞质溶胶、细胞核或其他细胞器，并和那里的蛋白质发生相互作用。

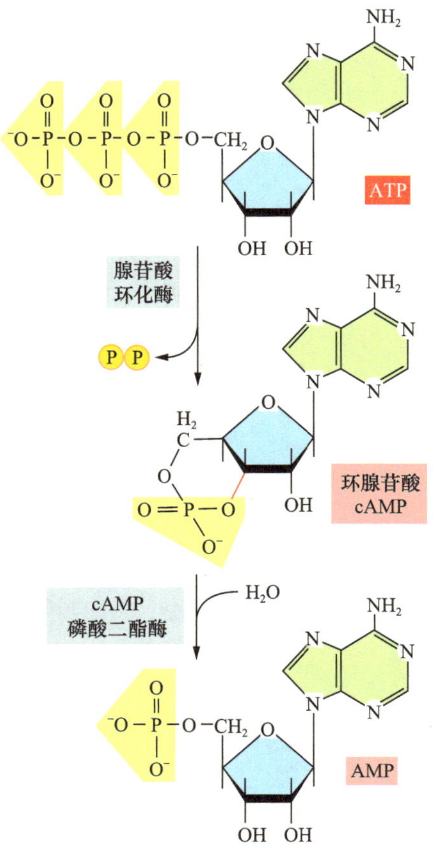

图 16-19 cAMP 由腺苷酸环化酶合成，被 cAMP 磷酸二酯酶降解。cAMP 由 ATP 通过环化反应而形成，该反应去除了 ATP 的两个磷酸基团，并将剩下的磷酸基的游离端与 AMP 分子的糖基连接起来（红色键）。降解反应会断开这个新形成的键，形成 AMP。

cAMP 通过激活 **cAMP 依赖的蛋白激酶**（PKA）来行使其大部分功能。正常情况下这种酶与调控蛋白形成复合物，从而处于无活性状态。cAMP 与调控蛋白结合，迫使其构象发生改变，解除对酶的抑制，从而使酶活化。随后，活化的 PKA 催化特定胞内蛋白上的某些丝氨酸或苏氨酸磷酸化，从而改变这些靶蛋白的活性。细胞类型不同，被磷酸化的蛋白质种类也不同，这在很大程度上解释了为什么，cAMP 的功能随靶细胞的类型而异。

许多类型的细胞响应都由 cAMP 介导，表 16-3 列举了其中一部分响应。如表所示，对于可以改变胞内 cAMP 浓度的胞外信号，不同的靶细胞响应差异很大。例如，当我们受到惊吓或者兴奋时，肾上腺会释放激素肾上腺素（epinephrine，也称为 adrenaline）。肾上腺素在血流中循环并与一类名为肾上腺素能受体的 GPCR 结合（见图 16-14B）。肾上腺素受体存在于许多类型的细胞上，尽管不同的细胞对肾上腺素的响应彼此不同，但所有细胞的响应都有助于机体为快速行动做好准备。例如，在骨骼肌中，肾上腺素增加了胞内的 cAMP 水平，导致糖原即葡萄糖的多聚储存形式发生分解。这是通过激活 PKA 实现的，PKA 的激活导致促糖原分解的酶被激活（图 16-21），同时使驱动糖原合成的酶被抑制。cAMP 水平的增加，通过刺激糖原分解同时抑制其合成，最大限度地提高了细胞中的葡萄糖的总量，为下一步的肌肉活动提供了燃料。肾上腺素也可作用于脂肪细胞，刺激脂肪降解为脂肪酸。这些脂肪酸随后被输出到其他细胞中作为合成 ATP 的原料。

在某些情况下，cAMP 浓度升高所产生的效应非常快。例如，在骨骼肌中，在肾上腺素结合受体后的几秒钟内，糖原的分解就可以发生（见图 16-21）。在其他一些情况下，对 cAMP 的响应会涉及基因表达的改变，这需要数分钟或几个小时才能产生效应。在这些缓慢的响应中，PKA

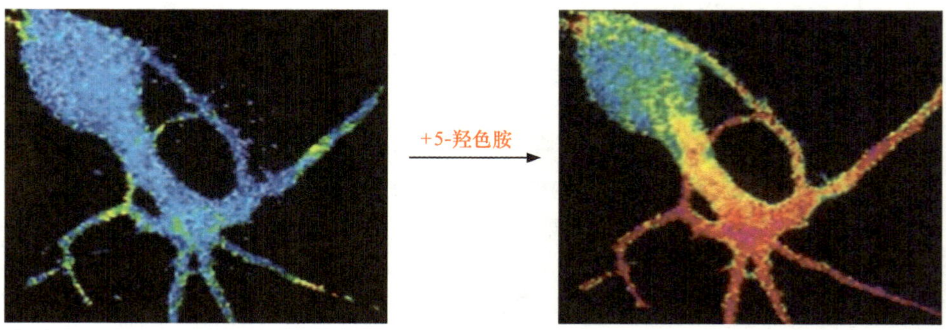

图 16-20 在响应胞外信号时，cAMP 的浓度可以迅速提高。培养的神经细胞通过合成 cAMP 来响应神经递质 5-羟色胺与 GPCR 的结合。可以通过向细胞中注入一种荧光蛋白来监控细胞内 cAMP 的浓度，当该荧光蛋白和 cAMP 结合时，它的荧光就会发生变化。蓝色表示低水平的 cAMP，黄色表示中等水平，红色表示高水平。（A）在静息细胞中，cAMP 的浓度大约是 5×10^{-8} mol/L。（B）把 5-羟色胺加入培养基中 50s 后，在 5-羟色胺受体聚集的地方，胞内的 cAMP 浓度上升了 20 多倍（超过 10^{-6}mol/L）。（引自 B. J. Bacskai et al. Science 260：222-226，1993。）

表 16-3　cAMP 介导的一些细胞响应

胞外信号分子*	靶组织	主要响应
肾上腺素	心脏	增加心率，促进收缩
肾上腺素	骨骼肌	糖原分解
肾上腺素，胰高血糖素	脂肪	脂肪分解
促肾上腺皮质激素（ACTH）	肾上腺	皮质醇分泌

* 虽然在此处所列举的所有信号分子都是激素，但某些对局部介质和神经递质的响应也是通过 cAMP 介导的。

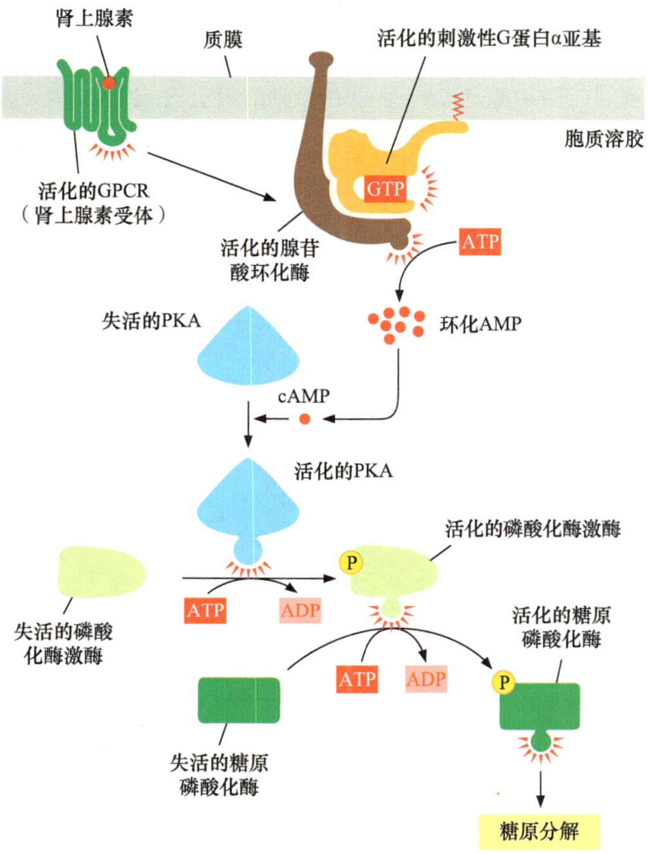

图 16-21　肾上腺素刺激骨骼肌细胞的糖原分解。激素激活一个 GPCR，后者开启 G 蛋白（G_s），从而激活腺苷酸环化酶，促进 cAMP 的大量产生。cAMP 的增加激活了 PKA，PKA 进而磷酸化并激活磷酸化酶激酶。该激酶会激活糖原磷酸化酶，促进糖原分解（见图 13-22）。因为这些反应不涉及基因转录的改变或是新蛋白质的合成，所以它们的发生速度很快。

会特异地磷酸化转录调控因子，即激活特定基因转录的蛋白（在第 8 章中讨论）。例如，脑部某些神经元中 cAMP 浓度的增加会控制与一些学习模式有关的蛋白质的合成。图 16-22 显示了由 cAMP 介导的从质膜到细胞核的一个典型信号通路。

我们现在将目光转向另一类始于 GPCR 但由其他酶所介导的信号传递通路。该通路始于结合在膜上的磷脂酶 C（phospholipase C）的活化并导致了肌醇磷酯、二酰甘油和 Ca^{2+} 等第二信使的合成。

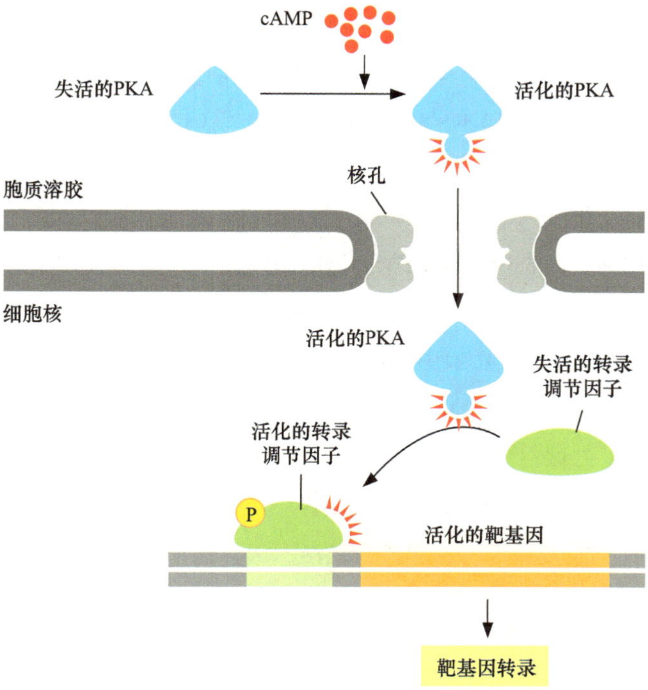

图 16-22　胞内 cAMP 浓度升高会激活基因转录。胞内 cAMP 浓度升高会激活 PKA，PKA 随后进入细胞核，磷酸化特定的转录调控蛋白。这些蛋白质一旦被磷酸化，就能刺激一系列靶基因的转录（视频 16.3）。这种类型的信号通路会控制细胞中的多个过程，从内分泌细胞的激素合成到脑长期记忆所需的蛋白质合成。激活的 PKA 也可以磷酸化并因此调节胞质溶胶中其他的蛋白质和酶，如图 16-21 所示。

肌醇磷脂通路触发细胞内 Ca^{2+} 浓度升高

一些 G 蛋白偶联受体通过一种名为 G_q 的 G 蛋白行使它们的功能。G_q 激活的不是腺苷酸环化酶，而是结合在膜上的**磷脂酶 C**（phospholipase C）。表 16-4 列出了一些通过磷脂酶 C 发挥作用的信号分子。

磷脂酶 C 一旦被激活，即通过切割一种作为质膜组分的脂质分子，将信号传递下去。该分子称为**肌醇磷脂**（inositol phospholipid），是一种头部结合有糖肌醇的磷脂，它少量存在于质膜脂双层的胞质侧（参见图 11-19）。因为该磷脂的参与，所以这条由磷脂酶 C 激活所起始的信号通路常被称为*肌醇磷脂通路*（inositol phospholipid pathway）。该通路存在于几乎所有的真核细胞中，可以调控大量的各种效应蛋白。

表 16-4　磷脂酶 C 激活所介导的一些细胞响应

信号分子	靶组织	主要响应
加压素（一种蛋白质激素）	肝脏	糖原分解
乙酰胆碱	胰腺	分泌淀粉酶（一种消化酶）
乙酰胆碱	平滑肌	收缩
凝血酶（一种蛋白水解酶）	血小板	凝集

磷脂酶 C 对膜上肌醇磷脂的切割产生两个第二信使分子：**肌醇-1,4,5-三磷酸**（inositol-1,4,5-trisphosphate，IP_3）和**二酰甘油**（diacylglycerol，DAG）。这两个分子均在信号传递方面发挥至关重要的作用（图 16-23）。

IP_3 是水溶性的糖磷酸，被释放进入胞质溶胶中，与内质网膜上的 Ca^{2+} 通道结合并使之开启。储存在内质网中的 Ca^{2+} 通过这些开启的通道快速涌入胞质溶胶，使胞质溶胶中正常情况下浓度很低的游离 Ca^{2+} 浓度急剧升高。Ca^{2+} 再把信号传递给其他的蛋白质，稍后我们将对此展开讨论。

二酰甘油是一种脂质，它在磷脂酶 C 切割肌醇磷脂酸后产生，并始终与质膜保持结合，协助一种蛋白激酶从胞质溶胶到质膜上的招募和激活。因为这个激酶需要结合 Ca^{2+} 才能活化（参见图 16-23），所以该激酶被称为**蛋白激酶 C**（protein kinase C，PKC）。一旦被活化，PKC 即可磷酸化一系列的胞内蛋白质，这些胞内蛋白质随细胞类型而异。

一个 Ca^{2+} 信号触发多个生物学过程

鉴于 Ca^{2+} 作为一种胞内信使具有如此重要和广泛的作用，我们必须先岔开话题，来更加全面地介绍一下 Ca^{2+} 的功能。除了那些通过 GPCR 发挥作用的信号，还有许多种信号刺激能够引发胞质溶胶中游离 Ca^{2+} 浓度的升高。例如，卵细胞的 Ca^{2+} 通道在受精时就会开启，Ca^{2+} 浓度上升可以触发胚胎发育的起始（图 16-24）；在骨骼肌细胞中，一个来自神经的信号可以引发胞质溶胶 Ca^{2+} 浓度的

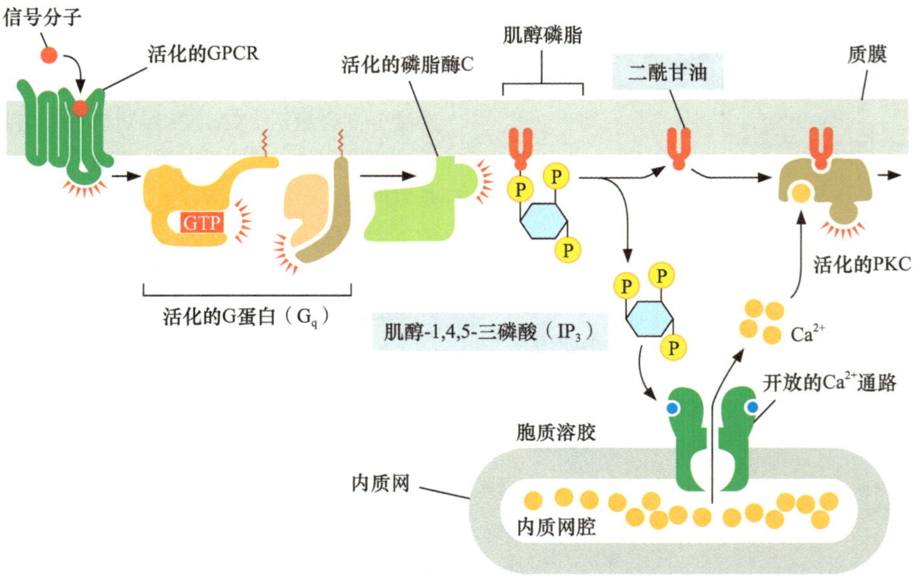

图 16-23　磷脂酶 C 激活两条信号通路。当膜上肌醇磷脂被激活的磷脂酶 C 水解后，产生两个信使分子。肌醇-1,4,5-三磷酸（IP_3）扩散于胞质溶胶，与内质网膜中特殊的 Ca^{2+} 通道结合并使之开启，从而引发 Ca^{2+} 的释放。Ca^{2+} 的巨大跨膜电化学梯度使 Ca^{2+} 快速流入胞质溶胶中。二酰甘油则保留在质膜中，它与 Ca^{2+} 一起，帮助激活从胞质溶胶中招募到质膜胞质面的蛋白激酶 C（PKC，视频 16.4）。PKC 随后磷酸化它自身的一系列胞内蛋白，将信号进一步传播。在该通路起始时，G 蛋白 G_q 中的 α 亚基和 βγ 复合物都参与激活磷脂酶 C。

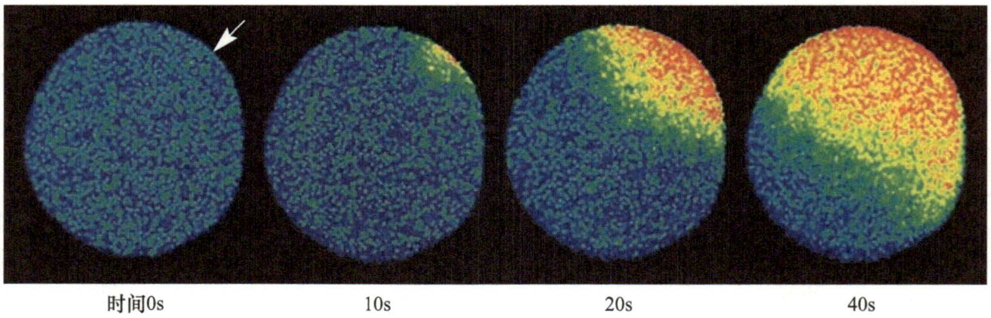

图 16-24　卵子受精触发胞质溶胶 Ca^{2+} 的增加。该海星卵先被注入一种对 Ca^{2+} 敏感的荧光染料，随后进行受精。当一个精子进入卵子时，从内质网释放的胞质溶胶 Ca^{2+} 波（红色）从精子进入部位（箭头）起始，快速席卷整个卵。这个 Ca^{2+} 波刺激卵细胞表面发生改变，防止其他精子进入。Ca^{2+} 波还可以起始胚胎的发育。Ca^{2+} 波传递的过程请看视频 16.5。（改自 S. Stepher，*Dev. Bio.*166：34-58，1994。）

升高，从而引起肌肉收缩（在第 17 章讨论，参见图 17-45）；在包括神经细胞在内的许多分泌细胞中，Ca^{2+} 可以启动分泌（在第 12 章讨论，参见图 12-40）。Ca^{2+} 通过结合各种 Ca^{2+} 响应蛋白并影响其活性，从而执行所有上述的这些功能。

和胞外液体的 Ca^{2+} 浓度（约 10^{-3}mol/L）以及内质网中的 Ca^{2+} 浓度相比，胞质溶胶中游离 Ca^{2+} 的浓度是极低的（10^{-7}mol/L）。这种差异主要是通过膜中的 Ca^{2+} 泵，把 Ca^{2+} 从胞质溶胶主动泵送穿越质膜至胞外或泵送入内质网来维持的。其结果是形成一个跨内质网膜和细胞质膜的、陡峭的 Ca^{2+} 电化学梯度（在第 12 章讨论）。当一个信号瞬时打开内质网膜或细胞质膜上的任何一个 Ca^{2+} 通道时，Ca^{2+} 就顺其电化学梯度而下，快速涌入胞质溶胶，触发胞质溶胶中 Ca^{2+} 响应蛋白的变化。正常情况下用来保持胞质溶胶中 Ca^{2+} 浓度低水平的 Ca^{2+} 泵，同样可以用来结束 Ca^{2+} 信号。

在胞质溶胶内 Ca^{2+} 的效应大部分是间接的，是通过与各种 Ca^{2+} 响应蛋白的相互作用来实现的。其中最广泛和最普遍的是**钙调蛋白**（calmodulin）。钙调蛋白存在于目前已研究过的包括植物、真菌、原生动物的所有真核细胞的胞质溶胶中。当钙调蛋白与 Ca^{2+} 结合时，该蛋白质构象发生改变，使之能够和细胞内多种靶蛋白互相作用，并改变它们的活性（图 16-25）。钙调蛋白有一类特别重要的靶蛋白是 **Ca^{2+}/钙调蛋白依赖的蛋白激酶**（Ca^{2+}/calmodulin-dependent protein kinase，CaM-kinase）。当钙调蛋白-Ca^{2+} 复合物和它们结合时，这些激酶就被激活，进而通过磷酸化特定的蛋白质，影响细胞内的其他生物过程。例如，在哺乳动物脑的突触内大量存在一种神经元特异的 CaM 激酶，一般认为该激酶对某些形式的认知和记忆发挥重要作用。该 CaM 激酶被神经活跃时释放的 Ca^{2+} 信号脉冲所激活，缺乏这种激酶的突变体小鼠明显无法记住东西在何处。

GPCR 信号通路可以通过产生可溶性气体将信号传至周边细胞

cAMP 和 Ca^{2+} 是亲水性的第二信使分子，通常只在产生它们的细胞中发挥作用。但有一些响应 GPCR 激活而产生的小分子很小，或表现为疏水性，可以穿过细胞膜，从而将一个信号直接传递给附近的细胞。一个重要的例子就是**一氧化氮**（NO）气体，它作为信号传递分子在许多组织中都发挥作用。NO 可以轻易地从它产生的区域扩散并进入附近细胞。NO 扩散的距离受限于它和胞外环境中 O_2 和 H_2O 的反应，该反应可以在几秒钟内将 NO 转变成硝酸盐和亚硝酸盐。

血管内壁上的内皮细胞是一种扁平状细胞，它可以对附近神经末梢释放的乙酰胆碱产生响应，释放出 NO。乙酰胆碱与内皮细胞表面的 GPCR 结合，激活 G_q 并释放 Ca^{2+} 进入细胞内（参见图 16-23）。Ca^{2+} 随后激活一氧化氮合酶，利用精氨酸合成 NO。NO 扩散进入附近血管壁的平滑肌细胞，引起血管壁平滑肌细胞松弛，血管扩张，血

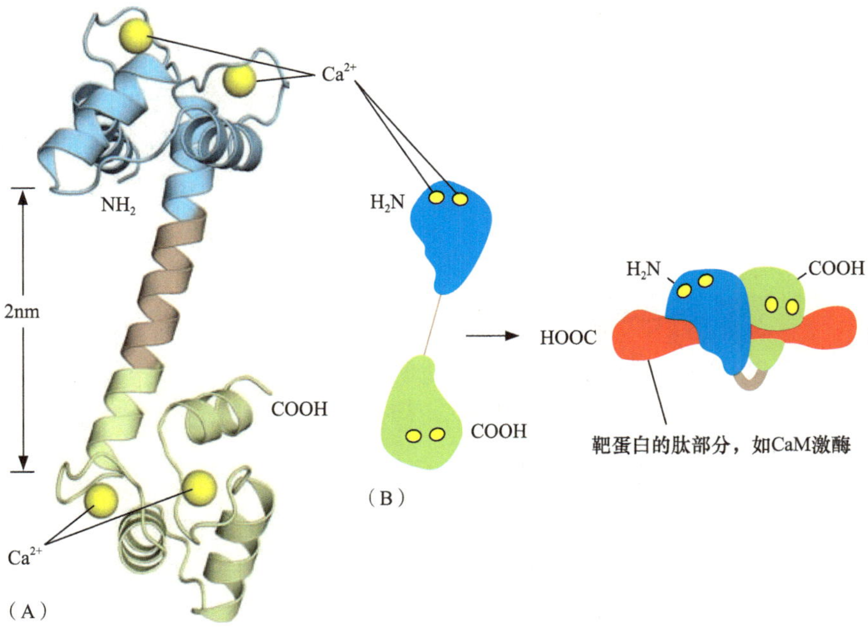

图 16-25 **Ca^{2+} 结合使得钙调蛋白的形状发生改变。**（A）钙调蛋白呈哑铃形，两个球状末端由一个长长的柔性 α 螺旋连接，每一球形末端都有两个 Ca^{2+} 结合域；（B）哑铃形钙调蛋白的简图，显示出当钙调蛋白和一个靶蛋白的片段（红色）结合时，Ca^{2+}/钙调蛋白的构象发生改变。在这个构象中，α 螺旋像折叠刀似的围绕靶蛋白（视频 16.6）（图 B 改自 W.E. Meador，A.R. Means and F.A. Quiocho. *Science* 257，1251-1255.1992 和 M. Ikura et al. *Science* 256，632-638. 1992。）

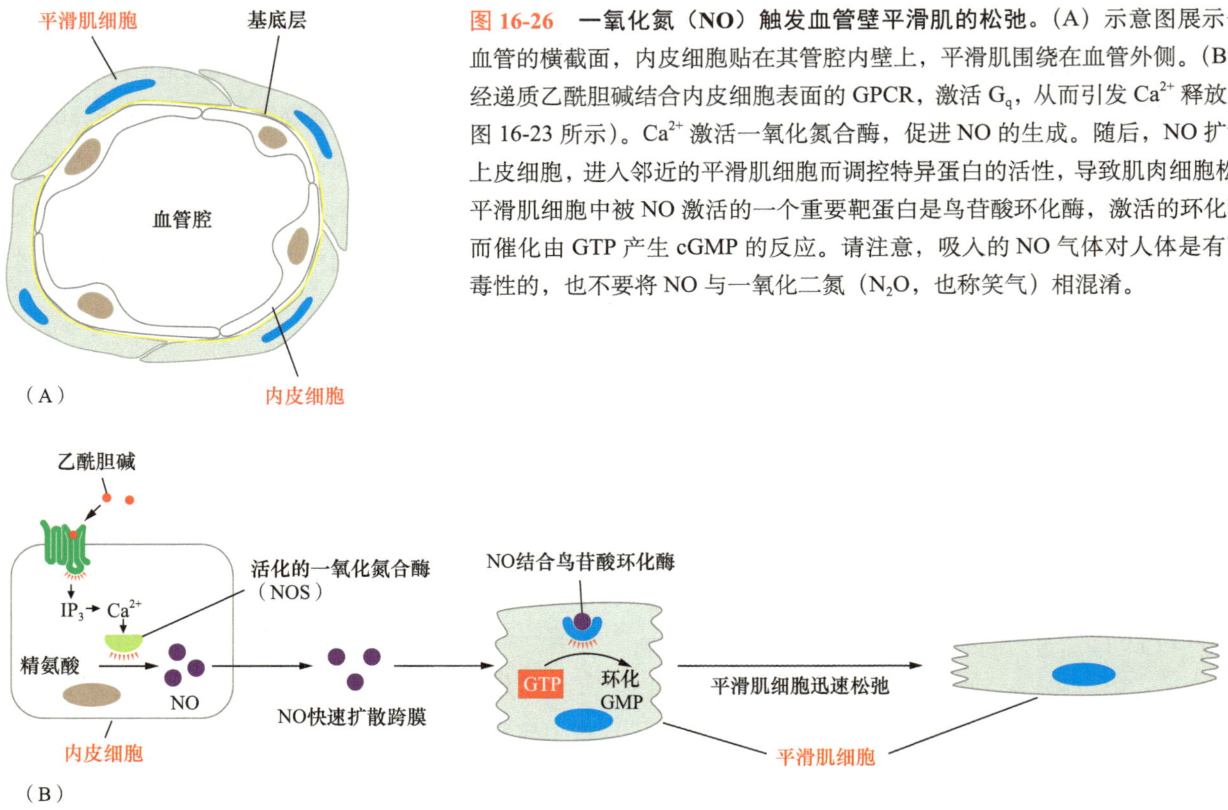

图 16-26 一氧化氮(NO)触发血管壁平滑肌的松弛。(A)示意图展示一条血管的横截面，内皮细胞贴在其管腔内壁上，平滑肌围绕在血管外侧。(B)神经递质乙酰胆碱结合内皮细胞表面的 GPCR，激活 G_q，从而引发 Ca^{2+} 释放(如图 16-23 所示)。Ca^{2+} 激活一氧化氮合酶，促进 NO 的生成。随后，NO 扩散出上皮细胞，进入邻近的平滑肌细胞而调控特异蛋白的活性，导致肌肉细胞松弛。平滑肌细胞中被 NO 激活的一个重要靶蛋白是鸟苷酸环化酶，激活的环化酶进而催化由 GTP 产生 cGMP 的反应。请注意，吸入的 NO 气体对人体是有高度毒性的，也不要将 NO 与一氧化二氮(N_2O，也称笑气)相混淆。

液更自由地流过(图 16-26)。硝酸甘油治疗心绞痛的作用即应用了这一原理。疼痛是由于心肌缺血所致。利用硝酸甘油治疗心绞痛患者的历史几乎已有百年。硝酸甘油在体内转变为 NO，迅速松弛血管，从而减少了心脏的工作负荷并降低了心肌对 O_2 的需求。NO 也被许多神经细胞用来向邻近细胞传递信号，例如，阴茎神经末梢释放的 NO 作为介质，引起局部血管扩张，是造成阴茎勃起的主要原因。

在许多靶细胞内，NO 结合并激活*鸟苷酸环化酶*(guanylyl cyclase)，催化核苷酸 GTP 形成*环鸟苷酸*(cyclic GMP)(参见图 16-26B)。cGMP 是一种结构和 cAMP 相似的第二信使，是 NO 信号传递链中的关键节点。药物“伟哥”就是通过阻断酶对 cGMP 的降解，延长了 NO 信号发挥作用的时间，从而增强了阴茎的勃起。

GPCR 触发的胞内信号级联反应具有惊人的速度、敏感性和适应性

要描述 GPCR 相关的*信号级联反应*(signaling cascade)的各个步骤需要很长时间，但这些步骤的执行常常只需几秒钟。想象一下一件刺激的事如何迅速地使你心跳加快，此时肾上腺素刺激心肌起搏细胞上的 GPCR，加速心率；食品的香味如何通过刺激你鼻子中嗅觉的 GPCR 和分泌细胞中乙酰胆碱的 GPCR，使你迅速地分泌唾液。眼睛对光的反应是 GPCR 所介导的最快的反应之一：视网膜中响应最快的感光细胞负责亮光中的色彩感知，它对一个突然的闪光，产生电反应只需要 20ms。

尽管传递此信号需要经过多个胞内级联反应，但响应产生的速度仍是极快。然而，光感受器也可以极好地阐明信号级联反应的优点，尤其是，这种级联反应对进入细胞的信号进行了惊人的放大，而且使细胞能够适应以便检测到强度范围变化很大的光信号。目前已对眼睛中负责对弱光的非彩色感知起作用的视杆细胞进行了全面定量的细节分析(图 16-27)。在该感光细胞中，光是被一种 G 蛋白偶联光受体视紫红质所感应。光活化的视紫红质激活一个称为转导蛋白(transducin)的 G 蛋白，激活的转导蛋白的 α 亚基随后活化细胞内的信号级联反应，导致感光细胞质膜中的阳离子通道关闭。这一过程导致跨膜电压发生变化，从而改变了神经递质的释放，最终结果是把一个神经脉冲输送到脑。

在信号沿着这条胞内信号通路传递的过程中，信号不断地被重复放大(图 16-28)。当光照暗淡时，如在一个没有月亮的晚上，该放大效应是巨大的——整个视网膜吸收的光子即使少至一打(12 个)，也可以引起一个感知信号传送到大脑中；在明亮的阳光下，每一个感光细胞

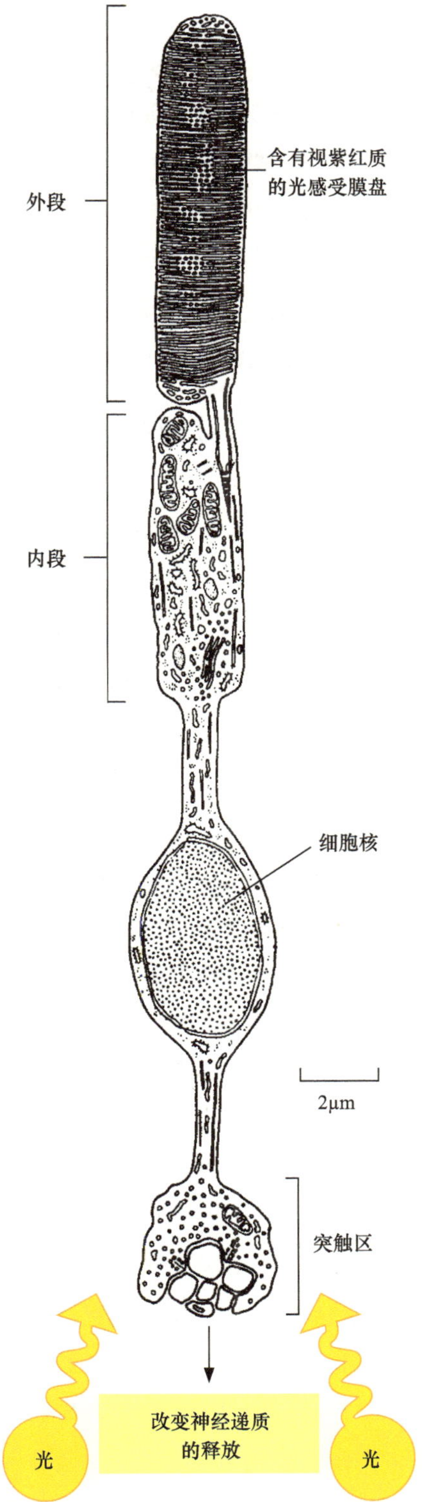

图 16-27　视网膜上的视杆细胞对光线非常敏感。视杆细胞中负责吸收光的视紫红质分子位于细胞外段内许多薄饼状的膜小泡（盘）中。当视杆细胞受到光刺激时，信号通过胞质溶胶，从膜盘里的视紫红质分子，传递到细胞外段质膜上负责阳离子流动的离子通道。作为对胞质溶胶信号的响应，这些离子通道会关闭，使视杆细胞的膜电位发生改变。与嗅觉神经细胞控制神经递质释放的机制相类似，膜电位的变化也使视杆细胞突触区的神经递质释放速率发生改变。随后，释放的神经递质作用于视网膜神经细胞，将信号传递到大脑（引自 T.L. Lentz. *Cell Fine Structure*. Philadelphia Saunder. 1971。蒙 Elsevier 惠许。）

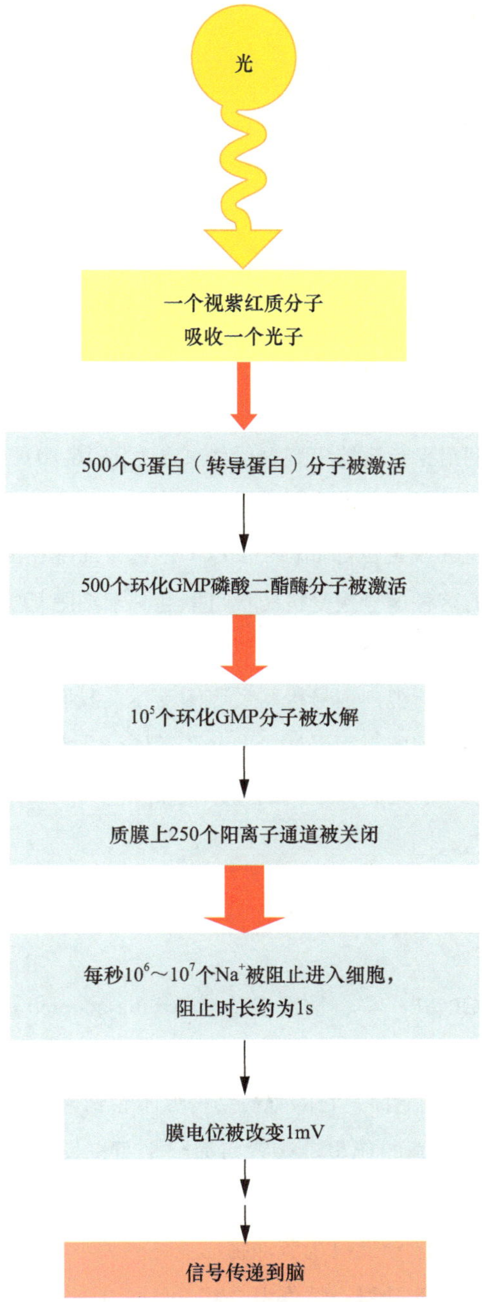

图 16-28　视杆细胞中光诱发的信号级联反应极大地放大了光信号。当杆状光感受器适应了暗淡的光线时，这种放大作用是巨大的。来自 G 蛋白转导蛋白（transducin）的胞内信号通路所使用的组分与前图中所描述的组分不同，其级联反应的功能如下：在没有光信号时，第二信使分子 cGMP 通过鸟苷酸环化酶在感光细胞的胞质溶胶中不断地产生。cGMP 然后与感光细胞质膜上的阳离子通道结合，使通道一直处于开启状态。被光激活的视紫红质可以引起转导蛋白 α 亚基的激活。α 亚基随后再激活 cGMP 磷酸二酯酶，该酶进一步分解 cGMP 为 GMP（这非常类似于 cAMP 磷酸二酯酶分解 cAMP，参见图 16-21）。胞质溶胶内 cGMP 浓度的急剧下降，减少了与阳离子通道结合的 cGMP 的量，离子通道因此关闭。离子通道的关闭减少了 Na^+ 的流入，因此改变了质膜两侧的电压梯度（膜电位），并最终改变了神经递质的释放速率，如第 12 章所述。红色箭头表示发生了放大作用的步骤，箭头的厚度粗略地表示了放大的强度。

每秒就有数十亿个光子穿过，此时信号的级联反应会适应（adaptation）这种情况，将放大作用降低到万分之一以下，使感光细胞不会超负荷，而且仍能探测到强光的增强和减弱。这种适应性取决于负反馈效应：感光细胞中的一个强反应会降低胞质溶胶中 Ca^{2+} 浓度，从而抑制负责信号放大的酶。

适应作用（adaptation）经常发生在那些响应胞外信号分子的胞内信号通路中，无论外界信号分子的浓度高还是低，细胞都能保持对信号强度变化的敏感性。因此，适应作用利用正负反馈机制的优势（参见图 16-10），使细胞对窃窃耳语和大声吵嚷的信息都能做出反应。

味觉和嗅觉也都依赖于 GPCR。真核细胞在演化早期所形成的这种信号接受机制很可能起源于细胞基本而又普遍的需求，即感受环境并做出响应。当然，GPCR 并不是唯一可以激活胞内信号级联反应的受体。我们现在转向另一类重要的细胞表面受体，即酶联受体。这类受体在控制多细胞动物的细胞数目、细胞分化和细胞移动中扮演了重要的角色。

酶联受体

与 GPCR 一样，**酶联受体**（enzyme-coupled receptor）是跨膜蛋白，在质膜的外表面具有配体结合域（参见图 16-13C）。然而，它的胞质结构域不会结合 G 蛋白，而是自身发挥酶的作用，或者与另一个可以发挥酶作用的蛋白质形成一个复合物。酶联受体的发现是由于它们具有响应胞外信号蛋白调节动物组织内细胞的生长、增殖、分化和存活等过程中的作用（部分例子参见表 16-1）。这些信号蛋白大部分是作为局部介质且只需很低的浓度（10^{-9} ～ 10^{-11}mol/L）即可发挥作用。细胞对于这些信号蛋白的响应往往很慢（大约几小时），且发挥效应可能会需要许多胞内信号转导步骤，最终会导致基因表达的变化。

然而，酶联受体也可以介导细胞骨架直接和快速地发生重构，从而改变细胞的形状和迁移方式。引发这些改变的胞外信号常常不是扩散性的信号蛋白，而是附着于细胞赖以爬行的细胞表面的一些蛋白质。

最大的一类酶联受体是由胞质结构域具有酪氨酸激酶活性的受体组成，称为**受体酪氨酸激酶**（receptor tyrosine kinase，RTK），它们磷酸化特定胞内信号蛋白上的特定酪氨酸。这类受体将在本章重点进行讨论。

我们先讨论一下 RTK 如何响应外界信号而激活，然后再讨论激活的 RTK 如何沿着两条重要的胞内信号通路传递信号，再将这些信号最终传到靶细胞的各种效应蛋白处。最后我们将描述一些酶联受体如何绕过这种胞内信号级联反应，采取一种更为直接的方式调控基因表达。

不正常的细胞生长、增殖、分化、存活和迁移是癌细胞的基本特征，而由 RTK 和其他酶联受体参与的不正常的信号传递，在大多数癌症发生中发挥了重要作用。

激活的受体酪氨酸激酶招募胞内信号蛋白复合物

酶联受体要完成作为信号转导器的任务，当胞外信号分子与其胞外结构域结合时，必须开启其胞内结构域的酶活性（或是其结合酶的活性）。和 GPCR 不同，酶联受体蛋白通常只含有一个跨膜区段且该区段的跨脂双层的部分往往由单个 α 螺旋构成。由于单个 α 螺旋几乎无法传递一个跨脂双层的构象改变，所以，在转导胞外信号时，酶联受体采用了一套不同的机制。在许多情况下，一个胞外信号分子的结合会引起两个受体分子在质膜上聚集形成一个二聚体。这种配对使两个受体的胞内尾部相互接触并激活它们的激酶功能，其结果是两个受体相互磷酸化。在受体酪氨酸激酶中，该磷酸化发生在特定的酪氨酸上。

酪氨酸磷酸化随即触发了一种瞬时但精巧的胞内信号复合物在受体的胞质尾部进行组装。刚刚磷酸化的酪氨酸则为这一大群胞内信号蛋白提供锚定位点，这些信号蛋白可能为多达 10 种或 20 种不同的分子（图 16-29）。这些蛋白质有一些在与受体结合时被磷酸化激活，把信号再往下传递；其余蛋白质的作用仅仅是作为骨架将受体与其他信号蛋白相偶联，因而有助于形成一个活化的信号复合物（参见图 16-9）。所有这些锚定的胞内信号蛋白都具有一个特化的*相互作用结构域*（interaction domain），可以识别受体尾部特定的磷酸化酪氨酸。其他相互作用结构域使胞内信号蛋白识别磷酸化的脂质，而这些磷酸化的脂质是在响应某些信号时在质膜的胞质面上产生的。对于这些内容，我们随后将会讨论。

一旦信号蛋白复合物在 RTK 的胞质尾部上装配并维持该状态，它就可以将信号沿着多条路径同时向胞内多个目的地进行传送，由此激活并协调多个生物化学变化，启动如细胞增殖或分化等复杂的响应。为了终止响应，细胞

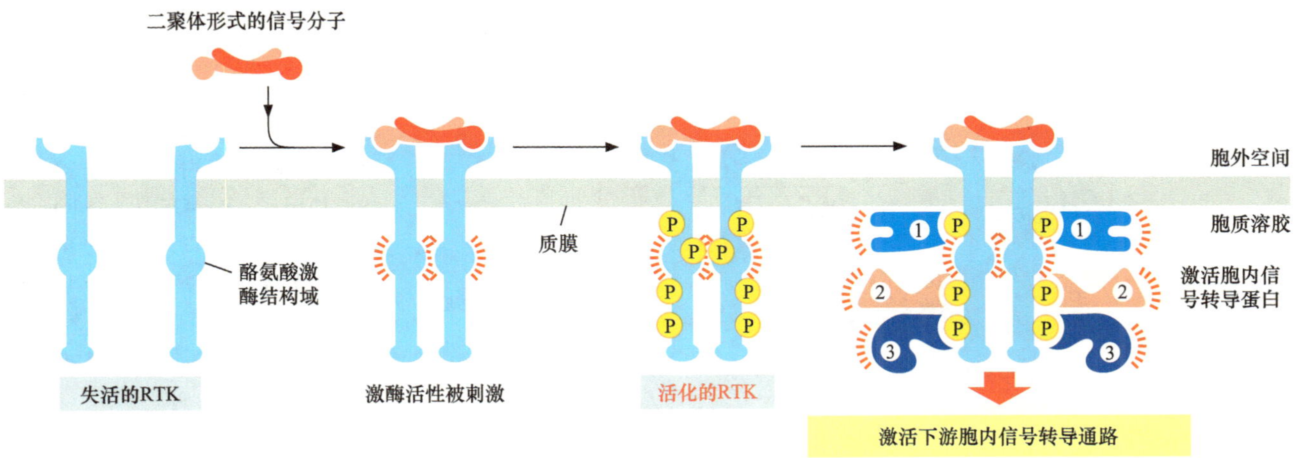

图 16-29 RTK 的激活会促使胞内信号复合物的装配。通常，一个信号分子和一个 RTK 胞外结构域的结合，可引起两个受体分子结合，形成一个二聚体。图中显示的信号分子本身是一个二聚物，因此能同时与两个受体分子发生结构交联。其他的信号分子则会引发 RTK 的构象发生改变，使受体发生二聚化（图中未显示）。不论哪种情况，二聚物的形成都会导致两个受体分子胞内尾部的激酶结构域相互接触并激活激酶，使它们磷酸化相邻尾巴上的多个酪氨酸位点。每个磷酸化的酪氨酸都可以作为一个特定的锚定位点，结合一个不同的胞内信号蛋白，这些信号蛋白随后把信号传递到细胞内部。这些蛋白质具有一个特殊相互作用结构域，在本图中该组件被称为 SH2 结构域。这些结构域再识别并结合激活的 RTK 胞质尾部上的或是其他胞内信号蛋白上的特定磷酸化酪氨酸。

通过*酪氨酸磷酸酶*（tyrosine phosphatase）去除细胞在响应胞外信号时加在 RTK 和其他胞内信号蛋白的酪氨酸上的磷酸基团，使酪氨酸去磷酸化。在有些情况下，激活的 RTK（以及一些 GPCR）会以更剧烈的方式被失活：它们通过胞吞作用被带入细胞内，再在溶酶体内被降解而破坏（如第 15 章所述）。

不同的 RTK 会招募一套不同的胞内信号蛋白，产生不同的效应；但也有一些信号蛋白被大多数 RTK 所采用，如磷脂酶 C。它和 GPCR 激活的磷脂酶 C 的作用方式一样，可以激活前文讨论过的肌醇磷脂信号通路（参见图 16-23）。另一种几乎可以被所有的 RTK 所激活的胞内信号蛋白是一种小的 GTP 结合蛋白，称为 Ras，我们将在后文进行讨论。

大多数 RTK 激活单体 GTP 酶 Ras

如前文所述，激活的 RTK 会招募并激活多种胞内信号蛋白，导致在 RTK 的胞质尾部形成大的信号转导复合物。这些复合物中一个重要的组成成员是 **Ras**，它是一种小 GTP 结合蛋白，并通过脂质尾部被束缚在质膜的胞质侧。几乎所有的 RTK 都可以激活 Ras，包括在伤口愈合过程中介导细胞增殖的血小板衍生生长因子（PDGF）受体和在脊椎动物某些神经发育中起重要作用的神经生长因子（NGF）受体。

Ras 蛋白是小 GTP 结合蛋白大家族的一员，常被称为**单体 GTP 酶**（monomeric GTPase），以此可将它们同前文所述的 G 蛋白三聚体区分开来。Ras 和 G 蛋白的 α 亚基类似，以几乎相同的方式发挥着分子开关的作用。Ras 可在两个不同构象状态之间转换——和 GTP 结合时呈激活态；和 GDP 结合时呈无活性态。Ras 和一个称为 Ras-GEF 的激活蛋白相互作用，可以促使 Ras 将其结合的 GDP 转换成 GTP，于是开启了 Ras 的激活态（图 16-30）。经过一段时间后，Ras 通过一个称为 Ras-GAP 的 GAP 蛋白把结合的 GTP 水解为 GDP，Ras 的活性被关闭（视频 16.7）。

在活化状态下，Ras 会起始一个磷酸化的级联反应，一系列的丝氨酸/苏氨酸蛋白激酶会依次磷酸化和激活下一个激酶，如同一个细胞内的多米诺骨牌。这套把信号从质膜传送到细胞核的接力系统包括一个三激酶蛋白组件，称为 **MAP 激酶信号组件**（MAP-kinase signaling module），这个名字是为了突显该传递链中的最后一个激酶，即分裂素活化蛋白激酶（mitogen-activated protein kinase，或 **MAP 激酶**）。*分裂素*（mitogen）是一种可以促进细胞增殖的胞外信号分子，将在第 18 章进行讨论。如图 16-31 所示，在该通路中 MAP 激酶被另一种酶磷酸化而激活，该激酶因此在逻辑上被称为 MAP 激酶激酶。而该激酶本身的活性又是被 MAP 激酶激酶激酶（它是被 Ras 激活）

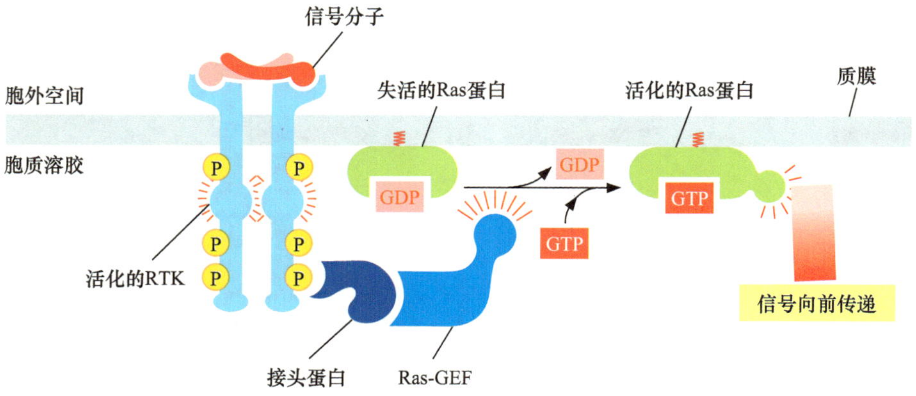

图 16-30　RTK 激活 Ras。一个接头蛋白锚定在活化受体特定的磷酸化酪氨酸位点上（为简化起见，图中略去了图 16-29 中与受体结合的其他信号蛋白）。该接头蛋白招募一个 Ras 鸟苷酸交换因子（Ras-GEF），将 Ras 结合的 GDP 转换成 GTP。激活的 Ras 蛋白会刺激多条下游信号通路，其中之一如图 16-31 所示。注意，Ras 蛋白包含一个共价连接的脂质基团（红色），有助于把 Ras 锚定在质膜内侧。

所开启。在这个 MAP 激酶级联反应的最后，MAP 激酶磷酸化多种效应蛋白，包括一些转录调控因子，从而改变它们控制基因转录的能力。这种基因表达模式的改变可以刺激细胞增殖，促进细胞存活或诱导细胞分化。精确的结果将依赖于细胞内还有哪些其他基因被活化以及细胞接收到哪些其他的信号。生物学家是如何阐明如此复杂的信号通路，将在“我们是怎样知道的”栏目中进行讨论。

在正常细胞中发现 Ras 之前，该蛋白质的一个突变形式已在人类癌细胞中被发现。突变导致了 Ras 的 GTPase 活性被抑制，因此蛋白质无法自我关闭，导致细胞不受控制地增殖以及癌的发生。大约有 30% 的人类癌症的 *Ras* 基因含有这种持续激活性突变。而在其他许多没有 Ras 突变的癌细胞中，也存在着许多基因突变的产物，这些基因

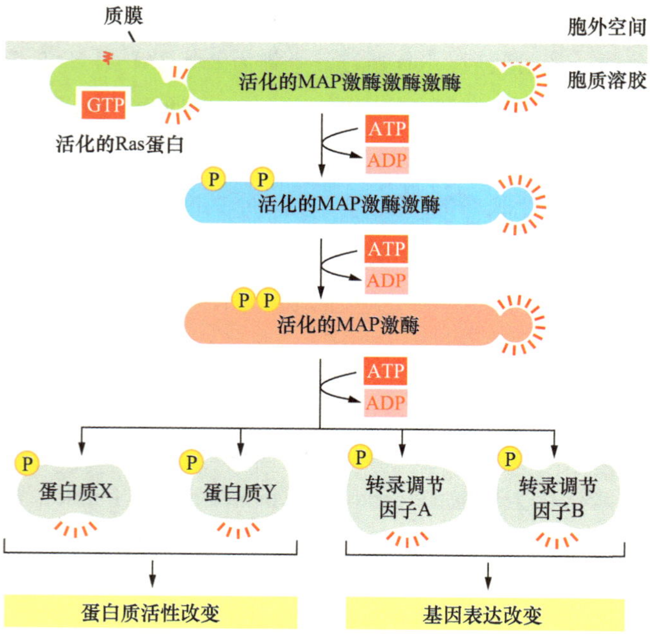

图 16-31　Ras 激活一套 MAP 激酶信号组件。通过图 16-30 所示的过程被激活的 Ras 蛋白会激活一套三激酶信号组件，从而将信号继续向前传递。组件中最后一个激酶是 MAP 激酶，它可以磷酸化不同的下游信号通路或效应蛋白。

编码的蛋白作用在与 Ras 相同的信号通路中。许多编码正常胞内信号蛋白的基因最初就是在寻找促进癌症发生的癌基因（oncogene）的研究中被鉴定出来的（在第 20 章中进行讨论）。

RTK 激活 PI 3-激酶，在质膜中形成脂质锚定位点

许多胞外信号蛋白，包括属于胰岛素样生长因子（IGF）家族的信号蛋白，通过 RTK 促进动物细胞的存活和生长。在这些由 RTK 激活并促进细胞生长和存活的信号通路中，有一条至关重要的通路需要依赖于**磷酸肌醇 3-激酶**（phosphoinositide 3-kinase，PI 3-kinase）。该激酶可以磷酸化质膜上的肌醇磷酸酯，而这些被磷酸化的脂质会成为锚定位点，使一些特定的胞内信号蛋白从胞质溶胶转定位到质膜上，并在质膜上激活其他蛋白质。在这些重新定位的信号蛋白中，最重要的一员是丝氨酸/苏氨酸蛋白激酶 Akt（图 16-32）。

Akt 也被称为蛋白激酶 B（PKB），它经常通过使它所磷酸化的信号蛋白失活，来促进多种细胞的生长和存活。例如，Akt 可以磷酸化和失活一种称为 Bad 的胞质蛋白。在活化状态下，Bad 可以间接地激活一种称为细胞凋亡的细胞自杀程序，促使细胞杀死自己（如第 18 章所述）。Akt 的磷酸化可以失活这种促进细胞死亡的蛋白质，从而促进细胞存活（图 16-33）。

除了促进细胞存活之外，PI 3-激酶-Akt 信号通路（PI 3-kinase-Akt signaling pathway）还会促进细胞体积的增长。它是通过间接激活一个大的丝氨酸/苏氨酸激酶 Tor 完成这一过程。Tor 激酶一方面增强了蛋白质的合成，另一方面又抑制了蛋白质的降解，从而刺激了细胞的增长（图 16-34）。抗癌药物雷帕霉素就是通过失活 Tor 蛋白来

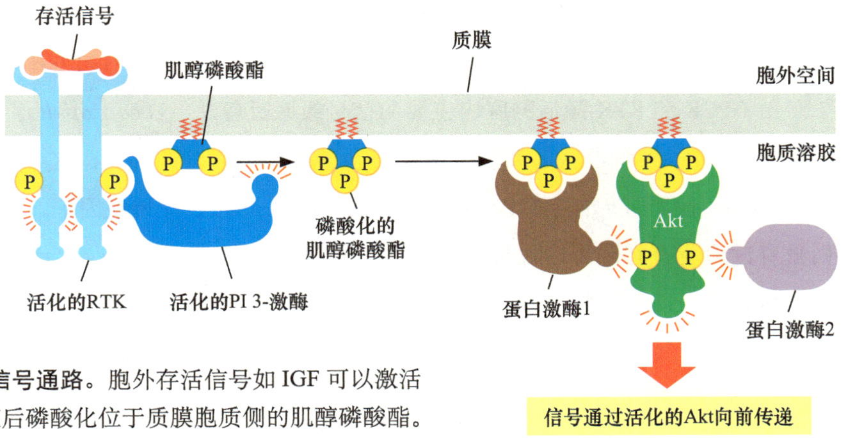

图 16-32　一些 RTK 可以激活 PI 3-激酶-Akt 信号通路。胞外存活信号如 IGF 可以激活 RTK。后者招募并激活 PI 3-激酶，PI 3-激酶随后磷酸化位于质膜胞质侧的肌醇磷酸酯。被磷酸化的肌醇磷酸酯会吸引含有可以识别它的特定结构域的胞内信号蛋白。Akt 就是这些信号蛋白中的一种，它是一种蛋白激酶，可以在膜上被其他两种蛋白激酶（此处称为蛋白激酶1和2）磷酸化而被激活。蛋白激酶 1 同样是被磷酸化脂质的锚定位点所招募。Akt 一旦被激活，就从质膜上释放出来，进而可以在特定的丝氨酸和苏氨酸位点上磷酸化多种下游蛋白（未显示）。

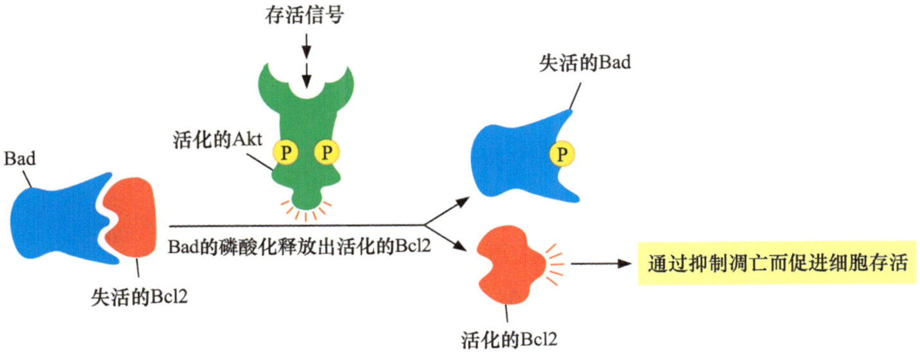

图 16-33　激活的 Akt 促进细胞存活。Akt 促进细胞存活的途径之一是通过磷酸化和失活一种称为 Bad 的蛋白质。在非磷酸化状态下，Bad 通过结合和抑制 Bcl2 蛋白，促进细胞凋亡，而 Bcl2 本来的作用是抑制细胞凋亡。当 Bad 被 Art 磷酸化后，Bad 释放出 Bcl2，Bcl2 进而阻断细胞凋亡，从而促进细胞的存活。

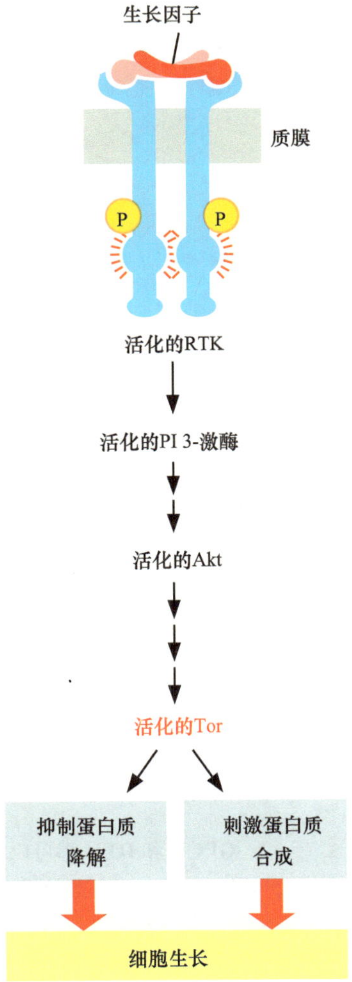

图 16-34　Akt 通过激活丝氨酸/苏氨酸激酶 Tor 刺激细胞生长。生长因子与 RTK 的结合激活了 PI 3-激酶-Akt 信号通路（如图 16-32 所示）。Akt 再通过磷酸化抑制一种使 Tor 保持关闭的蛋白质（图中未显示），从而间接地激活 Tor。Tor 通过磷酸化相关过程中的关键蛋白，来刺激蛋白质合成并抑制蛋白质降解（图中未显示）。抗肿瘤药物雷帕霉素就是通过抑制 Tor 来减缓细胞的生长。事实上，Tor 蛋白被如此命名正是因为它是雷帕霉素的靶点（target of rapamycin）。

发挥作用，这也表明这条信号通路在调控细胞生长和存活中的重要作用以及该通路在癌症中失调所导致的后果。

由 GPCR 和 RTK 激活的胞内主要的信号级联反应总结在图 16-35。尽管这些通路看上去已复杂得令人生畏，但实际的细胞信号转导通路比这还要复杂得多。第一，我们没有讨论所有在细胞中发挥功能的信号转导通路；第二，尽管我们以一种相对线性且独立的方式将其描绘出来，但这些信号通路并非完全独立地发挥作用。我们将在本章的总结部分再次讨论信号整合的有关内容。现在，我们稍微绕个弯来介绍几种重要但远被我们忽视的信号系统。

有些受体可以激活一条直达细胞核的快速通道

不是所有受体在将信息传递到细胞核的过程中都会触发这种由多个蛋白质参加的复杂信号级联反应。有一些受体可以通过一种更为直接的路径来控制基因的表达。Notch 蛋白就是这样一种受体，它在所有动物的发育和成体中都发挥极其重要的作用。此外，它还可以控制果蝇（*Drosophila*）神经细胞的发育（图 16-38）。

在这条简单的信号通路中，受体本身就是一个转录调控因子。当 Notch 受体和邻近细胞表面的跨膜信号蛋白 Delta 结合而被激活后，Notch 受体被切割，释放出受体的胞质尾巴，尾巴随后自由扩散进入细胞核，帮助激活一系列适当的 Notch 响应基因（图 16-39）。

一些胞外信号分子穿过细胞质膜与胞内受体结合

胞外信号分子所采用的另一条直达细胞核的路径则依赖于胞内受体蛋白（参见图 16-4B）。这类分子包括**类固醇激素**（steriod hormone）如皮质醇（cortisol）、雌二醇（estradiol）和睾酮（testosterone），以及甲状腺激素如甲状腺素（thyroxine）（图 16-40）。所有这些疏水性的分子都可以通过靶细胞质膜，并与位于胞质或者细胞核中的受

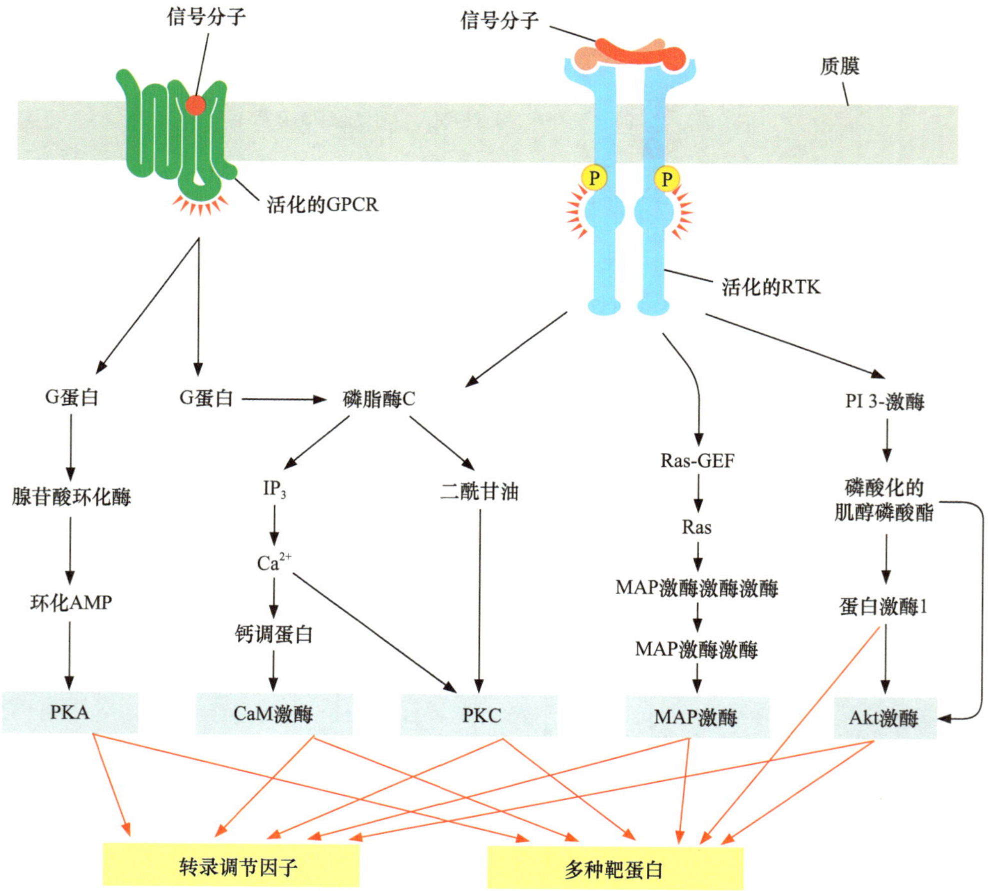

图 16-35 GPCR 和 RTK 都可以激活胞内多条信号通路。本图中总结了五条这样的通路：两条起始于 GPCR，分别是通过腺苷酸环化酶和磷脂酶 C；三条起始于 RTK，分别是通过磷脂酶 C、Ras 和 PI 3-激酶发挥功能。每条通路都互不相同，但它们会利用一些共同的组分传递信号。因为这五条通路最终都激活蛋白激酶（灰色方框），所以看上去每条通路都有能力调控细胞中的几乎所有进程。

解析细胞信号通路

胞内信号通路从来不是通过一个实验就能描绘出来的。虽然胰岛素在 20 世纪 20 年代早期从狗的胰腺中首先分离出来，但是研究人员花了几十年的时间才解析出来从胰岛素结合受体开始到激活负责葡萄糖吸收的转运蛋白激活之间的一系列事件的分子链，而这一信号通路至今仍未完全搞清楚。

相反，研究人员通过拼图式地把信号通路中的所有连接逐步组合在一起，渐渐弄清楚了每一个连接对细胞响应如胰岛素等的胞外信号有什么贡献。在本节中，我们会讨论科学家如何利用各种实验来鉴定出单个连接，并最终把每个连接拼凑在一起形成复杂的信号通路。

亲密的相遇者

多数信号通路都依赖蛋白质之间的物理相互作用，有多种方法可以检测这种直接的相互作用。其中一种方法是利用一个蛋白质作为“诱饵”。例如，为了分离出结合胰岛素的受体，我们可以先把胰岛素连接到色谱柱上，再利用可以破坏细胞膜的去垢剂去处理那些响应胰岛素的细胞，将跨膜的受体蛋白释放出来（参见图 11-27），然后将破碎的细胞悬浮液加入到色谱柱，这时与胰岛素结合的蛋白质就被捕获到柱上，之后可以被洗脱并做进一步分析（参见图 4-55）。

信号通路中蛋白质与蛋白质的相互作用也可以用免疫共沉淀（co-immunoprecipitaion）的方法进行鉴定。例如，将与胞外信号分子接触后的细胞破碎，利用抗体可以抓取那些已知的、可以识别信号分子的受体蛋白（参见图版 4-2 和图版 4-3）。如图 16-29 所示，如果受体蛋白与其他蛋白质存在紧密相互作用，那些互作的蛋白质也可以被抗体捕获。通过这种方式，研究人员可以鉴定出当胞外信号分子刺激细胞时有哪些蛋白质发生了相互作用。

一旦确定两个蛋白质发生了相互作用，研究人员可以利用第 10 章所述的 DNA 技术来继续准确地找出蛋白质的哪个部分对相互作用是必需的。例如，为了鉴定出某一胞内信号蛋白结合在受体酪氨酸激酶（RTK）上的哪个磷酸化酪氨酸位点，可以构建一系列的突变受体，每一个突变体都在其胞质结构域缺失了一个不同的酪氨酸（图 16-36），通过这种方式就可以鉴定出负责结合的特定酪氨酸。类似的，也可以鉴定出该磷酸化酪氨酸锚定位点是否对该受体将信号传递到细胞是必需的。

堵塞通路

研究人员最终的目的是评估一个特定的蛋白质在信号通路中的作用。首先，第一个实验是可以利用重组 DNA

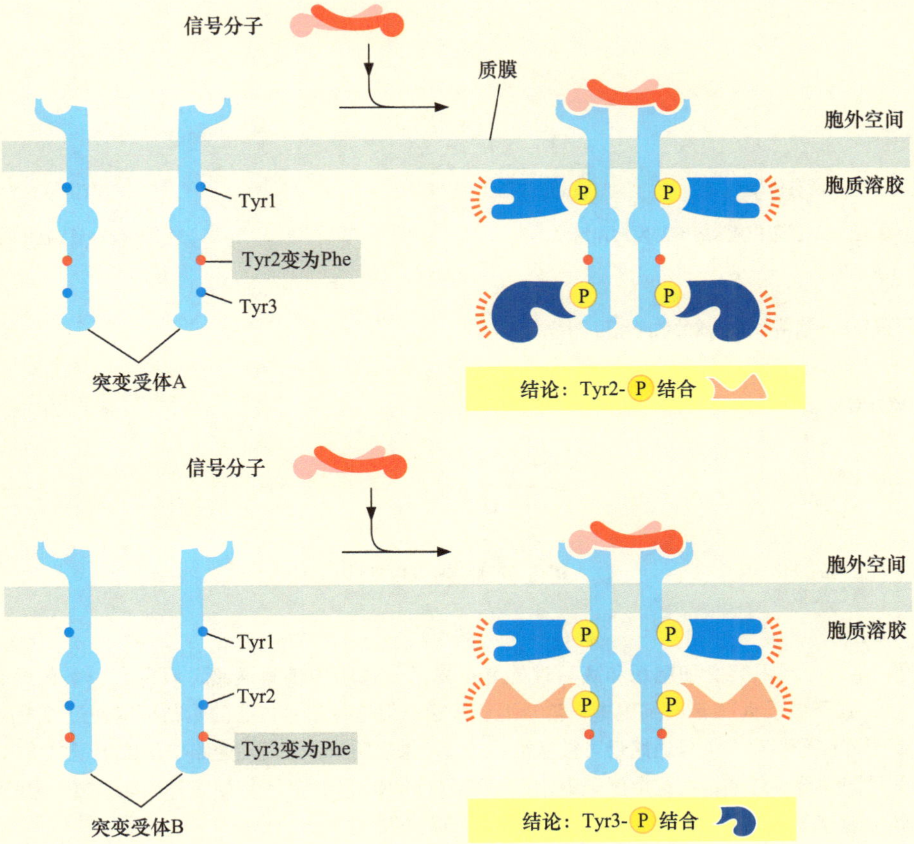

图 16-36 突变蛋白有助于精确鉴定出一个胞内信号分子的结合位点。如图 16-29 所示，一对 RTK 在与其胞外信号分子结合后相互靠近，并磷酸化彼此胞质尾巴上特定的酪氨酸。这些磷酸化的酪氨酸会结合不同的胞内信号蛋白并激活它们，从而将信号传递下去。为了鉴定哪一个酪氨酸结合某个特定的胞内信号蛋白，可以构建一系列的突变受体。在图示的突变体中，2 号或 3 号酪氨酸分别被苯丙氨酸（红色）取代，因此无法在该位点被磷酸化。其结果是，突变的受体不再与图 16-29 所示的胞内信号蛋白中的一种结合。这样，就可以观察细胞对信号响应的结果。有一点很重要，就是在细胞中检测突变受体时，细胞自身不能含有可以响应信号分子的正常受体。

技术将一个编码具有持续活性蛋白的基因导入到细胞中，观察该操作是否可以模拟胞外信号分子的效应。以 Ras 蛋白为例，人类癌症中的 Ras 突变体持续具有活性，因为它丧失了水解其结合的 GTP 的能力，从而使 Ras 持续维持活性状态。这一持续活化的突变体甚至可以在增殖信号不存在的情况下刺激一些细胞的不断增殖。

相反，某个特定信号蛋白的活性也可以被抑制或终止。以 Ras 为例，研究人员可以利用 RNA 干扰或 CRISPR（参见图 10-31）来降低 *Ras* 基因在细胞中的表达。这种细胞在胞外分裂素信号存在的情况下也不会增殖，表明正常的 Ras 信号通路在细胞增殖响应中的重要性。

制造突变体

研究人员用于鉴定细胞信号转导参与蛋白的另一个强有力的策略就是对成千上万的动物如果蝇或线虫进行筛选，以寻找那些信号通路无法正常工作的突变体。只要检测到的突变动物足够多，许多编码信号通路蛋白的基因就可以被鉴定出来。

这种经典的遗传筛选同样有助于排列出胞内信号蛋白在通路中的作用顺序。假设在一次遗传筛选中找到了一对参与 Ras 信号通路的新蛋白质 X 和 Y，为确定这些蛋白质是位于 Ras 的上游还是下游，可以分别构建蛋白质 X 和蛋白质 Y 的失活突变体，并将其表达在细胞中，然后再在细胞中引入持续活化形式的 Ras，观察这些失活突变体所导致的细胞表型是否可以被活化形式的 Ras 所“拯救”。如果持续活化形式的 Ras 可以恢复由突变蛋白造成的阻断，那么该蛋白质在通路中一定是在 Ras 的上游发挥作用（图 16-37A）。如果 Ras 在该蛋白质的上游，那么持续活化的 Ras 则不能越过阻断将信号传递下去（图 16-37B）。利用这些实验，即使最复杂的胞内信号转导通路，也能逐步推断出来（图 16-37C）。

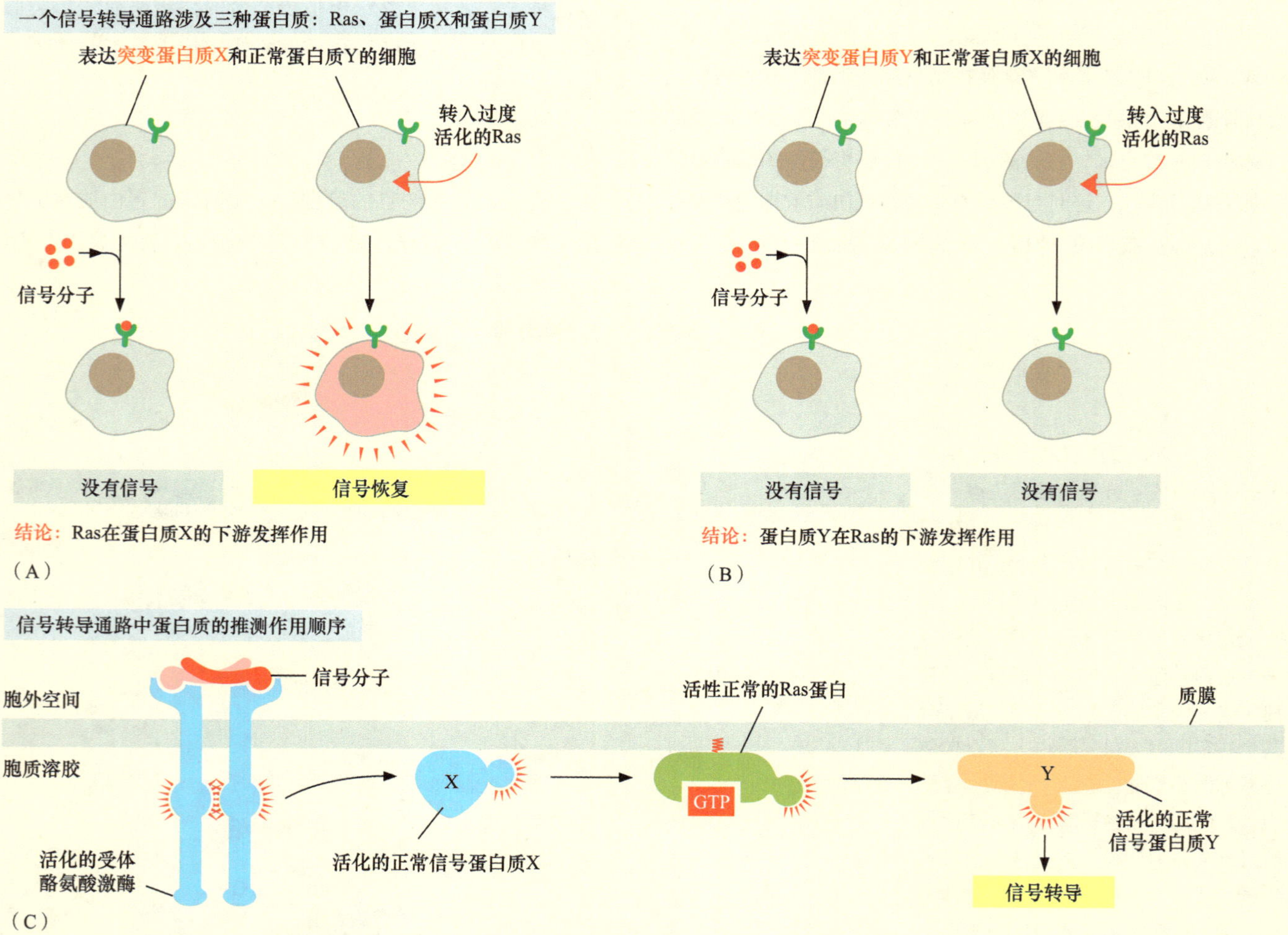

图 16-37 **利用突变细胞系和高活性的 Ras 揭示一条胞内信号通路。**假定有一条包含 Ras、蛋白质 X、蛋白质 Y 的信号通路。（A）在蛋白质 X 失活的细胞中，信号无法传递。但这种信号传递的阻断可以通过加入高活性形式的 Ras 进行恢复，这样一来即使胞外信号不存在信号通路仍可被激活。这个结果表明 Ras 蛋白在通路中是位于蛋白质 X 的下游。（B）在蛋白质 Y 失活的细胞中，信号同样无法传递。在这个例子中，引入高活性的 Ras 蛋白并不能使信号通路恢复，这表明蛋白质 Y 在 Ras 蛋白的下游发挥作用。（C）基于这些结果，可以推测出图示的信号通路的顺序。

图 16-38　Notch 信号可以控制果蝇神经细胞的生成。果蝇胚胎的神经系统源于一层上皮细胞。这层细胞中一些另类的细胞开始特化成神经细胞（蓝色）；与之相邻的细胞则不会特化为神经细胞，而是保持上皮层的结构。控制这一过程的信号通过细胞与细胞间的直接接触进行传递：每个准神经细胞都会向其邻近的细胞分泌一种抑制信号，阻止其特化为神经细胞——该过程称为侧抑制。信号分子 Delta 和受体分子 Notch 都是跨膜蛋白。该通路代表了一种接触依赖性的信号传递（参见图 16-3D）。

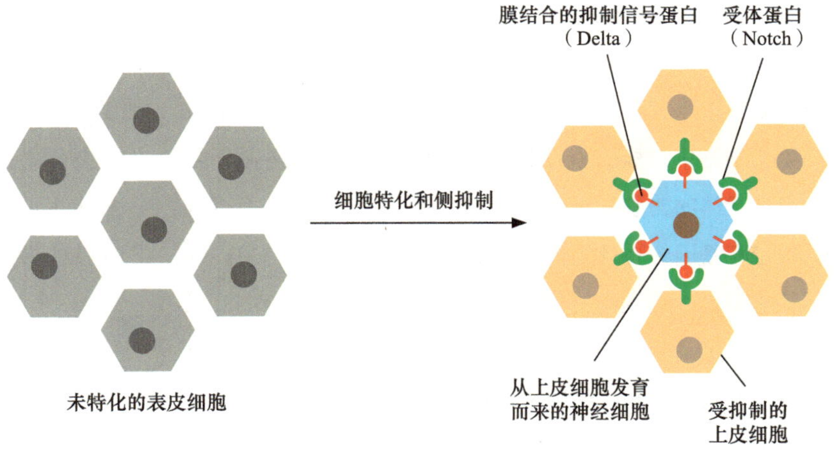

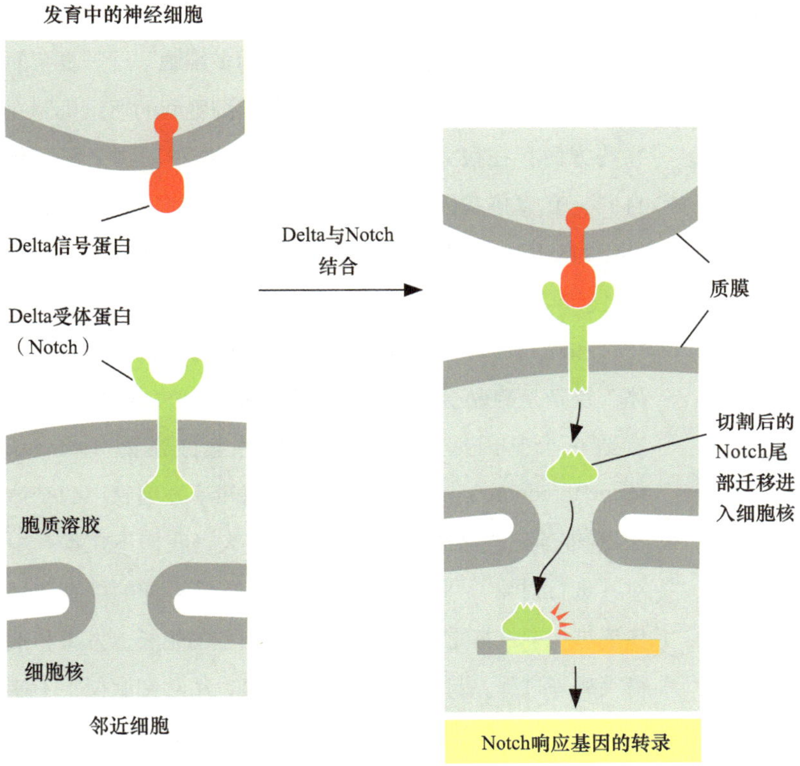

图 16-39　Notch 受体本身是一个转录调控因子。当膜结合的信号蛋白 Delta 与其邻近细胞上的 Notch 受体结合后，受体蛋白被蛋白酶剪切。Notch 被释放的胞质尾部部分进入细胞核内，激活 Notch 的响应基因。该信号传递过程的一种结果见图 16-38。

图 16-40　一些疏水性小分子激素可以与发挥转录调控作用的胞内受体结合。虽然这些信号分子的化学结构与功能不同，但它们都是通过结合作为转录调控因子的胞内受体蛋白而发挥作用。它们的受体虽不尽相同，但在演化上存在相关性，都属于核受体蛋白超家族（nuclear receptor superfamily）。表 16-1 展示了这些激素的起源部位和功能。

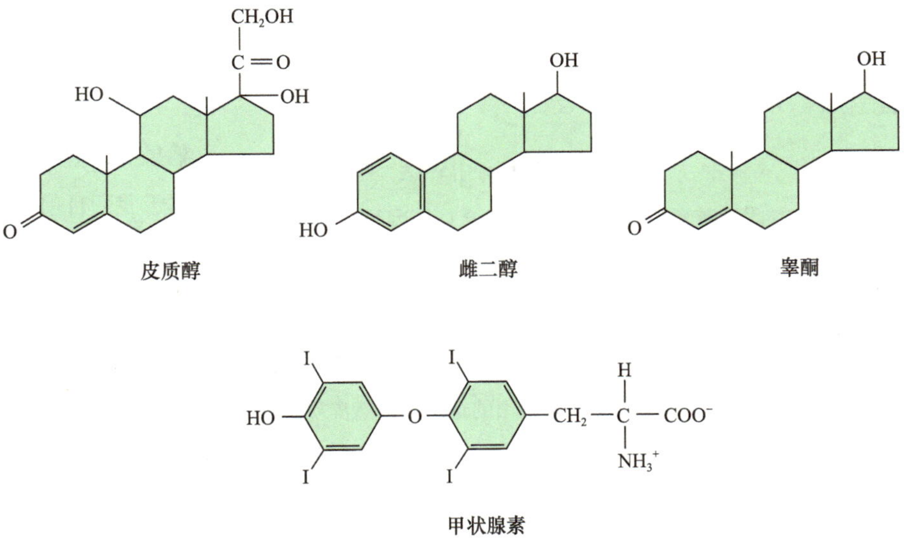

体蛋白结合。无论这些受体蛋白的初始位置在何处，它们都被称为**核受体**（nuclear receptor），因为它们与激素结合而被激活后，都会进入细胞核，调控基因的转录。在未被刺激的细胞中，核受体通常都处于失活状态。当与激素结合后，受体的构象发生大幅改变使受体被激活，从而可以对特定靶基因的转录发挥促进或抑制作用（图 16-41）。不同的激素结合不同的核受体，每个核受体作用于 DNA 上一套不同的调控位点（如第 8 章所述）。此外，一种特定的激素通常在不同的细胞中调控一套不同的基因，从而在不同的靶细胞中引发不同的生理效应。

核受体和激活这些受体的激素在人类生理机能中具有重要的作用（参见表 16-1）。这些信号系统的缺失会产生非常严重的后果。以男性性激素睾酮的受体突变缺失所带来的影响为例，在人体中睾酮参与了外生殖器的形态建成，并影响胎儿的脑部发育。在青春期，睾酮也会促进男性第二性征的发育。一些极其罕见的个体基因型是男性，拥有 X 和 Y 染色体，但由于特定基因的突变而缺失睾酮受体，因此，他们虽然可以合成睾酮，但他们的细胞无法对睾酮做出响应，最终，这些个体发育成女性，这也是性别和大脑在没有男性或女性激素合成的情况下必然会选择的发育方向。这种性别反转揭示了睾酮受体在性别发育中的重要作用，它也说明受体不仅在一种细胞中介导睾酮的一种作用，也会作用于多种细胞，从而全方位地参与不同于女性的男性性别特征的形成。

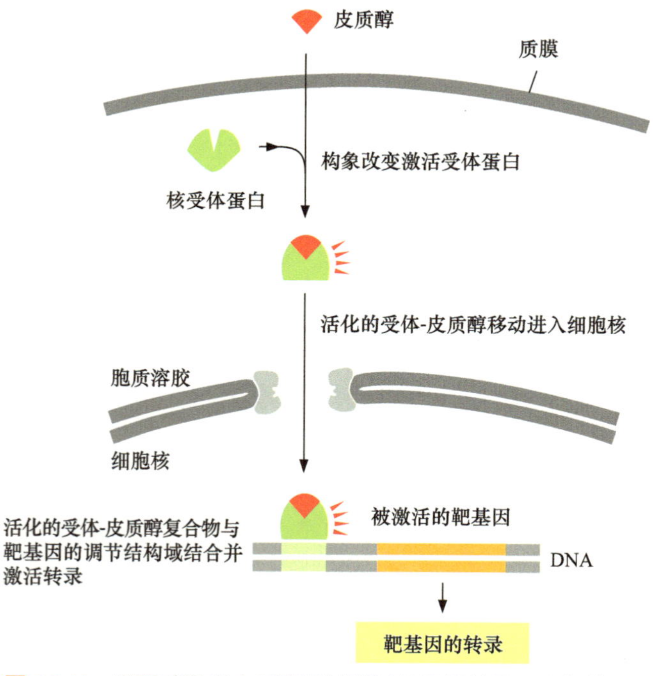

图 16-41　类固醇激素皮质醇通过激活转录调控因子发挥作用。 皮质醇是肾上腺在响应压力时所分泌的一种激素。它可以穿过靶细胞的细胞质膜，与胞质中的受体蛋白相结合。受体-激素复合物随后通过核孔转运至细胞核中。皮质醇的结合激活了受体蛋白，使之可以与 DNA 上的特定调控序列结合，从而激活（或抑制，图中未显示）特定靶基因的转录。虽然皮质醇和其他类固醇激素的受体位于细胞质中，其他一些类固醇激素以及甲状腺激素的受体蛋白即使在没有激素存在时就已经结合在 DNA 上。

植物使用的受体和信号传递策略不同于动物

植物和动物已经独立地演化超过了十亿年，它们最近的共同祖先可能是一种靠自己生存的单细胞真核生物。因为这两界在如此久远之前，当它们还是“每个细胞独立生存的状态”时，就已经出现演化分歧，所以它们各自都演化出了自己的分子策略来解决“成为多细胞”这一复杂问题。因此，在植物和动物中，细胞与细胞间的通讯机制在某些方面存在很大的差异。然而，植物和动物又都演化自同一套真核基因，包括一些被单细胞生物间用来彼此交流的基因，所以动植物的信号传递系统又表现出一些相似性。

和动物一样，植物也广泛地利用细胞表面的跨膜受体，特别是酶联受体。细长的野草拟南芥（参见图 1-33）有数百个基因编码**受体丝氨酸/苏氨酸激酶**（receptor serine/threonine kinase）。然而，它们和动物细胞中的受体丝氨酸/苏氨酸激酶在结构上差别很大（我们不在本章中对其进行讨论）。植物受体被认为在广泛多样的细胞信号传递过程中发挥重要作用，包括控制植物生长、发育和抵御疾病等过程。与动物细胞不同的是，植物细胞似乎不使用 RTK、类固醇-激素类型的核受体或是 cAMP，偶尔用到少数的 GPCR。

在植物中研究得最清楚的一个信号传递系统是细胞对乙烯的响应。乙烯是一种气体激素，可以调控多种发育过程，包括种子的萌发和果实的成熟。番茄种植者利用乙烯催熟果实，甚至在采摘后也可以。尽管乙烯受体在演化上不属于我们目前讨论过的任何一类受体蛋白，但它是作为酶联受体而发挥作用的。令人惊奇的是，受体在空置的时候处于激活态：在没有乙烯时，空的受体激活一种结合的蛋白激酶，最终关闭了核内的乙烯响应基因。当乙烯存在时，受体和激酶是非活化的，乙烯响应基因，因此开启转录（图 16-42）。这种信号解除转录抑制的策略在植物中广泛使用。

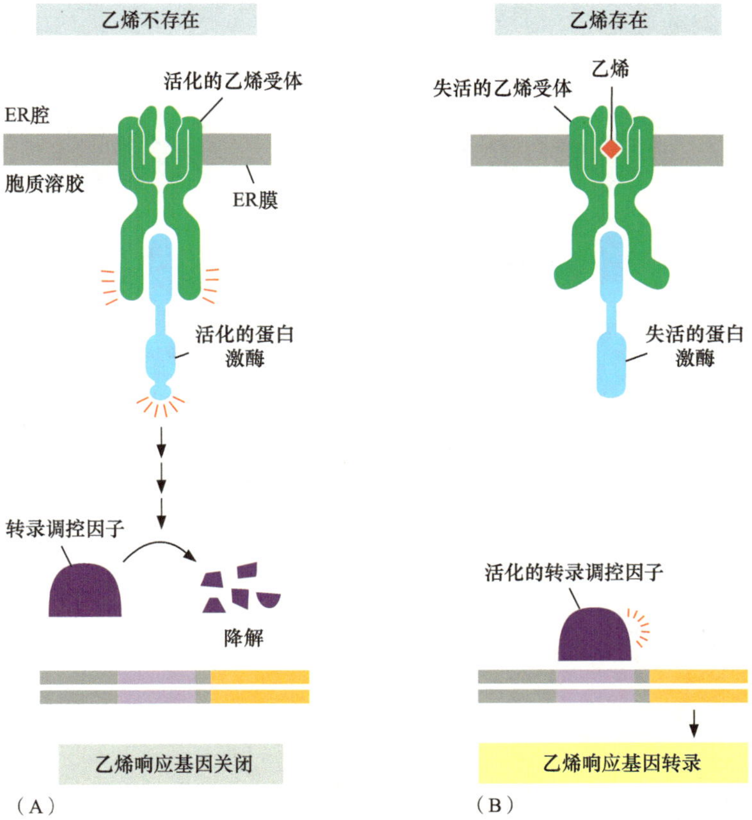

图 16-42 乙烯信号通路通过解除抑制来开启基因。(A) 当乙烯不存在时，受体直接激活一种结合的蛋白激酶，后者再间接地促进那些负责开启乙烯响应基因的转录调控因子的降解，其结果是基因保持关闭状态。(B) 在乙烯存在的情况下，受体和激酶都处于失活的状态，转录调控因子保持完整并刺激乙烯响应基因的转录。与乙烯受体相互作用的激酶是一种丝氨酸/苏氨酸激酶，它与动物细胞中的 MAP 激酶激酶激酶（参见图 16-31）在演化上关系密切。注意，乙烯受体位于内质网上。由于乙烯具有疏水性，所以它可以容易地进入细胞内部与受体结合。

蛋白激酶网络通过整合信息来控制复杂的细胞行为

无论植物细胞还是动物细胞，都会接收到不同来源的信息。细胞必须将这些信息进行整合以产生合适的响应：生存或死亡、分裂、分化、改变形状、迁移或分泌自己的化学信息等（参见图 16-6，视频 16.7 和 16.8）。这种整合是通过不同信号传递通路之间的连接与相互作用来实现的。这种互作使得细胞将多道信息流整合在一起并对这组丰富的信息组合做出响应。

信号通路之间最广泛的连接是由每条通路存在的蛋白激酶所介导。除了自己信号通路中的成分外，这些激酶也常常可以磷酸化调控其他信号通路中的成分（参见图 16-35）。为了解这种复杂性的规模，基因组测序研究显示，人体约 19 000 个蛋白质编码基因中约有 2% 的基因编码的是蛋白激酶。此外，预计一个哺乳动物细胞存在有数百种不同的蛋白激酶。

许多胞内蛋白具有多个潜在的磷酸化位点，其中每个位点能被不同的蛋白激酶磷酸化，因此这些蛋白质可以作为信号的整合装置。从不同胞内信号通路接收到的信息可以汇合在这些蛋白质上，它们随后再将一条多组分的输入信号转换成单条输出信号（图 16-43，并参见图 16-9）。这些整合蛋白反过来也可以把一个信号递送给多个下游靶分子。通过这种方式，胞内信号系统可以像大脑中的神经细胞网络或计算机的集成微处理器一样，诠释复杂的信息并产生复杂的响应。

我们对于这些错综复杂的网络的认识仍处于逐步发展的过程中：我们仍在发现信号链中的新连接、新的信号传递伴侣、新的联系甚至是新的通路。揭开动植物中这些胞内信号通路的面纱是细胞生物学中最活跃的研究领域之一，而且每天都会有新的发现。基因组测序项目为我们持续地提供了各个物种中参与信号转导的新组分名单。然而，即使有一天我们能鉴定出这个精巧的信号通路网络的所有成分，仍然存在着一个重大的挑战，即了解所有这些通路如何共同发挥作用，使得细胞以及有机体可以整合那些持续不断地批量涌向它们的形形色色的信号，并以合适的方式做出响应，从而增强它们的适应和存活能力。

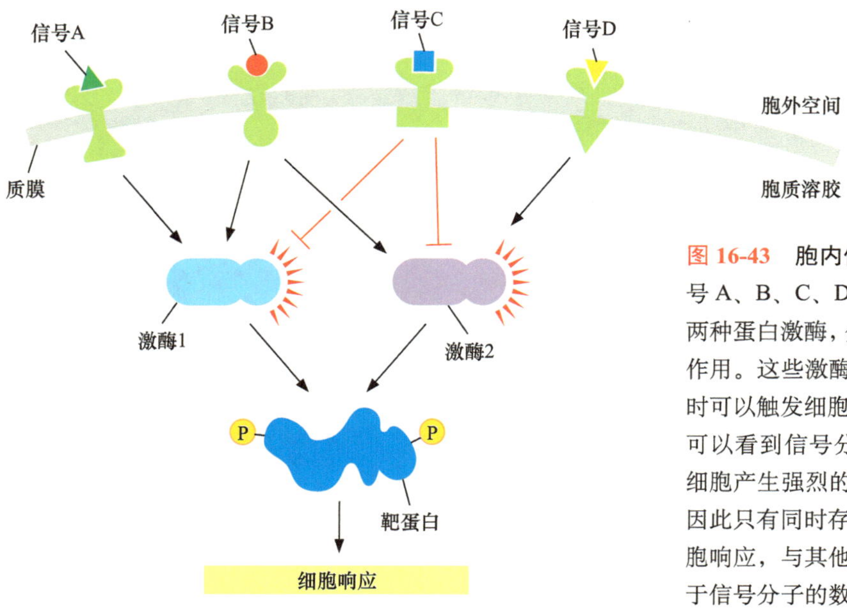

图 16-43 **胞内信号蛋白可以对输入的信号进行整合。**胞外信号 A、B、C、D 激活细胞质膜上的不同受体。这些受体作用于两种蛋白激酶，分别起激活（黑色箭头）或抑制（红色横箭头）作用。这些激酶磷酸化同一个靶蛋白。当靶蛋白被完全磷酸化时可以触发细胞响应。

可以看到信号分子 B 可同时激活两种蛋白激酶，因此可以使细胞产生强烈的响应。信号分子 A 和 D 分别激活不同的激酶，因此只有同时存在时才能产生细胞响应。信号分子 C 会抑制细胞响应，与其他信号分子起竞争作用。最终的净输出不但依赖于信号分子的数量，还依赖于它们之间相互联系的强度。在一个真正的细胞里，这些参数是由演化所决定的。

基本概念

- 多细胞生物的细胞通过许多不同的胞外化学信号进行通讯。
- 在动物中，激素经血液运载给远处的靶细胞，但大多数其他的胞外信号分子往往只作用于短距离。相邻细胞常常通过直接的细胞接触进行通讯。
- 胞外信号分子要影响靶细胞，必须通过靶细胞表面或内部的受体蛋白发生相互作用。每种受体蛋白识别一种特定的信号分子。
- 大多数胞外信号分子与细胞表面的受体蛋白结合，受体蛋白将胞外信号转化（转导）成不同的胞内信号。该过程通常会组织形成信号通路。
- 细胞表面受体主要有三大类：①离子通道偶联受体；② G 蛋白偶联受体；③酶联受体。
- G 蛋白偶联受体和酶联受体响应细胞外信号，激活一条或数条胞内信号通路，从而改变细胞的行为。
- 关闭信号通路和开启它们同样重要。信号通路中每一个激活的成分都必须随后被抑制或被移除，为信号通路再次发挥功能做准备。
- G 蛋白偶联受体激活一种三聚体状态的 GTP 结合蛋白，称为 G 蛋白。G 蛋白作为分子开关，可在短时间内把信号向前传递，并随后通过水解自身结合的 GTP 为 GDP 而关闭它们自身的活性。
- G 蛋白可直接调节质膜中的离子通道或酶。有些 G 蛋白可直接激活（或失活）腺苷酸环化酶，从而增加（或降低）胞内第二信使分子 cAMP 的浓度。其他 G 蛋白可直接激活磷脂酶 C，产生第二信使分子肌醇三磷酸（IP_3）和二酰甘油。
- IP_3 开启内质网膜上的 Ca^{2+} 通道，将大量的游离 Ca^{2+} 释放涌入胞质溶胶。 Ca^{2+} 本身作为一种第二信使，可以改变多种 Ca^{2+} 响应蛋白的活性，包括钙调蛋白。钙调蛋白可激活多种靶蛋白如 Ca^{2+}/钙调蛋白依赖的蛋白激酶（CaM-激酶）。
- cAMP 的增加激活蛋白激酶 A（PKA），而 Ca^{2+} 和二酰甘油共同激活蛋白激酶 C（PKC）。
- PKA、PKC 和 CaM-激酶可选择性地磷酸化靶蛋白上的丝氨酸和苏氨酸，由此改变靶蛋白的活性。不同类型的细胞含有不同的信号组合和效应蛋白，因此受到影响的方式也不同。
- 酶联受体的胞内蛋白结构域或自身具有酶功能，或与胞内的其他酶结合。许多酶联受体是受体酪氨酸激酶（RTK），它们可磷酸化自身及特定胞内信号蛋白的酪氨酸。RTK 上的磷酸化酪氨酸随后可作为多种胞内信号蛋白的锚定位点。
- 大多数 RTK 可激活单体 GTP 酶 Ras。Ras 进而可激活一种三蛋白 MAP 激酶信号组件，帮助将信号从质膜传递到细胞核。
- Ras 的突变使 Ras 持续具有活性，造成 Ras-MAP 激酶信号通路的持续活化，从而刺激细胞不断增殖。这是许多人类癌症的共同特征。

- ◆ 一些 RTK 通过激活 PI 3-激酶来刺激细胞增殖和细胞存活。激活的 PI 3-激酶磷酸化质膜脂双层胞质侧特定的肌醇磷酸酯，在质膜上形成脂质锚定位点，进而从胞质溶胶中募集并激活特定的信号蛋白，包括蛋白激酶 Akt，将信号接力传递下去。
- ◆ 其他一些受体如 Notch 具有一条直达细胞核的通路。在被激活后，受体的一部分会从质膜转移到细胞核中，调控特定基因的转录。
- ◆ 一些胞外信号分子如类固醇激素和一氧化氮是疏水性小分子，可穿过细胞质膜并激活胞内蛋白。这些蛋白质通常是转录调控因子或酶。
- ◆ 植物和动物一样，也利用细胞表面的酶联受体来识别胞外信号分子，从而控制自身的生长和发育。这些受体常常是通过解除特定基因的转录抑制而发挥功能。
- ◆ 不同的胞内信号通路相互作用，使每种类型的细胞都能对复杂的胞外信号组合产生适当的反应。如果这些信号不存在，大部分动物细胞会通过凋亡而程序性地杀死自己。
- ◆ 细胞如何整合多种多样的、大批量的胞外信号并产生适当的响应，我们对该过程的理解远未透彻。

关键词

适应（adaptation）
腺苷酸环化酶（adenylyl cyclase）
Ca^{2+}/钙调蛋白依赖的蛋白激酶（Ca^{2+}/calmodulin-dependent protein kinase，CaM -kinase）
钙调蛋白（calmodulin）
细胞信号转导（cell signaling）
环腺苷酸（cyclic AMP）
cAMP 依赖的蛋白激酶（cyclic-AMP-dependent protein kinase，PKA）
二酰甘油（diacylglycerol，DAG）
酶联受体（enzyme-coupled receptor）
胞外信号分子（extracellular signal molecule）
G 蛋白（G protein）
G 蛋白偶联受体（G-protein-coupled receptor，GPCR）
GTP 结合蛋白（GTP-binding protein）
激素（hormone）
肌醇-1,4,5-三磷酸（inositol-1,4,5-trisphosphate，IP_3）
肌醇三磷酸（inositol trisphosphate）
细胞内信号（intracellular signaling molecule）
离子通道偶联受体（ion-channel coupled receptor）
局部介质（local mediator）
MAP 激酶（MAP kinase）
MAP 激酶信号组件（MAP-kinase signaling module）
单体 GTP 酶（monomeric GTPase）
神经递质（neurotransmitter）
一氧化氮（nitric oxide，NO）
核受体（nuclear receptor）
磷酸肌醇 3-激酶（phosphoinositide 3-kinase，PI 3-kinase）
磷脂酶 C（phospholipase C）
蛋白激酶（protein kinase）
蛋白激酶 C（protein kinase C，PKC）
蛋白磷酸酶（protein phosphatase）
Ras
受体（receptor）
受体丝氨酸/苏氨酸激酶（receptor serine/threonine kinase）
受体酪氨酸激酶（receptor tyrosine kinase，RTK）
信号转导（signal transduction）
类固醇激素（steriod hormone）
酪氨酸激酶（tyrosine kinase）

问题

问题 16-1

为保证旁分泌信号分子只在局部发挥作用，务必要防止这些信号分子从起源地扩散太远。请提出几种不同方式以实现该目的并解释你的答案。

问题 16-2

从原理上讲，一个胞内信号蛋白在传递信号的过程中如何对信号进行放大？

问题 16-3

GPCR 是通过降低 GDP 与 G 蛋白的结合强度来激活 G 蛋白。这会导致结合的 GDP 迅速解离并随后被 GTP 所替代，因为胞质溶胶中的 GTP 浓度要比 GDP 高得多。假设 G 蛋白 α 亚基发生一个突变，导致 G 蛋白和 GDP 的亲和力降低但不会显著改变 G 蛋白和 GTP 的亲和性，这将会引起什么后果？比较该突变的效应和霍乱毒素的效应。

问题 16-4

解释为什么为了快速进行信号传递，细胞必须快速分解 cAMP？

问题 16-5

尽管胞外的 Ca^{2+} 通常很丰富，但细胞为了信号转导还是演化出了胞内的 Ca^{2+} 储存库，你认为原因是什么？

问题 16-6

任何胞内信号通路的重要特征之一是具备关闭通路的能力。思考图 16-28 所示的通路，哪些步骤需要关闭开关？你认为哪几个开关最为重要？

问题 16-7

如果使细胞表面与抗 RTK 蛋白的抗体相接触，你认为可以激活 RTK 吗？用类似的方法可以激活 GPCR 吗？（提示：复习图版 4-2 中抗体分子的性质）。

问题 16-8

下列说法哪些是正确的？解释你的答案。

A. 胞外信号分子乙酰胆碱对一个动物中的不同类型细胞有不同的效应，而且它通常会和不同类型细胞上的不同受体分子相结合。

B. 乙酰胆碱由细胞分泌后要存在很长时间，因为它必须到达全身各处的靶细胞。

C. GTP 结合的 α 亚基和没有核苷酸的 βγ 复合物都可以激活 GPCR 的下游其他分子，而完整装配但没有结合 GDP 的 G 蛋白则不能激活这些下游分子。

D. IP_3 是直接通过肌醇磷脂的切割而产生，并没有另外的磷酸基团的掺入。

E. 钙调蛋白调节细胞内 Ca^{2+} 的浓度。

F. 来源于质膜的不同信号能通过胞内不同信号通路间的相互作用而被整合。

G. 酪氨酸磷酸化为其他蛋白质与 RTK 的结合提供了结合位点。

问题 16-9

Ras 蛋白可发挥分子开关的作用，它是利用其他蛋白质将其结合的 GDP 释放出来进而结合 GTP 来开启自身的活性。而一种 GTP 酶激活蛋白可以刺激 Ras 更快速地将其结合的 GTP 水解为 GDP，从而再关闭自身的活性。因此，Ras 的工作方式就像一个电灯开关，一个人把它打开而随后另一人把它关掉。假设你正在研究一种没有 GTP 酶激活蛋白的突变细胞，那么当 Ras 蛋白响应胞外信号时，你预计 Ras 的活性变化会有什么异常？

问题 16-10

A. 比较在突触释放神经递质的神经细胞和将激素分泌到血液中的内分泌细胞信号传递的异同。

B. 讨论两种机制的相对优势。

问题 16-11

假设有两个胞内分子 X 和 Y，二者正常的合成速率是每个细胞中每秒钟合成 1000 个分子。X 分子的降解缓慢，每个 X 分子平均存在时间是 100s。而 Y 分子的降解速率是 X 分子的 10 倍。每个 Y 分子平均存在的时间是 10s。

A. 计算任一时间点细胞中含有多少个 X 分子和 Y 分子。

B. 如果 X 和 Y 的合成速率都突然增加 10 倍，达到每个细胞每秒钟合成 10 000 个分子，而它们的降解速率没有任何改变，那么 1s 后会有多少个 X 和 Y 分子？

C. 哪种分子更适合于快速的信号传递？

问题 16-12

在一系列实验中，研究人员把编码一种 RTK 突变体的基因引入细胞。细胞仍然可以从其正常的受体基因表达出正常的受体，只是这些突变体基因被设计为比正常基因的表达量要高出许多。如果将编码下列 RTK 突变体的基因引入细胞，会有什么后果：(A) 缺少其胞外结构域；(B) 缺少其胞内结构域？

问题 16-13

讨论以下说法："当结合配体时，多次跨膜蛋白的构象会发生改变，使得膜的另一侧能检测到该配体的结合。因此，单个蛋白分子就能够将信号传递跨膜。相反，一个单次跨膜蛋白无法通过构象变化把信号传递跨膜，而是需要寡聚化。"

问题 16-14

导致 G 蛋白激活的响应和导致 Ras 激活的响应之间有什么相同和不同之处？

问题 16-15

细胞利用 Ca^{2+}（通过钙泵使胞质溶胶中的 Ca^{2+} 浓度保持在 10^{-7}mol/L）进行胞内信号传递，而不是利用其他离子如 Na^{+}（通过钠泵使胞质溶胶内的 Na^{+} 浓度保持在 10^{-3}mol/L），你认为原因是什么？

问题 16-16

一个细胞如果有充足的营养供应而没有来自其他细胞的信号的持续刺激，就会启动自杀程序（参见图 16-6），这似乎违反直觉。你认为这种调控可能的优势是什么？

问题 16-17

在心肌细胞中，肌球蛋白/肌动蛋白系统的收缩是被胞内 Ca^{2+} 的增加所触发。心肌细胞具有特化的 Ca^{2+} 释放通道，称为里阿诺碱（ryanodine）受体，因为它对药物里阿诺碱敏感。该受体位于肌质网即一种特化形式的内质网的膜中。不同于内质网中 IP_3 门控的 Ca^{2+} 通道（图 16-25），开启里阿诺碱受体的信号分子正是 Ca^{2+} 本身。讨论里阿诺碱通道的这个特点对心肌细胞收缩的影响。

问题 16-18

假设有两个蛋白激酶 K1 和 K2 在一条胞内信号通路中发挥作用。如果两个蛋白激酶中有任何一个发生突变导致蛋白质永久失活，那么细胞都不会对胞外信号时做出响应。若 K1 激酶发生了另一种不同的突变导致蛋白质持续被激活，那么在含有该突变的细胞中即使没有胞外信号也可观察到细胞响应。在同时含有失活突变 K2 和激活突变 K1 的双突变细胞中，在即使没有胞外信号时你也观察到了细胞响应。那么在正常信号通路中，是 K1 激活 K2 还是 K2 激活 K1？解释你的答案。

问题 16-19

A. 描述一条从细胞表面受体到核内基因表达发生改变的长而间接的信号通路的各个步骤。

B. 将该通路和一条从细胞表面到细胞核的短而直接的通路进行比较。

问题 16-20

在 RTK 激活后，PI 3-激酶是如何激活 Akt 激酶的？

问题 16-21

思考一下胆固醇的结构。它是一种疏水性小分子，固醇骨架与图 16-40 所示的三种激素的骨架相类似，但具有更少的极性基团如—OH、═OH 和—COO^{-}。如果胆固醇在正常情况下在细胞膜中不存在，那么胆固醇是否可以作为激素被有效地使用（假设在已演化出一种合适的胞内受体的情况下）？

问题 16-22

类固醇激素类型的核受体和离子通道偶联受体所使用的信号传递机制都相对简单，因为该机制参与的成分很少。那么该机制可以对起始信号进行放大吗？如果是，如何放大？

问题 16-23

如果某些细胞表面受体，包括 Notch，可以通过激活质膜上潜在的转录调控因子并将信号快速地传递到细胞核，那为什么大部分的细胞表面受体还要通过长而间接的信号级联反应来影响核内的基因转录？

问题 16-24

动物细胞和植物细胞有许多差异很大的胞内信号转导机制，但也具有一些相同的机制。你认为这种情况是如何出现的？

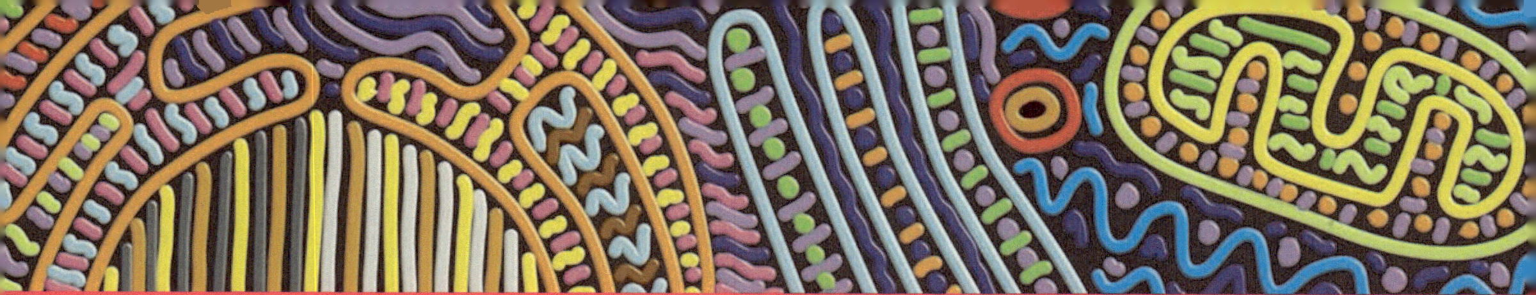

第17章 细胞骨架

中间丝
微管
肌动蛋白丝
肌肉收缩

真核细胞组织其内部的多种组分、形成各种不同的形状、与环境发生机械相互作用并产生协调运动的能力取决于**细胞骨架**（cytoskeleton）。这是一种错综复杂地贯穿整个细胞质的蛋白质纤维状网络（图 17-1）。该纤维状结构有助于支撑起细胞质巨大的体积，这一点对于没有细胞壁的动物细胞尤为重要。虽然细菌中也存在一些细胞骨架成分，但细胞骨架最主要是存在于大型且结构复杂的真核细胞中。

然而，与我们自身的骨骼不同的是，细胞骨架是一种高度动态的结构。当细胞改变其形状、分裂和响应周围环境时，细胞骨架也随之不断地进行重组。细胞骨架不仅是细胞的“骨骼”，也是它的“肌肉”，并直接负责细胞的大幅度运动，包括细胞沿物体表面的爬行、肌肉细胞的收缩以及胚胎发育过程中细胞形态的改变。没有细胞骨架，伤口就永远不会愈合，肌肉不会收缩，精子也永远不能触及卵子。

真核细胞的内部是动态的，也是高度有序的。执行特定功能的细胞器集中在不同的区域，并由运输系统相互连接（如第 15 章所述）。正是细胞骨架控制着细胞器的定位，并为细胞器之间的物质转运提供了转运机器。细胞骨架机器还负责在细胞分裂时将染色体均分到两个子细胞中，并将这两个新的子细胞拉开，这将在第 18 章进行讨论。

细胞骨架建立在由三类蛋白纤维组成的框架之上：*中间丝*（intermediate filament）、*微管*（microtubule）和*肌动蛋白丝*（actin filament）。每类纤维具有特定的力学性质，并由不同的蛋白亚基组成。一个纤维蛋白家族组成了中间丝；球形的*微管蛋白*（tubulin）亚基组成了微管；球形的肌动蛋白（actin）亚基组成了肌动蛋白丝（图 17-2）。每

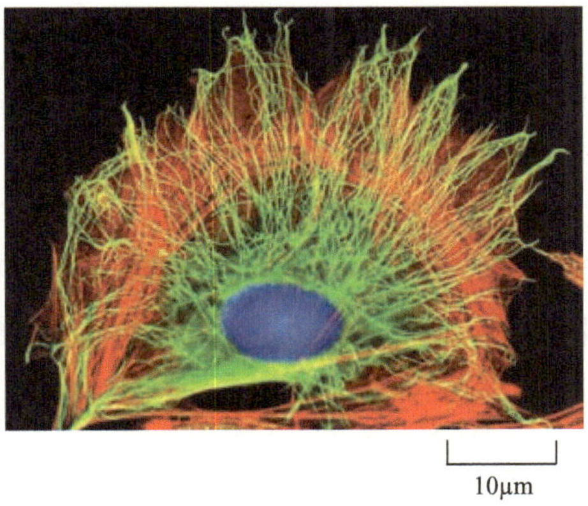

图 17-1 **细胞骨架赋予细胞一定的形状，使细胞组织其胞内组分和运动。**体外培养的动物细胞被标记后显示其两种主要的细胞骨架系统：微管（绿色）和肌动蛋白丝（红色）。二者共定位的地方显示为黄色。细胞核内的 DNA 标记为蓝色。（蒙 Albert Tousson 惠赠。）

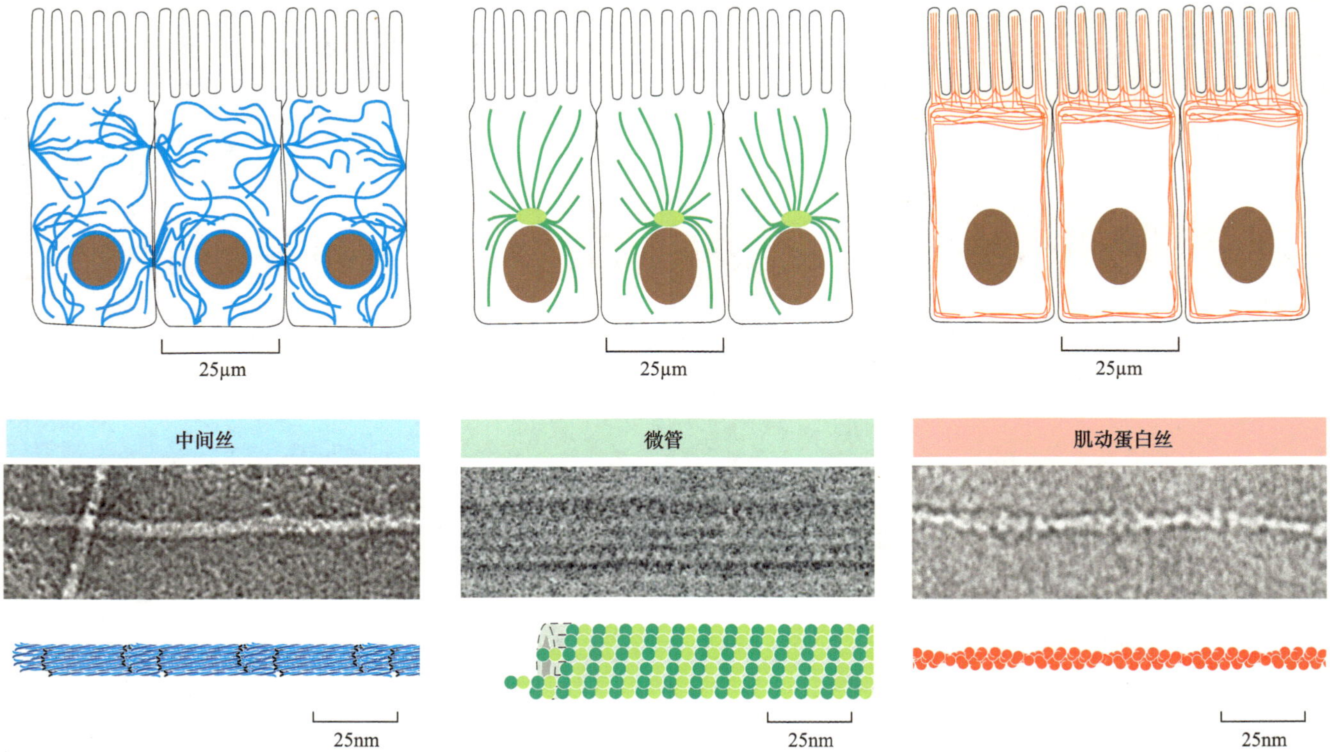

中间丝呈绳状，直径约 10nm，由纤维状的中间丝蛋白组成。其中一种类型的中间丝在紧贴内层核膜的下方形成网状组织，称为核纤层。其他类型的中间丝则伸展穿过细胞质，赋予细胞机械支撑力。在上皮细胞中，它们可以从一处的细胞连接横跨细胞质到达另一处细胞连接，从而分配上皮组织的机械压力。中间丝非常灵活，并有很好的抗张强度，在压力下会形变却不会断裂。（L. Norlen et al. *Exper. Cell Res.* 313：2217-2227，2007。蒙 Elsevier 惠许。）

微管是由微管蛋白组成的中空圆柱体。它们长且直，一端附着在一个名为中心体（centrosome）的微管组织中心上。微管外径约 25nm，因此比肌动蛋白丝或中间丝更具刚性，在受到拉伸时会发生断裂。（蒙 Richard Wade 惠赠。）

肌动蛋白丝也称为微丝（microfilament），是由肌动蛋白组成的螺旋状多聚体，直径约 7nm，结构灵活，可组织形成多种多样的线性丝束、二维网络和三维胶体。尽管肌动蛋白丝分布在整个细胞中，但它们在紧贴细胞质膜下方的细胞质层即皮层（cortex）上富集的程度最高。（蒙 Roger Craig 惠赠。）

图 17-2 **组成细胞骨架的三种蛋白纤维在组成、机械性质和细胞内的功能等方面存在不同。**图中显示的是三种蛋白纤维在上皮细胞中的形态，但它们在几乎所有的动物细胞中都存在。

一类蛋白纤维都是由成千上万个亚基聚合形成的蛋白质细线，有时可横跨整个细胞。

在本章我们会依次了解这三类蛋白纤维的结构与功能。我们将从负责为细胞提供机械支撑力的中间丝开始，然后了解微管如何组织真核细胞的细胞质，并形成毛发状的可活动附属物，从而使细胞能够像原生动物和精子一样游动。接下来，我们会讨论肌动蛋白丝如何支撑起细胞表面并为成纤维细胞及其他细胞的爬行提供动力。最后，我们将讨论肌动蛋白丝如何使我们的肌肉收缩。

中间丝

中间丝（intermediate filament）有很强的抗拉强度，因而它们的主要功能就是使细胞在拉伸时能经受住机械力的作用。它们最初在平滑肌细胞中被发现，由于它们的直径（约 10nm）介于较细的肌动蛋白丝和较粗的肌球蛋白丝（myosin filament）之间，因此称为中间丝。在三类细胞骨架中，中间丝最为坚韧：当用高浓度盐溶液和非离子去垢剂处理细胞时，其余大部分细胞骨架都被破坏，而中间丝可以保留下来。

中间丝存在于绝大多数动物细胞的细胞质中，它们通常会形成一种遍及整个细胞质的网络结构，包围着细胞核，并伸展到细胞的周边。在那里，它们往往锚定在称为细胞桥粒（desmosome，在第 20 章进行讨论）的细胞-细胞连接处的细胞质膜上（图 17-3）。中间丝也分布于动物

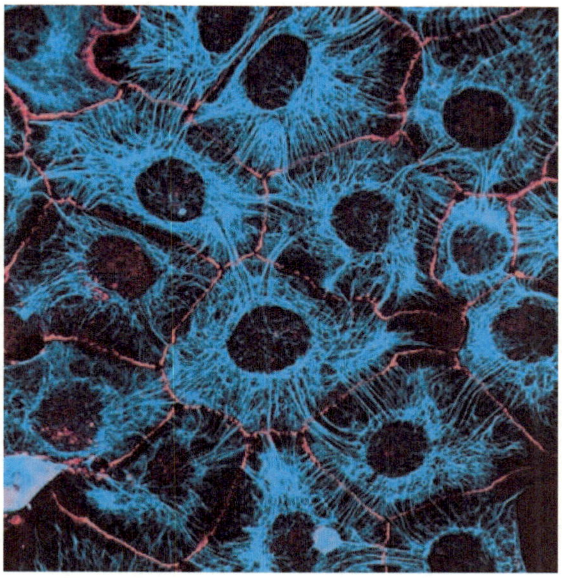

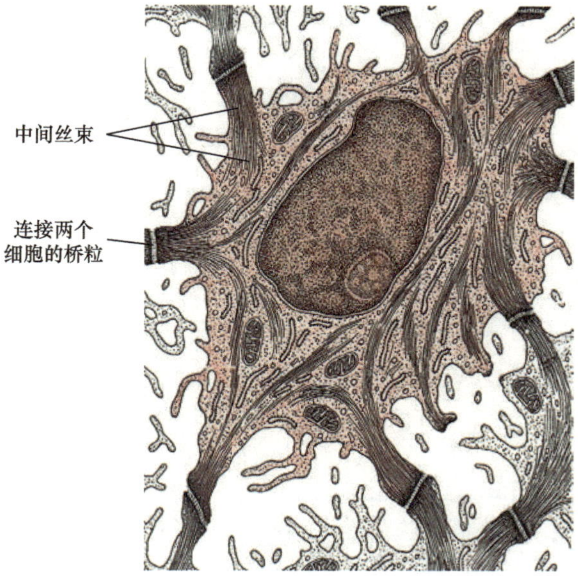

（A） 10μm （B） 5μm

图 17-3 **中间丝在细胞的细胞质中形成一种坚固而持久的网络结构。**（A）一层体外培养的上皮细胞的免疫荧光图片显示网状的中间丝（蓝色）包围细胞核，并伸展遍布于细胞的整个细胞质中。每个细胞内的中间丝都通过桥粒与相邻细胞的中间丝间接地相连，从而在整个上皮层的细胞之间建立起一种连续的机械连接。第二种蛋白质（红色）染色后显示了细胞边界的位置；（B）根据一个皮肤细胞横切面的电镜照片绘制而成的图片，显示中间丝的丝束横跨细胞质并插入到桥粒中。（图 A 引自 K.J. Green and C.A. Gaudry，*Nat. Rev. Mol. Cell. Biol.* 1：208-216，2000。蒙 Macmillan 出版社惠许；图 B 引自 R.V. Krsric. Ultrastructure of the Mammalian Cell：An Atlas. Berlin：Springer. 1979。蒙 Springer-Verlag 惠许。）

细胞的细胞核中。在细胞核中，它们在核被膜下方形成一种称为核纤层（nuclear lamina）的网状结构，从而增加了细胞核的强度。在本节中，我们将了解中间丝的结构和装配如何使它特别适合于加固细胞，并保护细胞免受机械压力。

中间丝坚固耐久且呈绳索状

一条中间丝就像一条由多股长线相互缠绕而成的绳子，这种缠绕增加了绳子的抗拉强度，使其能承受一定的张力而不会断开（视频 17.1）。这根绳子的每一股，即中间丝的亚基，都是长长的丝蛋白。这条缆绳的每一条细线都是由中间丝蛋白组成，这种蛋白亚基呈丝状，每个亚基的中间是一个细长的棒状结构域，而两端是不同的非结构化区域（图 17-4A）。棒状结构域由一个伸展的 α 螺旋构成，它可以使成对的中间丝蛋白以卷曲螺旋的方式相互缠绕，形成稳定的二聚体（图 17-4B），如第 4 章所述。每两个这样的卷曲螺旋二聚体再通过反向平行的方式结合，形成一个交错的四聚体（图 17-4C）。这些二聚体和四聚体都是中间丝的可溶性单位。然后，四聚体彼此之间通过旁侧相互结合（图 17-4D），最终装配形成绳状的中间丝（图 17-4E）。

由于两个二聚体指向的方向相反，所以四聚体的两个端部是完全相同的，组装好的中间丝也是如此。我们将会看到，这个特征将中间丝和另两类细胞骨架区分开来，结构的极性对微管和肌动蛋白丝的功能至关重要。中间丝蛋白之间几乎所有的相互作用都依赖于非共价键的结合。沿着蛋白质长轴的蛋白质侧面相互作用不断重叠，这种并肩合力赋予了中间丝强大的抗压强度。

不同中间丝蛋白中间棒状结构域的大小和氨基酸序列都是相似的，所以当它们聚集在一起时，总是会形成直径和内部结构都相似的丝。相反，不同中间丝蛋白两端头尾区域的大小和氨基酸序列差异很大。这些非结构化的区域暴露在丝蛋白的表面，使之可以与胞质中特定的组分发生相互作用。

中间丝加固细胞以应对机械压力

中间丝在易受到机械压力的细胞的胞质中特别丰富。例如，它们沿着神经细胞的轴突大量存在，从而为这种极其细长的细胞延伸结构提供必要的内部支撑。它们在肌肉细胞和上皮细胞（如皮肤的上皮细胞）中也很丰富。在所有这些细胞中，中间丝可以将细胞在局部所受到的外力分散开来，因此保护细胞及细胞膜在受到外界机械剪切力时

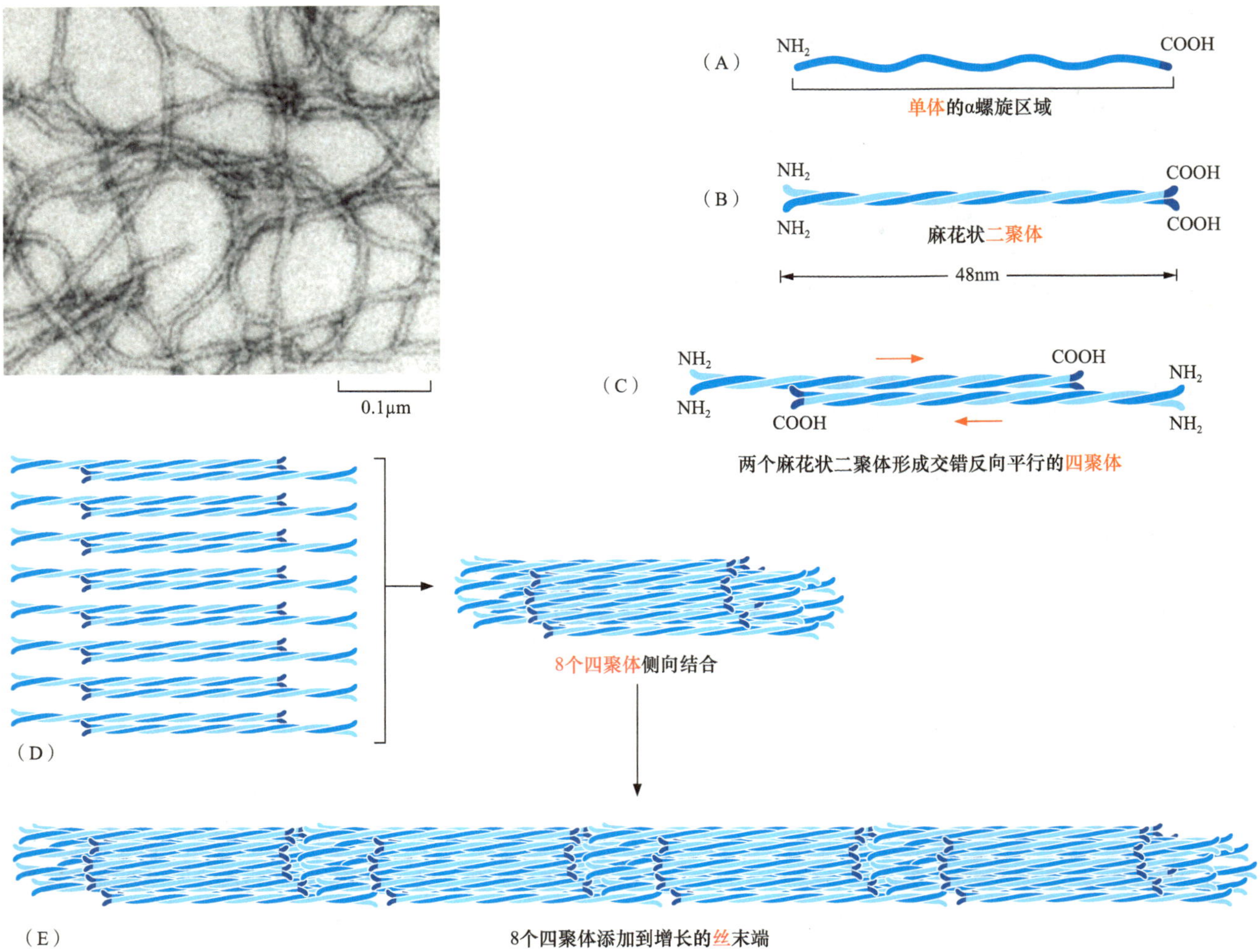

图 17-4　中间丝呈绳索状，是由长长的中间丝蛋白经相互缠绕而形成。（A）中间丝蛋白单体包括一个中部的 α 螺旋棒状区域（如图所示）和两端的非结构区域（图中未展示）。蛋白单体的 C 端被标记为深蓝色以显示它在组装后的中间丝中的位置。（B）成对的蛋白单体相互结合形成一个二聚体。（C）两个二聚体随后排列形成一个交错反向平行的四聚体。（D）8 个四聚体聚在一起形成一个螺旋阵列。（E）它们最终组装形成绳索状的中间丝并可以通过在两端添加四聚体阵列进行延伸。左上角为中间丝的电镜照片。（引自 U. Aebi et al. *Protoplasma* 145：73-81，1988。蒙 Springer 科学和商业媒体惠许。）

不会破裂。同样的原理也用于加固复合材料，例如，在纤维玻璃或钢筋混凝土的空间填充基质中，会包埋入一些能够承受张力的线性材料如碳纤维（在纤维玻璃中）或钢筋（在混凝土中）以增加材料的强度。

中间丝可分为四类：①上皮细胞中的*角蛋白丝*（keratin filament）；②结缔组织细胞、肌肉细胞和神经系统的支持细胞（神经胶质细胞）中的*波形蛋白*（vimentin）及*波形蛋白相关蛋白丝*（vimentin-related filament）；③神经细胞中的*神经丝*（neurofilament）；④提高细胞核被膜强度的*核纤层蛋白*（nuclear lamin）。前三种类型的丝存在于细胞质中，第四种则位于细胞核（图 17-5）。每类丝都由它们相应的中间丝蛋白亚基聚合而成。

角蛋白丝（keratin filament）是最多样化的一类中间丝。脊椎动物身体的每一种上皮组织，无论是在舌头、角膜还是肠壁，都有其独特的角蛋白。特化的角蛋白也出现在头发、羽毛和爪子中。无论哪种情况，角蛋白丝都是由不同的角蛋白亚基混合而成的。角蛋白丝通常会跨越上皮细胞的内部，从细胞的一侧伸展到另一侧。在相邻上皮细胞中的角蛋白丝会通过桥粒间接连接在一起（参见图 17-3B）。角蛋白丝的末端锚定在桥粒上，同时在侧面通过其表面伸出的球状头部和尾部结构域与其他细胞成分相结合。角蛋白丝形成的这些遍布整个上皮细胞片层中的强力绳索，可以在皮肤拉伸时将压力分散开。这一功能的重要性可通过一种罕见的人类遗传性疾病来说明。*单纯型大疱性表皮松解症*（epidermolysis bullosa simplex）患者角蛋白基因的突变破坏了表皮中角蛋白丝的形成。因此，患者的皮肤极易受到机械创伤，即使是轻微的压力也会使表皮细胞破裂，导致皮肤起水泡。在转基因小鼠中表达角蛋白突变基因也

图 17-5　**中间丝主要分为四类。**这四类中又包括许多亚类，例如，人类拥有 50 多种角蛋白基因。

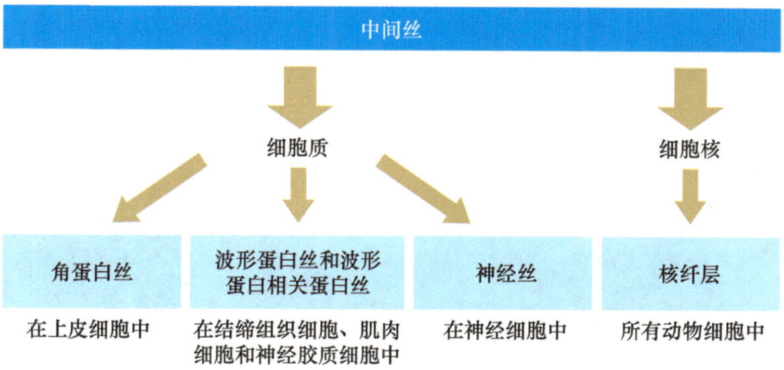

会出现类似的疾病表型（图 17-6）。

神经丝的缺陷也会导致疾病。*神经丝*（neuroflament）是一类沿着脊椎神经细胞轴突分布的中间丝，为神经细胞在长轴突中进行信号传递提供了支持力和稳定性。神经退行性疾病肌萎缩性脊髓侧索硬化症（amyotrophic lateral sclerosis，ALS，也称为卢伽雷氏疾病，Lou Gehrig's disease）与运动神经细胞胞体与轴突中神经丝的非正常积累存在相关性，很可能是这种累积导致了患者的轴突退化与肌肉萎缩。

中间丝构成的纤维网络为核被膜提供支撑

细胞质中的中间丝形成绳状结构，而那些排列在内层核膜下方并增加核膜强度的中间丝则形成一种二维网络结构（图 17-7）。如前文所述，坚固的**核纤层**（nuclear lamina）是由一组称为*核纤层蛋白*（lamin）的中间丝蛋白组成（不要将 lamin 与 laminin 混淆，后者是位于胞外基质中的层粘连蛋白）。核被膜会在每一轮细胞分裂的有丝分裂期发生崩解，并随后在子细胞中重新形成（在第 18 章中讨论），在该过程中核纤层也会经历解聚和重新组装。

核纤层的崩解和重新组装受到了核纤层蛋白磷酸化和去磷酸化调控。蛋白激酶对核纤层蛋白的磷酸化（在第 4 章中讨论），削弱了核纤层蛋白四聚体之间的相互作用，导致丝蛋白发生脱落。在有丝分裂结束时，由蛋白磷酸酶介导的去磷酸化使核纤层蛋白进行重新组装（参见图 18-30）。

特定核纤层蛋白的缺陷与某些类型的*早老症*（progeria）相关。这是一种罕见疾病，会导致个体提前衰老。患有早老症的儿童皮肤起皱，牙齿和头发脱落，在十几岁时往往就会患上严重的心血管疾病（图 17-8）。目前还不清楚这一种核纤层蛋白的缺失如何会导致出现严重的心血管疾病，可能是因为其形成的细胞核不稳定，导致细胞分裂受损、细胞死亡增加、组织修复能力减弱或上述这些因素

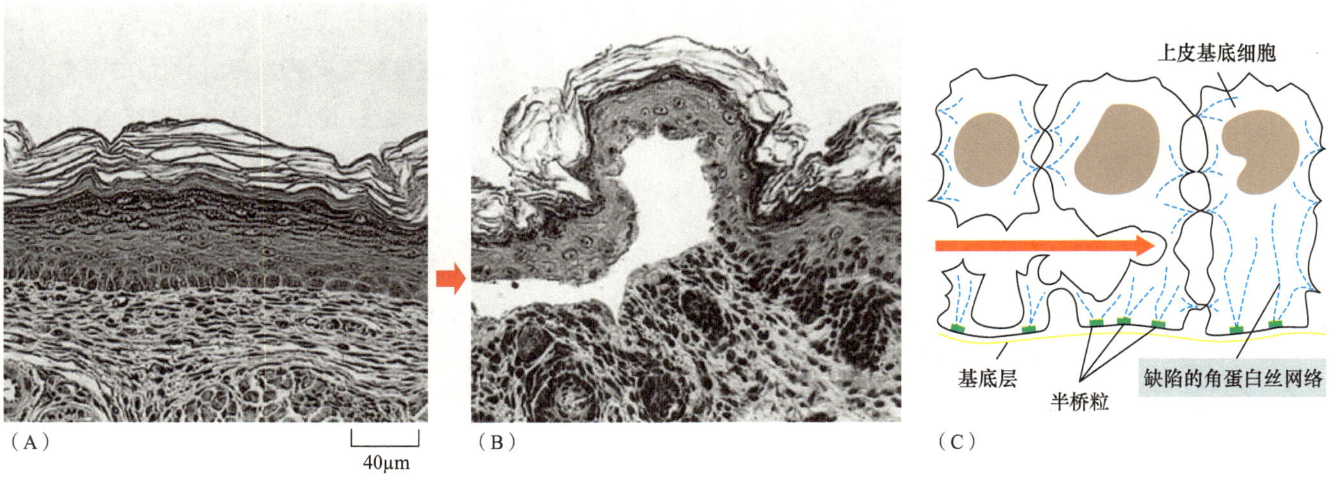

图 17-6　**角蛋白的突变形式使皮肤更容易起水泡。**将一个编码角蛋白截短片段的突变基因引入小鼠中。缺陷蛋白与正常角蛋白发生装配，从而破坏了皮肤中的角蛋白丝网络。(A) 正常皮肤横截面的光镜图，它可以抵抗机械压力。(B) 突变小鼠皮肤的横截面显示出水泡的形成，这是突变体表皮基底层（短红色箭头）细胞破裂的结果。(C) 突变体表皮基膜上的三个细胞简图。如红色箭头所示，在细胞核和通过角蛋白丝与下方的基膜相连接的半桥粒之间，细胞发生了断裂。(引自 P.A. Coulombe et al., *J. Cell Biol.* 115：1661-1674，1991。蒙 Rockefeller University Press 惠许。)

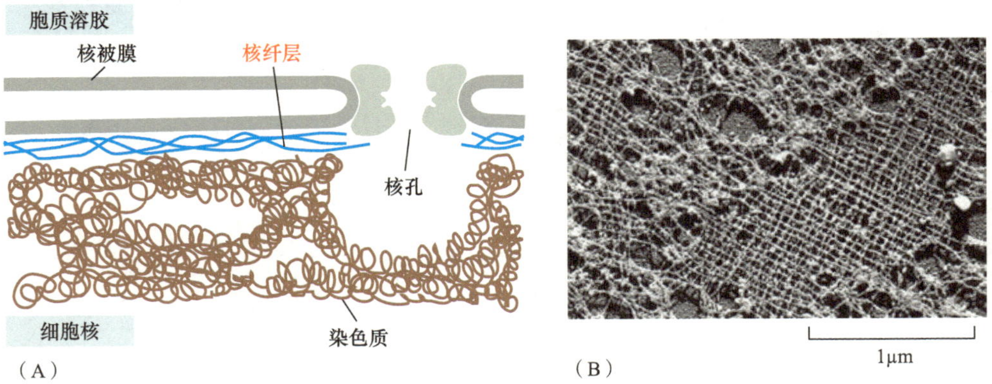

图 17-7　中间丝支撑并加固核被膜。（A）核被膜的横切面示意图。核纤层的中间丝衬在核被膜的内侧面，为染色体提供附着位点；（B）蛙卵核纤层电镜图。中间丝核纤层蛋白所组成的方格网形成了核纤层。其他细胞类型中的核纤层不会都像图中显示核纤层这样组织得如此有规律。（图 B 引自 U. Aebi et al., *Nature* 323：560-564，1986。经 Macmillan Publishers 公司惠许。）

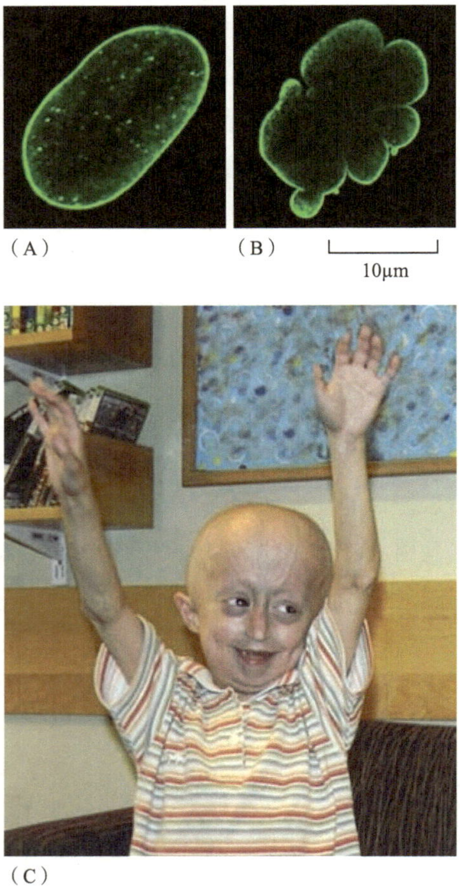

图 17-8　核纤层蛋白缺陷可造成一种罕见的早衰性疾病，称为早老症。（A）在正常细胞中，核纤层蛋白 A（绿色）在核被膜内部组装形成均匀的核纤层。（B）在早老症患者的细胞中，核纤层蛋白 A 发生突变，使核纤层出现缺陷，进而导致了核被膜的结构缺陷。（C）患有早老症的儿童在它们生命的早期即开始出现提前衰老的特征。（图 A 和 B 引自 Taimen et al., *Proc. Natl. Acad. Sci. USA* 106：20778-20793，2009。蒙国家科学院惠许。图 C 蒙早衰研究基金会惠赠，www.progeriareseatch.org。）

的共同作用。由于核纤层还有助于染色体在核中的正确定位，核纤层蛋白的缺陷可能也会导致染色体的运动发生改变并最终改变了基因表达。

连接蛋白交联细胞骨架纤维并桥接核被膜

许多中间丝可以通过一些辅助蛋白得到进一步的稳定和加固。这些辅助蛋白，如**网蛋白**（plectin），可以将中间丝交联成束，然后将它们连接到微管、肌动蛋白丝以及桥粒的黏附结构上（图 17-9）。编码网蛋白的基因发生突变会导致一种极其严重的人类疾病，表现为单纯型大疱性表皮松解症（由于皮肤角蛋白被破坏）、肌肉萎缩症（由于肌肉中的中间丝被破坏）和神经退行性疾病（由于神经丝被破坏）等症状。功能性网蛋白缺陷的小鼠出现皮肤疱疹以及骨骼肌和心肌异常等表型，在出生几天后即死亡。因此，虽然网蛋白对于中间丝的初始形成不是必需的，但它的交联作用为细胞提供了承受机械压力所需的强度。

网蛋白及其他一些蛋白质也会结合形成蛋白复合物，将胞质中的细胞骨架与一些核内结构连接起来，如染色体及核纤层（图 17-10）。这些跨越核被膜的桥状结构将细胞核与细胞骨架物理性地联系起来，并在很多生物过程中发挥功能，包括细胞核在细胞内的移动和定位以及细胞骨架的整体组织等。

图 17-9　网蛋白协助中间丝成束，并将中间丝连接到其他细胞骨架蛋白网络上。该扫描电镜图像是体外培养的成纤维细胞的细胞骨架蛋白网络，其中肌动蛋白丝已被去除，网蛋白、中间丝和微管进行了人为上色。注意观察网蛋白（橙色）如何连接中间丝（蓝色）和微管（绿色）。黄色点是与识别网蛋白的抗体相连的金颗粒。（引自 T.M. Svitkina，A. B. Verkhovsky and G.G. Borisy，*J. Cell Biol.* 135：991-1007，1996。蒙 Rockefeller University Press 惠许。）

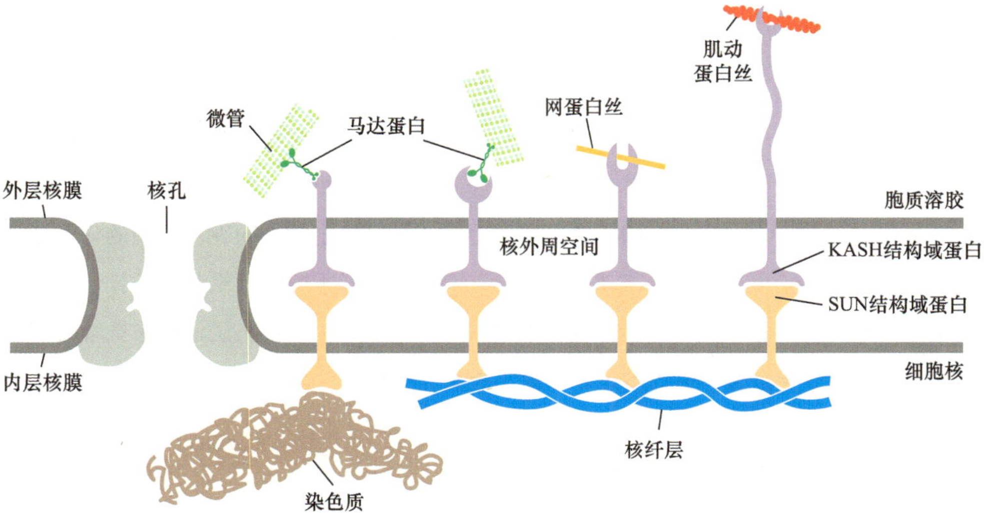

图 17-10　蛋白质复合物穿过核被膜桥接细胞核与细胞质。胞质中的细胞骨架通过一系列的连接蛋白跨过核被膜，与核纤层或染色体相连接。这些连接蛋白包括 SUN（橙色）和 KASH（紫色）家族成员。

微管

微管在所有的真核生物细胞中都发挥重要的组织作用。这些细长且相对坚硬的蛋白空心管可以迅速地在细胞内某一位置解聚，然后在其他位置重新组装。在典型动物细胞中，微管是从靠近细胞中间的一种称为**中心体**（centrosome）的小型结构上生长出来的（图 17-11A 和 B）。微管向细胞边缘伸展，在细胞内形成一个轨道系统，可以转运囊泡、细胞器和其他细胞组分。这些胞质微管是细胞骨架的一部分，主要负责膜包被细胞器在细胞内的运输与定位，以及指导多种胞质大分子在细胞内的运输。

当细胞进入有丝分裂期，胞质中的微管会先解聚然后重新组装成一个复杂的结构，称为**有丝分裂纺锤体**（mitotic spindle）。正如我们将在第 18 章所讨论的，有丝分裂纺锤体刚好在细胞分裂前把染色体均等地分配到两个子细胞中（图 17-11C）。微管也可以形成稳定的结构，如节奏性运动的**纤毛**（cilia）和**鞭毛**（flagella）（图 17-11D）。在许多真核细胞中，这些毛发状结构会伸出细胞表面，细胞利用这些结构游泳或挥动流过细胞表面的液体。真核生物纤毛或鞭毛的核心是由高度结构化和稳定的微管束组成（细菌鞭毛的结构则完全不同，驱动细胞游泳的机制也完全不同）。

在本节中，我们首先讨论微管的结构和组装。随后我们会讨论微管在组织细胞质方面的功能，该能力取决于它们与一些辅助蛋白质的结合，尤其是沿细胞骨架轨道运送细胞器的**马达蛋白**（motor protein）。最后，我们会讨论纤毛和鞭毛的结构及功能，其中微管会与马达蛋白紧密结合，从而驱动纤毛和鞭毛的摆动。

微管是两端结构显著不同的空心管

微管（microtubule）由亚基**微管蛋白**（tubulin）组成。每个亚基都是一个二聚体，由称为 α-微管蛋白和 β-微管蛋白的两种非常相似的球状蛋白质通过非共价相互作用紧密结合在一起。微管蛋白二聚体再次通过非共价键合堆叠在一起，形成中空圆柱形的微管壁。这种管状结构由 13 条平行的原纤维组成，每条原纤维都是一条微管蛋白二聚体的直链，其中 α- 和 β- 微管蛋白沿其长轴交替排列（图 17-12）。每条原纤维都具有结构上的**极性**（polarity），一端暴露的是 α- 微管蛋白，另一端暴露的是 β- 微管蛋白，而且这种极性对于微管中的所有原纤维都是相同的。因此，微管整体上也具有结构极性：带有 β- 微管蛋白暴露的末端称为*正极*（plus end），而带有暴露的 α- 微管蛋白的另一末端则称为*负极*（minus end）。

在含有高浓度纯化的微管蛋白溶液的试管中，微管蛋白二聚体可以添加到生长中的微管的任一端。然而，正端的添加速度要比负端快很多，这就是为什么最早以正负来命名这两端，并不是因为正极带正电、负极带负电。微管的极性，即微管的结构有确定的方向性，两端的化学组分与功能具有显著差异，这对于微管的组装和微管形成后所行使的作用都是至关重要的。举例来说，如果微管没有极性，它们就不能指导胞内的定向运输。

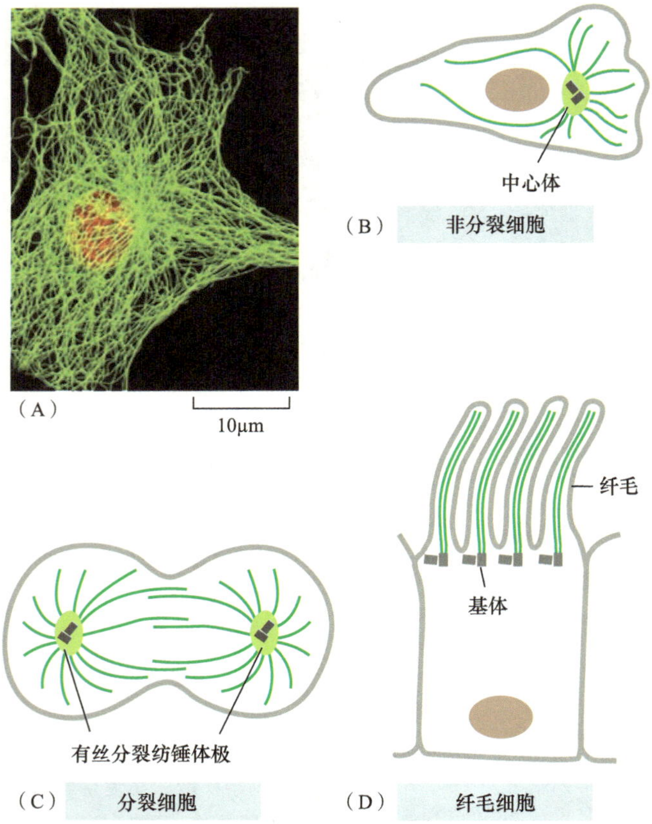

图 17-11 微管通常从一个组织中心生长出来。（A）体外培养的成纤维细胞胞质中微管阵列的荧光成像。与中间丝不同，微管（绿色）是从组织中心生长出来的，如一个中心体（B）、一个有丝分裂纺锤体的两极（C）或一根纤毛的基体（D）。它们也可以从已有的微管片段中生长出来（图中未显示）。（图 A 经允许转载自 Americas Scientific Solutions Group of Olympus Corporation。）

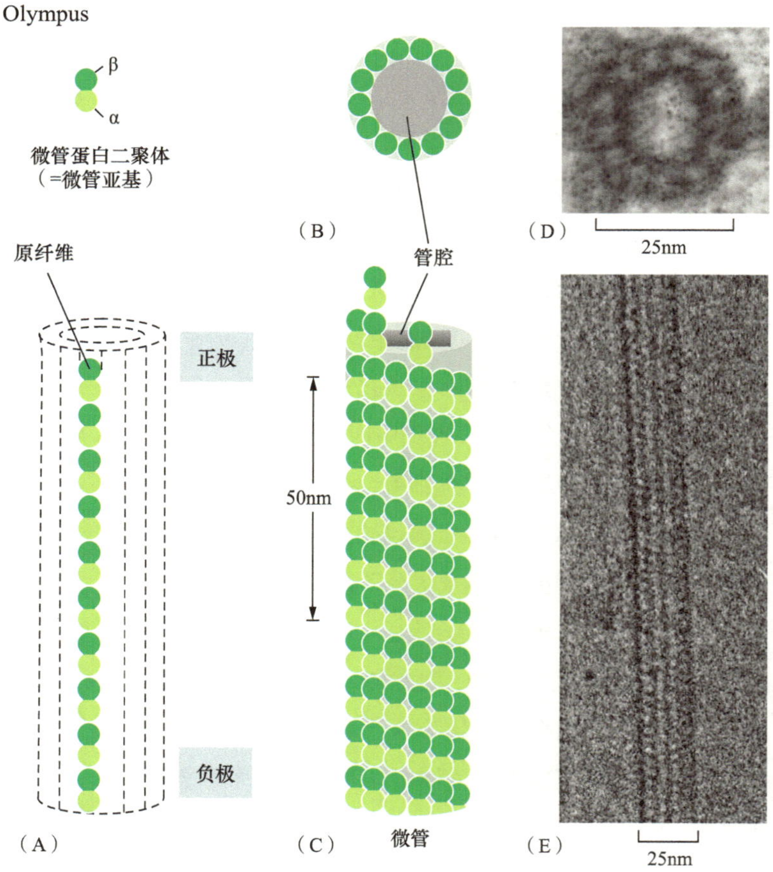

图 17-12 微管是由球状微管蛋白亚基组成的空心管。（A）一个微管蛋白亚基（αβ 二聚体）和一条原纤维的简图，以及它们在微管中所处的位置。注意，原纤维中的微管蛋白二聚体都是按相同的方向排列。（B 和 C）一根微管的示意图，显示微管蛋白二聚体如何在微管壁上组装。位于上方的图显示具有 13 个 β- 微管蛋白分子的微管横切面。下方的图是一段微管的侧视图，显示在原纤维中微管蛋白二聚体如何以相同的方向排列；因此，微管具有明确的结构极性，如图中所示的正极与负极。（D）微管横截面的电子显微镜照片，可看到一个由 13 个亚基组成的环，每个亚基对应的都是一个独立的微管蛋白二聚体。（E）微管纵向视角的电子显微镜照片。（图 D 蒙 Richard Linck 惠赠；图 E 蒙 Richard Wade 惠赠。）

中心体是动物细胞主要的微管组织中心

细胞中的微管是从一个特定的组织中心生长出来的，该中心控制着微管的位置、数量和方向。例如，在大多数动物细胞的分裂间期，**中心体**（centrosome）通常位于靠近细胞核的地方，它组织形成大量的微管，从中心体向外辐射，穿过细胞质（参见图 17-11B）。中心体包含一对**中心粒**（centriole），外围包裹着蛋白质基质。中心体基质包含上百个环状结构，这些环状结构由一种称为*γ-微管蛋白*（γ-tubulin）的特殊类型的微管蛋白构成，每个γ-微管蛋白环复合物都可以作为一根微管蛋白生长的起始位点，或称为*成核位点*（nucleation site）（图 17-13A）。αβ-微管蛋白二聚体以一定的取向添加到γ-微管蛋白环复合物上，导致每根微管都是负极嵌入在中心体上，而延伸只发生在伸展入细胞质的正极上（图 17-13B 和 C）。

动物细胞中心体中央的一对中心粒是种奇特的结构。它们相互垂直，都是由一小段呈圆柱形排列的微管组成（参见图 17-13C）。然而，中心粒对于微管从中心体的成核过程并无作用，γ-微管蛋白环复合物本身就已经可以使微管成核。因此，它们的功能仍然是个谜，尤其是中心粒在绝大多数植物细胞中并不存在。然而，中心粒在纤毛或鞭毛中确实会发挥微管组织中心的功能，此时的中心粒被称为*基体*（basal body）（参见图 17-11D），我们稍后会对此展开讨论。

为什么微管需要譬如中心体γ-微管蛋白环复合物提供的这种成核位点？因为从αβ-微管蛋白二聚体开始从头组装一根新的微管要比向已经存在的γ-微管蛋白环复合物上直接添加该二聚体困难得多。尽管纯化的αβ-微管蛋白二聚体在体外高浓度时可以自发聚合形成微管，但在活细胞中，游离αβ-微管蛋白的浓度太低，无法启动第一步，组装一根新微管的起始环。通过在细胞特定的位置提供组织中心，并保持游离的αβ-微管蛋白二聚体处于低浓度，细胞就能更精确地控制在何处形成微管。

微管表现出动态不稳定性

一旦集结成核，微管会不断地向其游离的正极添加αβ-微管蛋白二聚体，使微管从组织中心向外生长。该过程往往会持续数十分钟，然后微管会出乎意料地突然发生转变，微管二聚体又从其正极脱落下来，使微管很快缩短（视频 17.2）。微管可能会缩短一小段后，又突然重新开始增长；而有时可能会完全解离，然后从同一个γ-微管蛋白环上重新开始长出一根新的微管（图 17-14）。

这种值得关注的行为，即在聚合和解聚之间来回转换，被称为**动态不稳定性**（dynamic instability）。这种性质使得微管可以快速地进行重塑，对微管的功能发挥也至关重要。在正常的细胞中，微管会从中心体（或其他的组织中心）以一种试探性的方式向各个不同方向生长出来，其

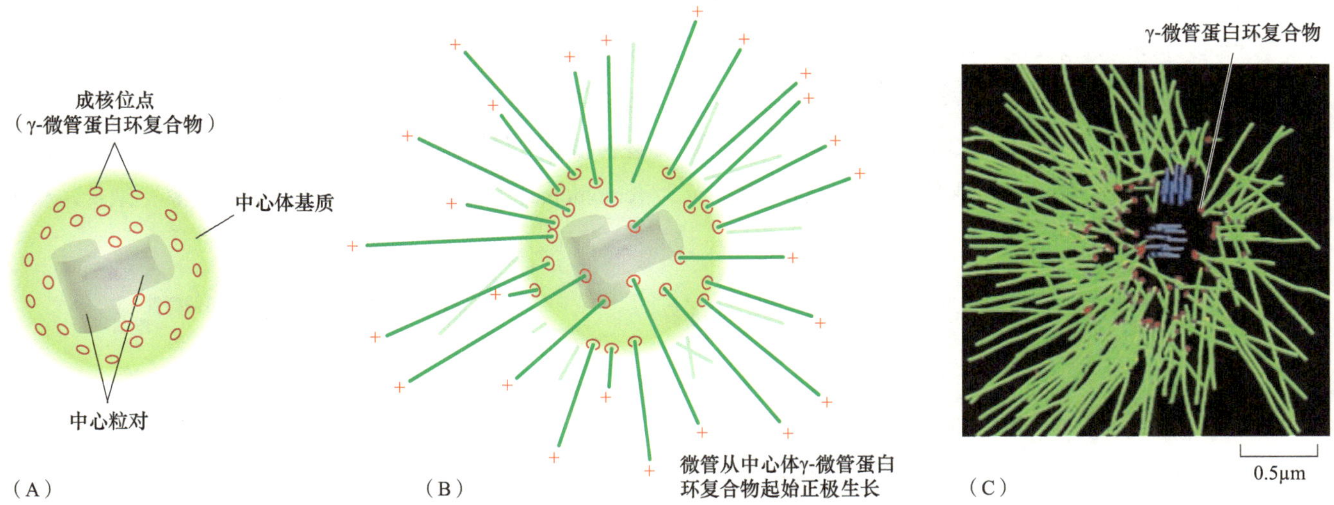

图 17-13 **微管蛋白从中心体的成核位点上开始聚合。**（A）示意图显示一个动物细胞的中心体包含由多种蛋白质组成的无定形基质，其中包括起微管生长成核作用的γ-微管蛋白环（红色）。该基质所包裹的是一对相互垂直的中心粒，每一个中心粒都是由一小段呈圆柱形排列的微管组成。（B）示意图显示中心体及附于其上的微管。每根微管都是从γ-微管蛋白环复合物长出，负极都嵌入在中心体中，而正极则伸展入细胞质中。（C）线虫细胞通过分层扫描再重构出来的中心体图像，显示出密集的微管（绿色）从γ-微管蛋白环复合物（红色）散发出来。可以看到中央有一对由短微管（蓝色）组成的中心粒。（图 C 引自 E.T. O'Toole et al, *J. Cell Biol.* 163：451-456，2003。蒙 Rockefeller University Press 惠许。）

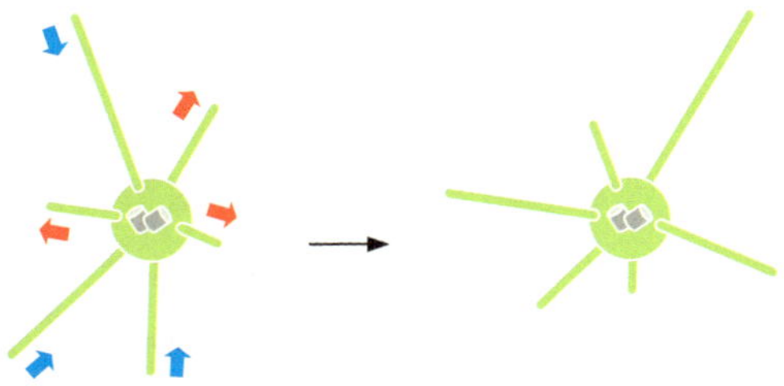

图 17-14　**每根微管的生长和缩短与周围的微管无关。**锚定在中心体上的这些微管会不断地改变其形态，一些微管会生长（红色箭头），而同时有些微管则会缩短（蓝色箭头）。

中许多微管随后会发生缩短。然而，如果从中心体长出的微管的正极与其他分子或者细胞结构发生结合并阻止了微管的解聚，这条微管就可以被稳定下来。如果微管与细胞较远处的结构发生结合而稳定下来，那么这条微管就会在中心体和该细胞结构之间建立起一个相对稳定的连接（图 17-15）。因此，中心体可以被比作一个不断抛出鱼线的渔夫，如果鱼线末端没有鱼咬饵，鱼线就很快被收回来并再次抛出去；如果有鱼咬饵，线就会在原处被拽住，渔夫随后可以把鱼拉过来。这种随机探索和选择性稳定的简单策略使中心体和其他成核中心可以在细胞的特定位置建立起一套高度有序的微管系统。同样的策略也被用于控制细胞器的相对位置。

动态不稳定性是由 GTP 水解所驱动的

微管的动态不稳定性源于微管蛋白二聚体能够水解 GTP 的内在能力。这种在能量上有利的水解反应类似于 ATP 的水解（参见图 3-30），可以产生 GDP 和无机磷酸。

每一个游离的微管蛋白二聚体都带有一个与 β-微管蛋白紧密结合的 GTP 分子。在微管蛋白二聚体添加到正在生长的微管上之后，GTP 很快被水解成为 GDP。该水解反应产生的 GDP 会仍然紧密地结合在 β-微管蛋白上。当微管的聚合快速进行时，微管蛋白二聚体添加到微管末端上的速度要快于它水解 GTP 的速度。其结果是，这条快速增长的微管末端全是由 GTP-微管蛋白二聚体组成，形成了一个 GTP 帽（GTP cap）。GTP 形式的微管蛋白二聚体之间相互结合的能力比 GDP 形式的二聚体之间的结合能力更强，可以更有效地进行微管的聚合。因此，微管可以持续地生长（图 17-16A）。

然而，由于化学反应过程的随机性，位于微管游离末端的微管蛋白二聚体偶尔也会在添加下一个二聚体之前水解掉其自身携带的 GTP，那么此时原纤维的游离末端就由 GDP-微管蛋白组成。GDP 形式的微管蛋白二聚体相互之间结合不那么紧密，这使得原本的动态平衡倾向于微管的去组装（图 17-16B）。由于微管的其余部分都是由 GDP-微管蛋白组成，所以解聚一旦开始就会持续进行下去，微管会持续地迅速缩短，甚至可能最终消失。

微管解聚而释放的游离 GDP-微管蛋白与细胞质中未聚合的微管蛋白混在一起。例如，在一个典型的成纤维细胞中，微管蛋白总量的大约一半形成微管，而另一半在细胞质中保持游离状态，随时供微管生长所用。解离下来的 GDP-微管蛋白二聚体在细胞质中会很快将其结合的 GDP 转换成 GTP，于是又能添加到另一条正在生长的微管上去。

药物可以调节微管的动力学性质

阻止微管蛋白二聚体聚合或解聚的药物可以非常迅速且剧烈地影响微管的组织，进而影响细胞的行为。以纺锤体为例，这是一种基于微管的装置，可以在有丝分裂期指导染色体的行为（参见图 17-11C）。药物秋水仙素（colchicine）能够和游离微管蛋白二聚体紧密结合，从而

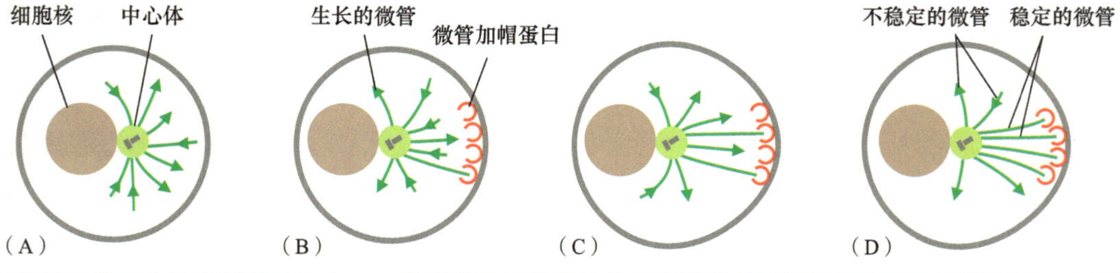

图 17-15　**与加帽蛋白的结合使微管保持稳定。**一根新形成的微管只有在两端都受保护而不被解聚的情况下，才能保持稳定。在细胞中，微管的负极通常由启动微管生长的组织中心加以保护。微管的正极最开始是游离的，但可以通过结合一些特定的加帽蛋白而稳定下来。例如，图（A）描绘了一个非极性的细胞，新生微管从中心体随机地向多个方向生长和缩短。（B）如果微管的正极正好在细胞皮层的特定区域遇到一个加帽蛋白，这条微管就可以保持稳定。（C）和（D）细胞某一侧选择性的稳定作用会导致微管阵列具有方向的偏好性，这使得微管系统会选择性地在细胞的一部分区域形成。

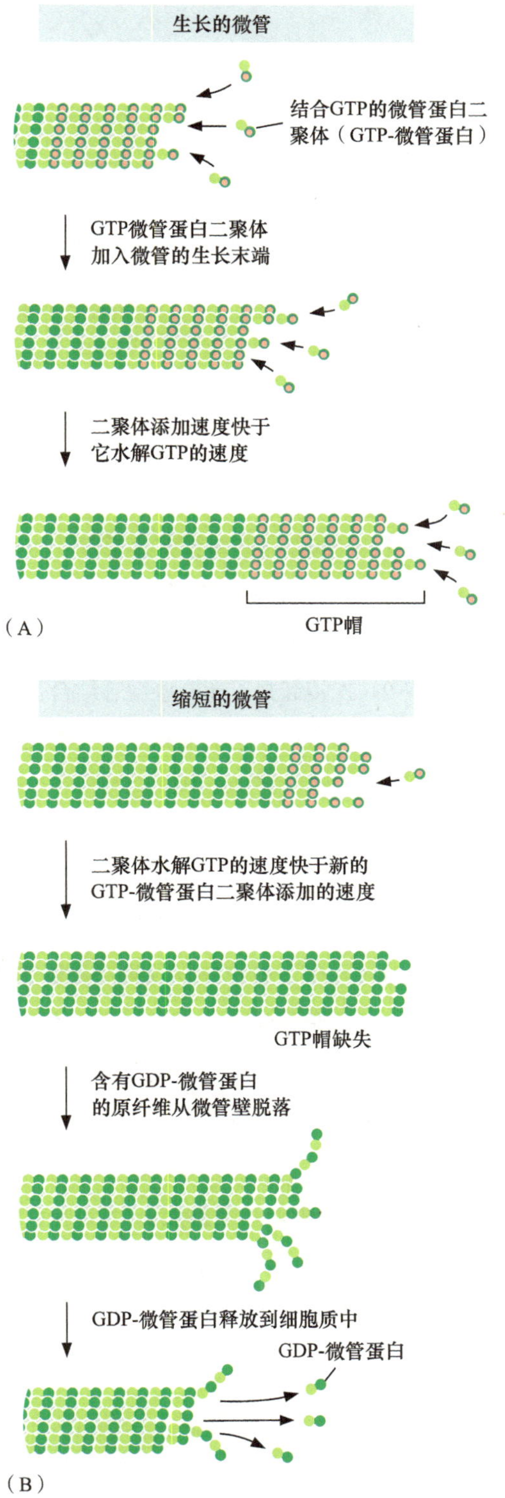

图 17-16 GTP 水解控制微管的动态不稳定性。（A）与携带 GDP（深绿色）的微管蛋白二聚体相比，带有 GTP（红色）的微管蛋白二聚体相互之间的结合更为紧密。因此，当 GTP 形式的二聚体被添加到一条正在快速生长的微管正极时，该微管更倾向于保持生长状态。（B）然而有些时候，特别是当微管生长变慢时，这个“GTP 帽”中的二聚体会在新的 GTP 二聚体结合上来之前，就把自身所结合的 GTP 水解成为 GDP，这样微管就失去了 GTP 帽。由于带有 GDP 的二聚体与微管聚合物的结合不稳定，微管原纤维的正极倾向于解聚，GTP 二聚体被释放出来，导致微管缩短（视频 17.3）。

阻止其聚合到微管上。如果用秋水仙素处理有丝分裂的细胞，纺锤体会迅速消失，细胞会停滞在有丝分裂期，染色体无法分离。这种现象及其他类似的例子表明，有丝分裂纺锤体通常是通过微管蛋白亚基的添加与解离来维持其动态平衡：当微管蛋白的添加被秋水仙素阻抑时，微管蛋白会持续地从微管上解离直到纺锤体消失。

而药物紫杉醇（Taxol）对微管生长的作用则恰恰相反。紫杉醇可以和微管紧密结合，防止微管蛋白亚基的解聚。由于新的微管蛋白亚基仍然可以添加上去，因此微管仍然可以增长但不会缩短。尽管紫杉醇的作用机制与秋水仙素不同，但它们产生的总体效果是相同的：可以将分裂的细胞阻滞在有丝分裂期。这些实验结果表明，有丝分裂纺锤体要发挥功能，微管必须在组装的同时也能够去组装。我们在第 18 章谈有丝分裂时还会更深入地讨论纺锤体的行为。

有丝分裂纺锤体的失活或破坏最终都会杀死分裂的细胞。由于癌细胞的分裂与身体的其他细胞相比处于失控状态，所以癌细胞有时候会更容易被那些稳定或解聚微管的药物杀死。这类**抗有丝分裂药物**（antimitotic drug），包括秋水仙素和紫杉醇，目前已用于人类癌症的治疗（表 17-1）。我们稍后会讨论到，也存在一些药物能够影响肌动蛋白丝的聚合。

微管把细胞的内部组织起来

细胞能够为了特定的目的而调节微管的动态不稳定性。例如，当细胞进入有丝分裂时，微管会变得比间期胞质中的微管更加活跃，更加频繁地在生长和缩短之间进行转化。这种变化使微管能够快速地解聚，并随后重新装配成纺锤体。此外，当一个细胞分化为特定的细胞类型时，其微管的动态不稳定性常被一些蛋白质所抑制，这些蛋白质能够结合在微管的末端或侧壁上，从而阻止微管的解聚。稳定的微管随后被用于维持分化细胞的结构。

大部分分化的动物细胞具有**极性**（polarized），即细胞的一端与另一端呈现结构或功能上的差异。例如，神经

表 17-1 影响微管的药物

微管特异性药物	机理
紫杉醇	结合并稳定微管
秋水仙素、秋水仙酰胺	结合微管蛋白二聚体并阻止其聚合
长春新碱、长春碱	结合微管蛋白二聚体并阻止其聚合

图 17-17 **微管指导细胞器、囊泡和大分子沿神经细胞轴突的双向输送。** 轴突中的所有微管都朝向同一方向，即正极朝向轴突末端。这种定向排列的微管可被用作定向运输的轨道，转运某些轴突末端需要但在胞体内合成的物质。对于一条从脊髓到肩部肌肉的轴突，该运输大约需要 2 天时间。向外的物质运输由一套马达蛋白所驱动（红色圈），而反向的物质运输由另一套马达蛋白所驱动（蓝色圈）。反向运输的物质包括破损的线粒体和轴突末端的降解产物。

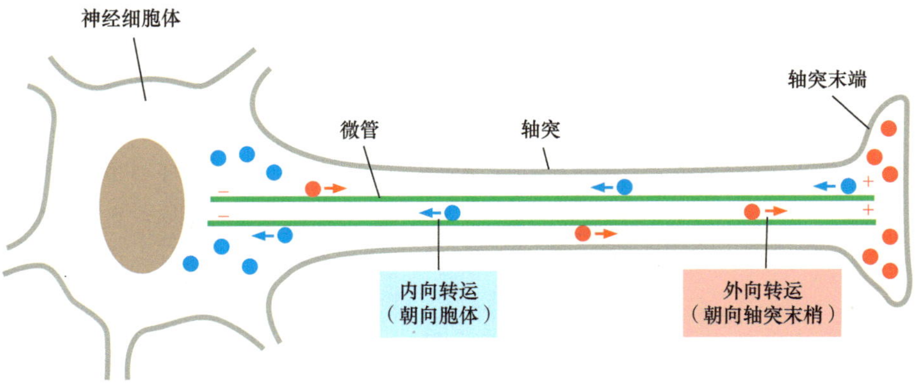

细胞的一端长出轴突而另一端长出树突（参见图 12-30）。在特化的分泌型细胞中，高尔基体总是朝向分泌的那一侧。细胞的极性反映出其内部微管系统的极性，它可以帮助细胞器定位在细胞内其所需要的位置，还可以指导囊泡或大分子从胞内某处运输到另一处。例如，在神经细胞的轴突中，所有的微管都指向一个方向，即正极朝向轴突的末端。沿着这些有方向的轨道，细胞可以运送细胞器、膜泡和大分子物质，将它们从胞体运往轴突末端，或是从轴突末端运回胞体（图 17-17）。

尽管有些物质沿着轴突运输的速度超过每天 10cm（图 17-18），但在大型动物的轴突中，这意味着物质需要一周或更长时间才能到达轴突末端。虽然如此，微管指导的运输仍比自由扩散要快得多，而且效率更高。如果靠自由扩散移动，一个蛋白质分子即使最终能够到达轴突末端，也需要几年时间（参见问题 17-12）。

活细胞中的微管不是独自发挥作用。像其他细胞骨架纤维一样，微管的活性也依赖于各种各样的、与微管结合的辅助蛋白。例如，有些**微管结合蛋白**（microtubule-associated protein）可以防止解聚从而稳定微管；另一些蛋白质可以将微管与细胞其他组分包括其他的细胞骨架纤维（参见图 17-9）连接起来。还有些微管结合蛋白是马达蛋白，能够沿着微管活跃地运输细胞器、膜泡及其他大分子物质，我们将在下文讨论。

马达蛋白驱动胞内转运

如果在光学显微镜下观察一个活细胞，可以看到它的胞质处于不停地运动中。线粒体以及更小的膜被细胞器、小泡等都在做小范围急速运动，即移动一段距离，停下，再开始移动。这种*跳跃运动*（saltatory movement）比由随机热运动引起的连续布朗运动更持久且更有方向性。肌动蛋白丝和微管都参与了这种跳跃运动，且都是由**马达蛋白**（motor protein）所驱动。马达蛋白利用不断水解 ATP 所产生的能量，稳定地沿着微管或肌动蛋白丝做单向移动（参见图 4-50）。因为这些马达蛋白也和其他的细胞组分相

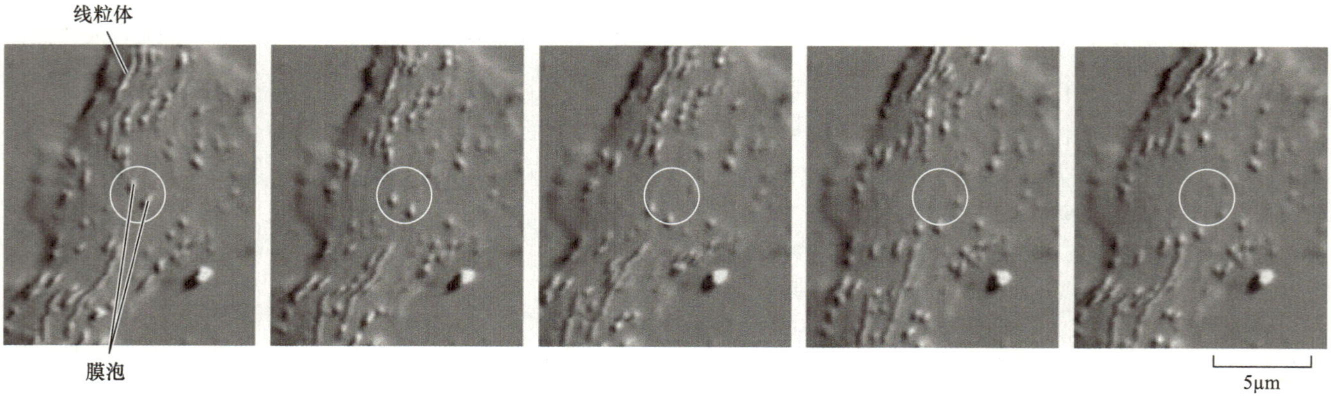

图 17-18 **细胞器在神经细胞轴突中可以沿着微管作单向快速移动。** 在这些来自无脊椎动物神经轴突的一系列视频图像中，可看到大量膜泡和线粒体，其中有一些正在移动。图中白色圆圈可作为参照位置。每张图片的拍摄间隔为 400ms。圆圈中的两个囊泡正沿着微管向轴突末端移动。（蒙 P. Forscher 惠赠。）

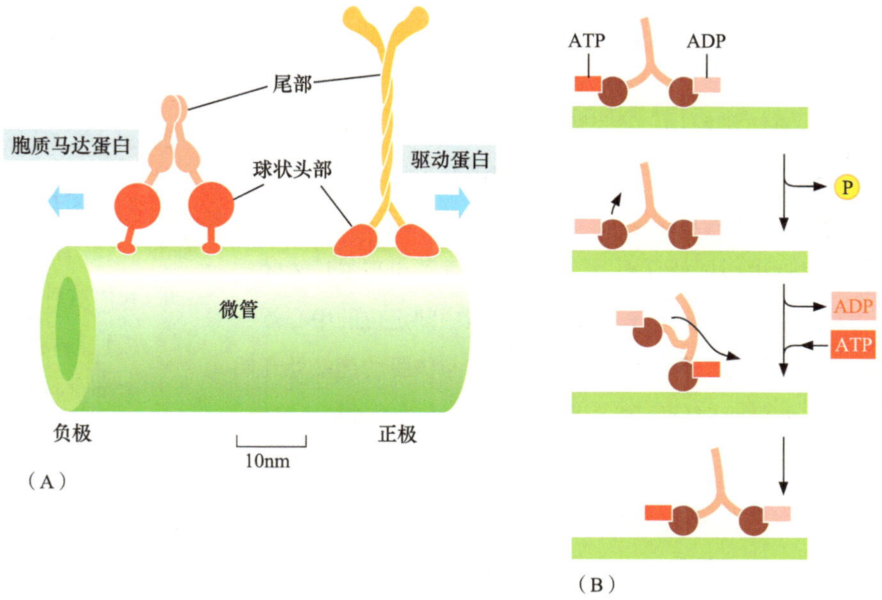

图 17-19 马达蛋白通过其球形头部沿着微管移动。(A) 驱动蛋白和胞质动力蛋白都是马达蛋白，但沿着微管运动的方向是相反的。大多数驱动蛋白向微管正极移动，而胞质动力蛋白通常向负极移动（视频 17.4）。这些蛋白质（图中是按比例绘制）都是由两个相同分子组成的二聚体，每个二聚体的一端含有两个球形头部，具有与微管相互作用和水解 ATP 的能力；另一端是一个尾部，可以与货物相互作用，这种相互作用可能是直接的，也可能是通过接头蛋白间接地相互作用（参见图 17-20）。(B) 驱动蛋白沿着蛋白纤维逐步“行走”的示意图。头部利用水解所结合的 ATP 的能量沿着纤维朝一个方向移动（ATP、ADP 分别用红色、粉色表示）。ATP 水解以及磷酸根的释放使得马达蛋白后面的头部与纤维的结合变得宽松。ADP 的释放以及随后 ATP 与前方头部的结合导致蛋白构象发生剧烈的变化，使后面的头部被翻到前面，这样完成一步的行走（也可参见图 17-23B）。

结合，所以它们可以沿着骨架纤维运载这些货物。

沿着细胞质微管如神经细胞轴突中的微管运动的马达蛋白可分为两大家族：**驱动蛋白**（kinesin）通常向正极移动（即远离胞体的方向，参见图 17-17），而**动力蛋白**（dynein）则向负极移动（即靠近胞体的方向，参见图 17-17）。驱动蛋白和胞质动力蛋白通常都是以二聚体的形式存在，有两个球状的 ATP 结合头部和一个尾部（图 17-19A）；另一种动力蛋白家族的成员纤毛动力蛋白具有不同的结构，我们后续会对其进行讨论。驱动蛋白和胞质动力蛋白的头部与微管的结合具有空间结构专一性，因此马达蛋白只能以一个方向与微管结合。马达蛋白的尾部通常可以稳定地结合囊泡或细胞器等细胞组分，因而决定了马达蛋白所运载的“货物”的种类（图 17-20）。驱动蛋白和动力蛋白的球形头部都具有水解 ATP（ATP 酶）的活性。该酶解反应所产生的能量可以直接驱动蛋白质的头部构象发生一系列变换，不断重复与微管结合、解离和再结合的动作，从而使马达蛋白沿着微管移动（图 17-19B 并参见图 4-50）。有关马达蛋白的发现和研究历史，请参见“我们是怎样知道的”栏目。

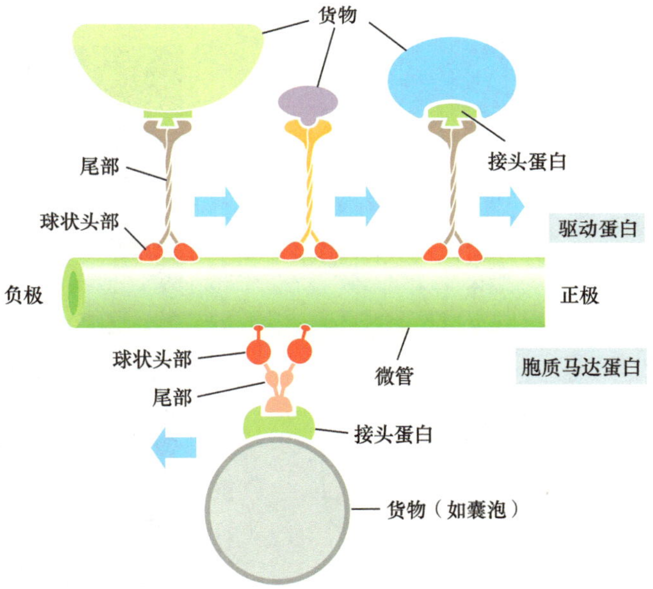

图 17-20 不同的马达蛋白沿着微管运载不同的货物。货物向微管正极的运输是通过多种驱动蛋白完成的。通常认为每种类型的驱动蛋白可以转移一套特定种类的囊泡、细胞器或大分子。有一些驱动蛋白的尾部可以与货物直接结合；而有一些驱动蛋白可以通过不同的接头蛋白运载不同的货物。向微管负极的运输是由胞质动力蛋白完成的，它通常需要接头蛋白来结合特定的货物。

微管和马达蛋白维持细胞器在细胞质中的定位

在真核细胞中，微管和马达蛋白对细胞器的定位发挥重要作用。例如，在大部分动物细胞中，内质网管几乎伸展到细胞的边缘（视频 17.5）；而高尔基体则位于细胞内部靠近中心体处（图 17-21A）。内质网和高尔基体的排列及定位都依赖于微管。微管从细胞中间定位的中心体一直延伸到细胞质膜，而内质网就从它与核膜的连接处开始沿着这些微管向外伸展。当细胞生长时，（通过接头蛋白）附着在内质网膜外侧的驱动蛋白沿着微管把内质网向外拉，将内质网拉伸成网状（图 17-21B）。附着在高尔基体膜上的胞质动力蛋白（dynein）则沿着微管把高尔基体向着相反的方向即细胞核的方向拉（图 17-21C）。通过这种方式，细胞形成并维持其内膜系统的区域差异，这对于内膜系统的各区域行使其功能至关重要。

当使用促进微管解聚的药物秋水仙素处理细胞时，内质网与高尔基体在细胞中的定位均发生剧烈改变。与核被膜相连的内质网在核周围塌陷；与任何其他细胞器不相连的高尔基体则碎裂成许多小囊泡，散布在细胞质中。一旦去除秋水仙素，这两种细胞器又被马达蛋白沿着重新形成的微管拉回到它们原来的位置上。

纤毛和鞭毛含有由动力蛋白驱动的稳定微管

在前文我们曾提到，细胞中很多微管通过与其他蛋白质相互作用而变得稳定，从而不会表现出动态不稳定性。细胞利用这种稳定的微管作为刚性的支撑物来建造各种各样的极性结构，包括运动型的纤毛和鞭毛。**纤毛**（cilia）是从多种真核细胞的表面伸展出来的直径约为 0.25μm 的毛发状结构，由细胞质膜覆盖。每根纤毛都含有一个由排列成束的稳定微管所组成的核心，该微管束是从细胞质中的一个微管组织中心即基体（basal body）上生长出来的（参见图 17-11D）。

运动型纤毛可以像鞭子一样挥动，或是划动细胞表面的液体，或是推动单细胞在液体中前进。例如，有些原生动物利用纤毛收集食物颗粒，有些利用纤毛来运动。内衬于人呼吸道表面的上皮细胞（图 17-24）有无数挥动的纤毛（每平方厘米超过 10 亿根），它们将带有灰尘微粒和死细胞的黏液层扫向喉咙以被吞入体内并最终排出体外。类

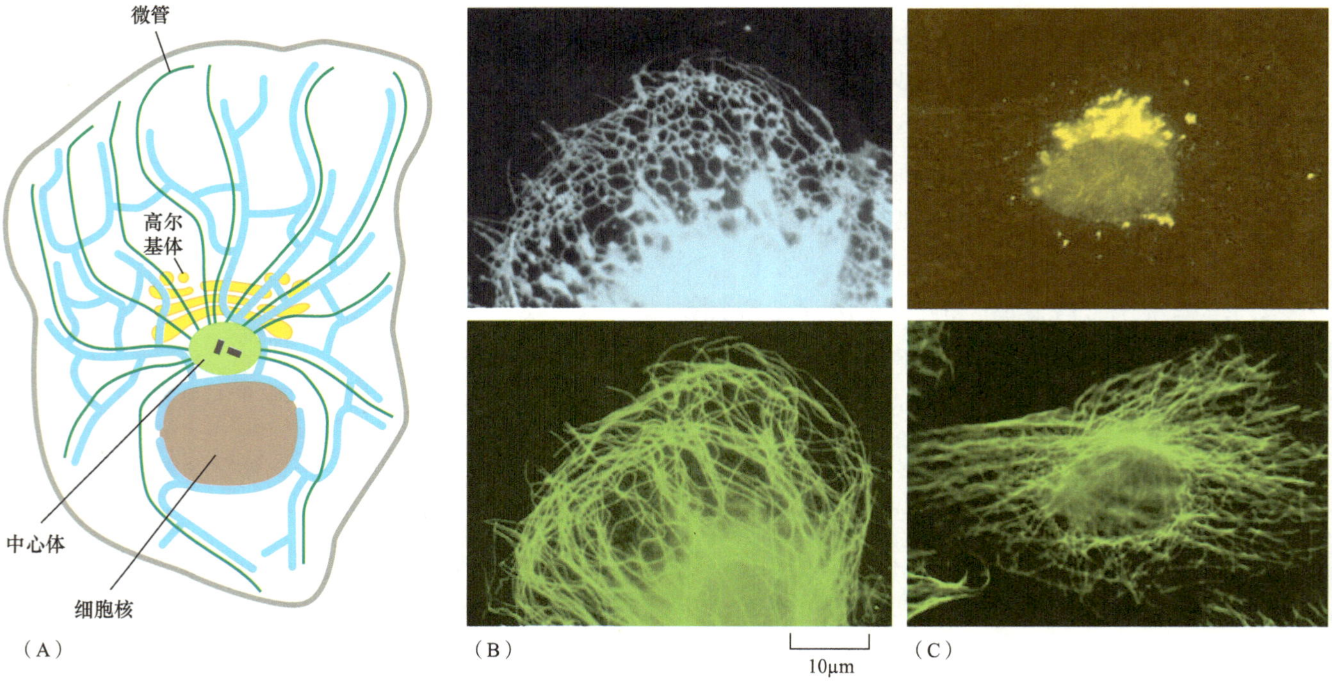

图 17-21 **微管协助真核细胞内细胞器布局的形成。**(A) 一个细胞的示意图，显示胞质微管（深绿色）、内质网（蓝色）和高尔基体（黄色）的典型分布。细胞核标记为褐色，中心体为浅绿色。(B) 体外培养的细胞经内质网抗体染色（蓝色，上图）和微管抗体染色（绿色，下图）。图中仅显示了细胞的一部分。驱动蛋白沿着微管把内质网往外拉。(C) 另一种体外培养的细胞经高尔基体抗体染色（黄色，上图）和微管抗体染色（绿色，下图）。在这种情况下，胞质动力蛋白将高尔基体向内侧拉到邻近中心体的位置。（图 B 蒙 Mark Terasaki，Lan Bo Chen 和 Keigi Fujivara 惠赠；图 C 蒙 Viki Allan 和 Thomas Kreis 惠赠。）

寻找结合微管的马达蛋白

自 19 世纪中叶以来，人们对细胞器在细胞质中的运动进行了观察、测量和推算。但直到 20 世纪 80 年代中期，生物学家们才鉴定出那些驱动细胞器和囊泡从细胞一侧运动到另一侧的分子。

为什么从最初观察到最终理解会间隔如此之久？问题就出在研究这些蛋白质，或者更准确地说，在细胞外分离和研究这些蛋白质的难度。例如，为了研究一个酶的活性，生化学家首先会纯化出该蛋白质：他们会破碎细胞或组织，并且从其他成分中分离出这种酶（参见图版 4-4 和 4-5）。随后他们可以在体外试管中控制酶与底物、抑制剂、ATP 等物质的作用来研究这种酶。不过，这种方法似乎无法用于研究胞内运输的运动机制。一旦将细胞破碎，想要得到一套完整的、具有活性的、能够持续地将线粒体和囊泡从一处运到另一处且不含其他无关的物质，这是不可能的。

两个不同领域的技术进步解决了这个问题。首先，显微镜的发展使得生物学家能够在特定的活细胞中清晰地观察到正在运行的运输系统（仍然含有无关的组分）。与此同时，生物化学家也意识到他们能够利用纯化的细胞骨架蛋白、马达蛋白和货物，在细胞外从头开始装配出一套可以正常运转的运输系统。其中一项这样的突破是从对乌贼的研究开始。

拥挤的细胞质

对神经细胞细胞膜的电生理特性感兴趣的神经生物学家曾利用乌贼的巨大轴突进行了长时间的研究（参见“我们是怎样知道的”栏目）。由于乌贼的轴突尺寸巨大，研究人员发现他们可以像挤牙膏那样地把细胞质从轴突中挤出来，然后研究离子如何反复穿过空管状细胞质膜上的各种各样的离子通道（参见图 12-33）。当生理学家在光学显微镜下观察时，他们会直接将挤出来的果冻状细胞质丢弃，因为这东西看上去并无用处（因此研究人员也并不感兴趣）。

后来，希尼娅·艾诺（Shinya Inoué）与罗伯特·艾伦（Robert Allen）等人发明了视频增强显微镜，它使人们能够检测到比普通光学显微镜的分辨率更小的结构。普通光学显微镜的分辨率大约为 0.2mm，即 200nm（参见图版 1-1）。视频摄像机捕捉到的样品图像，随后经计算机处理，可以降低背景噪声并增加对比度。20 世纪 80 年代早期，当研究人员将这项新技术应用于乌贼轴突细胞质（轴浆）研究时，它们第一次观察到囊泡和其他细胞器沿着细胞骨架纤维的移动。

在视频增强显微镜下，可以看到被挤出的轴浆里充满了微小的颗粒，从直径 30 ～ 50nm 的囊泡到长度可达 5000nm 的线粒体。这些颗粒沿着细胞骨架纤维以每秒 5mm 的速度来回移动。如果将轴浆铺得足够薄，甚至可以看到单条蛋白丝。

这种运动可以持续数个小时，这使得研究人员能够对轴浆进行处理并研究其影响。例如，瑞·拉西克（Ray Lasek）和斯科特·布雷迪（Scott Brady）发现细胞器的运动需要 ATP。而与 ATP 相似却不能被水解（因此不产生能量）的 ATP 的类似物如 AMP-PNP，可以抑制细胞器的转运。

蛇形移动的管子

要想搞清楚乌贼轴浆中运输系统中的每个组成成分还需花费更多的精力。哪种类型的纤维在支持这种运动？运载囊泡和细胞器沿着纤维移动的分子马达是什么？鉴定哪种纤维的方法相对简单：利用微管蛋白抗体可以揭示出这类纤维就是微管。但是马达蛋白如何鉴定呢？为了寻找马达蛋白，罗恩·韦尔（Ron Vale）、托马斯·里斯（Thomas Reese）与迈克尔·希茨（Michael Sheetz）等人建立起一套系统研究体系，利用该体系可以捕捉到那些驱动细胞器运动的蛋白质。

他们的研究策略简单而巧妙：将纯化的微管和细胞器放在一起，然后寻找能够诱导运动发生的分子。他们从乌贼大脑中纯化出微管，并加入从乌贼轴突中分离的细胞器，然后发现再加入一种从乌贼轴浆得到的提取物后就能触发细胞器的运动。在该体系中，研究人员会看到细胞器沿着微管移动，或者会看到微管在涂有轴浆提取物的玻片表面做蛇形滑动（参见问题 17-18）。研究人员遇到的挑战就是在这个重构的体系中分离出负责该运动的蛋白质。

为了达到上述目的，韦尔和他的同事们借鉴了早期有关 ATP 类似物 AMP-PNP 的研究工作。尽管该 ATP 类似物能够抑制囊泡沿着微管的运动，但它仍然可以使细胞器

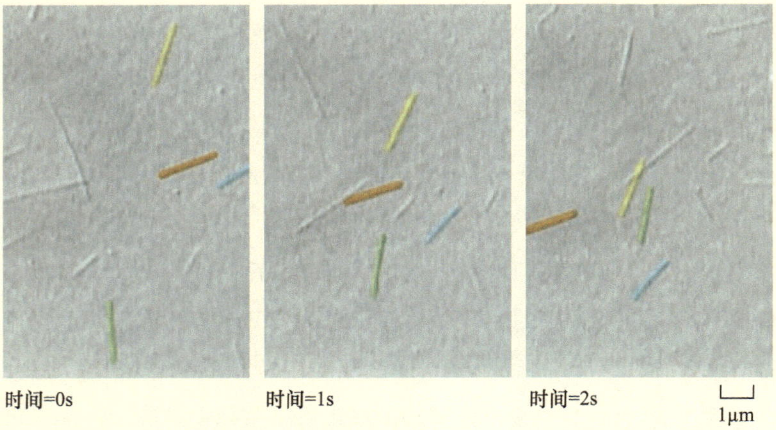

图 17-22 **马达蛋白引起微管在体外滑动。**在体外的运动实验中，纯化的动力蛋白与微管及 ATP 共同混合。当将这种混合物滴在玻璃片上并用视频增强显微镜观测时，就能看到单根微管（已人为上色）沿着玻片滑动。该滑动是由通过尾部附着于玻片上的动力蛋白所驱动。图像拍摄间隔为 1s。微管运动速度约为 1 ～ 2μm/s。（蒙 Nick Carter 和 Rob Cross 惠赠。）

结合到微管纤维上。因此，研究人员将轴浆提取物与微管以及 AMP-PNP 相混合，然后他们分离出微管，希望马达蛋白仍然附着在微管上。之后，韦尔和他的团队通过加入 ATP 使附着的蛋白质释放出来。通过这种方法，他们发现了一个 110kDa 的多肽，该多肽能促进微管在玻片上的滑动（图 17-22）。他们将这个分子命名为驱动蛋白（kinesin，源于希腊文 *kinein*，意为“移动”）。

通过类似的体外运动实验也发现了其他马达蛋白，如沿着肌动蛋白丝运动的肌球蛋白，这些会在后文进行讨论。随后的研究也表明，动力蛋白是沿着微管从负极向正极移动。他们还鉴定出动力蛋白家族的许多其他马达蛋白成员。

光、相机、运动

将这些实验手段与更先进的显微镜技术结合，研究人员现在在活细胞内也能够跟踪单个马达蛋白沿一根微管的运动。

通过荧光蛋白进行标记，就可以观察到驱动蛋白分子沿着微管的前进过程，即每个马达分子在从微管上掉下来之前大约会前进 100“步”。每一步的长度是 8nm，这恰好是微管上微管蛋白二聚体的间距。结合这些观察结果及 ATP 水解实验，研究人员确认动力蛋白每走一步都需要消耗一分子 ATP。动力蛋白之所以可以持续地移动，是因为它有两个头部，这使它能以一种交替前进的方式朝着微管的正极移动，即每个头部都会反复地结合和离开微管，其中被释放的后方头部会迈过正结合微管的前方头部（图 17-23）。这些在分子层面的研究进展现在使得我们终于能跟上这些有趣而勤奋的马达蛋白的脚步了。

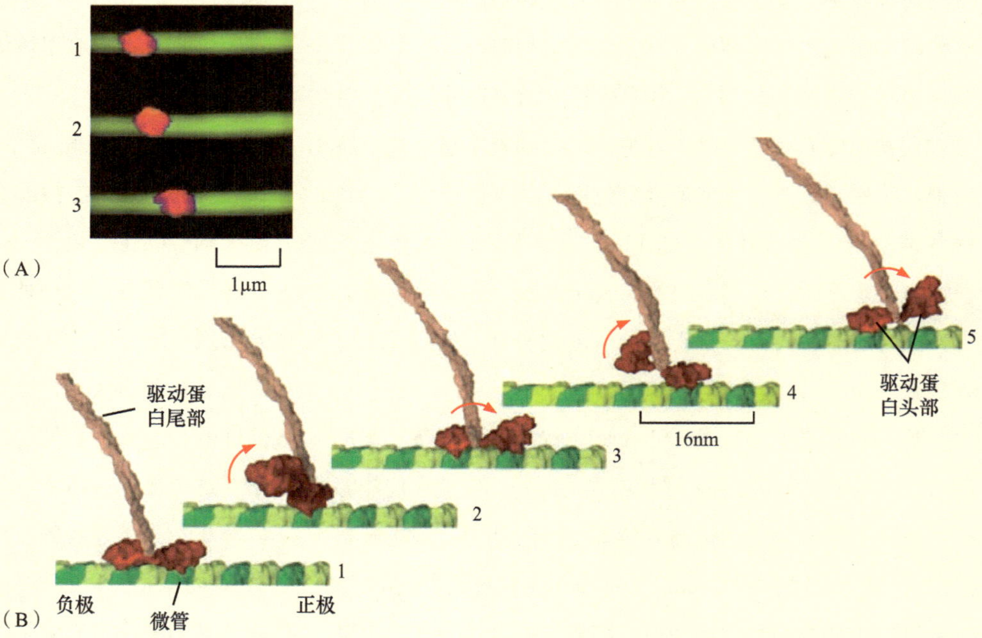

图 17-23 **单个驱动蛋白分子沿着微管移动。**（A）三张时间间隔为 1s 的照片，记录了荧光标记的单个动力蛋白分子（红色）以 0.3mm/s 的速度沿微管（绿色）移动。（B）具有两个头部的动力蛋白的分子系列模型，显示其如何沿着一根微管以 8nm 的步长通过头部交换的方式持续行走（视频 17.6）。（图 A 和 B 蒙 Ron Vale 惠赠。）

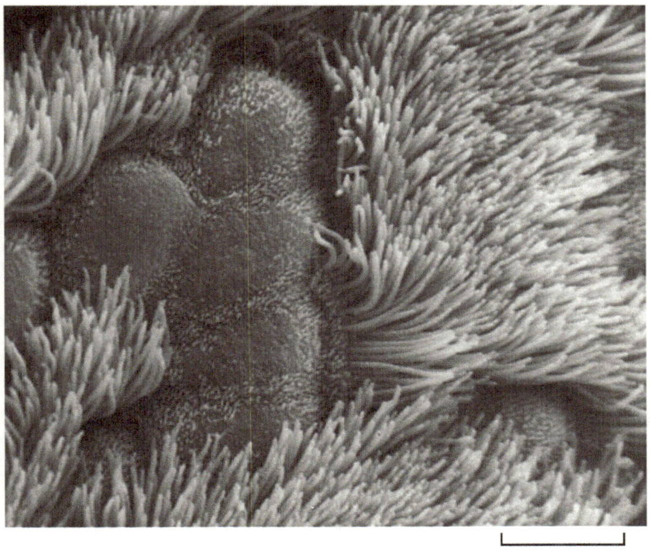

图 17-24　很多根毛发状的纤毛从人呼吸道上皮细胞的表面伸出。在这张扫描电镜照片中，可看到浓密的纤毛簇从这些纤毛细胞上伸展出来。纤毛细胞中间还散布着小丘状的非纤毛上皮细胞。（改自 R.G. Kessel 和 R.H. Karden. *Tissues and Organs.* San Francisco：W.H. Freeman & Co.，1979。）

似地，输卵管壁细胞上的纤毛可以产生液体流，从而帮助卵子离开卵巢。每根纤毛就像是一个小型的船桨，通过反复摆动，使液体流过细胞表面（图 17-25）。

推动精子和许多原生动物前进的**鞭毛**（flagella，单数为 flagellum）通常要比纤毛长很多。它们被用来移动整个细胞，而不是移动细胞表面的液体。鞭毛产生的规律性波动沿着鞭毛长轴方向传播，从而推动细胞前进（图 17-26）。

虽然鞭毛与纤毛的运行机制略有不同，但二者有着相似的内部结构。纤毛和鞭毛中的微管都以一种精巧而独特的方式进行排列，这是早期电子显微镜的最惊人发现之一。纤毛的横切面显示有 9 根二联体微管环绕着一对单微管排成一圈（图 17-27A）。这种“9+2”排列模式是从原生动物到人类几乎所有真核细胞的纤毛和鞭毛特征。

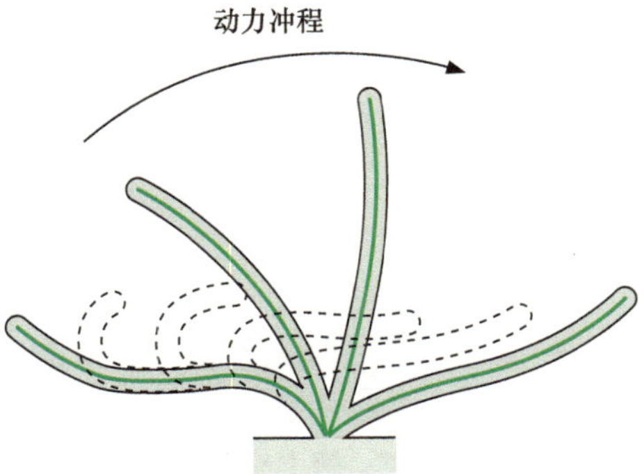

图 17-25　一根纤毛不断重复由动力冲程和回复冲程组成的运动循环，从而产生拍打动作。在快速的动力冲程中，纤毛完全伸展，液体被推过细胞表面；而在较慢的复原冲程中，纤毛弯曲着回复到原先的位置，从而最小限度地影响周围的液体。每个循环一般需要 0.1 ～ 0.2s 并产生一个与细胞表面方向平行的力。

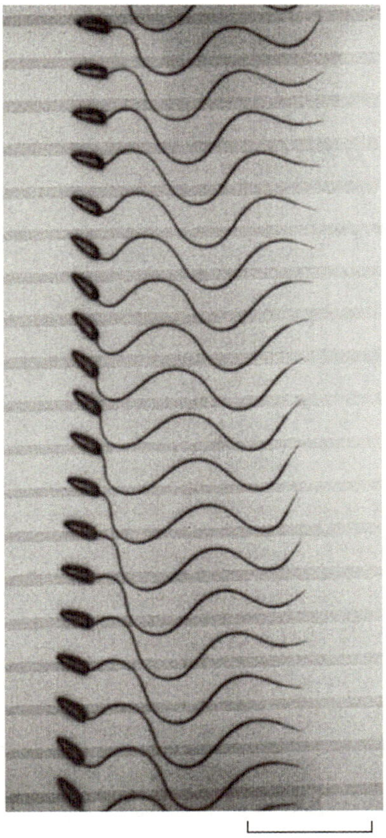

图 17-26　鞭毛通过反复的波形运动推动细胞在液体中穿行。一种无脊椎动物精子的单根鞭毛所产生的运动。该系列图像是由频闪照明所拍摄，每秒拍摄 400 次。（蒙 Charles Brokaw 惠赠。）

纤毛和鞭毛的运动都是由其微管相互滑动造成的弯曲所产生。这些微管上结合着无数的辅助蛋白质（图 17-27B），它们在微管束长轴方向上每隔一段距离规律地伸出。其中有些蛋白质发挥交联作用将成束的微管捆在一起；而另一些蛋白质可以产生使纤毛弯曲的动力。

在这些辅助蛋白中，最为重要的是一种称为纤毛动力蛋白（ciliary dynein）的马达蛋白，它可以使纤毛结构产生弯曲。纤毛动力蛋白的尾部附着在外侧二联体微管的其中一根上，而它的球状头部与相邻的微管相互作用，由此在这两根微管之间产生一个滑动力。由于相邻的微管二联体上有很多个连接点，因此两根相邻微管间的滑动力就转变为一种弯曲运动（图 17-28）。纤毛中的其他组分，包括中央微管对、内鞘、径向辐条等，控制着动力蛋白的活性，

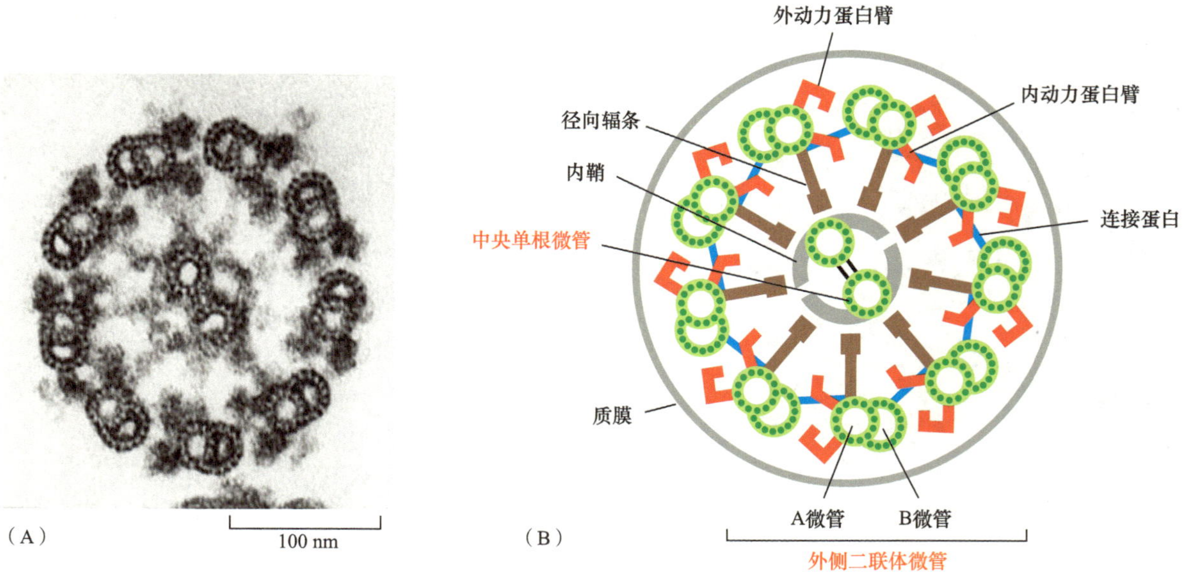

图 17-27　**纤毛或鞭毛中的微管以"9+2"的模式排列。**(A) 单细胞藻类衣藻 (*Chlamydomonas*) 鞭毛的横切面电镜照片，可看到其独特的 9+2 微管排列。(B) 鞭毛横切面示意图。9 根外层微管（每根都是特殊的成对结构）带有两行动力蛋白分子，每个动力蛋白分子的头部从这个角度看上去都像是手臂伸向相邻的二联体微管。在活的纤毛中，这些动力蛋白的头部周期性地与相邻的二联体微管接触并沿着其运动，从而产生用于纤毛挥打的力。图中所示的各种其他的连接和突起都是一些蛋白质，它们把微管束捆绑在一起，并将动力蛋白产生的滑动力转换为弯曲运动，如图 17-28 所示。(图 A 蒙 Lewis Tilney 惠赠。)

最终形成纤毛和鞭毛运动时复杂的波形。

对于人类，纤毛动力蛋白的遗传缺陷会导致卡塔格内综合征 (Kartagener's syndrome)。患有该疾病的男性无法生育，因为它们的精子不具有运动能力。同时，患者支气管更容易受到感染，因为它们呼吸道的纤毛无法运动，不能将细菌和废物清除出肺部。

许多缺乏运动纤毛的动物细胞有一根不能运动的*初级纤毛* (primary cilium)。它比运动纤毛要短很多，可以作为一个触角来感受外界的信号分子。

肌动蛋白丝

肌动蛋白丝 (actin filament) 是肌动蛋白的聚合物，在几乎所有的真核细胞都有存在，对于细胞的多种运动都十分重要，尤其是那些与细胞表面有关的运动。例如，一个动物细胞没有肌动蛋白丝就不能沿着物体表面爬行，不能通过吞噬作用摄入大的颗粒，也不能分裂。与微管一样，很多肌动蛋白丝并不稳定，但通过结合其他蛋白质，它们能在细胞中形成稳定的结构，如肌肉细胞中的收缩装

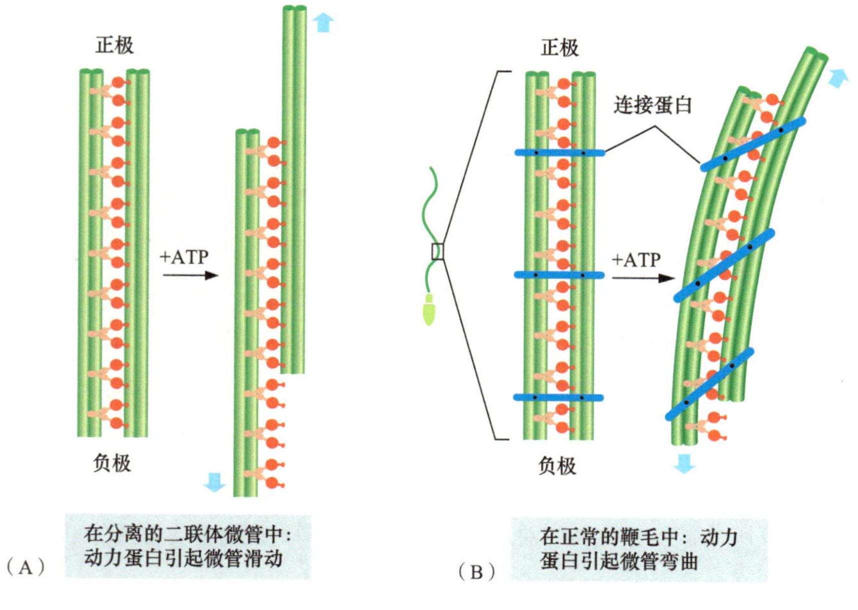

图 17-28　**动力蛋白的运动导致鞭毛弯曲。**(A) 如果将外侧二联体微管及其结合的动力蛋白从精子鞭毛中分离出来，并加入 ATP，这些二联体微管由于其结合的动力蛋白的反复动作，它们会发生相互滑动，就像望远镜的伸拉一样；(B) 然而，在一根完整的鞭毛中，二联体微管被柔韧的蛋白质连接绑定在一起，所以鞭毛整体产生的动作是弯曲而不是滑动。

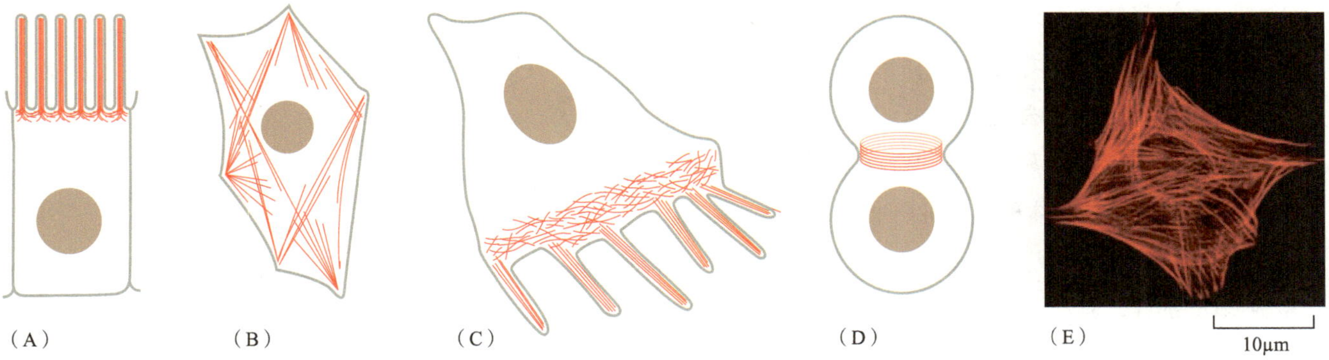

图 17-29 **肌动蛋白丝使动物细胞产生多变的外形，并行使多样的功能。**图中红色标记的是四种不同结构中的肌动蛋白丝：(A) 微绒毛；(B) 细胞质中的收缩束；(C) 一个迁移细胞前沿的丝状伪足；(D) 细胞分裂时的收缩环；(E) 利用荧光标记的鬼笔环肽进行染色，该照片显示了一个细胞中与（B）结构中的肌动蛋白类似的收缩束。鬼笔环肽是一种可以与肌动蛋白丝特异性结合的分子（参见表 17-2）。（图 E 蒙 Nikon ® MicroscopyU 惠赠。）

置。肌动蛋白丝与大量的*肌动蛋白结合蛋白*（actin-binding protein）相互作用，使其能够在细胞内行使各种功能。依赖于这些结合蛋白质，肌动蛋白丝可以形成坚硬且稳定的结构，如小肠内表面上皮细胞的*微绒毛*（microvilli）（图 17-29A），或存在于大多数动物细胞中的可以像微型肌肉那样进行收缩的小型收缩束（small contractile bundle）（图 17-29B 和 E）。肌动蛋白丝也可以形成临时性的结构，如细胞爬行时前沿所形成的动态突起（图 17-28C），或是动物细胞分裂时将细胞质分成两半的*收缩环*（contractile ring）（图 17-29D）。依赖于肌动蛋白的细胞运动通常需要肌动蛋白与一种称为*肌球蛋白*（myosin）的马达蛋白发生相互作用。

在本节中，我们将了解到细胞中肌动蛋白丝的组织如何取决于细胞中存在的各种肌动蛋白结合蛋白。尽管形成肌动蛋白丝和微管的蛋白亚基并不相同，但我们将会看到，它们的组装和去组装、对细胞结构的调控以及与马达蛋白作用而产生运动的方式却是惊人地相似。

肌动蛋白丝纤细而柔韧

在电子显微镜下，可看到肌动蛋白丝是一种直径约为 7nm 的线状结构。每条肌动蛋白丝都是由相同的球状肌动蛋白单体连接而成的一条扭曲链，而且所有的单体都是沿着链轴“指向”相同的方向。因此，肌动蛋白丝和微管一样在结构上都具有极性，一端是正极而另一端是负极（图 17-30）。

肌动蛋白丝通常比微管更纤细、更富有韧性，通常也更短。然而，前者的数量要比后者多很多，所以一个细胞中肌动蛋白丝的总长度通常是微管总长度的好几倍。与中间丝和微管不同的是，肌动蛋白丝很少在细胞中单独存在，它们总是相互交联成束和网，这要比单根丝结实得多。

肌动蛋白和微管蛋白的聚合机制类似

和微管一样，肌动蛋白丝可以在任一端添加肌动蛋白

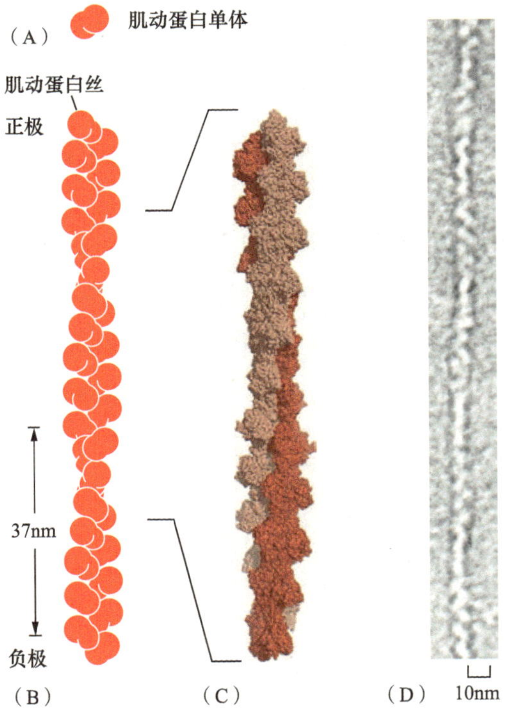

图 17-30 **肌动蛋白丝是纤细而柔韧的蛋白细丝。**(A) 肌动蛋白丝的亚基是肌动蛋白单体。单体上的一个裂缝是 ATP 或 ADP 的结合位点。(B) 肌动蛋白丝中肌动蛋白分子的排列。每条蛋白丝可以被看成是由两股链螺旋而成，每隔 37nm 旋转一圈。两股链之间存在很多侧面相互作用，因而不会分开。(C) 全貌图显示两条肌动蛋白链之间的紧密相互作用。(D) 负染后的肌动蛋白丝的电镜照片。（图 D 蒙 Roger Craig 惠赠。）

单体进行增长，在正极的增长速度也是比负极要快。一根裸露的肌动蛋白丝就像没有结合蛋白的微管，本身并不稳定，而且它的两端都可以去组装。在活细胞中，游离的肌动蛋白单体可以带有一个紧密结合的核苷三磷酸（在这里是 ATP）。当肌动蛋白单体聚合到肌动蛋白丝上时，它就会将其结合的 ATP 水解成为 ADP。就像微管结合的 GTP 水解成 GDP 那样，肌动蛋白丝中的 ATP 水解成 ADP 会减弱单体之间的结合力，由此降低了聚合物的稳定性。因此，在肌动蛋白丝和微管中，核苷酸的水解都促进了解聚的发生，帮助细胞中已形成的肌动蛋白丝或微管去组装。

如果游离肌动蛋白单体的浓度非常高，那么肌动蛋白丝会在其两端同时添加单体，因此生长的速度很快。然而有趣的是，当游离的肌动蛋白浓度中等时，肌动蛋白单体结合到正极的速度会比水解其结合的 ATP 的速度更快，所以正极会生长。相反，在负极肌动蛋白水解 ATP 的速度比新单体添加上去的速度快；由于 ADP-肌动蛋白使肌动蛋白丝的结构不稳定，所以蛋白丝会在其正极添加亚基的同时又会在其负极解聚亚基（图 17-31A）。对于每个肌动蛋白单体，它会先从正极加入，逐渐向负极移动，最后从负极解离，该行为被称为*踏车现象*（treadmilling）。当添加与解离的速率相等时，肌动蛋白丝的长度将保持不变（图 17-31B）。

真菌或海绵等生物产生的一些毒素可以破坏肌动蛋白丝的功能。有些毒素如*细胞松弛素*（cytochalasin）和*红海海绵素*（latrunculin）可以阻止肌动蛋白的聚合；而其他药物如*鬼笔环肽*（phalloidin）可以稳定肌动蛋白丝从而阻止其解聚（表 17-2）。在细胞或组织的培养基中加入这些毒素，即使浓度很低，也会立即阻止细胞的运动如细胞的爬行。因此，与微管类似，肌动蛋白丝的许多功能依赖于肌动蛋白丝的聚合与解聚。而聚合与解聚的速率又依赖于肌动蛋白丝、肌动蛋白单体浓度和各种肌动蛋白结合蛋白之间的动态平衡。

表 17-2　影响肌动蛋白丝的药物

肌动蛋白特异性药物	功能
鬼笔环肽	结合并稳定肌动蛋白丝
细胞松弛素	封住肌动蛋白丝的正极，阻止正极发生聚合
红海海绵素	结合肌动蛋白单体并阻止其聚合

许多蛋白质能够结合肌动蛋白并改变其特性

在一个典型的动物细胞中，蛋白质总量的约 5% 是肌动蛋白。它们中大约有一半已经组装成肌动蛋白丝，而另一半则以单体的形式游离在胞质中。细胞内肌动蛋白单体的浓度非常高，远远高于纯化的肌动蛋白单体在体外发生自发聚合所需的浓度。那么，什么因素使细胞内的单体没有全部聚合为肌动蛋白丝呢？答案就在于细胞含有许多像*胸腺素*（thymosin）和*肌动蛋白抑制蛋白*（profilin）这样的小分子量蛋白，它们可以结合胞质中的肌动蛋白单体，阻止它们添加到肌动蛋白丝的末端，从而将肌动蛋白保持为单体形式，直到需要时再加以利用。因此，这类蛋白质在调节肌动蛋白的聚合过程中发挥了关键的作用。当细胞需要肌动蛋白丝时，其他肌动蛋白结合蛋白，如*形成素蛋白*（formin）和*肌动蛋白相关蛋白*（actin-related protein，ARP），可以促使肌动蛋白的聚合。

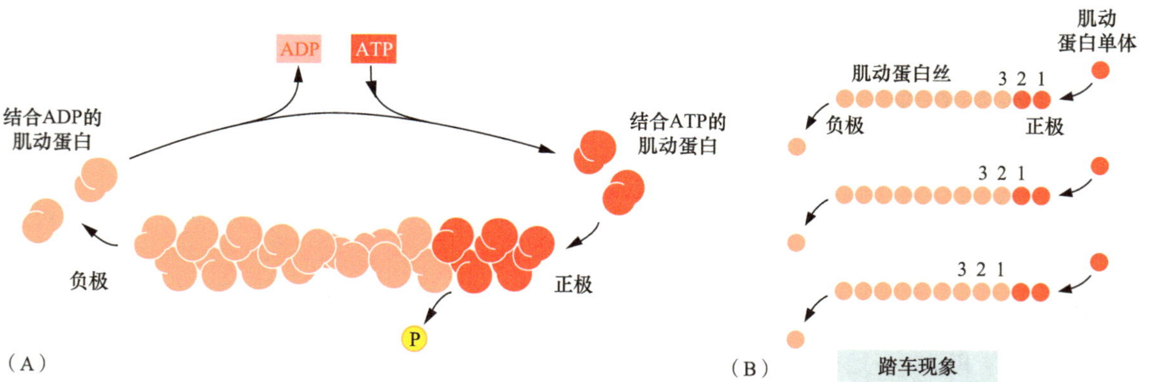

图 17-31　肌动蛋白丝可以进行踏车运动。(A) 胞质中的肌动蛋白单体携带的是 ATP，而在单体被组装进一条生长的丝后，ATP 很快就会被水解为 ADP。ADP 分子会一直结合在肌动蛋白丝中，直到携带它们的肌动蛋白单体从蛋白丝上解聚下来，才能与 ATP 进行交换。当 ATP-肌动蛋白（深红色）添加到肌动蛋白丝正极的速度与 ADP-肌动蛋白（浅红色）从负极解离的速度相同时，就会进行踏车运动。(B) 当添加和解离的速率相等时，肌动蛋白丝长度将维持不变，尽管每个肌动蛋白单体（其中三个单体在图中做了标示）都会从丝中的正极逐渐移动到负极。

细胞中存在有很多类**肌动蛋白结合蛋白**（actin-binding protein），其中大部分都可以结合已组装的肌动蛋白丝并调控其行为（图 17-32）。例如，微绒毛中的肌动蛋白成束蛋白可以把肌动蛋白丝捆绑成平行的丝束，而在细胞皮层（cell cortex）中，有些肌动蛋白结合蛋白可以在紧贴于细胞膜下方的细胞皮层把肌动蛋白丝交联成凝胶状的网络，形成富含肌动蛋白丝的细胞质特化层；丝切割蛋白则可以把肌动蛋白丝分割成较短的片段，从而将肌动蛋白凝胶转变成一种更加流动的状态。肌动蛋白丝也可以和肌球马达蛋白相结合，形成肌细胞中可收缩的丝束。它们还可以形成肌球马达蛋白运送细胞器所需的轨道，该功能在植物细胞中尤为突出。

在本章的其余部分，我们将会了解肌动蛋白丝所形成的一些特殊结构，并讨论不同类型的肌动蛋白结合蛋白如何在肌动蛋白的聚合中发挥作用。我们将从细胞皮层及其在细胞的形状调控和运动中的功能开始，并以肌肉细胞中的收缩装置作为最后的总结。

大部分真核细胞的质膜下具有富含肌动蛋白丝的皮层

尽管肌动蛋白丝遍布于真核细胞的整个胞质，但在很多细胞中，它在细胞膜下方的一层区域最为集中，该区域被称为**细胞皮层**（cell cortex），其中肌动蛋白丝被其结合蛋白交联形成一个网络，支撑起细胞膜，并赋予细胞一定的机械强度。例如，在人类血红细胞的细胞膜下方，有一种简单而规则的丝蛋白网，包括肌动蛋白丝和血影蛋白丝，为细胞维持其简单的圆盘形状提供了必需的支撑（参见图 11-29）。在其他动物细胞中，肌动蛋白丝交联成为一种三维网络，使皮层更加厚实。皮层中肌动蛋白丝的重排也为细胞运动和细胞形状的改变提供了分子基础。

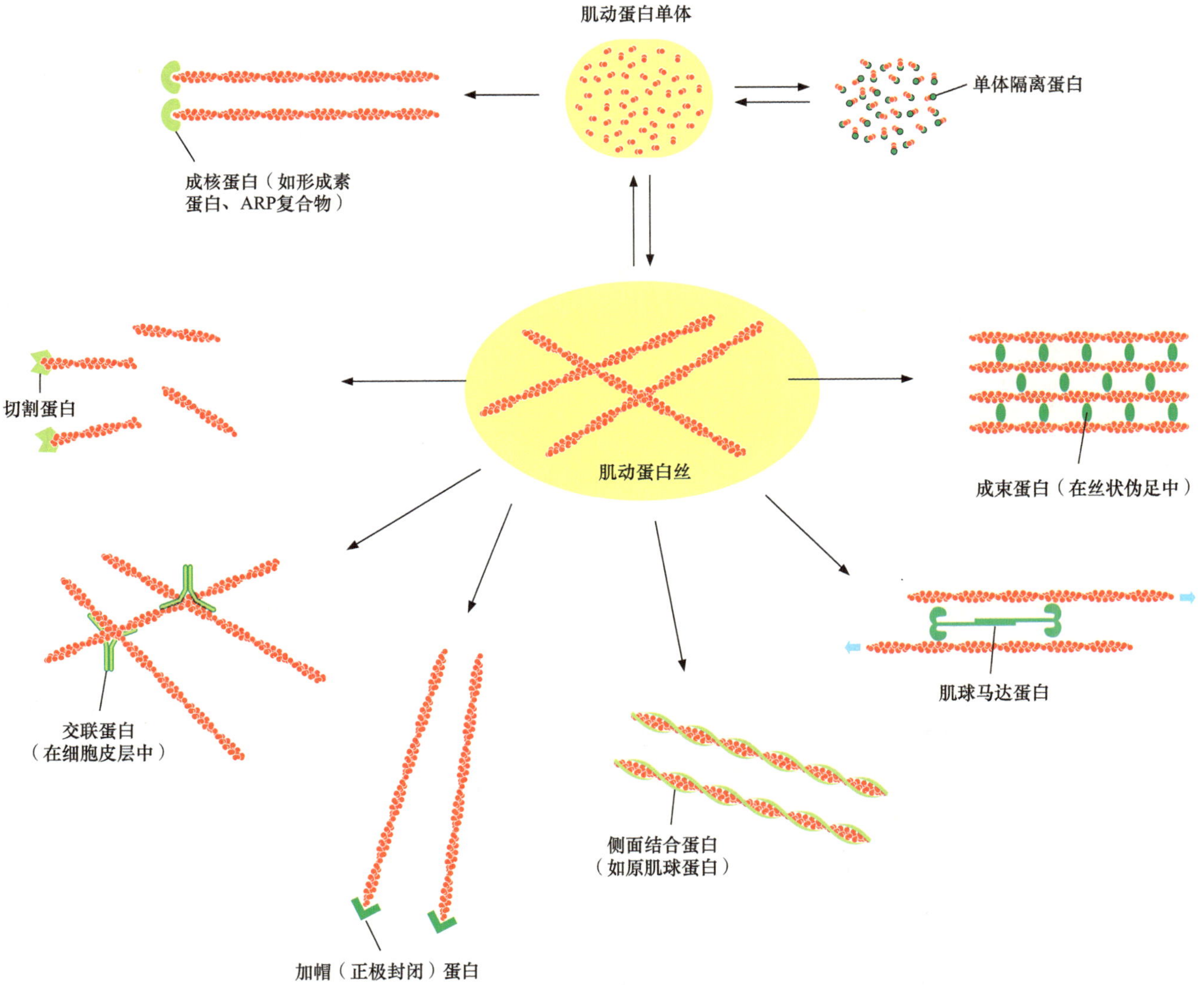

图 17-32 **在脊椎动物细胞中，肌动蛋白结合蛋白控制肌动蛋白丝的行为。**肌动蛋白用红色标示，肌动蛋白结合蛋白用绿色标示。

细胞的爬行依赖于皮层肌动蛋白

很多真核细胞无法依靠鞭毛或纤毛的摆动进行游泳，但可以在物体表面爬行。肉食性的变形虫不停地爬行以寻找食物。发育中的轴突前沿在响应生长因子后可以进行迁移，跟随化学信号到达它最终的突触靶细胞。当血液里的**中性粒细胞**（neutrophil）“闻”到细菌散发出的小分子时，就从血液向感染的组织移动，最终找到并消灭这些细菌。对这些细胞而言，趋化分子与位于细胞表面的受体结合，会引发肌动蛋白丝组装的变化，促使细胞向目标位置前进（视频 17.7）。

上述以及其他形式的细胞爬行，其分子机制都涉及细胞不同区域的很多分子的协同变化，而不是由类似鞭毛这种单一的容易识别的运动细胞器所造成。然而，从广义上讲，有三个相互关联的基本过程是必需的：①细胞在其“前沿”或前面的边沿伸出突起；②突起附着在细胞所爬行的表面上；③细胞通过锚定点的牵引力将自身的其余部分往前牵拉（图 17-33）。

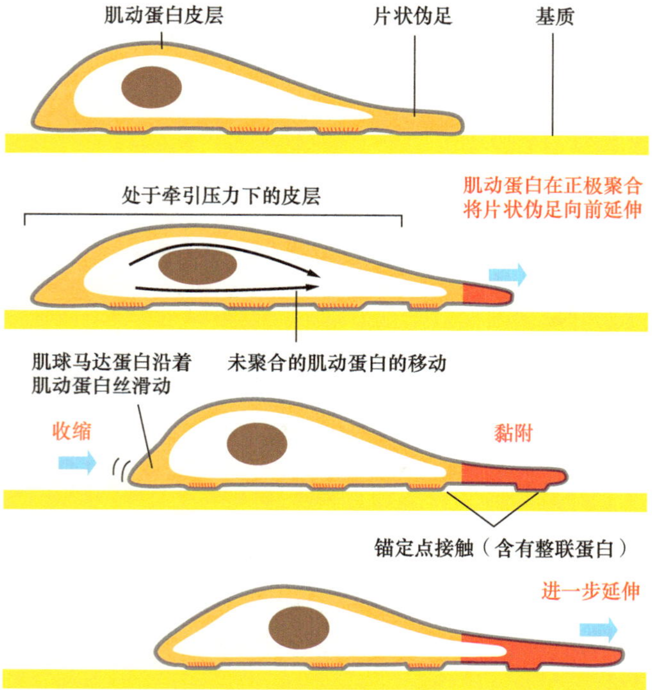

图 17-33　**富含肌动蛋白丝的皮层产生使细胞向前的力。**肌动蛋白在细胞前沿进行聚合，从而将质膜向前推进（突出），并形成新的肌动蛋白皮层区（图中红色所示）。细胞底部和在其上爬行（黏附）的物体表面（基质）之间形成新的锚定点。随后，肌球马达蛋白沿着肌动蛋白丝移动，介导细胞的后部回缩从而将胞体向前拖动。随着细胞向前爬行，新的锚定点在前沿形成，而位于后端旧的锚定点被释放。如此周而复始地循环，使细胞逐步前移。

这三个过程都需要肌动蛋白的参与，但发挥功能的方式并不相同。第一步，细胞表面的突起是通过肌动蛋白的聚合来完成。体外培养的成纤维细胞在爬行的过程中，其前沿会规律性地伸出薄而扁平的**片状伪足**（lamellipodia，源于拉丁词“sheet feet”）。这些伪足含有浓密的肌动蛋白丝网络，而且大部分的丝是正极指向细胞质膜。很多细胞也会在其细胞前沿及表面的其他部分伸出薄而坚硬的突起，称为**丝状伪足**（filopodia，源于拉丁语“thread feet”）（图 17-34）。每条伪足宽约 0.1μm，长 5 ～ 10μm，含有 10 ～ 20 条肌动蛋白丝组成的松散丝束（参见图 17-29C），而且同样是正极向外。发育中的神经细胞的轴突前沿，即**生长锥**（growth cone），可以长出长达 50μm 的丝状伪足，从而帮助细胞探测周围环境，寻找到达其靶细胞的正确路线。丝状伪足和片状伪足都是可以对环境进行探索的、可移动的结构，它们形成和回缩的速度极快，每秒大约可移动 1μm。一般认为两者都是肌动蛋白丝在局部通过迅速生长而产生。这些丝在其正极添加肌动蛋白单体，从而在质膜的附近进行组装和延伸。肌动蛋白丝就以这种方式让质膜向外延伸，而又不会把质膜撕破。

当片状伪足和丝状伪足接触到一片合适的表面时，它们就附着在上面：质膜上的跨膜蛋白即**整联蛋白**（integrin，在第 20 章讨论）会结合该表面上的胞外基质中或一个相邻细胞表面上的分子。同时，在爬行细胞质膜的胞内侧，整联蛋白会捕获皮层中的肌动蛋白丝，从而为爬行细胞提供了一个牢靠的锚定点（参见图 17-33 和图 20-14C）。为了利用该锚定点将自身向前拉，细胞还需要肌球马达蛋白的协助。该马达蛋白会**沿着肌动蛋白丝滑行**（slide along actin filament），我们稍后会对此展开讨论。

肌动蛋白结合蛋白会影响细胞前沿突起的种类

细胞前沿肌动蛋白丝的形成和生长需要大量肌动蛋白结合蛋白的辅助。其中，前文提到的肌动蛋白相关蛋白（ARP）可以促进片状伪足中分支肌动蛋白丝网络的形成。ARP 形成复合物，结合到已有的肌动蛋白丝的侧面，并促进新的丝成核，该核心以一定的夹角向外生长，最终成为一个分支。在其他肌动蛋白结合蛋白的帮助下，肌动蛋白丝网络的前沿不断地进行组装，同时其后端又不断地去组装，从而推动片状伪足向前移动（图 17-35）。

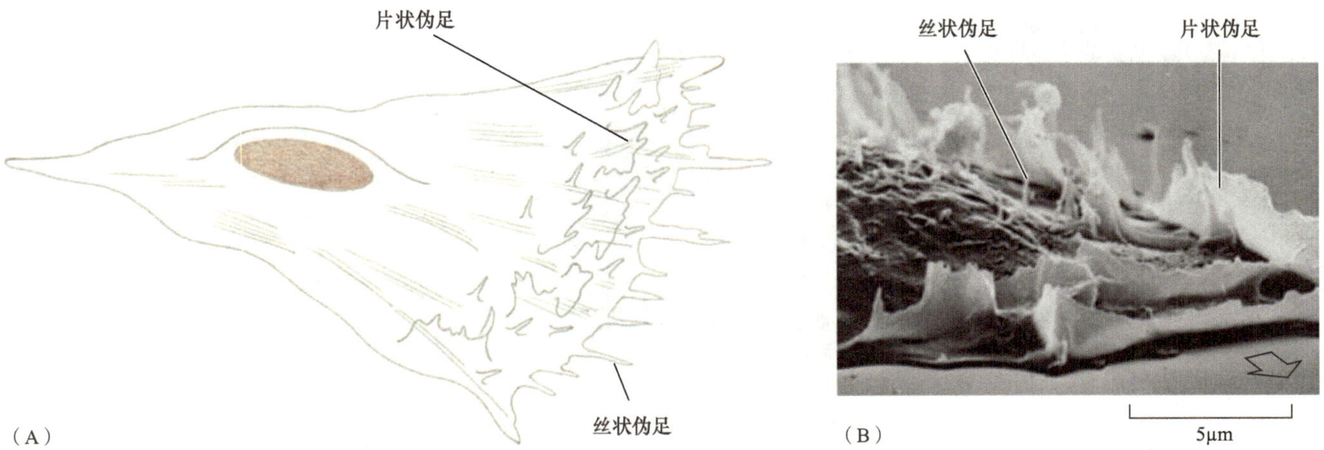

图 17-34　肌动蛋白丝使细胞迁移。(A) 一个成纤维细胞的示意图，显示从其表面，特别是前沿区域伸出的扁平片状伪足和纤细的丝状伪足。(B) 一个体外培养的人成纤维细胞的扫描电镜照片，显示其前沿的片状伪足和丝状伪足。箭头指的是细胞的迁移方向。随着细胞向前移动，那些没有与介质接触的片状伪足会不断地扫描细胞的上表面，该运动称为波动 (ruffling)。(图 B 蒙 Julian Heath 惠赠。)

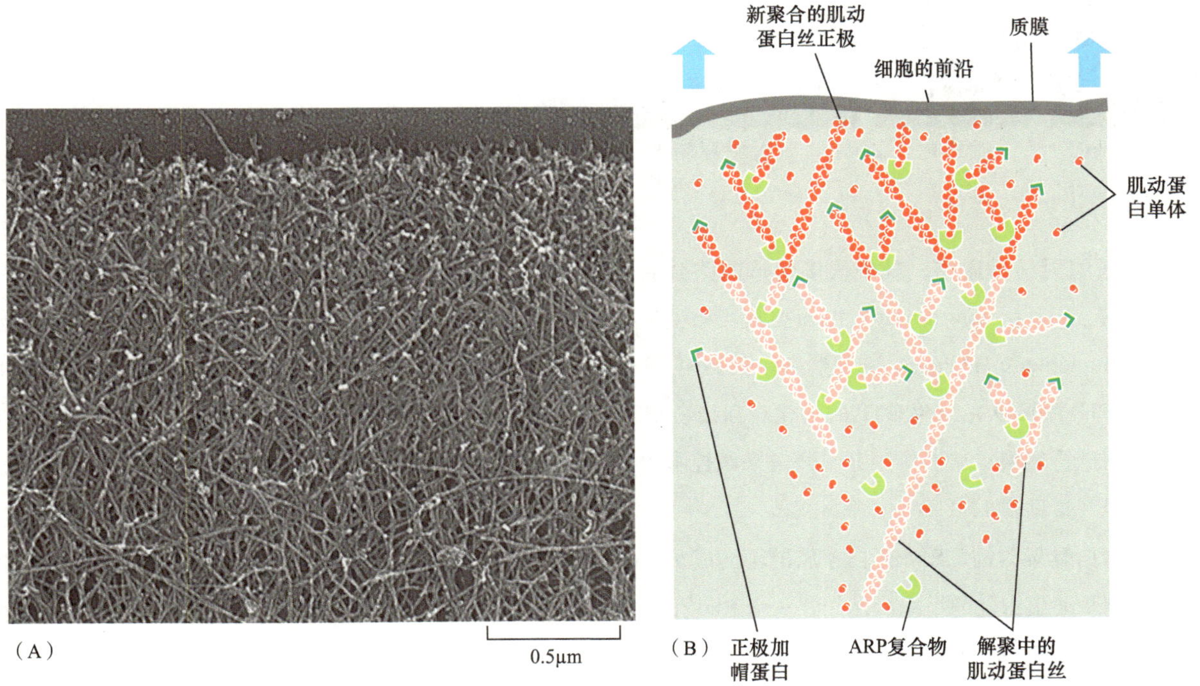

图 17-35　聚合成网的肌动蛋白丝推动片状伪足前沿向前移动。(A) 具有高度运动性的青蛙皮肤角质细胞被固定、脱水、铂金造影并在电子显微镜下观察，可看到肌动蛋白丝形成一种致密的网络，丝快速生长的正极终止于片状伪足的前沿 (图的上部；视频 17.8)。(B) 示意图显示已经存在的肌动蛋白丝上结合的 ARP 复合物 (浅绿色) 如何介导新肌动蛋白丝 (粉色) 的成核作用。产生的分支结构将细胞质膜向前推进。肌动蛋白丝的正极被加帽蛋白 (深绿色) 保护而不会解聚，而它靠近细胞中心的负极，在解聚蛋白的作用下会持续地去组装 (图中未显示)。由于这种直接的生长和去组装，分支网络上的每个肌动蛋白单体都会向后移动，而肌动蛋白网则整体持续地向前运动。此示意图中的肌动蛋白网络与 (A) 中的网络尺度不同。一些致病菌可以聚合肌动蛋白丝的尾部从而在它们所侵入的细胞内运动 (视频 17.9)。(图 A 蒙 Tatyana Svitkina 和 Gary Borisy 惠赠。)

另一类细胞突起丝状伪足则依赖于*形成素* (formin)。该成核蛋白结合到肌动蛋白丝的正极生长端，促进新的肌动蛋白单体的添加，最终形成直的、无分支的肌动蛋白丝。形成素也可以在其他地方用于组装不分支的肌动蛋白丝，比如在将动物细胞一分为二的收缩环中。

胞外信号可以改变肌动蛋白丝的排列

肌动蛋白结合蛋白能够调控肌动蛋白丝的定位、组织和行为，这些结合蛋白的活性进而受到胞外信号分子的控制，最终使细胞对肌动蛋白骨架进行重排来适应其环境。这些胞外信号是通过多种细胞表面受体蛋白而发挥作用，

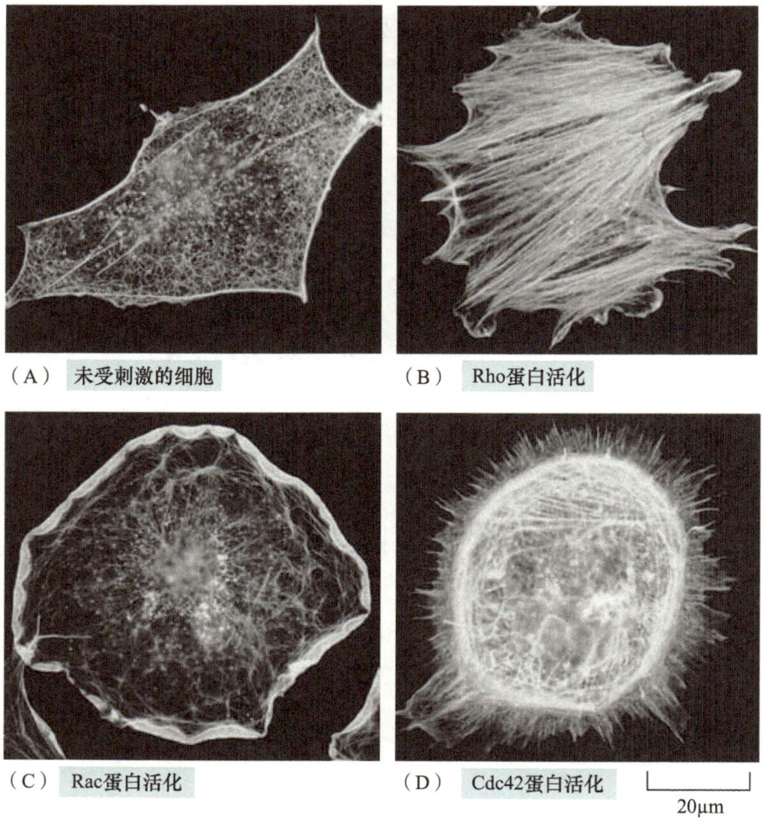

图 17-36　激活 Rho 家族 GTP 酶对成纤维细胞中肌动蛋白丝的组织具有显著的影响。在这些显微镜照片中，肌动蛋白用带荧光标记的鬼笔环肽进行染色（参见表 17-2）。（A）在正常的成纤维细胞中，肌动蛋白丝主要集中在皮层。（B）显微注射活化形式的 Rho 蛋白会促进长且不分支的肌动蛋白丝束进行快速组装。由于肌球蛋白与这些丝束结合，所以丝束会发生收缩。（C）显微注射活化形式的 Rac 蛋白（一种和 Rho 类似的 GTP 结合蛋白）会引起片状伪足的大量形成，遍布整个细胞的周围。（D）显微注射活化形式的 Cdc42 蛋白（另一个 Rho 蛋白家族成员）会刺激细胞周围长成丝状伪足的突起“森林”。（图片蒙 Catherine Nobes 惠赠。）

从而激活多条胞内信号通路。其中很多信号通路会通过 **Rho 蛋白家族**（Rho protein family）中一类密切相关的单体 GTP 酶（monomeric GTPase）进行整合。正如第 16 章所述，单体 GTP 酶可以在结合 GTP 的活化态和结合 GDP 的失活态之间进行转换，从而作为分子开关来调控胞内许多反应的进程（参见图 16-11B）。

以肌动蛋白骨架为例，Rho 蛋白家族的不同成员会以不同方式影响肌动蛋白丝的组织。例如，一个 Rho 蛋白家族成员可以引发肌动蛋白丝的成束和形成素蛋白的活化，从而促进丝状伪足的形成；而另一种 Rho GTP 酶可以刺激 ARP 复合物在细胞前沿组装，从而促进片状伪足和质膜波动；Rho 蛋白本身的激活可以促进肌动蛋白丝和肌球马达蛋白成束，加快整联蛋白在细胞表面聚合成簇，最终推动了细胞爬行（参见图 17-33）。图 17-36 展示了这些 Rho 蛋白驱动的细胞骨架快速重排的例子。

肌动蛋白与肌球蛋白结合形成可收缩的结构

在所有的肌动蛋白结合蛋白中，或许最为人熟知的一类是**肌球蛋白**（myosin）。它属于马达蛋白家族，能够结合并水解 ATP，从而为其向肌动蛋白丝正极的移动提供能量。肌球蛋白和肌动蛋白最初都是发现于骨骼肌，而且目前对于二者相互作用的了解也主要源于对肌肉的研究。细胞中存在很多类肌球蛋白，其中含量最丰富的是Ⅰ型肌球蛋白（myosin-Ⅰ）和Ⅱ型肌球蛋白（myosin-Ⅱ）亚家族。

Ⅰ型肌球蛋白（myosin-Ⅰ）分子在所有细胞中都存在，它有一个头部结构域和一个尾部（图 17-37A）。头部区域可以结合肌动蛋白丝，并具有由 ATP 水解驱动的马达活性，使它可以不断地重复结合、解离、再结合的循环，从而沿着肌动蛋白丝移动（视频 17.10）。不同类型的Ⅰ型肌球蛋白的尾部各不相同，它决定了肌球蛋白所运载的货物类型。例如，尾部可以结合一种特定类型的膜泡并驱使它沿着肌动蛋白丝在细胞内移动（图 17-37B）；或者它也可以和质膜结合，将质膜拉成各种形状（图 17-36C）。

Ⅱ型肌球蛋白在结构和工作机理上比Ⅰ型肌球蛋白更加复杂。肌肉细胞利用一种特殊形式的Ⅱ型肌球蛋白分子来驱动肌肉收缩，我们后续会对其进行讨论。

肌肉收缩

肌肉收缩是研究得最为清楚的一种动物细胞运动。脊椎动物的跑、走、游泳和飞翔都依赖于骨骼肌（skeletal muscle）强力地收缩来带动不同的骨骼。非自主运动如心

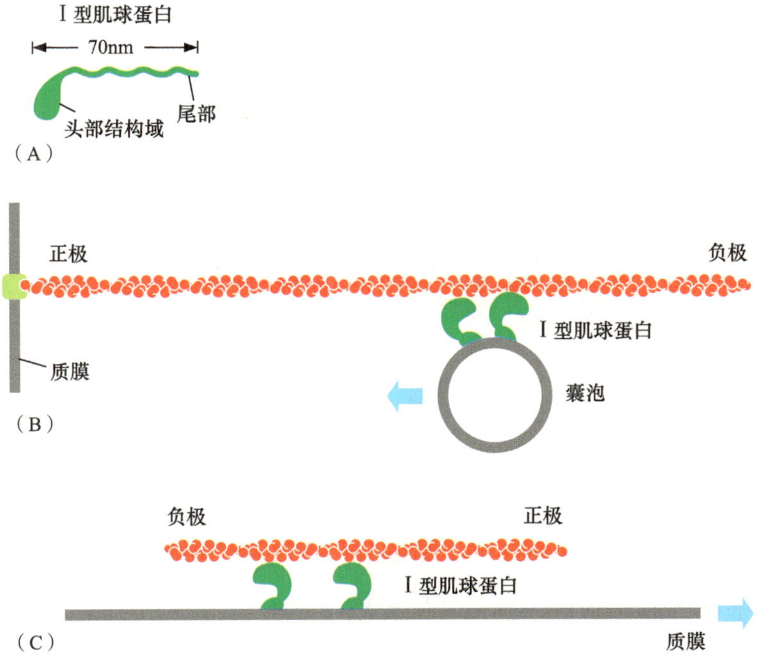

图 17-37 I 型肌球蛋白是最简单的肌球蛋白。（A） I 型肌球蛋白只有一个球状头部和一个尾部。头部负责结合肌动蛋白丝而尾部负责结合细胞中的其他分子或细胞器。（B）这种排布方式使它的头部结构域能够驱动膜泡沿着肌动蛋白丝进行移动。在本图中，肌动蛋白丝的一端是锚定在质膜上。（C） I 型肌球蛋白还可以结合细胞皮层中的肌动蛋白丝，最终将质膜拉成新的形状。注意，肌球蛋白的头部基团总是会向肌动蛋白丝的正极移动。

脏的跳动和肠的蠕动则分别依赖于心肌（cardiac muscle）和平滑肌（smooth muscle）的收缩。心肌和平滑肌都由肌细胞组成，虽然二者的结构和骨骼肌不同，但都是利用肌动蛋白和肌球蛋白进行收缩。我们对细胞运动机制的很多认识都来自于对肌肉细胞收缩的研究。在本节中，我们将讨论肌动蛋白和肌球蛋白如何相互作用来产生收缩运动。

肌肉收缩依赖于相互作用的肌动蛋白丝和肌球蛋白丝束

肌肉中的肌球蛋白属于 **Ⅱ型肌球蛋白**（myosin-Ⅱ）亚家族。该蛋白质是二聚体，一端是两个球状的 ATP 酶头部，而另一端只有一个麻花样卷曲的尾部（图 17-38A）。Ⅱ型肌球蛋白分子簇通过它们的麻花样卷曲尾部结合在一起，形成具有两极的**肌球蛋白丝**（myosin filament），而它们的头部向两侧伸出（图 17-38B）。

肌球蛋白丝就像一支双头箭，其两套头部分别指向远离中心的相反方向。一套头部以一种方向与肌动蛋白丝结合，使之朝一个方向移动；而另一套头部以相反方向与另外的肌动蛋白丝结合，使之朝相反的方向移动。最终一个肌球蛋白丝就可以使取向相反的肌动蛋白丝之间产生滑动（图 17-39）。因此，如果肌动蛋白丝和肌球蛋白丝组织

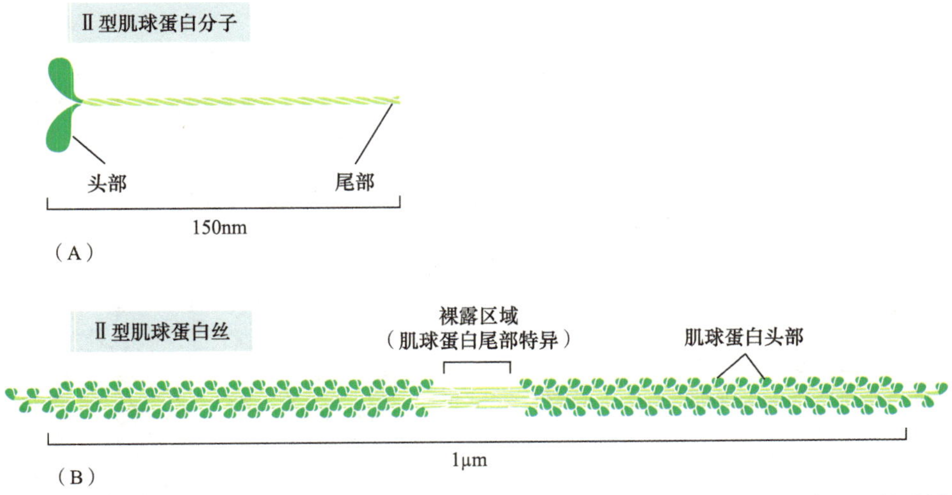

图 17-38 Ⅱ型肌球蛋白分子能够相互结合形成肌球蛋白丝。（A）一个Ⅱ型肌球蛋白分子含有两条相同的重链，每条重链有一个球状头部和一个伸展的尾部（它还有两条轻链分别与两个头部结合，图中未显示）。两条重链的尾部形成一个麻花样卷曲的尾部。（B）Ⅱ型肌球蛋白的麻花样卷曲尾部相互结合，形成一条双极性的肌球蛋白丝，它的两个头部从中间分别向两个方向伸展。丝中央的裸露区域仅由尾部组成。

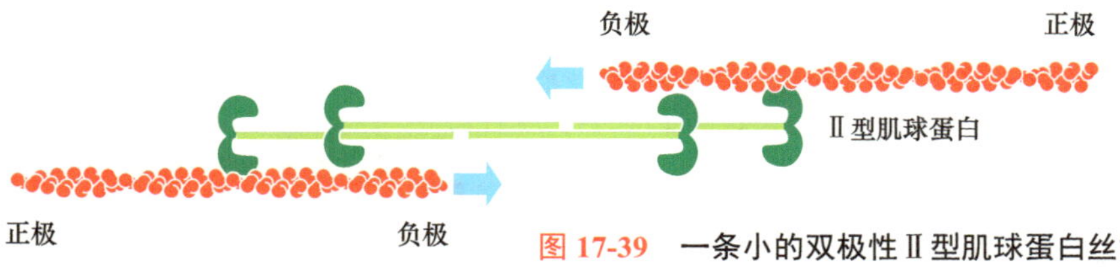

图 17-39 **一条小的双极性Ⅱ型肌球蛋白丝能使两条肌动蛋白丝朝相反方向相互滑动。**肌肉细胞和非肌肉细胞都利用这种滑动来介导相互作用的肌动蛋白丝和肌球蛋白丝进行收缩运动。与Ⅰ型肌球蛋白一样，Ⅱ型肌球蛋白的头部可以沿着它所附着的肌动蛋白丝向正极移动。注意，要产生移动，需要多个肌球蛋白分子的共同作用：在一个肌球蛋白头部释放出肌动蛋白丝并完成重新结合之前，其他肌球蛋白必须保持结合状态，这样整个结构才不会散架。

成束，就可以产生强大的收缩力。该过程在肌肉收缩中观察得最清楚，但也发生在其他细胞中，如非肌细胞中肌动蛋白丝和Ⅱ型肌球蛋白丝会形成一种临时性的小型*收缩束*（contractile bundle）（参见图 17-29B），细胞在分裂时会形成*收缩环*（contractile ring），将质膜往里拉，从而把细胞一分为二（参见图 17-29D）。

肌肉收缩时肌动蛋白丝沿肌球蛋白丝反向滑动

大多数动物中，*骨髓肌纤维*（skeletal muscle fiber）是由许多单个的小细胞融合而成的大型多核细胞。小细胞的核仍然保留在肌纤维中，位于质膜下方。细胞质的大部分由**肌原纤维**（myofibril）组成，它是肌细胞的收缩元件，结构呈圆柱形，直径为 1 ～ 2μm，几乎和肌细胞等长（图 17-40A）。

肌原纤维由一连串相同的微小收缩单位即**肌小节**（sarcomere）组成。每个肌小节长约 2.5μm，其规律性的排列使脊椎动物的肌原纤维看上去呈条纹状（图 17-40B）。肌小节又是由两类丝即肌动蛋白丝和一种肌肉特异的Ⅱ型肌球蛋白构成的肌球蛋白丝以高度有序的方式组装而成。肌球蛋白丝，也称为*粗肌丝*（thick filament），位于每个肌小节的中央，而较细的肌动蛋白丝，称为*细肌丝*（thin filament），则由肌小节的两端向中央伸展，其正极锚定在一种称为 Z 盘（Z disc）的结构上，负极与肌球蛋白丝的末端重叠（图 17-41）。

肌细胞收缩是由细胞内所有的肌小节同时变短所造成，而肌小节变短又是由肌动蛋白丝相对于肌球蛋白丝产生滑动而造成，这种滑动不会改变两种丝的长度（图 17-42）。肌球蛋白的头部从肌球蛋白丝的侧面伸出，与相邻的肌动蛋白丝相互作用而产生滑动（参见图 17-39）。当肌肉受到刺激产生收缩时，肌球蛋白的头部就开始沿着肌动蛋白丝移动，不断地重复着附着和脱离的循环过程。在每一个循环中，肌球蛋白的头部都会结合并

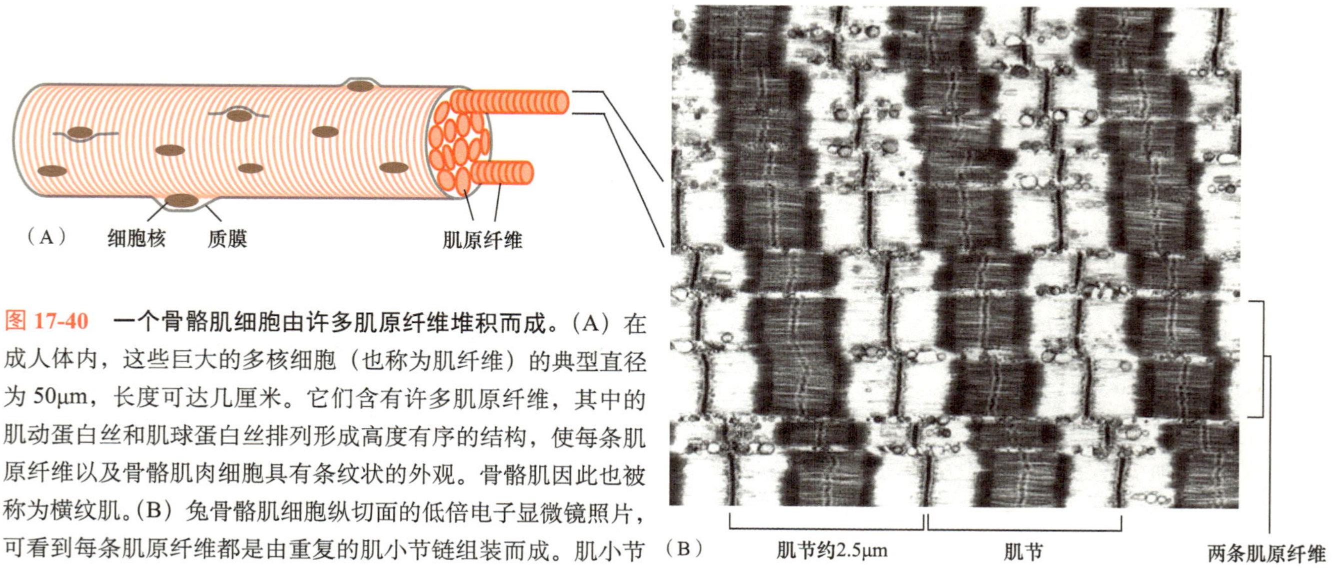

图 17-40 **一个骨骼肌细胞由许多肌原纤维堆积而成。**（A）在成人体内，这些巨大的多核细胞（也称为肌纤维）的典型直径为 50μm，长度可达几厘米。它们含有许多肌原纤维，其中的肌动蛋白丝和肌球蛋白丝排列形成高度有序的结构，使每条肌原纤维以及骨骼肌肉细胞具有条纹状的外观。骨骼肌因此也被称为横纹肌。（B）兔骨骼肌细胞纵切面的低倍电子显微镜照片，可看到每条肌原纤维都是由重复的肌小节链组装而成。肌小节是肌原纤维的收缩单位。（图 B 蒙 Roger Craig 惠赠。）

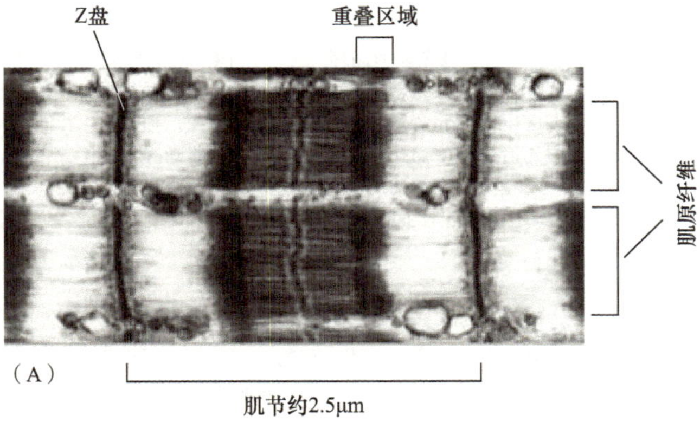

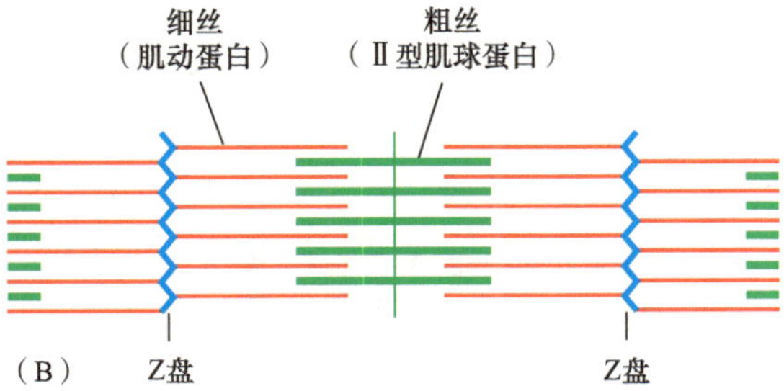

图 17-41　肌小节是肌肉的收缩单位。（A）图 17-40 的电镜照片的细节图，显示两个肌原纤维。一个肌原纤维的长度以及肌动蛋白丝和肌球蛋白丝的重叠区域如图所示。（B）单个肌小节的模式图，显示显微照片上深浅相间的条纹的由来。肌小节两端的 Z 盘是肌动蛋白丝正极的附着点，每根位于中央的粗肌丝（绿色）都是由许多Ⅱ型肌球蛋白分子组成。位于（A）中粗肌丝束中央下方的细肌丝就是肌球蛋白丝的裸露部分，如图 17-38B 所示。（图 A 蒙 Roger Craig 惠赠。）

水解一分子 ATP，由此引起构象的一系列改变，使其头部的顶端向肌动蛋白丝的正极移动大约 5nm。经由不断地重复 ATP 的水解循环，该移动最终将肌球蛋白分子沿着肌动蛋白丝向一个方向推进（图 17-43）。这样一来，肌球蛋白的头部反向拉动肌动蛋白丝，使后者产生一个相对于前者的反向滑动。很多肌球蛋白头部的共同作用使肌动蛋白丝和肌球蛋白丝移动经过彼此，造成肌节收缩。一次收缩完成以后，所有的肌球蛋白的头部都从肌动蛋白丝上脱离下来，肌肉发生松弛。

一条肌球蛋白丝有大约 300 个肌球蛋白头部。每个头部每秒可完成 5 次附着和脱离的循环，使肌球蛋白丝和肌动蛋白丝相互滑动的速度可达每秒 15μm。该速度已足以使 1 个肌小节在不到 0.1s 的时间内从完全伸展态（3μm）转变为完全收缩态（2μm）。由于肌肉中所有的肌小节相互偶联，且可以被信号系统同时启动（在下文进行讨论），因此整块肌肉几乎可以在瞬间完成收缩。

胞质中 Ca^{2+} 浓度升高会触发肌肉收缩

只有当骨骼肌接收到来自运动神经元的收缩信号时，肌动蛋白丝和肌球蛋白丝才发生分子间的相互作用，产生运动所需的力。神经末梢释放神经递质在肌细胞膜上，引

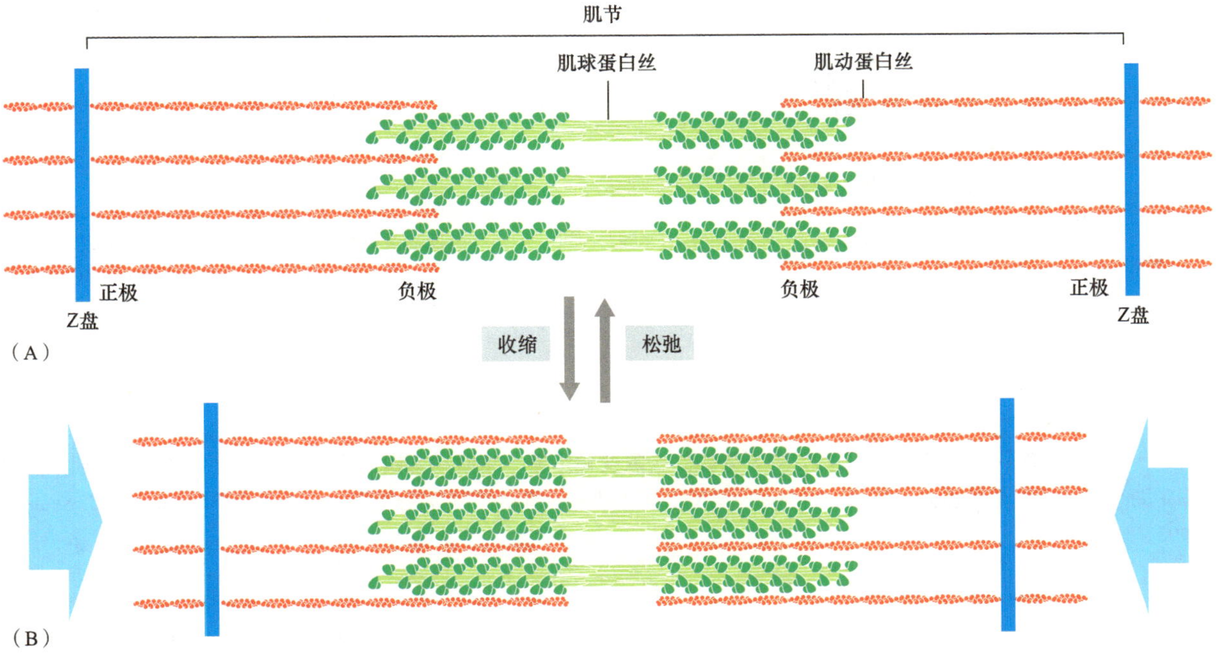

图 17-42　肌肉通过纤维滑动的机制产生收缩。（A）一个肌小节的肌球蛋白丝和肌动蛋白丝在中线的两侧以同样的相对极性发生重叠。回忆一下，肌动蛋白丝是正极锚定在 Z 盘上，而肌球蛋白丝为双极性。（B）在收缩过程中，肌动蛋白丝和肌球蛋白丝之间发生相互滑动。尽管丝本身长度不变，但丝所在的肌小节由长而缩短。滑动由肌球蛋白的头部沿着相邻的肌动蛋白丝向正极移动所驱动（视频 17.11）。

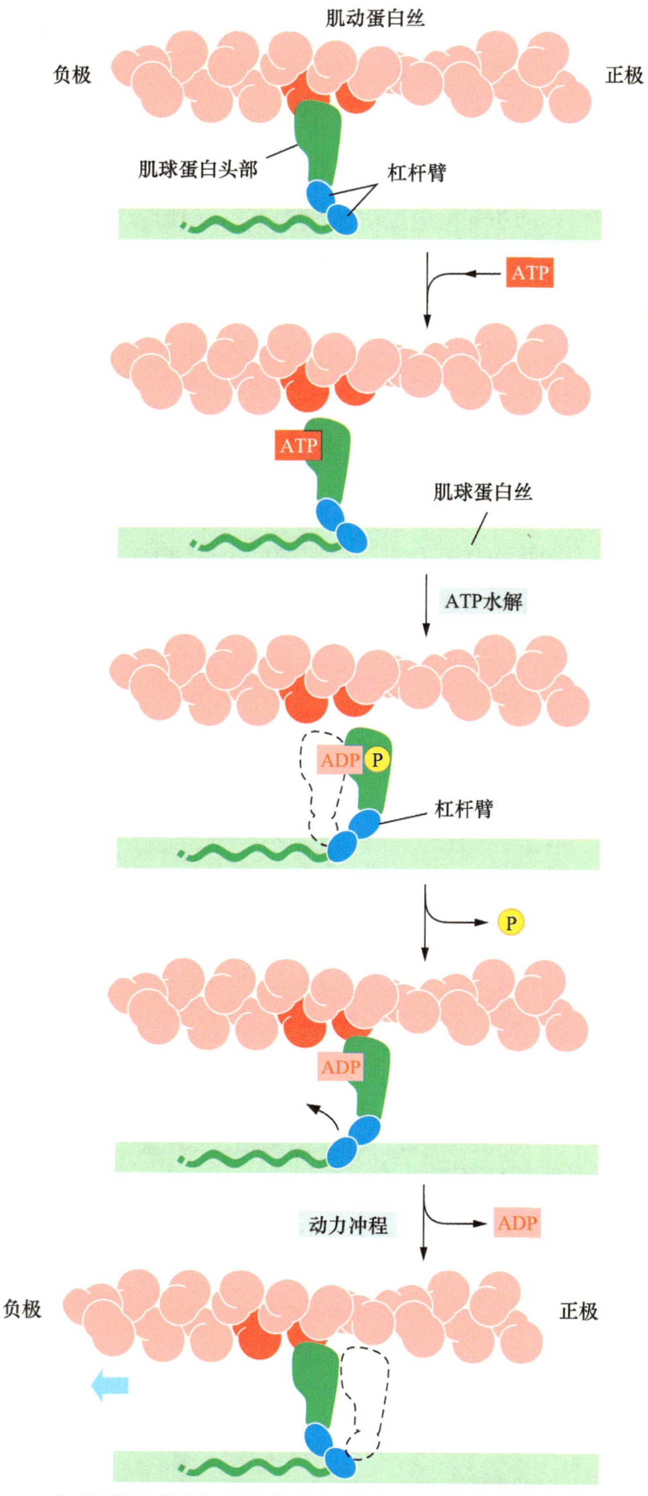

黏附　在本图所示的循环开始，一个没有结合ATP或ADP的肌球蛋白的头部以僵直（rigor）的构象（之所以如此命名，是因为它会导致死后僵直，即死后尸体的僵化）紧密结合在一条肌动蛋白丝上。在活跃收缩的肌肉中，这个状态非常短暂，会由于和ATP分子的结合而迅速终止。

释放　一分子ATP结合到肌球蛋白头部“背面”的大裂缝中（即远离肌动蛋白丝的一侧）并立即引起与肌动蛋白丝结合位点的结构域构象发生轻微改变，进而降低了肌球蛋白头部对肌动蛋白的亲和力，使之可以沿着肌动蛋白丝移动。（图中肌球蛋白头部和肌动蛋白之间的空间即是为了强调这一构象改变，尽管事实上肌球蛋白头部可能与肌动蛋白非常接近。）

翘起　裂缝像蚌壳一样围着ATP分子合拢，引发更大的形状改变，使肌球蛋白头部沿着蛋白丝移动大约5nm。ATP发生水解，但产生的ADP和无机磷酸盐P_i仍紧密地结合在肌球蛋白的头部。虚线显示了肌球蛋白头部在ATP水解之前的位置。

力的产生　肌球蛋白头部在肌动蛋白丝上新部位弱的结合会导致将ATP水解产生的无机磷酸释放出来。该释放会引起动力冲程，在产生力的形态变化期间，头部恢复原来的构象。在动力冲程的过程中，头部会失去其所结合的ADP，从而回到另一循环的初始状态。

黏附　在一个循环结束时，肌球蛋白的头部再次与肌动蛋白丝以僵直的形式紧密结合。注意，肌球蛋白的头部已经移动到肌动蛋白丝的一个新位置上，肌动蛋白丝也沿着肌球蛋白丝发生了向左滑动。

图 17-43　一个Ⅱ型肌球蛋白分子的头部通过 ATP 依赖的构象变化沿着一根肌动蛋白丝循环行走。为更好地显示肌动蛋白丝的移动，图中两个肌动蛋白单体被高亮显示。视频 17.12 展示了运动中的肌动蛋白与肌球蛋白。（基于 I. Rayment et al. *Science* 261，50-58. 1993。）

发一个动作电位（如第 12 章所述），该电兴奋以毫秒级的速度传递给一系列的膜性管状结构。该结构被称为横管（transverse tubule）或 T 小管（T tubule），它们从质膜向内延伸，围绕每一条肌原纤维。电信号随后传递到肌质网（sarcoplasmic reticulum）。肌质网是一层相邻的、内部相互连接的扁平小泡，像渔网丝袜一样包围着每条肌原纤维（图 17-44）。

肌质网是肌细胞中特化的内质网区域，其中的 Ca^{2+} 浓度极高。当电兴奋从细胞质膜传递到 T 小管，肌质网膜上一系列特化的 Ca^{2+} 通道响应电兴奋而开启，从而使

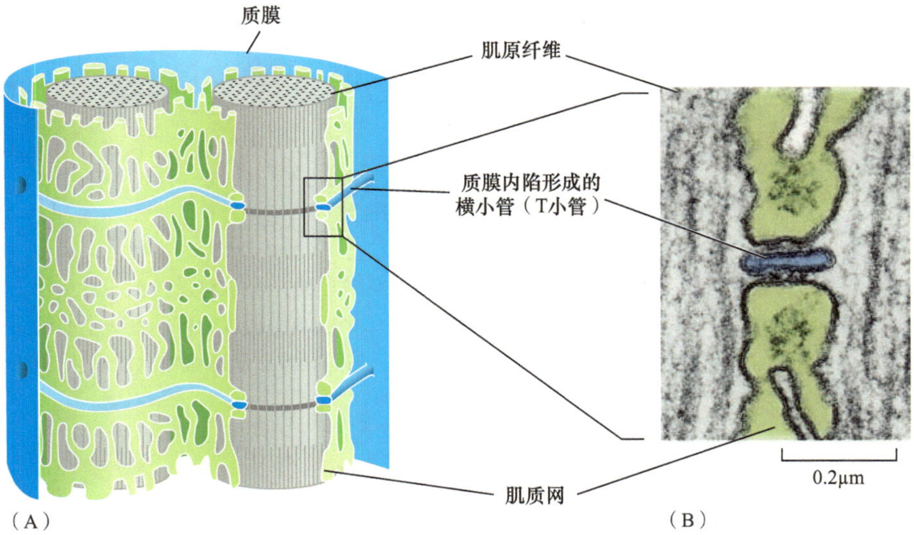

图 17-44　T 小管和肌质网围绕在每条肌丝周围。（A）示意图显示了将收缩信号从肌肉细胞的质膜传递到肌细胞内全部肌原纤维（参见图 17-40）的两种膜系统。（B）电子显微镜照片显示一个 T 小管和相邻肌质网区域的横切面。（图 B 蒙 Clara Franzini-Armstrong 惠赠。）

大量 Ca^{2+} 被释放到细胞质中（图 17-45）。正如第 16 章所述，Ca^{2+} 作为一种胞内的信号被广泛地用于将信息从胞外传递到胞内。在肌肉中，细胞质 Ca^{2+} 浓度的升高激活了一种分子开关，该开关是由一些特定的、与肌动蛋白丝紧密结合的辅助蛋白组成（图 17-46A）。其中一种辅助蛋白是*原肌球蛋白*（tropomyosin），它是一个坚硬的棒状分子，可以结合在肌动蛋白螺旋链的沟槽中，阻碍肌球蛋白的头部与肌动蛋白丝结合。另一种辅助蛋白是*肌钙蛋白*（troponin），它是一种蛋白复合物，含有一个和原肌球蛋白末端相连的 Ca^{2+} 敏感蛋白。当胞质中的 Ca^{2+} 浓度上升，Ca^{2+} 与肌钙蛋白结合导致后者构象发生改变，进而使原肌球蛋白分子的位置发生轻微移动，最终使肌球蛋白的头部与肌动蛋白丝结合，启动收缩（图 17-46B）。

由于来自质膜的信号在几毫秒内就可以通过 T 小管和肌质网到达细胞内每一个肌小节，所以细胞内所有的肌原纤维会同时进行收缩。当神经信号停止时，胞质溶胶内 Ca^{2+} 就会停止增加，这是因为 Ca^{2+} 迅速地被膜上丰富的 Ca^{2+} 泵抽回到肌质网中（如在第 12 章中的讨论）。一旦 Ca^{2+} 浓度恢复到静息水平，肌钙蛋白和原肌球蛋白分子就回到它们原来的位置，再次阻止肌球蛋白与肌动蛋白丝结合，因此收缩也就终止了。

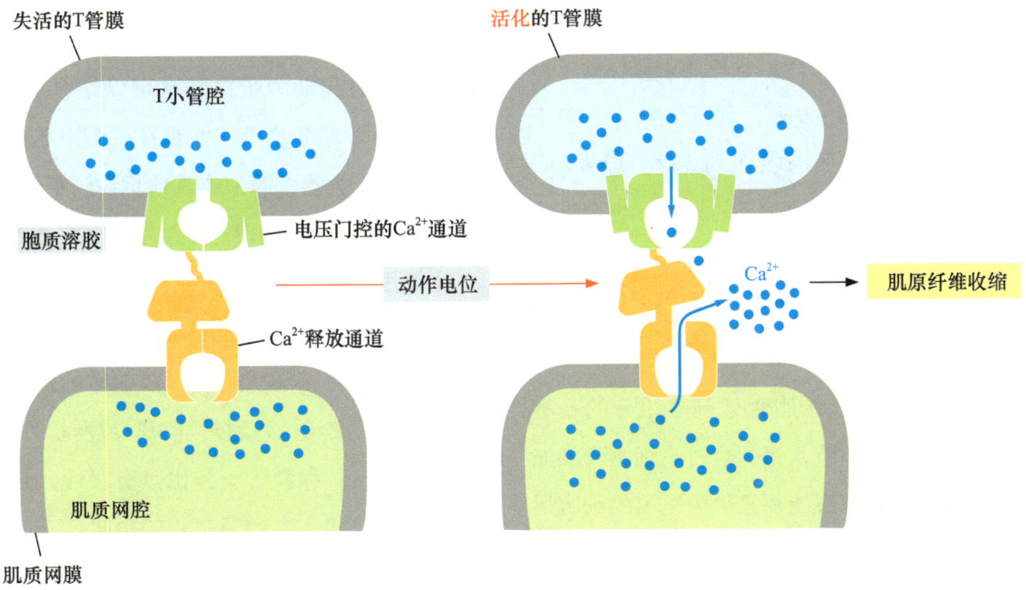

图 17-45　Ca^{2+} 从肌质网释放到胞质溶胶触发了骨骼肌的收缩。该模式图显示了肌质网膜上的 Ca^{2+} 释放通道是如何被与其相连的 T 小管膜上的电压门控 Ca^{2+} 通道所开启。T 小管膜和肌质网膜的方向与图 17-44B 的图像方向相同。

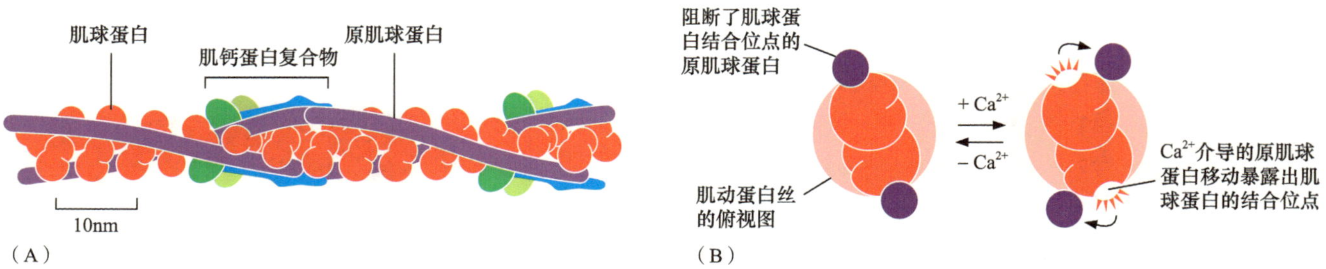

图 17-46 **骨骼肌收缩受到原肌球蛋白和肌钙蛋白复合物的控制。**(A)肌肉里的一根肌动蛋白丝，显示丝上原肌球蛋白和肌钙蛋白的定位。每个原肌球蛋白分子上有 7 个序列相似且间距相等的区域，每个区域都被认为可结合一个肌动蛋白单体。(B)肌肉里的肌动蛋白丝横截面图，显示 Ca^{2+} 如何结合肌钙蛋白复合物（未显示），从而导致原肌球蛋白从肌动蛋白的结合位点移除。

不同类型的肌细胞具有不同的功能

一般认为，肌细胞中高度特化的收缩装置是从存在于所有真核细胞中的简单的肌球蛋白丝和肌动蛋白丝的收缩束演化而来的。非肌肉细胞中的Ⅱ型肌球蛋白也会被胞质溶胶中 Ca^{2+} 浓度的升高而激活，但激活的机制不同于肌细胞中特异的Ⅱ型肌球蛋白。在非肌肉细胞中，Ca^{2+} 的增加会导致非肌肉的Ⅱ型肌球蛋白发生磷酸化，从而改变了肌球蛋白的构象，使之可以和肌动蛋白相互作用。平滑肌（smooth muscle）也采用类似的激活机制，这种肌肉分布于胃、肠、子宫和动脉壁以及其他可以缓慢而持久地进行无意识收缩活动的结构中。肌球蛋白的这种激活模式相对缓慢，因为酶分子扩散到肌球蛋白头部并完成磷酸化及随后的去磷酸化需要时间。然而，该机制也有其优越性，与骨骼肌细胞所采用的机制不同，它可以被多种胞外信号所激活。例如，肾上腺素、5-羟色胺、前列腺素等多种信号分子都可以引发平滑肌的收缩。

除了骨骼肌和平滑肌，其他类型的肌细胞都有其各自特定的机械功能。例如，心脏肌肉，或称为心肌（cardiac muscle），可以驱动血液循环。心脏在有机体整个生命中都会自主地收缩，人的一生平均收缩约 30 亿（3×10^9）次。即使肌动蛋白或肌球蛋白出现微小的异常，也会造成严重的疾病。例如，编码心肌Ⅱ型肌球蛋白或其他肌节蛋白的基因发生突变，会导致家族性肥厚型心肌病，该遗传病会造成青年运动员猝死。

肌细胞的收缩展示了真核细胞骨架基本组分的一种高度特化的用途。在后面的章节，我们会讨论细胞骨架如何参与一个针对所有细胞而言可能都是最为重要的细胞运动，即细胞分裂过程中新复制染色体的分离和两个子细胞的形成。

基本概念

- 真核细胞的细胞质被中间丝、微管和肌动蛋白丝组成的骨架所支撑和组织。
- 中间丝是稳定的绳状聚合物，由丝蛋白亚基组成，并赋予细胞一定的机械强度。有些中间丝形成核纤层，支撑并加固核被膜；而其他中间丝则分布于整个细胞质。
- 微管是由微管蛋白二聚体形成的刚性的中空管状结构。它具有极性，有一个缓慢生长的负极和一个迅速生长的正极。
- 微管从组织中心如中心体向外生长。微管的负极埋在组织中心里。
- 很多微管表现出动态不稳定性，在生长和缩短之间快速转变。微管的缩短是被微管蛋白二聚体上紧密结合的 GTP 的水解所驱动。水解减弱了二聚体与相邻亚基之间的亲和力，因此促进了微管的解聚。
- 在微管正极结合的蛋白质可以稳定微管，因此有助于微管的定位并使微管执行特定的功能。
- 驱动蛋白和动力蛋白都是可以结合微管的马达蛋白。它们利用 ATP 水解的能量在微管上作单向运动，运载特定的细胞器、膜泡或其他货物到细胞内的特定位置。
- 真核细胞的纤毛和鞭毛含有稳定的微管束。它们的节律性甩动由微管的弯曲所造成，而这种弯曲又是被纤毛动力蛋白所驱动。
- 肌动蛋白丝是球状肌动蛋白单体的螺旋型聚合物。它们比微管更灵活，通常呈束状或网状分布。
- 肌动蛋白丝和微管一样也具有极性，包含一个快速生长的正极和一个慢速生长的负极。它的组装和去组装由紧密结合在每个肌动蛋白单体上的 ATP 水解以及各种肌动蛋白结合蛋白所控制。

◆ 细胞内肌动蛋白丝的排列和功能的多样性源于其各种各样的肌动蛋白结合蛋白。这些蛋白质可控制肌动蛋白丝的聚合，将肌动蛋白丝交联成松散的网或刚性的束，使肌动蛋白附着于质膜，或是推动相邻的丝之间的相对运动。

◆ 质膜下方密集的肌动蛋白丝网络形成了细胞皮层，它决定了细胞表面的形状和运动，包括细胞在表面爬行时所发生的运动。

◆ 肌球蛋白是马达蛋白，它利用 ATP 水解的能量沿肌动蛋白丝移动。在非肌肉细胞中，Ⅰ型肌球蛋白可以运载细胞器或膜泡沿着肌动蛋白丝轨道运动，而在收缩束中，Ⅱ型肌球蛋白可以引起相邻的肌动蛋白丝相互间滑动。

◆ 在骨骼肌细胞中，肌动蛋白丝和Ⅱ型肌球蛋白丝不断重复的重叠排列形成了高度有序的肌原纤维。当这些丝彼此相互滑动时，肌原纤维就会产生收缩。

◆ 胞质溶胶中 Ca^{2+} 浓度的突然增加会通过肌动蛋白丝上的 Ca^{2+} 结合蛋白将信号传递到肌原纤维，从而引发肌肉收缩。

关键词

肌动蛋白结合蛋白（actin-binding protein）
肌动蛋白丝（actin filament）
细胞皮层（cell cortex）
中心粒（centriole）
中心体（centrosome）
纤毛（cilium）
细胞骨架（cytoskeleton）
动态不稳定性（dynamic instability）
动力蛋白（dynein）
丝状伪足（filopodia）
鞭毛（flagella）
中间丝（intermediate filament）
角蛋白丝（keratin filament）
驱动蛋白（kinesin）
片状伪足（lamellipodia）
微管（microtubule）
微管结合蛋白（microtubule-associated protein）
马达蛋白（motor protein）
肌原纤维（myofibril）
肌球蛋白（myosin）
Ⅰ型肌球蛋白（myosin-Ⅰ）
Ⅱ型肌球蛋白（myosin-Ⅱ）
肌球蛋白丝（myosin filament）
核纤层（nuclear lamina）
极性（polarity）
Rho 蛋白家族（Rho protein family）
肌节（sarcomere）
微管蛋白（tubulin）

问题

问题 17-1

在下列各类细胞中，你认为哪些可能在其细胞质中含有高密度的中间丝并解释你的答案。

A. 变形阿米巴（一种自由生活的变形虫）

B. 皮肤上皮细胞

C. 消化道的平滑肌细胞

D. 大肠杆菌

E. 脊髓中的神经细胞

F. 精子细胞

G. 植物细胞

问题 17-2

你认为为什么将微管蛋白添加到已有的微管上要比从头开始形成微管容易得多？解释中心体内的 γ-微管蛋白是如何帮助克服这个障碍的。

问题 17-3

动态不稳定性会造成微管迅速地生长或缩短。假设有一条正在缩短的微管：

A. 如果该微管要停止缩短并再次开始生长，其末端必须发生什么变化？

B. 微管蛋白的浓度的变化会如何影响微管的状态转换？

C. 如果溶液中只有 GDP 而没有 GTP，将会发生什么情况？

D. 如果溶液中含有一种不能被水解的 GTP 类似物，将会发生什么情况？

问题 17-4

纤毛中动力蛋白臂的排列方式使之在被激活时头部可以将其相邻的外侧二联体朝纤毛的顶端向外推。思考一下纤毛的横切面（参见图 17-27），如果所有的动力蛋白分子同时被激活，为什么纤毛反而不能产生弯曲运动？如果该纤毛要单向弯曲，那么动力蛋白的活动应该采用何种模式？

问题 17-5

细胞质中肌动蛋白丝的形成受到肌动蛋白结合蛋白的调控。一些肌动蛋白结合蛋白可显著增加肌动蛋白丝起始装配的速度。请推测一下这些结合蛋白可能的功能机制。

问题 17-6

假设在一个体外培养的皮肤细胞中，10 000 个肌动蛋白分子中有 1 个分子被随机加上荧光标记。那么，当你用荧光显微镜观察该细胞片状伪足的前沿时，你能看到什么现象？假设该荧光显微镜足够灵敏能检测到单个荧光分子。

问题 17-7

在一个爬行细胞的前沿，肌动蛋白丝的正极锚定在细胞膜附近，同时肌动蛋白单体会添加到这些正极，使细胞膜向外突出形成片状或丝状伪足。那么为防止肌动蛋白丝被推到细胞内部，丝的另一极是通过什么方式得到固定？

问题 17-8

如果肌肉中组成肌球蛋白丝和肌动蛋白丝的亚基之间是通过较弱的非共价键连在一起，那么在这种情况下一个人能否举起重物？

问题 17-9

请比较中间丝和骨骼肌细胞中Ⅱ型肌球蛋白丝的结构。它们的主要相似点是什么？主要的不同点是什么？结构上的差异与它们的功能有何联系？

问题 17-10

A. 在图 17-46 中，肌钙蛋白分子是等间距地分布在肌动蛋白丝上，即每隔 7 个肌动蛋白分子就有 1 个肌钙蛋白。你认为为什么肌钙蛋白的分布会如此规律？从中你能得到有关肌钙蛋白和肌动蛋白丝结合的哪些信息？

B. 如果将肌动蛋白丝分别与下列成分混合，会发生什么情况？（i）肌钙蛋白分子，（ii）原肌球蛋白，（iii）原肌球蛋白加上肌钙蛋白，然后再加入肌球蛋白。上述这些情况的发生是否依赖于 Ca^{2+}？

问题 17-11

下列哪些说法是正确的？解释你的答案。

A. 驱动蛋白运载内质网沿着微管运动，从而使内质网管状网络遍布于整个细胞。

B. 没有肌动蛋白，细胞也可以形成功能性的纺锤体并将染色体拉开，但细胞不能分裂。

C. 丝状伪足和片状伪足是细胞伸出的“试探者”，用于探测支持物表面的用于随后爬行的锚定位点。

D. GTP 被微管蛋白水解，造成鞭毛的弯曲。

E. 细胞的中间丝网络如果不能解聚，细胞就会死亡。

F. 微管的正极生长得更快是因为它们有更大的 GTP 帽。

G. 肌细胞中的 T 小管是细胞膜的延伸物，因为它和细胞膜是连续的。同样地，肌质网也是内质网的延伸物。

H. 有些情况下，肌钙蛋白的磷酸化会触发肌球蛋白在肌动蛋白丝上进行移动；而在其他情况下该运动是被 Ca^{2+} 与肌钙蛋白的结合所触发。

问题 17-12

一个分子或细胞器扩散一定的距离（x cm）所需的平均时间可由下公式计算：

$$t = x^2/2D$$

其中，t 是时间（单位为秒），D 是常数，称为分子或颗粒的扩散系数。请利用上述公式计算一个小分子、一个蛋白质及一个膜泡从一个直径为 10μm 细胞的一侧扩散到另一侧所需的时间。通常的扩散系数为（单位为 cm^2/s）：小分子 5×10^{-6}，蛋白质分子 5×10^{-7}，膜泡 5×10^{-8}。一个膜泡通过自由扩散通过一条长为 10cm 的轴突需要多长时间？如果该膜泡是沿着微管以 1μm/s 的速度运输通过该轴突，又需要多长时间？

问题 17-13

为什么真核细胞尤其是动物细胞会拥有如此大而复杂的细胞骨架？请列举动物细胞与细菌对真核细胞骨架依赖性之间的差别。

问题 17-14

仔细观察图 17-4 所示的中间丝结构。该丝是否只具有一种极性，你能否通过化学或其他手段将它的两端区分开来？解释你的答案。

问题 17-15

目前已知的马达蛋白中，没有蛋白质在中间丝上进行移动。请对该现象提出一种解释。

问题 17-16

当细胞进入有丝分裂期，它们原来的胞质微管必须迅速解聚，并重新装配成纺锤体形式从而将染色体拉到子细胞中。剑蛋白酶（以日本武士的短剑命名）在有丝分裂开始时被激活，可以将微管切成短片段。你认为剑蛋白酶所产生的微管短片段的命运会如何？解释你的答案。

问题 17-17

从紫杉树皮中提取的药物紫杉醇具有和秋水仙素（一种从秋水仙中提取的生物碱）正好相反的作用。紫杉醇可以与微管紧密结合，并使之稳定。用它处理细胞时，会使更多游离的微管蛋白被组装成微管。相反，秋水仙素可以防止微管的形成。紫杉醇和秋水仙素一样对分裂细胞是致命的，两者都可用作抗癌药。基于你对微管动力学的了解，请解释为什么这两种药物作用机理不同但却都会对分裂的细胞产生毒性？

问题 17-18

一种研究微管马达蛋白的常用技术是将马达蛋白的尾部粘在盖玻片上（这一点很容易做到，因为马达蛋白的尾部很

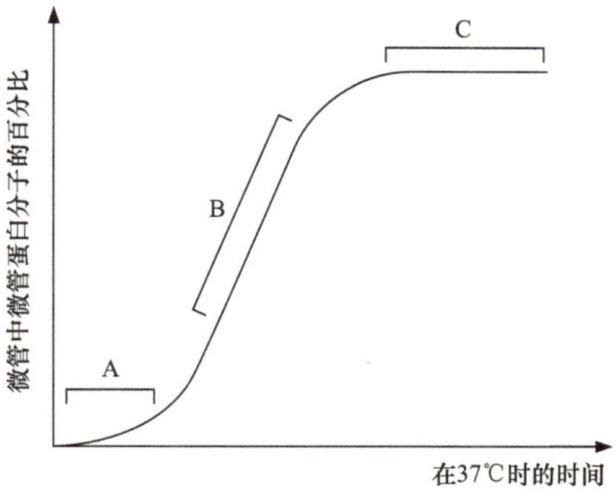

图 Q17-19

容易附着在干净的玻璃表面上），然后再设置实验体系。利用光学显微镜，可以观察到微管被马达蛋白的头部推动，从而能在盖玻片表面移动。由于马达蛋白黏附在盖玻片上方向是随机的，请问它们如何才能使单根微管产生协调地移动而不是像“拔河”那样左右摇摆？如果微管蛋白在驱动蛋白分子的“床”上爬行，那么它又将会爬向何方（即首先向正极爬，还是向负极爬）？

问题 17-19

图 Q17-19 是纯化的微管蛋白聚合形成微管的通常的时间曲线。

A. 请解释曲线的不同阶段（即图示的 A、B 和 C 区）的差异，并通过示意图显示上述每个阶段微管蛋白亚基的行为。

B. 如果一开始就加入中心体，那么图中的曲线会如何变化？

问题 17-20

电子显微镜照片图 Q17-20A 显示的是正在迅速生长的微

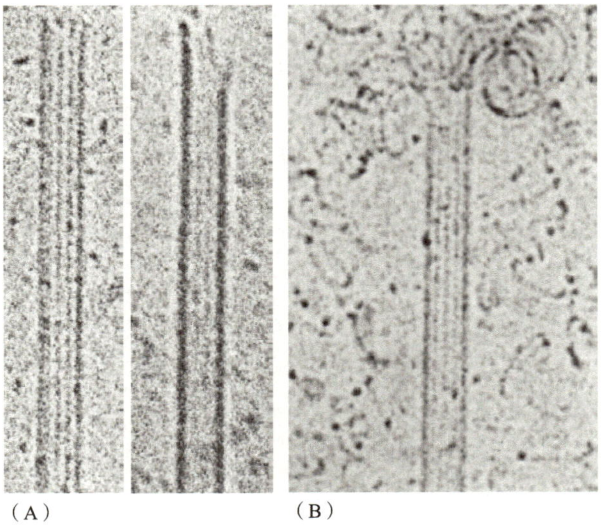

显微照片蒙Eva Mandelkow惠赠。

图 Q17-20

管，图 17-20B 显示的是正在发生"崩塌式"缩短的微管。请尽可能多地列举图 A 和 B 的不同点，并对你观察到的不同点做出可能的解释。

问题 17-21

在体外培养的成纤维细胞的迁移会在加入药物细胞松弛素后立即停止，而加入秋水仙素会减缓成纤维细胞的定向移动，继而开始在任意方向上随机地伸出片状伪足。将中间丝蛋白波形蛋白（vimentin）的抗体注射到成纤维细胞内，对细胞的迁移不会造成任何影响。根据上述现象，你认为这三种不同的细胞骨架纤维在成纤维细胞迁移中发挥何种作用？

问题 17-22

选用以下四个短语并保证完整句子的正确性。解释你选用或拒绝每个短语的原因（可能会有正确答案）。肌肉收缩时钙离子的作用是：

A. 使肌球蛋白头部从肌动蛋白上脱离下来。

B. 将动作电位从质膜传播到收缩装置。

C. 与肌钙蛋白结合，使之移动原肌球蛋白，因而将肌动蛋白丝暴露给肌球蛋白头部。

D. 维持肌球蛋白丝的结构。

问题 17-23

当骨骼肌细胞收缩时，会发生下列哪种变化？

A. Z 盘之间的间距变大。

B. 肌动蛋白丝收缩。

C. 肌球蛋白丝收缩。

D. 肌节变得更短。

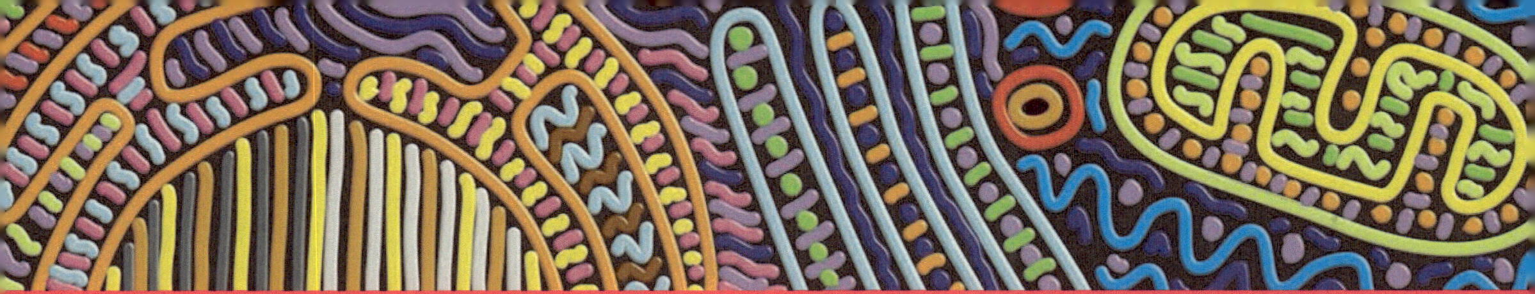

第 18 章　细胞分裂周期

细胞周期概述

细胞周期调控系统

G_1 期

S 期

M 期

有丝分裂

胞质分裂

细胞数量和细胞大小调控

“细胞必须来自于已有的细胞，就如同动物只能来自于动物而植物只能来自于植物一样。”这种说法出现于德国病理学家鲁道夫·魏尔啸（Rudolf Virchow）于 1858 年撰写的一本书中，它充满了关于生命延续性的深刻含义。如果每个新细胞都来自于一个已有的细胞，那么所有的生物体，从单细胞细菌到多细胞的哺乳动物，都是上溯到 30 亿年前生命起源后的细胞不断地生长和分裂的结果。

一个细胞通过一系列有序的事件来复制其内容物并将其分成两份，从而完成自身的增殖。这种复制和分裂的循环被称为**细胞周期**（cell cycle），是所有生物增殖的重要机制。细胞周期的细节因生物体而异，并且在同一生命个体的不同时期也不相同。在细菌和酵母等单细胞生物体中，每次细胞分裂会产生一个完整的新个体，而多细胞生物体则需要多轮细胞分裂才能从一个受精卵中发育成一个新的个体。然而，细胞周期的某些特征是一致的，即每个细胞都会完成复制遗传信息并将其传递给下一代细胞的基本任务。

为解释细胞如何增殖，我们必须考虑三个主要问题：①细胞如何复制其内容物，包括带有遗传信息的染色体？②它们如何分配复制后的内容物并将其一分为二？③它们如何协调上述这两个过程所需的所有步骤和机制？第一个问题已在本书的其他地方进行了讨论：在第 6 章我们讨论了 DNA 如何复制；在第 7、11、15 和 17 章我们描述了真核细胞如何制造其众多的其他成分，如蛋白质、膜、细胞器和细胞骨架纤维。在本章中，我们将解答第二个和第三个问题：真核细胞如何分配或分离（segregate）其完成复制的内容物以产生两个遗传上相同的子细胞，以及它如何协调增殖周期中的各个步骤。

我们首先会概述一个典型细胞周期中发生的事件。然后，我们将描述被称为*细胞周期调控系统*（cell-cycle control system）的复杂调节蛋白系统，该系统对这些事件进行调控和协调，以确保它们以正确的顺序发生。接下来我们会详细讨论细胞周期的主要阶段，在这些阶段中染色体完成复制，并被分离到两个子细胞中。在本章的最后，我们会介绍动物如何利用胞外信号来调控其细胞的存活、生长和分裂。这些信号系统可以使动物调节其细胞的大小和数量，并最终调节了生物体本身的大小和形态。

细胞周期概述

细胞周期最基本的功能是准确复制染色体中的海量DNA，然后将DNA分配到遗传上相同的子细胞中，使每个细胞接收到一份完整的基因组拷贝（图 18-1）。在大多数情况下，细胞在分裂前也会复制其他大分子和细胞器，而且自身体积也会翻倍；否则随着每次分裂，细胞就会变得越来越小。因此，为了维持细胞大小，增殖的细胞需要协调它们的生长和分裂。我们将在本章后面会再回到细胞大小调控的话题，此处我们先专注于细胞分裂。

细胞周期持续的时间随细胞类型的不同变化很大。青蛙早期胚胎中的细胞每30min即分裂一次，而体外培养的哺乳动物成纤维细胞大约每天分裂一次（表 18-1）。在本节中，我们会简要描述哺乳动物细胞增殖过程中发生的一系列事件。随后，我们会介绍细胞周期调控系统，该系统确保了细胞周期中的各种事件以正确的顺序并在正确的时间发生。

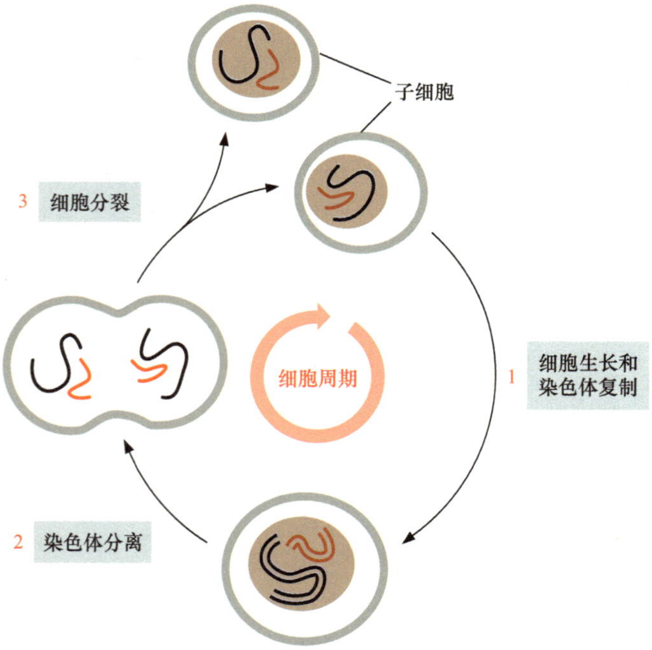

图 18-1 细胞在称为细胞周期的过程中通过复制其内容物并分裂成两个细胞来完成增殖。图中假设的真核细胞只含有两个不同染色体的一个拷贝，用其来简单说明每轮细胞周期如何产生两个遗传上相同的子细胞。每个子细胞可以通过下一轮细胞周期再次完成分裂，如此代代相传。

表 18-1 一些真核细胞周期的持续时间

细胞类型	细胞周期持续时间
早期果蝇胚胎细胞	8min
早期蛙胚胎细胞	30min
哺乳动物小肠上皮细胞	约 12h
体外培养的哺乳动物成纤维细胞	约 20h

真核细胞周期通常包括四个时期

在显微镜下所见的细胞周期中变化最为显著的事件有两个，其一是细胞核的分裂，该过程被称为*有丝分裂*（mitosis）；其二是细胞自身一分为二，该过程被称为*胞质分裂*（cytokinesis）；这两个过程一起组成细胞周期中的**M期**（M phase）。在哺乳动物细胞中，通常整个M期大约需要1h，而这只是全部细胞周期的一小部分（参见表 18-1）。

一个M期与下一个M期之间的间隔称为**间期**（interphase）。显微镜下的间期看起来只是细胞体积增大而没有任何事情发生。但对增殖细胞而言，间期其实是非常繁忙的时期，它包括细胞周期的剩余的三个阶段。在**S期**（**S phase**，S=synthesis，合成），细胞会复制其DNA。S期的前后是两个“间隙”期，称为**G_1期**（G_1 phase）和**G_2期**（G_2 phase），在此期间细胞会继续生长（图 18-2）。在这些间隙期，细胞还会同时监控其内部状态和外部环境，从而确保周围条件适合于增殖，并且细胞自身也已经完成准备，使其可以在G_1之后进入发生剧变的S期和在G_2之后进入发生剧变的有丝分裂期。在G_1和G_2的特定时刻，细胞可以决定是进入下一阶段，还是暂停一下以便拥有更多的时间去准备。

在整个间期，细胞通常会不断地转录基因、合成蛋白质并增大自身的体积。G_1、G_2和S期共同为细胞生长和复制其胞质中的细胞器提供所需的时间。如果间期的时间仅足以完成DNA复制，那么细胞就没有时间在分裂之前倍增体积，其后果是每次分裂后细胞都会缩小。事实上，在某些特殊条件下这种情况确实会发生。例如，在蛙的早期胚胎中，受精后的早期细胞分裂，即*卵裂*（cleavage division），只是尽可能快地将巨大的卵细胞细分为许多更小的细胞（参见表 18-1）。在这样的胚胎细胞周期中，G_1和G_2期显著缩短，细胞在分裂之前不再生长。

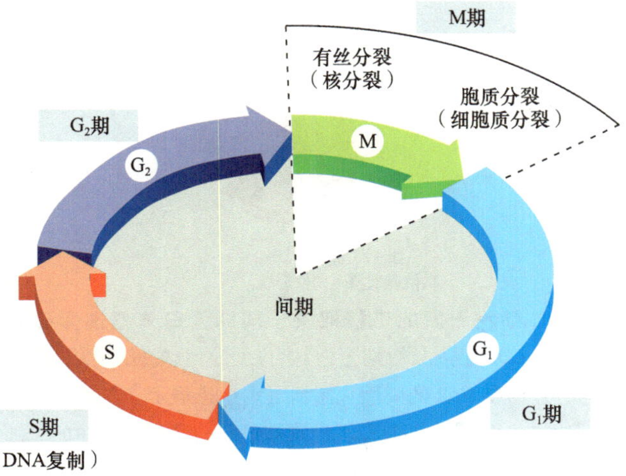

图 18-2 **真核细胞周期通常分为四个时期。**间期由三个时期组成：G_1、S 和 G_2，细胞在间期会不断地生长。DNA 复制只发生在 S 期。G_1 是 M 期和 S 期之间的间隙，G_2 是 S 期和 M 期之间的间隙。在 M 期，细胞核分裂的过程称为有丝分裂，随后发生的细胞质分裂过程称为胞质分裂。在本图以及在本章后续的图中，各时期的长度并未按比例绘制，例如，M 期通常比所绘的更短而 G_1 期比所绘的更长。

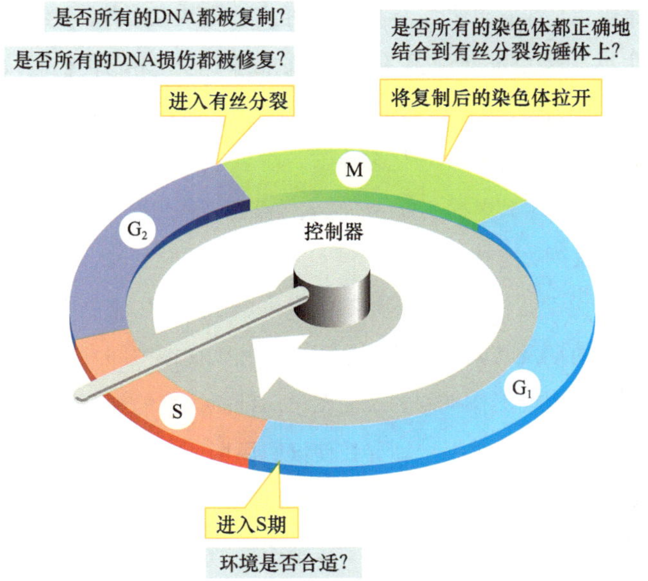

图 18-3 **细胞周期调控系统确保周期中的关键进程以正确的顺序发生。**细胞周期调控系统就像一个顺时针旋转的调控臂，当它到达外部刻度盘上的特定转变点时就会触发一些重要进程。这些进程包括 DNA 在 S 期的复制和复制后的染色体在有丝分裂期的分离。当胞外或胞内的条件不利时，调控系统也可以在 G_1、G_2 和 M 期特定的转变点使周期瞬间停止。

细胞周期调控系统触发细胞周期的主要进程

为保证细胞复制其所有的 DNA 和细胞器并以有序的方式完成分裂，真核细胞拥有一套复杂的调节蛋白网络，称为*细胞周期调控系统*（cell-cycle control system）。该系统确保了细胞周期事件如 DNA 复制和有丝分裂等以一定的顺序发生，且必须在前一个进程结束后，下一个进程才能开始。为了实现这一目标，调控系统本身在细胞周期的某些关键点会受到当前正在进行的进程的反馈调控。如果没有这种反馈，任何进程的中断或延迟都可能造成灾难性的后果。例如，所有细胞核 DNA 必须在核开始分裂之前完成复制，这意味着 S 期必须在 M 期开始前完成。如果 DNA 合成减慢或停滞，有丝分裂和细胞分裂也必须延迟。同样，如果 DNA 受损，那么周期必须停止在 G_1、S 或 G_2 期，让细胞在 DNA 复制开始或完成之前，或在细胞进入 M 期之前修复损伤。细胞周期调控系统实现上述调控是利用了一套称为*检验点*（checkpoint）的分子制动器，这些制动器可以在某些特定转变点使细胞周期暂停。通过这种方式，除非细胞已经完全准备好，否则调控系统不会启动循环中的下一步骤。

细胞周期调控系统主要通过三个转变点来调控细胞周期（图 18-3）。在 G_1 期到 S 期转变时，调控系统会在确认环境有利于增殖后才允许细胞进行 DNA 复制。动物细胞增殖需要胞外环境有足够的营养和特定的信号分子；如果这些胞外条件不利，细胞可以延迟 G_1 期进程，甚至可能进入一种特殊的静息状态，称为 G_0 期。在 G_2 期到 M 期转变时，调控系统会确认 DNA 未受损且全部完成复制，以保证细胞只有在 DNA 完整的情况下才可以进入有丝分裂。最后，在有丝分裂期，细胞周期调控机制确保复制的染色体正确地连接到一种称为*有丝分裂纺锤体*（mitotic spindle）的细胞骨架机器上，随后才允许纺锤体将染色体拉开并把它们分配到两个子细胞中。

在动物中，G_1 期到 S 期的转变作为细胞周期调控系统的一个调节点尤为重要。当需要更多细胞时，来自其他细胞的信号会刺激细胞增殖；当不需要更多细胞时信号也会阻断细胞增殖。因此，细胞周期调控系统在调节身体组织中的细胞数量方面发挥了关键作用；如果调控系统发生故障导致细胞过度分裂，则可能会发生癌症。我们稍后会讨论胞外信号如何影响细胞在 G_1 期到 S 期转变时的决定。

细胞周期调控在所有真核生物中都类似

细胞周期的一些特征，包括完成某些事件所需的时间，随细胞类型的不同差异很大，甚至同一生物个体内的细胞也是如此。然而，细胞周期的基本架构在所有真核细胞中都基本相同，而且所有真核生物似乎都使用相似的机器和调控机制来驱动与调节细胞周期事件。细胞周期调控系统的蛋白质首次出现在十亿多年前。在演化过程中它们十分保守，以至于其中很多蛋白质从人体细胞转移到酵母中仍然能正常发挥功能（参见“我们是怎样知道的”栏目）。

由于这种相似性，生物学家可以在多种生物体中研究细胞周期及其调控，并汇总所有这些生物体中的发现来组成细胞周期工作机制的统一图谱。细胞周期的许多发现都来自于在酵母中系统地寻找使细胞周期调控系统的关键组分失活的突变体。同样，在培养的哺乳动物细胞和青蛙以及海胆胚胎的研究中，对于考察多细胞生物如人类中调控细胞周期的分子机制也是至关重要的。

细胞周期调控系统

细胞分裂需要两类机制：一种机制制造生长细胞的新组分，另一种机制在细胞一分为二时将组分运送到正确的位置并做适当的分配。**细胞周期调控系统**（cell-cycle control system）在正确的时间打开和关闭这些机制，从而协调细胞周期的各个步骤。细胞周期调控系统的核心是一系列的分子开关，它们按确定的顺序运行，协调周期中的主要事件，包括 DNA 复制和复制后的染色体分离等。在本节中，我们会回顾调控系统的蛋白质组分，并讨论它们如何协同工作以启动周期的不同时期。

细胞周期调控系统依赖于周期性活化蛋白激酶 Cdk

细胞周期调控系统通过周期性地激活及随后关闭关键的蛋白质和蛋白质复合物来启动或调节 DNA 复制、有丝分裂和胞质分裂，从而来调控细胞周期。这种调节主要是通过磷酸化和去磷酸化参与这些重要过程的蛋白质来完成。

如第 4 章所述，磷酸化及随后的去磷酸化是细胞打开和关闭蛋白质活性的最常见方式之一（参见图 4-46），细胞周期调控系统普遍而反复地使用这种机制。调控细胞周期的磷酸化反应由一组特定的蛋白激酶完成，而去磷酸化则由一组蛋白磷酸酶完成。

在增殖细胞中，位于细胞周期调控系统核心位置的蛋白激酶在整个细胞周期中都存在。然而，它们仅在周期适当的时间活化，随后又很快失活。因此，每种激酶的活性都呈现周期性的升降。例如，这些蛋白激酶中有些在 G_1 期末期活化并负责驱动细胞进入 S 期；另一种激酶只在 M 期前活化，并驱动细胞进入有丝分裂。

在适当的时刻打开和关闭这些激酶在一定程度上是调控系统中另一组蛋白质即**周期蛋白**（cyclin）的作用。周期蛋白本身没有酶活性，它们必须通过与周期激酶结合，使激酶具有活性。因此，细胞周期调控系统的激酶被称为**周期蛋白依赖性蛋白激酶**（cyclins-dependent protein kinase）或 **Cdk**（图 18-4）。不同于 Cdk，周期蛋白的浓度在细胞周期中呈现出周期性的变化，所以被称为周期蛋白。周期蛋白浓度的周期性变化有助于驱动周期蛋白-Cdk 复合物周期性的组装和活化。一旦活化，周期蛋白-Cdk 复合物有助于启动各种细胞周期事件，如进入 S 期或 M 期（图 18-5）。在“我们是怎样知道的”栏目中讨论了 Cdk 和周期蛋白的发现过程。

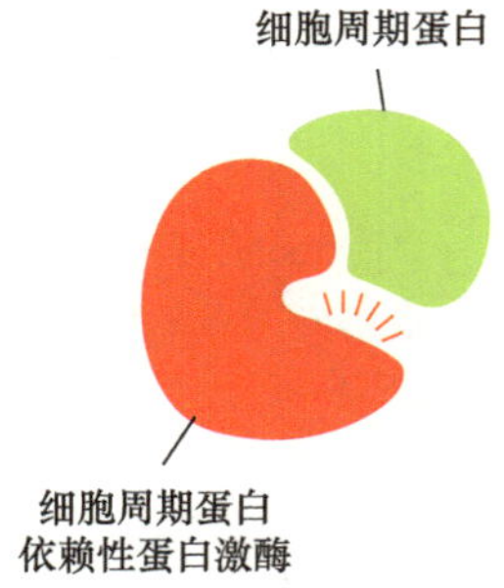

图 18-4 细胞周期的进程取决于周期蛋白依赖性蛋白激酶（Cdk）。 Cdk 必须与周期蛋白结合后才会具有酶活性。这种活化同时还需要 Cdk 的磷酸化激活（图中未显示，见视频 18.1）。一旦活化，周期蛋白-Cdk 复合物就可以磷酸化细胞中的关键蛋白质，这些蛋白质对启动细胞周期中特定的步骤是必需的。周期蛋白还有助于将 Cdk 靶向它要磷酸化的底物蛋白。

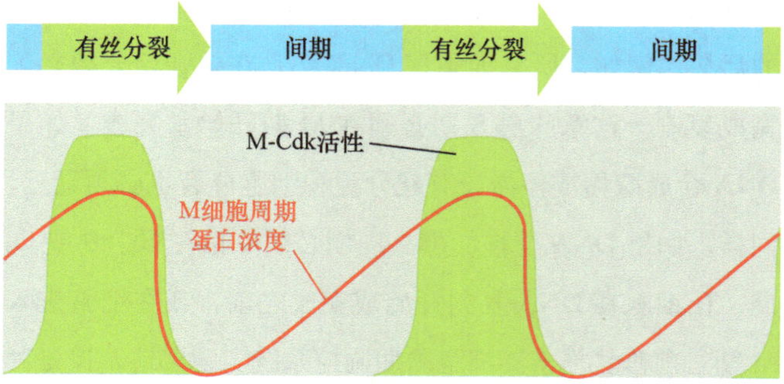

图 18-5 周期蛋白的积累有助于调节 Cdk 的活性。 活化的周期蛋白-Cdk 复合物的形成可以推动多种细胞周期事件，包括 S 期或 M 期的进入。图中显示了负责调控 M 期进入的周期蛋白的浓度和 Cdk 蛋白激酶活性的变化。相关周期蛋白（称为 M 周期蛋白）浓度的增加会有助于形成活化的周期蛋白-Cdk 复合物（M-Cdk）并推动细胞进入 M 期。尽管每种类型的周期蛋白-Cdk 复合物的酶活性在细胞周期的过程中会经历上升和下降，但 Cdk 组分的浓度保持稳定（图中未显示）。

周期蛋白和 Cdk 的发现

尽管细胞生物学家在多年之前就已经观察到 DNA 复制、有丝分裂和胞质分裂等的“木偶表演”，但对于谁在幕后调控这些事件则一无所知。细胞周期调控系统只是细胞中的一个“黑匣子”，人们甚至不清楚是否存在这样一个单独的调控系统，以及细胞周期系统是否可以在一定程度上调控自身。研究取得突破是源于科学家鉴定出调控系统的几种关键蛋白，并意识到这些蛋白质不同于细胞周期系统中的其他成分，如在 DNA 复制、染色体分离等重要过程中发挥作用的酶和蛋白质。

细胞周期调控系统中第一个被发现的组分是推动细胞进入 M 期的周期蛋白和周期蛋白依赖性激酶（Cdk）。它们是在研究动物卵细胞的细胞分裂时被发现的。

回到卵细胞

很多动物的受精卵特别适合于做细胞周期的生物化学研究，因为它们体积很大而且分裂迅速。例如，爪蟾属（*Xenopus*）物种卵的直径超过了 1mm（图 18-6）。受精后，它会迅速分裂，将卵细胞分成很多更小的细胞。这种快速的细胞周期主要由 S 期和 M 期组成，G_1 期和 G_2 期则非常短，甚至没有。这样的细胞周期中没有新的基因转录：早期胚胎发育所需的所有 mRNA 和几乎所有的蛋白质，在卵母细胞于母体卵巢中发育时就已经储存在这个大型的卵中。在这些早期的分裂周期（称为卵裂，cleavage division）中，胚胎中所有的细胞都会同步分裂，细胞不会生长而是随着每次分裂而变得越来越小（视频 18.2）。

图 18-6　成熟的爪蟾卵是一种研究细胞周期的简便系统。（蒙 Tony Mills 惠赠。）

鉴于这种分裂的同步性，可以从蛙卵中制备出代表细胞周期某一阶段的提取物。将此提取物注射入爪蟾卵母细胞（未成熟未受精的卵前体细胞），就可以通过显微镜观察该提取物的生物活性对细胞周期行为的影响。爪蟾卵母细胞是特别简便的系统，可用于检测推动细胞进入 M 期的活性物质。这是因为它体积巨大，而且已经完成了 DNA 复制，且停滞在减数分裂（详见第 19 章）中相当于有丝分裂 G_2 期的时间段上。

人为诱导 M 期进入

Kazuo Matsui 及其同事通过上述实验发现，M 期卵的一种提取物可以促使卵母细胞立即进入 M 期，而来自其他时期的分裂卵的胞质提取物则无此功能。在刚发现这种现象时，他们并不知道具体的分子或相应的机制是什么，因此只是将这种未知的成分称为成熟促进因子（maturation promoting factor）或 MPF（图 18-7）。通过检测来自细胞周期不同阶段的胞质提取物，Matsui 及其同事发现 MPF 的活性在每一轮细胞周期的不同阶段都呈现出剧烈的震荡：在有丝分裂开始前活性会快速升高，而在有丝分裂结束时又快速降为零（参见图 18-5）。这种震荡意味着 MPF 很有可能是一种细胞周期的调控组分。

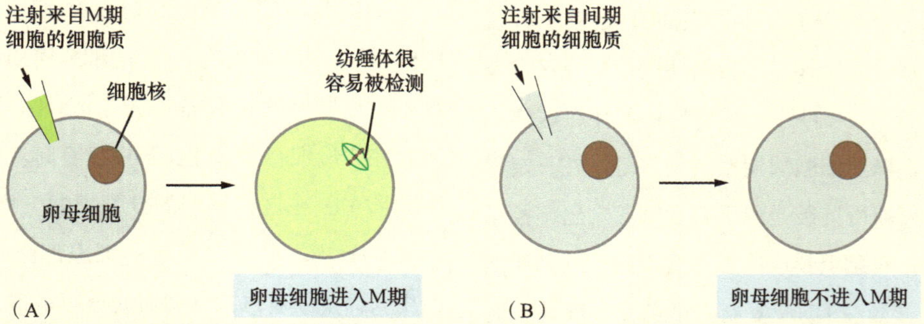

图 18-7 MPF 活性是通过注射爪蟾卵胞质提取物到爪蟾卵母细胞中发现的。（A）来自 M 期爪蟾卵的胞质提取物注射到爪蟾卵母细胞中，该提取物会促使卵母细胞进入第一次减数分裂的 M 期（该过程称为成熟），使它的巨大细胞核崩解，并组装成纺锤体。（B）反之，如果胞质提取物来自间期的分裂卵，它就不会使卵母细胞进入 M 期。因此，（A）中的提取物必定包含某种活性物质，即一种成熟促进因子（MPF），它启动了 M 期的进入。

当最后把 MPF 纯化出来后，发现它含有一个蛋白激酶且该激酶的活性是必需的。但 MPF 中的激酶部分无法单独起作用，它必须要有一种特定的蛋白质（现在知道是 M 周期蛋白）与之结合才能发挥功能。M 周期蛋白是通过另一种不同的实验发现的，该实验利用了蛤蜊的卵。

在蛤蜊中钓取蛋白调节物

M 周期蛋白最初是被蒂姆·亨特（Tim Hunt）鉴定出来的，当时他发现该蛋白质的浓度在间期逐渐上升，随后，在卵裂期的蛤卵通过 M 期时迅速降到零（参见图 18-5）。每一轮细胞周期，该蛋白质都会重复这种行为。然而，它在细胞周期中的功能一开始并不清楚。研究突破是源自于发现周期蛋白是 MPF 的一个组分，而且是 MPF 发挥活性所必需的组分。因此，我们现在称为 M-Cdk 的 MPF 是一个蛋白复合物，它包含两个亚基，一个调节亚基是 M 周期蛋白，另一个催化亚基是有丝分裂 Cdk。在 M-Cdk 的组分鉴定出来后，其他类型的周期蛋白和 Cdk 也被分离出来，它们的浓度和活性分别在细胞周期的其他阶段升高或降低。

殊途同归

当生化学家在爪蟾及蛤蜊胚胎中鉴定细胞周期的调节蛋白时，以研究酿酒酵母（*Saccharomyces cerevisiae*）的李·哈特维尔（Lee Hartwell）和研究裂殖酵母（*S. pombe*）的保罗·纳斯（Paul Nurse）为首的酵母遗传学家也在利用遗传学策略来解析细胞周期调控系统。通过研究那些在细胞周期的特定时间点被阻断或行为失常的酵母突变体，这些研究人员鉴定出很多负责细胞周期调控的基因。其中有些基因被证实编码周期蛋白或 Cdk 蛋白，这些蛋白质无论氨基酸序列还是功能，都和它们在爪蟾及蛤蜊中的同源物高度类似。人细胞中的相似基因也很快被鉴定了出来。

在演化过程中，很多细胞周期的调控基因几乎没有变化，以至于人源基因在酵母细胞中也可以完美地发挥功能。例如，Nurse 和其同事首先发现，酵母中编码其唯一的 Cdk 蛋白的基因如果发生缺陷，则该酵母无法分裂；但如果将一个人源的正常基因通过人工手段引入该缺陷酵母中，酵母就可以正常完成分裂。对于如此确凿的人类和酵母是远亲的证据，即便是达尔文也必然会感到震惊。尽管演化分歧在十亿年前就已经出现，但所有的真核生物，无论是酵母、动物还是植物，都使用基本相同的分子来调控它们的细胞周期事件。

不同的周期蛋白-Cdk 复合物启动细胞周期的不同步骤

在大多数真核生物中，有多种类型的周期蛋白和多种类型的 Cdk 参与细胞周期调控。不同的周期蛋白-Cdk 复合物会启动细胞周期的不同步骤。如图 18-5 所示，在 G_2 期发挥作用并启动细胞进入 M 期的周期蛋白称为 **M 周期蛋白**（M cyclin），它与 Cdk 形成的活性复合物称为 **M-Cdk**。其他的周期蛋白，如 **S 周期蛋白**（S cyclin）和 **G_1/S 周期蛋白**（G_1/S cyclin），在 G_1 晚期会与不同的 Cdk 蛋白结合，分别形成 **S-Cdk** 和 **G_1/S-Cdk**。这些周期蛋白-Cdk 复合物有助于启动细胞进入 S 期。S 周期蛋白和 M 周期蛋白浓度的升高和降低如图 18-8 所示。此外，**G_1 周期蛋白**（G_1 cyclin），在 G_1 早期发挥作用并与其他 Cdk 蛋白结合形成 G_1-Cdk，它有助于推动细胞经过 G_1 期进入 S 期。我们稍后会看到，这些 G_1-Cdk 在动物细胞中的形成通常是依赖于刺激细胞分裂的胞外信号分子。细胞中主要的周期蛋白及其 Cdk 的名称见表 18-2。

在细胞中，每种周期蛋白-Cdk 复合物中都会磷酸化一组特定的靶蛋白。例如，G_1/S-Cdk 所磷酸化的调节蛋白质可以激活 DNA 复制所需的基因转录。通过激活不同组的靶蛋白，每种复合物在细胞周期中都可以启动不同的转变步骤。

表 18-2　脊椎动物的主要周期蛋白与 Cdk

周期蛋白-Cdk 复合物	周期蛋白	所结合的 Cdk
G_1-Cdk	周期蛋白 D*	Cdk4，Cdk6
G_1/S-Cdk	周期蛋白 E	Cdk2
S-Cdk	周期蛋白 A	Cdk2
M-Cdk	周期蛋白 B	Cdk1

* 哺乳动物细胞中有 3 种周期蛋白 D（周期蛋白 D1、周期蛋白 D2、周期蛋白 D3）。

周期蛋白的浓度受到转录和蛋白水解的调控

如第 7 章所述，细胞中一个蛋白质的浓度取决于该蛋白质的合成速率和降解速率。在细胞周期过程中，每种周期蛋白的浓度都会逐渐升高，然后又突然下降（参见图 18-8）。浓度逐渐升高是源于该周期蛋白基因的持续转录和蛋白质的不断合成，而浓度的突然下降是因为该蛋白质被全面地靶向破坏。

M 和 S 期周期蛋白在通过 M 期时被突然降解是依赖于一种大型的酶，它被称为**后期促进复合物/细胞周期体**（anaphase-promoting complex/cyclosome，APC/C），稍后会介绍它的命名由来。该复合物可以给这些周期蛋白加上泛素链标签。正如第 7 章所述，带这种标签方式的蛋白质会被送至蛋白酶体而迅速降解（参见图 7-43）。周期蛋白的泛素化和降解使其 Cdk 恢复到无活性状态（图 18-9）。

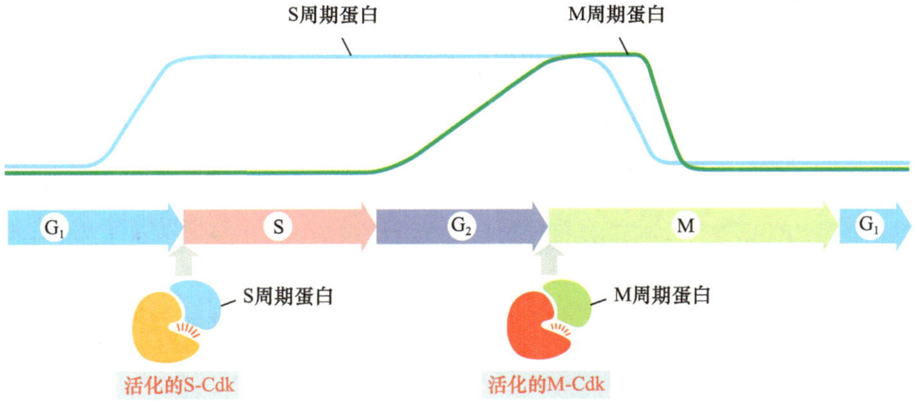

图 18-8　不同的 Cdk 与不同的周期蛋白结合，启动细胞周期的不同事件。简单起见，图中仅显示了两种类型的周期蛋白-Cdk 复合物：一种启动 S 期，另一种启动 M 期。

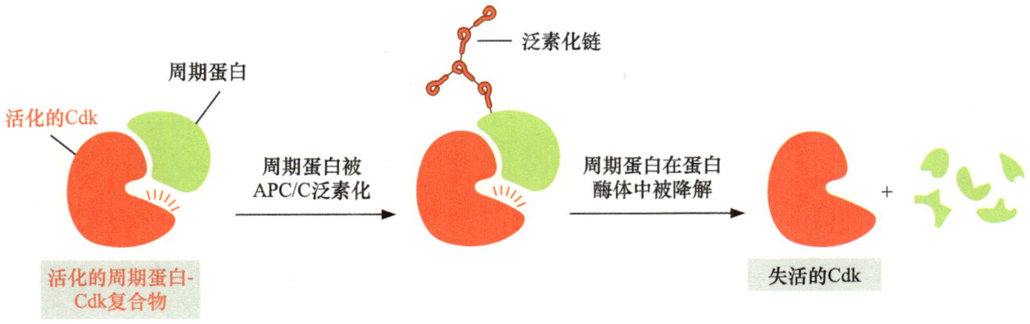

图 18-9　一些 Cdk 的活性受周期蛋白降解的调节。APC/C 对 S 或 M 周期蛋白的泛素化标记使该蛋白质在蛋白酶体中被降解（如第 7 章所述）。周期蛋白的缺失使其结合的 Cdk 蛋白失活。

与周期蛋白积累一样，周期蛋白的降解也有助于推动细胞周期从一个时期向下一个时期转变。例如，M 周期蛋白降解以及由此导致的 M-Cdk 的失活，会导致一系列的分子事件，使细胞脱离有丝分裂。

周期蛋白-Cdk 复合物的活性取决于磷酸化和去磷酸化

在细胞周期过程中，周期蛋白的出现和消失对 Cdk 活性的调节发挥了重要作用，但调节过程却不仅如此：尽管周期蛋白浓度逐渐增加，但相关的周期蛋白-Cdk 复合物的活性却倾向于在细胞周期中的适当时间突然启动（参见图 18-5）。是什么引发了这些复合物的突然活化？研究表明，周期蛋白-Cdk 复合物含有抑制性的磷酸化修饰，Cdk 只有被特定的蛋白质磷酸酶去磷酸化后，该复合物才会被激活（图 18-10）。因此，蛋白激酶和磷酸酶共同作用调控了特定周期蛋白-Cdk 复合物的活性，并帮助调控细胞周期的进程。

Cdk 活性可被 Cdk 抑制蛋白阻断

除磷酸化和去磷酸化外，Cdk 的活性还可以通过 **Cdk 抑制蛋白**（Cdk inhibitor protein）的结合来进行调节。细胞周期调控系统可以使用这些抑制蛋白来阻断某些周期蛋白-Cdk 复合物的组装或活性。例如，在细胞周期的 G_1 期，有些 Cdk 抑制蛋白有助于使 Cdk 维持在无活性状态，从而延迟 S 期的进入（图 18-11）。使细胞周期暂停在 G_1 期的这个转变点可以给予细胞更多的生长时间，或允许细胞等待，直到胞外条件有利于分裂。

细胞周期调控系统可以通过多种方式使周期暂停

如前所述，细胞周期调控系统可以在各个转变点快速地使细胞周期进程延缓，以确保细胞周期的主要事件仅在细胞完全准备好时才会发生（参见图 18-3）。在这些转变点，调控系统会通过监控细胞内部的状态和细胞外环境的条件，来判断是否允许细胞继续细胞周期的进程。例如，只有在环境条件合适时它才会允许细胞进入 S 期；只有 DNA 全部完成复制才能启动有丝分裂；复制后的染色体只有正确排列在有丝分裂纺锤体上才会启动染色体分离。

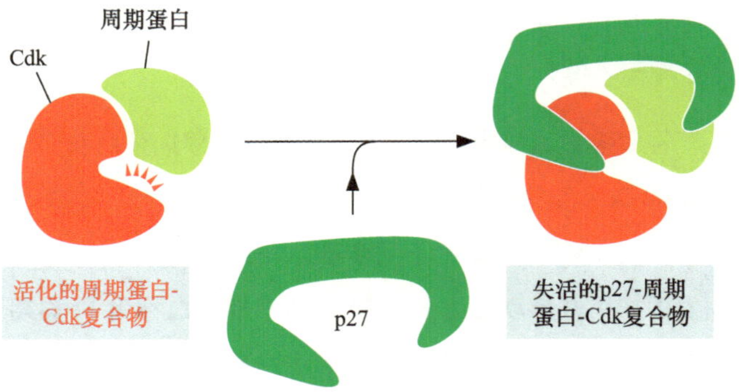

图 18-11　Cdk 抑制蛋白的结合可以阻断 Cdk 的活性。在本例子中，抑制蛋白（称为 p27）与活化的周期蛋白-Cdk 复合物结合。这种结合会阻止 Cdk 磷酸化从 G_1 期进入 S 期所需的靶蛋白。

为了实现这些功能，调控系统会组合使用上面提到过的调节机制。在 G_1 到 S 期转变时，它利用 Cdk 抑制蛋白来阻止细胞进入 S 期并复制其 DNA（参见图 18-11）。在 G_2 到 M 期转变时，它通过抑制 Cdk 激活所需的磷酸酶来抑制 M-Cdk 的活化（参见图 18-10）。它还可以抑制 APC/C 的激活来阻止 M 周期蛋白的降解，从而延缓退出有丝分裂（参见图 18-9）。

这些调节机制总结在图 18-12 中，它们可以帮助细胞做出“决定”：细胞周期是应继续前进还是要停在当前的时期以等待更有利条件。在下一节中，我们会详细地了解细胞周期调控系统如何决定一个处于 G_1 期的细胞是否应该进行分裂。

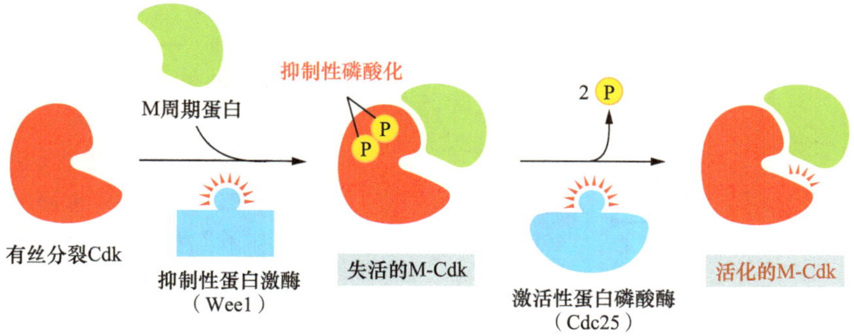

图 18-10　M-Cdk 必须去除抑制性的磷酸化修饰才能活化。 M 周期蛋白-Cdk 复合物一旦形成，它的两个相邻位点就会立刻被一种称为 Wee1 的抑制性蛋白激酶磷酸化。这种修饰使 M-Cdk 处于无活性状态，直到这些磷酸化修饰被一种称为 Cdc25 的激活性蛋白磷酸酶除去。目前仍不清楚关键的 Cdc25 磷酸酶启动下一步骤（如图所示）的时间是如何调控的。

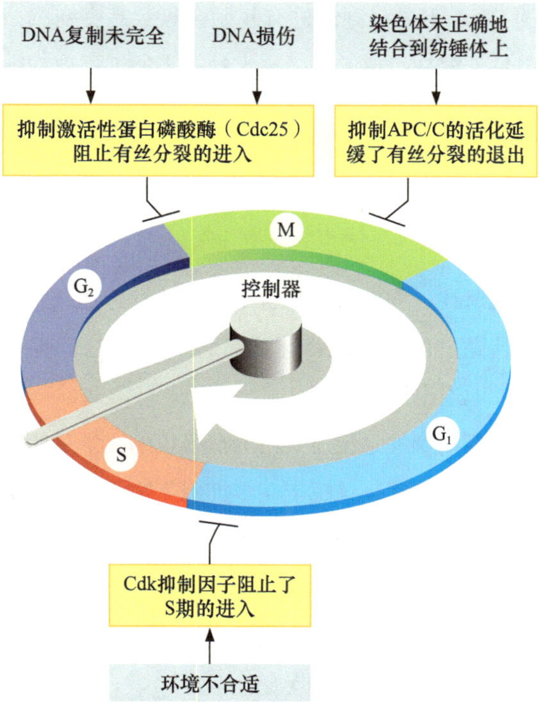

图 18-12 细胞周期调控系统使用多种机制使细胞周期暂停在特定的转变点。

G_1 期

对细胞而言，G_1 期除了要忙于代谢活动、细胞生长和修复外，还是做出决策的重要时期。细胞周期调控机制会根据有关细胞大小信息的胞内信号和反映环境条件的胞外信号，决定是将细胞暂时停止在 G_1 期（或使其更长时间地处于非增殖状态，G_0 期)，还是允许它为进入另一个细胞周期的 S 期做准备。一旦通过这个关键的 G_1 期到 S 期转变，细胞通常会继续完成细胞周期的其余时期。在酵母中，G_1 至 S 期的转变也因此有时被称为起始点，因为通过它意味着必定会完成整个细胞周期（图 18-13）。

在本节中，我们会讨论细胞周期调控系统如何决定细胞是否要通过 S 期并进入到下一个细胞周期，以及如果决定要通过的话又会发生什么。这其中所涉及的分子机制特别重要，因为该机制发生缺陷会导致不受控的细胞增殖和癌症。

在 G_1 期 Cdk 被稳定地失活

在 M 期早期，当有丝分裂开始时，细胞中充满了活化的周期蛋白-Cdk 复合物。这些 S-Cdk 和 M-Cdk 复合物在 M 期结束时必须失活，从而使细胞可以完成分裂并防止它跳过 G_1 期而开始另一轮分裂。

图 18-13 G_1 期到 S 期转化是细胞命运决定的十字路口。 细胞可以决定完成另一个细胞周期，暂停周期直到条件合适，或者完全退出细胞周期，或者暂时进入 G_0 期，或者如终末分化细胞一样永久停止细胞分裂。

为了引导细胞从剧变的 M 期过渡到相对平静的 G_1 期，细胞周期调控机制必须使胞内的 S-Cdk 和 M-Cdk 复合物全部失活。细胞可通过多种方式实现这一目的：降解现存的所有周期蛋白、阻断新周期蛋白的合成，并利用 Cdk 抑制蛋白来抑制任何可能剩余的周期蛋白-Cdk 复合物的活性。多种机制并用使得该抑制体系功能更强，可以从本质上确保所有 Cdk 的活性都被关闭。这种全面的失活会重置细胞周期调控系统并产生一个稳定的 G_1 期，在此期间细胞可以生长并监测其环境，然后决定是否要进行新一轮的分裂。

分裂素促进周期蛋白产生，刺激细胞分裂

一般而言，哺乳动物细胞只有在受到胞外信号刺激时才会增殖。这些胞外信号被称为*分裂素*（mitogen），一般由其他细胞所产生。如果没有分裂素，细胞周期会停滞在 G_1 期；如果长时间缺乏分裂素，细胞会退出细胞周期并进入非增殖状态长达数天、数周、数月甚至生物体一生之久。我们稍后会讨论这一点。

要逃脱细胞周期的阻滞或某些非增殖状态，需要周期蛋白的积累。分裂素可以开启细胞中的信号通路，从而刺激 G_1 周期蛋白、G_1/S 周期蛋白，以及其他参与 DNA 合成和染色体复制的蛋白质的合成。这些周期蛋白的积累进而会激发大量 G_1/S-Cdk 的活性，最终解除阻断细胞从 G_1 期进入 S 期的负面调控。

一个关键的负面调控来自*视网膜神经胶质细胞瘤蛋白*（retinoblastoma protein，Rb)。Rb 最初是在研究一种名为

视网膜神经胶质细胞瘤的罕见儿童眼部肿瘤时发现的，患者的 Rb 蛋白会缺失或存在缺陷。

Rb 在所有脊椎动物细胞的细胞核中含量都很丰富，它可以与特定的转录调控因子结合，阻止它们转录细胞增殖所需的基因。分裂素可以解除 Rb 的阻断，通过激活 G_1-Cdk 和 G_1/S-Cdk 复合物，磷酸化 Rb 蛋白，改变其构象，使其释放出结合的转录调控因子。这些调控因子随后即可激活进入 S 期所需的基因（图 18-14）。

DNA 损伤可以使细胞周期暂停在 G_1 期

如果 DNA 受损，细胞周期调控系统可以在多个转变点、通过几种不同的机制来使细胞周期的进程停止。其中理解得最为透彻的是在 G_1 到 S 期转变点发挥作用的机制，该机制会阻止细胞复制受损的 DNA。G_1 期 DNA 受损会导致一种称为 **p53** 的蛋白质的浓度和活性增加。p53 是一种转录调控因子，可以激活 Cdk 抑制蛋白 p21 的基因表达。p21 蛋白与 G_1/S-Cdk 以及 S-Cdk 复合物结合，从而阻止它们推动细胞进入 S 期（图 18-15）。将细胞周期停止在 G_1 期，使细胞有时间来修复受损的 DNA，然后再进行复制。如果 DNA 受损过于严重而无法修复，p53 可诱导细胞杀死自己，即细胞凋亡（apoptosis），对这种细胞程序性死亡，我们将在后文讨论。如果 p53 缺失或发生缺陷，那么受损的 DNA 不受限制地进行复制会导致高突变率，产生的细胞易于癌变。事实上，在大约一半的人类癌症中都有发现有 *p53* 基因的突变（视频 18.3）。

细胞可以通过进入特殊的非分裂状态来延长分裂的时间

如前所述，细胞可以在特定的转变点延迟细胞周期进程，等待适宜的条件或修复受损的 DNA。它们也可以暂时或永久地退出细胞周期。

细胞周期调控系统所做出的最极端的决定是使细胞永久地退出细胞周期。该决定在多细胞生物中具有特殊的重要性。人体中的很多细胞在分化后永久地停止分裂。这种终末分化（terminally differentiated）细胞，如神经或肌肉细胞，其细胞周期调控系统完全失能，编码相关周期蛋白和 Cdk 的基因被不可逆地关闭。

在缺乏适当信号的情况下，其他类型的细胞只是暂时性地退出细胞周期，进入一种称为 G_0 期的静息状态。它们有能力可以快速重新组装细胞周期调控系统并再次进行分裂。例如，大多数肝细胞都处于 G_0 期，但如果肝脏受损，它们可以被刺激增殖。

在成人体内，细胞分裂速率的不同主要取决于细胞 G_0 期或 G_1 期时间的不同。有些类型的细胞，包括肝细胞，

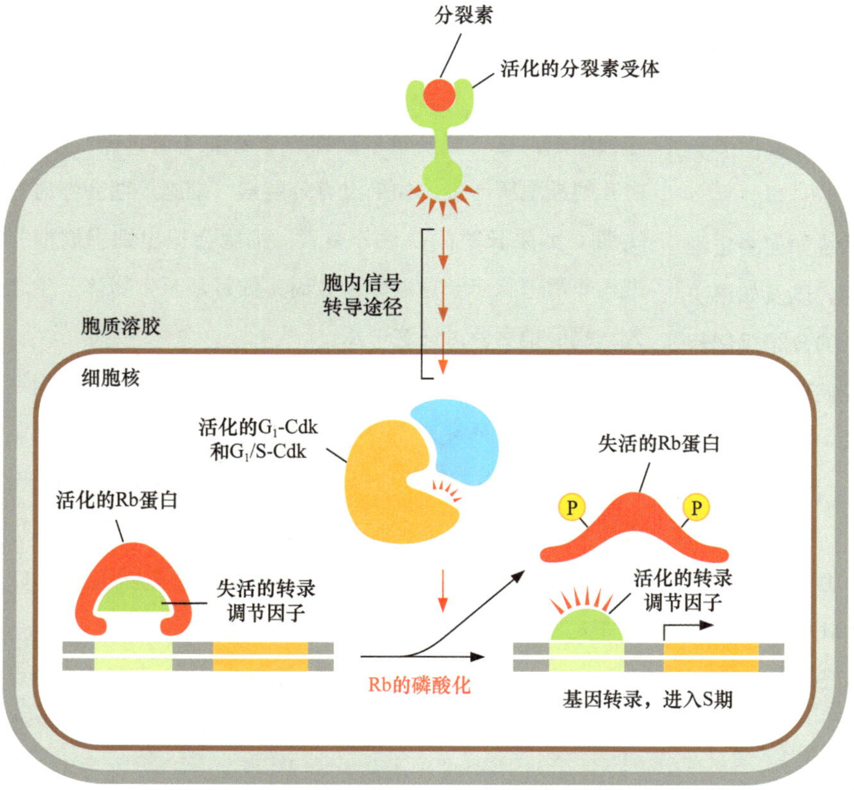

图 18-14　分裂素刺激细胞增殖的一条途径是通过抑制 Rb 蛋白。在没有分裂素的情况下，去磷酸化的 Rb 蛋白将特定的转录调控因子维持在无活性状态。分裂素结合细胞表面受体，激活细胞内信号转导途径，导致 G_1-Cdk 和 G_1/S-Cdk 复合物的形成和活化。这些复合物使 Rb 蛋白磷酸化，从而使其失活，释放出转录调控因子，激活进入 S 期所需的基因转录。

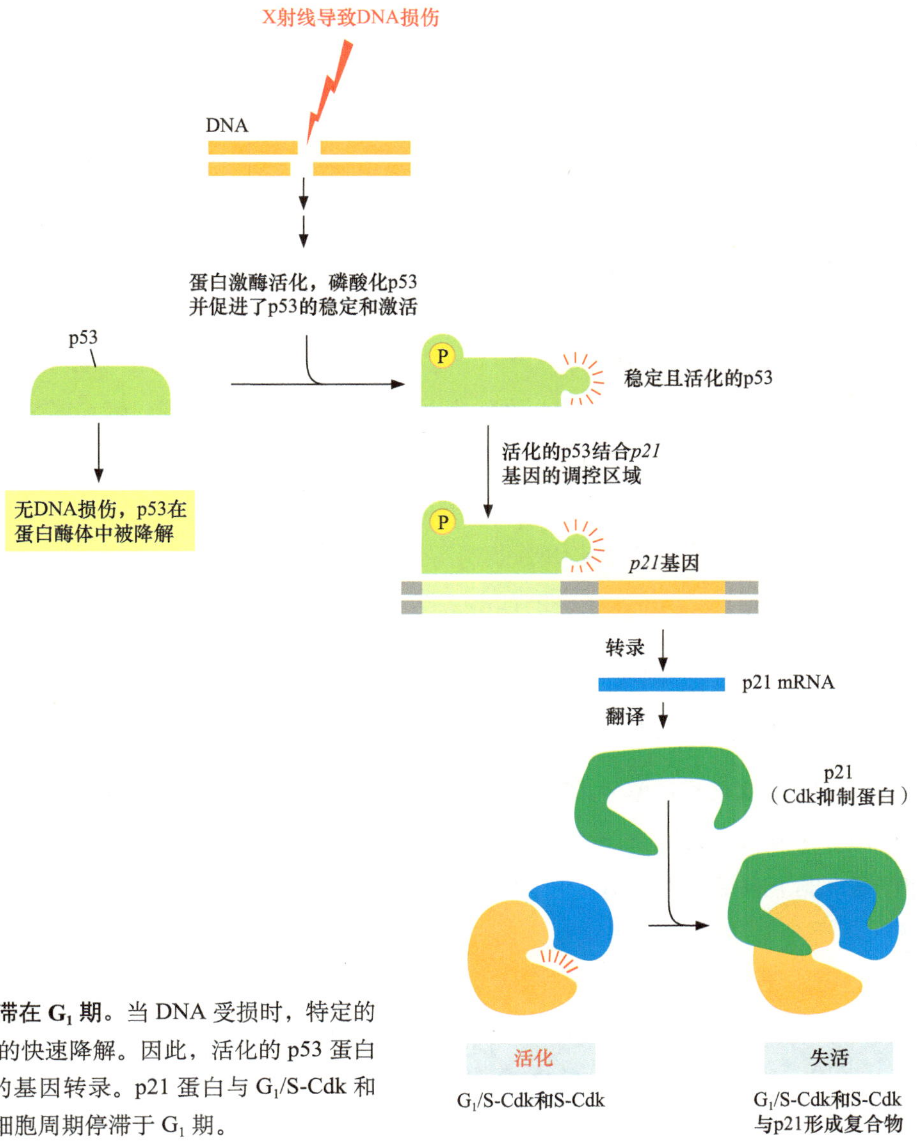

图 18-15　DNA 损伤可以使细胞周期停滞在 G_1 期。当 DNA 受损时，特定的蛋白激酶会激活 p53 蛋白和停止其正常的快速降解。因此，活化的 p53 蛋白会积累并刺激编码 Cdk 抑制蛋白 p21 的基因转录。p21 蛋白与 G_1/S-Cdk 和 S-Cdk 复合物结合并使它们失活，所以细胞周期停滞于 G_1 期。

通常每年或每两年才分裂一次；而某些肠道上皮细胞每天可分裂两次以上，从而不断地更新肠道内壁。我们的很多细胞介于二者之间：通常不会分裂，但在需要时可以进行分裂。

S 期

在细胞分裂之前，它必须完成其自身 DNA 的复制。正如第 6 章所述，该复制必须极其准确，以最大限度地降低下一代细胞中的突变风险。同样重要的是，基因组中的每个核苷酸都必须且仅复制一次，以防止基因扩增带来的破坏性影响。在本节中，我们会介绍了一种精妙分子机制，细胞周期调控系统依靠它既可以启动 DNA 复制，同时又可以防止每轮细胞周期中发生多次复制。

S-Cdk 启动 DNA 复制并阻止其再次复制

与其他庞大的工作一样，进行染色体复制需要一定量的准备工作。对真核细胞而言，该准备工作开始于 G_1 早期，通过将蛋白质募集到每条染色体的 DNA 开始复制的位点上，使 DNA 为复制做好准备。如第 6 章所述，这些核苷酸序列称为*复制起始点*（origins of replication），为调控和完成 DNA 合成的蛋白质及蛋白质复合物提供了着陆点。

其中一种蛋白质复合物称为*起始识别复合物*（origin recognition complex，ORC），它在整个细胞周期中都会定位于复制起始点上。为了使 DNA 为复制做好准备，ORC 会募集一种名为 Cdc6 的蛋白质，该蛋白质的浓度在 G_1 早期升高。这些蛋白质共同作用使 DNA 解旋酶定位上来并最终在复制起点处解开双螺旋。这个*前复制复合物*

(prereplicative complex）的形成，意味着复制起始已经就绪，随时可以“点火”。

开始复制的信号来自于 S-Cdk，即触发 S 期的 S-Cdk 复合物。S-Cdk 在 G_1 末期组装并激活。在 S 期，S-Cdk 可以激活前复制复合物中的 DNA 解旋酶，并促进形成复制叉（replication fork）所需的其他蛋白质的装配（参见见图 6-20）。通过这样做，S-Cdk 在本质上“拉响了扳机”，开始了 DNA 的复制（图 18-16）。

除了在复制起始点起始 DNA 的合成外，S-Cdk 还会通过磷酸化 Cdc6 和 ORC 来阻止 DNA 的再复制。磷酸化使这些蛋白质失活，从而有助于防止前复制复合物的重新组装。这些安全措施可确保 DNA 复制不会在同一细胞周期中再次开始。当 Cdk 在下一个 G_1 期失活时，ORC 和 Cdc6 重新活化，从而能够为随后 S 期的开始做准备。

复制不完全会导致细胞周期停滞在 G_2 期

我们在前文已经了解到，DNA 损伤的信号会使细胞周期调控系统在 G_1 至 S 期转变点延缓细胞周期进程，从而阻止细胞复制受损的 DNA。但是如果 DNA 在复制期间发生错误会怎么样？复制是否会延迟？细胞如何避免带着错误或复制不完全的 DNA 进行分裂？

为解决这些问题，细胞周期调控系统利用了一种机制，可延迟细胞进入 M 期。如图 18-10 所示，M-Cdk 的活性受到特定位点磷酸化的抑制。细胞要进入有丝分裂，这些抑制性的磷酸化修饰必须由一种称为 Cdc25 的活化性蛋白磷酸酶除去。如果 DNA 复制停止，复制叉上单链 DNA 的出现会引发 DNA 损伤响应。该响应的一部分包括对磷酸酶 Cdc25 的抑制，从而无法移除 M-Cdk 中抑制性的磷酸化修饰。这样一来，M-Cdk 保持无活性状态，M 期延迟，直到 DNA 复制完成且 DNA 损伤被修复。

一旦细胞在 S 期成功地复制其 DNA 并进入 G_2 期，它也就做好了进入 M 期的准备。在这个相对短暂的 M 期内，细胞将完成剧烈的结构重组：分裂其细胞核（有丝分裂），并随后分裂其细胞质（胞质分裂；见图 18-2）。在接下来的三个部分，我们会讲述 M 期发生的事件。首先我们简要介绍 M 期的整体情况，然后再依次讨论有丝分裂和胞质分裂的机制，其中重点关注动物细胞。

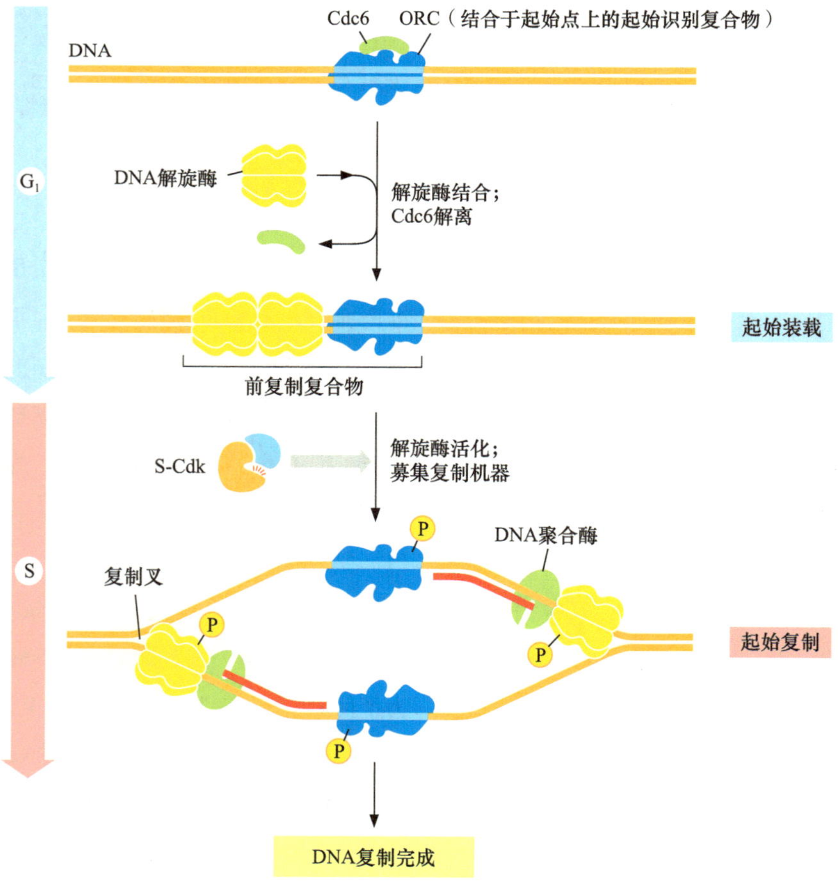

图 18-16 DNA 复制起始分两步完成。 在 G_1 期，Cdc6 与 ORC 结合，二者共同将一对 DNA 解旋酶装载到 DNA 上以形成前复制复合物。在 S 期开始时，S-Cdk 通过引导 DNA 聚合酶（绿色）和其他可起始 DNA 合成的蛋白质（图中未显示）在复制叉处的组装来触发这种复制的起始装载（如第 6 章所述）。S-Cdk 还通过磷酸化 Cdc6（图中未显示）和 ORC 来阻止复制再次发生。磷酸化使这些蛋白质保持失活状态，从而阻止前复制复合物的再次组装，直到在下一个 G_1 期中 Cdk 的活性被关闭。

M 期

尽管 M 期（包括有丝分裂和胞质分裂）发生的时间相对较短，在哺乳动物细胞中约为 1h，但它却是细胞周期中最引人注目的阶段。在这短暂的时间内，细胞几乎重新组织其所有的组分，并将它们平均分配到两个子细胞中。实际上，细胞周期的早期阶段是为 M 期的盛大演出搭建舞台。

M 期细胞的核心问题是准确地分离在它之前的 S 期复制的染色体，使每个新的子细胞接收到相同的基因组拷贝。所有的真核生物解决此问题的方式都很相似且差别极小：它们会组装两个专门的细胞骨架机器，一个在有丝分裂期间将完成复制的染色体拉开，而另一个在胞质分裂期间将细胞质分成两半。在展开对 M 期的讨论前，我们先来概述一下细胞如何推动 M 期的进程运转。

M-Cdk 推动有丝分裂的进入

细胞周期调控系统最显著的特征之一是单个蛋白质复合物 M-Cdk 就可以引起发生在有丝分裂早期阶段的所有多种多样且错综复杂的结构重排。M-Cdk 的功能很多，包括帮助完成复制的染色体为分离做好准备，以及诱导有丝分裂纺锤体的组装，该机器会将复制后的染色体拉开。

M-Cdk 复合物在整个 G_2 期都会累积，但这些累积的复合物直到 G_2 期结束时才会活化，此时激活性的磷酸酶 Cdc25 去除了抑制 M-Cdk 活性的磷酸化修饰。这种激活行为可以自我增强：一旦激活，每个 M-Cdk 复合物都可以磷酸化激活更多的 Cdc25，从而间接地活化其他的 M-Cdk 复合物（图 18-17）。活化的 M-Cdk 还会关闭抑制性的激酶 Wee1（参见图 18-10），进一步促进活化 M-Cdk 的产生。总体的结果是，一旦 M-Cdk 开始活化，它就会使 M-Cdk 活性爆炸式地增加，从而推动细胞突然且不可逆地从 G_2 期进入 M 期。

M-Cdk 复合物除了推动细胞进入有丝分裂期外，也会为有丝分裂期的退出创造条件。活化的 M-Cdk 可以激活 APC/C 复合物，该复合物在一段时间的延迟后可以引导 M 周期蛋白进行降解，并最终导致 M-Cdk 的失活。

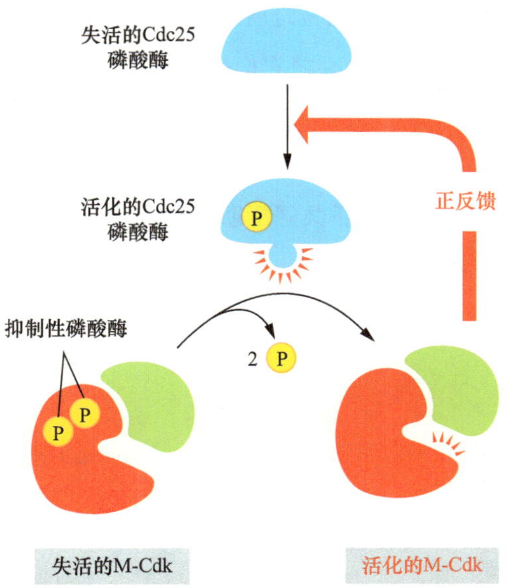

图 18-17　活化的 M-Cdk 会间接激活更多的 M-Cdk，形成一个正反馈环路。 M-Cdk 一旦活化，就会磷酸化激活更多 Cdk 活化性的磷酸酶（Cdc25）。活化的磷酸酶可以去除 Cdk 亚基上的抑制性磷酸基团，激活更多的 M-Cdk。

黏连蛋白和凝集蛋白帮助复制后的染色体成型以便分离

为了确保复制后的染色体在有丝分裂期正确地进行分离，有两个相关的蛋白质复合物会帮助细胞管理和追踪复制的 DNA。第一个复合物在 S 期发挥作用。当染色体完成复制后，其两个拷贝仍然彼此紧密结合。这两个相同的拷贝称为**姐妹染色单体**（sister chromatid），每个都含有一条双链 DNA 分子及其结合蛋白。在 DNA 复制时，**黏连蛋白**（cohesin）复合物也会沿着每条染色单体的长轴进行组装，从而使姐妹染色单体结合在一起。姐妹染色单体之间的黏连蛋白对于染色体的正确分离至关重要，而且它只有在丝分裂晚期才会完全解聚，由此允许姐妹染色单体被有丝分裂纺锤体拉开。姐妹染色单体的黏连蛋白发生缺陷会导致染色体的分离出现严重错误。在人类中，这种错误的分离可导致染色体数量出现异常，进而导致遗传失衡，这种失衡一般是有害甚至是致命的。

当细胞进入 M 期，复制的染色体凝集，在显微镜下变得可见。**凝集蛋白**（condensin）复合物有助于完成**染色体凝集**（chromosome condensation），从而将有丝分裂染色体凝缩得更紧密，使其可以更容易地在拥挤的分裂细胞中完成分离。凝集蛋白复合物在 DNA 上的组装是由 M-Cdk 对凝集蛋白的磷酸化所引发。

黏连蛋白和凝集蛋白在结构上相似，两者都被认为可以围绕染色体 DNA 形成环状结构。然而，黏连蛋白是环绕两个姐妹染色单体，将它们绑在一起（图 18-18A），而凝集蛋白则是沿着每条姐妹染色单体的长轴进行组装，帮助每条单体中的双螺旋卷曲形成更凝缩的形式（图 18-18 B ～ D）。这些蛋白质共同帮助复制后的染色体成型，为有丝分裂做好准备。

不同的细胞骨架机器分别完成有丝分裂和胞质分裂

复制后的染色体在凝集后，两个复杂的细胞骨架机器会依次组装以执行 M 期中发生的两个机械过程。有丝分裂纺锤体负责核分裂（有丝分裂）；在动物细胞和许多单细胞真核生物中，*收缩环*（contractile ring）负责细胞质分裂（胞质分裂）（图 18-19）。这两种结构都会在完成任务后迅速解聚。

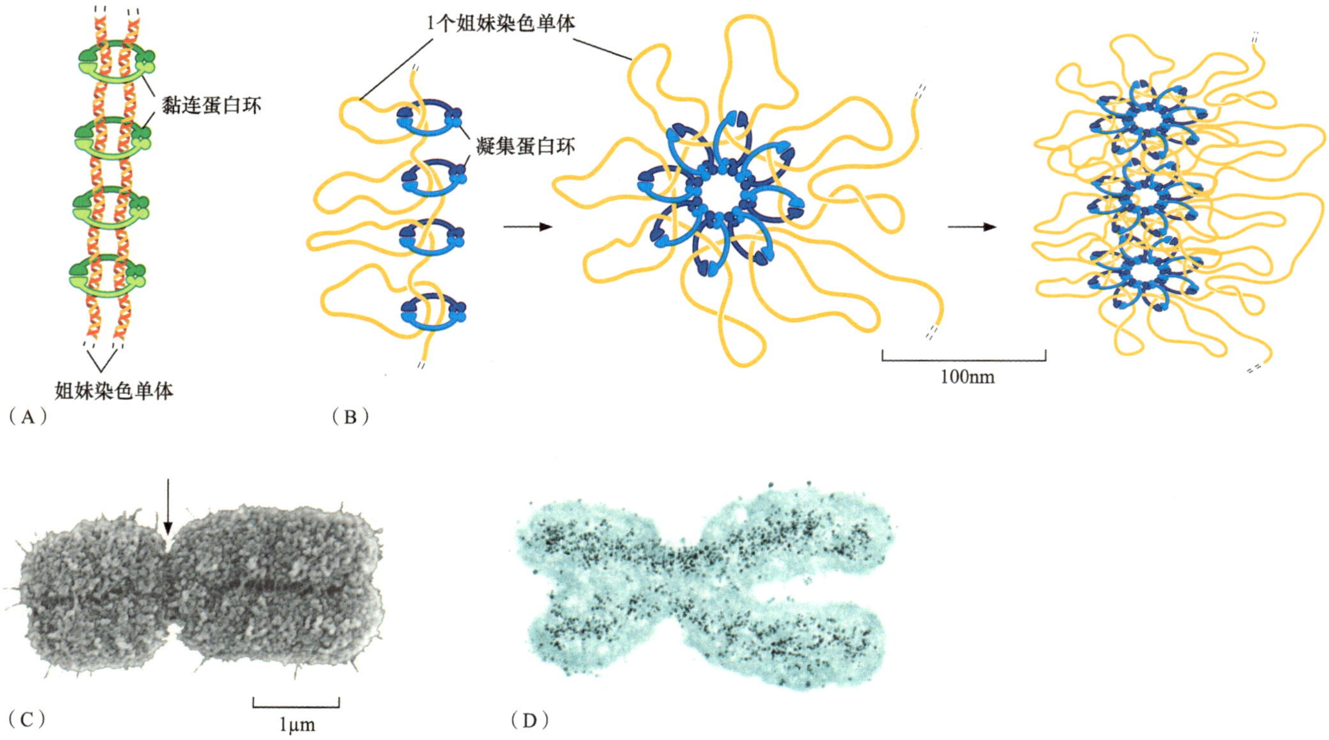

图 18-18　黏连蛋白和凝集蛋白帮助复制后的染色体成型以便分离。(A) 在每条复制后的染色体中，黏连蛋白将两条相邻的姐妹染色单体绑定在一起。一般认为，它们会形成一个大的蛋白质环围绕着姐妹染色单体，阻止二者分开，直到有丝分裂后期，黏连蛋白环才会解聚。(B) 凝集蛋白帮助每条姐妹染色单体（即每条 DNA 双螺旋）卷曲成更小、更凝缩的结构，使其在有丝分裂期间更容易分离。这些示意图阐释了凝集蛋白包装染色单体的一种可能的方式，确切的机制尚不清楚。(C) 扫描电子显微镜照片显示了一条复制后且已凝集的有丝分裂染色体。该染色体含有两条沿着其长轴结合的姐妹染色单体。凹陷区域（箭头）是着丝粒，有丝分裂纺锤体通过该区域结合每条姐妹染色单体并将它们在有丝分裂结束时拉开。(D) 电子显微镜照片显示一条复制后的有丝分裂染色体，其中凝集蛋白通过附着于微小金颗粒（黑点）上的抗体进行标记，表明凝集蛋白主要存在于染色体的中心。凝集蛋白的这种中心定位也标示在图 (B) 的卡通模型中。(图 C 蒙 Terry D. Allen 惠赠；图 D 改自 N. Kireeva et al., *J. Cell Biol.* 166: 775-785, 2004。蒙洛克菲勒大学出版社惠许。)

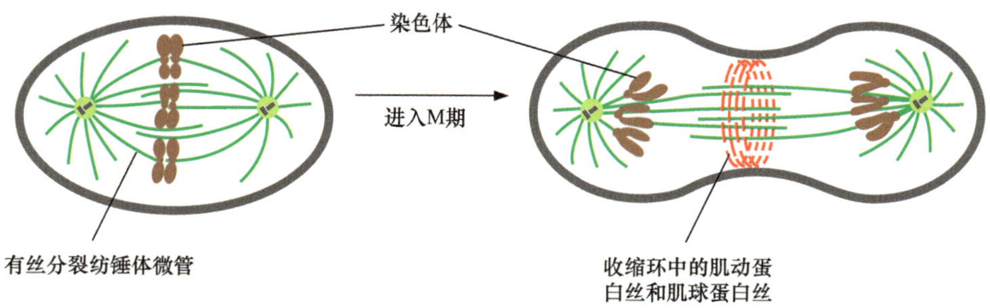

图 18-19　动物细胞中介导 M 期的两种临时性细胞骨架结构。有丝分裂纺锤体首先组装以分离复制的染色体。然后，收缩环组装将细胞一分为二。有丝分裂纺锤体是基于微管，而收缩环是基于肌动蛋白和肌球蛋白。植物细胞使用一种全然不同的机制来分裂细胞质，我们会在后面进行讨论。

有丝分裂纺锤体由微管和多种微管结合蛋白组成，包括与微管相关的马达蛋白（如第 17 章所述）。在所有真核细胞中，有丝分裂纺锤体负责分离复制后的染色体，并将每条染色体的一个拷贝分配给一个子细胞。

*收缩环*主要由肌动蛋白丝和肌球蛋白丝组成，它们在细胞的赤道周围排列成环（参见第 17 章）。在有丝分裂结束时，收缩环在质膜的正下方开始组装。当这个环收缩时，它将膜向内拉，从而将细胞一分为二（参见图 18-19）。我们稍后会讨论有细胞壁保护的植物细胞如何通过一种非常不同的机制来分裂它们的细胞质。

M 期分阶段进行

尽管 M 期的进程是一系列连续的事件，但在传统上它被划分为多个阶段。M 期的前五个阶段，即前期、前中期、中期、后期和末期，共同构成了有丝分裂（mitosis）。该阶段最初是被定义为染色体在显微镜下变得可见的时期（因为染色体已凝集）。*胞质分裂*（cytokinesis）构成了 M 期的最后阶段，它在有丝分裂结束前就已经开始。M 期的各个阶段总结在图版 18-1 中。它们总括起来形成了一串动态性的事件，其中多条独立的，涉及染色体、细胞骨架和中心体的循环共同协调，产生两个遗传上相同的子细胞（视频 18.4 和视频 18.5）。

有丝分裂

在细胞核分裂（或称为有丝分裂）开始之前，每条染色体已经完成复制并包含两条相同的姐妹染色单体，染色单体由黏连蛋白沿着其长轴绑定在一起（参见图 18-18A）。在有丝分裂期间，黏连蛋白被去除，姐妹染色单体分开，并且被有丝分裂纺锤体拉向细胞相反的两极（图 18-20）。在本节中，我们会探究有丝分裂纺锤体是如何组装和发挥功能的，并讨论微管的动态不稳定性和微管相关马达蛋白的活性如何帮助纺锤体进行装配及分离复制的染色体。然后，我们会思考有丝分裂期间确保这些染色体同步进行分离的机制。最后，我们将讨论子细胞的细胞核是如何形成的。

中心体复制有助于形成有丝分裂纺锤体的两极

在 M 期开始之前，必须要完成两个关键事件：DNA 必须完全复制，而且动物细胞中的中心体也必须完成复制。**中心体**（centrosome）是动物细胞中主要的*微管组织中心*（microtubule-organizing center）（参见图 17-13）。中心体完成复制是必需的，这样才有助于有丝分裂纺锤体形成两极并使每个子细胞都能得到属于自己的中心体。

中心体复制与 DNA 复制同时开始，而且该过程也是由启动 DNA 复制的相同的 Cdk 即 G_1/S-Cdk 和 S-Cdk 所起始的。在中心体复制的初始阶段，两个拷贝的中心体都位于核的一侧并作为一个复合物连接在一起。然而，随着有丝分裂开始，两个中心体发生分离，每个中心体会作为一个核心长出辐射状排列的微管，称为**星体**（aster）。两个星体移动到细胞核的相反两侧，形成有丝分裂纺锤体的两极（图 18-21）。中心体复制和分离的过程称为**中心体周期**（centrosome cycle）。

有丝分裂纺锤体在前期开始组装

有丝分裂纺锤体在**前期**（prophase）开始形成。这种高度动态性结构的组装依赖于微管的出色特性。如第 17 章所述，微管通过添加和失去其微管蛋白亚基而持续地进行聚合和解聚，而且单根微管始终处于生长和缩短的更替中，该过程称为*动态不稳定性*（dynamic instability）（参见图 17-14）。在有丝分裂开始时，微管的动态稳定性会增加，其部分原因是 M-Cdk 磷酸化微管结合蛋白，提高了微管稳定性。结果是，快速生长和缩短的微管在前期会从

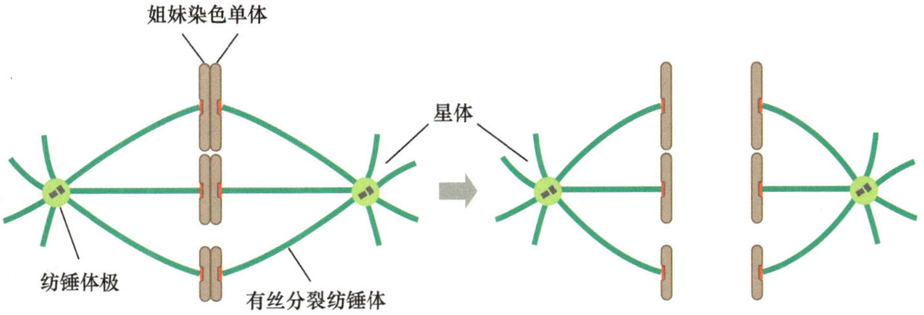

图 18-20　**姐妹染色单体在后期开始时分开。**随后，有丝分裂纺锤体将分开的姐妹染色单体拉向细胞相反的两极。

图版 18-1　动物细胞 M 期的主要阶段

细胞分裂和细胞周期

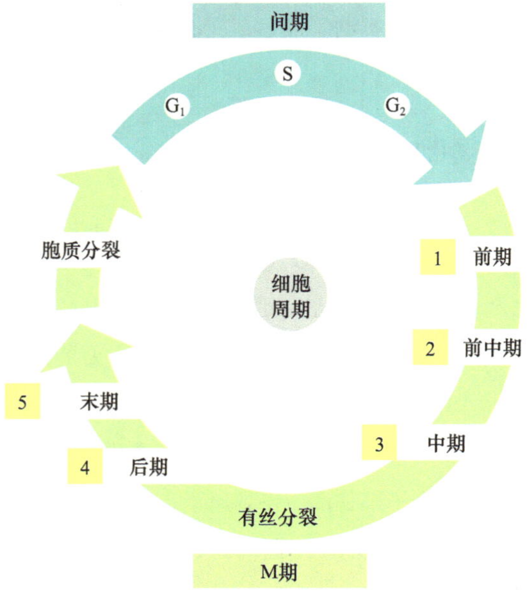

一个细胞分裂成两个子细胞发生在细胞周期的 M 期。M 期由细胞核分裂（或有丝分裂）和细胞质分裂（或胞质分裂）组成。在本图中，为解释清楚，M 期已经被放大。有丝分裂自身可分为五个阶段，本图版对这五个阶段以及胞质分裂进行了描述。

间期

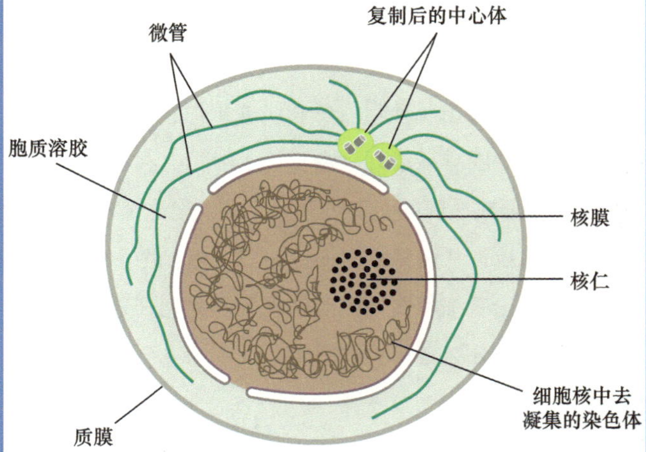

在间期，细胞体积增大。染色体的 DNA 和中心体进行复制。

本图版中，光学显微镜下分裂动物细胞的染色体被染成橙色，微管被染成绿色。

（蒙 Julie Canman 和 Ted Salmon 惠赠。）

1 前期

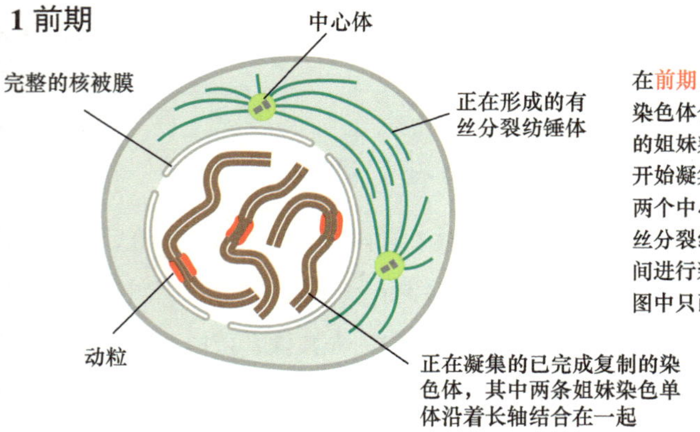

在前期，每一条复制后的染色体含有两条密切结合的姐妹染色单体，染色体开始凝集。在细胞核外，两个中心体开始分开，有丝分裂纺锤体在中心体之间进行装配。简单起见，图中只画了三条染色体。

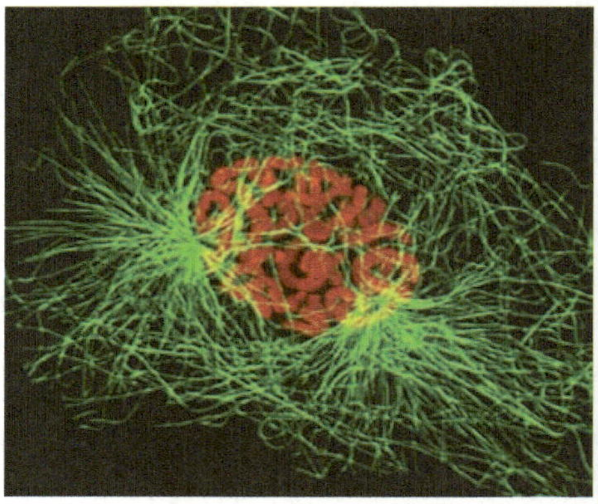

2 前中期

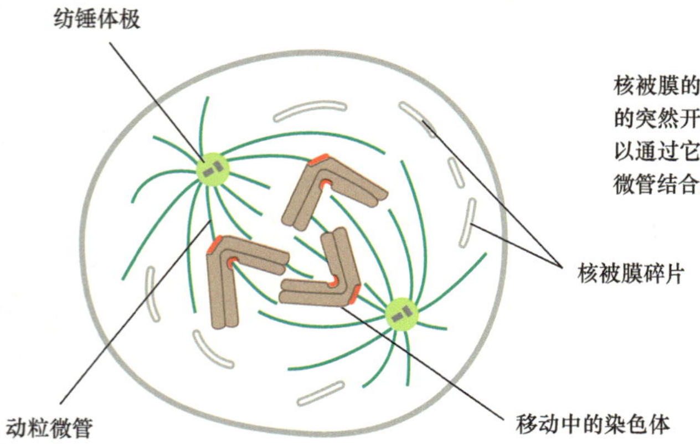

核被膜的崩解意味着前中期的突然开始。染色体现在可以通过它们的动粒与纺锤体微管结合并进行活跃的运动。

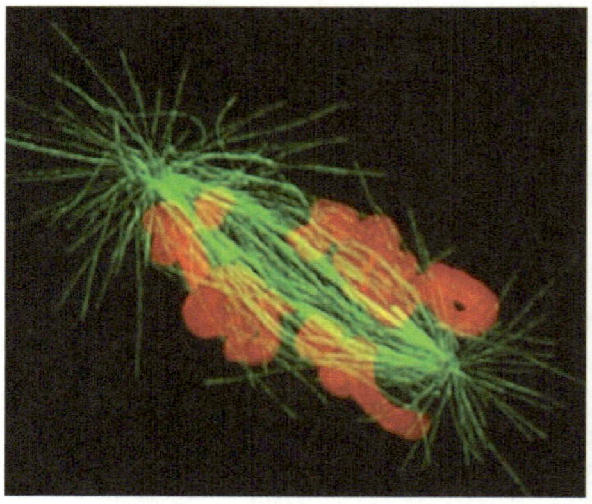

3 中期

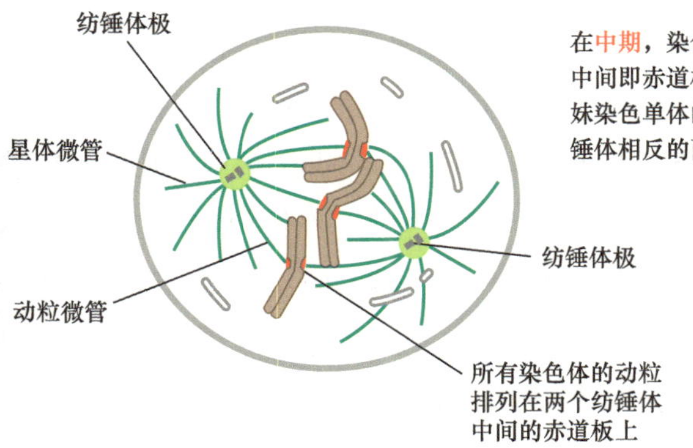

在**中期**，染色体在纺锤体的两个极中间即赤道板处进行列队。每条姐妹染色单体的动粒微管都结合在纺锤体相反的两极。

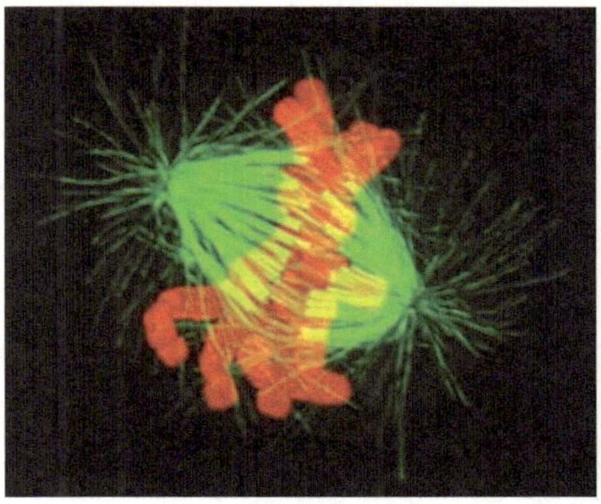

4 后期

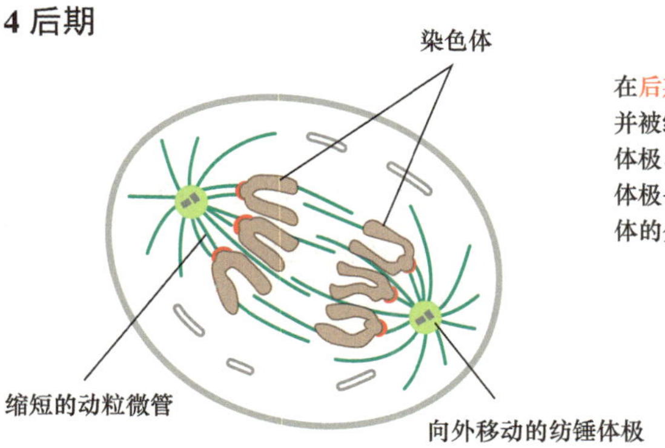

在**后期**，姐妹染色单体同步分开并被缓慢地拉向连接它们的纺锤体极。动粒微管变得更短，纺锤体极也互相远离，二者都对染色体的分离做出贡献。

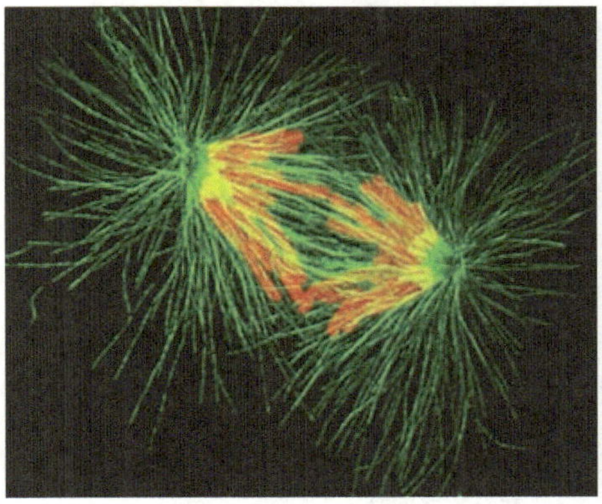

5 末期

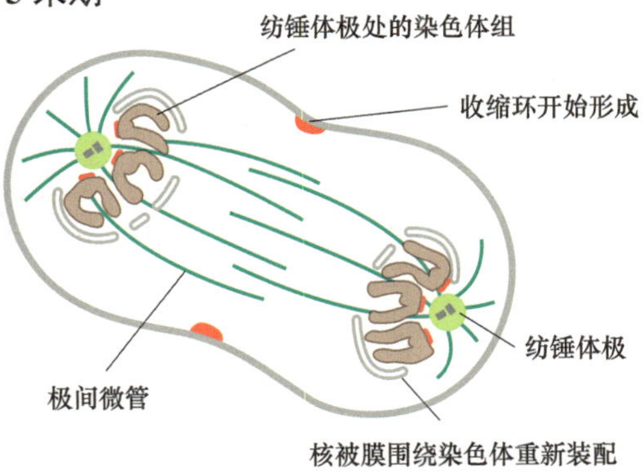

在**末期**，两套染色体到达纺锤体的两极。新的核被膜围绕每套染色体进行装配，形成两个细胞核，标志着有丝分裂的结束。细胞质的分裂开始于收缩环的装配。

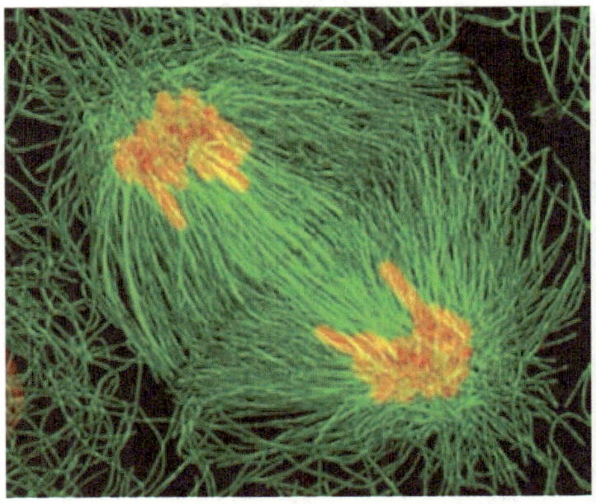

胞质分裂

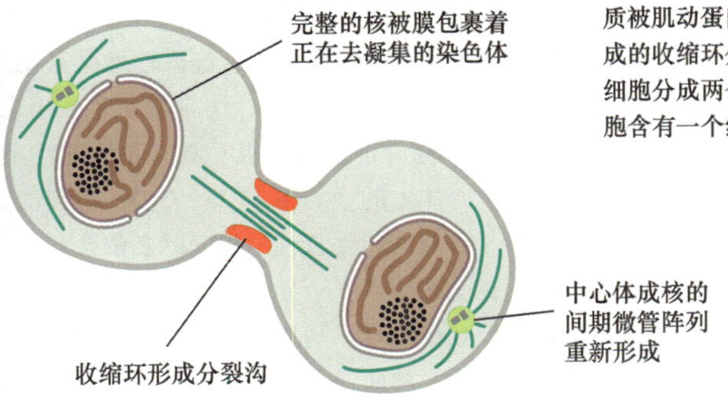

在动物细胞**胞质分裂**期间，细胞质被肌动蛋白丝和肌球蛋白丝构成的收缩环分成两份。收缩环将细胞分成两个子细胞，每个子细胞含有一个细胞核。

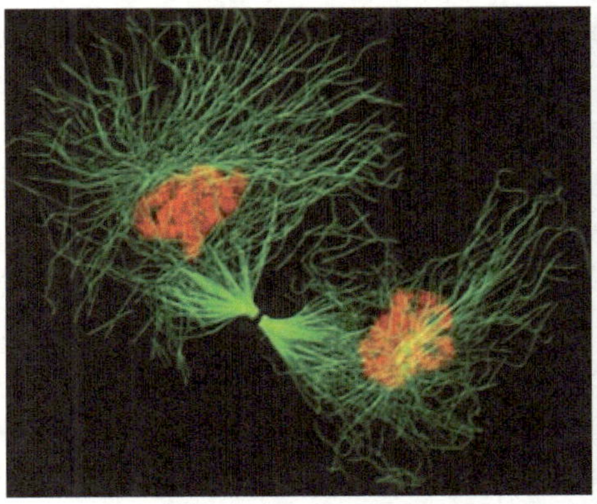

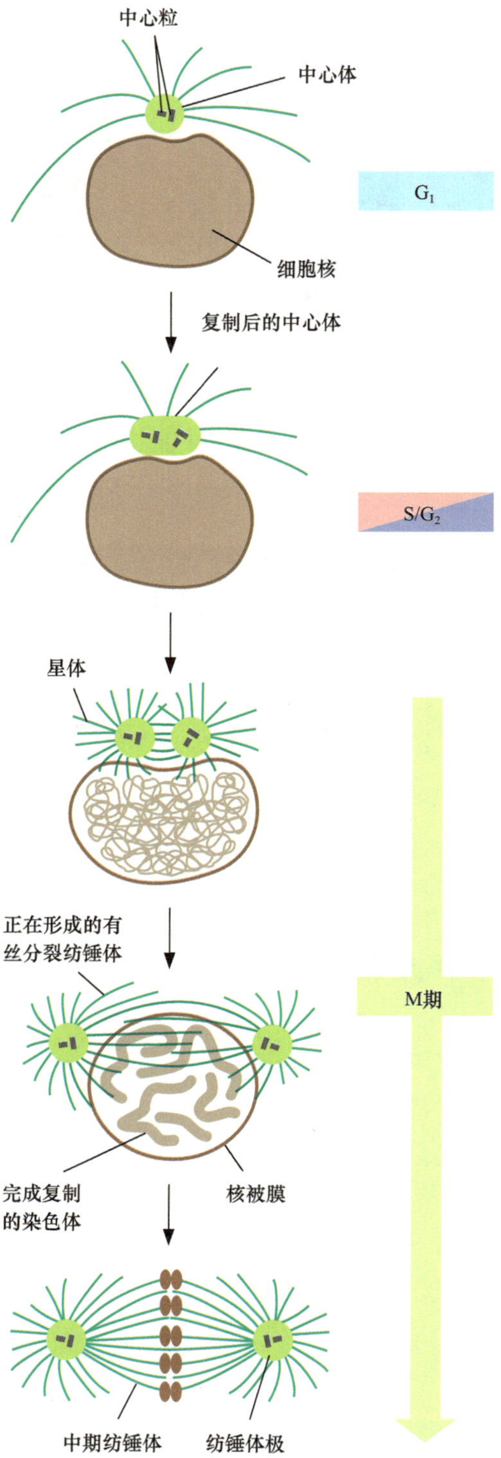

图 18-21　**间期细胞中的中心体复制以形成有丝分裂纺锤体的两极。**大多数动物细胞只含有一个中心体，它由一对中心粒（灰色）和周围的蛋白质基质（浅绿色）组成。为清楚起见，该示意图夸大了中心体基质的体积。虽然中心粒是由短微管的圆柱阵列组成，但它们并不参与中心体微管的成核过程（参见图 17-13）。中心体复制始于 S 期的开始，并在 G_2 期结束时完成。两个中心体一开始会保持在一起，但它们会在 M 早期分离，并且每个中心体都会成核并长出其自身的星体微管。随后，两个中心体分开，两个星体之间发生相互作用的微管会优先延伸以形成双极的有丝分裂纺锤体，其中每个极有一个星体。当核被膜破裂时，纺锤体微管能够与复制的染色体相互作用。

两个中心体向各个方向延伸，深入到细胞内部。

从一个中心体长出的一些微管可以与来自另一个中心体的微管相互作用（参见图 18-21）。这种相互作用稳定了微管，阻止了它们解聚，而且把两组微管连接在一起，形成**有丝分裂纺锤体**（mitotic spindle）的基本框架，具有特征性的双极形态（视频 18.6）。产生这些微管的两个中心体现在叫做纺锤体极（spindle pole），相互作用的微管叫做极间微管（图 18-22）。动力蛋白与极间微管结合，有助于将两组微管交联在一起，并将两个中心体推向两极，从而在一定程度上推动了纺锤体的组装。

染色体在前中期依附在有丝分裂纺锤体上

随着核被膜解聚并破裂成小膜泡，**前中期**（prometaphase）便快速开始。这一过程是由核孔蛋白与核纤层的中间丝蛋白的磷酸化和随后的解聚引起的，核纤层是核被膜下方保持其稳定的纤维蛋白网络（参见图 17-7）。已经等在细胞核外的纺锤体微管现在可以接近复制后的染色体并捕获它们（参见图版 18-1）。

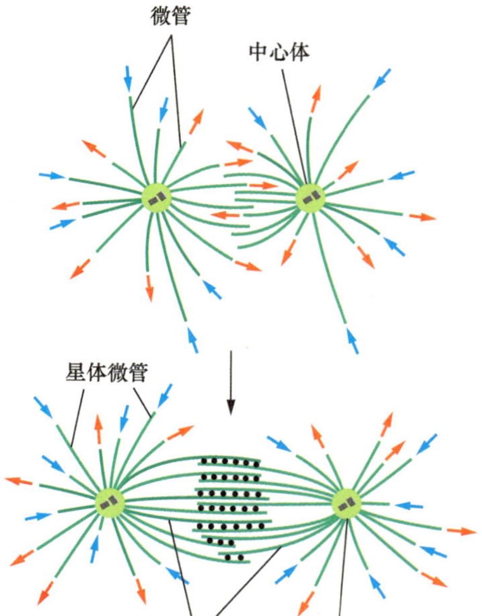

图 18-22　**一个双极的有丝分裂纺锤体通过选择性地微管相互作用而形成。**新的微管从两个中心体向各个方向随机生长出来。微管的两端（按照惯例，称为正极和负极）具有不同的性质，而且其负极是锚定在中心体上的（如第 17 章所述）。游离的正端具有动态不稳定性，会从均匀生长（向外的红色箭头）突然转向快速收缩（向内的蓝色箭头）。当来自相反两端的中心体的两根微管在重叠区相互作用时，马达蛋白和其他微管相关蛋白会降低微管的解聚概率，从而使正极稳定，并将微管交联在一起（黑点）。

纺锤体微管是通过**动粒**（kinetochore）与染色体结合。动粒是前期较晚的时候在每条凝集染色体的着丝粒处组装的蛋白质复合物（图 18-23），它会识别染色体着丝粒的特殊 DNA 序列：如果改变该序列，则动粒不能组装，有丝分裂过程中染色体也因此无法正确分离。

在核被膜崩解后，一直在随机伸展的微管一旦遇到动粒就会与之结合，从而捕获该染色体，并将其连接到纺锤体的一个极上（参见图版 18-1）。每条复制的染色体当然都含有两个动粒，每条姐妹染色单体上有一个。因为这两个动粒朝向相反的方向，所以它们倾向于分别结合来自纺锤体相反两极的微管。这样，复制后的每条染色体分别与纺锤体的两个相反的极进行连接，这种结合方式称为**双向定向**（bi-orientation），它可以在动粒上产生一种向相反方向牵引的张力。这种张力会向两个动粒发出信号，表明它们已经正确连接并已经准备好分离了（视频 18.7）。细胞周期调控系统会监测这种张力，以确保染色体的正确连接（参见图 18-3），该保护措施我们稍后会详细讨论。

每个动粒结合的微管数量因物种而异，例如，每个人类的动粒可结合 20 ～ 40 根微管，而一个酵母的动粒只能结合 1 根微管。形成有丝分裂纺锤体的三类微管如图 18-24 所示。

染色体会辅助有丝分裂纺锤体的组装

在纺锤体装配过程中，染色体不仅仅是作为被动的“乘客”，它们本身还可以稳定微管并能够将微管组织成功能性的有丝分裂纺锤体。在包括某些动物细胞和所有植物细胞等没有中心体的细胞中，染色体会成核来装配微管，然后，马达蛋白会移动并将微管和染色体排列成双极纺锤体。即使将正常含有中心体的动物细胞中的中心体去除，双极纺锤体仍然可以通过这种方式形成（图 18-25）。在含有中心体的细胞中，染色体、马达蛋白和中心体共同参与了有丝分裂纺锤体的形成。

中期时染色体在纺锤体的赤道板上列队

在前中期，结合在有丝分裂纺锤体上的复制后的染色体开始移动，看上去是先往一个方向急速移动，再往相反的方向急拉。最终，它们排列在纺锤体的赤道板，即正好是纺锤体两极的中间处，由此形成中期板（metaphase plate）。这个事件标志着**中期**（metaphase）的开始（参见图 18-24B 和图 18-26）。虽然尚未完全了解是什么力将染色体带到了赤道板，但在此过程中微管的持续生长、收缩以及微管马达蛋白的作用都是必需的。维持中期纺锤体还需要微管蛋白亚基的添加和丢失持续地保持平衡：当使用药物秋水仙碱阻断微管蛋白添加到微管末端时，微管上的

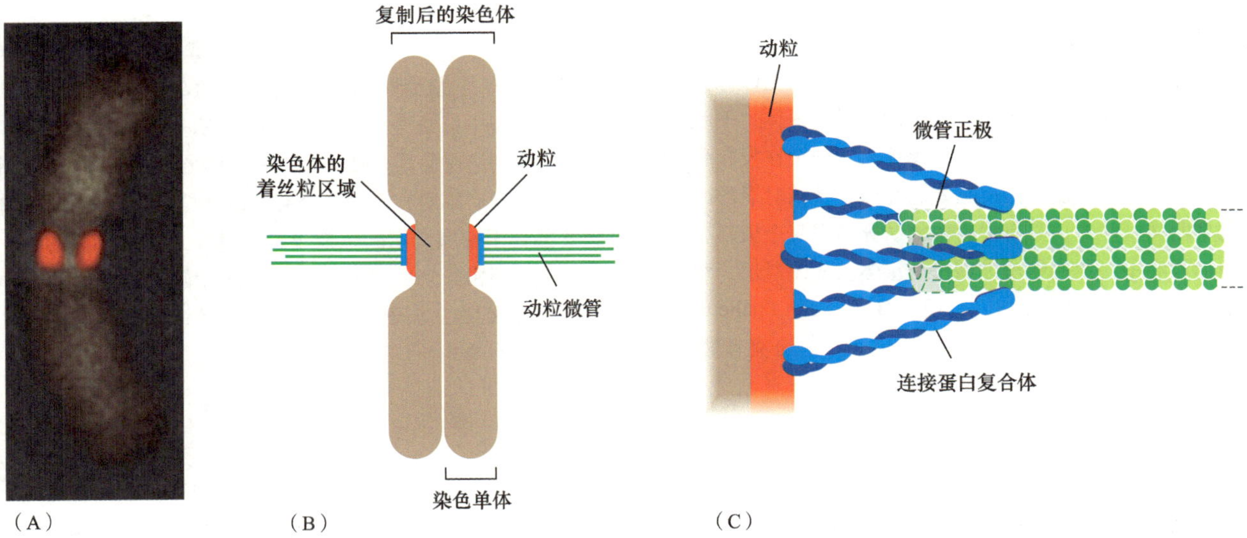

图 18-23 动粒将染色体连接到有丝分裂纺锤体。（A）荧光显微镜图片显示一条复制后的有丝分裂染色体。动粒用可识别动粒蛋白的荧光抗体染成红色。这些抗体来自硬皮病患者。这是一种导致皮肤和其他器官中结缔组织过度生成的疾病，它们会产生针对其自身动粒蛋白的抗体，但原因尚不清楚。（B）有丝分裂染色体的示意图，显示姐妹染色单体与动粒微管的结合。微管通过其正极与动粒结合。每个动粒在着丝粒的表面上形成盘状物。（C）每根微管通过与多个细长的连接蛋白复合物（蓝色）的相互作用而结合在动粒上。这些复合物结合在微管正极附近的侧面上，从而允许微管在保持与动粒结合的同时进行生长或收缩。（图 A 引自 R.P. Zinkowski et al，*J. Cell Biol.* 113：1091-1110，1991。蒙洛克菲勒大学出版社惠许。）

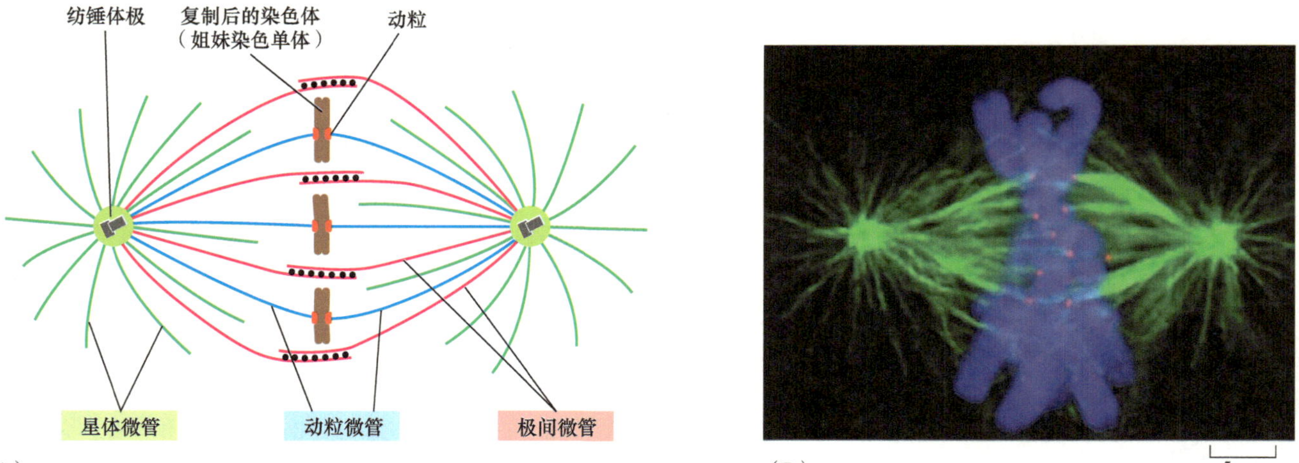

图 18-24　三类微管组成有丝分裂纺锤体。（A）示意图显示一个正与染色体结合的纺锤体，它含有三种类型的纺锤体微管：星体微管、动粒微管和极间微管。实际上，染色体比所图示的要大得多，而且一般每个动粒上都会结合多根微管。（B）荧光显微照片显示复制后的染色体排列在有丝分裂纺锤体的中间。在该图像中，动粒是红色的点，微管是绿色，染色体是蓝色。（图 B 引自 A. Desai，*Curr. Biol.* 10：R508，2000。蒙 Elsevier 惠许。）

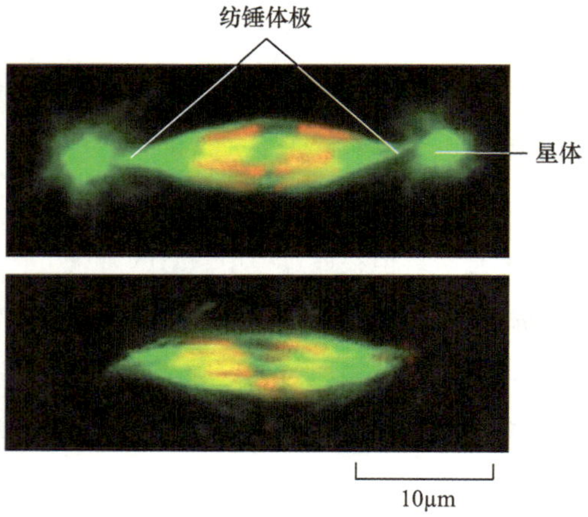

图 18-25　马达蛋白和染色体在没有中心体的情况下也可以指导功能性的双极纺锤体组装。 在这些来自昆虫蕈蚊（*Sciara*）胚胎的荧光显微照片中，微管标记为绿色，而染色体标记为红色。上图显示了受精胚胎中心体形成的正常纺锤体。下图显示了一个没有中心体的纺锤体，该纺锤体来自一个在没有受精的情况下起始发育的胚胎，因此它缺乏在卵子受精时通常由精子提供的中心体。注意，具有中心体的纺锤体在每个极都有一个星体，而没有中心体的纺锤体则没有星体。如图所示，两种类型的纺锤体都能够分离染色体。（引自 B. de Saint Phalle and W. Sullivan，*J Cell Biol.*141：1383-1391，1998。蒙洛克菲勒大学出版社惠许。）

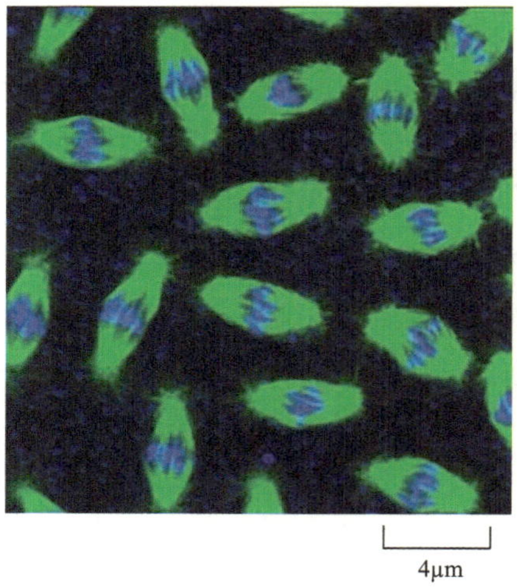

图 18-26　复制后的染色体在中期会聚集在两个纺锤极中间的位置。 该荧光显微照片显示一个果蝇（*Drosophila*）胚胎的多个有丝分裂中期纺锤体。微管染成绿色，染色体染成蓝色。在果蝇发育的这个阶段，在一个大的细胞质区室中存在多个细胞核，而且所有细胞核会同步分裂，这就是为什么图中所有的细胞核都处于细胞周期的中期阶段（视频 18.8）。如图所示，中期纺锤体通常绘制成二维图像。但当三维观察纺锤体时，可看到染色体聚集在纺锤体赤道处的板状区域，即所谓的中期板。（蒙 William Sullivan 惠赠。）

微管蛋白会持续地丢失直到中期纺锤体消失。

在中期纺锤体赤道板上聚集的染色体会来回振荡，不断地调整它们的位置，表明来自纺锤体相反两极的微管之间的“拔河比赛”在染色体全部列队完成后还在继续进行。如果在中期使用激光束人为地破坏染色体其中一侧的动粒，那么整条染色体会立即被拉向纺锤体的另一极，因为来自该极的微管仍然与另一侧的动粒保持结合。类似地，如果切断姐妹染色单体之间的连接，则两条染色体会分开并会向相反的两极移动。这些实验表明，复制后的染色体并不只是简单地停在中期板上，而是受到了张力的拉伸。在后期，这种张力会将姐妹染色单体拉开。

后期时蛋白质水解引发姐妹染色单体分离

当负责将染色体中的姐妹染色单体结合在一起的黏连蛋白连接（参见图 18-18A）发生断裂，意味着**后期**（anaphase）的迅速开始。这种释放使每条染色体都可以被拉向与其相连的纺锤体极（图 18-27）。这一运动将两套相同的染色体分离到纺锤体的两极（参见图版 18-1）。

黏连蛋白连接是被一种称为分离酶（separase）的蛋白酶所降解。在后期开始前，该蛋白酶被分离酶抑制蛋白（securin）保持在无活性状态。在后期开始后，分离酶抑制蛋白被 APC/C 破坏。APC/C 即前文讨论过的可以对 M 周期蛋白进行标记并促进其降解的蛋白质复合物。一旦分离酶抑制蛋白被去除，游离的分离酶就可以作用于黏连蛋白连接（图 18-28）。

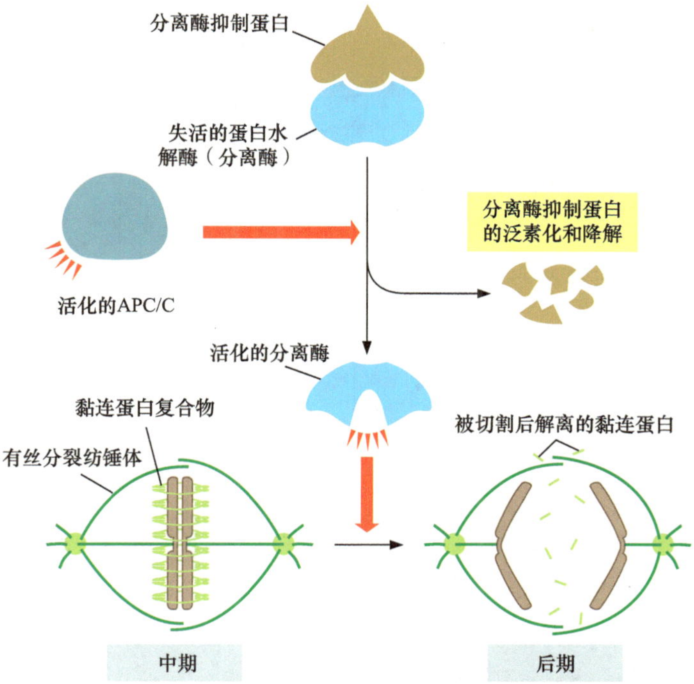

图 18-28 **APC/C 通过破坏黏连蛋白来触发姐妹染色单体的分离。**黏连蛋白负责将姐妹染色单体结合在一起，而 APC/C 可以间接性地引发对黏连蛋白的切割。分离酶抑制蛋白（securin）会阻断一种称为分离酶的蛋白水解酶的活化，而 APC/C 可以催化分离酶抑制蛋白发生泛素化和降解，从而使分离酶脱离分离酶抑制蛋白的抑制。随后，分离酶可以切割黏连蛋白复合物，从而允许有丝分裂纺锤体将姐妹染色单体拉开。

染色体在后期分离

一旦姐妹染色单体分离，它们就可以等速地被拉向纺锤极的两极，速度通常为每分钟 1μm。该运动是两个独立又相互重叠的过程综合作用的结果，而这两个过程又分别依赖于有丝分裂纺锤体的不同部分。在后期 A，动粒微管缩短，其结合的染色体向两极移动。在后期 B，纺锤体极自身移动分开，从而进一步将两组染色体分开（图 18-29）。

一般认为，后期 A 运动的驱动力主要源于动粒微管两端微管蛋白亚基的丢失，而后期 B 中的驱动力源于两组马达蛋白即驱动蛋白和动力蛋白家族的成员在不同类型的

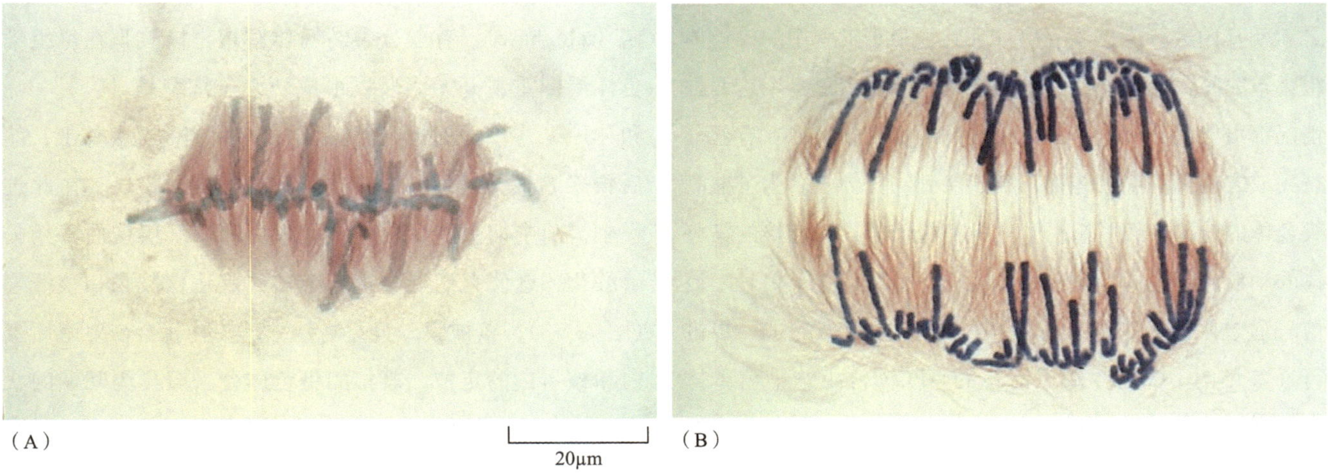

图 18-27 **姐妹染色单体在后期分离。**从中期（A）向后期（B）转变时，染色体（蓝色）的两条姐妹染色单体会突然分离，使染色体向纺锤体相反的两极移动，如图中的植物细胞所示。这些细胞使用了用金标记的抗体来对微管进行染色标记（红色）。植物细胞通常不具有中心体，因此不像动物细胞那样具有明确的纺锤体极（参见图 18-35）；然而，尽管看不到，但纺锤体极确实存在。在上图中，它们位于照片的顶部和底部。（蒙 Andrew Bajer 惠赠。）

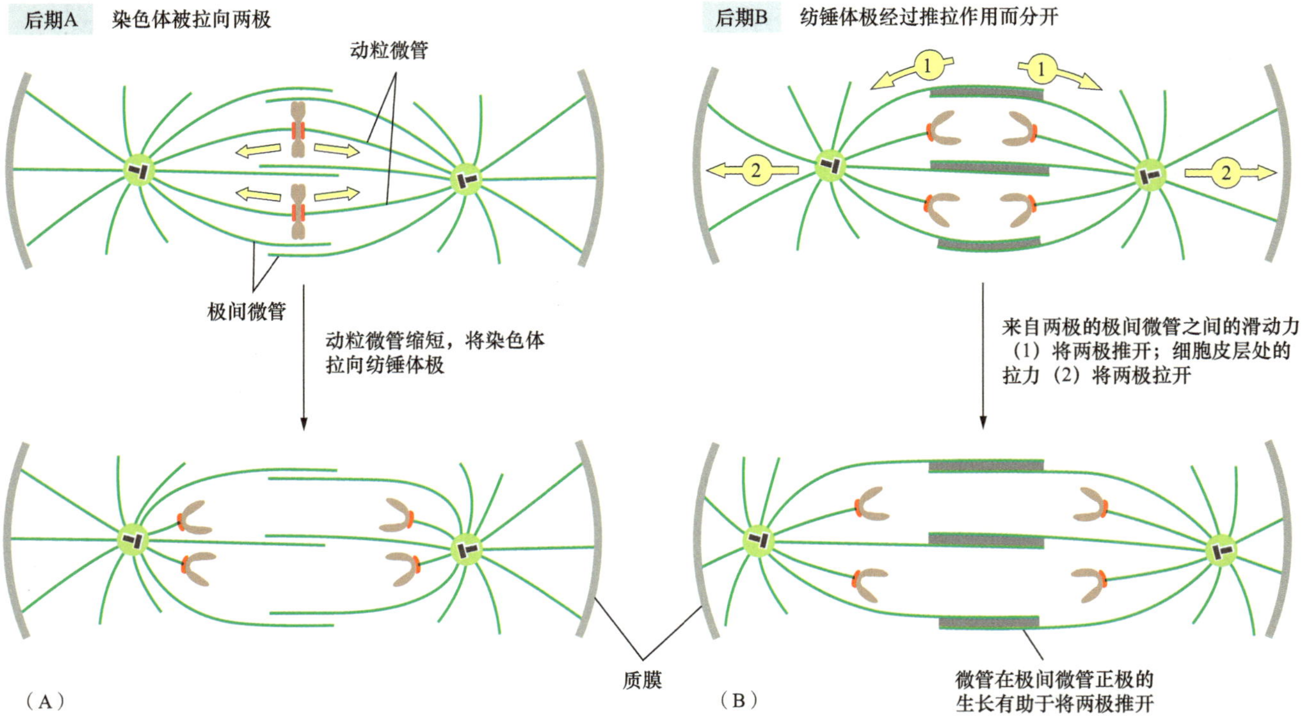

图 18-29 后期分离染色体的两个过程。（A）在后期 A，姐妹染色单体随着动粒微管解聚被拉（pulled）向相反的两极。该移动的驱动力主要由动粒产生。（B）在后期 B，两个纺锤体极的远离是基于两种独立的力：(1) 极间微管的伸长和相对于彼此的滑动将两极推开；(2) 每个纺锤体极上向外发散的星体微管上的力将两极拉（pull）向细胞皮层，从而使两极远离。一般认为，这两种力都依赖于微管相关马达蛋白的作用。

纺锤体微管上的作用（参见图 17-19A）。驱动蛋白作用于长且重叠的极间微管，在纺锤体的赤道处使来自两极的微管彼此发生相对滑动从而将纺锤体两极推开。固定在质膜上的动力蛋白沿着星体微管移动，从而将两极拉开（参见图 18-29B）。

未被连接的染色体阻止姐妹染色单体分离

如果一个分裂的细胞在所有染色体正确连接到纺锤体之前就开始进行染色体分离，则其一个子细胞中的染色体组会不完整，而另一个子细胞的染色体将会过多。这两种情况都可能会致死。因此，分裂的细胞必须确保在有丝分裂完成之前全部染色体都正确连接到纺锤体上。为了监测染色体的连接，细胞采用了一种消极信号：未连接的染色体的动粒向细胞周期调控系统发送一个“停止”信号。该信号通过阻断 APC/C 的激活来抑制有丝分裂的进一步进行（参见图 18-28）。缺乏活化的 APC/C，姐妹染色单体会一直结合在一起。因此，所有复制后的染色体都不会被拉开，直到每条染色体都正确定位到有丝分裂纺锤体上。APC/C 的缺失也会阻断周期蛋白的降解（参见图 18-9），Cdk 由此会一直保持活化状态，从而延长有丝分裂。因此，这个纺锤体装配检验点（spindle assembly checkpoint）调控了后期的开始以及有丝分裂期的退出，正如前文所述（参见图 18-12）。

在末期核被膜重新形成

在后期结束时，染色体已经分成相同的两组，各连接于其中一个纺锤体极。在有丝分裂的最后阶段，即**末期**（telophase），有丝分裂纺锤体解聚，核被膜在每组染色体周围重新开始组装以形成两个子细胞核（视频 18.9 和视频 18.10）。核膜小泡先是结合在聚集的染色体上，然后再融合以重新形成核被膜（参见图版 18-1）。在此过程中，前中期被磷酸化的核孔蛋白和核纤层蛋白开始去磷酸化，这使它们能够重新组装并重建核被膜和核纤层（图 18-30）。核被膜一旦重新建立，核孔就会恢复胞质蛋白和核蛋白的定位，凝集的染色体会去凝集为间期的状态。一个新的细胞核形成了，有丝分裂也就完成了。细胞剩下的事情就是完成分裂，成为两个独立的子细胞。

图 18-30　**有丝分裂过程中核被膜的崩解和重建。**在前中期，核孔蛋白和核纤层蛋白的磷酸化会引发核被膜的解聚。而在末期，这些蛋白质的去磷酸化会逆转这一过程。

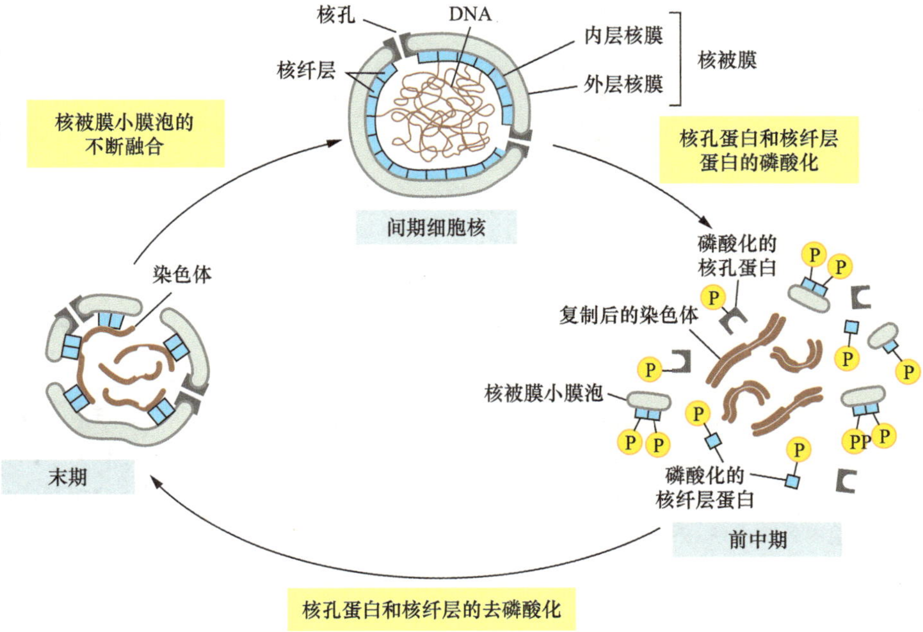

胞质分裂

胞质分裂（cytokinesis），即细胞质被一分为二的过程，是 M 期的最后一件事情。它通常开始于后期，但直到两个子细胞核在末期完成重建才结束。有丝分裂依赖于一种基于微管的临时性结构——即有丝分裂纺锤体，而动物细胞中的胞质分裂则依赖于一种基于肌动蛋白丝和肌球蛋白丝的临时性结构，即*收缩环*（contractile ring）（参见图 18-19）。然而，胞质分裂的界面和时间点都是由有丝分裂纺锤体决定的。

有丝分裂纺锤体决定细胞质分裂的界面

动物细胞中胞质分裂的第一个可见迹象是后期在质膜发生褶皱和凹陷（图 18-31）。凹陷总是发生在垂直于有丝分裂纺锤体长轴的平面上。这种定位确保了分裂沟（cleavage furrow）的切割是发生在两组分离的染色体之间，使得每个子细胞都能得到一组相同且完整的染色体组。如果在分裂沟一出现时，使用一根细玻璃针故意把有丝分裂纺锤体移位，那么分裂沟将消失，而且在与新的纺锤体位置和方向相对应的位置会形成新的分裂沟。然而一旦分裂沟形成的过程顺利发生，即使有丝分裂纺锤体被人为从细胞中吸出或使用药物秋水仙碱解聚，都不会影响分裂的发生。

有丝分裂纺锤体是如何决定分裂沟的位置呢？该机制仍然不清楚，但看上去是这样的：组成*中间纺锤体*（central spindle）的极间微管在后期相互重叠，进而募集并激活一些可以向细胞皮层发出信号的蛋白质，由此在纺锤体两极之间的中间位置启动收缩环的组装（图 18-32）。因为这些信号产生于后期，所以该机制也在有丝分裂晚期有助于确定胞质分裂的时间。

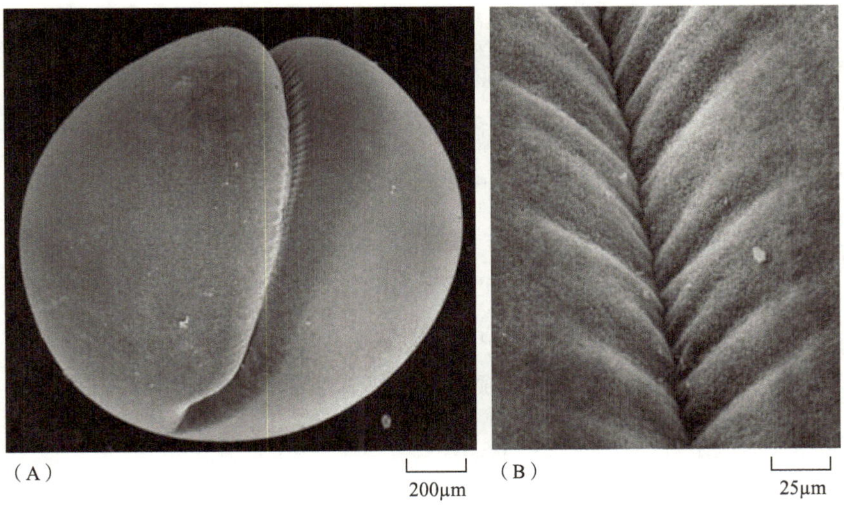

图 18-31　**质膜下方收缩环的作用导致了卵裂沟的形成。**扫描电子显微照片显示一个正在分裂的受精蛙卵，可清楚看到其卵裂沟。（A）低倍镜下的卵表面。（B）高倍镜下的卵裂沟。（引自 H.W. Beams 和 R.G. Kessel，*Am. Sci.* 64：279-290，1976。蒙 Sigma Xi 惠许。）

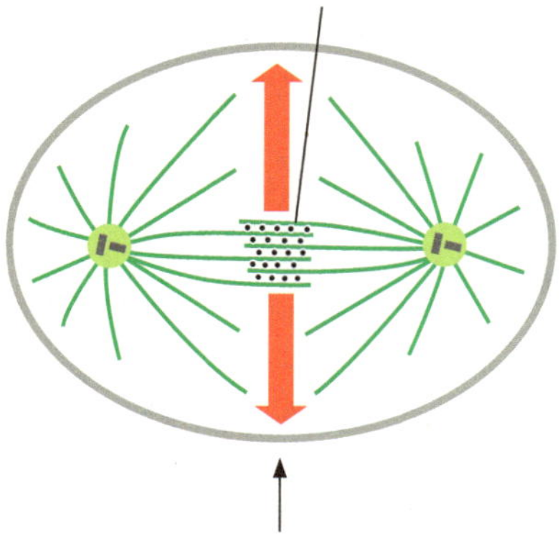

图 18-32　**卵裂沟的位置由中间纺锤体决定。**在该模型中，极间微管募集产生信号（红色箭头）的蛋白质，该信号会激活细胞皮层中的蛋白质 RhoA。RhoA 是第 17 章讨论的 Rho 家族 GTPase 的成员，它调控收缩环在纺锤体两极中间进行组装和收缩。

在大多数分裂细胞中，有丝分裂纺锤体通常位于细胞的中央，此时两个子细胞的大小相同。然而，在胚胎发育期间，有些情况下分裂细胞会将其有丝分裂纺锤体移动到不对称的位置，其结果是，分裂沟产生两个不同大小的子细胞。在大多数情况下，这类不对称分裂（asymmetric division）产生的两个子细胞各自遗传得到的分子也不同，而且它们通常会发育成为不同的细胞类型。

动物细胞的收缩环由肌动蛋白丝和肌球蛋白丝构成

收缩环（contractile ring）主要由重叠排列的肌动蛋白丝和肌球蛋白丝组成（图 18-33）。它在后期组装并附着在质膜胞质面的膜结合蛋白上。一旦完成组装，收缩环就能产生很强的力，甚至足以弯曲一根在胞质分裂前插入细胞的细玻璃针。其中大部分的力是由肌动蛋白丝相对于肌球蛋白丝的滑动而产生。然而，不同于肌纤维中肌动蛋白丝和肌球蛋白丝的稳定结合，收缩环是一种动态和临时性的结构：它为完成胞质分裂而组装，随着胞质分裂的进行会逐渐变小，而且一旦细胞变成两个，它就会完全分解。

很多动物细胞的分裂都伴随着细胞形状的巨大变化，细胞与其邻近细胞、胞外基质或同时两者的黏附性也会降低。这些变化的部分原因是细胞皮质中的肌动蛋白丝和肌球蛋白丝发生重组，而收缩环的组装只是其中一个方面。例如，体外培养的哺乳动物成纤维细胞在间期是扁平的，这是由于它们与生长的表面即基质（substratum）形成了强力的黏附性接触。然而，当进入 M 期时，细胞就会变圆。

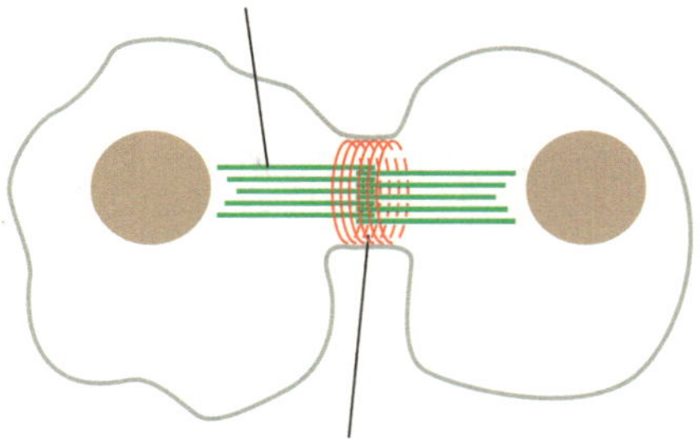

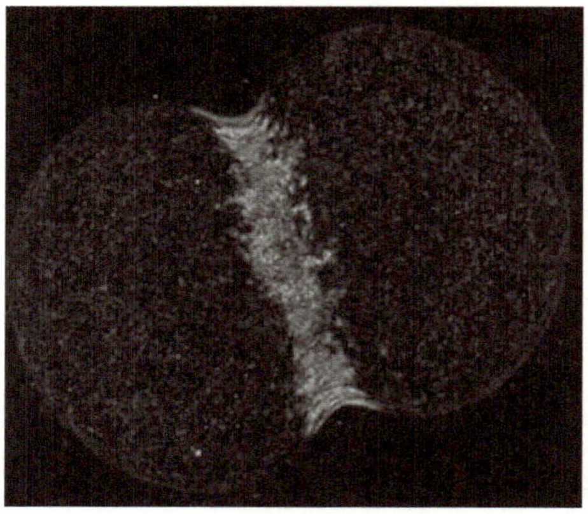

图 18-33　**收缩环将细胞一分为二。**（A）一个分裂细胞中间区域的示意图，显示质膜下方的收缩环和两组极间微管的残留。（B）利用带荧光标记的、可结合肌球蛋白的抗体染色，显示该分裂的海胆胚胎的收缩环。（图 B 蒙 George von Dassow 惠赠。）

这种形状发生改变的部分原因是负责将细胞附着到基质上的质膜蛋白整联蛋白（integrin）（在第 20 章中讨论）被磷酸化，并因此削弱了它们的抓力。胞质分裂一旦完成，子细胞与基质之间就会重新建立这种强力接触，细胞再次变得扁平（图 18-34）。当细胞在动物组织中分裂时，这种附着和分离的循环很可能使细胞重新安排它们与邻近细胞及胞外基质的接触，从而使细胞分裂产生的新细胞可以被组织容纳。

植物细胞的细胞分裂涉及新细胞壁的形成

高等植物胞质分裂的机制与动物细胞完全不同，可能是因为植物细胞被一层坚韧的细胞壁所包围（在第 20 章中讨论）。两个子细胞的分开不是通过细胞表面收缩环的作用，而是通过在分裂细胞中形成新细胞壁。这一新细胞壁的定位精确地决定了两个子细胞相对于相邻细胞的位置。因此，细胞分裂板和细胞增大，共同决定了植物的最终形态。

在末期开始时，新细胞壁在两组分离的染色体之

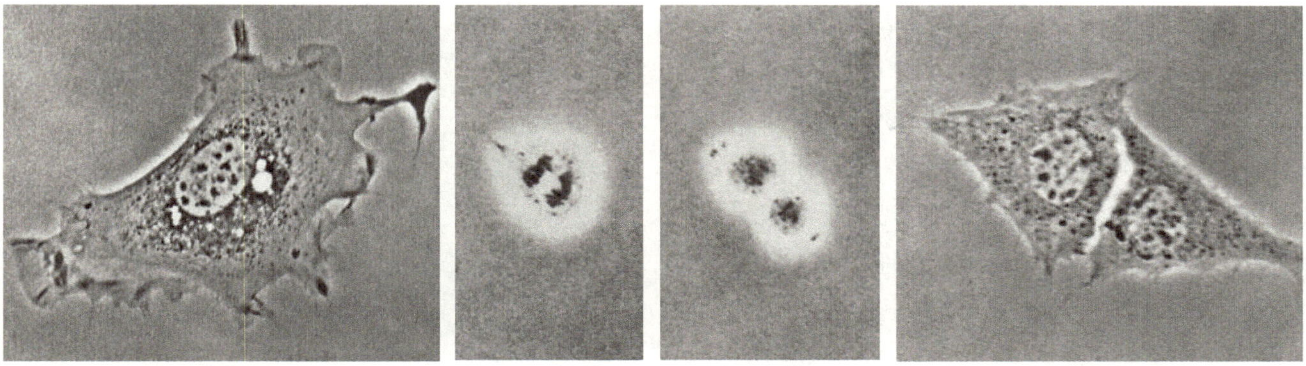

图 18-34　**动物细胞在 M 期改变形状。**显微镜照片显示体外培养的一个正在分裂的小鼠成纤维细胞，并对其进行连续拍照。注意观察在进入有丝分裂时细胞如何变小和变圆；而在胞质分裂结束后，两个子细胞再次变平。（蒙 Guenter Albrecht-Buehler 惠赠。）

间的细胞质中开始组装。组装过程由一种称为**成膜体**（phragmoplast）的结构所引导，该结构由有丝分裂纺锤体赤道板处残余的极间微管组成。一些小的膜被囊泡（主要来自高尔基体并充满了细胞壁基质所需的多糖和糖蛋白）沿着微管运输到成膜体，并融合形成一个盘状的膜封闭结构。该结构通过进一步融合膜泡而向外扩展，直到它到达质膜和原有的细胞壁，从而将细胞一分为二（图 18-35）。随后，纤维素微纤维在基质内沉积，完成新细胞壁的构建。

当细胞分裂时，膜被细胞器必须分配到子细胞中

线粒体和叶绿体等细胞器无法从它们的单个成分自发地组装起来，它们只能从已存在的细胞器经生长和分裂而来。同样地，内质网（ER）和高尔基体也是源于已存在的细胞器碎片。那么，当细胞分裂时，这些多种多样的膜被细胞器如何分离，从而使每个子细胞都能得到它的份额?

线粒体和叶绿体通常都是大量存在的，只要它们的数量在每个细胞周期中简单地平均增加一倍，它们就可以安全地遗传下去。间期细胞中的内质网与核膜相连，并通过微管细胞骨架进行分布（参见图 17-21）。一旦进入 M 期，微管会发生重组从而释放出内质网；在大多数细胞中，释放出的内质网在有丝分裂期间会保持完整，并在胞质分裂期间被分成两部分。高尔基体在有丝分裂期间会碎裂；产

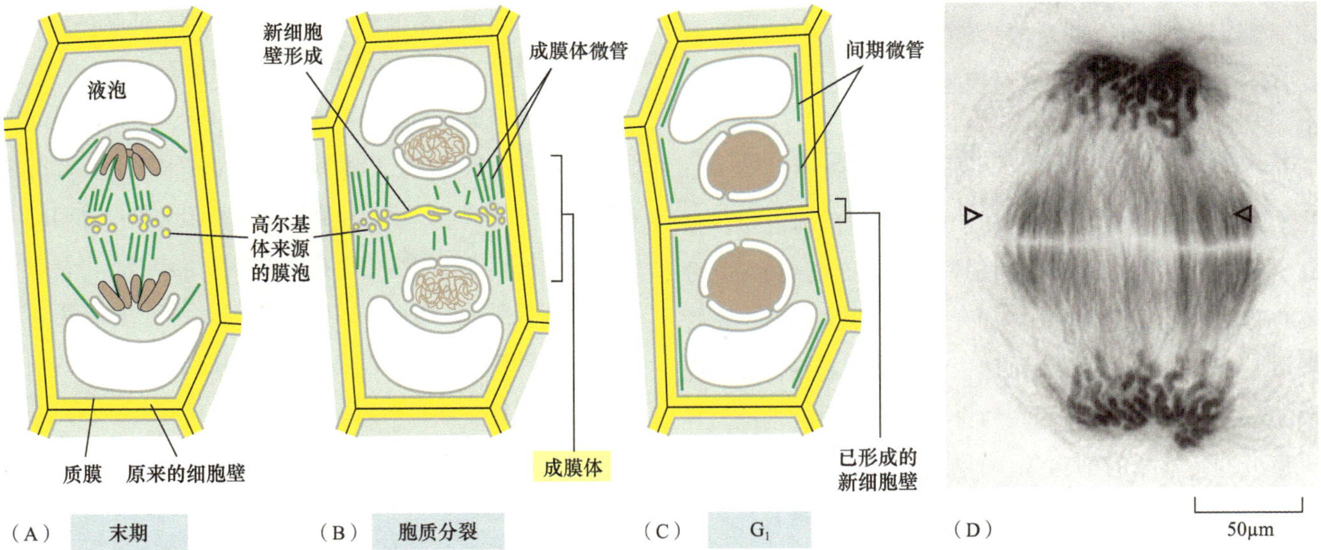

图 18-35　**植物细胞的胞质分裂是由一种基于微管的特定结构——成膜体所引导。**（A）在末期开始时，染色体完成分离，新的细胞壁在细胞内纺锤体的赤道板处开始组装。（B）有丝分裂纺锤体残留在末期的极间微管组成了成膜体，并引导源自高尔基体的小泡向纺锤体的赤道板移动。小泡中充满细胞壁物质，它们会相互融合形成新的细胞壁并不断向外生长，直至到达质膜和原来的细胞壁。（C）随后，先前存在的质膜和新细胞壁周围的膜进行融合，由此两个子细胞完全分离。（D）光学显微照片显示一个末期植物细胞，对应于图（A）中的阶段。对细胞进行染色，以显示微管和两组已分离到纺锤体两极的染色体。箭头表示正在生长的新细胞壁的位置。（图 D 蒙 Andrew Bajer 惠赠。）

生的片段通过马达蛋白与纺锤体微管结合，从而随着纺锤体在后期伸长而“搭便车”进入子细胞。细胞的其他组分，包括其他膜被细胞器、核糖体以及所有可溶性蛋白质，在细胞分裂时会随机性地进入子细胞。

在讨论了细胞如何分裂后，我们现在转向一个普遍性的问题，即如何决定一个动物或器官的大小，这使我们要考虑生物如何调控细胞的数量和大小。

细胞数量和细胞大小调控

小鼠的受精卵和人的受精卵大小相似，直径约为100μm。然而，成年小鼠比成年人小得多。人类和小鼠的细胞行为究竟存在什么差异，才导致个体大小有如此之大的差别呢？一个个体中的每个器官和组织也存在同样的问题。一头大象的细胞行为受到了怎样的调节才能解释它鼻子的长度以及大脑和肝脏的大小差异？这些问题大多尚未被解答，但至少已经找到了一些可能回答问题的线索。有三个基本过程主要决定了器官和个体的大小：细胞生长、细胞分裂和细胞死亡。反过来，每一个基本过程不仅依赖于单个细胞固有的程序，还受到来自体内其他细胞的信号调节。

在本节中，我们首先讨论生物如何通过一种称为细胞凋亡（apoptosis）的细胞程序性死亡来除去不需要的细胞，随后会讨论胞外信号如何平衡细胞的死亡、生长和分裂，从而帮助调控动物及其器官的大小。在本节结束时，我们会简要讨论调控这三个过程的胞外信号。

细胞凋亡有助于调节动物细胞的数量

多细胞生物的细胞是高度组织化的群体成员。该群体中的细胞数量受到严格调控，不仅仅是调控细胞分裂的速度，而且还调控细胞的死亡率。如果细胞不再被需要，它们可以通过激活细胞内一种称为**程序性细胞死亡**（programmed cell death）的自杀程序来自我消除。在动物中，最常见的细胞程序性死亡形式称为**细胞凋亡**（apoptosis，来自希腊语，意为“脱落”，就像叶片从树上掉落）。

在发育及成体动物组织中，细胞凋亡的数量惊人。例如，在正常发育中的脊椎动物神经系统中，超过一半的某种类型的神经细胞在形成不久后会死亡。在一个健康成年人的骨髓和肠道中，每小时都会有数十亿细胞消失。这么多细胞死亡似乎非常浪费，尤其是绝大部分细胞在自杀时都非常健康。这种大规模细胞自杀的目的是什么？

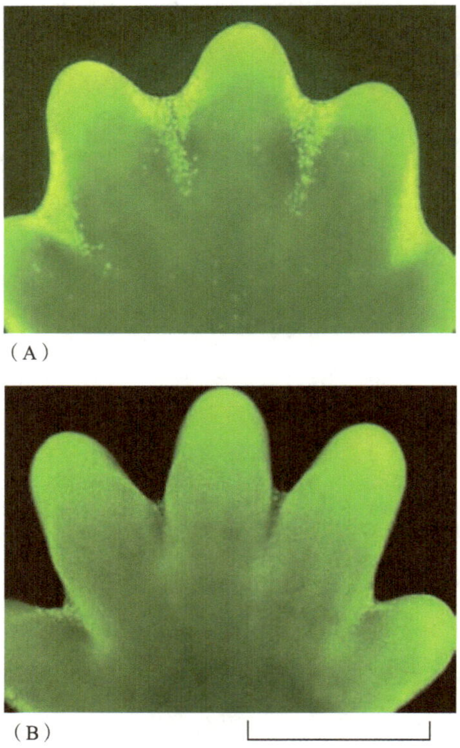

图 18-36 **小鼠爪子在发育过程中通过细胞凋亡塑造了趾。**（A）使用一种特异标记凋亡过程中的细胞的染料对小鼠胚胎的爪进行染色。凋亡细胞在发育中的趾之间呈现出亮绿色点。（B）如一天后的爪子所示，这种细胞死亡消除了发育中的趾之间的组织。图中已很少看到（如果有的话）凋亡细胞，表明凋亡细胞从组织中被清除的速度很快。（引自 W. Wood et al., *Development* 127：5245-5252，2000。蒙 The Company of Biologists Ltd. 惠许。）

在某些情况下，答案很清楚。在胚胎发育期间，细胞凋亡塑造了小鼠爪子，以及我们自己的手和脚：手和脚最初的结构像是铲子，手指和脚趾分开是因为它们之间的细胞发生了死亡（图 18-36）。在其他情况下，当一个结构不再被个体需要时，组成该结构的细胞便会死亡。当蝌蚪在变态形成青蛙时，成年青蛙不再需要尾巴，尾巴中的细胞会死亡，尾巴自然就消失了（图 18-37）。在这些情况下，不需要的细胞主要是通过细胞凋亡而死亡。

在成人组织中，细胞死亡通常用以平衡细胞分裂，除非组织正在生长或萎缩。例如，如果在成年大鼠中除去部分肝脏，则肝细胞会增殖以弥补该损失；相反，如果用药物苯巴比妥处理大鼠，刺激肝细胞分裂，肝脏就会扩大。然而，当停止苯巴比妥处理，肝脏中的细胞凋亡会大大增加，直到器官恢复其原来大小为止，恢复所用的时间通常

图 18-37 **当蝌蚪变成青蛙时，尾巴中的细胞被诱导发生细胞凋亡。**变态期间发生的所有变化如诱导蝌蚪尾部的细胞凋亡，都受到了血液中甲状腺激素增加的刺激。

在一周之内。因此，肝脏可以通过对细胞死亡率和出生率的共同调控来保持稳定的大小。

细胞凋亡由胞内蛋白水解级联反应所介导

死于急性损伤的细胞通常会肿胀、破裂，释放出的内容物会遍及周边细胞，该过程称为*细胞坏死*（cell necrosis）（图 18-38A）。细胞坏死会引发具有潜在破坏性的炎症反应。相比之下，发生凋亡的细胞死得很干净，不会损害周边细胞。正经历凋亡的细胞可能会在其表面形成不规则的凸起，或称为*水泡*（bleb），但随后细胞会皱缩并凝集（图 18-38B）。细胞骨架坍塌，核被膜解聚，核 DNA 则断成碎片（视频 18.11）。最重要的是，细胞表面发生的这些变化可立即吸引吞噬细胞（通常是一种特化的吞噬细胞，即巨噬细胞，参见图 15-32B）。这些细胞在凋亡细胞的内容物泄漏之前即将其吞噬（图 18-38C）。对死细胞的快速清除避免了细胞坏死的破坏性后果，而且还使凋亡细胞的有机组分被摄取它的细胞再利用。

凋亡的分子机制似乎在大多数动物细胞中都相似，它涉及**凋亡蛋白酶**（caspase）家族。这些酶在合成时是无活性的前体形式，称为*原凋亡蛋白酶*（procaspase），原凋亡蛋白酶在响应诱导细胞凋亡的信号后被激活。有两种类型的凋亡蛋白酶共同作用将细胞切开。*起始凋亡蛋白酶*（initiator caspase）自身发生裂解，并因此激活下游的*执行凋亡蛋白酶*（executioner caspase）来分解细胞中的许多关键蛋白（图 18-39）。例如，执行凋亡蛋白酶会切割核被膜下方组成核纤层的 lamin 蛋白（参见图 18-30），导致核纤层不可逆地被破坏，从而使核酸酶进入细胞核分解 DNA。通过这种方式，细胞干净利落地完成自我降解，其残骸也会迅速被另一个细胞吸收和消化。

细胞凋亡程序的激活，与细胞周期要进入一个新阶段类似，通常是采用一种全或无的方式进行触发：一旦细胞已经到达了破坏路径的临界点，便会不可逆转地走向死亡。

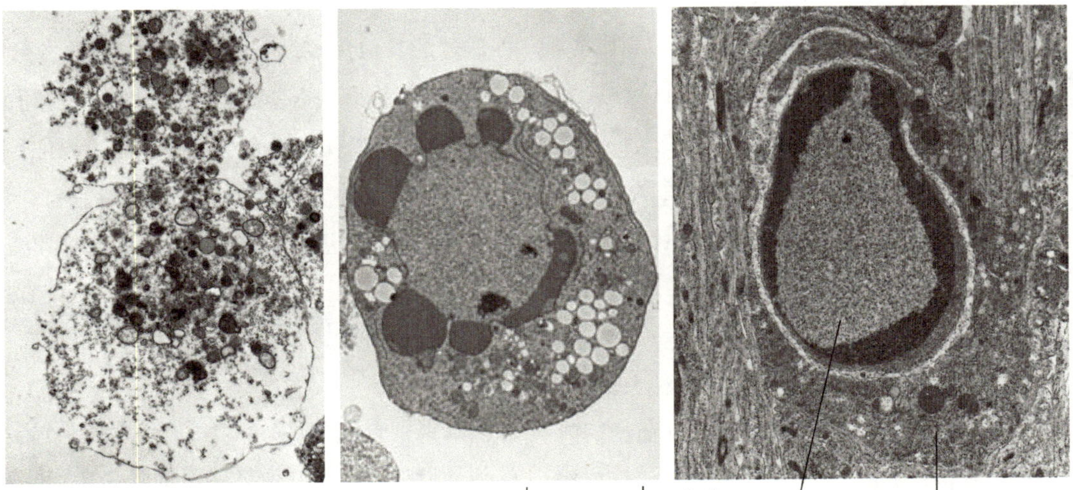

图 18-38 **凋亡的细胞迅速而干净地死亡。**电子显微照片显示通过坏死（A）或凋亡（B 和 C）而死亡的细胞。（A）和（B）中的细胞是在体外培养的条件下死亡，而（C）中的细胞则是在发育的组织中死亡，而且已经被一个吞噬细胞吞噬。注意，（A）中的细胞似乎已经破裂，而（B）和（C）中的细胞虽然凝集但看上去相对完整。（B）细胞胞质中的大液泡是细胞凋亡的一个可变特征。（蒙 Julia Burne 惠赠。）

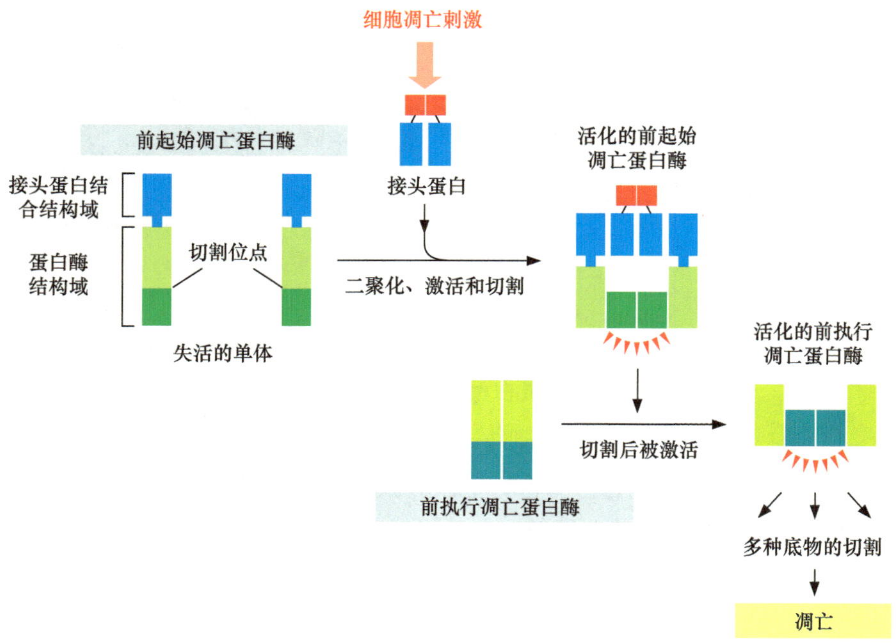

图 18-39 细胞凋亡由胞内蛋白水解级联反应介导。最初合成的起始凋亡蛋白酶是无活性的单体形式，称为前起始凋亡蛋白酶。凋亡信号触发了接头蛋白的组装，进而使一对起始凋亡蛋白酶结合在一起，导致后者的活化，从而可以对蛋白酶结构域中的特定位点进行切割。执行凋亡蛋白酶最初是形成无活性二聚体。在被起始凋亡蛋白酶切割后，执行凋亡蛋白酶二聚体的构象发生变化而被激活，随后它可以对多种关键蛋白进行切割，导致细胞凋亡。

内源性凋亡的死亡程序受到胞内 Bcl2 蛋白家族的调节

所有有核动物细胞都含有自身毁灭的种子：在这些细胞中，无活性的原凋亡蛋白酶一直在等待破坏细胞的信号出现。因此，细胞自然要严格调控凋亡蛋白酶的活性，以确保死亡程序只在需要时，如清除多余、错误定位或受损严重的细胞等，才会启动。

细胞内的 **Bcl2 家族**（Bcl2 family）成员是调节凋亡蛋白酶活化的主要蛋白质。该家族有些成员可以促进凋亡蛋白酶的活化和细胞死亡，而其他成员则会抑制这些过程。两个最重要的、可诱导死亡的蛋白家族成员是 Bax 和 Bak。这种蛋白质响应 DNA 损伤或其他损伤而被激活，进而通过诱导电子传递蛋白细胞色素 c 从线粒体释放到胞质溶胶中而促进细胞死亡。Bcl2 家族的其他成员（包括 Bcl2 本身）通过阻止 Bax 和 Bak 释放细胞色素 c 来抑制细胞凋亡。Bcl2 家族成员促凋亡和抗凋亡活性之间的平衡在很大程度上决定了一个细胞是存活还是通过凋亡死去。

线粒体释放的细胞色素 c 分子可以促进一种大型的、七臂的蛋白复合物（称为凋亡小体）的组装，从而激活前起始凋亡蛋白酶并诱导细胞死亡。然后，凋亡小体会募集并活化特定的起始凋亡蛋白酶，后者随后可触发凋亡蛋白酶级联反应，导致细胞凋亡（图 18-40）。

凋亡信号也可以来自其他细胞

有时自杀信号并不是在内部产生，而是来自于一个邻近细胞。其中一些胞外信号可以通过改变 Bcl2 家族成员的蛋白活性来激活细胞死亡程序，其他信号则可以通过激活一组称为*死亡受体*（death receptor）的细胞表面受体蛋白，更直接地刺激细胞凋亡。

其中一种研究得特别透彻的死亡受体称为 Fas，它存在于哺乳动物多类细胞的表面。Fas 被一种称为 *Fas 配体*（Fas ligand）的膜结合蛋白所激活，该配体蛋白存在于一种称为*杀伤性淋巴细胞*（killer lymphocyte）的特化免疫细胞表面。这些杀伤性细胞可以诱导那些机体不想要或不再需要的其他免疫细胞发生凋亡，从而参与调节免疫反应，而激活 Fas 正是这些杀伤性细胞发挥作用的机制之一。Fas 配体与其受体的结合触发了死亡诱导信号复合物的装配，该复合物包括特定的起始凋亡蛋白酶，因此在被激活后可以引发凋亡蛋白酶级联反应，最终导致细胞死亡。

动物细胞需要胞外信号才能生存、成长和分裂

在多细胞生物中，单个细胞的命运受到来自其他细胞的信号调控。这种交流确保了细胞仅在需要时才能存活，并且仅在需要更多细胞时才进行分裂，从而实现组织的生长或替换掉损失的细胞。

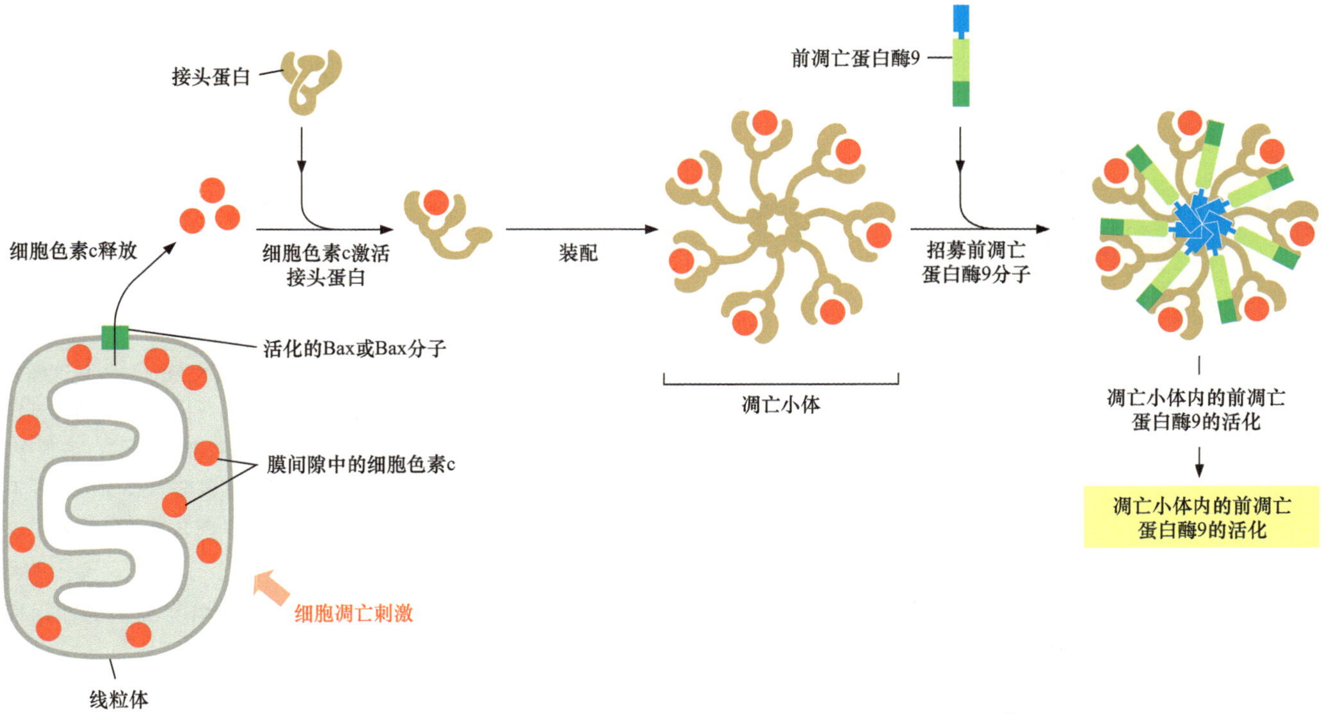

图 18-40　**Bax 和 Bak 可以通过从线粒体释放细胞色素 c 来触发细胞凋亡。**当 Bak 或 Bax 蛋白被凋亡信号激活时，它们在线粒体外膜聚集，导致细胞色素 c 通过一种未知的机制释放到胞质溶胶中。线粒体膜间隙中的其他蛋白质也会被同时释放（图中未显示）。随后，细胞色素 c 与一个接头蛋白结合，使其组装成为一种七臂的复合物，称为凋亡小体。该复合物可以募集 7 个特定的前凋亡蛋白酶 9（procaspase-9）。前凋亡蛋白酶 9 在凋亡小体内被激活，然后会继续激活胞质溶胶中的执行凋亡蛋白酶（如图 18-39 所示），导致凋亡蛋白酶级联蛋白反应以及细胞凋亡。

大多数影响细胞存活、生长和分裂的胞外信号分子，或者是由其他细胞分泌的可溶性蛋白质，或者是与其他细胞表面或胞外基质结合的蛋白质。尽管大多数信号是积极地激发一种或多种细胞进程，但有些信号则是消极地抑制某种特定的进程。发挥积极调控作用的信号蛋白根据其功能可分为三大类：

1. **存活因子**（survival factor）主要通过抑制细胞凋亡来促进细胞存活。

2. **分裂素**（mitogen）主要通过克服细胞内阻断 G_1 晚期进入细胞周期的制动装置来刺激细胞分裂。

3. **生长因子**（growth factor）通过促进合成蛋白质和其他大分子并抑制其降解来刺激细胞生长，即增加细胞的体积和质量。

这些分类相互之间并不排斥，因为很多信号分子具有不止一种上述功能。不幸的是，术语“生长因子”常被作为一个全能词来描述具有任何一种这些功能的蛋白质。事实上，“细胞生长”也常被不恰当地用于表示细胞数量的增加，而细胞数量增加更准确的术语是“细胞增殖”。

在以下三节中，我们会依次介绍每类信号分子。

存活因子抑制细胞凋亡

动物细胞需要来自其他细胞的信号才能存活。如果没有这些存活因子，细胞就会激活一种凋亡蛋白酶依赖的胞内自杀程序并通过细胞凋亡而死亡。对来自其他细胞信号的这种需求有助于确保细胞仅在需要它们的时间和地点存活。例如，在神经系统发育过程中，很多类神经细胞会过量产生，然后它们会竞争由它们所接触的靶细胞所分泌的有限的存活因子。那些接收到足够量存活因子的神经细胞会存活，而其他神经细胞则会死于凋亡。通过这种方式，存活神经细胞的数量可以根据它们所接触到的靶细胞的数量而得到自动调整（图 18-41）。类似的，对来自于邻近细胞存活信号的依赖也有助于在发育期间和成年期调控其他组织中的细胞数量。

存活因子一般是通过与细胞表面受体结合而发挥作用。这些受体一旦被激活就会开启胞内信号通路，通常通过调节 Bcl2 家族的成员来抑制细胞凋亡的死亡程序。例如，一些存活因子可以增加抑制细胞凋亡的蛋白质 Bcl2 的产生（图 18-42）。

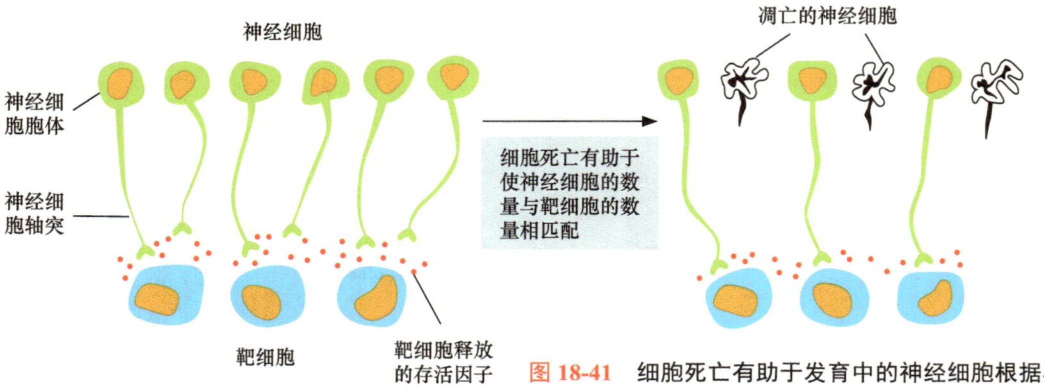

图 18-41 **细胞死亡有助于发育中的神经细胞根据其接触的靶细胞数量调整自身的数量。**如果产生的神经细胞过多而无法被靶细胞释放出的有限的存活因子所支持，其中一些细胞将无法获得足量的存活因子来抑制自身的自杀程序，从而发生细胞凋亡。这种先过量产生然后再进行剔除的策略有助于确保所有的靶细胞都与神经细胞发生接触，而且“多余”的神经细胞会自动被清除。

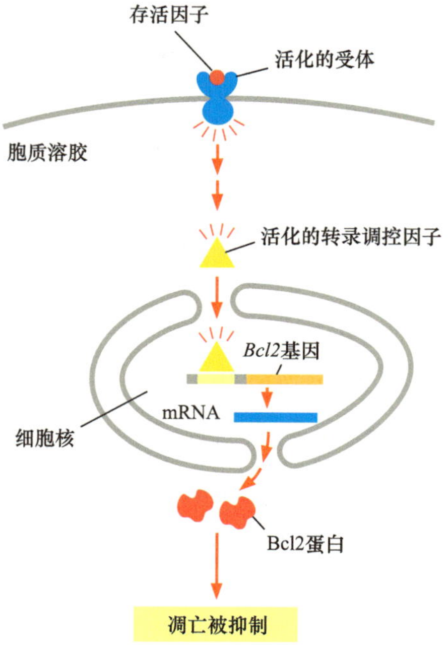

图 18-42 **存活因子一般通过调节 Bcl2 家族成员来抑制细胞凋亡。**在这种情况下，存活因子与细胞表面受体结合，激活了胞内信号转导途径，从而进一步激活了胞质中的转录调控因子，使其转移到细胞核并激活编码 Bcl2 蛋白的基因来抑制细胞凋亡。(参见图 16-33)。

分裂素通过促进 S 期的进入来刺激细胞分裂

大多数分裂素是可与细胞表面受体结合的分泌信号蛋白。分裂素的结合会激活这些受体，从而启动多条胞内信号转导途径（如第 16 章所述），促进细胞分裂。正如前文所述，这些信号转导途径主要是通过克服阻止细胞周期从 G_1 向 S 期转变的分子制动装置来发挥作用（参见图 18-14）。

大多数分裂素是由于它们对体外培养细胞的作用而被鉴定和识别出来。其中一个通过该途径首次鉴定出的分裂素是*血小板源生长因子*（platelet-derived growth factor，PDGF），它的作用是此后发现的许多其他分裂素的典型代表。当形成血凝块时（如在伤口处），血凝块中的血小板被激活而释放 PDGF。PDGF 随后会结合伤口存活细胞中的受体酪氨酸激酶（如第 16 章所述），刺激这些细胞增殖，从而帮助伤口愈合。如果肝脏的一部分由于手术或急性损伤而缺失，一种名为*肝细胞生长因子*（hepatocyte growth factor）的分裂素也会通过类似的方式刺激存活的肝细胞进行增殖。

生长因子刺激细胞生长

器官或整个生物体的生长同时依赖于细胞的分裂和生长。如果细胞只分裂而不生长，则它们会逐渐变小，而且总细胞的质量也不会增加。在单细胞生物如酵母中，细胞的生长和分裂都只需要营养物。而在动物中，细胞的生长和分裂都依赖于来自其他细胞的信号。与细胞分裂不同，细胞生长并不依赖于细胞周期调控系统。事实上，包括神经细胞和大多数肌细胞在内的许多动物细胞，其主要的生长过程都发生在它们终末分化并永久停止分裂之后。

与大多数存活因子和分裂素一样，大多数胞外生长因子可以与细胞表面受体结合，进而激活胞内信号转导途径。这些途径会导致蛋白质和其他大分子的积累。生长因子既增加了这些分子的合成速率，同时又降低了它们的降解速率（图 18-43）。

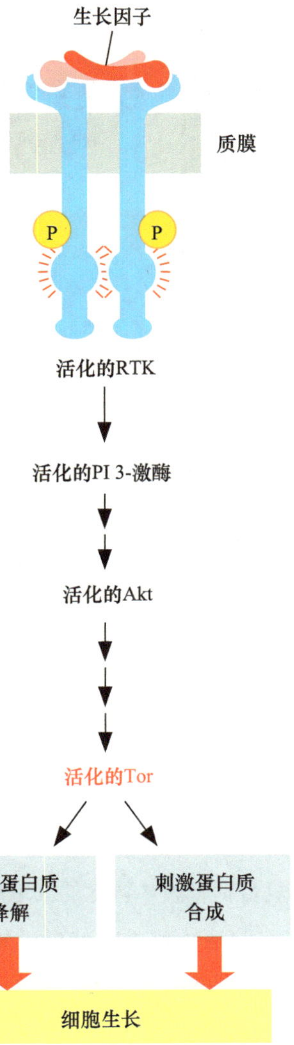

图 18-43 **胞外生长因子增加了大分子的合成并降低了其降解。**生长因子与受体酪氨酸激酶（RTK，第 16 章中描述的一类细胞表面受体）的结合启动胞内信号转导途径，导致 Tor 蛋白激酶的活化，该激酶可刺激多种靶蛋白的合成，并抑制它们的降解（参见图 16-34）。这种行为导致了大分子的净增加，并因此导致细胞生长。

图 18-44 **一个动物的细胞大小差异很大。**图中的神经元和肝细胞是以相同的比例尺绘制的。神经元在终末分化后会永久停止分裂并逐渐越长越大。（神经元改自 S. Ramón y Cajal, Histologie du Système Nerveux de l'Homme et de Vertébrés, 1909-1911。Paris：Maloine；转载自 Madrid：C.S.I.C.，1972。）

一些胞外信号蛋白，包括 PDGF，可以同时作为生长因子和分裂素而发挥作用，因此在刺激细胞生长的同时也会促进细胞周期的进程。这些蛋白质有助于确保细胞在增殖时保持适当的大小。

令人意外的是，与细胞分裂相比，关于如何调控动物细胞大小的研究非常少。因此，为何同一动物中不同细胞类型的大小差异如此之大仍然是一个谜（图 18-44）。

一些胞外信号蛋白抑制细胞的存活、分裂或生长

促进存活、生长和细胞分裂的胞外信号蛋白都在增加器官和生物体大小的过程中发挥正向作用。然而，有些胞外信号蛋白会拮抗这些正向调控因子的作用，从而抑制组织的生长。例如，*肌肉生长抑制素*（myostatin）是一种分泌信号蛋白，在正常情况下会抑制肌肉前体细胞（成肌细胞）的生长和增殖。在哺乳动物发育过程中，成肌细胞会融合形成骨骼肌。当在小鼠中把编码肌肉生长抑制素的基因删除后，它们肌肉细胞的数量和大小都增加了，使其肌肉比正常小鼠大几倍。值得注意的是，两种能长出大型肌肉的牛被证实是因为其编码肌肉生长抑制素的基因发生了突变（图 18-45）。

癌症同样是突变的产物，使细胞的存活、生长和增殖脱离了正常的“社会性”调控。和正常细胞相比，癌细胞通常会更少依赖于来自其他细胞的信号，因此它们可以独

（A）　　　　（B）

图 18-45　**肌肉生长抑制素基因的突变导致肌肉总量急剧增加。**（A）这头由牛场主饲养的“比利时蓝”牛被发现其肌肉生长抑制素基因有一个突变。（B）在小鼠中人为使同一基因发生缺陷，也会使该小鼠具有硕大的肌肉。下图是肌肉突变体小鼠，可与上图的正常小鼠进行比较。（图 A 引自 Yann Arthus-Bertrand/Getty Images；图 B 引自 S.-J. Lee，*PLoS One* 2：e789，2007。）

立于其周边正常的细胞而过度存活、过度生长以及过度分裂，最终产生的肿瘤甚至能杀死其宿主（参见第 20 章）。

在我们关于细胞分裂的讨论中，我们一直关注的是普通分裂，它能产生两个子细胞，每个子细胞都具有与亲本细胞相同且完整的遗传物质。然而，还存在一种不同且高度特化的细胞分裂类型，称为减数分裂，它是真核生物有性繁殖所必需的。在下一章中，我们会描述减数分裂的特殊性以及它们如何成为遗传原理的基础并定义了遗传法则。

基本概念

- 真核细胞的细胞周期包含几个不同的时期。在间期，细胞会生长且细胞核 DNA 完成复制；在 M 期，细胞核完成分裂（有丝分裂），继而细胞质进行分裂（胞质分裂）。
- 在大多数细胞中，间期含有一个进行 DNA 复制的 S 期和两个间隔期：G_1 与 G_2。这些间隔期给增殖细胞更多的时间来生长，并为 M 和 S 期做好准备。
- 细胞周期调控系统通过有序地和周期性地启动及关闭细胞周期机器的适当部分来协调细胞周期中的各个事件。
- 细胞周期调控系统依赖于周期蛋白依赖性蛋白激酶（Cdk），该激酶通过结合周期蛋白以及磷酸化和去磷酸化而被周期性地活化。当 Cdk 被激活时，它会磷酸化细胞内的关键蛋白。
- 不同的周期蛋白-Cdk 复合物会触发细胞周期内的不同事件：G_1-Cdk 促使细胞通过 G_1 期；G_1/S-Cdk 和 S-Cdk 促使细胞进入 S 期，而 M-Cdk 促使细胞进入有丝分裂。
- 在细胞周期的特定阶段，调控系统还可以利用 APC/C 等蛋白质复合物来破坏特定的细胞周期调节蛋白。
- 细胞周期调控系统可以在特定的转换点将周期暂停，以确保细胞内外环境都适宜，并确保细胞周期在上一阶段已经完成后下一阶段才能开始。其中有些调控机制依赖于 Cdk 抑制蛋白来阻断一种或多种周期蛋白-Cdk 复合物的活性。
- S-Cdk 在 S 期启动 DNA 复制，并有助于确保基因组仅复制一次。细胞周期调控系统可在 G_1 或 S 期延迟细胞周期进程，以防止细胞复制受损的 DNA。它还可以延迟 M 阶段的开始，以确保 DNA 的复制已完成。
- 中心体在 S 期复制，在 G_2 期分离。从复制的中心体上长出来的一些微管会发生相互作用以形成有丝分裂纺锤体。
- 当核被膜崩解时，纺锤体微管会捕获复制后的染色体并将它们拉向相反的方向，从而将染色体定位在中期纺锤体的赤道板处。
- 姐妹染色单体在后期的突然分离使染色体被拉向相反的两极。该运动是由纺锤体微管的解聚和微管相关的马达蛋白所驱动。
- 两组分离的染色体周围会各自重新形成核被膜，从而形成两个新核。这标志着有丝分裂的完成。

- 在动物细胞中，胞质分裂是由收缩环所介导的。收缩环是肌动蛋白丝和肌球蛋白丝在两个纺锤体极中间组装而成。相比之下，植物细胞是通过在亲代细胞内部形成一个新的细胞壁来将细胞质一分为二。
- 在动物中，胞外信号通过调控细胞存活、细胞生长和细胞增殖来调节细胞数量。
- 大多数动物细胞需要来自其他细胞的存活信号来避免细胞凋亡，即一种由凋亡蛋白酶蛋白水解级联反应所介导的细胞自杀程序；这种策略有助于确保细胞仅在需要的时间和地点存活。
- 动物细胞只有在其他细胞产生的胞外分裂素的刺激下才能增殖；分裂素可以解除正常情况下阻止细胞从 G_1 或 G_0 期进入 S 期的胞内制动装置。
- 细胞必须在分裂的同时进行生长才能使一个生物体或器官完成生长。动物细胞的生长依赖于胞外生长因子，这些因子会刺激蛋白质的合成并抑制蛋白质的降解。
- 一些胞外信号分子抑制而不是促进细胞存活、细胞生长或细胞分裂。
- 癌细胞的细胞行为不受正常的“社交性”调控，因此它们的生长、分裂和生存能力都超过周围正常细胞。

关键词

后期（anaphase）
后期促进复合物（anaphase-promoting complex or cyclosome，APC/C）
细胞凋亡（apoptosis）
星体（aster）
Bcl2 家族（Bcl2 family）
双向定向（bi-orientation）
凋亡蛋白酶（caspase）
周期蛋白依赖性蛋白激酶（Cdk 或 cyclins-dependent protein kinase）
Cdk 抑制蛋白（Cdk inhibitor protein）
细胞周期（cell cycle）
细胞周期调控系统（cell-cycle control system）
中心体（centrosome）
中心体周期（centrosome cycle）
染色体凝集（chromosome condensation）
黏连蛋白（cohesin）
凝集蛋白（condensin）
收缩环（contractile ring）
周期蛋白（cyclin）
胞质分裂（Cytokinesis）
G_1 周期蛋白-Cdk 复合物（G_1-Cdk）
G_1 周期蛋白（G_1 cyclin）
G_1 期（G_1 phase）
G_1/S 周期蛋白-Cdk 复合物（G_1/S-Cdk）
G_1/S 周期蛋白（G_1/S cyclin）
生长因子（Growth factor）
间期（interphase）
动粒（kinetochore）
M 周期蛋白-Cdk 复合物（M-Cdk）
M 周期蛋白（M cyclin）
M 期（M phase）
中期（metaphase）
分裂素（mitogen）
有丝分裂（mitosis）
有丝分裂纺锤体（mitotic spindle）
p53
成膜体（phragmoplast）
细胞程序性死亡（programmed cell death）
前中期（prometaphase）
前期（prophase）
S 周期蛋白-Cdk 复合物（S-Cdk）
S 周期蛋白（S cyclin）
S 期（S phase）
姐妹染色单体（sister chromatid）
纺锤体极（spindle pole）
存活因子（Survival factor）
末期（telophase）

问题

问题 18-1

思考如下说法：“现存所有的细胞都是由一系列不间断的细胞分裂产生，这可追溯到第一次细胞分裂”。该说法是否正确？

问题 18-2

一群增殖细胞用染料进行染色，该染料在与 DNA 结合后便会发光，所以荧光量直接与每个细胞的 DNA 量成正比。为了测量每个细胞中的 DNA 量，将细胞通过流式细胞仪

（该仪器可测量单个细胞中的荧光量）。具有特定 DNA 含量的细胞数量绘制在下图上。

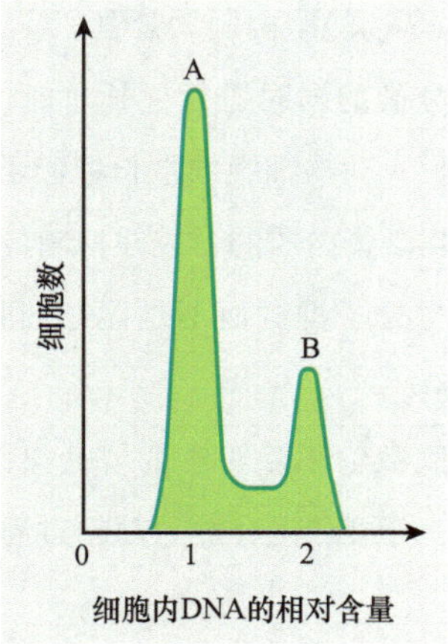

在图上标示出你认为的 G_1 期、S 期、G_2 期和有丝分裂期的细胞所处的位置。在这群细胞中，细胞周期中最长的是哪个时期？

问题 18-3

你认为细胞为什么会演化出一个特殊的 G_0 期来退出细胞周期，而不是仅仅停留在 G_1 期而不进入 S 期？

问题 18-4

如果细胞受损的 DNA 在修复之前就完成复制，可能会造成什么后果？

问题 18-5

从有丝分裂细胞中分离出少量细胞质，并将其注入未受精的蛙卵母细胞中，会导致该卵母细胞进入 M 期（参见图 18-7A）。然后取出该卵母细胞的部分细胞质，再注入第二个卵母细胞中，也会导致这个细胞进入 M 期。该过程重复很多次，直到基本上没有初始蛋白样品的残留。然而，经过这一系列的注射，从最后一个卵母细胞中取出的细胞质仍然能够触发 M 期的进入且效率没有降低。解释这个值得注意的现象。

问题 18-6

如果用细玻璃针操纵一个处于 M 期早期的活细胞中的染色体，则可能使两个姐妹染色单体附着在同一纺锤体极上。这种附着通常是不稳定的，但是如果用针轻轻地拉动染色体，使连接两个动粒（也同时来自于同一纺锤体极）的微管处于张力之下，则该附着可以保持稳定。从这一现象，你对动粒结合微管的机制（即动粒通常只稳定结合来自相反两个纺锤体极的微管）有何认识？这一发现与“一个动粒注定结合来自一个特定纺锤体极的微管”的可能性是否一致？解释你的答案。

问题 18-7

思考一下在末期导致新细胞核形成的事件。核蛋白和胞质蛋白如何正确地重新分选，以使新的细胞核包含核蛋白但不包含胞质蛋白？

问题 18-8

绘制一个详细示意图，说明一个植物细胞分裂时将两个子细胞分开的新细胞壁的形成（参见图 18-35）。特别要显示出高尔基体小泡的膜蛋白抵达于何处，以表明高尔基体小泡膜中的蛋白质暴露于小泡内部的那部分结构域所发生的变化。（膜结构可参考第 11 章）

问题 18-9

在细胞分裂时，一般认为高尔基体是通过随机分配有丝分裂时形成的碎片而进入子细胞的。解释为什么随机分配染色体是行不通的。

问题 18-10

细胞凋亡与细胞坏死的机制有何不同？细胞凋亡是以干净有序的方式完成，从而使细胞从内部破坏自身并避免其内容物外泄到胞外空间。如果凋亡不采用这种方式，将会带来什么后果？

问题 18-11

如果每个细胞在刚分裂后的重量为 1ng，而且每个细胞周期为 24h，那么一个人类受精卵通过不断地分裂形成一群重 70kg 的细胞大概需要多长时间？为什么形成一个 70kg 的成年人要花费更长的时间？

问题 18-12

最短的真核细胞周期发生在很多动物的早期胚胎中，甚至比许多细菌都短。这些被称为卵裂的分裂发生时，胚胎的重量没有任何显著增加，为什么会这样？你认为细胞周期的哪个阶段会缩短得最多？

问题 18-13

大剂量电离辐射的一项重要生物学效应是阻断细胞分裂。

A. 这是如何发生的?

B. 如果细胞发生突变以阻止其在照射后停止细胞分裂，会发生什么?

C. 如果细胞不经受辐射，这种突变可能会产生什么影响?

D. 一个成年人在接受足以阻止细胞分裂的辐射剂量后在几天内就会死亡。你从中学到了什么（除了应该避免大剂量的辐射）?

问题 18-14

如果将细胞培养在含有放射性胸腺嘧啶的培养基中，则胸腺嘧啶会在 S 期共价掺入细胞的 DNA 中。通过放射自显影可以检测单个细胞核中的放射性 DNA（放射性细胞会激活感光剂，并在显微镜下显示为黑点）。做一个简单的实验，用上述方法对细胞进行短时间（约 30min）放射性标记，然后将放射性胸腺嘧啶培养基更换为含有正常胸腺嘧啶的培养基后再培养一段时间。在更换培养基后的不同时间点，于显微镜下观察细胞，然后确定核中带有放射性 DNA 细胞处于有丝分裂的比例（由于细胞已经变圆而且染色体已凝集，因此很容易识别），并以放射性胸腺嘧啶标记后的时间为函数作图（图 Q18-14）。

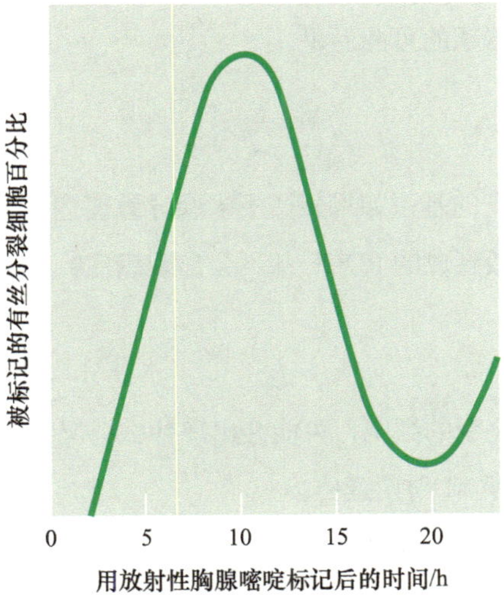

图 Q18-14

A. 在完成放射性标记后，是否所有细胞（包括细胞周期各个阶段的细胞）都含有放射性 DNA?

B. 刚开始并没有含放射性 DNA 的有丝分裂细胞（见图 Q18-14）。这是为什么?

C. 解释曲线先上升再下降，然后再次上升的原因。

D. 从该图估算 G_2 期的长度。

问题 18-15

M-Cdk 的功能之一是在 M 期中期使 M 周期蛋白浓度的急剧下降。描述这种突然下降的后果，并提出其可能的发生机制。

问题 18-16

图 18-5 显示了细胞周期进程中，细胞中 M 周期蛋白浓度的升高和 M-Cdk 活性的升高。值得注意的是，M 周期蛋白浓度缓慢而稳定地增加，而 M-Cdk 的活性则是突然增加。为什么会出现这种差异?

问题 18-17

细胞分裂过程中下列事件发生的顺序是什么?

A. 后期　　B. 中期　　C. 前中期

D. 末期　　E. 有丝分裂　　F. 前期

胞质分裂应该在什么位置?

问题 18-18

在哺乳动物细胞中，微管的寿命即聚合形成与解聚而自发消失之间的时间随细胞周期的阶段而变化。一个活跃增殖的细胞，其微管的平均寿命在间期为 5min，在有丝分裂期为 15s。如果一条间期微管的平均长度为 20μm，那么它在有丝分裂期间的长度是多少? 假设在这两个时期微管蛋白亚基添加所引起的微管伸长速率相同。

问题 18-19

正向和负向运动的马达蛋白都结合在有丝分裂纺锤体极间微管的重叠区域上，二者之间的平衡被认为有助于确定纺锤体的长度。每种马达蛋白可能会如何影响纺锤体的长度?

问题 18-20

参考图版 18-1，绘制出有丝分裂的主要阶段。用颜色标记一条姐妹染色单体，并在有丝分裂和胞质分裂的过程中进行跟踪。什么事件决定了该染色单体分配到一个特定的子细胞中? 一旦决定后，它的命运能否逆转? 什么因素会影响这个决定?

问题 18-21

染色体在后期 A 向纺锤体极的移动与微管缩短有关，尤其是微管在其与动粒连接的末端的解聚。请绘制一个模型，解释微管为何在缩短并产生力的同时仍牢固地结合在染色体上。

问题 18-22

一种罕见的情况是，来自一条复制染色体的两个姐妹染色单体最终出现在了同一个子细胞中。请问这种情况可能是如何发生的？这种有丝分裂错误的后果可能是什么？

问题 18-23

下列哪项说法是正确的？解释你的答案。

A. 中心体复制发生在 M 期开始之前。

B. 两个姐妹染色单体是通过复制同一条染色体的 DNA 而产生，它们在中期板上排列时仍然保持配对。

C. 极间微管通过首尾相连，因此微管从纺锤体一个极到另一个极是连续的。

D. DNA 的复制需要微管聚合和解聚以及微管马达蛋白。

E. 微管在着丝粒处成核，然后再连接到动粒上。动粒是染色体中心区域的结构。

问题 18-24

有一种肌球蛋白的抗体会阻止肌球蛋白分子沿肌动蛋白丝移动（肌动蛋白和肌球蛋白之间的相互作用如第 17 章所述）。你认为该抗体如何实现这种作用？将该抗体注射到细胞中对下列事件可能有什么影响？

A. 染色体在后期的运动。

B. 胞质分裂。

解释你的答案。

问题 18-25

仔细观察图 18-38 的电子显微照片。描述细胞死于坏死和死于凋亡之间的差异。从图片上如何确认两个过程之间的差异？解释你的答案。

问题 18-26

下列哪些说法是正确的？解释你的答案。

A. 除非有足够的营养来完成整个细胞周期，否则细胞不会从 G_1 期进入细胞周期的 M 期。

B. 细胞凋亡是由特定的胞内蛋白酶所介导，其中一种蛋白酶可以裂解核纤层蛋白。

C. 发育中的神经元会竞争数量有限的存活因子。

D. 一些脊椎动物的细胞周期调控蛋白在酵母细胞中也可以发挥作用。

E. Cdk 蛋白的酶活性取决于其结合的周期蛋白的存在以及 Cdk 的磷酸化状态。

问题 18-27

请比较动物中细胞行为的规则和社会中管理人类行为的规则。如果动物细胞的行为与人类在社会中的正常行为一样，该动物会发生什么情况？管理细胞行为的规则可以应用于人类社会吗？

问题 18-28

劳伦斯 · M.（Lawrence M.）博士在他高度机密的实验室承担了一项研究任务，即开发出一种像狗一样大小的老鼠品系以部署在敌军后方。您认为 M. 博士应采取以下哪种策略来增加鼠的体型？

A. 阻断所有的细胞凋亡。

B. 阻断 p53 的功能。

C. 过表达生长因子、分裂素或存活因子。

解释每个选项的可能后果。

问题 18-29

编码 PDGF 的基因如果表达不当会导致癌症。为什么在伤口上血小板释放的 PDGF 却不会出现癌症？

问题 18-30

发生下列突变的细胞，可能会出现什么情况？

A. 不能降解 M 周期蛋白。

B. 始终表达高水平的 p21。

C. 不能磷酸化 Rb。

问题 18-31

慢性酒精中毒和肝癌患者的肝细胞都会过度增殖。这两类疾病诱导细胞增殖的机制有何不同？

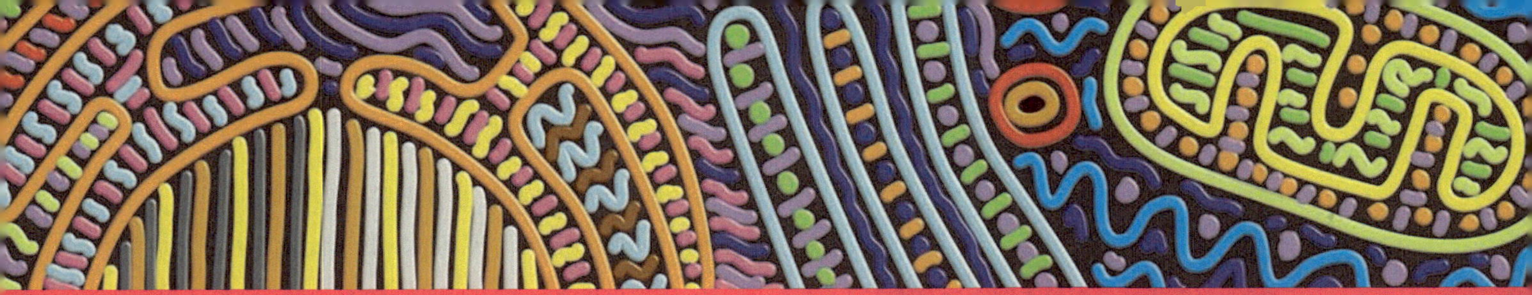

第 19 章　有性生殖与遗传

性的优势

减数分裂和受精

孟德尔和遗传定律

遗传学作为实验工具

探索人类遗传学

单个细胞通过复制其 DNA 并分成两个细胞来实现增殖。这一基本过程发生在现存的所有物种中，包括多细胞生物体的细胞以及细菌、酵母等独立生存的单细胞生物，它使每个细胞都可以将其遗传信息传递给下一代。

然而，鱼、果蝇、人或植物等多细胞生物体的增殖却是更加复杂。因为这些生物体所有的细胞、组织和器官必须从一个细胞中重新产生出来，因此就限定了一些精心设计的发育周期。这个起始细胞不是一般的细胞，而是有独特的起源：对于大多数动植物物种而言，产生出生物体的这个细胞是由一对细胞结合而成的，而这对细胞分别来自两个完全独立的个体，即母亲和父亲。通过细胞融合这个*有性生殖*（sexual reproduction）的关键事件，两个基因组合并形成一个新个体的基因组。因此，与通过无性生殖如直接通过细胞分裂或通过出芽形成一个新个体来传递其基因信息的生物体相比，有性生殖生物中控制基因遗传的机制则完全不同，而且要复杂得多。

在本章中，我们将探讨关于有性生殖的细胞生物学。我们会讨论生物从性中可以获得什么以及它们如何获得；我们会查看雄性和雌性的生殖细胞，并探索产生这些生殖细胞的特殊形式的分裂，即*减数分裂*（meiosis）。我们会讨论 19 世纪奥地利神父格雷戈尔·孟德尔（Gregor Mendel）如何通过研究豌豆的后代来推理出基因遗传的基本逻辑。最后，我们会描述科学家如何利用有性生殖的遗传来了解人类生物学、人类起源，以及人类疾病的分子基础。

性的优势

我们周围的大多数生物都是有性生殖。然而，许多生物，特别那些肉眼看不见的生物，可以通过无性生殖产生后代。大多数细菌和其他单细胞生物通过简单的细胞分裂进行繁殖。许多植物也是无性生殖，它们先形成多细胞的侧支，再从母体上分离出来以形成新的独立植物。即使在动物王国中，也有一些物种可以无性生殖。水螅通过出芽产生幼体（图 19-1）。某些蠕虫，当被分成两半时，可以再生出各自“缺失的一半”来形成两个完整的个体。某些昆虫、蜥蜴甚至鸟类的雌性个体，可以通过产卵进行*孤雌生殖*（parthenogenesis），即在没有雄性、精子或受精帮助的情况下发育出健康的雌性后代，而且该后代也可以通过相同的方式进行生殖。

尽管这种**无性生殖**（asexual reproduction）的方式简单而直接，但它们所产生的后代在遗传上和亲本完全相同。另一方面，**有性生殖**（sexual reproduction）可以将来

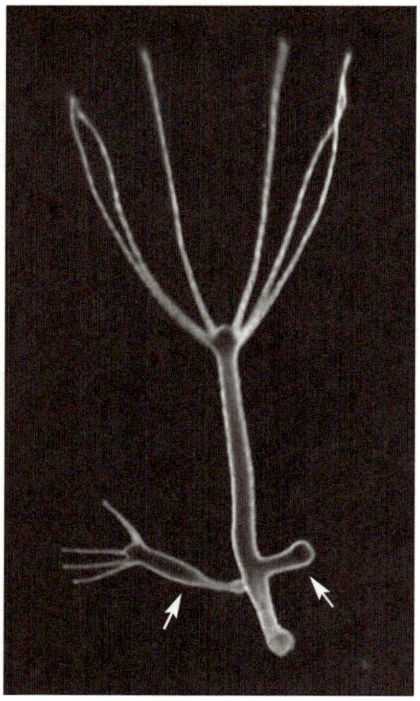

0.5mm

图 19-1 **水母通过出芽而生殖。**在这种形式的无性生殖过程中，先长出芽（箭头），芽体再从母体上断开，形成与其亲本遗传相同的后代。（蒙 Amata Hornbruch 惠赠。）

自两个个体的 DNA 混合起来，由此产生的后代在遗传上不仅彼此之间不同，而且和父母也不同。在本节中，我们会简要概述这种生殖模式的细胞机制。有性生殖显然具有巨大的优点，因此地球上绝大多数动植物都采用了这种生殖模式。

有性生殖涉及二倍体和单倍体细胞

进行有性生殖的生物通常是**二倍体**（diploid），即细胞中含有分别遗传自不同亲本的两套染色体。除了性染色体（sex chromosome），母源（maternal）染色体组和父源（paternal）染色体组非常相似。在许多物种中，性染色体是区分雄性和雌性的标志。例如，在人类，Y 染色体携带男性发育特定的基因。男性从父亲遗传得到一条 Y 染色体，从母亲得到一条 X 染色体；而女性从每个亲本各得到一条 X 染色体。除了这些性染色体外，成对的染色体分别来自母本和父本，称为母本和父本**同源物**（homolog）或同源染色体，它们携带着一套相同的基因。因此，每个二倍体细胞携带着每个基因的两个拷贝（位于性染色体上的基因除外，它们可能只有一个拷贝）。

与二倍体生物中的大多数细胞不同，要在有性生殖中贯彻关键流程的特化细胞即**配子**（gamete）是**单倍体**（haploid）——它们每个细胞仅包含一套染色体。大多数生物的雄性和雌性所产生的配子类型不同。在动物中，大的而且不游动的配子被称为卵子（egg）；而另一种小的而且可以游动的配子被称为精子（sperm）（图 19-2）。这两种不同的单倍体配子结合在一起，重新形成一个同时具有母亲和父亲同源染色体的二倍体细胞，称为受精卵，或合子（zygote）。合子由此可以发育成一个新的个体，该个体具有二倍体染色体组，而且与任一亲本的染色体都不同（图 19-3）。

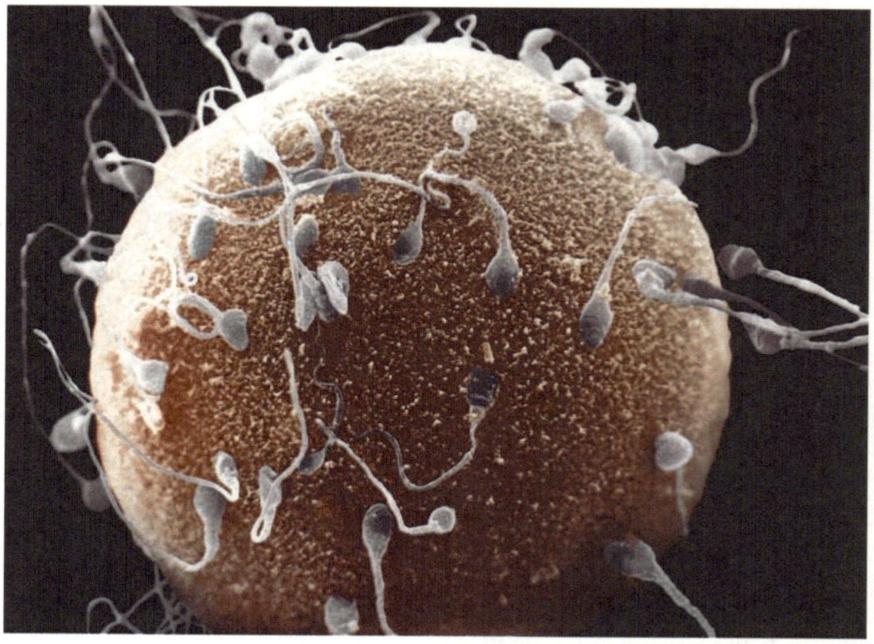

25μm

图 19-2 **尽管精子和卵子的大小差异巨大，但它们对后代的遗传特征具有同样的贡献。**雄性和雌性配子之间的大小差异与细胞质不是遗传基础的事实是一致的。卵子含有大量细胞质，而精子几乎没有，如果细胞质是遗传物质，那么女性对后代形态的贡献会比男性大得多。这里的扫描电子显微照片显示的是人类精子结合在一个卵子的表面。虽然很多精子都会与卵子结合，但只有一个精子会使其受精。（来自 David M Philips/Science。）

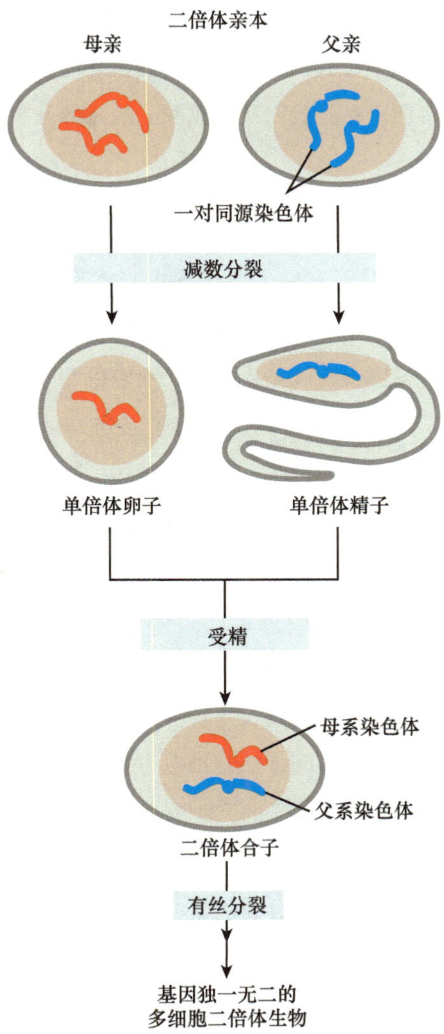

图 19-3 **有性生殖涉及单倍体和二倍体细胞。**二倍体生殖系细胞通过减数分裂产生精子和卵子。一个单倍体的卵子和一个单倍体的精子在受精过程中融合，形成一个二倍体受精卵。简单起见，图中每个配子只显示了一条染色体，而且精子细胞已经被极大地放大。人类配子有 23 条染色体，卵子比精子大得多（例子可参见图 19-2）。

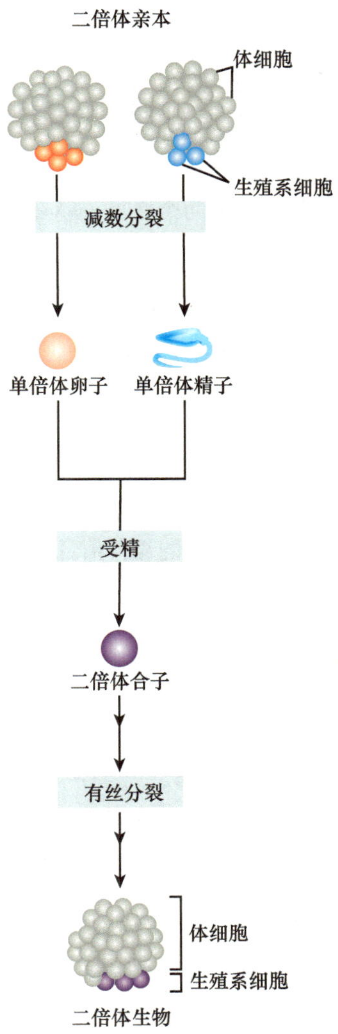

图 19-4 **生殖系细胞和体细胞具有根本不同的功能。**有性生殖的动物在发育的早期就已经特化出二倍体生殖系细胞，这些细胞可通过减数分裂产生单倍体配子。配子负责将遗传信息传给下一代。体细胞（灰色）形成了生物体，因此它们为有性生殖提供了必需的支持，但它们本身不会留下后代。

对于几乎所有的多细胞动物，包括脊椎动物，其大部分的生命周期处于二倍体状态。单倍体细胞存在的时间很短暂，而且只是高度特异性地行使其遗传载体的功能。这些单倍体配子是二倍体前体细胞通过一种称为减数分裂（meiosis）的特殊分裂方式而产生。这种配子前体细胞谱系称为**生殖系**（germ line），而形成动物身体其余部分的细胞称为**体细胞**（somatic cell），它们最终不会留下自己的后代（图 19-4 并参见图 9-3）。实际上，体细胞的存在只是为了帮助生殖系细胞存活和繁殖。

因此，有性生殖的周期就是生成单倍体细胞（只含有一套染色体）和产生二倍体细胞（含有两套染色体）之间的不断更替。这种做法的一个优点是，有性生殖的生物所产生的后代会具有遗传多样性，我们稍后对此进行讨论。

有性生殖产生遗传多样性

有性生殖会产生全新的染色体组合。在减数分裂期间，二倍体生殖系细胞中的母系和父系染色体组经过划分，成为配子中的单倍染色体组。每个配子得到的都将是母系和父系同源染色体的混合物；当两个配子的基因组在受精过程中结合时，它们所产生的合子就会具有独特互补的染色体组合。

既然母系和父系的同源染色体携带相同的基因，那么这种染色体的重新分配有什么意义呢？一个答案是，虽然每对同源染色体上的基因组成相同，但每个基因在父系和母系的版本里并不相同。基因具有多种多样的版本，称为**等位基因**（allele），它们的DNA序列彼此略微存在差异。任何一个基因都可能有多个不同的等位基因存在于其物种的“基因库”中。这些多变的等位基因的存在，意味着一个特定个体中任何基因的两个拷贝可能都存在某种程度的不同，并且与其他个体携带的拷贝也不同。正是等位基因不同组合的遗传，使一个物种的不同个体在遗传上都是独特的。通过二倍体、减数分裂、单倍体和细胞融合的循环，有性生殖不断地打破等位基因旧的组合而产生新的组合。

有性生殖还可通过第二种机制即同源重组（homologous recombination）产生遗传多样性。该过程在减数分裂期间会打乱每条染色体上的遗传信息，我们稍后对其展开讨论。

有性生殖在不断变化的环境中为生物提供竞争优势

减数分裂过程中遗传多样性的产生是随机的，因此一个个体从每个亲本接收到的等位基因可能会是一种优势组合，也可能是一种劣势组合。那么，为什么这种尝试新基因组合的能力会使有性生殖的生物在演化上优于那些通过无性生殖进行“纯种生育”的生物？这个问题一直困扰着演化遗传学家，但一个优势似乎是，通过有性生殖使遗传信息进行重组可以帮助物种在不可预测的多变环境中生存。如果两个父母产生的多个后代各具有不同的基因组合，那么至少有一个后代会在多变的环境条件下增加生存所需的特征组合的概率。例如，它们更可能在细菌、病毒和寄生虫的感染中存活下来，而这些感染源本身也在这场永无止境的演化战争中不断变化。这种遗传冒险可以解释为什么即使是单细胞生物，如酵母，也会间歇性地进入一种形式简单的有性生殖。典型的例子是，在条件不利和饥饿状态下，酵母会启动有性生殖来代替普通的细胞分裂。具有遗传缺陷而无法进行有性生殖的酵母，在严酷条件下表现出的适应能力也会降低。

有性生殖在另一个方面也是有益的。在任何种群中，新的突变总是不断出现，从而产生出新的等位基因，其中很多新的突变可能是有害的。有性生殖可以加速清除这些有害的等位基因，并有助于防止其在种群中积累。雌性只与最优秀的雄性进行交配，从而选择出优势的等位基因组合，并将劣势的组合从群体中更有效地清除掉。

无论其优点如何，有性生殖显然是受到了演化的青睐。在下一节中，我们会了解这种在演化中流行的生殖方式的核心特征，首先我们从形成配子的减数分裂开始。

减数分裂和受精

我们现在对于有性生殖过程中基本事件周期的理解源于19世纪末期的发现。当时生物学家注意到，一个寄生蛔虫的受精卵含有4条染色体，而它的每个配子（精子和卵子）只含有2条。因此，配子必定是通过一种特殊的“减少性”分裂而产生，使其染色体的数量精确地减半（参见图19-3）。**减数分裂**（meiosis）这个词被用来描述这种形式的细胞分裂；它来自希腊语，意思是“缩小”或“减少”。

从这些关于蛔虫和其他物种的早期实验中可以清楚地看出，染色体（在当时仅仅是功能未知的微型小体）的行为与遗传的模式相匹配，即父母双方对子代个性的贡献是相等的，尽管卵子和精子的大小差异巨大（参见图19-2）。这些观察结果使人们开始意识到染色体含有遗传物质。因此，对有性生殖和减数分裂的研究在细胞生物学史上占据了重要地位。

在本节中，我们会从现代的角度描述有性生殖的细胞生物学，重点关注细胞减数分裂时精美的染色体之舞。我们会详细描述减数分裂时同源染色体如何配对、重组和分离，从而将母本和父本基因进行全新的组合。我们还会讨论当减数分裂出错时会发生什么。最后我们简单了解一下受精过程，在此过程中，配子结合在一起形成一个新的且遗传上不同的个体。

减数分裂包括一轮DNA复制及随后的两轮细胞核分裂

二倍体细胞在进行有丝分裂之前，它会复制所有的染色体，从而使一整套染色体，包括完整的母系和父系染色体组，传递给每个子细胞（如第18章所述）。虽然减数分裂最终使这种互补的二倍体染色体减半，即产生出只含有一套染色体组的配子，但减数分裂也开始于一轮染色体复制。后来的染色体数量减少是因为这一轮复制之后是连续的两轮细胞核分裂，而没有进一步的DNA复制（图19-5）。

假若减数分裂直接略去DNA复制（S期）而采用有

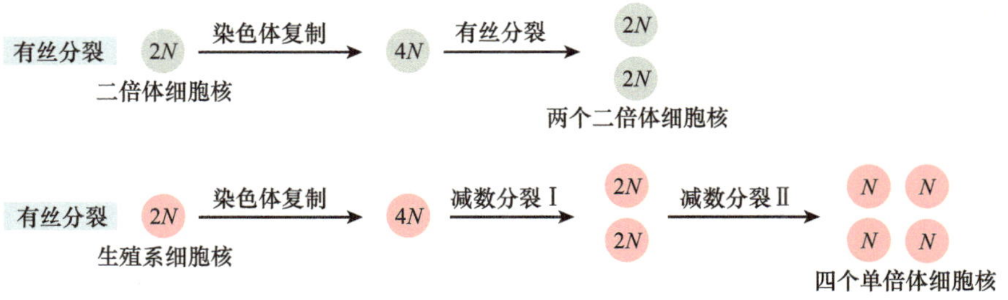

图 19-5 有丝分裂和减数分裂都是从一轮染色体复制开始的。在有丝分裂中，染色体复制之后是一轮细胞分裂，产生两个二倍体细胞核。在减数分裂中，二倍体生殖系细胞的染色体复制之后是两轮分裂但没有进一步的 DNA 复制，所以产生四个单倍体细胞核。*N* 代表单倍体细胞核中染色体的数量。

丝分裂方式进行分裂，看上去似乎更简单和更直接；理论上一次分裂就可以直接产生出两个单倍体细胞。但由于未知的原因，减数分裂并未采取这种方式。

减数分裂开始于卵巢或睾丸中特定的生殖系细胞。和体细胞一样，这些生殖系细胞也是二倍体，每条染色体含有两个拷贝，一个遗传自父亲的父系同源物，一个遗传自母亲的母系同源物。在减数分裂的第一步，所有这些染色体都被复制，和普通的有丝分裂一样，复制后的染色体仍然彼此结合在一起（见第 18 章）。

然而，该过程的下一阶段是减数分裂所独有的。该阶段称为减数分裂前期，在此期间每条复制后的父系同源染色体都会找到复制后的母系同源染色体，然后二者会沿着染色体的长轴附着在一起。这个过程称为**配对**（pairing），它对于减数分裂至关重要，因为它保证了一对同源染色体在第一次减数分裂（减数分裂 I ）期间完成分离。

每条同源物中的两条复制后的染色体随后在第二次减数分裂（减数分裂 II ）期间完成分离，产生四个单倍体细胞核。因为减数分裂 I 和 II 期间的染色体分离是随机的，所以每个单倍体配子得到的是不同组合的母系和父系染色体。

因此，减数分裂所产生的四个细胞核都精确地含有原来亲本生殖系细胞一半数量的染色体，但在遗传上并不相同。相反，有丝分裂产生两个遗传上相同的二倍体细胞核。图 19-6 总结了区分这两类分裂的分子事件，从母系染色体和父系染色体的减数分裂特异性的配对开始，更详细地展示了我们现在所讨论的这些差异。

复制后的同源染色体在减数分裂前期进行配对

真核细胞在分裂之前，无论是减数分裂还是有丝分裂，它首先会复制其所有的染色体。每条染色体复制后的双拷贝称为**姐妹染色单体**（sister chromatid），二者沿着它们的长轴并排紧密连接在一起。然而，在减数分裂和有丝分裂中，这些复制后的染色体随后的行为方式却是不同的。如第 18 章所述，在有丝分裂中，复制后的染色体是单条排列在中期赤道板上（图 19-7A），之后它们分离进入两个子细胞核中。

然而，减数分裂需要将染色体数量减半，因此需要另外的细胞分裂机制。生殖系细胞必须保持对母系和父系同源染色体的示踪，以确保减数分裂产生的四个单倍体细胞中的每个细胞都可以获得该同源染色体组中的一条姐妹染色单体。因此，减数分裂从复杂且耗时的配对过程的减数分裂前期（或前期 I ）开始，在期间完成复制的同源染色体会被带到一起，并排列在减数分裂 I 的中期赤道板上（图 19-7B）。每个配对都会形成一个结构，称为**二价体**（bivalent），其中四条姐妹染色单体粘在一起，直到细胞准备好分裂时再分开（图 19-8）。母系和父系同源染色体在减数分裂 I 期间完成分离，单条姐妹染色单体在减数分裂 II 期间分离。

两条同源染色体（以及两条性染色体）在配对过程中如何相互识别尚不完全清楚。在许多生物体中，初始的结合依赖于母系和父系染色体上相互匹配的 DNA 序列之间的相互作用，而这种 DNA 序列广泛分散于同源染色体上。一旦这种结合形成，二价体就非常稳定：它们在整个减数分裂前期持续存在，而这个时期在某些生物中可持续很多年。

复制的母系和父系染色体在每个二价体上都会发生交叉

我们刚刚所描绘的减数分裂图片非常的简化，其中忽略了一个关键特征。在有性生殖生物中，母系和父系染色体的配对伴随着**同源重组**（homologous recombination），在该过程中，两个相同或非常相似的核苷酸序列会进行遗传信息的交换。在第 6 章，我们讨论了如何利用同源重组

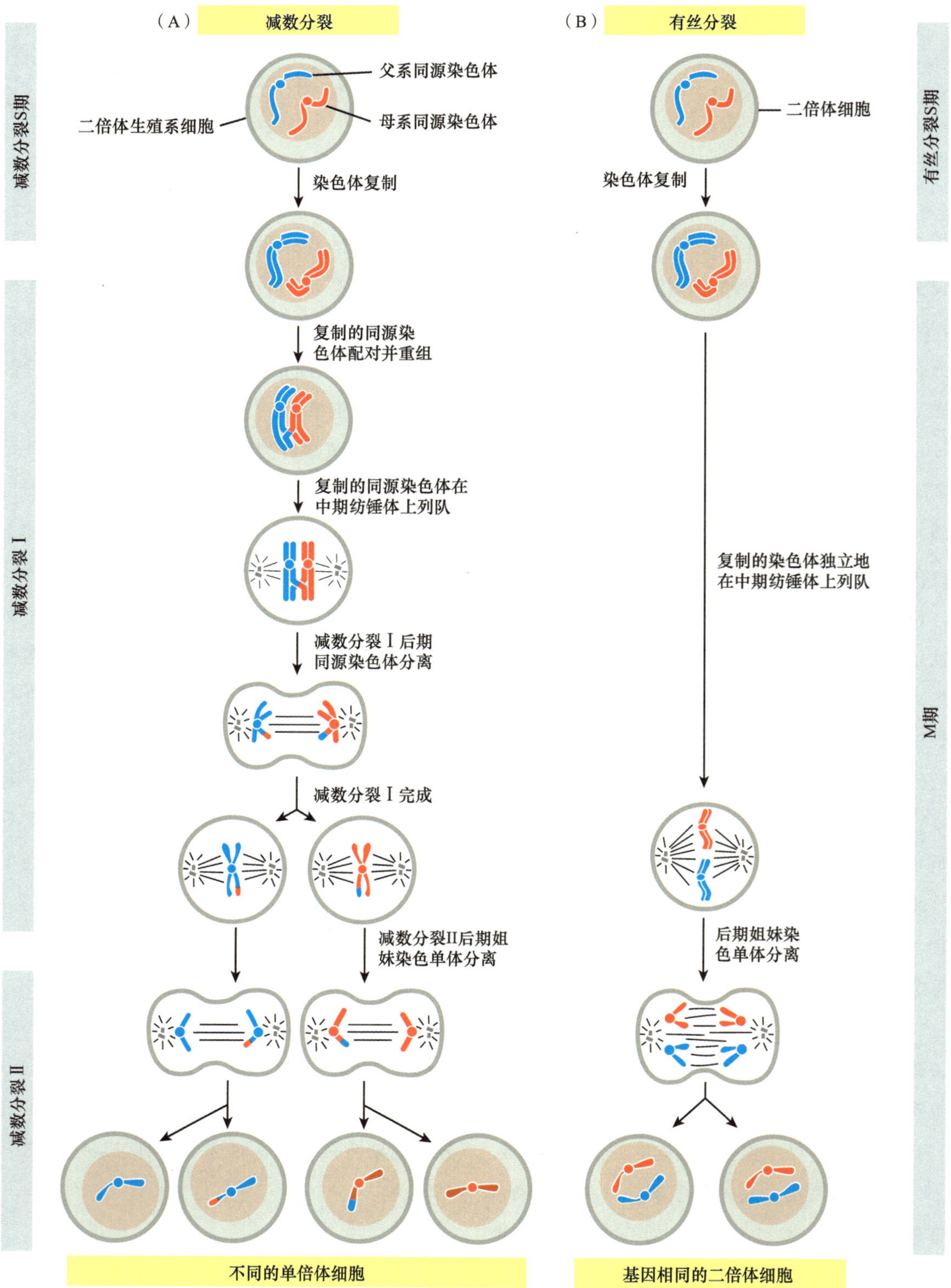

图 19-6 减数分裂产生四个不完全相同的单倍体细胞核，而有丝分裂产生两个相同的二倍体细胞核。 图中仅显示了一对同源染色体（如图 19-3）。(A) 在减数分裂中，染色体复制之后是两次减数分裂，产生单倍体细胞核。因此，每个进入减数分裂的二倍体核会产生四个单倍体核，然后通过特殊形式的胞质分裂，将它们包装到单倍体配子中。(B) 在有丝分裂中，每个二倍体核会产生两个二倍体核，然后通过胞质分裂包装成两个二倍体细胞。虽然有丝分裂和减数分裂Ⅱ很相似，二者通常都在数小时内完成，但减数分裂Ⅰ可以持续数天、数月甚至数年，因为在减数分裂Ⅰ之前的同源配对需要时间。

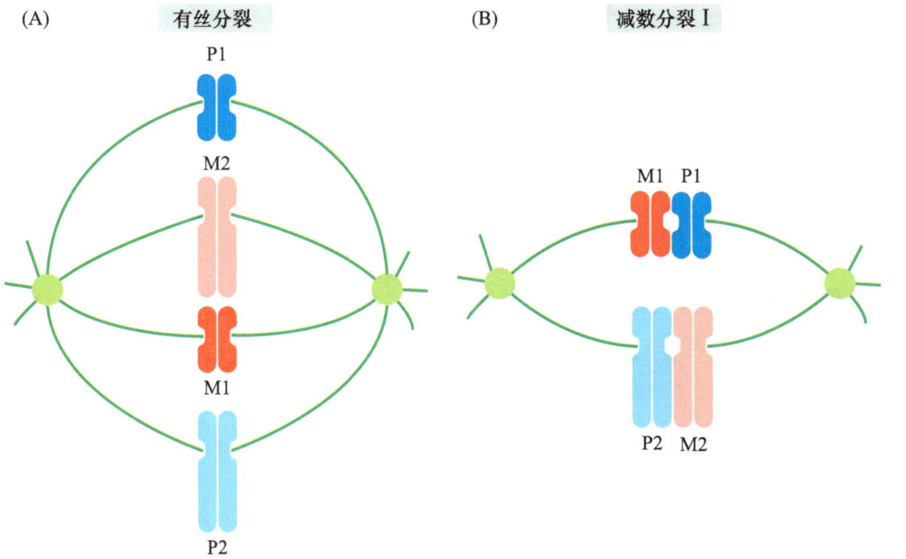

图 19-7 在减数分裂 I 期间，复制的同源染色体在排列到减数分裂纺锤体上之前完成配对。（A）在有丝分裂中，每条母系（M）和父系（P）染色体在完成复制后独立地排列在中期赤道板上。每条染色体由一对姐妹染色单体组成，它们将在细胞分裂之前分离。（B）相比之下，在减数分裂中，完成复制的母系和父系同源染色体在排列在中期赤道板之前进行配对。这一对同源染色体在第一次减数分裂期间分离，姐妹染色单体在减数分裂 II 期间分离。有丝分裂和减数分裂纺锤体均以绿色表示。

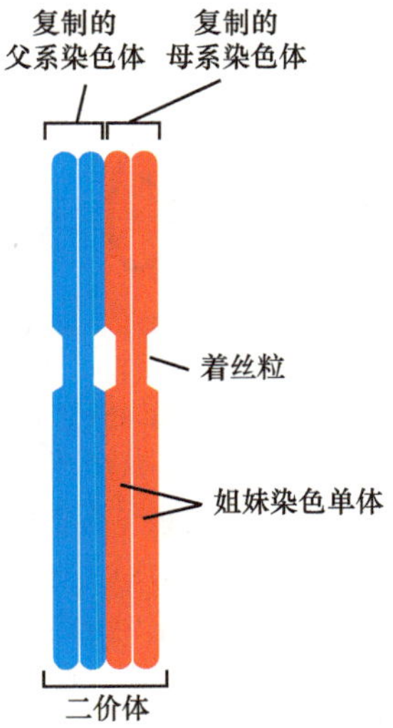

图 19-8 复制后的母系和父系染色体在减数分裂 I 配对形成二价体。每个二价体含有四条姐妹染色单体。

来修复遗传信息丢失的受损染色体。这种类型的修复利用来自完整 DNA 双螺旋的信息将正确的核苷酸序列修复到受损的、新复制的姐妹染色单体中（参见图 6-31）。

当同源染色体在减数分裂 I 的前期进行长时间配对时，也会发生类似的过程。在这种情况下，重组发生在每个二价体的非姐妹染色单体之间，而不是每条复制后的染色体相同的姐妹染色单体之间。在此过程中，母系和父系同源染色体可以在物理上交换染色体片段，该事件称为交叉互换（crossing-over）（图 19-9）。

交叉互换是一个复杂的多步骤过程，而联会复合物（synaptonemal complex）的形成可以促进该过程。随着复制后的同源染色体配对，这种精巧的蛋白质复合物有助于将二价体保持在一起并对同源染色体进行排列，以利于非姐妹染色单体之间容易发生链的交换（图 19-10）。复制后同源染色体中的每条染色单体（即那些非常长的 DNA 双螺旋中的每一条）可以与来自二价体另外一条染色体中的任一个（或两个）染色单体形成交叉互换。

到减数分裂前期结束时，联会复合物发生解聚，从而允许同源染色体的大部分区域沿着其长轴分开。但此时每个二价体仍由至少一个染色体交叉（chiasma，复数形式 chiasmata）连接在一起，这个结构的名称源于希腊字母 χ，因为它的形状像一个交叉。每个染色体交叉对应于两个非姐妹染色单体之间的一个交叉交换（图 19-11A）。大多数二价体含有一个以上的交叉，表明同源染色体之间发生了多个交叉互换（图 19-11C）。在人类卵母细胞即产生卵子的细胞中，每个二价体平均发生两到三次交叉互换（图 19-12）。

在减数分裂期间发生的交叉互换是有性生殖物种中遗传变异的主要来源。通过打乱配子中每条染色体上的遗传组成，交叉互换催生了具有新等位基因编排的个体。但是，在减数分裂中，交叉互换还具有第二种重要作用：它有助于确保母系和父系同源染色体在第一次减数分裂时正确地彼此分离，我们后续对此进行讨论。

染色体配对和交叉互换保证了同源染色体的正确分离

在大多数生物中，减数分裂期间的交叉互换对于两个复制后的同源染色体正确分离到子细胞核中是必需的。交叉互换事件产生的交叉点使母系和父系同源染色体结合在

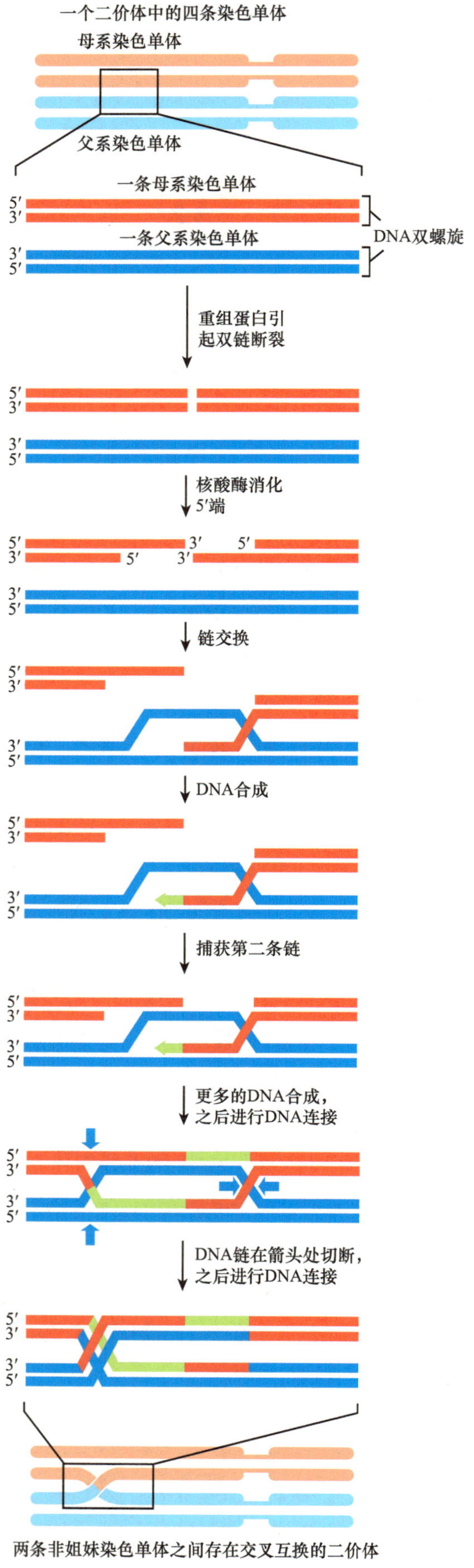

图 19-9　在减数分裂 I 期间，每个二价体中的非姐妹染色单体都会交换 DNA 片段。该过程开始时，执行同源重组的蛋白质复合物（未显示）在一条染色单体的 DNA 上产生一个双链断裂（在本图中，母系染色单体已被破坏，但父系染色单体也同样易断裂）。这些蛋白质随后会促进断裂的染色单体与未受损的染色单体形成交叉互换。当交换完成时，每条染色单体都含有来自彼此的 DNA 片段。在减数分裂过程中，许多产生染色体交换的步骤都类似于体细胞中指导 DNA 双链断裂修复的步骤（参见图 6-31）。

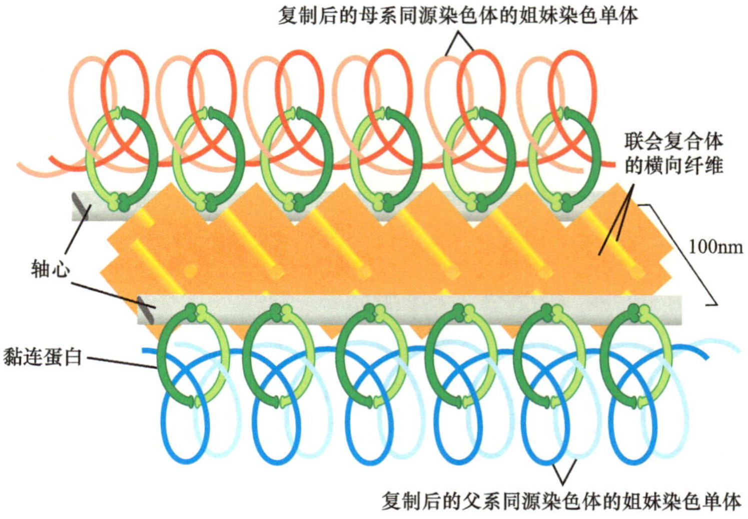

图 19-10　联会复合物有助于将复制后的同源染色体对排列整齐。母系（红色）和父系（蓝色）同源染色体中的姐妹染色单体是由一种称为轴心（灰色）的蛋白质复合物连接在一起，该复合物与连接姐妹染色单体的黏连蛋白（绿色）相互作用（参见图 18-18）。当完成复制后的同源染色体配对时，结合在每条染色体上的轴心蛋白复合物被一组杆状横向纤维（黄色）以拉链状紧密地拉在一起，由此形成联会复合物。

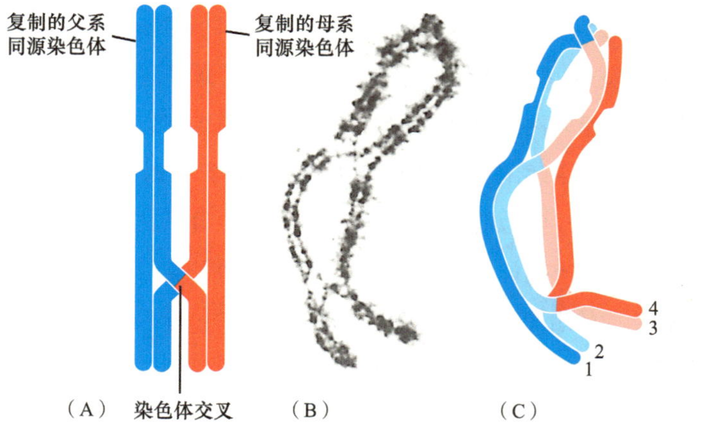

图 19-11　交换事件在每个二价体的非姐妹染色单体之间产生交叉点。（A）示意图显示一组配对的同源染色体，发生了一次交叉互换事件，产生一个交叉点。（B）蝗虫二价体的显微照片，显示有三个交叉点。（C）示意图显示（B）中配对的同源染色体之间的三个交叉点。每条姐妹染色单体都进行了编号。（图 B 蒙 Bernard John 惠赠。）

图 19-12 **在一个二价体中，复制后的同源染色体之间可能发生多次交叉互换。**荧光显微照片显示一条来自人卵母细胞（卵细胞前体）的铺展染色体，该细胞的母系和父系同源染色体仍然紧密结合在一起：每条单长线（红色）是一个二价体，含有四条姐妹染色单体。每个二价体内的染色单体之间的交叉位点通过一种蛋白质（绿色）进行标记，该蛋白质是减数分裂重组机制的关键组分。蓝色标志着着丝粒的位置（参见图 19-8）。（引自 C. Tease et al., *Am. J. Hum. Genet.* 70：1469-1479，2002。）

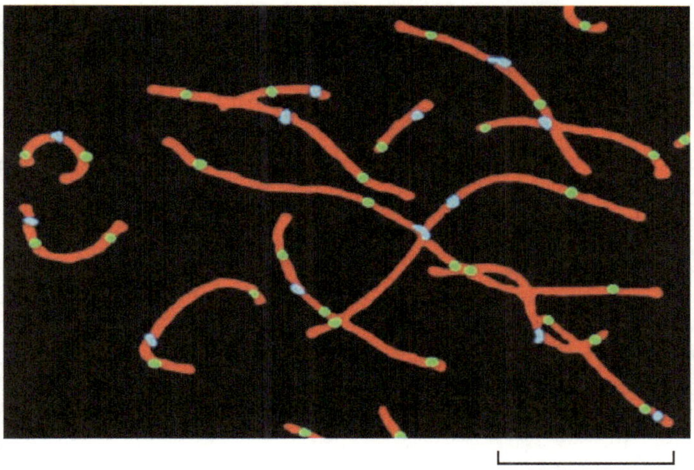

一起，直到减数分裂后期 I 时纺锤体将它们分开。在后期 I 之前，纺锤体的两极将复制后的同源染色体向相反的方向牵拉，而交叉点则抵抗这种牵拉（图 19-13A）。这样一来，交叉点有助于使二价体定位和稳定在中期赤道板上。

除了交叉点将母系和父系同源染色体维系在一起，黏连蛋白（cohesin，如第 18 章所述）也将姐妹染色单体的臂在整个减数分裂 I 期间并列地粘在一起（参见图 19-10）。在后期 I 开始时，这些黏连蛋白突然降解，使得姐妹

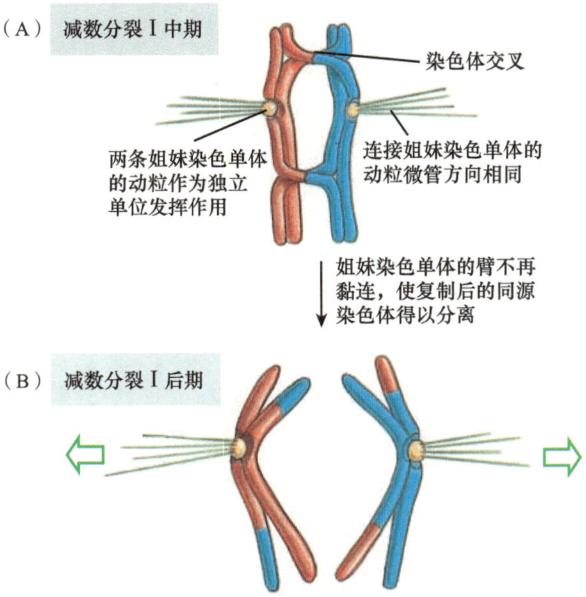

图 19-13 **在第一次减数分裂期间，交叉点有助于确保复制后的同源染色体的正确分离。**（A）在减数分裂 I 中期，交叉互换所产生的交叉点将母系和父系同源染色体保持在一起。在此阶段，黏连蛋白也将姐妹染色单体的臂粘在一起（参见图 19-10）。姐妹染色单体的动粒在减数分裂 I 期间只作为一个功能单位，附着在它们上面的微管都指向同一个纺锤体极。（B）在减数分裂 I 的后期，将姐妹染色单体的臂保持在一起的黏连蛋白突然降解，使同源染色体分离，但着丝粒上的黏连蛋白，当在同源染色体被拉开时继续将姐妹染色单体保持在一起。

染色单体臂分离，进而重组的同源染色体被拉开（图 19-13B）。如果染色体臂没有以这种方式得到释放，那么复制后的母系和父系同源染色体也会通过它们所交换的同源 DNA 片段彼此牵拉，并且在后期 I 不会分离。

第二次减数分裂产生单倍体子细胞核

为了分离姐妹染色单体并产生只含单倍体 DNA 的子细胞，第二轮分裂，即减数分裂 Ⅱ，在第一轮分裂结束后很快就开始，没有进一步的 DNA 复制或任何明显的间期。此时，减数分裂纺锤体形成，姐妹染色单体上的每个动粒分别与方向相反的动粒微管结合，就像普通的有丝分裂一样。在减数分裂 Ⅱ 的后期，其余的减数分裂特异性黏连蛋白（即定位于着丝粒的那些蛋白）被降解，姐妹染色单体被拉开（图 19-14）。整个过程如视频 19.1 所示。

单倍体配子包含重组的遗传信息

尽管拥有相同的父母，但没有两个兄弟姐妹在遗传上是相同的（除非他们是同卵双胞胎）。这些遗传差异远在精子遇到卵子之前，当减数分裂 I 产生两类随机遗传的重组时就已经开始了。

首先，正如我们所见，母系和父系染色体在减数分裂 I 期间是被随机地洗牌和分配。虽然染色体的分配过程很精确，可以确保每个配子都接收且只接收到每条染色体的一个拷贝，但对于母系或父系同源染色体之间的选择却是偶然的，就像抛一枚硬币一样。因此，每个配子中都有一些染色体来自于母本，而其余的染色体则来自于父本（图 19-15A）。这种随机组合完全取决于每个二价体在减数分裂 I 的中期排列在纺锤体上的定位方式。母系或父系

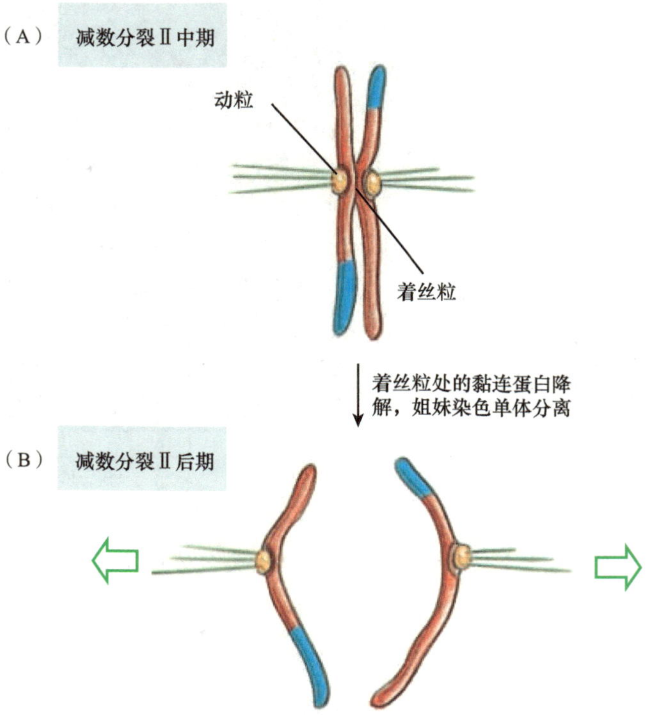

图 19-14　和有丝分裂一样，在减数分裂Ⅱ期，每个姐妹染色单体上的动粒均独立地发挥作用，使两个姐妹染色单体被拉到相反的两极。（A）在减数分裂Ⅱ的中期，姐妹染色单体的动粒朝向相反的方向。（B）在减数分裂Ⅱ的后期，着丝粒上将姐妹染色单体保持在一起的黏连蛋白被降解，使动粒微管将姐妹染色单体拉到相反的两极。

的同源染色体是否会被来自于一极或另一极的微管所捕获取决于当微管和它的动粒结合时二价体朝向哪个方向（参见图 19-13）。由于在捕获时每个二价体的取向是完全随机的，所以母本和父本染色体的分配也是随机的。

由于母系和父系同源染色体的这种随机重配，一个个体原则上可以产生 2^n 个遗传上不同的配子，其中 n 是染色体的单倍体数。例如，人有 23 条染色体可供选择，所以每个人理论上可以产生 2^{23}，即 8.4×10^6 种遗传上不同的配子。然而，每个人实际产生的不同配子的数量远大于此，因为在减数分裂过程中发生的交叉互换为遗传信息的随机分配提供了第二种来源。人的每对同源染色体之间平均可发生两到三次交叉互换，产生带有全新组合的母本和父本等位基因的新染色体。由于交叉互换基本是发生于染色体上的随机位点，所以每次减数分裂都会产生四组全新的染色体（图 19-15B）。

总之，母系和父系染色体的随机分配，以及交叉互换所导致的遗传混合，使单个个体产生的配子几乎具有无限的遗传变异性。鉴于每个人都是由两个完全不同的个体产生的配子融合形成，所以我们看到身边的人甚至是同一个家庭中的人的多样性是如此的丰富，这并不奇怪。

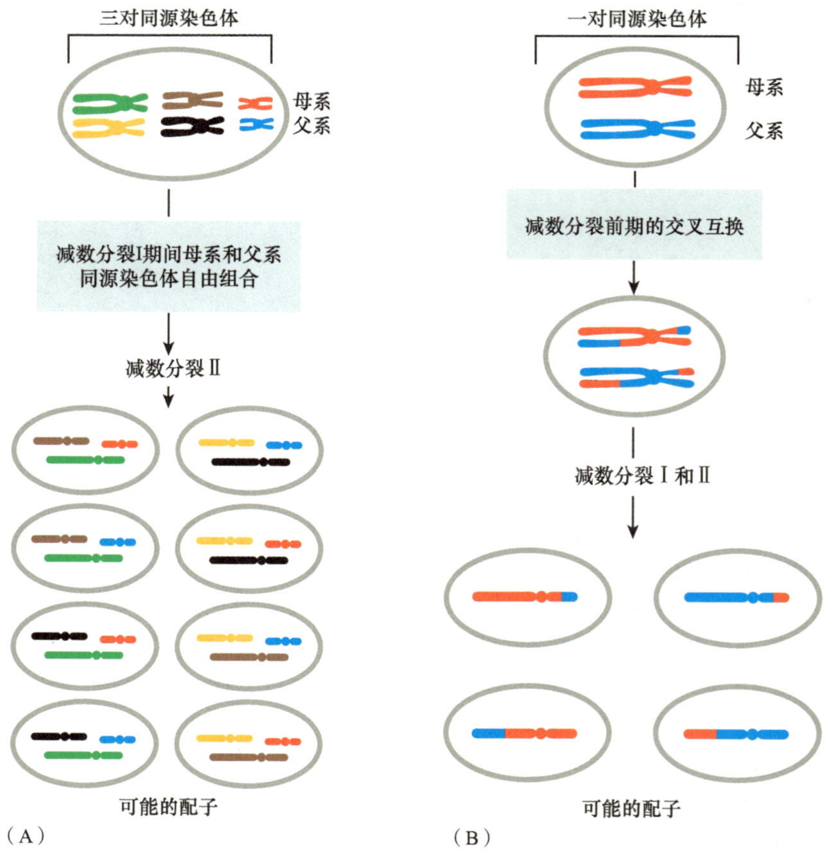

图 19-15　在减数分裂过程中产生新的染色体组合的两类遗传重配。（A）对于具有 n 条染色体的生物体，减数分裂过程中母系和父系同源染色体的独立分配可以产生 2^n 种不同的单倍体配子。图中 $n=3$，因此有 2^3 种或 8 种不同的可能配子。为简单起见，此处未显示染色体交换。（B）在减数分裂前期的交叉互换会在同源染色体之间交换 DNA 片段，从而将每条染色体的基因都进行重新分配。为简单起见，图中仅显示了一对同源染色体。每次减数分裂都会发生独立的染色体重配和交叉互换。

减数分裂并非完美

发生在减数分裂期的染色体分配是生物分子"功劳簿"上一项了不起的壮举：在人类中，每次减数分裂都需要起始细胞记录 92 条染色体（23 对，每条染色体均已复制），从而为每个配子分配一套完整的染色体。因此，在这个精巧的过程中染色体的分配也可能会出现错误，这一点毫不奇怪。

同源染色体偶尔会发生不能正确分离的情况，称为染色体不分离（nondisjunction）。结果是，产生的一些单倍体细胞缺少某些染色体，而其他单倍体细胞则含有不止一个拷贝。这种配子在受精后会形成异常的胚胎，其中大多数胚胎会死亡，但有些胚胎可以幸存下来。例如，唐氏综合征（Down syndrome），这是一种导致认知障碍和特征性生理异常的疾病，是由 21 号染色体多了一个拷贝所引起。该错误是因为减数分裂 I 期间 21 号染色体不能正常分离，所以产生的配子含有该染色体的两个拷贝而不是一个（图 19-16）。当这种异常的配子在受精时与一个正常配子

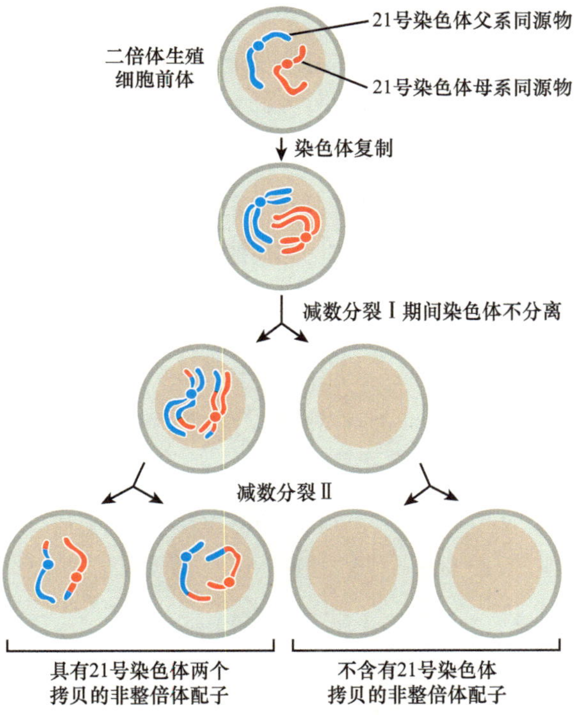

图 19-16 减数分裂期间染色体分离的错误可导致配子染色体数目不正确。在本例子中，复制后的 21 号染色体的母系和父系拷贝在第一次减数分裂期间没有正常分离。结果，两个配子没有得到染色体，而另外两个配子得到两个拷贝。为简单起见，图中仅显示了 21 号染色体。得到不正确数量染色体的配子被称为非整倍体（aneuploidy）配子。如果它们中有一个参与到受精过程，那么所得的受精卵也将具有异常数量的染色体。带有三个拷贝 21 号染色体的儿童将会患唐氏综合征。

进行融合，得到的胚胎就会含有 21 号染色体的三个拷贝而不是两个。这种染色体失衡会使 21 号染色体编码的蛋白质过量产生，从而干扰胚胎的正常发育和成人的正常功能。

人类配子产生过程中染色体错误分离的概率非常高，女性尤其如此：人类卵母细胞中约 10%的减数分裂会出现染色体不分离，从而产生染色体数量错误的卵子，称为非整倍体（aneuploidy）。非整倍体在人类精子中的出现的概率则较低，可能是因为精子的发育受到了比卵子发育更严格的质量控制。如果雄性细胞中减数分裂出错，细胞周期检验点机制会被激活，阻止减数分裂并导致细胞发生凋亡。无论分离错误出现在精子还是卵子中，染色体不分离都被认为是人类早期妊娠高发流产（自发流产）的一个原因。

受精重建完整的二倍体基因组

我们已经了解到减数分裂期间染色体如何进行分配以形成单倍体生殖细胞，现在我们简要地讨论一下生殖细胞如何在**受精**（fertilization）过程中重新结合以形成具有二倍体染色体组的新细胞。

在人类性交中射出的 3 亿个精子中，只有约 200 个会到达输卵管的受精部位。精子被卵子和其周围的支持细胞释放的化学信号所吸引，向排出的卵子移动。一旦精子发现卵子，它必须迁移通过保护层细胞，然后结合并穿过卵外膜，即透明带（zona pellucida）。最后，精子必须与下面的卵子质膜结合并融合（图 19-17）。尽管正常情况下受精是通过精子-卵子的这种融合来完成，但也可以通过人工将精子直接注入卵细胞质中来实现。当精卵融合出现问题时，该手段往往被用于临床治疗。

尽管一个卵子可能会结合多个精子（参见图 19-2），但正常情况下只有一个精子与卵子质膜融合并将其 DNA 引入卵细胞质。这一步骤的控制特别重要，因为它确保称为**合子**（zygote）的受精卵将包含且只包含两组染色体。有多种机制可以防止多个精子进入卵子。其中一种机制是，第一个成功进入的精子会触发卵细胞质中 Ca^{2+} 的大量释放。这种 Ca^{2+} 流随后引发了酶的分泌，导致透明带"硬化"，从而阻止后来的精子穿过透明带。Ca^{2+} 的释放还有助于引发卵子的发育。要观察受精所引起的钙释放，见视频 19.2。

图 19-17　**精子与卵子的质膜结合。**图中是扫描电子显微照片，展示的是一个人类精子正在接触一个仓鼠卵子。卵子的透明带已被去除，暴露出其覆盖着微绒毛的质膜。这种去除被膜的仓鼠卵子有时用于不孕症的临床治疗检测，以评估男性的精子是否能够穿透卵子。这种检测所得到的受精卵并不会发育。(David M. Phillips/The Population Council/Science。)

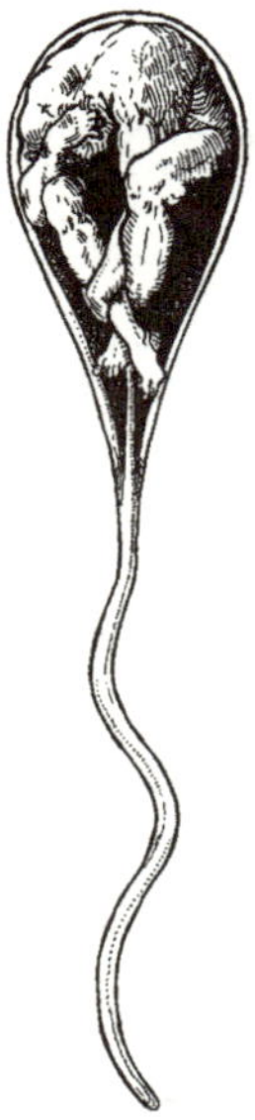

图 19-18　**一种已被证伪的遗传学说认为，遗传性状只能从父亲那里传递下来。**为了支持这种特别的单亲遗传学说，一些早期的显微学家幻想着他们能够看到一个完全成型的小人蜷缩在每个精子的头部。

然而，直到两个单倍体细胞核即*原核*（pronucleus）彼此靠近并将它们的染色体组合形成一个二倍体细胞核，受精过程才结束。在原核融合后不久，二倍体细胞开始分裂，形成细胞球。细胞球通过不断的细胞分裂和分化产生胚胎，并最终成为一个成体生物。受精标志着所有生物学中最引人注目的现象的开始，在该过程中，一个单细胞的合子在一套发育程序的指导下，最终形成了一个全新的个体。

孟德尔和遗传定律

在无性生殖的生物中，亲本的遗传物质忠实地传递给它的后代，由此产生的后代在遗传上与单个亲本完全相同。在孟德尔开始关于豌豆的工作之前，有些生物学家猜想人类的遗传方式也可能是如此（图 19-18）。

虽然孩子长得和他们的父母相似，但他们并不是母亲或父亲的复印件。由于上节所讲述过的减数分裂机制，有性生殖打破了现有的遗传信息集合，将等位基因重新洗牌形成新的组合，所产生的后代倾向于具有父母双方的混合特征以及一些全新的特征。对一些变异特征从一代到下一代进行追踪的能力使遗传学家开始破译有性生殖生物遗传背后的规则。

可用于追踪的最简单的特征是那些容易看到或测量的特征。在人类中，这些特征包括是否易在强光下打喷嚏、一个人的耳垂是否下垂，或者是否能够感受到某些气味或味道（图 19-19）。当然，遗传定律不是通过研究耳垂下垂的人得到，而是通过追踪那些易于培养且能够大量产生后代的生物的特征而揭示的。遗传学之父格雷戈尔·孟德尔（Gregor Mendel）专注于研究豌豆，但类似的实验也可以在果蝇、线虫、狗、猫或具有令人感兴趣的特征的任何其他植物或动物中完成，因为相同的基本遗传规律适用于从豌豆到人类所有的有性生殖生物。

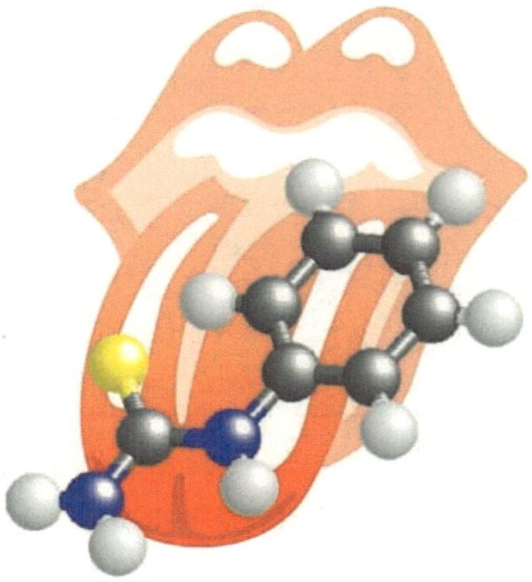

图 19-19　**有些人能品尝到它，有些人则不能。**品尝出化学合成的苯基硫代脲（PTC）的能力是由单个基因控制的。虽然遗传学家在 20 世纪 30 年代就已经知道无法尝出 PTC 的能力是可以遗传的，但直到 2003 年，研究人员才鉴定出该基因。无法尝出 PTC 的人所合成的 PTC 受体蛋白发生了氨基酸的替代，该替代被认为降低了该受体的活性。

在本节中，我们会描述有性生殖生物中基因遗传的逻辑。我们会了解减数分裂期间染色体的行为，即它们分离形成配子，然后随机组合形成遗传上独一无二的后代，是如何解释从实验得出的遗传规律的。但首先，我们会讨论一下 150 多年前孟德尔是如何通过在修道院花园种植豌豆发现了这些规律。

孟德尔研究的是以分离方式遗传的性状

孟德尔选择研究豌豆植株，是因为它们易于大量栽培，而且种植只需要狭小的空间，如修道院的花园。他从一种豌豆上取下精子（花粉）并将其刷到另一种豌豆的雌性结构上，从而可以控制哪两种植株进行杂交。这种细致的异花授粉使孟德尔可以确定他所研究的每棵豌豆的谱系。

孟德尔之所以选择豌豆或许更重要的一点是因为豌豆有很多变种。例如，有的品种开紫花，而另一种开白花；有的品种的种子（豌豆）表皮光滑，而另一种的种子则带有褶皱。孟德尔选择了 7 种性状去观察，包括花色和豌豆形状等。这些性状差异大、易观察，而且最重要的是，它们是以分离的方式遗传，例如，豌豆或者开紫花或者开白花，而不会开介于这两种颜色之间的花（图 19-20）。

孟德尔推翻了其他的遗传理论

孟德尔的繁育实验简单明了。他最初采用的是遗传上的纯种植株，即那些在自交时总是产生相同后代的植株。例如，如果他研究豌豆的颜色，他就会采用亲代是黄色豌豆而子代也是黄色豌豆，以及亲代是绿色豌豆而子代也是绿色豌豆的植株。

孟德尔的前辈们专注于研究带有多种不同性状的生物。这些生物后代的外表特征是如此复杂，以至于研究人员往往无法轻松地将子代与亲代进行比较。但孟德尔采取了独特的策略，即每次只研究一个特征。在一个典型的实验中，他对两个纯种植株进行异花授粉，然后记录下所选特征在下一代的遗传情况。例如，孟德尔将产生黄色豌豆的植株与产生绿色豌豆的植株进行杂交，发现所产生的杂交后代（称为第一代或 F_1 代）都是黄色豌豆（图 19-21）。类似的结果在他选择的每一个性状中都得到了验证：杂交所得的 F_1 代都只与两个亲代中的其中一方相同。

如果孟德尔的研究到此为止，即只观察到 F_1 代，那么他可能会对遗传的本质产生了一些错误的认知：这些结果似乎支持单亲遗传理论，该理论认为后代的外观将与父母的其中一方相匹配。幸运的是，孟德尔将他的杂交实验

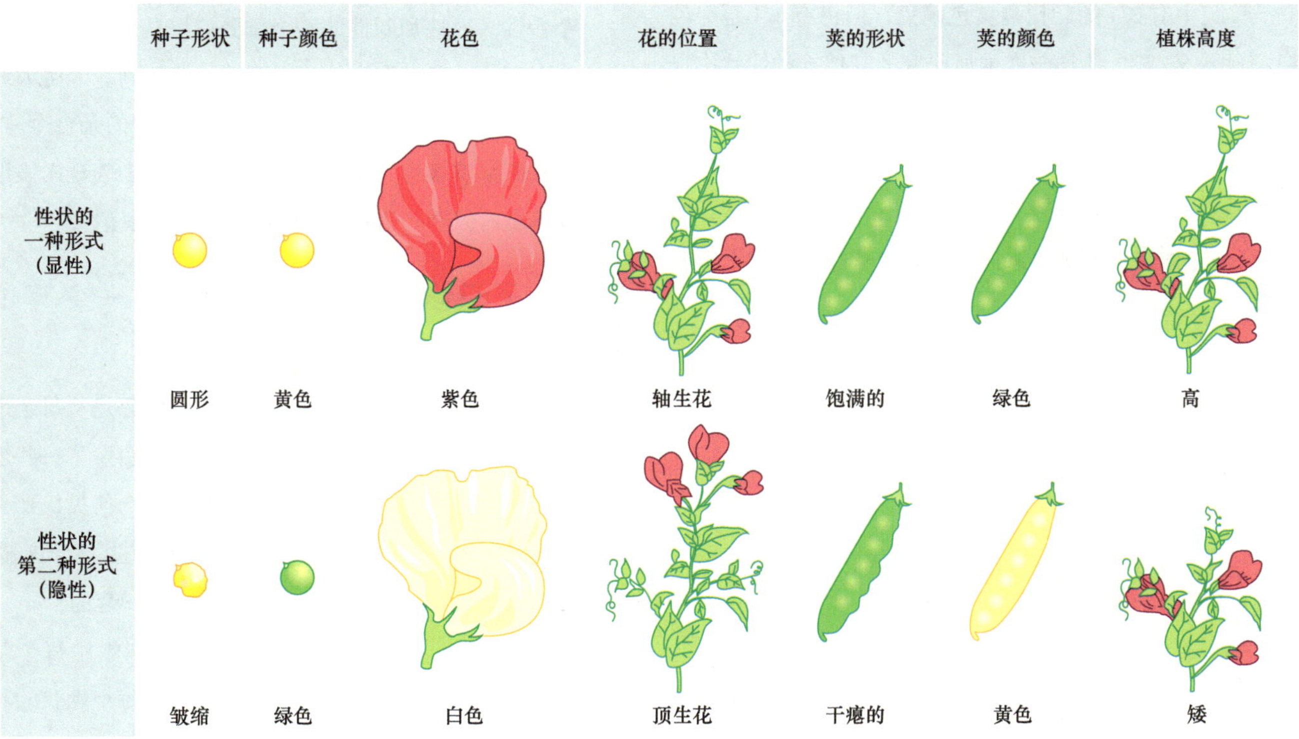

图 19-20 孟德尔研究了 7 种可以独立遗传的性状。对于每个性状，植株都是非此即彼，没有中间的性状。我们很快会看到，每种性状的其中一种形式为显性，而另一种形式则为隐性。

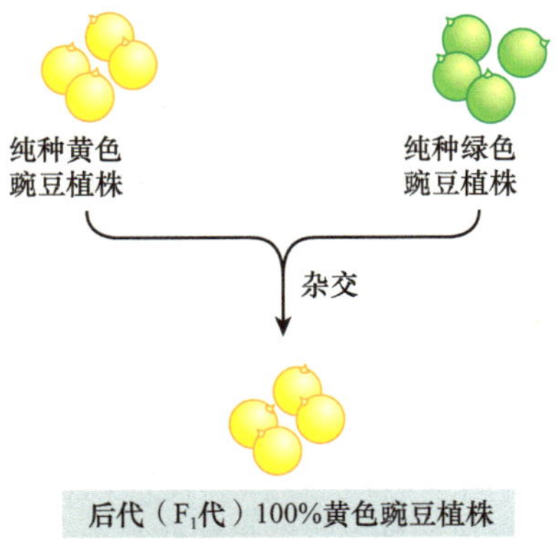

图 19-21　两个纯种品系进行杂交，所产生的后代与其中一方亲本相同。在本例子中，产生绿色豌豆的纯种植株与产生黄色豌豆的纯种植株杂交，产生的后代都是黄色豌豆。

更进了一步：他将 F_1 代植株相互杂交（或让它们自交），并分析结果。

孟德尔的实验揭示了显性和隐性等位基因的存在

当看到孟德尔最初的杂交实验，如图 19-21 所示，人们很容易会想到一个问题：为什么性状会在 F_1 代消失？例如，产绿色豌豆的植株难道没对后代做什么贡献？为了找到答案，孟德尔让 F_1 植株进行自交。如果绿色豌豆的性状已经消失，那么 F_1 植株的下一代，即 F_2 代，将只会产生黄色豌豆。相反，他发现“消失的性状”又回来了：尽管 F_2 代中有 3/4 的后代是黄色豌豆，但仍有 1/4 是绿色豌豆（图 19-22）。孟德尔在他所研究的其他 6 种性状中也都看到了同样的现象。

为了解释这些观察结果，孟德尔假设性状的遗传是受遗传因子（我们现在称之为基因）的控制，而且这些因子存在多个版本，分别负责所观察到的各种不同的遗传特征。例如，决定豌豆颜色的基因存在两种“口味”：一种指导产生黄色豌豆，而另一种指导产生绿色豌豆。这种基因的不同版本现在被称为等位基因（allele），一个个体所拥有的所有等位基因的集合，即其基因组成，被称为**基因型**（genotype）。

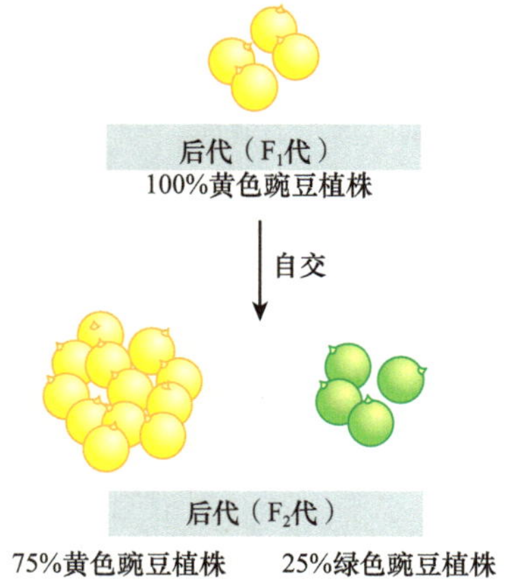

图 19-22　F_2 代的表型证明单个个体携带每个基因的两个等位基因。当图 19-21 中的 F_1 代植株自交（或相互杂交）时，有 25%的后代会产生绿色豌豆。

孟德尔在理论上的主要突破是提出了一种学说，即对于每个特征，生物体必须遗传该基因的两个拷贝，即等位基因，一个来自母本，另一个来自于父本。理论上，纯种的亲本植株各自具有一对相同的等位基因，黄色豌豆植株具有两个决定黄色豌豆的等位基因，而绿色豌豆植株具有两个决定绿色豌豆的等位基因。含有两个相同等位基因的个体对于该性状而言就是**纯合**（homozygous）个体。另一方面，F_1 代杂交植株已经得到两个不同的等位基因，一个决定黄色豌豆而另一个决定绿色豌豆。这些植株对于该性状而言是**杂合**（heterozygous）个体。

生物的外观，或称为**表型**（phenotype），取决于它所获得的等位基因的版本。为了解释 F_1 代中性状的消失以及它在 F_2 代中的再现，孟德尔认为任何一对等位基因中，其中一个是显性的（dominant）而另一个是隐性的（recessive）或隐藏的。显性等位基因只要存在就会决定植株的表型。对豌豆颜色而言，决定黄色豌豆的等位基因为显性，而决定绿色豌豆的等位基因则为隐性。

杂合性、显性和隐性的一个重要后果是，不是所有的等位基因都可以通过该个体的表型而被检测到。人类大约有 24 000 个基因，我们每个人都是大量基因的杂合个体。因此，我们都携带有大量的、没有在我们身上表现出表型的遗传信息，但这些信息在后代可能会出现表型。

每个配子只含有某一性状的其中一个等位基因

孟德尔的理论，即一个个体的每个基因都是从母亲遗传到一个副本而从父亲遗传到另一个副本，引发了一些逻辑问题。如果一个生物体的每个基因都有两个拷贝，那么它如何只将每个基因的其中一个拷贝传递给它的后代？这些基因的集合在后代中又是如何重新聚集在一起的？

孟德尔认为，当精子和卵子形成时，亲本中每个基因的两个拷贝都会分离，使每个配子只得到每个性状的其中一个等位基因。对于豌豆而言，每个卵子（胚珠）和每个精子（花粉）只得到豌豆颜色等位基因（黄色或绿色）、形状等位基因（圆形或皱褶）、花色等位基因（紫色或白色）及其他等位基因的其中一个拷贝。在受精期间，携带一个等位基因的精子与携带一个等位基因的卵子结合，从而形成一个带有两个等位基因的受精卵或合子。受精时哪个精子与哪个卵子结合，即合子会得到哪个等位基因，完全是偶然事件。

孟德尔的第一定律，即**分离定律**（law of segregation）清晰地讲述了遗传原理。它指出，每种性状的两个等位基因在配子形成过程中分开（或分离），并在两个亲本的配子受精时进行随机结合。根据该定律，产黄色豌豆的 F_1 代杂交植株会产生两类配子：其中一半配子得到黄色等位基因，而另一半得到绿色等位基因。当该杂交植株自花授粉时，这两类配子会随机地结合在一起。因此，F_2 子代中可以有等位基因四种不同的组合（图 19-23）。其中 1/4 的 F_2 代植株会得到两个决定绿色的等位基因，从而产生绿色豌豆；1/4 的植株会得到两个决定黄色的等位基因，从而产生黄色豌豆。但是，有 1/2 的植株会得到一个黄色等位基因和一个绿色等位基因。由于黄色等位基因是显性，所以这些植株就像它们杂合的 F_1 代亲本一样，都会产生黄色豌豆。加在一起，F_2 代中共有 3/4 是黄色豌豆，其他 1/4 是绿色豌豆。因此，孟德尔分离定律解释了他在 F_2 代中观察到的 3∶1 的比率。

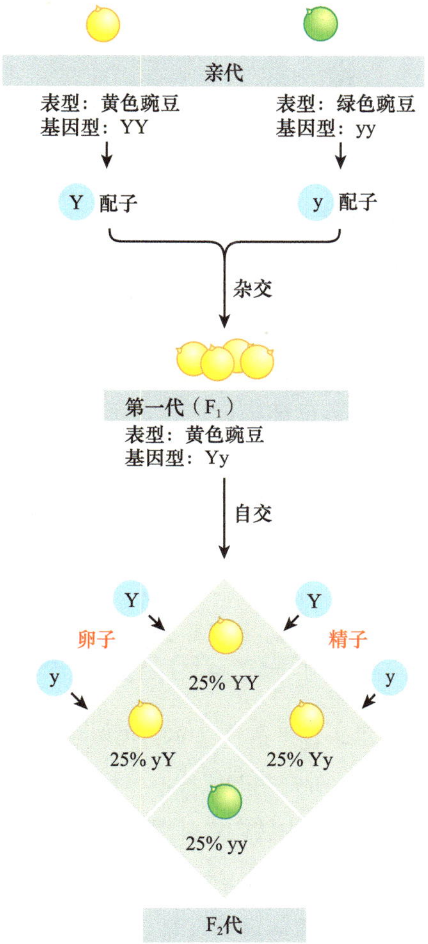

图 19-23　**亲本植株产生的每个配子只包含每个性状的其中一个等位基因；后代的表型取决于它所得到的等位基因的组合。**本图中的基因型和表型来自图 19-21 和图 19-22 中的豌豆植株。纯种的黄色豌豆植株只产生 Y 配子而纯种的绿色植株只产生 y 配子。这些亲本杂交所得到的 F_1 代产生的都是黄色豌豆，因为它们的基因型是 Yy。在这些杂交植株相互杂交得到的后代中，有 75%为黄色豌豆，25%为绿色豌豆。底部的灰色框被称为庞纳特（Punnett）方格，是由孟德尔的追随者、英国数学家庞纳特所发明，它可用于方便地追踪配子形成时等位基因的分离，并预测如图 19-22 的杂交实验结果。根据孟德尔发明的系统，显性等位基因由大写字母表示，隐性等位基因由小写字母表示。

孟德尔分离定律适用于所有的有性生殖生物

孟德尔分离定律解释了他在豌豆植株研究中所获得的每一个性状的数据，并且他还用玉米和豌豆重复验证了他的基本发现。但他发现的这些遗传规则并不仅限于植物，还适用于所有的有性生殖生物（图 19-24）。

思考一种由单个基因决定的人类表型。白化病（albinism）的主要形式——Ⅱ型白化病，是一种罕见病症，在许多动物（包括人类）中是隐性遗传。和绿色豌豆植株一样，白化病也是隐性纯合，即基因型为 *aa*。该基因的显性等位基因（用 *A* 表示）编码一种参与合成黑色素

图 19-24　**孟德尔分离定律适用于所有的有性生殖生物。**狗的繁育常通过增强某些特殊的包括各种体型、毛色、头形、鼻子长度、耳朵位置和毛皮图案等在内的外观性状。科学家们一直在对数十种犬进行遗传分析来寻找决定这些常见犬类特征的等位基因。现已证明，在几乎所有犬种中都有一个生长因子基因与体型相关，另外三个基因决定了毛发长度、卷曲度以及是否具有“装饰品”，如浓密的眉毛和胡须。（蒙 Ester lnbar 惠赠，获取来源：http://commons.wikimedia.org/wiki/User：ST。）

的酶，该色素使头发、皮肤和眼睛视网膜呈现出大面积的棕色和黑色。而由隐性等位基因所编码的这种酶仅具有弱活性或完全无活性，导致白化症患者的头发和皮肤变为白色，而瞳孔变成粉红色，这是因为眼睛缺乏黑色素会使视网膜血管中血红蛋白的颜色显现出来。

白化病性状也采用和其他任何隐性性状（包括孟德尔的绿色豌豆）相同的遗传方式。如果一个白化病隐性纯合等位基因（基因型为 *aa*）的男性和一个基因型相同的女性生育，那么他们的所有孩子都会是白化病者（*aa*）。然而，如果一个纯合非白化男性（*AA*）与白化病女性患者（*aa*）结婚，他们的孩子将是杂合子（*Aa*）而且肤色正常（图 19-25）。如果两个 *Aa* 基因型的非白化个体组成一个家庭，那么他们的每个孩子将有 25%的概率患上白化病（*aa*）。

当然，人类通常没有足够大的家族来保证完美地符合孟德尔比例（孟德尔的大多数杂交实验都是通过种植和计数了几千棵豌豆植株才得到他的比例）。追踪人类特定性状遗传的遗传学家是通过统计很多个家庭，或通过统计少数几个大家庭的几个代系，并通过**谱系**（pedigree）来显示每个家庭成员相关性状的表型来解决这个问题。图 19-26 显示了一个带有隐性致聋等位基因的家族谱系。它还表明了孟德尔定律的一个重要的有实际意义的结果：有亲缘关系的个体（称为血缘关系，来自拉丁语 *sanguis*，“血液”）结婚会极大地增加其子女获得一个有害纯合隐性突变的风险。

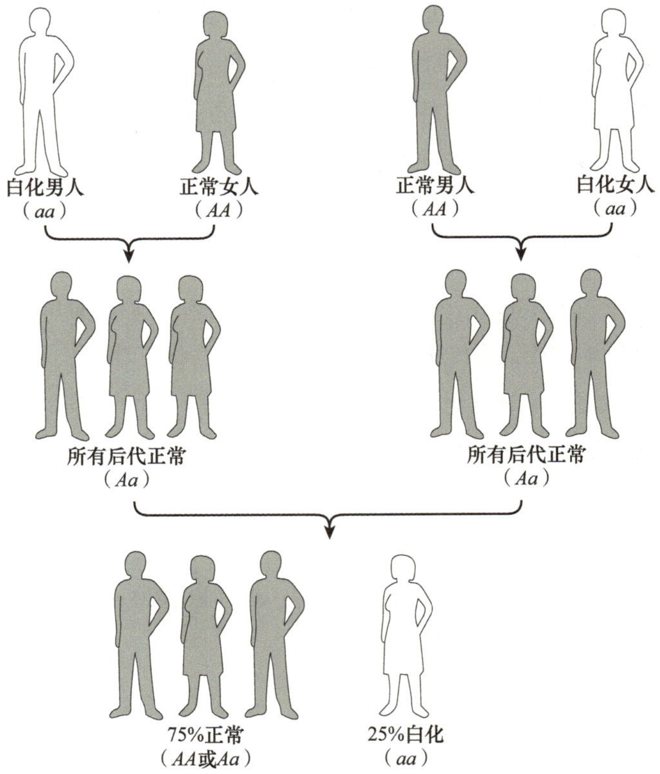

图 19-25　隐性等位基因都遵循相同的孟德尔遗传定律。 这里表示的是Ⅱ型白化病的遗传，这是人类一种由单个基因决定的隐性性状。注意，肤色正常的个体可以是纯合（*AA*）或是杂合（*Aa*），均具有显性等位基因 *A*。

决定不同性状的等位基因自由分离

孟德尔通过实行单杂交（monohybrid cross），即一次杂交实验只关注一种性状的遗传，有意简化了该遗传学问题。随后，他将注意力转向多基因杂交来研究两个或多个毫不相关的性状如何进行同步遗传。

最简单的情况是双因子杂交（dihybrid cross），孟德

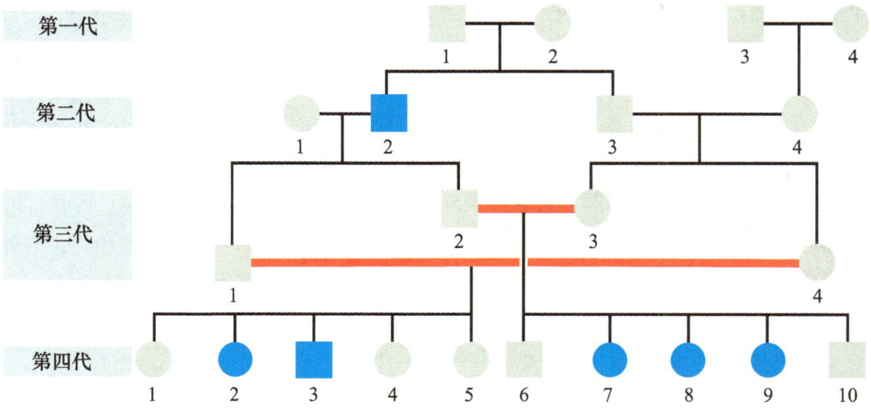

图 19-26　谱系显示了表亲结婚的风险。 图中显示的是一个家族的真实谱系，该家族带有一个罕见的隐性致聋突变。按照惯例，方形代表男性，圆圈代表女性。带有耳聋表型的家庭成员用蓝色符号表示，表型正常个体用灰色符号表示。连接男性和女性的黑色水平线表示二者无血缘关系，红色水平线表示二者有血缘关系。婚配产生的子女按照出生的先后顺序从左到右在下方显示。为方便识别，每一代的个体从左到右进行了依次标记。例如，在该谱系的第三代，一个表型正常的男人（个体 2）与他的第一个表亲（个体 3，表型也正常）结婚，他们的 5 个孩子中有 3 个（第四代中的个体 7、8 和 9）是聋人。同时，个体 2 的兄弟个体 1，也娶了个体 3 的姐妹个体 4。他们的 5 个孩子中有 2 个是聋人。（图改自 Z.M. Ahmed 等，*BMC Med. Genet.* 5：24，2004。蒙 BMC Medical Genetics 惠许。）

尔一次研究了两种特征的遗传，例如，豌豆的颜色和形状。对于豌豆的颜色，我们已经了解到黄色是显性而绿色是隐性；对于豌豆的形状，圆形是显性，而皱缩是隐性（参见图 19-20）。当这两种性状都不同的植株进行杂交会发生什么情况？同样，孟德尔开始采用的是纯种的亲本植株：显性植株产生黄色圆形豌豆（其基因型为 *YYRR*），而隐性植株产生绿色皱缩豌豆（*yyrr*）。一种可能性是，这两种性状，即豌豆的颜色和形状，是以连锁打包的形式从父代传给子代。换言之，植株总是会产生黄色圆形豌豆或绿色皱缩豌豆。另一种可能性是，豌豆的颜色和形状分别是独立遗传，这意味着在某些时候会出现全新的混合性状，即黄色皱缩豌豆或绿色圆形豌豆。

F_1 代植株均表现出预期表型——产生的都是黄色圆形豌豆。但无论亲本等位基因是否连锁，该结果都会出现。当 F_1 代进行自交后，结果就清楚表明：决定种子颜色的两个等位基因和决定种子形状的两个等位基因是独立地进行分离，产生出四种不同的豌豆表型，即黄色圆形、黄色皱缩、绿色圆形和绿色皱缩（图 19-27）。孟德尔以各种两两组合的方式试验了他的 7 种豌豆特征，均在 F_2 代中观察到特征性的 9∶3∶3∶1 的表型比例。配子形成过程中每对等位基因的自由分离被称为孟德尔第二定律，即**自由组合定律**（the law of independent assortment）。

减数分裂时染色体的行为是孟德尔遗传定律的基础

到目前为止，我们已经在理论上讨论了等位基因和基因，好像它们是没有实体的实体。现在我们知道，孟德尔的“遗传因子”，即我们称之为基因的东西，是由配子形成过程中被分配出来的染色体所携带，然后在受精时又以新的组合形式在合子中结合在一起。因此，染色体为孟德尔定律提供了物质基础，它们在减数分裂和受精过程中的如前文所述的行为，完美地解释了这些定律。

在减数分裂时，母系和父系同源染色体以及它们所包含的基因先进行配对，然后再彼此分开进入配子中。这些母系和父系染色体拷贝携带有许多基因的不同的变体或等位基因。以黄色豌豆基因（*Yy*）的杂合体豌豆植株为例，在减数分裂期间，带有 *Y* 和 *y* 等位基因的染色体分离，产生两种类型的单倍体配子：一个配子含有等位基因 *Y*，另一个则含有 *y*。在自交的植株中，这些单倍体配子结合在一起，产生的下一代的二倍体个体可能是 *YY*、*Yy* 或 *yy*。综上所述，减数分裂时等位基因进入到配子中的分离机制和受精时的配子结合，为孟德尔的分离定律提供了物质基础。

但多种性状独立分配的情况如何呢？由于减数分裂时每对复制后的同源染色体结合在纺锤体上，并且独立地排列在中期赤道板上，所以每个配子会随机地得到父系和母系的染色体（参见图 19-15A）。因此，不同染色体上基因的等位基因会独立进行分离。

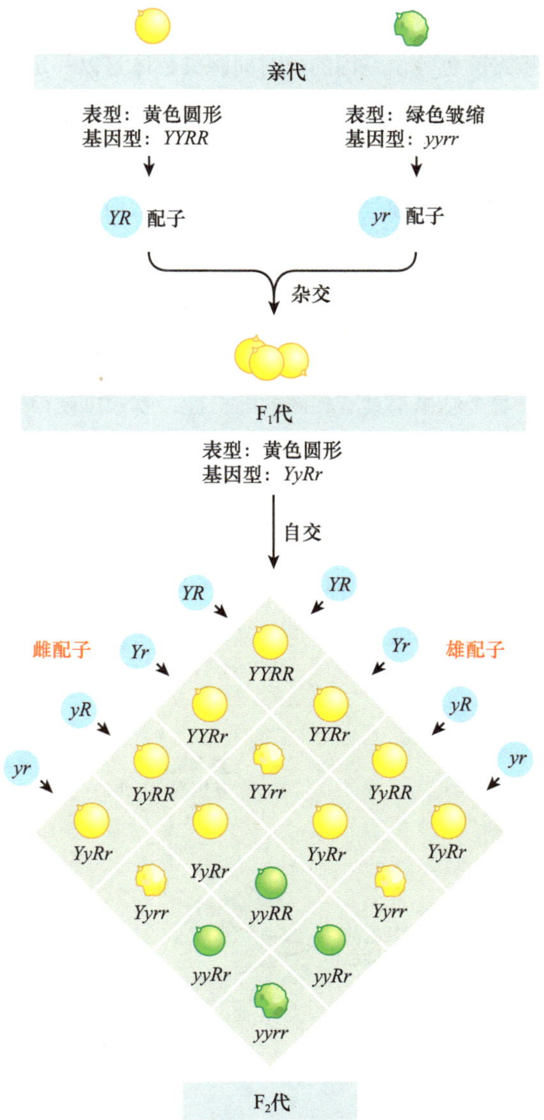

图 19-27　双（两种性状）杂交表明等位基因是独立进行分离。当等位基因自由分离时，它们进入配子的组合方式是随机的。所以在配子形成期间 *Y* 等位基因与 *R* 或 *r* 等位基因包装在一起的概率是等同的，其他的等位基因也是如此。因此，将产生数量大致相同的四类配子：*YR*、*Yr*、*yR* 和 *yr*。当这些配子随机结合产生 F_2 代时，所产生的豌豆表型中，黄色圆形∶黄色褶皱∶绿色圆形∶绿色褶皱的比例是 9∶3∶3∶1。

思考一株种子颜色（*Yy*）和形状（*Rr*）都是杂合的豌豆。携带颜色等位基因的一对同源染色体是以一定的方向结合在减数分裂纺锤体上：究竟是含有 *Y* 的同源染色体还是带有 *y* 的同源染色体被来自两极之一的微管捕获完全取决于在结合的瞬间二价体的朝向（图 19-28）。而对于携带决定种子形状的等位基因的那一对同源染色体也是如此。因此，最终配子是 *YR*、*Yr*、*yR* 还是 *yr* 的等位基因组合，完全取决于两对同源染色体在被减数分裂纺锤体捕获时的朝向；每个结果都具有相同的随机性，就像掷硬币一样。

位于同一染色体上的基因可以通过交叉互换进行分离

孟德尔研究了 7 种性状，每种性状都是由一个单独的基因控制。事实证明，这些基因中的大多数位于不同的染色体上，由此很容易解释他所观察到的自由分离。但不同性状的自由分离并不一定要求对应的基因位于不同的染色体上。如果同一条染色体上的两个基因相距足够远，它们也可以自由地组合，这是因为减数分裂过程中会发生交叉互换。正如前文所述，当复制后的一对同源染色体形成二价体时，母本和父本的同源染色体一般都会发生交叉互换。这种遗传物质交换可以将原本在同一染色体上的等位基因分开，使它们进入不同的配子中（图 19-29）。例如，现在我们知道孟德尔研究的豌豆形状和豆荚颜色的基因位于同一染色体，但由于它们相距很远，所以能够自由分离。

不是所有的基因都能像孟德尔第二定律那样自由分离。如果基因在染色体上靠得很近，它们更可能作为一个单元进行遗传。例如，人类的红绿色盲和血友病相关的基因就是因为这种原因而通常在一起遗传。通过测定基因共

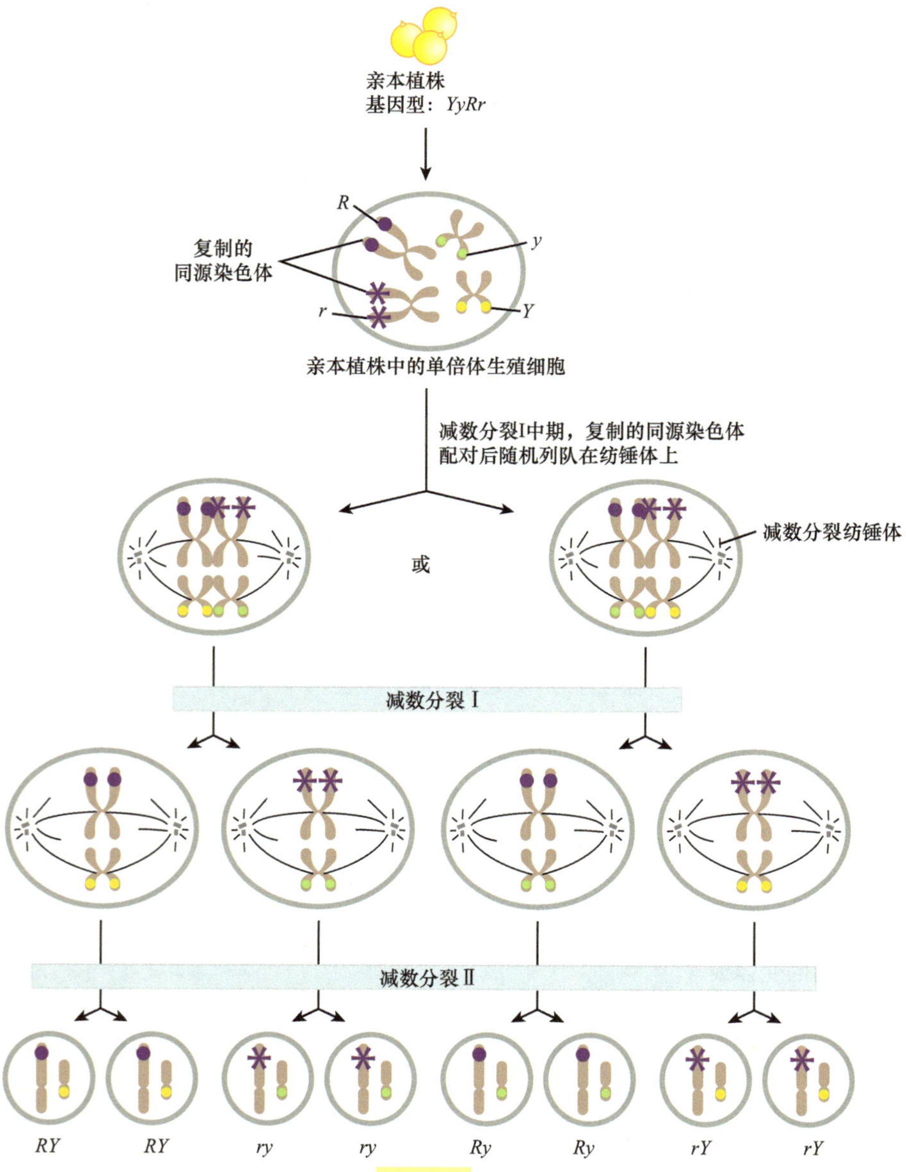

图 19-28　减数分裂时复制后的同源染色体的分离解释了孟德尔的分离和自由组合定律。这里显示的是位于不同染色体上的两对等位基因如何自由分离的过程，这两对基因分别是决定种子颜色的黄色（*Y*）、绿色（*y*），以及决定种子形状的圆形（*R*）、皱缩（*r*）。虽然图中没有显示交换，但它们不影响这些性状的自由组合，因为这两种基因位于不同的染色体上。

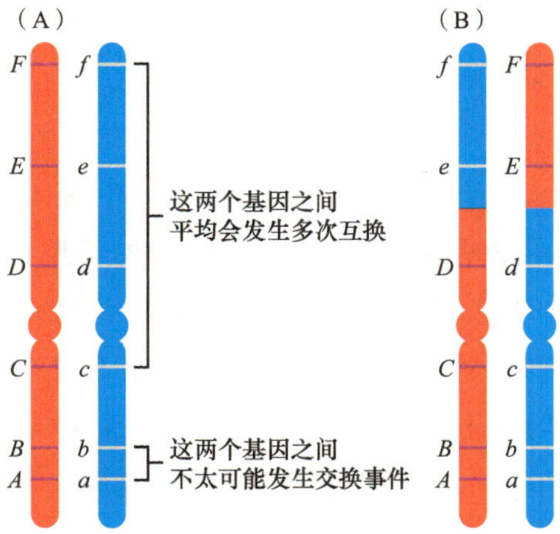

图 19-29　同一染色体上相隔很远的基因也会自由分离。（A）在减数分裂 I 前期，由于每条染色体上都会随机发生几次交叉互换事件，所以同一染色体上的两个基因如果离得足够远，它们就会遵循孟德尔自由组合定律。例如，在 *C/c* 和 *F/f* 之间的长区域中发生交换的概率很高，这意味着携带 *F* 等位基因的配子将有同等机会遇见 *C/c* 等位基因。相比之下，*A/a* 和 *B/b* 基因离得很近，它们之间发生交换的概率很小。因此 *A* 等位基因可能与 *B* 等位基因共遗传，而 *a* 等位基因与 *b* 等位基因共遗传。根据重组频率可以估算基因之间的距离。（B）示例显示染色体上的其中一个交换，该交换将 *C/c* 和 *F/f* 等位基因分开但不影响 *A/a* 和 *B/b* 等位基因。

同遗传的频率，遗传学家可以确定它们是否位于同一条染色体上，以及如果是的话，二者之间的距离有多远。通过这种遗传连锁（genetic linkage）测量，已经确定了多种生物的每条染色体上基因的相对位置。这种**遗传图谱**（genetic map）对于分离和鉴定导致人类遗传疾病如囊性纤维化病的突变基因至关重要。

基因突变可导致功能的丧失或获得

突变使 DNA 序列产生了可遗传性的变化。它们可以通过多种方式出现（如第 6 章所述），而且可以根据它们对基因功能的影响进行分类。减少或消除基因活性的突变称为**功能失活性突变**（loss-of-function mutation）（图 19-30）。基因的两个等位基因都带有功能失活性突变的生物体通常会表现出某种异常的表型，即不同于最常见的表型（尽管这种差异有时可能很微小而且难以检测）。相比之下，具有一个突变等位基因和一个正常“野生型”等位基因的杂合子通常可以产生足够的活性基因产物，由此可以正常发挥功能而保持正常的表型。因此，功能丧失突变通常是隐性的，因为对于大多数基因而言，将基因产物减少 50%的产量几乎对细胞没有影响。

以孟德尔的豌豆为例，决定种子形状的基因编码一种有助于将糖转化为支链淀粉分子的酶。野生型的显性等位基因 *R* 能产生带有活性的酶，而隐性突变等位基因 *r* 则不能。*r* 等位基因纯合的植株由于缺乏这种酶，会比具有显性 *R* 等位基因的植株含有更多的糖和更少的淀粉，从而使豌豆的外观出现皱缩。超市里的甜豌豆通常就是皱缩突变体，和孟德尔研究过的类型相同。

虽然大多数的功能失活性突变为隐性，但有些突变可能为显性。以一种可导致蛋白质错误折叠的突变为例，在杂合子中，有 50%的蛋白质折叠错误并失活，而另外 50%的蛋白质可以正常发挥作用。然而，错误折叠的蛋白质会继续形成聚集体，导致细胞出现严重的问题（参见图 4-19）。由于其产生了广泛的影响，所以这种特殊的功能丧失突变是显性的。

增加基因或其产物活性或导致基因在不适当环境中表达的突变称为**功能获得性突变**（gain-of-function mutation）（参见图 19-30）。这种突变通常为显性。例如，*Ras* 基因的某些突变会产生一种持续活化的蛋白形式（正如第 16 章所述）。因为正常的 Ras 蛋白会参与控制细胞增殖，所以即使没有细胞分裂信号的刺激，突变蛋白也会驱动细胞进行扩增，从而促进癌症的发展。人类中约 30%癌症的 *Ras* 基因含有这种显性的功能获得性突变。

我们每个人都携带很多潜在的有害隐性突变

正如第 9 章所述，生殖系细胞中发生的突变为演化提供了素材。它们可以改变生物体的适应性，使个体更容易或更不容易存活和留下后代。自然选择决定了这些突变是否要得以保留：那些赋予生物选择优势的突变往往会延

图 19-30　蛋白质编码基因的突变可通过多种方式影响蛋白质产物。（A）在本例子中，正常或“野生型”蛋白质具有特定的功能，以红色射线表示。（B）多种功能失活性突变降低或消除了这种活性。（C）如图所示，功能获得性突变增强了该活性，或导致了正常蛋白量的增加（图中未显示）。

续下去，而那些损害生物适应性或生育能力的突变往往会丢失。

绝大多数随机突变都是中性的，对表型不会造成影响或带来毒害。一种有害的显性突变，单个拷贝存在时就会产生负面作用，这种突变几乎是一出现就会被消除掉。在极端情况下，如果突变生物不具有生殖能力，那么该突变将随着突变体个体的死亡而从群体中消失。对于隐性的有害突变，情况稍微复杂一些。当这种突变首次出现时，它通常只存在一个拷贝。携带该突变的生物体可以和其他个体一样产生很多后代；这些后代中有一些遗传该突变的单个拷贝，而且它们看上去也是正常和健康的。但是当它们以及它们的后代开始相互交配时，就会有一些个体遗传到两个突变等位基因，从而表现出异常的表型。

如果这样一个纯合个体不能繁殖，则突变等位基因的两个拷贝将会从群体中丢失。最终，基因中新突变发生的速率与突变等位基因通过交配产生纯合的异常后代个体而发生丢失的速率达到一种平衡。因此，即使显示出有害表型的纯合个体非常的罕见，许多有害的隐性突变却在杂合个体中以惊人的高频率存在着。例如，最常见的遗传性耳聋（由于一个编码间隙连接蛋白的基因发生突变；参见图 20-28）的儿童出生率约为 1/4000，但我们中大约每 30 个人就有一个是该基因功能丧失性突变的携带者。

遗传学作为实验工具

了解染色体如何将基因信息从一代传递到下一代不仅揭示了遗传的基础，它还将遗传学与其他的生命科学，如从细胞生物学、生物化学到生理学和医学等，联系在一起。**遗传学**（genetics）成为一种强有力的手段来发现特定基因的作用以及这些基因的变异如何决定了物种之间或物种内部个体之间的差异。这些知识也具有实际的应用，因为了解疾病的遗传和生物学基础可以帮助我们更好地诊断、治疗和预防疾病。

在本节中，我们会概述经典的遗传学方法（classical genetic approach），以及利用这些方法如何鉴定基因并研究基因如何影响酵母或果蝇等实验生物的表型。该过程从产生大量的突变体开始，通过鉴定出那些具有感兴趣表型的罕见个体并对这些罕见突变个体及其后代进行分析，我们就可以追踪相关的基因，并找出这些基因的正常功能，以及发现这些改变基因活性的突变如何影响该生物的外观和行为。

经典的遗传学方法从随机诱变开始

在 DNA 技术出现之前（如第 10 章所述），绝大部分的基因是通过观察基因突变时哪些生物过程被破坏而被鉴定出来。这类分析首先要分离到具有有趣或异常表型的突变体，如白眼、卷翅或在高温时会变瘫痪的果蝇。从异常的表型反向研究，我们就能确定哪些 DNA 发生变化导致了这些表型。这种**经典的遗传学方法**（classical genetic approach），即寻找突变表型，然后分离出相关基因，在模式生物中最容易实现，这些生物，如细菌、酵母、线虫、斑马鱼和果蝇，繁殖快速且易于进行基因操作。图版 19-1 概述了这种经典方法背后的一些原理。

虽然在极大量（几千个生物群落或几百万个个体）的样品中仔细寻找，也会发现一些具有有趣表型的自发突变体，但使用诱变剂（mutagen，即能够破坏 DNA 的试剂）人为地产生突变可以使该过程更加有效。不同的诱变剂会产生不同类型的 DNA 突变（图 19-31）。不是所有的突变都会导致表型的显著改变。但通过用诱变剂处理大量生物，可以迅速产生很多突变体，这增加了找到感兴趣的表型的概率。我们后文会对此进行讨论。

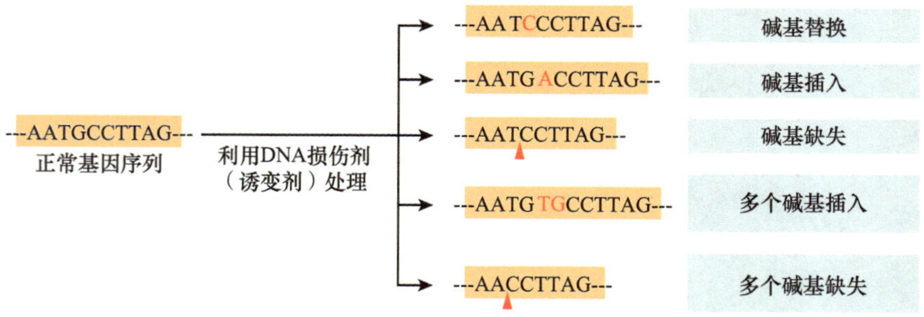

图 19-31 DNA 损伤试剂会产生多种类型的突变。这里展示了一些常见的突变类型。不同的诱变剂会产生各自的特征性突变。其他类型的突变涉及大片段 DNA 的变化，包括缺失、重复和染色体重排（图中未显示）。

图版 19-1 经典遗传学的一些概念

基因和表型

基因：遗传的功能单位，相当于一段可以编码蛋白质或非编码 RNA 分子的 DNA。

基因组：一个生物体的所有 DNA 序列。

野生型：常见的、自然发生的表型

突变型：由于基因改变（突变）而导致的不同于野生型的表型

基因型：组成一个个体基因组的特定等位基因组。

表型：一个个体的可见或功能性特征。

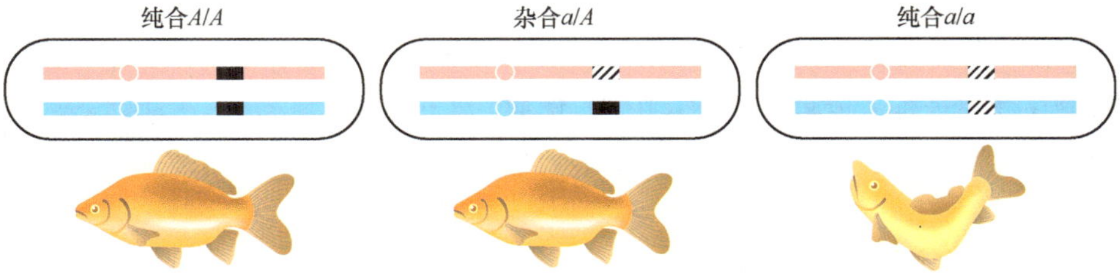

等位基因A是显性（相对于a）；等位基因a是隐性（相对于A）

在上述例子中，杂合子的表型与其中一种纯合子的表型相同。如果杂合子的表型与两种纯合子的表型都不同，那么该两对等位基因被称为共显性。

减数分裂和遗传作图

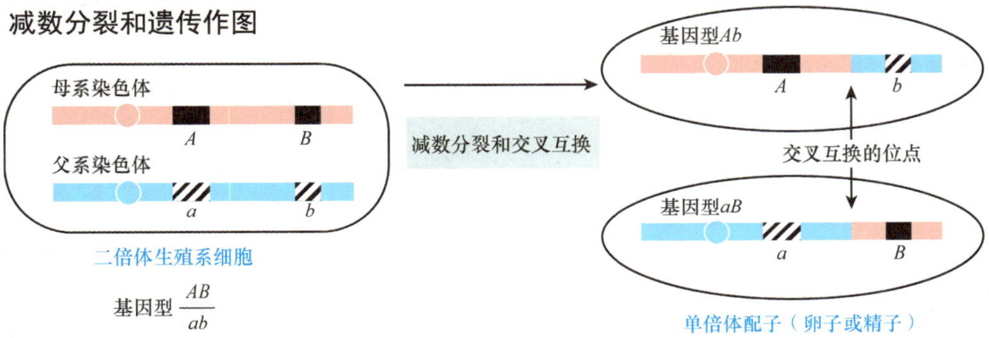

一条染色体两个基因位点之间的距离越远，它们之间就越有可能通过在某个位点发生交叉互换而分离。因此，如果两个基因在 x% 的配子中发生了重组，就可以说这两个基因在一条染色体上分离的基因图谱距离是 x 个图距单位（或 x 厘摩）。

两个基因还是一个基因？

假设有两个突变可以产生同一表型，我们如何判断这两个突变是否发生于同一基因？如果突变为隐性（绝大多数是这种情况），可以通过互补实验来得到答案。在最简单的互补实验中，携带一种纯合突变的个体与携带另一种纯合突变的个体进行交配，从后代的表型就可以得到问题的答案。

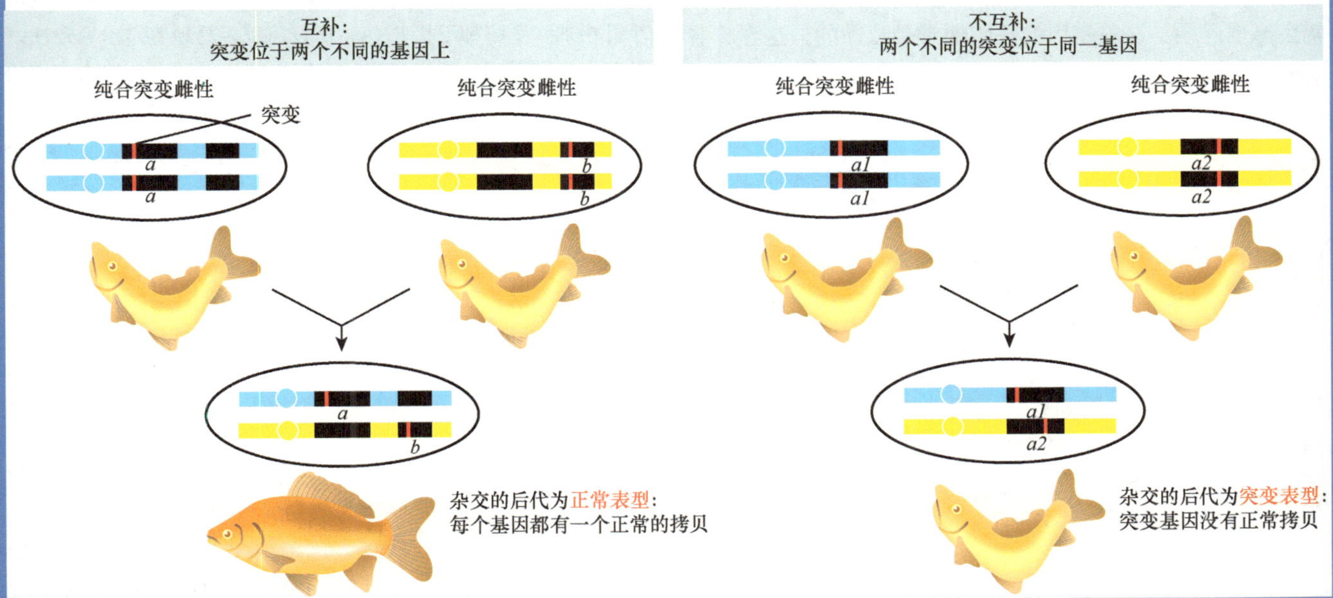

遗传筛选可鉴定出特定细胞过程发生缺陷的突变体

遗传筛选（genetic screen）通常要检测数千个诱变的个体才能找到少数几个感兴趣的特定表型发生改变的个体。例如，为了寻找参与细胞代谢的基因，可以对诱变的细菌或酵母细胞进行筛选，挑选出那些在缺乏某种特定的氨基酸或其他营养素时无法生长的个体（参见图 9-5）。

甚至决定社会行为等复杂表型的基因也可以通过在多细胞生物中进行遗传筛选来进行鉴定。例如，通过筛选群体性进食而不是像野生型个体那样单独进食的线虫，科学家们鉴定并分离出一个影响该“社会行为”的基因（图 19-32）。

现代技术的进步使得对分别带有不同失活基因的大量个体进行高通量遗传筛选成为可能。这种大量的突变体通常可以利用自动机器人进行筛选。例如，研究人员利用 RNA 干扰（参见图 8-28 的解释）得到了一批每个蛋白质编码基因都被破坏的线虫，但其中每只线虫仅有一个基因被破坏。从这批线虫可以快速筛选哪些表型发生了显著变化，如发育迟缓、运动不协调、生育能力下降或胚胎发育被破坏等（图 19-33）。使用该策略，可以鉴定出产生该特性所需的基因。

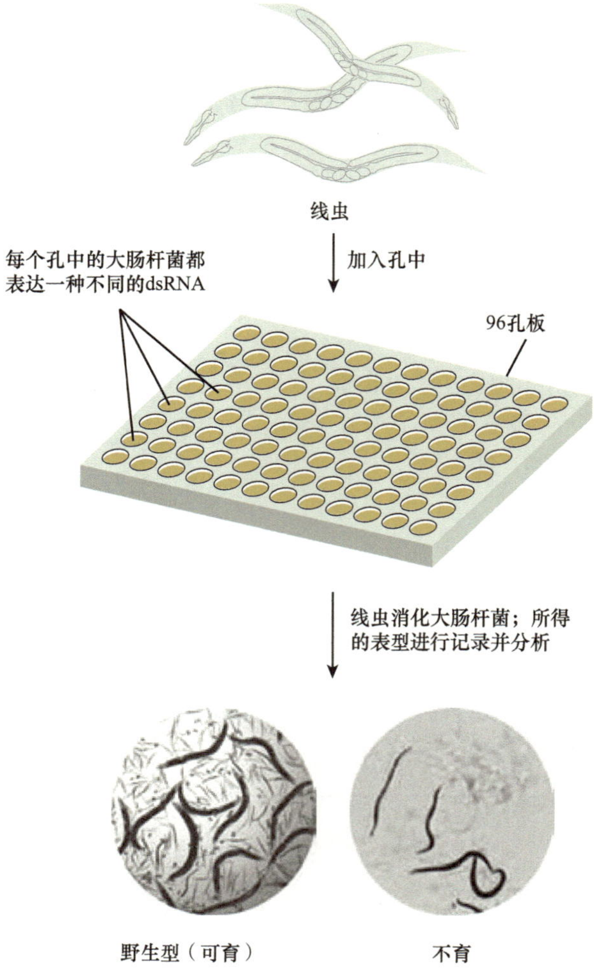

图 19-33 **RNA 干扰为进行全基因组遗传筛选提供了一种简便的方法。**在该实验中，96 孔板的每个孔加入产生不同的双链（ds）干扰 RNA 的大肠杆菌。大肠杆菌是秀丽隐杆线虫在实验室进行培养的标准食物。每种干扰 RNA 可匹配秀丽隐杆线虫一个基因的核苷酸序列。每个孔加入约 10 只线虫，它们会摄取这种转基因大肠杆菌。将板子培养数天，使 RNA 有时间结合其靶基因并使其失活，也让线虫有时间生长、交配并产生后代。然后将板子置于自动控制的显微镜下检测，以筛选影响线虫生存、生殖、发育和行为能力的基因。因为研究人员知道每个孔中加入了哪种干扰 RNA，所以可以轻易地鉴定出导致任一缺陷发生的基因。这里显示的是野生型线虫和生殖能力受损的突变体。（改自 Lehner et al，*Nat. Genet.* 38：896-903，2006。）

条件性突变体使研究致死突变成为可能

遗传筛选是一种强大的方法，用于分离和研究那些与生命相容的突变，即那些会改变生物的外观或行为但不杀死生物体的突变。然而，如果我们希望研究必需基因，即 RNA 合成或细胞分裂等重要细胞过程绝对需要的基因，就会出现问题。这些基因的缺陷通常是致命的，这意味着需要特殊的策略来分离并繁殖这些突变体：如果突变体不

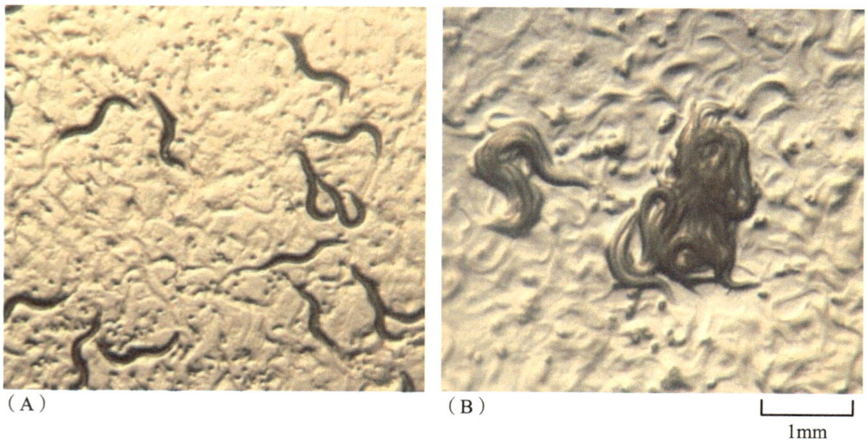

图 19-32 **遗传筛选可用于鉴定影响动物行为的突变。**（A）野生型秀丽隐杆线虫单独进食。（B）突变体线虫群居性进食。（蒙 Cornelia Bargmann 惠赠。）

能繁殖，就无法研究它们的基因。

如果生物体如小鼠或豌豆是二倍体，而且突变表型为隐性，那么有一个简单的解决方案。杂合突变个体表型正常而且可以繁殖，当它们相互交配时，后代中有25%将是纯合突变体并且将表现出致死突变的表型；有50%将和其父母一样是杂合突变携带者，可用于维持种群。

但像酵母和细菌等单倍体生物体该怎么办？有一种研究生物致死突变的方法是利用条件性突变体（conditional mutant），其突变基因的蛋白质产物仅在某些条件下有缺陷。例如，在温度敏感型（temperature-sensitive）突变体中，蛋白质在一定温度范围即许可温度（permissive temperature）内可以正常发挥作用，但是在范围之外的非许可温度（nonpermissive temperature）下会失活。因此，简单地通过改变温度就可以打开和关闭异常表型。在必需基因中含有温度敏感型突变的细胞可以在许可温度下增殖，然后通过转到非许可温度下使其表现出突变表型（图 19-34）。

许多温度敏感型的细菌突变体已被分离出来，用于鉴定编码细菌DNA复制所需蛋白质的基因；研究人员用诱变剂处理大量细菌，然后把温度从30℃升至42℃，筛选出那些停止DNA复制的细胞。类似地，利用温度敏感的酵母突变体鉴定出很多细胞周期调控蛋白（参见第1章中“我们是怎样知道的”栏目）和分泌途径中的运输蛋白（参见图 15-28）。

DNA技术（如第10章所述）使得构建一种完全不同类型的条件性突变体成为可能，其中感兴趣的基因被设计成可以在发育的特定时间或特定组织中缺失（参见图 10-30）。关键基因，如那些完全失活会导致生物体在发育早期死亡的基因，可以通过这种方式进行研究，因为该技术可以使生物体在度过发育的关键时期后再发生基因缺失。该策略尤其适合于研究那些在多种不同组织中发挥活性的基因，因为它使得基因在每种组织中的功能可以被分别检测。

互补实验揭示两个突变是否在同一基因上

一次大规模遗传筛选可能会出现多个具有相同表型的突变生物。这些突变影响的可能是相同的基因，也可能是在同一过程中发挥作用的不同基因。如何区分这两种情况？如果突变为隐性，**互补实验**（complementation test）可以揭示出它们影响的是否是同一基因。

最简单的互补实验是，将一个隐性突变纯合的个体与另一个纯合突变的个体进行交配。如果这两个突变影响的是同一个基因，那么后代会表现出突变表型，因为它们只有基因的缺陷拷贝。相反，如果突变影响的是不同基因，那么产生的后代将表现出正常的野生型表型，因为它们每个基因都将含有一份正常拷贝和一份突变拷贝（参见图版 19-1）。

在这样的实验中，当正常表型得到恢复，就可以说来自两个亲本的等位基因彼此互补（图 19-35）。例如，对遗传筛选发现的突变体进行互补实验表明，酵母细胞需要5个基因来消化半乳糖，大肠杆菌需要20个基因来构建一条功能性的鞭毛，而线虫从受精卵发育成成虫需要几百个基因。

探索人类遗传学

利用模式实验生物进行遗传筛选，成功地鉴定出很多基因并揭示出基因与多种表型之间的关系，其中很多基因在这些模式生物和人类之间非常保守。但同样的策略不能应用于人类。与果蝇、线虫、酵母和细菌不同，人类无法快速生殖。更重要的是，故意对人类进行诱变在伦理上不允许。

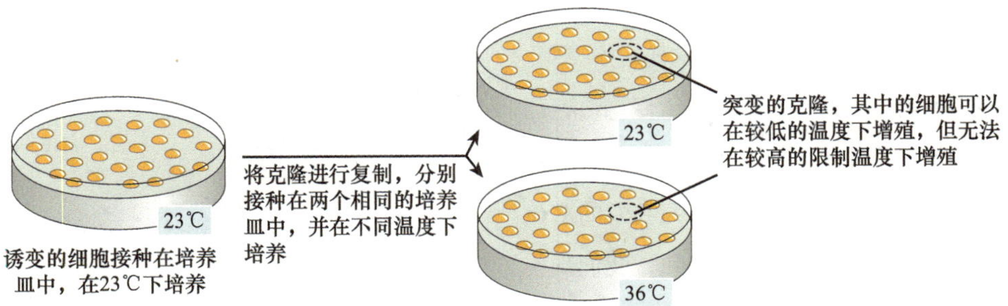

图 19-34 **温度敏感型突变体对鉴定参与关键细胞过程的基因和蛋白质很有价值。**在该例子中，用诱变剂处理酵母细胞，将它们涂布在培养板上，并在相对低温下培养使其增殖形成克隆。然后利用影印接种法将克隆转印到两个相同的培养皿中。其中一个在较低温度下培养，而另一个在较高温度下培养。那些在细胞增殖关键基因中含有温度敏感型突变的细胞就可以很容易被鉴定出来，因为它们仅在较低的许可温度下才能形成克隆。

图 19-35　互补实验揭示出两个不同基因的突变是造成同一异常表型的原因。当一种品系的白化（白色）鸟和其他品系的白化鸟交配后，所得的后代具有正常的着色。这种恢复为野生型羽毛的现象意味着这两种白色品系的白化是由于不同的基因发生了隐性突变。（引自 W. Bateson，*Mendel's Principles of Heredity*，1st ed. Cambridge，UK：Cambridge University Press，1913。）

尽管如此，人类正在成为越来越有吸引力的遗传研究对象。由于人口数量如此庞大，所以每个人类基因都至少已经出现多次自发的非致死突变。这些非致死突变的很大一部分仍然存在于当今人类的基因组中。其中最有害的一些突变可能会给该个体带来影响，而当这些个体去寻求医疗帮助（一种独特的人类行为）时，就可以发现这些突变。

技术的最新进步使得测序整个人类基因组变得快速而且廉价（如第 10 章所述），我们现在可以鉴定出这些突变，并使用即使在几年前也是不可能的方式去研究它们的演化和遗传。通过比较数以万计的人类基因组序列，我们现在可以直接鉴定出个体间的 DNA 差异。在本节中，我们会讨论分析从世界各地的人群和家庭中收集的 DNA 如何为我们的演化历史和导致我们患病的基因提供线索。

多态性的连锁域从祖先一直遗传到现在

如第 9 章所述，当我们比较多个人类基因组的序列时，我们会发现任何两个个体之间大约每 1000 个核苷酸对中就会有 1 对存在不同。这些变异中的大多数是常见而且相对无害。当两个序列变异共同存在于同一位点并且在群体中普遍存在时，这些变异就被称为**多态性**（polymorphism）。大多数多态性是由于单个核苷酸被取代，称为**单核苷酸多态性**（single-nucleotide polymorphism）或 **SNP**（参见图 9-38）。其余的多态性主要是由于片段的插入或删除，当变化很小时称为插入和缺失（indels），当变化较大时称为拷贝数变异（copy number variant，CNV）。

虽然这些常见变异可以在整个基因组中找到，但它们并不是随机分散，甚至不是独立分散。相反，它们倾向于以组的形式进行移动，这些组被称为**单倍型域**（haplotype block），是一些多态性或其他以单元形式遗传的 DNA 标记的组合。

为了理解为什么会存在这种单倍型域，我们需要思考我们的演化历史。一般认为，现代人类是从大约 20 万年前生活于非洲的一个小型种群繁衍而来，这个小型种群可能约有 10 000 人。在我们这一小群祖先人群中，有些人可能带有一组遗传变异，另外有些人则带有一组不同的变异。现今人类的染色体就是来自这个祖先小群体不同成员染色体片段的重新组合。因为从祖先到现在的我们只有约 2000 代，所以这些祖先染色体的大片段在从亲代传给子代的减数分裂时所发生的交叉互换事件中是不会断裂的（要记住，人类每组同源染色体之间只发生少数几次交换，如图 19-12 所示。）

结果是，某些 DNA 序列的组合及其相关的多态性是以连锁组的方式进行遗传的，在代系之间几乎没有基因重组。这些就是单倍型域。就像基因是以不同的等位基因形式存在，单倍型域在人群中通常也只有数量有限的几种变异，每种变异代表一种很久之前从特定祖先传下来的 DNA 多态性的组合。

多态性为我们了解自己的演化历史提供线索

对单倍型域的详细分析为了解人类种群的历史提供了有趣的见解。我们的 DNA 序列不断被突变所改变，其中很多变化是中性的，因为它们不会影响个体的生育能力，这就使得每种变异都有可能在种群中扩散开来。像 SNP

这种在种群中普遍存在的多态性自产生后所经历的时间越长，它周围的单倍型域就越小，这是因为，代系传递的过程越长，交叉互换事件就有更多机会将一个祖先等位基因与其周围其他变异分开。因此，通过比较不同人群单倍型域的大小，就有可能估算出一个特定的中性突变自产生后已经过了多少代。通过将这些遗传比较与考古发现相结合，科学家们已经能够推断出我们祖先自离开非洲后最可能经历的路线（参见图 9-37）。

基因组分析还可用于估算人类在演化上获得某个有利突变的时间和地点，如获得对感染的抵抗力等。这种有利突变会迅速在种群中积累，因为携带这些突变的个体更有可能在流行病中存活并将突变传递给后代。单倍型分析可用于确定这种有利突变出现的年代。如果它最近才在种群中出现，那么该突变破坏其周围的 DNA 序列而进行重组的机会就会很少，因此它周围的单倍型域将会很大。

镰状红细胞贫血就是这种情况，该疾病的发生是由于一个核苷酸发生了替换，导致血红蛋白一个亚基中的谷氨酸变为缬氨酸（参见图 6-32）。尽管该等位基因的纯合个体会患贫血症，但杂合个体（即携带一个正常基因和一个镰状红细胞等位基因）不会贫血，而且还可以抵抗疟疾。疟疾在非洲很流行，而该等位基因在这种情况下为个体带来了益处，因此该基因在非洲分布很广。对多种人类基因的比较表明，镰状红细胞等位基因是嵌在一个非常大的单倍型域中，这表明它是最近才出现在非洲基因库中，可能大约在 2000 年前。通过这种方式，现代人类基因组的分析揭示了人类演化中的重要事件，包括我们何时初次被某种疾病感染。

遗传学研究有助于寻找人类疾病的原因

就像孟德尔所研究的皱缩豌豆，我们对疾病的易感性是一种表型性状，尽管是一种不幸的性状。因此，许多疾病的致病原因都根源于我们的基因组。有些疾病背后的基因已经很明确了。例如，某些特定基因的突变会可重复性地引起一些可清晰定义的病症，如先天性耳聋、白化病、血友病和镰状细胞贫血。其他时候，基因之间的联系会更加复杂。很多最常见的人类疾病如糖尿病或关节炎是在多种基因的共同作用下才引发出“疾病表型”。

大多数疾病也受环境因素的影响，如营养的多少，以及与毒素、致癌物质、传染性病毒或微生物甚至是阳光的接触（参见图 6-25）。然而，即使是那些明显来自于环境的疾病，如特定病原体的感染，也可以被遗传因素所改良。如前所述，携带镰状红细胞等位基因的个体可以抵抗疟疾。我们稍后也会讨论到，有的人携带一个等位基因就能使他们对导致艾滋病的 HIV 病毒的感染具有遗传抗性。因此，就疾病表型而言，最终结果取决于遗传和环境因素之间错综复杂的相互作用。

尽管非常复杂，但遗传学研究，特别是那些涉及人类基因组序列比较的研究，正在扩大我们对于人类疾病根本原因的理解。在本章的其余部分，我们会探讨疾病的基因基础，以及研究人员鉴定疾病基因的策略。

许多严重的、罕见的人类疾病是由单基因突变引起

大约有 3000 种人类疾病是由单个基因的突变所引起。这些单基因（monogenic）病症有时被称为孟德尔（Mendelian）病，因为它们的遗传模式与孟德尔所研究的皱缩豌豆和紫色花朵一样简单。这些突变大多数都是隐性突变；只携带一个突变等位基因拷贝的个体在很大程度上是无症状的，而那些突变纯合的个体则会严重患病。例如，患有泰-萨克斯（Tay-Sachs）病的个体会表现出特征性的癫痫、失明和神经性退化，他们的存活时间通常不会超过婴儿期。

单基因疾病也非常罕见，仅影响人口 1% 的一小部分。这种低流行率可归因于几个因素。首先，许多这些疾病都是“早发”，这意味着受影响的个体在生命早期，通常在生育之前就会死亡。因此，这些个体所携带的致病等位基因会从基因库中消除。同时，由于许多单基因疾病为隐性，杂合子个体通常可以正常生活而且不会表现出疾病的迹象。因此，疾病等位基因不会完全从群体中消失，而是低频率地持续存在，它只会在遗传有两个突变等位基因的罕见个体中表现出来。然而，在父母遗传相关的家庭或种群中，单基因疾病可能会发生得更加频繁。与遗传无关的两个个体之间的婚姻相比，这种近亲婚姻更有可能产生与突变致病等位基因纯合的后代（图 19-36）。

有些单基因疾病在某些种群中更为常见。这些疾病的盛行是自然选择的结果。例如，可以产生疟疾抗性的突变血红蛋白等位基因在疟疾流行的地理区域存在的频率较高。其他有些特定的突变占据优势可能是始创效应；也就

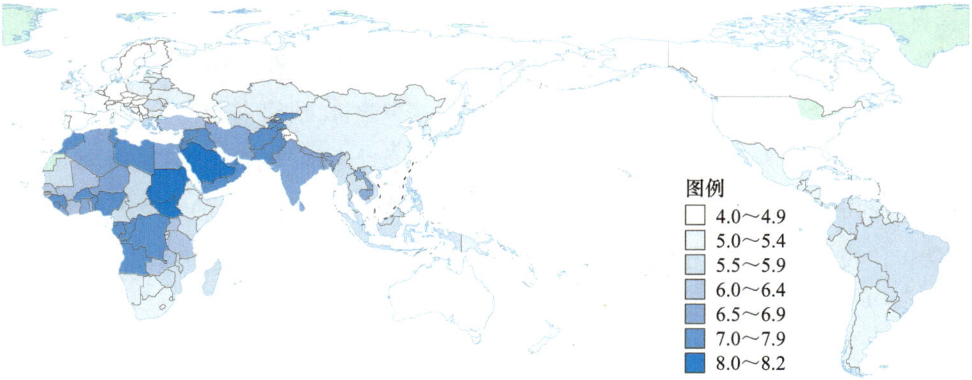

（A）出生缺陷概率（百分比/%）

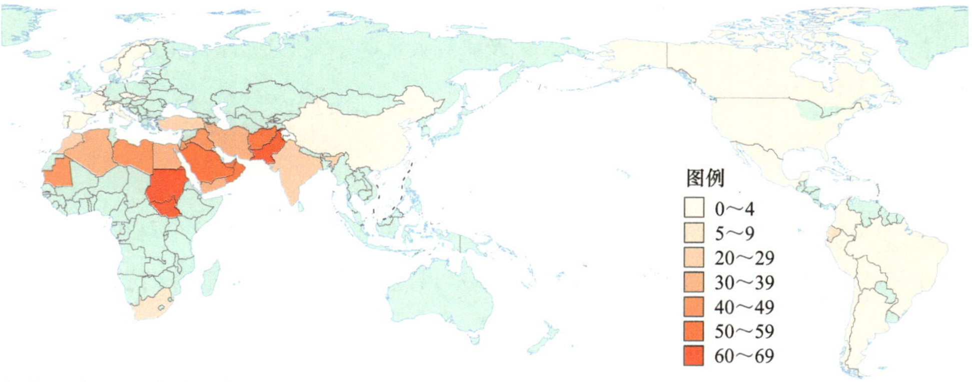

（B）血缘关系的普遍性（占二代表亲或更亲近的婚姻总数的百分比/%）

图 19-36 近亲结婚的盛行增加了遗传致病等位基因的概率。对这两幅地图进行比较表明，世界各国的近亲结婚百分比与出生缺陷率在很大程度是相同的。(A) 出生缺陷的百分比用蓝色阴影表示。此处出生缺陷的定义是出生时就带有的、影响身体结构或功能的异常，其中包括由简单的单基因疾病，以及由环境因素如暴露于诱变性化学物质下所造成的异常。(B) 二代或更亲的近亲之间的婚姻比例用橙色表示。灰色阴影表示缺乏数据的国家/地区。（改自 M.A. Jobling et al., *Human Evolutionary Genetics*, 2nd ed. New York：Garland Science，2014。蒙 Garland Science 惠许。）

是说，人类的一个亚群是来自少数个体，其中几个个体恰好带有某个特定的突变。随着该亚群的扩大，突变等位基因的频率变得高于它在整个人群中的频率。Tay-Sachs 病就是这种情况，它在德系犹太人中更为普遍。

当我们探索这些罕见的单基因突变的致病机制时，我们发现单基因疾病几乎影响了细胞和分子生物学的方方面面。例如，Tay-Sachs 病是由编码氨基己糖苷酶的基因发生功能丧失突变引起的。没有这种酶，大脑和神经细胞会持续受到破坏并带来悲剧性后果。另一种称为囊性纤维化的疾病是因为编码一种特殊氯离子通道的基因发生突变。其中有些突变会阻止通道打开，而另外的突变会抑制蛋白质正确折叠导致蛋白质被降解。了解特定的突变如何影响蛋白质功能可以为最有效的治疗指明方向。例如，某些药物有助于将错误折叠的通道引导到质膜中的适当位置，并帮助其更有效地发挥功能。这种治疗可以“拯救”突变蛋白并恢复其足够的活性，以减轻囊性纤维化的一些最严重的症状。虽然这些疾病对个人、家庭和社区是巨大的灾难，但关于它们的研究为了解许多人类基因的功能提供了重要的见解。

最后应该注意的是，人类中不是所有的功能丧失性突变都是有害的。例如，有种突变可破坏细胞表面受体 CCR5，携带该突变的纯合个体可以抵抗 HIV 的感染，因为该病毒进入人免疫细胞利用的就是 CCR5 受体。尽管缺乏这种受体的个体可能稍微更容易感染其他病毒，但这些个体在其他所有方面看上去都很正常。因此，在 HIV 继续成为世界主要公共卫生问题的今天，这种突变可以说是非常有益，并且可以成为对抗该病毒传播的治疗策略。

常见的人类疾病经常受到多种突变和环境因素的影响

虽然上面讨论的单基因疾病很罕见，但是相关的基因往往比较容易追踪。分析患病家庭或患病的一小群人的基因组通常足以定位到致病突变。然而，很多最常见的人类疾病，包括 2 型糖尿病、冠状动脉疾病和肥胖症等，是受到多种不同的遗传因素以及环境条件的影响。单个等位基因无论是纯合还是杂合，都不足以导致这种复杂的多基因（multigenic）疾病的发生。一个特定的等位基因可能会增加患病的风险，但在没有其他等位基因（或环境因素）共同作用的情况下不太可能单独致病。

与单基因疾病相对简单的遗传模式不同，多基因疾病

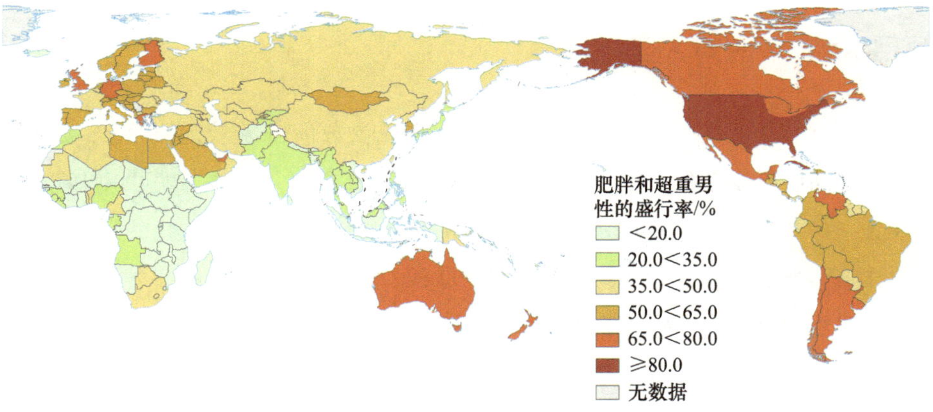

图 19-37 复杂疾病在地理上分布广泛，而且在人群中很常见。 该地图显示了超重和肥胖男性的全球分布。肥胖程度是通过体重指数（一个人的体重和身高比）来衡量的。像肥胖这种依赖于基因和环境之间复杂相互作用的疾病的发生频率通常会比简单的单基因疾病高出数千倍。（改自 M.A. Jobling et al., *Human Evolutionary Genetics*, 2nd ed. New York：Garland Science，2014。蒙 Garland Science 惠许。）

的遗传模式往往复杂到令人困惑：尽管每个患病个体的等位基因都是根据孟德尔定律遗传，但它们的绝对数量使分析变得复杂化。更重要的是，与单基因疾病往往发生在生命早期不同，多基因疾病往往发生得更晚。出于这个原因，很多多基因疾病不会影响到个体的生育。其后果是，一些会导致患病风险增加的等位基因在人群中变得相当普遍，因为它们并没有被自然选择所消除。因此，这种多基因疾病可以影响人群中的大部分人（图 19-37）。

全基因组关联研究有助于寻找与疾病相关的突变

鉴于许多最常见的人类疾病的复杂性，鉴定出相关基因是一项艰巨的任务。一种发现这些遗传风险因素的方法是对多态性的遗传模式进行分析。研究人员通常从大量患有该疾病的人群收集 DNA 样本，并将它们与来自正常人的样本进行比较，找出那些在患者中更加常见的变异，如 SNP。因为同一条染色体上邻近的 DNA 序列总是倾向于一起遗传，所以这些 SNP 的存在能够表明这些变异本身或者它们周围的等位基因增加了患病风险（图 19-38）。

这种全基因组关联研究（genome-wide association study, GWAS）最初是聚焦于研究 SNP，现已被用于检索个体易患常见疾病的基因，包括糖尿病、冠状动脉疾病、类风湿性关节炎，甚至抑郁症。其中一项研究见“我们是怎样知道的”栏目。对于上述很多疾病，环境因素和基因因素都共同发挥了重要作用，最终决定哪些个体容易患上这些疾病。

令人失望的是，通过这种策略鉴定出的大多数 DNA 多态性只是略微增加了患病风险。它们中的许多属于调节 DNA 序列，并且只是轻微地改变它们控制的基因的表达。然而，通过鉴定这些“风险等位基因”，上述研究提供了对这些复杂疾病的分子机制的线索，并使我们对常见遗传疾病的分子基础有了更好的理解。

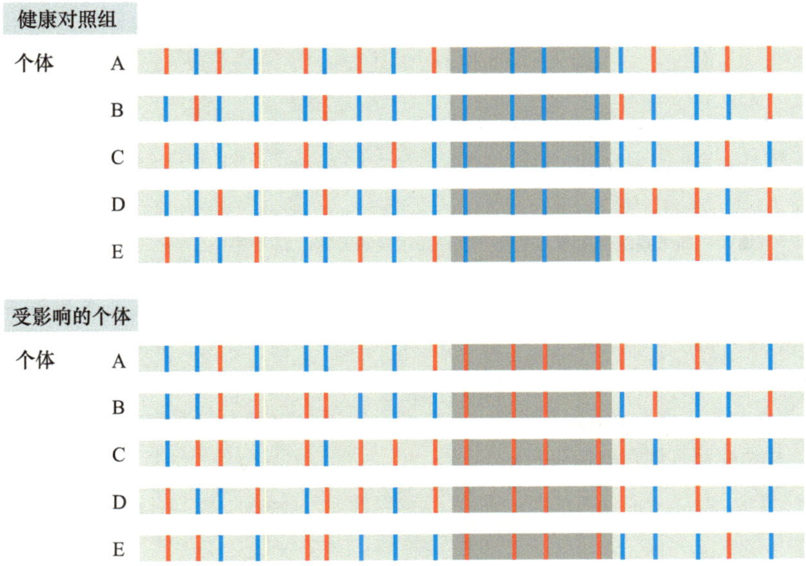

图 19-38 影响常见疾病患病风险的基因通常可以通过与 SNP 的连锁进行定位。 这里比较的是两组个体的 SNP 模式，一组是健康对照，另一组患有某种常见疾病。图示为一条典型染色体的片段。对于该片段中的大多数 SNP，一个个体是带有一种 SNP 变异（红色垂直条）还是另一种（蓝色垂直条），完全是随机事件；对照组和患者组的个体都显示出相同的随机性。然而，在染色体上深灰色阴影显示的部分，可以看到大多数正常个体带有蓝色 SNP 变异，而大多数患病个体则倾向于带有红色 SNP 变异。该发现表明该区域含有与疾病有关的基因或与该基因非常接近。通过精心挑选的对照组和数千名患病个体，这种策略可以帮助定位到与疾病相关的基因，即使这些基因只是使发病风险略有增加。

利用 SNP 来应对人类疾病

对于遗传引起的疾病，找到致病基因可能是改善诊断、治疗甚至预防的第一步。这项任务并不简单，但是对多态性（如 SNP）的研究可以提供一定的帮助。1999 年，一个国际科学家小组开始收集并整理了 300 000 个 SNP，即人类种群中常见的单核苷酸多态性（参见图 9-38）。如今，该数据库已包括亿万种基因变异。这些 SNP 不仅有助于定义个体之间的差异，对于遗传学家来说，它们还是定位人类常见疾病相关基因的标识，如糖尿病、肥胖症、哮喘、关节炎，甚至胆结石和腿多动综合征。

遗传作图

SNP 之所以有利于找到疾病相关的等位基因，是因为它们可以作为构建详细的遗传连锁图谱所需的物理标记。遗传连锁图谱显示了每条染色体上遗传标记的相对位置，图谱就是基于这些标记共同遗传的频率而绘制。同一条染色体上距离较近的两个标记共同遗传的频率要高于距离较远的标记。通过确定两个标记由于交叉互换而分离的频率，就可以计算它们之间的相对距离（参见图版 19-1）。

同样的分析也可用于研究 SNP 与等位基因之间的连锁，如一个可能导致遗传疾病的基因。我们只需要简单地寻找 SNP 与某种表型（在本例中为疾病）的共同遗传性，能找到这种连锁则表明导致表型的突变或者是 SNP 本身，或者更有可能位于 SNP 附近（图 19-39）。我们已经知道了每个 SNP 在人类基因组序列中的确切位置，所以连锁关系就能告诉我们致病突变所在的区域。随后，对该区域的 DNA 进行更详细的分析，如检测患病个体 DNA 序列中的缺失、插入或其他功能性的显著异常，就可以精确地鉴定出关键基因。

这种连锁分析通常在特别容易患某种疾病的家族中进行，而且家族越大越好。该方法在存在简单因果关系的情况下最为有效，即一个特定突变基因会直接而且稳定地导

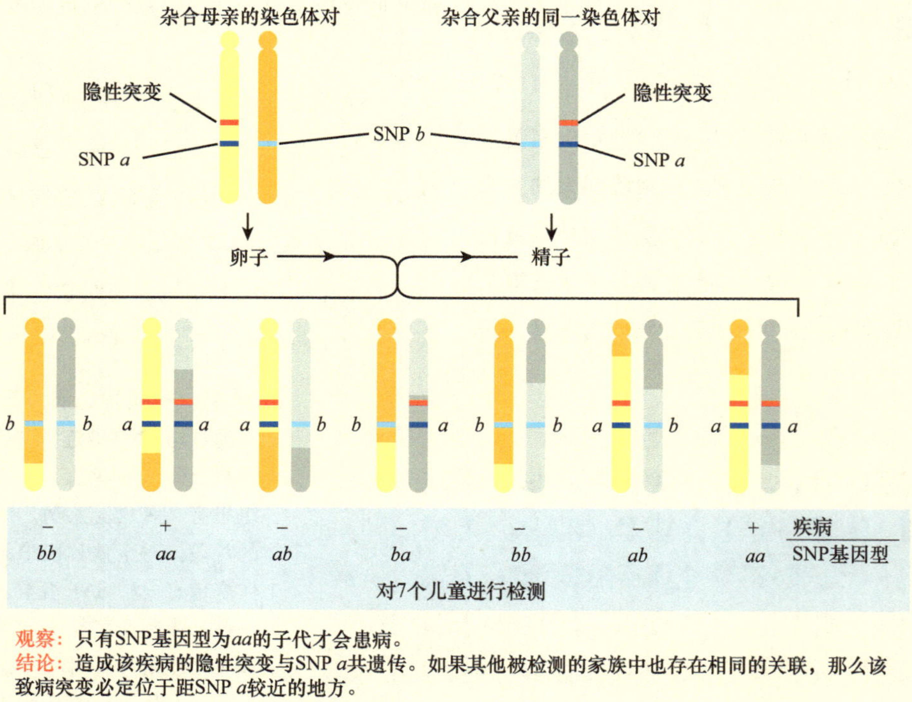

图 19-39　SNP 分析可以确定导致遗传疾病的突变位置。利用该方法可以研究某种特定的人类表型（这里是一种遗传疾病）与一组特定 SNP 的共同遗传关系。该图显示的是一种常见病例的家庭示意图，其中父母双方都携带一个隐性突变。如果患病个体携带有纯合的特定 SNP，那么该 SNP 和导致该疾病的隐性突变很可能是位于同一染色体上而且距离很近，如图所示。为了证明这种明显的连锁具有统计学意义，可能需要对来自这些家庭的几十个个体进行检查。分析的个体和 SNP 越多，就越有可能更精确地定位突变位置。现在，利用全基因组测序也可以同样快速而且便宜地找到突变。

致疾病，如导致囊性纤维化的突变基因。但是，大多数常见的疾病并非如此。相反，很多因素会影响患病风险：有些来自遗传，有些来自环境，甚至有些只是概率问题。对于这种情况，需要另外不同的方法来鉴定风险基因。

关联分析

全基因组关联研究（genome-wide association study，简称 GWAS）使我们能够发现影响某种常见疾病风险的普遍性基因变异，即使每种变异对疾病易感性的影响只是微乎其微。由于破坏关键基因活性的突变可能会对突变个体的适应能力造成灾难性的影响，因此自然选择往往会把这些突变从种群中消除从而导致它们非常罕见。换言之，那些只是轻微改变基因功能的变异更为普遍。通过追踪这些普遍的变异或多态性，我们可以找到一些在常见疾病生物学中发挥作用的基因。

GWAS 依靠遍布于整个基因组的基因标记（如 SNP）来直接比较患有特定疾病个体和健康个体的两个种群 DNA 序列。该方法可以鉴定出在患病个体中出现概率远高于偶然出现概率的 SNP。

以年龄相关性黄斑变性（age-related macular degeneration，AMD）为例，这种视网膜退行性疾病是导致老年人失明的主要原因。为寻找 AMD 相关的基因变异，研究人员研究了覆盖整个基因组的超过 10 万个 SNP。他们对 96 名 AMD 患者和 50 名正常人中所有这些 SNP 进行测序，发现在这 10 万个 SNP 中，有一种特定的 SNP 在患病个体中出现的频率明显更高（图 19-40）。

该 SNP 位于基因 *Cfh*（*complement factor H*）中，但是它位于该基因一个内含子中，似乎不太可能对蛋白质产物产生任何影响。因此，该 SNP 本身似乎不太可能是使 AMD 患病风险提高的原因。但是它把研究人员的注意力吸引到 *Cfh* 基因上。于是，研究人员对该区域进行了再次测序，试图在 AMD 患者中寻找到其他高频出现而且与已经确定的 SNP 共同遗传的多态性。他们发现了三种会改变 Cfh 蛋白氨基酸序列的变异。其中一个最有可能与该疾病相关，因为它使蛋白质一个特定位置的酪氨酸被组氨酸所替代。该疾病总是与 *Cfh* 基因中特定的 SNP 相关联，这促使了科学家对该基因进行深入研究。携带该风险等位基因两个拷贝的个体患 AMD 的概率是不携带该风险 *Cfh* 基因个体的 5 ～ 7 倍。

其他几个使用类似遗传关联方法的研究组，也指出 *Cfh* 的变异会增加患 AMD 的概率，这就使我们几乎可以确定 *Cfh* 基因与该疾病的生物学相关。Cfh 蛋白是补体系统的一部分，是免疫的重要组成部分；该蛋白质有助于抑制免疫系统过度激活而导致炎症和组织损伤。有趣的是，与该疾病相关的环境风险因素，如吸烟、肥胖和年龄，也会影响炎症和补体系统的激活。因此，不管 *Cfh* 基因影响 AMD 患病风险的详细机制如何，补体至关重要这一发现对于该疾病的早期诊断检测以及潜在的新型治疗途径都具有重要的指导意义。

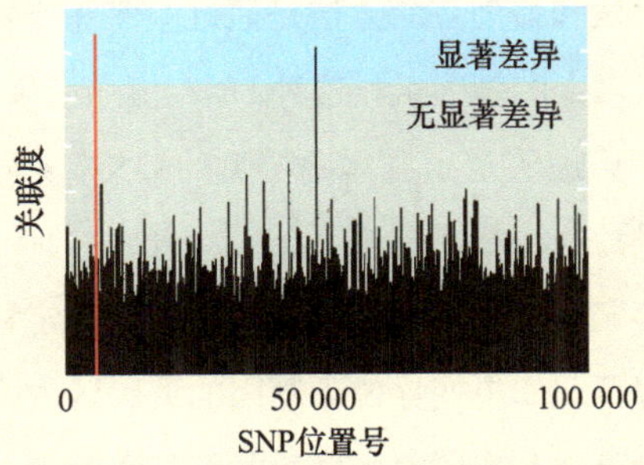

图 19-40　全基因组关联研究鉴定 AMD 患者中高频出现的 DNA 变异。在这项研究中，科学家在 146 人中检测了超过 10 万个 SNP。图中的 *x* 轴显示的是基因组中每个 SNP 的相对位置，从左侧开始的是位于 1 号染色体上的 SNP。*y* 轴显示的是所观察到的每个 SNP 与 AMD 的关联性强度。蓝色区域表示统计显著性的阈值水平，指的是在检测的所有 10 万个 SNP 中单纯偶然出现的概率小于 5%的强度。红色标记的 SNP 是指向相关基因 *Cfh* 的 SNP。当对该位点进行再次测序后，其他一开始与该疾病存在显著关联的 SNP（黑色）变得不再显著。（改自 R.J. Klein et al.，*Science* 308：385-389，2005。）

关于人类变异和疾病的遗传基础我们还有很多需要了解

迄今为止，多态性使我们可以追踪我们的祖先并鉴定出那些增加我们患病风险的基因，但这种多态性必须相对普遍才能被我们上文所述的方法检测到。因为它们很久以前就已经在演化上出现，所以它们现在以一种或另一种形式存在于很大一部分的人群中（1%或更多）。这种基因变异被认为是造成人与人之间基因组差异的原因的 90%。但是，当我们试图将这些常见的变化与疾病易感性或其他遗传性状如身高的差异联系起来时，我们会发现它们并没有我们所预期的那么强的预测能力。举例而言，大多数只能使患病风险增加相对很小的幅度，不会到两倍。

问题的一部分是，直到近期很多直接导致复杂人类疾病的突变才出现在我们的演化史上，但人类已经历了从10 000 年前的数百万人爆炸式增加到今天地球上约 70 亿人的演化过程。与人群中普遍存在的古老多态性相比，这些致病突变更为罕见，所以它们无法被上文所述的 GWAS 方法检测到。

既然 DNA 测序的成本已经骤降，那么鉴定这些近期突变的最有效和最划算的方法是通过测序并比较数以千计的患者和正常人的基因组。这种 DNA 测序必须非常精确，以便可以明确地鉴定出群体中罕见的 DNA 变异（并区别于测序错误）。

一旦鉴定出这些变异，下一个挑战是确定它们如何影响个体的表型。如果变异位于基因的编码区内，那么很容易评估它是否会改变所得蛋白质的氨基酸序列。然而，正如我们所看到的，许多重要的 DNA 变异是位于编码区之外。这种机制有助于解释为什么许多等位基因在预测诱发某种疾病的可能性方面的实际作用很小，但在统计学上却很显著。只通过检查一个基因组序列，通常很难预测出这些变异的作用可能是什么；在这些情况下，我们需要在体外培养的细胞，或在动物模型中进行额外的实验来确定这种突变的后果。

随着基因组测序工作的继续，我们在受疾病影响的人群中以及在看上去健康的个体中发现了许多以前未曾报道的基因变异。有一项研究表明，我们每个人的蛋白质编码基因中都携带大约 100 个功能丧失性突变，其中一些突变甚至破坏了两个基因拷贝的活性。这一令人惊讶的结果意味着我们的基因组仍然拥有很多秘密，而且尽管人群中存在巨大差异，但在当今世界中我们仍然可以作为“正常”的人类去发展和生活。

基本概念

- 有性生殖包括二倍体和单倍体状态的循环交替：二倍体生殖系细胞通过减数分裂形成单倍体配子，两个个体的单倍体配子在受精时融合形成一个新的二倍体细胞即合子。
- 减数分裂时，母本和父本的同源染色体被打包分配到配子中，使每个配子都得到每条染色体的一个拷贝。因为这些同源染色体的分离是随机发生，而且在它们之间会发生交叉互换，所以一个个体可以产生许多遗传上不同的配子。
- 除了增强基因的重组，交叉互换还有助于确保减数分裂时染色体的正确分离。
- 尽管减数分裂的大多数机械特征与有丝分裂相似，但染色体的行为却不同：减数分裂通过两次连续的细胞分裂产生四个遗传上不同的单倍体细胞，而有丝分裂通过一次细胞分裂产生两个遗传上完全相同的二倍体细胞。
- 孟德尔通过研究豌豆植株中几种分离性状的遗传而阐明了遗传定律。
- 孟德尔分离定律指出，每种性状的母本和父本等位基因在配子形成过程中相互分离，然后在受精过程中随机地重新结合。
- 孟德尔自由组合定律指出，在配子形成过程中，不同的等位基因相互独立地进行分离。
- 减数分裂时染色体的行为解释了两条孟德尔定律。
- 如果一条染色体上的两个基因距离很近，它们会倾向于作为一个单位遗传；如果它们相距较远，则经常会由于交叉互换而分开。两个基因被交叉互换分离的频率可用于构建遗传图谱，以显示它们在染色体上的顺序。
- 突变等位基因可以是显性或隐性。如果突变等位基因的杂合个体表现出突变表型，则该突变体等位基因为显性。如果杂合子没有表型，则该基因为隐性。
- 互补测试可以揭示产生相同表型的两个突变是否在同一个基因上。

◆ 用破坏 DNA 的诱变剂处理动物可以得到突变个体。然后从这些突变体中筛选鉴定出感兴趣的表型，并最终分离出导致该突变的基因。

◆ 除了同卵双胞胎外，没有两个人的基因组是相同的。我们每个人都有一组独特的多态性（即核苷酸序列的变异），这些多态性在某些情况下会影响我们的个体表型。

◆ 一些常见的多态性，包括 SNP、插入缺失和 CNV 等，为遗传作图提供了有用的标记。

◆ 人类基因组中含有大的单倍型域，它们由核苷酸序列片段组成，从我们的祖先完整地传递下来，而且在大多数个体中没有被交叉互换所破坏。单倍型域的相对大小为我们了解自身的演化史提供了线索，并有助于鉴定出常见疾病的相关等位基因。

◆ 许多罕见的人类遗传疾病是由单基因突变所致。

◆ 人类最常见的疾病是由于多种基因的共同作用。DNA 测序研究正在对这些基因中增加患病风险的突变进行鉴定。

关键词

等位基因（allele）
无性生殖（asexual reproduction）
染色体交叉（chiasma）（复数，chiasmata）
经典遗传学方法（classical genetic approach）
互补实验（complementation test）
交叉互换（crossing-over）
二倍体（diploid）
受精（fertilization）
功能获得性突变（gain-of-function mutation）
配子（gamete）
遗传图谱（genetic map）
遗传筛选（genetic screen）
遗传学（genetics）
基因型（genotype）
生殖系（germ line）
单倍体（haploid）
单倍型域（haplotype block）
杂合（heterozygous）
同源物（homolog）
同源重组（homologous recombination）
纯合（homozygous）
自由组合定律（law of independent assortment）
功能失活性突变（loss-of-function mutation）
减数分裂（meiosis）
配对（pairing）
谱系（pedigree）
表型（phenotype）
多态性（polymorphism）
有性生殖（sexual reproduction）
姐妹染色单体（sister chromatid）
单核苷酸多态性（single-nucleotide polymorphism，SNP）
体细胞（somatic cell）
合子（zygote）

问题

问题 19-1

你认为为什么生物体在体细胞常规的有丝分裂中没有采用减数分裂最初（包括从减数分裂 I 前期到结束）的一些步骤？

问题 19-2

如果不考虑染色体交叉互换，一个人原则上可以产生 $2^{23} = 8.4 \times 10^6$ 种遗传上不同的配子。已知女性在可生育年龄每月产生一个卵子，男性每天可以产生数以百万个精子，那么在（A）女性和（B）男性的平均寿命内，多少种遗传上不同的配子会成为现实？

问题 19-3

假设每次减数分裂时，每条染色体只在染色单体间发生一次交叉互换。请比较由位于同一染色体两端的基因和位于两条不同染色体上的基因所决定的性状的共遗传情况。在真实情况下这种比较又会如何？

问题 19-4

当来自一个物种不同近亲亚种的两个个体相遇并交配后，它们的后代通常表现出“杂种优势”：它们比两个亲本都要更强壮、健康，而且生育力强。你如何解释这种现象？

问题 19-5

在最近的一项自动化分析中，根据年龄对人群进行了分组，然后对这些总 DNA 样本中的数千个 SNP 进行了分析。对于其中绝大多数 SNP 来说，不同变异的相对频率不会随着人的衰老而变化。但有时（尽管很罕见）会发现 50 岁以上人群某一位置的特定变异的频率会逐渐降低。下列哪项解释最有可能性发生？

A. 该位置上的 SNP 核苷酸不稳定，会随着年龄增长而突变。

B. 50 年前出生的人来自一个易于丢失该 SNP 的种群。

C. 该 SNP 的变异改变了某一重要的基因产物，从而缩短了人类寿命，或与具有这种作用的某一相邻等位基因连锁。

问题 19-6

细菌每个基因只有一个拷贝，因此很容易理解自然选择是如何消除细菌基因中有害的突变：突变的细菌会死亡，从而使突变从种群中消失。然而，真核生物的大多数基因都有两个拷贝，即它们是二倍体。通常，具有两个正常拷贝（纯合正常）的个体与具有一个正常拷贝和一个突变拷贝（杂合）的个体在表型上没有区别。在这种情况下，自然选择只对具有两个突变基因拷贝（纯合突变）的个体起作用。假设该突变基因是纯合致死而在杂合时是正常的，那么是否可以通过自然选择将这种突变从种群中消除？为什么？

问题 19-7

下列哪项说法是正确的？解释你的答案。

A. 动物的卵子和精子含有单倍体基因组。

B. 减数分裂时，染色体会进行分配使每个生殖细胞含有且只含有每条不同染色体的一个拷贝。

C. 减数分裂时发生的突变不会传递给下一代。

问题 19-8

染色体不分离会导致同一染色体的两个拷贝最终位于同一个子细胞中，那么染色体不分离的原因可能是什么？在（a）有丝分裂和（b）减数分裂发生这种情况的后果分别是什么？

问题 19-9

为什么姐妹染色单体在减数分裂 I 时必须保持配对？这个答案对你洗袜子的策略会不会有所启发？

问题 19-10

区分以下遗传术语：

A. 基因和等位基因。 B. 纯合和杂合。

C. 基因型和表型。 D. 显性和隐性。

问题 19-11

假设给你三颗皱缩的豌豆，我们称其为 A、B 和 C。将它们分别种植以产生成熟的豌豆植株。每棵植株在自花授粉后只会产生皱缩的豌豆。

A. 假设豌豆的皱缩表型为隐性，是功能失活性突变的结果，你可否说出每棵植株的基因型？

B. 假设皱缩表型是由突变造成，你如何确定这三棵植株的突变是位于同一基因上还是不同基因上？

问题 19-12

苏珊的祖父失聪，其家族中耳聋基因的传递方式如图 Q19-12 所示。

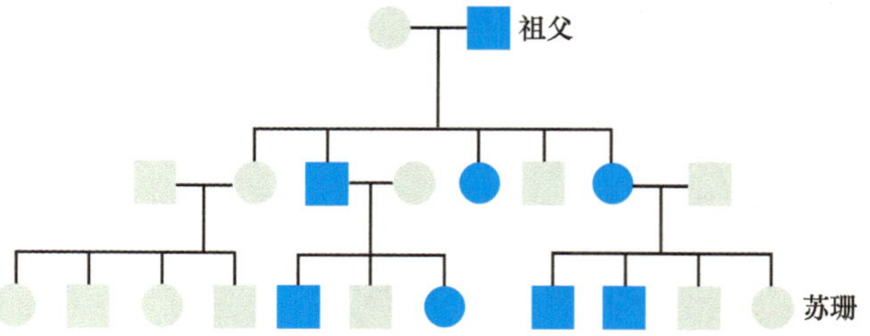

图 Q19-12

A. 该突变最有可能是显性的还是隐性？

B. 该突变是位于性染色体上吗？为什么？

C. 对所有 11 个孙辈孩子（4 个患病，7 个正常）进行了全序列 SNP 分析。通过比较这 11 个 SNP 的结果，你预期关键基因周围的单倍型域是多大？你如何检测它？

问题 19-13

假设图 19-26 所示家庭中的耳聋突变非常罕见，那么第二代 4 个孩子中每个孩子最有可能的基因型是什么？

问题 19-14

在图 Q19-14 所示的谱系中，所有三代中只有第一个出生的人患有显性遗传疾病 D。你的朋友得出的结论是，第一个出生的孩子比以后出生的孩子遗传到突变 D 等位基因的概率更大。

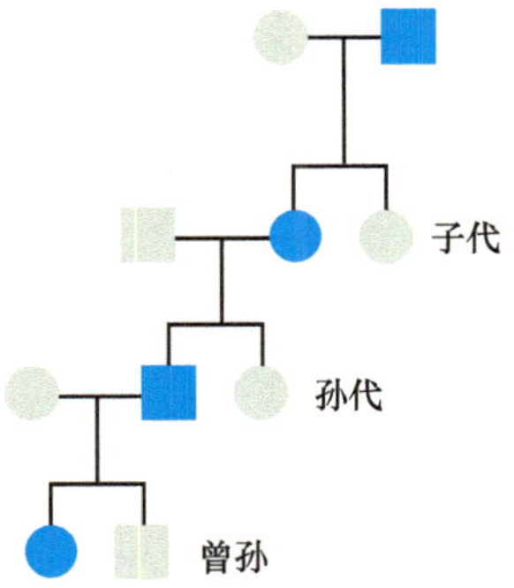

图 Q19-14

A. 根据孟德尔定律，这个结论合理吗？

B. 偶然得到此结果的概率是多少？

C. 为验证你朋友的结论，另外还需要什么样数据？

D. 在什么情况下，你朋友的假设可能是正确的？

问题 19-15

假设每 100 个人中有 1 个人是致命隐性突变的携带者，该突变的纯合体在出生后不久就会死亡。如果每年有 100 万个婴儿出生，那么其中有多少婴儿含有该纯合致死突变？

问题 19-16

某些突变被称为显性失活突变（dominant-negative mutation）。你认为该突变是什么意思？这些突变如何发挥作用？解释显性失活突变与功能获得性突变之间的区别。

问题 19-17

早期在果蝇中的遗传研究为我们现在了解基因奠定了基础。果蝇遗传学家能够制备很多易于观察的表型发生改变的突变果蝇。对果蝇正常的砖红色眼睛的颜色进行改造具有一段珍贵的历史（图 Q19-17）。托马斯·亨特·摩根发现的第一个突变体就是白眼果蝇。从那时起，大量具有中间眼色的突变果蝇被分离出来，这些眼色的命名足以挑战你的色觉：石榴红、宝石红、朱红、樱桃红、珊瑚红、杏色、浅黄色和淡红色。导致这些眼色表型的突变都为隐性。为了确定这些突变是否在同一基因上，将每种突变的纯合果蝇进行配对，并记录其子代眼睛的颜色。在表 Q19-17 中，+ 或 – 表示最上面一行果蝇与最左面一栏的果蝇交配产生的后代果蝇的表型；野生型的砖红色眼睛表示为 +，其他

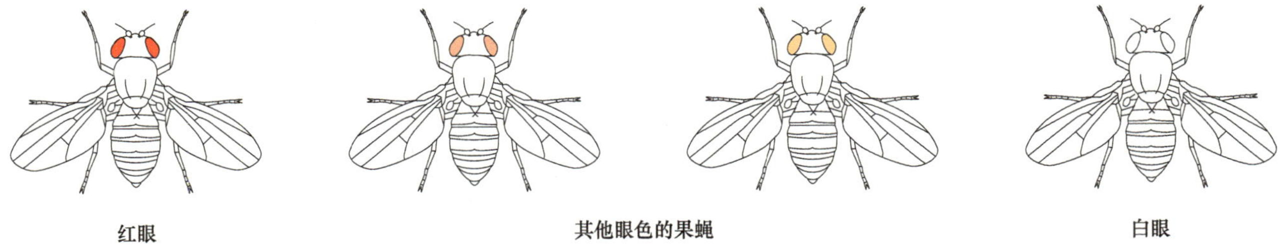

图 Q19-17

表 Q19-17　果蝇颜色突变的互补分析

突变	白色	石榴红	宝石红	朱红	樱桃红	珊瑚红	杏色	浅黄色	淡红色
白色	–	+	+	+	–	–	–	–	+
石榴红		–	+	+	+	+	+	+	+
宝石红			–	+	+	+	+	+	+
朱红				–	+	+	+	+	+
樱桃红					–	–	–	–	+
珊瑚红						–	–	–	+
杏色							–	–	+
浅黄色								–	+
淡红色									–

+ 表示个体杂交的后代眼色是正常的；– 表示后代的眼色不正常。

颜色表示为 –。

A. 为什么两种眼色不同（如红宝石和白色）的果蝇产生的后代全部是砖红色眼？

B. 哪些突变是在同一基因上，哪些突变是位于不同基因上？

C. 同一基因的不同等位基因是如何使眼睛产生不同的颜色？

问题 19-18

什么是单核苷酸多态性（SNP）？在连锁分析中如何利用它们来定位一个突变基因？

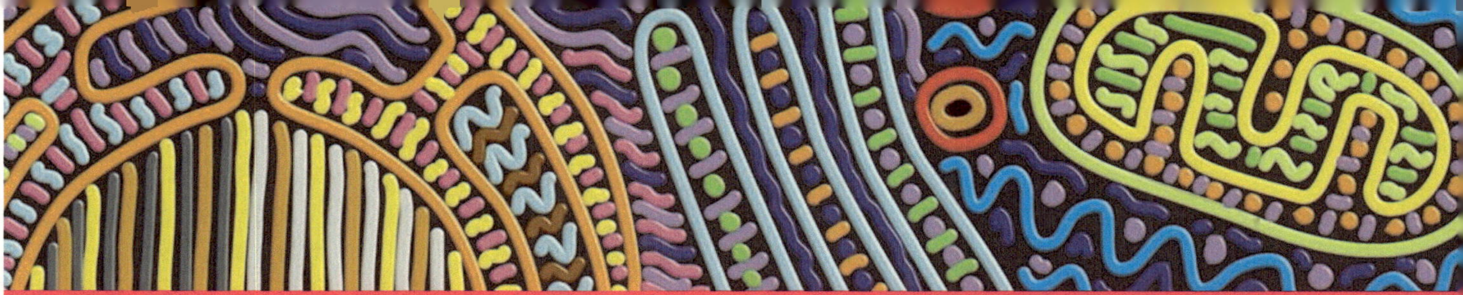

第 20 章　细胞群落：组织、干细胞和癌症

细胞外基质和结缔组织
上皮层和细胞连接
干细胞和组织更新
癌症

细胞是多细胞生物的结构建造单元。这种说法看似很简单，但它却可以引发诸多深入的思考。细胞不像砖块，它们小而柔软，包裹在厚度不足十万分之一毫米的柔弱质膜中。那么，细胞是如何牢固地相互结合以组成长颈鹿的脖子、红杉树，或足以支撑起大象体重的肌肉的呢？各种不同的细胞类型又是如何在植物或动物体内形成的？它们又是如何组装到其正确的位置上的（图 20-1）？最神奇的是，如果细胞是结构建造单元，那么谁是建造者？设计师的蓝图又在哪里？

多细胞生物体中的大多数细胞被编排形成协同的集群，称为**组织**（tissue），如脊椎动物中的神经、肌肉、上皮和结缔组织；组织进而再形成器官，如心脏、肺、脑和肾（图 20-2）。在本章中，我们首先从机械的角度讨论组织的结构。我们看到组织不仅由细胞及其细胞骨架纤维的内部框架（如第 17 章所述）组成，同时包括由细胞自身向其四周分泌的**细胞外基质**（extracellular matrix）；正是这种基质为骨骼或木头等支撑组织赋予了强度。同时，细胞之间也可以直接相连。因此，我们还会讨论细胞连接（cell junction），这些连接在动物的柔软上皮组织中负责将细胞连在一起，并把力从一个细胞的细胞骨架传递到下一个细胞的细胞骨架，或者从一个细胞的细胞骨架传递到细

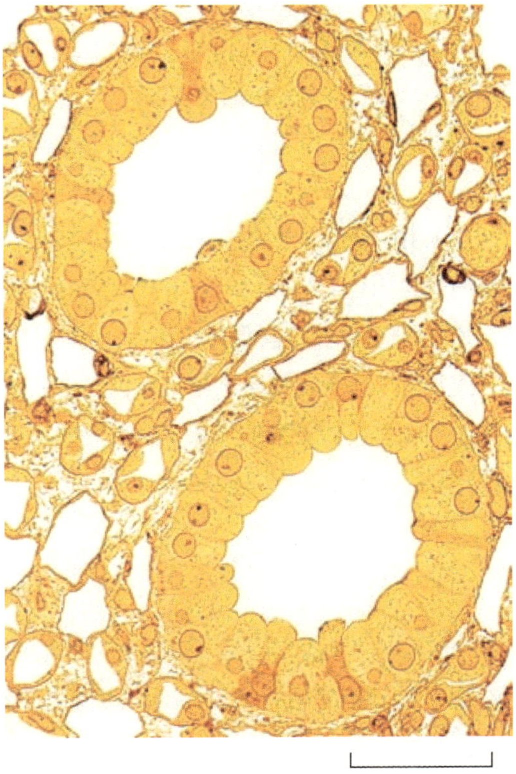

图 20-1　**多细胞生物是由有组织的细胞群落构建而成。**该薄切片显示人类肾脏尿液集合管的细胞。每条集合管都是由紧密堆积的“主”细胞组成，该细胞形成上皮管道，从图示的横切面看是由细胞形成的环。集合管嵌入细胞外基质中，基质中同时含有其他类型的细胞。（Jose Luis Calvo/Shutterstock。）

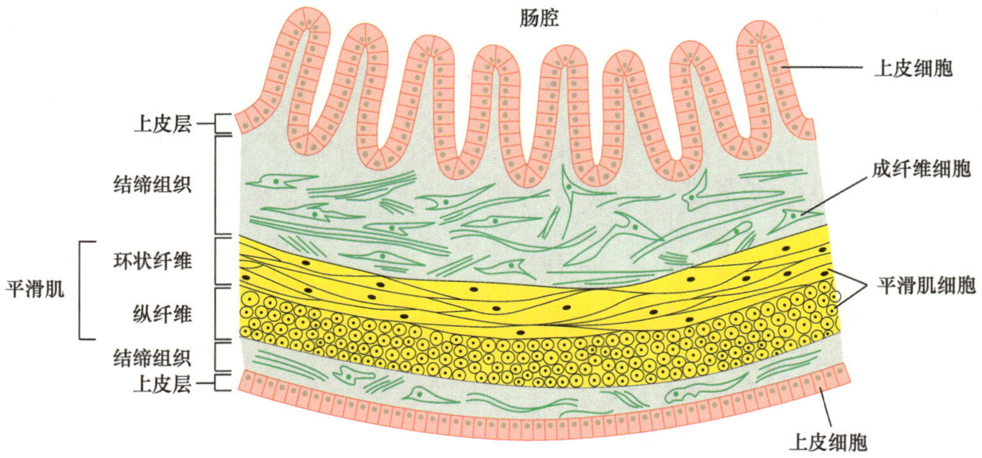

图 20-2 细胞构成组织，组织装配形成器官。哺乳动物小肠壁横切面的示意图。这种长管状器官是由上皮组织（红色）、结缔组织（绿色）和肌肉组织（黄色）所构成。每个组织都是多种细胞通过有序组合而成，细胞之间通过细胞-细胞粘连或细胞外基质，或两种方式共同作用而结合在一起。

胞外基质。

然而组织的形成需要的不仅仅是机械力。正如一栋大楼需要管道、电话线和其他配件一样，动物组织也需要血管、神经和其他由各种特化细胞类型形成的组件。所有这些组件必须正确地定位并在功能上相互协调，而且其中许多组分需要持续的维护和更新。细胞死亡后必须有正确类型的新细胞在正确的位置以正确的数量替换它们。在本章的第三部分，我们会讨论这些过程如何被调控，以及*干细胞*（stem cell，即能够自我更新且保持未分化状态的细胞）在某些组织更新和修复中发挥的关键作用。

组织更新失调是一个重要的医学问题，而突变细胞的反常行为是导致*癌症*（cancer）发生的主要原因。我们会在本章也是本书的最后一节对癌症进行讨论。癌症研究需要综合细胞和组织各个层面的知识，从 DNA 修复的分子生物学，到自然选择的原理和组织中细胞的社会性相互作用。细胞生物学的许多重要进展都是由癌症研究所推动，而基础细胞生物学反过来继续加深了我们对癌症的认识，并使我们对癌症的治疗有了乐观的憧憬。

细胞外基质和结缔组织

植物和动物的多细胞结构是分别独立地演化而来，它们的组织也是根据不同的原理而构建。动物捕食其他生物，或常会被其他动物捕食，所以它们必须强壮敏捷，必须具有能够快速运动的组织，而且形成这些组织的细胞必须能够产生和传递力量并能快速改变形状。相比之下，植物是静止的，它们的组织都具有一定的刚性，而它们的细胞一旦从细胞周围的坚硬支撑基质中分离出来，就会变得非常脆弱。

在植物中，这种支撑性的基质称为**细胞壁**（cell wall），它像一个盒子，包裹着各自的细胞，并保护、固定细胞，使其具有一定的形状（图 20-3）。植物细胞自身可以合成、分泌和控制这种细胞外基质的组成：细胞壁在木头中厚实和坚硬，而在叶片中则轻薄、柔软。但无论哪种情况，组织的构造原理都是相同的：很多微小的盒子粘连在一起，每个盒子内都生活着一个易碎的细胞。实际上，正如第 1 章所述，3 个世纪之前，罗伯特・胡克（Robert Hooke）在一片软木塞中观察到那些密集的显微小室，才产生了“细胞”一词。

动物组织更加多样化。和植物组织一样，它们也是由细胞和细胞外基质组成的，但这些组织是以许多不同的方式被组合起来的。在骨骼或肌腱等特殊的结缔组织中，细胞外基质丰富，而且在力学上非常重要；在肌肉或皮肤的表皮等其他组织中，细胞外基质很少，胞内的细胞骨架自身承担起力学负荷。在讨论动物之前，我们首先简要讨论一下植物的细胞和组织。

植物细胞具有坚固的外壁

人工去除植物细胞壁后可以得到裸露的植物细胞，它非常脆弱。如果小心操作，它也可以在体外培养；但它很容易破碎，甚至培养基渗透压的小幅下降也会导致细胞膨胀和破裂。植物的细胞骨架缺乏如动物细胞中存在的应力性中间丝，使得它几乎没有抗拉力度。因此，细胞壁是必需的。

植物细胞壁必须坚韧，但不一定要坚硬。细胞的渗透性膨胀虽然受到细胞壁的阻力限制，但足以使这一小室膨满。大量这种膨胀的小室粘连在一起，形成半刚性的组织。

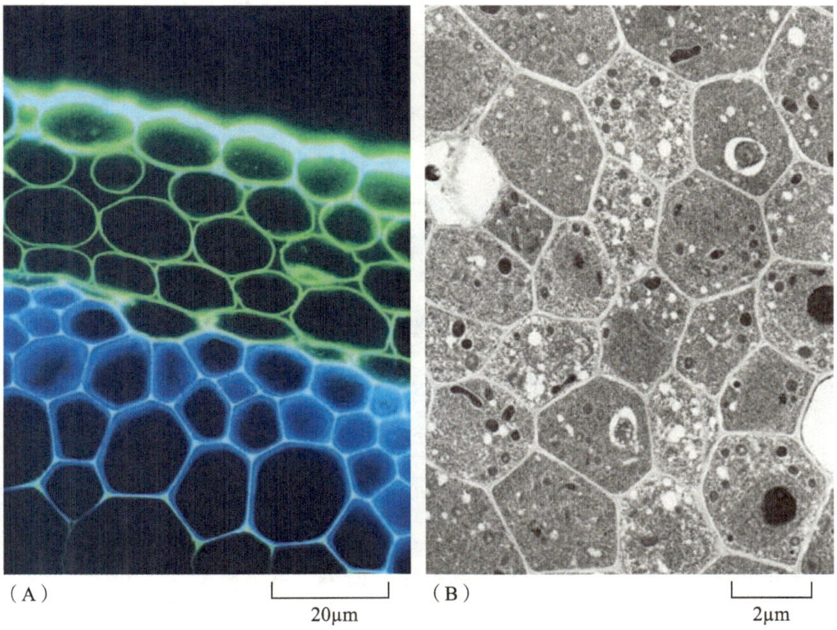

图 20-3 **细胞壁加固了植物组织。**(A)开花植物拟南芥的茎的一部分横切面，利用荧光染料标记了两种不同的细胞壁多糖，纤维素标记为蓝色，果胶标记为绿色。细胞本身未经染色，所以在本图中是看不见的。同时富含纤维素和果胶的区域呈现为白色。果胶主要位于细胞的外层。外层主要为初生细胞壁，随细胞生长而累积。纤维素在细胞内层更为丰富。内层主要是更厚、更具刚性的次生细胞壁，可在细胞停止生长以后继续累积。(B)在同一植物根部的新生细胞的电子显微照片中，可清楚地看到细胞及其初生细胞壁。这些细胞比茎中的细胞小得多，这可以通过两张显微照片中的不同比例尺看出。(蒙 Paul Linstead 惠赠。)

新鲜的莴苣叶就是这种状态。如果缺水，细胞会收缩，叶片也会枯萎。

植物中新生的大多数细胞最初形成的都是相对较薄的*初生细胞壁*(primary cell wall)，它可以缓慢扩展以适应细胞生长(参见图 20-3B)。细胞生长的驱动力与保持莴苣叶新鲜的驱动力是一样的，这是一种膨胀压力，称为*膨压*(turgor pressure)，是由于植物细胞内部与其周围环境之间的渗透压不平衡而产生的压力。细胞一旦停止生长，细胞壁不再需要扩展，细胞一般通过增加初生细胞壁的厚度或通过在旧的细胞壁下面沉淀不同的组分而形成新的层，从而产生更加坚硬的*次生细胞壁*(secondary cell wall)(参见图 20-3A)。当植物细胞发生特化时，它们通常会产生特殊的适应型的细胞壁，如叶片表皮细胞的蜡质防水细胞壁，以及坚硬、厚实、木质的茎的木质部细胞壁等。

纤维素微纤维赋予植物细胞壁抗拉强度

和所有细胞外基质一样，植物细胞壁的抗拉强度取决于应力方向的长纤维。在高等植物中，长纤维通常由*纤维素*(cellulose)多糖所组成，这是地球上含量最高的有机大分子(图 20-4)。这些**纤维素微纤维**(cellulose microfibril)与其他多糖和一些结构性蛋白交织在一起，形成复杂的结构，抵抗压力和拉力(图 20-5)。在木质性组织中，还含有一种高度交联的*木质素*(lignin，一种由芳香醇基团构成的复杂聚合物)网络，沉积在该基质中，使该组织更加坚硬并具有防水性。

植物细胞要生长或改变其形状，细胞壁必须伸展或变形。由于纤维素微纤维会抗拉伸，所以它们的取向就决定了细胞生长的朝向，例如，如果纤维素像紧身衣一样环绕细胞排列，则细胞在长度方向会比在围长方向长得更快(图 20-6)。通过控制细胞壁的建成方式，植物细胞可以控制自身的形状，进而控制其所在的组织的生长方向。

纤维素的产生方式与其他大多数细胞外大分子完全不同。它不是在细胞内合成后再通过胞吐作用运输出细胞(如第 15 章所述)，而是通过嵌在质膜中的酶复合物，在

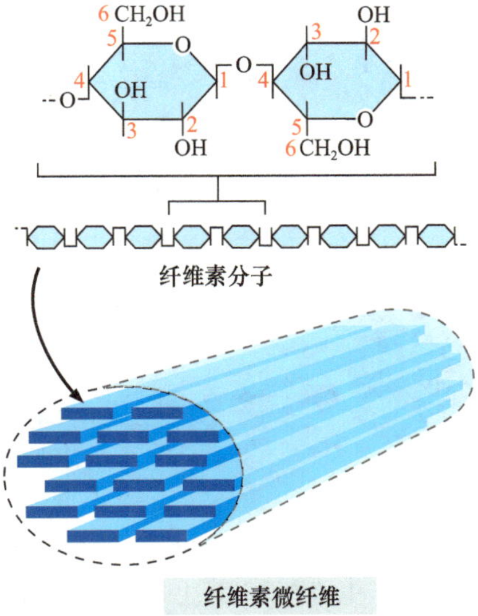

图 20-4 **纤维素微纤维是由一束纤维素分子组成的。**纤维素分子是长而无支链的葡萄糖链。相邻的两个葡萄糖亚基方向相反并通过 β-1,4-糖苷键彼此相连形成二糖。每个单独的纤维素分子中含有数百个这样的二糖。约 16 个纤维素分子在单根纤维素微纤维中通过氢键保持在一起，如图所示。

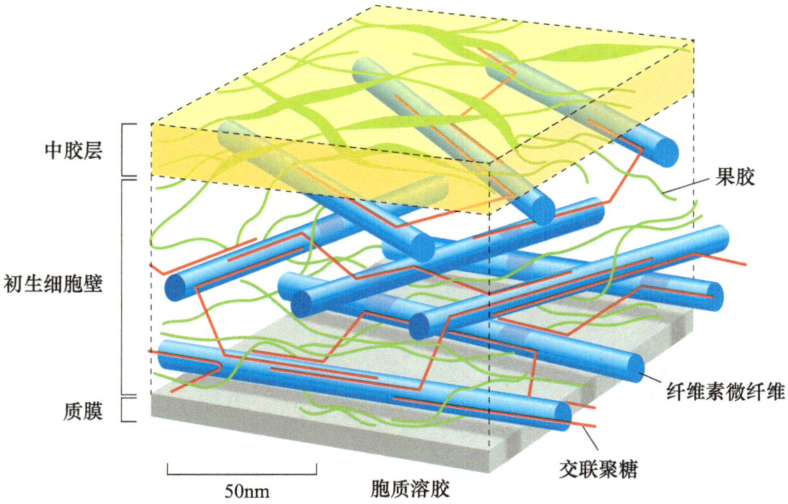

图 20-5　**放大模型显示了部分初生植物细胞壁。** 纤维素微纤维（蓝色）提供了拉伸强度，其他多糖（红色链）将纤维素微纤维交联在一起，果胶多糖（绿色链）则填充在微纤维之间的空间中，提供了抗压弹性。中胶层（黄色）富含果胶，负责将细胞壁与另一个细胞壁粘连在一起。

细胞的外表面上合成。这些复合物将葡萄糖单体从胞质溶胶转运穿过质膜，并将它们添加到一组正在生长的纤维素链附着在质膜上的那一端。产生的纤维素链组装形成一条纤维素微纤维（参见图 20-4）。

酶复合物在膜中移动的路径决定了纤维素在细胞壁中沉积的方向。但酶复合物受谁的指导呢？在紧挨质膜的下方，微管与细胞外的纤维素微纤维排列的方向完全一致。微管可作为轨道来指导酶复合物的运动（图 20-7）。通过这种奇妙的非直接方式，细胞骨架控制了植物细胞的形状和植物组织的造型。我们将看到动物细胞以一种更直接的方式通过它们的细胞骨架来控制其组织结构。

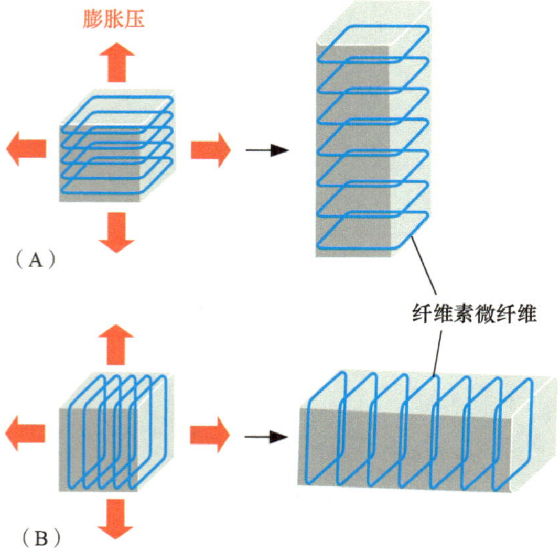

图 20-6　**植物细胞壁中纤维素微纤维的方向影响细胞延长的方向。**(A) 和 (B) 中的细胞开始生长时是相同的形状（此处显示为正方体），但它们细胞壁中的纤维素微纤维（蓝色）方向不同。尽管膨胀压在所有方向上是均一的，但每个细胞倾向于在垂直于微纤维的方向上进行延伸，因为微纤维具有很大的抗拉强度。一个器官例如枝条的最终形状由其细胞扩张的方向所决定。

动物结缔组织含有大量的细胞外基质

传统上动物组织主要分为四类：结缔组织、上皮组织、神经组织和肌肉组织。但结缔组织和其他三种组织的基本结构不同。**结缔组织**（connective tissue）含有丰富的细胞外基质并负责承载机械负荷。而在上皮等其他组织中，细胞外基质稀疏，细胞彼此直接相连并自己来承载机械负荷。我们首先来讨论结缔组织。

动物的结缔组织可谓千差万别。它们有的坚韧而灵活，如肌腱或皮肤的真皮；有的坚硬而致密，如骨骼；有的富有弹性并能够减震，如软骨；还有的柔软而透明，如充满眼睛内部的胶质。在所有这些例子中，组织的大部分被细胞外基质所占据，而产生基质的细胞就像布丁中的葡萄干一样散布其中（图 20-8）；抗拉强度，无论大或小，都主要由一种称为胶原的纤维蛋白所提供，而不是像植物细胞壁那样由细胞壁中的多糖来提供。不同类型的结缔组织之所以具有特定的性质，是因为它们含有的胶原蛋白的类型和数量不同，以及最重要的是，与胶原蛋白进行交织的其他分子的比例不同。这些其他分子包括在血液流动时为动脉壁提供弹性的*弹性蛋白*（elastin），以及一些特化的多糖分子。我们后文会对它们进行讨论。

胶原蛋白为动物结缔组织提供抗拉强度

胶原蛋白（collagen）是一个种类丰富的蛋白家族。哺乳动物有 40 多种不同的胶原蛋白基因，编码各种胶原蛋白，为不同的组织提供结构和功能上的支持。胶原蛋白是骨骼、肌腱和皮肤（皮革是腌制后的胶原蛋白）中主要的蛋白质，占哺乳动物总蛋白质量的 25%，比其他任何

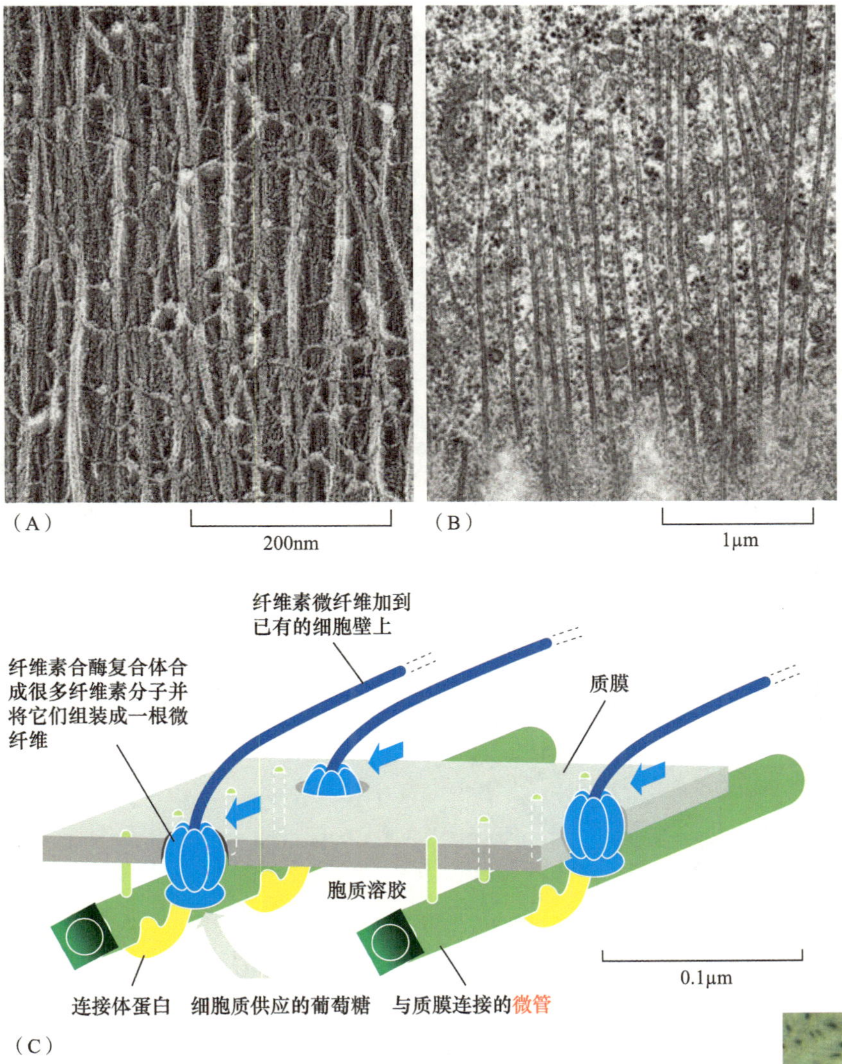

图 20-7　微管有助于指导纤维素在植物细胞壁中沉积。电子显微照片显示植物细胞壁中的纤维素微纤维（A）和植物细胞质膜正下方的微管（B）。（C）新沉积的细胞外纤维素微纤维（深蓝色链）的方向取决于下方胞内微管（深绿色）的方向。巨大的纤维素合酶（cellulose synthase）复合物（浅蓝色）是内在膜蛋白质，它可在质膜的外表面上持续地合成纤维素微纤维。刚性微纤维的远端整合到细胞壁的纹理中（图中未示出），而在其另一端的延伸会推动合酶复合物（蓝色箭头）沿着质膜平面移动。由于微管在皮层的排列是被跨膜蛋白（浅绿色垂直条）附着在质膜上，所以微管有助于决定微纤维铺设的方向。（图 A 蒙 Brian Wells 和 Keith Roberts 惠赠；图 B 蒙 Brian Gunning 惠赠：引自植物细胞生物学 DVD，学生信息和教师资源。Springer 2009。）

类型的蛋白质都多。其中 I 型胶原蛋白最为丰富，占人体胶原蛋白的 90%。

一个典型胶原蛋白分子的特征是其长而坚硬的三链螺旋结构，其中三条胶原多肽链彼此缠绕形成绳状的超螺旋（参见图 4-29A）。有些类型的胶原蛋白分子还会进一步组装成为有序聚合物，称为*胶原纤维*（collagen fibril），它们是直径 10 ~ 300nm、长几微米的细绳，可以聚集形成更粗的*胶原纤维*（图 20-9）。其他类型的胶原蛋白分子则修饰在胶原纤维的表面，将胶原蛋白分子彼此连接或与细胞外基质中的其他组分连接。

产生细胞外基质并位于其中的结缔组织细胞根据其组织类型有不同名称：在皮肤、肌腱和许多其他结缔组织中，它们被称为**成纤维细胞**（fibroblast，参见图 20-9）；在骨骼中，它们被称为*成骨细胞*（osteoblast）。这些细胞可同时产生胶原蛋白和基质的其他大分子。几乎所有这些分子都是在细胞内合成，然后通过标准方式的胞吐作用分泌出

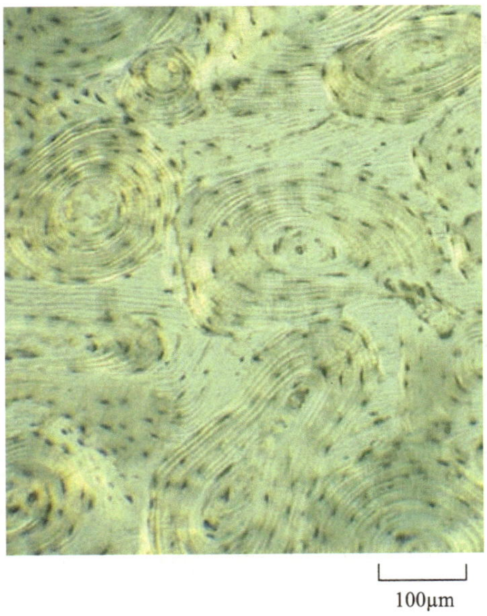

图 20-8　细胞外基质在骨骼等结缔组织中非常丰富。该显微照片显示了骨的一个横切面，其中的细胞在样品制备过程中已经遗失。细胞所留下的空间在骨基质中呈现为小而深色的蚂蚁形状。骨基质占据了组织的大部分体积，为组织提供了所有的机械强度。交替的明暗条带是基质层，几乎完全由定向排列的 I 型胶原纤维组成（在偏振光下可见）。磷酸钙晶体（图中不可见）充满了胶原纤维之间的空隙，就像钢筋混凝土一样加固并强化了骨基质。

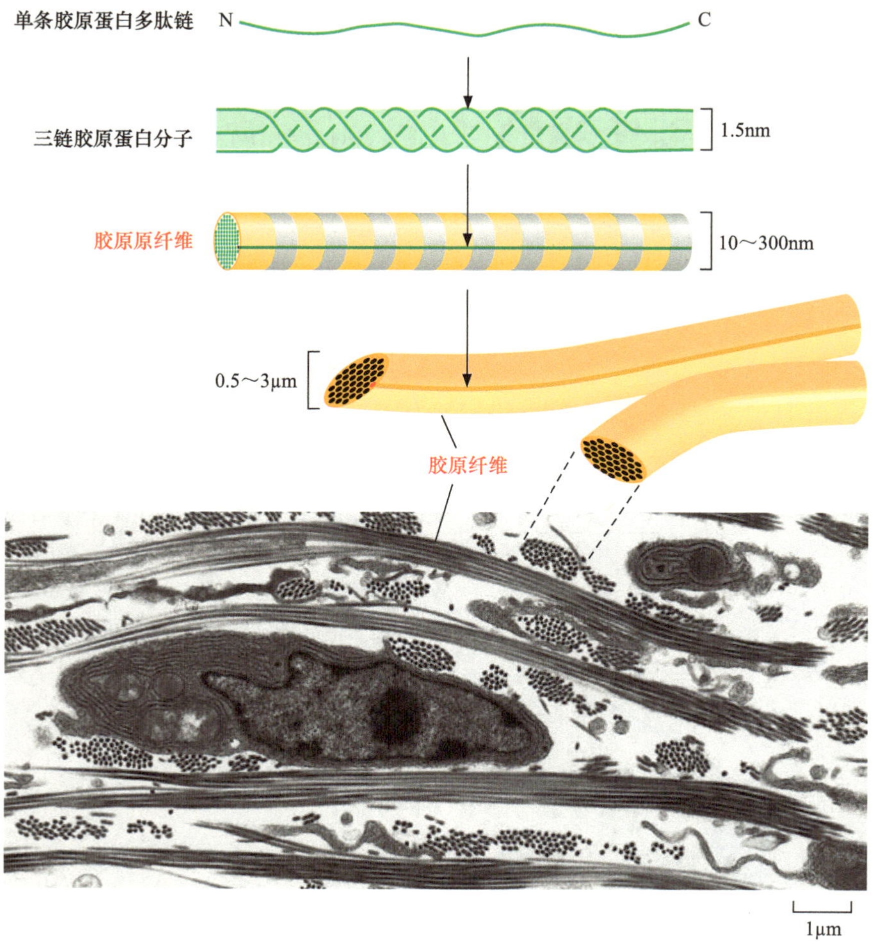

图 20-9　**胶原纤维组织成束。**示意图显示了胶原组装的步骤，从一条多肽链形成三链胶原分子，再形成原纤维，最后组装成纤维。电子显微照片显示了小鸡胚胎皮肤结缔组织中已经完全组装的胶原纤维。成束的原纤维组成纤维，有些纤维与该切面的平面平行，有些纤维与切面几乎呈直角。显微照片中的细胞是成纤维细胞，它可以分泌胶原蛋白和其他细胞外基质组分。（照片引自 C. Ploetz，E.J. Zycband and D.E. Birk，*J. Struct. Biol.*10：73-81，1991。蒙 Elsevier 惠许。）

去（如第 15 章所述）。在细胞外，它们会装配形成巨大的、粘连的聚集体。如果在分泌之前过早地进行该装配，则细胞会被其自身的产物堵塞。对胶原蛋白而言，细胞是以蛋白质前体的形式即*原胶原*（procollagen）将胶原蛋白分子分泌出去，从而避免了这种灾难。原胶原在分子两端有一段额外的肽段，可以阻碍胶原纤维的过早组装。一种称为原胶原蛋白酶的胞外酶可以切断末端的这些肽段，使分子只有进入细胞外空间后才能组装（图 20-10）。

有些人体内的一种胞外蛋白酶存在基因缺陷，导致它们的胶原纤维不能正确组装。结果，它们的结缔组织抗拉强度很低，并表现出异常的可抗拉性（图 20-11）。

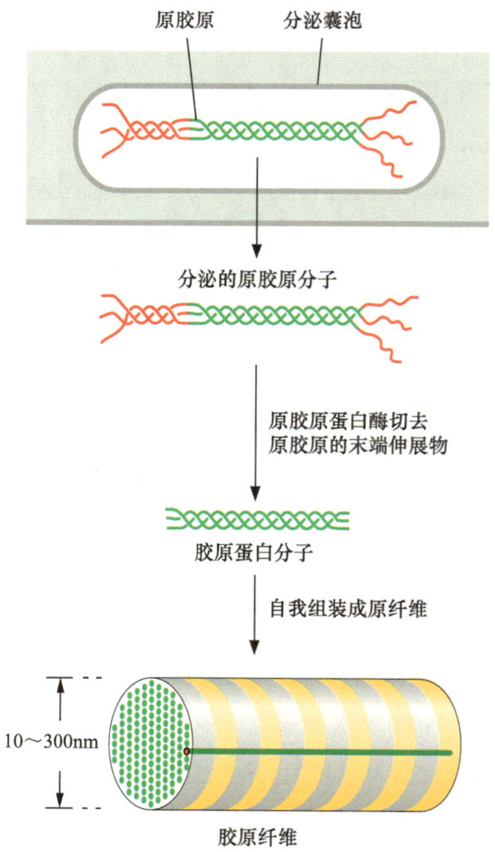

图 20-10　**原胶原前体在细胞外被切割形成成熟的胶原蛋白。**胶原蛋白在合成时是原胶原分子，其两端都具有非结构化的多肽。这些多肽会阻止胶原纤维在成纤维细胞内部进行组装。当原胶原被分泌到细胞外后，原胶原蛋白酶会去除其末端肽段，形成成熟的胶原分子。这些分子随后可以自我组装形成有序的胶原纤维（参见图 20-9）。

图 20-11　**胶原蛋白的不正确组装会导致皮肤过度伸展。**“弹性皮肤人”詹姆斯·莫里斯（James Morris），照片拍摄于约 1890 年。异常可拉伸的皮肤是由胶原蛋白装配缺陷导致的遗传综合征的一部分症状。在某些个体中，这种情况是由于缺乏将原胶原转化为胶原蛋白的一种酶；在其他情况下，它是由原胶原蛋白本身的缺陷所导致。

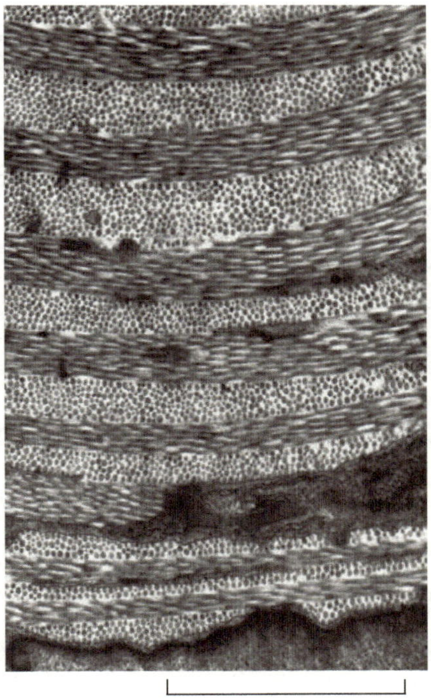

图 20-12　**一些动物皮肤中的胶原纤维排列形成胶合板状图案。**电子显微照片显示了蝌蚪皮肤的横切面。连续排列的纤维层彼此几乎呈直角排列（参见图 20-9）。这种排列也存在于成熟的骨和角膜中，但不存在于哺乳动物皮肤中。（蒙 Jerome Gross 惠赠。）

组织中的细胞不但可以产生细胞外基质，而且必须能够降解基质。这种能力对于组织的生长、修复和更新至关重要，同时对于巨噬细胞等迁移细胞穿过错综复杂的胶原蛋白和其他基质的聚合物也很重要。切割胞外蛋白质的基质蛋白酶在很多疾病中发挥作用，如它们会破坏患者关节中的软骨，从而导致关节炎，它们也能帮助癌细胞侵入正常组织。

细胞分泌胶原蛋白并组织其分布

为了行使功能，胶原纤维必须正确对齐。例如，在皮肤中，它们可以像编柳条一样编织在一起，或者以不同的方向编织成相间的层，由此抵抗来自多个方向的拉伸应力（图 20-12）。在负责将肌肉附着到骨骼上的肌腱中，它们沿着张力主轴方向平行排列成束。

产生胶原蛋白的结缔组织细胞首先通过定向地沉积胶原蛋白，再对其进行重新排列以控制其取向。在组织的发育过程中，成纤维细胞在它们所分泌的胶原蛋白上行使功能：在它上面爬行，对它进行牵拉，将其压成片层或拉成绳索状。成纤维细胞这种机械性塑造胶原基质的作用已在细胞培养中得到明确的证实。当在培养皿中把成纤维细胞与形成凝胶的、随机取向的胶原纤维网络混合时，成纤维细胞会拉动网状结构，从其周围吸收胶原蛋白并对其进行压实。如果将含有成纤维细胞的两小块胚胎组织放置在胶原蛋白凝胶上，并使二者具有一定的距离，那么二者之间的胶原蛋白就会组织排列形成一条致密的纤维带，将两个外植体连接起来（图 20-13）。成纤维细胞沿着排列整齐的胶原纤维从外植体上迁移出来。通过这种方式，成纤维细胞影响了胶原纤维的排列，胶原纤维反过来又会影响成纤维细胞的分布。当身体发育时，细胞外基质会形成远距离的有序排列，而成纤维细胞很可能在此过程中也发挥了类似的功能，例如，帮助形成肌腱以及坚韧致密的结缔组织层，使大多数器官包被并连接在一起。成纤维细胞的迁移对伤口愈合也很重要（视频 20.1）。

整联蛋白将细胞外基质与细胞内的细胞骨架偶联在一起

细胞能够与细胞外基质中的胶原相互作用是由于一个跨膜受体蛋白家族，称为**整联蛋白**（integrin）。整联蛋白

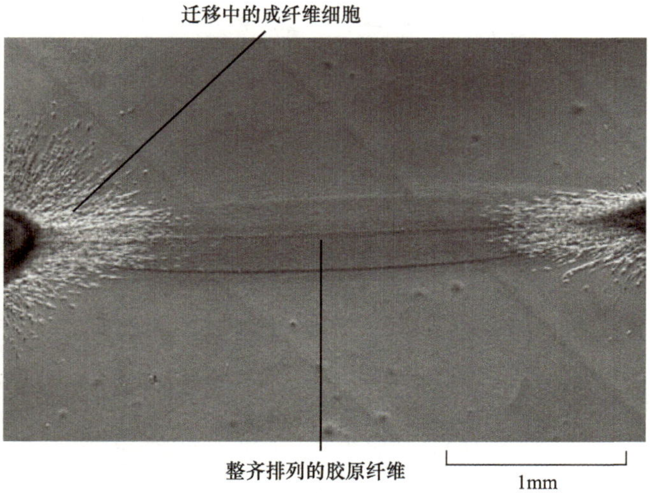

图 20-13 **成纤维细胞影响胶原纤维的排列。**该显微照片展示了两块在胶原凝胶上培养了 4 天的鸡胚心脏（富含成纤维细胞和心肌细胞）之间的区域。外植体之间已经形成了密集胶原纤维束，这可能是成纤维细胞的作用结果。这些细胞已经增殖，从外植体上迁移出来，对胶原蛋白进行牵拉。在培养皿的其他地方，胶原蛋白仍然处于无组织和未对齐的状态，因此看上去呈现均匀的灰色。（引自 D. Stopak and A.K. Harris，*Dev. Biol.* 90：383-398，1982。蒙 Elsevier 惠许。）

的细胞外结构域可以结合胞外基质中的组分，而其细胞内结构域可以与细胞骨架相互作用。这种内部的锚定提供了有力而且稳定的附着位点；没有它，整联蛋白很容易被拽出脆弱的脂质双层，细胞也无法将自身固定在基质上。

然而，整联蛋白并不是直接与细胞外基质中的胶原纤维相互作用。相反，另外一种细胞外基质蛋白**纤连蛋白**（fibronectin）在二者之间建立了联系：纤连蛋白分子的一部分与胶原蛋白结合，另一部分则形成整联蛋白的附着位点。

当整联蛋白的胞外结构域与纤连蛋白结合时，其胞内结构域（通过一组接头分子）与细胞内的肌动蛋白丝结合（图 20-14）。对很多细胞而言，正是整联蛋白分子两端附着的形成和断开才使细胞能够抓住前面的基质并松开对后面基质的抓握，从而爬过某一组织（参见图 17-33）。整联蛋白通过剧烈的构象变化来协调这些“捕获和释放”动作。与质膜一侧分子的结合使整联蛋白分子处于伸展的激活状态，随后它可以结合质膜另一侧的不同分子，从而在膜的两侧都可以发挥作用（图 20-15）。因此，细胞内的信号分子从细胞质的一侧就可以激活整联蛋白，使其能够伸展并结合细胞外的结构。类似地，与胞外结构的结合也可以激活与整联蛋白的细胞内末端结合的蛋白激酶，进而开启多条胞内信号转导途径。通过这种方式，细胞的外部附

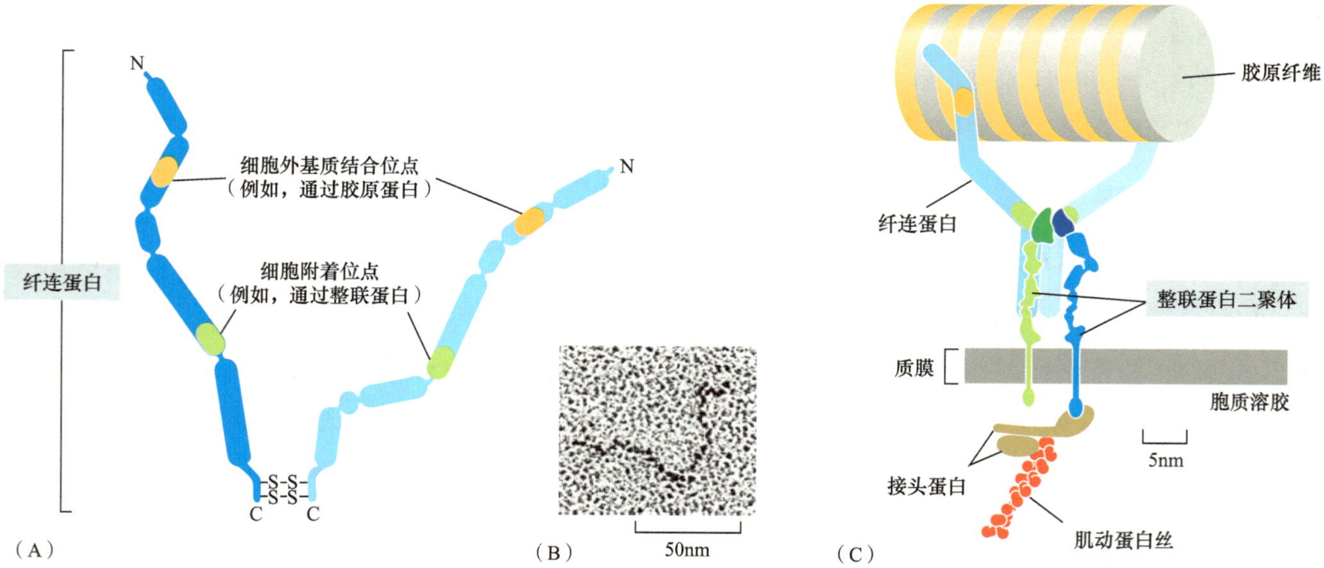

图 20-14 **纤连蛋白和跨膜整联蛋白有助于将细胞黏附到细胞外基质上。**纤连蛋白分子与细胞外的胶原纤维结合。质膜中的整联蛋白与纤连蛋白结合并将其连接至细胞内的细胞骨架上。纤连蛋白分子的示意图（A）和电子显微照片（B）。（C）整联蛋白（蓝色和绿色二聚体）介导的跨膜连接。整联蛋白分子将张力跨膜传递：它在细胞内通过接头蛋白锚定至肌动蛋白丝细胞骨架上，在细胞外通过纤连蛋白锚定至其他的细胞外基质蛋白，如图中的胶原纤维所示。图中的整联蛋白将纤连蛋白与细胞内的肌动蛋白丝连接起来。其他的整联蛋白可以将不同的细胞外蛋白连接到细胞骨架（通常是肌动蛋白丝，但有时是中间丝）。（图 B 来自 J. Engel et al., *J. Mol. Biol.*150：97-120，1981。蒙 Elsevier 惠许。）

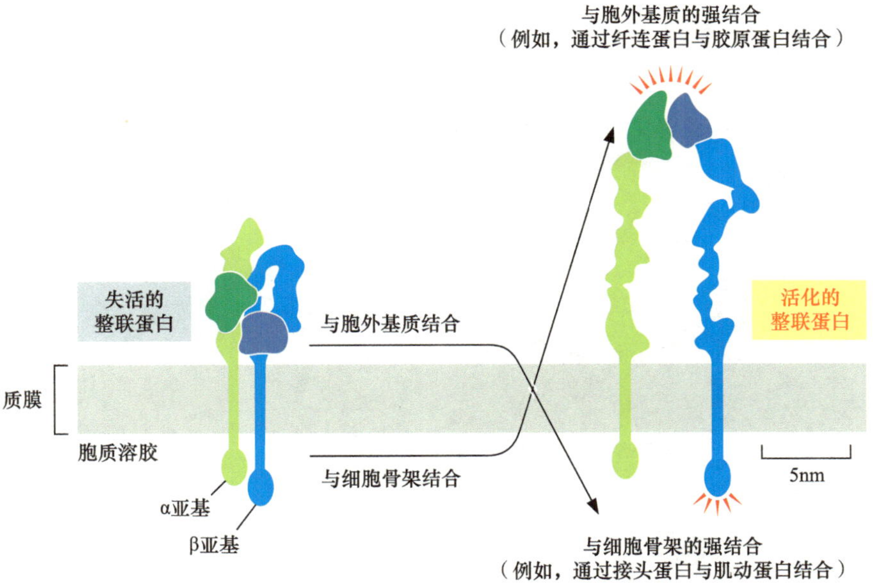

图 20-15　整联蛋白与质膜任一侧的分子结合都可以转变为活性构象。一个整联蛋白由两个不同的亚基组成，即 α（绿色）和 β（蓝色），它们都可以在无活性的折叠态和伸展的活性态之间转换。结合细胞外基质分子（纤连蛋白）或胞内的接头蛋白及细胞骨架都可以触发整联蛋白的激活态（参见图 20-14）。在两种情况下，构象的变化使整联蛋白两个相反的末端迅速附着在适当的结构上。通过这种方式，整联蛋白在质膜两侧建立了可逆的机械连接。（改自 T. Xiao et al.，*Nature* 432：59-67，2004。）

着有助于调节细胞的行为甚至是细胞的生存。

人类能够合成至少 24 种整联蛋白，每一种都识别不同的细胞外分子，并根据它所在的细胞类型而具有不同的功能。例如，白细胞（白血球）上的整联蛋白可以帮助该细胞从感染部位的血管中移出，以便处理有害的微生物。缺乏这种整联蛋白的人会患一种叫做*白细胞黏附缺陷病*（leucocyte adhesion deficiency）并容易被细菌反复地感染。血小板中存在另一种不同的整联蛋白，缺乏该整联蛋白的个体会过度出血，因为他们的血小板不能与细胞外基质中必需的凝血蛋白结合。

多糖和蛋白质凝胶填充空隙并抗压

胶原蛋白可以提供抗拉强度以抵抗拉伸，在动物组织的细胞外基质中同时还存在另外一组完全不同的大分子可以提供互补的功能，即抵抗压缩。这些大分子是**糖胺多聚糖**（glycosaminoglycan，GAG），是由重复的二糖单元组成的带负电荷的多糖链（图 20-16）。很多 GAG 链通常会共价连接到一个核心蛋白上形成**蛋白聚糖**（proteoglycan），其在大小、形状和化学性质上极其多样化。通常，很多个 GAG 链附着于一个核心蛋白质上，该核心蛋白质又可以与另一个 GAG 连接，从而形成一个类似于瓶刷的大分子。例如，软骨中的聚集蛋白聚糖是最丰富的蛋白聚糖之一；它的一个核心蛋白上有 100 多条 GAG 链，而且它可以在细胞外与另一种 GAG 透明质酸相互作用（参见图 20-16），形成一个分子量高达数百万的巨型聚集体（图 20-17）。

在肌腱、骨等致密紧凑的结缔组织中，GAG 的比例很低，基质几乎完全由胶原蛋白组成。在骨组织中，基质是由胶原蛋白加上磷酸钙晶体组成。而另一种极端情况是，眼睛内部的果冻状物质几乎完全由同一种特殊类型的 GAG 和水组成，只含有少量的胶原蛋白。一般来说，GAG 具有很强的亲水性，并且倾向于采用高度延展的构象，该构象相对于它们的质量而言会占据巨大的体积（参见图 20-17）。因此，GAG 在结缔组织的细胞外基质中充

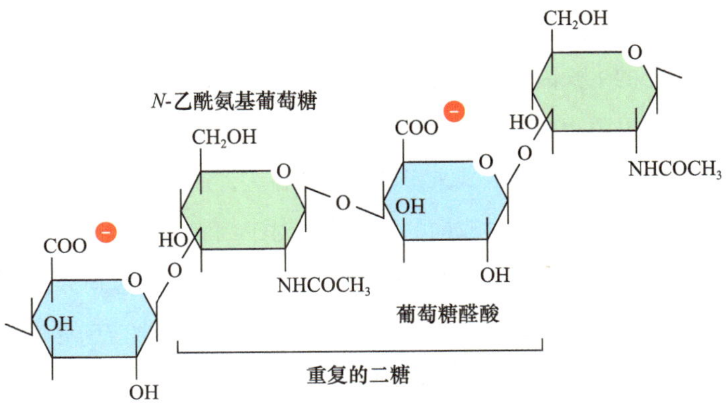

图 20-16　糖胺多聚糖（GAG）由重复的二糖单元组成。如图所示，透明质酸是一种相对简单的 GAG。它由一条长链组成，含有多达 25 000 个重复的二糖单元，每个单元带有负电荷（红色）。与其他 GAG 一样，每个二糖单元中的一个糖单体（绿色）是氨基糖。许多 GAG 具有另外的负电荷，通常来自硫酸盐基团（图中未显示）。

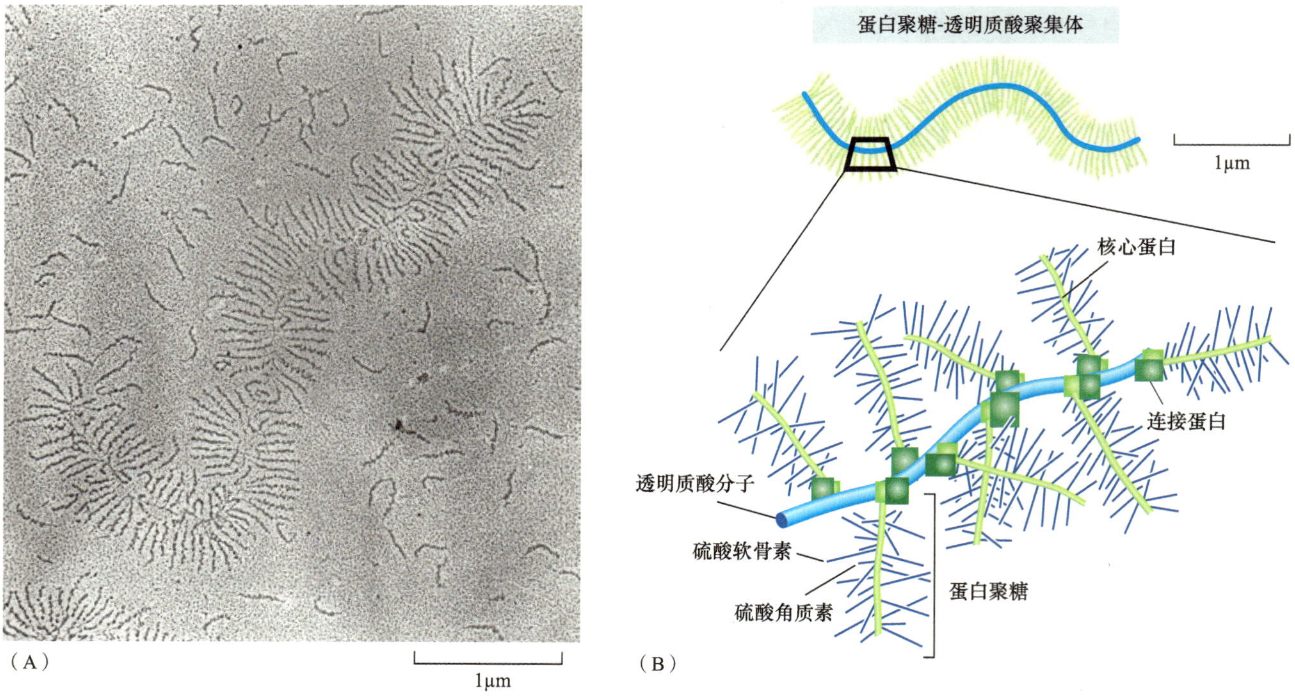

图 20-17　蛋白聚糖和 GAG 可形成大型聚集体。（A）来自软骨的蛋白聚糖透明质酸聚集体在平坦表面上展开后的电子显微照片。（B）图（A）所示的大型聚集体的示意图，显示它是如何由聚集蛋白聚糖亚基构成，这些亚基上伸出大量的 GAG 链——硫酸软骨素（长蓝线）和硫酸角质素（短蓝线），连接到核心蛋白质（浅绿色）上。这些亚基随后通过连接蛋白（绿色）聚集到 GAG 透明质酸（蓝色）上。这样一个复合物的质量可达 10^8Da 或更大，所占的体积与细菌相当，约为 $2\times10^{-12}cm^3$。（图 A 引自 J.A. Buckwalter，P.J. Roughley and L.C. Rosenberg，*Microscopy Research & Technique* 28：398-408，1994。蒙 John Wiley & Sons 惠许。）

当有效的“空间填充物”。

即使在非常低的浓度下，GAG 也可以形成亲水凝胶：它们的多个负电荷会吸引大量的阳离子，如 Na^+，这样的阳离子具有很高的渗透活性，导致大量的水被吸入基质中，从而产生了膨胀压，而膨胀压又被与 GAG 交织在一起的胶原纤维中的张力所平衡。当基质中既富含胶原蛋白，同时又有大量的 GAG 被交织在其网络中时，膨胀压和与之平衡的张力都是巨大的。这样的基质坚韧、有弹性，而且耐压缩。例如，膝关节的软骨基质就有这种特性，它可以承受每平方厘米数百千克的压强。

除了为细胞提供周围的水环境外，蛋白聚糖还具有许多复杂的功能。它们可以形成孔径和电荷密度不同的凝胶，作为过滤器来调节分子穿过细胞外介质。它们可以结合分泌的生长因子和其他作为细胞胞外信号的蛋白质。它们还可以阻止、促进或引导细胞迁移通过基质。基质中的组分通过上述各种方式来影响细胞的行为，通常是产生基质的那些细胞，这种双向的相互作用对于细胞分化和细胞在组织中的排列具有重要影响。关于细胞如何编织起基质分子这张挂毯，以及这种错综复杂的生化结构中的化学信息是如何组织和发挥作用的，这些都还有待于进一步的研究。

上皮层和细胞连接

脊椎动物的体内存在 200 多种显著不同的细胞类型。其中大部分细胞被组织成**上皮**（epithelium）。这是一种多细胞皮层，其中相邻的细胞紧密连接在一起。在有些情况下，皮层厚达几个细胞，也就是说它是*多层*（stratified）的，如表皮（皮肤的外层）；在其他情况下，它是一层简单的上皮，只有一个细胞那么厚，如肠道的内壁。上皮细胞自身也形态各异，或是高圆柱状，或是矮的立方形，或是扁平鳞状（图 20-18）。对于某一皮层而言，其组成细胞可以是同一类型，也可以是不同类型的细胞混合。表皮等上皮主要作为保护屏障；其他上皮可能具有复杂的生化功能，有些会分泌特殊产物，如激素、奶或眼泪；有一些负责吸收营养，如肠道上皮；还有一些上皮可以感知信号，如眼睛通过视网膜中的光感受器层可以感知光，或耳朵通过听觉毛细胞的上皮可感知声音（参见图 12-28）。

尽管有这些以及许多其他变化，人们认识到几乎所有动物上皮细胞都共有一套标准的特征。上皮细胞覆盖身体的外表面和作为所有内腔的衬里，它们必定是动物演化早期的特征。细胞连接在一起组成上皮层，从而形成一个屏

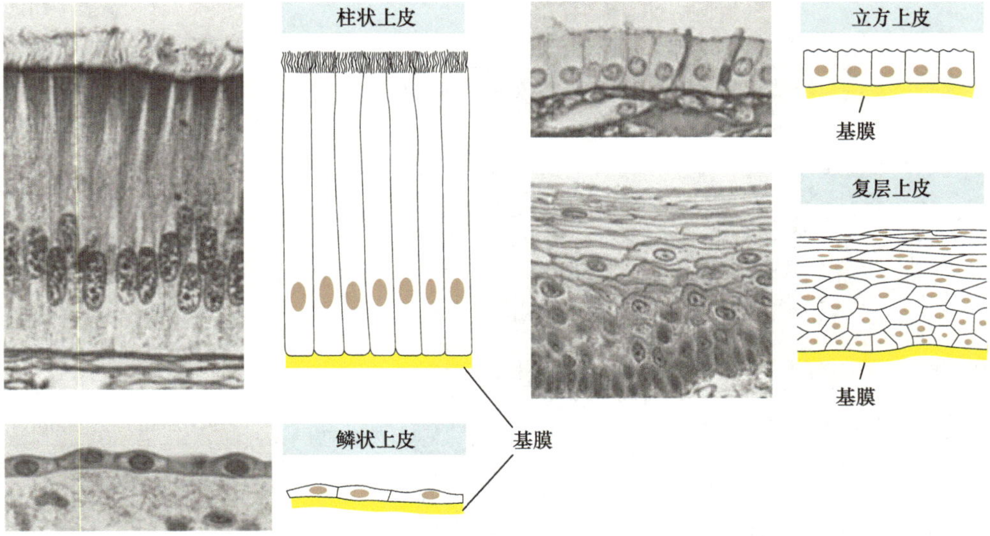

图 20-18 **细胞通过不同的方式组合在一起形成上皮层。**显微图像和示意图展示了四种基本类型的上皮。在每种情况下，细胞都坐落于一层由细胞外基质组成的薄垫即基膜（黄色）之上，如下文所述。（引自 D.W. Fawcett，*A Textbook of Histology*，12th ed. 1994。蒙 Taylor & Francis Books UK 惠许。）

障，这对于多细胞生物非常重要，就像质膜对于单细胞生物的意义一样。它可让一些分子进来，并让其他一些分子出去；它可以吸收营养并排出废物；它含有环境信号的受体；它还可以保护生物体内部免受微生物的入侵，并防止液体流失。

细胞排列成上皮是如此常见，以至于我们有时会认为这就是理所当然的。然而，正如我们在本节中所讨论的，建立上皮需要一系列特殊的结构和分子装置，而这些结构和分子装置在各种上皮细胞中是很常见的。

上皮层具有极性并建立于基膜之上

上皮层具有两个面：**顶部**（apical）是游离的，暴露于空气或体液中；**基部**（basal）附着在一层称为基膜的结缔组织上（图 20-19）。**基膜**（basal lamina）是由一层

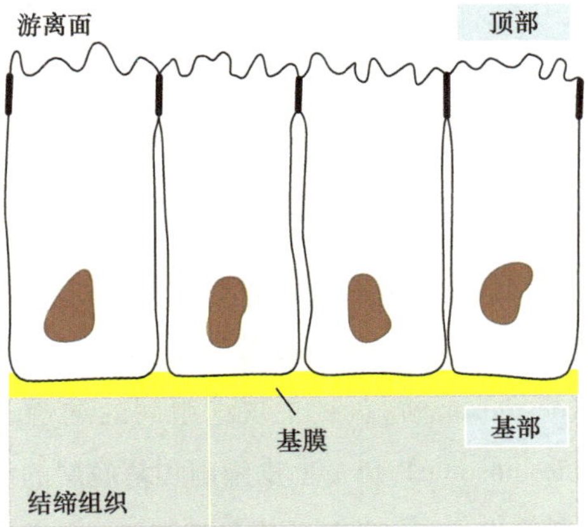

图 20-19 **上皮细胞层具有一个顶部和一个基部表面。**基部附着于一层特殊的称为基膜的细胞外基质上，而顶部是游离的。

薄而坚韧的细胞外基质组成，其主要成分是一种特殊类型的胶原蛋白（Ⅳ型胶原蛋白）和*层粘连蛋白*（laminin）（图 20-20）。层粘连蛋白为上皮细胞基膜中的整联蛋白分子提供了黏附位点，因此它在其他结缔组织中发挥着与纤连蛋白相似的连接作用。

上皮的顶端面和基底面不同：每个面都包含一套不同的分子，反映出各个上皮细胞内部的极化组织方式：每个细胞的顶部和底部都具有不同的性质和功能，这种极性对于上皮的功能至关重要。例如，哺乳动物小肠表面的简单

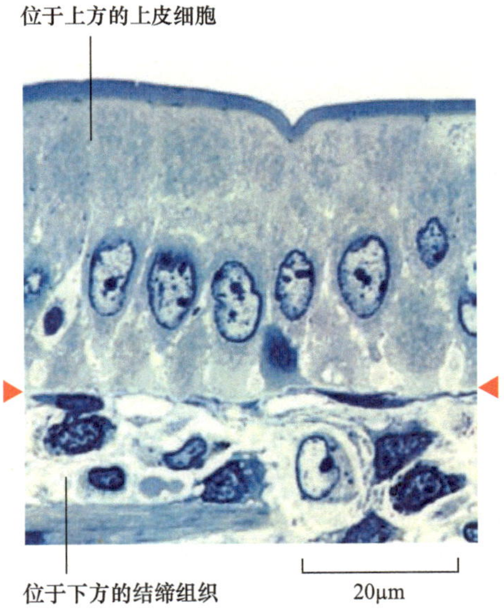

图 20-20 **基膜支撑上皮细胞层。**小肠上皮层的光学显微照片。柱状细胞层位于薄的垫状结构即基膜（红色箭头）上，它是由Ⅳ型胶原蛋白和层粘连蛋白交织而成。下方结缔组织中的其他胶原原纤维和纤维的网络与基膜的下表面相互作用。（Jose Luis Calvo/Shutterstock。）

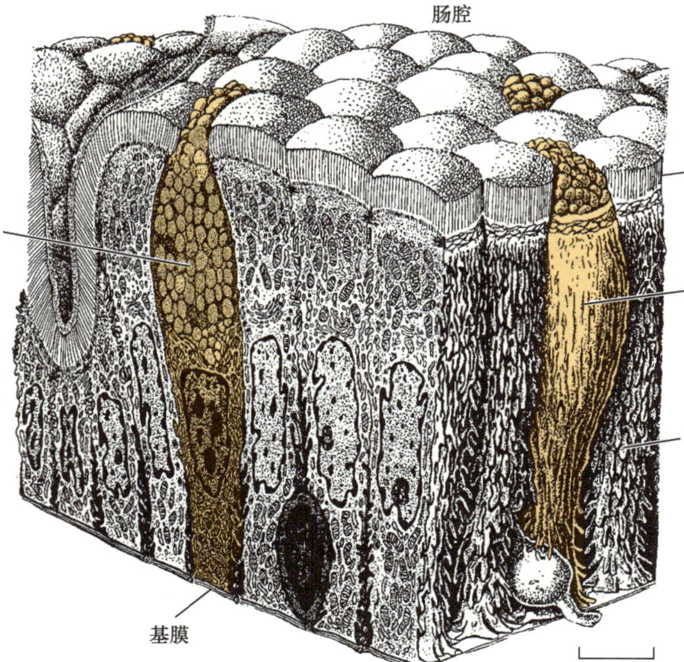

图 20-21　肠道中功能极化的不同类型细胞。从肠道吸收营养物质的吸收细胞与杯状细胞（褐色）混合在肠道上皮细胞中，后者将黏液分泌到肠腔。吸收细胞通常被称为刷状缘细胞，因为其顶端表面有微绒毛状的刷状物；微绒毛用于增加顶端质膜的面积从而将小分子运输到细胞中。杯状细胞形成杯子形状应该是由于含有大量的黏液分泌囊泡所致，这些囊泡会扩散到其顶端区域的细胞质。（改自 R. Krstic，Human Microscopic Anatomy. Berlin：Springer，1991。蒙 Springer-Verlag 惠许。）

柱状上皮主要由两种混合在一起的细胞类型组成：吸收细胞负责吸收营养物质，杯状细胞（因其形状而得名）负责分泌保护和润滑肠道内层的黏液（图 20-21）。这两类细胞都具有极性。吸收细胞通过其顶端面从肠道摄入食物分子，并将这些分子从其基底面输送到下面的组织中。为了实现这一点，吸收细胞在其顶端和基底质膜中需要不同的膜转运蛋白（参见图 12-17）。杯状细胞也必须具有极性，但极化的方式不同：它们在合成黏液后只从其顶端将黏液排出（参见图 20-21）；它们的高尔基体、分泌小泡和细胞骨架都必须具有极性才能实现此功能。对于这两种类型的上皮细胞，极性都取决于细胞彼此之间以及和基底层之间形成的连接。正如我们接下来所讨论的，这些细胞连接反过来控制了与质膜结合的胞内蛋白复杂系统的排列，最终使细胞质的组织形成极性。

紧密连接使上皮防漏并隔离其顶端面和基底外侧面

上皮**细胞连接**（cell junction）可根据其功能进行分类。有些就像致密的封条，可防止分子穿过细胞间的缝隙从上皮渗漏出去；有些提供了强有力的机械附着；还有一些有助于细胞胞质溶胶的密切交换。这三种连接存在于大多数上皮中。正如下文所述，每种连接都因其自身的跨膜蛋白类型而各具特点。

脊椎动物中的**紧密连接**（tight junction）使上皮具有屏障功能，它将相邻的细胞密封在一起，使水溶性分子无法轻易地从细胞之间漏出。如果将一种小的示踪分子加到上皮细胞层一侧，通常它不会穿过紧密连接（图 20-22A 和 B）。紧密连接由密封蛋白（claudin）和闭合蛋白（occludin）组成，这些蛋白质沿着连接线排列成行而产生密封效果（图 20-22C）。如果没有紧密连接防止渗漏，如肠道中的那些吸收细胞的泵送作用将会徒劳无功，而且上皮两侧的细胞外液组成也会变得一样。

紧密连接在维持单个上皮细胞的极性方面也发挥关键作用，表现在两个方面：首先，每个细胞顶端区域周围的紧密连接可以防止蛋白质在质膜中扩散，由此使质膜顶端区域的内容物与基底外侧区域的内容物分开并保持不同（参见图 11-32）；其次，在许多上皮中，紧密连接是细胞内蛋白质复合物的组装位点，由此控制了细胞内部的顶端-基底极性。

与细胞骨架连接的细胞连接使上皮细胞之间及其和基底层之间牢固地黏合起来

通过形成强力的机械结合而将上皮细胞维持在一起的细胞连接主要有三类，其中**黏附连接**（adherens junction）和**桥粒**（desmosome）负责上皮细胞间的结合，而**半桥粒**（hemidesmosome）负责上皮细胞和基底层的结合。所有这些连接为上皮提供机械强度是通过同一种策略，即形成连接的蛋白质会横跨质膜并在细胞内与细胞骨架纤维相

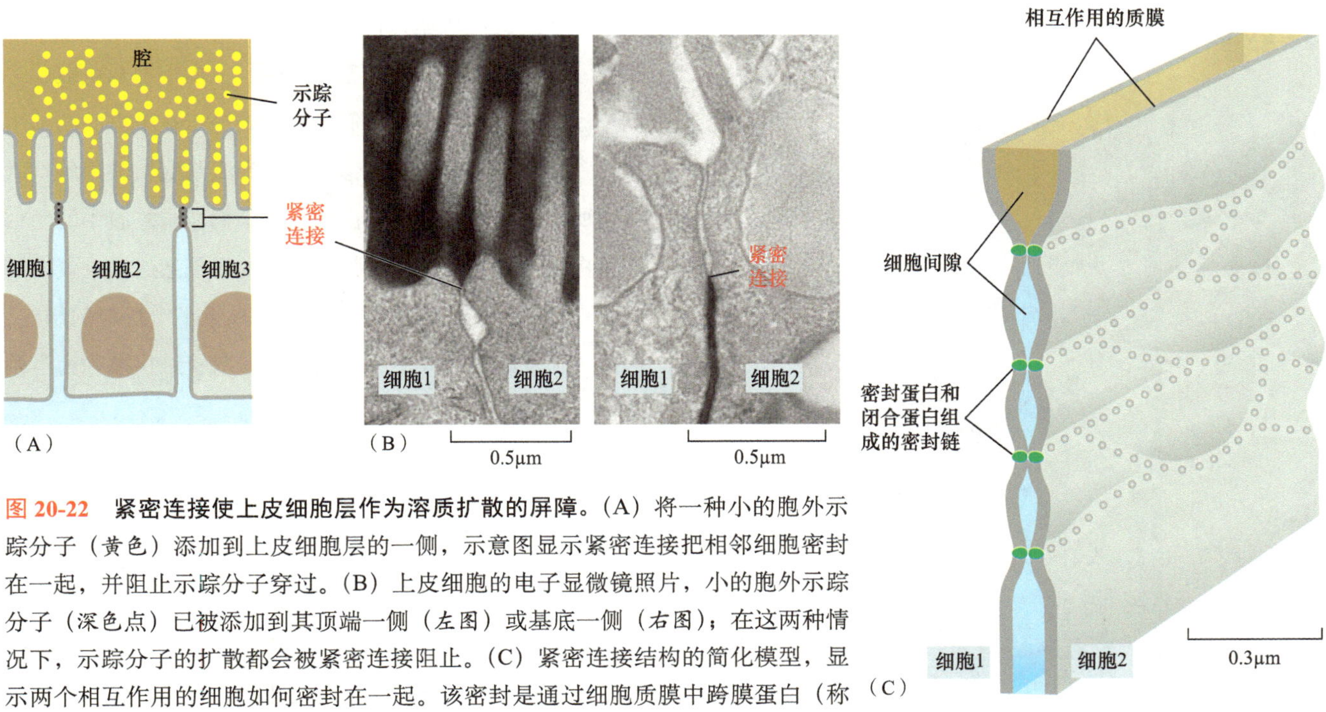

图 20-22　紧密连接使上皮细胞层作为溶质扩散的屏障。（A）将一种小的胞外示踪分子（黄色）添加到上皮细胞层的一侧，示意图显示紧密连接把相邻细胞密封在一起，并阻止示踪分子穿过。（B）上皮细胞的电子显微镜照片，小的胞外示踪分子（深色点）已被添加到其顶端一侧（左图）或基底一侧（右图）；在这两种情况下，示踪分子的扩散都会被紧密连接阻止。（C）紧密连接结构的简化模型，显示两个相互作用的细胞如何密封在一起。该密封是通过细胞质膜中跨膜蛋白（称为密封蛋白和闭合蛋白，绿色所示）的分支链而实现。每种蛋白质结合的都是对面平行质膜中的同类型蛋白（图中未显示）。（图 B 由 Daniel Friend 惠赠，蒙 E.L. Bearer 惠许。）

连。通过这种方式，细胞骨架纤维被连接成一个网络，该网络从一个细胞延展到另一个细胞从而遍布整个上皮层。

黏附连接和桥粒都是建立在**钙黏蛋白**（cadherin）家族的跨膜蛋白周围：细胞质膜中的一个钙黏蛋白分子可以直接与其相邻质膜中相同的钙黏蛋白分子结合（图 20-23）。这种同种分子之间的相互作用被称为同嗜性（homophilic）结合。钙黏蛋白之间的结合还需要细胞外培养基中存在 Ca^{2+}，钙黏蛋白也因此得名。

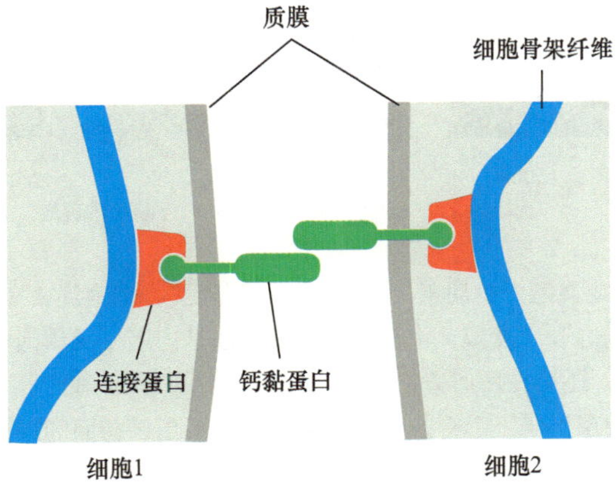

图 20-23　钙黏蛋白介导细胞之间的机械性附着。相邻细胞质膜中相同的钙黏蛋白分子在细胞外相互结合；在细胞内，它们通过接头蛋白结合细胞骨架纤维肌动蛋白丝或角蛋白中间丝。视频 20.2 显示了当体外培养的上皮细胞彼此接触时，它们的钙黏蛋白如何在附着点处集中，导致黏附连接的形成。

在**黏附连接**（adherens junction）处，每个钙黏蛋白分子都通过一些接头蛋白与肌动蛋白丝相连，从而被固定到细胞内。通常，黏附连接在每个相互作用的上皮细胞周围形成一条连续的黏附带；这条带位于细胞顶端附近，正好位于紧密连接的下方（图 20-24）。肌动蛋白丝束由此将整个上皮的细胞连接到一起。这种肌动蛋白丝网络还含有肌球蛋白丝，因此可以收缩，使上皮层能够产生张力并以惊人的方式改变其形状。通过沿一个轴收缩其顶端面，上皮层可以将其自身卷成管状（图 20-25A 和 B）。另外，通过沿着各个方向同时收缩其顶端面，上皮层可以内陷成杯状并最终与上皮的其余部分掐断而形成一个球形囊泡（图 20-25C）。上皮的这些运动在胚胎发育过程中至关重要，因为它们会形成神经管（参见图 20-25B）和晶状体囊泡（参见图 20-25C）等结构。神经管进而产生出大脑和脊髓，晶状体囊泡则会发育为眼睛中的晶状体。

在**桥粒**（desmosome）上，一套不同的钙黏蛋白分子与角蛋白丝（keratin filament）相连。角蛋白丝是一种在上皮细胞中特异存在的中间丝（参见图 17-5）。绳状的角蛋白丝束在细胞质中纵横交错，并通过桥粒连接与相邻细胞中的角蛋白丝束“点焊”式地连接在一起（图 20-26），从而赋予上皮层极大的拉伸强度。坚韧的、暴露在外的上

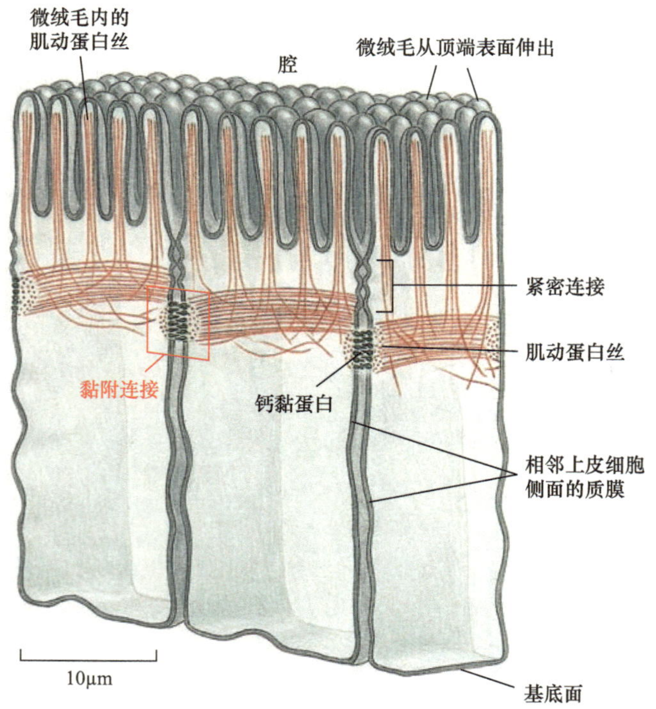

图 20-24　在小肠中，黏附连接在上皮细胞周围形成黏连带。 收缩的肌动蛋白丝束沿着每个细胞顶端附近质膜的胞质面进行延伸，这些丝束通过跨膜钙黏蛋白分子与相邻细胞中的丝束相连接（参见图 20-23）。

皮如皮肤的表皮往往具有这种特征。

水疱对我们是一个痛苦的提醒：上皮细胞只是彼此之间牢固地连接还不够，它们还必须要锚定在下方的结缔组织上。正如前文所述，该锚定是由细胞基底质膜中的整联蛋白所介导。这些整联蛋白的胞外结构域与基膜中的层粘连蛋白结合；在细胞内，整联蛋白的尾部通过接头蛋白与角蛋白丝结合，形成一种表面看起来像半个桥粒的结构。因此，上皮细胞与其下方基膜的这些附着结构被称为**半桥粒**（hemidesmosome）（图 20-27）。

间隙连接使胞质溶胶中的无机离子和小分子在细胞间传递

最后一种类型的上皮细胞连接存在于几乎所有的上皮和很多其他类型的动物组织中，但它的作用与上文所讨论的连接完全不同。在电子显微镜下，**间隙连接**（gap junction）的结构如下：两个细胞的质膜靠得很近且完全平行，中间是 2 ～ 4nm 的非常窄的间隙。然而，间隙内并不是完全空的，而是被两个相邻细胞质膜中的很多相同的跨膜蛋白复合物的突出末端所占据。这些蛋白复合物被称为连接子（connexon），它们头对头排列，形成了跨两

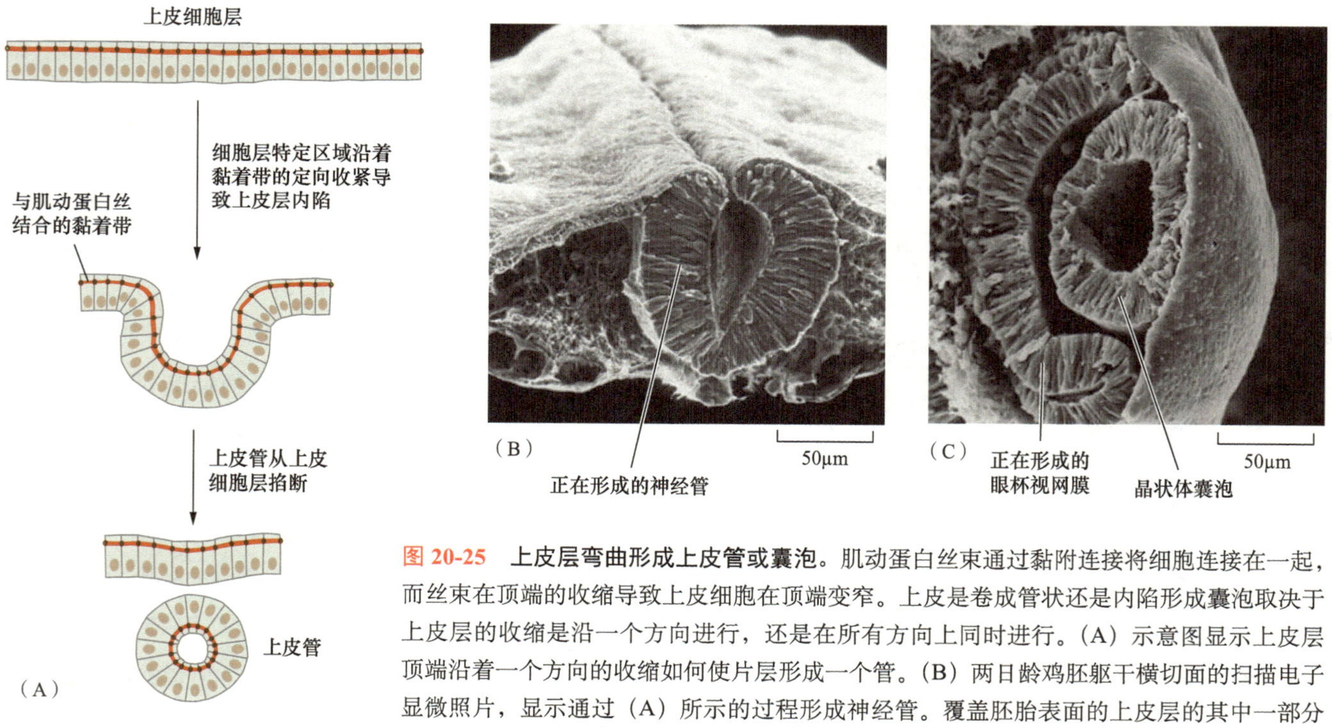

图 20-25　上皮层弯曲形成上皮管或囊泡。 肌动蛋白丝束通过黏附连接将细胞连接在一起，而丝束在顶端的收缩导致上皮细胞在顶端变窄。上皮是卷成管状还是内陷形成囊泡取决于上皮层的收缩是沿一个方向进行，还是在所有方向上同时进行。（A）示意图显示上皮层顶端沿着一个方向的收缩如何使片层形成一个管。（B）两日龄鸡胚躯干横切面的扫描电子显微照片，显示通过（A）所示的过程形成神经管。覆盖胚胎表面的上皮层的其中一部分由于顶端的收缩而变厚并卷起；其对面的褶皱即将发生融合，融合后该结构将会被掐断，形成神经管。（C）鸡胚的扫描电子显微照片，显示视杯和晶状体的形成。在这个正在形成的视杯上，其中一块表面的上皮已经变成凹形，而且视杯内一个独立的囊泡，即晶状体囊泡已经形成。该过程是由顶端上皮细胞在所有方向上同时变窄所驱动。（图 B 蒙 Jean-Paul Revel 惠赠；图 C 蒙 K.W. Tosney 惠赠。）

图 20-26　**桥粒连接两个相邻上皮细胞的角蛋白中间丝。**（A）电子显微照片显示蝾螈皮肤表皮中连接两个细胞的桥粒，注意角蛋白丝的附着。（B）一个桥粒的示意图。在每个相互作用质膜的胞质面上是由胞内接头蛋白的混合物组成的致密斑块。每个斑块的表面上都附着一束角蛋白丝。跨膜钙黏蛋白的胞质尾部与每个斑块的外表面结合；它们的胞外结构域相互作用，从而将细胞维持在一起。（图 A 来自 D.E. Kelly，*J.Cell Biol.*28：51-72，1966。蒙洛克菲勒大学出版社惠许。）

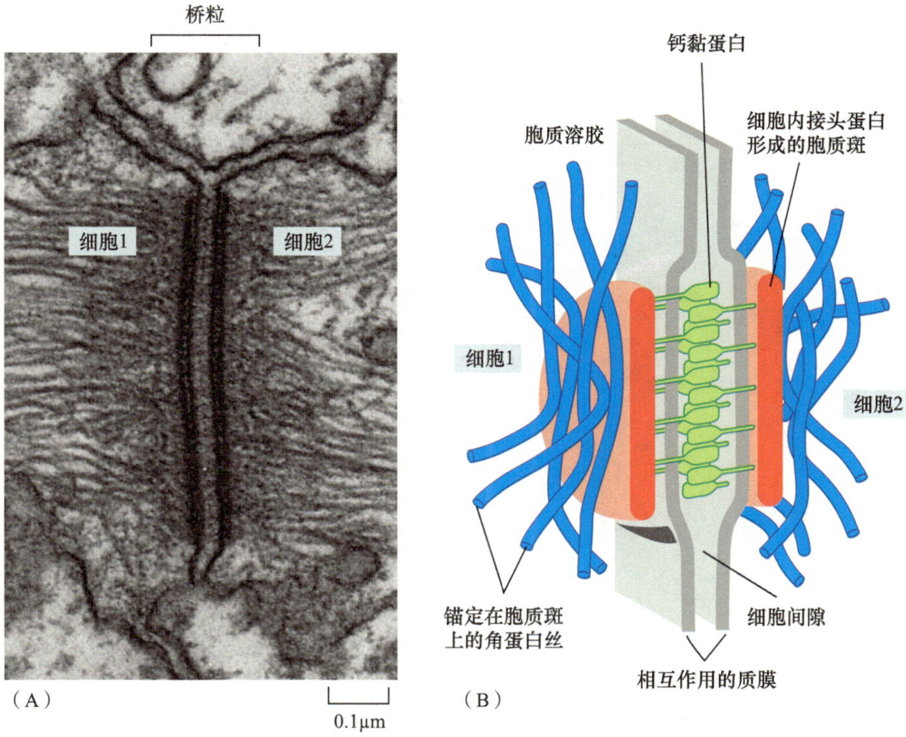

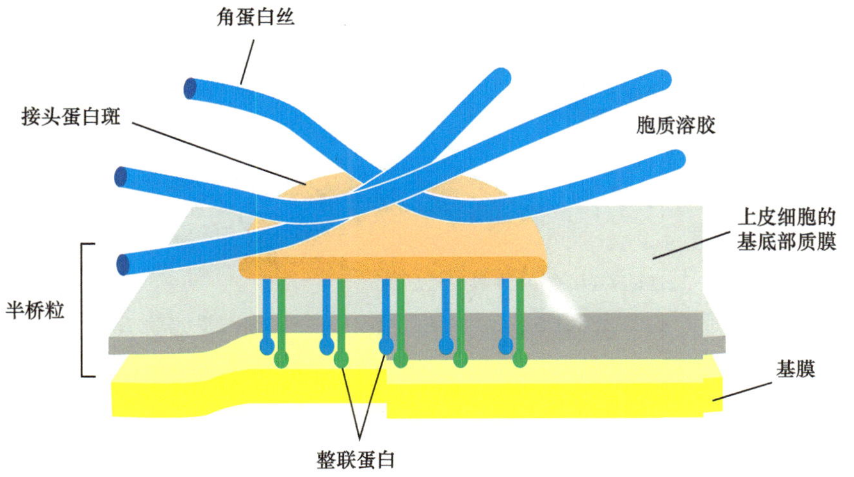

图 20-27　**半桥粒将上皮细胞中的角蛋白丝固定在基膜上。**该连接是由一个含有整联蛋白而不是钙黏蛋白的跨膜附着复合物所介导。

层质膜的狭窄而充满水的通道（图 20-28）。该通道允许无机离子和小的水溶性分子（分子量可高达约 1000Da）从一个细胞的细胞质直接移动到另一个细胞的细胞质。这种流动在细胞之间产生了电和代谢的偶合。例如，心肌细胞之间的间隙连接会产生电偶合，使兴奋性电波同步地在心脏中扩散，引发细胞协调地收缩，从而产生心跳。

许多组织中的间隙连接可以响应胞外或胞内的信号从而打开或关闭。例如，哺乳动物可以响应光强度的增加而分泌神经递质多巴胺，从而减少视网膜中某些神经元之间的间隙连接通讯（图 20-29）。间隙连接通透性的减少改变了电信号的传递模式，帮助视网膜从适用于暗环境的棒状光感受器快速转变为适用于在亮处检测颜色和精细细节的锥状光感受器。图 20-30 总结了间隙连接和在动物细胞中发现的其他连接的功能。

植物组织中没有前文所述的所有类型的细胞连接，因为它们的细胞是通过细胞壁维持在一起。但重要的是，它们具有一种间隙连接的功能性对应物。相邻植物细胞的细胞质可通过**胞间连丝**（plasmodesmata）相互连接，这是一种横跨两细胞细胞壁的微小连通通道。与间隙连接通道相反，胞间连丝是连接质膜的细胞质通道（图 20-31）。因此，植物细胞之间的细胞质基本上是连续的，大小分子包括一些蛋白质和调节性 RNA 可以通过胞间连丝进行流动。转录调控因子和调节性 RNA 在细胞间受调控的流动，这在植物发育过程中非常重要。

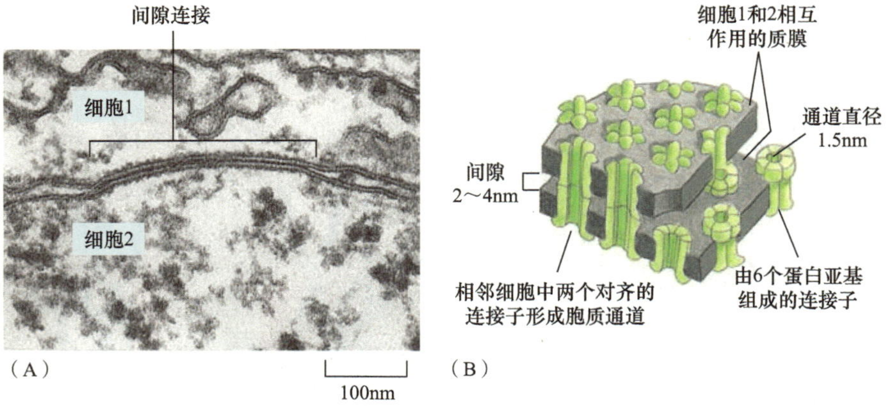

图 20-28　间隙连接为相邻细胞间的胞质交流提供了直接通道。(A) 体外培养的两个细胞间隙连接的电子显微照片。(B) 间隙连接的模型。该示意图显示了两个相邻细胞相互作用的质膜。并列的质膜上横跨着一种称为连接子(绿色)的蛋白质聚集体，每个连接子含有 6 个相同的蛋白质亚基。两个连接子连起来跨越细胞间隙，形成连接两个细胞胞质溶胶的水性通道。(图 A 来自 N.B. Gilula, in Cell Communication [R.P. Cox, ed.], pp. 1-29. New York: Wiley, 1974。蒙 John Wiley & Sons, Inc. 惠许。)

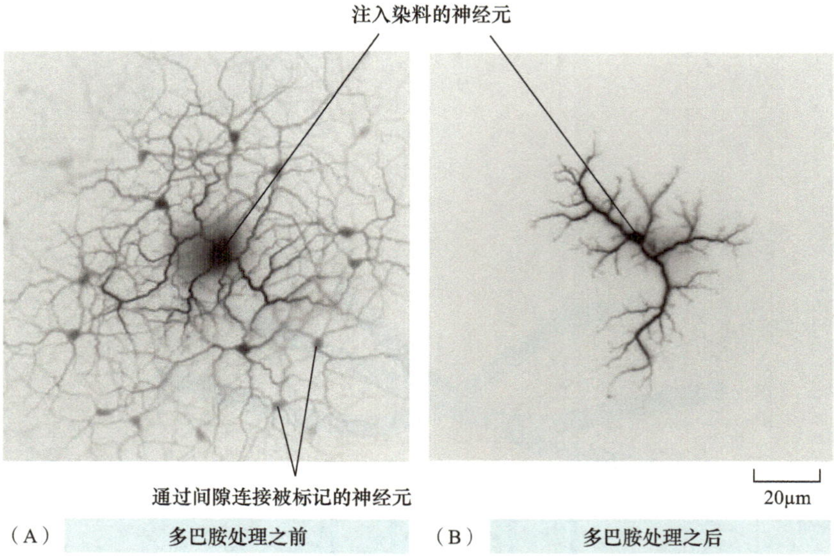

图 20-29　胞外信号可以调控间隙连接的通透性。(A) 兔视网膜(中心部位)中的一条神经元被注入染料(深色斑点)，该染料可以轻易地通过间隙连接。染料从注入的细胞中迅速扩散，通过间隙连接与这个神经元连接的周围神经元也被标记上。(B) 在染料注射之前用神经递质多巴胺处理视网膜，降低了间隙连接的渗透性并阻碍了染料的扩散。(蒙 David Vaney 惠赠。)

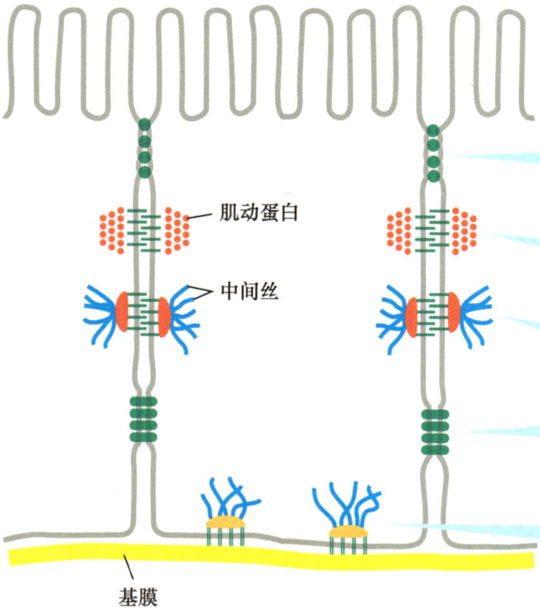

名称	功能
紧密连接	在上皮层中将相邻的细胞封闭起来，防止胞外分子从它们之间泄漏；有助于细胞极化
黏着连接	将两个相邻细胞中的肌动蛋白丝束连接起来
桥粒	将两个相邻细胞中的中间丝连接起来
间隙连接	形成通道，使胞内水溶性的小分子(包括无机离子和代谢物)在细胞间传递
半桥粒	将细胞中的中间丝锚定到基膜

图 20-30　动物上皮中存在的几种类型的细胞连接。紧密连接是上皮特有的，但其他类型的连接存在于多种非上皮组织中，尽管连接的形式有些变化。

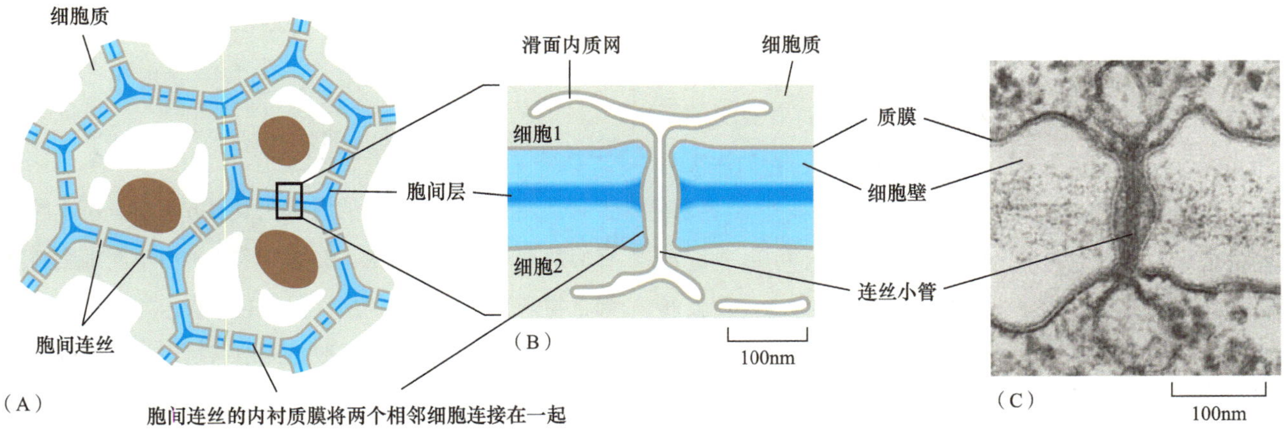

图 20-31 **相邻植物细胞的细胞质通过胞间连丝连接。**(A) 胞间连丝的细胞质通道穿过植物细胞壁，把植物中所有细胞的内部结构连接在一起。(B) 每条胞间连丝的内侧是两个连接细胞共有的质膜。它通常还含有一种细管状结构，叫连丝小管，是由滑面内质网衍生而来。(C) 胞间连丝的显微照片。(图 C 由 L.G. Tilney 惠赠。)

干细胞和组织更新

当我们在思考组织的构成时，一定会好奇这些惊人的有序结构到底是从何而来。这个问题引发出一个更具挑战性的问题，也是一个生物学中最古老和最基本的难题：一个复杂的多细胞生物如何从一个受精卵发育而来？

在发育过程中，受精卵细胞反复分裂形成一个细胞克隆，对人来说，细胞数量约为 10 000 000 000 000 个。所有这些细胞基本上都含有相同的基因组，但以不同的方式分化。该克隆具有明显的结构，它可能是一棵雏菊或橡树、一个海胆、一条鲸或一只小鼠。这一结构是由受精卵所携带的基因组所决定（图 20-32）。DNA 中 A、G、C 和 T 核苷酸的线性序列指导各种不同类型的细胞产生，每类细胞都表达一套不同的基因并排列成精确复杂的三维模式。这些神奇的生物不是人为构造，而是在发育的过程中通过自我组装而成。

虽然动物身体的最终结构可能非常复杂，但它是通过有限的几种细胞活动所形成。所有这些活动的例子已在本

图 20-32 **受精卵的基因组决定了它所发育的细胞克隆的最终结构。**(A 和 B) 海胆受精卵产生出海胆；(C 和 D) 小鼠受精卵产生出小鼠。(图 A 由 David McClay 惠赠；图 B 由阿拉斯加渔猎部惠赠；图 C 由 Patricia Calarco 惠赠；图 D 由美国农业部农业研究服务中心惠赠。)

书的前面讨论过，包括细胞生长、分裂、迁移、与其他细胞建立联系以及死亡。它们形成机械附着并产生力，使上皮层发生弯曲（参见图 20-25）。它们通过打开或关闭一些特定蛋白质和调节性 RNA 的合成来分化。它们产生分子信号以影响周围和远处的细胞，并响应其他细胞传递给它们的信号。它们记着其之前收到的信号效应，逐渐变得越来越特化。基因组在每个细胞中都相同，它定义了这些多种多样的细胞活动发挥作用所遵循的规则。通过在每个细胞中单独运行，基因组引导了多细胞生物从受精卵开始发育为成体的整个复杂的组装过程。视频 1.1、视频 20.3 和视频 20.4 分别展示了青蛙、果蝇和斑马鱼的胚胎发育过程。

对于发育生物学家来说，挑战在于解释基因如何协调从受精卵发育为成体生物的整个连锁事件的发生顺序。我们目前还无法给出这个问题的答案：尽管现在对发育的基因和细胞生物学基础已经了解很多，但我们仍然没有足够的信息来给出公正合理的回答。但是，这些在发育期间共同作用产生生物体的基本活动即使在成年身体中也仍在继续，新的细胞在精确调控下不断地产生。我们在本节所讨论的，正是这个了解得很有限的主题，聚焦于成年脊椎动物组织的结构和维持。

组织是很多细胞类型有规律的混合物

虽然我们体内特化的组织在很多方面都有所不同，但它们都有一些基本需求，这些需求通常由不同细胞类型的混合物来实现，如图 20-33 所示的皮肤。如前所述，所有组织都需要的机械强度一般是由结缔组织的支撑框架所提供，而结缔组织中生存着成纤维细胞和相关类型的细胞。在这种结缔组织中，内衬内皮细胞的血管满足对氧气和营养物质的需求，同时排出代谢废物。同样地，大多数组织受神经细胞轴突的支配，而轴突由施万细胞包裹，其中一些细胞围绕着巨大的轴突形成电绝缘体。巨噬细胞处理死亡和受损的细胞以及其他不需要的碎片，它还可以与淋巴细胞和其他白细胞一起帮助对抗感染。这些细胞类型中的大多数是起源于组织之外，它们或者在其发育过程的早期（内皮细胞、神经细胞轴突和施万细胞）迁移到该组织中，或者在整个生命过程中持续地迁入（巨噬细胞和来自血液的其他细胞）。

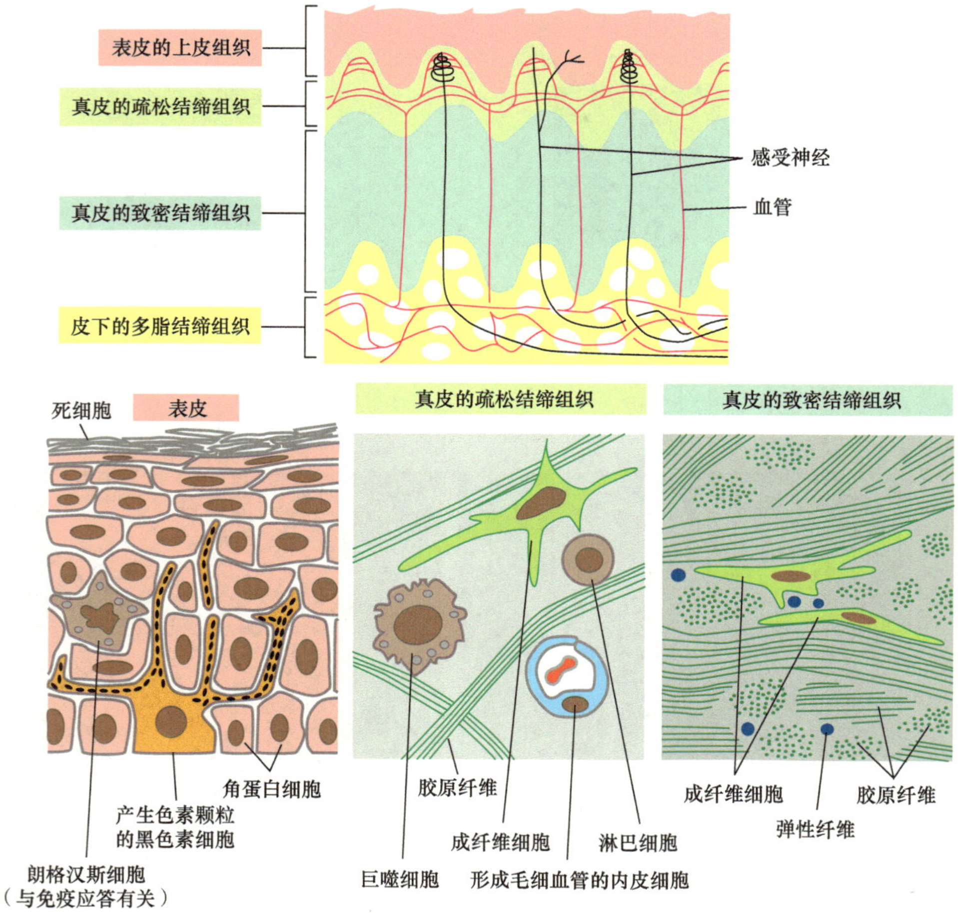

图 20-33 哺乳动物的皮肤由不同类型的细胞混合组成。 示意图显示了厚皮肤主要几层的细胞构成。皮肤可被视为一个巨大的器官，主要由两类组织组成：外部的上皮组织（表皮，epidermis）和内部的结缔组织。表皮的最外层由扁平的死细胞组成，其细胞内的细胞器已经消失（参见图 20-36）。下方的结缔组织由坚韧的真皮（用以制造皮革的部分）以及真皮下方多脂肪的皮下组织（hypodermis）组成。真皮和皮下组织都富含血管和神经；有些神经会一直延伸到表皮，如图所示。

类似的支撑装置对维持很多组织中主要的特化细胞也是必要的，如肌肉的收缩细胞、腺体的分泌细胞或骨髓的血液形成细胞。因此，几乎每种组织都是多种细胞类型的复杂混合体，这些细胞都存在于相同的环境但又保持彼此不同。此外，在几乎所有成熟的组织中，细胞会不断地死亡并被替换；而在整个细胞更替和组织更新的忙乱过程中，组织还必须要保持其结构的有序性。

有三个主要的因素促成了这种稳定性。

1. *细胞通讯*（cell communication）：每种特化细胞都会不断地监控环境中来自其他细胞的信号，并相应地调整自己的行为；大多数脊椎动物细胞的增殖甚至存活都依赖于这种细胞社会的信号（如第 16 章和第 18 章所述）。这种通信确保了新细胞只在正确的时间和地点产生及存活。

2. *选择性细胞黏附*（selective cell adhesion）：因为不同细胞类型的质膜上具有不同的钙黏蛋白和其他细胞黏附分子，所以它们倾向于通过同嗜结合选择性地黏附相同类型的其他细胞。它们还可以选择性地黏附一些其他类型的细胞和特定的胞外基质组分。这些细胞黏附的选择性使细胞保持在其适当的位置。

3. *细胞记忆*（cell memory）：如第 8 章所述，由胚胎发育过程的信号所启动的基因，其特殊的表达模式可以一直稳定地维持下去，从而使细胞自主地保持其独有的特征并将其传递给它们的后代。成纤维细胞分裂产生更多的成纤维细胞，内皮细胞分裂产生更多的内皮细胞，等等。

不同的组织更新速率不同

人体组织内*细胞更新*（cell turnover）的速率和模式差别很大。其中一个极端是小肠上皮，它的细胞每 3 ～ 6 天就会更新一次。另一个极端是神经组织，其大多数神经细胞可以终生存活而无需更换。在这两个极端之间，不同组织的更新速度和方式各不相同。骨骼（参见图 20-8）的更新时间约为 10 年，它包括基质和细胞的更新：旧的骨基质会逐渐被一组类似于巨噬细胞的*破骨细胞*（osteoclast）慢慢吞噬，而另一组类似于成纤维细胞的*成骨细胞*（osteoblast）会分泌并沉积新的骨基质。骨髓中的血液形成前体细胞会不断地产生新的红细胞；这些红细胞被释放到血液中流通大约 120 天，然后被肝脏和脾脏中的吞噬细胞移除和破坏。在皮肤中，表皮外层上死掉的细胞会不断剥落并被下面的细胞所代替，所以表皮层的更新时间约为 2 个月，等等。

我们的生活依赖于这些更新过程，举例而言，当我们过度暴露在高剂量的辐射之下，电离辐射会阻断细胞分裂，从而阻止组织更新。几天之内，肠道内壁的细胞会大量脱落，导致可怕的腹泻和失水等急性放射病。

显然，需要精细的调控机制才能保持正常健康成年人体内细胞生成和细胞死亡之间的平衡。一旦这些调控发生紊乱，使罕见的突变细胞在自我更新组织中异常地生存和增殖，就可能会导致癌症。因此，要了解癌症，重要的是要了解细胞更新的正常社会性调控，该调控在癌症中是异常的。

干细胞和增殖前体细胞持续地产生终末分化细胞

大多数特定的**分化细胞**（differentiated cell），需要不断地被替换，因为它们自身无法再分裂。红细胞、皮肤上层的表皮细胞以及肠上皮的吸收细胞和杯状细胞都是如此。这种细胞被称为*终末分化*（terminally differentiated）细胞，处于发育途径的最后阶段。

那些替代死亡终末分化细胞的细胞是由增殖*前体细胞*（precursor cell）所产生，而前体细胞自身通常来源于一类数量更少的、可以自我更新的**干细胞**（stem cell）。干细胞会保持未分化状态，而且可以无限地分裂（至少在动物寿命期内）。当一个干细胞分裂时，每个子细胞都可以选择：或者继续成为干细胞，或者可以经过一系列前体细胞的分裂，最终导致终末分化（图 20-34）。因此，干细胞和前体细胞的任务不是执行分化细胞的特殊功能，而是要产生能够发生分化的细胞。

干细胞和增殖前体细胞通常会与其分化的子代细胞一起保留在其原来的组织中。干细胞的存在数量非常少，而且没有明显的形态特征，这使得它们难以被辨认出来；在某些组织中，一些特定的分子标记可以帮助识别出干细胞。尽管处于未分化状态，但干细胞和前体细胞仍然受到发育限制：在正常条件下，它们会稳定地表达一套转录调控因子，确保其后代分化为适当的细胞类型。

细胞替代的方式因干细胞所在组织的不同而不同。例如，在小肠的内壁中，吸收细胞和分泌细胞排列成单层简单的上皮，覆盖着伸入肠腔的指状绒毛的表面。该上皮与下方结缔组织中*隐窝*（crypt）内侧的上皮是连续的（图 20-35A）。干细胞就位于隐窝的底部附近，它们主要产生前体细胞，前体细胞在增殖时会向着上皮层的平面移

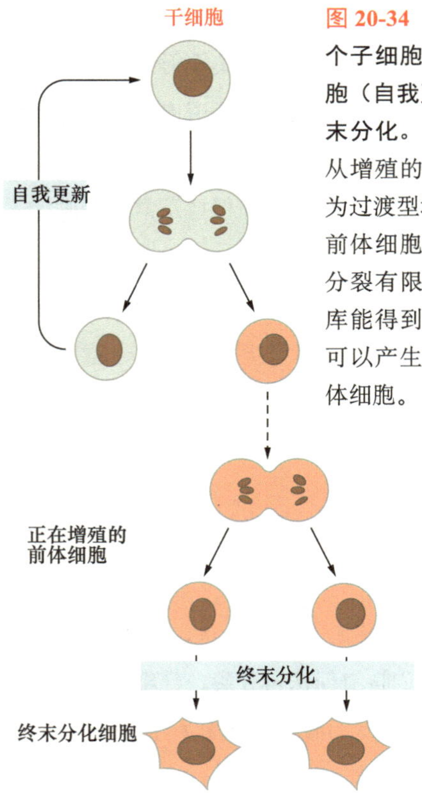

图 20-34 当干细胞分裂时，每个子细胞可以继续保持为干细胞（自我更新），也可以走向终末分化。终末分化的细胞通常从增殖的前体细胞（有时被称为过渡型增殖细胞）分化而来。前体细胞在最终分化之前只能分裂有限的几次。只要干细胞库能得到维持，干细胞分裂也可以产生两个干细胞或两个前体细胞。

动。在向上移动的过程中，前体细胞最终分化成吸收或分泌细胞。而当到达绒毛尖端时，这些分化的细胞会落入肠腔中并死亡（图 20-35B）。

一个形成鲜明对比的例子是表皮，即分层的上皮。在表皮中，增殖的干细胞和前体细胞被限制并黏附在基膜上。正在分化的细胞从这里沿着垂直于细胞层平面的方向向外移动；终末分化的细胞以及死亡后的细胞最终从皮肤表面脱落（图 20-36）。

一种干细胞通常可以产生多种分化后代，例如，肠干细胞可以产生吸收细胞、杯状细胞和几种其他类型的分泌细胞。血细胞形成，即造血过程（hemopoiesis），是该现象的一个极端例子。血液中所有不同类型的细胞，即携带氧气的红细胞以及抵御感染的几种白细胞（图 20-37），最终都是来源于骨髓中的造血干细胞（hemopoietic stem cell）（图 20-38）。

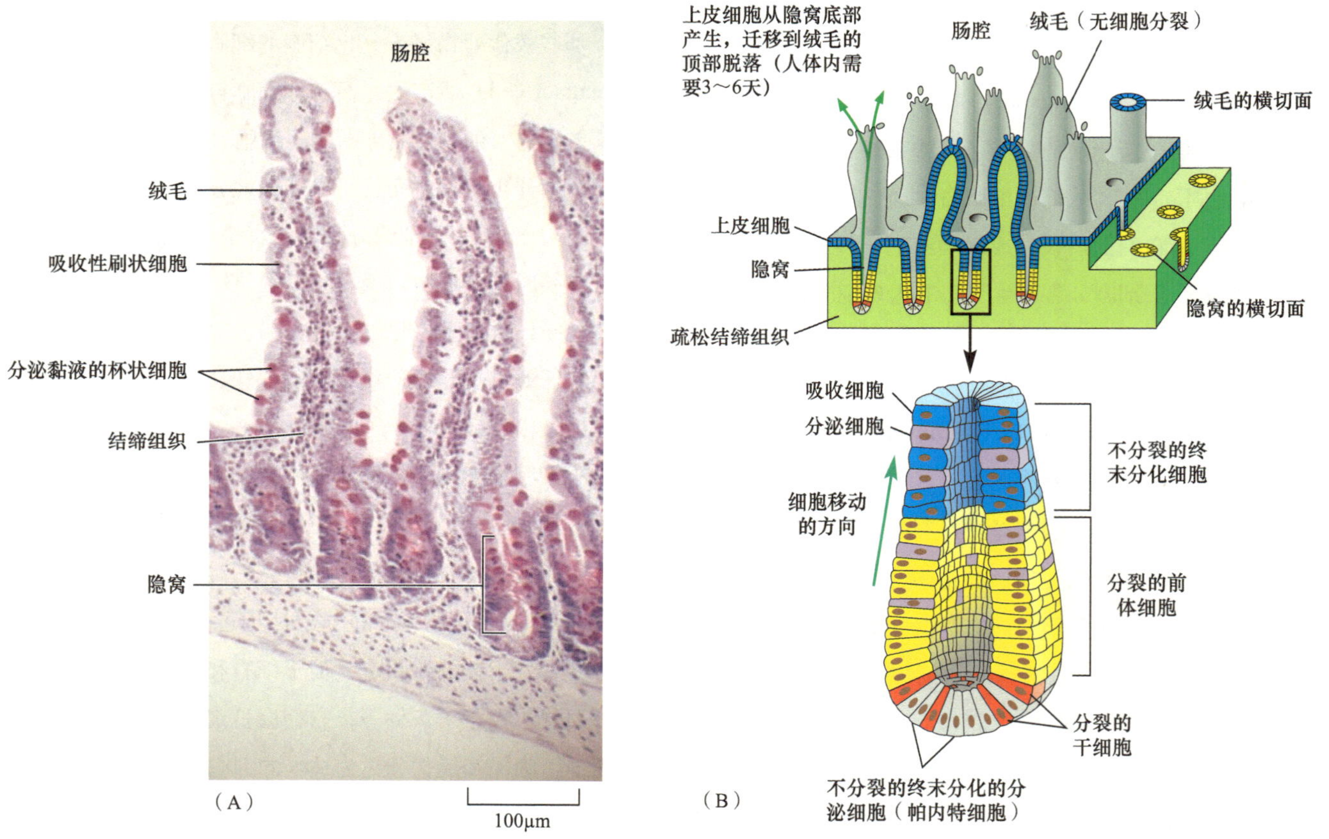

图 20-35 成年哺乳动物的肠道上皮内壁持续地更新。（A）部分小肠上皮的横切面显微照片，显示绒毛和隐窝。分泌黏液的杯状细胞（染成紫色）散布在绒毛上皮中具有吸收功能的刷状缘细胞中。另外，还存在另外两类数量较少的分泌细胞：分泌肠激素的肠内分泌细胞（图中未显示）和分泌抗菌蛋白的帕内特（Paneth）细胞，它们也衍生自相同的干细胞。（B）示意图显示细胞更新和干细胞以及前体细胞增殖的方式。干细胞（红色）主要产生前体细胞（黄色），前体细胞在进行增殖的同时，持续地向上移动并终末分化成分泌细胞（紫色）或吸收细胞（蓝色），这些细胞最终会从绒毛尖端脱落。干细胞也可以直接产生终末分化的帕内特细胞（灰色），该细胞会向下移动到隐窝的底部。

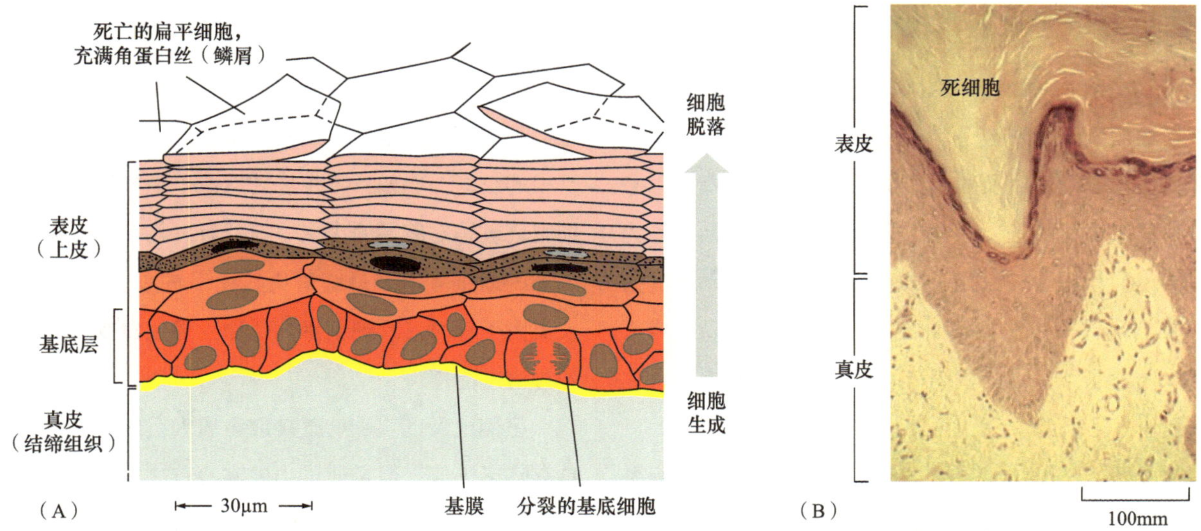

图 20-36 皮肤表皮由来自基底层的干细胞负责更新。（A）基底层含有干细胞以及由干细胞产生的分裂前体细胞。一旦离开基底层，前体细胞就会停止分裂并向外移动，并在移动过程中逐渐分化。细胞最终会经历一种特殊形式的细胞死亡：细胞核和其他细胞器崩解，细胞萎缩形成充满角蛋白丝的扁平鳞屑。这些鳞片最后从皮肤表面脱落。（B）人脚底部横切面的光学显微照片，用苏木精和曙红染色。

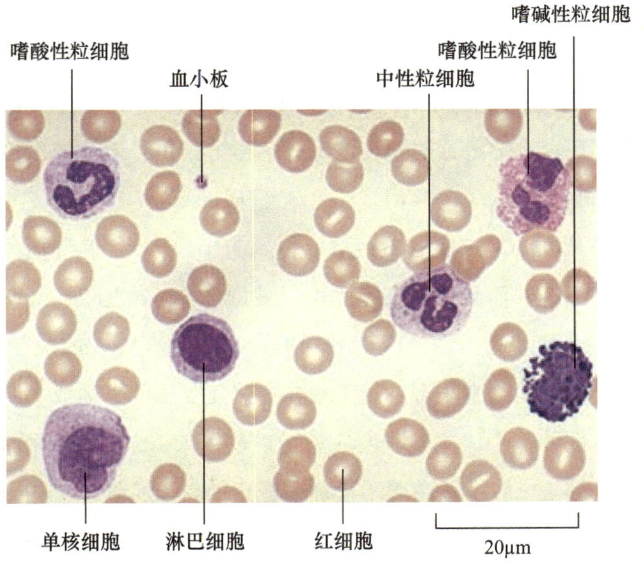

图 20-37 血液中含有很多种流动的细胞，它们都来自于同一种干细胞。将血液样品涂在一个玻璃盖玻片上，进行固定（参见图版 1-1）和染色。该染料可以将细胞核染为蓝色，将细胞质染为红色。显微镜下可观察到很多小的红血球（红细胞），这些细胞中没有细胞核和 DNA。各种类型的白细胞是有核的细胞，包括淋巴细胞、嗜酸性粒细胞、嗜碱性粒细胞、中性粒细胞和单核细胞等。这种血涂片在医院中常被用于临床检测，判定某种特定类型血细胞的增加或减少，例如，特定类型白细胞的增加意味着可能发生了感染、炎症性疾病或白血病。（蒙 Peter Takizawa 惠赠。）

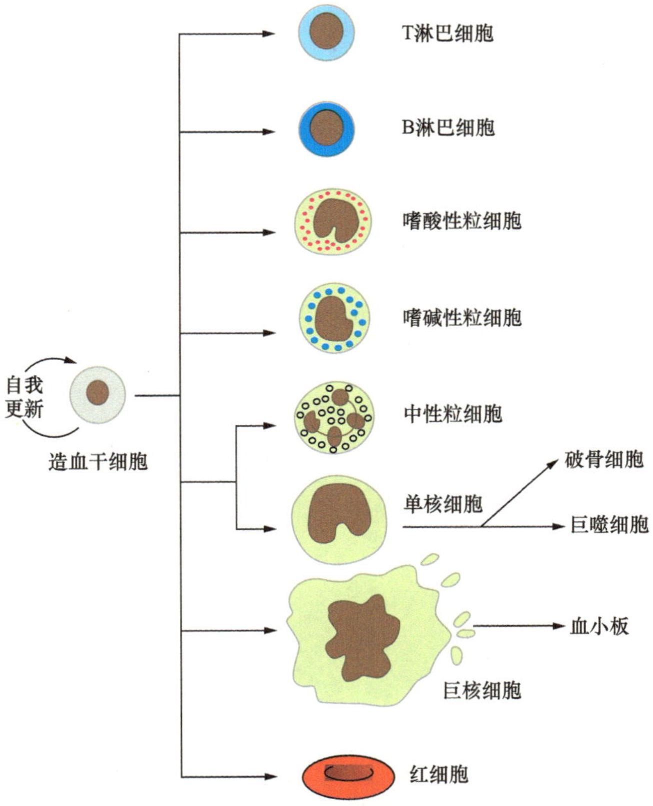

图 20-38 造血干细胞分裂产生更多的干细胞以及各种前体细胞（未显示）。前体细胞增殖并分化成循环系统中各种成熟的血细胞类型。注意，单核细胞可以产生巨噬细胞和破骨细胞。巨噬细胞存在于身体的很多组织中，而破骨细胞会吞噬骨基质。巨核细胞脱落的细胞碎片形成血小板（视频 20.5）。已知有大量的胞外信号分子可以在该细胞谱系的不同节点发挥作用，从而有助于调控每种细胞的产生并维持前体细胞和干细胞处于适当的数量。

特定信号维持干细胞群落

每一个干细胞系统都需要调控机制以确保新分化的细胞以正确的数量出现在适当的位置。这种调控依赖于干细胞和其后代之间，以及和其他细胞类型之间的胞外信号交换。而令人惊讶的是，这些信号以及它们所激活的胞内信号转导途径只属于少数几个家族，对应于 6 种基本的信号转导机制，其中一些如第 16 章所述。在胚胎以及成人阶段的不同背景下，这些机制以不同的组合反复地发挥作用，从而引发不同的反应。

几乎所有这些信号转导机制都有助于维持干细胞系统（如肠道干细胞）的复杂结构。在该系统中，一类称为 **Wnt 蛋白**（Wnt protein）的信号分子可以促进每个肠隐窝底部干细胞和前体细胞的增殖（图 20-39）。此外，隐窝中的细胞也会产生其他信号，可在较大的范围内抑制 Wnt 途径在隐窝外活化。隐窝细胞还可以交换其他一些信号以控制细胞的多样化，使一些前体细胞分化成分泌细胞，另一些前体细胞变成吸收细胞。

如果这些信号转导机制失调，就会导致肠道内壁结构的破坏。尤其是，人类肠癌中最常见的直肠癌就是由于 Wnt 信号调控的缺陷所致，我们后文会对其进行讨论。

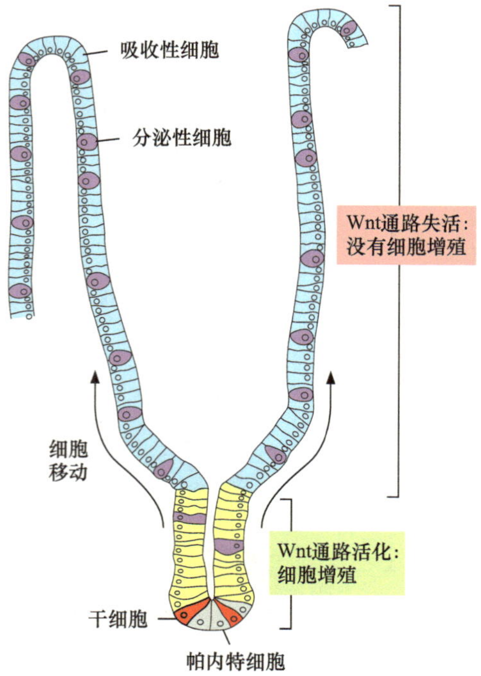

图 20-39　Wnt 信号通路维持肠道隐窝中干细胞和前体细胞的增殖。 Wnt 蛋白是由隐窝基部内部和周围的细胞所分泌，尤其是帕内特细胞，这是一类由肠干细胞产生的终末分化的分泌性细胞。新形成的帕内特细胞向下移动到隐窝底部而不是绒毛尖端，它们具有两个方面的功能：分泌抗菌肽，防止感染，同时提供维持干细胞群体的信号。

干细胞可用于修复缺失或受损的组织

由于干细胞可以无限地增殖并产生分化的后代，所以它们既可以不断地更新正常的组织，又可以修复在伤害中受损的组织。例如，将少量的造血干细胞注入自身血液干细胞已被辐射破坏的小鼠中，就有可能在该动物中重新产生新的血细胞，并最终避免其死于贫血或感染。类似地，人类由于辐射（或细胞毒性药物）导致白血病后，可用骨髓移植来治疗。

虽然已经证实那些直接取自成人组织如骨髓的干细胞具有临床价值，但是通过小鼠实验首次发现的另外一种干细胞可能具有更大的潜力，可用于治疗和理解人类疾病。通过细胞培养，有可能从早期小鼠胚胎中获得一种特殊类型的干细胞，称为**胚胎干细胞**（embryonic stem cell）或 **ES 细胞**（ES cell）。在适当的条件下，这些细胞可以在体外无限增殖，并保持无限的发育潜力，因此被认为是**多能性**（pluripotent）细胞：如果体外培养的细胞被放回到早期胚胎中，它们可以产生体内所有的组织和所有类型的细胞，包括生殖细胞系。它们在胚胎中的后代也能够完美地整合到胚胎的任何部位，并表现出和正常细胞一样的特征及行为。这种方法可用于研究基因功能：在这种情况下，ES 细胞首先进行基因改造以失活特定的基因或插入一个修饰基因，然后再放回到胚胎中（参见图 10-28）。ES 细胞还可以在体外通过适当的胞外信号分子诱导分化成很多种细胞类型（图 20-40）。

从人的早期胚胎中也可以得到与小鼠 ES 细胞性质相似的细胞，而且这些细胞也可以被诱导分化成图 20-40 所示的多种细胞类型。理论上，人的 ES 细胞可以作为一种潜能无限的细胞来源，用于替换或修复受损的人体成熟组织。例如，小鼠实验表明应该可以使用人 ES 细胞分化而来的细胞来代替肌营养不良症中退化的骨骼肌纤维、帕金森病症中死亡的神经细胞、1 型糖尿病中被免疫系统破坏的胰岛素分泌细胞，以及心脏病发作时死亡的心肌细胞。也许有一天，人类 ES 细胞会重演胚胎发育过程，使培养出整个器官也成为可能。

然而，在这些梦想成为现实之前，还要克服很多障碍。一个主要问题是免疫排斥，如果被移植的细胞与接受移植的患者的细胞在基因上不同，那么它们很可能被免疫系统排斥和破坏。除了科学问题，使用人类胚胎产生 ES 细胞

图 20-40 **小鼠 ES 细胞在体外可以诱导分化成特定的细胞类型。**从早期小鼠胚胎的内细胞团中获得的 ES 细胞，可以在体外培养中长期保持多能干细胞状态。如果使细胞聚集（图中未显示），然后以正确的顺序在正确的时间给细胞添加合适的胞外信号分子，就可以诱导它们分化为感兴趣的特定细胞类型（视频 20.6）。（基于 E. Fuchs and J.A. Segre，*Cell*，100：143-155，2000 的数据。）

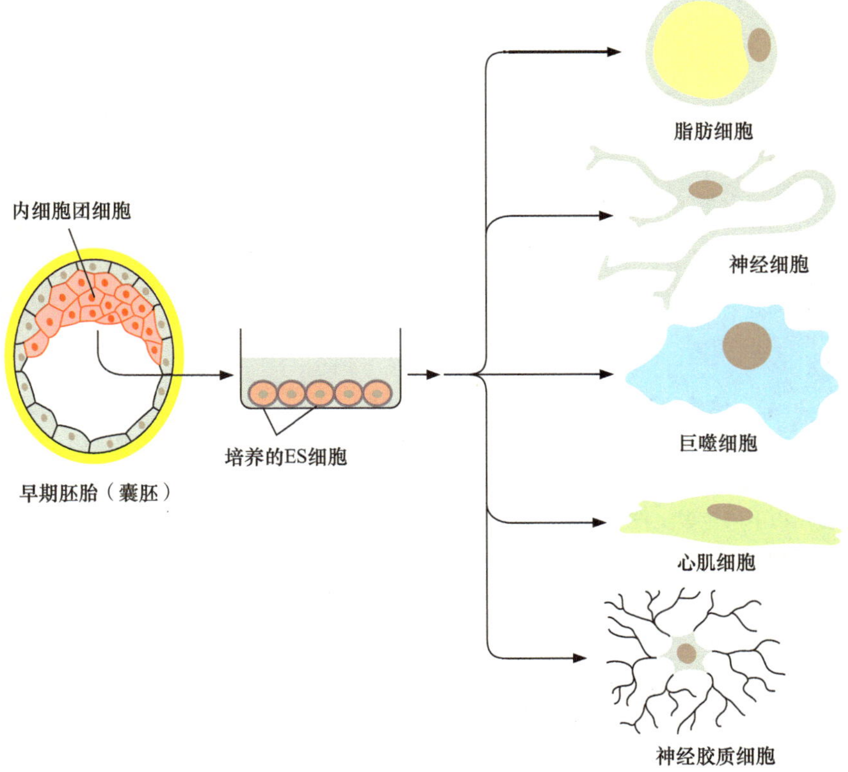

还存在伦理问题。解决这两个问题的一种方法是通过如下所述的另一种途径来产生人的多能细胞。

诱导多能干细胞是人类 ES 样细胞的便捷来源

现在，不通过胚胎也可以得到多能干细胞。从成年小鼠或人体组织中取出分化后的细胞进行体外培养，并通过人为启动一组 3 个或 4 个转录调控因子（包括 Oct4、Sox2 和 Klf4）的表达就能将细胞重编程为 ES 样状态。该处理足以将成纤维细胞永久地转化为具有 ES 细胞几乎所有特性的细胞，包括无限增殖、以多种方式进行分化，如同本例子中的小鼠细胞可以形成任何组织。这些 ES 样的细胞被称为**诱导多能干细胞**（induced pluripotent stem cell，iPS cell）。不过这种方法也有缺陷，包括转化率低（只有一小部分成纤维细胞可以转变为 iPS 细胞），而且人们对于这种异常发育而来的细胞植入人体后的安全性还有很大顾虑。因此，在使用这种方法高效地治疗人类疾病并得到伦理上的许可之前，还有很长的路要走。

现在，很多得到人类 iPS 细胞的更好的方法也一直不断被提出。与此同时，人类 ES 细胞，特别是人类 iPS 细胞，在其他方面也很有价值。它们可以通过体外培养产生大量相同的、特定分化类型的人类细胞，从而用于测试候选药物的潜在毒性或有益作用。此外，可以从遗传病患者身上得到 iPS 细胞并利用这些 iPS 细胞产生患者的分化细胞类型，然后对这些细胞进行研究以更好地了解致病机制，并寻找潜在的治疗方法。其中一个例子是蒂莫西综合征（Timothy syndrome），这是一种由编码特定类型 Ca^{2+} 通道的基因突变引起的罕见遗传疾病。突变后的通道在打开后无法正常关闭，导致包括心律异常等多种缺陷，在某些个体中还会导致自闭症。由这些个体产生的 iPS 细胞已在体外被诱导分化成神经元和心肌细胞，现在可用于研究 Ca^{2+} 通道异常的生理后果并寻找可以纠正该缺陷的药物。

此外，关于多能 ES 和 iPS 细胞本身的实验也揭开了发育和干细胞生物学中许多悬而未决的问题，包括维持多能性和决定特定发育命运的分子机制。

小鼠和人多能干细胞可在培养条件下形成类器官

值得注意的是，小鼠或人 ES 细胞和 iPS 细胞可以在适当的培养条件下增殖、分化和自我组装，形成一种在结构上非常类似于正常器官的微型三维器官，称为**类器官**（organoid）。图 20-41 展示了一个早期的著名例子，这是一个由人 ES 细胞形成的正在发育的眼状结构，包括一个多层视网膜，其结构与在体内发育的人眼睛中的视网膜类似。

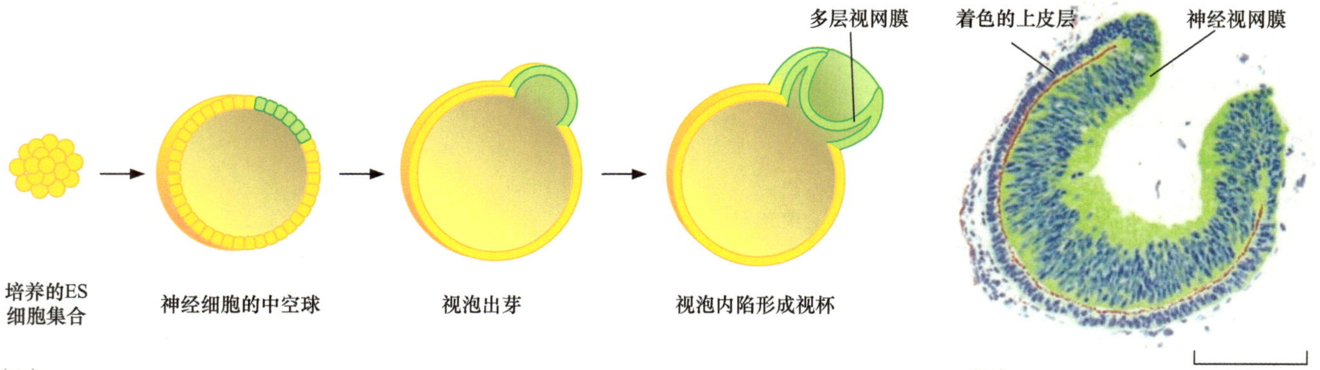

图 20-41 培养的 ES 细胞可以产生三维类器官。（A）示意图显示在适当条件下，体外培养的小鼠或人的多能细胞如何增殖、分化并自我组装以形成三维眼睛状结构（视杯），其中包括一个多层的视网膜，在结构上与在体内正常眼睛发育期间形成的视网膜相似。（B）由人 ES 细胞培养形成的视杯的荧光显微照片。该结构包括一个正在发育的视网膜（其中包含多层神经细胞，染成绿色）和下层色素上皮（其顶端表面染成红色）。所有细胞核都染成蓝色。（图 A 改自 M. Eiraku and Y. Sasai，*Curr. Opin. Neurobiol.* 22：768-777，2012；图 B 改自 T.Nakano et al.，*Cell Stem Cell* 10：771-785，2012。）

小鼠和人类 iPS 细胞，以及二者所衍生的前体细胞，现已被用于产生各种与体内发育器官相似的类器官，包括人类大脑，这可以说是地球上最复杂和最精细的结构。这种类器官是体外研究器官发育的强力模型，它使人们可以鉴定并操控相关的基因来探索细胞与细胞之间的相互作用，这在完整的生物体是不可能实现的。此外，类器官也可用于研究发育途径如何因为疾病而从原先设定的轨道中脱轨。例如，可以利用来自小头畸形（以脑发育严重迟缓为特征）患者个体的 iPS 细胞产生脑类器官。对这些发育中的脑类器官进行仔细分析显示，小头畸形可能是由于脑前体细胞的增殖和分化的过早停止导致脑细胞的产生减少所引起。

iPS 细胞和类器官技术的发展开辟了研究人类发育和疾病的全新方式。它同时还开辟了疾病治疗的可能途径。

癌症

人类拥有能够自我更新和修复的组织，但也为此付出了代价。控制这些过程微妙平衡的机制可能会出错，从而导致组织结构的灾难性破坏。组织更新导致的最严重的疾病就是**癌症**（cancer），它和感染、营养不良、战争以及心脏病并列为导致人类死亡的主要原因。例如，在欧洲和北美，至少有 1/5 的人将会死于癌症。

一旦细胞行为破坏了细胞社会的基本准则，就有可能导致癌症。为了理解疾病的起源和发展，并设计出治疗方法，我们必须了解包括细胞如何在组织中发挥作用和相互作用等几乎所有的知识。在本节中，我们会研究癌症的原因和机制、促进癌症发展的异常细胞行为的类型，以及我们所希望的、运用我们的知识来打败这些行为异常的细胞，从而治愈疾病的方法。尽管存在很多类型的癌症，且每种癌症都有其不同的特性，但我们将用术语“癌症”来统称它们，因为它们都遵循某些共同的原则，并具有一些共同的异常情况。

癌细胞会过度增殖和不受控地迁移

随着组织的生长和自我更新，每个细胞都必须根据生物体的整体需求调整其行为。只有当需要该类型的新细胞时，细胞才分裂；当不需要新细胞时，细胞要停止分裂。而且当需要细胞时，细胞必须能存活；不需要该细胞时，细胞也必须被清除掉。细胞必须保持其特定的性质，而且它必须占据正确的位置，不能进入到不适当的领域。

在大型生物体中，单个细胞偶尔出现行为异常，不会造成重大的伤害。但是，当一个细胞的基因发生改变，使其能够存活并在不应该分裂的时候进行分裂，而且可以产生相同的、不遵循细胞社会准则的子代细胞时，就有可能会发生秩序的破坏性崩溃。这种异常细胞克隆的不断扩大可以破坏组织的结构，并最终破坏整个身体。癌症的发生就是这样一种灾难。

癌细胞可通过两种遗传特征进行定义，它们和它们的后代：①无视正常的限制进行增殖；②侵入和殖民化到正常情况下为其他细胞预留的区域（视频 20.7）。正是这些偏离细胞社会性的特征的综合作用造成了致命的危险。只具有第一特性而无第二特性的细胞，虽然过度增殖，但只聚集在一处形成肿瘤，这种肿瘤被称为*良性*（benign）瘤，一般可通过手术彻底清除。肿瘤细胞在具有侵入周围组织的能力时才具有癌性，此时的肿瘤被称为*恶性*（malignant）瘤。具有浸润性的恶性肿瘤细胞通常会从原发性肿瘤中脱离，进入血管或淋巴管，从而在体内的其他部位形成继发性肿瘤或**转移灶**（metastase）（图 20-42）。癌症转移的范围越广，根除的难度就越大。

流行病学研究鉴定癌症发生的可预防因素

预防总比治疗好，但为了预防癌症，我们需要知道什么会导致癌症。我们生活环境中的一些因素或我们的生活方式是否会引发癌症并促进癌症的发展？如果是，到底是什么因素？这些问题的答案主要来自*流行病学*（epidemiology），即寻找与疾病发病率相关因素的人口统计学分析。这种方法提供了强有力的证据，表明环境在大多数人类癌症病例的发生中发挥着重要作用。例如，常见癌症的类型因国家而异，对移民的研究表明，影响患癌症风险的通常是人们的居住地而非出生地。

尽管现在仍然很难发现环境或生活方式中哪种特定因素发挥了重要作用，而且很多因素仍然未知，但有一些因素已被精确地鉴定出来。例如，很久以前人们就注意到发病于子宫颈上皮细胞的宫颈癌，在高频性生活的女性中比没有性生活的女性更常见，表明该病因与性行为相关。我们现在知道，大多数宫颈癌的病例取决于宫颈上皮细胞感染了某种常见病毒的亚型，该病毒被称为*人乳头瘤病毒*（human papillomavirus）。这种病毒是通过性交传播，而且有时（如果运气不好）会导致感染细胞不受控制地增殖。了解这一点后，我们可以尝试通过预防感染来预防癌症，例如，接种乳头瘤病毒相关的疫苗。现在，疫苗已经上市，如果在年轻女性有性生活之前给她们接种该疫苗，则可以提供高效的保护。

然而在绝大多数人类癌症中，病毒似乎不起作用：正如下文所述，癌症不是传染病。但流行病学表明，其他一些因素会增加患癌风险。肥胖是其中一种因素，而吸烟是另一种。烟草的烟雾不仅是造成绝大多数肺癌病例的原因，而且还会增加膀胱癌等其他几种癌症的发病率。如果停止使用烟草，我们可以预防约 30%的癌症患者死亡。目前，还没有其他单独的政策或治疗方法可以对癌症的死亡人数产生如此巨大的影响。

正如我们下文要解释的那样，尽管环境因素会影响癌症的发病率，而且对某些形式的疾病至关重要，但它们并不是癌症发生的唯一原因。无论我们如何努力，只靠健康生活无法将我们患癌的风险降低为零。

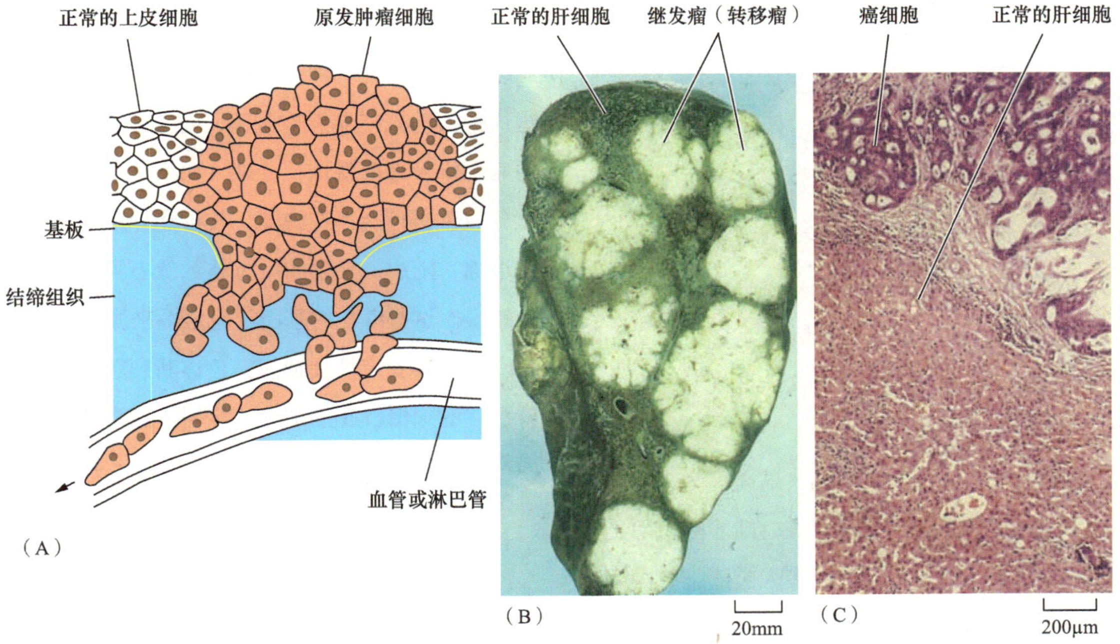

图 20-42　**癌症侵入周围组织并经常转移到远处。**(A) 为了在新的位点形成克隆，即继发性肿瘤或转移灶，上皮中的原发性肿瘤细胞一般必须要迁移通过由基膜形成的保护屏障（黄色）以及通过结缔组织（蓝色）进入血液或淋巴管。随后，它们必须从血液或淋巴中退出并在新的部位（未示出）定居、存活和增殖。(B) 人肝脏中的继发性肿瘤，来源于结肠中的原发性肿瘤。(C) 一个继发性肿瘤的高倍放大视图，不同的染色显示正常肝细胞和癌细胞之间的差别。(图 B 和 C 蒙 Peter Isaacson 惠赠。)

癌症通过体细胞突变的积累而发展

癌症本质上是一种基因性疾病：它的出现是由于DNA携带的信息发生了病理性的变化。癌症与其他的遗传性疾病不同，因为癌症的突变主要是*体细胞突变*(somatic mutation)，即发生在个体体细胞中的突变。与此相对的是生殖细胞突变，该突变通过能发育成整个多细胞生物体的生殖细胞进行传递。

大多数已确定的致癌试剂，包括电离辐射和大多数化学致癌物，都具有诱变作用，它们会造成DNA核苷酸序列的改变。但即使在没有吸烟、放射性以及其他所有令我们担心的外部诱变剂的环境中，由于DNA复制和DNA修复的精确度存在基本的限制（如第6章所述），突变也会自发出现。事实上，除烟草外的其他环境致癌物可能只占致癌突变的一小部分，即使去除所有这些外部风险因素，我们仍然有可能患上这种疾病。

尽管DNA的复制和修复的精确性非常高，但平均每复制10^9或10^{10}个核苷酸就会出现一次错误，如第6章所述。这意味着即使没有外部诱变剂，每次分裂时每个基因自发突变的发生概率约为10^{-6}或10^{-7}。人的身体在一生中平均大约发生10^{16}次细胞分裂，因此，每个人的每个基因都可能发生10^9次独立突变。从这个角度来看，癌症的问题似乎不是它为什么会发生，而是它为什么发生得这么少。

问题的答案是大多数突变不会导致癌症，即使它们可能恰好存在于癌细胞中，这些突变被称为*过客突变*(passenger mutation)。同时，对于那些确实会促进癌症的突变来说，单一突变往往是不够的。确切需要多少*癌症临界或驱动突变*（cancer-critical or driver mutation）才能诱发癌症目前仍存在争议，但对于大多数晚期癌症而言，可能需要至少10个，而且，正如下文所述，它们必须影响到恰当的基因类型。这些突变不是一次全部发生，而是按照顺序发生，通常跨度会是很多年。

因此，癌症通常是一种老年疾病，这是因为来自同一祖先细胞的一个独立细胞克隆需要很长时间才能积累足够数量的癌症相关突变（图20-43）。很多人类癌细胞能够加速获得这些突变，是因为它们在遗传上也不稳定。这种**遗传不稳定性**（genetic instability）是由于突变干扰了基因组的精确复制和维持，从而增加了突变积累的速率。有时，

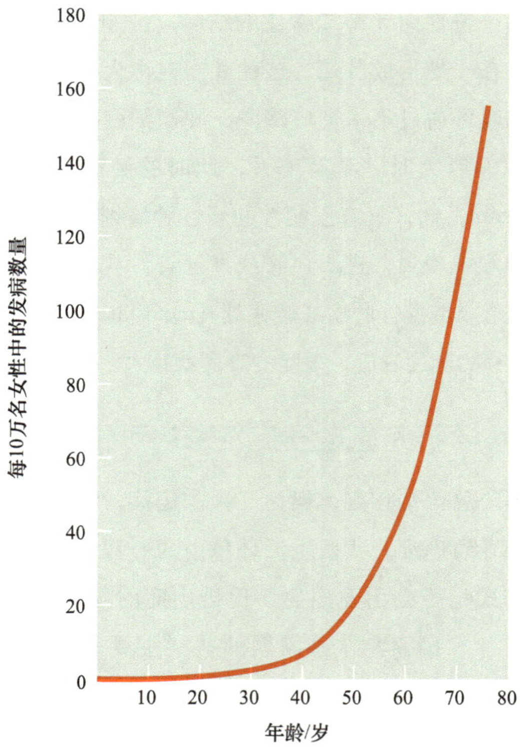

图20-43 **癌症发病率随年龄增长而显著增加。**图中的纵坐标为英格兰和威尔士一年内新诊断出的女性结肠癌病例数，横坐标为确诊时的年龄。与大多数人类癌症一样，结肠癌是由多种突变的积累所造成。因为细胞内不断地发生DNA的随机变化，该突变会积累并随着突变细胞的分裂而传递给子代细胞，随着年龄的增长，细胞癌变的概率会大大增加。（数据来自C. Muir et al., Cancer Incidence in Five Continents, Vol. V. Lyon: International Agency for Cancer on Cancer, 1987。）

突变率的增加可能是由于修复受损DNA或纠正DNA复制错误所需的某一种蛋白质发生了缺陷。有时，可能是细胞周期检验点机制存在缺陷，导致细胞在受损的DNA得到完全修复之前就进行分裂（如第18章所述）。有时，有丝分裂机制可能存在缺陷，并可能导致染色体受损、丢失或增加；随后，异常的染色体数量自身也会增加有丝分裂的错误。这些潜在的基因不稳定性来源见表20-1。

基因不稳定性会造成染色体断裂和重排，甚至是整条染色体的加倍。在癌细胞的核型中经常会发现这种严重的异常（图20-44）。

表20-1 造成基因组不稳定的各种因素

DNA复制缺陷
DNA修复缺陷
细胞周期检验点机制缺陷
有丝分裂出现错误
异常的染色体数量

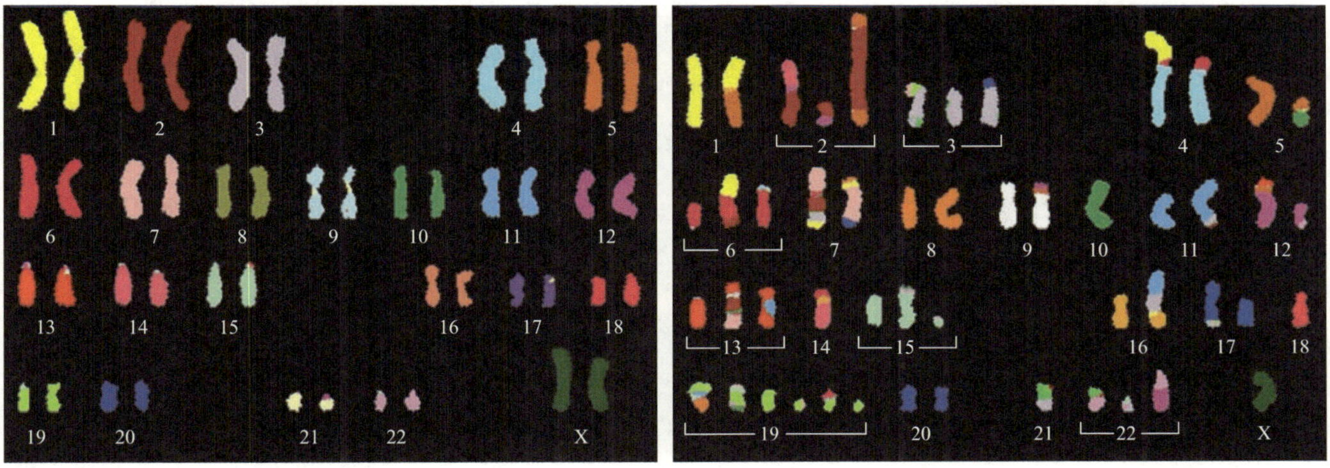

（A）　　（B）

图 20-44 **癌细胞通常具有高度异常的染色体，反映其遗传的不稳定性。**图中显示了一个正常人细胞（A）和一个乳腺癌细胞（B）的染色体核型。每条染色体都被“涂上”了不同的荧光染料的颜色组合。乳腺癌核型分析显示，染色体存在多处易位，其中 6 号染色体（红色）易位到了 4 号染色体（浅蓝色），其中一条 4 号染色体还包括一段 1 号染色体（黄色）。正常细胞含有 46 条染色体，而乳腺癌细胞有 51 条；它的一些染色体缺失，另一些染色体存在多余的拷贝，如 19 号染色体有 6 个拷贝。染色体数目的这种异常可能导致细胞分裂时染色体的分离出现错误。随着时间的推移，基因的破坏程度会变得越来越糟（参见表 20-1）。（蒙 Mira Grigorova 和 Paul Edwards 惠赠。）

癌细胞逐步演化，获得越来越大的竞争优势

导致癌症的突变不会严重破坏突变细胞。相反，它们赋予这些细胞比周围细胞更大的竞争优势。正是突变细胞所具有的这一优势导致了整个生物体的灾难。当最初的一个突变细胞种群开始生长时，它演化得很缓慢：偶然出现的新突变，有一些突然受到自然选择的青睐，因为它们可以促进细胞增殖、细胞存活，或两者兼而有之。这种随机突变以及随后选择的过程的最终后果就是癌细胞的产生，这些癌细胞在构成个体的细胞群中制造混乱，从而破坏了其正常结构（图 20-45）。

某些环境或生活方式因素，如肥胖，可能通过改变组织中的选择压力而进一步促进癌症的发展。例如，循环系统中营养物质过剩，以及激素、存活因子、有丝分裂原或生长因子的异常增加，都可能有助于那些携带危险突变的

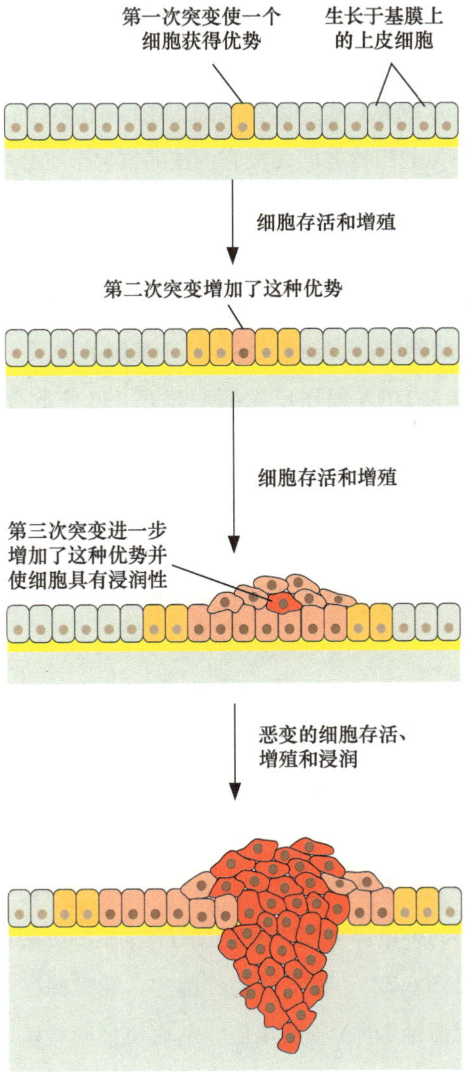

图 20-45 **肿瘤通过反复突变、增殖和自然选择而演化。**最终结果是一个完全恶性的肿瘤。在每一步中，单个细胞发生一次突变，增强了细胞的增殖能力，或存活能力，或二者都得到增强，从而使其后代成为肿瘤中的优势克隆。然后，该克隆的增殖会增加其细胞群的大小，细胞群又可能会发生其他突变，从而加速了肿瘤往下一步发展。一些癌症包含多个恶性克隆，其中每个克隆都既具有自己不同的突变，又带有来自于初始肿瘤细胞的一系列共同的突变（图中未显示）。

细胞存活、生长和增殖。最终，细胞具有了癌症发生所需的所有异常。

癌细胞想要获得成功，必须获得一整套的异常特性，即一系列颠覆性行为。例如，肠道内上皮的增殖性前体细胞必须发生一些改变才能使其在应该停止分裂时继续进行分裂（参见图 20-35）。该细胞及其子代还必须能够避免细胞死亡，取代其周围正常的细胞，并吸引血液供应以滋养肿瘤的持续生长（视频 20.9）。随后，肿瘤细胞为了获得浸润能力，它们必须能够脱离上皮层并消化通过基膜，进入下面的结缔组织。为了扩散到其他器官，形成转移灶，它们必须能够进入血管或淋巴管，随后转移出来，在新的位置定居、存活和增殖（参见图 20-42）。

不同的癌症具有不同的特性。尽管如此，我们仍然可以列出一些癌细胞的常见特征，将其与正常细胞区分开来。

1. 癌细胞的生存、生长和分裂几乎不依赖于来自其他细胞的信号。在大多数情况下，这是因为它们的细胞信号转导途径中响应这种刺激的组分发生了突变。例如，即使不存在开启 Ras 的细胞外信号，*Ras* 基因中的活化型突变（如第 16 章所述）也可以引发细胞内增殖信号的出现，就像一个坏掉的门铃在即使没有人按的情况下也会响起。

2. 正常细胞在压力和内部紊乱时会通过凋亡而死亡，但癌细胞却可以避开细胞自杀而存活。这通常是因为负责调控细胞死亡程序的基因发生了突变（如第 18 章所述）。例如，约 50%的人类癌症存在 *p53* 基因的失活突变。p53 蛋白通常是 DNA 损伤反应的一部分，可导致 DNA 受损的细胞停止分裂（参见图 18-15）或凋亡。例如，染色体断裂如果得不到修复，通常就会导致细胞自杀；但如果细胞的 p53 存在缺陷，它就有可能存活并进行分裂，从而产生高度异常的子细胞，并可能会导致进一步的灾难（视频 20.8）。

3. 与大多数正常的人类细胞不同，癌细胞通常可以无限增殖。大多数正常的人类体细胞在体外培养只能分裂有限的次数，之后它们会永久地停止分裂；这种增殖停止称为*细胞衰老*（cell senescence），原因之一是成年生物体中的很多细胞都丧失了合成*端粒酶*（telomerase）的能力，因此它们的染色体末端的端粒会随着细胞的分裂而逐渐变短（参见图 6-22）。在培养的细胞中，端粒酶序列的这种缺失可以激活 DNA 损伤反应，从而使细胞增殖永久地停止。癌细胞一般会通过重新激活端粒酶的合成来无限期地维持端粒的长度，从而打破了这种增殖屏障。

4. 大多数癌细胞的基因不稳定，其突变率大大增加，而且染色体数目存在异常（参见表 20-1 和图 20-44）。

5. 癌细胞具有异常的浸润性，其中部分原因是它们一般都缺乏钙黏蛋白等细胞黏附分子，从而无法将它们维持在适当的位置。

6. 癌细胞对营养物质的需求异常高。这些营养物质被癌细胞用于在胞质溶胶中进行糖酵解，从而产生很多 ATP。该过程不如线粒体通过氧化磷酸化产生 ATP 那么有效，但它对于快速增殖的肿瘤是有用的，因为癌细胞内部通常是缺氧状态。

7. 癌细胞可以在异常位置存活和增殖，而大多数正常细胞在错位时都会死亡。这种在陌生区域殖民化，可能是由于癌细胞能够自我产生胞外存活信号，以及抑制自身的凋亡程序（如上文第 2 条所述）。

8. 随着癌细胞的演化，它们会分泌出信号来影响周围结缔组织中的细胞行为，从而改变肿瘤的微环境。在改变后的微环境中生存的细胞，反过来可以产生支持癌细胞存活和增殖的信号，从而使得微环境更加适合肿瘤的生长。

要了解癌细胞的这些异常特性，我们必须鉴定出引发癌症的突变。

癌症的关键基因主要有两类：癌基因和抑癌基因

从研究导致鸡群癌症的病毒，到追踪某一特定癌症高发的家族谱系，研究人员已经利用各种方法来寻找那些对癌症发生起关键作用的基因和突变。现在已经鉴定出很多与癌症发生相关的重要基因，而且对其他基因的寻找仍在继续。

对于许多癌症关键基因，最危险的突变是使其编码的蛋白质过度活化的突变。这些*功能获得性突变*（gain-of-function mutation）具有显性效应：只要其中一个基因拷贝发生突变就会促进癌症的发展。这种突变后的基因称为**癌基因**（oncogene），该基因相应的正常形式称为**原癌基因**（proto-oncogene）（图 20-46A）。图 20-47 显示了原癌基因转化为其相应的癌基因的多种途径。

对其他的癌症关键基因而言，危险的是那些破坏基因活性的突变。这些*功能性丧失突变*（loss-of-function

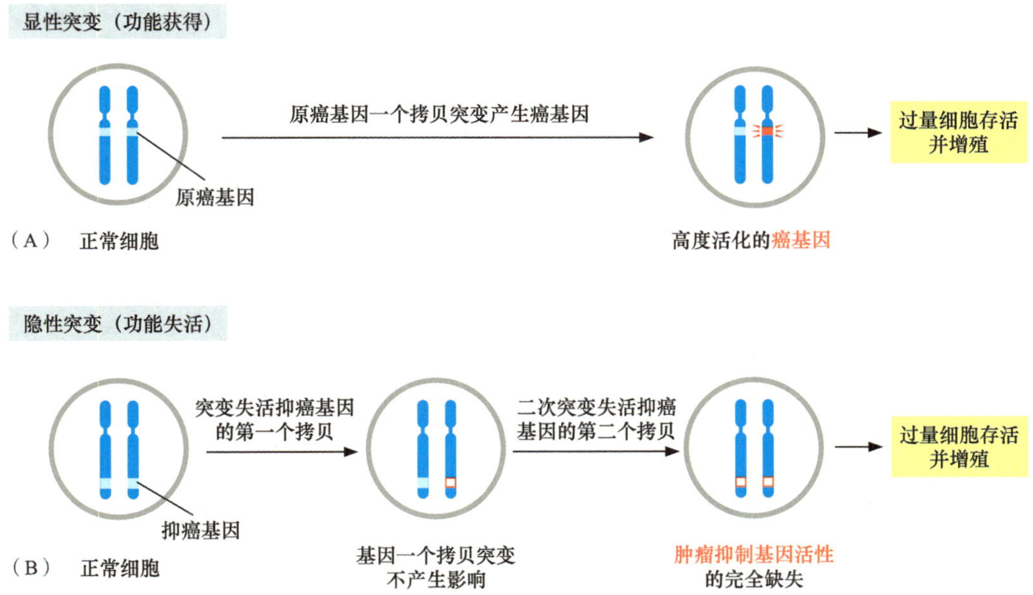

图 20-46 **癌症关键基因可根据其危险突变是显性还是隐性划分为原癌基因或抑癌基因。**（A）癌基因以显性方式发挥作用：原癌基因的一个拷贝发生功能获得性突变就可以驱使细胞癌变。（B）抑癌基因中的功能失活性突变通常以隐性方式发挥作用：基因的两个拷贝的功能必须都丧失才会使细胞发生癌变。在该示意图中，正常基因由浅蓝色方块表示，激活型突变由红色射线表示，而失活突变由空心红色方块表示。

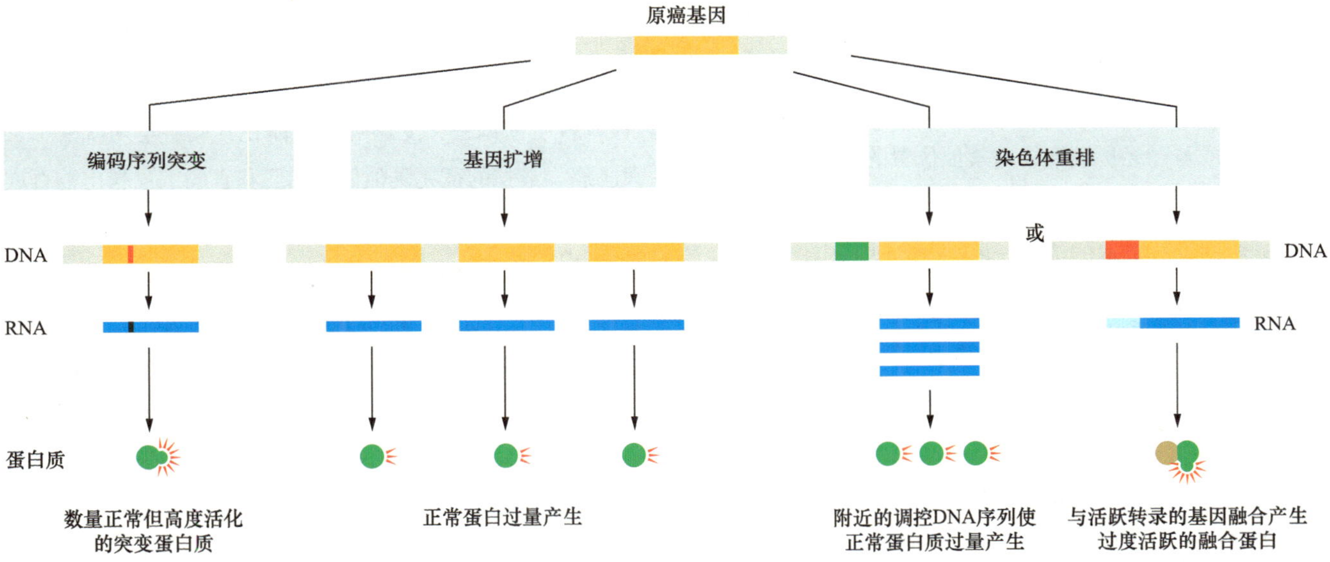

图 20-47 **几种功能获得性突变可以将原癌基因转化为癌基因。** 每种情况的改变都会导致基因功能的增强。

mutation）通常为隐性：基因的两个拷贝必须全部丢失或失活才会促进癌症的发展；这种基因的正常形式被称为**抑癌基因**（tumor suppressor gene）（图 20-46B）。除了这些基因改变之外，抑癌基因也可以被表观遗传改变（epigenetic change）所沉默，表观遗传改变基因的表达但不会改变基因的核苷酸序列（如第 8 章所述）。在大多数人的癌症中，正是表观遗传改变沉默了某些抑癌基因。图 20-48 突出显示了抑癌基因活性丧失的几种可能的方式。

原癌基因和抑癌基因编码很多不同类型的蛋白质，有助于癌细胞所呈现的多种异常行为的产生。其中有些蛋白质参与调控细胞存活、细胞生长、细胞分裂等一种或多种信号转导途径。其他一些蛋白质参与 DNA 修复、帮助介导 DNA 的损伤响应、染色质修饰，或帮助调控细胞周期或细胞凋亡。还有一些蛋白质（如钙黏蛋白）参与细胞黏附或其他对肿瘤转移至关重要的特性，或者具有一些我们尚未理解的功能。

癌症关键突变集中在少数几条基本的通路中

从癌细胞的角度看，原癌基因和抑癌基因，以及影响它们的突变，是同一枚硬币的正反面。原癌基因的激活和

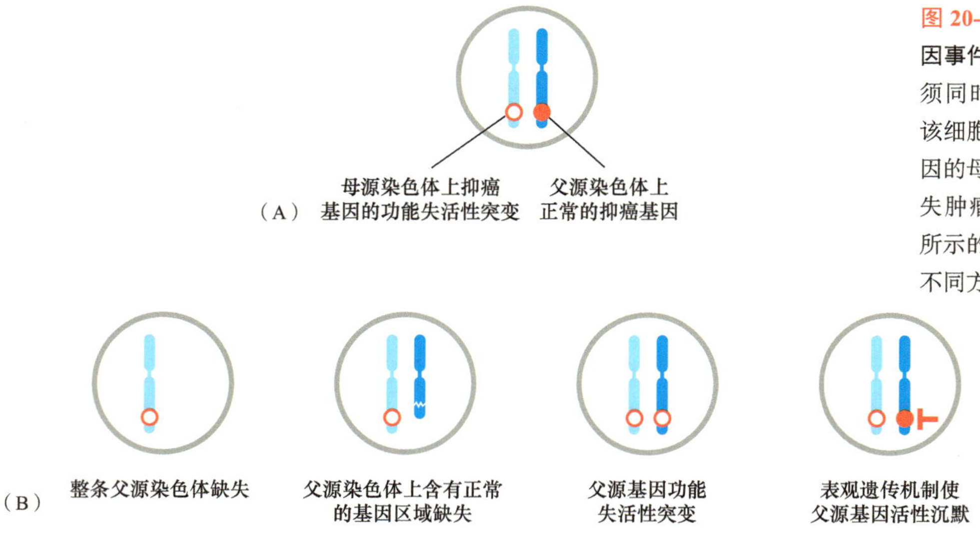

图 20-48 破坏抑癌基因活性的几种基因事件。请注意，该基因的两个拷贝必须同时缺失才能破坏其功能。(A) 在该细胞中，功能失活性突变导致抑癌基因的母本拷贝失活；这个细胞离完全丧失肿瘤抑制功能只差一步。(B) 如图所示的细胞中，基因的父本拷贝也通过不同方式而失活。

抑癌基因的失活都可以促进癌症的发展。而且在大多数癌症中都存在两种类型的突变。对癌症相关基因进行分类可以发现，不管是功能获得性突变或功能丧失性突变，与这些基因所在通路相比，都没有那么重要。

如今，快速且低成本的 DNA 测序提供了关于致癌突变的前所未有的海量信息。我们现在可以将一个患者癌细胞的完整基因组序列与同一个体正常细胞的基因组序列进行比对，或与已经扩散到体内其他位置的癌细胞的基因组序列进行比对。通过汇总来自很多不同患者的上述数据，我们能够绘制出详尽的清单，展示出某些特定癌症中的关键基因。通过对来自单个患者的数据进行分析，我们可以推断出他/她的癌细胞“家谱”，显示来自最初癌细胞的后代细胞在增殖和转移到不同位点的过程中如何演化、如何变得多样化。

一个惊人的发现是，一个肿瘤中的很多致癌突变所影响到的基因只属于少数几条关键的调控通路，即那些调控细胞增殖、细胞生长、细胞存活以及细胞对 DNA 损伤和应激响应的通路。例如，在几乎所有的胶质母细胞瘤（一类最常见的人类脑癌）的病例中，突变破坏了所有这四条基本通路，而且在几乎所有人类的癌症中，同样的通路都以某种方式被破坏（图 20-49）。对任一患者来说，其每条通路中只有一个基因倾向发生突变，但不同患者并不总是突变相同的基因：对于癌症的发展，重要的是通路整体活性的过低或过高，而不是造成这种失调的方式。由于在各种癌症中突变发生的目标都是这些基本的调控系统，所以看上去调控系统的失调必定是大多数癌症发生的关键。

大肠癌显示抑癌基因的缺失如何导致癌症

大肠癌是一个得到充分研究的例子，可用来说明如何鉴定抑癌基因并确定其在肿瘤生长中的作用。大肠癌起源于结肠和直肠的上皮；大多数病例都见于老年人，而且没有任何明显的遗传原因。然而，一小部分病例是发生在特别容易患此病而且会异常早发的家庭中。在一组这样的“倾向性”家庭中，受影响的个体在其成年早期就会患上大肠癌。最初的征兆是他们的结肠和直肠上皮长出数百或数千个称为息肉的小肿瘤，预示着肠癌的发作。

通过研究这些家庭，研究人员追踪并发现一种名为腺瘤性息肉病（adenomatous polyposis coli，APC）的抑癌基因的删除或失活可以导致息肉的发展（注意，该基因编码的蛋白质与第 18 章所讨论的后期促进复合物不同，后期复合物缩写为 APC/C）。受影响的个体遗传了该基因的一个突变拷贝和一个正常拷贝。虽然一个正常的基因拷贝对于细胞发挥正常的行为已经足够了，但是该个体的所有细胞离基因功能的完全丧失只差一步突变，而携带两个正常基因拷贝的人则需要两步突变。如果该个体体细胞中剩下

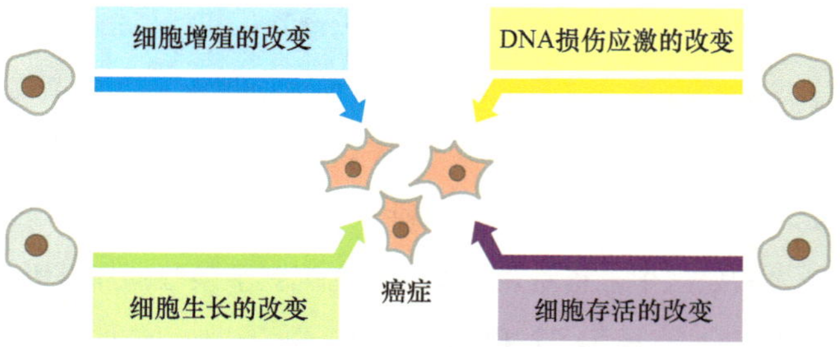

图 20-49 少数几条关键的调控通路在几乎所有人类癌症中都被扰动。这些途径调控了细胞增殖、细胞生长、细胞存活，以及细胞对 DNA 损伤或应激的响应。

的那个可以发挥正常功能的 *APC* 拷贝也发生了失活突变，则会发展出肿瘤（参见图 20-46B）。因此，比起具有两个正常 *APC* 拷贝的个体，携带一个突变拷贝的个体的发病年龄更早。

但绝大多数大肠癌患者是如何发病的呢？他们并没有遗传疾病或任何明显的癌症家族史。分析他们的肿瘤发现，在超过 60%的病例中，虽然癌细胞周围的正常组织中都存在 *APC* 的两个拷贝，但该基因的两个拷贝在癌细胞中已经缺失或失活（参见图 20-48B）。

所有这些发现清楚地表明 *APC* 是一种抑癌基因。知道其序列和突变表型后，人们可以开始破译 *APC* 基因的缺失如何启动癌症的发生。正如在“我们是怎样知道的”栏目中所解释的，*APC* 基因编码一种在正常情况下会抑制 Wnt 信号通路活化的抑制性蛋白质。如前所述（见图 20-39），Wnt 通路参与刺激肠道内壁隐窝中细胞的增殖。当 *APC* 功能丧失时，该通路会过度活化，导致上皮细胞过量增殖从而形成息肉（图 20-50）。在这个不断增长的组织中会进一步地发生突变，有时就会导致形成具有浸润性的癌症（图 20-51）。

表 20-2 列出了各种抑癌基因和原癌基因中突变的作用，包括那些导致大肠癌的基因。

对癌症细胞生物学的理解开辟了新的治疗方法

癌细胞生存、增殖和扩散的缺陷本质使得开发有效的治疗策略特别具有挑战性。因为癌细胞高度易变，所以它们可以迅速地对消灭它们的治疗方法演化出抗性。此外，由于突变是随机产生的，因此每个癌症病例都可能有自己独特的突变基因组合。即使在同一个患者体内，肿瘤细胞也不会含有相同的基因突变。因此，没有哪一种单一的治疗方法可以对每位患者甚至对同一患者中的每个癌细

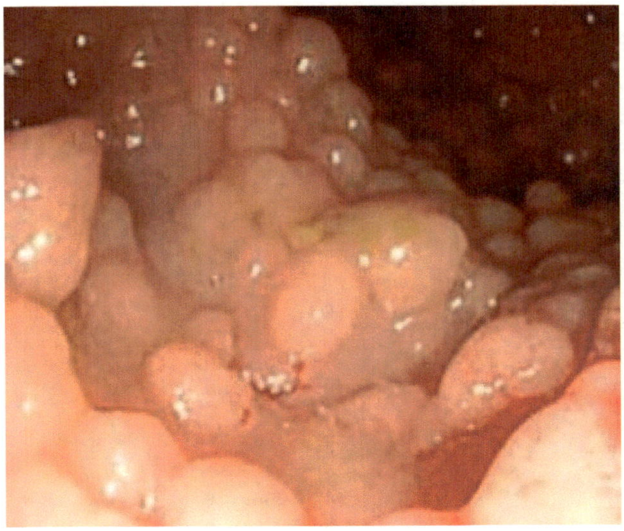

（A）

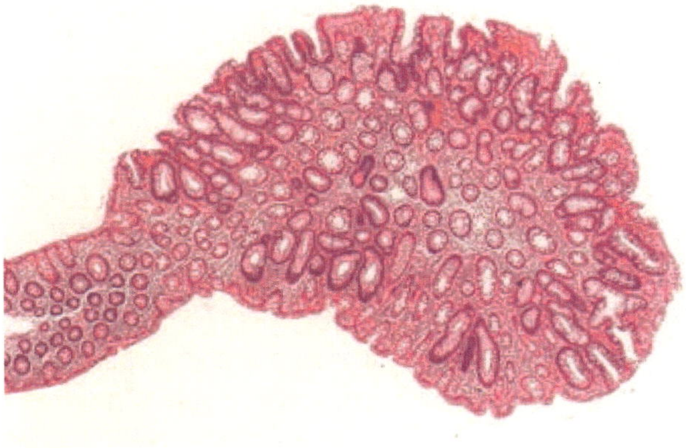

（B）

1mm

图 20-50　抑癌基因 *APC* 两个拷贝的失活导致息肉的生长，最终形成大肠癌。（A）在携带有遗传性 *APC* 突变患者的结肠内层中可看到数千个小息肉和一些较大的息肉，而 *APC* 正常的个体可能只有一个或两个息肉。这种息肉来自两个拷贝的 *APC* 都失活的细胞。如果其他抑癌基因或原癌基因发生其他一些突变，那么一些较大的息肉如果不经过外科手术切除将有可能发展成为浸润性的癌症。（B）一个这种息肉的横切面；注意其过量的、深度折叠的上皮，相当于充满了异常增殖细胞的隐窝（视频 20.10）。（图 A 蒙 Kevin Monahan 惠赠；图 B 蒙 David Litman/Shutterstock 惠赠。）

表 20-2　癌症关键基因

基因	类别	突变影响
Ras	原癌基因	激活型的 *Ras* 突变使 Ras 蛋白持续活化，促进细胞增殖（如第 16 章所述）
β-catenin	原癌基因	激活型的 *β-catenin* 突变使 β 联蛋白无法被降解，从而持续刺激细胞增殖（参见“我们是怎样知道的”栏目）
p53	抑癌基因	*p53* 基因两个拷贝都失活使癌细胞持续地存活并分裂下去，即使 DNA 受到破坏，分裂也不会停止（如第 18 章所述）
APC	抑癌基因	*APC* 基因两个拷贝都失活促进小肠隐窝细胞过度增殖（参见“我们是怎样知道的”栏目）
Brca1 和 *Brca2*	抑癌基因	*Brca1* 和 *Brca2* 基因两个拷贝都失活使癌细胞持续存活，甚至在 DNA 受损严重的情况下也会进行分裂（如第 18 章所述）

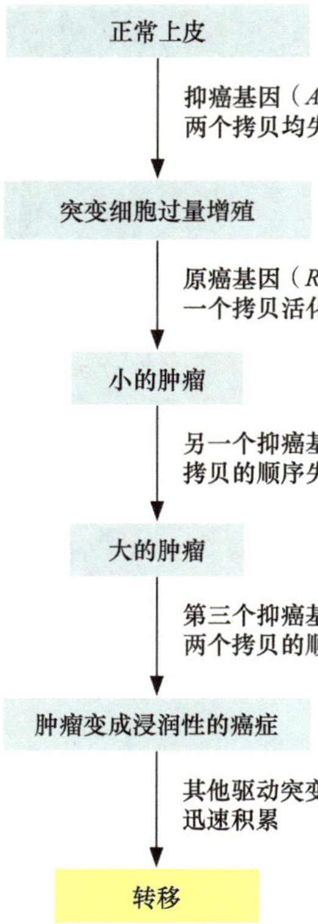

图 20-51 ***APC*** **基因两个拷贝的缺失导致结肠或直肠上皮长出息肉，进一步累积其他突变而发展为癌症。**该示意图显示一个典型大肠癌中随机突变产生的顺序。在最初的突变发生之后，所有后续的突变都源于已经获得先前突变的单个细胞。如图所示的一系列事件通常会延续 10 到 20 年或更长的时间。虽然大多数大肠癌被认为是从抑癌基因 *APC* 两个拷贝的连续丢失或失活开始，但后续突变出现的顺序变化非常大；事实上，大多数息肉并不会发展成癌症。

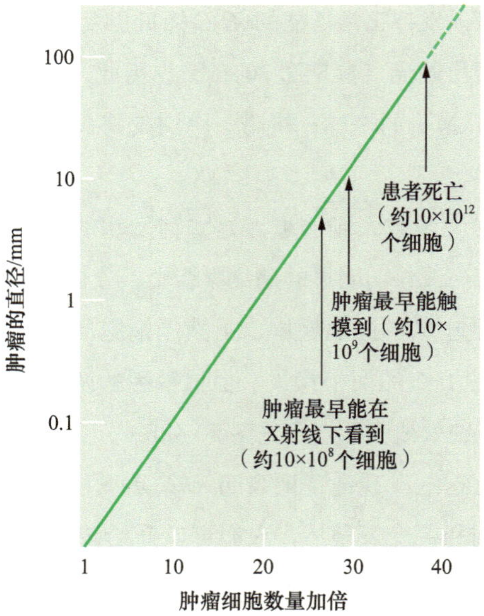

图 20-52 **肿瘤通常在它长到数亿个细胞时才能被诊断出来。**图中显示的是一个典型肿瘤生长的对数图。可能在很多年之后肿瘤才能被注意到。例如，一个典型的乳腺肿瘤中细胞数量加倍所需的时间约为 100 天。

胞发挥效用。最后，癌症只有在原发肿瘤的直径达到 1cm 或更大的时候才能被检测到，而那时它已经含有数亿个细胞，这些细胞在基因上非常多样化而且通常已经开始转移（图 20-52）。这一事实使治疗更加困难。

然而，尽管存在这些困难，但越来越多的癌症正在得到有效的治疗。外科手术仍然是一种非常有效的策略，而且手术的技术也在不断改进：在许多情况下，如果癌症还没有扩散到很远的地方，可以通过简单地将其切除来治愈癌症。如果外科手术失败，可以利用癌细胞的固有特性来进行治疗。例如，缺乏正常的细胞周期控制机制可能使癌细胞特别容易受到 DNA 损伤的影响：正常细胞在 DNA 受损时会停止增殖，直到这种损伤得到修复，而癌细胞则会忽略损伤而继续增殖，产生的子细胞由于它们的染色体遗传了太多未修复的破损而死亡。可能正是由于这种原因，一定剂量的放射疗法或 DNA 损伤化学疗法往往可以杀死癌细胞而对大多数正常的细胞则相对无害。

手术、放疗和化疗的方法建立已久，但人们仍在积极地寻找更多新的治疗方法。在某些情况下，正如无法正常地响应 DNA 损伤一样，那些使癌细胞变得危险的特征也使其变得脆弱，使医生能够通过合适的靶向治疗来杀死它。例如，一些乳腺癌和卵巢癌的遗传不稳定性是由于一种参与精确修复 DNA 双链断裂的肿瘤抑制蛋白（Brca1 或 Brca2）的缺失（参见第 6 章）；癌细胞的存活依赖于另外类型的 DNA 修复机制。而抑制这些替代性 DNA 修复机制的药物可以将癌细胞的基因不稳定性提高到一定水平，使细胞在分裂时死于染色体的断裂，由此特异性地杀死癌细胞。具有完整双链断裂修复机制的正常细胞则相对不受药物的影响。

另一套策略的目标是利用免疫系统杀死肿瘤细胞。在体外生产出识别肿瘤特异性细胞表面分子的抗体，将抗体注射到患者体内以标记肿瘤细胞并进行破坏。另外有些抗体针对的是患者的免疫细胞而非癌细胞，它们可以通过中和那些抑制免疫系统杀伤性淋巴细胞（如第 18 章所述）的抑制性细胞表面蛋白来促进癌细胞的去除。这种“检验点抑制剂”抗体可以释放出杀伤细胞来攻击癌细胞，已被证明在治疗某些癌症如黑色素瘤方面非常有效，即便肿瘤已经发生转移（图 20-53）。

在一些癌症中，可以通过直接靶向它们特定癌基因的产物来阻断这些基因的作用，从而导致癌细胞死亡。在

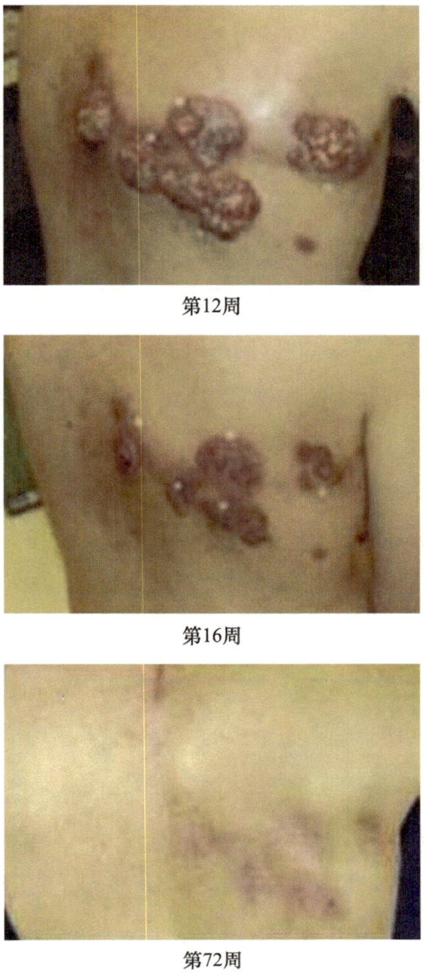

图 20-53 抗免疫检验点的抗体可以释放出杀伤细胞来攻击癌细胞。抗体解除了对杀伤细胞的抑制，使它可以识别癌细胞中癌基因突变后所编码出的蛋白质中的新序列。一位患有晚期转移性黑色素瘤的患者接受了一种称为 ipilimumab 抗体的治疗。在治疗 16 周后，肿瘤明显变小；到第 72 周，肿瘤基本上被消除。（引自 A. Hoos et al., *J. Natl Cancer Inst.*102：1388-1397，2010。）

慢性粒细胞白血病（CML）中，癌细胞的异常行为依赖于一种突变的胞内信号蛋白（酪氨酸激酶），它会导致细胞增殖并在不应该存活的情况下存活。一种名为伊马替尼（商品名 Gleevec）的小分子药物可以阻断这种过度活跃的突变激酶的活性。治疗结果取得了巨大成功：在很多患者中，白血病细胞的异常增殖和存活受到显著抑制，患者可以无症状地生存多年。在一些依赖于类似癌基因的其他癌症中，该药物也是有效的。

通过以上这些例子，我们能够期待，对于癌症分子生物学的现代理解很快会使我们能够对更多的癌症设计出有效合理的治疗方法。与此同时，癌症研究也让我们了解了很多关于基础细胞生物学的重要知识。这些知识的应用范围远远超出了癌症治疗，让我们能够更深入地了解细胞和生物体发育及运作的过程。

基本概念

- 组织由细胞和细胞外基质组成。
- 在植物中，每个细胞都被细胞外基质包裹，形成细胞壁，其主要成分为纤维素和其他多糖。
- 植物细胞壁所承受的渗透膨胀压使植物组织保持饱满状态。
- 植物细胞壁中的纤维素微纤维具有抗拉强度，而细胞壁的其他多糖则具有抗压性。
- 纤维素微纤维在细胞壁中沉积的方向控制着植物细胞生长的方向。
- 动物结缔组织为器官和四肢提供机械支持；结缔组织主要由细胞外基质构成，这些基质是由零星分散于其中的细胞所分泌。
- 在动物的细胞外基质中，纤维状胶原蛋白提供了抗拉强度，而糖胺多聚糖（GAG）与蛋白质共价连接形成蛋白聚糖，起到空间填充物的作用，并提供抗压性。
- 跨膜整联蛋白将胶原蛋白和纤连蛋白等细胞外基质蛋白与接触该基质的细胞的胞内细胞骨架连接起来。
- 上皮层覆盖着动物身体的所有内外表面，其中的细胞通过细胞连接彼此结合。
- 钙黏蛋白家族的细胞黏附蛋白横跨上皮细胞的质膜，并与相邻上皮细胞中相同的钙黏蛋白相结合。
- 在黏附连接中，钙黏蛋白与细胞内的肌动蛋白丝相连接；在桥粒连接中，它们与细胞内的角蛋白中间丝相连接。
- 在发育过程中，肌动蛋白丝束将上皮层的细胞在黏附连接处连接在一起，肌动蛋白丝束的收缩使上皮弯曲和收缩以形成上皮管或囊泡。
- 基膜是一种特化的细胞外基质，半桥粒将上皮细胞的基底面附着在基膜上。附着是由跨膜的整联蛋白所介导，整联蛋白的另一端又与细胞内的角蛋白丝相连接。
- 紧密连接将上皮细胞间的间隙密封起来，阻止水溶性分子扩散通过上皮层。
- 间隙连接形成通道，使无机离子和小的亲水分子可以直接在细胞间穿梭。在植物中，胞间连丝形成一种不同类型的通道，该通道横穿细胞壁，位于质膜内侧，可允许大小分子在细胞间传输。

理解致癌关键基因

寻找癌症关键基因的过程有时是始于一个具有易发某种特定疾病的遗传倾向的家族。*APC*（一种在大肠癌中频繁缺失或失活的抑癌基因）就是通过在易患该疾病的家族中寻找遗传缺陷而发现的。但是，鉴定出基因只是“战役”的一半，下一步是确定正常基因在正常细胞中发挥什么作用，以及探寻为什么基因的改变会促进癌症的发生。

关联之罪

确定基因或其编码产物在细胞内的作用不是件容易的事。想象一下，当分离出一种未知的蛋白质，且只知道该蛋白质是蛋白激酶，这些信息并不能揭示该蛋白质在活细胞中的功能。激酶磷酸化哪些蛋白质？它在哪些组织中活化？它在生物体生长、发育或生理中起什么作用？要了解激酶发挥作用的生物学背景，我们还需要大量的其他信息。

大多数蛋白质不是孤立地发挥作用，而是与细胞中的其他蛋白质相互作用。因此，破译蛋白质生物学功能的一种方法是确定其结合蛋白。如果一种未知的蛋白质与一种在细胞内功能已知的蛋白质相互作用，则未知蛋白质的功能也可能存在某种方式的关联。鉴定紧密结合的蛋白质的最简单方法是免疫共沉淀法（参见图版 4-2）。在该技术中，利用抗体从裂解细胞的提取物中捕获并沉淀特定的靶蛋白。如果该靶蛋白与另一种蛋白质紧密结合，则结合蛋白也会被沉淀下来。*腺瘤性息肉病*（adenomatous polyposis coli）基因产物 APC 的功能就是利用这种方法进行的研究。

两组研究人员都利用 APC 的抗体从培养的人细胞提取物中进行蛋白质分离。抗体捕获了 APC 以及第二种蛋白质。当研究人员检测该结合蛋白的氨基酸序列时，发现它是 β 联蛋白（β-catenin）。

一开始，APC 与 β 联蛋白相互作用导致研究人员对 APC 在肠癌中的功能有一些错误的猜测。在哺乳动物中，β 联蛋白被熟知主要是由于它在黏附连接处的作用，它作为接头蛋白，将跨膜的钙黏蛋白与细胞内的肌动蛋白丝骨架连接起来（参见图 20-23）。因此，一段时间以来，科学家认为 APC 可能参与了细胞黏附。但是在最近几年，发现 β 联蛋白具有另一种完全不同的功能。正是这种意料之外的功能使人们理解了 APC 在癌症中的作用。

无翅果蝇

在发现 APC 与 β 联蛋白结合不久之前，从事果蝇研究的发育生物学家已经注意到人类 β 联蛋白的氨基酸序列与一种被称为 Armadillo 的果蝇蛋白非常相似。Armadillo 是信号转导通路中的关键蛋白质。该通路在果蝇的正常发育中发挥重要作用，可以被 Wnt 家族的胞外信号蛋白所激活。Wnt 家族的第一个成员被称为*无翅*（*Wingless*），以该基因突变后所造成的果蝇表型而得名。Wnt 蛋白与细胞表面的受体结合，启动胞内信号转导通路，最终导致一系列基因的活化，影响细胞的生长、分裂和分化。该通路中任何蛋白质发生突变都会导致发育错误，从而破坏果蝇身体的基本结构。破坏力最小的突变导致果蝇发育为无翅果蝇；但是，大多数突变都会导致胚胎死亡。无论哪种情况，造成破坏都是因为基因表达受到了影响。这有力地表明，Armadillo 及其脊椎动物同源物 β 联蛋白不仅参与细胞黏附，而且通过 Wnt 信号通路控制了基因的表达。

尽管 Wnt 信号通路的发现和详细研究是在果蝇中进行的，但后来人们发现该通路也控制着脊椎动物（包括小鼠和人类）发育的多个方面。事实上，Wnt 通路中的某些蛋白质在果蝇和脊椎动物之间几乎可以互换地起作用。β 联蛋白与基因表达之间的直接相关性是从哺乳动物细胞研究中获得的。正如可以利用 APC 为“诱饵”通过免疫沉淀捕获其结合蛋白 β 联蛋白一样，β 联蛋白也可以用作诱饵来捕获信号转导通路中的下一个蛋白质。结果发现这是一种称为 LEF-1/TCF 的转录调控因子，简称为 TCF。它在果蝇的 Wnt 通路中也存在对应的蛋白质。果蝇遗传学和哺乳动物细胞生物学的研究共同揭示了基因调控机制是如何起作用的。

Wnt 通过促进“游离”β 联蛋白（或果蝇中的 Armadillo）的积累传递信号，即 β 联蛋白并没有被固定在细胞连接处，而是可以自由地从细胞质迁移到细胞核中，在那里与 TCF 转录调控因子结合，形成一个复合物，进而激活各种 Wnt 响应基因的转录，包括那些刺激细胞增殖的基因（图 20-54）。

事实证明，APC 调控 Wnt 信号通路的活性是通过促进β联蛋白的降解，从而防止其在没有接收到 Wnt 信号时激活细胞中的 TCF（参见图 20-54A）。APC 的缺失使β联蛋白的浓度升高，从而激活了 TCF，使得 Wnt 反应基因在即使没有 Wnt 信号的情况下也开启表达。但这又如何促进肠癌的发生呢？为了找到答案，研究人员开始研究 TCF4 缺失的小鼠，TCF4 是肠上皮特异性表达的 TCF 基因家族成员。

隐窝的故事

尽管看起来似乎违反直觉，但找出基因正常功能最直接的方法之一就是观察该基因缺失时生物体会发生什么情况。如果能查明哪些过程被破坏或受影响，就可以开始破译该基因的功能。

考虑到这一点，研究人员制备了 TCF4 编码基因被破坏的“敲除”小鼠。这种突变是致命的：缺乏 TCF4 的小鼠出生后不久就会死亡。但研究人员在死亡动物的肠道内发现了感兴趣的异常现象——肠道隐窝完全没有发育，而在正常情况下，隐窝中含有负责肠壁更新的干细胞（参见图 20-35）。研究人员由此得出结论，TCF4 通常负责维持肠道干细胞库的增殖。

当 APC 缺失时，我们会看到硬币的另一面：如果没有 APC 促进β联蛋白的降解，它就会过量积累，并结合 TCF4 转录调控因子，从而过度激活 TCF4 响应基因。这样一来，肠道干细胞和前体细胞异常地增殖，从而引发息肉的形成。分化的子代细胞持续地产生，并被丢弃到肠腔中，但是隐窝中的细胞群生长速度太快，以至于后续的丢弃处理无法跟上。结果是隐窝增大，而且隐窝的数量逐步增加。不断增长的组织块向肠腔内凸出形成息肉（参见图 20-50 和视频 20.9）。这种良性的肿瘤还需要很多其他的突变才能转化为具有浸润性的癌症（参见图 20-51）。

超过 60%的人类大肠肿瘤存在 *APC* 基因的突变。值得关注的是，在少数保留功能性 APC 的肿瘤中，大约 1/4 的肿瘤带有β联蛋白的活化型突变。这些突变倾向于使β联蛋白对降解具有更高的抵抗力，从而产生与 APC 缺失相同的效果。事实上，增强β联蛋白活性的突变已经在其他多种肿瘤中发现，包括黑色素瘤、胃癌和肝癌等。因此，那些编码在 Wnt 信号通路中发挥作用的蛋白质的基因为突变提供了多个靶点，从而刺激癌症的发生。

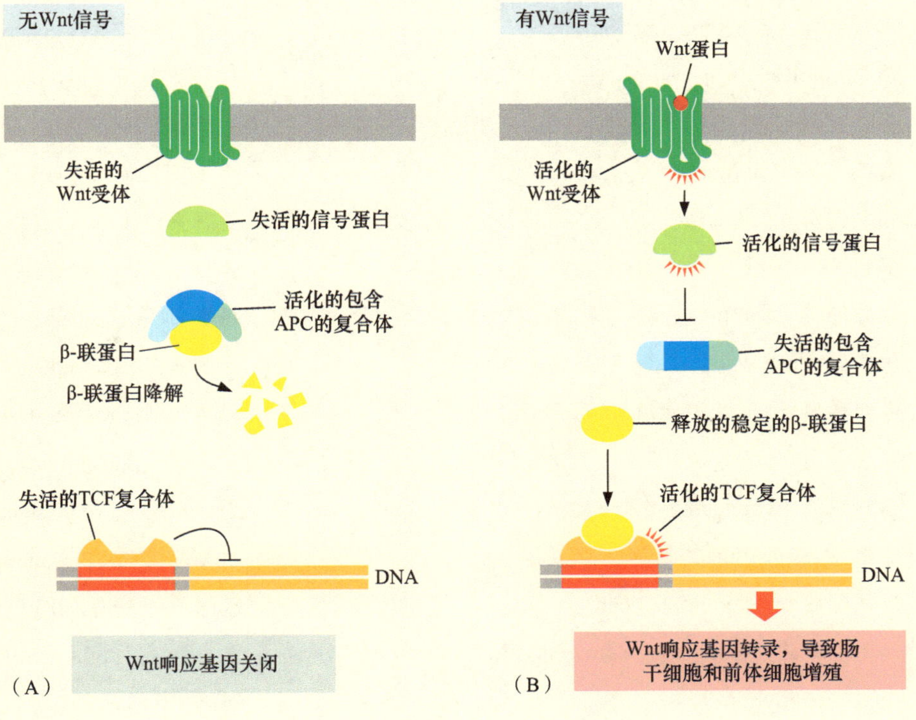

图 20-54　当细胞未接触 Wnt 信号蛋白时，APC 蛋白可使 Wnt 信号通路保持在非活化状态。（A）上述功能是通过促进信号分子β联蛋白的降解来实现的。（B）当 Wnt 存在（或活化的 APC 消失）时，游离的β联蛋白增多并与转录调控因子 TCF 结合，从而驱动 Wnt 响应基因的转录，并最终导致肠隐窝中的干细胞和前体细胞进行增殖（参见图 20-39）。在结肠中，APC 的失活突变会引起 Wnt 信号通路的过度激活，进而引发肿瘤。

- ◆ 脊椎动物的大多数组织是各种细胞类型的复杂混合物，其中的细胞需要不断地进行更新。
- ◆ 成年动物的大多数组织进行维持和更新的方式与胚胎阶段产生这些组织的基本细胞过程相同，即细胞增殖、运动、分化和死亡。和在胚胎中一样，这些过程受到细胞间通讯、细胞间选择性黏附和细胞记忆的调控。
- ◆ 在很多组织中，不分裂的终末分化细胞通常是来源于干细胞所产生的增殖性前体细胞。
- ◆ 胚胎干细胞（ES 细胞）在体外培养条件下可以无限增殖，而且能够分化为体内的任何细胞类型，即它们具有多能性。
- ◆ 通过人为表达一小组转录调控因子，可以从成年哺乳动物组织的细胞（包括人的组织）中获得与 ES 细胞类似的诱导多能干细胞（iPS 细胞）。
- ◆ 在合适的培养条件下，多能干细胞可以被诱导形成特定的细胞类型，甚至是小型器官（类器官），从而为研究人类发育和遗传疾病提供了强有力的模型。
- ◆ 细胞的社会性规则通常可以确保细胞仅在合适的时间和位置进行生存与增殖，而且不会侵入不属于它们的区域，但癌细胞并不遵循这种社会性规则。
- ◆ 癌症来源于单一体细胞传代过程中多种突变的逐渐积累；癌细胞在遗传上不稳定，突变概率增加，而且经常伴有大片段的染色体异常。
- ◆ 与大多数正常的人细胞不同，癌细胞通常可以表达端粒酶，这使它们能够无限增殖而不会丢失染色体末端的 DNA。
- ◆ 大多数人类的癌细胞都存在 *p53* 基因的突变，这使它们即使 DNA 受损也能够生存并分裂。
- ◆ 突变致癌的方式有两种：将原癌基因的一个拷贝转变为过度活化（或过表达）的癌基因；使抑癌基因的两个拷贝都失活。
- ◆ 癌症基因组的测序结果表明，大多数癌症的突变所破坏的都是相同的几条关键信号通路，这些通路控制着细胞增殖、细胞生长、细胞存活，以及对 DNA 损伤的响应。在不同的癌症病例中，这些通路被破坏的方式并不相同。
- ◆ 了解某个特定癌症的分子异常后，就可以设计出特异靶向这些异常的治疗方法。

关键词

黏附连接（adherens junction）
顶端（apical）
基底（basal）
基膜（basal lamina）
钙黏蛋白（cadherin）
癌症（cancer）
细胞连接（cell junction）
细胞壁（cell wall）
纤维素微纤维（cellulose microfibril）
胶原蛋白（collagen）
结缔组织（connective tissue）
桥粒（desmosome）
分化细胞（differentiated cell）
胚胎干细胞（embryonic stem cell）或 ES 细胞（ES cell）
上皮（epithelium）
基因不稳定性（genetic instability）
糖胺多聚糖（glycosaminoglycan，GAG）
半桥粒（hemidesmosome）
诱导多能干细胞（induced pluripotent stem cell，iPS cell）
整联蛋白（integrin）
转移灶（metastase）
癌基因（oncogene）
类器官（organoid）
胞间连丝（plasmodesmata）
多能性（pluripotent）
蛋白聚糖（proteoglycans）
原癌基因（proto-oncogene）
干细胞（stem cell）
紧密连接（tight junction）
组织（tissue）

细胞外基质（extracellular matrix）
成纤维细胞（fibroblast）
纤连蛋白（fibronectin）
间隙连接（gap junction）
抑癌基因（tumor suppressor gene）
Wnt 蛋白（Wnt protein）

问题

问题 20-1

在黑暗中生长的幼苗茎中的细胞，其微管会呈水平排列。你预期这会如何影响植物的生长？

问题 20-2

编码胶原蛋白的基因突变通常会造成有害的后果，导致严重的致残性疾病。改变甘氨酸的突变尤其具有破坏性，因为胶原蛋白多肽链上每三个位置就需要一个甘氨酸来组装形成特征性的三螺旋杆（参见图 20-9）。如果胶原蛋白基因的两个拷贝中只有一个拷贝存在缺陷，你认为这样的胶原蛋白突变会有害吗？

问题 20-3

蛋白聚糖的特征是其糖链上带有大量的负电荷。如果负电荷不那么丰富，它的性质会有什么不同？

问题 20-4

第 17 章所述的黏着斑是半桥粒的类似物，它也是细胞附着于细胞外基质的部位。这种连接在成纤维细胞中普遍存在，但在上皮细胞中并不存在。与之相反，半桥粒在上皮细胞中普遍存在，但在成纤维细胞中并不存在。在黏着斑部位，胞内连接的是肌动蛋白丝；而在半桥粒中，胞内连接的则是中间丝。为什么这两种不同的细胞与细胞外基质附着的方式不同？

问题 20-5

间隙连接和常规的离子通道一样，是动态的门控性结构：它们可以响应细胞中的变化，通过可逆的构象变化而关闭通道。例如，当细胞内 Ca^{2+} 浓度升高时，间隙连接的通透性会在几秒钟内降低。推测为什么这种 Ca^{2+} 调节形式可能对组织的健康很重要。

问题 20-6

为什么电离辐射会阻止细胞分裂？

问题 20-7

肠内表面的上皮细胞经常会丢失和更换（更新），而大多数神经元的寿命会长达生物体的一生。你认为原因是什么？

问题 20-8

人的身体在一生中大约发生 10^{16} 次细胞分裂，而一个成年人的身体仅包含大约 10^{13} 个细胞。你如何理解这两组看似矛盾的数字？

问题 20-9

下列哪项说法是正确的？解释你的答案。

A. 间隙连接将一个细胞的细胞骨架与相邻细胞的细胞骨架或细胞外基质相连接。

B. 一片枯萎的植物叶片可以比作放了气的自行车轮胎。

C. 由于其刚性结构，蛋白聚糖可以承受大的压力。

D. 基膜是一层特化的细胞外基质，上皮细胞层附着于其上。

E. 皮肤的表皮细胞不断脱落并每隔几周更新一次，因此，要做持久纹身就必须将色素沉积到表皮之下。

F. 尽管干细胞没有分化，但它们的特殊性使它们仅产生特定的细胞类型。

问题 20-10

你认为下列哪些物质可以通过（a）间隙连接和（b）胞间连丝从一个细胞扩散到另一个细胞：谷氨酸、mRNA、cAMP、Ca^{2+}、蛋白质和质膜磷脂？

问题 20-11

讨论以下说法："如果植物细胞含有中间丝使细胞具有抗拉强度，那么它们的细胞壁就是可有可无的了。"

问题 20-12

间隙连接通过交换小的代谢物和离子提供了细胞之间的代谢和电偶合。那么，你认为为什么神经元通讯主要是通过化学突触（如图 12-40 所示）而不是间隙连接？

问题 20-13

明胶的主要成分是胶原蛋白，而胶原蛋白使结缔组织有很好的抗拉强度。明胶又是果冻的基本成分，但你每次在吃草莓味果冻时，可能都感受不到有任何抗拉强度。这是为什么？

问题 20-14

"生物体的结构取决于受精卵所含的基因组。"该说法所基于的证据是什么？事实上，如果一位朋友反驳你并建议你把一个鹳鸟蛋中的 DNA 用人类 DNA 替代，来看看是否会长出人类婴儿。你会怎么回答他？

问题 20-15

白血病是一种癌症，是由于突变而导致白细胞过量产生。该病的平均发病年龄比其他癌症要早。请对该情况提出一种可能的解释。

问题 20-16

仔细思考图 20-43 中的图表，该图展示了每年每 100 000 名女性中诊断出的结肠癌病例数与年龄的关系。如果突变在人的一生中发生的概率是相似的，为什么这条曲线如此陡峭弯曲？

问题 20-17

重度吸烟者或在诱导 DNA 突变的化学致癌环境中工作过一段时间的工人，通常在暴露于致癌物 10 年、20 年甚至更长的时间后才开始患上与吸烟或职业相关的癌症。请对此长时间的延迟现象提出一个解释。

问题 20-18

高水平的雌激素（女性性激素）会增加患某些癌症的风险。因此，某些含有高浓度雌激素的早期避孕药最终被停用，因为发现这些药会增加患子宫内膜癌的风险。男性变性者使用雌激素药物使自己具有女性外表，但患乳腺癌的风险也会增加。高水平的雄激素（男性性激素）会增加患前列腺癌等一些其他形式的癌症的风险。可否由此推断雌激素和雄激素可以导致突变？

问题 20-19

癌症可以遗传吗？

答 案

第 1 章

答案 1-1

正如这项打分表所示（表 A1-1），试图定义生命的性质是一件困难的事。真空吸尘器是高度组织化的物体，它可以从环境中获取物质和能量，将能量转化为运动，并对操作者的指令做出响应。然而另一方面，它们不能自我繁殖，也不能生长和发育，当然，老年动物也不能。马铃薯对刺激也没有特定的反应，等等。奇怪的是，生命的标准定义通常没有提到地球上的生物主要由有机分子构成，即生命以碳原子为基础。正如我们现在所知，“信息大分子”即 DNA、RNA 和蛋白质的关键类型在所有生物物种中都是相同的。

表 A1-1　比较合理的对真空吸尘器、马铃薯和人类的“生命”评分表

特性	真空吸尘器	马铃薯	人类
1. 组织性	是	是	是
2. 内稳态	是	是	是
3. 繁殖	否	是	是
4. 发育	否	是	是
5. 能量	是	是	是
6. 响应性	是	否	是
7. 适应性	否	是	是

答案 1-2

随机改变鞋子的设计大多都会导致令人反感的缺陷：有多个鞋跟、没有鞋底、尺码不合适，这样的鞋子显然卖不出去，因此会被市场的选择力所淘汰。其他有些变化是中性的，如颜色或尺寸的微小变化。然而，有少数变化可能会产生更理想的鞋子，例如，在鞋子的平底上的深纹路可能会更适合在湿滑地面上走路；取消高跟可能会使鞋子更舒适（而且更安全）。该例子表明，如果试验次数足够多，同时施加选择压力，随机变化可以带来显著改善。

答案 1-3

你在此实验中创造新生命的可能性极小。更可能的是，空气中的孢子落在你的肉汤中，生长并产生细胞让你可以观察到。在 19 世纪中叶，路易·巴斯德发明了一种巧妙的装置，反驳了当时被广泛流传的“生命能自发产生”的观点。他的实验表明，密封烧瓶中可以生长微生物的营养肉汤如果提前正确地加热灭菌，那么肉汤中就不会再生长任何东西。他利用一个带有细长“天鹅颈”的特殊烧瓶，该烧瓶可以防止空气中的孢子污染培养物，从而反驳了那些指出“缺氧或加热灭菌杀死了生命产生的本源”的观点（图 A1-3）。这些烧瓶中的高温灭菌营养肉汤没有任何生命的迹象，但它确实能够支持生命，这可以通过将烧瓶颈部的“灰尘”冲刷到肉汤中来证明。

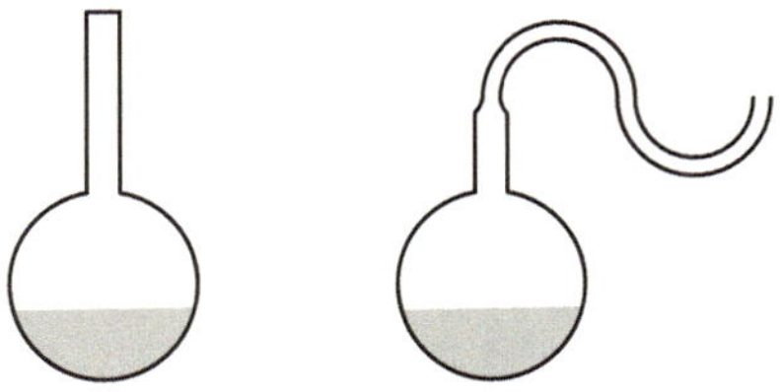

图 A1-3

答案 1-4

6×10^{39}($= 6 \times 10^{27}$g/10^{-12}g) 个细菌的质量等于地球的质量。根据指数增长方程 $6 \times 10^{39} = 2^{t/20}$，可求解得到 $t = 2642$min（或 44h），代表仅 132 代的时间。而在过去的 35 亿年中，已经经历了 5×10^{14} 个细菌世代。显然，这个星球上的细菌总质量远不及地球的质量。这表明只有极少数的世代发生了指数增长，也就是说，相较于演化的总进程，指数增长只是极短的一段时间。实际情况是，食物供应很快就会成为指数增长的限制因素。

这个简单的计算表明，快速生长和分裂的能力只是食物充

足时物种生存的一个因素。而食物通常是稀缺的，同一物种的个体必须在有限的资源下相互竞争。自然选择喜欢的那些突变体，它们要么赢得竞争，要么想方设法利用周围同伴无法利用的食物来源。

答案 1-5

通过吞噬食物颗粒之类的物质，真核细胞可以从环境中高效地捕获它们并使之为食。相反，细菌无法捕获食物块，它们可以分泌出一些物质来帮助分解环境中食物，但这种“劳动所得”必须与同一区域的其他生物共享。

答案 1-6

传统光学显微镜操作方法简便，而且所需的仪器也更简单。尺寸为 1μm 的物体很容易在光学显微镜下进行分辨；分辨率的下限为 0.2μm，这是由可见光波长所决定的理论极限。由于可见光不具有破坏性，而且容易透过水，这使得观察活细胞成为可能。另一方面，电子显微镜在仪器性质和样品制备等方面要复杂得多，它要求样品切片极薄，用电子致密的重金属染色并完全脱水。在电子显微镜下无法观察活细胞。然而，电子显微镜的分辨率要高得多，可以分辨出小至 1nm 的生物物体。如果想要观察任何结构的细节如微管、线粒体和细菌，就需要通过电子显微镜，或使用特定染料染色后通过共聚焦或超分辨荧光显微镜去观察，尽管任何荧光显微镜都比不上电子显微镜的分辨率。

答案 1-7

由于所有细胞的基本工作机制都非常相似，因此可以从研究模式生物系统中学习到很多东西。酿酒酵母是真核细胞的一个良好模型，因为酵母细胞比人类癌细胞要简单很多。我们可以低成本地对其进行大量培养，对其进行基因和生化操作也比对人类细胞更加容易。这使我们能够利用酵母来破译调控细胞生长和分裂的基本原理。癌细胞会进行异常的生长和分裂，因此产生肿瘤。所以，理解细胞如何正常调控生长和分裂的基本原理与癌症问题直接相关。事实上，美国国立癌症研究所、美国癌症协会和许多其他致力于寻找癌症治疗方法的机构，都大力支持对不同模式生物系统包括酵母的细胞生长和分裂各个方面的基础性研究。

答案 1-8

利用术语表和图版 1-2 检查你的答案。

答案 1-9

A. 错误。基因信息编码在细胞的 DNA 中，DNA 进而赋予其蛋白质相应的特性（通过 RNA）。

B. 正确。细菌没有细胞核。

C. 错误。与动物一样，植物由真核细胞组成，但与动物细胞不同，它们含有叶绿体作为其胞质细胞器。叶绿体在演化上被认为是从吞噬的光合细菌演变而来。

D. 正确。染色体的数量因生物体而异，但在同一多细胞生物体内，除生殖细胞之外的所有有核细胞中都是恒定的。

E. 错误。胞质溶胶是除了所有膜封闭的细胞器之外的细胞质。

F. 正确。核被膜是双层膜，线粒体被一层内膜和一层外膜所包围。

G. 错误。原生动物是单细胞生物，因此没有各种组织或细胞类型的分化。然而，它们具有复杂的、高度特化的结构。

H. 部分正确。过氧化物酶体和溶酶体中含有的酶可以催化分解从胞质溶胶中产生的或细胞从外界所吸收的物质。然而，也有另一种说法，即很多这些物质都会被降解产生食物分子，因此肯定不是“不需要的”。

答案 1-10

在该植物细胞中，A 是细胞核，B 是液泡，C 是细胞壁，D 是叶绿体。比例尺约为 10μm，即细胞核的宽度。

答案 1-11

三种主要的纤维是肌动蛋白丝、中间丝和微管。肌动蛋白丝参与细胞的快速运动，是肌细胞中最丰富的纤维；中间丝提供机械稳定性，是皮肤表皮细胞中最丰富的纤维；微管是细胞内许多运动的“轨道”，并负责细胞分裂过程中染色体的分离。所有这些纤维的其他功能将在第 17 章中讨论。

答案 1-12

仅需要 20h（即少于一天的时间），突变细胞就能在培养物中占据主导。根据题目中提供的等式，我们看到在突变发生后 t 分钟时原始（“野生型”）细菌细胞的数量是 $10^6 \times 2^{t/20}$；这时的突变细胞数为 $1 \times 2^{t/15}$。为了找出突变细胞何时“超过”野生型细胞，我们只需要使这两个数字彼此相等（即 $10^6 \times 2^{t/20} = 2^{t/15}$）。将等式两边取 10 为底的对

数并求解得到 t = 1200min（或 20h）。此时，培养物含有 2×10^{24} 个细胞（$10^6 \times 2^{60} + 1 \times 2^{80}$）。顺便一提，$2 \times 10^{24}$ 个细菌细胞，每个重 10^{-12}g，那么总重量是 2×10^{12}g（= 2×10^9kg，即 200 万吨！）。所以这只可能是一个理论上的实验。

答案 1-13

细菌 DNA 不断产生突变。当该细胞群体接触有毒物质时，一个或几个细胞可能已经具有了使它们对毒物具有抗性的突变。例如，一些抗生素对细菌有毒是因为它们可以结合细菌的某些蛋白质，而如果蛋白质的表面稍微发生改变，那么抗生素的结合就会变弱或根本不结合，从而使它们就无法发挥作用。这些突变细菌会继续快速分裂，同时它们没有突变的“堂兄弟”的分裂速度会减慢。抗生素抗性细菌很快会成为培养物中的优势物种。

答案 1-14

$10^{13} = 2^{(t/1)}$。因此，它只需要 43 天 [$t = 13/\log(2)$]。这就解释了为什么有一些癌症可以发展得非常迅速。但有很多癌细胞的分裂要慢得多，并且会因为内部细胞异常或没有足够的血液供应而死亡，因此癌症的实际发展通常比较慢。

答案 1-15

活细胞从非生命物质演化而来，但它们可以生长和自我复制。就像它们所起源的材料一样，活细胞也受物理学、热力学和化学定律的支配。例如，它们无法在不消耗自由能的情况下凭空创造能量或构建出有序的结构。我们可以理解为几乎所有的细胞事件，如新陈代谢、催化作用、膜组装及 DNA 复制，就如复杂的化学反应一样，都可以在试管中进行重复、操作及研究。

除了这种最基础的可还原性外，活细胞远不止是其各部分的总和。例如，我们在试管中随机地混合蛋白质、核酸和其他化学物质无法制造出细胞。细胞借助其有组织的结构发挥功能，这是其演化历史的产物。细胞总是来自于先前已存在的细胞，亲细胞的分裂将化学组分和结构传递给子细胞。例如，质膜不必从头形成，而是在先前存在的膜上进行扩展而生长；总会存在一个核糖体（其部分结构由蛋白质组成）发挥功能来合成更多的蛋白质，包括那些用于组建更多核糖体的蛋白质。

答案 1-16

在多细胞生物体中，不同类型的细胞具有特化的功能并彼此相互合作，因此任何一种细胞类型都不必承担自身的所有活动。通过这种分工，多细胞生物能够利用单细胞生物无法利用的食物来源。例如，植物可以通过根部从土壤中吸收水和养分，同时地上的叶片可以从空气中收集二氧化碳和光能。通过利用其他特化细胞来保护生殖细胞，多细胞生物可以发展出在恶劣环境中生存或抵抗捕食者的新方法。当食物耗尽时，它可以通过让生殖细胞利用其周围细胞储存的资源来保护生殖细胞，甚至可以同类相食（实际上这是一种常见过程）。

答案 1-17

细菌细胞的体积和表面积分别为 $5.24 \times 10^{-19}m^3$ 和 $3.14 \times 10^{-12}m^2$，动物细胞的体积和表面积分别为 $1.77 \times 10^{-15}m^3$ 和 $7.07 \times 10^{-10}m^2$。从这些数字可以看出，表面积与体积比分别为 $6 \times 10^6m^{-1}$ 和 $4 \times 10^5m^{-1}$。换言之，尽管动物细胞的体积增加了 3375 倍，但细胞膜的面积仅增加了 225 倍。然而，如果将内膜也囊括到计算中，则两个细胞的膜面积与体积比大致相等。因此，由于它们有内部膜结构，真核细胞可以长得更大并且仍然保持足够的膜面积，这一点是许多细胞功能所必需的。我们在后面的章节中将会对其进行更详细的讨论。

答案 1-18

有许多证据可以证实共同的祖先细胞。对当今活细胞的分析表明，尽管细胞在很多方面存在不同，但细胞彼此之间的基本组成部分却有着惊人的相似度，这些基本组成成分也构成了它们的内部运作方式。例如，许多代谢途径在不同细胞类型之间是保守的，构成核酸（DNA 和 RNA）和蛋白质的有机化合物在所有活细胞中是相同的，即使选择不同的化合物（如具有不同侧链的氨基酸）也可以发挥同样的作用。类似地，原核和真核细胞中的一些重要蛋白质也具有非常相似的精细结构。从理论上讲，有许多不同的方法能构建可以执行相同功能的蛋白质。有证据令人信服地表明，那些最重要的过程只是被“发明”了一次，然后它在后续的演化过程中只是进行了微调，以适应特化细胞和特定生物的需求。

然而，看上去极不可能是第一个细胞存活了下来，并成为今天生命世界原始的祖先细胞。由于演化不是一个有目的进行的定向过程，因此，更有可能是大量不成功的“试验细胞”复制了一段时间后灭绝，因为它们无法适应环境的变化或无法在与其他“试验细胞”的竞争中存活。因此，我们可以推测，原始祖先细胞是一个“幸运”的细胞，它最终生存在一个相对稳定的环境中并在该环境中进行复制和演化。

答案 1-19

通过快速的观察可以看出细胞表面的纤毛在进行特征性的摆动；该特征即可以表明该细胞是真核细胞。原核生物的鞭毛与真核生物的纤毛和鞭毛相比，具有完全不同的结构和运动形式。如果没有看到纤毛（很可能看不到），你将不得不寻找其他的区别特征。如果幸运的话，你可能会观察到细胞分裂。这时如果用合适的光学仪器去观察，你会看到凝集的有丝分裂染色体，该特征可再次表明它是真核生物。固定细胞并用染料对其 DNA 进行染色：如果 DNA 包含在带有明确边界的细胞核中，该细胞就是真核细胞；如果你看不到明显的细胞核，该细胞可能是原核细胞。也可以用能够结合肌动蛋白或微管蛋白（在真核生物中高度保守但在细菌中不存在的蛋白质）的荧光抗体进行染色；也可以将它包埋并切片，利用电子显微镜去观察是否可以看到细胞内的线粒体等细胞器；还可以尝试用革兰氏染色法，该方法对某些类型细菌细胞壁中的分子是特异性的。但所有这些测试都可能失败，让你仍然无法确定。为了获得明确的答案，你可以尝试用第 10 章中详细描述的复杂方法来分析它所含的 DNA 和 RNA 分子的序列。如果核酸序列编码了在真核生物中高度保守的分子，如形成核孔核心组成部分的那些蛋白质，那你就可以确定这个细胞是真核生物。如果没有真核生物的特异性序列，你仍然可以区分你所看到的是细菌还是古细菌。如果无法检测到任何 DNA 或 RNA，那你看到的可能不是细胞而是一粒灰尘。

第 2 章

答案 2-1

由于阿伏伽德罗常数非常大，所以这个概率很大。杯中含有 1mol 水，即 6×10^{23} 个水分子，全世界海洋的体积换算成立方厘米是 $1.5 \times 10^{24}cm^3$。混匀后，每立方厘米平均应有 0.4 个“希腊”水分子（$6 \times 10^{23}/1.5 \times 10^{24}$），或者说每 18g 太平洋海水里就有 7.2 个“希腊”水分子。

答案 2-2

A. 原子序数是 6；原子量是 12（= 6 个质子 + 6 个中子）。

B. 电子数是 6（= 质子数）。

C. 第一层可以容纳 2 个电子，第二层可以容纳 8 个电子。因此，碳需要 4 个额外的电子（或者给出电子）才能获得完整的最外层。当碳通过与其他原子（包括其他碳原子）共享 4 个额外电子来形成 4 个共价键时是最稳定的。

D. 碳-14 在其原子核中有两个额外的中子。由于原子的化学性质由其电子决定，所以碳-14 的化学性质与碳-12 相同。

答案 2-3

该说法正确。离子键和共价键都是基于相同的原理，即电子交换。在极性共价键中，电子在相互作用的原子之间被不均等地共享。在离子键中，电子从一个原子中完全失去并被另一个原子获得。而另一种极端情况是，电子可以在两个相互作用的原子之间均等分配，形成非极性共价键。各种能想到的中间状态的键都可能存在。对于临界情况，称为极性共价键或离子键都是可以的。

答案 2-4

该说法正确。水分子中的氢-氧键为极性，因此氧原子比氢原子携带更多的负电荷。这些局部的负电荷被带正电的钠离子吸引，而被带负电的氯离子排斥。

答案 2-5

A. 水合氢离子（H_3O^+）的来源是水解离而来的质子和氢氧根离子，其中每个质子与水分子结合形成水合氢离子（$2H_2O \rightarrow H_2O + H^+ + OH^- \rightarrow H_3O^+ + OH^-$）。在中性 pH 下，即不存在酸提供更多 H_3O^+ 或碱提供更多 OH^- 的情况下，H_3O^+ 和 OH^- 的浓度相等。我们已知中性时 pH 为 7.0，因此 H^+ 浓度为 10^{-7}mol/L。H^+ 浓度等于 H_3O^+ 浓度。

B. 为了计算 H_3O^+ 与 H_2O 分子的比值，我们需要知道水分子的浓度。水的分子质量为 18（即 18g/mol），1 L 水的重量为 1kg。因此，水的浓度为 55.6mol/L(= 1000 [g/L]/[18g/mol])。H_3O^+ 与 H_2O 分子之比为 1.8×10^{-9}(= $10^{-7}/55.6$)；换言之，在中性 pH 下 10 亿水分子中只有 2 个水分子解离。

答案 2-6

合成具有独特结构的大分子要求在每个位置上仅使用一种立体异构体。将一个氨基酸从其 L-型变成 D-型将会产生不同的蛋白质。因此，如果每种氨基酸都使用其 D-型和 L-型的随机混合物来构建蛋白质，则该蛋白质的氨基酸序列不会只有一种结构，而是将形成许多不同的结构（2^N 种不同结构，其中 N 是蛋白质中的氨基酸数量）。

为什么演化只选择 L-型氨基酸作为蛋白质的构建单元是一个谜；我们可以很容易地设想可能会有一种细胞，其中某些（或甚至所有）氨基酸是专一地使用 D-型立体异构体来构建蛋白质。

答案 2-7

“极性”这个词具有两种不同的含义。第一种含义是指方向不对称，例如，线性聚合物如多肽具有 N 端和 C 端，如核酸具有 3′ 端和 5′ 端。因为键仅形成于多肽中氨基酸的氨基和羧基之间，或者核苷酸的 3′ 端和 5′ 端之间，所以多肽和核酸总有两个不同的末端，这使得链具有确定的化学极性。

“极性”的第二种含义是指键或分子中的电荷分布。因为这种极性促进该分子与水分子的氢键合，而且它的水溶性或亲水性取决于这种极性，“极性”一词也表示水溶性。

答案 2-8

缩合反应的主要优点是它们易于被水解反应所逆转（并且在细胞内可以很容易获得水）。这使得细胞分解自身的大分子（或作为食物摄取的其他生物的大分子）并完整地回收其中的亚基，以便它们可以“再循环”，即用于构建新的大分子。

答案 2-9

大分子的许多功能都依赖于它们容易结合和分离的能力。例如，这种化学上的灵活性使得细胞可以在运动或分裂时重塑其内部，并将组分从一个细胞器运输到另一个细胞器。对于该目的而言，共价键结合则是过强以及过于持久，而且还需要特定的酶来断开每一种键。

答案 2-10

A. 正确。所有原子核都是由带正电的质子和不带电的中子构成；唯一的例外是氢原子核，它只有一个质子。

B. 错误。原子是电中性。带正电的质子数量总是与带负电的电子数量相平衡。

C. 正确——但仅适用于细胞核（见第 1 章），不适用于本章讨论的原子核。

D. 错误。元素可以有不同的同位素，但它们仅中子数量不同。

E. 正确。在某些同位素中，大量的中子会使原子核不稳定，最终分解，该过程称为放射性衰变。

F. 正确。例如，肝细胞中的糖原颗粒是葡萄糖聚合物；脂肪细胞中的脂滴是由三酰甘油聚集形成。

G. 正确。单个键很弱且容易被热运动破坏，但因为两个大分子之间的相互作用有大量的这种键参与，所以整体而言该结合非常强；而且因为氢键仅形成于相互作用的大分子上正确定位的基团之间，所以它们具有很高的特异性。

答案 2-11

A. 一个纤维素分子的分子质量为 $n \times (12[C] + 2 \times 1[H] + 16[O])$。尽管不知道 n 的数值，但我们可以确定每种元素对纤维素重量贡献的百分比。碳原子的贡献是 40%[= $12/(12 + 2 + 16) \times 100\%$]。因此，组成本页纸的纤维素中含有 2g 碳原子（5g 的 40%）。碳的原子量为 12g/mol，而 1mol 中有 6×10^{23} 个原子或分子。因此，本页纸由 10^{23} 个碳原子 [=(2g/12 [g/mol]) $\times 6 \times 10^{23}$(分子/摩尔)] 构成。

B. 本页纸的体积是 $4 \times 10^{-6}\text{m}^3$(= 21.2cm × 27.6cm × 0.07mm)，与边长为 1.6cm(= $\sqrt[3]{4\times10^{-6}\ \text{m}^3}$) 的立方体体积相同。由于已经从 A 中得知这页纸包含 10^{23} 个碳原子，所以通过几何学可得知该立方体的每一边大约有 4.6×10^7 个碳原子（= $\sqrt[3]{10^{23}}$）。因此，纤维素需要约 200 000 个碳原子 [= $(4.6 \times 10^7) \times (0.07 \times 10^{-3}\text{m})/1.6 \times 10^{-2}\text{m}$] 来达到本页纸的厚度。

C. 如果紧密堆叠，需要 350 000 个直径为 0.2nm 的碳原子来达到本页纸 0.07mm 的厚度。

D. 两次计算结果存在 1.7 倍的差异，这表明：①碳不是纤维素中唯一的原子；②纸张不是精确排列的分子的点阵（如金刚石就是精确排列的碳原子），而是含有许多空隙的随机网状结构纤维。

答案 2-12

A. 最里面的三个电子层可容纳的电子分别是 2，8，8。

B. 氦：已经具有完整的最外电子层

氧：获得 2 个电子

碳：获得 4 个或失去 4 个电子

钠：失去 1 个电子

氯：获得 1 个电子

C. 氦具有完全填充的最外层电子层，因此它的化学性质为惰性。另一方面，钠和氯化学性质极为活泼，很容易形成稳定的 Na^+ 和 Cl^-，并在食盐中形成离子键。

答案 2-13

物质在给定温度下是液体还是气体取决于其分子之间的吸引力。在室温下 H_2S 是气体而 H_2O 是液体，这因为在 H_2S 分子之间不形成氢键，而 H_2O 分子却是被氢键保持在一起。硫原子比氧原子大得多，由于其尺寸较大，所以最外层的电子不像在氧原子中那样被硫原子核强烈地吸引。因此，氢-硫键的极性远小于氢-氧键。由于极性低，H_2S 分子中的硫不会强烈地吸引相邻 H_2S 分子中的氢原子，因而不会形成如在水中如此强的氢键。

答案 2-14

反应如图 A2-14 所示，其中 R_1 和 R_2 为氨基酸侧链。

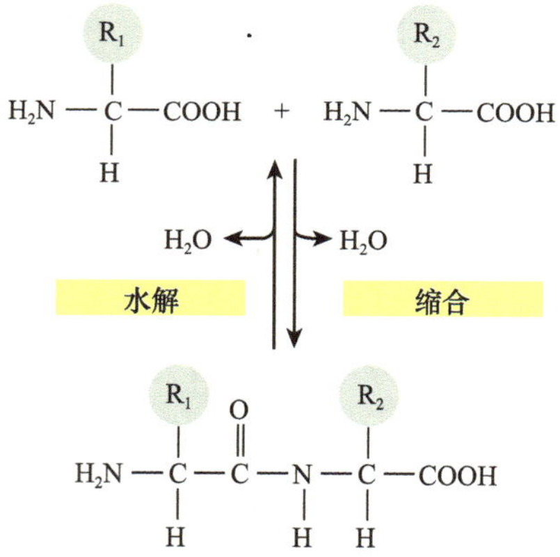

图 A2-14

答案 2-15

A. 错误。蛋白质的性质既取决于它所含的氨基酸，也取决于氨基酸的连接顺序。蛋白质的多样性是由于其 20 种的氨基酸以几乎无限种线性排列组合方式所导致的。

B. 错误。脂质通过非共价键组装成双分子层。因此，膜不是大分子。

C. 正确。核酸的主链是由交替的核糖（或 DNA 中的脱氧核糖）和磷酸基团组成。核糖和脱氧核糖都是糖。

D. 正确。自然界中存在的 20 种氨基酸中约有一半具有疏水侧链。在折叠的蛋白质中，由于这些侧链被水排斥，所以很多侧链是朝向蛋白质的折叠内部。

E. 正确。疏水性烃尾部仅含有非极性共价键。因此，它们不能参与氢键的形成并且被水排斥。我们将在第 11 章中更详细地探索这其中的原理。

F. 错误。RNA 包含这四种列出的碱基，但 DNA 含有的是 T 而不是 U。注意，T 和 U 非常相似，区别仅在于单个甲基。

答案 2-16

A. (a) 400($=20^2$)；(b) 8000($=20^3$)；(c) 160 000($=20^4$)。

B. 分子质量为 4800Da 的蛋白质由约 40 个氨基酸组成；因此，它有 1.1×10^{52}（$=20^{40}$）种不同的组合方式。每个蛋白质分子的重量为 8×10^{-21}g[$=4800/(6\times10^{23})$]；因此，每种分子各一个混合起来总重量为 9×10^{31}g（$=8\times10^{-21}$g $\times 1.1\times10^{52}$），是地球总重量（6×10^{24}kg）的 15 000 倍。你确实需要一个非常大的容器。

C. 鉴于细胞中大多数的蛋白质甚至比本例子中的蛋白质更大，显然在活细胞中仅用到了全部可能的氨基酸序列的很小一部分。

答案 2-17

因为所有的活细胞都是由化学物质组成的，并且因为所有的化学反应（无论是在活细胞还是在试管中）都遵循相同的规律，所以理解基本的化学原理对于理解生物学至关重要。在本书中，我们将经常回顾这些化学原理，细胞中出现的所有更复杂的途径和反应都建立在这些原理基础之上。

答案 2-18

A. 氢键相互作用需要特定的基团；一个是通过极性共价键与氧或氮连接的氢原子，另一个通常是氮或氧原子。范德华力较弱，发生在距离足够近的任意两个原子之间。氢键和范德华力都是短距离相互作用，只有当两个分子已经很接近时才会发挥作用。因此，这两种类型的键都可以被认为是“微调”相互作用的手段；换言之，一旦两个分子通过扩散聚集在一起，这两种键可以帮助它们相对于彼此进行正确定位。

B. 在所有三个例子中都会形成范德华力。氢键仅在（c）中形成。

答案 2-19

非共价键在大分子的亚基之间形成，如多肽链中氨基酸的侧链之间，并使聚合物链呈现独特的形状。这些相互作用包括氢键、离子键、范德华力和疏水力。由于这些相互作用很弱，所以可以相对轻松地打破它们。因此，大多数大分子可以通过加热来增强热运动，从而使其去折叠。

答案 2-20

两性分子具有亲水性和疏水性末端。它们的亲水性末端可以与水形成氢键，但它们的疏水性末端会破坏水的结构，因而会被水排斥。因此，两性分子的疏水末端倾向于暴露在水和空气交界处的空气一侧，或者总是聚集在一起以使它们与水分子的接触最小化，这既可以发生在水溶液与其周围的交界处，也可以发生在水溶液的内部。（见图 A2-20）

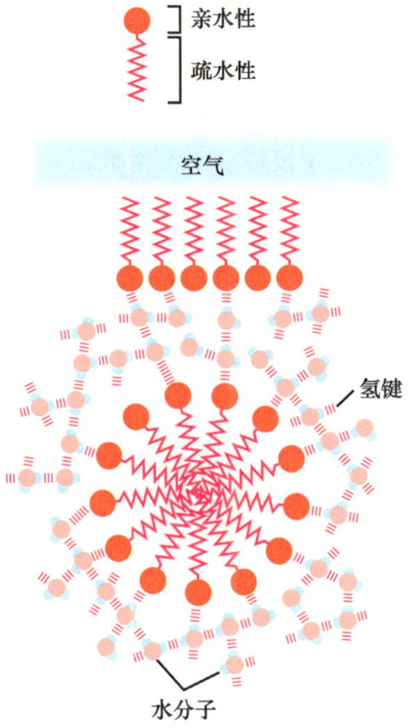

图 A2-20

答案 2-21

A. B.（A）和（B）都是苯丙氨酸正确的分子式。在（B）式中，苯丙氨酸表现为离子化形式，它存在于水溶液中，其中碱性的氨基被质子化而酸性的羧基被去质子化。

C. 错误。该肽键结构缺少与氮结合的氢原子。

D. 错误。该腺嘌呤的分子式有一个多余的双键，产生了五价的碳原子和四价的氮原子。

E. 错误。在该核苷三磷酸的分子式中，应该有两个额外的氧原子，每两个磷原子之间有一个。

F. 这是乙醇的正确分子式。

G. 错误。水不会与结合到碳上的氢形成氢键。缺乏形成氢键的能力使烃链疏水（即憎水）。

H. 错误。Na 和 Cl 形成的是离子键 Na^+Cl^-，但是图中绘制的是共价键。

I. 错误。氧原子对电子的吸引力多于碳原子；因此，两个键的极性应该相反。

J. 这个葡萄糖的结构式是正确的。

K. 基本正确。更准确的表示是—NH_2 基团失去一个氢原子，—COOH 基团失去—OH 基团。

第 3 章

答案 3-1

该方程代表光合作用的“底线”，光合作用是由许多种酶分别催化的大量单个反应的集合。由于糖分子比 CO_2 和 H_2O 更复杂，所以反应会使细胞内部产生更加有序的状态。正如热力学第二定律所述，这种有序性的增加必然伴随着无序性更大程度的增加。这是因为方程中的最终产物其实是经过了很长的反应途径才产生，其中有很多步骤会产生热量。

答案 3-2

氧化的定义是电子的失去，还原则表示电子的获得。因此，（A）是氧化，（B）是还原。（C）中的红色碳原子基本保持不变；然而，相邻的碳原子失去一个氢原子（即一个电子和一个质子），因此被氧化。（D）中的红色碳原子由于失去氢原子而被氧化，而（E）中的红色碳原子因为获得氢原子而被还原。

答案 3-3

A. 硬币的 H 和 T 两个状态具有相同的概率，因此没有驱动力即没有能量差异来促进 H 转变为 T，反之亦然，所以该反应的 $\Delta G^{\circ} = 0$。但是，如果盒子中 H 和 T 硬币的数量不同，则反应可以发生。此时，H 和 T 之间的浓度差产生驱动力，$\Delta G \neq 0$；当反应达到平衡时，即当 H 和 T 的数量相等时，$\Delta G = 0$。

B. 振动的量对应于温度，因为温度导致了硬币的“热”运动。反应的活化能是翻转硬币（即将硬币立起来，由此它可以朝向任何一侧倒下）所需要消耗的能量。摇晃酶会通过降低所需的能量来加速翻转；例如，它可以是悬挂在盒子上方的磁铁，有助于竖起硬币。摇晃酶不会影响何时达到平衡（在 H 和 T 数量相同时），但它会加速达到平衡的过程，这是因为在摇晃酶的存在下，会有更多的硬币来回翻转。

答案 3-4

见图 A3-4。注意 $\Delta G°_{X\rightarrow Y}$ 为正，而 $\Delta G°_{Y\rightarrow Z}$ 和 $\Delta G°_{X\rightarrow Z}$ 为负。该图还表明 $\Delta G°_{X\rightarrow Z} = \Delta G°_{X\rightarrow Y} + \Delta G°_{Y\rightarrow Z}$。

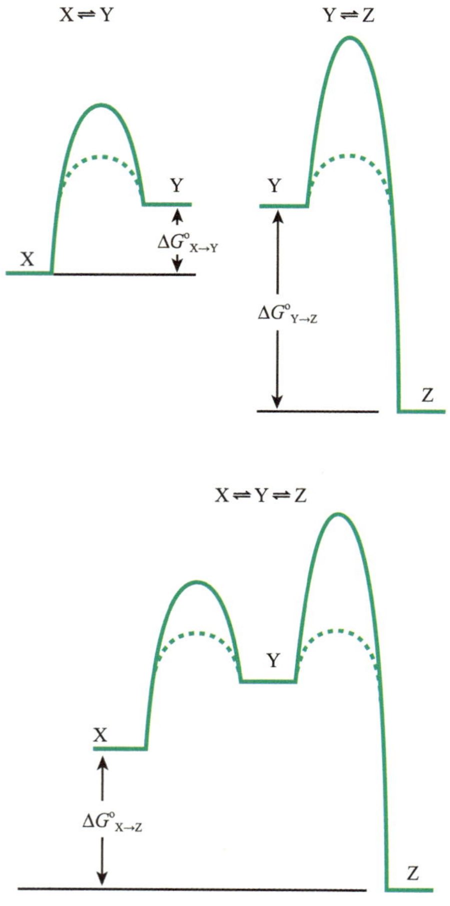

图 A3-4

从图 3-12 给出的信息中我们不知道激活的能垒有多高；因此它们被画成任意的高度（实线）。催化这些反应的酶会降低活化能，从而加快反应速率（虚线），但酶不会改变 $\Delta G°$ 值。

答案 3-5

反应速率可能受以下因素的限制：①底物的浓度，即单个二氧化碳分子与酶活性位点碰撞的频率；②多少碰撞产生的能量足以引起反应；③酶释放反应产物的快慢、自由结合二氧化碳的多少。图 A3-5 显示，酶降低了活化的能垒，因此更多的二氧化碳分子有足够的能量进行反应。从 A 点到无穷大的能量以及从 B 点到无穷大的能量的曲线下面积分别表示没有酶与有酶的情况下能够发生反应的分子总数。虽然没有按比例绘制，但这两个区域的比例应为 10^7。

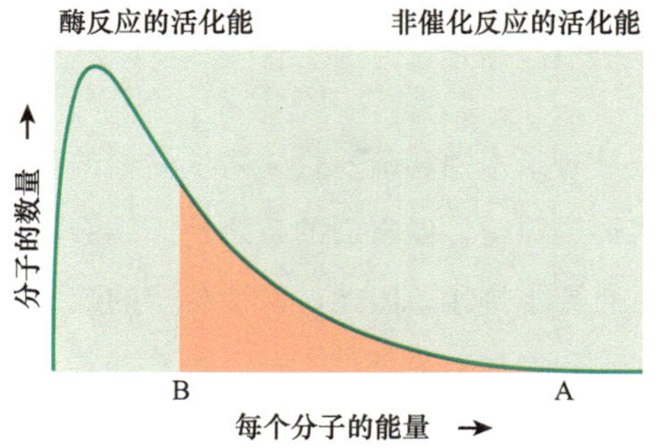

图 A3-5

答案 3-6

所有反应都是可逆的。如果化合物 AB 可以分解产生 A 和 B，那么 A 和 B 也肯定可以结合形成 AB。两种反应中哪一种占优势取决于反应的平衡常数和 A、B 及 AB 的浓度（如图 3-19 所示）。当纯化出这种酶时，很可能是通过提供相对大量的 A 和 B，并测量 AB 的产生量，来检测其酶活性。但是，假设细胞中存在大量的 AB，在这种情况下，酶实际上催化的是 AB → A + B。（这个问题是基于一个实际的例子，其中，酶被纯化出来之后被以其中一个方向的反应来命名，但后来证实它在活细胞中催化的是逆向反应。）

答案 3-7

A. 图 3-29B 中的岩石提供了吊起水桶的能量。(i) 在反应 X + ATP → Y + ADP + P_i 中，ATP 水解驱动了反应；因此，ATP 对应于悬崖顶部的岩石。(ii) 图 3-29B 中的碎片对应于 ADP 和 P_i，它们是 ATP 的水解产物。(iii)(iv) 在反应过程中，ATP 水解与 X 到 Y 的转化偶联。因此，X 是起始物质，即地面上的桶，并被转化为 Y，即处于最高点的桶。

B. (i) 撞击地面的岩石是 ATP 的无效水解，例如，没有酶利用 ATP 水解释放的能量驱动能量上不利的反应时，存储在 ATP 的磷酸酐键中的能量将以热的形式损失掉。(ii) 储存在 Y 中的能量可用于驱动另一反应。例如，如果 Y 代表氨基酸 X 的活化形式，它可以在蛋白质合成的过程中经历缩合反应而形成肽键。

答案 3-8

由 ATP 水解产生的自由能 ΔG 取决于 ΔG° 以及底物和产物的浓度。例如，对于一个特定的浓度范围，可能会有 $\Delta G = -50\text{kJ/mol} = -30.5\text{kJ/mol} + 2.58\ln([\text{ADP}] \times [\text{P}_i]/[\text{ATP}])$。其中 ΔG 小于 ΔG°，主要是因为细胞中的 ATP 浓度高（在毫摩尔范围内）而 ADP 浓度低（在 10μmol/L 范围内）。因此，该等式的浓度项小于 1，其对数是负值。

ΔG° 对于一个反应而言是常数，不随反应条件而变化。相反，ΔG 取决于 ATP、ADP 和磷酸盐的浓度，这些浓度在不同细胞中可能有所不同。

答案 3-9

反应 B、D 和 E 都需要与其他能量上有利的反应偶联。每种反应都会形成高度有序的结构，相较于起始物质更复杂且具有能量更高的键。相反，反应 A 是分解代谢反应，它产生的化合物处于较低能量状态，该反应可以自发进行。反应 C 中的核苷三磷酸具有足够的能量来驱动 DNA 合成（参见图 3-42）。

答案 3-10

A. 接近正确，但严格来说是错误的。因为酶提高了速率但不改变反应的平衡点，所以反应在没有酶的情况下也总是会发生，尽管通常是以微小的速率进行。此外，竞争性的反应可能更快地将底物消耗尽，因此进一步阻碍了目标反应。因此，实际上，在没有酶的情况下，一些反应可能永远不会以可观察到的速率发生。

B. 错误。高能电子更容易转移；换言之，它们与供体分子的结合更加松散。这并不意味着它们运动得更快。

C. 正确。ATP 分子水解会在形成 AMP 的同时产生焦磷酸 (PP_i) 分子，后者又水解成两个磷酸分子。第二个反应释放出的能量与 ATP 的初始水解能量几乎相同，从而使能量总产量几乎翻倍。

D. 正确。氧化是失去电子，这减小了碳原子的直径。

E. 正确。例如，ATP 可以提供化学键能和磷酸基团。

F. 错误。活细胞具有特定的化学性质，其中大多数氧化是能量释放事件；然而，在某些不同的条件下，如在含氢大气中，还原是能量释放事件。

G. 错误。所有的细胞，包括在冷血和温血动物中，都会因其代谢反应而辐射出相当程度的热量。例如，对于细菌细胞，当堆肥发热时，这个情况就很明显。

H. 错误。反应 X ⟷ Y 的平衡常数保持不变。如果通过第二个反应除去 Y，则将有更多的 X 转化为 Y，使得 X 与 Y 的比值保持恒定。

答案 3-11

由于三个氢键带来的 Y 和 X 之间自由能差（ΔG°）为 –12.6kJ/mol（注意，Y 的自由能低于 X 的自由能，因为断开键将 Y 转换为 X 的过程中需要消耗能量，所以 X → Y 的转换 ΔG° 值为负），因此，反应的平衡常数约为 100（表 3-1），换言之，平衡时 Y 分子比 X 分子大约多 100 倍。多出的三个氢键会使 ΔG° 增加至 –25.2kJ/mol，并将平衡常数再翻 100 倍达到 10^4。这样，相对较小的能量差异会对反应平衡产生巨大的影响。

答案 3-12

A. 平衡常数定义为 $K = [\text{AB}]/([\text{A}] \times [\text{B}])$。方括号表示浓度。因此，如果 A、B、AB 各自为 1μmol/L(10^{-6}mol/L)，则 K 为 10^6L/mol [$= 10^{-6}/(10^{-6} \times 10^{-6})$]。

B. 类似地，如果 A、B、AB 各自为 1nmol/L(10^{-9}mol/L)，那么 K 为 10^9L/mol。

C. 这个例子说明以较低密度存在于细胞中的相互作用，蛋白质需要以较高的亲和力彼此结合，才能使得其中大部分分子在平衡时是结合的。在这种情况下，将浓度降低 1000 倍（从 μmol/L 降至 nmol/L），平衡常数需要增加 1000 倍，以使 AB 蛋白复合物维持相同比例（相当于 –17.8kJ/mol 自由能；参见表 3-1）。这相当于约 4 或 5 个额外的氢键。

答案 3-13

该说法正确。反应是否自发进行的标准是 ΔG，而不是 ΔG°，需要考虑反应组分的浓度。例如，一个 ΔG° 为负的反应不会在产物过剩的情况下自发地进行；也就是说，超过平衡位置。相反，在存在大量过量底物的条件下，一个有着正 ΔG° 的反应可能会自发进行。

答案 3-14

A. 最多 57 个 ATP 分子（= 2867/50）相当于葡萄糖完全氧化成 CO_2 和 H_2O 所释放的总能量。

B. ATP 生成的总效率约为 53%，计算方法是实际产生的 ATP 分子数（30）除以如果葡萄糖分子中储存的所有能量都变为 ATP 中的化学能时可以获得的 ATP 分子数（57）。

C. 在 1mol 葡萄糖的氧化过程中，1347kJ（在 1mol 葡萄糖中可用的 2867kJ 的剩余 47%，这些未能成为 ATP 中存储的化学能）将作为热量释放。该能量会使你的身体升温 4.3℃（1347kJ × 0.24 = 323kcal；323kcal/75kg = 4.3）。这是一个相当大量的热量，可以试想一下体温升高 4℃将会使人发烧到浑身乏力，而 1mol（180g）葡萄糖不超过两杯糖。

D. 如果能量产率仅为 20%，那么在上面的部分（C）中以这一数字代替 47%，80% 的可用能量将作为热量释放，并且需要由身体散热。产热量将超过正常水平的 1.7 倍，你的身体肯定会过热。

E. ATP 的化学式为 $C_{10}H_{12}O_{13}N_5P_3$，因此其分子质量为 503g/mol。因此，你的身体静息时在 24h 内水解约 80mol（= 40kg/0.503kg/mol）ATP（这相当于释放约 4200kJ 的化学能）。因为每摩尔葡萄糖产生 30mol 的 ATP，所以通过氧化 480g 葡萄糖（= 180g/mol × 80mol/30）可以产生这些能量。

答案 3-15

这位科学家绝对是在造假。57 个 ATP 分子储存大约 2850kJ（= 57 × 50kJ）的化学能，这意味着从葡萄糖产生 ATP 的效率将大于 99%。这种几乎不可能的效率将使得几乎没有能量会以热量的形式被释放出来，而根据热力学定律，释放热量是必然的。

答案 3-16

A. 从表 3-1 可得知，17.8kJ/mol 的自由能差值对应于 10^{-3} 的平衡常数；换言之，[A*]/[A] = 10^{-3}。因此，A* 的浓度在平衡时比 A 的浓度低 1000 倍。

B. A 与 A* 的比率将保持不变。用酶降低活化能会加速反应速率；换言之，它会使得更多分子在给定时间内进行 A → A* 和 A* → A 的转换，但它不会影响平衡时 A 与 A* 的比率。

答案 3-17

A. 突变体蘑菇可能是安全的。ATP 水解可提供约 –50kJ/mol 的能量。该能量使反应的平衡位置移动了一个巨大倍数，即约 10^8 倍（从表 3-1 可看到 –23.8kJ/mol 对应于 10^4 的平衡常数；因此，–50kJ/mol 约对应于 10^8。注意对于耦合反应，能量是相加的，而平衡常数则相乘）。因此，如果酶不能利用 ATP 水解的能量，则毒性会降为 $1/10^8$。该例子说明将反应与活化载体分子的水解偶联，可以极大地改变平衡点。

B. 食用这种突变体蘑菇可能是危险的。降低反应速率不会影响其平衡点，如果允许反应进行足够长的时间，蘑菇可能会带有毒性。反应有可能无法达到平衡，但不建议去冒这个风险。

答案 3-18

酶 A 是有益的。它使得两种能量载体分子相互转化，这两种能量载体分子，作为三磷酸盐形式，都是许多代谢反应所必需的。形成的任何 ADP 都可以快速转化为 ATP，因此细胞能保持 ATP/ADP 的高比率。由于酶 A 的存在（称为核苷酸磷酸激酶），一些 ATP 被用于保持 GTP/GDP 同样的高比率。

酶 B 对细胞非常有害。细胞在分解代谢反应中使用 NAD^+ 作为电子受体，并且必须保持高浓度的这种形式的载体，因为它被用于分解葡萄糖以产生 ATP 的反应中。相反，NADPH 在合成代谢反应中用作电子供体，并且在细胞中保持高浓度，以合成核苷酸、脂肪酸和其他必需分子。而因为酶 B 会耗尽细胞中 NAD^+ 和 NADPH 的储备，所以它会降低分解与合成反应的速率。

答案 3-19

因为酶是催化剂，所以酶反应在热力学上肯定是可行的；酶仅降低活化能势垒，否则这个势垒会降低反应进行的速率。热量给底物更多的动能，使得更高比例的底物可以越过正常的活化能势垒。然而，许多底物具有许多不同的反应途径，所有这些潜在的途径都能通过热量而得到增强。相反，酶是选择性地发挥作用，它仅能促进某一种演化所选择的对细胞有用的特定途径。因此，热不能代替酶的功能，鸡汤必须通过其他机制来发挥其所声称的有益效果，而这仍有待被发现。

第 4 章

答案 4-1

尿素是一种非常小的有机分子，既可作为有效的氢键供体（通过其 NH_2 基团），也可作为有效的氢键受体（通过其 C═O 基团）。因此，它可以挤入用于稳定蛋白质分子的氢键之间，从而使蛋白质结构不稳定。另外，蛋白质的非极性侧链保持在折叠结构的内部，因为如果它们暴露在外就会破坏水的结构。在高浓度的尿素中，水分子的氢键网络被破坏，从而显著减少这些疏水力。由于尿素对这两种力都存在影响，所以蛋白质在尿素存在时会去折叠。

答案 4-2

氨基酸序列由非极性氨基酸和带电荷或极性氨基酸交替排列组成。因此，在 β 折叠中产生的链一侧为极性而另一侧为疏水性。这样的链两边可能被相似极性的链包围，由此在一起形成带有疏水面和极性面的 β 折叠。在蛋白质中，这样的 β 折叠（称为两亲性，“amphipathic” 来自希腊语 *amphi* “两性” 和 *pathos* “激情”，因为它的两个表面具有不同的性质）会使疏水侧朝向蛋白质的内部，而极性侧在其表面上暴露于水中。

答案 4-3

演化会选择对生物体有益的突变，因为它们赋予生物体生殖或生存优势，例如，更有效地利用食物来源、增强对环境侵害的抵抗力，或者提高吸引配偶进行有性生殖的能力等。相反，无用的蛋白质对生物体是有害的，因为合成它们所花费的能量是一种浪费。细胞合成蛋白质的能力是有限的，如果过量合成突变蛋白，则正常蛋白质的合成会受到影响。更严重的情况是，突变蛋白可能会干扰细胞的正常运作。例如，如果突变酶仍然可以结合活化的载体分子但不能催化反应发生，那么它就可以通过竞争有限的载体而抑制正常过程。所以，自然选择提供了强大的驱动力，消除了无用和有害的蛋白质。

答案 4-4

破坏所有 S—S 键的强还原剂会导致所有的角蛋白细丝分离。个别的毛发甚至会被削弱和碎裂。事实上，强效还原剂已被药剂师商用于脱毛膏中。然而，温和的还原剂可用于将头发拉直或卷曲，后者还需要有卷发器（参见图 A4-4）。

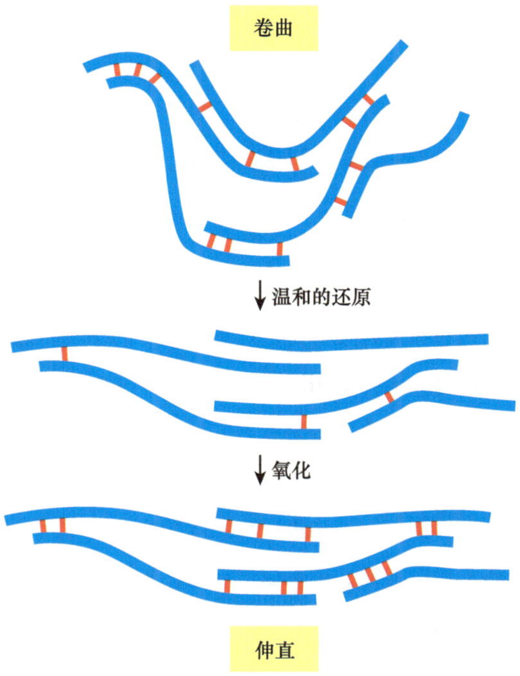

图 A4-4

答案 4-5

参见图 A4-5。

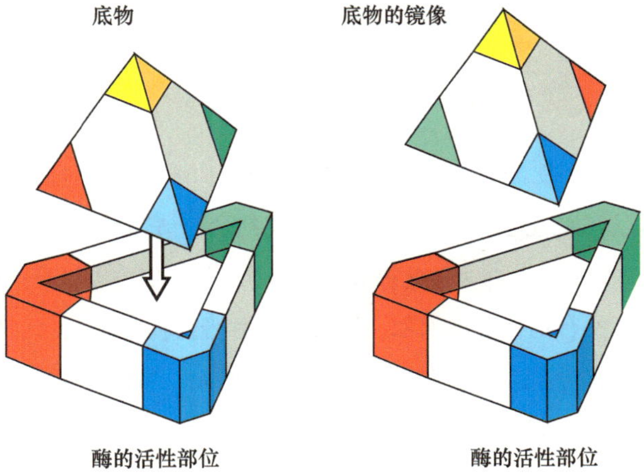

图 A4-5

答案 4-6

A. Z 的反馈抑制仅影响 B → C，会增加 B → X → Y → Z 途径的流量，因为 B 到 C 的转化被抑制。因此，Z 越多，Z 的产生就越多。这可能导致该途径不受控制地扩增。

B. Z 的反馈抑制仅影响 Y → Z，会抑制 Z 的产生。然而，在该情况中，X 和 Y 仍将以正常速率进行，即使不再需要这两种中间体。因此，该抑制途径的效率低于图 4-42 所示的途径。

C. 如果 Z 是步骤 B → X 的正向调节因子，那么 Z 越多，就将会有更多的 B 转化为 X，继而产生更多的 Z。这将导致类似于（A）所述的失控扩增。

D. 如果 Z 是步骤 B → C 的正调控因子，那么 Z 的累积导致通路发生的方向改变以产生更多的 C。除了图中所示的方式，这是第二种可能的方式，可以平衡化合物在通路两个分支中的分布。

答案 4-7

核苷酸的结合和磷酸化都可以诱导蛋白质的变构。这可能会导致多种后果，例如，酶活性的改变、形状的剧烈变化，以及对其他蛋白质或小分子亲和力的变化等。这两种机制的用途都非常广泛。核苷酸结合的优点是核苷酸可以快速地扩散到蛋白质上。例如，马达蛋白功能改变所需的形状变化就需要核苷酸的快速补充。如果通过磷酸化控制马达蛋白的不同构象状态，则蛋白激酶或者需要在每个步骤扩散到位，这比核苷酸的扩散更慢，或者需要该激酶与每个马达蛋白永久地结合。磷酸化的一个优点是它仅需要蛋白质表面上的单个氨基酸，而不是特定的结合位点。因此，磷酸基团可以添加到同一蛋白质的许多不同侧链上（只要存在功能特异的蛋白激酶即可），从而大大增加了一个蛋白质所能实现的调控的复杂性。

答案 4-8

当在一个复合物中共同工作时，三种蛋白质都对特异性有所贡献（如通过直接与保险箱和钥匙结合）。它们有助于彼此正确地定位，并为彼此提供机械支撑，使它们可以执行独自无法执行的任务（例如，钥匙由两种蛋白质抓住）。此外，它们的功能通常在时间上是协同的（例如，ATP 与一个亚基的结合可能要求 ATP 已经被另一个亚基水解成 ADP）。

答案 4-9

α 螺旋是右旋。形成大型 β 折叠的三条链是反向平行。多肽链中没有结，可能是因为如果蛋白质在合成后存在结，就会干扰蛋白质折叠成三维的构象。

答案 4-10

A. 正确。只有少数氨基酸侧链参与活性位点的构成。蛋白质的其他部分需要将多肽链维持在正确的构象中，为调控提供额外的结合位点，并将蛋白质定位在细胞中。

B. 正确。一些酶与其底物形成共价中间体（参见图 4-39 的中间图版）。然而，所有酶在反应后都会恢复到其原始结构。

C. 错误。β 折叠原则上可以包含任意数量的链，这是因为形成折叠边缘的两条链可与其他的链形成氢键（已知蛋白质中的 β 折叠含有 2 ～ 16 条链）。

D. 错误。抗体分子的特异性确实仅包含在其表面的多肽襻环中；然而，这些襻环是由轻链和重链共同构成的（参见图 4-33）。

E. 错误。能形成稳定折叠蛋白质结构域的氨基酸线性排列非常少，大多数新的蛋白质是通过改变旧的蛋白质演化而来的。

F. 正确。变构酶通常结合一个或多个分子，它们一般起调节因子的作用，其作用位点不在活性位点上。

G. 错误。虽然单个非共价键很弱，但许多这种键的共同作用在大分子的三维结构的形成中发挥主要贡献。

H. 错误。亲和层析是根据与特定的配体相互作用来分离特定的大分子，而不是根据它们的电荷特性。

I. 错误。细胞器越大，尽管其移动经过流体时的摩擦阻力有所增加，但其经受的离心力也会越大，所以沉降得就越快。

答案 4-11

在 α 螺旋和 β 折叠的中心链中，多肽骨架中的所有 N—H 和 C═O 基团都参与了氢键的形成。这为这些二级结构元件提供了相当大的稳定性，并使它们可以形成很多不同的蛋白质。

答案 4-12

否。它不具有相同或甚至相似的结构，这是因为肽键具有极性。观察多肽链中的两个连续氨基酸形成的肽键，靠近 N 端的氨基酸贡献了羧基，而靠近 C 端的氨基酸则贡献了氨基。改变它们的顺序会使侧链相对于骨架处于不同的位置，因此改变了多肽折叠的方式。

答案 4-13

一个 α 螺旋转一圈需要 3.6 个氨基酸，这 14 个氨基酸的序列会旋转接近 4 圈。值得注意的是，它的极性和疏水性的氨基酸间隔排列，所以所有的极性氨基酸都位于 α 螺旋的一侧，所有的疏水性氨基酸位于另一侧。因此，这种两亲性 α 螺旋可能暴露在蛋白质表面，其疏水侧朝向蛋白质的内部。另外，两个这样的螺旋可能会相互缠绕，如图 4-16 所示。

答案 4-14

A. ES 代表酶-底物复合物。

B. 酶和底物在其游离态和束缚态之间处于平衡状态。一旦与酶结合，底物分子可以再次解离（因此是双向箭头）或转化为产物。然而，由于底物转化为产物时伴随自由能的释放，导致反应总是强烈地朝正向进行，所以是单向箭头。

C. 酶是催化剂，在反应后是以与反应前相同的形式释放出来的。因此，E 出现在等式的两端。

D. 通常来说，反应产物与底物有一定相似性，它也可以与酶结合。与产物结合的酶分子（即 EP 复合物的一部分）不能用于催化。因此过量的 P 可以通过降低游离的 E 的浓度来抑制反应。

E. 化合物 X 将作为反应的抑制剂，是通过形成 EX 复合物而发挥作用。然而，由于 P 要先被合成后才能去抑制反应，因此与反应开始时就存在的 X 相比，P 发挥抑制作用需要更长的时间。

答案 4-15

极性氨基酸 Ser、Ser-P、Lys、Gln、His 和 Glu 倾向于在蛋白质表面，疏水性氨基酸 Leu、Phe、Val、Ile 和 Met 倾向于在蛋白质内部。两个半胱氨酸侧链氧化形成二硫键，消除了它们形成氢键的可能性，这使得它们更加疏水，因此二硫键通常都存在于蛋白质的内部。不论其侧链的性质如何，大多数 N 端氨基酸和 C 端氨基酸都含有带电基团（分别为标记多肽链末端的氨基和羧基），因此通常在蛋白质的表面。

答案 4-16

许多二级结构元件单独存在时并不稳定，但可被多肽链其他部位所稳定。当那些通常隐藏在折叠蛋白质内部的疏水区域片段暴露在水溶液中时，这些片段会倾向于非特异性地聚集，因而不具备确定的结构。在这种情况下，尽管该蛋白含有配体结合位点所需的所有氨基酸，但它们仍无法结合配体。相反，蛋白质的结构域被认为是一个折叠单元。一个多肽链的片段如果是一个完整结构域，那它通常能够正确地折叠。因此，如果结合位点完全包含在结构域内，那么体外分离的蛋白质结构域一般会保持与配体结合等活性。因此，图 4-20 中蛋白质的多肽链可被切断以产生稳定片段的最可能位置是位于两个结构域的交界处（例如，右下方显示的结构中两个 α 螺旋之间的襻环状结构）。

答案 4-17

由于缺乏二级结构，神经丝蛋白的 C 端区域会发生持续的布朗运动。高密度的、带负电的磷酸基团意味着 C 端也存在相互排斥作用，这使得它们会像刷子的刷毛一样从神经丝的表面伸出。在轴突横截面的电子显微照片中，伸出的 C 端所占据的区域表现为每条神经丝周围的透明区域，其中不包含细胞器和其他神经丝。

答案 4-18

酶的热灭活表明该突变会导致酶的结构更加不稳定。例如，正常情况下在两个氨基酸侧链之间形成的氢键可能不能再形成，因为突变将其中一个氨基酸取代为不能形成氢键的氨基酸。如果缺乏氢键来保持多肽链的正确折叠，蛋白质在通常稳定的温度下就会部分或完全展开。当温度升高时，变性的多肽链经常会聚集；当温度降低后，它们几乎不能再折叠形成活性的蛋白质。

答案 4-19

图中的马达蛋白向左侧和向右侧移动都一样简单，因此它不会向一个方向稳定地移动。然而，如果将其中一个步骤与 ATP 的水解相偶联，蛋白质将进行单向运动，只是需要持续地消耗 ATP。例如，使一只脚的分离依赖于 ATP 的结合，并且这只脚的重新附着需要与 ATP 的水解进行偶联。理论上，无论哪个步骤与 ATP 水解相偶联，都能使该蛋白质进行单向运动（图 A4-19）。

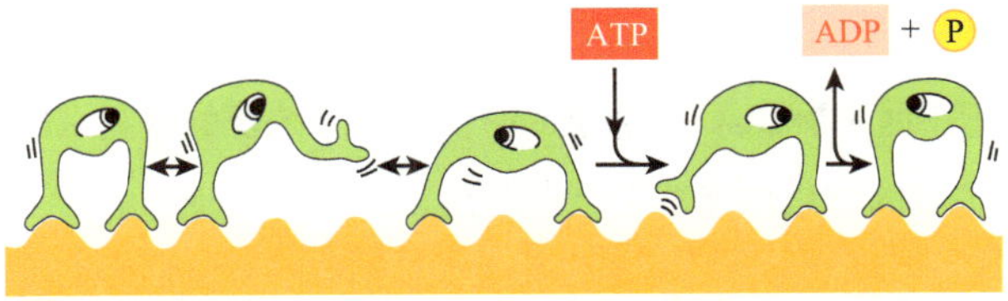

图 A4-19

答案 4-20

小分子通过凝胶过滤柱时迁移较慢，这是因为较小的分子可以更多地进入过滤柱多孔珠中的空间，而较大的分子则不能。然而，通过柱的流速需要足够地慢以使较小的分子有足够的时间扩散到珠内的空间中。在非常快的流速下，所有的分子会在珠子周围快速移动，因此大小分子都会倾向于同时离开柱子。

答案 4-21

图中的 α 螺旋是右旋，而它形成的卷曲螺旋是左旋。这种手性的逆转是由于疏水侧链的位置交错造成的。

答案 4-22

蛋白质结合位点的原子必须精确地定位以适应它们结合的分子的形状。这些原子的精确定位则需要远离结合位点位于蛋白质核心的许多氨基酸及其侧链的精确定位。因此，即使蛋白质核心发生微小的变化，也会破坏蛋白质功能。

答案 4-23

A. 当 [S] << K_M 时，K_M + [S] 接近 K_M，因此，等式被简化为 Rate = V_{max}[S]/ K_M，因此，Rate 与 [S] 成正比。

B. 当 [S] = K_M 时，[S]/(K_M + [S]) 等于 1/2。因此，反应速率是最大速率 V_{max} 的一半。

C. 如果 [S] >> K_M，则 K_M + [S] 接近 [S]。因此，[S]/(K_M+[S]) 等于 1，反应速率为其最大速率 V_{max}。

答案 4-24

底物浓度为 1mmol/L。该值可以通过将具体值代入等式而获得。一个更简单的方法是，所需的速率（50mmol/s）恰好是最大速率 V_{max} 的一半，此时底物浓度通常等于 K_M。所要求的两个作图见图 A4-24。1/V 对 1/[S] 作图是直线，这是因为重新排列标准方程所得到的是问题 4-26B 所给的等式。

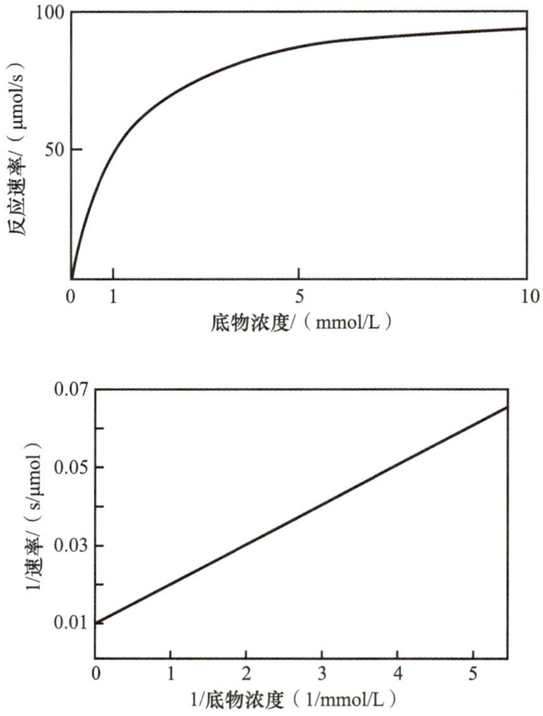

图 A4-24

答案 4-25

如果 [S] 远小于 K_M，则大部分的酶活性位点未被占据。如果 [S] 远大于 K_M，则反应速率会受到酶浓度的限制（因为大多数的催化位点被完全占据）。

答案 4-26

A、B. 框中的数据可绘制成图 A4-26 中红色的曲线和直线。根据绘图数据，K_M 为 1μmol/L，V_{max} 为 2mmol/min。注意，数据在线性图中更容易理解，因为（A）中的曲线无限接近 V_{max}，但不会到达 V_{max}。

C. 重要的是仅合成少量产物，否则反应速率会随着底物的

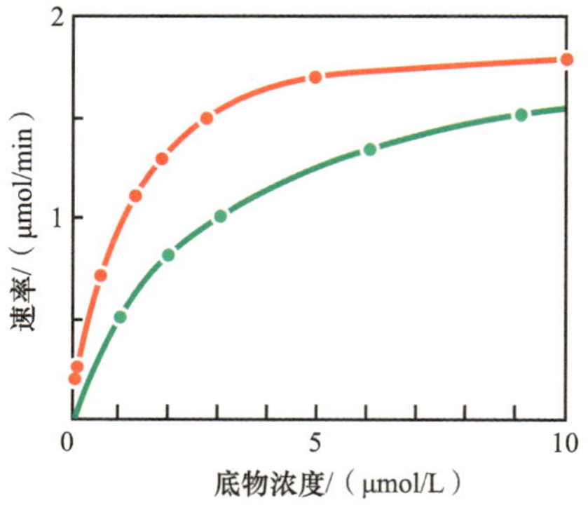

A和B的数据

底物浓度/（μmol/L）	1/底物浓度（1/μmol/L）	V /（μmol/min）	1/V /（min/μmol）
0.08	12.50	0.15	6.7
0.12	8.30	0.21	4.8
0.54	1.85	0.70	1.4
1.23	0.81	1.1	0.91
1.82	0.55	1.3	0.77
2.72	0.37	1.5	0.67
4.94	0.20	1.7	0.59
10.00	0.10	1.8	0.56

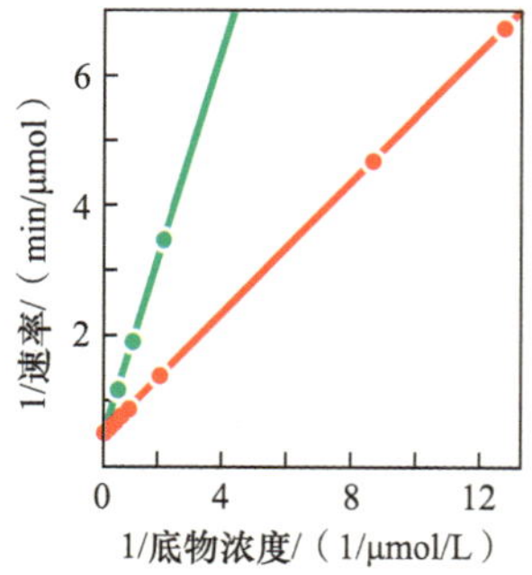

图 A4-26

耗尽和产物的积累而降低，因此测得的速率也会低于应有的水平。

D. 如果 K_M 增加，那么到达最大速率一半所需的底物浓度也会增加。由于需要更多的底物来产生相同的速率，所以酶催化的反应是被磷酸化所抑制的。存在磷酸化的酶的预期数据图是图 A4-26 中的绿色曲线和直线。

第 5 章

答案 5-1

A. 错误。DNA 链的极性通常是指其糖-磷酸骨架的取向，其一端含有磷酸基，而另一端含有羟基。

B. 正确。G-C 碱基对通过三个氢键结合在一起，而 A-T 碱基对仅通过两个氢键保持在一起。

答案 5-2

组蛋白八聚体占据细胞核体积的 9% 左右。细胞核的体积是

$V = 4/3 \times 3.14 \times (3 \times 10^3 \text{nm})^3$

$V = 1.13 \times 10^{11} \text{nm}^3$

组蛋白八聚体的体积是

$V = 3.14 \times (4.5\text{nm})^2 \times (5\text{nm}) \times (32 \times 10^6)$

$V = 1.02 \times 10^{10} \text{nm}^3$

组蛋白八聚体的体积与核的体积的比率为 0.09。因此，组蛋白八聚体占核体积的 9% 左右。因为 DNA 也占核体积的约 9%，它们一起约占据细胞核体积的 18%。

答案 5-3

与大多数在演化过程中积累氨基酸变化的蛋白质相比，组蛋白的功能几乎涉及所有的氨基酸，因此任何位置的氨基酸变化都会对细胞有害。

答案 5-4

男性细胞中只有一个 X 染色体拷贝。因此，携带的缺陷基因没有备份副本。然而女性细胞中有两个 X 染色体拷贝，分别遗传自每个亲本，因此一条 X 染色体上的基因缺陷通常可以通过另一条染色体上的正常拷贝来得到补偿。导致色盲的基因就是这种情况。然而，在女性发育过程中，每个细胞中有一条 X 染色体会因凝集成异染色质而失活，从而关闭该染色体的基因表达（参见图 5-28）。在每个细胞中，这种失活是随机发生在两条 X 染色体中的一条上，因此该女性的一些细胞表达基因的突变拷贝，而其他细胞表达正常拷贝。这种情况下，视网膜上平均每隔一个视锥细胞具有颜色敏感性，因此在一条 X 染色体上携带突变基因的女性，看有色物体的分辨率会降低。

色盲的女性必须同时具有两个缺陷基因拷贝，分别遗传自父母双方。因此，她的父亲必须在 X 染色体上携带突变。由于这是父亲唯一的基因拷贝，所以父亲是色盲。她的母亲可以在 X 染色体中的其中一条或两条上都携带有缺陷的基因。如果母亲两条 X 染色体同时携带缺陷基因，则该母亲会是色盲。如果只有一条 X 染色体携带缺陷基因，她会有色觉但分辨率降低。人群中存在几种不同类型的遗传性色盲，这个问题仅适用于其中一种类型。

答案 5-5

A. 互补链是 5′-TGATTGTGGACAAAAATCC-3′。配对的两条 DNA 链极性相反，并且通常是以 5′ 至 3′ 方向书写单链 DNA 序列。

B. DNA 由四种核苷酸组成（100% = 13%A+x%T+y%G+z%C）。因为 A 与 T 配对，所以两种核苷酸在 DNA 中比例相等。因此，该题目中的细菌 DNA 也含有 13% 胸腺嘧啶。那么 G 和 C 共占 100% − (13% + 13%) = 74%。G 和 C 也形成碱基对，也是等摩尔的，因此，$y = z = 74/2 = 37$。

C. 一个含有 N 个核苷酸的单链 DNA 分子有 4^N 种可能的序列。

D. 为确保仅含有一段长为 N 个核苷酸的序列，4^N 必须大于 3×10^6，即 $4^N > 3 \times 10^6$，解得 $N > \ln(3 \times 10^6)/\ln(4) = 10.7$。因此，平均含有 11 个核苷酸的序列在该基因组中是独有的。对动物细胞的基因组进行相同的计算，一段独有的序列最少要含有 16 个核苷酸。这表明一个相对短的序列就可以标记基因组中的独特位置并且足够作为一个特定基因的身份标签。

答案 5-6

如果在 DNA 复制过程中经常加入这种错误碱基，那么基因信息就无法准确遗传，生命也就不可能存在。尽管碱基可以形成图示的氢键对，但它们无法契合双螺旋结构。与 A-T 碱基对相比，A-C 碱基对中的 A 碱基与糖-磷酸骨架连接的角度有很大差异。在 A-G 碱基对中，两个大的嘌

呤环相互作用，两条糖-磷酸链之间的间距显著增加。因此，在DNA中加入错误的碱基在能量上是不利的，这种错误很少发生。

答案 5-7

A. 碱基V、W、X和Y可以形成类似DNA的双螺旋分子，它的性质与真正的DNA性质相同。V总是与X配对，而W与Y配对。因此，该生物体可以使用与地球上的生物相同的原理来复制其基因组，形成大分子。原则上，在地球演化过程中可以选择不同的碱基（如V、W、X和Y）作为DNA的构建模块。（类似地，除了演化所选择的20种氨基酸之外，可以想象还有更多种潜在的氨基酸侧链来组成蛋白质。）

B. 碱基V、W、X或Y都不能代替A、T、G或C。为了保持双螺旋中两条糖-磷酸链之间的距离，嘧啶必须与嘌呤配对（参见图5-4）。因此，八种可能的组合将是V-A、V-G、W-A、W-G、X-C、X-T、Y-C和Y-T。然而，由于氢键受体和供体基团的位置，这些组合都不会形成稳定的碱基对，如图A5-7中的V和A的配对，只能形成一个氢键。

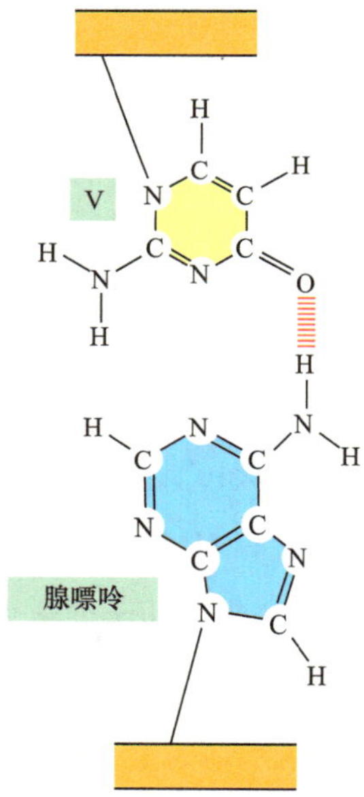

图 A5-7

答案 5-8

由于两条链是通过碱基之间的氢键结合在一起，所以DNA双螺旋的稳定性在很大程度上取决于可形成的氢键数量。因此，决定稳定性有两个参数：核苷酸对的数量和每个核苷酸对所贡献的氢键数量。如图5-4所示，A-T碱基对贡献两个氢键，而G-C碱基对贡献三个氢键。因此在升温过程中，螺旋C（共含有34个氢键）将在最低温度下融化，螺旋B（共含有65个氢键）其次，螺旋A（共含有78个氢键）最后融化。螺旋A最稳定主要是因为其GC含量最高。事实上，生活在极端温度环境中的生物的DNA，如地热通风口中生长的某些原核生物，就具有异常高的GC含量。

答案 5-9

DNA被放大为$2.5 \times 10^6 (= 5 \times 10^{-3}/2 \times 10^{-9}\text{m})$倍。放大后展开的线性长度是2500km。这大约是从伦敦到伊斯坦布尔、从旧金山到堪萨斯城、从东京到台湾南端、从墨尔本到凯恩斯的距离。相邻的核苷酸相距约0.85mm（仅约为本书12页堆叠的厚度）。含1000个核苷酸对的基因长度约为85cm。

答案 5-10

A. 确定每个核苷酸对需要两个字节（例如，00、01、10和11是四种不同核苷酸的二进制代码，每种核苷酸与其适当的搭档进行配对）。

B. 整个人类基因组（3×10^9个核苷酸对）可以存储在两张CD上（$3 \times 10^9 \times 2$字节/4.8×10^9字节）。

答案 5-11

A. 正确。

B. 错误。核小体核心颗粒的直径约为11nm。

答案 5-12

这些概念可以在术语表中找到。DNA与特定的蛋白质组装形成染色质。在第一级组装中，组蛋白形成核小体的核心。核小体包括缠绕在组蛋白核心周围的DNA加上一段接头DNA。在核分裂之间的阶段，即间期，染色质在细胞核中是处于相对延展的状态，尽管它的某些区域仍保持高度凝集态而且在转录上无活性（即异染色质）。在核分裂期间，即有丝分裂期，复制的染色体凝集形成有丝分裂染色体，它没有转录活性，目的在于分配到两个子细胞中。

答案 5-13

细胞集落是来自单个细胞的细胞团，随着细胞一次又一次分裂而成。在图Q5-13所示的下方的集落中，*Ade2*基因在放置到端粒附近时失活，但显然它可以在少数细胞中自发激活使细胞变为白色。一旦在细胞中被激活，*Ade2* 基因在该细胞的后代中持续活化，形成了该集落中的白色细胞团块（白色部分）。该结果表明，位于端粒附近的基因失活可以恢复，并且这种恢复可以传递很多代。*Ade2* 表达的这种改变可能是由于基因周围的染色质结构自发去凝集所导致。

答案 5-14

在电子显微照片中，人们可以检测到两种不同密度的染色质区域。深染色区域对应于异染色质，而较伸展的染色质对应于颜色较浅的部分。(A) 中的染色质主要是凝集的、转录不活跃的异染色质形式，而 (B) 中的大多数染色质是去凝集的，因此具有转录活性。(A) 中的细胞核来自网织红细胞（红细胞前体），主要合成一种蛋白质即血红蛋白。(B) 中的细胞核来自淋巴细胞，它的很多基因都具有转录活性。

答案 5-15

螺旋 (A) 是右旋。螺旋 (C) 是左旋。螺旋 (B) 有一条右旋链和一条左旋链。有几种方法可以判断螺旋的手性。对于垂直定向的螺旋，如图 Q5-15 所示，如果前面的链指向右侧，则螺旋是右旋；如果指向左侧，那么螺旋就是左旋。一旦你可以轻松地识别螺旋的手性，你会发现一个有趣的现象，广告中显示的近 50% 的“DNA”螺旋都是左旋的，书中的这种螺旋的数量也高得惊人。更令人惊讶的是，螺旋 (B) 居然被用于一个著名国际会议的广告上，而该会议恰好是庆祝 DNA 螺旋发现 30 周年的会议。

答案 5-16

核小体核心压缩率为 (147bp × 0.34nm/bp)/(11nm) = 4.5。如果还有另外 54bp 的接头 DNA，那么压缩率为 (201bp × 0.34nm/bp)/(11nm + {54bp × 0.34nm/bp}) = 2.3。这个第一级压缩仅占有丝分裂中发生的总凝集的 0.023%（2.3/10 000）。

第 6 章

答案 6-1

A. 复制叉 4 和 5 之间的距离约为 280nm，对应于 824 个核苷酸（= 280/0.34）。这两个复制叉会在大约 8s 内发生碰撞。复制叉 7 和 8 彼此远离，因此永远不会碰撞。

B. 电子显微照片中显示的 DNA 的总长度为约 1.5mm，对应于 4400 个核苷酸。这仅占果蝇细胞中总 DNA 的约 0.002%[= (4400/1.8 × 108) × 100%]。

答案 6-2

虽然该过程看上去很浪费，但在引物合成的初始阶段进行校读是不可能的。要在一条单链 DNA 上起始合成新的引物，需要将一个核苷酸放置到位，然后再连接第二个核苷酸、第三个核苷酸，依此类推。即使第一个核苷酸与模板链完全匹配，它们的结合亲和力也会非常低，因此假设存在一种具有校读活性的引物酶，该酶也会因为难以区分碱基是否已经正确配对，最终停下来。引物酶的任务只是“将与模板结合得很好的核苷酸进行聚合，而不必过多担心其结合得是否准确”。随后，这些序列会被去除并被 DNA 聚合酶所取代，这些 DNA 聚合酶利用的是新合成的、已经校读过的相邻 DNA 作为其引物。

答案 6-3

A. 没有 DNA 聚合酶，复制根本无法发生。RNA 引物会被放置在复制起点处。

B. DNA 连接酶将后随链上产生的 DNA 片段连接在一起。如果没有连接酶，新复制的 DNA 后随链将保持片段的形式，但不会缺失核苷酸。

C. 没有滑动钳，DNA 聚合酶会经常从 DNA 模板上脱落。原则上，它可以再结合上去并继续，但不断地脱落和再结合很耗时间，将导致细胞无法分裂。

D. 没有 RNA 切除酶，RNA 片段将会与新复制的 DNA 片段保持共价结合，但不会发生连接，这是因为 DNA 连接酶无法将 DNA 与 RNA 连接在一起。因此，后随链将会由 RNA 和 DNA 片段组成。

E. 没有 DNA 解旋酶，DNA 聚合酶会停滞，这是因为模板 DNA 前面的链不能分离。很少或没有新的 DNA 合成。

F. 没有引物酶，就无法在前导链或后随链上合成 RNA 引物，因此 DNA 复制就无法开始。

答案 6-4

脱氨和脱嘌呤反应造成的 DNA 破坏会自发发生。这种类型的损坏不是复制错误的后果，因此它可能发生在任何一条链上。如果 DNA 修复酶仅能在新合成的 DNA 链上识别出该破坏，那么会有一半的缺陷得不到修复。因此该说法错误。

答案 6-5

如果使用含有复制错误的新链作为模板来“修复”旧链，那么该错误将会成为基因组中的永久突变。旧的信息将在此过程中被删除。因此，如果修复酶不能区分这两条链，那么对于一个复制错误而言，它得到修复的概率只有 50%。

答案 6-6

简单地通过在 DNA 中引入随机变化，无法将个体从一个物种转变为另一个物种。在没有 DNA 修复酶的情况下，每天积累的 5000 个突变也几乎不可能都处于人和黑猩猩 DNA 序列不同的位置。很可能的情况是，如此高频的突变会导致很多必需基因失活，进而导致细胞死亡。此外，人类由大约 10^{13} 个细胞组成。要使人变成猿，需要更换很多细胞而不只是一个细胞。而且这许多的变化都必须在发育过程中发生，以影响身体构造的变化（例如，让你的手臂长于腿）。

答案 6-7

A. 错误。催化细菌复制叉前导链和后随链 DNA 合成的 DNA 聚合酶分子是相同的。复制叉不对称是因为后随链是分段合成，而前导链是连续合成。

B. 错误。冈崎片段最初含有 RNA 引物和 DNA，但只有 RNA 引物被 RNA 核酸酶去除。

C. 正确。通过校读，DNA 聚合酶的错误率能达到每 10^7 个核苷酸中有一个错误；其中 99% 的错误会被 DNA 错配修复酶所纠正，使最终错误率达到 $1/10^9$。

D. 正确。突变会迅速积累，使许多基因失活。

E. 正确。如果受损的核苷酸也在 DNA 中天然存在，则修复酶无法识别该损伤。因此，正确修复所要修复的链只有 50% 的概率。

F. 正确。通常癌症发生需要在体细胞中积累特定类型的多种突变。编码 DNA 修复酶的基因突变可使细胞更容易积累这些突变，从而加速癌症的发生。

答案 6-8

在一个复制起点上，在 DNA 上以相反方向放置两个 DNA 聚合酶，每个聚合酶以每秒 100 个核苷酸的速度移动，24h 内复制的核苷酸数量将为 1.73×10^7($= 2 \times 100 \times 24 \times 60 \times 60$)。因此，复制细胞中所有 6×10^9 个核苷酸的 DNA 将需要至少 348($= 6 \times 10^9/1.73 \times 10^7$) 个复制起点。因此人类基因组中约 10 000 个复制起点超过这个最低要求。

答案 6-9

A. 双脱氧胞苷三磷酸（ddCTP）与 dCTP 相同，只是它缺少糖环上的 3′-羟基。ddCTP 会被 DNA 聚合酶识别为 dCTP 并整合到 DNA 中。然而由于它缺乏关键的 3′-羟基，这导致它添加到正在合成的 DNA 链上会形成死末端，无法再添加其他核苷酸。因此，如果大量加入 ddCTP，则新合成的 DNA 链遇到模板链上的第一个 G（与 C 互补的核苷酸）时就停止。这是因为掺入的将是 ddCTP 而不是 C，这使得该链不会进一步延伸。药物 3′-叠氮基-3′-脱氧胸苷（AZT）就利用了该策略。该药物现在常用于感染 HIV 的患者以治疗 AIDS。AZT 在细胞中转化为三磷酸盐的形式，并掺入生长的病毒 DNA 中。因为该药物缺乏 3′-羟基，所以它阻止了 DNA 合成和病毒的复制。AZT 优先抑制病毒复制，因为逆转录酶对该药物的亲和力高于胸苷三磷酸。人细胞的 DNA 聚合酶没有与该药物结合的偏好，因此在药物存在下仍然可正常发挥作用。

B. 如果 ddCTP 以可用 dCTP 浓度的约 10% 加入，则每当在模板链上遇到 G 时，ddCTP 掺入的概率为 1/10。因此，最终会合成一系列的 DNA 片段，从它们的长度可以推断出核苷酸 G 在模板链上的位置。该策略是确定一段 DNA 核苷酸序列的技术基础（在第 10 章中讨论）。

C. 双脱氧胞苷一磷酸（ddCMP）缺乏 5′-三磷酸基团及糖环的 3′-羟基。因此，它无法提供能量来驱动核苷酸聚合反应形成 DNA，所以不会被掺入到复制的 DNA 中。因此，添加该化合物并不影响 DNA 的复制。

答案 6-10

见图 A6-10。

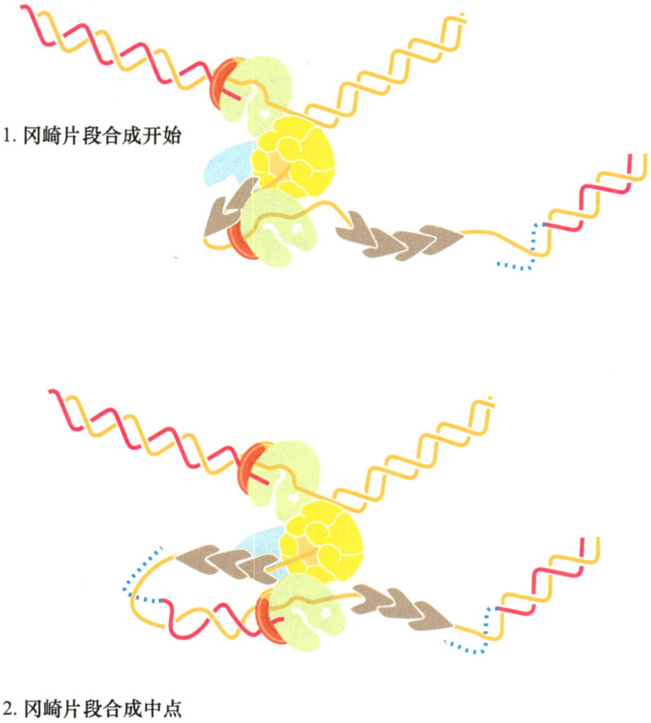

图 A6-10

答案 6-11

细菌染色体的两条链共含有 6×10^{6} 个核苷酸。在核苷三磷酸聚合成 DNA 的过程中，每加入一个核苷酸，就有两个磷酸酐键被破坏：核苷三磷酸水解产生核苷一磷酸，加入到合成的 DNA 链中，同时释放的焦磷酸被水解成磷酸。因此，在每轮细菌 DNA 复制过程中，有 1.2×10^{7} 个高能键被水解。这需要 $4\times10^{5}(=1.2\times10^{7}/30)$ 个葡萄糖分子，其重量为 1.2×10^{-16}g[= (4×10^{5} 分子) × (180g/mol)/(6×10^{23} 分子/mol)]，它是细胞总重量的 0.01%。

答案 6-12

正确。如果体细胞中的 DNA 不稳定（即如果它积累突变过快），则该生物体会死亡（如癌症），并且因为这可能经常发生在生物体繁殖之前，所以该物种将会消亡。如果生殖细胞中的 DNA 不够稳定，许多突变将会累积并传递给后代，因此该物种将无法维持。

答案 6-13

如图 A6-13 所示，胸腺嘧啶和尿嘧啶缺乏氨基，因此不能脱氨基。腺嘌呤和鸟嘌呤的脱氨基生成在常规核酸中不存在的嘌呤环。相反，胞嘧啶脱氨基会产生尿嘧啶。因此，如果尿嘧啶是 DNA 中天然存在的碱基（就像在 RNA 中一样），那么修复酶就无法区分尿嘧啶是正确的碱基，还是胞嘧啶通过自发脱氨作用而产生。然而实际情况并没有遇到这种困境，这是因为 DNA 使用的是胸腺嘧啶而不是尿嘧啶。因此，如果在 DNA 中发现尿嘧啶碱基，则可以将其自动识别为受损碱基，然后将其切除并用胞嘧啶代替。

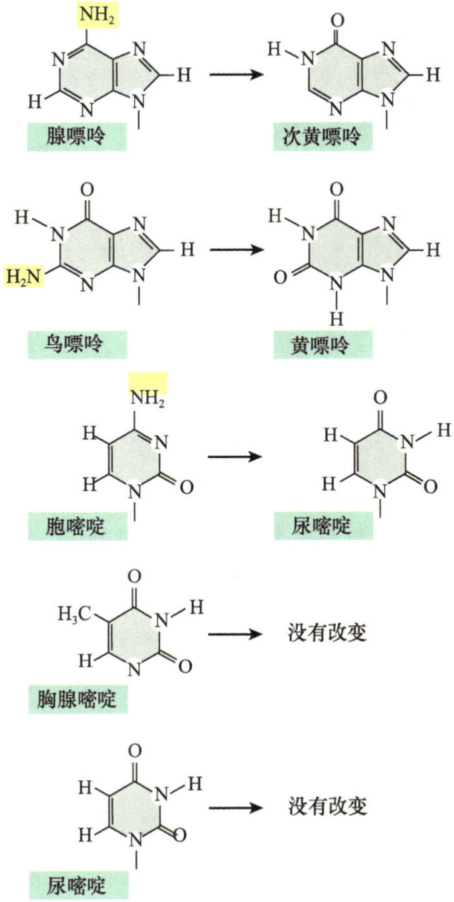

图 A6-13

答案 6-14

A. DNA 聚合酶需要 3′-OH 才能合成 DNA。没有端粒和端粒酶，线性染色体的末端会在每轮 DNA 复制过程中缩短。细菌染色体没有末端，所以该问题不会出现；总有一个 3′-OH 基团可用于引发 DNA 聚合酶来用 DNA 取代 RNA 引物（图 A6-14）。端粒和端粒酶可防止染色体缩短，因为它们延伸了模板 DNA 链的 3′ 端（参见图 6-23）。后随链模板的这种延伸为最后一个冈崎片段提供了启动合成的“空间”。

B. 如图 A6-14A 所示，即使后随链的最后一个片段是由染色体 DNA 的 3′ 端的起始位点所引发，仍然需要端粒和端粒酶，因为必须要除去 RNA 引物。

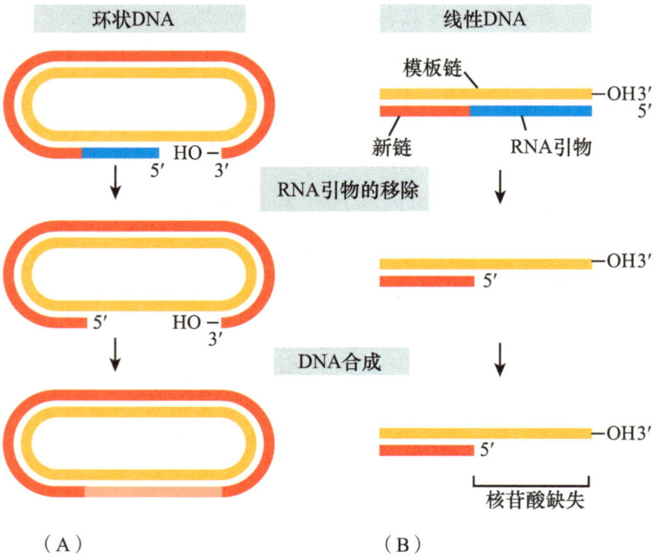

图 A6-14

答案 6-15

A. 如果单一的复制起点恰好位于染色体的中心，则复制 DNA 需要 8 天以上 [=75 × 10^6 个核苷酸/(100 个核苷酸/秒)]。因此，复制率将严重限制细胞分裂的速度。如果复制起点位于一端，则复制染色体所需的时间大约是此时的两倍。

B. 没有端粒“加帽”的染色体末端在每轮 DNA 复制过程中会丢失核苷酸并逐渐缩短。最终，必需的基因也将会丢失，染色体的末端可能被 DNA 损伤-响应机制所识别，从而阻止细胞分裂或诱导细胞死亡。

C. 如果没有着丝粒将有丝分裂染色体连接到有丝分裂纺锤体上，那么染色体复制所产生的两条新染色体将不能在两个子细胞之间进行准确分配。因此，许多子细胞会死亡，因为它们无法得到一整套染色体。

第 7 章

答案 7-1

也许最好的答案来源于弗朗西斯 · 克里克本人，他在 20 世纪 50 年代中期创造了这个词：“我在想，我当时把这个想法称为中心法则有两个原因。我已经在序列假说中明显地使用了“假说”一词，它指的是遗传信息是由 DNA 碱基序列所编码。另外就是，我想提示这个新的假说更为核心和更加有力……但事实上，与它带来的价值相比，使用“法则”这个词带来了更多的麻烦。许多年后，雅克 · 莫诺德向我指出，我似乎并不理解“法则”这个词的正确用意，法则应该是一种不容置疑的信念。我确实是以一种比较模糊的方式来理解这个中心法则，但由于我认为所有的宗教信仰都没有严肃的基础，所以我根据我自己而不是世界其他人的理解去使用这个中心法则。我只是简单地将它看成是一个宏大的假说，尽管它无论多么合理，在当时几乎没有直接的实验来支持它”。(Francis Crick, *What Mad Pursuit: A Personal View of Scientific Discovery*. Basic Books，1988 年。)

答案 7-2

实际上，RNA 聚合酶在显微照片中完全没有移动，因为它们已被固定并在样品制备时渡上了金属，以便在电子显微镜下观察。然而，在它们被固定之前，它们是从左向右移动，正如 RNA 转录物的逐渐延长所示。RNA 转录物没有完全伸展，这是因为它们在刚合成后就开始折叠并与蛋白质发生相互作用。这就是为什么它们比对应的 DNA 片段要短。

答案 7-3

第一眼看去，转录所用的 RNA 聚合酶的催化活性可以取代 DNA 复制过程中发挥作用的引物酶。然而，进一步思考就会发现一些严重的问题。①用于合成引物的 RNA 聚合酶需要每隔几百个碱基就起始一次合成，这比启动子在 DNA 上被间隔开的频率要高得多。因此，起始要么以一种独立于启动子的方式发生，要么在 DNA 中必须存在更多的启动子，但这两种情况都会对 mRNA 的合成产生问题。此外，RNA 聚合酶通常在双链 DNA 上开始转录，而 DNA 复制的引物则使用单链 DNA 进行合成。②类似地，用于 DNA 复制的 RNA 引物比 mRNA 短得多。因此，若 RNA 聚合酶合成引物，则需要比转录更频繁地进行终止。终止要么需要是自发发生的，如不需要 DNA 中的终止子序列，要么需要在 DNA 中存在更多的终止子。这两种情况都会对 mRNA 的合成产生问题。尽管在复制过程中如果存在与 RNA 聚合酶结合的特异性调控蛋白可能克服这个问题，但这个问题已经通过演化出具有特殊性质的其他的酶来加以解决。然而，一些小的 DNA 病毒确实利用宿主 RNA 聚合酶来合成 RNA 引物以用于其自身的复制。

答案 7-4

该实验证明，一旦氨基酸与 tRNA 偶联，核糖体就会信任 tRNA 并根据密码子和反密码子之间的匹配“盲目地”将该氨基酸整合到该位置。因此，我们可以得出结论：正确读取遗传密码的重要一环，即 mRNA 中密码子与正确氨基酸的匹配，是由正确匹配 tRNA 和氨基酸的合成酶所完成的。

答案 7-5

mRNA 将具有 5′ → 3′ 极性，且该极性与作为模板的 DNA 链正好相反。因此，mRNA 序列将为 5′-GAAAAAAGCCGUUAA-3′。GAA 编码的 N 端氨基酸是谷氨酸。UAA 为终止密码子，因此 C 端氨基酸是由 CGU 编码的精氨酸。注意，描述基因序列的通常惯例是给出与 RNA 合成的模板互补的那条 DNA 链序列，该序列与 RNA 转录物的序列相同，只是用 T 代替 U。

答案 7-6

第一个说法可能是正确的：RNA 被认为是第一个能够自我复制的催化剂，而在现代细胞中它不再自我复制。但是，我们可以讨论这是否代表“损失”。RNA 在现代细胞中发挥多种作用：信使、蛋白质合成的接头因子、DNA 复制的引物、基因表达的调节因子，以及一些最重要反应（包括 RNA 剪接和蛋白质合成的催化剂）。

答案 7-7

A. 错误。核糖体可以产生任何蛋白质，这些蛋白质由核糖体正在翻译的特定 mRNA 所决定。翻译后，核糖体从 mRNA 中释放出来，然后可以开始翻译另外的 mRNA。然而，核糖体一次确实只能合成一种类型的蛋白质。

B. 错误。mRNA 作为线性聚合物被翻译，没有要求它们具有任何特定的折叠结构。事实上，mRNA 形成的折叠结构可以抑制其翻译，因为核糖体必须展开 mRNA 以便读取其包含的信息。

C. 错误。核糖体可在每轮翻译结束后交换其亚基。核糖体从 mRNA 释放下来后，其两个亚基解离并进入游离的大小亚基库，等待围绕新的 mRNA 再组装新的核糖体。

D. 错误。核糖体不是单个地封闭在膜中。

E. 错误。启动子的位置决定转录进行的方向，因此也决定两条 DNA 链中的哪一条用作模板。另一条链的转录会产生序列完全不同（并且在大多数情况下无意义）的 mRNA。

F. 错误。RNA 含有尿嘧啶但不含胸腺嘧啶。

G. 错误。蛋白质的水平取决于其合成和降解速率，但不取决于其催化活性。

答案 7-8

因为 Lacheinmal mRNA 中的删除发生在内部，所以它可能是由于 mRNA 前体的错误剪接所引起。最简单的解释是 *Lacheinmal* 基因含有长为 173 个核苷酸的外显子（图 A7-8 中标记为“E2”），并且在处理突变体 mRNA 前体期间该外显子被丢失（“跳过”）。例如，如果突变改变了前一个内含子（“I1”）中的 3′ 切割位点，那么就会发生这种情况，因此它不再被剪接机器识别（图 7-20 所示的 CAG 序列的突变就可以做到这一点）。snRNP 将搜索下一个可用的 3′ 位点，该位点位于下一个内含子（“I2”）的 3′ 端，因此剪接反应将移除 E2、I1 和 I2，导致 mRNA 缩短。该 mRNA 然后被翻译成缺陷蛋白，导致 Lacheinmal 缺陷。因为 173 个核苷酸不是整数个密码子，所以 mRNA 中缺少该外显子会使剪接连接处的读码框发生位移。因此，

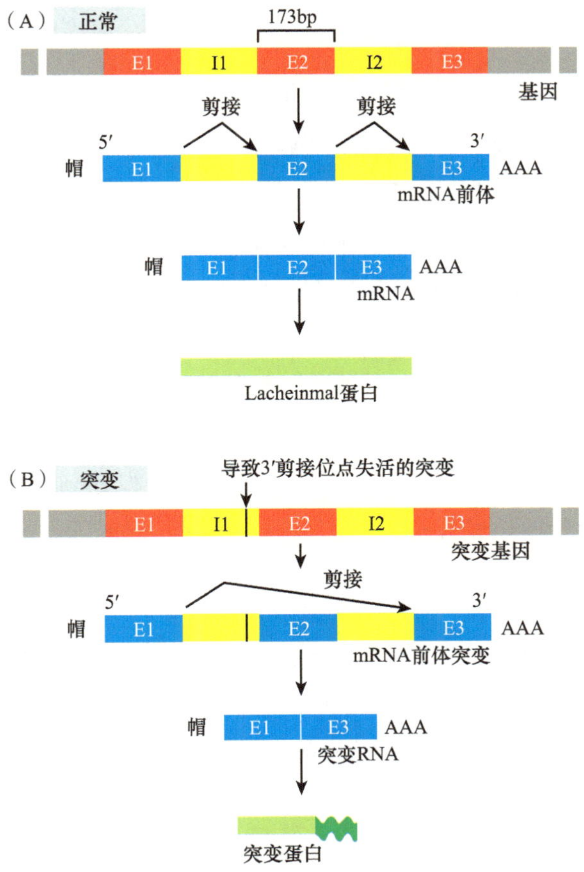

图 A7-8

Lacheinmal 蛋白只有外显子 E1 是正确翻译。当核糖体开始翻译外显子 E3 中的序列时，它的读码框架是错误的，因此将产生与外显子 E3 编码的正常 Lacheinmal 序列无关的蛋白质序列。最有可能的情况是，核糖体很快就会遇到终止密码子，预计平均每 21 个密码子中就会出现一个终止密码子（64 个遗传密码子中有 3 个终止密码子）。

答案 7-9

序列 1 和序列 4 所编码的肽的序列均为 Arg-Gly-Asp。由于遗传密码是冗余的，所以不同的核苷酸序列能够编码相同的氨基酸序列。

答案 7-10

A. 错误。所述键不是共价键，而且它们的形成不需要能量输入。

B. 正确。氨酰-tRNA 在 A 位点进入核糖体，并与 mRNA 中的密码子形成氢键。

C. 正确。随着核糖体沿 mRNA 的移动，tRNA 为生长中的多肽链提供氨基酸后，从核糖体和 mRNA 中被释放出来。释放事件发生在 tRNA 首次进入核糖体的两个周期后（参见图 7-37）。

答案 7-11

复制。字典定义：创建一个完全相同的副本；分子生物学定义：复制 DNA 序列的行为。

转录。字典定义：誊写副本的行为，尤指从一种物理形式转写为另一种物理形式；分子生物学定义：将 DNA 中存储的信息复制到 RNA 中的行为。

翻译。字典定义：将语言转换为另一种语言的行为；分子生物学定义：利用 mRNA 中核苷酸序列提供的信息，合成特定氨基酸序列的行为（注意，在普通语言和科学语境中，“translation”也可能有另一种意思，即从一个地方移动到另一个地方）。

答案 7-12

在进行编码时，有四种不同的核苷酸可供选择。二联体核苷酸的密码可以编码 16 种不同的氨基酸（$= 4^2$），而三联体密码（只考虑其中核苷酸的种类而不考虑位置）可以编码 20 种不同的氨基酸（= 3 个相同碱基的 4 种可能性 + 2 个相同碱基和 1 个不同碱基的 12 种可能性 + 3 种不同碱基有 4 种可能性）。在这两种情况下，由于需要指定一个不对应任何氨基酸的翻译终止密码子，因此所能编码的最大氨基酸数至少需要减去 1。通过参考真实世界中使用的翻译机制，我们不难想象如何在反密码子襻环中通过二联子密码来翻译信息。但很难想象如何在不考虑核苷酸次序的情况下对三联子密码进行翻译，因为这种情况下无法再使用碱基配对，例如，AUG 不会和 UGA 的反密码子进行配对。

答案 7-13

在早期细胞中，密码子和氨基酸之间的匹配可能不如它在当今的细胞中这么精准。早期细胞允许大致相似的密码子和大致相似的氨基酸进行模糊的配对，而该问题中所描述的遗传密码的特征关系可允许细胞容忍这种不准确性。人们可以轻松地想象出，随着现代细胞的翻译机制在演化中出现，密码子和氨基酸之间的匹配是如何逐步变得越来越准确的。

答案 7-14

色氨酸的密码子是 5′-UGG-3′。因此一个正常的色氨酸 tRNA 包含反密码子序列 5′-CCA-3′（参见图 7-33）。如果该 tRNA 含有一个突变，使反密码子变为 <u>U</u>CA，那么它将会识别一个 UG<u>A</u> 密码子，导致色氨酸的加入，而非翻译停止。然而，许多其他的蛋白质编码序列使用 UGA 作为自然的终止位点。这些终止也会受突变的 tRNA 所影响。由于突变 tRNA 与正常翻译释放因子之间存在竞争（图 7-41），导致有些蛋白质会在 C 端有更多氨基酸。这个多出的长度取决于核糖体遇到非 UGA 终止密码子之前，在该蛋白质的 mRNA 读码框中有多少个密码子。

答案 7-15

推动反应完成的一个有效方法是移除某种产物，使其逆反应无法发生。ATP 含有两个高能键，它们连接了三个磷酸基团。在所示反应中，PP_i 被释放，它含有由其中一个高能键连接的两个磷酸基团。所以 PP_i 可以被高效地水解去除并释放出大量的自由能。该事件在细胞中常常发生，因此涉及 PP_i 产生与水解的反应几乎是不可逆的。

答案 7-16

A. 一个肌联蛋白分子由 25 000 个氨基酸构成。因此在肌细胞中合成一个肌联蛋白单分子大约要花费 3.5h。

B. 由于肌联蛋白分子十分庞大，所以无差错合成一个分子的概率仅有 0.08。换言之，100 个肌联蛋白分子中只有 8 个分子没有错误。相比之下，细胞中平均大小的蛋白质在合成中有超过 97% 都是正确合成的。

C. 错误率限制了可被精确合成的蛋白质的大小。假如以单分子蛋白质的形式合成一整个真核核糖体，那么这个巨大的核糖体蛋白有高达 87% 的比例可能包含至少一个错误。因此，更好的选择是单个合成核糖体蛋白。因为这样，每种蛋白质中只有一小部分可能会出现错误，而这些少数的错误蛋白分子可以被蛋白酶单独水解，以保证在整个核糖体中没有错误。

D. 想要计算转录一个肌联蛋白 mRNA 的时间，你需要知道其基因的大小，该基因里也可能包含许多内含子。这些外显子（25 000 × 3 = 75 000 核苷酸）的转录大约需要 42min[(75 000/30) × (1/60)]。因为内含子可能相当大，转录整个基因所需的时间有可能还要更长。

答案 7-17

（B）和（D）描述的突变通常是最有害的。在这两种情况下，读码框都会被改变。而且由于这种读码框的移动是发生在编码序列的开始或者中部，所以大部分蛋白质都会包含错误或是缩短的氨基酸序列。作为对比，（A）中描述的读码框在编码序列的末端发生移动，这使它可能翻译出一个大部分序列都正确的蛋白质，该蛋白质可能是有功能的。（C）中描述的三个连续核苷酸的删除，会导致一个氨基酸的删除，但不会改变读码框。那个被删除的氨基酸可能会，也可能不会对于蛋白质的折叠或活性有重要影响。在许多情况下，这样的突变是沉默的，换言之，它们对机体没有或仅有很小的影响。（E）中描述的一个核苷酸的替换通常是完全无害的。有时，它不会改变蛋白质的氨基酸序列。有时，它会改变一个氨基酸；最坏的情况下，它会制造出一个新的终止密码子，导致蛋白质缩短。

答案 7-18

由 DNA 模板转录而来的 RNA 就像瓶刷上的刷毛，在每个基因的左手边较短，右手边较长。由于 RNA 聚合酶按 5′ → 3′ 端的方向合成，它在 DNA 的模板链上必须由 3′ → 5′ 的方向移动（见图 7-7）。因此，最长的 RNA 应该处于模板链的 5′ 端，此时转录几乎完成。由此可知，模板链的 3′ 端在图片的左侧（图 A7-18）。同时，RNA 是按 5′ → 3′ 端的方向合成，因此其 5′ 端在每个刷毛的末端（参见图 A7-18）；而 3′ 端则在 RNA 聚合酶内，这些聚合酶在 DNA 模板分子链的骨架上呈点状分布。

第 8 章

答案 8-1

A. 色氨酸操纵子的转录将不再受色氨酸存在与否的调控。酶会在情况①和②中始终开启，而在情况③中则始终关闭。

B. 在情况①和②中，正常的色氨酸抑制物分子会恢复色氨酸生物合成酶的调控。作为对比，正常蛋白质的表达在情况③中没有影响，因为色氨酸操纵子会依然被突变蛋白占据，即使色氨酸存在。

答案 8-2

蛋白质可以与 DNA 大沟中暴露出来的一些碱基对的边缘形成接触（图 A8-2）。这些序列特异的接触包括氢键，其中的氧、氮、氢原子被高亮标出，也包括与胸腺嘧啶（黄色）的甲基之间的疏水相互作用。需要注意，T-A 碱基对的氢键供体（蓝色）和氢键受体（红色）的排列与 C-G

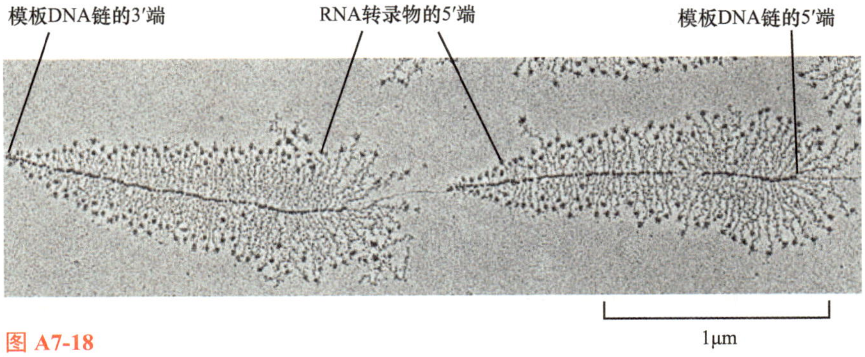

图 A7-18

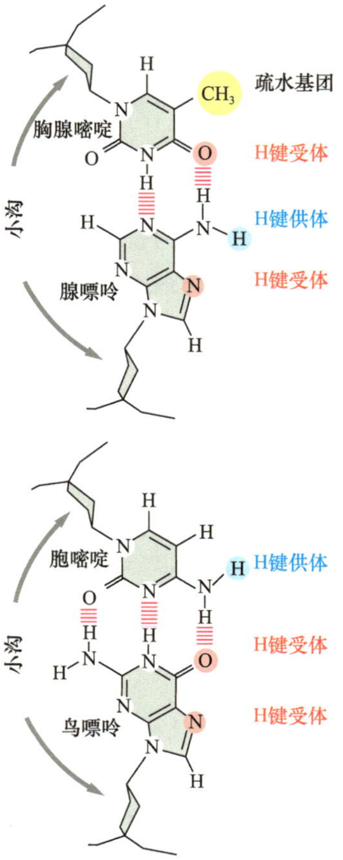

图 A8-2

碱基对不同。类似地，A-T 和 G-C 对的氢键供体和氢键受体的排列也不同，而且与图中所示的两对也不同。这些差异使得特定的 DNA 序列可以通过大沟去识别。除了图中所示的接触外，蛋白质带正电荷的氨基酸侧链与 DNA 主链中带负电荷的磷酸基团之间会发生静电吸引，这通常可以稳定 DNA-蛋白质之间的相互作用。最后，一些 DNA 结合蛋白还可以与小沟的碱基相结合（参见图 8-4）。但是，在小沟中，可以将碱基区分开来的特征相较于大沟要更少一些。

答案 8-3

弯曲蛋白可以帮助远距离的 DNA 区域聚集在一起，通常这些区域只能是低效率地进行接触（图 A8-3）。此类蛋白质在原核生物和真核生物中均有发现，并参与许多转录调控过程。

答案 8-4

A. 紫外光使噬菌体转变为裂解态：当 cI 蛋白被破坏时，Cro 会被合成，并停止 cI 的进一步合成。该病毒产生外壳蛋白，并产生出新的病毒颗粒。

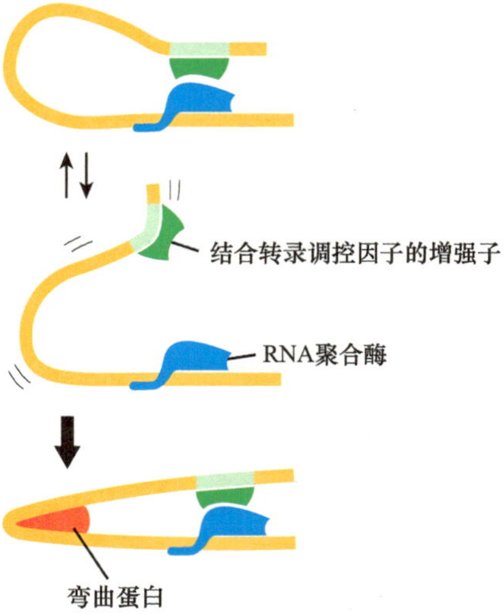

图 A8-3

B. 关闭紫外线后，病毒仍然处于裂解态。因此，cI 和 Cro 形成了一个能够“记住”其先前设置的转录开关。

C. 这种开关在病毒的生命周期中很有意义：紫外线会破坏细菌 DNA（参见图 6-25），从而使细菌成为病毒不可靠的宿主。因此，噬菌体将转换为裂解状态，并离开“沉船”以寻找新的宿主细胞去感染。

答案 8-5

A. 正确。原核 mRNA 通常是整个操纵子的转录物。核糖体可以在这些“多顺反子”mRNA 的内部 AUG 起始位点处启动翻译（参见图 7-40 和图 8-6）。

B. 正确。双链DNA的大沟足够宽，可以使蛋白质表面（如 α 螺旋的一个面）靠近碱基对，然后通过蛋白质“读取”大沟中氢键供体和受体的序列，以确定 DNA 的序列（参见图 A8-2）。

C. 正确。在通路尽可能早的节点上施加控制是有利的。这样不会生产不必要的产物，因此可以节省代谢能量。

答案 8-6

根据我们对增强子的了解，人们倾向于认为它们的功能不受其与启动子距离的影响，或者可能随距离的增加而略有减弱。然而，实际数据（改自真实的实验）呈现出惊人的规律性：增强子在距启动子一定距离（50、60 或 70 个核苷酸）处具有最大活性，但在中间距离（55 或 65 个核苷酸）处几乎没有活性。以 10 的倍数为规律，这提示说该谜团可以通过双螺旋 DNA 的结构进行解释。该螺旋结构每圈含有 10 个碱基对。因此，将增强子置于与启动子相反的 DNA 一侧（图 A8-6）会使与之结合的激活因子更难

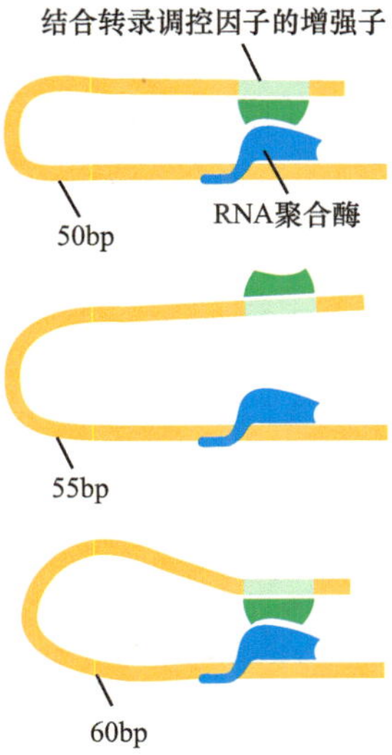

图 A8-6

同启动子上结合的蛋白质发生相互作用。在更长的距离上，会有更多的 DNA 承受这种扭曲，因此增强子的效果会被减弱。

答案 8-7

二聚体 λ 阻遏物对其 DNA 结合位点的亲和力取决于它的两个 DNA 结合域与其结合位点的相互作用。与二聚体相比，单个 DNA 结合域只能形成一半的相互作用，因此只能提供一半的结合能。尽管二聚体阻遏物的解离不会改变结合域的浓度，但是每种阻遏物单体对 DNA 的亲和力都非常弱，这使得阻遏物不会保持结合状态。其结果是，用于裂解生长的基因被开启。

答案 8-8

这些 *Arg* 基因的功能是编码合成精氨酸的酶。当精氨酸丰富时，这些基因的表达应该被关闭。如果 ArgR 作为基因阻遏物（实际上确实如此），当与精氨酸结合后，它对调控位点的亲和力应该增强，会结合并关闭 *Arg* 基因的表达。反之，如果 ArgR 为基因激活物，则它与精氨酸的结合应该降低其对调控 DNA 的亲和力，阻止其结合，从而阻断 *Arg* 基因的表达。

答案 8-9

该实验的结果倾向于支持 DNA 襻环化，该襻环化不应受到蛋白质桥的影响（只要它允许 DNA 弯曲即可，事实就是这样）。然而，扫描模型或位点进入模型预计会受增强子和启动子之间连接性质的影响。如果蛋白质在增强子处进入并扫描至启动子，它们将必须跨过蛋白质连接。如果此类蛋白质仅适合在 DNA 上进行扫描，则它们可能很难跨越这种屏障。

答案 8-10

最确定的结果是，从特化组织中取出的单个分化细胞可以重建整个生物体。这就证明细胞中必定包含产生整个生物体（包括其所有的特化细胞类型）所需的所有信息。图 8-2 总结了此类实验。

答案 8-11

理论上，你可以用 4 种不同的转录调控因子来创造 16 种不同的细胞类型（图 8-17 中显示了 8 种细胞类型，另外 8 种是通过添加其他转录调控因子而产生）。MyoD 本身足以在某些细胞类型如某些成纤维细胞中诱导肌肉特异性的基因表达。因此，MyoD 的作用与图 8-17 中所示的模型一致：如果肌肉细胞的分化是通过转录调控因子 1、3 和 MyoD 的组合实现的，那么添加 MyoD 只会将图 8-17 中的两种细胞类型（细胞 F 和 H）转换为肌肉。

答案 8-12

转录激活蛋白刺激其自身的合成会产生一个正反馈调控，且会形成细胞记忆。活化因子 A 的持续自我刺激合成原则上可以延续许多代细胞，由此不断地重复过去发生的事件。相反，转录阻遏物抑制其自身合成会产生负反馈调控，该负反馈调控可以确保对瞬时的刺激产生相应的瞬时响应。由于阻遏物 R 关闭了其自身的合成，所以细胞将迅速返回到信号出现之前的状态。

答案 8-13

细胞中很多转录调控因子的产生都是持续的，换言之，它们的表达是有组织的，其活性受到了细胞内部或外部信号的控制（例如，营养物质的多少可以调控色氨酸阻遏物的活性，激素可以调控糖皮质激素受体的活性）。通过这种方式，转录程序可以根据细胞的生理需求进行调节。而且，特定的转录调控因子通常可以控制许多不同基因的表达。转录调控因子还经常组合运用，彼此影响活性，从而进一步增加了一组有限的蛋白质进行多种调控的可能性。即便如此，大多数细胞仍将其很大一部分基因组用于转录调控：真核细胞中约 10% 的蛋白质编码基因被用于编码转录调控因子。

第 9 章

答案 9-1

对遗传信息而言，其稳定性和变异性之间必须达到平衡。如果突变率太高，那么该物种将最终灭绝，因为所有的个体都会积累致死突变。为了使一个物种在演化上取得成功，每个个体必须具有良好的遗传记忆。换言之，DNA 复制必须有高保真度。同时，如果物种要适应不断变化的环境条件，则需要偶尔发生变异。如果这种变异是有益的，那它就可以通过选择作用持续存在；如果是中性的，它可能会积累，也可能不会积累；但是，如果这种改变被证明是有害的，带有该变异的个体将成为自然界中一个不幸的试验品，走向死亡，但整个物种仍将继续生存。

答案 9-2

在单细胞生物中，基因组就是生殖系，任何的修饰都将传递给下一代。相比之下，在多细胞生物中，大多数细胞是体细胞，这些细胞对下一代没有贡献。因此，即使它们的基因修饰发生水平基因转移，也不会对下一代产生影响。生殖细胞通常被隔离在多细胞生物的内部，从而最大限度地减少它们与外来细胞、病毒和 DNA 的接触，使物种免受水平基因转移的影响。然而，水平基因转移对于多细胞生物仍是可能的。例如，某些物种的昆虫会被细菌感染，它们的基因组就包含从这些细菌中水平转移而来的 DNA。

答案 9-3

任何基因在刚出现时，很难完美地适应于它的功能。核糖体 RNA 的序列高度保守，这是因为该分子在细胞蛋白质的合成中至关重要。尽管如此，生物体所处的环境是多变的，因此没有任何基因可以永远处于最适状态。因此，我们发现不同物种之间的核糖体 RNA 存在着显著差异。

答案 9-4

每当一个转座子插入染色体时，带来的变化对生物体都可能是有益的、中性的或有害的。积累了有害变化的个体会被选择清除，所以转座子的扩增也受到了自然选择的控制。如果出现一个转座子，可以不受控制地增殖，那么其宿主生物很难维持生存。出于这种原因，大多数转座子很少移动。例如，许多转座子仅会偶尔合成出极少量的、移动所需的转座酶。

答案 9-5

病毒不能自由生存：它们没有内部代谢，也无法自我繁殖。因此，它们没有一般生命通常具有的属性。事实上，它们甚至可以被结晶。只有在细胞内部，它们才能利用正常的细胞生物合成活动，完成自我复制的任务。因此，病毒唯一展现出的“生命”迹象，就是它们一旦进入细胞内部就可以自我繁殖。

答案 9-6

尽管可移动基因元件可能会对个体造成伤害，但它们也确实为同源重组提供了机会，从而引起基因组重排。它们可以插入基因中，可能会破坏剪接信号，从而改变该基因所指导蛋白质的合成。它们还可以插入基因的调控 DNA 序列中，在增强子和转录起始位点之间插入，从而可能阻断增强子的功能，降低基因的表达水平。另外，可移动基因元件本身也可以包含增强子，从而改变生物体中基因表达的时间和位置。

答案 9-7

由于其促进基因重组的能力，我们几乎可以肯定，可移动基因元件在现代生物的演化中发挥了重要作用。它们可以通过外显子重排促进基因复制、创建新的基因，也可以改变现有基因的表达方式。尽管可移动基因元件的转座可能对单个生物有害（例如，破坏关键基因的活性），但这些遗传变异的动因可能对物种整体上有利。

答案 9-8

每个基因约有 7.6% 被转录为 mRNA [(5.4 个外显子/基因 × 266 个核苷酸对/外显子)/(19 000 个核苷酸对/基因) = 7.6%]。蛋白质编码基因约占 22 号染色体的 28% [(700 个基因 × 19 000 个核苷酸对/每个基因)/(48×10^6 个核苷酸对) = 27.7%]。然而，该 DNA 的 90% 以上由内含子构成。

答案 9-9

这句话大概是正确的。例如，我们近一半的 DNA 都是由已经无法再移动的可移动基因元件组成，而且只有约 10% 的人类基因组似乎受到正选择。然而，也许未来的研究会发现，我们现在以为不重要的 DNA 其实也存在功能。

答案 9-10

HoxD 簇中包装有复杂而广泛的调控 DNA 序列，这些序列在发育过程中指导每个基因在正确的时间和地点表达。插入 HoxD 簇中的移动基因元件可能会受到负选择，因为它们会破坏这些基因的正常调控。

答案 9-11

A. 人 β-珠蛋白基因中的外显子对应于 cDNA 中的相似序列（在这里为同源序列），而 cDNA 是 mRNA 的直接拷贝，因此不含内含子。内含子对应于外显子之间的区域。人类 β-珠蛋白基因中内含子和外显子的位置在图 A9-11A 中标出。（空心条中）所示的是存在于成熟 β-珠蛋白 mRNA（和基因）中，但未被翻译成蛋白质的序列。

B. 根据图 A9-11A 中定义的外显子位置，很明显，前两个人 β-珠蛋白基因的外显子与小鼠 β-珠蛋白基因的部分序列具有相似性（图 A9-11B）。然而，人 β-球蛋白基因的第三个外显子仅在前半部分与小鼠 β-球蛋白基因相似。第三个外显子的相似部分包含编码蛋白质的序列，而不同的部分则是基因的 3′ 非翻译区。由于该基因的这一部分不编码蛋白质（也不包含大量的调节性 DNA 序列），因此其序列可能不受选择限制，小鼠和人的序列已经在演化上分开。

C. 如对角线上的点簇所示，类似第一个外显子，人类和小鼠的 β-珠蛋白基因在其 5′ 端也相似（图 A9-11B）。这些序列对应于转录起始位点上游的调控 DNA 序列。在选择压力下，有功能的序列的分化速度，远比没有功能的序列要慢得多。

D. 对角线图显示，尽管第一个内含子在序列上不保守，但它在人类和小鼠基因中的长度几乎相同；但是，第二个内含子的长度却明显不同（图 A9-11B）。如果内含子的长度相同，则代表序列相似性的线段将落在同一对角线上。测试线段共线性的最简单方法是对折页面，沿着其对角线去观察。这种比较无法判断出长度的变化是由于小鼠内含子的缩短，还是由于人类内含子的延长，或者是这些可能性的组合。

答案 9-12

你可能会想到，检索外显子的计算机算法很复杂。为了识别未知基因，这些程序结合了来自已知基因的统计信息，例如：

1. 编码蛋白质的外显子具有开放读码框。如果该开放读码框对应的氨基酸序列与任一数据库中的蛋白质序列匹配，则该序列很可能是真实的外显子。
2. 当省略内含子序列时，同一基因中相邻外显子的读码框应当是匹配的。
3. 内部外显子（不包括第一个和最后一个）在每个末端都有剪接信号；大多数情况下（约 98%），该信号在外显子的 5′ 端为 AG，在 3′ 端为 GT。
4. 大多数情况下，某个氨基酸对应的多个密码子使用的频率不同。这种密码子偏好性在不同物种中有差异，可以辅助识别真实的外显子。
5. 外显子和内含子具有特征性的长度分布。人类基因中外显子的中位长度约为 120 个核苷酸对。内含子往往更大：在 GC 含量为 30% ～ 40% 的基因组区域中，其中位长度约为 2kb，在 GC 高于 50% 的区域中，中位长度约为 500 个核苷酸对。
6. 在蛋白质合成的起始密码子（几乎总是 ATG）附近出现的核苷酸存在一定的统计学规律。这些核苷酸似乎可以增强翻译因子的识别能力。

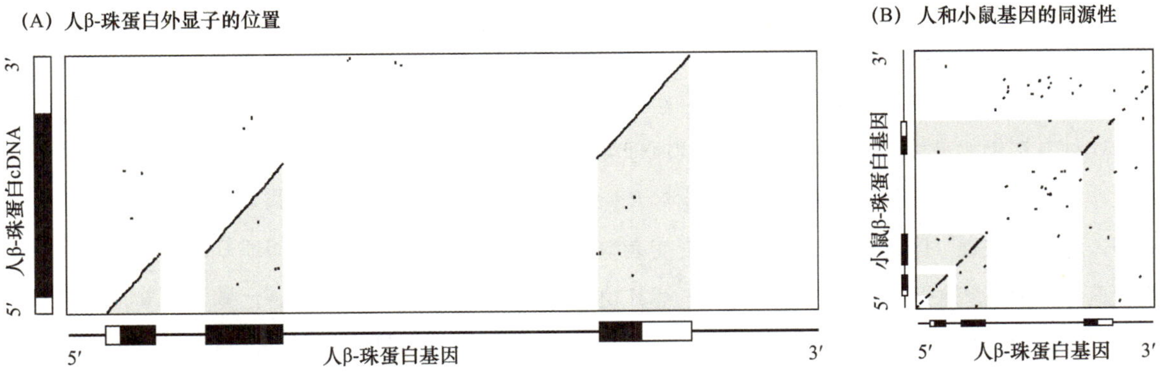

图 A9-11

7. 末端的外显子的 3′ 端，附近有一个信号（通常是 AATAAA），用于 3′ 端的剪切和聚腺苷酸化。

这些特征的统计性质，加上基因组中编码信息的低频率（人类中为 1.5%）和可变剪接的高发生频率（大约发生在 95% 的人类基因中），使得算法难以正确地识别所有外显子。如图 9-36 所示，生物信息学方法通常需要与实际实验数据，如从全基因组 RNA 测序（RNA-Seq）获得的数据，相结合来作出判断。

答案 9-13

确定基因的功能通常并非易事，也没有通用的方法。但是，仍然存在许多标准问题，它们的答案有助于缩小可能的范围。下面我们列出其中一些问题。

*该基因在什么组织中表达？*如果该基因在所有组织中均表达，则可能具有较为泛化的功能。如果在一种或几种组织中表达，则其功能可能会更加特化，也许与组织的特定功能相关。如果基因在胚胎而非成年动物中表达，则它可能在发育中起作用。

*蛋白质存在于细胞的哪种结构中？*了解蛋白质的亚细胞定位，如细胞核、质膜、线粒体等，也有助于排除或确定潜在的功能。例如，定位于质膜的蛋白质很可能是转运蛋白、受体、信号通路的其他组分或细胞黏附分子等。

*基因突变有什么影响？*消除或改变基因产物功能的突变可以提供重要的功能线索。例如，如果基因产物在发育过程中的某个时间至关重要，则突变胚胎通常会在该阶段死亡或出现明显的异常。

*编码的蛋白质与其他哪些蛋白质相互作用？*在执行其功能时，一种蛋白质经常与其他参与相同或相关过程的蛋白质相互作用。如果可以找到相互作用的蛋白质，并且（通过已有研究或通过数据库的搜索）知道该蛋白质的功能，则可能会缩小潜在的功能范围。

*其他基因的突变会改变该未知基因突变的影响吗？*寻找此类突变是研究基因功能的一种非常有效的方法，尤其是在细菌和酵母等具有简单遗传系统的生物中。虽然在小鼠中难度较大，这种方法仍然是可以使用的。此策略的原理类似于寻找互作的蛋白质：发生相互作用的基因通常涉及相同或紧密相关的生物过程（因此双突变表型比单突变表型的选择性更高）。找到这种相互作用的基因（及了解其功能），将为未知基因的功能提供重要线索。

解决以上问题中的任何一个，都需要专业的实验人员和大量时间投入。毫无疑问，如果能够在数据库中识别已知功能的相似基因，进而找到关于基因功能的线索，那么研究进展就会更快。随着越来越多的基因得到研究，这种方法将变得越来越成功。

答案 9-14

在一个长而随机的 DNA 序列中，64 个不同的密码子将以相同的频率出现。因为 64 个密码子中有 3 个是终止密码子，所以它们平均每 21 个密码子就会出现一次（64/3 = 21.3）。

答案 9-15

所有这些机制都有助于新的蛋白质编码基因的演化。A、C、D 和 E 已经在正文中讨论了。最近的研究表明，某些短的蛋白编码基因来自先前未被翻译的基因组区域，因此选项 B 也是正确的。

答案 9-16

A. 由于同义突变不会改变蛋白质的氨基酸序列，它们通常不会影响生物的整体适应度，因此不会受到负选择。相反，非同义突变会使一个新的氨基酸替代原有的氨基酸，可以改变编码蛋白质的功能，并改变生物体的适应度。由于大多数氨基酸替换可能会破坏蛋白质，因此它们通常会被选择所排除。

B. 组蛋白 H3 中几乎所有的氨基酸替换都是有害的，因此会受到负选择。组蛋白 H3 的极端保守性暗示其功能受到非常严格的限制，这可能是由于该蛋白质与其他蛋白质和 DNA 存在广泛的相互作用。

C. 在基因组中组蛋白 H3 显然不是一个“赦免”位点，因为它经历的核苷酸同义突变的速率与其他基因大致相同。

答案 9-17

A. 系统发育树中包含的数据（图 Q9-17）驳斥了“植物血红蛋白基因是通过水平转移从动物中获得的”这一假设。观察发育树上与我们更接近的部分，不难发现脊椎动物（从鱼到人）的血红蛋白的演化发生关系与对应物种的演化关系基本一致。植物血红蛋白也形成了一个独特的群体，展示出目前公认的演化关系。大麦

（一种单子叶植物）在同为双子叶植物（和豆科植物）的豆、苜蓿和莲花之前分化。因此，基础的血红蛋白基因在很久以前就已经存在。图 Q9–17 的系统发育树表明，现代植物和动物物种中的血红蛋白基因是从共同祖先遗传而来的。

B. 如果植物血红蛋白基因是通过从线虫水平转移而产生的，则植物序列将与图 Q9-17 的系统发育树中的线虫序列聚在一起。

答案 9-18

在每个人类谱系中，新突变以每细胞世代每核苷酸 10^{-10} 的速率发生，而两个人类谱系之间的差异将以两倍速率积累。因此，每个核苷酸累积 10^{-3} 个差异将需要 $10^{-3}/(2\times10^{-10})$ 个细胞世代，对应于 $(1/200)\times10^{-3}/(2\times10^{-10})$ = 25 000 个人类世代，或 750 000 年。实际上，我们并非来自一对基因完全相同的祖先人类。我们更倾向于认为，我们很可能是一个相对较小的祖先种群的后代，这些人已经具有遗传多样性。更复杂的分析表明，该祖先人群大约存在于 20 万年前。

答案 9-19

导致人类艾滋病的 HIV 病毒是一种逆转录病毒，可以使用逆转录酶从 RNA 模板合成 DNA，这导致病毒基因组频繁突变。实际上，艾滋病病毒呈阳性的人经常携带许多不同的艾滋病病毒基因变异，这些变异不同于感染它们的原始病毒。这为治疗带来了一个问题：阻断重要病毒酶的药物只能暂时起作用，因为通过突变，对这些药物具有抗药性的新病毒株会迅速产生。目前的策略是同时使用多种药物，这大大降低了产生完全抗药性的突变病毒的可能性。

和逆转录酶一样，RNA 复制酶（使用 RNA 作为模板合成 RNA 的酶）也没有校读能力。因此，直接复制其 RNA 基因组的 RNA 病毒（即不使用 DNA 作为中间体）经常会发生突变。这种病毒的衣壳蛋白会发生变异，而突变的病毒在我们的免疫系统看来是陌生的，因此对以前的病毒版本产生的免疫力无法抑制突变后的病毒版本。这部分解释了为什么新型流感病毒和普通感冒病毒会频繁出现。

第 10 章

答案 10-1

基因中存在突变，并不一定意味着该基因表达的蛋白质会存在缺陷。例如，该突变可以将一个密码子改变为仍然对应相同氨基酸的另一个密码子，因此不会改变蛋白质的氨基酸序列。或者，该突变可能导致蛋白质中一个氨基酸变为另一个氨基酸，但该位置对于蛋白质的折叠或功能而言并不重要。在评估此类突变导致蛋白质缺陷的可能性时，已知的人类 β-珠蛋白突变的相关信息至关重要。因此，你可能想知道你的突变基因中具体是哪个核苷酸发生了突变，以及此突变是否对编码蛋白的功能有任何已知或可预测的影响。如果你的配偶有两个正常的珠蛋白基因拷贝，那么你的孩子有 50% 可能性将是你突变基因的携带者。

答案 10-2

A. 用 *Eco*RⅠ消化产生两种产物：

5′-AAGAATTGCGG　AATTCGGGCCTTAAGCGCCGCGTCGAGGCCTTAAA-3′

3′-TTCTTAACGCCTTAA　GCCCGGAATTCGCGGCGCAGCTCCGGAATTT-5′

B. 用 *Hae*Ⅲ消化产生三种产物：

5′-AAGAATTGCGGAATTCGGG　CTTAAGCGCCGCGTCGAGG　CCTTAAA-3′

3′-TTCTTAACGCCTTAAGCCC　GGAATTCGCGGCGCAGCTCC　GGAATTT-5′

C. 该序列缺少 *Hind*Ⅲ切割位点。

D. 因此，用所有三种酶进行消化都会产生：′

5′-AAGAATTGCGG　AATTCGGG　CCTTAAGCGCCGCGTCGAGG　CCTTAAA-3′

3′-TTCTTAACGCCTTAA　GCCC　GGAATTCGCGGCGCAGCTCC　GGAATTT-5′

答案 10-3

蛋白质的生物化学性质仍然非常重要，因为它提供了氨基酸序列（可以从 DNA 序列推导出）和蛋白质功能特性之间的联系。我们仍然不能从氨基酸序列准确地预测多肽链的折叠，而且在大多数情况下，无法仅从基因序列中就得出关于蛋白质功能的信息，如其催化活性。我们仍然必须根据实验，从生化角度分析蛋白质的特性，从而获得此类信息。此外，从 DNA 序列推导出的结构信息必然是不完整的。例如，我们无法准确预测蛋白质的共价修饰、蛋白质的水解过程、是否存在与之紧密结合的小分子或是蛋白质如何与其他亚基相结合。此外，我们无法准确预测这些修饰可能对蛋白质活性产生的影响。

答案 10-4

A. 经过另一轮扩增后，将有 2 个灰色、4 个绿色、4 个红色和 22 个黄色轮廓的片段；在第二轮之后，将有 2 个灰色、5 个绿色、5 个红色和 52 个黄色轮廓的片段。因此，黄色轮廓的 DNA 片段呈指数增加，最终将超过其他反应产物。它们的长度为两个引物之间的距离加上引物长度。

B. 500 个核苷酸对的 DNA 分子的质量为 5.5×10^{-19}g [= $2 \times 500 \times 330$(g/mol)/6×10^{23}(分子/mol)]。忽略扩增反应的前几个步骤的复杂性（这些步骤会产生更长的产物，但最终对扩增的总 DNA 贡献不大），该产物的量在每个扩增步骤中大约都会加倍。因此，100×10^{-9}g = $2^N \times 5.5 \times 10^{-19}$g，其中 N 是反应的扩增步骤数。求解 N=log(1.81×10^{11})/log(2)，得出 N=37.4。因此，大约 40 个周期的 PCR 扩增就足以将单个分子中的 DNA 扩增到可以进行处理和生化分析的量。整个过程是自动化的，在实验室只需几个小时。

答案 10-5

如果 ddNTP 与 dNTP 之比增加，那么 DNA 聚合的终止会更加频繁，从而产生较短的 DNA 链。这样的条件有利于确定靠近 DNA 引物处的核苷酸序列。相反，减少 ddNTP 与 dNTP 之比将会产生更长的 DNA 片段，从而使人们能够确定距离引物更远处的核苷酸序列。

答案 10-6

尽管有几种解释，但最简单的解释是 DNA 探针主要与其对应的 mRNA 杂交，而细胞中存在的 mRNA 拷贝通常远多于其对应的基因。不同程度的杂交可以反映不同的基因表达水平。也许在组织中，每种不同的细胞类型表达基因的水平都不同。

答案 10-7

与绝大多数哺乳动物基因一样，吸引酶基因也可能包含内含子。细菌没有去除内含子所需的剪接机制，因此不会从基因表达出正确的蛋白质。为了在细菌细胞中表达大多数哺乳动物基因，必须使用该基因的 cDNA 版本。

答案 10-8

A. 错误。在整个基因组内，限制性位点在基因内部以及基因之间随机出现。

B. 正确。DNA 的每个磷酸盐都带有负电荷，从而使整体的 DNA 带负电荷。

C. 错误。从 cDNA 文库中分离的克隆不包含启动子序列。这些序列不被转录，因此不在 cDNA 的 mRNA 模板中。

D. 正确。每次聚合反应中都会产生双链 DNA，必须在每个循环中将其变性以使新引物杂交，以便再次复制 DNA 链。

E. 错误。用识别四核苷酸序列的限制性内切酶消化基因组 DNA，产生的片段平均长度为 256 个核苷酸。但是，所产生碎片的实际长度在平均值附近有很大波动。

F. 正确。首先需要使用逆转录酶将 mRNA 逆转录为单链 DNA，然后需要 DNA 聚合酶来合成出第二条 DNA 链。

G. 正确。只要使用足够数量的 STR，就可以对每个个体进行独一无二的“指纹识别”（参见图 10-15）。

H. 正确。如果某个组织的细胞不转录目的基因，则从该组织制备的 cDNA 文库中将不会出现目的基因。但是，目的基因会存在于由上述组织制备的基因组文库中。

答案 10-9

A. DNA 序列是从凝胶底部（即最小的 DNA 片段所迁移的位置）开始读取，读取的方向是从 5′ 端到 3′ 端。每个条带都是由特定的双脱氧核糖核苷三磷酸掺入所产生，并且正如预期的那样，不会存在两个不同的条带具有相同的移动速率。这样就可以从凝胶底部向上读取条带，并根据条带所在的泳道读取正确的核苷酸，从而确定 DNA 的序列。

顶部链的核苷酸序列（图 A10-9A）可以从图 Q10-9 中直接读出，而底部链则是可以根据碱基互补配对原则推导出来。

B. 依据遗传密码表，DNA 序列可以被进一步翻译为氨基酸序列。但是，有两条 DNA 链可以转录成 RNA，每条链各有 3 个可能的读码框。因此，原则上该 DNA 片段可以编码出 6 种氨基酸序列。在顶部链的三个读码框中，只有一种序列未被终止密码子打断（图 A10-9B 所

（A）5′ TATAAACTGGACAACCAGTTCGAGCTGGTGTTCGTGGTCGGTTTTCAGAAGATCCTAACGCTGACG 3′
3′ ATATTTGACCTGTTGGTCAAGCTCGACCACAAGCACCAGCCAAAAGTCTTCTAGGATTGCGACTGC 5′

（B） DNA的正义链
5′ TATAAACTGGACAACCAGTTCGAGCTGGTGTTCGTGGTCGGTTTTCAGAAGATCCTAACGCTGACG 3′
1 TyrLysLeuAspAsnGlnPheGluLeuValPheValValGlyPheGlnLysIleLeuThrLeuThr
2 TIleAsnTrpThrThrSerSerSerTrpCysSerTrpSerValPheArgArgSer Arg Ar
3 ThrGlyGlnProValArgAlaGlyValArgGlyArgPheSerGluAspProAsnAlaAsp

图 A10-9

示的 DNA 序列中，终止密码子用下划线标出，对应的三个氨基酸序列用黄色方框标出）。

在底部链上，三个读码框中有两个也有终止密码子（未显示）。第三个读码框编码的序列如下：

SerAlaLeuGlySerSerGluAsnArgProArgThrProAlaArg
ThrGlyCysProValTyr

从给出的信息中，我们无法分辨出这两种开放读码框中的哪一种是该 DNA 片段实际编码的蛋白质。还有什么其他实验可以区分这两种可能性？

答案 10-10

A. 用 *Hae*Ⅲ 切割人基因组 DNA，将产生约 11×10^6 个不同片段 [$= 3 \times 10^9/4^4$]，使用 *Eco*RⅠ 切割大约有 730 000 个不同的片段 [$= 3 \times 10^9/4^6$]。母源和父源染色体非常相似，但 DNA 序列不同，因此还会产生一些其他的片段。

B. 会产生一系列重叠的 DNA 片段。由重叠片段集合构成的文库很有价值。借助该文库，可将克隆的序列按照其在基因组中的原始顺序进行排序，从而获得该长链 DNA 的 DNA 序列（见图 10-20）。

答案 10-11

通过与分子质量标记物的位置进行比较，我们发现 *Eco*RⅠ 处理后产生了两个片段，分别为 4kb 和 6kb。*Hind*Ⅲ 处理后得到一个 10kb 的片段；用 *Eco*RI + *Hind*Ⅲ 处理得到三个片段，分别为 6kb、3kb 和 1kb。计算每个泳道中片段长度的总和，得到总长度为 10kb。因此原始的 DNA 分子长度应为 10kb（10 000 个核苷酸对）。因为用 *Hind*Ⅲ 处理得到 10kb 长的片段，所以原始 DNA 分子可能没有 *Hind*Ⅲ 的切割位点。但是我们可以通过 *Eco*RⅠ + *Hind*Ⅲ 消化的结果排除这种可能。我们知道，*Eco*RI 单独切割会产生 6kb 和 4kb 的两个片段，在双重消化后，该 4kb 片段被 *Hind*Ⅲ 进一步切割为 3kb 和 1kb 片段。因此，DNA 包含一个 *Hind*Ⅲ 切割位点。由此推断，原始 DNA 分子应该是环状的，这样才会在单独用 *Hind*Ⅲ 切割时产生 10kb 的单个片段。为得到符合结果的适当大小的片段，我们将切割位点排列在环形 DNA 上，得到图 A10-11 中所示的图。

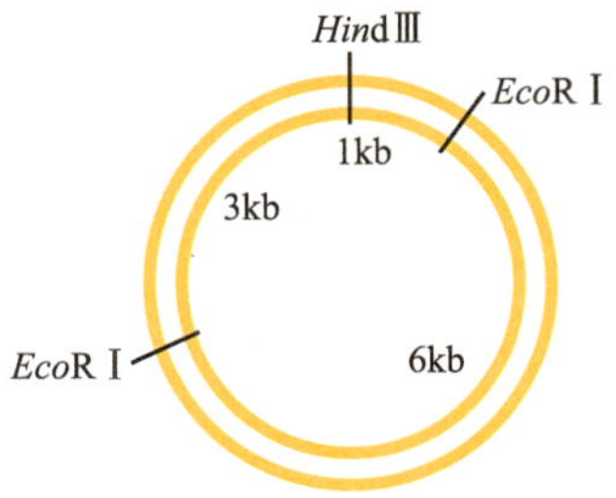

图 A10-11

答案 10-12

A. 婴儿 2 和 8 具有相同的 STR 模式，因此一定是同卵双胞胎。婴儿 3 和 6 也具有相同的 STR 模式，也一定是同卵双胞胎。其他两组双胞胎一定是异卵双胞胎，因为他们的 STR 模式不同。异卵双胞胎就像同一父母所生的一对兄妹或姐弟一样，大约有一半的基因组是共同的。因此，异卵双胞胎中大约一半的 STR 多态性是相同的。据此判断，你可以认为婴儿 1 和 7 为异卵双胞胎，婴儿 4 和 5 为异卵双胞胎。

B. 你可以使用类似的 STR 多态性分析将婴儿与父母配对。在这个分析中，婴儿的每个条带应该与双亲之一相匹配，并且平均而言，每个婴儿将与每个父母共享一半的 STR 多态性。因此，每个孩子与父母之间的匹配度与异卵双胞胎之间的匹配度大致相同。

答案 10-13

不产生冰蛋白的突变细菌可能已经在自然界中出现了很多次。但是，与不产生冰蛋白的细菌相比，产生冰蛋白的细菌只是略微具有生长优势，因此很难在野外找到此类突变体。重组 DNA 技术使得获取这些突变体更加容易。在这种情况下，基因修饰过的生物体，不管是其优势还是缺陷，都与天然突变体几乎没有区别。确实，细菌和酵母菌株已经经历了几个世纪的选择，筛选出了具有理想基因的品系，使它们达到了工业规模的应用，如奶酪和葡萄酒的生产。DNA 重组技术带来的可能性是无止境的，然而，它与任何其他技术一样，存在无法预测的风险。因此，重组 DNA 实验受到严格管控，并且各个项目在获得授权之前必须经过由审核小组进行的风险评估。我们的知识水平已经足够先进，可以比较确定地预测出某些突变所带来的后果，比如上述例子中细菌基因的破坏。其他的应用，如通过生殖细胞基因疗法来治疗人类疾病，可能会有更复杂的结果。最终是否要使用这种疗法，还需要更多年的研究和道德伦理的讨论才能决定。

第 11 章

答案 11-1

水是一种液体，水分子之间形成的氢键不是静态的；它们不断被破坏并通过热运动再次重建。当水分子恰好与一个疏水分子邻近时，它的运动会受到更多限制，与它相互作用的邻居们会更少，这是因为它无法在疏水分子的方向上形成任何氢键。因此，它只能与其周围数量有限的水分子形成氢键。结合较少的伙伴导致形成更有序的水结构，即为图 11-9 所示的笼状结构。可以将该结构比作冰，虽然它只是一个比较瞬时的、组织结构较为松散的、比任何冰晶都小的三维结构网络。任何有序的结构的形成都会降低系统的熵，因此在能量上是不利的（如第 3 章所述）。

答案 11-2

（B）是脂双层组装的正确模拟，因为涉及来自水的排斥力而不是脂质分子之间的吸引力。如果脂质分子彼此形成键，则脂双层的流动性会降低，甚至可能会变硬，这取决于相互作用的强度。

答案 11-3

脂双层的流动性被严格限制在一个平面内：脂质分子可以在它们自己的单层中横向扩散，但无法轻易地从一个单层翻转到另一个单层。因此，插入一个单层中的脂质分子会保留在其中，除非它们通过混杂酶或翻转酶等转运蛋白主动转移到另一个单层。

答案 11-4

在 α 螺旋和 β 桶中，多肽骨架的极性肽键可以通过疏水性氨基酸侧链完全屏蔽脂双层的疏水环境。肽键之间的内部氢键可稳定 α 螺旋和 β 桶。

答案 11-5

SDS 中的硫酸基团带电，因此是亲水的。Triton X-100 中的 OH 基团和 C—O—C 基团是极性的；它们还可以与水分子形成氢键，因此是亲水的。相反，去垢剂的红色部分是烃链或芳香环，它们都不具有可与水分子形成氢键的极性基团，因此是疏水的（图 A11-5 所示的例子是一个具有疏水侧链的三肽）。

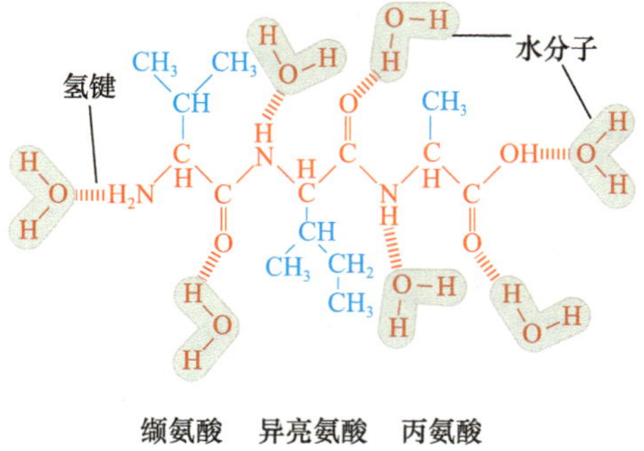

图 A11-5

答案 11-6

一些跨膜蛋白锚定在细胞皮层的血影蛋白丝上。这些分子不能在膜平面内自由地旋转或扩散。然而，皮层中可以附着的位点相对于跨膜蛋白是过量的，因此有一些分子未进行锚定。这些蛋白质可以自由旋转并在膜平面内进行扩散。实际上，蛋白质迁移率的测量表明每种跨膜蛋白都有两个群体，即锚定的和未锚定的群体。

答案 11-7

跨膜蛋白是通过多种不同的方式限制在膜的不同区域上，如图 11-31 所示。如果它们与其他蛋白质如细胞皮层或细胞外基质结合，那么膜蛋白的迁移率会大大降低。一些膜蛋白是通过屏障作用（如紧密连接的屏障）被限制在一定的膜域中。脂双层的流动性不受膜蛋白锚定的显著影响；脂质分子的海洋围绕着锚定的膜蛋白进行流动，就像水围绕着码头的柱子一样。

答案 11-8

所有这些说法都正确。

A. 脂双层是流体，因为其脂质可以进行这种运动。

B. 脂双层是流体，因为其脂质可以进行这种运动。

C. 这种交换需要转运蛋白发挥作用。

D. 氢键通过热运动形成和被破坏。

E. 糖脂主要被限定在背向细胞质的单层膜上。一些特殊的糖脂，如磷脂酰肌醇（在第 16 章中讨论），会特异地存在于细胞质侧的单层中。

F. 双键的减少（通过氢化）允许所得的饱和脂质分子彼此更紧密地进行堆积，因此脂质的黏度会增加，即它将油变成了人造黄油。

G. 例子包括参与信号转导的许多膜上的酶（在第 16 章中讨论）。

H. 多糖是黏液的主要成分；由多糖和寡聚糖组成的糖衣是细胞非常重要的润滑剂，特别是对于血管内皮细胞或在血流中循环流动的细胞。

答案 11-9

在二维流体中，分子只能在一个平面内自由移动；相反，正常流体中的分子可以在三维的方向进行移动。

答案 11-10

A. 你会得到去垢剂。脂质头部的直径将远大于烃尾部的直径，因此分子的形状将是锥形而不是圆柱形，并且分子将聚集形成胶束而不是双层。

B. 形成的脂双层流动性会更强。脂双层会更加不稳定，因为较短的烃尾部疏水性较低，因此驱动脂双层形成的力将会减小。

C. 形成的脂双层的流动性要小得多。虽然正常的脂质双层具有橄榄油的黏度，但由包含饱和烃尾部的同种脂质分子构成的脂质双层则只具有培根脂肪的稠度。

D. 形成的脂双层的流动性会更强。而且，由于脂质不会很好地堆积在一起，所以会有更多的间隙，双层对水溶性小的分子更具渗透性。

E. 如果我们假设脂质分子完全混合，膜的流动性将保持不变。然而，在这样的脂双层中，饱和脂质分子倾向于彼此聚集，因为它们可以更紧密地包装并因此形成流动性大大降低的斑块。因此，脂双层的表面不会是均匀的。在膜脂分子中，一个饱和烃尾和一个不饱和烃尾通常是与相同的亲水头部连接，所以这种分离不会发生在真实的细胞膜中。

F. 形成的脂质双层的性质将几乎不变。现在每个脂质分子将跨越整个膜，其两个头部基团分别会暴露于每个表面。这种脂质分子存在于嗜热细菌的膜中。嗜热这种细菌可以在接近沸水的温度下存活。它们的脂双层不会像普通的脂双层那样在高温下分开，这是因为原来的两个单层现在通过共价连接已经形成了一个膜。

答案 11-11

磷脂分子的形状大致为圆柱形。相反，去垢剂分子是圆锥形或楔形。 例如，仅具有一个烃尾的磷脂分子将会是去垢剂。为了使磷脂分子成为去垢剂，你必须使其亲水头部更大或去除其中一个尾部，以便它可以形成胶束。去垢剂分子的烃尾通常也比脂质分子的烃尾更短，这使得它们具有轻微的水溶性。因此，去垢剂分子在水溶液中可以频繁地离开或重新进入胶束。正因为这样，有一些单体去垢剂分子总是存在于水溶液中，它们可以进入细胞膜的脂双层以溶解蛋白质（参见图 11-27）。

答案 11-12

A. 从细菌细胞的一端到另一端之间大约有 4000 个脂质分子，每个宽 0.5nm。因此，如果一端的脂质分子沿直线移动，则仅需要 4×10^{-4}s（$=4000\times10^{-7}$）即可到达另一端。然而，实际上脂质分子的移动路径是随机的，因此到达另一端需要相当长的时间。我们可以利用公式计算出所需的大致时间：$t=x^2/2D$，其中 x 是移动的平均距离，t 是所花费的时间，D 是称为扩散系数的常数。代入步长值 $x=0.5$nm 和 $t=10^{-7}$s，得到 $D=1.25\times10^{-8}\text{cm}^2/\text{s}$。在相同的等式中使用该值，当距离 $x=2\times10^{-4}$cm（$=2\mu$m）时，可以算出所花费的时间 $t=0.16$s。

B. 同样，如果一个 4cm 直径的乒乓球每 10^{-7}s 和邻球交换一次位置，并以线性的方式移动，它将花 1.5×10^{-5}s 到达对面的墙壁，行进的速度是 1 440 000km/h。[但随机游走需要更长时间。使用上面的公式，我们计算在这种情况下的常数 D 为 $8\times10^{7}\text{cm}^2/\text{s}$，以及行进 6m 所需的时间约为 2ms($=600^2/1.6\times10^8$)。]

答案 11-13

跨膜蛋白将质膜固定在下方的细胞皮层上，从而加固膜的强度，使它能够在红细胞泵入小血管时抵抗张力。跨膜蛋白还可以将营养物质和离子运输通过质膜。

答案 11-14

五个跨膜 α 螺旋（每个螺旋都由不同的亚基形成）的亲水面聚集在一起形成一个跨过脂双层的孔，孔的内侧衬有亲水性的氨基酸侧链（图 A11-14）。离子可以通过该亲水孔而不与脂双层的脂质尾部接触。疏水侧链与疏水性脂质尾部相互作用。

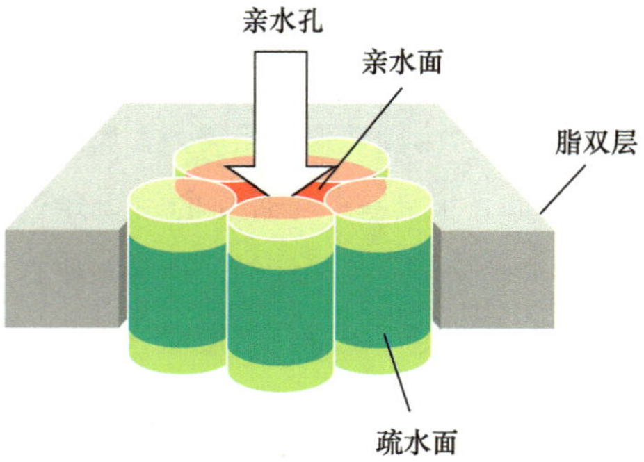

图 A11-14

答案 11-15

膜中每个蛋白质分子的周围都大约有 100 个脂质分子（即磷脂 + 胆固醇）[(2/50 000)/(1/800 + 1/386)]。在许多细胞膜中都观察到类似的蛋白质/脂质比。

答案 11-16

膜融合不会改变膜蛋白的方向及其附着的颜色标签：每个跨膜蛋白暴露于胞质溶胶的部分始终朝向胞质溶胶，暴露于外部的部分始终保持暴露在外面（图 A11-16）。在 0℃时，膜的流动性降低，膜蛋白的混合显著减慢。

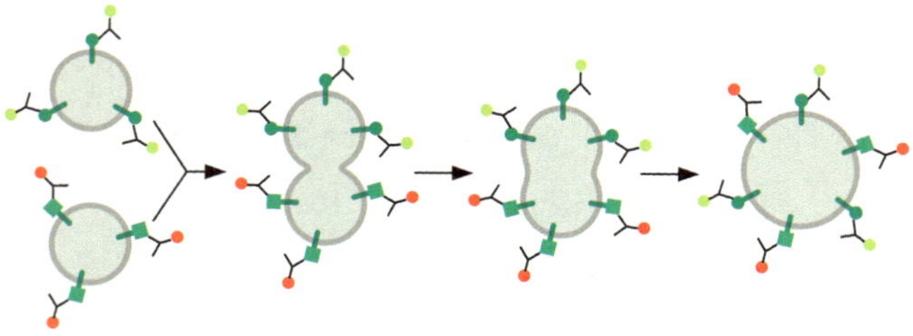
图 A11-16

答案 11-17

疏水性氨基酸侧链暴露于水，这在能量上是不利的。有两种方法可以将该侧链与水隔离，以实现能量上更有利的状态。首先，它们可以形成穿过脂双层的跨膜区段。这需要有约 20 个氨基酸有序地定位在多肽链中。其次，疏水氨基酸侧链可以折叠到多肽链的内部进行隔离。这是将多肽链锁定成独特的三维结构的主要力量之一。在任一种情况下，位于脂双层或蛋白质内部的疏水力都是基于相同的原则。

答案 11-18

南极鱼类在零度以下生活，是冷血动物。为了使膜在这种温度下保持流动，它们需要有高比例的不饱和磷脂。

答案 11-19

序列 B 最可能形成跨膜螺旋。它主要由疏水性氨基酸组成，因此可以稳定地整合到脂双层中。相反，序列 A 含有许多极性氨基酸（S、T、N、Q），而序列 C 含有许多带电荷的氨基酸（K、R、H、E、D），这使得进入脂双层的疏水内部在能量上不利。

答案 11-20

三酰甘油是完全疏水的分子。它没有亲水部分，不能与水形成有效的相互作用。因此，三酰甘油不太可能成为脂双层的一部分。相反，这种纯疏水性质的分子会聚集在一起，以限制它们与周围水分子的接触（参见图 11-9）。通过这种方式，三酰甘油（它是动物脂肪和植物油的主要组分）在水性环境中会聚集形成脂滴，例如，在脂肪细胞和植物种子中。

第 12 章

答案 12-1

A. 由转运蛋白介导的溶质运动可以用严格类似的方程来描述：方程式 1：$T + S \leftrightarrow TS \rightarrow T + S^*$

其中 S 是溶质，S^* 是膜另一侧的溶质（也就是说，尽管它仍然是相同的分子，但它现在位于不同的环境中），T 是转运蛋白。

B. 该等式是有用的，因为它描述了结合步骤和随后的递送步骤。该方程的数学处理与对酶的描述非常相似（参见图 4-35）；因此，转运蛋白的特征在于描述它们对溶质的亲和力的 K_m 值，和描述它们最大转移速率的 V_{max} 值。为了更准确，反应方案中可以包括转运蛋白的构象变化：

等式 2：$T + S \leftrightarrow TS \leftrightarrow T^*S^* \rightarrow T^* + S^*$

等式 3：$T \leftrightarrow T^*$

其中 T* 是构象变化后的转运蛋白，该构象变化使该蛋白质在膜的另一侧暴露出其溶质结合位点。这里就需要第二个等式（3），它使得转运蛋白恢复起始构象。

C. 通道的行为无法用方程式进行描述，因为通过通道的溶质不会像底物与酶结合那样与通道结合。

答案 12-2

如果 Na^+ 泵的功能由于被乌本苷或洋地黄部分抑制而无法满负荷运转，那么该泵产生的 Na^+ 电化学梯度要比未加药处理的细胞中的更低。因此，Ca^{2+}-Na^+ 反向转运的工作效率较低，Ca^{2+} 从细胞中的清除就会变得更慢。当下一个肌肉收缩周期开始时，细胞质中仍然存在较高水平的 Ca^{2+}。因此，相同数量的 Ca^{2+} 进入细胞会导致 Ca^{2+} 浓度高于未加药处理细胞，这反过来导致更强和更持久的肌肉收缩。因为 Na^+ 泵在所有动物细胞中都发挥着必需的功能，既维持渗透平衡，又产生 Na^+ 梯度，为许多转运蛋白提供动力。如果服用过多，这些药物就会成为致命毒药。

答案 12-3

A. 每个矩形峰对应于单个通道的开启，从而允许小量的电流通过。从记录中可以看到，膜片中的通道经常地开启和关闭。每个通道保持开启状态的时间很短，时间长短稍有些变化，平均大约为 5ms。开启时，通道允许小量具有特定振幅（4pA；$1pA = 10^{-12}A$）的电流通过。在一个例子中，电流加倍，表明同一膜片中有两个通道同时开启。

B. 如果省略乙酰胆碱或将其添加到吸液管外的溶液中，则仅能测量到基线电流。乙酰胆碱必须与膜片中乙酰胆碱受体的胞外部分结合，从而使通道频繁地开启以检测电流的变化。在图 12-25B 所示的膜片中，只有受体的细胞质侧暴露于微电极外的溶液中。

答案 12-4

K^+ 的平衡电位为 –90mV [= 62mV $\log_{10}$(5mmol/L、140mmol/L)]，Na^+ 的平衡电位为 +72mV [= 62mV log10 (145mmol/L/10mmol/L)]。 K^+ 泄漏通道是静息细胞质膜中开放的主要离子通道，它们使 K^+ 达到平衡；因此，细胞的膜电位接近 –90mV。当 Na^+ 通道打开时，Na^+ 冲入细胞，结果，膜电位将其极性反转到接近 +72mV 的值，即 Na^+ 的平衡值。当 Na^+ 通道关闭后，K^+ 泄漏通道允许 K^+（此时不再处于平衡状态）从细胞中离开，直到膜电位恢复到 K^+ 的平衡值，约 –90mV。

答案 12-5

当轴突的静息膜电位（内部为负）上升到阈值时，紧邻的电压门控 Na^+ 通道开启，使得 Na^+ 流入。这进一步使膜发生去极化，导致开启更多的电压门控 Na^+ 通道，包括相邻质膜中的那些 Na^+ 通道。这会产生一种沿着轴突快速扩散的去极化波，称为动作电位。因为 Na^+ 通道在开启后不久就会失活，K^+ 通过电压门控 K^+ 通道和 K^+ 泄漏通道的向外流动能够迅速恢复原来的静息膜电位。

答案 12-6

如果抗体减少了功能性乙酰胆碱受体的数量，那么从神经末梢释放的神经递质（乙酰胆碱）无法（或只能微弱地）刺激肌肉收缩。

答案 12-7

尽管 Cl^- 在细胞外部的浓度远高于细胞内部，但当突触后神经元质膜中的递质门控 Cl^- 通道响应抑制性神经递质而开启时，也只有非常少的 Cl^- 进入细胞。这是因为 Cl^- 跨膜流入细胞的驱动力在静息膜电位处接近于零，从而抑制了流入。然而，如果兴奋性神经递质在突触后膜中开启了 Na^+ 通道，同时抑制性神经递质开启 Cl^- 通道，由 Na^+ 流入引起的去极化将导致 Cl^- 通过开放的 Cl^- 通道进入细胞，从而中和 Na^+ 流入的影响。通过这种方式，抑制性神经递质通过使靶细胞膜更难以去极化来抑制动作电位的产生。

答案 12-8

与图 12-12 中所示的 Na^+ 泵类似，ATP 可能会被水解，并且只有当泵的细胞质侧与溶质结合时，ATP 才会向转运蛋白提供磷酸基团（步骤 1 → 2）。添加磷酸基团会立即引发构象变化（步骤 2 → 3），从而捕获溶质并将其暴露于膜的另一侧。仅当只有在溶质解离时，磷酸根才将从蛋白质中除去，此时非磷酸化的转运蛋白将恢复到其起始的构象（步骤 3 → 4）（图 A12-8）。

答案 12-9

A. 错误。质膜含有转运蛋白，它可以选择性地渗透很多但不是所有的带电分子。相反，缺乏蛋白质的纯脂双层对所有带电分子都是高度不可渗透的。

B. 错误。通道没有与溶质的结合位点。通道的选择性是通过内部孔的尺寸和孔入口处的带电区域来实现的，该带

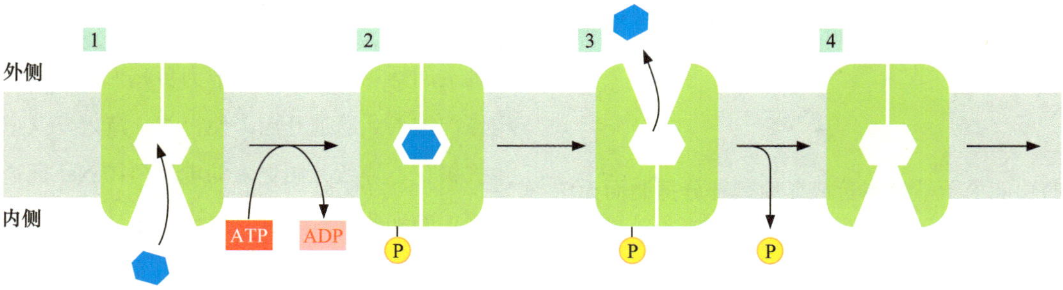

图 A12-8

电区域会吸引或排斥带适当电荷的离子。

C. 错误。转运蛋白速度较慢。它们具有类似酶的特性；换言之，它们结合溶质并且在它们的功能循环期间需要经历构象变化。这将最大传输速率限制为每秒约 1000 个溶质分子，而通道每秒可传输多达 1 000 000 个溶质分子。

D. 正确。一些光合细菌的细菌视紫红质利用从可见光捕获的能量将 H^+ 泵出细胞。

E. 正确。大多数动物细胞在其质膜中含有 K^+ 泄漏通道，且该通道主要处于开启状态。但细胞内的 K^+ 浓度仍然高于外部，这是因为膜电位是负的，因此抑制了带正电的 K^+ 泄漏。K^+ 也会被 Na^+ 泵持续地泵入细胞中。

F. 错误。同向转运在膜的同一侧结合两种不同的溶质。转动它不会使它变成反向转运。反向转运必须在膜的两侧结合两种不同的溶质。

G. 错误。动作电位的峰值对应于一个膜电位从负值到正值的瞬时转变。Na^+ 的流入导致膜电位先向零移动，然后再反转，使细胞的内部带正电。最终，通过电压门控 K^+ 通道和 K^+ 泄漏通道的 K^+ 流出，使静息电位得到恢复。

答案 12-10

渗透性是 N_2（小的非极性）＞乙醇（小的极性）＞水（小的极性）＞葡萄糖（大的极性）＞ Ca^{2+}（小的带电）＞ RNA（非常大的带电）。

答案 12-11

A. 在穿越一个细胞膜时，两者都与两种不同的溶质偶联。同向转运是以相同的方向传输两种溶质，而反向转运是以相反的方向传输溶质。

B. 两者均由膜转运蛋白介导。溶质的被动运输在顺其浓度或电化学梯度的方向发生，而主动运输发生在逆梯度的情况下，因此需要能量输入。主动运输可以被转运蛋白介导，但不能被通道介导，而被动运输可以被其中任何一种所介导。

C. 这两个术语描述了跨膜的梯度。膜电位是指电压梯度，电化学梯度是电压梯度和特定带电溶质（离子）的浓度梯度的叠加。膜电位的定义不依赖于某一特定的溶质，而电化学梯度是指特定的溶质。

D. 泵是一种特化的转运蛋白，它可以利用能量逆梯度运输溶质，可以使带电溶质逆电化学梯度运输或使不带电的溶质逆浓度梯度运输。

E. 两者都通过电线中的电子和轴突质膜上的离子运动传输电信号。电线由铜制成，轴突则不是。沿着轴突传递的信号，强度不会降低，因为它可以自我放大，而导线中的信号会随着距离而减弱（电流穿过绝缘护套发生泄漏）。

F. 两者都影响细胞的渗透压。离子是带电荷的溶质。

答案 12-12

桥梁可使车辆跨过川流不息的河水。在桥梁入口处，可以规定禁入超大型卡车通行等，还可以通过卡杆开放或关闭交通。同样，门控通道可以允许离子穿过细胞膜，也可以对尺寸和电荷加以限定。

相比之下，渡轮在河的一侧装载车辆并在另一侧进行卸载——这是一个更为缓慢的过程。在装载的过程中，可以从待载的货物中优先选择特定的某些“货物”，因为它们特别适合于某些“甲板”。同样，转运蛋白在膜的一侧结合溶质，经过构象变化后，将它们释放到另一侧。转运蛋白可以通过特异性的结合来选择待运输的分子。另外，在偶合运输的情况下，有时必须等到“渡轮”满了才能离开。

答案 12-13

乙酰胆碱通过囊泡膜中的 H^+-乙酰胆碱反向转运蛋白转运

到囊泡中。驱动摄取乙酰胆碱的H^+梯度由囊泡膜中的H^+泵产生，它由 ATP 驱动，可以将H^+泵入囊泡中。提高囊泡周围溶液的 pH，会降低溶液中H^+的浓度，从而增加了跨囊泡膜的向外运输，这解释了乙酰胆碱摄取速率的增加。

答案 12-14

膜两端的电压梯度约为 150 000V/cm(70×10^{-3}V/4.5×10^{-7}cm)。这种极其强大的电场接近于绝缘材料（如脂双层）分解并被击穿的极限。高强度电场表明膜上的电梯度可以存储大量的能量，以及蛋白质在膜中经受了极端的电力。150 000V 的电压足以使 1cm 宽的间隙立即弧形放电（也就是说，对于这种强度的电场，空气将是不充分的绝缘体）。

答案 12-15

A. 没有。你需要 ATP 来驱动Na^+泵。

B. ATP 被水解，并且Na^+被泵入囊泡中，在膜上产生Na^+的浓度梯度。同时，K^+将被泵出囊泡，产生相反的K^+浓度梯度。当所有K^+被泵出囊泡或 ATP 被耗尽时，泵将停止工作。

C. 泵会启动运输循环，然后停止。因为所有反应步骤必须严格按顺序进行，所以在没有K^+的情况下，不能发生去磷酸化和随后的构象转换。因此，Na^+泵会卡在磷酸化状态，无限期地等待K^+。被运输的Na^+数量极少，因为每个泵只能运行一次。类似的实验设计，即去掉单个离子后分析其后果，在历史上曾被用于确定Na^+泵的工作顺序。

D. 如（B）所述，ATP 会被水解，并且Na^+和K^+会被泵送跨膜。然而，以相反方向定位于膜中的泵分子将会完全没有活性（即它们不会像有些人假设的那样，向相反方向泵送离子），因为 ATP 无法进入泵分子的磷酸化发生部位，从而无法像正常情况那样，在胞质侧进行磷酸化。ATP 高度带电，它也不能在没有特定转运蛋白的帮助下穿过细胞膜。

E. 如（B）所述，ATP 被水解，并且Na^+和K^+被泵送跨膜。然而，K^+会通过K^+泄漏通道立即流回囊泡。这是由于Na^+泵的作用形成的K^+浓度梯度，使K^+能够顺浓度梯度而移动。随着每个K^+通过泄漏通道移动到囊泡中，正电荷在膜上累积，最后形成囊泡内部为阳性的膜电位。最终，当膜电位与K^+浓度梯度达到平衡时，K^+将停止从泄漏通道流出。当然，这里描述的情景稍微过于简单化：实际上哺乳动物中的Na^+泵每泵送两个K^+，就会有三个Na^+从细胞中移出，从而驱动电流跨膜，而且也会对静息膜电位有一定贡献（因此，静息膜电位主要基于K^+通过K^+泄漏通道进行移动的平衡状态）。

答案 12-16

离子通道可以是配体门控、电压门控或机械（应力）门控。

答案 12-17

细胞的体积为 10^{-12}L（$=10^{-15}m^3$），因此含有 6×10^4 个 Ca^{2+}（$=6\times10^{23}$ 分子/摩尔 $\times100\times10^{-9}$ 摩尔/升 $\times10^{-12}$ 升）。为了将细胞内Ca^{2+}浓度提高 50 倍，需要另外有 2 940 000 个Ca^{2+}进入细胞（注意，在 5μmol/L 浓度下，细胞中存在 3×10^6 个离子，但在通道打开之前仅存在 60 000 个离子）。由于 1000 个通道中，每个通道每秒允许 10^6 个离子通过，因此每个通道仅需保持开启 3ms。

答案 12-18

动物细胞通过Na^+的电化学梯度驱动整个质膜的大部分运输过程。需要 ATP 来为Na^+泵提供驱动力以维持Na^+梯度。

答案 12-19

A. 如果将H^+泵送跨膜进入囊泡内，则H^+的电化学梯度就由H^+浓度梯度和膜电位组成，囊泡内部为正。这两种成分都会增加存储在梯度中的能量，并且必须提供这些能量才能生成这个梯度。电化学梯度会限制更多H^+进行转移。然而，如果膜中也含有Cl^-通道，则胞质溶胶中带负电荷的Cl^-将会流入囊泡并降低其膜电位。因此，泵送更多的H^+跨膜所耗费的能量更少，并且囊泡的内部可以变得更酸。

B. 否。如（A）中所述，在它们不存在时仍会发生一些酸化。

答案 12-20

A. 见图 A12-20。

B. 化合物 A 的转运速率与其浓度成正比，表明化合物 A 可以自身扩散跨膜。化合物 A 很可能是乙醇，因为它是一种小而相对非极性的分子，可以很容易地通过脂双层扩散（参见图 12-2）。相反，化合物 B 的转运速率在高浓度下发生饱和，表明化合物 B 是通过某种膜转运蛋白进行跨膜转运。运输速率不能超过该蛋白质可以发挥作用的最大速率。化合物 B 可能是乙酸盐，因为它是一种带电分子，在没有膜转运蛋白的帮助下不能跨膜。

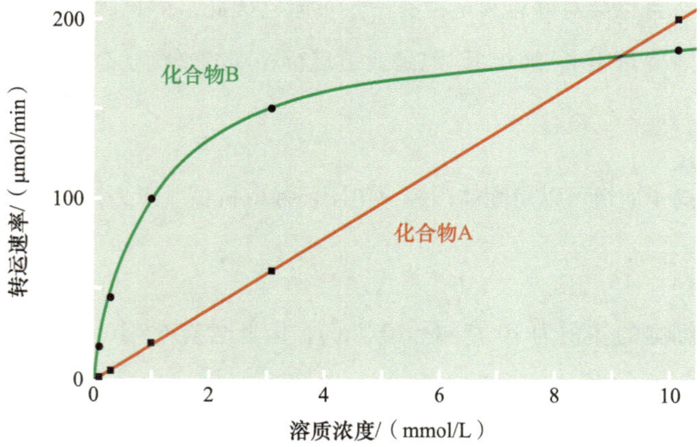

图 A12-20

答案 12-21

膜电位和细胞外高浓度的 Na^+ 提供了巨大的电化学驱动力和大量的 Na^+ 储备，因此当乙酰胆碱受体开放时，大多数 Na^+ 会进入细胞。Ca^{2+} 也会进入细胞，但由于它们在细胞外的浓度较低，所以流入受到更多的限制（进入胞质溶胶刺激肌肉收缩的大多数 Ca^{2+} 是从细胞内的储备库中释放出来的，正如第 17 章所述）。由于细胞内 K^+ 浓度高，且和膜电位的方向相反，所以在打开阳离子通道时 K^+ 的移动很少。

答案 12-22

神经递质门控离子通道的多样性带来了开发针对每种通道类型的新药的希望。这些通道的不同亚型都在特定的神经元中表达。理论上，这种小的表达范围，应该能够促进人们发现或设计影响特定神经元受体亚型的药物，从而以更高的特异性靶向特定的脑功能。

第 13 章

答案 13-1

为保持糖酵解的顺利进行，细胞需要从 NADH 再生出 NAD^+。在没有 O_2 的情况下，只有发酵才是有效的方法。没有再生的 NAD^+，糖酵解的步骤 6 [3-磷酸甘油醛氧化成 1,3-二磷酸甘油酸（图版 13-1）] 无法发生，从而导致产物甘油醛 3-磷酸的积累。在无法合成乳酸或乙醇的细胞中也会发生同样的事情：细胞不能再生 NAD^+，糖酵解会被阻滞在相同的步骤上。

答案 13-2

在糖酵解的步骤 6 中，用砷酸盐代替磷酸盐，形成 1-砷-3-磷酸甘油酸（图 A13-2）。由于它在水中易发生水解，所以该分子的高能键在扩散到下一个酶之前就已经发生断裂。尽管其水解产物与通过磷酸甘油酸激酶的作用在步骤 7 中形成的正常产物相同，都是 3-磷酸甘油酸，但由于水解是非酶促发生，高能键断裂所释放的能量无法被捕获来产生 ATP。其后果是，仍然会发生图 13-7 步骤 7 中向下箭头所对应的反应，但是无法将它的能量供应与 ATP 合成偶联起来。砷酸盐通过相同的机制解偶联许多磷酸转移反应，从而造成代谢能量的浪费，这就是它有剧毒的原因。

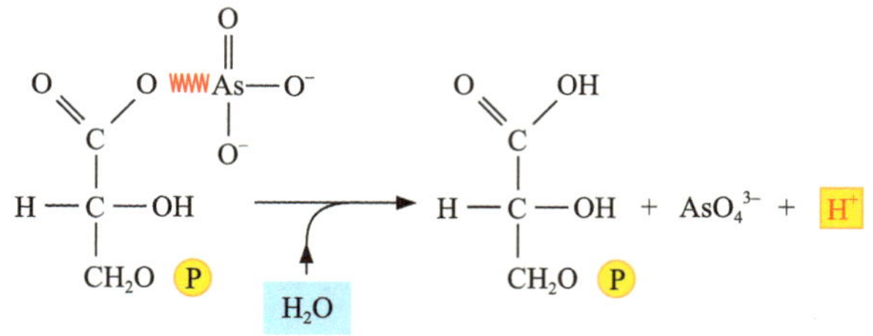

图 A13-2

答案 13-3

脂肪酸的氧化将碳链一次分解成两个碳单元（连接 CoA 的乙酰基）。相反，在生物发生过程中，脂肪酸的构建是通过将乙酰基连接在一起，因此，大多数脂肪酸具有偶数个碳原子。

答案 13-4

因为柠檬酸循环的功能是收集氧化过程中释放的能量，所以有利的做法是将整个反应分解为尽可能多的步骤（参见图 13-1）。如果使用双碳化合物（乙酰 CoA），可用的化学物质将受到更多限制，并且不可能产生尽可能多的中间体。

答案 13-5

确实，在葡萄糖的氧化降解过程中，氧原子作为 CO_2 的一部分返回大气层（参见图 13-3）。然而，从细胞释放的 CO_2 不含那些在氧化磷酸化过程中所消耗的氧原子；那些氧原子都转化成了水。人们可以通过利用含有同位素 ^{18}O

的氧气而不是天然丰富的同位素 ^{16}O 的氧气孵育活细胞来直接证明这一点。该实验表明，细胞释放的所有 CO_2 仅含有 ^{16}O。因此，释放的 CO_2 分子中的氧原子不是直接来自大气层，而是来自细胞制造的有机分子，这些分子首先被用作燃料氧化（参见图版 13-2 第一页的顶部）。

答案 13-6

循环会继续，因为必要时中间体可以通过进入柠檬酸循环反应（而不是远离该循环的反应）而得到补充。其中最重要的反应之一是通过丙酮酸羧化酶将丙酮酸转化为草酰乙酸：

丙酮酸 + CO_2 + ATP + H_2O → 草酰乙酸 + ADP + P_i + $2H^+$

该反应将草酰乙酸加入柠檬酸循环中。该反应是精准调控代谢途径协同工作以保持细胞所需代谢物的适当浓度的众多实例之一（见图 A13-6）。

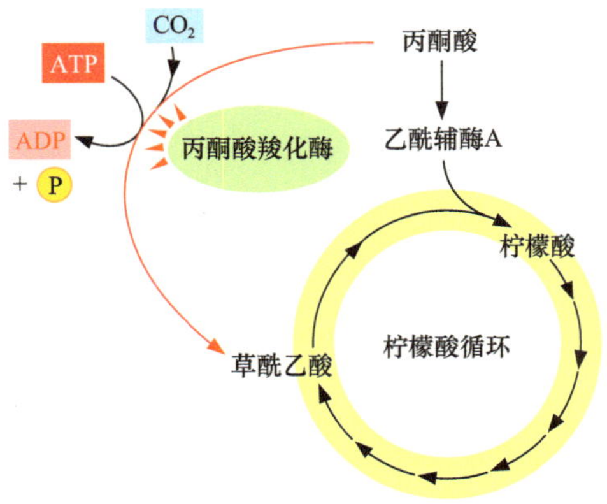

图 A13-6

答案 13-7

糖分子中的碳原子已经被部分氧化。相反，脂肪酸酰基链中只有第一个碳原子被氧化。因此，来自葡萄糖的两个碳原子在丙酮酸转化为乙酰 CoA 期间作为 CO_2 损失掉（参见图 13-3），仅留下四个碳进入柠檬酸循环，其中大部分能量被捕获。相反，脂肪酸的所有碳原子都转化为乙酰 CoA（参见图 13-11）。

答案 13-8

A. 错误。如果是这种情况，则反应对细胞来说是无用的。化学能无法通过可利用的形式（如 ATP）被捕获并用于代谢过程。（虽然细胞肯定会感到很温暖！）

B. 错误。没有任何能量转换过程的效率可以达到 100%。回想一下，宇宙中的熵总是在增加，而且熵的增加是由于大多数反应通过释放热量而发生。

C. 正确。与 CO_2 中被完全被氧化的碳原子相比，葡萄糖中的碳原子都处于还原状态。

D. 错误。氧化磷酸化的最后步骤确实会产生一些水（参见图 13-3）。但是生物圈中的水是如此丰富，以至于这只不过是“汪洋大海中的一滴水”而已。

E. 正确。如果仅通过一步发生，则所有能量会被立即释放，无法有效地利用它来驱动其他反应，例如 ATP 的合成。

F. 错误。分子氧（O_2）仅用于反应的最后一步（参见图 13-3）。

G. 正确。植物通过光合作用捕获的光能将 CO_2 转化为糖。在该过程中产生 O_2 并通过植物细胞释放到大气中。

H. 正确。厌氧生长的细胞利用糖酵解将糖氧化成丙酮酸：动物细胞将丙酮酸转化为乳酸，不产生 CO_2；然而，酵母细胞可以将丙酮酸转化为乙醇和 CO_2。正是这种 CO_2 气体在发酵过程中从酵母细胞中释放出来，使面包和面团膨胀，为啤酒和香槟充入气泡。

答案 13-9

达尔文呼出的碳原子，必定是 CO_2 分子的碳原子。在大气中待了一段时间后，CO_2 分子必定会进入植物细胞，在那里它通过光合作用被“固定”并转化为糖分子的一部分。虽然可以肯定这些早期步骤的发生方式，但碳原子后续可以采取多种不同的路径。例如，糖可以被植物细胞分解成丙酮酸或乙酰 CoA，然后进入生物合成反应以构建氨基酸。氨基酸可能已经掺入植物蛋白中。你可能已经在沙拉中吃了植物的美味叶片，并消化了肠道中的蛋白质，再次产生氨基酸。在血液中循环后，正在发育的红细胞可能会摄取氨基酸，从而产生自己的蛋白质，如所讨论的血红蛋白。当然，如果愿意，我们可以使我们的食物链更加复杂。例如，这种植物可能被一种动物吃掉了，而这种动物又是在午休期间被你消耗掉。此外，由于达尔文在 100 多年前就已经去世，碳原子可以多次走过这条通路。当然，在每一轮中，它将再次作为完全氧化的 CO_2 气体开始并通过植物中的光合作用进入生物世界。

答案 13-10

酵母细胞在有氧条件下增殖得更好。在厌氧条件下，它们不能进行氧化磷酸化，因此必须通过糖酵解产生它们的所有 ATP，该途径的效率较低。尽管一个葡萄糖分子可以通过糖酵解产生 2 个 ATP 分子的净增益，但通过柠檬酸循环和氧化磷酸化可以额外增加约 30 个 ATP 分子的产能。柠檬酸循环依赖于 O_2，因为它需要 NAD^+ 才能继续运行。

答案 13-11

磷酸肌酸的磷酸键中所储存的自由能的量大于 ATP 的酸酐键所储存的自由能的量。因此，磷酸肌酸的水解可以直接与 ATP 的产生相偶联。

磷酸肌酸 + ADP → 肌酸 + ATP

该反应的 $\Delta G°$ 为 –12.6kJ /mol，表明它可以如上文所述那样快速向右发生。

答案 13-12

糖酵解的极端保守性证明所有现今的细胞都来自单一的始祖细胞，如第 1 章所述。因此，糖酵解的精准反应只演化了一次，然后它们就随着有机体的演化而被遗传。后来出现的氧化磷酸化使生物体从燃料分子捕获的能量比单独的糖酵解能量多 15 倍。这种显著的效率已经接近理论极限，因此几乎消除了进一步改进的可能性。因此，替代途径的产生不会导致其在演化中有明显的生殖优势。

答案 13-13

如果一个葡萄糖分子产生 30 个 ATP，那么产生 10^9 个 ATP 分子将需要 $1 \times 10^9/30 = 3.3 \times 10^7$ 个葡萄糖分子和 $6 \times 3.3 \times 10^7 = 2 \times 10^8$ 个氧分子。因此，在 1min 内，细胞将消耗 $2 \times 10^8/(6 \times 10^{23})$ 即 3.3×10^{-16}mol 的 O_2，其气态形式将占据 $3.3 \times 10^{-16} \times 22.4 = \pm 7.4 \times 10^{-15}$L 的体积。细胞的体积为 $10^{-15}m^3[= (10^{-5})^3]$，即 10^{-12}L。因此，细胞每分钟消耗相当于细胞体积约 0.7% 的 O_2 气体量，或每 2.25h 消耗相当于细胞自身体积的 O_2 气体量。

答案 13-14

每个反应都具有负 ΔG 值，因此在能量上是有利的（能量图见图 A13-14）。

答案 13-15

A. 丙酮酸转化为乙酰 CoA，标记的 ^{14}C 原子作为 $^{14}CO_2$ 气体释放（参见图 13-10）。

B. 在柠檬酸循环的每个反应跟踪 ^{14}C 标记的原子，如图版 13-2 所示，你会发现添加的 ^{14}C 标记可以在草酰乙酸中得到定量回收。然而，该分析还表明，它不再位于酮基中，而是位于草酰乙酸的亚甲基中（图 A13-15）。

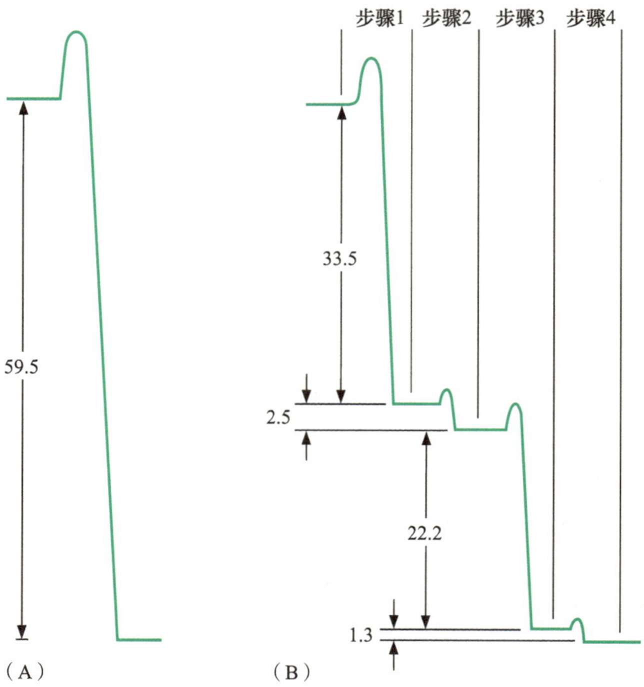

图 A13-14

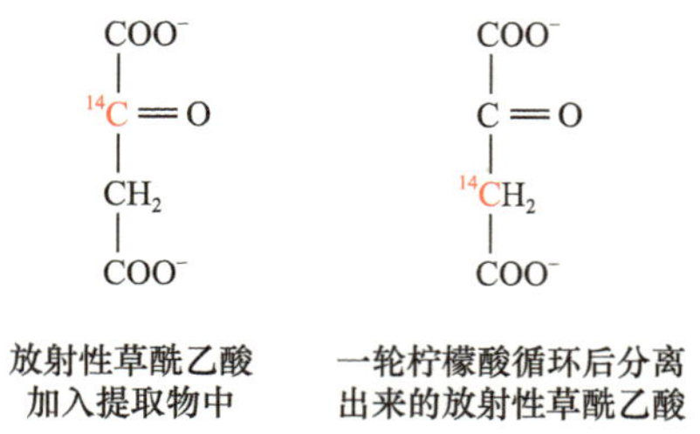

图 A13-15

答案 13-16

在分子氧存在的情况下，氧化磷酸化将细胞中的大部分 NADH 转化为 NAD^+（参见图 13-19）。由于发酵需要 NADH（参见图 13-6），因此 O_2 是否充足会严重影响发酵的发生。

第 14 章

答案 14-1

DNP 会通过使膜对质子通透来破坏或者减少（在浓度非常低的情况下）跨线粒体内膜的质子梯度。细胞会继续氧化食物分子，以将高能电子供应到电子输运链中，但泵送跨膜的 H^+ 会再跨膜流回形成无效循环。其结果是，无法利用电子的能量驱动 ATP 合成，而是作为热量释放掉。服用小剂量 DNP 的患者可以减肥，是因为他们的脂肪储备更快地用于将能量供应给电子传递链，而且整个过程只是简单地将能量作为热量"浪费"掉。在自然情况下，类似的产热机制发生在由棕色脂肪细胞组成的特殊组织中，这些棕色脂肪细胞在新生儿和冬眠动物中非常丰富，细胞内充满了线粒体。线粒体可以将部分 H^+ 梯度无效地跨膜泄漏，其唯一目的是使机体升温。这些线粒体含有高浓度的色素蛋白，如细胞色素，这也使细胞呈现棕色。

答案 14-2

线粒体内膜是发生氧化磷酸化的位点，它产生细胞的大部分 ATP。嵴是线粒体内膜向内折叠的部分。具有更高密度嵴的线粒体也具有更大的内膜面积，因此具有更强的氧化磷酸化的能力。心肌在持续收缩期间消耗大量能量，皮肤细胞的能量需求则相对较小。因此，嵴密度的增加会增加心肌细胞产生 ATP 的能力。这是细胞根据自身需求调整其各个组分丰度的一个典型例子。

答案 14-3

A. DNP 完全破坏电化学质子梯度。泵送到膜另一侧的 H^+ 离子可以自由地流回，因此没有在膜上蓄积可以驱动 ATP 合成的能量。

B. 电化学梯度由两个部分组成：浓度梯度和电势。如果用尼日利亚菌素使膜对 K^+ 具有渗透性，则内膜的电位（内部为负，外部为正）会驱动 K^+ 进入基质中。带正电的 K^+ 的流入将消除膜的电势。相反，H^+ 梯度的浓度组分（pH 差异）不受尼日利亚菌素的影响。因此，只有促使 H^+ 流回基质的驱动力的部分损失。

答案 14-4

A. 这种反向运转的涡轮机是电动水泵，类似于 ATP 合酶使用 ATP 水解的能量逆跨线粒体内膜的电化学梯度来泵送质子。

B. 当从质子梯度中吸取的能量恰好等于制造 ATP 所需的 ΔG 时，ATP 合酶会停滞；在这个平衡点，既没有净 ATP 合成，也没有净 ATP 消耗。

C. 当细胞耗尽 ATP 时，基质中的 ATP/ADP 比率低于上文所描述的平衡点，ATP 合酶会使用存储在质子梯度中的能量来合成 ATP 以恢复 ATP/ADP 的初始比率。相反，当电化学质子梯度下降到低于平衡点时，ATP 合酶使用基质中的 ATP 来恢复该梯度。

答案 14-5

当一个电子对通过三个呼吸复合物从 NADH 传递给 O_2 时，会引起 10 个 H^+ 被泵送跨膜。每制造 1 个 ATP 需要 4 个 H^+：三个用于从 ADP 合成 ATP，一个用于将 ATP 输出到胞质溶胶。因此，每个 NADH 分子可合成 2.5 个 ATP 分子。

答案 14-6

在该过程中，人们可以描述蛋白质的四个基本功能。首先，由蛋白质的氨基酸侧链提供的化学环境建立每个铁离子的氧化还原电位，使得电子可以用特定的顺序从一个组件传递到下一个组件，将其能量在每一步中小幅度释放出来，而且在前进过程中结合也变得更加牢固。其次，蛋白质对铁离子进行定位，使得电子可以在它们之间有效地移动。然后，蛋白质阻止电子跳过中间步骤，因此，正如我们所了解的其他酶那样（在第 4 章中讨论过），它们引导电子沿着确定的路径移动。最后，蛋白质将电子沿着能量阶梯的运动与跨膜质子泵送偶联起来，从而利用释放的能量并将其存储在质子梯度中，然后用于 ATP 的生成。

答案 14-7

在两个步骤中使用同一个载体是没有用的。例如，如果泛醌可以将电子直接转移给细胞色素 c 氧化酶，当 NADH 脱氢酶收集电子时就通常会跳过细胞色素 c 还原酶复合物。鉴于泛醌和细胞色素 c 氧化酶之间氧化还原电位的巨大差异，大量的能量将作为热量释放而造成浪费。电子直接在 NADH 脱氢酶和细胞色素 c 之间进行转移同样也会绕过细胞色素 c 还原酶复合物。

答案 14-8

质子泵过线粒体内膜，进入膜间隙，这对胞质溶胶这个巨大的 H^+ 池起平衡作用。线粒体基质和胞质溶胶都支撑很多在中性 pH 下才能进行的代谢反应。因此，线粒体基质和胞质溶胶之间可以达到的 H^+ 浓度差（ΔpH）相对较小（小于 1 个 pH 单位）。存储在线粒体电化学质子梯度中的大部分能量是取决于膜电位（参见图 14-15）。相比之下，叶绿体的 H^+ 是被泵入较小的专用区室中。这种结构可以达到更高的浓度差异（高达千倍，或 3 个 pH 单位），而且类囊体 H^+ 梯度中存储的大部分能量都取决于类囊体腔和基质之间的 H^+ 浓度差异。

答案 14-9

NADH 和 NADPH 的不同体现在一个磷酸基团上，该基团使 NADPH 与 NADH 的结构有一定的不同，使之能被不同的酶所识别，因而能将其电子提供给不同的目标分子。这样的分工很有成效，因为 NADPH 倾向于参与生物合成反应，用高能电子制造出富含能量的生物分子。而 NADH 参与从氧化富含能量的食物分子产生 ATP 的反应。在细胞内，NAD^+ 和 NADH 的比值非常高，而 $NADP^+$ 和 NADPH 的比值则保持很低，这就提供了大量的 NAD^+ 和 $NADP^+$，从而在分解代谢和合成代谢中分别发挥它们各自作为氧化剂和还原剂的独特功能。

答案 14-10

A. 光合作用产生糖，最重要的是产生蔗糖。然后这些糖通过树汁被运往根细胞，再通过根细胞胞质溶胶中的糖酵解作用和根细胞线粒体中的氧化磷酸化作用，生产 ATP，以及被用作其他许多代谢物的结构单元。

B. 即使在光照时间内，含有叶绿体的细胞仍然需要线粒体通过氧化磷酸化作用为细胞提供 ATP。叶绿体光合作用产生的甘油醛-3-磷酸进入胞质溶胶，最终作为线粒体中驱动 ATP 产生的能量来源。

答案 14-11

所有的说法都是正确的。

A. 这是一个必要条件。如果不是这样，电子就无法从水分子中转移出来，水分子的裂解反应（$H_2O \rightarrow 2H^+ + 1/2O_2 + 2e^-$）也不能发生。

B. 只有被光能激活，叶绿素对电子的亲和力才会降得足够低，使之能够将电子传递给电子亲和力同样较低的电子载体。这种转移能使光子的能量得以捕捉并在化学转换时得以利用。

C. 可以说这是光合作用演化过程中必须克服的最重要的障碍之一：部分还原的氧分子如超氧化物自由基 O_2^- 是危险的反应物，会攻击和破坏几乎所有具有生物活性的分子。因此，这些中间产物必须与酶活性部位上的金属保持紧密结合，直至 4 个电子全部从两个水分子中转移出来。这需要同一个反应中心连续捕获 4 个光子。

答案 14-12

A. 正确。NAD^+ 和醌就是不含金属离子却能参与电子传递的化合物的例子。

B. 错误。电位的形成是由于质子（H^+）从基质中被泵送跨膜进入了膜间隙。在线粒体内膜中，电子仍与电子载体保持结合。

C. 正确。两种成分加入该驱动力，使它在能量方面有利于 H^+ 向基质回流。

D. 正确。两者在质膜平面上迅速地移动。

E. 错误。不仅没有叶绿体的植物细胞（如根细胞）需要线粒体来制造 ATP，而且在所有的植物细胞中都是线粒体负责制造胞质溶胶的大部分 ATP。

F. 正确。叶绿素的生理功能要求它吸收光；血红素则正好是一种有色化合物而使血液呈红色。

G. 错误。叶绿素吸光并以带能电子的形式传递能量，而血红素中的铁只是一种简单的电子载体。

H. 错误。树的大部分干重主要来自于光合作用所固定的源于 CO_2 的碳。

答案 14-13

该过程消耗 3 个质子。合成 ATP 的精确 ΔG 值依赖于 ATP、ADP 和 P_i 的浓度（如第 3 章所述）。ATP 与 ADP 的浓度比值越大，合成额外的 ATP 需要消耗的能量也就越多。因此，46kJ/mol 这一较低的值适用于当细胞已消耗大量的能量从而减少 ATP/ADP 的正常比例时的情况。

答案 14-14

如果没有 O_2 可用，线粒体电子传递链的所有组分将会以其还原形式积累起来。这种情况是因为来源于 NADH 的电子进入该传递链却又不能被传递给 O_2。因此，电子传递链会停止运转，它的所有组分均处于还原态。如果突然再加入 O_2，则细胞色素氧化酶中的电子载体会在 NADH 脱氢酶中的电子载体之前被氧化，这是因为在加入 O_2 之后，细胞色素氧化酶会直接向 O_2 提供电子，因而被氧化。一种增强氧化作用的波动随后从细胞色素氧化酶通过电子传递链的组分随时间而反向传播，随后每种组分都重新获得机会将它的电子传递给下游组分。

答案 14-15

当氧化醌还原时，它从水中吸收两个电子和两个质子（图 14-21）。一旦发生氧化，这些质子被释放。如果膜的一侧发生氧化而另一侧发生还原，则传递每个电子就会有一个质子被泵送跨膜。因此，醌所进行的电子传递直接对 H^+ 梯度的产生作出贡献。

答案 14-16

光合细菌和植物细胞利用从反应 $2H_2O \rightarrow 4e^- + 4H^+ + O_2$ 中获得的电子而将 $NADP^+$ 还原成 NADPH，后者再被用于产生有用的代谢物。如果这些电子除了用来产生 O_2，还用来产生 H_2，这些细胞将不会从该反应中获得任何好处，因为这些电子不能参与有用的新陈代谢反应。

答案 14-17

A. 溶液中的这种转换在类囊体膜两侧建立起一个 pH 梯度，H^+ 沿着电化学势能流下，驱动 ATP 合酶将 ADP 转化为 ATP。

B. 不需要光。因为该 H^+ 梯度是由人工构建，并不需要光驱动的电子传递链。

C. 什么都没有。该 H^+ 梯度的方向可能错误：ATP 合酶将无法发挥作用。

D. 该实验表明仅靠 H^+ 梯度就足以驱动 ATP 合成，从而为化学渗透模型提供了早期的支持证据。

答案 14-18

A. 当将这些囊泡置于光照之下，被细菌视紫红质泵入囊泡的 H^+（来自 H_2O）会通过 ATP 合酶反向流出，使 ATP 在囊泡周围的溶液中合成。

B. 如果囊泡泄漏，就无法形成 H^+ 梯度，ATP 合酶也就无法发挥作用。

C. 利用亲缘关系很远的生物组分会是一种十分有力的实验工具。因为这两种蛋白质的来源差异极大，它们不太可能直接形成功能上的相互作用。该实验因而可以强力证实电子传递和 ATP 合成是两个独立的事件。所以，这种研究方法是有效的。

答案 14-19

$FADH_2$ 的氧化还原电位太低，不能把电子传递给 NADH 脱氢酶复合物，但却足以将电子传递给泛醌（图 14-22）。所以，来自 $FADH_2$ 的电子只有在这一步才能进入电子传递链（图 A14-19）。由于 NADH 脱氢酶复合物被绕开，所以被泵送跨膜的 H^+ 减少，相应生成的 ATP 也会减少。该例子表明了电子传递链的多功能性。利用周围环境中各种不同的电子来供应电子传递，被认为是早期生命演化的一种基本特性。

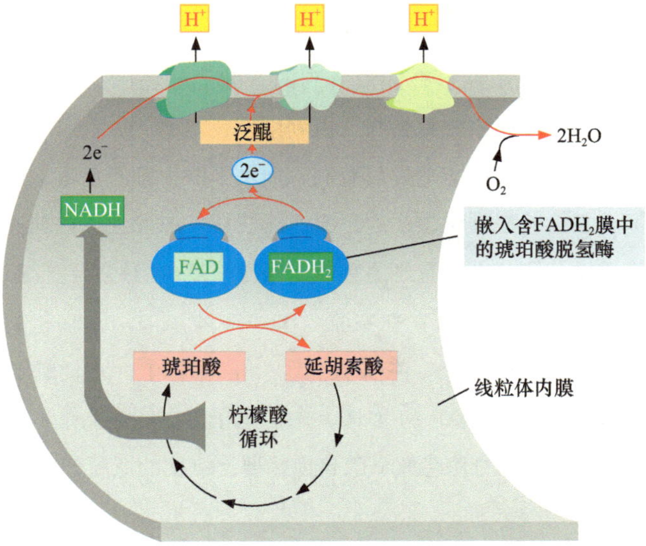

图 A14-19

答案 14-20

如果这些细菌以一种类似其他细菌的方式利用电子梯度来产生它们的 ATP（即内部质子比外部少），那么它们需要将其胞质的 pH 提高到甚至比它们周围的环境（pH10）还要高。若胞质 pH 高于 10，细胞是无法存活的。因此，在电子传递和 ATP 合酶之间的化学渗透偶联中，这些细菌必须利用除 H^+ 以外的离子梯度，比如 Na^+ 梯度。

答案 14-21

A、B 两种说法都正确，而 C 错误。因为即使与预期的单纯逆反应的净效果相同，每个循环中所进行的化学反应也是完全不同的。

答案 14-22

这个实验可能提示了 ATP 合酶功能的两步式模型。根据该模型，通过合酶基部的质子流驱动头部旋转，进而引起 ATP 合成。在该实验中，作者成功地将这两个步骤解偶联。如果机械地转动头部就足以在不添加任何质子梯度的情况下产生 ATP，那么 ATP 合酶这种蛋白质机器发挥功能的方式确实像是一个“分子涡轮”。这的确是一个令人兴奋的实验，因为它直接表明了机械运动和酶活性之间的关系。毫无疑问，该文章一定能够发表并可能成为一篇“经典之作”。

答案 14-23

只有在条件（E）下，随着细胞色素 c 被还原才可以观察到电子的转移。在这种混合物中，部分电子传递链得以重建，以致电子能够在能量有利的方向上从还原泛醌流向细胞色素 c 还原酶复合物，再到细胞色素 c。在（A）中，尽管这种传递在能量方面有利，但由于缺少细胞色素 c 还原酶复合物来催化该反应，因而无法自发地发生。在其他实验中，不管有没有细胞色素 c 还原酶复合物的存在，都没有电子流的出现；在实验（B）和（F）中，泛醌和细胞色素 c 都被氧化；在实验（C）和（G）中，它们都被还原；在实验（D）和（H）中，电子流在能量上是不利的，因为还原细胞色素 c 的自由能要比氧化的泛醌低。

第 15 章

答案 15-1

尽管核被膜是连续的膜，但它也有一些特化的区域，含有特定的蛋白质并具有特定的外观。其中一种特化区域是内层核膜。膜蛋白的确可以在核孔周围的连接处在内外层核膜之间扩散，然而，那些在内膜具有特定功能的蛋白质通常通过与其他组分如染色体和核纤层（内层核膜下的蛋白质网络，可帮助维持核膜的完整性）的相互作用锚定在核被膜上。

答案 15-2

真核基因的表达比原核基因的表达复杂得多。特别是原核细胞没有中断编码基因序列的内含子，所以 mRNA 在转录之后能被迅速翻译，不需要进一步的处理过程（如第 7 章所述）。事实上，在原核细胞中，核糖体在 mRNA 转录完成之前就开始翻译大部分 mRNA。但这在真核细胞中会导致灾难性的后果，因为大部分 mRNA 在翻译之前必须经过剪接。核被膜在时间和空间上分隔了转录及翻译的过程，原始 RNA 被留在核内，直到它被加工形成合适的 mRNA 后才被允许离开核，核糖体才可以对其进行翻译。

答案 15-3

mRNA 分子附着在内质网膜上，由核糖体进行翻译。核糖体总体上看不是静态的，mRNA 连续不断地在核糖体内移动，已经完成翻译的核糖体从 mRNA 的 3′ 端及内质网膜上脱落，而那些在 5′ 端结合有从胞质溶胶库中新招募的核糖体的 mRNA 仍然在翻译。根据 mRNA 的长度，一般一条膜结合的 mRNA 分子上附着有 10 ～ 20 个核糖体。

答案 15-4

A. 此内部信号序列是作为一个膜锚定点，如图 15-17 所示。但是因为没有终止转移序列，蛋白质的 C 端继续被转移进入内质网腔，结果产生的蛋白质在胞质溶胶中有它的 N 端区域，接着是一个单次跨膜片段，以及在内质网腔中的 C 端区域（图 A15-4A）。

B. N 端的信号序列会起始蛋白质 N 端结构域的转移直到被终止转移序列所终止。细胞质结构域被合成直至起始转移序列再次起始该蛋白质的转移。这种情况就如（A）图所述的，蛋白质的 C 端结构域被转移到内质网腔，因此合成的蛋白质跨膜两次。其 N 端和 C 端结构域都在内质网腔。两个跨膜区域之间的襻环状结构域暴露在胞质溶胶中（图 A15-4B）。

C. 它需要一个会被切割的信号序列，随后需要一个内部终止转移序列，以及一对起始和终止转移序列（图 A15-4C）。

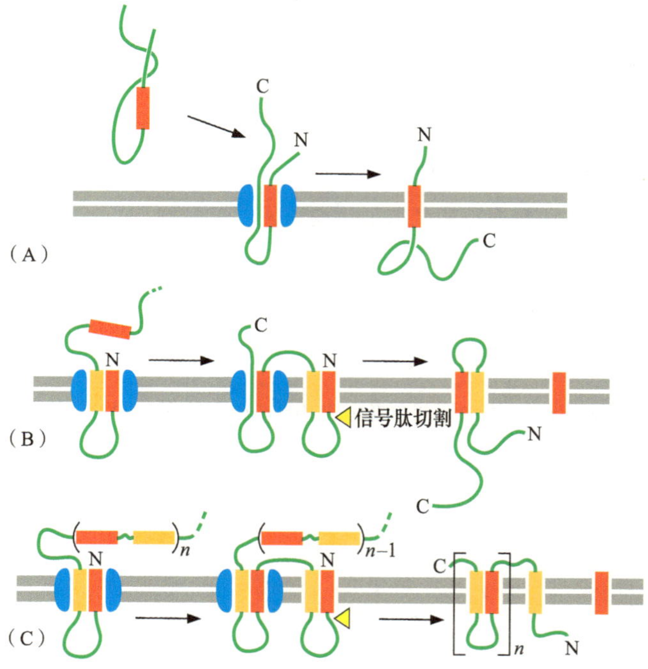

图 A15-4

这些例子证明复杂蛋白质的拓扑结构可以通过图 15-16 和图 15-17 中所示的两种基本机制的变化和组合来实现。

答案 15-5

A. 如果没有衔接蛋白将网格蛋白连接到膜上，那么网格蛋白外被就不能进行装配。当网格蛋白处于高浓度并且在适当的离子条件下，它就可以在溶液中装配成笼状，但它们只是空壳，缺少其他的蛋白质，也不含有膜。这说明形成网格蛋白篮筐的信息包含在网格蛋白分子本身中，因而它可以自我装配。

B. 没有网格蛋白，衔接蛋白仍然与膜上的受体结合，但不会有网格蛋白外被的形成，因而也没有网格蛋白包被小窝或囊泡产生。

C. 深度内陷的网格蛋白包被小窝在膜上形成，但它们没有完全掐断而形成闭和的囊泡（参见图 A15-21B）。

D. 原核细胞不能发挥胞吞作用，因此原核细胞不含有任何带有合适胞质尾部并能介导衔接蛋白结合的受体。所以，网格蛋白不能结合，网格蛋白包被也不能装配。

答案 15-6

糖链预先进行装配可以更好地对其进行质量控制。装配好的寡聚糖链在添加到蛋白质上之前可以检测其精确性；如果将糖单个加到蛋白质上，那么一旦该过程出现错误，则整个蛋白质就不得不被废弃。由于构建一个蛋白质比构建一个短的寡聚糖链消耗的能量更多，所以这是一个更经济的策略。当蛋白质移动到细胞表面，对寡聚糖进行精确修饰的难度也是明显可见：尽管糖链会被分泌途径各个区室中的酶不断进行修饰，但这些修饰通常是不完全的，从而导致离开细胞的糖蛋白存在很大的异质性。这种异质性很大程度上是由于酶很难到达附着在蛋白质表面的糖链上。这种异质性也解释了为什么研究和纯化糖蛋白比非糖化蛋白更困难。

答案 15-7

分泌蛋白的聚集体会在内质网中形成，就像它们在反式高尔基体网络腔中那样。由于这种聚合只特异性地针对分泌蛋白，因此内质网蛋白不会包含到聚集体中。该聚集体最终会被降解。

答案 15-8

没有结合铁的转铁蛋白无法与其受体相互作用，只能一直在血液中循环，直到它捕获一个铁离子。一旦与铁离子结合，铁离子-转铁蛋白复合物可以结合到细胞表面的转铁蛋白受体上并被内吞。在内吞体的酸性条件下，转铁蛋白释放出铁离子，但是转铁蛋白仍然结合在转铁蛋白受体上，并随着受体再循环回到细胞表面，进入细胞表面血液中性的 pH 环境中。中性 pH 引起受体释放出转铁蛋白，使之重新进入血液，它可以再捕获新的铁离子重复此循环。在内吞体中被释放出来的铁离子，就像图 15-33 中的 LDL 一样，继续前进到溶酶体，从那里再被转运到胞质溶胶中。

该系统使细胞可以在血液中铁离子浓度极低的情况下高效地摄取铁离子。结合在转铁蛋白上的铁离子通过与细胞表面的转铁蛋白受体结合而被浓缩；随后由于网格蛋白包被小窝可以聚集转铁蛋白受体，从而使铁离子被进一步浓缩。通过这种方法，转铁蛋白在血液和内吞体之间循环，传递细胞生长所需的铁离子。

答案 15-9

A. 正确。

B. 错误。引导蛋白质到内质网的信号序列包含一个 8 个及以上的疏水氨基酸的核心。这里显示的序列包含很多亲水氨基酸侧链，包括带电氨基酸组氨酸、精氨酸、天冬氨酸和赖氨酸，以及不带电的亲水氨基酸谷氨酰胺和丝氨酸。

C. 正确。否则它们不能锚定在正确的膜靶点，或不能招募融合复合物到锚定点。

D. 正确。

E. 正确。溶酶体蛋白在反式高尔基网络中被挑选并打包进入转运囊泡，后者将它们传送到晚期内吞体。如果没有被挑选，溶酶体蛋白就会默认进入转运囊泡，并被囊泡连续不断地移动到细胞表面。

F. 错误。溶酶体也通过自噬作用消化自身细胞器。

G. 错误。线粒体不参与囊泡转运。因此，仅在内质网上装配的 *N*-连接糖蛋白不能被转运到线粒体。

H. 错误。外层核膜与内质网相连，所有由核糖体合成的蛋白质都与内质网腔相连。

答案 15-10

它们必须同时包含一个核定位信号。带有核输出信号的蛋白质在细胞核和细胞质之间穿梭。一个例子是 A1 蛋白，它在核内结合在 mRNA 上并引导它们穿过核孔。在细胞质中，核定位信号确保 A1 蛋白重新入核，从而输出更多的 mRNA。

答案 15-11

流感病毒通过内吞作用进入细胞并被运送到内吞体。内吞体酸性的 pH 激活了它的融合蛋白。病毒的膜随后与内吞体膜融合，使病毒基因组释放到胞质溶胶（图 A15-11）。NH_3 是一种小分子，可以迅速穿过膜，因此它可以通过扩散作用进入包括内吞体在内的所有细胞内区室。一旦区室内 pH 呈酸性，NH_3 结合 H^+ 形成 NH_4^+，NH_4^+ 是一个带电离子，因而不能通过扩散作用跨膜。NH_4^+ 离子因此在酸性区室聚集，使区室的 pH 升高。当内吞体的 pH 升高，病毒依然可以被内吞，但由于病毒的融合蛋白不能被激活，所以病毒不能进入细胞质。下次患流感的时侯，请记住这一点。

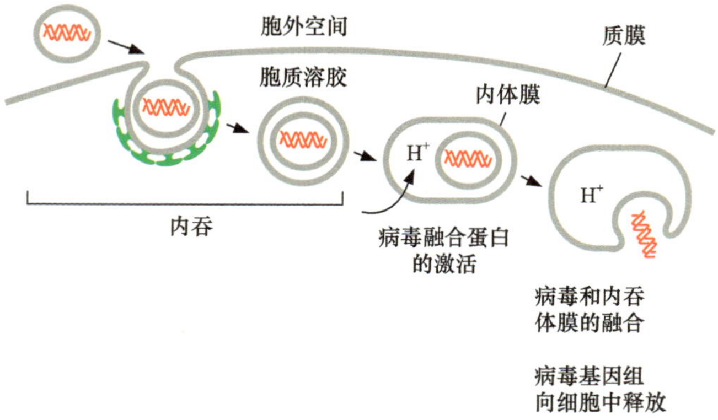

图 A15-11

答案 15-12

A. 因为囊泡膜上有两种不同的 v-SNARE，可以锚定在两种不同膜的任意一种上。

B. 这个谜题的答案目前还不知道。但我们可以预测细胞一定有调控 SNARE 锚定能力的开关。这可以通过其他蛋白质来实现。例如，在内质网中与 SNARE 共包装进入转运囊泡，以及促进正确的 v-SNARE 和 t-SNARE 在顺式高尔基网络中的相互作用。

答案 15-13

突触传递涉及胞吐作用释放神经递质。在该事件中，突触囊泡的膜与神经末端的质膜融合。为形成新的突触囊泡，膜必须通过内吞作用从质膜上获取。如果动力蛋白存在缺陷，则无法切断网格蛋白包被的内吞囊泡，内吞过程将会被阻断。

答案 15-14

前两句话正确，第三句话错误。应该说成：“在分泌或内吞途径中内质网腔或其他区室的内容物从不与胞质溶胶混合，因而进入这些通路的蛋白质从不需要被再次输入。”

答案 15-15

蛋白质被转移到内质网。因此蛋白质一离开核糖体，它的内质网信号序列就被识别。核糖体进而结合在内质网膜上，生成的多肽链通过内质网转运通道进行转移。由于核定位序列从未暴露于胞质溶胶，所以它永远不会遇到核输入受体，因此该蛋白质不会入核。

答案 15-16

①蛋白质在被合成、折叠并且（如果合适的话）装配成复合物后进入细胞核。相反，未折叠的多肽链在被核糖体合成的过程中就被转移到内质网。核糖体在核内装配但在胞质溶胶中发挥功能。催化 RNA 转录和剪接的酶复合物在胞质溶胶装配但在核内发挥功能。因此，核糖体和这些酶复合物都要被完整地转运通过核孔。②核孔是门，总是对小分子开放。相反，内质网膜上的转运通道通常是关闭的。只有当核糖体与膜结合并且转运的多肽链将胞质溶胶通道封闭时才会开放。在转运过程中，内质网膜对小分子保持不可通透性是非常重要的，因为内质网是细胞内 Ca^{2+} 的主要储存处，所以 Ca^{2+} 释放到胞质溶胶必须被严格调控（如第 16 章所述）。③蛋白质在进入细胞核后，核定位信号不会被切除，而内质网信号肽会被切除。核定位信号会被重复地用于运送核蛋白入核，在有丝分裂时，核被膜发生崩解，核定位信号被释放到胞质溶胶。

答案 15-17

在有丝分裂过程中，细胞核和细胞质内容物的短暂混合支持“核内容物和胞质溶胶在演化上确实存在关联”的观点。实际上，我们可以认为细胞核是胞质溶胶的亚区室，它被核被膜环绕，只以核孔作为入口。

答案 15-18

实际的解释是单个氨基酸的变化引起蛋白质细微的错误折叠。因此，尽管它仍然具有蛋白酶抑制剂的功能，但它却被伴侣蛋白阻止离开内质网，从而在内质网腔中聚集并最终被降解。另外的解释包括：①突变影响了蛋白质在血液中的稳定性，导致它比正常蛋白质的降解要快得多；②突变使内质网信号序列失活，从而阻止蛋白质进入内质网；③突变体改变了 DNA 序列，形成内质网滞留信号，使突变蛋白质保留在内质网中。区分这些可能性的办法是利用针对该蛋白质的荧光抗体标记或将此蛋白质与 GFP 融合表达以追踪它在细胞内的转运（参见第 15 章“我们是怎样知道的”栏目）。

答案 15-19

评论：Outonalimb 博士计划研究遗忘蛋白的生物合成。这是一个非常有意思的蛋白质，但是这个计划所基于的主要假说还需要进一步的证据，特别是遗忘蛋白是不是如计划中所说的确实是一个分泌蛋白。内质网信号序列通常存在于 N 端。只有当蛋白质合成已经结束，C 端的疏水序列才会暴露在核糖体外，因而不会在翻译过程中被 SRP 所识别。因此，遗忘蛋白可能不是通过 SRP 依赖的机制进行转移，它更有可能仍然存在于胞质溶胶内。Outonalimb 博士在递交修订版的申请时应考虑这些建议。

答案 15-20

高尔基体可能是从内质网膜上的特殊斑片演化而来的。内质网的这些区域可能已经被掐断，形成新的区室（图 A15-20），这些区室仍然通过囊泡转运与内质网进行交流。为了使新演化的高尔基区室发挥作用，转运囊泡也应该得到演化。

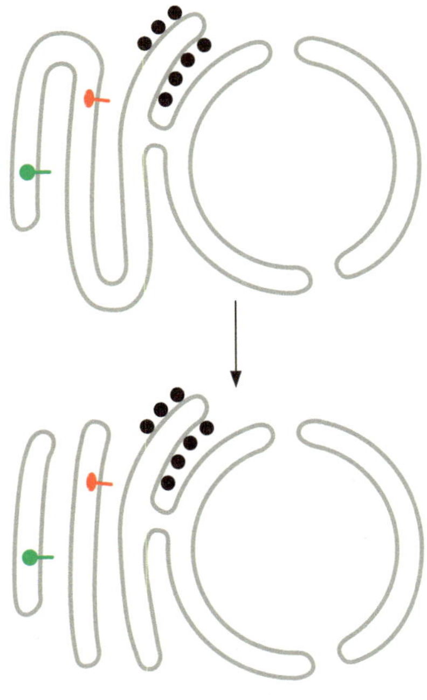

图 A15-20

答案 15-21

这是一个鸡和蛋的问题。事实上，尽管这是演化中第一个出现的细胞所必然面临的重大问题，但这种情况在今天不会出现。新的细胞膜是由已有的膜扩展而产生，内质网也不会从头形成。总是会有携带转运通道的内质网碎片与新的转运蛋白进行整合。遗传不仅限于传递基因组，细胞的细胞器也被一代代传递下来。事实上，在演化上进行追溯，可以发现内质网转运通道与原核生物质膜上的转运通道也存在结构上的关联。

答案 15-22

A. 细胞外空间
B. 胞质溶胶
C. 质膜
D. 网格蛋白包被
E. 深陷的网格蛋白包被小窝的膜
F. 捕获的货物颗粒
G. 深陷的网格蛋白包被小窝的腔

答案 15-23

将会只出现一轮不完整的细胞核输入。由于核转运是以 GTP 水解为燃料，在能量不足的情况下，GTP 会被耗尽，所以一旦细胞核输入受体进入细胞核，没有 Ran-GTP 可以把货物蛋白从该受体上卸载下来（参见图 15-10）。由于无法释放货物，核输入受体会滞留在核孔内，无法返回胞质溶胶。由于细胞核货物蛋白不能被释放，它将无法发挥作用，也不会有更多的蛋白质再运送到核内。

第 16 章

答案 16-1

大多数旁分泌信号分子在从信号转导细胞中释放出来后非常短命：它们或者很快被胞外酶所降解，或者被附近的靶细胞迅速摄取。另外，还一些分子会附着在胞外基质上，因此无法扩散得很远。

答案 16-2

该蛋白质可以是一种酶，产生大量的胞内小信号分子，如 cAMP 或是 cGMP；或者是另外一种酶，可以通过磷酸化等方式修饰大量的胞内靶蛋白。

答案 16-3

突变的 G 蛋白几乎会持续活化。这是因为 GDP 会自发解离，使得即使在没有活化的 GPCR 存在的情况下，GTP

也可以和 G 蛋白结合。这样一来，对细胞的影响将会与受霍乱毒素处理后的情况相似。Gs 的 α 亚基改变使得它不能水解 GTP 从而关闭自身。与霍乱毒素所引起的情况不同的是：突变的 G 蛋白不会永远保持活化状态，它会使自身正常地关闭，但它随后会由于 GDP 的解离和 GTP 的重新结合而立刻再次被激活。

答案 16-4

快速分解使 cAMP 的浓度保持在低水平。腺苷酸环化酶可以催化产生新的 cAMP。cAMP 初始浓度越低，通过腺苷酸环化酶所获得的增幅就越大。如果你在银行已经存有 100 美元，又存入 100 美元，那么你的财富就增加了 1 倍；如果你本来只有 10 美元，再存 100 美元，那么你的财富就增加了 10 倍，存款相同但增长的比例却大得多。

答案 16-5

回忆一下，质膜面积只占细胞总的膜表面积非常小的比例（如第 15 章所述）。内质网要丰富得多。作为一个由膜管和膜层组成的庞大网络，内质网充满了整个细胞。这使得储存在内质网中的 Ca^{2+} 可以被迅速释放到整个胞质溶胶中。而通过 Ca^{2+} 泵将 Ca^{2+} 快速从胞质溶胶中清除掉也非常重要。因为这可以防止 Ca^{2+} 在胞质溶胶中扩散至任何更远的距离。

答案 16-6

参与放大系统的每个反应都必须被关闭，从而将信号通路重新置于静息水平。关闭每一个开关都同样重要。

答案 16-7

因为每个抗体有两个抗原结合部位，所以与受体的结合能够在细胞表面造成受体交联成簇。这种成簇会激活通常由二聚化激活的受体酪氨酸激酶。对于受体酪氨酸激酶，成簇允许一个受体激酶结构域磷酸化受体簇中的另一个受体。GPCR 的激活则更为复杂。因为配体必须引发某种特定的构象变化，只有非常特异的抗体才能很好地模拟受体的配体而引发可激活 GPCR 的构象变化。

答案 16-8

A. 正确。例如，乙酰胆碱通过结合一种 GPCR 而减缓心肌细胞的搏动，通过结合另一种不同的离子通道偶联的乙酰胆碱受体而刺激骨骼肌细胞的收缩。

B. 错误。乙酸胆碱的寿命很短且只能在局部发挥功能。事实上，延长它的寿命是灾难性的。通常乙酰胆碱酯酶会分解位于神经-肌肉突触的乙酰胆碱，抑制该酶的化合物具有极强的毒性。一个例子是作为化学武器的神经毒气沙林就是一种乙酰胆碱酯酶的抑制剂。

C. 正确。无核苷酸的 βγ 复合物能够激活离子通道。结合 GTP 的 α 亚基能够激活酶。而与 GDP 结合的三聚体 G 蛋白处于非活化状态。

D. 正确。由肌醇磷酸酯切割而产生的 IP_3 包含三个磷酸基团，其中一个连接糖和二酰甘油酯。IP_3 是通过一个简单的水解反应所产生的（参见图 16-23）。

E. 错误。钙调蛋白只能检测细胞内 Ca^{2+} 的水平，而不能调节它。

F. 正确。参见图 16-35。

G. 正确。参见图 16-29。

答案 16-9

1. 由于 Ras 信号不能被有效地关闭，你会看到很高的 Ras 活性背景。
2. 由于很多 Ras 分子已经结合了 GTP，所以对某一细胞外信号做出反应的 Ras 活性将远高于正常情况。但是当所有 Ras 分子都转变为 GTP 结合状态时，Ras 的活性会容易达到饱和。
3. 对某一信号的应答将显著放慢。因为信号依赖的 GTP 结合态 Ras 的增加出现在已存在的 GTP 结合态 Ras 已经升高的本底上。
4. 相比于正常细胞，Ras 响应一个信号时活性增加的时间将会被延长。

答案 16-10

A. 两类信号都能够长距离传送：神经元能够沿着很长的轴突（可以想象一下长颈鹿脖子上的轴突）传送动作电位，而激素则通过血液传到机体各处。由于在一个突触处神经元分泌大量的神经递质到两个细胞之间狭小且界限明确的空间中，所以递质的浓度非常高，神经递质受体只需要比较低的亲和力就可以与神经递质结合。相反，激素在血液中被极大地稀释，它们以很低的浓度进行全身循环，因此，激素受体一般需要极高的亲和力才能与响应激素结合。

B. 鉴于神经信号是一个“私人事件”，一个神经元通过特定的突触联系与选定的靶细胞通讯，而激素信号则是一个“公开的通信”，任何带有合适受体的靶细胞都能响应血液中的激素；神经信号传递速度很快，仅被动作电位的传播速度与突触的工作情况所限制；而激素信号则比较慢，其限制因素是血液流动和长距离的扩散。

答案 16-11

A. 细胞中共有 100 000 个 X 分子和 10 000 个 Y 分子（分子个数 = 合成速度 × 平均寿命）。

B. 1s 后，X 分子浓度将增加 10 000 个分子，因此，当合成增加开始 1s 后，X 分子的浓度为每细胞 110 000 个分子，比开始合成前的浓度增加 10%。Y 的量也将增加 10 000 个分子，与 X 相比，其浓度增加整整两倍（为简化问题我们可以忽略这一过程中的降解，因为在 1s 的刺激时间内，X 和 Y 是相对稳定的）。

C. 由于增加的比例更高，Y 是更合适的信号分子。这一计算阐明了一个令人惊奇但却非常重要的规则：开启一个信号所需的时间取决于信号分子的寿命。

答案 16-12

A. 缺乏其胞外配体结合结构域的 RTK 突变体是没有活性的，它不能与胞外信号结合，它的存在也不会影响正常受体激酶的功能（图 A16-12A）。

B. 缺乏其胞内结构域的 RTK 突变体也是没有活性的。但当它们存在时能够阻止正常受体介导的信号转导。配体与突变体和正常受体的结合都可以引起它们的二聚化。两个正常的受体必须聚在一起通过磷酸化来相互激活。但是当过量的突变受体存在时，正常受体通常会与之形成混合二聚体。正常受体的胞内域无法被激活，因为它们的搭档是缺少激酶结构域的突变体（图 A16-12B）。

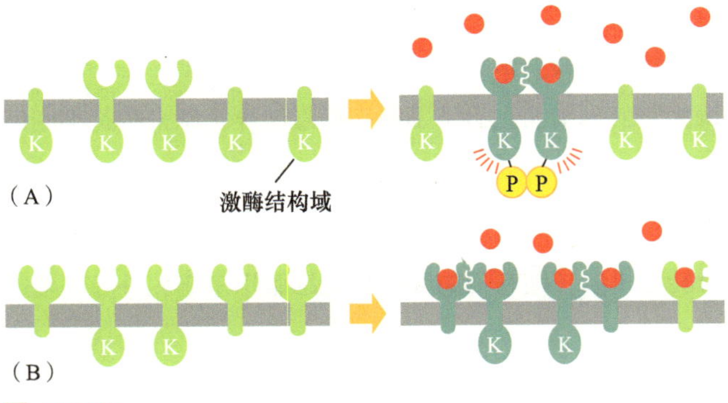

图 A16-12

答案 16-13

该说法正确。配体结合后，多次跨膜受体如 GPCR 的跨膜螺旋彼此之间会发生相对迁移和重排（图 A16-13A）。由于胞质溶胶侧的襻环结构发生重排，这一构象的变化可以被膜的胞质侧感受到。单独的一个跨膜片段不足以跨膜直接传递信号。配体结合后，膜内也不可能发生重排。像 RTK 这类单跨型受体在与配体结合后会二聚化，使那些胞内的结合域靠近并相互磷酸化从而相互激活（图 A16-13B）。

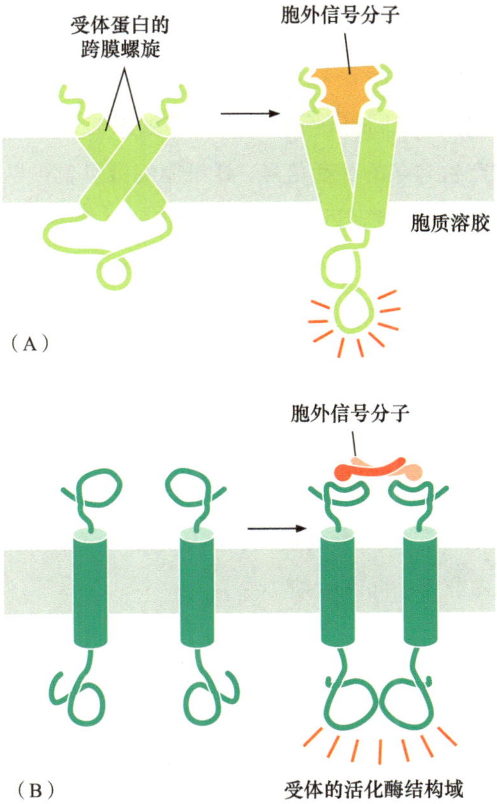

图 A16-13

答案 16-14

两个反应中的激活都依赖于催化 G 蛋白或 Ras 蛋白上的 GDP-GTP 交换的蛋白质。不同的是，GPCR 可直接为 G 蛋白行使此功能，而酶联受体在被磷酸化激活后，会将多种信号蛋白装配形成一个信号复合物。其中一种信号蛋白是一个衔接蛋白，它可以招募一个鸟嘌呤核酸交换因子为 Ras 完成这个功能。

答案 16-15

因为细胞内 Ca^{2+} 浓度非常低，所以相对很少的 Ca^{2+} 流入量就可导致胞质溶胶内 Ca^{2+} 浓度发生较大变化。因此，

只需将 Ca^{2+} 浓度升高到微摩尔浓度范围就能使其水平增加到 10 倍，这与浓度较高的离子如 Na^{+} 相比，显著改变浓度所需的离子要少得多。在肌肉中，从肌质网的胞内储存释放 Ca^{2+} 能在 1μs 内实现大于 10 倍的变化。如果该变化要求在毫摩尔范围进行，则该任务难以完成。

答案 16-16

在多细胞有机体如动物中，重要的是确保细胞在需要的时间和地点存活。实现该目标的简单方法是让细胞的存活依赖于其他细胞产生的信号。比如，生长在不适宜地方的细胞也许不能得到它所需要的存活信号（因为它的邻居不适宜），于是它就会死掉。以下策略也可以帮助调节细胞数量：如果 A 类细胞依赖于来自 B 类细胞的存活信号，那么通过产生有限的存活信号，B 细胞的数量就可以控制 A 细胞的数量。其结果是只有一定数量的 A 细胞存活下来。确实有证据表明，上述机制在发育和成熟的组织中都参与帮助调节细胞的数量（参见图 18-41）。

答案 16-17

Ca^{2+} 激活的 Ca^{2+} 通道形成了一个正反馈环路：Ca^{2+} 被释放越多，就有越多的通道开放，由此胞质溶胶内的 Ca^{2+} 信号暴发式地传送至整个肌细胞，从而确保所有的肌球蛋白/肌动蛋白丝几乎同时收缩。

答案 16-18

K2 激活 K1。如果 K1 持续活化，可以观察到响应不依赖于 K2 状态。如果次序颠倒一下，需要由 K1 来激活 K2，那么，由于在我们的例子中 K2 包含一个失活突变，所以响应无法发生。

答案 16-19

A. 延伸进入细胞核的 3 个信号转导途径的例子是：①胞外信号→ RTK（受体酪氨酸激酶）→效应蛋白→ Ras 激活蛋白→ MAP 激酶激酶激酶（MAPKKK）→ MAP 激酶激酶（MAPKK）→ MAP 激酶（MAPK）→转录调控蛋白；②胞外信号→ GRCR（G 蛋白偶联受体）→ G 蛋白→磷脂酶 C → IP_3 → Ca^{2+} →钙调蛋白→ CaM 激酶→转录调控蛋白；③胞外信号→ G 蛋白偶联受体→ G 蛋白→腺苷酸环化酶→环化 AMP → PKA →转录调控蛋白。

B. 一个直接进入核的信号转导途径的例子是：Delta → Notch →切割 Notch 尾巴→转录。

答案 16-20

当 PI 3-激酶被活化的 RTK 所激活，它会磷酸化质膜上一个特异的肌醇磷酸。磷酸化后的肌醇磷酸随后招募 Akt 和另一种有助于磷酸化并激活 Akt 的蛋白激酶到质膜上。一直与膜结合的第三种激酶也会帮助激活 Akt（参见图 16-32）。

答案 16-21

极性基团是亲水性的，胆固醇则只带有一个羟基，因此它的疏水性太强从而无法成为一种高效的激素。因为胆固醇实际上不溶于水，除非被特定的载体携带，否则它很难作为一个信使借助胞外液体从一个细胞转移到另一个细胞。

答案 16-22

对类固醇激素受体来说，类固醇激素和受体形成一对一的复合物结合到 DNA 上，从而激活或是抑制基因转录。因此，在受体配体结合和转录调控之间没有放大作用。而放大作用发生在后面，因为靶基因转录会产生许多 mRNA 分子，每一个 mRNA 分子又会翻译产生许多蛋白质分子（如第 7 章所述）。对于离子通道偶联受体，一个离子通道在开启时会让千万个离子流过。这就是此类信号系统的放大步骤。

答案 16-23

胞内信号转导途径的步骤越多，细胞需要对途径进行调控的地方就越多，如放大信号、整合不同通路的信号、将信号沿着不同的途径传播等（参见图 16-9）。

答案 16-24

一般认为动物和植物是独立演化而来的多细胞生物，因此认为它们分别演化出了不同的信号转导机制来进行细胞间的相互交流。另外，动物和植物又都是从同一个真核祖先细胞演化而来的，所以动植物应该具有一些共同的胞内信号转导机制，即它们的共同祖先细胞用来响应外界环境的那些机制。

第 17 章

答案 17-1

快速迁移的细胞如变形虫（A）和精子（F），它们的细胞质中一般不需要中间丝。因为它们既不产生也不承受张力。植物细胞（G）虽然受到风力和水流的推拉，但它们是通过自己坚韧的细胞壁而不是通过细胞骨架来抵挡这些外力。而上皮细胞（B）、平滑肌细胞（C）和神经细胞的长轴突（E）则富含中间丝，可防止它们在受到由于周围组织运动而引起的牵拉时发生断裂。上述这些真核细胞的核纤层中都含有中间丝。细菌如大肠杆菌（D），则不含有中间丝。

答案 17-2

两个微管蛋白二聚体之间的亲和力比较低，这是由于它们相互作用的位点有限。而微管蛋白二聚体和微管末端的亲和力相对较高，这是因为它们之间可以发生相互作用的位点很多，如微管蛋白二聚体可以以末端对末端的方式添加到一条原纤维上去，或是以旁侧对旁侧的方式与形成环状横切面的相邻原纤维中的微管蛋白亚基结合。因此，要从头开始形成微管，就必须有足够的微管蛋白二聚体聚集在一处，并保持相当长时间的相互结合。这样有利于其他微管蛋白分子添加上去。只有当一定数量的微管蛋白二聚体已经聚集起来时，其余的亚基才能添加上去。因此，这种最初的“成核部位”的形成很罕见。在胞内微管蛋白的浓度条件不会自发产生。中心体含有预先聚合的 γ-微管蛋白环，随后 αβ-微管蛋白二聚体可以结合上去（这里的 γ 微管蛋白亚基通过旁侧与旁侧进行结合，其结合力要比 αβ-微管蛋白之间的结合力强得多）。αβ-微管蛋白二聚体的结合条件与二聚体添加到已聚合微管末端的条件相仿，因此，中心体中的 γ-微管蛋白环可被看成是一个永久性的、预先装配好的“成核部位”。

答案 17-3

A. 微管在失去 GTP 帽后会缩短。换言之，末端的微管蛋白亚基都是以结合 GDP 的形式存在。溶液中 GTP 形式的微管蛋白亚基也会添加到这个末端，但是它们的寿命很短——要么是因为 GTP 被水解，要么微管蛋白亚基由于它们周围的一圈微管解散而脱落下来。但是，如果足够多的 GTP 形式的亚基以足够快的速度添加并遮盖住微管末端 GDP 形式的微管蛋白亚基，这时也可以形成一个新的 GTP 帽，微管也就重新开始生长。

B. 微管蛋白的浓度越高，GTP-微管蛋白的添加速度就越快。因而，微管从缩短转变为增长的概率也会随微管蛋白浓度的升高而增加。这种调节的结果使系统达到自身的平衡：越多的微管缩短（游离微管蛋白的浓度越高），微管重新生长的概率也就越大。反过来，微管生长越多，出现游离的微管蛋白的浓度下降，GTP-微管蛋白的添加速率也随之减慢；在某个时间点，GTP 水解的速率会赶上新的 GTP-微管蛋白添加速度，使 GTP 帽被破坏。微管又开始进入缩短状态。

C. 如果只有 GDP 存在，微管会持续短缩并最终消失。这是因为结合 GDP 的微管蛋白二聚体相互间的亲和力非常低，不能稳定地添加到微管上去。

D. 如果有 GTP 存在且不能被水解，那么微管将会持续生长直到所有游离的微管蛋白亚基被全部耗尽。

答案 17-4

如果所有动力蛋白臂的活力同等，那么微管之间不会出现明显的相对滑动，纤毛的弯曲也就不会发生（设想有 9 个举重运动员围成一圈，每个人都想把自己旁边的人举起来。如果他们全部成功的话，这一圈人将会浮在空中！）。因此，有些纤毛动力蛋白分子必须选择性地在纤毛一侧进行激活。当它们将它们周边的微管向纤毛顶端推动时，纤毛就会背向含有激活动力蛋白的一侧发生弯曲。

答案 17-5

任何一种可以稳定由两个或更多肌动蛋白单体组成的复合物且不会封闭纤维生长所需末端的肌动蛋白结合蛋白，都能促进一条新纤维的产生（成核过程）。

答案 17-6

荧光肌动蛋白分子只有在装配成肌动蛋白丝后才能看到荧光，这是因为没有装配的肌动蛋白分子扩散很快，所以只会形成昏暗均一的背景光。在你的实验中，只有极少的肌动蛋白分子标记了荧光（1∶10 000）。每根肌动蛋白丝上最多只有一个肌动蛋白单体被标上了荧光（参见图 17-30）。总体而言，片状伪足含有许多肌动蛋白丝。有一些肌动蛋白丝会相互重叠，因此肌动蛋白分子的荧光呈斑点状。这个技术（被称为“斑纹荧光”成像技术）可用来研究迁移细胞中聚合肌动蛋白的移动。如果进行长时间观察，你会发现单个荧光斑点从爬行的前沿向细胞内部匀速地移动。无论细胞是否在迁移，这种荧光斑点的移动都会发生。荧光斑点向后移动是因为肌动蛋白单体是在肌动蛋白丝的正极添加，而从负极脱落下来（即肌动蛋白丝的解聚）(参见图 17-35B)。事实上，肌动蛋白单体在肌动蛋白丝上进行移动，这种现象称为“踏车现象”。踏车现象也可发生在溶液中分离的肌动蛋白丝上以及有丝分裂的纺锤体中。

答案 17-7

细胞含有能使肌动蛋白成束和交联的肌动蛋白结合蛋白(参见图 17-32)。从片状伪足和丝状伪足伸展来的肌动蛋白丝牢固地锚定在细胞皮层的纤维网上，从而为生长中的棒状肌动蛋白丝提供机械锚接，使细胞膜发生形变。

答案 17-8

虽然将亚基结合在一起的非共价键就单个而言强度较弱，但它们数量巨大，分布在大量的纤维间，结果是如同一个人举起重物时所产生的张力被分散在如此多的亚基上，分散到单个亚基上的强度不会超过它们相互作用的强度。依此类推，一根蚕丝不足以支撑一个人的重量，但一根由无数蚕丝制成的绳索则可以。

答案 17-9

两种丝都是由二聚体形式的亚基通过卷曲螺旋的相互作用而组成。此外，二者的二聚体又都是通过它们的卷曲螺旋结构域聚合成丝。中间丝的二聚体是以头对头的形式组成丝的，因而形成的蛋白丝没有极性，而位于同一侧的肌球蛋白丝的所有肌球蛋白分子都是头部朝向同一方向进行排列。这种极性对于它们在肌肉中形成收缩力是必需的。

答案 17-10

A. 在一条肌动蛋白丝中，连续的肌动蛋白分子在构象和位置上都是完全相同的。当第一个蛋白质（如肌钙蛋白）与肌动蛋白丝结合后，第二个蛋白质就不可能识别裸露的肌动蛋白丝中的第七个单体。然而，原肌球蛋白沿肌动蛋白丝的长轴方向结合，恰好跨越了 7 个单体，因而它可以作为一把分子“尺子”来衡量 7 个肌动蛋白单体的长度。肌钙蛋白的定位是通过结合在平均分布的肌球蛋白分子的末端而实现的。

B. 只有当肌钙蛋白（结合 Ca^{2+}）和原肌球蛋白（将肌钙蛋白结合 Ca^{2+} 的信息传递给肌动蛋白丝）同时存在时，Ca^{2+} 才能影响肌动蛋白－肌球蛋白系统中的力的产生。(i) 没有原肌球蛋白，肌钙蛋白无法结合肌动蛋白。肌动蛋白丝可能会持久地结合肌球蛋白。因而，不管有没有 Ca^{2+} 的存在，此系统将持续处于活化状态（肌细胞因此将一直处于收缩状态，无法被调节）。(ii) 原肌球蛋白可能会与肌动蛋白相结合，进而完全阻止肌球蛋白的结合。不管钙离子是否存在，这个系统将会持续处于失活状态，因为原肌球蛋白不受 Ca^{2+} 的影响。(iii) 这个系统将对 Ca^{2+} 做出反应而产生收缩。

答案 17-11

A. 正确。ER 持续地向外移动是必需的。如果没有微管，ER 就会朝细胞中心坍塌。

B. 正确。在两个子细胞之间进行生理切割的收缩环需要肌动蛋白，而负责将染色体分开的纺锤体是由微管组成的。

C. 正确。两种伸展都和跨膜蛋白相关。这些跨膜蛋白从细胞质膜上突起，使细胞能在接触面上形成新的锚定点。

D. 错误。为了引起弯曲，ATP 需要被结合在鞭毛外侧微管上的动力蛋白（马达蛋白）水解。

E. 错误。细胞不重排其中间丝，就不能进行分裂。但是，许多终末分化的细胞以及长寿命的细胞如神经细胞具有稳定的中间丝。目前还没有发现它们要解聚。

F. 错误。微管生长的速度与 GTP 帽的大小无关。微管正极和负极的生长速度不同是由于它们对于进来的微管蛋白亚基具有物理性质不同的结合部位，因而微管蛋白亚基添加到两端的速率是不同的。

G. 正确。这两者都是说明同样的细胞膜如何会具有某一功能特殊高度特化区域的很好例子。

H. 错误。肌球蛋白的运动由肌球蛋白的磷酸化或 Ca^{2+} 与肌钙蛋白的结合所激活。

答案 17-12

小分子（如 ATP）扩散 10μm 距离所需的平均时间可由以下公式计算：

$$(10^{-3})^2/(2\times5\times10^{-6}) = 0.1\text{s}$$

同样，一个蛋白质平均需要 1s 而一个小泡平均需要 10s 移动 10μm。一个小泡扩散到 10cm 长的轴突末端，大概

平均需要 10^9s，即 30 多年。若以 1μm/s 的机动运输速度计算，则需要 10^5s，即 28h。通过该计算，我们可以清楚地认识到为什么会通过演化产生驱动蛋白和其他马达蛋白沿着微管运输分子和细胞器。

答案 17-13

①动物细胞比细菌体型更大，形状更加多样化，而且没有细胞壁，因而需要细胞骨架来提供机械支撑并保持其形状。②动物细胞以及其他所有的真核细胞都有细胞核，中间丝维持细胞核的形态并将细胞核保持在细胞中合适的位置。核纤层蛋白附着在核膜内侧，支撑核膜并使之成形。中间丝网络围绕着细胞核并扩展到细胞质中。③动物细胞可以通过改变细胞形状进行移动。该运动需要肌动蛋白丝和肌球蛋白的参与。④与细菌相比，动物细胞的基因组大得多，而且分散到许多染色体中。当细胞分裂时，染色体必须精确地分配到两个子细胞中。该过程需要有丝分裂纺锤体微管的参与。⑤动物细胞具有胞内细胞器。这些细胞器的定位依赖于驱动它们沿着微管移动的马达蛋白。一个典型的例子是从脊髓延伸到脚的神经细胞，它的胞内膜被小泡（细胞器）沿着轴突微管运输的距离可长达 1m。

答案 17-14

一条中间丝的两个末端彼此之间是无法区分的。因为中间丝是由对称的四聚体组装而成的，而这种对称的四聚体是由两个卷曲螺旋的二聚体组成，与微管和肌动蛋白丝相比，中间丝是没有极性的。

答案 17-15

中间丝没有极性，它两端的化学组成没有区别。因此，很难想象如果一个假想的马达蛋白结合在中间丝的中间，它将会如何选择一个确定的方向。这个假想的马达蛋白结合到中间丝上时朝向两侧运动的概率是相同的。

答案 17-16

剑蛋白会沿着微管的长轴方向、在远离 GTP 帽的位置上切断微管。产生的微管片段在其暴露出的末端上会带有 GDP-微管蛋白，并会迅速发生解聚。因此，剑蛋白可以快速地破坏现存的微管。

答案 17-17

细胞分裂既依赖于微管的聚合能力，也依赖于它的解聚能力。这在纺锤体的装配过程中表现得尤为明显。纺锤体的形成需要预先解聚细胞的其他微管，将微管蛋白解离出来再用于形成纺锤体。该重排过程无法发生在紫杉醇处理的细胞中。而在秋水仙素处理的细胞中，由于无法组装形成纺锤体，细胞的分裂同样被阻断。在一个不那么明显但同样重要的层面上，这两种药物均能阻断微管的动态不稳定性，因而会破坏有丝分裂纺锤体的功能，即使该纺锤体能够被正确组装起来。

答案 17-18

马达蛋白是单向移动。驱动蛋白总是朝向微管正极移动，而动力蛋白则朝向微管负极移动。因此，如果将驱动蛋白黏附在盖玻片上，那么只有那些相对于微管有正确取向的马达蛋白才能与微管结合，并对微管施加力以驱动微管向前移动。鉴于驱动蛋白是朝微管正极运动，所以微管将总是以负极在前的方式在盖玻片上移动。

答案 17-19

A. A 是一个延搁阶段，在此期间微管蛋白分子聚合形成成核中心（图 A17-19A）。成核后是一个迅速上升（阶段 B）并到达平台的阶段。在此期间，微管蛋白二聚体添加到正在伸长的微管末端（图 A17-19B）。在阶段 C，整个体系中有些微管迅速伸长而另一些则迅速缩短，两者达到平衡（图 A17-19C）。游离微管蛋白的浓度在该阶段达到恒定，因为聚合作用和解聚作用是平衡的（参见问题 17-3）。

B. 在体系中加入中心体后引入了成核位点，可以缩减延迟阶段 A，即图 A17-19D 中的红色曲线。微管生长的速率（即微管伸长阶段 B 中曲线的斜率）和游离微管蛋白的平衡水平均保持不变，因为中心体的存在不影响聚合和解聚的速率。

答案 17-20

正在缩短的微管的末端已经出现明显的破碎。随着末端的解聚，单根原纤维也已经分开并发生弯曲。因此，该显微镜照片表明 GTP 帽（已从缩短的微管上脱落）的作用是维持原纤维之间进行正确地排列，这很可能是通过增强 GTP 形式的 αβ-微管蛋白亚基的侧向相互作用而实现的。

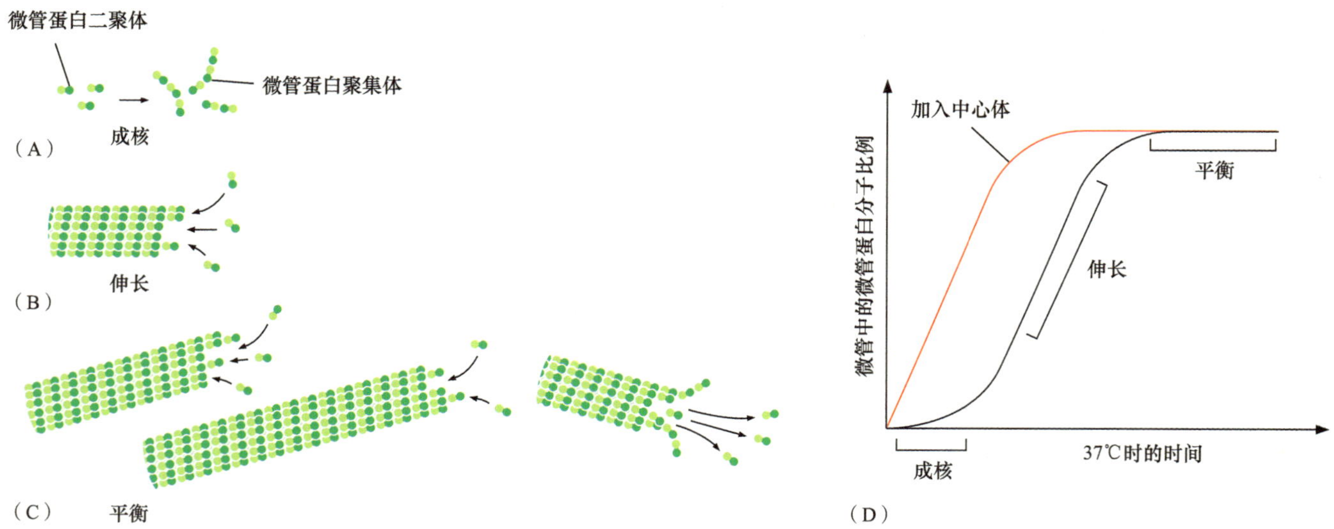

图 A17-19

答案 17-21

细胞松弛素会打断肌动蛋白丝的形成。它对细胞的影响证明了肌动蛋白对细胞移动的重要性。秋水仙素的实验表明微管赋予了细胞极性，该极性随后决定细胞的哪一端成为移动的前沿（参见图 17-15）。在缺失微管的情况下，细胞仍然能做出与运动相关动作，如片状伪足的伸缩等。但对于失去了极性的细胞而言，这些动作都是徒劳的，因为这些运动是朝向四面八方而且杂乱无章。抗体可以和相应的抗原（在这里是波形蛋白）紧密结合（参见图版 4-2）。结合以后，抗体通过阻止抗原与其他细胞组分的相互作用而干扰抗原的功能。因此，抗体注射实验表明，中间丝对于细胞极性的维持和运动机制都不是必需的。

答案 17-22

（B）和（C）组成的完整句子均正确。细胞膜上动作电位的直接结果是将 Ca^{2+} 从肌质网释放到胞质中，胞质溶胶 Ca^{2+} 的迅速升高会触发肌细胞收缩。高浓度的 Ca^{2+} 结合肌钙蛋白，从而驱使原肌球蛋白移动，暴露出肌动蛋白丝上肌球蛋白的结合位点。（A）和（D）组成的完整句子均错误。这是因为 Ca^{2+} 对肌球蛋白头部脱离肌动蛋白没有影响，该过程是由 ATP 水解所造成。对维持肌球蛋白的结构来说，Ca^{2+} 也不起作用。

答案 17-23

只有（D）正确。肌肉一旦收缩，Z 盘即相互靠近，而肌动蛋白丝和肌球蛋白丝都不收缩（参见图 17-41 和图 17-42）。

第 18 章

答案 18-1

假设我们所知道的所有生命都来自一个成功祖先细胞的“第一次细胞分裂”，该说法正确，这是因为所有细胞都是由另一个细胞分裂而产生。在这个祖先细胞之前，可能还有很多其他的尝试来开始生命之链，只是均未成功。

答案 18-2

峰 B 中的细胞所含的 DNA 是峰 A 中细胞的两倍，表明它们含有复制后加倍的 DNA，而峰 A 中的细胞含有未复制的 DNA。因此，峰 A 包含 G_1 期细胞，峰 B 含有 G_2 和有丝分裂期细胞。S 期细胞已经开始但尚未完成 DNA 合成；因此，它们具有各种中等量的 DNA，并且位于两个峰之间的区域中。大多数细胞处于 G_1 期，表明 G_1 期是细胞周期的最长阶段（参见图 18-2）。

答案 18-3

对多细胞生物而言，调控细胞分裂非常重要。单个细胞只能在有益于整个生物体时才能进行增殖。G_0 期可以提供保护，防止细胞分裂的异常激活，因为在 G_0 期大部分的细胞周期调控系统被拆除。另一方面，如果细胞暂停在 G_1 期，它仍将包含所有的细胞周期调控系统，所以很容易被诱导进行分裂。几乎同时，该细胞还必须重新“决定”不进行后续的分裂。要从 G_0 重新进入细胞周期，细胞必须重新合成已消失的所有组分。

答案 18-4

细胞会复制其受损的 DNA，因此当细胞分裂时会向两个子细胞引入突变。这种突变可能会增加该子细胞后代最终发生癌变的概率。

答案 18-5

注射前，青蛙卵母细胞必须含有无活性的 M-Cdk。在注射 M 期细胞质后，其中少量的活化 M-Cdk 可以启动活化磷酸酶（Cdc25），除去失活 M-Cdk 中抑制性的磷酸基团（参见图 18-17），从而激活非活化的 M-Cdk。因此，第二卵母细胞的提取物（此刻其正处于 M 期）将含有与原来的细胞质提取物中活化程度相同的 M-Cdk，等等。

答案 18-6

实验表明，动粒没有预先分配给一个或另一个纺锤体极；微管所结合的是它们所能够触碰到的动粒。然而为了使染色体保持与微管的结合，必须要施加一定的张力。张力通常是通过来自相反纺锤体极的拉力来实现的。对该张力的需求确保了如果两个姐妹动粒连接到同一个纺锤体极上，将不会有张力产生，一个或两个连接将会断开，使来自纺锤体另一极的微管将有机会来正确结合微管。

答案 18-7

回顾一下图 18-30 所示的新核被膜在染色体表面重新进行装配。核膜与染色体紧密结合可防止胞质溶胶蛋白质被困在染色体和核膜之间。核蛋白随后通过核孔选择性地进入细胞核，使细胞核在保持其特有蛋白质组成的基础上进行扩张。

答案 18-8

高尔基囊泡的膜相互融合成为两个子细胞质膜的一部分。囊泡内部充满了细胞壁材料，它会成为新的细胞壁基质将两个子细胞分隔开。因此，高尔基体囊泡膜中的蛋白质就会成为质膜蛋白质。暴露于高尔基囊泡腔的蛋白质部分将最终暴露于新的细胞壁外侧（图 A18-8）。

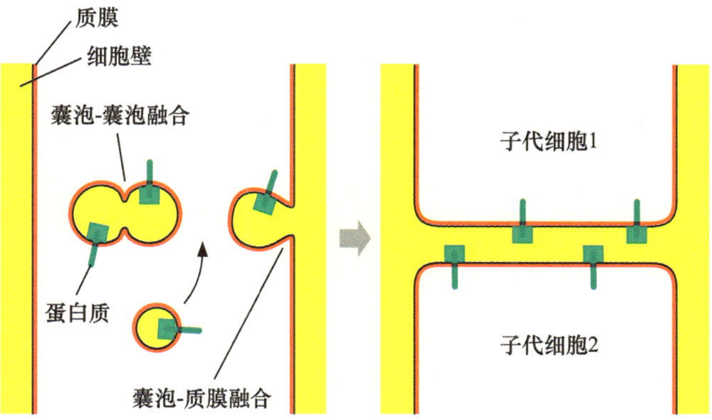

图 A18-8

答案 18-9

在真核生物中，生物体生存和繁殖所需的遗传信息分布在多条染色体上。因此，当细胞分裂时，确保每个子细胞接收到所有染色体的拷贝是至关重要的；如果子细胞接收的染色体太少或太多，则影响通常是有害甚至致命的。有丝分裂期间每条染色体仅复制产生两个拷贝。如果细胞在分裂时是随机分配染色体，那么每个子细胞正确地接收到每条染色体的一个拷贝是不太可能的。相比之下，高尔基体会分裂成很多相似的微小囊泡，并且通过随机分布，每个子细胞很可能接收到大约相等数量的囊泡。

答案 18-10

由于细胞凋亡在正在发育的组织和成人的组织中经常发生，所以凋亡必须要避免触发通常与细胞损伤相关的警报反应。例如，组织损伤会导致信号分子的释放，刺激周围细胞进行增殖以使伤口愈合。它还会释放出可能导致破坏性炎症反应的信号。此外，细胞内容物的释放可引发免疫系统针对内容物分子的免疫应答，而这些分子通常是不会遇到的。如果正常发育过程中所发生的大量细胞死亡会引发这种反应，那么这种反应也会对机体本身造成伤害。

答案 18-11

由于细胞群体呈指数增加，所以每经过一次分裂，细胞的重量就会加倍。经过 N 次分裂后细胞群体的重量为 $2^N \times 10^{-9}$g。因此，70kg (70×10^3g) = $2^N \times 10^{-9}$g，或 $2^N = 7 \times 10^{13}$。两边取对数可以解出等式中 N 值。$N = \ln (7 \times 10^{13}) / \ln 2 = 46$；也就是说，如果细胞呈指数增殖，则只需 46 天。然而，动物中的细胞分裂受到了严格控制，而且人体中的大多数细胞在高度分化时停止分裂。这个例子说明，细胞的指数增殖仅发生于非常短暂的时期内，甚至在胚胎发育期间也是如此。

答案 18-12

许多动物的卵细胞很大，储存有足够的细胞成分以支持多次细胞分裂。从受精后第一次细胞分裂形成的子细胞开始，其体积会逐渐变小，因此可以在不需要新的蛋白质或

RNA 合成的情况下形成。然而正常分裂的细胞会在 G_1、G_2 和 S 期不断地生长，直到它们的大小加倍为止，但早期卵裂的细胞没有生长过程，它们的 G_1 和 G_2 几乎都不存在。由于 G_1 通常比 G_2 和 S 期更长，所以 G_1 是分裂过程中减少程度最显著的时期。

答案 18-13

A. 辐射导致 DNA 损伤，这会激活一种调控机制（由 p53 和 p21 介导；参见图 18-15），进而使细胞周期停滞直至 DNA 得到修复。

B. 细胞将复制受损的 DNA，从而在细胞分裂时在子细胞中引入突变。

C. 细胞能够正常分裂，但它容易发生突变，这是因为自然条件下（如宇宙射线辐射）总会有些DNA受到损伤。这种由 p53 所介导的机制主要用于防止 DNA 损伤积累所造成的破坏性影响，但该机制对于未受损细胞中细胞周期的正常进程不是必需的。

D. 人类细胞分裂是一个持续的过程，是生存所必需，在人体成熟时也不会停止。例如，皮肤中的血细胞和上皮细胞或肠道内壁细胞通过细胞分裂不断产生，以满足身体的需求。你的身体每天会产生大约 10^{11} 个新的红细胞。

答案 18-14

A. 在 30min 标记期间，只有处于细胞周期 S 期的细胞（即那些合成 DNA 的细胞）含有放射性 DNA。

B. 最初，有丝分裂细胞不含有放射性 DNA，因为这些细胞在标记期间没有进行 DNA 合成。的确，大约 2h 后第一个标记的有丝分裂细胞才会出现。

C. 曲线的初始上升对应于当添加放射性胸苷时刚刚完成 DNA 复制的细胞。曲线随着更多的标记细胞进入有丝分裂期而上升；峰值对应于添加放射性胸苷时刚开始 S 期的那些细胞。然后标记细胞从有丝分裂中退出，并被未标记的有丝分裂细胞所替代，这些细胞在标记期间未处于 S 期。20h 后，曲线再次开始上升，因为标记细胞开始进入第二轮有丝分裂。

D. 在带有标记的有丝分裂细胞出现之前的 2h 初始滞后时间是 G_2 期，即从 S 期结束到有丝分裂开始之前的时间。观察到的第一个进入有丝分裂期的标记细胞是当加入放射性胸苷时正在完成 S 期（DNA 合成）的细胞。

答案 18-15

M 周期蛋白的缺失会导致 M-Cdk 的失活。结果，M-Cdk 的靶蛋白被磷酸酶去磷酸化，细胞从有丝分裂中退出：细胞有丝分裂纺锤体解聚，核膜重新装配，染色体去凝集，等等。M 周期蛋白在蛋白酶体中被泛素依赖性途径所破坏。M-Cdk 的活化导致 APC/C 的活化，从而使周期蛋白在后续晚些时候被泛素化。如第 7 章所述，泛素化标记的蛋白质在蛋白酶体中被降解。

答案 18-16

M 周期蛋白随着稳定的合成而逐渐累积。随着积累，它会倾向于与已有的有丝分裂 Cdk 分子形成复合物。这些复合物中的 Cdk 受到了磷酸化抑制（参见图 18-10）。达到一定的阈值水平后，磷酸酶 Cdc25 会激活 M-Cdk。一旦被激活，M-Cdk 就可以发挥增强 Cdc25 活性的功能；这种正反馈会导致 M-Cdk 的完全活化（参见图 18-17）。因此，M 周期蛋白的积累就像一个缓慢燃烧的保险丝，最终有助于触发 M-Cdk 的暴发式的自激活。M 周期蛋白的急剧降解终止了 M-Cdk 活性，从而开始了新一轮 M 周期蛋白的积累。

答案 18-17

顺序是 F、C、B、A、D。这五个步骤组成了有丝分裂（E）。胞质分裂是 M 期的最后一步，它涵盖后期和末期。有丝分裂和胞质分裂都是 M 期的一部分。

答案 18-18

如果有丝分裂期和间期细胞中微管的生长速率相同，那么它们的长度与它们的寿命成正比。因此，有丝分裂微管的平均长度是 1μm（$=20\mu m \times 15s/300s$）。

答案 18-19

如图 A18-19 所示，来自纺锤体两极的极间微管发生重叠，它们的正极指向相反。正极定向运动蛋白将相邻的反向平行微管交联在一起，并倾向于使微管沿着将纺锤体的两极推开的方向移动，如图所示。负极定向运动蛋白也将相邻的反向平行微管交联在一起，但是移动方向相反，倾向于将纺锤体极拉在一起（未显示）。

答案 18-20

当来自一个纺锤体极的微管附着在染色单体的动粒上时，

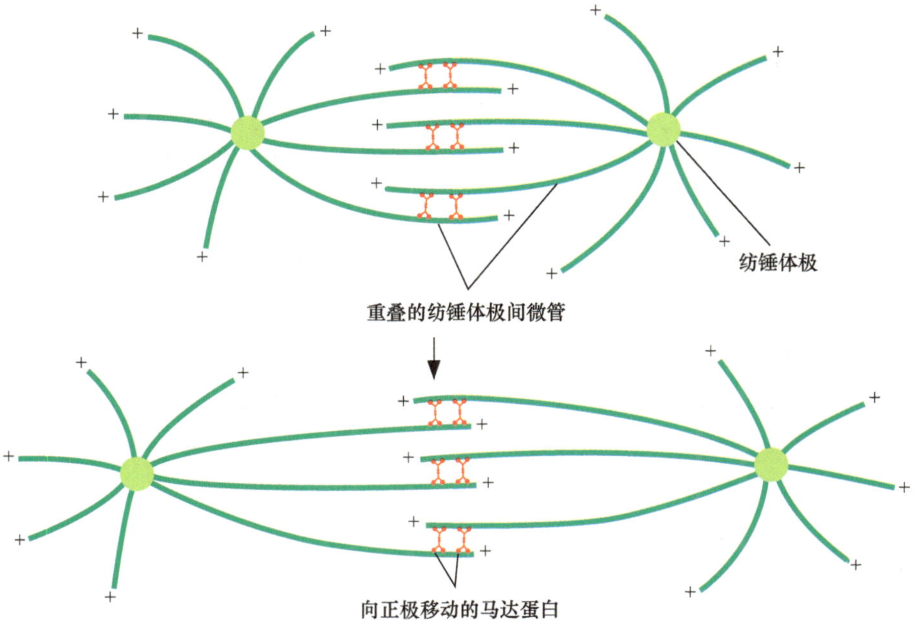

图 A18-19

姐妹染色单体的命运就已被决定。此时微管的结合仍然是可逆的，直到来自另一个纺锤体极的微管附着到其姐妹染色单体的动粒上。此时，复制后的染色体通过来自两极的拉力而处于机械张力下。这种张力确保了来自两极的微管与染色体保持结合状态。核被膜破裂时细胞中染色单体的位置会影响它将被拉到哪个纺锤体极，因为染色体的动粒最有可能结合到它所朝向的纺锤体极上。

答案 18-21

目前仍然不清楚后期驱动染色体向两极运动的机制。理论上，有两种可能的解释模型（图 A18-21）。在图（A）所示的模型中，动粒上结合的微管马达蛋白向解聚微管的负极移动，从而将染色体拖向正极。虽然这种模型很有吸引力，但几乎没有证据表明后期染色体的运动需要马达蛋白。相反，目前的实验证据极大地支持了（B）图所概述的模型。在该模型中，染色体运动是由定位于解聚微管两侧的动粒蛋白所驱动（参见图 18-23）。这些蛋白质频繁地脱离并重新结合到动粒微管上。随着微管蛋白亚基的不断解离，动粒为了保持其与不断缩短的微管末端的结合，它必须向着纺锤体极方向进行滑动。

答案 18-22

两条姐妹染色单体可能会因为多种原因而最终进入同一个子细胞。①如果微管或它们与动粒的连接在后期发生断裂，那么两条姐妹染色单体会被拉到同一极，并因此进入同一子细胞。②如果来自同一纺锤体极的微管结合了姐妹

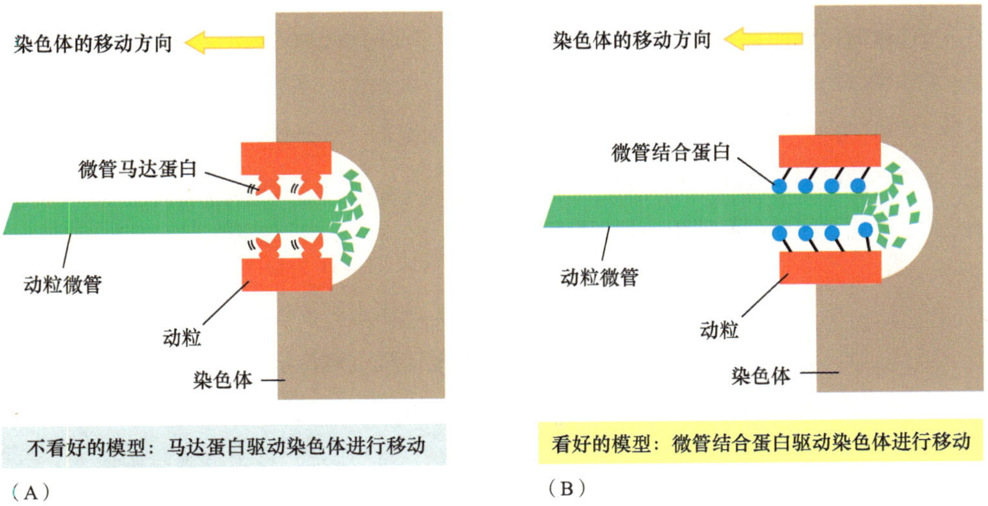

图 A18-21

染色单体的两个动粒，则染色体会被拉到同一极。③如果连接姐妹染色单体的黏连蛋白没有降解，那么这对染色单体可能会被拉到同一极。④如果复制后的染色体没有被微管结合并被遗漏在纺锤体外，它也会最终进入一个子细胞。有丝分裂过程中的一些错误会激活检查点机制，使后期的起始被延迟，直到所有染色体都被正确地结合到纺锤体的两个极。这种“纺锤体装配检验点”机制使得大多数染色体结合错误得到纠正，这就是这类错误之所以罕见的一个原因。姐妹染色单体最终进入一个子细胞的后果通常非常可怕。其中一个子细胞仅含有该染色体上携带的所有基因的一个拷贝，而另一个子细胞将含有三个拷贝。改变基因剂量会改变相应的 mRNA 和蛋白质的产生量，这通常会对细胞有害。此外，染色体的单拷贝可能含有关键功能存在缺陷的基因，这通常可以通过被缺失的另一条染色体上的功能完整的基因拷贝得到补偿。

答案 18-23

A. 正确。中心体在间期复制，在 M 期开始之前。

B. 正确。姐妹染色单体仅在后期开始时完全分开。

C. 错误。极间微管的末端相互重叠并彼此连接，这是通过桥接在微管之间的蛋白质（包括马达蛋白）而实现。

D. 错误。微管及其马达蛋白在 DNA 复制过程中不发挥作用。

E. 错误。将“着丝粒”和“中心体”互换后该说法才会正确。

答案 18-24

抗体与产生它们的抗原（在本例子中是肌球蛋白）紧密结合。结合后，抗体可通过阻止抗原与其他细胞组分正确地相互作用从而干扰抗原的功能。(A) 染色体在后期的移动取决于微管及其马达蛋白，并不依赖于肌动蛋白或肌球蛋白。因此，将抗肌球蛋白的抗体注射到细胞中不会影响后期染色体的移动。(B) 另一方面，胞质分裂依赖于肌动蛋白丝和肌球蛋白丝环的组装及收缩，它们会形成分裂沟，将细胞分成两个。因此，注射抗肌球蛋白抗体会阻断胞质分裂。

答案 18-25

图 18-38A 中通过坏死而死亡的细胞质膜发生破裂，例如，对应于钟表 12 点钟方向的位置可以看到明显的破裂，细胞的内容物（主要是膜和细胞骨架碎片）通过这些裂口处溢出到周围的环境中。细胞质部分的染色较浅，这是因为大多数可溶性的细胞组分在细胞固定前丢失。相反，图 18-38B 中发生凋亡的细胞是被完整的膜所包围，而且其细胞质染色较强，表明细胞组分的浓度正常。然而，细胞的内部与正常细胞明显不同。尤其具有特征性的是细胞核突出一些大的“斑点”，这可能是核纤层断裂的结果。细胞质还含有许多来源未知的、大的圆形膜封闭囊泡，这些囊泡通常在健康细胞中并不可见。这些图片直观地证实，坏死涉及细胞裂解，而发生凋亡的细胞则保持相对完整，直到它们被另一个细胞吞噬和消化。

答案 18-26

A. 错误。不存在 G_1 期到 M 期的转变。但对于 G_1 期到 S 期的转变，该陈述是正确的，其中细胞自己完成分裂周期。

B. 正确。细胞凋亡是由特殊蛋白酶（半胱天冬酶）完成的主动过程。

C. 正确。该机制可用于将神经元的数量根据其连接的特定靶细胞的数量进行调整。

D. 正确。一种惊人的演化保守性！

E. 正确。Cdk 蛋白与周期蛋白的结合是其活性所必需的（因此其名称为周期蛋白依赖性激酶）。此外，周期蛋白-Cdk 复合物要具备活性，还需要 Cdk 蛋白的特定位点发生去磷酸化。

答案 18-27

动物细胞必须根据有机体的整体利益而行动，而且其程度远超过人类通常为整个社会的利益而行动的程度。在有机体中，非社会行为会导致组织结构的丧失并可能导致癌症。细胞所必须遵守的许多规则在人类社会中是不可接受的。例如，大多数人不愿为了社会的利益而自杀，但我们的细胞却一直会这么做。

答案 18-28

获得成功（如果这就是所谓的目标）最可能的方法是计划 C，因为它应该会导致细胞数量的增加。当然，问题是尽管不同的细胞响应不同的生长因子，但每个组织的细胞数量必须同比例增加以维持生物体的平衡比例。然而，如图 A18-28 所示，该策略确实实现了一定程度的成功。产生大量生长激素（左）的小鼠会生长至几乎两倍于正常小鼠（右）的大小，因为生长激素的作用是刺激可根据细胞类型而成为存活因子、生长因子或分裂素的分泌蛋白的产生。然而，为了实现这种双倍大小的改变，生长激素需要过量生产（约 50 倍）。但请注意，该小鼠还是没有达到大鼠的体格大小，更不用说达到狗的大小了。

另外两种策略存在概念上的问题：

A. 阻断所有细胞凋亡会导致发育缺陷，因为大鼠发育需要很多细胞进行选择性死亡。该策略不可能获得活体动物。

B. 阻断 p53 功能将破坏细胞周期中检测 DNA 损伤并使周期停止以便细胞修复损伤的重要机制；除去 p53 会增加突变率并导致癌症。实际上，没有 p53 的小鼠通常可以正常发育，但在年轻时就死于癌症。

Ralph Brinster 惠赠

图 A18-28

答案 18-29

在伤口部位按需释放的限量 PDGF 会引发相邻细胞进行有限一段时间的细胞分裂，直至 PDGF 被降解。这与突变细胞连续释放 PDGF 不同，这些细胞中的 PDGF 以不受控的方式进行高水平地表达。而且，表达 PDGF 的突变细胞经常不受控地表达它们自身的 PDGF 受体，因此它们可以刺激自身的增殖，从而促进癌症的发展。

答案 18-30

所有三种类型的突变细胞都无法分裂。细胞：

A. 会进入有丝分裂，但无法退出有丝分裂。

B. 将永久停滞在 G_1 期，因为 G_1 期的周期蛋白-Cdk 复合物被失活。

C. 不能激活细胞分裂所需基因的转录，因为所需的转录调控因子会受到未磷酸化 Rb 的持续抑制。

答案 18-31

酒精中毒时，肝脏负担过重并被大量未被及时代谢掉的酒精所破坏，从而引起细胞增殖。这种对更多肝细胞的需求激活了调节细胞增殖的调控机制。患者在过度饮酒后肝脏通常会收缩回正常大小，除非肝脏严重受损并且充满疤痕组织。 相比之下，在肝癌中，突变破坏了正常的细胞增殖调控。其结果是，细胞会以失控的方式持续进行分裂，这通常是致命的。

第 19 章

答案 19-1

第一次减数分裂后，每个细胞核都含有二倍体 DNA；然而，该 DNA 只有效地包含了一套单倍体染色体组（尽管是两个拷贝），仅代表每条染色体的一种或另一种同源物（尽管交叉过程中会发生一些混合）。因为一对母本和父本染色体会携带很多基因的不同形式，所以这些细胞在遗传上并不相同；然而，每个细胞都会失去每条染色体的父本或母本同源物。相反，有丝分裂而来的体细胞遗传了二倍体染色体组，所有子细胞在遗传上相同并继承了母本和父本的基因拷贝。减数分裂产生的配子的功能是在有性生殖期间混合和重组基因库，因此每个配子的遗传构成略微不同且具有一定的优势。而另一方面，体细胞的作用是构建出所有细胞中带有相同基因的生物体，并在每个细胞中保留母本和父本的遗传信息。

答案 19-2

人类女性一生所产生的卵子通常不超过 1000 个（每年 12 个，约 40 年），数量还不到所有可能的配子数（不考虑减数分裂交叉的影响）的千分之一。人类男性一生中通常可以产生数十亿个精子，因此原则上，每种可能的染色体组合都会存在多次。

答案 19-3

简单起见，假设父亲两条 1 号染色体的拷贝中携带两个显性性状的基因 M 和 N。如果这两个基因位于该染色体的两端，并假设每条染色体只发生一次交叉事件，他的孩子中有一半会表达 M 基因而另一半会表达 N 基因，没有孩子会像父亲一样同时具备两种特征。而实际情况是，每条染色体都存在多个交叉事件，这导致基因 M 和 N 可以像在不同的染色体上那样进行遗传。通过构建图 19-27 所示的庞氏（Punnett）方图，我们可计算得出在后一种更实际的情况下，该父亲有 1/4 的孩子遗传这两个特征，有 1/4 只遗传基因 M，有 1/4 只遗传基因 N，而另外 1/4 则不遗传 M 或 N。

答案 19-4

近亲繁殖容易产生出具有很多纯合基因的个体。为了解原因，以兄妹婚配（例如古埃及的法老）这种极端情况作为近亲繁殖的例子：由于父母亲缘关系很近，所以母本和父本等位基因将相同的基因遗传给后代的概率很高。如此近亲繁殖经过几代之后，会产生出几乎每个基因都是纯合子的个体。由于遗传机制的随机性，一些有害的等位基因也将会在后代中普遍存在。如果该基因的功能很重要，那么携带两个缺陷拷贝的个体将是不健康的，而且通常会患上严重的疾病。在另一个单独的近交种群中，同样的事情也会发生，但很可能的情况是有另一组不同的有害等位基因会变得很普遍。当来自两个独立的近交种群的个体交配时，他们的后代将继承来自母亲的有害等位基因（例如，基因 A、B 和 C）以及来自父亲的功能正常的等位基因；或者他们将从父亲那里继承基因 D、E 和 F 的有害等位基因，但从母亲那里继承这些基因的功能正常的等位基因。因为大多数有害突变是隐性的，所以这些基因杂合的杂交后代可以避开这些基因的有害影响。

答案 19-5

虽然三种解释中的任何一种在理论上都可以解释观察到的结果，但可以排除 A 和 B，因为它们不可信。

A. 目前并没有证据表明通过这样的 SNP 分析可以检测到 DNA 的任何不稳定性；在任何情况下，该假设都可以预测 SNP 频率随着年龄的增长而稳定下降，而不是仅在 50 岁时开始下降。

B. 人类基因随着时间的推移变化非常缓慢（除非大规模的人口迁移使基因不同的个体大量涌入）。平均而言，50 年前出生的人与今天出生的人基因几乎完全相同。

C. 该假设正确。具有这些特性的 SNP 已被用于发现那些可能导致心脏病变死亡概率显著增加的基因。

答案 19-6

仅靠自然选择不足以从人群中消除隐性的致死基因。考虑如下推理线索：只有两个杂合个体进行杂交才能产生纯合缺陷的后代。根据孟德尔遗传定律，该杂交的后代比例将是 1 个纯合正常 : 2 个杂合子 : 1 个纯合缺陷。因此，统计学上，杂合个体总是要比纯合缺陷的个体更多。虽然自然选择通过死亡有效地消除了纯合个体中的缺陷基因，但它无法消除杂合个体中的缺陷基因，因为杂合个体的表型正常。自然选择会使群体中缺陷基因保持在较低的频率，但是，在没有任何其他因素影响的情况下，缺陷基因总是可以在杂合个体中得以保留。

当缺陷基因以低频存在时，另一个重要因素即概率开始发挥作用。概率的变化可以提高或降低杂合个体的频率（从而增加或减少缺陷基因的频率）。偶然情况下，杂合子交配产生的后代可能都是正常的，这就会消除该谱系中的缺陷基因。自然选择会抑制有害基因存在频率的升高，但不会影响其频率的降低，而且偶尔还可以从群体中消除掉缺陷基因。另一方面，新的突变不断发生，虽然速度很低，但却会产生有害隐性等位基因的新拷贝。在一个个体数量巨大的种群中，通过该方式形成等位基因的新拷贝与通过纯合子死亡消除它们之间会达到一种平衡。

答案 19-7

A. 正确。

B. 正确。

C. 错误。减数分裂期间发生的突变可以传递给后代，除非突变导致配子失去活性。

答案 19-8

在有丝分裂中，如果其中一个微管连接在姐妹染色单体分离之前发生断裂，或者来自纺锤体同一极的微管结合了染色体的两个动粒，那么一条染色体的两个拷贝最终会进入同一个子细胞中。结果，一个子细胞将仅得到该染色体所携带的基因的一个拷贝，而另一个子细胞将获得三个拷贝。该染色体上的基因与其他所有染色体上的基因相比存在不平衡，从而导致蛋白质水平的不平衡，这在大多数情况下对细胞是有害的。如果错误发生在配子形成过程中的减数分裂期间，那么该错误将会传递到后代生物体的所有细胞中。例如，一种称为唐氏综合征的神经发育迟缓的疾病就是由于体内所有有核细胞中都存在三个拷贝的 21 号染色体。

答案 19-9

减数分裂开始于 DNA 复制，产生一个四倍体细胞，即每条染色体有四个拷贝的。这四个拷贝必须经过两次连续的减数分裂平均分配到四个单倍体细胞中。姐妹染色单体要保持配对，以便：①第一次分裂产生的细胞获得两套完整的染色体；②染色体可以在第二次减数分裂的过程中再次平均分布。如果姐妹染色单体没有保持配对，则在第二次分裂时无法区分哪些染色单体属于一对，因此难以确保每条染色单体正好有一个拷贝被拉入每个子细胞中。因此，保持两条姐妹染色单体在第一次减数分裂时处于配对状态是一种示踪哪些染色单体属于一对的简单方法。

这种生物学原理提示，你可以考虑将一对袜子夹在一起后再将它们放进洗衣机。通过这种方式可以避免在之后对其进行分类的麻烦，以及在该过程中出现的看似不可避免的错配。

答案 19-10

A. 基因是能够编码蛋白质或功能性 RNA 的 DNA 片段。等位基因是基因的一种可变形式。在种群中，通常存在几种“正常”的等位基因，它们的功能相同。此外，可能存在多种具有不同程度缺陷的稀有等位基因。然而，一个个体通常只携带每个基因的最多两个等位基因。

B. 如果基因的两个等位基因相同，则称该个体为纯合；如果两个等位基因不同，则称个体为杂合。一个个体可以是基因 A 的杂合子，同时是基因 B 的纯合子。

C. 基因型是一个个体基因组中存在的特定等位基因的组合。在实际应用中，对于在实验室中研究的生物而言，基因型通常指的是该个体和野生型（即标准的、天然存在的类型）之间的所有已知差异的集合。表型是对个体可见特征的描述。在实际应用中，表型通常是个体和野生型之间可见特征差异的集合。

D. 如果等位基因 *A* 单个拷贝的存在足以影响表型，或者说如果杂合子（基因型 *Aa*）外观与 *aa* 纯合子不同，那么等位基因 *A* 为显性（相对于第二个等位基因 *a*）；如果单个拷贝的存在对表型没有影响，即 *Aa* 个体看起来与 *AA* 个体相同，那么等位基因 *a* 为隐性（相对于第二等位基因 *A*）。如果杂合个体的表型不同于任一等位基因纯合的个体的表型，则认为该等位基因为共显性。

答案 19-11

A. 由于豌豆属植物是二倍体，任何纯种遗传的植物都携带同一基因的两个突变体拷贝，即这两个拷贝的功能均丧失。

B. 如果每株植物是在不同基因上携带突变，这可以通过互补试验进行确定（参见图版 19-1）。当植株 A 与植株 B 杂交，所有 F_1 代植物仅产生圆形豌豆。当植株 B 与植株 C 杂交，或植株 A 与植株 C 杂交将获得相同的结果。相反，同一基因中携带功能丧失突变的任何两种纯种遗传的植株之间进行杂交，应该只会生产出皱缩豌豆。如果突变本身位于基因的不同部分，情况也是如此。

答案 19-12

A. 突变很可能为显性，因为受影响的父母所生（三次婚姻的对象均是听觉正常的伴侣）的大约一半后代都是聋人。而且不太可能所有这些听觉正常的伴侣都是突变基因的杂合携带者。

B. 突变不存在于性染色体上。如果突变位于性染色体上，那么后代中要么只有女性受到影响（如果突变位于祖父 X 染色体上的基因中），要么只有男性受到影响（如果突变位于祖父 Y 染色体上的基因中）。事实上，根据该谱系的结果，男性和女性都遗传了该突变基因。

C. 假设突变存在于祖父 12 号染色体的其中一个拷贝上，那么预计孙辈 12 号染色体这些拷贝中的每一个都携带一种不同的 SNP 模式，因为其中一个拷贝遗传自他的父亲，另一个遗传自他的母亲，而祖父的 12 号染色体的每个拷贝传递到孙辈时已经经历了两次减数分裂——每代发生一次。

由于一次减数分裂期间每条染色体会发生 2 ～ 3 次交叉事件，所以孙辈遗传的每条染色体自从离开祖父后将经历大约 5 次交叉，被分成了 6 个片段。在 4 个耳聋的孙辈中，相同模式的 SNP 应该位于任何导致耳聋的基因周围；此外，该 SNP 模式应该与 7 个正常孙辈中每个人的同一基因周围的 SNP 模式存在明显不同。这些 SNP 会形成一个异常长的单倍型域——该域扩展到 12 号染色体总长度的 1/6 左右。（每个孙辈的 DNA 有 1/4

来自祖父，大约有 70 个这种长度的片段分散在孙辈的 46 条染色体中。）

答案 19-13

个体 1 可能是杂合（+/–）或正常等位基因纯合（+/+）。个体 2 肯定是隐性耳聋等位基因纯合个体（–/–）。（他的父母肯定都是杂合，因为他们的孩子耳聋。）个体 3 几乎可以肯定是杂合（+/–），可以将突变等位基因传递给他的子孙。鉴于突变等位基因比较罕见，个体 4 最可能是正常等位基因纯合（+/+）。

答案 19-14

你的朋友错了。

A. 根据孟德尔定律以及我们现在对该定律产生机制的清晰理解，可以排除许多关于人类遗传的错误观念。错误观念之一就是第一个孩子与其兄弟姐妹相比，遗传到父母特定特征的概率存在不同。

B. 偶然出现这类谱系的概率是每代 1/4，或者是所示的三代 1/64。

C. 来自更多家庭成员或更多代人的数据可以快速表明在该特定谱系中所观察到的规律模式是否为偶然出现。

D. 如果统计检验证实该模式不是偶然出现的，那么则表明其中有某些选择过程，例如，父母在生下第一个患病孩子后可能会对后续怀孕做定期选择，筛查并选择终止那些已鉴定出患病的胎儿的妊娠。因此，第二个孩子出现异常的概率会减少。

答案 19-15

每个携带者都是杂合子，50% 的精子或卵子会带有致死等位基因。当两个携带者结婚时，任何一个婴儿都有 25% 的概率遗传到父母双方的致死等位基因，因此表现为死亡。因为 100 人中有一个人是携带者，所以 10 000（100 × 100）人中的有一对伴侣会是携带者伴侣（假设人们随机选择他们的伴侣）。在其他条件相同的情况下，每 40 000 个婴儿中有一个，即每年每 100 万个婴儿中有 25 个婴儿会在出生时存在缺陷。

答案 19-16

显性失活突变会产生一种基因突变产物，该产物可以干扰正常基因产物的功能，使得即使正常的基因拷贝存在也会出现功能丧失的表型。例如，如果一个蛋白质会形成六聚体，而突变蛋白质可以与正常亚基相互作用从而抑制六聚体的功能，那么该突变就是显性的。单个缺陷的等位基因就能够决定表型，这就是为什么称该等位基因为显性。功能获得性突变增加了基因的活性或使其在不适当的条件下活化，而活性的改变通常会改变表型。这就是为什么这类突变通常为显性。

答案 19-17

A. 如图 A19-17 所示，如果存在不同基因缺陷的果蝇进行交配，那么它们的后代会带有一个正常基因。以宝石红果蝇和白色果蝇的交配为例，每个后代果蝇会从一个亲本获得一个功能正常的白眼基因拷贝，并从另一个亲本获得一个功能正常的宝石红眼基因拷贝。注意，正常的白眼等位基因产生的是砖红色的眼睛，而该基因的突变形式会产生白眼。因为每个突变等位基因相对于野生型等位基因都为隐性，所以后代都将具有野生型表型，即砖红色眼。

B. 石榴红、宝石红、朱红和淡红色彼此之间以及与白色基因的各种等位基因存在互补（即当这些突变果蝇彼此交配，它们产生的果蝇眼色正常）；因此，这些突变体中的每一个都是一个单独的基因。相比之下，白色、樱桃红、珊瑚红、杏色和浅黄色彼此不能互补，因此它们肯定是同一基因的等位基因，均被命名为白色基因。综上，9 种不同的眼色突变体是 5 种不同的基因。

C. 同一基因的不同等位基因，如 *White* 基因的 5 个等位基因，通常具有不同的表型。不同的突变会根据其突变的位置，不同程度地破坏基因产物的功能。不产生任何功能性产物（无效等位基因）的等位基因，即使它们源于不同的 DNA 序列突变，也具有相同的表型。

答案 19-18

SNP 是个体之间的单核苷酸差异，即在群体中以高频率存在两种或多种变体。在人群中，SNP 大约每 1000 个核苷酸序列便出现一次。很多物种中的多种 SNP 已经被鉴定并进行了图谱绘制，包括人类基因组中的数百万种 SNP。通过进行测序检测，SNP 可用作其目前已知的基因组的位置物理标记。通过不同的交配追踪突变基因，并将基因的存在与特定的 SNP 变体的共遗传相关联，可以将基因的

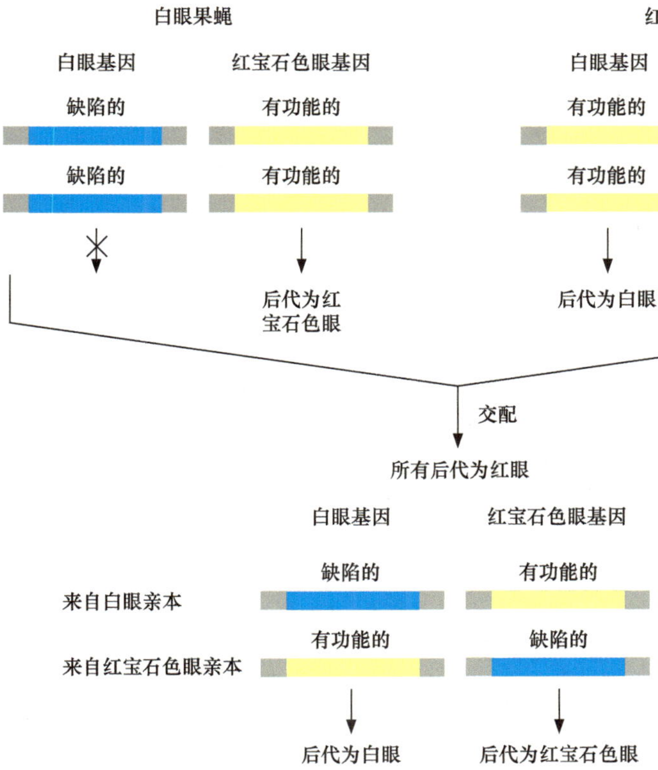

图 A19-17

潜在位置缩小到可能仅含有少数几个基因的染色体区域。然后可以检测这些候选基因是否存在可以解释原始突变表型的突变（参见图 19-38）。

第 20 章

答案 20-1

水平排列的微管会与沉积在细胞壁中的水平排列的纤维素纤丝相互结合。因此，细胞会沿着垂直方向生长，扩展纤维素纤丝之间的距离而不是拉伸它们（参见图 20-6）。这样茎会迅速伸长；在自然环境中，这通常会促进植物加速从黑暗中生长到光亮中。

答案 20-2

由于三条胶原蛋白多肽链必须聚集在一起形成三螺旋，所以即使正常链同时存在，只存在一条缺陷多肽链也会破坏装配过程。胶原蛋白的突变因此是显性的，也就是说，即使存在正常的基因拷贝，它们也具有破坏效果。

答案 20-3

膨胀并因此占据大量空间的显著能力依赖于负电荷。它们会吸引大量的正离子，主要是 Na^+，后者通过渗透吸引大量的水，从而赋予蛋白多糖独特的性质。由于负电荷变少，蛋白聚糖吸引的水将会变少，占用的空间也更少。相反，不带电荷的多糖如纤维素、淀粉和糖原（全部由葡萄糖亚单元组成）易于压缩成纤维或颗粒。

答案 20-4

黏着斑在结缔组织中（其中成纤维细胞需要对细胞外基质施加牵拉力）以及在体外培养的细胞中（可以看到细胞在爬行）很常见。拉动基质或爬行的力由肌动蛋白细胞骨架产生。在成熟的上皮细胞中，可以预见到黏着斑非常少，这是因为细胞大部分都是固定在适当位置而且不需要爬过或主动牵拉基底层。

答案 20-5

假设细胞受损，其质膜发生渗漏。位于胞外液体中的高浓度离子，如 Na^+ 和 Ca^{2+} 随后会涌入细胞，而有价值的代谢物则泄漏出去。如果细胞通过开放的间隙连接与其周围的健康细胞保持连接，那么这些细胞也将受到损害。但 Ca^{2+} 流入受损细胞会导致其间隙连接立即闭合，从而有效地隔离细胞并防止该损伤扩散。

答案 20-6

电离（高能）辐射会撕裂物质，将电子从轨道中撞出并破坏化学键。特别是它会造成 DNA 的断裂和其他损伤，从而导致细胞在细胞周期中停滞，以便在进行细胞分裂之前对受损的 DNA 进行修复（如第 18 章所述）。如果破坏严重到无法修复，细胞通常会通过细胞凋亡而自杀。

答案 20-7

肠道上皮细胞所处的环境相当恶劣，其中含有消化酶和许多其他物质，这些物质每天都会根据生物体的食物摄入量而急剧变化。这些上皮细胞形成了第一道防线，用于抵御我们所消耗或在环境中无处不在的潜在危险化合物和诱变剂。上皮细胞的快速更替使伤口和病变的上皮细胞在肠道上皮细胞更新的正常过程中随着没被破坏的细胞一起被丢弃，从而保护生物体免受伤害。例如，如果上皮细胞由于突变而不能正确地分裂，那么它及它的后代通常会简单地从绒毛尖端被自然遗弃——即使该突变经常发生，它们也很少会导致癌症。

另一方面，神经元生活在一个受到高度保护的环境中，在很大程度上与外界隔绝。它的功能取决于它与其他神经元的复杂系统连接。该系统在发育过程中形成，如果神经元在随后死亡，要重建该系统很困难。

答案 20-8

每次细胞分裂都会多产出一个细胞，因此，如果细胞从未从体内丢失或丢弃，那么体内细胞数应等于分裂的次数再加上 1。事实上，细胞分裂的次数是体内细胞数量的 1000 多倍，这是因为在人一生中，体内保留下来一个细胞都会有约 1000 个细胞通过如细胞凋亡等机制被丢弃。

答案 20-9

A. 错误。间隙连接不与细胞骨架相连；它们形成细胞通道，使小分子从一个细胞传至另一个细胞。

B. 正确。细胞壁能够拉伸但抗压能力很小，枯萎时植物细胞中的膨胀压会降低，细胞壁就像是放过气的橡胶轮胎，无法再提供刚性支撑。

C. 错误。蛋白多糖可以承受大量的压力但不具备刚性结构。它们的空间填充性能和抗压缩能力是由于它们倾向于吸收大量的水。

D. 正确。

E. 正确。

F. 正确。干细胞稳定表达控制基因，确保其子细胞只能发育成某些分化的细胞类型。

答案 20-10

细胞溶质小分子，如谷氨酸、cAMP 和 Ca^{2+}，很容易通过间隙连接和胞间连丝。一些蛋白质和 mRNA 可以通过胞间连丝，但是所有这些大分子都无法通过间隙连接。质膜磷脂可以通过胞间连丝在膜平面中进行扩散，这是因为相邻细胞的质膜和平滑内质网膜通过这些连接是连续的。这种流动性不可能通过间隙连接，因为相连的细胞的质膜是保持分离的。

答案 20-11

植物要承受环境中的极端变化，通常还伴随着周围环境渗透性的巨大波动。从动物细胞中我们可以知道，中间丝网络无法为细胞提供充分的渗透压支持：在细胞内部受到巨大渗透压时，稀疏的铆钉状附着位点无法阻止细胞发生爆裂。

答案 20-12

事实上，动作电位可以通过间隙连接在细胞间进行传递。心肌细胞的确也是通过这种机制进行同步收缩的。然而，这种将信号在细胞间进行传递的方式相当受限。正如第 12 章所述，突触则更加精致有效，它可以调控信号并对细胞所接收到的其他信号进行整合。因此，间隙连接就像电子元件之间的简单焊接接头，而突触就像复杂的中继设备，使神经元系统能够执行各种指令。

答案 20-13

为了制作果冻，将明胶在水中煮沸，使胶原纤维变性。冷却后，无序纤维形成了混乱的混合物并凝固成凝胶。这种凝胶实际上与胶原蛋白类似，因为它最初也是由成纤维细胞分泌。纤维只有在校准排列、成束和交联后才能获得抗拉能力。

答案 20-14

DNA 决定生物体所有结构特征，该结论的证据是基于观察到 DNA 微小的突变就可能会导致生物体发生巨大变化。尽管 DNA 决定了结构特征的方案，但这些方案的完成是在发育期间。发育需要一个合适的环境（鹳鸟蛋壳对人类婴儿发育并不适用)、适当的营养、卵中合适的分子工具(如早期胚胎发育所需的转录调控因子)、合适的空间组织(如早期细胞分裂期间需要卵细胞的不对称性以使细胞进行正确的分化)等。因此遗传不仅限于生物体 DNA 的传递，因为发育需要父母建立适当的条件。然而，当所有这些条件得到满足时，位于基因组中的方案将决定生物体的结构。

答案 20-15

白细胞在血液中循环并迁移进出组织，以发挥其保护身体免于感染的正常功能，因此它们天然就具有侵入性。当发生突变破坏了产生这些细胞的正常调控机制时，也不需要再发生额外的突变来使细胞能够在身体内扩散。因此，发生白血病所必须要累积的突变数量要少于其他类型的癌症。

答案 20-16

曲线的形状反映出癌症发生之前细胞需要积累很多驱动突变。如果单个驱动突变足够导致癌症发生，那么该图表将是一条水平直线，即发生特定突变以及因此发生癌症的概率在任何年龄都是相同的。如果需要两个驱动突变，图表将是一条从原点向上倾斜的直线——第二个突变在任何时间发生的概率都相同，但只有第一个突变已经发生在相同细胞谱系中之后才会使细胞发生癌变。第一个突变发生的概率与个体的年龄成正比。图中所示的陡峭曲线图大约是该年龄的五次幂，这表明在癌症发生之前，必须积累两个以上的驱动突变。由于癌症的发展方式非常复杂，很难确定具体累积了多少突变，连续的突变可以改变细胞的数量和行为，从而改变后续突变的概率和驱动癌症发生的选择压力。

答案 20-17

在暴露于致癌物质期间，突变被诱导发生。但任何一个细胞中的相关（驱动）突变的数量通常不足以将其直接转化为癌细胞。经过多年的诱导，这些易患癌症的细胞中逐渐累积了更多的突变。最终，其中一个突变细胞会变成癌细胞。暴露与患癌之间的长时间延迟也使得难以让烟草制造商或工业致癌物的生产商对其产品造成的损害担负起法律责任。

答案 20-18

根据定义，致癌物质指的是任何可以促进一种或多种癌症发生的物质。因此，性激素可归类为天然致癌物。尽管大多数致癌物质通过直接引起突变而起作用，但也会以其他方式发挥致癌作用。性激素增加了细胞分裂速率和细胞存活率，从而增加激素敏感器官如乳腺、子宫和前列腺中的细胞数量。细胞分裂的增加提高了每个细胞的突变率，因为无论环境因素如何，在 DNA 复制和染色体分离过程中突变都可以自发产生。细胞数量的增加会增加处于风险中的细胞总数。通过这些及其他可能的方式，激素可以促进癌症的发展，即使它们不会直接引起突变。

答案 20-19

简短回答是不会。一般来说，癌症不是遗传性疾病。它起源于我们自身体细胞中发生的新突变，而不是我们从父母那里获得的突变。然而，一些罕见的癌症类型具有强烈的可遗传风险因素，因此父母及其子女都倾向于患有特定形式的疾病。例如，抑癌基因 *APC* 的两个或一个拷贝中携带突变的家族似乎就有这种情况；孩子们会倾向于患上大肠癌。在包括乳腺癌在内的其他几种癌症中也观察到较弱的遗传倾向，但大多数造成这些影响的基因仍然未知。

术 语 表

乙酰辅酶 A acetyl CoA

一种活化载体，可将其易于转移的乙酰基中的碳原子提供给多种代谢反应，包括柠檬酸循环和脂肪酸生物合成。乙酰基通过硫酯键与辅酶 A（CoA）连接，该键在水解时会释放出大量能量。

酸 acid

一种溶于水时会释放出质子的分子。这个解离过程产生水合氢离子（H_3O^+），从而降低 pH。

肌动蛋白丝 actin filament

由一串球状的肌球蛋白分子组成的细而灵活的蛋白质长纤维。它是所有真核细胞骨架的一种主要组成部分，对于细胞运动和肌肉细胞收缩至关重要。

肌动蛋白结合蛋白 actin-binding protein

与肌动蛋白单体或肌动蛋白丝相互作用的蛋白质，用于控制肌动蛋白丝和网络的组装、结构和行为。

动作电位 action potential

一种电兴奋性的行进波，由神经元或其他可兴奋细胞的质膜，通过快速、瞬时、自我传播的去极化所引起，也称为神经冲动。

活化载体 activated carrier

一种储存能量或化学基团的小分子，其能量或基团可以提供给多种不同的代谢反应，如 ATP、乙酰 CoA 和 NADH。

活化能 activation energy

分子进行化学反应所必需的能量。

活性位点 active site

酶表面上与底物分子结合并催化其化学转变的区域。

主动运输 active transport

溶质逆着其电化学梯度进行跨膜移动；需要能量输入，如 ATP 水解提供的能量。

适应 adaptation

重复刺激后的灵敏度调节。它使得细胞或生物体即使在高背景水平的刺激下仍能记录信号中的微小变化。

腺苷酸环化酶 adenylyl cyclase

催化 ATP 形成环 AMP 的酶，是细胞内某些信号通路中的重要组成部分。

黏附连接 adherens junction

在上皮层中将上皮细胞固定在一起的细胞连接。细胞内的肌动蛋白丝与其胞质侧连接。

ADP

ATP 的末端磷酸根水解产生的核苷二磷酸（参见图 3-31）。

等位基因 allele

一个基因的另一种可变形式。对一个给定基因而言，一个物种的基因库中可能存在许多个等位基因。

变构 allosteric

用于描述可以以多种构象存在的蛋白质。这些构象取决于该蛋白质与其他分子（配体）在催化位点之外的位点的结合。从一种构象到另一种构象的这种变化通常会改变蛋白质的活性或配体亲和力。

α 螺旋 α helix

一种在许多蛋白质中很常见的折叠模式，其中一条多肽链绕围绕自身发生扭曲形成一个刚性的圆柱体，每四个氨基酸之间形成一个氢键以稳定圆柱体的结构。

可变剪接 alternative splicing

同一基因通过不同方式剪接其 RNA 转录物，以产生不同的 mRNA（和蛋白质）。

Alu 序列 *Alu* sequence

可移动基因元件家族，约占人类基因组的 10%。这个简短的重复序列不能单独移动，而是需要其他元件编码的酶来进行转座。

氨基酸 amino acid

含有氨基和羧基的有机小分子，是蛋白质的组成单元。

氨基酸序列 amino acid sequence

蛋白质链中氨基酸亚基的顺序，有时称为蛋白质的一级结构。

氨酰-tRNA 合成酶 aminoacyl-tRNA synthetase

在蛋白质合成过程中，该酶可以将正确的氨基酸连接到 tRNA 分子上形成“装载”的氨酰-tRNA。

两亲性 amphipathic

同时具有疏水和亲水区域，如磷脂或洗涤剂分子。

合成代谢途径 anabolic pathway

从较小的亚基合成大的生物分子的一系列酶催化反应，通常需要输入能量。

合成代谢 anabolism

从较小的亚基合成大的生物分子的一组代谢途径。

后期 anaphase

有丝分裂的一个阶段，在该过程中两组染色体分开并被拉向分裂细胞的两极。

后期促进复合物 anaphase-promoting complex（APC/C）

一种蛋白质复合物，可引发姐妹染色单体的分离，并协调细胞周期控制蛋白的精确定时破坏。该复合物会催化其靶蛋白发生泛素化。

天线复合物 antenna complex

在叶绿体和光合细菌中，天线复合物作为膜结合光系统的一部分从太阳光中捕获能量。它含有一系列蛋白质，可以结合数百种叶绿素分子和其他光敏色素。

抗体 antibody

B 淋巴细胞响应外源分子或入侵生物体而产生的蛋白质。抗体可与外源分子或细胞紧密结合，从而使其失活或为破坏它做上标记。

反密码子 anticodon

转移 RNA 分子中的三个连续核苷酸，通过碱基配对识别信使 RNA 分子上的核苷酸密码子。这种相互作用有助于将正确的氨基酸转移到正在合成的多肽链上。

抗原 antigen

被抗体识别的分子或分子片段。

对向转运 antiport

一种偶联转运蛋白，它同时或依次以相反的方向跨膜转移两种不同的离子或小分子。

顶部 apical

描述细胞、结构或器官的顶部或尖端。例如，在上皮细胞中，该表面是与基底面相对的。

细胞凋亡 apoptosis

一种受到严格调控的细胞程序性死亡，可以消除成人或正在发育的生物体中过多的细胞。

古细菌 archaeon

微生物，是原核生物的两个分支之一，常见于温泉或浓盐水等恶劣环境中（另参见**细菌**）。

无性繁殖 asexual reproduction

一种繁殖方式，其中后代来自单亲，产生的个体与该亲代的基因相同，包括出芽、二分裂和孤雌生殖。

星体 aster

从中心体或有丝分裂纺锤体极发出的星形微管阵列。

原子 atom

元素保留其独特化学特性的最小颗粒，由带负电荷的电子云包围带正电的原子核组成。

相对原子质量 atomic weight

一个原子相对于氢原子的质量，等于质子数加上原子包含的中子数。

ATP

一种活化载体，是细胞中能量的主要携带者；是由腺嘌呤、核糖和三个磷酸基团组成的核苷三磷酸（参见图 2-26）。

ATP 合酶 ATP synthase

一种含量丰富的膜结合酶复合物，在氧化磷酸化和光合作用过程中催化 ADP 和无机磷酸盐形成 ATP。

自噬 autophagy

细胞“食用自身”的一种机制，用于消化受损或老化的分子和细胞器。

阿伏伽德罗常数 Avogadro's number

1mol 的分子数量，物质的质量等于其分子质量（单位是 g），大约为 6×10^{23}。

轴突 axon

一种细长的延伸，用于将电信号从神经细胞体传导到远处的靶细胞。

细菌视紫红质 bacteriorhodopsin

一种在嗜盐古细菌盐生盐杆菌（*Halobacterium*）的质膜中含量丰富的色素蛋白。在光能作用下，它可以将质子泵出细胞。

细菌 bacterium

一种微生物，是原核生物两个分支之一。其中一些物种会引起疾病。该术语有时用于泛指所有的原核微生物，尽管原核生物的世界也包括古细菌，而古细菌和细菌之间在演化上只是远亲（另参见**古细菌**）。

基部 basal

靠近基底，与顶部相对。

基膜 basal lamina

由上皮细胞分泌的胞外基质层，这些上皮细胞就位于基膜上。

碱 base

一种在水中溶解时会接受质子的分子，也用于指 DNA 和 RNA 中的含氮嘌呤或嘧啶。

碱基对 base pair

RNA 或 DNA 分子中通过氢键结合在一起的两个互补核苷酸，通常是 G 与 C，A 与 T 或 U。

Bcl2 家族 Bcl2 family

调节细胞凋亡的相关胞内蛋白质组。有些家庭成员促进细胞死亡，其他成员则抑制细胞死亡。

β 折叠 β sheet

在许多蛋白质中存在的折叠模式，其中多肽链的相邻区域通过氢键彼此并排结合以形成刚性的扁平结构。

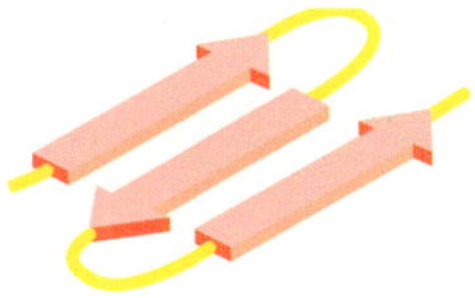

双向定向 bi-orientation

姐妹染色单体对在有丝分裂纺锤体上对称结合，使复制染色体中的一条染色单体附着于纺锤体一个极上而另一条附着于相反的极上。

结合位点 binding site

蛋白质的表面区域，通常为空腔或凹槽，通过形成多个非共价键与另一个分子（配体）相互作用。

生物合成 biosynthesis

一种酶催化过程，活细胞通过该过程把简单物质合成复杂分子；也称为合成代谢。

二价体 bivalent

在减数分裂开始时，复制后的染色体与其同源染色体配对所形成的结构，含有四个姐妹染色单体。

缓冲液 buffer

弱酸和弱碱的混合物，通过释放和吸收质子来维持溶液的 pH。

C 端 C-terminus

携带游离羧基（—COOH）的多肽链末端。

钙泵（或钙 ATP 酶）Ca^{2+} pump（or Ca^{2+} ATPase）

一种主动转运蛋白，利用 ATP 水解提供的能量从细胞胞质中主动泵出 Ca^{2+}。

Ca^{2+}/钙调蛋白依赖性蛋白激酶 CaM-kinase

通过与 Ca^{2+} 结合蛋白钙调蛋白相互作用使 Ca^{2+} 浓度增加，进而磷酸化靶蛋白的酶。

钙黏蛋白 cadherin

Ca^{2+} 依赖蛋白家族的成员，在动物组织中介导一种细胞与另一种细胞的黏附。

钙调蛋白 calmodulin

小 Ca^{2+} 结合蛋白，可以响应 Ca^{2+} 浓度的变化而改变多种靶蛋白的活性。

癌症 cancer

由异常和不受控制的细胞增殖所导致的疾病，后期会转移并侵入到身体的其他部位。

碳固定 carbon fixation

绿色植物和其他光合生物将碳原子从大气中的 CO_2 整合到糖中的过程，是光合作用的第二阶段。

凋亡蛋白酶 caspase

蛋白酶家族中的一种，当其被激活后，可以通过细胞凋亡将细胞破坏。

分解代谢 catabolism

一系列酶催化反应，通过这些反应，复杂分子被降解为更简单的分子并释放出能量。这些反应的中间体有时被称为分解代谢物。

催化剂 catalyst

通过降低活化能加速化学反应的物质。酶在细胞中即发挥这种作用。

周期蛋白依赖性蛋白激酶 cyclin-dependent protein kinase（Cdk）

该酶在与调节性周期蛋白形成复合物后，可以通过磷酸化特定靶蛋白来引发细胞分裂周期中的各种事件。

Cdk 抑制蛋白 Cdk inhibitor protein

调节性蛋白质，可以阻断周期蛋白-Cdk 复合物的组装或活性，主要通过 G_1 期和 S 期来延缓细胞周期进程。

cDNA 文库 cDNA library

以特定类型细胞中的所有 mRNA 为模板合成的 DNA 片段的集合。

细胞 cell

生物体的基本单位，是由膜包被的化学物质的水溶液，具备自我复制的能力。

细胞皮质 cell cortex

质膜内表面的特殊细胞质层。在动物细胞中，它富含肌动蛋白丝，可以控制细胞形状并驱使细胞移动。

细胞周期 cell cycle

一个细胞通过一系列有序的事件，复制其内容物并分成两个细胞的过程。

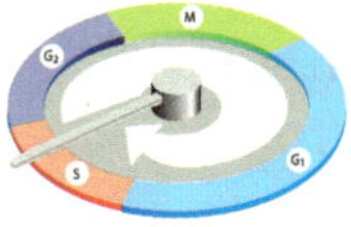

细胞连接 cell junction

细胞和细胞之间或细胞和胞外基质之间的特化连接区域。

细胞记忆 cell memory

分化细胞及其后代保持一致性的能力。

细胞呼吸 cell respiration

细胞收集食物分子中储存能量的过程，通常伴随着 O_2 的吸收和 CO_2 的释放。

细胞信号转导 cell signaling

细胞检测和响应外部刺激并向其他细胞发送信息的分子机制。

细胞壁 cell wall

沉积在一些细胞质膜外的、具有较高机械强度的纤维层。其在大多数植物、细菌、藻类和真菌中很普遍，但在大多数动物细胞中不存在。

细胞周期调控系统 cell-cycle control system

调控真核细胞依次通过细胞分裂各个阶段的蛋白质调控网络。

纤维素微纤维 cellulose microfibril

长而细的多糖纤维，有助于加强植物细胞壁。

中心粒 centriole

通常在动物细胞中心体的中央成对出现的圆柱形微管阵列。也存在于纤毛和鞭毛的基部，被称为基体。

着丝粒 centromere

一段特化的 DNA 序列，可以使复制染色体在 M 期分开，可以看成是有丝分裂染色体的收缩区域。

中心体 centrosome

微管组织中心，位于动物细胞核附近。在细胞周期中，该结构会复制以形成有丝分裂纺锤体的两极。

中心体周期 centrosome cycle

中心体复制（在间期）和两个新的中心体分离（在有丝分裂开始时）以形成有丝分裂纺锤体两极的过程。

通道 channel

一种蛋白质，在膜上形成亲水性孔，使特定的小分子或离子可以被动地扩散通过。

化学键 chemical bond

通过电子的共享或转移使两个原子结合在一起（另参见**共价键**和**非共价键**）。

化学基团 chemical group

原子的组合，如羟基（—OH）或氨基（$—NH_2$），具有不同的化学和物理性质，可以影响它所在分子的行为。

化学渗透偶联 chemiosmotic coupling

利用跨膜质子梯度中存储的能量来驱动耗能过程，如 ATP 合酶合成 ATP，或分子的跨膜转运。

染色体交叉 chiasma（复数 chiasmata）

减数分裂期间成对同源染色体之间的 X 形连接，是两个非姐妹染色单体之间的交叉点。

叶绿素 chlorophyll

吸收光的绿色色素，在光合作用中发挥重要作用。

叶绿体 chloroplast

藻类和植物中含有叶绿素的特化细胞器，是光合作用的场所。

胆固醇 cholesterol

动物细胞质膜中大量存在的、刚性的短脂质分子，它使脂双层的柔韧性降低。

染色质 chromatin

构成真核细胞染色体 DNA 和蛋白质的复合物。

染色质重塑复合物 chromatin-remodeling complex

一种酶（通常是多亚基），可以利用 ATP 水解的能量改变真核染色体中核小体的排列，从而改变它下面的 DNA 与其他蛋白质的接触能力。

层析 chromatography

基于分子的大小、电荷或结合特定化学基团的能力来分离复杂混合物中的单个分子的技术。该技术一种常见的形式是将混合物通过填充有结合所需分子的材料柱，然后利用溶剂梯度从柱上将所需的分子洗脱下来。

染色体 chromosome

由 DNA 和蛋白质组成的长线状结构，携带有机体的基因信息。当植物或动物细胞准备分裂时，它会变得清晰可见。

染色体凝集 chromosome condensation

在细胞分裂之前复制的染色体包装形成更紧凑结构的过程。

纤毛 cilium

位于很多真核细胞表面的、由微管构成的毛发状结构。当纤毛大量存在时，其有规律的摆动可以驱动液体在细胞表面上运动，如在肺上皮中。

柠檬酸循环 citric acid cycle

通过将食物分子来源的乙酰基氧化为 CO_2，从而产生大量 NADH 的一系列反应。在真核细胞中，该重要代谢途径发生在线粒体基质中。

经典遗传学策略 classical genetic approach

一类实验技术，用于分离出决定某一感兴趣表型的基因。

网格蛋白 clathrin

组成一种转运囊泡外壳的蛋白质，该囊泡会从高尔基体（在向外分泌途径上）或质膜（在内吞途径上）出芽。

有被囊泡 coated vesicle

膜包被的小型囊泡，其朝向胞质溶胶面上有一层独特的蛋白质。该囊泡是由蛋白质包被的细胞膜区域通过夹断而形成。

密码子 codon

一组三个连续的核苷酸，决定特定的氨基酸，或开始或停止蛋白质的合成。适用于 mRNA 或 DNA 编码序列中的核苷酸。

辅酶 coenzyme

与酶紧密结合并帮助催化反应的小分子。

黏连蛋白 cohesin

在细胞周期中 DNA 复制后将姐妹染色单体保持在一起的蛋白质复合物。

卷曲螺旋 coiled-coil

两个或更多个 α 螺旋彼此重复扭转形成稳定的杆状蛋白结构。

胶原 collagen

三链纤维蛋白，是细胞外基质和结缔组织的主要成分。它是动物组织中的主要蛋白质，在皮肤、肌腱、骨骼、软骨和血管中以不同的形式存在。

组合控制 combinatorial control

用于描述多组转录调控因子共同作用调控单个基因表达的方式。

互补 complementary

用于描述紧密配合在一起并彼此形成非共价键的两个分子表面。例如，互补碱基对 A 和 T，以及 DNA 分子的两条互补链。

互补 DNA complementary DNA，cDNA

以 mRNA 分子为模板合成的 DNA 分子，因此它不含有基因组 DNA 中的内含子。

互补实验 complementation test

用于确定与同一表型相关的两个突变是否位于同一基因或不同基因中的遗传实验。

缩合反应 condensation reaction

两个分子之间形成共价键时失去水分子的化学反应。用于构建聚合物，如蛋白质、多糖和核酸。

凝集蛋白 condensin

蛋白质复合物，使复制后的染色体更加紧凑以帮助染色体分离。

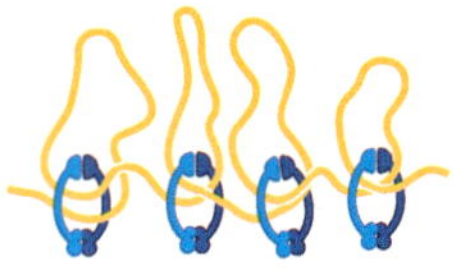

构象 conformation

蛋白质或其他大分子基于原子间相对的空间位置而形成的精确三维形状。

结缔组织 connective tissue

如骨骼、肌腱和皮肤真皮等组织，其中细胞外基质占据了这些组织的大部分空间并承载机械负荷。

保守同线性 conserved synteny

不同物种的基因组中基因次序的保留。

收缩环 contractile ring

由肌动蛋白丝和肌球蛋白丝组成的结构，在分裂细胞周围形成一条带，将一个细胞分成两个。

偶联反应 coupled reaction

相关联的一对化学反应，其中一个反应释放的自由能用于驱动另一个反应。

共价键 covalent bond

两个原子通过共享一对或多对电子而产生的稳定化学连接。

CRISPR

基于细菌酶的基因编辑系统，它利用向导 RNA 来搜索和修饰基因组中的特定核苷酸序列。

交叉互换 crossing-over

两个同源染色体在相应位点断裂并重新连接产生两条重组染色体的过程。重组的染色体在物理上发生了 DNA 片段的交换。

冷冻电镜 cryoelectron microscopy（cryo-EM）

将天然结构在冰中冷冻后，在极低温度下观察大分子详细结构的技术。

环 AMP cyclic AMP

细胞表面受体响应激素刺激后，从 ATP 产生的细胞内信号转导小分子。

环 AMP 依赖性蛋白激酶 cycle-AMP-dependent protein kinaze（PKA）

该激酶可以响应细胞内环 AMP 浓度的升高而磷酸化靶蛋白。

周期蛋白 cyclin

在真核细胞周期特定时间浓度升高和降低的调节蛋白。周期蛋白通过与周期蛋白依赖性蛋白激酶（Cdk）结合，帮助控制从细胞周期的一个阶段到下一个阶段的进程。

细胞色素 cytochrome

一系列膜结合的含有血红素的有色蛋白，在细胞呼吸和光合作用过程中转移电子。

细胞色素 c 氧化酶 cytochrome c oxidase

作为呼吸链中最终电子载体的蛋白质复合物。从细胞色素 c 中去除电子并将它们传递给 O_2 以产生 H_2O。

胞质分裂 cytokinesis

一个植物或动物细胞的细胞质分裂以形成独立子细胞的过程。

细胞质 cytoplasm

包含在质膜中的细胞内容物，但在真核细胞中，指的是质膜内、细胞核外的内容物。

细胞骨架 cytoskeleton

真核细胞细胞质中的蛋白质丝系统，其赋予细胞形状和定向运动的能力。其最丰富的成分是肌动蛋白丝、微管和中间丝。

胞质溶胶 cytosol

细胞质中主要区室的内容物，但不包括膜包被的细胞器，如内质网和线粒体，即细胞除去膜、细胞骨架成分和其他细胞器之后的剩余部分。

树突 dendrite

从神经细胞表面伸展出来的短分支结构，负责接收来自其他神经元的信号。

脱氧核糖核酸 DNA

由共价连接的脱氧核糖核苷酸的两条链形成的双链多核苷酸，存储着细胞代代相传的遗传信息。

去极化 depolarization

膜电位的变化，使细胞内部的负电荷减少。

桥粒 desmosome

特化的细胞连接，通常位于两个上皮细胞之间，用于连接相邻细胞的绳状角蛋白丝，并提供抗拉强度。

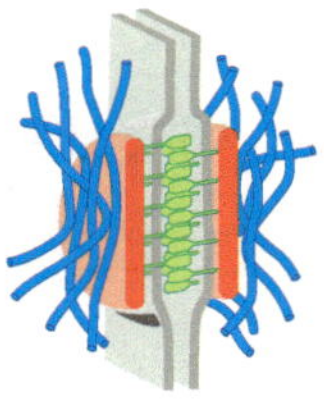

去垢剂 detergent

溶解脂质和膜蛋白的类似肥皂的物质。

二酰甘油 diacylglycerol（DAG）

响应于细胞外信号使膜肌醇磷脂裂解产生的小信使分子，有助于激活蛋白激酶 C。

双脱氧（桑格）测序 dideoxy（Sanger）sequencing

测定 DNA 核苷酸序列的标准方法。该方法使用 DNA 聚合酶和一组链终止核苷酸。

分化细胞 differentiated cell

经历基因表达的协调变化，使其能够执行特殊功能的细胞。

分化 differentiation

通过基因表达的大规模变化引起多能细胞经历渐进的、协调的变化，变为更特化的细胞类型的过程。

扩散 diffusion

分子和小颗粒通过随机的热驱动运动从一个位置移动到另一个位置的过程。

二倍体 diploid

描述一个细胞或生物体含有两组同源染色体，每一组遗传自一个亲本（另参见**单倍体**）。

二硫键 disulfide bond

在两个半胱氨酸侧链上的巯基之间形成的共价交联。通常用于强化分泌蛋白质的结构，或将两种不同的蛋白质结合在一起。

DNA 克隆 DNA cloning

产生许多拷贝的相同 DNA 序列的过程。

DNA 文库 DNA library

代表整个基因组（基因组文库）或细胞产生的 mRNA 拷贝（cDNA 文库）的克隆的 DNA 分子集合。

DNA 连接酶 DNA ligase

将 DNA 分子骨架中出现的缺口连接上的酶。在实验室中，可以用来将两个 DNA 片段连接在一起。

DNA 甲基化 DNA methylation

将甲基基团加到 DNA 中的胞嘧啶碱基上的酶促过程。这种共价修饰通常通过吸引阻断基因表达的蛋白质来关闭基因。

DNA 聚合酶 DNA polymerase

使用脱氧核糖核苷三磷酸前体催化从 DNA 模板合成 DNA 分子的酶。

DNA 修复 DNA repair

由酶催化的纠正 DNA 损伤过程的统称。

DNA 复制 DNA replication

依据 DNA 分子模板合成一个 DNA 拷贝的过程。

双螺旋 double helix

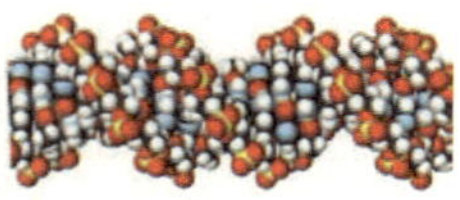

DNA 的经典结构，两条互补的多核苷酸链通过链间的碱基配对彼此缠绕。

动态不稳定性 dynamic instability

微管表现出的在生长和缩短之间的快速转换。

动力蛋白 dynein

利用 ATP 水解的能量向微管负极移动的马达蛋白。其中有一种动力蛋白负责纤毛的弯曲。

电化学梯度 electrochemical gradient

决定离子跨膜方向的驱动力，由离子浓度梯度和膜电位共同决定。

电子 electron

占据原子核周围空间的负电荷粒子（e^-）。

电子显微镜 electron microscope

利用电子束照射样本，用于显示和放大极小物体（如细胞器和大分子）结构的仪器。

电子传递链 electron-transport chain

一系列膜嵌入式的电子载体分子，有助于电子从较高能级向较低能级移动，如氧化磷酸化和光合作用。

电负性 electronegativity

原子吸引电子的倾向。

电泳 electrophoresis

通过将蛋白质或 DNA 片段的混合物置于聚合物凝胶上，并使它们通过电场来分离蛋白质或 DNA 片段混合物的技术。分子根据其大小和净电荷以不同的速度在凝胶中迁移。

静电力 electrostatic attraction

将带相反电荷的原子吸引在一起的力，例如，离子键和含有极性共价键的分子之间的吸引力。

胚胎干细胞 embryonic stem cell

一种未分化的细胞类型，来源于哺乳动物早期胚胎的内细胞团，能够分化为成人体内的任何一种特化的细胞类型。

胞吞作用 endocytosis

细胞通过质膜的内陷摄取物质的过程，摄入的物质被包裹在膜被囊泡中（另参见**胞饮**和**吞噬**）。

内膜系统 endomembrane system

真核细胞中由膜包被的细胞器所形成的相互连通的网络，包括内质网、高尔基体、溶酶体、过氧化物酶体和内体。

内质网 endoplasmic reticulum（ER）

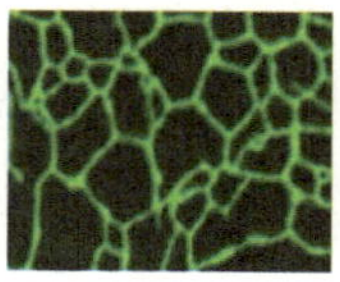

位于真核生物细胞质中的复杂的膜被区室，是合成脂质和蛋白质的场所。

内吞体 endosome

真核细胞的膜被区室，内吞作用摄入的物质通过其进入溶酶体。

熵 entropy

用于测算一个系统无序程度的热力学变量。

酶 enzyme

催化特定化学反应的蛋白质。

酶偶联受体 enzyme-coupled receptor

跨膜蛋白，当受到配体结合刺激时会激活细胞内的酶（单独的酶或受体本身的一部分）。

表观遗传 epigenetic inheritance

基因表达模式从一个细胞遗传给其后代，但不会改变 DNA 的核苷酸序列。

上皮 epithelium

覆盖外表面或内部体腔的细胞层。

平衡 equilibrium

化学反应的正向和反向速率相等的状态，此时不会发生净化学变化。

平衡常数 K equilibrium constant K

对于可逆的化学反应，当正向和反向反应速率相等时，底物与产物的比例。

常染色质 euchromatin

染色质在间期细胞中的两种主要状态之一。普遍存在于富含基因的区域，其结构相对松散，使得转录相关蛋白质容易接近染色质（另参见**异染色质**）。

真核生物 eukaryote

其细胞具有明显的细胞核和细胞质的生物。

演化 evolution

生物体在世代相传中逐渐改变和适应的过程。

胞吐作用 exocytosis

大多数分子从真核细胞分泌的过程。这些分子被包装在膜包被的囊泡中，囊泡与质膜融合后将其内容物释放到外面。

外显子 exon

真核基因的片段，可以转录成 RNA 并决定蛋白质的一部分氨基酸序列。

外显子重排 exon shuffling

新基因演化的机制。在此过程中，来自不同基因的编码序列组合到一起，产生具有新结构域的蛋白质。

细胞外基质 extracellular matrix

由多糖（如糖胺聚糖或纤维素）和细胞分泌的蛋白质（如胶原蛋白）构成的复杂网络。作为组织的结构组成成分，影响组织的发育和生理功能。

细胞外信号分子 extracellular signal molecule

存在于细胞外，当与受体结合时可以在细胞内引发反应的分子。

FAD

从电子供体接受电子和氢原子的分子。另参见 **$FADH_2$**。

$FADH_2$

一种高能电子载体，由食物分子（包括脂肪酸和乙酰辅酶 A）在分解过程中还原 FAD 而产生。

脂肪 fat

活细胞用于储存代谢能量的一种脂质类型，主要由三酰甘油组成（参见图版 2-5）。

脂滴 fat droplet

细胞内形成的疏水性的大脂肪聚集体或油滴。

脂肪酸 fatty acid

由连接在一条长的碳氢链上的碳酸组成。在代谢中用作主要的能量来源，也作为磷脂合成的起始物。

反馈抑制 feedback inhibition

代谢控制的一种形式，其中酶促反应链的终产物抑制该路径中之前步骤的酶的活性。

反馈调控 feedback regulation

一种酶被非其底物的代谢物水平促进或抑制的过程。

发酵 fermentation

不需 O_2 参与的有机分子的分解过程。这种形式的氧化相较于有氧呼吸产生更少的能量。

受精 fertilization

通过两个配子（精子和卵细胞）的融合产生新的有机个体。

成纤维细胞 fibroblast

一种在皮肤和肌腱等结缔组织中的细胞，可以产生含丰富胶原蛋白的细胞外基质。在受伤组织或组织培养物中可以快速增殖。

纤连蛋白 fibronectin

一种细胞外基质蛋白，作为连接物，它一端结合细胞表面的整联蛋白，另一端结合胶原蛋白等基质成分来帮助细胞连接在基质上。

纤维蛋白 fibrous protein

一个长长的棒状蛋白质，如胶原蛋白和角蛋白细丝。

伪足 filopodium

动物细胞表面细长的、含有肌动蛋白的突起。有时候具有探索功能，如在生长锥中。

鞭毛 flagellum

长的鞭状结构，能够在液体基质中通过有节奏的摆动来推进细胞。真核细胞鞭毛是较长的纤毛；细菌的鞭毛完全不同，更小且结构更简单。

荧光显微镜 fluorescence microscope

用于观察被荧光染料标记过的样本的仪器；当样本被特定波长的光照射时，其波长能够激发染料，使之发出荧光。

自由能 free energy（G）

可用于做功的能量，如用于驱动一个化学反应的发生。

自由能变化 free-energy change（ΔG）

“ΔG”：一个化学反应中的产物分子和反应物分子之间的自由能差值。大的负 ΔG 值意味着该反应有强烈的发生趋势（另参见**标准自由能变化**）。

G 蛋白 G protein

一种膜结合的、GTP 结合蛋白，参与胞内信号转导；这种发挥中介作用的蛋白质由三个亚基组成，通常被激素分子或其他配体与跨膜受体的结合所激活。

G 蛋白偶联受体 G-protein-coupled receptor（GPCR）

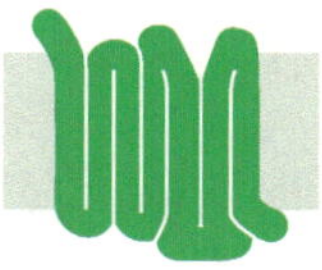

细胞表面的受体，被胞外配体激活后与胞内的三聚体 GTP 结合蛋白（G 蛋白）相结合。这些受体由七次跨膜的 α 螺旋嵌在细胞膜内。

G_1 周期蛋白 G_1 cyclin

调控性蛋白质，有助于驱动细胞通过细胞周期的第一个间隙期而达到 S 期。

G_1 期 G_1 phase

真核细胞周期的第一个间隙期；位于胞质分裂结束之后和 DNA 合成开始之前。

G_1-周期蛋白依赖性激酶 G_1-Cdk

蛋白复合物，其活性可以驱动细胞通过细胞周期的第一个间隙期；由 G_1 周期蛋白和周期蛋白依赖性激酶（Cdk）组成。

G_1/S 周期蛋白 G_1/S cyclin

调控性蛋白质，有助于启动细胞周期的 S 期。

G_1/S-周期蛋白依赖性激酶 G_1/S-Cdk

蛋白复合物，其活性可触发细胞周期进入 S 期；由 G_1/S 周期蛋白加上周期蛋白依赖性激酶（Cdk）组成。

G_2 期 G_2 phase

真核细胞周期的第二个间隙期；位于 DNA 合成结束之后和有丝分裂开始之前。

功能获得性突变 gain-of-function mutation

一种发生在基因水平上的改变，可增强该基因活性或使之在不合适的情况下具有活性。该突变通常为显性。

配子 gamete

二倍体生物中只携带一套染色体的一类特化细胞，参与该生物的有性生殖过程，如精子或卵细胞；也称为生殖细胞。

间隙连接 gap junction

动物组织中相邻细胞间的一种特化连接。离子和小分子可以通过该连接从一个细胞传到另一个细胞。

GDP

一种核苷二磷酸，通过水解 GTP 的末端磷酸基团而产生，该反应同时会产生无机磷酸盐。

基因 gene

遗传单位，含有控制生物体特征或表型的指令。从分子的角度看，基因是一段指导特定蛋白质或功能性 RNA 分子合成的 DNA 片段。

基因复制和分歧 gene duplication and divergence

一种新基因的产生过程，即一段含有一个或数个基因的 DNA 片段随机产生多余的拷贝，随着突变的逐渐积累，初始基因或它的拷贝基因的功能、表达可能会发生改变。

基因表达 gene expression

基因通过指导蛋白质或有特定活性 RNA 的合成来产生出对细胞或有机体有用的产物的过程。

基因家族 gene family

一系列相关的基因，起源于基因复制和分歧。

基因敲除 gene knockout

通过基因工程技术使动物的某个特定基因失活。

通用转录因子 general transcription factor

在真核生物基因转录起始位点附近的启动子上进行装配的蛋白质，可将 RNA 聚合酶装载到正确位置上。

遗传密码 genetic code

一系列的规则。一个基因中的核苷酸序列及其相应的 RNA 分子中所含有的信息，根据该规则被翻译成蛋白质的氨基酸序列。

遗传不稳定性 genetic instability

调控精确复制和维持基因组的系统发生缺陷，造成突变概率增加。所导致的突变有时会促进癌症的发生。

基因图谱 genetic map

一种指示基因在染色体上定位顺序的图示，其中基因间的相对距离可由基因间发生重组的次数进行计算。

遗传筛选 genetic screen

用于从一系列突变体中筛选某种特定表型的实验技术。

遗传学 genetics

研究基因、遗传及那些导致不同生物体间出现不同变异的学科。

基因组 genome

一个细胞或有机体所有染色体上携带的遗传信息的总和。在人类中，是 22 条常染色体加上 X 和 Y 染色体上的总核苷酸对数。

基因组文库 genomic library

克隆 DNA 分子的集合，可以代表一个细胞的全基因组。

基因型 genotype

一个细胞或有机体的基因组成，包括它携带的等位基因（基因变种）。

生殖细胞系 germ line

生殖细胞的谱系，可促使新一代有机体的形成；它与体细胞不同，后者形成身体部分，但不会留到后代。

球状蛋白 globular protein

多肽链折叠成紧密球形的任意蛋白质，包括大多数的酶。

糖异生 gluconeogenesis

一系列酶促反应。通过该反应，一些有机小分子如丙酮酸、乳酸或氨基酸等合成葡萄糖。在效应上，它与糖酵解正好相反。

葡萄糖 glucose

一种六碳糖，在活细胞代谢中发挥重要作用。可以以多聚体的形式进行储存，其在动物细胞中是糖原、在植物细胞中是淀粉（参见图版 2-4）。

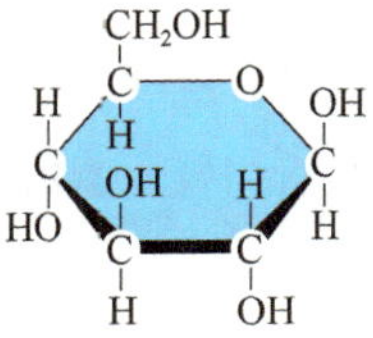

糖被 glycocalyx

位于质膜外表面的糖类保护层，由膜上的糖蛋白、蛋白聚糖和糖脂的糖基形成。

糖原 glycogen

仅由葡萄糖单位组成的、带有分支的聚合物，用于在动物细胞中储存能量。该物质颗粒在肝脏和肌肉细胞中尤为丰富。

糖酵解 glycolysis

一系列酶促氧化反应，通过该反应糖类被部分降解，它们的能量被活化载体 ATP 和 NADH 所捕获（字面含义是“糖的撕裂”）。

葡胺聚糖 glycosaminoglycan（GAG）

能够形成凝胶的多糖链，可在结缔组织的细胞外基质中作为“空间填充物”，并有助于动物组织承受压力。

高尔基体 Golgi apparatus

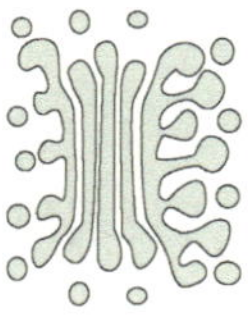

真核细胞中一种由膜包被的细胞器，可对内质网中合成的蛋白质和脂质进行修饰，并将它们进行分选以运输到其他地方。

梯度驱动泵 gradient-driven pump

一种利用离子电化学梯度中储存的能量，来对溶质进行主动跨膜运输的蛋白质。

绿色荧光蛋白 green fluorescent protein（GFP）

从水母中分离得到的一种荧光蛋白，实验上用于在活细胞中标记蛋白质的位置和运动。

生长因子 growth factor

可刺激细胞体积和质量增加的胞外信号分子，如表皮生长因子（EGF）和血小板衍生生长因子（PDGF）等。

GTP

用于合成 RNA 和 DNA 的核苷三磷酸。和它的近亲 ATP 一样，GTP 也可以在能量转移过程中作为活化载体；也在微管组装、蛋白质合成和细胞信号转导中扮演特殊的角色。

GTP 结合蛋白 GTP-binding protein

一种胞内信号转导蛋白，其活性取决于它结合的是 GTP 还是 GDP；包括三聚体 G 蛋白和单体 GTP 酶（如 Ras 蛋白）。

质子泵 H^+ pump

一种利用 ATP 水解、离子梯度或光能提供的能量来主动跨膜运输质子的蛋白质或蛋白复合物。

单倍体 haploid

用于描述只含有一套染色体的细胞或有机体，如精子或细菌（另参见**二倍体**）。

单倍型域 haplotype block

在多个世代之间作为一个单位进行遗传的等位基因或其他 DNA 标记的组合，不受基因重组的影响。

螺旋 helix

一种长长的结构，其亚基以一种有规律的方式围绕中轴发生扭曲，如同旋转的楼梯。

半桥粒 hemidesmosome

将上皮细胞与它们下方的基膜锚定在一起的结构。

异染色质 heterochromatin

间期染色体中发生高度凝集的区域，通常缺少基因而且转录不活跃（另参见**常染色质**）。

杂合 heterozygous

对于一个给定的基因而言，它的等位基因与该基因不同。

组蛋白 histone

一类含量丰富且高度保守的小蛋白，DNA 围绕该蛋白质形成核小体，是染色质进行组装的最基础的结构。

组蛋白修饰酶 histone-modifying enzyme

一类酶，可以催化共价添加一个小分子（如甲基或乙酰基）到组蛋白特定的氨基酸侧链上。

同源 homolog

源于相同祖先而彼此间高度相似的基因、染色体或任何结构。

同源的 homologous

用于描述因具有共同的演化起源而彼此相似的基因、染色体或任何结构。也可以指蛋白质序列或核酸序列之间的相似性。

同源基因 homologous gene

参见**同源的**。

同源重组 homologous recombination

DNA 分子发生双链断裂后，利用未受损的、已完成复制的，或同源的染色体来指导进行无错误修复的机制。在减数分裂过程中，该机制使得遗传信息可以在母系和父系同源染色体之间发生互换。

纯合 homozygous

对于一个给定的基因而言，它的等位基因与该基因完全相同。

基因水平转移 horizontal gene transfer

DNA 从一个有机体的基因组中转移到另一个有机体（甚至可以是其他物种）的基因组中的过程。该过程不同于基因的“垂直”转移，后者是指遗传信息从亲代到子代的传递。

激素 hormone

一种细胞外信号分子，分泌到胞外并通过血液（动物中）或汁液（植物中）运输而靶向到其发挥特定效应的组织中。

杂交 hybridization

一种实验技术，可以让两条互补的核酸链之间产生氢键以形成双螺旋，用来检测 DNA 或 RNA 中特定的核苷酸序列。

氢键 hydrogen bond

在一个分子上带正电的氢原子与另一个分子上带负电的原子（如氮或氧）之间形成的一种弱的非共价相互作用。氢键对于水的结构和特性是至关重要的。

水解 hydrolysis

一类化学反应，该反应会断开一个共价键，同时伴随着水分子消耗（它的—H 被添加到断开后形成的一个产物上，—OH 则被添加到另一个上）。它的逆反应是缩合反应。

水合氢离子 hydronium ion

水溶液中质子（H^+）所采取的存在形式。

亲水性 hydrophilic

指分子或分子的一部分很容易与水形成氢键，使得它易于溶解。字面意思是“喜欢水的”。

疏水性 hydrophobic

非极性、不带电的分子或分子的一部分不会与水分子形成氢键，因而不能溶解。字面意思是“憎恶水的”。

疏水力 hydrophobic force

一种非共价相互作用，可以使水溶性分子的疏水部分聚在一起，从而使来自水溶液中氢键网络的干扰降到最低程度。它同时可促使膜上的磷脂自组装形成双层结构，也可以帮助蛋白质折叠成紧密的球形。

原位杂交 *in situ* hybridization

一种实验技术，利用单链 RNA 或 DNA 探针在染色体、细胞或组织中对其互补核苷酸序列进行定位。可用来诊断遗传疾病或追踪基因表达。

诱导多能干细胞 induced pluripotent stem（iPS）cell

通过人工引入一系列编码特定转录调控因子的基因，使体细胞进行重编程，使之类似于多能胚胎干细胞（ES）。

起始 tRNA initiator tRNA

一种可以起始核糖体上的 mRNA 翻译的特殊 tRNA。它总是携带甲硫氨酸。

无机的 inorganic

组成成分中不含有碳原子。

肌醇-1,4,5-三磷酸 inositol 1,4,5-trisphosphate（IP_3）

一种胞内信号小分子，可引发 Ca^{2+} 从内质网释放到胞质溶胶中。在信号分子激活膜结合蛋白质磷脂酶 C 的过程中产生。

肌醇磷脂 inositol phospholipid

质膜中含量较少的一种脂质成分，在真核细胞的信号转导过程中发挥作用；其断裂后会产生两种信使小分子，即肌醇三磷酸（IP_3）和二酰甘油（DAG）。

整联蛋白 integrin

一种位于细胞表面的跨膜蛋白家族成员，使细胞能够通过与胞外基质建立和断开连接而在组织中移动。

中间丝 intermediate filament

纤维状的细胞骨架成分，直径约为 10nm，在动物细胞中形成绳索状网络，有助于细胞承受外部的张力。

间期 interphase

细胞周期中较长的一段时间，位于一次有丝分裂结束到下一次有丝分裂开始之间。包括 G_1 期、S 期和 G_2 期。

细胞内凝聚物 intracellular condensate

大分子发生相分离聚集而成的大型聚集体，从而形成了一个生化性质特殊的、无膜包被的区域。

胞内信号通路 intracellular signaling pathway

一系列蛋白质和第二信使小分子通过彼此的相互作用，将信号从细胞膜接力传递至细胞质或细胞核中的终点。

固有无序序列 intrinsically disordered sequence

多肽链上缺乏明确结构的区域。

内含子 intron

真核基因内部的非编码序列，被转录到 RNA 分子中后，通过 RNA 剪接切除从而产生 mRNA。

离子 ion

携带正电荷或负电荷的原子。

离子通道 ion channel

一类跨膜蛋白，在脂双层上形成孔道，从而使得无机离子可以顺着电化学梯度进行扩散。

离子通道偶联受体 ion-channel-coupled receptor

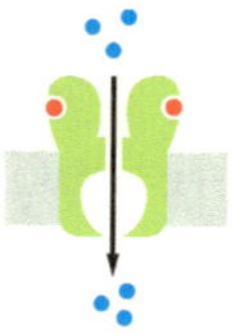

一类跨膜受体蛋白或蛋白复合物，配体与其外表面结合后开启，从而使特定的无机离子通过。

离子键 ionic bond

当一个原子提供电子给另一个原子时所形成的相互作用。该电子转移使两个原子都带有电荷。

铁硫中心 iron-sulfur center

紧密结合的金属复合物，在电子传递链早期发挥作用的蛋白质上携带电子，对电子的亲和力相对较弱。

K^+ 泄漏通道 K^+ leak channel

K^+ 渗透的离子通道，可在开启和关闭状态之间随机转换。对动物细胞中的静息膜电位起重要作用。

核型 karyotype

对一个细胞中全套染色体的有序展示，根据染色体的大小、形状和数量进行排列。

角蛋白丝 keratin filament

一类在上皮细胞中含量丰富的中间丝，提供了抗张强度；是毛发、羽毛和爪子的主要结构成分。

驱动蛋白 kinesin

马达蛋白中的一个大家族，可以利用 ATP 水解的能量向微管的生长端移动。

动粒 kinetochore

在有丝分裂凝集染色体的着丝粒上进行组装的蛋白复合物；是纺锤体微管的附着部位。

L1 元件 L1 element

一类构成人类基因组 15% 的逆转录转座子，也称为 LINE-I。

后随链 lagging strand

复制叉上以不连续的短片段进行合成的 DNA 链，这些短片段合成之后再被连接到一起，形成一条连续的新链。

片状伪足 lamellipodium

动物细胞，尤其是正在一个平面上进行移动的细胞，其表面上不断变化的片状突起。

自由组合定律 law of independent assortment

配子形成时决定不同遗传特征的等位基因，彼此独立地进行分离的定律；也称为孟德尔第二遗传定律。

分离定律 law of segregation

配子形成时决定某一遗传特征的母系和父系等位基因彼此

分离，然后在受精时重新进行组合的定律；也称为孟德尔第一遗传定律。

前导链 leading strand

复制叉上沿着 5′ → 3′ 端方向连续合成的 DNA 链。

配体 ligand

结合到大分子某个特定位点的小分子的统称。

配体门控通道 ligand-gated channel

由小分子（如神经递质）的结合而被激活开启的离子通道。

光反应 light reaction

在光合作用中，一系列将阳光中的能量转化为以 ATP 和 NADPH 形式储存的化学能的反应（光合作用的阶段 I）。

脂质 lipid

一种不溶于水但易溶于非极性有机溶剂的有机分子。一般含有长的碳氢链或多个环。其中一类——磷脂，是形成生物膜的结构基础。

脂双层 lipid bilayer

主要由磷脂分子组成的一对紧密并列的薄片层，是形成所有细胞膜的结构基础。

局部介质 local mediator

分泌到胞外、在短距离作用于邻近细胞的信号分子。

长链非编码 RNA long noncoding RNA

一类长度超过 200 个核苷酸且不编码蛋白质的 RNA 分子。通常用于调控基因表达。

功能失活性突变 loss-of-function mutation

一种减少或消除一个基因活性的基因突变。这种突变通常是隐性的：只要受影响的基因有一份正常拷贝，有机体就可以正常行使功能。

溶酶体 lysosome

一种膜包被的细胞器，用于分解衰老的蛋白质和细胞器及其他无用物质，同时也分解经胞吞作用摄入的分子。含有消化酶，通常在细胞器内部的酸性 pH 条件下活性最高。

溶菌酶 lysozyme

一类酶，可以切开构成细菌细胞壁的多糖链。在很多分泌物（包括唾液和泪液）中作为一种抗生素。

M 周期蛋白 M cyclin

调控性蛋白质，可以结合有丝分裂的 Cdk 而形成 M-Cdk 蛋白复合物，从而启动细胞周期的 M 期。

M 期 M phase

真核细胞周期的一个阶段，在此期间，细胞核和细胞质完成分裂。

M-Cdk

引发细胞周期 M 期的蛋白复合物。由一个 M 周期蛋白和一个有丝分裂周期蛋白依赖性激酶（Cdk）组成。

大分子 macromolecule

亚基共价连接形成的聚合物，包括分子质量大于几千道尔顿的蛋白质、核酸及多糖。

MAP 激酶 MAP kinase

有丝分裂原活化蛋白激酶。在 MAP 激酶信号模块的三激酶序列中作为最终的信号传递分子。

MAP 激酶信号模块 MAP-kinase signaling module

一系列功能上相互联系的蛋白激酶，使细胞可以响应刺激增殖的胞外信号分子。该模块包括一个有丝分裂原活化蛋白激酶（MAP 激酶）、一个 MAP 激酶的激酶，以及一个 MAP 激酶的激酶的激酶。

质谱 mass spectrometry

一种灵敏的技术，用以确定一个复杂的混合物中所有分子的准确质量。

基质 matrix

一个线粒体内部的巨大空间。

机械门控通道 mechanically-gated channel

一种离子通道，可以响应物理上的变化而使特定的离子跨膜。

减数分裂 meiosis

一种特殊的细胞分裂，卵细胞和精子由此形成。细胞核连续分裂两次而 DNA 只复制一次，从原先的一个二倍体细胞中产生出四个单倍体细胞。

膜结构域 membrane domain

细胞膜或细胞器膜上功能和结构特化的区域。一般是由于特定蛋白质的存在而使之具有某些特性。

膜电位 membrane potential

一种跨膜电压差，是由于膜一侧的阳离子略多于另一侧的阴离子而产生的。

膜蛋白 membrane protein

与细胞膜的脂质双分子层结合的蛋白质。

膜转运蛋白 membrane transport protein

所有为特定物质跨过细胞膜提供通道的跨膜蛋白。

膜被细胞器 membrane-enclosed organelle

真核细胞中所有由脂质双分子层所包裹的细胞器，如内质网、高尔基体以及溶酶体。

信使 RNA messenger RNA（mRNA）

决定蛋白质氨基酸序列的 RNA 分子。

新陈代谢 metabolism

活的有机体细胞内所发生的化学反应的总称。

中期 metaphase

有丝分裂的一个阶段，此期间染色体已经在赤道板上与有丝分裂纺锤体正确地连接，但还没有分离向两极运动。

转移 metastasis

癌细胞从肿瘤的原发位置扩散，在身体的其他位置形成次级肿瘤。

米氏常数 Michaelis constant（K_M）

酶处于其最高催化速率一半时的底物浓度，可用于衡量底物结合的紧密程度。

微米 micrometer

长度单位，相当于 1m 的百万分之一（10^{-6}）或 1cm 的 10^{-4}。

微 RNA microRNA（miRNA）

一类非编码的小 RNA，可通过与特定的 mRNA 进行碱基配对来调节 mRNA 的稳定性和翻译，从而控制基因的表达。

显微镜 microscope

用于观察极其微小物体的仪器。其中一些利用的是聚焦的可见光束，可用来观察细胞和细胞器；还有一些利用的是电子束，可用来观察更小的甚至单分子的对象。

微管 microtubule

由微管蛋白构成的刚性长圆柱状结构。在真核细胞中，该结构被用于组织细胞质并引导大分子和细胞器在胞内运输。

微管结合蛋白 microtubule-associated protein

结合在微管上的辅助蛋白。可以稳定微管纤维、将它们连接到其他细胞结构上，或者沿其长轴运输一些组分。

错配修复 mismatch repair

识别并纠正不正确配对的（那些不互补的）核苷酸的机制。

线粒体 mitochondrion

一种膜包被的细胞器，大小接近一个细菌，可进行氧化磷酸化并产生真核细胞中大部分的 ATP。

分裂素 mitogen

一种刺激细胞增殖的胞外信号分子。

有丝分裂 mitosis

真核细胞的核分裂。

有丝分裂纺锤体 mitotic spindle

有丝分裂期间，在真核细胞两极间形成的由微管及其结合分子组成的阵列结构，可将复制后的两套染色体拉开。

移动遗传元件 mobile genetic element

一类短的 DNA 片段，可以从基因组的一个位置移动到另一位置（有时通过一个 RNA 中间体）；是基因组中大部分遗传变异的重要来源，也被称为转座子。

模式生物 model organism

被挑选出来的某些生物，可作为一大群物种的代表，对其进行深入研究。例如，小鼠（代表哺乳动物）、酿酒酵母（代表单细胞真核生物）以及大肠杆菌（代表细菌）。

分子开关 molecular switch

响应所接收的信号而在活化和非活化状态间转换的胞内信号蛋白。

相对分子质量 molecular weight

一个分子中所有原子的原子量总和。作为分子实际质量与1/12碳-12实际质量的比值，它只有数字而没有单位。

分子 molecule

一组通过共价键结合在一起的原子。

单体 monomer

一类小分子，可以与其他相近类型的小分子连接形成一个更大的分子（聚合物）。

单体 GTP 酶 monomeric GTPase

单亚基的小 GTP 结合蛋白。该家族的蛋白质，如 Ras 和 Rho，是很多不同信号转导通路的组成部分。

马达蛋白 motor protein

一类蛋白质，可以利用紧密结合的 ATP 分子水解所产生的能量，来推进自身沿着一条蛋白纤维或聚合物分子进行运动，如肌球蛋白和驱动蛋白。

突变 mutation

DNA 核苷酸序列随机产生的永久性改变。

肌原纤维 myofibril

一种长的圆柱形结构，是肌肉细胞收缩元件的主要构成成分，由肌动蛋白、肌球蛋白或其他辅助蛋白束排成高度有组织的阵列而形成。

肌球蛋白 myosin

一类马达蛋白，利用 ATP 的能量来驱动自身沿着肌动蛋白丝运动。其中一个亚型与肌动蛋白相互作用形成骨骼肌中粗的收缩束。

肌球蛋白丝 myosin filament

由Ⅱ型肌球蛋白相互作用而形成的聚合物。可以与肌动蛋白相互作用来促进肌肉细胞和非肌肉细胞的收缩。

Ⅰ型肌球蛋白 myosin-Ⅰ

最简单的一类肌球蛋白，在所有细胞中表达。由一个头部和一个尾部组成，其中头部可结合肌球蛋白，尾部可连接其他分子或细胞器。

Ⅱ型肌球蛋白 myosin-Ⅱ

一类肌球蛋白，以二聚体的形式存在，有两个肌球蛋白结合头部和一条卷曲螺旋的尾部。可以彼此连接形成长的肌球蛋白丝。

N 端 N-terminus

携带游离 α 氨基的多肽链末端。

Na^+ 泵（或 Na^+-K^+ ATP 酶） Na^+ pump (or Na^+-K^+ ATPase)

存在于大部分动物细胞的质膜上的转运体，利用 ATP 水解产生的能量主动将 Na^+ 泵出细胞并将 K^+ 泵入细胞。

NAD^+

该分子可以从一个供体分子接受一个氢负离子（H^-）从而形成活化载体 NADH；被广泛用于糖类分子分解的产能过程（参见图 3-34）。

NADH

电子的活化载体，被广泛用于产能的糖类分子的降解过程（参见图 3-34）。

$NADP^+$

从一个供体分子接受一个氢负离子（H^-）从而产生活化载体 NADPH 的分子。在生物合成途径中广泛被用作电子供体。

NADPH

与 NADH 密切相关的活化载体，在生物合成途径中作为电子供体。在该过程中它被氧化为 $NADP^+$。

能斯特方程 Nernst equation

将一个渗透膜两侧的无机离子的浓度与没有净离子跨膜运动时的膜电位联系起来的方程。

神经末梢 nerve terminal

轴突末端的结构，可以发送信号给另一个神经元或靶细胞。

神经元 neuron

一种电兴奋性细胞，作为神经系统的一部分，整合并传递信息。是一种神经细胞。

神经递质 neurotransmitter

由神经细胞在突触部位分泌的信号小分子，可以传递信息给突触后细胞。例如，乙酰胆碱、谷氨酸、GABA 以及甘氨酸。

一氧化氮 nitric oxide（NO）

在局部发挥作用的气体信号分子，通过扩散穿过细胞膜来影响胞内蛋白质的活性。

固氮 nitrogen fixation

土壤细菌或蓝细菌将大气中的氮气转化为含氮分子的过程。需要耗费大量的能量。

非共价键 noncovalent bond

一种不涉及共享电子的化学结合。单个非共价键相对较弱，但它们加在一起能够产生很强且高度特异的分子间相互作用，如氢键和范德华力。

非同源末端连接 nonhomologous end joining

一种容易出错的 DNA 双链断裂修复机制，可以将两个断裂末端重新连接起来，但通常会导致修复位点的信息丢失。

核被膜 nuclear envelope

围绕细胞核的双层膜结构。由外膜和内膜组成，核被膜上存在核孔。

核纤层 nuclear lamina

位于内层核膜内表面上的纤维层，由核纤层蛋白构成的中间丝网状结构。

核磁共振波谱法 nuclear magnetic resonance（NMR）spectroscopy

用于确定溶液中蛋白质三维结构的技术。

核孔 nuclear pore

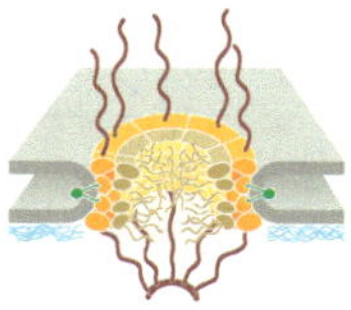

特定的大分子在细胞核和细胞质之间进行运输的通道。

核受体 nuclear receptor

位于真核细胞内部的蛋白质，当该蛋白质与信号分子结合后可以进入到细胞核并调控基因转录。

核仁 nucleolus

位于细胞核内的大型结构，核糖体 RNA 转录和核糖体亚基组装在此进行。

核小体 nucleosome

真核染色体的珠状结构单元，由一段短的 DNA 围绕一个组蛋白八聚体核心组成。包括一个核小体核心颗粒（DNA 加上组蛋白），以及一段将核心颗粒连接到一起的接头 DNA。

核苷酸 nucleotide

核酸（DNA 和 RNA）的基本组成元件，由一个核苷连上一个磷酸组成。

核 nucleus

在生物学中，指的是真核细胞中含有 DNA 的圆形显著结构。在化学中，指的是一个原子致密且带正电的中心。

冈崎片段 Okazaki fragment

即一些 DNA 片段，包含有 RNA 引物，DNA 复制期间在后随链上产生。随着引物的移除，相邻片段迅速地被 DNA 连接酶连接在一起形成一条连续的 DNA 链。

癌基因 oncogene

一种活化时可以使细胞发生癌变的基因。一般是参与调控细胞生长和分裂的正常基因（原癌基因）的突变形式。

开放阅读框 open reading frame（ORF）

不含终止密码子的长核苷酸序列。用于识别 DNA 上潜在的蛋白质编码序列。

光遗传学 optogenetics

一种遗传学技术，通过在神经元上人工引入光门控通道，从而利用光来控制神经元的活动。

细胞器 organelle

真核细胞中一些独立分布的结构或亚区室，专门用于执行特定的功能，如线粒体和高尔基体。

有机分子 organic molecule

含有碳和氢的化合物。

类器官 organoid

一种微型的、具有三维结构的组织集合，由培养的多能细胞经过增殖、分化和自组装形成。

渗透 osmosis

一种被动运动过程，指的是水从水浓度高（因为溶质浓度低）的区域跨细胞膜移动到水浓度低（因为溶质浓度高）的区域。

氧化 oxidation

从一个原子中移除电子，发生在氧添加到碳原子上或者氢从碳原子上被移除的过程中。也可以指共价键连接的原子间电子的部分偏移。

氧化磷酸化 oxidative phosphorylation

发生在细菌和线粒体膜上、以电子从食物分子转移到分子氧所驱动的 ATP 的形成过程。

p53

一种转录调控因子，控制细胞对 DNA 损伤的响应，可阻止细胞在损伤得到修复前进入 S 期；如果损伤太大，则会诱导细胞自杀。人类许多癌症中都发现了该蛋白质编码基因的突变。

联会 pairing

在减数分裂中，一对同源染色体彼此靠近，形成包含四条姐妹染色单体的结构。

被动运输 passive transport

溶质通过膜转运蛋白（如通道或转运蛋白）在细胞膜上沿浓度梯度的自发移动。

膜片钳记录 patch-clamp recording

一种用于监测膜中离子通道活性的技术；玻璃电极的尖端与一小片细胞膜之间形成密封，通过改变电极中离子的浓度来操纵膜电位。

谱系 pedigree

显示生物个体的后代或祖源关系的图表。

肽键 peptide bond

一个氨基酸的羰基和另一个氨基酸的氨基之间的共价化学键（另参见图版 2-6）。

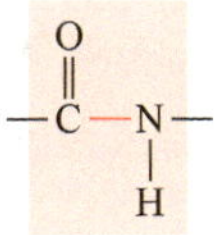

过氧化物酶体 peroxisome

一种膜包被的小型细胞器，含有可降解脂质并破坏毒素的酶。

pH 标度 pH scale

溶液中氢离子的浓度，以对数表示。pH 为 3 的酸性溶液包含 10^{-3}mol/L 的氢离子。

吞噬细胞 phagocytic cell

通过吞噬作用摄取颗粒和微生物的特化细胞，如巨噬细胞或中性粒细胞。

吞噬 phagocytosis

细胞将颗粒物质吞噬（“吃掉”）的过程。常见于掠食性细胞（如变形虫）和脊椎动物免疫系统的细胞（如巨噬细胞）。

表型 phenotype

细胞或生物体的可观察的特征。

磷脂酰胆碱 phosphatidylcholine

一种在大多数细胞膜中常见的磷脂，利用与磷酸盐连接的胆碱作为头部基团。

磷酸肌醇 3 激酶 phosphoinositide 3-kinase（PI 3-kinase）

磷酸化质膜中的肌醇磷脂的酶，可作为细胞内信号传递蛋白的锚定位点，从而促进细胞的生长和存活。

磷脂酶 C phospholipase C

与质膜相关的酶，在激活后生成两个信使小分子。

磷脂 phospholipid

许多细胞膜中脂类分子的主要类型。通常包含两条与某种含磷酸盐的极性基团相连接的脂肪酸尾巴。

光合作用 photosynthesis

植物、藻类和某些细菌利用阳光的能量，驱动二氧化碳和水合成有机分子的过程。

光系统 photosystem

含有叶绿素的大型多蛋白复合物，可捕获光能并将其转化为化学键能；由一组天线复合物和一个反应中心组成。

原生质体 phragmoplast

在分裂的植物细胞中，由微管和膜泡组成的结构，可指导新的细胞壁的形成。

系统发生树 phylogenetic tree

展示生物或蛋白质组之间的演化关系的图或“家谱”。

胞饮 pinocytosis

内吞作用的一种，其中可溶物质从环境中被摄取并进入囊泡中进行消化（从字面上看，是“细胞饮用”的意思）。

质膜 plasma membrane

围绕活细胞的、含蛋白质的脂质双分子层。

质粒 plasmid

独立于基因组进行复制的小型环状 DNA 分子。广泛用作 DNA 克隆的载体。

胞间连丝 plasmodesma（复数 plasmodesmata）

将一个植物细胞与相邻植物细胞联系起来的胞间连接。由膜内衬的细胞质通道构成。

多能的 pluripotent

能够发育为任何类型的细胞或组织的能力。

点突变 point mutation

DNA 序列中单个核苷酸对的变化。

极 polar

在化学中，描述一种电子分布不均匀的分子或键。

极性 polarity

一种固有的不对称性，可以使一个物体的一端与另一端区别开；可适用于分子、聚合物（如肌动蛋白丝），甚至可以指细胞（如哺乳动物小肠内的上皮细胞）。

聚腺苷酸化 polyadenylation

在新合成的 mRNA 分子的 3′ 端添加多个腺嘌呤核苷酸。

聚合物 polymer

通过共价连接多个相同或相似的亚基（单体）而形成的长分子。

聚合酶链反应 polymerase chain reaction（PCR）

一种通过多个循环的 DNA 合成来扩增 DNA 特定区域的技术；可以在几个小时内产生数十亿个拷贝的特定序列。

多态性 polymorphism

在普通人群中高频存在两个或多个变异型的 DNA 序列。

多肽骨架 polypeptide backbone

原子（–N–C–C–）的串联序列，构成了蛋白质分子的核心，并为氨基酸侧链提供了附着位点。

多肽，多肽链 polypeptide, polypeptide chain

由多种氨基酸组成的线性聚合物。一条或多条长的多肽链进而组成蛋白质。

正反馈环路 positive feedback loop

一种重要的调控形式，其中反应或通路的最终产物会刺激反应的持续产出或刺激通路的不断活化；控制多种生物过程，包括酶活性、细胞信号转导和基因表达。

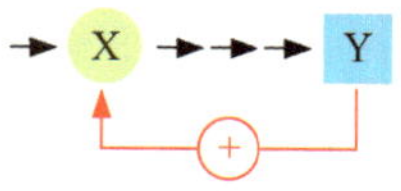

转录后调控 post-transcriptional control

基因转录开始后发生的基因表达调控，如 RNA 剪接和翻译调控。

初级结构 primary structure

蛋白质的氨基酸序列。

引物酶 primase

一种以 DNA 为模板的 RNA 聚合酶，可生产 RNA 片段，用作 DNA 合成的引物。

程序性细胞死亡 programmed cell death

一种受到严格调控的细胞自杀形式，可将不需要的细胞从成年或发育中的生物体中清除掉；主要形式称为细胞凋亡。

原核生物 prokaryote

活细胞的一个主要类别，其特征在于没有细胞核；包括古细菌和真细菌（通常称为细菌）。

前中期 prometaphase

有丝分裂的阶段，其中核被膜崩解，复制后的染色体被纺锤体微管捕获。位于中期之前。

启动子 promoter

启动基因转录的 DNA 序列；包括被 RNA 聚合酶及其辅助蛋白所识别的序列。

校读 proofreading

DNA 聚合酶沿着 DNA 移动时纠正其自身错误的过程。

前期 prophase

有丝分裂的第一阶段，其中复制后的染色体发生凝集，有丝分裂纺锤体开始形成。

蛋白酶 protease

通过水解蛋白质的肽键而降解蛋白质的酶。

蛋白酶体 proteasome

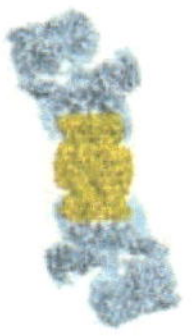

大型蛋白质“机器”，可降解受损、错误折叠或细胞不再需要的蛋白质；其待破坏的靶蛋白一般会被泛素短链所标记。

蛋白质 protein

由氨基酸组成的大分子，可为细胞提供形状和结构，并执行其大部分活动。

蛋白质结构域 protein domain

多肽链的一部分，可以折叠成紧凑稳定的结构，常执行特定的功能。

蛋白质家族 protein family

一组具有相似氨基酸序列或三维结构的多肽，反映了共同的演化起源。成员间通常具有相关但不甚相同的功能，如磷酸化不同靶蛋白的激酶。

蛋白激酶 protein kinase

一类酶，可催化磷酸基团从 ATP 转移到目标蛋白质特定氨基酸侧链上。

蛋白激酶 C protein kinase C（PKC）

响应于二酰甘油和 Ca^{2+} 浓度升高而使目标蛋白磷酸化的酶。

蛋白质机器 protein machine

一些蛋白质分子的集合，可合作执行一系列复杂的生物活动，如复制 DNA。

蛋白磷酸酶 protein phosphatase

从蛋白质上去除磷酸基团的酶，通常对磷酸化位点具有高度选择性。

蛋白质磷酸化 protein phosphorylation

蛋白激酶催化将磷酸基团共价加到蛋白质侧链上的过程；作为一种调控形式，通常会改变靶蛋白的活性或特性。

蛋白聚糖 proteoglycan

一种含核心蛋白和连接在其上的一个或多个糖胺聚糖链组成的分子；这些聚集体可以形成凝胶，调控分子在细胞外介质中的通行，并指导细胞迁移。

原癌基因 proto-oncogene

一类基因，其突变或过度表达可以将正常细胞转化为癌细胞。

质子 proton

每个原子核中的正电粒子；也是氢离子（H^+）的另一个名称。

原生动物 protozoan

一种自由生活但不进行光合作用的可运动单细胞真核生物。

泵 pump

一类转运蛋白，利用如 ATP 水解或光能之类的能源，将溶质逆电化学梯度主动跨膜运送。

净化选择 purifying selection

消除携带干扰其功能的突变位点，从而保留特定的核苷酸序列。

丙酮酸 pyruvate

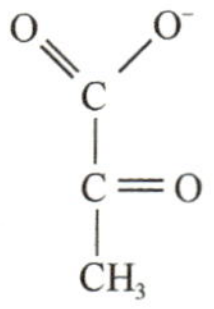

三碳代谢物，是葡萄糖糖酵解的最终产物；与柠檬酸循环和其他许多生物合成途径存在重要的联系。

四级结构 quaternary structure

由多条相互作用的多肽链形成的较大的蛋白质分子完整结构。

醌 quinone

一类脂溶性小分子，可作为移动电子载体，在呼吸和光合电子传递链中发挥作用（另参见图 14-21）。

Rab 蛋白 Rab protein

存在于转运囊泡和细胞器表面的小 GTP 结合蛋白之一，可作为分子标记以确保转运囊泡与正确的膜融合。

Ras

小 GTP 结合蛋白家族成员（单体 GTPase）之一，可将信号从细胞表面受体传递到细胞核。许多人类癌症中都发现该蛋白质存在过度活化的突变。

反应中心 reaction center

在光合膜中的一种蛋白质复合物，含有一对特殊的叶绿素分子。它参与光化学反应，该反应将光子（光）的能量转换为高能电子，沿光合电子传输链向下传输。

阅读框 reading frame

核苷酸三联体被翻译成蛋白质的三种可能方式中的一种，取决于以哪个核苷酸作为起点。

受体 receptor

识别并响应特定信号分子的蛋白质。

受体丝氨酸/苏氨酸激酶 receptor serine/threonine kinase

使丝氨酸或苏氨酸靶蛋白磷酸化的酶偶联受体。

受体酪氨酸激酶 receptor tyrosine kinase（RTK）

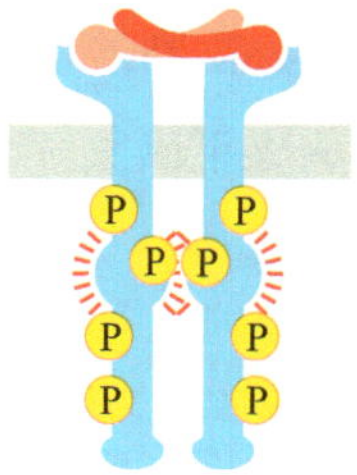

一种酶偶联受体，其中细胞内结构域具有酪氨酸激酶活性，当配体结合到该受体的胞外结构域时被激活。

受体介导的胞吞作用 receptor-mediated endocytosis

动物细胞选择性摄取物质的机制。大分子与质膜上的受体结合后进入网格蛋白包被的囊泡，随后进入细胞。

重组 DNA recombinant DNA

由不同来源的 DNA 序列组成的 DNA 分子。

氧化还原对 redox pair

两个分子可以通过电子的获取或丢失进行相互转换，如 NADH 和 NAD^+。

氧化还原电位 redox potential

一个氧化还原对给出或接受电子的趋势的程度。

氧化还原反应 redox reaction

电子从一种化学物质转移到另一种化学物质的反应。

还原 reduction

向一个原子添加电子的过程，发生在氢添加到碳原子上或者氧从碳原子上被移除的过程中；也可指共价连接的两个原子之间电子的部分偏移。

DNA 调控序列 regulatory DNA sequence

与转录调控因子结合的 DNA 序列，可确定何时、何地以及以何种数量将基因转录成 RNA。

调节性 RNA regulatory RNA

在基因表达调控中发挥作用的 RNA 分子。

复制叉 replication fork

DNA 复制位点的 Y 型连接。

复制起始点 replication origin

启动 DNA 复制的核苷酸序列。

报告基因 reporter gene

编码蛋白质的基因，其活性易于通过实验进行监控；用于研究靶基因的表达模式或其蛋白产物的定位。

呼吸酶复合物 respiratory enzyme complex

位于线粒体内膜中的一组蛋白质，有助于将高能电子从NADH转移到水中，同时将质子泵入膜间隙。

静息膜电位 resting membrane potential

细胞未受到刺激时质膜上的电压差。

限制性内切酶 restriction enzyme

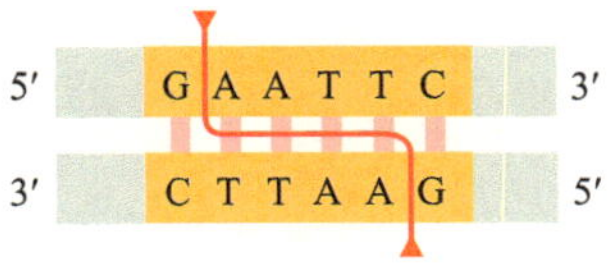

可以在特定的短核苷酸序列上切割DNA分子的酶。广泛用于DNA重组技术中。

逆转录转座子 retrotransposon

一种转座子，在移动过程中首先被转录成RNA副本，该RNA副本再通过逆转录酶转换为DNA，并插入染色体的其他位置。

逆转录病毒 retrovirus

含有RNA的病毒，可通过制备双链DNA中间体而整合到细胞染色体中，从而在细胞中进行复制。

逆转录酶 reverse transcriptase

以单链RNA为模板合成双链DNA的酶。存在于逆转录病毒中，是逆转录转座子转座机制的一部分。

Rho 蛋白家族 Rho protein family

一类包含小的、单体GTPase的蛋白家族，可调控肌动蛋白细胞骨架的组装。

核糖体 RNA ribosomal RNA（rRNA）

构成核糖体结构和催化核心的RNA分子。

核糖体 ribosome

由RNA和蛋白质组成的大型高分子复合物，可将信使RNA翻译为多肽链。

核酶 ribozyme

具有催化活性的RNA分子。

核糖核酸 RNA

DNA转录产生的分子，通常是单链的多核苷酸，由共价连接的核糖核苷酸亚基组成。RNA在细胞中发挥多种功能，如传递信息、组成结构、进行催化和调控等。

RNA 加帽 RNA capping

通过添加一个非典型核苷酸，来修饰成熟的RNA转录本的5′端。

RNA 干扰 RNA interference（RNAi）

一种被双链RNA分子所激活的细胞机制，会导致含有相似核苷酸序列的RNA被破坏。它作为一种实验工具被广泛用于抑制靶基因的表达（基因沉默）。

RNA 聚合酶 RNA polymerase

一种酶，可以催化以三磷酸核糖核苷酸前体、以DNA为模板合成RNA分子的反应。

RNA 加工 RNA processing

泛指前体mRNA转化为成熟mRNA时所经历的修饰，通常包括5′加帽、RNA剪接和3′聚腺苷酸化。

RNA 剪接 RNA splicing

从细胞核内的RNA分子中切除内含子序列，使其变为成熟mRNA的过程。

RNA 转录物 RNA transcript

通过转录产生的RNA分子，与DNA其中一条链的序列互补。

RNA 世界 RNA world

一个关于地球早期历史的假想。在该假想中，生命形式使用RNA来存储遗传信息和催化化学反应。

RNA 测序 RNA-Seq

一种测序技术，用于直接确定一个RNA集合的核苷酸序列。

粗面内质网 rough endoplasmic reticulum

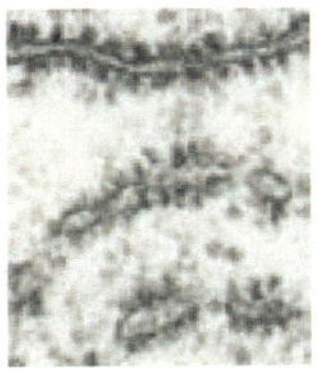

内质网与核糖体结合的区域，参与分泌蛋白和膜蛋白的合成。

S 周期蛋白 S cyclin

一种调控性蛋白，有助于启动细胞周期的 S 期。

S 期 S phase

真核细胞周期中合成 DNA 的时期。

S-Cdk

一种蛋白质复合物，其活性可起始 DNA 的复制；由 S 周期蛋白和周期蛋白依赖性激酶（Cdk）组成。

肌节 sarcomere

由肌动蛋白丝和肌球蛋白丝高度组织化的装配而形成的结构，可充当肌细胞中肌原纤维的收缩单位。

饱和 saturated

用于描述含有充足氢原子的有机分子，即没有碳碳双键或三键。

支架蛋白 scaffold protein

一种蛋白质，具有多个大分子结合位点，可以固定大分子以加快其功能互作。

二级结构 secondary structure

一个聚合物分子有规律的局部折叠模式。在蛋白质中，它指的是 α 螺旋和 β 折叠。

分泌 secretion

从细胞中产生和释放出某种物质。

分泌小泡 secretory vesicle

膜包被的细胞器，内部储存着将要被分泌出去的分子。

序列 sequence

一个大分子中单体的线性顺序，例如，蛋白质中氨基酸的顺序或 DNA 中核苷酸的顺序；其编码的信息决定了大分子的生物学功能。

丝氨酸/苏氨酸激酶 serine/threonine kinase

可以磷酸化靶蛋白上的丝氨酸或苏氨酸的酶。

有性生殖 sexual reproduction

一种繁殖方式，将两个个体的基因组混合，产生出一个在基因上与其父母均不同的个体。

侧链 side chain

氨基酸中不参与形成肽键的部分；它的化学性质赋予每种氨基酸独特的性质。

信号序列 signal sequence

将蛋白质引导到细胞中特定位置（如细胞核或线粒体）的氨基酸序列。

信号转导 signal transduction

将脉冲或刺激信号从一种物理或化学形式向另一种形式进行转变。在细胞生物学中，指的是细胞响应细胞外信号的过程。

单核苷酸多态性 single-nucleotide polymorphism（SNP）

遗传变异的一种形式，指不同人群基因组特定位置的核苷酸不同。

姐妹染色单体 sister chromatid

DNA 复制产生的染色体拷贝，完成复制后仍然与染色体的另一个拷贝相连。

干扰小 RNA small interfering RNA（siRNA）

在 RNA 干扰过程中，由双链 RNA 产生的短 RNA 片段。它与其他 RNA 中的相同序列进行碱基配对，从而导致靶 RNA 失活或被破坏。

核小 RNA small nuclear RNA（snRNA）

大约长 200 个核苷酸的 RNA 分子，参与 RNA 剪接。

SNARE

膜蛋白家族中的一种，负责使囊泡选择性地与细胞内的靶膜融合。

体细胞 somatic cell

构成植物或动物体的细胞中除了生殖细胞或生殖前体细胞之外的细胞。

纺锤体极 spindle pole

长出微管并组织形成有丝分裂纺锤体的中心体。

剪接体 spliceosome

RNA 和蛋白质分子装配而成的大型复合物，可将内含子从真核细胞核的前体 mRNA 中剪切掉。

标准自由能变化 standard free-energy change（ΔG^{o}）

在一定浓度、温度和压力下测得的自由能变化（另参见**自由能变化**）。

淀粉 starch

仅由葡萄糖组成的多糖，用作植物细胞中的能量存储。

干细胞 stem cell

分化程度相对较低、可进行自我更新的细胞。产生的子细胞可以分化为更特化的细胞类型，也可以保留亲本细胞的发育潜力。

类固醇激素 steroid hormone

与胆固醇有关的疏水性信号分子；可通过质膜与细胞内受体相互作用进而影响靶细胞中的基因表达。具体例子包括雌激素和睾酮。

基质 stroma

叶绿体内部的大片空间，含有光合作用碳固定阶段将 CO_2 固定到糖中所需的酶。相当于线粒体基质。

底物 substrate

酶可以催化其发生化学反应的分子

亚基 subunit

构成较大分子的单体，例如，蛋白质中的氨基酸残基或核酸中的核苷酸残基；也可以指构成较大分子某一部分的完整分子。例如，许多蛋白质由多条多肽链组成，每条多肽链可称为一个蛋白质亚基。

糖 sugar

由碳、氢和氧组成的通式为 $(CH_2O)_n$ 的物质，也称为碳水化合物。日常所说的“糖”多指蔗糖，它是一种由葡萄糖和果糖制成的有甜味的二糖。

存活因子 survival factor

一种必须存在的胞外信号分子，可抑制细胞的凋亡。

同向转运 symport

按相同方向在细胞膜上转运两种不同溶质的转运蛋白。

突触 synapse

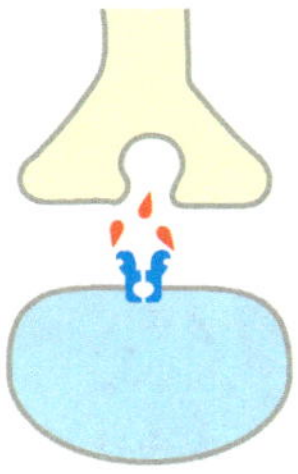

神经细胞与另一个细胞（如神经细胞、肌肉细胞或腺细胞）进行通讯的特殊连接点。该通讯过程一般通过神经细胞分泌神经递质来完成。

突触小泡 synaptic vesicle

膜包被的小泡，内含神经递质，通过突触的胞吐作用释放其内容物。

端粒酶 telomerase

真核细胞中通过合成染色体末端的重复核苷酸序列而延长端粒的酶。

端粒 telomere

线性染色体末端的重复核苷酸序列，可以拮抗染色体每轮复制所造成的染色体缩短。

末期 telophase

有丝分裂的最后阶段，两套完成分离的染色体去凝集，并被核被膜所包裹。

模板 template

一种分子结构，可以指导其他分子的合成。例如，一条DNA 链指导互补 DNA 链的合成。

三级结构 tertiary structure

一个完全折叠蛋白质的完整三维结构。

束缚蛋白 tethering protein

参与转运小泡与靶膜锚定过程的纤维跨膜蛋白。

类囊体 thylakoid

叶绿体中的扁平盘状囊结构，其膜中所含的蛋白质和色素可以在光合作用过程中将光能转化为化学能。

紧密连接 tight junction

使相邻的上皮细胞紧密结合在一起的细胞连接，该连接可防止大多数可溶分子从上皮层的一侧扩散到另一侧。

组织 tissue

细胞和基质协同装配在一起所形成的、具有特定功能的独特多细胞结构。

转录 transcription

RNA 聚合酶以 DNA 的一条链为模板合成互补 RNA 序列的过程。

转录调控因子 transcription regulator

特异性结合 DNA 调控序列，以打开或关闭基因的蛋白质。

转录激活因子 transcriptional activator

结合到 DNA 的特定调控区，以激活邻近基因转录的蛋白质。

转录阻遏物 transcriptional repressor

与 DNA 的特定调控区结合，以阻止邻近基因转录的蛋白质。

转运 RNA transfer RNA（tRNA）

发挥衔接作用的小 RNA 分子，可“读取”mRNA 的密码子并将正确的氨基酸添加到不断增长的多肽链中。

转化 transformation

细胞从周围吸收 DNA 分子，然后表达该 DNA 上的基因的过程。

转基因生物 transgenic organism

获得一种或多种源自另一种细胞或生物的基因，并将其稳定整合到自身基因组中的植物或动物。

过渡态 transition state

化学反应过程中形成的瞬时结构，在该构型下，分子具有最高的自由能，它已不再是底物，但也还不是产物。

翻译 translation

mRNA 分子中的核苷酸序列指导氨基酸合成蛋白质的过程。

翻译起始因子 translation initiation factor

促进核糖体与 mRNA 正确结合的蛋白质，是启动蛋白质合成所必需的蛋白质。

递质门控的离子通道 transmitter-gated ion channel

一类跨膜受体蛋白质或蛋白质复合物，可响应神经递质的结合而打开，从而允许特定的无机离子通过；它的激活可以触发突触后细胞中的动作电位。

转运囊泡 transport vesicle

一种膜泡，可将蛋白质从细胞内的一个区域运送到另一个区域，例如，从内质网到高尔基体。

转运蛋白 transporter

一种膜转运蛋白，可以通过一系列的构象变化，将溶质运送跨过细胞膜。

转座子 transposon

泛指可以从基因组的一个位置移动到另一位置的 DNA 短片段，也称为可移动基因元件。

微管蛋白 tubulin

组成微管的蛋白质。

抑癌基因 tumor suppressor gene

在正常组织细胞中抑制癌症发生的基因。在二倍体细胞中，该基因两个拷贝的丢失或失活可以使该细胞表现为癌细胞。

转换数 turnover number

每秒内酶可以将产物转化为底物分子的最大数量。

酪氨酸激酶 tyrosine kinase

可以磷酸化靶蛋白上的酪氨酸的酶。

蛋白质去折叠反应 unfolded protein response（UPR）

由内质网中错误折叠蛋白质的积累所触发的响应。该响应使细胞能够扩展其内质网，并合成更多帮助恢复蛋白质正常折叠和加工所需的分子。

不饱和 unsaturated

形容有机分子的碳原子之间包含一个或多个双键或三键。

范德华力 van der Waals attraction

一种弱的非共价相互作用，由于电荷波动而产生，在距离很短的两个原子之间发挥作用。

囊泡运输 vesicular transport

真核细胞中，物质通过膜包被的囊泡在细胞器之间移动。

病毒 virus

由蛋白质外壳和包裹其中的核酸（RNA 或 DNA）所组成的颗粒，能够在宿主细胞内复制并在细胞之间进行扩散。

最大速度 V_{max}

当样品中所有酶分子的活性位点被底物完全占据时所达到最大的酶促反应速率。

电压门控通道 voltage-gated channel

一种通道蛋白，可响应膜电位的变化而使特定的离子（如 Na^+）跨膜。主要存在于神经和肌肉细胞等电兴奋性的细胞中。

电压门控 Na^+ 通道 voltage-gated Na^+ channel

存在于电兴奋性细胞质膜中的蛋白质，可响应膜的去极化而开启，从而允许 Na^+ 进入细胞。它负责这些细胞中动作电位的维持。

Wnt 蛋白 Wnt protein

属于细胞外信号分子家族，在胚胎发育过程中调控细胞的增殖和迁移，并使干细胞保持增殖状态。

X 射线晶体学 X-ray crystallography

一种结构分析技术，通过分析 X 射线穿过蛋白质时产生的衍射图谱来确定蛋白质分子的三维结构。

合子 zygote

雌雄配子融合产生的二倍体细胞。一个受精卵。

索 引

注：索引包括了出现在正文和图表中的名词，但不包括章末问题中出现的名词。页尾的 F、T 分别代表该词出现在图（F）或表（T）中。

K

L

M

N

O

P

Q

Y

Z

其　他